Handbuch der Gerbereichemie und Lederfabrikation

Herausgegeben von

W. Graßmann
München

Redigiert von

J. Trupke
München

Dritter Band: Das Leder
1. Teil: Zurichtung und Prüfung des Leders

Zweite Auflage

In zwei Hälften

Springer-Verlag Wien GmbH

1961

Zurichtung und Prüfung des Leders

Bearbeitet von

W. Ackermann, Worms/Rhein · A. C. Brill, Oberursel/Taunus
H. Diekmann, Karlsruhe · K. Eitel, Leverkusen · E. Friederich,
Bad Hersfeld · H. Gnamm, Stuttgart · O. Grimm, Stuttgart
A. Miekeley, Frankfurt/Main · G. Otto, Ludwigshafen/Rhein
J. A. Sagoschen, Wien · J. Trupke, München · G. Volmer-
Schuck, Marl · H. Werner, Luzern · Th. Windel, Mainz
K. Wöllhaf, z. Zt. Kolumbien · W. Wudich, Varese

Zweite Auflage

Erste Hälfte

Mit 157 Abbildungen und 183 Tabellen

Springer-Verlag Wien GmbH

1961

ISBN 978-3-7091-8076-1   ISBN 978-3-7091-8075-4 (eBook)
DOI 10.1007/978-3-7091-8075-4

Vorwort.

Das Erscheinen des hier vorliegenden Bandes ist infolge der Zeitnot, unter der wir alle, nicht zuletzt der Herausgeber selbst, leiden, verzögert worden. Die Leserschaft, die auf die Neuausgabe des schon seit langem vergriffenen Bandes wartet, wird aber feststellen müssen, daß es sich bei dieser Neuauflage nicht etwa um eine Ergänzung der alten Auflage, sondern um einen gänzlich neuen Band handelt. Begrüßt werden wird auch die Hinzunahme der Kapitel über Gerbereimaschinen und über Unfallverhütung.

Die Fülle an neuen Erkenntnissen und Materialien, die in der Zeit seit der ersten Auflage in Erscheinung getreten sind, haben gerade auch auf dem Zurichtsektor Erweiterungen und zum Teil tiefgreifende Veränderungen an Verfahren und Fertigprodukten mit sich gebracht. Man denke z. B. nur an die umfangreiche Verwendung von Kunststoffen auf dem Zurichtgebiet, an die zahllosen Bleich-, Fettungs-, Entfettungs- oder Nachgerbungsmöglichkeiten, an die modernen Lacke, Appreturen und Farbstoffe, die dem Lederhersteller heute an die Hand gegeben werden, oder an das Pastingverfahren zur Ledertrocknung u. a. m. Durch Aufnahme all dieser neuen Kapitel ist der Umfang des Bandes so groß geworden, daß sich der Verlag entschlossen hat, die bereits in dem Band der ersten Auflage im System vorhandene Teilung in zwei Hälften de facto durchzuführen, um den Leser vor einem unhandlichen Volumen zu bewahren. So liegt der neue Band III/1 nunmehr in zwei getrennt gebundenen, jedoch eng zusammengehörigen Teilen vor. Der kapitelmäßige Aufbau lehnt sich an den der ersten Auflage an. In der ersten Hälfte sind die Verfahren des Bleichens, Entfettens, Färbens, Trocknens, Nachgerbens, Fettens, Appretierens und Lackierens mit ihren theoretischen Grundlagen behandelt. Die zweite Hälfte ist wiederum den mehr mechanischen Zurichtvorgängen gewidmet; in ihr hat auch das Kapitel über Eigenschaften des Leders und dessen Analyse Aufnahme gefunden, ferner sind die erwähnten neuen Kapitel über Gerbereimaschinen und Unfallverhütung sowie die dem Doppelband entsprechend umfangreichen Register darin enthalten.

Von einem Tafelband mit Färbemustern, wie er dem Band III/1 der ersten Auflage beigegeben war, mußte Abstand genommen werden, er ist vom heutigen Standpunkt aus als überholt zu betrachten. Von der bunten Farbpalette, die durch die vielen Farbstoffhersteller der ganzen Welt angeboten wird, hätte darin nur ein winziger, in keiner Weise repräsentativer Teil in Mustern festgehalten werden können, die noch dazu — da die Nuancen mit der Mode ständig wechseln — bereits beim Erscheinen des Bandes veraltet wären.

Meinen Dank möchte ich hiermit allen Autoren aussprechen, die keine Arbeit gescheut haben, um die Beiträge durch laufende Ergänzungen während der Korrekturen auf dem neuesten Stand zu halten, ferner auch Frau Dipl.-Ing. Trupke, in deren bewährten Händen wiederum die mühevolle Redaktion und Registerbearbeitung dieses umfangreichen Bandes lag. Nicht zuletzt möchte ich vor allem auch noch dem Verlag danken, der sich für alle, dem Inhalt des Buches zugute kommenden, oft nicht einfach durchzuführenden Änderungen während der Herstellung stets aufgeschlossen zeigte und den Doppelband wieder in vorbildlicher Ausstattung herausgebracht hat.

München, den 30. April 1961.

Der Herausgeber.

Inhaltsverzeichnis.

Erstes Kapitel.
Bleichen des Leders.
Von Dr.-Ing. Hellmut Gnamm, Stuttgart.
Mit 9 Textabbildungen.

Zweites Kapitel.
Entfettung von Rohhaut, Blöße und Leder.
Von Dr.-Ing. Otto Grimm, Darmstadt.
Mit 4 Textabbildungen.

Drittes Kapitel.

Die Färbung des Leders.

Von Dr.-Ing. Gerhard Otto, Ludwigshafen a. Rh.

Mit 45 Textabbildungen.

Inhaltsverzeichnis. IX

Viertes Kapitel.

Trocknen.

Von Dipl.-Ing. Ernst **Friederich**, Bad Hersfeld, Dipl.-Ing. Herbert **Werner**, Luzern, Schweiz, und Dr.-Ing. Wilhelm **Wudich**, Varese, Italien.

Mit 58 Textabbildungen

Fünftes Kapitel.

Nachgerbung.

Von Dr.-Ing. Otto Grimm, Darmstadt.

Sechstes Kapitel.

Fettung des Leders.

Von Dr.-Ing. Hellmut Gnamm, Stuttgart.

Mit 19 Textabbildungen.

Seite

Siebentes Kapitel.

Appretieren und Deckfarbenzurichtung.

Von Dr. Kurt Eitel, Leverkusen.

Mit 12 Textabbildungen.

Achtes Kapitel.

Lackieren.

Von Dr.-Ing. Wilhelm Ackermann, Worms/Rh.

Mit 10 Textabbildungen.

Zweite Hälfte.

Seite 997 bis 1944.

Inhaltsübersicht.

Neuntes Kapitel.

Mechanische Zurichtmethoden.

Von Karl Wöllhaf, z. Zt. Kolumbien.

Mit 58 Textabbildungen.

Zehntes Kapitel.

Eigenschaften des Leders und dessen Analyse.

Von Prof. Ing. J. A. Sagoschen, Wien.

Mit 97 Textabbildungen.

Elftes Kapitel.

Gerbereimaschinen.

Von Dipl.-Ing. August C. Brill, Oberursel/Taunus, und
Ing. Hansgeorg Diekmann, Karlsruhe-Durlach.

Mit 112 Textabbildungen.

Zwölftes Kapitel.

Unfallverhütungs- und sonstige Schutzmaßnahmen in der ledererzeugenden Industrie.

Von Dipl.-Ing. Dr. Theodor Windel, Mainz.

Mit 1 Textabbildung.

Anhang.

Auszug aus der Patentliteratur.

Von Dr. Gertrud Volmer-Schuck, Marl, und Dr. Arthur Miekeley,
Frankfurt am Main.

Patentnummernverzeichnis. Von Dr. Gertrud Volmer-Schuck, Marl.

Abbildungsverzeichnis, Namenverzeichnis, Sachverzeichnis, Handelsnamen und Herstellerfirmen der chemisch charakterisierten Hilfsstoff-Handelsprodukte. Von Dipl.-Ing. Juliana Trupke, München.

Bibliographie
der gerbereichemischen
und ledertechnischen Literatur
1700–1956

Von

Prof. Ing. **J. A. Sagoschen**

Fachvorstand der Abteilung für Gerbereichemie und Ledertechnik an der
Bundeslehr- und Versuchsanstalt für chemische Industrie und Gewerbe
Leiter der Versuchsanstalt für Lederindustrie, Wien

Unter Mitarbeit von

Dr. **P. Stadler**

Max-Planck-Institut für Eiweiß- und Lederforschung, München
(Vorstand: Prof. Dr. W. G r a ß m a n n)

XIX, 1342 Seiten. Gr.-8⁰. 1960

(Handbuch der Gerbereichemie und Lederfabrikation, Band IV)

Ganzleinen S 4536.—, DM 720.—, sfr. 774.—, $ 180.—, £64.7.6d.

,,... Dieses Werk stellt gewissermaßen einen Pfeiler in den anschwellenden Strom der Fachpublizistik hinein, an dem sich künftig diese Flut brechen wird. Wer fortan auf gerbereiwissenschaftlichem Gebiet arbeiten und als Autor einen höheren Rang einnehmen will, wird nicht umhin können, erst einmal dieses Buch zu befragen und mit seiner Hilfe nachzuforschen, wieweit seine eigenen Befunde und Ideen schon von älteren Autoren aufgezeigt worden sind. Jeder nämlich, der längere Zeit auf einem Fachgebiet gearbeitet hat und dabei alt und grau wurde, wird festgestellt haben, daß jüngere Fachkollegen oft mit Publikationen aufwarten, die eine bedauerliche, wenn auch verständliche Unkenntnis dessen verraten, was ältere Generationen erarbeitet haben. Oft kommt es vor, daß ein Forscher zeitraubende Umwege macht, sich in Sackgassen verrennt und Irrtümern aufsitzt, was alles er durch ein rechtzeitiges Literaturstudium hätte vermeiden können. Bei dem Anschwellen der Fachliteratur, das die Literaturforschung zu einer immer langwierigeren, mühseligeren Arbeit macht, kann die Erleichterung, die dieses Buch dem künftigen Forscher auf gerbereiwissenschaftlichem Gebiet leistet, nicht hoch genug eingeschätzt werden ...“
Das Leder

Springer-Verlag in Wien

Aus dem Vorwort des Verfassers

Diese Bibliographie umfaßt das gesamte deutschsprachige Fachschrifttum der Werke und Originalarbeiten sowie der wichtigsten Referate über einschlägige fremdsprachige Arbeiten, soweit solche Referate in deutschsprachigen Zeitschriften erschienen sind. Außerdem wurden auf Anregung des Herausgebers, Herrn Professor Dr. *W. Graßmanns*, die wichtigsten Arbeiten der Kriegs- und Nachkriegsjahre aus der fremdsprachigen, vorwiegend angelsächsischen und französischen Fachliteratur aufgenommen, deren Referierung in den deutschsprachigen Zeitschriften aus zeitbedingten Gründen nicht möglich gewesen war. Diese Zitate wurden durch Herrn Dr. *P. Stadler*, Max-Planck-Institut für Eiweiß- und Lederforschung, München (Direktor: Professor Dr. *W. Graßmann*), bearbeitet.

Die Sammlung des Materials wurde im Jahre 1924 begonnen und, aufbauend auf der Bibliothek des Deutschen Lederinstitutes in Freiberg/Sa. (Direktor: Professor Dr. *F. Stather*) sowie jener der Versuchsanstalt für Lederindustrie in Wien, in dreißigjähriger Arbeit bis zum Jahre 1955, mit dem sie in sich abgeschlossen wurde, fortgeführt. Die Jahre 1956 und 1957 wurden mit den wichtigsten Arbeiten nachgetragen.

Die besondere Schwierigkeit der Arbeit lag darin, das einschlägige Schrifttum nicht nur in den eigentlichen Fachzeitschriften, sondern auch in den Zeitschriften auf verwandten und Grenzgebieten ausfindig zu machen. Dies gilt besonders für die Zeit vor 1900. Wohl gab es damals schon bedeutende Fachzeitschriften, und der „Leder-Herold" des Jahres 1897 registriert bereits 62 Fachblätter, davon 27 in deutscher Sprache. Viele davon stellen auch heute noch eine Fundgrube dar, um so mehr als sie technische und technisch-wissenschaftliche Beiträge mehr oder weniger regelmäßig brachten, so etwa die „Gerber-Zeitung" (seit 1858), die „Deutsche Gerber-Zeitung" (seit 1867), der „Gerber" (1874), der „Gerber-Courier" (seit 1890), der „Ledermarkt" (seit 1893), aus dessen „Wissenschaftlich-Technischer Beilage" sich später (1902) das vom IVLIC herausgegebene „Collegium" entwickelte, und viele andere, die vielfach bis in den zweiten Weltkrieg hinein erschienen. Daneben mußten aber auch zahlreiche Zeitschriften der Chemie, wie etwa die „Chemiker-Zeitung", „Liebigs Annalen", „Zeitschrift für analytische Chemie", „Zeitschrift für angewandte Chemie", „Chemisches Repetitorium", „Chemisches Zentralblatt", die sich durch viele Jahrzehnte und oft bis zur Gegenwart erhalten haben, berücksichtigt und durchgesehen werden. Viele dieser Zeitschriften brachten und bringen Originalbeiträge, insbesondere aber wichtige Referate auch aus unserem Fachgebiet.

Aus den Benützungshinweisen

Bücher, Zeitschriften, Dissertationen und in einzelnen Fällen, wo Allgemeininteresse vorausgesetzt wurde, sogar Firmendruckschriften wurden soweit wie möglich und zugänglich erfaßt. Verschiedene Auflagen desselben Werkes wurden nur dann gebracht, wenn sie gegenüber den Erstauflagen wichtige Neuerungen aufweisen.

Sowohl die Buchpublikationen als auch die Zeitschriftenzitate sind vollständig für die Jahre bis 1955. Die Jahre 1956 und 1957 wurden dann mit den wichtigsten Arbeiten nachgetragen; auch einzelne wichtige Bucherscheinungen des Jahres 1958 konnten noch berücksichtigt werden, wenn auch nur noch mit den Buchtiteln und nicht, wie sonst üblich, auch mit den Untertiteln.

Die Aufteilung des gesamten Stoffes erfolgte nach fachlichen Gesichtspunkten in der Art des Handbuches. Zur ersten Orientierung wurden die wichtigsten Fachbücher der letzten 100 Jahre im Kapitel A vorangestellt; dann folgen im Kapitel B die geschichtlichen Daten, worauf mit den Kapiteln C bis Y die rein fachliche Aufgliederung erfolgt. Den Abschluß bildet das Kapitel Z mit der Patentliteratur, den Zitaten über Wörterbücher sowie den Zitaten über Zeitschriften.

Grundsätzlich wurden alle Zitate unter Voranstellung der Verfasser chronologisch eingeordnet, und zwar nach der Jahreszahl der Originalstelle und nicht nach der eines etwaigen Referates. Eine Ausnahme machen lediglich die Patente, die unter dem Jahr ihres Referates in einem der Fachblätter gebracht wurden. Sind bei Patenten zwei Daten (in Klammern) angegeben, so bedeutet das erste das Anmeldedatum.

Springer-Verlag in Wien

Erstes Kapitel

Bleichen des Leders.

Von Dr.-Ing. Hellmut Gnamm, Stuttgart.

Mit 9 Textabbildungen.

A. Einleitung.

Das Bleichen von lohgarem Leder verdankt seine Entstehung der bis heute noch verbreiteten Anschauung, daß ein helles Leder in jedem Fall besser sei als ein dunkles. Diese Ansicht ist nicht richtig.

Es ist wohl verständlich, daß der Käufer, wenn er bei gleichem Preis zwischen einem hellen, gleichfarbigen und einem dunklen, mißfarbigen Leder die Wahl hat stets das helle Leder wählt, obwohl er damit keineswegs immer auch das bessere Leder zu erhalten braucht. Ebenso verständlich ist, daß aus diesem Grund der Gerber im Lauf der Zeit nach Mitteln gesucht hat, mit denen er dunkles und fleckiges Leder aufhellen und damit im Bedarfsfall eine leichter verkäufliche Ware herstellen kann. So ist das sogenannte „Bleichen" des Leders entstanden.

Über das Aufkommen des Bleichens schrieb A. Claflin im Jahre 1913 sehr treffend folgendes:

„Wie das Sohllederbleichen aufgekommen ist, läßt sich leicht nachweisen. In Amerika war zuerst Eichengerbung die gute und Hemlockgerbung die billige Gerbung. Dann wurde entdeckt, daß etwas Eiche mit einem großen Teil Hemlock zusammen, wenn erstere in den Anfärbestadien der Gerbung verwendet wurde, eine helle Gerbung erzeugte und, besonders wenn eine Bleiche aus Vitriol und Soda benutzt wurde, die Farbe ziemlich der Eichengerbung glich. Mit anderen Worten, das Bleichen des Sohlleders wurde ursprünglich zu dem Zwecke vorgenommen, um gemischte Gerbung als Eichenrindengerbung erscheinen zu lassen. In der Folge hat man es dann angewandt, um fast jede Gerbung als etwas Besseres erscheinen zu lassen. Daß die Bleiche aber jemand täuschte, ist fast reine Annahme. Jeder erfahrene Großkäufer von Sohlleder kann auf einen Blick das gebleichte von dem natürlich durch die Gerbung gefärbten Leder unterscheiden, und was das konsumierende Publikum betrifft, so ist die Sohle, mit der es im Boden des Schuhes in Berührung kommt, so überfärbt und imprägniert, daß selbst dem Ledersachverständigen nur eine vorgenommene Sezierung etwas über die Qualität des Leders offenbaren würde."

B. Grundzüge des Bleichvorganges beim Leder.

I. Allgemeines.

Die Gründe für das Entstehen dunkler, mißtöniger oder fleckiger Färbungen auf der Lederoberfläche können sehr verschiedener Art sein. War die Blöße an der Oberfläche ungleichmäßig oder zu wenig entkälkt, so bilden sich bei der Gerbung auf dem Narben dunkle, unregelmäßige Kalk-Gerbstoffverbindungen, die als Kalkflecken oder Kalkschatten bekannt sind und dem Leder ein unerfreuliches Aussehen erteilen. Wurden die aus der Gerbung kommenden Häute ungenügend ausgewaschen, so daß zuviel überflüssiger, d. h. nicht von Hautsubstanz gebundener Gerbstoff in ihnen enthalten blieb, oder aber erfolgte das Trocknen nach dem Auswaschen zu rasch oder bei zu hoher Temperatur, so verfärben sich die Leder während des Trockenprozesses sehr stark. Das aufgetrocknete Leder zeigt dann auf seiner Oberfläche eine dunkelbraune, oft sogar braunschwarze Farbe. Sie entsteht dadurch, daß beim Verdunsten des Wassers der im Leder vorhandene nicht gebundene Gerbstoff an die Oberfläche tritt und dort unter der Wirkung des Luftsauerstoffs und des Lichts oxydiert wird. Ein Schutzmittel gegen diese Erscheinung besteht in dem Abölen des Leders (s. diesen Bd., 6. Kap., S. 644). Bei stark mit überschüssigem Gerbstoff durchtränkten Ledern kann aber das Abölen mit gewöhnlichen Ölen, wie Tran usw., eine Oxydation und damit ein dunkles Auftrocknen der Lederoberfläche nicht ganz verhindern.

Alle diese unerwünschten Erscheinungen sind Schönheitsfehler, welche die Qualität des Leders, d. h. vor allem seine physikalischen Eigenschaften, nicht zu beeinträchtigen brauchen. Sie stören aber das Aussehen des Leders und rufen unwillkürlich den Eindruck einer geringeren Ledersorte hervor, besonders wenn helle, gleichfarbige Leder zum Vergleich herangezogen werden. Viele Gerber sind daher bestrebt, durch eine weitere Behandlung diese Fehler zu beseitigen. Sie erreichen dies durch das sogenannte Bleichen.

Die Bezeichnung „Bleichen" ist unglücklich gewählt. Unter „Bleichen" versteht man gewöhnlich einen Prozeß, bei dem durch die Einwirkung von Oxydationsmitteln oder Reduktionsmitteln in Gegenwart von Wasser ein gefärbter Körper farblos gemacht, seine Farbe also zerstört wird. Das Charakteristische für diesen Bleichprozeß ist also die Einwirkung von Sauerstoff in Gegenwart von Licht und Wasser oder aber die Wirkung von Reduktionsmitteln. Das bekannteste Bleichmittel ist das Wasserstoffperoxyd.

Beim Bleichen des Leders wird dagegen eine durch Oxydationswirkung oder aber durch die Entstehung von Gerbstoff-Kalkverbindung dunkel oder fleckig gefärbte Lederoberfläche aufgehellt.

Das Bleichen von dunkel gefärbten lohgaren Ledern, das man deshalb besser mit „Aufhellen" bezeichnen würde, beruht auf ganz anderen Vorgängen.

Die Farbe der pflanzlichen Gerbstoffe ist in außerordentlich starkem Maß von dem p_H-Wert, also der Wasserstoffionenkonzentration ihrer Lösung abhängig. Bereitet man sich Auszüge der wichtigsten pflanzlichen Gerbmittel und stellt diese auf verschiedene p_H-Werte von 2 bis 7 ein, so erhält man in jedem Fall eine Reihe von ganz verschieden gefärbten Lösungen. Dabei wird man feststellen, daß die Farbtönungen mit steigenden p_H-Werten dunkler, mit abnehmenden p_H-Werten heller werden. Bei ganz niederem p_H-Wert gilt diese Gesetzmäßigkeit allerdings nicht mehr allgemein. Charakteristisch für die Beziehungen zwischen p_H-Wert und Farbe von Gerbstofflösungen ist die Reversibilität. Die Färbung läßt sich durch Änderung des p_H-Werts beliebig und mehrmals verändern.

Die allermeisten Bleichverfahren für lohgare Leder beruhen nun auf dieser Beeinflussung der Gerbstoffarbe durch die Wasserstoffionenkonzentration. Die durch Oxydationsvorgänge dunkel gefärbten Gerbstoffe an der Lederoberfläche werden zuerst wieder in Lösung gebracht (da ja nur in Lösungen eine bestimmte Wasserstoffionenkonzentration eingestellt werden kann). Dann wird der p_H-Wert dieser Gerbstofflösung so verändert, daß sie eine hellere Farbe annimmt. Dies wird durch eine Verminderung des p_H-Werts erreicht, d. h. durch Zusatz von Säure. Aus diesem Grund ist das wichtigste und deshalb auch am meisten verwendete Aufhellungsmittel für lohgare Leder die Säure. Ihr Zusatz zu dem an der Oberfläche gelösten Gerbstoff verändert dessen p_H-Wert derart, daß die ursprünglich dunkle Farbe in eine hellere umschlägt. Darin beruht der sogenannte „Bleichprozeß" bei der Mehrzahl der Bleichverfahren für pflanzlich gegerbte Leder.

Die Lösung des an der Lederoberfläche angetrockneten oxydierten Gerbstoffs ist nicht ganz leicht. Durch Wasser allein wird er bei gewöhnlicher Temperatur nur mangelhaft in Lösung gebracht. Wirksamer ist schon heißes Wasser. Rascher und vollständiger aber kann man den Oberflächengerbstoff durch verdünnte Alkali- bzw. Sodalösungen auflösen. Deshalb wird der Bleichprozeß in der Praxis meist damit eingeleitet, daß man das vorher in Wasser aufgeweichte Leder mit einer warmen verdünnten alkalischen Lösung, z. B. Sodalösung, behandelt, die den Gerbstoff sehr rasch in Lösung bringt. Auch hierbei zeigt sich sofort die Beziehung zwischen p_H-Wert und Farbe. Durch die alkalische Lösung wird der p_H-Wert des Gerbstoffs erhöht, seine Farbe wird deshalb rasch sehr dunkel. Nach der Alkalibehandlung sind die Leder dunkelbraun bis schwarz, um dann bei der Berührung mit der verdünnten Säurelösung sofort wieder entsprechend der Verschiebung des p_H-Werts eine hellere Farbe anzunehmen.

Diese Methode zum Aufhellen von lohgarem Leder hat also mit dem sonst üblichen Bleichverfahren, bei dem mittels Sauerstoffs ein Farbstoff entfärbt wird, nichts zu tun. Der Bleichprozeß mit Sauerstoff oder Sauerstoff entwickelnden Mitteln ist nicht umkehrbar, während das Aufhellen von lohgarem Leder mit Säure, wie gesagt, reversibel ist.

Die Methode läßt aber ohne weiteres erkennen, wo ihre schwachen Punkte liegen, d. h. wo sie für das Leder Gefahr bringen kann. Die Intensität ihrer Wirksamkeit hängt ab: von der Einwirkungsdauer, der Temperatur und der Stärke der angewandten Soda- bzw. Säurelösungen. Es ist außer Zweifel, daß eine Verwendung zu heißer und zu starker Lösungen und ebenso eine zu lange Einwirkung der Lösungen auf das Leder mehr als den erwähnten Indikatoreffekt hervorruft und die Ledersubstanz schwer schädigen kann. Dabei ist, entgegen der landläufigen Anschauung, die Sodalösung gefährlicher als die Säurelösung.

Die Sodalösung soll den in der Oberfläche des Leders sitzenden ungebundenen Gerbstoff in Lösung bringen. Bei zu langer Einwirkung oder bei Verwendung von zu starken und zu heißen Lösungen wird aber nicht nur dieser freie Gerbstoff gelöst. Es beginnt vielmehr die Sodalösung nach Herauslösen des freien Gerbstoffs auf die Lederfaser selbst einzuwirken. Starke Sodalösungen wirken aber entgerbend auf die Lederfaser, es beginnt damit ein Prozeß, der nicht mehr umkehrbar ist und zur Schädigung der Lederfaser führt. Leder, die beim Bleichen einer zu starken und zu langen Einwirkung der Sodalösung ausgesetzt waren, werden deshalb bei erneutem Auftrocknen hart, blechig und brüchig. Diese Schädigung des Leders läßt sich durch keine Nachbehandlung mehr beheben.

Aus diesem Grund liegt in einer zu starken Sodabehandlung beim Aufhellen des lohgaren Leders eine nicht zu unterschätzende Gefahr. Eine zu starke oder zu lange Säurebehandlung ist nicht in dem Maße gefährlich, weil die Säure aus dem Leder wieder weitgehend ausgewaschen werden kann und weil ihr

schädigender Einfluß sich erst im getrockneten Leder auszuwirken beginnt.
Dann allerdings ist er außerordentlich nachteilig.

Diese Gefahr, die das Bleichverfahren mit Soda und Säure für lohgares Leder
in sich birgt, ist der Grund, warum von vielen Lederherstellern und Lederver-
brauchern die ganze Methode verworfen wird, und warum diese verlangen, daß gutes
Bodenleder z. B. nicht gebleicht werden darf. Anderseits werden in Amerika
große Mengen jeder Art von Leder nach dem Soda-Säureverfahren gebleicht.

Es ist kaum zu bezweifeln, daß ein vorsichtiges Bleichen von lohgarem
Leder, bei dem nur die äußerste Oberflächenschicht eine Aufhellung erfährt und
jedes tiefere Eindringen der Lösungen und ebenso die Verwendung von zu starken
Lösungen und höherer Temperaturen streng vermieden wird, mit keinerlei
Schädigung des Leders verbunden ist. Dies wird insbesondere dann der Fall sein,
wenn die Sodalösungen sehr schwach gehalten und die Leder nach dem Säurebad
ganz sorgfältig ausgewaschen werden. Auf der anderen Seite steht ebenso zweifels-
frei fest, daß jede übermäßige Einwirkung der Soda- und Säurelösungen unbedingt
zu einer Schädigung des Leders führt. Es muß nun besonders darauf hingewiesen
werden, daß es außerordentlich schwierig ist, die Grenze zu erkennen und einzuhalten, die eine gefahrlose Anwendung des Bleichens von dem Beginn schädigender Auswirkungen trennt. Und das ist der Grund, warum vom rein
ledertechnischen Standpunkt aus das Bleichen durch Eintauchen
der Leder in heiße Soda- und Säurelösungen abzulehnen ist
(s. auch G. Baldracco).

Es wäre weit zweckmäßiger, mit allen Mitteln auf die Lederverbraucher in
dem Sinn einzuwirken, daß sie bei gewissen Ledersorten dem äußeren Aussehen
nicht mehr die unberechtigte Bedeutung beimessen wie bisher. Warum ein
schweres Sohlleder durchaus eine strahlend helle Farbe haben soll, weiß eigentlich
niemand zu sagen. Das eine aber ist jedenfalls sicher, daß diese Farbe mit seiner
Qualität nicht das geringste zu tun hat, und daß ein dunkles unscheinbares Sohlleder unter Umständen viel wertvoller, haltbarer, fester usw. sein kann als ein
von vielen Käufern lediglich der äußeren Farbe wegen bevorzugtes Leder, das
eine makellos gleichfarbige, helle Oberfläche aufweist.

Ein weiterer Gesichtspunkt, der gegen die erwähnte Art des Bleichens spricht,
der allerdings nur den Lederhersteller interessiert, ist der, daß jedes lohgare
Leder durch die Soda-Säurebleiche an Gewicht verliert. Über diese Frage
führt A. Claflin an der bereits angeführten Stelle folgendes aus:

„Meines Wissens ist eine Statistik über den Gewichtsverlust beim Bleichen noch
niemals veröffentlicht worden. Ja, es ist, glaube ich, nur in sehr wenigen Gerbereien
versucht worden, die Verluste auch nur aufzuzeichnen. In der Tat würde das Bleichen
überhaupt wohl ein für allemal aufhören, wenn der Verlust an gutem Gerbmaterial
durch die Schwefelsäurebleiche richtig gewürdigt würde. Bei der äußerst geringen Möglichkeit, größeres Zahlenmaterial zu erhalten — was wirklich wesentlich ist, wenn zutreffende Folgerungen gezogen werden sollen — schätze ich den Reinverlust am fertigen
Leder durch das Bleichen im Minimum auf $1^1/_2\%$ bei leichter Bleiche und bis zu 5% bei
starker Bleiche und im Durchschnitt auf $2^1/_2$ bis 3%. Dieser Verlust betrifft den Gerbstoff, der in dem Leder sein sollte. Da unbeschwertes Sohlleder, annähernd gesprochen, ungefähr 50% Gerbstoff und 50% Hautsubstanz enthält und der vo,n der
Bleiche herrührende Verlust so gut wie ganz auf den Gerbstoff entfällt, so folgt daß
von je 100 Pfund in das Leder hineingebrachtem Gerbstoff 3 bis 10 Pfund vorsätzlich
wieder herausgeschafft und weggeworfen werden, und zwar wegen einer Farbe, deren
innerer Wert gleich Null ist. Wenn aber der Verlust so groß ist, und ich glaube, ich
habe ihn mäßig angenommen, warum wird dann der Sache nicht ein Ziel gesetzt?"

Der Gerbstoffverlust wird deshalb weniger berücksichtigt, weil es vielfach —
besonders in den Vereinigten Staaten — üblich ist, auf die Soda-Säurebleiche
noch eine Behandlung des Leders mit Bittersalz und Traubenzucker folgen zu
lassen, durch welche der Gewichtsverlust wieder ausgeglichen wird.

Im Gegensatz zu dem gefährlichen, weil in seiner Auswirkung nur schwer zu kontrollierenden Tauchverfahren ist ein Aufhellen lohgarer Leder durch einfaches Ausbürsten mit Soda- und Säurelösungen ungefährlich, ganz besonders wenn statt der Schwefelsäure die viel milder wirkende Oxalsäure verwendet wird. Bei diesem Ausbürsten wird ja nur die alleräußerste Oberflächenschicht erfaßt. Auch können durch ein ausgiebiges Nachbürsten mit heißem und kaltem Wasser nahezu die letzten Spuren von Säure entfernt werden. Allerdings sind starke dunkle Verfärbungen, Kalkflecken u. dgl. durch einfaches Ausbürsten mit Soda- und Säurelösungen nicht immer völlig zu entfernen. Weiter ist eine völlig ungefährliche Aufhellung des Leders stets dadurch zu erreichen, daß man es mit einem der vielen, besonders synthetischen Gerbextrakte mit aufhellender Wirkung nachgerbt (englische Methode).

II. Wirkung von Säuren auf das Leder.

Im Zusammenhang mit dem Problem des Bleichens sind die Untersuchungen und die auf deren Ergebnisse gegründeten Anschauungen über die Einwirkung von Säuren auf das Leder von Interesse.

C. Immerheiser hat anläßlich der Ausarbeitung einer Methode zur Bestimmung von Schwefelsäure im Leder sich auch mit dem Verhalten dieser Säure im Leder befaßt. Nach seiner Ansicht wird verdünnte Schwefelsäure vom Leder in großen Mengen sehr schnell gebunden und zum Teil „neutralisiert". Dieses „Neutralisieren" soll dadurch erfolgen, daß schon bei gewöhnlicher Temperatur die verdünnte Schwefelsäure — ebenso wie andere freie Säuren — eine tiefgehende Spaltung der Ledersubstanz bewirkt, wodurch ein Teil der Schwefelsäure in organisch-stickstoffhaltige Verbindungen übergeht. Diese organischen Sulfate lassen sich auswaschen und sind durch einen sehr hohen Gehalt an Stickstoff charakterisiert. Deshalb zeigt bei allen Ledern, die unter Einwirkung von Säure gestanden haben, der wässerige Auszug stets einen wesentlich höheren Stickstoffgehalt als bei unbehandelten Ledern. Er kann nach C. Immerheiser in einzelnen Fällen sich bis auf das Zehnfache des Normalen steigern.

C. Immerheiser hat Untersuchungen darüber angestellt, wieviel Schwefelsäure Ledersorten von verschiedener Gerbung aufnehmen können. Das Ergebnis seiner Versuche war folgendes:

2 g lufttrockenes Leder absorbierten innerhalb 1 Stunde bei gewöhnlicher Temperatur:

bei Gerbung mit	ccm $n/_{10}$-H_2SO_4	bei Gerbung mit	ccm $n/_{10}$-H_2SO_4
Eichenholzextrakt	7,76—8,22	Myrobalanen	7,76—5,54
Quebrachoextrakt	10,33	Kastanienextrakt	5,64
Mimosarinde	7,61	Eichenrindenextrakt	8,70

C. Immerheiser kommt dann weiter zur Ansicht, daß man Schwefelsäure in einem Leder, das diese Säure im Lauf des Herstellungsprozesses aufgenommen hat, um so weniger nachweisen kann, je älter das Leder ist.

Die Immerheiserschen Anschauungen über die rasche Bindung der Schwefelsäure im Leder wurden von W. Moeller (1) stark angegriffen. Die daraus entstehende Polemik brachte aber keine weitere Klärung des Problems. Über die zerstörende Wirkung der freien Säure im Leder waren sich beide Verfasser einig, die Geschwindigkeit der schädlich wirkenden Reaktion aber blieb umstritten.

W. Moeller (2) vertritt die Ansicht, daß bei der Säurewirkung auf Leder nicht nur die Wasserstoffionen einen zerstörenden Einfluß ausüben, sondern auch die Anionen, insbesondere die SO_4- und SO_3-Ionen, sehr stark, zum Teil stärker als die H-Ionen, hydrolysierend auf das Leder einwirken.

Auch V. Kubelka und K. Ziegler kamen bei ihren Untersuchungen über das Verhalten von Schwefelsäure im Leder zu der Anschauung, daß nach fünfwöchigem Lagern von der ursprünglich vorhandenen Säure der größte Teil von der Lederfaser so aufgenommen wird, daß er bei der Messung der Acidität nicht wieder gefunden werden kann (zur Frage der Säureschädigung s. a. dieser Bd., 10. Kap., S. 1220).

V. Kubelka und E. Weinberger stellten fest, daß die meßbare Beschädigung von Leder durch Schwefelsäurezusatz praktisch erst nach einem Monat beginnt. Nach ein bis drei Monaten fanden sie

$$\left.\begin{array}{lll}\text{bei } 1\% \ H_2SO_4\text{-Zusatz zum Leder} & 0,53\% \\ \text{,, } 5\% \ H_2SO_4\text{-Zusatz ,, ,,} & 1,23\% \\ \text{,, } 10\% \ H_2SO_4\text{-Zusatz ,, ,,} & 9,4\%\end{array}\right\} \begin{array}{l}\text{wasser- und} \\ \text{sodalösliche} \\ \text{Hautsubstanz.}\end{array}$$

J. A. Wilson hat den Einfluß der Schwefelsäure bzw. der Schwefelsäurekonzentration im Leder auf die physikalischen Eigenschaften verschiedener Ledersorten untersucht. Mehrere Lederproben wurden mit steigenden Mengen Schwefelsäure behandelt, getrocknet und dann verschieden lang aufbewahrt ($1^1/_2$, 3, 6 und 9 Monate). Die Aufbewahrung erfolgte zuerst eine Woche lang an der Luft, dann in einem verschlossenen Gefäß, in dem eine relative Feuchtigkeit von 50% aufrechterhalten wurde. Hierauf wurden die Leder auf ihre Reißfestigkeit geprüft. Die Ergebnisse des Versuchs zeigt Abb. 1.

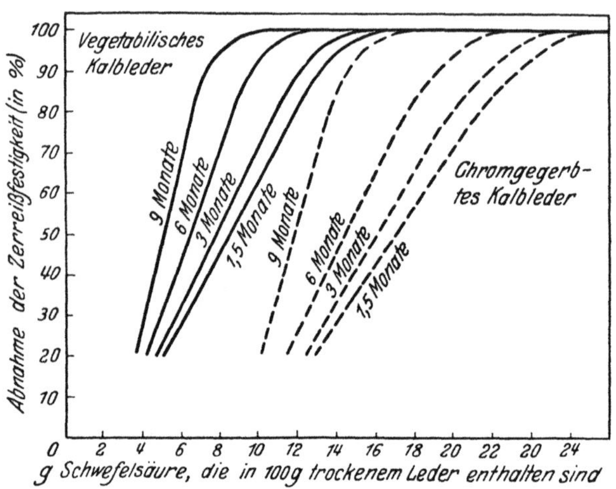

Abb. 1. Einfluß der Zeit und des Schwefelsäuregehalts von lohgarem und Chromleder auf die durch die Säure bedingten Zersetzungserscheinungen im Leder [J. A. Wilson (1)].

In der Abb. 1 sind die Versuchsergebnisse bei den niederen Säurekonzentrationen, die bis zu 20% Festigkeitsverlust verursachten, weggelassen, da sie nicht einheitlich sind. Die Kurven zeigen deutlich, daß mit zunehmendem Gehalt an Schwefelsäure und mit zunehmender Lagerzeit die Zerstörung des Leders fortschreitet. Sie zeigen ferner, daß die Zerstörungserscheinungen im lohgaren Leder bei mehr als 4%, im Chromleder bei mehr als 10% Gehalt an Schwefelsäure eintreten und beim Lagern dann nicht mehr aufzuhalten sind.

Nicht zu ersehen ist aus den Kurven der Abb. 1, wie groß der Säuregehalt eines Leders sein darf, ohne daß sich Zerstörungserscheinungen zeigen. J. A. Wilson (1) ist auf Grund von Untersuchungen, die er an Ledern mit einem Alter bis zu 20 Jahren vorgenommen hat, zur Ansicht gelangt, daß für lohgares Leder das noch unschädliche Maximum zwischen 2,6 und 4% angenommen werden kann.

Der Einfluß der Konzentration der Schwefelsäure auf die Zerstörungserscheinungen wurde dadurch ermittelt, daß verschiedene Lederproben in Schwefelsäurelösungen aufbewahrt wurden, die verschiedene Stärke aufwiesen (0,25 n bis 12,00 n). Die Temperatur wurde auf 25° gehalten. Die Dauer der Einwirkung betrug 46 Tage. Die Proben wurden dann 48 Stunden in fließendem Wasser gewaschen, um die Säure zu entfernen. Alle ausgewaschenen lohgaren Leder waren, wie durch Analysen festgestellt wurde, frei von Schwefelsäure. Die Chromlederproben enthielten weniger freie Säure als bei Beginn des Versuchs.

Gegen Ende der Versuchsdauer (46 Tage) zerfielen die lohgaren Proben in der 10 n- und 12 n-Schwefelsäurelösung in mehrere Stücke. Den übrigen lohgaren Proben war äußerlich eine Veränderung nicht anzusehen. Dagegen wurden fast alle Chromlederproben, die in Schwefelsäurelösungen mit 0,4 n- und höherer Konzentration aufbewahrt waren, völlig aufgelöst. Die Abnahme der an den nicht zerstörten Proben geprüften Reißfestigkeit ist aus Abb. 2 ersichtlich.

Die Versuche zeigen, um wieviel mehr das Chromleder gegen freie Schwefelsäure empfindlich ist als lohgares Leder, während nach den Untersuchungen von C. W. Beebe und R. W. Frey chromgares Leder gegen Säureeinfluß widerstandsfähiger als lohgares Leder sein und eine Nachgerbung bis zu 1,5% Chromgehalt die Widerstandskraft des lohgaren Leders gegen Säure erhöhen soll.

Nach R. F. Innes (*1*) müssen 2% Schwefelsäure im Leder vorhanden sein, wenn eine Zerstörung des Leders einsetzen soll. D. Woodroffe und F. H. Hancock sind der Ansicht, daß Schwefelsäure ohne schädigende Wirkung auf das Leder ist, wenn der p_H-Wert der zur Behandlung des Leders verwendeten Lösung über 2 liegt.

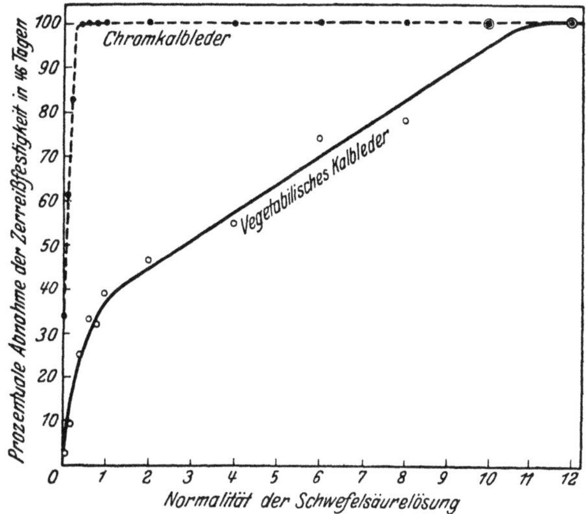

Abb. 2. Einfluß der Schwefelsäurekonzentration auf die zerstörende Wirkung von Schwefelsäurelösungen gegenüber lohgarem und chromgarem Kalbleder [J. A. Wilson (*1*)].

Th. Blackadder gibt in seinem Kommissionsbericht (des Vereins amerikanischer Lederindustriechemiker — A. L. C. A.) betreffend das Studium der zerstörenden Wirkung von Säure auf Leder an, daß bei schwefelsäurehaltigem Leder ein p_H von 2,75 für den wässerigen Auszug des Leders gerade noch vertretbar sei, da man festgestellt habe, daß ein diesem p_H-Wert entsprechender Schwefelsäuregehalt innerhalb von zwei Jahren ein Leder nicht mehr als bis zu 10% schädigen könne. Während des letzten Krieges mußten alle deutschen Wehrmachtsleder der folgenden Bestimmung entsprechen: Der p_H-Wert des nach besonderer Vorschrift hergestellten Auszugs darf nicht unter 3,5 und nicht über 7,0 liegen. Soweit er unter 4,5 liegt, darf die Differenzzahl des p_H-Werts des wässerigen Auszugs und seiner zehnfachen Verdünnung nicht 0,7 oder mehr betragen. Nach R. C. Bowker beginnt die Säureschädigung bei p_H 3.

Daß die Art des Gerbstoffs auf den Empfindlichkeitsgrad des lohgaren Leders gegenüber Schwefelsäure von Einfluß ist, haben R. C. Bowker und C. L. Critchfield gezeigt. Sie fanden, daß ein mit einem Gemisch von Kastanien- und Quebrachoextrakt gegerbtes Leder weniger widerstandsfähig gegen

Schwefelsäure ist als ein mit Quebracho allein gegerbtes Leder, daß es dagegen von Schwefelsäure weniger leicht zerstört wird als ein Leder, das nur mit Kastanienextrakt gegerbt ist. Diese Feststellungen zeigen, daß alle Versuche über die Einwirkung der Schwefelsäure auf lohgares Leder, das mit einem einzigen Gerbstoff gegerbt ist, nur relativ zu werten sind.

Auch die Versuche von R. F. Innes (2) haben gezeigt, daß Art und Stärke der Einwirkung von Schwefelsäure auf lohgare Leder in erheblichem Maße von der Art der verwendeten Gerbstoffe abhängt. Innes fand, daß die mit Pyrogallol-Gerbstoffen gegerbten Leder widerstandsfähiger sind als Leder, die mit Pyrokatechin-Gerbstoffen gegerbt sind. Er konnte weiter mit Hilfe des sogenannten Peroxydtests (vgl. dieser Bd., 10. Kap., S. 1332) feststellen, daß Leder, welche einen hohen Prozentsatz an wasserlöslichen Stoffen enthalten, gegen die schädliche Wirkung der Schwefelsäure sich viel widerstandsfähiger zeigen als Leder, die arm an solchen Stoffen sind. Es scheinen insbesondere die Nichtgerbstoffe zu sein, welche diese Schutzwirkung ausüben. Unter den Nichtgerbstoffen sind es wieder besonders die Salze schwacher organischer Säuren, welche die zerstörende Einwirkung der Schwefelsäure herabzumindern imstande sind. Den zuckerartigen Nichtgerbstoffen kommt keine Schutzwirkung zu.

Der Gerbungsgrad sowie die Menge und die Natur des dem Leder einverleibten Fettes beeinflussen nach Innes die Wirkung der Schwefelsäure auf Leder nicht.

Man nimmt vielfach an, daß lohgares Leder, das Schwefelsäure enthält, in trockener Luft rascher durch die Säure zerstört wird als in feuchter, weil bei Abnahme der Feuchtigkeit des Leders eine Konzentrierung der Schwefelsäure einträte. J. A. Wilson und E. J. Kern untersuchten den Einfluß der Feuchtigkeit auf den Zerstörungsvorgang. Verschiedene Lederproben wurden gleichmäßig mit Schwefelsäure behandelt und nach dem Trocknen 46 Tage in Exsikkatoren mit 0, 20, 40, 60, 80 und 100% relativer Feuchtigkeit aufbewahrt. Dann wurde die Abnahme der Reißfestigkeit bestimmt. Die Ergebnisse bei zwei Lederproben, die 5 g Schwefelsäure auf 100 g trockenes Leder enthielten, sind in Tabelle 1 angegeben.

Tabelle 1. Einfluß der Feuchtigkeit auf die zerstörende Wirkung der Schwefelsäure im Leder (J. A. Wilson und E. J. Kern).

Relative Feuchtigkeit	Wasser im Leder		Abnahme der Reißfestigkeit	
	1	2	1	2
0	1,85	1,25	24,8%	18,4%
20	7,16	6,90	41,0%	33,8%
40	9,83	9,31	47,3%	33,5%
60	13,21	13,28	52,6%	46,2%
80	17,56	17,36	54,1%	51,1%
100	30,40	30,00	62,2%	64,1%

Die Zahlen zeigen, daß mit zunehmender Feuchtigkeit die zerstörende Wirkung der Schwefelsäure fortschreitet. Wilson und Kern erklären dies folgendermaßen: Das Verhältnis zwischen freier Säure und der von Leder gebundenen Säuremenge wird durch die Feuchtigkeit stark beeinflußt, und zwar in dem Sinne, daß mit zunehmender Feuchtigkeit durch hydrolytischen Einfluß die Menge der freien Säure zunimmt. Da aber die freie Säure allein für die Zerstörung des Leders verantwortlich ist, müssen die Zerstörungserscheinungen mit zunehmender Feuchtigkeit größer werden.

Auch R. C. Bowker und W. D. Evans fanden, daß bei lohgaren Ledern, die Schwefelsäure enthalten, die Geschwindigkeit der Zerstörung des Leders von dem Feuchtigkeitsgehalt der Luft abhängt, in der das Leder lagert. Die Zerstörung erfolgt um so schneller, je höher der Feuchtigkeitsgehalt der Luft ist.

Daß die zerstörende Wirkung der Schwefelsäure auf lohgares Leder durch die Anwesenheit von Magnesiumsulfat abgeschwächt wird, haben die besonders beachtlichen Untersuchungen von R. C. Bowker, E. L. Wallace und J. R. Kanagy gezeigt (vgl. dieser Bd., 5. Kap., S. 347). Das Ergebnis dieser Untersuchungen läßt klar erkennen, daß die schädigende Wirkung der Schwefelsäure viel mehr eine Funktion des p_H-Werts des Leders als des tatsächlich vorhandenen Schwefelsäuregehalts ist. Die Untersuchungen sind weiterhin deshalb sehr wertvoll, weil sie mit einem besonders umfangreichen Ledermaterial durchgeführt worden sind und den Ergebnissen somit eine zuverlässige allgemeine Gültigkeit beigemessen werden kann.

Die Angaben in jeder der vier Gruppen (vier verschiedene Ledersorten) entsprechen den Durchschnittswerten von 21 Proben. Aus der Tabelle 2 ist deutlich erkennbar, daß durch einen Magnesiumsulfatzusatz der Anfangs-p_H-Wert des Leders zunimmt, d. h. daß die Wasserstoffionenkonzentration in einem Leder mit Magnesiumsulfatgehalt geringer ist als bei gleicher Schwefelsäurekonzentration in einem magnesiumsulfatfreien Leder. Auffallend ist weiterhin, daß nach den in Tabelle 2 zusammengestellten Untersuchungsergebnissen bei allen Lederproben der p_H-Wert mit dem Altern des Leders — wenn auch wenig — ansteigt.

Ein Vergleich der Reißfestigkeit und der Menge der wasserlöslichen Hautsubstanz bei den einzelnen Proben nach 24monatigem Lagern ergab, daß die zerstörende Wirkung der Schwefelsäure bei einem p_H-Wert des Leders von 3 beginnt und daß sie bei allen Lederproben unterhalb eines p_H-Werts von 2,8 bereits ein erhebliches Ausmaß erreicht. Siehe Abb. 3 und 4. In den Abb. 3 und 4 entsprechen die vier Kurvenpunkte den vier verschiedenen Lederproben der vier Gruppen nach Tabelle 2.

Tabelle 2. Beziehungen zwischen p_H-Wert und Prozentgehalt an Schwefelsäure und Magnesiumsulfat in lohgarem Leder (R. C. Bowker, E. L. Wallace und J. R. Kanagy).

%-Gehalt an H_2SO_4	%-Gehalt an $MgSO_4$	p_H-Wert des Leders	
		am Anfang	nach 24 Monaten
Quebracho-Leder			
0,0	—	4,90	4,96
0,7	—	3,26	3,32
1,6	—	2,67	2,88
2,2	—	2,28	2,60
Quebracho-Leder mit Magnesiumsulfatzusatz			
0,0	4,7	4,97	4,91
0,8	4,6	3,52	3,60
1,5	4,9	2,81	2,98
2,3	4,9	2,43	2,63
Kastanienextrakt-Leder			
0,0	—	3,79	3,80
0,8	—	2,87	2,98
1,7	—	2,47	2,70
2,4	—	2,18	2,44
Kastanienextrakt-Leder mit Magnesiumsulfatzusatz			
0,0	5,0	3,87	3,94
0,8	5,2	3,16	3,26
1,7	4,9	2,64	2,80
2,5	5,3	2,33	2,52

Daß die Feststellung des p_H-Werts des Leders bei der Beurteilung einer schädigenden Säurewirkung viel wichtiger ist als die Bestimmung der Säurekonzentration, geht aus Abb. 3 deutlich hervor, wobei noch besonders auf die Ähnlichkeit der Kurven in den Abb. 3 a und 4 hinzuweisen ist. Die Untersuchung aller Lederproben, die einen Zusatz an Magnesiumsulfat erhalten hatten, zeigte, daß bei gleichem Schwefelsäuregehalt Leder mit Magnesiumsulfat eine geringere Schädigung erleidet als magnesiumsulfatfreies Leder.

M. C. Lamb und J. A. Gilman konnten durch Reihenversuche zeigen, daß die Lichtempfindlichkeit von Ledern, die mit Pyrokatechingerbstoffen gegerbt und vor der Zurichtung mit Schwefelsäure gebleicht wurden, um so größer ist, je mehr Säure unneutralisiert im Leder verbleibt.

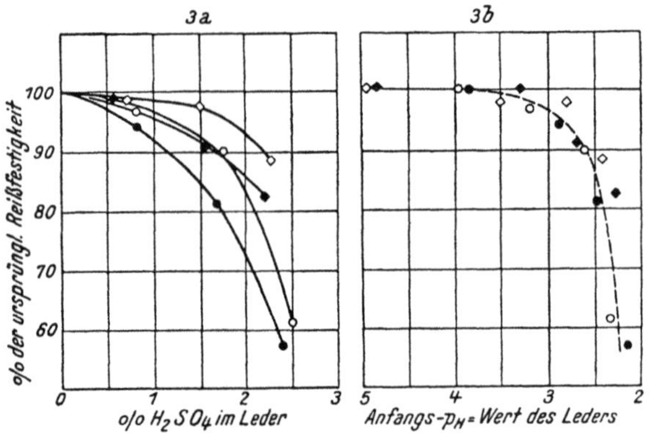

• Kastanienextrakt + H₂SO₄.
○ Kastanienextrakt + H₂SO₄ + MgSO₄ · 7 H₂O.
♦ Quebrachoextrakt + H₂SO₄.
◇ Quebrachoextrakt + H₂SO₄ + MgSO₄ · 7 H₂O.

Abb. 3. *a* Einfluß des Schwefelsäuregehalts von lohgarem Leder auf die Reißfestigkeit nach einer Lagerung von 24 Monaten (R. C. Bowker, E. L. Wallace und J. R. Kanagy). *b* Beziehungen zwischen Anfangs-p_H-Wert und Reißfestigkeit von lohgarem Leder nach einer Lagerung von 24 Monaten (R. C. Bowker, E. L. Wallace und J. R. Kanagy).

Behandlung mit Calciumcarbonat, das mit 0,25% Calciumchlorid versetzt ist, soll die Säureschädigung verhindern, wobei die Lichtbeständigkeit der Leder nicht nachteilig beeinflußt wird. Es wurde vorgeschlagen, Buchbinderleder und Möbelleder usw. zur Erhöhung der Lebensdauer mit 5 bis 8% dieser Mischung zu behandeln, wobei diese Salze zur ausgezehrten Farbflotte gegeben und weitgehend in das Leder eingewalkt werden [M. C. Lamb und H. Anderson (*1*)].

Auch über die Wirkung der Salzsäure auf das Leder hat J. A. Wilson (*1*) Versuche angestellt, indem er verschiedene Kalblederproben mit $^1/_{10}$ bis $^5/_1$ normalen Salzsäurelösungen behandelte und die Leder nach dem Trocknen 46 Tage aufbewahrte. Ohne Rücksicht auf die Stärke der einzelnen Säurelösungen enthielten zuletzt alle Lederproben etwa 3,3 g Salzsäure pro 100 g trockenem Leder. Ebenso zeigten alle Proben eine Abnahme der Reißfestigkeit um ungefähr 25%. Wilson erklärte den gleichmäßigen Salzsäuregehalt der Lederproben durch die Flüchtigkeit der Säure, die den Eintritt eines Gleichgewichts zwischen Salzsäure und Ledersubstanz bedingt.

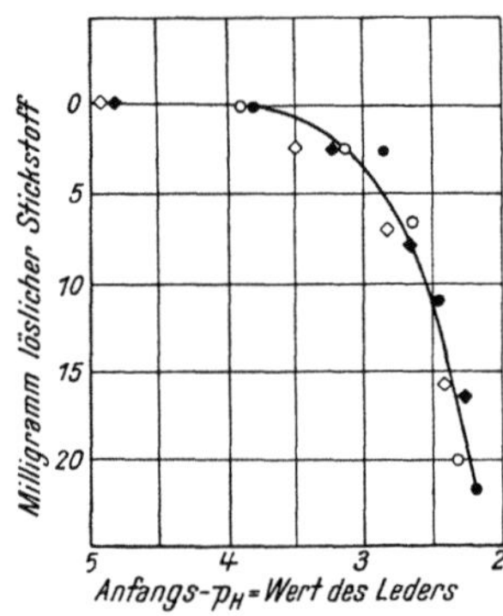

• Kastanienextrakt + H₂SO.
○ Kastanienextrakt + H₂SO₄ + MgSO₄ · 7 H₂O.
♦ Quebrachoextrakt + H₂SO₄.
◇ Quebrachoextrakt + H₂SO₄ + MgSO₄ · 7 H₂O.

Abb. 4. Beziehungen zwischen Anfangs-p_H-Wert des Leders und der Menge der bei 25° wasserlöslichen Hautsubstanz[1] nach 24monatigem Lagern (R. C. Bowker, E. L. Wallace und J. R. Kanagy).

Anderseits konnten V. Kubelka und K. Ziegler durch Versuche feststellen, daß die Acidität eines mit Salzsäure angesäuerten Leders weder nach fünfwöchigem Lagern, noch nach 24stündigem Trocknen bei 100°, noch nach weiterem vierstündigem Trocknen bei 130° sich ändert. Dieses Verhalten ist nur dadurch zu erklären, daß die Ledersubstanz die Salzsäure bindet, und zwar so fest, daß auch bei vollkommener Verdunstung des

---

[1] Bei der Extraktion wurden 25 g Leder mit 200 ccm destilliertem Wasser 3 Stunden bei 25° geschüttelt. In der filtrierten Lösung wurde der Stickstoffgehalt nach Kjeldahl bestimmt.

Wassers die gesamte ursprünglich vorhandene Salzsäuremenge von der Ledersubstanz zurückgehalten wird.

Versuche der gleichen Autoren mit Essigsäure und Ameisensäure zeigten, daß diese Säuren vom Leder nicht in dem Maße wie die Salzsäure zurückgehalten werden.

Schaltet man den Faktor der Flüssigkeit aus, so zeigt sich, daß die Salzsäure sowohl auf chrom- wie lohgares Leder stärker einwirkt als die Schwefelsäure, wie J. A. Wilson dies an einer Versuchsreihe, bei der die Lederproben in Säurelösungen von verschiedener Stärke aufbewahrt wurden, zeigen konnte (s. Abb. 5).

Die Kurven der Abb. 5 zeigen die Zeit in Tagen an, die für eine völlige Zerstörung des Leders erforderlich waren. In Lösungen, die stärker als 3-normal sind, ist die zerstörende Wirkung der Salzsäure größer als die der Schwefelsäure. Die stärkere Wirksamkeit der Schwefelsäure in den Lösungen, die schwächer als 3-normal sind, führt Wilson auf die vermehrte entgerbende Wirkung dieser Säure zurück.

Über die Wirkung der Oxalsäure auf lohgares Leder widersprechen die Angaben im Schrifttum einander sehr. D. Woodroffe fand an ostindischen Ziegenledern, die eine wechselnde Behandlung mit 4 bis 5% Oxalsäurelösung erfahren hatten, deutliche Verminderung der Reißfestigkeit. Bei Ledern, die mit Salzsäure behandelt worden waren, war die Verringerung der Reißfestigkeit, also der Schädigungsgrad, allerdings deutlicher. V. Kubelka und E. Weinberger fanden, daß Oxalsäure erst in größeren Mengen und nach längerer Zeit die Zugfestigkeit von lohgarem Leder schädlich beeinflußt. Bei kleinen Zusätzen ist die Wirkung der Oxalsäure bedeutend schwächer als die der Schwefelsäure. V. Kubelka und O. Heger stellten fest, daß ein 10%iger Zusatz von Oxalsäure darin ungefähr einer Zugabe von 1% Schwefelsäure entspricht.

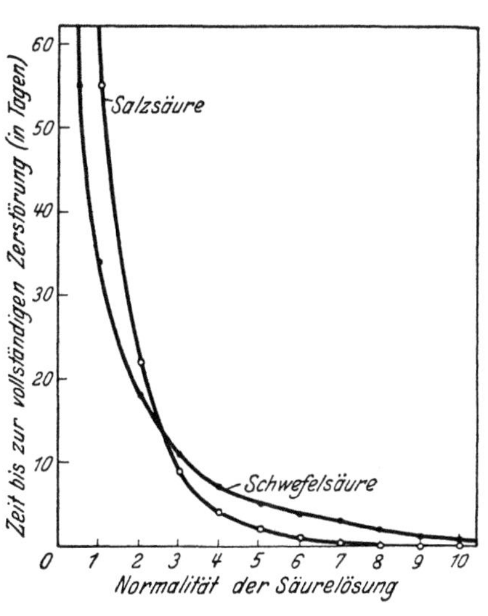

Abb. 5. Geschwindigkeit der Zerstörung von Chromkalbleder in verschieden starken Schwefel- und Salzsäurelösungen [J. A. Wilson (1)].

Bei der Wirkung der Oxalsäure auf lohgares Leder wurde weiterhin die auffallende Beobachtung gemacht, daß nach einmonatiger Behandlung mit der Säure die im Leder vorhandene Menge der löslichen Hautsubstanz außerordentlich angewachsen war (zehnmal höher als im Leder, das mit entsprechender Menge Schwefelsäure behandelt worden war). Nach weiteren zwei Monaten nimmt aber die Menge der löslichen Hautsubstanz wieder ab und wird geringer als bei dem mit Schwefelsäure behandelten Vergleichsleder.

R. C. Bowker und J. R. Kanagy verfolgten die Wirkung der Oxalsäure auf lohgares Leder während eines Zeitraums von zwei Jahren. Die Untersuchungen wurden an zwei verschiedenen Ledersorten (je mit Quebrachoextrakt und mit Kastanienextrakt gegerbt) durchgeführt. Dabei wurde die Abnahme der ursprünglichen Reißfestigkeit als Maß für die zerstörende Wirkung der Oxalsäure angesehen.

Es wurde gefunden, daß bei beiden Ledersorten eine Lederschädigung eintritt, wenn der p_H-Wert des Leders infolge der vorhandenen Oxalsäurekonzentration auf 3 gesunken ist (s. Abb. 6).

In Übereinstimmung mit den von R. C. Bowker und C. L. Critchfield bei der Wirkung der Schwefelsäure auf lohgare Leder gemachten Feststellungen

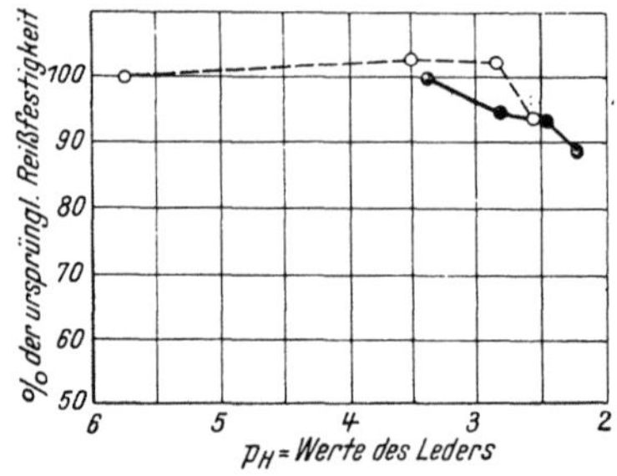

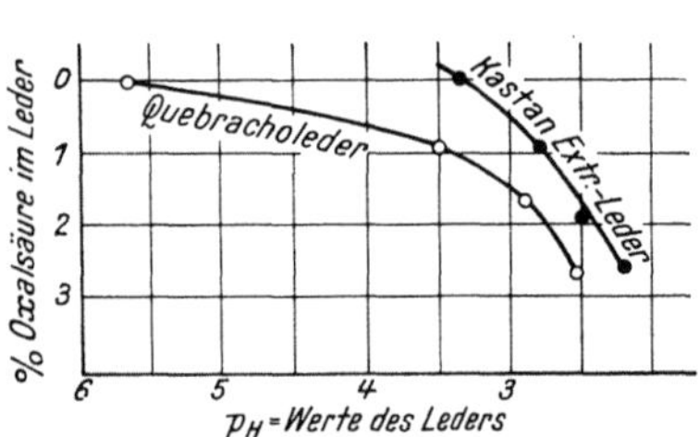

° Quebracholeder. · Kastanienextraktleder.
Abb. 6. Beziehungen zwischen p_H-Wert und Reißfestigkeit von oxalsäurehaltigem Leder nach 24monatigem Lagern (R. C. Bowker und J. R. Kanagy).

Abb. 7. Beziehungen zwischen Prozentgehalt an Oxalsäure und p_H-Wert von lohgarem Leder (R. C. Bowker und J. R. Kanagy).

(s. S. 7) ist auch die schädigende Wirkung der Oxalsäure auf Leder, das mit Kastanienextrakt gegerbt ist, etwas stärker als auf Quebracholeder. Eine Änderung des Einwirkungsgrades bei verschiedenen Feuchtigkeitsgehalten konnte nicht festgestellt werden.

Der Einfluß des Oxalsäuregehalts (zur Bestimmung s. dieser Bd., 10. Kap., S. 1384) auf den p_H-Wert des Leders ist aus Abb. 7 ersichtlich. Man sieht, daß der kritische p_H-Wert von 3 beim Kastanienextraktleder bei etwa 1%, beim Quebracholeder bei etwa $1^1/_2\%$ Oxalsäure erreicht wird.

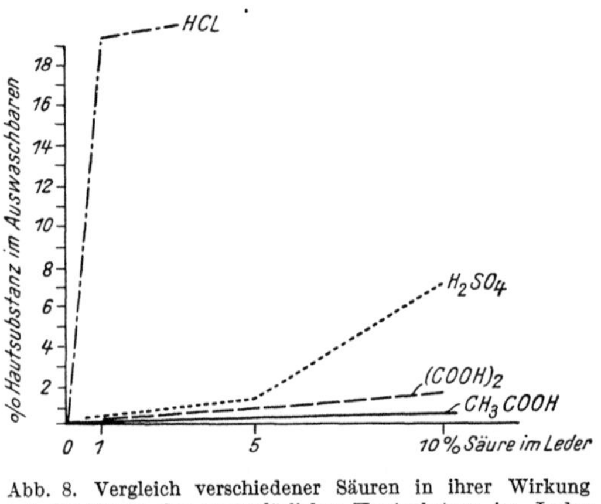

V. Kubelka und Mitarbeiter haben auch den Einfluß der im Leder etwa vorhandenen Säuren auf die Menge der aus dem Leder auswaschbaren Stoffe untersucht, wobei unter „auswaschbaren Stoffen" der Wert verstanden wurde, welcher bei der offiziellen Lederanalyse bestimmt wird. Die Versuche wurden mit Lederproben ausgeführt, welche mit Schwefel-, Salz-, Oxal- und Essigsäure behandelt worden waren. Das Ergebnis der Versuche ist in Tabelle 3 angegeben.

Abb. 8. Vergleich verschiedener Säuren in ihrer Wirkung auf die Menge der wasserlöslichen Hautsubstanz im Leder nach dreimonatiger Lagerung (V. Kubelka und E. Weinberger).

Die Einwirkung der Säuren auf die Menge der aus Leder auswaschbaren stickstoffhaltigen Substanzen (Hautsubstanz) ist nahezu die gleiche wie die Wirkung der Säuren auf die Menge des Gesamtauswaschbaren. Abb. 8 zeigt die Wirkung verschiedener Säuren auf die Menge der wasserlöslichen Hautsubstanz im Leder nach drei Monaten.

V. Kubelka und E. Weinberger kommen auf Grund ihrer Untersuchungen zu dem Schluß, daß die Beschädigung des Leders durch die Einwirkung von Säuren im großen und ganzen etwa parallel mit der Zunahme der Menge der aus dem Leder auswaschbaren Stoffe verläuft. Die Menge des Auswaschbaren kann daher für Versuche, bei denen der Anfangsgehalt an auswaschbaren Stoffen im unveränderten Leder bekannt ist, als Maß für den Beschädigungsgrad des Leders Verwendung finden.

Tabelle 3. Wirkung verschiedener Säuren auf die Menge auswaschbarer Stoffe im Leder.

Menge des Säurezusatzes in %	Wirkungsdauer (Lagerung)				
	1 Stunde	24 Stunden	1 Monat	3 Monate	6 Monate
	ohne Säure = 9,63% auslaugbarer Stoffe				
	Salzsäure				
1	9,48	9,67	10,09	37,3	Leder zerstört
5	9,77	10,54	28,02	35,1	
10	10,10	13,70	37,06	Leder völlig zerstört	
	Schwefelsäure				
1	10,2	10,88	10,09	8,8	12,6
5	13,0	13,60	12,08	11,0	14,1
10	16,8	18,40	17,06	20,2	21,3
	Oxalsäure				
1	10,20	10,0	7,36	9,67	9,0
5	12,70	12,0	11,26	12,3	12,3
10	14,50	15,9	23,78	11,7	14,0
	Essigsäure				
1	10,3	10,5	8,9	8,6	11,8
5	9,77	9,40	7,34	6,9	6,7
10	9,35	8,04	6,88	7,07	8,2

Aus diesen Ausführungen geht hervor, daß es neben der stark wirkenden und deshalb gefährlichen Soda-Säurebleiche noch eine Reihe von Methoden gibt, nach denen der Gerber eine Verbesserung der Farbe von solchen lohgaren Ledern, deren Aussehen nicht befriedigt, erzielen kann, ohne daß die Qualität des Leders Schaden leidet.

C. Praxis des Bleichens.

O. Reethof unterscheidet drei verschiedene Methoden des Bleichens von Sohlleder, die eine helle Farbe geben sollen: 1. Die amerikanische Methode, bei der die nassen Leder hintereinander in Soda- und Säurebäder kommen; 2. die englische Methode des Bleichens mit sauer eingestellten Bleichextrakten; 3. die europäische Methode, bei der die trockenen Leder mit Soda- und Säurelösungen behandelt werden. Wenn auch diese drei Methoden in den einzelnen Ländern nicht ausschließlich zur Anwendung kommen, so ist doch für lohgare Leder die Soda-Säurebleiche die wichtigste. Das Bleichen von Chromleder geht von ganz anderen Voraussetzungen aus. Man erhält dabei in den meisten Fällen mit Hilfe weißer Niederschläge oder auch Farbstoffe eine helle Farbe. Beim Bleichen von Sämischleder werden schärfere Bleichmittel angewandt als bei lohgarem Leder.

I. Bleichen des lohgaren Leders mit Soda und Säure.

Im folgenden sollen eine Anzahl von Bleichmethoden aufgezählt werden, wie sie in den letzten 50 Jahren beschrieben und empfohlen worden sind. Mit Absicht sind dabei auch ältere Methoden und Vorschriften angeführt, um einen Überblick über die Entwicklung dieses Gebiets zu geben.

In seiner „Manufacture of Leather" vom Jahre 1885 erwähnt Ch. Th. Davis, wohl zum erstenmal, eine Vorschrift für das Aufhellen von Hemlock-Leder. Sie lautet, dem Inhalt nach, wie folgt:

Das Bleichen wird in drei Stufen durchgeführt. Für 100 Häute bereitet man zuerst eine Lösung von 2,7 kg Kupfervitriol in 2500 l Wasser, in der die Leder 36 Stunden belassen werden. Dann gelangen sie in das zweite Bad, das aus 2500 l Wasser mit 67,5 kg Borax besteht und auf eine Temperatur von 50° gebracht wird. Unter langsamem Bewegen werden hier die Leder 45 Minuten belassen. Das anschließende dritte Bad besteht aus 22,5 kg Schwefelsäure, die in 2500 l Wasser gelöst sind. Die Temperatur beträgt 45°. Im Säurebad verbleiben die Häute nur $^1/_2$ bis 1 Minute. Dann werden sie in frischem Wasser gespült.

Im Jahre 1892 veröffentlichte W. Eitner im „Gerber" eine Methode zum Bleichen von Sohlleder, die angeblich auch einer englischen Methode entsprach und die durch den charakteristischen Satz eingeleitet wurde:

„Auch Sohlleder muß eine hübsche Farbe haben. Mag die Qualität desselben eine noch so gute sein, so bemängeln es die Käufer doch, wenn nicht auch die Narbenseite rein ist. Deshalb braucht aber doch der Gerber nicht zu verzagen, wenn seine Ware zu dunkel oder fleckig herauskommt. Er kann sie leicht bleichen."

Die Bleichvorschrift lautet wie folgt:

Es werden drei größere Bottiche benötigt, die etwa 0,9 m breit, 1,85 m lang und 0,75 m tief und mit Dampf- und Wasserleitungsrohr versehen sind. Die Bottiche werden zu zwei Dritteln mit Wasser gefüllt. Im ersten Bottich werden dann 10 kg Soda gelöst. Die Lösung wird auf $44^1/_2$° erwärmt. Im zweiten Bottich werden 10 kg Oxalsäure gelöst. Die Lösung wird auf $41^1/_2$° erwärmt. Der dritte Bottich enthält nur reines kaltes Wasser. Die Leder (halbe Häute) werden in den ersten Bottich 1 bis 2 Minuten eingehängt, dann in das Säurebad gebracht, wo sie 5 Minuten verbleiben, und kommen dann in das kalte Wasser. Von dort aus läßt man sie abtropfen, ölt sie mit Tran ab und hängt sie zum Trocknen auf.

Bei fortlaufendem Bleichbetrieb muß das Sodabad täglich einmal mit 10 kg Soda erneuert werden. Es wird trotzdem jeden Abend abgelassen und am anderen Morgen frisch angesetzt. Das Säurebad erhält im Laufe eines jeden Tages einen Zusatz von 10 kg Oxalsäure und wird zweimal in der Woche frischgestellt.

Nach einer französischen Bleichvorschrift (1913) wurde folgende Arbeitsweise empfohlen:

Man bringt die trockenen Leder in ein zirka 45 bis 50° warmes Bad mit 1% kalzinierter Soda. Nach 10 Minuten wird in reinem Wasser gewaschen. Darauf kommen die Leder in eine 1%ige Lösung von Oxalsäure, wo sie 10 Minuten verbleiben. Anschließend läßt man auf dem Bock abtropfen. Die so gebleichten Leder sollen keinerlei Narbenbrüchigkeit zeigen und eine helle reine Farbe haben.

Noch besser soll der Griff und die Färbung des Leders bei Verwendung von Kaliumoxalat nach folgender Methode werden:

Zuerst wird das Leder in einer 1%igen, 45 bis 50° warmen ammoniakalischen Sodalösung 10 Minuten gehaspelt. Dann wäscht man aus und bringt das Leder in ein Bad, das 0,75% Kaliumoxalat und 1% einer Salzsäure vom spez. Gew. 1,170 enthält. Nach 5 bis 10 Minuten ist die Bleichung vollendet.

Zum Bleichen von besonders mißfarbigen Ledern wird folgendes Verfahren empfohlen [Ungenannt (1)]:

1. Bad: 6proz. Lösung von Soda bei 68° C während 10 Minuten.
2. Bad: 6proz. Lösung von Oxalsäure während 10 Minuten.
3. Bad: Wasser.

Bei einem Arbeiten nach diesen Angaben scheint aber doch größte Vorsicht am Platz zu sein. Konzentration, Temperatur und Bleichdauer sind hier derart, daß Schädigungen des Leders wohl sicher zu erwarten sind.

Das amerikanische Patent Nr. 1588686 gibt folgende Vorschrift für das Bleichen von lohgaren Ledern an: Bei dem bisherigen Bleichen mit Alkalilösung und darauffolgender Schwefelsäurebehandlung ergeben sich häufig Flecken auf dem Leder, die von dem nur teilweise entfernten Alkali herrühren. Außerdem zeigen derartig gebleichte Leder nach dem Trocknen oft ein geringeres Gewicht als vor dem Bleichen.

Es wurde deshalb ein verbessertes Bleichverfahren für Sohlleder ausgebildet, bei welchem man das Leder in eine Anzahl verschiedener Lösungen taucht. Diesem Verfahren wird in der Patentschrift nachgerühmt, daß man nach dem Auftrocknen ein Leder von gleichmäßiger Farbe erhält, das im wesentlichen dasselbe Gewicht wie vor dem Bleichprozeß hat und keine Narbenbrüchigkeit aufweist.

Nach diesem Verfahren arbeitet man mit fünf verschiedenen Bottichen.

Schema für das Bleichverfahren nach dem A. P. 1588686.

(J. Raiser, S. Mersereau und M. Payne)

Wasser	Sodalösung	Lösung von Schwefelsäure, Alaun und Salz	Lösung von Schwefelsäure	Wasser
1	2	3	4	5

Bottich Nr. 1 enthält Wasser, Nr. 2 Soda, Nr. 3 eine Lösung von gleichen Teilen Schwefelsäure, Alaun und Salz in Wasser von 40° Bé, Nr. 4 schwache Schwefelsäure und Nr. 5 wieder reines Wasser. Die Temperatur in allen Lösungen soll zirka 50° betragen.

Die zu bleichenden Leder werden der Reihe nach je 5 Minuten in die Bottiche 1 bis 5 getaucht. Dem Bottich 3 wird besondere Bedeutung beigemessen, weil dem in der Lösung 3 enthaltenen Alaun und Salz eine bessere Wirkung beim Bleichprozeß zugesprochen wird.

Nach einer anderen amerikanischen Bleichmethode arbeitet man mit fünf Behältern, die folgende Lösungen enthalten:

Nr. 1 Wasser von 50°,
Nr. 2 $^1/_4\%$ige Sodalösung von 50°,
Nr. 3 $^1/_2\%$ige Schwefelsäure von 50°,
Nr. 4 $^1/_4\%$ige Sehwefelsäure von gewöhnlicher Temperatur,
Nr. 5 kaltes fließendes Wasser.

Die zu bleichenden Leder werden 3 bis 5 Minuten in die einzelnen Bottiche eingetaucht und nach dem Abspülen mit Wasser abgeölt.

J. A. Sagoschen gibt für die Anordnung von vier Bädern zum Bleichen folgende Vorschriften an (Bad II und IV enthält Wasser zum Spülen):

1. 3 bis 4% kalz. Soda für Bad I und 4% krist. Oxalsäure für Bad III;
2. 2% Ätznatron für Bad I und 1 bis $1^1/_2\%$ konz. Schwefelsäure für Bad III;
3. 4% kalz. Soda für Bad I und 3% konz. eisenfreie Salzsäure für Bad III.

Kombinationen der Vorschriften 1 bis 3 ermöglichen weitere Arbeitsweisen für das Bleichen. Besonders zweckmäßig kann nach J. A. Sagoschen auch die Verbindung von Säurebädern sein, z. B. Salzsäure-Oxalsäure. Da Salzsäure dem Leder einen gelblichen und Oxalsäure einen mehr rötlichen Ton verleiht, kann man durch geeignete Säuregemische Zwischenfarben erzielen. Für das Alkalibad schlägt J. A. Sagoschen eine Temperatur von 36°, für das Säurebad 25° vor. Die Behandlung der Leder im Säurebad soll in keinem Fall länger als 60 Sekunden dauern, da die Säure sonst zu tief ins Leder eindringt.

M. Johnson gibt folgende Arbeitsvorschrift:

Die Leder werden nach der Gerbung gut ausgebürstet und von allen an der Oberfläche haftenden löslichen Stoffen befreit. Sie kommen dann für einige Zeit in ein Wasserbad von zirka 45°. Der Bleichprozeß erfolgt in drei Bädern; das erste enthält eine 2- bis 3%ige Sodalösung. Sobald die Leder dunkel gefärbt sind und Gerbstoff auszubluten beginnt, kommen sie in die beiden nächsten Bäder, die jeweils 1 bis $1^1/_2$% Schwefelsäure enthalten. Alle drei Bäder haben eine Temperatur von zirka 45°. Das letzte (vierte) Bad enthält Wasser von 16°. Manche Gerber verwenden als letztes Bad eine schwache Lösung von Natriumacetat, um die letzten Spuren freier Säure zu neutralisieren.

Neuere Angaben [Ungenannt (2)] empfehlen andere Konzentrationen der Bäder. Es wird gebleicht in einem Bad von 8 g Soda im Liter, 5 Minuten bei 50°. Das anschließende Säurebad enthält 15 ccm/l 66%iger Schwefelsäure und soll eine Temperatur von 50° haben. Tauchdauer bis zu 5 Minuten. Anschließend kaltes Wasser.

R. V. (s. auch unten) gibt ein Soda-Säure-Bleichverfahren an, das eine mildere Wirkung als Schwefelsäure besitzt:

1. Bad: 1,5% Na_2CO_3 + 0,5% K_2CO_3;
2. Bad: Wasser, kalt;
3. Bad: 1,5% Oxalsäure, 0,125% Salzsäure, 1,8% Borsäure;
4. Bad: Wasser, kalt.

Dauer des Tauchens in jedem Bad 30 Sekunden bis 1 Minute. Das Verfahren wird als hinreichend für Spaltleder bezeichnet.

Bleichverfahren im Faß. Nach ähnlichen Grundsätzen, wie sie für das Tauchverfahren der Alkali-Säurebleiche beschrieben wurden, kann man lohgares Leder auch im Faß bleichen. Man verwendet jedoch bedeutend schwächere Lösungen als beim Tauchverfahren. So werden z. B. $^1/_2$- bis 1%ige Boraxlösungen und $^1/_2$%ige Lösungen von Oxalsäure empfohlen. Da beim Bleichen im Faß trotz der Anwendung stark verdünnter Säurelösungen die Säure unter Umständen sehr tief ins Leder eindringen kann, ist ein gründliches Spülen mit Wasser nach dem Bleichen besonders wichtig.

Bleichen durch Ausbürsten. Ein Verfahren zum Aufhellen der Leder mit Säure, das besonders mild und schonend wirkt, ist das Ausbürsten. Auch diese Methode ist dem Gerber schon lange bekannt. Die feuchten Leder werden mit ganz schwachen Säurelösungen (zwischen 0,3 bis 1,0%) ausgebürstet und anschließend mit viel kaltem Wasser ausgewaschen. Auch bei diesem Verfahren kann man die Bleichwirkung verstärken, wenn man vorher mit schwachen Soda- oder Boraxlösungen vorbürstet oder wenn man warme Lösungen verwendet.

Aus den aufgeführten Bleichmethoden geht hervor, daß sich das Grundprinzip der Säurebleiche im Laufe der Jahrzehnte kaum geändert hat. Je nach Geschmack und Neigung zur Vorsicht wurde die Konzentration, die Temperatur und die Bleichdauer verschieden gewertet. Für alle Bleichmethoden mit Soda und Säure aber gilt der Grundsatz, daß nach dem Säurebad ein gründliches Spülen der gebleichten Leder mit viel frischem Wasser unerläßlich ist, um möglichst alle in die Oberfläche des Leders eingedrungene Säure wieder zu entfernen und Schädigungen des Leders auszuschließen.

II. Sonstige Bleichmethoden für lohgare Leder.

Schweflige Säure. Die reine, d. h. gasförmige schweflige Säure ist in der älteren Literatur als Bleichmittel für lohgare Leder genannt und auch tatsächlich verwendet worden. Die zu bleichenden Leder wurden hierzu in Kammern aufgehängt, in die man Dämpfe von schwefliger Säure, die in einem Generator durch Verbrennen von Schwefel erzeugt wurden, einleitete. Das Verfahren wird heute kaum mehr angewandt.

Dagegen kommt schweflige Säure in Form ihrer Salze oder von Salzen, die sie in wässeriger Lösung abspalten, auch heute noch als Bleichmittel zur Anwendung. Man kann derartige Bleichsalze im Faß oder in Bädern oder zum Ausbürsten verwenden.

Bei einer Prüfung von 20 verschiedenen Bleichbädern für lohgare Leder bezüglich deren Wirkung auf Farbe und Gewichtsabnahme (R. V.) haben sich von den untersuchten Chemikalien als gut brauchbar erwiesen:

Natriumhydrosulfit, 10 g im Liter, 25 bis 30°, Dauer 4 Stunden, erheblicher Gewichtsverlust bei guter Bleichwirkung;
Oxalsäure, 15 g im Liter, kalt, Dauer 30 Minuten;
Natriumhypochlorit, 4 g im Liter, + Salzsäure, kalt, Dauer 30 Minuten, Leder etwas hart;
Aluminiumsulfat, 10 g im Liter;
Natriumhyposulfit, 3 g im Liter, 40 bis 45°, 1 Stunde und anschließend Waschen mit Essigsäure-Wasser;
Bisulfit, 1%, + Oxalsäure, 0,5%, 30 Minuten Dauer, kalt;
Bisulfit, 1%, + Oxalsäure, 0,5%, + Magnesiumsulfat, 1%.

Nach C. Rieß können lohgar gegerbte Leder mit 1% einer Mischung von 50 Teilen polymerem Phosphat und 50 Teilen wasserfreier Oxalsäure im Faß gebleicht werden. Statt des genannten Gemisches kann auch eine der folgenden Mischungen verwendet werden: 45 Teile polymeres Phosphat, 45 Teile wasserfreie Oxalsäure und 10 Teile Kochsalz oder 40 Teile polymeres Phosphat, 30 Teile wasserfreie Oxalsäure und 30 Teile wasserfreies Natriumbisulfit. Die angegebene Menge von 1% Bleichmittel bezieht sich auf das feuchte Ledergewicht.

Wasserstoffperoxyd. Im kanadischen Patent 396907 (E. Hansen) wird Wasserstoffperoxyd als Bleichmittel für lohgare Leder empfohlen. Nach dem D. R. P. 664115 (G. u. A. Pietsch) kann zum Bleichen ein Gemisch von Wasserstoffperoxyd und einem wasserlöslichen Persulfat verwendet werden. Nach Angabe der Patentschrift kann man dabei in neutraler, saurer oder alkalischer Lösung bleichen [z. B. 37,5 ccm Wasserstoffperoxyd (30%ig) und 29 g Natriumpersulfat im Liter].

Zinnchlorür. Ein nur wenig bekanntes Bleichmittel für lohgare Leder ist Zinnchlorür. Man erhält dabei Leder von einer gelblichen Farbe. Das Verfahren ist sehr einfach. Man walkt die zu bleichenden Leder mit einer 2- bis 3%igen wässerigen Lösung des Salzes bei 30° und gibt am Schluß 1% Salzsäure (auf die Wassermenge berechnet) hinzu. Nachher wird mit frischem Wasser gut gespült.

Bittersalz. Ein altbekanntes Mittel zum Aufhellen lohgarer Leder ist das Bittersalz (Magnesiumsulfat). Es wird nach allen möglichen Methoden angewandt, am meisten wohl aber zum Nachgerben, zusammen mit Traubenzucker, Nachgerbextrakten und mit einem wasserlöslichen Öl. Im Handel sind verschiedene Produkte erschienen, die aus Traubenzucker und Bittersalz bestehen, und als Bleichmittel angepriesen werden. Die Behandlung mit Bittersalz erhöht den Aschegehalt des lohgaren Leders. Der erlaubte Bittersalzgehalt ist in den einzelnen Ländern verschieden. Die früheren deutschen Vorschriften nannten

1 bis 2,5% $MgSO_4 \cdot 7\,H_2O$ (Güterichtlinien während des Krieges) als Höchstgehalt bei Unterleder, je nachdem, ob das Leder nach alter oder moderner Art gegerbt war.

Bleichextrakte. Bleichextrakte sind schwach bis stark sauer eingestellte Gerbextrakte. Meist handelt es sich bei Bleichextrakten um stark sulfitierte Produkte, so daß ihre aufhellende Wirkung auf dem Vorhandensein von Salzen der schwefligen Säure und sulfitierten Gerbstoffen beruht. Vielfach wird die Mitverwendung von Bleichölen oder aber von anderen Bleichmitteln empfohlen. Auch manche Ligninextrakte haben bleichende Wirkung.

Die Bestimmung von SO_2 in Bleichextrakten erfolgt nach D. Burton durch Destillation einer Probe im Kohlensäurestrom. Dabei wird ein 1,5-l-Kolben verwendet, an dessen Kolbenhals ein schräg nach oben ragender Rückflußkühler angebracht ist und der am oberen Ende durch ein vertikales Rohr mit einem 200-ccm-Erlenmeyer-Kolben und zwei darauffolgenden Peligot-Röhren verbunden ist. Als Vorlage werden 10 ccm einer 3%igen schwefelsäurefreien Wasserstoffperoxydlösung verwendet. Im zweiten Peligot-Rohr wird zur Kontrolle 5 ccm einer Mischung von Wasserstoffperoxyd und Bariumchlorid (mit Salzsäure angesäuert) vorgelegt. In den Kolben kommen 500 ccm Wasser und 20 ccm konzentrierte Salzsäure. Man kocht bei langsamem CO_2-Strom eine Stunde. Der Inhalt der Vorlagen wird mit n/10 Natronlauge gegen Bromphenolblau (p_H 2,8 bis 4,6) titriert. 1 ccm n/10 Natronlauge entspricht 0,0032 g SO_2.

Synthetische Gerbmittel. Auf S. 5 ist erwähnt, daß gewisse synthetische Gerbmittel zum Aufhellen von lohgaren Ledern Verwendung finden. Als Beispiele seien angeführt: Basyntan F, Basyntan FC, FCBJ (BASF) und Tanicor HN, HSB, HSN (Farbwerke Hoechst A. G.), Tanigan BL Pulver und BLG Pulver und CS (Farbenfabriken Bayer A. G., Leverkusen) sowie verschiedene Irgatane (J. R. Geigy A. G., Basel). Beim Aufhellungseffekt spielt die gerbstofflösende Wirkung dieser Gerbsulfosäuren eine Rolle. Die Narbenschicht wird dabei von nicht gebundenen Gerbstoffanteilen befreit und anschließend durch den hellfarbig auftrocknenden synthetischen Gerbstoff nachgegerbt.

Für das Bleichen mit synthetischen Gerbmitteln werden von den Firmen der Chemischen Industrie verschiedene Verfahren angegeben. Meist sollen die Leder im Gerbfaß mit 1 bis 3% Bleichgerbstoff behandelt werden. Das Faß soll schnell laufen. Als Bleichtemperatur wird 40 bis 70° empfohlen, der Wassergehalt des Leders spielt bei der Wahl der Temperatur eine Rolle. Die Wärme muß ausreichen, um das abdunstende Wasser abzutransportieren. Die Bleichdauer schwankt zwischen 15 und 45 Minuten. Bei der Tauchbleiche mit synthetischen Gerbmitteln wird eine Flotte von 30 bis 40° mit 30 bis 50 g/Liter Gerbmittel empfohlen.

Nach dem amerikanischen Patent 2402604 (Du Pont de Nemours, 1946) dienen als Bleichmittel für Leder aller Art polymere Hydroxylaminsäuren, wie sie z. B. aus Hydroxylamin und Maleinsäureanhydrid erhalten werden können.

Ein neuartiges Verfahren zum Aufhellen pflanzlich gegerbter Leder haben W. Graßmann und P. Stadler (1) (2) beschrieben. Danach wird ein besonders hoher Aufhellungseffekt dadurch erreicht, daß die Leder in Bädern behandelt werden, die außer Säure oder einer gerbenden Sulfosäure ein mit Wasser mischbares Lösungsmittel enthalten. Es wird folgendes Verfahren als Beispiel angeführt:

Die nicht zugerichteten, aber aufgetrockneten Leder werden mit einer Lösung behandelt, die 5% Gerbsulfosäure und 25% Aceton enthält. Verhältnis Leder zu Flüssigkeit etwa 1 : 6. Die Lösung wird gelegentlich gerührt. Dauer 1 bis 2 Stunden. Nach gründlichem Spülen werden die Leder aufgetrocknet.

In Gegenwart von Aceton (30%) genügen nach W. Graßmann und P. Stadler schon außerordentlich geringe Säuremengen (z. B. 0,1%ige Oxalsäurelösung) zur Erzielung eines sehr weitgehenden Aufhellungseffektes, während ohne Mitverwendung des organischen Lösungsmittels die Aufhellung — falls

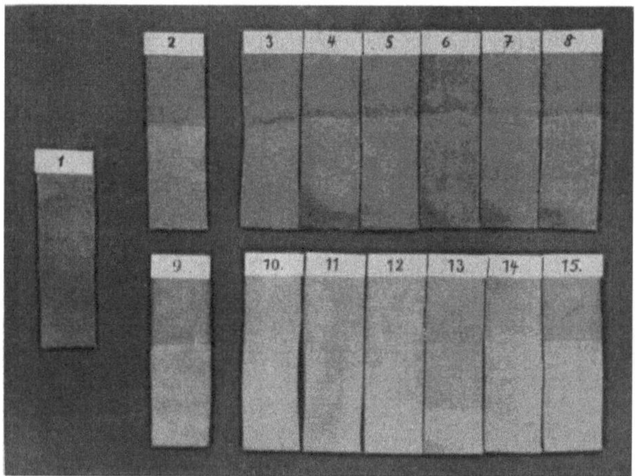

Abb. 9. Wirkung freier und abneutralisierter Oxalsäure (ohne und mit Aceton). Vgl. Tabelle 4.

man ohne vorherige Alkalieinwirkung arbeitet — selbst bei wesentlich höheren Säurekonzentrationen völlig unzulänglich bleibt.

In Gegenwart von Aceton erreicht man selbst dann noch eine sehr hohe Aufhellung des Leders, wenn ein großer Teil der angewandten Oxalsäure mit Natronlauge abgestumpft ist, wobei ein Oxalsäure-Natriumoxalat-Puffersystem entsteht, dessen p_H-Wert wesentlich höher als derjenige selbst stark verdünnter Lösungen freier Oxalsäure ist (s. Tabelle 4).

Tabelle 4. Aufhellende Wirkung von Gemischen von Aceton und verschieden abgestumpfter Oxalsäure [W. Graßmann und P. Stadler (2)].

Nr.	Lösungsmittel	Oxalsäure	NaOH (Äquivalenz berechnet auf Oxalsäure)	p_H	Tintometerwerte		
					rot	gelb	blau
1	—	Ausgangsmuster	——	—	6,6	13,0	3,5
2	Wasser allein	—	—	—	4,6	8,5	2,5
3	Wasser	1%	0,2	1,8	5,0	8,0	2,7
4	Wasser	1%	0,4	2,0	4,7	8,1	2,7
5	Wasser	1%	0,8	2,3	4,9	8,0	2,6
6	Wasser	1%	1,2	3,4	5,5	9,0	3,0
7	Wasser	1%	1,6	4,1	5,0	9,0	2,8
8	Wasser	1%	1,8	4,7	5,0	10,0	2,9
9	30% Aceton	allein	—	—	3,8	7,0	2,6
10	30% Aceton	1%	0,2	1,9	2,5	3,2	0,25
11	30% Aceton	1%	0,4	1,9	2,6	3,3	0,0
12	30% Aceton	1%	0,8	2,4	2,6	4,0	0,7
13	30% Aceton	1%	1,2	3,7	3,1	5,0	0,8
14	30% Aceton	1%	1,6	4,3	3,1	6,0	1,0
15	30% Aceton	1%	1,8	4,7	3,7	8,0	1,5

Auch Schwefelsäure, Ameisensäure, Weinsäure, Phosphorsäure kann verwendet werden. Der Aufhellungseffekt, der durch die Kombination des organischen Lösungsmittels und der Säure erreicht wird, ist nach Angabe der Verfasser größer als die mit dem Lösungsmittel oder der Säure allein erzielbare Wirkung.

III. Bleichen von Chromleder.

Von ganz anderer Art sind nun jene Bleichverfahren, bei denen fein verteilte Stoffe von weißer oder heller Farbe auf der Oberfläche des Leders, das aufgehellt werden soll, niedergeschlagen werden. Man hat diese Bleichmethoden auch als „Tünchen" des Leders bezeichnet. Diese Methoden werden vorwiegend bei Chromleder angewandt.

Fast alle derartige Verfahren beruhen darauf, daß man auf dem Leder zwei Stoffe in wässeriger konzentrierter Lösung aufeinander einwirken läßt, die unter Bildung eines unlöslichen Niederschlages von weißer Farbe miteinander reagieren. Die am meisten verwendeten Stoffe sind Bleizucker und Chlorbarium in Wechselwirkung mit Sulfaten, meist Bittersalz oder Glaubersalz, zwischen denen sich folgende Reaktionen abspielen:

$$Pb(C_2H_3O_2)_2 + Na_2SO_4 = PbSO_4 + 2\,C_2H_3O_2Na$$
$$BaCl_2 + MgSO_4 = MgCl_2 + BaSO_4.$$

Auch unlösliche Oxalate können auf der Lederoberfläche gebildet werden:

$$Pb(C_2H_3O_2)_2 + C_2H_2O_4 = PbC_2O_4 + 2\,C_2H_4O_2$$
$$BaCl_2 + C_2H_2O_4 = BaC_2O_4 + 2\,HCl.$$

Behandelt man das zu bleichende Leder nacheinander mit den Lösungen der beiden Stoffe, die zusammen den weißen Niederschlag bilden, so scheidet sich dieser ($PbSO_4$, PbC_2O_4, $BaSO_4$, BaC_2O_4) auf der Lederoberfläche in fein verteiltem Zustand ab. Das Leder erhält dann beim Trocknen eine helle, weißliche Färbung.

Man läßt die Leder zuerst mit einer mehr oder weniger großen Menge Chlorbarium und wenig Wasser im Faß laufen. Die Menge des Chlorbariums hängt davon ab, ob man nur einen einfachen Tüncheffekt oder aber gleichzeitig eine Füllung (Beschwerung) des Leders zu erreichen beabsichtigt. Anschließend gibt man 2 bis 5% Natriumsulfat in das Faß und bewegt noch kurze Zeit. Es wird auch das Sulfat zuerst ins Faß gegeben und als zweiter Zusatz das Chlorbarium. Manche Gerber geben sogar beide Salze zusammen ins Faß. Der Endeffekt ist immer derselbe: ein Niederschlag von Bariumsulfat auf der Oberfläche des Leders und dadurch Erzielung einer mehr oder weniger intensiven weißen Färbung. Die Verwendung von Bleisalzen hat den Nachteil, daß das auf der Lederoberfläche abgeschiedene Bleisulfat gegen den überall vorhandenen Schwefelwasserstoff empfindlich ist und das Leder mit der Zeit seine helle Farbe verliert. Man zieht deshalb für das Tünchen von Chromleder Bariumsalze vor.

Ein besonderes Verfahren des Bleichens hat J. A. Wilson (2) beschrieben. Für Chromleder, die weiß sein oder pastellfarbige Töne haben sollen, empfiehlt Wilson ein Bleichen der Blöße vor der Gerbung mit Kaliumpermanganat, Bisulfit und Schwefelsäure, und zwar unmittelbar nach dem Pickeln, in ähnlicher Weise, wie dies beim Bleichen von Sämischleder beschrieben ist. Man erhält hierdurch rein weiße Blößen, zumal da nach Wilson durch die Permanganatbehandlung auch der Grund weitgehend entfernt wird. Wilson hat durch Vergleich gebleichter und ungebleichter Leder gezeigt, daß die physikalischen Eigenschaften der gebleichten Leder in keiner Weise durch die Permanganatbleiche verschlechtert werden. Auch eine Schädigung der Faser tritt nicht ein. Die Analysenwerte der gebleichten und ungebleichten Leder weisen fast keine Unterschiede auf.

Der gleiche Prozeß ist, wie bereits erwähnt, auch mit Oxalsäure an Stelle von Natriumsulfit möglich. Oxalsäure wird auch allein oder in Verbindung mit weißen Farbstoffen zum Weißmachen von Chromleder verwendet, wofür folgende Arbeitsmethode empfohlen wird [Ungenannt (2)]:

Man gibt die Leder mit 150% lauwarmem Wasser ins Faß, läßt laufen und gibt 2,5% Oxalsäure zu. Nach einiger Zeit wird noch Irgatan oder ein anderes weiß gerbendes Gerbmittel zugefügt. Anschließend werden die Leder gelickert. Dem Licker werden 2,5% Lithopon oder 1% Titanweiß zugefügt.

In großem Ausmaß werden Chromleder aller Art aufgehellt — von Bleichen kann man dabei eigentlich nicht sprechen — durch Nachgerben mit besonderen **synthetischen Gerbextrakten**, von denen besonders die verschiedenen hierfür in Frage kommenden **Irgatanmarken** verwendet werden. Auch die bereits genannten Basyntan-, Tanicor- und Taniganmarken werden hierfür empfohlen. Im amerikanischen Patent 2599142 der American Cyanamid Co., New York, werden die gegen Säure unempfindlichen Kondensationsprodukte aus 1 Mol sulfonierten aromatischen Kohlenwasserstoffen und 1 Mol Melanin, die mit 1 bis 5 Mol Formaldehyd nachkondensiert sind, zum Bleichen von Chromleder empfohlen (200% Flotte mit 20% des Kondensationsprodukts bei 50°, Dauer 50 Minuten). Siehe auch A.PP. 2550638 und 2550639 sowie E.P. 654305.

In diesem Zusammenhang sind die Ergebnisse einer Untersuchung von J. H. Pierce über die bleichende Wirkung von synthetischen Gerbstoffen auf Chromleder von Interesse. J. H. Pierce fand, daß konzentrierte Lösungen eines synthetischen Gerbstoffs des Formaldehyd-Naphthalinsulfosäure-Typs auf Chromleder entgerbend wirken.

Nach dem kanadischen Patent 451770 (1948) wird Chromleder dadurch gebleicht und gefüllt, daß man es mit der wässerigen Lösung des Kondensationsprodukts von 1 Mol einer Aminocarboxylsäure mit 1 bis 2,5 Molen eines Methylolmelamins behandelt. Man gibt z. B. zu einem Gemisch von 37,5 Tl. Glycin, 10 Tl. Natronlauge, 230 Tl. Wasser langsam 126 Tl. Melamin und 284 Tl. einer 37%igen Formaldehydlösung, erhitzt auf 50 bis 55°, setzt verdünnte Salzsäure bis zu einem p_H-Wert von 6 bis 7 hinzu, erhitzt wieder, bis die gewünschte Viskosität erreicht ist. Dann wird mit Alkali auf einen p_H-Wert von 10 bis 11 eingestellt und mit Wasser bis zu 20% Gehalt (feste Stoffe) verdünnt. Die Lösung ist beim Lagern haltbar und kann zum Bleichen von Chromleder verwendet werden (W. O. Dawson).

IV. Bleichen von Sämischleder.

Im Sämischleder sind Umwandlungsprodukte des Trans als färbende Stoffe vorhanden, die dem Leder ein dunkles unansehnliches Aussehen erteilen würden. Sie werden durch Bleichen entfärbt; dabei erhält das Sämischleder seine bekannte hellgelbe Farbe.

Das Bleichen von Sämischleder ist ein richtiger Bleichprozeß, d. h. ein Vorgang, bei dem ein Farbstoff durch Einwirkung von Sauerstoff entfärbt wird. Die einfachste und älteste Methode zum Bleichen von Sämischleder war deshalb die natürliche **Sonnenbleiche** (auch Rasenbleiche genannt). Die Felle werden auf Rasen aufgespannt, nachdem sie vorher mit einer $1/_2$- bis 1%igen Sodalösung von 35° ausgewaschen worden waren. Je stärker die Sonnenbestrahlung war, um so rascher ging der Bleichprozeß vor sich. Meist dauerte er jedoch mehrere

Tage. Über Nacht mußten die Felle wieder abgespannt werden. Das ganze Verfahren war umständlich, nahm viel Zeit in Anspruch und war sehr von der Witterung abhängig. Außerdem genügte die erzielte Bleichwirkung in vielen Fällen nicht.

Heute verwendet man zum Bleichen von Sämischleder Chemikalien, die Sauerstoff entwickeln, in erster Linie Kaliumpermanganat. Die durch Waschen mit Soda oder Seifenlösungen von überschüssigem Fett befreiten Felle kommen zuerst in eine Lösung von Kaliumpermanganat (auf 100 l Wasser gibt man 120 g Kaliumpermanganat und 30 g Schwefelsäure). Wichtig ist, daß das Permanganat vollständig gelöst ist und nicht einzelne ungelöste Körnchen sich in den zu bleichenden Fellen festsetzen. Die Felle werden mit Stangen in der Lösung getrieben, damit die Oxydation an allen Stellen gleichmäßig erfolgt. Durch die Entstehung von Braunstein färben sich die Felle vollständig braun; auch die vorher violette Farbe des Bades schlägt ins Braune um. Nach etwa 40 Minuten werden die Leder herausgenommen und in reinem Wasser gespült.

Sie kommen nun in das zweite Bad, in dem in je 100 l Wasser 10 l Bisulfitlauge von 38° Bé aufgelöst sind. Die Lösung erhält unmittelbar vor dem Gebrauch noch einen Zusatz von 1 bis 2% Salzsäure.

Durch die Behandlung mit der Permanganatlösung wird der Farbstoff des Sämischleders oxydiert und entfärbt. Gleichzeitig hat sich aber das Leder mit einer Schicht Braunstein (MnO_2) überzogen, der nun seinerseits wieder in eine auswaschbare schwach gefärbte Verbindung übergeführt werden muß. Dies geschieht durch die Behandlung des Leders mit Bisulfit. Die schweflige Säure reduziert den Braunstein zu Mangansulfat:

$$MnO_2 + H_2SO_3 \rightarrow Mn\,SO_4 + H_2O.$$

Durch anschließendes gründliches Spülen mit Wasser wird das Mangansulfat aus den Ledern, die jetzt eine gleichmäßige helle Farbe angenommen haben, herausgewaschen.

Besser und rascher wird die Permanganatbleiche von Sämischleder im Faß oder Haspel durchgeführt, wobei ein gleichmäßigeres Arbeiten möglich ist.

Auch mit Wasserstoffperoxyd oder Natriumperoxyd kann der Bleichprozeß durchgeführt werden. Bei der Verwendung des letzteren entsteht aber während des Bleichens gleichzeitig mit der Sauerstoffentwicklung Natronlauge, die schädlich auf das Leder einwirkt und deshalb durch Neutralisierung unschädlich gemacht werden muß. Man kann dies z. B. dadurch erreichen, daß man in eine $1/2$%ige Säurelösung so lange allmählich Natriumperoxyd einträgt, bis die Lösung gerade schwach alkalisch ist (rotes Lackmuspapier färbt sich dann leicht blau). Mit dieser Lösung werden die Felle behandelt, bis sie gleichmäßig aufgehellt sind. Zur Neutralisation von 75 g Natriumperoxyd sind 70 g Schwefelsäure (98%ig) oder ebensoviel 85%ige Ameisensäure erforderlich. Statt 75 g Natriumperoxyd kann man auch 4 l 3%ige Wasserstoffperoxydlösung verwenden.

Billiger, haltbarer und auch bequemer zu handhaben als Natriumperoxyd ist Natriumperborat $NaBO_3 \cdot 4\,H_2O$. Es ist weniger alkalisch und erfordert zur Neutralisation daher weniger Säure.

Sämischleder läßt sich auch durch Einwirkung von schwefeliger Säure allein bleichen. Dabei kann man die Leder entweder in Bleichkammern aufhängen, in denen auf irgendeine Weise eine Atmosphäre von schwefliger Säure erzeugt wird (Schwefelverbrennung oder Einleiten von SO_2 aus Stahlbomben). Oder aber man behandelt die Leder zuerst mit einer etwa 5%igen Lösung von

Natriumbisulfit und bringt sie anschließend in ein Bad, das wenige Prozente Salz- oder Schwefelsäure enthält.

Anstatt dieser zwei Bäder kann man auch eine Lösung von käuflichem flüssigem Metabisulfit verwenden. Man gibt zu 100 l Wasser 3 kg Metabisulfitlösung und setzt allmählich $1/_2$ bis 1 kg Salzsäure zu, die man vorher mit der gleichen Menge Wasser verdünnt hat.

Endlich kann Sämischleder auch mit Hypochlorit gebleicht werden. Am billigsten ist ein wässeriger Auszug von Chlorkalk. Anschließend zieht man das Leder noch durch eine schwache Salz- oder Schwefelsäurelösung. Die Wirkung dieses Bleichverfahrens ist nur gering. Für stark dunkle Leder genügt sie nicht. So werden z. B. nach dem E. P. 529 736 von A. H. Little die Leder 10 bis 20 Minuten in eine wässerige Lösung von Natriumhypochlorit (die im Liter 5 g wirksames Chlor enthält) getaucht. Der p_H-Wert der Lösung kann zwischen 3 und 4 liegen und mit Aluminiumsulfat oder Natriumbicarbonat eingestellt werden. Anschließend werden die Leder gewaschen und mit Antichlor behandelt. Durch dieses Verfahren soll jede Schädigung des Leders vermieden werden.

Von allen aufgeführten Methoden ist die Permanganatbleiche wohl die wichtigste.

Im Anschluß an jeden Bleichprozeß, gleichviel welcher Art er ist, müssen die Leder gründlich mit frischem Wasser ausgewaschen werden. Dann erfolgt die Weiterverarbeitung.

Literaturübersicht.

American Cyanamid Co.: A.P. 2 599 142.
Baldracco, G.: Boll. uff. R. Staz. sperim. Ind. Pelli Mat. concianti **13**, 104 (1935).
Beebe, C. W., u. R. W. Frey: J. A. L. C. A. **33**, 338 (1938).
Blackadder, Th.: J. A. L. C. A. **29**, 427 (1934).
Bowker, R. C.: Stiasny-Festschrift, S. 21. Darmstadt: Ed. Roether, 1937.
Bowker, R. C., u. C. L. Critchfield: J. A. L. C. A. **27**, 158 (1932).
Bowker, R. C., u. W. D. Evans: J. A. L. C. A. **27**, 81 (1932).
Bowker, R. C., u. J. R. Kanagy: J. A. L. C. A. **30**, 26 (1935).
Bowker, R. C., E. L. Wallace u. J. R. Kanagy: J. A. L. C. A. **30**, 91 (1935).
Burton, D.: J. I. S. L. T. C. **19**, 211 (1935).
Claflin, A.: Technikum des Ledermarktes **1913**, 177.
Davis, Ch. Th.: Manufacture of Leather **1885**, 488.
Dawson, W. O.: Can. P. 451 770 (1948).
Du Pont de Nemours, E. I. u. Co.: A. P. 2 402 604 (1946).
Eitner, W.: Der Gerber **1892**, 77.
Graßmann, W., u. P. Stadler: (*1*) D. B. P. 843 460; (*2*): Leder **3**, 289 (1952).
Hansen, E.: Can. P. 396 907.
Immerheiser, C.: Collegium **1920**, 363.
Innes, R. F. (*1*): J. I. S. L. T. C. **15**, 480 (1931); (*2*): J. I. S. L. T. C. **17**, 725 (1933).
Johnson, M.: Shoe and Leather Reporter **209**, Nr. 8, 15 (1938).
Kubelka, V., u. O. Heger: Collegium **1935**, 294.
Kubelka, V., u. E. Weinberger: Collegium **1933**, 89.
Kubelka, V., u. K. Ziegler: Collegium **1931**, 876.
Lamb, M. C., u. J. A. Gilman: J. I. S. L. T. C. **16**, 355 (1932).
Little, A. H.: E. P. 529 736 (1939).
Moeller, W. (*1*): Collegium **1920**, 468; (*2*): Cuir techn. **1934**, 208ff.
N. N.: Rev. techn. Ind. Cuirs **37**, 32 (1944).
Pierce, J. H.: J. A. L. C. A. **37**, 544 (1942).
Pietsch, G., u. A. Pietsch: D.R.P. 664 115.

Raiser, J., S. Mersereau und M. Page: A. P. 1588686.
Reethof, O.: J. A. L. C. A. **38**, 301 (1943).
R. V.: Cuir techn. **24**, 82 (1935).
Rieß, C. (J. A. Benckiser G. m. b. H., Ludwigshafen): Anm. 28 a, 6 B 16695, 1951.
Sagoschen, J. A.: Gerber **58**, 83, 89 (1932); Allgem. Lederind.-Ztg. **37**, Nr. 10 u. 11 (1935).
Wilson, J. A. (*1*): Ind. Engng. Chem. **18**, 47 (1926); (*2*): Hide and Leather **90**, 17, 19 (1935).
Wilson, J. A., u. E. J. Kern: Ind. Engng. Chem. **19**, 115 (1927).
Woodroffe, D.: J. I. S. L. T. C. **11**, 251 (1927).
Woodroffe, D., u. F. H. Hancock: J. I. S. L. T. C. **11**, 225 (1927).
Ungenannt: (*1*) Leather Trades' Rev. **16**, Nr. 1; (*2*) Rev. techn. Ind. Cuir **37**, 32 (1944).

Zweites Kapitel

Entfettung von Rohhaut, Blöße und Leder.

Von Dr.-Ing. **Otto Grimm**, Darmstadt.

Mit 4 Textabbildungen.

A. Einleitung.

Bei der Lederherstellung versteht man im allgemeinen unter Entfettung die Entfernung von Fettstoffen aus Rohhaut, Blöße und Leder mit Hilfe von Emulgier- und Fettlösungsmitteln. Die Pelzzurichtung erfordert nicht nur die Entfettung der Hautsubstanz, sondern vor allem die Reinigung des Haar- und Wollkleides. Fettstoffe können sich im Verlauf der Fabrikation sehr störend bemerkbar machen. Zur erfolgreichen Bekämpfung solcher Mißstände ist eine genaue Kenntnis der Fettsubstanzen, die man verteilen, verändern oder entfernen will, erforderlich. Zunächst sollen daher das Tierhautfett sowie andere störende Fette und ihr Zusammenhang mit den Fettausschlägen behandelt werden.

B. Störende Fette und deren Auswirkungen.

I. Tierhautfett und seine Veränderungen.

Der Gehalt an Fett in der Rohhaut ist bei den verschiedenen Fell- und Häutearten bzw. -gattungen sehr verschieden. Um sich eine Vorstellung von der Menge, Verteilung und Zusammensetzung sowie seinem Verhalten während der Rohhautlagerung und der Verarbeitung auf Leder bilden zu können, seien drei typische Rohhautarten mit einem extrem hohen und einem verhältnismäßig niedrigen Fettgehalt herausgegriffen: Schaffelle, Ziegenfelle und Rindshäute.

Schaffelle. Der in Schaffellen gefundene Fettgehalt schwankt erheblich. Dies hängt mit dem Ernährungszustand der Tiere, der Provenienz, aber auch mit der Art der Untersuchung zusammen. Er beträgt im Extrem bis zu 50%. Interessant sind Mitteilungen von R. M. Koppenhoefer (*1*). Er fand in einem mäßig fettigen Schaffell, bezogen auf das Trockengewicht der Blöße ohne Fett, im Unterhautzellgewebe 93% Fett (= zirka 48% Fett im trockenen Gewebe), in der Retikularschicht etwa 32% (= zirka 24% Fett im trockenen Gewebe), in der Papillarschicht 22% (= zirka 18% Fett im trockenen Gewebe). Demnach besteht dieses Hautfasergefüge zu ein Drittel aus Fettsubstanzen. Bei sehr fetthaltigen Fellen enthielt das Corium zwei Drittel Fettsubstanz neben ein Drittel Kollagen. Allgemein ist zu sagen, daß das Hautfett nicht nur in den Talgdrüsen, sondern auch in Form starker Ablagerungen in der Höhe der Haarwurzeln vorhanden ist. Die Retikularschicht, die auf dem sehr fettreichen Unterhautzellgewebe aufliegt, wird häufig durch reichliches Fettgewebe unterbrochen.

Die Verteilung des Hautfettes kann durch die Art der Konservierung und die Lagerdauer der konservierten Felle beeinflußt werden. Im frisch abgezogenen Fell sind nach M. P. Balfe, J. H. Bowes, R. F. Innes und W. B. Pleass (1) die Fettzellen im Corium verstreut, in größerer Anzahl unmittelbar unter dem Narben und auf der Fleischseite. Mikroskopische Schnitte zeigen im Unterhautzellgewebe ebenfalls Ablagerungen von Fett. Das meiste Fett ist an der Rückenlinie horizontal verteilt, vor allem in der Nierengegend, abgelagert. Beim Konservieren frischer Felle durch Pickeln nehmen die kugelförmigen Fettpartikel eine unregelmäßige Form an. Nach mehrwöchiger Lagerung beginnt das Fett aus den Fettzellen in das Fasergefüge zu diffundieren. Nach etwa acht Wochen ist sämtliches Fett aus den Zellen ausgetreten. Die Hautfasern nehmen eine schwach rötliche Farbe an, ein Zeichen, daß sich das Fett auf den Fibrillen abgelagert hat.

Mittels Petroläther konnten aus frischen Fellen bei der ersten Extraktion, durch die nur das außerhalb der Fettzellen befindliche Fett extrahiert wird, in drei Stunden 50% des Fettes entfernt werden. Bei gepickelten Fellen waren bei der ersten Extraktion sofort 90% entfernbar, nach sechs Wochen Lagerung 97%, nach acht Wochen 98%. Durch den Pickel werden bei p_H unter 2 die Wände der Fettzellen sofort angegriffen. Bei höheren p_H-Werten nimmt dieser Angriff längere Zeit in Anspruch. Es liegt daher nahe, die Blößen am zweckmäßigsten nach Anwendung eines geeigneten Pickels zu entfetten.

Eine Schwächung des Retikulargewebes der Fettzellenwände in Lösungen von Salzsäure bei p_H unter 2 wurde unter anderem auch durch D. Jordan-Lloyd und C. Marriott festgestellt.

Bei gesalzenen Fellen war zum Entfernen eines größeren Fettanteils bei der ersten Extraktion eine viel längere Lagerdauer erforderlich. Erst nach acht Monaten konnten bei der ersten Extraktion 90% des Gesamtfettes extrahiert werden, gegenüber 58% bei dem frischen unbehandelten Fell.

Nach A. Pentegow zeigte das mittels Benzin aus rohen Schaffellen extrahierte Fett eine JZ. von 40,67, eine VZ. von 134,82, eine SZ. von 13,6, eine EZ. von 121,4. Der unverseifbare Anteil betrug 14,8.

Wenn das Fett unmittelbar nach dem Abziehen und Trocknen des Fells mit Lösungsmitteln aus der Blöße extrahiert wird, findet man in diesem zirka 2% freie Fettsäuren, 3 bis 4% unverseifbares Fett und 2% Oxyfettsäuren vom Gesamtextrakt. Der Gehalt an freier Fettsäure dürfte mit Hydrolyse oder Fäulnis während des Trocknens zusammenhängen, da bei sofortiger Konservierung durch Pickeln nur 0,3% freie Fettsäure im Extrakt gefunden werden. Dieser Gehalt steigt bei einer Lagerung bis zu acht Monaten auf 4 bis 5% an. Werden dagegen die Felle lediglich mit Salz konserviert, steigt der Gehalt an freier Fettsäure auf zirka 40% nach acht Monaten Lagerung an.

Das Hautfett in frischen Fellen von zwei- bis dreijährigen Hammeln weist nach R. M. Koppenhoefer (2) die in Tabelle 1 angegebenen Bestandteile auf.

Wenn Schaffelle unmittelbar nach dem Abziehen durch Schwefelnatriumschwöde entwollt, dann einige Tage mit Kalk ohne Zugabe von Schwefelnatrium geäschert und mit Ammonchlorid entkälkt werden, lassen sich bei der ersten Extraktion 67% des Hautfettes entfernen; wird anschließend gepickelt, steigt die Extrahierbarkeit auf 97,7%.

Schließlich hat man auch Versuche mit geschwödeten, entwollten, anschließend mit Kalk geäscherten, dann aber mit mäßigen Säuremengen gepickelten Blößenstücken durchgeführt und diese nach elf Monaten Lagerdauer auf Extrahierbarkeit des Hautfettes untersucht. Dabei ließ sich bei der ersten Extraktion

Tabelle 1. Zusammensetzung von Hammelhautfett
[R. M. Koppenhoefer (*2*)].

	Unterhaut-Zellgewebe	Retikular-schicht	Papillarschicht
	% der trockenen Haut		
Phosphorlipoide	0,03	0,04	0,08
Cholesterin (freies)	0,55	0,56	4,5
Cholesterin als Ester	0,0	0,06	1,6
Freie Fettsäuren	1,45	0,75	1,6
Wachse	—	—	9,2
Triglyceride	82,40	19,40	—

sehr viel — 98 bis 99% des Gesamtfettes — entfernen, was nach M. P. Balfe, J. H. Bowes, R. F. Innes und W. B. Pleass (*1*) zum Teil auf die Mitwirkung von Schimmelpilzen zurückzuführen ist.

Wie R. M. Koppenhoefer (*3*) fand, hatte eine 30tägige Salzungsperiode eine Zerstörung der Phosphatide der Haut und eine Zunahme des Gehalts an freien Fettsäuren zur Folge.

Eine Sulfidschwöde bewirkte eine fast völlige Entfernung der Phosphatide. Das Cholesterin blieb erhalten. Ferner wurde auch eine schwache Verseifung der Triglyceride der Retikular- und der Papillarschicht beobachtet.

Ziegenfelle: Nach M. P. Balfe und Mitarbeitern [l. c. (*1*)] treten beim Ziegenfell im Gegensatz zum Schaffell in den mittleren Hautschichten keine größeren Fettablagerungen auf. Das Fett sitzt vor allem im Narben und ist vorwiegend in den knapp unter der Narbenschicht liegenden Fettzellen enthalten sowie in der Hautschicht, gegen die Fleischseite zu (R. F. Innes, F. O'Flaherty und W. T. Roddy).

S. Foster und A. Grynkraut (*1*) berichten über den stark schwankenden Fettgehalt in Ziegenfellen. Bei der Untersuchung verschiedener Provenienzen haben sich die in Tabelle 2 zusammengestellten Zahlen ergeben.

Tabelle 2. Fettgehalt von Ziegenfellen [S. Foster und A. Grynkraut (*1*)].

Provenienz	Fettgehalt		
	Minimum	Maximum	Durchschnitt
Mexiko	4,56%	24,11%	10,80%
China	2,98%	16,40%	8,20%
Deutschland	7,98%	20,69%	14,48%
Indien	0,93%	10,77%	3,26%

Das Fett solcher Felle zeigte die aus Tabelle 3 ersichtlichen Kennzahlen.

Tabelle 3. Kennzahlen des Fettes von Ziegenfellen
[S. Foster und A. Grynkraut (*1*)].

Provenienz	Schmelzpunkt	Säurezahl	Jodzahl	Verseifungszahl	Unverseifbares
Mexiko	35° C	29,0	33,0	167	8,4
China	38° C	22,7	34,0	173	16,5
Deutschland	39° C	41,5	50,0	176	3,61
Indien	—	28,9	41,5	162	12,2

Die Jodzahlen entsprechen den Werten des Tierkörperfettes. Die Schmelzpunkte des Tierhautfettes sind durchwegs sehr hoch (s. S. 35).

R. M. Koppenhoefer (4) hat im Narbenspalt der Blöße einer einjährigen Angoraziege 9 bis 10%, im Coriumspalt 0,74 bis 2,29% und im Fleischspalt 57% Fett vom Trockengewicht der Blöße gefunden. Die Unterschiede im Fettgehalt des Coriumspalts bei drei verschiedenen Fellen beruhten auf dem verschiedenen Gehalt an Triglyceriden, die, falls in großem Überschuß vorhanden, einen Fettausschlag verursachen. Während der Fabrikation können diese Triglyceride und ihre Spaltprodukte an die Narbenschicht gelangen. Auch bei der Lagerung konservierter Felle ist unter dem Einfluß höherer Temperaturen und wechselnder Feuchtigkeit eine Wanderung in dieser Richtung möglich.

Das Fett der Narbenschicht besteht aus je 20% Phosphorlipoiden, Wachsen und Gesamtcholesterin, 5% freien Fettsäuren, 35% Triglyceriden von nicht näher bestimmten Fettsäuren, das Fett des Coriums aus 20% Phosphorlipoiden, 10% Cholesterin, 8% freien Fettsäuren und 62% Triglyceriden. Das Fett des Unterhautzellgewebes setzt sich fast nur aus Triglyceriden zusammen. Nach M. P. Balfe, J. H. Bowes, A. F. Innes und W. B. Pleass (1) ist bei Schaf- und Ziegenfellen ein übergroßer Fettgehalt immer auf ein Anwachsen der Triglyceride im Corium zurückzuführen, während die übrigen Fettbestandteile, Cholesterin und Phosphorlipoide, nicht entsprechend zunehmen.

Auch E. K. Moore (1) fand im Hautfett mehr freie Fettsäuren und mehr Unverseifbares als im Fett des anhaftenden Fleisches und im Nierenfett. Zur Narbenschicht stieg der Gehalt an Unverseifbarem noch weiter an.

Bei konservierten Fellen nehmen die freien Fettsäuren während der Lagerung stark zu. Der Cholesteringehalt ändert sich nicht, die Cholesterinester werden jedoch hydrolysiert. Die Phosphorlipoide gehen um zirka 20% zurück. Das in der Narbenschicht enthaltene Wachs nimmt um die Hälfte ab.

Die Spaltung des Hautfettes wird vermutlich durch Enzyme der Haut eingeleitet. Dieser Prozeß soll durch Bakterienwirkung, unterstützt durch Licht und Luft, weitergeführt werden [R. F. Innes (1)]. Eine übersichtliche Zusammenstellung über den Fettgehalt der Ziegenfelle in verschiedenen Fabrikationsstadien lieferte E. Belavsky.

Tabelle 4. Veränderungen des Fettgehaltes von Ziegenfellen während der Lederherstellung (E. Belavsky).

Provenienz	Rohfell (ohne Haar)	Nach dem				Im fertigen Leder
		Äschern	Beizen	Falzen	Lickern	
China	8,20%	0,89%	0,18%	1,07%	4,37%	7,06%
Mexiko	10,80%	3,03%	2,83%	3,03%	4,70%	11,71%
Deutschland	14,48%	5,84%	3,41%	—	3,60%	8,29%
Indien ....:.....	3,26%	0,90%	0,75%	2,85%	4,06%	8,49%

Durch die Wasserwerkstattarbeiten wurde demnach ein großer Teil des Hautfettes entfernt. Zu gleichartigen Ergebnissen kam auch S. L. Foster.

Hierzu ist im allgemeinen zu bemerken, daß ein Zusatz von Anschärfungsmitteln zur Weichbrühe die Spaltung des Hautfettes fördert, soweit es sich außerhalb der Fettzellen findet. Von erheblichem Einfluß auf dasselbe ist der Äscher. Schon von J. H. Highberger und E. K. Moore wurde bei Laborversuchen festgestellt, daß Schwefelnatrium die Entfernung des Hautfettes begünstigt. Kalk bildet mit den freien Fettsäuren des Hautfettes Kalkseifen. Diese vermögen der Pickelsäure zu widerstehen, soweit sie überhaupt noch vorhanden sind und nicht während der Beize oder beim Glätten nach der Beize entfernt wurden [R. F. Innes (1)].

Nach S. Foster und A. Grynkraut (2) waren nach 14 Tagen Weißkalkäscher bei normalen Fellen noch zirka 50%, bei fettreichen noch zirka 70% des

Hautfettes vorhanden. Die Phosphorlipoide konservierter Felle wurden durch den Äscher zum größten Teil zerstört. Die freien Fettsäuren und ein Teil der Triglyceride wurden zu Ca-Seifen verseift.

Von dem Gesamtfett eines konservierten Felles wurden durch den Äscher 23%, durch das Enthaaren 18%, durch die Beize 3,8% und durch das Glätten 2,8% entfernt, während zirka 50% zurückblieben. Bei fettreichen Fellen ist der Fettgehalt nach der Beize entsprechend höher.

Rindshäute: Der Fettgehalt in Rindshäuten ist im allgemeinen recht niedrig. G. Grasser (1) gibt für überseeische trockene Häute 0,5 bis 2% Fett, bezogen auf trockene Haut, an.

M. W. Kelly fand im Corium der frischen Rindshaut bei der Extraktion mit Chloroform 1,6% Fett, mit Petroläther 0,83% Fett, mit Schwefelkohlenstoff 0,9%. J. Paeßler führte als Durchschnitt 0,6% Fett an, G. D. McLaughlin und E. R. Theis haben im Corium der Kuhhaut bei der Extraktion mit Aceton + + Äther + Alkohol 0,36% Fett gefunden. Alle Prozentangaben beziehen sich auf wasserfreies Kollagen.

Nach G. D. McLaughlin und E. R. Theis sowie E. R. Theis hängt der Fettgehalt der durch Spalten von der Epidermis befreiten Lederhaut von Alter und Geschlecht ab, denn das wasserhaltige Corium der Kuhhaut enthielt 0,13%, der Ochsenhaut 0,76%, des Kalbfells 0,45% Fett. Die Außenschichten des Coriums sind fettreicher.

Mit Aceton extrahiertes Hautfett ergab nach T. P. Hilditch und H. E. Longenecker: 38 bis 40% Ölsäure, 26,5 bis 31% Palmitinsäure und 20,1 bis 25,4% Stearinsäure. Palmitinsäure macht ziemlich konstant 30 Mol-Prozente der Gesamtfettsäuren aus. Neu festgestellt wurden Mischglyceride von Myristin- und Oleinsäure und Palmitin- und Oleinsäure, daneben wenige von Linol-, Myristin-, Arabin- und vielleicht Laurinsäure.

Nach F. O'Flaherty und W. T. Roddy (1) kann man das Fett mit Hilfe von saurem Farbstoff oder Scharlach R, in Alkohol gelöst, in Gefrierschnitten kenntlich machen.

Sie unterscheiden die Talgschmiere der Haarbalgdrüsen und die Coriumfette, die sich bei fettreichen Häuten in besonderen Fettzellen vorfinden. Diese kugelförmigen, von Fetttröpfchen prallen Bindegewebszellen füllen die Kreuzungspunkte zwischen den Faserbündeln des Coriums besonders häufig in der Nierengegend aus. Die gleiche Art von Fettzellen tritt in noch stärkerem Maße im Unterhautbindegewebe auf. Hierbei handelt es sich um Ablagerungen von Reservefett. In den Fettzellen kann man Fettsäurekristalle, Cholesterinkristalle und Mitochondrien erkennen.

Nach mikroskopischen Untersuchungen von M. Dempsey und M. E. Robertson an englischer Rohware ist das Fett in frischen Rindshäuten noch in den Fettzellen enthalten. Bei der Lagerung können die Fettzellmembranen durch Bakterientätigkeit geschwächt werden. Im Laufe von ein bis zwei Monaten fließt das Fett dann aus den Zellen aus und überträgt sich auf die zunächst liegenden Faserbündel, was zu fettigen Stellen am fertig zugerichteten Leder führen kann. Der Fettgehalt muß jedoch nicht immer Fettflecken am fertigen Leder zur Folge haben. Es wurde ferner festgestellt, daß die Lagerungsart der Rohhäute, d. h. ob sie im Stapel oben, in der Mitte oder unten lagen, ohne Einfluß auf die Fleckenbildung am fertigen Leder war.

R. M. Koppenhoefer (5) befaßte sich mit den post-mortem-Veränderungen in der Haut. Er untersuchte die Epidermis und Narbenschicht einerseits und die Retikularschicht anderseits. Als Untersuchungsmaterial verwendete er frische Haut, sofort nach dem Abziehen konservierte und bei 10, 20 und 30° C ein bis sechs Monate gelagerte Haut.

In Epidermis und Narbenschicht sowie in der Retikularschicht fand er Triglyceride, Fettsäuren, Cholesterin als freien Alkohol, Lecithin, Cephalin, Sphingomyelin und Wachse.

Durch post-mortem-Vorgänge wird in beiden Schichten ein Teil der Triglyceride gespalten. Die frisch abgezogene Haut enthält nur geringe Mengen freier Fettsäuren, zirka 0,09%, ebenso nach 24 Stunden; erst nach 48 Stunden nehmen die freien Fettsäuren im Corium zu.

Beim Lagern der konservierten Haut bei 10° C erfolgt eine Zunahme des Gehaltes an freier Fettsäure von 0,145% nach 15 Tagen auf 0,29% nach 90 Tagen, bei 20° C von 0,24% auf 0,41%, bei 30° C von 0,23 auf 1,1%, jeweils bezogen auf das Coriumtrockengewicht.

Die phosphorsäurehaltigen Fette beginnen sich bei den post-mortem-Vorgängen ebenfalls zu zersetzen, Cholesterin dagegen noch nicht. Nach einem Monat haben die phosphorsäurehaltigen Fette beträchtlich abgenommen, nach sechs Monaten sind sie ganz verschwunden. Auch die Wachse nehmen durch Hydrolyse ab. Die Triglyceride sind nach einem Monat zu 15%, nach sechs Monaten zu 67% hydrolytisch gespalten.

Die im Corium gefundenen freien Fettsäuren stammen aus den zersetzten phosphorhaltigen Stoffen und den Triglyceriden, in der Epidermis und im Narben aus den zersetzten Wachsen. Am stabilsten ist das Cholesterin.

Nach F. O'Flaherty und W. T. Roddy (2) spielt jede mechanische Bearbeitung der Haut, angefangen vom Abziehen der Haut im Schlachthaus, eine Rolle für das Schicksal des Hautfettes, weil dadurch die zarte Zellmembran der Fettzellen mehr oder weniger stark verletzt wird, was das Austreten der Fetttröpfchen in das umliegende Gewebe ermöglicht.

Die Äscherchemikalien begünstigen diesen Vorgang und bewirken eine feinere Dispergierung der ausgetretenen Fetttröpfchen. Besonders wirksam sind in dieser Hinsicht Kalk und Methylamin.

Ein sechstägiger Weißkalkäscher verändert nach R. M. Koppenhoefer (6) den Gesamtfettgehalt in der Retikularschicht von Ochsenhäuten nicht. Aus der Papillarschicht wird aber durch Weichen, Äschern, Enthaaren und Streichen viel Fett entfernt, allein durch letzteres 67% des Gesamtfettes.

Durch das Kalkwasser werden vermutlich sämtliche freien Fettsäuren neutralisiert. Eine Verseifung von Triglyceriden erfolgt nur, wenn man dem Äscher gleichzeitig Sulfid zugibt. Das Ausmaß der Verseifung hängt dabei von der Sulfidkonzentration und der Einwirkungsdauer ab.

Die Phosphorlipoide werden durch den sogenannten angeschärften Äscher nahezu völlig, von den Cholesterinestern nur diejenigen der Papillarschicht verseift. Nach den Versuchen von R. M. Koppenhoefer (6) wurden durch den Kalk-Sulfidäscher aus der Papillarschicht etwa 70% der gesamten Fettstoffe entfernt, darunter ein größerer Prozentsatz an Epidermiswachsen.

Der Prozentsatz der freien Fettsäuren, die sich aus den Triglyceriden der phosphorsäurehaltigen Fette und den Wachsen durch Verseifung bilden, beträgt in der Retikularschicht 8%, in der Papillarschicht 32% des Gesamtfettes.

Das Cholesterin wurde durch diesen Äscher nicht angegriffen, aber zirka 27% des in der Papillarschicht enthaltenen Cholesterins in der Weiche, im Äscher und beim Streichen entfernt.

Die in der Äscherflüssigkeit gefundenen Fette stammen demnach aus der Papillarschicht. Von Einfluß ist, ob man in Ruhe oder unter Bewegung äschert. So berichten F. O'Flaherty und W. T. Roddy (2), daß ein ruhender Weißkalkäscher oder Schwefelnatriumäscher keinen wesentlichen Einfluß auf die Fettzellen ausübt. Ein Zusatz von Methylamin soll dagegen verteilend auf das Fett wirken und seine Entfernung während des Beizvorgangs erleichtern.

Über die Bedeutung der Beize für die Entfernung des Hautfettes sind die Ansichten der verschiedenen Forscher, die sich damit befaßt haben, nicht einheitlich. Dies dürfte damit zu erklären sein, daß man je nach den Blößen- und Lederarten verschieden stark beizt. Wenn man schwach beizt, wie dies bei Blößen für lohgares Unterleder der Fall ist, wird das Beizenzym keine erhebliche Veränderung im Fettgehalt der Blöße herbeiführen.

Nach M. Dempsey erfolgt die Verteilung des Fettes in fein dispergierte Tröpfchen im wesentlichen erst am Ende des Gerbprozesses während der Faß-gerbung. In sehr fettreichen Häuten bleibt jedoch das meiste Fett in undispergiertem Zustand zurück. Die mechanische Bearbeitung, z. B. beim Weichen, soll die Fettverteilung zwar ebenfalls begünstigen, aber den stärksten Einfluß auf die Fettverteilung zeigt der Trockenprozeß. Hierbei wird mehr Fett aus den Zellen herausgepreßt als bei allen anderen Arbeitsgängen, so daß die Lederfasern von einem Fettfilm umhüllt sind und fettige Verfärbungen auf den zugerichteten Ledern entstehen können. Über das Verhalten des Hautfettes während der Trocknung von lohgarem Unterleder haben J. H. Highberger und E. K. Moore gearbeitet, sie fanden, daß sich das Hautfett während der Trocknung im Narben ansammelt. Interessant war die Feststellung, daß ein Abölen des Leders eine Fettanreicherung im Narben weitgehend unterbindet. Weitere Ausführungen darüber finden sich bei W. Graßmann und J. Trupke, S. 468.

II. Andere störende Fette.

1. Allgemeines.

Die Zusammensetzung der Fettungsmittel und die Art der Fettung interessieren hier nur, soweit sie zu Fettausschlägen oder anderen durch Fett verursachten Störungen führen können. Um sich vor Ausschlägen zu schützen, verlangt man von den Ölen eine bestimmte Kältebeständigkeit, die bei Klauenöl, Knochenöl, Spermöl und Kokosöl eine bedeutende Rolle spielt. Maßgebend für den Erstarrungspunkt ist das Verhältnis der Glyceride der festen und flüssigen Fettsäuren. Bei gewöhnlicher Temperatur werden die festen Glyceride im Leinöl, Klauenöl und in vielen Seetierölen durch die flüssigen in Lösung gehalten, in der Kälte aber ausgeschieden.

Fast alle tierischen Fette enthalten außerdem bis zu 2% Cholesterin mit dem hohen Schmelzpunkt von 148⁰ C. Im Wollfett liegt viel Cholesterin in gebundener Form vor. Phytosterin mit einem Schmelzpunkt von 137 bis 138⁰ C ist ein regelmäßiger Bestandteil aller Pflanzenfette.

Der Gehalt der Öle an freien Fettsäuren ist von besonderer Bedeutung, da diese im allgemeinen einen höheren Schmelzpunkt als ihre Triglyceride aufweisen und leicht zum Kristallisieren neigen. Der Schmelzpunkt der Stearinsäure z. B. liegt bei 72⁰ C, der Schmelzpunkt der Fettsäuren des Eieröls dagegen bei 34,5 bis 39⁰ C. Die hellblanken Leberöle enthalten bis zu 10%, die braunblanken bis zu 20%, die braunen bis zu 50% freie Fettsäuren. Freie Fettsäuren können sich bereits beim Lagern der Fette und Öle bilden; Lichteinwirkung erhöht die Säurezahl des Klauenöls. Beachtlich ist die Anwesenheit der noch höher schmelzenden Oxyfettsäuren. Die Leberöle (Lebertran) unterscheiden sich von den anderen Seetierölen durch den beträchtlichen Gehalt an Cholesterin.

Die Sulfonierung führt zu einer weiteren Zunahme an freien Fettsäuren. Nach Untersuchungen von R. M. Koppenhoefer (7) findet man im sulfonierten Ricinusöl unter anderem auch Dioxysäuren, im sulfonierten Klauenöl Monooxystearinsäure, im sulfonierten Tran Dioxysäuren und ungesättigte Oxysäuren. Neben den freien Fettsäuren und ihren Salzen sind unveränderte Triglyceride, teilweise verseifte Triglyceride, Oxydations-, Polymerisations- und Kondensationsprodukte, Sulfonierungsprodukte dieser Verbindungen und unverseifbare Stoffe vorhanden. Besonders die verschiedenen Fettsäuren sind wegen Fettausschlag gefährlich. Zur Vermeidung von Fettausschlägen ist es daher vorteilhaft, mit emulgierten Ölen zu arbeiten, die das unveränderte Neutralfett enthalten. Besonders günstig sind in dieser Hinsicht die mit Hilfe von Polymerisaten (Acrylharzen) emulgierten Öle, da diese Polymerisate keine ausgesprochene Netzwirkung aufweisen und daher das Leder nicht wassersüffig machen [E. Trommsdorff, O. Grimm und G. Abel (1)].

2. Verhalten bei der Fettung.

Das Neutralfett wird bevorzugt in den äußeren Schichten abgelagert (s. auch diesen Bd., 6. Kap., S. 658 und 662). So stellte H. Gnamm (1), S. 206, fest, daß man beim Abölen von Chromleder mit reinem Klauenöl nach dem Trocknen kein Fett in den Mittelschichten findet. Bei lohgarem Leder enthält auch die Mittelschicht etwas Fett. Interessant ist, daß sich Tran beim Auftragen auf die Fleischseite einer lohgaren Bullenhaut so verteilte, daß die Narbenschicht zirka 14%, die Mittelschicht 5% und die Fleischseite zirka 10% Fett enthielt. Mineralöle diffundieren beim Abölen besonders leicht bis in das Lederinnere.

Beim Arbeiten unter Bewegung dringt das Neutralfett bevorzugt von der Fleischseite her in das Leder ein. Die Narbenseite nimmt das Neutralfett lediglich durch die Haartaschen auf, wo es nur wenig weiterdiffundiert. Durch Anwesenheit eines sulfonierten Anteils wird das Eindringen des Neutralfettes sehr gefördert (R. M. Koppenhoefer und W. T. Roddy). Bei zunehmendem Dispersitätsgrad erfolgt der Eintritt bevorzugt durch die Narbenseite (R. M. Koppenhoefer und C. E. Retzsch (1)]. Eine weitere Steigerung des Eindringens der Fettsäuren und Neutralfette beim Lickern erreicht man durch Zusatz neuartiger Netzmittel und Emulgatoren. Sulfoniertes Klauenöl dringt tiefer in das Leder ein als unsulfoniertes. Aber auch bei sulfonierten Ölen erfolgt eine Ölanreicherung in den äußeren Schichten. Diese Unterschiede sind um so größer, je dicker das Leder ist, verringern sich aber mit steigendem Gesamtfettgehalt des Leders. Gibt man sulfonierten Tran auf die Fleischseite von lohgarer Bullenhaut, so nimmt die Narbenschicht 5%, die Mittelschicht 1,5% und die Fleischschicht 11% Fett auf.

R. M. Koppenhoefer und C. E. Retzsch (2) haben getrennt mit dem sulfonierten Anteil, den freien Fettsäuren und dem Neutralfett gefettet und dabei gefunden, daß die freien Fettsäuren sehr leicht vom Leder aufgenommen werden, sich aber ungleichmäßig über das ganze Leder verteilen. Die Weichheit und Reißfestigkeit des Leders waren bei dem Neutralfett besser.

An einem Fettausschlag sind vor allem die im Narben und den angrenzenden Schichten enthaltenen Fette beteiligt, weshalb Chromleder in dieser Hinsicht mehr gefährdet ist. Wenn man davon ausgeht, daß nur das ungebundene Fett ausschlagen wird, könnte der Grad der Extrahierbarkeit einen gewissen Anhaltspunkt bieten, da im wesentlichen nur das ungebundene Fett durch Lösungsmittel entfernbar ist. Das Ausmaß der Bindung hängt von der Zusammensetzung des Fettes und von der Gerbart ab. Nach Versuchen von L. Masner und K. Micek waren aus Chromledern, die mit sulfonierten Ölen gelickert waren, nur 45 bis 55% Fett extrahierbar, weil ein Teil als seifenartige Chrom-Fettsäureverbindungen, ein Teil im Chromkomplex durch Verdrängung von Sulfatoresten durch Fettschwefelsäureester und ein Teil über die Sulfogruppen bzw. oxydierten Fettanteile an die Hautsubstanz gebunden ist.

Die Menge des gebundenen Fettes nimmt nach Untersuchungen von F. Stather und R. Lauffmann (1) bei sulfoniertem Ricinusöl mit steigendem

Sulfonierungsgrad und ebenso mit steigendem Chromoxydgehalt und mit steigender Basizität der Chrombrühe bei der Ausgerbung zu.

Das Eieröl des Eigelblickers geht keinerlei Bindung ein. Aus reinen Seifenlickern wird weniger Fett gebunden als aus Lickern mit sulfonierten Ölen. Bei lohgaren Ledern sind die Verhältnisse nach F. Stather und R. Schubert unübersichtlicher.

Man könnte demnach im Kampf gegen den Fettausschlag einen möglichst hohen Sulfonierungsgrad für ratsam halten. Die fettende Wirkung geht aber mit steigendem Sulfonierungsgrad zurück, während die Wasserzügigkeit des Leders ansteigt. Außerdem bilden sich mit steigender Sulfonierung auch zunehmend Verbindungen, vor allem Fettsäuren und Oxysäuren, welche die Ausschlaggefahr erhöhen. Richtiger ist es daher, von vornherein Öle, die als solche wenig oder nicht zum Ausschlagen neigen, zu wählen, diese möglichst schwach zu sulfonieren und unter Zusatz von Emulgatoren anzuwenden, was aber nur im Hinblick auf den Fettausschlag gesagt sei.

Man darf ferner nicht übersehen, daß die Fette im Leder manchen Veränderungen, z. B. durch Oxydation oder Polymerisation, unterworfen sind. Durch Polymerisation werden die Öle auch in Fettlösungsmitteln unlöslich. Oxydationsvorgänge unter Bildung von Oxyfettsäuren können zum Teil zu festen Bindungen zwischen Fett und Leder führen, die ungebundenen Oxyfettsäuren aber neigen zum Ausschlagen.

Eine Abnahme der Jodzahlen der im Leder enthaltenen Fette ist nicht nur bei Tran beobachtet worden, sondern auch bei anderen Ölen, die z. B. überwiegend aus Ölsäure bzw. ihrem reinen oder gemischten Glycerinester bestehen. Nach V. Kubelka ist z. B. die Jodzahl von Olein in lohgarem Leder während langer Lagerzeit von 81,2 auf 31,1 zurückgegangen.

F. Stather und R. Schubert haben 24 verschiedenartige Fettstoffe auf Jod- und Säurezahl geprüft und das damit gefettete pflanzliche Leder extrahiert. Sie stellten bei dem aus dem Leder extrahierten Fett eine starke Abnahme der Jodzahl und zudem eine beträchtliche Erhöhung der Säurezahl fest. Bei Parallelversuchen wurden die Fettstoffe mit Sand gemischt und in gleicher Weise gelagert. Die Säurezahl veränderte sich nicht, dagegen war die Jodzahl stark zurückgegangen.

F. Stather und R. Lauffmann (2) haben Chromleder mit verschiedenen Fetten behandelt und das Leder anschließend extrahiert. Bei Fettauszügen, die Seife enthielten, fanden sie eine Zunahme der Säurezahl, bei sulfonierten Ölen und Eigelb dagegen eine Abnahme. Die Säurezahlen der Petrolätherauszüge waren niedriger als die der Alkoholauszüge, was vermutlich mit den Oxyfettsäuren zusammenhängt. Die Jodzahlen der Fettauszüge sind niedriger als die der ursprünglichen Fette. Während der Lagerung müssen sich somit erhebliche Mengen Oxyfettsäuren gebildet haben.

Nach I. M. Graham und E. R. Theis kann sich bei Verwendung von größeren Anteilen an sulfoniertem Öl die Hydrolyse des Lickeröls in Chromleder bis zu 50% des nicht gebundenen Öls steigern. Durch Hydrolyse gebildete Fettsäuren können einerseits in seifenartige Chrom-Fettsäureverbindungen übergehen, anderseits aber zu Fettausschlägen führen. Über das Verhalten von Chrom-Fettsäureverbindungen im Leder ist noch wenig bekannt. Es kann außerdem im Leder zu einer Trennung der festen und flüssigen Fettanteile kommen, wenn während der Lagerung ein weiterer Teil des Fettes gebunden wird. Ist dies für den flüssigen Anteil der Fall, kann der feste zu einem Fettausschlag führen.

Die Glyceride der festen Fettsäuren, z. B. der Palmitin- und der Stearinsäure, scheinen im Leder leichter gespalten zu werden als die der ungesättigten, z. B. der Ölsäure. Bei reiner Talgfettung wird häufig das gesamte Fett im Leder gespalten, während bei reiner Tranfettung freie Fettsäuren in geringeren Mengen auftreten. Im Faß geschmierte Leder neigen weniger zu Fettspaltung als auf der Tafel geschmierte, da die letzteren der Schimmelbildung mehr ausgesetzt sind.

III. Fettausschläge und andere durch Hautfett und Fettung verursachte Störungen.

1. Allgemeines.

Über Fettausschläge haben bisher vor allem R. Lauffmann, F. Stather (*1*) sowie H. Herfeld berichtet. In diesen Arbeiten der genannten Autoren sind auch zahlreiche Literaturhinweise zu finden (vgl. auch diesen Bd., 10. Kap., S. 1198). Der Fettausschlag, der vor allem auf Chromleder infolge einer teilweisen Bindung der Fette und der dadurch bewirkten Entmischung vorkommt, tritt als weißer Belag, der in der Wärme zum Schmelzen gebracht werden kann, auf dem Leder in Erscheinung. E. K. Moore (*2*) unterteilt diesen Belag in pulverige und filmartige Ausschläge. Fettstippen, die bei Leder weicherer Beschaffenheit, besonders lohgarem Fahlleder, beim Lagern nach der Fettung auftreten, entstehen durch Ablagerung fester Fettanteile unter der Narbenschicht. Fettflecken sind die Folge hohen Hautfettgehalts bei Schaf- und Ziegenfellen sowie Schweinshäuten, ferner bei Rindshäuten in der Nierengegend. Sie können aber auch durch die Fettung infolge ungleichmäßiger Fettaufnahme verursacht werden. Auch Metallseifenbildung kann zu Flecken führen. Die Bildung von Ausharzungen auf pflanzlich gegerbtem Leder wird durch die Summe sämtlicher Eigenschaften des Trans zusammen mit den speziellen Eigenschaften des Leders bedingt.

Die von E. K. Moore (*2*) als pulverig bezeichneten Ausschläge treten in der Borke meist am Schwanz und an den Klauen auf, können aber schließlich das ganze Leder bedecken. Sie sind durch Abreiben entfernbar, erscheinen jedoch bald wieder. Die filmartigen Ausschläge lassen sich durch Abreiben nur schwer beseitigen. Pulverige Ausschläge trifft man vorzugsweise bei trocken gesalzenen Fellen. Auf dem Narben können jedoch gleichzeitig beide Ausschlagsarten auftreten. Die pulverigen Ausschläge stellen bei starker Vergrößerung Kristalldrusen dar, die vor der Zurichtung deutlicher erkennbar sind als nachher. Die filmartigen Ausschläge erscheinen als graue Fettpartikelchen mit scharfen Umrissen. Sie sind ungleichmäßig verteilt. Nach O. Hagen können alle Fette, die Stearin- oder Palmitinderivate enthalten, kristalline Ausschläge verursachen, wobei mit zunehmender Konzentration an freien Fettsäuren die Ausschlagsgefahr vergrößert wird. Diese kristallinen Ausschläge sollen sich in den Haarlöchern und Drüsenkanälen entwickeln. Die zunächst kleinen Kriställchen vergrößern sich, quellen über das Haarloch hinaus und verfilzen auf der Lederoberfläche zu einem dichten Kristallfilm.

2. Fettausschläge und ihr Zusammenhang mit Hautfett.

Der Fettausschlag kann aus Hautfett, Lickerfett oder aus beiden bestehen. Um beurteilen zu können, welchen Beitrag das Hautfett zum Ausschlag liefern wird, muß man seine Zusammensetzung in großen Zügen kennen. Es ist überwiegend aus Triglyceriden aufgebaut. Bei Schaffellen nimmt der Gehalt an Triglyceriden vom Unterhautzellgewebe über die Retikularschicht bis zur Papillarschicht ab unter gleichzeitiger Zunahme des Anteils an Phosphorlipoiden, Cholesterin sowie Wachsen. Ähnlich verhält sich, wie auf S. 28 beschrieben, das Fett der Ziegenfelle. Über den Aufbau der Triglyceride selbst ist bei diesen beiden Fellarten nur wenig bekannt.

Ziemlich eingehend untersucht ist das Fett der Schweinshaut. T. P. Hilditch hat zudem die Beziehungen zwischen Körperfett und Hautfett dargelegt. Er fand dem Körperinnern zu einen gesteigerten Gehalt des Fettes an gesättigten

Fettsäuren. Aus der folgenden Tabelle 5 ist der Aufbau des Fettes der äußeren und inneren Rückenschicht und des Nierenfettes zu entnehmen.

Tabelle 5. Daten für das äußere und innere Rückenfett sowie das Nierenfett des Schweines (T. P. Hilditch).

	Schmelzpunkt ° C	Jodzahl
Äußeres Rückenfett	31,5—33,8	72 —76,9
Inneres Rückenfett	35 —39	64,6—71,1
Nierenfett.........................	48	59

Tabelle 6. Zusammensetzung der Triglyceride in Mol-Prozenten (T. P. Hilditch).

Myristinsäure Schmelzpunkt 54° C	Palmitinsäure Schmelzpunkt 62,6° C	Stearinsäure Schmelzpunkt 69,6° C	Ölsäure Schmelzpunkt 17° C	Linolsäure bis — 18° flüssig	Ungesättigte Säuren der C_{20}- u. C_{22}-Reihe
		Äußeres Rückenfett			
3,8—4,4%	20 —22,2%	5,4— 7,3%	49,1—54,1%	13 —15,3%	0,9—2,1%
		Inneres Rückenfett			
3,8—4,3%	22,7—25,9%	8,6—13,8%	43,5—47,6%	13,6—15,6%	1,4%
		Nierenfett			
4%	27,7%	17,6%	35,6%	13,7%	1,4%

Man erkennt daraus deutlich die Abnahme des Fettes an gesättigten Fettsäuren und entsprechende Zunahme an ungesättigten Fettsäuren mit der Entfernung vom Körperinnern. Dementsprechend nimmt auch der Schmelzpunkt des Fettes vom Nierenfett, dem inneren Rückenfett bis zum äußeren Rückenfett von 48⁰ C über 35 bis 39⁰ C auf 31,5 bis 33,8⁰ C ab.

Ähnliche Verhältnisse findet man beim Körperfett des Rindes, dem Rindertalg und dem Rindshautfett, das fast ausschließlich aus Triglyceriden aufgebaut ist. Das Hautfett des Rindes enthält nach T. P. Hilditch 38 bis 49% Ölsäure, 46,6 bis 56,5% Hartfettsäuren, also vor allem Palmitin- und Stearinsäure, Rindertalg dagegen 32 bis 38% Ölsäure, 2 bis 3% Isoölsäure und 3 bis 6% Linolsäure sowie 50 bis 58% Hartfettsäuren. Im Talg sind demnach zirka 42% ungesättigte Säuren und 54% Hartfettsäuren gegenüber 44% Ölsäure und 52% Hartfettsäuren im Rindshautfett enthalten. Der Schmelzpunkt des Rindertalgs beträgt 40 bis 50⁰ C, der Erstarrungspunkt liegt bei 30 bis 38⁰ C, der Schmelzpunkt der Fettsäuren bei 43 bis 44⁰ C, ihr Erstarrungspunkt bei 43 bis 45⁰ C. Der Schmelzpunkt des Hautfettes wird entsprechend seiner Zusammensetzung etwas niedriger liegen als der des Körperfettes.

Von Interesse für die Zusammensetzung des Fettausschlags wäre ferner der Gehalt des Hautfettes an verschiedenen Glyceriden. Da man die Zusammensetzung des Fettes der Rindshaut in dieser Hinsicht nicht kennt, muß man von der bekannten Zusammensetzung des Körperfettes und der Annahme ausgehen, daß hier eine gewisse Ähnlichkeit besteht. Nach T. P. Hilditch enthält das Rinderdepotfett 32% Oleopalmitinstearin mit einem Schmelzpunkt von 42⁰ C, 23% Palmitindiolein, 15% Oleodipalmitin mit einem Schmelzpunkt von 48⁰ C und 11% Stearindiolein. Unter „Oleo" sind dabei alle ungesättigten Fettsäuren der C_{18} Reihe zu verstehen. Außerdem sind noch 17% vollgesättigte Glyceride vorhanden, vor allem Dipalmitinstearin mit einem Schmelzpunkt von

55° C, Palmitindistearin mit einem Schmelzpunkt von 62,5° C neben wenig Tripalmitin mit den Schmelzpunkten 43 und 65° C und Tristearin mit den Schmelzpunkten 55 und 72° C. Triolein mit dem Schmelzpunkt von — 6° C ist entweder abwesend oder nur in sehr geringen Mengen vorhanden. Gesättigte Fettsäuren, wie z. B. Myristinsäure, werden zu Palmitinsäure gerechnet. Unter diesen Triglyceriden sind einige mit recht hohem Schmelzpunkt vorhanden. Bei selektivem Ausscheiden von Hartfettglyceriden aus Hautfett bzw. dem im Leder vorhandenen Fettgemisch können daher in einem Fettausschlag Hartfette mit recht hohem Schmelzpunkt enthalten sein. Diese werden jedoch nur unter bestimmten Voraussetzungen für den Schmelzpunkt des Ausschlags maßgeblich sein.

Ob im Hautfett auch Tributyrin, ferner Glyceride der Capronsäure, Caprylsäure und Caprinsäure enthalten sind, ist nicht bekannt. Man weiß nur, daß sich diese Glyceride in der Butter, d. h. im Milchfett, vorfinden.

Hammeltalg ist härter als Rindertalg. Sein Schmelzpunkt beträgt 44 bis 55° C bei einem Erstarrungspunkt von 32 bis 45° C. Man darf deshalb annehmen, daß auch der Schmelzpunkt des Hautfettes der Schaffelle im Vergleich zu den Rindshäuten etwas höher liegt.

T. P. Hilditch und W. Stainsby fanden einen weitgehenden Parallelismus in der Glyceridstruktur zwischen einer Reihe von tierischen Fetten, z. B. den Körperfetten von Schwein, Ochse, Schaf, bei denen der gesamte Gehalt an gesättigten Fetten progressiv zunimmt. Schweins- und ebenso Roßhäute haben schmalzartiges, Ochsenhäute und Schaffelle talgartiges Fett und somit Hautfett gleichartiger Konsistenz.

Bei Betrachtungen über die Zusammensetzung des Hautfettes muß man ferner beachten, daß dieses in der zur Verarbeitung kommenden Haut nicht immer in der gleichen Zusammensetzung vorliegt wie in einer frisch abgezogenen Haut. Weiter erleidet es einschneidende Veränderungen bei der Verarbeitung der Haut zu Leder. Wie bereits früher ausgeführt, ist die Art und die Dauer der Lagerung von erheblichem Einfluß auf das Hautfett, insofern als sich hohe Prozentsätze an freien Fettsäuren bilden können. Soweit diese freien Fettsäuren noch im Leder auftreten, können sie Störungen und Nachteile verursachen, weil sie leichter auskristallisieren als die Glyceride und damit die Ausschlagsgefahr erhöhen. In der tierischen Haut liegen die Glyceridfette mehr der Fleischseite zu. Beim Ziegenfell wurde z. B. festgestellt, daß das Fett in der Narbenschicht nur 35% Triglyceride enthält gegenüber 62% in dem Hautfett des Coriums und annähernd 100% in dem Unterhautzellgewebe. Dafür sind in der Narbenschicht erhebliche Mengen von Verbindungen mit hohen Schmelzpunkten, wie Wachse, Cholesterin und Phosphorlipoide, enthalten. Von diesen weist das Cholesterin weitaus den höchsten Schmelzpunkt auf.

Hautfett wird fast immer Hartfettcharakter aufweisen, d. h. es wird neben Glyceriden ungesättigter Fettsäuren immer soviel Glyceride gesättigter Fette enthalten, daß es talgartige oder mindestens schmalzartige Eigenschaften zeigt, wobei bei Schaf- und Ziegenfellen wachsartige Körper mit eine Rolle spielen.

Für die Frage der Beteiligung des Hautfettes am Ausschlag wäre es wichtig zu wissen, ob eine Abtrennung der Hartfettanteile aus dem Hautfett schwerer erfolgt als aus anderen Fettgemischen, z. B. dem Fettgemisch des Lickerfettes. Es ist bekannt, daß sich eine Schmelze aus Öl und Talg bei gewöhnlicher Temperatur verschieden verhält, je nach der Arbeitsweise beim Mischen und bei der Abkühlung. Je rascher die Temperatur dabei fällt und je weniger für eine ununterbrochene Durchmischung der beiden Bestandteile gesorgt wird, desto mehr werden bei gewöhnlicher Temperatur die Hartfettanteile zum Auskristallisieren neigen. Man könnte sich vorstellen, daß aus dem naturgewachsenen Gemisch des Tierhautfettes eine Abtrennung der Hartfettanteile bei niedriger Temperatur langsamer oder gar nicht erfolgt. Wenn dies zutrifft, würde das Hautfett im Gegensatz zu Lickerfett als Gesamtgemisch in den Narben wandern und ausschlagen, wodurch der Schmelzpunkt des Ausschlags nach unten gedrückt wird. Aus der Zusammensetzung von Fettausschlägen kann man aber in dieser Hinsicht keine Rückschlüsse ziehen, da der Ausschlag meist Hautfett und Lickerfett enthält und außerdem ein Teil des Hautfettes bei den Vorarbeiten in der Wasserwerkstatt verlorengegangen ist. Nach E. Belavsky enthielt ein chinesisches Ziegenfell nach dem Beizen nur noch 0,18% Hautfett gegenüber 8,2% im Rohfell. Bei der Verarbeitung auf Leder ist das Hautfett also einer grundlegenden qualitativen und quantitativen Veränderung unterworfen.

Nach Untersuchungen von R. W. Frey und J. D. Clarke zeigen amerikanische gesalzene Rindshäute von bestimmtem Fettgehalt am Fertigleder ausgesprochene Nierenflecken. Bei einem Fettgehalt von 5 bis 8% in der Rohhaut, auf wasserfreie Haut bezogen, erscheinen am Fertigleder nur schwache Flecken, in Ausnahmefällen auch bei 3,8%. Starke Fleckenbildung tritt auf bei einem Fettgehalt von 11% und mehr.

Bei weiteren Versuchen an anderen amerikanischen Häuten wurde der Fettgehalt auf Hautsubstanz bezogen. Bei 27,9% Fett in der grünen Haut bzw. 15% Fett im Leder war die Fleckenbildung auf der Narbenseite stark, auf der Fleischseite mäßig. Bei einem Fettgehalt von 9,1% in der grünen Haut zeigte die Narbenseite mäßige, die Fleischseite nur schwache Fleckenbildung.

J. S. Rogers hat bei der Extraktion halbfertiger, hautfetthaltiger Leder mit Petroläther in der Nierengegend im Fleischspalt mindestens doppelt so viel Fett gefunden als in der Narbenschicht. Das aus dem Narben extrahierte Fett war flüssig, das aus dem Fleischspalt bestand aus einem Gemisch festen Fettes und gelben Öls mit einem Schmelzpunkt von 38 bis 40° C. Die extrahierten Fettmengen wiesen bei weiteren Untersuchungen einen um so höheren Schmelzpunkt auf, je stärker die Flecken waren. Das spezifische Gewicht des extrahierten Fettes lag bei 0,9.

3. Fettausschläge und ihr Zusammenhang mit Lickerfett.

Bei der Fettung von Leder und vor allem bei der Fettung von Chromleder ist man darauf bedacht, nur solche Fette zu verwenden, die nicht zum Ausschlagen neigen. Da die Fette bei der Sulfonierung und später beim Lagern der Leder erhebliche Veränderungen erleiden, die zu einem Ausschlag führen können, ist man trotz dieser Sorgfalt vor einem Ausschlag nicht sicher. Selbst wenn man von einem kältebeständigen Klauenöl ausgeht, kann durch die Bildung von freien Hartfettsäuren und Oxysäuren bei der Sulfonierung später unter besonders ungünstigen Verhältnissen Ausschlag entstehen. Aber auch beim Lagern der Leder können sich neben den anderen Fettsäuren ebenfalls Oxysäuren durch Oxydation bilden. Aus kalkulativen Gründen wird man kaum oder selten in der Lage sein, mit hochkältebeständigen Ölen zu arbeiten. Gefettetes Leder wird häufig zum Ausschlag neigende Fette enthalten. Cholesterin mit seinem hohen Schmelzpunkt von 148° C ist in fast allen tierischen Ölen und Phytosterin mit dem Schmelzpunkt von 137 bis 138° C in fast allen pflanzlichen Ölen vorhanden. Klauenöl enthält 2 bis 3% Stearinsäure und 17 bis 18% Palmitinsäure, Waltran zirka 15% feste Fettsäuren, vor allem Palmitinsäure, Dorschlebertran zirka 4% Palmitinsäure, Robbentran 10% gesättigte Fettsäuren, Heringstran unter anderem Myristin-, Palmitin- und Stearinsäure sowie 1 bis 2% Unverseifbares, das bei gewöhnlicher Temperatur in Form von kristallinen Körpern vorliegt. Das sehr häufig verwendete Spermöl weist einen ganz erheblichen Prozentsatz an Wachskörpern auf, die bei gewöhnlicher Temperatur fest sind. Rüböl enthält 2 bis 3,5% feste Fettsäuren, wie Palmitin- und Stearinsäure, Olivenöl erhebliche Mengen an Glyceriden fester Fettsäuren, vor allem Palmitinsäure, Kokosöl sogar einen erheblichen Prozentsatz an Glyceriden fester Fettsäuren. Alle diese Hartfettanteile können an einem Ausschlag beteiligt sein. Hinsichtlich weiterer Einzelheiten, wie genaue Zusammensetzung der verschiedenen Fette und Öle und der Schmelzpunkte der gesättigten Fettsäuren wird auf diesen Bd., 6. Kap., S. 395 ff., verwiesen.

Für den Ausschlag ist die Zusammensetzung des Hartfettgemisches maßgebend, das nach dem Lickern und bei der weiteren Verarbeitung des Leders bis zu dem Zeitpunkt, wo der Ausschlag entsteht, vorliegt. Falls es beim Lagern der Leder auf dem Bock nach dem Lickern schon zu einer Zersetzung der Fettemulsion kommt, kann bei einer hierbei eintretenden Temperaturerniedrigung eine selektive Ausscheidung von Hartfett erfolgen. Der übrigbleibende Ölanteil wird entsprechend seiner Viskosität mehr oder weniger tief in das Innere diffundieren, wobei übrigens die beim Lickern selbst erreichte Eindringtiefe mit eine Rolle spielt. Während des anschließenden Trocknens schmilzt das Hartfett ganz oder teilweise und wandert in diesem Zustand allein oder zusammen mit Neutralöl weiter in das Innere des Leders, weshalb für dieses Stadium sein Lösevermögen für Hartfette besonders wichtig ist. Beim Lagern der Leder nach dem Trocknen wird wieder ein Teil des Hartfettes ausgeschieden, um so mehr, je niedriger die Lagertemperatur ist. Zunächst trennt sich das bereits bei höherer Temperatur erstarrende Hartfett ab. Ein Ausschlag wird somit einen hohen Schmelzpunkt zeigen. Wenn die Temperatur, z. B. in der kalten Jahreszeit, beim Lagern der getrockneten Leder weiter sinkt, werden größere Mengen Hartfett und auch solches mit niedrigerem Schmelzpunkt ausgeschieden. Im Ausschlag werden vor allem die Fettsäuren des Lickers, soweit sie im ursprünglichen Licker bereits vorlagen und sich nachher im Leder gebildet haben, enthalten sein. Auch die hochschmelzenden Oxysäuren werden in diese Abscheidungen übergehen.

4. Fettausschläge und ihr Zusammenhang mit einem Gemisch aus Hautfett und Lickerfett.

Es wäre aufschlußreich zu wissen, ob Hautfett und Lickerfett im Leder an bestimmten Stellen, vor allem dort, wo Hautfett angereichert ist, eine einheitliche Mischung bilden, die als Reservoir für den Ausschlag angesprochen werden kann. Veröffentlicht wurde darüber noch nichts. Im günstigsten Falle wird das Hartfett des Hautfettes und das Hartfett des Lickerfettes in dem Neutralöl beider gelöst sein. Eine solche Mischung dürfte auch in einem gelickerten, nicht entfetteten oder in einem nur oberflächlich entfetteten Leder vorliegen. Trifft dies zu, dann wird der Ausschlag gleichzeitig aus Hautfett und Lickerfett gespeist werden, wobei letzteres selbst wieder ein Gemisch aus zahlreichen Komponenten darstellt, wie sie in sulfonierten Ölen enthalten sind und sich beim Lagern des Leders bilden. Dieses Gemisch kann man sich zunächst sehr einheitlich vorstellen. Das Gleichgewicht wird jedoch schon früh gestört: Zum Teil durch physikalische Einflüsse infolge ungleichmäßiger Verteilung im Leder beim und kurz nach dem Lickern, zum Teil durch auswählende chemische Bindung verschiedener Komponenten an die Hautsubstanz und an die Gerbstoffe im Leder. War das Leder vorher nicht extrem niedrigen Temperaturen ausgesetzt, werden beim

Trocknen die Hartfettsäureglyceride noch weitgehend in den Glyceriden mit niedrigem Schmelzpunkt gelöst sein. Unter dem Einfluß der Trocknungstemperatur wandert das Gemisch bzw. die Lösung als Folge des von innen nach außen tretenden Wassers, entsprechend seiner Viskosität, mehr oder weniger tief in das Innere. Da die Viskosität durch Temperaturerhöhung gesenkt wird, begünstigt steigende Temperatur das Eindringen. Erhöhte Bedeutung für die Zusammensetzung des Ausschlags selbst kommt, wie später berichtet wird, besonders physikalischen Einflüssen zu, die das Ausschlagen gewissermaßen vorbereiten. Darunter werden z. B. Grad und Dauer der Temperaturerniedrigung, die zu einer Abtrennung der Hartfettanteile im Leder führen und die nachfolgende Temperaturerhöhung sowie die Dauer der höheren Temperatur verstanden.

Es ist schwerlich zu sagen, wann sich eine solche Mischung aus Hautfett und Lickerfett bilden wird. Wir wollen davon ausgehen, dies sei der Fall, sobald das Leder das Lickerfett aufgenommen hat. Die günstigsten Voraussetzungen liegen wahrscheinlich während des Lickerns vor, da das Hautfett bei der höheren Temperatur schmilzt. Es ist nicht ausgeschlossen, daß dieses, wenn der Licker stabil genug ist, im Leder selbst in diese Emulsion übergeht, soweit es in ungebundener Form außerhalb der Fettzellen vorliegt. Trifft dies zu, wird bereits von diesem Stadium an nur noch ein Fettgemisch im Leder vorliegen, das sich aus Hautfett und Lickerfett zusammensetzt. Dieses Fettgemisch wird jenen Veränderungen unterliegen, die oben für das Lickerfett angegeben worden sind.

Wird dagegen die Emulsion des Lickers kurz nach seinem Eintritt in das Leder zersetzt, löst sich entsprechend dem Aufnahmevermögen des Lickeröls für Hartfette das geschmolzene Hautfett im Lickeröl. Wenn das Leder nach dem Lickern beim Lagern auf dem Bock erheblicher Temperaturerniedrigung ausgesetzt ist, wird Hartfett, aus Hautfett und Lickerfett stammend, ausgeschieden. Beim Trocknen diffundiert das wieder geschmolzene Hartfett entsprechend seiner Löslichkeit im Lickeröl und dessen Viskosität zusammen mit diesem weiter in das Innere des Leders.

Für das Verhalten im Leder spielen die Feststellungen von M. P. Balfe und P. Uryash eine erhebliche Rolle. Diese betreffen zwar nicht sulfonierte Öle, sie können aber sinngemäß auf Sulfonatöl übertragen werden, wenn man sie zur Beurteilung des Verhaltens der Öle im Leder nach der Zerstörung der Emulsion zu Hilfe nimmt. Die Emulsion wird im Leder je nach ihrer Beständigkeit mehr oder weniger rasch zerstört werden, auf alle Fälle aber wird sie das Trocknen der Leder nicht überstehen. Soweit sie schon beim Lagern der gelickerten Leder auf dem Bock bricht, wird die Viskosität des Öls für sein weiteres Eindringen in das Leder mitbestimmend sein. Nach den Beobachtungen von M. P. Balfe und P. Uryash müßte wegen steigender Viskosität die Wandergeschwindigkeit in folgender Reihe abnehmen: Dorschlebertran, Mineralöl, Spermöl, Ölsäure, Heringsöl, Arachisöl, Robbentran, Ricinolsäure, Ricinusöl. Dies könnte bei Robbentran durch Verbleiben in den äußeren Schichten zu Bedenken Anlaß geben, da dieser zirka 10% Palmitinsäure enthält. Auch Heringsöl würde unter diesen Umständen einen Ausschlag begünstigen. Man rechnet bei ihm mit etwa 20% gesättigten, die Glyceride aufbauenden Fettsäuren. Der Schmelzpunkt dieser Fettsäuren liegt bei 28,5 bis 31,5° C, ihr Erstarrungspunkt bei 27° C gegen 22 bis 23° C und 15,5 bis 19° C bei Robbentran.

Ein mäßiger zusätzlicher Hartfettgehalt beeinflußt die Viskosität eines Öles nicht. So ist z. B. die Viskosität von Sojaöl ohne und mit einem Gehalt von 20% Rindertalg gleich groß. Dies gilt für 70° C ebenso wie für 20° C. Wird der Hartfettgehalt erhöht, dann ist dies zwar ebenfalls ohne Einfluß auf die Viskosität bei höherer Temperatur, bei der diese allein gemessen werden kann. Bei 20° C aber liegt eine inhomogene

Masse vor, in der viel Hartfett in Form seiner Glyceride ausgeschieden ist. Dieser Hartfettanteil kann nicht tiefer ins Innere gelangen und wird nach dem Abwandern des Öls allein zurückbleiben.

Wenn das Leder nun zum Trocknen kommt, wird sich ein anderes Bild ergeben. Die Öle werden mit sinkender Viskosität zunehmend leichter, schneller und weitergehend kapillar aufgenommen. Bleibt bei höherer Temperatur, also beim Trocknen, die Viskosität durch die Hartfettanteile unverändert, dann wird die kapillare Aufnahme nicht beeinflußt, d. h. das Hartfett wird zunächst mitwandern. Maßgeblich ist nur die Eigenviskosität des Öls. Beim Abkühlen wird bei höherem Anteil das Hartfett ausgeschieden; das so befreite Öl kann weiter diffundieren, und zwar umso freizügiger, je niedriger seine Viskosität ist, wobei die Unterschiede größer sind als bei höherer Temperatur. Bei der nachfolgenden mechanischen Bearbeitung, z. B. beim Stollen, wird das Hartfett nach den Schichten mit loser Struktur (Papillarschicht) verdrängt, da es nicht kapillar gebunden ist. Dies bedeutet, daß das Hartfett, wenn es auch in dem warmen Öl gelöst mitdiffundiert, später doch wieder die Ausschlaggefahr erhöhen wird.

5. Stellen einer bevorzugten Ablagerung des Fettgemisches im Leder.

Für die Leichtigkeit des Ausschlagens von Hartfett ist die Stelle der Ablagerung des Hartfettgemisches im Leder von großer Bedeutung. Das Hautfett ist zu einem erheblichen Anteil an der Oberfläche gelagert. Hierbei interessiert vor allem die Lagerung in der Narbenschicht.

E. K. Moore (2) hat Fettausschläge bzw. die Stellen des Leders, an denen Fettausschläge zu erwarten sind, bis zum Rohfell zurückverfolgt. Solche Stellen fallen am trockenen Ziegenfell auf der Fleischseite häufig als dunkle Flecken, die sich von verhornter Haut durch einen fettigen Griff unterscheiden lassen, ins Auge. Auf den Blößen erscheinen sie nach dem Enthaaren und Beizen als weiße oder gelbliche Flecken auf der Narbenseite, bisweilen bis zur Fleischseite durchgehend. Nach der Gerbung sind sie als unregelmäßige, hellrote, weiße oder bräunliche Flecken auf der Narben- oder Fleischseite erkennbar.

Innerhalb der Rohhaut zeigten diese Stellen bei der mikroskopischen Untersuchung starke, nach der Fleischseite hin zunehmende Fettanreicherungen in Form von Fettzellen und als freie Fetttröpfchen. Das Unterhautbindegewebe war besonders fettreich. Nach der Konservierung (mit Kharisalz) änderte sich das Bild nicht, abgesehen davon, daß sich mehr Fetttröpfchen außerhalb der Fettzellen befanden. Ob das Fett aus dem Unterhautzellgewebe in das Corium eingewandert war, ließ sich nicht erkennen. Nach dem Äschern und Entfleischen sah man Fettablagerungen nur in der Narbenschicht, und zwar in stärkerem Maße an den fettfleckigen Stellen, während das übrige Corium frei von Fett war. Bei der gebeizten Blöße lagen die Fettabsonderungen fast völlig in den Haarfollikeln in der Ebene der Schweißdrüsen. Das übrige Corium war fast fettfrei. Im Fertigleder zeigten die fleckigen Stellen eine stärkere Fettabscheidung im Narben. Nach der Extraktion der Rohhaut mit Fettlösungsmitteln war der Fettgehalt in den Schnitten viel geringer.

Die analytische Untersuchung ergab an den Ausschlagstellen im Rohfell nach dem Äschern, Enthaaren, Entfleischen und nach der Chromgerbung in jedem Stadium einen höheren Fettgehalt und vor allem einen höheren Gehalt an freier Fettsäure. Nach der Gerbung war zudem der Fettgehalt der Narbenschicht an den Stellen mit Ausschlag höher als der des Coriums. Diese Untersuchungen sind für den Zusammenhang zwischen Hautfett und Fettausschlag sehr aufschlußreich.

Das Fett in der Narbenschicht wird nicht nur leicht ausschlagen, sondern gleichzeitig auch beim Lickern das tiefere Eindringen des Lickerfettes erschweren. Je mehr Hautfett im Leder in der Narbenschicht bereits vorhanden ist, desto mehr Lickerfett wird sich demnach auch in der Narbenschicht anreichern. Wahrscheinlich spielen dabei auch freie Fettsäuren bzw. ihre Metallverbindungen wegen ihrer wasserabstoßenden Wirkung eine ungünstige Rolle. Für die Menge der freien Fettsäuren ist wiederum die Art der Konservierung der Rohfelle und die Dauer der Lagerung, ferner die Art und Dauer des Äschers von Einfluß und weiter, wieviel Fettsäuren bei den nachfolgenden Wasserwerkstattarbeiten entfernt worden sind. Je freier von Hautfett und damit von Fettsäuren die Blöße also nach dem Beizen vorliegt, desto günstiger wird dies für das Eindringen des Lickerfettes in das Leder und damit auch für die Vermeidung eines Fettausschlags sein.

Die Verteilung des Lickerfettes im Leder hängt ferner von der Viskosität des Öls ab. Je niedriger die Viskosität des Öls ist, desto leichter wird dieses nach der Brechung der Lickeremulsion in das Lederinnere diffundieren. Hierauf sind auch die Temperatur und die Dauer der Trocknung von Einfluß. Bei hoher Temperatur spielt dabei sein Gehalt an Hartfett keine beachtliche Rolle, da dieses unter solchen Verhältnissen die Viskosität des Öls nicht wesentlich erhöht. Von besonderer Bedeutung wird jedoch die Eindringtiefe des Öls beim Lickern sein. Diese hängt zunächst von der Zusammensetzung des Lickers und seinem Dispersitätsgrad ab. Die Eindringtiefe nimmt nur bis zu einem bestimmten Dispersitätsgrad zu. Es ist bekannt, daß sehr feindisperse und haltbare Emulsionen keine sehr große Affinität zum Leder zeigen. Das Eindringen des Lickers wird durch Temperaturerhöhung begünstigt, außerdem durch zunehmende Walkdauer und die Intensität der Bewegung, d. h. die Umdrehungszahl des Fasses. Um der Gefahr eines Fettausschlags vorzubeugen, muß man die für die Eindringtiefe des Lickers optimalen Bedingungen wählen. Die Eindringtiefe hängt ferner von der Lederstruktur ab. Ein sehr dichtes Fasergefüge wird ein tieferes Eindringen erschweren. Naturgegeben ist dies immer im Kernstück eines kräftigen Rindleders der Fall. Die Lederstruktur wird um so lockerer sein, je länger und intensiver Äscher und Beize einwirken. Wie bereits beschrieben, ist das Hautfett in den Häuten auch horizontal ungleichmäßig verteilt. Das tiefere Eindringen des Lickerfettes wird daher bei Rindshäuten, besonders in der Nierengegend, erschwert, weil hier die Haut eine sehr dichte Struktur und gleichzeitig eine horizontale Fettablagerung aufweist.

Bei der Diskussion der Eindringtiefe des Lickeröls muß auch die Acidität des Leders beachtet werden. Je saurer das Leder, desto weniger tief wird der Licker eindringen, vor allem bei geringer Säurebeständigkeit der Emulsion. Um das Eindringen zu erleichtern, sind auch hierfür die optimalen Bedingungen zu wählen, d. h. die Acidität des Leders muß der Säurebeständigkeit des Lickers weitgehend angepaßt werden. Es ist daher zweckmäßig, das Leder so weitgehend zu neutralisieren als es die übrigen Eigenschaften des Leders erlauben. Solange der Licker stabil ist, spielt die Viskosität des Öls keine maßgebliche Rolle.

Die Einlagerung des Öls und Hartfettes im Leder wird außerdem durch die physikalischen Bedingungen bei oder kurz nach der Zersetzung des Lickers im Leder bestimmt. Wenn z. B. beim Lagern auf dem Bock die Leder stark abkühlen, kann nach der Zersetzung des Lickers ein viskoses Öl und das im viskosen Öl gelöste Hartfett nicht tief in das Leder eindringen. Im ungünstigsten Fall kommt es bereits hier zu oberflächlich abgelagertem Hartfett, das beim Trocknen — einem Vorgang von außen nach innen — in den Narben wandert und bereits nach dem Trocknen ausschlagen kann.

6. Menge, Zusammensetzung und Schmelzpunkt des Ausschlags.

Maßgebend für die Intensität des Ausschlags sind letzten Endes die Menge, Zusammensetzung und Lage des im Leder vorliegenden Fettgemisches sowie die Schmelzpunkte der in diesem Fettgemisch enthaltenen Fette. Je mehr Fett vorliegt, desto umfangreicher kann unter bestimmten Bedingungen der Ausschlag werden. Ferner wird eine um so kürzere Temperatureinwirkung für die Ausschlag-bildung ausreichen, je oberflächlicher das Fett gelagert ist. Der Umfang eines Ausschlags wird somit durch die Menge des im Leder vorliegenden Fettes, dessen Lage im Leder und die Höhe der Temperatur sowie die Dauer ihrer Einwirkung bestimmt. Bei langer Einwirkung einer höheren Temperatur, die den Schmelz-punkt der Hartfette übersteigt, wird das gesamte vorliegende Fettgemisch aus-schlagen können, so daß der Schmelzpunkt des Ausschlags diesem Fettgemisch gleichkommt. Dies ist der höchste Schmelzpunkt eines Ausschlags, der unter solchen Bedingungen zustande kommen kann. Bei Ausschlägen, die ausschließ-lich auf Hautfett zurückgeführt werden, spricht man häufig von Cholesterin. Einen Schmelzpunkt von 148° C, wie ihn das Cholesterin aufweist, trifft man aber bei Fettausschlägen kaum an. Bei Hautfettausschlägen ist noch nie über einen Schmelzpunkt in dieser Höhe berichtet worden.

Nach R. M. Koppenhoefer (8) besteht der pulvrige Ausschlag auf zuge-richtetem Chevreauleder aus 97,6% Fettsäuren und 2,3% Unverseifbarem. Von den Fettsäuren liegen 56% als freie Fettsäuren und 44% als Triglyceride vor. Der Schmelzpunkt des Ausschlags beträgt 48° C. Von den Fettsäuren, frei und als Triglycerid, zeigen 21% einen Schmelzpunkt von 42° C, 79% einen solchen von 53 bis 54° C. Weiterhin wurden von Narbenschicht und Corium Stellen ohne und mit Ausschlag untersucht. Der Gehalt an Cholesterin und Unverseifbarem war an Stellen ohne und mit Ausschlag gleich hoch. Bei letzteren lag dagegen der Gehalt an freien Fettsäuren und Triglyceriden höher. Auch nach E. K. Moore (2) liegt der Schmelzpunkt der vom Leder entfernten Ausschläge bei 45 bis 56° C, meist bei 53° C und sie bestehen mindestens zum Teil aus freien Fettsäuren. Die Leder enthielten an den Stellen mit Ausschlag im Narben und im Corium stets mehr Fett und mehr freie Fettsäuren.

Die Einwirkung mäßiger Temperatur über einen längeren Zeitraum, wie beim Trocknen von Chromleder nach dem Aufnageln, wird häufig zu einem selektiven Austritt von Hartfett auf den Narben führen und damit zu einem geringfügigen Ausschlag mit niedrigerem Schmelzpunkt. Eine kurze Einwirkung höherer Temperatur beim Glanzstoßen oder Bügeln von Hand oder maschinell drückt den Schmelzpunkt des Ausschlags nach oben, wobei dessen Menge durch die Einwirkungsdauer bestimmt wird. Zur Verminderung der durch das Glanzstoßen verursachten Ausschlagsgefahr müßte man die Glanzstoßkugel kühlen bzw. auf niedriger Temperatur halten. Weiterhin sollte ein zu langes und zu heißes Bügeln vermieden werden. Ist dies nicht zu umgehen, müßten die Leder sofort an-schließend maschinell ausgerieben werden, um das noch flüssige Fett zu ent-fernen.

M. P. Balfe, J. H. Bowes, R. F. Innes und W. B. Pleass (2) teilten mit, daß Fettausschläge, die mit der Lederfettung zusammenhängen, nicht immer aus freien Fettsäuren bestehen, sondern auch Glyceride mit niedriger Jodzahl ent-halten. Sie haben diese Ausschläge an verschiedenen Ledern in mehreren Fabri-kationsstadien untersucht, ihre Feststellungen finden sich in Tabelle 7.

R. F. Innes (1) hat aus Leder mit Fettausschlag eine purpurne Verbindung von Chrom mit Fettsäure extrahiert. Der weiße Fettausschlag dieser Leder bestand vorwiegend aus Fettsäuren mit einem Schmelzpunkt von 50 bis 51° C

Tabelle 7. Daten von Fettausschlägen bei verschiedenen Ledern
[M. P. Balfe, J. H. Bowes, R. F. Innes und W. B. Pleass (2)].

Lederart	Ursache des Ausschlags	Fettgehalt des Leders in %	% freie Fettsäuren		Jodzahl	
			im Ausschlag	im angew. Fett	im Ausschlag	im angew. Fett
Kombinierte Gerbung	Hitze beim Trocknen	28,1	26,2	24,2	—	109
Semichrom-Ziegen	Hitze beim Glanzstoßen	20,1	35,3	37,0	10,2	91,4
Riemen, lohgar	Lager bei extremem Temperaturwechsel	10,8	86	63,5	10,2	82,0
Lohgare Oberleder	Verwendung von Lösungsmitteln	16,7	74,5	20,6	18,4	10,0

und einem Äquivalentgewicht von 280. Er hat dann eine gleichartige violette
Verbindung durch Behandeln von Ölsäure mit einer 66% basischen Chrom-1-Bad-
Brühe oder durch Reduktion eines Gemisches von Ölsäure und Chromsäure mit
Thiosulfat und Säure herstellen können. An Stelle von Ölsäure kann man auch
Calciumoleat verwenden. Stearinsäure dagegen liefert keine derartigen Ver-
bindungen.

Wenn man entwässerte und entfettete Blößen vor der Gerbung mit Ölsäure
oder Calciumoleat behandelt, bilden sich bei der Einwirkung von Chrom purpurne Flecken. Beim Arbeiten mit Stearinsäure entstehen solche Flecken nicht.

Frische Schaffelle, bei denen noch keine Spaltung des natürlichen Hautfettes
stattgefunden haben konnte, wiesen nach der Chromgerbung keine Flecken
und keine mit Petroläther extrahierbaren Chromverbindungen auf.

Bei Anwendung von Lösungsmitteln, z. B. zum Ausreiben des Narbens,
wird Schmelzpunkt und Menge des zurückbleibenden Fettes und damit auch
eines eventuell zu erwartenden Ausschlags davon abhängen, ob das angewandte
Lösungsmittel spezifisch die hochschmelzenden Fettanteile oder das gesamte
Fett gleichmäßig löst. Im ersteren Falle würde ein z. B. in der Hauptsache aus
Stearinsäure oder gar Cholesterin bestehender Ausschlag von hohem Schmelzpunkt resultieren, im anderen Fall ein Ausschlag, in dem die Fette bzw. Fettsäuren ungefähr im ursprünglichen Verhältnis vorliegen.

7. Menge, Zusammensetzung und Schmelzpunkt des im Leder vorliegenden Fettgemisches.

Dieses Fettgemisch baut sich aus den Komponenten des noch vorhandenen
Hautfettes und aus denen des Lickerfettes auf. Das Hautfett ist im wesentlichen
ortsgebunden. Das Lickerfett dagegen dringt von außen in das Leder ein. Für
das zum Ausschlag führende Fettgemisch ist nun maßgebend, wieviel Fett und
welche Bestandteile des Lickerfettes von Anfang an in der Narbenschicht zurückgehalten werden und welche Fettarten nachträglich in diese Schicht zurück-
wandern. Je früher der Licker gebrochen wird und je mehr Hartfett er enthält,
desto mehr zu einem Ausschlag neigendes Fett wird in der Narbenschicht zurückbleiben. Sein Schmelzpunkt wird durch den Schmelzpunkt der Hartfette und
das möglicherweise zurückbleibende höher viskose Öl bestimmt. Für das nachträglich aus dem Lederinnern nach außen wandernde Fett ist das Ausmaß einer
Temperaturerniedrigung entscheidend, die zur Ausscheidung von Hartfett im

Innern des Leders führt und das Ausmaß einer Temperaturerhöhung, die eine Wanderung der Hartfette zur Narbenschicht ermöglicht. Grundsätzlich ist zu sagen, daß der Schmelzpunkt des abgewanderten Hartfettgemisches um so höher liegt, je weniger das Leder vorher abgekühlt worden ist und daß der Schmelzpunkt des Ausschlags entsprechend höher sein kann.

8. Voraussetzungen für den Ausschlag.

Ausschlagsgefahr besteht immer, wenn in der Narbenschicht viel Hautfett oder viel nicht gebundenes Hartfett aus dem Licker oder beides gleichzeitig abgelagert ist. Eine weitere Erhöhung der Ausschlagsgefahr bringt ein zunehmender Gehalt dieses Gemisches an freien gesättigten Fettsäuren, an Oxysäuren, an Cholesterin und Phytosterin, an Alkalisalzen gesättigter Fettsäuren, also Seifen, die leicht in freie Fettsäuren übergehen können. Beim Hautfett ist das Fett außerhalb der Fettzellen besonders beachtlich. Je oberflächlicher diese Fette eingelagert sind, desto größer ist die Gefahr des Ausschlags. Aus den tieferen Schichten werden die Hartfette nur bei höherer Temperatur und längerer Einwirkungsdauer herangeholt. Das Hautfett und zum Teil das Lickerfett sind horizontal nicht gleichmäßig im Leder verteilt. Aus diesem Grunde werden nicht alle Stellen des Leders in gleicher Weise zum Ausschlagen neigen. Gefährdet sind die Rücken- und Halspartie bei Ziegen- und Schaffellen, die Nierengegend bei Rindshäuten. Die Tätigkeit von Schimmelpilzen und Bakterien kann den Ausschlag begünstigen, wenn diese aus Neutralfett die leichter kristallisierenden Hartfettsäuren freimachen.

Obwohl, wie erwähnt, im wesentlichen die gesättigten Fette und Fettsäuren für den Ausschlag verantwortlich zu machen sind, liegt doch dessen Schmelzpunkt mit 40 bis 53° verhältnismäßig niedrig. Dies ist überraschend, wenn man bedenkt, daß Stearinsäure bei 70° und Cholesterin bei 148° schmilzt; offenbar handelt es sich stets um recht komplizierte Gemische, deren Schmelzpunkt stark erniedrigt ist.

Für das Zustandekommen eines Ausschlags ist, abgesehen von der beschriebenen Wirkung der Lösungsmittel, fast immer eine vorhergehende Temperaturerniedrigung und eine nachfolgende Temperaturerhöhung erforderlich. Temperaturabfall allein wird dann zu einem Ausschlag führen, wenn das Hartfett, vom Hautfett allein herrührend oder in Gesellschaft mit Lickerfett, bereits sehr an der Oberfläche im Narben saß. Ist dies nicht der Fall, muß Temperaturerniedrigung mit Temperaturerhöhung gekoppelt sein. Ein Temperaturabfall bewirkt Ausscheidung von Hartfett, das vorher im Neutralöl gelöst war, im Lederinnern. Durch eine spätere Temperaturerhöhung beim Bügeln oder Glanzstoßen wird das Hartfett geschmolzen, der Wärme nachgehend dem Narben zu wandern und dann auf dem Narben erstarren. Dieser Vorgang kann auch beim Trocknen der Leder eintreten. Aus diesem Grunde ist zu heißes Trocknen der Leder nach dem Stollen und Aufnageln nachteilig, da das beim Stollen zwischen den Fasern vorhandene Hartfett zum Narben gedrückt wird. Vor allem in der kalten Jahreszeit ist daher auf diese Vorgänge zu achten.

9. Vermeidung von Fettausschlägen.

Das sicherste Verfahren zur Vermeidung von Fettausschlägen am fertigen Leder besteht ohne Zweifel in einer gründlichen Entfettung von Blöße oder Leder mit organischen Lösungsmitteln. Diese Methoden sind bei stark hautfetthaltiger Rohware, wie Schaffellen, Schweinshäuten, bei besonderen Ziegenfellprovenienzen (z. B. Kapziegen), ferner bei einigen Lederarten, wie Lackleder, üblich. In anderen Fällen kann man durch entsprechende Führung der Wasserwerkstattarbeiten und der Gerbung sowie durch Anwendung geeigneter Fettungsmittel die Bildung eines Ausschlags weitgehend oder völlig verhindern. Zur Erleichterung der Gerbung bei späterer Entfettung mit Lösungsmitteln wird man schon vorher auf eine Verringerung des Hautfettes hinarbeiten. Für die Weiche und den Äscher ist dabei wichtig zu wissen, daß sich zunächst nur diejenigen Anteile des Hautfettes verändern, die sich außerhalb der Fettzellen befinden. Dies können, z. B. bei frischen Schaffellen bestimmter Provenienz, zirka 50% des Gesamtfettes sein. Bei gesalzenen Schaffellen steigt dieser Anteil mit zunehmender Lagerdauer an.

Durch Anschärfen der Weiche mit Ätznatron oder Schwefelnatrium kann man das außerhalb der Fettzellen befindliche Fett teilweise verseifen. Nach J. S. Rogers lassen sich bei Rindshäuten mit viel Fett mittels 1% Ätznatron, auf das Weichwasser bezogen (= 5% vom Weichgewicht), 76% des Hautfettes entfernen. Solche Konzentrationen sind jedoch praktisch nicht anwendbar. Mit 0,1% Ätznatron + 0,1% Schwefelnatrium konz. (= je 0,5% vom Weichgewicht) wurden 33% des Fettes verseift, mit Trinatriumphosphat bzw. Triäthanolamin 20 bis 22%. Durch eine abwechselnd warme und kalte Weiche sowie einen Kalkäscher bei 28 bis 30⁰ C wurden 35 bis 46% des Fettes beseitigt.

E. K. Moore (2) behandelte gründlich geweichte Felle mit n/10 NaOH (= 2% NaOH vom Weichgewicht) ohne sichtbaren Einfluß auf die Ausschlagbildung. Das durch Extraktion gewonnene Fett der Rohhaut jedoch konnte sie in 65 Stunden mit Kalilauge völlig lösen. Mit Methyl- und Dimethylamin gingen 85% in Lösung. Mit Natronlauge entstand ein Seifengel um das Fett, so daß nur 7% in Lösung gingen.

Nach Laborversuchen von R. M. Koppenhoefer (9) können durch Zusatz verschiedener Alkalien zu den Weichwässern zirka 30% des Hautfettes entfernt werden. Emulgierende Mittel beschleunigen die Herauslösung der Seifen. Am besten eignen sich hierzu: sulfonierte Fettalkohole zusammen mit Tri-, Di- und Mononatriumphosphat. Auf diese Weise konnten über 60% des Hautfettes entfernt werden.

Offensichtlich sind die Ergebnisse recht mannigfaltig, was zum Teil mit der Verschiedenartigkeit der Rohware, zum Teil mit der Konservierungsart und der Lagerdauer der Felle und Häute, kurz gesagt, dem Zustand des Fettes in und außerhalb der Fettzellen, zusammenhängen dürfte.

Die Äscherung mit Kalk allein vermag die Triglyceride außerhalb der Fettzellen nicht zu verseifen. Es werden lediglich die freien Fettsäuren in Kalkseifen übergeführt. Eine längere Äscherdauer schwächt die Fettzellmembranen. Dies wird durch Bewegung und vor allem durch Anschärfungsmittel unterstützt. Einen besseren Effekt hinsichtlich Verseifung des Fettes und Schwächung der Fettzellmembranen erreicht man durch einen Alkaliäscher, z. B. mit Arapali N (Röhm und Haas G. m. b. H., Darmstadt), weil dadurch die Fettzellmembranen geschwächt werden und eine weitergehende Erfassung des Hautfettes ermöglicht wird. Besonders vorteilhaft für die frühzeitige Entfernung von Hautfett, vor allem des fetthaltigen Grundes, ist die nicht schwellende enzymatische Enthaarung [O. Grimm (1) (2)]. Es kann nach beendeter Verseifung, zumal unter Bewegung, leichter aus der ungeschwellten Haut austreten. Auch die Beize begünstigt durch den Verfall der Blößen die Entfernung der Kalk- und Alkaliseifen, wobei das Glätten bzw. Streichen wesentlich dazu beiträgt. Wenn man schwach, kurze Zeit und bei mäßiger Temperatur beizt, wie dies häufig bei Kalbfellen zur Schonung der Hautsubstanz der Fall ist, werden bei nur geringer Beseitigung des Fettes die Kalkseifen teilweise in den Pickel mitgeschleppt. Eine weitgehende Zerstörung der Fettzellmembrane bewirkt nur eine starke Beize, besonders nach intensivem Äscher. Die Ausschlagsgefahr wird auch durch Verwendung bestimmter, und zwar ölartiger Beizhilfsmittel während der Beize verringert, weil dadurch die Entfernung des fetthaltigen Grundes unterstützt wird [O. Grimm (3) (4)].

Eine starke, verhältnismäßig rasche Wirkung auf die Fettzellmembrane übt ein Pickel von p_H unter 2 aus. Wenn man mit Ausschlag zu kämpfen hat, sollte man nicht nur wenige Stunden pickeln. Anschließend müßte allerdings für eine Entfernung des Hautfettes gesorgt werden, wie z. B. durch eine Beize im sauren Medium [O. Grimm (5)], evtl. zusammen mit wasserlöslichen Lipasen [O. Grimm (6)].

Nach E. Stiasny und G. D. McLaughlin sind Nierenfettflecken auf Sohlleder in Deutschland selten. Man vermutet, daß dies mit der Verwendung größerer Mengen Schwefelnatrium zusammenhängt. Das Auftreten von Nierenflecken kann zurückgedrängt werden, wenn man die gebeizten Blößen nochmals glättet.

Die im Kalkäscher bereits verseiften Fette können bei der Entkälkung in freie, zum Ausschlagen neigende Fettsäuren übergehen, während Bakterien aus Neutralfetten Ausschlag bildende Fettsäuren freizumachen vermögen.

Nach Untersuchungen von R. F. Innes (2) ist der Fettausschlag bei chromgaren Ziegenfellen häufig auf ein Ranzigwerden des Hautfettes zurückzuführen. Der Fettausschlag bestand aus einer Mischung von Palmitin- und Stearinsäure in Anwesenheit beträchtlicher Mengen von Chromseifen. Durch Schimmelwachstum wird das Ranzigwerden der Fette und damit das Austreten der Fettsäuren an die Narbenoberfläche begünstigt. Schimmelbildung tritt vor allem an den Teilen des Leders auf, die der Luft ausgesetzt sind, z. B. beim Lagern von Handschuhleder in feuchtem Raum. An Stellen mit Ausschlag wurden 69% und an anderen 26,5% freie Fettsäuren, bezogen auf das gesamte Fett, gefunden.

Nach R. F. Innes (3) ist bei der Alaungerbung von Schaffellen auf eine vorherige, gründliche Entfettung zu achten, um die Bildung von Aluminiumseifen zu vermeiden.

Auch auf fertig zugerichtetem Leder können sich Metallseifen bilden. So wurde an semichromgegerbtem Handschuhleder mehrfach Ausschlag von Chromseifen infolge ungünstiger feuchter Lagerung beobachtet.

Zur Identifizierung von Metallseifen schlägt R. F. Innes (3) eine Entfettung mit Petroläther und die Bestimmung der Metalle im veraschten Petrolätherextrakt vor. Auch die Säurezahl des extrahierten Fettes gibt gute Anhaltspunkte über die Möglichkeiten zur Metallseifenbildung.

Nach J. S. Mutt und P. L. Pebody fällt bei der Chromgerbung die Fettaufnahme mit steigender Neutralisation auf ein Minimum und steigt langsam wieder an. Dies stellten sie bei der Neutralisation mit Borax fest. Das Minimum der Fettaufnahme erfolgte bei 2% Borax und stieg wieder an bei 3,4 und 5% Borax.

Nach D. Jordan-Lloyd wird die Entwicklung von Schimmelpilzen auf halbfertigem Leder oder gepickelten Fellen durch pflanzliche oder tierische Fette und Öle sehr gefördert. Die Lipase der Schimmelpilze zersetzt das Fett unter Bildung freier Fettsäure, die mehr zum Ausschlagen neigt als Neutralfett.

Nach H. Phillips und M. P. Balfe findet man in geschmierten Ledern häufig viel freie Fettsäuren, obwohl in diesen zum Schmieren verwendeten Fettstoffen nur wenig freie Fettsäuren vorhanden waren. Die Fettmischung enthielt 4 bis 14,6% freie Fettsäuren, das extrahierte Fett dagegen 15,3 bis 84% freie Fettsäuren. Diese Spaltung wurde durch Mikroorganismen verursacht, die während oder nach der Fettung in das Leder gelangten und dort gute Entwicklungsmöglichkeiten vorfanden. Bei sichtbarem Schimmelwachstum enthielt z. B. das extrahierte Fett nach 58 Tagen 30%, bei schimmelfreiem Leder 1,7% freie Fettsäuren. Keine Fettspaltung trat ein, wenn die Leder mit Thymol oder Quecksilberchlorid desinfiziert waren.

Eine gute desinfizierende Wirkung besitzen ferner: p-Nitrophenol, β-Naphthol und eine Mischung aus o-, m- und p-Kresol. Dem zum Einweichen der Leder vor dem Schmieren verwendeten Wasser wird man daher zweckmäßig 0,1% p-Nitrophenol und dem Fettgemisch 1,2% β-Naphthol zugeben. Teeröl, Mineralöl und Eigelb wirken ebenfalls sicher gegen Fettausschlag.

Die größte Sicherheit jedoch bietet, dafür zu sorgen, daß die Haut vor der Gerbung frei von Kalkseifen und freier Fettsäure ist.

Nach G. Grasser (2) sollen flüssige Fette das Cholesterin des Hautfettes beim Fetten emulgieren und dadurch die Bildung eines Ausschlages verhindern. Alkalizusätze zu Lickeremulsionen oder Appreturen sind nach W. Schindler günstig zur Vermeidung von Ausschlägen. Nach dem Österr. P. 117831 von J. G. Kästner soll der Zusatz einer Abkochung von Johannisbrotkernen zum üblichen Fettlicker vorteilhaft für die Unterbindung eines Fettausschlags sein.

Durch Extraktion der Rohfelle mit Fettlösemitteln konnte die Bildung eines Ausschlags nur verringert, aber nicht ganz unterbunden werden. Die Leder zeigten einen filmartigen Ausschlag.

Beim Zustandekommen von Fettausschlägen kann nach W. Schindler auch die Verdrängung von Fett aus seiner Bindung an die Hautsubstanz oder an Chromkomplexe eine erhebliche Rolle spielen.

Jede Lederart hat offenbar die Fähigkeit, eine bestimmte Menge Fett ohne Neigung zum Ausschlag aufzunehmen. Bei Überschreitung der Sättigungsgrenze muß nicht der zuletzt aufgenommene Fettstoff ausgeschieden werden, es können bereits vorhandene Fettstoffe oder Hautfett verdrängt werden und als Ausschlagbildner auftreten. Dies wurde vor allem bei reaktionsfähigen Stoffen mit Doppelbindungen oder OH-Gruppen beobachtet, z. B. beim Abölen von Leder mit Klauenöl oder Leinöl, denn diese beiden Stoffe sowie Neutralöl in sulfoniertem Klauenöl zeichnen sich durch besondere Neigung zur Verdrängung von Hautfett aus.

Weiter ist beachtlich, daß die Fähigkeit von Chromleder, Fett kapillar zu binden, durch Eindringen polarer Stoffe in den Chromkomplex vermindert werden kann. Es ist eine erwiesene Tatsache, daß bei der Fettung mit hochsulfonierten Tranen ein Fettausschlag entstehen kann, obwohl der größte Teil der zugeführten Stoffe in dem Chromkomplex, von der Haut oder als Chromfettsäureverbindung gebunden ist. Man muß in diesem Fall eine Veränderung des Fettbindungsvermögens für andere Fette und auch für Hautfett annehmen.

10. Ausharzungen.

Über die Ursachen der Tranausharzungen (s. auch dieser Bd., 6. Kap., S. 646 und 686, sowie 10. Kap., S. 1200), die nur auf pflanzlich gegerbten Ledern auftreten, ist man sich noch nicht völlig klar. Soviel ist jedoch sicher, daß man einen Tran bezüglich Gefahr des Ausharzens nicht nach seiner Jodzahl beurteilen darf, denn Tran mit hoher Jodzahl harzt bisweilen gar nicht aus, während solcher mit niedriger Jodzahl zum Ausharzen neigen kann. Tran mit höherem Säuregehalt, in dem also die Glyceride zum Teil schon vor der Fettung gespalten sind, harzt weniger aus. Diese ungesättigten freien Fettsäuren werden offenbar rascher und vollständiger vom Leder gebunden. Die Glyceride aus den ungesättigten Fettsäuren können durch Aufnahme von Sauerstoff oxydiert werden und, da sie nicht gebunden sind, an die Oberfläche treten.

Alle Trane erleiden im pflanzlich gegerbten Leder starke oxydative Veränderungen. Gesetzmäßigkeiten zwischen dem Grad der Jodzahlabnahme und der Stärke der Ausharzungen sind aber nicht erkennbar. Nach M. P. Balfe und P. Uryash bestehen die harzigen Ausscheidungen auf pflanzlich gegerbtem, mit

Tran gefettetem Leder aus polymerisierten Oxydationsprodukten der Trane. Auf Chromleder entstehen solche Ausscheidungen nicht, da die Oxydationspro dukte mit den Chromsalzen Verbindungen eingehen.

Die Oxydation des Trans im Leder kann durch Zusatz von Antioxygen zum Tran verhindert werden. Auch Mineralölzusätze scheinen die Neigung vieler Trane zum Ausharzen zu verringern.

Die Ausharzung nimmt mit steigendem p_H-Wert des Leders zu, mit Alkali behandelte Leder weisen besonders starke Ausharzungen auf. Vollständige Abwesenheit von Feuchtigkeit während des Lagerns und Lagern bei stark erhöhter Temperatur verhindern unter gewissen Voraussetzungen das Auftreten von Ausharzungen.

Das Ausharzen der Trane auf pflanzlich gegerbtem Leder wird offenbar durch die Beschaffenheit des Leders bei der Fettung, durch die Eigenschaften des zur Fettung verwendeten Trans, durch die Höhe des Fettgehalts und durch die Lagerungsverhältnisse des gefetteten Leders beeinflußt.

Ausharzungen lassen sich durch Ausreiben mit bestimmten Lösungsmitteln, wie Benzin, Alkohol oder Petroleum, entfernen, erscheinen aber nach einiger Zeit wieder. Durch Entfettung im Extrakteur jedoch können sie beseitigt oder vermieden werden.

11. Störende Fette bei der Pelzzurichtung.

Bei fettreichen Fellen, die auf Rauchwaren zugerichtet werden sollen, stört nicht nur das Fett der Haut, sondern vor allem der Fettgehalt von Haar und Wolle, was im Anschluß an die Weiche eine Pelzwäsche notwendig erscheinen läßt, vgl. S. 76 (s. auch W. Pense, S. 576). Das Färben erfordert zudem eine zusätzliche Entfettung von Haar und Wolle, die man durch eine leichte Alkalibehandlung mit Ammoniak oder Soda, seltener mit Natronlauge erzielt.

C. Entfettung.

I. Allgemeines; Netz- und Emulgiermittel.

Neben die altbekannte Seife mit ihrer Empfindlichkeit gegen Säure und die Härtebildner des Wassers ist eine ganze Reihe synthetischer Mittel getreten. Entsprechend ihrer Konstitution sind diese mehr oder weniger unempfindlich gegenüber Säuren und den Härtebildnern des Wassers. Von den typischen Vertretern seien genannt: Die Fettalkoholsulfonate sowie die Kondensationsprodukte aus Fettsäuren und Oxy- oder Methylaminoäthansulfosäure als ionogene Produkte und die Fettsäure-Eiweißkondensationsprodukte sowie die Äthylenoxydkondensate als nichtionogene Produkte. Einige typische Eigenschaften, die für die Verwendung dieser chemischen Erzeugnisse bei der Entfettung der Blößen und Leder von Bedeutung sind, sollen an dieser Stelle erwähnt werden.

Unter Fettalkoholsulfonaten

(Beispiel: $C_{12}H_{25}O$—SO_2ONa = Gardinol V der Böhme Fettchemie)

versteht man Schwefelsäureester höherer Alkohole, bei deren Herstellung auch echte Sulfosäuren in geringer Menge entstehen. Die Handelsprodukte sind daher Gemische der Natriumsalze der Ester mit geringen Mengen der Sulfonsäuren. Die Fettalkoholsulfonate, die im Gegensatz zu den Seifen neutral und elektrolytbeständig sind, zeigen ein gutes Emulgiervermögen für Öle und

Fette. Das gleiche gilt für die Kondensationsprodukte höherer Fettsäuren mit niederen Äthansulfosäuren, die zuerst als Igepon A

$$\text{Natriumsalz der Oleyl-isäthionsäure: } C_{17}H_{33}-C\underset{\displaystyle O-CH_2-CH_2-S_3ONa}{\overset{\displaystyle O}{\big<}}$$

und Igepon T

$$\text{Natrium-oleyl-methyl-taurid: } C_{17}H_{33}-C\underset{\displaystyle \underset{\displaystyle CH_3}{\overset{\displaystyle |}{N}}-CH_2-CH_2-SO_3Na}{\overset{\displaystyle O}{\big<}}$$

bekannt geworden sind, sowie für Fettsäure-Eiweißkondensationsprodukte

$$(\text{Beispiel: } C_{17}H_{33}-C\underset{\displaystyle \underset{\displaystyle H}{\overset{\displaystyle |}{N\text{-Eiweißrest}-COONa}}}{\overset{\displaystyle O}{\big<}}$$
= Lamepon A (G r ü n a u): Kondensationsprodukt aus Fettsäure und Eiweißabbauprodukten vom Typus der Oleyl-lysalbinsäure).

Beiden Typen ist gemeinsam, daß ihre wirksamen Bestandteile Anionen sind, die mit den basischen Gruppen der Haut reagieren. Voraussetzung dafür ist allerdings, daß sich die Haut in kationischem Zustand befindet, was auf der sauren Seite des isoelektrischen Punktes der Fall ist. Bei der Rohhaut liegt dieser Punkt unterhalb p_H 7, bei geäscherter Haut unterhalb p_H 5. Rohe Felle, deren p_H-Wert etwa 7 beträgt, und geäscherte Blößen, deren p_H-Wert vor der Beize im allgemeinen über 10 und nach der Beize zwischen 7 und 9 liegen wird, sind demnach mit solchen anionischen Emulgatoren zu entfetten. Für stark saure, also gepickelte Blößen kommen dagegen solche anionischen Produkte nicht in Betracht, es sei denn, daß vor der Entfettung entpickelt wurde, wie dies z. B. bei deren Verarbeitung auf lohgares Leder geschieht.

Die kationischen Emulgatoren sind quaternäre Ammoniumsalze. Bei den als Emulgatoren wirksamen Produkten weist von den vier Kohlenwasserstoffresten am Stickstoff mindestens einer eine längere Kohlenwasserstoffkette von beispielsweise 15 C-Atomen auf

[Beispiel: Stearyltriäthanolamin = Soromin A (I. G.)].

Das Kation ist der wirksame Bestandteil. Dieses kann sich mit den sauren Gruppen des Kollagens umsetzen, wenn diese anionisch aufgeladen sind, was auf der alkalischen Seite des isoelektrischen Punktes der Fall ist. Für stark alkalische Blößen sind kationische Emulgatoren demnach nicht geeignet, dagegen sind sie gegenüber gepickelten Blößen recht wirksam.

Die nichtionogenen Fettsäure-Äthylenoxydkondensationsprodukte kann man, da sie ein hervorragendes Emulgiervermögen besitzen, als Entfettungsmittel im neutralen, sauren und alkalischen Medium verwenden, denn sie besitzen keinerlei Affinität zum Hauteiweiß. Solche Produkte sind z. B. als Emulphore und Amollane bekannt geworden

[Beispiel: Emulphor A (I. G.) = Ölsäure-Äthylenoxyd-Kondensationsprodukt:

$$R-C\overset{O}{\underset{O-(CH_2-CH_2-O)_x-CH_2-CH_2OH}{<}}]$$

Voraussetzung für eine gute Wirksamkeit ist allerdings ein genügend langer Fettsäurerest und eine größere Zahl angelagerter Äthylenoxydmoleküle.

II. Fettlösungsmittel.

Für die Extrahierung von Fetten und Ölen steht eine ganze Reihe verschiedener Lösungsmittel zur Verfügung. Von diesen besitzen zur Zeit vor allem Benzin, Petroleum, Tetrachlorkohlenstoff (Asordin), Trichloräthylen und Perchloräthylen (Peravin) praktische Bedeutung. Zur allgemeinen Orientierung sollen die Eigenschaften anderer Fettlösungsmittel ebenfalls kurz behandelt werden.

Kohlenwasserstoffe.

Benzin: Spez. Gewicht bei 20° C 0,63 bis 0,75, Siedegrenzen 60 bis 140° C, Flammpunkt unter — 10° C. Die Fette und Öle, allgemein die Triglyceride, sind in Benzin löslich mit Ausnahme des Ricinusöls. Beachtlich ist jedoch, daß die Glyceride der festen Fettsäuren in Benzin viel schwerer löslich sind als die der flüssigen. Das reine Tristearin ist z. B. in Petroläther (Siedepunkt 30 bis 70° C) nur sehr wenig löslich. Die Anwesenheit leicht löslicher Glyceride begünstigt indessen die Löslichkeit der schwerer löslichen. Diese Begünstigung der Löslichkeit nimmt mit steigender Konzentration an löslichen Glyceriden zu. Für die reinen Fettsäuren selbst gilt im wesentlichen das Gleiche. Der Schmelzpunkt ist von erheblichem Einfluß auf die Löslichkeit, die mit steigendem Schmelzpunkt abnimmt. Oxyfettsäuren sind in Benzin unlöslich.

Als Fettextraktionsmittel dient vor allem Leichtbenzin mit einem Siedepunkt von 60 bis 95° C. Häufig wird auch Benzin mit Siedepunkt 100 bis 140° C verwendet, da bei diesem die Lösungsmittelverluste geringer sind.

Petroleum: Dieses stellt bekanntlich die zwischen Benzin und Treiböl etwa bei 150 bis 300° destillierenden Anteile des Erdöls dar. Hinsichtlich seiner Lösefähigkeit gilt im wesentlichen das Gleiche wie für Benzin. Infolge der geringeren Flüchtigkeit gibt man dem Petroleum in manchen Fällen den Vorzug, vor allem dann, wenn man in nur schwer abzudichtenden Apparaturen arbeitet.

Benzol: Spez. Gewicht von reinem Benzol 0,899, Siedegrenzen 80 bis 81° C, Flammpunkt — 15° C. Im technischen Sinne versteht man unter Benzol nicht den reinen Kohlenwasserstoff C_6H_6, sondern ein unterschiedliches Gemisch des reinen Benzols mit seinen Homologen, vor allem dem Toluol und Xylol.

Die Benzolarten lösen Fette und Öle leicht und mischen sich mit ihnen in jedem Verhältnis. Die Fettsäuren selbst sind im allgemeinen in Benzol leichter und zu einem höheren Prozentsatz löslich als in Benzin, wobei sich die festen gesättigten Fettsäuren weniger leicht als die flüssigen ungesättigten lösen. Während sich z. B. Ölsäure in Benzol in jedem Verhältnis löst, sind von Stearinsäure in 100 Teilen Benzol nur 22 Teile löslich. Die höher siedenden Benzole zeigen fast ausnahmslos eine größere Lösefähigkeit.

Besonders zu beachten ist, daß die Alkaliseifen der Fettsäuren in Benzol nur wenig oder gar nicht löslich sind. Durch Anwesenheit von freien Fettsäuren oder Triglyceriden wird indessen ihre Löslichkeit begünstigt. Bei Schwermetallsalzen von Fettsäuren ist die Art der Fettsäuren von besonderem Einfluß auf ihre Löslichkeit. Während die Blei- und Kupfersalze der gesättigten Fettsäuren in Benzol unlöslich sind, kann man diese Salze der ungesättigten Fettsäuren in Benzol auflösen. Bei der Extraktion von Fetten löst Benzol in gleicher Zeit und bei gleicher Apparatur etwa 50% mehr Fett als Benzin.

Xylol: Spez. Gewicht 0,859 bis 0,560, Siedegrenzen 139 bis 140, Flammpunkt + 23° C. Dieses ist ein gutes Lösungsmittel für Harze, Fette und Öle.

Hydrierte Kohlenwasserstoffe.

Tetralin (Tetrahydronaphthalin) löst Fette und Öle.

Dekalin (Decahydronaphthalin) löst Öle und Wachse ähnlich wie Terpentinöl. Dekalin dient ebenso wie Tetralin und Hexalin zur Herstellung von Fettlösungsmitteln in Verbindung mit Seifen.

Chlorkohlenwasserstoffe.

Die Verwendung von chlorierten Kohlenwasserstoffen nimmt immer mehr an Bedeutung zu. Abgesehen davon, daß sie ein ausgezeichnetes Lösevermögen für Fette, Öle und Harze besitzen, sind sie nicht explosiv und in flüssigem sowie in gasförmigem Zustand völlig unbrennbar, so daß (abgesehen von den wegen ihrer Giftigkeit nötigen) polizeiliche und versicherungsmäßige Schutzmaßnahmen bei ihrer Anwendung wegfallen. Da sie einheitliche Körper mit festen Siedepunkten darstellen, können sie im Gegensatz zu Benzin und Petroleum durch Destillation unverändert wiedergewonnen werden. Die niedrigen Siedepunkte ermöglichen kurze Behandlungsdauer und haben geringen Dampf- und Wasserverbrauch zur Folge, alles Voraussetzungen für die Wirtschaftlichkeit. Die Entfettungsanlagen erfordern allerdings bestimmte hochwertige, korrosionsfeste Baustoffe: z. B. nichtrostenden Edelstahl, Stahlblech homogen verbleit, Vollbleiausführung, zinkfreie Bronze und, wo angängig, mit fester Feuerverzinkung emaillierte Aufbewahrungsbehälter.

Tetrachlorkohlenstoff: Unter dem Namen „Tetra" der bekannteste Vertreter dieser chlorierten Kohlenwasserstoffe. Tetra, mit dem Siedepunkt von 75° C, löst Fette, Öle, Stearin und Kohlenwasserstoffe, wie Paraffin. Tetra läßt sich verhältnismäßig leicht emulgieren, vor allem mittels Türkischrotölseifen, die mit Tetra wasserlösliche Entfettungsmittel bilden. Aus diesen Emulsionen wird Tetra, selbst bei großer Verdünnung, mit Wasser nicht abgeschieden. Mittels Tetra läßt sich die Feuergefährlichkeit von Benzin und ähnlichen Lösungsmitteln herabsetzen.

Die Farbwerke Hoechst stellen unter dem Namen Asordin Tetrachlorkohlenstoff her, der sich für die chemische Reinigung und auch für die Entfettung von Leder besonders brauchbar erwiesen hat.

Trichloräthylen: Neben Tetra ist Trichloräthylen, das meist als „Tri" bezeichnet wird, für die Fettextraktion der wichtigste Chlorkohlenwasserstoff. Ebenso wirken Tetrachloräthan und Perchloräthylen. Tri besitzt das spez. Gewicht 1,47, den Siedepunkt 87° C, den Gefrierpunkt — 78° C, die spez. Wärme 0,228 und die Verdampfungswärme 56,5 Kal. Es ist eine wasserklare Flüssigkeit von stark aromatischem Geruch.

Tri ist ein ideales Lösungsmittel für alle Fette und Öle, sowie für Harz, Pech, Teer und Paraffin. Die Lösefähigkeit ist nicht an bestimmte Mengenverhältnisse gebunden, wirkt meist überraschend schnell und kann durch Erwärmung noch gesteigert werden, was bei der Unbrennbarkeit des Lösungsmittels mit keiner Gefahr verbunden ist. Wasser löst sich in Tri nur spurenweise. Praktisch ist es mit diesem nicht mischbar, sondern scheidet sich entsprechend seinem geringeren spezifischen Gewicht über dem Tri als scharf getrennte Schicht ab, wobei sich etwaige Verunreinigungen in der Trennungsfläche anzusammeln pflegen. Mitunter bilden geringe Wassermengen mit Tri eine trübe Emulsion. Dieser kann man das Wasser durch Schütteln mit calcinierter Soda rasch entziehen. Mit Benzin, Benzol, Petroleum oder konzentriertem Alkohol läßt sich Tri in jedem Verhältnis mischen. Die Mischung verliert aber dann in entsprechendem Maße die Eigenschaft der Unbrennbarkeit.

Tri verdunstet schon bei gewöhnlicher Zimmertemperatur ziemlich rasch. Seine Dämpfe steigen aber nicht in die Luft empor, sondern haben das Bestreben, sich über die verdampfende Flüssigkeit zu lagern und in einem Luftraum herabzusinken. Es ist deshalb an Stelle einer allgemeinen Raumentlüftung wirksamer, Tridämpfe unmittelbar an der Entstehungs- bzw. Austrittsstelle durch Absaugung am Boden zu entfernen, bevor sie in erheblichem Maße in die Raumluft gelangen.

Tri wird bei der Destillation unverändert wiedergewonnen. Infolge seiner geringen Verdampfungswärme verdampft es sehr leicht unter geringem Wärmeaufwand. Ebenso leicht lassen sich die Dämpfe wieder niederschlagen.

Unter normalen Verhältnissen ist Tri, das stets unter Zusatz geringer Mengen eines Stabilisators geliefert wird, unbegrenzt beständig. Gewisse außergewöhnliche Einflüsse können jedoch eine teilweise allmählich eintretende Zersetzung des Lösungsmittels unter Abspaltung von Salzsäure herbeiführen oder einleiten. Derartige Einflüsse sind: Starke, anhaltende Belichtung, Überhitzung, Eindringen von Säurespuren fremder Herkunft sowie Einwirkung von feinverteiltem Aluminium. Wegen weiterer Einzelheiten wird auf den Spezialprospekt der Firma Dr. Alexander Wacker in München verwiesen.

Perchloräthylen: Dieses wird häufig als „Per" bezeichnet und auch unter dem Namen „Peravin" geliefert. Per besitzt das spez. Gewicht 1,62, den Siedepunkt 119° C, den Gefrierpunkt — 20° C, die spez. Wärme 0,216 und die Verdampfungswärme 51,5 Kal. Entsprechend seinem höheren Siedepunkt hat Per eine geringere Dampfspannung und verdunstet deshalb schwerer als Tri. Luft von gewöhnlicher Temperatur kann nur etwa ein Drittel soviel Per aufnehmen wie Tri.

Tabelle 8. Aufnahmefähigkeit von Luft für Dämpfe von Tri und Per.

Lufttemperatur in ° C	1 m³ Normalluft (0° C u. 760 mm Hg) sättigt sich erwärmt mit kg	
	Tri	Per
0	0,20	0,05
10	0,33	0,10
15	0,43	0,13
20	0,55	0,16
30	0,89	0,28
40	1,45	0,45
50	2,40	0,72
60	4,20	1,15
70	8,26	1,83
80	23,90	2,97
90	—	5,08

Im allgemeinen gilt für Per das gleiche, was für Tri angegeben wurde. Da Per erheblich langsamer verdunstet als Tri, ist es diesem dort vorzuziehen, wo eine zeitweise offene Anwendung unvermeidlich ist. Grundsätzlich soll man aber ein offenes Hantieren mit größeren Mengen Tri oder Per, wenn es nicht im Freien stattfindet, ganz unterlassen.

Chloroform löst Fette, Öle, Cholesterin und ätherische Öle, sowie die meisten Harze. Methylenchlorid ist ein gutes Lösungsmittel für Fette, Öle und Harze.

Terpen-Kohlenwasserstoffe.

Terpentinöl ist der wichtigste Vertreter dieser Klasse. Das Holzterpentinöl löst Fette und Öle leicht in jedem Verhältnis. Wachse dagegen sind in Holzterpentinöl nur begrenzt löslich.

Alkohole.

Das Lösungsvermögen des Methylalkohols für Fette und Öle ist nach H. Gnamm (2) im allgemeinen noch geringer als das des Äthylalkohols, in dem Fette und Öle wenig löslich sind. Allein Ricinusöl ist mit absolutem Alkohol in jedem Verhältnis mischbar. Bei 85%igem Alkohol sind noch 100 Teile Ricinusöl in 400 Teilen Äthylalkohol löslich.

Die reinen Fettsäuren dagegen lösen sich mit einigen Ausnahmen in Äthylalkohol. Ölsäure wird in jedem Verhältnis gelöst, ebenso die meisten anderen ungesättigten Säuren, wie Linol- und Linolensäure. Von Palmitinsäure sind 80%ige Lösungen herstellbar. Löslich sind ferner die Ricinusölfettsäuren. Für Oxyfettsäuren zeigt Äthylalkohol fast durchwegs ein gutes Lösungsvermögen. Heißer Alkohol löst auch Cholesterin.

Freie Fettsäuren begünstigen auch die Löslichkeit von Neutralölen, jedoch nur bei hohen Prozentsätzen, wobei die Löslichkeit des Neutralöls von erheblichem Einfluß ist. Die Bleisalze der flüssigen Fettsäuren sind in Äthylalkohol löslich, die der festen nicht.

n-Propylalkohol und Isopropylalkohol lösen Öle leichter als Äthylalkohol. Ein gutes Lösungsvermögen zeigt n-Butanol. Amylalkohol löst außerdem auch Wachse. Viele rohe und geblasene Öle sowie Wachse kann man in n-Octylalkohol lösen. Benzylalkohol mischt sich mit Leinöl und Ricinusöl.

Hexalin (Cyclohexanol): Spez. Gewicht bei 20° C 0,949. Siedegrenzen 155 bis 165° C. Flammpunkt zirka 70° C. Dieses stellt ein gutes Lösungsmittel für Öle, Fette, Wachse sowie fettsaure und harzsaure Metallsalze dar. Hexalin löst sich in Seifenlösungen, ohne sich beim Verdünnen abzuscheiden. In Gegenwart dieser Seifen wirkt es als Emulgator, besonders in Anwesenheit von Olein-Kaliseife. Seifen-Hexalinmischungen lösen bzw. emulgieren andere Lösungsmittel, wie Benzin, Benzol, Tetra. Mittels Hexalin oder Methylhexalin hergestellte Seifen finden als Hexoran, Texapon und Savonade z. B. für die Wollwäscherei Verwendung (D.R.P. 552251, Hydr. Werke; Ö.P. 89195 Stamm; A.P. 1750430 Pott & Co.; D.R.P. 556889 Simon u. Dürkheim).

Glykole.

Propyl-glykol (Glykol-monopropyläther C_3H_7O—CH_2—CH_2OH) ist ein ausgezeichnetes Lösungsmittel für fette Öle, wie Leinöl, Holzöl und Ricinusöl. Butyl-glykol (Glykol-monobutyläther C_4H_9O—CH_2—CH_2OH) löst viele Öle und Harze. Diäthylenglykol-monoäthyläther (C_2H_5—OCH_2—CH_2—OCH_2—CH_2OH) ist ein gutes Lösungsmittel für Öle, Fette, Wachse und Harze. Es ist in USA als „Carbitol" im Handel. Diäthylenglykol-monobutyläther (C_4H_9—OCH_2—CH_2—OCH_2—CH_2OH) löst ebenfalls Öle und Fette. Butoxyl (Acetat des Methyl-1,3-Butylenglykols) löst Öle. Alle diese Lösungsmittel sieden bei weitem höher als die bisher genannten.

Ester.

Methylformiat, Methylacetat und Äthylacetat sind gute Lösungsmittel für Öle und Fette. Das letztere ist eines der besten niedrigsiedenden Lösungsmittel überhaupt. Auch Drawin 28a, n-Butylacetat, Polysolvan E und HS (Essigsäureester aliphatischer Alkohole), Polysolvan O (Ester aliphatischer Alkohole) und Äthylpropionat lösen Öle und Fette.

Ketone.

Aceton ist ein vorzügliches Fettlösungsmittel. Spez. Gewicht von Aceton rein bei 20° C 0,789 bis 0,793. Siedegrenzen 55 bis 56° C, Flammpunkt unter — 15° C. Da es mit Wasser mischbar ist,lassen sich die Fette durch Verdünnung wieder abscheiden. Die freien Fettsäuren sind gleichfalls in Aceton löslich. Öle und Fette kann man auch mit Methyläthylketon sowie Anon (Cyclohexanon) und Methylanon (Methyl-cyclohexanon)[1] lösen.

Äther.

Spez. Gewicht von Äthyläther bei 15° C 0,722, Siedegrenze 34 bis 35° C, Flammpunkt — 40° C. In Äthyläther lösen sich Fette, Öle, Fettsäuren und Cholesterin leicht, außer Tristearin, das schwer löslich ist. Durch die Gegenwart anderer Glyceride wird die Löslichkeit erheblich vermehrt. Auch die Bleisalze der meisten ungesättigten Fettsäuren sind in Äther löslich, die der gesättigten Fettsäuren dagegen schwer löslich. Propyläther löst Leinöl, Holzöl und Ricinusöl, Dioxan die meisten Öle und Harze.

Schwefelkohlenstoff.

Spez. Gewicht bei 20° C 1,263, Siedegrenzen 46 bis 47° C, Flammpunkt unscharf (— 4° C). Dieser hat großes Lösevermögen für Öle, Fette, Wachse und Cholesterin. Wegen seiner großen Feuergefährlichkeit und Giftigkeit findet er zur Fettextraktion keine Verwendung.

III. Entfettung mit Netz- und Emulgiermitteln sowie organischen Lösungsmitteln.

Die Entfettung soll überschüssiges Hautfett und andere störende Fette beseitigen. Sie soll die Bildung von Fettausschlag unterbinden und außerdem durch Beseitigung fettiger Narbenstellen und Auflösung von Metallseifenflecken auf dem Narben die Erzielung fleckenfreier Färbungen erleichtern. Die verschiedensten Lederarten, wie Bekleidungsleder, Handschuhleder, Portefeuilleleder, Lack- und Möbelleder, werden entfettet. Man verwendet hierbei organische Fettlösungsmittel sowie synthetische Emulgiermittel. Man entfettet im eigenen Betrieb in einfachen oder besonders dafür gebauten Anlagen oder wendet sich an Entfettungsanstalten.

Das Hautfett sollte möglichst frühzeitig entfernt werden, da es häufig die Durchführung der nachfolgenden Arbeitsgänge stört. Hoher Fettgehalt erschwert den Weich- und Äschervorgang. Gewisse Schaffellarten ohne vorherige Entfettung in der Grube oder im Haspel zu gerben, ist oft schwierig, weil der Nacken und andere fettige Teile der Haut wegen des hohen Fettgehalts im Innern nicht durchgerben. Bei der Faßgerbung bilden sich Fettklumpen, die Flecken auf dem Leder hervorrufen können. R. F. Innes (4) hat gezeigt, daß man Chromseifen, die sich im nassen Leder gebildet haben, nicht ohne erhebliche Schädigung des Leders entfernen kann. Wenn man anderseits nach der Gerbung entfettet, kann man die fettigen Leder aussortieren und daher sparsamer arbeiten. Pflanzlich gegerbte Leder erfordern nach der Entfettung hin und wieder noch eine leichte Nachgerbung.

1. Wissenschaftliche und technische Untersuchungen zur Entfettung.

Zunächst sollen einige in der Literatur beschriebene und in Vorschlag gebrachte Verfahren angeführt werden.

---

[1] Das technische Produkt ist ein Gemisch der Ortho-, Meta- und Para-Verbindung.

a) Entfettung beim Weichen und Äschern sowie nach dem Äscher.

Die neuartigen Netz- und Emulgiermittel ermöglichen bei Rohware mit schmalzartigem Naturfett, wie z. B. bei Schweins- und Roßhäuten, durch Zusatz zur Weiche und zum Äscher eine ausreichende Emulgierung des Naturfettes, so daß dieses beim Streichen nach dem Äscher entfernt werden kann.

Bei Schaf- und Ziegenfellen mit relativ viel und talgartigem Fett kann man nur mit Lösungsmitteln etwas erreichen.

Für die Entfettung von geschorenen Schaffellen nach der Weiche wird vor allem Trichloräthylen empfohlen. In einem Walkfaß mit fünf bis sechs Touren pro Minute werden die Felle mit 15 bis 25% Tri vom Weichgewicht 20 bis 30 Minuten bewegt. Das fetthaltige Lösungsmittel läßt man ablaufen. Das Trichloräthylen läßt sich dabei leicht vom Wasser trennen und kann schließlich durch Destillation gereinigt werden. Die Felle werden entweder hydraulisch abgepreßt oder zentrifugiert [Ungenannt (1)].

Nach J. Abai und P. Kotljar werden die geschorenen Schaffelle nach dem Weichen durch Ausrecken oder Abpressen vom Wasser möglichst weitgehend befreit und dann in einem trockenen Gerbfaß mit 10 bis 20% Benzin vom Gewicht der entfleischten Felle entfettet. Nach erfolgter Benzinbehandlung walkt man mit 400% warmem Wasser 30 bis 45 Minuten und läßt aus dem stehenden Faß die Flüssigkeit vorsichtig ablaufen, damit die Felle nicht mit der schwimmenden Fettschicht in Berührung kommen.

K. A. Krasnow (Russ.P. 56651) empfiehlt, die getrockneten Felle vor dem Weichen mit Benzin oder Dichloräthan in Gegenwart wässeriger Lösungen von Netzmitteln, wie Mineralölsulfonaten oder Seifen, zu behandeln. Damit auf dem entfetteten Material möglichst wenig unangenehm riechende Lösungsmittelreste zurückbleiben, soll man hochsiedende Anteile vermeiden. Eine solche Emulsion kann aus 58 Teilen Petroleum, 37 Teilen neutraler Olivenölseife und 39 Teilen Wasser bestehen (A.P. 1640478, Manufacturing Improvement Co., Boston, Massachusetts).

Eine andere Methode von Ch. Marchand ist, auf vertikal in einem Zylinder aufgehängte Felle das Lösungsmittel zu versprühen. Die Lösung des Fettes sammelt sich auf dem Boden. Anschließend wird warme Luft eingeblasen. Die Lösungsmitteldämpfe werden durch Kühlung kondensiert.

Weitere Entfettungsverfahren für Rohfelle s. „Entfettung von Pelzfellen", S. 76 (s. auch W. Pense, S. 576).

Die Entfernung des Hautfettes vor dem Äscher wird durch die Unversehrtheit der Fettzellwände erschwert, die erst während des Äscherns und Beizens zu einem erheblichen Teil aufgeschlossen werden. Auch erfolgt erst in diesem Stadium eine Aufspaltung von Fett-Eiweißverbindungen.

Für die Entfettung nach dem Äscher empfiehlt die Firma Böhme Fettchemie, die Blößen zunächst zu spülen, zu entfleischen und bei p_H 11 mit Fettalkoholsulfonat (0,25%) bei 10 bis 15% Flotte und 35 bis 38° C 1 Stunde lang zu behandeln. Anschließend wird mit lauwarmem Wasser gespült (D.R.P. 696735 vom 2. April 1938, Böhme Fettchemie G. m. b. H., Chemnitz).

b) Entfettung gebeizter Blößen.

Es spricht manches dafür, die Entfettung frühestens nach der Beize vorzunehmen. Je sorgfältiger die Blößen vorher geglättet wurden, desto gründlicher wirken die Fettlösungsmittel, da beim Glätten bereits ein erheblicher Teil des in der Beize emulgierten Fettes zusammen mit den im Äscher gebildeten Kalkseifen entfernt wird. Die Entfettungsmethode bei Blößen kann man in verschiedene Gruppen einteilen:

Abpressen; Verwendung von Lösungsmitteln, wie Benzin, Tri oder Gemische mehrerer; Verwendung von Lösungsmitteln zusammen mit festen Stoffen; Verwendung von Seifen oder synthetischen Emulgiermitteln allein oder zusammen mit Lösungsmitteln; Verwendung von Lösungsmitteln zusammen mit Metallhydroxyden; Verwendung von Lösungsmitteln zusammen mit Gerbstoffen.

Ein einfaches Verfahren besteht darin, die gebeizten Blößen zunächst mit Wasser anzuwärmen und sie dann auf der hydraulischen Presse unter langsamer Steigerung des Druckes abzupressen. Bei ungepickelten Blößen wird jedoch selten in dieser Weise gearbeitet.

Nach einer anderen Methode behandelt man die ungepickelten Blößen im Faß mit Fettlösungsmitteln, z. B. Benzin, dem man zur Erhöhung der Benetzbarkeit Methylalkohol, der zudem die Entfernung der Oxyfettsäuren begünstigt, zusetzt. Weitere dafür verwendbare Fettlösungsmittel sind z. B. Trichloräthylen, Methylenchlorid, Xylol. Die Blößen werden in einem Walkfaß mit 50 bis 100% Wasser und 10 bis 15% Tri gewalkt. Das fetthaltige Lösungsmittel wird abgelassen. Nach einem Verfahren von Dr. A. Wacker, München, wird das Walkfaß nach dem Entfetten mit Trichloräthylen und Ablassen des Lösungsmittels in einen mit Lufterhitzer und Luftkühler versehenen Luftumlauf eingeschaltet. Man läßt Wasser von 35 bis 40° C zufließen und bläst erwärmte Luft ein. Im Kühler scheidet sich ein Gemisch von Wasser und Trichloräthylen ab, das durch einen Wasserabscheider getrennt wird. Das Lösungsmittel gelangt in den Vorratsbehälter zurück (D.R.P. 600940 Alexander Wacker Ges. für elektrochemische Industrie G. m. b. H., München).

Ein weiteres Verfahren besteht darin, die Blößen mit einem Gemisch aus organischen Lösungsmitteln und Wasser unter Zusatz von festen Adsorptionsmitteln, wie Kreide oder Fullererde, zu behandeln. Empfohlen wird dafür ein Gemisch aus sieben Teilen Aceton, 2 Teilen Tri, 1,5 Teilen Perchloräthylen, 0,5 Teilen Tetrachlorkohlenstoff, 0,5 Teilen Acetylentetrachlorid, das in Gegenwart von 5 bis 8% Fullererde, auf das Blößengewicht bezogen, angewandt wird. Nach 30 Minuten langem Walken läßt man die Blößen 3 bis 4 Stunden liegen. Zum Schluß werden die Blößen mit Wasser ausgewaschen (F.P. 782854 von H. A. Boudet).

An Stelle von ausgesprochenen Lösungsmitteln kann man Stoffe verwenden, die das Hautfett emulgieren und auf diese Weise aus der Haut entfernen. Bei kalkfreien Blößen nehme man reine Seifenlösungen oder synthetische Emulgiermittel, wie Fettalkoholsulfonate, Fettsäurekondensationsprodukte, Alkylarylsulfonate, Eiweiß-Fettsäurekondensationsprodukte, die sich übrigens auch für kalkhaltige Blößen eignen, soweit sie kalkbeständig sind. Die Blößen können auch 1 bis 3 Stunden bei 25 bis 30° C mit 200% Wasser und 20% eines Kondensationsprodukts von 1 Mol p-Octylphenol mit 7 bis 9 Mol Äthylenoxyd behandelt werden (E. P. 586540 von J. Burchill). Auch eine alkalische Lösung eines Kontaktspalters[1] oder einer Naphtenseife soll geeignet sein (Russ. P. 20757).

Besonders wirksam ist es, in einem langsam laufenden Faß mit wenig Flotte, d. h. mit 10 bis 15% Wasser vom Gewicht der abgetropften Blößen, das man mit Borax auf p_H 8 bis 8,5 einstellt, zu arbeiten. Durch die hohle Achse läßt man eine Lösung von 2% Fettalkoholsulfonat, in der fünffachen Menge Wasser gelöst, zulaufen und behandelt die Blößen 1 Stunde, danach wird mit warmem Wasser gespült. Als Fettalkoholsulfonate sind die Schwefelsäureester geeignet, die durch katalytische Reduktion entweder der niedrig siedenden Fraktion der Kokosfett-

---

[1] Unter Kontaktspalter versteht man ein Gemisch von Sulfosäuren der cyklischen Kohlenwasserstoffe, wie man sie lt. D.R.P. 264785 von G. Petroff bei der Behandlung von naphtenreichen Mineralölen mit Schwefelsäure erhält. Die Bezeichnung „Kontakt" soll sich von dem Namen der seinerzeitigen russischen Fa. Kontakt A. G. herleiten.

säuren und Palmkernfettsäuren oder der sogenannten Vorlauffettsäuren der Paraffinoxydation erhalten werden (D.R.P. 696735 Böhme Fettchemie G.m.b.H., Chemnitz). Ebenfalls gute Ergebnisse erzielt man mit dem Schwefelsäureester des Oleylalkohols. Das Verfahren kann bei stark fetthaltigen Schafblößen mit einer vorhergehenden Entfettung mit organischen Lösungsmitteln kombiniert werden.

Außer Schwefelsäureestern von aliphatischen Alkoholen kann man auch Sulfogruppen enthaltende höhermolekulare Fettsäureamide oder in der Alkoholkomponente sulfonierte höhermolekulare Fettsäureester nehmen (F.P.789676 vom 7. Mai 1935, I. G. Farbenindustrie A. G.).

In manchen Fällen gibt man der kombinierten Anwendung von Fettlösungsmittel und Emulgiermittel den Vorzug. So kann man die Blößen mit der Emulsion eines Kontaktspalters[1], Petroleum und Aceton behandeln (Russ. P. 30793, 1932, von W. I. Dreding und K. I. Sjablow). Eine weitere Modifikation für kalkfreie Blößen besteht darin, daß man diese zunächst mit einer Mischung von Petroleum und einem sulfonierten Öl kurze Zeit behandelt und dann zwecks Bildung einer Emulsion anteilsweise mit Wasser versetzt (D.R.P. 645511, The Tanning Process Company, Boston). Nach einem amerikanischen Verfahren kann man mit einer Emulsion aus 12 Teilen Petroleum und 1 Teil sulfoniertem Tran entfetten (A.P. 1954798 vom 16. März 1933, John H. Conner und M. Merritt). Emulsionen aus Benzin und Trichloräthylen lassen sich allgemein mittels Seife oder synthetischer Emulgiermittel oder sulfonierter Öle herstellen.

Ein Leichtmetallhydroxyd kann zusammen mit Tetrahydronaphthalin im Verhältnis 2 : 100 zur Entfettung von Blößen dienen. Mit 20% des Gemisches und 100 bis 200% Wasser werden die Blößen bei 30° C 1 Stunde gewalkt (D.R.P. 539356 Röhm & Haas, 16. Dezember 1926). Bisweilen werden auch wässerige Emulsionen von Fettlösungsmitteln im Gemisch mit festen saugfähigen Stoffen, wie Kieselgur oder frisch gefällten Metallhydroxyden, welche die Fette adsorbieren, verwendet (Ö.P. 112114 und D.R.P. 539356).

Eine besondere Art, die in dem F.P. 738167 geschildert ist, bedeutet die Entfettung mittels synthetischer Gerbstoffe. Nach dem D.R.P. 649146 von Dr. A. Wacker, München, werden gebeizte Blößen zur Entfettung mit der 15- bis 20fachen Menge Benzin und der 10- bis 15fachen Menge Wasser, das pflanzliche Gerbstoffe enthält, behandelt. Nach der Entfettung wird die Brühe abgelassen und die Trommel unter Zusatz von Fettlicker mit warmem Wasser beschickt. Durch Einblasen eines Stickstoffstroms von 38 bis 40° C wird das Lösungsmittel entfernt.

c) Entfettung gepickelter Blößen.

K. G. A. Pankhurst beschäftigte sich mit der Frage, in welchem Stadium Blößen am vorteilhaftesten entfettet werden. Er kam dabei zu dem Ergebnis, daß es am besten ist, die Blößen nach dem Pickel bei p_H 2 und nach entsprechender Lagerung zu entfetten (s. hierzu auch K. F. Haberstroh, S. 433). Wenn man aber mit organischen Lösungsmitteln, die sich mit Wasser nicht mischen, arbeitet, treten Schwierigkeiten infolge der Unverträglichkeit des Lösungsmittels mit dem Wasser bzw. der wasserhaltigen Blöße auf, weshalb er Mitverwendung eines Netzmittels empfiehlt. Das Lösungsmittel wird zweckmäßig bei 30 bis 35° C unter Bewegung angewandt. Die Entfernung des Lösungsmittels aus den behandelten Blößen erreicht man am besten durch Walken mit einer Salzlösung möglichst in Gegenwart eines Netzmittels.

Wenn man mit wässerigen Emulgiermitteln arbeitet, ist die Zugabe eines Netzmittels von Vorteil, um die Emulgierung der Fette zu erleichtern. Die resultierende Fettemulsion wird durch Spülen entfernt. Zur Erzielung einer stabilen

---

[1] Siehe Fußnote 1 auf S. 56.

Fettemulsion setzt man zweckmäßig nichtionogene Netzmittel zu und arbeitet unter Bewegung. Mit Hilfe bestimmter Polymerisate (Acrylharze) hergestellte Lösungsmittelemulsionen sind so säure- und salzbeständig, daß sie sich auch ohne weitere Zusätze zur Entfettung von gepickelten Blößen eignen [E. Trommsdorff, O. Grimm und G. Abel (2)].

Nach dem bekanntesten Verfahren zur Entfettung gepickelter Blößen von F. T. Roberts werden die Blößen zunächst mit einer 5%igen Kochsalzlösung und dann mit „Paraffin" vom Siedepunkt 190 bis 260° C und einem spez. Gewicht 0,8114 gewalkt. Anschließend entfleischt man und behandelt dann noch zweimal mit einer 2,5%igen Kochsalzlösung. Durch das Entfleischen werden 2 bis 3% Fett entfernt und durch das Nachwalken nochmals erhebliche Fettmengen beseitigt. Insgesamt können auf diese Weise nach Versuchen von Roberts bis zu 37% Hautfett gelöst werden. Da aber gleichzeitig „Paraffin" aufgenommen wird, beträgt die scheinbare Fettverringerung nur 27%. Das verwendete „Paraffin" ist ein Kohlenwasserstoffgemisch, dessen Konstanten angegeben werden, und entspricht etwa dem, was wir als Leuchtpetroleum (Kerosin) bezeichnen. Wir haben es hier also mit der bekannten Petroleumentfettung zu tun.

An Stelle von „Paraffin" könnte man ebenso gut andere Lösungsmittel, wie Petrolbenzin, Solventnaphtha oder chlorierte Kohlenwasserstoffe, nehmen. Das „Paraffin" wird meist wegen seiner Billigkeit bevorzugt.

Das sogenannte „Paraffinverfahren" arbeitet nicht immer befriedigend, da „Paraffin" in Blößen mit 40 bis 60% Feuchtigkeit nur sehr schwer eindringt und es schwierig ist, die letzten Reste des Lösungsmittels zu entfernen. Das Fett der Schaffelle ist zudem in dem „Paraffin" nicht restlos löslich. Ein Zusatz von Methylalkohol erhöht die Benetzbarkeit und wirkt als Lösungsmittel für Oxyfettsäuren. Eine durchgreifendere Wirkung würde man durch Trocknen der Blößen erreichen. Die Blößentrocknung stößt jedoch auf Schwierigkeiten. K. McLaren machte daher eingehende Versuche mit „Paraffin" in Gegenwart von Äthylenoxyd-Kondensationsprodukten, also nichtionogenen Emulgatoren, die genügend säurebeständig sind und keine Affinität zur Blöße besitzen. Bei diesen Versuchen hat er jeweils 50 g Blöße mit bekanntem Fett- und Wassergehalt 3 Stunden lang bei 35° C mit 100 ccm „Paraffin" allein bzw. zusammen mit bestimmten Prozentsätzen an Emulgator behandelt. Danach wurden die Blößenstücke leicht abgepreßt und 1 Stunde lang bei 35° C mit 100 ccm einer 3%igen Kochsalzlösung gewalkt. Nach nochmaliger Wiederholung dieser Behandlung wurden sie schließlich 1 Stunde lang bei 35° C mit 100 ccm einer 10%igen Kochsalzlösung gewaschen.

Bei derartigen Versuchen mit einem Kondensationsprodukt aus 4 Mol Äthylenoxyd auf 1 Mol Cetylalkohol erreichte er, wie aus Tabelle 9, die der graphischen Wiedergabe des Entfettungsvorganges in der Originalarbeit von McLaren entnommen wurde, zu ersehen ist, eine Steigerung der Entfettung von 10% mit Paraffin allein auf 53%.

Interessant ist dabei auch der Einfluß des Wassergehalts der Blößen. Beim Entfetten mit „Paraffin" allein nimmt der Entfettungsgrad mit abnehmendem Wassergehalt zu und erreicht bei 34% Wassergehalt 37%. Beim Zusatz eines Emulgators zum „Paraffin" ist die Entfettungswirkung bei diesem Wassergehalt der Blößen fast durchweg niedriger und geht bis auf 9% zurück. Der

Tabelle 9. Entfettung von Blößen mit Paraffin allein und unter Zusatz von Kondensat aus 1 Mol Cetylalkohol + 4 Mol Äthylenoxyd (K. McLaren)

% Kondensat im Paraffin	% Fett entfernt
0	10
2,5	45
5	53
7,5	52
10	50
12,5	47,5
15	45

Emulgatorgehalt der Entfettungsbrühe erfordert also, wie es sich auch hierbei wieder zeigte, zur Emulgierung des Fettes, und damit zur Entfettung selbst, einen höheren Wassergehalt der Blößen. Das beste Ergebnis erreichte er bei dieser Reihe mit 7,5 bzw. 10 Teilen Kondensat auf 100 Teile „Paraffin" bei einem Wassergehalt der Blößen von etwa 60%, wie aus der Tabelle 10 ersichtlich ist.

Diese eigenartige Erscheinung, daß man in Gegenwart von Emulgator die beste Entfettung bei dem verhältnismäßig hohen Wassergehalt der Blößen von etwa 60% erreicht, ist nach K. McLaren mit der Bildung einer Öl-in-Wasser-Emulsion in dem System Fett-Paraffin-Emulgator-Wasser zu erklären. Tatsächlich sind die bei der Paraffinbehandlung sowie beim Nachwaschen mit Salzlösung gebildeten Emulsionen sehr stabil und als Öl-in-Wasser-Emulsionen identifiziert worden. In diesem Fall erfolgt also die Entfettung der Blößen durch die wäßrige Emulsion des Lösungsmittels. Die Verwendung von Lösungsmittelemulsionen anstatt des Lösungsmittels selbst als Entfettungsmittel ist, wie McLaren anführt, auch aus anderen Industriezweigen bekannt. Nach A. Dohogne lassen sich Blößen auch mit wässerigen Emulsionen von Trichloräthylen entfetten. Wenn man nun tatsächlich das Fett durch eine Emulsion des Lösungsmittels besser entfernen kann als durch das Lösungsmittel selbst, müßte es, so folgerte McLaren, auch möglich sein, mit Hilfe von Emulgatoren in Abwesenheit des organischen Lösungsmittels eine Entfettung zu erreichen, d. h. also, das Fett in eine Öl-in-Wasser-Emulsion überzuführen. Ein derartiges Verfahren wäre sehr erwünscht, denn die Nachteile einer Entfettung von Blößen mit Lösungsmitteln sind zur Genüge bekannt. Sie werden in Kauf genommen, weil es, abgesehen vom Verfahren der hydraulischen Abpressung, bisher keine befriedigenden Methoden gab, ohne Lösungsmittel zu arbeiten. McLaren machte daher umfangreiche Versuche mit wässerigen Lösungen verschiedener Emulgatoren. Bei diesen Versuchen hat er in der gleichen Art gearbeitet wie oben angegeben; an Stelle von 100 ccm Paraffin hat er jedoch jeweils 100 ccm einer 3%igen Kochsalzlösung, welche die erforderlichen Mengen an Emulgator enthielt, verwendet.

Versuche mit anionaktiven Emulgatoren, wie z. B. Cetylalkoholsulfat, Oleyl-p-anisidin-o-sulfonat führten zu völlig unbrauchbaren Ergebnissen. Geeignet waren jedoch kationaktive Emulgatoren (Invertseifen), die in wässeriger Lösung elektro-

Tabelle 10. Einfluß des Wassers der gepickelten Blößen auf die Entfettung mit Paraffin + Kondensat aus 1 Mol Cetylalkohol + 4 Mol Äthylenoxyd (K. McLaren).

% Kondensat im Paraffin	% Wassergehalt der Blöße	% entferntes Fett
0	34,2	27
0	49,3	15
0	55,9	15
0	65	5
2,5	34,2	47
2,5	49,3	47
2,5	55,9	58
2,5	65	38
5	34,2	31
5	49,3	52
5	55,9	68
5	65	53
7,5	34,2	20
7,5	49,3	53
7,5	55,9	72
7,5	65	57
10	34,2	15
10	49,3	50
10	55,9	72
10	65	55
12,5	34,2	12
12,5	49,3	47
12,5	55,9	68
12,5	65	49
15	34,2	9
15	49,3	44
15	55,9	64
15	65	40

positiv wirken. Viele von diesen Stoffen sind quartäre Ammoniumverbindungen. Sie besitzen eine ausgesprochene Oberflächenaktivität und sind gegenüber Säuren sehr beständig. Bei der Verwendung als Entfettungsmittel wurde eine sehr gute Wirkung erreicht. Mit 5 g Cetyl-trimethyl-ammoniumbromid in 100 ccm Wasser sind 50%, mit 15 g dagegen 60% des Hautfettes entfernt worden. 5 g Cetylpyridiniumbromid beseitigten 37%, 15 g 47% des Hautfettes. Die Verwendung dieser Produkte als Entfettungsmittel scheidet aber aus ökonomischen Gründen aus.

Zu recht befriedigenden Ergebnissen kam er mit Äthylenoxyd-Kondensationsprodukten von tertiärem p-Butylphenol, Octylphenol und Dodecylphenol. Die entfettende Wirkung der wässerigen Lösungen, die 3%ig an Kochsalz und 5%ig an diesen Kondensationsprodukten waren, aber verschiedene Mengen Äthylenoxyd enthielten, geht aus Tabelle 11 hervor.

Tabelle 11. Einfluß der Zusammensetzung des Emulgators auf die Blößenentfettung (K. McLaren).

Mol Äthylenoxyd auf 1 Mol Octylphenol	% Naturfett entfernt	Mol Äthylenoxyd auf 1 Mol Dodecylphenol	% Naturfett enternt
7	48	9	35
9	60	11	58
11	57	13	64
13	50		
15	35		

Wie ersichtlich, kann man mit 9 Mol Äthylenoxyd auf 1 Mol Octylphenol 60% und mit 13 Mol Äthylenoxyd auf 1 Mol Dodecylphenol sogar 64% des Hautfettes entfernen. K. McLaren hat nun bei der Entfettung mit „Paraffin" eine Mischung der wirksamsten Alkylphenol-Äthylenoxyd-Kondensationsprodukte verglichen mit dem Kondensationsprodukt aus 4 Mol Äthylenoxyd auf 1 Mol Cetylalkohol. Ferner verglich er die bei dieser „Paraffin"-Entfettung erreichbare Wirkung mit dem Effekt einer 3%igen Kochsalzlösung, die ebenfalls steigende Mengen einer Mischung der wirksamsten Alkylphenol-Äthylenoxyd-Kondensationsprodukte enthielt. Die dabei erzielten Ergebnisse gehen aus Tabelle 12 hervor.

Die Entfettungswirkung ist demnach bei dem Cetylalkoholkondensat nicht ganz so gut wie bei dem Gemisch der wirksamsten Kondensationsprodukte. Beachtlich ist weiterhin, daß auch die wässerige bzw. salzhaltige Lösung des Gemisches der Kondensationsprodukte ebenfalls ziemlich stark entfettend wirkte.

Tabelle 12. Einfluß der Emulgatormenge auf die Blößenentfettung (K. McLaren).

% Kondensationsprodukt im Paraffin	% Naturfett entfernt
0	20
2,5	59
5	68
7,5	72
10	68
12,5	66
15	58
% Kondensationsprodukt in der 3%igen Kochsalzlösung	
2,5	34
5	50
7,5	58
10	63
12,5	63
15	61
% Cetylalkohol-Kond. im Paraffin	
0	16
2,5	47
5	53
7,5	52
10	50
12,5	47
15	46

Einfluß der Temperatur bei der Entfettung: Die Entfettungswirkung steigt von 15 bis 25° C stark an, ändert sich jedoch bis 35° C nicht mehr.

Während bei 15° C 43% Fett entfernt werden konnten, wurden bei 25° C 60% beseitigt.

Zeitdauer der Entfettung: Bei dem oben angeführten Schema der Entfettung wurde die entfettende Lösung 3 Stunden lang auf die Blößen zur Einwirkung gebracht, anschließend wurde jeweils 1 Stunde mit der 3%igen Kochsalzlösung nachbehandelt. Bei weiteren Versuchen hat nun K. McLaren sowohl die Zeitdauer der Einwirkung des Entfettungsmittels als auch der Nachbehandlung mit der Kochsalzlösung variiert und stellte dabei fest, daß bei der Behandlung mit dem Entfettungsmittel bereits nach 1 Stunde das Maximum der Entfettung erreicht ist, bei der nachfolgenden Behandlung mit Kochsalzlösung genügten 20 Minuten Einwirkung.

Einfluß der Konzentration der Emulgatorlösung: Zur Klärung dieser Frage ging K. McLaren zunächst davon aus, daß auf 50 g Blöße 100 ccm der an Emulgator 5%igen und an Kochsalz 3%igen Lösung angewandt wurden. Auf 50 g Blöße kamen demnach 5 g Emulgator. Diese 5 g Emulgator wurden nun in steigenden Mengen Kochsalzlösung gelöst, beginnend mit 25 ccm einer 3%igen Kochsalzlösung. Dabei ergab sich, daß die Entfettungswirkung in erster Linie von der Konzentration dieser Lösung abhängig ist. Das Maximum der Entfettung mit der Entfernung von zirka 64% Fett wurde mit einer Lösung von 5 g Emulgator in 50 bis 75 ccm Kochsalzlösung erreicht. Beim Auflösen des Emulgators in 25 ccm Kochsalzlösung betrug die Entfettung zirka 48%, beim Auflösen in 400 ccm Kochsalzlösung zirka 20%.

Einfluß der Salzkonzentration: Bei der Standardmethode wird, wie aus den obigen Ausführungen ersichtlich ist, für die Entfettung eine 3%ige Kochsalzlösung verwendet. Diese Konzentration ist erforderlich, um eine Schwellung der Blößen zu vermeiden. Wenn die Lösung aber mehr als 5% Kochsalz enthält, dann scheidet sich der Emulgator nach mehrstündigem Stehen der Lösung ab. Es war daher zu erwarten, daß diese Abscheidung eine Verringerung der Entfettungswirkung zur Folge haben müßte. Zur Klärung dieser Frage hat K. McLaren Versuche mit 5- bis 30%igen Kochsalzlösungen ausgeführt, die neben Kochsalz jeweils 5% Emulgator enthielten. Dabei ergab sich, daß bis zu einer Konzentration von 10% Kochsalz kein Einfluß auf die Entfettung erkennbar war, zwischen 10 und 20% Kochsalz ging die Entfettung nur sehr wenig zurück, und zwar von 60% auf zirka 58%, bei 30% Kochsalz betrug die Entfettung noch 50%.

Es ist auffallend, daß man mit zwischen 20 und 30% starken Kochsalzlösungen überhaupt noch eine Entfettung erreicht, da der Emulgator bei dieser Konzentration unlöslich und nur noch kolloidal in der Lösung verteilt ist. Daß es dabei trotzdem noch zu einer Entfettung kommt, ist damit zu erklären, daß der Emulgator auf der Oberfläche der Blößen niedergeschlagen wird. Auf diese Weise gelangt er auch in die für die Nachbehandlung vorgesehene Kochsalzlösung, in der die Entfettung weitergeht.

Einfluß des p_H-Wertes: Die gepickelten Blößen haben einen p_H-Wert von etwa 2. Wenn man mit säurebeständigen Emulgatoren arbeitet, stört dieser niedrige p_H-Wert zunächst nicht. Bei Versuchen von K. McLaren wurden nun zur Erhöhung des p_H-Wertes steigende Mengen Bicarbonat zugesetzt, wodurch man die Entfettungswirkung etwas steigern konnte. Sie betrug bei p_H 2 und 4 58%, bei p_H 6 62%, bei p_H 8 64%, bei p_H 10 66%. Im Vergleich dazu sind Blößenstücke entpickelt und dann in diesem Zustand bei verschiedenen p_H-Werten in wäßriger Lösung, also ohne Zusatz von Kochsalz, entfettet worden. Die Entfettungswirkung betrug bei p_H 4 62%, bei p_H 6 63%, bei p_H

8 64%, bei p_H 10 65%. Die Entfettung hat, wenn auch in mäßigem Umfang, mit steigendem p_H-Wert zugenommen.

Entfettungsversuche im Betrieb: Es wurde versucht, die Ergebnisse im Laboratorium auf die Betriebsverhältnisse zu übertragen. Dort nahm die Entfettungswirkung mit steigender Temperatur bis zu 35° C zu. Mit wässerigen Lösungen kann man auch im Betrieb bei 35° C arbeiten.

Anders liegen die Verhältnisse bezüglich der Menge der Entfettungsbrühe. Im Laboratorium führten 65 ccm Lösung auf 50 g Blöße, d. h. 130%, zur optimalen Wirkung. Beim Arbeiten im großen, wobei noch die mechanische Wirkung hinzukommt, waren am günstigsten 25% vom Blößengewicht. Die Kochsalzkonzentration läßt sich, wenn es die Betriebsverhältnisse bei gepickelten Blößen erfordern, ohne Nachteil für die Entfettung erheblich steigern. Da die entfettende Wirkung mit steigendem p_H-Wert nicht abnimmt, ermöglicht dies ein Arbeiten in neutralen oder schwach alkalischen Lösungen. Man könnte also die Blößen vorher entpickeln, in neutralem Medium entfetten und schließlich mit reinem Wasser auswaschen, was rationeller ist als die Anwendung von Kochsalzlösung. Wenn die Blößen für die nachfolgende Gerbung keinen Pickel erfordern, ist diese Methode sogar sehr angebracht.

Auf Grund verschiedener Beobachtungen und Überlegungen hat K. McLaren nun größere Betriebsversuche mit neuseeländischen Schaffellen durchgeführt.

Versuch 1 betrifft 25 Dutzend Schaffelle, die nicht entfettet wurden. Bei Versuch 2 wurden die gepickelten Blößen in einem warmen, trockenen Faß 15 Minuten ohne und dann 1 Stunde mit 5% Emulgator vom Gewicht der gepickelten Blößen bei 35° C gewalkt. Nach dieser Zeit wurden 100% einer 3%igen Kochsalzlösung von 30° C in Portionen innerhalb einer Stunde zugesetzt. Dann wurde mit 200% Kochsalzlösung bei 30° C $^3/_4$ Stunden lang weiterbehandelt und schließlich mit Kochsalzlösung $^1/_2$ Stunde lang gewaschen. Der dritte Versuch wurde mit 15% und der vierte mit 30% Emulgator durchgeführt. Bei Versuch 5 wurden die Blößen zunächst bis zu einem p_H-Wert von 4 bis 5 entpickelt, dann innerhalb 1 Stunde mit 5% Emulgator bei 30° C in Portionen versetzt. Zum Schluß wurden die Blößen $^1/_2$ Stunde lang mit 100% kaltem Wasser gewalkt. Bei Versuch 6 wurden die Blößen ebenfalls bis auf p_H 4 bis 5 entpickelt, eine Stunde lang mit 100% Wasser von 30° C und 5% Emulgator gewalkt und dann mit 15% Kochsalz, auf das Wasser bezogen, versetzt. Mit dieser Lösung wurde nochmals $^1/_2$ Stunde bewegt, bevor 100% Wasser von 30° C zugesetzt wurden. Nach einstündigem Walken wurden die Blößen ausgewaschen.

Diese Versuche führten zu folgendem Ergebnis:

Tabelle 13. Entfettung neuseeländischer Schaffelle
(nach Versuchen von K. McLaren).

Versuch	% Emulgator	Restliches Naturfett	% Fett entfernt	% fleckenfreie Leder
1	0	35,4	—	24
2	5	21,4	41,2	57
3	15	14,5	60,2	65
4	30	7,3	80,0	71
5	5	10,3	71,7	83
6	5	—	—	94

Die entpickelten Blößen lieferten demnach die reinsten Leder.

Entfettung anderer Felle: Diese Methoden, die sich für Schaffelle als brauchbar erwiesen haben, waren auch für Schweinshäute und Ziegenfelle geeignet. Für die Entfettung von Chromleder sind sie ebenfalls brauchbar. Bei lohgarem Leder treten Schwierigkeiten infolge der Reaktion der Emulgatoren mit den pflanzlichen Gerbstoffen auf.

D. B. Capuz und R. M. Lollar haben ebenfalls über die Entfettung gepickelter Schafblößen berichtet. Nach ihren Angaben werden die Blößen mit einem geeigneten Fettlösungsmittel, häufig unter Zusatz eines Emulgators, gewalkt und anschließend mit einer Kochsalzlösung nachbehandelt. Der Zusatz des Emulgators zum Fettlösungsmittel soll jedoch 2%, auf das Lösungsmittel bezogen, nicht übersteigen. Die Entfettungswirkung wird erhöht, wenn man der Kochsalzlösung einen geeigneten Emulgator zugibt. Man soll aber kationische Produkte verwenden. Als Fettlöser hat sich Trichloräthylen am besten bewährt. Auf diese Weise kann man zwar keine restlose Entfettung erreichen, aber die Erfahrung hat gezeigt, daß eine Verminderung des Fettgehalts der Blöße auf weniger als 5%, bezogen auf die trockene Haut, genügt. Außerdem soll das in der Blöße zurückgebliebene Fett in feinster Verteilung vorliegen.

E. K. Moore (3) hat bei Laborversuchen festgestellt, daß mit Chloroform eine sehr weitgehende Entfettung erreichbar ist. Durch eine zweimalige Entfettung konnte das Fett restlos aus den gepickelten Blößen entfernt werden, was sich bei der nachfolgenden Zerstörung der Hautsubstanz mit Salzsäure und nochmaliger Extraktion mit Äther nachweisen ließ.

Bei diesen Versuchen ergab sich ferner, daß mit wenigen Ausnahmen die Fettverteilung rechts und links der Rückenlinie ziemlich gleichartig ist.

Bei Versuchen mit Lösungsmitteln unter Zusatz eines Emulgators wurde zunächst 1 Stunde gewalkt, dann mit frischer Kochsalzlösung ausgewaschen und zum Vergleich statt des letzteren zentrifugiert. Bei Behandlung mit Kochsalzlösung konnten zirka 40% des Naturfettes, durch einmaliges Zentrifugieren zirka 60%, durch zweimaliges Zentrifugieren zirka 80,5% entfernt werden. Die entsprechenden Zahlen im Betrieb waren 45%, 63% und 86%.

Weiter zeigte sich bei diesen Versuchen, daß ein Zusatz von 1% Emulgiermittel zum Lösungsmittel genügt. Es ist vorteilhaft, auch der Kochsalzlösung Emulgiermittel in geringer Menge zuzugeben. Besonders wirksame Lösungsmittel waren Trichloräthan und Methylisobutylketon.

In der Praxis wird im allgemeinen ein Zuviel an Emulgiermitteln zugesetzt. Es ist zweckmäßiger, diesen Zusatz zu reduzieren und dafür der Kochsalzlösung Emulgator zuzusetzen. Kationische Emulgiermittel sind wirksamer als sulfonierte Öle.

Bezüglich der Entfernung letzter Lösungsmittelreste sei auf ein Verfahren von Dr. A. Wacker verwiesen, wonach man das Lösungsmittel ablaufen, Wasser von 35 bis 40° C bzw. eine Kochsalzlösung, zulaufen läßt und dann erwärmte Luft durchbläst (D.R.P. 600940).

2. Entfettungsverfahren in der Praxis.

a) Entfettung von Rohhaut und Blöße.

α) Entfettung beim Weichen und Äschern.

Für Rohware mit schmalzartigem Hautfett, wie Schweinshäute und Roßhäute, empfiehlt die Firma Böhme Fettchemie einen Zusatz von 0,5 bis 1 g Pekorol DOD oder DFK pro 1 l Weich- und Äscherbrühe. Dadurch wird eine gute Emulgierung des Hautfettes erreicht. Bei den Pekorolen handelt es sich um niedermolekulare Fettalkoholsulfonate oder Gemische von Fettalkoholsulfonaten mit Alkylbenzolsulfonaten. Diese Verbindungen, die gegenüber Kalk und dem Äscheralkali beständig sind, wirken gleichzeitig dispergierend auf die im Äscher gebildeten Kalkseifen. Ein Zusatz von 1 bis 2 kg Pekorol DFK auf 100 l Schwödebrei ermöglicht zudem bei fetten Schaf- und Ziegenfellen eine

gleichmäßige Einwirkung der Schwöde, so daß auch an hartnäckigen Hals- und
Rückenpartien sich die Haare und Wolle ohne Schwierigkeiten entfernen lassen.
Auf diese Weise wird die Durchäscherung durch Haarreste, die beim Abschwöden
zurückbleiben würden, nicht behindert. Ausgezeichnet wirkt auch Zusatz von
Borron V (Röhm & Haas G. m. b. H., Darmstadt) zur Schwöde.

β) Entfettung gebeizter Blößen mit organischen Lösungsmitteln.

Unter der Bezeichnung Olifan E 21 stellt die Firma Röhm & Haas G. m. b. H.
ein Gemisch besonders wirksamer Fettlösungsmittel her. Die gebeizten Blößen
werden in einem vorgewärmten Faß mit 100% warmem Wasser und 5 bis 15%

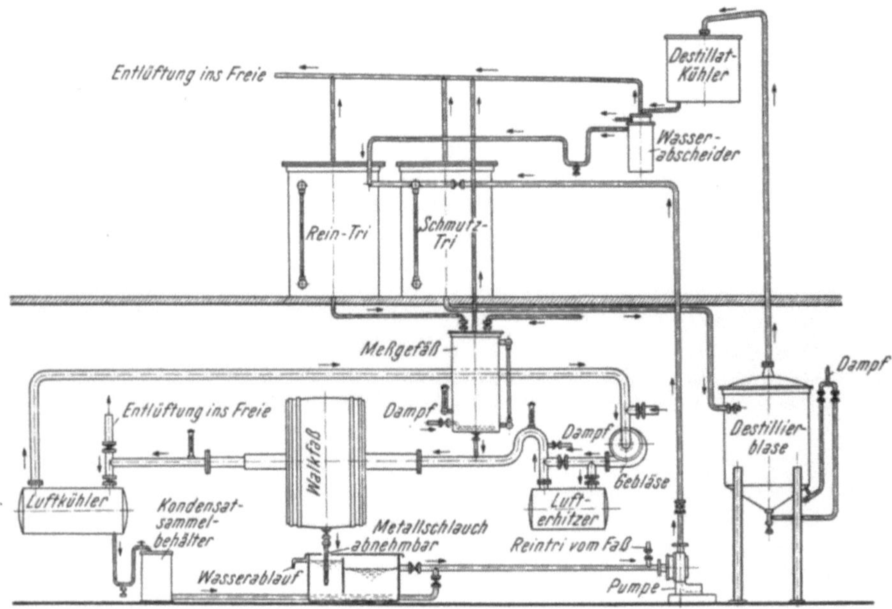

Abb. 1. Anlage für die Entfettung von Blößen mit Trichloräthylen (Apparatebau G. m. b. H., München).

Olifan E 21 1 Stunde gewalkt, dann mit warmem Wasser gespült und zur Entfernung der Lösungsmittelreste mit einer wässerigen Lösung von Borron J
nachbehandelt. Die Anwendung in Gegenwart von Wasser wirkt schonender und
ist günstig für die Reißfestigkeit des Leders. Das Verfahren ist auch auf geäscherte
Blößen anwendbar. Eine gründlichere Wirkung erreicht man aber, wenn die
Blößen zunächst, ev. unter Zusatz von Borron T (Röhm & Haas G. m. b. H.,
Darmstadt), das stark grundlockernd wirkt, gebeizt und dann sorgfältig geglättet werden, bevor man sie zur Entfettung gibt. Bei einem hohen Hautfett-
gehalt wird man zur ausschließlichen Verwendung von organischen Lösungsmitteln greifen. Steht eine entsprechende Anlage zur Rückgewinnung des
Lösungsmittels zur Verfügung, wird das Verfahren wesentlich verbilligt und eine
Belästigung durch Lösungsmitteldämpfe vermieden. Die Apparatebau G. m. b. H.
in München baut Anlagen für die Entfettung von Blößen mit Trichloräthylen.

Wie aus der Abbildung 1 ersichtlich ist, besteht diese aus Walkfaß, Reintribehälter,
Schmutztribehälter, Meßgefäß, Destillieranlage mit Blase, Kühler und Wasserabscheider; Tiefbehälter, der als Wasserabscheider ausgerüstet ist, Gebläse, Lufterhitzer, Luftkühler, Kondensatbehälter sowie Pumpe und Rohrleitungen.

In das Walkfaß gibt man die entsprechende Menge gut abgetropfter Blößen und etwas Emulgator, z. B. Emulphor. Nach dem Schließen des Fasses läßt man vom Meßgefäß das auf etwa 35° C angewärmte Tri durch die hohle Achse zufließen. Nach 30 bis 60 Minuten Walkdauer läßt man das fetthaltige Tri in den Tiefbehälter ablaufen. Von da aus kann es dem Schmutztribehälter über die Pumpe zugeführt werden. Sehr zweckmäßig ist die Zweibädermethode, wobei man im ersten Bad 30 bis 40 Minuten, im zweiten, dem sogenannten Spülbad, 30 Minuten walkt.

Ist die Hauptmenge Tri aus dem Walkfaß abgelaufen, dann wird der Abflußhahn geschlossen und über das Meßgefäß angewärmtes Wasser (35 bis 38° C) zugegeben. Nach kurzem Walken wird das am Boden abgesetzte Tri wieder dem Tiefbehälter zugeführt. Das den Blößen noch anhaftende Tri treibt man mit zirkulierendem Warmluftstrom aus, während sich das Walkfaß dreht. Das darin befindliche Wasser dient als Polster, damit die Blößen keinen Schaden leiden. Die Normaltemperatur beträgt 40° C, die Austrittemperatur vom Walkfaß zum Luftkühler darf dabei nicht über 38° C liegen. Da das Walkfaß durch die hohle Achse mit der Rückgewinnungsanlage in Verbindung steht, ist der Luftkreislauf geschlossen und daher keine Geruchsbelästigung zu befürchten. Das Tri wird im Luftkühler niedergeschlagen. Die Rückgewinnung des Lösungsmittels aus den Blößen ist so weit zu treiben, bis kein Tri-Kondensat aus dem Luftkühler abfließt. Vor der Entnahme der Blößen aus dem Walkfaß wird durch entsprechende Schaltung der Drosselklappen entlüftet, so daß das Entfettungsgut vollkommen trigeruchsfrei entnommen werden kann.

γ) **Entfettung gebeizter Blößen mit Emulgiermitteln ohne und unter Zusatz von Fettlösungsmitteln:**

Für Blößen mit mäßigem Fettgehalt genügen auch die ohne besondere Anlage durchführbaren Methoden mit Emulgiermitteln in wässeriger Lösung, wobei man allerdings nur das Fett außerhalb der Fettzellen erfaßt. Man kann somit die Blößen mit niedermolekularen Fettalkoholsulfonaten mit einer Kettenlänge von C_4 bis C_6, wie sie in Smenol DNF von Böhme Fettchemie vorliegen, behandeln. Dadurch wird der Überschuß des Hautfettes entfernt und gleichzeitig eine gute Verteilung des restlichen Hautfettes innerhalb der Blößen erreicht. Die abgetropften Blößen werden in einem langsam laufenden vorgewärmten Faß mit 20 bis 30% Wasser von 38° C und 3 bis 5% Smenol DNF 30 bis 45 Minuten gewalkt und anschließend mit weiteren 30 bis 50% warmem Wasser versetzt. Nach 30 Minuten Bewegung wird lauwarm gespült. Diese Methode ist in gleicher Weise auf geäscherte Blößen anwendbar. Pelzwaschmittel LA konz. Pulver der B. A. S. F. hat sich für die Blößenentfettung ebenfalls bewährt. J. R. Geigy, Basel, stellt das aus Fettalkoholsulfonat bestehende Eriopon GO her. Supralan NI 100 von Zschimmer und Schwarz, das ein starkes Emulgiervermögen für Triglyceridfette und Fettsäuren aufweist, wird bei p_H 7,5 bis 8 angewandt. Man arbeitet mit 2 bis 3% Supralan NI 100 und führt die Nachentfettung mit 0,5 bis 0,75% Supralan NI 100 durch. Die Sandoz A. G. in Basel empfiehlt 0,5 bis 1% Nilo MO oder S und 5% Wasser. Nach 1 bis 1½ Stunden Walken setzt man 300 bis 400% Wasser zu und walkt noch 1 Stunde. Sehr gut wirkt auch Borron J von Röhm & Haas, Darmstadt.

Bei höherem Fettgehalt reichen Fettalkoholsulfonate allein nicht aus. In diesem Fall verwendet man organische Lösungsmittel, wie Trichloräthylen, Dekahydronaphthalin oder Petroleum, die mit 5 bis 10% Smenol DF konz. Paste, einem mittelmolekularen Fettalkoholsulfonat, emulgiert werden. Die Entfettung, die man zweckmäßig im Faß vornimmt, wird in gleicher Art durchgeführt wie oben für Smenol DNF beschrieben. Neuerdings bringen die Böhme Fettchemie unter der Bezeichnung Lanadin DOS und Röhm & Haas, Darmstadt, unter der Bezeichnung Olifan WL gebrauchsfertige Gemische von Emulgatoren mit organischen Lösungsmitteln heraus. Die B. A. S. F. empfiehlt Emulphor EL zum Emulgieren des Fettlösungsmittels, z. B. für Tri. Das ebenfalls zum Entfetten geeignete Pelzwaschmittel TA von Baur, Gaebel & Cie., Köln-Radertal, enthält Fettalkoholsulfonate im Gemisch mit besonders ausgewählten Fettlösern. Ausgezeichnete entfettende Wirkung infolge seines Gehalts an speziellen Fettlösern besitzt auch Levapon PL der Farbenfabriken Bayer. Die warm gespülten Blößen werden bei zirka 38° C eine Stunde mit 5 bis 10% Levapon PL und der gleichen Menge Wasser behandelt. Dann setzt man dem Entfettungsbad zunächst 0,5% Emulgator W, 1 : 1 mit Wasser verdünnt, und nach weiteren 10 Minuten 100% Wasser von 38° C zu. Der Nachsatz an Emulgator W, der sich bei weniger stark fetthaltigem Material erübrigt, ermöglicht eine leichtere Entfernung des mit Fett beladenen Levapons. Emulgator W eignet sich auch für die Nachbehandlung nach der Entfettung mit Petroleum. In der gleichen Art kann man auch Neopalin N der Firma Dr. Eberle & Cie. anwenden. Die gut abgetropften Blößen walkt man zunächst ohne Wasser eine Stunde lang mit zirka 5% Petroleum, bevor man 2 bis 3% Neopalin N und 25% Wasser von 40° C zugibt. Neopalin N enthält Alkylarylsulfonat, Äthylenoxydkondensationsprodukte und stickstoffhaltige waschaktive Körper. Wenn man ohne Petroleum arbeitet, verwendet man Neopalin P oder A, die bereits Lösungsmittel neben Alkylsulfonat bzw. Fettalkoholsulfonat und Äthylenoxykondensationsprodukten enthalten. Die Blößen werden mit 5% Neopalin und 25 bis 30% Wasser bei 38 bis 40° C entfettet. Bei hohem Fettgehalt kann man mit 1% Neopalin N nachentfetten.

Der Pentasolentfetter der Hansawerke Lürmann, Schütte & Cie. ist ein in Wasser leicht emulgierbares hochprozentiges Lösungsmittel mit besonders gutem Lösungs- und Verteilungsvermögen für Hautfett und andere Fette. In der Haspel oder im Walkfaß entfettet man mit 10 bis 20% Pentasol-Entfetter in Gegenwart von 250% Wasser von 35° C. Nach dem Entfetten spült man mit warmer 10%iger Kochsalzlösung, der man noch 0,25% Ammoniak 25%ig zusetzen kann. Sandozin NJ der Sandoz A. G. eignet sich auf Grund seiner Emulgierwirkung zur Entfettung in Verbindung mit Petroleum. Man mischt je nach dem Fettgehalt 1,5 bis 2% Sandozin mit 20 bis 40% Petroleum vom Blößengewicht. Ohne jeden Wasserzusatz wird 1½ bis 3 Stunden gewalkt. Als Emulgiermittel für Trichloräthylen und Tetrachlorkohlenstoff zur Erzielung von Emulsionen bei der Blößenentfettung ist auch Sandozol KB gut geeignet.

Tetralix der Chemischen Fabrik Stockhausen ist ein fast 100%iges, mit Wasser leicht emulgierbares Lösungsmittel. Man entfettet in möglichst kurzer Flotte bei 30° C mit 3 bis 5% Tetralix innerhalb einer Stunde. Bei stark fetthaltigen Blößen wird der Prozentsatz entsprechend gesteigert.

Die Chemische Fabrik G. Zimmerli A. G., Aarburg/Schweiz, liefert im Lanasapol OT ein wasserlösliches emulgierbares Fettlösungsmittel mit 80% hochwirksamem unbrennbarem Fettlöser.

Bei dem Entfettungsmittel Enfemit von Zschimmer & Schwarz handelt es sich um ein Gemisch verschiedener anorganischer Salze und einem Emulgator.

Die Farbwerke Hoechst empfehlen für die Entfettung gebeizter Blößen Methylenchlorid in Verbindung mit Leonil RW hochkonz. Man bringt die gespülten, abgetropften und gegebenenfalls auch leicht abgepreßten Blößen ohne Wasser in ein auf 43° C vorgewärmtes, gut schließendes Walkfaß, setzt 10% vom Blößengewicht Methylenchlorid technisch zu und läßt ½ Stunde laufen.

Dann gibt man 1% Leonil RW hochkonz., in der fünffachen Menge Wasser gelöst zu. Nach mehrstündigem Walken unter allmählichem Wasserzusatz wird mit 0,5 g Leonil RW je 1 l Wasser und schließlich mit reinem Wasser gespült.

δ) Entfettung gepickelter Blößen mit Lösungsmitteln.

Hier ist zunächst das altbekannte Verfahren mit Petroleum zu nennen. Beim Verzicht auf die Rückgewinnung des Lösungsmittels ist diese Methode ohne umfangreiche Einrichtung durchführbar.

Die gepickelten Blößen werden zunächst gut abgewelkt. Das Faß wird am besten mit Heißluft vorgewärmt. Beim Anwärmen mit Wasser muß man dieses wieder restlos ablaufen lassen. Die Temperatur im Faß soll nicht über 35° C betragen, wenn man die Blößen einbringt. Je nach dem Fettgehalt der Blößen entfettet man mit 5 bis 30% Petroleum vom Gewicht der abgewelkten Blößen. Es empfiehlt sich, das Petroleum vorher auf 30 bis 35° C anzuwärmen und das Faß selbst während des Walkens mittels Warmluft auf 34 bis 36° C zu halten, höher darf die Temperatur aber nicht steigen. Anschließend wird mit Salzwasser von 5 bis 10° Bé gut gespült. Dieser Kochsalzlösung fügt man zweckmäßig 0,5 bis 2% eines nichtionogenen Emulgators, wie z. B. Emulphor EL der B.A.S.F. Ludwigshafen, zu. Auch Borron J von Röhm & Haas, Darmstadt, ist dafür geeignet. In diesem Fall muß dann aber nochmals mit reiner Salzlösung nachbehandelt werden.

Eine recht weitgehende Entfernung des Hautfettes erreicht man auch durch Zentrifugieren oder Abpressen der Blößen.

Nach den Forschungsergebnissen von F. T. Roberts (s. oben) ist es sehr vorteilhaft, wenn man mit Petroleum in Gegenwart von Emulgatoren arbeitet. Zur Herstellung solcher Fettlöseemulsionen ist Sandopan KD von der Sandoz A. G. in Basel geeignet. In 20 bis 30 Teile Petroleum wird ein Teil Sandopan KD, in wenig Wasser von 30° C gelöst, eingerührt. Mit der so gewonnenen Emulsion werden die gepickelten Blößen eine Stunde gewalkt. Nach dieser Zeit läßt man die Emulsion ablaufen und walkt die Blößen eine Stunde mit 100% einer 5%igen Kochsalzlösung. Nach dem Ablaufen dieser Brühe wird nochmals eine Stunde mit 200% einer 5%igen Kochsalzlösung gewalkt.

Sandopan KD eignet sich außer für Petroleum auch zum Emulgieren von Trichloräthylen.

Zur Gewinnung einer Emulsion aus Petroleum kann man auch Pekorol DOD von Böhme Fettchemie verwenden. Es handelt sich dabei um ein Fettalkoholsulfonat, aus Vorlauffettsäure hergestellt, das außerdem noch niedermolekulare Kohlenwasserstoffe enthält. Dieses Produkt weist jedoch nicht die hohe Säurebeständigkeit auf wie Sandopan KD, weshalb man es nur bei p_H-Werten über 5,5 einsetzen kann. Zur Herstellung der Emulsion werden 100 Gewichtsteile Petroleum in 5 bis 10 Gewichtsteile Pekorol DOD eingerührt. Diese Emulsion verwendet man zum Walken der gepickelten Blößen. Nach 1½ Stunden Entfettungsdauer bei 35 bis 38° C läßt man die Brühe ablaufen und behandelt, wie oben angegeben, mit Kochsalzlösung nach.

Wenn die gepickelten Blößen im Laufe der Weiterverarbeitung entpickelt werden müssen, ist es zweckmäßig, diese bereits vor der Entfettung zu entpickeln, da man auf diese Weise nach den Untersuchungen von F. T. Roberts eine weitergehende Entfettung erreicht und die entpickelten Blößen leichter verarbeiten kann. Zum Entpickeln werden die Blößen zunächst in 100% einer 8%igen Kochsalzlösung aufgewalkt. Diese wird ratenweise mit einer 10%igen Lösung von Natriumbicarbonat versetzt, bis man den gewünschten p_H-Wert erreicht hat. Die so entpickelten Blößen können dann nach einer der oben angegebenen Methoden mit Petroleum ohne oder mit Zusatz von Emulgatoren entfettet werden.

Für die Entfettung mit Trichloräthylen hat die Apparatebau G. m. b. H. in München eine besondere Anlage entwickelt, die oben bereits bei der Entfettung ungepickelter Blößen erläutert worden ist. Da bei der Entfettung gepickelter Blößen mit Tri damit zu rechnen ist, daß Spuren von Säure in das Tri übergehen, ist es nötig, das vom Wasser geschiedene Tri über Marmorkalk, Schlemmkreide oder calcinierte Soda laufen zu lassen. Es ist allerdings weniger mit der Gefahr einer Trizersetzung durch die Anwesenheit von Säurespuren zu rechnen, als mit Korrosionen in der Destillieranlage und im Behälter, da Schwefelsäure und Salzsäure Eisen und Zink angreifen.

ε. Entfettung gepickelter Blößen mit Emulgiermitteln ohne und unter Zusatz von Lösungsmitteln.

Noch einfacher in der Durchführung ist die milde Entfettung mit Emulgiermitteln. Diese setzt jedoch voraus, daß die Fettzellenmembranen zerstört sind, wenn auch das Zellfett entfernt werden soll. Sie befriedigt nur bei mäßigem Fettgehalt.

Das Neopalin der Firma Dr. G. Eberle & Cie. wird ebenso wie bei gebeizten Blößen, aber unter Zusatz von Kochsalz, angewendet. Nach der Entfettung spült man bei 30 bis 35° C mit 300 bis 500% einer 10%igen Kochsalzlösung. Ähnlich kann man Sandozin NJ von Sandoz A. G. verwenden. Beim Entfetten mit Nilo MO und S der gleichen Firma setzt man am Schluß 1,5 bis 2% Natriumbicarbonat zum Entpickeln zu, um mit fließendem Wasser spülen zu können.

Die Firma Zschimmer & Schwarz empfiehlt, Pickelblößen vorher zu entpickeln und mit Supralan NI 100 zu entfetten. Bevor man die gepickelten Blößen in das 35° C warme Entfettungsbad unter Verwendung von 50% Flotte und 2 bis 3% Supralan NI 100 bringt, soll diesem 2 bis 4% Kochsalz von der Flotte zugesetzt und die Brühe dann mit Ameisensäure auf p_H 5 bis 6 eingestellt werden. Für die Nachentfettung verwendet man 0,5 bis 0,75% Supralan NI 100.

Völlig neuartig ist Olifan WL von Röhm & Haas, Darmstadt, das eine hoch säurebeständige Lösungsmittelemulsion darstellt.

ζ) Entfettungsgrad.

Nach den allgemeinen Erfahrungen genügt zur Vermeidung eines Fettausschlags, wenn man das Hautfett bis etwa 3%, bezogen auf das Trockengewicht, entfernt. Dieser Gesamtfettgehalt ist jedoch nicht allein von maßgeblicher Bedeutung, sondern vor allem die gleichmäßige Verteilung des Fettes in der Blöße. Wenn man die Entfettung einer gepickelten Blöße, die zu einem Drittel aus Naturfett besteht, mikroskopisch verfolgt, wird man feststellen, daß vor dem Entfetten die Hauptmenge des Fettes in der Höhe der Wurzeln der Wollfasern und in der Narbenschicht sitzt. Nach der Entfettung ist die Narbenschicht und auch die Umgebung der Wollwurzeln frei von Fett. Außerdem ist zu bemerken, daß das übrige Fett gleichmäßig im Innern der Haut verteilt ist.

Wenn das Fett an manchen Stellen isoliert in hoher Konzentration zurückbleibt, wird die Gerbung behindert und die Gefahr für einen Fettausschlag erhöht. Ein Entfettungsverfahren hat nur Sinn, wenn der gesamte Fettgehalt erfaßt wird und, das ist sehr wesentlich, eine gleichmäßige Verteilung des Restfettes in der Blöße erfolgt. Daran sind zahlreiche sogenannte Naßentfettungsverfahren in der Praxis gescheitert. Was nützt ein Herabdrücken eines hohen Fettgehalts an bestimmten Stellen der Haut um einige Prozent, wenn der

Restfettgehalt an der einen oder anderen Stelle doch wesentlich mehr als 3%
beträgt? Die Ausschlaggefahr ist für diese Stelle noch in gleichem Maße vorhanden, zumal an dieser beim Lickern leicht eine Überfettung eintreten kann.
Es hat sich gezeigt, daß 5 und 6% Fett, das aber gleichmäßig in der Blöße
verteilt ist, nicht unbedingt zu einem Ausschlag führen muß. Vegetabilisch
gegerbte Kapziegen, die naß entfettet wurden, nur 1 bis 3% Hautfett enthielten
und nicht gelickert worden waren, haben dagegen als fertige Écrasé-Leder aus-
geschlagen. Erst als die fertig zugerichteten Leder mit Tri in der Anlage entfettet
bzw. nachentfettet wurden, blieb der Ausschlag weg. Am Ausschlag dürfte bei
diesen Luxusledern das mehrmalige Hochglanzstoßen schuld gewesen sein.

b) Entfettung von Leder.

Die verschiedenen Verfahren zur Entfettung von Rohfellen und Blößen mit
neuartigen Emulgatoren, wie Fettalkoholsulfonaten, Alkylarylsulfonaten,
Äthylenoxydkondensationsprodukten, brachten zwar einen erheblichen Fortschritt, genügen aber allein angewendet, besonders bei höherem Fettgehalt,
nicht allen an die fertigen Leder gestellten Ansprüchen.

Die Entfettung mit Kohlenwasserstoffen, wie Petroleum, befriedigt nicht
immer. Man gibt zur Unterstützung der Wirkung Emulgatoren zu. Mit Chlorkohlenwasserstoffen, z. B. Trichloräthylen, kann man weitgehend entfetten und
bei einer geeigneten Anlage durch Rückgewinnung des Lösungsmittels rationell
arbeiten. Zu dieser Methode greift man bei der Blößenentfettung nur bei hohem
Fettgehalt.

Oft gibt man der Entfettung des Leders den Vorzug. Häufig neigt man allerdings dazu, die fettigen, halbfertigen Leder auszusortieren und diese allein zu
entfetten. Dies kann aber zu anderen Schwierigkeiten führen, da halbfertige,
entfettete und nicht entfettete Leder sich bei der Zurichtung unterschiedlich
verhalten.

Bei Lackleder liegt ein Sonderfall vor: Es wird nach vorangegangener Fettung
nochmals entfettet, um das ungebundene Fett wieder zu entfernen. Dadurch soll,
abgesehen von der erforderlichen Narbenreinheit und der Erhöhung der Saugfähigkeit
des Leders, ein Fettausschlag mit Sicherheit vermieden werden.

ϰ) Naßentfettung.

Wenn auch bei der Entfettung von Leder die Trockenentfettung die ausschlaggebende Rolle spielt, sollen doch die Naßverfahren zunächst gestreift werden.
Nach dem D.R.P. 600940 von Dr. Alexander Wacker werden vegetabilisch
gegerbte Borkeleder mit der zehnfachen Menge Wasser und der 15- bis 20fachen
Menge Trichloräthylen bei 35 bis 40° C gewalkt. Zur Entfernung der Lösungsmittelreste füllt man nach dem Ablaufen des Lösungsmittels über einen Wasserabscheider das Walkfaß mit soviel Wasser von 35 bis 38° C auf, daß die Leder
gerade bedeckt sind. Dann wird angewärmtes Luft- oder Gasgemisch durch die
hohle Achse des Fasses eingeblasen. Der aus dem Walkfaß austretende, Lösungs-
mittel- und Wasserdampf enthaltende Luftstrom wird zur Rückgewinnung des
Lösungsmittels über einen Wasserabscheider geleitet. Nach dem Österr. P. 112114
von Röhm & Haas verwendet man Mischungen von Lösungsmitteln bzw. Emulsionen mit saugend wirkenden festen Stoffen, wie z. B. eine Mischung aus Trichloräthylen, Wasser und Kieselgur. Lohgare Leder, die sich schlecht färben
lassen, kann man im Faß mit 2 bis 3% Athanol FL (Baur, Gaebel & Cie. in Köln-
Radertal) und der entsprechenden Menge Wasser bei 35° C $^{1}/_{2}$ bis 1 Stunde
walken. Die Farbenfabriken Bayer empfehlen Levapon PL in Verbindung mit

Emulgator W in der Art, wie es oben für die Blößenentfettung beschrieben wurde, aber unter Verwendung von nur 3 bis 5% Levapon. Röhm & Haas, Darmstadt, liefern dafür das säure-, salz- und gerbstoff beständige Olifan WL.

Der Pentasolentfetter der Hansawerke Lürmann, Schütte & Cie., Bremen, ist außer für Blößen auch für Leder geeignet. Vegetabile Schaf- und Ziegenleder werden damit 1 bis $1^1/_2$ Stunden bei 45 bis 50° C behandelt. Auch Resolin NCP der Sandoz A. G. wird zum Entfetten vegetabilisch gegerbter Leder empfohlen. Diese werden mit 3 bis 5% Resolin NCP vom Trockenledergewicht und 0,1 bis 0,2% Borax und Wasser $1^1/_2$ Stunden bei 40° C im Faß gewalkt. Nach dem Spülen wird wie üblich gefärbt. In ähnlicher Weise kann mit Nilo EMC gearbeitet werden. Resolin NCP ist auch für die Emulgierung von Trichloräthylen oder Tetrachlorkohlenstoff zur Entfettung stark fetthaltiger Leder geeignet. 1 Teil Resolin NCP wird mit 3 bis 5 Teilen des Lösungsmittels gemischt, dann gibt man zur Herstellung der Emulsion die 4- bis 7fache Menge Wasser vom Lösungsmittel zu. Sandozol KB kann man in ähnlicher Weise verwenden. Es ist säure- und bittersalzbeständig sowie beständig gegen die Härtebildner des Wassers. Sandopan A konz. eignet sich infolge seines ausgezeichneten Emulgiervermögens in Verbindung mit einer guten Waschwirkung zur Entfernung von Fettflecken und ermöglicht dadurch ein gleichmäßiges Aufziehen der Farbstoffe. Das Leder wird mit zirka 2% Sandopan A konz. vom Trockenledergewicht bei 35° C 30 bis 45 Minuten gewalkt. Es ist von guter Säure- und Kalkbeständigkeit.

Lanasapol OT von G. Zimmerli A. G., Aarburg, ist ebenfalls für Leder geeignet. Nach Zschimmer & Schwarz werden vorgegerbte türkische und iranische Schaffelle zunächst durch lauwarmes Wasser gezogen, über Nacht gestapelt und dann gefalzt. Die mit warmem Wasser aufgewalkten Leder kommen mit 100% Wasser von 40 bis 45° C, das mit Ammoniak auf p_H 7 bis 7,5 eingestellt wurde, ins Faß. Nach 10 Minuten gibt man durch die hohle Achse 3% in warmem Wasser gelöstes Supralan NI 100 zu. Es wird 30 Minuten gewalkt und dann nochmals 100% Wasser zugesetzt. Bei der Nachentfettung wird ähnlich gearbeitet, man muß aber darauf achten, daß die Leder stets schwach sauer, d. h. bei p_H 5 bis 6 gehalten werden. In Ermangelung einer Entfettungsapparatur können die Leder auch in der Läutertrommel oder im Faß mit Sägespänen, die mit dem Lösungsmittel angefeuchtet sind, entfettet werden.

In zwei Gewichtsteile reine Sägespäne rührt man nach einer Vorschrift der Farbwerke Hoechst 4 Teile Methylenchlorid technisch ein oder zur Verringerung der Lösungsmitteldämpfe eine Mischung aus 2 Teilen Methylenchlorid technisch mit 2 Teilen Tetrachlorkohlenstoff, bevor man diese zu den trockenen Ledern im Faß zusetzt. Wenn das Verhältnis von lösungsmittelhaltigen Sägespänen zum Ledergewicht richtig war, und zwar 1 : 6 bis 1 : 10, wird das Fett bei 30 bis 60 Minuten langer Walkdauer von den Sägespänen aufgenommen. Die Leder sind gleichmäßig entfettet und frei von fettigen Stellen.

Nach Dr. G. Eberle & Cie. lassen sich lohgare Schafleder oder auch feuchte Chromleder in zwei Stufen entfetten. Man behandelt sie mit einem der gebräuchlichen Lösungsmittel, wie Petroleum, Tri oder Benzin, im geschlossenen Apparat oder Faß und dann mit Neopalin. Auf das Trockengewicht rechnet man 3 bis 5% Neopalin N in kurzer Flotte bei 50° C. Anschließend wird bei 35 bis 45° C gründlich gespült. Chromgare Schafleder kann man auch mit 1,5 bis 3% Leonil RW hochkonz. vom Trockengewicht der Leder bei 70° C entfetten. Die Leder müssen kochgar sein. In das vorgewärmte Faß gibt man 10% Wasser von 70° C und 1,5 bis 3% Leonil RW hochkonz., das man vorher durch Einrühren der fünffachen Menge Wasser von 60 bis 70° C vorgelöst hat, und läßt $1/_2$ Stunde laufen. Dann setzt man in Abständen von je $1/_2$ Stunde heißes Wasser zu, reckt zwischendurch mehrmals aus und spült zuletzt warm und kalt nach.

Bei Chromleder empfiehlt sich allerdings eine Entfettung nach der Beize, um die Bildung schwer löslicher Chromseifen und dadurch bedingte Schwierigkeiten beim Färben zu vermeiden.

Interessant ist der Hinweis der Firma Benckiser, daß eine Vorgerbung mit Coriagen bei fetthaltiger Rohware, wie Schaffellen und Schweinshäuten, das natürliche Hautfett so weit entfernt, daß keine Fettflecken am fertigen Leder auftreten. Dies wird allerdings nur für mäßigen Fettgehalt zutreffen.

β) Trockenentfettung.

Wahl des Lösungsmittels.

Bei der Trockenentfettung wird ohne Wasser ausschließlich mit organischen Lösungsmitteln gearbeitet. Für die Wahl des Lösungsmittels sind sein Verhalten gegenüber Fetten und damit bis zu einem gewissen Grade auch seine Wirkung auf die Lederqualität, sein Preis bzw. seine Wirtschaftlichkeit und die Betriebssicherheit maßgebend. Wegen seiner milderen Wirkung gibt man häufig Benzin den Vorzug. Man sieht unter anderem als Vorteil an, daß es die füllend wirkenden Oxysäuren nicht löst und führt ferner an, daß die Entfettung mit Benzin größere Variierungsmöglichkeiten bezüglich des Entfettungsgrades bietet, da es nicht so aggresiv ist wie Chlorkohlenwasserstoffe. Man kann mit Benzin z. B. eine milde Entfettung bei 20° C durchführen oder die Entfettungswirkung durch Steigerung der Temperatur bis auf 60° C erhöhen. Die Entfettung mit Benzin ist trotz höherer Anlagekosten im Gebrauch billiger als die mit Tri, das teurer ist und zudem ein höheres spez. Gewicht aufweist. Auch Benzin läßt sich bei der Trocknung der Leder durch Destillation wiedergewinnen. Stark mit Fett angereichertes Benzin kann ohne Schwierigkeiten mehrere Male destilliert werden und wird dadurch wieder gebrauchsfähig. Der Lösungsmittelverlust beträgt bei Benzin nur 20% vom Gewicht des Fettungsgutes, bei Tri zirka 12% beim Arbeiten mit moderner Anlage.

Die Entfettung mit Benzin erfordert jedoch größere und gut gelüftete Arbeitsräume mit genügend Abstand von anderen Werkstätten. Die Extraktoren müssen mit Explosionsklappen versehen sein. Die Leitungen sind so anzuordnen, daß sich nach dem Ablassen nirgends Lösungsmittelreste ansammeln können. Es darf nirgends Frischluft angesaugt werden, um die Bildung explosibler Gemische zu vermeiden. Sämtliche Arbeitsmotoren müssen explosionssicher ausgeführt sein. Funkenerzeugende elektrische Einrichtungen, wie Telephon, Lichtschalter, Steckkontakte und ähnliches im gleichen Raum sind verboten.

Trichloräthylen, als Beispiel für Chlorkohlenwasserstoffe, wirkt stärker lösend als Benzin und ist daher aggressiver. Eine zu weitgehende Entfettung mit Tri kann durch eine bestimmte Arbeitsweise unterbunden werden. Diese besteht im wesentlichen darin, daß man dem zuletzt mit dem Entfettungsgut in Berührung kommenden Tri etwas Fett beläßt oder zusetzt. Man hört daher neuerdings häufig die Auffassung, daß bei Tri die Variationsmöglichkeiten ebenso so groß sind wie bei Benzin. Man kann angeblich auch bei Tri stufenweise, d. h. auf einen vorgeschriebenen Endfettgehalt entfetten, ferner so weitgehend, daß im Soxhlet mit Tri nur noch Spuren an Fett gefunden werden. Man kann außerdem, ohne den Gesamtfettgehalt wesentlich zu verändern, das Fett (z. B. bei Fettflecken) gleichmäßig verteilen. Um dieses Ziel zu erreichen, ist allerdings eine moderne Anlage und eine jahrelange Erfahrung erforderlich.

Da die Entfettung ein Diffusionsvorgang ist, kommt man auch mit dem aggressiveren Tri z. B. bei fleckigem, überfettetem, lange gelagertem Riemenleder nur durch eine Extraktionsdauer über Nacht, d. h. in zirka 12 Stunden, zum Ziel, wobei aber — ohne Badwechsel — der Fettgehalt noch 10 bis 15% gegenüber vorher 22% betragen kann. Da Tri einen festen Siedepunkt besitzt, läßt es sich durch Destillation völlig rein und unverändert wiedergewinnen. Dies wird häufig als Vorzug der Entfettung mit Tri angeführt. Man kann aber auch Benzin in der ursprünglichen Zusammensetzung wiedergewinnen, wenn man das Destillat innerhalb eines bestimmten Temperaturintervalls, das dem Siedepunkt des ursprünglichen Benzins entspricht, übergehen läßt. Tri ist allerdings nicht feuergefährlich und auch in Dampfform absolut explosionssicher, so daß seine Anwendung keine polizeilichen und versicherungsmäßigen Schutzmaßnahmen erfordert. Bei Neuanlagen wird man daher häufig Tri den Vorzug geben. Eine solche Anlage muß jedoch, wie erwähnt, mit besonders hochwertigen korrosionsfesten Baustoffen ausgeführt werden. Bei dem heutigen großen Reinheitsgrad von Tri (Dr. Alexander Wacker, München) ist mit Korrosionen der Anlage, über das normale Maß hinaus, nicht zu rechnen. Beim Bau der Apparatur ist besonderer Wert auf die Rückgewinnung des Lösungsmittels zu legen, da dies ausschlaggebend für die Wirtschaftlichkeit des Verfahrens ist. Auf die Giftigkeit ist zu achten; auch der Rückgewinnung der Fette ist Beachtung zu schenken.

Entfettung nasser Leder. Ein einfaches Verfahren besteht darin, daß die gefalzten Leder, wie z. B. chromgare Schaf- und Ziegenfelle für Bekleidungsleder, in ein dichtes und stabiles Eisenfaß gebracht und mit der zwei- bis dreifachen Menge Tri bei 7 bis 10 Touren pro Minute 30 bis 40 Minuten lang gewalkt werden. Wenn man die Walkdauer wesentlich abkürzen will, setzt man einen Emulgator zu. Bei Schaffellen muß man in der gleichen Weise nochmals nachentfetten (s. auch K. F. Haberstroh, S. 416).

Besonders gut durchkonstruiert ist die Trientfettungsanlage der Apparatebau G. m. b. H., München. Die in Abb. 1 gezeigte Anlage ist außer für Blößen auch für nasse chromgare Leder geeignet. Es wird in der Art gearbeitet, wie es dort für Blößen beschrieben ist. Das Tri erwärmt man auf 50° C.

Nach Ablassen des fetthaltigen Lösungsmittels wird über das Meßgefäß dem Walkfaß Wasser von etwa 75° C zugeführt. Dann beginnt man das in den Ledern verbliebene Tri mittels des zirkulierenden Warmluftstromes zu verdampfen, um es über den Luftkühler wieder zu gewinnen. Dabei kann die Eingangstemperatur der Warmluft im Gegensatz zur Blößenentfettung 70° C betragen. Der große Temperaturunterschied zwischen der angewärmten und abgekühlten Luft ermöglicht eine rasche Kondensation der Tridämpfe. Die Entlüftung der chromgaren Leder vor dem Herausnehmen aus dem Walkfaß erfolgt in der gleichen Art wie bei den Blößen. Das fetthaltige Tri, welches in den Schmutztribehälter geführt worden ist, gelangt zur Destillation und wird dabei restlos wiedergewonnen.

Entfettung trockener Leder. Die an einem beweglichen Wagen aufgehängten trockenen Leder werden in den Extraktor eingebracht. Man füllt den geschlossenen Extraktor über ein Berieselungssystem mit der erforderlichen Menge Lösungsmittel, das in diesem mit Hilfe einer Heizvorrichtung erwärmt und durch eine Pumpe in Umlauf gesetzt werden kann. Nach vollzogener Extraktion zieht man das Lösungsmittel mit dem darin gelösten Fett aus dem Apparat ab. Die entfetteten Leder werden nun im Extraktor mittels vorgewärmter Luft vom restlichen Lösungsmittel befreit. Zur Vermeidung von Lösungsmittelverlusten erfolgt dies in geschlossenem Kreislauf unter Verbindung mit der Außenluft zur Druckregelung. Das dampfförmig mitgeführte Lösungsmittel kondensiert sich in einem Kühler und wird vom gleichzeitig niedergeschlagenen Wasser in einem Wasserabscheider befreit.

Die Trennung fetthaltiger Lösungsmittel von den gelösten Fetten geschieht in besonderen Destillierblasen durch Destillation.

Die erste Anlage von technischer Durchbildung ist in dem D.R.P. 69406 der Firma Turnay in Nottingham beschrieben. Sie besteht aus zwei Entfettungskammern, einem Lösungsmittelbehälter, einem Dampfkessel zur Abtrennung des Fettes aus dem Lösungsmitteldampf, der in besonderen Röhren kondensiert wird, einem Vorwärmer für Luft, Pumpen und Ventilatoren.

Die Leder werden mit Metallstiften an hölzernen Rahmen aufgehängt und in die Entfettungskammern eingebracht. Nach luftdichtem Abschluß führt eine Pumpe flüssiges Lösungsmittel unter Berieseln der Leder in die Entfettungskammer ein. Ein Teil des Lösungsmittels wird vom Leder aufgesaugt, der übrige sammelt sich am Boden der Entfettungskammer. Hier ist ein Ventil angebracht, durch welches das Fettlösungsmittel abgezogen und mittels einer Pumpe durch eine Rohrleitung in die Entfettungskammer unter Berieseln der Leder zurückgeführt werden kann. Dieser Vorgang wird so lange durchgeführt, bis die Entfettung den gewünschten Grad erreicht hat. Das fetthaltige Lösungsmittel gelangt durch eine weitere Rohrleitung in den unter den Entfettungskammern aufgebauten Dampfkessel. Hier wird das Fett vom Lösungsmitteldampf getrennt. Es sammelt sich am Boden des Dampfkessels an und kann von dort abgelassen werden. Der Lösungsmitteldampf wird in gekühlten Röhren kondensiert und das Lösungsmittel in den Vorratsbehälter übergeführt.

Über einen Vorwärmer wird Luft, gemischt mit geringer Menge Lösungsmitteldampf, mittels Ventilator durch eine Röhre am Boden der Kammer in die Entfettungskammer eingeblasen. Diese Röhre trägt über der oberen Mündung eine kugelförmige Haube, die, als Rückschlagventil dienend, den Eintritt von Lösungsmitteldampf-Luftgemisch in die Kammer ermöglicht, den Eintritt der in den Behälter eingespritzten Flüssigkeit in die Röhre jedoch verhindert.

Die warme, mit Lösungsmitteldampf gemischte Luft wird an den Ledern vorbeigeführt, wobei es zu einer Verdunstung des Lösungsmittels aus den Ledern kommt. Dieses mit Lösungsmittel stärker beladene Gemisch wird nun wieder in den Dampfkessel zurückgeführt und das Lösungsmittel in den Röhren kondensiert, um es dem Vorratslösungsmittelbehälter zuleiten zu können. Schließlich wird durch einen Strom reiner, warmer Luft die völlige Entfernung der Lösungsmitteldämpfe und die Trocknung der Leder erzielt.

Bei dieser Anlage wird die so wichtige Rückgewinnung der Lösungsmittel zwar erreicht, aber die Verringerung der hohen Lösungsmittelverluste blieb den später entwickelten Anlagen mit einfacherer Bedienung vorbehalten. Von diesen ist die früher von der Maschinenbau A. G. Golzern-Grimma gebaute Anlage verbreitet. Die zu entfettenden Felle oder Leder werden außerhalb des Extraktors in einem längs einer Fahrbühne beweglichen Wagen aufgehängt und mit diesem in den Extraktor eingebracht. Der Extraktor wird nun geschlossen und bis zum völligen Bedecken des Fettungsgutes mit Benzin oder Tri, das aus dem Vorratsbehälter übergeleitet wird, beschickt. Das Lösungsmittel wird durch eine Pumpe in Zirkulation gesetzt und mittels einer Heizvorrichtung im Extraktor erwärmt. Wenn der gewünschte Entfettungsgrad erreicht ist, läßt man das fetthaltige Lösungsmittel in einen besonderen Behälter ab.

Die Trocknung der entfetteten Ware erfolgt im Extraktor mit vorgewärmter Luft in einem geschlossenen Kreislauf mittels einer Luftzirkulationsmaschine, um Verluste an Lösungsmittel zu vermeiden. Beim Durchgang über einen Kühler wird das dampfförmig mitgeführte Lösungsmittel niedergeschlagen, in einem Wasserabscheider von gleichzeitig kondensiertem Wasser getrennt und die Luft wieder im Vorwärmer auf die zur Trocknung erforderliche Temperatur erwärmt. Der Kühler und der Abscheider sind in die Saugleitung, der Lufterhitzer in die Durchleitung der Luftzirkulationsmaschine eingeschaltet. Das fetthaltige Lösungsmittel wird aus dem Behälter in eine Destillierblase gepumpt und dort von dem gelösten Fett getrennt. Die Lösungsmitteldämpfe gelangen in die Kondensations- und Kühlvorrichtung, das Destillat geht über den Wasserabscheider zu den Behältern für reines Lösungsmittel zurück. Die verschiedenen Entlüftungsleitungen sind in einem Sammelrohr vereinigt, das durch zwei hintereinander geschaltete Absorptionsgefäße für mitgeführte Lösungsmitteldämpfe ins Freie führt. Aus der Destillierblase entfernt man von Zeit zu Zeit das Fett nach dem Abtreiben des Lösungsmittels durch Einleiten von offenem Dampf.

Im Prinzip ganz ähnlich arbeitete die Anlage der früheren Firma Volkmar Hänig & Co., Heidenau/Sachsen.

Universal-Trockenreinigungs- und Rückgewinnungsanlagen für unbrennbare Lösungsmittel (Asordin, Trichloräthylen, Peravin bzw. Perchloräthylen) werden zur chemischen Reinigung von der Maschinenfabrik und Gießerei Schütze A. G. in Ludwigshafen-Oggersheim schon seit längerer Zeit gebaut. Nach kürzlichen Versuchen in den Farbwerken Hoechst mit einer derartigen modernen Doppel-Asordinanlage eignet sich diese auch für die Entfettung von Leder. Diese Anlage zeichnet sich vor allem dadurch aus, daß der gesamte Behandlungsvorgang im vollkommen geschlossenen System ohne jegliche Unterbrechung vor sich geht. Eine sinnreich angeordnete Rückgewinnungseinrichtung für das jeweilige Lösungsmittel erbringt während des Trocknungsprozesses eine fast völlige Rückgewinnung des nach dem Schleudern im Leder verbliebenen Lösungsmittels in destillierter Form. Die internen Zusammenhänge zwischen Entfettungsanlage und Rückgewinnungseinrichtung sowie den Lösungsmittelstandgefäßen und dem Destillierapparat sind nach neuesten Erkenntnissen aufgebaut.

Jede Schütze-Universal-Trockenreinigungs- und Rückgewinnungsanlage besteht aus der eigentlichen Reinigungs- bzw. Entfettungsmaschine mit angebauter Rückgewinnungseinrichtung, wobei die Verbindungsrohre und die erforderlichen Armaturen äußerst sinnreich und zweckmäßig angeordnet sind. Trotz des geschlossenen Äußeren sind alle Teile der Maschine leicht zugänglich. Der Antrieb der Entfettungsmaschine erfolgt entweder über ein Spezialölbadgetriebe durch zwei Motoren, also auf mechanische Art, oder durch Doppelmotorantrieb mit elektro-automatischer Steuerung. Hochdruckventilator und Förderpumpe sind zweckmäßig in das Ganze eingefügt und besitzen Einzelantrieb. In passender Anordnung zur Reinigungs- bzw. Entfettungsmaschine werden jeweils drei entsprechende Lösungsmittelstandgefäße mit gemeinsamem Gerüst sowie ein kompletter Destillierapparat mit allen zugehörigen Feinheiten, Meßinstrumenten und Armaturen aufgestellt. Die Verbindung der verschiedenen Maschinen- und Apparateteile erfolgt durch Bleirohre, die in einem flachen Bodenkanal verlegt werden. Die Förderung des flüssigen Lösungsmittels zu sämtlichen Maschinen- und Apparateteilen erfolgt über die zur Anlage gehörigen Förderpumpe, welche über den Zentralbedienungsstand arbeitet. Die Bewegung der Trocknungsum- und -abluft besorgt beim Trocknungs- und Rückgewinnungsvorgang ein besonders konstruierter Hochdruckventilator. In dieser Anlage wird jedoch offensichtlich das Entfettungsgut und nicht das Lösungsmittel bewegt, was eine erhebliche Beanspruchung bedeutet, die nicht jedes Leder verträgt.

Die Apparatebau G. m. b. H., München, hat schon mehrere Trilederentfettungsanlagen gebaut, die sich im praktischen Betrieb als sehr modern und leistungsfähig erwiesen haben. Eine solche Anlage entspricht der Abb. 2. Sie besteht aus Extraktor, Lösungsmittelrückgewinnungsanlage, Reintribehälter, Mitteltribehälter, Schmutztribehälter, Destillierblase, Destillatkühler, Wasserabscheider, Tripumpe und Rohrleitungen. Außer für Tri ist diese Anlage auch für Benzin und Naphtha verwendbar. Dabei muß lediglich beim Wasserabscheider beachtet werden, daß Tri im Gegensatz zu Benzin und Naphtha spezifisch schwerer ist.

Die trockenen Felle, wie Schafpelze, bzw. die Leder werden in Abständen von etwa 10 mm an den Fellwagen aufgehängt und auf einer Schienenvorrichtung in den Extraktor entsprechend den Abb. 3 und 4 geschoben. Nach dem hermetischen Verschließen des Apparates wird dieser von oben her über Brauserohre, die im Innern eingebaut sind, mit Tri gefüllt. Sobald die notwendige Flüssigkeitshöhe im Extraktor erreicht ist, wird das Lösungsmittel durch Umpumpen innerhalb des Extraktors zur Beschleunigung der Entfettung in Bewegung gehalten. Die erforderliche Tri-Einwirkungsdauer ist vom Fettgehalt der Felle bzw. Leder abhängig. Bei sogenannten

„Speckern" empfiehlt es sich, das Tri innerhalb des Extraktors auf 40° C anzuwärmen. Nach Beendigung des Entfettungsprozesses läßt man das Tri aus dem
Apparat zu einem Drittel des Inhalts in den Schmutztribehälter zur Destillation,
die weiteren zwei Drittel in den
Mitteltribehälter ablaufen. Das zur
Destillation abgegangene fetthaltige
Tri wird durch Reintri ersetzt,
damit man im Extraktor den notwendigen Flüssigkeitsstand erreicht.
Es ist unter Umständen zweckmäßig, für die Extraktion dem
Tri etwas Fett zu belassen, besonders wenn ein bestimmter Endfettgehalt des Leders vorgeschrieben
wird, damit die Leder nicht zu hart
werden. Das im entfetteten Leder
verbliebene Tri wird durch einen
zirkulierenden Warmluftstrom aufgenommen, wobei das im Tri gelöste
Fett im Leder zurückbleibt und sich
sehr gleichmäßig ablagert. Das verdampfte Lösungsmittel wird wiedergewonnen. Um dies zu erreichen, wird
der Lufterhitzer mit Heizdampf auf
die entsprechende Temperatur gebracht, der Luftkühler mit Wasser
gekühlt und der Ventilator eingeschaltet. Die erwärmte zirku-
lierende Luft dringt von unten her
in den Extraktor ein und tritt tri-
gesättigt in den Luftkühler, wo
sich die Lösungsmitteldämpfe entsprechend der Aufnahmefähigkeit
von Luft bei verschiedenen Temperaturen durch die Abkühlung ver-
flüssigen. Das Trikondensat fließt
dann über einen Wasserabscheider
dem Reintribehälter zu. Die triarme
Luft wird erneut durch den Ventilator in den Lufterhitzer gedrückt
und wieder in der üblichen Weise angewärmt. Die Trocknung treibt man
jetzt so weit, bis der Abfluß des
Kondensats vom Luftkühler zum
Wasserabscheider aufhört, was durch
das angebrachte Schauglas beobachtet werden kann. Ist dies erreicht,
so wird die noch trihaltige Luft
innerhalb der Aggregate durch An-
saugung von Frischluft ins Freie
abgeblasen. Auf diese Weise ist es
möglich, die Felle vollkommen trigeruchsfrei dem Extraktor zu entnehmen. Die Luftführung innerhalb
des Extraktors wird durch Drosselklappen reguliert. Da bei der
Trockenlederentfettungsanlage zwei
Fellwagen vorhanden sind, kann die
Entfettung der Leder hintereinander
erfolgen, wodurch die Leistung der
Anlage erheblich gesteigert wird. Die

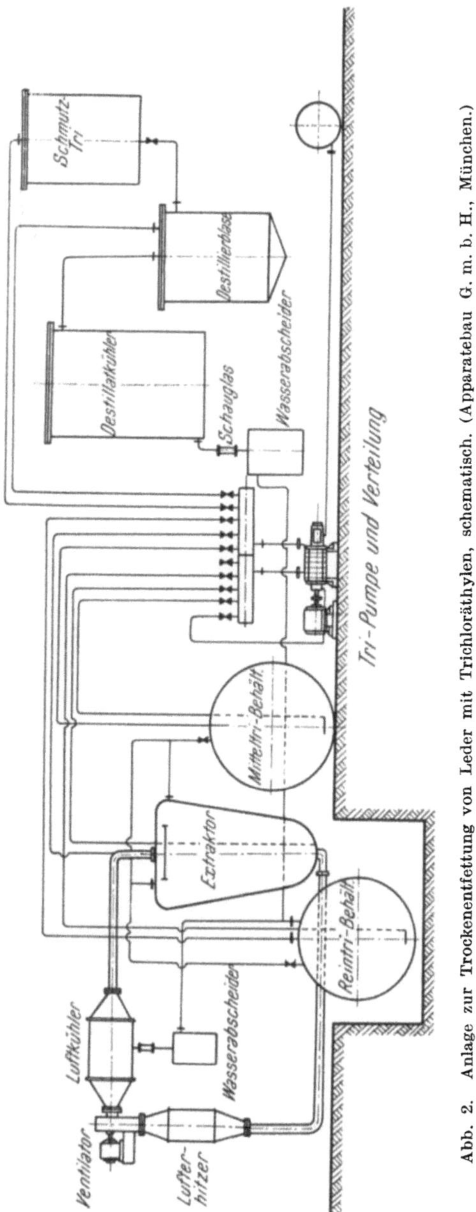

Abb. 2. Anlage zur Trockenentfettung von Leder mit Trichloräthylen, schematisch. (Apparatebau G. m. b. H., München.)

Reinigung des fetthaltigen Tris geschieht in der zur Anlage gehörenden Destillierblase mit Kühler. Der nach der gänzlichen Befreiung von Tri in der Destillierblase verbleibende Rückstand besteht aus Fett, welches als Extraktionsleder-
fett abgesetzt werden kann. Der Erlös hierfür deckt einen Teil des Triverlustes.

Der kritische Zersetzungspunkt von Tri liegt bei etwa 125° C. Es ist deshalb notwendig, den Heizdampf innerhalb der gesamten Anlage auf 1,5 atü zu reduzieren. Überhitzter Dampf muß vermieden werden.

Abb. 3. Anlage zur Trockenentfettung von Leder mit Trichloräthylen, Extraktor zur Beschickung geöffnet. (Apparatebau G. m. b. H., München.)

Abb. 4. Anlage zur Trockenentfettung von Leder mit Trichloräthylen. Extraktor geschlossen. (Apparatebau G. m. b. H., München.)

c) Entfettung von Pelzfellen.

Die „Pelzwäsche" wird meist schon nach der Weiche durchgeführt. Seifen sind wegen ihrer Empfindlichkeit gegenüber hartem Wasser und der Bildung unlöslicher klebriger Abscheidungen (Erdalkaliseifen) nicht beliebt. Die gegen die Härtebildner beständigen synthetischen Netz- und Emulgierungsmittel werden daher vorgezogen.

Zur Wäsche nach der Weiche bzw. nach dem Auswaschen des Salzes kann man 2 bis 5 g auf 1 l Wasser Pelzwaschmittel LA konz. Pulver, ein Fettalkoholsulfonat der B. A. S. F. Ludwigshafen, verwenden, eventuell nach einer Vorbehandlung mit 2 bis 5 g Soda calc. im Liter Wasser. Man wäscht etwa 1 Stunde lang bei 28 bis 35° C.

Die Farbenfabriken Bayer, Leverkusen, empfehlen neben dem Waschmittel Levapon PN hochkonz. die zusätzliche Verwendung des Fettlöser enthaltenden Levapon PL, wenn es sich bei stark fetthaltiger Rohware darum handelt, gleichzeitig das Wollhaar und die Hautsubstanz zu entfetten. Man arbeitet je nach dem Fettgehalt der Rohware mit 0,5 bis 3 g der einzelnen Marken pro 1 l Waschflotte. Besonders wirksam ist die kombinierte Tafel-Trommelwäsche, bei der man die Felle zunächst mit 60 bis 80 g Levapon pro Liter Flotte auf der Tafel von Hand einwäscht und dann über Nacht in einem Behälter stapelt. Am anderen Morgen werden die Felle in der Trommel mit Wasser von 35° C versetzt, bis das übliche Waschflottenverhältnis erreicht ist. Auch Gemische aus Alkylsulfonaten und Fettsäure-Äthylenoxydkondensationsprodukten werden für die Pelzwäsche empfohlen, wie z. B. Pelzwaschmittel B der Firma Dr. G. Eberle & Cie., Stuttgart.

Die Farbwerke Hoechst liefern für die Pelzwäsche Hostapon TS, ein Fettsäurekondensationsprodukt, und das pastenförmige lösungsmittelhaltige Pelzwaschmittel HTL. Bei hohem Fettgehalt werden die geweichten Felle zunächst mit 2 bis 2,5 g Soda calc. und 0,5 g Pelzwaschmittel HTL im Liter Wasser bei 28 bis 30° C 1 Stunde vorgewaschen. Nach dem Spülen kommen sie in das ähnlich zusammengesetzte zweite Waschbad bei einer Waschtemperatur von 32 bis 35° C.

Ein Fettsäurekondensationsprodukt stellt das Eriopon AC dar, das J. R. Geigy, Basel, für die Pelzwäsche empfiehlt. Ein säurebeständiges Waschmittel für Pelzfelle ist auch Sandopan A konz. der Sandoz A. G. in Basel und Stokopol N konz. der Chemischen Fabrik Stockhausen A. G., Krefeld. Auf völlig anderer Basis ist das Tephal AR der Tepha G. m. b. H. in Illertissen aufgebaut. Dieses Mittel, das unter anderem Eiweiß-Fettsäurekondensationsprodukte enthält, ist für die Wäsche von leicht fetthaltigen Fellen, wie z. B. Lammfellen, vorgesehen. Für Felle mit stark fetthaltiger Wolle verwendet man das Pelzwaschmittel Tephal extra konz., das Emulgatoren und waschende Eiweißkondensationsprodukte enthält. Diese wirken nicht nur reinigend, sondern auch schützend auf die Wolle, die daher ihr ursprüngliches Leben und ihre Elastizität bewahrt. Das Pelzwaschmittel Borron J ist ein Produkt der Röhm & Haas G. m. b. H., Darmstadt.

Die Chemische Fabrik G. Zimmerli A. G. in Aarburg/Schweiz stellt für die Wäsche von Pelzfellen eine Anzahl geeigneter Produkte her: Fettalkoholsulfonate (Gezavon PZ 2), für fettreiche Felle Fettalkoholsulfonate zusammen mit Lösungsmittel (Gezamin LM) und ferner Alkylarylsulfonate (Aral P) sowie Fettsäurekondensationsprodukte (Mirapon F 25, F 30 und F 40). Pelzwaschmittel OCEWE 4021 ist ein Fettalkoholsulfonat der Öl-Chemie in Hausen bei Brugg, Schweiz. Die Hansawerke Lürmann, Schütte & Cie. in Bremen empfehlen Pentasol-Entfetter in 5 bis 10%iger Emulsion. Die Firma J. A. Benckiser, Ludwigshafen, rät, polymere Phosphate in Form von Calgon F der Pelzwäsche zuzugeben, um bei härteempfindlichen Entfettungsmitteln die Bildung von Kalkseifen zu unterbinden oder diese wieder aufzulösen.

Der Läuterprozeß dient ebenfalls zu einem erheblichen Teil der Entfettung von Haar und Wolle. Man setzt daher häufig beim Feuchtläutern die Entfettung unterstützende Chemikalien zu: z. B. 10 bis 15 g Pelzwaschmittel LA im Liter Wasser (B. A. S. F.), Egalisal-Tepha (Tepha G. m. b. H., Illertissen), das als Netzmittel auf Eiweißbasis den natürlichen Glanz des Pelzhaars voll zur Geltung bringt, oder 1⁰/₀₀ Supralan extra H, auf die Sägespäne bezogen, ein Lösungsmittelgemisch mit Emulgatoren der Firma Zschimmer & Schwarz.

Zusätze beim Töten vor Beize und Färbung der Pelzfelle.

Durch die Alkalibehandlung beim Töten in der Pelzfärberei erfolgt eine Entfettung der Haare und Wolle. Um die Entfettung zu unterstützen und die Alkalikonzentration verringern zu können, werden der Tötungsflotte verschiedene netzend und entfettend wirkende Verbindungen zugesetzt, wie z. B. 0,5 bis 2 g Pelzwaschmittel LA konz. pro Liter Flotte (B. A. S. F.), 0,5 g Levapon PN hochkonz. zur Erhöhung des Tötungs- bzw. Beizeffektes und Erzielung einer besseren Farbstoffaufnahme (Farbwerke Bayer), 0,5 bis 1,5 g Pelzwaschmittel HTL bei der Tunktötung, wodurch eine praktisch fett- und schmutzfreie, besonders füllige Ware erzielt wird (Farbwerke Hoechst), 0,3 bis 0,5 g Stokopol N konz., ein Alkylbenzolsulfonat, wobei die sonst erforderlichen Alkalimengen auf ein Drittel bis ein halb reduziert werden können (Stockhausen & Cie.), 0,5 bis 1 g Tephal AR (Tepha G. m. b. H. in Illertissen). Pellal SP, ein Fettalkoholsulfonat mit Lösungsmittel, wird zur Erzielung einer ähnlichen Wirkung vor dem Beizen und Färben von Pelzfellen angewandt (G. Zimmerli A. G., Aarburg).

d) Entfettung von Haar und Wolle; Wollwäsche.

Die durchschnittliche Zusammensetzung australischer Merinovliese ist 49% Faser, 19% Schmutz, 10% Wasser, 6% Schweiß und 16% Fett, die von australischen Crossbredvliesen 61% Faser, 8% Schmutz, 12% Wasser, 8% Schweiß und 11% Fett [Ungenannt (2)]. Voraussetzung für eine befriedigende Entfettung bzw. ein befriedigendes Waschergebnis ist eine gute Wollsortierung, und zwar nicht nur nach Wollfeinheit und Provenienz, sondern auch nach Verunreinigungszustand. Die folgenden Ausführungen über Wollwäsche sind einer Arbeit von R. Gutensohn entnommen. Bei starker Verschmutzung oder schwer zu entfernenden Verschmutzungen wird dem ersten Waschbad in der Zeiteinheit weniger Wolle zugeführt. Die Wolle passiert zunächst eine regulierbare Speisevorrichtung, von der aus sie zum Wollöffner transportiert wird. Dieser lockert das Wollvlies, während gleichzeitig Verunreinigungen, wie Sand, Staub, Holz- und Strohteilchen und andere Fremdkörper, durch ein Sieb auf den Boden der Maschine fallen und dort von Zeit zu Zeit entfernt werden. Die Speisevorrichtung ermöglicht, dem ersten Waschbad während der gesamten Waschdauer die zulässige und erforderliche Menge Rohwolle zuzuführen. Die eigentliche Waschmaschine besteht aus mehreren, am besten fünf bis sieben hintereinander geschalteten Waschtrögen. Der erste und größte Trog ist meist als Einweichtrog ausgebildet. In diesem arbeitet man bei stark schmutzhaltiger Wolle bei 40 bis 45° C, bei wenig verschmutzter, aber stark fettiger Wolle bei 45 bis 48° C. Die Fortbewegung erfolgt in den einzelnen Trögen, am besten auch im ersten, mit Gabeln, Gabelrechen oder Schieberechen, bei einer Verweilzeit von etwa $^3/_4$ bis $1^1/_2$ Minuten in jedem Trog außer dem ersten, in dem die Wolle meist etwas länger verbleibt. Am Ende jedes Troges ist eine Quetschwalze, der man die Wolle entweder nach dem Schwemmsystem zuführt, bei dem die Wolle aus dem Waschbad mitsamt überlaufender Flotte zwischen die Quetschwalzen geschwemmt wird, oder nach dem Aufwurfsystem, bei dem die Wolle durch eine sinnreich konstruierte Aufwerfvorrichtung mit Gabeln auf ein Förderband abgestrichen und von diesem den hochgestellten Quetschwalzen zugeleitet wird.

Normalgrößen der Maschinen sind 2,5 bis 6 m³ Inhalt. Der letzte, also Spültrog, ist der kleinste. In deutschen Fabriken rechnet man bei einem Leviathan von fünf Trögen mit einer Produktion von etwa 75 bis 125 kg gewaschener Wolle je Stunde. Die Waschmittel, vor allem die Soda, werden zweckmäßig in besonderen Lösekesseln mit Heizvorrichtung und Rührwerk gelöst und dann in Hochbehälter gepumpt, von wo sie zu den Waschbädern befördert werden können, möglichst mittels automatischer Regulierung.

Der Wollhändler verlangt eine Entfettung der Wolle auf 0,2 bis 0,25% Restfett. Vernünftiger wäre es, auf 0,5 bis 0,75% Restfettgehalt hinzuarbeiten, da die Verringerung auf 0,2 bis 0,25% Restfett mit großen Schwierigkeiten verbunden ist und unverhältnismäßig viel Waschmittel verbraucht. Man versucht dies meist mit vermehrtem Soda- und Seifenzusatz zu erreichen. Die dadurch erhöhte Alkalität führt zu einer kaum vermeidbaren Alkalischädigung der Wolle. Der Griff einer überentfetteten Wolle ist häufig spröde und trocken und nicht lebendig und elastisch wie bei gut und schonend gewaschener Wolle mit 0,5 bis 0,75% Restfettgehalt. Zu hoher Restfettgehalt ist ebenfalls von Schaden. Bei Wolle, die nach dem Streichgarnverfahren verarbeitet wird, machen sich Restfettgehalte von über 1,5% bei groben und über 1% bei feinen Wollen (A, AA, AAA) schon störend bemerkbar, vor allem auf den Krempelsortimenten.

Entschweißen. Ein Entschweißen vor der Wäsche ist nur in Spezialfällen empfehlenswert, z. B. wenn sehr schmutz- und fettreiche Wollen oder stark kalkhaltige Gerberwollen gewaschen werden sollen, oder wenn man aus der Entschweißerflotte Pottasche gewinnen will. Es ist jedoch zu bedenken, daß beim Entschweißen mit den Wollschweißsalzen, wie Pottasche und den Kalisalzen niederer Fettsäuren, den Waschbädern ein Teil wertvoller Waschkraft verlorengeht. Anderseits wird im Entschweißer viel mechanischer Schmutz zurückgehalten, so daß die Waschbäder weniger stark beansprucht werden. Das Entschweißen kann nur bei Temperaturen unterhalb 42 bis 46° C, dem Schmelzpunkt des Wollfettes, also bei 20 bis höchstens 35° C erfolgen, da das nichtemulgierte Wollfett die Faser bei höherer Temperatur verklebt und ein einwandfreies Laufen über die Quetschwalzen unmöglich macht. Unter keinen Umständen darf man vorentschweißen, wenn nach dem Duhamelverfahren, das in der Hauptsache aus einem Waschen der Wolle im eigenen Schweiß besteht, gewaschen wird.

Duhamelverfahren. Dieses Verfahren zeigt deutlich, in welchem Ausmaß die Wollschweißsalze den Waschprozeß zu unterstützen vermögen. Die Wolle wäscht man dabei zunächst in einem Waschbad im eigenen Wollschweiß. Das ablaufende Waschwasser wird nach Vorentschlammung unter Gewinnung von rohem Wollfett und Abscheidung von Schlamm und Schmutz zentrifugiert. Die so gereinigte Waschflotte wird in das Waschbad zurückgeleitet. In diesem zweiten Bad wäscht man die Wolle mit einer schwachen Seifenlösung nach. Im anschließenden dritten Bad wird gespült. Durch eine weitere Verfeinerung dieser Methode in Deutschland war es möglich, allein durch die Wäsche im eigenen Schweiß auf einen Restfettgehalt von 1 bis 1,5% zu kommen, so daß man zur weiteren Verringerung auf 0,5 bis 0,75% mit 30 bis 40% der normalerweise erforderlichen Waschmittelmenge auskommt. Bei der Nachwäsche haben sich auch die nichtionogenen Waschmittel gut bewährt.

Waschen im sauren oder alkalischen Medium.

Es ist wichtig, zu wissen, wie und bei welchem p_H-Wert die Wolle am besten und am schonendsten gewaschen wird. Die Wollfaser hat ihre geringste Reaktionsfähigkeit bei ihrem isoelektrischen Punkt, der bei p_H 4,9 liegt. Demnach wäre eine Schädigung bei diesem p_H-Wert am wenigsten zu befürchten. Die Praxis hat aber gezeigt, daß eine vollkommene Erhaltung der ursprünglichen Fasereigenschaften nicht immer von Vorteil ist. So stellten Kammgarnspinnereien fest, daß derartige Wollen etwas störrisch und daß alkalisch gewaschene Wollen schmiegsamer sind und sich leichter strecken und parallelisieren lassen. Auch die maschinelle Einrichtung erschwert die Durchführung der schwach sauren Wäsche, da die eisernen Maschinenteile und die Waschtröge zum Korrodieren neigen. Eine weitere Schwierigkeit bilden die anionaktiven Waschmittel, da sie zum Teil wie die carboxylgruppenhaltigen Seifen durch Säure ausgefällt werden, zum Teil wie die Fettalkoholsulfonate im sauren Medium faseraffin sind. Beides bedingt einen Mehraufwand an Waschmittel. Diese Schwierigkeiten konnten erst durch die nichtionogenen Waschmittel, die Äthylenoxydkondensationsprodukte, behoben werden.

Abgesehen davon, daß die Aufrechterhaltung eines schwach sauren Mediums eine umständliche und sorgfältige Überwachung erfordert, kommen die Wollschweißsalze in diesem p_H-Bereich auch nicht zur Wirkung, sondern erfordern zu ihrer Entfernung sogar noch zusätzlich Waschmittel. Das Wollfett ist in saurer Lösung zudem schwerer zu emulgieren.

Beim Waschen im eigenen Schweiß nach dem Duhamelverfahren stellen sich in den Wollschweißbädern p_H-Werte von 8,5 bis 9 ein. Da bei diesem Verfahren nie eine Wollschädigung beobachtet worden ist, ging man auch bei den normalen Waschverfahren wieder dazu über, das erste Bad zu Beginn der Wäsche durch Zusatz von Soda zur Erleichterung des Waschvorgangs auf p_H 9 bis 9,5 einzustellen. Die laufend mit der Wolle in das Bad eingebrachten Wollschweißsalze mußten diesen p_H-Wert aufrecht erhalten. Ein Absinken des p_H-Wertes hatte sofort ein Abnehmen der Waschkraft zur Folge, da dann offenbar in der stark schmutzhaltigen Waschflotte des ersten Troges die Wollschweißsalze noch nicht ausreichend aktiviert werden. Aus diesen Überlegungen und Beobachtungen entwickelte sich das neutrale bis schwach alkalische Waschverfahren, bei dem nur das erste Waschbad mit Soda auf p_H 9 bis 9,5 eingestellt wird. Im zweiten Waschbad stellte sich von selbst ein p_H-Wert von 8 bis 8,5 ein, während die folgenden Waschbäder ziemlich neutral blieben. Die Wolle kam völlig neutral aus der Wäsche. Vom zweiten Waschbad an werden neutrale Waschmittel zugesetzt.

Diese Waschmethode bewährt sich bei den meisten Wollsorten, jedoch treten beim Waschen sehr feiner Überseewollen, vor allem Austral-AA-Wollen mit ihrem sehr hohen Fettgehalt, Schwierigkeiten auf. Das dafür entwickelte neuere alkalische Waschverfahren unterscheidet sich von der früher allgemein gebräuchlichen Soda-Seifenwäsche dadurch, daß die Alkalität der Waschbäder meist merklich niedriger ist als bei der Seifenwäsche und von Trog zu Trog abnimmt. Nach dieser Methode können lackmusneutrale Wollen erzielt werden. Während man bei der Seifen-Sodawäsche im ersten Waschbad meist einen p_H-Wert um 11 und sogar noch höher, oft auch noch im zweiten Bad hat, ferner zur vollen Wirkung der Seife auch in allen übrigen Waschbädern einen p_H-Wert von 10,3 bis 10,7 aufrecht erhalten muß, reichen bei der schonenden alkalischen Wäsche mit Soda und z. B. Leonil RW hochkonz., einer Polyglykolätherverbindung, also einem nichtionogenen Waschmittel, p_H-Werte von 10 bis 11 im ersten, 9 bis 9,5 im zweiten, 8 bis 8,5 im dritten und 6 bis 8 im vierten Waschbad selbst in den schwierigsten Fällen aus.

R. Gutensohn hat auf Grund von Mitteilungen in der Literatur und seiner eigenen Tätigkeit eine Reihe von Waschvorschriften zusammengestellt. So hat er z. B. aus den Angaben von R. O. Herzog, S. 24 und 27, folgende früher gebräuchliche Waschvorschrift errechnet:

	Trog 1 Entschweißer	Trog 2	Trog 3	Trog 4	Trog 5
Soda............	21,4 g/l	21,4 g/l	21,4 g/l	—	—
Schmierseife 40%ig	—	7,3 g/l	7,3 g/l	7,3 g/l	—

Bei AA- und AAA-Wollen nimmt man statt Schmierseife aufgekochte Marseiller Seife.
Ein früher in Tuchfabriken weitverbreitetes Waschverfahren bediente sich folgender Ansätze:

	Einweichbad Trog 1	Trog 2	Trog 3	Trog 4	Spülbad Trog 5
Soda............	13,1 g/l	9 g/l	6,7 g/l	4,5 g/l	—
Seife............	—	—	0,7 g/l	0,8 g/l	—
Temperatur......	35° C	48° C	50° C	52° C	kalt

Dieses Verfahren war billig, die Waschbäder reagierten aber stark alkalisch und die Wolle war nach dem Waschen noch schwach alkalisch. Der Chemikalienverbrauch beträgt dabei:

	Rohwolle	Gewaschene Wolle
Sodaverbrauch ...	5—6%	15—18%
Seifenverbrauch ..	zirka 0,3%	zirka 1%

Solche Sodamengen wird man heute ablehnen.

Bei einem um das Jahr 1930 entwickelten kombinierten Verfahren mit Soda, Seife und Igepon AP hochkonz. kam man zu folgendem Verbrauch:

	Rohwolle	Gewaschene Wolle
Soda	1,8%	4,5%
Seife	1,2%	3%
Igepon	0,1%	0,25%

Natürlich wechselt der Waschmittelverbrauch auch bei Wollen gleicher Provenienz und Feinheit bei verschieden starker Verschmutzung, so daß solche Zahlen nur als Anhaltspunkte gewertet werden dürfen.

Für die Wäsche deutscher Wolle mit 38 bis 40% Rendement im isoelektrischen Bereich gibt R. Gutensohn folgendes Beispiel:

	Trog 1	Trog 2	Trog 3	Trog 4	Trog 5	Trog 6
p_H	6,3—7,0	5,8—6,5	5,8—6,5	—	Spülbad 30—40	Spülbad kalt
Temperatur ^{0}C	45	48	50	50		
Leonil RW hochkonz. ...	0,7 g/l	0,6 g/l	0,6 g/l	3,5 g/l	—	—
Ameisensäure	0,11 g/l	0,07 g/l	0,07 g/l	—	—	—

Die ausgewaschenen alkalischen Wollschweißsalze und die Bindung der Säure durch die Wolle verursachen ein Ansteigen des p_H-Wertes im ersten Bad, so daß von Zeit zu Zeit Säurenachsätze notwendig sind. Das zweite und dritte Bad erhalten in Abständen von etwa 1³/₄ Stunden Nachsätze von Leonil RW hochkonz. Die Höhe der Nachsätze schwankt je nach der gewaschenen Wollqualität. Schließlich kam man auf folgenden Gesamtchemikalienverbrauch:

	Rohwolle	Gewaschene Wolle
Leonil	zirka 0,75%	zirka 1,9%
Ameisensäure	zirka 0,4%	zirka 1%

Die Wäsche im isoelektrischen Bereich ist kalkulatorisch am ehesten tragbar und geeignet für deutsche, ungarische, englische, polnische, russische, chinesische Wollen sowie Tierhaare jeder Art, während sie sich für sehr viel Wollschweiß und Wollfett enthaltende Wollen, wie feine Austral-Merinos oder feine Kapwollen, weniger eignet. Besonders zu empfehlen ist die schwach saure Wäsche für stark kalkhaltige Gerberwollen und Tierhaare. Dabei muß aber besonders darauf geachtet werden, daß im ersten Waschbad durch regelmäßigen Ameisensäurezusatz ein p_H-Wert von 5,5 bis 6 aufrecht erhalten wird, da sich über p_H 6 Kalk nicht mehr löst.

Neutrale und schwach alkalische Wäsche.

Diese beiden Wascharten lassen sich nicht scharf voneinander trennen bzw. gegeneinander abgrenzen. Es ist wohl richtig, nur dann von alkalischer Wäsche zu sprechen, wenn nicht nur dem ersten Bad Soda zugesetzt wird. R. Gutensohn führt folgendes Beispiel für eine Neutralwäsche, die sich auf Austral A/AA mit 57 bis 58% Rendement bezieht, an:

	Trog 1	Trog 2	Trog 3	Trog 4	Spültr.	Spültr.
Temperatur ^{0}C	45—50	50	50—55	45	30—35	kalt
Soda	0,2 g/l	—	—	—	—	—
Leonil RW hochkonz....	0,4 g/l	0,85 g/l	0,5 g/l	—	—	—
p_H	7,8	7	7	6,8	6,8	6,5
Nachsatz jede Stunde .	Soda					
	0,5—1 g/l	0,1—0,2 g/l	—	—	—	—
	Leonil					
	05,—1 g/l	0,1—0,2 g/l	0,3 g/l	—	—	—

Auch wenn man neutral reagierende Waschmittel verwendet, stellt sich im ersten Bad alkalische Reaktion ein, und zwar bei wenig verschmutzter schweißiger Überseewolle etwa p_H 7,5 bis 8,5, bei schmutzigen deutschen und ungarischen Merinos 8,5 bis 9,5. Gleiche p_H-Werte stellen sich natürlich auch im Duhamel-Waschverfahren ein, obwohl man weder Soda noch Seife zusetzt.

Andere Reinigungsmethoden.

In Belgien und besonders in den USA. wird die Rohwolle unter anderem auch mit Hilfe von organischen Lösungsmitteln, wie Benzin oder Chlorkohlenwasserstoffen, in einer luftdicht abgeschlossenen Apparatur entfettet.

Nach einem australischen Patent werden die in einem Extraktionsbehälter befindlichen Wollballen mit Benzol oder Trichloräthylen getränkt und durch abwechselnde Kompression oder Druckentlastung vom Fett befreit.

Nach dem F.P. 747 333 vom 28. November 1932 von A. Golwig, Österreich, werden zur Entfettung von tierischen Fasern, wie z. B. Wolle, Kohlenwasserstoffe bei Temperaturen unter 0° angewandt. Man arbeitet zweckmäßig mit Halogenderivaten der Kohlenwasserstoffe, wie z. B. Trichloräthylen. Optimale Temperatur bei — 10 bis — 15° C. Dadurch soll gleichzeitig die Spinnfähigkeit erhöht werden. Über Vorzüge des Trichloräthylens bei der neuzeitlichen Wollreinigung s. R. Hünlich.

Das stark mit Fett und Schmutz angereicherte Lösungsmittel verarbeitet man auf Wollfett, wobei das Lösungsmittel durch Abdestillieren wiedergewonnen wird. Die entfettete Wolle enthält noch Staub, Kot- und Urinverschmutzungen, die sich durch eine anschließende Naßwäsche auf dem Leviathan entfernen lassen.

In Amerika ist in jüngster Zeit auch eine Entfettung der Wolle nach dem Ausfrierverfahren in Gebrauch gekommen. Die Wolle wird dabei so tiefen Temperaturen ausgesetzt, daß alle hart und fest gewordenen fetthaltigen Verunreinigungen durch Ausklopfen entfernt werden können. Auch bei diesem Reinigungsverfahren ist jedoch eine Nachwäsche mit Waschmitteln in wässeriger Lösung nicht zu umgehen.

Nach dem E. P. 485543 der California Process Company, Los Angeles, Cal. USA., bringt man die Wolle bei tiefer Temperatur zur Vorreinigung und sofort in eine Kardanmaschine. Das D. R. P. 661947 schützt eine Vorrichtung zum Reinigen und Entfetten von Wolle und sonstigen tierischen Fasern durch Ausfrieren in einer Kühlkammer (Frosted Wool Process Company, Los Angeles, USA.). Ein gleichartiges Verfahren behandelt auch das F. P. 757650 vom 27. Juni 1943 von Püschel & Cie. Das gleiche Verfahren beschreibt auch das Austral P. 10533/1932 vom 13. Dezember 1932, nach dem man die unter 0° C zum Gefrieren gebrachten Fasern in einem Reiß- oder Krempelwolf von Fetten und allen anderen Verunreinigungen befreit.

Nach einem neueren Patent wird die Wolle auf einer durchlässigen Transportvorrichtung mit härtebeständigen Waschflüssigkeiten besprüht. Die Rohwolle passiert dabei mehrere Sprühvorrichtungen und wird durch zwischengeschaltete Quetschwalzen gut abgequetscht. Das mehrmals besprühte und jeweils abgequetschte Fasermaterial muß anschließend noch auf einer Spülapparatur von restlichen Schmutz- und Fettemulsionspartikelchen befreit werden. Durch Anwendung mehrerer hintereinander geschalteter Sprühvorrichtungen erhält man gut entfettete, neutral reagierende, saubere und offene Wollen.

Literaturübersicht.

Abai, J., u. P. Kotljar: Westnik der Lederindustrie und der Lederherstellung 1928, 577.
Balfe, M. P., J. H. Bowes, R. F. Innes u. W. B. Pleass (1): J. I. S. L. T. C. 24, 329 (1940); (2): Leather World 1936, 17.
Balfe, M. P., u. P. Uryash: J. I. S L. T. C. 23, 347 (1939).
Belavsky, E.: Coll. 1933, 552, 553; 1936, 102.
Capuz, D. B., u. R. M. Lollar: J. A. L. C. A. 43, 710 (1948).
Dempsey, M., u. M. E. Robertson: J. I. S. L. T. C. 24, 303 (1940).
Dempsey, M.: J. S. L. T. C. 35, 117 (1951).
Dohogne, A.: Bourse aux Cuirs de Belgique 1940, 161.
Foster, S., u. A. Grynkraut (1): J. A. L. C. A. 27, 577, 600 (1932); (2): J. I. S. L. T. C. 16, 600 (1932); J. A. L. C. A. 32, 79 (1937).
Foster, S. L.: J. A. L. C. A. 26, 527 (1931).
Frey, R. W., u. J. D. Clarke: J. A. L. C. A. 28, 490 (1933).
Gnamm, H. (1): Die Fettstoffe des Gerbers, 2. Aufl., Stuttgart: Wiss. Verlagsges. 1951; (2): Die Lösungsmittel und Weichmachungsmittel, 6. Aufl., Stuttgart: Wiss. Verlagsges. 1950.
Graham, I. M., u. E. R. Theis: Ind. Eng. Chem. 26, 743 (1934).
Grasser, G. (1): Coll. 1930, 43; (2): ebenda 1936, 109.
Graßmann, W., u. J. Trupke: Dieses Handbuch, 1. Aufl., Bd. I/1 (1944), S. 359ff.
Grimm, O. (1): Leder 6, 274 (1955); (2): Röhm u. Haas G. m. b. H., Darmstadt, DBP. 1026038 v. 30. 5. 1955; (3): Röhm u. Haas G. m. b. H., Darmstadt, Dtsche. Pat. Anm. R 15671 v. 24. 12. 1954; ref. Leder 7, 70 (1956); Dtsche. Pat. Anm. R 16272 v. 23. 3. 1955; (4): Leder 9, 302 (1958); (5): Röhm u. Haas G. m. b. H., Darmstadt, DBP. 927464 v. 5. 9. 1953; ref. Chem. Zbl. 1955, 10900; (6): Röhm u. Haas G. m. b. H., Darmstadt, DBP. 941811 v. 17. 11. 1954; ref. Leder 7, 189 (1956).
Gutensohn, R.: Textilpraxis 4, 513, 562, 617 (1949).
Haberstroh, K. F.: Dieses Handbuch, 1. u. 2. Aufl., Bd. III/2 (1955), S. 389 ff.
Hagen, O.: Schweizer Ledertechn. Rundschau 1949, 1.
Herfeld, H.: Grundlagen der Lederherstellung. Dresden und Leipzig: Theodor Steinkopff, 1950.
Herzog, R. O.: Technologie der Textilfasern. Bd. 8, 2. Aufl. Streichgarnspinnerei, von O. Bernhardt und I. Marker. Berlin: J. Springer, 1932.
Highberger, J. H., u. E. K. Moore: J. A. L. C. A. 30, 426 (1935).
Hilditch, T. P.: Biochem. Journ. 34, 971 (1940); 25, 1168 (1931); 26, 2498 (1932).
Hilditch, T. P., u. H. E. Longenecker: Biochem. Journ. 31, 1805 (1937).

Hilditch, T. P., u. W. Stainsby: Biochem. Journ. **29**, 2999 (1935).
Hünlich, R.: Appretur-Ztg. **31**, 113 (1929); Ref. Chem. Zbl. 1939 II, 3213.
Innes, R. F. (*1*): J. I. S. L. T. C. **13**, 375 (1929); (*2*): Leather World **1935**, 511;
     (*3*): J. I. S. L. T. C. **21**, 149 (1937); (*4*): ebenda **26**, 113 (1942).
Innes, R. F., F. O'Flaherty u. W. T. Roddy: J. I. S. L. T. C. **13**, 375 (1929);
     J. A. L. C. A. **30**, 290 (1935).
Jordan-Lloyd, D.: Cuir Techn. **23**, 39 (1934).
Kelly, M. W.: Collegium **1930**, 210.
Koppenhoefer, R. M. (*1*): J. A. L. C. A. **43**, 910 (1948); (*2*): ebenda **33**, 203
     (1938); (*3*): ebenda **34**, 240 (1939); (*4*): ebenda **29**, 627 (1934); (*5*): ebenda **34**,
     34 (1939); **33**, 142, 152 (1937); (*6*): ebenda **34**, 380 (1939); (*7*): ebenda **34**, 622
     (1939); (*8*): ebenda **33**, 27 (1938); (*9*): ebenda **33**, 27 (1938).
Koppenhoefer, R. M., u. C. E. Retzsch (*1*): Collegium **1940**, 78; (*2*): ebenda
     1942, 182.
Koppenhoefer, R. M., u. W. T. Roddy: J. A. L. C. A. **35**, 317 (1940).
Kubelka, V.: Collegium **1937**, 23.
Lauffmann, R.: Haut- u. Lederfehler. Berlin: F. A. Günther und Sohn A. G., 1926.
Masner, L., u. K. Micek: Collegium **1942**, 182.
McLaren, K.: J. I. S. L. T. C. **31**, 62 (1947).
McLaughlin, G. D., u. R. Theis: J. A. L. C. A. **19**, 428 (1924); **20**, 234 (1925); **21**,
     551 (1926).
Moore, E. K. (*1*): J. A. L. C. A. **32**, 637 (1937); (*2*): ebenda **32**, 48 (1937); Collegium
     1937 354; (*3*): J. A. L. C. A. **43**, 710 (1948).
Mutt, J. S., u. P. L. Pebody: J. I. S. L. T. C. **13**, 205 (1929).
O'Flaherty, F., u. W. T. Roddy (*1*): J. A. L. C. A. **29**, 476 (1934); (*2*): ebenda
     32, 210 (1937).
Pankhurst, K. G. A.: J. I. S. L. T. C. **30**, 355 (1946).
Pense, W.: Dieses Handbuch, 1. u. 2. Aufl., Bd. III/2 (1955), S. 517.
Pentegow, A.: Collegium **1931**, 821.
Phillips, H., u. M. P. Balfe: J. I. S. L. T. C. **20**, 453, 465 (1936).
Roberts, F. T.: J. I. S. L. T. C. **18**, 397 (1934).
Rogers, J. S.: J. A. L. C. A. **28**, 511 (1933).
Röhm & Haas G. m. b. H.: Ö. P. 112114.
Stather, F. (*1*): Haut- und Lederfehler. Wien: Springer, 1934; 2. Aufl. 1952. (*2*):
     Gerbereichemie und Gerbereitechnologie. Berlin: Akademie-Verlag 1948; 2. Aufl.
     1951; 3. Aufl. 1957.
Stather, F., u. R. Lauffmann (*1*): Collegium **1932**, 391, 672, 940; **1933**, 129, 394,
     723; (*2*): ebenda **1933**, 723.
Stather, F., u. R. Schubert: Collegium **1937**, 456.
Schindler, W.: Collegium **1936**, 77.
Stiasny, E., u. G. D. McLaughlin: J. A. L. C. A. **28**, 511 (1933).
Theis, E. R.: J. A. L. C. A. **23**, 4 (1928).
Trommsdorff, E., O. Grimm u. G. Abel (*1*): Röhm u. Haas G. m. b. H.,
     Darmstadt, DBP. 971898 v. 1. 2. 1943; (*2*): Röhm u. Haas G. m. b. H.,
     Darmstadt, Dtsche. Pat. Anm. R 15041 v. 23. 3. 1953; ref. Leder **6**, 284 (1955).
Ungenannt: (*1*): Cuir techn. **24**, 104 (1935); (*2*): Wool science rev. **6**, 43 (1950);
     Melliand Textilber. **32**, 168 (1951).

Drittes Kapitel

Die Färbung des Leders.

Von Dr. Ing. **Gerhard Otto**, Ludwigshafen a. Rh.

Mit 45 Textabbildungen.

A. Einleitung.

Ältere Darstellungen des vielseitigen und komplizierten Themas der Lederfärbung, beispielsweise diejenige von M. C. Lamb und L. Jablonski (1933),
beschränkten sich auf das rein Handwerkliche oder ergänzten es allenfalls durch
mehr oder minder willkürlich gewählte Bruchstücke aus den Randgebieten, etwa
der Farbensynthese oder der Farbenlehre. Eine Theorie der Lederfärbung begann
seit etwa 1925 zu entstehen. Aber noch fehlten in jenen Jahren die theoretischen
Grundlagen einer organischen Strukturchemie, wie sie uns inzwischen, z. B. in
dem zweibändigen Werk von W. Hückel (1) (2) 1948, geboten worden sind. Es
fehlten geeignete Vorstellungen über die elektronischen Ursachen der chemischen
Valenz, aus denen sich das Zustandekommen von Farbigkeit und Affinität überzeugend hätte deuten lassen.

Bücher, wie beispielsweise diejenigen von L. Pauling: „The Nature of the
Chemical Bond" sowie von B. Eistert (1): „Tautomerie und Mesomerie" sowie
„Chemismus und Konstitution" und Darstellungen, wie die besonders eingängige
von I. C. Speakman: „An Introduction to the Modern Theorie of Valency",
haben in den vergangenen Jahren hier Wandel gebracht. Auf dem neugeschaffenen
Boden konnten besonders im letzten Jahrfünft zahlreiche Arbeiten über die
Theorie der Lederfärbung wachsen. Sie nährten sich von den gleichzeitig erarbeiteten Fortschritten auf dem Gebiet der mineralischen Gerbung und der
Gerbung mit aromatischen Körpern. Sie konnten sich auf die immer klarer
werdenden Vorstellungen über Aufbau und Reaktionsvermögen der Faserproteine,
insbesondere des Kollagens, stützen. In der vor kurzem erschienenen Monographie
von K. H. Gustavson (7) wird hierüber eine ganz hervorragende Übersicht gegeben. Schätzenswerte Beiträge zum Thema kamen auch aus folgenden
Büchern: R. Wizinger (3), Th. Vickerstaff (1) (2) und besonders aus der
modernen Darstellung von K. Venkataraman, in der zum ersten Male auch
Spezialfarbstoffe für Leder mitbehandelt werden. Ähnlich ergiebig auf dem
engeren Gebiet der Hilfsmittel ist das von O. Fuchs, K. Laux und E. Wulkow
gestaltete Kapitel über Textilhilfsmittel. Wesentliches zur praktischen Seite
des Themas hat inzwischen auch die farbstofferzeugende Industrie beigetragen,
indem sie besondere Veröffentlichungen über die Lederfärbung herausbrachte
[z. B. Sandoz (2); BASF (1)].

So sind denn in der Tat erst jetzt die Dinge von allen Seiten so weit herangereift,
daß eine umfassende Darstellung der Lederfärberei mit Aussicht auf Erfolg

versucht werden kann. Eine derartige Darstellung muß, wie gesagt, sehr verschiedenartige Kenntnisse vermitteln. Sie muß theoretische Grundlagen über die Eigenschaften von Licht und Farbe geben und deren praktische Anwendung beim Abmustern und Nachstellen von Farbtönen beschreiben. Sie hat sich damit zu befassen, welche Eigenschaften das so unterschiedliche Material Leder für die Färbung mitbringt. Hieraus hat dann deutlich zu werden, welche Farbstoffe und Färbemethoden grundsätzlich für die Lederfärbung in Frage kommen. Es ist weiter darzulegen, welche Eigenschaften von den Färbungen der einzelnen Lederarten verlangt werden, ob die Färbung das Färbegut nur an der Oberfläche erfassen oder es mehr oder minder stark durchdringen soll, welche Echtheiten der Färbungen gegenüber Wasser, Wäsche, Schweiß, Lösungsmitteln, Reiben und Belichtung anzustreben sind. Es müssen die Mittel zur Erzielung dieser Eigenschaften behandelt werden, nämlich einmal die mechanischen Einrichtungen und ein anderes Mal die chemischen Mittel: natürliche und synthetische Farbstoffe, allgemeine und besondere Hilfsmittel.

Einen sehr wesentlichen Teil der Darstellung wird der verwickelte Mechanismus der Vorgänge beim Färben von Leder einnehmen. Er vermittelt das Verständnis für das Wesen der Färbung, aus dem heraus allein die Sicherheit in der richtigen Anwendung der Mittel entstehen kann.

Die praktischen Folgerungen aus den theoretischen Darlegungen werden daher eingehend abzuhandeln sein und zur Beschreibung der für die Färbung der einzelnen Lederarten angewendeten Verfahren und Rezepturen überleiten. Ein Abschnitt über mögliche Fehler beim Lederfärben und deren Verhütung darf nicht mangeln, wenn die Darstellung praktischen Wert haben soll.

B. Physikalische Grundlagen des Färbens.

I. Gesetze von Licht und Farbe.

Obwohl wir Menschen mit der Umwelt vor allem durch den Gesichtssinn verbunden sind, unsere wichtigsten Wahrnehmungen also Licht- und damit Farbeneindrücke sind, ist es uns selten ganz klar, wie dieses Erlebnis im einzelnen zustande kommt.

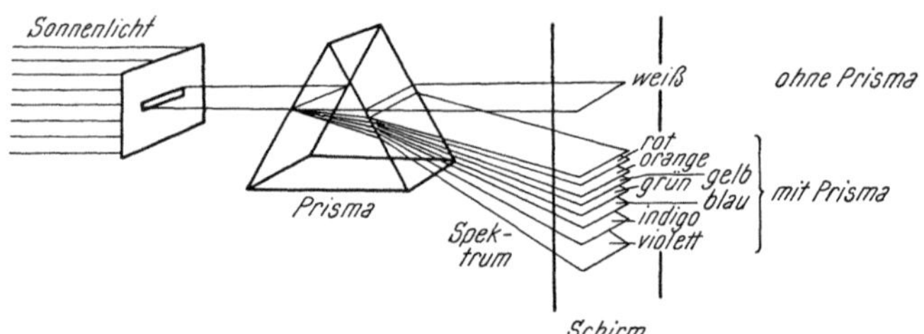

Abb. 1. Zerlegung von weißem Licht.

Das Licht der mittäglichen Sonne erscheint uns weiß. Läßt man aber einen Spalt solchen Lichts durch ein Glasprisma fallen, dann wird es abgelenkt und in ein Band verschiedenfarbigen Lichts auseinandergezogen, das sogenannte Spektrum (Newton, 1669), wie Abb. 1 zeigt.

Das Prisma erzeugt auf einem weißen Schirm ein zusammenhängendes Farbband. Dieses beginnt mit Rot (den am wenigsten abgelenkten Strahlen) und führt über Orange, Gelb, Grün, Blau und Indigo zum Violett, dem am stärksten abgelenkten Strahlenanteil des weißen Lichts. Jede einzelne Farbe des so entstehenden Spektrums (man kann darin 160 verschiedene Farbtöne unterscheiden!) nennt man eine Spektralfarbe. Blendet man eine einzelne aus dem Band des Spektrums heraus und leitet sie nochmals durch ein zweites Prisma, dann wird sie nicht weiterzerlegt. Spektralfarben sind reine, unzerlegbare Lichtarten. So wie man das weiße Licht in das Spektrum zerlegen kann, vermag man umgekehrt das Band der Spektralfarben wieder zu weißem Licht zu vereinigen, wenn man es durch ein gleichartiges, aber umgekehrtes Prisma oder auch durch eine Linse dringen läßt.

Läßt man eine Kartonscheibe rotieren, auf der man die den Spektralfarben entsprechenden Farbtöne nebeneinander aufgebracht hat, dann ergibt sich der Gesichtseindruck: Grau. Daß hier kein Weiß zustande kommt, beruht darauf, daß es nicht möglich ist, mit Körperfarben das leuchtende farbige Licht der Spektralfarben zu erzeugen.

Greift man einzelne Anteile des Spektrums heraus und läßt sie zusammenfallen, dann erhält man Mischfarben. Beispielsweise kann man aus der roten Fraktion und der blauen Fraktion des Spektrums ein Violett mischen, das für unser Auge der Spektralfarbe Violett gleicht. (Hier zeigt sich ein ganz typisches Verhalten unseres Auges: Es ist unfähig, das Gemisch zweier Lichtarten von auseinanderliegenden Wellenlängen von demjenigen einer dritten Wellenlänge zu unterscheiden.)

Teilt man das gesamte Spektrum in zwei beliebig ausgewählte Teile, dann hat man zwei Mischfarben, die zusammen Weiß ergeben. Man nennt solche sich zu Weiß ergänzenden Mischfarben Komplementärfarben. Es sind beispielsweise

Rot   und Mittelgrün,
Gelb   und Violett,
Blau   und Orange,
Purpur   und Gelbgrün,
Türkis   und Rotorange.

Lenkt man etwa Rot aus dem Spektrum ab und vereint mit einer Linse alle übrigen Spektralfarben (Orange, Gelb, Grün, Blau, Indigo und Violett), so zeigt sich als Summe all dieser Spektralfarben Mittelgrün. Eine einzelne Spektralfarbe ergänzt folglich die Mischfarbe aus allen übrigen Spektralfarben zum Weiß. Man kann einen bestimmten Farbton, etwa Purpur, auf verschiedene Weise aus Spektralfarben herstellen, so daß das Auge stets die gleiche Farbempfindung hat. Das Auge ist nicht imstande, eine Mischung von Spektralfarben in ihre Einzelbestandteile zu zerlegen. Darin unterscheidet es sich wesentlich von dem Ohr, das in der Regel einen Akkord aus mehreren Tönen und einen Einzelton leicht auseinanderhalten kann.

Derartige Unzulänglichkeiten des Organs, mit dem wir Licht und Farben wahrnehmen, haben die Aufklärung der objektiven Vorgänge erschwert.

Nach Maxwell (19. Jahrhundert) versteht man jetzt unter Licht elektromagnetische Querwellen (d. h. Schwingungen senkrecht zur Richtung der Fortpflanzung) von bestimmten Wellenlängen. Die Wellenlänge kennzeichnet den Abstand zweier Punkte gleichen Schwingungszustandes. Rotes Licht entspricht elektromagnetischen Wellen mit einer Länge $\lambda_{rot} = 0{,}00008$ cm ($= 8 \cdot 10^{-5}$ cm oder 800 mμ oder 8000 Å). Violettes Licht besteht aus elektromagnetischen Wellen von $\lambda_{violett} = 0{,}00004$ cm ($= 4 \cdot 10^{-5}$ cm oder 400 mμ oder 4000 Å).

Das sichtbare Licht stellt nur einen winzigen Bereich aller vorkommenden elektromagnetischen Wellen dar, die alle Radiowellen von einigen Kilometern

Länge bis zu Zentimeterwellen, weiter Millimeterwellen und infrarote Strahlen (Wärmewellen) sowie jenseits des sichtbaren Lichts die ultravioletten Strahlen (Wellenlängen von einigen Millionstelmillimetern), die radioaktive Strahlung und schließlich die kosmische Strahlung mit Billionstelmillimeter-Längen umfassen.

Zwischen Spektralfarben und Körperfarben muß man sorgfältig unterscheiden. Während sich die bunten Spektralfarben zu Weiß addieren, ergibt ein Gemisch von Körperfarben dunkle Töne und im richtigen Verhältnis Schwarz.

Hält man in den Gang der Strahlen des Spektrums ein Farbfilter, etwa ein gefärbtes Glas oder die Lösung eines Farbstoffes, dann erscheinen in der Projektion des Spektrums ein einzelner oder mehrere schwarze Streifen. Das Farbfilter hat die Strahlung ausgewählter Wellenlängen verschluckt (absorbiert) und deren Energie in Wärme umgesetzt. Die Farbe des Filterglases oder der Farbstofflösung beruht also darauf, daß es selektiv Licht absorbiert und nur die übrigbleibenden Strahlen durchläßt. Eine ganz besondere Frage ist diejenige nach den Ursachen, die bei den uns farbig erscheinenden Körpern die Fähigkeit zu selektiver Lichtabsorption entstehen lassen. Wie es kommt, daß ein Körper ausgewählte Strahlungsenergie aufnehmen und in eine andere Energieform, etwa Wärme, umwandeln kann, wird im Zusammenhang mit der Konstitution von Farbstoffen später behandelt werden (unter D II, 1; S. 108 ff.).

Bei einem undurchsichtigen Körper, etwa einem farbigen Pigment, wird nur der nach erfolgter Absorption von Licht ausgewählter Wellenlängen noch übrigbleibende Teil des Lichts reflektiert. Eine derart durch Absorption verschiedener Spektralgebiete entstandene Mischfarbe durchgelassenen oder reflektierten Lichts nennt man Subtraktionsfarbe.

Farbfilter mit Komplementärfarben (etwa ein rotes und ein grünes Filter) ergeben, hintereinander in den Strahl weißen Lichts geschaltet, durch Subtraktion Schwarz. Das rote Filter absorbiert eine Mischung von Spektralfarben, die zusammen Grün ergeben, und läßt nur die Subtraktionsfarbe Rot hindurch. Das grüne Filter aber absorbiert gerade die vom ersten Filter noch durchgelassenen Lichtanteile, so daß kein Anteil es mehr passieren kann.

Ganz entsprechend ist es beim Mischen von roten und grünen Pigmenten. Die roten Pigmente absorbieren alle zusammen Grün ergebenden Spektralbereiche, und die grünen Pigmente absorbieren alle zusammen Rot ergebenden Spektralanteile. Das Bruttoergebnis: Alles Licht wird absorbiert, die Mischung sieht schwarz aus.

Ein Körper, der spektrale Anteile des Lichts absorbiert, erscheint farbig, wenn solches Licht auf ihn fällt, das nicht restlos absorbiert wird. Ein roter Körper in grünem Licht betrachtet erscheint schwarz. Bei rotem Licht dagegen erscheint er ebenso hell wie ein weißes Blatt Papier.

Es ergibt sich die für manche zunächst überraschende Feststellung, daß die Farbe keine Eigenschaft eines Körpers ist. Wir sagen zwar: Dieses Leder ist braun. Wir meinen damit, daß es uns bei Bestrahlung mit dem uns gewohnten Licht braun erscheint. Beleuchten wir das gleiche Leder aber mit stark gelbrotem Licht (etwa im Abendrot), dann ist es orangefarbig, betrachten wir es bei grünlichem Licht (etwa in einer Laube), dann ist es olivfarbig.

Diese Tatsachen erschweren das Nachstellen von Farbtönen sehr und haben dazu geführt, daß man nach Geräten zur objektiven Farbmessung suchte.

Die Wellenlängen eines Lichts werden mit dem Spektralapparat gemessen.

Man läßt das zu messende Licht durch eine spaltförmige Blende in das Gerät eintreten. Dort wird es zunächst durch eine Linse parallel gerichtet, dann durch den Kernbestandteil des Gerätes, das Prisma, abgelenkt und in die Spektralfarben zerlegt. Durch ein drehbar angeordnetes Fernrohr beobachtet man das erzielte Spektrum. Um die Lage der Absorptionslinien genau feststellen zu können, befindet sich in einem entsprechend angeordneten Rohr eine Vergleichsskala, deren Spiegelbild gleichzeitig mit dem Spektrum im Fernrohr erscheint. Auf der Wellenskala lassen sich die Wellenlängen der Spektralfarben direkt ablesen. Besonders gebaute Interferenzgeräte gestatten es heute, Wellenlängen auf Billionstelzentimeter genau zu messen.

Zur Ermittlung der Intensität einer Lichtstrahlung (Leuchtdichte) dienen lichtelektrische Zellen. In diesen wird die Erscheinung ausgenützt, daß Licht beim Auftreffen auf gewisse halbleitende Kristalle darin Elektronen frei beweglich macht; der betreffende Kristall wird leitend (Selenzelle). Bei geeigneter Anordnung (Kombination mit einer als Sperrschicht wirkenden Vorrichtung) entsteht eine Photozelle (Abb. 2).

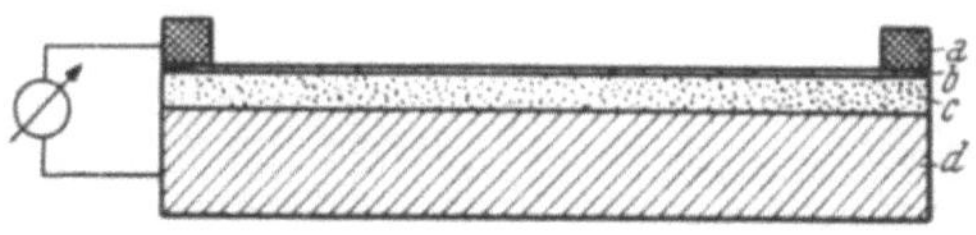

Abb. 2. Sperrschichtphotozelle.
(a Metallring, b Halbleiter, c Sperrschicht, d leitende Basis.)

Sie liefert bei Belichtung einen Strom, welcher der Lichtintensität streng proportional ist und an einem empfindlichen Galvanometer abgelesen werden kann (Belichtungsmesser der Photographie).

In ähnlicher Weise wie bei der Messung der spektralen Zusammensetzung und Intensität des von einem leuchtenden Körper (z. B. der Sonne) ausgehenden Lichts kann man auch die von einem Körper reflektierte Strahlung messen. Hierbei beobachtet man, daß diese von den Körpern ausgehenden Farbreize aus sehr vielen Komponenten zusammengesetzt sind. Man stellt dieses Gemisch von Strahlungen durch die sogenannte Remissionskurve dar. Diese gibt den spektralen Remissionsgrad, d. h. das Verhältnis der Leuchtdichte der zu messenden farbigen Fläche zu einer weißen Fläche wieder. Als Einheitsweiß kann eine frisch mit dem weißen Oxyd der Magnesiumflamme überzogene Metallfläche gelten.

Betrachtet man die nachstehenden von H. Arens gegebenen Bilder von Remissionskurven gelber, blauer und roter Pigmente (Abb. 3 a, 3 b, 3 c, S. 90), so erkennt man deutlich, daß jedes Pigment eine gewisse mehr oder minder schwache Remission über den gesamten Spektralbereich zeigt. Das bedeutet, jedes Pigment strahlt auch etwas weißes Licht zurück. Hierdurch tritt eine Verweißlichung der Farben ein.

Umgekehrt zeigen die Kurven auch, daß keines der Pigmente in einem Spektralbereich die Leuchtdichte des Weiß (den spektralen Remissionsgrad 1) erreicht. Dies bedeutet, daß alle diese Körperfarben einen gewissen Schwarzgehalt besitzen. Abb. 3 c zeigt neben dem lebhaften Rot (R) ein besonders weißhaltiges Rot (WR) und ein besonders schwärzliches Rot (SR).

W. Ostwald unterschied dementsprechend zur Charakterisierung einer Farbe erstens den Farbton, zweitens seine Weißverhüllung, drittens seine Schwarzverhüllung. Die Einteilung der bunten Anteile geschieht nach den in einem Farbkreis angeordneten vier Urfarben Rot, Gelb, Grün und Blau mit allen dazwischen eingegliederten Mischfarben (Abb. 4, S. 90).

Ostwald hat auf diesen Grundlagen ein ganzes System zur Charakterisierung eines jeden einzelnen Farbtons aufgebaut. Aber selbst wenn man dieses System noch immer stärker unterteilt, kann man damit doch nicht alle möglichen Farbtöne eindeutig und genau festlegen. Wesentlich weiter ist man jedoch durch die Entwicklung von Geräten gekommen, die unter Berücksichtigung der physikalischen und physiologischen Gegebenheiten die Farbmessung mittels photoelektrischer Zellen unmittelbar erlauben. Durch besondere Filter wird in diesen Geräten die gleiche spektrale Empfindlichkeit herbeigeführt, die das menschliche Auge besitzt. Mit Hilfe von drei Messungen kann man jeden Farbton zahlenmäßig festlegen. Im folgenden Abschnitt werden Einzelheiten über die Messung des Farbtons von Lederfärbungen mittels eines derartigen Gerätes mitgeteilt. Als Hilfsmittel zur Verständigung über Farben ist neuerdings vom Fachnormenausschuß Farbe im Deutschen Normenausschuß die DIN-Farbenkarte entwickelt worden. Auf Grund psychologischer Versuche wurde die Reihe aller Farbtöne in möglichst gleichmäßig empfundene Abstände geteilt.

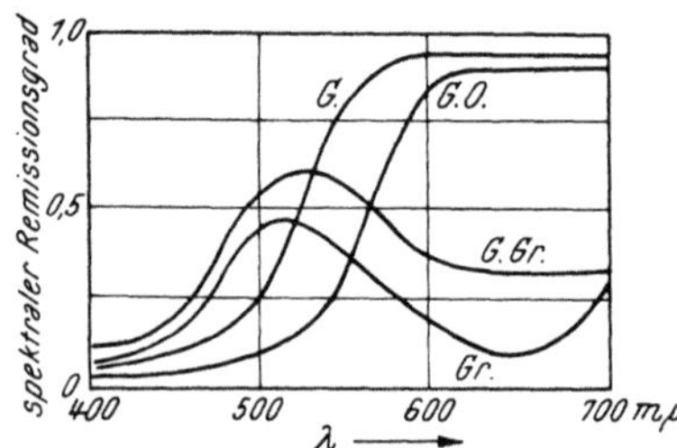

Abb. 3 a. Remissionskurve von Gelbpigmenten
(H. Arens, S. 13).
G = Gelb; Gr = Grün; GGr = Gelbgrün;
GO = Gelborange.

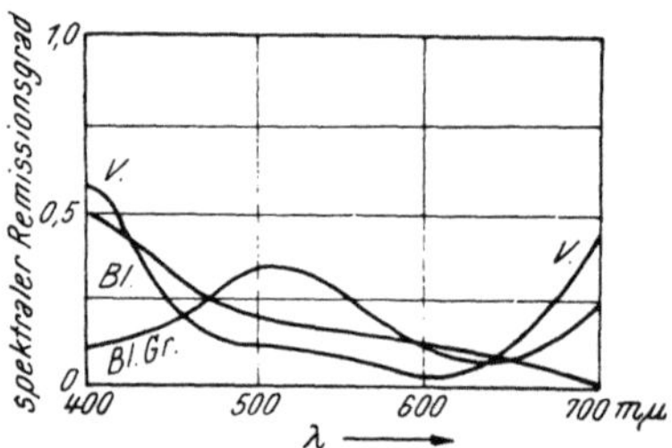

Abb. 3 b. Remissionskurve von Blaupigmenten
(H. Arens, S. 14).
Bl = Blau; BlGr = Blaugrün; V = Violett.

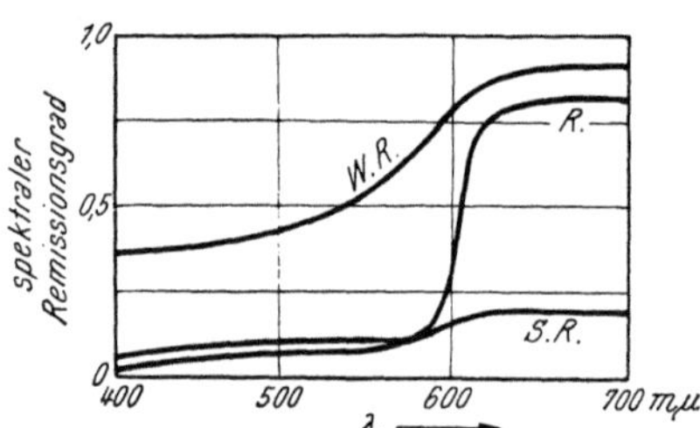

Abb. 3 c. Remissionskurve von Rotpigmenten
(H. Arens, S. 13).
R = Rot; WR = weißliches Rot;
SR = schwärzliches Rot.

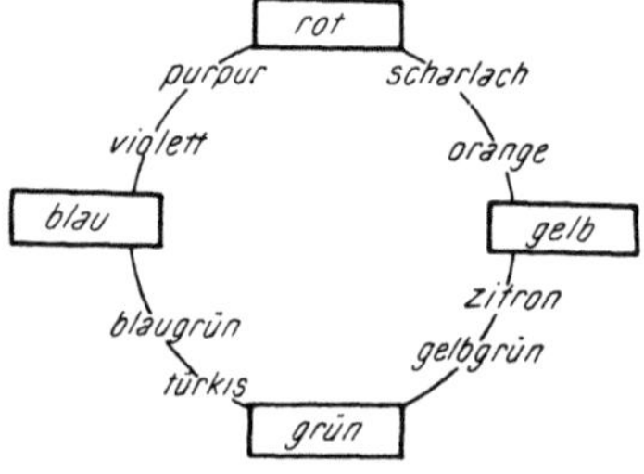

Abb. 4. Farbkreis der psychologisch
angeordneten Farbtöne mit Urfarben
und Mischtönen
(W. Ostwald, 2. Bd., S. 111).

Als zur Definition notwendige Ordnungsprinzipien wurden gewählt: Farbton (T), Sättigungsstufe (S) und Dunkelstufe (D); dem idealen Weiß entspricht dabei die $D = 0$, dem idealen Schwarz $D = 10$. Jede Farbe, auch eine solche, die in der DIN-Farbenkarte nicht enthalten ist, kann in deren System eingeordnet werden. Man braucht nur festzustellen, zwischen welchen Farbtönen, welchen Sättigungsstufen und Dunkelstufen die betreffende Farbe liegt (siehe hiezu auch den folgenden Abschnitt).

Eine Farbe kann etwa definiert werden:

$$6,3—2,7—1,5 \text{ DIN } 6164.$$

Dies bedeutet, sie liegt zwischen den beiden (roten) Farbtönen 6 und 7, hat eine ziemlich niedrige Sättigungsstufe und recht niedrige Dunkelheitsstufe. Das besagt: Die Farbe ist ein heller Rosaton.

Die Farbenkarte ist ausdrücklich für eine genau definierte Lichtart ausgearbeitet worden, das Normallicht C (DIN 5033), ein reproduzierbares künstliches Tageslicht, das international (I. B. K. = Internationale Beleuchtungs-Kommission) gültig ist.

Ein in Deutschland erhältliches Farbmeßgerät erlaubt es, Farbtöne mit eben dieser Normalbeleuchtung C zu messen. Es handelt sich um einen lichtelektrischen trichromatischen Farbmeßapparat[1].

Mittels dreier genau berechneter Spezial-Lichtfilter erzielt man Messungen, die Funktionen der Normalreize darstellen; mitgelieferte Tabellen erlauben es dem Benützer, die Ablesungen ohne umständliche Berechnung in IBK-Normalreizwerte (trichromatische Maßzahlen, siehe nächsten Abschnitt) zu verwandeln.

Die spektrale Hellempfindlichkeit des menschlichen Auges hat die Internationale Beleuchtungs-Kommission aus Messungen an 200 Beobachtern bestimmt (Abb. 5).

Das Maximum der Empfindlichkeit liegt bei der Wellenlänge $\lambda = 555$ mμ, d. h. im gelbgrünen Teil des Spektrums. Die hier gezeigte Kurve gilt nur für jene Empfangsorgane unseres Auges, mit denen wir das Sehen am hellen Tage bewirken, nämlich die Zäpfchen im gelben Fleck des Auges. Für das mit Hilfe der Stäbchen im Augenhintergrund erfolgende Sehen bei Dunkelheit ist die obige Kurve nach links verschoben und hat ihr Maximum bei $\lambda = 510$ mμ.

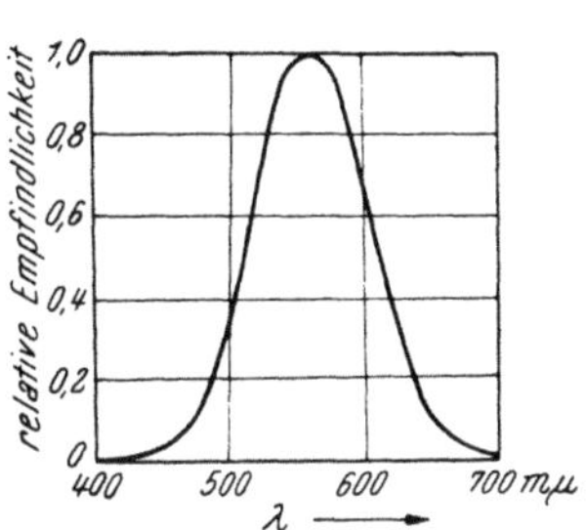

Abb. 5. Spektrale Hellempfindlichkeit des menschlichen Auges.

In jedem Fall sind auch von Beobachter zu Beobachter recht wesentliche Unterschiede möglich. Die Empfindlichkeit hängt weiter von der Jahreszeit (Vitamin-A-Vorrat im Organismus) ab. Im Winter nimmt die Kurve häufig eine etwas schmalere, steilere Form an, derart, daß beispielsweise die Empfindlichkeit für Violett im Winter geringer ist als im Sommer.

Eine Tatsache, die hier nicht vergessen werden darf, ist die Farbenblindheit. Sie ist bei ein bis drei Prozent der Männer festgestellt worden. Farbenblindheit und noch mehr Farbenschwäche werden oft nicht beachtet, können aber gefährlich werden, wenn sie bei Menschen auftreten, die Farbtöne zu beurteilen haben. Die Unfähigkeit des Farbenblinden, z. B. Rot und Grün zu unterscheiden, beruht darauf, daß es auf den beiden Seiten des Helligkeitsmaximums zwei Stellen mit gleicher Helligkeit und dem gleichen grauen Farbton gibt. Bei Rotblinden ist das Spektrum am roten Ende verkürzt, die neutrale Stelle liegt daher im Blaugrün. Beim Grünblinden reicht die Fähigkeit, Gelb zu sehen, bis an das normale rote Ende des Spektrums, die neutrale Stelle liegt deshalb im Grün.

Es gibt dann noch eine viel seltenere Gelb-Blau-Blindheit. Blaublindheit tritt bisweilen im Alter durch eine gelbliche Verfärbung der Linse auf.

Zur Erkennung der Farbenblindheit sind besondere Tafeln, z. B. diejenigen von E. Hertel, herausgegeben worden, die aus für Farbenblinde gleichwertigen Elementen zusammengesetzt, diese keine Zeichen erkennen lassen, während die Farbentüchtigen aus dem farbigen Mosaik Zahlen und Buchstaben herauslesen.

II. Farbtöne gefärbten Leders.

Wie oben erwähnt, kann die uns erscheinende Farbe eines Körpers mit drei Zahlenwerten festgelegt werden. Die Unterlagen hierfür wurden ebenfalls von

---

[1] Hilger-Farbmeßapparat. Hersteller Hilger & Watts Ltd., 98 St. Pancras Way, Camden Road, London NW 1, England.

der I. B. K. (Internationalen Beleuchtungs-Kommission, International Commission of Illumination, 1931) erarbeitet und festgelegt.

Bei diesen Arbeiten ging man von einem Diagramm in Gestalt eines gleichseitigen Dreiecks aus, in dem die Grundfarben Rot, Grün und Blau die Ecken x, y, z bilden. Die Seiten des Dreiecks stellen dann verschiedene Mischungen von je zwei Komponenten xy, yz, xz dar, während Punkte innerhalb des Dreiecks verschiedene Farben mit definierten Anteilen von x, y und z darstellen. Weiß, mit gleichem Gehalt an den drei Grundfarben, liegt im Zentrum des Dreiecks. Werden nun Spektralfarben in dieses Diagramm eingetragen, dann bilden sie darum eine geschlossene Kurve, die sich den Seiten yz und xy ziemlich nahe anschmiegt (Abb. 6a).

Die längs der Seite x—z liegenden Purpurtöne fehlen in der Spektralfarbenkurve $z - y - x$. Sie sind im Spektrum nicht vorhanden.

Durch ein mathematisches Kunststück kann man nun die Kurve der Spektralfarben in das einfachere Koordinatensystem eines rechtwinkligen Dreiecks einbauen (Abb. 6b).

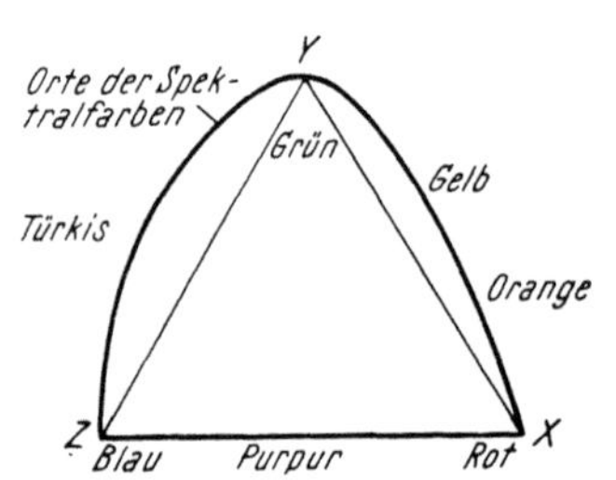

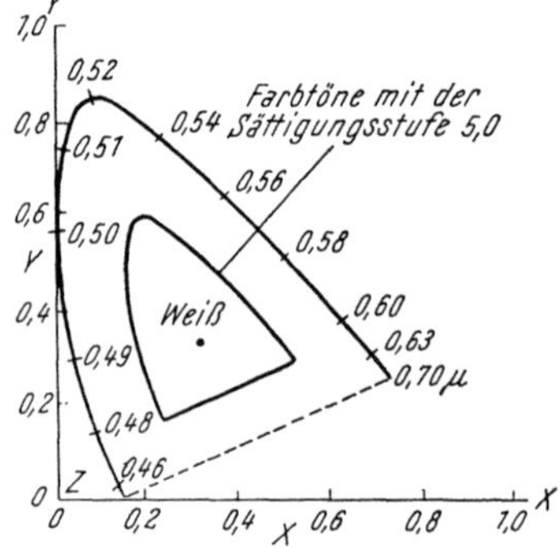

Abb. 6a. Diagramm der Grundfarben.   Abb. 6b. Trichromatisches I. B. K.-Dreieck.

Mit den beiden Werten für x und y ist dann der Ort des Farbtones festgelegt. Der Farbton ist um so satter, je weiter er vom zentralen Weißpunkt entfernt, den Begrenzungen der dreiecksähnlichen Fläche angenähert liegt. Der zentrale Weißpunkt ist Sättigungsstufe 0, auf den Begrenzungslinien ist Sättigungsstufe 10 erreicht. Abb. 6b zeigt auch die innen gelegene Kurve aller Farbtöne mit Sättigungsstufe 5. Die dritte Komponente jedes Farbtones, seine Helligkeit, ist auf einer in die dritte Dimension führenden Achse anzubringen, die im zentralen Weißpunkt 0 oder besser im Nullpunkt des Koordinatensystems senkrecht errichtet zu denken ist.

Die drei Zahlenwerte (Dreireiz-Werte) lassen sich aus der Remissionskurve durch rechnerische oder graphische Integration ermitteln.

Um die derart zahlenmäßig festgelegten Farbtöne auch anschaulich zu machen, hat man verschiedentlich Systeme von Standardfarbtafeln ausgearbeitet, industriell hergestellt und benutzt. Ein solches System stammt von W. Ostwald, ein anderes, besonders in USA. verwendetes, von A. H. Munsell. Auch in derartigen Systemen müssen die Farben dreidimensional angeordnet sein: eigentliche Farbe, Helligkeit (ergibt sich aus dem Verhältnis von Schwarz-Anteil und Weiß-Anteil) und Sättigungsgrad. Während Ostwald sein System in einen Doppelkegel einordnete, dessen obere Spitze das reine Weiß, die untere Spitze das völlige Schwarz darstellen und in dessen größtem Umfang die reinen Farben liegen, verwendet man in USA. einen regelmäßigen Zylinder oder ein regelmäßiges quadratisches Prisma als Farbenraum (s. Abb. 7).

Wie man sieht, enthält die senkrechte Mittelachse des Farbenraumes alle nichtfarbigen Töne. Diese senkrechte Achse stellt demgemäß die Helligkeitsskala dar und führt vom Schwarz am Boden des Farbraumes (0% Helligkeit) über alle Grautöne zum reinen Weiß an der Decke des Farbenraumes (100% Helligkeit).

Um diese Helligkeitsachse herum sind die Spektralfarben von gegebener Helligkeit kreisförmig angeordnet. Die Abbildung zeigt diesen Kreis für eine 50%ige Helligkeit. Bewegen wir uns vom Mittelpunkt dieses Kreises in der Richtung auf Rot zu, dann durchschreiten wir eine Reihe von Farbtönen, die alle die gleiche Farbe (in diesem Falle Rot) enthalten, aber zunehmend immer satter werden. Im Zentrum (Grau) ist der Grad der Sättigung an Rot = 0, am Kreisumfang ist der höchste Grad von Sättigung, das lebhafteste Rot, erreicht.

Von dem Punkt, der das voll gesättigte Rot darstellt, senkrecht nach oben oder unten ausgehend, erhalten wir eine Reihe von Farbtönen, die alle dieselbe Farbe und den gleichen Sättigungsgrad haben, die aber verschiedene Helligkeit zeigen. Diese Reihe enthält also lichte Rosatöne (oben) und auch gesättigte dunkle Rottöne (unten). Ganz entsprechend, wie hier für Rot beschrieben, gilt dies für jede andere Farbe.

Der Vorteil des hier beschriebenen Farbenraumes liegt in der klaren Bedeutung der Koordination. In USA. wurden Dreireiz-Colorimeter entwickelt, mit deren Hilfe man jetzt einen Farbton innerhalb von Sekunden bestimmen kann. Einige dieser Colorimeter besitzen zylindrische Koordinaten, wie eben beschrieben wurde. Andere verwenden aber auch rechteckige Koordinaten. Auch diese sind in Abb. 7 angedeutet (a, b, R_d).

Man sollte bei der Konstruktion von Farbenraumsystemen anstreben, daß sie

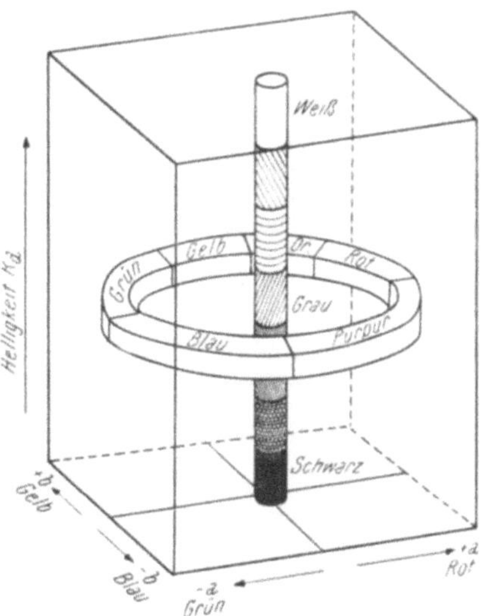

Abb. 7. Farbenraum-Prisma.

den physiologischen Bedingungen unseres Sehens möglichst gerecht werden. Eine Entfernungseinheit im Farbenraum sollte in jeder Richtung immer gerade den geringsten Farbtonunterschied darstellen, den unser Auge wahrnehmen kann. Die bisher entwickelten Farbenraumsysteme kommen diesem Ideal mit unterschiedlichem Erfolg nur nahe.

Unter Benutzung des von R. S. Hunter entwickelten Colorimeters haben neuerdings G. Strauss, R. Stubbings und D. Memes aufschlußreiche Messungen der Farbtöne gefärbter Leder gemacht. Ihre Ergebnisse vermitteln einen guten Einblick in die dabei auftretenden Probleme und sind daher zur Einführung in das hier behandelte Thema besonders geeignet.

Das Hunter-Colorimeter benutzt rechteckige Koordinaten. In dem so gegebenen kubischen Farbraum liegen Blau vorn, Gelb hinten, Grün links und Rot rechts.

Bei Versuchsserien von Färbungen mit steigenden Mengen von Farbstoff ergeben sich Kurven im Farbraum, die für jeden Farbstoff und für jede Lederart charakteristisch sind. Die Kurven beginnen in der Nähe des Mittelpunktes der Oberseite. (Ungefärbtes Leder ist nur in seltenen Fällen weiß.) Sie verlaufen schraubenförmig abwärts. Sie haben das Maximum der Farbsättigung (jenen Bereich, in dem sie den Seitengrenzflächen des Farbraumes am nächsten sind) bei mittleren Farbstoffmengen und zielen im weiteren Verlauf dann mehr oder

minder stark in der Richtung des im Zentrum der Bodenfläche gelegenen Schwarz-
punktes. Die Farbtöne „schwacher" Färbungen ändern sich sehr stark mit
wachsenden Farbstoffmengen. Die Farbtöne „starker" Färbungen ändern sich
dagegen bei Steigerung der Farbstoffmengen in viel geringerem Grade. Bei Anwendung hoher Farbstoffmengen werden die Farbtöne trüber, die Kurven
nähern sich dem unteren Teil der Mittelachse (Abb. 8).

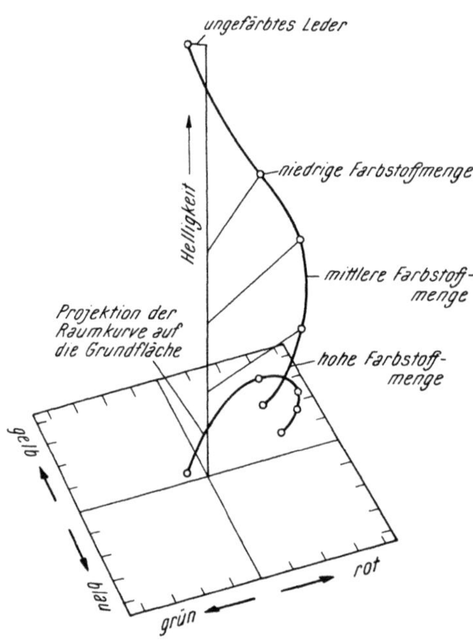

Abb. 8. Bildung einer Farbkurve
(Ledermessungen im Hunter-Colorimeter).

Für jeden Farbstoff ergibt sich
bei Festhalten aller Färbebedingungen am gleichen Ledermaterial eine
für ihn typische Kurve. Auch wenn
man diese Kurven unter Ausschaltung des Helligkeitsfaktors in ihrer
Projektion auf die Grundfläche des
Farbenraumes (s. Abb. 8) betrachtet,
sind sie noch sehr bezeichnend für
die seitens des Farbstoffs gebotenen
Möglichkeiten. Die amerikanischen
Autoren geben solche Kurven-
projektionen für Färbungen von
zwölf Farbstoffen des Handels auf
reinem Chromleder (Abb. 9).

Auf jeder Kurve sind drei Punkte
markiert. Sie kennzeichnen den
Farbenort von Chromlederfärbungen
mit jeweils 0,5; 1 und 10 ounces
(= 14,18; 28,35 u. 283,50 g) Farbstoff
pro 100 Quadratfuß Leder. Aus
dem Verhältnis der Abstände dieser
Punkte kann man auf die Ausgiebigkeit des Farbstoffs beim Färben von Chromleder schließen.

Man erkennt, daß Farbstoffe ganz verschiedene Ausgiebigkeit bei der Färbung
von Chromleder zeigen. Sie tun das nun beachtlicherweise selbst dann, wenn die
Farbstoffe ganz naheliegende Farbtöne aufweisen und aus vergleichenden colori-
metrischen Messungen ihrer Lösungen gleiche Farbstärke hervorgeht.

In allen solchen Fällen zeigt es sich, daß die Vergleichsfarbstoffe beim Färben
des Chromleders verschieden tief in dessen Inneres eingedrungen sind.

Weist beispielsweise ein Farbstoff keine Neigung auf, in das Lederinnere einzudringen, dann ist seine Ausgiebigkeit für die Erzielung einer vollen Oberflächenfärbung viel größer als im Vergleichsfalle der Anwendung eines Farbstoffs, der
eine große Neigung besitzt, in das Lederinnere einzudringen, d. h. in das Leder
einzufärben oder es durchzufärben.

Selbst wenn man mit ein und demselben Farbstoff färbt und nur die Färbebedingungen etwas verändert (etwa Färbetemperatur, Flottenlänge, p_H-Wert
des Leders), erhält man schon eine verschiedene Ausgiebigkeit des Farbstoffs.
Auch hier zeigt sich wieder die gleiche Ursache: ein verschiedenartiges Vermögen
des Farbstoffs, beim Färben in das Leder einzudringen.

Sehr wesentlich verschiedene Farbenortkurven mit ein und demselben Farbstoff erhält man beim Färben verschiedener Lederarten. Es genügt, das System
der Chromgerbung etwas zu ändern oder das Chromleder nochmals mit Chromverbindungen oder mit anderen Gerbstoffen nachzugerben, um mit dem gleichen
Farbstoff völlig andere Farbenortkurven zu erhalten (Abb. 10).

Der Verlauf der Farbenortkurven von Lederfärbungen hängt schließlich noch davon ab, ob der Farbstoff in seiner Lösung im Augenblick, in dem er vom Leder gebunden wird, sehr fein (im Grenzfall molekular) verteilt ist, oder ob er mehr oder minder stark aggregiert vorliegt und so gebunden wird.

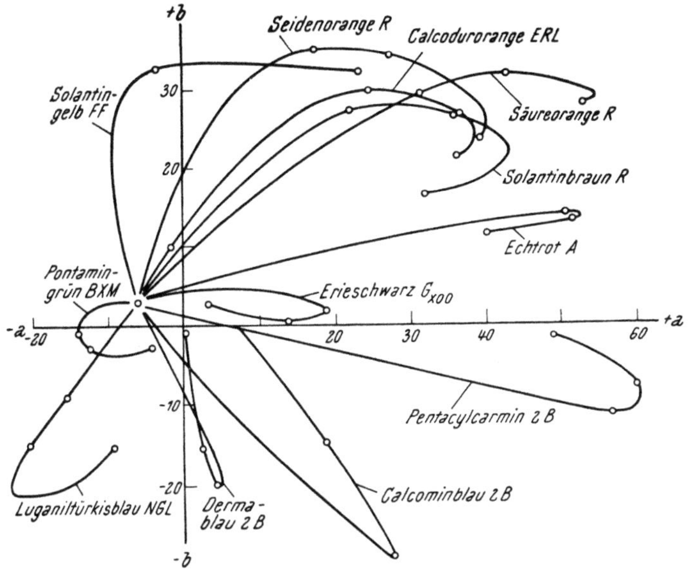

Abb. 9. Auf die Grundfläche des Farbenraumes projizierte Farbenortkurven verschiedener Handelsfarbstoffe (G. Strauss, R. Stubbings und D. Memes).

Die Abb. 11 (S. 96) zeigt sowohl die beiden Grenzfälle einer extremen Aggregierung (Leder mit feinstgemahlenem Farbstoffpulver pigmentiert) als auch extremer Verteilung (Farbstoff in echter Lösung). Die Farbenortkurve des normal gefärbten Leders verläuft zwischen den beiden Extremen. Sorgt

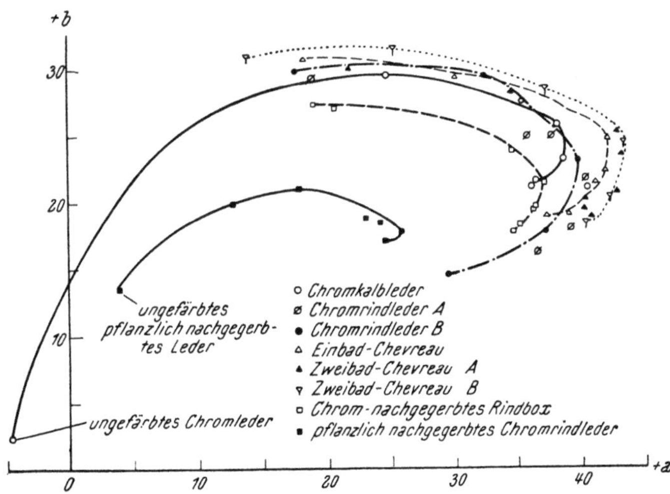

Abb. 10. Farbenortkurven, erzielt mit Calcodur Orange ERL beim Färben verschiedener Lederarten (G. Strauss, R. Stubbings und D. Memes).

man aber durch Zusatz eines Färbereihilfsmittels (z. B. hier das Neutralsalz eines synthetischen Gerbstoffs) dafür, daß der Farbstoff im Augenblick, da er gebunden wird, besonders fein verteilt aufgenommen wird, dann verläuft die Farbenortkurve nun zwischen derjenigen der normalen Färbungen und derjenigen der echten Lösung. Man bewirkt durch das Hilfsmittel die Erzielung reinerer und satterer Färbungen als man sie ohne dasselbe erhält.

Aus diesen Farbenortmessungen gewinnt man die Erkenntnis, daß beim Lederfärben zahlreiche Faktoren eine Rolle spielen. Nicht nur Farbton und Menge des angewendeten Farbstoffs bestimmen das Ergebnis. Es hängt weiter vom Verteilungsgrad des Farbstoffs ab, von den Färbebedingungen (Flottenmenge, Temperatur, Dauer und p_H des Färbesystems) und schließlich besonders stark von den bei der Herstellung des Leders verwendeten Gerbstoffen.

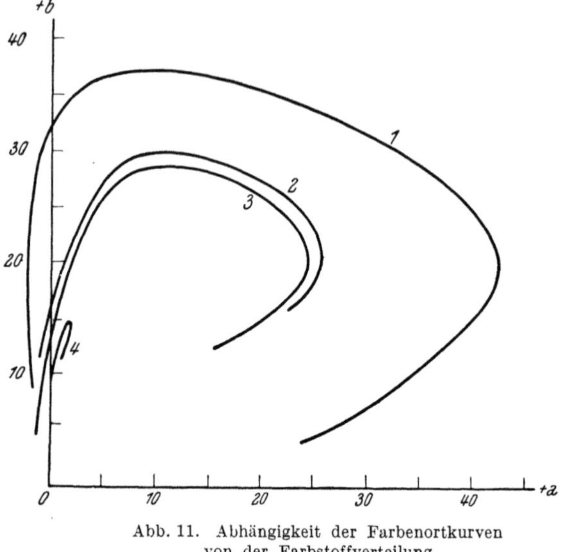

Abb. 11. Abhängigkeit der Farbenortkurven
von der Farbstoffverteilung
(G. Strauss, R. Stubbings und D. Memes).

1 = Farbstofflösungen,
2 = bei Gegenwart von synthetischem Gerbstoff gefärbte Leder,
3 = gefärbte Leder,
4 = trockenes Farbstoffpulver + Hautpulver.

III. Kunst des Abmusterns.

Die Fähigkeit, Farbtöne nach Muster nachzustellen, beruht überwiegend auf einer Schulung des Auges und besonderer Erfahrung hinsichtlich der Wirkung der verwendeten Mittel.

Aber auch auf diesem Gebiet können allgemeingültige Regeln aufgestellt werden, deren Befolgung eine rasche Orientierung ermöglicht und Irrwege vermeidbar macht. Ohne Kenntnis dieser Gesetzmäßigkeiten wird es dem, der sich neu vor diese Aufgabe gestellt sieht, sehr schwer, sich zurechtzufinden. Sind gewisse Voraussetzungen nicht erfüllt, dann wird das Abmustern überhaupt zu einer unlösbaren Aufgabe.

Eine Farbvorlage kann man nur bei gutem Licht nachstellen. Auf Grund jahrtausendelanger Gewöhnung empfindet der Mensch diejenigen Farben als natürlich, die sich ihm beim Licht des Tages bieten. Was aber ist Tageslicht?

Die großen Unterschiede verschiedener Arten von Tageslicht erkennt man aus Abb. 12. Sie stellt die Verteilungen der relativen Strahlendichte von verschiedenen Tageslichtarten dar, wie sie von A. H. Taylor und J. Kerr gemessen wurden.

Diese Unterschiede machen die Erfahrung vieler Färbepraktiker verständlich, nach denen eine Partie, die sie etwa vormittags abmusterten, oft recht wesentlich von derjenigen abweicht, die sie am Nachmittag des gleichen Tages nachstellten. Vorausbedingung ist eine möglichst neutrale Tageslichtbeleuchtung. Das nach Norden gehende Fenster bietet für ein einwandfreies Tageslicht durchaus noch keine Sicherheit. Auch das dort einfallende Licht kann völlig verfälscht sein. Dies kann durch zurückgeworfenes Licht erfolgen, wenn etwa gegenüber eine Hauswand aus roten Backsteinen liegt. Es kann reflektiert und gefiltert sein, wenn etwa Laubbäume vor dem Fenster stehen.

Bei der Einstellung von Farbtönen mittels Farbstoffen handelt es sich nie um spektralreine Farbtöne. Die Farbstoffe liefern bei der Färbung Subtraktionsfarben. Für deren Beurteilung gelten andere Gesetzmäßigkeiten. Während sich beispielsweise beim Mischen von monochromatischem Grün mit monochromatischem Rot ein reines Gelb ergibt, erhält man durch Kombination von grünen und roten Farbstoffen trübe dunkle Färbungen, die um Schwarz herum liegen. Für den Praktiker ist die einfachste Orientierung zum Zwecke der Einstellung von Farbtönen an Hand des nachstehenden Farbmischdreiecks (Abb. 13) gegeben.

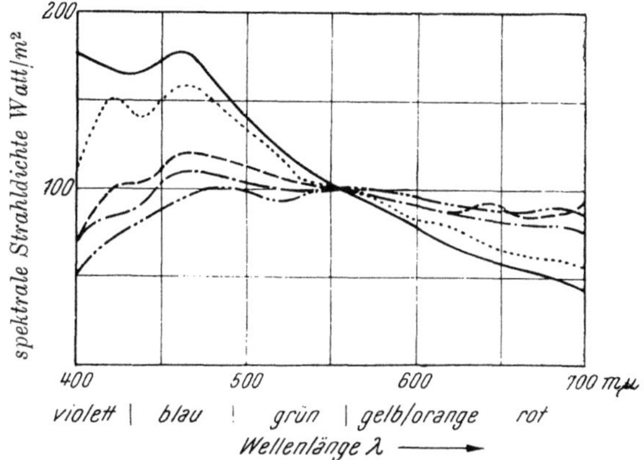

Abb. 12. Verteilung der Strahlendichte von verschiedenen Tageslichtarten (A. H. Taylor und J. Kerr).

— · · — Direktes Sonnenlicht,   ———— Bedeckter Himmel,
— — · — Sonnen- mit Himmelslicht, ——— Zenith-Himmelslicht.

In diesem Dreieck verschwindet gegenüber dem früher gegebenen Farbenkreis das Grün als Urfarbe, da es subtraktiv aus Blau und Gelb gemischt werden kann. Die Ecken des Nuancierdreiecks werden von den übrigbleibenden Grundfarben Gelb, Rot und Blau eingenommen. Auf den Seiten des Dreiecks finden sich diejenigen Farbtöne, die durch Mischen von Farbstoffen in zwei Grundfarben zusammenkommen, etwa Orange aus Gelb und Rot, Scharlach aus viel Rot und wenig Gelb. Komplementärfarben, also Farbtöne, die sich am Färbegut zu Schwarz ergänzen, stehen sich im Dreieck jeweils gerade gegenüber. Geht man etwa vom Scharlach aus durch die Mitte des Dreiecks zur gegenüberliegenden Seite, so stößt man auf Blaugrün. Scharlach und Blaugrün ergänzen sich zu Schwarz. Schwarz bildet daher die Mitte des Dreiecks.

Die Fläche des Dreiecks wird von denjenigen Farbtönen eingenommen, die Bestandteile aller drei Grundfarben enthalten. So liegen die für Leder so wichtigen Brauntöne im unteren rechten Drittel des Nuancierdreiecks. Sie sind umgeben

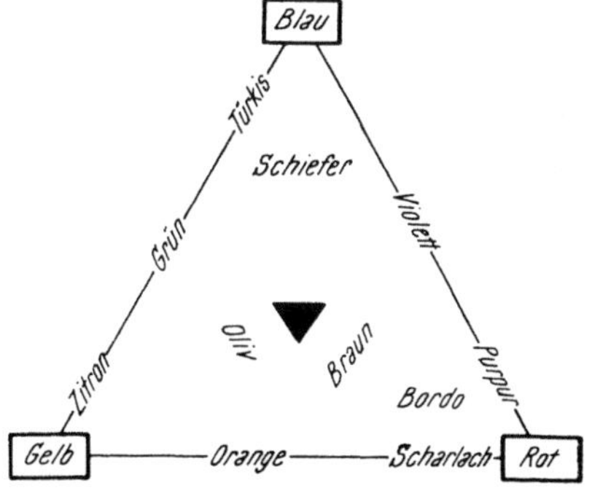

Abb. 13. Farbmischdreieck.

von den naheliegenden Tönen Orange, Scharlach, Rot, Purpur, Violett und Schwarz. Nach links hin erweitert sich das Braungebiet unter Einbeziehung der Gelb- und Grünkomponente zum Havanna und Oliv. Schiefertöne liegen im oberen Drittel des Dreiecks, also zwischen Türkis und Rotviolett. Die Lage eines Farbtons im Farbmischdreieck kann unmittelbar zum Abmustern ausgewertet werden.

Beispiele:

1. Es soll ein schieferblauer Ton gefärbt werden. Man hat als Ausgangsfarbstoff ein Türkisblau. Aus Abb. 13 läßt sich ablesen, daß Schieferblau erreicht wird, indem man vom Türkis in Richtung auf Bordo vorgeht. Man muß also dem Türkisblau etwas Bordo zumischen, um Schieferblau zu erhalten.

2. Man hat einen Rotfarbstoff, der ziemlich reine Töne liefert, und möchte gedecktere, etwas ins Weinrot gehende Töne färben. Man erreicht diese Abtrübung durch Zusatz einer kleinen Menge eines Türkisblaufarbstoffs.

3. Für die Erzielung eines mittleren rotstichigen Brauns will man von einem Orangefarbstoff ausgehen. Man muß ihn mit einem blaustichigen Bordofarbstoff kombinieren.

Bei allen derartigen Mischungen muß man sich davor hüten, dem zentralen Schwarz zu nahe zu kommen, da sonst trübe, unschöne, wenig satte, wenig leuchtende Farbtöne erhalten werden. Es wird beispielsweise kaum gelingen, aus Violett und Zitron einen schönen Olivton zu mischen.

Derartige Schwierigkeiten beruhen darauf, daß es überhaupt nicht möglich ist, mit den handelsüblichen Farbstoffen spektralreine Farbtöne zu erhalten. Dies gilt in besonderem Maße für Färbungen auf Leder. Auch das ungefärbte Leder hat schon einen Farbton, der in der Regel stark vom Weiß abweicht.

Man darf beim Abmustern den Eigenfarbton des ungefärbten Leders nicht außer acht lassen. Derjenige des Chromleders ist ein blaustichiges, gelegentlich ins Grünliche spielendes Hellgrau. Pflanzlich gegerbte Leder können alle Farbtöne vom lichten Beige bis zum kräftigen Mittelbraun haben. Mit Kombinationen von Chromgerbstoffen und pflanzlichen Gerbstoffen gegerbte Leder zeigen gelb- bis grünstichige graubraune Töne. Es leuchtet ein, daß die Zahl der durch Färbung eines Leders erzielbaren Farbtöne um so beschränkter ist, je ausgesprochener seine Eigenfarbe ist. Es ist z. B. unmöglich, auf einem olivstichigen Leder ein feuriges Rot oder ein reines Blau zu färben. Will man besonders reine oder zarte helle Farbtöne erreichen, dann muß man entweder Leder mit einer dem Weiß schon besonders naheliegenden Eigenfarbe verwenden, oder man muß das zu färbende Leder vorher bleichen.

Bei der Einstellung von Farbtönen durch Mischen von verschiedenen Farbstoffen darf man vor allem eines nicht vergessen: Das unterschiedliche Vermögen der Farbstoffe, in das Innere des Leders einzudringen. Nur Farbstoffe mit einem in dieser Beziehung gleichen färberischen Verhalten kann man zur Mischung verwenden. Gebraucht man etwa eine Mischung aus zwei wesentlich im Farbton voneinander abweichenden Farbstoffen, etwa einem Oliv und einem Rot, so muß man sich sorgfältig davon überzeugen, daß beide Farbstoffe gleichartig vom Leder gebunden werden. Als eine zwar nicht in allen Fällen gültige, aber doch sehr oft zutreffende Regel kann man feststellen:

Farbstoffe mit reinen, den Grundfarben naheliegenden Farbtönen neigen meist dazu, in Chromleder einzudringen.

Farbstoffe mit gedeckten Mischtönen werden meist besonders fest schon in den Außenschichten des Chromleders gebunden.

Aus diesen Eigentümlichkeiten der Farbstoffe entstehen viele Schwierigkeiten beim Lederfärben. Sie erschweren nicht nur das Abmustern, sondern werden auch Ursache von ungleichmäßigen, unruhigen, bunten, nicht einheitlichen Färbungen. Die beiden von G. Otto (*1*) gemachten farbigen Mikrophotographien [Abb. 14 und 15 (farbige Tafel)] lassen das deutlich erkennen.

Diese zeigen Mikrophotographien von der Narbenzone zweier gefärbter Chromleder. Das auf Abb. 14 dargestellte Leder wurde mit der Mischung aus einem bevorzugt die

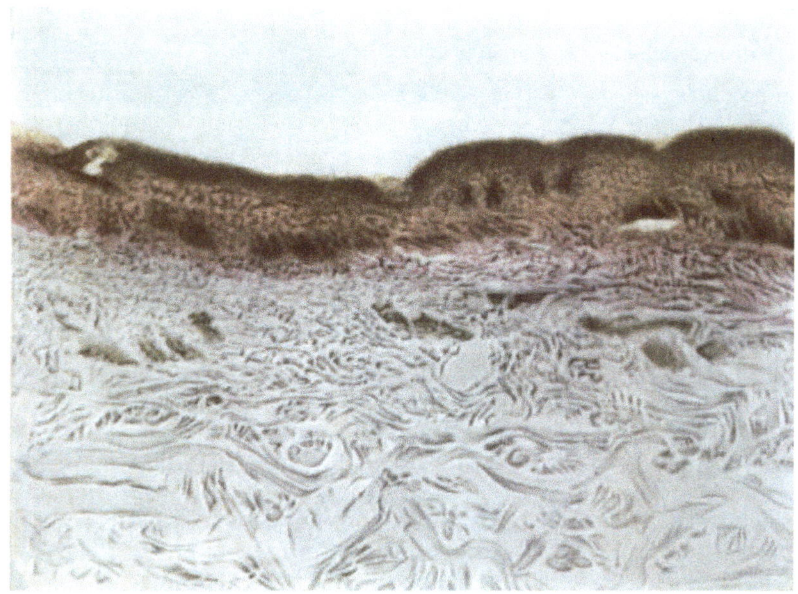

Abb. 14. Narbenfärbung von Chromleder mit billigem Mischfarbstoff.

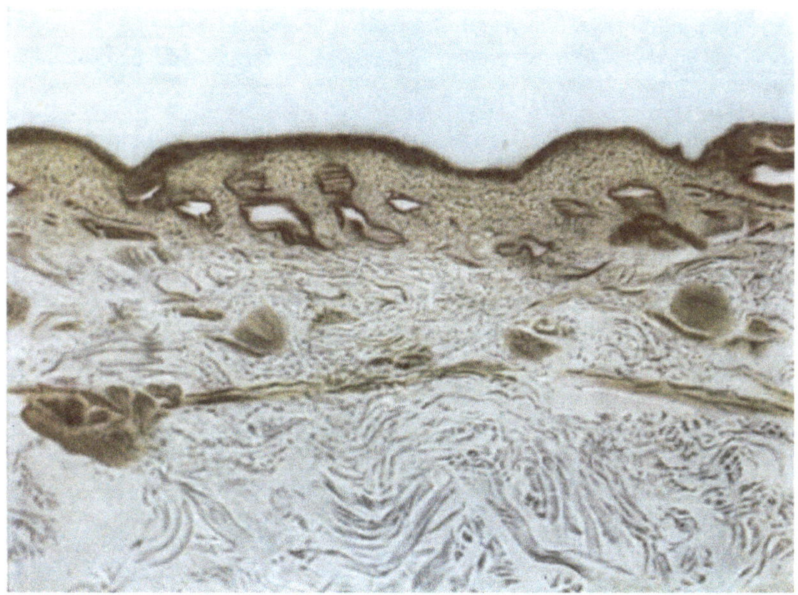

Abb. 15. Narbenfärbung von Chromleder mit einheitlichem Farbstoff.

leicht zugänglichen Außenschichten des Leders färbenden Olivfarbstoff und einem leichter in die innen gelegenen Faserschichten eindringenden Rotfarbstoff gefärbt. Es entsteht ein unruhiges Bild. Die alleroberste Schicht ist fast nur olivbraun, manche darunter liegenden Zonen sind nur rot gefärbt. (Die vereinzelten noch tiefer im Leder liegenden gefärbten Stellen sind Wandungen der Poren, die sich nach außen öffnen.) Das auf Abb. 15 dargestellte Leder wurde mit einem einheitlichen Havannabraunfarbstoff gefärbt. Es zeigt im Gegensatz zu Abb. 14 eine gleichmäßige und gleichartige Färbung der verschiedenen Schichten und Strukturelemente.

Um den hier gezeigten Schwierigkeiten zu begegnen, wird man nach Möglichkeit beim Färben von Leder solche Farbstoffe verwenden, die einheitlich sind und deren Farbton dem gewünschten schon möglichst nahekommt.

C. Eigenschaften des Materials und der darauf erzielten Färbungen.

I. Färberische Eigenschaften der Haut und des Leders.

Dieser Abschnitt gibt zunächst eine Übersicht. In dieser wird vieles vorweggenommen, das in späteren Abschnitten ausführlich behandelt wird.

Schon die ungegerbte Haut hat die Eigenschaft, sich mit wasserlöslichen Farbstoffen färben zu lassen. Hierfür sind sowohl diejenigen Farbstoffe geeignet, die ihre Löslichkeit anionischen Gruppen (Carboxylgruppen, Sulfogruppen, Häufung von phenolischen OH-Gruppen, Kombination von Nitro- und OH-Gruppen im aromatischen Kern) verdanken, als auch solche, die vermittels kationischer Gruppen (Ammonium-, Oxonium-, Sulfoniumgruppen) wasserlöslich sind. Zu den anionischen Farbstoffen sind sowohl die sauer ziehenden sogenannten „sauren" Farbstoffe oder Säurefarbstoffe zu rechnen als auch die sogenannten „substantiven" Farbstoffe. Die letztgenannten verdanken ihre Bezeichnung der Tatsache, daß sie auf pflanzliche Fasern unmittelbar aufziehen, sie sind also ursprünglich zum Färben dieser Fasern entwickelt worden. Ungegerbte Haut wird von den genannten Farbstoffen ziemlich leicht durchdrungen.

Mit Mineralgerbstoffen, vor allem Chromsalzen, gegerbte Haut hat veränderte färberische Eigenschaften. Durch diese Art der Gerbung wird die Neigung der Haut, sich mit anionischen Farbstoffen zu verbinden, ganz wesentlich gesteigert. Chromleder wird demgemäß von diesen Farbstoffen weniger leicht durchdrungen als Haut. Die anionischen Farbstoffe und von diesen besonders die sogenannten substantiven Farbstoffe werden schon in den Außenschichten des Leders festgehalten. Gegenüber kationischen („basischen") Farbstoffen hat die mineralisch gegerbte Haut ihre Verbindungsneigung nahezu völlig eingebüßt.

Wird Haut mit pflanzlichen Gerbstoffen gegerbt, dann verringert sich ihre Affinität für anionische Farbstoffe, es erhöht sich dagegen die Verbindungsneigung gegenüber basischen Farbstoffen. Pflanzlich gegerbte Leder werden daher von anionischen Farbstoffen im allgemeinen leicht durchdrungen, während basische Farbstoffe an dieser Lederart stets nur die Außenschichten färben.

Beeinflußt wird dieses färberische Verhalten der Farbstoffe gegenüber Haut und Leder durch den p_H-Wert des Färbesystems. p_H-Steigerung fördert das Eindringen anionischer Farbstoffe und setzt dasjenige kationischer (basischer) Farbstoffe herab.

Die geschilderte Wechselwirkung der verschiedenen ungegerbten oder gegerbten Hautmaterialien mit den verschiedenen Klassen von Farbstoffen hängt von der Ladung der Faseroberflächen an den zu färbenden Materialien ab. Die Oberflächenladung ihrerseits wird durch das p_H und etwa gebundene Gerbstoffe bestimmt.

Bei der Färbung dürfen gewisse Höchsttemperaturen nicht ohne Schädigung des Materials überschritten werden. Sie hängen von der Stabilität der Haut ab, die durch die Gerbung mehr oder minder weitgehend gesteigert wird.

In Tabelle 1 (S. 102 und 103) sind diese Eigenschaften übersichtlich zusammengestellt.

Die letzte Spalte dieser Tabelle enthält den Sonderfall einer Lederfärbung mit den stark alkalischen (Na_2S-haltigen) Lösungen von Schwefelfarbstoffen. Solche Lösungen und Farbstoffe können nur auf den ganz wenigen Lederarten (Sämischleder, Formaldehydleder, mit Paraffinsulfochloriden gegerbten Ledern) angewendet werden, die wirklich alkalibeständig sind.

Aus Tabelle 1, Nr. 2, wird deutlich, daß das färberische Verhalten mineralgaren Leders noch durch weitere Faktoren beeinflußt wird. Frisch gegerbtes Chromleder färbt sich anders als zwischengetrocknetes und wieder aufgewalktes Material. Auch die Art der eingelagerten Metallverbindungen spielt eine wesentliche Rolle. Sind sie nämlich schon stabil mit Säureresten verbunden (maskierte Chromverbindungen), dann erteilen sie der Lederfaser eine weniger positive, oft sogar negative Oberflächenladung, wodurch das färberische Verhalten entsprechend verändert wird. Näheres hierüber s. Abschnitt E (Theorie der Färbevorgänge), S. 160.

II. Von den Lederfärbungen geforderte Eigenschaften.

Je nach dem Zweck, dem Leder dienen soll, verlangt man verschiedene Eigenschaften von seiner Färbung. Der Verwendungszweck bestimmt auch, ob das gefärbte Leder noch mit einer Appretur oder Deckfarbe versehen werden kann oder versehen werden muß. Je nachdem, ob dies der Fall ist oder nicht, werden beschränkte oder weitgehende Forderungen an die Echtheit der Färbungen gestellt.

Von Lederfärbungen können folgende Echtheiten verlangt werden:

Reibechtheit (R)
Wasserechtheit (Wss)
Lichtechtheit (L)
Waschechtheit (W)
Schweißechtheit (S)
und Formaldehydechtheit (F)

(Die eingeklammerten Zeichen kennzeichnen die Echtheiten in der Übersichtstabelle 2, S. 105.)

Die Grundlagen der Echtheitseigenschaften eines Leders bilden sich schon bei dessen Gerbung. Kein gefärbtes Leder kann bessere Echtheitseigenschaften aufweisen als es diejenigen sind, die ihm der bei seiner Herstellung verwendete Gerbstoff verliehen hat. Wenn daher großer Wert auf echt gefärbtes Leder gelegt wird, dann müssen bereits bei seiner Herstellung solche Gerbstoffe vermieden werden, die selbst schon hinsichtlich dieser Eigenschaften Nachteile haben bzw. dem Leder vermitteln. Die meisten pflanzlichen und viele synthetische Gerbstoffe haben derartige Mängel. Aber auch Fettlicker können oft die Festigkeit der Farbstoffbindung oder die Lichtechtheit des Leders beeinträchtigen.

Je nach dem Verwendungszweck des Leders verlangt man auch verschiedene Arten der Färbung, nämlich eine

besonders volle, satte Oberflächenfärbung ohne jede Einfärbung,
volle Oberflächenfärbung und eine gewisse Einfärbung,
satte Einfärbung ohne besonders deckende Oberflächenfärbung,
Durchfärbung.

Tabelle 1. Anfärbbarkeit von Haut- und Ledermaterial.

I	II	III	IV	V	VI	VII
Nr.	Material	p_H-Bereich	Ladung der Faser-oberfläche	Färbbar mit welchen Farbstoffen	Höchste anwendbare Temperatur °C	Besonderheiten
1 a	Haut als Blöße	3—5	positiv (= kationisch)	„sauren" (= anionischen)	30	Färbt sich leichter durch als 2, 3, 4 und 5 (mineralgares Leder)
b		6—8	negativ (= anionisch)	„basischen" (= kationischen)	35	Satte Oberflächenfärbung
c		6—8	negativ (= anionisch)	„substantiven" (= anionischen)	35	Durchfärbung
2 a	Chromleder mit basischen Sulfaten (nicht maskiert) gegerbt, feucht aus der Gerbung	unter 7	stark positiv (= kationisch)	anionischen	80	Festere Bindung als bei 1, große Unterschiede zwischen den verschiedenen Farbstoffen
b		über 7	schwach negativ (= anionisch)	anionischen	80	Bei Temperaturen unter 45° C vielfach Durchfärbung erzielbar
3 a	Chromleder, maskiert gegerbt (auch 2-Bad), feucht aus der Gerbung	unter 5	schwach positiv (= kationisch)	anionischen	70	Weniger gedeckte Färbungen als bei 2a
b		über 6	negativ (= anionisch)	kationischen („basischen")	70	Farbstoffe dringen ein
4 a	Chromleder wie 2, getrocknet und wieder aufgewalkt	unter 5	schwach positiv (= kationisch)	anionischen	70	Farbstoffe decken weniger als bei 2a, neigen stärker zu Durchfärbung
b		über 6	negativ (= anionisch)	anionischen	70	Durchfärbung tritt leicht ein, Fixierung mit Säure oft notwendig (Beispiel Chromvelourleder)

Fortsetzung der Tabelle 1.

I	II	III	IV	V	VI	VII
Nr.	Material	p_H-Bereich	Ladung der Faser-oberfläche	Färbbar mit welchen Farbstoffen	Höchste anwendbare Temperatur °C	Besonderheiten
5 a	Chromleder, nachgegerbt mit pflanzlichen oder synthetischen Gerbstoffen	3—4	schwach negativ (= anionisch)	anionischen	60	Wie bei 4 b
b		4—7	stark negativ (= anionisch)	kationischen („basischen")	60	Deckende Färbungen
6 a	Glacéleder	unter 5	schwach positiv	anionischen	40	Fixierung mit Säure notwendig, um volle Färbung zu erhalten
b		über 6	negativ	anionischen	40	Durchfärbung
7 a	Pflanzlich gegerbte Leder	3—5	negativ	anionischen („sauren")	50	Wie bei 4 b
b		5—7	negativ	anionischen („substantiven")	30	Wie bei 1 c (z. B. Gürtelvelourleder)
c		3—5	negativ	kationischen („basischen")	50	Volle gedeckte Färbungen, neigen zum Bronzieren und zu Ungleichmäßigkeiten
8 a	Sämischleder	3—5	positiv	anionischen	40	Wie bei 1 a
b		5—7	negativ	kationischen („basischen")	40	Wie bei 1 b
c		8—10	negativ	Schwefelfarbstoffen, gelöst in Na_2S-Lösungen	35	Färbungen müssen durch Ablüften oxydiert und durch Absäuern neutralisiert werden

In Tabelle 2 sind die wichtigsten Lederarten, ihr Verwendungszweck, ihre Zurichtung und die von ihnen bezüglich der Färbung geforderten Eigenschaften zusammengestellt.

Um diesen Forderungen gerecht werden zu können, ist es wertvoll zu wissen, mit welchen Mitteln man besonders echte Färbungen auf Leder erzielen kann.

Mineralgerbstoffe (Chrom. Aluminium) begünstigen die Festigkeit der Bindung von Farbstoffen. Sie können oft, als Nachgerbstoff angewendet, die ungenügenden färberischen Eigenschaften eines Leders verbessern oder auch, als Fixiermittel nach dem Färben gebraucht, die Naßechtheiten der Färbungen steigern. Für letzteren Zweck sind auch verschiedene nichtgerbende Metallsalze und besondere Hilfsmittel geeignet (Näheres hierüber im Abschnitt D III, 2, S. 154). Will man gut reibechte und naßfeste Färbungen erzielen, dann muß man zunächst auch alle nicht fest gebundenen Stoffe, Salze, Fettstoffe, Gerbstoffanteile, soweit das angängig ist, aus dem Leder auswaschen. Bei der Auswahl der Farbstoffe hat man darauf zu achten, daß diese grundsätzlich geeignet sind, Färbungen mit den im gegebenen Fall geforderten Eigenschaften zu liefern. Viele Farbstoffe geben zwar dem Leder volle und gleichmäßige Färbungen, bedingen aber ungenügende Naß- oder Lichtechtheit der Färbung. Besonders kleinmolekulare anionische Farbstoffe (viele der sogenannten „sauren" Farbstoffe) werden schon durch warme Feuchtigkeit, Schweiß, durch schwache Alkalien, wie etwa den Straßenschmutz, aus ihrer Verbindung mit der Lederfaser gelöst. Bei basischen Farbstoffen, die selten höhere Molekulargewichte haben, erfolgt das Ablösen von der Faser auch durch die Umwandlungsprodukte von Fettstoffen. Färbungen mit basischen Farbstoffen sind zudem nur in seltenen Ausnahmen genügend lichtecht.

Auch durch die Zurichtung des Leders mit Appreturen oder Deckfarben werden die geschilderten Nachteile ungeeigneter Farbstoffe nicht aufgehoben, die Mängel werden allenfalls überdeckt und ihr Zutagetreten wird hinausgeschoben.

D. Färbemittel.

I. Technische Einrichtungen.

Leder wird mittels recht einfacher Einrichtungen gefärbt. Es sind

1. Mulde oder Trog;
2. Haspel;
3. Faß;
4. Tafel und Bürste;
5. Spritzbox und Spritzpistole.

1. Die älteste und einfachste Methode ist das Färben in der Mulde oder im Trog. Die Leder werden dabei in ein Gefäß von etwa dreieckigem Querschnitt, das die Farbstofflösung enthält, eingetaucht. Alle notwendige Bewegung erfolgt von Hand.

Die Färbemulde ist in der Regel ein längliches flaches Holzgefäß, dessen innere Bodenfläche nach der Längsseite zu, an der der Färber steht, leicht abfällt. An der tiefsten Stelle ist ein verschließbarer Spund angebracht, durch den das Färbebad abgelassen werden kann.

In der Mulde werden heute nur noch pflanzlich gegerbte Feinleder in kleiner Anzahl gefärbt, z. B. Ziegen und Schafleder, etwa für Portefeuille- oder Buchbinderzwecke. Die Leder werden in ausgewaschenem, gut durchgeweichtem und vorgewärmtem Zustand paarweise, Fleischseite gegen Fleischseite, zusammengelegt und durch Ausrecken auf einer Tafel miteinander verbunden. So werden

Tabelle 2. Echtheitsanforderungen für verschiedene Lederarten.

Nr.	Lederart	Verwendung	Art der Färbung	Echtheiten	Nachfolgende Zurichtung
a 1	Chromnarbenleder (Rind, Kalb)	Oberleder, z. B. „Box"	Oberflächen-, gegebenenfalls Einfärbung	F, (Wss), (L)	Wasserdeckfarben (farblose Appretur)
2	Chromnarbenleder (Ziege, Roß)	Oberleder, z. B. „Chevreau"	Ein- bis Durchfärbung	F, (Wss), (L)	Wasserdeckfarben (farblose Appretur)
3	Chromnarbenleder (Kalb, Rind, Roß, Ziege)	Lackleder	Einfärbung		Leinöllack (auch Kaltlack)
4	Chromnarbenleder (Schaf, Roß, Rind, Ziege)	Bekleidung	Oberflächen- und Einfärbung	S, Wss	Kollodiumdeckfarben
5	Chromnarbenleder (Zickel, Ziege, Wasserschwein, Schaf, Lamm)	Handschuhleder	a) Durchfärbung b) Narbenfärbung	L, Wss, W, R, S	keine oder Kunststoffdispersionsdeckfarben
6	Chromvelourleder (Kalb, Rind, Ziege)	Oberleder	Durchfärbung	Wss, (R), (L)	keine; eventuell „Lüster"
7	Chromvelourleder (Kalb, Schaf, Ziege)	Bekleidung	Durchfärbung	Wss, S, R, L.	keine; eventuell „Lüster"
b 1	Pflanzlich gegerbtes Leder (Rind, Schwein)	Sattel, Koffer, Mappen	Narbenfärbung	R, (L)	keine; farblose Appretur; Deckfarbe
2	Pflanzlich gegerbtes Leder (Rind)	Möbel, Karosserie	Narbenfärbung	R, L	keine; Kollodiumdeckfarben, Dispersionsdeckfarben + + Kollodiumlack
3	Pflanzlich gegerbtes Leder (Ziege, Schaf, Reptil)	Portefeuille	Oberflächenfärbung	Wss, S	wie b 2
4	Pflanzlich gegerbtes Leder (Schaf)	Hutschweißleder	Oberflächenfärbung	Wss, S	Wasser- und Kollodiumdeckfarben
5	Pflanzlich gegerbtes Leder (Schaf, Ziege)	Futterleder	Oberflächenfärbung	Wss, S	Wasser, Polymerisatdispersions- und Kollodiumdeckfarben bzw. -lacke
c	Glacéleder (Zickel, Lamm)	Handschuhleder	a) Durchfärbung b) Narbenfärbung auch a + b	L, Wss, (W), R, S	keine
d	Sämischleder (Reh, Gemse, Schaf, Rindsspalt)	Bekleidungs- und Handschuhleder	a) Durchfärbung b) Narbenfärbung auch a + b	L, Wss, W, R, S	keine

7 a

sie in die Mulde eingebracht, die 6 bis 8 l Farbflotte pro Fellpaar enthält. Die Konzentration der Farbflotte richtet sich nach dem gewünschten Farbton. Temperatur des Färbebades 45 bis 48° C. Die Fellpaare werden an der flachen Seite der Mulde eingebracht, nach der tiefen Seite gleiten lassen, dort herausgezogen, gewendet und wieder an der flachen Seite eingelegt. Dies wird wiederholt, bis die gewünschte Sattheit und die notwendige Gleichmäßigkeit der Färbung erreicht sind.

Beim Färben mit sauer ziehenden Farbstoffen färbt man zunächst 5 Minuten ohne Säurezusatz, dann die gleiche Zeit mit einem solchen. Mit basischen Farbstoffen färbt man durchgehend 10 Minuten lang. Oft hat man zwei Färbetröge nebeneinander, in deren erstem sauer vorgefärbt, im zweiten basisch übersetzt wird.

Vorteile der Muldenfärbung: Man erhält gefärbte Felle mit ungefärbter Fleischseite. Die Färbevorgänge können genau verfolgt und nach Wunsch gesteuert werden.

Nachteile der Muldenfärbung: Sehr geringe Wirtschaftlichkeit. Die Färbebäder werden nicht ausgenutzt. Gleichmäßige Ergebnisse sind nur bei größter Sorgfalt zu erhalten. Sehr viel Handarbeit ist nötig.

2. Die Färbehaspel ist ein länglicher, oft mit einem geräumigen Klappdeckel verschließbarer Holzkasten mit halbkreisrundem Boden. In das obere Drittel des Haspelinhalts greift ein auf der Haspel angebrachtes hölzernes Treibrad ein. Es wälzt die Haspelflotte mit den darin eingebrachten Fellen um. Färbehaspel enthalten oft eine seitlich oder unten angebrachte und durch einen durchlöcherten doppelten Boden oder eine entsprechende Seitenkulisse vom Hauptraum getrennte Vorrichtung zur Beheizung mit Dampf oder Heißwasser. Derartige Einrichtungen erschweren allerdings das Reinigen der Haspel. Das Färbebad kann durch einen unten seitlich angebrachten Auslauf abgelassen werden. Färbehaspeln sind in Größen von 300 l bis zu 1,5 cbm Inhalt und mehr in Gebrauch. Die Größe der zu färbenden Partien richtet sich nach den Haspelmaßen. Die Felle müssen in der Flotte leicht zirkulieren. Man rechnet auf 100 kg Feuchtgewicht 400 bis 500 l Wasser. Pflanzlich gegerbtes Leder wird bei 45 bis 48° C gefärbt, Chromleder bei 60° C.

In der Haspel färbt man vorwiegend leichtere Leder, z. B. Schafspalte, Handschuhleder, und solche Felle, die bei Faßfärbungen leiden, sich verwickeln können oder die dazu neigen zu zerreißen, wie z. B. Chromseiten, Schlangenhäute.

Die Felle werden vor dem Einbringen in die Haspel vorgewärmt. Während man die Felle in die Haspel gibt, setzt man das Paddel in Bewegung und fügt schließlich den in der etwa 25- bis 40fachen Wassermenge gelösten Farbstoff meist in mehreren Anteilen langsam zu. Man verwendet überwiegend anionische Farbstoffe, die je nach Bedarf und Lederart durch einen Säurenachsatz fixiert werden. Dieser erfolgt etwa 15 Minuten nach dem letzten Farbstoffzusatz. Danach läßt man noch etwa 30 bis 40 Minuten weiterlaufen.

Vorteile der Haspelfärbung: Es können größere Partien gefärbt werden. Die Arbeit ist weitgehend mechanisiert. Der Fortgang kann leicht überwacht werden, ein Nachmustern kann noch während der Färbung geschehen.

Nachteile der Haspelfärbung: Hohe Flottenmengen, daher hoher Wärmebedarf, verhältnismäßig schlechte Farbstoffausnutzung. Wenig geeignet, wenn Leder durchgefärbt werden soll. Auch für ein an das Färben sich anschließendes Fettlickern ist die mechanische Bewegung in der Haspel zu gering. Es ist nicht möglich, das Leder nur einseitig zu färben.

3. Die Faßfärbung stellt die am meisten angewendete Technik dar. Färbefässer unterscheiden sich praktisch nicht von den bei der Gerbung verwendeten

Fässern, sind in der Regel nur etwas höher und schmaler gebaut (Durchmesser zu Faßbreite etwa 1,6 bis 2 zu 1). Man verwendet zum Bau von Färbefässern solche Holzarten, die eine möglichst dichte Struktur haben, z. B. Pitchpine. Die hohle Achse dient als Zuleitung für Wasser und Lösungen von Farbstoffen, egalisierenden oder fixierenden Zusätzen und Fettstoffen. Zum Färben besonders empfindlicher Ware verwendet man Fässer, die an Stelle der üblichen Zapfen in gleichen Abständen über die Faßbreite angebrachte durchlöcherte Bretter haben. In solchen Fässern sind allerdings etwas längere Flotten anzuwenden. Färbefässer laufen mit einer Tourenzahl von 15/Minute. Jedoch ist es auch beim Färben sehr vorteilhaft, wenn man die Tourenzahl regulieren und das Faß für Durchfärbungen oder Fettungen etwas schneller laufen lassen kann. Im Faß werden alle Arten von Oberledern, Bekleidungsleder, Handschuhleder, pflanzlich gegerbte leichtere Leder und Futterleder gefärbt.

Beim Färben arbeitet man wie folgt:

Das Faß wird durch Laufenlassen mit heißem Wasser auf die gewünschte Temperatur vorgewärmt. Dann wird es mit 150 bis 250% Wasser (bezogen auf das Feuchtgewicht des Leders) beschickt. Man gibt die vorgewärmten Felle so in das Faß, daß diejenige Seite nach außen gekehrt ist, auf deren gleichmäßige Färbung es ankommt: Bei Narbenledern die Narbenseite, bei Velourledern die geschliffene Fleischseite. Das Faß wird durch Aufsetzen des Deckels geschlossen und in Gang gesetzt. Nun läßt man die Farbstofflösung in kleinen Anteilen durch die hohle Achse zufließen. Man fixiert bei Bedarf nach 20 bis 30 Minuten und beendet 20 Minuten später die Färbung. Durchfärbung verlangt längere Zeiten.

Vorteile der Faßfärbung: Besonders wirtschaftliches Verfahren durch gute Farbstoffausnutzung, geringen Wärmebedarf, geringe Handarbeit. Die starke Walkarbeit bewirkt eine gleichmäßigere Wechselwirkung der Farb- und Hilfsstoffe, sie ermöglicht auch die Durchfärbung von Leder sowie ein gleich an das Färben anschließendes Fetten.

Nachteile der Faßfärbung: Starkes Walken mindert die Qualität des Leders (Narbenfeinheit, Zähigkeit der Faser). Eine Kontrolle während des Färbens ist zeitraubend und mühevoll. Eine einseitige Färbung ist nicht möglich.

4. Das Färben auf der Tafel wird für solche Leder vorgenommen, die nur einseitig gefärbt sein sollen. Das sind entweder großflächige Rindshäute pflanzlicher oder kombinierter Gerbung oder Handschuhlederfelle von sehr verschiedenartiger Gerbung. Die Färbetafel ist in ersterem Fall eben und waagrecht oder etwas schräg, aus Glas, Solnhofener Schiefer oder Kunststoff gebildet. Handschuhleder werden auf einer gewölbten Tafel aus säurebeständigem Metall, Glas oder Kunststoff gefärbt.

Die Färbetafel ist von solcher Höhe, daß der Färber mit der Hand die kleinen Felle von deren Rückenlinie aus nach allen Seiten hin mit der Bürste bestreichen kann. Bei den großflächigen Häuten müssen die Färbetische solche Ausmaße haben, daß die Färber leicht bis über deren Mitte langen können. Es werden in diesen Fällen zwei bis drei Färber gebraucht, die entweder am Nacken oder am Hinterende der Haut mit dem Aufbürsten der Farbstofflösung beginnen und gegen die Mitte der Haut hin arbeiten.

Vorteile der Tafelfärbung: Einseitige Färbung der Häute oder Felle, Ausführung von Phantasieeffekten durch unregelmäßige Verteilung von Farbstofflösungen ist möglich. Bei Handschuhledern können schwerer anfärbbare Partien nach Bedarf kräftiger bearbeitet werden. Kontrolle und Korrekturen sind leicht möglich.

Nachteile der Tafelfärbung: Ausreichende Gleichmäßigkeit verlangt besondere Übung. Die ausschließliche Handarbeit macht diese Technik zeitraubend und teuer.

7 a*

5. Die Spritzfärbung. Diese Technik ist noch in der Entwicklung. Sie wurde durch die Mechanisierung des Auftragens von Appreturen und Deckfarben nahegelegt. Die trockenen Felle oder Häute werden in Spritzboxen oder auf Transportbändern ausgebreitet befestigt und mittels der von Hand oder mechanisch gesteuerten Spritzpistole mit den Lösungen der Farbstoffe (und etwaigen Zusätzen) übersprüht.

Vorteile der Spritzfärbung: Einseitige Färbung des Leders. Man kann trockene, auf Lager bereitgehaltene Leder nach Bedarf färben. Das Färben kann in unmittelbarem Zusammenhang mit der Zurichtung und mit den dafür geschaffenen Einrichtungen erfolgen.

Nachteile der Spritzfärbung: Es entstehen leicht wolkige Färbungen. Diese dringen oft ungenügend ein, neigen zum Bronzieren und haben fast immer geringere Echtheitseigenschaften (Reibechtheit, Naßechtheiten) als die nach den anderen Färbeverfahren hergestellten Färbungen.

II. Farbstoffe.

Farbstoffe müssen sehr verschiedenartige Eigenschaften in sich vereinen. Für Lederfarbstoffe gilt das, wie in den Eingangsabschnitten deutlich gemacht wurde, in besonderem Maße. Selbst der Chemiker kann die meisten dieser Eigenschaften nicht ohne weiteres aus den in den später folgenden Abschnitten über natürliche und synthetische Farbstoffe gegebenen Formeln herauslesen. Ein tieferes Verständnis, das die so vielfältigen Eigenschaften der Farbstoffe: Farbigkeit, Affinität zur Faser, Löslichkeit, Säurebeständigkeit usw. zu erklären vermag, läßt sich nur gewinnen, wenn man in das in den letzten Jahrzehnten erschlossene Gebiet der chemischen Physik, insbesondere der chemischen Optik, eindringt. Der folgende Abschnitt behandelt dieses Gebiet daher einigermaßen ausführlich.

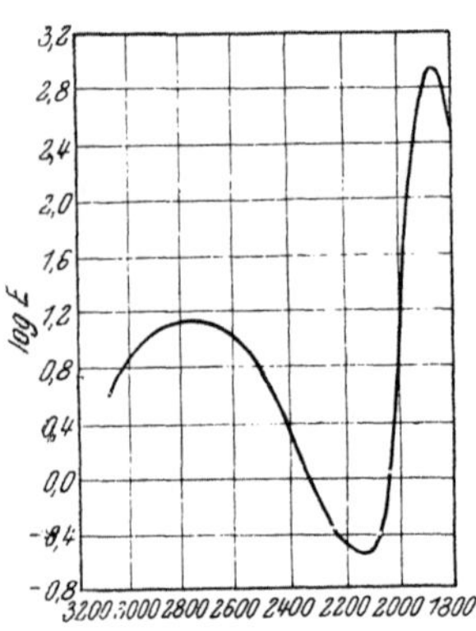

Abb. 16. Absorptionskurve von in Hexan gelöstem Aceton (A. B. F. Duncan).

1. Konstitution und Farbe.

Das Zustandekommen von Farbigkeit in chemischen Verbindungen kann man mit dem Spektralphotometer weit besser verfolgen als mit dem Auge. Dieses Gerät erfaßt schon selektive Absorptionen bei Frequenzen, die dem Auge noch unsichtbar sind. Mit Hilfe des Spektralphotometers erkennt man, daß viele uns farblos erscheinende Körper eine selektive Absorption elektromagnetischer Strahlung im Ultraviolett oder auch im Ultrarot bewirken.

Für eine bestimmte Verbindung findet man da in gewissen Spektralbereichen feine schmale oder verwaschene Absorptionsbanden, die an einer oder mehreren Stellen Intensitätsmaxima aufweisen. So sieht beispielsweise die Absorptionskurve des in Hexan gelösten Acetons im Bereich der Wellenlängen 1800 bis 3200 Å (= im langwelligen Ultraviolett) nach A. B. F. Duncan aus wie in Abb. 16 gezeigt.

E = Extinktionskoeffizient, λ = Wellenlänge in 10^{-8} cm (Å). Der Extinktionskoeffizient berechnet sich aus der Konzentration in Gramm-Mol pro Liter = c, der Schichtdicke in cm = d, der Intensität des zur Verwendung kommenden Lichtes, die bei der Absorption Null = I_0 ist, und schließlich der Intensität des nach dem Durchgang durch die Substanz vorhandenen Lichts = I wie folgt

$$\varepsilon = \frac{1}{c \cdot d} \log \frac{I_0}{I} \text{ oder } I = I_0\, e^{-\varepsilon\, c \cdot d}.$$

Man erkennt in Abb. 16 eine breite Absorptionsbande im längerwelligen Ultraviolett (bei = etwa 3000 bis 2500 Å) und eine schmälere mit einem ausgeprägten Maximum im kurzwelligen Ultraviolett bei 1900 Å. Bei einer so einfachen Verbindung wie sie das Aceton darstellt, kann man die Absorptionsbanden einer bestimmten Atomgruppe im Molekül zuordnen. Man beobachtet beim Vorhandensein der gleichen Gruppe jedesmal Absorptionsbanden von etwa derselben Form an ungefähr der gleichen Stelle des Spektrums. Die in Abb. 16 wiedergegebenen Absorptionsbanden beobachtet man ebenso bei allen Ketonen. Sie werden daher zweifellos von der Carbonylgruppe $> C = 0$ erzeugt.

Hier wird eine enge Beziehung deutlich zwischen einer besonderen Atomgruppierung und selektiver Absorption in bestimmten Spektralbereichen. Solche Gruppen, die, wie das Carbonyl, eine für sie typische selektive Lichtabsorption bewirken, nennt man chromophore Gruppen oder kurz Chromophore. Der Namensvorschlag stammt von O. N. Witt, der als einer der ersten den Beziehungen zwischen Konstitution und Farbe nachging.

Die heutigen Vorstellungen über die Eigenschaften der Materie führen diese auf den Bau des Atomkerns sowie die Anordnung und Beweglichkeit der ihn umgebenden Elektronen zurück. Bei Anwendung dieser Vorstellungen muß man dem Chromophorbegriff besondere Elektronenzustände zugrunde legen, die sich durch Instabilität auszeichnen [R. Wizinger (1)]. Chromophore sind Atome, deren Elektronen unter Aufnahme von Strahlung in energiereichere Quantenzustände übergehen. Diese Definition führt zu der Folgerung, daß grundsätzlich jedes Atom und Ion (mit Ausnahme des H-Ions) chromophore Eigenschaften haben kann. Sie alle enthalten Valenzelektronen, die in höhere Quantenzustände übergehen können.

Eine solche Betrachtungsweise bedeutet eine starke Ausweitung der von O. N. Witt entwickelten Vorstellungen. Dieser konnte zunächst nur die besonders starke chromophore Wirkung von Gruppierungen mit sogenannten Doppelbindungen erkennen. Tatsächlich lassen sich aber selbst bei gesättigten Kohlenwasserstoffen selektive Absorptionen feststellen, wenngleich erst im kurzwelligen äußersten Ultraviolett.

Man muß sich darüber klar sein, daß Farbigkeit, d. h. eine selektive Absorption im sichtbaren Bereich, erst beim Zusammenwirken mehrerer chromophorer Einzelwirkungen zustande kommt. Die im Beispiel des Acetons chromophore Carbonylgruppe enthält eine Doppelbindung zwischen C- und O-Atom. Häufungen von Doppelbindungen sind besonders wirksam in den sogenannten konjugierten Systemen, z. B. —C=C—C=C—. Bei einer derartigen fortlaufenden C=C—C= -Bindung ist die Konjugation von mindestens 6 erforderlich, um Farbigkeit zu bewirken. Der einfachste farbige Kohlenwasserstoff dieser Art ist das gelbe 1,12-Dimethyl-dodekahexaën:

$$CH_3—CH=CH—CH=CH—CH=CH—CH=CH—CH=CH—CH=CH—CH_3.$$

Bei der Kombination von C=C— und O=C—Doppelbindungen reicht schon eine konjugierte Verknüpfung von drei chromophoren Gruppen aus, um die Absorption für unser Auge sichtbar zu machen. Phoron z. B. ist gelblichgrün:

$$\begin{array}{c} H_3C \\ {}^{\diagdown} \\ H_3C {}^{\diagup} \end{array} C=CH—\underset{\underset{O}{\|}}{C}—CH=C \begin{array}{c} CH_3 \\ {}^{\diagdown} \\ CH_3 \end{array} .$$

Verknüpft man Carbonylgruppen, so genügen sogar schon zwei dieser Chromophore zur Erzielung der Farbigkeit. Diacetyl beispielsweise ist gelb:

$$H_3C-\underset{\underset{O}{\|}}{C}-\underset{\underset{O}{\|}}{C}-CH_3.$$

Etwa ebenso stark wie bei der Carbonylgruppe ist der chromophore Effekt der Carbimidgruppe: $> C=N-$. Noch wirksamer zeigt sich die Nitrogruppe[1]:

$$--N\underset{\diagdown O}{\overset{\diagup O}{}}, \quad \text{und bei den folgenden Gruppen:}$$

Azogruppe	$-N=N-$	
Nitrosogruppe	$-N=O$	und
Azoxygruppe	$-N=N-$	
	$\underset{O}{\|\!\|}$	

genügt meist schon das Vorhandensein einer einzigen in einer organischen Verbindung, um diese für uns farbig erscheinen zu lassen.

Um die folgenden Darlegungen verständlich zu machen, müssen hier kurz die Symbole skizziert werden, mit denen man heute die äußeren Elektronen der Atome darstellt.

Auf Grund spektroskopischer Daten sind einzelne (oder einsame) Elektronen und Paare von Elektronen zu unterscheiden. Erstere zeichnet man mit einem Punkt, letztere mit einem Doppelpunkt oder auch mit einem senkrecht zur Bindungsrichtung gestellten Strich. Die für die Konstitution von organischen Farbstoffen wichtigsten Atome stellen sich dann folgendermaßen dar:

$$H\cdot,\ \cdot\overset{..}{\underset{.}{C}}\cdot,\ :\overset{..}{\underset{.}{N}}\cdot\ \text{oder}\ |\overset{.}{\underset{.}{N}}\cdot,\ :\overset{..}{\underset{..}{Cl}}\cdot\ \text{oder}\ |\overline{Cl}\cdot,\ :\overset{..}{\underset{.}{O}}\cdot\ \text{oder}\ |\overset{.}{\underset{.}{O}}\cdot,\ :\overset{..}{\underset{.}{S}}\cdot\ \text{oder}\ |\overline{\underset{.}{S}}\cdot\ .$$

In der klassischen Formel des Methans

$$\begin{array}{c} H \\ | \\ H-C-H \\ | \\ H \end{array}$$

steht der Bindestrich jeweils für ein Elektronenpaar

$$\begin{array}{c} H \\ \overset{..}{H:C:H} \\ \overset{..}{H} \end{array},$$

die vier äußeren Elektronen des Kohlenstoffs haben sich in homöopolarer Bindung mit den Elektronen von vier Wasserstoffatomen vereinigt. Hierdurch wurde die besonders stabile Oktettanordnung der Edelgase erreicht:

$$\cdot\overset{.}{\underset{.}{C}}\cdot\ +\ 4\,H\cdot\ \rightarrow\ \begin{array}{c} H \\ \overset{..}{H:C:H} \\ \overset{..}{H} \end{array}.$$

Die das Oktett bildenden Elektronen gehören hier nicht dem einen oder anderen Atomkern, sondern zwei Atomkernen gemeinsam an. Dieser Typ von Bindung wird auch k o v a l e n t oder Atombindung genannt.

In anderer Weise kommt die Vereinigung solcher Atome wie des Natriums und Chlors dadurch zustande, daß das eine Atom ein Elektron abgibt, das andere eines aufnimmt:

$$:\overset{..}{\underset{..}{Na}}:\cdot\ +\ \cdot\overset{..}{\underset{..}{Cl}}:\ \rightarrow\ :\overset{..}{\underset{..}{Na}}:\ :\overset{..}{\underset{..}{Cl}}:\ .$$
$$\qquad\qquad\qquad (+)\quad (-)$$

---

[1] Die Schreibweise drückt die Mesomerie der Nitrogruppe aus, s. J. C. Speakman, S. 64.

Hier entsteht kein gemeinsames Elektronenpaar. Jedes Atom hat seine erstrebte Oktettanordnung erhalten, indem gleichzeitig der Elektronendonator positive, der Elektronenakzeptor negative Ladung bekam. Die beiden Gebilde werden durch die entgegengesetzte Ladung zusammengehalten. Eine solche Bindung heißt **heteropolare Bindung** oder Ionenbeziehung.

So wie das hier skizzierte chemische Geschehen durch die äußeren Elektronen bedingt wird, sind diese zugleich auch Ausdruck des optischen Verhaltens der Materie.

Es ist oben gesagt worden, daß sich Chromophore durch eine besonders instabile Elektronenanordnung auszeichnen. Die rotierenden Elektronen liegen „gelockert" vor, d. h. sie zeigen eine besonders niedrige Eigenfrequenz. So etwas erkennt man gerade aus den Absorptionsspektren. Die Absorptionen beginnen bei ungesättigten Verbindungen mit viel niedrigeren Frequenzen (d. h. höheren Wellenlängen) als bei gesättigten. So beginnt selektive Absorption bei ungesättigten Kohlenwasserstoffen nach A. Lüthy schon bei $\lambda = 210$ mμ, bei gesättigten erst unterhalb $\lambda = 200$ mμ. Aceton mit seiner Carbonylgruppe absorbiert schon bei 280 mμ, während Alkohole mit ihrem einfach gebundenen Sauerstoff erst bei etwa 230 bis 200 mμ selektiv absorbieren.

Für das Verständnis der hier in Rede stehenden Dinge lohnt es sich, noch etwas mehr auf das moderne Strukturbild der Doppelbindung einzugehen. Während bei der Einfachbindung zwei in Wechselwirkung stehende Elektronen die Atome zusammenhalten, sind es bei der Doppelbindung vier, das heißt zwei Elektronenpaare. Diese beiden Paare wirken aber nicht dem gebräuchlichen Symbol (dem Doppelstrich) entsprechend in gleicher Weise. Vielmehr ist das eine Elektronenpaar durch das anziehende Feld des positiven Kerns merklich fester gebunden. Man kennzeichnet diesen Elektronenzustand, indem man von σ-Elektronen spricht. Bei dem zweiten Paar von Elektronen ist infolge einer anderen Verteilung ihrer Ladung das anziehende Feld des positiven Kerns durch die übrigen Elektronen stärker abgeschirmt als bei den σ-Elektronen. Die Elektronen des zweiten Paares, als π-Elektronen bezeichnet, sind daher weniger fest an die Atomkerne gebunden.

Moleküle mit Doppelbindungen können bevorzugt, beispielsweise durch Absorption von Licht, in energiereichere **angeregte Zustände** übergehen. In diesen besteht die Wirkung der σ-Elektronen unverändert. Die π-Elektronen aber können sich auf verschiedene Weisen betätigen. Sie vermögen entweder die einfache σ-Bindung zu verstärken, sie können sie aber auch abschwächen. Schließlich kann die Verteilung der lockeren π-Elektronen so unsymmetrisch werden, daß eines der beiden zusammenzuhaltenden Atome beide π-Elektronen bekommt. Das Atom erhält so einen Überschuß positiver Ladung, und es entsteht eine **polare Struktur.**

Bei konjugierten Doppelbindungen beeinflussen sich, wie man aus allen Experimentalarbeiten weiß, alle Bindungen des Systems gegenseitig sehr stark. Das liegt an der geschilderten Beweglichkeit der π-Elektronen, die sich hier nicht an einer ihnen bestimmten Bindung betätigen, sondern sich über das ganze konjugierte System verteilen können. Im nicht angeregten Grundzustand sind infolgedessen konjugierte Systeme energieärmer als Systeme mit isolierten Doppelbindungen. Um so mehr sind die π-Elektronen der konjugierten Doppelbindungen befähigt, Energie aufzunehmen und angeregte Zustände verschiedener Art herbeizuführen. Mit wachsender Anzahl der konjugierten Doppelbindungen vermehrt sich auch die Zahl solcher angeregter Zustände sehr stark (R. S. Mulliken).

Wie man sich im einzelnen einen solchen durch Energieaufnahme bewirkten Anregungszustand vorzustellen hat, ist von H. Kuhn sehr einleuchtend am einfachen Beispiel eines symmetrischen Polymethinkations gezeigt worden. Dieser Farbstoff enthält eine Folge von drei konjugierten Doppelbindungen. Die beweglichen π-Elektronen können darin alle Übergänge zwischen den nachstehend formulierten äquivalenten, d. h. in der Wahrscheinlichkeit ihres Zustandekommens gleich begünstigten Grenzstrukturen herbeiführen. Sie können durch Polarisierung eines der beiden Stickstoffatome ein vinylen-homologes Amidiniumion entstehen lassen:

$$\left[\begin{array}{c} H_3C \\ \\ H_3C \end{array}\!\!\diagdown\!\!\underset{\oplus}{N}\!\!\diagup\!\!\! \begin{array}{ccccccc} 1 & 2 & 3 & 4 & 5 & 6 & 7 \\ =C & -C & =C & -C & =N \\ H & H & H & H & H \end{array}\!\!\diagdown\!\!\begin{array}{c} CH_3 \\ \\ CH_3 \end{array}\right] , \qquad \mathrm{I\,a}$$

$$\left[\begin{array}{c} H_3C \\ \\ H_3C \end{array}\!\!\diagdown\!\!N\!\!\diagup\!\!\! \begin{array}{ccccccc} 1 & 2 & 3 & 4 & 5 & 6 & 7 \\ =C & -C & =C & -C & =C & -\underset{\oplus}{N} \end{array}\!\!\diagdown\!\!\begin{array}{c} CH_3 \\ \\ CH_3 \end{array}\right] . \qquad \mathrm{I\,b}$$

Eine Lösung dieses Farbstoffs, die Ionen der vorstehenden Art enthält, absorbiert Licht außer mit zwei schwachen Banden im Utravioletten mit nur einer kräftigen Bande im Sichtbaren. Deren Absorptionsmaximum liegt bei 4130 Å, d. h. im Violetten. Dementsprechend zeigt der Farbstoff gelbgrüne Farbe.

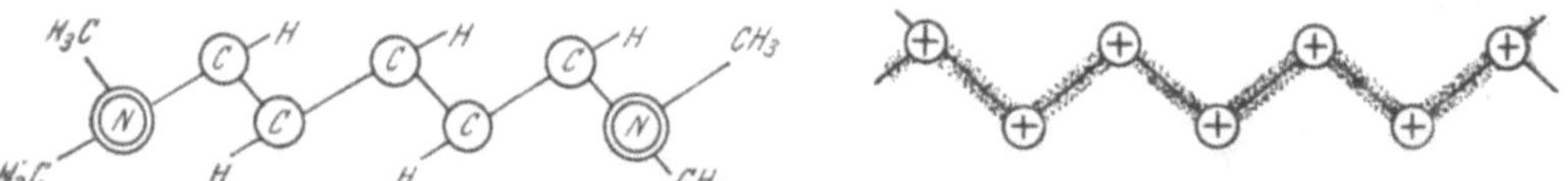

Abb. 17. Stabiles Elektronengerüst.   Abb. 18. Fluktuierendes Elektronengas am Molekülgerüst.

Wenn wir in dem Farbstoffion (Ia, Ib) ein durch σ-Elektronenbindung stabiles Elektronengerüst (Abb. 17) annehmen, so enthält das Ion weiter acht locker gebundene π-Elektronen. Diese können sich über das ganze System bewegen, wobei jedes einzelne π-Elektron ein Ladungsfeld oder allen den ihm möglichen Orten entsprechend eine Ladungswolke erzeugt. So bilden die acht π-Elektronen ein Elektronengas, das sich entlang dem Molekül fluktuierend erstreckt (Abb. 18):

Dieses Bild eines längs eines Molekülgerüstes diffus verteilten Elektronengases gewinnt genauere Gestalt, wenn man die Betrachtungsweisen der Quantentheorie anwendet.

Es sollen zunächst die möglichen Zustände eines einzelnen π-Elektrons verfolgt werden. Sie sind in der nachstehenden Abb. 19 dargestellt. In einem Fall befindet sich das Elektron in einem besonders energiearmen Zustand, der damit zugleich der stabilste der möglichen Zustände ist (Energieniveau 1 in Abb. 19). Das Elektron bildet dann eine Ladungswolke, die sich gegen die Molekülmitte hin besonders verdichtet. (Die zugehörige Elektronenwelle weist einen einzigen Wellenbauch auf.)

Will man bewirken, daß die Ladungswolke des Elektrons am Molekül zwei Anhäufungsstellen negativer Elektrizität annimmt (d. h. will man es auf das Energieniveau 2 bringen, in dem die Elektronenwelle zwei Bäuche aufweist), dann muß man ihm eine ganz bestimmte Energie zuführen. Durch Zuführung weiterer erhöhter Energie kann das Elektron Wolken mit drei oder mehr Anhäufungsstellen bilden, d. h. es kann die Elektronenwelle dazu gebracht werden, mit drei oder mehr Bäuchen zu schwingen.

Man kann die Lage der einzelnen Energieniveaus des Elektrons berechnen, wenn man vereinfachend annimmt, daß die potentielle Energie des Elektrons entlang der gesamten Kette gleich sei. Dann findet man beispielsweise, daß der Energieunterschied zwischen dem vierten und fünften Niveau $4 \cdot 10^{-12}$ erg ist.

Sobald die Energiezufuhr, also die Belichtung aufhört, fällt das Elektron unter Energieabgabe in den energieärmsten und beständigsten Zustand zurück.

Das π-Elektronengas des hier betrachteten Farbstoffions besteht nun nicht aus einem einzigen, sondern aus insgesamt acht Elektronen. Nach dem Prinzip von W. Pauli können höchstens zwei Elektronen des in Resonanz schwingenden Moleküls dieselbe Gestalt der Ladungswolke annehmen. Im nichtangeregten Zustand sind daher die untersten vier Niveaus des Amidiniumions mit den acht vorhandenen π-Elektronen besetzt. Das fünfte Energieniveau und höhere, in Abb. 19 nicht mehr wiedergegebene Niveaus sind leer. Wenn dagegen Licht auf ein solches Molekül fällt, wird folgende Gesetzmäßigkeit wirksam:

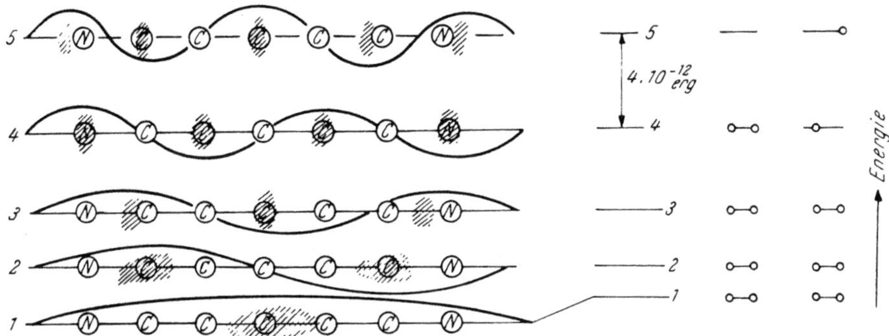

Abb. 19. Zustandsmöglichkeiten für π-Elektronen.

Licht verhält sich nach Einstein wie ein Strom von Quanten der Energie

$$E' - E'' = \Delta E = h\nu = \frac{h\,c}{\lambda},$$

worin E' und E'' zwei verschiedene Energiezustände des Moleküls, ν die Frequenz, λ die Wellenlänge des absorbierten Lichtes und c die Lichtgeschwindigkeit bedeuten, h aber das *Planck*sche *Wirkungsquantum* ($h = 6,625 . 10^{-27}$ erg sec) darstellt.

Aus dieser Gleichung ergibt sich z. B., daß Licht der Wellenlänge 8000 Å, also rotes Licht, aus Quanten besteht, von denen jedes die Energie $2,5 \cdot 10^{-12}$ erg hat. Licht der Wellenlänge 4000 Å (violettes Licht) besteht aus Quanten der Energie $5,0 \cdot 10^{-12}$ erg und (ultraviolettes) Licht der Wellenlänge 2000 Å besteht aus Quanten der Energie $9,9 \cdot 10^{-12}$.

Wird eine Lösung des hier als Modell behandelten Polymethinfarbstoffes mit Licht durchstrahlt, dann können Lichtquanten beim Auftreffen auf die Farbstoffionen absorbiert werden. Jedes Lichtquant gibt dabei seine Energie an das Ion ab und regt es in der Weise an, daß eines der beiden π-Elektronen aus dem obersten besetzten Energieniveau (es ist das vierte und die Ladungswolke des Elektrons hatte bisher vier Anhäufungsstellen) in das nächsthöhere springt. Seine Ladungswolke geht dabei in den energiereicheren Zustand mit fünf Akkumulierungen über.

Nach dem Bohrschen Postulat bewirkt ein Lichtquant den beschriebenen Elektronensprung nur dann (d. h. es wird nur in dem Falle absorbiert), wenn es gerade die hier notwendige Energie $4 \cdot 10^{-12}$ erg hat. Es muß ohne Überschuß vom absorbierenden Molekül aufgenommen werden können. Wie oben gesagt, hat ein bestimmtes violettes Licht diese Energie. Erwartungsgemäß tritt eine Absorptionsbande im violetten Spektralbereich ein, die Lösung des Polymethinfarbstoffes zeigt gelbgrüne Farbe. (Der Grund dafür, daß nicht eine scharfe Absorptionslinie, sondern eine breite Bande an der entsprechenden Stelle des Spektrums auftritt, liegt darin, daß gleichzeitig mit der Elektronenenergie auch die Rotations- und Schwingungsenergie des Moleküls geändert werden kann. Bezüglich Feinstruktur von Absorptionsbanden vgl. H. Sponer und E. Teller.)

Wie in dem hier betrachteten Fall des Polymethinfarbstoffes, so ist allgemein das Auftreten sichtbarer Farbe mit dem Vorhandensein eines π-Elektronengases verknüpft. Moleküle organischer Verbindungen, die kein π-Elektronengas haben, wie beispielsweise gesättigte Kohlenwasserstoffe, sind farblos. Die an ihnen beobachteten selektiven Absorptionen liegen, wie schon früher gesagt wurde, in sehr energiereichen kurzwelligen Spektralbereichen. Sie werden durch Energiesprünge der viel fester gebundenen σ-Elektronen verursacht, deren Anregung erst durch die energiereichen Quanten ultravioletten Lichtes mit Wellenlängen unterhalb etwa 1500 Å möglich ist.

Mit dem Beispiel des Polymethinkations (S. 111/112) ist eine der zahlreichen Verbindungen beschrieben worden, in denen die Elektronenverteilung nicht durch die beiden klassischen Strukturformeln wiedergegeben wird, sondern einem Zustand entspricht, der zwischen den durch die Formeln darstellbaren Grenzfällen liegt. Ein solcher Zustand wird durch den von Ch. K. Ingold, von F. Arndt und B. Eistert geschaffenen Begriff der Mesomerie gekennzeichnet. Will man das besondere chemische Verhalten der aromatischen Verbindungen (und damit der allermeisten Farbstoffe) verstehen, so gelingt dies nur unter der Annahme solcher mesomerer Zustände im Molekül. Das Benzol als einfachste aromatische Verbindung enthält sechs π-Elektronen, die in dem hier zum Ring geschlossenen System konjugierter Doppelbindungen einen Umlaufsinn besitzen können.

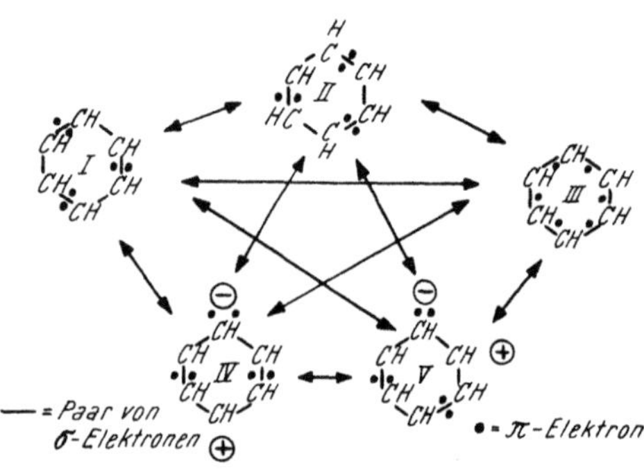

Abb. 20. Elektronenformeln der mesomeren Zustände des Benzols (E. Müller).

Im Benzolring besteht Mesomerie zwischen fünf Grenzstrukturen, die fünf unabhängigen Gesamtfunktionen der π-Elektronen entsprechen. Sie lassen sich in Elektronenformeln folgendermaßen darstellen (Abb. 20):

Die Reaktionen des aromatischen Kerns entsprechen einer Überlagerung dieser fünf Formeln. Die Strukturen I und II sind dabei etwas bevorzugt gegenüber den folgenden III, IV und V. In einem Farbstoffmolekül, das aromatische Ringe enthält, liegt dementsprechend in noch höherem Maße als beim Polymethinkation ein System vor, das π-Elektronen weiterleiten kann. Durch die Einführung von Substituenten in den aromatischen Kern entstehen gestörte Elektronenanordnungen, die weithin über das System konjugierter Doppelbindungen reichen. Selbst in einem eigentlich neutralen Molekül, wie dem folgenden von R. Wizinger (1) gegebenen Beispiel,

$$H_3C{-}O{-}\langle\ \rangle{-}CH{=\!=}CH{-}\langle\ \rangle{-}NO_2$$

(Chromophore),

lösen sie starke Polarisierungen der beiden zentralen, durch eine Doppelbindung
verknüpften C-Atome aus:

$$H_3C-O-\underset{1}{\text{\textlangle\quad\textrangle}}-\overset{2\ \oplus}{\underset{3}{CH}}{=}\overset{\ominus\ 4}{CH}-\text{\textlangle\quad\textrangle}-\overset{5}{NO_2}$$

(Durchlaufendes System konjugierter Doppelbindungen).

Sobald solche Polarisierungen von Einzelatomen auftreten, werden diese zu
optisch besonders wirksamen Chromophoren. Man beobachtet, daß die Einführung von Substituenten, wie hier der Methoxygruppe, eine farbvertiefende
(siehe folgende Seite) Wirkung auslöst. Durch den Einbau der Methoxygruppe
entsteht nämlich in dem hier behandelten Beispiel eine Mesomerie:

welche eine veränderte Lichtabsorption bewirkt. Bei Gruppen, deren Einführung
etwas derartiges auslöst, unterscheidet man solche, die positivierend wirken,
indem sie bewegliche Elektronen spenden (Auxochromie) und andere,
die negativierend wirken, indem sie Elektronen ansaugen (Antiauxochromie).
Auxochrome Gruppen sind z. B. —OH, —NH$_2$, —N(CH$_3$)$_2$. Antiauxochrome
Gruppen sind beispielsweise —NO, —NO$_2$, >C=O.

Ein Farbstoff besteht demnach aus einer (oder mehreren) elektronen-
spendenden Gruppe(n), dem Auxochrom (Formel a, I), weiter aus einem (meist
überwiegend aromatischen) System konjugierter Doppelbindungen, das die
Elektronen weiterleitet (II), und schließlich einer (oder mehreren) elektronen-
ansaugenden Gruppe(n), dem Antiauxochrom (III). Im Molekül des Benzaurins
wird beim Übergang aus dem der Formel a) entsprechenden Zustand in jenen
der Formel b ein bewegliches Elektronenpaar vom Sauerstoff der OH-Gruppe
abgegeben. Es wird durch das System der beiden aromatischen Kerne weiter-
geleitet und vom Carbonylsauerstoff aufgenommen:

Benzaurin

Das Farbstoffmolekül enthält hierbei den ausgeprägten Charakter eines Dipols.

8*

Man kann die Dipolmomente von Molekülen, etwa Farbstoffen, durch Messen der Dielektrizitätskonstanten ermitteln. Diejenigen von Azofarbstoffen des Typs:

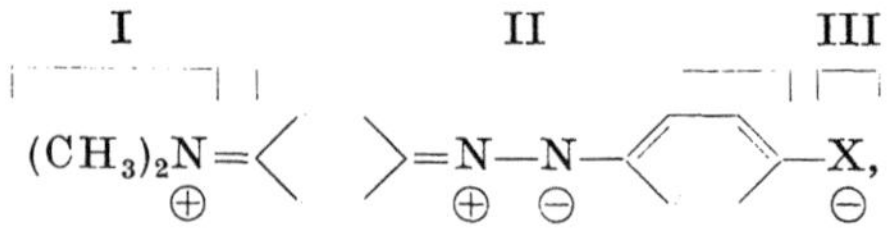

$$\text{I} \qquad\qquad \text{II} \qquad\qquad \text{III}$$

$$(CH_3)_2N = \!\!\left\langle\ \right\rangle\!\! = N - N - \!\!\left\langle\ \right\rangle\!\! - X,$$

worin X eine antiauxochrome Gruppe wie

$$H,\ CH_3,\ OCH_3,\ Cl,\ J,\ SCN,\ SeCN,\ NO_2$$

bedeutet, werden um so größer, je mehr man in der vorstehenden Reihe nach rechts fortschreitet, d. h. je stärker der Elektronenakzeptor ist (T. W. Campbell, D. H. Young und M. T. Rogers).

Die meisten Farbstoffmoleküle bilden nicht wie in den vorbeschriebenen Modellen nur ein einzelnes Dipol, sondern deren mehrere aus. Mit zunehmender Zahl farbvertiefender Gruppen und mit der Verknüpfung mehrerer aromatischer Ringe entstehen oft Systeme mit gehäuften Polaritäten, die, meist einander entgegengesetzt, sich abwechseln:

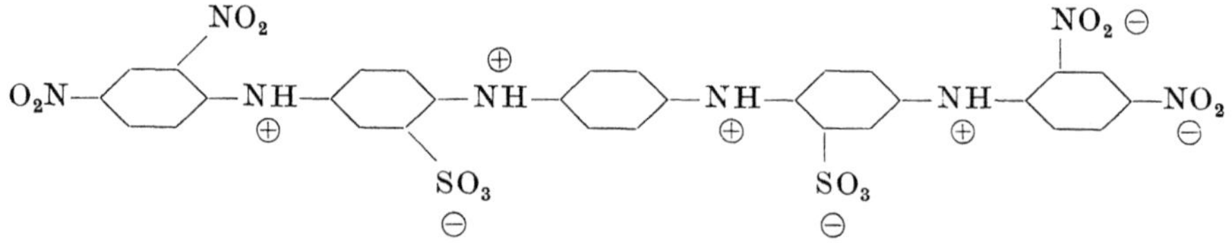

$$O_2N - \!\!\left\langle\ \right\rangle\!\! - NH - \!\!\left\langle\ \right\rangle\!\! - NH - \!\!\left\langle\ \right\rangle\!\! - NH - \!\!\left\langle\ \right\rangle\!\! - NH - \!\!\left\langle\ \right\rangle\!\! - NO_2$$

(mit NO_2-, SO_3-, NH-Gruppen und Ladungen $\oplus$, $\ominus$)

$$\text{Polargelbbraun.}$$

Wie sich die farbverstärkende („zur Farbe beitragende") Wirkung der auxochromen Gruppen betätigt, zeigt besonders deutlich die folgende Reihe von Triphenylmethanverbindungen:

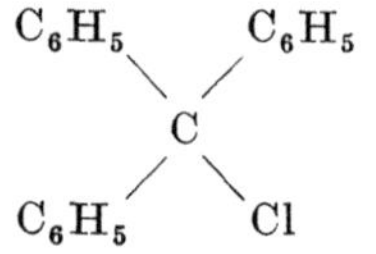

$$\begin{array}{c} C_6H_5 \quad\ C_6H_5 \\ \diagdown\ \diagup \\ C \\ \diagup\ \diagdown \\ C_6H_5 \quad\ Cl \end{array}$$

Triphenylchlormethan farblos, aber in flüssigem SO_2 gelöst: $(C_6H_5)_3 C^{\oplus} + Cl^{\ominus}$. $(SO_2)_x$ ionisiert (leitet den Strom) und deshalb gelb; maximale Extinktion (ε max) $= 4200$ Å

$\downarrow$ bathochrome (farbvertiefende) Wirkung

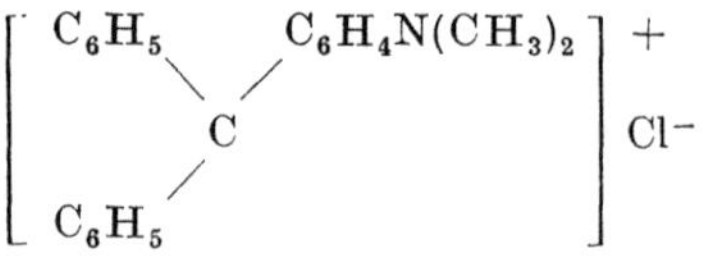

$$\left[\begin{array}{c} C_6H_5 \quad\ C_6H_4N(CH_3)_2 \\ \diagdown\ \diagup \\ C \\ \diagup \\ C_6H_5 \end{array}\right]^{+} Cl^{-}$$

Fuchsin-dimethylimmonium-chlorid in Wasser, rot, ε max. $= 4800$ Å

$\downarrow$ bathochrome Wirkung

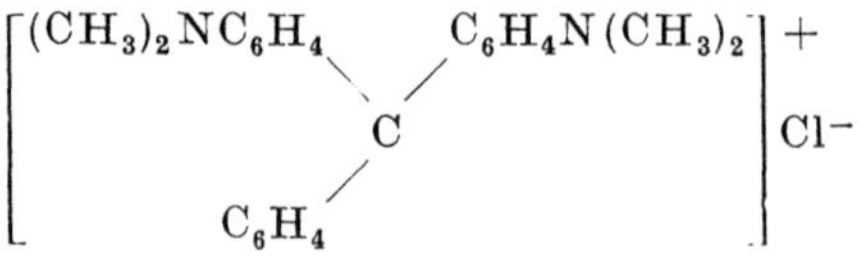

$$\left[\begin{array}{c} (CH_3)_2NC_6H_4 \quad\ C_6H_4N(CH_3)_2 \\ \diagdown\ \diagup \\ C \\ \diagup \\ C_6H_4 \end{array}\right]^{+} Cl^{-}$$

Malachitgrün, blaugrün, ε max. $= 6100$ Å und 4300 Å

$\downarrow$ hypsochromer (farberhöhender) Effekt

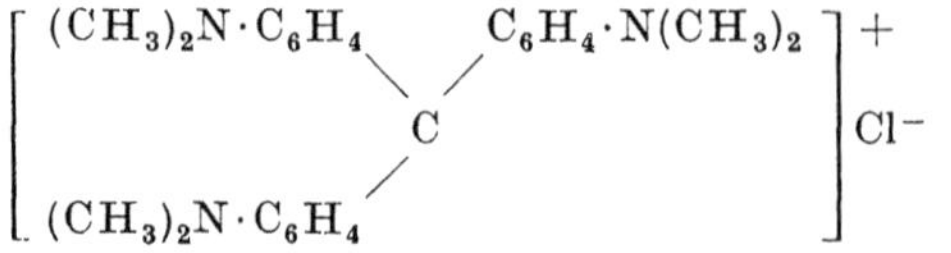

$$\left[\begin{array}{c} (CH_3)_2N\cdot C_6H_4 \quad\ C_6H_4\cdot N(CH_3)_2 \\ \diagdown\ \diagup \\ C \\ \diagup \\ (CH_3)_2N\cdot C_6H_4 \end{array}\right]^{+} Cl^{-}$$

Kristallviolett, violett, ε max. $= 5900$ Å

Die Einführung des ersten Auxochroms bringt eine so starke Polarisierung, daß die Verbindung auch beim Einbringen in wenig Wasser in Ionen zerfällt. Dies wirkt farbvertiefend, d. h. die Absorption wird nach längeren Wellenlängen (von Blau nach Grün) verschoben, womit sich die Farbe der Körper von Gelb nach Rot verändert. Mit der Einführung des zweiten Auxochroms vermehren sich die Möglichkeiten der Mesomerie. Damit wird die Energiedifferenz (s. S. 113) zwischen dem Grundzustand des Moleküls und den angeregten Zuständen geringer und die Absorption wird erneut nach längeren Wellen hin verschoben (bathochromer Effekt). Mit der Einführung des dritten Auxochroms wird für den Grundzustand des Moleküls eine symmetrische Anordnung erreicht. Die Ladungsverteilung der π-Elektronen ist hier so weit ausgeglichen wie das nur möglich ist. Dieser Grundzustand ist daher besonders stabil, und die Energie, die zum Übergang in den nächsthöheren angeregten Zustand erforderlich ist, muß entsprechend größer sein. Dies ist der Grund, aus dem die Lage der Absorption beim Kristallviolett im Vergleich zum Malachitgrün etwas nach kürzeren Wellen hin rückt und man hier einen schwach farberhöhenden (hypsochromen) Effekt beobachtet. Dieses von W. Hückel behandelte Beispiel zeigt, daß die weitere Einführung eines Auxochroms in ein Farbstoffmolekül nicht in jedem Fall notwendig eine Farbvertiefung bringen muß.

Die Farbe zahlreicher Farbstoffe ist p_H-abhängig. Sie wechseln den Farbton mit der Wasserstoffionenkonzentration ihrer Lösungen. Meist vollziehen sich diese Farbtonänderungen innerhalb enger p_H-Bereiche. Sind sie genügend ausgeprägt, dann können solche Farbstoffe als Indikatoren für die Wasserstoffionenkonzentration gebraucht werden. Aber auch viele Farbstoffe, die nicht als Indikatoren bekannt sind, zeigen bei p_H-Verschiebungen so deutliche Farbtonänderungen, daß dadurch ihre technische Anwendbarkeit beeinträchtigt wird. Gerade bei Lederfarbstoffen sind solche Erscheinungen besonders störend, da die Praxis der Lederfärbung mit starken p_H-Verschiebungen arbeitet, etwa die Wasserstoffionenkonzentration erhöht, um den Farbstoff zu fixieren, oder sie verringert, um ihn dazu zu bringen, in das Lederinnere einzudringen. Die Ursache der p_H-Abhängigkeit des Farbtons eines Farbstoffes erscheint deshalb für Lederfarbstoffe vor anderem wissenswert.

Besonders deutlich werden die Verhältnisse am Beispiel des Kristallvioletts. Dessen Farbe schlägt in saurer Lösung nach Grün um, nimmt also den gleichen Ton an, den das um eine Dimethylaminogruppe ärmere Malachitgrün hat. In saurer Lösung kann an einen entsprechend stark polarisierten Aminostickstoff ein Proton angelagert werden. Hierdurch wird ein einsames Elektronenpaar, dessen Wirkung am Beispiel des Benzaurins (S. 115) gezeigt wird, blockiert. Infolgedessen fällt eine auxochrome Gruppe aus und damit auch eine der chinoiden Strukturen. Die Möglichkeiten der Mesomerie sind dadurch die gleichen geworden wie beim Malachitgrün.

Die meisten Farbstoffe haben nicht nur eine einzige zur Salzbildung befähigte Gruppe, sondern deren mehrere. Beispielsweise kann ein basischer Farbstoff, der mehrere Aminogruppen besitzt, die einsamen Elektronenpaare der Stickstoffatome nacheinander für die Anlagerung eines Protons zur Verfügung stellen. Es entstehen der Reihe nach Farbstoffkationen verschieden hoher Aufladung. In extrem alkalischer Lösung (Prüfungstest zum Konstitutionsnachweis von Farbstoffen mittels Natronlauge!) kann er auch ein Proton aus einer Aminogruppe abgeben und ein stark abweichend gefärbtes Farbstoffanion bilden. Entsprechende Vorgänge sind bei den anionischen Farbstoffen möglich. Beispielsweise kann ein saurer Farbstoff mit mehreren Hydroxygruppen bei hohen p_H-Werten der Reihe nach mehrere Hydroxylwasserstoffatome unter entsprechender Anionenbildung abspalten. In sehr stark saurer Lösung (Test mit konzentrierter Schwefelsäure!) können umgekehrt auch die Hydroxygruppen Protonen aufnehmen, Oxoniumverbindungen und damit Farbstoffkationen bilden.

Bei der Entstehung derartiger Ionisationsstufen wechseln oft symmetrisch gebaute mit unsymmetrisch gebauten. In diesen Fällen absorbieren stets die symmetrischen Konfigurationen bei längeren Wellenbereichen als die unsymmetrischen. Ein Beispiel bietet das von G. Schwarzenbach studierte Phenol-indophenol:

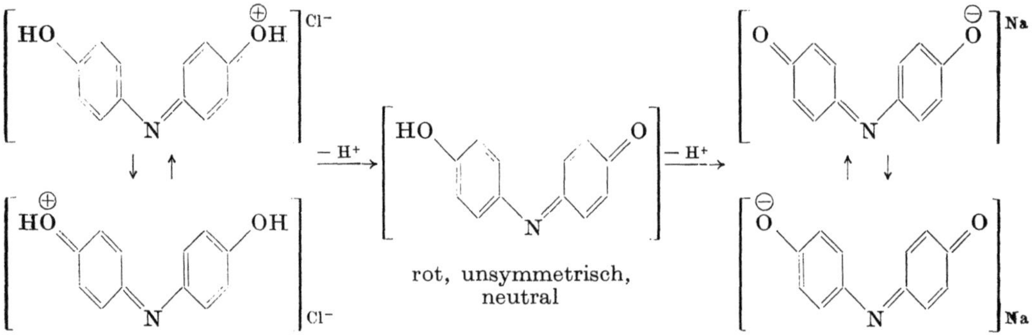

rot, unsymmetrisch,
neutral

blau, infolge Mesometrie
symmetrisches Kation

blau, infolge Mesomerie
symmetrisches Anion

Ein zur Lederfärbung verwendeter Farbstoff, dessen Indikatoreigenschaften bekannt sind, ist der Azofarbstoff Metanilgelb. Er ist bei p_H-Werten unterhalb 2,8 blaurot:

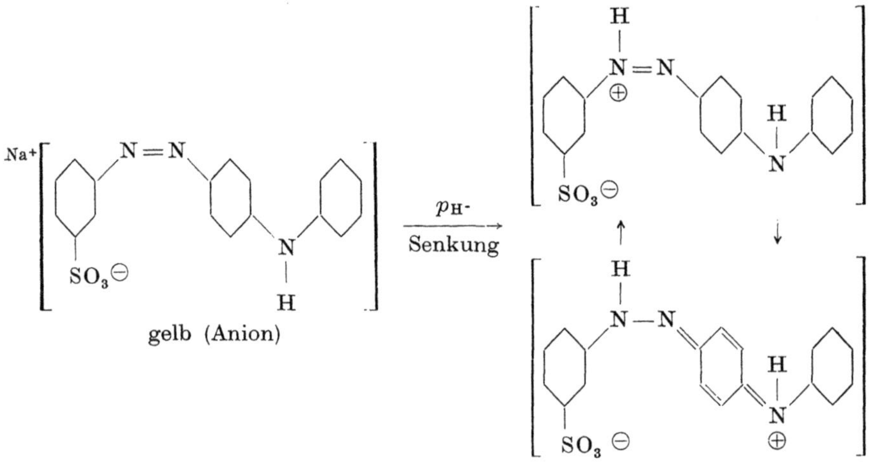

gelb (Anion)

p_H-Senkung

rot (Zwitterion)

Im stark sauren Medium bildet sich ein Zwitterion, das infolge seiner ausgeprägten Dipolnatur dazu neigt, zu aggregieren und schwerlöslich zu werden. In völlig entsprechender Weise verhält sich Tropäolin OO, das in der Lederindustrie als Indikator zum Nachweis schädlicher Säure in pflanzlich gegerbtem Leder dient. Es unterscheidet sich vom Metanilgelb nur durch die Stellung der Sulfogruppe:

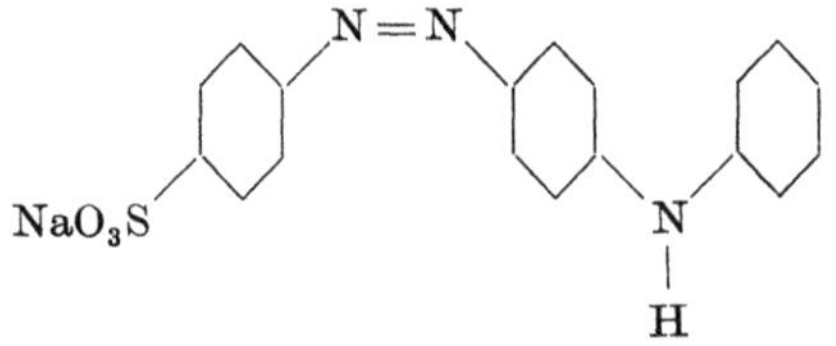

Recht instruktive und für die Praxis der Lederfärberei wichtige Beispiele sind auch Monoazofarbstoffe des Typs:

der als **Säureanthracenbraun RH extra** besonders da angewendet wird, wo man Chromleder durchfärben will. Dieser Farbstoff zeigt im sauren Gebiet ein orangestichiges, im alkalischen ein violettstichiges Braun. Das verhältnismäßig kleine Molekül ist ein ausgeprägter Dipol. Wie schon am Beispiel des Polargelbbrauns gezeigt wurde, hat die Nitrogruppe eine sehr stark negativierende Wirkung. Im Vergleich damit negativiert die Sulfogruppe nur schwach. Tritt die Nitrogruppe zu einer Hydroxygruppe in den gleichen aromatischen Kern (in Para- oder Orthostellung), dann tritt Ionisation schon bei einer H-Ionenkonzentration ein, die an dem keine Nitrogruppe tragenden Molekül ein Abdissoziieren des Protons noch nicht erlaubt.

Der Farbumschlag ist also auch hier mit einer Salzbildung verknüpft. Bemerkenswerterweise tritt er nicht mehr auf, wenn man auch in den rechten Kern des obigen Moleküls einen starken Elektronenakzeptor, beispielsweise einen Cl-Rest, einbaut. Der Farbstoff

Metachrombraun B

beispielsweise hat keine Indikatoreigenschaften, obgleich in seinem Molekül als Folge des Vorhandenseins zweier Nitrogruppen das Proton der OH-Gruppe noch wesentlich leichter abdissoziiert als beim Säureanthracenbraun RH extra. Nur wenn im einen Kern die auxochromen, im anderen Kern dagegen die antiauxochromen Gruppen überwiegen, kann die auf S. 115 oben behandelte starke Polarisierung der zentralen Atome (im vorliegenden Falle der Stickstoffatome der Azogruppe) auftreten; diese starke Polarisierung macht sie zu optisch besonders wirksamen Chromophoren.

An den hier behandelten Orthooxyazofarbstoffen kann man noch weitere für die Lederfärbung wichtige Beziehungen zwischen Farbe (Farbumschlag) und Konstitution nachweisen.

Orthohydroxyazoverbindungen sind nämlich befähigt, sich mit **Metallverbindungen**, wie Salzen des Cr, Fe, Cu, unter Bildung **innerer Komplexsalze** (H. Ley) umzusetzen (vgl. auch Tabelle 7, S. 127):

$$O{-}H \qquad NH_2$$
$$N{=}N$$
$$NO_2 \qquad SO_3H \qquad NH_2$$

$$+ MeX_3$$

$$O{-}{-}{-}MeX_2 \qquad NH_2$$
$$N{=}N$$
$$SO_3H \qquad NH_2$$

Es entsteht dabei ein sechsgliedriger Ring:

$$\overset{}{\underset{N=N}{\diagup}}{-}O{\diagdown}Me \quad\longleftrightarrow\quad \overset{}{\underset{N-N}{\diagup}}{-}O{\diagdown}Me,$$

in welchem das hier angedeutete Mesomerieverhältnis wirksam ist. In der linken Grenzformel ist das rechte Stickstoffatom Elektronendonator für die zustande kommende koordinative Bindung (s. Abschnitt E II 2e, S. 171), in der rechten Grenzformel übernimmt das Sauerstoffatom die Rolle des Elektronenspenders. Der gezeichnete Pfeil drückt diese Funktion in obigen Formeln aus.

Mit dem Auftreten dieser neuen Mesomerie ist, wie dargelegt wurde (S. 115), eine weitere Ursache zur Ausbildung einer selektiven Absorption gegeben: Es tritt eine deutliche Farbvertiefung ein. Der Chromkomplex des Säureanthracenbraun RH extra ist z. B. noch stärker violettstichig als der unchromierte Farbstoff in alkalischer Flotte.

Die Farbstoff-Metallkomplexe der hier geschilderten Art stellen Verbindungen dar, die auch in saurer Flotte recht stabil sind. Da sie ihre Salznatur beim Übergang vom alkalischen oder neutralen Medium in das saure nicht ändern, erleiden sie keine Farbtonumschläge mehr; sie haben die Indikatoreigenschaften des nicht metallisierten Moleküls verloren.

2. Naturfarbstoffe.

Vor Einführung der synthetischen Farbstoffe in die Lederfärberei waren die natürlichen Farbstoffe die fast ausschließlich verwendeten färbenden Mittel. Diese überragende Bedeutung haben sie heute verloren. In den letzten Jahrzehnten wurden jedoch wesentliche Fortschritte in der Herstellung von Farbholzextrakten gemacht. Heute werden Farbholzextrakte in kristallartiger Form oder als Pulver mit garantiert gleichbleibender Konzentration gehandelt. Damit ist für den Verbraucher von Naturfarbstoffen deren Anwendung viel einfacher und sicherer geworden. Dies hat dazu geführt, daß der Gebrauch von Holzfarbstoffen in der Lederfärberei sogar wieder etwas zugenommen hat.

Von den zahlreichen früher verwendeten Pflanzenfarbstoffen sind heute außer den Extrakten der Farbhölzer nur noch ganz wenige in Gebrauch, etwa Hartriegelsaft, der mit milchsaurem Eisen ein Grau liefert.

Bedeutung haben die Farbholzextrakte für die Färbung vor allem von glacégarem Handschuhleder, Velourbekleidungsledern und in geringerem Umfang auch von Chromledern.

Die Holzfarbstoffe haben gegenüber vielen synthetischen Farbstoffen gewisse Vorteile, die gerade beim Färben von Leder wesentlich sind:

Sie färben Fleischseite und Narbenseite des Leders gleich stark im selben Farbton. Sie neigen nicht dazu, Narbenfehler zu betonen. Narbenwunde Stellen werden nicht voller angefärbt als die Umgebung. Holzfarbstoffe geben mineralgaren Ledern einen volleren, „runderen" Griff. Diese Wirkung ist bei Glacéleder besonders deutlich. Farbholzextrakte wirken fettverteilend und verbessern die Schleifbarkeit von Velour- und Nubukledern. Holzfarbstoffe können auch das Glanzstoßen der mit ihnen gefärbten Leder verbessern.

Die zuletzt genannten Eigenschaften der Holzfarbstoffe beruhen auf ihrer nahen Verwandtschaft zu den Pflanzengerbstoffen. Demgemäß lassen sich sehr viele der angeführten Vorteile auch beim Färben mit den färberisch ausgiebigeren und in fast allen gewünschten Farbtönen und Echtheitseigenschaften zur Verfügung stehenden synthetischen Farbstoffen durch Mitverwendung geeigneter pflanzlicher oder auch synthetischer Gerbstoffe erzielen.

Das wichtigste der Farbhölzer ist Blauholz (Blutholz, Campêche). Es stammt von einem in Westindien und Mittelamerika heimischen Baum Haematoxylon campechianum. Das farblose Holz enthält Hämatoxylin-Glucosid. Unter dem Einfluß einer in feuchter Luft eintretenden Hydrolyse entsteht Hämatoxylin, das durch Oxydation in den eigentlichen chinoiden braunroten Farbstoff Hämatein übergeht.

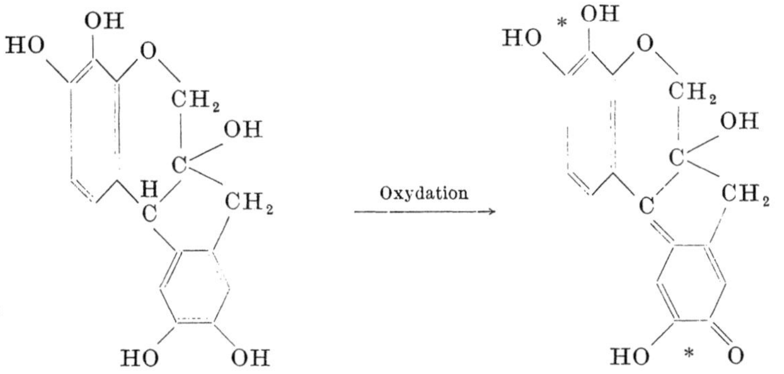

Oxydation →

Hämatoxylin   Hämatein[1]

Dem färbenden Prinzip des Blauholzes steht dasjenige von Rotholz (Fernambukholz, Bahiaholz, Limaholz) sehr nahe. Dieses Holz stammt von verschiedenen Leguminosen- (Caesalpina-) Arten, die in Mittelamerika, Afrika und Ostasien vorkommen. Es enthält das Glucosid des farblosen Brasilins, das zum blauroten Brasilein oxydiert werden kann:

---

[1] In der obigen Formel bedeutet * die zur Metallisierung befähigte Gruppierung (s. S. 123).

$$\text{Brasilin} \xrightarrow{\text{Oxydation}} \text{Brasilein}$$

Brasilin   Brasilein

Gelbholz (Fustik) ist das Holz eines Maulbeerbaums (Morus tinctoria), der in Zentralamerika, auf den Antillen und in Südamerika vorkommt. Dieses Holz enthält zwei Farbstoffe, Maclurin und Morin:

Maclurin   Morin

Das einzige Farbholz europäischen Ursprungs ist Fisetholz. Es stammt von Rhus cotinus, der in Dalmatien und Griechenland vorkommt. Aus ihm wird Fisetin extrahiert, das dem Morin sehr nahesteht:

Fisetin

Alle Holzfarbstoffe sind sogenannte Beizenfarbstoffe, d. h. sie geben mit Schwermetallen, wie Eisen, Kupfer, Chrom, Titan, Antimon, stabile innere Komplexverbindungen, die den Formeln

(Sechser-Ring)   oder   (Fünfer-Ring)

entsprechen (X = Säurerest, R = Wasserstoff oder organischer Rest). Diese Komplexverbindungen sind schwer löslich und heißen Farblacke. Bei ihrer Bildung verändern die Farbstoffe ihren Farbton, im allgemeinen im Sinne einer Farbvertiefung. Bei der Betrachtung der Formeln erkennt man, daß die einzelnen Holzfarbstoffe in verschiedenem Maße befähigt sind, sich zu metallisieren. Die dazu befähigten Gruppierungen sind jeweils durch ein Sternchen (*) gekennzeichnet. Es zeigt sich, daß bei denjenigen Farbstoffen, deren Molekül zweimal mit Metall reagieren kann, beim Nachbehandeln der damit erzielten Färbungen mittels Metallsalzen zugleich mit der Farbvertiefung auch eine Verbesserung ihrer Naßechtheiten und der Lichtechtheit eintritt. Diese Vorteile zeigen die nur einfach metallisierbaren Holzfarbstoffe nicht.

A. Sippel führt Einzelheiten über die analytische Zusammensetzung von Farbholzextrakten an. Holzfarbstoffe geben die gleichen Reaktionen wie Katechingerbstoffe. Sie fällen Gelatinelösung und reduzieren Fehlingsche Lösung. Die quantitativen Gerbstoffbestimmungen zeigen für die verschiedenen Methoden ganz ähnliche Unterschiede, wie sie bei der Gerbstoffbestimmung von Gambir auftreten (Tabelle 3).

Tabelle 3. Gerbstoffgehalte von Farbholzextrakten (A. Sippel).

Extrakt	% Gerbstoffe, bestimmt nach der	
	Filtermethode	Schüttelmethode
Unoxydierter Blauholzextrakt	77,9	55,0
Oxydierter Blauholzextrakt.....................	74,5	51,1

Diese Unterschiede deuten darauf hin, daß die Extrakte außer den gerbenden Stoffen auch andere, wahrscheinlich niedriger molekulare, weniger aggregierte Anteile enthalten, die bei der Nachbehandlung mineralgarer Leder für eine besonders gleichmäßige Anlagerung der höher molekularen Anteile sorgen. Das besonders gleichmäßige Färben mit den Holzfarbstoffen scheint durch die Gegenwart dieser niedrig aggregierten Anteile wesentlich mitbestimmt zu werden.

Im einzelnen findet A. Sippel bei der Analyse (Filtermethode) folgende Werte für die verschiedenen Farbholzextrakte (Tabelle 4):

Tabelle 4. Zusammensetzung von Farbholzextrakten (A. Sippel).

Extrakt	p_H	% gerbende Stoffe	% lösliche Nicht-gerbstoffe	% Unlösliches	% Wasser	Anteilzahl
Unoxydierter kristalliner Blauholzextrakt......	—	78,1	10,0	7,2	4,7	—·
Blauholzextrakt, flüssig, Dichte 30° Bé	5,1	51,4	4,4	0,0	44,2	92,12
Gelbholzextrakt, flüssig, Dichte 28° Bé	5,4	46,5	5,3	0,0	48,2	89,77
Rotholzextrakt, flüssig, Dichte 30° Bé	5,4	47,7	4,9	6,3	41,1	90,68

Je nachdem, mit welchen Metallsalzen die Färbungen der Holzfarbstoffe nachbehandelt werden, kann man verschiedene Farbtöne mit ihnen erzielen. Tabelle 5 (S. 124) gibt eine von D. Woodroffe mitgeteilte Übersicht.

Tabelle 5. Verlackung von Holzfarbstoffen (D. Woodroffe, S. 85 ff.).

Holzfarbstoff	Metallsalz	Farbton
Gelbholz (Fustik)	Kalialaun	Gelb
	Kupfersulfat	Oliv
	Eisensulfat	Dunkeloliv
	Zinnchlorid	Gelborange — Khaki
	Kaliumbichromat	Braungelb
	Titankaliumoxalat	Lebhaft Orangegelb
Blauholz (Hämatine)	Kalialaun	Trübes Purpur oder Violett
	Kupfersulfat	Blaustichiges Schwarz
	Eisensulfat	Grünstichiges Schwarz
	Kaliumbichromat	Dunkelbraun
	Titansalze	Hellbraun
Rotholz	Eisenlactat	Violett
	Titankaliumoxalat	Dunkelbraun

3. Synthetische Farbstoffe.

Aus dem Steinkohlenteer lassen sich zahlreiche, überwiegend aromatische Körper isolieren. Sie stellen das Ausgangsmaterial für den Aufbau künstlicher organischer Farbstoffe dar.

Die Entwicklung der künstlichen Teerfarbstoffe (Übersicht und Statistisches siehe bei K. Holzach und W. Hagge) begann mit dem von W. H. Perkin (1856) entdeckten Anilin purple, später Mauvein genannt. In rascher Folge wurden darnach vom Anilin ausgehend eine Reihe von basischen Farbstoffen hergestellt. Die wichtigsten davon waren Fuchsin, Methylviolett, Safranin, Phosphin, Bismarckbraun. Sie zeichneten sich durch eine bislang unbekannte Lebhaftigkeit aus. Die Lichtechtheit der damit erzielten Färbungen ist aber gering. Die neuen künstlichen Farbstoffe nannte man in jener Zeit Anilinfarbstoffe. Dieser Begriff hat sich in der Lederfärberei, die in den ersten Jahren ganz überwiegend derartige basische Farbstoffe verwendete, bis heute erhalten.

Nicholson (1862) sulfonierte die basischen Farbstoffe und erzeugte auf diese Weise amphotere Farbstoffe, die auf tierische Fasern als Anionen aufziehen, z. B. Säurefuchsin und Wasserblau, beides Farbstoffe, die noch heute zur Färbung von Leder verwendet werden.

Ein neues Aufbauprinzip zur Synthese einer Gruppe von Farbstoffen, die allergrößte Bedeutung gerade auch zum Lederfärben erhalten sollte, fand Peter Grieß (1862), als er aus den Produkten der Teerdestillation Diazoniumverbindungen herstellte. Diese lassen sich mit geeigneten anderen aromatischen Bausteinen zu Azofarbstoffen kuppeln. Den ersten sauer ziehenden Azofarbstoff, das Orange II, schuf Roussin (1876), und sehr bald darnach synthetisierte Nietzky das Biebricher Scharlach (1879). Es folgten in den letzten beiden Jahrzehnten des vergangenen Jahrhunderts die Entdeckung der Pyrazolonfarbstoffe durch Ziegler, die Darstellung des ersten substantiven Farbstoffes, des Kongorotes, durch Bötticher, die Entwicklung der Chromierfarbstoffe, die Entdeckung der Schwefelfarbstoffe von Vidal und der sauer ziehenden Anthrachinonfarbstoffe von R. E. Schmidt.

Nachdem sich in den ersten beiden Jahrzehnten des neuen Jahrhunderts eine stürmische Entwicklung auf dem Gebiet hoch lichtechter Küpenfarbstoffe (Indanthrenblau usw.) abgespielt hatte — sie konnten für die Lederfärberei bisher nicht nutzbar gemacht werden —, folgten in der Zeit zwischen den beiden Weltkriegen die Entwicklung lichtechter substantiver Azofarbstoffe, die Schaffung anionischer Chromkomplexfarbstoffe. Eine ganz neue Farbstoffklasse, diejenige der sehr lichtechten Phthalocyanine, wurde von H. de Diesbach und R. P. Linstead gefunden. Mit dem zweiten Viertel des Jahrhunderts begann dann auch die Entwicklung von Spezialfarbstoffen für die Färbung von Leder. Sie hat zur Schaffung von zahlreichen hochwertigen Produkten geführt.

Daß man bei der Synthese von organischen Farbstoffen keineswegs auf das zunächst verwendete Anilin beschränkt ist, zeigt die Tabelle 6.

Die in dieser Tabelle kursiv gedruckten Teerbestandteile sind die wichtigsten Ausgangsmaterialien für die Farbstoffsynthese.

Aus diesen Bausteinen werden zahlreiche Klassen von Farbstoffen hergestellt. Soweit diese Farbstoffklassen für die Färbung von Leder Bedeutung haben, sind sie in der folgenden Übersicht zusammengestellt. Sie ist nach dem von K. Venkataraman (*1*), S. 241 ff., gegebenen Vorbild aufgestellt und enthält neben der Klassenbezeichnung die kennzeichnenden Bausteine und jeweils ein Beispiel der betreffenden Klasse. (Tab. 7, S. 126 bis 130.)

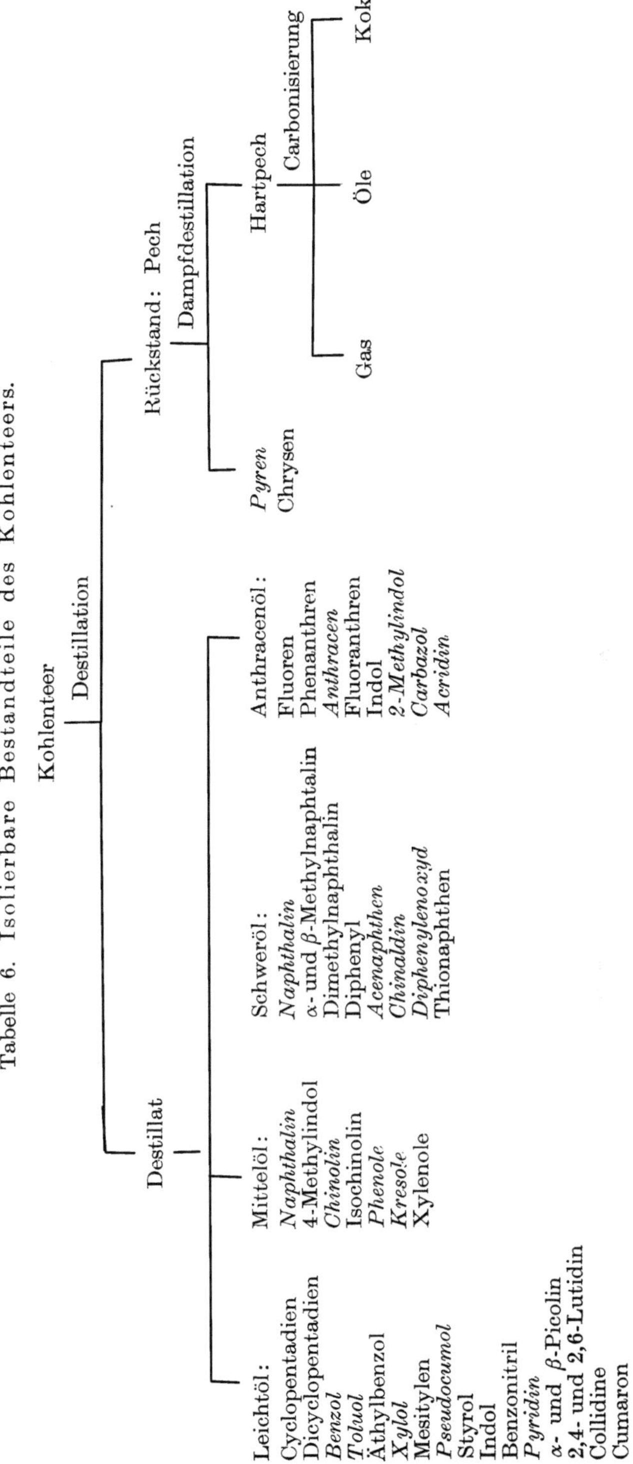

Tabelle 6. Isolierbare Bestandteile des Kohlenteers.

Tabelle 7. Übersicht über die für die Lederfärbung wichtigen Farbstoffklassen
[K. Venkataraman (*1*), S. 241 ff.].

Farbstoffklasse	Kennzeichnendes Bauelement	Beispiel
Nitrofarbstoffe	Nitrophenol oder Nitroarylamin	Naphtolgelb S
Nitrosofarbstoffe	o-Nitrosophenol	Fe-Verbindung=Naphtolgrün B
Azofarbstoffe a) Monoazofarbstoff	Ar—N=N—Ar′	Echtrot A
b) Polyazofarbstoff		Toluylenorange G

Fortsetzung der Tabelle 7.

Farbstoffklasse	Kennzeichnendes Bauelement	Beispiel
c) Beizenfarbstoff	o-o′-Dihydroxyazo-gruppe oder o-Hydroxy-o′-Amino-azogruppe	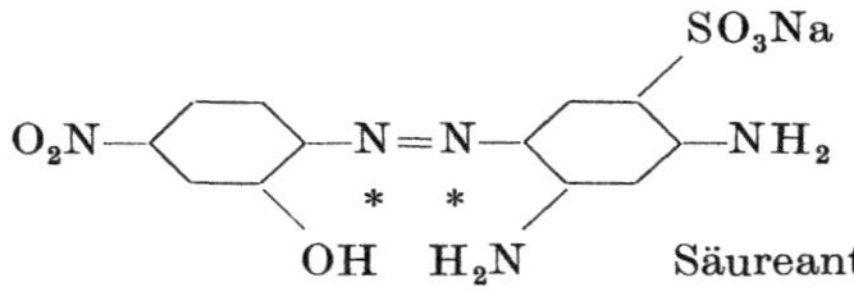 Säureanthracenbraun RH extra
d) Metallkomplex-farbstoff	Metallchelat	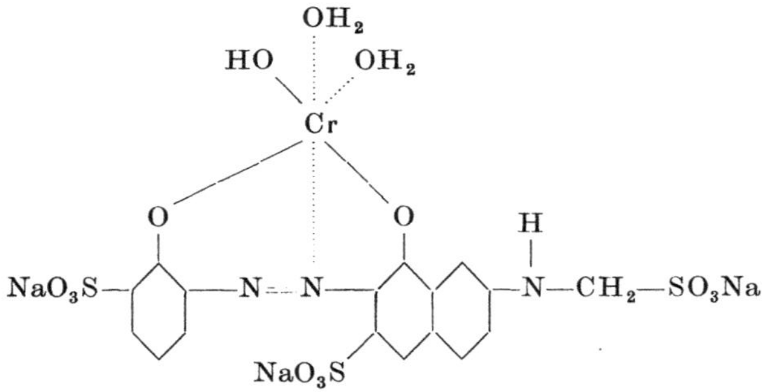 Erganilgrau GC [nach K. Venkataraman (1), S. 545]
e) Pyrazolonfarbstoffe	1-Phenyl-4 benzazo-5-pyrazolon	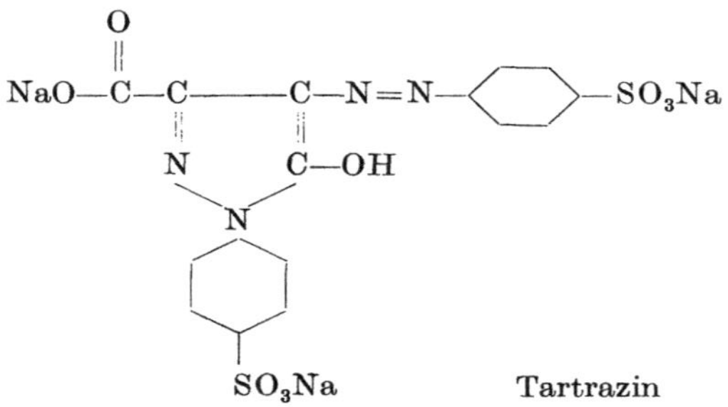 Tartrazin

Fortsetzung S. 128

Fortsetzung der Tabelle 7.

Farbstoffklasse	Kennzeichnendes Bauelement	Beispiel
f) Stilbenfarbstoff	Stilben und Azo- oder Azoxygruppen	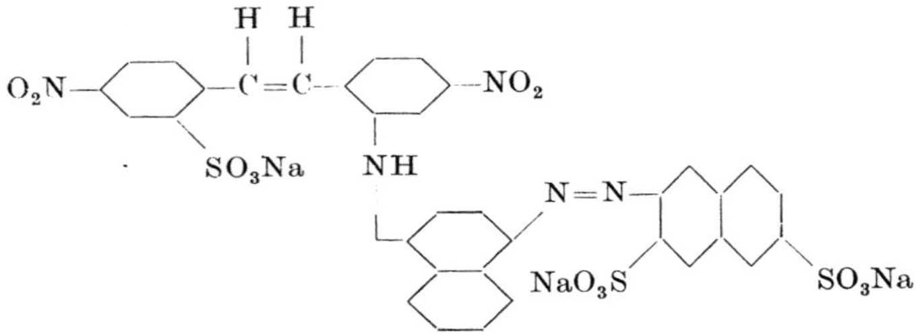 Diaminechtbraun GB
Thiazolfarbstoffe	Aminothiazol- oder Azothiazolsulfosäure	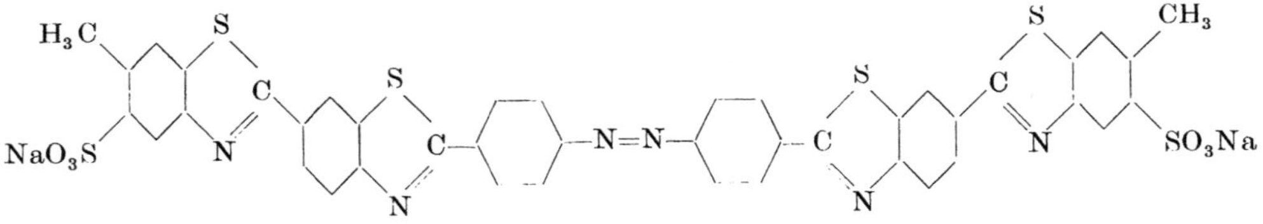 Sirius-Supra-Gelb RT [nach K. Venkataraman (1), S. 625]
Diphenylmethanfarbstoffe	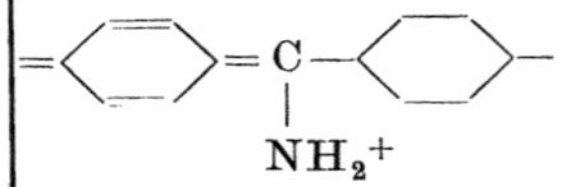	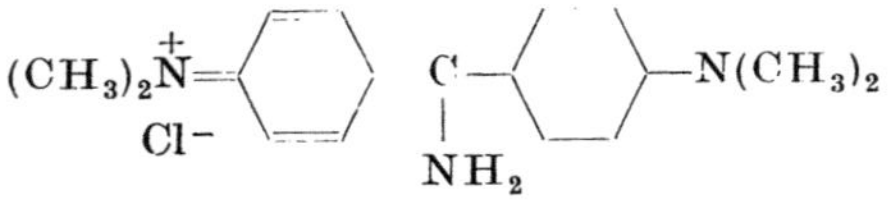 Auramin O

Fortsetzung der Tabelle 7.

Farbstoffklasse	Kennzeichnendes Bauelement	Beispiel
Triphenylmethan-farbstoffe	$\overset{+}{N}(R)_2$	$(CH_3)_2N \quad \overset{+}{N}(CH_3)_2 \quad Cl^-$ Malachitgrün
Acridinfarbstoffe	Siehe Beispiel	$(CH_3)_2N \quad \overset{H}{\underset{}{N^+}} \quad N(CH_3)_2 \quad Cl^-$ Acridinorange NO
Azine	Siehe Beispiel	$H_3C \quad N \quad CH_3$ $H_2N \quad N_+ \quad NH_2 \quad Cl^-$ Safranin T
Thiazine	Siehe Beispiel	N $(CH_3)_2N \quad S_+ \quad N(CH_3)_2 \quad Cl^-$ Methylenblau
Anthrachinon-farbstoffe	Sulfosäuren von Anthrachinon-derivaten	$O \quad OH$ $O \quad N-CH_3$ $H \quad SO_3Na$ Alizarin-Irisol R

Fortsetzung der Tabelle 7.

Farbstoffklasse	Kennzeichnendes Bauelement	Beispiel
Indigosolfarbstoffe (löslich gemachte indigoide Küpenfarbstoffe)		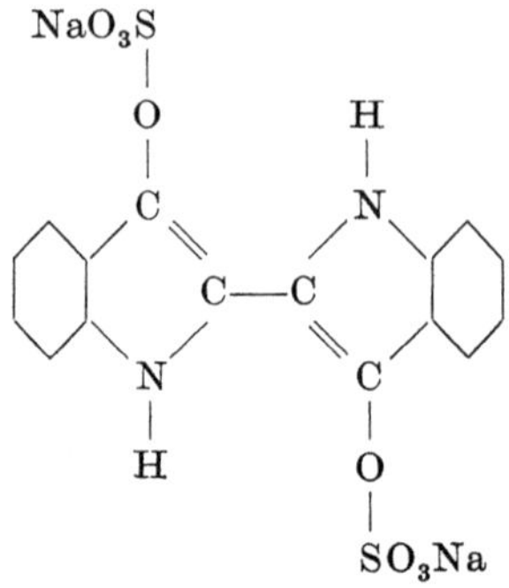 Indigosol O
Schwefelfarbstoffe	Hochmolekulare Verbindungen von im allgemeinen ungeklärter Struktur, die Schwefel-Heterocyclen und in Lösung Disulfid- oder Sulfoxydgruppen enthalten	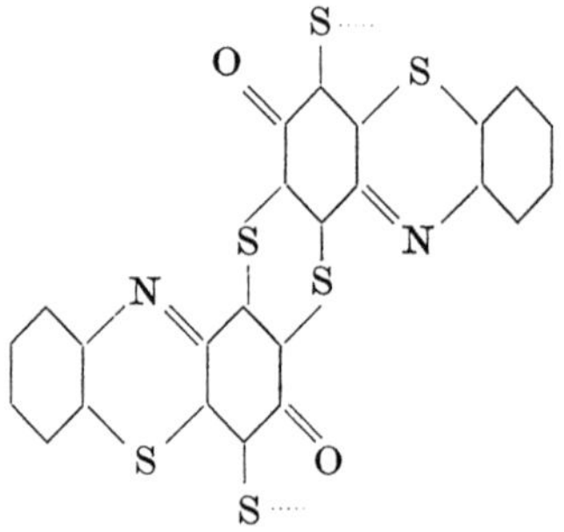 Immedialreinblau (nach W. Zerweck, H. Ritter und M. Schubert)
Phthalocyanine	Siehe Beispiel	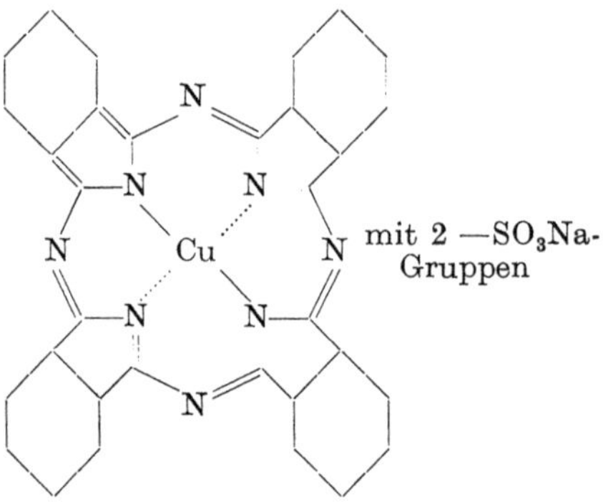 Luganiltürkisblau NG mit 2 —SO_3Na-Gruppen

4. Einteilung der Lederfarbstoffe.

a) Allgemeiner Überblick.

Das breite Gebiet der zur Färbung von Leder verwendeten oder verwendbaren Farbstoffe wird zweckmäßig nach ihren für die Anwendung wesentlichen Eigenschaften eingeteilt. Eine Übersicht gibt Tabelle 8.

Tabelle 8. Eigenschaften von Lederfarbstoffen.

1. Wasserunlösliche Farbstoffe		2. Wasserlösliche Farbstoffe	
Lösungsmittel	Farbstoffklasse	Ladungsnatur	Farbstoffklasse
Alkalisulfid ...	a) Schwefelfarbstoffe	Anionisch:	a) Säurefarbstoffe b) Substantive Farbstoffe c) Spezialfarbstoffe für Leder
Fette und Öle.	b) Fettfarbstoffe	Amphoter:	d) Metallkomplexfarbstoffe e) Sulfierte Triphenylmethanfarbstoffe
Alkohole	c) Spirituslösliche Farbstoffe	Kationisch:	f) Basische Farbstoffe

b) Wasserunlösliche Farbstoffe.

Ihre Bedeutung für die Lederfärberei ist gering im Vergleich mit derjenigen von wasserlöslichen Farbstoffen.

α) Schwefelfarbstoffe.

Diese Klasse umfaßt Farbstoffe, die aus wässerigen Lösungen von Natriumsulfid angewendet werden. Sie sind darin löslich unter Bildung von Reduktionsprodukten, die eine bemerkenswerte Affinität zur Faser, aber einen vom Ton der schließlich erhaltenen Färbung abweichenden Farbton besitzen. Durch Oxydation (Verhängen an der Luft oder Bichromatnachbehandlung) wird der endgültige Farbton hergestellt und der Schwefelfarbstoff unlöslich fixiert.

Schwefelfarbstoffe gibt es in folgenden Farbtönen: Gelb, Orange, Braun, Weinrot, Oliv, Khaki, Blau, Grün und Schwarz. Die Töne sind alle gedeckt, etwas ins Trübe gehend, d. h. sie enthalten erhebliche Grauanteile. Das hängt mit ihrem besonderen Aufbau zusammen. Schwefelfarbstoffe erhält man, indem man organische Verbindungen mit Schwefelalkali oder Schwefel und Schwefelalkali zusammenschmilzt. (Der erste Schwefelfarbstoff wurde von Troost 1861 gefunden.) Als organische Verbindungen dienen Phenyldiamine, Toluidine, Nitroaniline, Aminophenole, Thioharnstoffe usw. Außer diesen sogenannten Backfarbstoffen erzielt man aus Indophenolen unter milderen Bedingungen blaue, grüne, violette, rotbraune und rote Schwefelfarbstoffe, die von einheitlicherer Konstitution sind und ähnlich wie Küpenfarbstoffe in alkalischen Hydrosulfitbädern zur reduzierten Leukoverbindung gelöst werden können. Angaben über die in den letzten beiden Jahrzehnten erfolgte Konstitutionsaufklärung der Schwefelfarbstoffe findet man bei M. Schubert, ferner bei W. Zerweck, H. Ritter und M. Schubert sowie K. Venkataraman (2), S. 1059. Ein Beispiel der Konstitution eines Backfarbstoffs ist Immedialorange G, das aus Toluylendiamin durch Schmelzen mit Natriumpolysulfid erhalten wird. Dabei werden acht bis zehn Moleküle Toluylendiamin durch Thiazolringe entweder geradlinig:

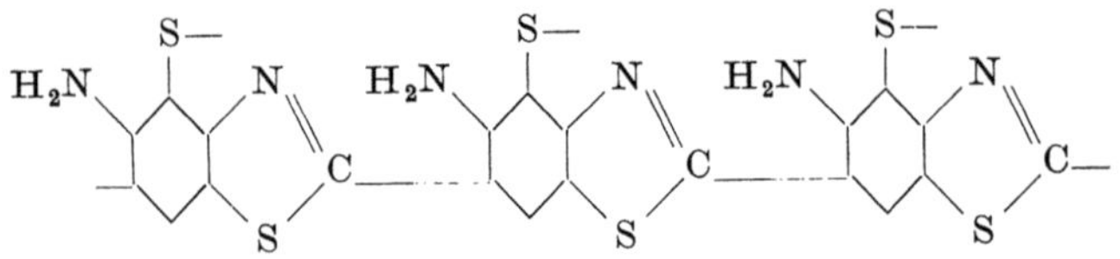

oder verzweigt

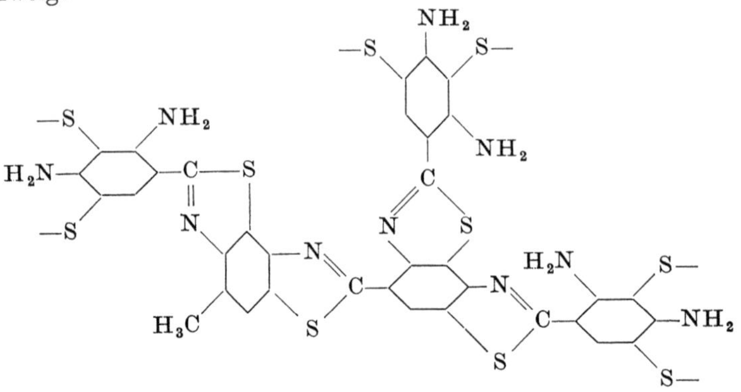

verbunden. Die hier offen gezeichneten —S—S—-Gruppen (Disulfidbrücken) geben die Löslichkeit in Na_2S.

Ein Beispiel für einen Indophenolfarbstoff liefert **Immedialreinblau**. Dieser Farbstoff besteht aus zwei Azinbausteinen, die durch einen Thioanthrenkern verknüpft sind:

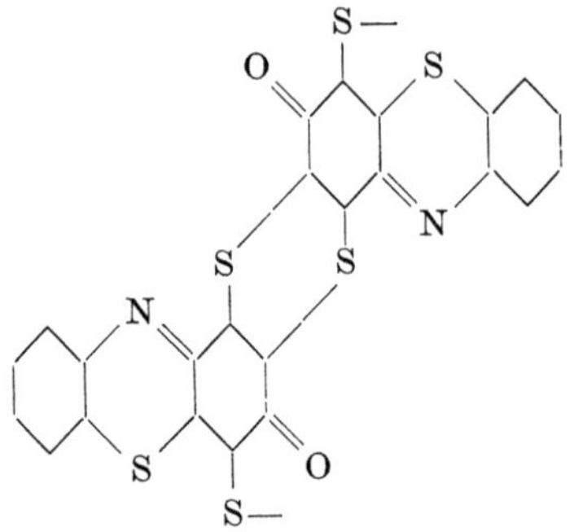

Auch dieser einheitliche kristallisierbare Körper ist über zwei Disulfidbrücken löslich.

Das Lösen und die Anwendbarkeit von Schwefelfarbstoffen ist bei manchen Präparaten des Handels dadurch erleichtert, daß diese den Farbstoff bereits in Mischung mit reduzierenden schwefelhaltigen Mitteln und Dispergiermitteln verschiedenster Art enthalten [BIOS-Report (1)].

Schwefelfarbstoffe sind in heißen wässerigen Schwefelnatriumlösungen leicht löslich. Beim Abkühlen entstehen mehr oder minder kolloidale Systeme. Die zum Lösen erforderliche Menge beträgt auf ein Teil Schwefelfarbstoff 1 bis 1,5 Teile Schwefelnatrium konz. Da solche Lösungen stark alkalisch sind ($p_H > 10$!), können nur solche Leder mit Schwefelfarbstoffen gefärbt werden, die genügend alkalibeständig sind (Formaldehyd-, Sämisch- und Paraffinsulfochlorid-Leder). Die Schwefelfarbstoffe liefern auf diesen Lederarten Färbungen von besonders guten Echtheiten gegen Wasser, Wäsche, Licht und Reiben.

β) Fett-, wachs- und öllösliche Farbstoffe.

Die freien Basen von Farbstoffen sind sowohl in niederen als auch höheren Fettsäuren gut löslich, ihre Salze mit solchen Fettsäuren sind auch in neutralen Ölen, Fetten und Wachsen löslich. Derartige Farbstoffe werden zum Anfärben von Wachsappreturen oder auch von Einbrennfetten und mit diesen indirekt auch in sehr geringem Grad zum Lederfärben gebraucht.

Am wichtigsten von dieser Klasse sind die Nigrosinbasen. Sie werden durch Erhitzen von Aminoazobenzol und Salzsäure und anschließendes Freimachen der Base mittels Natronlauge hergestellt, z. B.

Nigrosin C neu.

Auch eine Reihe von Azofarbstoffen, die keine wasserlöslich machenden Gruppen enthalten, ist fettlöslich, hierher gehören beispielsweise die Sudanfarbstoffe.

γ) Alkohollösliche Farbstoffe.

Spritlösliche Nigrosine werden erhalten, indem man Nitrobenzol oder Nitrophenol mit Anilinhydrochlorid in Gegenwart von Eisenkatalysatoren erhitzt, die frei gemachte Base durch Wasserdampfdestillation von überschüssigem Anilin befreit und nochmals aus saurer Lösung ausfällt.

In Spiritus lösliche Farbstoffe von guten Lichtechtheiten sind die Metallkomplexe, insbesondere Chromkomplexe von sulfogruppenfreien Monoazofarbstoffen. Es gibt abgerundete Sortimente solcher Farbstoffe, beispielsweise das der Zaponechtfarbstoffe.

Zaponechtschwarz PF

Spritlösliche Farbstoffe werden gelegentlich zur Spritzfärbung von Leder verwendet, um besondere Wirkungen zu erzielen.

c) Wasserlösliche Farbstoffe.

α) Vorbedingungen der Wasserlöslichkeit.

Die allgemein zum Färben von Leder angewendeten Techniken (s. Abschnitt D I, S. 104) setzen Wasserlöslichkeit der Farbstoffe voraus. Die wasserlöslichen Farbstoffe verdanken die Löslichkeit fast immer ihrer Ionennatur.

Diese bestimmt zugleich entscheidend das färberische Verhalten. Man untergliedert deshalb die wasserlöslichen Farbstoffe nach der Ladung des farbigen Ions in anionische, amphotere und kationische Farbstoffe. Für die technische Anwendbarkeit eines Farbstoffs zum Färben von Leder ist es sehr oft entscheidend, in welcher Höchstkonzentration er angewendet werden kann. Die maximale Löslichkeit eines Farbstoffs im Wasser hängt von mehreren Faktoren ab.

1. der Zahl wasserlöslich machender Gruppen im Farbstoffmolekül;
2. der Dissoziation dieser Gruppen;
3. der Größe des Farbstoffmoleküls;
4. dem Vorhandensein koordinationsaktiver Gruppen in den Farbstoffmolekülen, die deren Aggregieren bewirken;
5. der Gegenwart von anderen Ionen, die mit den Farbstoffen schwerlösliche Verbindungen liefern können (Härtebildner, oberflächenaktive Körper);
6. dem p_H-Wert des Systems;
7. der Gegenwart von Neutralsalzen;
8. der Temperatur des Bades.

Die Löslichkeit steigt mit der Zahl der löslich machenden Gruppen, ihrer Dissoziation und der Temperatur des Bades. Sie fällt mit wachsendem Molekulargewicht, der Häufung koordinationsfähiger Gruppen und mit der Gegenwart von Neutralsalzen.

β) Anionische Farbstoffe.

Als löslich machende Gruppen dienen, nach abnehmender Fähigkeit zur Dissoziation geordnet:

1. die Sulfogruppe;

2. die Nitrogruppe in Ortho- oder Parastellung zum phenolischen Hydroxyl oder einer Iminogruppe;

3. die Carboxylgruppe.

Während die Gegenwart von Härtebildnern die löslich machende Wirkung von 1 und 2 kaum beeinträchtigt, tut sie das, wie G. Otto (2) gezeigt hat, sehr stark bei 3.

Vertreter der verschiedenen Untergruppen anionischer Farbstoffe können gemeinsam miteinander in gleichem Bade verwendet werden. Sie können weiter auch mit den amphoteren Farbstoffen in gleichem Bad gefärbt werden. Eine genaue Trennung und Unterscheidung dieser Farbstoffklassen ist nicht möglich, in jeder Klasse gibt es Vertreter, die Übergänge zu dem Typ der anderen Klassen darstellen. Die Bezeichnung der Klassen erfolgte von verschiedenartigen Gesichtspunkten aus. Beispielsweise besagt die Klassenbezeichnung „substantive Farbstoffe", daß diese unmittelbar auf die pflanzliche Faser aufziehen, ohne daß diese vorbehandelt werden muß. Die Bezeichnung Metallkomplexfarbstoffe anderseits besagt etwas über ihre Konstitution.

Säurefarbstoffe.

Unter Säurefarbstoffen — oft fälschlich „saure Farbstoffe" genannt — versteht man im weiteren Sinne solche, bei denen das gefärbte Anion aus dem sauer gestellten Färbebad auf die tierische Faser aufzieht. Die p_H-Werte des Färbesystems müssen dabei unter demjenigen liegen, bei welchem die Faser isoelektrische Reaktion zeigt (s. Abschnitt E II 1 b, S. 164). Bei der Lederfärberei im besonderen versteht man unter Säurefarbstoffen bzw. sauren Farbstoffen anionische Farbstoffe, die sich durch ein verhältnismäßig niedriges Molekulargewicht, eine niedrige Koordinationsaffinität (Abschnitt E II 4, S. 181 ff.), durch die Fähigkeit, Chromleder oft besonders leicht zu durchdringen, und durch eine beschränkte Wasserechtheit ihrer Färbungen auszeichnen. Ein typischer Säurefarbstoff, der für die Lederfärbung verwendet wird, ist

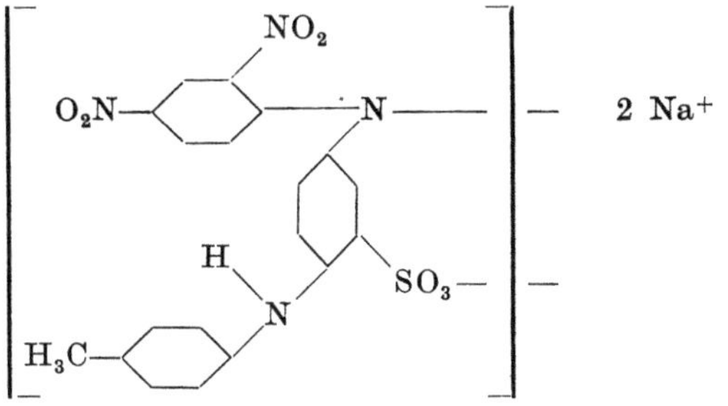

$$\left[\begin{array}{c} O_2N-\langle\ \rangle-N- \\ NO_2 \\ SO_3- \\ H_3C-\langle\ \rangle-N-H \end{array}\right] \quad - \quad 2\ Na^+ \quad -$$

Amidogelb E.

Dieser Farbstoff trägt als wasserlöslich machende Gruppen in seinem kleinen Molekül sowohl eine Sulfogruppe als auch eine durch zwei am gleichen Kern befindliche Nitrogruppen negativierte Iminogruppe, deren Proton hier abdissoziieren kann (Abschnitt E II 2b, S. 168). Amidogelb färbt Chromleder leicht durch.

Es gibt auch höhermolekulare Säurefarbstoffe, die gleichwohl das typische Verhalten saurer Farbstoffe an Leder zeigen:

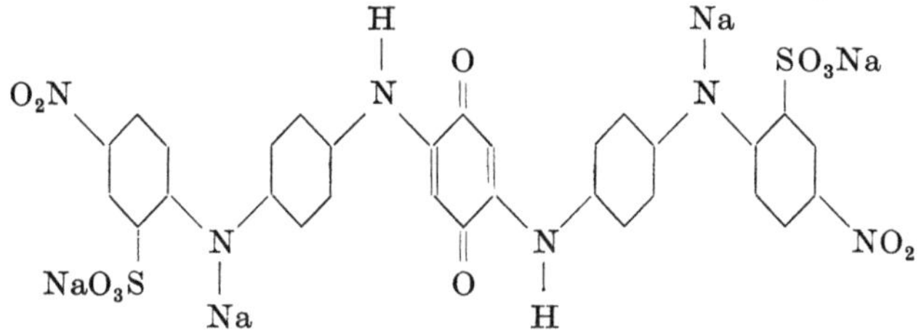

Säurelederbraun EGB [BIOS-Report (2)].

Sie verdanken ihre Eigenschaften der Häufung löslich machender Gruppen (hier zwei Sulfo-, zwei negativierte Imino-) sowie der Tatsache, daß sich in dem langgestreckten Molekül kein ausgedehntes System konjugierter Doppelbindungen (Abschnitt E II 4c, S. 181) befindet. Infolgedessen können keine stärkeren Koordinationskräfte vom Farbstoffmolekül ausgehen, die eine erhöhte Affinität bringen würden.

An dem verhältnismäßig kleinen Molekül der Säurefarbstoffe wirken nicht so viele verschiedenartige farbgebende Gruppen nebeneinander; die wenigen farbgebenden Gruppen liefern oft besonders reine lebhafte Farbtöne. Diese Eigenschaft wirkt sich besonders vorteilhaft aus bei der Färbung pflanzlich gegerbter Leder, auf denen höhermolekulare Farbstoffe oft trübe und flache Färbungen liefern. Auch die anteilige Mitverwendung saurer Farbstoffe neben höhermolekularen Farbstoffen steigert oft schon die Lebhaftigkeit der erzielten Färbung. Besonders beim Färben von Chromvelourledern hat sich eine solche Verwendung von Säurefarbstoffen bewährt.

Die geringeren Naßechtheiten von Lederfärbungen mit Säurefarbstoffen lassen sich oft durch zweckmäßige Färbetechniken oder die Verwendung fixierender Hilfsmittel beheben.

Mischungen von Säurefarbstoffen sind oft beim Färben pflanzlich gegerbter Leder vorteilhafter als die Anwendung höhermolekularer einheitlicher Farbstoffe. Diese Tatsache beruht darauf, daß Zwischentöne, wie etwa ein Havanna-braun, aus kleinmolekularen Farbstoffen mit reinen Farbtönen gemischt viel feuriger ausfallen, als wenn sie durch ein einzelnes höhermolekulares Molekül gebildet werden. Dieses hat nämlich, eben infolge der verschiedenartigen und zahlreichen farbgebenden Gruppen, auch eine erhöhte Koordinationsaffinität, die Ursache zu Aggregationen der Farbstoffmoleküle untereinander und zu Aggregationen der Farbstoffe mit den Pflanzengerbstoffen wird. Bei derartigen Aggregationen gehen aber stets Reinheit, Fülle und Lebhaftigkeit des Farbtones zurück.

Ganz anders als beim Färben von pflanzlichen Ledern, wo die Gegenwart der aromatischen Gerbstoffe Affinitätsunterschiede der Farbstoffe ausgleicht, verhalten sich Mischungen „saurer" Farbstoffe bei der Färbung von Chromleder. Die beiden Farbbilder, Abb. 14 und 15 der Tafel S. 99, zeigen Mikroaufnahmen von Chromleder, deren Narbenschicht beide Male in einem Havannabraunton gefärbt wurde. Bei der oberen Aufnahme war dazu ein Gemisch verschieden-farbiger Säurefarbstoffe verwendet worden. Man erkennt deutlich, wie wenig gleichartig, geradezu willkürlich die einzelnen Farbstoffe das Leder angefärbt haben. In dem unteren Bild läßt dagegen die Färbung mit einem einheitlichen Spezialfarbstoff für Chromleder (s. S. 139) ein weit vorteilhafteres Verhalten erkennen.

Substantive Farbstoffe.

Diese für die Färbung pflanzlicher Fasern entwickelten Farbstoffe haben für die Färbung besonders von Chromleder eine große Bedeutung erlangt. Sie liefern an Oberfläche und Außenzonen dieses Materials im allgemeinen besonders volle gedeckte Farbtöne.

Von den Säurefarbstoffen unterscheiden sich die substantiven Farbstoffe in der Regel durch ein höheres Molekulargewicht, eine größere Zahl farbgebender Gruppen im Molekül und durch eine von zahlreichen schwachpolaren Gruppen ausgehende Koordinationsaffinität, die diese Farbstoffe befähigt, sich zu aggregieren und beständiger am Substrat zu binden als das die Säurefarbstoffe können. Substantive Farbstoffe liefern deshalb Färbungen mit meist höheren Naßecht-heiten als die der Säurefarbstoffe. Im übrigen bestehen fließende Übergänge und es gibt keine scharfe Grenze zwischen den beiden Farbstoffgruppen.

Die Neigung substantiver Farbstoffe zu aggregieren ist Ursache, daß mit ihnen besonders gedeckte Färbungen an mineralgaren Ledern erhalten werden. Diese Neigung bringt aber auch viele Nachteile. Die Farbstoffaggregate ziehen ungleichmäßiger auf, als Einzelionen es tun. Aggregierte Farbstoffe fallen be-sonders rasch auf narbenwunden Stellen und auf der großen Oberfläche der Fleischseite an das Leder, diese Stellen bekommen dabei dunklere und meist trübere Farbtöne als die restlichen Teile des Leders. Aggregierte Farbstoffe sind auch viel empfindlicher gegenüber der Gegenwart anderer Ionen im Färbe-bad. Mineralsalze, Härtebildner und Säure machen solche Aggregate schwer-löslich und lassen sie ausfallen. Die Farbstoffällungen verschmieren das Leder.

Substantive Farbstoffe haben meist eine geringere Löslichkeit als Säurefarb-stoffe. Wie solche werden sie auf der sauren Seite des isoelektrischen Punktes des Ledermaterials von diesem gebunden. Jedoch können von substantiven Farbstoffen auch im isoelektrischen Bereich und bei etwas darüber liegenden p_H-Werten nicht unerhebliche Mengen gebunden werden. Die technische An-wendbarkeit der substantiven Farbstoffe ist durch deren geringe Löslichkeit in sauren Flotten stark eingeengt. Chromleder muß vor dem Färben mit sub-stantiven Farbstoffen besonders sorgfältig und gleichmäßig entsäuert sein.

Als typisches Beispiel eines substantiven Lederfarbstoffs kann Trisulfonbraun 2 G [Sandoz, von Venkataraman (*1*), S. 577, beschrieben] gelten:

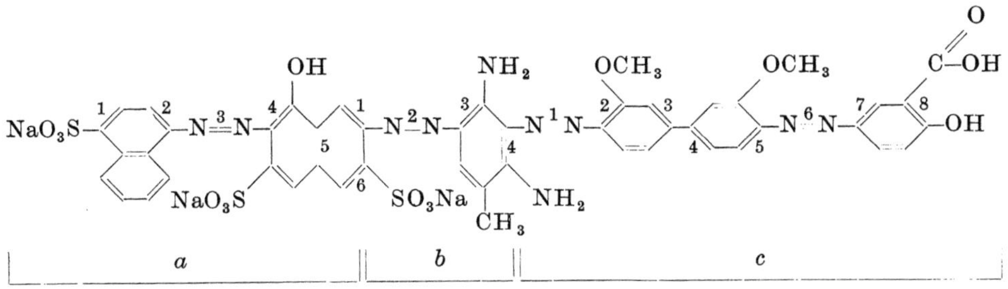

Der Farbstoff enthält drei Systeme konjugierter Doppelbindungen. In dem
ersten, a, mit sechs Doppelbindungen wirken zwei Sulfogruppen, so daß keine
sehr starke Koordinationsaffinität aufkommen kann (s. Abschnitt E II 4 f,
S. 187). Der nächst anschließende Molekülabschnitt b stellt ein System von vier
konjugierten Doppelbindungen dar und enthält neben einer Sulfogruppe zwei
Aminogruppen. Diese schränken die löslich machende Wirkung der Sulfogruppe
ein. Im dritten Abschnitt c liegt schließlich ein System von acht konjugierten
Doppelbindungen vor und als löslich machende Gruppe nur der Salicylsäurerest, der gegen Härtebildner besonders empfindlich ist. Im Abschnitt c ist die
Ausbildung zahlreicher Koordinationskräfte besonders wahrscheinlich. Trotzdem wird sich das Trisulfonbraun GG für die Chromlederfärbung günstig verhalten, da das System konjugierter Doppelbindungen zweimal unterbrochen
ist und genügend Sulfogruppen für eine ausreichende Löslichkeit in saurer Flotte
sorgen.

Beim Columbiaschwarz FF extra [K. Venkataraman (*1*), S. 575] ist das
schon nicht mehr der Fall:

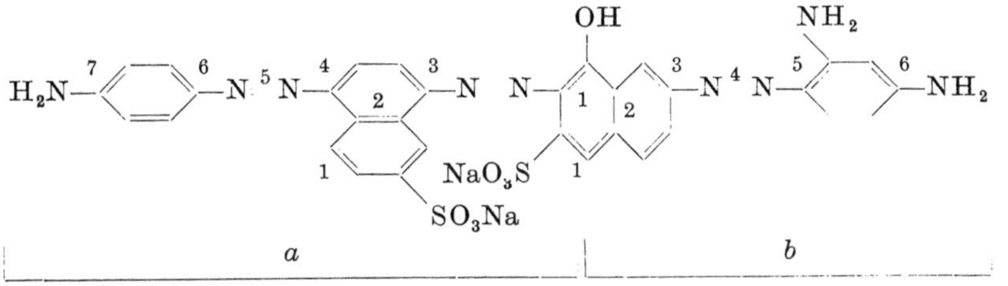

Dieses Farbstoffmolekül enthält nur eine Unterbrechung des Systems von
Doppelbindungen, und im rechten Teil b herrschen die positivierenden zwei
Aminogruppen stark vor. Columbiaschwarz FF hat eine für die Chromleder-
färbung kaum noch ausreichende Löslichkeit in saurer Flotte.

Gerade bei den üblichen substantiven Schwarzfarbstoffen entsprechen allgemein die Löslichkeitsverhältnisse nicht den Forderungen der Lederfärberei.
Dies war einer der Gründe, die zur Schaffung der im folgenden Abschnitt c
behandelten Spezialfarbstoffe für Leder geführt haben.

Substantive Farbstoffe können auch in Sonderfällen zur Färbung lohgarer
Leder dienen. An der pflanzlich gegerbten Faser ist deren Fähigkeit zu Koordi-
nationsbetätigung, wie G. Otto (*3*) zeigte, schon so weitgehend durch den Gerbstoff blockiert, daß es gelingt, das pflanzlich gegerbte Leder mit substantiven
Farbstoffen durchzufärben. Man macht beim Färben von lohgaren Gürtelvelour-
ledern von dieser Eigenschaft Gebrauch.

Spezialfarbstoffe für Leder.

Chromleder hat färberische Eigenschaften ganz besonderer Art. Infolge der außerordentlich hohen Fähigkeit der chromgaren Lederfaser zur koordinativen Betätigung treten auch geringfügige Unterschiede in dem Vermögen der Farbstoffe, einer solchen Koordination zu entsprechen, sehr stark in Erscheinung. Die Farbstoffe zeigen dementsprechend große Affinitätsunterschiede, dringen in Mischung angewendet ganz ungleichmäßig tief in das Chromleder ein (vgl. Abb. 14 und 15, Tafel S. 99). Chromleder soll besonders häufig in braunen Farbtönen gefärbt werden, Farbtönen, die mit den meisten für die Textilfärbung entwickelten Farbstoffen nicht befriedigend erreicht werden konnten.

Solche Umstände veranlaßten die Entwicklung von Spezialfarbstoffen für Leder, eine Entwicklung, die vor etwa 30 Jahren in Deutschland begann, von der Schweizer Industrie alsbald aufgenommen wurde und an der jetzt die meisten Farbstofferzeuger beteiligt sind.

Zunächst wurden einheitliche Braunfarbstoffe geschaffen. Diese anionischen Spezialfarbstoffe für Leder haben einen Aufbau, der ihnen die Vorteile der Säurefarbstoffe (hohe Löslichkeiten auch in saurer Flotte, gute Lebhaftigkeit, gutes Egalisiervermögen) und zugleich diejenigen der substantiven Farbstoffe (volle gedeckte Farbtöne und gute Naßechtheiten der Färbung) verleiht. Dementsprechend ist in diesen Farbstoffen das Verhältnis zwischen löslich machenden Gruppen und koordinationswirksamen Stellen besonders sorgfältig ausgewogen:

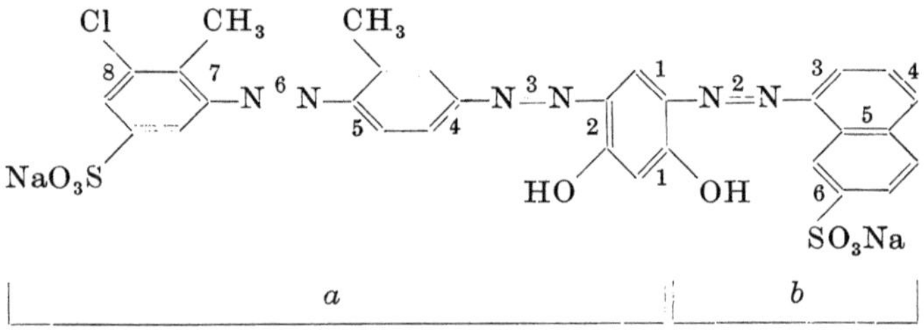

Säurelederbraun EGR [FIAT-Report; BIOS-Report (3)]

In jedem der beiden Systeme von konjugierten Doppelbindungen, die durch die isolierende Gruppierung der Metasubstitution unterbrochen sind, ist gerade so viel an löslich machenden Gruppen, daß sich die obigen Vorteile herausbilden: im Molekülteil a auf acht Doppelbindungen eine Sulfo- und zwei OH-Gruppen, im Molekülteil b auf sechs Doppelbindungen eine Sulfogruppe.

Besonders wertvoll mußte eine derartige Anpassung des Farbstoffaufbaus an die Sonderbedürfnisse der Chromlederfärbung auf dem Gebiet der Schwarzfarbstoffe sein. Für die Färbung von schwarzem Velourleder sind Farbstoffe mit den oben geschilderten Eigenschaften besonders vorteilhaft. Durch geeignete Abwandlungen (z. B. Einführung weiterer Sulfogruppen) konnten aus den bekannten Direkttiefschwarz-Marken der Baumwollfärberei wertvolle Velourschwarzmarken entwickelt werden.

Farbstoffe für Velourleder dürfen keine zu hohe Koordinationsaffinität besitzen, damit man mit ihnen etwa beim p_H-Bereich des isoelektrischen Punktes das Leder voll und gleichmäßig durchfärben kann. Ein Spezialfarbstoff für Velourleder wird von C. Alabouvette und C. Rouanet wie folgt angegeben:

In dem Molekülteil *a* sind auf sieben bzw. (acht) konjugierte Doppelbindungen drei löslich machende Gruppen (zwei Sulfo- und eine negativierte OH-Gruppe) vorhanden, im rechten Molekülteil *b* liegt neben fünf konjugierten Doppelbindungen eine negativierte OH-Gruppe vor.

Auch durch Einschaltung zahlreicher isolierender Gruppierungen („I. Gr." s. Abschnitt E II 4e, S. 185) in das System eines hochmolekularen Farbstoffs kommt man zu wertvollen Spezialfarbstoffen für die Färbung von Chromleder. Ein I.C.I.-Patent (*1*) beschreibt das folgende Chromlederbraun:

Zwei Aminogruppen und zwei Metasubstitutionen unterbrechen die Kette konjugierter Doppelbindungen und verhindern so, daß der hochmolekulare Farbstoff zu rasch und ungleichmäßig aufzieht. Sechs ionische Gruppen, ziemlich gleichmäßig über das Molekül verteilt, sorgen für gute Löslichkeitsverhältnisse.

Die besonderen Bedürfnisse der Chromlederfärbung haben noch weitere Typen von Spezialfarbstoffen entstehen lassen. Es handelt sich um Farbstoffe mit einer ganz bestimmten Affinität, derart, daß sie etwa Chromleder in 1- bis 2%igen Färbungen gleichmäßig bis zu 25 oder 30% ihres Querschnittes einfärben oder es vollständig durchfärben. Die I.G. Farbenindustrie hat vor etwa 20 Jahren das Sortiment der Igenalfarbstoffe geschaffen. Es bestand aus drei Reihen von Farbstoffen, die Vertreter jeder Reihe zeigten untereinander praktisch gleiche Affinität zu Chromleder. Die drei Reihen unterschieden sich jedoch voneinander, sie entsprachen drei Affinitätsstufen. Diejenige mit der höchsten Affinität lieferte gedeckte gleichmäßige Oberflächenfärbungen, diejenige mittlerer Affinität färbte Chromleder ein und Farbstoffe aus der letzten Reihe mit der geringsten Affinität färbten Chromleder gerade vollständig durch.

Das Beispiel eines Vertreters der mittleren Reihe ist

Igenalbraun IRG [K. Venkataraman (*1*), S. 482].

Hier wurden in einem Molekül mittlerer Gruppe die gleichen Mittel der Affinitätsverminderung angewendet, die oben für hochmolekulare Farbstoffe beschrieben worden sind.

Auch indem man Polyazofarbstoffe entamidiert, gelangt man nach einem Patent der General Aniline and Film Corporation zu einfärbenden Lederfarbstoffen. Der Effekt beruht wohl darauf, daß mit der Entfernung der Aminogruppen die Bruttodissoziation (s. Abschn. E II 2a und b, S. 166, bzw. S. 167) des anionischen Farbstoffs erhöht wird. Bei diesem Verfahren tritt aber zwangsläufig auch eine Farberhöhung ein, der Farbton ändert sich nach der Seite hellerer gelber Töne hin, da mit den Aminogruppen Chromophore verschwinden.

γ) Amphotere Farbstoffe.

Viele als anionische Körper angesehene Farbstoffe haben im Grunde einen amphoteren Charakter. In ihnen sind nicht nur negative, anionische Gruppen, sondern auch positive, kationische Gruppen wirksam. Näheres hierzu s. Abschnitt E II 2a und d (S. 167 bzw. 170). Es ist für die zweckvolle Anwendung der Farbstoffe beim Lederfärben wichtig zu wissen, daß sowohl Metallkomplexfarbstoffe als sulfierte Triphenylmethanfarbstoffe einen zwitterionischen Charakter haben. Eine immer noch wachsende Rolle für die Lederfärbung spielen Metallkomplexe, insbesondere von Azofarbstoffen.

Metallkomplexfarbstoffe.

Die Hautfaser hat die Möglichkeit, sich mit metallisierten Farbstoffen, z. B. den komplexen Chrom-, Kupfer-, Kobalt- oder Eisenverbindungen von Azofarbstoffen, besonders echt und beständig zu verbinden. Die so erkennbar werdenden starken Affinitätskräfte bewirken dabei jedoch kein rascheres ungleichmäßigeres Aufziehen. Diese wertvolle Eigentümlichkeit der Metallkomplexfarbstoffe verdanken sie ihrem amphoteren Charakter, und sie ist der Grund dafür, daß sehr viele neu entwickelte Spezialfarbstoffe für Leder Metallkomplexe sind.

Besonders bekannt sind die Erganilfarben (BASF) und Neolanfarben (Ciba), die als erste Sortimente von Metallkomplexfarbstoffen für die Lederfärbung seit Ende der zwanziger Jahre entwickelt wurden. Ein Beispiel:

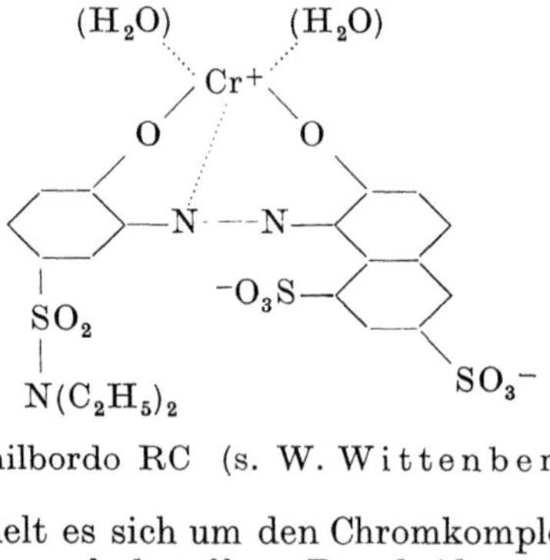

$$(H_2O) \qquad (H_2O)$$
$$Cr^+$$

Erganilbordo RC (s. W. Wittenberger).

Wie man sieht, handelt es sich um den Chromkomplex eines verhältnismäßig niedrigmolekularen Monoazofarbstoffes. Den beiden anionischen Sulfogruppen steht das positive Metallatom gegenüber. Der Farbstoff hat daher einen Isoelektrischen Punkt, oberhalb dessen die anionischen Eigenschaften überwiegen, unterhalb dessen aber der kationische Charakter sich durchsetzt. Diese Reaktionsscheide liegt für Farbstoffe dieser Art etwa bei p_H 3. Nähert man sich beim Färben diesem Wert, dann bewirkt man ein besonders gleichmäßiges Färben.

Unterschreitet man ihn, dann schwinden die Möglichkeiten der Farbstoff-Fixierung über das Metallatom, der Farbstoff verhält sich so, wie es der metallfreie Azofarbstoff tun würde, er blutet leicht aus dem gefärbten Leder wieder aus. Man verwendet daher zum Fixieren von Metallkomplexverbindungen niedrigmolekularer Monoazofarbstoffe zweckmäßig nicht Ameisen-, sondern Essigsäure.

Der amphotere Charakter von Metallkomplexfarbstoffen tritt mit wachsendem Molekül des Azofarbstoffs, etwa in Dis- und Triazofarbstoffen, mehr und mehr zurück. Neuerdings werden gerade derartige Farbstoffe bevorzugt entwickelt. So beschreibt ein CIBA-Patent (1) den folgenden grünschwarzen Farbstoff für Chromleder:

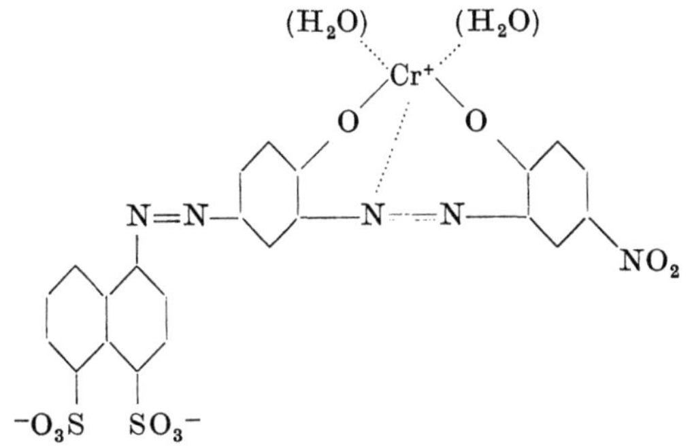

$$\text{(Chromkomplex-Farbstoffstruktur mit } (H_2O), (H_2O), Cr^+, O, O, N=N, N{=}N, NO_2, {}^-O_3S, SO_3^-)$$

Ein weiteres derartiges Beispiel bildet das Erganilschwarz C [K. Venkataraman (1), S. 544]:

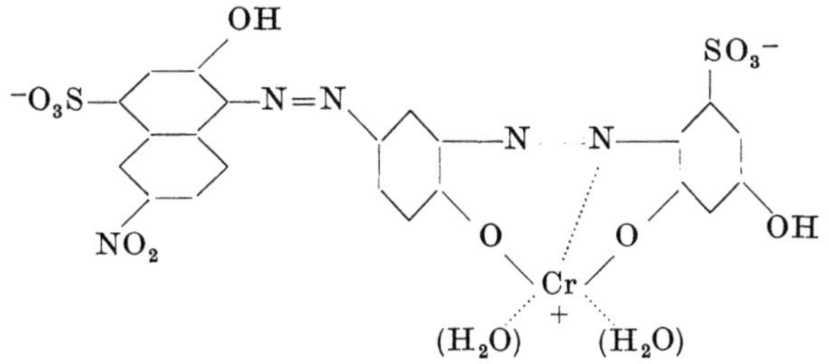

$$\text{(Chromkomplex-Farbstoffstruktur mit } OH, {}^-O_3S, N=N, NO_2, SO_3^-, OH, O, O, Cr^+, (H_2O), (H_2O))$$

In Kupferkomplexen sind oft die positiven Valenzen des zweiwertigen Metalls schon beide beansprucht, so daß diese dann nicht mehr amphoter reagieren:

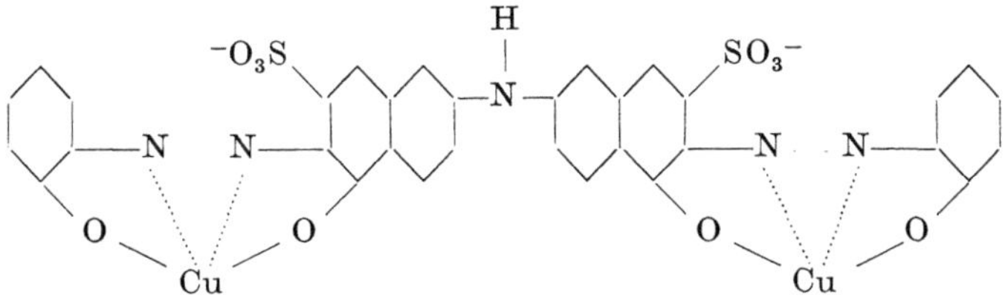

$$\text{(Kupferkomplex-Farbstoffstruktur mit } H, {}^-O_3S, N, SO_3^-, N, N, O, O, Cu, Cu)$$

Dieser von E. Krähenbühl beschriebene Farbstoff ist rein anionisch, obwohl er zwei Kupferatome enthält.

Wenn das Kupferatom in dieser Weise keinen positiven Charakter mehr entfalten kann, dient es wohl als Chromophor und stabilisiert den Farbstoff gegenüber Licht, das Kupferatom nimmt aber kaum mehr an der Bindung an die Faser teil. Beispielweise ist auch ein Kupferkomplex als typischer Einfärber für Chromleder bekannt.

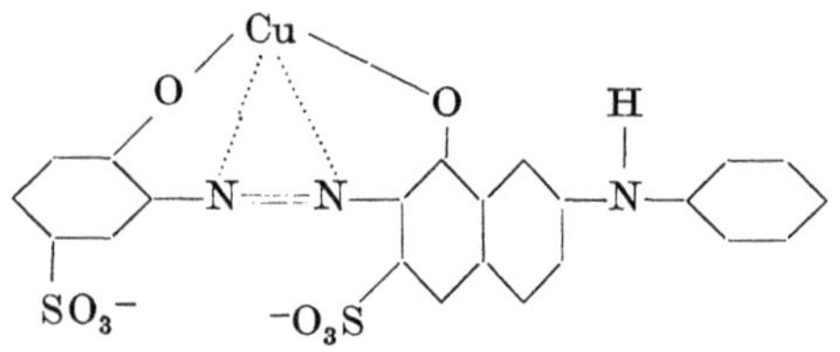

Igenalbraun IRBF [K. Venkataraman (9)].

Metallkomplexfarbstoffe mit noch ausgeprägter Reaktionsfähigkeit des Metallatoms haben Eigenschaften, die sie vorteilhaft vor vielen anderen Lederfarbstoffen hervortreten lassen. Diese Farbstoffe werden nur langsam und allmählich angelagert. Die entstehende Bindung festigt sich aber dann besonders beim Trocknen des Leders in außergewöhnlichem Maße. Derartige Farbstoffe ziehen daher besonders gleichmäßig auf das Leder auf, sie zeigen, einmal fixiert, besonders hohe Echtheitseigenschaften gegen Wasser, Schweiß, Wäsche und Licht.

Diese Eigenheiten der Metallkomplexfarbstoffe machen sie besonders einsatzfähig, in all den Fällen, in denen Feintöne, zarte Pastelltöne, wie Grau, Beige, Rosenholz, Lavendel usw., gefärbt werden sollen. Sie machen die Vertreter dieser Farbstoffklasse weiter zu den idealen Mitteln für die echte Färbung von Bekleidungsledern und waschbaren Handschuhledern.

Sulfierte Triphenylmethanfarbstoffe.

Durch Sulfieren mancher Farbstoffbasen kann man zu lebhaften Farbstoffen gelangen, die aus saurem Bad auf die Lederfaser aufziehen. Von dieser Möglichkeit macht man besonders bei Triphenylmethanfarbstoffen Gebrauch. In dieser Klasse finden sich lebhafte rote, violette, blaue und grüne Farbstoffe.

Derartige zur Lederfärbung oft verwendete Farbstoffe sind beispielsweise Lichtgrün SF gelblich [K. Venkataraman (2), S. 751]

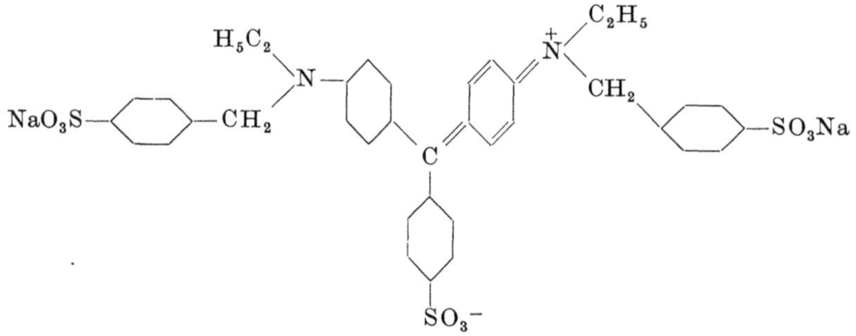

und Ledergelb GS [s. K. Venkataraman (2), S. 759]

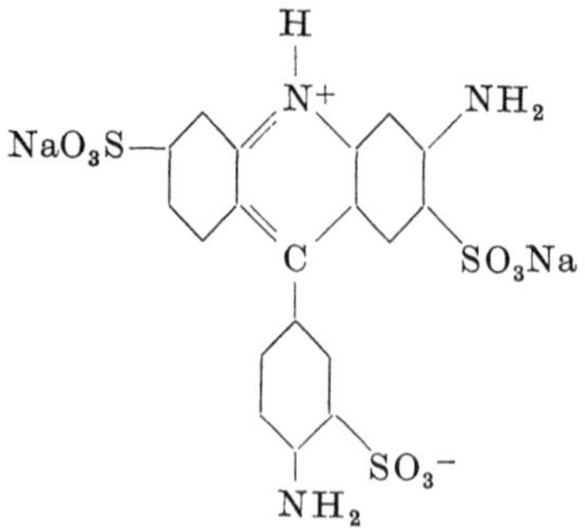

Die positive Ladung des Stickstoffs in einem solchen Zwitterion bewirkt ein besonderes färberisches Verhalten. Färbt man nämlich Leder, das durch seine starke Beladung mit anionischen Gerbstoffen (sulfitierten Pflanzengerbstoffen, synthetischen Gerbstoffen) ein vermindertes Bindevermögen für rein anionische Farbstoffe hat, mit einem solchen sulfierten Triphenylmethanfarbstoff, dann erhält man nach G. Otto (3) viel vollere sattere Farbtöne als mit rein anionischen Farbstoffen. Leider haben die sulfierten Triphenylmethanfarbstoffe nur die allgemein verhältnismäßig geringe Lichtechtheit basischer Farbstoffe. Man kann daher von den Vorteilen der hier behandelten Farbstoffklasse nur in beschränktem Umfange Gebrauch machen.

δ) Kationische (basische) Farbstoffe.

Wie aus Tabelle 7 (S. 128 bis 130) ersichtlich ist, gibt es auch bei den basischen Farbstoffen recht verschiedenartige Aufbauprinzipien. Für die Lederfärbung spielen jedoch Konstitutionsunterschiede basischer Farbstoffe eine geringere Rolle als solche anionischer Farbstoffe. Dies beruht darauf, daß man mit basischen Farbstoffen im allgemeinen nur die Lederoberfläche färbt und nicht tiefer in das Lederinnere eindringende Färbungen erzielen will. Pflanzlich gegerbtes Leder reagiert sehr rasch mit den kationischen Farbstoffen. Mineralgares Leder hat im frisch gegerbten Zustand kaum Affinität für diese Farbstoffklasse und bedarf einer Zwischenbehandlung, Beize genannt, um mittels basischer Farbstoffe färbbar zu werden.

Auch die Bezeichnung „Beize" ist von der Textilfärberei übernommen. Baumwolle wird mit Tannin gebeizt, um mittels bsaischer Farbstoffe anfärbbar gemacht zu werden. Ganz entsprechend sind die Beizen für Chromleder ebenfalls pflanzliche Gerbstoffe oder diesen nahestehende Körper, etwa die Neutralsalze synthetischer Gerbstoffe. Es muß hier aber betont werden, daß alle oberflächenwirksamen Anionen, die vom Chromleder gebunden werden, als Beizen für die Färbung mit basischen Farbstoffen dienen können. Es handelt sich bei dem Vorgang des Beizens einfach darum, den isoelektrischen Punkt des Chromleders, der besonders hoch liegt, durch Aufnahme von Anionen nach der Seite niedrigerer p_H-Werte zu verschieben (s. Abschnitt E III 2 und 4, S. 197 und 205). Dementsprechend kann ein Chromleder, das schon mit anionischen Farbstoffen gefärbt wurde, mit einer geringeren Menge basischer Farbstoffe überfärbt werden. Die Vorfärbung mit anionischen Farbstoffen wirkt als „Beize" für die Fixierung der basischen Farbstoffe.

Es ist einleuchtend, daß sich Behandlungen der eben geschilderten Art in der Regel überwiegend in den äußeren Schichten des Chromleders abspielen werden. Affinitätsunterschiede der basischen Farbstoffe bleiben dabei von sehr geringem Einfluß auf das färberische Ergebnis. Erst wenn bei basischen Farbstoffen besonders hohe Affinität auftritt, kann diese sich in einer auffallend geringen Gleichmäßigkeit der damit erzielten Färbungen äußern.

Basische Farbstoffe liegen in Form der Salze von Farbbasen vor, worauf ihr kationischer Charakter beruht. Als Beispiel sei hier ein basischer Azofarbstoff dargestellt:

$$\left[H_2N-\text{〈〉}-N=N-\text{〈〉}-N=N-\text{〈〉}-NH_2 \right] 2\,Cl^-$$

Vesuvin 3 R (s. z. B. K. Holzach und W. Hagge, S. 209).

Derartig langgestreckte Moleküle mit mehreren ionischen Zentren haben in der Regel eine höhere Affinität als die der Diskusgestalt nahekommenden

Di- und Triphenylmethanfarbstoffe, Acridine, Azine und Thiazine, die meist zentral eine einzige ionische Gruppe tragen:

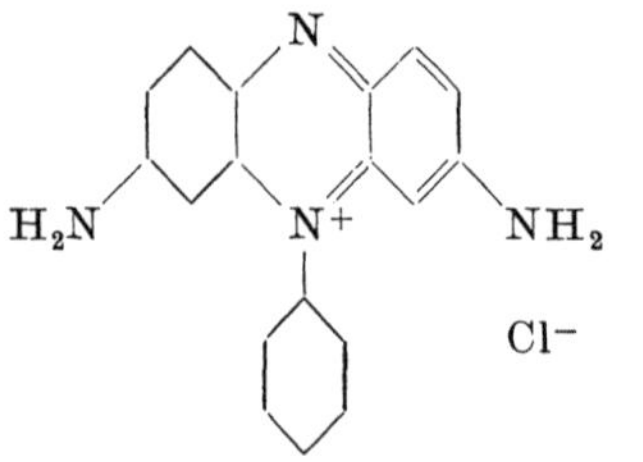

Safranin B [s. z. B. K. Venkataraman (2), S. 766].

Die basischen Farbstoffe ergeben leuchtende und volle Färbungen auf Ledern, die mittels pflanzlicher oder synthetischer Gerbstoffe hergestellt sind, ebenso auf gebeiztem Chromleder. Diese Färbungen haben jedoch mit wenig Ausnahmen geringe Lichtechtheit. Infolge der Neigung basischer Farbstoffe, mit gelösten anionischen Gerbstoffen sowie mit Härtebildnern des Wassers schwerlösliche Verbindungen einzugehen, neigen die mit ihnen hergestellten Färbungen zum Bronzieren. Dieses kommt durch die Ablagerung der metallisch glänzenden schwerlöslichen Verbindungen auf der Lederoberfläche zustande.

d) Weitere gelegentlich verwendete Farbstoffe.

Außer den bisher behandelten werden gelegentlich auch einige Vertreter anderer Farbstoffklassen zur Lederfärbung herangezogen. Empfohlen werden beispielsweise löslich gemachte Küpenfarbstoffe für die Färbung besonders echter Leder, etwa von einigen Handschuhlederarten. Küpenfarbstoffe werden durch Reduktion mittels Eisen in ihre Leukoverbindungen übergeführt und mittels Chlorsulfonsäure zum Schwefelsäureester umgesetzt. In dieser Form kommen sie beispielsweise als Anthrasolfarben (Farbwerke Hoechst) oder als Soledonfarbstoffe (I. C. I.) in den Handel. (Siehe auch S. 235.) Diese Farbstoffe ziehen aus neutraler oder schwach saurer Flotte auf die Lederfaser auf. Dort werden sie durch Anwendung geeigneter Oxydationsmittel entwickelt, d. h. oxydiert

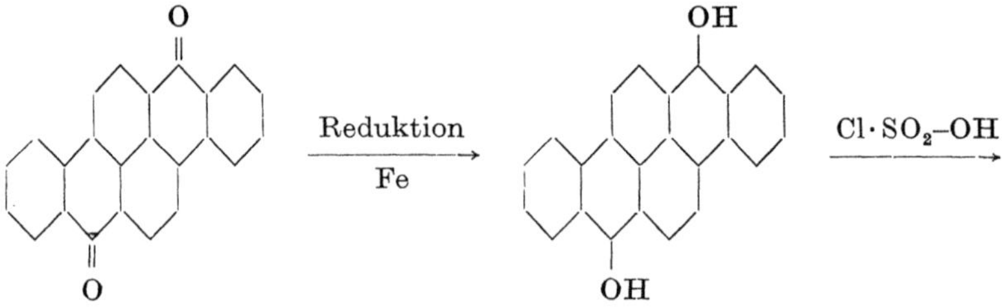

Indanthrendruckgelb GOR. — Reduktion Fe →

Leukoverbindung. — Cl·SO$_2$–OH →

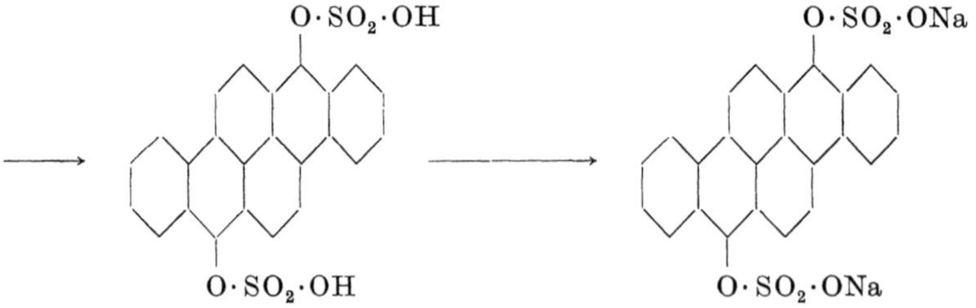

Di-Ester der Leukoverbindung. — Anthrasoldruckgelb IGOK.

und zugleich verseift. Sie werden hierdurch in wasserunlöslicher Form von besonders hohen Echtheitseigenschaften auf der Faser fixiert. Ihre Anwendung wurde neuerdings eingehend von W. Laßmann beschrieben.

Eine recht beachtliche Bedeutung haben Entwicklungsfarbstoffe für die Färbung von schwarzem Chromvelourleder erhalten. Der meistverwendete Farbstoff ist Diaminschwarz BH, ein Vertreter der Klasse substantiver Farbstoffe, der eine verhältnismäßig gute Löslichkeit in saurer Flotte und die Fähigkeit hat, Chromleder bei neutraler Reaktion verhältnismäßig leicht zu durchdringen:

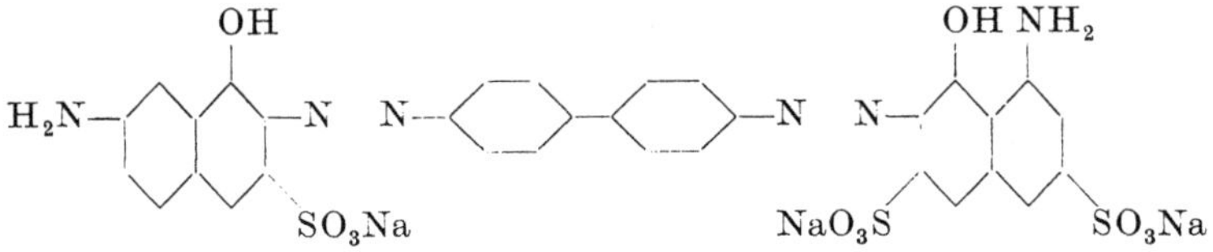

Dieser Farbstoff trägt an beiden Enden je eine Aminogruppe. Sie ist so reaktionsfähig, daß sie auch noch nach dem Aufziehen des Farbstoffs auf die Chromlederfaser durch Behandeln mit salpetriger Säure diazotiert werden kann. Läßt man dann unter Vermeidung einer Spaltung der Diazoverbindung — die Temperatur darf nicht über 7 bis 10° C steigen — eine niedrigmolekulare und daher leicht diffundierende Kupplungskomponente, den sogenannten Entwickler, auf das Leder einwirken, so erhält man einen Tetrakisazofarbstoff auf der Faser:

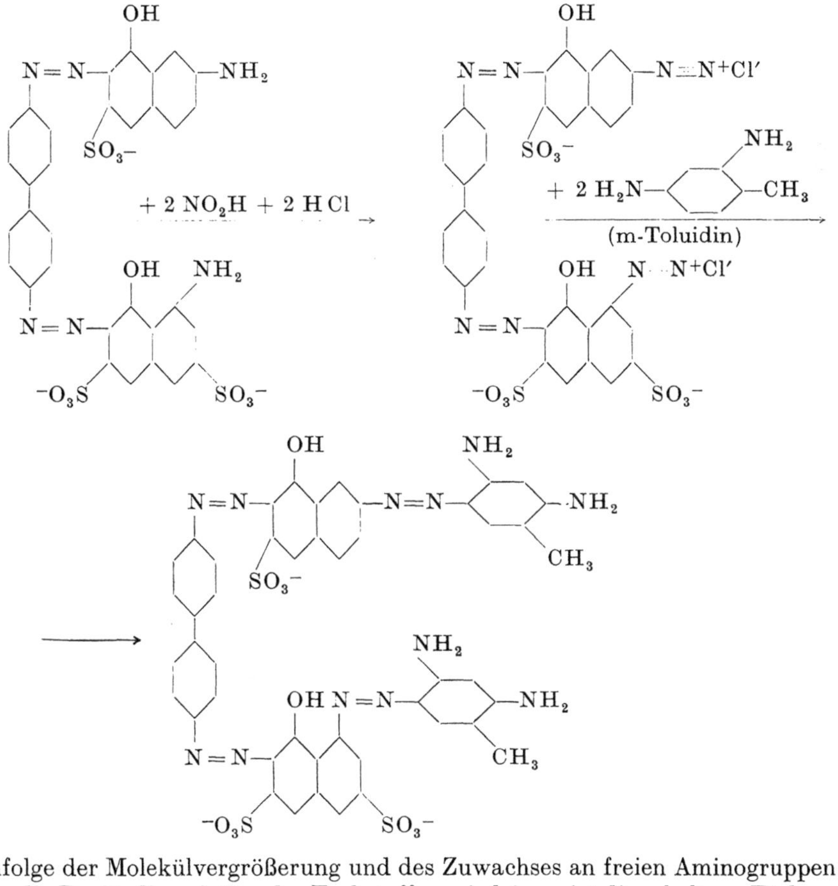

Infolge der Molekülvergrößerung und des Zuwachses an freien Aminogruppen, welche die Bruttodissoziation des Farbstoffs erniedrigen, ist die erhaltene Färbung besonders naßecht. Die zahlreichen chromophoren Gruppen machen das Schwarz besonders satt und schleifecht.

Andere Versuche beschäftigten sich damit, Leder mittels stabilisierter Diazoniumsalze (Echtfärbesalze, Antidiazotate) zu behandeln und dann gegebenenfalls noch geeignete Kupplungskomponenten darauf einwirken zu lassen. Alle hier geschilderten Verfahren kranken aber an den großen Schwierigkeiten des Nuancierens. Es ist kaum möglich, mittels derart umständlicher Verfahren einen bestimmten Farbton mit Sicherheit auf Leder nachzubilden. Das ist auch der Grund, weshalb sich die Entwicklungsfärbung bisher nur für schwarzes Velourleder durchsetzen konnte.

5. Untersuchung von Lederfarbstoffen.
Nach G. Otto (5).

a) Bestimmung der Klassenzugehörigkeit. Wasserlösliche Farbstoffe sind entweder anionische (saure oder substantive) oder kationische (basische) Farbstoffe. Man gibt eine Lösung von 10 g Tannin und 10 g Natriumacetat in 200 ml Wasser tropfenweise der 2-g/l-Lösung des zu prüfenden Farbstoffs zu: Anionische Farbstoffe geben keine Fällung, kationische Farbstoffe werden ausgefällt.

Farbstoffe, die amphotere Eigenschaften zeigen, erkennt man daran, daß sie beim Zusatz konz. Salzsäure nicht wie die normalen anionischen Farbstoffe aus ihrer Lösung ausgefällt werden, sondern, oft unter Farbtonänderung, in Lösung bleiben.

Wasserunlösliche Farbstoffe: Man prüft deren Löslichkeit in Alkohol, Olein, Klauenöl und Schwefelnatriumlösung. Spritlösliche Farbstoffe müssen ohne Rückstand in 40° C warmem Alkohol löslich sein. Freie Farbbasen erkennt man daran, daß sie nur in Olein, nicht aber in Klauenöl löslich sind. Fettfarbstoffe lösen sich auch in Klauenöl. Schwefelfarbstoffe sind in Schwefelnatriumlösung löslich. Man erkennt sie auch daran, daß beim Ansäuern einer mit Natronlauge gekochten Aufschlämmung H_2S entsteht.

b) Bestimmung des Reinfarbstoffgehalts. Alle wasserlöslichen Farbstoffe sind zwecks Einstellung der Typstärke mehr oder minder stark mit nichtfärbenden Zusätzen verschnitten. Bei den anionischen Farbstoffen sind es Salze (Kochsalz, Glaubersalz, Carbonate, selten auch Phosphate), bei den kationischen ist es meist Dextrin. Bei den anionischen Farbstoffen gibt daher schon die Aschebestimmung einen brauchbaren Anhaltspunkt für den Reinfarbstoffgehalt. Seine genaue Ermittlung kann nach C. Robinson und H. Mills durch Ausfällen mit einem Überschuß von Natriumacetat und Auswaschen der Fällung mit Alkohol, in dem sich das Acetat löst, erfolgen. Bei manchen alkohollöslichen anionischen Farbstoffen versagt allerdings dieser Weg. Kationische Farbstoffe werden mit Alkohol, dem man 10% Eisessig zugefügt hat, vom Dextrin getrennt.

c) Prüfung auf Einheitlichkeit. Als einheitlicher Farbstoff gilt (nach den Vorschlägen der Kommission für Lederfärberei des Vereins für Gerbereichemie und -Technik, die auch im folgenden berücksichtigt wurden) ein Farbstoff, der als Hauptbestandteil nur eine Fabrikationsware enthält und der — bezogen auf Typware — mit höchstens fünf Prozent der färbenden Substanz eines oder mehrerer Farbstoffe gleichen färberischen Verhaltens nuanciert ist.

Die Zumischung von Farbstoffen erfolgt entweder durch Zusammenmahlen der Pulver und ist dann leicht bei der nachstehenden Aufblasprobe festzustellen, oder sie wird durch Vermengen von Pasten (oder Lösungen) vorgenommen. In diesen Fällen läßt die Kapillarmethode erkennen, daß es sich um Farbstoffgemische handelt.

Aufblasprobe: Man bläst eine sehr kleine Spatelspitze Farbstoffpulver aus etwa 20 cm Entfernung gegen ein mit Wasser, Essigsäure oder Alkohol befeuchtes Stück Filtrierpapier.

Kapillarmethode: Ein Stück Filterpapier (Schleicher & Schüll, Nr. 404 weich) 20 × 15 cm, das an der Mitte einer Längsseite eine Zunge von 3 × 6 cm besitzt, wird so aufgehängt, daß die Zunge bis zum oberen Rand in ein Becherglas mit 100 ml Farbstofflösung (anionische Farbstoffe 5 g/l, kationische Farbstoffe 1 g/l, Temperatur 20 ± 2° C) eintaucht. Es entwickelt sich um die Zungenwurzel als Mittelpunkt ein halbkreisförmiges Diffusionsdiagramm, indem die stärker beweglichen Farbstoffe vorauswandern und die weniger beweglichen zurückbleiben. Das Aufsaugen der Farbstofflösung ist beendet, wenn $^2/_3$ der Höhe des Filterpapiers befeuchtet sind. Filterpapier und Farbstofflösung sind während des Eintauchens gegen Zugluft abzuschirmen. Das Filterpapier ist mindestens 12 Stunden vor dem Versuch im gleichen Raum zu lagern, damit sich seine Feuchtigkeit anpassen kann.

Als sehr aufschlußreich erwiesen sich neuere Arbeiten von W. Graßmann und L. Hübner, die Farbstoffgemische mittels chromatographischer und elektrophoretischer Methoden trennen konnten. Es gelingt dabei nicht nur, den Ladungscharakter eindeutig nachzuweisen und so anionische und kationische Farbstoffe zu trennen, sondern darüber hinaus Farbstoffe verschieden starker Aufladung auseinanderzuhalten oder auch höhermolekulare Farbstoffe mit höherer Affinität zur Cellulose des Filtrierpapiers von gleichsinnig geladenen, weniger koordinationsfähigen Farbstoffen an der höheren Wanderungsgeschwindigkeit der letzteren zu unterscheiden. Schließlich kann man sogar noch Aussagen über die Bruttodissoziation der ionischen Gruppen im Farbstoffmolekül machen.

d) Löslichkeit.

α) Löslichkeit von anionischen Farbstoffen. Steigende Mengen des Farbstoffes, in der Reihenfolge entsprechend den Konzentrationen von 10 g, 20 g, 30 g und 40 g pro Liter, werden in einem Erlenmeyer-Kolben mit 100 ccm zirka 60° C warmem, dest. Wasser angeteigt und übergossen.

Die so erhaltene Lösung wird, um Siedeverluste zu vermeiden, mit aufgelegtem Uhrglas zum Kochen erhitzt und 2 Minuten bei mäßigem Sieden gehalten. Dann wird durch Einstellen in kaltes Wasser (zirka 20° C) auf 60° C abgekühlt und hierauf sofort durch ein Fadenfilter (Schleicher & Schüll Nr. 598 1/2, Durchmesser 24 cm) in einem Guß durchgegossen. Das Filter wird kurz vorher mit heißem dest. Wasser (60° C) angefeuchtet.

Die auf gleiche Art bereitete Lösung wird durch Einstellen in kaltes Wasser auf 20° C abgekühlt und durch ein nun mit kaltem Wasser angefeuchtetes Filter in einem Guß durchgegossen.

Beurteilt werden die Rückstände am Filter nach dem Trocknen.

Die Löslichkeit bei 60° bzw. 20° C wird in folgende Gruppen abgestuft:

1 bis einschließlich 10 g/l,
2 bis einschließlich 20 g/l,
3 bis einschließlich 30 g/l,
4 bis einschließlich 40 g/l,
5 über 40 g/l,

Zwischenstufen wie z. B. 3 bis 4 sind möglich.

Unlösliche Verunreinigungen, die aus der Verpackung oder aus der Fabrikation stammen, dürfen 1% des Gesamtgewichtes nicht überschreiten.

Die Ergebnisse sind wertvolle Hinweise für das Ansetzen von Farbstofflösungen für Bürstfärbungen usw. Für die Brauchbarkeit von Farbstoffen für die Faßfärbung stellen dagegen diese Werte keinen absoluten Maßstab vor, da oft schwerlösliche Farbstoffe gute Färbungen ergeben können.

β) Löslichkeit von kationischen Farbstoffen. Die Bestimmung der Löslichkeit kationischer (basischer) Farbstoffe kann in gleicher Weise durchgeführt werden. Da diese Farbstoffe jedoch entsprechend ihrer größeren Farbstärke meist wesentlich weniger löslich sind, wird man für die Bewertung nur Grammengen ansetzen können, die etwa $^1/_3$ der obigen betragen.

e) Stärke der Farbstofflösungen. Wenngleich es nicht möglich ist, die Ausgiebigkeit eines Farbstoffes zu beurteilen, ohne daß man eine Ausfärbung auf dem in Frage kommenden Ledermaterial vornimmt, so hat doch eine vergleichende Stärkebewertung der Farbstofflösung ihren Wert, besonders dann, wenn keinerlei Anhaltspunkte über die Ausgiebigkeit des Farbstoffs vorliegen. Die Bewertung mittels eines Colorimeters ist nur dann möglich, wenn man verschiedene Konzentrationen eines und desselben Farbstoffs vergleichen will. Jedoch lassen sich bei einiger Übung in folgender Weise recht brauchbare Annäherungswerte für einen Stärkevergleich auch im Farbton ziemlich abweichender Farbstofflösungen gewinnen: Man taucht etwa 5 cm breite Streifen von feinfaserigem Filterpapier gleichzeitig in die Vergleichslösungen, zieht sie hoch, streift die abtropfende Lösung ab und beurteilt die beiden vom Papier aufgenommenen Flüssigkeitsfilme in der Durchsicht gegen das Licht.

f) Prüfung der Säureechtheit und Säurebeständigkeit von Lederfarbstoffen.

Begriff und Anwendungsbereiche. Unter Säureechtheit ist die Widerstandsfähigkeit des Farbtones eines wasserlöslichen Lederfarbstoffes, unter Säurebeständigkeit dessen Widerstandsfähigkeit gegen Flockung bei Einwirkung verd. Säuren zu verstehen.

Grundsätzliches. Die Farbstoffe werden in wäßriger Lösung mit der gleichen Gewichtsmenge verd. Säure versetzt und ein eingetretener Farbumschlag bzw. eine Flockung im Vergleich zu der nicht angesäuerten Lösung beurteilt. Hierzu werden die Farbstofflösungen auf Filterpapier ausgegossen.

Konzentration der Säurelösungen.

α) 100 g Schwefelsäure, 98%, mit dest. Wasser auf 1 l stellen,

β) 100 g Ameisensäure, 85%, mit dest. Wasser auf 1 l stellen.

Durchführung der Prüfung. 1 g Farbstoff in 200 ml dest. Wasser lösen. Bei Fehlen einer besonderen Lösevorschrift den Farbstoff mit Wasser von Raumtemperatur übergießen und die erhaltene Lösung mit aufgesetztem Uhrglas erhitzen und 2 Minuten lang in mäßigem Sieden halten. Dann durch Einstellen in kaltes Wasser auf $60 \pm 2°$ C abkühlen. Je 10 ml Farbstofflösung von $60 \pm 2°$ C mit 0,5 ml Säurelösung α) und β) in ein Reagenzglas geben.

Die zwei Lösungen: Farbstoff mit Schwefelsäure und
Farbstoff mit Ameisensäure

sowie 10 ml Farbstofflösung ohne Säure auf Filterpapier Schleicher & Schüll Nr. 604 gießen und bei Raumtemperatur trocknen.

Beurteilung. Nach dem Trocknen, jedoch frühestens 2 Stunden nach dem Ausgießen werden die Aufgüsse der mit Säure versetzten Farbstofflösungen gegen denjenigen der Farbstofflösung abgemustert bzw. bewertet. In der fünfstelligen Notenskala bedeuten

Säureechtheit:

5 = kein Farbumschlag mit beiden Säuren,
3 = kein Farbumschlag mit Ameisensäure,
1 = deutlicher Farbumschlag mit Ameisensäure.

Säurebeständigkeit:

5 = keine Flockung mit beiden Säuren,
3a = keine Flockung mit Ameisensäure,
3b = Flockung mit Ameisensäure und dabei
keine Flockung mit Schwefelsäure,
1 = deutliche Flockung mit beiden Säuren.

g) Prüfung der Alkaliechtheit bzw. der Formaldehydechtheit von Lederfarbstoffen.

Begriff und Anwendungsbereich. Unter Alkaliechtheit ist die Widerstandsfähigkeit des Farbtones von Lösungen wasserlöslicher Farbstoffe gegen verd. Alkalien, unter Formaldehydechtheit diejenige gegen verd. Formaldehyd zu verstehen.

Grundsätzliches. Die Farbstoffe werden in wäßriger Lösung mit der gleichen Gewichtsmenge eines verd. Alkalis bzw. von 30%igem Formaldehyd in verd. Form zusammengebracht und ein eingetretener Farbumschlag im Vergleich zu der ursprünglichen Farbstofflösung beurteilt. Hierzu werden die Farbstofflösungen auf Filterpapier ausgegossen.

Herstellung der Alkalilösung. 100 g Soda calciniert in dest. Wasser lösen und auf 1 l stellen.

Herstellung der Formaldehydlösung. 100 g 30%iges Formaldehyd werden mit 900 ml dest. Wasser verdünnt, durch vorsichtige Zugabe von n/10 Sodalösung sorgfältig auf p_H 6 eingestellt und mit dest. Wasser auf 1 l Gesamtvolumen gebracht.

Durchführung der Prüfung. 1 g Farbstoff, wie unter f) beschrieben, lösen.

Zur Alkaliechtheitsbestimmung 10 ml Farbstofflösung von $60 \pm 2°$ C mit 0,5 ml Sodalösung in ein Reagenzglas geben.

Zur Formaldehydechtheitsbestimmung 10 ml Farbstofflösung von $60 \pm 2°$ C mit 1,5 ml der obigen Formaldehydlösung in ein Reagenzglas geben.

Die mit den Testchemikalien versetzten Farbstofflösungen sowie 10 ml Farbstofflösung ohne solchen Zusatz auf Filtrierpapier Schleicher & Schüll gießen und bei Raumtemperatur trocknen.

Beurteilung. Nach dem Trocknen, jedoch frühestens 2 Stunden nach dem Ausgießen, wird die Färbung der mit den Testchemikalien versetzten Farbstofflösung auf dem Filterpapier gegen diejenige der Farbstofflösung ohne Zusatz abgemustert. In der fünfstelligen Notenskala bedeuten:

5 = kein Farbumschlag mit Soda bzw. mit Formaldehyd,
3 = geringer Farbumschlag mit Soda bzw. mit Formaldehyd,
1 = starker Farbumschlag mit Soda bzw. mit Formaldehyd.

h) Prüfung der Härtebeständigkeit anionischer Lederfarbstoffe.

Einstellung des harten Wassers:

$$1° \text{ dH} = 39,05 \text{ mg } CaCl_2 \cdot 6 \text{ } H_2O/l,$$
$$1° \text{ dH} = 43,65 \text{ mg } MgSO_4 \cdot 7 \text{ } H_2O/l.$$

Es ist eine permanente Härte mit Calciumchlorid und Magnesiumsulfat im Verhältnis 2 : 1 einzustellen. Hierzu werden Stammlösungen von 1000° dH pro Liter hergestellt.

Stammlösung 1: 39,05 g $CaCl_2$ $\cdot$ 6 H_2O/l = 1000° dH/l,
Stammlösung 2: 43,65 g $MgSO_4 \cdot$ 7 H_2O/l = 1000° dH/l.

Aus diesen Lösungen ist das standardisierte Wasser wie folgt einzustellen:

für 20° dH   133,3 ml Stammlösung 1,
66,6 ml Stammlösung 2,

und auf 10 l auffüllen.

für 40° dH   266,6 ml Stammlösung 1,
133,3 ml Stammlösung 2,

und auf 10 l auffüllen.

Durchführung der Prüfung. 2 g des zu prüfenden Farbstoffes werden in 1 l kochendheißem Kondenswasser gelöst. Aus diesen Lösungen werden nach dem Abkühlen 10 ml entnommen und in einer Meßmensur auf 200 ml aufgefüllt.

a) mit dest. Wasser,
b) mit Wasser von 20° dH,
c) mit Wasser von 40° dH.

Die Beurteilung erfolgt: 1. nach 10 Minuten,
2. nach 1 Stunde.

Beurteilungsschema:

5 = sehr gut   — keine Veränderung der Lösung mit Wasser von 40° dH;
4 = gut   — geringer Niederschlag mit Wasser von 40° dH;
3 = genügend   — deutlicher Niederschlag mit Wasser von 40° dH, keine oder kaum merkliche Veränderung mit 20° dH;
2 = mäßig   — sofortiger Niederschlag mit Wasser von 40° dH, geringe Veränderung bei Wasserhärte von 20° dH;
1 = gering   — deutlicher Niederschlag mit Wasser von 20° dH.

Durch den Grad der Härtebeständigkeit ist kein Werturteil über die mit dem betreffenden Farbstoff in hartem Wasser erzielbaren Färbungen verbunden. Es wird damit nur geklärt, inwieweit bestimmte Farbstoffe für Bürstfärbungen, Spritzfärbungen usw. zweckmäßig nur in weichem oder Kondenswasser zu lösen sind.

i) Schnellbestimmung des färberischen Verhaltens (insbesondere anionischer Farbstoffe gegenüber Chromleder) nach G. Otto (4).

Eine mit dem Augenmaß auf etwa ein Kubikzentimeter geschätzte Menge locker geschütteten schwach chromierten Hautpulvers wird in ein trockenes Reagenzglas gegeben. Bei einiger Übung gelingt es rasch, innerhalb nur geringer Schwankungen (unter 10%) gleiche Gewichtsmengen von stets etwa 0,065 g Hautpulver zu bemessen. Man gibt aus einer Vollpipette 10 ccm eines mit ganz wenig Schwefelsäure auf p_H 3,7 angesäuerten destillierten Wassers zu, schütteit kurz um und fügt nun von der 5-g/l-Lösung des zu prüfenden anionischen Farbstoffs sechs Tropfen aus einer Meßpipette (etwa 0,25 ccm) zu. Man schüttelt das Reagenzglas von Hand etwa $^1/_2$ Minute lang. Dann stopft man in ein Trichterchen von etwa 5 cm Durchmesser so viel Glaswolle, daß sie den Auslauf nestartig abdeckt. Durch dieses indifferente Filter gießt man nun die Testaufschlämmung langsam in ein zweites Reagenzglas, danach wieder aus dem zweiten in das erste zurück und erneut in das zweite und wiederholt das einige Male, bis das Filtrat optisch klar, das heißt nicht mehr getrübt ist. Bei manchen Farbstoffen ist ein 12- bis 20faches Durchgießen hierzu nötig.

Das Reagenzglas mit dem klaren Filtrat wird zur späteren Beurteilung ins Gestell gesetzt. Das abfiltrierte gefärbte Hautpulver aber wird mit 10 ccm einer ganz schwach alkalischen Waschflüssigkeit (1 ccm einer 1%igen Lösung von NH_3 pro Liter dest. Wasser, $p_H = 8,3$), die man aus der Pipette langsam darüberfließen läßt, in ein drittes Reagenzglas ausgewaschen. Man gießt die Waschflüssigkeit noch zweimal langsam in das Trichterchen zurück und fängt sie im vierten Reagenzglas auf.

Das zuerst erhaltene ganz schwach saure Filtrat (I) und das zuletzt hergestellte schwach alkalische Filtrat (II) werden schließlich ausgewertet, indem man sie gegen zwei Vergleichslösungen betrachtet. Das schwach saure Filtrat wird gegen 10 ccm des Schwefelsäurewassers von p_H 3,7, das einen Tropfen der 5-g/l-Lösung des zu prüfenden Farbstoffs erhalten hat, verglichen (Vs). Entsprechend vergleicht man das schwach alkalische Filtrat gegen 10 ccm des Ammoniakwassers von p_H 8,3 mit Zusatz von einem Tropfen der Farbstofflösung (Vb). Bei der Auswertung der so erhaltenen Vergleiche ist zu berücksichtigen, daß viele „einheitliche" Handelsfarbstoffe kleine Mengen von meist niedriger molekularen Nebenprodukten enthalten. Diese haben geringe Bindungsneigung zur Haut bzw. dem Leder. Sie bleiben deshalb schon im Filtrat I, sind aber infolge ihrer geringen Menge in dem Waschfiltrat II kaum enthalten. Es ergibt sich so das Bewertungsschema der Tabelle 9.

k) Ausführung von Probefärbungen. Sowohl Farbton als Farbstärke eines Farbstoffs, seine Eigenschaft, mehr oder minder stark in das Lederinnere einzufärben einerseits, sein Deckvermögen anderseits, schließlich auch sein Egalisiervermögen lassen sich am besten an einer Ausfärbung auf dem jeweils in Frage kommenden Ledermaterial beurteilen. Bei Vergleichsfärbungen gegen einen Typ muß dieser stets wieder neben der zu prüfenden Probe mit ausgefärbt werden. Anionische Farbstoffe (also saure und „substantive") prüft man zweckmäßig auf frischem und auf vorgefettetem, zwischengetrocknetem Chromleder sowie auf ostindischem Schaf- oder Ziegenleder.

Gleich große 10- oder 20-g-Stücke von gefalztem Chromleder werden im Wackerschen Färbeapparat in den rotierenden Fäßchen behandelt. Man neutralisiert mit etwa 1,4% Natriumbicarbonat, wäscht in warmem fließendem Wasser 15 Minuten lang und färbt dann mit Farbstoffmengen von 0,5 bis 2% Farbstoff, bezogen auf das obige Gewicht der Lederstücke, mit etwa 300% Wasser von 60° C 45 Minuten lang. Falls das Bad nicht erschöpft ist, setzt man so viel Ameisensäure (85%ig) nach, als der Hälfte des angewendeten Farbstoffgewichts entspricht.

Tabelle 9. Schnellbewertung von Farbstoffen für Chromleder [G. Otto (4)].

Nr.	Anfärbung von		Der Farbstoff färbt		Beispiel
	Filtrat I	Filtrat II	frisches Chromleder	Chromvelourleder	
1	keine	keine	nur an der Oberfläche	schwer durch	Luganil-braun NRR
2	keine	schwach (bis 30% von Vb)	gedeckt, aber gleich-mäßig	schleifecht	Luganilbraun NR
3	deutlich (bis 50% von Vs)	sehr schwach (bis 10% von Vb)	wie 1, enthält aber ge-ringen Anteil eines durchfärbenden Neben-produkts, das den Schnitt des Leders etwas verfärben kann	wie 1	Plutoform-schwarz BL
4	schwach (bis 30% von Vs)	schwach (bis 30% von Vb)	wie 2, aber mit etwas Durchfärber	wie 2	Luganilgrün NG
5	schwach (bis 30% von Vs)	deutlich (bis 50% von Vb)	gleichmäßig durch den Narben, neigt etwas zum Einfärben	gleichmäßig durch	Echtrot A
6	deutlich (zirka 50% von Vs)	stark (etwa wie Vb)	ein, in größeren Mengen durch	gleichmäßig durch, neigt zum Aus-bluten	Orange II
7	stark (50—100% von Vs)	sehr stark (stärker als Vb)	durch	gleichmäßig durch, blutet stark aus	Orange GG
8	sehr stark (stärker als Vs)	sehr stark (stärker als Vb)	durch, blutet leicht aus	wie 7	Cyanol extra

Man fettet durch Nachsatz eines mittelstark sulfatierten Öles (1,5%) und läßt das Leder noch 20 Minuten in der Fettemulsion weiterlaufen. Dann werden die gefärbten Lederstücke auf einer Glastafel ausgereckt und über Nacht feucht in einer verstöpselten Glasflasche ruhen gelassen. Am anderen Morgen werden die Färbungen hängend in einem 45° C warmen Raum getrocknet.

Für die Prüfung der Eignung eines Farbstoffs zur Velourlederfärbung wird das gefalzte und entsäuerte Leder zunächst ungefärbt wie oben gefettet, gelagert, getrocknet und dann unter Zusatz von 1% Ammoniak 1 Stunde lang mit 600% Wasser von 60° C aufgewalkt. Dann färbt man in frischem Bad mit 500% Wasser von 45° C und 10% Farbstoff $1^1/_4$ Stunden lang. (Die Prozentangaben hier auf das Gewicht des trockenen Leders!)

Färbungen auf ostindischem Schafleder führt man zweckmäßig auf 15-g-Stücken aus. Diese werden erst mit 2% Boraxlösung ausgewaschen, worauf man mit Wasser nachwäscht, dann färbt man im Wackerfäßchen mit 600% Wasser von 40° C mit Farbstoffkonzentrationen von 2 bis 5 g/l. Nach 20 Minuten wird das halbe Gewicht von der Farbstoffmenge an Ameisensäure nachgesetzt. Gesamtfärbedauer 40 Minuten; man lagert feucht über Nacht, wie oben beschrie-ben, und trocknet anderntags.

Kationische Farbstoffe werden auf ostindischem Schaf- oder Ziegenleder ge-färbt, außerdem auf einem mit Tamol NNO nachbehandelten Chromleder. Die basischen Farbstoffe werden mit der halben Gewichtsmenge an Essigsäure ange-teigt, dann ohne Kochen heiß gelöst. Man färbt ohne Säureansatz 20 Minuten lang und wäscht die Färbungen noch kurz mit fließendem lauwarmem Wasser nach.

Die fertigen Färbungen werden auch im Schnitt auf Einfärbe- bzw. Durch-färbevermögen beurteilt. Am besten fertigt man einen Schrägschnitt an, wozu die Fortuna-Anschärfmaschine sehr geeignet ist. Die Proben werden bei der

Prüfung auf Veloureignung von Hand mit einem Schmirgelpapier geschliffen, das man etwa über eine Streichholzschachtel zieht.

l) Bestimmung der Echtheit von Lederfärbungen. Man kann nicht von der Echtheit eines Farbstoffs, sondern nur von der Echtheit einer Färbung sprechen. Das gefärbte Gut bestimmt, gerade wenn es sich um Leder handelt, in entscheidendem Maß die erzielbare Echtheit. Deshalb soll stets ein Blindtest des ungefärbten Leders parallel durchgeführt werden.

Die Waschechtheit von Chrom(-handschuh-)leder prüft man wie folgt:

In 100 ccm einer Lösung von 5 g Marseiller Seife pro Liter Waschflotte wird der mit 6% Farbstoff (bezogen auf Ledertrockengewicht) gefärbte, etwa 5 cm auf 8 cm große Prüfling 30 Minuten lang im Wackerschen Fäßchen bei 30 bis 35° C gewalkt, dann wird das Leder 10 Minuten lang mit zu- und abfließendem Wasser von 30° gespült und getrocknet.

Die Beurteilung erfolgt durch Vergleich des gewaschenen Prüflings mit einem nicht gewaschenen Lederabschnitt.

> 5 = keine Aufhellung, kein Farbumschlag,
> 4 = geringe Aufhellung, geringer Farbumschlag,
> 3 = merkliche Aufhellung, merklicher Farbumschlag,
> 2 = starke Aufhellung, starker Farbumschlag,
> 1 = völlige Entfärbung.

Zur richtigen Bewertung der Lichtechtheit von Lederfärbungen ist es zweckmäßig, sich die Lichtechtheiten von Leder der verschiedenen Gerbarten vor Augen zu halten. Sie wurden von F. P. Russel und T. C. Mullen ermittelt und sind in der Tabelle 10 zusammengestellt. Die Bewertungszahlen entsprechen denjenigen der Wolleskala von Blaufarbstoffen, die in Deutschland, England und der Schweiz anerkannt ist und beispielsweise bei P. Heermann und A. Agster, S. 406, beschrieben wird.

Tabelle 10. Lichtechtheit von Gerbungen.

Nr.	Gerbung und Nachbehandlung	Lichtechtheit
1	Vollchrom, neutralisiert und getrocknet	4—5
2	Vollchrom, vor dem Auftrocknen mit 1% nicht ionogenen Netzmittels behandelt	4—5
3	Vollchrom, gefettet mit 2% Türkischrotöl	4
4	Vollchrom, gefettet mit 2% sulfiertem Klauenöl	4
5	Vollchrom, gefettet mit 2% sulfiertem Fischöl	4—5
6	Nachgegerbtes Glacé, neutralisiert und getrocknet	4—5
7	Alaungares Leder	4—5
8	Quebracho	1
9	Kastanie	3
10	Myrobalanen	3
11	Mimosa	1
12	Vollchrom, nachsumachiert	4—5
13	Vollchrom, mit Myrobalanen nachgegerbt	4
14	Vollchrom, mit Gambir nachgegerbt	4—5
15	Vollchrom, mit lichtechtem Syntan nachgegerbt	4—5
16	Vollchrom, mit normalem Syntan nachgegerbt	4
17	Aldehydgerbung	3—4

Die Lichtechtheit wird ermittelt, indem man Lederfärbungen von stets möglichst gleicher Oberflächenfarbtiefe teilweise dem Tageslicht aussetzt. Gleichzeitig werden die als Richttypen aufgestellten Blaufärbungen auf Wolle („Wolle-Blauskala") von 1 bis 5 mitbelichtet. Die auf dem Leder und der Wolle eintretenden Unterschiede zwischen belichtetem und unbelichtetem Teil werden verglichen und bewertet.

> Echtheit entsprechend Blauskala 5 = sehr gut,
> Echtheit entsprechend Blauskala 4 = gut,
> Echtheit entsprechend Blauskala 3 = genügend,
> Echtheit entsprechend Blauskala 2 = mäßig,
> Echtheit entsprechend Blauskala 1 = gering.

Um eine von den Zufälligkeiten des Tageslichtes unabhängige Bewertung der Lichtechtheit durchführen zu können, wurde in den zwanziger Jahren seitens der Atlas Electric Devices Company das Fadeometer entwickelt. Es wird unter anderem von P. Rabe (1) beschrieben. Dieses Gerät benutzt eine künstliche Lichtquelle, die einen dem Sonnenlicht nahekommenden Effekt liefert. Es handelt sich um eine hochbelastete Kohlenbogenlampe, die von einer Glasglocke umgeben unter Luftabschluß brennt. Die zu testenden Färbungen rotieren, damit die Belichtung gleichmäßig erfolgt, und werden durch ein Gebläse gekühlt. Die Ergebnisse der Belichtung am Fadeometer stimmen nur annähernd mit denen der Tages- bzw. Sonnenbelichtung überein. Die bestehenden Unterschiede können so groß werden, daß die Beurteilung der Lichtechtheit von Färbungen um ein bis zwei Stufen der Wolleskala auseinandergeht (I. H. Godlove und auch A. Schaeffer).

In Deutschland wird ein neueres Lichtechtheits-Prüfgerät „Xenotest", das von der Quarzlampen-Gesellschaft m. b. H., Hanau, hergestellt wird und einen von einem wassergefüllten Filterzylinder umgebenen Xenon-Hochdruckstrahler als Lichtquelle enthält, dem Fadeometer vorgezogen; es liefert ein dem Sonnenlicht ähnlicheres Spektrum.

Die Lösungsmittelechtheit bestimmt man wie folgt:
Ein Abschnitt einer 1%igen Typfärbung auf Chromkalbleder wird 24 Stunden lang in die 40fache Gewichtsmenge eines der nachstehenden Lösungsmittel eingelegt. Man beurteilt das Ausbluten des Farbstoffs in das Lösungsmittel.

Lösungsmittel: Benzin,
               Tetrachlorkohlenstoff,
               Alkohol,
               Butylacetat.

Bewertung: 5 = sehr gut,   keinerlei Ausbluten,
           4 = gut,   nur eben erkennbares Ausbluten,
           3 = genügend,   geringes Ausbluten,
           2 = mäßig,   starkes Ausbluten,
           1 = gering,   sehr starkes Ausbluten.

Die Reibechtheit wird in der Weise ermittelt, daß man einen Korkstopfen mit einem weißen Baumwollschirting überzieht und damit auf der gefärbten Lederoberfläche mit gleichem Druck gleich oft hin und her reibt. Zur Ermittlung der Reibechtheit von leichten Ledern hat G. R. Nice ein Gerät entwickelt, das genau vergleichbare Messungen gestattet.

III. Hilfsstoffe.

1. Allgemeines.

Beim Färben von Leder verwendet man Hilfsstoffe, die dazu dienen, die Färbevorgänge in der gewünschten Weise zu steuern. Die einfachsten Mittel sind solche, die den p_H-Wert des Systems beeinflussen, also Säuren, Alkalien und Puffersalze.

Säuren benötigt man zum Fixieren von anionischen Farbstoffen in allen denjenigen Fällen, wo das zu färbende Leder nicht selbst schon ausreichend sauer reagiert. Dies tut meist das frisch gegerbte mineralgare Leder, da aus den gebundenen Gerbstoffen noch Säure hydrolytisch abgespalten wird. Säurefixierung ist aber schon notwendig beim Färben von zwischengetrocknetem Chromleder, etwa Handschuhleder oder Chromvelourleder. Weiter müssen alle anionischen Färbungen nicht mineralgarer Leder abgesäuert werden.

Früher hat man Schwefelsäure für diesen Zweck verwendet, ist aber davon praktisch fast völlig abgekommen, da Schwefelsäure den p_H-Wert der Färbeflotte zu plötzlich erniedrigt und außerdem oft Schädigungen des Leders bei dessen Lagerung verursachte (vgl. z. B. F. Wolff-Malm, S. 309). Heute verwendet man ganz überwiegend die milder wirkenden organischen Säuren, Ameisensäure und Essigsäure oder auch diese enthaltende technische Gemische.

Zur Erhöhung des p_H-Wertes wird meist Ammoniak verwendet; in manchen Fällen gebraucht man auch Puffersalze, wie Natriumacetat. Zur gleichmäßigen Färbung mineralgarer Leder wird im D. R. P. 640388 [I. G. Farbenindustrie A. G. (1)] die Mitverwendung neutraler oder schwach saurer Pufferungsmittel vorgeschlagen. Als solche werden Ammonsulfat, Natriumglykolat und zuckersaures Kalium beschrieben.

Bei der Anwendung von Entwicklungsfarbstoffen verwendet man salpetrige Säure als Diazotierungsmittel und behandelt nach einem Du-Pont-Patent das Leder dann, um die überschüssige, dem Leder schädliche salpetrige Säure rasch zu entfernen, mit Sulfaminsäure.

Einfache Chemikalien werden auch beim Vorbereiten der Leder für die Färbung gebraucht. Lohgare Leder werden mit den oben genannten mild alkalisch wirkenden Mitteln entgerbt. Mineralgare Leder werden damit neutralisiert. Für die Neutralisation oder Entsäuerung, insbesondere von Chromleder, werden jedoch auch noch manche andere Verbindungen herangezogen. Beispielsweise werden Schlämmkreide, Alkalisulfite und Alkalipolyphosphate (Monsanto) benutzt, des weiteren Systeme von Puffersalzen, die zugleich Veränderungen des Reaktionsvermögens des Metalls der gebundenen Mineralgerbstoffe bewirken, indem sie Komplexverbindungen mit ihm liefern. Solche Systeme bestehen etwa aus den Alkali-, Erdalkali- oder quaternären Ammoniumsalzen von Polycarbonsäuren und aromatischen Oxycarbonsäuren, z. B. Phthalaten, Malonaten, Salicylaten, Adipinaten, weiter triglykolaminsaurem, asparagin-, bernsteinsaurem und polyglykolsaurem Alkali [BASF (2)].

In einem vorhergehenden Abschnitt wurden schon die Metallsalze erwähnt, mittels derer man die Naturfarbstoffe fixiert und verlackt, um deren Ausfärbungen echter zu machen und zugleich dunklere vollere Farbtöne zu erzielen. Manche dieser Metallsalze läßt man auch auf Ausfärbungen basischer Farbstoffe an pflanzlichen gegerbten Ledern einwirken, um deren Farbfülle und Echtheit zu steigern. Hierzu dienen: Kaliumbichromat, Kalialaun, Titankaliumoxalat, Kupfersulfat, Eisensulfat, Eisenlactat und holzessigsaures Eisen, Zinnchlorid und Kaliumantimonyltartrat, weiter phosphorwolframsaure oder phosphormolybdänwolframsaure Salze.

Um störende Erdalkali- und Schwermetallionen in den Färbeflotten komplex zu binden, verwendet man polymere Phosphate oder die beispielsweise von H. Schwarzenbach sowie von D. Fuchs, K. Laux und E. Wulkow beschriebenen sogenannten Komplexone:

$$HOOC-H_2C-N\begin{cases}CH_2-COOH\\CH_2-COOH\end{cases} \qquad \begin{cases}HOOCH_2C\\HOOCH_2C\end{cases}N-CH_2-CH_2-N\begin{cases}CH_2-COOH\\CH_2-COOH\end{cases}$$

Nitrilotriessigsäure   Äthylendiamintetraessigsäure

die 1938 von der I. G.-Farbenindustrie als Trilon-Marken in den Handel gebracht wurden. Besondere Bedeutung hat von diesen die Äthylendiamintetraessigsäure. Die Beständigkeit ihrer Komplexe hängt vom Metallion ab und geht in nachstehender Reihenfolge zurück (H. Schwarzenbach und W. Biedermann):

$$Fe^{+++}, \; Cr^{+++}, \; Ni^{++}, \; Cu^{++}, \; Pb^{++}, \; Zn^{++}, \; Fe^{++}, \; Mn^{++}, \; Ca^{++}, \; Mg^{++}, \; Ba^{++}.$$

Als Schutz beim Färben mit besonders eisenempfindlichen Farbstoffen (Säurealizarinrot G beispielsweise wird bei Gegenwart von Fe^{+++}-Ionen bräunlich, manche basischen und substantiven Farbstoffe werden abgetrübt) kann auch Natriumpyrophosphat dienen [P. Rabe (2)].

2. Besondere Hilfsmittel.

Um die Färbevorgänge an dem von Natur aus unregelmäßig strukturierten und für die Farbstoffe sehr verschieden zugänglichen Ledermaterial steuern zu können, wurden spezielle Hilfsmittel entwickelt, die sich dadurch kennzeichnen lassen, daß sie oberflächenwirksam sind. Diese Oberflächenaktivität drückt sich darin aus, daß diese Hilfsmittel entweder Affinität zu dem zu färbenden Fasermaterial oder zu die Färbung störenden, vom Fasermaterial abzulösenden Fettstoffen oder schließlich zu den verwendeten Farbstoffen haben. Die von solchen Hilfsmitteln zu erwartenden spezifischen Wirkungen hängen wesentlich von der Ladung ihrer gelösten Teilchen ab. Sie werden daher in den folgenden Unterabschnitten nach ihrem Ladungscharakter eingeteilt behandelt.

a) Nichtionische Hilfsmittel.

Die Wasserlöslichkeit wird bei dieser Gruppe von Hilfsmitteln durch hydrophile Gruppierungen herbeigeführt, die aus Polyglykoläthern mit endständiger Hydroxylgruppe oder aus mehreren Hydroxylgruppen bestehen:

$$R\text{—}O\text{—}[CH_2\text{—}CH_2\text{—}O]_x\text{—}CH_2\text{—}CH_2\text{—}OH \qquad (I)$$

bzw.

$$R\text{—}O\text{—}CH_2\text{—}(CHOH)_4\text{—}CH_2OH. \qquad (II)$$

Da diese Körper keine salzbildenden Gruppen tragen, sind sie gegen Elektrolyte wie Härtebildner unempfindlich. Die Produkte der allgemeinen Formel I werden durch Umsetzung von Hydroxyl- oder Iminogruppen tragenden Verbindungen, wie Fettsäuren, Fettsäurekondensationsprodukten, Fettalkoholen oder aromatischen Körpern, mit Äthylenoxyd bei Gegenwart katalytisch wirkender Mengen von Ätzalkalien hergestellt.

Für derartige Körper ist es eine charakteristische Erscheinung, daß sich ihre wässerigen Lösungen bei Temperaturerhöhung trüben. Die entstehende Ausfällung verschwindet wieder, wenn die Lösungen sich abkühlen. Die Trübungstemperaturen sind bezeichnend für die Konstitution dieser Erzeugnisse; sie hängen von der Natur des hydrophoben Molekülteils und vom Grad der Oxaethylierung ab. Man führt diese Erscheinung darauf zurück, daß die Polyglykoläther an ihre Sauerstoffatome über Wasserstoffbrücken Wassermoleküle addieren. Der Äthersauerstoff bildet dabei Oxoniumverbindungen, die sich, wie B. Wurzschmitt zeigte, durch bestimmte Reaktionen nachweisen lassen. Beim Erhitzen sprengt die Wärmebewegung die Wasserstoffbrücken, und die Oxoniumverbindungen werden zerlegt.

Aus Fettsäuren und Äthylenoxyd entstehen beispielsweise Fettsäurepolyglykoläther

$$R\text{—}COOH + x\,CH_2\text{—}CH_2 \rightarrow R\text{—}\overset{\overset{O}{\|}}{C}\text{—}O\text{—}(CH_2\text{—}CH_2\text{—}O)_{x-1}\text{—}CH_2\text{—}CH_2\text{—}OH.$$

Entsprechend reagieren Fettsäureamide:

$$R\text{—}\overset{\overset{O}{\|}}{C}\text{—}\underset{\underset{H}{|}}{N}\text{—}H + x\,CH_2\text{—}CH_2 \rightarrow R\text{—}\overset{\overset{O}{\|}}{C}\text{—}\underset{\underset{H}{|}}{N}\text{—}(CH_2\text{—}CH_2\text{—}O)_{x-1}\text{—}CH_2\text{—}CH_2\text{—}OH$$

und Fettalkohole:

$$R\text{—}OH + x\,CH_2\text{—}CH_2 \rightarrow R\text{—}O\text{—}(CH_2\text{—}CH_2\text{—}O)_{x-1}\text{—}CH_2\text{—}CH_2\text{—}OH$$

Je mehr Äthylenoxyd angelagert wird, je länger also der Ätherrest wird, um so mehr steigt die Wasserlöslichkeit der Produkte an und geht zugleich ihre Öllöslichkeit zurück. Derartige Körper (Emulphor-Marken, Amollan-Marken der BASF, Remolgan der Farbwerke Höchst, Sandozin NJ von Sandoz) sind wirksame Emulgatoren für Naturfett, das sie aus wässeriger Lösung heraus angewendet verteilen und dessen Überschüsse sie vom Hautmaterial entfernen können.

Sehr ähnlich wirken Erzeugnisse auf fettfreier Basis, die aus Alkylphenolen oder Alkylnaphtholen erhalten werden:

$$H_3C-\underset{\underset{CH_3}{|}}{\overset{\overset{CH_3}{|}}{C}}-CH_2-\underset{\underset{CH_3}{|}}{\overset{\overset{CH_3}{|}}{C}}-\langle\ \rangle-OH + x\ CH_2\!-\!CH_2 \rightarrow$$

Isooctylphenol

$$\rightarrow H_3C-\underset{\underset{CH_3}{|}}{\overset{\overset{CH_3}{|}}{C}}-CH_2-\underset{\underset{CH_3}{|}}{\overset{\overset{CH_3}{|}}{C}}-\langle\ \rangle-O-(CH_2\!-\!CH_2\!-\!O)_{x-1}-CH_2\!-\!CH_2\!-\!OH$$

Igepal (I. G. Farbenindustrie, nach O. Fuchs, K. Laux und E. Wulkow).

Auch beim Verestern von Fettsäuren mit höheren Polyalkoholen, etwa Sorbit, erhält man öllösliche Emulgatoren („Span" der Atlas-Refinery):

$$R-\overset{\overset{O}{\|}}{C}-O-C_6H_8(OH)_5.$$

Diese lassen sich noch äthoxylieren und auf diese Weise gut wasserlöslich machen („Tween", Atlas).

Alle diese nichtionogenen Hilfsmittel haben eine ganz besondere Wirkung auf mineralgares Leder, insbesondere Chromleder. Sie können über ihre Äther- und Hydroxylsauerstoffatome koordinativ in die innere Sphäre des Metallatoms eindringen und dort an Stelle von Aquoresten gebunden werden. Dabei sprengen sie den Panzer, den oft hydrophobe Metallseifen (aus Naturfettsäuren und dem Mineralgerbstoff) um die Lederfaser bilden. Die Faser des mineralgaren Leders wird daher bei der Behandlung mit nichtionischen Hilfsmitteln leicht wasserbenetzbar; sie behält diese Eigenschaft auch beim Trocknen des Leders oder wenn das getrocknete Leder mit Fettlösungsmitteln behandelt wird.

Die Oxäthylierungsprodukte haben noch eine dritte Wirkung. Sie sind „farbstoffaffin", d. h. sie aggregieren sich in der Lösung mit Farbstoffmolekülen, verringern dadurch deren Beweglichkeit, halten sie von zu rascher Verbindung mit der Faser zurück und wirken so egalisierend. Besonders stark ist diese Wirkung gegenüber Metall-Komplexfarbstoffen. Sie wurde an drei Handelsprodukten, Palatinechtsalz O (BASF), Lissapol N (I. C. I.) und Dispersol A von I. D. Rattee, eingehend studiert.

b) Anionische Hilfsmittel.

Hilfsmittel, die als Anion wirksam sind, spielen bei der Lederfärbung eine bedeutende Rolle. Als gleichsinnig geladene Körper mit ähnlicher Affinität zur Lederfaser wie die anionischen Farbstoffe konkurrieren sie mit diesen um die Bindung an der Faser. Ihre Gegenwart bremst daher das Aufziehen der anionischen Farbstoffe; indem diese Körper aufgenommen werden und manche Bindungskräfte der Faser für sich beanspruchen, verdünnen sie die Farbstoffdichte an der Faser. Die anionischen Hilfsmittel egalisieren daher wirksam das Aufziehen der anionischen Farbstoffe; anionische Hilfsmittel ermöglichen es, mittels anionischer Farbstoffe zarte, lichte Pastelltöne zu färben.

Wie in Abschnitt D II, 4, S. 135 ff., gezeigt wurde, gibt es anionische Farbstoffe von sehr verschiedenem Aufbau und mit recht verschiedenartigen Kräften zur Bindung an die Faser. Dementsprechend konnten auch vielerlei anionische Hilfsmittel zur Steuerung des Färbens mit den anionischen Farbstoffen herangezogen oder entwickelt werden.

Die ersten Färbereihilfsmittel dieser Art waren Pflanzengerbstoffe. Sie haben in Lösung sowie beim Aufziehen auf die Faser ähnliche Fähigkeiten wie substantive Farbstoffe.

In den Neutralsalzen synthetischer Hilfsgerbstoffe wurden dann wertvolle Hilfsmittel gefunden, die in den Affinitätseigenschaften den Säurefarbstoffen sehr nahekommen und mit einer sehr hellen Eigenfarbe gegenüber den Pflanzengerbstoffen und deren meist stärker abtrübender Eigenfarbe wesentliche Vorteile aufwiesen. Besonders bekannt ist eines der ältesten dieser Hilfsmittel, das durch Sulfieren von Naphthalin, Kondensation mit Formaldehyd und Neutralisieren der kondensierten Naphthalinsulfosäure entsteht („Tamol NNO", BASF, nach O. Fuchs, K. Laux und E. Wulkow). Weitere Handelsprodukte dieser Art sind Cartan O (Sandoz), Baykanol G, Baykanol NLX (Bayer), Coralon F und Coralon G (Höchst), Levapon PN (Bayer) und andere.

Die starke Entwicklung anionischer Netzmittel für die Textilindustrie hat dann auch derartige Körper in die Praxis der Lederfärberei geführt. In der Hauptsache sind es Salze von Fettsäure-Kondensationsprodukten, sulfatierte Fettalkohole und fettfreie Alkylsulfate (vgl. dazu auch diesen Bd., 2. Kap., S. 48, sowie 6. Kap., S. 513.

Bedeutung haben beispielsweise die durch Erhitzen von Fettsäurechloriden mit oxy-äthan-sulfonsaurem Natrium entstehenden Natriumsalze des Fettsäureesters der 2-Oxy-äthan-sulfonsäure

$$R—COCl + HO—CH_2—CH_2—SO_3Na \rightarrow R—CO—O—CH_2—CH_2—SO_3Na$$

Igepon (Hoechst); Lipoderm (BASF).

o-Phenylendiamin läßt sich mit einer Fettsäure unter Wasserabspaltung zu einem Benzimidazolderivat kondensieren. Man kann dieses dann durch Sulfieren wasserlöslich machen:

$$R—C\langle {O \atop OH} + {H_2N— \atop H_2N—}\bigcirc \rightarrow R—C{\diagup N \atop \diagdown N}\bigcirc \xrightarrow{\text{Sulfieren}} R—C{\diagup N \atop \diagdown N}\bigcirc—SO_3Na$$

Durch Umsetzen von gesättigten Fettalkoholen mit Schwefelsäure erhält man saure Fettalkohol-Schwefelsäureester. Ihre Salze sind die Fettalkoholsulfate:

$$R—CH_2—OH + H_2SO_4 \rightleftharpoons R—CH_2—OSO_3H + H_2O$$

Typ der Gardinolmarken (Böhme, Fettchemie).

Aus Olefinen erhält man entsprechend sulfatierte Verbindungen, bei denen die Schwefelsäureestergruppe an ein sekundäres Kohlenstoffatom gebunden ist (A. P. 2 078 516):

$$R_1—CH=CH—R_2 + H_2SO_4 \rightarrow R_1—CH—CH_2—R_2$$
$$\overset{|}{OSO_3H}$$

„Teepol"-Typ (Shell).

Nach C. E. Reed werden Paraffin-Kohlenwasserstoffe mit Schwefeldioxyd und Chlor unter Belichten zu Kohlenwasserstoff-Sulfochloriden umgesetzt. Verseift man sie mit Natronlauge, so erhält man die sogenannten Mersolate:

$$R—H + SO_2 + Cl_2 \rightarrow R—SO_2Cl \rightarrow RSO_2ONa.$$

Einige Handelsnamen von Produkten dieser Arten sind Lipoderm A (BASF), Levapon P (Bayer), Derminol A konz. (Höchst), Smenol oder Eppol WA konz. Paste (Böhme Fettchemie), Savonar (Tepha) und Prästabitöl (Stockhausen).

Diese auf der Grundlage aliphatischer Verbindungen aufgebauten Hilfsmittel üben in der Regel mild egalisierende Effekte aus, wenn sie etwa gemeinsam mit den Farbstoffen auf neutralisiertes Chromleder einwirken. Sie fördern dabei das Eindringen der Farbstoffe in das Lederinnere. Werden sie dagegen an sauer gestelltem Material, so zur Entfettung im Pickelbad oder an nicht neutralisiertem Chromleder, angewendet, dann wirken sie stark an der Oberfläche und haben kräftig reservierende Eigenschaften gegenüber der später erfolgenden anionischen Färbung. Meist ist diese Wirkung wenig gleichmäßig und verursacht dann große färberische Schwierigkeiten.

Alle anionischen Hilfsmittel sind zugleich „Beizen" für die Färbung mit basischen Farbstoffen. Sie erhöhen, in einer Vorbehandlung angewendet, die Bindungsneigung des Leders für basische Farbstoffe oder stellen eine solche her, wo sie, etwa an mineralgarem Leder, gefehlt hat. Diese Wirkung kommt dadurch zustande, daß durch die Aufnahme der Hilfsmittelanionen eine Verschiebung des isoelektrischen Punktes (I. P.) der Lederfaser nach der sauren Seite hin erfolgt (s. Abschnitt F, Tab. 38, S. 207). Basischen Farbstoffen, die sich nur oberhalb des I. P. binden können, wird dadurch dieser Bereich zugänglicher.

c) Kationische Hilfsmittel.

Die Entwicklung der kationischen Färbereihilfsmittel ist jünger als diejenige der anionischen. Das positiv geladene höhermolekulare Ion eines kationischen Hilfsmittels lagert sich in ähnlicher Weise an die Lederfaser an wie das ein basischer Farbstoff tut. Kommt das Hilfsmittelkation daher vor einer Färbung mit basischen Farbstoffen oder zugleich mit diesen zur Anwendung, dann bremst es das sonst stets sehr rasche Aufziehen der basischen Farbstoffe. Es egalisiert dadurch die kationische Färbung und bewirkt ein tieferes Eindringen der basischen Farbstoffe.

Die größere Bedeutung kationischer Färbereihilfsmittel beruht jedoch auf ihrer Eigenschaft, den I. P. des zu färbenden Leders nach der alkalischen Seite hinaufzuschieben. Sehr oft findet sich der I. P. nämlich bei sehr niedrigen p_H-Werten, etwa an einem Leder, das mit sulfitierten pflanzlichen oder mit synthetischen Hilfsgerbstoffen gegerbt oder nachgegerbt wurde, weiter bei Ledern, die mit sulfatierten Ölen vorgefettet wurden, oder auch bei Ledern, die schon mit erheblichen Mengen anionischer Farbstoffe vorgefärbt wurden. Leder mit derart erniedrigtem I. P. lassen sich mittels anionischer Farbstoffe nicht mehr in satten vollen oder schleifechten Tönen färben. Sie müssen eine „Kationbeize" erhalten, d. h. eine Behandlung mit kationischen Körpern, die von ihnen gebunden werden können.

Die wichtigste kationische wasserlöslich machende Gruppe ist der quaternär gemachte Ammoniumstickstoff.

Durch Umsetzung von langkettigen tertiären Aminen mit Alkylierungsmitteln, wie z. B. Benzylchlorid, Dimethylsulfat, Äthylchlorid usw. erhält man

Salze quaternärer Ammoniumverbindungen (vgl. O. Fuchs, K. Laux und E. Wulkow):

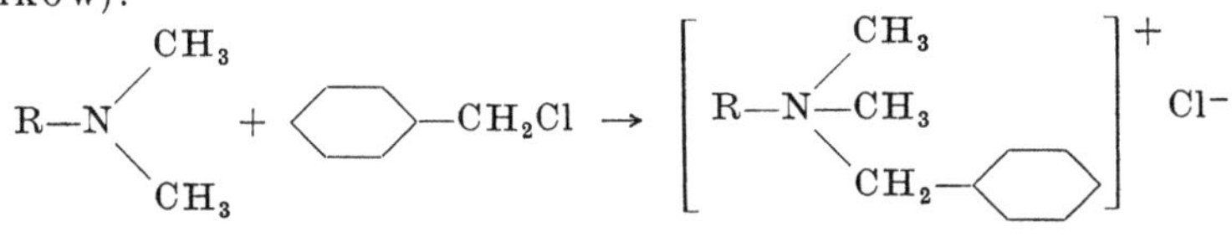

$$R{-}N\begin{smallmatrix}CH_3\\[2pt]CH_3\end{smallmatrix}\; +\; \langle\rangle{-}CH_2Cl\;\rightarrow\;\left[R{-}N\begin{smallmatrix}CH_3\\CH_3\\CH_2{-}\langle\rangle\end{smallmatrix}\right]^{+}\;Cl^{-}$$

Zephirol (Bayer).

Kondensiert man Fettsäuren mit Triäthanolamin, dann bewirkt man die Veresterung einer Hydroxylgruppe des Triäthanolamins und erhält basische Produkte:

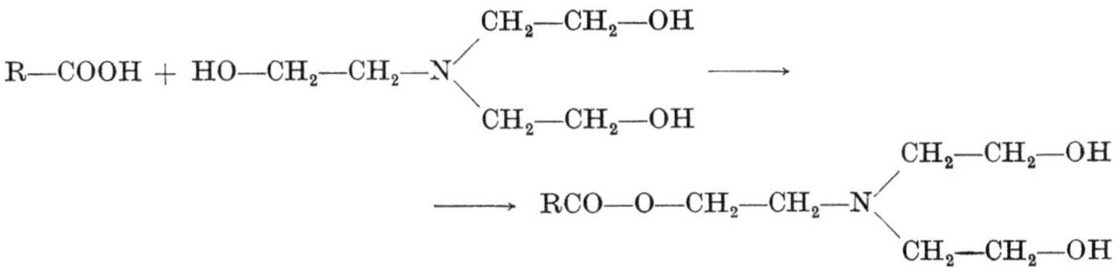

$$R{-}COOH\; +\; HO{-}CH_2{-}CH_2{-}N\begin{smallmatrix}CH_2{-}CH_2{-}OH\\[2pt]CH_2{-}CH_2{-}OH\end{smallmatrix}\;\longrightarrow$$

$$\longrightarrow\; RCO{-}O{-}CH_2{-}CH_2{-}N\begin{smallmatrix}CH_2{-}CH_2{-}OH\\[2pt]CH_2{-}CH_2{-}OH\end{smallmatrix}$$

Soromin A-Base (BASF).

Ähnlich aufgebaut sind Kondensationsprodukte aus Fettsäurechloriden und 1-Amino-2-dialkyl-Aminoäthan:

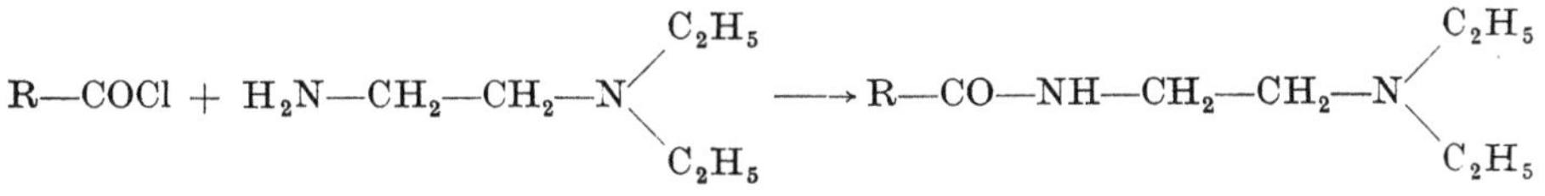

$$R{-}COCl\; +\; H_2N{-}CH_2{-}CH_2{-}N\begin{smallmatrix}C_2H_5\\[2pt]C_2H_5\end{smallmatrix}\;\longrightarrow\; R{-}CO{-}NH{-}CH_2{-}CH_2{-}N\begin{smallmatrix}C_2H_5\\[2pt]C_2H_5\end{smallmatrix}$$

Sapamin M (Ciba).

Auch zahlreiche Kondensationsprodukte basischer Körper mit Formaldehyd werden beschrieben.

Als basische Körper werden von L. Diserens, S. 58, beispielsweise Dicyandiamid, Guanidin und in einem Geigy-Patent Polyäthylendiamin genannt. Komplexe Chrom- und besonders Kupfersalze solcher basischer Kondensationsprodukte sind geeignet, um die Naßechtheiten anionischer Färbungen bei einer Nachbehandlung wesentlich zu steigern [s. das Patent der Ciba (2)].

Erzeugnisse auf derartiger Grundlage sind unter Bezeichnungen wie Bastamol und Lipamin (BASF), Sandofix und Katalix (Sandoz), Solidermin VB und Tinofix im Handel.

Die kationischen Hilfsmittel tragen wesentlich dazu bei, daß man heute die Vorgänge beim Färben der verschiedensten Lederarten im gewünschten Sinne steuern kann.

Bei all diesen Färbereihilfsmitteln kommt es darauf an, dasjenige anzuwenden, das mit den verwendeten Farbstoffen am besten zusammenwirkt. Die großen Unterschiede im Aufbau von Farbstoffen der gleichen Gruppenzugehörigkeit bringen es mit sich, daß oft auch die Hilfsmittel je nach ihrer Zusammensetzung recht verschiedenartig und unterschiedlich stark wirken. Es kommt hinzu, daß die meisten Hilfsmittel auch mit den Metallatomen der Gerbstoffe im mineralisch gegerbten Leder koordinativ reagieren. Die möglichen Wechselwirkungen sind daher äußerst vielseitig und spezifisch für jedes einzelne Hilfsmittel.

d) Komplexbildende Hilfsmittel.

Die Wirkung einiger für die Lederfärbung entwickelter Hilfsmittel beruht darauf, daß sie die Wechselwirkung zwischen den Farbstoffen und den Metallatomen der im mineralgaren Leder gebundenen Gerbstoffe beeinflussen. Besonders bei anionischen Farbstoffen ist diese Wechselwirkung sehr stark. Sie erhöht die Affinität dieser Farbstoffe zum mineralgaren Leder, bewirkt aber zugleich, daß die Farbstoffe besonders an den Stellen gebunden werden, die infolge einer lockeren Struktur des Leders im Endstadium der Mineralgerbung besonders hohe Mengen basischer Metallverbindungen aufgenommen haben.

Läßt man auf solches Leder Säurereste einwirken, die eine spezifische Koordinationsaffinität zu den Metallatomen haben, dann kann man die Wechselwirkung mit den Farbstoffen bremsen und gleichmäßiger gestalten. Man vermeidet so beispielsweise eine trübe Überfärbung der Flämenteile und der Fleischseite des Leders. Als derart wirkende Säuren werden in einem Patent der BASF (3) genannt: Asparaginsäure, Sulfophthalsäure, Sulfoanthranilsäure und Nitrilotriessigsäure.

Auch Kombinationen der Salze solcher komplexbildenden Säuren mit anionaktiven Hilfsmitteln werden von G. Otto (5) empfohlen.

E. Theorie der Färbevorgänge.

I. Allgemeines.

Ernsthafte Versuche, die Vorgänge beim Färben von Leder aufzuklären wurden erst etwa von 1930 ab unternommen. Die meisten dieser in den ersten Jahren recht vereinzelt bleibenden Versuche wurden auch zunächst wenig beachtet. Eine erste zusammenfassende Darstellung gab G. Otto (6).

Leder besteht aus Eiweißstoffen, deren Reaktionsvermögen gegenüber Farbstoffen durch die Gerbstoffe verändert wird. Ehe man diese Veränderungen beurteilen kann, muß man die Wechselwirkung zwischen Eiweißfasern und Farbstoffen kennen. Das Reaktionsvermögen aller Fasern, die aus Polypeptiden bestehen, ist ein wichtiges Thema der textilchemischen Forschung. Auf deren Ergebnissen muß man daher aufbauen, will man den Mechanismus der Lederfärbung begreifen.

Auch die Vorgänge beim Färben von Polypeptid-Textilfasern sind bislang noch nicht restlos geklärt. Erst die neueste Forschung konnte in die Probleme tiefer eindringen. Mit dem Rüstzeug der in den vergangenen 30 Jahren entwickelten Valenzvorstellungen konnte sie etwas genauere Aussagen machen.

Die an Wolle, Seide oder Polyamidfasern gewonnenen Ergebnisse lassen sich auch nicht ohne weiteres auf Kollagen übertragen. Die Kollagenfaser ist viel reaktionsfähiger als die genannten Textilfasern. Sie hat einen viel offeneren Bau, bindet Farbstoffe schon bei wesentlich niedrigeren Temperaturen. Sie ist auch durch Chemikalien und Enzyme viel leichter angreifbar. Sehr oft ist sie nicht gut erhalten, liegt in geschädigter Form vor. Sie hat dann meist ein erhöhtes Reaktionsvermögen gegenüber Farbstoffen. Leder hat ein viel dichteres Fasergewebe als Textilien. Dieses von der Natur geschaffene Gewebe ist ungleichförmig, es reagiert nicht regelmäßig mit den von außen her einwandernden Farbstoffmolekülen. Ehe die Haut gegerbt werden kann, wird sie zahlreichen chemischen und fermentativen Behandlungen ausgesetzt, die ebenfalls nicht gleichmäßig wirken. Naturfett, das mehr oder minder stark die Hautfasern umhüllt, sowie Grund und Gneist, Reste der Epidermis, können noch am fertigen Leder die Wechselwirkung mit Farbstoffen behindern.

Die in Konstitution und Wirkung vielfach noch nicht genügend aufgeklärten Gerbstoffe bringen einen weiteren Unsicherheitsfaktor herein; auch beim Trocknen und beim Lagern wandelt sich das Reaktionsvermögen der Lederfaser gegenüber Farbstoffen.

Alle diese Umstände beeinflussen die Kollagenfaser sehr stark und erschweren die Erkennung ihres typischen Verhaltens gegenüber Farbstoffen.

Die Aufklärung der Vorgänge beim Färben von Leder ist deshalb auch heute noch unvollkommen. Jedoch konnten durch geeignete Modellversuche viele Faktoren herausgelöst werden und es gelang, eine Reihe von Gesetzmäßigkeiten festzustellen. Man konnte brauchbare Vorstellungen entwickeln über die Art der Kräfte, welche die Bindung der Farbstoffe bewirken.

II. Färben von Polypeptidfasern.

1. Eigenschaften der Faser.

a) Wirksame Gruppen und ihre Zugänglichkeit.

Allen Polypeptidfasern ist gemeinsam, daß sie aus einer Kette von Bausteinen bestehen. Diese Bausteine sind durch Carbonimidgruppen miteinander verknüpft. An dem einen Ende der Kette findet sich eine reaktionsfähige Amino- oder Iminogruppe, am anderen Ende eine reaktionsfähige Carboxylgruppe. Bei den Eiweißfasern haben die einzelnen Bauelemente außerdem Seitenketten, die oft Träger reaktionsfähiger Gruppen sind. Diese können außer Amino-, Imino- und Carboxylgruppen auch Hydroxylgruppen sein [s. hierzu z. B. W. Graßmann und J. Trupke (1)]. Durch die Gegenwart der genannten Gruppen haben die Polypeptidfasern einen amphoteren Charakter und können sich sowohl mit Säuren als auch mit Basen verbinden. Aus diesem Grunde kommen für die Färbung dieser Fasern vor allem die sogenannten sauren und basischen Farbstoffe in Betracht.

Besonders eingehend wurde das Bindevermögen von Polypeptidfasern gegenüber Säuren und sauren Farbstoffen untersucht. E. Knecht hatte als einer der ersten die Färbung von Wolle mit sauren Farbstoffen als Salzbildung zwischen Farbsäure und den Aminogruppen der Eiweißfaser erkannt. Zahlreiche weitere Autoren schlossen sich dieser Ansicht an. K. H. Meyer und H. Fikentscher stellten fest, daß sich 100 g trockene Wollfaser maximal mit 0,08 Grammäquivalenten Säure verbinden. C. Felzmann und weiter G. Otto (7) beobachteten dann die gleiche Gesetzmäßigkeit an Blößenkollagen. Von Farbsäuren werden etwa ebenso große, oft auch etwas höhere Mengen (0,08 bis 0,11 Grammäquivalente) maximal gebunden. Daß diese Gesetzmäßigkeit auch für nicht strukturiertes Eiweiß gilt, zeigen Ergebnisse von L. M. Chapman, D. M. Greenberg und C. L. A. Schmidt. Sie titrierten Gelatine mittels Farbsäuren und brauchten annähernd 0,1 Grammäquivalent, um 100 g Gelatine aus ihrer Lösung zu fällen.

Wir geben in Tabelle 11 einen Vergleich der in den verschiedenen animalischen Fasern vorliegenden Bausteine und der darin enthaltenen wirksamen Gruppen. Er erleichtert richtige Vorstellungen über das Ionenreaktionsvermögen der Fasern.

Bei einer analytischen Bestimmung der basischen Gruppen in den hier verglichenen Proteinfasern findet man die Zahlen der Tabelle 12. Sie stehen in guter Übereinstimmung mit dem bei Titration ermittelten Säureäquivalent.

Tabelle 11. Aminosäurezusammensetzung einiger Faserproteine
(nach G. R. Tristram, S. 181).

Name	Seitenkette		g-Aminosäure in 100 g Faser		
	Charakteristische Gruppierung	Formel	Wolle	Seide	Kollagen
Glykokoll	Aliphatische Kohlenwasserstoffe	—	6,5	43,8	27,2
Alanin		$-CH_3$	4,1	29,7	9,5
Valin		$-CH(CH_3)_2$	4,6	3,6	3,4
Leucin / Isoleucin		$-CH_2-CH(CH_3)_2$	11,5	2,2	5,6
Prolin	Cyklische Kohlenwasserstoffe	(Pyrrolidinring)	9,5	0,7	15,1
Phenylalanin		$-H_2C-C_6H_5$	3,6	3,4	2,5
Tryptophan		(Indolring)	1,8	—	—
Serin	Hydroxylhaltige Gruppen	$-CH_2OH$	10,0	16,2	3,4
Threonin		$-CH(OH)-CH_3$	6,4	1,6	2,4
Hydroxyprolin		(Pyrrolidinring CHOH)	—	—	14,0
Tyrosin		$-H_2C-C_6H_4-OH$	4,8	12,8	1,0
Lysin	Basische Gruppen	$-(CH_2)_4NH_2$	2,8	0,7	4,5
Hydroxy-Lysin		$-(CH_2)_2-CHOH-CH_2NH_2$	—	—	1,1
Arginin		$-(CH_2)_3-HN-C(=NH)-NH$	10,2	1,1	8,8
Histidin		(Imidazolring)	1,1	0,5	0,8
Asparaginsäure	Saure Gruppen	$-CH_2-COOH$	7,3	2,8	6,3
Glutaminsäure		$-CH_2-CH_2-COOH$	14,1	2,2	11,3
Cystin	Schwefelhaltige Gruppe	$-CH_2-S-S-CH_2-$	11,9	—	—
Methionin		$-CH_2-CH_2-S-CH_3$	0,7	—	0,8

Tabelle 12. Basische Gruppen in Faserproteinen.

Faser	Äquivalent der analytisch bestimmten basischen Gruppen pro 100 g	Autoren
Wolle	0,082	J. Steinhardt und M. Harris
Seide	0,015	D. Jordan-Lloyd und P. B. Bidder
Kollagen	0,094	J. H. Bowes und R. H. Kenten

Nicht alle der endständigen Carboxylgruppen in den Seitenketten der Proteinfasern sind frei. Einige sind mit Ammoniak als Amide gebunden. Tabelle 13 gibt einen Überblick:

Tabelle 13. Saure Gruppen in Faserproteinen

(J. Steinhardt)

(Äquivalente pro 100 g Faser.)

Faser	Gesamt saure Gruppen (analytisch)	Davon als Amidgruppen vorliegend	Freie saure Gruppen
Wolle	0,159	0,082	0,077
Seide	0,029	—	0,029
Kollagen	0,124	0,047	0,077

Die Anzahl endständiger freier Carboxylgruppen und Aminogruppen in den Seitenketten hält sich etwa die Waage. Infolgedessen mögen sie sich in zwei einander benachbarten parallelen Fasermolekülen häufig gerade gegenüberstehen. Infolge der elektrostatischen Anziehung bilden sich dann salzartige Querbrücken (salt linkages) aus (vgl. J. B. Speakman und H. R. Hirst):

$$
\begin{array}{ll}
\mid & \mid \\
CO & NH \\
\mid & \mid \\
CH\!-\!CH_2\!-\!COO^- \qquad ^+NH_3\!-\!(CH_2)_4\!-\!CH \\
\mid & \mid \\
NH & CO \\
\mid & \mid
\end{array}
$$

Dieser im isoelektrischen Bereich (s. den nächsten Abschnitt) vorliegende Zustand ändert sich bei p_H-Veränderungen unter Entladung der einen von beiden ionischen Gruppen. Die andere Gruppe ist dann zur Ionenreaktion mit einem entgegengesetzt geladenen Farbstoffion fähig.

Der Gedanke, daß die Bindung von Farbsäuren und Farbbasen an Polypeptidfasern allein auf solcher Ionenreaktion beruhe, befriedigte nicht lange. Man beobachtete nicht nur die schon erwähnten höheren Maximalwerte für die Farbsäurebindung. Man stellte auch eine sehr verschiedene Stabilität der eingegangenen Bindung fest. Man erkannte Unterschiede im Vermögen der Farbstoffe, in dichtes Fasergewebe einzudringen. Man sah, daß verschiedene Farbstoffe an gleichartigem Fasermaterial sehr unterschiedlich egalisierten.

Zunächst vermutete man die Ursache der Unterschiede in der verschieden starken Dissoziation der Farbsäuren und Farbbasen. R. H. Mariott glaubte, daß die Affinität der Farbsäuren mit deren Dissoziation zunehme. G. Otto (8) sowie E. Elöd und H. Fröhlich stellten bald fest, daß eher die umgekehrte Beziehung bestand. Doch waren die beobachteten Affinitätsunterschiede auch durch einen verschiedenen Dissoziationsgrad der Farbsäuren bzw. Farbbasen nicht zufriedenstellend erklärbar. P. Pfeiffer war der erste, der die Wirkung nichtionogener Kräfte für das Entstehen festerer Bindungen verantwortlich machte. Er nahm die Bildung von Wasserstoffbrücken an. Diese dachte er sich zwischen dem Aminostickstoff oder dem Hydroxylsauerstoff in den Farbstoffmolekülen und dem Sauerstoff der Carbonamidgruppe der Polypeptide. Von da an wendete sich die Betrachtung immer mehr den nichtionischen Kräften zu [s. z. B. K. H. Gustavson (1)]. Autoren wie J. B. Speakman und E. Stott; W. T. Astbury und I. A. Dawson; J. Steinhardt; J. M. Klotz; F. I. Karusk sowie E. Elöd (1) zogen außer der Möglichkeit des Zustandekommens von Wasserstoffbrücken auch die Wirkung van der Waalsscher Anziehung in Betracht. G. Otto (9) hat neuerdings besonders auf die von Dipolen ausgehenden Anziehungskräfte hingewiesen. Fast alle diese nichtionischen Kräfte gehen auf der Seite des Fasermoleküls von der regelmäßig darin wiederkehrenden Peptidgruppe aus.

Diese räumlich günstige Anordnung der Carbonimidgruppen ist einer der Umstände, welche die Färbbarkeit von Kollagen mit Farbstoffen recht verschiedenen Aufbaus ermöglichen. Andere Umstände müssen aber noch mithelfen. Manche höhermolekularen anionischen Farbstoffe färben nämlich Wolle nicht mehr richtig an; mit den gleichen Farbstoffen wird aber Kollagen bei viel niedrigeren Temperaturen gleichmäßig gefärbt. Offenbar ist das Kollagengitter wesentlich offener und zugänglicher als das Gitter der Wollfaser. An deren ausgedehnte kristalline Region können sich Anionen viel weniger leicht anpassen [K. H. Gustavson (2)]. Die Wechselwirkung zwischen Farbstoffen und Fasern soll im übrigen im Abschnitt c abgehandelt werden.

b) Isoelektrischer Bereich und Oberflächenpotential.

Entsprechend den von N. Bjerrum entwickelten Vorstellungen nimmt man an, daß die amphoteren Eiweißfasern in einem bestimmten p_H-Bereich als Zwitterionen vorliegen. Dieser p_H-Bereich hängt vom Verhältnis der freien Carboxylgruppen zu den Aminogruppen und den Möglichkeiten dieser Gruppen zu dissoziieren, ab. Bei Wolle und Kollagen ist ein geringer Überschuß an Carboxylgruppen vorhanden. Der zwitterionische Zustand findet sich daher für diese Fasern nicht im exakt neutralen Bereich, sondern bei etwas niedrigeren p_H-Werten. Man nennt ihn den isoelektrischen Bereich. Er liegt sowohl bei Wolle als auch bei geäschertem Kollagen bei p_H 5 bis 6.

Bei zunehmender Wasserstoffionenkonzentration wird die Dissoziation der Carboxylgruppe zurückgedrängt. Das nachstehende Gleichgewicht wird dabei nach rechts verschoben:

$$^+H_3N-R-COO^- + H^+ \rightleftarrows {}^+H_3N-R-COOH.$$

Die Faser bekommt so eine wachsende positive Ladung.

Läßt man umgekehrt die Alkalität des Systems ansteigen, dann wird die Dissoziation der Aminogruppen zurückgedrängt; das folgende Gleichgewicht verschiebt sich nach rechts:

$$^+H_3N-R-COO^- + OH^- \rightleftarrows H_2N-R-COO^- + H_2O.$$

Die Faser erhält also bei zunehmender p_H-Erhöhung über den isoelektrischen Punkt hinaus eine ansteigende negative Ladung.

Da der isoelektrische Punkt von Wolle, Seide und Kollagen bei schwach saurer Reaktion liegt, haben diese Fasern gegenüber einer neutralen Lösung, also gegenüber Wasser, ein schwach negatives Potential. S. M. Neale und

L. Peters haben das Potential einiger amphoterer Fasern gegen 0,001 n Kochsalzlösungen bei 16° C bestimmt (Tabelle 14).

Diese Ergebnisse werden ergänzt durch Arbeiten von E. M. Petri und A. I. Staverman. Diese maßen Dialysenpotentiale an Membranen aus dem Protein von Lupinensamen. Sie fanden bei neutraler Reaktion der umgebenden Lösung ebenfalls ein negatives Potential von —0,029 V.

Auch die Farbstoffanionen haben gegenüber der Lösung eine negative Ladung. Solange die Färbeflotte neutrale Reaktion aufweist, bestehen daher abstoßende Kräfte. Sie wirken der Anlagerung der gleichsinnig geladenen Farbstoffe an die Faser entgegen. Nur wenigen Farbstoffionen gelingt es, infolge der Wärmebewegung die abstoßenden Kräfte zu überwinden. Sie geraten dann in den Bereich jener kurz-reichenden nichtionischen Kräfte, die man jetzt für die Entstehung fester Bindungen verantwortlich macht. S. M. Neale gibt in zwei Diagrammen ein anschauliches Bild.

Tabelle 14. Potential einiger amphoterer Fasern in 0,001n NaCl-Lösung bei 16° C (S. M. Neale und L. Peters).

Faserart	Volt
Nylon.......	—0,0497
Seide	—0,0293
Wolle	—0,0674

Die abstoßende Kraft der gleichartigen Ladung reicht bis 100 Å weit. Durch p_H-Erniedrigung bis auf den I. P. kann sie aufgehoben werden.

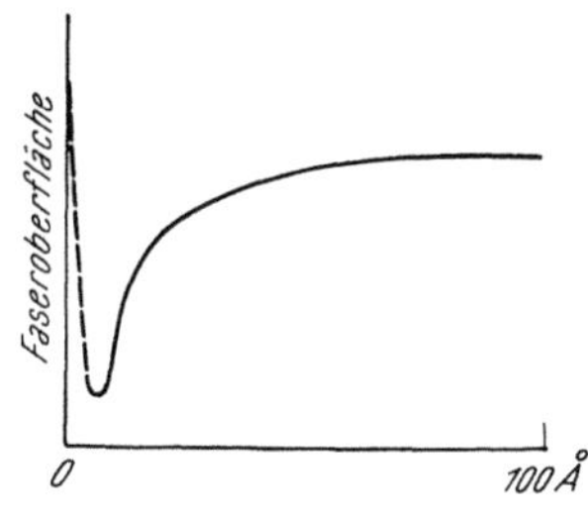

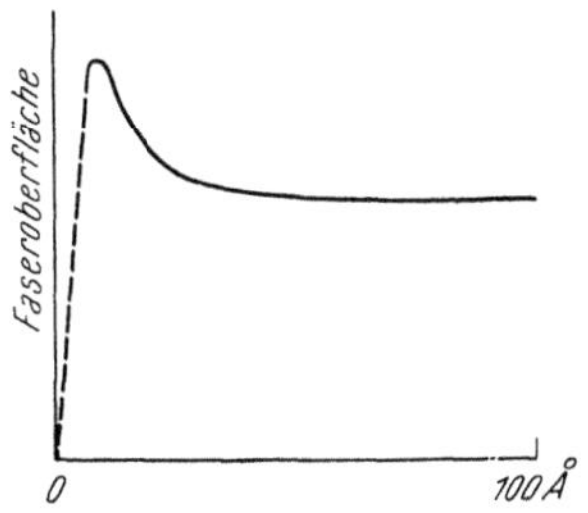

Abb. 21. Einfluß der Entfernung der Faseroberfläche auf das Verhalten von Farbstoffanionen (S. M. Neale).

Bei weiterer p_H-Senkung bekommt die Faser ein positives Potential, das immer stärker wird und beispielsweise bei p_H 3 etwa $+0,04$ V beträgt. Gleicherweise entsteht und wächst eine anziehende elektrostatische Kraft, die das Farbstoffanion dicht an die Faseroberfläche heranbringt.

Die entsprechenden Vorgänge spielen sich mit umgekehrten Vorzeichen beim Färben amphoterer Fasern mit Basenfarbstoffen ab. Mit steigenden p_H-Werten entsteht beim Überschreiten des I. P. ein zunehmendes negatives Oberflächenpotential, das bei $p_H = 8$ etwa $—0,032$ V beträgt. Das wachsende negative Potential zieht die Farbstoffkationen dicht an die Faseroberfläche heran.

Es muß betont werden, daß diese Vorgänge die ganze innere Oberfläche der Fasern und des Fasergeflechtes erfassen.

Nicht nur p_H-Änderungen im Färbesystem wandeln das Oberflächenpotential der Fasern. Auch durch Gerbvorgänge wird es geändert. Näheres hierüber s. Abschn. II b.

2. Eigenschaften der Farbstoffe.

a) Allgemeiner Überblick.

Die zur Färbung von Leder dienenden Farbstoffe sind aus aromatischen Bausteinen aufgebaut. Sie haben Molekulargewichte zwischen 230 und etwa 1000. Ihre Farbigkeit verdanken die Farbstoffe der Anwesenheit von ungesättigten und polaren Gruppen. Diese stören die normale Elektronenanordnung im Gerüst des Farbstoffmoleküls. Besonders die instabilen Elektronenanordnungen in Doppelbindungen verursachen eine selektive Lichtabsorption. Diese führt zur Farbigkeit. Die farbgebenden „chromophoren" Gruppen saugen bewegliche Elektronen (π-Elektronen) an oder stoßen sie fort. In aromatischen Körpern, die aus ausgedehnteren Systemen konjugierter Doppelbindungen bestehen, entstehen so negative und positive Zentren. Fast immer reichen diese nicht aus, um die Farbstoffmoleküle als Ionen wasserlöslich zu machen. Die meisten Farbstoffe enthalten deshalb auch noch ionogene Gruppen.

Die natürlichen Farbstoffe (Holzfarbstoffe) sind durch eine Häufung von Hydroxylgruppen wasserlöslich. Das Sauerstoffatom mancher Hydroxylgruppen wird in ihnen unter dem Einfluß der anderen Hydroxylgruppen sehr stark negativ. Diese starke Polarität führt zur Wasserlöslichkeit.

Synthetische Farbstoffe enthalten als ionogene Gruppen die saure Sulfo-, Carboxyl- oder Oxygruppe oder die basische (primäre, sekundäre, tertiäre oder quaternäre) Ammoniumgruppe.

Einige wenige synthetische Farbstoffe sind nicht als Ion gelöst, sondern mittels Polyätherresten (vgl. S. 173). Sie sind für die Lederfärbung nur vontheoretischem Interesse.

Die ionischen Farbstoffe kommen nicht als freie Säuren oder Basen zur Verwendung. Sie werden als Farbsalze in den Handel gebracht.

Das Beispiel eines Säurefarbstoffs ist Orange II:

[OH—Ring —N=N—Ring—SO$_3$]$^-$ Na$^+$

Farbanion   Gegenion

Ein Basenfarbstoff ist beispielsweise Auramin O:

[(H$_3$C)$_2$N—Ring—C(=NH$_2$)—Ring—N(CH$_3$)$_2$]$^+$ Cl$^-$

Farbkation   Gegenion

Sehr oft enthalten Farbstoffe sowohl positive als negative Gruppen. Sie haben dann amphoteren Charakter und es hängt nur vom p_H-Wert des Färbesystems sowie von den Ladungsverhältnissen am Färbegut ab, ob sie sich als Anion, Kation oder Zwitterion betätigen.

Ein Beispiel dafür ist Violettschwarz:

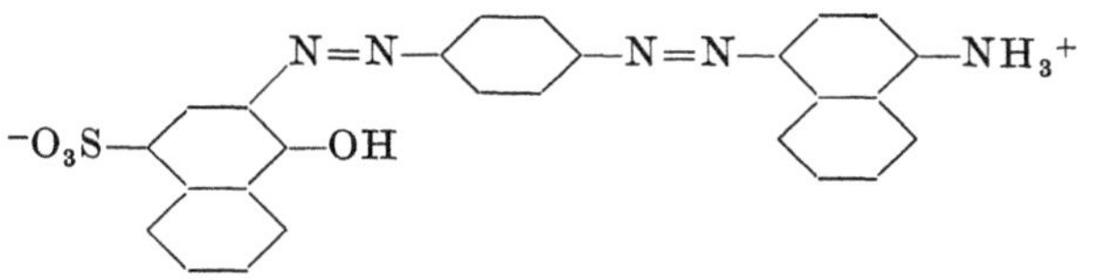

$$^-O_3S-\langle\ \rangle-OH \quad N=N-\langle\ \rangle-N=N-\langle\ \rangle-NH_3^+$$

Isoelektrisches Zwitterion.

Der I. P. dieses Farbstoffs liegt bei p_H 1,2. Nur bei noch niedrigeren p_H-Werten betätigt er sich als Base. In den bei der Lederfärbung üblichen p_H-Bereichen liegt der Farbstoff dagegen als Anion vor. Im isoelektrischen Bereich ist er in Wasser schwer löslich.

b) Dissoziationsstärke.

Wie man sieht, wird das Verhalten eines Farbstoffs in Lösung sehr weitgehend durch die Stärke der Dissoziation seiner wasserlöslich machenden Gruppen bestimmt. Die Bruttodissoziation einer Farbsäure oder einer Farbbase ist nicht allzu schwer zu ermitteln. Besonders für anionische Farbstoffe liegen Werte vor. E. Elöd und H. Fröhlich haben durch potentiometrische Titration von Gemischen der Farbsäuren mit anderen Säuren bekannter Dissoziation die Konstanten einiger anionischer Farbstoffe zwischen 10^{-1} und 10^{-3} gefunden.

Solche Ergebnisse sagen aber nicht viel aus. Sie erfassen nicht die Dissoziation der einzelnen Gruppen. Es ist aber ein wesentlicher Unterschied, ob als löslich machende Gruppe eine Carboxylgruppe vorliegt, oder ob eine Sulfogruppe neben mehreren basischen Gruppen vorhanden ist. In beiden Fällen kann die Bruttodissoziation gleich sein.

E. Valkó gibt wertvolle Hinweise dafür, wie man die Dissoziation einzelner Gruppen, die nebeneinander in aromatischen Verbindungen vorliegen, beurteilen kann. Die Dissoziationskonstante der Sulfogruppe in Benzol-, Naphtalin- und Anthrachinonkernen beträgt etwa 10^{-1}. Aus praktischen Gründen verwendet man oft den negativen dekadischen Logarithmus der Dissoziationskonstante, der als p_K-Wert bezeichnet wird. Das p_K der Sulfogruppe, d. h. derjenige p_H-Wert, bei dem die Sulfogruppe zu 50% dissoziiert vorliegt, ist etwa 0,5. Sie hat diese Dissoziationsstärke auch dann, wenn sich im Molekül Aminogruppen befinden.

Die Carboxylgruppe hat im aromatischen Kern eine höhere Dissoziation als in aliphatischen Verbindungen (s. Tabelle 15).

Tabelle 15. Dissoziationsgrad der Carboxylgruppe (E. Valkó).

	p_K der Carboxylgruppe
Essigsäure	4,7
Benzoesäure	4,2

Die Einführung weiterer Gruppen in den aromatischen Kern verändert die Dissoziation der Carboxylgruppe. R. Wegscheider hat Faktoren angegeben, mit denen die Dissoziationskonstante zu multiplizieren ist und die je nach der Stellung der weiter eingeführten Gruppe verschieden sind (s. Tabelle 16). Sind mehrere Substituenten vorhanden, so muß man den Wert der nichtsubstituierten Säure mit dem Produkt sämtlicher Faktoren multiplizieren.

Nur Methylgruppen in meta- oder para-Stellung sowie die OH-Gruppe in para-Stellung vermindern die Dissoziation der Carboxylgruppe. In allen anderen Fällen wird sie verstärkt.

Tabelle 16. Faktoren für den Einfluß der Substitution auf die Dissoziationskonstante aromatischer Carbonsäuren (R. Wegscheider).

Radikal	Faktoren bei Stellung des Substituenten im aromatischen Kern		
	ortho	meta	para
CH_3	2,0	0,86	0,85
SO_3H	4,23	2,92	3,29
COOH	10,2	2,39	2,62
OH	17	1,45	0,48
Cl	22	2,58	1,55
NO_2	103	5,75	6,60

Tritt allerdings eine zweite Carboxylgruppe zu der ersten, so wird sie selbst nicht verstärkt. Ihre Dissoziation wird im Gegenteil herabgesetzt.

Am stärksten dissoziationsfördernd auf die Carboxylgruppe wirkt die Nitrogruppe. Sie ruft eine Herabsetzung des p_K-Wertes der Carboxylgruppe um 2 (!) hervor.

Einige Beispiele gibt Tabelle 17.

Die Einführung der Aminogruppe setzt die Dissoziation der aromatischen Carbonsäure erheblich herab.

Tabelle 17. Dissoziation der Carboxylgruppe in verschieden substituierten Verbindungen (R. Wegscheider).

Carbonsäure	p_K der ersten Carboxylgruppe	p_K der zweiten Carboxylgruppe
o-Phthalsäure	2,9	5,4
β-Sulfophthalsäure	2,7	5,0
o-Sulfobenzoesäure	3,7	
(Benzoesäure)	4,2)	
p-Nitrobenzoesäure	2,2	
o-Aminobenzoesäure	4,8	
p-Aminobenzoesäure	5,0	

Die phenolische OH-Gruppe ist, wie auch die Iminogruppe, viel schwächer dissoziiert als die Carboxylgruppe. Ihre Dissoziation wird aber noch weit mehr als die der Carboxylgruppe durch den Hinzutritt weiterer Substituenten beeinflußt (Tabelle 18).

Die Aminogruppe ist in einer den anionischen Gruppen gerade entgegengesetzten Weise im aromatischen Kern nicht stärker, sondern viel schwächer ionisiert als in aliphatischen Verbindungen.

Die nachfolgende Tabelle 19 gibt einige Vergleichswerte von dekadischen Logarithmen basischer Ionisationskonstanten.

Tabelle 18. Dissoziation der phenolischen OH-Gruppe in verschieden substituierten Verbindungen (R. Wegscheider).

Oxyverbindung	p_K der OH-Gruppe
Phenol	10,1
o-Oxybenzoesäure	13,4
m-Oxybenzoesäure	10,0
p-Oxybenzoesäure	9,4
Chlorphenole	$\sim 7,5$
Nitrophenole	7,1—8,3
Dinitrophenole	3,7—5,2
Trinitrophenol	$\sim 0—1$

Die schwach basische Natur der aromatischen Aminogruppen macht es verständlich, daß ihre Gegenwart in vielen anionischen Farbstoffen deren Eigenschaft als Anion so wenig beeinträchtigt.

Erst bei Einführung von Alkylresten in die Aminogruppe wird deren Ionisationsstärke etwas erhöht: Diäthylanilin hat ein p_K 7,6. Eine völlige Ionisation der Ammoniumgruppe schließlich tritt ein, wenn sie quaternär wird ($p_K < 1$).

Tabelle 19. Basische Ionisationskonstanten einiger aromatischer Amine (R. Wegscheider).

Amin	p_K	p_H der 50%igen Ionisation
Äthylamin.................	3,3	10,7
Anilin....................	9,5	4,5
p-Aminophenol............	8,5	5,5
p-Aminobenzoesäure	11,7	2,3
p-Nitroanilin	13,0	1,0

c) Aggregierung.

Bei vielen, insbesondere höhermolekularen Farbstoffen beobachtet man eine Neigung, in Lösung Molekülaggregate zu bilden. Sie tun das besonders bei Gegenwart anderer Elektrolyte. Kochsalz ruft diese Wirkung hervor, ebenso p_H-Erniedrigung bei anionischen und p_H-Erhöhung bei kationischen Farbstoffen.

O. Quensel maß die Größe von Farbstoffteilchen in starken Zentrifugalfeldern. Nach der Methode des Sedimentationsgleichgewichts fand er, daß Kongorot (Mol.-Gew. 698) in 0,01%iger Lösung bei Gegenwart von etwa 0,1 n NaCl monodisperse Teilchen von etwa 8000 bis 9000 Mol.-Gew. besitzt. Aus der Messung der Sedimentationsgeschwindigkeit ergab sich, daß je nach der vorhandenen NaCl-Konzentration 12, 18 oder 24 Farbionen zu einem Teilchen zusammentreten.

Bei diesen Aggregierungsvorgängen sind offensichtlich Koordinationskräfte wirksam. Sie können sich besonders wirksam betätigen, wenn die Dissoziation der löslich machenden Gruppen zurückgedrängt wird. Die Anlagerung erfolgt vermutlich durch Koordinationskräfte derselben Art, wie sie auch bei der Bindung an die Faser wirksam sind: Dipolanziehung und Wasserstoffbrückenbildung. Als Dipolgruppen funktionieren Oxy-, Amino-, Äther-, Carbonamid-, Halogen- und Nitrogruppen. Die Wasserstoffbrücken können von Amino-, Imino- und Hydroxylgruppen ausgehen. F. L. Rose gibt folgendes Modell einer möglichen Aggregierung:

Kongorot.

Die Aggregierung erfolgt dagegen nicht, wenn die mit koordinationsfähigen Gruppen ausgestatteten Molekülteile durch stark dissoziierte ionische Gruppen unterbrochen werden:

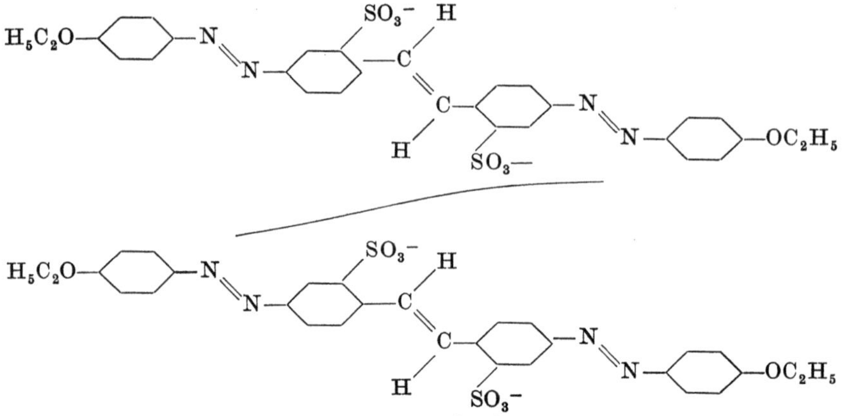

Chrysophenin G.

d) Zwitterionische Farbstoffe.

Außer den zwitterionischen Azofarbstoffen vom Typ des Violettschwarz gibt es noch andere amphotere Farbstoffe. Sie entstehen beispielsweise durch Einführung der Sulfogruppe in einen basischen Triphenylmethanfarbstoff:

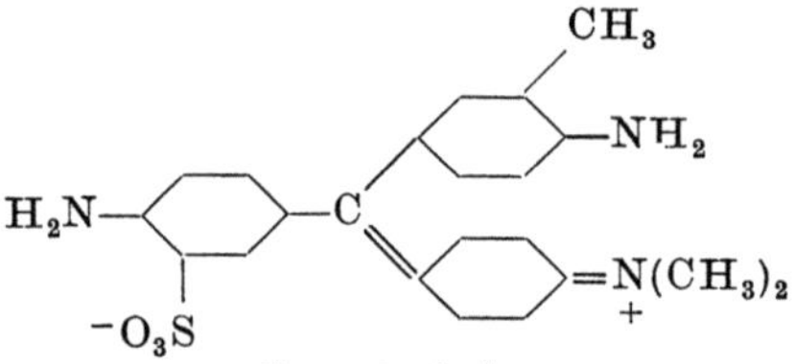

Säurefuchsin.

Der quaternäre Ammoniumstickstoff im Säurefuchsin ist eine viel stärker basische Gruppe als der primäre im Violettschwarz. Infolgedessen liegt der I. P. des Säurefuchsins viel höher als der des Violettschwarz, nämlich etwa bei p_{H} 3. Auch räumlich stehen die beiden entgegengesetzten Ladungen viel näher beieinander, als das bei zwitterionischen Azofarbstoffen, etwa dem Violettschwarz, der Fall ist. Diese Umstände verleihen den sulfierten Triphenylmethanfarbstoffen besondere färberische Eigenschaften (s. später unter II a bis c).

Nicht nur in basische Farbstoffe kann man saure Gruppen einführen. Auch anionische Farbstoffe, die kationische Zentren enthalten, sind bekannt. Man führt solche ein, indem man geeignete Farbstoffe (meist Azofarbstoffe) metallisiert, sie etwa mit Chrom- oder Kupfersalzen behandelt.

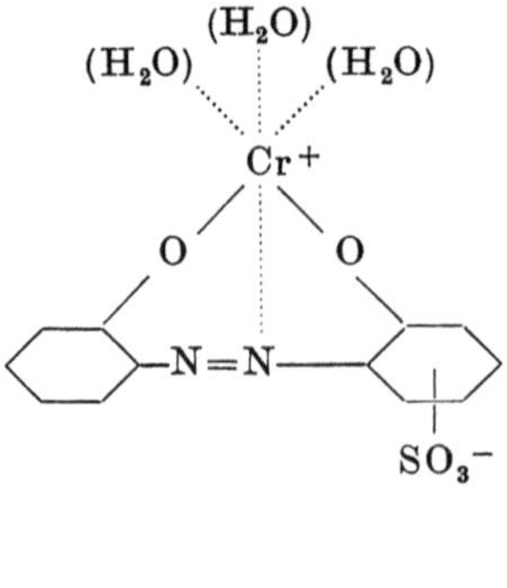

Der Typus des Chromkomplexes eines anionischen o-o'-Dioxyazofarbstoffs ist nach K. Holzach beispielsweise so darzustellen (s. Formel auf S. 170, unten).

Bei Kupferkomplexen kann nach dem Beispiel von W. F. Beech und H. D. K. Drew folgende Figuration angenommen werden:

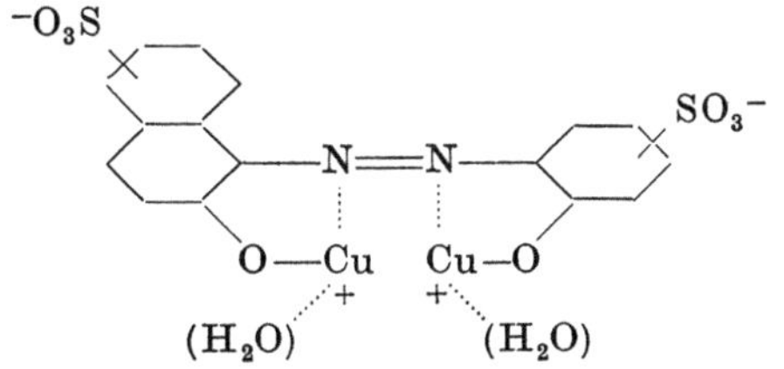

Der Farbstoff ist ein doppeltes Zwitterion.

Auch bei solchen Metallkomplexen liegt der I. P. etwa bei $p_H = 3$. Da die Ladungszentren nahe beieinander liegen, sind die Farbstoffe im Gegensatz zum Violettschwarz auch im isoelektrischen Bereich im allgemeinen gut löslich.

e) Metallkomplexfarbstoffe.

[S. hierzu H. Pfitzner, weiter W. Wittenberger sowie auch
K. Venkataraman (*1*), S. 539.]

Diese Gruppe von Farbstoffen hat für die Färbung von Leder eine stets wachsende Bedeutung. Sie erlaubt es, höhere Echtheitseigenschaften der Färbungen zu erzielen.

Nur solche Farbstoffe lassen sich metallisieren, die zwei komplexaktive Reste in räumlich günstiger Anordnung darbieten. Die meisten Metallkomplexfarbstoffe werden aus o-oxy- und o-amino-Azofarbstoffen erzeugt. Auch Farbstoffe, die den Baustein der Salicylsäure enthalten, sind geeignet.

Das Metallatom bildet mit den koordinationsfähigen Resten cyclische, sogenannte Chelatverbindungen, wobei neben Fünferringen bevorzugt Sechserringe entstehen. Bei o-Azoverbindungen geht eine Hauptvalenz über die in o-Stellung befindliche Oxy- oder Aminogruppe. Eine Koordinationsvalenz geht an das eine Stickstoffatom der benachbarten Azogruppe.

Die Verbindungen des Kupfers sind bereits stabil, wenn es nur durch diese beiden Liganden mit dem Farbstoff verknüpft ist.

Bei Chrom müssen dagegen mehr, meist vier, seiner sechs Koordinationsvalenzen beansprucht sein. Erst dann ist der Metallkomplex stabil. Diese Chromkomplexe haben dann allerdings merklich höhere Beständigkeit gegenüber Säure und Alkali als die Kupferkomplexe.

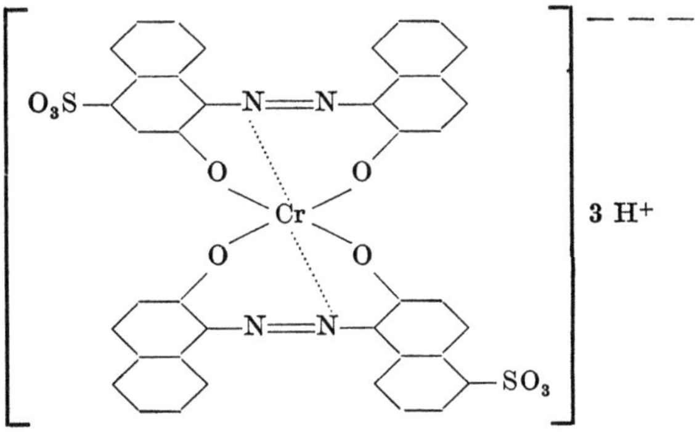

Das Chrom mit seiner höheren Koordinationszahl kann auch mit mehreren Farbstoffmolekülen zugleich reagieren. Sehr oft verbindet es zwei Farbstoffmoleküle, wie im Eriochrom-Blauschwarz R (vorstehende Formel, s. R. Royer, H. E. Millson und C. H. Amick).

Das Chrom bildet hier einen anionischen Komplex unter Einbeziehung einer ionisierten Hydroxylgruppe. Mit den beiden Sulfogruppen macht es den Komplex zum dreiwertigen Anion.

Bei einem Farbstoff dieses Typs ist das Chrom schon sehr weitgehend beansprucht. Es kann zur Bindung an die Faser höchstens noch mit einer Koordinationsvalenz beitragen.

Sehr viel reaktionsfähiger, wenn auch weniger stabil, sind in der Regel Chromkomplexe mit Farbstoffen, die Salicylsäure als Baustein enthalten. Solche Chromkomplexfarbstoffe haben mehrere Valenzen zur Wechselwirkung mit der Proteinfaser frei. Sie können dann auch noch vernetzend, etwa gerbend, auf Kollagen wirken.

Ein Beispiel hierfür ist

$$\left[\text{O}_3\text{S} \cdots \text{N}=\text{N} \cdots \text{O} \cdots \overset{(\text{H}_2\text{O})}{\underset{(\text{H}_2\text{O})}{\text{Cr}}} \cdots \text{O} \cdots \text{N}=\text{N} \cdots \text{SO}_3 \right]^{--} 2\,\text{H}^+$$

Dieser Komplex ist nur in schwach saurer Lösung beständig. Bei p_H-Werten unter 3 zerfällt er:

$$\left[\text{O}_3\text{S} \cdots \text{N}=\text{N} \cdots \text{O} \cdots \overset{(\text{H}_2\text{O})}{\underset{(\text{H}_2\text{O})}{\text{Cr}}} \cdots \overset{\text{Ac}}{(\text{H}_2\text{O})} \right]^{-}$$

$$+ \quad {}^-\text{O}_3\text{S} \cdots \text{N}=\text{N} \cdots \overset{\text{OH}}{\underset{\text{COOH}}{}}$$

Die beständigsten Metallkomplexfarbstoffe sind beachtenswerterweise Kupferkomplexe. Es handelt sich um die erst vor etwa 30 Jahren gefundenen Phthalocyanine:

Das Metall ist in diesem Tetrabenzo-porphyrazin-Komplex von vier ortho-kondensierten Nebenvalenzringen umschlossen. Durch Einführung von zwei Sulfogruppen entsteht ein anionischer Farbstoff, der Leder in grünstichig blauen Tönen sehr lichtecht färbt. Das zentrale Metallatom hat hier keine Möglichkeit mehr, sich an die Faser zu binden.

Die sogenannten Beizenfarbstoffe sind metallisierbare Farbstoffe, in denen der Metallkomplex noch nicht vorgebildet ist. Je nach ihrer Konstitution reagieren sie mehr oder minder leicht mit Metallsalzen. Manche nehmen schon bei niedrigen Temperaturen das Metallatom auf. Für andere müssen höhere Temperaturen angewendet werden, um die Metallisierung (Chromierung, Eisenung oder Kupferung) herbeizuführen. Mit dem Einbau des Metallatoms wandelt sich die Elektronenanordnung im Farbstoffmolekül wesentlich. Seine Farbe verändert sich im Sinne einer verstärkten selektiven Lichtabsorption über breitere Frequenzen.

3. Wechselwirkung der Farbstoffe mit der Faser.

a) Nichtionische und ionische Farbstoffe.

Zum Färben synthetischer Fasern aus Polyamiden verwendet man auch Farbstoffe, die sich in Wasser nicht als Ionen lösen. Derartige Farbstoffe sind wertvolle Modelle. Man kann an ihnen prüfen, ob die Ionennatur von Farbstoffen eine notwendige Voraussetzung für die Erzielung einer Färbung ist oder ob dies nicht zutrifft. Derartige Untersuchungen lassen sich an der Haut- oder Lederfaser besonders gut vornehmen, da diese für Farbstoffe besonders zugänglich ist.

G. Otto (*10*) hat die maximale Aufnahme von nichtionogenen Monoazofarbstoffen an Polyamidfasern, Kollagenfasern und Chromlederfasern verfolgt. Die verwendeten Farbstoffe verdanken ihre Wasserlöslichkeit der Anwesenheit von Oxäthylgruppen:

$$I \quad \text{(Azofarbstoff mit } Cl, NO_2, CH_3, N[C_2H_4(OC_2H_4)OH]_2 \text{)} \qquad \text{Braun}$$

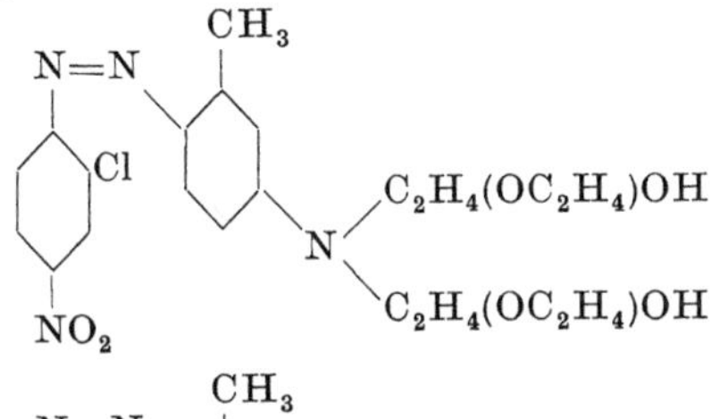

$$II \quad \text{(Azofarbstoff mit } CH_3, N[C_2H_4(OC_2H_4)_3OH][CH_3] \text{)} \qquad \text{Rubin}$$

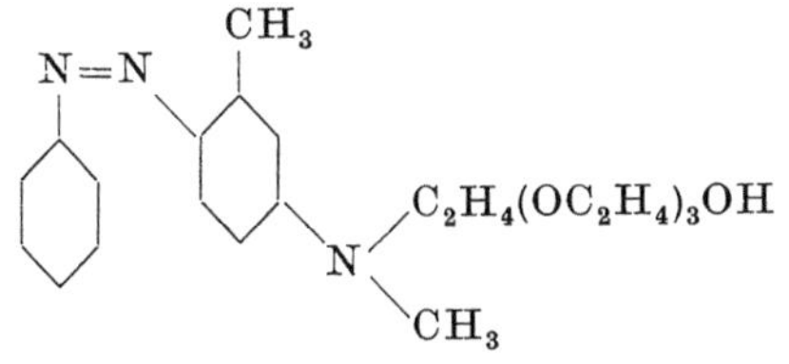

Die Einstellung des Gleichgewichts erforderte eine im Vergleich mit ionischen Farbstoffen viel längere Zeit (etwa das 15- bis 20fache). Dann aber war in allen Fällen eine Aufnahme von rund 0,3 Mol Farbstoff pro Kilogramm trockene Fasersubstanz eingetreten. Die Werte lagen bei Kollagen etwas niedriger als bei der Polyamidfaser. In dieser können Farbstoffe der obigen Art wahrscheinlich in Form fester Lösungen gebunden werden. Bei der chromgegerbten Kollagenfaser lagen die Werte jedoch durchweg höher als bei der Polyamidfaser. Die Anwesenheit des Chroms erhöhte deutlich das Aufnahmevermögen. Die maximalen Aufnahmen waren innerhalb weiter Grenzen unabhängig vom p_H-Wert des Systems.

Die Echtheit der erzielten Färbungen wurde durch mehrfaches Waschen mit verschiedenen Mitteln geprüft. Waschen mit Wasser verringerte kaum die an den Fasern gebundenen Farbstoffmengen. Mit Lösungen eines als Netzmittel bekannten Polyglykoläthers konnten jedoch 30 bis 50% des gebundenen Farbstoffs wieder von der Faser abgelöst werden. Die Oberflächenwirkung des Polyglykoläthers beruht vermutlich besonders auf seiner Fähigkeit, Wasserstoffbrücken zu bilden.

In Aceton sind die obigen Farbstoffe leicht löslich. Beim Waschen mit Aceton ließen sich Polyamidfaser und Hautfaser vollständig entfärben. Sobald das Wasser am Färbegut völlig durch Aceton verdrängt war, erfolgte die Entfärbung, Dies gelang nicht bei der Chromlederfaser, die immer noch etwa ein Drittel des aufgenommenen Farbstoffs festhielt.

Diese Versuche legen die folgenden Schlüsse nahe:

1. Ionischer Charakter des Farbstoffs ist für das Zustandekommen von Färbungen nicht notwendig. Er beschleunigt die Färbung aber ganz wesentlich.

2. Eine echte Bindung von Farbstoffen erfolgt durch Koordinationskräfte.

3. Die Bindung wird gelöst, wenn andere Körper, von denen ähnliche Koordinationskräfte ausgehen, mit den Farbstoffen in Konkurrenz treten.

4. Die Bindung wird besonders leicht gelöst, wenn durch Entwässerung (Dehydratation) der Faser deren schwach polare Kräfte zum Verschwinden gebracht werden (Acetonbehandlung).

5. Chromverbindungen können auch nichtionische Farbstoffgruppen in besonders fester Bindung halten.

b) Ionenreaktion.

α) Farbsäurenbindung.

Welche Bedeutung aber gleichwohl die Ionenreaktion für die Färbevorgänge hat, zeigt sich darin, daß das maximale Vermögen der amphoteren Fasern, Säuren und Basen zu binden, auch für Farbsäuren und Farbbasen weitgehend gilt. Tabelle 20 zeigt die maximale Aufnahme einer Reihe von freien Farbsäuren durch Hautsubstanz. 100 g Hautsubstanz binden nach C. Felzmann maximal 0,077 Grammäquivalente an Salzsäure. Die hier gezeigten Farbsäuren liefern alle etwas höhere Werte. Diese steigen mit dem Molekulargewicht der Farbsäuren. Pikrinsäure liefert noch nahezu den gleichen Wert wie Salzsäure. Von der freien Säure des Diaminechtbraun GB aber wird rund das Eineinhalbfache des Salzsäurewertes gebunden.

Mehr als aus der Maximalaufnahme erkennt man, wenn man die Aufnahme der Farbsäuren in Abhängigkeit vom p_H-Wert verfolgt.

β) p_H-Abhängigkeit.

Die ältesten derartigen Messungen wurden schon zu Beginn der zwanziger Jahre von J. Loeb an Gelatinelösungen vogenommen. Loeb zeigte, daß der isoelektrische Punkt von Proteinen eine Reaktionsgrenze darstellt, unterhalb deren nur Anionen, oberhalb deren nur Kationen aufgenommen werden. Aus der Reaktion mit Farbsäuren und Farbbasen entwickelte er die klassische Methode zur Bestimmung des isoelektrischen Punktes. Die ersten Messungen der p_H-Abhängigkeit des Reaktionsvermögens von Kollagen (Hautpulver) stammen von C. C. Hsiao und E. O. Wilson, die aber noch keine reinen Farbsäuren oder Farbbasen verwendeten. Lösungen der technischen Farbstoffe Metanilgelb

Tabelle 20. Maximale Farbsäurenaufnahme durch Hautsubstanz [G. Otto (*1*)]

Nr.	Freie Farbsäure von	Konstitution	Mol.-Gewicht	Gebundene Grammäquivalente pro 100 g Haut
1	Pikrinsäure	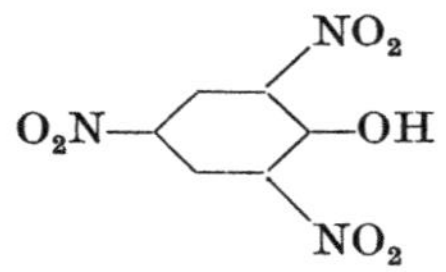	229	0,081
2	Amidogelb E	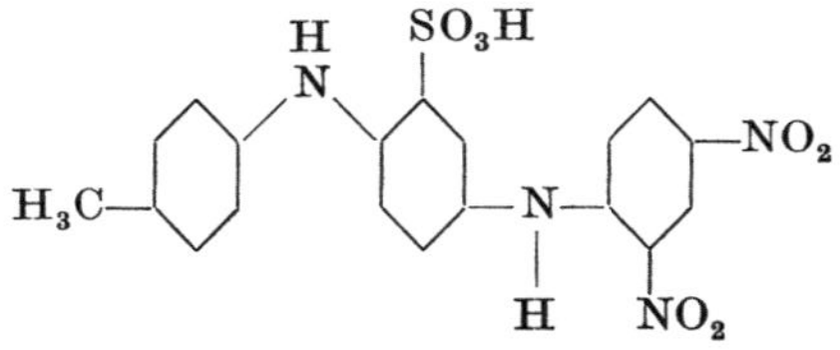	412	0,087
3	Orange GG................	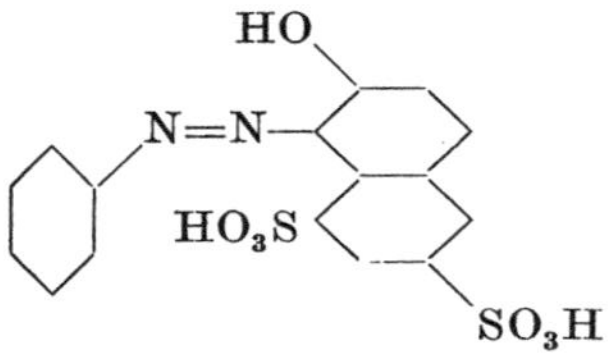	409	0,092
4	Orange II	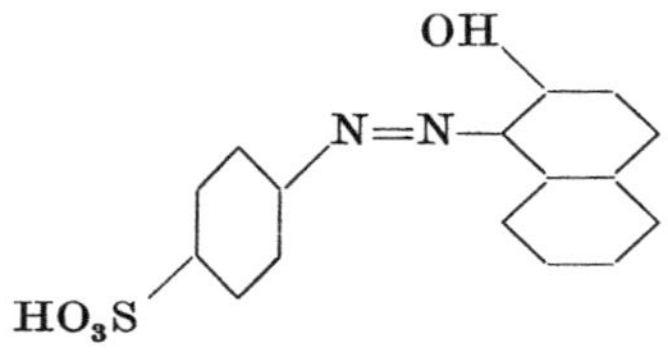	328	0,090

(Fortsetzung S. 176.)

Fortsetzung der Tabelle 20.

Nr.	Freie Farbsäure von	Konstitution	Mol.-Gewicht	Gebundene Grammäquivalente pro 100 g Haut
5	Säureanthracenbraun RH extra	O_2N—⬡(—OH)—N=N—⬡(—NH$_2$)(—NH$_2$)(—SO$_3$H)	353	0,095
6	Azofarbstoff aus Sulfanilsäure und Acetessigsäureanilid ...	HO_3S—⬡—N=N—⬡—N(H)—C—C(—OH)(—H)—C(=O)—CH$_3$	362	0,118
7	Diaminechtbraun GB	O_2N—⬡—C(H)=C(H)—⬡(—NO$_2$)(—SO$_3$H); —NH—⬡N=N⬡—SO$_3$H; HO_3S—⬡—SO$_3$H	819	0,114

und Methylenblau wurden durch HCl- bzw. NaOH-Zugabe auf die gewünschten p_H-Werte eingestellt. Bei diesen Messungen traten Fehler auf, die auch die Anomalitäten der nachstehenden Kurven (Abb. 22 und 23) bei $p_H = 8$ verursachten.

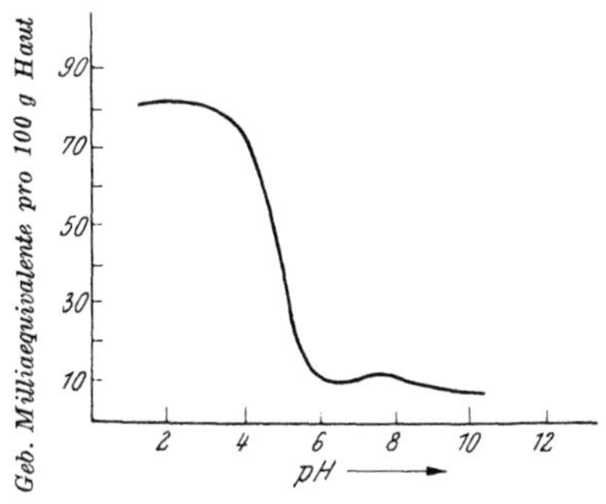

Abb. 22. Aufnahme von Metanilgelb durch Hautpulver (C. C. Hsiao und E. O. Wilson).

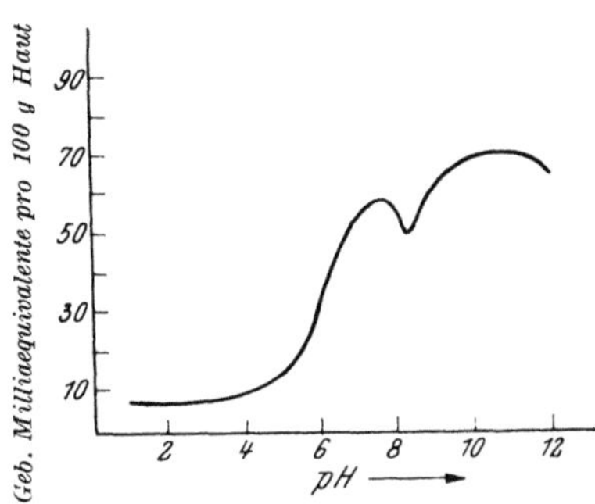

Abb. 23. Aufnahme von Methylenblau durch Hautpulver (C. C. Hsiao und E. O. Wilson).

Die Kurven zeigen aber schon deutlich, daß der anionische Farbstoff Metanilgelb in wesentlichen Mengen nur unterhalb des I. P. (der bei $p_H = 5$ liegt) aufgenommen wird. Das kationische Methylenblau wird umgekehrt erst dann in wesentlichen Mengen gebunden, wenn die p_H-Werte den I. P. übersteigen. G. Otto (11) hat die Aufnahme

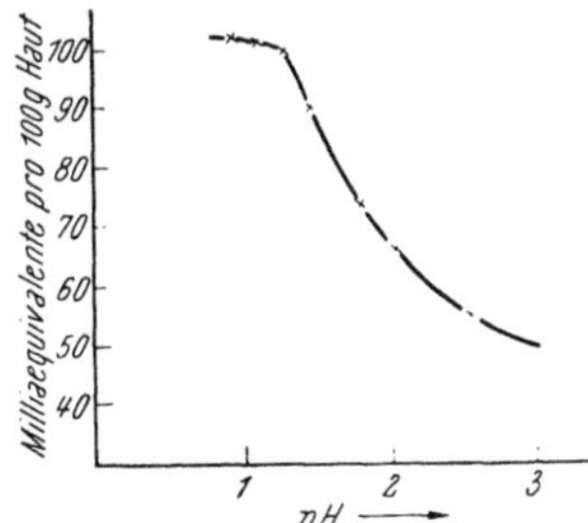

Abb. 24. Aufnahme der freien Disulfosäure des Orange GG durch Hautsubstanz bei niedrigen p_H-Werten [G. Otto (11)].

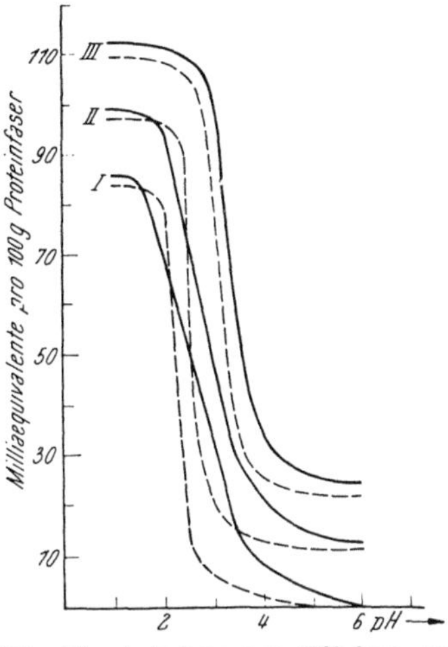

Abb. 25. Aufnahme von HCl bzw. von freien Farbsäuren durch Proteinfasern [G. Otto (12)].

       —   Bindung an Hautfaser;
     ------- Bindung an Wolle.

I HCl; II Monoazofarbstoff, freie Säure;
III Kondensationsprodukt, freie Säure.

der gereinigten freien Disulfosäure von Orange GG durch bis zu isoelektrischer Reaktion gewaschene Hautsubstanz untersucht (Abb. 24).

Bei p_H 1,3 wird die Maximalaufnahme der Farbsäure erreicht. Dieser Wert errechnet sich auch, wenn man das für die Bindung von Mineralsäuren an Proteingelen maßgebende Donnansche Membrangleichgewicht anwendet.

Beachtenswerterweise hat aber dieses Gleichgewicht für die meisten Farbsäuren offenbar keine Gültigkeit. Die Maximalaufnahme wird schon bei wesentlich höheren p_H-Werten erreicht. Dies zeigt sich sowohl bei Messungen an Hautfasern als auch an Wolle. Dabei beobachtet man auch oberhalb des I. P. noch deutliche Farbstoffaufnahmen. Sie entsprechen etwa den Beträgen, um welche die Maximalaufnahme diejenige von Salzsäure übersteigt.

Die vorstehenden von G. Otto (12) ermittelten Kurven der Abb. 25 zeigen den Vergleich der Aufnahme von Salzsäure, der freien Sulfosäure eines Monoazofarbstoffs (Tabelle 20, Nr. 6) sowie der freien Trisulfosäure eines Farbstoffs, der aus einem Monoazofarbstoff durch Kondensation mit einem Stilbenderivat entsteht (Tabelle 20, Nr. 7).

γ) Affinitätsbestimmung.

Es liegt nahe, derartige Unterschiede zur Grundlage einer Affinitätsbestimmung zu machen. In der Tat zeigen die untersuchten Farbsäuren auch in ihrem färberischen Verhalten am kompakten Fasergeflecht der unzerfaserten Haut Unterschiede. Sie werden um so stärker in den Außenschichten der Haut festgehalten, je höher die p_H-Werte liegen, die zur Maximalaufnahme ausreichen. Das Eindringvermögen darf als Gradmesser für die Affinitätskräfte gelten, die zwischen Farbstoffion und der Faser wirksam werden. Je stärker die Kräfte sind, die es an der Faser festhalten, um so weniger kann es in das Hautinnere eindringen. In Tabelle 21 sind die p_H-Grenzwerte, welche eben zur Maximalaufnahme ausreichen, dem Eindringvermögen an Hautsubstanz gegenübergestellt. Die dafür angegebenen Zahlen bedeuten $10 = 100\%$ Durchfärbung, $5 = 50\%$ Durchfärbung usw.

Tabelle 21. p_H-Grenzwerte von Farbsäuren und deren Eindringvermögen an Haut
[G. Otto (8)].

Nr.	Farbsäure von	p_H-Grenzwert	Eindringvermögen an Haut	Bruttodissoziation, nach E. Elöd und H. Fröhlich bestimmt
1	Pikrinsäure	1,3	10	$8,2 \cdot 10^{-1}$
2	Orange GG	1,3	10	$4,7 \cdot 10^{-1}$
3	Azofarbstoff aus Sulfanilsäure + Acetessigsäureanilid	1,4	8	$1,6 \cdot 10^{-1}$
4	Baumwollscharlach extra	1,5	7	$9,3 \cdot 10^{-2}$
5	Orange II	1,8	5	$5,6 \cdot 10^{-2}$
6	Amidogelb E	1,8	5	$2,9 \cdot 10^{-2}$
7	Säureanthracenbraun RH extra	2,0	4	$3,9 \cdot 10^{-3}$
8	Diaminechtbraun GB	2,0	4	$1,6 \cdot 10^{-3}$

Nr. 4, Baumwollscharlach extra, ist eine Disulfosäure folgender Konstitution:

Bezüglich der Konstitution der übrigen Farbstoffe siehe Tabelle 20, S. 175/6.

Außer der Beziehung zwischen p_H-Grenzwerten und Eindringvermögen wird hier noch eine weitere deutlich. Auch die Bruttodissoziation der Farbsäuren geht sehr weit parallel mit dem Eindringvermögen und ist den p_H-Grenzwerten umgekehrt proportional. E. Elöd und H. Fröhlich weisen darauf hin, daß zwischen K-Werten und der Wasserechtheit von Wollfärbungen Beziehungen bestehen. In vielen Fällen ist die Wasserechtheit um so höher, je kleiner die Konstante der Bruttodissoziation des betreffenden Farbstoffs ist. Alles das deutet darauf hin, daß ein Überwiegen ionischer Ladung im Farbstoffmolekül seiner Affinität zur Faser abträglich ist.

Eine Affinitätsmessung, die ebenfalls auf der Auswertung der bei der Titration von Faserproteinen mit Säuren erhaltenen Kurven beruht, stammt von J. Steinhardt, C. M. Fugitt und M. Harris und wurde weiterhin besonders von Th. Vickerstaff (2) angewendet.

Für denjenigen p_H-Wert, bei dem das Proteinsubstrat gerade zur Hälfte mit Säure gesättigt ist ($p_{H\,m}$), läßt sich nämlich mit gewissen Vereinfachungen die Affinität $-\Delta\mu^\circ$ nach der Formel

$$-\Delta\mu^\circ = 4{,}6\ RT\ p_{H\,m}$$

errechnen. Der Faktor $4{,}6\ RT$ beträgt bei 0° C $2{,}47$. Die errechneten Werte sind kcal. Für die Affinität von Säuren gegenüber Wolle wurden aus den mittleren Punkten der Titrationskurven ($p_{H\,m}$) so die folgenden Werte errechnet:

Salzsäure	—5,3 kcal
Benzolsulfonsäure	—6,2 kcal
Naphthalin-β-sulfonsäure	—7,9 kcal
Anthrachinon-β-sulfonsäure	—9,1 kcal
o-Nitrobenzolsulfonsäure	—6,8 kcal
2,4-Dinitrobenzolsulfonsäure	—7,6 kcal
Pikrinsäure	—9,3 kcal
1-Naphthol-2,4-dinitro-7-sulfonsäure	—10,1 kcal

Beide Methoden haben leider den Nachteil, daß sie sich nur für Farbstoffe anwenden lassen, deren freie Säuren genügend wasserlöslich sind. Die meisten Farbstoffe, besonders solche aus dem Sortiment der substantiven Textilfarbstoffe, erfüllen diese Forderung nicht.

δ) Einflüsse von Temperatur, Flottenlänge, Neutralsalzzusätzen und Walkarbeit.

Hierüber bestehen noch keine exakten Messungen. Beobachtungen aus der Praxis sprechen dafür, daß die für chemische Vorgänge allgemein anwendbare Faustregel gilt. Danach bringt eine Temperaturerhöhung von 10° C eine Beschleunigung der Vorgänge um das Zwei- bis Dreifache.

Die Praxis der Lederfärbung wendet Farbstoffkonzentrationen an, die selten 0,003 Mol-% übersteigen. Die Praxis beobachtet, daß anionische Farbstoffe Chromleder aus kurzen Flotten besser durchfärben als aus langen Bädern. Zum Teil wird dies auf die in kurzen Flotten erhöhte Walkarbeit zurückzuführen sein. Jedoch zeigten Färbeversuche mit Diaminechtbraun GB an Haut, bei denen die Walkarbeit gleich gehalten wurde, gleiche Gesetzmäßigkeit (Abb. 26).

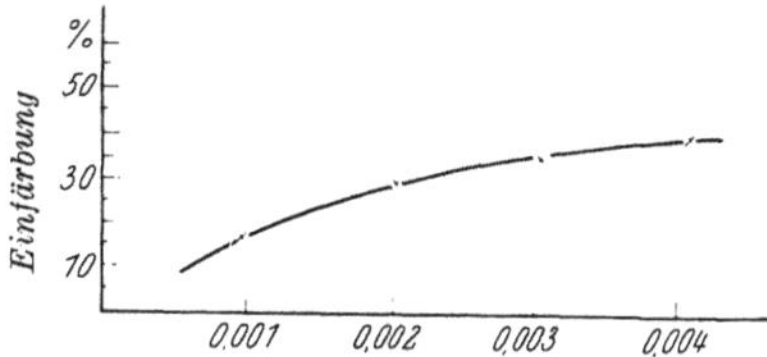

Konzentration in Mol.-% Reinfarbstoff.

Abb. 26. Abhängigkeit des Durchfärbevermögens anionischer Farbstoffe an Haut von der Flottenlänge, d. h. der Konzentration des Farbstoffs [G. Otto (34)].

Neutralsalzzusätze beeinflussen die Affinität anionischer Farbstoffe erst, wenn ihre Konzentration die in der Praxis vorliegenden weit übersteigt. Nach Mitteilungen von R. Stubbings und G. Strauss durchdringen viele anionische Farbstoffe Chromleder völlig, wenn man in 5%igen Kochsalzlösungen färbt.

4. Beziehungen zwischen Affinität zur Faser und Farbstoffkonstitution.

a) Ionenaffinität und Zugänglichkeit der Faser.

E. Elöd (2) sowie E. Elöd und A. Köhnlein verdankt man eine sorgfältige Studie der Ionenverhältnisse beim Färben von Proteinfasern mittels anionischer Farbstoffe. Außer der Aufnahme der Farbstoffionen wurde die Aufnahme der Ionen der Salzsäure verfolgt. Diese wurde gleichzeitig mit dem Farbstoffsalz dem System zugegeben.

Infolge der hohen Beweglichkeit der H^+- und Cl^--Ionen werden diese zunächst von der Proteinfaser gebunden. Die viel größeren Farbstoffanionen wandern

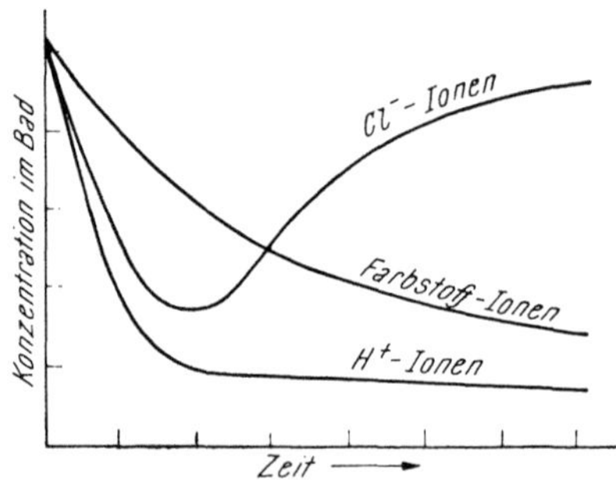

Abb. 27. Abdrängung der Cl-Ionen von der Wollfaser durch Farbstoffionen (E. Elöd und A. Köhnlein).

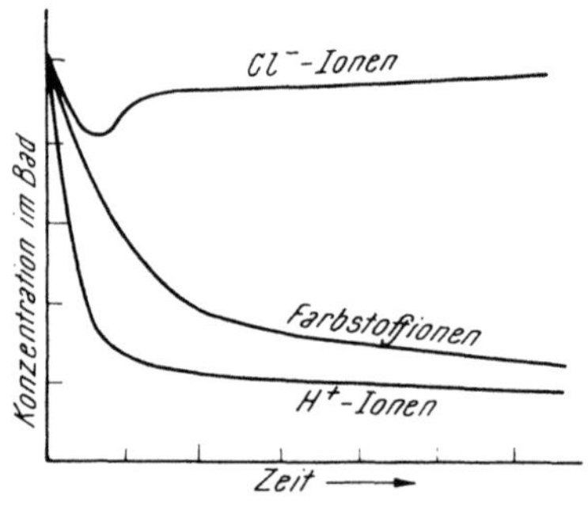

Abb. 28. Abdrängung der Cl-Ionen von der Kollagenfaser durch Farbstoffionen (E. Elöd und A. Köhnlein).

hinterher. In dem Maß, wie sie von der Faser gebunden werden, verdrängen sie die zuerst aufgenommenen Cl^--Ionen. Abb. 27 zeigt das bei dem System Wolle/HCl/Kristallponceau 6 R.

Ganz entsprechend verläuft der Vorgang an Blößenkollagen. Der Vergleich von Abb. 27 mit Abb. 28 (System Kollagen/HCl/Kristallponceau 6 R) zeigt aber, daß hier die Verdrängung der Chlorionen viel rascher einsetzt als bei Wolle. Dies beweist die wesentlich höhere Zugänglichkeit des Blößenkollagens für Farbstoffanionen.

b) Molekülgröße.

Schon aus Abb. 25 war zu erkennen, daß die Affinität zur Faser bei Farbsäuren mit deren Molekulargewicht ansteigt. Th. Vickerstaff (3) hat nach der im Abschnitt I c β beschriebenen Methode die Affinität verschiedener einbasischer aliphatischer und aromatischer Säuren zu Wolle ermittelt. Er fand die Bestätigung der eben genannten Gesetzmäßigkeit. In seiner Veröffentlichung ordnete er die Werte der

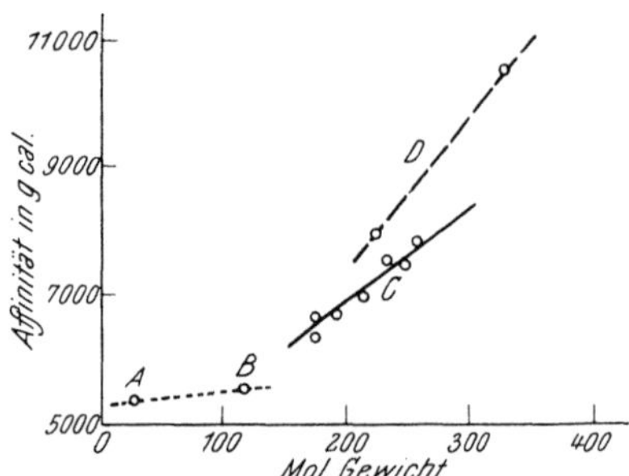

Abb. 29. Affinität einbasischer Säuren zu Wolle [Th. Vickerstaff (3)].

A Salzsäure; *B* Äthylschwefelsäure; *C* Monosulfosäuren von Benzol und Derivaten; *D* Monosulfosäuren von Naphthalin und substituiertem Naphthalin.

folgenden Abb. 29 alle in eine gebogen ansteigende Kurve. Genauere Betrachtung zeigt aber: Die Werte für die nichtaromatischen Säuren (A, B) bilden eine Gerade, die eine ziemlich niedrige Affinitätsstufe ausdrückt. Eine ganz deutlich höhere Affinitätsstufe gilt für die Monosulfosäuren des einkernigen Benzols und seiner Derivate (C). Die diesen zugehörigen Werte liegen auf einer wesentlich steiler verlaufenden Geraden. Die höchste Affinitätsstufe und die steilste Gerade wird von den an Naphthalinsulfosäuren erhaltenen Werten dargestellt.

Die gleichen Beobachtungen machten J. Steinhardt, C. M. Fugitt und M. Harris beim Vergleich einfacher Säuren mit Farbsäuren: Abb. 30 zeigt einige ihrer an Wolle erhaltenen Ergebnisse. Sie stellen fest: „Die Affinität der Anionen scheint mit der Ausdehnung des Anions zuzunehmen und ist in aromatischen Ionen größer als in gleich großen aliphatischen.‘‘

c) Dipolmomente in Azofarbstoffen und an der Eiweißfaser.

Das Besondere der aromatischen Natur von Farbstoffen wird aus Messungen von T. W. Campbell, D. A. Young und M. T. Rogers deutlich. Sie bestimmten die Dielektrizitätskonstante von Azofarbstoffen in benzolischer

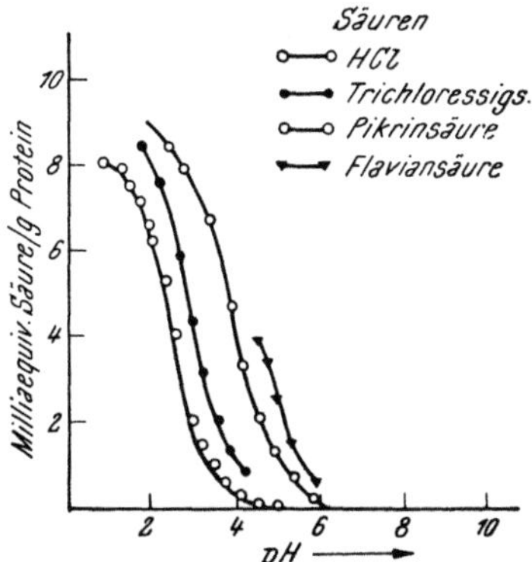

Abb. 30. Affinität einiger Säuren zu Protein (J. Steinhardt, C. M. Fugitt und M. Harris).

Lösung bei 25° C und errechneten daraus die Dipolmomente. Verwendet wurden Farbstoffe des folgenden Typs:

$$X-\!\!\langle\ \rangle\!\!-N\!=\!N\!-\!\!\langle\ \rangle\!\!-N\overset{CH_3}{\underset{CH_3}{<}}$$

X waren folgende Substituenten: J, Cl, CN, Se, SCN und NO_2. Alle diese Ionen bzw. Gruppen sind Elektronenakzeptoren, stellen also einen negativen Pol an dem einen Molekülende dar. Das andere Molekülende erhält seine positive Natur durch die tertiäre Aminogruppe. So wird das ganze Farbstoffmolekül zum Dipol. Es ist nun sehr bemerkenswert, daß die von T. W. Campbell, D. A. Young und M. T. Rogers bestimmten Dipolmomente alle wesentlich größer sind als sie sich aus den bekannten einzelnen Bindungsmomenten errechnen.

Die Betrachtung des Farbstoffsystems zeigt, daß sich zwischen den beiden entgegengesetzten Polen ein System von fortlaufend konjugierten Doppelbindungen erstreckt. In Doppelbindungen aber ist das zweite Paar von Bindungselektronen viel beweglicher als das erste. Das erste Elektronenpaar umschließt die durch es zusammengehaltenen Atomkerne enger (σ-Elektronen) als das zweite (π-Elektronen). Die σ-Elektronen schirmen die Ladung der Kerne gegenüber den π-Elektronen schon weitgehend ab. Dadurch erhalten die π-Elektronen eine große Beweglichkeit. Sie können über das ganze System von konjugierten Doppelbindungen verschoben werden. Das geschieht besonders dann, wenn am einen Ende des Systems eine stark elektronenansaugende Gruppe wirkt. Die bewegliche Wolke der π-Elektronen reichert sich dann an diesem Ende an. Am anderen Ende entsteht eine entsprechende Verarmung an Elektronen. Das bedeutet eine viel stärkere Polarisierung als in Systemen, die nicht aus konjugierten Doppelbindungen bestehen (s. auch S. 115/6). Starke Polarisierung begünstigt aber sehr das Entstehen nichtionischer Anziehungskräfte. Von den in den Farbstoffen wirksamen Dipolen geht eine Anziehung aus zu anderen Dipolen, die am Fasermolekül in großer Zahl in Gestalt der Peptidgruppen vorliegen. Diese Gruppe kann sehr leicht elektromere und protomere Umwandlungen erleiden. Dies bedeutet, daß der in dieser Gruppe bestehende Dipol sehr leicht seine Ladung umkehren kann. Er vermag sich so jedem ihm nahekommenden Dipol anzupassen und ihn anzuziehen:

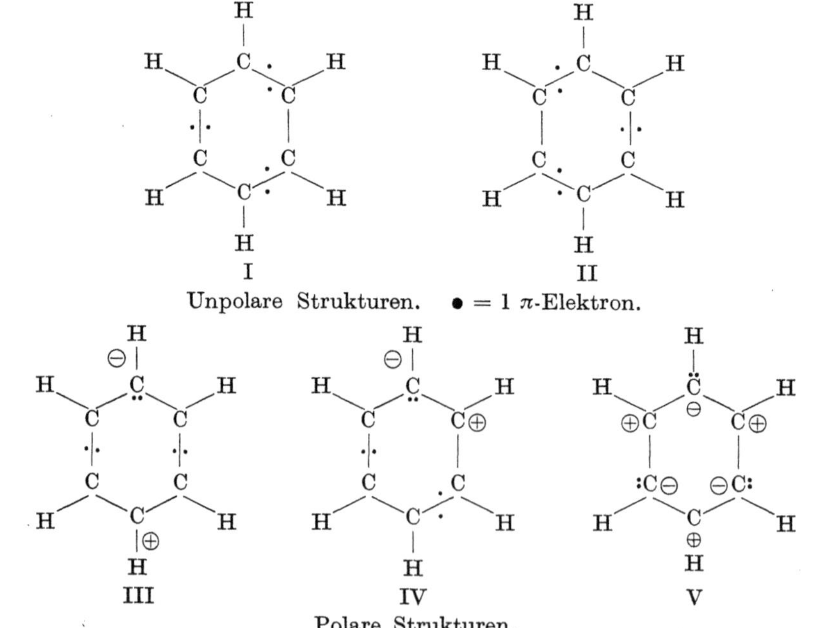

[Der seitliche Strich — oder | bedeutet in der üblichen Schreibweise für Elektronenformeln (s. S. 110) jeweils ein Elektronenpaar.]

Eine Polarisierung im Farbstoffmolekül erleichtert zugleich die Ausbildung von Wasserstoffbrücken. Auch OH- und NH-Gruppen haben Dipolnatur. Je stärker negativ das Sauerstoff- oder Stickstoffatom in diesen Gruppen wird, um so leichter kann das in homöopolarer (kovalenter) Bindung mit ihnen verknüpfte Proton Akzeptor von Elektronen werden und eine Wasserstoffbrücke bilden. Diese Bildung ist gewissermaßen nur ein besonders wirksamer Grenzfall von dipolarer Anziehung.

d) Rolle der aromatischen Natur.

Die aromatische Natur fördert, wie gezeigt wurde, die Ausbildung von Polaritäten. Schon im einzelnen Benzolring kann die Anordnung der π-Elektronen sehr von der normalen abweichen. Unter dem Einfluß von polaren Substituenten entstehen im Kern selbst Dipole. Die verschiedenen möglichen Strukturen, die im Mesomerieverhältnis (Resonanz) zueinander stehen, geben die Formeln auf S. 182, unten, wieder.

Ein je stärkeres Dipol der Substituent darstellt, um so kräftiger ist auch die Polarisierung im Ring. Ein besonders starkes Dipol ist die Nitrogruppe (Dipolmoment > 4 Debye). G. Otto (13) hat an den Beispielen der Nitrophenole die zunehmende Polarisierung des Phenols gezeigt. Zugleich konnten die Folgen solcher Polarisierung für die vom aromatischen Molekül zu Kollagen gehenden Affinitätskräfte deutlich gemacht werden.

Durch die Einführung einer Nitrogruppe in p-Stellung zur OH-Gruppe werden die Elektronen von dem Kohlenstoffatom weggesaugt, das die OH-Gruppe trägt:

Noch kräftiger, weil die Elektronen zweifach abgesaugt werden, wirkt die Polarisierung im 2,4-Dinitrophenol:

Die stärkste Polarisierung erfolgt im 2,4,6-Trinitrophenol, der Pikrinsäure:

Hier ist die negative Ladung des Hydroxylsauerstoffs so groß, d. h. dessen Affinität zu seinen Elektronen so groß geworden, daß er das Proton nicht mehr in homöopolarer kovalenter Bindung (s. S. 110) festhalten kann: es dissoziiert als Wasserstoffion ab.

Die Bereitschaft zur Ionisation der OH-Gruppe nimmt mit jeder in den Kern eintretenden Nitrogruppe zu. Tabelle 22 gibt die Dissoziationskonstanten der genannten Verbindungen. Sie enthält außerdem interessante Ergebnisse der Behandlung von Hautblöße mit $^1/_{40}$-molaren Lösungen der Phenole.

Phenol verhindert die Säureschwellung der Blöße nicht. Dies tut jedoch das Nitrophenol. Sowohl Dinitrophenol als auch Pikrinsäure aber wirken gerbend auf die Blöße. Dabei ist das Dinitrophenol der bessere Gerbstoff und auch noch im neutralen Gebiet wirksam, wo Pikrinsäure nicht mehr gerbt.

Die Affinität der Phenole zur Hautfaser wächst sonach mit steigender Polarisierung durch die eingeführten Nitrogruppen. Sie erreicht ein Maximum beim Dinitrophenol. Beim Trinitrophenol ist sie wieder geringer.

Tabelle 22. Einfluß des Eintrittes von Nitrogruppen in Phenol auf dessen Eigenschaften [G. Otto (13)].

Verbindung	Löslichkeit in H_2O von 20°C g/100 ml H_2O	Dissoziations-konstante K	Einwirkung auf Blößenkollagen			
			bei $p_H = 3$		bei $p_H = 6,5$	
			t_s °C	Verhalten der Blöße	t_s °C	Verhalten der Blöße
Phenol	8,6	$1,3 \cdot 10^{-10}$	Lsg. trüb	geschwollen	57	trocknet hornig
p-Nitrophenol	1,4	$5,6 \cdot 10^{-8}$	50	keine Schwellung, trocknet hornig	54	trocknet hornig
2,4-Dinitrophenol .	0,5	$8,0 \cdot 10^{-5}$	68	trocknet lederartig	62	trocknet lederartig
Pikrinsäure	1,2	$1,6 \cdot 10^{-1}$	62	trocknet lederartig	59	trocknet hornig

Schrumpfungstemperatur (t_s) der unbehandelten Blöße = 67° C.

Phenol hat die Möglichkeit zur Entwicklung nichtionogener Bindung vermöge des Protons der OH-Gruppe. Untersuchungen von A. Küntzel und M. Schwank zeigen, daß Phenol in höheren Konzentrationen die Schrumpfungstemperatur (t_s) des Kollagens stark herabsetzt und schließlich verleimend wirkt. Diese Wirkung beruht darauf, daß Wasserstoffbrücken des Kollagengitters aufgesprengt werden. Das Proton der phenolischen OH-Gruppe bildet dabei eine H-Brücke an den Donator der aufgesprengten Querverbindung.

Mit der zunehmenden Polarisierung in den Nitrophenolen wird die Bereitschaft des Protons zur Brückenbildung zunächst verstärkt. Gleichzeitig gehen weitere Anziehungskräfte von den im Kern entstehenden Dipolen aus. Dadurch kann das Phenol sich bifunktionell binden. Es kann Vernetzungen im Kollagengitter bilden, kann gerben.

Diese Eigenschaft behält das Phenol auch bei Einführung der dritten Nitrogruppe. Pikrinsäure gerbt aber nur im sauren Bereich. Da sie schon bei $p_H = 6,5$ völlig als Anion vorliegt, kann sie keine H-Brücke mehr bilden. Im sauren Bereich gerbt sie vermöge der von ihr ausgehenden besonders stark entwickelten dipolaren Anziehungskräfte. Diese werden im neutralen Bereich unwirksam, weil dann die ionisch gewordene Gruppe der Pikrinsäure nicht wie bei niedrigeren p_H-Werten durch eine aufgeladene basische Gruppe der Faser elektrostatisch kompensiert wird, was notwendig wäre, damit die mehrfachen Dipole im aromatischen Ring die Vernetzung des Kollagengitters bewirken können. Wird die ionische Gruppe nicht kompensiert, dann hindert sie die Bindung an die Faser.

Nur in seltenen Grenzfällen können die in einem einzigen Benzolring entstehenden nichtionogenen Kräfte dem Molekül eine ausreichende Faseraffinität geben. Die meisten Substituenten haben viel geringere Dipolmomente als die Nitrogruppe. Deshalb wird die Wirkung nichtionischer Kräfte meist erst in ausgedehnteren mehrkernigen Molekülen erkennbar.

Es gibt mehrfache Hinweise dafür, daß zu den nichtionischen Anziehungskräften außer der Wasserstoffbrücke auch die Anziehung zwischen Dipolen gerechnet werden muß. Am Fall der Pikrinsäure wurde dies schon deutlich.

K. H. Gustavson (*3*) untersuchte die Bindung von Trinaphthalin-dimethan-disulfosäure

$$HO_3S--CH_2--CH_2--SO_3H$$

an Kollagen in Abhängigkeit von der H^+-Konzentration der Endflotte und dem Anteil der inaktivierten basischen Gruppen des Kollagens (Abb. 31):

Dieser einfache synthetische Gerbstoff hat weder phenolische Gruppen noch Iminogruppen. Trotzdem werden auch im p_H-Bereich oberhalb des I. P. beträchtliche Mengen (über 10%) gebunden. Der oben gezeigte Molekülkomplex enthält drei Moleküle aus je einem Naphthalinkern. In diesen ausgedehnteren aromatischen Systemen können sich offensichtlich Dipole ausbilden, deren Anziehungskraft von den endständigen ionischen Gruppen nicht geschwächt wird.

Auch bei vielen Farbstoffen sind die allgemein bekannten Möglichkeiten zur Ausbildung von Wasserstoffbrücken nicht gegeben. Das gilt z. B. bei Thiazofarbstoffen, wie Sirius-Supra-Gelb RT [K. Venkataraman (*1*), S. 625]:

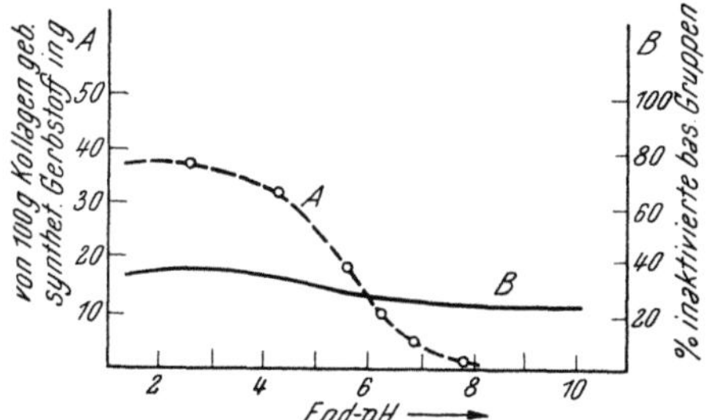

Abb. 31. Bindung von Trinaphthalin-dimethan-disulfosäure an Kollagen in Bezug auf dessen inaktivierte Gruppen [K. H. Gustavson (*3*)].

Dieser Farbstoff wird als substantiver Farbstoff für die direkte Färbung pflanzlicher Fasern hergestellt. Er färbt aber Haut mit ausgezeichneter Wasserechtheit. Er hat die charakteristische Eigenschaft, nur schwer in das Innere der Haut einzudringen. Dabei neigt der Farbstoff wenig zu Aggregationen und ist gut löslich. Seine hohe Affinität zur Kollagenfaser verdankt er offenbar den Anziehungskräften, die von Dipolen ausgehen. In dem besonders ausgedehnten System von 17 konjugierten Doppelbindungen können diese in genügender Anzahl entstehen.

e) Isolierende Gruppen im System konjugierter Doppelbindungen.

Es gibt eine Reihe von Gruppen, die in Farbstoffmolekülen das System konjugierter Doppelbindungen unterbrechen. Die wichtigsten sind

$$—CH_2—, \quad —O—, \quad —NH—, \quad —S—,$$

außerdem m-Substitution an Stelle von p-Substitution im aromatischen Ring.

Ist eine derartige Gruppe in das Gerüst des Farbstoffmoleküls eingeschoben, dann kann die Wolke der beweglichen π-Elektronen nicht mehr frei über das ganze Molekül hin oszillieren. Sie tut das nur noch innerhalb der durch die betreffende Gruppe isolierten Molekülteile.

Als Folge einer derart eingeschränkten π-Elektronenbeweglichkeit ist eine geringere Polarisierung des Moleküls zu erwarten. Es muß bei gleicher Größe geringere Faseraffinität haben als ein nicht unterbrochenes System von Doppelbindungen.

Wie G. Otto (14) nachweisen konnte, ist das tatsächlich der Fall. Verglichen wurden drei anionische Farbstoffe von einander naheliegenden Molekulargewichten:

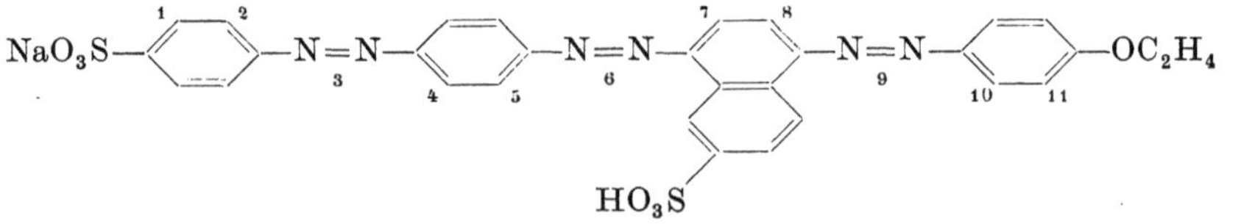

$$NaO_3S \!-\!\langle 1\!-\!2 \rangle\!-\!N\!=\!N\!-\!\langle 3\ 4\!-\!5 \rangle\!-\!N\!=\!N\!-\!\langle 6\ 7\!-\!8 \rangle\!-\!N\!=\!N\!-\!\langle 9\ 10\!-\!11 \rangle\!-\!OC_2H_4$$
$$HO_3S$$

Siriuslichtbraun RL [nach BIOS-Report (4) und FIAT-Report].

Mol.-Gew. 687, 11 konjugierte Doppelbindungen, keine isolierende Gruppe,

Isolierende Gruppierung

$$Cl,\ CH_3\ H_3C \quad N\!=\!N \quad N\!=\!N \quad N\!=\!N$$
$$NaO_3S \qquad HO \quad OH \qquad SO_3Na$$

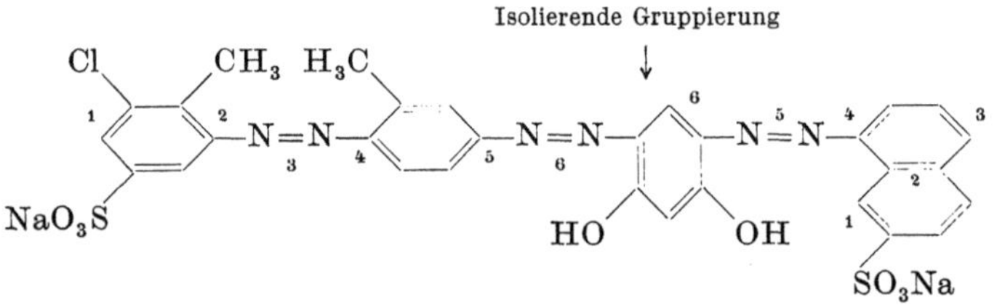

Säurelederbraun EGR [BIOS-Report (3)].

Mol.-Gew. 703; eine isolierende Gruppierung: metasubstituierter Benzolring, und

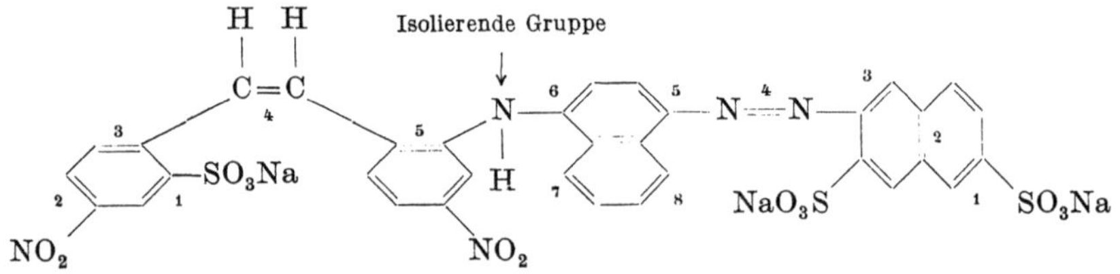

Isolierende Gruppe

$$H\ H$$
$$C\!=\!C$$
$$SO_3Na \qquad N\ldots H \qquad N\!=\!N \qquad NaO_3S \qquad SO_3Na$$
$$NO_2 \qquad NO_2$$

Diaminechtbraun GB [BIOS-Report (4)].

Mol.-Gew. 896; eine isolierende Gruppe: $-NH-$.

Der Affinitätsvergleich geschah aus dem färberischen Verhalten bei Adsorptionsversuchen an Faserschichten sowie an Chromleder (Tabelle 23).

Tabelle 23. Affinität von Farbstoffen an Haut, Papier und Chromleder
[G. Otto (14)].

Nr.	Farbstoff	Bruttodissoziation, nach E. Elöd und H. Fröhlich bestimmt	Höhe der angefärbten Faserschicht		Eindringvermögen an Chromleder (s. Tabelle 21)
			Haut	Papier	
1	Siriuslichtbraun RL	$0,7 \cdot 10^{-3}$	22	19	2
2	Säurelederbraun EG	$1,1 \cdot 10^{-3}$	63	81	5
3	Diaminechtbraun GB	$1,6 \cdot 10^{-3}$	58	30	5

1 dringt am wenigsten in die Faserschichten und das Leder ein. Sein nicht unterbrochenes System von elf konjugierten Doppelbindungen bewirkt die höchste Affinität. 2 und 3 haben je eine isolierende Gruppe etwa in der Molekülmitte. Sie neigen beide dazu, das Chromleder zu durchdringen. Auch in die Faserschichten dringen sie viel tiefer ein als 1. Der hier sichtbar werdende Effekt isolierender Gruppen stört die in Abschnitt I c β mitgeteilte Gesetzmäßigkeit. Wenn das Farbstoffmolekül isolierende Gruppen enthält, ist die Bruttodissoziation der Farbsäure kein Maß mehr für seine Affinität. 1, 2 und 3 haben alle etwa die gleiche Bruttodissoziation.

f) Wirkung der ionischen Gruppe auf die affinitätbildenden Kräfte.

Das Beispiel der Pikrinsäure (s. Diskussion der Tabelle 22) zeigt, daß ionische Kräfte die Entfaltung nichtionischer Anziehung zwischen Farbstoffmolekül und Faser hindern können. Dies ist eine Gesetzmäßigkeit, die schon von verschiedenen Seiten, beispielsweise von P. Ruggli und A. Fischli, von A. Küntzel und M. Schwank, von F. Stather, R. Schubert und R. Bellmann bei sulfogruppentragenden aromatischen Verbindungen beobachtet wurde. Besonders deutlich wird sie an einfachen gerbenden Kondensationsprodukten aromatischer Bausteine. Die Ergebnisse der Tabelle 24 stammen von G. Ekström.

Tabelle 24. Wirkung von Ionenkräften auf die Anziehung zwischen Farbstoff und Faser (G. Ekström).

Nr.	Formel	Gerb-wirkung	Erhöhung der $t_s = {}^{\circ}C$	Rendement (unbeh. Blöße = 122)
1	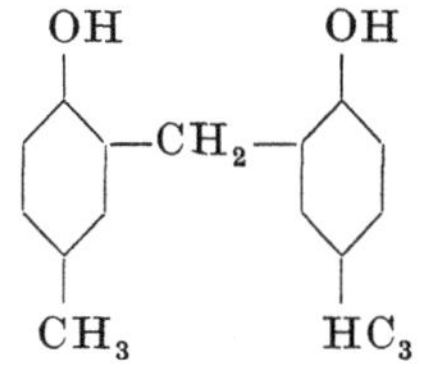 (4-CH$_3$-phenol)—CH$_2$—(phenol-4-CH$_3$), OH/OH	gerbt	0,5	144
2	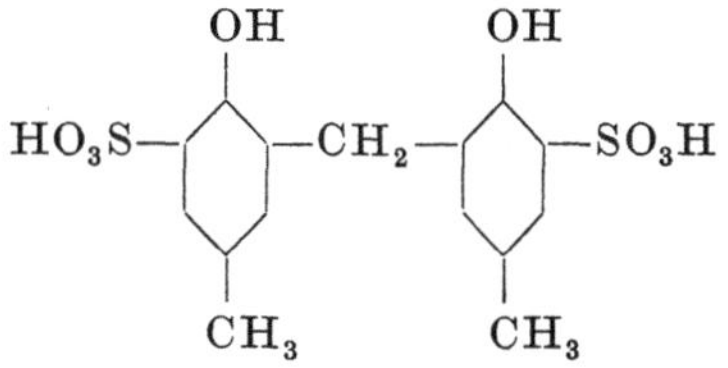 HO$_3$S—(4-CH$_3$-phenol)—CH$_2$—(phenol-4-CH$_3$)—SO$_3$H, OH/OH	gerbt nicht	0,0	123
3	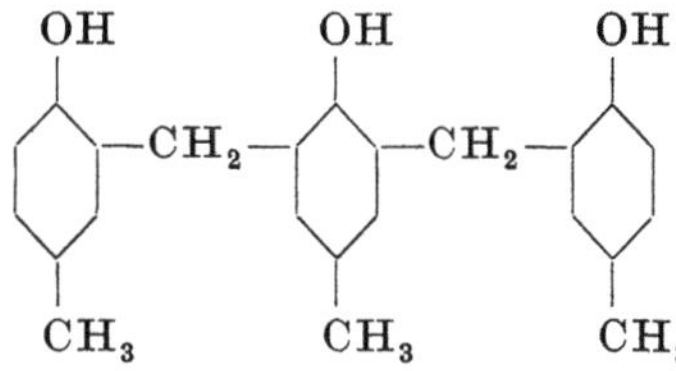 (4-CH$_3$-phenol)—CH$_2$—(4-CH$_3$-phenol)—CH$_2$—(phenol-4-CH$_3$), OH/OH/OH	gerbt	0,5	141
4	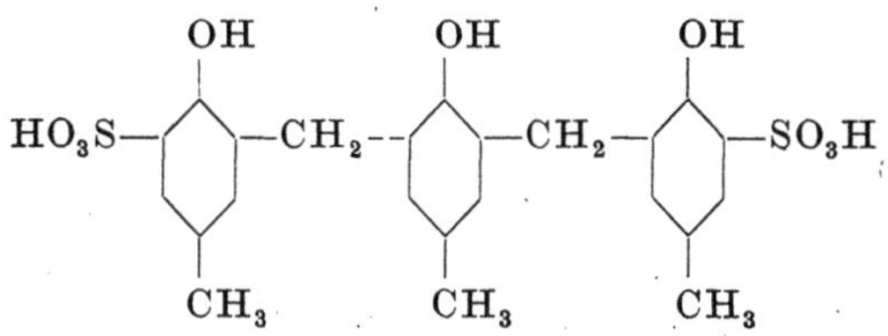 HO$_3$S—(4-CH$_3$-phenol)—CH$_2$—(4-CH$_3$-phenol)—CH$_2$—(phenol-4-CH$_3$)—SO$_3$H, OH/OH/OH	gerbt	2,5!	158

Die Gerbwirkung des zweikernigen Kondensationsproduktes verschwindet, wenn man in jeden Kern eine Sulfogruppe einführt. In dem dreikernigen Kondensationsprodukt wirken dagegen zwei endständig eingeführte Sulfogruppen ganz anders. Sie heben die Gerbwirkung nicht auf, sondern steigern sie sogar. Dies erkennt man an der kräftigeren Erhöhung der t_s und dem deutlich verbesserten Rendement des erhaltenen Leders.

G. Otto (15) hat in einer ähnlichen Reihe den Einfluß einer wachsenden Zahl von Sulfogruppen im Molekül eines Farbstoffs untersucht (Tabelle 25).

Tabelle 25. Einwirkung von Echtrotfarbsäuren auf Haut [G. Otto (15)].

Nr.	Farbsäuren $\dfrac{m}{20}$	p_H	Quellungsgrad	t_s °C	Eindringvermögen
1	Echtrot AV 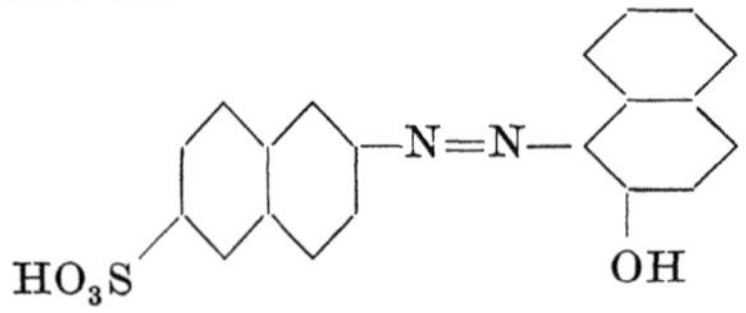	2,7	63	69	7
2	Echtrot E 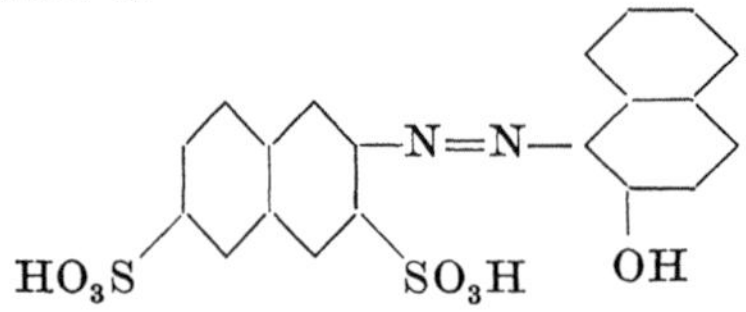	2,5	70	66	20
3	Naphtholrot SE 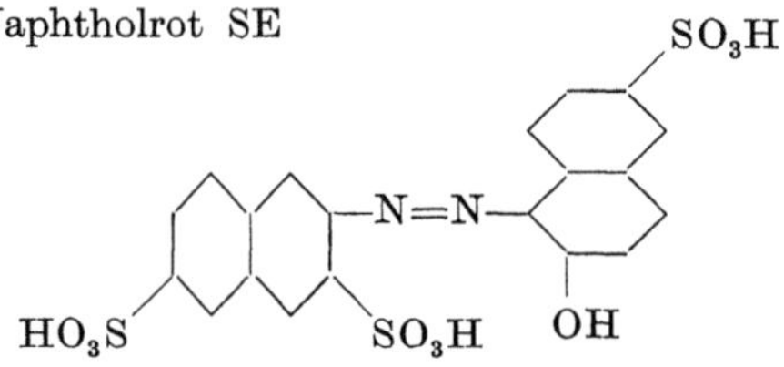	2,2	90	62	50
4	Ponceau 6 R 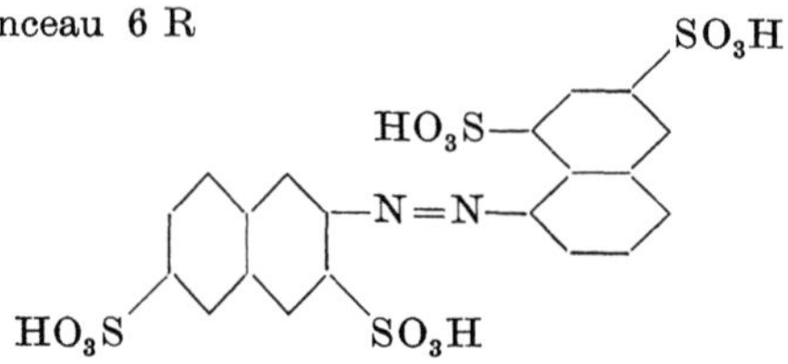	2,1	95	60	60

Quellungsgrad der unbehandelten Blöße = 100, t_s = 67° C.

Mit jeder weiter hinzutretenden Sulfogruppe geht die Faseraffinität im Echtrotmolekül zurück. Auch hier ist bemerkenswert, daß Nr. 1 die t_s der Blöße erhöht, während die folgenden Produkte sie erniedrigen. Die erste Sulfogruppe wirkt offenbar grundsätzlich anders als die weiteren. Dafür sprechen Versuche von G. Otto (16) an Fasern aus Polyamid (Abb. 32, S. 189).

Dieselben Farbstoffe wie bei den Versuchen der Tabelle 25 wurden verwendet.

Schon die zweite Sulfogruppe verhindert fast völlig die Aufnahme des Farbstoffs durch das Polyamid. Da das Säurebindevermögen dieses Materials viel geringer ist, sind die Möglichkeiten für eine elektrostatische Neutralisation zweiter oder gar weiterer ionischer Gruppen im Farbstoffmolekül sehr gering. Die Folge ist der rasche Abfall der Affinität. Daß Superpolyamid andererseits Farbstoffe bindet, die ganz frei von ionischen Gruppen sind, wurde in Abschn. I c 1 gezeigt.

W. Graßmann und L. Hübner haben übrigens die Wanderungsgeschwindigkeit und -richtung eines Gemisches der vier Sulfonierungsstufen des Echtrots mittels chromatographischer und elektrophoretischer

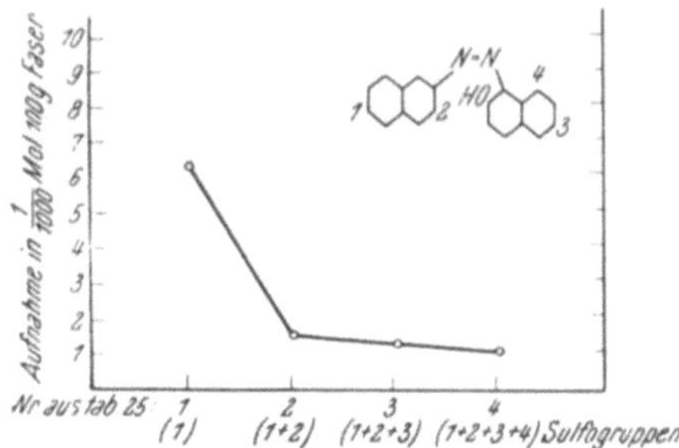

Abb. 32. Maximalaufnahme von Echtrotfarbstoffen mit wachsender Anzahl von Sulfogruppen an Polyamidfaser [G. O t t o (16)].

Methoden (Wanderung an von oben nach unten durchströmtem Filterpapier in einem angelegten elektrischen Feld) untersucht. Sie konnten das Gemisch leicht trennen, da jede weiter hinzutretende Sulfogruppe den Farbstoff stärker nach rechts in Richtung auf die Anode zu wandern läßt (Abb. 33).

Das Bild gibt den Zustand nach längerer Laufzeit wieder. Zu Beginn des Trennungsvorgangs ist jedoch sehr deutlich zu sehen, daß die Tetrasulfosäure am raschesten durch das Filterpapier vorrückt und daß die Vorrückgeschwindigkeit mit abnehmender Zahl der Sulfogruppen abfällt. Es gilt offenbar auch gegenüber der Cellulosefaser die hier für Polypeptide begründete Beziehung, wonach sich die Farbstoffaffinität mit zunehmender Häufung von Sulfogruppen vermindert.

A. Küntzel und J. Plapper haben gezeigt, daß p-Phenolsulfo-

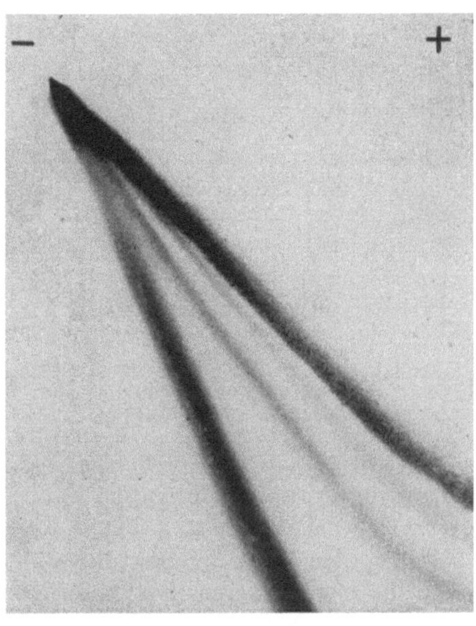

Abb. 33. Wanderung der Sulfonierungsstufen des Echtrots (W. G r a ß m a n n und A. H ü b n e r).

säure: $HO-\langle\ \rangle-SO_3H$ keinerlei Gerbwirkung besitzt, während p-Oxybenzylsulfonsäure gerbt. Dieser Körper:

$$HO-\langle\ \rangle-CH_2-SO_3H$$

stellt wohl neben 2,4-Dinitrophenol und Pikrinsäure den am einfachsten gebauten aromatischen Gerbstoff dar.

Der Vergleich von p-Phenolsulfosäure mit p-Oxybenzylsulfonsäure ist sehr aufschlußreich. Sobald die Sulfogruppe aus einer etwas größeren Entfernung (hier über das aliphatische Bindeglied der CH_2-Gruppe) auf den Kern wirkt, hindert sie in diesem nicht mehr die Entfaltung von nichtionischen Bindungskräften. Sie scheint vielmehr ähnlich elektronenansaugend zu wirken wie negative nichtionische Kernsubstituenten. Im Doppelkern des Naphthalins ist ganz entsprechend die Wirkung einer einzelnen Sulfogruppe besonders günstig für die Entfaltung nichtionischer Bindungskräfte. Das läßt sich bei vielen Farbstoffen nachweisen. Ein Beispiel dafür liefert der Vergleich des sauren Wollfarbstoffs Naphtholschwarz B mit dem substantiven Baumwollfarbstoff Diaminogenblau GG (s. nebenstehende Tabelle 26).

Tabelle 26. **Verteilungsverhältnis von Farbstoffen an verschiedenen Fasern.**

Angewandt bei p_H 5 2 Millimol Farbstoff	100 g Wasser 1 g Kollagen		100 g Wasser 1 g Baumwolle		100 g Wasser 1 g Polyamidfaser	
	Wasser	Faser	Wasser	Faser	Wasser	Faser
Naphtholschwarz B	33	67	92	8	76	24
Diaminogenblau GG	3	97	11	89	59	19

Auf Grund solcher Ergebnisse lassen sich über die Rolle ionischer Gruppen, insbesondere von Sulfogruppen im Farbstoffmolekül, Aussagen machen [G. Otto (17)], die übersichtlich in Tabelle 27 (S. 191) zusammengefaßt sind.

Dabei wird angenommen, daß die nichtionischen, schwach polaren Kräfte durch die viel stärkeren und weiterreichenden Felder der Ionenladung in deren unmittelbarer Nähe überdeckt, ausgelöscht und unwirksam gemacht werden. Am Beispiel zweier anionischer Farbstoffe, das von G. Otto (16) gegeben wird, sei das veranschaulicht.

Säureanthracenbraun RH extra (Tabelle 20, Nr. 5 bzw. 21, Nr. 7) färbt Hautblöße nicht nur oberflächlich, sondern dringt, schon in geringen Mengen angewendet, leicht in das Innere des Fasergeflechts.

Dieser Monoazofarbstoff trägt in jedem der beiden durch die Azogruppe getrennten Benzolkerne eine ionische Gruppe (Abb. 34, S. 191).

Links ist es eine OH-Gruppe. Unter der Induktionswirkung der im gleichen Kern stehenden Nitrogruppe ist sie ionisiert. Rechts ist es eine Sulfogruppe.

Tabelle 27. Rolle anionischer Elektrovalenz, insbesondere der Sulfogruppe in Farbstoffmolekülen [G. Otto (*17*)].

Bereich	Art der Wirkung	Technische Folge
A. Im eigenen Molekül	Induktion von Dipolen	
a) im weiteren Raum	Aktivierung von Protonen zur Brückenbildung	Erhöht Faseraffinität
b) im engeren Raum	Überdeckung (Auslöschung) schwach polarer Kräfte	Vermindert Faseraffinität
B. Wechselwirkung mit aufgeladener kationischer Gruppe des Fasermoleküls	Weitreichende Anziehung. Ermöglicht mit Annäherung der Partner das Wirken nicht-ionischer kurzreichender Kräfte	Erhöht Faseraffinität und Anfärbegeschwindigkeit
C. Wechselwirkung mit dem polaren Lösungsmittel	Anziehung einer Hülle von Wasserdipolen	Bewirkt Löslichkeit, vermindert Faseraffinität, kann hydrotrope Wirkungen (Erniedrigung der t_s) auslösen

Die großen Kreise um die ionischen Gruppen kennzeichnen deren starke weitreichende Felder. Diese begegnen zwar entsprechenden Kräften der kationischen
Gruppen des Hautfasermoleküls (in der oberen Hälfte von Abb. 34), überdecken

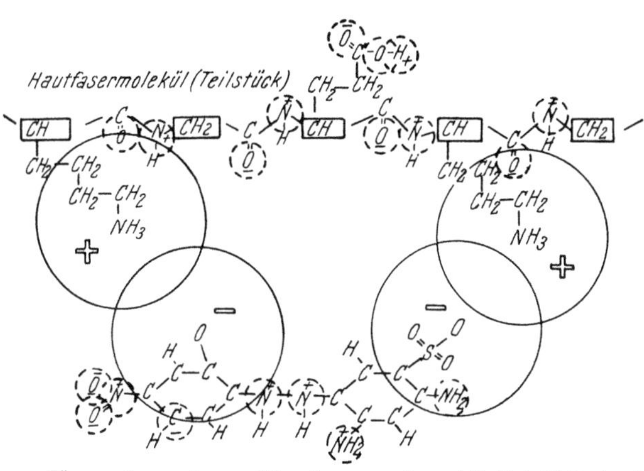

Abb. 34. Ausbildung der Affinität zwischen Säureanthracenbraun RH extra und Haut [G. Otto (*16*)].

aber zugleich fast alle kurzreichenden Polaritäten im Farbstoffmolekül (kleine
Kreise).

Ein anderes Bild ergibt sich bei der Begegnung: Violettschwarz/Hautfaser-
molekül (Abb. 35, S. 192).

Das Molekül dieses Disazofarbstoffs (vgl. Abschn. E II 2 a, S. 167) trägt nur
eine Ionenvalenz. Es ist aber mit zahlreichen schwachpolaren Kräften ausgestattet. Diese befähigen es zu koordinativen Bindungen (Bildung von Wasserstoffbrücken und Dipolanziehungen).

Nähert sich das Molekül dieses Farbstoffs dem der Hautfaser, so sieht es sich zahlreichen korrespondierenden Valenzfeldern kurzreichender Kräfte gegenüber. Die Elektrovalenz am einen Molekülende kann nicht verhindern, daß sich die beiden Moleküle eng aneinander lagern. So entsteht eine hohe Affinität des Violettschwarz. Dieser Farbstoff ist wenig befähigt, in die Haut einzudringen.

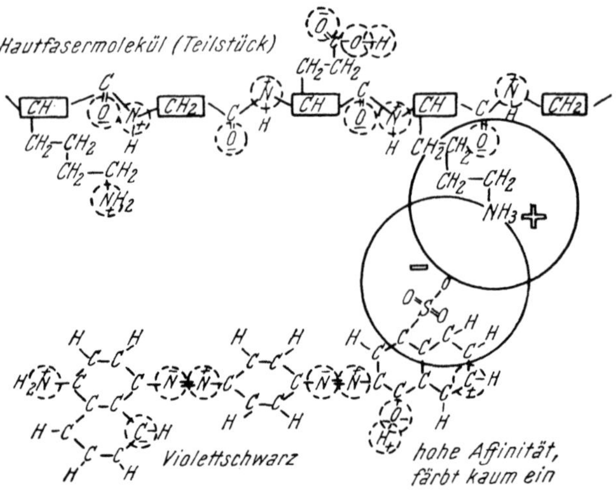

Abb. 35. Ausbildung der Affinität zwischen Violettschwarz und Haut [G. Otto (16)].

Er wird sehr dicht in den Außenzonen des kollagenen Fasergewebes fixiert, und eine solche Färbung ist gut wasserecht.

III. Färben von Leder.

1. Wechselwirkungen zwischen Farbstoffen und Gerbstoffen.

Die bei der Herstellung des Leders verwendeten Gerbstoffe werden oft nicht völlig irreversibel festgehalten. Im Färbesystem sind auch sie dann in Lösung anzutreffen.

Im übrigen ist es auch für das Verständnis der am Leder eintretenden Reaktion wertvoll, die in wässeriger Lösung erfolgende Wechselwirkung zu kennen.

Tabelle 28. p_K-Werte einiger Pflanzengerbstoffe [G. Otto (18).]

Gerbstoff	p_K
Quebracho	8,0
Eichenholzextrakt	7,8
Myrobalanenextrakt	8,3
Mimosaextrakt	8,5
Fichtenrindenextrakt	9,2

a) Pflanzliche und synthetische Gerbstoffe.

Auch pflanzliche sowie synthetische Gerbstoffe sind aromatische Körper, die in vieler Beziehung den Farbstoffmolekülen ähneln. Die Pflanzengerbstoffe verdanken ihre Löslichkeit einer Häufung phenolischer Gruppen oder auch Carboxylgruppen. Es sind mehr oder minder hochmolekulare Verbindungen, die entweder als Anionen H^+-Ionen abdissoziieren oder doch eine Bereitschaft dazu erkennen lassen. G. Otto (18) hat die Dissoziationsverhältnisse einiger wichtiger Pflanzengerbstoffe untersucht und obige p_K-Werte gefunden (Tabelle 28).

Dies besagt. daß die Pflanzengerbstoffe sehr schwache Säuren sind. Bei den p_H-Werten der Färbesysteme werden sie nur in verschwindend geringem Maß dissoziiert sein. Ihre Gerbwirkung beruht auf der Fähigkeit des phenolischen Protons, als Elektronenakzeptor zu fungieren (Wasserstoffbrückenbildung). Daneben werden in geringerem Maße Polarisierungen in den aromatischen Kernen vorhanden sein, die zu Dipolanziehungen führen.

Ganz ähnlich liegen die Verhältnisse bei den synthetischen Gerbstoffen. Da sie fast stets Sulfogruppen enthalten, ähneln sie anionischen Farbstoffen noch mehr als das die Pflanzengerbstoffe tun. Daß auch in ihnen Dipolkräfte wirksam sind, wurde im Abschnitt E II 4 d, Abb. 31 (S. 185), deutlich gemacht.

Pflanzliche und synthetische Gerbstoffe haben also ganz ähnliche nicht-ionische Koordinationsvalenzen wie sie die Farbstoffe haben. In diesen wirken auch viele Gruppen als Elektronendonatoren, z. B. die Stickstoffatome der Azogruppen, Sauerstoffatome von Ketogruppen.

Es ist daher zu erwarten, daß es zwischen Farbstoffen und pflanzlichen Gerb-stoffen zu Anlagerungen kommen kann. Dies ist auch der Fall. Das Maß der Aggregierung wird jedoch sehr stark durch die vorhandenen ionischen Gruppen bestimmt. Sind in beiden Partnern der Aggregation ionische Gruppen derselben Ladungsrichtung vorhanden, dann bleiben die Anlagerungen auf wenige Moleküle beschränkt. Diese sind gut löslich. Sie wandern langsamer zwischen den ent-gegengesetzt geladenen Feldern der ionischen Gruppen der Proteinfasern als die nicht aggregierten Teilchen und werden gleichmäßiger vom Fasergut auf-genommen.

Wenn die in Lösung sich berührenden Partner ionische Gruppen entgegen-gesetzter Ladung enthalten (Beispiel Pflanzengerbstoff/kationischer Farbstoff), dann neutralisieren sich diese. Die hydratisierende Wirkung geht verloren. Es kommt zur Aggregierung zahlreicher Moleküle. Die Aggregate werden schwer-löslich. Schließlich fallen sie aus.

Solange derartige Aggregate noch löslich sind, können sie noch auf die so besonders zugängliche Lederfaser aufziehen. Sie liefern jedoch ungleichmäßige trübe und nicht reibechte Färbungen.

b) Mineralgerbstoffe.

Zwischen mineralischen Gerbstoffen und organischen Farbstoffen bestehen starke Wechselwirkungen verschiedener Art.

Mineralgerbstoffe in der Form löslicher Salze sind befähigt, geeignete Reste von Farbstoffen in der inneren Sphäre des Metallatoms koordinativ zu binden. Diese Wechselwirkung wurde im Abschnitt E II 2 e, S. 171, behandelt.

Aber auch hochbasische unlösliche Verbindungen der Mineralgerbstoffe reagieren sowohl mit anionischen als auch mit kationischen Farbstoffen.

S. N. Tewari und S. Gosh haben aus Chromchloridlösungen mit Natronlauge Chromoxydhydrate gefällt. Die frisch gefällten Hydrate wurden gewaschen, bis sie frei von Chlorionen waren. Dann wurden sie mit Farbstofflösungen bei 30° C geschüttelt, bis Adsorptionsgleichgewichte eingetreten waren. Die verwendeten Farbstoffe waren kationische:

Methylenblau

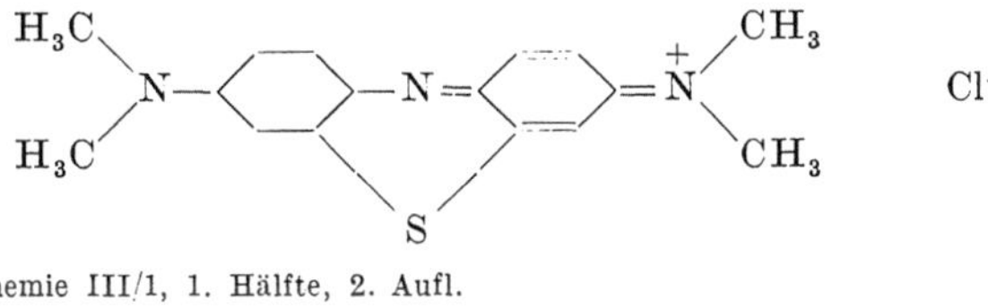

Malachitgrün

und anionisch:

Orange II

In einer Serie wurden zwei verschiedene Chromoxydhydrate verwendet, das eine, A, war genau mit der äquivalenten Natronlaugenmenge gefällt worden. Das zweite, B, war mit einem 10%igen Unterschuß von NaOH gefällt worden.

Tabelle 29. Adsorption von Farbstoffen an Chromoxydhydrate
(S. N. Tewari und S. Gosh).

Farbstoff	Adsorbierte Farbstoffmenge in %	
	durch Chromoxydhydrat A	durch Chromoxydhydrat B
Methylenblau.................	22,8	26,8
Malachitgrün	22,1	27,4
Orange II...................	39,6	33,2

Vom anionischen Farbstoff werden größere Mengen adsorbiert als vom kationischen (s. Tabelle 29). Dieser Unterschied ist aber beim Hydrat B geringer. Dieses hält noch eine geringe Menge anionischer Reste am Chrom gebunden. Offensichtlich beeinträchtigt das die Adsorption der Farbstoffanionen. Es begünstigt aber die Aufnahme der Farbstoffkationen.

G. Otto (*19*) studierte die Wechselwirkung einer größeren Reihe von anionischen Farbstoffen mit frisch gefälltem Chromhydroxyd (s. Tabelle 30). Dieses war mittels Elektrodialyse bis zu isoelektrischer Reaktion gereinigt worden ($p_H = 7,3$). Die Farbstoffe wurden in gereinigter neutralsalzfreier Form verwendet.

Tabelle 30. Reaktionen zwischen Farbstoffanionen und elektrolytfreiem
$Cr(OH)_3$ [G. Otto (*19*)].

Name	Mol.-Gewicht	Anzahl der Sulfogruppen	Anzahl der Aminogruppen	Brutto-Dissoziation	Reaktion mit $Cr(OH)_3$	Gebundene Cr-Atome per Mol. Farbstoff	
						Grenzen	Mittel
Orange GG	452	2	—	$4,7 \times 10^{-1}$	—	—	—
Naphtholblauschwarz .	617	2	1	$8,2 \times 10^{-2}$	—	—	—
Säureanthracenbraun RH extra........	375	1	2	$8,9 \times 10^{-3}$	+	150—200	175
Diaminschwarz BH ...	831	3	2	$1,4 \times 10^{-3}$	+	160—180	170
Direkttiefschwarz E extra.............	782	2	3	$7,4 \times 10^{-4}$	+ +	130—140	135
Baumwollbraun A	994	2	4	$4,3 \times 10^{-4}$	+ +	115—130	125
Plutoformschwarz.....	700	1	4	$6,2 \times 10^{-5}$	+ + +	80—85	82

Die Konstitutionen der in dieser Reihe verwendeten Farbstoffe sind aus Tabelle 31 zu ersehen.

Tabelle 31. Konstitution von mit $Cr(OH)_3$ zur Reaktion gebrachten Farbstoffen [G. Otto (*19*)].

Orange GG

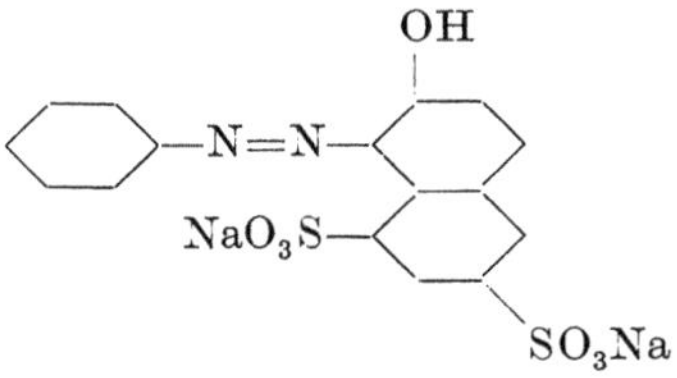

$-N=N-$ ... OH, NaO_3S- ..., SO_3Na

Naphtholblauschwarz

O_2N- ... $-N=N-$ ... NH_2, OH ... $-N=N-$ ..., NaO_3S, SO_3Na

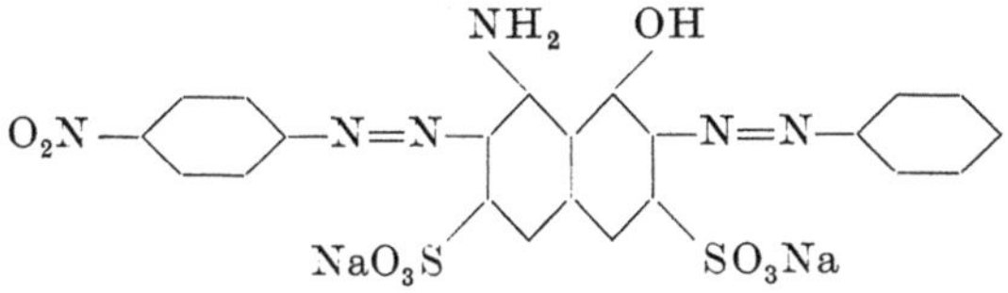

Säureanthracenbraun RH extra

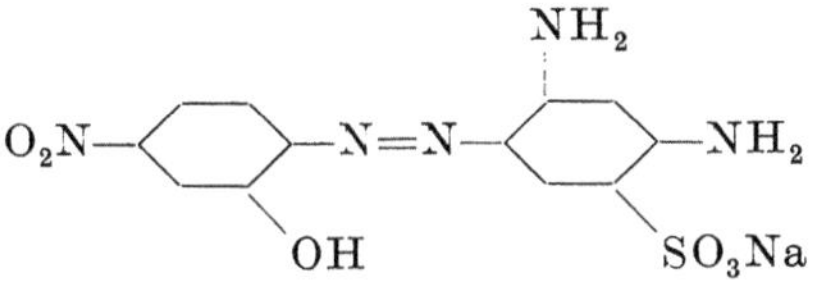

O_2N- ... $-N=N-$ ... NH_2 ... $-NH_2$, OH, SO_3Na

Diaminschwarz BH

H_2N- ... OH ... $-N=N-$ ... $-N=N-$ ... OH NH_2, SO_3Na, NaO_3S, SO_3Na

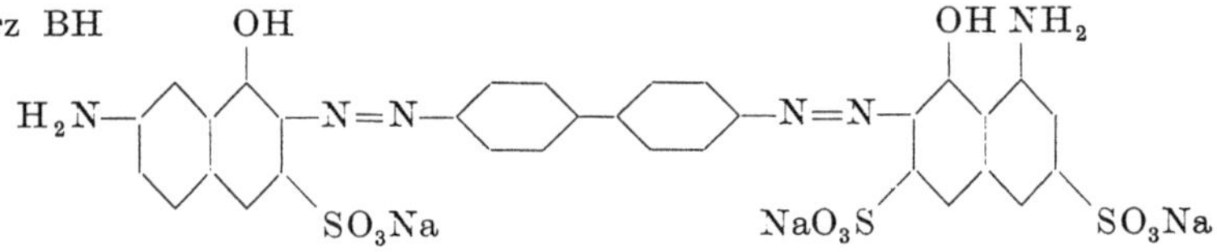

Direkttiefschwarz E extra

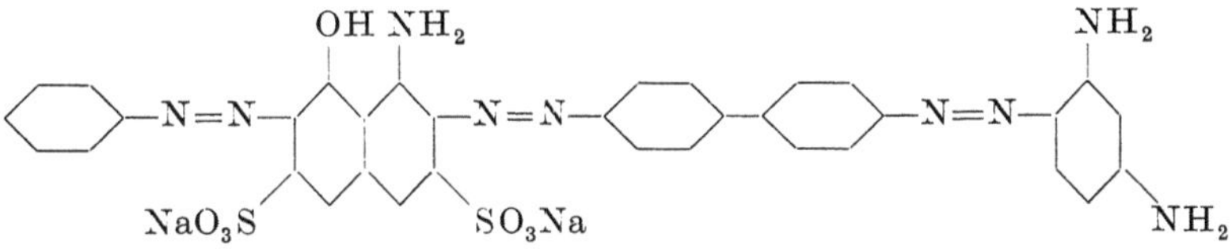

$-N=N-$ ... OH NH_2 ... $-N=N-$ ... $-N=N-$ ... NH_2, NaO_3S, SO_3Na, NH_2

Baumwollbraun A

NaO_3S- ... $-N=N-$ ... $-N=N-$ ... $-N=N-$ ... $-N=N-$ ... $-SO_3Na$, H_2N, NH_2, H_2N, NH_2

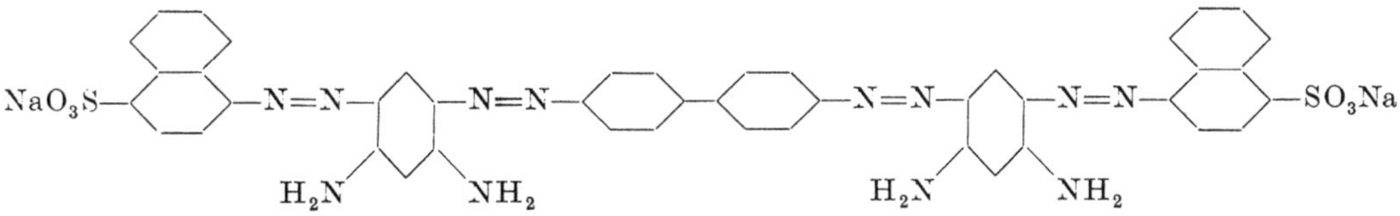

Plutoformschwarz

H_2N- ... NH_2 ... $-N=N-$ ... OH ... $-N=N-$ ... N ... $-N=N-$ ... $-NH_2$, SO_3Na, H, NH_2

13*

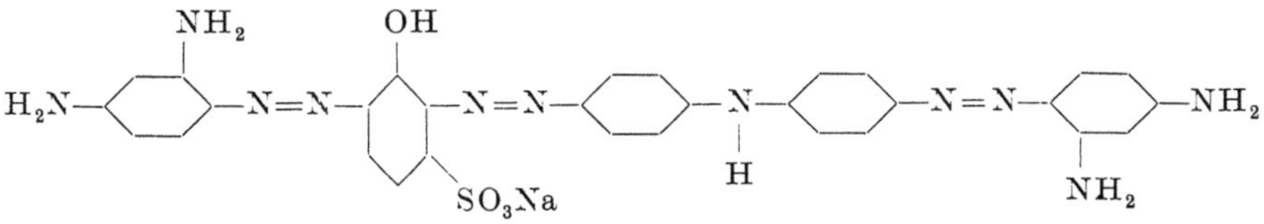

Nach Tabelle 30 tritt eine erkennbare Reaktion zwischen Chromhydroxyd und Farbstoffanion erst ein, wenn dessen Bruttodissoziation geringer ist als $8,2 \cdot 10^{-2}$. Die Wechselwirkung steigt mit der abnehmenden Bruttodissoziation. Sie geht aber keineswegs parallel mit dem Molekulargewicht. Diese Feststellung ist sehr wesentlich. Sie besagt, daß diese Adsorptionsvorgänge nicht einfach von Oberflächenkräften gesteuert werden, und deutet darauf hin, daß komplexchemische Wechselwirkungen stattfinden. A. Küntzel zeigte, daß anionische Reste um so stabiler in der inneren Sphäre des Chromatoms gebunden werden, je schwächer die Dissoziation der betreffenden Säure ist.

Andere Feststellungen von G. Otto (*19*) bestätigen die Ansicht, daß man es hier mit komplexchemischen Reaktionen zu tun hat. Stellt man Chromalaunlösung mit Natronlauge auf eine Basizität von 70% und wäscht die entstandene Fällung 24 Stunden lang mit Wasser, dann gibt sie nur noch ganz langsam Sulfationen ab. Eine Analyse ergibt 84,7%· OH und 15,3% SO_4. Dieser Anteil von 15,3% Sulfat liegt in stabil gebundener Form vor. 20 g (auf Trockensubstanz gerechnet) dieses Chromhydroxyd-Sulfatkomplexes wurden mit 500 ml einer 0,01 g/l enthaltenden Lösung von sulfatfreiem Baumwollbraun A 30 Minuten lang geschüttelt. Die Lösung war darnach völlig entfärbt und lieferte eine deutliche Sulfatreaktion. Die in den Chromkomplex eintretenden Farbstoffanionen verdrängen Sulfatreste daraus.

Um diese Verdrängungsreaktion eingehender kennenzulernen, wurde elektrodialytisch gereinigtes Chromhydroxyd mit komplexaffinen Anionen vorbehandelt (mit jeweils 0,001 Mol Na-Salz pro 20 g Trockensubstanz an frisch gefälltem und gereinigtem $Cr(OH)_3$). Das so vorbehandelte basische Chromoxydhydrat wurde dann mit denjenigen Farbstoffen der Tabelle 20 geschüttelt, die mit isoelektrischem $Cr(OH)_3$ eine Wechselwirkung gezeigt hatten.

In einer zweiten Reihe wurde das isoelektrisch dialysierte $Cr(OH)_3$ erst mit den Farbstoffen (0,001 Mol/20 g Trockensubstanz) behandelt und dann der Wirkung der komplexbildenden Anionen ausgesetzt.

Die Ergebnisse gibt Tabelle 32 wieder. Man sieht, daß die Vorbehandlung eine Wechselwirkung mit Farbstoffanionen verhindern oder abschwächen kann. Man erkennt weiter, daß eine bereits erfolgte Reaktion zwischen Farbanionen und dem Hydroxyd rückgängig gemacht werden kann. Dabei erscheinen die

Tabelle 32. Wirkung von komplexbildenden Anionen auf die Reaktion zwischen anionischen Farbstoffen und $Cr(OH)_3$ [G. Otto (*19*)].

Anion	Säure-anthracen-braun RH extra	Diamin-schwarz BH	Chromleder-schwarz E extra	Baumwoll-braun A	Plutoform-schwarz
Formiat	++	—	—	—	—
α-Nitrophthalat	+++	+	—	—	—
Citrat	+++ !!	++ !	+	—	—
Maleinat	+++ !!!	+++ !!!	++ !	+	—
Adipinat	+++ !!!	+++ !!	++ !	++	++
Malonat	+++ !!!	+++ !!!	+ !!	++ !	+
Oxalat	+++ !!!	+++ !!!	+++ !!!	+++ !	++
Phthalonat	+++ !!!	+++ !!!	+++ !!	++ !	++ !!
Phthalat	+++ !!!	+++ !!!	+++ !!!	+++ !!	+++ !!!
Hexametaphosphat	+++ !!!	+++ !!!	+++ !!!	+++ !!!	+++ !!!

+ Verhinderung der Farbstoffadsorption.
! Sekundäre Verdrängung von primär adsorbiertem Farbstoff.

Farbstoffe wieder in der Lösung. Sie sind aus ihrer Bindung an das Chromhydroxyd verdrängt worden.

Diejenigen Komplexbildner beeinflussen die hier in Rede stehende Wechselwirkung am meisten, welche die höchste Komplexaffinität für Chrom habén. Bei der Adsorption von Farbstoffen an Chromhydroxyd werden also zweifellos die Koordinationskräfte des Chromatoms beansprucht.

Auch durch eine Nachbehandlung bereits angefärbten Chromhydroxyds mit einem begieriger adsorbierten Farbstoff kann man den primär adsorbierten Farbstoff wieder in Lösung drängen. Behandelt man beispielsweise Chromhydroxyd, das durch eine Vorbehandlung mittels Säureanthracenbraun RH extra gelbbraun angefärbt ist, mit Diaminschwarz BH, dann färbt sich das Chromhydroxyd blauschwarz, und in der Lösung erscheint die braune Farbe des zunächst adsorbierten Säureanthracenbraun RH extra. Tabelle 33 zeigt einige Ergebnisse solcher Versuche:

Tabelle 33. Gegenseitige Verdrängung von Farbstoffen aus ihrer Bindung an $Cr(OH)_3$ [G. Otto (19)].

Behandlung des mittels	Säureanthracenbraun RH extra gelbbraun	Diaminschwarz BH blauschwarz	Baumwollbraun A rotbraun
angefärbten Chromhydroxyds mit			
Diaminschwarz BH (Lösung dunkelblau) ...	!!	—	keine Verdrängung
Baumwollbraun A (Lösung rotbraun)	!!!	!!!	—
Plutoformschwarz (Lösung violettschwarz)..	!!!	!!!	!!

! = Verdrängung.

2. Verschiebung des isoelektrischen Punktes und Änderung der Oberflächenladung (des Oberflächenpotentials) der Kollagenfaser durch die Gerbung.

Im Abschnitt E II 1 b (S. 164/5) wurde der isoelektrische Bereich von Kollagen als Grenze seiner Reaktionen mit Ionen dargestellt. Es wurden dort weiterhin Zahlen für das Oberflächenpotential von Eiweißfasern gegenüber neutralen 0,001-molaren Kochsalzlösungen gegeben.

Viele Befunde aus der Praxis der Lederfärberei deuten darauf hin, daß sich diese Charakteristiken der Kollagenfaser bei ihrer Gerbung verändern. Es zeigt sich ein erhöhtes Anfärbevermögen chromgaren Kollagens, ein erniedrigtes von pflanzlich gegerbter Haut. Diese Beobachtungen macht man auch, wenn die p_H-Werte der verschiedenen Materialien sorgfältig gleich eingestellt wurden.

Der isoelektrische Punkt von gegerbtem Kollagen ist unter anderem von K. H. Gustavson (4) sowie E. R. Theis und weiter von J. M. Cassel und J. R. Kanagy untersucht worden. Dabei wurden Methoden der Elektrokinese, der Elektrophorese und der Farbstoffbindung angewendet. Da hier der Einfluß auf die Färbung aufzuklären ist, sind besonders die Ergebnisse der ersten beiden Methoden von Wert.

Während der isoelektrische Punkt geäscherten Kollagens bei Werten zwischen 4,9 und 5,5 liegt, kann er durch eine pflanzliche Gerbung bis auf 3,2 absinken. Stark saure synthetische Sulfonsäuregerbstoffe führen sogar zu noch tiefer liegenden Werten. Formaldehydgerbung erniedrigt den I. P. in geringerem Grad, z. B. bis auf p_H 4,6.

An einem monomolekularen Film von Kollagen beobachteten S. C. Ellis und K. G. A. Pankhurst eine Verschiebung des isoelektrischen Punktes durch Mimosaextrakt auf 3,15.

Die Ermittlung des I. P. von Chromleder geschah besonders sorgfältig durch K. H. Gustavson (5). Dieser beobachtete bei der Gerbung mit basischen Chromsulfaten (kationischen Chromkomplexen) eine Verschiebung des zunächst bei p_H 5,4 liegenden I. P. nach p_H-Werten zwischen 6 und 7. Beim Gerben des Kollagens mittels Chromoxalatokomplexen (anionisch) erhielt er umgekehrt eine Senkung des I. P. bis auf $p_H = 4$.

Das Oberflächenpotential von Kollagen und gegerbtem Kollagen kann an Membranen bzw. monomolekularen Filmen sowie an Fasern gegenüber sie umgebenden oder durchfließenden Lösungen gemessen werden. [Näheres hierüber s. K. H. Gustavson (7)].

Eine derartige Technik wurde zuerst von C. Adam beschrieben. Sie ist von S. M. Neale, weiter von E. M. Petri und A. J. Staverman (Dialysenpotentiale an Membranen) sowie von S. C. Ellis und K. G. A. Pankhurst und ferner von K. H. Gustavson (5) auf das hier interessierende Gebiet angewendet worden. Tabelle 34 gibt einige ihrer Ergebnisse.

Tabelle 34. Oberflächenpotential von Kollagen.

Autor	Material	Gerbung	Millivolt bei p_H 6,5
S. M. Neale	Faserschicht von Kollagen	keine	—31
E. M. Petri und A. J. Staverman	Membran von Lupinensamenprotein	keine	—26
	Membran von Lupinensamenprotein	5% Chromalaun bei 70°C	+41
S. C. Ellis und K. G. A. Pankhurst	Monomolekularer Film von Kollagen	Mimosa	—59
K. H. Gustavson (5)	Faserschicht von Kollagen	basisches Chromsulfat	+16
	Faserschicht von Kollagen	anionisches Oxalatochrom	—16
	Faserschicht von Kollagen	basisches Chromsulfat, danach getrocknet	—15

S. C. Ellis und K. G. A. Pankhurst beobachteten weiter bei ihren Messungen an monomolekularen Kollagenfilmen, daß diese durch die Wechselwirkung mit Catechin eine Verschiebung des Potentials um —45 mV und durch Wechselwirkung mit einem phenolischen synthetischen Gerbstoff um —90 mV erfuhren.

Das sind sehr bedeutsame Ergebnisse. Sie besagen, daß sich das Vermögen der Haut, mit ionischen Farbstoffen zu reagieren, durch die Gerbung in den allermeisten Fällen grundlegend verändert. Die praktische Bedeutung der Oberflächenladung der unterschiedlichen Lederfasern für deren färberisches Verhalten ist ausführlich von G. Otto (20) behandelt worden.

Die Verschiebungen des isoelektrischen Punktes und die Änderung der Oberflächenladung gehen zwar auf nahezu die gleichen Ursachen zurück. Diese decken sich aber doch nicht vollständig.

Der I. P. wird vom Reaktionsvermögen der elektrovalenten Gruppen bestimmt. Er entscheidet über die Wechselwirkung mit ionischen Körpern. Das Oberflächenpotential ist dagegen ein Maß für die Elektronenaffinität der Oberfläche. Diese hängt nicht allein von den ionischen Gruppen (Anzahl und Dissoziation sowie Verhältnis anionischer Gruppen zu kationischen Gruppen) ab. Sie wird auch durch die schwach polaren, nicht ionischen Koordinationskräfte mitbestimmt. Das Oberflächenpotential liefert daher ein umfassenderes Bild über das Reaktionsvermögen mit koordinationsaffinen Ionen als es sich aus dem I. P. ergibt.

Die Veränderungen von I. P. und Oberflächenpotential entstehen als eine Folge der Bindung von Körpern, die entweder Ionen oder koordinationsfähige Verbindungen oder beides zugleich sind.

Eine weitere Ursache schließlich ist die Umwandlung ionogener Gruppen in solche, die nicht mehr elektrovalent wirken können. Sie tritt beispielsweise im Fall der Aldehydgerbung oder der Gerbung mit Sulfochloriden ein. In diesen Fällen werden undissoziierte Aminogruppen des Kollagens mit aliphatischen Resten verknüpft. Durch einen Kondensationsvorgang entsteht eine stabil homöopolare (kovalente) Bindung.

Bei der pflanzlichen Gerbung werden stark koordinationsfähige und nur schwach anionogene Verbindungen gebunden.

Der anionische Charakter ist wesentlich stärker bei sulfitierten Naturgerbstoffen. Bei synthetischen Gerbstoffen vom Typus der Trinaphthalin-dimethandisulfosäure (s. S. 185 oben) treten die Koordinationskräfte schon stark hinter den Elektrovalenzen zurück. Bei der Bindung solcher Körper durch die Haut wird deren I. P. auf einen sehr niedrigen p_H-Wert verschoben.

Die Mineralgerbstoffe tragen in den Metallatomen stark positive Ladung. Wird diese nur durch wenig koordinationsaffine Anionen neutralisiert (wie etwa Sulfatoreste), dann werden die Chromverbindungen als Kationen von der Haut gebunden. Der I. P. verschiebt sich stark auf hohe p_H-Werte. Diese Wirkung ist geringer oder fehlt, wenn die positive Ladung der Metallatome durch koordinationsaffine Reste schon mehr oder minder stark in stabiler Form neutralisiert war. Gerbt man mit anionischen Chromkomplexen, dann erfolgt ebenso wie bei der Bindung von Pflanzengerbstoffen eine Verschiebung des I. P. nach der sauren Seite.

Aus dem hier Gesagten folgt weiter, daß auch die Bindung von nichtgerbenden koordinationsfähigen Ionen den I. P. und das Oberflächenpotential der Haut ändern. Hierzu gehören ionogen löslich gemachte Fettstoffe und die Farbstoffe.

3. Färben pflanzlich gegerbter Leder.

Die Bindung pflanzlicher Gerbstoffe an die Haut beansprucht nur wenig deren ionische Gruppen. Sie erfolgt hauptsächlich durch die Wechselwirkung nichtionischer Kräfte. Besonders gilt das gemäß Daten von R. O. Page für den Mimosagerbstoff. Vergleichende Färbeversuche an Kollagen und Mimosaleder zeigen, daß die Gerbung die Affinität anionischer Farbstoffe vermindert. Sie tut das nur wenig bei Farbstoffen von niedriger Faseraffinität. Farbstoffe aber, die für Kollagen hochaffin sind, zeigen an Mimosaleder sehr geringe Affinität (s. Abb. 36, S. 200).

Konstitution und Affinitätsverhältnisse der beiden Farbstoffe Siriuslichtbraun RL und Säurelederbraun EGB wurden im Abschnitt E II 4 e (S. 186) behandelt. Die Affinitätsverminderung des Siriuslichtbraun RL am Mimosaleder ermöglicht Rückschlüsse auf den Mechanismus seiner Bindung. Der Mimosagerbstoff wird ganz überwiegend durch nichtionische Kräfte gebunden, die zur

Peptidgruppe des Kollagens gehen. Dabei werden Koordinationskräfte der Faser beansprucht, die dann nicht mehr für die Bindung des Farbstoffs zur Verfügung stehen. Wahrscheinlich wird auch das Siriuslichtbraun RL durch gleichartige Kräfte an das Kollagen gebunden. In seinem langgestreckten Molekül von elf konjugierten Doppelbindungen sind Verschiebungen von Elektronen und Lockerungen von Protonen durchaus wahrscheinlich.

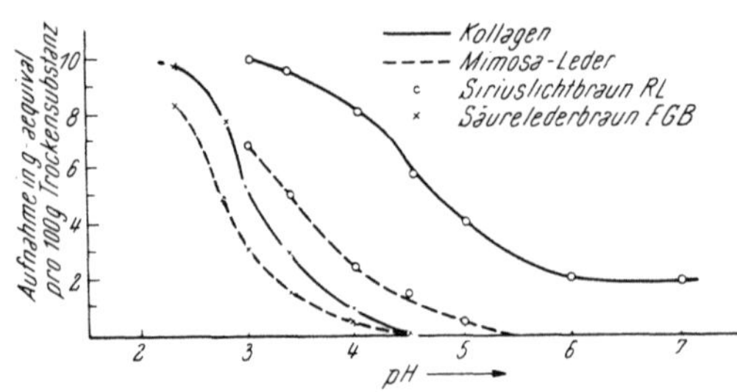

Abb. 36. Beeinträchtigung der Affinität anionischer Farbstoffe durch die pflanzliche Gerbung [G. Otto (34)].

Der unterschiedliche Einfluß verschiedener aromatischer Gerbstoffe auf das Ausziehvermögen anionischer Farbstoffe wurde von G. Otto (21) an gepufferten Färbungen verfolgt.

Die Abb. 37a und 37b zeigen den Rückgang des Ausziehvermögens von Orange II und Diaminschwarz BH mit steigendem p_H-Wert.

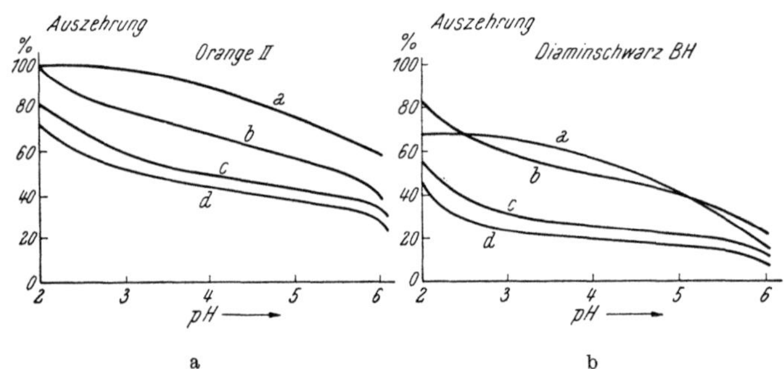

Abb. 37a und b. Ausziehvermögen anionischer Farbstoffe beim Färben pflanzlicher Leder.

a) Sumachgares Ziegenleder,
b) ostindisch gegerbtes Ziegenleder,
c) mit sulfitiertem Quebracho gegerbtes Schafleder,
d) mit synthetischem Sulfonsäuregerbstoff gegerbtes Leder.

Die Färbeverhältnisse waren so gewählt worden, daß mit der angewandten Menge von Orange II bei $p_H = 2$ gerade eine 100%ige Flottenauszehrung erreicht wurde.

Auf das sumachgare Leder ziehen die Farbstoffe am besten. Es folgten die anderen Leder in der oben gegebenen Reihe. Orange II zieht insbesondere bei niedrigen p_H-Werten besser aus als das stärker auf Koordinationsvalenzen angewiesene Diaminschwarz BH. Die beiden Leder c und d enthalten Gerbstoffe mit Sulfogruppen. An ihnen ist ein Teil der basischen Gruppen des Kollagens durch die Gerbung blockiert. Erst bei p_H-Werten unter 2,5 ziehen hier die Farbstoffe etwas besser aus.

Satte Oberflächenfärbungen können mittels anionischer Farbstoffe an pflanzlich gegerbtem Leder erst bei niedrigen p_H-Werten erzielt werden. G. E. Knowles und weiterhin G. Otto (3) fanden, daß Farbstoffe mit amphoterem Charakter sich günstiger verhalten. Mißt man photometrisch die Stärke von Färbungen an der Oberfläche von ostindisch gegerbtem Schafleder, so erkennt man das deutlich. Abb. 38 (S. 202) stellt Werte dar, die mittels

a) Säurefuchsin

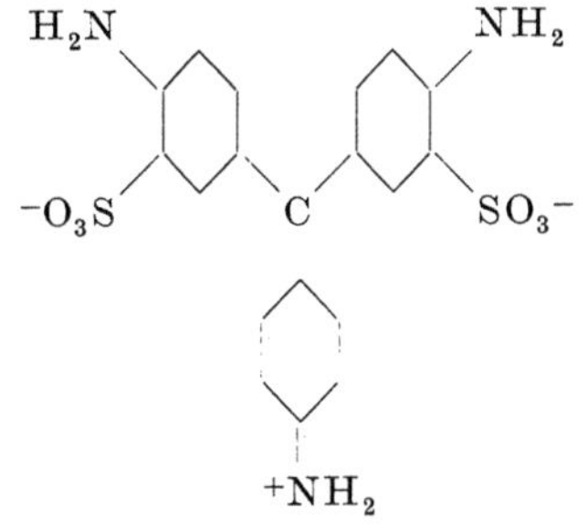

$$H_2N \qquad NH_2$$
$$^-O_3S \qquad C \qquad SO_3^- \qquad\qquad \text{I. P.} \sim 2,6$$
$$^+NH_2$$

b) Cyanol extra

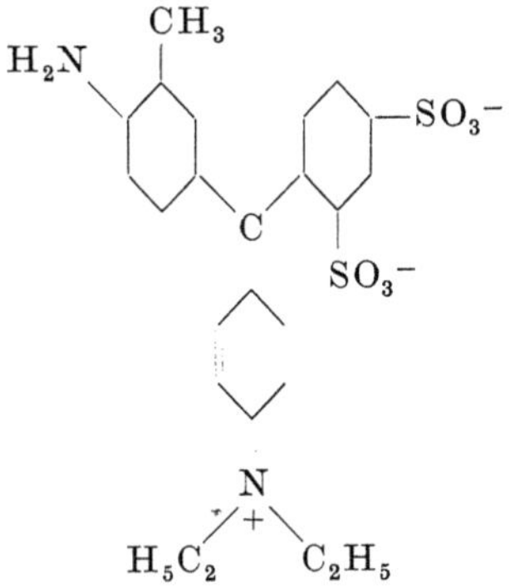

$$CH_3$$
$$H_2N$$
$$\qquad -SO_3^-$$
$$C$$
$$SO_3^- \qquad\qquad \text{I. P.} = p_H \sim 2,9$$
$$N$$
$$H_5C_2 \quad {}^+ \quad C_2H_5$$

c) Diaminechtbraun GB

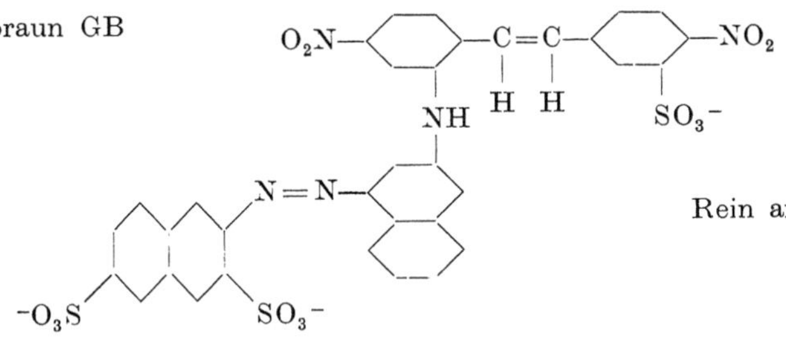

$$O_2N- C=C -NO_2$$
$$NH \quad H \quad H \quad SO_3^-$$
$$N=N-$$
$$\qquad\qquad \text{Rein anionisch}$$
$$^-O_3S \qquad SO_3^-$$

und

d) Diaminschwarz BH

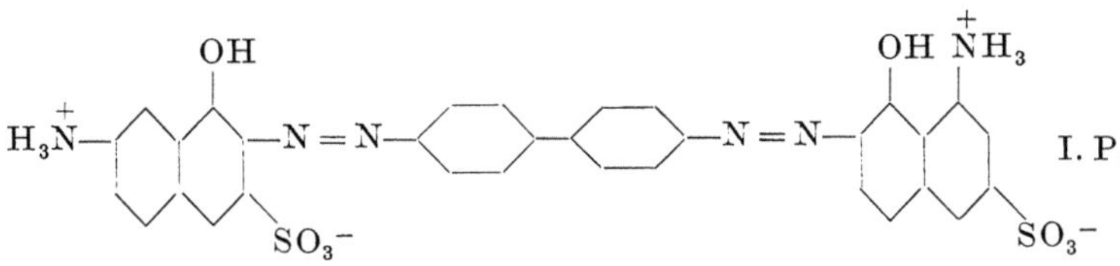

$$OH \qquad\qquad OH \ \overset{+}{N}H_3$$
$$H_3\overset{+}{N}- N=N- -N=N- \qquad \text{I. P.} = p_H \sim 0,8$$
$$SO_3^- \qquad\qquad\qquad SO_3^-$$

erhalten wurden [G. Otto (21)].

Die Farbstärke der bei p_H 2 erhaltenen Anfärbung der Lederoberfläche wurde jeweils gleich 100 gesetzt. Die Kurven zeigen ihre Verminderung bei höheren p_H-Werten. Diese wurden mittels Citratpuffern eingestellt.

Die stark amphoteren Farbstoffe a und b liefern auch noch bei neutralen p_H-Werten nahezu ihre volle Farbstärke. Das schwach amphotere Diaminschwarz

BH (d) liefert bei p_H 6 immerhin noch 50% der bei p_H 2 erhaltenen Farbstärke. Der rein anionische Farbstoff Diaminechtbraun GB dagegen färbt bei p_H 6 nur noch mit 15% der für p_H 2 erhaltenen Stärke.

Leder, die mit synthetischen Sulfonsäuregerbstoffen gegerbt sind, haben ein verringertes Säurebindevermögen.

C. Felzmann sättigte Haut mit zwei gerbenden Sulfonsäuren, nämlich

a) mit dem Kondensationsprodukt aus 2 Molen Kresolsulfonsäure + 1 Mol Formaldehyd und

b) mit dem Kondensationsprodukt von β-Naphthalinsulfonsäure mit Formaldehyd.

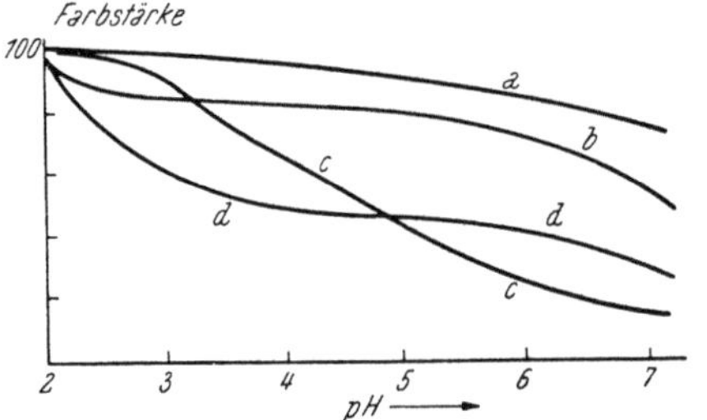

Abb. 38. Farbstärke der Lederoberfläche beim Färben pflanzlich gegerbten Leders mit amphoteren und anionischen Farbstoffen.

Die so gegerbte Haut zeigte eine stark verringerte Maximalaufnahme (siehe Tabelle 35) für die anionischen Farbstoffe Orange GG und den Azofarbstoff aus Sulfanilsäure und Acetessigsäureanilid (Nr. 3 und Nr. 6 aus Tabelle 20, S. 175/6).

Tabelle 35. Maximalaufnahme von Farbsäuren an Ledern, die mittels synthetischen Sulfonsäuregerbstoffen gegerbt wurden (C. Felzmann).

Material	Orange GG	Azofarbstoff aus Sulfanilsäure und Acetessigsäureanilid
Leder a	0,0038	0,0084
Leder b	0,0059	0,0115
Kollagen	0,0920	0,1180

Im Fall der praktischen Gerbung mittels synthetischer Gerbstoffe wird nur ein Teil der basischen Gruppen des Kollagens blockiert. Je mehr das aber der Fall ist, um so mehr nähert sich das färberische Verhalten der Lederfaser demjenigen der Polyamidfaser. In dieser sind nur ganz wenige endständige basische Gruppen vorhanden. Derartige Fasern binden Farbstoffe nur durch die Anziehung nichtpolarer Kräfte. Man kann die Affinität von Farbstoffen zu derartigen Fasern aufheben, wenn man in das Molekül der Farbstoffe sehr viele ionische Gruppen einführt. Diese unterdrücken dann die Wirkung der nichtpolaren Kräfte.

Von den in Tabelle 25, S. 188, beschriebenen Echtrotfarbstoffen färbt, wie Ch. Faure (2) mitteilt, der Farbstoff mit einer Sulfogruppe ein mittels Sulfosäuregerbstoff hergestelltes Leder beispielsweise nur mit 60 bis 80% der maximal an Haut aufziehenden Menge. Der Farbstoff mit zwei Sulfogruppen färbt nur noch mit 10 bis 15% der maximal an Kollagen aufziehenden Menge. Die Farbstoffe schließlich mit drei und vier Sulfogruppen färben dieses Leder praktisch nicht mehr an.

Der Vorgang der Färbung pflanzlich gegerbten Leders mit kationischen Farbstoffen war bisher noch nicht Gegenstand systematischer Untersuchungen. Folgendes läßt sich dazu sagen:

Gerbstoffe der in diesem Unterabschnitt behandelten Art haben eine stark ausgebildete Fähigkeit, sich zu koordinieren. Sie bilden leicht Molekülaggregate.

Wenn solche Aggregate sich an die Faser anlagern, dann reagiert aus räumlichen Gründen nur ein sehr kleiner Teil der daran wirksamen Gruppen. Der überwiegende Teil bleibt noch umsatzfähig. Solche Gerbstoffaggregate haben ein negatives Oberflächenpotential. Sie haben daher eine Verbindungsneigung für Farbstoffe mit positiver Ladung. Leder, die diese Gerbstoffe enthalten, reagieren demgemäß sehr rasch und an der Oberfläche mit basischen Farbstoffen.

4. Färben mineralgarer Leder, insbesondere von Chromleder.

Chromleder bindet, wie zuerst E. Elöd und H. Hänsel beobachteten, mehr anionischen Farbstoff als die entsprechende Menge Kollagen. Der Unterschied entspricht innerhalb eines breiten p_H-Bereichs der von Chromhydroxyd aufgenommenen Farbstoffmenge. Abb. 39 zeigt die Aufnahme von Kristallponceau 6 B extra an 100 g Chromleder, der entsprechenden Menge Kollagen sowie schließlich an Chromhydroxyd ($= 8,5$ g Cr_2O_3).

Chromhydroxyd zeigt, wie im Abschnitt E III 1 b (S. 193 ff.) beschrieben wurde, gegenüber Farbanionen eine sehr stark von deren Konstitution abhängende Wechselwirkung. Auch die Reaktion zwischen Kollagen und Farbstoffanionen hängt sehr von deren Konstitution ab (s. z. B. Tabelle 21, S. 178).

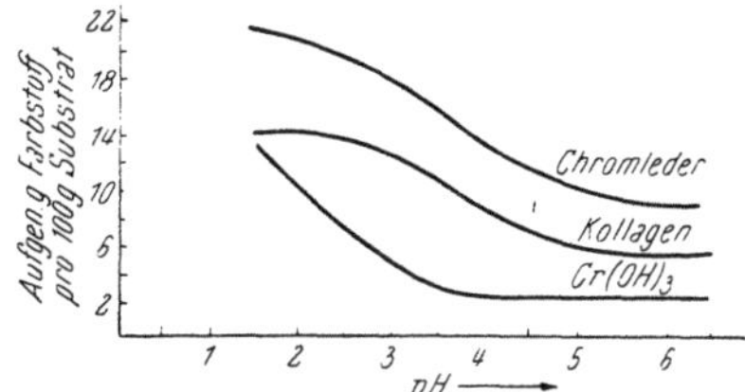

Abb. 39. Vergleichende Aufnahme von Kristallponceau 6 B extra an Chromleder, Kollagen und Cr(OH)₃ (E. Elöd und H. Hänsel).

Der Einfluß der Konstitution von Farbstoffen auf deren färberisches Verhalten an Chromleder muß demnach besonders groß sein. Wie die folgende Tabelle 36 zeigt, ist dies wirklich der Fall. In ihr sind die Farbstoffe nach steigender Affinität für Chromleder (abnehmendem Eindringvermögen) geordnet (Spalte 7). Die Spalte 2 läßt die Ausdehnung der aromatischen Systeme erkennen. Die Anzahl der anionischen Elektrovalenzen (Spalte 3) und der Aminogruppen (Spalte 4) bestimmt weitgehend die Bruttodissoziation (Spalte 5, vgl. hierzu

Tabelle 36. Einfluß von Farbstoffkonstitution auf das färberische Verhalten am Chromleder [G. Otto (*22*)].

1 Name	2 Anzahl der aromatischen Kerne	3 Anzahl anionischer Elektrovalenzen	4 Anzahl von Aminogruppen	5 Bruttodissoziation*	6 Anzahl von Elektronenakzeptoren	7 Eindringvermögen in Chromleder 10 = 100% 0 = Oberflächenfärbung
Orange GG.........	3	2	—	$4,7 \times 10^{-1}$	1	10
Säureanthracenbraun RH extra	2	2	2	$8,9 \times 10^{-3}$	2	8
Naphtholblauschwarz	4	2	1	$8,2 \times 10^{-2}$	2	5
Diaminschwarz BH .	6	3	2	$1,4 \times 10^{-3}$	2	3
Violettschwarz BH ..	5	1	1	$0,2 \times 10^{-3}$	2	2
Direkttiefschwarz E	6	2	2	$7,4 \times 10^{-4}$	3	1
Baumwollbraun A...	8	2	4	$4,3 \times 10^{-4}$	4	0
Plutoformschwarz BL	5	1	4	$6,2 \times 10^{-5}$	6	0

* Nach der Vergleichsmethode geschätzt.

E II 2 b, S. 167 ff.). Spalte 6 nennt schließlich noch die Anzahl derjenigen Gruppen, die im Molekül als Elektronenakzeptoren wirken können. Es sind das solche Oxy- und Aminogruppen, die sich in Orthostellung zur Azogruppe befinden oder am Ende eines längeren Systems konjugierter Doppelbindungen stehen.

Es ist hier daran zu erinnern, daß als Elektronendonatoren die Sauerstoff- (oder Stickstoff-) Atome der Peptidgruppe im Kollagen fungieren können, während die Metallatome des gebundenen Mineralgerbstoffs wirksame Elektronenakzeptoren darstellen.

Die Affinität der Farbstoffe zum Chromleder wird um so größer, je mehr die Bruttodissoziation der Farbstoffe zurückgeht. Diese Erscheinung läuft dem Verhalten am ungegerbten Kollagen parallel. Besonders deutlich prägt es sich hier aus, daß mit den im Farbstoffmolekül vorhandenen Elektronen akzeptierenden Gruppen die Affinität zum Chromleder zunimmt.

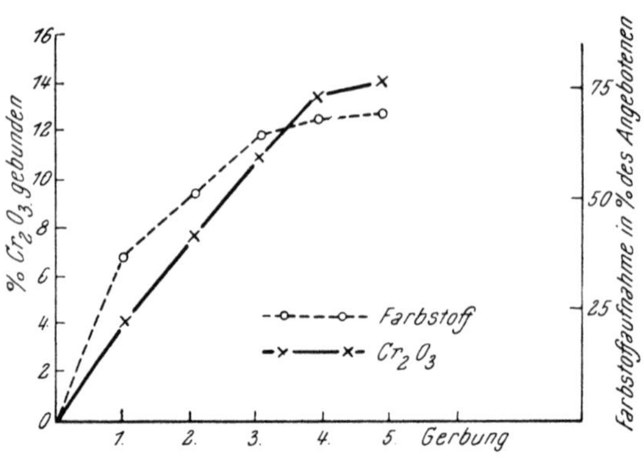

Abb. 40. Farbstoffaufnahme bei Chromoxydanreicherung durch wiederholte Gerbung [G. Otto (24)].

Je mehr Chromoxyd ein Chromleder enthält, um so mehr anionischen Farbstoff vermag es zu binden. Für die Erzielung besonders satter Farbtöne ist das auch technisch wichtig. Durch wiederholte Chromgerbung nach jeweils dazwischen geschalteter Neutralisation lassen sich, wie G. Otto (23) zeigte, erhebliche Chromoxydmengen in das Leder bringen. Es nimmt dann auch steigende Mengen von Farbstoff, z. B. von Diaminschwarz BH auf (Abb. 40).

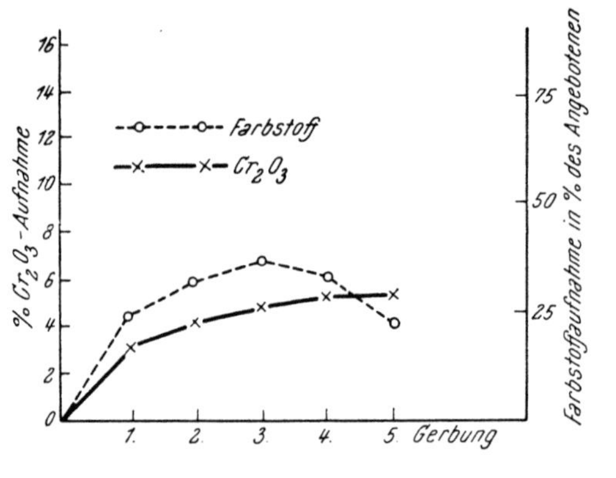

Die letzten Gerbungen steigern die Farbstoffe nicht mehr ebenso stark wie die ersten. Noch deutlicher wird dieser Effekt, wenn man nicht wie bei den Gerbungen der Abb. 40 kationische Chomsalze verwendet, sondern mit maskierten Chromverbindungen gerbt (Abb. 41).

Hier zeigt sich ein deutlicher Einfluß der Art der im Leder vorhandenen Chromverbindungen. Enthalten diese

Abb. 41. Farbstoffaufnahme bei Chromoxydanreicherung durch wiederholte Gerbung [G. Otto (24)].

schon stabil eingebaute anionische Reste, dann bewirken sie eine geringere Farbstoffaufnahme.

Aluminiumverbindungen lassen sich viel weniger leicht maskieren. Die basischen Aluminiumverbindungen binden zudem, nach Versuchen von G. Otto (25), auf gleiches Gewicht bezogen, mehr anionischen Farbstoff als die basischen Chromverbindungen. Eine Aluminiumnachgerbung erhöht daher das Anfärbevermögen von Chromleder wirkungsvoller als eine Chromnachgerbung (Abb. 42).

Mit der Einführung anionischer Reste in die im Leder vorliegenden Chromverbindungen sinkt, wie oben gezeigt wurde, deren Affinität für anionische Farbstoffe. Von dieser Tatsache macht die Praxis der Lederfärbung Gebrauch. Oft ist die Verbindungsneigung des Leders gegenüber Farbstoffen unerwünscht

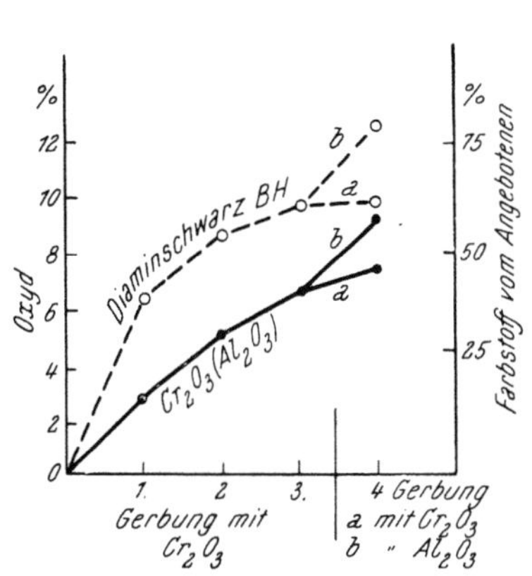

Abb. 42. Effekt einer Aluminiumnachgerbung von Chromleder auf dessen Bindevermögen für anionischen Farbstoff [G. Otto (25)].

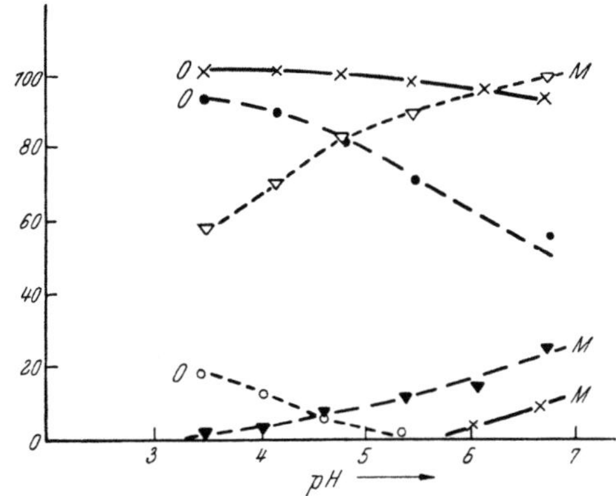

Farbstoffaufnahme in Prozent der angebotenen Menge (0,003 Mol.-%).

O = Orange II   M = Methylviolett

——— Aufnahme durch kationisches Chromsulfatleder

– – – Aufnahme durch mit ungeladenen Sulfito-chrom-Komplexen gegerbtes Leder

········· Aufnahme durch mit Tetra-oxalato-diol-chromiat gegerbtes Leder

Abb. 43. Färberische Eigenschaften von Chromleder als Funktion der im Leder vorliegenden Chromkomplexe [G. Otto (24)].

hoch. Man erhält dann ungleichmäßige Färbungen. Die Affinität kann man aber bremsen, wenn man das Chromleder vor dem Färben mit komplexaffinen Salzen behandelt. Das kann beim üblichen Neutralisieren geschehen.

Der veränderte färberische Charakter von Chromleder, das anionische Reste komplex gebunden enthält, zeigt sich auch im Verhalten gegen basische Farbstoffe. Das mit kationischen basischen Sulfaten gegerbte Chromleder bindet im p_H-Bereich unter 7 keine kationischen Farbstoffe. Chromleder jedoch, das anionische Reste am Chrom gebunden enthält, tut es (Abb. 43).

Auch beim feuchten Lagern und beim Trocknen von Chrom-

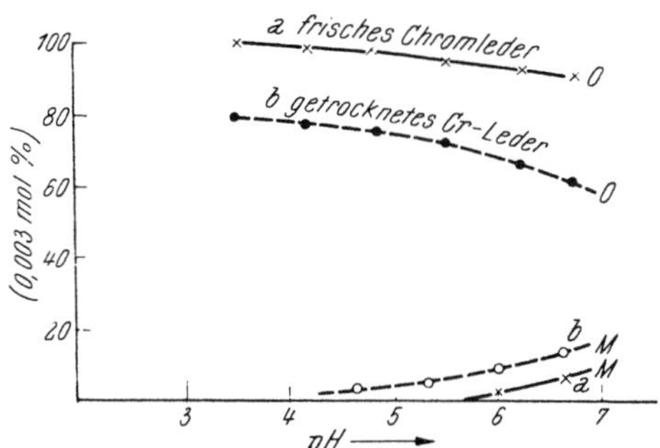

Farbstoffaufnahme in Prozent des Angebotenen.

O = Orange II   M = Methylviolett

Abb. 44. Änderung der färberischen Eigenschaften von Chromleder beim Trocknen [G. Otto (24)].

leder treten Veränderungen an den darin enthaltenen Chromverbindungen ein. Säurereste, die im frischen feuchten Leder elektrovalent gebunden sind, treten in die innere Sphäre der Metallatome (werden koordinativ gebunden), wenn man das Leder lagert und besonders wenn man es trocknet [G. Otto (26)].

Das getrocknete Chromleder hat, wie beispielsweise auch von K. H. Gustavson (5) festgestellt wurde, eine deutlich kleinere Affinität für alle anionischen Farbstoffe als das aus der Gerbung heraus noch feuchte Leder. Die Unterschiede zeigt Abb. 44 (S. 205).

Auch pflanzliche Gerbstoffe werden vom Chrom des Chromleders koordinativ gebunden. Pflanzliche Nachgerbung von Chromleder verringert stark seine Affinität für anionische Farbstoffe.

IV. Reichweite der affinitätsbildenden Kräfte.
Phasen der Färbevorgänge.

In den vorausgehenden Abschnitten wurde den sehr verschiedenartigen Kräften nachgegangen, deren Wechselspiel das Färben von Leder ausmacht. Man kann es nur richtig verstehen, wenn man sich die Reichweite dieser verschiedenen Kräfte vergegenwärtigt. Zahlreiche Autoren haben die Unterlagen für derartige Betrachtungen geliefert, beispielsweise L. P a u l i n g, L. O. B r o c k w a y und W. H. T a y l o r, weiter J. R o b e r t s o n, ebenso L. E. S u t t o n, ferner L. P o w e l und in einer besonders empfehlenswerten Darstellung I. C. S p e a k m a n.

Tabelle 37 gibt einen Überblick.

Tabelle 37. Reichweiten der Kräfte und Phasen der Bindung.

Nr.	Anziehung zwischen	Wirkung	E = Kraft r = Feldradius	Reichweite in Angström (Å) (1 Å = 10^{-8} cm)	Aufeinanderfolgende Phase
1	Anion und Kation	Elektrovalenz	$E = \dfrac{1}{r^2}$	~ 100	
2	Ion und permanentem Dipol	Ionenhydratation Überdeckung von Dipolen im gleichen Molekül	$E = \dfrac{1}{r^3}$	$\overset{\sim}{>} 10$	1
3	aktiviertem Wasserstoff und Elektronen-Donator	H-Brücke	$E = \dfrac{1}{r^4}$	$\overset{\sim}{<} 5$	
4	koordinationsfähigem Metallatom u. Elektronen-Donator	Komplexbildung	$E = \dfrac{1}{r^4}$	$\overset{\sim}{<} 5$	2
5	zwei permanenten Dipolen	Dipolattraktion	$E = \dfrac{1}{r^4}$	$\overset{\sim}{>} 5$	
6	permanentem Dipol und induziertem Dipol	van der Waalssche Kräfte	$E = \dfrac{1}{r^{4-5}}$	< 3	3
7	zwei temporären Dipolen		$E = \dfrac{1}{r^{4-5}}$	< 2	

Die weitreichenden elektrovalenten Kräfte (1) sind es, die uns das Ausziehen der Färbebäder verständlich machen. Auch zwischen Ion und Dipolen (2) besteht eine verhältnismäßig starke Anziehung. Sie wird besonders zwischen den Molekülen des Wassers (Dipole) und den elektrovalenten Gruppen wirksam. Diese Kräfte bewirken die geringe Wasserechtheit solcher Farbstoffionen, die nur über wenige nichtionische Kräfte verfügen. Solche nichtionischen Kräfte können Wasserstoffbrücken (3) oder Metallverknüpfungen (4) sein. Damit sie wirken können, müssen sich beide Partner bis auf mindestens 5 Å nahe kommen. Eine solche Annäherung kann durch die Anziehung entgegengesetzt geladener Elektrovalenz oder durch Steigerung der Konzentration bewirkt werden.

Die gleiche Annäherung auf etwa 5 Å ist nötig, damit eine Anziehung zwischen permanenten Dipolen zustande kommt (5). In der Tat ist die Anziehung zwischen Dipolen nur ein allgemeinerer Fall der vorher geschilderten Kräfte.

Sind derartige nichtionische Kräfte wirksam geworden, dann werden sie die beiden miteinander reagierenden Partner noch näher zueinander heranziehen. Eine besonders intime Annäherung der beteiligten Moleküle und der sie aufbauenden Atome kann dann eintreten. Vorgänge der Alterung und Trocknung werden sie begünstigen. Die so enge Berührung erlaubt dann auch eine Wechselwirkung zwischen den extrem kurz reichenden Van-der-Waals-Kräften (6 und 7). Sie sind zwar im einzelnen sehr schwach, da sie aber in großer Zahl zwischen beiden Partnern wirksam werden, können sie die entstehende Bindung doch noch wesentlich verfestigen.

Die Färbevorgänge verlaufen also in drei Phasen. In der ersten werden die Reaktionspartner durch weitreichende Felder entgegengesetzt geladener elektrovalenter Gruppen einander nahe gebracht.

In der zweiten bewirken die kurz reichenden Kräfte eine gegenseitige Ausrichtung und eine engere Berührung.

In der dritten treten auch die sehr kurz reichenden Van-der-Waals-Kräfte hinzu. Sie verfestigen die Bindung.

F. Praktische Folgerungen aus der Theorie.

Die im vorhergehenden Abschnitt (E) entwickelten Vorstellungen über den Mechanismus der Lederfärbung lassen sich an Hand eines von G. Otto (20) gegebenen einfachen Reaktionsschemas praktisch auswerten:

Tabelle 38. Schema zum Mechanismus der Lederfärbung [G. Otto (20)].

$^+NH_3$ ——————————— Blößenkollagen ——————————— COO^-

p_H-Erniedrigung		p_H-Erhöhung
←		→
Ionisierung der basischen Gruppen, d. h. wachsende positive Aufladung und Reaktion mit Anionen:	Isoelektrischer Bereich	Dissoziierung der sauren Gruppen, d. h. wachsende negative Aufladung und Reaktion mit Kationen:
Pflanzlichen und synthetischen Gerbstoffen, sauren und substantiven Farbstoffen, sulfatierten Ölen, Seifen, Netz- und Egalisiermitteln, die mittels anionischer Gruppen löslich sind, stark maskierten Mineralgerbstoffen	$p_H \sim 5$	Unmaskierten Chrom- und Aluminiumsalzen, kationischen Harzgerbstoffen, basischen Farbstoffen, Kationlickern, Kationseifen, kationischen Färbereihilfsmitteln
	verschoben nach	
der sauren Seite		der alkalischen Seite
←		→
durch Gerbung mit pflanzlichen oder Sulfonsäuregerbstoffen, Aldehyden und Sulfochloriden, Färbung mit echten anionischen Farbstoffen, Fettung mit Sulfogruppen tragenden Fettungsmitteln.		durch übliche unmaskierte Chrom- oder Aluminiumgerbung, Gerbung mit kationischen Harzgerbstoffen, Färbung mit basischen Farbstoffen, Anwendung kationischer Hilfs- und Fettungsmittel.

Will man ein Leder färben, dann ist die erste Frage die nach der Ladung seiner Faseroberfläche, d. h. nach dem isoelektrischen Punkt (I. P.) des Leders. Wie man ablesen kann, liegt dieser für Blöße bei p_H 5.

Für Chromleder, das mit normalen basischen Sulfaten gegerbt wurde, liegt dagegen der I. P. etwa bei 7. Das linke Reaktionsfeld des obigen Schemas ist wesentlich breiter geworden, das rechte Reaktionsfeld entsprechend schmaler. Das ist die Ursache dafür, daß man frisch gegerbtes Chromleder gut mit anionischen Farbstoffen färben kann, nicht dagegen mit basischen. Der p_H-Wert des frisch gegerbten Chromleders ist recht niedrig, liegt zwischen 3 und 4. Der Abstand von diesen p_H-Werten zum I. P. ist sehr groß. Je größer aber der Abstand, um so mehr ist die Lederfaser positiv aufgeladen, um so stärker und um so rascher erfolgt die Bindung der anionischen Farbstoffe. Für viele Farbstoffe, die ihrerseits eine stark ausgeprägte Faseraffinität haben, ist eine Spanne von 3 bis 4 Einheiten zwischen dem p_H-Wert des Färbesystems und dem des I. P. viel zu groß; sie werden zu rasch und deshalb ungleichmäßig aufgenommen. Es ist deshalb notwendig, diese Spanne zu verringern: Man muß das Chromleder neutralisieren! Dabei gelingt es, die p_H-Werte an der Lederfaser auf etwa 5 bis 6 hinaufzuschieben. Nun kann man auch mit höheraffinen Farbstoffen, etwa solchen, die aus der Klasse der substantiven Textilfarbstoffe stammen, genügend gleichmäßige Färbungen erhalten; es gelingt so, mit Säurefarbstoffen oder Spezialfarbstoffen für Chromleder den Narben des Leders genügend weit durchzufärben, um den technischen Anforderungen zu genügen. Diese Verringerung einer zu großen Differenz zwischen dem p_H-Wert des Färbesystems und dem I. P. des Chromleders ist der Sinn des gebräuchlichen Neutralisationsvorganges.

Wie ersichtlich, hat man mit der Änderung des p_H-Wertes des Färbesystems ein wirksames Mittel in der Hand, um den Färbevorgang zu steuern. Nähert man diesen p_H-Wert demjenigen des I. P. des betreffenden Leders an, so verringert man die Anziehungskräfte zwischen Faser und Farbstoff. Dies bedeutet, daß der Farbstoff langsamer aufziehen und sich gleichmäßiger über das ganze Färbegut verteilen kann. Der Farbstoff färbt daher gleichmäßiger, er wird auch nicht mehr mit großer Kraft sofort in den äußersten Faserschichten des Leders festgehalten, sondern vermag tiefer in das Fasergeflecht einzudringen, ehe er sich bindet. Diese Wirkung kann man selbst bei höheraffinen Farbstoffen erreichen, wenn man den p_H-Wert des Systems, im vorliegenden Fall der anionischen Färbung von Chromleder, etwa durch Ammoniakzusatz, bis auf den des I. P. oder gar ein wenig darüber hinaus bringt. Die Affinität zwischen Farbstoff und Faser wird dadurch nahezu oder völlig aufgehoben, je nachdem ob der Farbstoff wenig (Säurefarbstoff) oder stärker ausgeprägtes (Spezialfarbstoff, „substantiver" Farbstoff) Koordinationsvermögen besitzt.

Will man umgekehrt die ungenügende Aufnahme etwa eines Säurefarbstoffs am Chromleder vervollständigen, dann ist p_H-Erniedrigung, d. h. Säurenachsatz in das Färbebad das nächstliegende Mittel. Die Erhöhung der Spanne zwischen dem p_H-Wert des Systems und dem I. P. steigert die Anziehung zwischen den Reaktionsteilnehmern und kann bewirken, daß auch kleinteilige, leicht diffundierende Farbstoffe schon in den äußeren Faserschichten des Leders abgefangen und gebunden werden.

Veränderungen des p_H-Wertes im Färbesystem sind jedoch nicht das einzige Mittel, um die Anziehungskräfte zwischen Farbstoff und Faser nach Wunsch zu verstärken oder zu verringern. Die erwähnte p_H-Spanne kann ebensogut durch Verschiebung des I. P. des Leders kleiner oder größer gemacht werden.

Der I. P. des Chromleders wird nach der sauren Seite verschoben, indem man beispielsweise das Leder mit den Salzen maskierender Säuren neutralisiert.

Maskierung bedeutet Einbau von anionischen Resten in die Chromkomplexe: Das Leder verliert an kationischer Ladung. Auch beim Trocknen des Chromleders werden Säurereste komplex eingebaut, ebenso bei einer Nachgerbung des Chromleders mit pflanzlichen oder synthetischen Gerbstoffen. Alle diese Maßnahmen erniedrigen daher den I. P. des Chromleders, verschieben ihn also nach der linken Seite des obigen Schemas. Dadurch wird das linke Reaktionsfeld eingeengt, das rechte aber ausgedehnt. Pflanzengerbstoffe sind daher oft geeignete Mittel, um die Färbung von Chromleder mit anionischen Farbstoffen zu egalisieren. Noch wirksamer sind die sulfogruppenhaltigen synthetischen Gerbstoffe und deren Neutralsalze. Sie sind die bekannten Mittel, um an dem so reaktionsfreudigen Chromleder gleichmäßige Pastelltöne zu färben. Das Hinunterschieben des I. P. von Chromleder hat naturgemäß eine doppelte Wirkung. Die Möglichkeiten einer Reaktion mit anionischen Farbstoffen gehen zurück, diejenigen einer Wechselwirkung mit basischen (kationischen) Farbstoffen nehmen zu. Diese Tatsache erklärt die Wirkung von „Beizen", die vor einer Färbung des Chromleders mit basischen Farbstoffen angewendet werden müssen. Diese Beize besteht in jedem Fall in der Aufnahme anionischer Körper, die den I. P. des Chromleders nach der linken sauren Seite des Schemas verschieben. Die Folgen einer solchen Verschiebung erkennt man in der verringerten Färbbarkeit pflanzlich nachgegerbten Chromleders gegenüber anionischen Farbstoffen. Will man diese aufheben, dann muß man entweder den p_H-Wert des Systems noch weiter hinunterdrücken, d. h. so viel Säure zusetzen, daß wieder eine genügend große Spanne unterhalb des I. P. geschaffen ist, oder man muß den I. P. wieder hinaufschieben. Dies gelingt, wie aus dem Schema abzulesen ist, durch Aufnahme kationischer Körper, etwa eine Nachgerbung mit Aluminiumgerbstoff, der meist unmaskiert vorliegt, oder mit Harzgerbstoff, weiter durch Anwendung kationischer Hilfsmittel, oder auch durch basische Färbung.

Pflanzlich gegerbtes Leder weist einen I. P. auf, der tiefer liegt als der von Blöße. Das Feld der Wechselwirkung mit anionisch wirksamen Körpern ist daher kleiner als im Schema der Tabelle 38 dargestellt, dasjenige der Reaktion mit als Kation wirkenden Körpern dagegen wesentlich größer. Dieser Umstand verursacht sowohl die leichte Anfärbbarkeit dieser Lederart gegenüber basischen Farbstoffen als auch die Notwendigkeit von Säurenachsätzen beim Färben mit anionischen Farbstoffen. Er erklärt das oft ungenügende Ausziehen der anionischen Farbstoffe und Fettungsmittel.

Der manchmal zu geringen Verbindungsneigung solcher Stoffe gegenüber pflanzlich gegerbtem Leder kann abgeholfen werden, indem man den I. P. des Leders von seiner zu weit links liegenden Stellung nach rechts hin verschiebt. Dies geschieht mit denselben Mitteln, die im Falle des pflanzlich nachgegerbten Chromleders beschrieben wurden. So erzielt man etwa volle, lebhafte Färbungen auf pflanzlich gegerbtem Gürtelvelourleder, indem man mit basischen Aluminiumchloriden nachgerbt.

Besonders tief kann der I. P. bei Ledern liegen, die mittels sulfogruppentragenden Gerbstoffen, etwa sulfitierten Planzengerbstoffen oder synthetischen Gerbstoffen, hergestellt wurden. Solche Leder werden zweckmäßig in einer Umkehrung der üblichen Technik zunächst mit basischen Farbstoffen unter Mitverwendung kationischer, zur Egalisierung dienender Hilfsmittel vorgefärbt und nach dieser Erhöhung des I. P. dann mit lichtechten anionischen Farbstoffen überfärbt.

Die hier gegebenen Beispiele zeigen die vielseitigen Ausdeutungsmöglichkeiten des gegebenen Schemas. Es kann als Richtungsweiser dienen, vermittelt fast stets eine rasche Orientierung und hilft dadurch, Schwierigkeiten auszuschalten, die man sonst nur bei großer Erfahrung vermeiden kann.

G. Praxis der Lederfärbung.

I. Allgemeines.

1. Wasser.

Das zum Färben verwendete Wasser muß einer Reihe von Forderungen
genügen. Bei dem zum Auflösen der Farbstoffe und zum Lösen bzw. Verdünnen
der Hilfsmittel verwendeten Wasser sind diese Forderungen besonders sorgfältig
zu erfüllen. Sie sind hier zusammengestellt:

Das Färbereiwasser soll

1. völlig frei von Schwebebestandteilen und klar sein,
2. völlig frei von Schwermetallsalzen sein,
3. keine vorübergehende Härte über 6 bis 8° dH haben,
4. keine bleibende Härte über 15° dH haben,
5. keine alkalische Reaktion zeigen,
6. keine Säuren enthalten.

Zu 1: Oberflächenwässer enthalten oft Schwebebestandteile, die man absitzen
lassen oder filtrieren muß. Regenwasser kann in Industriegegenden Ruß enthalten, Kondenswasser trägt oft Ölanteile, die in einem wirksamen Abscheider
zurückgehalten werden müssen.

Zu 2. Am häufigsten sind Eisensalze, besonders in Quell- und Brunnenwässern. Sie liefern beim Erwärmen oder Stehenlassen des Wassers hochbasische, schwerlösliche Verbindungen, die Farbstoff absorbieren und trübe,
ungleichmäßige Färbungen verursachen. Auch gelöst bleibende Eisensalze
geben mit vielen Farbstoffen Verbindungen mit abgetrübtem Farbton. Sie
reagieren mit den eisenempfindlichen Gerbstoffen aromatischer Natur und wirken
so ebenfalls abtrübend. Eisenbicarbonat kann durch Einblasen von Luft unlöslich gemacht und nach dem Absitzenlassen abgetrennt werden.

Zu 3 und 4. Die nachstehende Tabelle 39 gibt Anhaltspunkte über die
typischen Verhältnisse bei Oberflächen-, Quell- und Brunnenwässern:

Tabelle 39. Härtegrade einiger Fluß- und Quellwässer nach W. Geisler,
S. 173.

Wasserart	Gesamthärte dH	Carbonathärte dH	Bleibende Härte dH	Gesamt-salzgehalt mg/1
Rhein	8—10	6—8	2	300
Main	12—14	7—9	5	400
Saale	23	9	14	730
Elbe	11—16	4—6	7—10	400—600
Quellwasser, normal	21,6	17	4,6	425
Quellwasser, weich	0,64	0,19	0,45	21
Brunnenwasser, hart	49	14,75	34,25	1178
Brunnenwasser, normal	11	7,8	3,2	259

Die vorübergehende (Carbonat-) Härte stört schon in geringer Menge beim
Färben mit basischen Farbstoffen. Das Lösewasser kann leicht korrigiert werden,
indem man den Farbstoff schon mit Säure anteigt, jedoch wird man dabei zweckmäßig gleich das gesamte Wasser des endgültigen Flottenvolumens berücksichtigen
und pro 100 l Wasser und jeden Grad dH 4,4 ccm Essigsäure, 47%ig (spez. Gew.

1,0587), oder 3,2 ccm Ameisensäure, 50%ig (spez. Gew. 1,1204), zusetzen. Ein ergänzendes Beispiel mit 30%iger Essigsäure: Um 100 l eines Wassers von 14° dH (Carbonathärte) zu korrigieren, sind 102 g Essigsäure, 30%ig, nötig.

Für das Färben mit anionischen Farbstoffen stört in den allermeisten Fällen ein geringer Gehalt von Calcium- bzw. Magnesiumbicarbonat (bis 8° dH) nicht. Viele anionische Farbstoffe reagieren zwar unter diesen Umständen schon mit $Ca^{\cdot\cdot}$ und $Mg^{\cdot\cdot}$, es entstehen aber Verbindungen, deren Löslichkeit nur wenig geringer ist als die der Natriumsalze. Man beobachtet sogar als Folge dieser Wechselwirkung nicht selten vollere, gedecktere Färbungen, insbesondere an mineralgaren Ledern.

Aus der Tabelle 39 geht hervor, daß man zwar die meisten Oberflächenwässer ohne weiteres zum Färben mit anionischen Farbstoffen verwenden kann (vorausgesetzt, daß sie hinsichtlich der Forderungen 1 und 2 genügen), daß man dagegen nur ein besonders weiches Quellwasser und ein nicht abnormal hartes Brunnenwasser gebrauchen kann. Permanente Härte stört im allgemeinen erst, wenn sie besonders hoch ist; manche anionischen Farbstoffe und besonders Holzfarbstoffe werden dann schwer löslich.

Für die Enthärtung von Wasser gibt es verschiedene Verfahren, dabei ist die Beseitigung permanenter Härte viel schwieriger und teurer als die der Carbonathärte. Bei dem bekannten Permutitverfahren entsteht Natriumbicarbonat, dessen Alkalität nachträglich ebenfalls noch durch entsprechende Korrektur mit Essig- oder Ameisensäure zu entfernen ist (Forderung 5).

Zu 5. Bei alkalischer Reaktion des Färbereiwassers dringen anionische Farbstoffe stärker in das Lederinnere ein, man erhält leerere Färbungen. Bei kationischen Farbstoffen wird die Dissoziation so stark zurückgedrängt, daß sie als Farbbasen unlöslich werden.

Zu 6. Saure Reaktion erscheint gelegentlich in Regenwässern, die in Industriegegenden gesammelt werden (Schwefelsäure), oder bei Oberflächenwässern in moorigen Gegenden. Sie kann die Gleichmäßigkeit von anionischen Färbungen beeinträchtigen.

2. Das Lösen von Farbstoffen.

Gar manche Fehler beim Färben von Leder entstehen dadurch, daß schon das Auflösen der Farbstoffe nicht mit der nötigen Sorgfalt geschieht.

Man verwendet zum Lösen zweckmäßig fehlerfrei emaillierte Gefäße oder solche aus Glas, Porzellan oder Steingut. Gefäße aus Holz sind schwer zu reinigen und nur dann vertretbar, wenn darin stets Farbstoffe von etwa gleichen Tönen gelöst werden.

Anionische Farbstoffe werden in der 30- bis 50fachen Menge kochenden Wassers gelöst. Man teigt sie aber zunächst mit wenig Wasser, das vorsichtig aufgegossen wird, an, ehe man unter Rühren den Rest des Wassers nachgießt. Bei den meisten Farbstoffen ist es notwendig, die Lösung schließlich nochmals durch kurzes Einleiten von Dampf aufzukochen. Man überzeugt sich, ob der Farbstoff vollständig gelöst ist, andernfalls wird ein zweites Mal Dampf eingeleitet. Vor Gebrauch seiht man die Lösung durch ein feines Haarsieb oder ein reines Leinentuch.

Basische Farbstoffe werden zunächst mit der zur Wasserkorrektur (voriger Abschnitt) notwendigen Säuremenge angeteigt. Dann löst man sie in der 50- bis 80fachen Menge kochenden Wassers. Man verfährt hierbei wie beim Lösen anionischer Farbstoffe. Eine Ausnahme bildet Auramin. Dieser Farbstoff verändert sich nachteilig beim Kochen. Auramin darf daher nur mit Wasser von 70 bis 80° C gelöst werden.

Lösungen basischer Farbstoffe müssen vor Gebrauch besonders sorgfältig durchgeseiht werden, ungelöste Teilchen würden wegen der hohen Farbkraft der Vertreter dieser Klasse sehr starke Störungen verursachen.

Schwefelfarbstoffe müssen in kochender Lösung von Schwefelnatrium, die pro Gewichtsteil Farbstoff einen halben bis ganzen Gewichtsteil Na_2S enthält, gelöst werden. Für manche schwarzen Schwefelfarbstoffe ist die $1^1/_2$fache Schwefelnatriummenge zur Lösung erforderlich. Man löst zunächst das Schwefelnatrium in der 20fachen Menge Wasser, worauf der Farbstoff in die kochend heiße Lösung eingestreut wird. Man kocht kurz auf und läßt die Farbstofflösung auf die gewünschte Färbetemperatur abkühlen. Die Lösungen sind dann sofort zu verwenden, da Schwefelfarbstoffe durch die Oxydationswirkung des Luftsauerstoffs unlöslich werden.

Auch die Lösungen mancher anderer Farbstoffe erleiden beim Stehen Zersetzungen, zum Teil gelatinieren sie in höheren Konzentrationen. Bürstflotten müssen daher, ehe man sie morgens wieder in Gebrauch nimmt, aufgewärmt und auf vollständige Auflösung des Farbstoffs überprüft werden.

3. Vorbereitende Arbeiten.

a) Neutralisieren von Chromleder.

Bevor man gefalztes Chromleder färben kann, muß es von den in ihm enthaltenen Elektrolyten, löslichen Chrom- und Alkalisalzen sowie vor allem von einem Großteil der darin enthaltenen Säure befreit werden. Diese Elektrolyte würden die Verteilung anionischer Farbstoffe in der Lösung sehr stark herabsetzen und so Ausfällungen, trübe Überfärbungen der Fleischseite und der lockeren Flämenpartien sowie allgemein ein ungleichmäßiges Aufziehen der Farbstoffe bewirken. Dieselben Nachteile würden auch bei dem der Färbung angeschlossenen Fettlickern auftreten und eine fleckige Ablagerung des Fettes, besonders auf der Fleischseite, verursachen.

Das gefalzte Leder wird daher im allgemeinen zunächst im Walkfaß unter zufließendem Wasser von 30 bis 35° C 10 bis 45 Minuten gespült, wobei die imbibierte Säure und die Salze ausgewaschen werden. Es ist sehr zu beachten, daß ein solches Spülen dann schon stärker entsäuernd wirken kann, wenn es länger ausgedehnt und mit einem Betriebswasser ausgeführt wird, das viel Carbonathärte enthält. Besonders die Chromlederoberfläche kann dabei schon auf p_H-Werte zwischen 6 und 7 gebracht werden.

Dem Vorspülen folgt die eigentliche Neutralisation, die 30 bis 40 Minuten lang mit mild alkalisch wirkenden Mitteln durchzuführen ist. Bei diesem Vorgang sollen aus den leicht hydrolysierbaren Salzen, die sich aus den Säuren von Pickel sowie Mineralgerbstoff einerseits und der Hautsubstanz anderseits gebildet haben, deren basische Gruppen wieder frei gemacht werden. Auch die nicht komplex mit dem Mineralgerbstoff verbundene Säure soll entfernt werden und ein Teil komplex gebundener Säurereste soll durch Hydroxoreste ersetzt werden, derart, daß die im neutralisierten Chromleder vorliegenden Chromverbindungen Basizitäten um 70% erhalten.

Die Neutralisation erfolgt, wie leicht einzusehen, am Chromleder von außen nach innen. Es stellt sich daher ein p_H-Gefälle zwischen Außenzonen und Mittelschicht ein, das um so steiler ist, je stärkere Alkalien angewendet werden. Da auch aus der Mittelzone die leicht hydrolysierbaren Säurereste entfernt werden müssen, besteht bei Anwendung von stärker dissoziierten Alkalien stets die Gefahr einer Überentsäuerung der Außenschichten. Der empfindliche Chromledernarben wird dabei vergröbert, die Farbstoffe färben dort weniger satt als in der darunter liegenden, etwas saurer gebliebenen Zone; auch Fettung und Zurichtung verlaufen unvorteilhaft.

Die folgende Abb. 45 zeigt die von G. Otto (27) aufgenommenen Neutralisationskurven der gebräuchlichsten Neutralisationsalkalien. Soda ist während des ersten Teils ihrer Neutralisation durch die aus dem Leder heraus wirksame Schwefelsäure noch so alkalisch, daß sie die beschriebenen Nachteile herbeiführt. Man verwendet daher Soda meist in Form des zuerst von E. Stiasny, S. 402, vorgeschlagenen Puffersystems 1 : 1 mit Ammonchlorid gemischt. Kurve *E* zeigt die beim Neutralisieren dieses Gemisches zu beobachtenden p_H-Werte.

Die Neutralisation von Borax (*B*) vollzieht sich ausschließlich in dem engen Bereich zwischen 9 und 8, Borax wird also eine mildere Einwirkung auf das Chromleder ausüben als Soda, anderseits aber nicht so sehr in das Lederinnere wirken, wie das Puffersystem Soda/Ammonchlorid (*E*).

Bei der Entsäuerung mittels Natriumbicarbonat ist auf Grund des Kurvenverlaufs (*C*) eine milde und zugleich in die Tiefe gehende Wirkung zu erwarten; die Neutralisation vollzieht sich größtenteils in dem niedrigen und günstigen p_H-Bereich zwischen 7 und 6. Zu beachten ist aber, daß Natriumbicarbonat nicht bei Temperaturen über 35° C gelöst oder angewendet werden darf, da es sonst Kohlensäure verliert und sich in Soda umwandelt.

Auch der Verlauf einer Neutralisation von Ammonbicarbonat (Kurve *D*) zeigt die Eignung dieses Salzes zum Entsäuern. Die Praxis hat festgestellt, daß man damit eine besonders tiefgehende Entsäuerungswirkung erreichen kann.

Die entsäuernde Wirkung einiger der vorgenannten Mittel wurde von G. Otto (27) an Chromkalbleder verfolgt, indem die p_H-Werte im Chromlederquerschnitt durch Indikatoren festgestellt wurden. Die instruktiven Ergebnisse zeigt Tabelle 40 (S. 214). Leder *A* enthält, den meisten Fällen der Praxis entsprechend, 4,5% Cr_2O_3, Leder *C* ist in zwei Stufen gegerbt und enthält die überdurchschnittlich hohe Menge von 8% Cr_2O_3.

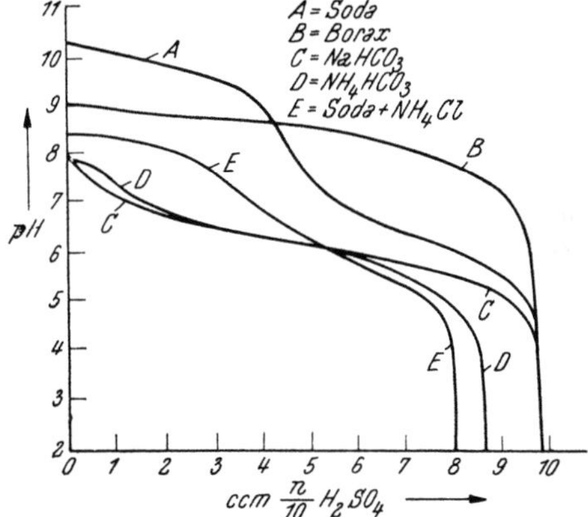

Abb. 45. Neutralisationskurven einiger Alkalien [G. Otto (27)].

Als geeigneter Indikator zur praktischen Prüfung des Entsäuerungsgrades wird nach dem Vorschlag von G. Otto (28) Bromkresolgrün (Tetrabrom-m-Kresolsulfophthalein) verwendet. Es wird aus einer 0,02%igen alkoholischen Lösung (Alkohol/Wasser 1 : 1) auf den Lederschnitt aufgetropft. Dabei zeigen sich die Farbtöne Gelb = p_H < 3; Gelbgrün = p_H zwischen 3,3 und 3,7; Grün = = p_H zwischen 3,8 und 4,3; Blaugrün = p_H zwischen 4,5 und 5,3; Blau = = p_H-Werte > 6.

Anionische Farbstoffe können sehr verschiedenartig auf die bei verschiedenem Entsäuerungsgrad auftretenden p_H-Unterschiede am Lederquerschnitt reagieren. Typische kleinmolekulare Säurefarbstoffe mit geringer Faseraffinität werden kaum in ihrem färberischen Verhalten beeinflußt. Je mehr aber die Affinitätskräfte zwischen Faser und dem wachsenden Farbstoffmolekül zunehmen, um so stärker werden sie vom p_H-Wert des Systems abhängig. Erst wenn schließlich solche höhermolekulare Farbstoffe vorliegen, deren Moleküle über weite p_H-Bereiche hinweg dazu neigen, Aggregate miteinander zu liefern, dann werden diese weit-

Tabelle 40. Entsäuerung von Chromkalbleder [G. Otto (*27*)].

Art der Neutralisation (% vom Falzgewicht bei 200 % Neutralisationsflotte)	p_H vor	p_H nach		p_H-Werte nach der Entsäuerung im Lederquerschnitt (schematisch dargestellt) 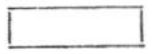 = p_H unter 4,4 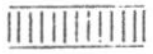 = p_H zwischen 4,4 u. 5,3 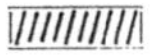 = p_H über 5,3		Technische Beurteilung des gefärbten und gelickerten Chromleders	
		Leder A	Leder C	Leder A	Leder C	A	C
10′ Spülen mit Rheinwasser (8° Härte)	—	—	—	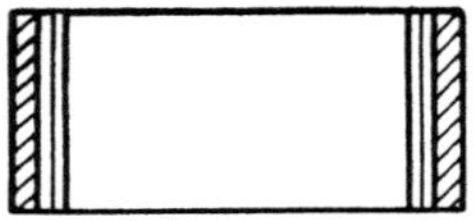	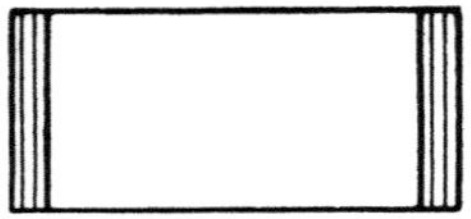	Färbung sehr unegal, Fettflecken	Färbung sehr unegal, Fettflecken
2% Borax	9,2	7,8	8,2	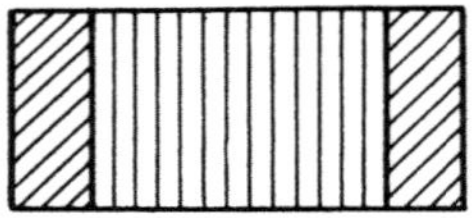	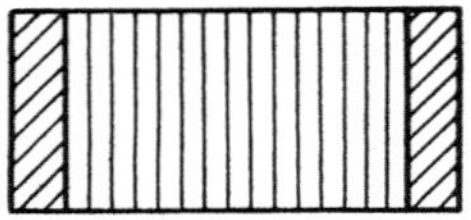	Färbung egal, Guter Griff	Färbung mäßig egal, Neigung zu Fettflecken
1,2% Natriumbicarbonat	9,1	7,4	7,5	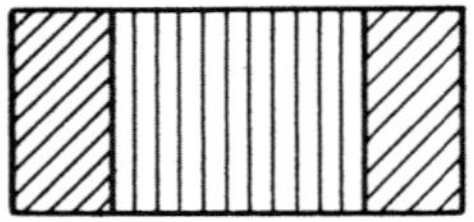	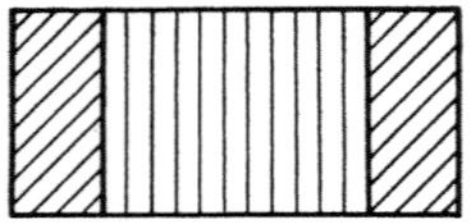	Färbung egal, Flämen etwas lappiger als oben	Färbung egal, Guter Griff
1,3% Ammoniumbicarbonat	8,2	7,3	7,3	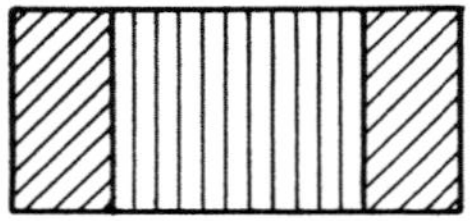	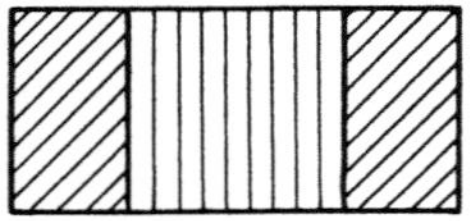	Färbung egal, Flämen etwas lappig	Färbung egal, Guter Griff
4% Ammoniumbicarbonat	8,5	7,9	7,9	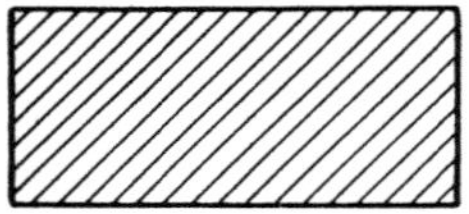	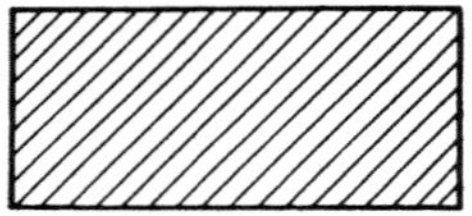	Färbung etwas leer, hohe Saugfähigkeit, Fettung zu mager, Flämen lappig.	

gehend unabhängig vom Entsäuerungsgrad des Leders stets an dessen äußersten Zonen gebunden.

Das färberische Verhalten anionischer Farbstoffe hängt aber nicht nur vom p_H-Wert an der Chromlederfaser ab, sondern auch von deren Oberflächenladung (s. E III 2, S. 198/9). Diese wieder wird entscheidend dadurch beeinflußt, wie weitgehend die an der Lederfaser gebundenen Chromkomplexe mit anionischen Liganden ausgestattet sind. Ein mit sehr wenig Chromoxyd gegerbtes Leder enthält das meiste Chrom in Form von Komplexen, in welche Carboxylgruppen des Kollagens eingebaut sind, und die deshalb nicht mehr sehr begierig nach einer Aufnahme anionischer Gruppen von Farbstoffen sind. Ein derart mit besonders wenig Chrom gegerbtes Leder läßt sich daher auch mit höheraffinen Farbstoffen verhältnismäßig leicht durchfärben, liefert aber keine besonders satten Oberflächenfärbungen. Anders ist es mit den handelsüblichen Chromledern, die außer dem zur Gerbung notwendigen Minimum an Chromgerbstoff ein Mehrfaches davon in Form von nicht unmittelbar an die Hautfaser gebundenem Chrom enthalten. Dieses Chrom ist besonders befähigt, mit den Resten anionischer Farbstoffe zu reagieren, es ist die Ursache vieler Ungleichmäßigkeiten bei der anionischen Färbung von Chromleder, da es ungleichmäßig in der verschieden dichten Hautstruktur eingelagert ist.

Die richtige Vorbereitung des Chromleders zum Färben muß deshalb auch danach streben, diese allzu starke Wechselwirkung zu dämpfen, und das besonders in jenen äußeren Lederschichten, die den Farbstoffen am raschesten zugänglich sind.

Wie im Teil E III 1 b, S. 196, gezeigt wurde, kann die Reaktion zwischen anionischen Farbstoffen und dem Chrom im Chromleder durch dessen Behandlung mit den Salzen geeigneter komplexbildender Säuren gebremst werden. Die Alkalisalze solcher Säuren wirken stets puffernd und mild entsäuernd auf das Chromleder. Sie können daher das Chromleder auf doppelt vorteilhafte Weise für die Färbung mit anionischen Farbstoffen vorbereiten, indem sie zugleich entsäuern und koordinativ bremsen.

Mit diesen von G. Otto (29) entwickelten Gedanken wurde das Verfahren der Neutralisation von Chromleder wesentlich verbessert; die Einführung geeigneter Säurereste in die Chromkomplexe erhöht nämlich nicht nur die Gleichmäßigkeit der Färbung. Sie verhindert vielmehr eine Beeinträchtigung der Qualität des Chromleders, die sehr oft mit der Farbstoffaufnahme verbunden ist. Die Einführung der Säurereste steigert zugleich Glätte und Festigkeit des Narbens. Als für dieses Verfahren besonders geeignet erwiesen sich nach den Patenten der I. G. Farbenindustrie A. G. (2) sowie der BASF (2) die Alkalisalze von Polycarbonsäuren und Oxycarbonsäuren, z. B. die Kalium- und Natriumsalze der Adipinsäure, Bernsteinsäure, Mellithsäure, Malonsäure, Salicylsäure, Phthalsäure und Phthalonsäure. Auch Mischungen solcher Salze mit Salzen stickstoffhaltiger Säuren, wie Asparaginsäure oder Nitrilotriessigsäure, und mit solchen anorganischer komplexbildender Säuren, z. B. Sulfiten, Bisulfiten und Thiosulfaten, erwiesen sich als vorteilhaft; schließlich auch die Kombination dieser anorganischen Salze mit den Salzen einfacher Fettsäuren (Böhme, Fettchemie). Ähnlich wirken auch die Alkalisalze von Polyphosphorsäuren (Monsanto).

Das erste auf dieser Basis entwickelte Entsäuerungsmittel war Neutrigan (BASF). Es fand rasch Eingang in die Lederindustrie. Nach dem Kriege entstanden im Ausland zahlreiche Nachbildungen, wie Neutraktan (Francolor) und andere.

Eine im Wesen recht ähnliche Methode zur Vorbereitung des Chromleders für die Färbung beruht darauf, das Leder mit neutral gestellten anionischen Chromkomplexen nachzubehandeln [K. H. Gustavson (6), S. 274]. Man verwendet beispielsweise Oxalato-Sulfato-Chromverbindungen. Diese verbinden sich mit den im Leder schon fixierten kationischen Chromkomplexen, wobei mit der Nachgerbung zugleich eine Umladung der Lederfaseroberfläche, besonders in den von außen leicht zugänglichen Teilen des Leders erfolgt.

Bei beiden zuletzt genannten Verfahren ist ein Waschen des Leders vor der Behandlung meist unzweckmäßig, man spült erst nach Beendigung des Umladungsvorgangs.

Um die in jedem Fall nachteilige Berührung des empfindlichen Chromledernarbens mit Alkali zu vermeiden, werden auch Entsäuerungsverfahren angewendet, bei denen man die leicht hydrolysierbaren Säuren durch gerbende Sulfosäuren (synthetische Gerbstoffe) verdrängt und dann nur gründlich spült [G. Otto (30)].

Durch maskierende oder nachgerbende Entsäuerungsmethoden der beschriebenen Art kann man auch Veränderungen des Griffs von Chromleder, die bei dessen Färbung auftreten [G. Otto (35)], entgegenwirken.

Nach dem Entsäuern müssen die Chromleder alsbald zum Färben kommen; bei längerem Lagern bildet sich sonst wieder durch Hydrolyse der Chromverbindungen neuerdings freie Säure, die schlechte Farbstoff- und Fettaufnahme verursachen kann.

b) Auswaschen pflanzlich gegerbter Leder.

Pflanzlich gegerbtes Leder bedarf vor dem Färben einer Behandlung, in der diejenigen Gerbstoffanteile eines soeben aus der Gerbung kommenden Leders entfernt werden, die nur imbibiert oder locker gebunden sind. Bei gelagerten, insbesondere längere Zeit im trockenen Zustand gelagerten Ledern haben die Pflanzengerbstoffteilchen sich harzartig miteinander verbunden, sie bilden an den Lederfasern Überzüge, die für Farbstoffe schwer durchdringbar sind. Derartige Leder müssen deshalb besonders wirksam vorbehandelt werden, um eine gleichmäßige Farbstoffaufnahme zu ermöglichen.

Frisch gegerbte Leder werden unmittelbar vor dem Färben im Walkfaß mit 30 bis 35° C warmem Wasser so lange ausgewaschen, bis eine Probe des beim Abpressen eines Lederteiles von Hand abfließenden Wassers bei Zusatz eines Tropfens der Lösung eines basischen Farbstoffs keine Fällung oder Trübung mehr liefert. Man wäscht notfalls zunächst im geschlossenen Faß 20 Minuten lang, dann setzt man den Lattendeckel auf und wäscht mit zu- und abfließendem Wasser weiter. Gelagerte Leder werden zunächst mit Wasser von 35 bis 40° C aufgewalkt, man kann sie auch über Nacht mit viel Wasser im Faß ruhen lassen und morgens nach Ablassen eines Teils des Wassers kurz aufwalken. Die Leder werden dann mit mild alkalisch wirkenden Mitteln, z. B. Borax, Natriumacetat oder Natriumsulfit (0,3 bis 1%) eine halbe Stunde lang bei 40° C gewalkt und dann nach dem Aufsetzen der Gittertüre ebensolange mit zu- und abfließendem Wasser gewaschen. Die Aufschließung verharzter Gerbstoffanteile erfolgt besonders leicht mit solchen milden Alkalien, die zugleich setzende Eigenschaft haben, etwa mit Äthanolaminen.

Das pflanzlich gegerbte Leder wird durch die Behandlung mit Alkalien dunkler und verliert Gerbstoff. Es wird daher zweckmäßig mit säurespendenden und genügend lichtechten Gerbstoffen nachgegerbt. Hierzu verwendet man heute außer dem früher allgemein üblichen Sumach mit Vorteil hellfarbige und lichtechte synthetische Gerbstoffe, etwa die „Supra"-Marken der Basyntan- (BASF) oder Tanigansortimente (Bayer). Für die Nachgerbung von Saffianledern wurden besondere synthetische Gerbstoffe entwickelt, die reichlich Säure spenden und das damit nachgegerbte Leder besonders gut färbbar machen. Die nachgegerbten

Leder bleiben über Nacht auf Bock sitzen, werden kurz ausgewaschen und anschließend gefärbt.

c) Aufwalken von Chromvelourledern.

Chromvelourleder werden in der Regel zwischengetrocknet, geschliffen, sortiert und müssen dann vor dem Färben wieder soweit aufgewalkt werden, daß sie gleichmäßig durchgenetzt und färbbar sind.

Der Erfolg dieser Arbeit hängt sehr stark von der Vorbehandlung des Chromleders ab. Die bei der Vorfettung benutzten Mittel beeinflussen wesentlich die Wiederbenetzbarkeit des chromgaren Leders und das dabei erzielbare Anfärbevermögen. Stark anionische, zahlreiche Sulfogruppen tragende Fettungsmittel machen das Leder zwar rasch und leicht wiederbenetzbar, sie vermindern aber zugleich sein Anfärbevermögen durch anionische Farbstoffe, so daß damit keine vollen, satten und dunklen Töne mehr erhalten werden. Wesentlich günstiger verhalten sich nach den Patenten der I. G. Farbenindustrie A. G. (*3*) und der I. C. I. (*2*) nichtionisch oder kationisch emulgierte Vorfettungen, besonders wenn sie unter Mitverwendung von Polyglykoläthern durchgeführt werden.

Auch zum Aufwalken selbst haben sich derartige nichtionische Netzmittel bewährt [I. G. Farbenindustrie A. G. (*4*)]. Sie erhöhen zugleich etwas die durch das Trocknen herabgeminderte Affinität des Chromleders für anionische Farbstoffe, da sie nach B. Wurzschmitt am Leder Oxoniumverbindungen liefern können.

Man läßt beispielsweise die trockenen Velourleder mit 1000% ihres Gewichtes 80° C warmem Wasser über Nacht im ruhenden Walkfaß durchziehen, läßt dann morgens die Flotte ab und setzt mit 400% Wasser von 60° C 1 bis 2% eines der unter D III, 2 a, S. 155/6, genannten nichtionischen Netzmittel zu und walkt damit 40 Minuten lang.

Gebräuchlich ist auch das Aufwalken mit Ammoniak. Es hat jedoch Nachteile für die Erzielung satter, voller Farbtöne, da dabei komplex am Chrom gebundene Säurereste durch die noch stabileren Hydroxoreste ersetzt werden.

d) Broschieren von Handschuhleder.

Mineralisch gegerbtes, d. h. weißgares oder chromgares Handschuhleder, das im trockenen Zustand gelagert und sortiert wird, muß durch einen „Broschur" genannten Arbeitsgang für die Färbung vorbereitet werden (s. dazu H. F. Roeckl, S. 384).

Am schwierigsten ist es, die richtige Broschur von Glacéleder zu finden, besonders wenn der Handschuhfärber Ware verschiedenster Herkunft und unterschiedlichen Alters zur Färbung vorbereiten soll. Die Glacégare wird erst im Verlauf einer längeren Lagerung einigermaßen echt von der Hautfaser gebunden. Je nach der kürzeren oder längeren Dauer dieser Lagerung läßt sich diese Gerbung durch Aufwalken leicht oder schwer wieder rückgängig machen. Die Aluminiumsalze der Glacégare setzen sich während des Lagerns mit den Fettbestandteilen der Haut und der Gare unter Bildung äußerst hydrophober Körper um, die das gleichmäßige Wiederbenetzen der Faser bei einem Aufwalken verhindern. Man muß daher sorgfältig prüfen, mit welchen Mitteln man das Leder gerade genügend gleichmäßig benetzbar machen kann, ohne es dabei zu sehr zu entgerben.

Das älteste Broschurmittel für glacégare Leder ist vergorener Urin, der Harnstoff- und Ammoniumsalze organischer Säuren enthält. Es empfiehlt sich, sowohl säurebindende bzw. schwach alkalische Mittel, wie Harnstoff, Ammonbicarbonat, Ammoniak und netzende organische Basen (Äthanolamine), auf ihre

Anwendbarkeit zu prüfen als auch schwache Säuren, wie Essigsäure, Milchsäure oder Glykolsäure. Manche Säuren haben eine besonders starke Komplexaffinität zum Aluminiumatom, sie sind vor anderen geeignet, die beim langen Lagern des Glacéleders entstehenden Verbindungen aufzusprengen. Empfohlen wird beispielsweise die Behandlung mit monomeren mehrbasischen Säuren, die nur teilweise neutralisiert sind, etwa den sauren Alkali-, besonders Aminsalzen von Oxalsäure, Citronensäure oder auch Schwefelsäure, z. B. saures Triäthanolaminoxalat [I. G. Farbenindustrie A. G. (3)]. Auch Sulfophthalsäure bzw. deren saure Salze werden empfohlen [Decaltal N, s. BASF (1)]. Zur Beschleunigung des Netzens werden Netzmittel der verschiedensten Art genannt (Amollan A der BASF, Levapon PN hochkonz. der Farbenfabriken Bayer, Pekorol DL der Böhme-Fettchemie, Leonil der Farbwerke Höchst, Degoma der Firma Röhm & Haas, Darmstadt, oder Sandozin B von Sandoz).

Im allgemeinen verfährt man beim Broschieren von Glacéleder wie folgt: Die Glacéfelle werden zunächst durch Wasser gezogen, auf Haufen geschichtet und über Nacht sitzengelassen, damit sie sich gleichmäßig durchfeuchten. Man walkt sie dann im Faß mit 500 bis 800% Wasser von 25° C unter Zusatz von 2 bis 3% Ammoniumbicarbonat 30 Minuten lang. Nach dieser Vorbroschur werden die Felle in frischem Bad mit 1000% einer 5%igen Kochsalzlösung 20 Minuten lang gewalkt. Die Felle werden nun geprüft. Ungenügendes Durchnetzen erkennt man an dem Vorhandensein zahlreicher weißer „Stippen". Derartige Felle bedürfen einer Zwischenbehandlung mit 300% Wasser und 2 bis 3% eines der obengenannten Netzmittel (einstündiges Walken bei 30° C). Alle gut durchgenetzten Glacéfelle werden schließlich noch mit einer der obengenannten Säuren oder deren sauren Salzen 1 bis 2 Stunden lang gewalkt. Der p_H-Wert der broschierten Leder soll zwischen 3,5 und 4 liegen.

Der bei diesen Behandlungen dem Glacéleder entzogene Gerbstoff wird durch eine sogenannte Nachgare wieder ersetzt. Das Leder wird mit 300 bis 400% Wasser, 20 bis 30% Eigelb und 15% Kochsalz 1 Stunde lang gewalkt.

Die broschierten und nachgegarten Leder sollen nach Möglichkeit am gleichen Tag zum Färben kommen.

Für die Broschur von Chromhandschuhledern werden die gleichen Mittel angewendet wie beim Aufwalken von Chromvelourledern (s. vorhergehenden Abschnitt). Die dabei angewendeten Temperaturen liegen entsprechend höher, im allgemeinen bei 60° C.

Sämischgares Handschuhleder wird mit 25 bis 30° C warmem Wasser unter Zusatz von Ammoniumbicarbonat und Kochsalz 30 Minuten lang gewalkt. Sehr oft enthält es noch überschüssige, nichtgebundene Fettreste. Es muß dann davon befreit werden, indem man es im Faß bei 60° C mit 0,5 bis 1% Soda kalz. oder mit 2% Seife walkt und danach gründlich spült. Für helle Farbtöne muß Sämischleder vor dem Färben gebleicht werden. Man behandelt es 30 Minuten lang im Faß mit etwa der achtfachen Menge Wasser von 30° C, das pro Liter 5 g Kaliumpermanganat und 5 bis 10 g Kochsalz enthält. Auf dem Leder scheidet sich dabei Braunstein ab, der anschließend in frischem Bad mit 20 g Natriumbisulfit und 5 g Ameisensäure pro Liter Wasser bei 18° C innerhalb 30 Minuten entfernt wird. Hiernach spült man gründlich mit fließendem Wasser.

e) Entfettung chromgarer Handschuh- und Bekleidungsleder.

Sehr oft enthalten diese Lederarten nach der Chromgerbung noch so viel Naturfett, daß sie nicht gleichmäßig und rein gefärbt werden können. Ist der Fettgehalt nicht allzu hoch, so genügt oft eine Behandlung mit der wäßrigen

Lösung eines als Fettemulgator besonders wirksamen Hilfsmittels, das aber nichtionogen sein muß, damit es keine reservierende Wirkung gegenüber den Farbstoffen ausübt. Derartige Mittel sind z. B. Sandopan A konz. (Sandoz) oder Amollan A (BASF).

Bei stärker fetthaltigem Material muß man mit emulgierten Fettlösungsmitteln arbeiten. Als Emulgatoren kommen wiederum nur nichtionische Körper in Frage, z. B. Emulphor EL [BASF (*1*)] oder Nilo MO [Sandoz (*2*)]. Man walkt das Material mit

$$
\begin{aligned}
&50\% \quad \text{Wasser von } 60^\circ \text{ C,} \\
&2 \text{ bis } 3\% \quad \text{einer Mischung aus} \\
&\qquad\qquad 20 \text{ bis } 40 \text{ Teilen Emulgator,} \\
&\qquad\qquad 80 \text{ bis } 60 \text{ Teilen Trichloräthylen.}
\end{aligned}
$$

[Siehe hierzu auch diesen Band, 2. Kap., Entfettung (Grimm).]

II. Färben der einzelnen Lederarten.

1. Chromoberleder (Boxcalf, Rindbox, Sportbox, Waterproof).

Boxcalf wird auch heute noch in den allermeisten Fällen in reiner Chromgerbung hergestellt. Dagegen wendet man bei der Verarbeitung von Fresserfellen, Rindboxhälften und -seiten in immer breiterem Maß Nachgerbungen des chromgaren Leders an, um diesen Ledern, insbesondere ihrer Narbenschicht, mehr Fülle zu geben. Soll der Narben durch Abschleifen korrigiert werden (Schleifbox, corrected grain), dann verändern sich die färberischen Bedingungen und Erfordernisse weiter. Waterproof und auch Sportbox werden oft sehr stark mit pflanzlichen Gerbstoffen nachgegerbt und, zum Teil auch erst nachdem sie eine Fettschmiere erhalten haben und getrocknet wurden, bürstgefärbt. Aus allen diesen Gründen ist es zweckmäßig, jeden Einzelfall hier getrennt zu beschreiben. (Vgl. hierzu auch Th. Fasol, S. 91 f.)

Allen Arten des Box ist es gemeinsam, daß sie vor allem an der Oberfläche satt gefärbt sein sollen. Eine Durchfärbung des ganzen Lederquerschnittes wird nur in sehr seltenen Ausnahmefällen verlangt, sie braucht dann nicht sattfarbig zu sein. Sehr oft soll der reine ungefärbte Chromschnitt erkennbar sein. Fast immer wird aber verlangt, daß die Färbung die Narbenschicht so weit durchdrungen hat, daß ein beim Tragen des Schuhes verletzter Narben noch immer satt gefärbt erscheint.

Die übliche und zugleich wirtschaftlichste Färbetechnik für Chromoberleder ist die Faßfärbung. Bei jeder Neuerstellung einer Färbeanlage sollte man darauf achten, daß die Fässer Direktantrieb haben. Die Geschwindigkeit soll regelbar sein, derart, daß das Faß sowohl mit 10 als auch mit 15 und mit 20 Umdrehungen in der Minute laufen kann. Fässer ohne direkten Antrieb ziehen bei stärkerer Beladung oder auch bei Anwendung kürzerer Flotten, die oft Vorteile bringt, nicht mehr durch.

Die normale Laufgeschwindigkeit für die Färbung von Chromoberleder ist 15 Umdrehungen pro Minute.

In Sonderfällen wird auch Chromoberleder nach einer Faßfärbung in hellem Ton und nach dem Trocknen und Lagern erst bei Bedarf durch Spritzfärbung des Narbens auf den jeweils verlangten satten Ton gebracht.

Die höchsten Anforderungen an die Färbung von Box werden gestellt, wenn die Güte der Rohware es erlaubt, eine „reine Anilinzurichtung" durchzuführen. Den hierzu erforderlichen fehlerfreien Narben zeigen nur wenige Prozent der

Kalbfelle; bei Fresserfellen und Rindshäuten ist der entsprechende Prozentsatz so niedrig, daß die regelmäßige Erzeugung einer Sortimentsklasse in reiner Anilinzurichtung nicht möglich ist. Neuerdings entwickelte Zurichttechniken mit gemeinsamer Verwendung von Anilinfarbstoffen und Pigmenten liefern jedoch Wirkungen, die denen der reinen Anilinzurichtung sehr nahekommen. Die eigentliche Färbung des Leders vor seiner Zurichtung mit diesen besonderen Techniken muß dann freilich ebenfalls ganz besonders gleichmäßig, satt und lebhaft gehalten werden.

Auch für alle jene Fälle, in denen Boxcalf mit den üblichen Wasserdeckfarben in Stoßzurichtung abgedeckt wird, muß eine möglichst gleichmäßige und satte Anilinfärbung gefordert werden. Je besser nämlich diese ist, um so dünnere Deckfarbenschichten genügen, um so elastischer und dauerhafter ist die damit erzielte Zurichtung, um so eleganter ist das Aussehen, um so natürlicher der Griff des Leders.

Neben einer richtigen Entsäuerung gehört es zu den Vorausbedingungen für eine gleichmäßige Färbung, daß man störende Wechselwirkungen zwischen den Härtebildnern des Wassers und den Farbstoffen vermeidet. Sie führen sehr oft zur Bildung schwerlöslicher hochaggregierter Verbindungen, die sich an den Stellen des Leders mit besonders offener Struktur festsetzen und diese unliebsam hervorheben. Sobald man daher mit der Gegenwart von Härtebildnern in den zum Färben verwendeten Wässern rechnen muß, empfiehlt es sich, Farbstoffe zu vermeiden, die härteempfindlich sind. Es handelt sich dabei vor allem um solche meist substantiven Farbstoffe, die Carboxylgruppen tragen, etwa den Salicylsäurerest oder einen Phenylglycinrest enthalten [G. Otto (2)].

Einfache Säurefarbstoffe sind fast alle genügend kalkbeständig, haben aber oft den Nachteil, zu stark in das Lederinnere hineinzuwandern und demgemäß zu leere Färbungen an der Lederoberfläche zu geben.

Recht geeignet sind Mischungen von substantiven Farbstoffen und Säurefarbstoffen, wenn man darauf achtet, daß beide Bestandteile einen möglichst naheliegenden Farbton liefern. Die kleinerteiligen Säurefarbstoffe dispergieren vermittels ihrer höheren Löslichkeit die substantiven Farbstoffe, sie wirken egalisierend, da sie den größeren Farbstoffmolekülen vorauseilend zunächst Affinitäten der Faser belegen, diese aber dann den nachwandernden, kräftiger koordinativ wirkenden Farbstoffen wieder freigeben. Derartige Gemische werden von mehreren Farbstofferzeugern als Chromlederechtfarbstoffe geliefert.

Für hochwertige Boxcalfleder, insbesondere „Reinanilin"-Box und Portefeuillebox, dienen am besten die unter D II, 4, c β (S. 139 ff.) behandelten Spezialfarbstoffe. Mit ihrer Hilfe kann man nicht nur die meisten gewünschten Farbtöne oft schon mit einem einzelnen Farbstoff erzielen, sondern man kann auch das gewünschte färberische Verhalten (Sattheit der Oberfläche, Eindringtiefe) wählen. Zum Färben von Pastelltönen eignen sich wegen ihres hohen Egalisiervermögens besonders die Metallkomplexfarbstoffe (S. 141 ff.). Schwarzfärbungen müssen besonders voll und gedeckt auf der Lederoberfläche sein, kleine Ungleichmäßigkeiten fallen nicht ins Gewicht. Hier liegt daher ein Hauptverwendungsgebiet für substantive Farbstoffe. Man hat jedoch darauf zu achten, möglichst „blumige", etwas blaustichige Farbtöne zu erzielen, da ein grünliches oder bräunliches Schwarz bei dem Appretieren oder Zurichten stark verliert und grau erscheint.

Boxcalf und Rindbox werden fast ausschließlich im Faß gefärbt. Über die Technik der Faßfärbung siehe unter D I (S. 106/7). Die Farbstoffmengen werden auf das Falzgewicht berechnet, wobei allerdings zu berücksichtigen ist, daß schwerere Leder, z. B. Rindbox, pro Kilogramm Falzgewicht eine geringere Oberfläche haben als leichte Kalbfelle. Bei ersteren wird man deshalb mit einem Faktor etwas unter 1, bei letzterem mit einem Faktor etwas über 1 multiplizieren. Die Durchschnittsmengen betragen

für Beigetöne	0,05 bis 0,5%	Farbstoff
„ normale Brauntöne	0,8 „ 2 %	„
„ Schwarztöne	0,6 „ 0,8%	„

Selbstverständlich hängen die Mengen auch von der Konzentration des Farbstoffs, d. h. seinem Gehalt an Reinfarbstoff, ab. Da kein Farbstoff so fabriziert werden kann, daß jede Partie den gleichen Reinfarbstoffgehalt besitzt, muß der Erzeuger die Konzentration des Handelsprodukts etwas unter derjenigen der Fabrikationsware halten, um die genaue Farbstärke mit den Verschnittmitteln, meist Neutralsalzen, einstellen zu können.

Das Volumen der Farbstofflösung hängt von der Löslichkeit des Farbstoffs ab, soll aber höchstens 50% vom Falzgewicht ausmachen und muß bei der Berechnung der insgesamt vorgesehenen Flottenlänge berücksichtigt werden. Flottenlänge und Färbetemperatur sind für das färberische Ergebnis von wesentlichem Einfluß. Je kürzer die Färbeflotte gehalten wird und je niedriger die Färbetemperatur liegt, desto tiefer dringen die Farbstoffe innerhalb einer bestimmten Walkdauer in das Fasergefüge des Chromleders ein. Will man also eine besonders gedeckte, volle Oberflächenfärbung erzielen, dann muß man eine verhältnismäßig lange Flotte anwenden und die Temperatur an der oberen Grenze halten. Man färbt bei Flottenmengen zwischen 150 und 250% und Temperaturen zwischen 45 und 70° C. Je nach der gewünschten Wirkung setzt man egalisierende Mittel gleich zusammen mit den Farbstoffen zu oder erst später nach. Sollen etwa Pastelltöne gefärbt werden, dann gibt man das aufhellende Hilfsmittel (s. D III, 2 b; S. 157), z. B. Tamol NNO (BASF); Coralon F, Hoechst; Cartan O (Sandoz), zugleich mit den anionischen Farbstoffen. Bei vollen Brauntönen setzt man oft 1 bis 2% flüssigen Sumachextrakt oder Gambir in das ausgezehrte Bad der Farbstoffe nach. Ebenso verfährt man mit hellfarbigen, lichtechten egalisierenden Hilfsmitteln, etwa Tamol GA (BASF) oder Baykanol NLX (Bayer), beim Färben voller Bunttöne (Rot, Grün, Blau). Bei Schwarzfärbungen verwendet man Blauholzextrakt (0,6 bis 1%) oder Hämatin (0,3 bis 0,5%) in gleicher Weise.

Will man eine gewisse Einfärbung mit besonders gleichmäßigem Ausfall der Färbung und einer vollen Deckung der Oberfläche erreichen, dann empfiehlt es sich, 1,5 bis 2% der erwähnten Spezialfarbstoffe zu verwenden, nach etwa 30 Minuten langem Färben bei 50° C mit 0,5% Ameisensäure 85%ig abzusäuern und 10 Minuten danach ein kationisches Hilfsmittel zur Fixierung des bereits aufgenommenen Farbstoffs nachzusetzen. Viele Farbstoffe wandern nämlich noch während die gefärbten und gelickerten Felle auf Bock auskühlen und über Nacht lagern, ja sogar noch während der ersten Stadien des Trocknens weiter in das Lederinnere ab. Dabei geht die Sattheit der Oberflächenfärbung zurück und es treten sogar Ungleichmäßigkeiten dadurch auf, daß die Teile mit lockerer Struktur zuerst trocknen und dunkler ausfallen, als die langsamer trocknenden, dichter strukturierten Teile, in denen der Abwanderungsvorgang noch länger anhält. Das kationische Hilfsmittel, z. B. eine Bastamol- (BASF) oder Katalix-Marke (Sandoz), blockiert bei dem schon aufgenommenen Farbstoff dessen wasserlöslich machende Gruppen und nimmt ihm so die Möglichkeit, im feuchten Chromleder noch zu wandern.

Mit einer entsprechenden Technik kann man eine so oberflächliche Färbung bewirken, daß das im Faß gefärbte Leder später nach Abfalzen der gefärbten Fleischseite eine nur einseitige Färbung zeigt. Wie R. Schubert betont, ermöglichen die kationwirksamen Hilfsmittel auch die satte Färbung solcher Leder, die eine Nachgerbung mit anionisch wirkenden Gerbstoffen (Pflanzengerbstoffen und synthetischen Gerbstoffen) erhalten haben. In solchen Fällen können die kationischen Hilfsmittel auch der Färbung vorausgegeben werden. Der Färbeflotte fügt man zirka 1% des Hilfsmittels bei und bewirkt so innerhalb von 10- bis 15minütigem Walken eine Umladung der Chromlederoberfläche. Die ursprünglich hohe und durch die Nachgerbung herabgesetzte Affinität für anionische Farbstoffe wird dabei wieder hergestellt.

Mit dem Färben nachgegerbter Leder haben sich mehrere neuere Veröffentlichungen, beispielsweise die von G. Mauthe, beschäftigt, da solches Leder mit den mehr und mehr angewendeten Verfahren des Pasting-Trocknens und der Narbenkorrektur durch Abschleifen in steigenden Mengen hergestellt wird. A. Becchio (1) empfiehlt, zunächst mit anionischen Farbstoffen vorzufärben und dann basische Farbstoffe (nicht über 0,2%) nachzusetzen. Ein solcher basischer Aufsatz wirkt ähnlich wie die kationischen Fixierungsmittel und bringt bei Einhaltung der gegebenen Grenze keine nachteiligen Folgen etwa für die Lichtechtheit des Leders.

Sowohl vor einem Nachsatz eines kationwirksamen Hilfsmittels als auch eines basischen Farbstoffs muß das Bad von allen anionwirksamen Körpern frei sein. Man prüft die Flotte durch Zusatz von einem Tropfen der Lösung eines basischen Farbstoffs. Erfolgt keine Ausfällung des Farbstoffs, dann kann der Nachsatz unbedenklich in das gleiche Bad hinein erfolgen. Vorsicht mit kationischen Nachsätzen ist besonders dann geboten, wenn beim Färben Pflanzengerbstoffe mitverwendet wurden.

Bei Sportbox wird oft eine besonders starke Einfärbung verlangt, um Beschädigungen beim Tragen nicht durch Hervortreten eines graugrünen Innern auffallen zu lassen. Man erreicht diese Wirkung durch Wahl geeigneter Farbstoffe und indem man schon die Entsäuerung entsprechend durchführt, etwa mit 1 bis 1,5% Ammoniumbicarbonat und 1 bis 2% Tamol GA (BASF), Baykanol G (Bayer) oder Coralon GA (Hoechst).

Waterproofleder wird bisweilen auch erst geschmiert und dann auf der Tafel mit der Bürste einseitig gefärbt. Das geschmierte Leder wird auch von heißen oder Spiritus enthaltenden Färbeflotten nur sehr schlecht benetzt. Man reibt es deshalb mit der Lösung eines entfettenden Hilfsmittels aus oder setzt dieses der Farbflotte zu.

2. Chevreauleder.

Chevreauleder wird nach dem Verfahren der Zweibadchromgerbung hergestellt (vgl. A. Miekeley und W. Reifenkugel, S. 191). Die dabei im Leder sich bildenden Chromverbindungen haben ein gegenüber anionischen, insbesondere koordinationsaktiven Farbstoffen schon merklich gebremstes Reaktionsvermögen. Da sehr viele Koordinativvalenzen des Chroms schon abgesättigt sind, ist es bei dieser Lederart nicht notwendig, maskierende Mittel zur Neutralisation zu verwenden. Man gebraucht Natriumbicarbonat. Bei Chevreauleder wird meist verlangt, daß der ganze Querschnitt im Ton der Oberfläche gefärbt ist.

Diese durchdringende Färbung erzielt man mit niedermolekularen Säurefarbstoffen, die vorwiegend durch Elektrovalenz, also salzartig, gebunden werden. Sie haben keine hohe Bindungsneigung zu Chromleder, besonders zu dem zweibadgegerbten. Das Durchfärben unterstützt man in der Regel noch durch Zusätze von Farbholzextrakten, synthetischen anionischen Hilfsmitteln oder pflanzlichen Gerbstoffen. Alle diese Produkte erleichtern das Stoßen des Chevreauleders, das durch diese sehr energisch vorgenommene mechanische Arbeit erst seinen typischen Charakter bekommt. Allerdings bleibt bei der Mitverwendung solcher Erzeugnisse fast immer ein erheblicher Anteil der Farbstoffe im Bad zurück. Man kann das Bad durch Säurenachsatz erschöpfen. Es empfiehlt sich jedoch in diesem Fall, den p_H-Wert nicht zu plötzlich zu senken, um eine rasche und dann ungleichmäßige Fixierung des im Bad verbliebenen Farbstoffanteils zu verhindern. Man gibt entweder ein Gemisch aus $^2/_3$ Essigsäure und $^1/_3$ Ameisensäure oder auch eine geringe Menge eines hydrolysierenden Metallsalzes, beispielsweise von basischem Aluminiumchlorid oder auch von Chromacetat oder Kupfersulfat, bei sehr dunklen Farbtönen auch von holzessigsaurem Eisen. Ist das Bad erschöpft, so setzt man basischen Farbstoff nach, der aus dem angesäuerten Bad besonders gleichmäßig fixiert wird und der Färbung Fülle und Lebhaftigkeit verleiht. Vor Zusatz des basischen Farbstoffs muß allerdings aller anionischer Farbstoff und Gerbstoff restlos auf das Leder aufgezogen sein, damit im Bad keine Fällungen auftreten können. Ist man dessen nicht sicher, so empfiehlt sich ein Wechsel des Bades.

Dem Bad der basischen Farbstoffe setzt man, besonders bei helleren Farbtönen, kationische Hilfsmittel zur Egalisierung zu. Diese bewirken zugleich, daß der aufgesetzte basische Farbstoff nicht ganz oberflächlich am Leder fixiert wird, sondern auch etwas in den Narben eindringt. Wenn das Leder später gestoßen wird, sieht man dann die unvermeidlich in den Poren bleibenden Reste des Grundes weniger deutlich, da der basische Farbstoff eine gewisse Deckwirkung gibt.

Hat man ganz helle Pastelltöne zu färben, etwa ein Silbergrau oder Beige, dann verwendet man als basischen Aufsatz ausschließlich ein kationisches Hilfsmittel ohne Zusatz von basischen Farbstoffen. Wie der basische Farbstoff unterstützt es die Fixierung aller vorher an die Lederfaser gebrachten anionischen Körper. Es verhindert sehr wirksam, daß noch in den auf Bock lagernden oder trocknenden Ledern Farbstoff- oder Gerbstoffanteile wandern und sich in den lockeren Lederteilen anreichern.

Chevreauleder müssen sehr hart gestoßen werden. Bei dieser Arbeit werden die Leder, die vorher eine genügende Gleichmäßigkeit aufzuweisen scheinen, oft wieder sehr wolkig und ungleichmäßig. Die Ursachen sind folgende: Durch das Stoßen werden die Fasern stark zusammengepreßt, zwischen ihnen liegende Lufträume ausgeschaltet. Dabei verschwinden Grenzflächen zwischen Medien verschiedener optischer Dichte, ein zuerst vorhandener Effekt der Lichtstreuung geht verloren: das Leder wird durchscheinender. Bei der Herstellung von Chevreau müssen deshalb schon die Arbeiten der Wasserwerkstatt so sorgfältig ausgeführt werden, daß aller Grund und alle Pigmente aus den Haarbälgen entfernt werden. Die beschriebene Mitverwendung von Farbholzextrakten, Gambir oder entsprechenden synthetischen Hilfsmitteln bewirkt eine Auflockerung und (besonders nach einem Metallsalzabzug) auch eine gewisse Pigmentierung der Fasern, die den nachteiligen Effekt des Stoßens verhindern.

Solche Körper werden in Mengen bis zu 3% vom Falzgewicht bei der Färbung zugegeben, können aber zum Teil auch schon gleichzeitig mit der Neutralisation angewendet oder auch erst der Fettung nachgesetzt werden.

Bei Chevreauledern ist es infolge des Zweibadcharakters der Gerbung (keine rein kationische Gerbung), der Verwendung durchfärbender Farbstoffe und der Mitverwendung größerer Mengen anionisch wirkender Gerbstoffe und Hilfsmittel notwendig, die Färbung durch Absäuern zu fixieren. Hierfür gebraucht man Ameisensäure oder im Fall der Verwendung von Metallkomplexfarbstoffen, die sich für die auf Chevreau geschätzten Pastelltöne besonders eignen, Essigsäure. Auch die Fixierung mit basischem Aluminiumchlorid [Lutan B, BASF (*1*)] wird empfohlen. Sie erlaubt eine stärkere Füllung des Leders durch größere Mengen der aromatischen Gerbstoffe, Holzfarbstoffe oder Hilfsmittel ohne Beeinträchtigung des Chevreaucharakters. Bezüglich Färbung von Chevreauledern siehe auch die Darstellung von A. Miekeley und W. Reifenkugel (S. 203ff.).

3. Chromvelourleder.

Die Färbung dieser Lederart stellt besonders hohe Anforderungen an die Kunst des Lederfärbers. Das Leder soll durchgefärbt werden und die Färbung muß in einer Zone satt gefärbt sein, die etwas unterhalb der Fleischseitenoberfläche im Innern des Lederquerschnittes liegt. Die Färbungen sollen oft besonders dunkle, zugleich aber lebhafte, leuchtende Farbtöne zeigen. Im Falle von Pastelltönen wird höchste Gleichmäßigkeit verlangt. Gefärbte Velourleder dürfen nicht ausbluten, d. h. sie dürfen im nassen Zustand nicht abfärben. Sie sollen auch möglichst wenig trocken abreiben, obwohl sie nach dem Färben und Trocknen fast stets noch einmal nachgeschliffen werden.

Das sicherste Mittel zur Erzielung gleichmäßiger Farbtöne ist die Anwendung recht großer Farbstoffmengen. Dabei kommen nicht nur die Stellen besonders hoher Affinität, sondern auch Teile mit geringerer Reaktionsfreudigkeit mit ausreichenden Farbstoffmengen in Berührung. Leider läßt sich dieser Leitsatz aus wirtschaftlichen Gründen bei den meisten Lederarten nicht im wünschenswerten Maße anwenden. Bei der Färbung dunkler Töne auf Chromvelourledern müssen aber hohe Farbstoffmengen angewendet werden, um eine genügend satte und in das Lederinnere eindringende Färbung zu bewirken. Daß trotzdem auch bei dieser Lederart zuweilen wolkige Färbungen auftreten, beruht auf den Eigenarten der Velourlederherstellung. Das chromgare, gefalzte Leder wird neutralisiert, gefettet, getrocknet, geschliffen, wieder aufgewalkt und in diesem Zustand gefärbt. Den Velour bildet die nach dem Färben erneut geschliffene Fleischseite des Leders. Die Fleischseite zeigt eine färberische Besonderheit: Beim Falzen, das auf der Fleischseite erfolgt, werden Innenzonen des Chromleders zur Oberfläche gemacht. Gerade im Innern der zu dicken Stellen des Leders, die man später wegfalzt, sind aber nach den Arbeiten der Wasserwerkstatt lösliche Eiweißstoffe geblieben, die vor der Chromgerbung nicht mehr herausdiffundieren konnten. Diese Eiweißverbindungen bilden mit dem Chromgerbstoff stark maskierte, oft schon durch die violette Farbe erkennbare Chromverbindungen. Diese haben eine viel geringere Affinität für die anionischen Farbstoffe, färben also weniger satt an. Die Folge sind hellere Wolken in den kernigeren Partien des Velourleders [G. Otto (*31*)].

Ein einfaches Mittel, um diesen Übelstand zu vermeiden, besteht darin, das neutralisierte Leder nochmals mit einem Mineralgerbstoff nachzugerben, der möglichst unmaskierte (kationische) Verbindungen in der Faser ablagert.

G. Otto (*32*) hat gezeigt, daß wiederholte Gerbungen mit rein kationischen Chromverbindungen unter jeweils zwischengeschaltetem Neutralisieren die Aufnahme anionischer Farbstoffe stark ansteigen lassen. Noch stärker als kationische Chromkomplexe wirken, wie G. Otto (*33*) nachwies, basische Aluminiumgerbstoffe. G. Otto (*31*) gibt zur Nachgerbung von Chromvelourleder die folgende Rezeptur: Das gefalzte neutralisierte Leder wird mit 6 bis 8% Lutan B (BASF) bei 35 bis 40° C nachgegerbt, nach zweistündigem Walken stumpft man mit 0,2 bis 0,3% Soda ab und walkt noch 2 Stunden weiter. Man setzt über Nacht auf Bock. Morgens werden die Felle mit wenig Natriumbicarbonat nachentsäuert und dann kationisch gefettet mit:

2 bis 3% Lipaminlicker O (BASF)
1% Amollan C (BASF)
1% Glucose
1% Weizenmehl.

Derartige Nachgerbungen, zusammen mit der kationischen Fettung, steigern die Affinität des Chromleders für Farbstoffanionen derart, daß nach dem Auftrocknen des Leders die ursprünglich vorhandenen Unterschiede überdeckt und ausgeglichen sind. Äußerst vorteilhaft sind derartige Nachgerbungen, wie G. Otto (*33*) zeigen konnte, für die Färbung von Schwarzvelour, wo es darauf ankommt, besonders satte und schleifechte Töne zu erzielen. Der Vorteil kationischer Hilfsmittel wird auch von C. Alabouvette und C. Rouanet betont. Diese Autoren empfehlen, quaternäre Ammoniumverbindungen schon bei der Chromgerbung selbst bzw. einer Chromnachgerbung mitzuverwenden und erklären deren günstige Wirkung mit einer durch den Eintritt der Ammoniumreste in den Chromkomplex erfolgenden Kationisierung.

Für die Färbung von Chromvelourledern kann man bemerkenswerterweise typische kleinmolekulare Säurefarbstoffe nur in geringen Anteilen mitverwenden. Sie dringen zwar leicht durch das Leder, liefern aber, in größeren Mengen verwendet, ausblutende Färbungen. Man bevorzugt daher für Chromvelourleder Farbstoffe mit ausreichender Koordinationsaffinität, d. h. höhermolekulare Farbstoffe mit guter Löslichkeit in saurer Flotte. Eine Auswahl substantiver Farbstoffe entspricht diesen Forderungen, besonders tun es aber die für die Färbung von Chromleder und speziell Chromvelourleder entwickelten Spezialfarbstoffe. Es sind meist Polyazofarbstoffe, deren Molekül eine oder mehrere isolierende Gruppen und eine genügende Anzahl ionischer Gruppen enthalten. Derartige Farbstoffe dringen in das zwischengetrocknete und wieder aufgewalkte Material leicht genug ein, können sich aber zugleich genügend dicht an der Lederfaser anreichern und naßfest binden. Man wendet je nach der gewünschten Farbtiefe Mengen von 4 bis 20% Farbstoff, bezogen auf das Gewicht des trockenen, vorgeschliffenen Velourleders, an.

Das Eindringen der Farbstoffe wird in der Regel durch Zusätze von Ammoniak erleichtert. Man muß sich aber darüber klar sein, daß damit gewisse Nachteile verbunden sind; p_H-Erhöhung vermindert die Affinität, sie verursacht daher ein ungenügendes Ausziehen der beträchtlichen Farbstoffmengen, die man für Chromvelourleder anwenden muß. Setzt man aber dann in das ungenügend erschöpfte Färbebad Säure nach, dann erzielt man nur eine Fixierung des im Bad gebliebenen Farbstoffs auf der Außenzone des Leders, d. h. dort, wo er gar nichts nützt, da die oberste Schicht der Fleischseite fast stets beim Nachschleifen zusammen mit dem darauf gebundenen Farbstoff entfernt wird. Es ist deshalb sinnvoll, die Affinität der Farbstoffe mit recht mild wirkenden Mitteln zu bremsen. Es wird empfohlen [BASF (*1*), S. 83], neben wenig Ammoniak Lipoderm A, ein Fettsäurekondensationsprodukt mit schwach anionischem Charakter, zuzusetzen. Für den gleichen Zweck werden auch Levapon PN hochkonz. und Baykanol NL (Bayer) genannt. An Stelle der Fixierung mit Säure hat sich auch für diese Lederart der Nachsatz von basischem Aluminiumchlorid bewährt. Bei dessen Hydrolyse wird Säure nur langsam frei, die eine tiefer in das Ledergefüge eindringende p_H-Senkung bewirkt, auch die zugleich entstehenden hochbasischen Aluminiumverbindungen werden von den Lederfasern aufgenommen und erhöhen deren Farbstoff-Bindevermögen [G. Otto (*33*)].

Schwarzes Chromvelourleder stellt den Hauptanteil dieser Lederart. Es wird überwiegend nach dem Diazotierverfahren mit Entwicklungsschwarz gefärbt. Das Verfahren ist verschiedentlich beschrieben (z. B. von M. C. Lamb und R. Denyer) und verbessert worden (C. Rouanet). Da es eine große Bedeutung hat und sich von den übrigen Techniken der Lederfärbung unterscheidet, sei es im folgenden dargestellt:

Das aufgewalkte Leder wird mit — je nach dem Grade des Abtropfenlassens — 500 bis 700% Wasser von 40° C ins Faß gegeben und beispielsweise mit

1% Lipoderm A (BASF)
1% Ammoniak

20 Minuten lang gewalkt (Tourenzahl des Fasses für dieses Verfahren etwa 10 pro Minute). Dann setzt man

10% Entwicklungsschwarz BH,

z. B. „Diaminschwarz BHM konz." der Cassella Farbwerke, Mainkur, oder „Benzolederechtschwarz BH extra konz." der Farbenfabriken Bayer, Leverkusen, und

2 bis 3% Velourlederschwarz S (BASF)

in zwei Anteilen im Abstand von 20 Minuten zu und säuert 1 bis $1^1/_2$ Stunden darnach, d. h. nach erfolgter Durchfärbung, mit

6% Ameisensäure 85%ig (1 : 10 verdünnt)

ab. Man walkt darnach noch 20 Minuten weiter.

Man setzt die Felle auf Bock, spült am anderen Morgen 10 Minuten lang mit Eiswasser.

Frisches Bad: 600% Wasser von 4° C.

Man läßt 5 Minuten lang laufen, setzt dann still, schiebt die Felle unter die Badoberfläche zurück, gibt durch die Faßöffnung

3% Natriumnitrit in
15% Wasser gelöst

auf einmal zu

sowie 120% Eis.

Man setzt das Faß in Gang und läßt durch die hohle Achse

6 bis 8% Salzsäure techn.

verdünnt mit

200% Wasser

zufließen. Sobald dieser Zusatz beendet ist, prüft man die Flotte darauf, ob sie sowohl Kongopapier als auch Jodkaliumstärkepapier bläut. Beides muß eintreten, andernfalls ist weitere Salzsäure nachzusetzen. (Vorsicht: Eine Belichtung der Felle während dieser Arbeiten kann Farbverschiebungen und Ungleichmäßigkeit verursachen!) Man walkt nun 30 Minuten lang, wobei die Temperatur stets unter 6° C bleiben muß. Man läßt darnach die Flotte ab, füllt das Faß bis beinahe zur Achse mit Eiswasser, dem man

1,5% Sulfaminsäure
(Amidosulfonsäure)

zusetzt, nachdem das Faß wieder in Gang gesetzt ist. (Diese Behandlung macht einen etwaigen Überschuß von salpetriger Säure, welche die Faser schädigen und die Reißfestigkeit des Leders herabsetzen würde, unschädlich.) Man walkt 3 bis 5 Minuten, läßt ab und kuppelt dann sofort in neuem Bad mit

600% Flotte von 10° C
3% Entwickler
mit   2% Soda kalz. gelöst.

Nach 30 bis 40 Minuten langem Walken spült man erst 5 Minuten lang kalt, dann 30 Minuten lang bei einer Temperatur von 60 bis 65° C.

Da bei diesem Verfahren nur unter äußerst sorgfältiger Einhaltung aller Arbeitsbedingungen der gleiche Farbton erzielt wird, empfiehlt sich in der Regel eine Überfärbung mit einem säurebeständigen, schleifechten Spezialschwarzfarbstoff.

Als Entwickler verwendet man beispielsweise „Entwickler H konz." oder für blaustichigere Töne eine Mischung aus 90 Teilen „Entwickler H konz." + 10 Teilen „Entwickler AN" (getrennt zu lösen!), beides Produkte der Farbenfabriken Bayer, Leverkusen.

Das nach dem Diazotierverfahren gefärbte Velourleder ist schleifechter als jedes nach anderen Methoden gefärbte Leder. Trotzdem ist es notwendig, auch ein so gefärbtes Velourleder nach dem Schleifen noch durch einen Spritzauftrag zu „lüstern" und ihm damit eine vollkommene Farbtiefe zu geben. Hierfür sind sowohl wässerige Lösungen von Farbstoffen, hygroskopischen Mitteln oder Fettstoffen in Gebrauch, als auch Lösungen von Farbstoffen, Nitrocellulosepigmenten, Leinölfirnis u. dgl. in organischen Lösungsmitteln.

Für buntfarbiges Velourleder hat sich ein derartiges Lüstern wenig durchsetzen können, da es stets die Gefahr der Bildung wolkiger Färbungen mit sich bringt.

Um Chromvelourleder recht schleifecht zu erhalten, sind auch Verfahren üblich, bei denen man stufenweise färbt und dabei abwechselnd anionische und kationische (basische) Farbstoffe verwendet. Auch ein Zwischensatz kationischer Hilfsmittel in das mit Säure ausgezogene Bad anionischer Farbstoffe dient diesem Ziel.

Soll Chromvelourleder für die Herstellung von Bekleidungsstücken verwendet werden, dann muß es besonders echt gefärbt sein. Man muß lichtechte Farbstoffe verwenden, die besonders schweißechte und naßfeste Färbungen liefern. Die guten Eigenschaften von Metallkomplexfarbstoffen können hier ausgenützt werden. Das Leder muß schon vor dem Färben einen ausreichend feinen Schliff erhalten, da es danach nicht mehr geschliffen werden kann. Nur so wird eine genügende Reibechtheit erhalten. Zur Steigerung der Naßechtheiten fixiert man zweckmäßig mit den Metallkomplexen kationischer Hilfsmittel.

Um auch solche besonders echtfärbenden Farbstoffe verwenden zu können, die Chromvelourleder ungenügend durchfärben, gebraucht man eine abgewandelte Färbeweise. Die Farbstoffe werden zusammen mit anionischen Fettlickern gefärbt und schließlich mit Säure und kationischen Fettungs- und Fixierungsmitteln gebunden.

Zur Färbung von Chromvelourleder siehe auch Th. Fasol, S. 124.

Das sogenannte Rauhleder, velourartig zugerichtetes Chromspaltleder, wird ganz entsprechend gefärbt wie Chromvelourleder.

4. Nubukleder.

Nubukleder ist ein chromgares oder auch in Kombination von Chromgerbung und Nachgerbung mittels pflanzlicher oder synthetischer Gerbstoffe hergestelltes Leder, das auf der Narbenseite geschliffen wird und so eine ganz feine, samtartige Oberfläche erhält. Das Schleifen erfolgt an dem neutralisierten, vorgefetteten, getrockneten, eingespänten, gestollten und gespannt nachgetrockneten Leder. Von der Feinheit des Schliffes hängt auch sehr das gute Ergebnis der dann nach dem Aufwalken vorgenommenen Färbung ab. Zum Aufwalken dienen die bei Chromvelourleder angegebenen Mittel.

Auch beim Färben bedient man sich der für Chromvelourleder geeigneten Farbstoffe. Allgemein üblich ist bei Nubukleder ein Übersetzen mit basischen Farbstoffen, wenn volle, satte Farbtöne angestrebt werden. Damit dieser basische Aufsatz kein Verkleben der fein geschliffenen Nubukfaser herbeiführt, müssen die basischen Farbstoffe mit einem Überschuß kationischer Egalisierungsmittel zusammen angewendet werden. In diesem Fall gelingt es auch, die basischen Farbstoffe so tief in den Narben hinein färben zu lassen, daß ein Nachschleifen des gefärbten und getrockneten Leders möglich wird. Falls das Nubukleder kombiniert gegerbt wurde, müssen die Mengen an kationischen Hilfsmitteln beim basischen Aufsatz besonders reichlich gehalten werden.

Die für Nubuk angewendeten Farbstoff- und Hilfsmittelmengen liegen je nach Farbton bei

$$
\begin{array}{l}
0,5 \text{ bis etwa } 12\% \text{ anionischem Farbstoff} \\
+\ 8 \quad ,, \qquad 0\% \qquad ,, \qquad \text{Hilfsmittel}
\end{array}
$$

sowie

$$
\begin{array}{l}
0,1 \text{ bis} \qquad 0,8\% \text{ basischem Farbstoff} \\
+\ 0,5 \quad ,, \qquad 3\ \% \text{ kationischem Hilfsmittel.}
\end{array}
$$

Diese Prozentangaben beziehen sich auf das Gewicht des trockenen, vorgeschliffenen Nubukleders.

Falls das Nubukleder nach dem Färben nachgeschliffen wird, hat es sich auch als vorteilhaft herausgestellt, im Färbebad zugleich Pigmente in die durch das Vorschleifen geöffnete Narbenschicht einzuwalken. Diese Pigmente, richtig ausgewählt, verbessern die Feinheit des Nachschliffes und erhöhen Gleichmäßigkeit und Fülle der Färbung. Man teigt die Pigmente mit einer kleinen Menge eines anionischen oder kationischen Netzmittels an (je nachdem, ob man nur mit anionischen Farbstoffen färbt oder einen kationischen Aufsatz gibt) und setzt sie in das Färbebad nach.

Schwarzes Nubukleder wird in der Regel nach dem Färben nicht nochmals nachgeschliffen.

A. Becchio (2) gibt eine Rezeptur für Schwarznubuk wie folgt:

1. Bad: 600% Wasser von 50° C
                      2% Ammoniak.

Man walkt 15 Minuten und setzt dann in zwei Anteilen im Abstand von 10 Minuten zu:

                      4% Chromlederschwarz E konz.
                      2% Nigrosin.

20 Minuten weiterwalken, nachsetzen:

                      4% Ameisensäure,

nach weiteren 20 Minuten

                      5% Sumachextrakt,

30 Minuten weiterwalken.

2. Bad: 600% Wasser von 60° C, dazu in zwei Anteilen
                      0,3% Lederschwarz BST
                      0,03% Methylenblau.

Zweiten Farbstoffanteil nach 10 Minuten geben, dann 30 Minuten weiterwalken, darnach mit anionischem Fettlicker, der aber so fein und „trocken fettend" sein muß, daß keinerlei „Specken" auftritt, lickern. 1 Stunde laufen lassen. Dann Leder durch klares, lauwarmes Wasser ziehen und aufbocken.

Bei einer seltener geübten Herstellungsweise färbt man das frische, neutralisierte Chromleder ohne Zwischentrocknung. In diesem Fall muß man ein genügend tiefes Eindringen der Farbstoffe erzwingen, indem man Ammonbicarbonat vorlaufen läßt und mit den Farbstoffen zugleich anionische Fettungsmittel und egalisierende Hilfsmittel anwendet. Auch die Mitverwendung von Holzfarbstoffen erweist sich als sehr günstig. Nachdem genügend tiefe Einfärbung erreicht ist, fixiert man mit Säure. Man verwendet für diese Arbeitsweise etwa 1,5 bis 6% anionische Farbstoffe, berechnet auf das Falzgewicht des Leders.

Fertige, insbesondere nachgeschliffene Nubukleder können bei Bedarf durch Übersprühen von Farbstofflösungen mittels der Spritzpistole noch vorsichtig im Farbton korrigiert werden.

5. Chrombekleidungsleder.

Diese Lederart (vgl. hierzu auch K. F. Haberstroh) wird außer in Grau meist in sehr satten dunklen Farbtönen verlangt. Die Färbung soll das Leder möglichst weit durchdringen, damit beim Gebrauch abgeschabte Stellen immer noch gefärbt erscheinen. Diese Forderung hat oft dazu verleitet, stark durchfärbende Säurefarbstoffe zu verwenden. Diese haben aber wegen ihrer geringeren Fähigkeit, sich mit dem Chromleder fest zu verbinden, schon wiederholt so schwerwiegende Nachteile gebracht, daß eine Verwendungsmöglichkeit des damit gefärbten Bekleidungsleders kaum noch gegeben war.

Derart leicht durchfärbende Farbstoffe bluten sehr leicht aus, wenn das Leder durch Regen oder Schweiß genetzt wird. Manche neigen auch zum Sublimieren, sie diffundieren durch Leder und Deckschicht, scheiden sich an der Oberfläche ab und verursachen eine völlig ungenügende Reibechtheit.

Man muß deshalb beim Färben von Chrombekleidungsleder ausgesuchte Farbstoffe verwenden, die frei von den genannten Nachteilen sind, und muß ein geringeres Durchdringungsvermögen durch entsprechende Arbeitsweisen und geeignete Mittel ausgleichen.

Dies kann geschehen, indem man bei der Färbung Ammonbicarbonat zusetzt, bei Temperaturen von 40 bis 50° C in möglichst kurzer Flotte walkt, bis Durchfärbung erreicht ist, und dann absäuert.

Ein anderes Verfahren ist folgendermaßen beschrieben [BASF (*1*), S. 91]:

> 140% Wasser von 45° C
> 1,5% anionischer Fettlicker, z. B. Lipodermlicker 1
> 2% Gambir oder Tamol GA.

Man walkt 30 Minuten und setzt dann

> 0,5% Lipoderm A
> 0,5% Ammoniak
> und 2—3% Farbstoff

nach. Nach einstündigem Walken setzt man nochmals

> 2% des anionischen Fettlickers

nach und säuert 30 Minuten später mit

> 0,5—1% Lipaminlicker O
> und 0,5—1,5% Bastamol FI.

Die für Chrombekleidungsleder anzuwendenden Farbstoffmengen liegen etwa zwischen 2 und 5% vom Falzgewicht des Leders.

6. Handschuhleder.

a) Allgemeines.

Die Färbung von Handschuhleder erfordert besonders viel Erfahrung und Kenntnisse, denn nicht nur das zu färbende Material ist außerordentlich verschiedenartig, sondern auch die dafür verwendeten Mittel. Schließlich gibt es wohl kaum eine andere Lederart, deren Färbung einer so strengen Kritik seitens des Verbrauchers ausgesetzt wäre.

Handschuhleder werden aus den Fellen (und neuerdings sogar aus den gespaltenen Häuten) der verschiedensten Tiere hergestellt. Meist werden die Felle von Lamm, Zickel, kleinen Schafen und Wasserschweinen (Peccari) und Kälbern verwendet. Aber auch Roßhälse und Rindnarbenspalte werden zu

Sporthandschuhleder verarbeitet, ebenso Känguruhhäute. Schließlich finden auch die Häute von Fischen und Reptilien Verwendung für die Herstellung von Handschuhledern.

Auch die Gerbart ist bei Handschuhledern sehr verschieden. Die klassische Gerbung hierfür ist die Weißgerbung (Glacégerbung). Sie liefert keine waschbaren Leder. Chromhandschuhleder ist meist etwas weniger zügig, wird aber wegen seiner höheren Echtheit immer mehr erzeugt. Viele Kombinationsgerbungen sind in Gebrauch, um den hohen Anforderungen an Griff, Weichheit, Fülle und zugleich Waschechtheit zu genügen. Fast jede Kombination verlangt wieder andere Färbemethoden (s. dazu auch H. F. Roeckl, S. 384).

Aus den Bezeichnungen der für Handschuhzwecke hergestellten Lederarten läßt sich einiges über die Gerbart, wie in Tabelle 41 zu ersehen ist, aussagen.

Tabelle 41. Übersicht über einige Handschuhleder-Gerbungen.

1	Glacéleder	Weißgerbung mit Alaun, Kochsalz, Eigelb und Weizenmehl
2	Waschbares Nappa	Nachchromiertes Glacéleder
3	Gambirnappa	Glacéleder, mit Gambir nachgegerbt
4	Immergan-Glacé	Kombination von Sulfochloridgerbung mit basischer Aluminiumchloridgerbung
5	Chromnappa	Reine Chromgerbung oder Kombination von Chrom mit basischem Aluminiumchlorid
6	Tanné direct (Sumach mordant)	Chromgerbung; mit Gambir, Sumach oder synthetischen Gerbstoffen nachgegerbt
7	„retanned gloving" („persian gloving") (Nappa)	Ostindische lohgare Ziegen und Bastarde, leicht entgerbt und mit Chrom nachgegerbt
8	Waschbares Handschuhleder	Sämischgerbung, Kombinationen der Sämischgerbung mit Formaldehyd oder Sulfochlorid (Immergan A der BASF, Skelt von Du Pont).

Schon bei der Herstellung des Handschuhleders sind einige wesentliche Dinge im Interesse einer guten Färbbarkeit zu beachten. Obwohl Handschuhleder sehr zügig sein soll, darf sein Narben durchaus nicht beschädigt oder wund werden. Wunde Stellen treten beim Färben stets hervor. Man darf daher nicht in zu kurzen Flotten gerben bzw. muß schon bei der Gerbung Fettemulsionen zusetzen, die den Narben zäher und glatter machen.

Handschuhleder werden fast ausschließlich im trockenen, gestollten Zustand sortiert. Dabei entscheidet man darüber, welche Felle genügend narbenrein und narbengesund sind, um in hellen und mittleren, reinen und lebhaften Farbtönen gefärbt werden zu können, weiter, welche Felle sich nur für dunkle, gedeckte Farbtöne eignen und schließlich, welche Felle schwarz gefärbt werden müssen.

Solche Felle, die einen deutlich wunden Narben zeigen, werden zweckmäßig durch Schleifen der Narbenseite zu Mochaleder verarbeitet. Felle mit starken Narbenschäden werden, wenn ihre Fleischseite in Ordnung ist, auf dieser geschliffen und als Chairleder gefärbt und fertiggestellt.

Nach dieser Wahl folgt die Broschur der zusammengestellten Partien (s. G I 3 d, S. 217). Die broschierten Partien werden je nach Art des Handschuhleders und der vorgesehenen Färbetechnik verschieden weiterbehandelt.

b) Glacéleder

werden nachgegart (s. S. 218) und entweder unmittelbar gefärbt — sie sind dann nicht waschbar und auch die Naßechtheiten der Färbung bleiben beschränkt — oder zunächst chromiert. Dies geschieht durch eine Nachgerbung mit 1%, zuweilen auch 2 bis 3% Chromoxyd in Form von 33% basischem Chromacetat oder auch Chromsulfat. Je mehr Chrom man anwendet, um so leichter, gleichmäßiger und satter läßt sich das Leder färben, um so besser wird es waschbar. Jedoch geht beim Chromieren die am reinen Glacéleder so geschätzte Zügigkeit zurück. Chromsulfatnachgerbung vermindert sie stärker als Chromacetatnachgerbung. Ein Mittel, diesem Nachteil zu begegnen, besteht darin, die Chromierung unter Zusatz eines geeigneten Kationlickers durchzuführen, der zugleich die färberischen Eigenschaften des Glacéleders weiter verbessert. Eine derartige Vorschrift [BASF (1)] gibt an:

Die broschierten Felle werden mit

$$500\% \text{ Wasser von 18 bis } 20°\text{ C}$$
$$\text{und 5 bis } 15\% \text{ Chromitan B}$$
$$1\% \text{ Lipaminlicker O}$$

4 bis 6 Stunden lang gewalkt. Darnach werden die Leder über Nacht aufgebockt und morgens kalt gespült. Man prüft den p_H-Wert und neutralisiert entsprechend mit

$$1000\% \text{ Wasser}$$
$$\text{und 0,5 bis } 1\% \text{ Neutrigan}$$

45 Minuten lang. Darnach spült man mit Wasser von 25 bis 30° C 10 Minuten lang. Der p_H-Wert der Oberfläche des Leders soll nun zwischen 5 und 6 liegen.

Handschuhleder können nur dann im Faß gefärbt werden, wenn keine ungefärbte Fleischseite verlangt wird. Dies ist oft bei zarten Pastelltönen der Fall, seltener bei vollen, kräftigen Farbtönen. Faßfärbungen auf Glacéleder werden besonders in hellen Pastelltönen, wie Beige, Rosa, Lindgrün, Zartblau, Hellgelb und Grau ausgeführt. Das Leder kann in solchen Tönen auch auf der Fleischseite gefärbt sein, ohne daß die Gefahr eines Abfärbens auf die Haut oder auf weiße Blusenärmel besteht. Bei einer beiderseitigen Färbung des Leders verlangt man in der Regel auch, daß es im gleichen Ton durchgefärbt sei. Man läßt daher die Felle im Faß zunächst mit etwas Ammoniak und den aufhellenden anionischen Egalisierungsmitteln vorlaufen und setzt dann die Farbstoffe in mehreren Anteilen allmählich nach.

Verwendet werden Mischungen von Farbholzextrakten mit anionischen Spezialfarbstoffen, Chromierfarbstoffen oder Metallkomplexfarbstoffen. Je höher die Anforderungen an Licht- und Waschechtheit des Leders sind, desto vorsichtiger muß man mit der Verwendung der Holzfarbstoffe sein und desto mehr muß man ausgewählte lichtechte Spezialfarbstoffe oder noch besser Metallkomplexfarbstoffe heranziehen. Einfache substantive Farbstoffe kann man nur dann mitverwenden, wenn sie genügende Löslichkeit in saurer Flotte haben und keine besonderen Echtheitsanforderungen gestellt werden. Die Vorteile der Metallkomplexfarbstoffe für die Handschuhlederfärbung wurden von F. Herndl und neuerdings von C. Rouanet beschrieben. Letzterer behandelt allgemein die echte Färbung von Handschuhledern. Er weist darauf hin, daß diese nur auf echtgegerbtem Leder möglich ist und nennt außer den Chromier- und Metallkomplexfarbstoffen sowie den anionischen Spezialfarbstoffen noch Diazotier- und Entwicklungsfarbstoffe, die aber wegen Nuancierschwierigkeiten nur für Schwarz in Betracht kommen. Als Handelsnamen für Sortimente von Metallkomplexfarbstoffen werden genannt:

Erganilfarben, Inodermfarben, Neolanfarben, Nitrolanfarben und Ultralanfarben.

Handelsbezeichnungen für die in Frage kommenden Sortimente von Spezialfarbstoffen sind beispielsweise:

Baygenalfarbstoffe, Coriacidfarbstoffe, Dermafarbstoffe, Luganilfarbstoffe und Sellaechtfarbstoffe.

Besonders wird auf die neuerdings entwickelten kationischen Fixierungsmittel hingewiesen, mit denen die Echtheiten der Färbungen mit obigen Farbstoffen weiter verbessert werden können. Genannt werden:

Bastamol-Marken, Dermafix-Marken, Fixogen und Fixamol.

Die höchste für die Färbung von Glacéledern zulässige Temperatur ist 45° C. Nur stark nachchromiertes Glacéleder kann bei Temperaturen bis 50° C gefärbt werden. Je nach der gewünschten Nuance und dem Grad der geforderten Ein- bzw. Durchfärbung liegen die Farbstoffmengen innerhalb weiter Grenzen und betragen bis 10% vom Trockengewicht des Leders.

Für die Faßdurchfärbung von Glacéleder in hellen bis mittleren Farbtönen wird das folgende Beispiel gegeben [BASF (1)], S. 101]: (Angaben auf Trockengewicht): Man beschickt das Faß mit

$$800\% \text{ Wasser von } 40° \text{ C}$$
$$1\% \text{ Tamol NNO}$$
$$\text{und } 0,5\% \text{ Ammoniak.}$$

Nach 20 Minuten beginnt man mit der Zugabe der Farbstofflösung. Man verwendet je nach Tiefe des angestrebten Farbtons

$$0,5 \text{ bis } 2\% \text{ Erganilfarbstoffe}$$
$$0 \text{ ,, } 3\% \text{ Farbholzextrakt,}$$

deren gemischte Lösungen man in zwei bis drei Anteilen im Abstand von je 10 Minuten durch die hohle Achse zufließen läßt. Man walkt insgesamt 1 Stunde lang. Dann setzt man nach

$$3\% \text{ Lipodermlicker } 2$$
$$0,5\% \text{ Lipoderm A,}$$

walkt 30 Minuten lang weiter, setzt dann

$$2\% \text{ Essigsäure } 6° \text{ Bé}$$

nach und fixiert bei hellen Tönen im gleichen Bad, bei mittleren Tönen in frischem Bad (800% Wasser von 50° C) mit

$$1 \text{ bis } 2\% \text{ Bastamol FJ.}$$

Bei dunklen Farbtönen färbt man gewöhnlich in einem ersten Bade mit 2 bis 4% Farbholzextrakten (s. S. 120 ff.) vor und fixiert diese mit den auf S. 124, in Tabelle 5, genannten Metallsalzen. Dann färbt man in frischem Bad mit den obengenannten synthetischen Farbstoffen, die man in drei bis vier Anteilen innerhalb 45 Minuten dem Faß durch die hohle Achse zusetzt. Nach erfolgter Durchfärbung fixiert man mit $^1/_3$ bis $^1/_2$ Volumenanteilen Ameisensäure, 85%ig, bzw. $^1/_2$ bis $^2/_3$ Volumenanteilen Essigsäure, 30%ig, bezogen auf die Gewichtsmenge der angewendeten Farbstoffe. Zum Schluß wird zwecks Verbesserung der Waschechtheit mit 0,5 bis 1% Cr_2O_3 in Form eines 33%-basischen Acetats oder Sulfats während 1 bis $1^1/_2$ Stunden im gleichen Bad nachbehandelt. Nach gründlichem Spülen wird das Leder in frischem Bad nachgelickert.

Die Bürstfärbung von Glacéleder erfordert besondere Kenntnisse und Erfahrungen. Es ist nicht einfach, sowohl genügende Gleichmäßigkeit als auch ausreichende Sattheit der Färbung zu erreichen und dabei doch zu vermeiden, daß die Farbstoffe auf die Rückseite des Leders durchschlagen. Zahlreiche Mittel sind im Gebrauch, um letzteren Nachteil zu verhüten. Meist wird die Bürstflotte durch Zusatz von Pflanzenschleimstoffen verdickt, etwa mittels einer Abkochung von Karragheenmoos, auch Irländisch Moos genannt. Die getrockneten Algen (Chondrus crispus) enthalten 55 bis 60% Schleimstoffe.

Man wäscht das heute auch schon pulverförmig gehandelte Material zur Entfernung der Salze zunächst gründlich mit kaltem Wasser und extrahiert dann die Schleimstoffe durch ein- bis zweistündiges Kochen mit soviel Wasser, daß der fertige Extrakt etwa 20 bis 50 g Trockensubstanz pro Liter enthält. Wenn der Extrakt nicht gleich verbraucht wird, muß man ihn mit Zusätzen von etwas Salicylsäure konservieren.

A. Dresen empfiehlt, zunächst die Rückseite des bürstzufärbenden Leders mit einem 10%igen Karragheenmoosextrakt zu bestreichen, dies etwas einziehen zu lassen und die Felle dann mit nicht über 25°C warmen Farblösungen zu bürsten, die mittels 5%igem Moosextrakt verdickt wurden. Das gefärbte Leder läßt man etwas ablüften und wäscht es dann mit lauwarmem Wasser beiderseitig ab, ehe man es bei milden Temperaturen trocknet.

Zum gleichen Zweck werden auch Lösungen von Tragant verwendet. Tragant ist das erhärtete Ausschwitzungsprodukt verschiedener asiatischer Astragalusarten. Er ist in Form weißer, durchscheinender Platten oder eines gelben Pulvers im Handel, löst sich schwer in Wasser auf und muß über Nacht mit der fünfzigfachen Wassermenge übergossen verquellen, ehe man ihn dann durch Zusatz von etwas Ammoniak oder anderen milden Alkalien lösen kann. Auch Oxäthylmethylcellulose wird zum gleichen Zweck verwendet. F. Delfel empfiehlt je 5%ige Lösungen von Tragant oder Colloresin DK (Oxäthylmethylcellulose) zum Bestreichen der Rückseite des zu färbenden Leders und rät, die Wirkung dieser Mittel durch Zusatz eines Kationlickers zu unterstützen. Er empfiehlt, pro Liter Schleimstofflösung 5 g Lipaminlicker O zuzusetzen. Dieser dringt zusammen mit der Schleimstoffreservierung in das Innere des Leders ein und verhindert dort infolge seiner entgegengesetzten Ladung ein weiteres Vordringen der anionischen Farbstoffe. So soll es möglich sein, auch an den dünneren Stellen der Felle ein Durchschlagen zu verhindern.

O. Grimm verwendet an Stelle von Pflanzenschleimen wasserlösliche Kunstharze, z. B. Natriumpolyacrylat, das als Urigen AP 2 (Röhm und Haas) im Handel ist. Auch er empfiehlt, in schwierigeren Fällen das Leder von der Rückseite her mit der Lösung eines Fällungsmittels für den Bürstfarbstoff zu bürsten, um so den Farbstoff im Innern des Leders festzuhalten.

Um beim Bürsten von Glacéleder ein gleichmäßiges Netzen und Aufziehen der Farbstofflösung zu bewirken, müssen die Felle auf der zu färbenden Seite zunächst mit einem sogenannten „Grund" vorgebürstet werden. Er bestand früher aus vergorenem und daher alkalisch reagierendem Urin. Heute werden Alkalicarbonate enthaltende Handelsprodukte verwendet, z. B. Urigen (Röhm und Haas, Darmstadt).

Von anderer Seite [Sandoz (2)] wird folgende Mischung empfohlen:

10 g Glaubersalz
10 g Ammoncarbonat
 2 g Marseiller Seife
und 1 g Kaliumbichromat
in 1 l Wasser gelöst.

Nach all diesen Vorbereitungen können die Leder dann ohne Schwierigkeiten bürstgefärbt werden. Beim Färben mit der Bürste werden die Felle feucht mit dem Schlicker auf einer Tafel ausgereckt, die zweckmäßig leicht nach oben gewölbt ist, damit die beim Ausrecken des Felles abgeschobenen Flüssigkeitsmengen nach den beiden Seiten abfließen können. Die Felle werden im allgemeinen mit drei bis vier Anstrichen überbürstet, wobei man nach jedem Überbürsten mit der abgerundeten Seite des aus Hartgummi oder Kunststoff geformten Schlickers ausreckt. Nach dem dritten Anstrich überprüft man die Gleichmäßigkeit der erzielten Färbung, indem man das Fell mit Wasser übergießt. Durch den so darüber gestellten Wasserspiegel hat man eine klare Durchsicht und erkennt deutlich, wo die Färbung noch ungenügend gegriffen hat, ob etwa eine Hals- oder Klauenpartie noch einer besonderen Bürstbearbeitung bedarf. Diese Korrektur führt man dann nach dem Ausrecken und Abschieben des Wassers mit einem vierten Bürstanstrich aus. Nachdem das Fell erneut ausgereckt ist, fixiert man mit einer der in den folgenden Rezepturen angegebenen Lösungen, reckt wieder aus und legt vor dem Aufhängen und Trocknen das gefärbte Fell mit der Narbenseite auf die Tafel, um es von der Fleischseite mit der kantigen Seite des Schlickers kräftig auszurecken und möglichst vollständig von Flüssigkeit zu befreien.

Früher wurde Glacéleder mit Naturstoffen gefärbt und viele Rezepte haben sich noch aus dieser Zeit erhalten. D. W. Symmes gibt eine Reihe solcher Rezepturen und die damit erzielten Farbtöne an. Heute ist die gemeinsame Verwendung von Farbholzextrakten und Metallkomplexfarbstoffen in angesäuerten Bürstflotten üblich.

Der Holzfarbstoffextrakt und die Metallkomplexfarbstoffe werden getrennt durch kurzes Aufkochen gelöst. Nach dem Erkalten gibt man den vereinigten Lösungen die Essigsäure zu.

Für ein Mittelbraun verwendet man beispielsweise eine Bürstflotte, die im Liter 4 g Gelbholzextrakt und 12 g Metallkomplexfarbstoff sowie 12 g Essigsäure, 6° Bé, gelöst enthält. Fixiert wird mit einem Bürststrich, der pro Liter 5 g Titankaliumoxalat und 5 bis 10 g einer kationischen Metallkomplexverbindung (z. B. Bastamol FI) enthält.

Für ein Dunkelbraun verwendet man pro Liter Färbeflotte beispielsweise 10 g einer Mischung aus Gelbholz-, Rotholz- und Blauholzextrakt sowie 24 g Metallkomplexfarbstoff und 24 g Essigsäure, 6° Bé. Abgezogen wird die Färbung mit einer Fixierflotte aus etwa 10 bis 15 g der kationischen Metallkomplexverbindung und 10 g Tritankaliumoxalat pro Liter.

Für eine Schwarzfärbung setzt man die Bürstfärbflotte aus etwa 30 g Blauholzextrakt, 30 bis 50 g Metallkomplexfarbstoff und 50 g Essigsäure, 6° Bé, pro Liter an. Metallabzug und Fixierung erfolgen in diesem Falle getrennt. Erst bürstet man eine Lösung von 30 g/l Eisenlactat oder holzessigsaurem Eisen, reckt aus und bürstet dann mit 15 g/l der kationischen Metallkomplexverbindung. Schwarzfärbungen auf Glacéleder werden nach dem Trocknen, Stollen und gegebenenfalls nach einem Schleifen der Fleischseite mit einem Lüster abgeölt.

Dafür wird z. B. folgende Arbeitsvorschrift angegeben [BASF (1), S. 126]:

Man reibt das Leder von der Narbenseite dünn und gleichmäßig mit nachstehender erkalteter Emulsion ein:

50 Teile Olivenöl oder auch Paraffinöl

werden auf zirka 70° C erwärmt und langsam in eine 70° C heiße Lösung von

100 Teilen Soromin HS in
100　　,,　　Wasser

eingetragen. Man läßt gut ablüften und poliert auf der Plüschwalze.

Der kationische Emulgator bewirkt, daß die farbvertiefend wirkenden Fettkörper an der Oberfläche des Leders gebunden werden und diesem zugleich einen warmen, schmalzigen und geschmeidigen Griff geben.

c) Chromhandschuhleder.

Bei der Färbung von Chromhandschuhleder kann man im wesentlichen die Methoden anwenden, die für nachchromiertes Glacéleder beschrieben wurden. Da Chromleder beim Broschieren keinen Gerbstoff verliert, ist die Mitverwendung füllender Holzgerbstoffe im allgemeinen nicht so vorteilhaft. Die Temperaturen bei Faßfärbung können, wie das bei Chromleder üblich ist, bis 70° C erreichen und werden im allgemeinen zwischen 50 und 60° C gehalten. Um Durchfärbung zu erreichen, wendet man die für Chromvelour und Bekleidungsleder angegebenen Mittel an. Ist das Chromleder noch mit Pflanzengerbstoff, etwa Gambir oder Sumach, nachgegerbt, dann kann man seine Oberfläche gleich im Anschluß an die Broschur umladen, indem man es mit kationwirksamen Mitteln, gegebenenfalls auch kationischen Farbstoffen, behandelt.

Chromleder, besonders Chromnappa, neigt stärker als das nachgegarte und kationisch vorgefettete Glacéleder dazu, durchzuschlagen. Bei Bürstfärbungen empfiehlt es sich daher, die Leder nach der Broschur vor dem ersten Farbanstrich mit einer zugleich fettenden Kationbeize vorzubürsten. Diese kann etwa wie folgt zusammengesetzt sein:

> 20 bis 30 g des Metallkomplexsalzes einer kationischen Polybase (s. S. 159),
> 20 ,, 30 g eines Kationlickers

pro Liter Bürstflotte.

Zur Verhinderung des Durchschlagens bedient man sich im übrigen der gleichen Mittel, die bei Glacéledern beschrieben wurden.

Die bei der Färbung von nachchromiertem Glacéleder, Vollchromhandschuhleder und nachgegerbten Chromledern erzielbaren Waschechtheiten sind immerhin beschränkt und bleiben hinter denjenigen vieler Textilfärbungen zurück. F. P. Russel und T. C. Mullen haben an den genannten Lederarten die Waschechtheiten von Färbungen mittels vier Textilfarbstoffen mit genormten Echtheiten geprüft und geben eine tabellarische Übersicht. Sie zeigt, daß auch solche Farbstoffe, die auf Textilfasern Färbungen mit hohen Waschechtheiten liefern, Leder dann wenig waschecht färben, wenn dieses selbst nicht eine ausreichende Anzahl von Wäschen aushält. Aus diesen Gründen haben auch Versuche mit ganz besonders hochwertigen Textilfarbstoffen, z. B. löslich gemachten Küpenfarbstoffen (Anthrasolen, Soledonen, s. S. 145), bisher nur eine geringe Bedeutung erlangt. W. Laßmann gibt Arbeitsweisen für die Färbung von Handschuhledern mit Anthrasolfarbstoffen an.

Besonders waschechte Färbungen können an Ledern erzielt werden, die alkalibeständige Gerbungen erhielten. Es sind Sämischleder und Leder, die mit Sulfochloriden (Immergan A, Skelt) gegerbt wurden. Auf solchen Ledern können auch Färbemethoden Anwendung finden, die eine alkalische Reaktion der Flotten voraussetzen.

d) Sämischleder.

Besonders Sämischleder wird oft mit Schwefelfarbstoffen (s. S. 132 ff., Auflösen S. 212) gefärbt. Schwefelfarbstoffe sind unter Bezeichnungen wie Immedial-, Thional-, Pyrogen- oder Eclipsfarbstoffe im Handel. Die schwefelnatriumhaltigen Lösungen der Schwefelfarbstoffe haben p_H-Werte zwischen 11 und 12.

Das Schwefelnatrium bewirkt eine alkalische Reduktion des Schwefelfarbstoffs, der dabei löslich wird und fast immer seinen Farbton stark verändert. Die reduzierten Farbstoffe haben Affinität zur Faser und ziehen aus der stark alkalischen Lösung auf. Erst unter der oxydierenden Wirkung des Luftsauerstoffs oder von

Oxydationsmitteln, wie Wasserstoffsuperoxyd, Perboraten, Alkalibichromaten, angesäuerten Nitritlösungen, gewinnen die Schwefelfarbstoffe ihre beständige Farbe und werden unlöslich fixiert.

Die Färbbarkeit von Sämischledern wird durch ein vorausgehendes Bleichen verbessert. Dies geschieht entweder durch die früher allgemein angewendete und besonders schonende Rasenbleiche, wobei die feucht gehaltenen Felle der Sonne ausgesetzt werden, oder durch die auf S. 218 beschriebene chemische Bleiche. Für helle Farbtöne (Pastellfarben) ist eine Bleiche unerläßlich.

Bei der Faßfärbung wendet man Flotten von 800 bis 1000% an, bezogen auf das Trockengewicht des Leders. Es empfiehlt sich, in einem Faß mit seitlicher Öffnung zu färben. Diese bleibt zunächst geschlossen, bis die Leder durchgefärbt sind. Dann öffnet man das Faß und färbt unter Luftzutritt weiter. Wenn man die Regel handhabt, daß pro fünf Quadratfuß Leder zirka 2 l Farbflotte erforderlich sind, kann man die Farbstoffmenge in g/l Flotte dosieren. Auch die Berechnung in Prozenten des Trockengewichts ist üblich. Man gibt die abgekühlte Lösung der Farbstoffe in das laufende Faß. Zusätze von 10 bis 20% Kochsalz verbessern die Farbstoffaufnahme und vermindern den Alkaliangriff auf die Lederfaser. Innerhalb 30 bis 45 Minuten ist Durchfärbung erreicht, dann läßt man unter Luftzutritt $1/_2$ bis $1^1/_2$ Stunden weiterlaufen und spült abschließend 5 bis 10 Minuten lang. Danach wird in frischem Bad mit 1 bis 2 g Kaliumbichromat und 2 g Essigsäure konz. pro Liter 20 Minuten lang nachbehandelt, erneut gespült und in frischem Bad zugleich abgeseift und nachgegart.

Hierfür wird u. a. ein frisches Bad mit folgender Zusammensetzung empfohlen [Sandoz (2)]:

500% Wasser bei 40° C
10% Eigelb
5% Seife oder Sandopan A konz.
5% Kochsalz.

Es hat sich gezeigt, daß Sämischleder leichter färbbar sind, wenn sie auch schon vor der Färbung einer oxydierenden Behandlung ausgesetzt werden. Hierfür werden Halogene, Halogencyclamine und Perborate [Sandoz (1)] empfohlen. Eine geeignete Behandlung ist ein 20 Minuten langes Walken mit 1000% Flotte, der 10 bis 100 ccm einer 5° Bé starken Chlorkalklösung zugesetzt werden. Die Leder werden danach gespült. Bei der anschließenden Färbung geben derart vorbehandelte Leder gleichmäßigere und bei höheren Farbstoffmengen sattere Farbtöne.

Für Bürstfärbungen löst man die Schwefelfarbstoffe zunächst in doppelter Konzentration und fügt dann die gleiche Menge kaltes Wasser sowie 20 g Kochsalz pro Liter Farblösung zu. Die Bürsten müssen alkalibeständige (PVC-) Borsten haben. Bürsten mit tierischen Borsten müssen über Nacht in alkalische Formaldehydlösungen eingelegt werden, damit sie alkalibeständig werden. Man reckt die Felle auf der Tafel aus und bürstet die erkaltete Farblösung auf, wobei man dies so oft wiederholt, bis die gewünschte Farbtiefe erreicht ist. Nach jedem Farbaufstrich reckt man aus und fixiert durch Zwischenaufbürsten einer Flotte, die ebensoviel Ameisensäure 85%ig enthält, als Schwefelnatrium in der Farbflotte ist, und die außerdem ein Zehntel dieser Menge an Kaliumbichromat enthält. Nach jedem Fixierstrich setzt man aus und spült schließlich gründlich. Die bürstgefärbten Leder werden dann, wie es bei der Faßfärbung angegeben wurde, im Faß mit Eigelb, Seife und Kochsalz nachgelickert.

Da man mit Schwefelfarbstoffen keine sehr reinen, lebhaften Farbtöne erzielen kann, werden häufig auch Metallkomplexfarbstoffe angewendet.

Die Arbeitsweise entspricht derjenigen beim Färben von Glacéleder. Oft findet man auch Kombinationen, bei denen das Leder erst etwa mit Erganilfarbstoffen (Metallkomplexfarbstoffen) grau durchgefärbt und dann mit Immedialfarbstoffen (Schwefelfarbstoffen) einseitig weinrot bürstgefärbt wird.

7. Pflanzlich gegerbte Leder.

a) Allgemeines.

Die älteste Färbung pflanzlich gegerbten Leders bestand in einer Behandlung mit Metallsalzlösungen. Eisensalze liefern ein Grau, Kupfersalze eine dunkelbraune Tönung, Titansalze Orangetöne und Bichromate satte Brauntöne. Derartige Metallsalzbehandlungen sind aber gefährlich, da eine daraus hydrolysierende Mineralsäure das Leder beim Lagern zerstören kann und sauerstoffreiche Salze, wie die Bichromate, die Lederfaser durch Oxydation schwächen. Man kam dann zur Verwendung von Farbhölzern in Verbindung mit verminderten Mengen von Metallsalzen. Das echte, alte, rote Juchtenleder beispielsweise wurde mit einer 5%igen Lösung von Alaun vorgebürstet und dann mehrfach mit einem 1° Bé starken Auszug von Rotholz überbürstet.

Farbholzauszüge haben auf pflanzlich gegerbtem Leder keine hohe Färbekraft. Mit der Entwicklung synthetischer Farbstoffe ging man deshalb rasch auf die Verwendung der sehr farbstarken, lebhafte Töne liefernden basischen Farbstoffe über. Deren hohe Affinität zu pflanzlich gegerbtem Leder verlangte allerdings eine abgeänderte Färbetechnik. Man lernte es, vor dem Aufbürsten basischer Farbstoffe nicht nur saure Metallsalzlösungen (M. C. Lamb und G. H. Rocke), sondern zuerst reines Wasser vorauszubürsten, um das allzu rasche und ungleichmäßige Aufziehen der basischen Farbstoffe zu bremsen. Es erwies sich als notwendig, das Leder vor dem Färben gründlich auszuwaschen, um Fällungsprodukte aus Pflanzengerbstoff und basischem Farbstoff und die damit auftretenden Verschmierungen des gefärbten Leders zu vermeiden. Basische Farbstoffe haben auch die unangenehme Eigenart, jede noch so geringe Beschädigung des Narbens pflanzlich gegerbter Leder hervortreten zu lassen. Man half sich durch Verwendung besonders stark verdünnter Farbstofflösungen, mit denen man beispielsweise das über eine Stange gehängte Juchtenleder immer wieder übergoß, bis schließlich die gewünschte Sattheit und Gleichmäßigkeit erreicht war. Derartige Arbeitsweisen sind aber für eine moderne Lederfärberei zu unwirtschaftlich. Mit basischen Farbstoffen gefärbtes Leder zeigt ferner die Untugend, bronzige und wolkige Flecken zu bekommen, wenn es später im Interesse guter Echtheiten mit einem Kollodiumlack überspritzt wird. Die basischen Farbstoffe lösen sich unter der Wirkung der organischen Lösungsmittel von der Lederfaser ab und wandern ungleichmäßig in die Lackschicht.

Aus diesen Gründen färbt man heute auch pflanzlich gegerbtes Leder überwiegend mittels anionischer Farbstoffe oder wendet zumindest Kombinationen anionischer Vorfärbungen mit einem Aufsatz basischer Farbstoffe an.

Von den anionischen Farbstoffen eignen sich besonders diejenigen, die hauptsächlich durch Elektrovalenz gebunden werden, also die in der Regel niedrigmolekularen Säurefarbstoffe. Höhermolekulare Farbstoffe, die zahlreiche Koordinativvalenzen tragen, können diese gegenüber pflanzlich gegerbtem Leder nicht betätigen, da die Pflanzengerbstoffe schon die entsprechenden von der Hautfaser ausgehenden Kräfte weitgehend beansprucht haben. Derartige Farbstoffe neigen daher dazu, pflanzlich gegerbtes Leder an der Oberfläche nur in leeren Tönen anzufärben und das Leder zu durchdringen. Sie sind deshalb für Bürstfärbungen besonders wenig geeignet.

Wertvoll sind oft die Vertreter der Gruppe amphoterer Farbstoffe (S. 141 ff.) Sie ziehen wie Säurefarbstoffe auf, haben aber wegen ihres versteckten basischen Charakters eine höhere Affinität zum Leder, das mit pflanzlichen oder synthetischen Gerbstoffen hergestellt wurde, als die echten Säurefarbstoffe. Derartige Farbstoffe liefern oft gerade auf Ledern, die mit Säurefarbstoffen schwer färbbar sind, besonders volle und dennoch gleichmäßige Färbungen [G. E. Knowles, weiter Ch. Faure (2)].

Unter den basischen Farbstoffen ziehen diejenigen am gleichmäßigsten auf die pflanzlich gegerbte Faser auf, die ein der Diskusform nahekommendes Molekül aufweisen, in welchem die positive Elektrovalenz zentral angeordnet ist (S. 143). Farbstoffe vom Typ des Safranins sind daher besonders geeignet, z. B. die Diamant- und Coriphosphine, Euchrysine und Rheonine, ferner Diamantgrün und Methylenblau. Etwas weniger gleichmäßig ziehen langgestreckte Azofarbstoffe, wie etwa die Vesuvin- und Bismarckbraun-Marken und diese enthaltende Mischungen, auf (Juchtenrot, Lederschwarz).

Gefärbtes Leder pflanzlicher Gerbung findet noch immer für die verschiedensten Zwecke Verwendung. Für die Färbung ist Tauchfärbung im Faß oder im Haspel in Gebrauch, ferner die Bürstfärbung, weiter Spritzfärbung und schließlich noch spezielle Färbeweisen zur Erzielung von Phantasiewirkungen.

Eine Übersicht gibt die Tabelle 42.

Tabelle 42. Färben pflanzlich gegerbter Leder.

Hautart	Lederart	Verwendungszweck	Vorbereitung	Färbetechnik
Rind (Schwein, Kalb)	Geschmierte Leder	Blankleder: Ausrüstungs-, Sattler-, Mappen- und Kofferleder	Netzlösung vorspritzen oder vorbürsten	Spritz- und Bürstfärbung, Phantasietechniken
		Geschirrleder		Spritz- und Bürstfärbung
		Rahmenleder		Mechanischer Auftrag
		Oberleder (Fahlleder)		Faßfärbung, Bürstfärbung
	Gelickerte Leder	Möbel- und Autovachetten, Portefeuilleleder	Wasser vorbürsten	Bürst- und Spritzfärbung
	Spalte	Futter-, Täschnerleder		Faßfärbung
Ziegen, Bastarde, Schaf	Ostindische Leder, „Persianer", Sumachziegen, „Basils"	Täschner-, Portefeuilleleder, Saffian-, Buchbinderleder, Hutschweißleder, Futterleder, Gürtelleder	Aufwalken und Auswaschen, „Nachsumachieren"	Faß- oder Haspelfärbung, Faß-, Spritzfärbung, (Ecrasé), Faßfärbung, Faß- oder Spritzfärbung,
			Auswaschen, Nachchromieren	
		Hausschuhleder, Schuhleder		Faßfärbung, Faßfärbung
	Skivers (Narbenspalte)	Buchbinderleder, Kamerabalgenleder		Haspelfärbung (Faßfärbung)
Reptil (Strauß)	meist mit synthetischen Gerbstoffen	Schuhoberleder, Portefeuilleleder		Faßfärbung (Spritzfärbung)

b) Faßfärbung.

Bei der Faßfärbung von lohgaren Ledern darf die Temperatur 45 bis 48° C nicht übersteigen, da sonst die Gefahr eines Schrumpfens besteht.

Man färbt in langsam laufenden Fässern (mit etwa zehn Umdrehungen pro Minute), um ein Scheuern zu vermeiden, das Narbenbeschädigungen und deren Betonung beim Färben herbeiführt. Die Flottenmengen halten sich zwischen 500 und 700% vom Trockengewicht oder 200 und 300% vom Feuchtgewicht der Leder. Häufig findet man dort, wo größere Mengen gleichartiger Felle gefärbt werden, eine Berechnungsweise, die sich auf das Dutzend Felle bezieht. Oft wird aber auch, und wohl mit Anspruch auf größere Genauigkeit, die Farbstoffmenge auf gleiche Lederfläche berechnet.

Man verwendet in der Regel eine Vorfärbung mit Säurefarbstoffen und einen Aufsatz von basischen Farbstoffen. Dabei werden durchschnittlich folgende Mengen gebraucht:

Tabelle 43. Farbstoffmengen bei der Faßfärbung lohgarer Leder.

Bezugsbasis	Säurefarbstoff	Anionisches Egalisiermittel	Basischer Farbstoff	Kationisches Egalisiermittel
Trockengewicht ..	1 bis 4%	0 bis 2%	0,5 bis 2%	1 bis 4%
Feuchtgewicht ...	0,5 „ 2%	0 „ 1%	0,2 „ 1%	0,5 „ 2%
1 Quadratfuß Leder	0,5 „ 3 g	0 „ 1,5 g	0,2 „ 2 g	0,4 „ 4 g

Arbeitet man im Haspel, so verwendet man wesentlich längere Flotten als im Faß, in der Regel 1000 bis 2000% vom Trockengewicht der Leder. In einem Haspel von 1,3 cbm Inhalt kann man beispielsweise 25 bis 35 Dutzend mittelgroßer ostindischer Schaffelle färben. Die Farbstoffmenge berechnet man auf die Flotte und verwendet je nach Farbton 1 bis 6 g pro Liter Wasser. Der Vorteil dieses Verfahrens liegt in der hohen Gleichmäßigkeit, dem geringen Arbeitsbedarf und der Schonung empfindlichen Ledermaterials. Nachteile der Haspelfärbung sind die stets unvollkommene Farbstoffausnutzung und das rasche Abkühlen der Färbeflotte.

Da pflanzlich gegerbtes Leder gegenüber anionischen Farbstoffen ein vermindertes Reaktionsvermögen aufweist, braucht man meist keine bremsenden Färbereihilfsmittel zuzusetzen. Um die Farbstoffe zu fixieren, muß der p_H-Wert genügend weit unter den schon verhältnismäßig tief liegenden I. P. gesenkt werden. Die hierzu notwendigen Säurezusätze gibt man aber erst gegen Ende der Färbung bzw. im Falle der Bürstfärbung erst bei den letzten Farbaufträgen. Einer gleichmäßigen Färbung wirken alle oberflächlichen Ablagerungen von Kalktannaten oder Ellagsäure entgegen. Kalkschatten können durch die Anwendung stark saurer, nichtschwellender Entkälkungsmittel (Decaltal N) schon vor der Gerbung wirksam entfernt werden. Durch Zusätze von Trilon B zur Farbflotte lassen sich störende Kalk- und Eisenverbindungen unwirksam machen.

Oft werden die mit anionischen Farbstoffen vorgefärbten Leder zwecks Steigerung der Farbfülle mittels kationischer (basischer) Farbstoffe überfärbt. Hierbei steigern Zusätze kationischer Hilfsmittel die Gleichmäßigkeit der Farbstoffaufnahme.

Als Beispiel für eine Faßfärbung folgt hier die Rezeptur für die Färbung von Saffianleder in einem lebhaften, reinen Rotton [BASF (1), S. 113].

Man läßt die ausgewaschenen und nachgegerbten (S. 216 unten), gespülten Felle mit

600% Wasser von 45° C
0,5% Trilon B und
0,2% Ameisensäure 85%ig

15 Minuten lang vorlaufen. Durch diese Behandlung werden alle Spuren von Eisensalzen in die ungefährliche Form gelöster, stabiler Komplexverbindungen übergeführt, so daß sie den gewünschten, reinen, lebhaften Ton nicht abtrüben können. Man setzt nun in das laufende Faß

1,5—2% eines geeigneten roten Säurefarbstoffs, z. B. Säurealizarinrot G oder
Luganilrot NG, gelöst in
40% heißem Wasser

in drei Anteilen im Abstand von je 5 Minuten zu. Man walkt 10 Minuten und gibt dann 1% Ameisensäure 85%ig, 1 : 10 mit Wasser verdünnt in zwei Anteilen im Abstand von 5 Minuten nach. Man walkt nochmals 20 bis 30 Minuten weiter.

Der basische Aufsatz erfolgt in frischem Bad.

600% Wasser von 45° C, in das man
0,5% basisches Rot, z. B. Rhodaminscharlach M,

unter Zusatz von 1% eines kationischen Egalisiermittels, z. B. von Bastamol, angeteigt mit

0,5% Essigsäure 6° Bé und kochend gelöst in
20% Wasser

langsam zufließen läßt. Man walkt etwa 30 Minuten lang weiter und spült kurz nach. Ähnlich, nur entsprechend einfacher, führt man die Faßfärbung der weiteren hierzu geeigneten Lederarten, z. B. von Portefeuille-, Buchbinderleder, Futterleder, Spaltleder, durch. Bei Buchbinderledern muß man besonders lichtecht färben, sie dürfen deshalb nicht mit basischen Farbstoffen übersetzt werden. Besonders geeignet sind Metallkomplexfarbstoffe, die infolge ihres amphoteren Charakters oft auch besonders volle und doch gleichmäßige Färbungen liefern. Im Interesse besonderer Gleichmäßigkeit sowie um jedes Wundscheuern des Narbens zu vermeiden, färbt man sie jedoch sehr oft auch in der Haspel, besonders wenn es sich um Narbenspalte handelt.

Auch schwere, pflanzlich gegerbte Oberleder werden gelegentlich im Faß gefärbt; sind sie geschmiert, dann setzt man dem anionischen Farbstoff ein auf Fettbasis aufgebautes, anionisches Netzmittel voraus, um ein gleichmäßiges Aufziehen sicherzustellen.

c) Haspelfärbung.

Diese Technik wird immer dann angewendet, wenn man Leder zu färben hat, deren Dünnheit oder langgestreckte Form die Gefahr des Reißens oder Verwickelns im Faß mit sich bringt. Die Haspelfärbung wird demgemäß stets für dünne Narbenspalte (Skivers) angewendet, gleichgültig, ob diese für Hutfutter, Kamerabalgen oder für Buchbinderzwecke (Titelaufsätze) bestimmt sind.

Als Beispiel sei die Haspelfärbung von Skivers im Havannaton beschrieben [BASF (1), S. 114]:

1000% Wasser von 45° C
0,5% Havannabraun G.

Zusatz in drei Anteilen im Abstand von je 3 Minuten. Nach 40 Minuten säuert man ab mit

0,3% Ameisensäure 85%ig

und setzt 15 Minuten später

0,5—1% Lipaminlicker O

nach. Dieser Zusatz fördert sehr die Reißfestigkeit des Leders und erhöht die Fülle des Farbtons. Stellt man an einem rasch vorgetrockneten Abschnitt fest, daß der Ton nachnuanciert werden muß, etwa zu rotstichig ist, dann gibt man zunächst beispielsweise

0,3% Tamol NNO

und 10 Minuten später den Nuancierzusatz, etwa

0,1% Säureledergrau EB.

Ein nochmaliges Absäuern ist meist nicht mehr notwendig.

d) Bürstfärbung.

Das Färben pflanzlich gegerbter Leder auf der Tafel ist eine weitverbreitete Technik, da gerade großflächige Leder meist nur einseitig gefärbt verlangt werden und eine Faßfärbung zudem schlecht vertragen würden.

Bei der Bürstfärbung sind verschiedene Techniken in Gebrauch. Besonders sorgfältig und gleichmäßig muß man großflächige Vachetten färben. Meist wird ein Strich warmes Wasser (30° C) vorausgebürstet, dann der Säurefarbstoff zweimal ohne Säurezusatz aufgetragen. Erfolgt keine Überfärbung mit basischem Farbstoff, der den vorausgegangenen Säurefarbstoff fixiert, dann muß der dritte Anstrich des Säurefarbstoffs unter Zusatz von Säure gefärbt werden (halbe Menge an Ameisensäure, 85%ig, bezogen auf das Farbstoffgewicht). Wird basisch übersetzt, dann kann im Interesse höherer Gleichmäßigkeit auch der dritte Anstrich des Säurefarbstoffs ohne Säurezusatz erfolgen. Besonders elegante und natürliche Wirkungen erzielt man bei Zwischensatz von Neutralsalzen aromatischer Sulfosäuren, beispielsweise von Tamol GA, vor dem basischen Aufsatz. Ein oft gewünschtes leichtes Bronzieren wird erzielt, indem man auch abschließend nach dem basischen Aufsatz nochmals mit Tamol GA überbürstet.

Vor der Bürstfärbung werden die Leder sortiert, wobei Eigenfarbe der Leder, Gleichmäßigkeit der Gerbung, Kalkschatten und Ablagerungen von Blume sowie dann auch Narbenschäden (wunde Stellen, verheilte Narben, schließlich offene Fehler) zu berücksichtigen sind. Für feinfarbige Leder in hellen Pastelltönen können nur Häute aus fleckenfreier, heller Gerbung, ohne Kalkschatten, Blumeablagerungen oder gar Narbenschäden verwendet werden.

Zunächst feuchtet man den Narben mit 35° C warmem Wasser oder einer sehr verdünnten Farbstofflösung an, der man auch geringe Mengen netzender anionischer Hilfsmittel zusetzen kann. Größere Mengen sind aber nachteilig, da sie ein Durchschlagen der anionischen Farbstoffe verursachen können. Falls der Narben des zu färbenden Leders besonders glasig und geschlossen erscheint, setzt man dem für den Anfeuchtstrich dienenden warmen Wasser etwas Spiritus und ganz wenig Milchsäure zu. Man färbt dann mit drei bis vier Anstrichen der Säurefarbstofflösung. Es ist falsch, den angestrebten Farbton schon mit einem oder zwei Bürststrichen erzielen zu wollen. Mit so wenig Bürstanstrichen wird kaum eine gleichmäßige Färbung erhalten. Zweckmäßig hält man die Bürstflotte verdünnter und gibt mehrere Anstriche. Die Konzentration der Bürstflotte wird sich im allgemeinen zwischen 1 bis 3 g/l halten, nur für sehr dunkle Braun-, Blau- und Schwarztöne kann man bis 10 oder 12 g/l gehen. Die Temperatur der Bürstflotte soll bei 35 bis 40° C liegen. Nach jedem Bürstauftrag läßt man einziehen und gibt erst dann den folgenden Auftrag. Für den dritten und vierten oder auch erst letzten Bürstauftrag verwendet man die Säurefarbstofflösung in einer mit Essigsäure, oder auch Ameisensäure, (1 bis 3 g/l) angesäuerten Form.

Bei satten Tönen, besonders solchen, bei denen ein leichtes Bronzieren gewünscht wird, gibt man schon den zweiten oder dritten Bürstauftrag der Säurefarbstoffe mit Säurezusatz, setzt dann einen Bürststrich mit einer geeigneten Metallsalzlösung dazwischen oder auch an deren Stelle die Lösung der Salze aromatischer Sulfonsäuren, verlüftet, gibt danach ein bis zwei Striche mit einer Lösung basischen Farbstoffs (3 bis 10 g/l), verlüftet wieder und zieht dann nochmals mit der Metallsalzlösung oder der Lösung sulfonsaurer Salze (Tamol GA) ab. Als Metallsalzlösungen kann man für orangestichige Braun-töne Titankaliumoxalat, für dunkle Brauntöne Kupferacetat oder Kalium-bichromat, für Schwarztöne holzessigsaures Eisen verwenden, die Lösungen sollen aber nicht mehr als 1 g/l Metallsalz enthalten. Tamol GA dagegen ver-wendet man in Konzentrationen von 30 bis 60 g/l.

Bei zarten Pastelltönen verzichtet man ganz auf jeden basischen Aufsatz und färbt nur mit Säurefarbstoffen, denen man bis zum Zehnfachen ihres Gewichts an anionischen Egalisierungsmitteln (Tamol NNO, Baykanol NL, Cartan O oder Coralon F usw.) zusetzt.

Für mittlere Farbtöne ist es auch empfehlenswert, den Säurefarbstoffauf-trägen (drei bis vier Striche) nach kurzem Ablüften und gegebenenfalls einem Zwischenstrich mit reinem, warmem Wasser und abermaligem Verlüften einen Bürststrich mit 5 bis 10 g/l eines kationischen Fixierungsmittels (Bastamol, Dermofix usw.) zu geben. Man erzielt so eine volle Färbung, die besonders gleich-mäßig heraustrocknet und auch nach dem Trocknen des Leders nichts an Fülle verloren hat.

Das kationische Hilfsmittel bewirkt eine Fixierung der anionischen Farb-stoffe in der Oberschicht des Leders und verhindert sie, noch während des Trockenvorganges in tiefere Schichten des Leders abzuwandern.

Dieselben kationischen Hilfsmittel gebraucht man mit basischen Farbstoffen zusammen gelöst, wenn man verhindern will, daß diese bronzieren oder allzu oberflächlich fixiert werden. Man setzt dabei den basischen Farbstoffen die gleiche bis dreifache Menge kationisches Egalisiermittel zu.

Um ein Durchschlagen der Farbstoffe auf die Rückseite des Leders, das an dünneren Seitenteilen gespaltener Leder leicht eintreten kann, zu vermeiden, verdickt man die Bürstflotten mit Pflanzenschleimen, oder man wendet Spritz-auftrag (s. unter e) an. Es empfiehlt sich, beim Bürstfärben nach dem Ablüften die Leder einmal mit einem Bausch Putzwolle kräftig abzureiben, die fol-genden Bürstaufträge ziehen dann gleich-mäßiger.

Auf der Tafel werden auch eine Reihe von Effektfärbungen durch-geführt (s. dazu auch F. Wolff-Malm, S. 302 u. f.).

Tabelle 44. Mischungen für Wachsreservierungen.

	1	oder	2
Stearin	75		15
Carnaubawachs	—		60
Bienenwachs	20		15
Talg	5		10

Antikeffekt ist vor allem für Möbelleder geschätzt. Das Leder wird, etwa wie vorstehend beschrieben, in einem nicht ganz dunklen Ton bürstgefärbt und in noch feuchtem Zustand der Antiknarben eingepreßt. Nach dem Trocknen des Leders reserviert man die Höhen des Narbens durch Aufstreichen einer Wachsmischung, wie beispielsweise in Tabelle 44 angegeben.

Hierauf bringt man die sogenannte Einlauffarbe auf, meist eine Lösung basischer Farbstoffe mit dunklerem Ton, als ihn die Grundierung des Leders zeigt. Die Einlauffarbe darf nicht zu warm aufgetragen werden, damit die Wachsreserve nicht schmilzt (30 bis 35° C). Nach dem Trocknen wird der Hauptanteil der Wachsreserve weggekrispelt, der Rest durch Abreiben mit einem benzinfeuchten Lappen entfernt.

Van-Dyck-Effekt wird besonders für Mappenleder angewendet.

Eine ebene Färbetafel wird hauchdünn mit Vaseline bestrichen und dann durch Aufspritzen mittels eines Reisigbesens unregelmäßig mit 1-bis-3-g/l-Lösungen basischer Farbstoffe (naheliegende Farbtöne wählen!) beregnet. Die so unregelmäßig aufgetropften Farblösungen bilden eine angenehm wirkende Marmorierung, wenn das feuchte und gegebenenfalls schon mit der Lösung von Säurefarbstoffen durch Spritzauftrag grundierte Leder mit dem Narben nach unten kurze Zeit auf die Tafel aufgepreßt wird.

Von der interessanten reservierenden Wirkung des besonders durch W. Reppe beschriebenes Polyvinylpyrrolidons (Albigen A) macht ein neueres Verfahren Gebrauch [BASF (1), S. 116]:

Fließmarmoreffekt auf lohgarem Täschnerleder. Das zu färbende Leder wird in eine 1° Bé starke Brühe von Basyntan supra DLX eingelegt, bis es gleichmäßig durchfeuchtet ist. Dann dreht man es wringend zusammen, um eine enge Faltung zu erzeugen, breitet das Leder wieder leicht auseinander und überspritzt es auf der Tafel mittels einer Bürste mit einer Lösung, die aus

1 Teil Albigen A
und 2—3 Teilen Wasser

besteht. Man läßt diese etwas viskose Lösung in die durch die Faltung entstandenen Täler einfließen und spritzt dann mittels einer Bürste eine essigsaure Lösung eines basischen Farbstoffs etwas ungleichmäßig über das Leder, z. B. eine Lösung aus

5 g/l Lederbraun 5 G
2 g/l Essigsäure, 6° Bé.

Nun wird das Leder mit Wasser übergossen und die Hauptmenge der Albigen-A-Lösung aus den Falten herausgeschwemmt. Hiernach spritzt man nochmals Farbstofflösung mittels der Bürste über das Leder, läßt sie einige Zeit einwirken und zieht dann das ganze Leder gründlich durch Wasser, um alles anhängende Albigen A und allen anhängenden Farbstoff auszuwaschen.

Man erhält so ohne die bisher notwendige sehr mühevolle intensive Faltarbeit die gewünschten hellen Töne in den Faltentälern mit allen Zwischentönen bis zur satten Färbung.

e) Spritzfärbung.

Bestrebungen nach möglichst wirtschaftlichen Methoden haben dazu geführt, daß die Technik der Spritzfärbung mehr und mehr Aufnahme fand. Pflanzlich gegerbtes Leder hat in den meisten Fällen ein so gutes Saugvermögen, daß diese Technik mit Erfolg angewendet werden kann. Man muß sich jedoch darüber klar sein, was mit der Farbstofflösung geschieht, wenn sie mittels der Spritzpistole in einen feinen Nebel verteilt wird. Die Auflösung in winzige Tröpfchen schafft eine solche Vermehrung der Oberfläche, daß große Mengen Wasser verdampfen und die Farbstofflösungen sehr viel konzentrierter auf das Leder gelangen als wenn sie mit der Bürste aufgetragen werden. Zur Spritzfärbung eignen sich daher nur solche Farbstoffe gut, die eine besonders hohe Löslichkeit (über 20 g/l bei 20° C) haben. Farbstoffe mit wesentlich geringerer Löslichkeit kommen schon in teilweise auskristallisierter Form an der Lederoberfläche an, sie färben sie nicht mehr richtig, sondern nur in trüben, sehr schlecht reibechten Tönen an. Bisweilen helfen da kleine Zusätze von Glycerin zur Spritzflotte. Meist aber muß man in solchen Fällen besser lösliche Farbstoffe wählen.

Die Spritzfärbung geschieht in der Weise, daß man die 40° C warmen Lösungen mittels der für die Lederzurichtung üblichen Spritzpistole mit einem Druck von 4 bis 6 at aus einer Entfernung von etwa 0,5 bis 1 m auf das Leder aufsprüht. Das Leder braucht bei Spritzfärbung vorher nicht mit Wasser genetzt zu werden. Der Spritzflotte von anionischen Farbstoffen setzt man von vornherein 30 bis 50%, bezogen auf Säurefarbstoff, an Ameisensäure, 85%ig, zu. Die Konzentration der Spritzflotten hält sich bei Säurefarbstoffen zwischen 5 und 10 g/l, bei basischen Farbstoffen zwischen 2 und 5 g.

Es ist die Kunst des Spritzfärbers, die Pistole so sorgfältig zu führen und die aufgesprühte Menge so konstant zu halten, daß gleichmäßige, wolkenfreie Färbungen erzielt werden. Auf keinen Fall darf mehr Farbstofflösung auf das Leder auftreffen als davon sofort aufgenommen werden kann.

Auch mittels der Spritztechnik können einige geschätzte Effekte erzielt werden.

Ecraséeffekte sind besonders auf stark genarbten sumachgaren Ziegen und Kapziegen beliebt. Sie werden durch Aufspritzen angesäuerter 5-bis-10-g/l-Lösungen von Säurefarbstoffen (Lichtechtheit wichtig!) mit hohem Druck (6 atü!) erzielt. Dabei werden nur die erhöhten Stellen stark angefärbt, während die feinen Täler zwischen dem Korn fast trocken bleiben. Ähnliche Wirkungen erzielt man auch durch seitliches Spritzen z. B. der angesäuerten Lösung eines grünstichigen Braunfarbstoffs von scharf links, eines rotstichigen Braunfarbstoffs von scharf rechts.

III. Fehler beim Lederfärben und ihre Verhütung.

Da es eine große Zahl von Ursachen für einen fehlerhaften Ausfall von Lederfärbungen gibt, wird in Tabelle 45 eine Zusammenstellung der häufigsten Fehler und der Mittel zu ihrer Verhütung bzw. Abstellung gegeben. Es empfiehlt sich, zunächst unter den allgemein bei der in Betracht kommenden Färbetechnik genannten Fehlern zu suchen und erst dann die für die betreffende Lederart spezifischen Fehler zu betrachten.

Tabelle 45. Häufigste Färbefehler bei Leder und ihre Verhütung.

Fehler	Ursachen	Abhilfe
	I. a) Faßfärbung allgemein:	
Wolkige Färbung	1. Zu hartes Wasser	Verwendung von Kondenswasser oder enthärtetem Wasser. Zusatz von Komplexbildnern, wie Metaphosphat, Trilon B usw.
	2. Ungenügende Arbeiten in der Wasserwerkstatt	Kontrolle, besonders der Äscherarbeit
	3. Zu rasche Zugaben von Farbstoff oder Säure	Zugabe der Farbstofflösung in mehreren Anteilen. Geregeltes Zufließenlassen der Säure
	4. Ungeeigneter Abdunkler	Überprüfung des Abdunklers. Verwendung möglichst naheliegender, einheitlicher Farbstoffe

Fehler	Ursachen	Abhilfe
Plackige Färbung	5. Zeitweiliger Stillstand des Fasses	Vermeidung jedes Stillstands. Automatische Kontrolle
Dunkle Flecken	6. Zu kurze Flotte	Verlängerung der Flotte
	7. Wunder Narben durch Scheuern beim Äscher, Mistflecken, Faulstellen	Bessere Sortierung der Ware, die für Farbleder bestimmt ist
	8. Ungleichmäßige Fettaufnahme	Verwendung eines stabileren Fettlickers, Zusatz von Fettemulgatoren zum anionischen Fettlicker
Dunkle Stippen	9. Unvollständige Auflösung des Farbstoffs	Sorgfältiges Auflösen der Farbstoffe und Kontrolle durch Filtrieren
Streifige Färbung	10. Ungleichmäßige Trocknung auf einem Lattenrost	Verwendung besser geeigneter Trockeneinrichtungen
Ganz leere Narbenfärbung mit einzelnen schmierigen Flecken und Streifen, schmutzig überfärbte Fleischseite	11. Ausfällung entgegengesetzt geladener Körper, z. B. von anionischen Farbstoffen, mit basischen Farbstoffen oder von basischen Farbstoffen mit sulfonierten Ölen	Vor Nachsatz des entgegengesetzt geladenen Körpers prüfen, ob Bad restlos erschöpft. Andernfalls frisches Bad verwenden.

b) Faßfärbung von Chromleder:

Fehler	Ursachen	Abhilfe
Wolkige Färbungen	12. Ungleichmäßige Chromverteilung durch zu rasches Abstumpfen in der Gerbung	Abstumpfen ersetzen durch Zusatz füllend maskierender Alkalisalze
Wolkige Färbung mit Überfärbung der Fleischseite	13. Ungenügende Entsäuerung	Kontrolle der Entsäuerung, z. B. mit Bromkresolgrün
Dunkel hervortretende Flämenpartien	14. Unzweckmäßige Abstumpfung der Gerbung mit Alkalien (s. auch 8)	Abstumpfen mit Neutrigan (1,7fache Menge wie calcinierte Soda)
Fahle, leere Färbungen	15. Überentsäuerung	Verwendung neutraler Puffersysteme, z. B. der Neutriganmarken
	16. Zu starke Beladung der Lederoberfläche mit anionischen Gerbstoffen	Korrektur der Oberflächenladung durch Vorsatz von kationischem Färbereihilfsmittel (Bastamol, Dermofix usw.)
	17. Ungeeignete Entfettung des gepickelten oder chromgaren Materials	Verwendung nichtionogener Entfettungsmittel
	18. Verwendung eines alkalischen Fettlickers	Ausschaltung von Seife und Alkali im Fettlicker
	19. Besonders stark maskierte Chromgerbung	Korrektur wie bei 16, nur mit geringeren Mengen kationischen Hilfsmittels

Fortsetzung der Tabelle 45.

Fehler	Ursachen	Abhilfe
Ungenügende Durchfärbung	20. (Auch 13). Zu lange Flotte	Flotte kürzen
	21. Zu heiße Flotte	Temperatur erniedrigen
Ausbluten	22. Ungeeignete Farbstoffe (15, 18 oder 19)	Kleinmolekulare Säurefarbstoffe vermeiden, Spezialfarbstoffe wählen (15, 18, 19)
Helle Flecken	23. Leder wurde beim Schleifen mit Öl befleckt	Schleifmaschine kontrollieren
	24. Verwendung zersetzten Eigelbs bei Vorfettung	Kein lang gelagertes Eigelb verwenden, durch kationischen Fettlicker (Nachsatz!) ersetzen
	25. Leder kam mit Pflanzengerbstoff (synthetischem Gerbstoff) in Berührung	Berührungsmöglichkeiten aufsuchen und ausschalten
Helle Stippen	26. Verwendung von Sägespänen zum Einstreuen vor dem Falzen (besonders Sägespänen aus Eichen- oder Fichtenholz)	Verwendung von Talkum
Bei Chromvelour:		
Wolkige Färbungen	4, 24	Verwendung von Kationlicker
	27. Ungleichartige Chromverbindungen in der Falzzone	Nachgerbung des gefalzten Leders, besonders mit Aluminiumgerbstoffen
Geringe Schleifechtheit, Leder völlig durchfärbt	28. Ungenügende Affinität des Leders zu den Farbstoffen	Wie bei 27
Geringe Schleifechtheit, Leder ungenügend durchgefärbt	29. Zu hohe Affinität des Leders zu den Farbstoffen	Stärkere Neutralisation des nachgegerbten Leders

c) Faßfärbung von pflanzlich gegerbtem Leder:

Fehler	Ursachen	Abhilfe
Wolkige Färbungen	30. Ungenügendes Auswaschen	Auswaschen mit gut netzendem und alkalischem Mittel
	31. Ungenügende oder ungeeignete Nachgerbung	Nachgerbung mit gebleichtem Sumachextrakt oder synthetischen, lichtechten Gerbstoffen
Dunkle Flecken	32. Kalkschatten	Entkälkung mit genügend sauren Entkälkungsmitteln z. B. Sulfophthalsäure

Fortsetzung der Tabelle 45.

Fehler	Ursachen	Abhilfe
Streifige Färbung (besonders bei Skivers)	33. Wundstreichen aus dem Kalk	Zu starke Schwellung im Äscher vermeiden oder erst verfallen lassen
Schwarze Stippen	34. Eisenteilchen vom Falzen und Blanchieren	Nachgerbung mit saurem, synthetischem Gerbstoff, der selbst keine Fe-Reaktion zeigt, oder Behandlung mit Phosphat oder Trilon B und Essigsäure
Bronzige Färbung	35. Überschuß von basischem Farbstoff	Farbstoffmenge verringern oder kationisches Egalisiermittel mitverwenden

II. a) Bürstfärbung allgemein:

Fehler	Ursachen	Abhilfe
Streifige, unegale Färbung	36. Zu wenige Aufträge mit zu konzentrierten Farbstofflösungen	Mehr Aufträge mit verdünnteren Farbstofflösungen
	37. Zu frühe Verwendung säurehaltiger Flotten von anionischen Farbstoffen	Säurezusatz erst beim letzten Strich mit den sauer ziehenden Farbstoffen
Wolkige Färbung	38. Ungleichmäßiges Trocknen	Bessere Fixierung des Farbstoffs, gleichmäßigere Trockenbedingungen

b) Bürstfärbung von Handschuhledern:

Fehler	Ursachen	Abhilfe
„Riefige" Färbung	39. Ungenügende Broschur	Siehe 25, 26, 27 und 48
Unruhige Färbung	4, 22	Gut egalisierende Farbstoffe auswählen
	40. Zu kalte Flotte	Flotte auf 30 bis 35° C anwärmen
Helle, gelbliche Flecken	41. Schlechtes Eigelb in der Glacégare	
Helle Partien in Halspartien und Klauen	39	39
	42. Fehlende Entfettung	Entfettung, am besten schon der gebeizten Blöße
Durchschlagen der Färbung mit anionischen Farbstoffen	43. Nicht kationische oder zu schwach kationische Vorfettung	Behandlung der Rückseite mit Pflanzenschleim und kationischem Hilfsmittel
Verhärtung des Leders	44. Fehlende Nachfettung	Nachfetten
	45. Verwendung von zu viel Holzfarbstoffen	Hälfte des Holzfarbstoffextrakts durch synthetisches Gambiraustauschprodukt (Baykanol G, Coralon G, Tamol GA) ersetzen

Fortsetzung der Tabelle 45.

Fehler	Ursachen	Abhilfe
c) Bürstfärbung von lohgaren Ledern:		
Streifige Färbung	46. Fehlendes oder ungenügendes Anfeuchten vor dem ersten Farbstrich	Vorbürsten mit warmem Wasser
Helle Flecken, mehr oder minder scharf begrenzt	47. Abscheidung von Ellagsäure (Blume) im Narben	Vermeidung oder Verringerung der Menge ellagsäurebildender Gerbstoffe
Durchschlagen der Farbstoffe	22	Vermeidung zu hochmolekularer überwiegend koordinationsaktiver Farbstoffe
Leere, wolkige Färbungen mit sauer ziehenden Farbstoffen	48. Fehlende Fixierung	Fixieren durch einen Farbstrich mit Säurezusatz oder durch einen Strich mit kationischem Körper (bas. Farbstoff, Bastamol- bzw. Katalixmarken).

Der vorstehende Überblick ermöglicht eine Orientierung, in welcher Richtung die zur Behebung eines aufgetretenen Fehlers nötigen Schritte getan werden müssen, um eine einwandfreie Lederfärbung zu erzielen.

Literaturübersicht.

Adam, N. K.: The Physic and Chemistry of Surfaces. Oxford: University Press, 1941, 3rd ed.. pp. 27—44.
Alabouvette, C., u. C. Rouanet: Bull. de l'AFCIC **1955**, 211.
Arens, H.: Farbenmetrik. Berlin: Akademie Verlag, 1951.
Astbury, W. T., u. I. A. Dawson: J. Soc. Dyers Colourists **54**, 6 (1938).
BASF (*1*): Färbefibel, herausgegeben von der Badischen Anilin- u. Soda-Fabrik AG., Ludwigshafen a. Rh. 1956.
(*2*): D.B.P. 801344 (G. Otto) vom 2. 10. 1948; (*3*): D.P. 802071 (G. Otto) vom 2. 10. 1948.
Becchio, A. (*1*): Leder **3**, 310 (1952); (*2*): Ebenda **2**, 228 (1951).
Beech, W. F., u. H. D. K. Drew: J. Chem. Soc. London **1940**, 608.
BIOS-Reports (*1*): Nr. 20, Appendix 85; (*2*): Nr. 956 (*3*): Nr. 961; (*4*): Nr. 1548.
Bjerrum, N.: Z. physik. Chem. A. **104**, 147 (1923).
Bohr, N.: s. z. B. W. H. Westphal, Physik. Berlin: Springer Verlag 1953, S. 621.
Böhme-Fettchemie; D.W.P. 2258 vom 3. 10. 1944.
Bowes, J. H., u. R. H. Kenten: Biochem. J. **43**, 358 (1948).
Bravo, G. A., u. F. Baldracco: Coll. **1932**, 338.
Brockway, L. O., u. W. H. Taylor: Chem. Soc. Ann. Reports **1937**, 196.
Campbell, T. W., D. A. Young u. M. T. Rogers: J. Amer. Soc. **73**, 5789 (1951).
Cassel, J. M., u. J. R. Kanagy: JALCA **44**, 424 u. 442 (1949).
Chapman, L. M., D. M. Greenberg u. C. L. A. Schmidt: J. biol. Chem. **72**, 707 (1927).
CIBA (*1*): Schwz.P. 267269 vom 7. 3. 1947; (*2*): Schwz.P. 247682 und Zusatz patente 253632 sowie 261539.
De Diesbach, H., u. R. P. Linstead: Ber. dtsch. Chem. Ges. **72**, 93 (1939).
De Diesbach, H., u. E. von der Weid: Helv. Chim. Acta **10**, 886 (1927).
Delfel, F.: Leder **3**, 74 (1952).
DIN-Mitteilungen **32**, 34 (1953),

Diserens, L.: Die neuesten Fortschritte in der Anwendung der Farbstoffe. Basel: Birkhäuser, 1949, Bd. 2.

Donnan, F. G.: Z. Elektro-Chem. **17**, 572 (1911).

Dresen, A.: Leder **3**, 44 (1952).

Duncan, A. B. F.: J. chem. Physics **3**, 131 (1935).

Du Pont de Nemours, E. J. & Co.: A.P. 2160882 (H. A. Lubs) vom 24. 9. 1934.

Eitel, K. (*1*): Leder **3**, 56 (1952); (*2*): ebenda **5**, 290 (1954).

Eistert, B. (*1*): Tautomerie u. Mesomerie. Stuttgart: Enke 1938; Chemismus u. Konstitution. Stuttgart: Enke 1948; (*2*) Z. angew. Chem. **51**, 353 (1939).

Ekström, G.: Svensk Kemisk Tidskrift **62**, 113 (1950).

Electric Devices Co., Chicago, USA.: Atlas of Electric Devices, 1954.

Ellis, S. C., u. K. G. A. Pankhurst: Disc. Faraday Soc. **16**, 173 (1954).

Elöd, E. (*1*): Textil-Praxis **7**, 66 (1952); (*2*): Trans. Faraday Soc. **29**, 327 (1933).

Elöd, E., u. H. Fröhlich: Melliand Textilber. **32**, 622 (1951).

Elöd, E., u. H. Hänsel: Collegium **1933**, 763.

Elöd, E., u. A. Köhnlein: Collegium **1933**, 757.

Fasol, Th.: Dieses Handbuch, 1. u. 2. Aufl., Bd. III/2 (1955), S. 72ff.

Faure, Ch. (*1*): Bull. AFCIC **14**, 35 (1952); (*2*): ebenda **13**, 47 (1951).

Felzmann, C.: Collegium **1933**, 373.

FIAT-Report Nr. 1313 III.

Fuchs, O., K. Laux u. E. Wulkow: Textilhilfsmittel und Waschrohstoffe in: K. Winnacker u. E. Weingaertner, Chemische Technologie, Bd. IV. München: Carl Hanser, 1954; (*1*): S. 315; (*2*): S. 304; (*3*): S. 298; (*4*): S. 289; (*5*): S. 292; (*6*): S. 293; (*7*): S. 296; (*8*): S. 300.

Geigy, I. R., A. G.: Helv. P. 253455 vom 7. 8. 1946.

Geisler, W. in: K. Winnacker u. E. Weingaertner, Chemische Technologie, Bd. I. München: Carl Hanser, 1950.

General Aniline & Film Corporation (GAF): E.P. 665049 vom 3. 10. 1949.

Godlove, J. H.: Am. Dyestuff Rep. **39**, 215 (1950).

Graßmann, W., u. L. Hübner: Leder **5**, 49 (1954).

Graßmann, W., u. J. Trupke (*1*): Dieses Handbuch, 1. Aufl., Bd. I/1, (1944), S. 359; (*2*): in Physiologische Chemie, hrsg. von B. Flaschenträger, Bd. I, S. 721ff. Berlin-Göttingen-Heidelberg: Springer-Verlag, 1951.

Grimm, O.: Leder **3**, 166 (1952).

Gustavson, K. H. (*1*): Collegium **1926**, 437; (*2*): Disc. Faraday Soc. **16**, 108 (1954); (*3*): ebenda, S. 109; (*4*): in E. Stiasny Gerbereichemie. Dresden: Steinkopff, 1931; (*5*): JALCA **47**, 425 (1952); (*6*): dieses Handbuch 1. Aufl. Bd. II/2 (1939), S. 274; (*7*): The Chemistry and Reactivity of Collagen. New York: Academic Press 1956.

Haberstroh, K. F.: Dieses Handbuch, 1. u. 2. Aufl., Bd. III/2 (1955), S. 389ff.

Hall Laboratories Inc.: E.P. 472164 vom 9. 3. 1926.

Hardy, A. C.: The Handbook of Colorimetry. Cambridge: University Press 1936.

Heermann, P., u. A. Agster: Färberei- und Textilchem. Untersuchungen. Berlin: Springer, 9. Auflage 1955.

Henry, V.: Études de Photométrie. Paris: Lepage, 1919.

Herndl, F.: Schweizer Lederindustrie-Zeitung **40**, Nr. 11 (1929).

Hertel, E.: Farbenproben zur Prüfung des Farbensinnes. Leizig: Georg Thieme 1939.

Holzach, K., u. W. Hagge: Die organischen Farbstoffe. In: K. Winnacker u. E. Weingaertner, Chem. Technologie, Bd. IV. München: Carl Hanser, 1954, S. 209.

Holzach, K.: Die aromatischen Azoverbindungen. Stuttgart: Enke 1947, S. 193.

Hsiao, C. C., u. E. O. Wilson: JALCA **27**, 500 (1932).

Hückel, W.: Theoretische Grundlagen der org. Chemie. Leipzig: Geest u. Portig, 1948, 2. Bd.; (*2*): ebenda, 2. Bd., S. 374.

Hunter, R. S.: J. Opt. Soc. Am. **38**, 661, 1094 (1948).

I. B. K. (Internationale Beleuchtungskommission) s. Hardy, A. C.

Imperial Chemical Industries Ltd. (I. C. I.) (*1*): E.P. 649313 vom 8. 9. 1948; (*2*): E.P. 465048 vom 26. 10. 1935.

I. G. Farbenindustrie AG. (*1*): D.R.P. 640388 (G. Otto) vom 15. 7. 1934; (*2*): D.R.P. 663827 (G. Otto u. E. Immendörfer) vom 1. 11. 1936; (*3*): D.R.P. 705661 vom 12. 11. 1938; (*4*): D.R.P. 715280 vom 14. 4. 1938.

Ingold, C. K.: Structure and Mechanism in Organic Chemistry. London: G. Bell and Sons Ltd. 1953.

Jordan-Lloyd, D., u. P. B. Bidder: Trans. Faraday Soc. **31**, 864 (1935).

Karush, F. I.: J. Am. Chem. Soc. **72**, 2705 (1950).

Klotz, I. M.: J. Am. Chem. Soc. 68, 2299 (1946); 74, 202 (1952).
Knecht, E.: Ber. dtsch. Chem. Ges. 37, 3479 (1904).
Knowles, G. E.: J.I.S.L.T.C. 14, 562 (1930).
Krähenbühl, E.: Textil Rdsch. 4, 157ff. (1949).
Küntzel, A.: Darmstädter Colloquiumsberichte, Heft 4, 19 (1949).
Küntzel, A., u. J. Plapper: Leder 4, 180 (1955).
Küntzel, A., u. M. Schwank: Collegium 1940, 459.
Kuhn, H.: Chimia, Zürich 4, 203 (1950).
Kuhn, R., u. Ch. Grundmann: Ber. dtsch. Chem. Ges. 71, 422 (1938).
Lamb, M., u. L. Jablonski: Lederfärberei und -zurichtung, Berlin: J. Springer 1927.
Lamb, M. C., u. R. Denyer: Hide and Leather 20, 21 (1931).
Lamb, M. C., u. G. M. Rocke: Leather Trades Rev. 2, 459, 1549 (1933).
Laßmann, W.: Leder 6, 5 (1955).
Ley, H.: Z. Elektrochemie 10, 954 (1904); Ber. dtsch. Chem. Ges. 42, 354 (1909).
Loeb, J.: Die Eiweißkörper und die Theorie der kolloidalen Erscheinungen.
    Berlin: 1924.
Lüthy, A.: Z. physiol. Chem. 107, 285 (1923).
Mariott, R. H.: J.I.S.L.T.C. 18, 203 (1934).
Mauthe, G.: Leder 6, 54 (1955).
Meyer, K. H., u. H. Fikentscher: Melliand Textilber. 7, 605 (1926).
Miekeley, A., u. W. Reifenkugel: Dieses Handbuch, 1. u. 2. Aufl., Bd. III/2
    (1955), S. 163ff.
Mohler, H.: Chimia (Zürich) 4, 284 (1950).
Monsanto Chem. Co.: A.P. 2105446 (J. A. Wilson) vom 1. 4. 1935.
Müller, E.: Neuere Anschauungen der organischen Chemie, II. Aufl. Berlin:
    Springer, 1957, S. 321.
Mulliken, R. S.: J. chem. Physics 7, 14, 20, 121, 339, 353, 364 (1939).
Munsell Colour Co. Inc. Baltimore 2, Maryland: Munsell-Book of Colour (1929).
Neale, S. M.: J. Soc. Dyers Colourists 63, 368 (1947).
Neale, S. M., u. L. Peters: Trans. Faraday Soc. 42, 478 (1946).
Nice, G. R.: J.S.L.T.C. 36, 15 (1952).
Ostwald, W.: Die Farben, Leipzig: Unesma-Verlag (3 Bde.) 1918—1923.
Otto, G. (1): Collegium 1934, 597; (2): Leder 2, 210 (1951); (3): Collegium 1938, 175;
    (3a): aus A. Küntzel, Gerbereichemisches Taschenbuch, Kap. XVI. Dresden
    u. Leipzig: Steinkopff, 1955; (4): Leder 5, 244 (1954); (5): ebenda 3, 123 (1952);
    (6): Kolloid-Z. 83, 120 (1938); (7): Collegium 1933, 586; (8): ebenda 1934, 604;
    (9): ebenda 1938, 173; Leder 4, 1, 193 (1953); 5, 61 (1954); 6, 207 (1955);
    (10): Leder 4, 6 (1953); (11): Collegium 1933, 586; 1935, 371; (12): Leder 4, 199
    (1953); (13): ebenda 6, 208 (1955); (14): ebenda 5, 61 (1954); (15): ebenda 4,
    197 (1953); (16): ebenda 4, 7 (1953); (17): ebenda 6, 212 (1955); (18): Collegium
    1937, 443; (19): ebenda 1938, 509; (20): Leder 1, 1, 81, 105, 133 (1950);
    (21): Collegium 1938, 170; (22): Melliand Textilber. 32, 311 (1951); (23): Beiträge
    zur Kenntnis der Einbadchromgerbung, Dissertation Karlsruhe 1928; (24): Leder
    2, 1 (1951); (25): ebenda 2, 281 (1951); 6, 131 (1955); (26): ebenda 1, 153 (1950);
    (27): Collegium 1934, 601; (28): ebenda 1939, 7; (29): ebenda 1938, 509; (30):
    ebenda 1933, 590; (31): Leder 3, 45 (1952); (32): ebenda 2, 4 (1951); (33): Leder 6,
    130 (1955). (34) Bisher unveröffentlichte Ergebnisse; (35): Leder 9, 202 (1958).
Page, R. O.: J.S.L.T.C. 37, 183 (1953).
Pauling, L.: The Nature of the Chemical Bond, Kap. V, VI and X. London, Oxford:
    University Press 1950.
Pauli, W.: Z. f. Physik 31, 765 (1925).
Petri, E. M., u. A. I. Staverman: Disc. Faraday Soc. 13, 151 (1953).
Pfeiffer, P.: J. prakt. Chem. 2, 126, 97—145 (1930); Z. physiol.
    Chem. 81, 329 (1912); ebenda 133, 22, 180 (1924); ebenda 135, 16 (1924).
Pfitzner, H.: Angew. Chem. 62, 242 (1950).
Porai-Koschitz, A.: J. prakt. Chem. (2) 137, 197 (1933).
Powell, L.: Chem. Soc. Ann. Reports 1941, 99.
Quensel, O.: Trans. Faraday Soc. 31, 259 (1935).
Rabe, P.: (1): Melliand Textilber. 28, 352 (1947); (2): ebenda, 32, 211 (1951).
Reed, C. E.: A.P. 2046090 v. 29. 12. 1933.
Reppe, W.: Polyvinylpyrrolidon. Weinheim: Verlag Chemie, 1954.
Robertson, J. M.: Chem. Soc. Ann. Reports 1939, 175; 1940, 188.
Robinson, C., u. H. A. T. Mills: Proc. Roy. Soc. London, Ser. A 131, 576 (1931).
Roeckl, H. F.: Dieses Handbuch, 1. u. 2. Aufl., Bd. III/2 (1955), S. 357.
Rose, F. L.: siehe Vickerstaff Th. (1).

Rouanet, Ch.: Bull. AFCIC **15**, 110 (1953).
Royer, R., H. E. Millson u. C. H. Amick: J. Soc. Dyers Colourists **63**, 217 (1947).
Ruggli, P., u. A. Fischli: Helv. Chim. Acta **7**, 496 (1924).
Russel, F. P., u. T. C. Mullen: J.S.L.T.C. **39**, 70 (1955).
Salt, H.: J. Soc. Dyers Colourists **41**, 172 (1925).
Sandoz (*1*): D.R.P. 509925 v. 6. 1. 1928, ebenso E.P. 303523 v. 5. 9. 1929.
Sandoz (*2*): Vademecum der Lederfärberei, Januar 1948.
Schaeffer, A.: Melliand Textilber. **37**, 94 (1956).
Schubert, M.: Melliand Textilber. **28**, 270 (1947).
Schubert, R.: Leder **3**, 262 (1952).
Schultz, G.: Farbstofftabellen, 7. Aufl., bearb. v. L. Lehmann. Leipzig: Akad. Verlags-Ges. **1931**, Nr. 353.
Schwarzenbach, G.: Z. Elektrochemie **47**, 40 (1941).
Schwarzenbach, H.: Textilrundschau **7**, 299 (1950).
Schwarzenbach, H., u. W. Biedermann: Chimia (Zürich) **2**, 56 (1948).
Shell Development Corp.: A.P. 2078516 vom 17. 6. 1935.
Sippel, A.: Leder- und Häutemarkt, Techn. Beil. **1954**, 63.
Sponer, H., u. E. Teller: Rev. Modern Physics **13**, 751 (1941).
Speakman, J. B.: J. Soc. Dyers Colourists **41**, 172 (1925).
Speakman, J. B., u. H. R. Hirst: Trans. Faraday Soc. **29**, 148 (1933).
Speakman, J. B., u. E. Stott: J. Soc. Dyers Colourists **50**, 341 (1934).
Speakman, J. C.: An Introduction to the Modern Theory of Valency. London: Edward Arnold 1949.
Stather, F., R. Schubert u. R. Bellmann: Gesammelte Abh. Dtsch. Lederinst. Freiberg/Sa. H. **5**, 3—77 (1950).
Steinhardt, J.: Annals N. Y. Acad. Sci. **41**, 287 (1941).
Steinhardt, J., C. M. Fugitt u. M. Harris: J. Research Nat. Bur. Standards **24**, 519 (1940); **26**, 293 (1941).
Steinhardt, J., u. M. Harris: J. Res. Nat. Bur. Stand. **24**, 335 (1940).
Stiasny, E.: Gerbereichemie, Chromgerbung. Dresden u. Leipzig: Steinkopff, 1931.
Strauss, G., R. Stubbings u. D. Memes: J.A.L.C.A. **50**, 218 (1955).
Stubbings, R., u. G. Strauss: Lehigh University, Bethlehem, Pa.; persönliche Mitteilung.
Sutton, L. E.: Chem. Soc. Ann. Reports **1940**, 67.
Symmes, D. W.: Hide and Leather **77**, Nr. 17, S. 32 (1929).
Tailor, A. H., u. J. Kerr: Illum. Eng. **45**, 149 (1950).
Tewari, S. N., u. S. Gosh: Kolloid-Z. **124**, 31 (1951).
Theis, E. R.: J.A.L.C.A. **36**, 449 (1941).
Tristram, G. R.: The Proteins, Vol. I a, 1953.
Valkó, E.: Kolloidchemische Grundlagen der Textilveredelung, Berlin: Julius Springer 1937, 321ff.
Vickerstaff, Th.: (*1*) The Physical Chemistry of Dyeing. London u. Edinburgh, 1950, S. 172/173; (*2*) ebenda S. 302 ff.; (*3*) J. Soc. Dyers Colourists **69** (1953), 279.
Venkataraman, K.: (*1*) The Chemistry of Synthetic Dyes. New York: Academic Press Inc., 1952, Bd. 1; (*2*) ebenda, Bd. 2.
Wegscheider, R.: Mh. Chem. **23**, 287 (1902).
Witt, O. N.: Ber. dtsch. Chem. Ges. **9**, 522 (1876).
Wittenberger, W.: Melliand Textilber. **32**, 456 (1951).
Wizinger, R.: (*1*) J. prakt. Chem. **157**, 129 (1941); (*2*) ebenda **118**, 321 (1928); (*3*): Organische Farbstoffe. Berlin u. Bonn: Ferd. Dümmler Verlag, 1933.
Wolff-Malm, F.: Dieses Handbuch, 1. u. 2. Aufl., Bd. III/2 (1955), S. 285 ff.
Woodroffe, D.: Leather Dressing, Dyeing and Finishing, Teignmouth: Quality Books, 1953, S. 82ff.
Wurzschmitt, B.: Z. anal. Chem. **130**, 124 (1950).
Zerweck, W., H. Ritter u. M. Schubert: Angew. Chem. **60**, 141. (1948).

Viertes Kapitel.

Trocknen.

Von

Dipl.-Ing. **Ernst Friederich**, Bad Hersfeld,
Dipl.-Ing. **Herbert Werner**, Luzern,
Dr.-Ing. **Wilhelm Wudich**, Varese, Italien.

Mit 58 Textabbildungen.

A. Einleitung.

Das Trocknen ist im Zuge der Fertigbearbeitung des Leders einer der wichtigsten Prozesse, da es die Qualität und die Eigenschaften des Endproduktes maßgebend beeinflußt.

Man weiß z. B. schon seit Beginn der Chromledererzeugung, daß langsam und bei niedriger Temperatur getrocknetes Leder bedeutend weicher im Griff ist als solches, dem das Wasser rasch und bei höheren Temperaturen entzogen wurde. Von dieser Erkenntnis machte man Gebrauch, um verschiedene Effekte zu erzielen. So ließ und läßt man auch heute noch Handschuhleder, Bekleidungsleder und Velour praktisch ohne die Luft zu erwärmen trocknen, so daß sie mollig und weich bleiben. Schuhoberleder dagegen trocknet man warm und rasch, um ihm den gewünschten Stand zu geben. Einen besonderen Fall stellt die Trocknung von Boxcalf dar, bei der man durch ein sehr rasches und intensives Antrocknen die durch sorgfältiges Aussetzen erzielte Glätte des Narbens zu fixieren versucht, gleichsam der Narbenfaser gar keine Gelegenheit gebend, sich vom Niederdrücken durch den Schlicker zu erholen. Ist diese Narbenschicht nach zirka 2 Stunden in einem heißen Luftstrom von etwa 50° C angetrocknet und dadurch fixiert, setzt man die Temperatur herab und trocknet langsam oder, wie man auch sagt, milde zu Ende. Der Art und Weise des Trocknens wurde also seit jeher besondere Bedeutung geschenkt, doch handhabte man es mehr oder minder nach dem Gefühl.

Erst in jüngster Zeit (1950) haben sich die Ledertechniker mit den Fachleuten des Apparatebaus zusammengesetzt, um wirtschaftlich arbeitende Trockeneinrichtungen zu finden, die es ermöglichen, die tierische Haut ökonomischer als bisher auszunützen und zu verarbeiten. Einen besonderen Anstoß gab hier auch das Klebetrocknungs- oder sogenannte Pasting-Verfahren, bei dem man mit den überlieferten empirischen Methoden nicht zum Ziel kam, mit manchen eingewurzelten Begriffen, so dem Gegenstromprinzip, brechen mußte und gezwungen war, neuartige Apparaturen für neuartige Erfordernisse zu erstellen.

Einen Überblick über die physikalischen Grundlagen des Trocknungsprozesses von Leder, auf denen die Entwicklung des Apparatebaus basiert, gibt der erste

Abschnitt dieses Kapitels. Mathematische Formeln sind nur insoweit verwendet worden, als diese unkomplizierter Art sind und zur begrifflichen Deutung und für einfache Berechnungen unentbehrlich schienen. Dagegen ist von graphischen Darstellungen weitgehend Gebrauch gemacht, weil aus diesen die zum Teil verwickelten Zusammenhänge besser verdeutlicht werden konnten.

Im zweiten Teil, der sich mit der technischen Ausbildung der Trockenapparate befaßt, konnten nur einzelne typische Vertreter beschrieben werden, um nicht über den Rahmen eines Handbuchs hinauszugehen, es sind jedoch die wichtigsten Zusammenhänge, Verfahren und Maschinen behandelt. Auf eine geschichtliche Darstellung ist aus diesem selben Grunde verzichtet worden, auch gestattet die schnelle Weiterentwicklung der Technik nicht, noch in der Einführung begriffene Apparate und Behandlungsverfahren kritisch zu würdigen; es sei hierzu auf die zitierten Quellen und Fachzeitschriften verwiesen.

Im letzten Abschnitt endlich werden die neueren Erkenntnisse über den Wasser- bzw. Feuchtigkeitsgehalt der tierischen Haut und des Leders im Zusammenhang mit der Trocknung beleuchtet und anschließend daran die Durchführung der Trocknungsprozesse vom technischem Standpunkt in allen ihren Phasen in großen Zügen besprochen, wobei auf die modernen Verfahren besonderes Gewicht gelegt wurde.

B. Physikalische Grundlagen der Ledertrocknung.

Von Dipl.-Ing. **Herbert Werner**, Luzern.

I. Trocknungstechnische Begriffe.

Feuchtigkeitsgehalt (Wassergehalt) des Leders: Der Feuchtigkeitsgehalt $\mathfrak{x}^*$ ist das Verhältnis des im Leder enthaltenen Wassergewichtes G_W zu dem Ledergewicht G:

$$\mathfrak{x} = \frac{G_W}{G}.$$

Meistens wird er in % ausgedrückt:

$$\mathfrak{x} = \frac{G_W \cdot 100}{G} \quad \%.$$

Als Bezugsbasis kann man dabei für das Ledergewicht G einmal das Naßgewicht G_n verwenden:

$$\mathfrak{x}_n = \frac{G_W \cdot 100}{G_n} \quad \%.$$

Der auf das Naßgewicht bezogene Feuchtigkeitsgehalt wird von Praktikern oft benutzt.

Trotzdem ist als Bezugsgewicht das Trockengewicht G_t vorzuziehen, womit sich der Feuchtigkeitsgehalt ergibt:

$$\mathfrak{x}_t = \frac{G_W \cdot 100}{G_t} \quad \%.$$

Die Trockengewichtsbasis muß auf jeden Fall dort angewandt werden, wo aus der Trocknung allgemeingültige Schlüsse gezogen werden, weil nur bei ihr die Bezugsgröße während der ganzen Trocknung den gleichen Wert behält.

---

* Dieser Buchstabe ist identisch mit dem $\mathfrak{k}$ in der Beschriftung der Abb. 1, 3, 4, 11, 13, 14, 16, 17, 18, 19, 20, 21, 22 und 51.

Der Zusammenhang zwischen dem Feuchtigkeitsgehalt auf Trocken- und Naßbasis läßt sich aus Abb. 1 entnehmen.

Relative Feuchtigkeit der Luft: Alle Luft, die bei Trocknungsvorgängen Verwendung findet, ist ein Gemisch von trockener Luft und Wasserdampf. Dieses Gemisch wird feuchte Luft genannt. Der Gesamtdruck dieser feuchten Luft p (Luftdruck) setzt sich zusammen aus dem Teildruck der Luft p_L und dem Teildruck des Wasserdampfes (Dampfdruck) p_D:

$$p = p_L + p_D.$$

Der Dampfdruck kann bei einer bestimmten Temperatur nur bis zu einem maximalen Wert ansteigen, dem Sättigungsdruck p''. Seine Abhängigkeit von der Temperatur kann aus dem Mollierschen Schaubild entnommen werden (Schaubild für feuchte Luft s. Beispiel 1, S. 260). Das Verhältnis des vorhandenen

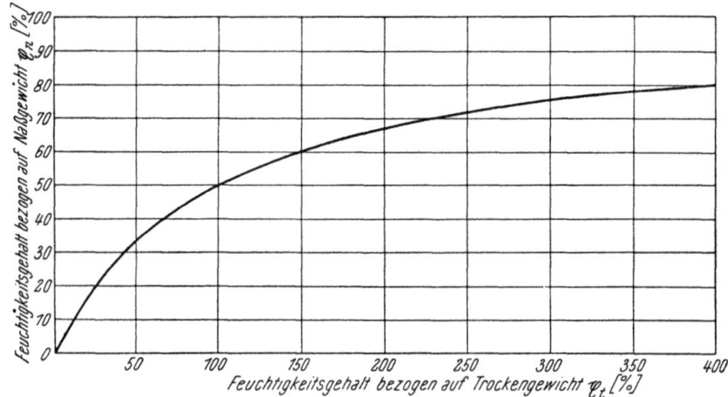

Abb. 1.   Feuchtigkeitsgehalt bezogen auf Naß- und Trockengewicht, r_n vom Praktiker bevorzugt, bei systematischen Rechnungen nur r_t brauchbar.

Dampfdrucks p_D zu dem maximal möglichen p'' nennt man die relative Feuchtigkeit φ:

$$\varphi = \frac{p_D}{p''}.$$

Nach dem Gasgesetz ist φ dann auch das Verhältnis einer in einem Raum vorhandenen Dampfmenge zur höchstmöglichen beim Sättigungsdruck.

Die relative Feuchtigkeit ist eine für die Trocknungsluft charakteristische Größe. Es hat sich im Sprachgebrauch eingebürgert, Luft, der gesättigter Wasserdampf (Dampf vom Sättigungsdruck) beigemengt ist, als gesättigt zu bezeichnen. Von ungesättigter Luft spricht man dagegen, wenn der Druck des in ihr enthaltenen Wasserdampfes unter dem Sättigungsdruck liegt, wenn also die Luft weniger Wasserdampf enthält als beim maximalen Dampfdruck. Die relative Feuchtigkeit gibt demnach an, welcher Bruchteil der bei einer bestimmten Temperatur maximal möglichen Dampfmenge erreicht ist. Bei höchstmöglicher Sättigung wird ihr Wert 1,0 oder 100%.

Wasserdampfgehalt der Luft: Der Wasserdampfgehalt x der Luft ist das Verhältnis des Dampfgewichtes G_D zum Gewicht der trockenen Luft G_L:

$$x = \frac{G_D}{G_L}.$$

x gibt also an, wieviel kg Wasserdampf 1 kg trockene Luft enthält.

Über die allgemeine Zustandsgleichung der Gase ergibt sich die Formel

$$x = \frac{M_D}{M_L} \cdot \frac{\varphi \cdot p''}{p - \varphi p''}, \qquad \text{(a)}$$

in welcher M_D das Molekulargewicht des Wasserdampfes bzw. M_L das mittlere Molekulargewicht der Luft bezeichnet.

Häufig schreibt man diesen Ausdruck auch in der Form:

$$x = \frac{R_L}{R_D} \cdot \frac{\varphi \cdot p''}{p - \varphi p''}. \qquad \text{(b)}$$

Unter R_L und R_D versteht man hier die in der Technik üblichen individuellen Gaskonstanten für Luft und Wasserdampf, welche sich aus der folgenden Umrechnung herleiten:

$$R_L = \frac{R \cdot 1000}{M_L},$$

$$R_D = \frac{R \cdot 1000}{M_D},$$

wobei unter R die universelle Gaskonstante verstanden wird.

Setzt man in die Formel (a) das Molekulargewicht des Wasserdampfes mit 18 und das der Luft mit 29 ein, so erhält man

$$x = 0{,}622 \cdot \frac{\varphi p''}{p - \varphi p''}.$$

Erreicht der Wasserdampfdruck den Sättigungswert, wird also $\varphi = \dfrac{p_D}{p''} = 1$, so ergibt sich die Formel

$$x = \frac{0{,}622 \cdot p''}{p - p''}.$$

Alle diese Zusammenhänge lassen sich aus dem Mollierschen Schaubild entnehmen, wie später ausführlich erläutert werden wird.

Wärmeinhalt feuchter Luft: Der Wärmeinhalt trockener Luft von $t°$ C ist diejenige Wärmemenge, die benötigt wird, um 1 kg trockene Luft von $0°$ C auf die Temperatur t zu bringen. Die spezifische Wärme für trockene Luft beträgt 0,24 kcal/kg°C, d. h. man braucht 0,24 kcal, um 1 kg Luft um $1°$ C zu erwärmen und für eine Erwärmung um $t°$ also $0{,}24 \cdot t$ kcal. So ergibt sich für den Wärmeinhalt von 1 kg trockener Luft von $t°$

$$i_L = 0{,}24 \cdot t.$$

Um den Wärmeinhalt feuchter Luft berechnen zu können, brauchen wir aber auch den Wärmeinhalt des in dieser Luft enthaltenen Wasserdampfes.

Der Wärmeinhalt von 1 kg Wasserdampf ist die Wärmemenge, die notwendig ist, um 1 kg flüssiges Wasser von $0°$ in Wasserdampf der Temperatur t zu verwandeln. Dazu ist also nötig, das Wasser zuerst in Dampf überzuführen, wozu eine Verdampfungswärme von 595 kcal/kg aufgewendet werden muß. Dieser Dampf muß dann von $0°$ auf $t°$ erwärmt werden. Da die spezifische Wärme von Wasserdampf 0,46 kcal/kg°C beträgt, ergibt sich also für den Wärmeinhalt von 1 kg Wasserdampf

$$i_D = 595 + 0{,}46\, t.$$

Besteht nun z. B. eine feuchte Luft aus 1 kg trockener Luft und x kg Wasserdampf, so ist ihr Wärmeinhalt i

$$i = 0{,}24\, t + 0{,}46\, x\, t + 595\, x.$$

Auch dieser Zusammenhang läßt sich aus dem Mollierschen Schaubild entnehmen.

Luftgrenzschicht: Strömt Luft an einer stehenden Wand (Lederoberfläche) vorbei, so stellt sich etwa das Geschwindigkeitsbild der Abb. 2 ein. Die Geschwindigkeit v_L nimmt in einer Schicht von der Dicke d_g ab und hat unmittelbar an der Oberfläche den Wert Null. Diese Grenzschicht ist für die Vorgänge bei der Trocknung von großer Bedeutung. Sie muß von der durch die Luftströmung herangeführten Wärme auf dem Weg über die Wärmeleitung durchdrungen werden, während der an der Lederoberfläche entstandene Dampf sie nur mit Hilfe der Diffusion durchwandern kann. In einem Teil der Trocknung beeinflussen die Vorgänge in der Grenzschicht stark die Geschwindigkeit der Trocknung(s. S. 271).

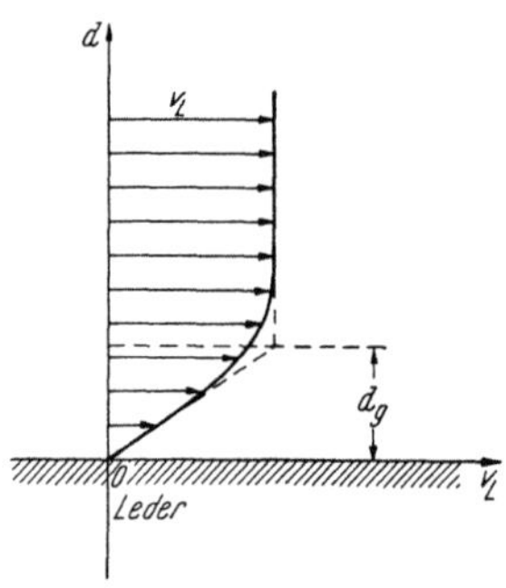

Abb. 2. Verlauf der Luftgeschwindigkeit an der Lederoberfläche.

v_L = Luftgeschwindigkeit,
 d = Dicke der Luftschicht,
d_g = Dicke der Grenzschicht, in der die Luftgeschwindigkeit von v_L auf 0 abnimmt, wirkt als Bremsschicht für Wärme- und Dampfwanderung.

Trocknungsgeschwindigkeit. Unter der Trocknungsgeschwindigkeit w wird oft die in der Zeit t verdunstete Wassermenge G_W verstanden (s. später Abb. 14):

$$w = \frac{G_W}{t} \left[\frac{\text{kg}}{\text{h}} \right].$$

Für genauere Untersuchungen ist aber die Trocknungsgeschwindigkeit auf die Oberfläche zu beziehen (s. später Abb. 11 a):

$$w = \frac{G_W}{F \cdot t} \left[\frac{\text{kg}}{\text{m}^2\,\text{h}} \right].$$

Bei der Auswertung von Meßergebnissen muß dabei für mit der Zeit veränderliche Trocknungsgeschwindigkeiten mit differentiellen Größen gerechnet werden (s. auch Abb. 14).

Die Größe der Trocknungsgeschwindigkeit ist abhängig von den jeweiligen äußeren und inneren Trocknungsbedingungen. Die äußeren Trocknungsbedingungen sind im wesentlichen die Zustandsgrößen der Luft (Temperatur und relative Feuchtigkeit) und die Luftgeschwindigkeit. Die inneren Bedingungen dagegen werden durch die Dicke des Leders, seinen inneren Aufbau und die Eigenschaften gegeben, wie sie auf Grund der Wachstumsbedingungen und der Behandlung, insbesondere durch die Gerbart, entstehen.

Kühlgrenztemperatur. Streicht warme Luft über eine Wasserfläche, so wird einerseits Wärme an das Wasser abgegeben. Auf der anderen Seite nimmt nun aber die Verdampfung an der Wasseroberfläche zu, dem Wasser wird mehr Verdampfungswärme entzogen. So stellt sich nach einiger Zeit ein Gleichgewicht zwischen zugeführter Wärmemenge und abgegebener Verdunstungswärme ein, die Temperatur an der Oberfläche erreicht einen konstanten Grenzwert, die Kühlgrenztemperatur. Diese ist abhängig von der Temperatur und der relativen Feuchtigkeit der darüber hinstreichenden Luft.

Auch feuchtes Leder nimmt die Kühlgrenztemperatur an, wenn man darüber Luft genügender Geschwindigkeit streichen läßt (s. später Abb. 11 b). Sie stellt sich aber nur dann genau ein, wenn der Wärme- und Dampfaustausch an der gleichen Oberfläche stattfindet.

Bei der Klebetrocknung wird nicht nur durch die darüberstreichende Luft, sondern auch durch die Klebeplatte Wärme zugeführt. Die Temperatur der

Lederoberfläche liegt hier deshalb immer über der theoretischen Kühlgrenztemperatur.

Meßbar ist die Kühlgrenztemperatur mit Hilfe der psychrometrischen Feuchtigkeitsmessung, wobei sich auf dem feuchten Thermometer die Kühlgrenztemperatur einstellt (s. S. 276).

II. Arten der Trocknung.

Unter Trocknung versteht man die Entfernung von Wasser oder einer anderen Flüssigkeit aus einem Stoff. Beim Leder ist dies auf mechanischem Wege (mechanische Trocknung) und unter Zuführung von Wärme möglich (thermische Trocknung). Bei der mechanischen Trocknung wird vor allem das von den vorhergehenden Arbeitsgängen reichlich vorhandene freie Wasser entfernt, um die folgende thermische Trocknung wirtschaftlicher zu gestalten. Man erreicht dies durch Abwelken, Abpressen (Abwelkpressen) oder Schleudern (Zentrifugen), wobei man sich aber mit verhältnismäßig hohen Endwassergehalten zufrieden geben muß. Physikalisch kennzeichnend für diese Trocknungsmethode ist, daß dabei das entfernte Wasser seinen Aggregatzustand nicht ändert.

Weit größere Bedeutung hat bei der Zurichtung des Leders die thermische Trocknung. Bei ihr wird das Wasser durch Verdunstung entfernt.

Um die Feuchtigkeit im Leder in Dampf überzuführen, muß dem Trockengut Wärme zugeführt werden. Diese wichtige Aufgabe des Wärmetransports übernimmt vorwiegend die am Leder vorbeiströmende Luft, die dabei einen Teil ihrer Wärme abgibt und an Temperatur verliert. Bei dem Klebetrockenverfahren wird auch ein Teil der Wärme dadurch zugeführt, daß sie durch die Luft zunächst an die Klebeplatte und von dort durch Leitung an das Leder abgegeben wird. Die Wärme, die durch Strahlung an das Leder übertragen wird, ist meistens gering. Auch den Abtransport des entstandenen Wasserdampfes führt die Luft durch. Die Feuchtigkeit wird dabei im flüssigen Zustand durch Kapillarkräfte oder als Dampf durch Diffusionsvorgänge aus dem Inneren an die Lederoberfläche gefördert, durchwandert auf dem Diffusionsweg die an der Oberfläche haftende Luftgrenzschicht und wird dann vom freien Luftstrom mitgenommen. Der Antrieb für diese Diffusionsvorgänge ist dabei der Dampfdruckunterschied zwischen den Stellen, wo das Wasser verdunstet, und der freien Luftströmung (s. Gleichung für die Trocknungsgeschwindigkeit, S. 266).

Durch diese Art der Trocknung lassen sich die niedrigen Endwassergehalte erreichen, wie sie die Verarbeitung des Leders erfordert.

In den nachfolgenden Ausführungen soll unter Trocknung immer die thermische Trocknung verstanden werden.

III. Bindung der Feuchtigkeit an das Leder.

Die Schwierigkeiten, die beim Trocknen auftreten, werden naturgemäß um so größer sein, je intensiver die Feuchtigkeit an das Leder gebunden ist. Das an der Oberfläche befindliche Haftwasser wird schon beim Aufhängen auf Böcken abgetropft sein und ist für den Trocknungsprozeß nicht mehr von Bedeutung.

Auch das in den Zwischenräumen zwischen den Fasern eingelagerte Wasser ist nur mit sehr geringen Kräften an das Leder gebunden, wenn die Kapillarkanäle nicht zu eng sind. Bringt man dieses Grobkapillarwasser beim Trocknen durch Zufuhr von Wärme zum Verdunsten, so stellt sich an der Lederoberfläche als Dampfspannung praktisch immer der der Oberflächentemperatur entsprechende Sättigungsdruck ein (genau wie bei einer freien Wasseroberfläche).

Bis zur Verdunstung dieses Teiles der Feuchtigkeit zeigt das Leder das Verhalten eines nicht hygroskopischen (d. h. nicht wasseranziehenden) Stoffs, das grobkapillare Wasser läßt sich durch Verdunstung also restlos entfernen, wenn die Trocknungsluft noch ungesättigt ist; denn dann ist zwischen den Verdunstungsstellen und der freien Luftströmung immer ein Dampfdruckgefälle vorhanden.

Ein anderer Teil des vorhandenen Kapillarwassers aber sitzt in so feinen Kanälen, daß bei seiner Verdunstung sich nicht der Sättigungsdruck, sondern ein niedrigerer Dampfdruck einstellt (Dampfdruckerniedrigung über Kapillaren, s. P. Görling, S. 564).

Daneben aber nimmt das Leder auch Wasser auf, das durch van der Waalssche Kräfte direkt an die hydrophilen Gruppen von Eiweiß- oder Gerbstoffmolekeln gebunden wird und eine Quellung der Faser herbeiführt (H. Herfeld, S. 491). Auch bei der Verdunstung dieses Teils des Wassers verursachen die starken Bindungskräfte eine meßbare Absenkung des Dampfdrucks.

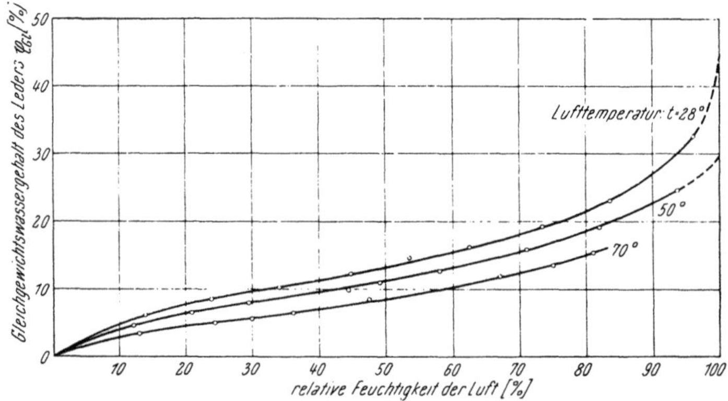

Abb. 3. Sorptionsisothermen für vegetabilisch gegerbtes Leder bei verschiedenen Lufttemperaturen (J. R. Kanagy). Aus ihnen läßt sich ablesen: a) Niedrigster Wassergehalt, der sich bei Trocknung mit Luft z. B. von $t = 50°$ und $\varphi = 55\%$ erreichen läßt: $\mathfrak{x}_t = 13\%$. b) Gleichgewichtswassergehalt, der sich bei Lagerung in Raumluft z. B. von $t = 20°$ und $\varphi = 70\%$ im Leder einstellt: $\mathfrak{x}_t \approx 20\%$.

Bei der Trocknung des feinkapillaren und molekular gebundenen Wassers (man kann es zusammenfassend einfach „gebundenes Wasser" nennen) zeigt das Leder Eigenschaften, die als hygroskopisch (wasseranziehend) bezeichnet werden. Es kann nun vorkommen, daß der Dampfdruck im Leder infolge der Dampfdruckabsenkung niedriger ist als in der freien Luftströmung. Die Dampfwanderung geht dann in umgekehrter Richtung vor sich wie bei der Verdunstung (Trocknung), das Leder nimmt von der Luft Feuchtigkeit auf. Diese Wasseraufnahme des Leders dauert so lange, bis der Dampfdruck im Leder, der mit der Feuchtigkeitsaufnahme ansteigt, gleich dem Dampfdruck in der Trocknungsluft ist, bis also Gleichgewicht herrscht. Der Wassergehalt des Leders, bei dem Gleichgewicht vorhanden ist, wird „Gleichgewichtswassergehalt" ($\mathfrak{x}_{Gl}$) genannt. Umgekehrt erreicht man mit atmosphärischer Luft (feuchte Luft: $\varphi > 0$) nie eine restlose Austrocknung des Leders, sondern nur den Gleichgewichts-Wassergehalt. Seine Abhängigkeit von der relativen Feuchtigkeit und der Lufttemperatur wird für die verschiedenen Lederarten durch Versuche ermittelt und in den Sorptionsisothermen dargestellt (Abb. 3; J. R. Kanagy). In ihnen wird der Gleichgewichtswassergehalt $\mathfrak{x}_{Gl}$ ($= \mathfrak{x}_t$) über der relativen Feuchtigkeit der Trocknungsluft aufgetragen. Im Gleichgewicht sind Dampfdrücke und auch

Temperaturen an den Verdunstungsstellen und in der Trocknungsluft gleich (s. S. 272). Die Werte der relativen Feuchtigkeit der Trocknungsluft gelten also auch für die Luft unmittelbar an den Verdunstungsstellen und geben damit die Dampfdruckerniedrigung dort an. Würde man vegetabilisch gegerbtes Leder bei 50° Lufttemperatur auf $\mathfrak{x}_t = 20\%$ abtrocknen (Abb. 3), dann wäre an den Verdunstungsstellen der Dampfdruck auf 84% des Sättigungsdruckes abgefallen. Den Wassergehalt, bei dem die Sorptionsisotherme bei einer bestimmten Temperatur den Wert $\mathfrak{x} = 100\%$ erreicht, nennt man den maximalen hygroskopischen Wassergehalt ($\mathfrak{x}_{\text{hyg. max.}}$). Aus Abb. 3 kann man ablesen, daß z. B. bei einer Lufttemperatur von 50° C der maximale hygroskopische Wassergehalt von pflanzlich gegerbtem Leder 30% beträgt. Bei einer niedrigeren Lufttemperatur liegt er bedeutend höher; so steigt er im vorliegenden Beispiel bei einer Lufttemperatur von 28° C auf 45%. Der Verlauf der Sorptionsisothermen ist sehr stark von der Gerbart beeinflußt (Abb. 4). So hat Chromleder einen bedeutend höheren

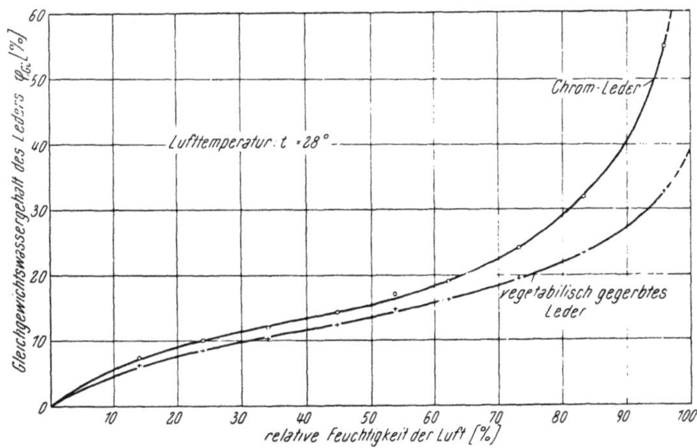

Abb. 4. Einfluß der Gerbart auf die Sorptionsisotherme (J. R. Kanagy).

Gleichgewichtswassergehalt als vegetabilisch gegerbtes Leder [vgl. dazu auch die Sorptionsisothermen für Rindbox bei H. Freudenberg (1), Diagramm 1, S. 246]. Mit Hilfe der Sorptionsisothermen lassen sich noch zwei für die Ledertrocknung sehr wichtige Fragen beantworten. Einmal geben sie darüber Aufschluß, bis zu welchem Endwassergehalt man eine Lederart mit Luft einer bestimmten Temperatur und relativen Feuchte im günstigsten Fall trocknen kann. Würde man beispielsweise vegetabilisch gegerbtes Leder mit Luft von 50° Temperatur und 55% relativer Feuchte trocknen, so würde man als niedrigsten Endwassergehalt $\mathfrak{x}_t = 13\%$ erreichen können. Zum anderen läßt sich aus ihnen entnehmen, bis zu welchem Wassergehalt man Leder wirtschaftlicherweise nur zu trocknen braucht, wenn man es später in einer Luft von bestimmtem Zustand lagern, verarbeiten oder benutzen will. Wenn man also z. B. weiß, daß die relative Feuchtigkeit der Umgebungsluft im Mittel bei 60 bis 70% und ihre Temperatur um 20° C liegt, genügt es, die Trocknung bei vegetabilischem Leder bis in die Nähe eines Wassergehalts von $\mathfrak{x}_t = 15\%$ durchzuführen (Abb. 3). Dieser sogenannte lufttrockene Zustand ändert sich aber laufend mit einem Wechsel in der Luftfeuchtigkeit, da, wie vorher schon dargelegt, sich der Wassergehalt des Leders entlang seiner Sorptionsisotherme mit der Luftfeuchtigkeit ins Gleichgewicht bringt.

17*

IV. Molliersches Schaubild für feuchte Luft.

Am Mollierschen Schaubild (Abb. 5) [R. Mollier (1)(2)] läßt sich der Zusammenhang zwischen Feuchtigkeitsgehalt, Temperatur, Wärmeinhalt und relativer Luftfeuchtigkeit sehr übersichtlich verfolgen. Ebenso gibt es anschaulich über alle bei der Trocknung vorkommenden Zustandsänderungen feuchter Luft Aufschluß.

Im Schaubild geben die senkrechten Geraden den Feuchtigkeitsgehalt in g Wasser pro 1 kg trockene Luft, die nahezu waagrechten Geraden die Temperatur in °C an. Die φ-Kurven sind die Kurven gleicher relativer Feuchtigkeit. Sie gelten für einen Druck von 760 Torr*. Weicht der äußere Luftdruck p stark von 760 Torr ab, so ändern sich die Bezeichnungen der Kurven von der alten Bezeichnung φ_1 in die neue φ_2 nach der Beziehung:

$$\varphi_2 = \frac{p}{760} \cdot \varphi_1.$$

An der Sättigungskurve, also bei $\varphi = 1$, läßt sich der maximal mögliche Wasserdampfgehalt für jede Temperatur ablesen. Die schrägen Linien stellen Linien gleichen Wärmeinhalts i (in kcal pro 1 kg trockene Luft) dar. Außerdem gibt die schräg aufsteigende Gerade im unteren Teil des Schaubildes den Wasserdampfdruck in Torr für die verschiedenen Feuchtigkeitsgehalte an.

Die Anwendung des Schaubildes läßt sich am besten an Hand einiger Beispiele erklären:

1. Beispiel: Für Luft von $t = 20°$ sollen für $\varphi = 1$ (Sättigung) und $\varphi = 0,6$ der Wasserdampfgehalt x, der Dampfdruck p_D und der Wämeinhalt i bestimmt werden.

Die Temperaturlinie $t = 20°$ C schneidet die Kurve für $\varphi = 0,6$ im Punkt 1 der Abb. 5. Die durch diesen Punkt laufende senkrechte Gerade ergibt einen Wasserdampfgehalt von 9 g/kg, die hindurchlaufende schräge Gerade einen Wärmeinhalt $i = 10,3$ kcal/kg. Gehen wir vom Punkt 1 senkrecht nach unten, so treffen wir auf die schräg ansteigende Drucklinie beim Wert $p_D = 10,5$ Torr.

Für volle Sättigung, also für $\varphi = 1$ und 20° C, erhalten wir einen Wasserdampfgehalt von 14,8 g/kg, einen Wärmeinhalt von 14 kcal/kg und einen Dampfdruck von 17,5 Torr (Punkt 2, Abb. 5).

Um den äußeren Rand des Diagramms befindet sich nun noch der sogenannte „Randmaßstab". Er dient zur Bestimmung des Verhältnisses $\frac{\Delta i}{\Delta x}$, gibt also Aufschluß über die erforderliche Wärmezufuhr Δi im Verhältnis zur erreichten Wasserdampfaufnahme Δx. Die Verlängerung der hier am Rande angedeuteten Geraden geht für alle Werte durch den Nullpunkt des Diagramms.

Hat Luft beim Eintritt in einen Trockner einen Feuchtigkeitsgehalt x_1 und beim Austritt nach der Trocknung einen Feuchtigkeitsgehalt x_2, so sind mit 1 kg Luft $(x_2 - x_1)$ kg Wasser aufgetrocknet worden. Der spezifische Luftverbrauch l, d. h. die erforderliche Luftmenge zum Verdunsten von 1 kg Wasser, ist dann dazu der reziproke Wert, also

$$l = \frac{1}{x_2 - x_1}.$$

Die spezifische Wärmemenge q, d. h. die Wärmemenge, welche die Luft zum Verdunsten von 1 kg Wasser abgegeben hat, ist damit:

$$q = l\,(i_2 - i_1) = \frac{i_2 - i_1}{x_2 - x_1} = \frac{\Delta i}{\Delta x}.$$

---

* 1 Torr = 1 mm Hg = 1 mm QS (DIN 1314).

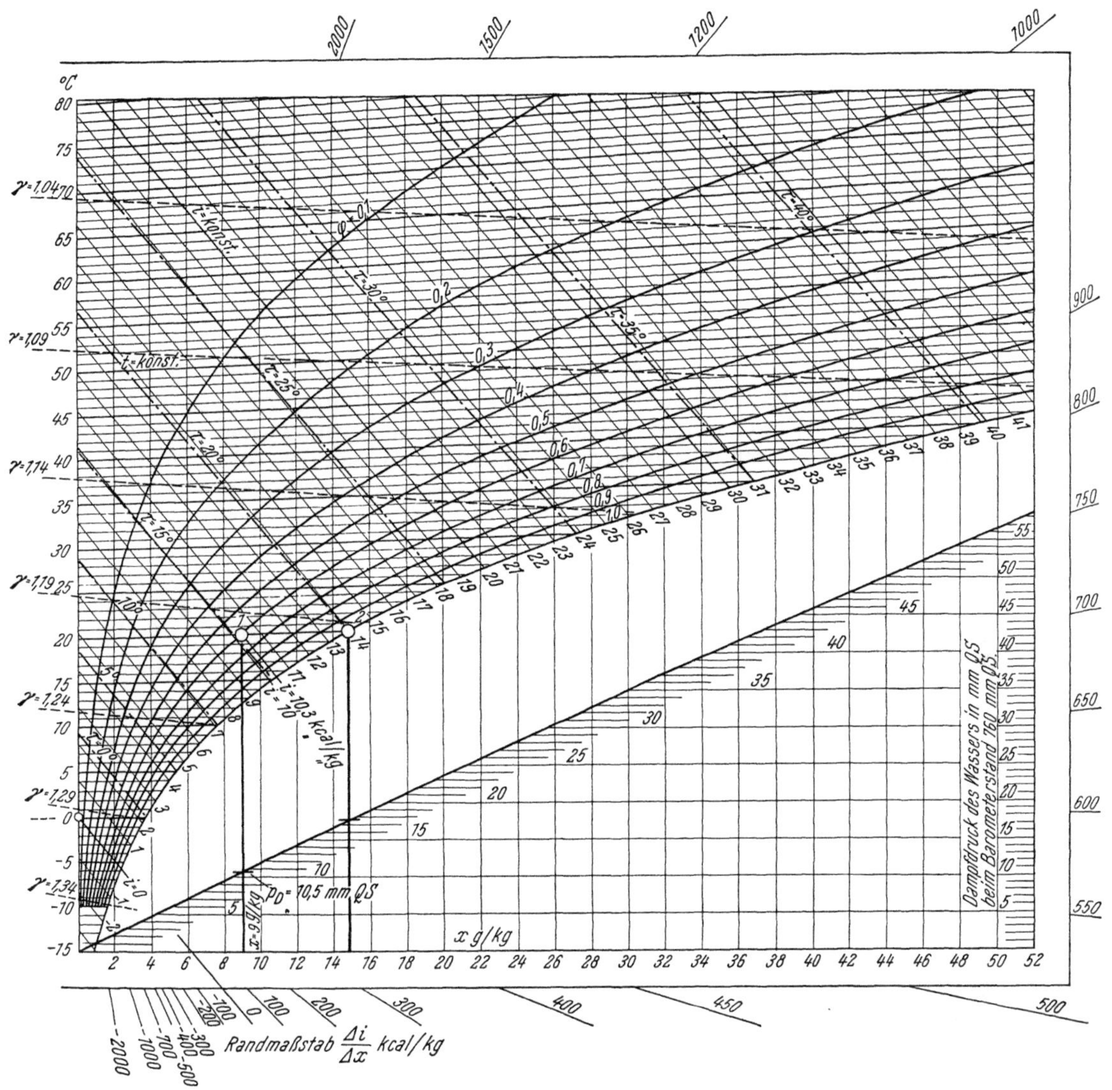

Abb. 5. Molliersches *i-x*-Schaubild für feuchte Luft. Senkrechte Gerade = Linien gleichen Wasserdampfgehaltes (x = const), von links nach rechts leicht ansteigende Gerade = Linien gleicher Lufttemperatur (t = const), von links oben nach rechts unten fallende Gerade = Linien gleichen Wärmeinhalts (i = const), von links unten nach rechts oben verlaufende Kurven = Linien gleicher relativer Luftfeuchtigkeit (φ = const), .—.—.—.- Gerade = Linien gleicher Kühlgrenztemperatur (τ = const), ————- Gerade = Linien gleicher Luftwichte (γ = const), Maßstab an schräger Gerade von links unten nach rechts oben zur Ermittlung des Dampfdruckes p_D. Randmaßstab zur Ermittlung der spezifischen Wärmemenge $\Delta i/\Delta x$ (s. Abb 6).

Anwendungsbeispiel

Für Luft von t = 20° bei φ =	0,6	1,0
Zustandspunkt	1	2
Wasserdampfgehalt x [g/kg trock. Luft]	9,0	14,8
Wärmeinhalt i [kcal/kg trock. Luft]	10,3	14,0
Dampfdruck p_D (Torr)	10,5	17,5

17 a

Diesen Wert findet man im i-x-Diagramm dadurch, daß man zur Verbindungslinie des Eintritts- und Austrittszustands der Luft eine Parallele durch den Nullpunkt des Diagramms zieht, die am Randmaßstab den Wert $\dfrac{\varDelta i}{\varDelta x}$ anzeigt.

Als —·—·—-Linien sind die Linien gleicher Kühlgrenztemperatur eingezeichnet, die sich bei niedrigen Temperaturen in ihrer Richtung nicht wesentlich von den Linien gleichen Wärmeinhalts unterscheiden, so daß diese im heutigen Temperaturbereich der Ledertrocknung mit genügender Genauigkeit oft an Stelle der Kühlgrenztemperaturlinien verwendet werden.

Ebenso läßt sich aus den eingezeichneten γ-Linien (————) die Abnahme der Luftgewichte mit zunehmendem Dampfgehalt verfolgen.

Im folgenden sei nun noch an Hand von Beispielen die Anwendungsmöglichkeit des Mollierschen Schaubildes auf die wichtigsten Trocknungsarten der Praxis, vor allem das „Trocknen mit Mischluft" und die „Stufentrocknung" gezeigt.

2. Beispiel: „Trocknen mit Mischluft" (s. Abb. 6). Luft mit $t = 20°$ C und $\varphi = 0{,}6$ (Punkt 1) tritt in den Trockner ein, wird beim Durchgang durch das Heizregister auf $t = 50°$ C angewärmt (Vorgang mit konstantem Wasserdampfgehalt), dabei wandert der Punkt 1 auf der Linie $x = 8{,}8$ g/kg nach Punkt 1′. Streicht nun die Luft über das feuchte Leder, so ist das ein Vorgang ohne weitere Zu- und Abfuhr von Wärme (bei Vernachlässigung von Wärmeverlusten). Der Luftzustandspunkt wandert also auf einer Linie konstanten Wärmeinhalts (genauer auf einer Linie konstanter Kühlgrenztemperatur) nach Punkt 2. Die Richtung der Verbindungslinie 1—2 ergibt am Randmaßstab die spezifische Wärmemenge $\dfrac{\varDelta i}{\varDelta x}$. Man sieht, daß man den Wärmeverbrauch senken kann, wenn die Abluft sich höher sättigen läßt oder wenn die Zuluft mit höherer Temperatur eintritt. Der Zuluftpunkt ändert sich bei dieser Frischlufttrocknung nun laufend mit den Verhältnissen der Atmosphäre, ohne daß man darauf einen Einfluß hätte. Man ist also nicht in der Lage, für die Trocknung im Dauerbetrieb gleichbleibende Verhältnisse aufrecht zu erhalten.

Um eine Reguliermöglichkeit zu haben, führt man dem Trockner nicht reine Frischluft von Zustand 1 zu, sondern mischt sie mit einem Teil der Abluft. Der Mischpunkt m für die Eintrittsluft liegt dann auf der Verbindungsgeraden 1—2. Bezeichnet man die angesaugte Frischluftmenge mit G_1 kg/h und die beigemischte Abluft mit G_2 kg/h, dann verhält sich die Teilstrecke 1 bis m zu der Teilstrecke m bis 2 wie G_2 zu G_1.

Durch den Übergang zum Mischbetrieb wird aber keine Verringerung des Wärmeverbrauchs für die Auftrocknung einer bestimmten Wassermenge erreicht, der nur durch die Neigung der Geraden 1—2 bestimmt ist. Für den dargestellten Teil der Trocknung ergibt sich als spez. Wärmebedarf aus dem Randmaßstab:

$$q = \frac{\varDelta i}{\varDelta x} \approx 1060 \text{ kcal/kg Wasser.}$$

Trotzdem bringt der Übergang von Frischluft- auf Mischlufttrocknung meistens auch wärmewirtschaftliche Einsparungen. Während beim Frischluftbetrieb die Luft des Zustandspunkts 2 mit ihrer verhältnismäßig hohen Temperatur ins Freie treten würde, wird sie bei Mischluft teilweise zur Aufwärmung der Frischluft (1) auf die Temperatur des Punkts m benutzt. Die Lage der einzelnen Zustandspunkte ist im Schema eines Ledertrockners auf Abb. 6 ebenfalls dargestellt. Die einzelnen Abschnitte der Trocknung (s. S. 269 ff.) ergeben, im Diagramm dargestellt, verschiedene Bilder.

3. Beispiel: „Stufentrocknung" (s. Abb. 7). Leder ist ein für Temperatureinflüsse sehr empfindliches Trocknungsgut. Man führt daher den Trocknungsvorgang in mehreren Stufen (im Trockner: Zonen) durch, deren jede der Empfindlichkeit des Leders bei fortschreitender Austrocknung angepaßt ist. Die

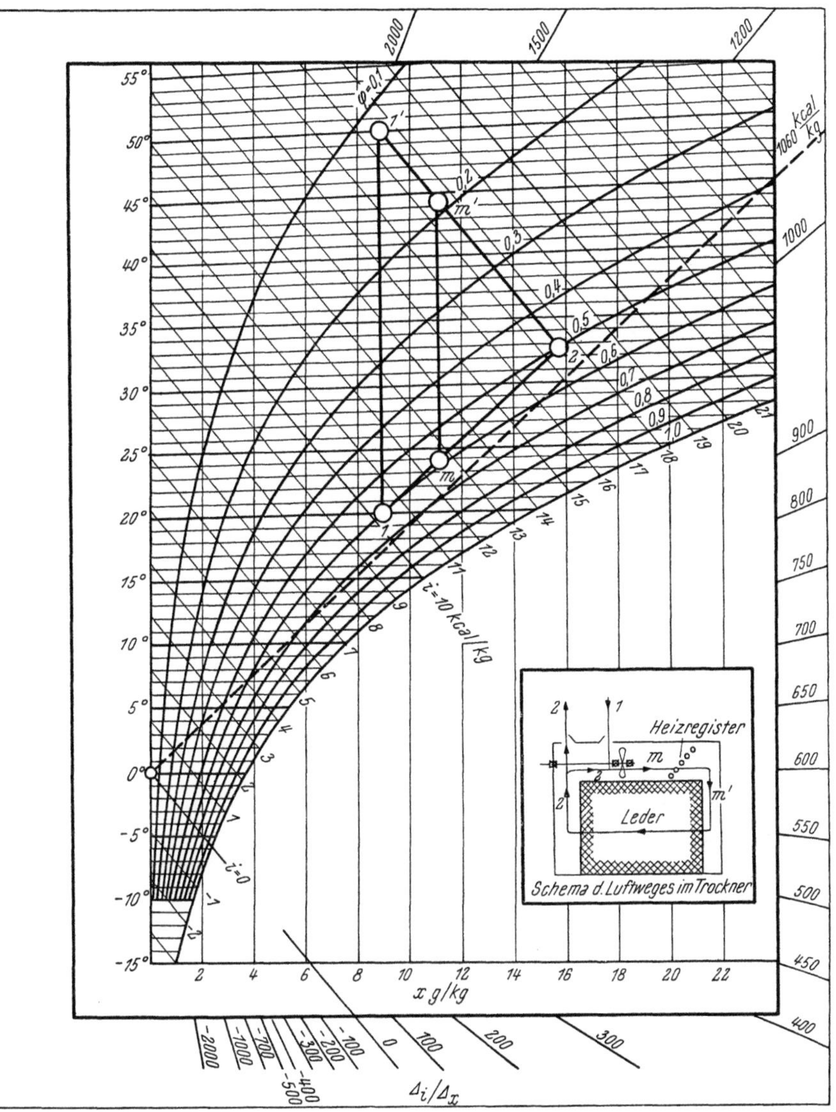

Abb. 6. Mischlufttrocknung im i-x-Schaubild. Frischluft (Zustand 1: $t = 20°$, $\varphi = 0,6$) und Abluft (Zustand 2: $t = 32,5°$, $\varphi = 0,5$) im Trockner im Gewichtsverhältnis G_1/G_2 gemischt, Zustandspunkt (m) der Mischluft auf Mischgerade $1-2$ teilt Strecke $1-2$ im umgekehrten Mischungsverhältnis G_2/G_1, Änderungsmöglichkeit des Mischungsverhältnisses gibt gute Regelbarkeit des Trockenvorganges, Mischluft (Zustand m: $t = 24°$, $\varphi = 0,58$) auf Weg über Heizregister erwärmt (Vorgang ohne Änderung des Wasserdampfgehaltes), Zustandspunkt m wandert auf Linie $x = 8,8$ [g/kg] nach Punkt m' ($t = 44,5°$), Heizregisterwärmeabgabe $i_{m'} - i_m = 17,5 -$ $- 12,7 = 4,8$ [kcal pro 1 kg durchfließender trockener Luft], Luft streicht über Leder (Vorgang ohne Wärmezu- und -abfuhr), Zustandspunkt m' wandert entlang Linie $i = 17,5$ [kcal/kg] zu Zustandspunkt der Abluft 2 ($\varphi = 50\%$), Parallele durch 0-Punkt zu $1-2$ am Randmaßstab: Spez. Wärmeverbrauch: $\Delta i/\Delta x = 1060$ [kcal pro 1 kg verdunstetem Wasser].

angesaugte Luft (1) wird an einem 1. Heizregister erwärmt auf 60° C (1′). Solange die Lederoberfläche noch feucht ist (1. Trocknungsabschnitt, s. S. 269), stellt sich an ihr als Temperatur etwa die der Kühlgrenze ein (0), die in diesem Fall

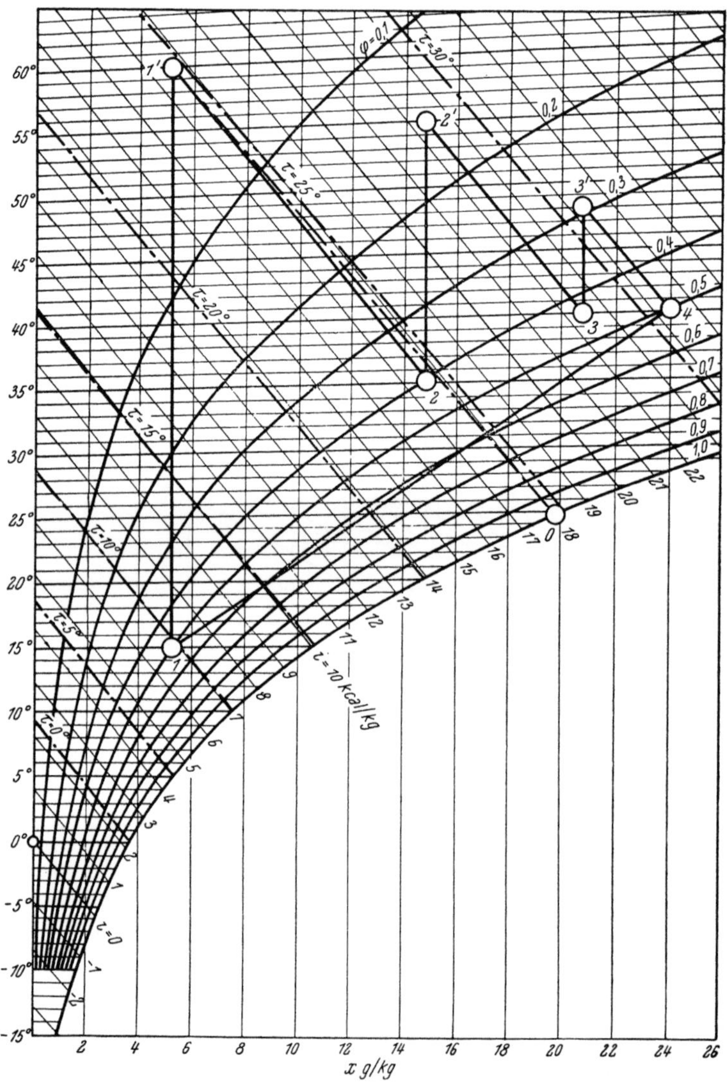

Abb. 7. Stufentrocknung im *i-x*-Schaubild. Jede Stufe der Temperaturempfindlichkeit des Leders bei fortschreitender Austrocknung angepaßt. 1. Stufe: Angesaugte Luft (*1*) durch 1. Heizregister auf 60° erwärmt (*1′*), streicht über das feuchte Leder, sättigt sich auf $\varphi = 0{,}4$ (*2*), das Leder nimmt nur Kühlgrenztemperatur von 25° an (Punkt *0*). 2. Stufe: Luft durch 2. Heizregister auf 55° erwärmt (*2′*), nimmt bei erneutem Gang über das Leder weitere Feuchtigkeit auf (*3*). 3. Stufe: Luft durch 3. Heizregister auf 48° erwärmt (*3′*), sättigt sich auf
$$\varphi = 0{,}5 \; (4).$$

bei 25° C liegt. Die erwärmte Luft streicht über das Leder (1′—2), sie wird erneut an einem weiteren Heizregister aufgewärmt (2—2′), wobei man in der Höhe der Temperatur vorsichtiger wird, da die Oberfläche nicht mehr vollständig feucht ist. Die Luft wird wieder über das Leder geleitet (2′—3). In jeder weiteren

Stufe wiederholt sich der Vorgang mit der Abluft des vorherigen. Der Wärmeverbrauch ergibt sich auch dabei aus der Neigung der Verbindungslinie des Anfangspunkts (1) mit dem Endpunkt (4).

Meistens wird die Ledertrocknung als Kombination von „Mischlufttrocknung" und „Stufentrocknung" durchgeführt.

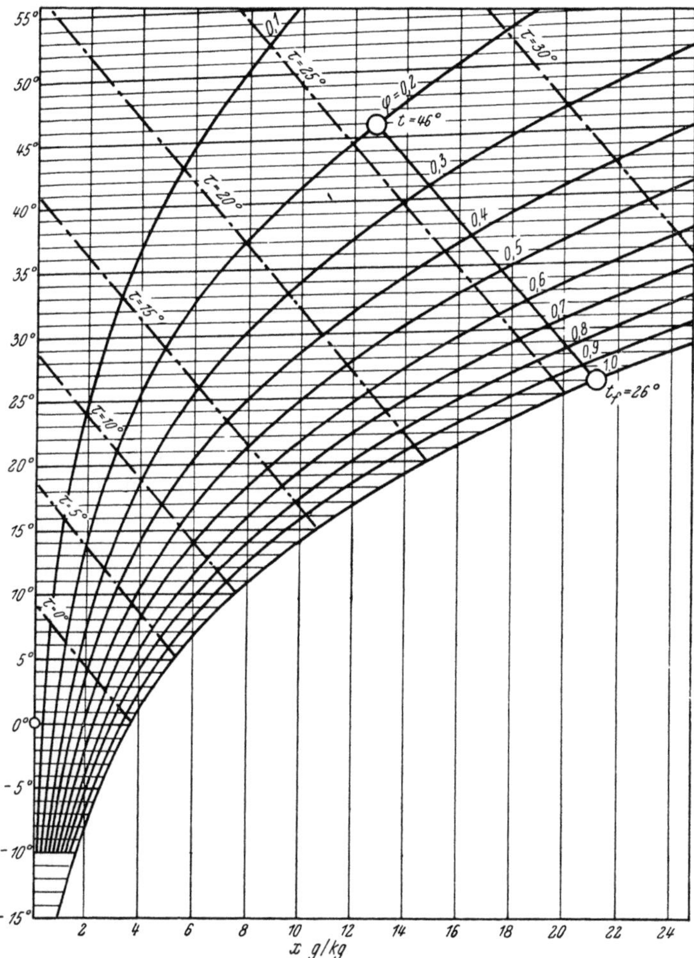

Abb. 8. Psychrometerauswertung im i-x-Schaubild. Meßwerte: Feuchtthermometer $t_f = 26°$, Lufttemperatur (Trockenthermometer) $t = 46°$, Parallele durch $t_f = 26°$ (Schnittpunkt $t = 26°$ mit Sättigungslinie $\varphi = 1,0$) zur nächsten Linie konstanter Kühlgrenze $\tau = 25°$ ergibt im Schnittpunkt mit $t = 46°$ eine relative Feuchtigkeit $\varphi = 0,2$.

4. Beispiel: „Bestimmung der relativen Luftfeuchtigkeit aus der Psychrometermessung" (s. Abb. 8). Temperatur des Feuchtthermometers: $t_f = 26°$, Temperatur des Trockenthermometers: $t = 46°$ (s. S. 277). Durch den Schnittpunkt der Sättigungslinie mit der Linie $t = 26°$ wird eine Parallele zur nächsten Linie konstanter Kühlgrenztemperatur $(\tau = 25°)$ gezogen. Diese schneidet die Temperaturlinie $t = 46°$. Der Schnittpunkt liegt auf der φ-Linie 0,2 und ergibt somit den Wert der relativen Feuchtigkeit zu $\varphi = 0,2$ (vgl. Abb. 15, S. 273).

V. Trocknungsverlauf.

1. Allgemeines.

In neuerer Zeit sind die Vorgänge beim Trocknen fester Stoffe einer weiteren Klärung zugeführt worden [K. Kröll; O. Krischer (1) (2) (3); O. Krischer und K. Kröll]. So hat O. Krischer (1) folgende bei kleinen Teildruckunterschieden gültige Gleichung für die Trocknungsgeschwindigkeit aufgestellt:

$$w = \frac{1}{R_D \cdot T} \cdot \frac{1}{\dfrac{1}{\beta} + \dfrac{\mu \cdot \delta}{k}} \cdot (p_{DV} - p_{DL}).$$

Dabei bedeutet:

w	[kg/m²h]	Trocknungsgeschwindigkeit,
R_D	[mkg/kg°K]	Gaskonstante für Wasserdampf (s. S. 255),
T	[°K]	absolute Temperatur,
β	[m/h]	Stoffübergangszahl,
k	[m²/h]	Diffusionszahl von Wasserdampf in Luft,
μ		Diffusionswiderstandsfaktor (Verhältnis der Diffusionszahl in der Luft zur Diffusionszahl im Gut unter gleichen Bedingungen),
p_{DV}	[kg/m²]	Dampfdruck an den Verdunstungsstellen,
p_{DL}	[kg/m²]	Dampfdruck in der Trocknungsluft,
δ	[m]	Tiefe der Verdunstungsstellen unter der Gutoberfläche.

Betrachtet man die Gleichung genauer, so sieht man, daß sie drei Glieder umfaßt. Aus dem ersten dieser Glieder geht hervor, daß die Trocknungsgeschwindigkeit umgekehrt proportional der Gaskonstanten für Wasserdampf und der Temperatur ist. Das zweite Glied gibt Aufschluß über die Abhängigkeit der Trocknungsgeschwindigkeit von den Diffusions- und Stoffübergangsverhältnissen im und am Trockengut. Man sieht, daß w mit wachsender Stoffübergangszahl zu-, mit zunehmender Entfernung der Verdunstungsstelle von der Gutsoberfläche abnimmt. Das dritte Glied schließlich zeigt, daß die Trocknungsgeschwindigkeit von der Differenz der Dampfdrücke an der Verdunstungsstelle und in der Trocknungsluft abhängig ist. Dieses Dampfdruckgefälle ist sehr stark von den Zustandsgrößen der Luft (t und φ) abhängig, die man bei der Auslegung der Anlage und später auch im Betrieb gut beherrscht. Die Auswirkung der einzelnen Größen läßt sich aber etwas schwer übersehen. Um nun von der gefühlsmäßigen Beurteilung der Trocknungsvorgänge abzukommen, scheint es ratsam, das Dampfdruckgefälle und seine Änderung an einigen Zahlenbeispielen rechnerisch zu verfolgen. Die Sättigungsdrücke lassen sich dabei dem i-x-Schaubild (gemäß Abb. 5) oder, falls es nicht ausreicht, den Dampftabellen vieler Handbücher (z. B. H. Dubbel, S. 642) entnehmen. Die Kühlgrenztemperaturen können mit dem i-x-Schaubild (gemäß Abb. 7) oder der Psychrometertafel (Abb. 15) ermittelt werden. Tritt Dampfdruckabsenkung im letzten Teil der Trocknung (3. Trocknungsabschnitt, s. später) ein, so läßt sich diese aus den Sorptionsisothermen entnehmen (gemäß Beispiel S. 259 und Abb. 3 und 4).

1. Beispiel: Leder im Anfang der Trocknung, Trocknungsluft von $t = 30°$ und $\varphi = 40\%$, Verdunstung an noch „feuchter" Oberfläche, Oberflächentemperatur = Kühlgrenztemperatur t_f (s. auch später Abb. 11 b), Dampfdruck an Oberfläche = Sättigungsdruck bei Temperatur t_f.

Lederoberfläche:

$t = t_f = 20°$; $p'' = 17{,}5$ [Torr]; $p_{DV} = p''$ .... 17,5 [Torr]

Trocknungsluft:

$t = 30°$; $p'' = 31{,}8$ [Torr]; $p_{DL} = \varphi \cdot p'' = 0{,}4 \cdot 31{,}8$ .... 12,7 [Torr]

Dampfdruckgefälle Δp_1 ... 4,8 [Torr]

2. Beispiel: Erhöhung der Trocknungslufttemperatur auf $t = 50°$, sonst wie Beispiel 1 ($\varphi = 40\%$).

Lederoberfläche:

$t = t_f = 35{,}8°$; $p'' = 44{,}0$ [Torr]; $p_{DV} = p''$ .... 44,0 [Torr]

Trocknungsluft:

$t = 50°$; $p'' = 92{,}5$ [Torr]; $p_{DL} = \varphi \cdot p'' = 0{,}4 \cdot 92{,}5$ .... 37,0 [Torr]

Dampfdruckgefälle Δp_2...   7,0 [Torr]

Durch Vergleich von Beispiel 1 und 2 läßt sich nun leicht die verhältnismäßige Änderung der Trocknungsgeschwindigkeit infolge der Dampfdruckgefälleänderung ausrechnen:

$$(w_2/w_1)_p = \Delta p_2 : \Delta p_1 = 7{,}0 : 4{,}8 = 1{,}46,$$

d. h. die Trocknungsgeschwindigkeit würde um 46% zunehmen. Das erste Glied enthält aber über die absolute Temperatur T auch einen Temperatureinfluß, der sich etwa so auswirkt:

$$(w_2/w_1)_t = T_1 : T_2 = (273 + 30) : (273 + 50) = 303 : 323 = 0{,}94,$$

d. h. das erste Glied läßt die Trocknungsgeschwindigkeit um 6% abnehmen. Beide Einflüsse wirken zusammen, so daß w sich ändert:

$$w_2/w_1 = 1{,}46 \cdot 0{,}94 = 1{,}37.$$

Die Trocknungsgeschwindigkeit nimmt bei Erhöhung der Lufttemperatur von $30°$ auf $50°$, also um 37% zu. Versuchsergebnisse bestätigen gut diesen Rechenwert (s. später Abb. 18). Rechnet man den Einfluß dieser Temperaturerhöhung für Luft von $\varphi = 70\%$, so nimmt w noch weit stärker zu.

3. Beispiel: Erhöhung der relativen Luftfeuchtigkeit auf $\varphi = 70\%$, sonst wie Beispiel 2 ($t = 50°$).

Lederoberfläche:

$t = t_f = 43{,}9°$; $p'' = 67{,}9$ [Torr]; $p_{DV} = p''$ .... 67,9 [Torr]

Trocknungsluft:

$t = 50°$; $p'' = 92{,}5$ [Torr]; $p_{DL} = \varphi \cdot p'' = 0{,}7 \cdot 92{,}5$ .... 64,8 [Torr]

Dampfdruckgefälle Δp_3...   3,1 [Torr]

Vergleich mit Beispiel 2 ergibt die Änderung der Trocknungsgeschwindigkeit:

$$w_3/w_2 = \Delta p_3 : \Delta p_2 = 3{,}1 : 7{,}0 = 0{,}45.$$

Die Trocknungsgeschwindigkeit nimmt also bei Erhöhung der relativen Feuchte der Trocknungsluft von 40% auf 70% um 55% ab. Versuchsergebnisse bestätigen diesen Rechenwert ebenfalls gut (s. später, Abb. 16). Rechnet man diesen Einfluß der relativen Feuchte für Luft von $30°$, so nimmt w etwa genau so ab.

Im ersten Teil der Trocknung (1. Trocknungsabschnitt, s. später) wird also das Dampfdruckgefälle nur von den Zustandsgrößen der Trocknungsluft (t und φ) beeinflußt (Beispiel 1 bis 3).

4. Beispiel: Vegetabilisch gegerbtes Leder gegen Ende der Trocknung, $x_t = 13\%$ erreicht, Luft von $t = 30°$ und $\varphi = 40\%$ (wie Beispiel 1), Oberfläche

trocken, Ledertemperatur nahe Lufttemperatur (s. später Abb. 11 b), geschätzt etwa 28°, Verdunstung im Lederinnern, Dampfdruck unterhalb Sättigungsdruck, Dampfdruckabsenkung (gemäß Beispiel S. 259) aus Abb. 3, für $\mathfrak{x}_t = 13\%$ und $t = 30° : \varphi = 50\%$.

Lederinneres:

$t = 28°$; $p'' = 28{,}4$ [Torr]; $p_{DV} = \varphi \cdot p'' = 0{,}5 \cdot 28{,}4 \ldots\ldots\ldots\ldots$ 14,2 [Torr]

Trocknungsluft:

$t = 30°$; $p'' = 31{,}8$ [Torr]; $p_{DL} = \varphi \cdot p'' = 0{,}4 \cdot 31{,}8 \ldots\ldots\ldots\ldots$ 12,7 [Torr]

Dampfdruckgefälle $\varDelta p_4 \ldots$ 1,5 [Torr]

Gegenüber Beispiel 1 hat das Dampfdruckgefälle sehr stark abgenommen. Im letzten Teil der Trocknung (3. Trocknungsabschnitt, s. später) bestimmen neben den Zustandsgrößen der Luft auch die kapillaren Eigenschaften des Leders, die durch den inneren Aufbau und die Gerbart entstehen und sich zahlenmäßig in den Sorptionsisothermen ausdrücken, die Größe des Dampfdruckgefälles. Die Verringerung der Trocknungsgeschwindigkeit ist noch weit größer als die Druckgefälleänderung, da auch das zweite Glied der Gleichung wirksam wird. Eine genaue Berechnung ist wegen der Unsicherheit der darin enthaltenen Übergangszahlen und der unbekannten Tiefenlage der Verdunstungsstellen nicht möglich.

Über die Stoffübergangszahlen β an der Lederoberfläche gibt es noch keine umfangreichen Angaben. Trocknungsversuche an Schaflederproben von 200 mm $\times$ 200 mm ergaben bei einer Luftgeschwindigkeit von 1,5 m/s β-Werte, die im Mittel bei 49,6 m/h lagen (H. Werner).

Man weiß aber, daß β der Diffusionszahl k proportional und der Grenzschichtdicke umgekehrt proportional ist.

Die Diffusionszahl k gibt R. Schirmer an:

$$k = 0{,}083 \, \frac{10\,000}{p} \left(\frac{T}{273}\right)^{1,81}.$$

Die Abhängigkeit von der Grenzschichtdicke, die mit wachsander Geschwindigkeit abnimmt, hat einen starken Einfluß der Luftgeschwindigkeit v_L auf die Stoffübergangszahl β zur Folge, der für zwei verschiedene Luftgeschwindigkeiten v_{L1} und v_{L2} annähernd nach folgendem empirischen Gesetz verläuft (K. Kröll, S. 960; W. Fabricius, S. 24):

$$\frac{\beta_1}{\beta_2} = \left(\frac{v_{L_1}}{v_{L_2}}\right)^n.$$

Für den Exponenten n wurde bei Schafleder im Geschwindigkeitsbereich zwischen 1,5 und 5,0 m/s ein Wert von 0,62 ermittelt (H. Werner). Man ist deshalb nicht nur gezwungen, in Ledertrocknern die Luftgeschwindigkeit auf einer angemessenen Höhe zu halten, sondern man muß auch für eine gleichmäßige Geschwindigkeitsverteilung über die ganze Lederfläche sorgen. Damit werden umfangreiche strömungstechnische Untersuchungen nötig. Naheliegend ist es, dafür ein gasförmiges Medium zu verwenden, dessen Strömung man durch geeignete Beimischungen sichtbar macht (vgl. z. B. H. P. Leistner). Nach Erfahrungen des Verfassers stößt die Festhaltung so gewonnener Ergebnisse auf erhebliche Schwierigkeiten. Praktisch bewährt hat sich das Verfahren der ,,Wasserrinne" (vgl. z. B. L. Prandtl, S. 31, 121 ff.: B. Eck, S. 112, 391), bei dem die Trocknermodelle in eine mit Aluminiumpulver bestreute Wasserströmung

eingestellt werden. Man kann dabei die Wassergeschwindigkeit und die Modell-
abmessungen so wählen, daß strömungsmechanisch etwa ähnliche Verhältnisse
entstehen, wie bei der natürlich sehr viel rascher strömenden Luft im Trockner [vgl. dazu die Diskussionsbemerkungen von E. Friederich, W. Graßmann sowie R. G. Mitton (2)]. Das Ergebnis einer solchen Untersuchung zeigen die Abb. 9 und 10. Dort sind Modelle von Klebetrocknern aufgenommen, bei denen die Luft von einem Schraubenlüfter durch die Heizbatterie (beide im oberen Teil der Bilder angedeutet) über das auf die Platten geklebte Leder geblasen wird. Bei dem einen Modell liegt höchstens das untere Drittel des Leders in einwandfreier Strömung (s. Abb. 9). Ungleichmäßige Trocknung, unwirtschaftlich lange Dauer der Trocknung und Übertrocknung einzelner Stellen würden die Folgen sein. Demgegenüber zeigt Abb. 10 eine vollkommen einheitliche Verteilung der Strömung über die ganze Plattenhöhe. Die im Modell ermittelte Geschwindigkeitsverteilung muß dann noch an der Großausführung des Trockners durch Strömungsversuche überprüft werden.

Abb. 9. Wasserrinnenaufnahme eines Klebetrocknermodells mit schlechter Strömungsverteilung (Werkphoto Benno Schilde Maschinenbau A. G.). Die Luft wird von einem Schraubenlüfter über eine Heizbatterie (obere Bildhälfte) in den Trocknerraum gedrückt; das auf Glasplatten geklebte Leder wird nur im untersten Teil bespült. Ungleichmäßige Trocknung, Übertrocknung einzelner Stellen, unwirtschaftlich lange Dauer.

2. Trocknungsabschnitte.

Die einzelnen Trocknungsabschnitte sind in Abb. 11 dargestellt.

Der Abschnitt der Anwärmung (Abb. 11; $A \rightarrow B$). Bringt man Leder in einen Trockner, so wird es in der Regel zuerst angewärmt. Dieser Vorgang ist zeitlich kurz und damit nicht von großer Bedeutung.

Der erste Abschnitt der Trocknung (Abb. 11; $B \rightarrow C$).

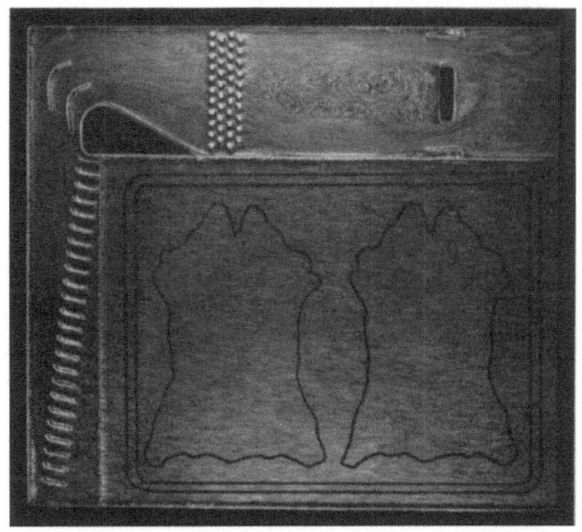

Abb. 10. Wasserrinnenaufnahme eines Klebetrocknermodells mit guter Strömungsverteilung (Werkphoto Benno Schilde Maschinenbau A. G.; DBP. 856 980). Die Luft wird durch Leitschaufeln gleichmäßig über die ganze Lederfläche verteilt. Genaue Dosierung der Trocknung möglich, gleichmäßige Qualität, niedere Betriebskosten.

Zu Beginn der Trocknung verdunstet das Wasser an der Gutsoberfläche ($\delta = 0$), der Dampfdruck an der Oberfläche ist gleich dem Sättigungsdruck bei der Oberflächentemperatur ($p_{DV} = p''$) und diese ist angenähert gleich der Kühlgrenztemperatur (Abb. 11 b), die bei gegebener Temperatur der Trockenluft um so niedriger ist, je geringer deren Feuchtigkeitsgehalt ist (vgl. dazu H. Freudenberg). Der Wert von p'' kann aus dem i-x-Diagramm (s. Abb. 5, S. 261) entnommen werden. Wenn $\delta = 0$ ist, so entfällt in der Gleichung für die Trocknungsgeschwindigkeit (s. S. 266) das Glied $\dfrac{\mu \cdot \delta}{k}$.

Die Trocknungsgeschwindigkeit w_1 ergibt sich in diesem Falle zu

$$w_1 = \frac{\beta}{R_D \cdot T} \cdot (p'' - p_D).$$

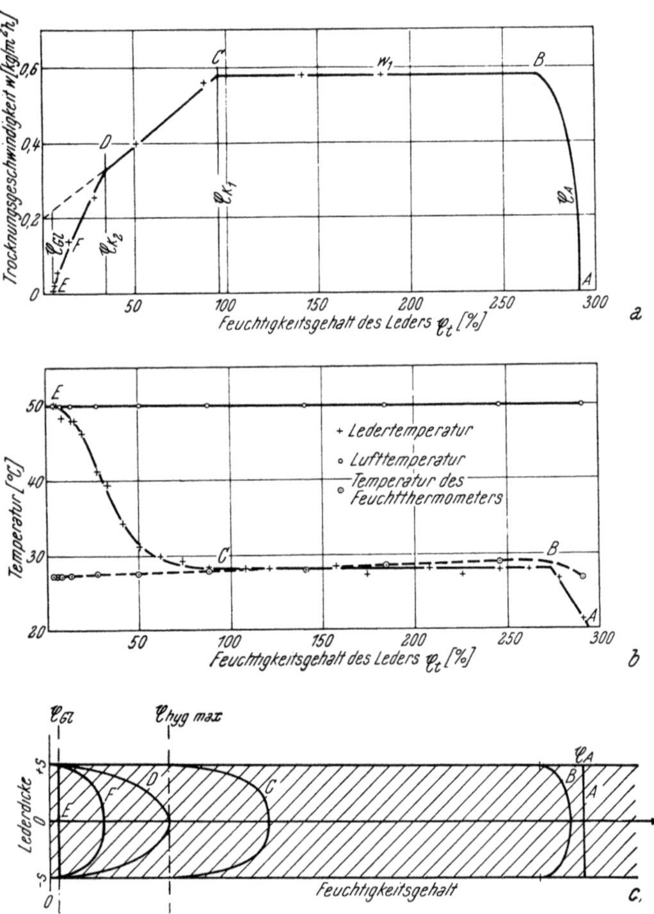

Abb. 11. Die Trocknungsabschnitte. a) Trocknungsgeschwindigkeit während der einzelnen Abschnitte. b) Ledertemperatur während der einzelnen Abschnitte. c) Schematische Feuchtigkeitsverteilung im Leder bei zweiseitiger Trocknung. Anwärmabschnitt ($A \to B$): Trocknungsgeschwindigkeit steigt von 0 auf w_1, Ledertemperatur von Einbringtemperatur auf Kühlgrenztemperatur (= Temperatur des Feuchtthermometers), Lederfeuchtigkeit beginnt abzunehmen, insbesondere an der Oberfläche. 1. Trocknungsabschnitt ($B \to C$): Trocknungsgeschwindigkeit w_1 bleibt konstant, Ledertemperatur $\approx$ Kühltemperatur (keine Überhitzungsgefahr des Leders), Lederfeuchtigkeit sinkt, aber überall noch grobkapillares Wasser vorhanden, noch „feuchte" Oberfläche. 2. Trocknungsabschnitt ($C \to D$): Trocknungsgeschwindigkeit knickt nach unten ab (1. Knickpunkt, Knickpunktsfeuchtigkeit $\mathfrak{r}_{K_1}$ Ledertemperatur > Kühlgrenztemperatur, Lederfeuchtigkeit in den äußeren Schichten unterhalb der maximalen hygroskopischen, dort nur noch „gebundenes" Wasser). 3. Trocknungsabschnitt ($D \to E$): Trocknungsgeschwindigkeit biegt erneut nach unten ab (2. Knickpunkt, Knickpunktsfeuchtigkeit $\mathfrak{r}_{K_2}$), wird bei Gleichgewichtswassergehalt $\mathfrak{r}_{Gl}$ zu 0, Ledertemperatur erreicht am Ende die Lufttemperatur (Überhitzungsgefahr), Lederfeuchtigkeit überall unter der maximalen hygroskopischen, nach langer Trocknung Endfeuchtigkeit $\mathfrak{r}_{Gl}$.

In diesem Abschnitt der Trocknung ist die Trocknungsgeschwindigkeit annähernd konstant (s. Abb. 11a; $B \to C$). Ihre Größe wird von den äußeren Trocknungsbedingungen bestimmt. Der an der Oberfläche entstehende Wasserdampf diffundiert durch die Grenzschicht und wird dort von der freien Luftströmung mitgenommen. Die Feuchtigkeitsverteilung im Leder hat sich im Verlauf der bisherigen Trocknung im Schema der Abb. 11c von A über B nach C verschoben.

Der erste Knickpunkt (Abb. 11, Punkt C). Der Abschnitt konstanter Trocknungsgeschwindigkeit ist dann beendet, wenn die Kapillaren die Feuchtigkeit nicht mehr genügend schnell an die Oberfläche liefern und dadurch der Feuchtigkeitsgehalt dort den maximalen hygroskopischen (s. S. 259) zu unterschreiten beginnt (Feuchtigkeitsverteilung etwa nach Linie C in Abb. 11c). Der kapillare Aufbau des Leders bestimmt also bei sonst gleichen äußeren Bedingungen die Lederfeuchtigkeit, bei der die Trocknungsgeschwindigkeit anfängt abzufallen (Knickpunktsfeuchtigkeit). Die Abhängigkeit der Knickpunktsfeuchtigkeit von den äußeren Bedingungen läßt sich aus Abb. 16, 18 und 20 gut erkennen [vgl. dazu auch die z. T. abweichenden Ergebnisse von P. J. van Vlimmeren (1)].

Der zweite Abschnitt der Trocknung (Abb. 11, $C \to D$). Nach Erreichen der Knickpunktsfeuchtigkeit $\mathfrak{x}_{K1}$ fällt die Trocknungsgeschwindigkeit meistens steil ab (s. Abb. 11, $C \to D$). Die Verdunstungsstellen verlagern sich in der Mehrzahl ins Lederinnere ($\delta > 0$). Die Dampfdruckabsenkung kann aber immer noch vernachlässigt werden ($p_{DV} \approx p''$). Die Temperatur des Leders wandert von der Kühlgrenztemperatur zu höheren Werten (Abb. 11b). Verlängert man in Abb. 11 die Linie $C \to D$ bis zum Feuchtigkeitsgehalt $\mathfrak{x}_t = 0$, so ergibt sich die Endtrocknungsgeschwindigkeit, die sich etwa einstellen würde, wenn das Leder kein „gebundenes" Wasser enthalten würde. Aus ihr läßt sich der Diffusionswiderstandsfaktor μ angenähert berechnen. Für vegetabilisch-synthetisch gegerbtes Schafleder ergaben sich Werte von 18,8, die aber bei Nackenstücken aus derselben Haut auf über 30 stiegen (H. Werner). Sonst fehlen aber auch für die Diffusionswiderstandsfaktoren von Leder noch umfassende Unterlagen. Die Feuchtigkeitsverteilung wandert im zweiten Abschnitt der Trocknung im Schema der Abb. 11c von C nach D. Im zweiten Abschnitt überlagern sich die äußeren Trocknungsbedingungen den inneren. Die Feuchtigkeit muß den längeren Weg durch Lederschichten und Luftgrenzschicht diffundieren.

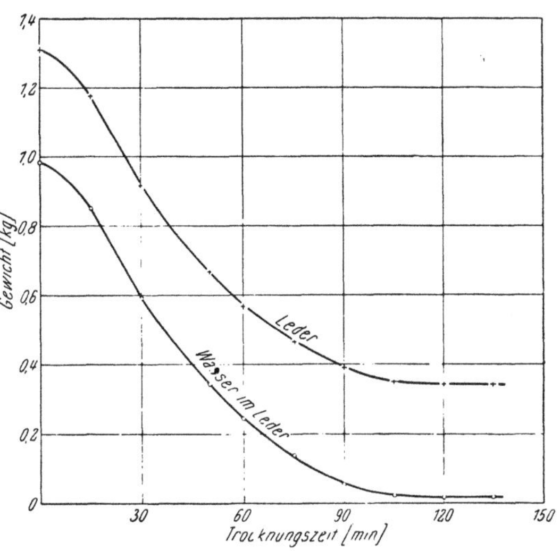

Abb. 12. Abnahme des Leder- und Wassergewichts bei Trocknung von Schafleder in einem Kanaltrockner. Luftgeschwindigkeit $v_L = 1$ m/sek, relative Feuchtigkeit der Abluft $\varphi = 30\%$, Lufttemperatur am Anfang $t = 65°$, am Ende $t = 40°$. Durch wiederholte Wägung des Leders während der Trocknung Gewicht des nassen Leders (G_n) ermittelt, davon das Ledertrockengewicht ($G_t = 0{,}328$ kg) abgezogen ergibt für jeden Zeitpunkt der Trocknung das Wassergewicht (G_W).

Der zweite Knickpunkt. Sobald nur noch „gebundenes" Wasser im Leder enthalten ist (Linie D, Abb. 11 c) und damit eine merkbare Dampfdruckerniedrigung eintritt, wird die Kurve der Trocknungsgeschwindigkeit erneut abknicken (s. Abb. 11 a, Punkt D). Der Feuchtigkeitsgehalt dieses Punktes, der oft nicht als scharfer Knick in Erscheinung tritt, liegt unterhalb der maximalen hygroskopischen Feuchtigkeit der Lederart.

Der dritte Abschnitt der Trocknung (Abb. 11, $D \rightarrow E$). Während dieses Abschnitts sinkt der Dampfdruck an den Verdunstungsstellen entlang der Sorptionsisothermen ab ($p_{DV} < p''$; Zahlenbeispiel s. S. 268). Die Trocknungsgeschwindigkeit wird Null, wenn er gleich dem Dampfdruck in der freien Strömung wird ($p_{DV} = p_{DL}$). Die Ledertemperatur nähert sich im Laufe dieses Abschnitts der Temperatur der Trocknungsluft (Abb. 11 b). Die Feuchtigkeitsverteilung ändert sich im Schema der Abb. 11 c von der Linie D über die Linie F zum Endfeuchtigkeitsgehalt E, der sich als der der Temperatur und relativen Luftfeuchtigkeit entsprechende Gleichgewichtsfeuchtigkeitsgehalt r_{Gl} der Sorptionsisothermen entnehmen läßt.

Die verschiedentlich diskutierte Frage [A. Küntzel, P. J. van Vlimmeren (2), K. Wolf], ob unter den Bedingungen der Praxis bzw. praxisnaher Versuche die einzelnen Abschnitte der Trocknung scharf zu unterscheiden seien, dürfte unter anderem durch die Versuche von P. J. van Vlimmeren (1) und von H. Freudenberg (1) im wesentlichen im positiven Sinne entschieden sein.

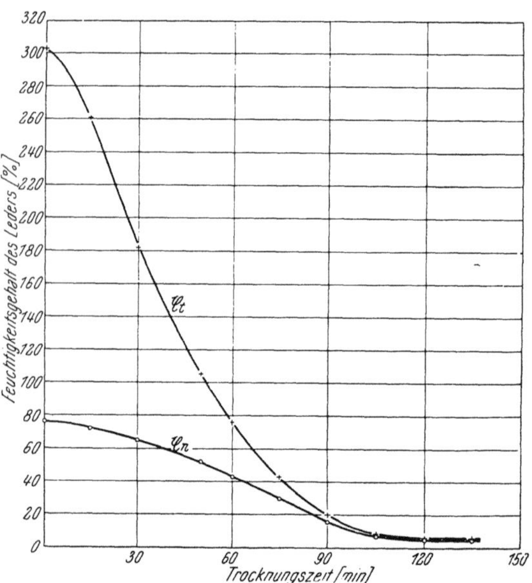

Abb. 13. Abnahme des Feuchtigkeitsgehaltes von Schafleder bei Trocknung in einem Kanaltrockner. Wassergewicht (G_W) durch Ledertrockengewicht (G_t) oder Ledernaßgewicht (G_n) geteilt ergibt Lederfeuchtigkeit r_t oder r_n.

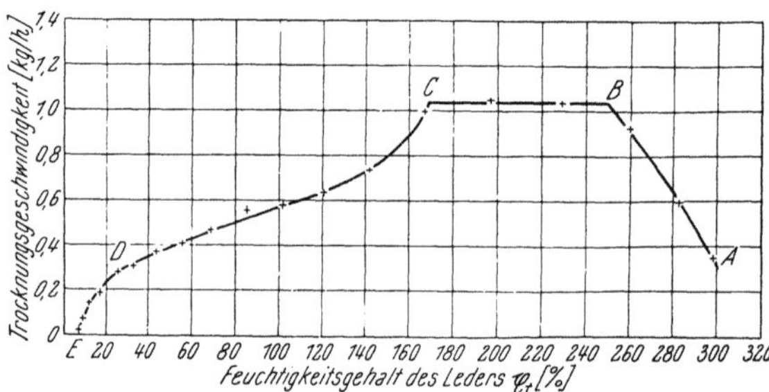

Abb. 14. Verlauf der Trocknungsgeschwindigkeit von Schafleder bei Trocknung in einem Kanaltrockner. Ordinate: Trocknungsgeschwindigkeit W, durch graphische Differentiation der Wassergewichtskurven (Abb. 12) nach der Zeit erhalten. Abszisse: Lederfeuchtigkeit r_t.

3. Trocknungsversuche.

Neben theoretischen Überlegungen kommt der Versuchstrocknung beim Leder, weit mehr noch als in der übrigen Trockentechnik, eine große Bedeutung zu.

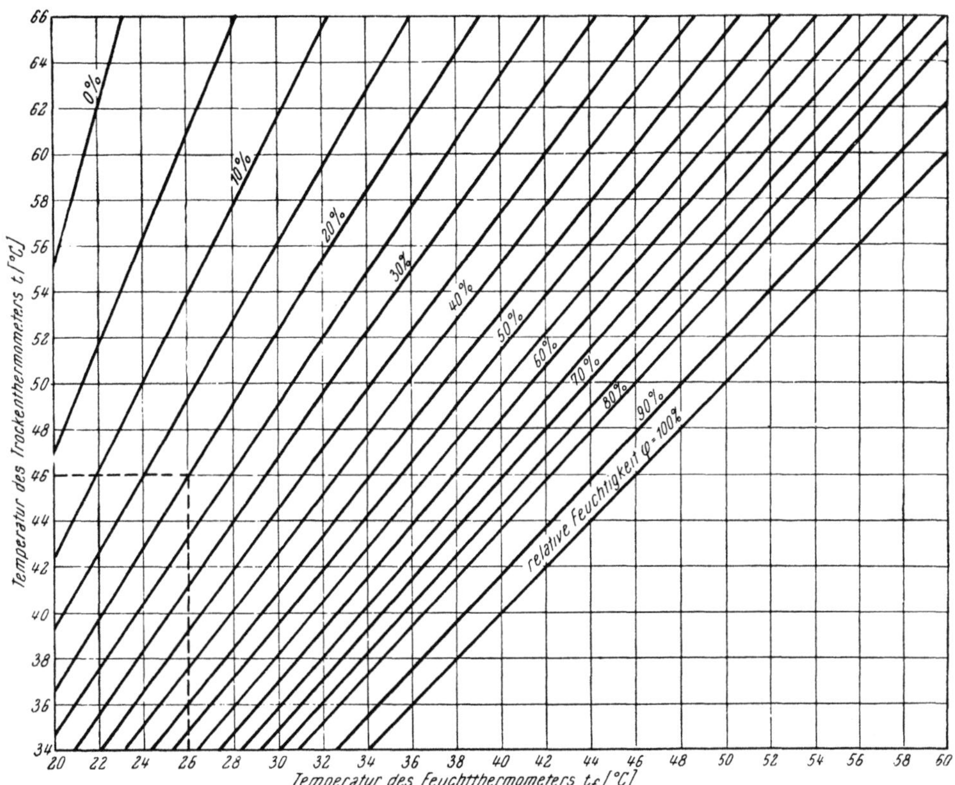

Abb. 15. Psychrometer-Tafel. Gemessen z. B.: Lufttemperatur (Trockenthermometer) $t = 46°$, Temperatur des Feuchtthermometers $t_f = 26°$. Daraus: relative Luftfeuchtigkeit $\varphi = 20\%$.

Einmal besteht dabei die Aufgabe, durch Trocknungsversuche die Leistungsfähigkeit ausgeführter Trocknungsanlagen festzustellen und ihre Verbesserungsmöglichkeit zu ermitteln. Dabei wird das Versuchsleder während der Trocknung laufend gewogen. Das Ergebnis einer solchen Trocknung von vegetabilisch gegerbtem Schafleder in einem Kanaltrockner zeigen die Abb. 12, 13 und 14. Die Lufttemperaturen fielen dabei von etwa 65° C am Anfang auf 40° C gegen Ende der Trocknung ab. Die Luftgeschwindigkeit lag im Mittel bei 1 m/s. Die relative Feuchtigkeit der

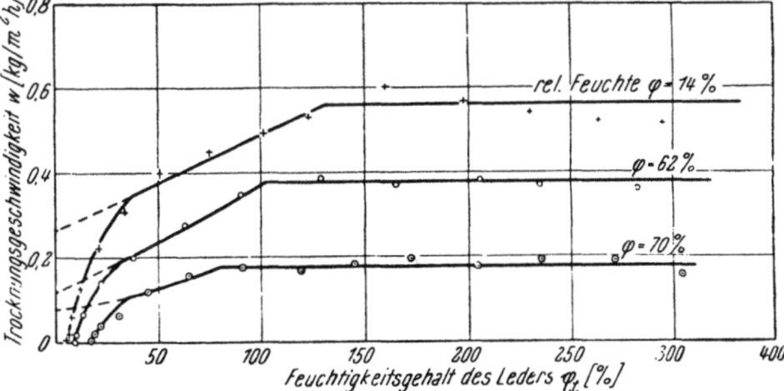

Abb. 16. Einfluß der Luftfeuchtigkeit auf die Trocknungsgeschwindigkeit. Vegetabilisch-synthetisch gegerbtes Schafleder, Lufttemperatur $t = 50°$, Luftgeschwindigkeit $v_L = 1{,}5$ m/sek. Nimmt φ zu, wird w kleiner, 1. Knickpunkt tritt später auf (Oberfläche länger feucht), erreichbare Lederendfeuchtigkeit bleibt höher (s. Sorptionsisothermen, Abb. 3, S. 258), 2. Knickpunkt bei gleichem t (da Temperatur gleichbleibend).

Abluft wurde durchschnittlich zu 30% gemessen. Aus der festgestellten Ledergewichtskurve wird durch Abzug des Ledertrockengewichts die Abnahme des Wassers im Leder ermittelt (Abb. 12).

Die genaue Bestimmung des absoluten Ledertrockengewichts ist indes keine leichte Aufgabe. Die einfachste und noch viel angewandte Methode ist die, aus

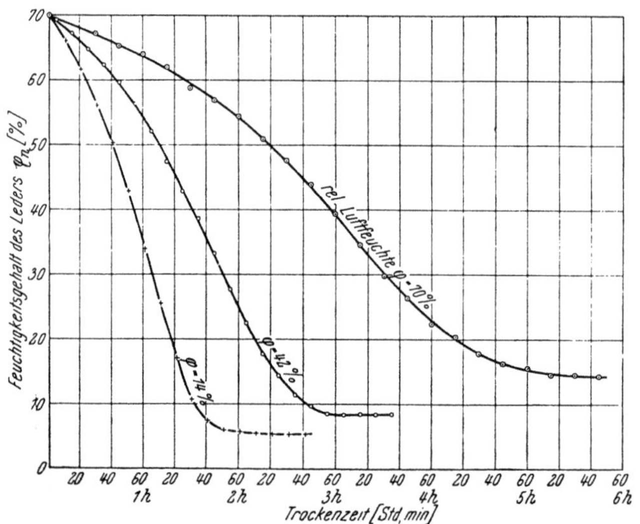

Abb. 17.   Einfluß der Luftfeuchtigkeit auf die Trocknungszeit. Vegetabilisch-synthetisch gegerbtes Schafleder, Lufttemperatur $t = 50°$, Luftgeschwindigkeit $v_L = 1,5$ m/sek.

verschiedenen Stellen des getrockneten Leders mehrere Proben (Mindestgröße 5×5 qcm) herauszuschneiden und bei Temperaturen um $100°$ C noch so lange

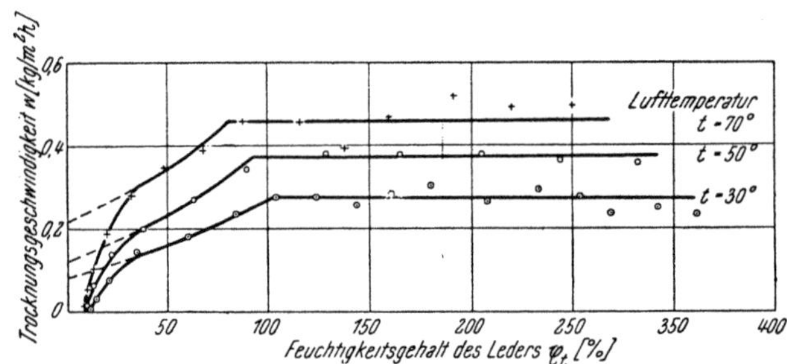

Abb. 18.   Einfluß der Lufttemperatur auf die Trocknungsgeschwindigkeit. Vegetabilisch-synthetisch gegerbtes Schafleder, relative Feuchte $\varphi = 42\%$, Luftgeschwindigkeit $v_L = 1,5$ m/sek. Nimmt t zu, so steigt auch w, 1. Knickpunkt tritt später auf (Kapillaren liefern länger Wasser an Oberfläche, da Wasserzähigkeit mit wachsender Temperatur abnimmt), Lederendfeuchtigkeiten nicht sehr unterschiedlich (vgl. Sorptionsiso-thermen, Abb. 3, S. 258).

zu trocknen, bis keine Gewichtsabnahme mehr stattfindet (10 Stunden und mehr). Aus der noch erfolgten Gewichtsabnahme läßt sich Restfeuchtigkeit und Trockengewicht ermitteln (s. diesen Bd., 10. Kap., S. 1339).

Neben der Tatsache, daß außer Wasser auch sonstige flüchtige Bestandteile verdunsten und das Resultat verfälschen können, ist der Hauptnachteil die lange Dauer dieser Restwasserbestimmung. H. Scholz schlägt deshalb die Wasserbestimmung durch azeotrope Destillation mit Xylol vor. Bei einem

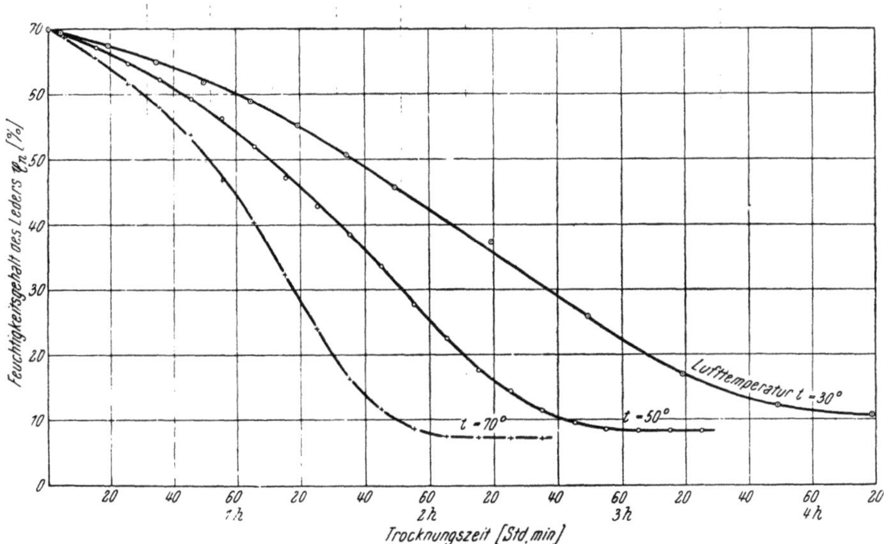

Abb. 19. Einfluß der Lufttemperatur auf die Trocknungszeit. Vegetabilisch-synthetisch gegerbtes Schafleder, relative Feuchte $\varphi = 42\%$, Luftgeschwindigkeit $v_L = 1{,}5$ m/sek.

Probengewicht von 20 g dauert auf diese Weise die Bestimmung 10 Min. und erreicht eine Genauigkeit von 0,25%.

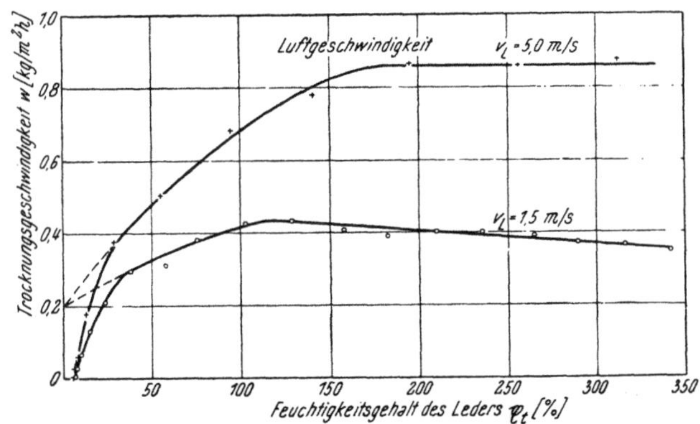

Abb. 20. Einfluß der Luftgeschwindigkeit auf die Trocknungsgeschwindigkeit. Vegetabilisch-synthetisch gegerbtes Schafleder, Lufttemperatur $t = 40°$, relative Feuchte $\varphi = 17{,}5\%$. Nimmt v_L zu, steigt w sehr stark, 1. Knickpunkt tritt früher auf (Oberfläche trocknet schneller), Lederendfeuchtigkeit unbeeinflußt.

Eine sehr elegante, aber noch recht umstrittene und für Leder ziemlich ungenaue Methode ist die Wasserbestimmung auf dem Weg über die Dielektrizitätskonstante (H. Ebert), die für Wasser 81 und für Leder < 10 ist.

18*

Setzt man die nach Ermittlung des Trockengewichts erhaltene Kurve der Wasserabnahme (Abb. 12) in Beziehung zum Naß- oder Trockengewicht, so

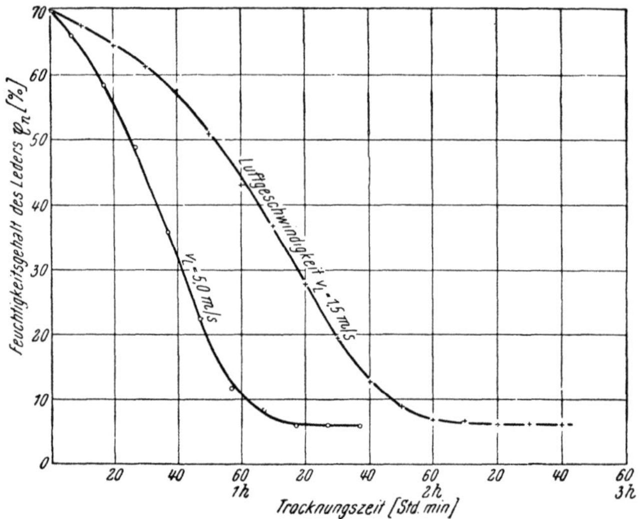

Abb. 21. Einfluß der Luftgeschwindigkeit auf die Trocknungszeit. Vegetabilisch-synthetisch gegerbtes Schafleder, Lufttemperatur $t = 40°$, relative Feuchte $\varphi = 17,5\%$.

erhält man den Verlauf des Feuchtigkeitsgehalts (Abb. 13). Differenziert man die Wasserkurve (Abb. 12) nach der Zeit, so ergibt sich die Trocknungsgeschwindigkeit, die man meistens über dem Feuchtigkeitsgehalt χ_t aufträgt (Abb. 14). Aus dieser Darstellung lassen sich Abschnitte und Knickpunkte gut erkennen.

Eine weitere Aufgabe besteht darin, durch systematische Trocknungsversuche die Einflüsse der äußeren und inneren Trocknungsbedingungen auf den Ablauf der Ledertrocknung festzustellen, um damit Entwicklungsmöglichkeiten für die Zukunft aufzufinden. Zu diesem Zweck werden Spezial-Versuchs-Trocknungsapparate eingesetzt, mit denen eine weitgehende Variation der Bedingungen möglich ist und bei denen die Luftzustände durch Regeleinrichtungen einwandfrei gleichbleibend gehalten werden können. Sowohl Messung wie Regelung der Feuchtigkeit der Trocknungsluft wird dabei auf dem Weg über das Psychrometer durchgeführt. Es besteht aus zwei Thermometern, dem trockenen und dem

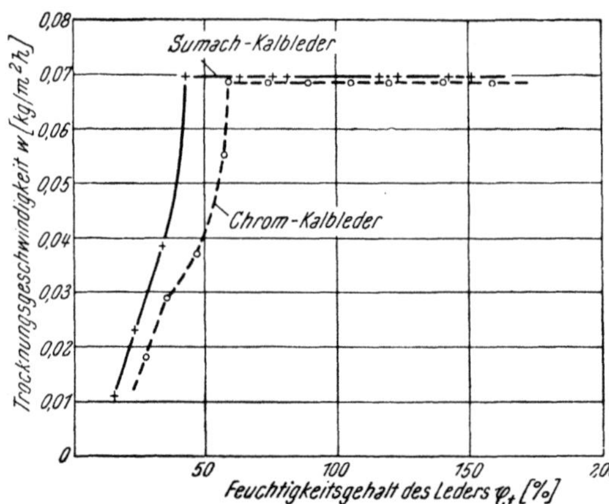

Abb. 22. Einfluß der Gerbart auf die Trocknungsgeschwindigkeit (K. Wolf, F. Duell und R. Heberling). Lufttemperatur $t = 35°$, relative Feuchte $\varphi = 48\%$. Trocknungsgeschwindigkeit im 1. Abschnitt von Gerbart praktisch unbeeinflußt (nur äußere Trocknungsbedingungen wirksam), 1. Knickpunkt tritt bei Chrom-Leder früher auf, da hygr. max. schon bei höherer Lederfeuchtigkeit erreicht wird (s. Sorptionsisothermen, Abb. 4).

feuchten. Das trockene Thermometer ist eine normale Ausführung zur Messung der Lufttemperatur, bei dem feuchten dagegen sorgt eine Baumwollhülle, die laufend aus einem Behälter Wasser nachsaugt, dafür, daß die Meßoberfläche des Thermometers immer feucht bleibt. Das feuchte Thermometer kühlt sich dabei durch Verdunstung ab, wobei die Temperaturerniedrigung vor allem von der relativen Feuchtigkeit und der Temperatur der vorbeistreichenden Luft abhängt. Der Zusammenhang zwischen den an beiden Thermometern abgelesenen Temperaturen (t und t_f) der relativen Feuchtigkeit ist in Abb. 15 wiedergegeben. Der Einbau der Thermometer wird an einer Stelle durchgeführt, wo die Luftgeschwindigkeit möglichst nicht unter 2 m/s beträgt. Bei genauen Messungen verwendet man das Aßmannsche Aspirations-Psychrometer, bei dem durch einen uhrwerkgetriebenen kleinen Ventilator die erforderliche Luftgeschwindigkeit erzeugt wird.

Abb. 16 bis 20 zeigen Ergebnisse eines solchen Versuches (H. Werner), bei dem vegetabilisch-synthetisch gegerbte Schaflederproben in bewegter Luft getrocknet wurden. Die Leder waren dabei so aufgehängt, daß sie ungehindert schrumpfen konnten.

Die Luftfeuchtigkeit wirkt sich im ganzen Bereich stark auf die Trocknungsgeschwindigkeit (Abb. 16) aus, so daß auch die Trocknungszeiten sehr unterschiedlich sind (Abb. 17). Den Einfluß der Lufttemperatur auf Trocknungsgeschwindigkeiten und Trocknungszeiten zeigen die Abb. 18 und 19. Wie sich eine Änderung der Luftbewegung auf die Trocknung geltend macht, läßt sich aus den Abb. 20 und 21 entnehmen. Die Auswirkung der Gerbart (K. Wolf, F. Duell und R. Heberling) ist in Abb. 22 dargestellt (die Werte dieser Versuche lassen sich nicht mit den vorhergehenden vergleichen, weil die Belüftungsverhältnisse anders waren).

Die physikalischen Gesetze lassen mannigfaltige Einblicke in die Vorgänge bei der Ledertrocknung zu. Man kann aus ihnen schon heute viele nützliche Schlüsse ziehen. Für die quantitative Auslegung und Weiterentwicklung der Ledertrockner ist man aber noch weitgehend auf Versuche angewiesen. Dabei können nur modernste Einrichtungen und fortschrittliche Versuchsmethoden bei dem schwierigen Gebiet der Ledertrocknung alle die Unterlagen schaffen, die für den Bau hochwertiger Ledertrockner erforderlich sind.

C. Trockenanlagen.

Von Dipl.-Ing. **Ernst Friederich**, Bad Hersfeld

I. Allgemeines.

Die Entwicklung von kleinen Handwerksbetrieben zur modernen Lederfabrik, die mit Maschinen ausgerüstet ist und nach Arbeitsmethoden auf Grund der neuesten Erkenntnisse arbeitet, erfordert zur Durchführung einer wirtschaftlichen Arbeitsweise auch die Anwendung neuzeitlicher Trockenverfahren und Apparate. Wollte man die veralteten Methoden der Trocknung anwenden, so wäre die Rentabilität des Betriebs in Frage gestellt. Die Trockenapparate und -maschinen herstellende Industrie hat ihre Erzeugnisse laufend verbessert und allgemeine Erkenntnisse auch speziell auf die Trockenanlagen für die Lederindustrie übertragen. In den letzten Jahrzehnten sind Verbesserungen in den Trockenmethoden und in der Bauweise der Trockner durchgeführt worden, die noch nicht als abgeschlossen gelten dürfen, da sich auf manchen Gebieten eine weitere Entwicklung abzeichnet, die auch auf Ledertrocknungsanlagen Anwendung finden dürfte.

Es gibt heute noch Anlagen, die sich Gerber auf Grund ihrer Erfahrungen selbst erstellt haben und von deren einwandfreier Arbeitsweise die Erbauer auch überzeugt sind, wenn ihnen noch diese und jene Mängel anhaften. Hier wäre ein engeres Zusammenarbeiten zwischen dem Gerber und dem Fabrikanten von Trockenanlagen erforderlich, damit die Hersteller die speziellen Wünsche und Forderungen, die an die Anlage gestellt werden, kennenlernen und die Gerber die physikalischen Gesetze der Trocknung respektieren.

Im allgemeinen arbeiten die in den Lederfabriken gebräuchlichen Trockenanlagen für Leder, Haare und Gerberwolle nach dem Konvektionsverfahren, d. h. erwärmte Luft führt dem Trockengut die Wärme zu und nimmt gleichzeitig das verdunstete Wasser auf. Eine Kontakttrocknung, d. h. eine Wärmezufuhr unmittelbar von der Unterlage aus, auf der das Leder aufliegt, findet nur bei gewissen Entwicklungen der Pastingverfahren (s. S. 317) statt. In Spezialfällen sind auch Strahlungstrockner in Betrieb, bei denen die Wärme mittels langwelliger (Ultrarot-) Strahlung zugeführt wird. In allen diesen Fällen wird das verdunstete Wasser von einem Luftstrom aufgenommen. Da nun die Luft nur bis zu einem gewissen Grade Wasser aufnehmen kann, ist es erforderlich, die mit Feuchtigkeit angereicherte Luft aus dem Trockner abzuführen und durch Frischluft zu ersetzen.

Die Infrarottrocknung wurde vor 20 Jahren in den USA. bei den Fordwerken mit Erfolg eingeführt für die Trocknung von lackierten Autokarosserien, Kotflügeln usw. Hierbei überraschten die kurzen Trockenzeiten, die erzielt wurden, so daß man dieses Verfahren auch für die Trocknung von anderen Gegenständen anzuwenden versuchte in der Annahme, daß die infraroten Strahlen eine große Tiefenwirkung aufweisen. Man erkannte jedoch, daß die Strahlen schon in einer dünnen Oberflächenschicht der Körper absorbiert werden und die Wärme dann nur durch Leitung in das Innere gelangt. Daraus ergibt sich, daß die Oberflächen dickerer Körper höhere Temperaturen annehmen als das Innere, die sich auf das Material nachteilig auswirken können. Eine Verkrustung oder Verhornung kann eintreten, die das Austreten von Wasser bzw. Wasserdampf erschwert, was einer gleichmäßigen Austrocknung abträglich ist. Die praktische Folgerung hieraus ist, daß sich die Infrarottrocknung vorwiegend für flächiges dünnes Material, z. B. Papier-, Gewebebahnen usw., eignet.

Anderseits ist hier wegen der Feuersgefahr infolge Überhitzung Vorsicht geboten. Auch für manche Leder erscheint die Infrarottrocknung wegen der starken Erwärmung der Oberflächen und der Gefahr der unvollkommenen Austrocknung der inneren Teile nur bedingt geeignet, abgesehen davon, daß in den meisten Lederfabriken die erforderliche elektrische Energie nicht zur Verfügung steht, wenn man berücksichtigt, daß für die Verdunstung von 1 kg Wasser zirka 1,3 bis 1,5 kWh verfügbar sein müssen. Über Infrarottrocknungsanlagen für Leder s. S. 291 und 294, sowie S. 322 und 324f.

In der Zurichtung werden vielfach für die Trocknung Infrarotanlagen zum Trocknen von Farbaufträgen verwendet. Hier ist das Verfahren eventuell gerechtfertigt, weil nur eine Oberflächentrocknung der gespritzten Leder stattfindet und in der kurzen Trockenzeit eine nennenswerte Eigenerwärmung der Leder nicht eintritt. Allerdings wird zum Teil auch angegeben, daß infolge der hohen Temperaturen, die auftreten, die Farben nicht genügend abbinden und die Reibechtheit der Farben zu wünschen übrig läßt. Es sind hierfür aber schon Trockenanlagen nach dem Konvektionsverfahren entwickelt, die bei wesentlich niedrigeren Temperaturen die Leder in der gleichen Zeit trocknen wie die Infrarotstrahlen und die sich mit billigem Abdampf beheizen lassen.

Über Infrarottrocknung in der Leder- und Schuhindustrie s. auch H. Herfeld und R. Bellmann. Einen Überblick über die zur Zeit üblichen Verfahren der Ledertrocknung gibt u. a. M. Tomíšek.

Der Vollständigkeit halber möge hier noch das Gefriertrocknen erwähnt werden, das bei Chromleder angewendet wird und poröse weiche Leder liefern soll [B. Plechač (1)].

II. Ältere Trocknungseinrichtungen für Leder.

Ursprünglich wurden Leder aller Art in Schuppen, Hallen oder auf Böden getrocknet. Derartige Räume waren mit verschließbaren Fenstern oder Jalousien versehen. Je nach den Witterungsverhältnissen wurden die Fenster mehr oder weniger geschlossen. Mit künstlicher Wärmezufuhr waren die Räume noch nicht ausgerüstet, so daß man mit der Durchführung des Trockenprozesses ganz von den jeweils herrschenden klimatischen Verhältnissen abhängig war. Bei kühler feuchter Luft dauerte der Trockenprozeß entsprechend lang, was auch bei feuchtwarmer Witterung zutraf. Außer der langen Trockenzeit kam besonders bei vegetabilisch gegerbten Ledern die Schimmelbildung hinzu, die sich qualitätsvermindernd auswirkt. Der beste Trocknungseffekt ergab sich bei Wind und nicht zu feuchter Luft.

Eine gewisse Verbesserung der Trocknung erzielte man schon durch Beheizung der Trockenräume mittels Öfen, die auch im Winter eine beschleunigte Trocknung gestatteten. Durch den Auftrieb, den die Luft am Ofen erhielt, erfolgte eine, wenn auch geringe, Luftzirkulation. Es mußte allerdings auch für eine hinreichende Durchlüftung der Räume Sorge getragen werden, da, wie erwähnt, die Luft nur bis zu einem gewissen Grade Feuchtigkeit aufnehmen kann. Die Entlüftung wurde durch Schächte oder Dachhauben vorgenommen, die zur Einstellung der gewünschten Luftmengen mit Reguliervorrichtungen ausgerüstet waren. Die Verwendung von Öfen, die häufig mit Lohe gefeuert wurden, verlangte jedoch besonders bei temperaturempfindlichen Ledern eine gleichmäßige Führung des Feuers, um eine zu starke Erwärmung des Raumes zu vermeiden.

Erst mit Einführung der Dampfkraft war es möglich, den Trockenprozeß günstig zu beeinflussen, da man mit dem Abdampf heizen und mit Ventilatoren die Luftbewegung im Trockenraum wesentlich verstärken konnte. Zwar war vor Einführung der Elektrizität die Kraftübertragung durch Transmissionen sehr umständlich, so daß man sich vielfach darauf beschränkte, die Trockenräume mit Dampf zu beheizen, indem man

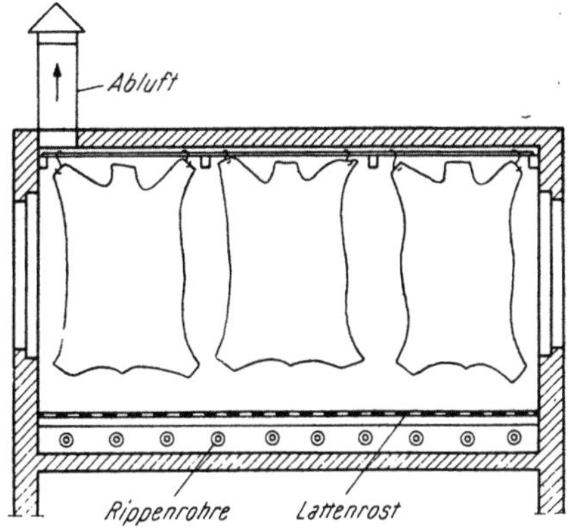

Abb. 23. Raumtrockenanlage mit Beheizung durch Rippenrohre ohne künstliche Belüftung.

Siederohre oder Rippenrohre auf dem Fußboden verlegte. Die Begehbarkeit der Räume wurde durch Lattenroste, die über den Heizflächen angeordnet wurden, gewährleistet. Eine solche Raumtrockenanlage zeigt Abb. 23 im Querschnitt.

Für die Wärmeabgabe von Heiz- und Rippenrohren findet man die verschiedensten Zahlen in der Literatur angegeben, wobei die Grenzwerte mitunter weit auseinander liegen, so daß der Laie damit nicht viel anfangen kann, zumal die Größenbestimmung der Heizfläche vcn mehreren Faktoren abhängig ist, und zwar von der Raumtemperatur, dem Dampfdruck und dem Wärmedurchgangswert, der nicht nur bedingt ist von der Geschwindigkeit, mit der die Luft an den Heizkörpern vorbeigeführt wird, sondern auch für glatte Rohre und Rippenrohre ganz verschiedene Werte aufweist. Selbst Rippenrohre haben je nach ihrer Bauart sehr unterschiedliche Wärmeübergangswerte.

III. Neuere Raumtrockenanlagen für Leder.

1. Luftheizungsanlagen mit Luftverteilung durch Rohrleitungen.

Für die Trocknung von Ledern kommen hauptsächlich drei verschiedene Trocknertypen in Frage, und zwar: „Raum-", „Schrank-" und „Kanaltrockenanlagen".

In der Erkenntnis, daß durch künstliche Luftbewegung eine Beschleunigung des Trockenprozesses möglich ist, baute man Luftheizungsanlagen, die in

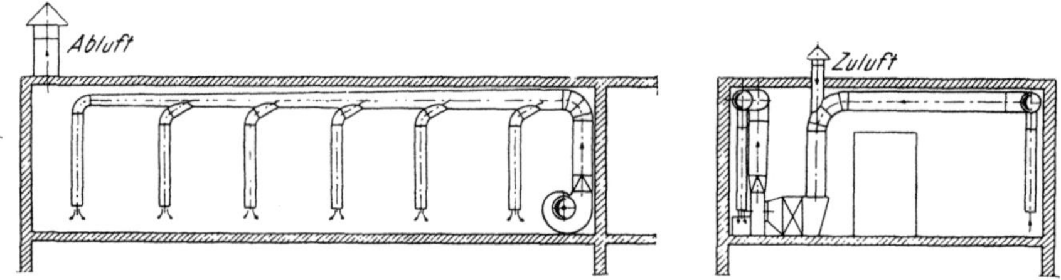

Abb. 24. Raumtrockenanlagen mit künstlicher Belüftung.

den verschiedenen Ausführungsarten auch heute noch in Benutzung sind. Eine ältere Ausführungsform stellt Abb. 24 dar. Das Luftheiz-Aggregat besteht aus einem Zentrifugalventilator und einer Heizbatterie mit Rippenrohren. Die Heizbatterie ist meist aus mehreren Registern zusammengesetzt, die, um eine bequemere Temperaturregelung zu ermöglichen, einzeln abschaltbar gehalten werden. Die Aggregate können im Trockenraum selbst Aufstellung finden, da sie wenig Raum beanspruchen. Natürlich kann die Aufstellung auch im Nachbarraum erfolgen.

Mittels des Zentrifugalventilators wird die in der Heizbatterie erwärmte Luft durch ein Rohrleitungssystem, das an der Decke des Raumes verlegt wird, dem Trockenraum zugeführt, bzw. zum größten Teil als Rückluft durch entsprechende Leitungen zum Heizaggregat zurückgesaugt. Je nach Größe der Räume können eine oder mehrere Ausblasleitungen angeordnet werden, die mit senkrechten, auf die Länge des Raumes verteilten Rohren ausgerüstet sind. Die senkrechten Rohre besitzen Schlitze, die regulierbar gehalten sind, um eine gleichmäßige Luftverteilung zu erzielen. Ein anderes System arbeitet so, daß die Luft durch die senkrechten Rohre auf den Fußboden ausgeblasen wird, wobei sie sich auf eine gewisse Fläche verteilt und infolge ihres Auftriebs nach oben zwischen den Ledern hindurchströmt. Um eine gute Luftverteilung zu erreichen, müssen die Leder entsprechend hoch aufgehängt werden. Dieses System hat sich besser bewährt, da eine bessere Luftverteilung gewährleistet ist und die Wärme den Ledern von unten zugeführt wird.

Die Luftheizungsanlagen arbeiten nach dem Umluft-Prinzip. Die Luft wird dauernd in Zirkulation gehalten, man sagt umgewälzt, und zwar werden wesentlich größere Luftmengen bewegt, als für die Abführung der verdunsteten Wassermenge erforderlich wäre. Größere Luftmengen ermöglichen eine Abkürzung des Trockenprozesses einmal dadurch, daß durch erhöhte Luftgeschwindigkeit der Wärmeübergang von der Luft an das Leder vergrößert wird und damit eine lebhaftere Wasserverdunstung eintritt, zum anderen wird die Temperaturdifferenz zwischen ausgeblasener und zurückgesaugter Luft erniedrigt, also eine gleichmäßigere Temperierung des Raumes erzielt, so daß die Leder an allen Stellen des Raumes gleichmäßig trocknen und nicht einzelne Partien, die mit niedrigen Temperaturen beaufschlagt werden, in der Trocknung zurückbleiben.

Noch einen weiteren Vorteil bringt das Umluftsystem in wärmewirtschaftlicher Beziehung. Nach jeweiligem Durchströmen des Trockenraumes nimmt die Luft eine gewisse Wassermenge pro cbm auf und kühlt sich dadurch ab. Da sie in dem Heizaggregat wieder erwärmt wird, ist sie in der Lage, wieder von neuem Wasser aufzunehmen, und durch die häufige Umwälzung wird sie bis zu einem Maximum gesättigt. Zur Abführung des verdunsteten Wassers braucht man bei dem Umluftsystem also nur einen Bruchteil der Abluftmenge, die beim einmaligen Durchströmen erforderlich wäre (s. dazu das Beispiel 2, S. 262).

Die Frischlufterneuerung erfolgt derart, daß man der aus dem Trockenraum zurückgesaugten Luft Frischluft zuführt. Die Abluft kann durch Holzschächte, die mit Regulierklappen ausgerüstet werden, über das Dach ins Freie geführt werden. Bei größeren Anlagen kann die Abluft auch durch einen zweiten Ventilator abgesaugt werden.

Um immer ein möglichst gleichmäßiges Trockenprodukt zu erhalten, ist es erforderlich, die Trocknung stets unter den gleichen Bedingungen durchzuführen, d. h. die gleiche Temperatur und Luftsättigung einzuhalten. Zur Beobachtung des Zustands der Trockenluft dienen Thermometer und Psychrometer bzw. Hygrometer. Auch besteht die Möglichkeit, durch automatisch arbeitende Regelungsanlagen Temperatur und Luftsättigung konstant zu halten. Die Witterungseinflüsse sind bei der Projektierung einer Anlage ebenfalls zu berücksichtigen. Die Zufuhr der Frischluft und die Abluftmenge muß in weiten Grenzen regelbar sein, um einerseits bei feuchtwarmer Witterung einen hinreichenden Frischluftdurchsatz zu haben und genügend Wasser abführen zu können, andererseits muß vermieden werden, daß bei niedriger Außentemperatur mehr Frischluft zugeführt wird als erforderlich, da sonst der Wärmeverbrauch stark ansteigt.

2. Umluft-Zellengebläse und Supra-Trockner für Raumtrockenanlagen.

Den vorbeschriebenen Luftheizungsanlagen mit Luftverteilung durch Rohrleitungen ist hinsichtlich der Dimensionierung der Luftmengen eine Grenze gesetzt. Mit zunehmenden Luftmengen müssen entweder die Durchmesser der Rohrleitungen oder die Luftgeschwindigkeiten vergrößert werden, bzw. kann man beide Maßnahmen berücksichtigen. Jedoch verkleinern zu große Luftleitungen und Heizapparate den Trockenraum und zu hohe Geschwindigkeiten bedingen erhebliche Widerstände in den Rohrleitungen, die den Kraftbedarf so steigern, daß die Wirtschaftlichkeit in Frage gestellt wird.

Einen bedeutenden Fortschritt stellte daher die Einführung des Umluft-Zellengebläses dar. Mit diesem ist es möglich, bei niederem Kraftbedarf Luftmengen umzuwälzen, die ein Mehrfaches derjenigen betragen, die sich mit

Rohrleitungsanlagen fördern lassen. Wollte man mit einem zentralen Luftheiz-Aggregat die gleichen Luftmengen umwälzen wie mit dem Umluft-Zellengebläse, so würde sich der Kraftbedarf auf das Zwanzig- bis Dreißigfache steigern. Diese Vergleichszahlen stellen die Überlegenheit des Gebläses klar heraus.

Das Umluft-Zellengebläse (Abb. 25) besteht aus einer Anzahl Schrauben-ventilatoren, die je nach der Raumgröße variieren. Die Ventilatoren sitzen gleichmäßig verteilt auf einer gemeinsamen Welle, die von einem Motor direkt gekuppelt oder über Keilriemen angetrieben wird. Der Antriebsmotor kann im Trockenraum selbst oder, wenn mit hohen Temperaturen getrocknet wird, im Nachbarraum aufgestellt werden, wobei sich eine entsprechende Verlängerung der Welle durch die Wand des Trockenraums erforderlich macht. Die Absaugung der Abluft kann durch einen weiteren Schraubenventilator erfolgen, der ebenfalls auf der Welle des Gebläses angeordnet ist. Die Heizfläche zur Anwärmung der Luft wird über die ganze Länge über dem Gebläse eingebaut. Es ergibt sich

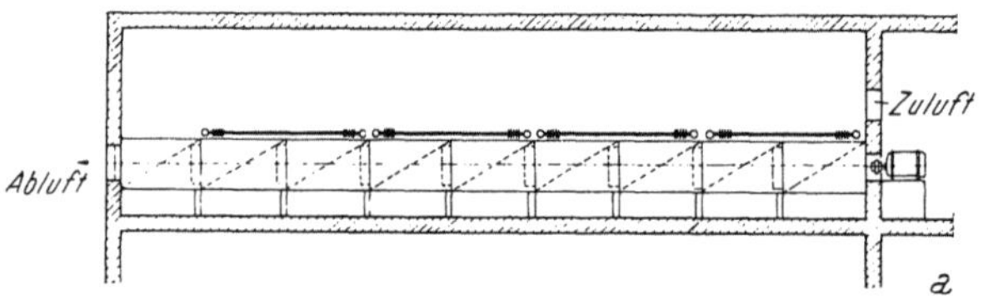

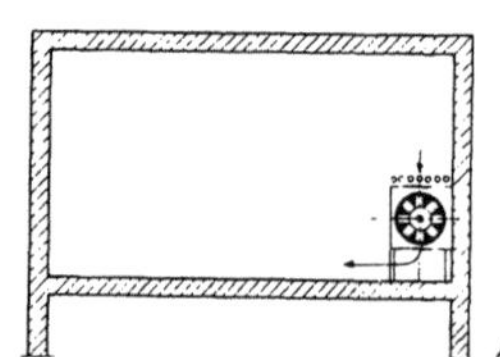

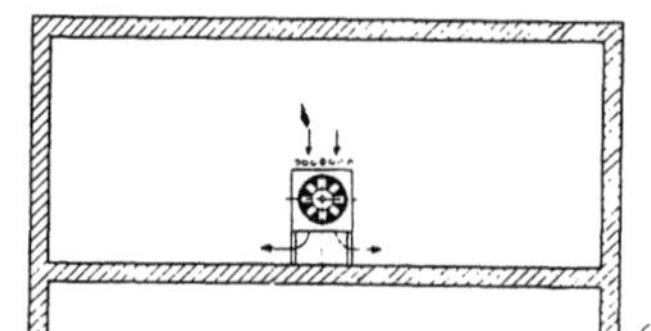

Abb. 25. Umluft-Zellengebläse für den trockentechnischen Ausbau von Ledertrocken-räumen.

somit neben einer gleichmäßigen Verteilung der Luft auch eine gleichmäßige Wärmeverteilung.

Die Aufstellung des Umluft-Zellengebläses erfolgt an einer Längswand oder in der mittleren Längsachse des Raumes. Die Luft wird von den Ventilatoren auf die Breite des Raumes, also senkrecht zum Gebläse ausgeblasen. Es findet also eine Querbelüftung statt und die Luft legt auf diese Weise einen kurzen Weg zurück. Dementsprechend müssen auch die Leder quer zur Längsrichtung des Raumes aufgehängt werden.

Der Supra-Trockner, Abb. 26, ist ein Apparat, der ebenfalls ohne Luft-verteilungsleitungen arbeitet, also im Prinzip dem Umluft-Zellengebläse ähnlich ist. Auf einem mit Blech verkleideten Gestell ist die Heizfläche angeordnet, während sich im unteren Teil ein Schraubenventilator befindet, der auf dem Wellenstumpf eines Spezial-Vertikalmotors aufgekeilt ist. Die Luft wird von oben durch die Heizfläche hindurch angesaugt und auf den Fußboden des Raumes ausgeblasen wie beim Umluft-Zellengebläse. Auch dieser Apparat hat den Vorteil, daß man bei niedrigem Kraftbedarf große Luftmengen umwälzen kann. Je nach Größe des Trockenraumes können ein oder mehrere Apparate vorgesehen werden. Die Supra-Trockner werden in der Mitte des Trockenraumes oder in der mittleren Längsachse aufgestellt.

Die Absaugung der Abluft erfolgt durch einen oder mehrere Schrauben-ventilatoren, die in den Ecken des Trockenraumes, wo sie am wenigsten stören, aufgestellt werden. Die Fortführung der Abluft wird durch einen Schacht vorgenommen, in dessen unterem Teil der Ventilator montiert wird. Auch hier ist es erforderlich, durch eine Regeleinrichtung die Abluftmengen entsprechend den Witterungseinflüssen in weiten Grenzen zu regeln.

Die einfache Bedienung und die niedrigen Anschaffungskosten des Umluft-Zellengebläses und des Supra-Trockners sind weitere Vorteile dieser Anlagen.

3. Kanaltrockner.

In dem Bestreben, die Bedienung bei der Trocknung von Ledern zu vereinfachen und zu verbilligen, die Trockenzeiten abzukürzen und die Wirtschaft-

Abb. 26. Supra-Trockner für Ledertrockenräume.

lichkeit im Wärmeverbrauch zu steigern, werden Kanal-Trockenanlagen mit mechanischem Transport gebaut. Sie finden vorwiegend bei Ledern Anwendung, die bei höheren Temperaturen getrocknet werden können. Auch diese Trocknertype wurde in jahrzehntelanger Entwicklung auf den heutigen Stand gebracht.

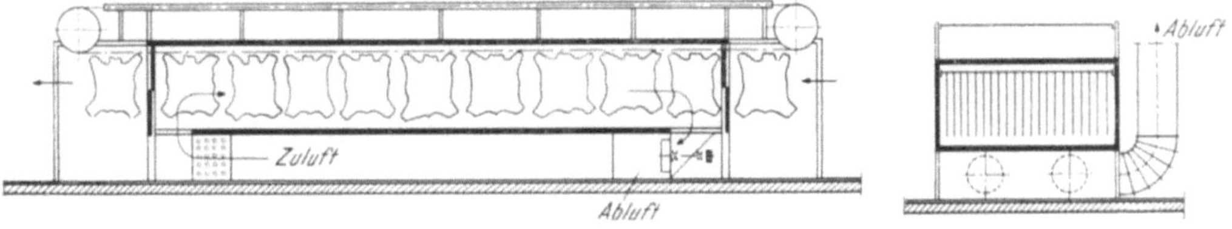

Abb. 27. Trockenkanal mit Längsbelüftung nach dem Gegenstromprinzip.

Die Kanaltrockner arbeiteten ursprünglich nach dem Gegenstromprinzip, d. h. die Luft wurde der Bewegungsrichtung der Leder entgegen durch den Kanal geführt. Hierbei wurden die Leder parallel zur Längsachse des Kanals aufgehängt. Abb. 27 zeigt eine solche Anlage. Der Transport der Leder erfolgt durch zwei endlose Ketten, die durch Querträger verbunden sind. An diesen Querträgern werden die Leder mittels Haken od. dgl. (s. u.) aufgehängt. An der Ein- und Auslaufseite sind Türen zum Verschließen des Kanals vorgesehen. Die Frischluft wird über eine unter dem Kanal an der Auslaufseite eingebaute Heizfläche angesaugt und erwärmt, durchströmt dann den Kanal in Längs-

18 a*

richtung, wird von den unter dem Kanal an der Einlaufseite angeordneten Ventilatoren angesaugt und durch eine Rohrleitung ins Freie geblasen. Die erwärmte Frischluft kommt also zuerst mit den trockenen Ledern in Berührung,

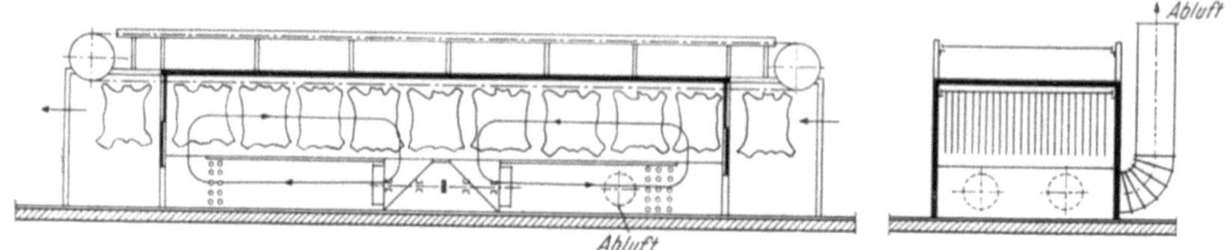

Abb. 28. Trockenkanal mit Längsbelüftung. Umluft-System mit zwei Luftkreisen.

und die Höhe der Lufttemperatur ist von der Empfindlichkeit der trockenen Ware abhängig. Mit Durchströmen des Kanals kommt die Luft mit immer

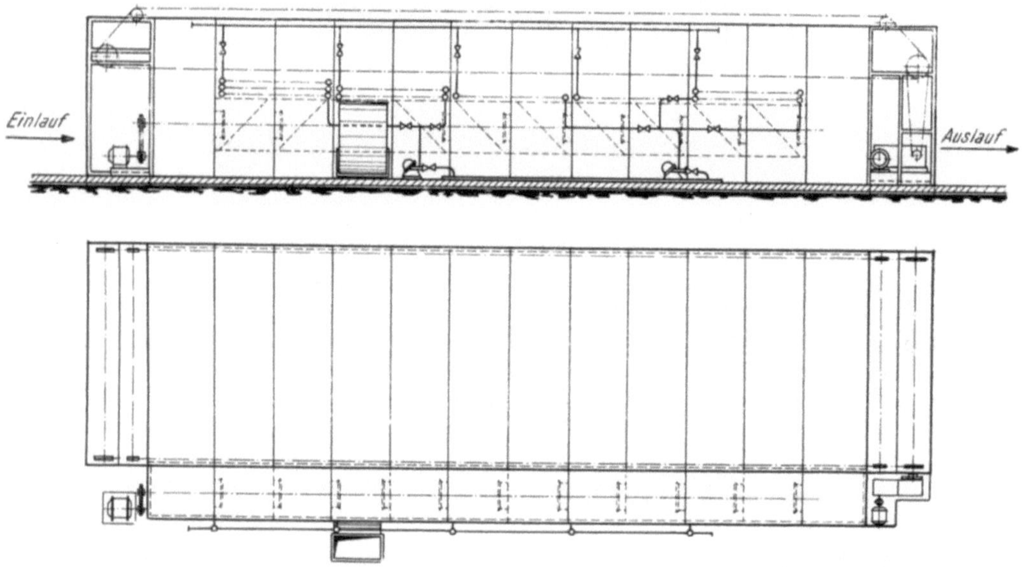

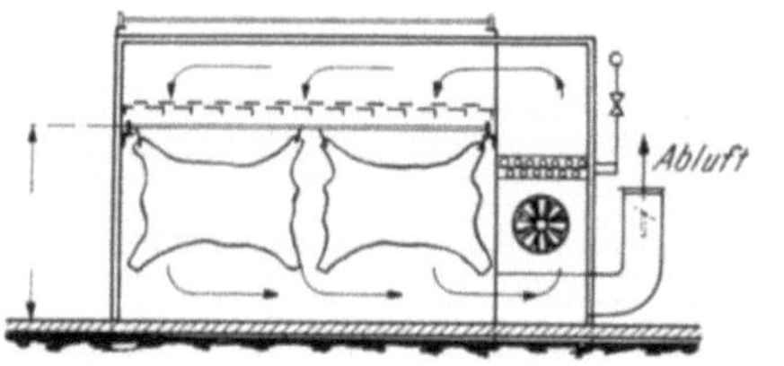

Abb. 29. Ledertrockenkanal mit Kettentransport.
Die Leder sind an Haken aufgehängt.

nasseren Ledern in Berührung, wobei sie sich bis zu einem gewissen Grade mit Feuchtigkeit anreichert und dementsprechend abkühlt. Die Luftmengen mußten demnach so groß gewählt werden, daß eine zu starke Abkühlung vermieden wurde. Diesem älteren System haftet der Nachteil an, daß man die nassen Leder nur mit niedrigen Temperaturen beaufschlagen konnte und dadurch der Trockeneffekt gering war. Bei Anwendung des Gleichstromverfahrens, bei dem die Luft in derselben Richtung wie der Transport der Leder durch den Kanal geblasen wird, besteht die Gefahr, daß die trockenen Leder an der Ausfahrtseite mit zu feuchter Luft behandelt werden und dadurch ein schlechter Trockeneffekt entsteht.

Eine wesentliche Verbesserung war die Einführung des Umluft-Trockenverfahrens, wie es in Abb. 28 veranschaulicht wird. Unterhalb des eigentlichen Kanals sind zwei oder je nach Länge des Trockners mehrere Heizungs- und Belüftungs-Aggregate eingebaut, die zum Teil im Gegenstrom-, zum Teil im Gleichstromprinzip arbeiten. Man hat es hierdurch in der Hand, die Wärmeleistung entsprechend der Wasserverdunstung abzustufen. Es ist eine bekannte Tatsache,

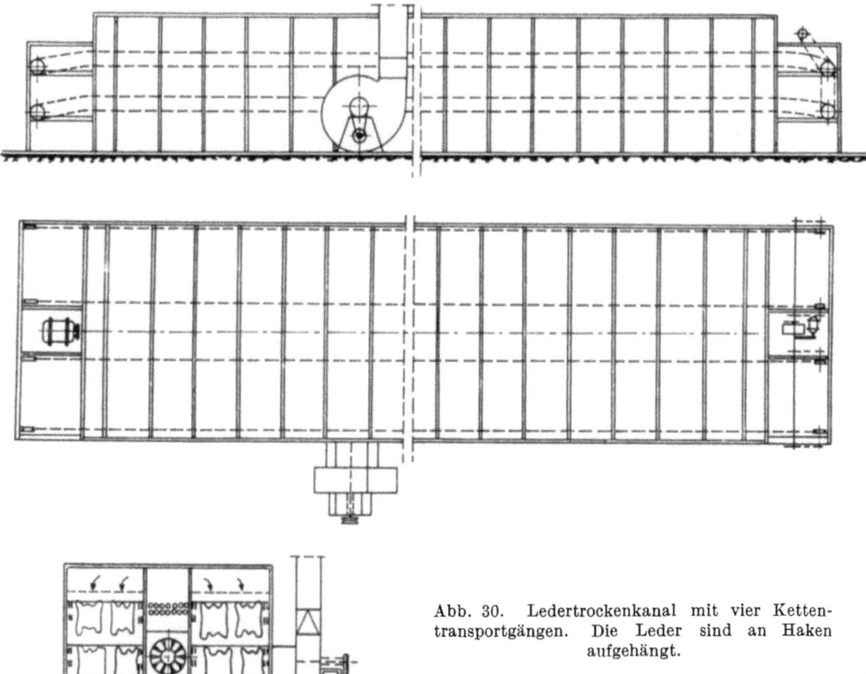

Abb. 30. Ledertrockenkanal mit vier Kettentransportgängen. Die Leder sind an Haken aufgehängt.

daß bei entsprechenden Temperaturen zu Anfang der Trocknung eine wesentlich lebhaftere Wasserverdunstung eintritt als gegen Ende des Trockenprozesses. Man muß deshalb im ersten Teil des Trockners eine größere Heizfläche einbauen als im zweiten Teil. Der Vorteil des Umluftverfahrens beruht in der Abkürzung der Trockendauer bei schonender Behandlung der Leder und in einer besseren Wärmeausnutzung.

Eine weitere Verbesserung der Trocknung ergab sich durch die Einführung des Querluftprinzips. Hierbei wird die Umluft vertikal oder horizontal quer zur Längsachse des Kanals umgewälzt. Dies bedingt auch, daß die Leder in Querrichtung aufgehängt werden müssen. Der Vorteil dieses Systems beruht darin, daß man die Heizflächen auf sehr kurze Kanaleinheiten abstufen und damit die Wärmeleistung in den einzelnen Zonen dem Trocknungsfortschritt der Leder sehr gut anpassen bzw. die Temperaturen feiner abstufen kann, so daß eine noch schonendere Trocknung möglich ist. Ein weiterer Vorteil besteht

darin, daß man die Luftmengen ganz erheblich steigern kann, ohne auf zu hohe
Luftgeschwindigkeiten zu kommen, da beim Querluftsystem die freien Luft-
querschnitte erheblich größer sind als bei der Längsbelüftung. Abb. 29 zeigt eine
Anlage mit vertikaler Querbelüftung. Bei dieser Ausführung liegt die Belüftungseinrichtung in einem seitlichen Schacht des Kanals, in dem auch die Heizfläche

Abb. 31. Ledertrockenkanal mit zwei Kettentransportgängen. Die Leder sind über Stangen geschlagen

untergebracht ist. Abb. 30 zeigt einen Kanal mit vier Kettentransportgängen,
die zu beiden Seiten des in der mittleren Längsachse des Kanals angeordneten
Belüftungssystems liegen. Ein Trockenkanal mit zwei übereinander liegenden
Transportgängen, der für die Trocknung von Kleintierfellen, die über Stangen
geschlagen sind, dient, ist aus Abb. 31 ersichtlich. Bei dieser Ausführung befinden

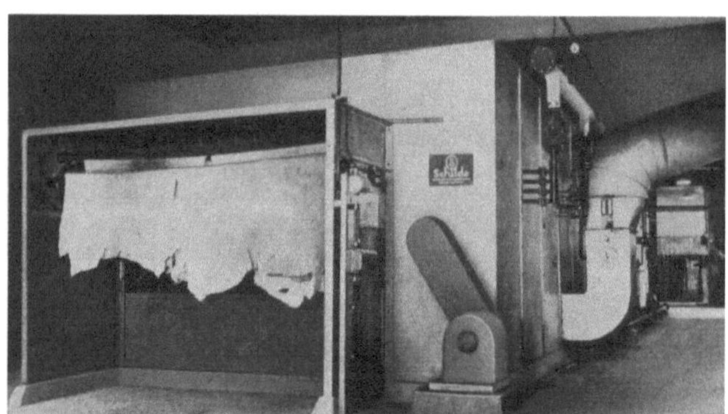

Abb. 32. Ledertrockenkanal mit einem Kettentransportgang. Die Rindboxleder sind über Stangen geschlagen.

sich die Ventilatoren über der Transporteinrichtung. In dem auf Abb. 32 dargestellten Kanal, in welchem über Stangen geschlagene Rindbox und Boxcalf
getrocknet werden, befindet sich die Belüftungseinrichtung seitlich des eigentlichen Trockenraumes. Zur Trocknung von Sohlledercroupons dient ein Kanal
gemäß Abb. 33, der mit beiderseitigen Heizungs- und Belüftungseinrichtungen
ausgestattet ist.

Die vorbeschriebenen Kanäle sind mit Transporteinrichtungen ausgerüstet, die in einer Richtung arbeiten, somit liegen Beschickungs- und Entnahmestelle an den entgegengesetzten Enden der Kanäle. Eine Anlage, bei der sich Beschickung und Entnahme der Leder an der gleichen Seite befinden, stellt der Doppelkanal Abb. 34 dar. Dieser besteht aus zwei nebeneinander liegenden

Abb. 33. Ledertrockenkanal mit zwei nebeneinander liegenden Kettentransportgängen. Die Sohlleder-Croupons sind an Haken aufgehängt.

Kanälen. Die Leder durchlaufen den einen Kanal von der Beschickungsseite zur Umkehrstelle, den zweiten in umgekehrter Richtung. In dieser Anlage können die Leder an Haken aufgehängt oder auf Rahmen genagelt getrocknet werden; Belüftung nach dem Querluftprinzip für jeden Kanal getrennt.

Die zweckmäßige Art der Aufgabe und Befestigung der Leder, ob sie an Haken aufgehängt, über Stangen geschlagen oder aufgenagelt werden, ist im wesentlichen abhängig von der Art der zu trocknenden Leder, aber mitunter bedeutsam für konstruktive Einzelheiten der Anlage und deren wirtschaftliche Arbeitsweise. Holzstäbe zum Aufhängen des Leders, die in ein Gestell oder eine Kette eingehängt werden, sind nicht überall anwendbar. Auch verziehen sie sich, abgesehen von Bambusstäben, im Laufe der Zeit.

Über die Arbeitsleistung bei den verschiedenen Arten der Beschickung können folgende Angaben nach Erfahrungen einer Oberleder-

Abb. 34. Doppel-Trockenkanal. Die Beschickung und Entnahme befinden sich an derselben Stelle; der Transport erfolgt durch Hängewagen.

fabrik[1] gemacht werden. Ein Mädchen leistet mit dem Stock in der Stunde 250 bis 400 kleinere, 200 bis 300 größere Ziegen- oder Kalbfelle. Werden diese an Haken gehängt, dann leistet ein Mädchen bei festen Haken, zu denen sie hingehen muß, 100 bis 300 Leder, an laufenden Haken 150 Kalbfelle oder 400 kleine, 300 mittlere bzw. 200

---

[1] Private Mitteilung von Obering. A. Meissner, Heylsche Lederwerke Liebenau.

große Ziegen. Muß man größere Geschwindigkeiten anwenden, weil das Trockengut aus verschiedenen Gründen nicht mehr viel Feuchtigkeit enthält, dann muß die Geschwindigkeit der Aufgabe auf feste Stöcke bis zu 1200 Fellen gesteigert werden, was gleichzeitig einen schnelleren Gang des Transportes einschließt.

Werden die Leder auf Tafeln aufgenagelt, so ergeben sich für 2 Mädchen Leistungen von 6 Tafeln mit 5 Ziegenfellen, 7 Tafeln mit 4 Fellen, 8 Tafeln mit 3 Fellen und 9 Tafeln mit 2 Fellen in der Stunde.

Bei Rahmen oder gespannten Netzen werden die Leistungen noch geringer, so sind 10 Netze mit 4 Fellen, 14 Netze mit 2 Fellen, 16 Netze mit 1 Fell in der Stunde anzunehmen.

Diese Aufgabegeschwindigkeiten und die Leistungen der Trockner müssen miteinander in Übereinstimmung gebracht werden.

Die Arbeitsleistung bestimmt im Verein mit der Länge der Trockenzeit die Größe.

Bei den Etagentrocknern, Abb. 35, befinden sich Beschickung und Entnahme ebenfalls auf der gleichen Apparatseite. Die Leder werden durch den unteren Kettengang nach rückwärts transportiert, gelangen dann durch eine Überhebeeinrichtung auf den oberen Kettengang, auf dem sie wieder an die Einlaufseite gelangen und getrocknet abgenommen werden. Diese Ausführung kann in solchen Fällen vorgesehen werden, in denen man der Leistung entsprechend für das Aufhängen und Abnehmen der Leder mit einer Arbeitskraft auskommt. Der Apparat

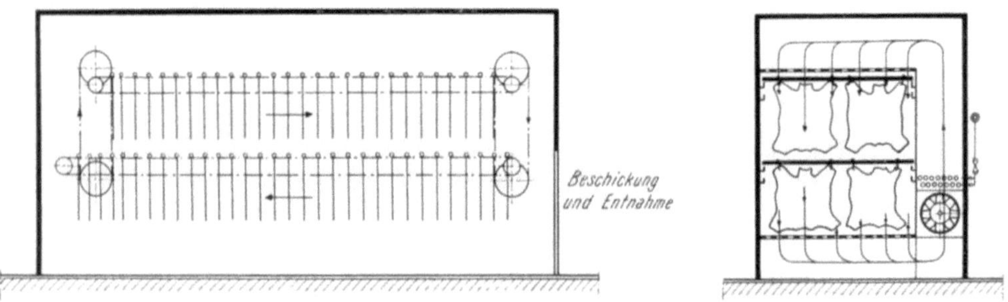

Abb. 35. Trockenkanal mit zwei Etagen mit Hin- und Rücktransport; Beschickung und Entnahme befinden sich an derselben Stelle.

hat jedoch eine große Bauhöhe, die je nach Lederart bis zu 5500 mm betragen kann. Die Belüftung erfolgt vertikal abwärts, so daß die Luft, die von einer Reihe Ventilatoren gefördert wird, zunächst an den Ledern der oberen und dann an denen der unteren Etage vorbeiströmt. Da die Frischluft an der Bedienungsseite angesaugt und an der hinteren Umkehrstelle mit entsprechender Sättigung abgesaugt wird, erfolgt die Trocknung in der unteren Etage im Gleichstrom, in der oberen im Gegenstrom. Eine Abstufung der Trocknung wie im einfachen Durchlaufkanal ist nicht möglich, es sei denn, daß man die beiden Etagen durch eine Zwischendecke voneinander trennt und jede mit einer besonderen Heizungsund Belüftungseinrichtung ausstattet. Dies bedingt jedoch höhere Anschaffungskosten und eine noch größere Bauhöhe.

Der Transport der Leder erfolgt größtenteils durch endlose Ketten entweder derart, daß auf die beiderseits im Trockner umlaufenden Ketten Stäbe aufgelegt werden, über welche die Leder geschlagen werden, oder es werden zwischen die Ketten Querstäbe eingebaut, auf denen verschiebbar Haken angebracht sind, so daß man Leder verschiedener Breite aufhängen kann. Die Haken können für Selbstsperrung eingerichtet werden. Auch besteht die Möglichkeit, die Leder mittels Klammern aufzuhängen. Der Antrieb der Transportketten erfolgt über ein stufenlos regelbares Getriebe, so daß man bei den verschiedenen Ledersorten die günstigste Durchlaufgeschwindigkeit einstellen kann.

Neben den Kanaltrocknern mit Kettentransport sind auch solche bekannt, bei denen der Transport mittels Gestellwagen, s. Abb. 36, erfolgt. Durch ein neben dem Kanal verlegtes Rückfahrgleis werden die Wagen zur Einfahrtseite

Abb. 36. Trockenkanal mit Gestellwagen-Beschickung; der Rücktransport der Wagen erfolgt auf einem seitlichen Gleis.

zurücktransportiert. Während bei kurzen Kanälen die Wagen von Hand geschoben werden, erfolgt der Durchschub bei langen Kanälen durch eine an der Einfahrtseite eingebaute, mittels Elektromotor angetriebene Vorschubein-

Abb. 37. Doppel-Trockenkanal mit Hängewagenbetrieb; Beschickung und Entnahme befinden sich an derselben Stelle.

richtung, welche die Wagenreihe jeweils um eine Wagenlänge vorschiebt und durch einen Endschalter automatisch stillsetzt. Das Einschalten erfolgt über einen Druckknopf.

Kanäle mit Hängewagenbetrieb zeigt die Abb. 37 als Doppelkanal durchgebildet und Abb. 38 als einfachen Kanal mit seitlichem Rückfahrgleis. Durch

Schiebebühnen auf beiden Seiten der Anlage werden die Hängewagen seitlich von einem zum anderen Gleis verschoben.

Abb. 38. Trockenkanal mit Hängewagenbetrieb und seitlicher Rückfahrt.

4. Spanntrockenanlagen.

Nach Flächenmaß gehandelte Leder werden nach dem Befeuchten in Sägemehl und dem Stollen unter Spannung getrocknet, um der bei der Trocknung eintretenden Schrumpfung entgegenzuarbeiten. Zu diesem Zweck werden die Leder auf Holzrahmen genagelt und in Räumen oder Kanälen getrocknet. Seit einer Reihe von Jahren hat sich ein System mehr und mehr eingeführt, bei dem die Leder mittels Klammern auf gelochte Bleche oder Drahtgeflechte, die in Rahmen gehalten sind, gespannt werden. Vorwiegend wird hierfür der Schranktrockner bevorzugt, der in Einheiten mit 10 und 20 Rahmen geliefert wird. Die Rahmen, an Hängeschienen transportierbar, sind nebeneinander im Schrank angeordnet. In dem äußeren Rahmen, der mit Laufkatzen ausgerüstet ist, wird der innere Rahmen, der das gelochte Blech oder das Drahtgeflecht trägt, drehbar gelagert. Zum Aufspannen der Leder wird jeweils ein Rahmen aus dem Schrank herausgezogen (Abb. 39 und 40), der innere Rahmen in die horizontale Lage gedreht, die

Abb. 39. Spanntrockenschrank.

trockenen Leder werden abgenommen und nasse aufgespannt. Nach Drehen des Rahmens um 180° wird auch die Rückseite des Rahmens mit Ledern bespannt. In der horizontalen Lage wird der Rahmen durch eine Schwinge gehalten, während er in der vertikalen Stellung beim Ein- und Ausfahren durch eine Raste gehalten wird. Die Bauweise und Anordnung der Belüftung und Heizung ist aus Abb. 41 ersichtlich. Entsprechend der Leistung werden ein oder mehrere Schränke aufgestellt. Es besteht auch die Möglichkeit, die Spanntrocken-Anlagen in Kanalform zu bauen gemäß Abb. 42. Die Rahmen werden bei dieser Ausführung in Querstellung durch den Trockenkanal und in Längsrichtung über ein seitlich angeordnetes Hängeschienensystem zurückgeführt, auf dem das Bespannen mit Ledern vorgenommen wird. Je nach Leistung wird eine größere Anzahl Spannstationen vorgesehen.

Während bei den vorstehend beschriebenen Anlagen Konvektionstrocknung mit Dampfbeheizung angewendet wird, ist auch ein Kanalsystem etwickelt worden, bei dem die Leder mit Infrarotstrahlen getrocknet werden. Die Rahmen werden in Längsrichtung durch den Kanal befördert und die beiderseits aufgespannten Leder Infrarotstrahlen ausgesetzt, die durch Lampen (Hellstrahler) oder durch Widerstands-Heizkörper (Dunkelstrahler) erzeugt werden (vgl. auch S. 322 und Abb. 55).

Im Prinzip handelt es sich um einen Kanal gemäß Abb. 42. Während bei Kanal Abb. 42 die Rahmen in Querrichtung durch den Trockner gefördert werden, erfolgt bei der mit Infrarotstrahlern ausgerüsteten Anlage der Transport in- und außerhalb des Trockners in Längsrichtung. Auf dem seitlichen Rückfahrgleis erfolgt das Auf- und Abspannen der Leder, wobei die inneren Rahmen ebenfalls, wie bei den Spanntrockenschränken,

Abb. 40. Spanntrockenschrank.

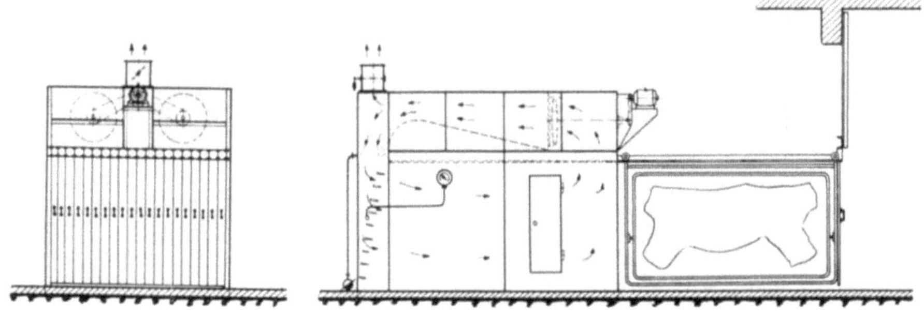

Abb. 41. Spanntrockenschrank.

bei der Bespannung in die horizontale Lage geklappt werden. Der untere Holm des Rahmens wird durch eine Festhaltevorrichtung fixiert, so daß ein Pendeln des Rahmens beim Spannen der Leder vermieden wird. Das bei der Trocknung aus den Ledern entweichende Wasser wird von der Luft im Trockner aufgenommen, und es ist ein dauernder Luftwechsel erforderlich, um das verdunstete Wasser abzuführen.

19*

Beim Nageln der Leder auf Holzrahmen ist mit einem ziemlichen Verschleiß an Holz zu rechnen, und aus diesem Grunde ist dem Aufspannen auf gelochte

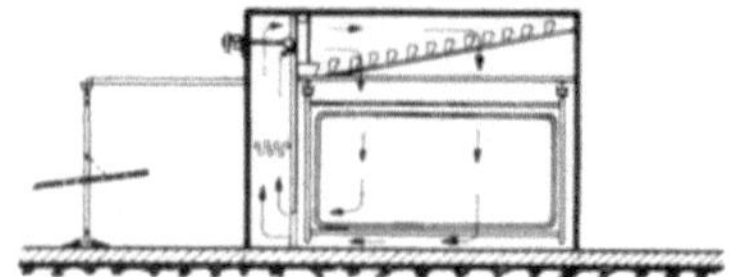

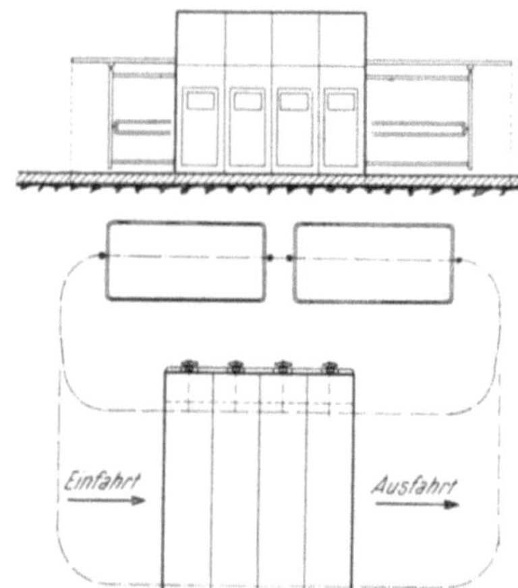

Abb. 42.   Spanntrockenkanal.

Bleche mit Klammern der Vorzug zu geben, da hierbei ein Materialverschleiß nicht eintritt. Außerdem ist die Handhabung des Aufspannens einfacher als die des Nagelns.

5. Klebetrockenanlagen (Pasting-Anlagen).

Eine grundlegende Änderung der Trocknung brachte das in den USA. entwickelte Klebeverfahren, dessen Einzelheiten weiter hinten besprochen werden (s. S. 300). Während bei den oben geschilderten Trockenvorgängen die Leder über Stangen geschlagen, an Haken oder Klammern aufgehängt oder auf Rahmen

Abb. 43.   Klebetrockenschrank.

genagelt oder mit Klammern gespannt werden, verwendet man beim Klebeverfahren Glasplatten oder emaillierte Bleche, auf welche die Leder beiderseits mit einem geeigneten Klebemittel angeklebt werden. Auf diese Weise erzielt man einen Flächengewinn, der bei 5 bis 10% liegt (s. dazu auch F. Wolff-Malm, S. 301). Dieser Gewinn rührt daher, daß keine Schrumpfung bei der Trocknung mehr eintritt und Beschneiden entfällt, das sich sonst durch die Löcher beim Nageln erforderlich macht. Allerdings ist es notwendig, den Trockenvorgang selbst sorgfältig durchzuführen. Man muß dem Umstand Rechnung tragen, daß

die Feuchtigkeit nur durch die Aasseite der Leder entweichen kann, da die
Narbenseite auf die Platte aufgeklebt ist. Auch muß vermieden werden, daß
eine zu schnelle Abtrocknung der Lederoberfläche erfolgt, da diese dann derart
vertrocknen kann, daß das im Inneren befindliche Wasser nicht nach außen
gelangt. Durch die Behandlung mit warmer feuchter Luft werden die Poren des
Leders so lange offen gehalten, bis die Feuchtigkeit nach außen gewandert ist.
Über die Durchführung der Klebetrocknung siehe S. 300.

Die apparative Durchbildung der Klebetrockenanlagen erfordert also, daß
die Temperaturen und der Feuchtigkeitsgehalt der Trockenluft dem Trocknungsfortschritt entsprechend auf einer bestimmten Höhe gehalten werden können.
Diese Forderung wird erfüllt durch Verwendung von automatischen Temperatur-
und Feuchtigkeits-Regelungsanlagen, die nach dem psychrometrischen Prinzip
arbeiten, d. h. mittels eines Trocken- und Feuchtthermometers (s. S. 276)

Abb. 44.   Klebetrockenanlage mit 160 Platten Inhalt.

werden Dampfzufuhr sowie Abluft- und Frischluftmengen reguliert bzw. es
wird zum Befeuchten der Luft Dampf in den Luftstrom eingeblasen.

Die kleinste Einheit ist ein Trockenschrank mit 10 Platten (Abb. 43).
Die Platten werden an Hängeschienen einzeln zum Abziehen der Leder und zum
Bekleben herausgezogen.

Trockenkanäle für das Klebeverfahren baut man vorwiegend in Einheiten von 20 Platten Inhalt oder einem Vielfachen davon, wobei man mit der
kleinsten Einheit von 20 Platten beginnen und später weitere Einheiten an-
bauen kann. Eine Kanalanlage mit 160 Platten zeigt Abb. 44. Die Belüftung
der Anlagen erfolgt nach dem Querluftprinzip derart, daß die Luft horizontal
zwischen den Platten hindurchgeblasen wird. H. P. Leistner empfiehlt zur
Erzielung möglichst gleichmäßiger Trocknungsbedingungen die Verwendung
senkrecht stehender Schlitzdüsen, die so angeordnet sind, daß die Luft mit
einer bestimmten Geschwindigkeit genau zwischen zwei Platten strömt, sowie
einen Wechsel der Strömungsrichtung in kurzen Zeitabständen. Zur Frage
der Zweckmäßigkeit senkrechter Düsen vgl. auch E. Friederich (Diskussionsbemerkung). Die Zonen mit 20 Platten sind im Belüftungssystem durch Wände
getrennt, damit in jeder Zone Temperatur und Luftsättigung geändert werden
können. Auch die Heizflächen in den Zonen sind voneinander getrennt. Ein
Abluftventilator saugt die feuchte Luft, deren Menge durch die Regelanlage
gesteuert wird, aus den einzelnen Trockenzonen.

Der Transport der Platten erfolgt durch den Trockenkanal in Querrichtung, außerhalb desselben in Längsrichtung. Zum Übergang von der einen in die andere Transportrichtung sind am Ein- und Auslauf Weichen eingebaut, die von den Laufkatzen der Rahmen automatisch gesteuert werden. Durch eine mechanische Transporteinrichtung werden die Rahmen durch den Kanal gedrückt. Auf dem seitlichen Rückfahrgleis befindet sich die automatische Waschvorrichtung, in der die Platten, nachdem die trockenen Leder abgezogen sind, von anhaftendem trockenem Klebstoff mit rotierenden Walzenbürsten unter Einsprühen von warmem Wasser gereinigt werden. Vgl. dazu auch Abb. 52, S. 313. Bei größeren Anlagen kann vor dem Wäscher noch eine Einweichzone eingebaut werden, in der warmes Wasser auf die Platten gespritzt wird, so daß sich der Kleber im Wäscher leichter und schneller entfernen läßt. Am Auslauf des Wäschers befindet sich ein automatischer Scheibenwischer, der die an den Platten anhaftenden Wassertropfen abstreift, bevor man in der Klebstation nasse Leder aufklebt. Beim Aufstoßen der Leder mittels Metall- oder Hartgummischlicker werden die unteren Holme der Rahmen durch eine mit Fußhebel betätigte Vorrichtung gehalten, um ein Pendeln zu vermeiden.

Der Transport der Rahmen durch den Wäscher erfolgt mittels einer mechanischen, durch Elektromotor angetriebenen Vorrichtung, die so durchgebildet werden kann, daß beim Vorrücken eines Rahmens in die Klebstation sich die Vorschubeinrichtung automatisch ein- und nach erfolgtem Vorschub selbsttätig wieder ausschaltet. Handarbeit ist also weitgehend vermieden.

Es sind auch Pasting-Anlagen entwickelt worden, die nicht wie vor beschrieben nach dem Konvektionstrockenverfahren arbeiten, sondern mit Infrarotstrahlen, solche Aggregate sind z. B. in Abb. 55, S. 322, gezeigt. Man ging hierbei von dem Bestreben aus, den Trockenprozeß abzukürzen. Das Verfahren wird so durchgeführt, daß die Leder auf die obere Seite von horizontal durch die Anlage laufenden Metallplatten geklebt und durch Lampen bestrahlt werden. Es kommt bei diesem System darauf an, die Durchlaufzeiten genau einzuhalten und bei Erreichung des erforderlichen Restfeuchtigkeitsgehalts die Trocknung sofort abzubrechen, um eine zu starke Erhitzung und damit Beschädigung der Leder zu vermeiden. Nachteilig ist, daß dies Verfahren einen hohen Stromverbrauch aufweist, die elektrische Energie den meisten Lederfabriken nicht zur Verfügung steht und daß es nur für chromgegerbte Leder anwendbar ist; denn vegetabilisch gegerbte Leder vertragen die hohen hierbei vorkommenden Temperaturen nicht.

Auf ähnlichem System beruht das Inframatic-Verfahren. Die Leder werden einseitig auf Platten aus nichtrostendem Stahl aufgeklebt und wandern durch einen schmalen Kanal, an dessen Innenwänden Infrarotstrahler angebracht sind. Ein Benzin-Luft-Gemisch wird im Kanal in offenen Flammen verbrannt und die Strahlen durch Reflektoren auf die Leder geworfen. Es wird mit Anfangstemperaturen bis zu 250° C gearbeitet, die im weiteren Verlauf der Trocknung herabgesetzt werden. Man erzielt sehr kurze Trockenzeiten, die bei ungefähr 7 bis 11 Minuten liegen. Ob sich das Verfahren durchsetzen wird, bleibt abzuwarten. Auch bei diesem System können nur chromgare Leder behandelt werden, und die Durchlaufzeiten müssen ganz exakt eingehalten werden, um ein Übertrocknen bzw. Verbrennen der Leder zu vermeiden.

Bei der Secotherm-Anlage findet die Kontakttrocknung Anwendung. Eine Trocknereinheit, die in Abb. 54, S. 318, dargestellt ist, besteht aus einem schmalen, senkrecht stehenden, mit Wasser gefüllten Behälter, auf dessen Seitenwände (aus emailliertem Blech oder nichtrostenden Stahlplatten) die Leder aufgeklebt werden. Das im Behälter befindliche Wasser wird durch Dampf auf die für das zu trocknende Leder zulässige Temperatur gebracht, und zwar bei Chromleder auf 70 bis 90° C, bei vegetabilisch gegerbten Ledern auf zirka 40 bis 45° C. Es lassen sich bei diesem System die Trockenzeiten erheblich abkürzen. Nachteilig ist, daß das Leder höhere Eigentemperaturen annimmt als beim Konvektionsverfahren und die Wärme durch die Narbenseite in das Leder wandert, während bei den anderen Klebeverfahren die Wärme von der Aasseite in das Leder dringt und die Temperaturen der Narbenseite immer etwas niedriger liegen. Auch sind durch die von den Platten abstrahlende Wärme die Arbeitsbedingungen ungünstiger. Inwieweit sich solche Kontaktverfahren durchsetzen werden, muß die Zukunft lehren.

IV. Trockner für Haare und Gerberwolle.

Um anfallende Haare und Wolle zu konservieren und um Wertminderungen zu vermeiden und Geruchsbelästigungen zu verhindern, müssen die Lederfabriken diese Produkte trocknen. Früher erfolgte die Trocknung, soweit es die Witterung erlaubte, im Freien, und während der Wintermonate wurde das Material naß gestapelt, wobei eine Fermentation eintrat, die einen üblen Geruch verursachte; die Trocknung konnte erst mit der wärmeren Jahreszeit wieder vorgenommen werden. Um eine Gleichmäßigkeit während des ganzen Jahres zu gewährleisten, richtete man Trockenböden ein, in denen das Material je nach Außentemperatur und Luftsättigung aber nur langsam trocknete. Eine Besserung erzielte man durch künstliche Beheizung und Belüftung. Es waren jedoch bei diesem Verfahren verhältnismäßig große Räume erforderlich; der Arbeitsprozeß war umständlich und zeitraubend, abgesehen von dem hohen Wärmeverbrauch. Erst mit der Einführung von Trockenapparaten konnte eine wirtschaftliche Trocknung erzielt werden, die wenig Bedienung und geringen Raum beanspruchte, sowie einen kleinen Wärme- und Kraftverbrauch aufwies.

1. Kammertrockner und Trockenschränke.

Diese stellen die einfachste Ausführung dar, sie werden mit Frisch- oder Abdampf beheizt und sind mit einer künstlichen Belüftung ausgerüstet. Der Apparat ist in Eisen konstruiert und mit Doppelblechverkleidung mit dazwischenliegender Schlackenwolle oder Glaswatte versehen, um die Wärmeverluste gering zu halten. In einem Schrank finden je nach Leistung 5 bis 8 Horden Aufnahme. Bei größeren Leistungen ist die Aufstellung mehrerer Schränke erforderlich. Die Beschickung erfolgt durch zwei Pendelwagen, die vor dem Schrank auf Schienen verfahren werden. Während ein Hordensatz sich im Schrank zur Trocknung befindet, wird der zweite Satz auf einem Wagen mit Naßgut beschickt. Beim Chargenwechsel wird der leere Wagen nach Öffnen der Tür vor den Schrank gefahren, und die Horden werden aus dem Schrank auf den Wagen gezogen. Dann wird der zweite Wagen mit dem nassen Material vor den Schrank gefahren und die Horden werden eingeschoben. Es handelt sich also um diskontinuierlichen Betrieb. Abb. 45 zeigt eine solche Trockenschrank-Anlage. Die von dem Ventilator geförderte Luft wird von unten nach oben durch den Hordenstapel geblasen und dauernd in Zirkulation gehalten, wobei nach jeweiligem Kreislauf die infolge der Wasserverdunstung abgekühlte Luft wieder aufgewärmt wird, so daß sie von neuem Wasser aufnehmen kann. Ein Teil der mit Feuchtigkeit angereicherten Umluft wird durch eine Abluftleitung ins Freie gefördert. Bei diesem System wirkt sich nachteilig aus, daß das vom Warmluftstrom zuerst getroffene Material — in diesem Fall das in der untersten Horde befindliche —

schneller trocknet als das in den übrigen Horden, da sich die Luft durch die Verdunstung abkühlt. Man muß also warten, bis auch die oberen Horden trocken sind, was nicht nur eine Verlangsamung des Trockenprozesses bedeutet, sondern auch zur Folge hat, daß das Material in den unteren Horden übertrocknet wird. Eine gewisse Verbesserung läßt sich dadurch erzielen, daß zwischen die Horden Warmluft eingeblasen wird. Die Beschickung der auf den Wagen übereinander liegenden Horden ist umständlich, auch entstehen durch das Öffnen der Türen Wärmeverluste.

2. Hordentrockner.

Die Trockner stellen gegenüber den Trockenschränken eine grundsätzliche Änderung sowohl hinsichtlich des Trocknungsprinzips als auch der Beschickung dar. Der Simplicior-Trockner ist für die Aufnahme von 6 Horden eingerichtet, während der Simplex-Trockner ein Fassungsvermögen von 10 Horden aufweist. Je nach der gewünschten Leistung wird die Hordenfläche variiert. Beide

Abb. 45.   Trockenschränke mit Beschickungswagen.

Apparattypen werden in acht verschiedenen Größen hergestellt, womit der praktisch vorkommende Leistungsbereich berücksichtigt ist.

Die Bau- und Wirkungsweise dieser Apparate zeigt Abb. 46. Dem Trockenschacht, in dem sich die Horden befinden, ist ein Fahrstuhl vorgebaut, in dem die Horden nach oben gefördert werden. In der obersten Stellung des Fahrstuhls wird die Horde in den Trockenschacht eingefahren, den sie von oben nach unten durchwandert. In der untersten Etage wird sie aus dem Schacht zur Entleerung bzw. Beschickung auf den Fahrstuhl herausgezogen. Die Beschickung erfolgt also immer an der gleichen Stelle in handlicher und bequemer Lage für den Arbeiter. Die Luft wird von dem auf dem Trockner angeordneten Ventilator von unten nach oben durch den Trockenschacht gesaugt. Sie tritt oben in den rückseitigen Schacht ein, in dem die Heizfläche zur Erwärmung der Luft eingebaut ist. Es findet bei diesen Trocknern das bewährte und wirtschaftliche Gegenstromprinzip Anwendung. Die Horden durchwandern immer in der gleichen Reihenfolge die verschiedenen Temperatur- und Luftsättigungszonen und hierdurch sind die Voraussetzungen für eine gleichmäßige und schnelle Trocknung gegeben und damit auch für eine wirtschaftliche Arbeitsweise. Da die Horden im Schacht dicht aufeinander liegen, ist die Luft gezwungen, durch das Trockengut zu strömen, wodurch eine hohe spezifische Leistung erzielt wird.

Der Ventilator stößt einen Teil der aus dem Trockenschacht angesaugten und mit Feuchtigkeit angereicherten Luft durch die Abluftleitung ins Freie, ein Teil wird durch die am Umschweif des Gehäuses angebrachten, verstellbaren Öffnungen in den rückseitigen Schacht als Umluft der Frischluft beigemischt und wiederum den Horden zugeführt. Durch Veränderung der Schlitze am Ventilator kann das Verhältnis von Frischluft zu Umluft eingestellt werden.

Der Transport der Horden beim „Simplicior"-Trockner erfolgt bei den kleineren Typen bis 3 qm Hordenfläche durch eine Handwinde, bei den größeren

<table>
<tr><td>

a stellt das Trocknergehäuse dar,

b die untere Tür, durch die die Horden aus dem Trocknerschacht ausgefahren werden,

c den Fahrstuhl zum Heben der Horden in die obere Einfahrtstellung in den Schacht,

d die obere Abschlußtür,

e die Heizbatterie zum Erwärmen der Luft.

</td><td>

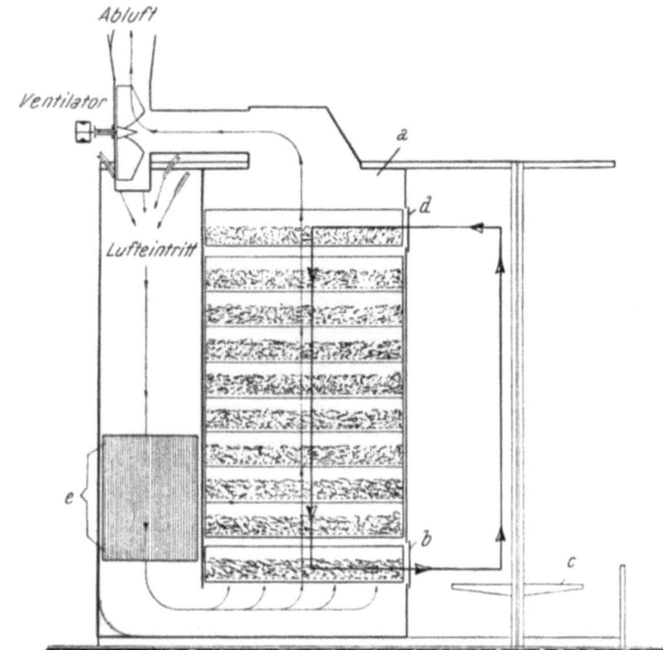

</td></tr>
</table>

Abb. 46. Schematische Darstellung des Hordentrockners. Die starken Pfeillinien bezeichnen den Weg der Horden, die schwachen Linien den Weg der Trockenluft.

von 4 bis 6 qm Hordenfläche durch eine von einem Elektromotor angetriebene Winde. Das Einschieben in den Schacht und das Ausziehen erfolgt von Hand. Bei den Simplex-Trocknern aller Größen ist vollautomatischer Betrieb vorgesehen; das Heben der Horden im Fahrstuhl, das Senken im Trockenschacht, das Ein- und Ausfahren der Horden sowie das Öffnen und Schließen der Türen erfolgt durch eine einfache mechanische Einrichtung, die durch Druckknopfschalter in Tätigkeit gesetzt wird. Lediglich das Beschicken und Entleeren der Horden muß von Hand vorgenommen werden. Da die Horden immer in den gleichen Zeitabständen zu beschicken sind, genügt für die Bedienung der Apparate normalerweise ein Arbeiter, der immer gleichmäßig beschäftigt ist, während bei Trockenschränken stoßweiser Betrieb eintritt, der in gewissen Zeitabständen den Einsatz mehrerer Arbeiter erforderlich macht. Durch die Vorteile des Systems fanden die Simplicior- und Simplex-Trockner in den meisten Betrieben Eingang, zumal auch der Raumbedarf zufolge der spezifisch großen Leistung gering ist.

Die Trockner werden gebaut für Leistungen bis zu 2400 kg Wolle in 8 Stunden oder 1800 kg Haare in 8 Stunden, wobei in beiden Fällen das Material geschleudert ist. Ein Vorentwässern durch Zentrifugen ist zweckmäßig, da sich die mechanische Entwässerung billiger stellt als die Trocknung. Die thermische Trocknung ist aber nicht zu ersetzen, denn man kann durch Schleudern nur einen begrenzten teilweisen Feuchtigkeitsentzug erzielen. Abb. 47 zeigt einen Hordentrockner.

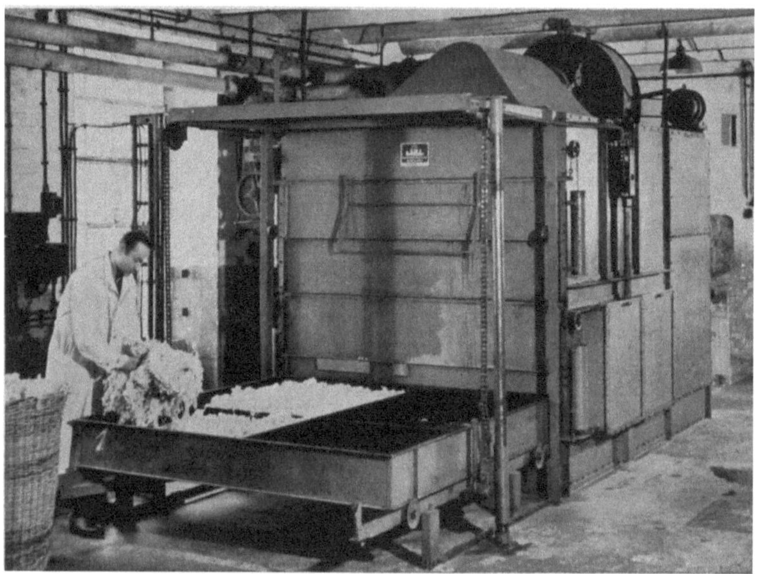

Abb. 47. Hordentrockner Simplicior; die untere Horde ist zur Beschickung ausgefahren.

3. Bandtrockner.

Für große Leistungen finden für die Trocknung von Haaren und Gerberwolle auch Bandtrockner Verwendung. Diese gestatten eine kontinuierliche Arbeitsweise. Ältere Apparattypen waren als Mehrband-Trockner ausgebildet, meistens mit fünf oder 7 übereinander liegenden Bändern, von denen das oberste durch einen dem Trockner vorgeschalteten Elevator beschickt wurde. Das Trockengut fällt von einem auf das andere der sich in entgegengesetzter Richtung bewegenden Bänder.

Durch einen oder mehrere Ventilatoren, die im oberen Teil des Trockners angeordnet sind, wird die Luft, die durch im unteren Teil des Trockners eingebaute Heizflächen erwärmt wird, durch die Bänder hindurch nach oben gesaugt. Der Trockeneffekt ist hierbei nicht besonders gut, da die Luftsättigung nicht groß genug ist.

4. Bandtrockner neuerer Bauart.

Um die vorherbeschriebenen Bandtrockner wirtschaftlicher zu gestalten und den Dampfverbrauch herabzusetzen, wurde das einmalige Durchsaugen der Luft durch die Bänder verlassen und man ging zu dem bewährten Umluftsystem über, mit dem sich eine höhere Sättigung der Luft erzielen läßt, so daß die Frisch- und Abluftmengen kleiner gehalten werden können und damit der

Wärmebedarf sinkt. Durch eine Anzahl Ventilatoren, die im seitlichen Schacht auf die Länge des Trockners gleichmäßig verteilt sind, wird die Trockenluft dauernd in Zirkulation gehalten. Die Ventilatoren können auf gemeinsamer Welle angeordnet werden, wobei für den Antrieb ein Elektromotor genügt, nur bei sehr großen Anlagen sind eventuell zwei Motoren erforderlich. Auch besteht die Möglichkeit, jeden Ventilator über Keilriemen oder durch direkt gekuppelte Motoren anzutreiben. In den meisten Fällen wird der Luftstrom senkrecht nach abwärts durch die luftdurchlässigen Transportbänder geführt, da man bei dieser Belüftungsart eine gute Auflage der Wolle und Haare auf dem Band erzielt. Bei Führung der Luft aufwärts durch die Transportbänder besteht die Möglichkeit, daß bei intensiver Belüftung Löcher in die Materialschicht geblasen werden. Da die Luft den Weg des geringsten Widerstandes wählt, strömt sie durch diese Löcher hindurch und der Trockeneffekt verschlechtert sich, die Leistung des Apparats geht zurück. Man begegnet dieser Erscheinung dadurch, daß man über

Abb. 48. Einbandtrockner mit vorgeschaltetem Elevator.

den Transportbändern Deckbänder laufen läßt. Bei Einbandtrocknern bedeutet dies eine Mehrlieferung und entsprechende Verteuerung. Bei Mehrbandtrocknern kann das rückkehrende Bandtrum als Deckband des darunter liegenden Bandes dienen, doch muß man sich dann auf eine bestimmte Schichthöhe des Trockenguts festlegen, während man ohne die Deckbänder an die Schichthöhe nicht gebunden ist und diese je nach Materialart variieren kann.

Abb. 48 zeigt einen Einbandtrockner, Abb. 49 einen Dreibandtrockner.

Der Antrieb der Transportbänder erfolgt über stufenlos regelbare Getriebe, damit man die Bandgeschwindigkeit der Art des Trockenguts und dessen Feuchtigkeitsgehalt anpassen und die Schichthöhe zur Erzielung eines Optimums an Leistung einstellen kann.

Um eine gleichmäßige Beschickung der Transportbänder und eine gleichmäßige und schnelle Trocknung zu erzielen, werden den Bandtrocknern Elevatoren vorgeschaltet, die ebenfalls mit stufenlos regelbaren Getrieben ausgerüstet sind. Die Transportbänder der Elevatoren bestehen aus Nadelleisten, die sich dicht überdecken. Oberhalb des Elevatorbandes wird zweckmäßigerweise ein Öffner eingebaut, der ein vorsichtiges Öffnen des Trockenguts bewirkt und gleichzeitig eine bessere Verteilung des Materials gewährleistet. Bei Verwendung eines

Elevators ergibt sich auch eine Einsparung an Bedienungspersonal, da das Auflegen und Verteilen von Hand entfällt.

Die Bandtrockner können für Leistungen, wie sie in den größten Lederfabriken auftreten, dimensioniert werden. Auch hier empfiehlt es sich, eine **mechanische Vorentwässerung** vorzunehmen, sei es durch Zentrifugieren oder durch Abquetschen. Beim Schleudern der Wolle und Haare erzielt man einen niedrigeren Feuchtigkeitsgehalt als beim Abquetschen. Allerdings bedingt Schleudern Handarbeit und diskontinuierliche Arbeitsweise, da das Material von Hand in die Zentrifugen eingelegt und wieder entnommen werden muß. Das Abquetschen gestattet kontinuierliches Arbeiten, wobei das Bedienungspersonal entfällt, wenn vor der Quetsche eine kontinuierlich arbeitende Waschmaschine angeordnet ist. Bei einer kombinierten Wasch- und Trockenanlage ist lediglich Personal zum Beschicken der Waschmaschine erforderlich und zum Abtransport des getrockneten Materials, soweit dieser nicht durch pneumatische Transportanlagen erfolgt. Eine thermische Trocknung ist jedoch, wie schon oben angeführt, auch bei Vorentwässerung des Materials erforderlich.

Die Beheizung der Bandtrockner kann mit Frisch- oder Abdampf bzw. auch mit Heißwasser erfolgen. Die Heizflächen sind in den Apparaten entsprechend

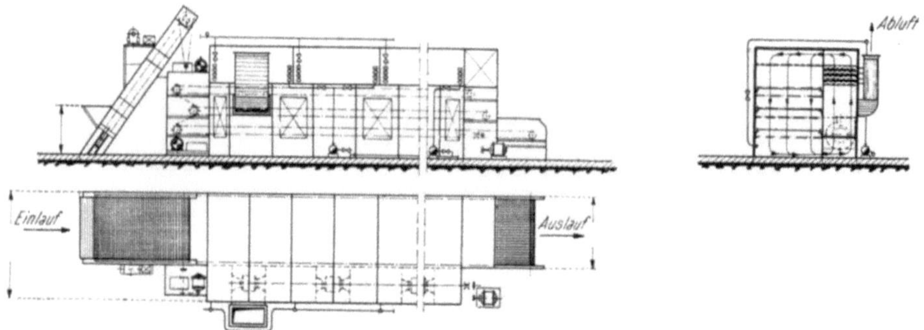

Abb. 49.   Dreibandtrockner mit vorgeschaltetem Elevator.

den Trockenzonen unterteilt, so daß eine genaue Einstellung der Temperaturen in den Zonen möglich ist. Es besteht selbstverständlich auch die Möglichkeit, die Trockner mit automatischen Temperaturreglern auszurüsten.

D. Trocknen vom ledertechnischen Standpunkt.

Von Dr.-Ing. **Wilhelm Wudich**, Varese, Italien.

I. Allgemeines.

In den vorhergehenden Abschnitten wurden die Mittel geschildert, um die Trockenbedingungen für das Leder so zu gestalten, daß man bei konstanter Trockendauer und unabhängig von den äußeren klimatologischen Verhältnissen das gewünschte Resultat erhalten kann. Diese Bedingungen formen die Grundlage für ökonomisch verantwortete, gleichmäßig laufende Produktionen, die für die Konkurrenzfähigkeit der Lederfabriken entscheidend sind.

Es soll nun das Trocknen vom ledertechnischen Standpunkt besprochen werden. Wie bereits in der Einleitung erwähnt, hängt von der Führung des Trockenprozesses weitgehend ab, welche Eigenschaften das Endprodukt aufweist (s. hierzu auch F. Stather und H. Herfeld). Um diese Bedingungen in die Hand zu bekommen, sie bewußt in eine bestimmte Richtung leiten zu können, müssen wir nochmals kurz die Feuchtigkeitsverhältnisse im Leder betrachten. Es ist nicht einfach so, daß man diesem nach dem Gerben und Fetten das in ihm aufgespeicherte Wasser entzieht. Es muß vielmehr eine ganz bestimmte Menge davon zurückbleiben, wenn ein brauchbares Produkt erhalten werden soll. Um diese Verhältnisse zu beleuchten, beschäftigen wir uns zunächst mit dem Feuchtigkeitshaushalt in der Haut und im Leder.

Wie in den vorausgehenden Abschnitten (s. S. 257; s. auch K. H. Gustavson) bereits ausgeführt, können wir das in der Haut und im Leder enthaltene Wasser in drei Kategorien einteilen:

a) das mechanisch in den großen Faserzwischenräumen eingeschlossene „freie" Wasser, das durch leichtes Auspressen entfernt werden kann;

b) das kapillar gebundene Wasser („Feinkapillarwasser"), das nur durch hohen Druck teilweise entfernt werden kann und dessen Dampfdruck gegenüber dem freien Wasser bereits merklich herabgesetzt ist, und

c) das durch polare, also hydrophile Gruppen des Eiweißes oder der Gerbstoffe mehr oder weniger fest chemisch gebundene Wasser (Hydratationswasser).

Auf der verschiedenen Bindung der Feuchtigkeit im Leder beruhen im wesentlichen die S. 269 ff. näher diskutierten drei Abschnitte des Trockenvorganges. Im ersten Abschnitt der Trocknung nimmt das Leder etwa die Temperatur des feuchten Thermometers (s. o., S. 276) an. In dieser Periode werden [s. auch P. J. van Vlimmeren (1), u. a. S. 316] die Ledereigenschaften von den Trockenbedingungen nicht wesentlich beeinflußt. Es kann also die Trocknung so schnell verlaufen, wie man will, ohne nachteilige Einwirkung auf das Leder. In der zweiten und dritten Periode dagegen muß man die Trocknungsbedingungen so wählen, daß sie zur gewünschten Qualität des Endproduktes führen.

Chromgegerbtes und vegetabilisch gegerbtes Leder unterscheiden sich, wie schon aus den (Abb. 4, S. 259) wiedergegebenen Sorptionskurven hervorgeht, in bezug auf das Gleichgewicht, das sich zwischen dem Leder und Luft verschiedener relativer Feuchtigkeit und Temperatur einstellt, und zwar bindet chromgegerbtes Leder bei gleichem Wasserdampf-Partialdruck mehr Feuchtigkeit als vegetabilisches; es steht in dieser Hinsicht der natürlichen Haut näher.

Im vegetabilisch gegerbten Leder ist ein Teil der wasserbindenden Gruppen des Hauteiweißes durch den Gerbstoff abgesättigt, der aber seinerseits wieder Wasser zu binden vermag, so daß die „Wasserbilanz" weniger durchsichtig ist. So bindet der Mimosagerbstoff z. B. bei einer relativen Feuchtigkeit der Luft von 60% zirka 9% seines Gewichtes an Wasser, außerdem binden die in der Mimosa anwesenden Nichtgerbstoffe selbst wieder 30% Wasser, berechnet auf ihre Trockensubstanz (J. R. Kanagy; K. H. Gustavson).

Chromleder enthält im gegerbten und gefetteten Zustand, normal über Nacht abgetropft, zirka 70% Wasser. Durch Abwelken vermindert man dieses auf zirka 60%, durch Trocknen im geklebten Zustand auf 19%; dabei ist es einerlei, ob das Leder nach dem Kontaktverfahren im Secotherm oder nach dem Konvektionsverfahren im Klebetrockner getrocknet wurde. Die Werte für frei aufgehangen getrocknetes Leder schwanken außerordentlich, je nach der angewandten Methode und der persönlichen Einstellung der Fabriksleitung. Sie dürften zwischen 12 und 20% liegen. Durch das Einspänen, welches nötig ist, um das Leder ohne Beschädigung stollen zu können, bringt man den Feuchtigkeitsgehalt wieder auf 28 bis 29%, dieser muß während der Zurichtung bis auf den Endwert des

fertigen Produktes auf 15% zurückgebracht werden. Sinkt der Feuchtigkeitsgehalt noch weiter, so wird das Leder zunehmend blechiger und unbrauchbarer
(vgl. dazu auch E. Stiasny, S. 511; J. A. Wilson).

Nicht nur im getrockneten Zustand unterliegt die Feuchtigkeit des Leders
der Gleichgewichtseinstellung mit der Feuchtigkeit der umgebenden Luft, wie
sie oben (S. 259, Abb. 4), geschildert wurde, sondern auch im nassen gegerbten
bzw. im nassen gefetteten Zustand soll man Leder nicht länger als drei bis vier
Tage auf Böcken lassen, besonders nicht in zugigen Räumen, da dann bereits
Austrocknungsgefahr besteht. Trockene Stellen im ungefetteten Leder nehmen
Farbe und Fett schlecht auf, während trockene Stellen im gefetteten Leder beim
Aussetzen Schaden erleiden können und sich außerdem nicht kleben lassen.

Da die physikalischen Eigenschaften des Leders von seinem Feuchtigkeitsgehalt abhängig sind, ist es für den Gerber bzw. den Zurichter unerläßlich, die
im Abschnitt B geschilderten Gesetzmäßigkeiten zu kennen, welche die Wasser-
bindung des Leders und seine Feuchtigkeitsabgabe beim Trocknen beherrschen.
Bisher wurde ausschließlich nach dem Gefühl gearbeitet, ohne daß man sich über
die physikalischen Zusammenhänge Rechenschaft gegeben hätte; manchmal
hatte man dabei Glück, manchmal auch Pech. Erst in letzter Zeit, besonders
seitdem die ersten Mißerfolge beim Klebetrocknen dazu zwangen, befaßte man
sich intensiver und allgemeiner damit, die Verhältnisse näher aufzuklären.

Grundsätzlich wird jede Luft, deren relative Feuchtigkeit geringer ist, als
es der Gleichgewichtskurve für den jeweiligen Wassergehalt des Leders entspricht, trocknend auf das Leder einwirken. Aus Werner, Abb. 4, entnehmen
wir z. B., daß (bei 28° C) eine Luft von 70% relativer Feuchtigkeit einem vegetabilisch gegerbten Leder von 20% Wassergehalt noch Feuchtigkeit entziehen,
an ein chromgegerbtes Leder vom gleichen Feuchtigkeitsgehalt aber umgekehrt
Wasser abgeben würde. Das Gleichgewicht ist, wenn man die relative Feuchtigkeit der Luft in Betracht zieht, nicht sehr wesentlich von der Temperatur
abhängig (s. dazu Abb. 3, S. 258), das will also sagen, bei konstanter
relativer Luftfeuchtigkeit ändern sich die Eigenschaften des Leders in bezug
auf seine Elastizität, Narben- und Reißfestigkeit nicht, ob in der Umgebung nun
hohe oder niedrige Temperaturen herrschen. Das ist in zweierlei Richtungen
bedeutungsvoll. Einerseits kann man also, innerhalb normaler Grenzen natürlich,
bei niedrigen oder hohen Temperaturen trocknen, ohne die Qualität zu gefährden,
wenn nur die relative Luftfeuchtigkeit konstant ist. Anderseits hat man die
Sicherheit, daß Leder, welches in den Fabrikationsräumen noch in Bearbeitung
ist oder das in den Magazinen auf seine Verarbeitung in den Schuhfabriken
wartet, nicht austrocknet und dadurch seine charakteristischen Eigenschaften
verliert, solange die relative Feuchtigkeit innerhalb der Grenzen bleibt, in denen
sein Feuchtigkeitsgehalt nicht unter einen Punkt absinkt, den man als den kritischen bezeichnen könnte (s. auch S. 303). Das ist von außerordentlicher Bedeutung und wird von den Lederfabriken und Lederhändlern noch lange nicht erkannt.

Wesentlich für das Ergebnis ist es, vor allem bis zu einer bestimmten und
zweckmäßigen Restfeuchtigkeit zu trocknen. Jedem ist bekannt, daß z. B.
stollfeuchtes Leder besonders weich und griffig ist, weicher, als man das Endprodukt haben will. Erst durch teilweisen Entzug dieser Feuchtigkeit bekommt
das Leder den gewünschten Griff und Stand. In diesem teilweisen Entzug liegt
nun eines der wesentlichsten Trockenprobleme.

Wo ist die untere Grenze ? Sie liegt etwa bei dem Wassergehalt, den wir als
Hydratationswasser kennen und der unbedingt notwendig ist, um den Eiweiß-
ketten ihr normales Funktionieren zu ermöglichen; das ist aber zugleich auch
diejenige Feuchtigkeit, die sich beim Lagern durch die Gleichgewichtseinstellung

mit umgebender Luft normaler, mittlerer relativer Feuchtigkeit einstellt (s. dazu auch S. 259). Die Hydratationsfeuchtigkeit liegt etwa zwischen 25 und 12% (K. H. Gustavson). Sinkt die Feuchtigkeit unter 10 bis 12%, so verändern sich die Eigenschaften des Leders stark; es verliert seine Reißfestigkeit, seine Elastizität und seine Biegefestigkeit. Auch die Erfahrungen der Klebetrocknung bestätigen dies. Man muß also auf jeden Fall dafür sorgen, daß das Leder nicht weiter als bis zu einem Feuchtigkeitsgehalt von zirka 12% ausgetrocknet wird. Geschieht dies doch und ist der Feuchtigkeitsgehalt weit unter 10% gesunken, dann ist solch ein Leder praktisch unbrauchbar, es läßt sich durch Zufuhr von Feuchtigkeit nicht mehr in den normalen Zustand zurückbringen. Nur im Falle es nicht weiter als bis zu einem Wassergehalt von 8 bis 10% ausgetrocknet ist, kann man es durch wiederholtes Einspänen, abwechselnd mit Lagern in einem feuchten, kühlen Raum (um der Feuchtigkeit Gelegenheit zu geben, langsam in die inneren Lagen durchzudringen) wieder zum „Leben" bringen. Man kann also diese Feuchtigkeit als kritischen Punkt bezeichnen. Dies gilt für geklebte Leder und in etwas geringerem Maße auch für frei aufgehangen getrocknete Leder. Liegt die fertige Ware oder solche, die sich noch in der Zurichtung befindet, in Räumen mit 70% relativer Feuchtigkeit, so stellt sich nach längerem Liegen der Gleichgewichtszustand mit zirka 18% Feuchtigkeit im Leder ein. Sinkt die relative Feuchtigkeit in den Räumen aber für längere Zeit auf 50, 40 oder 30%, was in den Wintermonaten stets vorkommt, in Gegenden mit kontinentalen Klima auch im Sommer, so gibt das Leder Feuchtigkeit ab und das Gleichgewicht stellt sich auf einen niedrigeren Wassergehalt ein. Dieses Einspielen wird schneller vor sich gehen, wenn in den Lager- oder Arbeitsräumen Zugluft herrscht. Freihängende Teile, wie Klauen, werden sich rascher ausgleichen, als die bedeckten Teile. Es ist wohl ohne weiteres einleuchtend, daß dies zu Qualitätsverschlechterungen führt und die Forderung nach konditionierten Räumen mehr als gerechtfertigt erscheinen läßt. Dazu kommt bei geklebtem Leder noch, daß dieses besonders empfindlich auf solche Veränderungen reagiert. Wenn umgekehrt die relative Feuchtigkeit in den Räumen steigt, dann stellt sich der Gleichgewichtszustand in den Ledern nach einiger Zeit wieder auf das höhere Niveau ein, vorausgesetzt, daß ihr Wassergehalt nicht unter den kritischen Punkt gesunken ist.

In den Fachblättern, besonders in den amerikanischen, wird mit Recht immer wieder angeregt, die Zuricht- und Lagerräume mit automatischen Feuchtigkeitsreglern auszustatten [Ungenannt (1)]. Man kann aber noch lange nicht behaupten, daß diese Notwendigkeit eingesehen wird, während dies in anderen Industrien schon lange der Fall ist, wo ebenfalls die Qualität des Produkts von einem bestimmten Feuchtigkeitsgehalt der Luft abhängig ist, weil zwischen beiden gewisse Gleichgewichtsbeziehungen herrschen. Man denke nur an die Textil-, Papier- und Zigarettenindustrie.

Es sei noch auf einen Punkt hingewiesen, der für die Klebetrocknung von besonderer Bedeutung ist. Man trocknet im Klebetrockner im allgemeinen ein Produkt mittlerer Stärke bei etwa 50% relativer Feuchtigkeit und bricht die Trocknung ab, wenn dasselbe etwa 19% Feuchtigkeit erreicht hat. Die der relativen Feuchtigkeit der Trockenluft entsprechende Gleichgewichtsfeuchtigkeit des Leders würde erheblich tiefer liegen, aber das Leder würde dabei zu hart werden und die Möglichkeit einer Zurückführung in die normale elastische Form durch Lagern in feuchter Luft ist bei geklebten Ledern, deren Fasern in gespannter Form getrocknet wurden, beschränkt. Würde man anderseits bei wesentlich höherer relativer Luftfeuchtigkeit, beispielsweise bei 70 bis 80%, trocknen, also unter Bedingungen, wo eine Restfeuchtigkeit von 19% nicht unterschritten werden kann, dann würde zwar ein sehr gutes Produkt erhalten, aber die Trocknung zu lange dauern und unwirtschaftlich werden. Die Trocknung bei etwa 50% relativer Feuchtigkeit durchzuführen und bei 19% Wassergehalt abzubrechen, bedeutet einen Mittelweg. Man erhält dann ein Produkt, das weder mit der Außenluft noch in seinem Innern im Gleichgewicht ist und zur endgültigen Gleichgewichtseinstellung noch etwas ablagern muß. Von anderer Seite wird empfohlen, die Trocknung im Pasting-Verfahren bei etwa 12 bis 13% Wassergehalt zu beenden (Janson). Nach Erfahrung des Verfassers wird ein derartig getrocknetes Leder nicht den heutigen Anforderungen entsprechen.

II. Arbeitsweise bei den verschiedenen Trockenprozessen.

Man unterscheidet drei Gruppen, nämlich das Trocknen des gegerbten und gefetteten Leders, das Trocknen nach dem Stollen und das Trocknen während des Zurichtens.

1. Trocknen des gegerbten und gefetteten Leders.

a) Methoden, um nasses Leder frei aufgehangen zu trocknen.

Darunter versteht man alle „klassischen" Trockenmethoden, angefangen von dem Trocknen in Trockenböden mit Jalousie-Belüftung bis zur Trocknung im Trockenkanal mit Umluftsystem und Gegenstromprinzip. Darüber ist in den vorhergehenden Abschnitten bereits so gut wie alles Erforderliche gesagt. Vom ledertechnischen Standpunkt sei hier vor allem auf den prinzipiellen Unterschied zwischen zwei verschiedenen Arten der Durchführung des Trockenprozesses hingewiesen, die durch die angestrebten Eigenschaften des Endproduktes bedingt sind. Alle Ledersorten, die weich wie Tuch werden sollen, so Handschuhleder, Bekleidungsleder, dann Velour, das nach der ersten Trocknung geschliffen, dann wieder aufbroschiert und gefärbt wurde, werden langsam getrocknet. Man nennt diese Art auch „mild", im Gegensatz zur zweiten, der rascheren Trocknung, die man als „hart" bezeichnet. Alle Schuhoberleder, von denen man einen gewissen Stand fordert, werden hart getrocknet. Lohgare Bodenleder verlangen im allgemeinen eine milde Trocknung.

Wie kommt man nun zu langsamem und zu raschem Trocknen? Die Kurve, die den Zusammenhang zwischen Temperatur und Wasseraufnahmefähigkeit der Luft angibt (Abb. 50; s. dazu auch A. Wagner, S. 260), verläuft bis zu 20° einigermaßen flach, dann beginnt sie rasch steil anzusteigen. Das bedeutet, daß Luft bis zu 20° nicht viel Wasser aufzunehmen imstande ist. Man entnimmt weiter aus der Kurve (natürlich auch aus dem Mollierschen Schaubild, s. Abb. 5, S. 261), daß die Luft zwischen 40 und 55° C, also innerhalb einer Temperaturdifferenz von 15° C, ebensoviel Wasser aufnimmt wie zwischen 0 und 40° C. Demzufolge wird die Trocknung bei Temperaturen von 20° C, auch bei einer geringen relativen Feuchtigkeit, auf jeden Fall ziemlich langsam verlaufen. Je höher aber die Temperatur wird, desto mehr wird die relative Feuchtigkeit der Luft der entscheidende Faktor für die Trockengeschwindigkeit. Mit dem Ansteigen der relativen Feuchtigkeit wird die Trocknung langsamer vor sich gehen und beim Gleichgewichtspunkt ganz aufhören. Die Trockengeschwindigkeit hängt also hier in erster Linie davon ab, wie weit die relative Feuchtigkeit der Trockenluft unterhalb derjenigen gelegen ist, die mit dem Leder vom jeweiligen Wassergehalt gemäß Abb. 4, S. 259, im Gleichgewicht stehen würde, darüber hinaus aber von der Luftbewegung, der Temperatur, der Dicke des Leders und der Diffusion in seinem Innern, die für den Nachschub von Feuchtigkeit im Lederinnern zur Oberfläche maßgebend ist; diese Fragen sind weiter vorne (S. 266 ff.) ausführlich behandelt.

Bei gleicher relativer Luftfeuchtigkeit ist die Trockengeschwindigkeit bei erhöhter Temperatur höher (vgl. S. 267). Trocknet man z. B. im Klebetrockner einmal bei 35° C, das andere Mal bei 50° C, in beiden Fällen mit 50% relativer Feuchtigkeit, so ist die Trockendauer bei 50° C um zirka 10% kürzer. Temperaturen üb 50° C kommen bei der Ledertrocknung nur ganz vereinzelt vor.

Eine langsame und milde Trocknung kann man also im wesentlichen auf zwei Wegen erreichen: Entweder trocknet man bei 20° C und vernachlässigt die Feuchtigkeit der Luft, oder man trocknet bei Temperaturen bis zu 50° C und einer entsprechend höheren relativen Luftfeuchtigkeit. Im allgemeinen wird man für diesen Zweck die Trocknung bei niedriger Temperatur vorziehen, da sie, wenigstens im Sommer, so gut wie keinen Brennstoff erfordert. Für eine harte Trocknung dagegen unterwirft man das Trockengut höheren Temperaturen bei niedriger relativer Feuchtigkeit.

Innerhalb dieser Grenzen sind vielerlei Kombinationsmöglichkeiten gegeben. Diese werden in der Lederindustrie auch ausgenützt, und so wird es wohl kaum

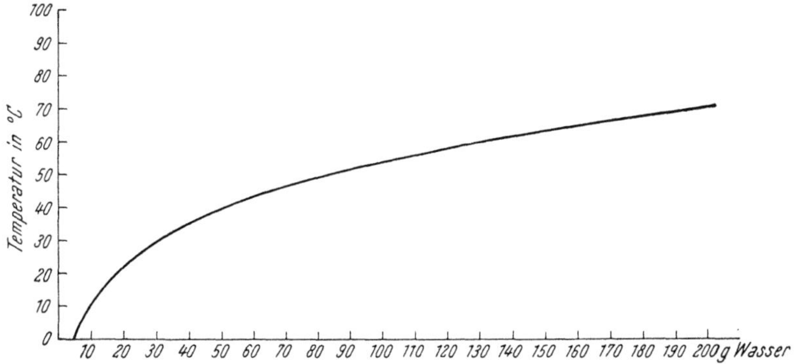

Abb. 50. Zusammenhang zwischen Temperatur und Wasseraufnahme der Luft (A. Wagner, S. 260).

zwei Lederfabriken geben, die auf dieselbe Art ihre Leder trocknen. Jeder Gerber wird diejenige Methode suchen, welche für sein Fabrikat die beste ist, da ja bekanntlich Weichheit und Stand noch von anderen Faktoren abhängig sind, nämlich von der Äscherung, Gerbung und Fettung.

Lohgare Leder läßt man noch sehr häufig natürlich trocknen, also auf Trockenböden, bei denen die Zufuhr von Außenluft durch Jalousien geregelt wird. Da man aber dabei die Trockendauer nicht in der Hand hat und bei erhöhter Luftfeuchtigkeit und dementsprechend langsamer Trocknung oft mit erheblichen Schwierigkeiten durch Schimmelbildung rechnen muß, suchte man nach rationelleren Wegen. So findet man heute in den größeren Sohlledergerbereien mit Klimaanlagen ausgerüstete Trockenräume, in denen man die für die Trocknung und Zurichtung günstigsten Bedingungen jeweils herstellen kann.

Trockenbedingungen für lohgare Unterleder:

    Antrocknen bei 18 bis 20° C, zirka 60% relativer Feuchtigkeit.

    Nachtrocknen bei 25° C, zirka 50% relativer Feuchtigkeit.

    Luftgeschwindigkeit unter 0,5 m/sek.

    Trockendauer drei bis sechs Tage, je nach der Stärke der Leder.

Ähnliche Trockenbedingungen hat auch F. E. Humphreys für schwere, ungeölte Leder als günstig befunden. Auch die übrigen vegetabilischen Ledersorten werden am vorteilhaftesten mild und bei niedriger Temperatur getrocknet. Zu hohe Temperaturen beeinflussen Farbe und Narben ungünstig.

Bei Ledern, die lösliche, von der Faser nicht gebundene Stoffe (Auswaschbares) enthalten, findet bei der Trocknung stets ein Transport dieser Stoffe vom Lederinnern zu denjenigen Teilen des Leders statt, an denen die Verdunstung stattfindet. Bei der Trocknung freihängender Leder sind dies die beiden Oberflächen, beim Secothermverfahren ist es im wesentlichen die auf der geheizten Platte aufliegende Narbenschicht, bei der Konvektionstrocknung im Pasting-Verfahren die der darüberstreichenden Luft ausgesetzte Seite. Der vom Standpunkt der Lederqualität und Lederfarbe unerwünschten Ablagerung an der Oberfläche, die durch oxydative Veränderungen unter Umständen in ihrer Auswirkung noch verschlimmert werden kann, wirkt die Rückdiffusion in Richtung zum Lederinnern entgegen, deren Ausmaß aber nur bei sehr geringer Trockengeschwindigkeit ins Gewicht fällt [R. G. Mitton (1); vgl. dazu auch J. M. Preston und J. C. Chen].

Bei Chromleder bewirkt die Trocknung irreversible Veränderungen in der Bindungsweise der Chromgerbstoffe (M. G. Lamb und E. Mezey, S. 154). Diese Veränderungen, die Elastizität, „Sprung" und „Stand" des Fertigproduktes beeinflussen, treten erst bei erhöhter Temperatur und wahrscheinlich erst im Endstadium der Trocknung ein. Daher muß Chromleder scharf getrocknet werden. Vgl. dazu unter anderem P. Hinsch; H. Freudenberg (2). Stark gefettete, kombiniert und nachgegerbte Chromleder zeigen dabei zum Teil ein abweichendes Verhalten [G. Otto (2); O. Mauthe].

Über das Verhalten und die Bedeutung der Fettung bei der Ledertrocknung s. diesen Bd., 6. Kap., S. 645, über Fehler bei der Ledertrocknung s. diesen Bd., 10. Kap., S. 1187 ff.

Wenn Leder freihängend getrocknet wird, findet stets eine Flächenschrumpfung statt, deren Ausmaß von der Anfangsfeuchtigkeit und sicher von der Gerbart abhängt, von den übrigen Trockenbedingungen in den technisch üblichen Grenzen aber nach H. Werner nicht wesentlich beeinflußt zu werden scheint. Abb. 51, nach Versuchen von H. Werner, zeigt diesen Sachverhalt für vegetabilisch-synthetisch gegerbte Schafleder. Vgl. dazu ferner H. Freudenberg sowie A. Küntzel. Dieser Maßverlust wird bei den nun zu besprechenden Verfahren der Klebetrocknung vermieden.

b) Klebetrocken- oder Pasting-Verfahren.

Dieses neue Verfahren, das viele Besonderheiten bietet, theoretisch und praktisch besonders sorgfältig durchgearbeitet wurde und zudem den kontinentalen Gerbern noch weniger vertraut ist als die älteren Trockenmethoden, soll in seiner praktischen Durchführung hier ausführlicher behandelt werden.

α) Einführung des Verfahrens.

Das schon 1911 von Smith beschriebene Pasting-Verfahren [s. W. R. Cox; A. Hirsch; W. Wudich; B. Plechač (2)] fand nach langem Zögern auch Eingang in die westeuropäische Lederindustrie. In den Vereinigten Staaten von Amerika wird es schon seit mindestens dreißig Jahren angewendet; zu Beginn der Dreißigerjahre arbeiteten auch bereits ein Teil der sowjetrussischen Lederfabriken danach. Der Grund, warum man sich in Westeuropa so lange dagegen sträubte, lag darin, daß man beim Kleben zuerst versuchte, nach der herkömmlichen Arbeitsweise zu trocknen, was natürlich zu absoluten Mißerfolgen führte. Schuld an diesen Mißerfolgen war die Unkenntnis der Vorgänge beim Trocknen; so wie vieles in der Gerberei, wurde auch das Trocknen rein gefühlsmäßig durchgeführt. Anderseits war auch die Industrie, welche die nötigen Apparaturen liefern sollte, nur schwer dazu zu bringen, ihrerseits von der althergebrachten Auffassung, wie Gegenstromprinzip und niedrige relative Luftfeuchtigkeit, Abstand zu nehmen. Zu ihrer Entschuldigung muß angeführt werden, daß man auch an Amerika kein Vorbild hatte, da dort andere Anforderungen an das Leder gestellt werden. Erst seit 1950/51 hat sich die Situation geändert, und standen der Lederindustrie Trockenapparate zur Verfügung, die ein Einstellen der notwendigen Klimaverhältnisse gestatteten.

Als Vorteil der Klebetrocknung ist natürlich in erster Linie der dabei erzielte Maßgewinn verlockend, der zum Teil auf Kosten der Dicke des Leders geht, das

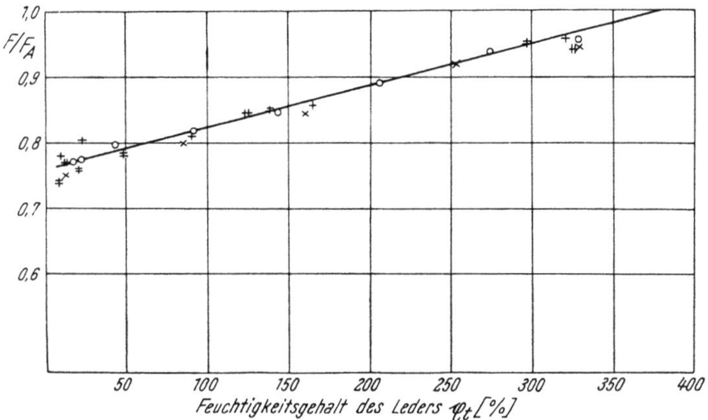

Abb. 51. Flächenschrumpfung von vegetabilisch-synthetisch gegerbtem Schafleder bei der Trocknung (H. Werner). Trocknungsbedingungen: Leder so aufgehängt, daß ungehinderte Schrumpfung möglich, Luftgeschwindigkeit $v_L = 1{,}5$ m/sek.

	Lufttemperatur t	Relative Feuchte
×	30°	42%
+	50°	70%
⚌	70°	42%
⚌	50°	14%
⊙	50°	42%

bei unrichtiger Behandlung flacher und weniger gefüllt wirkt, zum Großteil aber auf die gut ausgearbeiteten Klauen, Bauchteile und Hälse zurückzuführen ist (W. R. Cox und W. T. Roddy; F. H. Henacker; vgl. auch S. 313). Erst nachträglich stellten sich auch andere Vorteile heraus, die den Maßgewinn langsam auf den zweiten Platz drängten. Durch das Kleben konnte man nämlich weitgehende Sortimentsverbesserungen erzielen, und praktisch ist es erst dadurch möglich geworden, manche billigere, exotische Häute günstig für Oberleder zu verarbeiten. Dadurch, daß der Narben auf die Glasplatte vollkommen glatt gelegt wird, werden viele Narbenbeschädigungen nivelliert und weniger sichtbar. Damit wurde die Grundlage geschaffen zu einer wirtschaftlichen Herstellung geschliffener Oberleder aus Wildhäuten (Schleifbox). Andere Faktoren, die dabei mitwirkten, die wohl nicht zum Kapitel Trocknen gehören, waren die beinahe parallel laufende Entwicklung von rationell arbeitenden Schleifmaschinen mit einer Arbeitsbreite von 1500 mm und darüber und von Pigmenten in Verbindung mit verschiedenen Polymerisaten, statt den bisherigen mit Casein als Basis (vgl. diesen Bd., 7. Kap., S. 755). Auch hier ging uns die amerikanische Industrie voran. So wurden Wildhautprovenienzen, von denen sich bisher niemand träumen ließ, daß sie ein gutes, brauchbares Oberleder geben könnten, in das Produktionsprogramm aufgenommen. Sie bilden wegen ihres naturgemäß gegenüber der Zahmhaut viel niedrigeren Preisniveaus eine willkommene Erweiterung des Rohhautmarktes und helfen der Industrie die Schwierigkeiten der Preiszange Rohhautpreis — Fertiglederpreis zu erleichtern. Dasselbe gilt auch für nabenbeschädigte Zahmhäute.

Aber auch Zahmhäute für vollnarbige Ware, die man nach dem Klebeverfahren trocknet, werden im Sortiment verbessert, Mastfalten werden ausgeglichen, der Narben wird glatter, sie präsentieren sich durch ihr vollkommenes Flachliegen besser, ergeben einen besseren Ausschnitt, da Klauen und Halsteile gut ausgearbeitet sind, und letzten Endes geben sie noch den Maßgewinn, der bei Rindbox und Boxcalf um die 5 bis 6% liegt.

β) Ledertechnische Voraussetzungen für das zu klebende Produkt.

Darüber herrschen natürlich verschiedene Ansichten, die einander zum Teil widersprechen. Die Ursache liegt aber nach Ansicht des Verfassers mehr oder weniger darin, daß die Allgemeinheit noch nicht genügend mit den Grundlagen des Trocknens in allen seinen Stadien vertraut ist. Dieselben Voraussetzungen, die man an ein nicht geklebtes Produkt stellt, gelten nämlich auch für das zu klebende, und zwar Arbeitsmethoden, die zu einem festen Narben, festen Flämen und vollen Griff führen. Sind diese vorhanden, so braucht nichts geändert zu werden. Man erhöht lediglich den Prozentsatz an Fett, und zwar um 15 bis 20% (bezogen auf Gesamtfettsäuren). Nicht einmal eine besondere „Oberflächen"-Fettung ist notwendig, denn auch das freihängend getrocknete Leder verlangt eine bestimmte Oberflächenfettung, die, wie man weiß, von dem Verhältnis zwischen sulfurierten zu unsulfurierten Anteilen oder eventueller Verwendung von kationischen Fetten abhängig ist. Neuerdings kennt man nichtionogene Emulgatoren, die jede gewünschte Menge unsulfuriertes Öl ins Leder bringen. Man fettet in der ersten Phase allein mit sulfuriertem Öl, gerade soviel, als nötig ist, um die Innenschichten zu erreichen. Darauf gibt man im gleichen Bad soviel als möglich unsulfuriertes Öl, emulgiert mit Iragol NS (Geigy A.G.) oder Nilo FO (Sandoz A. G.). Das Verhältnis Rohöl : Emulgator bestimmt die Eindringtiefe des Öles. Ist die Fettung zu tief eingedrungen, so erhält man in allen Fällen ein mehr oder weniger lappiges Leder mit unschönem Narben und schlechten Flämen. Man hatte bereits bevor das Pasting-Verfahren bekannt war, das Bestreben, so viel unsulfuriertes Öl in das Leder zu bringen wie möglich, um den richtigen „Sprung" zu erzielen (s. dieser Bd., 6. Kap., S. 667). Dasselbe gilt auch beim Pasten. Den Fettlicker stellt man sich selbst her. Man nimmt ein gutes mittelstark sulfuriertes Öl und gibt ohne Emulgator-Zusatz so viel unsulfuriertes Öl dazu, als das Leder ohne schmierig zu werden, aufnehmen kann. Dies gilt für rein chrom- und für chromnachgegerbtes Leder, das vegetabilisch nachgegerbte verträgt natürlich mehr unsulfuriertes Öl. Angepriesene Spezialpastingöle sind nicht notwendig, man arbeitet immer besser mit Produkten, die man kennt, und es dadurch in der Hand hat, die immer notwendigen Korrekturen anzubringen.

Die Gerbung braucht auch nicht geändert zu werden, ein vollgegerbtes Produkt, mit mindestens 2,5% Cr_2O_3, wird sich gut anfühlen, auch wenn es geklebt ist. Spart man zuviel mit dem Chrom, wird es bei jeder Trocknungsart mager ausfallen, allerdings in stärkerem Maße bei geklebten Ledern. Die Wasserwerkstattarbeiten müssen zu einem Produkt führen, das den normalen Anforderungen entspricht. Ist dies alles der Fall, so braucht man, mit Ausnahme der schon erwähnten Erhöhung der Fettung, an der bestehenden Arbeitsweise nichts zu ändern. Entspricht das bisherige, also nicht geklebte Produkt, diesen Anforderungen nicht, dann allerdings verschlechtert sich die Qualität durch das Kleben. Das Leder wird blechig, mager und unansehnlich ausfallen, ein zu Losnarbigkeit neigendes wird in stärkerem Maße losnarbig. Die Behauptung, daß der Narben durch das Kleben fester wird, trifft nicht zu. Man kann nur sagen, daß ein fester Narben fest bleibt, ein loser aber noch loser wird.

Eine weitere Behauptung, daß man zu klebendes Leder unbedingt nachgerben muß, ist auch nicht zutreffend, immer vorausgesetzt, daß das Produkt von Haus aus gut ist. Vollnarbiges Leder (fulgrain), wie Boxcalf und das althergebrachte Rindbox, soll und darf man nicht nachgerben, will man das Narbenbild nicht verschlechtern. Griff und Fülle sind nur abhängig von einer richtigen Fettung und richtiger Behandlung während des Trocknens und der Zurichtung. Schleifbox aller Variationen muß man aus Gründen der Schleifechtheit gut nachgerben, nicht aber, weil man sie klebt; ebenso Häute magerer Provenienzen, um sie aufzufüllen. Das hätte man aber auch tun müssen, wenn man sie nach der alten Art getrocknet hätte. Am besten und billigsten gerbt man mit Quebracho oder Mimosa nach, zur Erzielung einer guten Schleifechtheit setzt man gesüßten Kastanienextrakt darauf. Diese Kombination führt zu guten Resultaten. Soll die Fleischseite chromartig naturell bleiben, so ersetzt man den Quebracho durch einen entsprechenden synthetischen Gerbstoff, wie Tanigan extra spezial P 1, P 2 oder Irgatan FS usw. In den letzten Jahren verdrängen Harzgerbstoffe, wie Chemtan, Retigan R 6 und R 7 sowie Relugan, die vegetabilischen und synthetischen Nachgerbstoffe. Harzgerbstoffe füllen sehr gut und geben einen sehr schleifechten Narben. Sie tragen in Verbindung mit der Klebetrocknung sehr wesentlich zur Sortimentsverbesserung bei.

Alle Leder, die zum Kleben kommen, werden normal abgewelkt; der Wassergehalt soll nach dem Aussetzen noch zirka 60% vom Trockengewicht betragen. Beim Doppeltbiegen muß an der Knickstelle das Wasser in großen Perlen austreten. Sind die Felle zu trocken, dann haben sie nicht genügend Elastizität, um sich an die Platten zu schmiegen. Der Klebeeffekt in bezug auf die Glattheit des Narbens ist dann nicht so günstig. Aus diesem Grunde hat es auch so gut wie keinen Zweck, schwere, kombinierte Fettleder oder Waterproofhälse zu kleben; sind diese nämlich gut ausgesetzt, um die Falten glatt zu bekommen, dann sind sie zu steif, um sich kleben zu lassen, sind sie hingegen noch feucht genug, um sich an die Platten zu legen, so springen die Falten wieder zurück. Man bekommt dann Hälse, die viel schlechter aussehen als die, welche nach der althergebrachten Methode abgelüftet und ausgesetzt wurden. Manche Fabriken jedoch, die sowohl Oberleder als auch Sohlenleder herstellen, haben bereits die neue Rollenpresse der Turner A. G. Bearbeitet man grobfaltige Hälse nach dem normalen Aussetzen noch auf dieser, so werden sie so glatt, daß man sie auf diese Weise ebenfalls mit Vorteil kleben kann. Alle anderen Ledersorten, die elastisch und weich sind, lassen sich mit Erfolg kleben. Einen Grenzfall bilden Handschuhleder. Diese zu kleben hätte keinen Sinn; nicht darum, weil man ihnen durch eine entsprechende Führung der Trocknung die Weichheit und Zügigkeit nicht zu geben vermöchte, sondern weil es keinen Vorteil bringen würde. Durch ihre Zügigkeit bekommt man sowieso das Maximum an Oberfläche. Außerdem müßte der Trockenapparat unökonomisch lang sein, um sie bei einer gegebenen Produktion langsam genug trocknen zu können (s. oben).

Auch Bekleidungsleder bilden einen Grenzfall. Wenn sie sehr zügig verlangt werden, dann gilt für sie dasselbe, was für die Handschuhleder gesagt wurde. Sollen sie aber nur weich sein und noch einen gewissen Stand haben, dann kann man sie kleben. Hat man aber eine Aufspanneinrichtung mit Infrarotstrahlern zur Verfügung, dann erzielt man mehr Maß, wenn man die Felle nach dem Zurichten noch einmal aufspannt und durch Infrarotstrahler trocknen läßt, als wenn man sie kleben würde (s. S. 322).

Damit sind die Grenzen festgestellt, innerhalb welcher man Leder mit Vorteil kleben kann: Es sind dies also alle Sorten Oberleder, einschließlich Chevreau und Boxcalf (bei stark adrigen Kalbfellen treten allerdings die Adern durch das Kleben stärker hervor, als wenn man sie aufhängen würde). Den größten Effekt geben wohl Flanken, die man sich ungeklebt gar nicht mehr vorstellen kann. Dann folgen die exotischen Wildhäute für Schleifzurichtung, weiters klebt man vorteilhaft Velours (Narben- oder Spalt-), und zwar nach dem Fetten, so daß sie vollkommen glatt zum Schleifen kommen. Nach dem Färben kann man sie nicht mehr kleben, da Leder, das einmal trocken war, nicht auf den Platten hält. Von den lohgaren Ledersorten kommen alle jene in Betracht, die im feuchten, also abgewelkten Zustand noch so elastisch sind, daß sie sich auf die Platten legen lassen. Maßgewinn erzielt man dabei natürlich nicht. Der Vorteil des Klebens liegt hier lediglich in der glatten Oberfläche des geklebten Leders. Um ganze Vachetten kleben zu können, hat man über den oberen Rand der Glasplatten eine Gummiauflage gebracht, die beiderseits so gleichmäßig wie möglich in die Ebene der Glasplatte verläuft. Die Vachetten hängt man nun mit der Rückenlinie über diese Gummiauflage. Auch die neuesten Secothermplatten sind oben abgerundet, so daß man das ganze Leder darauf kleben kann.

Wie groß ist nun der Maßgewinn bei den einzelnen Ledersorten? Vegetabilisch gegerbte Sorten geben, wie erwähnt, praktisch keinen Maßgewinn. Der Maßgewinn steigt mit der Zügigkeit der Leder und ferner, je offener die Struktur derselben ist. Bei Rindshäuten liegt er zwischen 5 und 6%, er steigt an bis auf 10 bis 11% bei Chevreau.

γ) Klebemittel.

Die Wahl derselben ist von der Art des Endproduktes abhängig, ob man nämlich Leder herstellt, das geschliffen werden soll oder nicht. Wie nichtgeschliffene Leder sind in allen Fällen anilingefärbte Leder zu behandeln, auch dann, wenn sie leicht geschliffen werden, ferner natürlich die vegetabilischen Leder, besonders dann, wenn sie anilingefärbt werden sollen. Für Leder, die nicht abgeschliffen werden sollen, müssen grundsätzlich Klebstoffe verwendet werden, die sich möglichst vollständig abwaschen lassen. Doch hat man bis heute noch keinen Klebstoff gefunden, der sich restlos abwaschen läßt, auch nicht durch die Lederwaschmaschinen. Abwaschen mit der Hand kommt sowieso nicht in Frage, da man für jedes Fell den Plüsch oder die Bürste reinigen und das Waschwasser wechseln müßte. Es werden Kleber angepriesen, die beim Abnehmen der Leder von den Platten auf dem Glas bleiben sollen. Auch hier hat die Praxis das Gegenteil bewiesen. Ebenso wurde bisher kein Klebstoff gefunden, der sich beim Trocknen im Narben auflöst.

Jedenfalls bleiben nach den Erfahrungen der letzten Zeit alle bisherigen Klebemittel ganz oder teilweise im Narben zurück. Wohl kennt man solche, wie z. B. Leinsamenabkochung, deren Anwesenheit im Narben für die Weiterverarbeitung der Leder nicht hinderlich ist, sei es für Deckfarbenzurichtung oder für Anilinfarbenzurichtung. Bei einer Schleifzurichtung spielt dies, wie erwähnt, praktisch weniger eine Rolle, da der Kleber ja zusammen mit dem Narben abgeschliffen wird. Trotzdem gibt es auch dabei Stellen, z. B. die dünnen Stellen der Spaltfehler, abfällige Teile und tiefe Beschädigungen, die von der Schleifmaschine nicht so berührt werden, an denen Teile des Klebstoffes zurückbleiben und eine schlechtere Bindung der Deckfarben mit dem Narben zur Folge haben.

Welche Eigenschaften, abgesehen von der Abwaschbarkeit, muß ein Klebemittel nun haben ? Es muß so viskos sein, daß es die groben Narbenstellen, besonders die der Wildhäute (Nacken, Kniestellen), ausfüllt. Ein niedrigviskoser Kleber, der zu tief eindringt, läßt zwischen den Ritzen und Schrammen zu viel Luft, so daß die Haftfläche dadurch zu klein wird. Außerdem dehnt die Luft sich beim Erwärmen aus und hebt das Fell von der Platte ab. Viskosität ist auch erwünscht, um das Fell sofort an der Platte anhaften zu lassen, wodurch die Arbeit erleichtert und Arbeitskräfte gespart werden.

Zur Veranschaulichung diene ein Beispiel aus der Praxis. Zum Bekleben jeder Seite der Platte hat man je einen Arbeiter nötig. Dieser packt eine Rindhälfte und wirft den Hals so gegen die Platte, daß er direkt anhaftet. Nunmehr legt er mit dem Schlicker nach und nach das ganze Fell fest. Ist aber der Klebstoff nicht genug viskos, so fällt der angeworfene Hals ab.

Bei Verwendung genügend viskoser Klebstoffe spielt der Grad der Oberflächenfettung vom klebetechnischen Standpunkt aus so gut wie keine Rolle mehr. Solange man noch mehr oder weniger flüssige Mittel zur Verfügung hatte, war sie selbstverständlich von größerer Bedeutung, da bei einer zu tief eingedrungenen Fettung auch der Kleber ins Fell gesogen wurde und die Felle nicht hafteten. So kann man heute unabhängig davon fetten, wie es für das Leder selbst am besten erscheint. Es wurde bereits darüber gesprochen, daß man zur Erreichung eines festen Narbens und richtigen „Sprungs" sowieso ein Maximum an unsulfuriertem Öl ins Leder hineinbringen muß, was automatisch zu einer mehr oder weniger in den oberen Schichten bleibenden Fettung führt.

Viskose Klebemittel sind die verschiedensten Methylcellulosederivate, die im Handel sind. Sie sind sehr einfach aufzulösen, man verwendet Konzentrationen von 30 bis 40 g im Liter. Aber sie lassen sich nicht abwaschen, sie wirken manchmal sogar wasserabstoßend und sind nur durch Schleifen zu entfernen. Man kann also Methylcellulose nicht für „fulgrain" und für mit Anilinfarben zu färbende Leder verwenden. Merkwürdig aber ist der Umstand, daß bestimmte Methylcelluloseprodukte bei Klebung am Secotherm (Kontakttrocknung) mit Wasser quellen und sich dann, z. B. mit Gummischlickern, Type Fenstertrockner, abschieben lassen. Trotzdem bleibt noch stets ein Teil davon im Narben, so daß ihre Beschränkung auf Schleifleder aufrecht erhalten bleibt.

Klebstoffe aus Weizen- und Kartoffelmehl u. ä., die man am einfachsten sich selbst bereitet (ungefähr gleiche Teile beider Mehlsorten in fünf- bis achtfacher Menge Wasser eingerührt, mit direktem Dampf gekocht), oder auch Carragheenmoos u. ä. sind kleisterartig, haften auch direkt an der Platte, lassen sich aber ebenfalls nicht restlos abwaschen, so daß auch sie auf Schleifleder beschränkt bleiben. Die Mehlkleister haben den großen Nachteil, daß die Klebefähigkeit des Mehls schwankt. Es kann vorkommen, daß die Felle abfallen, oder aber auch, daß der Narben auf der Platte bleibt. Auch Traganth und Tragasol werden als Pastingkleber empfohlen (s. diesen Bd., 7. Kap., S. 733).

Wie schon erwähnt, eignet sich für Leder mit Naturnarben und Anilinleder eine Leinsamenabkochung.

Bereitung:

Am Abend vorher setzt man an:

$$1 \text{ kg Leinsamen,}$$
$$15 \text{ l Wasser,}$$
$$0,1 \text{ kg Ammoniak.}$$

Hat das Wasser einen p_H-Wert, der stark unter 7 liegt, so erhöht man die Zugabe von Ammoniak entsprechend. Am nächsten Morgen kocht man eine Stunde mit direktem Dampf und filtriert die Lösung heiß durch ein Sieb, dessen Maschen gerade so groß sind, daß die Samen nicht hindurch können. Zusatz eines Konservierungsmittels ist nötig.

Zum Gebrauch verdünnt man die Lösung je nach Bedarf mit Wasser und verteilt sie mit einem Plüsch gleichmäßig über das Leder (zwei Striche). Da Köpfe und Klauen einen offeneren Narben haben, gibt man diesen Teilen, und weiters zur Unterstützung der allgemeinen Haftfähigkeit auch rund um das Fell, zusätzlich einen 3 bis 5 cm breiten Rand von unverdünnter Abkochung. Leinsamenschleim, übrigens einer der billigsten (zirka 0,006 pf/qf), läßt sich wohl auch nicht abwaschen, sitzt aber tiefer im Narben und behindert das Anilinfärben nicht. Bei vollnarbigem Leder (Boxcalf, Rindbox alten Stils), das mit Casein- oder Resindeckfarben zugerichtet werden soll, gibt man der z. B. 1 : 1 verdünnten Schleimlösung 100 bis 200 g einer Caseindeckfarbenpaste (aber nicht Resindeckfarbe!) zu. Dieser Zusatz erhöht die Haftfähigkeit auf der Platte und stellt eine Vorgrundierung für die darauffolgende Casein- oder Resinfarbenzurichtung dar. Er befördert das Haften dieser Deckfarben im Narben und egalisiert die Farbe bereits in diesem Stadium. Das gilt nur beim Arbeiten mit Leinsamenabkochung. Für Schleifleder hat dieser Zusatz natürlich keinen Sinn, da diese Schicht ja abgeschliffen wird.

Bei zu starken Klebstoffkonzentrationen bleibt der Narben an der Platte sitzen, vor allem an Stellen, wo der Kleber schlecht verteilt war; an solchen Stellen haftet dann bei ungeschliffenen Ledern die Deckfarbe schlecht. Man hat also dafür zu sorgen, daß man einerseits die richtige Verdünnung hat, anderseits, daß der Klebstoff gut verteilt ist. Das gilt für alle Klebersorten. Besonders die Flämen sind sehr empfindlich. Für vegetabilische Ledersorten muß man die Leinsamenabkochung viel stärker verdünnen, z. B. 1 : 5. Die richtige Konzentration muß jeweils festgestellt werden. Derartig geklebte vegetabilische Leder lassen sich ohneweiters anilinfärben. Leinsamenkleber, wenn nötig in Kombination mit Methylcellulose (Klauen, Köpfe, Ränder), kann also für alle Leder verwendet werden, ausgenommen für schwere, kombiniert gegerbte Fettleder u. ä., für die man am besten Kleber vom Kleistertyp nimmt, da diese kräftiger sind und sich doch eingermaßen abwaschen lassen. Methylcellulose eignet sich wegen ihrer Nichtabwaschbarkeit nicht.

Die Klebestoffe werden, je nach ihrer Beschaffenheit, auf das Leder mittels Plüsch, Schwamm oder Bürste aufgetragen, desgleichen kann man sie, mit Ausnahme der Kleistertypen, aufspritzen, was besonders zu empfehlen ist, wenn man sie mit Caseindeckfarbe anfärbt, da man dadurch eine gleichmäßigere Färbung bekommt. Spritzen auf die Glasplatten ist weniger zu empfehlen, da man erstens mehr Klebstoff braucht, weil ja die ganze Platte bespritzt werden muß, zweitens weil dieser langsam nach unten fließt, so daß, wenn man das Fell nicht sofort auflegt, sich auf der oberen Hälfte der Platte eine dünnere Schicht, auf der unteren aber eine dickere Lage Klebemittel befindet. Drittens greifen die abprallenden Kleberteilchen die Schutzfarbe der Plattenrahmen, die Laufschienen und -rollen, kurz alle Teile der Installation an, und viertens gehen sie in die Lungen der Arbeiter, da Masken bei der herrschenden Temperatur ja doch nicht getragen werden. Endlich kann man, wenn man das Fell selbst bespritzt, allen jenen Teilen, die es notwendig haben, wie Stellen mit grobem und offenem Narben, etwas mehr geben und so die geringere Haftfestigkeit derselben erhöhen.

Um die Platten zu reinigen, sind der Klebeanlage besondere Waschmaschinen beigegeben (Abb. 52). Vgl. dazu auch S. 294.

δ) Arbeitsweise beim Aufkleben der Leder

Zum Ausstreichen der Leder auf den Platten verwendet man am besten Messingschlicker, die zweikantig scharf sind, damit die Felle ohne Mühe gut auseinander gearbeitet werden können. Hartgummischlicker, die anfangs dazu

gebraucht wurden, setzen das Fell nicht genügend aus und verschleißen außerdem
sehr schnell. Mit einem zweikantig scharfen Messingschlicker kann man sowohl
nach aufwärts als auch nach abwärts streichen. Ist das Messer stumpf oder gar
rund, so gleitet es darüber, ohne nennenswerte Aussetzwirkung (Abb. 53).

Der Schlicker soll 20 bis 25 cm breit sein; je breiter er ist, desto rascher
kann man arbeiten und desto leichter wird man die Luft zwischen Leder und
Glasplatte entfernen können. Bei zu schmalen Messern läuft die Luft rechts
und links davon wieder zurück.

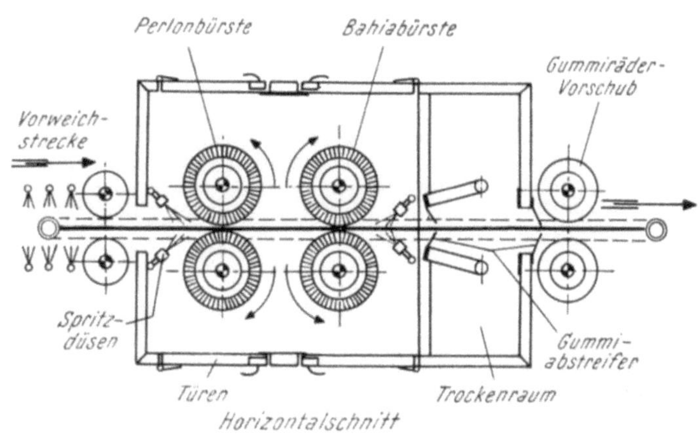

Abb. 52. Plattenwaschmaschine (Erich Kiefer, Gärtringen).

Viel wurde über die Frage debattiert, wie stark man die Leder aussetzen
soll. Das Bestreben eines jeden Fabrikanten geht natürlich dahin, so viel wie
möglich Maß herauszuholen. Ökonomisch gesehen, ist das richtig, ledertechnisch
jedoch nicht immer (s. unten). Um die Gefahr des Abspringens beim Trocknen zu
vermeiden, empfiehlt es sich, die besonders dehnbaren Bezirke des Leders, ins-

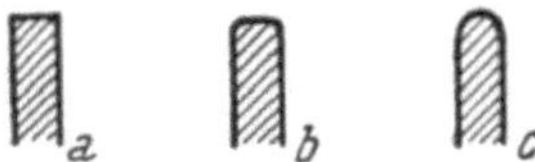

Abb. 53. Messerschlicker zum Ausstreichen der Leder auf den Platten.
a zweikantig, b stumpf, c rund.

besondere die Klauen, etwas weniger auszurecken (W. Ackermann, Diskussionsbemerkung). Im übrigen darf man Chevreau und Boxcalf ebenso wie Bekleidungsleder nur ganz leicht ausglätten, stärkeres Aussetzen geht auf Kosten des Griffes.
Bei allen anderen Ledersorten hängt es davon ab, was man erreichen will. Aus
den Resultaten der folgenden Untersuchungen ist zu entnehmen, wie weit man
gehen kann und soll.

Eine Partie Kuhhechte in Halben (dossets) wurde nach dem Spalten nach Stück-
zahl und Gewicht in vier gleiche Teile geteilt, jeder Teil gezeichnet und dann bis
zum Kleben gemeinsam weiterverarbeitet. Sie wurden mit Chrom vorgegerbt und
mit vegetabilischen Gerbstoffen nachgesetzt. Vor dem Kleben wurden die Hälften
nach ihren Zeichen zusammensortiert. Die eine Partie (Versuchs-Nr. 1) wurde nach
dem Aussetzen zum Trocknen aufgehangen. Die drei anderen Teile wurden geklebt,
und zwar wurden die Hälften Nr. 2 nur aufgelegt und leicht glattgelegt, diejenigen

Nr. 3 wurden mittelstark und jene Nr. 4 wurden so stark als möglich ausgereckt. Nach dem Trocknen wurden die geklebten normal weiterbehandelt, die nicht geklebten wurden nach dem Stollen genagelt und dann zusammen mit den übrigen zugerichtet. Bemerkt sei, daß sie vor dem Spannen nicht gebügelt wurden, was das spätere Resultat sortimentsmäßig natürlich verbessert hätte. In Tabelle 1 sind die Meßresultate zusammengestellt. Gemessen wurde das erstemal nach dem Stollen. Um die Leder besser messen zu können, wurden sie vorher hydraulisch gebügelt. Das zweitemal wurden sie nach beendigter Zurichtung gemessen; die prozentualen Meßdifferenzen wurden einmal auf die genagelten als gleich Null, einmal auf die ganz leicht ausgesetzten als Null bezogen. Die Zahlen sprechen für sich selbst. In Tabelle 2 findet man die Resultate der Sortierung; sortiert wurde nur nach dem Aussehen der Oberfläche. Auch diese Zahlen sprechen für sich. Dazu sei bemerkt, daß die Fehler hauptsächlich aus vernarbten Heckenrissen bestanden. In Tabelle 3 endlich findet man eine allgemeine Beurteilung der Partie. Aus diesem Versuche folgt, daß der Maßgewinn der geklebten Ware gegenüber der genagelten ins Auge springend ist. Innerhalb des geklebten Produkts steigt er, wie zu erwarten war, mit der Stärke des Aussetzens. Interessant ist auch die Größe der Schrumpfung während der Zurichtung (Tab. 1). Am interessantesten jedoch ist das Resultat der Sortierung, das die bereits früher aufgestellte Behauptung bestätigt, daß der Sortimentsgewinn bedeutend mehr ins Gewicht fällt als der Maßgewinn. Die Narbenfehler werden zwar mit zunehmender Stärke des Aussetzens weniger sichtbar, gleichzeitig nimmt aber die Härte des Leders zu und wird der Narbenbruch unschöner; es ist daher zu empfehlen, die Leder mittelstark auszusetzen

Tabelle 1. Meßresultate von geklebten und nicht geklebten Kuhhechten bei verschieden starker Aussetzung.

1 = genagelt; 2 = leicht aufgelegt; 3 = mittelstark ausgesetzt; 4 = so stark als möglich ausgereckt.

Ver-suchs-Nr.	Blößen-gewicht kg	Nach dem Stollen				Nach der Zurichtung				Schrumpfung %
		qf total	qf/kg	Maßgewinn %		qf total	qf/kg	Maßgewinn %		
1	209	397,25	1,9	0,00	+ 2,15	386,25	1,84	0,00	— 0,54	— 3,1
2	234	437	1,86	— 2,1	0,00	433,25	1,85	+ 0,54	0,00	— 0,5
3	217	422	1,94	+ 2,1	+ 4,3	417,50	1,92	+ 4,34	+ 3,78	— 1,0
4	220	432,25	1,96	+ 3,15	+ 5,33	427,50	1,94	+ 5,43	+ 5,40	— 1,0

Tabelle 2. Sortiment von geklebten und nicht geklebten Kuhhechten bei verschieden starker Aussetzung.

1 = genagelt; 2 = leicht aufgelegt; 3 = mittelstark ausgesetzt; 4 = so stark als möglich ausgereckt.

Versuchs-Nr.	Sortimentsergebnis in Stück				Sortimentsergebnis in %			
	II.	III.	IV.	Narbenpressen	II.	III.	IV.	Narbenpressen
1	—	—	10	14	—	—	41	59
2	1	11	12	—	4,2	45,8	50	—
3	1	17	6	—	4,2	70,8	25	—
4	4	17	3	—	16,7	70,8	12,5	—

Tabelle 3. Allgemeine Beurteilung derselben Partie Kuhhechte, geklebt und nicht geklebt, mit verschieden starkem Aussetzungsgrad.

1 = genagelt; 2 = leicht aufgelegt; 3 = mittelstark ausgesetzt; 4 = so stark als möglich ausgereckt.

Versuchs-Nr.	Griff	Narben	Allgemeines Aussehen	Mittlere Stärke mm
1	sehr weich	sehr lose	außerordentlich schlecht	1,542
2	gut	sehr gut	nicht schlecht	1,504
3	sehr gut	leicht grob	gut	1,498
4	viel Stand	grob	sehr gut	1,469

und so den Vorteil der Sortimentsverbesserung mit einer noch annehmbaren Erhärtung des Produkts zu kombinieren. Zum Schluß sei noch erwähnt, daß der Maßunterschied zwischen geklebter und nicht geklebter Ware sich noch mehr zugunsten
der geklebten verschieben wird, wenn man nicht Hechte, sondern Hälften gegeneinander vergleicht, da die durch das Kleben besser ausgearbeiteten Klauen auch
noch ihren Teil dazu beitragen.

Den größten Vorteil bietet das Kleben jedoch bei der Verarbeitung von
Flanken. Durch Aussetzen in die Breite bringt man die natürliche Zügigkeit in
dieser Richtung zum Verschwinden und erhält dadurch gleichzeitig ein Leder
mit guten Ausschnittmöglichkeiten.

ε) Trocknen im Klebetrockner (Konvektionsverfahren)

Die verwendeten Apparaturen sind bereits oben beschrieben. Wie man
aus Abb. 44, S. 293, ersehen kann, sind die Apparate in Kammern von je
20 Platten unterteilt, von denen jede selbständig belüftet und regelbar ist.
Die Regelung geschieht durch zwei mit Klappen verschließbare Öffnungen,
eine zum Absaugen der überschüssigen Feuchtluft, eine zum Ansaugen
von Frischluft. Das Funktionieren dieser Klappen wird durch Thermostaten
automatisch geregelt, und zwar in der Weise, daß z. B. bei einem Überschuß an
Feuchtigkeit die Zu- und Abfuhrklappen geöffnet werden, so daß feuchte Luft
entweicht und trockene angesaugt werden kann. Wenn umgekehrt die Luft
in den Kammern zu trocken wird, schließen sich die Klappen; bleibt die Luft
trotzdem noch zu trocken, so wird Dampf in den Luftweg eingespritzt, bis das
auf dem Regelgerät eingestellte Klima erreicht ist. Dieses Dampfeinspritzen
erfolgt zweckmäßigerweise ebenfalls automatisch und nur ausnahmsweise mittels
eines Handventiles. Die Klappenöffnungen müssen so groß sein, daß man genügend rasch, d. h. innerhalb weniger Minuten, die relative Feuchtigkeit einer
bestimmten Kammer von z. B. 70 auf 50% bringen kann. Solche Fälle treten
auf, wenn man zuerst leichte Felle trocknet, denen eine Partie schwerer Felle
folgt. Besonders in den ersten Kammern ist es manchmal schwierig, den Überschuß an Feuchtigkeit herauszubekommen. In diesem Fall empfiehlt es sich,
diesen eine zusätzliche Entlüftung zu geben; Frischluft tritt ja auch noch durch
die Platteneinfuhr ein, so daß die Zufuröffnung unverändert bleiben kann. Man
dringe auch darauf, daß die erste Kammer ebenfalls mit Dampfeinspritzern
ausgerüstet ist. Es kommen Fälle vor, in denen man sie nötig hat, so absurd
dies auch klingt.

Ein zweiter wichtiger Punkt ist die absolut gleichmäßige Belüftung der
Platten. Denn wenn z. B. am oberen Teil der Platten mehr Luft vorbeistreicht
als am unteren, so übertrocknen die Leder, während die tieferliegenden Teile
feucht bleiben. In jeder Zelle sind an der Einblaseite Leitbleche, durch deren
Verstellen man die Richtung des Luftstromes regeln kann.

Die gewünschten Feuchtigkeitsbedingungen stellt man an den Regelapparaten ein. Die Messung der relativen Luftfeuchtigkeit erfolgt mit Psychrometern
nach dem Prinzip des trockenen und feuchten Thermometers (s. S. 276/277).

Aus einem Diagramm oder einer Tabelle (s. S. 273, Abb. 15) kann man die der
Temperaturdifferenz entsprechende relative Feuchtigkeit ablesen, umgekehrt auch
aus einer gegebenen Trockentemperatur und einer gegebenen relativen Feuchtigkeit die zur Erreichung derselben nötige Temperatur am feuchten Thermometer.

Wie groß muß nun die Trockenanlage gewählt werden, d. h. wieviel Platten
benötigt man? Dabei geht man von der Trockenzeit aus. Es hat sich herausgestellt, daß die günstigste Trockendauer 6 bis 7 Stunden beträgt, gleichgültig,
für welche Leder, solange es sich um gangbare Oberleder handelt. Fett- und
Waterproofleder benötigen wegen ihrer Stärke und ihres Fettüberschusses eine

längere Zeit, leichte vegetabilische, wie Skivers u. ä., eine kürzere. Wie kam man zu diesen 6 bis 7 Stunden? An anderer Stelle wurde gesagt, daß man die Trocknung im Klebeverfahren bei einem Endfeuchtigkeitsgehalt der Leder von 19% abbricht. Man suchte also nach dem Minimum an relativer Feuchtigkeit, mit der man noch ein brauchbares Produkt bekam. Man stellte fest, daß bei einer relativen Feuchtigkeit unter 50% die Leder bereits ungünstig beeinflußt werden. Um bei diesem Feuchtigkeitsgrad Leder mittlerer Stärke auf einen Wassergehalt von 19% zu trocknen, braucht man 6 bis 7 Stunden. Setzt man also diese Zeit als eine Konstante voraus, dann ist die Plattenzahl nur noch abhängig von der Größe der Produktion und ob man in ein, zwei oder drei Schichten arbeiten will. Letzteres ist wegen der Gleichmäßigkeit des Ausfalles und wegen der geringsten Investierungskosten den anderen Möglichkeiten vorzuziehen. Dann ist auch die Arbeitsgeschwindigkeit mehr oder weniger konstant. Klebt man gleichzeitig auf beide Plattenseiten mit je zwei Arbeitern, so machen sie zusammen 22 bis 25 Platten in der Stunde; beschäftigt man je Seite nur einen Arbeiter, so machen diese zwei 14 Platten, klebt man dagegen mit zwei Mann erst die eine Seite und dann die andere, so beträgt deren Leistung zirka 12 Platten (s. dazu auch S. 287). Es gehört jedoch schon eine größere Geübtheit dazu, daß ein Arbeiter allein imstande ist, ein Fell zu hantieren. Man organisiere stets so, daß die Arbeit ununterbrochen verläuft und nicht stoßweise, damit der Trockenprozeß regelmäßig vor sich geht. Klebt man hintereinander verschiedene Sorten Leder, z. B. erst halbe Häute von mehr als 18 qf, als folgende Partie halbe Flanken und halbe Hälse von zirka 6 bis 8 qf, so klebe man so viel von den kleineren Fellen auf eine Platte, daß das Arbeitstempo, in Platten per Stunde, dasselbe bleibt, da der Trockenprozeß sonst nicht rhythmisch verläuft und man kein gleichmäßiges Produkt bekommen würde.

Bei leichten Fellen erhöht man die relative Feuchtigkeit so lange, daß diese erst nach 6 bis 7 Stunden trocken sind. Man wird dabei zu Werten von 80% kommen. Davon lasse man sich nicht abbringen, wenn einem die Qualität des Produktes lieb ist. Boxcalf, auf diese Weise getrocknet, wird ausgezeichnet in bezug auf Glätte, Griff und Stand, ebenso alle anderen Felle mit einer Falzstärke von 1 bis 1,2 mm. Für schwere Felle bis zirka 2,2 bis 2,5 mm wendet man ein Minimum von 50% relativer Feuchtigkeit an. Darunter gehe man auf keinen Fall, sonst resultiert ein zu harter Griff. Sind solche Leder nach 7 Stunden noch nicht trocken, was voraussichtlich der Fall sein dürfte, dann erniedrigt man die relative Feuchtigkeit in der ersten Kammer und, bei einer Mindestzahl von fünf Kammern eventuell auch in der zweiten, bis zu 30%; in diesem Zustand schadet dies den Fellen noch nicht, da sie durch und durch naß sind (s. S. 301). Die Erhöhung der absoluten Temperatur hat nicht allzuviel Einfluß. Die günstigste Temperatur liegt zwischen 40 und 45° C, in der ersten Kammer kann man auch eventuell auf maximal 60° C gehen. Man sieht nun, daß man beim Klebetrocknen gerade entgegengesetzt den orthodoxen Anschauungen arbeitet. Man beginnt mit trockener Luft und läßt sie in der Folge feucht werden, sogar bis zu 80%. So ist es auch verständlich, daß man in der ersten Kammer eine zusätzliche Absaugung braucht; man käme sonst wegen der starken Verdampfung nie auf eine relative Feuchtigkeit von 30%. Da man ferner schwere Leder mit 50% relativer Feuchtigkeit trocknet, leichte dagegen bis zu 80%, muß man von den Konstrukteuren der Trockner fordern, die Dimensionen der Zu- und Abluftstutzen so zu berechnen, daß man beim Partiewechsel innerhalb 5 bis 10 Minuten von 80 auf 50% Feuchtigkeit umschalten kann. Die ziemlich allgemein gehaltenen Angaben von H. P. Leistner zur Frage der Temperatur- und Feuchtigkeitsführung dürften kaum der allgemeinen Übung der Praxis entsprechen und decken sich nicht mit den Erfahrungen des Verfassers. Vgl. dazu unter anderem die Diskussionsbemerkung von P. Erny.

Die fertig getrockneten Felle müssen, wie schon gesagt, zirka 19% Feuchtigkeit enthalten. Sie dürfen sich nicht hart und auch nicht feucht anfühlen. Kommen sie dieser Bedingung nach, dann wird das Endprodukt einwandfrei sein. Sind sie zu hart, dann waren sie zu früh trocken, also erhöht man die Feuchtigkeit; sind sie zu feucht, so setzt man die Feuchtigkeit in der ersten Kammer herab. Hauptprinzip muß immer eine regelmäßige Trocknung durch alle Zonen bleiben, und zwar volle 6 bis 7 Stunden. Es geht nicht, daß man eventuell die Felle aus der dritten Zone herausholt, oder was auf das gleiche herauskommt, daß man die dritte und vierte Kammer abschaltet.

Häufig wird angeraten, zunächst einmal mit einer Einheit von 20 Platten zu beginnen und später zu verlängern. Davon ist stark abzuraten, und zwar darum, weil in einer einzigen 20-Platten-Einheit sehr ungünstige Verhältnisse herrschen. Erstens sind mindestens fünf Platten von jeder Seite, also bereits die Hälfte, nicht auf Temperatur, zweitens kann man nur statisch arbeiten, d. h. die Platten vollkleben und dann erst zu trocknen beginnen, denn sonst bekommt man ungleiche Resultate, drittens muß man alle 1 bis 2 Stunden die Platten durch den Apparat schieben, so daß die rechte und die linke Seite abwechselnd an der Lufteintrittstelle vorbeikommen. Anders würden die dieser Stelle zugekehrten Fellteile übertrocknen, während jene an der Luftaustrittstelle feucht bleiben würden. Viertens möchte man dann auch nach gelungener Probe seine ganze Produktion kleben, muß aber meistens ein halbes Jahr bis zur Nachlieferung warten; inzwischen kann man mit den 20 Platten nichts beginnen, da man ja nicht nur einen Teil der Produktion kleben kann und den anderen nicht. Der Qualitätsunterschied zwischen beiden Teilen wäre zu groß. Fabriken mit einer kleinen Produktion sollten sich darum besser einen Secotherm statt einer 20-Platten-Einheit anschaffen.

Als Material für die Trockenplatten dürfte Glas allen anderen Werkstoffen (Porzellan, Emaille, eloxiertes Aluminium usw.) vorzuziehen sein. Bruch entsteht eigentlich nur durch unsachgemäße Behandlung oder bei Verwendung von ungetemperten Glasplatten (H. P. Leistner).

η) Secotherm-Trocknung (Kontaktverfahren).

Dieser Trockner, dessen Konstruktion aus Abb. 54 ersichtlich ist (vgl. dazu auch S. 294), eignet sich gut für kleine Betriebe, für große bedeutet er höchstens eine zusätzliche Möglichkeit, um solche Leder zu kleben, deren Trockenbedingungen zu weit von der der Hauptproduktion abweichen, wie z. B. schwere Waterproof- und ähnliche Leder über 2,5 mm, weiters Spalte, Schrumpfleder usw.

Als Kleber kommt beim Secotherm die Methylcellulose in Frage. Auch hier arbeitet man am besten mit zwei Konzentrationen, für die Gesamtoberfläche eine 1,5%ige, für Ränder, Köpfe und Klauen eine 3%ige Lösung. Mit der dreiprozentigen allein zu arbeiten, wäre einerseits Verschwendung, andererseits muß man diese Menge auch wieder abwaschen, und zwar mit der Hand, da für kleine Produktionen eine Waschmaschine wohl nicht in Frage kommt. Diese arbeitet zu schnell, da die Cellulose zum Quellen immerhin 1 bis 2 Minuten Zeit braucht. Das Abwaschen geschieht mit lauwarmem Wasser. Man befeuchtet mit einer harten Bürste das ganze Fell, die Methylcellulose quillt dann auf und läßt sich mit einem Fenstergummi abschieben. Man spült kurz nach, läßt abtropfen und legt die Felle auf Stapel.

Das Kleben geschieht genau wie bei der Glasplatte. Als Plattentemperatur wählt man Temperaturen zwischen 60 und 75° C, was zu einer Trockendauer

von 30 bis 35 Minuten führt. Auch hier gilt ein dem Plattentrockner analoges
Gesetz, konstante Trockendauer zwischen 30 und 35 Minuten, Regeln der
Temperatur je nach Stärke des Gutes: 1 mm bei 60° C; 1,6 mm bei 70° C;
1,9 mm bei 75° C. Trocknet man heißer — man kann ohneweiters bis zu
95° C gehen, ohne das Leder zu verbrennen —, so kommt man zu Trockenzeiten von 16 bis 20 Minuten, doch werden diese Leder nach dem Abkühlen
wellig, und zwar so stark, daß man sie nach dem Stollen spannen muß. Das
hat seine Ursache wohl in einem bei dieser Temperatur unregelmäßigen Austrocknen. Die feuchter gebliebenen Stellen wellen sich dann beim Abkühlen.
Bei schweren Ledern oder Chromsohlenspalten, die auch häufig am Secotherm
getrocknet werden, tritt diese Erscheinung nicht so auf.

Beim Kleben muß man mit folgender Tatsache rechnen. Die Schnittlinien
am Rücken der Hälften und die der Flanken haben das Bestreben, sich mit der

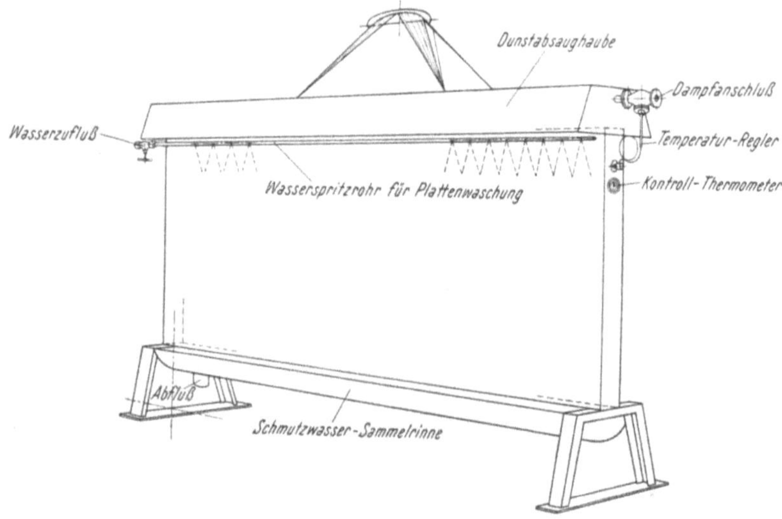

Abb. 54.   Secotherm-Pasting Einheit (Trockentechnik G. m. b. H.).

Narbenseite nach innen leicht umzubiegen, so daß zwischen Leder und Platte
ein Hohlraum entsteht. Da natürlich nur die Stellen trocknen, die Kontakt
mit der Platte haben, bleiben die umgebogenen Teile feucht. Auch Klauen und
Köpfe haben dieses Bestreben. Sowie man solche feuchte Flecken entdeckt,
kann man sie mit Schlicker und etwas Klebstoff wieder haftend machen, was
meistens Erfolg hat. Werden die Felle trocken, so beginnen sie sich abzulösen.
Da nun nicht die gesamte Fläche gleichzeitig trocken wird, würde durch die
Schwere der sich ablösenden Teile das ganze Fell abrollen, also auch die noch
feuchten Stellen mitreißen. Darum empfiehlt es sich, Kopf und Schwanz, sowie
diese sich loszulösen anfangen, durch Klammern, die an einer Schnur aufgehangen
sind, zu befestigen. Anderseits hat das Ablösen den Vorteil, daß alle Felle gleich
stark getrocknet sind. Man sieht also, daß man die geklebten Felle stets be-
aufsichtigen muß und begreift, daß damit keine Großproduktion zu arbeiten
ist. Spalte eignen sich natürlich besser dazu, aber gerade die Rindshaut und
ihre Teile sind weniger dazu geeignet, soweit es sich um eine industrielle Großproduktion handelt. Für Kleinbetriebe ist die Kontakttrocknung die Methode
der Wahl. Mit einer Leistung von nicht ganz vier Hälften pro Stunde und
Trockeneinheit erspart der Kontakttrockner solchen Betrieben große In-

vestierungen. Er ist meiner Ansicht nach absolut der 20-Platten-Einheit vorzuziehen. Die horizontale Ausführung des Secothem, die aus Frankreich stammt,
ist besonders gut für sehr schwere Leder geeignet, die vertikal geklebt ihrer
Eigenschwere wegen einen sehr starken Klebstoff brauchen, der noch nicht gefunden ist. Ein Nachteil derselben ist, daß man nur auf einer Seite kleben
kann.

Von einer grundsätzlichen Verbesserung der Lederqualität im Vergleich zum
normalen Pasting-Verfahren kann man nach den Erfahrungen des Autors im
Gegensatz zu oft gehörten Behauptungen nicht sprechen. Über das gleiche
Ergebnis berichtet H. P. Leistner. Die Fettung der Leder für das Kontakt-
trocknen muß man gegenüber denen, die nach dem Konvektionsverfahren
getrocknet werden, noch einmal um mindestens 20% erhöhen. Versuche mit
Ledern ein- und derselben Partie, wovon eine Hälfte durch den Plattentrockner,
die andere über den Secotherm lief, haben dies bestätigt.

Diese Leder werden genau so weiterverarbeitet wie die, welche im Klebetrockner waren, doch benötigen sie etwas mehr Sorgfalt in der Einhaltung der
Arbeitsweise.

2. Veränderungen in den Feuchtigkeitsverhältnissen
vor und unmittelbar nach dem Stollen.

a) Allgemeine Betrachtung des Feuchtigkeitszustandes der vom Kleben
kommenden Leder.

Wir haben gehört, daß die Feuchtigkeit des Leders nach dem Trocknen
zwischen 10 und 20% für frei aufgehangenes und 19 bis 20% für geklebt getrocknetes beträgt. Während dieses Prozesses kleben die Fasern aneinander, auch
wirkt der Wasserentzug anscheinend ebenfalls versteifend (eventuell Ver-
krustungen von im Wasser gelösten Salzen). Die Leder müssen also wieder geschmeidig gemacht werden. Das geschieht bekanntlich durch Stollen. Damit
dieses mechanische, man könnte sagen Brechen der Fasern ohne Beschädigung
des Narbens und Verschlechterung der Qualität vor sich gehen kann, muß man
dem Leder wieder Feuchtigkeit zuführen. Nun wird von manchen Seiten behauptet, man könnte durch das Klebetrocknen diese Prozesse einsparen. Das
wäre vielleicht dann wahr, wenn die Leder bei sehr hoher relativer Feuchtigkeit
und so langsam getrocknet werden könnten, daß sie am Ende des Prozesses in
vollkommenem Gleichgewichtszustand mit der Luftfeuchtigkeit wären. Darunter ist zu verstehen, daß nicht nur die Gesamtfeuchtigkeitsmenge des Produktes
diesem Werte entsprechen soll, sondern daß diese Menge auch gleichmäßig über
den Gesamtquerschnitt des Leders verteilt sein muß. Die Länge des Trockners
wäre aber dann, wie schon einmal erwähnt, undiskutabel.

Die oben angegebenen Zahlen drücken auch nur den Gesamtwassergehalt
aus; würde man die Felle gleich nach dem Abnehmen in mehrere Schnitte zerlegen und dann von jedem Schnitt eine Feuchtigkeitsbestimmung machen, so
würde man von außen nach innen zu verschiedene Werte finden. Das ist ja
auch leicht einzusehen, da das Wasser durch Diffusion hinauswandert und dieses
Wandern in einem bestimmten Stadium abgebrochen wird. Man muß dem Leder
daher Gelegenheit geben, die Feuchtigkeit über alle Schichten auszugleichen.
Bei reinem Chromleder dauert dieser Prozeß länger als bei vegetabilisch nachgegerbtem, wie überhaupt die Unempfindlichkeit gegen Wasserüberschuß mit
der Zunahme des Anteils an vegetabilischen Gerbstoffen steigt. Jeder weiß wohl
aus eigener Erfahrung, daß fertiges Chromleder, einmal naß geworden, durch
Trocknen steif wird, im Gegensatz zu lohgarem Leder, das seine Eigenschaften
durch Nässe nicht verliert.

Darauf scheint wohl auch zurückzuführen zu sein, daß, wie aus Berichten über die nordamerikanische Lederindustrie bekannt wurde, dort in manchen Fabriken das Leder viel feuchter von den Platten abgenommen wird als bei uns in Europa und daß diese Leder dann sofort gestollt werden. In den gleichen Berichten wurde auch zitiert, daß man Chromleder nur mit 1,5% Cr_2O_3 gerbt und dann stark vegetabilisch nachgerbt [vgl. G. Otto (1)]. Mit Rücksicht darauf, daß ein Leder von mehr oder weniger ausgesprochen lohgarem Charakter viel unempfindlicher gegen Schwankungen seines Feuchtigkeitsgehaltes ist, kann man das ohneweiters begreifen. Je geringer der Anteil an vegetabilischen Gerbstoffen ist, desto mehr kommt der Chromcharakter auch im Verhalten bei der Trocknung zum Vorschein.

Durch Versuche des Autors konnte festgestellt werden, daß die Qualität von Chromleder in bezug auf Griff, Narbenfestigkeit und allgemeines Aussehen mit der Dauer des Lagerns nach dem Trocknen innerhalb bestimmter Grenzen steigt. Monatelanges Lagern kann unter Umständen auch schaden. Eine Partie wurde in zehn gleiche Teile geteilt, davon wurde vom ersten bis zum zehnten Tag täglich je ein Teil eingespänt, weiters gestollt und fertig gemacht. Die ersten vier Teile waren von ausgesprochen minderwertiger Qualität, losnarbig, blechig, unansehnlich. Vom fünften Tag an zeigte sich zusehends eine Besserung der Qualität, die vom siebenten Tag an so gut wie unveränderlich blieb. Vegetabilisch übersetztes Leder ist bereits nach dem vierten Tag im Gleichgewicht. Daraus folgt also eindeutig die Wichtigkeit des Lagerns nach dem Trocknen.

b) Befeuchtungsmöglichkeiten.

Seit langem hat man dazu angefeuchtete Sägespäne benützt. Immer wieder versuchte man, etwas anderes dafür zu finden. Man hing die Leder in eine Nebelkammer, doch je mehr Wasserteilchen die Luft enthielt, desto eher sammelten diese sich zu Tropfen, die über die Felle abliefen. Verringerte man hingegen die Dichtheit des Nebels bis zu einer relativen Feuchtigkeit der Luft von 100%, so verlief die Durchfeuchtung viel zu langsam, außerdem benötigte diese Methode viel zu viel Raum. Eine rigorosere Arbeitsweise stellt das Eintauchen der Felle in lauwarmes Wasser dar. Flämen und Nacken, also Teile mit loserer Struktur, nehmen rascher Wasser auf, sie werden daher nässer als der Rest des Felles und sind nach dem Trocknen hart. Außerdem ist es sehr schwierig, eine ganze Partie gleichmäßig zu befeuchten. Selbst auf dem glatt liegenden geklebten Leder bleiben kleine Pfützen stehen, die nasse Flecken bilden. Nach dem Eintauchen legt man die Felle auf Stapel und läßt sie über Nacht liegen.

Mit geklebten Ledern wurden Versuche gemacht, um sie auf der Lederwaschmaschine anzufeuchten, in Verbindung mit dem „Abwaschen" des Klebstoffes, darauf legte man sie auf Stapel und stollte am fünften Tag; das Resultat war ebenfalls schlecht. Nicht jedes Fell nimmt in der kurzen Zeit des Durchlaufens gleich viel Wasser auf. Beim Stollen zeigte sich dann, daß ein erheblicher Teil der Partien zu trocken war und doch noch eingespänt werden mußte. Beim restlichen Anteil trat dieselbe Erscheinung auf wie bei der Eintauchmethode, Flämen und Nacken nahmen zu viel auf und wurden nach dem Trocknen ebenso hart wie vor dem Anfeuchten.

Vorteilhaft ist folgendes Verfahren. Man läßt die Leder durch die Waschmaschine (Abb. 56) laufen, so daß sie gut angefeuchtet werden, wozu eine Maschine mit einem Walzenpaar genügt. Darauf legt man sie vier bzw. sieben Tage auf Stapel und spänt sie dann ein. Während dieser Liegezeit haben sie Gelegenheit, diese Voranfeuchtung zu verarbeiten und sich bereits ein wenig zu erholen oder „aufzugehen", wie man in der Praxis auch sagt.

Darum ist und bleibt das Einspänen auch heute noch das Einfachste und Sicherste. Die Einstellung des Gleichgewichtszustandes zwischen dem Leder und seiner Umgebung, den Sägespänen, ist eben ein Vorgang, der nur langsam vor sich geht. Darum ist es auch einleuchtend, daß die Übertragung der Feuchtigkeit auf die Lederfasern am besten aus einer Umgebung erfolgt, die im gleichen Tempo ihren Überschuß davon abgibt. Man streut also zwischen je zwei Leder eine Schicht von Sägespänen mit einem Feuchtigkeitsgehalt von zirka 40% und läßt die Leder so lange darin liegen, bis sie ungefähr 28 bis 30% ihres Gewichtes davon aufgenommen haben. Das ist nach etwa 16 Stunden der Fall. Leichte Leder läßt man kürzer, schwere länger liegen.

In diesem Zustand sind sie stollfertig. Das Stollen selbst gehört nicht in dieses Kapitel (vgl. dazu diesen Band, 9. Kap., S. 1078); doch soll darauf aufmerksam gemacht werden, daß man geklebte Leder nicht auf der Maschine mit dem Rollenkopf stollen darf. Der Narben ist durch den noch stets darin enthaltenen Klebstoff und durch das Ankleben gegen die Glasplatte steifer als die darunter liegenden Schichten. Der Rollenkopf beugt nun das Leder in der Weise, daß der Narben konkav unter der Rolle hindurchläuft. Zieht man ihn in dieser Lage auseinander, so wird er irritiert und bricht unschön. Sehr häufig ist dieser Fehler nicht mehr gutzumachen. Darum verwendet man einen Spezialstollkopf für geklebte Leder, wie ihn die Maschinenfabrik Turner und die Badische Maschinenfabrik Durlach (in verbesserter Form) herausbringt (vgl. dazu diesen Band, 11. Kap., S. 1478, Abb. 54). Das Prinzip dieser Stollwirkung ist gerade umgekehrt, ein Messer auf dem unteren Teil des Hebels drückt das Fell in einen verstellbaren Schlitz am oberen Hebelarm. Das Fell wird auf der Fleischseite über das Messer gezogen, so daß der Narben konvex zu liegen kommt. Diese Stollwirkung ist für ihn so schonend, daß man bereits appretierte Leder, ja sogar auch solche, die schon einmal glanzgestoßen waren, ohne Narbenbeschädigung stollen kann. Da man, mit Ausnahme von ganz schweren, alle Sorten, einschließlich Bekleidungsleder und nicht geklebten Ledern, mit diesem Kopf stollen kann, wird es meist nicht nötig sein, sich zweierlei Maschinen anzuschaffen.

c) Trocknen der gestollten Leder.

α) Nicht geklebte Leder.

Die in den Ledern vorhandene Feuchtigkeit muß durch Trocknen wieder in Einklang mit der Umgebung gebracht werden, auch will man die Leder gerne glatt und flach liegend bekommen. Darum trocknet man sie in aufgespanntem Zustand. Den mechanischen Vorgang des Spannens lassen wir außer Betracht, da er bereits an anderer Stelle besprochen wird (vgl. diesen Band, 9. Kap., S. 1010). Wir wollen uns hier nur auf die Art und die Möglichkeiten des Trockenvorganges beschränken. Zunächst interessiert, wieviel Feuchtigkeit herausgetrocknet werden muß. Die Leder kommen erfahrungsgemäß am günstigsten mit einer Feuchtigkeit von zirka 18% in die Zurichtung. Dabei ist zu bedenken, daß sie durch die vielen Appreturaufträge stets wieder feuchtgemacht werden. Dies darf eine gewisse Grenze nicht überschreiten, wenn die Qualität nicht Schaden erleiden soll (Hartwerden, loser Narben). Darum darf das Leder, das in die Zurichtung kommt, nicht von vornherein feuchter sein, als es dem Gleichgewicht mit der umgebenden Luft entspricht. Ist der Wassergehalt größer, so verträgt es die Appreturaufträge ohne Verschlechterung seiner Eigenschaften nicht.

Da die Stollfeuchtigkeit nun 28 bis 29% beträgt, müssen durch Trocknen in gespanntem Zustand zirka 10% Feuchtigkeit herausgeholt werden. Jede halb-

oder ganzautomatische Trockeneinrichtung ist dem gewöhnlichen Trocknen im Spannraum vorzuziehen, da sie einen gleichmäßigen und kontrollierbaren Vorgang gewährleistet. Zu den halbautomatischen Anlagen kann man die Schranktrockner zählen. Ergänzend zu deren Besprechung im Abschnitt C sei noch bemerkt, daß manche Firmen diese Schränke auch mit Klimakontrollapparaten liefern, so z. B. Apparate italienischer und tschechischer Bauart. Zu den ganz automatischen zählt man die Anlage der S. A. „Charvo" in Grenoble (Abb. 55), bei welcher die Spannrahmen automatisch zwischen zwei Kasten mit Infrarotstrahlern durchlaufen. Die Durchlaufzeit beträgt 8 bis 10 Minuten, die Umlaufzeit der Rahmen zirka 20 Minuten. Die erste Ausführung dieser Anlage hatte den Nachteil, daß die Leder nicht trocken genug wurden. In der verbesserten Ausführung wurden Ventilatoren eingebaut, welche die feucht-

Abb. 55. Automatische Anlage für Ledertrocknung auf Rahmen durch Infrarotstrahlung (S. A. Charvo, Grenoble).

gewordene Luft absaugen. Diese Anlagen arbeiten sehr praktisch, sie brauchen nicht viel Aufstellungsraum — man benötigt im ganzen nur acht Spannrahmen, da jeder Rahmen nach 16 bis 20 Minuten bereits wieder frei wird — und alle Leder werden gleichmäßig getrocknet. Über die Vorteile der Infrarottrocknung sprechen wir später noch bei der Zurichtung.

β) Geklebte Leder.

Es ist natürlich ohneweiters einzusehen, daß auch bei den geklebten Ledern die 10% Überschuß an Stollfeuchtigkeit entfernt werden müssen. Die Art und Weise, wie dies geschieht, ist neben der Trockendauer in der Pasting-Anlage die zweite wichtige Voraussetzung für die Endqualität des geklebten Leders. Auch hier gilt wieder dasselbe: Je langsamer man diesen Prozeß führt, desto griffiger wird die Ware. Man legt die Leder nach dem Stollen zu einem weiteren Feuchtigkeitsausgleich über Nacht auf Stapel. Am nächsten Tag, also nach ungefähr 16 Stunden, hängt man sie in einen Trockenkanal, der mit einem Geschwindigkeitsregler versehen ist. Die Luft bläst man von oben nach unten und saugt sie unten zurück. Am praktischsten macht man oben einen doppelten Boden, der über die ganze Länge und Breite mit Löchern versehen ist. Der Gesamtquerschnitt dieser Löcher ist etwas kleiner als die Gesamtansaugöffnung der Lufterhitzer. Dadurch erreicht man einen gleichmäßigen Luftstrom über den ganzen Kanal. Die Luftgeschwindigkeit soll etwa 1 m/sec betragen. Um den Tunnel nicht zu lang werden zu lassen, hängt man bis zu vier Hälften nebeneinander (an der Crouponseite). Die relative Feuchtigkeit der Luft im Tunnel hält man zwischen 50 und 60%. Bei höheren Werten erwärmt man die einströmende Luft, bei tieferen hingegen befeuchtet man sie durch Einblasen von zerstäubtem Wasser.

Felle mit einer Stärke von:

$$\begin{array}{llllll} & \text{bis } 1 & \text{mm läßt man in} & & & 5 \text{ Stunden} \\ 1,1 & \text{,, } 1,4 \text{ mm} & \text{,,} & \text{,,} & \text{,, } 6 & \text{,,} \\ 1,5 & \text{,, } 1,8 \text{ mm} & \text{,,} & \text{,,} & \text{,, } 7 & \text{,,} \\ 1,9 & \text{,, } 2,2 \text{ mm} & \text{,,} & \text{,,} & \text{,, } 8 & \text{,,} \\ & \text{über } 2,2 \text{ mm} & \text{,,} & \text{,,} & \text{,, } 9 & \text{,,} \end{array}$$

durchlaufen.

Nach diesem Trockenprozeß soll der Feuchtigkeitsgehalt der Leder noch 18% betragen. Sie fühlen sich dann leicht steif an. Bis zum nächsten Morgen legt man sie wieder auf Stapel, so daß sie vollkommen ausgeglichen in die Zurichtung kommen. In einigen Fällen wird es nötig sein, vor allem Nacken, Klauen und Bauchteile mit dem Spezialkopf nachzustollen. Wird dieses Trocknen richtig und gewissenhaft ausgeführt, dann lassen die geklebten Leder sich weiter genau so behandeln wie die aufgespannten. Es braucht eine gewisse Zeit, bis man sich das Gefühl angeeignet hat, um den richtigen Trocknungsgrad zu beurteilen. Jedes Forcieren wirkt schädlich und gibt nachträglich Anlaß zu größeren Zeitverlusten. Man muß sich vor Augen halten, daß man in der Zurichtung drei Tage verliert, um den Fehler wieder gutzumachen, wenn man in diesem Stadium das Ausruhen des Leders um einen halben Tag abkürzt. Werden die Leder nämlich zu früh, d. h. also zu feucht, abgenommen und reichert sich während der Zurichtung noch Feuchtigkeit an, so werden sie beim Liegen am Fertiglager hart. Man muß sie dann wieder anfeuchten, liegenlassen, stollen, trocknen und noch einmal glänzen; womit man also nichts gewonnen, aber an Qualität verloren hat. Das Leitmotiv beim Kleben ist: langsam trocknen.

3. Trocknen in der Zurichtung.

a) Regelung der Feuchtigkeitsverhältnisse in der Zurichtung.

Es besteht noch ein Unterschied in der Zurichtung geklebter Leder gegenüber denen, die aufgespannt wurden: Sie sind empfindlicher gegen zu nasses Appretieren. Da aber im allgemeinen der Grundsatz gilt, daß zu nasse Farbaufträge der Narbenfestigkeit Abbruch tun, auch der des nichtgeklebten Leders, so ist eine gewisse Vorsicht beim Plüschen oder Spritzen, die man beim geklebten Leder beachten muß, auch zum Vorteil des anderen.

Es ist demnach verständlich, daß man in der Zurichtung beider Ledertypen darauf achten muß, die Ware nicht zu naß zu machen, sondern statt dessen lieber einen oder zwei Farbaufträge mehr durchzuführen. Diese Mehrarbeit kommt der Qualität zugute, macht sich daher bezahlt. Da das Leder natürlich eine ganze Reihe von Appreturaufträgen erhält, die es stets wieder vom neuen naßmachen, muß man dafür sorgen, daß es vor jedem folgenden Auftrag trocken ist. Das ist neben dem Nichtzunaßmachen der zweite Grundsatz in der Zurichtung. Die Feuchtigkeit im Leder muß während dieser Vorgänge von 18% auf 15% gebracht werden, es muß daher vor jedem neuen Auftrag etwas trockener werden als beim vorherigen. Dies leuchtet ja auch ohneweiters ein, da die letzten Aufträge kaum mehr eindringen, sondern schon in den obersten Narbenschichten zurückgehalten werden. Zwischen allen diesen Arbeiten muß man dem Leder nach dem Trocknen Gelegenheit geben, seine Feuchtigkeit auszugleichen. In diesem Stadium genügen jedesmal 3 bis 5 Stunden. Natürlich hindert es nicht, wenn man ihm einmal zwei Aufträge kurz hintereinander gibt, wenn man nur dann wieder für die nötige Ruhepause sorgt. Meistens ergibt sich das in größeren Betrieben von selbst, da ja immer eine Reihe gleichartiger Partien in Behandlung ist. Es ist auf alle Fälle nur eine Organisationsfrage, um sich die Arbeitsfolge unter Berücksichtigung dieser Forderung einzuteilen.

b) Beurteilung der verschiedenen Trocknungsverfahren.

Auch hier herrscht in den letzten Jahren das Bestreben, die Trocknung mehr und mehr automatisch durchzuführen. Wir wollen uns daher nicht zu lange bei den alten Arbeitsweisen aufhalten. Das Prinzip wurde schon besprochen: langsam und nicht zu heiß. Das Maximum liegt bei 35 bis 40° C, keine zu großen Luftgeschwindigkeiten, es genügt, wenn man die Luft gleichmäßig auf zirka 50% relativer Feuchtigkeit hält. Ein Zuviel an Zugluft trocknet die Leder unregel-

Abb. 56. Lederwaschmaschine (Trockentechnik G. m. b. H.).

mäßig aus, freier hängende Teile werden übertrocknet. Dies ist der eine Nachteil dieser Art von Trocknen. Der andere ist der, daß die Partien untereinander nie gleichmäßig ausfallen und, wie schon erwähnt, daß geklebte Leder viel schneller auf zu langes Trocknen reagieren. Darum ist jede automatische Trockenanlage, wie Tunneltrockner u. ä., dieser Arbeitsweise vorzuziehen.

Die heutigen automatischen Zurichtmaschinen gewährleisten eine absolut einheitliche Behandlung der Felle; die Appreturen werden gleichmäßig aufgetragen, die Trocknung erfolgt automatisch für alle Felle gleich. Zu den Appreturmaschinen (Bürstfärbung) baut man Tunneltrockner, deren Bewegung synchronisiert ist mit den Geschwindigkeiten des Transportbandes. Die Bauart kann dieselbe sein wie die der Trockner nach dem Stollen, jedoch ohne Luftbefeuchter. Wichtig ist, daß der erste Auftrag langsam trocknet (25 bis 30 Minuten bei 30° C), da die direkt von der Schleifmaschine kommenden Felle natür-

lich stärker saugen als bereits appretierte. Bei zu rascher Trocknung würden
sie hart werden und der Narben würde leiden.

Nun zur Frage, soll man in der Zurichtung Warmlufttrocknung oder
Strahlungstrocknung verwenden. Die Wirkungsweise der Warmlufttrocknung
ist ja allgemein bekannt. Sie wird vorzugsweise in den deutschen Betrieben
verwendet. In vielen europäischen Ländern hat mit Recht die Strahlungstrocknung mehr und mehr Eingang gefunden [M. Déribéré (1) (2) (3);
M. G. Seurin; R. Franceschi; A. Gastellu und J. Jullien; Ungenannt (2)]. Bei dieser wird die zum Verdunsten der Feuchtigkeit nötige
Wärme durch Strahlung übertragen, also ohne Zuhilfenahme der Luft als
stoffliches Medium. Die Wärmestrahlung dringt im Gegensatz zur Strömungstrocknung bis zu einer gewissen Tiefe in das Trockengut ein und wird überall
gleichzeitig in Wärme umgewandelt, so daß in ihm eine schnellere und gleichmäßigere Temperaturerhöhung als z. B. bei der Trocknung mit erwärmter
Luft erzielt wird. Solche Wärmestrahlen sind die Ultrarotstrahlen.

Welche Vorteile bietet die Infrarottrocknung zunächst einmal vom wärme-
technischen Standpunkt? Erstens steht die strahlende Wärme praktisch sofort nach Anschalten des Strahlers zur Verfügung, denn die Energieausbreitung
zwischen Strahler und Trockengut erfolgt mit Lichtgeschwindigkeit. Weiterhin geht bei der Infrarotstrahlung keine Energie zur Erwärmung der Umgebung
des beheizten Trockengutes verloren. Die Energieverluste, die durch Absorption
an der atmosphärischen Luft eintreten können, liegen unter 2% der Gesamt-
strahlung. Ebenfalls sind die Energieverluste, die durch Reflexion an der Oberfläche des Trockengutes auftreten können, in den meisten Fällen sehr gering.
Weitere Vorteile ergeben sich aus der Bündelung der Strahlen, aus der einfachen
Bedienung und der Sauberkeit der Strahleranlagen (H. Spahrkäs).

Aus ledertechnischen Gründen findet das Trocknen mit Infrarotstrahlen in
der Zurichtung immer mehr Eingang, da es für die Qualität der Trocken-
prozesse und damit für die Qualität der Ware selbst von Vorteil ist. Die
Infrarotstrahlen trocknen mehr oder weniger oberflächlich, so daß die Innen
feuchtigkeit, die sich während der Lagerung zum Ausgleich der Feuchtigkeit nach dem Stollen schon ins Gleichgewicht mit der Luftfeuchtigkeit gesetzt
hat, unangetastet bleibt. Durch die Strömungstrocknung hingegen unterliegt
dieses Gleichgewicht größeren Schwankungen, die den Griff des Leders beeinflussen und es notwendig machen, ihm längere Zeit zum Ausruhen zu geben.
Bei der Strömungstrocknung werden dünnere Stellen, wie Klauen und Flämen,
stets trockener werden als der Rest des Leders. Auch das ist bei der Strahlungstrocknung nicht der Fall, sie trocknet ja nur die oberste Schicht, die durch die
Appretur feucht geworden ist, und zwar gleichgültig, ob das Leder dick oder
dünn ist. Die Feuchtigkeit im Inneren bleibt intakt, so daß der Griff derselbe
bleibt, wie er vor dem Aufbringen der Farbe und vor dem Trocknen war. Das
ist ein enormer Vorteil dieser Trocknungsart gegenüber der Strömungstrocknung.
Weiters fand man, daß das Narbenbild von Ledern, die mit Infrarotstrahlern
behandelt waren, schöner und feiner ist. Dies konnte der Verfasser in verschiedenen Fabriken konstatieren, M. Déribéré (1) machte dieselbe Beobachtung. Auch zogen Schuhfabriken infrarot getrocknete Versuchspartien den
mit Warmluft getrockneten Parallelpartien vor, ohne vom Unterschied in der
Behandlung Kenntnis zu haben. Darum gehen die Lederfabriken mehr und mehr
zur Infrarottrocknung über, selbst in Ländern mit verhältnismäßig hohen Strom-
kosten, weil sie sich sagen, daß es in erster Linie auf die Qualität ankommt und
Sortimentsverbesserungen den Mehrpreis, bedingt durch die Kosten der elektrischen Energie, wettmachen. Die Behauptung, die Deckfarbenschicht würde

unter der Strahlungstrocknung leiden, beruht nur auf Unkenntnis der Tatsachen.

Die Anfangsschwierigkeiten, denen man bis vor kurzer Zeit noch begegnete, sind weitgehend überwunden. Die neuesten Anlagen, die unter anderen auch nach Vorschlägen des Verfassers gebaut worden sind, gestatten es, ungefärbte

Abb. 57. Kombinierte Pigmentier- und Trockenmaschine (S. A. Charvo, Grenoble).

Leder in fünf bis sechs Durchgängen vollständig bis zum letzten Bügeln fertigzumachen. Seit der Einführung von Nylonschnüren als Förderband (siehe Abb. 57) und einer Farbauffangmöglichkeit unter den Pistolen sind die Farbverluste geringer als beim Handspritzen. Die zurückgewonnene Farbe kann nach Filtrieren ohne weiteres wieder verwendet werden. Die Breite des Förderbandes muß der Größe der Leder angepaßt werden. Das Spritzen geschieht durch zwei Pistolenpaare, die durch eine Zwischentrocknung getrennt sind. Diese Zwischentrocknung verbraucht zirka 17 kW, die Haupttrocknung 22 kW. Die ganze Anlage, einschließlich der Motoren, benötigt 42 bis 46 kW.

Dieselben Strahlungstunnel verwendet man auch zum Trocknen der Leder auf dem Appretierband (Bürstpigmentierung).

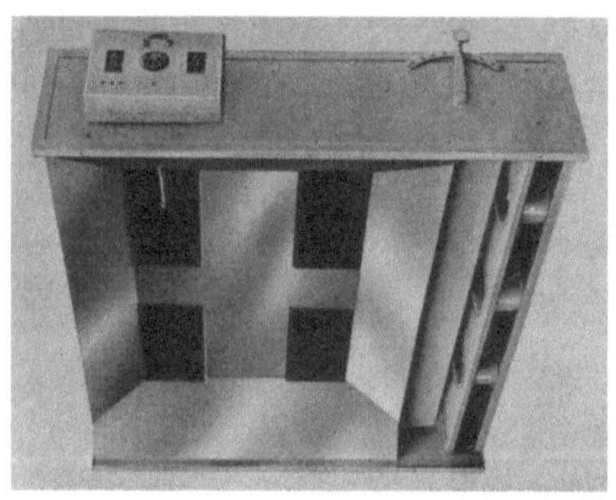

Abb. 58. Infrarotstrahler (S. A. Charvo, Grenoble).

Nun bleibt nur noch übrig, die Strahlungsquellen zu besprechen. Hier ist ebenfalls in den letzten Jahren ein Fortschritt erzielt worden. Die ersten Infrarotlampen waren Kolbenlampen mit Kohlen- oder Wolframfäden. Man verwendete Lampen von 250 W und 360 W. Sie hatten eine Lebensdauer von 5000 kWh, wenn sie hintereinander, und 10000 kWh, wenn sie parallel geschaltet waren. Später ging man zu den sogenannten Dunkelstrahlern über, Röhren, die sehr wenig Licht ausstrahlen, da sie nur leicht glühen. Am verbreitetsten sind die

„Elsteinröhren", Quarzröhren, zirka 30 cm lang, mit einem Energieverbrauch von 1000 W. Es scheint, daß Röhren bei gleichem kW-Verbrauch gegenüber den Kolbenlampen besser trocknen. Ihre Brenndauer wird auf 15000 kWh angegeben. Diese Angaben kann man vorläufig nicht auf ihre Richtigkeit prüfen, da unseres Wissens noch keine Anlage so lange in Betrieb ist. Bisher am besten bewährt haben sich neuartige, absolut dunkel strahlende Elemente in Plattenform, welche erstmals die S. A. „Charvo", Grenoble, 1954 herausgebracht hat (vgl. Abb. 58). Diese Strahlungselemente sind 380 cm lang und 240 cm breit und sind in Reflektoren eingebaut. Ihre Temperatur läßt sich regeln. Bei einer Eigentemperatur von max. 300° C herrscht im Trockenkanal eine Temperatur von max. 40° C. Der Energieverbrauch per Platte beträgt max. 1400 W. Je nach Bedarf kann diese entsprechend dem zu trocknenden Gut erniedrigt oder erhöht werden. Der vorher erwähnte Spritzapparat, kombiniert mit Infrarottrocknung, ist mit diesen Strahlern ausgestattet, und zwar mit 12 Platten für die Zwischentrocknung und 18 Platten für die Haupttrocknung.

Zusammenfassend kann man sagen, daß die Entwicklungen auf dem Gebiete der Trockentechnik wohl noch lange nicht abgeschlossen sind. Seit einigen Jahren ist alles in Fluß gekommen. Die neuen Erkenntnisse auf allen Gebieten der Wissenschaft und Technik werden ihren Einfluß auch auf unserem Spezialgebiet, der Lederherstellung, bemerkbar machen und der z. T. produktionstechnisch etwas konservativen Lederindustrie einen neuen Impuls geben.

Literaturübersicht.

Ackermann, W.: Leder 7, 251 (1956), Diskussionsbemerkung.
Cox, W. R.: J. A. L. C. A. 43, 461 (1948); Ref. Ledertechn. Rundschau (Schweiz) 2, 105 (1950), Nr. 6.
Cox, W. R. u. W. T. Roddy: J. A. L. C. A. 45, 270 (1950).
Déribéré, M. (1): Bull. Ass. franç. chim. ind. cuir 10, 10 (1948); 11, 177 (1949).
  (2): Cuir techn. 30, 206 (1941); Ref. Chem. Zentralbl. 1942, I, 448.
  (3): Rev. techn. cuir 1948, VI, 125; Ref. Ledertechn. Rundschau (Schweiz) 2, 105 (1950), Nr. 6.
Dubbel, H.: Handbuch für den Maschinenbau. 10. Aufl., Bd. I., Berlin-Göttingen-Heidelberg: Springer-Verlag, 1951.
Ebert, H.: Leder 2, 215 (1952).
Eck, B.: Technische Strömungslehre, 3. Aufl., Berlin: J. Springer, 1949.
Eitel, K.: Österr. Lederztg. 7, 37 (1952).
Erny, P.: Leder 7, 245 (1956), Diskussionsbemerkung.
Fabricius, W.: Die Berechnung der Trockendauer. Düsseldorf: VDI-Verlag, 1933.
Franceschi, R.: Boll. Staz. sper. Pelli Mat. Conc. 25, 38 (1949); Ref. J. S. L. T. C. 34, 249 (1950).
Freudenberg, H. (1): Leder 7, 245 (1956),
  (2): Leder 7, 250 (1956), Diskussionsbemerkung.
Friederich, E.: Leder 7, 244 (1956), Diskussionsbemerkung.
Gastellu, Ch., u. J. Jullien: Bull. Ass. franç. chim. ind. cuir 11, 177 (1948).
Görling, P., in Foerst, W. (Hrsg.): Ullmanns Enzyklopädie der technischen Chemie. 3. Aufl., Bd. I, München und Berlin: Urban & Schwarzenberg, 1951.
Graßmann, W.: Leder 7, 244, 247, 248, 250, 251 (1956), Diskussionsbemerkungen.
Gustavson, K. H.: Meddedelande fran Garverinäringens Forskningsinstitut, Särtryk ur Lädertidningen 1952, 13 bis 14.
Henacker, F. H.: Leder 2, 217 (1951).
Herfeld, H.: Grundlagen der Lederherstellung. Dresden u. Leipzig: Th. Steinkopff, 1950.
Herfeld, H., u. R. Bellmann: Gesammelte Abh. Dtsch. Lederinst. Freiberg/Sa. Nr. 11, 79 (1955).
Hinsch, H.: Leder 7, 250 (1956), Diskussionsbemerkung.
Hirsch, A.: Leder 1, 12 (1950).

Humphreys, F. E.: J. S. L. T. C. **39**, 307 (1955).
Janson: Leder **7**, 245 (1956), Diskussionsbemerkung.
Kanagy, J. R.: J. A. L. C. A. **45**, 12 (1950).
Krischer, O. (*1*): Zeitschr. VDI, Beiheft Verfahrenstechnik **1938**, Nr. 4, S. 104.
   (*2*): Ebenda **1938**, Nr. 13, S. 373.
   (*3*): Ebenda **1940**, Nr. 1, S. 17.
Krischer, O., u. K. Kröll: Trocknungstechnik. Berlin-Göttingen-Heidelberg:
   Springer-Verlag, Bd. 1 1956, Bd. 2 1959.
Kröll, K.: Zeitschr. VDI **80**, 958 (1936).
Küntzel, A., Leder **7**, 247, 248, 249 (1956), Diskussionsbemerkungen.
Leistner, H. P.:: Leder **7**, 241 (1956).
Lamb, M. E., u. E. Mezey: Die Chromlederfabrikation, Berlin: J. Springer, 1925.
Mauthe, O.: Leder **7**, 250 (1956), Diskussionsbemerkung.
Mitton, R. G., (*1*) Leder **7**, 247 (1956).
   (*2*): Leder **7**, 244 (1956), Diskussionsbemerkung.
Mollier, R. (*1*): Zeitschr. VDI **67** (1923), Nr. 36, S. 869.
   (*2*): Ebenda **73** (1929), Nr. 29, S. 1009.
Otto, G. (*1*): Leder **5**, 269f. (1954).
   (*2*) Leder **7**, 250 (1956), Diskussionsbemerkung.
Plechač, B. (*1*): Československ. kožařství **2**, 73 (1952); Ref. Chem. Abstr. (ACS) **49**,
   7280g (1955).
   (*2*): Československ. kožařství **4**, 65 (1954); Ref. Chem. Abstr. (ACS) **49**, 7884 (1955);
   Československ. kožařství **4**, 104 (1954); Ref. Chem. Abstr. (ACS) **49**, 7884 g (1955).
Prandtl, L.: Führer durch die Strömungslehre, 2. Aufl., Braunschweig: Vieweg
   u. Sohn, 1944.
Preston, M., u. J. C. Chen: Journ. Soc. Dyers Colourists **64**, 60 (1948).
Schirmer, R.: Zeitschr. VDI, Beiheft Verfahrenstechnik **82**, 170 (1938).
Scholz, H: Leder **3**, 218 (1952).
Seurin, M. G.: Publ. Conf. A. F. C. I. C., Nr. 6; Ref. J. S. L. T. C. **34**, 117 (1950).
Smith: A. P. 967986; A. P. 969570 (1911).
Spahrkäs, H.: Leder **3**, 4 (1952).
Stather, F., u. H. Herfeld: Gesammelte Abh. Dtsch. Lederinst. Freiberg/Sa.
   Nr. 4, 84 (1950).
Stiasny, E.: Gerbereichemie (Chromgerbung), Dresden u. Leipzig: Th. Steinkopff,
   1931, S. 511 bis 515.
Tomísek, M.: Československ. kožařství **4**, 9 (1954); Ref. Chem. Abstr. (ACS) **49**, 7884 h
   (1955); Československ. kožařství **4**, 50 (1954); Ref. Chem. Abstr. (ACS) **49**, 7884 e
   (1955).
Ullmanns Enzyklopädie s. unter Görling, P.
Ungenannt (*1*): Rev. techn. ind. cuir **43**, 114 (1951); Ref. J. A. L. C. A. **49**, 12 (1954).
   (*2*): Leder-Journal **1950**, S. 9, Nr. 4.
Vlimmeren, van P. J. (*1*): Leder **7**, 248 (1956); (*2*) Leder **7**, 250 (1956). Diskus-
   sionsbemerkung.
Wagner, A.: Dieses Handbuch, 1. Aufl., Bd. III/1 (1936), S. 259ff.
Werner, H.: Trocknungsversuche an vegetabilisch-synthetisch gegerbtem Schaf-
   leder. Unveröffentlichter Bericht der Benno Schilde Maschinenbau-A. G., Bad
   Hersfeld.
Wilson, J. A.: J. A. L. C. A. **35**, 377 (1940).
Wolf, K.: Leder **7**, 250 (1956), Diskussionsbemerkung.
Wolf, K., F. Duell, u. R. Heberling: Collegium **1936**, 243, 310, 332, 793, 794.
Wolff-Malm, F.: Dieses Handbuch, 1. u. 2. Aufl., Bd. III/2 (1955), S. 285ff.
Wudich, W.: Leder **2**, 10, 242 (1951).

Fünftes Kapitel

Nachgerbung.

Von Dr.-Ing. **Otto Grimm**, Darmstadt.

A. Einleitung.

Jede Gerbart erteilt dem Leder typische Eigenschaften. Zur Erzielung bestimmter Effekte werden auch verschiedene Gerbarten kombiniert, indem man beispielsweise chromgares Leder mit füllenden pflanzlichen Gerbstoffen oder alaungare Handschuhleder mit Chromgerbstoffen nachbehandelt. Diese Arbeitsweise wird in dem Kapitel „Kombinationsgerbung" [K. H. Gustavson (2), S. 583, und dieses Handbuch, 2. Aufl., Bd. II/2] eingehend beschrieben.

Unter „Nachgerbung" werden hier nur solche Verfahren zusammengefaßt, welche ohne Übergang auf eine andere Gerbart die schon gegebenen Eigenschaften des Leders zu verbessern oder sie in markanter Art herauszuarbeiten vermögen. Dabei liegt durchaus nicht immer eine Gerbung im eigentlichen Sinn vor. Häufig werden über die Bindemöglichkeit der Haut hinaus noch weitere Gerbstoffe eingelagert, um das Leder zu füllen und seine Struktur zu verdichten. In anderen Fällen wiederum führt man dem Leder Stoffe zu, die keinerlei Gerbstoffcharakter haben. Demnach lassen sich folgende Arten der Nachgerbung unterscheiden.

I. Die Fertiggerbung halbgegerbten Leders, die eigentliche „Nachgerbung", mit dem Ziel, die Gerbung zu vervollständigen, Narben, Farbe und Griff des Leders zu verbessern und zu verfeinern.

II. Die Füllgerbung zur Einlagerung einer größeren Menge Gerbstoff zwischen den Lederfasern, um dadurch die Lederstruktur zu verdichten.

III. Die Lederbeschwerung mit lederfremden Stoffen zur Erhöhung des Gewichts.

IV. Die Fixierung zur Bindung der löslichen Gerbstoffe und Verringerung des Auswaschverlusts.

V. Die Imprägnierung zur Erzielung bestimmter Eigenschaften, die durch die Gerbung allein sowie durch Füll- und Beschwerungsmittel nicht in diesem Maß oder in dieser Art erreichbar sind.

B. Fertiggerbung halbgegerbter Leder.

Die Felle und Häute werden im allgemeinen durch Trocknen oder Salzen konserviert, in manchen Fällen erfolgt dies aber auch durch Behandlung mit Gerbstoffen nach vorheriger Entfernung der Haare durch mehr oder weniger primitive Äschermethoden. Aus Indien kommen halbgegerbte Kipshäute, die von dem in Ostindien heimischen Buckelochsen oder Höckerrind, dem Zebu, stammen. Die halbgaren Leder erhalten zur Gewichtskorrektur häufig eine starke Fettung mit Sesamöl. Indien beliefert den europäischen Markt auch mit halbgegerbten Schaf- und Ziegenfellen. Die Leder aus dem Madrasbezirk waren bisher mit Mischungen von Kassiarinde und Myrobalanen behandelt und häufig bis zu 30% mit Öl, vor allem Sesamöl, beschwert. Sie zeigen eine helle Farbe und sind für bessere Verwendungszwecke geeignet. Bablahrinde und Myrobalanen sowie bis zu 25% Öl, meist Ricinusöl, wurden für die Bombaygerbungen verwendet, die mißfarbig sowie meist fettig sind und sich nur auf zweitklassige Ware verarbeiten lassen. Sie neigen zudem, dem Licht ausgesetzt, zu Fleckenbildung. Soweit die Felle von dem indischen Haarschaf (Wildschaf, Mufflon) stammen, nennt man sie Bastards. Neuerdings werden nach A. A. Rasheed für Ostindien-Felle und -Häute wegen Mangels an einheimischen Gerbstoffen fast ausschließlich Mischungen aus einheimischen Gerbstoffen mit Mimosarinden aus Ostafrika und Australien verwendet. Vor dem Ölen gibt man zur Aufhellung und Füllung noch 5% Magnesiumsulfatlösung.

Die halbgaren, meist mit Valonea und Galläpfeln behandelten Schaffelle aus Ägypten und Bagdad sind von recht minderwertiger Qualität. Noch unbefriedigender in der Schlachtung und im Entfleischen sind die mit Sumach nur mangelhaft gegerbten Smyrnafelle. Die australischen Basils sind mit der lichtempfindlichen Mimosarinde gegerbt und unterliegen daher meist wie die ostindischen Gerbungen der Lichteinwirkung unter Bildung rötlicher oder rötlichbrauner Verfärbungen. Sie enthalten außerdem große Mengen Hautfett. Etwas besser sind im allgemeinen die neuseeländischen Basils.

Alle diese halbgaren Leder erfordern eine sorgfältige Nachgerbung. Dazu werden sie zunächst mit warmem Wasser gründlich durchgeweicht und dann zur teilweisen Entgerbung sowie Entfernung des Fettes im Faß mit 1 bis 2% kalzinierter Soda oder 3 bis 5% Borax vom Gewicht der trockenen Leder behandelt. Hautfett läßt sich durch diese Behandlung aber nur unvollständig beseitigen. Es erfordert eine gesonderte Behandlung, die unter „Entfettung" (dieser Bd., 2. Kap., S. 25) beschrieben ist. Nach einer halbstündigen Alkalibehandlung läßt man die Brühe ablaufen, spült bei offenem Deckel 10 Minuten mit frischem Wasser nach und säuert zur Aufhellung durch Walken mit Wasser unter Zugabe von $0,5\%$ Milchsäure oder Natriumbisulfit oder 1% Essigsäure vom Gewicht der trockenen Leder leicht ab. Bei den indischen Bastards bereitet in letzter Zeit das Aufwalken und die Entfernung des Öls erhebliche Schwierigkeiten, die nur durch den Einsatz nichtionogener Netzmittel überwunden werden können. Die Farbwerke Hoechst empfehlen dafür Leonil RW hochkonz., auch Borron J von Röhm und Haas G. m. b. H., Darmstadt, ist sehr gut dafür geeignet.

Die Art der Nachbehandlung richtet sich nach der Rohware und vor allem nach dem Verwendungszweck des Leders. Kipse, die meist auf dunkle Töne gefärbt werden, gerbt man häufig mit einem Gemisch aus Gambir, Sumach und sulfitiertem Quebrachoextrakt nach, wobei man mit ziemlich starken Brühen arbeiten kann. Bei Schaf- und Ziegenfellen gerbt man mit schwachen Brühen von 2 bis 3° Bé, für helle Farben bevorzugt man Sumach. Synthetische Gerbstoffe spielen heute auch bei der Nachgerbung eine große Rolle.

Während die Austauschgerbstoffe technologisch den natürlichen Gerbstoffen so nahe stehen, daß sie sich in den normalen Gang der pflanzlichen Gerbung ohne grundsätzliche Änderungen der Arbeitsweise einschalten lassen, ist den Hilfsgerbstoffen die höhere Acidität, bestimmt durch die Sulfosäuregruppen, gemeinsam. Diese höhere Acidität führt in der Nachgerbung zu starker Aufhellung der Lederfarbe, die sich durch gute Lichtbeständigkeit auszeichnet. Bei der Nachgerbung halbgarer ostindischer und anderer Leder dieser Art angewandt, erleichtern sie die Reinigung des Narbens und der Lederfaserzwischenräume von Einlagerungen ungebundener Gerbstoffanteile und begünstigen damit die Fettaufnahme, die Färbbarkeit und wiederum die Lichtbeständigkeit. Da sie auch eine gleichmäßige Verteilung der Gerbstoffe auf dem Querschnitt herbeiführen, erhöhen sie die Reißfestigkeit des Leders. Anschließend an die Behandlung mit Hilfsgerbstoffen muß man zur Vermeidung von Säureschädigungen gründlich spülen.

Die Farbwerke Hoechst empfehlen für die Nachgerbung der Schaf- und Ziegenfelle Tanicor HN, HN spezial, HSK und HSB. Tanicor HN verbessert Griff, Fülle und Narben bei gleichzeitiger starker Aufhellung. Tanicor HSK, ähnlich dem Tanicor HN, wirkt zudem noch egalisierend und verbessert die Reißfestigkeit in besonders ausgeprägtem Maße, anschließend ist jedoch gründlich zu spülen. Tanicor HSB hat ähnliche Gerbeigenschaften wie ein Austauschgerbstoff, ist aber wesentlich saurer eingestellt.

Von den Produkten der Farbenfabriken Bayer in Leverkusen kommen für die Nachgerbung Tanigan extra S und Tanigan CH Typ 251 in Betracht. Tanigan extra S weist einen den Pyrogallolgerbstoffen, z. B. Sumach, entsprechenden Säuregrad auf, zudem aber ein günstigeres Verhältnis von Gerbstoff zu Nichtgerbstoff als bei handelsüblichen Sumachextrakten. Tanigan CH Typ 251 ist, verglichen mit den im Handel befindlichen synthetischen oder pflanzlichen Gerbstoffen, außerordentlich wenig eisenempfindlich. Der Einsatz dieses Gerbstoffes erhöht daher die Betriebssicherheit und liefert ein Leder mit besonders heller und klarer Farbe. Ostindische Bastards werden nach dem Aufwalken, Falzen und Spülen im Faß mit

100 bis 120% Wasser vom Falzgewicht
1 „ 2% Ameisensäure 85%ig

30 Minuten gewalkt, dann setzt man dem gleichen Bad

3% Tanigan extra S, 3% Tanigan CH Typ 251

in 3 bis 4 Anteilen mit halbstündigem Abstand zu. Nach 5 Stunden wird mit 0,5 bis 1% Ameisensäure, 85%ig, abgesäuert.

Zum Aufhellen und Füllen sind von den Gerbstoffen der Badischen Anilin- und Sodafabrik in Ludwigshafen vor allem Basyntan DX und extra D spezial zu nennen. Basyntan DX zeigt seine günstigste Wirkung bei einem höheren p_H-Wert als die ausgesprochenen Hilfsgerbstoffe. Es steht in seinem Aufbau zwischen Hilfsgerbstoff und Vollgerbstoff, kann also auch in höherem Prozentsatz eingesetzt werden. Basyntan extra D spezial ist ein Vollgerbstoff, der zugleich ausgesprochen füllend wirkt. Ostindische Leder kann man nach dem Aufwalken und Spülen mit warmem Wasser im Faß mit 100 bis 120% Wasser, vom Gewicht der feuchten Leder, und 0,5 bis 1 l Basyntan DX pro Dutzend Felle nachgerben. Nach 1 bis 2 Stunden Walken bei 25° C wird kalt gespült und dann mit 0,5 bis 1 l Sumachextrakt von 25° Bé und der erforderlichen Menge Wasser von 25° C 2 bis 3 Stunden nachsumachiert. Bei Bevorzugung des Haspels arbeitet man mit 2° Bé starker Brühe von Basyntan DX bei 25 bis 30° C. Nach 1½ Stunden wird im Spülhaspel gespült und dann im Sumachhaspel mit gebleichtem Sumachextrakt von 5° Bé 3 bis 4 Stunden nachsumachiert.

21 a*

C. Füllgerbung.

I. Allgemeines.

Die Füllgerbung ist ein für die moderne Schnellgerbung schwerer Leder im Faß charakteristischer Arbeitsgang. Diese Schnellgerbung, die wesentlich von den Verfahren der achtziger Jahre abweicht, verlangt eine durchaus andere Behandlung des Leders. Ein in moderner Faßgerbung hergestelltes Vacheleder würde mit dem Minimum an auswaschbaren Stoffen, wie sie in dem Leder nach beendeter Ausgerbung enthalten sind, den Ansprüchen der Verbraucher nicht genügen können. Zu einer Notwendigkeit ist die Nachbehandlung mit konzentrierten Lösungen von Gerbextrakten geworden, die durch ihre Ablagerung zwischen den Fasern des Hautgewebes dem Leder die Dichtheit der Struktur verleihen, die wesentlich zur guten Tragfähigkeit des Leders beiträgt. Der ungebunden eingelagerte Gerbstoff muß jedoch durch eine weitere Behandlung nach Möglichkeit im Leder fixiert werden. Soweit die Füllgerbung ebenso wie die Fixierung und die Imprägnierung nur der Verbesserung der Lederqualität und der Erzielung ganz bestimmter Eigenschaften des Leders dienen, kann die damit gleichzeitig erreichte Rendementserhöhung keinesfalls beanstandet werden.

Mit Recht sagt J. Basile, die neuzeitliche Faßgerbung wende Veredlungs- und Füllstoffe an, welche die Qualität des Leders in keiner Weise beeinträchtigen, sondern sie im Gegenteil verbessern. Die Nachgerbung, womit er die Füllgerbung meint, ist nach seiner Ansicht heute eine ergänzende Zurichtung des Leders, welches hierdurch erst die gewünschten Eigenschaften als Nagel- oder Nähvache erhält. Zur chemischen Veredlung wird Traubenzucker eingewalkt, der die Füllkraft der Gerbstoffe verbessert, und Bittersalz, das bleichende Eigenschaften aufweist.

II. Praxis der Durchführung.

1. Allgemeine Richtlinien.

Bei der reinen Lohgerbung mit Eiche und Fichte kommt die Haut nur mit verhältnismäßig dünnen Brühen und zudem bei gewöhnlicher Temperatur in Berührung. Mit dem Auftreten der Gerbextrakte ging man mehr und mehr zur Verwendung stärkerer Brühen über und konnte sich damit den hohen Einfluß der Konzentration auf die Gerbstoffaufnahme und auch der höheren Temperatur zunutze machen, vor allem beim Übergang auf die Faßgerbung, die typisch für die modernen Schnellgerbmethoden ist.

Bei der Herstellung von Unterleder in moderner Gerbung durchläuft die gerbfertige Blöße zunächst einen Farbengang mit Brühen von 0,5 bis maximal 5° Bé, bis sie völlig „durchgebissen" oder „durchgefärbt" ist, dann erfolgt Weiterbehandlung

a) im Gerbfaß, wo mit zunehmend stärkeren Brühen bis zu 12 und 15° Bé ausgegerbt wird (reine Faßgerbung);

b) in einem Versenk oder Versatz unter Mitverwendung von Lohe; anschließend erfolgt Faßgerbung (Mischgerbung);

c) im Faß; anschließend wird im Versenk oder Versatz unter Mitverwendung von Lohe weitergegerbt (Mischgerbung).

Bei Verwendung von vorwiegend Eichen- und Fichtenrinde als Streumaterial und Abtränken der Versenke und Versätze mit Wasser oder mit aus niedrigprozentigen Gerbmitteln ausgezogenen Brühen wird die Brühenkonzentration im Versatz 5° Bé nicht übersteigen. Wenn man Extrakte zugibt, wird man ebenfalls nicht über 8° Bé hinausgehen, im Faß sind dagegen Brühen bis 15° Bé und bisweilen noch mehr üblich. Darüber hinaus wird nun häufig noch eine Behandlung mit sehr hochkonzentrierten Brühen vorgenommen. Die dabei angewandten Gerbstoffe können aber von der Haut nicht mehr gebunden werden, es wird lediglich konzentrierter Gerbextrakt zwischen den Fasern des Lederhautgewebes eingelagert. Diese Nachgerbung wird daher als Füllgerbung bezeichnet. Diese Füllgerbung kann man wiederum auf verschiedene Weise durchführen, und zwar durch wiederholtes Einhängen der abgelüfteten oder abgepreßten Leder in eine starke Extraktbrühe, Walken der gegerbten Leder mit hochkonzentrierten Gerbstofflösungen im Faß (Brühenfüllung) oder durch Einwalken warmer Extraktlösungen oder sogar von Pulverextrakten in die bereits stark ausgegerbten Leder (Trockenfüllung).

2. Grubenbehandlung.

Bei der Grubenbehandlung hängt man die abgelüfteten, abgepreßten oder getrockneten Leder in eine hochkonzentrierte Extraktmischung ein. Am Boden der Grube muß eine kupferne, geschlossene Heizanlage mit einem Schutzgitter oder Siebboden aus Holz zum Schutz der Leder eingebaut sein. Zwischen Siebboden und Heizschlange wird am besten noch ein Rührwerk angebracht. Man arbeitet mit Extraktmischungen von 18 bis 20° Bé, Temperaturen von 35 bis 40° C und beläßt die Leder zwei Tage darin, dann werden sie herausgenommen und abgelüftet. Nach der Aufbesserung der Extraktmischung bringt man die Leder zurück. Ab und zu wird das Rührwerk in Bewegung gesetzt, vor allem aber beim Anwärmen der Brühen durch die Heizschlangen. Wenn die Leder genügend Extrakt aufgenommen haben, werden sie 24 bis 48 Stunden auf Stapel gesetzt und dann weiter zugerichtet.

3. Brühenfüllung.

Häufiger wird die Behandlung im Faß vorgenommen. Die Brühenfüllung besteht in einer Fortsetzung der Faßgerbung bei höherer Temperatur und größerer Brühendichte. Man kann die Leder unmittelbar aus dem Gerbfaß heraus weiterbehandeln, besser ist es aber, sie möglichst weitgehend zu entwässern. Zur Erleichterung der Extraktfüllung werden sie nach der Faßgerbung gespült, am besten durch Einhängen in eine Grube mit Wasser. Dann wird abgewelkt oder abgepreßt, abgelüftet oder auch völlig getrocknet. Wenn getrocknet wurde, zieht man sie vor der Füllgerbung durch lauwarmes Wasser und läßt sie gestapelt über Nacht durchziehen.

Zur Brühenfüllung bevorzugt man Fässer mit 10 bis 14 Umdrehungen pro Minute. Bei höherer Umdrehungszahl besteht Gefahr einer zu starken Temperaturerhöhung. Das Faß wird mit einer Brühenmenge von 150 bis 250% des Ledergewichts beschickt. Diese Brühenmenge führt bei der hohen Umdrehungszahl durch Reiben der Leder aneinander und an der Faßwandung zu der gewünschten Temperaturerhöhung bis zu 45°. Für die Auswahl der Extrakte ist vor allem auch ihre Zäh- bzw. Dünnflüssigkeit maßgebend. Ein warmlöslicher Quebrachoextrakt von 20° Bé ist bei 40° fast 7mal zähflüssiger als Wasser, Mimosaextrakt 3mal, sulfitierter Quebrachoextrakt 2,5mal, Kastanienholzextrakt 2mal, Eichenholz- und Valoneaextrakt 1,5mal und Ligninextrakt nur 1,2mal. Die letzteren Extrakte werden also sehr leicht vom Leder aufgenommen [Th. Wieschebrink (2)].

Eine beliebte Extraktmischung für Nähvache besteht aus

30 Teilen Quebrachoholzextrakt, schwach sulfitiert, pulverisiert
50 ,, Kastanienholzextrakt, entfärbt
10 ,, Mimosarindenextrakt
10 ,, Valoneaextrakt.

Günstig auf die Lederfarbe wirkt die Mitverwendung eines Bleichextrakts, wie z. B. von Quebracho- oder Mimosableichextrakt der Rheinischen Gerbstoff-extrakt-Fabrik Gebr. Müller, Düsseldorf-Benrath, der seine maximale Wirkung bei 40° C zeigt. Nach dem Lösen mit heißem Wasser wird die auf 22° Bé eingestellte Brühe in das Faß gebracht.

Durch die Erwärmung beim Walken nimmt die Viskosität ab und damit die Diffusionsgeschwindigkeit zu, so daß sich nach kurzer Zeit ein Konzentrationsgleichgewicht zwischen der Flüssigkeit im Leder und der umgebenden Brühe einstellt. Nach 12 bis 14 Stunden ist der Prozeß beendet. Die Temperatur kann bis zu 45° steigen. Nach der Füllung werden die Leder zwei Tage gestapelt und dann zugerichtet. Die im Faß zurückbleibende Brühe kann weiterverwendet werden.

Eine beachtliche Erleichterung für die Durchführung der Füllgerbung brachte die Mitverwendung von synthetischen Gerbstoffen. Die Hilfsgerbstoffe wirken durch ihre Verwandtschaft mit Netzmitteln dispergierend auf schwer- und unlösliche Bestandteile in den Gerbbrühen. Im Gegensatz zur Sulfitierung bleiben daher die wertvollen gerberischen Wirkungen der Naturgerbstoffe erhalten, vor allem auch ihre gewichtgebenden Eigenschaften. Sie steigern gleichzeitig die Aufnahmefähigkeit der Haut für Gerbstoffe und führen auch dadurch zu einer Rendementserhöhung. Da sie das Eindringen der Füllgerbstoffe unterstützen, unterbinden sie eine Überladung des Narbens und tragen dadurch zur Erhaltung seiner Elastizität bei. Sie wirken bei gemeinsamer Verwendung mit den Naturgerbstoffen auch aufhellend, da sie diese aus dem Narben verdrängen und die Acidität erhöhen. Dies erreicht man z. B. durch Zusatz von 0,5 bis 1% Basyntan FCBI zum Füllextrakt, auf das Abwelkgewicht bezogen. Nach der Aufnahme des Extraktes kann man noch 1 bis 1,5% Basyntan FCBI nachsetzen.

Auch viele Austauschgerbstoffe dispergieren die schwer- und unlöslichen Anteile pflanzlicher Gerbstoffauszüge und steigern dadurch die gewichtgebenden Eigenschaften. Da viele Vertreter dieser Klasse zugleich die Narbenelastizität verbessern, sind auch diese von erheblicher Bedeutung für die Gerbung mit hochkonzentrierten Brühen, wie sie bei der Füllgerbung eingesetzt werden.

Nach F. Stather und R. Schubert (1) ist der Einsatz von Austauschgerbstoffen bei der pflanzlichen Gerbung bis zu 50% und mehr der insgesamt angewandten Reingerbstoffmenge ohne Beeinträchtigung der Arbeitsweise oder Lederqualität möglich. F. Stather und H. Herfeld (2) haben Leder bei anteiliger Mitverwendung von synthetischen Gerbstoffen auf Lagerbeständigkeit geprüft und gefunden, daß diese bis zur überprüften Lagerdauer von acht Jahren dem rein pflanzlich gegerbten Leder völlig ebenbürtig sind.

Von den Hilfsgerbstoffen der Badischen Anilin- und Sodafabrik kommen als Zusatz zur Füllgerbung Basyntan F und FC, die sich nur durch ihre Konzentration voneinander unterscheiden, in Betracht. Basyntan FCBI ist der bekannte Bleichgerbstoff dieser Firma, den man häufig anstatt einer Säurebleiche der Faßappretur zusetzt.

Durch Verwendung einwertiger Phenole bei der Synthese und Verminderung der Sulfosäuregruppen im Gesamtmolekül gelangte man zu Basyntan UW und UW Pulver, die bei höheren p_H-Werten ihre günstigste Gerbwirkung zeigen, in größeren Prozentsätzen anwendbar sind und das Leder zu füllen vermögen.

Diese Gerbstoffe, die den Übergang zu den Vollgerbstoffen bilden, zeichnen sich auch durch ein besonders gutes Phlobaphenlösevermögen aus. Der Füllgerbung kann man z. B. 4 bis 6% Basyntan UW Pulver zusetzen. Von den phlobaphenlösenden Eigenschaften kann man auch zum Löslichmachen von Quebrachoextrakt unter gleichzeitiger Reduzierung der Sulfitmenge Gebrauch machen.

Die Farbenfabriken Bayer, Leverkusen, stellen an Hilfsgerbstoffen für Unterleder vor allem das stark aufhellende Tanigan BLG Pulver und BL Pulver her. Als Austauschgerbstoff liefert Bayer den gewichtgebenden Gerbstoff Tanigan extra A. Dieser verbessert im Gemisch mit pflanzlichen Gerbstoffen das Lederrendement ohne Erhöhung des Auswaschverlusts. Man kann ihn, ebenso wie Tanigan extra NR, bei der Füllgerbung zusammen mit Kastanie und Valonea anwenden, wodurch man außer der Füllung eine recht ansprechende Lederfarbe erzielt. Vacheleder wird zunächst mit 5 bis 15% eines Gemisches aus 50 Teilen Valoneaextrakt, 30 Teilen Kastanienextrakt, 20 Teilen Tanigan extra A, mit der gleichen Menge Wasser verdünnt, gewalkt. Nach 60 Minuten setzt man 0,5 bis 1,5% Bittersalz und 0,5 bis 1% Glucose 1 : 1 gelöst zu. Nach weiteren 20 Minuten erfolgt Fixierung mit 0,5 bis 1% Fixiermittel H, 1 : 1,5 gelöst. Man walkt 15 Minuten und gibt dann 1 bis 3% Tanigan BLG Pulver, 1 : 1,5 gelöst, und schließlich etwas Türkischrotöl nach.

Tanicor extra HGR der Farbwerke Hoechst, ein Vollgerbstoff, ist gerberisch mit Mimosaextrakt oder schwach sulfitiertem Quebrachoextrakt vergleichbar. Infolge seiner phlobaphenlösenden Eigenschaften ergibt er auch in Mischung mit nichtsulfitiertem Quebrachoextrakt klare, schlammfreie Brühen und führt zugleich zu einer hellen Lederfarbe. Beachtlich ist seine günstige Wirkung auf die Narbenelastizität, auch in Verbindung mit festgerbenden Extrakten, wie Kastanienholzextrakt.

Durch die Sulfitierung des Quebrachoextrakts wird die Durchgerbegeschwindigkeit erhöht und die Lederfarbe aufgehellt. Diese Vorteile werden auch durch die Mischung mit Tanicor extra HGR erreicht, ohne daß die Nachteile der Sulfitierung, wie Verringerung des Rendements und Erhöhung des Auswaschverlusts, in Erscheinung treten. Man kann z. B. 1000 kg Quebrachoextrakt, warmlöslich, in einem Holzbottich mit Rührwerk mit 1000 l Wasser von 90 bis 95⁰ durch Einhängen des zerkleinerten Extrakts in einem Kupfersieb lösen. Sobald der Extrakt gelöst ist, stellt man den Dampf ab und rührt 500 kg Tanigan extra HGR langsam ein. Die klare Lösung setzt auch beim Erkalten keinen Schlamm ab. Eine weitere Möglichkeit besteht darin, den zerkleinerten Extrakt zusammen mit 30 bis 50% der Gesamtgerbstoffmenge an Tanicor HGR ins Faß zu geben. Nach kurzer Laufzeit ist der Extrakt klar gelöst. Anstatt dieser Tanicormarke kann man auch Tanicor extra HNA nehmen.

Für die Füllgerbung werden meist sehr adstringente Extrakte verwendet, die dem Leder zugleich Stand und Festigkeit erteilen, besonders also Quebracho-, Kastanien- und Valoneaextrakt. Der Zusatz gut füllender synthetischer Gerbstoffe begünstigt die Gerbstoffaufnahme und hellt die Lederfarbe auf. Hierfür eignet sich besonders gut Tanicor HU fest in Verbindung mit Tanicor extra HGR, extra HNA oder HSB. Soll bei einer Nachgerbung mit geringen Mengen an Extrakt eine starke Aufhellung erzielt werden, so können 2 bis 4% Tanicor HSG Pulver oder 3 bis 5% des flüssigen Bleichgerbstoffs Tanicor HSB direkt der Nachgerbung zugesetzt werden. Auch Irgatan BL konz. von J. R. Geigy, Basel, hellt stark auf, es verbessert zugleich das Rendement ohne Erhöhung des Aschegehaltes im Leder. In den deutschen Lederfabriken wird bei der Füllgerbung für Unterleder heute meist in der Weise gearbeitet, daß man nach dem

Einwalken des Extrakts und nach einer Fixierung eine Bleiche mit einem synthetischen Gerbstoff in Pulverform, den man ohne vorherige Auflösung den feuchten Ledern im Faß zusetzt, vornimmt. Dafür eignen sich Basyntan FCBI und Tanicor HSG Pulver, ausgesprochene Bleichgerbstoffe mit stark aufhellender Wirkung. Sie haben zudem eine gute Gerbwirkung und werden infolgedessen zu einem großen Teil fest gebunden (vgl. dazu auch diesen Bd., 1. Kap., S. 18).

Nach G. Otto (1) bewirkt die Bindung der Hilfsgerbstoffe an die Hautsubstanz eine Verschiebung des isoelektrischen Bereichs des Leders nach der sauren Seite. Diese p_H-Erniedrigung ist es, die zu einer Aufhellung der Lederfarbe führt, während sie bei der Oxalsäurebleiche auf der Wirkung stark wirkender freier Säure beruht. Dazu kommt, daß die synthetischen Gerbstoffe gegen Oxydation unempfindlich sind.

Die Firma Dr. G. Eberle & Cie., Stuttgart, empfiehlt als Hilfsmittel für die Nach- und Füllgerbung Rotan als Dispergiermittel und Ebotan SJ zur Beschleunigung der Gerbstoffaufnahme.

Eine besondere Bedeutung kommt auch den Ligninextrakten u. a. wegen ihrer geringen Viskosität zu. Entsprechend dem Vorschlag von F. Stather (2) wird anstatt der verschiedentlich gebräuchlichen Bezeichnungen Celluloseextrakt, Sulfitcelluloseextrakt und Fichtenholzextrakt in dieser Abhandlung nur noch die Bezeichnung Ligninextrakt verwendet. Wie F. Stather dort weiter richtig ausführt, können Ligninextrakte in chemisch unveränderter Form nicht als eigentliche Gerbextrakte im Sinne der pflanzlichen Gerbstoffe oder der synthetischen Austauschgerbstoffe angesprochen werden, vielmehr kann man sie in eine gewisse Parallele mit den synthetischen Hilfsgerbstoffen mit freier Sulfosäuregruppe setzen. Auf Grund ihrer geringen Teilchengröße, ihres stark hydrophilen Charakters und ihrer schutzkolloiden Wirkung zeigen sie ein gutes Lösevermögen für die schwer löslichen Anteile pflanzlicher Gerbstoffauszüge, vor allem auch bei dem unbehandelten Quebrachoextrakt. Dieses Lösevermögen nimmt nach F. Stather und O. Endisch (1) sowie L. Pollak (1) mit steigendem Anteil an Ligninextrakt zu und ist in der Wärme größer als in der Kälte. Die Affinität adstringenter Gerbextrakte zur Hautsubstanz wird durch die Mitverwendung von Ligninextrakten herabgesetzt, wodurch Gerbung mit ziemlich konzentrierten Brühen ermöglicht wird, so daß man letzten Endes durch Mitverwendung von Ligninextrakt eine Gerbbeschleunigung und damit eine Abkürzung der Gerbdauer erreicht. Darüber haben W. Eitner (1), L. Wallace und C. Bowker sowie W. Vogel gearbeitet. Demgemäß bieten die Ligninextrakte auch als Zusatz zu der Nachgerbung bzw. Füllgerbung besondere Vorteile. Sie werden dabei wegen ihres hohen Nichtgerbstoffgehalts und ihrer geringen Affinität zur Hautsubstanz zweckmäßig zusammen mit hochaffinen, an Nichtgerbstoffen armen Extrakten, wie vor allem Quebrachoextrakt, verwendet. Allein angewandt eignen sie sich nicht zur Nachgerbung, da dabei mißfarbene, meist narbenbrüchige und stark hygroskopische Leder entstehen. Auch bei der Nachgerbung sollen nicht mehr als 20 bis 30% Ligninextrakte zugesetzt werden. Nach J. A. Sagoschen sind auf Buchenholzbasis aufgebaute Ligninextrakte für die Nachgerbung günstiger und ungefährlicher als Fichtenholz-Ligninextrakte.

Wie F. Stather und H. Herfeld (2) feststellten, ist die Lagerbeständigkeit von mit Ligninextrakten bzw. unter Mitverwendung größerer Mengen von Ligninextrakten gegerbten Ledern jedoch beträchtlich geringer als die rein pflanzlich gegerbter oder unter Zusatz synthetischer Austauschgerbstoffe hergestellter Leder.

Bei der Verwendung von Ligninextrakten zum Löslichmachen unbehandelter Quebrachoextrakte erübrigt es sich, sogenannte Löseextrakte mit dem hohen

p_H-Wert 7 und meist Zusätzen von Natriumsulfit zu verwenden, denn man kann durch mehrstündiges Erwärmen von gleichen Gewichtsteilen Quebrachoextrakt und flüssigem Ligninextrakt mit 50% Trockensubstanz auf 90 bis 95° einwandfreie Mischextrakte von guter Löslichkeit bekommen. Durch Lösung der ursprünglich unlöslichen Phlobaphene wird ein besonderer Gerbstoffgewinn erzielt, zudem zeigt das Gemisch nach E. Belavsky sowie F. Stather und O. Endisch (2) einen höheren Gerbstoffgehalt, als er sich aus den Komponenten errechnet.

Am besten eignen sich die aschearmen und gerbstofffreien Ligninextrakte. Diese schlagen nicht aus und sind außerdem verhältnismäßig billig. Ein solcher, für Füllzwecke besonders zu empfehlender Ligninextrakt ist der Hansa-D-Extrakt der Zellstofffabrik Waldhof in Mannheim-Waldhof. Da er leicht löslich ist, läßt er sich sogar als Pulver in die abgewelkten Leder einwalken. Man kann aber auch die trockenen oder stark abgewelkten Leder in warme Hansa-D-Brühen tauchen. Der Extrakt muß wegen seiner Leichtlöslichkeit gut gebunden werden. Außer mit Rohagit WL 4a der Firma Röhm & Haas G. m. b. H., Darmstadt, lassen sich Ligningerbstoffe auch dadurch fixieren, daß man sie zusammen mit vegetabilen Gerbstoffen in einem bestimmten Verhältnis (z. B. 1 : 1 oder 2 : 1) verwendet und sich bei der Fixierung nach der für vegetabile Gerbstoffe üblichen Methode richtet, wobei die Ligningerbstoffe weitgehend mitfixiert werden.

Da eine starke Füllung der Leder, vor allem auch mit Ligninextrakt, die Lederfaser etwas trocken macht, muß man dem Leder zusätzlich Ausgleichstoffe anbieten, z. B. in Form von Zuckerstoffen und Ölen.

Hansa D enthält 70% Gerbstoff, auf Trockensubstanz berechnet. Bei der Faßgerbung ermöglicht er bessere Ausnützung pflanzlicher Gerbstoffe, Klärung und Aufhellung der Faßbrühe, hohes Rendement, helle Lederfarbe, Verbilligung der Gerbkosten. Er vermag bis zu 25% an vegetabilen Gerbstoffen zu ersetzen. Ligninextrakte kommen auch unter Phantasienamen in Gemischen mit pflanzlichen Gerbstoffauszügen, Zucker, Dextrin, Bittersalz u. a. auf den Markt.

4. Trockenfüllung.

Bei der Brühenfüllung läßt sich die vom Leder aufgenommene Extraktmenge schwer überprüfen und feststellen. Deshalb zieht man häufig die Trockenfüllung vor, bei der die gesamte Extraktmenge in das Leder eingewalkt wird. Diese Art der Füllung ermöglicht zudem einen erheblichen Zeitgewinn.

Die für die Trockenfüllung bestimmten Leder, die in starken Extraktbrühen ausgegerbt worden sind, müssen zunächst durch Einhängen in dünne Brühen oder in Wasser von dem oberflächlichen Gerbstoff befreit, dann auf der hydraulischen Presse oder auf der rotierenden Abwelkpresse abgepreßt und abgelüftet werden, aber nur so weitgehend, daß sie das Walken im Faß noch vertragen, ohne zu brechen, andernfalls müssen sie wieder angefeuchtet werden.

Will man die Leder zur Förderung der Extraktaufnahme bei der Trockenfüllung vorher ganz auftrocknen, was nach H. Herfeld (1) bei der Nachbehandlung mit flüssigem Extrakt ratsam ist, dann muß man sie zunächst besonders sorgfältig von dem Extrakt in der Oberfläche des Leders befreien, da dieser beim Antrocknen für den Narben recht gefährlich werden kann. Dies erreicht man durch Spülen in einer Brühe von 5° Bé oder einstündiges Einhängen in eine solche Brühe. Danach werden sie bei mäßiger, vorsichtig gesteigerter Temperatur getrocknet. Bisweilen welkt man sie vor dem Trocknen noch ab. Davon ist aber abzuraten, weil dabei zuviel Gerbstoff ausgepreßt und wiederum an der Oberfläche der Leder abgelagert wird, was man durch das Spülen gerade vermeiden wollte. Die so getrockneten Leder werden vor der Trockenfüllung in dünne Brühe oder in Wasser eingehängt. Durch diese Art des Anfeuchtens entfernt man gleichzeitig Extrakt aus den obersten Schichten und erleichtert das Eindringen des Füllgerbextrakts. Man erreicht so, was die Praxis erwiesen hat, eine weitgehende Gerbstoffaufnahme und ein höheres Gewicht. Nebenbei sei nur erwähnt, daß die Kernstücke getrennt von den Abfällen gefüllt werden müssen, da die abfälligen Teile infolge ihrer lockeren Struktur den größten Teil der Extraktmenge schnell aufnehmen.

Während bei der Brühenfüllung lediglich ein Konzentrationsausgleich zwischen der Flüssigkeit im Leder und der das Leder umgebenden starken Brühe erfolgt, wird bei der Trockenfüllung der gesamte Extrakt vom Leder aufgenommen. Dies ist aber nur möglich, wenn sich im Leder vorhandene Hohlräume mit Extrakt vollsaugen können, die Leder also vorher weitgehend entwässert oder sogar aufgetrocknet waren.

Da nur dünnflüssige Extraktlösungen in das Leder eindringen können, muß man ihre Viskosität durch Anwärmen auf 40 bis 45° C herabsetzen. Auch die Faßwände sind vorher zur Vermeidung eines Temperaturabfalls mittels Dampf anzuwärmen, das Kondenswasser wird anschließend sorgfältig aus dem Faß entfernt. Zweckmäßiger ist das Arbeiten in einem Walkfaß mit Warmluftzuführung (vgl. dazu Abb. 13 in diesem Bd., 6. Kap., S. 650). Das Faß weist auf beiden Seiten hohle, mit weiter Bohrung versehene Achsen auf. Von einer Seite wird durch die Achse Warmluft von zirka 45° eingeblasen, die durch einen Ventilator an dampfbeheizten Rippenrohren entlang geführt worden ist. Bei dem Durchströmen des Fasses nimmt die Warmluft aus Leder und Extrakt Wasser auf, was die Einarbeitung einer besonders großen Menge Extrakts ermöglicht.

Die durch Anfeuchten walkfähig gemachten Leder werden in das angewärmte Faß gegeben. Nachdem sie sich durch Walken erwärmt haben, gibt man durch die hohle Achse oder durch die Einwurföffnung die 40 bis 45° warme Extraktlösung von 18 bis 22° Bé zu. Bei niedrigviskosen Extrakten kann man bis auf 28° Bé gehen. Gibt man größere Extraktmengen, dann wird die zweite Hälfte erst zugefügt, wenn die erste aufgesogen ist. Die Aufnahme der gesamten Extraktmenge dauert je nach der Beschaffenheit der Leder, der Temperatur und Viskosität des Extrakts 1 bis 3 Stunden. Zur Aufhellung der Farbe und Erleichterung der Aufnahme kann man auch bei der Trockenfüllung synthetische Gerbstoffe mitverwenden und auf 100 kg abgewelkte Leder mit folgender möglichst konzentriert zu lösender Mischung arbeiten:

<pre>
    8 bis 10 kg trockener Extrakt (Kastanie, Quebracho, Valonea)
        3 „   Tanicor extra HGR ⎫
        2 „   „   HU fest   ⎬ der Farbwerke Hoechst
        2 „   Bittersalz   ⎭
        1 „   Glucose.
</pre>

Ist alles eingewalkt, dann stapelt man die Leder ein bis zwei Tage, bevor im Faß fixiert wird. Dem Fixiermittel setzt man noch 2 bis 4% Tanicor HSG Pulver, trocken oder konzentriert gelöst, und schließlich etwas Bleichöl nach. Je nach Wassergehalt, Temperatur und Eigenschaften des Füllextrakts lassen sich bis zu 50% flüssiger Extrakt, auf das trockene Leder bezogen, einwalken. Wenn man in einem Arbeitsgang eine leichte Füllgerbung und eine Bleiche durchführen will, gibt man auf 100 kg Abwelkgewicht

<pre>
            5   kg trockenen Extrakt wie oben
    1,5 bis 2   „ Tanicor extra HU fest
            2   „   „   HSB
      1 bis 1,5 „ Bittersalz
          1,5   „ Glucose.
</pre>

Nach dem Einwalken wird sofort fixiert und wie oben weiterbehandelt.

Noch schneller und einfacher verläuft die Trockenfüllung bei der Verwendung von Pulverextrakten, eine Methode, die nach H. Herfeld (*1*) wegen Zeit-, Lohn- und Platzersparnis bevorzugt wird. Man gibt den pulverförmigen Extrakt zu den nur abgepreßten oder abgewelkten Ledern in das angewärmte, mit Warmluft durchströmte Faß. Durch die aus dem Leder beim Walken austretende Flüssigkeit wird der Pulverextrakt gelöst und in diesem Zustand vom Leder aufgenommen.

Zur Verhinderung des Wundscheuerns und Unterstützung der Extraktaufnahme werden häufig sogenannte Gerböle zugegeben, wie Lipon TO von Röhm & Haas G. m. b. H., Darmstadt, oder netzend wirkende Verbindungen, wie Smenol DV von der Firma H. Th. Böhme Fettchemie G. m. b. H., Düsseldorf. Besonders vorteilhaft als Gerböl wirkt Niviol von Röhm & Haas G. m. b. H., Darmstadt, da es sich dabei um ein mit nicht netzend wirkenden Polymerisaten emulgiertes Neutralöl handelt, das daher die Wasserfestigkeit des Leders nicht verschlechtern kann.

Das Leder nimmt je nach seiner Vorbehandlung und den Arbeitsbedingungen 10 bis 30% festen Extrakt auf. Bei der Auswahl der festen und flüssigen Extrakte spielen neben rein kaufmännischen Erwägungen vor allem die Eigenschaften des Extrakts eine Rolle. Er muß dem Leder eine ansprechende und zudem helle Farbe erteilen, da der Lederhandel und die verarbeitende Industrie darauf ganz besonderen Wert legen. Quebracho gibt bekanntlich einen rötlichen, Valonea einen gelblichen Ton, Kastanien- und Eichenholzextrakt erteilen dem Leder eine nußbraune Farbe, geringere Qualitäten machen häufig sehr dunkel. Ligninextrakte hellen die Farbe meist stark auf.

Für die Füllung mit Pulverextrakt ist z. B. eine Mischung aus

<pre>
30 Teilen kalt löslichem Quebrachoextrakt
50   „   entfärbtem   Kastanienholzextrakt
 8   „   Mimosarindenextrakt
 8   „   Valoneaextrakt
 4   „   Bittersalz
</pre>

gut brauchbar.

Bei einer solchen Füllgerbung kann man ferner Hansa D mitverwenden. Der Gerbstoffhandel bringt aber zudem fertige, hell gerbende Mischungen in den Handel. Wenn auch die Farbe, die das Leder aus der Gerbung mitbringt, eine Rolle spielt, so ist doch die Farbe des Füllextrakts wesentlich bestimmend für den endgültigen Charakter des Leders.

Da die Festigkeit des fertigen Leders außer von der Vorbehandlung und von der Zurichtung noch von den festmachenden Eigenschaften des Extrakts abhängt, müssen die Extrakte zweckentsprechend ausgewählt werden. Man unterscheidet zwischen festmachenden und weichmachenden Extrakten, aber auch in Sprödigkeit und Zähigkeit sind die einzelnen Extrakte recht verschieden. Quebracho- und Valoneaextrakt sind in trockenem Zustand sehr spröde, während Kastanien- und Eichenholzextrakte sowie Ligninextrakt auch nach schärferem Trocknen mehr zähe bleiben. Durch Zusätze von Salzen oder Nachbehandlung mit denselben, insbesondere Magnesiumsulfat, ferner durch Traubenzucker, Melasse, Dextrin sowie durch emulgierende Öle lassen sich diese Eigenschaften der Füllextrakte weitgehend variieren. Die nach der Füllgerbung dunkle Lederfarbe läßt sich dadurch ebenfalls günstig beeinflussen. Eine weitere Aufhellung erreicht man mit synthetischen Bleichgerbstoffen, wie Basyntan FCBI oder Tanicor HSG Pulver.

Bei einem mit Extrakt gefüllten Leder sind die Faserzwischenräume mit Gerbextraktlösung ausgefüllt. Der beim Trocknen des Leders ebenfalls getrocknete Gerbextrakt verklebt die Fasern. Einer Verschiebung der Fasern gegeneinander, wie sie beim Biegen des Leders erfolgt, setzt diese Festlegung der Fasern Widerstand entgegen. Bei weiterem Biegen oder bei mechanischer Beanspruchung, wie beim Walzen, wird ein spröder Extrakt springen. Die Faser wird dadurch wieder leicht verschiebbar und das Leder weich. Ein zäher Extrakt setzt zwar der Biegung des Leders ebenfalls einen Widerstand entgegen, ohne daß es aber zum Springen der Extraktmasse kommt. Das Leder bleibt fest. Auch die Hygroskopizität der Extrakte ist zu beachten, da stark wasseranziehende Extrakte das Trocknen erschweren und das Leder bei feuchter Lagerung weich machen.

Die Füllgerbung führt zu keiner Gerbung im eigentlichen Sinne. Ein normal ausgegerbtes Leder hat sein Maximum an Gerbstoff bereits aufgenommen und an die Eiweißsubstanz der Haut gebunden. Bei Boden- und Brandsohlleder rechnet man zur Erzeugung eines Leders von einwandfreier Beschaffenheit mit 33 bis 35% Reingerbstoff vom Grüngewicht der Haut. Von diesem Gerbstoff wird aber nur ein bestimmter Anteil fest von der Hautsubstanz gebunden sein und zwar zirka 25 bis 28% vom Grüngewicht. Wenn es trotzdem möglich ist, noch Gerbstoffe und andere Substanzen in das Leder einzuwalken, so ist dies nur mit der Porosität des Leders in diesem Zustand zu erklären. Die Faserzwischenräume enthalten bei nichtgefülltem nassem Leder Wasser oder Gerbbrühe, bei trockenem Leder ist mehr oder weniger Luft eingelagert. Diese Zwischen- bzw. Hohlräume sind es nun, die bei der Füllgerbung mit Gerbextrakt ausgefüllt werden. Dies ist in hohem Maße von der Struktur der Haut als solcher abhängig und ist in den einzelnen Teilen der Haut recht verschieden, weist aber auch von Leder zu Leder mehr oder weniger große Differenzen auf. Als Folge davon ist die Saugfähigkeit der Leder, die übrigens auch mit der Gerbführung zusammenhängt, Schwankungen unterworfen.

Der Verlauf der Füllgerbung wird jedoch nicht nur durch die Saugfähigkeit des Leders und die Benetzbarkeit der Kapillaren bestimmt, sondern auch durch die Viskosität der Füllextraktbrühe. Die innere Reibung einer Gerbbrühe steigt mit der Konzentration und fällt mit der Temperatur. Sie ist ferner abhängig von dem p_H-Wert der Brühe und kann durch Zusatz von Elektrolyten, wie Bittersalz und Glaubersalz, sowie durch Zusatz von Kohlenhydraten, wie Traubenzucker, Dextrin, und durch emulgierte Öle beeinflußt werden. L. Pollak (2) hat eingehende Untersuchungen über die Auswirkung der Dichte, der Temperatur, des p_H-Wertes und anderer Faktoren auf die Viskosität angestellt. Nach diesen hängt die Viskosität u. a. von dem Sulfitierungsgrad des Extrakts, von zugesetzten Salzen, von dem angewandten Klärungsverfahren und der Bleichung ab, also von Faktoren, die sämtlich im Rahmen der Erzeugung liegen. Diese enge Beziehung zwischen der Viskosität und der Herstellung, und zwar der Art des Eindampfens und der Trocknung der Extrakte, wurde durch J. A. Sagoschen und A. Luft bestätigt.

Innerhalb gewisser Grenzen sind nach F. Stather (2), S. 230, die Viskositätskurven für die einzelnen Gerbextrakte charakteristisch. In niedrigen Konzentrationen bis etwa 12 bis 15° Bé ist die Viskosität der Gerbextrakte, gemessen im Engler-Viskosimeter, verhältnismäßig gering, steigt dann mit zunehmender Konzentration zunächst wenig und von 20° Bé an stark an. Nur bei Kastanien- und Eichenholzextrakten ist der Konzentrationseinfluß weniger ausgeprägt. Die meisten der bei 25° C untersuchten Extrakte zeigen zwischen 22 und 25° Bé einen steilen Anstieg der Viskositätswerte, bei Eichenholzextrakt erst nach 26° Bé, bei Kastanienholzextrakt erst nach 30° Bé. Auch Mimosarindenextrakt zeigt erst nach 25⁰ Bé eine schwache Steigung. Dieses verschiedene Verhalten der einzelnen Extrakte ist von großer technischer Bedeutung. Ein Füllextrakt wird dem Leder ein um so höheres Gewicht erteilen, je höher das spez. Gewicht des aufgenommenen Extrakts ist. Für die Füllgerbung kommt bezüglich Viskosität besonders Kastanienholzextrakt in Betracht, der bis zu 30⁰ Bé angewendet werden könnte, dann Eichenholzextrakt bis zu 26⁰ Bé, Mimosarindenextrakt bis zu 25⁰ Bé und sulfitierter Quebrachoextrakt bis zu 22⁰ Bé, während z. B. Fichtenrindenextrakt nur bis zu 20⁰ Bé verwendbar wäre.

Tabelle 1. Viskosität verschiedener Extrakte bei einer Dichte von 22° Bé nach L. Pollak (*3*).

Extrakt	Englergrade bei				
	20° C	25° C	30° C	40° C	50° C
Reiner Quebrachoextrakt Triumph ..	105,00 83,13	46,35 37,35	22,33 21,59	8,44 8,57	4,02 4,32
Sulfit. Quebrachoextrakt Crown	17,77	11,29	7,69	4,06	2,62
Tizrahextrakt......................	60,20	30,69	16,24	6,77	3,79
Fichtenrindenextrakt	40,85	31,89	23,50	13,50	8,31
Mimosarindenextrakt	20,20	13,96	9,39	5,47	3,39
Slv. Eichenholzextrakt, entfärbt	5,62	4,17	3,08	2,17	1,75
Slv. Kastanienholzextrakt, entfärbt ..	3,67	2,92	2,29	1,87	1,58

Wie aus dieser Tabelle hervorgeht, rücken mit steigender Temperatur die Viskositäten enger zusammen. Während Kastanien- und Eichenholzextrakt schon bei 25⁰ C leicht ins Leder einziehen, nimmt diese Eigenschaft bis 40⁰ C wenig zu. Dagegen ist für die übrigen Extrakte ein erhebliches Absinken der Viskosität und damit ein bedeutend schnelleres Einziehen bei 40⁰ C zu erwarten als bei 25⁰ C möglich wäre.

Unsulfitierter Quebrachoextrakt hat bei 25⁰ C und 22⁰ Bé eine Viskosität von 46⁰, bei 40⁰ C dagegen eine solche von 8⁰ Engler. Ein Ligninextrakt ergab bei 25⁰ C eine Viskosität von 1,7⁰, bei 40⁰ C eine solche von 1,4⁰ Engler. Bei 45⁰ C und 20⁰ Bé reichten die Viskositäten von Eichenholz-, Kastanienholz-, Valonea-, Mimosarinden- und Ligninextrakt nahe an die Viskosität von Wasser heran. Es ist daher verständlich, daß diese Extrakte für die Füllgerbung bevorzugt werden. Eichenholz-, Kastanienholz- und Ligninextrakte eignen sich auch deshalb besonders gut, weil mit fallender Temperatur die Viskosität nur langsam zunimmt, was ihre Handhabung erleichtert.

Zur Feststellung der Wechselbeziehung zwischen Viskosität und Extraktaufnahme hat Th. Wiesch ebrink (*1*), S. 298/299, gleich große Halskernstreifen von faßgegerbten und aufgetrockneten Rindshäuten mit verschiedenen Gerbextraktbrühen von 20⁰ Bé bei 40⁰ C 3 Stunden lang gewalkt. Nach kurzem Abspülen in Wasser und Abtrocknen mit Filtrierpapier kamen die Stücke sofort zur Wägung, wobei folgende Zunahmen festgestellt worden sind (s. umstehende Tabelle 2).

Es ist also deutlich, wie die Aufnahme mit fallender Viskosität ansteigt. Die gewichtgebenden Eigenschaften sind nach F. Stather und H. Herfeld (*3*) in der Praxis allerdings bei dem unsulfitiertem Quebrachoextrakt größer und nehmen mit steigendem Sulfitierungsgrad ab.

Wie verständlich, ist der Trockenrückstand eines Extrakts ausschlaggebend für das Ausmaß der Rendementserhöhung. Mit reinen Gerbextrakten läßt sich eine Gewichtszunahme des Leders um 10 bis 25% erreichen. Weitere Gewichtszunahme ist meist nur durch eine nachfolgende Beschwerung möglich.

Die Zurichtung der stark mit Extrakt gefüllten Leder erfordert besondere Sorgfalt. Nach dem Füllen werden die Leder ein bis zwei Tage auf Stapel gelegt, um eine gleichmäßige Verteilung des Extrakts in allen Schichten zu erreichen.

Tabelle 2. Beziehung zwischen Viskosität und Extraktaufnahme [Th. Wieschebrink (1), S. 299].

Extrakt	Aufnahme in %	Viskosität ° Engler 40° C / 20° Bé
Quebrachoextrakt, ordinary .	46	6,6
Mimosarindenextrakt........	57,5	3,0
Triumphextrakt	60	3,9
Quebrachoextrakt sulfit.	70	2,4
Kastanienholzextrakt	74,5	1,9
Eichenholzextrakt	79	1,6
Valoneaextrakt	82	1,6
Nachgerbeextrakt I	81	1,4
Celluloseextrakt	85	1,2
Nachgerbeextrakt II	86	1,0

Vor allem soll der Extrakt aus den äußeren Schichten des Leders nach den inneren Schichten ziehen. Dann wird gestoßen, abgeölt und getrocknet. Dabei ist besonders zu Anfang auf die Einhaltung niedriger Temperaturen zu achten und für genügend Luftwechsel zu sorgen. Man muß bedenken, daß der eingelagerte Gerbstoff bei höherer Temperatur dünnflüssiger wird und unter dem gleichzeitigen Einfluß der Volumenvergrößerung bestrebt ist, nach außen zu treten, was vor allem auch infolge Oxydation der Gerbstoffe zu dunklem, fleckigem Leder führt. Diese Extraktabscheidung an der Oberfläche kann durch Abölen weitgehend verringert werden, wodurch man die Gefahr der Narbenbrüchigkeit herabsetzt. Zum Abölen kann man Tran für sich allein oder im Gemisch mit sulfonierten Ölen oder Mineralöl verwenden. Die Hilfsmittelindustrie liefert für diesen Zweck auch eine Reihe von Bleichölen, die aber keine stark wirkenden freien Säuren enthalten dürfen. Das Öl dringt erst dann in das Leder ein, wenn der Wassergehalt unter ein bestimmtes Maß gesunken ist. Wassergehalte von 53% verzögern nach R. H. Marriott die Fettaufnahme. Die Wasserverdunstung von der abgeölten Narbenseite her wird, wie P. White und F. G. Caughley (1) feststellten, durch die einzelnen Öle verschieden verzögert, am wenigsten durch sulfoniertes Ricinusöl und durch sulfonierten Tran, die sich aber im Gegensatz zu Mineralöl am günstigsten auf die Elastizität der Narbenschicht auswirken. Nach dem Trocknen wird angefeuchtet und gewalzt.

Man kann anschließend an die Füllgerbung auch mit einem der bekannten Gerbstofffixierungsmittel nachbehandeln. Bei stark mit Extrakt gefüllten Ledern wird die Fixierung aber hauptsächlich auf die äußeren Schichten beschränkt bleiben, im Gegensatz zu mäßig gefüllten Ledern, vor allem bei Fixierungsmitteln mit Tiefenwirkung.

Ein mit reinen Gerbextrakten gefülltes Leder weist gegenüber nicht gefüllten Ledern eine große Festigkeit und Wasserdichtigkeit auf, das Rendement ist höher, ebenso die Rendementszahl, gleichzeitig aber auch der Auswaschverlust, der jedoch durch Fixierung verringert werden kann.

D. Lederbeschwerung.

I. Allgemeines.

Während man zur Füllgerbung im allgemeinen nur die Nachbehandlung mit Gerbextrakten rechnet, sollen unter Lederbeschwerung alle anderen Stoffe zusammengefaßt werden, die in erster Linie gewichtserhöhend wirken. Eine scharfe Abgrenzung der Füllgerbung und der Lederbeschwerung ist jedoch nicht möglich. Zudem tragen manche Stoffe, die nach dieser Einteilung als Beschwerungsmittel bezeichnet werden müssen, zur Aufhellung der Lederfarbe oder Erhöhung der Narbenelastizität bei, sind in diesem Fall also nicht kurzerhand als Beschwerungsmittel zu diskreditieren.

Die Verwendung von Mineralstoffen, wie Bittersalz, Glaubersalz, Kochsalz, sowie organischen Verbindungen, wie Traubenzucker, Dextrin, Melasse, für die Lederbeschwerung geht wohl auf die Achtzigerjahre des vorigen Jahrhunderts zurück. In den Siebzigerjahren fing die Textilindustrie damit an, Ersatzstoffe und beschwerte Ware in den Handel zu bringen. Damals kam auch für die Lederindustrie die Zeit, in der sich die „Rendementkorrektur" mehr und mehr ausbreitete. Nach H. Gnamm (1) begann man in England um diese Zeit schwammiges Leder, und zwar das schwammige, lockere Büffelleder, durch Appretieren fester zu machen, was gleichzeitig zu einer Gewichtserhöhung führte. Diese Methode hat man auch auf andere Ledersorten übertragen. Von England wanderte die Lederbeschwerung nach Amerika, von wo der europäische Markt mit stark beschwertem, billigen Hemlockleder überschwemmt wurde. Vergeblich war der Versuch, die Konkurrenz durch Zölle einzudämmen. Sie zog in Europa die Beschwerung von Bodenleder nach sich, als man gezwungen wurde, sich gegen das eingeführte stark beschwerte Leder zu behaupten. Diese Beschwerung hat sich bei verschiedenen Ledersorten wegen der vom Verbraucher äußerst gedrückten Preise bis heute erhalten. W. Eitner (3) erwähnte unter anderm ein solches Beschwerungsrezept aus dem Jahre 1878, nach welchem man ein Gemisch aus 15 Gewichtsteilen Traubenzucker, 12 Gewichtsteilen verwittertem schwefelsaurem Natron (Glaubersalz), 4,5 Gewichtsteilen schwefelsaurem Kali und 3 Gewichtsteilen „Kalksalz" (wahrscheinlich ist Kochsalz gemeint) verwendet. Diese in Wasser gelösten Salze wurden mit einem Lappen auf die Aasseite der trockenen Leder aufgetragen. Bittersalz darf jedoch nicht als ausschließliches Beschwerungsmittel angesehen werden, da es bei Sohl- und Vacheleder häufig als Aufhellungsmittel dient. Nachgerbeextrakte enthalten mehr oder weniger große Mengen Bittersalz. Dieses wird auch gerne in Kombination mit Traubenzucker angewendet und in wässeriger Lösung im Faß eingewalkt. Mittels Bittersalz ist also auf billige Weise eine Verbesserung der Lederfarbe, wie sie vom Käufer gewünscht wird, möglich. Es vermag ferner in gewissem Umfang die bei stärker ausgegerbten Ledern auftretende Brüchigkeit zu verringern.

Übermäßige Beschwerung birgt indessen verschiedene Gefahren in sich. Bittersalz kann zu Mineralstoffausschlag führen, zuckerartige Stoffe können Zuckerausschläge hervorrufen und das Leder schließlich hygroskopisch und weich, wenn nicht sogar lappig machen. Beschränkung auf eine vernünftige Menge war so unerläßlich. Mit der Errichtung von Lederinstituten und den dort durchgeführten Untersuchungen wurde der willkürlichen Beschwerung Einhalt geboten. Auch verschiedene Handelsministerien haben Verordnungen über die Zusammensetzung von Leder erlassen, was mehr und mehr zur Festlegung bestimmter Normen führte, welche Leder als künstlich beschwert angesehen werden müssen.

Im Jahre 1918 trat in Schweden folgende Bestimmung, die 1926 etwas abgeändert wurde, in Kraft: „Die Beschwerung wird als vorhanden angesehen,
wenn die in der Asche des Leders nachweisbare Menge von anorganischen Stoffen
in ganzen und halben Häuten, Kernstücken nebst abgelösten Vorderteilen 3%
und in den abgetrennten Bäuchen 3,5% (2,5) vom Gewicht des lufttrockenen
Leders oder der Auswaschverlust (organische und anorganische Stoffe) in ganzen
und halben Häuten, Kernstücken nebst abgelösten Vorderteilen 20% (22) und
in den abgetrennten Bäuchen 25% (24,5) des Gewichts des lufttrockenen Leders
(18% Wasser) übersteigt." Nach einem Bericht von J. S. Aabye von der Versuchsanstalt für Lederindustrie in Kopenhagen vom Jahre 1935 gibt es auch in
Norwegen ein solches Gesetz, dagegen nicht in Dänemark. Nach einer Verfügung
des bulgarischen Handelsministeriums vom Jahre 1930 müssen Sohlleder als
künstlich beschwert gekennzeichnet werden, die, auf 18% Feuchtigkeit berechnet,
mehr als 3,5% Mineralstoffe (Asche) oder mehr als 24% auswaschbare Stoffe
enthalten. Außerdem war der Prozentsatz der Beschwerungsmittel auf dem
Leder selbst anzugeben. Von dieser Vorschrift waren nur Sohlenlederstücke
vom Kopfteil und von den Flanken ausgenommen. Gleichzeitig war aber in
der Verfügung angegeben, daß solche Leder, die bis zu 3,5% Mineralstoffe (Asche)
und bis zu 24% auswaschbare Stoffe enthielten, als ordentlich ausgearbeitet
angesehen werden müssen.

Die Verfügung in Schweden hatte dort ganz unerwartete Folgen, die sich
recht nachteilig auf die dortige Lederindustrie auswirkten. Die schwedischen
Schuhfabriken deckten sich nämlich mit billigem, stark beschwertem, ausländischen, und zwar vor allem amerikanischen Leder ein, so daß das einheimische
teuere, weil unbeschwerte Leder kaum mehr abzusetzen war. Außerdem bergen
solche Verfügungen den Anreiz in sich, das Leder allgemein künstlich bis zur zulässigen Grenze mit solchen Mitteln zu beschweren.

In Deutschland brachte die strenge Planwirtschaft erste Ansätze zu behörd-
licher Festlegung gewisser Mindestanforderungen an einzelne Eigenschaften des
Leders.

Solche Güterichtlinien bestehen unter anderem für Sohl- und Vacheleder
bezüglich des erlaubten Aschegehalts, des Gehalts an Bittersalz, um qualitätsmäßig unerwünschte künstliche Beschwerung des Leders mit Mineralstoffen
zu unterbinden, sowie in Höchstgrenzen für den Gehalt an auswaschbaren Stoffen,
um unerlaubte qualitätsschädigende Gewichtserhöhung durch Einlagerung von
Gerbextrakten od. dgl. zu vermeiden. Seit 1937 bestand in Deutschland grundsätzliches Verbot derartiger Beschwerungen, die in Zahlen festgelegt wurden.
Diese sind zwar heute nicht mehr verbindlich, immerhin ist man mehr oder
weniger gezwungen, sich an die sogenannten Güterichtlinien für pflanzlich gegerbte Leder zu halten, die für Unterleder vorschreiben [s. dazu unter anderem
auch H. Gnamm (1), S. 470], daß der Gehalt an Mineralstoffen (Glührückstand)
bei altgrubengegerbten Unterledern 1%, bei modern gegerbten 2,5% nicht überschreiten soll. Der Gehalt an Bittersalz, berechnet als $MgSO_4 \cdot 7\,H_2O$, darf bei
modern gegerbten Unterledern nicht über 4%, bei Blankledern und Geschirrledern nicht über 2%, bei Fahl- oder Riemenledern nicht über 1% liegen. Nach
einem neuen Erlaß des Bundes-Verteidigungsministeriums vom 13. Juni 1955
darf der Mineralstoffgehalt (Glührückstand) für modern gegerbtes Militärleder
für den Schuhunterbau 3,5% nicht überschreiten.

F. Stather (3) führt dazu weiter aus, daß jedes Leder, also auch rein pflanzlich
gegerbtes, von den natürlichen Mineralbestandteilen der Haut herrührend sowie
von den Äscherchemikalien und dem Mineralstoffgehalt der verwendeten Gerb-
materialien, gewisse Mineralstoffe enthält. Auch das Betriebswasser, die Aas-

appretur und die Bleichmittel sind daran beteiligt. Diese Mineralstoffe werden aber bei langsamer Grubengerbung im allgemeinen 1% nicht übersteigen. Wenn man, wie für modern gegerbte Leder, stark konzentrierte, insbesondere sulfitierte Extrakte sowie synthetische Gerbstoffe und auch Ligninextrakte verwendet, werden ungewollt weitere Mineralstoffe in das Leder eingebracht. Bei Unterleder ist dementsprechend ein höherer Mineralstoffgehalt ein Zeichen für moderne Gerbung, während aber umgekehrt nach H. Herfeld (2), S. 467, sowie F. Stather und H. Herfeld (4) ein niedriger Mineralstoffgehalt kein sicheres Kriterium für Altgerbung ist. F. Stather setzt sich dafür ein, daß bei einem Wassergehalt von 14% Mineralstoffgehalte über 2,5% bei nach Gewicht gehandeltem pflanzlich gegerbtem Leder ebenso wie Gehalt von 2% Magnesiumsulfat ($MgSO_4$) und über 4% an Bittersalz ($Mg\,SO_4 \cdot 7\,H_2O$) oder über 2% an zuckerartigen Stoffen als künstliche Beschwerung des Leders angesehen werden sollen. Man spricht nach handelsüblichem Gebrauch auch von künstlicher Beschwerung, wenn der organische Auswaschverlust im Kern 16%, im Hals 18% und in den Seitenteilen 20% übersteigt. Diese Zahlen gelten für Vacheleder zum Schuhunterbau. Bei Verwendung von Vacheleder als Schuhinnenbaumaterial (Brandsohlen) soll der Gesamtauswaschverlust 10% nicht übersteigen. Über Nachteile darüber hinausgehender Beschwerungen für die Lederqualität s. diesen Bd., 10. Kap., S. 1205, 1206 und 1219.

Die Mineralstoffe und die auswaschbaren organischen Stoffe sind vorwiegend in den Außenschichten, und zwar vor allem in der Narbenschicht, eingelagert. Die geringsten Einlagerungen finden sich nach D. Jordan Lloyd und E. W. Merry sowie F. Stather und H. Herfeld (5) in den Mittelschichten in einer Zone unmittelbar unter dem Narben. Diese schichtmäßigen Unterschiede sind um so größer, je moderner die Gerbung war.

Es wird zwar bisweilen ins Feld geführt, daß durch stärkere Einlagerungen die Kernigkeit, Festigkeit und Wasserdichtheit verbessert und der Abnutzungswiderstand erhöht werde. Diese Vorzüge werden aber nur vorgetäuscht, denn sie gehen nach Herfeld (2), S. 468, in dem Maße wieder verloren, wie diese Stoffe bei der Verarbeitung und beim Gebrauch, bei Unterleder beim Dampfmachen und beim Tragen in der Nässe, ausgewaschen werden. In ausgewaschenem Zustand zeigen daher modern gegerbte Leder zum Teil höhere Wasseraufnahme und Wasserdurchlässigkeit [F. Stather und H. Herfeld (6); V. Kubelka und F. Peroutka; A. Küntzel (3); P. White und F. G. Caughley (2)]. Die Verbesserung der Wasserfestigkeit müßte auf andere Weise durchgeführt werden. Darüber findet sich einiges in dem Abschnitt Imprägnierung.

Wenn es möglich wäre, auch Unterleder nach Maß oder besser noch nach Volumen zu handeln, würde die Frage der Beschwerung gelöst werden können. Dies ist aber bei stärkeren Ledern wegen der Schwierigkeiten der Maß- oder Volumenbestimmung bei ungleichmäßiger Beschaffenheit der Haut nicht durchführbar. Nur bei Unterledern gleichmäßiger Stärke, wie egalisierten Hälsen und Bäuchen, ist man zum Teil schon, vor allem in der Hausschuhindustrie, auf den Verkauf nach Flächenmaß übergegangen.

Lösungen der anorganischen und organischen Verbindungen, wie von Bittersalz, Glaubersalz, Bariumchlorid, Kalialaun, Traubenzucker, Dextrin und Stärke, werden auch bei den üblichen Temperaturen von 30 bis 35° C ohne Schwierigkeit vom Leder aufgenommen. Häufig wird sogar der eine oder andere Stoff ohne Auflösung fein verteilt in das feuchte Leder eingewalkt, bisweilen allein, bisweilen in einem sogenannten Nachgerbeextrakt. Mischungen aus Bittersalz, Alaun, Dextrin, Traubenzucker u. dgl. werden vom Handel häufig als Beschwerungsmittel angeboten, die zugleich aufhellen. Das Bittersalz wirkt gleichzeitig in gewissem Sinn fixierend auf Gerbstoffe, jedoch nur bei der hohen Konzentration der Anwendung und beim Trocknen des Leders. Sobald das Leder naß und ausgelaugt wird, geht die Fixierwirkung, die mehr auf einer Aussalzung beruht, wieder verloren.

Solche Aussalzungen können auch bei der Einarbeitung von Bittersalz, Glaubersalz und Kochsalz in Gerbextrakte auftreten, wobei das Ausmaß der Aussalzung von dem Verhältnis Salz zu Extrakt bzw. Gerbstoff und von der Konzentration des Extrakts abhängt. Diese Ausfällung läßt sich durch Zusatz von Schutzkolloiden mehr oder weniger verhindern. Dazu dienen unreiner technischer Traubenzucker, Melasse, Dextrin, Stärke und Ligninextrakt, die demnach in salzhaltigen Nachgerbeextrakten in verschiedenen Mischungsverhältnissen enthalten sind. Durch gleichzeitigen Zusatz von sauren oder sauer reagierenden Salzen, wie Alaun, Aluminiumsulfat oder Natriumbisulfat, oder Säuren, wie Oxalsäure, erreicht man eine Erniedrigung des p_H-Wertes und damit eine Aufhellung der Lederfarbe. Die Salzzusätze erniedrigen gleichzeitig die Viskosität, was die Extraktaufnahme erleichtert. Wird das Beschwerungsmittel in flüssigem Zustand zusammen mit einem Füllextrakt angewendet, dann spielt für die Aufnahme die Viskosität der Lösung eine erhebliche Rolle. Solche Nachgerbeextrakte werden häufig von der Gerbextraktindustrie und vom Gerbstoffhandel angeboten. Man verwendet dazu vielfach die von Natur aus niedrig viskosen Extrakte, wie Kastanienholz-, Eichenholz-, Valonea- und Ligninextrakt, denen man Bittersalz oder Glaubersalz, Traubenzucker oder Dextrin zufügt.

II. Beschwerungsmittel.

Für die Beschwerung kommen hauptsächlich folgende Stoffe in Betracht:

Magnesiumsulfat ist als Bittersalz, $MgSO_4 \cdot 7\,H_2O$, in großen wasserhellen rhombischen Kristallen oder in feinen Nadeln im Handel. Es ist nicht hygroskopisch. In Wasser löst sich Bittersalz leicht, und zwar lösen 100 Teile Wasser

bei   20   40   70   100°

120   180   327   672 Teile $MgSO_4 \cdot 7\,H_2O$.

Durch größere Mengen Bittersalz wird der Gerbstoff aus Gerbbrühen unter merklicher Aufhellung ausgefällt oder, besser gesagt, ausgesalzen, denn hierbei entstehen keine unlöslichen Magnesiumsulfat-Gerbstoffverbindungen. Eine solche Aussalzung kann man auch mit anderen konzentrierten Salzlösungen, wie solchen von Natriumchlorid, Calciumchlorid, Zinksulfat, Aluminiumsulfat, sowie Bleiacetat, erreichen. Von der Aussalzung werden in erster Linie die höhermolekularen Gerbstoffanteile erfaßt. Die Pyrokatechingerbstoffe lassen sich mit wenigen Ausnahmen, wie Mimosa, praktisch vollständig ausfällen. Quebrachoextrakt gibt noch eine starke, Gambir eine etwas geringere Fällung. Von den Pyrogallolgerbstoffen werden Gallotannin stark, Kastaniengerbstoffe etwas weniger ausgefällt. Gegenüber Myrobalanen und Valonea dagegen ist nach J. H. Bowes Bittersalz wenig wirksam. Stark werden auch Mangrove und Eukalyptusextrakt gefällt.

Behandelt man ein mit Quebrachoextrakt gefülltes Leder mit konzentrierter Bittersalzlösung, so wird der Gerbstoff ausgeflockt. Beim Trocknen konzentriert sich die Bittersalzlösung soweit, daß nach L. Meunier und J. Roussel eine völlige Fällung des Gerbstoffs im Leder zu erwarten ist, wodurch die Lederfarbe aufgehellt wird. Da die Gerbstoffe nicht an die Oberfläche wandern können, bleibt der Narben elastisch und die Ränder des Leders werden nicht schwarz.

Man muß allerdings zur Verhütung eines Salzausschlags einen größeren Überschuß vermeiden. Wie später gezeigt wird, kann man diesem auch durch Mitverwendung von Zucker vorbeugen.

R. C. Bowker, W. E. Wallace und J. R. Kanagy (*1*) prüften an quebrachogegerbtem Leder den Einfluß von Magnesiumsulfat auf die Zerstörung von pflanzlich gegerbtem Leder durch Schwefelsäure und stellten dabei fest, daß eine Zugabe von Magnesiumsulfat in dem Maße die Säureschädigung herabsetzt, als es die Wasserstoffionenkonzentration verringert. Die Zerstörung beginnt bei p_H 3 und erreicht bei einem p_H von 2,8 größere Ausmaße. Demnach kann Bittersalz bei durch Säureschädigung gefährdetem Leder günstig wirken. Die Kontrolle erfolgte durch Bestimmung der Reißfestigkeit und der in Lösung gegangenen Stickstoffmengen.

Natriumsulfat. Die bekannteste Form ist das Dekahydrat $Na_2SO_4 \cdot 10\,H_2O$, das wir als Glaubersalz kennen. Es bildet unregelmäßige grobe Kristalle. Glaubersalz ist nicht hygroskopisch, sondern verwittert leicht an der Luft unter Wasserabgabe. Schon bei 25^0 zerfällt es an trockener Luft in ein weißes Pulver.

Das Maximum der Löslichkeit von Natriumsulfat liegt bei 38^0. In 100 Teilen Wasser lösen sich

bei 20	33	100°
58,5	323	208 Teile $Na_2SO_4 \cdot 10\,H_2O$,

es weist also besondere Löslichkeitsverhältnisse auf.

Ähnlich wie Bittersalz hat auch Glaubersalz eine aussalzende und aufhellende Wirkung auf Gerbstoffe.

Bariumchlorid (Chlorbarium) hat als kristallwasserhaltiges Salz die Zusammensetzung $BaCl_2 \cdot 2\,H_2O$. In der Lederindustrie wird es auch als English Splate bezeichnet. 100 Teile Wasser lösen

bei 10	20	100°	
33,3	35,7	57,8 Teile $BaCl_2$ bzw.	
bei 20	30	70	100°
44,5	48	63	77 Teile $BaCl_2 \cdot 2\,H_2O$.

In Alkohol ist Bariumchlorid schwer löslich. In Lösungen von Chloriden, wie Natriumchlorid oder Salzsäure, wird die Löslichkeit durch Zurückdrängung der Dissoziation verringert.

Zur Beschwerung wird es meist mit Glaubersalz oder Schwefelsäure kombiniert, indem man das Leder zuerst mit der Lösung von Bariumchlorid tränkt und dann mit Lösungen von Glaubersalz oder Schwefelsäure nachbehandelt. Dabei scheidet sich im Leder und auf der Oberfläche unlösliches weißes Bariumsulfat ab. In Gerbbrühen wirkt Bariumchlorid stark gerbstoffällend. Die Fällungen der Pyrokatechingerbstoffe sind gegenüber solchen der Pyrogallolgerbstoffe ziemlich dunkel gefärbt.

Bleiacetat (essigsaures Blei, Bleizucker) hat die Zusammensetzung $Pb(CH_3COO)_2 \cdot 3\,H_2O$. In wässeriger Lösung zeigt das Bleiacetat keine einheitliche Salznatur, sondern bildet komplexe Bleiacetatkationen. Bleiacetat, das fein- und grobkristallisiert gehandelt wird, ist nicht hygroskopisch. 100 Teile Wasser lösen

bei 15	40	100°
44	168	zirka 235 Teile $Pb(CH_3COO)_2 \cdot 3\,H_2O$.

Mit Sulfaten und Schwefelsäure setzt sich Bleiacetat zu weißem, in Wasser unlöslichem Bleisulfat um. Auf Gerbstoffe wirkt Bleiacetat stark fällend.

Da Schwefelwasserstoff mit Bleisalzen schwarzes Bleisulfid bildet, werden Leder mit Bleisulfatniederschlägen an schwefelwasserstoffhaltiger Luft grau.

Traubenzucker (Stärkezucker, Kartoffelzucker, Glucose). Der wesentliche Bestandteil dieses Produkts ist die d-Glucose (Dextrose $C_6H_{12}O_6$). Traubenzucker kann aus vielen Oligosacchariden (vor allem Disacchariden, wie Maltose = = Malzzucker, Lactose = Milchzucker, Saccharose = Rohrzucker), sowie aus Polysacchariden, wie Stärke und Cellulose, gewonnen werden. So gibt z. B. Rohrzucker bei der Hydrolyse ein Gemenge von Glucose und Fructose (Invertzucker). Stärke liefert bei der Hydrolyse nur Glucose.

Technisch erhält man Traubenzucker durch hydrolytische Spaltung von Kartoffelstärke oder Maisstärke mittels Salzsäure unter Druck (Stärkezucker). Kartoffelstärke wird vorwiegend in Deutschland und den angrenzenden Ländern, Maisstärke in Amerika verwendet (F. Ullmann; H. Meyer; E. Preuss; Beilstein). Die saure Lösung wird mit Kreide neutralisiert und nach dem Filtrieren im Vakuum eingedampft. Je nach der Dauer der Behandlung der Stärke enthalten die Produkte neben Glucose noch Stärke und mehr oder weniger Dextrin. Die Hydrolyse von Cellulose („Holzverzuckerung") wird nur in beschränktem Umfang zur Herstellung von d-Glucose benutzt (E. Bergius; H. Scholler).

Wasserfreie Glucose kristallisiert aus der Lösung von absolutem Alkohol in harten Nadeln mit einem Schmelzpunkt von 146 bis 147°. Auch aus konzentrierten wässerigen Lösungen bildet sich beim Kristallisieren das Anhydrid. Die Kristalle sind rhombisch-hemiedrisch. Aus Wasser kristallisiert d-Glucose bei gewöhnlicher Temperatur in Tafeln mit 1 H_2O. Es handelt sich dabei um α-d--Glucose. Diese schmilzt gegen 83 bzw. 86°. Wasserfreie Nadeln oder Säulen erhält man aus Alkohol oder aus konzentrierter wässeriger Lösung bei 30 bis 35°.

Nach anderen Forschern kristallisiert Glucosehydrat $C_6O_{12}O_6 \cdot H_2O$ in Warzen, aus Alkohol in sechsseitigen Tafeln. Auch säulenförmige Kristalle werden aus konzentrierten Lösungen erhalten, Schmelzp. 80 bis 100°. Lobry de Bruyn nimmt an, daß die Glucose keinen festen Schmelzpunkt hat, sondern daß das Hydrat allmählich in das Anhydrid übergeht (E. Abderhalden, S. 318).

Glucose ist nicht hygroskopisch und schmeckt weniger süß als Rohrzucker. In Wasser ist Glucose sehr leicht löslich, bei 15° löst sich 1 Gewichtsteil in ein bis zwei Teilen Wasser.

Bei zunehmendem Gehalt der technischen Qualitäten an Dextrin vermindert sich die feste Beschaffenheit des Zuckers bis zur Sirupkonsistenz. Die Hauptbestandteile eines dickflüssigen Sirups von 44,3° Bé sind nach F. Ullmann: 38% Glucose, 43% Dextrin, 16% Wasser.

Technischer Traubenzucker reagiert schwach sauer und ist in Wasser leicht löslich. Er wirkt nicht fällend auf Gerbstoffe. Die Handelsformen sind:

1. **Sirup.** Dieser wird nach F. Ullmann in drei Grädigkeiten gehandelt, und zwar als 46er, 45er und 43er. 46er-Sirup soll das spez. Gewicht von 1,4540 = 46° Bé, 45er-Sirup das spez. Gewicht von 1,440 = 45° Bé und 43er-Sirup das spez. Gewicht von 1,4100 = 43° Bé haben. Der Sirup muß wasserhell und absolut blank sein. Der 46er- und 45er-Sirup wird im Handel meistens als Bonbonsirup, der 43er als Capillärsirup bezeichnet. In der Praxis benutzt man häufig für beide Siruparten auch die Bezeichnung Stärkesirup. Außer diesen farblosen Sirupen wird noch halbweißer, etwa von hellstrohgelber Farbe, und gelber Sirup unterschieden. Verpackung: Holz- oder Eisenfässer.

2. **Stärkezucker.** Dieser wird in der gleichen Art hergestellt wie der Sirup. Während man aber den Sirup auf 32 bis 34% Glucosegehalt einstellt, beträgt dieser bei Stärkezucker 65 bis 70%. Man unterscheidet handelsüblich Kistenzucker und Raspelzucker. Soll Kistenzucker geliefert werden, so wird die zur Kristalli-

sation vorbereitete Masse in Kisten von 25 oder 50 kg Inhalt gefüllt und gleich abgewogen. Die Kisten werden beiseite gestellt und sind nach etwa 24 Stunden, nachdem der Inhalt erstarrt ist und sie mit einem Deckel verschlossen und mit Bandeisen benagelt sind, versandfertig. Raspelzucker läßt man in besonderen Behältern erstarren. Die harten Blöcke werden auf besonderen Raspelmaschinen in kleine Stücke zerschnitten und in Säcke von je 100 kg abgefüllt. Handelsbezeichnungen: Stärkezucker, Kartoffelzucker.

3. Kristallisierter Stärkezucker. Dieser stellt fast reinen Traubenzucker dar, der in der Trockensubstanz über 99% Glucose enthält. Er wird nur in amerikanischen Fabriken und in Deutschland von der Maizenagesellschaft hergestellt.

Melasse: Die letzten Mutterlaugen bei der Herstellung von Rohrzucker aus Rübenschnitzeln bzw. Zuckerrohr, aus denen direkte Kristallisationen nicht mehr erzielbar sind, heißen Melasse. Diese ist eine dunkelbraun gefärbte dickflüssige stickstoffreiche Masse, die neben 50% Zucker, hauptsächlich Rohrzucker, 20% organische Nichtzuckerstoffe (Betaïn, das innere Salz des Trimethylglykokolls, Ameisensäure und andere niedere organische Säuren), 10% Salze, hauptsächlich Kalisalze, und 20% Wasser enthält. Die Dichte der Handelsprodukte schwankt je nach der Herkunft.

Stärke: Sie hat die elementare Zusammensetzung $(C_6H_{10}O_5)_n$, ist also ein polymeres Kohlenhydrat und findet sich in mikroskopischen Körnchen in Pflanzenzellen eingelagert. Besonders reich an Stärke sind unter anderem Getreidekörner und Kartoffeln. In Europa wird die Hauptmenge Stärke aus der Kartoffelknolle, in den Tropen aus der Manioka- oder Tapiokawurzel gewonnen. Von den Samen dienen Mais in Amerika sowie Weizen und Reis als die wichtigsten Stärkequellen. Stärke wird in Stücken als Brockenstärke oder meist als glänzendes weißes Pulver gehandelt.

Das Verhalten der Stärke gegen Wasser ist kompliziert. Unvorbehandelte Stärkekörner werden von kaltem Wasser nicht merklich angegriffen. Von etwa 50° an erfolgt Wasseraufnahme und starke Quellung. Diese trübe Suspension der gequollenen Stärkekörnchen bezeichnet man als Kleister. Sie besitzt schon bei einem Gehalt von 1 bis 4% Stärke eine hohe Viskosität und erstarrt beim Erkalten zu einer steifen Gallerte. Die Kleister verschiedener Stärkearten sind bei gleicher Konzentration und Temperatur verschieden viskos. Verkleistert man unter 100°, so geht nur wenig Substanz in Lösung. Erst bei längerem Erhitzen und Rühren erfolgt allmähliche Lösung unter Übergang in ein klares, ziemlich dünnflüssiges, kolloides Sol, aus dem sich nach längerem Stehen ein großer Teil der Stärke in schwer löslicher Form wieder absetzt.

Durch langdauerndes Vermahlen oder durch Behandeln mit verdünnter kalter Salzsäure kann man die Dispergierung der Stärke in Wasser wesentlich erleichtern. Man erhält so „lösliche Stärke", die das Vermögen zur Kleisterbildung verloren hat und sich nach R. E. Liesegang (S. 898) und W. Schlenk (S. 716) direkt in klare dünnflüssige, aber nicht sehr stabile Lösungen überführen läßt. Stärke wirkt auf vegetabile Gerbstoffe nicht fällend.

Dextrin: Als Dextrine werden in erster Linie alle durch Hydrolyse der Stärke erhaltenen Produkte mit Ausnahme der Zucker bezeichnet, also auch die in der Natur vorkommenden Produkte dieser Art. Man rechnet auch die Abbauprodukte der übrigen höheren Kohlenhydrate (Cellulose) dazu. Das Dextrin des Handels erhält man durch Erhitzen von Stärke mit verdünnter Salzsäure, Salpetersäure, Schwefelsäure oder schwefliger Säure. Man geht meist soweit, bis sich Spuren von Glucose zeigen. Technisches Dextrin ist also ein Gemisch von Produkten verschiedener Abbaugrade der Stärke, ein Gemisch wasserlöslicher, chemisch wenig definierter Polysaccharide, deren Molekulargewicht kleiner als das der Stärke ist. Käufliches Dextrin enthält nach E. Abderhalden (S. 161 ff.) etwa 9 bis 15% Wasser, 33 bis 70% bei 15° in Wasser lösliche Bestandteile, 2,3 bis 4,8% Zucker, 0,3 bis 2,4% Asche. Es ist ein weißes bis gelbes lockeres Pulver, in Wasser leicht löslich, in Alkohol unlöslich und daher durch Alkohol aus der wässerigen Lösung ausfällbar. Pflanzliche Gerbstoffe werden durch Dextrin nicht gefällt.

III. Praktische Durchführung der Beschwerung.

Die Beschwerung erfolgt meist im Lauf der Faßappretur. Nach dem Einwalken des Pulverextrakts in das feuchte Vacheleder gibt man z. B. Bittersalz, das Fixierungsmittel, dann den Bleichextrakt und schließlich noch ein Bleichöl zu. Bittersalz kombiniert man zweckmäßig mit Glucose, welche die aussalzende Wirkung verlangsamt und dadurch eine bessere Tiefenwirkung ermöglicht. Der Zusatz von Glucose führt bei der Verwendung von Magnesium- und Natriumsulfat zudem zur Verringerung bzw. völligen Unterbindung von Salzausschlägen. Dies hängt zum Teil wohl mit einer gleichmäßigeren Verteilung des Bittersalzes auf alle Schichten des Leders zusammen. Man nimmt auch häufig an, daß Glucose kristallisationshemmend wirkt. W. Eitner (2) schrieb die Verhinderung eines Salzausschlags dem im technischen Traubenzucker enthaltenen Dextrin zu.

Um sich vor Ausschlägen zu schützen, muß man das Salz und den Zucker in einem bestimmten Verhältnis anwenden, z. B. in dem Verhältnis 1 : 2, und sich außerdem vor einer zu hohen Gesamtmenge hüten. Wenn auch niedrige Luftfeuchtigkeit ohne besonderen Einfluß ist, neigen zuckerhaltige Leder bei hoher atmosphärischer Feuchtigkeit, wie 85% relativer Luftfeuchtigkeit und mehr, doch zu deutlicher Wasseraufnahme, was bei Anwesenheit großer Salzmengen zu Ausschlag führen kann. Größere Zuckermengen können das Leder aus dem gleichen Grund zu weich machen. J. H. Bowes, F. Quinn und C. L. Ward haben weiterhin den Einfluß von Salzen und Zuckerstoffen auf die physikalischen Eigenschaften des Leders untersucht. Die feuchten Lederstücke wurden in Lösungen von Magnesiumsulfat bzw. Magnesiumsulfat + Zucker bzw. Zucker allein (Glucose und Rohrzucker) eingelegt. Diese Behandlung hellte in allen Fällen die Lederfarbe auf, wobei die Kombination von Magnesiumsulfat + Zucker am günstigsten war. Biegsamkeit und Narbenelastizität wurden ebenfalls verbessert, besonders auch bei sehr niedrigen relativen Luftfeuchtigkeiten. Nach Ungenannt (1) ist es in allen europäischen Ländern und in Amerika üblich, bei der Nachbehandlung Glucose und Bittersalz zu verwenden.

Salzausschläge überziehen die Oberfläche des Leders zuerst mit einem feinen Kristallmehl, aus dem bei wechselnder Luftfeuchtigkeit dünne Nadeln hervorschießen. Da Bittersalz und übrigens auch Glaubersalz nicht hygroskopisch sind, neigen sie, in mäßigen Mengen allein angewandt, auch ohne Glucose nicht zum Ausschlagen. Wenn aber trotzdem ein Ausschlag auftritt, so liegt die Ursache häufig in der Salzsäure, die beim Bleichen der Leder verwendet wird, oder wohl auch an der Anwesenheit von Kochsalz. Mit Salzsäure setzt sich Bittersalz zum Teil zu dem äußerst hygroskopischen Magnesiumchlorid um. Magnesiumchlorid verhindert schon allein das vollkommene Auftrocknen des Leders. An feuchter Luft zieht es Wasser an, das wiederum noch vorhandenes Bittersalz zum Kristallisieren bringt.

Für den Fall, daß Dextrin und Glucose nicht ausreichen, das Auskristallisieren von Bittersalz, Glaubersalz und ähnlichen Salzen zu verhindern, schlägt O. Hecht vor, die Leder mit mehr oder weniger abgebauten Eiweißstoffen, die kristallisationsverzögernd wirken, nachzubehandeln. Die Wirkung soll noch weiter durch Kombination von Seife mit Eiweißstoffen gesteigert werden können.

Durch eine Behandlung mit Bittersalz und Traubenzucker, die bisweilen noch mit Dextrin, Stärke, Brillantine[1] kombiniert wird, läßt sich die durch die Nach- und Füllgerbung manchmal hervorgerufene dunkle Lederfarbe wieder aufhellen. Soweit die Salze und zuckerartigen Stoffe nicht in übermäßig großen Mengen angewandt werden, sollte man diese Behandlung daher nicht als ausgesprochene Beschwerung ansehen. J. A. Sagoschen spricht in seiner Arbeit über die Nachgerbung von Unterleder mit 2 bis 3% Traubenzucker neben 5 bis 5,5% Bittersalz und 0,1% Aluminiumsulfat, die zusammen mit 5 bis 10% Wasser im Anschluß an den Pulverextrakt in das Leder eingewalkt werden, wobei man allerdings einen Teil des Bittersalzes auch bereits zusammen mit dem Extrakt einarbeiten kann.

Während man die anorganischen Salze sowie Traubenzucker, Dextrin und Melasse in gemeinsamen konzentrierten Lösungen auch auf die Leder aufbürsten kann, ist dies bei Stärke sowie Brillantine wegen der höheren Viskosität nicht mehr möglich.

Bariumchlorid wird für bestimmte Chromsohllederarten (Tennisschuhe) mit Sulfaten innerhalb des Leders in unlösliches Bariumsulfat übergeführt. Man tränkt das Leder zu diesem Zweck zuerst durch Aufbürsten oder Einwalken im Faß mit einer konzentrierten Bariumchloridlösung (zirka 30%ig). Dann wird es mit einer Glaubersalz- oder Schwefelsäurelösung nachbehandelt. Von Bittersalz ist hier wegen der Bildung des hygroskopischen Magnesiumchlorids abzuraten. Dieser Beschwerungsprozeß läßt sich zur Anreicherung des Bariumsulfats im Leder mehrmals wiederholen.

J. Paessler hat sogar in lohgaren Ledern des Handels bis zu 16% Bariumsulfat gefunden. Etwas Derartiges gibt es heute nicht mehr.

An Salzen und zuckerartigen Stoffen kann man bei entsprechender Aufnahmefähigkeit des Leders bis zu 10 bis 12%, auf das Abwelkgewicht bezogen, einwalken, bei flüssigen Beschwerungsmitteln je nach dem Trockensubstanzgehalt entsprechend mehr. Praktisch kommen solche Mengen bei Vacheleder nicht in Frage, da mehr als 4% Bittersalz und mehr als 2% Traubenzucker oder mehr als 2% Asche im Leder als Beschwerung gelten. Barium- und Bleisalze dürfen in lohgaren Unterledern überhaupt nicht vorhanden sein. Die genannten Beschwerungsmöglichkeiten können daher auch nicht annähernd ausgenutzt werden.

IV. Produkte des Handels.

Bei den von der Hilfsmittelindustrie angebotenen Produkten, die in diesem Zusammenhang zu nennen wären, muß man die gerbstofffreien und gerbstoffhaltigen unterscheiden. Bei den gerbstofffreien steht die aufhellende Wirkung, die bei starker Extraktnachgerbung sehr erwünscht ist, im Vordergrund. Von diesen sei unter anderem „Herbscha" Bleich- und Fixiersalz für Schuhfabrikvache und Abfallseiten der Schäfer & Herbster G. m. b. H., Stuttgart-Weilimdorf, angeführt, das eine hohe Bleichwirkung ohne Schädigung der Lederfaser

---

[1] Bei „Brillantine" handelt es sich um eine mit Säure abgebaute Stärke. Sie enthält zirka 24% Wasser, 5% Zucker, 62% Dextrin und 9% gelöste Stärke. Die Spaltung der Stärke zu Traubenzucker wurde demnach auf halbem Wege unterbrochen.

aufweist und zur Nachgerbung die Verwendung solcher Extrakte, die einen dunklen Schnitt liefern, gestattet, da nur der Narben und die Fleischseite aufgehellt werden. Es ist nicht hygroskopisch. Ebeco F Pulver von der Firma Dr. G. Eberle & Cie., Stuttgart, ist ein Füllmittel auf der Basis Zucker, höherer Kohlehydrate und Bittersalz im Gegensatz zu Ebeco FA Pulver, das, vorwiegend auf organischer Basis aufgebaut, filmbildende Stoffe zur Verringerung der Wasseraufnahme und Wasserdurchlässigkeit enthält. Titon B 26 der Röhm & Haas G. m. b. H., Darmstadt, wirkt stark aufhellend und egalisierend unter Bildung einer sehr ansprechenden Lederfarbe, sowie gerbstoffixierend. Titon B 30 verhindert darüber hinaus noch die Bildung eines Salzausschlags. Von gerbstoffhaltigen Produkten gehören hierher solche, die neben dem Gerbstoff, wie z. B. Kastanien- oder Eichenholzextrakt, und vor allem dem niedrigviskosen und aufhellenden Ligninextrakt, erhebliche Mengen anorganischer Salze und zuckerartige Stoffe enthalten, wie z. B. 10 bis 20% Bittersalz und 50% Glucose.

E. Fixierung.

I. Allgemeines.

Ein nach dem alten Verfahren in langsamer Grubengerbung unter Verwendung von Eichen- und Fichtenlohe gegerbtes Sohlleder weist einen organischen Auswaschverlust von rund 6% auf, der sich etwa zu vier Teilen aus Gerbstoffen und zu zwei Teilen aus Nichtgerbstoffen zusammensetzt. Die in moderner Gerbung hergestellten Vacheleder zeigen in der Regel höheren Auswaschverlust, vor allem auch mehr auswaschbare Gerbstoffe. Eine leichte Füllung des Leders ist indessen nicht zu verwerfen, da sie zu einer Steigerung der Lederqualität beiträgt und z. B. dem Schuhfabrikanten einen besseren Ausschnitt gestattet. Die mit der Füllgerbung verbundene Zunahme an auswaschbaren Stoffen bringt andererseits aber erhebliche Schwierigkeiten mit sich, und zwar nicht nur bei der Fabrikation selbst, sondern auch bei der Verarbeitung. Leder mit viel ungebundenem Gerbstoff trocknen dunkel und fleckig auf. Der Narben wird brüchig und spröde. Beim Dampfmachen vor der Verarbeitung gibt ein gefülltes Leder in kurzer Zeit erhebliche Mengen Gerbstoff an das Wasser ab, die Sohle wird beim Auftrocknen am Schuh mißfarbig. Aus dem feuchten Unterleder ziehen gelöste Gerbstoffe unter Bildung brauner Verfärbungen in das Schuhoberleder. Leder, das seine Festigkeit lediglich einer Extrakteinlagerung verdankt, wird beim Tragen in der Nässe durch Auswaschen des Gerbstoffs weich, die Sohlen treten sich breit und fransen aus. Es ist daher unerläßlich, den nicht gebundenen Gerbstoff zumindest teilweise in eine unlösliche, nicht auswaschbare Form überzuführen.

Man könnte das Leder zwar mit wasserunlöslichen bzw. in Wasser sehr schwer löslichen Gerbextrakten, wie unsulfitiertem Quebrachoextrakt, füllen. Ein solcher Extrakt läßt sich aber nur schwierig und nur in Mischung mit niedrig viskosen Extrakten in das Leder einwalken.

Es ist weiter bekannt, daß pflanzliche Gerbstoffe beim Bleichen mit Säure ausgeflockt werden. Davon werden aber nicht alle Gerbstoffe in gleicher Weise betroffen. Pflanzliche Gerbstoffauszüge selbst weisen nicht unbeträchtliche Aciditäten auf. Diese liegen in den analysenstarken Lösungen (zirka 4 g gerbende Stoffe im Liter) der Pyrogallolgerbstoffe bei p_H 3,5 bis 4, der Pyrokatechingerbstoffe etwas höher und zwar bei p_H 4,3 bis 5,5. Bei sulfitiertem Quebrachoextrakt steigen die p_H-Werte vielfach bis 6 an. Wenn die Acidität erhöht wird, müßte man Flockung, in den betreffenden Gerbbrühen daher Schlammbildung, erwarten.

Eingehende Untersuchungen über die Säureflockbarkeit ergaben jedoch, daß bei Zusatz starker Mineralsäuren nur bei den kondensierten Gerbstoffen (Pyrokatechingerbstoffe) innerhalb des p_H-Bereichs 4 bis 1 in analysenstarker Lösung Flockungen auftreten, die nach O. Gerngroß und H. Herfeld bei den einzelnen Gerbstoffen zudem an bestimmte p_H-Flockungspunkte gebunden sind. Eine Ausnahme macht die Mimosarinde, die bis p_H 1 keine Flockung zeigte. Die Gerbstoffe der Eiche und der Kastanie, die Zwischenglieder zwischen den beiden Gerbstoffgruppen darstellen, ähneln bei der Säureflockung mehr den kondensierten Gerbstoffen. Im Gegensatz dazu werden die hydrolysierbaren Gerbstoffe (Pyrogallolgerbstoffe) erst bei höheren Säurekonzentrationen, und zwar nur teilweise, ausgeflockt, Sumach deutlich, Myrobalanen mäßig, Valonea, Algarobilla und Divi-Divi gar nicht. Organische Säuren bewirken bei den kondensierten Gerbstoffen in geringen Säurekonzentrationen in gleicher Weise wie Mineralsäuren eine Flockung, die nach O. Gerngroß und H. Herfeld sowie H. Herfeld (2), S. 188, bei weiterem Säurezusatz jedoch wieder in Lösung geht.

Diese Säurefällbarkeit hängt demnach nicht nur von der Art der einzelnen Gerbstoffe ab, sondern auch die Art der Säure und ihre Konzentrationen spielen eine Rolle. Sie ist also schwer zu lenken und zu beherrschen. Man macht aber in der Praxis doch bisweilen davon Gebrauch, indem man z. B. die mit Gerbstoff gefüllten Leder entweder in Säurelösung oder in Sauerbrühen einhängt oder als letztes Stadium der Gerbung noch einen sauer gehaltenen Versatz anschließt. Hierbei wird es sich allerdings mehr um eine Erhöhung der Adstringenz des Gerbstoffs bei dem niedrigeren p_H-Wert und damit eine Bindung des Gerbstoffs an die Hautsubstanz handeln als um eine „Ausflockung durch Säure".

Beachtlich ist in diesem Zusammenhang auch die Säureempfindlichkeit des Leders. A. Miekeley hat bei der Prüfung von laboratoriumsmäßig hergestelltem Leder festgestellt, daß die Empfindlichkeit von der Gerbstoffart abhängt, wobei das Quebracholeder durch Säure verhältnismäßig wenig geschädigt wird, im Gegensatz zur Gerbung mit Kastanie und Eiche, die zwischen den beiden großen Gerbstoffklassen stehen (vgl. diesen Bd., 1. Kap., S. 7).

Weiterhin wird durch Anwesenheit von auswaschbaren Gerbstoffen und Nichtgerbstoffen die Schutzwirkung gegen Säure im allgemeinen erhöht. Die Widerstandsfähigkeit nimmt jedoch vor allem mit der Festigkeit der Bindung Gerbstoff-Hautsubstanz zu, was auch aus den Versuchen von G. Otto (2) hervorgeht, nach denen die mit sulfosauren synthetischen Gerbstoffen gegerbten Leder besonders beständig gegen Säure sind, und zwar noch mehr als pflanzlich gegerbte. Ferner soll Magnesiumsulfat in dem Maße die Säurefestigkeit des Leders steigern, in dem es die Wasserstoffionenkonzentration herabsetzt [R. C. Bowker, W. E. Wallace und J. R. Kanagy (2)].

Auch die Ausfällungen der Gerbstoffe mit Salzen, wie sie bei der Nachbehandlung der gefüllten Leder mit Bittersalz- und Glaubersalzlösung unter starker Aufhellung erfolgen, sind reversibel. Da das Bittersalz im Auswaschverlust wieder erscheint und die ausgeflockten Gerbstoffe nach Entfernung des Salzes löslich sind, wird der Auswaschverlust dadurch nicht verringert (L. Meunier und J. Roussel).

Blei- und Bariumsalze, die aber für pflanzliche Leder verboten sind, wirken ebenfalls gerbstofffällend. Diese Fällungen sind zwar nicht reversibel, zudem läßt sich ein Überschuß dieser Salze durch Nachbehandlung mit Sulfaten in unlösliche Form überführen, die Gerbstofffällungen selbst sind aber meist dunkel gefärbt.

Eine größere Bedeutung kommt den Aluminium-, Zinn-, Antimon- und Titansalzen zu. So kann man eine gewisse Fixierwirkung durch Behandeln der gefüllten

Leder mit 1 bis 2% Aluminiumsulfat erreichen. Die Salze haben eine stark gerbstofffällende Wirkung. In geringen Mengen angewandt, kann man eine tiefgehende Fixierung erzielen. Das Leder wird dadurch zudem aufgehellt, da die Fällungen kaum gefärbt sind.

II. Fixierungsmittel.

Aluminiumsalze. Von diesen findet nur das Aluminiumsulfat, das mit 18 H_2O kristallisiert, Verwendung. Aluminiumsulfat ist als sogenanntes normales Sulfat mit 14 bis 15% und als konzentriertes Sulfat mit 17 bis 18% Tonerde im Handel, und zwar in groben Stücken. Das wasserfreie Salz stellt ein weißes Pulver dar. Infolge hydrolytischer Spaltung reagiert die wässerige Lösung von Aluminiumsulfat sauer. 100 Teile Wasser lösen bei 0^0 87 Teile, bei 100^0 1132 Teile $Al_2(SO_4)_3 \cdot 18\ H_2O$.

Zinnsalze. Die wichtigste Zinn(II)-verbindung ist Zinnchlorür oder Zinn(II)-chlorid, $Sn\ Cl_2 \cdot H_2O$. Für die Gerbstoffixierung kommt auch fast nur dieses zur Anwendung. Es bildet farblose Kristalle, die schon bei 40^0 im eigenen Kristallwasser schmelzen. Das wasserfreie Salz schmilzt bei 247^0 und verdampft bei etwa 1100^0. Zinnchlorür ist in Wasser leicht löslich. 100 Teile Wasser lösen bei 15^0 27 Teile Zinnchlorür. Es löst sich in Wasser bei höherer Konzentration zu einer klaren Lösung, die bei stärkerer Verdünnung weißes basisches Salz $Sn\ (OH)\ Cl$ abscheidet.

Antimonsalze. Auch von den Antimonsalzen sind nur wenige praktisch verwendbar, da sie in Wasser meist in basische Salze übergehen. Leicht löslich ist das Fluorid SbF_3, welches sich in kaltem Wasser auch bei stärkerer Verdünnung nicht zersetzt. Besser geeignet sind die Antimondoppelsalze. Die wichtigste Antimonverbindung des Handels ist der Brechweinstein, ein Kaliumantimonyltartrat, der aber wegen seines hohen Preises nicht in Betracht kommt. Für die Gerbstoffixierung ist das in der Färberei als Ersatz für Brechweinstein viel benutzte Antimonsalz $SbF_3(NH_4)_2SO_4$ gut zu verwenden. Es kristallisiert leicht in Formen des hexagonalen Systems. 100 Teile Wasser lösen bei 24^0 140 Teile Antimonsalz und 1500 Teile bei Siedetemperatur.

Titansalze. Von den Titansalzen ist das gebräuchlichste das Titankaliumoxalat $TiO\ (KC_2O_4)_2 \cdot 2\ H_2O$ oder auch das Titanammoniumoxalat $TiO\ (NH_4C_2O_4)_2 \cdot 2\ H_2O$. Wegen des hohen Preises ist die Verwendungsmöglichkeit dieser Salze begrenzt. Titansalze, und zwar Titan(II)-chlorid und Titan(III)-chlorid, wurden 1934 von G. A. Favre empfohlen. An Stelle von Titansalzen kann man auch Antimon-, Zinn-, Thor- und Cersalze verwenden. Nach A. T. Hough (3) schädigen aber größere Mengen der Antimon- und Zinnsalze das Leder.

Neben diesen Salzen finden auch Stoffe, wie Stärke, Dextrin, Pflanzengummi, Harze u. dgl., Anwendung als Fixiermittel. Eine gerbstofffällende Wirkung kommt diesen nicht zu. Sie überziehen lediglich beim Auftrocknen das Leder mit einem Film und verstopfen die Poren, so daß das Herauslösen der Gerbstoffe eine Zeitlang behindert wird.

In gewisser Hinsicht ideal wäre es, den im Leder enthaltenen ungebundenen Gerbstoff mit Eiweißstoffen zu fällen, also zwischen den Eiweißverbindungen der Lederfaser noch weitere Gerbstoff-Eiweißverbindungen abzuscheiden. Da wenig Protein verhältnismäßig viel pflanzlichen Gerbstoff zu binden vermag, wird durch eine solche Fixierung meistens die Durchgerbungszahl und die Rendementszahl, mindestens scheinbar, erhöht. Die Hautsubstanz wird ja aus dem analytisch im Leder bestimmten Stickstoff errechnet. In Wirklichkeit ist eine einwandfreie Bestimmung der Rendements- und Durchgerbungszahl nach Verwendung stickstoffhaltiger Fixierungsmittel nicht möglich.

Die praktische Durchführung einer Fixierung mit Eiweißstoffen stößt aber, zumindest bei stark mit Extrakt gefülltem Leder, auf erhebliche Schwierigkeiten. Im Gegensatz zu dünnflüssigen Salzlösungen behindert die Viskosität der Eiweißlösungen das schnelle Eindringen in das Leder. Die Umsetzung mit dem Gerbstoff erfolgt rasch und in grobdisperser Form, so daß der Gerbstoff bereits an der Oberfläche des Leders ausgeflockt und dadurch das weitere Eindringen der Eiweißlösung unterbunden wird. Beim weiteren Walken wird zudem noch ungebundener Gerbstoff aus dem Innern des Leders herausgepreßt und außerhalb des Leders ausgefällt. Das Leder überzieht sich mit einer schmierigen, klebrigen, kaum mehr zu entfernenden Masse. Man erreicht nur eine Fixierung in den äußeren Zonen und demnach keine beachtliche Verringerung des Auswaschverlustes. Auch die von O. Manvers empfohlene abwechselnde Anwendung von hohem Vakuum und Druck ermöglicht keine einwandfreie Durchführung dieser Fixierung.

Durch Zusatz von Alkali zur Eiweißlösung ließe sich die fällende Eigenschaft der Eiweißstoffe verzögern oder ganz verhindern. Demnach wäre es also möglich, eine mit Soda oder Ammoniak alkalisch gestellte Eiweißlösung in das Leder einzuwalken. Da eine solche Lösung den Gerbstoff nicht fällt, könnte diese auch in die inneren Schichten eindringen. Durch Ansäuern ließe sich anschließend eine Ausfällung der Gerbstoffe im Leder herbeiführen. Ein solches Verfahren wurde wohl erstmals von H. T. Wilson und V. P. Brant vorgeschlagen. Sie behandelten die pflanzlich gegerbten Leder mit Leimlösungen und einem Gerbstoff in Gegenwart einer Base, wie Natronlauge, unter Zusatz von Öl. Anschließend wurde Säure, z. B. Milchsäure gegeben. Da die Leder schwer kontrollierbare Säuremengen, die das Alkali des eindringenden Eiweißstoffes neutralisieren, enthalten, tritt häufig auch bei diesem Verfahren schon in den äußeren Schichten des Leders eine Fällung ein, die das weitere Eindringen des Fixierungsmittels stört. Durch längere Einwirkung des Alkalis an der Oberfläche des Leders tritt zudem, besonders bei höherer Temperatur, eine Entgerbung ein. Gleichzeitig werden die Lederfasern geschädigt und die Gerbstoffe stark oxydiert. Das Leder wird dunkel und brüchig. Durch Bleichen läßt sich keine völlige Aufhellung mehr erreichen.

J. Wagner konnte auf Grund eingehender Untersuchungen der hier vorliegenden Verhältnisse manche Schwierigkeit bei der Eiweißfixierung beheben. Er fand, daß durch eine schwach alkalische Eiweißlösung die Ausfällung nicht genügend verzögert wird, bei stärker alkalischer Reaktion die Gerbstoffe aber irreversibel oxydiert und dadurch rot und dunkel gefärbt werden. Diese Verfärbung, die sich als Folge der hohen Hydroxylionenkonzentration erwies, ließ sich durch Pufferung der Alkalilösungen erheblich zurückdrängen. Um die alkalische Gerbstoff-Eiweißlösung gleichzeitig elektrolytunempfindlich zu machen, war eine noch stärkere Pufferung erforderlich, so daß auch im Leder enthaltenes Bittersalz nicht ausflockend wirken kann. Durch weitere Pufferung erreichte er schließlich auch eine Senkung der Viskosität, die der eines normalen Quebrachoextrakts ziemlich gleichkam. Auf den Ergebnissen von J. Wagner aufbauend, brachte dann um das Jahr 1930 die Firma Norgine in Aussig unter dem Namen Tannoderm ein Fixierungsmittel dieser Art, also eine alkalische, stark gepufferte Gerbstoff-Eiweißlösung von zirka p_H 8,8 mit einem Überschuß an Eiweiß in den Handel, die unter Zusatz von Monopolseife oder Türkischrotöl angewandt wird. Nach dem Einziehen des Extrakts muß das Leder soweit angesäuert werden, daß ein wässeriger Auszug einen p_H-Wert von 3,5 bis 4,5 zeigt. Erst durch die Nachbehandlung mit Säure tritt die ausfällende Wirkung der mit dem Gerbstoff eingewalkten Eiweißsubstanz auf diesen Gerbstoff ein, während durch den Überschuß an Eiweißsubstanz der im Leder schon vorhandene ungebundene Gerbstoff ebenfalls ausgefällt wird.

Nach Untersuchungen von L. Pollak (4) konnte bei Anwendung von 10% Tannoderm der Auswaschverlust an Gerbstoff von 17,46 auf 7,86% gesenkt werden. Die „Hautsubstanz" stieg von 31,54 auf 37,3%, die Menge gebundenen Gerbstoffs von 27,04 auf 32,33%. In der Praxis wird dieses Verfahren wohl nicht mehr angewandt.

Nach einem Patent von Röhm & Haas (1) vom Jahre 1926 werden zur Vermeidung der mit der Leimfällung verbundenen Nachteile Eiweiß-, also vor allem Leimlösungen, zunächst soweit mit Enzym abgebaut, daß der Formolstickstoff 10% des Gesamtstickstoffs nicht überschreitet. Der Leimcharakter bleibt dabei aber noch so weitgehend erhalten, daß man diesen Leim nur in mäßigen Mengen und mit Bittersalz kombiniert anwenden darf, damit das Leder nicht mißfarbig wird. Diese Gerbstoffixierung wird demnach keine hohen Werte erreichen. F. Lober geht noch weiter, indem er geeignete Hautteile oder Abfälle mit Säuren bis zur Bildung von Aminosäuren hydrolysiert, deren Stickstoffgehalt in trockener Form 14 bis 16% betragen soll, wobei mehr als 10% dieses Stickstoffs formoltitrierbar sind. Es ist sehr fraglich, ob dieses Verfahren praktische Anwendung findet. Stockhausen fand, daß mäßig abgebauter Leim mit konzentrierter Gerbstofflösung auch bei p_H unter 7 keine Fällung gibt und empfahl daher, solche Gemische von 20° Bé in das Leder einzuwalken. Der Leim war dabei zu 20 bis 30% abgebaut (Chemische Fabrik Stockhausen & Cie).

Von den Versuchen, die Viskosität der Leimlösungen zu senken, ohne daß die gerbstoffällende Wirkung notleidet, scheinen die von O. Gerngroß, D. G. Triangi und P. Koeppe sowie O. Gerngroß und W. Deseke am interessantesten zu sein. Diese Forscher fanden bei der thermischen Desaggregation von Gelatine große Unterschiede zwischen Viskosität und dem durch Formoltitration angezeigten Eiweißabbau, d. h. der Viskositätsabfall geht nicht parallel mit einer Hydrolyse der Eiweißkörper. Es handelt sich hier nach Auffassung der Autoren anfangs um eine Verkleinerung des Mizells, der erst allmählich auch eine echte Hydrolyse an die Seite tritt.

O. Gerngroß und seine Mitarbeiter haben 25%ige Gelatinelösungen bei p_H 4,7, d. h. in der Nähe des isoelektrischen Punktes der Gelatine, 24, 72, 75 und 376 Stunden auf 100° C und 48 Stunden auf 121° C erhitzt. Bis zu 25stündigem Erhitzen bei 100° C ist keine sicher meßbare Lösung von Peptidbindungen festgestellt worden, während die Gelierfähigkeit selbst in 25%igen Lösungen ganz vernichtet, die Viskosität auf 18,8% und die Mutarotation auf 28,4%, also auf Bruchteile des ursprünglichen Wertes der intakten Gelatine, gesunken sind. Erst die 48stündige Erhitzung auf 121° C oder die weitere Ausdehnung bis 336 Stunden bei 100° C hat eine deutliche echte Hydrolyse zur Folge. Von diesen Versuchen ausgehend, hat nun G. Tóth an Leimlösungen, die bei verschiedenen p_H-Werten erhitzt wurden, den Zusammenhang zwischen Viskositätsabfall, Formoltiter und Gerbstoffällung verfolgt. Beim Kochen mit stark verdünnten Säuren, wie Essigsäure, fiel die Viskosität bereits nach wenigen Stunden auf einige Prozent des Anfangswertes. Die gerbstoffällende Wirkung dagegen ging auch bei längerer Einwirkung nicht zurück. Starke Säure, wie Salzsäure, verursachte schon in der Kälte einen Viskositätsabfall. Die gerbstoffällende Wirkung veränderte sich aber nur langsam. In der Wärme wurde der Leim jedoch durch starke Säure bereits in wenigen Stunden bis zum Verschwinden der gerbstoffällenden Wirkung hydrolysiert. Da der Viskositätsabfall nach O. Gerngroß und Mitarbeitern mit einer starken Abnahme der Teilchengröße verbunden ist, scheint die gerbstoffällende Wirkung offenbar nicht ausschließlich eine Eigenschaft makromolekularer Leimlösungen zu sein. Das Ergebnis der Einwirkung von verdünnter Essigsäure und Ameisensäure auf 10%ige Leimlösungen geht aus der folgenden Tabelle 3 hervor:

Tabelle 3. Veränderungen der Viskosität
und der gerbstoffällenden Wirkung einer 10%igen Leimlösung
beim Kochen mit Säuren. (G. Tóth, S. 442.)

Säure	p_H	Stunden kochen	Relative Viskosität in Engler-Graden bei 35° (Wasserwert = 51 Sekunden)	Mit 10 ccm Leimlösung ausfällbarer Gerbstoff in g	Gerbstoffällende Wirkung ohne Kochen = 100 %
Essigsäure 2% ...	3,6	0	1,83	1,232	100
		1	1,19	1,278	104
		3	1,15	1,308	106
		12	1,09	1,289	105
Ameisensäure 4%	2,5	0	1,68	1,386	100
		1	1,08	1,401	101
		3	1,04	1,432	104
		12	—	1,335	96
		30	—	1,195	86

Bereits 1- bis 3stündiges Kochen mit 2% Essigsäure führt also zu einer ganz erheblichen Verringerung der Viskosität ohne Beeinträchtigung der Gerbstofffällung. In der Arbeit von G. Tóth finden sich weitere interessante Literaturangaben über die mit dem Leim- und Gelatineabbau zusammenhängenden Fragen.

Zur Verzögerung der Gerbstoffällung, zum Teil auch zur Verringerung der Viskosität und Erleichterung des Eindringens sowie zur Aufhellung der Lederfarbe, kann man die leimartigen Fixierungsmittel auch mit anderen Stoffen, wie Dextrin, Traubenzucker, Bittersalz, Natriumsulfit, Bisulfit, kombinieren.

Die Firma Röhm & Haas G. m. b. H., Darmstadt, geht einen anderen Weg. Unter der Bezeichnung Rohagit SL 147 liefert sie ein wasserlösliches Kunstharz, das bei Zusatz zur Leimlösung die Nachteile einer reinen Leimfixierung durch die Verzögerung der Leimfällung und Erhöhung ihres Dispersitätsgrades weitgehend beseitigt.

O. Trebitsch empfiehlt nichtkoagulierbare Eiweißstoffe pflanzlicher und tierischer Herkunft in ihrem natürlichen Zustand (Globuline, Fibrin, Protamine, Proteide) oder abgebaut wie Pepton. Auch Acidalbumin wurde vorgeschlagen (Oe.P. 31 675).

Von den gerbstoffällenden Eiweißsubstanzen sind vor allem die wohlfeilen Eiweißstoffe Leim, Gelatine und Casein zu nennen. Knochenleim und Hautleim in Tafelform, in Perlen oder Schuppen lassen sich in gleicher Weise verwenden. Leim bringt jedoch immer die Gefahr der Narbensprödigkeit mit sich, die zum Teil auf die unvollständige Ausflockung des Leims und die Verklebung der Lederfasern zurückzuführen ist. Auch Mißfärbungen durch die stark nachdunkelnden Gerbstoff-Leimverbindungen sind gefürchtete Folgen dieser Fixierung. Gelatine wirkt ganz ähnlich.

Casein verhält sich günstiger. Man gewinnt es aus Milch, die zuerst entfettet und dann durch Zusatz von Lab („Labcasein") oder Säure („Säurecasein") zum Gerinnen gebracht wird. Der ausgeflockte Quark wird abfiltriert, gewaschen, abgepreßt, getrocknet und gemahlen. Näheres über die chemischen und physikalischen Eigenschaften des Proteins Casein s. W. Graßmann und J. Trupke, S. 464, sowie G. Blix, K. Felix, W. Graßmann und J. Trupke, S. 738. Gutes Casein soll mindestens 78% Eiweißsubstanz und höchstens 3% Fett und 4% Asche bei 12% Wasser enthalten. Casein ist gelblich-weiß und in Wasser unlöslich. Mittels Alkali, wie Natronlauge, Ammoniak, oder basisch reagierenden Salzen, wie Borax, Soda, Natriumsulfit oder auch Di- und Triphosphaten, kann man es in Wasser auflösen. Beim Kochen koaguliert es nicht. Je nach Art des Lösungsvermittlers ist die Lösung mehr oder weniger viskos. Wasserlösliches Casein ist ein Gemisch von Casein mit alkalisch reagierenden Stoffen. 100 g Casein binden nach H. Wolff, W. Schlick und H. Wagner 2,8 g NaOH zu wasserlöslichem, gegen Lackmus neutralem Salz. Beim Auflösen ist der ursprüngliche Säuregehalt des Caseins zu berücksichtigen. Bei einer Säurezahl von 14,5 kann man 100 g Casein z. B. mit 6 g KOH lösen. Caseinlösungen gehen unter Sauerwerden der Lösung schnell in Fäulnis über, was durch Zusatz von Karbolsäure zu verhindern ist.

Durch Säuren wird Casein aus seinen Lösungen als weißes Pulver ausgefällt. Gerbstoffe geben mit Casein meist sehr hellfarbige Ausflockungen, die aber bei stark sulfitierten Extrakten so feindispers sind, daß man nur bei gleichzeitigem Zusatz von Säure eine vollständige Ausflockung erreicht. Wie nicht anders zu erwarten, sind die Ausflockungen in Alkali löslich. Casein gibt keine starken Fällungen mit Gerbstoffen, die Verringerung des Auswaschverlustes ist aber doch erheblich. Man kann also hier von dem Ergebnis der analytischen Prüfung nicht immer auf das Verhalten in der Praxis schließen, was für verschiedene Gerbstoffixierungsmittel gilt, worauf auch E. Böhme und L. K. Schwörzer hingewiesen haben.

Nach Prefex ist der Pflanzenschleim Tragasol, der aus den Kernen oder Samen des Johannisbrotbaumes gewonnen wird, imstande, doppelt soviel Gerbstoff zu absorbieren (10:8) als Gelatine (10:4). Casein und Stärke sollen ungefähr gleich viel Gerbstoff binden.

Die eiweißartigen Fixiermittel werden fast durchweg im Faß angewendet. Man rechnet mit 0,5 bis 1,5% vom Abwelkgewicht. Casein erfordert Nachbehandlung mit Säure, z. B. 0,5 bis 1% Oxalsäure, um das Alkali des Caseins zu binden, seine ausfällende Wirkung voll auszunutzen und das Leder aufzuhellen. Gegenüber Leim bietet Casein den Vorteil, daß die Fasern nicht verkleben und daher der Narben nicht brüchig wird, denn das überschüssige Casein wird durch die Säure ausgeflockt.

Von den nicht eiweißartigen Fixierungsmitteln ist das Hexamethylentetramin, das als molekulardisperser Körper tief in das Leder eindringt, eines der bekanntesten. Die Existenz einer Verbindung von Gerbstoff und Hexamethylentetramin war schon lange bekannt, bevor dieses praktische Anwendung fand. Im Merck'schen Index vom Jahre 1913 wurde die genannte Verbindung unter dem Namen Tannopine als therapeutisches Präparat erwähnt. Für industrielle Zwecke, und zwar die Fixierung von Gerbstoff im Leder, wurde Hexamethylentetramin erstmals von A. T. Hough (*1*) im Jahre 1927 vorgeschlagen. Die Umsetzung, deren Optimum bei p_H 5,6 liegt, ist stark p_H-abhängig. Ferner wird die Menge des Niederschlags durch das Verhältnis der beiden Komponenten bestimmt. Bei p_H 5,6 ist die Fällung bei dem Gewichtsverhältnis von Hexamethylentetramin zu Gerbstoff wie 17:8 am größten.

Überschüssiger Gerbstoff wirkt peptisierend. Bei der Prüfung im Reagenzglas wird die Reaktion durch den Zusatz von 10 ccm ges. Zinkacetatlösung und 10 ccm 30%iger Ammonacetatlösung auf 10 ccm 30%ige Hexalösung empfindlicher.

Der Anwendung im großen stand zunächst der hohe Preis entgegen und das wegen seiner geringen basischen Eigenschaften mäßige Fixiervermögen, das aber nach A. T. Hough (2) durch einen metallischen Aktivator wesentlich zu verbessern ist. Dieser Autor empfiehlt Zusatz von Oxalsäure oder Milchsäure und löslichen Zinn- oder Antimonsalzen, wie z. B. Brechweinstein. Dadurch soll die Fällung auch bei größerem Gerbstoffüberschuß stark erhöht und damit die Fixierwirkung verbessert werden [A. T. Hough (3)]. So kann man auch einen großen Gerbstoffüberschuß bis in die Mitte des Leders fixieren, ohne daß Gerbstoff nach außen tritt. Zusatz von Säure verbessert außerdem die Lederfarbe. Neuerdings verwendet man für diese Nachbehandlung besser synthetische Gerbstoffe, jedoch nicht stark saure Hilfsgerbstoffe. Da Hexamethylentetramin von Säuren unter Bildung von Formaldehyd und Ammoniak zersetzt wird, besteht bei Anwesenheit größerer Säuremengen die Gefahr einer solchen Spaltung und der Aufhebung der Fixierwirkung. Von der milden Wirkung des Hexamethylentetramins machen manche Forscher zur Milderung ihrer stark wirkenden Fällungsmittel Gebrauch, um Tiefenwirkung zu erreichen.

Hierher gehören auch die von E. Böhme vorgeschlagenen wasserlöslichen oder wasserlöslich gemachten Einwirkungsprodukte von Schwefel auf Hexamethylentetramin. Von M. Bergmann (3) wurden wasserlösliche Kondensationsprodukte von Harnstoff, Thioharnstoff oder deren Derivaten und Formaldehyd oder anderen aliphatischen sowie aromatischen Aldehyden vorgeschlagen. Harnstoff-Formaldehydharze können jedoch gefährlich für die Narbenelastizität werden. F. Hassler (1) hat sich später die Verwendung wässeriger Lösungen der Kondensationsprodukte aus Hexamethylentetramin, Harnstoff und Formaldehyd schützen lassen. A. T. Hough (4) wendet das wasserlösliche Harnstoff-Formaldehydharz in Gegenwart von wenig Borsäure zum Fixieren an. F. Hassler (2) setzt zur Gewinnung von Gerbstofffällungsmitteln Harnstoff oder Thioharnstoff mit Formaldehyd in Gegenwart von Ammoniumsalzen um. Die Fällungswirkung der so erhaltenen Kondensationsprodukte ist sehr stark, was aber nicht immer als Vorteil anzusprechen ist. F. Hassler (3) schlägt ferner Kondensationsprodukte aus Formaldehyd und Cyanamid oder Dicyanamid vor. Kondensationsprodukte aus Aldehyden und stickstoffhaltigen Verbindungen, die mindestens ein am Stickstoff verfügbares Wasserstoffatom enthalten und nicht polymerisierbar sind, wie Ammonsalze, Amine, Oxyamine, haben H. Kreikalla und R. Armbruster für die Fixierung hergestellt. Man kann aber auch Umsetzungsprodukte von Ammoniumsalzen mit Formaldehyd und einem weiteren Aldehyd verwenden. In Fortentwicklung dieser Reihe hat A. Boname Melamin mit Formaldehyd kondensiert. Melamin-Aldehydharze als Gerbstoffe liefern weiches Leder, das jedoch nur geringe Reißfestigkeit aufweist. Es ist zu befürchten, daß sich dieser Nachteil auch auf die Verwendung als Fixierungsmittel überträgt. Bekanntgeworden sind auch Kondensationsprodukte aus Harnstoff, Formaldehyd und Acetaldehyd. Die Verwendung eines weiteren Aldehyds bei der Kondensation scheint gegenüber einem reinen Harnstoff-Formaldehydkondensationsprodukt besondere Vorteile zu bieten, vor allem günstigeres Verhalten bei der Verdünnung, denn reines Harnstoff-Formaldehydkondensationsprodukt, wie z. B. der bekannte Kauritleim, läßt sich nicht weitgehend verdünnen. Formaldehydüberschuß erleichtert Verdünnbarkeit und Haltbarkeit, macht die Lederfaser aber sehr spröde. Die neueste Entwicklung bedient sich zur Herstellung leicht zu handhabender Fixiermittel auf Basis

Harnstoff-Formaldehyd, die feindisperse Niederschläge liefern sollen, des gleichzeitigen Einbaues von mehrwertigen Alkoholen, wie Äthylenglykol, Butandiol und Glycerin. Diese von R. Alles entwickelten Produkte können auch mit Leim kombiniert werden. F. Köhler regte die Verwendung von Kondensationsprodukten des Harnstoffs mit Acrolein, allein oder zusammen mit anderen Aldehyden, an.

Da die Umsetzung mit dem Gerbstoff manchmal langsam vor sich geht und sich bisweilen noch sekundäre Reaktionen abspielen, soll man die Leder nach erfolgter Fixierung nicht sofort stoßen, sondern noch ablüften oder stapeln.

Aus den Dreißigerjahren stammen auch die Verfahren der I. G. Farbenindustrie (*1*) mit Komplexverbindungen aus Chromi- bzw. Aluminiumsalzen und Harnstoff. Diese Komplexverbindungen aus Chromisalzen und Harnstoff fällen auch Ligninextrakte, ferner Fettstoffe höhermolekularer Fettsäuren, überhaupt sämtliche höhermolekularen organischen Stoffe, die wasserlöslich sind und saure Gruppen in freier, veresterter oder an Basen gebundener Form enthalten. Für die Gerbstoffixierung in lohgarem Unterleder werden sie jedoch wegen des Aschegehalts weniger geeignet sein. Auch die Vorschläge von G. Mauthe zur Verwendung von wasserlöslichen Salzen der Aldehydkondensationsprodukte von aromatischen Aminen, wie Dimethylanilin, bzw. Gemischen solcher Amine mit Phenolen zum Fixieren von pflanzlichen und synthetischen Gerbstoffen sowie Sulfitcellulosegerbstoffen, gehen auf diese Zeit zurück. Da diese Produkte außerordentlich stark fällen, haben G. Mauthe und W. Pense bei der Herstellung Verbindungen vom Typus der Pyridiniumreihe mitverwendet, was die Durchfixierung begünstigte. Zur Aufhellung der Lederfarbe wird in beiden Fällen Zusatz von Oxalsäure empfohlen. Nach Leas und McVitty kann man die pflanzlich gegerbten Leder zunächst mit Lösungen von Ammoniumsalzen, z. B. 5% Ammoniumsulfat, behandeln, am nächsten Tag wird 15 Minuten in 20%ige Lösung von Formaldehyd eingehängt, ein Verfahren, das praktisch wohl kaum anwendbar ist. O. Grimm und H. Rauch (*1*) führten die Verwendung von säureamidgruppenhaltigen Polymerisaten für die Gerbstoffixierung ein. Diese ergeben mit pflanzlichen und synthetischen Gerbstoffen feindisperse hellfarbige Niederschläge und ermöglichen daher die Herstellung eines hellen Leders mit sehr elastischem Narben. Hier sei auch besonders die fixierende Wirkung durch kationische Gerbstoffe erwähnt. W. Grassmann und P. Stadler (*1*) haben über derartige Beobachtungen bei Versuchen mit Baykanol S 52, SR 52 und R 52 sowie mit Gerbstoff 34291 (Cassella-Mainkur) berichtet. Aber nicht nur vegetabilische Gerbstoffe können auf diese Weise gefällt und fixiert werden, sondern auch anionische synthetische Gerbstoffe sowie Ligningerbstoffe [W. Grassmann und P. Stadler (*2*)]. Ausführlichere Angaben über die Eigenschaften derartiger amphoterer bzw. kationischer Gerbstoffe und die fällende Wirkung ihrer salzsauren Salze auf sulfogruppenhaltige und vegetabilische Gerbstoffe finden sich in einer Arbeit von G. Mauthe und K. Faber. Dort sind auch der Aufbau und die Eigenschaften von Baykanol R 52 bzw. Gerbstoff R 52 beschrieben.

Die Fixierung von Ligninextrakten machte zunächst größere Schwierigkeiten als die der anderen Gerbstoffe. O. L. Steven hat im Jahre 1927 dafür die wasserlöslichen Salze carbocyclischer Basen, wie Anilinchlorhydrat, in Vorschlag gebracht. Anilinchlorhydrat ist aber ungeeignet wegen der Gefahr einer Aufspaltung im Leder, was zu Mißfärbungen führen kann. O. Grimm und H. Rauch (*2*) haben dieses Ziel durch Kondensation von Polymethacrylsäureamid und Aminen mittels Formaldehyd erreicht.

Ligninextrakte werden allerdings, wenn sie im Gemisch mit anderen Gerbstoffen vorliegen, auch zusammen mit diesen ausgefällt, selbst wenn man keine ausgesprochenen Fällungsmittel für Ligninextrakte verwendet. Dies wurde auch von E. Böhme und K. Schwörzer zum Ausdruck gebracht.

Auch wasserlösliche Verseifungsprodukte von Polyacrylsäurenitril kann man für die Nachbehandlung der Leder mit Vorteil einsetzen. Solche Produkte lassen sich nach E. Trommsdorff und O. Grimm mittels Formaldehyd im Leder fixieren, wodurch gleichzeitig der Gerbstoff wasserunlöslich gebunden wird. Infolge ihrer milden Wirkung dringen die angeführten Verseifungsprodukte tief in das Leder ein. Ferner wurden von der I. G. Farbenindustrie (2) Gemische von quaternären Ammoniumbasen vorgeschlagen, die durch Kondensation von tertiären Basen, wie Pyridin, Dimethylanilin, mit aliphatischen oder aromatischen Verbindungen, die mehr als ein austauschbares Halogen aufweisen, wie z. B. halogenierte Ketone, Aldehyde, Ester, erhalten werden. Diese Verbindungen haben aber den Nachteil, daß sie zu stark fällend wirken und daher den Gerbstoff nur oberflächlich fixieren. A. Voss und W. Pense wenden sie deshalb gemeinsam mit Ammoniakverbindungen aliphatischer Aldehyde, wie Hexamethylentetramin, an.

III. Fixierungsverfahren der Praxis.

Die Badische Anilin- und Sodafabrik bringt ihre Gerbstoffixierungsmittel unter der Bezeichnung Asulgan in den Handel. Bei Asulgan F soll es sich um ein Kondensationsprodukt von Harnstoff, Formaldehyd und Acetaldehyd handeln. Asulgan U wird als weißes Pulver mit einem Stickstoffgehalt von 38% geliefert, der weitgehend dem von Hexamethylentetramin, das 40% Stickstoff enthält, entspricht. Asulgan U fixiert pflanzliche und synthetische Gerbstoffe sowie Ligninextrakte. Da sich die volle fixierende Wirkung erst im Leder entwickelt, ist gute Durchfixierung gewährleistet. Nach der Nachgerbung mit Extrakt setzt man 1 bis 1,5% Basyntan FCBI mit wenig Wasser nach. Man walkt 10 bis 15 Minuten weiter und setzt dann 0,5 bis 1% Asulgan U, in wenig Wasser gelöst, zu. Zum Schluß wird noch Öl nachgegeben. Eine weitere Modifikation besteht darin, daß man die Vacheleder zunächst mit 5 bis 10% einer Mischung aus 75% pflanzlichem Gerbextrakt und 25% Basyntan extra D nachbehandelt, dann 1 bis 2% Bittersalz zufügt und schließlich mit 0,75 bis 1% Asulgan N fixiert. Nach 20 Minuten setzt man 0,5 bis 1% Lipodermlicker 1 nach und schließlich 1 bis 2% Basyntan FCBI.

Die Chemische Fabrik Dr. G. Eberle & Cie., Stuttgart, liefert Ebrofix A auf Basis von Hexamethylentetramin, Ebrofix AO und HW auf Basis Hexamethylentetramin unter Zusatz stickstoffhaltiger Kondensationsprodukte, die auch Ligninextrakte ausfällen. Die Produkte binden gleichzeitig freiwerdenden Formaldehyd. Ebrofix D, ein flüssiges Fixierungsmittel auf Basis stickstoffhaltiger Kondensationsprodukte, ist wirksam gegenüber allen Gerbstoffarten. Die Fixiermittel der Farbenfabriken Bayer, Leverkusen, sind unter den Bezeichnungen Fixiermittel H und weiter BH, das nach K. Eitel auf Basis Hexamethylentetramin aufgebaut ist, bekannt. Beide Marken sind organische Produkte mit hohem Stickstoffgehalt. Sie fixieren pflanzliche und synthetische Gerbstoffe. Der Fixierungsprozeß verläuft allmählich, so daß eine gleichmäßige Durchfixierung erreicht wird. Bei der Fixierung von Vacheleder läßt man die im Faß ausgegerbten und dann nachgegerbten Leder zunächst ein bis zwei Tage auf Stapel sitzen, dann walkt man im Faß einige Minuten, bevor man 0,5 bis

1,5% Fixiermittel mit Wasser gelöst zusetzt. Zum Schluß gibt man Öl und zur Verbesserung der Lederfarbe noch 1 bis 2% Tanigan BL Pulver zu. Wenn man die Füllgerbung und die Fixierung in einem Arbeitsgang durchführt, dann bringt man die im Faß ausgegerbten gestapelten Leder in das angewärmte Nachgerbfaß und setzt nach kurzem Walken 5 bis 15% einer Mischung aus 40% Valoneaextrakt, 30% Kastanienextrakt und 30% Tanigan extra A in Wasser gelöst zu. Nach der Aufnahme werden nacheinander gelöst zugegeben: 0,5 bis 1% Bittersalz zusammen mit 0,5 bis 1% Glucose, 1 bis 1,5% Fixiermittel BH, 1 bis 3% Tanigan BL Pulver, 1 bis 1,5% Türkischrotöl.

Die Firma Röhm & Haas G. m. b. H., Darmstadt, stellt Rohagit WL 1 für pflanzliche und synthetische Gerbstoffe, Rohagit WL 4a für alle Gerbstoffarten einschließlich Ligninextrakten und Rohagit SL 147 für die Kombination mit Leim und leimartigen Fixierungsmitteln her. Rohagit WL 1 gibt mit Gerbstoffen einen langsam sich bildenden, äußerst feindispersen hellfarbigen Niederschlag, der eine gute Tiefenwirkung und die Erzielung eines auffallend hellen Leders mit hochelastischem Narben ermöglicht. Besonders bewährt hat sich auch die Kombination von Hexamethylentetramin oder Aldehyd enthaltenden oder abspaltenden Fixierungsmitteln mit Rohagit WL 1, das Aldehyd bindet, ohne dadurch an Fixierwirkung und seinen anderen günstigen Eigenschaften einzubüßen. In diesem Fall setzt man 0,5 bis 0,75% Rohagit WL 1 nach. Rohagit SL 147 ist ein stickstoffhaltiges Polymerisat, das bei gemeinsamer Anwendung mit Haut- oder Knochenleim und anderen eiweißartigen Fixierungsmitteln den Gerbstoffniederschlag so weitgehend verfeinert, daß die Nachteile der so stark wirkenden und spröde machenden eiweißartigen Fixierungsmittel ausgeglichen werden. Es besitzt weiter den Vorteil, das unerwünschte Austrocknen des Leders zu unterbinden.

Das „Herbscha" Bleich- und Fixiersalz der Schäfer & Herbster G. m. b. H., Stuttgart-Weilimdorf, zeigt gleichzeitig eine hohe Bleichwirkung. Es wird ungelöst den feuchten Ledern im Faß zugegeben. Aus chemisch abgebauter Hautsubstanz ist das Truponol F von Cl. Trumpler, Worms, hergestellt. Es dringt in Verbindung mit dem Gerb- und Bleichöl Trupon M 5 mit seiner hohen Netzwirkung auch in die tieferen Schichten des Leders ein.

F. Imprägnierung.

I. Überblick.

Unter Imprägnierung versteht man die Einlagerung artfremder Stoffe in das Lederfasergefüge, um die Eigenschaften des Leders in bestimmter Hinsicht zu verbessern oder aber dem Leder Eigenschaften zu erteilen, die man mit Gerbstoffen allein nicht erzielen kann. Es handelt sich hierbei vor allem um Verbesserung von Stand, Wasserdichtheit Abnutzungswiderstand, Zerreißfestigkeit, Gleitsicherheit, um Undurchlässigkeit für Leuchtgas bei Gasmesserleder, für Giftgase bei Gasmasken, für Luft bei Manschetten für Luftdruckbremsen, für Wasser und Öl bei Manschetten für Pumpen.

Wesentlich für die Imprägnierung ist die Erfassung des Leders im ganzen Querschnitt. Dies ist auf jeden Fall beabsichtigt, wird jedoch nur möglich sein, wenn das Leder noch genügend aufnahmefähig ist. Ein mit Gerbstoffen und Füllstoffen schon überladenes Leder läßt sich nicht mehr in befriedigender Weise imprägnieren. Die Faserzwischenräume müssen freigelegt sein. Ein zu nasses Leder wird keine wasserunlöslichen Stoffe aufsaugen können und ein durch Trocknen stark geschrumpftes Leder wird sich nicht mit größeren Mengen einer Imprägniermasse durchtränken lassen. Schließlich muß aber auch das Imprägnierungsmittel selbst in einem für die Aufnahme geeigneten Zustand vorliegen. Jede Art von Leder und von Imprägniermittel erfordert ein bestimmtes Imprägnierverfahren.

Man kann die Imprägnierung nach der Lederart, dem Imprägniermittel, dem Imprägnierverfahren oder dem Imprägniereffekt einteilen. Hier werden zunächst die verschiedenen Imprägnierverfahren mit Hinweisen auf die Imprägniermittel behandelt und dann die Imprägnierung der Lederarten, die für eine Imprägnierung in erster Linie in Betracht kommen. Man kann folgende Verfahren unterscheiden:

Einbrennen der getrockneten Leder mit festen Imprägniermitteln, die durch Erwärmung verflüssigt wurden.

Tauchimprägnierung durch Tränken trockener Leder mit den Lösungen des Imprägniermittels in organischen Lösungsmitteln.

Tränken des Leders mit der wässerigen Lösung des Imprägniermittels.

Tränken des Leders mit der wässerigen Emulsion oder Dispersion des Imprägniermittels.

Tränken des Leders mit der Lösung oder wässerigen Emulsion eines monomeren Körpers und Polymerisation im Leder.

Tränken des Leders mit kondensationsfähigen Verbindungen und Kondensation im Leder.

II. Verfahren der Imprägnierung.

1. Einbrennen.

Beim Einbrennen wird das trockene Leder in das geschmolzene Fett bzw. Imprägnierungsgemisch eingetaucht, wodurch große Mengen hochschmelzender Fette und Harze einzudringen vermögen. Als Einbrennfette dienen in erster Linie Talg, Stearin, Paraffin, Ceresin, Japanwachs bzw. Japantalg, gehärteter bzw. hydrierter und geblasener bzw. oxydierter Tran, natürliche Wachse, synthetische Wachse. Aber auch Leinöl kann mitverwendet werden, es hat aber nur als Leinölstandöl oder Leinölfirnis eine Imprägnierwirkung. Man kann z. B. mit einem Gemisch aus 70% Ceresin und 30% Stearin imprägnieren (T. Bert). Am besten eignen sich hochschmelzende und bei der Einbrenntemperatur niedrigviskose Fettgemische [L. Pollak (5)]. Stearin ist dabei zu einem erheblichen Teil durch gehärtete Fette ersetzbar (L. Minski). Man kann ferner Talg durch Naphthensäureseife und Paraffin durch den billigeren Ozokerit austauschen (A. Schach und S. Jegorow). In manchen Fällen werden dem Einbrennfett auch Harze in mäßigen Mengen zugegeben, die sehr fest und wasserdicht machen. E. Johnson verwendet ein Gemisch aus Tran, Talg und Petroleumrückständen. Entsprechend dem hohen Schmelzpunkt der Einbrennfette wird das Leder besonders fest und infolge der starken Fettung auch wasserdicht. Eingebrannt werden vor allem Treibriemenleder, Chromsohlleder, Geschirrleder, Sattlerleder, Manschetten- und Dichtungsleder für hydraulische Pressen, Pumpen, Luftdruckbremsen, Rohrleitungen und Ventile. Weitere Angaben über das Einbrennen finden sich in den Arbeiten von F. Stather (2), S. 441, 551, H. Herfeld (2), S. 408, H. Gnamm (3), Ungenannt (2), vor allem aber auch in diesem Band, 6. Kap., S. 653.

Untersuchung des Einbrennverfahrens auf seine Brauchbarkeit.

Aufschlußreiche Versuche wurden von R. P. Hermoso darüber ausgeführt. Er hat die Leder bis zum Verschwinden der Luftblasen in die geschmolzenen Wachse und Fette eingetaucht und dann den Abriebwiderstand festgestellt.

Tabelle 4. Einfluß der Imprägnierung auf den Abriebwiderstand von pflanzlich gegerbtem Sohlleder [R. P. Hermoso (2)].

Imprägniermittel	Zunahme des Abriebwiderstandes
Bienenwachs......................	77,2%
Talg.............................	100,0%
Petrolatum[1] und Paraffin 1 : 1	117,0%

Die Zuverlässigkeit der Bestimmung des Abriebes bei derartig imprägnierten Ledern ist allerdings fragwürdig (s. S. 373/374). Weitere wichtige Untersuchungsergebnisse finden sich in diesem Bd., 6. Kap., S. 653.

2. Tauchimprägnierung.

a) Allgemeines.

Hierunter versteht man die Imprägnierung der trockenen Leder mit den Lösungen des Imprägniermittels. Diese Imprägnierung unterscheidet sich demnach von dem Einbrennen durch die Mitverwendung von organischen Lösungsmitteln. Eine Ausnahme machen flüssige Imprägniermittel, die auch ohne Lösungsmittel angewandt werden können. Die Zahl der möglichen Imprägniermittel ist äußerst mannigfaltig. Nach F. Stather (2), S. 443, kommen Fettstoffe tierischen und pflanzlichen Ursprungs in unbehandelter, hydrierter oder oxydierter Form, Wachse in allen Übergangsformen vom flüssigen Spermazetöl bis zum festen Carnaubawachs, Ceresin, Ozokerit, Montanwachs, Mineralfette, insbesondere Paraffin, bituminöse und teerartige Substanzen, Asphalt, Pech, Naturharze und synthetische Harze, wie Fichtenharz, Kopalharze, aber auch Phenol-Formaldehydharz und Vinylpolymerisate („Densodrine") in Betracht. Ferner sind Acrylharze, also polymere Acryl- und Methacrylsäureester, die unter der Bezeichnung Plexigum in fester Form und Plexisol als Lösungen (Röhm & Haas G. m. b. H., Darmstadt) bekannt sind, sowie Metallseifen, insbesondere Aluminiumseifen, zu verwenden.

Harzseifen werden als Lederimprägniermittel für sich allein oder in verschiedenen Kombinationen benutzt, ebenso natürlicher und synthetischer Kautschuk, Kautschukderivate, wie Chlorkautschuk, Cellulosederivate in Form von Nitrooder Acetylcellulose und schließlich elementarer Schwefel. Zur Auflösung dienen Lösungsmittel vom Alkoholtypus, aliphatische und aromatische Kohlenwasserstoffe (Petroleum, Benzin, Petroläther, Benzol, Toluol, Terpentinöl), Chlorkohlenwasserstoffe (Methylenchlorid, Trichloräthylen, Tetrachlorkohlenstoff), hydroaromatische Verbindungen (Tetralin, Dekalin), Ester, Äther, Ketone, also Verbindungen, wie sie auch von H. Gnamm (2) angegeben werden.

---

[1] Petrolatum erhält man durch Ausfrieren des kolloidalen Paraffins aus gewissen Rohölen mit geringem Asphaltgehalt, bzw. aus geeigneten Rohölrückständen unter Verdünnung mit Benzin. Gereinigt ist es das bekannte Paraffinum liquidum.

Durch die Imprägnierung will man in manchen Fällen Erhöhung der Wasserdichtheit und des Abnutzungswiderstandes bei gleichzeitiger, möglichst weitgehender Erhaltung der Luftdurchlässigkeit erreichen (die jedoch beim Einbrennen völlig, bei der Tauchimprägnierung weitgehend verlorengeht), in anderen Fällen Undurchlässigkeit für Luft und bestimmte Gase, wie bei Gasmesser- und Gasmaskenleder für industrielle und militärische Zwecke und bei Leder für Luftdruckbremsen. Für die Imprägnierung verwendet man meist dünnflüssige Lösungen des Imprägnierungsmittels in flüchtigen Lösungsmitteln. Man imprägniert die Leder durch Eintauchen bis zur Sättigung. Zur Erzielung völliger Gas- und Wasserdichtheit, wie für Dichtungsleder, arbeitet man häufig mit zähflüssigen Lösungen von Kautschuk in organischen Lösungsmitteln in Verbindung mit Harzen, Wachsen, festen und flüssigen Kohlenwasserstoffen unter Wärme und Druck.

b) Imprägnierung mit Kunstharzlösungen (Polymerisate).

Die I. G. Farbenindustrie (*3*) ließ sich die Imprägnierung von Leder mit Lösungen von Polyvinyläthern von wachsartiger Konsistenz allein oder zusammen mit Wachsen und Harzen schützen. Demnach sind Lösungen der Polymerisationsprodukte von Isobutylvinyläther geeignet. Nach L. Kollek und M. Jahrstorfer (*1*) scheinen die Polymerisate solcher Polyvinyläther besonders brauchbar zu sein, deren eine Komponente ein höhermolekularer Alkohol mit mindestens 6 C-Atomen ist, wie der Vinyloctodecyläther, dessen Polymerisat man in Tetrachlorkohlenstoff gelöst verwendet. Lohgares Sohlleder kann man z. B. mit 10- bis 20%igen Lösungen von Polyvinyloctodecyläther imprägnieren, Bekleidungsleder mit 10 bis 20%igen Lösungen von Polyvinyloleyläther in Benzin [I. G. Farbenindustrie (*4*)]. Auf diesen Forschungsergebnissen wurden offenbar die Densodrine der ehemaligen I. G. Farbenindustrie aufgebaut. Diese wurden zuerst als farblose wachsartige Produkte in drei Haupttypen auf den Markt gebracht als Densodrin V, H und W, die in 20- bis 50%igen Lösungen in Benzol/ Benzin für Ober- und Unterleder vor allem in lederverarbeitenden Betrieben eingesetzt worden sind. Während des zweiten Weltkrieges kamen dann noch zwei harzartige Typen dazu, und zwar Densodrin NH als springhartes Harz und Densodrin NW von honigartiger Konsistenz. Nach H. Gnamm (*2*), S. 203, ist Densodrin NW ein Polyvinyläther mit einem Stockpunkt von $+ 13^0$ und einem Flammpunkt von 199^0. Zur Zeit werden von der Badischen Anilin- und Sodafabrik, Ludwigshafen, Densodrin V und VW empfohlen. Bei Densodrin VW handelt es sich um ein hochpolymeres Weichharz mit einem Stockpunkt von $+ 34^0$ und einem Flammpunkt von $+ 143^0$. Dieses fast weiße und fast geruchlose, neutrale weiche Wachs ist gut löslich in Benzin, Petroleum, Benzol und Tetrachlorkohlenstoff. Densodrin-VW-Lösungen durchdringen Leder jeder Stärke schnell und erteilen diesem eine weitgehende Wasserundurchlässigkeit. Flexible Unterleder kann man mit Densodrin VW allein imprägnieren, für Unterleder, die mit mehr Stand verlangt werden, wird dieses zweckmäßig mit Densodrin V kombiniert. Bezüglich Luftdurchlässigkeit beim Imprägnieren mit Lösungen von Densodrin V in Petroläther hatten F. Stather und H. Herfeld (*7*) festgestellt, daß bei 6% Densodrin im Leder der Luftdurchlässigkeitskoeffizient von 84,2 bei unbehandeltem Leder auf 16,4 zurückgeht gegenüber z. B. 12,2 bei Paraffin. Bei 11% Densodrin im Leder beträgt der Luftdurchlässigkeitskoeffizient noch 2,6 gegenüber 2,8 bei Paraffin. Densodrine werden häufig auch zusammen mit natürlichen Fetten angewendet (J. B. Brown, E. M. Legget, I. A. Curtes und J. H. French).

Polyisobutylen ist ebenfalls geeignet [I. G. Farbenindustrie (5)]. Man kann dieses in Mineralöl, Benzol, Tetrachlorkohlenstoff oder Terpentin gelöst verwenden (Standard Oil Co.). R. Oehler, S. Dahl und T. J. Kilduff haben im Laboratorium eingehende Versuche mit Lösungen von Polyisobutylen durchgeführt. Dabei hat sich Vistanex LM-MS bzw. LM-H der Enjay Co., New Jersey, mit einem mittleren Molekulargewicht von 110000 bzw. 69000 am besten bewährt. Man kann nach diesen Versuchen zwar auch noch Lösungen von Polyisobutylen mit einem Molekulargewicht von 270000 verwenden, dagegen ist ein solches mit einem Molekulargewicht von 400000 nicht mehr brauchbar. Für die Imprägnierung hat man das Polyisobutylen in einem Gemisch aus Stoddard-Solvent, einem farblosen raffinierten Mineralöl, wie es bei der chemischen Reinigung Verwendung findet, und Chloroform im Verhältnis 4 : 1 angewandt. Es ließ sich für die Imprägnierung aber auch mit Chloroform, Toluol und Stoddard-Solvent lösen.

Um die Imprägnierung zu erleichtern, wurde ungefettetes, unbeschwertes und ungewalztes Sohlenleder verwendet, von dem außerdem die Narbenschicht abgespalten worden war. In gleicher Weise wurde bei Oberleder gearbeitet. Für die Versuche zur Bestimmung des erzielten Effektes imprägnierte man die Sohlleder erst nach dem Abspalten von je einem dünnen Narben- und Fleischspalt mit den 40%igen Lösungen von Vistanex LM-H in Gasolin. Bei dieser Imprägnierung wurden von dem Leder 15,7 bis 20,4% Trockensubstanz aufgenommen. Diese Leder wurden dann im Vergleich zu in normaler Weise zugerichtetem Sohlleder aus der zugehörigen anderen Crouponhälfte geprüft. Dabei ergab sich, daß die vistanexbehandelte Sohle eine etwa 80% längere Lebensdauer aufwies. Weitere Messungen bezogen sich auf die Wasserabsorption, welche durch die Imprägnierung auf die Hälfte herabgesetzt wurde. Diese Ergebnisse sind beachtlich. Es ist jedoch fraglich, ob die Imprägnierung auch an Vollnarbenleder zu dem gewünschten Ergebnis führt. Röhm & Haas G. m. b. H., Darmstadt (2), empfiehlt unter der Bezeichnung Plexisol Lösungen der Polyacryl- und Polymethacrylsäureester allein oder zusammen mit anderen Polymerisaten, wie Polyvinylacetat, Polyacrylsäurenitril.

c) Imprägnierung mit Kunstharzlösungen (Kondensationsprodukte).

O. Röhm (1) empfahl bereits im Jahre 1924 die Imprägnierung des Leders mit einer 50%igen Lösung von Phenolaldehydharz in Aceton. Ähnliche Verfahren schlagen Graton and Knight Co. sowie J. Taylor und V. Keller vor, nach denen das Leder mit Lösungen von Glyptalharzen oder von Kondensationsprodukten aus Harnstoff, Thioharnstoff oder Phenolen mit Formaldehyd imprägniert werden kann. Nach der Imprägnierung mit Phenol-Formaldehyd-Kunstharzlösungen unter Druck kann man Bakelite A bei 70 bis 80⁰ in den B-Zustand überführen (C. und M. Dupire). Phenol und Formaldehyd werden zweckmäßig im Molverhältnis 1 : weniger als 0,66 kondensiert. Nach dem Entwässern wird mit nichttrocknenden Ölen und gegebenenfalls mit Naturharzen bis zur Löslichkeit erhitzt [H. Prüfer (2)]. Die British Thomson-Houston Co. empfiehlt harzartige Kondensationsprodukte auf Glyptalbasis, z. B. Kondensate aus Phthalsäureanhydrid, Bernsteinsäure und Leinölfettsäure mit Glykol. Nach der Vorkondensation wird Glycerin zugesetzt. Von der gleichen Art ist das Verfahren der Bakelite Corp., das Acetonlösungen eines Harzes aus Polyglycerin, Phthalsäure und Ölsäure verwendet.

Hier kann man auch das Verfahren der Société Française Duco nennen, das sich als Imprägniermittel der Dialkyläther des Dimethylolharnstoffs und hochmolekularer Alkohole bedient. Die I. G. Farbenindustrie (8) empfahl

Lösungen oder Dispersionen von höhermolekularen Isocyanaten oder Isothiocyanaten, wie z. B. Stearylisocyanat. Interessant sind Kondensationsprodukte aus 1,2 Alkyleniminen, wie Butyläthylenimin oder seinen Polymerisationsprodukten, die unter Druck in Gegenwart saurer Katalysatoren auf polymerisierbare Stoffe, wie Chlorbutadien oder Vinylchlorid, zur Einwirkung gebracht werden. [I. G. Farbenindustrie (9)].

d) Imprägnierung mit Lösungen von Cellulosederivaten.

Nach einem Verfahren von O. Röhm (1) aus dem Jahre 1925 imprägniert man mit einer Lösung von Kollodiumwolle in Alkohol, der zur Erhaltung der Luftdurchlässigkeit durch Einlegen des Leders in Wasser beseitigt werden soll. Dies ist aber auf diese Weise nicht erreichbar. Auch eine Lösung aus Cellulosenitrat und Campher in Aceton, Benzol und Alkohol wurde für die Imprägnierung vorgeschlagen (Morel & Cie.). Hohe Viskosität der Nitrocelluloselösungen verhindert aber ein tieferes Eindringen.

C. G. Shaw (1) streicht die Leder mit einer Lösung aus Nitrocellulose, Leinölfirnis und Ricinusöl in Äthylacetat, Amylacetat und Toluol ein.

e) Imprägnierung mit Lösungen von Kautschuk und Chlorkautschuk.

Es ist schon wiederholt vorgeschlagen und versucht worden, Leder mit Kautschuklösungen zu imprägnieren, z. B. von H. Rees' Sons; C. und M. Dupire; O. C. Hartridge; R. Boston; A. Solli; A. Felber; C. G. Shaw (2); L. B. Conat; J. Aström. Dabei ging es vor allem um die Verwendung geeigneter Lösungsmittel, Kombinationen mit anderen Imprägnierungsmitteln und eventuelle nachträgliche Vulkanisation. Als Lösungsmittel wären hier vor allem Benzol, besonders die hochsiedenden Sorten der Handelsbenzole („Lösungsbenzol" oder Solventnaphtha) zu nennen, dann Benzin, das wegen seines niedrigen Preises gerne verwendet wird, ferner chlorierte Kohlenwasserstoffe, wie Trichloräthylen und Tetrachlorkohlenstoff, außerdem Xylol und Tetralin. Das Lösen ist aber ziemlich beschwerlich. Der Rohkautschuk muß zuerst mastiziert oder auf handwarmen Walzen geknetet werden, bis er sich in eine glatte plastisch-teigige Masse verwandelt. Von organischen Lösungsmitteln wird er um so leichter angequollen und gelöst, je stärker er mastiziert wurde. So vorbereitet, kann man den Kautschuk in bestimmten, dicht verschließbaren Lösewerken innerhalb mehrerer Stunden mittels Benzin in eine einheitliche, aber zähflüssige Lösung überführen, wie man sie z. B. für Tauchwaren verwendet. Vgl. dazu E. Weber, S. 809. Der große Einfluß der Mastizierung des Kautschuks auf sein Molekulargewicht geht aus Untersuchungen von H. Staudinger hervor, der auf Grund von Viskositätsmessungen bei nicht gereinigtem Hevea-Crêpe-Kautschuk ein Durchschnittsmolekulargewicht von 180 000 fand und bei mastiziertem Kautschuk ein solches von 25 000. Bei dieser Mastizierung des Kautschuks in der Wärme findet nicht nur eine Deformierung und Zerreißung des Gefüges statt, sondern es tritt auch eine Reaktion mit dem Luftsauerstoff ein, allerdings in äußerst geringem Maße. Aber gerade diese Einwirkung von Sauerstoff bewirkt die Viskositätsänderung, die nach Staudinger noch einfacher, z. B. durch Einwirkung einer geringen Menge Ozon, erreicht werden kann. Dabei werden die Kautschukmoleküle oxydativ gespalten. Dies macht sich auch beim Lösen in Anwesenheit von Luft bemerkbar, insofern die Viskosität schon bei Gegenwart geringer Luftmengen stark absinkt. Da durch die Einwirkung von Sauerstoff die langen Kautschukmoleküle zu kürzeren oxydativ abgebaut werden, löst sich der Kautschuk bei Anwesenheit von Luft viel schneller als z. B. in Stickstoffatmosphäre. Die Größe dieses Einflusses geht aus der folgenden Tabelle 5 hervor:

Tabelle 5. Spezifische Viskosität einer 0,2 g-mol. Kautschuklösung in Tetralin im Ubbelohdeschen Viskosimeter bei 60 cm Hg-Druck. Durchschnittsmolekulargewicht des Kautschuks 140000, Polymerisationsgrad 2000. T = 20°. (H. Staudinger, S. 399.)

	N_2	Luft	O_2
Viskosität nach dem Lösen	11,84	5,50	2,99
Nach 400stündigem Schütteln im Licht ...	10,73	3,86	1,09
Auf 60° erhitzt:			
20 Stunden	10,58	3,42	1,67
100 „	10,20	2,99	0,76
400 „	9,10	2,81	0,72

Einen Abbau des Kautschuks und dadurch Viskositätserniedrigung erreicht man auch durch Kochen in Lösungsmitteln, wie Tetralin, Xylol, Toluol. Dazu waren aber bis zum Ende der Viskositätsabnahme in der Regel 20 bis 25 Tage notwendig. Am größten ist die Viskositätsabnahme bei Rohkautschuk, der die längsten Moleküle bei einem Polymerisationsgrad von zirka 2000 besitzt.

Einen derartigen Abbau strebt auch die Van Tassel Sole & Leather Corp. an, wenn sie eine Mischung aus 15 Teilen Kautschuk und 85 Teilen hochsiedendem Kohlenwasserstoff unter Druck in einer Kolloidmühle oder Mischmaschine behandelt und dann auf 150° erhitzt. R. Oehler, T. J. Kilduff und S. Dahl gingen diesen Weg weiter, indem sie Kautschuk durch Mastizieren in einem Walzenstuhl oder in einem Mischer und anschließende katalytische Oxydation mit Mercaptobenzothiazol bei 100° unter Molekülverkleinerung abbauten. Von diesem waren angeblich bis zu 40%ige Lösungen herstellbar. In pflanzlich gegerbtem Leder konnten sie auf diese Weise 12 bis 18%, in semichromgarem Leder bis zu 30% Gummi ablagern. Ein großer Teil des Gummis blieb jedoch in der Narbenschicht haften. Es ist sehr fraglich, ob sich ein solches Verfahren im Fabrikationsbetrieb auswerten läßt. Aus Lösungen kalt mastifizierten Kautschuks können nach F. Stather (2), S. 443, bis zu 20% Kautschuk im Leder abgelagert werden. Wenn dieser dann im Leder mittels Ultrabeschleunigern vulkanisiert wird, sollen Wasserdichtheit und Abriebfestigkeit bis zu 50% verbessert werden.

Man hat noch manche andere Wege zur Verkleinerung des Kautschukmoleküls eingeschlagen. Von allen Umwandlungsprodukten des Kautschuks hat der Chlorkautschuk die größte Bedeutung erlangt. Die Chlorierung erfolgt nach E. Stock (1) in einer 5%igen Lösung des Kautschuks in Tetrachlorkohlenstoff. Der Chlorkautschuk wird mit einem Chlorgehalt von 62 bis 66% in Flocken gewonnen wie die „Dartex Kautschukwolle" oder in Körnern verschiedener Größe wie Pergut S 40 der Farbenfabriken Bayer, Leverkusen, eine niedrigviskose Type Chlorkautschuk (R. Hebermehl). Er ist löslich in Kohlenwasserstoffen, wie Benzol, Toluol, Xylol, Tetralin, Chlorkohlenwasserstoffen, wie Methylenchlorid, Trichloräthylen, Tetrachlorkohlenstoff, Estern, wie Methyl- und Butylacetat, und Ketonen sowie Dioxan. Im allgemeinen ist die Viskosität in Estern und Ketonen niedriger als in Benzol oder chlorierten Kohlenwasserstoffen. Chlorkautschuk zeigt eine ziemlich gute Verträglichkeit. Interessant ist nach H. Wagner und H. F. Sarx die Mischbarkeit mit Acryl- und Methacrylharzen. E. Stock (2) verweist auf die Verträglichkeit mit Plexigum P und N. Über die Bewertung von Chlorkautschuk schrieb A. Nielsen (2).

Nach A. Nielsen (1) sowie E. Stock (3) geht die Hauptmenge des Chlorkautschuks in die Lackindustrie. In der Lederindustrie versuchte man, den

Chlorkautschuk zunächst für die Herstellung von Deckfarben [H. Herfeld (2)],
S. 448, sowie für Lacke (M. Ch. Lamb und W. E. Chapman) nutzbar zu machen.
M. F. Mombiot hat ihn für die Lederimprägnierung zusammen mit Paraffin,
gelöst in Benzol, Toluol oder Xylol, vorgeschlagen. Bei seiner Anwendung ist
aber zu beachten, daß seine Beständigkeit gegen heißes Wasser und gegen Salz-
lösungen nur bis etwa 60⁰ gut ist. In Form von Filmen soll er nicht auf die Dauer
Temperaturen über 80⁰ ausgesetzt werden. Im übrigen weist er aber eine recht
gute Chemikalienbeständigkeit auf. Zum Stabilisieren der Lösungen des Chlorkautschuks in organischen Lösungsmitteln kann man nach Verfahren der I. G.
Farbenindustrie (12) Ätzalkalien oder basisch reagierende Salze verwenden.
Nach Angaben der Hercules Powder Co. kann man 5- bis 35%ige Lösungen von
Chlorkautschuk mit einer Viskosität von 5 bis 75 Centipoisen herstellen.

Die Soc. J. Pennel & J. Flipo befaßt sich mit dem äußerst interessanten
Problem der Gewinnung von porösen Kautschukschichten. Das Verfahren
bezieht sich allerdings nur auf Kautschuküberzüge, die auf Leder oder Gewebe
aufvulkanisiert werden.

Naturkautschuk, Balata und Chlorkautschuk kommen nur für Spezial-
imprägnierungen in Betracht, von denen völlige Gas- und Wasserdichtheit
verlangt wird, wie für technische Gebrauchsleder, Leder für Dichtungen und
Manschetten.

f) Imprägnierung mit Lösungen von Fetten, Wachsen, Harzen und Schwefel.

Solche Lösungen werden in Konzentrationen von 10 bis 60% in Leder- und
Schuhfabriken, im Schuhmachergewerbe und Haushalt zum Imprägnieren von
lohgarem Sohlleder oder Ledersohlen verwendet. Man taucht die Leder entweder
in die Lösungen ein oder bestreicht sie mit dem Pinsel. Diese dünnflüssigen
Lösungen werden leicht aufgenommen und ermöglichen daher die Erzielung einer
weitgehenden Wasserdichtheit, allerdings auf Kosten der Luftdurchlässigkeit.

Im Laufe der Jahre sind die verschiedenartigsten Stoffe und Lösungsmittel
vorgeschlagen worden. Aus dem Jahre 1925 stammt die Anregung, alkoholische
Lösungen von Carnaubawachs zu verwenden [O. Röhm (2)], später kamen dann
Lösungen von Ozokerit oder Ceresin in Vaselinöl oder Paraffinöl dazu
(E. Gagnan), von Harz, Paraffin und Bienenwachs in Vaselinöl, Terpentinöl,
Klauenöl und Leinöl (Ch. Gros), von naphthalinarmem Mineralöl, eventuell
zusammen mit Harzen, Wachsen, Ölen und Fetten (Ch. H. Campbell), von
Paraffin, Vaseline und Leinöl in Tetrachlorkohlenstoff (Le Cuir Lissé Français);
besser ist die Verwendung von Leinölstandöl in einer derartigen Kombination
(K. v. Vallentsits). Von synthetischen Produkten seien die Ester des Cyclo-
hexanols z. B. mit Palmitinsäure erwähnt [Deutsche Hydrierwerke A. G., Rodleben (1)]. H. Burger imprägniert mit einer heißen Lösung von Schwefel in
Tetrahydronaphthalin.

g) Imprägnierung mit Metallseifenlösungen od. dgl.

M. Bergmann und A. Miekeley stellten im Jahre 1931 Versuche zum Wasserdichtmachen von lohgarem Leder durch Imprägnierung mit Aluminiumseife
unter Erhaltung der Luftdurchlässigkeit an. Die Benetzbarkeit konnte jedoch
nur für beschränkte Zeit verringert werden. Bei Bestimmung der Porosität im
Dresdner Durchströmungsapparat [M. Bergmann (1)] tritt bei unbehandeltem
Leder das erste Wasser nach 2 Minuten, bei dem behandelten Leder nach
6 Minuten durch. Die hinterherlaufenden Wassermengen betragen

	bei unbehandeltem Leder	bei behandeltem Leder
nach 10 Minuten	20 ccm	10,5 ccm
„ 50 „	15 „	14 „
„ 90 „	12,5 „	13 „

Die Wasseraufnahme betrug beim Einlegen in Wasser

nach 10 Minuten	52,8%	6%
„ 30 „	53,4%	23%
„ 60 „	53,1%	54,2%

Man kann die Aluminiumseife im Leder erzeugen, z. B. durch abwechselnde Behandlung mit Türkischrotöl und Aluminiumsalz, oder das Leder mit der Dispersion der Aluminiumseife walken oder auch mit in Kidöl gelöster Aluminiumseife abölen. Den besten Effekt erzielt man jedoch durch Tränken des trockenen Leders mit der Lösung der Aluminiumseife in Tetrachlorkohlenstoff oder Benzol, wie aus Tabelle 6 hervorgeht:

Tabelle 6. Wasseraufnahme in mg/cm² (M. Bergmann und A. Miekeley).

	Bei unbehandeltem Leder	Bei Behandlung mit	
		Aluminiumseife aus Marseiller Seife (in Benzol)	Aluminiumseife aus oleinsaurem Natrium (in Benzol)
Nach 1 Minute	179	113	77
„ 4 Minuten	268	258	236
„ 6 „	durchfeuchtet	333	317

Aber auch diese Wirkung ist noch recht unbefriedigend.

Die Drigard Products Corp. (2) empfiehlt Lösungen von Aluminiumseifen, wie z. B. 6 Teilen Aluminiumstearat, 6 Teilen hydriertem festem Öl in 87 Teilen Xylol und 1 Teil Alkohol.

Die I. G. Farbenindustrie (10) empfiehlt Salze mehrwertiger Metalle von höhermolekularen Schwefelsäureestern. Geeignet sind z. B. die Salze des sauren Schwefelsäureesters des Cetyl- oder Octylalkohols, ferner die Aluminium- oder Zinksalze der Sulfopalmitinsäure, also einer echten Sulfonsäure. Als Lösungsmittel dient Pyridin oder Benzol. Man kann auch mit den Natriumsalzlösungen tränken und dann mit Aluminiumacetat (J. Nüsslein).

h) Imprägnierung mit flüssigen Kunstharzen.

Nach A. P. Pissarenko imprägniert man lohgare Hälse und Seiten mit einem flüssigen Phenol-Formaldehydharz bei 40 bis 50° C, das durch Trocknen bei erhöhter Temperatur in gummiartigen oder festen Zustand übergeht. Dadurch erreicht man eine weitgehende Verringerung der Wasseraufnahme von 56% nach 2 Stunden bzw. 77% nach 360 Stunden auf 21 bzw. 24% bei Hälsen. Auch die Durchlässigkeit für Wasser geht stark zurück, indem dieses erst nach 49 Stunden durchtritt gegenüber 3 bis 4 Stunden ohne Imprägnierung.

i) Imprägnierung mit faktisbildenden Ölen.

E. Th. Rydberg empfiehlt die Imprägnierung mit faktisbildenden Ölen, wie Leinöl. Man tränkt die Leder mit Leinöl, das eine zur Faktisbildung nicht ausreichende Menge Chlorschwefel enthält. Anschließend erfolgt Nachbehandlung mit gasförmigem Chlorschwefel. Man kann auch mit dem vulkanisierbaren Öl allein imprägnieren und dann mit der erforderlichen Menge Chlorschwefel nur nachbehandeln. Wesentlich ist jedoch, daß man das Leder zur Zerstörung der gebildeten Säure anschließend noch mit Bicarbonat oder gepufferten Ammoniak- oder Alkalilösungen neutralisiert (B. Reichert und E. Rydberg). Dieses Verfahren ist als Ryco-Imprägnierung bekanntgeworden (D.R.P. 565983).

k) Verschiedene Imprägnierverfahren.

Quaternäre Salze eines Dimethylol-Harnstoffmonoäthers wurden als Imprägnierungsmittel vorgeschlagen [American Cyanamid Co. (1)].

Nach einem Verfahren der Gerb- und Farbstoffwerke Carl Flesch jun. kann man zum Imprägnieren die Alkali-, Erdalkali-, Aluminium- oder Zinksalze solcher Verbindungen verwenden, die man bei der Behandlung von Kohlenhydraten, wie Cellulose oder Stärke, mit Schwefelsäure oder Phosphorsäure erhält.

R. Dittmar berichtet über Wasserundurchlässigkeit von Leder und Kunstleder in der Patentliteratur. Über Appreturen für Sohlleder und die zweckmäßige Arbeitsweise finden sich weitere aufschlußreiche Angaben bei Ungenannt (3).

l) Untersuchung der verschiedenen Methoden auf ihre Brauchbarkeit für die Lederimprägnierung.

F. Stather und H. Herfeld (7) haben mit verhältnismäßig lockeren pflanzlich gegerbten Hälsen mit einem Gehalt von 9,3% auswaschbaren Gerbstoffen, bezogen auf einen Wassergehalt von 14%, eingehende Untersuchungen über die Brauchbarkeit verschiedener Imprägniermittel für die Sohllederimprägnierung durchgeführt. Zunächst sei Leinöl erwähnt, da seine Verwendung für diesen Zweck am längsten bekannt ist. Unbehandeltes Leinöl zeigte keine beachtenswerte Wirkung. Wesentlich günstiger verhielt sich Leinöl, das 10 Stunden bei 200° gekocht und geblasen worden war. Die Jodzahl war dabei von 186 auf 127 zurückgegangen. Es machte bei Anwendung genügender Mengen das Leder praktisch wasserdicht und verbesserte den Abnutzungswiderstand in beträchtlichem Umfang, die Luftdurchlässigkeit wurde durch diese Imprägnierung aber fast völlig aufgehoben. Von den zahlreichen Imprägniermitteln bewährten sich bei beiden Versuchsreihen am besten Kolophonium + Paraffin, Ozokerit, Erdölwachs, Ceresin, Densodrin V und die Ryco-Imprägnierung. Mit den angeführten Produkten wurde das Leder nach der Versuchsreihe 2 praktisch wasserdicht, gleichzeitig wurde der Abnutzungswiderstand ganz beträchtlich erhöht. Nur die Imprägnierung nach dem Ryco-Verfahren war betreffs Abnutzungswiderstand etwas ungünstiger. Die Luftdurchlässigkeit ging aber völlig verloren. Eine Ausnahme machte die Imprägnierung mit Densodrin V, bei der trotz guter Wasserdichtheit eine gewisse Luftdurchlässigkeit erhalten blieb, der Abnutzungswiderstand wurde jedoch nicht in dem gewünschten Ausmaß verbessert. Im allgemeinen sind diese Imprägniermittel geblasenem Leinöl überlegen, keines der Verfahren genügt aber den Ansprüchen an die Erhaltung der Luftdurchlässigkeit.

Der Abnutzungswiderstand wird durch Stearin, Paraffin und Montanwachs ebenso verbessert wie durch die angeführten sechs Produkte, eine einigermaßen befriedigende Wasserdichtheit wird jedoch selbst mit 10 bis 11% Imprägniermittel nicht erreicht. Die Luftdurchlässigkeit ist entsprechend der geringeren Wasserdichtheit etwas günstiger. Kolophonium verbessert überraschenderweise Wasserdichtheit und Abnutzungswiderstand nicht erheblich, zudem macht es brüchig. Vorteilhaft wirkt es hingegen zusammen mit Paraffin. Aluminiumseife machte selbst bei Anwendung von nur 3% das Leder völlig wasserdicht, ohne daß die Luftdurchlässigkeit allzu weitgehend beeinträchtigt wurde. Den Abnutzungswiderstand konnte dieses aber verständlicherweise nicht verbessern.

Tabelle 7. Ergebnisse der Untersuchungen der mit verschiedenen Imprägnierungsmitteln bei unterschiedlicher Imprägnierungsintensität erhaltenen Leder [F. Stather und H. Herfeld (7)].

Nr.	Imprägnierungsmittel	Lösungsmittel	I. Versuchsreihe (5 bis 6%)							II. Versuchsreihe (10 bis 11%)						
			Gewichts-zunahme durch die Imprägnierung %	% Wasseraufnahme nach Stunden			Wasserdurchlässigkeitsquotient	Luftdurchlässigkeitskoeffizient	Abnutzungskoeffizient	Gewichts-zunahme durch die Imprägnierung %	% Wasseraufnahme nach Stunden			Wasserdurchlässigkeitsquotient	Luftdurchlässigkeitskoeffizient	Abnutzungskoeffizient
				2	24	48					2	24	48			
	Unbehandelt	—	—	67	81	84	0,12	84,2	7,4	—	67	81	84	0,12	84,2	7,4
1	Leinöl, unbehandelt	Petroläther	5,3	56	71	75	0,24	41,2	3,0	10,8	50	64	68	0,40	15,1	1,5
2	Leinöl, geblasen	,,	6,1	42	54	58	0,42	9,2	2,0	10,3	36	46	49	0,64	0,0	0,8
3	Stearin	,,	5,2	45	58	63	0,25	39,6	2,1	11,1	38	52	56	0,44	15,8	0,7
4	Paraffin	,,	5,8	43	58	61	0,29	12,9	1,6	9,8	40	55	59	0,45	2,8	0,5
5	Ceresin	,,	5,5	46	59	63	0,49	9,4	1,1	10,8	39	47	49	über 0,90	0,0	0,3
6	Montanwachs	Benzol	5,7	41	56	60	0,34	19,4	1,0	—	—	—	—	—	—	—
7	Ozokerit	,,	6,0	41	52	56	0,42	9,6	1,8	10,1	35	44	47	0,76	0,0	0,4
8	Erdölwachs	Petroläther	6,0	39	47	49	0,49	3,5	1,1	10,8	33	41	43	über 0,88	0,0	0,3
9	Densodrin V	,,	6,0	40	48	52	0,54	16,4	2,5	11,0	35	40	45	0,68	2,6	0,8
10	Kolophonium	Alkohol	5,8	50	65	69	0,20	52,4	3,6	10,4	42	58	63	0,28	12,6	1,0
11	Kolophonium+Paraffin 1:1	Benzol	5,2	42	53	56	0,45	10,1	1,1	11,2	36	44	47	0,67	0,0	0,4
12	Teer	,,	5,1	40	52	54	0,33	39,2	5,2	9,8	30	39	41	0,83	6,4	2,8
13	Asphalt	,,	2,5	40	50	52	0,42	11,9	2,9	—	—	—	—	—	—	—
14	Ryco-Imprägnierung	—	—	46	52	53	0,54	1,1	1,9	—	36	42	44	über 0,96	0,0	1,0
15	Aluminiumacetat	Wasser	5,2	57	63	68	0,29	24,3	6,2	—	—	—	—	—	—	—
16	Aluminiumseife	Toluol	3,1	49	50	52	0,65	10,6	5,2	—	—	—	—	—	—	—

Reihe 1 umfaßt die Versuche mit 5 bis 6%, Reihe 2 mit 10 bis 11% Imprägniermittel. Die getrockneten Leder wurden in 10%ige Lösungen der verschiedenen Imprägniermittel bis zur Sättigung eingelegt. Diese war bis auf wenige Ausnahmen in 3 bis 5 Minuten erreicht.

Aluminiumacetat scheidet wegen unbefriedigender Imprägnierwirkung von vornherein aus. Auch Teer und Asphalt, die ebenfalls geprüft worden sind, kommen nicht in Frage.

Die Ergebnisse der Untersuchungen sind in der nebenstehenden Tabelle 7 zusammengestellt [F. Stather und H. Herfeld (7)].

In Tabelle 8 sind die Imprägniermittel nach abnehmendem Wasseraufnahmevermögen, zunehmender Wasserdichtheit, abnehmender Luftdurchlässigkeit

Tabelle 8. Einordnung der verschiedenen Imprägnierungsmittel hinsichtlich ihrer Imprägnierungswirkung nach Werten mit:

abnehmendem Wasseraufnahmevermögen	zunehmender Wasserdichtigkeit	abnehmender Luftdurchlässigkeit	zunehmendem Abnutzungswiderstand
I. Versuchsreihe:			
Leinöl, unbehandelt .. 75	Kolophonium .. 0,20	Kolophonium .. 52,4	Aluminiumacetat 6,2
Kolophonium ... 69	Leinöl, unbeh. .. 0,24	Leinöl, unbeh. .. 41,2	Aluminiumseife 5,2
Aluminiumacetat 68	Stearin 0,25	Stearin 39,6	Teer 5,2
Stearin 63	Aluminiumacetat 0,29	Teer.......... 39,2	Leinöl, unbeh. ... 3,0
Ceresin 63	Paraffin 0,29	Aluminiumacetat 24,3	Kolophonium... 3,6
Paraffin 61	Teer.......... 0,33	Montanwachs.. 19,4	Asphalt........ 2,9
Montanwachs ... 60	Montanwachs.. 0,34	Densodrin V ... 16,4	Densodrin V.... 2,5
Leinöl, geblasen . 58	Asphalt 0,42	Paraffin 12,9	Stearin 2,1
Kolophonium + Paraffin ... 56	Ozokerit 0,42	Asphalt....... 11,9	Leinöl, geblasen . 2,0
Ozokerit........ 56	Leinöl, geblasen 0,42	Aluminiumseife 10,6	Ryco-Imprägn. . 1,9
Teer 54	Kolophonium + Paraffin .. 0,45	Kolophonium + Paraffin .. 10,1	Ozokerit 1,8
Ryco-Imprägn... 53	Ceresin 0,49	Ozokerit 9,6	Paraffin 1,6
Aluminiumseife . 52	Erdölwachs ... 0,49	Ceresin 9,4	Kolophonium + Paraffin ... 1,1
Densodrin V 52	Densodrin V... 0,54	Leinöl, geblasen 9,2	Ceresin 1,1
Asphalt 52	Ryco-Imprägn. 0,54	Erdölwachs ... 3,5	Erdölwachs 1,1
Erdölwachs..... 49	Aluminiumseife 0,65	Ryco-Imprägn. 1,1	Montanwachs... 1,0
II. Versuchsreihe:			
Leinöl, unbehandelt .. 68	Kolophonium . 0,28	Stearin 15,8	Teer........... 2,8
Kolophonium ... 63	Leinöl, unbeh. .. 0,40	Leinöl, unbehandelt . 15,1	Leinöl, unbehandelt .. 1,5
Paraffin........ 59	Stearin 0,44	Kolophonium.. 12,6	Ryco-Imprägn. . 1,0
Stearin......... 56	Paraffin 0,45	Teer.......... 6,4	Kolophonium... 1,0
Leinöl, geblasen . 49	Leinöl, geblasen 0,64	Paraffin 2,8	Leinöl, geblasen . 0,8
Ceresin 49	Kolophonium + Paraffin .. 0,67	Densodrin V... 2,6	Densodrin V.... 0,8
Ozokerit........ 47	Densodrin V... 0,68	Leinöl, gebl.... 0,0	Stearin 0,7
Kolophonium + Paraffin ... 47	Ozokerit 0,76	Ceresin 0,0	Paraffin 0,5
Densodrin V 45	Teer.......... 0,83	Erdölwachs ... 0,0	Ozokerit 0,4
Ryco-Imprägn... 44	Erdölwachs üb. 0,88	Ozokerit 0,0	Kolophonium + Paraffin ... 0,4
Erdölwachs..... 43	Ceresin ...über 0,90	Kolophonium + Paraffin .. 0,0	Ceresin 0,3
Teer 41	Ryco-Imprägn. über 0,96	Ryco-Imprägn. 0,0	Erdölwachs 0,3

und zunehmendem Abnutzungswiderstand der Leder zusammengestellt. Die Wasserdichtheit und der Abnutzungswiderstand wurden nach den Methoden Stather-Herfeld, die Luftdurchlässigkeit im Bergmannschen Luftdurchlässigkeitsapparat bestimmt [vgl. dazu O. Grimm (2)]. Bei der Bestimmung des Abnutzungswiderstands nach der angeführten Methode ist, wie H. Gnamm (2), S. 191, richtig bemerkt, zu berücksichtigen, daß die einzelnen Imprägniermittel in ganz verschiedener Weise verschmierend auf die Abriebscheibe der Apparatur wirken und dadurch das Ergebnis in einer Weise beeinflussen können, daß der praktische Imprägnierwert des Produkts nicht eindeutig zum Ausdruck kommt.

Weitere Untersuchungen auf diesem Gebiet wurden von M. Koppenhoefer und R. P. Hormoso ausgeführt. Diese Forscher haben die vorgetrockneten Leder in Lösungen von Ölen und Fetten in Benzinkohlenwasserstoffen mit den Siedegrenzen 150 bis 160° bzw. in geschmolzene Hartfette oder Hartwachse bei 75° eingetaucht. Hier erhöhten Mineralöle den Abreibwiderstand und die Wasserfestigkeit entsprechend ihrer zunehmenden Viskosität, wobei die naphthenischen Öle am günstigsten waren. Auch bei fetten Ölen ist dieser Zusammenhang zwischen steigender Viskosität und zunehmendem Abriebwiderstand des Leders unverkennbar, sie sind jedoch für Imprägnierzwecke wenig geeignet, da die allzu hohe Viskosität stört. Sehr vorteilhaft ist die Kombination von fetten Ölen mit Mineralfetten. Geschmolzene Fette und Wachse führten, wie zu erwarten, auch bei diesen Versuchsreihen zu einer Erhöhung der Wasserfestigkeit. Bei Fortsetzung dieser Versuche hat R. P. Hermoso (1) folgendes festgestellt (s. Tabelle 9):

Tabelle 9. Änderung des Abriebwiderstandes von pflanzlich gegerbtem Unterleder nach Imprägnierung mit verschiedenen Materialien [R. P. Hermoso (1), S. 84].

Imprägniermittel	Behandlung	Änderung des Abriebwiderstandes in %
Öle:		
Harzöl	ohne Lösungsmittel	+ 9,1%
Klauenöl	50%ig in Stoddard Solvent[1]	+ 10,2%
Sojabohnenöl	„	+ 15,9%
Kokosnußöl	„	+ 18,5%
Baumwollsamenöl	„	+ 20,0%
Kabeljauöl	„	+ 30,5%
Spermöl	„	+ 40,7%
Ricinusöl	50%ig in Benzol	+ 42,4%
Naphthenreiches Mineralöl	„	+ 92%
Wachse und Fette in Lösungsmitteln:		
Bienenwachs	30%ig in Alkohol	0,0%
Ceresin	30%ig in Benzol	— 6,9%
Talg	„	+ 11,2%
Talg + Ceresin 1:1	gesättigte Lösung in Benzol	— 19,5%
Harze:		
Phenol-Formaldehyd	10%ig in Alkohol 85%ig	— 22,8%
Polymethacrylsäuremethylester	25%ige Lösung	— 20,0%
Polyvinylalkohol	konzentrierte wässerige Lösung	+ 27,6%
Kolophonium	konzentrierte Lösung in Terpentinöl	— 3,6%
Nitrocellulose mit 25% Alkoholgehalt	10%ig in Aceton	+ 6,6%
	35%ig „ „	— 6,5%
	100%ig „ „	— 25,6%
Dammar	konzentrierte Lösung in Schwefelkohlenstoff	+ 63,0%
Aluminiumacetat	10%ige Lösung, über Nacht	0,0%

Die Leder wurden jeweils 30 Minuten lang imprägniert bzw. solange, bis keine Luftblasen mehr hochstiegen. Beim Vergleich mit den Untersuchungen von

---

[1] Siehe S. 366.

F. Stather und H. Herfeld (7) fällt auf, daß R. P. Hermoso (1) durch die Ceresinlösung keine Verbesserung des Abriebwiderstands festgestellt hat. Eine gewisse Übereinstimmung scheint dagegen hinsichtlich Kolophonium zu bestehen, insofern dieses auch bei F. Stather und H. Herfeld nicht befriedigte. Die geprüften pflanzlichen und tierischen Öle zeigten keine überragende Wirkung, besser scheint noch Leinöl, dessen Wirkung F. Stather und H. Herfeld untersucht haben, zu sein, aber dieses wird noch durch das geblasene Leinöl und die Ryco-Imprägnierung übertroffen. Besonders beachtlich ist der hohe Abriebwiderstand bei der Imprägnierung mit naphthenreichem Mineralöl, das jedoch von Stather und Herfeld nicht in die Untersuchungen einbezogen worden war. Auch M. Koppenhoefer und R. P. Hermoso haben diesen Effekt erkannt. Das gleiche gilt für hochviskoses Mineralöl, das sowohl nach Koppenhoefer und Hermoso als auch nach R. B. Hobbs und H. E. Bussey den Abriebwiderstand erheblich verbesserte. R. B. Hobbs und H. E. Bussey haben die Lederstücke 30 Minuten in eine Mischung aus 65% eines hochviskosen naphthenreichen Mineralöls und 35% Stoddard Solvent[1] getaucht. Der Abriebindex stieg durch diese Behandlung von 45 auf 61,4. Der Abriebwiderstand wurde auf der Holt-Gummi-Abreibmaschine bestimmt, wobei der Abriebindex willkürlich mit 100 festgelegt wurde, wenn bei 500 Umdrehungen eine 0,1 Zoll = 0,254 cm dicke Lederschicht abgerieben wurde. Je größer der Index, desto größer ist der Abriebwiderstand.

Die ungünstige Wirkung der Nitrocelluloselösungen kann mit der begrenzten Tiefenwirkung wegen der hohen Viskosität der Lösungen zusammenhängen und zudem, wie Hermoso vermutet, mit der Versteifung der Lederfasern. Eine Verbesserung des Abriebwiderstands durch Imprägniermittel ist nämlich nach Hermoso vor allem darauf zurückzuführen, daß die Faser geschmiert und geschützt und dadurch der Abriebwiderstand zwischen Lederoberfläche und Abreibfläche verringert wird. Zu dem gleichartigen negativen Ergebnis kamen J. G. Niedercorn und F. D. Thayer mit einer 15%igen Nitrolacklösung, die den Abrieb deutlich erhöhte. Günstiger waren Lösungen von Äthylcellulose und vor allem von Celluloseacetat, das den Abriebwiderstand um zirka 35% verbesserte. Bei Versuchen mit der 10%igen alkoholischen Lösung eines Phenol-Formaldehydharzes kam R. P. Hermoso (1) betreffs Abriebwiderstand zu einem negativen Ergebnis. J. G. Niedercorn und F. D. Thayer setzten diese Versuche fort, und zwar mit Harnstoff- und Melaminharzen. Viele von ihnen machten das Leder spröde. Da organische Lösungsmittel in das Leder leichter eindringen als Wasser, wurden die Versuche mit den Lösungen der Harze in organischen Lösungsmitteln ausgeführt. Die trockenen Lederstücke wurden eine bestimmte Zeit bzw. bis zum Verschwinden von Luftblasen in die Lösung eingetaucht. Niedrigschmelzende Harze und solche von niedriger Viskosität wurden ohne Lösungsmittel verwendet. Diese kommen jedoch in ihrer Wirkung den Ölen ziemlich nahe, wie auch R. P. Hermoso (1) festgestellt hatte.

Bei den höherschmelzenden in organischen Lösungsmitteln angewandten Harzen störte die Viskosität der Lösungen, besonders bei den Produkten mit höherem Molekulargewicht. Die Ablagerung größerer Harzmengen im Leder wurde dadurch unterbunden, wie es auch bei den Cellulosederivaten der Fall war. Auch 10%ige alkoholische Lösungen eines Phenol-Formaldehydharzes waren ungeeignet.

Günstiger verhielten sich verständlicherweise die niedrigviskosen organischen Lösungen von Cumaron-Indenharzen, die den Abriebwiderstand bis zu 28% ver-

---

[1] Siehe S. 366.

besserten. Noch eine weitere Erhöhung des Abriebwiderstands, und zwar bis zu 38,5%, erbrachte ein Alkydharz, das sich niedrigviskos in Toluol-Butanol löste.

Sehr unbefriedigend dagegen verliefen wieder die Versuche mit Polymerisatharzen, wie Polyacrylsäureäthylester, 15%ig in Aceton, und Polyacrylsäurebutylester, ebenso gelöst. Auch R. P. Hermoso (1) hatte mit Polymethacrylsäuremethylester solche negative Ergebnisse erzielt.

Die zahlenmäßigen Feststellungen sind aus der folgenden Tabelle 10 zu ersehen:

Tabelle 10. Einfluß der Imprägnierung auf den Abriebwiderstand (J. G. Niedercorn und F. D. Thayer).

Imprägniermittel	Anwendungsweise	Beeinflussung des Abriebwiderstandes
Cumaron-Indenharz ..	15%ig in Benzol	+ 9,6%
,, ,,	,,	+ 28,0%
Äthylcellulose	15%ig in toluolreichem Lösungsmittel	+ 14,9%
Alkydharz Rezyl 12 der American Cyanamid Corp.	15%ig in Toluol-Butanol 1 : 1	+ 38,5%
Nitrocelluloselack (100 g Lack mit 17,5% Nitrocellulose, 17,5 g Dibutylphthalat)	15%ige Lösung	— 4,5%
Polyvinylbutyralharz .	11%ig in Alkohol-Benzol 1 : 1	— 8,5%
Celluloseacetat	11%ig in Aceton	+ 34,8%
Polyacrylsäureäthylester	15%ig in Aceton	— 3,9%
Polyacrilsäurebutylester	,,	— 3,5%
Schwefel	15%ig in Schwefelkohlenstoff	— 9,8%

R. Oehler und T. J. Kilduff befaßten sich, veranlaßt durch die bisherigen Mißerfolge mit Polymerisaten, mit dem Einfluß des Molekulargewichts bzw. Polymerisationsgrades auf die Harzaufnahme durch das Leder. Um Harze abnehmender Molekülgröße herzustellen, erhitzten sie monomere Acrylsäureester unter Zusatz steigender Katalysatormengen von 0,2 bis 2% in einem Lösungsmittel. Bei kurzer Erhitzungsdauer von 1 Stunde nahm die aufgenommene Harzmenge mit der angewandten Katalysatormenge von 0,2 bis 2% zu. Bei Molekulargewichten von 11 000 bis 16 000 wurden 14%, bei 43 000 dagegen nur noch etwa 2% Harz aufgenommen. Weiter ergab sich, daß von Polyacrylsäureäthylester wesentlich mehr aufgenommen wird als von Polymethacrylsäurebutylester, die abgelagerte Harzmenge also auch durch die Art des Esters bestimmt wird. Wie verständlich, wird die Aufnahme auch durch die Porosität beeinflußt, von gewalztem Leder wurde 30 bis 50% weniger Harz aufgenommen.

Diese Forscher konnten den Abnutzungswiderstand um 10 bis 15% und die Wasserdichtheit um 30 bis 50% durch die Imprägnierung mit Polyacrylsäureestern erhöhen. Im gleichen Ausmaß ging allerdings auch die Wasserdampfdurchlässigkeit zurück.

Die Verdampfung des Lösungsmittels bei Zimmertemperatur dauerte übermäßig lang und variierte mit der Natur der Harze. Der Geruch des Lösungsmittels war im allgemeinen nach zehn Tagen noch merkbar, bisweilen sogar noch nach 14 Tagen.

Wie sehr die Verbesserung des Abriebwiderstands von der Menge des im Leder abgelagerten Imprägniermittels abhängt, geht aus den Versuchen hervor, bei denen J. G. Niedercorn und F. D. Thayer weitere Lederstücke mit Kunstharzlösungen imprägnierten, nach dem Trocknen teilten und dann zur Hälfte mit der Lösung eines bestimmten von O'Flaherty zubereiteten Öls in Stoddard Solvent im Verhältnis 65 : 35 nachbehandelten. Dabei ergab sich laut folgender Tabelle 11, daß der Effekt des Öls viel größer ist als der des Kunstharzes, zum Teil sicher bedingt durch die größere Ölmenge, die im Leder abgelagert wurde. Die tatsächlich aufgenommenen Harzmengen waren verhältnismäßig gering und begrenzt durch die großen Mengen der Lösungen, die zur Sättigung des Leders erforderlich waren. Die Lösungen ließen sich aber, zum Teil wegen der Viskosität, nicht konzentrierter herstellen.

Tabelle 11. Einfluß der Imprägnierung auf den Abriebwiderstand (J. G. Niedercorn und F. D. Thayer).

Imprägniermittel	Aufnahme an Harz	Harz – Öl	Abriebindex Änderung in %
15%ige Lösung von Rezyl 12 in Butanol-Toluol 1 : 1	3,1%	13%	+ 44,2%
	4,6%	—	+ 9,6%
	3,9%	14,1%	+ 43,9%
	3,5%	—	− 8,8%
	3,6%	14,6%	+ 62,7%
	4,7%	—	+ 17,5%
30%ige Lösung von Rezyl 12 in Butanol-Toluol 1 : 1	5,6%	12,2%	+ 45,1%
	5,1%	—	− 8,3%
15%ige Lösung eines Cumaron-Indenharzes in Benzol	3,3%	13,2%	+ 82,4%
	3,6%	—	+ 18,4%
	2,7%	9,5%	+ 39,5%
	3,8%	—	+ 11,3%
11%ige Lösung von Celluloseacetatbutyrat in Aceton	1,5%	16,0%	− 31,0%
	1,4%	—	+ 4,4%
	2,2%	15,0%	+ 49,5%
	1,0%	—	+ 1,6%
30%ige Lösung des Cumaron-Indenharzes in Benzol	6,9%	12,5%	+ 43,3%
	5,4%	—	+ 7,0%
	5,2%	11,2%	+ 44,0%
	4,5%	—	+ 27,8%

Kleine Harzmengen im Leder verbesserten demnach den Abriebwiderstand im Leder so wenig, daß sich die Ausgaben nicht bezahlt machen.

F. Stather und R. Schubert (2) untersuchten nach einer unveröffentlichten Arbeit von 1947 den Einfluß der Imprägnierungsart auf die Lederqualität und fanden dabei, daß der Imprägniereffekt bei der Tauchimprägnierung immer etwas geringer ist als beim Einbrennen. Gemische von Paraffin oder Wachsen mit Kolophonium wirkten bei der Tauchimprägnierung besonders günstig auf den Abriebwiderstand, die Wasserfestigkeit wurde durch Aluminiumseife stark erhöht. Die Imprägnierung verbessert die Fülle und die Festigkeit des Leders sowie Wasserdichtheit und Abnutzungswiderstand, setzt aber immer die Luftdurchlässigkeit, und zwar meist sehr weitgehend herab. Reißfestigkeit, Dehnbarkeit und Stichausreißfestigkeit wurden durch die untersuchten Imprägniermittel nicht beeinflußt.

3. Tränken des Leders mit der wässerigen Lösung des Imprägniermittels.

Mit einer solchen Imprägnierung will man unter anderem den Stand des Leders oder den Abriebwiderstand verbessern oder es vor dem Eindringen bestimmter Stoffe, z. B. von Farbstoffen, schützen. Hierfür kommen Schleimstoffe, wie Abkochungen von Leinsamen, Karragheenmoos, Seetangen (Algin), Pflanzengummi, wie Tragant, in Betracht. Tragant ist der typische Vertreter der sogenannten Bassorin-Gummis, d. h. der mit Wasser nur quellenden, sich nicht darin lösenden Gummiarten. Für technische Zwecke bevorzugt man vor allem die anatolischen Sorten. Auch Tragasol wäre hier zu nennen. Es wird aus den Kernen oder den Samen des Johannisbrotbaumes hergestellt und kommt als steife Gallerte oder als pulverförmiges Tragon in den Handel. Ferner sei Methylcellulose erwähnt, der Methyläther der Cellulose, der als Tylose S, das frühere Colloresin DK, bekannt ist.

Imprägniermittel werden bisweilen bei Chromoberleder zur Verbesserung des Griffes verwendet. Chromfutterleder werden dabei lediglich mit Leimlösungen, eventuell unter Zusatz von Kaolin, behandelt. Chromboxleder kann man nach O. Grimm und H. Rauch (2) nach dem Falzen mit Kondensationsprodukten aus Aminen, Formaldehyd und polymeren Säureamiden imprägnieren, um bei der Chromnachgerbung mehr Chromoxyd im Leder zu fixieren. Viele andere Verfahren, welche die Verwendung wässeriger Lösungen betreffen, werden unter Fixierung und Bleichen des Leders behandelt.

Rein synthetische Produkte sind Rohagit SL 147 und Urigen AP 2 (Röhm & Haas G. m. b. H., Darmstadt). Bei Oberleder und Spalten dienen Lösungen von Rohagit SL 147, allein oder zusammen mit Leim, bisweilen dazu, den Stand des Leders zu erhöhen. Urigen AP 2 ist zur Verdichtung der Faserstruktur geeignet, um z. B. bei der Bürstfärbung das Durchfallen der Farbstofflösung zu verhindern. Nach O. Grimm (1) kann man dafür eine saure Polyacrylatlösung verwenden, die in Verbindung mit basischen Farbstoffen zudem einen gut deckenden brillanten Farblack bildet. Wie O. Grimm und H. Rauch (3) angeben, verhindert Imprägnierung des Leders mit Kondensationsprodukten aus Aminen, Formaldehyd und polymeren Säureamiden das Eindringen saurer und substantiver Farbstoffe, der Farbstoff läßt sich also in jeder beliebigen Schicht des Leders durch chemische Bindung fixieren.

J. G. Niedercorn und F. D. Thayer haben bei der Behandlung des Leders mit der 10%igen Lösung eines Harnstoff-Formaldehydharzes den Abriebindex von 88 auf 111 verbessert. H. Prüfer (1) imprägniert mit der wässerigen Lösung eines verseiften Natur- oder Kunstharzes, z. B. eines Phenolformaldehyd-Kondensationsproduktes. Die Härtung der Imprägnierung kann durch Zusatz geeigneter Katalysatoren, wie Chrom- oder Mangansalzen, beschleunigt werden.

4. Behandlung des Leders mit der wässerigen Emulsion oder Dispersion des Imprägniermittels.

a) Kunstharzdispersionen.

Dispersionen von Polyacrylaten, z. B. von Polyacrylsäuremethylester, die als Emulgatoren diisopropylnaphthalinsaures Natrium und als Schutzkolloid Casein enthalten, werden von der I. G. Farbenindustrie (5a) empfohlen. Man kann auch mit Dispersionen aus Polyalkyleniminen, Weichparaffin und Paraffinöl [I. G. Farbenindustrie (6)] oder Polyisobutylen, Fetten und Wachsen imprägnieren [Standard Oil Co. (2)]. Nach einem Verfahren der I. G. Farbenindustrie (7) stellt man zunächst Lösungen der Umwandlungsprodukte von Kautschuk, Guttapercha oder von Butadienpolymerisaten mit Chlor, Phosphortrioxyd oder Hydrokautschuk durch Erhitzen auf 250° her und wendet diese in Form von Dispersionen an, gegebenenfalls zusammen mit Dispersionen von Polyacrylsäure-estern, Polyvinyläthern oder Polystyrol. J. Burchill, D. J. Guest und E. Isaaks walken wässerige Dispersionen von Polyacrylsäurenitril, Polystyrol, Polyvinyl-acetat, Polyvinylidenchlorid oder Polyacryl- bzw. Polymethacrylsäureestern in das Leder ein. Auch Mischpolymerisate oder Polymerisatgemische sind geeignet. M. Th. Goebel und J. S. Kirk machen das Leder mit Mischpolymerisaten aus α-ungesättigten Carbonsäuren und Styrol voller und standhafter. Die Carboxyl-gruppen können teilweise mit Lauryl- oder Stearylalkohol verestert sein.

Bei Imprägnierversuchen mit Kunstharzdispersionen kamen F. Stather und H. Herfeld (9) zu recht unbefriedigenden Ergebnissen. Mit den Emulsionen von Buna S, Perbunan SP, Oppanol B, LJ 450 und MVW war in keinem Fall eine Durchimprägnierung möglich, da diese an der Lederoberfläche ausgeflockt wurden. Auch bei den Versuchen, die J. G. Niedercorn und F. D. Thayer mit Kunstharzdispersionen, wie Primal A von Röhm & Haas, Philadelphia, einem Mischpolymerisat von Acrylsäuremethyl- und -äthylester, mit Polystyrolemul-sionen der American Cyanamid Co. sowie Polymethacrylatemulsionen von E. I. Du Pont de Nemours zur Verbesserung des Abriebwiderstandes aus-führten, erfolgte Koagulierung auf der Oberfläche des Leders. Dies ist nach unseren heutigen Kenntnissen auch nicht überraschend. Röhm & Haas G. m. b. H., Darmstadt, stellt unter der Bezeichnung Plexipon verschiedenartige Kunstharz-dispersionen her, die ohne Zersetzung an der Oberfläche in das Leder eindringen und für die Imprägnierung brauchbar sind. Solchen Dispersionen dürfte in Zukunft größere Bedeutung zukommen, da sie die Luftdurchlässigkeit viel weiter-gehend erhalten lassen als die Lösungen der Kunststoffe in organischen Lösungs-mitteln. Das Gleiche gilt für die Dispersionen von Wachsen und Harzen. Dabei ist die Art des Emulgators von ausschlaggebender Bedeutung.

b) Kautschukmilch bzw. Kautschukdispersionen.

Nach Ch. J. Michel Marie Le Petit extrahiert man den Milchsaft von Euphor-biaceen mit Lösungsmitteln, wie Tetrachlorkohlenstoff; die so gewonnene trans-parente viskose Masse wird leicht vom Leder aufgenommen. Zur Imprägnierung kann sie aber auch mittels Türkischrotöl in eine wässerige Emulsion übergeführt werden, und zwar zusammen mit Mineralöl und Aluminiumstearat. A. Engel imprägniert das Leder mit Kautschukmilch, die mit Ammoniak stabilisiert ist. Man kann Latex aber auch mit ammoniakalischer Caseinlösung stabilisieren (A. M. Dungstone). Ein anderer Forscher schlägt eine Kombination von Kautschukmilch mit Gasolin, Paraffinwachs, Paraffinöl unter Zusatz einer 10%igen Seifenlösung vor. Die I. G. Farbenindustrie (13) hat zum Imprägnieren wässerige Emulsionen verschiedener Umwandlungsprodukte von Kautschuk, Guttapercha, Balata oder Butadienpolymerisaten empfohlen. Von solchen Produkten kommen demnach in erster Linie Chlorkautschuk, Hydro- oder Cyclokautschuk in Betracht, die man durch Erhitzen von Kautschuk auf 250° erhält. Diese Umwandlungsprodukte werden zunächst in organischem Lösungs-mittel gelöst und in dieser Form in Wasser emulgiert. Diese Dispersionen können zusammen mit anderen Imprägniermitteln, wie z. B. Polyvinyläthern, Polystyrol, Polyacrylsäureestern und Polyäthylenoxyd verwendet werden.

c) Dispersionen von Metallseifen.

Ein solches Imprägniermittel kann aus der Dispersion einer Metallseife, wie Aluminiumstearat, eines Hartfettsäureglycerids und eines Kohlenwasserstoffs bestehen (Gardrights Inc.). Die Chemische Fabrik Pfersee G. m. b. H. (*1*) emulgiert hochmolekulare Wachse von hoher Säurezahl in Gegenwart organischer Lösungsmittel mit wässerigen Lösungen der Salze dreiwertiger Metalle, z. B. von Aluminium. Man kann auch Tonerdeseife in Gegenwart von Natriumsulfat in Öl emulgieren (Th. Blackadder).

d) Fettemulsionen.

Emulsionen von Ölen, Fetten, Wachsen und ähnlichen Körpern sind verschiedentlich zum Imprägnieren vorgeschlagen worden (Gesellschaft für Chemische Industrie in Basel). Man kann auch Cetylalkohol und eine ammoniakalische Gummilacklösung mittels Caseins oder Leims emulgieren (Imperial Chemical Industries Ltd.). Positiv geladene wässerige Emulsionen, die Paraffin od. dgl., ein Schutzkolloid, wie Leim, oder sauer reagierende Salze, z. B. Aluminiumsalze, und einen Emulgator enthalten, schlägt die Chemische Fabrik Pfersee (*2*) vor.

5. Tränken des Leders mit der Lösung oder wässerigen Emulsion eines monomeren Körpers und Polymerisation im Leder.

Um sich von den chemischen Vorgängen bei dieser Art der Imprägnierung eine Vorstellung bilden zu können, muß man das Wesen der Polymerisation kennen.

Man versteht unter einer Polymerisation nach W. Huntenburg (*1*) sowie R. Houwink die Bildung eines Stoffes höheren Molekulargewichts aus einem niedermolekularen mit mindestens einer Doppelbindung, wobei aber keinerlei Abspaltung erfolgt. Die Ausgangsverbindung pflegt man als monomere Verbindung oder Monomeres und das Endprodukt dementsprechend als polymere Verbindung oder Polymeres zu bezeichnen.

Über die chemischen Vorgänge bei der Polymerisation vgl. K. Craemer sowie H. Weber.

Polymerisation wurde erstmals im Jahre 1838 beobachtet bei dem Gas Vinylchlorid, das nach Regnault im Sonnenlicht in ein weißes Pulver überging. Chemisch vermochte man damals den Vorgang noch nicht zu deuten (W. Huntenburg, S. 49). Im Jahre 1839 wurde durch Simon aus Styrol ein festes Produkt, also ein Polymerisat gewonnen (W. Huntenburg, S. 50). O. Röhm beschäftigte sich im Jahre 1901 mit der Polymerisation des Acrylsäuremethylesters (E. Trommsdorff, S. 350). Die technische Herstellung der Polymerisate erfordert die Verwendung von Katalysatoren, z. B. Peroxyden, die von Griesheim-Elektron erstmals für Vinylester (E. Trommsdorff, S. 338), von Röhm & Haas G. m. b. H., Darmstadt (*4*), erstmals für Methacrylsäure und ihre Derivate angewandt wurden. Zu heftige Polymerisationen können durch Regler gemildert werden.

Mischpolymerisate bekommt man durch gemeinsame Polymerisation von zwei oder mehreren verschiedenen polymerisierbaren Verbindungen. Solche Mischpolymerisate besitzen eine große technische Bedeutung.

Für die Entscheidung, welche Monomeren für die Polymerisation im Leder in Frage kommen könnten, ist wichtig zu wissen, welche Eigenschaften die daraus gewinnbaren Polymerisate aufweisen. Polymethacrylsäureester, Polystyrol und Polyvinylchlorid liefern zelluloidartig feste Kunststoffe. Polyacrylsäureester und Polyisobutylen sind größtenteils klebend und gummiartig weich. Polyacrylsäureäthylester ist bei gewöhnlicher Temperatur stark klebrig, ähnlich Polyvinylacetat, sie würden also, im Leder polymerisiert, zu geschmeidigen Ledern führen im Gegensatz zu Polystyrol, welches das Leder hart macht.

Für die praktische Handhabung sind ferner der Siedepunkt und die Flüchtigkeit von großer Bedeutung. Mit leicht flüchtigen Monomeren kann man nur in geschlossenen Behältern arbeiten. Wichtige Monomere zeigen folgende Siedepunkte:

Vinylchlorid ist bei gewöhnlicher Temperatur ein Gas, das sich bei — 13,9° zu einer farblosen Flüssigkeit kondensiert.

Vinylacetat	73°
Styrol	146°, leicht bewegliche Flüssigkeit
Acrylsäuremethylester	80,3°
Acrylsäureäthylester	98,5°
Acrylsäurebutylester	140°
Methacrylsäuremethylester	100,3°
Methacrylsäureäthylester	116,5 bis 117°
Methacrylsäurebutylester	164°
Isobutylen	— 5°

Die niederen Acrylsäureester weisen einen äußerst unangenehmen und anhaftenden Geruch auf. Als weitere Nachteile sind die niedrigen Flammpunkte, die bei 20° liegen, anzuführen. Ferner ist vor allem die Giftigkeit der niederen Acrylsäureester hervorzuheben, wobei die niedrigen Siedepunkte der Methyl- und Äthylester der Acrylsäure noch besonders ins Gewicht fallen. Das monomere n-Butylacrylat reizt zu Tränen. Die Methacrylsäureester zeigen einen charakteristischen esterartigen Geruch.

Ungenannt (4) berichtet über die Verwendung monomerer Acrylsäureester, und zwar der Methyl-Äthyl- und n-Butylester sowie über die Methyl- und n-Butylmethacrylsäureester als Füllmittel für Leder sowie zur Verbesserung der Wasserfestigkeit von Ober- und Unterleder. Gleichzeitig wird aber auch auf die erheblichen Nachteile der niederen Ester der Acrylsäure aufmerksam gemacht.

Ein weiteres wichtiges Monomeres ist das Butadien $H_2C=CH—CH=CH_2$ Die Butadiene liefern die Butadienpolymerisate, die im Gegensatzzu den Äthylenpolymerisaten noch eine Doppelbindung enthalten, also vulkanisierbar sind. Die gebräuchlichste Methode ist die Polymerisation in wässeriger Emulsion, die überhaupt erstmals, und zwar im Jahre 1912, bei der Kautschuksynthese angewandt wurde. Dieses Verfahren gestattet zudem die Herstellung von Mischpolymerisaten, wie von Buna S aus Butadien und Styrol und von Buna N aus Butadien und Acrylsäurenitril. Aus 2-Chlorbutadien, dem Chloropren, wurde im Jahre 1931 von dem amerikanischen Du Pont-Konzern der ölfeste Kunstkautschuk Neopren, früher Dupren, hergestellt (vgl. E. Weber, S. 798).

Bereits im Jahre 1931 hat sich Du Pont de Nemours mit dem Problem der Polymerisation im Leder befaßt und Leder mit einer Lösung von 2-Chlorbutadien-1,3 in Benzin und Terpentin imprägniert. Nach dem Verdunsten des Lösungsmittels ließ man sechs Tage polymerisieren. Nach Versuchen von J. G. Niedercorn und F. D. Thayer (1945) wären manche Vinylharze, für die als Katalysator Peroxyd verwendet wird, für die Polymerisation im Leder brauchbar gewesen, wenn durch das Peroxyd das Leder nicht zerstört werden würde. R. Oehler und T. J. Kilduff (2) haben in Laboratoriumsversuchen die Polymerisation im Leder unter Verwendung von Benzoyl- oder Laurylperoxyd eingehend studiert. Sie erreichten dabei tatsächlich bis zu 50% Harzablagerung im Leder, eine Verbesserung des Abriebwiderstandes bis 50% und Herabsetzung der Wasseraufnahme auf ein Drittel, aber unter Bedingungen, die sich nicht ohne weiteres auf den praktischen Betrieb übertragen lassen. Die mit dem monomeren Acrylsäureester getränkten Leder wurden in geschlossenem Gefäß auf 50 bis 70⁰ erhitzt. Dabei wurde im Leder um so mehr Harz gefunden, je kleiner das Gefäß bzw. der tote Raum waren. Es war also unerläßlich, die Verdampfung von Monomerem zu verhindern oder aber das verdampfte Monomere zu ergänzen. Die optimale Temperatur war 70⁰, bis 50⁰ war der Harzgehalt des Leders nur halb so hoch. Zusatz von Rinderklauenöl oder Ricinusöl als Weichmacher oder Verdünnungsmittel störten die Polymerisation kaum. Am besten für das Leder war die Kombination von Acrylsäureäthylester mit Methacrylsäure-n-butylester und 10% Öl. Polyacrylsäureester allein wirkte schrumpfend auf das Leder.

Hierher müßte man auch das Verfahren rechnen, nach dem man das Leder mit Dialdehyden behandelt und diese dann im Leder zur Polymerisation bringt [A. H. Winheim und E. E. Doherty (*1*)]. Dialdehyde, wie Glyoxal als einfachster Dialdehyd, neigen leicht zur Polymerisation. Das Glyoxal, ein stechendriechendes Gas, bildet beim Abkühlen gelbe Kristalle, die sehr bald in ein Polymerisat unbekannter Molekülgröße übergehen. Aber auch die höheren aliphatischen Dialdehyde, wie der Succinaldehyd und seine höheren Homologen, sind in monomolekularem Zustand sehr wenig haltbar. Die praktische Durchführbarkeit dieses Verfahrens erscheint recht problematisch.

Mehrere chemische Fabriken stellen schon seit einiger Zeit Monomere in verkaufsfähiger Form her, die zur Polymerisation im Leder verwendet werden können, die praktische Durchführung der Polymerisation im Betrieb stößt aber noch auf erhebliche Schwierigkeiten. Die Farbwerke Hoechst haben neuerdings in geringem Umfang Vinylacetat und andere Monomere zur Lederimprägnierung durch Polymerisation im Leder an verschiedene Lederfabriken geliefert.

Imprägnierversuche im halbtechnischen Maßstab wurden von H. Batzer (*1*) durchgeführt, dieses Verfahren konnte sich bis jetzt in der Praxis aber nicht durchsetzen. Nach seinen eigenen Angaben führt Styrol zu härterem, Vinylacetat zu geschmeidigerem Leder. Styrol wird wegen seines unangenehmen Geruchs nicht gern verwendet. Am besten scheint sich Vinylacetat in Verbindung mit Maleinsäureanhydrid bewährt zu haben. Die fertigen Leder zeigen zwar einen erheblich verringerten Auswaschverlust, die Wasserdichtheit ist jedoch noch unbefriedigend.

6. Tränken des Leders mit kondensationsfähigen Verbindungen und Kondensation im Leder.

Bei dieser Methode geht es nicht um eine einmalige Kondensation von zwei Verbindungen, wie z. B. Harnstoff und Formaldehyd, sondern um eine Reaktionsfolge, die zu hochmolekularen Körpern von Kunststoffcharakter führt und unter Wasseraustritt verläuft (vgl. K. Craemer, S. 682). Solche Kondensationsharze sind Harnstoff-Formaldehydharze, die zusammen mit den Thioharnstoff-Formaldehydharzen die Gruppe der Aminoplaste bilden. Eine weitere Gruppe sind die Phenol-Formaldehydharze oder Phenoplaste aus Phenol und Formaldehyd, die auf Untersuchungen von Adolf von Bayer im Jahre 1872 zurückgehen. Häufig rechnet man auch die Carbonylharze aus Carbonylverbindungen, also Aldehyden und Ketonen, zu den Kondensationsharzen, obwohl es sich dabei teilweise um andersartige Vorgänge handelt, denn das Umsetzungsprodukt aus zwei Molekülen Acetaldehyd durch Aldolkondensation unter dem Einfluß von wenig Alkali ist ein Polymeres, und zwar ein Dimeres: $CH_3CHO + CH_3CHO \rightarrow$ $\rightarrow CH_3CHOHCH_2CHO$. Erst das so gebildete Aldol spaltet Wasser ab unter Übergang in Crotonaldehyd, der dann seinerseits wieder Aldolkondensation erleidet, bis schließlich ein hochmolekulares Produkt, kurz Aldehydharz genannt, entsteht, wie z. B. der alkohollösliche Wackerschellack. Hierher sind außerdem die Polysulfidkunststoffe oder Thioplaste zu rechnen, die aus organischen Dichlorverbindungen, vorwiegend Äthylenchlorid, hergestellt werden. Aus diesem erhält man durch Umsetzung mit Alkalisulfid und Schwefel unter Abspaltung von Alkalichlorid anstatt Wasser kautschukartige plastische Massen. Solche Massen, die einen unangenehmen Eigengeruch aufweisen, sind z. B. das Thiokol oder das Perduren. Die Umsetzung erfolgt nach der Gleichung:

$$(Cl-CH_2-CH_2-Cl)_n + (Na_2S_2)_{n-1} + 2\,NaSH =$$
$$= HS(CH_2-CH_2-S_2)_{n-1} \cdot CH_2 \cdot CH_2SH + 2\,n\,NaCl.$$

Vor Kautschuk und Buna N weisen sie den Vorzug besonders großer Öl-
festigkeit auf.

A. H. Winheim und E. E. Doherty (2) empfahlen, das Leder mit Harnstoff, Formaldehyd und einem primären Amin zu tränken und dann der Einwirkung von Essigsäuredämpfen auszusetzen, um durch Kondensation innerhalb des Leders eine Imprägnierung zu erreichen. Es bestehen Bedenken, ob
solche Verfahren ohne Schädigung der Lederfaser durchführbar sind. Vom
Jahre 1943 an sind in Amerika die bereits erwähnten Polysulfidkunststoffe,
die nach W. Becker und W. Graulich, S. 218, auf Forschungen von Loewig
und Weidmann aus dem Jahre 1840 sowie I. Baer im Jahre 1926 und
J. C. Patrick im Jahre 1927 zurückgehen, für die Imprägnierung von Leder
bearbeitet worden. Diese Alkylpolysulfide sind bei niederem Kondensationsgrad in reinem Zustand Flüssigkeiten von so niedriger Viskosität, daß sie vom
Leder aufgenommen werden. Unter dem Einfluß geeigneter Katalysatoren können sie dann im Leder zu hochmolekularen Produkten weiter kondensiert
werden. Man kann niedermolekulare Produkte aber auch dadurch gewinnen,
daß man hochmolekulare Alkylpolysulfide an ihren Disulfidgruppen mittels
Na_2S oder NaSH reduktiv aufspaltet. Die Thiocol-Corporation, Trenton in USA.,
liefert solche Polysulfidkörper unter den Bezeichnungen LP-2, LP-3 und ZL 109
in flüssiger Form. Diese werden dann im Leder durch Oxydation in den hochmolekularen Zustand übergeführt. Beim Arbeiten mit LP-3 wird das Leder zunächst mit einer 2%igen Lösung von Kobaltsikkativ vorbehandelt, bevor man es
mit der Lösung von LP-3 imprägniert. Diese Imprägnierung mit Alkylpoly-
sulfiden wird auf technische Leder für Dichtungsringe, Dichtungsmanschetten
und Spezialriemenleder angewandt. Darüber haben vor allem K. R. Cranker
und J. S. Jorczak berichtet, ferner J. C. Patrick und H. R. Farguson,
J. S. Jorczak und M. Fettes sowie J. C. Patrick.

III. Anwendung der Verfahren auf verschiedene Lederarten.

1. Chromsohlleder.

Zur Verringerung der Wasserzügigkeit und Vermeidung der damit verbundenen Schlüpfrigkeit und Gleitgefahr muß das für Straßenschuhwerk (Halbsohlen) verwendete Chromsohlleder imprägniert werden. Im Jahre 1927 wurde
dafür Leinöl oder Holzöl, möglichst mit Sikkativen gekocht, vorgeschlagen
[O. Röhm (3)]. Die Imprägnierung erfolgt aber meist durch Einbrennen mit
Talg, Paraffin, Stearin, auch mit gehärtetem Tran, Ceresin, Wachsen, wie Montanwachs und synthetischen Wachsen sowie Harzen [s. M. Knoch, S. 51, sowie
u. a. Ungenannt (5)]. Nach B. Kofman (1) imprägniert man zur Behebung der
Schlüpfrigkeit und Verringerung der Abnutzung mit einem Gemisch aus 40%
Paraffin, 40% Ceresin und 20% Kolophonium. Diese Imprägnierung soll den
Vorteil haben, daß dadurch die erforderliche Quellbarkeit bei nassem Wetter
nicht aufgehoben wird. Nach T. Bert imprägniert man mit einem Gemisch
aus 70% Ceresin und 30% Stearin. Außer Naturharzen zieht man auch
synthetische Harze heran. So imprägniert man nach Graton and Knight Co.
die pflanzlichen und chromgaren Leder nach dem Trocknen mit einer 60° warmen
Lösung von Phenol- oder Harnstofformaldehyd-Kondensationsprodukten oder
Glyptalharzen. L. Kollek und M. Jahrstorfer (2) schlagen Imprägnierung
mit einer 10 bis 20%igen Lösung von Polyvinyloctodecyläther in Tetrachlorkohlenstoff vor. Die Verwendung von Kautschuk ist schon länger bekannt.
So kann man mit einer Lösung von unvulkanisiertem Kautschuk in Schwefel-

kohlenstoff, Benzol, Benzin, je nach seinen Eigenschaften unter Zusatz von Harz oder Öl imprägnieren. B. Kofman (2) rät, Chromleder mit einem Gemisch aus 40% Gummi, 40% Paraffin und 20% Harz zu imprägnieren. Trockenes Chromleder kann mit Kautschuk, gelöst in Benzin, Naphtha, Tetrachlorkohlenstoff oder Aceton, unter Zusatz kleiner Mengen Isopren in geschlossenem Gefäß bei 65⁰ getränkt werden oder mit einer Lösung von Acetylcellulose und Campher in Amylacetat und Alkohol bei 100⁰ und 30 bis 50 atü.

Gegenüber pflanzlich gegerbtem Leder weist Chromsohlleder den Vorteil eines größeren Abriebwiderstandes und damit einer größeren Haltbarkeit auf. Seine Nachteile, wie Wasserzügigkeit und Gleiten in der Nässe, sucht man durch die Imprägnierung zu beheben. In Amerika begegnet man diesen Mängeln durch Nachbehandlung mit pflanzlichen Gerbstoffen [Ungenannt (6)]. Dabei darf aber die pflanzliche Gerbung nicht überwiegen. Reines Chromsohlleder ist um 23% dauerhafter als lohgares Unterleder. Bei kombiniert gegerbten Ledern ist die Dauerhaftigkeit um so größer, je mehr die Chromgerbung zur Geltung kommt (R. C. Bowker und W. E. Emeley). Die Nachgerbung wirkt sich recht vorteilhaft auf die Imprägnierbarkeit aus, insofern das Leder im Gefüge lockerer und dadurch für die Imprägniermittel aufnahmefähiger wird. Dies kommt auch in den Imprägnierverfahren des F.P. 440736, D.R.P. 261323 und Schwed.P. 62141 mit Harz und Paraffin zum Ausdruck. Der Abriebwiderstand des kombiniert gegerbten Leders wird durch die Imprägnierung weiter erhöht, ohne daß dies gewisse Nachteile wie bei reinem Chromsohlleder mit sich bringt.

All diese Imprägnierungsarten heben aber die Luftdurchlässigkeit auf. Für Halbsohlen für Straßenschuhwerk kennt man jedoch noch keine anderen Methoden. Bei rein chromgarem Sohlleder ist dieses Problem zudem schwerer als bei lohgarem Leder in befriedigender Weise zu lösen, da man nicht nur die Wasserdichtheit verbessern, sondern dem Leder zunächst seine Glitschigkeit in der Nässe nehmen und es außerdem bis zu einem gewissen Grad füllen muß.

Anders liegen die Verhältnisse bei der Verwendung des Chromsohlleders als Laufsohlenmaterial für Hausschuhe, Turnschuhe und Tennisschuhe. Hierfür genügt es, die Leder mit einem Gemisch aus weißen Farbpigmenten abzureiben oder auch mit wasserunlöslichen Sulfaten aus Blei- und Bariumsalzen sowie Bitter- oder Glaubersalz zu imprägnieren.

2. Lohgares Unterleder.

Man hat schon viel Versuchsarbeit darauf verwendet, ein Leder herauszubringen, das den Anforderungen des Verarbeiters und des Verbrauchers in Qualität und Preis genügt. Die Entwicklung schien zum Stillstand gekommen zu sein, nachdem es gelungen war, neben dem alten grubengaren Sohlleder ein nach modernen Methoden gegerbtes Vacheleder herzustellen. Dann kam die starke Konkurrenz der Gummisohle, die ganz neue Fragen aufrollte. Die Lage wurde immer schwieriger, als es diese Gummiindustrie verstanden hatte, durch billige und dauerhafte Sohlen in zunehmendem Maße das Interesse des Verbrauchers zu wecken und schließlich auch seinem Geschmack so weit entgegenzukommen, daß sich der Abnehmerkreis mehr und mehr ausdehnte.

Unter dem Eindruck dieser Entwicklung drängten die Schuhfabrikanten auf „Verbesserung" des lohgaren Unterleders und die Lederfabrikanten wiederum ersuchten die Hilfsmittelindustrie um Verfahren zur Erfüllung dieser Forderung. Es wäre sicherlich unberechtigt zu verlangen, daß die Ledersohle alle Vorteile der Gummisohle oder gar der Kunststoffsohle aufweisen soll, ohne deren Nachteile zu besitzen. Der bekannte Schuhindustrielle Rheinberger hat auf der

Tagung des Vereins für Gerberei-Chemie und -Technik in Konstanz vom 11. bis 12. September 1952 die Forderungen der Schuhindustrie und des Verbrauchers recht deutlich geschildert. Man verlangt eine geschmeidige, spezifisch leichte Sohle von guter Wasserdichtheit, geringem Auswaschverlust und hohem Abnutzungswiderstand bei selbstverständlich guter Luftdurchlässigkeit. Es stehen zwar gute bewährte Verfahren zur Fixierung des Gerbstoffes zur Verfügung, die Methoden der Imprägnierung zur Erhöhung der Wasserdichtheit weisen aber mehr oder weniger weitgehend den Nachteil auf, daß die Luftdurchlässigkeit recht erheblich beeinträchtigt wird, ja meist sogar ganz verlorengeht. Noch schlimmer steht es mit den Methoden zur Erhöhung des Abriebwiderstandes. Von einer befriedigenden Lösung des Problems, gleichzeitig gute Wasserdichtheit, hoher Abriebwiderstand und ausreichende Luftdurchlässigkeit. sind wir noch weit entfernt. F. Stather und H. Herfeld (7) haben zur Klärung dieser Frage zahlreiche aufschlußreiche Versuche ausgeführt und dabei, wie bereits berichtet wurde, festgestellt, daß die besten Imprägnierergebnisse, d. h. gute Wasserdichtheit und hoher Abriebwiderstand, mit Kolophonium + Paraffin, Ozokerit, Erdölwachs, Ceresin und Densodrin V erzielt wurden. Außer bei Densodrin V ging die Luftdurchlässigkeit aber völlig verloren. Deshalb müßten die anderen Imprägnierungen ausscheiden, denn wenn man von lohgarem Leder spricht, setzt man als selbstverständlich voraus, daß dieses auch luftdurchlässig ist. Aber auch beim Imprägnieren mit Densodrin V ging die Luftdurchlässigkeit stark zurück, und zwar betrug der Luftdurchlässigkeitskoeffizient noch 16,4 gegenüber 84,2 bei dem unbehandelten Leder und 9,4 bei Ceresin bzw. 3,5 bei Erdölwachs, die aus diesem Grunde für die Imprägnierung abgelehnt wurden. Alle diese Zahlen gelten für 6% Imprägniermittel im Leder. Bei 11% Imprägniermittel geht die Luftdurchlässigkeit bei Densodrin V auch auf 2,6 zurück. Hierbei ist der Abnutzungskoeffizient allerdings sehr niedrig, und zwar 0,8 gegenüber 7,4 bei dem unbehandelten Leder (vgl. Tabellen 7 und 8, S. 372 und 373). Als Güterichtlinie rechnet man bei pflanzlich gegerbtem Sohl- und Vacheleder mit einem Koeffizienten (Stather-Herfeld) von nicht über 2,5. Bei all diesen Methoden kommt aber noch hinzu, daß die Leder mit den Lösungen der Imprägniermittel in organischen Lösungsmitteln behandelt wurden, eine für den Hersteller lohgarer Leder recht ungewöhnliche Methode.

F. Stather und H. Herfeld haben für ihre Versuche verhältnismäßig lockere pflanzlich gegerbte Hälse, also ein ziemlich poröses Material verwendet. Dies ist recht bemerkenswert und sehr bezeichnend dafür, was für ein Ledermaterial für die Imprägnierung überhaupt verwendet werden muß. Geht man von einem normal gegerbten und gefüllten, also nach modernen Methoden hergestellten Vacheleder aus, dann wird man diesem nicht mehr so viel Imprägniermittel einverleiben können, daß der Abriebwiderstand wesentlich erhöht wird. Will man dagegen lediglich die Wasserdichtheit verbessern, dann wird man die Füllung beschränken müssen, um Platz für andere Einlagerungen zu schaffen. Man muß sich also darüber im klaren sein, daß die Vorbehandlung des Leders auf die Art der Imprägnierung abzustellen ist. Zur Erhöhung des Wasserdurchlässigkeitskoeffizienten von 0,12 auf 0,65, einen bereits sehr hohen Wert und der höchste bei der Versuchsreihe 1 der Versuche von F. Stather und H. Herfeld überhaupt (vgl. S. 372), genügten bereits 3,1% Aluminiumseife. Will man dagegen gleichzeitig auch den Abnutzungswiderstand wesentlich verbessern, und zwar bis zu einem Koeffizienten von 0,8 gegenüber 7,4 bei dem unbehandelten Leder, dann muß man 11% Densodrin V in das Leder einarbeiten. Dabei geht dann jedoch der Luftdurchlässigkeitsquotient wieder auf 2,6 gegenüber 84,2 bei dem unbehandelten Leder zurück.

Das Tränken des Leders mit Monomeren und Polymerisation im Leder, wie
es neuerdings wieder von H. Batzer (2) propagiert wird, wäre hier ebenfalls zu erwähnen. Es ist aber noch nicht geklärt, wieweit sich dieses Verfahren durchsetzen
wird. Für lohgare Unterleder sollte man nach Methoden suchen, die ohne organische Lösungen durchführbar sind. Eine Methode dieser Art ist die Imprägnierung mit stabilisierter Kautschukmilch, die jedoch auch noch nicht befriedigt.
Man kann mit dieser aber immerhin bei mäßigem Einsatz die Wasserdichtheit
verbessern. Die Verwendung der natürlichen Kautschukmilch (Latex) zusammen
mit Schwefel zum Imprägnieren von Geweben war übrigens schon den Indianern
bekannt (W. Huntenburg, S. 71). Die Röhm & Haas G. m. b. H., Darmstadt,
bringt eine wässerige Dispersion unter der Bezeichnung Plexipon auf den Markt,
die während der Faßappretur in das Leder eingewalkt wird. Plexipon erhöht
die Wasserdichtheit, ohne daß das Leder luftundurchlässig wird. Es ist frei von
organischen Lösungsmitteln.

Wenn man das Leder richtiggehend imprägnieren, also auch den Abriebwiderstand stark erhöhen will, dann muß man auf eine anderweitige Füllung
des Leders verzichten, gleichzeitig aber auch in Kauf nehmen, daß die Luftdurchlässigkeit verlorengeht. Man muß sich aber ernstlich die Frage vorlegen,
ob die Luftdurchlässigkeit heute noch die große Bedeutung besitzt, wenn die
Sohlen nicht mehr durch Nageln befestigt, sondern geklebt werden, wodurch
die Verbindung zwischen Fußsohle und Laufsohle sowieso unterbrochen wird.

3. Oberleder.

Soweit es sich um die Imprägnierung mit Fetten und Ölen handelt, ist es
nicht leicht, eine scharfe Grenze zwischen Fettung und Imprägnierung zu ziehen.
Die bekannte Faßschmiere von Fahlleder mit Talg, Tran und Degras erteilt
dem Leder eine erhebliche Wasserfestigkeit und könnte daher auch als Imprägnierung angesprochein werden (vgl. hierzu Th. Fasol, S. 142). Ähnlich ist es
bei dem Kaltschmieren oder Faßschmieren von Blankleder und vor allem von
Geschirrleder, das eine noch wesentlich stärkere Fettung erhält. Geschirrleder
wird bisweilen auch leicht eingebrannt, was man dann bestimmt zum Imprägnieren
rechnen müßte (s. O. Zohlen, S. 243). Bei Waterproofleder folgt dem Lickern
noch die wasserfestmachende Faßschmiere, die man zur Fettung zu rechnen
pflegt. Wenn man aber Leder zum Wasserfestmachen mit einer Mischung
von Leimlösung und Klauenöl behandelt, spricht man wohl mit Recht von
einer Imprägnierung (J. R. Geigy). Man kann Leder auch mit einem
Gemisch aus Monopolseife, Ricinusöl und Aluminiumsalzen von Naphthensäuren bei p_H 7,5 bis 8 vor- und mit Alaunlösung nachbehandeln (S. M. Ribalski).
Hier handelt es sich ebenfalls um Imprägnierung. Auch Sulfonierungsprodukte
von stearinarmen Abfallfetten sollen dazu geeignet sein (A. Th. Böhme). In
solchen Fällen wird aber zur Erreichung des Effekts ebenfalls Nachbehandlung
mit fällenden Metallsalzen erforderlich sein wie bei dem Verfahren, bei dem man
Chevreauleder nach dem Fetten mit Emulsionen von Paraffin in Triäthanolamin und Fettalkoholsulfonaten imprägniert. Nach Ungenannt (7) soll bei dieser
Methode die Luftdurchlässigkeit völlig erhalten bleiben. Die Lederwerke
Becker & Co. empfehlen zum Wasserdichtmachen ohne Aufhebung der Porosität
trocknende oder halbtrocknende Öle oder Fette. Die Leder werden zunächst
mit den Ölen und Fetten unter Zusatz eines oxydationsbeschleunigenden Katalysators behandelt, dann aufgetrocknet, gelagert und nach dem Anfeuchten mit
Ölen und Fetten unter Zusatz eines gegen Oxydation wirkenden Giftstoffes,
wie Kaliumcyanid, nachbehandelt.

R. Dell'Orto empfiehlt eine Lösung von Chlorkautschuk in Benzol, Xylol, Butyl- oder Amylacetat, Tetralin oder chlorierten Kohlenwasserstoffen unter Zusatz von Weichmachungsmitteln, wie Butylstearat, Trikresylphosphat, Sipalin. Nach einem Verfahren der I. G. Farbenindustrie (*11*) werden Chromsportleder 30 Minuten mit einer 10 bis 20%igen Lösung von Polyvinyläthern höherer Alkohole imprägniert, Bekleidungsleder mit einer Lösung von Polyvinyloleyläther in Benzin. Densodrin, das die Badische Anilin- und Sodafabrik empfiehlt, ist wohl aus diesen Forschungen hervorgegangen. Demnach werden gelickerte Oberleder, wie Boxcalf, Rindbox und Chevreau, einige Minuten in eine Lösung von 200 bis 300 g Densodrin VW in einem Liter Tetrachlorkohlenstoff eingelegt und dann an der Luft getrocknet. Dadurch geht die Wasseraufnahme bei Rindbox von 66% nach 2 Stunden auf 27% zurück (Methode Kubelka). Geschmierte Oberleder, wie Fahlleder und Semichromwaterproofleder werden von der Fleischseite aus zweimal, gegebenenfalls außerdem von der Narbenseite mit einer Lösung von 200 g Densodrin VW in einem Liter Waschbenzin eingepinselt und an der Luft getrocknet. Zum Abcremen von Waterproofleder eignet sich eine Mischung aus gleichen Teilen Densodrin VW und Mineralöl. Mit dem Problem der Porosität bei der Imprägnierung befaßt sich ein Verfahren der Heylschen Lederwerke Liebenau. Nach diesem wird das Leder mit Kautschuk in Benzol oder Kautschukmilch in der Art imprägniert, daß die dünne Rohkautschukschicht auf die Fleischseite des Leders aufgebracht und unter Druck und bei mäßiger Hitze vulkanisiert wird. Der Rohkautschuklösung werden pulverförmige Salze oder andere in der Hitze flüchtige Körper, z. B. 2 bis 10% Ammoniumverbindungen der Kohlensäure, zugegeben, die bei der Vulkanisation als Bläschen die Kautschukschicht verlassen.

4. Gasmesserleder.

An die Imprägnierung von Gasmesserleder werden insofern besonders hohe Anforderungen gestellt, als man es für ein bestimmtes Gemisch gasförmiger Stoffe, die Lösungsvermögen besitzen, undurchdringlich machen muß. Eine rein mechanische Verschließung wie für die Luftundurchlässigkeit reicht also nicht aus. Man kann in Benzol und anderen Kohlenwasserstoffen unlösliche Aluminiumcocosölseife verwenden. Aber auch Bariumseifen anderer höherer Fettsäuren sind brauchbar, wie Bariumoleat oder -stearat (United Gas Co.). Falls man mit Öl imprägniert, wird dieses zuerst von ungeeigneten, vor allem auch leichtflüchtigen Bestandteilen dadurch befreit, daß durch dieses Leuchtgas gepreßt wird (Elster & Co.). Zur Erhöhung der Sicherheit ist es aber weiter erforderlich, das Leder selbst auch gegen die schädliche Einwirkung der im Gas enthaltenen Kohlenwasserstoffe zu schützen. Dies erreicht man dadurch, daß man der Imprägniermasse aus zirka zwei Teilen Talg und einem Teil Paraffin noch ein Teil der Kohlenwasserstoffe zusetzt, die man durch Abkühlen der Leuchtgase erhält (Alder und Mackay Ltd.). Vgl. dazu auch K. Sohre, S. 487.

5. Riemenleder.

Hier fällt es wiederum schwer, Fettung und Imprägnierung scharf zu trennen. Bei Treibriemenleder unterscheidet man je nach Art und Intensität der Fettung zwischen „kaltgeschmierten", d. h. vorwiegend mit flüssigen Fetten auf der Tafel geschmierten Ledern bis zu einem Fettgehalt von 6%, und „warm gefetteten" Ledern, d. h. im Faß mit salbenartigen Fettgemischen warm geschmierten Ledern bis zu 14% Fettgehalt. Zur Erzielung eines Fettgehalts bis zu 20% und mehr wird durch Einbrennen imprägniert. Das Einbrennen bis zu einem hohen Fett-

gehalt soll das Leder gleichzeitig auch gegen äußere Einflüsse, wie Säuredämpfe
sowie Feuchtigkeit und Staub, in chemischen Betrieben und in der Landwirt-
schaft schützen.   Solche Einbrenngemische bestehen aus Stearin, Paraffin,
Talg und Harz. Wegen Einzelheiten über zweckmäßige Fettgemische für warm
gefettete Leder s. diesen Bd., 6. Kap., S. 651, sowie H. Gnamm (2), S. 163.
Darüber hinaus kann man zum Konservieren und Geschmeidigmachen noch
mit festen oder flüssigen Estern der Phthalsäure mit Cetyl- oder Oleylalkohol
imprägnieren, eventuell unter Zusatz von Wollfett, Montanwachs oder Ceresin
(Deutsche Hydrierwerke A. G. (2)].   Die Haftfestigkeit wird durch Tauchimprägnierung mit einer Lösung von 70 Teilen Kolophonium und 10 Teilen
Glycerin in 20 Teilen Tetrachlorkohlenstoff erhöht, nachdem man die Leder
vorher in Tetrachlorkohlenstoff getaucht hat (J. Fr.-D. Morin). Chrom-
riemenleder schmiert man im Faß. Fettgarleder für Näh- und Binderiemen
werden nach einer meist mäßigen Alaungerbung einer stärkeren Imprägnierung
mit Rindertalg und Tran neben wenig Vaseline, Pferdefett und Palmöl unterworfen, Chromfettgarleder mit einer Emulsion aus Talg, Degras und Knochenöl gelickert.

Schlagriemenleder „ohne Haar" oder „mit Haar" erhalten eine meist starke
Fettung. Nähere Angaben über die Fettung technischer Leder s. diesen Bd.,
6. Kap., S. 653, sowie K. Sohre, S. 436f.

6. Manschetten- und Dichtungsleder.

Die Zusammensetzung der Imprägniergemische muß dem jeweiligen Verwendungszweck der technischen Leder angepaßt werden. Dichtungen kann man
mit einem Gemisch aus 60% Montanwachs und 40% Carnaubawachs imprägnieren (B. B. Chemical Co., Boston). Wenn die Lederdichtungen für die Kolben
von Druckluft-Hilfskrafteinrichtungen verwendet werden sollen, ist es zweckmäßig, unverseiftem Talg noch mit Kalk verseiften Talg zuzusetzen, um eine
Emulsionsbildung mit Wasser zu unterbinden (Robert Bosch A. G.). Zur Imprägnierung von Leitungen, durch die komprimierte Gase, vor allem Sauerstoff,
Stickstoff und Wasserstoff gepreßt werden, soll nach der Union Carbide & Carbon
Corporation ein Gemisch aus 60 Teilen o-Trikresylphosphat und 40 Teilen Carnaubawachs oder chloriertem Naphthalin besonders günstig sein. Ledermanschetten, speziell für Sauerstoffkompressen, werden nach den Union-Treib-
riemen- und Ledermanschettenfabriken G. m. b. H. mit geschmolzenem Hexa-
chlornaphthalin imprägniert. Leder, das gegen hohen Druck widerstandsfähig
und für Öl undurchlässig ist, wie man es unter anderem für Luftdruckbremsen
braucht, erhält man nach der Ritter Dental Mfg. Inc. dadurch, daß man es zunächst mit Aceton vorbehandelt, um die Poren zu öffnen, und nach dem Verdampfen des Lösungsmittels mit einer Mischung aus 3 Teilen Bienenwachs,
1 Teil Carnaubawachs, 1 Teil Montanwachs und $1^1/_2$ Teilen Paraffin einbrennt.
Eine ähnliche sehr häufige Kombination besteht aus Ceresin, Bienenwachs und
Paraffin. An Leder für Stulpen von Luftdruckbremsen werden hohe Anforderungen betreffs Luftundurchlässigkeit gestellt, und zwar bis zu 5 bis 6 atü pro
1 cm² sowie Beständigkeit in einem Temperaturbereich von — 30 bis + 30⁰.
Die Imprägniermasse muß außerdem eine gewisse Schmierfähigkeit aufweisen,
so daß während mehrjähriger Benutzung der Dichtungen keine Nachschmierung
erforderlich ist. Die ausschließliche Verwendung von Fett ist hier ungeeignet,
da dieses beim Pressen der Form unter höherem Druck teilweise heraus-
gedrängt wird. Ferner erreicht man nicht bei allen Ledern an jeder Stelle
die hohe Luftundurchlässigkeit, weil die Lederstruktur nicht überall gleich

dicht ist. Es muß daher mehrmals imprägniert werden. Diesen Schwierigkeiten kann man durch Zusammenschmelzen mit einer entsprechenden Plexigummarke begegnen (Röhm & Haas G. m. b. H., Darmstadt).

Manschetten- und Pumpenleder werden häufig bei der Erzeugung nicht oder nur mäßig gefettet und erst nach dem Ausstanzen und Pressen als geformte Manschette mit den entsprechenden Fettstoffen und Wachsen imprägniert. Vgl. dazu auch K. Sohre, S. 452.

7. Gasmaskenleder.

Nach einem Verfahren der Drägerwerke, Lübeck (1), wird Lostdichtheit dadurch erreicht, daß man das Leder mit Lösungen oder Emulsionen von mindestens 25% Fett- oder Harzseifen zwei- oder dreiwertiger Metalle in Paraffin oder Vaseline behandelt. Es werden z. B. 40 Teile geschmolzenes Manganresinat in 100 Teilen heißem Paraffinöl gelöst. Löst man 50% solcher Fett- und Harzseifen in Terpentinöl und wasserunlöslichem Lederöl, dann erhält man ein lostzerstörendes Imprägniermittel für Lederwaren [Drägerwerke (2)]. Nach einem jugoslawischen Patent wird das Leder zum Lostfestmachen mit einem Gemisch aus 26,5% pflanzlichem Öl (Rüböl, Leinöl oder Ricinusöl), 24,5% Benzin und 49% Schwefelchlorür behandelt. Polyvinylalkohole und ihre Acetale sollen Leder gegen flüssige Kampfstoffe widerstandsfähig machen (D.R.P. 723082, 1934). Es findet sich auch der Vorschlag, Gasmaskenleder mit oxydiertem und sulfoniertem Sonnenblumenkernöl zu imprägnieren [Ungenannt (3)]. Siehe hierzu auch K. Sohre, S. 489.

8. Verschiedenes.

Ungefettetes lohgares Leder kann man dadurch feuerfest machen, daß man es zunächst mit 5% Aluminiumsulfat, gelöst in Wasser von 50°, walkt. Nach 1 Stunde setzt man Natriumphosphat zu und bewegt nochmals 1 Stunde, dann wird mit Wasser ausgewaschen (M. Ch. Lamb).

Literaturübersicht.

Aabye, J. S.: Collegium **1936**, 170.
Abderhalden, E.: Biochemisches Handlexikon, Bd. 2, 161ff. Berlin, 1911.
Alder u. Mackay Ltd.: E.P. 415740 (1932); ref. C. **1934**, II, 3869; Collegium **1936**, 122.
Alles, R.: BASF/D.B.P. 821994 (1950).
American Cyanamid Co. (1): E.P. 586190 (1943); (2): Can.P. 464441 (1946); ref. C. **1951**, I, 419.
Aström, J.: Finn.P. 16339 (1933); ref. C. **1935**, II, 1299.
Bakelite Corp.: A.P. 2008417; ref. Collegium **1937**, 244.
Basile, J.: Allg. Lederind.-Zeitung. Jubiläumsausgabe **1938**, 27; Collegium **1938**, 465.
Balfe, A. J.: Leather World **1936**, 591.
Batzer, H. (1): Leder **5**, 5 (1954); (2): Leder **3**, 182 (1952); Leder- u. Häutemarkt **4**, Nr. 1, Gerbereiwissenschaft und Praxis (1952).
Becker, W., u. W. Graulich in Houwink, R.: Chemie und Technologie der Kunststoffe. 3. Aufl., 2. Bd. Leipzig: Akad. Verlagsges. Geest u. Portig, 1956.
Becker & Co., Lederwerke: D.R.P. 632336 (1934); ref. C. **1936**, II, 2486.
Beilsteins Handbuch der organischen Chemie. 4. Aufl., Bd. 31: Kohlenhydrate, S. 83, Berlin: J. Springer, 1938.
Belavsky, E.: Gerbtechn. Rundschau **14**, 35, 45 (1938).
Bergius, E.: Current Science **1937**, 5.
Bergmann, M. (1): Collegium **1927**, 571; (2): Gerber **1932**, 72; Collegium **1933**, 127; (3): D.R.P. 606140 (1931); ref. Collegium **1935**, 85.
Bergmann, M., u. A. Miekeley: Collegium **1927**, 571; Ledertechn. Rundschau **1931**, 130; Collegium **1934**, 128.

Bert, T.: Ital.P. 327688 (1935); ref. C. **1937**, I, 1075.

Blackadder, Th.: A.P. 1645642 (1925).

Blix, G., K. Felix, W. Grassmann u. J. Trupke: In Physiologische Chemie, ein Lehr- u. Handbuch, hrsg. von B. Flaschenträger. 1. Bd., S. 683ff., u. zw. S. 738f. Berlin-Göttingen-Heidelberg: Springer-Verlag, 1951.

Böhme, A. Th.: D.R.P. 644179 (1933).

Böhme, E.: D.R.P. 726959 (1941); ref. C. **1943**, I, 359.

Böhme, E., u. K. Schwörzer: Leder **2**, 97 (1951).

Boname, A.: Soc. An. de Matières Colorantes et Produits Chimiques Francolor: F.P. 932320 (1948); ref. Leder **1**, 274 (1950).

Bosch A. G., Robert: D.R.P. 617117 (1933); ref. C. **1935**, II, 3047.

Boston, R.: Can.P. 348938 (1934).

Bowes, J. H.: J.S.L.T.C. **32**, 224, 275, 343 (1948).

Bowes, J. H., F. Quinn u. C. L. Ward: J.S.L.T.C. **32**, 377 (1948); ref. Ledertechnische Rundschau, Zürich **2**, Nr. 12, S. 230.

Bowker, R. C., u. W. E. Emely: J.A.L.C.A. **30**, 572 (1935); ref. Collegium **1936**, 724.

Bowker, R. C., W. E. Wallace u. J. R. Kanagy (*1*): J.A.L.C.A. **30**, 91 (1935); ref. Collegium **1935**, 616; (*2*): J.A.L.C.A. **30**, 311 (1935); ref. Collegium **1935**, 616.

Brant, P., H. T. Wilson u. V. P. Brant: A.P. 1378213 (1918); ref. C. **1922**, IV, 89.

Breybrocks, E., D. McCandlish u. H. R. Atkin: J.I.S.L.T.C. **23**, 135 (1939).

British Thomson-Houston Co.: E.P. 407914 (1932); ref. C. **1934**, II, 1852.

Brown, J. B., E. M. Legget, J. A. Curtes u. J. H. French: J.A.L.C.A. **46**, 483 (1951); ref. Leder **3**, 140 (1952).

Burchill, J., D. J. Guest u. E. Isaaks: Imperial Chemical Industries, Ltd./E.P.P. 585115 bis 118, 585135 (1945); ref. Leder **1**, 274 (1950).

Burger, H.: E.P. 373549 (1931); ref. C. **1932**, II, 1574; Collegium **1933**, 122.

Campbell, Ch. H.: A.P. 2133224; ref. C. **1939**, I, 574.

Chemical Co., B. B. Boston: A.P. 2217961 (1937).

Conat, L. B.: A.P. 2202092 (1939).

Craemer, K.: Dieses Handbuch, 1. u. 2. Aufl., Bd. III/2 (1955), S. 639.

Cranker, K. R., u. J. S. Jorczak: J.A.L.C.A. **47**, 178 (1952).

Dell'Orto, R.: It.P. 357244 (1937).

Deutsche Hydrierwerke A. G., Rodleben (*1*): E.P. 390534 (1931); ref. C. **1933**, II, 3787; Collegium **1935**, 139; (*2*): D.R.P. 525379 (1928).

Dittmar, R.: Caoutchuc & Guttapercha **29**, 15914 (1932); ref. C. **1932**, I, 3529.

Dohogne, A.: Cuir Techn. **21**, 344 (1932); Collegium **1933**, 415.

Drägerwerke (*1*): D.R.P. 694489 (1932); ref. C. **1940**, II, 1820; (*2*): D.R.P. 717879 (1942).

Drigard Products Corp. (*1*): A.P. 2073630 (1934); ref. C. **1937**, II, 3105; Collegium **1939**, 99; (*2*): E.P. 470041 (1936); ref. C. **1938**, I, 1909.

Dunstone, A. M.: E.P. 402865; ref. Collegium **1938**, 85.

Dupire, C., u. M.: F.P. 789051 (1935); ref. Collegium **1937**, 308; C. **1936**, I, 1560.

Du Pont de Nemours, E. I.: A.P. 1967275 (1931); ref. C. **1934**, II, 3869; Collegium **1936**, 3105.

Eitel, K.: Leder **3**, 266 (1952).

Eitner, W. (*1*): Gerber **1911**, 255; **1913**, 57; (*2*): Gerber **1910**, Nr. 848; (*3*): Gerber **1913**, Nr. 120.

Elster & Cie.: D.R.P. 569758 (1933); ref. Collegium **1933**, 236.

Engel, A.: It.P. 296267 (1931); ref. C. **1937**, I, 4455.

Fasol, Th.: Dieses Handbuch, 1. u. 2. Aufl., Bd. III/2 (1955), S. 72f.

Favre, G. A.: F.P. 788387 (1934); ref. C. **1936**, I, 1560; Collegium **1937**, 308.

Felber, A.: Oe.P. 150806 (1936); ref. C. **1938**, I, 482.

Fromm, G., u. H. Thompson: J.I.S.L.T.C. **24**, 408 (1940).

Gagnan, E.: F.P. 681598 (1929); ref. C. **1930**, II, 1326.

Gardrights Inc.: Schwed.P. 91857 (1936).

Geigy, J. R.: F.P. 774503 (1934).

Gerb- u. Farbstoffwerke C. Flesch jr.: F.P. 723718 (1931); ref. C. **1933**, I, 1064; Collegium **1934**, 39.

Gerngross, O., u. W. Deseke: Ber. dtsch. chem. Ges. **66**, 1810 (1933).

Gerngross, O., u. H. Herfeld: Collegium **1932**, 679, mit zahlreichen Angaben über ältere Literatur.

Gerngross, O., O. G. Triangi u. P. Koeppe: Ber. dtsch. chem. Ges. **63**, 1603 (1930).

Gesellschaft für chemische Industrie, Basel: E. P. 358202; ref. C. **1932**, I, 110; E. P. 361860; ref. C. **1932**, I, 1128; C. **1933**, I, 1544.

Gnamm, H. (*1*): Fachbuch für die Lederindustrie, Stuttgart: Wiss. Verlagsges. 4. Aufl., 395 (1950); (*2*): Die Fettstoffe des Gerbers, Stuttgart: Wiss. Verlagsges., 2. Aufl., 166 (1951); (*3*): Die Lösungsmittel und Weichmachungsmittel, Stuttgart: Wiss. Verlagsges., 6. Aufl. (1950).

Goebel, M. Th., u. J. S. Kirk: E. I. Du Pont de Nemours, E. P. 600369 (1945); ref. Leder **1**, 274 (1950).

Grassmann, W., u. R. Bender: Collegium **1935**, 521.

Grassmann, W., u. P. Stadler (*1*): Leder **4**, 227 (1953); (*2*): Leder **7**, 8 (1956).

Grassmann, W., u. J. Trupke: Dieses Handbuch, 1. Aufl., Bd. I/1 (1944), S. 359ff. u. S. 464.

Graton and Knight Co.: A.P. 1930158; ref. C. **1943**, I, 328; Collegium **1935**, 135.

Grimm, O. (*1*): Röhm & Haas, Darmstadt, D.R.P. 735094 (1938); Tschech.P. 74544 (1943); F. P. 854716; ref. Collegium **1942**, 33; Farbenchemiker **1942**, 55; A. P. 2263385 (1939); (*2*): Leder **5**, 1 (1954).

Grimm, O., u. H. Rauch (*1*): Röhm & Haas, Schwed.P. 107968 (1943); F.P. 872438 (1942); ref. C. **1942**, II, 1764; Collegium **1942**, 373 u. **1943**, 60; It.P. 392293 (1942); (*2*): Röhm & Haas, Schwed.P. 103745; ref. C. **1942**, II, 1629; A.P. 2205355 (1941); ref. Leder **1**, 274 (1950); F.P. 864849; ref. C. **1941**, II, 1932; (*3*): Röhm & Haas, Ung.P. 126749 (1939); It.P. 380901.

Gros, Ch.: F.P. 801828 (1936).

Gustavson, K. H. (*1*): J.A.L.C.A. **24**, 366 (1929); (*2*): Dieses Handbuch, 1. Aufl., Bd. II/2 (1939), S. 583.

Hartridge, O. C.: A.P. 2064073 (1934); ref. C. **1937**, I, 3078; E.P. 439833 (1934); ref. C. **1936**, II, 4058; Collegium **1938**, 90.

Hassler, F. (*1*): D.R.P. 715306 (1938); ref. C. **1942**, I, 1457; (*2*): D.R.P. 671704 (1934); (*3*): D.R.P. 705836 (1943); ref. C. **1941**, II, 1111.

Hebermehl, R.: Farben, Lacke, Anstrichstoffe **1949**, 108.

Hecht, O.: F.P. 709985 (27. 1. 1931).

Herfeld, H. (*1*): Ledertechn. Rundschau **1933**, 49, 61, 78; Collegium **1934**, 151; (*2*): Grundlagen der Lederherstellung. Dresden u. Leipzig: Theodor Steinkopff, 1950.

Hercules Powder Co.: A.P. 2211431 (1938); Kunststofftechnik **1941**, 58.

Hermoso, R. P. (*1*): J.A.L.C.A. **40**, 691 (1945); (*2*): ebenda 85.

Heyl'sche Lederwerke Liebenau: D.R.P. 543042 (1929); ref. C. **1932**, I, 3140.

Hobbs, R. B., u. H. E. Bussey: J.A.L.C.A. **39**, 109 (1944).

Hough, A. T. (*1*): J.I.S.L.T.C. **15**, 406 (1931); ref. Collegium **1932**, 214; (*2*): J.I.S.L.T.C. **15**, 411 (1931); ref. Collegium **1932**, 188; (*3*): F.P. 644238 (1927); ref. C. **1929**, I, 339; J.I.S.L.T.C. **13**, 485 (1929); (*4*): British Leather Mfr. Research Assoc.: E.P. 612372 (1946); Leder **1**, 274 (1950).

Houwink, R.: Chemie und Technologie der Kunststoffe. Leipzig: Akad. Verlagsges. Becker u. Erler K. G., 1942.

Humphreys, F. E.: J.I.S.L.T.C. **18**, 178 (1934); ref. Collegium **1934**, 470.

Huntenburg, W. (*1*): Chemie der organischen Kunststoffe. Leipzig: Verlag Joh. A. Barth, 1939; (*2*): ebenda 71.

I. G. Farbenindustrie A. G. (*1*): E.P. 388091 (1931); ref. Collegium **1934**, 37; D.R.P. 589175 (1931) u. 592224 (1932); ref. C. **1934**, I, 2536/37; Collegium **1934**, 94 u. 183; (*2*): D.R.P. 705200; It.P. 364464; ref. C. **1941**, I, 3624; (*3*): F.P. 740097 (1932); ref. C. **1933**, I, 2485; D.R.P. 657534 (1935); ref. Collegium **1938**, 109; (*4*): D.R.P. 633916 (1931); ref. Collegium **1936**, 668; Jugosl.P. 10860 (1933); ref. Collegium **1936**, 126; (*5*): E.P. 439899 (1934); ref. Collegium **1938**, 90; (*5a*): E.P. 387736 (1931); E.P. 358534; ref. C. **1933**, I, 3399; (*6*): Schwz.P. 218055 (1940); (*7*): F.P. 745229 (1932); ref. Collegium **1935**, 134; (*8*): F.P. 806155 (1936); ref. C. **1937**, I,2905; (*9*): F.P. 839537 (1938); ref. C. **1939**, II, 1417; (*10*): E.P. 354443 (1930); ref. C. **1932**, I,2403; (*11*): Jugosl.P. 10860 (1933); ref. C. **1934**, II, 2643; Collegium **1936**, 126; (*12*): D.R.P. 685662 u. 674857 (1932); Kunststoffe **30**, 168 (1940); (*13*): F.P. 745229 (1932); ref. Collegium **1935**, 143.

Imperial Chemical Industries, Ltd.: F.P. 786233 (1934); ref. C. **1936**, I, 1560.

Johnson, E: Can.P. 327977 (1931); ref. C. **1934**, II, 2643.

Jorczak, J. S., u. M. Fettes: Ind. Engng. Chem. **43**, 324 (1951).

Jordan-Lloyd, D., u. E. W. Merry: J.I.S.L.T.C. **21**, 101, 178 (1937).

Knoch, M.: Dieses Handbuch, 1. u. 2. Aufl., Bd. III/2 (1955), S. 1ff.

Kofman, B. (*1*): Westnik Koshewennoi Promyschlennosti i Torgowli (Ztschr. Leder-Ind.-Handel) **1930**, 518; ref. C. **1933**, I, 359; (*2*): Westnik Koshewennoi Promyschlennosti i Torgowli (Ztschr. Leder-Ind.-Handel) **1930**, 518 bis 521; ref. Collegium **1932**, 361.

Köhler, F.: Deutsche Gold- und Silberscheideanstalt D.B.P. 825732; ref. C. **1952**, 5680.

Kollek, L., u. M. Jahrstorfer (*1*): I. G. Farbenindustrie, A.P. 2045393 (1932); ref. Collegium **1939**, 97; (*2*): I.G. Farbenindustrie, Jugosl.P. 10860 (1933); ref. C. **1934**, II, 2643; Collegium **1936**, 126; A.P. 2045393 (1932); ref. Collegium **1939**, 97; D.R.P. 633916 (1931); ref. C. **1937**, I, 756.

Koppenhoefer, M., u. R. P. Hermoso: J.A.L.C.A. **38**, 358 (1943).

Kotelnikow, N., u. J. Baß: Collegium **1928**, 366; **1929**, 637.

Kubelka, V., u. F. Peroutka: Collegium **1935**, 74.

Krcikalla, H., u. R. Armbruster: I. G. Farbenindustrie, Schwed. P. 99494; ref. C. **1941**, I, 611.

Küntzel, A.: Collegium **1936**, 455.

Lamb, M. Ch.: E.P. 465533 (1935).

Lamb, M. Ch., u. W. E. Chapman: J.I.S.L.T.C. **19**, 563 (1935); ref. Collegium **1937**, 730.

Leas u. McVitty: A.P. 2018588 (1934); ref. C. **1936**, I, 942.

Le Cuir Lissé Français: F.P. 698720 (1929); ref. C. **1931**, I, 3204.

Le Petit, Ch. J. M. M.: F.P. 679053 (1928); ref. C. **1931**, I, 1399 u. 3204.

Liesegang, R. E.: Kolloidchemische Technologie, S. 898. Dresden u. Leipzig: Th. Steinkopff, 1927.

Lobry de Bruyn: Nach Abderhalden, E.: Biochemisches Handlexikon 2, 318 (1911).

Lober, F.: Schwz.P. 150626 (1931).

Machon, H.: Collegium **1930**, 368.

Manvers, O.: D.R.P. 350595 (1920); ref. C. **1922**, II, 1237.

Marriott, R. H.: J.I.S.L.T.C. **17**, 270 (1933); **18**, 209 (1934).

Mauthe, G.: D.R.P. 613782 (1932); ref. Collegium **1935**, 297.

Mauthe, G., u. H. Pense: I. G. Farbenindustrie, D.R.P. 615150 (1933); ref. Collegium **1935**, 444; C. **1935**, II, 2165 u. 2166.

Mauthe, G., u. K. Faber: Leder 4, 49 (1953).

Merrill, H. B. (*1*): J.A.L.C.A. **24**, 235 (1929); **25**, 173 (1930); (*2*): In J. A. Wilson: The Chemistry of Leather Manufacture, 2. Aufl., Bd. 2, S. 521, New York, 1929,

Meunier, L., u. J. Roussel: J.I.S.L.T.C. **8**, 629 (1924).

Meyer, H.: In Chemische Technologie der Neuzeit, Bd. IV, S. 251. Stuttgart, 1933.

Mezey, E.: Collegium **1924**, 31; **1925**, 310.

Miekeley, A.: Persönliche Mitteilung.

Minski, L.: Westnik d. Lederind. u. d. Lederh. 6/7, S. 291—293 (1928); ref. Collegium **1929**, 83.

Mombiot, M. F.: F.P. 818926 (1937).

Morin, J. Fr.-D.: F.P. 747215 (1932); ref. C. **1933**, II, 2088.

Niedercorn, J. G., u. F. D. Thayer: J.A.L.C.A. **40**, 242 (1945).

Norgine, Chemische Fabrik: E.P. 307748; ref. C. **1930**, I, 788; Collegium **1931**, 271.

Nüsslein, J.: D.R.P. 659527; ref. C. **1938**, II, 983.

Nielsen, A. (*1*): Kunststoffe **31**, 352 (1941); (*2*): Paint Manufacturer **1936**, 153; ref. Farbe-Lack **1936**, 545; Collegium **1937**, 48.

Oehler, R., u. T. J. Kilduff (*1*): J.A.L.C.A. **44**, 151 (1949); ref. Leder **2**, 40 (1951); (*2*): J.A.L.C.A. **44**, 151 (1949); ref. Leder **2**, 40 (1951).

Oehler, R., S. Dahl u. T. J. Kilduff: J.A.L.C.A. **47**, 642 (1952); ref. Leder 4, 67 (1953).

Oehler, R., T. J. Kilduff u. S. Dahl: Nat. Bur. Standards Techn. News Bull. **33**, 36 (1949); J.A.L.C.A. **45**, 349 (1950); ref. Leder **3**, 182 (1952).

Otto, G. (*1*): Collegium **1935**, 449; (*2*): Collegium **1935**, 462.

Paessler, J.: Bericht über die Tätigkeit der Deutschen Versuchsanstalt für Lederindustrie **1913**, 30.

Page, R. O. (*1*): J.A.L.C.A. **23**, 495 (1928); ref. Collegium **1929**, 407; J.A.L.C.A. **26**, 143 (1931); ref. Collegium **1932**, 464; J.A.L.C.A. **27**, 432 (1932); ref. Collegium **1933**, 241; J.A.L.C.A. **28**, 93 (1933); ref. Collegium **1933**, 241; (*2*): J.A.L.C.A. **23**, 495 (1928).

Page, R. O., u. H. C. Holland (*1*): J.A.L.C.A. **26**, 143 (1931); (*2*): J.A.L.C.A. **26**, 143 (1931); **27**, 432 (1932).

Patrick, J. C.: A.P. 2100351 (1937), 2142144 (1939), 2142145 (1939), 2195380 (1940), 2206641—43 (1940), 2216044 (1940), 2221650 (1940), 2235621 (1941), 2255228 (1941), 2278127 (1942), 2278128 (1942).
Patrick, J. C., u. H. R. Farguson: A.P. 2466963 (1945).
Pawlowitsch, P.: Collegium **1928**, 2; E.P. 302408; Collegium **1931**, 268.
Pfersee, G. m. b. H., Chemische Fabrik (*1*): Belg.P. 441384 (1941); (*2*): Schwed.P. 80330 (1931); ref. C. **1934**, III, 3201.
Phillips, H.: J.I.S.L.T.C. **15**, 465 (1931).
Pinten, H.: Angew. Chem. **62**, 57 (1950).
Pissarenko, A. P.: Ber. Zentr. wiss. Forsch.-Inst. Lederind. **1932.** Nr. 1, S. 18; ref. C. **1933**, I, 4088; Collegium **1933**, 245.
Pollak, L. (*1*): Collegium **1939**, 379; (*2*): Collegium **1925**, 122; (*3*): Collegium **1925**, 125; (*4*): Gerber **1929**, 168, 190; (*5*): Gerber **1933**, 80, 89, 100.
Prefex: Leather Trades' Rev. **93**, 71 (1936); Collegium **1937**, 609.
Preuss. E.: Die Fabrikation des Stärkezuckers. Leipzig, 1925.
Prüfer, H. (*1*): Schwz.P. 188091 (1936); ref. C. **1937**, II, 162; (*2*): D.R.P. 702741 (1936).
Rasheed, A. A.: Leather Trades' Rev. **102**, 561 (1951); ref. C. **1952**, 3727.
Rees' Sons, H.: A.P. 2032027, 2032028 (1931); ref. Collegium **1937**, 303.
Reichert, B., u. E. Rydberg: Schwed.P. 83627 (1934); ref. C. **1935**, II, 3622.
Rheinberger, G.: Leder **3**, 247 (1952).
Ribalski, S. M.: Russ.P. 56650 (1938).
Ritter Dental Mfg. Inc.: A.P. 1738934 (1926); ref. C. **1930**, II, 346.
Röhm, O. (*1*): D.R.P.P. 470552 u. 471675; ref. C. **1930**, I, 2833; (*2*): D.R.P. 471675; ref. C. **1930**, I, 2833; (*3*): D.R.P. 524212.
Röhm & Haas G. m. b. H., Darmstadt (*1*): D.R.P. 486977 (1926); (*2*): F.P. 804048 (1936); ref. Collegium **1939**, 109; (*3*): D.R.P. 471675 (1925); ref. C. **1930**, I 2833; (*4*): D.R.P. 675032.
Rydberg, E. Th.: D.R.P. 565983 (1930); ref. Collegium **1938**, 534.
Sagoschen, J. A.: Gerber **1932**, 27.
Sagoschen, J. A., u. A. Luft: Collegium **1937**, 75.
Schach, A., u. S. Jegorow: Westnik Koshewennoi Promyschlennosti i Torgowli (Ztschr. Leder-Ind.-Handel) **1931**, 383; ref. C. **1932**, I, 3530.
Schlenk, W.: Organische Chemie I, S. 716, Wien u. Leipzig: Franz Deuticke, 1932.
Scholler, H.: Chemiker-Ztg. **60**, 293 (1936).
Schröder, J. v.: Gerbereichemie. Berlin, 1898.
Schulze G., u. K. Mehnert: Kunststoffe **41**, 237 (1951).
Shaw, C. G. (*1*): A.P.P. 1975670 u. 1975671; ref. C. **1935**, I, 1162; E.P.P. 384663 u. 384664 (1931); ref. C. **1933**, I, 2498; (*2*): E.P. 331263 (1929); ref. C. **1930**, II, 2601; Collegium **1931**, 817.
Soc. Française Duco: F.P. 864470 (1939).
Soc. J. Pennel u. J. Flipo: F.P. 738149 (1932); ref. C. **1933**, I, 4055.
Sohre, K.: Dieses Handbuch, 1. u. 2. Aufl., Bd. III/2 (1955), S. 436f.
Solli, A.: Norw.P. 59419 (1937); ref. C. **1938**, II, 1526.
Standard Oil Co.: A.P. 2219867 (1939); ref. Collegium **1939**, 98; (*2*): A.P. 2093431; ref. C. **1938**, I, 242.
Stather, F. (*1*): Collegium **1933**, 9, 316; (*2*): Gerbereichemie und Gerbereitechnologie, 2. Aufl. Berlin: Akademie-Verlag, 1951; (*3*): ebenda 1. Aufl. 1948.
Stather, F., u. O. Endisch (*1*): Collegium **1937**, 193; (*2*): Collegium **1937**, 200.
Stather, F., u. H. Herfeld (*1*): Collegium **1943**, 210; Gesammelte Abh. dtsch. Lederinst. Freiberg/Sa. **1950**, Heft 3, S. 44; (*2*): Gesammelte Abh. dtsch. Lederinst. Freiberg/Sa. **1950**, Heft 3, S. 44; (*3*): Chemie und Technologie der pflanzlichen Gerbung, Fortschrittbericht 1926—1936; Collegium **1936**, 497, vor allem 516. Hier auch zahlreiche Literaturhinweise; (*4*): Collegium **1938**, 321; (*5*): Collegium **1939**, 609; (*6*): Collegium **1938**, 321, 656; (*7*): Collegium **1941**, 247.
Stather, F., H. Herfeld u. R. Schubert: Gesammelte Abh. dtsch. Lederinst. Freiberg/Sa. **1950**, Heft 3, S. 31.
Stather, F., u. R. Lauffmann (*1*): Collegium **1934**, 495; (*2*): Collegium **1934**, 495; (*3*): Collegium **1935**, 420, 470; (*4*): Collegium **1935**, 420, 470; (*5*): Collegium **1934**, 495.
Stather, F., u. R. Schubert (*1*): Collegium **1942**, 337; (*2*): in F. Stather, Gerbereichemie und Gerbereitechnologie, 2. Aufl., S. 456. Berlin: Akademie-Verlag 1951.
Staudinger, H.: Die hochmolekularen Verbindungen; Kautschuk und Cellulose, S. 378, 401. Berlin: Julius Springer, 1932.
Steven, O. L.: D.R.P. 514723 (1927) u. A.P. 1750732 (1928); ref. C. **1931**, I, 1224, u. **1930**, II, 1181; Collegium **1931**, 35 u. **1932**, 300.

Stiasny, E.: Collegium **1926**, 416.
Stock, E. (*1*): Technik der neuzeitlichen Lackherstellung, S. 227. Stuttgart: Wissenschaftliche Verlagsges., 1942; (*2*): ebenda 863; (*3*): ebenda 894.
Stockhausen: D.R.P. 685744 (1934); ref. C. **1940**, I, 1308; D.R.P. 687153 (1934); ref. C. **1940**, I, 2595.
Van Tassel Sole and Leather Corp.: A.P. 1745591 (1926); ref. C. **1930**, II, 1180; Collegium **1932**, 300; Collegium **1931**, 682.
Taylor, J., u. V. Keller: E.P. 333759 (1929).
Thomas, A.W., u. W. Kelly (*1*): Ind. Engng. Chem. **16**, 31 (1924); (*2*): ebenda **14**, 292 (1922); **15**, 928 (1923).
Tóth, G.: Collegium **1939**, 439, 442.
Trebitsch, O.: D.R.P. 265913 (1912); ref. C. **1913**, II, 1636.
Trommsdorff, E.: in R. Houwink: Chemie und Technologie der Kunststoffe. Leipzig: Akademische Verlagsges., 1939.
Trommsdorff, E., u. O. Grimm: Röhm & Haas, D.R.P. 716322 (1938); Chemiker-Ztg. **66**, 36 (1942) u. **67**, 41 (1943); Gelatine, Leim, Klebstoffe **1942**, 42; Nitrocellulose **1943**, 32.
Ullmann, F: Enzyklopädie der technischen Chemie, 2. Aufl., Bd. 9, S. 598, 604. Berlin u. Wien: Urban u. Schwarzenberg, 1932.
Union Carbide u. Carbon Corp.: A.P. 2074015 (1933).
Union Treibriemen-Ledermanschettenfabriken G. m. b. H.: D.R.P. 632719 (1934); ref. Collegium **1936**, 469; C. **1936**, II, 2486.
United Gas Co.: A.P. 1990320 (1935); ref. C. **1935**, II, 1299; Collegium **1937**, 241.
Vallentsits, K. v.: D.R.P. 609636 (1930); ref. Collegium **1935**, 202.
Vogel, W.: 44. Jahresbericht der Deutschen Gerberschule 1933; Collegium **1937**, 217.
Voss, A., u. W. Pense: I. G. Farbenindustrie, D.R.P. 713037 (1938); ref. C. **1942**, I, 959.
Wagner, J.: Gerber **1929**, 107.
Wagner, H., u. H. F. Sarx: Lackkunstharze, S. 200. München: Carl Hanser, 1950.
Wallace, L., u. C. Bowker: Ref. Collegium **1937**, 475.
Weber, E.: Dieses Handbuch, 1. u. 2. Aufl., Bd. III/2 (1955), S. 767 f.
White, P., u. F. G. Caughley (*1*): J.I.S.L.T.C. **20**, 307 (1936); (*2*): ebenda **21**, 12 (1937) u. **22**, 388 (1938).
Wieschebrink, Th. (*1*): Dieses Handbuch, 1. Aufl., Bd. III/1 (1936), S. 298; (*2*): Ledertechn. Rdsch. **25**, 1 (1933).
Winheim, A. H., u. E. E. Doherty (*1*): A.P. 2516283 (1947); (*2*): A.P. 2516284 (1949).
Wolff, H., W. Schlick u. H. Wagner: Taschenbuch für die Farben- u. Lackindustrie. Stuttgart: Wissenschaftliche Verlagsges., 1929.
Zohlen, O.: Dieses Handbuch, 1. u. 2. Aufl., Bd. III/2 (1955), S. 223ff.
Ungenannt: (*1*): Cuir techn. **24**, 38 (1935); Collegium **1935**, 611.
    (*2*): Seifen, Öle, Fette, Wachse **1950**, 429.
    (*3*): Leather Manufacturer **1931**, 215; ref. C. **1931**, II, 3708.
    (*4*): Chem. Age **1950**. 535; ref. C. **1951**, II, 1993.
    (*5*): Lederzeitung-Gerbereitechnik **1936**, 13; Collegium **1936**, 722.
    (*6*): Lederzeitung-Gerbereitechnik **1936**, 20; Collegium **1936**, 722.
    (*7*): Cuir techn. **25**, 26 (1936).
    (*8*): Halle aux cuirs **1938**, 175.

Sechstes Kapitel

Fettung des Leders.

Von Dr.-Ing. **Hellmut Gnamm**, Stuttgart.

Mit 19 Textabbildungen.

A. Einleitung.

Bei der Herstellung fast aller Leder ist das sogenannte „Fetten des Leders" ein sehr wichtiger Teil der Zurichtung. Das unmittelbar nach der Gerbung ohne weitere Behandlung aufgetrocknete Leder ist dunkel gefärbt, besitzt keine Geschmeidigkeit und neigt beim Biegen zum Bruch. Erst durch die Behandlung mit Fettstoffen — das lohgare Bodenleder ausgenommen — erhält das Leder alle jene Eigenschaften, wie Griffigkeit, Wasserbeständigkeit und größere Haltbarkeit, die für den Werkstoff Leder allgemein charakteristisch und an ihm geschätzt sind.

Bis vor wenigen Jahrzehnten war der Fettungsprozeß für den Gerber ein einfacher Arbeitsgang, für den er eine begrenzte Anzahl von Fettungsmitteln zu verwenden pflegte. Talg, Tran, Klauenöl, Degras und für Lickerbrühen Seifen, die dann später durch sulfonierte Öle ersetzt wurden, waren lange Zeit die einzigen Hilfsstoffe für die Lederfettung, die in besonderen Fällen durch Wachse, Stearin und Erdölabkömmlinge ergänzt wurden. Man arbeitete nach altgewohnten Methoden, die verläßlich und erprobt waren.

Heute steht der Gerber, wenn er seine Leder fettet, vor einer Fülle von technischen Problemen, deren richtige Lösung für die Qualität seiner Fertigprodukte von größter Bedeutung geworden ist. Diese Entwicklung von den einfachen handwerklichen Methoden der Vergangenheit zu den differenzierten Verfahren der heutigen Fettungsprozesse ist auf verschiedene Ursachen zurückzuführen.

Einmal machte die Verfeinerung der Lederqualitäten und die ganz erhebliche Vermehrung der Ledersorten auf allen Gebieten eine Anpassung der Zurichtung, und damit auch besonders der Fettung, an die immer höheren Qualitätsforderungen und die spezifischen Eigenschaften der zahlreichen Lederarten notwendig. Die Fortschritte auf dem Gebiet der Lederfärbung und Lacklederzeugung stellten auch die Fettungsprozesse vor neue Aufgaben und zwangen den Gerber, bei der Auswahl seiner Fettungsmittel bisher nicht beachtete Gesichtspunkte zu berücksichtigen.

Dazu kam als ein ganz neuer Gesichtspunkt die Entwicklung in der chemischen und Fettindustrie, die zur Herstellung von besonderen Lederölen und Lederfetten führte, welche sehr bald als Markenprodukte unter Deck- und Phantasienamen angeboten wurden und deren Zusammensetzung dem Lederfabrikanten nicht mehr bekannt war. Den ersten starken Anstoß zur Erzeugung derartiger Lederöle bildete der außerordentliche Ausbau des Sulfatierungsprozesses zur Herstellung von wasserlöslichen Ölen nach dem ersten Weltkrieg. Der zweite Impuls wurde vor und vor allem während des letzten Krieges durch die Verknappung der Fette und Öle und besonders der technischen Fettstoffe ausgelöst. Er stellte vor allem die deutsche chemische Industrie vor die Aufgabe, Lederfettungsmittel für die Lederindustrie aufzufinden und herzustellen, die als ein brauchbarer Ersatz für die ausfallenden bisherigen natürlichen Produkte angesehen werden konnten und den gesteigerten vielseitigen Anforderungen bei der Lederzurichtung entsprachen. Es muß betont werden, daß der deutschen chemischen Industrie, insbesondere der früheren I. G. Farbenindustrie A. G., die Lösung dieser Aufgabe sehr weitgehend gelungen ist.

So haben sich im Laufe der letzten Jahrzehnte die Probleme der Lederfettung — wie alle Probleme in der Lederindustrie — völlig verändert. Der Lederhersteller steht heute vor einer kaum mehr übersehbaren Fülle von Fettungsmitteln der verschiedensten Art, die ihm neben den schon immer verwendeten natürlichen Produkten von seinen Hilfsmittelindustrien angeboten werden, d. h. von einem Kreis von chemischen Fabriken und Fettverarbeitern, der schon aus Gründen des Wettbewerbs auf die Erzeugung billiger und guter Produkte bedacht sein und durch stete Verbesserung neue Spezialerzeugnisse auf den Markt zu bringen bestrebt sein muß.

Diese Ausweitung des Kreises der als Lederfettungsmittel angebotenen und verwendeten Produkte, das Erscheinen zahlreicher Lederöle mit unbekannter Zusammensetzung auf dem Markte und das Auftreten neuartiger, für die Fettung von Leder empfohlener Stoffe, die mit den eigentlichen Fetten und fetten Ölen überhaupt nichts mehr zu tun haben, machte dem Gerber oder Lederfabrikanten die richtige Auswahl der für seine Leder geeigneten Fettungsmittel nicht leicht. Es wird für ihn bzw. seinen Gehilfen, den Gerbereichemiker, immer mehr erforderlich, sich mit der Natur, den besonderen Eigenschaften und den Möglichkeiten für die Untersuchung und Bewertung der gesamten Lederfettungsmittel eingehend vertraut zu machen.

Im Hinblick auf diese Notwendigkeit soll in dem vorliegenden Kapitel über die Fettung des Leders zunächst (Abschn. B) eine allgemeine technologische Betrachtung aller für die Lederfettung zur Zeit herangezogenen oder empfohlenen Produkte erfolgen, und zwar auf so breiter Grundlage, daß der praktische Gerbereichemiker und -techniker ohne Heranziehung weiterer umfangreicher Spezialliteratur sich mit all diesen Stoffen hinreichend vertraut machen kann. Dabei ist besonderer Wert gelegt auf die Aufgabe aller heute bekannten Möglichkeiten für die analytische Prüfung und sonstige Bewertung der Lederfettungsmittel.

Im Anschluß an diese kurze Technologie der Fettungsmittel wird dann die Praxis der Lederfettung beschrieben werden (Abschn. C). Es wird sich dabei sowohl um eine Schilderung der praktischen Arbeitsmethoden wie um die Angabe und Besprechung aller Erkenntnisse handeln, die auf Grund bisheriger wissenschaftlicher Untersuchungen über die mit diesen Arbeitsmethoden zusammenhängenden Probleme erhalten worden sind.

B. In der Lederindustrie verwendete Fettungsmittel.

I. Systematik.

Eine wenigstens gruppenmäßige Durchmusterung aller bei der Fettung des Leders heute verwendeten oder für diesen Prozeß empfohlenen Produkte zeigt nicht nur, wie zahlreich die Fettungsmittel sind, unter denen der Gerber seine Auswahl treffen muß. Jeder Versuch einer Systematik dieser Stoffe kann nur zu unbefriedigenden Ergebnissen führen, weil von einem großen Teil der auf dem Markt befindlichen, besonders der neueren Lederfettungsmittel mit Phantasienamen, die Zusammensetzung nicht oder nur unzureichend bekannt ist. Bei einer Übersicht über alle bei der Lederfettung verwendeten Produkte muß man zunächst unterscheiden zwischen Fettungsmitteln und Hilfsstoffen für die Fettung. Die Stoffe der ersten Gruppe haben eine schmierende Wirkung auf die Lederfaser. Die Hilfsstoffe haben diese Eigenschaft nicht, sie werden zur Herstellung besonderer Fettungsgemische verwendet und sind in der Hauptsache Emulgatoren, also grenzflächenaktive Produkte. Daß zwischen beiden Gruppen keine scharfe Abgrenzung möglich ist, sondern in einzelnen Fällen die Eigenschaften beider Gruppen einander überschneiden, weil z. B. eine große Gruppe der wirklichen Fettungsmittel, die organischen Sulfate und Sulfonate, ebenfalls grenzflächenaktiv ist und deshalb gleichzeitig Emulgatoreigenschaften besitzt, ist eine weitere Schwierigkeit für eine einwandfreie Systematik. Hierin liegt auch die Erklärung dafür, daß eine Systematik der Lederfettungsmittel von der Praxis aus gesehen, anders aussehen muß, als in der Schau des Wissenschaftlers (s. unten).

Die wichtigste und auch heute noch in normalen Zeiten, in denen kein Fettmangel herrscht, umfangreichste Stoffgruppe unter den Lederfettungsmitteln umfaßt die natürlichen Fette und fetten Öle, also die Fettsäureglyceride. Talge, Klauenöle, Seetieröle aller Art, Eigelb und zahlreiche pflanzliche Öle sind auch heute noch die meist verwendeten Fettungsmittel für das Leder.

Durch Veränderung der Fettsäureglyceride entsteht eine weitere Gruppe von Produkten, die zum größeren Teil echte Fettungsmittel sind, zum Teil aber, soweit grenzflächenaktive Stoffe, auch als Emulgatoren verwendet werden können oder aber eine fettende und emulgierende Wirkung zugleich aufweisen. Zu diesen letzteren gehören die vielen und verschiedenartigen Produkte, die bei der Behandlung von Fettsäureglyceriden mit Schwefelsäure entstehen und ganz allgemein entweder als organische Sulfate oder als organische Sulfonate (bisher sulfonierte Öle und Fette genannt) gekennzeichnet werden können. Hierher gehören ferner die Alkalisalze der bei der Spaltung der Fette und Öle erhaltenen Fettsäuren, die Seifen, welche die ältesten in der Lederindustrie verwendeten Emulgatoren sind. Von den reinen Spaltprodukten finden Stearin, Olein und Glycerin in der Lederzurichtung Verwendung. Durch Oxydation von fetten Ölen entstehen die als Moellon und Degras bezeichneten, heute in allen möglichen Abarten hergestellten Fettungsmittel von noch immer großer Bedeutung. Bei neueren Produkten dieser Art wird mit der Oxydation gleichzeitig eine Kondensation durchgeführt. Bei einigen neueren Fettungsmitteln, wie z. B. dem im Handel befindlichen Hostapon A (Hoechst), werden Fettsäuren mit einer besonderen Sulfosäure kondensiert, während andere Produkte, wie z. B. Lipoderm A, nur durch Fettsäurekondensation auf Naturfettbasis hergestellt zu sein scheinen. Diese beiden Verfahren sollen nur Beispiele für die zahlreichen Methoden sein, die, von Fettsäuren als den Spaltprodukten der Fettsäureglyceride ausgehend, zur Herstellung von Hilfsstoffen mit oberflächenaktiver Wirkung dienen. Durch Hydrierung erhält man aus Ölen feste, gehärtete Fette, die ebenfalls in die Lederindustrie als Ersatz für Talg und Stearin Eingang gefunden haben.

Neben diesen großen Gruppen der Fettsäureglyceride und ihrer verschiedenartigen Derivate kommen für manche Arten von Fettungsmethoden auch natürliche Wachse in Frage, die in den letzten Jahren vor dem Kriege teilweise durch synthetische Produkte (J. G.-Wachse) ersetzt worden sind. Zahlreiche neuere Lederfettungsmittel mit Phantasienamen sind auf der „Grundlage tierischer Wachse" hergestellt. Es handelt sich hier meist um Spermöle und ähnliche Produkte, die in unveränderter oder veränderter Form Verwendung finden.

Mehr in das Imprägnierungs- als in das Fettungsgebiet fällt die Verwendung von natürlichen Harzen. Dabei bahnt sich in neuester Zeit auch die Verwendung von synthetischen Harzen und von Polymerisaten verschiedenster Art an.

Die Abkömmlinge des Erdöls sowie Erdwachsprodukte, die bisher als mineralische Fettstoffe bezeichnet zu werden pflegten, spielen bei der Lederfettung eine nicht geringe Rolle, und zwar sowohl in unveränderter Form (Paraffinöl, Paraffin, Ceresin) wie als sulfatierte Produkte und in neuerer Zeit als chlorierte Derivate, welche die Grundlage neuartiger Fettersatz- und -austauschstoffe bilden.

Was nun jene Gruppe von neuartigen synthetischen Lederfettungsmitteln betrifft, die unter dem Druck des Fettmangels während des Krieges entwickelt wurden und auch heute noch im Handel sind, so ist nur von wenigen ihre derzeitige chemische Zusammensetzung bekannt. Zwar weiß man, daß Mersole, d. h. durch Sulfochlorierung von Mepasin (Gemisch langkettiger synthetischer Kohlenwasserstoffe) entstandene anionenaktive Produkte mit bestimmtem Chlorgehalt, ebenso wie die bereits erwähnten chlorierten Paraffine, bei der Herstellung der sogenannten Derminol-Fettungsmittel eine wichtige Rolle spielen und daß dabei unter anderem Zusätze von Polyvinylalkyläthern von erprobter Wirkung sind. Man kann natürlich auch aus zahlreichen Patentschriften Anhaltspunkte für die Herstellung dieser seinerzeit als Fettaustauschstoffe eingeführten Produkte entnehmen. Man weiß aber in den wenigsten Fällen, welche Handelsprodukte mit ihren Decknamen zu den betreffenden Patenten gehören.

Von den Fettungshilfsstoffen sind die bisher als sulfonierte Fettalkohole bezeichneten Ersatzstoffe für Seifen die wichtigsten. Sie werden richtiger Alkylsulfate genannt, sofern, wie bei den Türkischrotölen, die SO_4-Gruppe über ein Sauerstoffatom an den Kohlenstoff gebunden ist. Besondere Sulfonierungsmethoden führen auch hier zu Sulfonaten, die, ebenso wie die Äthylenoxydfettalkoholkondensate, wirksame Emulgierungsmittel darstellen. Die als Mersolate bezeichneten Natriumsalze des bereits erwähnten Mersols haben als Ersatz für Seifen schon während des Krieges eine wichtige Rolle gespielt. Von vielen unter Decknamen angebotenen Emulgatoren ist die nähere Zusammensetzung nicht bekannt.

Dieser Überblick über die Lederfettungsmittel und die Fettungshilfsstoffe läßt erkennen, welch ganz verschiedenen Stoffgebieten die sogenannten „Fettstoffe des Gerbers" angehören. Dabei sind alle die Produkte nicht erwähnt, über deren chemische Natur man nichts weiß. Eine Einteilung dieser Produkte für die nun folgende Beschreibung ist nach verschiedenen Gesichtspunkten möglich. Um dem Wissenschaftler und dem Praktiker in gleicher Weise zu dienen, wurde die Aufstellung folgender Gruppen für richtig gehalten:

1. Fette und fette Öle (Fettsäureglyceride).

2. Umwandlungsprodukte der Fette und fetten Öle
   a) Sulfatierungs- und Sulfonierungsprodukte;
   b) Oxydations- und Kondensationsprodukte (Degras und ähnliche Fettungsmittel);
   c) Hydrierungsprodukte (gehärtete Fette);
   d) Spaltprodukte (Fettsäuren und Glycerin).

3. Wachse und Wachsabkömmlinge.

4. Natürliche Harze.

5. Erdölabkömmlinge (Mineralöle und Paraffine) und Erdwachsprodukte (Ceresin).

6. Neuartige synthetische Fettungsmittel (Fettaustauschstoffe).

7. Fettungshilfsmittel (Seifen, Alkylsulfate und -sulfonate und andere als Emulgatoren bezeichnete Produkte).

II. Fette und fette Öle.

1. Gewinnung, Eigenschaften und Chemie der Fette und fetten Öle.

a) Vorkommen und allgemeine Eigenschaften.

Die Fette und fetten Öle sind Naturprodukte mit bestimmten charakteristischen Eigenschaften, wie die Schlüpfrigkeit beim Zerreiben zwischen den Fingern und die Bildung eines Fettfleckes auf Papier. Sie sind wasserunlöslich und leichter als Wasser.

Die Fette und fetten Öle werden vom Tier- und vom Pflanzenkörper erzeugt. Man unterscheidet deshalb zwei Hauptgruppen: die tierischen und die pflanzlichen Fette. Die Pflanze enthält das Fett in Form kleiner, in den Zellen eingeschlossener Tröpfchen. Den größten Fettgehalt haben im allgemeinen die Samen. Im tierischen Körper spielt das Fett beim Aufbau der Zellen eine wichtige Rolle. Der Organismus des Tierkörpers besitzt die Fähigkeit, selbst Fett zu bilden und es an verschiedenen Stellen anzuhäufen, so z. B. unter der Haut, an den Eingeweiden, den Nieren u. dgl.

Der Weg des physiologischen Abbaues und Aufbaues der Fettsäuren und der Fette ist heute so gut wie vollständig geklärt. Klassischen, schon länger zurückliegenden Arbeiten von F. Knoop verdankt man die Erkenntnis, daß die Fettsäuren bei ihrem Abbau in aufeinanderfolgenden Schritten der Dehydrierung ($=$ Oxydation) und Wasseraufnahme schrittweise jeweils unter Abspaltung von 2 C-Atomen als Essigsäure abgebaut werden (,,β-Oxydation''). Endprodukt des Abbaues von Fettsäuren mit gerader Kohlenstoffzahl ist dabei Acetessigsäure (die beim Diabetiker im Blut und Harn auftritt, beim Gesunden weiter zu Essigsäure aufgespalten und schließlich zu Wasser und CO_2 oxydiert wird).

$$H_3C-CH_2-CH_2-CH_2 \ldots \ldots \ldots CH_2-CH_2-CH_2-CH_2-COOH$$

$$\downarrow \quad -2\,H$$

$$H_3C-CH_2-CH_2-CH_2 \ldots \ldots \ldots CH_2-CH_2-CH=CH-COOH$$

$$\downarrow \quad +\,H_2O$$

$$H_3C-CH_2-CH_2-CH_2 \ldots \ldots \ldots CH_2-CH_2-\underset{|}{CH}-CH_2-COOH$$
$$OH$$

$$\downarrow \quad -2\,H$$

$$H_3C-CH_2-CH_2-CH_2 \ldots \ldots \ldots CH_2-CH_2-CO-CH_2-COOH$$

$$\downarrow \quad +\,H_2O$$

$$H_3C-CH_2-CH_2-CH_2 \ldots \ldots \ldots CH_2-CH-COOH + H_3C-COOH$$

$$\downarrow \quad -2\,H$$

$$H_3C-CH_2-CH_2-CH_2 \ldots \ldots \ldots CH=CH-COOH$$

$$\downarrow \quad +\,H_2O$$

$$H_3C-CH_2-CH_2-CH_2 \ldots \ldots \ldots \underset{|}{CH}-CH_2-COOH$$
$$OH$$

usw.

$$H_3C—CH_2—CH_2—COOH \quad \underset{\downarrow}{\overset{+\ H_2O}{\cdots\cdots\cdots}}$$

$$H_3C—CH=CH—COOH \quad \underset{\downarrow}{\overset{-\ 2\ H}{\cdots\cdots\cdots}}$$

$$H_3C—\underset{\underset{OH}{|}}{CH}—CH_2—COOH \quad \underset{\downarrow}{\overset{+\ H_2O}{\cdots\cdots\cdots}}$$

$$H_3C—CO—CH_2—COOH \quad \underset{\downarrow}{\overset{-\ 2\ H}{\cdots\cdots\cdots}}$$

$$H_3C—COOH + H_3C—COOH \quad \underset{\downarrow}{\overset{+\ H_2O}{\cdots\cdots}}$$

Wichtige neue Ergebnisse (F. Lynen; S. Ochoa und F. Lynen) zeigen, daß diese Reaktionsfolgen in allen Stufen umkehrbar sind, wenn Wasserstoffdonatoren (also Reduktionsmittel) zur Verfügung stehen. Die Fettsäuren müssen dabei durch thioesterartige Bindung an das sogenannte „Co-enzym A", einen Thioalkohol komplizierter Zusammensetzung, aktiviert werden. Das Endprodukt des Abbaues und, in der umgekehrten Reaktionsfolge, das Ausgangsprodukt der Fettsynthese, ist die an Co-enzym A gebundene „aktivierte Essigsäure",

$$H_3C—\underset{\underset{O}{\|}}{C}—S—CoA$$

die ihrerseits durch eine Reihe im einzelnen bekannter Aufbau- und Abbaureaktionen mit dem Stoffwechsel der Kohlenhydrate in Verbindung steht. Dieser Mechanismus macht verständlich, daß Kohlenhydrate und Fette im Organismus ineinander umgewandelt werden und daß nur Fettsäuren mit gerader Kohlenstoffzahl aufgebaut werden können.

Die Fette und fetten Öle sind fest oder flüssig, je nach der Temperatur ihrer Umgebung. Bei Temperaturen über 50° bleiben nur wenige Fette, über 60° keines mehr fest. Im lebenden Tierkörper ist das Fett flüssig. Nach dem Tod erstarrt das Fett der Landsäugetiere und Vögel, das der Seetiere bleibt flüssig.

In reinem Zustand sind die Fette und fetten Öle farb-, geruch- und geschmacklos. Sie enthalten aber fast immer Verunreinigungen, wie Farb- und Schleimstoffe, Gewebeteile und sonstige organische Substanzen (z. B. Sterine). Ein erheblicher Teil dieser Verunreinigungen bleibt trotz der Reinigungsprozesse in den Fetten gelöst. Diese Stoffe sind es, die beim Verseifen der Fette (s. S. 410) unverändert zurückbleiben und als „Unverseifbares" bezeichnet werden.

Schüttelt man die Fette oder fetten Öle mit viel Wasser kräftig durch, so gehen Spuren in Lösung. Läßt man die so erhaltene Emulsion stehen, so kann man nach dem Abscheiden des Fettes die in Lösung gegangenen geringen Fettmengen durch Ausschütteln des Wassers mit Äther zurückgewinnen und nachweisen. Umgekehrt werden Spuren von Wasser durch Öle und Fette gelöst, aus denen sie nur durch Erwärmen auf 100° wieder entfernt werden können.

Die Fette und fetten Öle sind in fast allen organischen Lösungsmitteln, wie Äther, Schwefelkohlenstoff, Aceton, Chloroform und sonstigen Halogenkohlenwasserstoffen, Benzol, Mineralöldestillaten, wie Benzin, Ligroin, Petroläther, in zahlreichen Estern und Äthern sowie in verschiedenen Acetaten, löslich. Eine Sonderstellung nimmt der Äthylalkohol ein. Von allen natürlichen Fetten und Ölen wird bei gewöhnlicher Temperatur nur das Ricinusöl von Äthylalkohol gelöst. Bei etwa 90° — also bei geringem Überdruck — ist das Lösevermögen von Äthylalkohol manchen Ölen gegenüber recht beträchtlich. Charakteristik der wichtigsten Fettlösungsmittel s. Tabelle 1.

Tabelle 1. Die wichtigsten organischen Lösungsmittel für Fette.

	Spezifisches Gewicht (20°)	Siedegrenzen °C	Flammpunkt °C	Verdunstungszahl Äther = 1
Benzin (Handels-)......	0,710—0,735	100—140	unter 0	3,5—40
Benzol (rein)	0,899	—	— 15	3,0
Xylol (rein)	0,864	137—141	+ 23	13,5
Tetrachlorkohlenstoff ...	1,595	76—77	—	4
Trichloräthylen	1,465	86	—	3,8
Chloroform	1,49 (15°)	61	—	—
Äthylacetat	0,902	75—77	— 2	2,9
Butylacetat (n)	0,881	123—127	+ 26/26	12
Amylacetat...........	0,870	130—142	+ 23	13
Tetralin..............	0,975	205—210	78—80	190
Methylenchlorid........	1,3245	39—41	nicht brennbar	1,8
Äthyläther (techn.).....	0,722 (15°)	34—35	— 40	1
Aceton (techn.)	0,800—0,805	56—75	unter — 15	1—2
Schwefelkohlenstoff	1,263	46	— 4	1,8
Cyclohexanon..........	0,946	150—156	44	zirka 40

Die Viskosität der Öle und der geschmolzenen Fette ist höher als die des Wassers und bei den einzelnen Fetten je nach deren Zusammensetzung verschieden. Besonders hoch ist sie bei Ölen, deren Glyceride Oxyfettsäuren enthalten (Ricinusöl). Hohe Viskosität und Adhäsionsvermögen sind es, welche das schlüpfrige Gefühl beim Zerreiben der Fette und Öle in der Hand verursachen. Auch die Kapillarität der Öle und geschmolzenen Fette ist sehr hoch.

Die Fette und Öle sind nicht flüchtig. Sie vertragen Temperaturen von 200 bis 250° ohne wesentliche Veränderung. Manche Öle werden beim Erhitzen heller. Bei Siedetemperatur, die bei den meisten Ölen in der Nähe von 300° liegt, tritt Polymerisation oder Zersetzung ein. Es entstehen flüchtige Produkte, so vor allem Acrolein. Das Auftreten von Acrolein beim Erhitzen über 300° ist ein Mittel, um Öle und Fette von Mineralölen und ätherischen Ölen zu unterscheiden.

Für sich allein brennen die Fette und Öle nur schwer. Von einem Docht aufgesogen, also bei vergrößerter Oberfläche, oder in Verbindung mit leichter brennbaren organischen Substanzen verbrennen sie mit leuchtender Flamme.

Die Zusammensetzung der Fette und fetten Öle, ihre Veränderung unter dem Einfluß von Wasser, Säuren und Alkalien, von Licht und Luftsauerstoff ist im Abschnitt über die Chemie der Fette und Öle (s. S. 404 ff.) beschrieben.

b) Grundsätze der Fett- und Ölgewinnung.

Es ist weder möglich noch notwendig, hier das Gebiet der Fett- und Ölgewinnung auch nur annähernd erschöpfend darzustellen. Dem Gerbereichemiker, der sich mit der Prüfung von Fetten und Ölen befassen muß, soll lediglich ein Bild davon vermittelt werden, welches heute die wichtigsten Gewinnungsmethoden sind.

Die Gewinnung der tierischen Fette und fetten Öle. Fast alle tierischen Organe enthalten Fett. Zur Fettgewinnung werden aber meist nur die fettreichen Körperteile — gewisse kleinere Seetiere ausgenommen — verwendet. Bei den Haustieren Schwein, Rind oder Hammel werden vor allem die Eingeweidefette, das Nieren-, Netz-, Taschen- und Herzfett, sowie das der Knochen, Klauen und Hufe verarbeitet. Das Fettgewebe des tierischen Körpers enthält außer dem Fett kleine Mengen von Wasser. Fett und Wasser ist in den sogenannten Fettzellen von dünnen eiweißhaltigen Membranen umschlossen.

Die Gewinnung des tierischen Fettes besteht in seiner Abscheidung vom Zellgewebe und Wasser. Man erreicht diese Trennung hauptsächlich durch Ausschmelzen. Hierbei wird das Fettgewebe so weit erhitzt, daß das in den Zellen eingeschlossene Fett flüssig wird und infolge seiner Ausdehnung die Zellmembran sprengt. Das flüssige Fett wird sodann von den durch die Erhitzung koagulierten und zusammengeschrumpften Membranteilen und von vielleicht noch vorhandenem, nicht verdampftem Wasser durch Abschöpfen, Ablassen oder Abfiltrieren getrennt.

Die Rohstoffe müssen einer Vorreinigung unterworfen werden. Anhängende Fleischteile, Sehnen und Blut werden — meist von Hand — entfernt, das Material wird mit Wasser in Waschtrommeln abgespült. Nach dem Trocknen wird es zerkleinert, wozu in großen Betrieben besondere Maschinen verwendet werden. Die Zerkleinerung von Knochen erfolgt in Stampfwerken.

Von Wichtigkeit ist ferner, daß die fetthaltigen Rohmaterialien bis zur Verarbeitung in guten Kühlanlagen aufbewahrt werden. Es genügen Temperaturen von —10 bis —12°. Bewährt hat sich hierfür z. B. der Raschig-Ringluftkühler.

Die heute verwendeten Verfahren zum Ausschmelzen des Fettes beruhen entweder auf der sogenannten Trockenschmelze oder auf der Naßschmelze. Die Grundsätze dieser seit langem angewandten Methoden haben sich — maschinelle Neuerungen ausgenommen — wenig verändert.

Im Trockenverfahren ist das Schmelzen im Kessel über direktem Feuer heute kaum mehr anzutreffen, weil die Qualität des gewonnenen Fettes infolge der leicht eintretenden Überhitzung mangelhaft ist. Durch Ausschmelzen auf dem Wasserbad wird dieser Nachteil vermieden.

In Großbetrieben am meisten angewandt wird das Ausschmelzen mit indirektem Dampf, bei dem wohl mit höheren Temperaturen gearbeitet wird, eine Überhitzung des Fettes aber trotzdem leicht vermieden werden kann. Eine Zeitlang hat man versucht, mit heißer Luft auszuschmelzen; man hat dieses Verfahren wieder aufgegeben, da man erkannte, daß der Luftsauerstoff ungünstig auf das Fett einwirkt und das Ranzigwerden einleitet. Dagegen arbeitet man neuerdings mit Kesselwasser bis zu 200° als Wärmeträger und führt die Wasserbewegung mittels Kreiselpumpen durch.

Bei der Naßschmelze wird das Fett durch kochendes Wasser oder Dampf in unmittelbarer Einwirkung aus den Zellen ausgeschmolzen. Für das nasse Verfahren sind zahlreiche Apparate konstruiert worden. Sie beruhen fast alle auf dem gleichen Arbeitsprinzip: Das Schmelzgut wird in liegende oder stehende Kessel gebracht, die mit einem Siebboden ausgestattet sind. Beim Einströmen von Wasserdampf schmilzt das Fett und tropft durch den Siebboden ab. Der nasse Schmelzprozeß muß bei möglichst niedrigen Temperaturen ausgeführt werden, da sonst eine hydrolytische Spaltung der Fette eintritt, welche ihre Qualität beeinträchtigt. Die Naßschmelze findet deshalb hauptsächlich bei der Gewinnung technischer Fette Verwendung.

Über ein neues Kaltschmelzverfahren mittels einer Vibrationskolloidmühle siehe J. Meier.

Die bei der Trocken- und Naßschmelze zurückbleibenden Gewebeteile enthalten noch beträchtliche Mengen Fett, die durch Extraktion gewonnen werden können.

Die Extraktionsmethode, die bei der Pflanzenölindustrie eine große Rolle spielt (s. unten), wird stets zur Gewinnung der Knochenfette herangezogen.

Die Gewinnung pflanzlicher Öle. Die Gewinnung der in den Früchten der Pflanzen enthaltenen Öle erfolgte früher ausschließlich durch Pressen. Seit der zweiten Hälfte des vorigen Jahrhunderts kam zu dieser alten Methode noch das Extrahieren mit flüchtigen Lösungsmitteln. Beide Verfahren werden heute in den Betrieben benutzt.

Die Ölgewinnung durch Auspressen erfordert folgende Arbeitsgänge: Die Reinigung der Saat, das Zerkleinern der Saat und das Pressen. Eine Beschreibung der Ölsaatenreinigung kann hier unterbleiben.

Die gereinigten Ölsaaten werden zur Zerkleinerung den Walzenstühlen, Schleuder- oder Schlagkreuzmühlen zugeführt. In den Walzenstühlen — entweder „paarigen" oder „Rottenwalzenstühlen" — wird das Mahlgut zwischen Walzen zerquetscht, bei Walzenstühlen mit verschiedener Walzengeschwindigkeit zerrissen. Schleudermühlen kommen bei grobstückigem, festem Material zur Anwendung.

Beim Pressen der gereinigten und zerkleinerten Ölsaat unterscheidet man die kalte und die warme Pressung. Im allgemeinen liefert die kalte Pressung Öle von besserer Qualität. Zu starkes Erwärmen erhöht den Fettsäuregehalt des Öles.

Heute kommen allgemein hydraulische Pressen zur Verwendung. Man unterscheidet offene und geschlossene Pressen. Die letzteren heißen auch Seiherpressen.

Von beiden Arten gibt es zahlreiche Konstruktionen. Am weitesten verbreitet war die Seiherpresse, bei der das Preßgut in einem hohen Behälter mit siebartig durchlöcherten Wänden liegt. Durch die Löcher fließt das Öl ab. Der Seiher wird meist durch eine Füllpresse mit dem Preßgut gefüllt, dann in die Hauptpresse gefahren und dort gegen den vorigen bereits ausgepreßten Seiher ausgetauscht. Die besonderen Vorteile der Seiherpressen sind hoher spezifischer Druck und gleichmäßiges Auspressen, Reinlichkeit und Arbeitsersparnis. In den offenen Pressen wird das Material in Preßkuchen geformt und in Tücher eingeschlagen. Mehrere Preßkuchen werden, durch Eisenplatten voneinander getrennt, übereinander geschichtet und in die Presse gebracht. Beim Pressen fließt das Öl durch die als Filter wirkenden Tücher ab. Die Nachteile der offenen Pressen sind: Großer Tücherverschleiß, Unsauberkeit im Betrieb, Mehrarbeit gegenüber den Seiherpressen.

Diese Pressen sind heute durch die kontinuierlich arbeitenden Schneckenpressen weitgehend verdrängt worden. Moderne derartige Pressen weisen Tagesleistungen bis zu 100 t auf.

Beim Preßverfahren bleiben 3 bis 4% des Öles im Preßgut zurück. Dieser Anteil ist bei der Gewinnung des Öles durch Extraktion wesentlich geringer. Es gelingt hierbei, das Öl bis auf $1/_2$ bis 2% Rückstand aus dem Saatgut zu entfernen.

Die Extraktion besteht in einer Diffusion einerseits des Lösungsmittels, anderseits des Öles durch das Zellgewebe. Das Lösungsmittel verdrängt dabei das Öl. Das älteste Extraktionsmittel ist Schwefelkohlenstoff. Ihm folgte das Benzin, später Tetrachlorkohlenstoff („Tetra") und Trichloräthylen („Tri"); vgl. dieser Bd., 2. Kap., S. 50 ff. Benzin ist heute noch das Hauptextraktionsmittel. Die Entfernung des Lösungsmittels nach der Extraktion erfolgt durch Destillatoren. Der Verlust an Lösungsmitteln beträgt $1/_2$ bis 2%. Das Problem, ein ideal geeignetes Lösungsmittel für die Fettextraktion zu finden, ist auch heute noch nicht gelöst. Man extrahiert heute sowohl nach dem Batterieverfahren wie in kontinuierlichen Arbeitsmethoden. Auch Kombinationen von Pressung und Extraktion kommen zur Anwendung.

Das durch kalte Pressung gewonnene Öl wird das Extraktionsöl stets an Wert übertreffen. Bei der Extraktion werden aus dem Rohmaterial Stoffe mit herausgelöst, die bei der Pressung zurückbleiben.

Alle Fette und Öle, ob sie durch Schmelzen, Pressung oder Extraktion gewonnen sind, werden gereinigt. Die Reinigung, Raffination, gliedert sich in verschiedene Arbeitsgänge.

Mechanische Verunreinigungen kann man schon durch Absitzenlassen entfernen, das sich durch besondere Klärmittel beschleunigen läßt. Rascher und sicherer arbeiten Anschwemmfilter, Schichtenfilter und Filterpressen. Durch die neuzeitlichen Schleuderanlagen können die Filtermethoden weitgehend ersetzt werden. Gelöste Verunreinigungen werden auf chemischem Weg entfernt. Durch Zusatz von konzentrierter Schwefelsäure werden die organischen Fremdstoffe zerstört. Es bilden sich feste dunkle Körper, die zu Boden sinken. Anschließend erfolgt die Neutralisation des Öles mittels Soda, Ätzkali, Ammoniak, Borax od. dgl. Dabei werden die Fett- und Harzsäuren und sonstigen sauren Stoffe neutralisiert und in Flocken ausgeschieden. Sie sinken zu Boden und reißen durch Adsorption andere Verunreinigungen mit. Ein Nachteil muß dabei in Kauf genommen werden: geringe Mengen von Öl werden verseift [s. auch F. Wittka (1)].

Die neutralisierten Öle werden heute fast durchweg mit Bleicherden gebleicht. Bleicherden sind Silikate verschiedener Zusammensetzung, welche Farb-, Geruch- und Geschmackstoffe der Öle absorbieren. Endlich können durch Destillation oder Desodorierung die Öle von flüchtigen Stoffen befreit werden. Über moderne kontinuierliche Raffinationsanlagen s. z. B. R. Lüde (1).

Für alle Einzelheiten auf dem umfangreichen Gebiet der Gewinnung und Reinigung von Fetten und Ölen sei insbesondere auf die Zeitschrift „Fette und Seifen", herausgegeben von H. P. Kaufmann, Münster/Westf., verwiesen.

c) Chemische Zusammensetzung der Fette und fetten Öle.

Die natürlichen Fette und fetten Öle sind Gemische von Glyceriden, d. h. Glycerinestern verschiedener aliphatischer Säuren. Als Nebenbestandteile kommen Geruch- und Farbstoffe, gewisse höhere Alkohole (Cholesterin und Phytosterin), Phosphatide, Vitamine und kleine Mengen freier Säuren vor. Die wichtigsten Bestandteile sind die Fettsäuren und das Glycerin, wie sie bei der Verseifung der Fette und Öle erhalten werden.

α) Fettsäuren[1].

Die in den Fetten und fetten Ölen vorkommenden Fettsäuren können sowohl einbasisch gesättigte wie einbasisch ungesättigte Säuren sein. Von den letzteren findet man Säuren mit einer, zwei, drei und noch mehr Kohlenstoffdoppelbindungen.

Man kann daher unterscheiden:

1. Gesättigte einbasische Fettsäuren .... $C_nH_{2n+1}COOH$
2. Ungesättigte einbasische Fettsäuren:

    a) mit einer Doppelbindung .... $C_nH_{2n-1}COOH$
    b) mit zwei Doppelbindungen .... $C_nH_{2n-3}COOH$
    c) mit drei Doppelbindungen .... $C_nH_{2n-5}COOH$
    d) mit vier Doppelbindungen .... $C_nH_{2n-7}COOH$
    e) mit fünf Doppelbindungen .... $C_nH_{2n-9}COOH$

Außerdem kommen in einzelnen natürlichen Fetten als Bestandteile der Glyceride vor:

---

[1] Unter Fettsäuren versteht man in chemischem Sinn ganz allgemein die Säuren der aliphatischen Reihe, deren einfachster Vertreter die Ameisensäure, HCOOH, ist. Im technischen Sinn werden vielfach als Fettsäuren nur die in den natürlichen Fetten und fetten Ölen vorkommenden höheren Säuren bezeichnet.

3. Ungesättigte Hydroxyfettsäuren .... $C_nH_{2n-2}(OH)COOH$

4. Ungesättigte Fettsäuren mit einem Cyclopentenring, die der allgemeinen Formel

$$\begin{array}{c} CH = CH \\ | \qquad\qquad \diagdown \\ \qquad\qquad\qquad CH \cdot (CH_2)_x \cdot COOH \\ CH_2 - CH_2 \diagup \end{array}$$

entsprechen.

Im allgemeinen finden sich in den natürlichen Fetten nur Fettsäuren mit einer geraden Anzahl von Kohlenstoffatomen. Die eine Zeitlang als Margarinsäure angesprochene Verbindung $C_{17}H_{34}O_2$ erwies sich als ein Gemisch von Palmitin- und Stearinsäure. Die Fettsäuren gehören ferner alle der „normalen" Reihe an, d. h. sie enthalten eine unverzweigte Kette von Kohlenwasserstoffen. Das Vorkommen von Säuren mit verzweigter Kohlenstoffkette ist in einigen Fällen bewiesen und kommt nur bei langkettigen Säuren in Frage (K. H. Bauer, S. 45).

Die Fettsäuren geben mit Metallen Salze von gutem Kristallisierungsvermögen. Die bekanntesten Salze sind die Alkalisalze, die als Seifen (s. S. 628) bezeichnet werden und wasserlöslich sind. Die Erdalkalisalze sind in Wasser unlöslich. Von diesen spielen besonders die Calciumsalze, die Kalkseifen, in der Gerberei eine mitunter sehr unerfreuliche Rolle. Schon die im gewöhnlichen Brunnenwasser enthaltenen Mengen von Calciumbicarbonat setzen sich mit Seifenlösungen unter Bildung unlöslicher Kalkseifen um.

Wichtig sind gewisse Schwermetallsalze der Fettsäuren in analytischer Beziehung. So haben z. B. die Bleisalze der verschiedenen Fettsäuren eine verschiedene Löslichkeit. Die Bleisalze der festen Fettsäuren sind in Äther, Benzol und Alkohol unlöslich, die der flüssigen Fettsäuren dagegen löslich.

Die flüssigen Fettsäuren sind meist ungesättigte, d. h. eine oder mehrere Doppelbindungen enthaltende Säuren im Gegensatz zu den gesättigten, meist festen Säuren. Man kann das verschiedene Verhalten der Bleisalze zur Trennung der gesättigten und ungesättigten Fettsäuren benutzen. Allerdings ist dabei zu berücksichtigen, daß es auch feste ungesättigte Fettsäuren gibt, deren Bleisalze in den genannten Lösungsmitteln unlöslich sind. Eine exakte Trennung über die Bleisalze ist daher nicht möglich.

Außer den Bleisalzen hat man auch die Lithium-, Kalium-, Ammonium- und Thalliumsalze auf Grund ihrer verschiedenen Löslichkeit mit wechselndem Erfolg für analytische Zwecke benutzt.

Auch die Ester der Fettsäuren mit einwertigen Alkoholen, insbesondere die Methyl- und Äthylester, haben in der Fettchemie für bestimmte analytische Verfahren besondere Bedeutung erlangt. Sie sind nach den üblichen Veresterungsmethoden leicht herzustellen, können aber auch durch Umesterung aus Triglyceriden nach den Schema

$$C_3H_5(O \cdot CO \cdot R)_3 + 3\ C_2H_5OH \rightarrow C_3H_5(OH)_3 + 3\ R \cdot CO \cdot OC_2H_5$$

gewonnen werden. Die Ester der Fettsäuren sind im Vakuum unzersetzt destillierbar.

Im folgenden sind die wichtigsten der in natürlichen Fetten vorkommenden Fettsäuren aufgeführt. Die vorgenommene Aufzählung in den Tabellen 2 und 3 ist allerdings nicht absolut vollständig, denn das Studium der Naturfette ist noch lange nicht abgeschlossen und es werden immer neue Fettsäuren aufgefunden (H. P. Kaufmann und J. G. Thieme). Für das Gebiet der Lederfette ist aber die nun folgende Nennung der verschiedenen Fettsäuren ausreichend.

Gesättigte Fettsäuren.

Tabelle 2. Aus der Gruppe $C_nH_{2n+1}COOH$ (gesättigte Fettsäuren).

	C_n	Mol.-Gew.	d/20	Schmp.	NZ	n_{20}^D
Buttersäure	C_3	88	0,964	$-4°$	637	1,3991
Capronsäure	C_5	116	0,922	$-2°$	483	1,4145
Caprylsäure	C_7	144	0,909	17°	389	1,4268
Caprinsäure	C_9	172	0,866/40	32°	326	1,4286/40
Laurinsäure	C_{11}	200	0,857/70	44°	280	1,4266/60
Myristinsäure	C_{13}	228	0,853/70	54°	246	1,4273/70
Palmitinsäure	C_{15}	256	0,849/70	63°	219	1,4304/70
Stearinsäure	C_{17}	284	0,846/70	71°	197	1,4321/72
Arachinsäure	C_{19}	312	0,824/100	77°	180	1,4250/100
Behensäure	C_{21}	340	0,822/100	80°	165	1,4270/100
Lignocerinsäure	C_{23}	368	0,821/100	86°	152	1,4287/100
Cerotinsäure	C_{25}	396	0,820/100	84°	142	1,4301/100

Die niederen Glieder der gesättigten Fettsäuren sind Flüssigkeiten von stechendem Geruch. Sie werden mit zunehmender Kohlenstoffatomzahl immer dickflüssiger und zuletzt fest. So ist die Caprylsäure, $C_8H_{16}O_2$, noch ein öliges Produkt mit unangenehm ranzigem Geruch. Die höheren Fettsäuren sind fest und geruchlos. Mit steigender Kohlenstoffatomzahl nehmen die spezifischen Gewichte ab, die Schmelzpunkte zu. Die unverzweigte Kohlenstoffatomkette läßt sich durch Abbaureaktionen nachweisen.

Von den genannten Fettsäuren der Gruppe $C_nH_{2n+1}COOH$ sind die Palmitin- und die Stearinsäure die wichtigsten. Sie finden sich nicht nur in fast allen Fetten und fetten Ölen, sondern auch in verschiedenen Wachsen.

Die Palmitinsäure, $CH_3(CH_2)_{14}COOH$, kristallisiert in feinen Nadeln vom Schmelzpunkt 62,6° und destilliert zwischen 339° und 356° unter geringer Zersetzung. Ihr spezifisches Gewicht bei 62° ist 0,852. In 100 Teilen kaltem absolutem Alkohol lösen sich 9,3 Teile Palmitinsäure. Bei der Oxydation mit alkalischer Permanganatlösung entstehen Essig-, Butter-, Capron-, Oxal-, Bernstein- und Adipinsäure.

Die Stearinsäure, $CH_3(CH_2)_{16}COOH$, kristallisiert aus Alkohol in glänzenden Blättchen mit dem Schmelzp. 71 bis 71,5°. Sie siedet bei 359 bis 383° unter Atmosphärendruck. Sie löst sich leicht in heißem, schwerer in kaltem Alkohol. In Benzol, Benzin, Schwefelkohlenstoff, Tetrachlorkohlenstoff, Trichloräthylen und Chloroform ist sie leicht löslich. Bei der Oxydation mit alkalischer Permanganatlösung entstehen Valeriansäure, Buttersäure, Essigsäure und andere Säuren.

Die technische Stearinsäure — das sogenannte Stearin (s. S. 565) — spielt bei der Fettung des Leders eine wichtige Rolle.

Ungesättigte Fettsäuren.

Sie zeigen alle Reaktionen, die für Verbindungen mit doppelten Kohlenstoffbindungen charakteristisch sind, insbesondere die Additionsreaktionen (Brom, Jod, Wasserstoff). Diese Additionsreaktionen werden analytisch verwertet.

So läßt sich durch die Bromreaktion die Anwesenheit von ungesättigten Verbindungen feststellen, da die braune Lösung des Broms in Chloroform oder anderen Lösungsmitteln bei Zugabe ungesättigter Fettsäuren entfärbt wird. Auch die durch Bromierung entstehenden bromierten Fettsäuren sind analytisch von besonderer Bedeutung, weil sie in gewissen Lösungsmitteln unlöslich sind.

Bei Einwirkung von Kaliumpermanganat in wässeriger alkalischer Lösung auf die ungesättigten Fettsäuren werden zwei OH-Gruppen an die Doppelbindungen angelagert. Man erhält auf diese Weise aus einer einfach ungesättigten Fettsäure eine gesättigte Dihydroxyfettsäure.

Die Anlagerung von Wasserstoff hat besondere technische Bedeutung (s. Fetthärtung, S. 415). Durch Addition von Ozon entstehen Ozonide. Sie geben beim Kochen mit Wasser Spaltprodukte, deren Natur über die Lage der Doppelbindung im Molekül der ursprünglichen ungesättigten Fettsäure Aufschluß gibt.

Je nach der Zahl der Doppelbindungen spricht man von einfach oder mehrfach ungesättigten Fettsäuren. Außerdem unterscheidet man ungesättigte Fettsäuren mit konjugierten Doppelbindungen und isoliert-ungesättigte Säuren. Die letzteren nennt H. P. Kaufmann (*11*) „Isolensäuren", die ersteren „Konjuensäuren". In den natürlichen Fetten überwiegen die „Isolensäuren". Siehe auch desselben Verfassers Aufsatz über „essentielle" Fettsäuren [H. P. Kaufmann (*14*)].

Tabelle 3. Reihe $C_nH_{2n-1}COOH$ (Ölsäurereihe).

	Formel	Mol.-Gew.	Schmp.	Jodzahl	Bezeichnung
Decensäure	$C_{10}H_{18}O_2$	170	—	149	—
Dodecensäure	$C_{12}H_{22}O_2$	198	—	127,8	—
5,6-Tetradecensäure	$C_{14}H_{26}O_2$	226	20°	112,2	Physetersäure
9,10-Hexadecensäure	$C_{16}H_{30}O_2$	254	30°	99,8	Zoomarinsäure
6,7-Octadecensäure.......	$C_{18}H_{34}O_2$	282	34°	89,9	Petroselinsäure
9,10-Octadecensäure.....	$C_{18}H_{34}O_2$	282	14°	89,9	Ölsäure
9,10-Octadecensäure.....	$C_{18}H_{34}O_2$	282	44·4°	89,9	Elaidinsäure
10,11-Octadecensäure....	$C_{18}H_{34}O_2$	282	45°	89,9	Isoölsäure
11,12-Octadecensäure....	$C_{18}H_{34}O_2$	282	39°	89,9	Vaccensäure
13,14-Dokosensäure	$C_{22}H_{42}O_2$	338	34°	75,0	Erukasäure
13,14-Dokosensäure	$C_{22}H_{42}O_2$	338	60°	75,0	Brassidinsäure

Von diesen Säuren ist in den natürlichen Fetten und Ölen die Ölsäure am weitesten verbreitet. Sie findet sich in fast allen flüssigen Ölen, in besonderem Maß im Olivenöl, Mandelöl und Pfirsichkernöl.

Die Ölsäure ist bei gewöhnlicher Temperatur eine farblose, geruch- und geschmacklose Flüssigkeit, die bei 4° zu weißen Nadeln erstarrt, dann aber erst bei 14° schmilzt. Sie ist sehr schwer in chemisch reinem Zustand herzustellen. Die technische Ölsäure, das sogenannte Olein oder Elain, das bei der Herstellung der Stearinsäure anfällt, enthält meist geringe Mengen gesättigter Säuren (s. S. 406). Die Doppelbindung liegt bei der Ölsäure zwischen dem 9. und 10. Kohlenstoffatom,

$$CH_3 \cdot (CH_2)_7 \cdot CH : CH \cdot (CH_2)_7 \cdot COOH,$$

also in der Mitte des Moleküls. Ölsäure besitzt Cis-Konfiguration; unter der Einwirkung von salpetriger Säure geht Ölsäure in die Transverbindung, die Elaidinsäure, über, die aus Alkohol in farblosen Blättchen mit dem Schmelzp. 44 bis 45° kristallisiert. Eine weitere mit der Ölsäure isomere Säure ist die bei 39° schmelzende Vaccensäure, deren Doppelbindung zwischen dem 11. und 12. Kohlenstoffatom liegt. Die mit der Ölsäure ebenfalls isomere Isoölsäure (Schmelzp. 45°) hat die Doppelbindung zwischen dem 10. und 11. Kohlenstoffatom. Siehe Isoölsäurereaktion, S. 468.

Beim Aufbewahren an der Luft wird die Ölsäure durch Oxydation rasch gelb und nimmt einen ranzigen Geruch an. Es entsteht dabei Ameisensäure, Essigsäure, Buttersäure, Acelainsäure und Korksäure.

Höher ungesättigte Fettsäuren.

9,12-Octadecadiensäure (Linolsäure), $C_{18}H_{32}O_2$, enthält zwei Doppelbindungen. Mol.-Gew. 280, Neutralisationszahl 200. Die Linolsäure kommt in zahlreichen fetten Ölen, vor allem in Lein- und Mohnöl, vor. Bei der Oxydation entsteht Tetrahydroxystearinsäure. An der Luft trocknet Linolsäure zu einer festen harzartigen Masse auf.

9,12,15-Octadecatriensäure (Linolensäure), $C_{18}H_{30}O_2$, enthält drei Doppelbindungen. Mol.-Gew. 278, Neutralisationszahl 201,6. Kommt in den trocknenden Ölen vor. Die isomere in α- und β-Form, existierende Elaeostearinsäure ist die für das Holzöl charakteristische Fettsäure. Eine weitere isomere Säure mit der Formel $C_{18}H_{30}O_2$ ist die Lican- oder Cuepinsäure. Alle diese Fettsäuren gehen durch Oxydation in Hexahydroxystearinsäure über.

Octadecatetraensäure (Parinarsäure), $C_{18}H_{28}O_2$, enthält vier Doppelbindungen. Mol.-Gew. 276 (H. P. Kaufmann und M. C. Keller). Kommt im Impatiensöl vor. Auch die sogenannte Moroctsäure, die nach japanischen Untersuchungen im Heringsöl vorliegen soll, ist eine 4,8,12,15-Octadecatriensäure.

Arachidonsäure ist eine vierfach ungesättigte Säure mit 20 C-Atomen.

Dokosapentaensäure (Klupanodonsäure), $C_{22}H_{34}O_2$, enthält fünf Doppelbindungen und ist eine für die Seetieröle charakteristische hochungesättigte Fettsäure. Sie wird als Träger des charakteristischen Fischgeruchs angesehen. Nach M. Tsujimoto (1), dem Entdecker der Säure, ist sie eine blaßgelbe, bei —40° noch nicht erstarrende Flüssigkeit, die bei —78° eine vaselinartige Masse bildet.

Dokosahexaensäure wird von E. H. Farmer und F. A. v. d. Heuvel für die wichtigste Fettsäure der Trane gehalten. Sie ist ebenfalls eine C_{22}-Säure und ist wahrscheinlich ein unter den Einfluß von Wärme sich bildendes Umsetzungsprodukt der Klupanodonsäure.

Eine ungesättigte Fettsäure mit einer Doppel- und zwei dreifachen Bindungen ist die Isansäure, $C_{18}H_{26}O_2$. Sie wird auch als Erythrogensäure bezeichnet.

Ungesättigte Hydroxyfettsäuren.

12-Hydroxy-oleinsäure (Ricinolsäure), $C_{18}H_{34}O_3$. Die Ricinolsäure ist die für Ricinusöl charakteristische Fettsäure. Sie schmilzt bei 5°. Die mit ihr isomere Ricinelaidinsäure hat einen Schmelzpunkt von 53°. Erhitzt man Ricinolsäure auf 100°, so bilden sich sogenannte Estolide, d. h. Kondensationsprodukte aus zwei Säuremolekülen, wobei die Carboxylgruppe des einen sich mit der Hydroxylgruppe des anderen Moleküls verbindet. Durch Oxydation geht Ricinolsäure in Trihydroxystearinsäure über.

Die als Japansäure bezeichnete mehrbasische Säure erwies sich bei späteren Untersuchungen als ein Gemisch einbasischer langkettiger Säuren. Die Konstitution der als Lanopalmin- und Lanocerinsäure benannten Hydroxysäure ist noch ungeklärt.

Über verzweigt-kettige Fettsäuren siehe J. Baltes (1). Diese Fettsäuren haben für die fettchemischen Probleme im Bereich der Lederindustrie keine Bedeutung.

In den tierischen Fetten herrschen Palmitin-, Stearin- und Ölsäure vor, wenn man von den hochungesättigten Fettsäuren der Seetieröle absieht. Für die pflanzlichen Öle berechnet H. A. Boekenoogen folgende Häufigkeitsprozente: Ölsäure 34, Linolsäure 29, Palmitinsäure 11, Laurinsäure 7, Linolensäure 6,

Stearinsäure 3, Myristinsäure 3, Erukasäure 3, andere Fettsäuren 4%. Danach würden 72% aller in den Pflanzenfetten vorkommenden Fettsäuren aus C_{18}-Säuren bestehen.

β) Glycerin.

Die alkoholische Komponente der Fettsäureester (Glyceride) ist das Glycerin

$$CH_2 \cdot OH$$
$$|$$
$$CH \cdot OH$$
$$|$$
$$CH_2 \cdot OH$$

ein dreiwertiger Alkohol von öliger Konsistenz, süßem Geschmack und neutraler Reaktion. Sein spezifisches Gewicht ist 1,265. Es ist mit Wasser und Alkohol in jedem Verhältnis mischbar. Bei gewöhnlichem Druck siedet es etwa bei 290° unter geringer Zersetzung. Im Vakuum und mit überhitztem Dampf läßt es sich bei 200 bis 250° leicht überdestillieren.

In Chloroform, Petroläther, Schwefelkohlenstoff, Benzol sowie in Ölen und Fetten ist Glycerin unlöslich. Als Alkohol verbindet es sich mit Säuren zu Estern. Bekannt ist, außer den Glyceriden der Fettsäuren, das Glycerinnitrat (Nitroglycerin). Mit Säuren kann das Glycerin drei verschiedene Arten von Estern bilden, je nachdem eine, zwei oder alle drei alkoholischen Hydroxylgruppen mit einem Säuremolekül in Reaktion treten. Auf diese Weise können entstehen:

Monoglycerid	Diglycerid	Triglycerid
$CH_2 \cdot O \cdot CO \cdot R$	$CH_2 \cdot O \cdot CO \cdot R$	$CH_2 \cdot O \cdot CO \cdot R$
$CH \cdot OH$	$CH \cdot O \cdot CO \cdot R$	$CH \cdot O \cdot CO \cdot R$
$CH_2 \cdot OH$	$CH_2 \cdot OH$	$CH_2 \cdot O \cdot CO \cdot R$

wobei R das gleiche Säureradikal bedeutet. Es gibt aber auch Glyceride, die verschiedenartige Säureradikale enthalten. Diese „gemischtsäurigen" Glyceride sind die wichtigeren. Endlich können sich die Mono- und die Diglyceride noch durch die Stellung der Estergruppen innerhalb des Moleküls unterscheiden, wie folgende Beispiele zeigen:

a = Monoglycerid	β = Monoglycerid	a, β = Diglycerid	$a. a'$ = Diglycerid
$CH_2 \cdot O \cdot CO \cdot R$	$CH_2 \cdot OH$	$CH_2 \cdot OH$	$CH_2 \cdot O \cdot CO \cdot R$
$CH \cdot OH$	$CH \cdot O \cdot CO \cdot R$	$CH \cdot O \cdot CO \cdot R$	$CH \cdot OH$
$CH_2 \cdot OH$	$CH_2 \cdot OH$	$CH_2 \cdot O \cdot CO \cdot R$	$CH_2 \cdot O \cdot CO \cdot R$

γ) Konstitution der Fette und Öle.

Monoglyceride scheinen in der Natur überhaupt nicht vorzukommen. Von den Diglyceriden hat man bisher nur einen Vertreter, das Dierukin, $C_3H_5(C_{22}H_{41}O_2)_2 \cdot OH$, im Rüböl gefunden. Die meisten Fette und Öle bestehen aus einfachen und gemischten Triglyceriden der höheren Fettsäuren mit 16 bis 18 Kohlenstoffatomen. An erster Stelle stehen die Triglyceride der Palmitin-, der Stearin-, der Öl- und Linolsäure. Dabei scheinen in den natürlich vorkommenden Fettsäureglyceriden solche mit gleichartigen Fettsäureradikalen nur selten zu sein. Die Fettsäurereste sind in den meisten Glyceriden verschieden. Diese Mannigfaltigkeit ist auch der Grund dafür, daß die Bemühungen um eine Synthese der natürlichen Fette und Öle bisher von so geringem Erfolg waren. Bei der beträchtlichen Anzahl der in Frage kommenden Fettsäuren und den dadurch bedingten außerordentlich zahlreichen Kombinationsmöglichkeiten ist dies verständlich.

Je nachdem in den Glyceriden die festen (gesättigten) oder die flüssigen (ungesättigten) Fettsäuren überwiegen, weisen sie selbst einen höheren oder niedrigen Schmelzpunkt auf. In den Fetten, und vor allem in den Ölen, welche Gemische von festen und flüssigen Triglyceriden darstellen, lassen sich die beiden Glyceridarten bei verschiedenen Temperaturen trennen. So scheiden sich z. B. bei Leinöl, Klauenöl und vielen Seetierölen in der Kälte die festen Glyceride ab, die bei gewöhnlicher Temperatur von den flüssigen Glyceriden in Lösung gehalten werden.

Ferner kommen in Fetten wechselnde Mengen phosphorhaltiger Lipoide, die vorwiegend aus Phosphatiden bestehen, vor. Zu nennen sind hier Lecithin und Kephalin.

Lecithin

$$\begin{array}{l} CH_2-O-COR_1 \\ | \\ CH-O-COR_2 \\ | \qquad\qquad O^- \\ CH_2-O-P{\Large\diagup}{\Large\diagdown} \\ \quad\;\; \| \qquad O-C_2H_4-N^+(CH_3)_3 \\ \quad\;\; O \end{array}$$

enthält außer der Phosphorsäurekomponente noch eine organische Base (Cholin) und hat polaren Charakter, der seine emulgierende Wirkung bedingt.

Außer den Triglyceriden sind in den natürlichen Fetten und Ölen in geringeren Mengen noch höhere Alkohole der aromatischen Reihe enthalten, von denen die wichtigsten das Cholesterin und das Phytosterin sind.

Das Cholesterin kommt in fast allen tierischen Fetten vor, und zwar in Mengen bis zu 2%. Das Wollfett, das nicht zu den Fetten, sondern zu den Wachsen gehört, enthält viel Cholesterin in gebundener Form. Es ist in Wasser unlöslich, in Äther, Schwefelkohlenstoff, Chloroform und heißem Alkohl leicht löslich. Es kristallisiert aus den verschiedenen Lösungsmitteln in Nadeln oder Blättchen. Schmelzp. 148°. Spez. Gew. 1,067. In ätherischer Lösung zeigt es $[\alpha]_D = -31{,}2°$.

Das stärker ungesättigte Phytosterin ist in allen Pflanzenfetten zu finden. Es unterscheidet sich durch seine Kristallform (büschelförmige Nadeln) und durch seinen Schmelzpunkt (137 bis 138°) vom Cholesterin. Spez. Gew. 0,7522. In ätherischer Lösung zeigt es $[\alpha]_D = -32{,}2°$.

Die Sterine können zur Feststellung dienen, ob ein Fett tierischer oder pflanzlicher Herkunft ist (s. die Phytosterinacetatprobe, S. 468).

Bei der im nächsten Abschnitt enthaltenen Beschreibung der einzelnen Fette und Öle wird auch deren chemische Zusammensetzung kurz besprochen.

d) Hydrolyse der Fette und fetten Öle.

Wie alle Ester lassen sich die Glyceride durch chemische Spaltung wieder in die beiden Stoffe zerlegen, aus denen sie entstanden sind:

$$\begin{array}{lll} CH_2 \cdot O \cdot CO \cdot R & HOH & CH_2 \cdot OH \quad R \cdot COOH \\ | & & | \\ CH \cdot O \cdot CO \cdot R + HOH \;\rightarrow\; & CH \cdot OH + R \cdot COOH \\ | & & | \\ CH_2 \cdot O \cdot CO \cdot R & HOH & CH_2 \cdot OH \quad R \cdot COOH \end{array}$$

Man hat diese Spaltung der Fette früher nur mit Laugen ausgeführt. Dabei entstanden nicht die freien Fettsäuren, sondern ihre Alkalisalze, die Seifen. Der ganze Spaltungsvorgang wurde deshalb „Verseifung" genannt, eine Bezeichnung, die dann von der organischen Chemie allgemein für die Zerlegung aller Ester in Alkohol und Säure übernommen worden ist.

Die chemische Zerlegung der Fette in Glycerin und Fettsäuren ist eine Hydrolyse. Das Wasser ist der wirksame Faktor dieses Spaltprozesses. Die für die Umsetzung benützten Stoffe sind Basen, Säuren und Fermente. Seifen entstehen nur bei der Verwendung von Basen.

Schon beim Erhitzen von Fetten mit Wasser unter einem Druck von 15 at (Temperatur zirka 220°) sowie bei der Destillation der Fette mit überhitztem Wasserdampf tritt Verseifung ein. Im letzteren Falle destilliert das Glycerin gleichzeitig mit den Fettsäuren über. Eine katalytische Beschleunigung des Prozesses ist möglich.

Große technische Bedeutung hat die Fettspaltung durch Basen, die sogenannte Oxydspaltung, erlangt. Die „Verseifung" wird mit Alkalien, Calcium-, Magnesium- oder Zinkoxyd durchgeführt. Besonders bewährt hat sich ein Gemisch von Zinkoxyd und Zinkstaub. Es ist stets ein gewisser Überschuß an Verseifungsstoffen erforderlich, um die Verseifung innerhalb einer gewissen Zeit zu beendigen. Am raschesten erfolgt die Verseifung bei Verwendung von Kalium- oder Natriumhydroxyd. Diese Stoffe werden deshalb auch bei der Fettanalyse (Bestimmung der Verseifungszahl, des Unverseifbaren usw.) benutzt. Die Aufspaltung (Verseifung) des Triglycerids der Palmitinsäure durch Natronlauge vollzieht sich z. B. nach folgendem Schema:

$$
\begin{array}{c}
O \\
H_2C-O-C-C_{15}H_{31} \qquad\qquad H_2C-OH \\
O \\
HC-O-C-C_{15}H_{31} + 3\,NaOH \rightarrow HC-OH + 3\,NaOOCC_{15}H_{31} \\
\phantom{HC-O-C-C_{15}H_{31} + 3\,NaOH \rightarrow HC-OH + 3\,NaOOC}\text{(Natriumpalmitat)} \\
O \\
H_2C-O-C-C_{15}H_{31} \qquad\qquad H_2C-OH \\
\phantom{H_2C-O-C-C_{15}H_{31} \qquad\qquad H_2C}\text{(Glycerin)}
\end{array}
$$

Durch Natriumalkoholat in ätherischer Lösung lassen sich die Fette schon in der Kälte in kürzester Zeit verseifen. Dabei bilden sich Fettsäureäthylester als Zwischenprodukte:

$$C_3H_5(OR)_3 + 3\,C_2H_5ONa \rightarrow C_3H_5(ONa)_3 + 3\,ROC_2H_5.$$

Durch weitere Einwirkung von Wasser (das sich bei der Reaktion nicht ausschließen läßt), entstehen aus $C_3H_5(ONa)_3$ Glycerin und Natronlauge. Durch die letztere wird der Äthylester verseift:

$$C_3H_5(ONa)_3 + 3\,H_2O \rightarrow C_3H_5(OH)_3 + 3\,NaOH.$$

Ohne Gegenwart von Wasser kann Natriumalkoholat Glyceride nicht verseifen.

Nach Henriques werden die Fette (und die meisten Wachse) in petrolätherischer Lösung schon in der Kälte durch 10- bis 12stündiges Stehen in $^n/_1$ alkoholischer Lauge verseift. Auch hierbei bilden sich die Äthylester als Zwischenprodukte.

Beim Verseifungsprozeß, wie er für analytische Zwecke durchgeführt wird, verwendet man ebenfalls alkoholische Kalilauge. Man verseift in der Hitze. Im allgemeinen genügt ein halbstündiges Kochen auf dem Wasserbad (Näheres s. S. 486).

Der Einfluß der Alkoholkonzentration auf den Verseifungsgrad bei Verwendung von $n/_2$ Kalilauge wurde von L. Lascaray und C. Bergell untersucht. Sie stellten fest, daß bei abnehmender Alkoholkonzentration der Verseifungsgrad schnell auf ein Minimum sinkt und zum reinen Wasser hin wieder ansteigt, ohne den Verseifungsgrad bei hoher Alkoholkonzentration zu erreichen.

Beim sogenannten Krebitz-Verfahren werden die Fette zunächst mit Kalk verseift. Dann wird nach der Glycerinentfernung die Kalkseife mit Sodalösung zu Natronseife umgesetzt. Der entstehende voluminöse Calciumcarbonatschlamm adsorbiert aber viel Seife. Eine Entseifung des Schlammes ist nicht einfach.

Bei der Spaltung der Fette mittels Säure ist als erstes Schwefelsäure verwendet worden. Sie wirkt hierbei zum Teil als Katalysator, zum Teil bildet sie Sulfosäuren, welche die Fähigkeit haben, Fett und Wasser in Emulsion zu bringen und dadurch die Berührungsfläche der reagierenden Stoffe außerordentlich zu vergrößern. Die saure Spaltung wird ebenfalls bei Temperaturen von 90 bis 100° durchgeführt.

Unter der Reaktivspaltung versteht man einen Fettspaltungsprozeß, bei dem bestimmte Ölsulfosäuren mit emulgierender Wirkung die Hydrolyse der Fette beschleunigen.

Bei dem sogenannten Twitchell-Spaltverfahren werden gewisse aromatische Sulfosäuren mit emulgierender Wirkung dem Fett in geringer Menge zugesetzt, dann wird das Fett-Wasser-Gemisch mehrere Stunden mit direktem Dampf gekocht. Im Prinzip ist das Twitchell-Verfahren und die Spaltung mit Schwefelsäure gleich, nur daß beim ersteren die emulgierend wirkende Sulfosäure, das sogenannte Twitchell-Reagens, in Gestalt einer Naphthalinsulfo-Ölsäure von Anfang an zugesetzt wird, während bei der reinen Schwefelsäurespaltung die Sulfoverbindungen erst durch den Prozeß selbst entstehen.

Auch andere sogenannte „Spalter" sind vorgeschlagen und auch verwendet worden. W. Schrauth hat gefunden, daß die Sulfosäuren des teilweise hydrierten Anthracens sich gut zur Spaltung der Fette eignen („Idrapidspalter" der Firma Riedel-Berlin). Unter dem Namen „Pfeilringspalter" wurde schon im Jahre 1912 von den Vereinigten Chemischen Werken Charlottenburg ein Spaltreagens in den Handel gebracht, das durch Sulfonieren eines Gemisches von hydriertem Ricinusöl und Naphthalin hergestellt wurde. Petroff hat eine bei der Raffination der Erdöldestillate mit rauchender Schwefelsäure entstehende organische Sulfosäure als Fettspaltungskatalysator in Vorschlag gebracht, der unter der Bezeichnung „Kontaktspalter" in die Praxis eingeführt wurde (L. Diserens, S. 402). Das später von der I. G. Farbenindustrie A. G. entwickelte Spaltreaktiv Divulson besteht aus hochmolekularen Sulfosäuren alkylsubstituierter mehrkerniger Kohlenwasserstoffe (D.R.P. 449113 und 449114).

Bei der Fermentspaltung verwendet man als hydrolysierende Mittel Lipasen, wie sie im Ricinussamen vorkommen. Ihre Verwendung ist auf Temperaturen unter 40° beschränkt. Neben dem Enzympräparat wird 0,2% Mangansulfat als Aktivator zugesetzt. Zur Brechung der Emulsion wird am Schluß mit Schwefelsäure angesäuert.

Neuerdings gewinnt die nicht katalytische Fettspaltung mehr und mehr Bedeutung. Sie beruht auf der Verwendung hoher Drucke und liefert, da keinerlei Chemikalien in den Prozeß eingeschaltet sind, sehr reine Fettsäuren und reines Glycerin.

Einen Übersichtsbericht über die industrielle Fettspaltung hat L. Lascaray gegeben.

Die von H. P. Kaufmann (*2*) vorgeschlagene „Hydrierspaltung" vereinigt die Spaltung und Härtung von Ölen und beruht ebenfalls auf der Anwendung hoher Drucke (s. S. 417).

e) Einfluß von Luft und Licht auf Fette und fette Öle.

Der Einfluß von Sauerstoff und Licht auf die Veränderung der Fette und fetten Öle spielt bei den Nahrungsmittelfetten eine große Rolle. Das sogenannte Verderben der Fette und fetten Öle ist zum größten Teil eine Folge der Autoxydation der Fettsäureglyceride. Bei der Verwendung der Fette und fetten Öle in der Lederindustrie spielt naturgemäß das Problem des Verderbens nicht die gleiche Rolle wie bei Nahrungsmitteln, wenn auch der Oxydationsvorgang eine größere Bedeutung erlangen kann, als man gewöhnlich annimmt.

Der summarische Begriff „Verderben der Fette" schließt verschiedene chemische und biologische Vorgänge ein, von denen die oxydativen, d. h. die durch die Einwirkung des Luftsauerstoffs ausgelösten Vorgänge die wichtigsten sind. Bei seinen Versuchen über das Verderben der Fette, deren Ergebnisse seit vielen Jahren in der Zeitschrift „Fette und Seifen" veröffentlicht worden sind, hat K. Täufel (*2*) folgende oxydativen Vorgänge unterschieden:

Aldehydbildung (Ranzigkeit),

Ketonbildung (Parfümranzigkeit),

Säurebildung (Sauerwerden, Talgigwerden),

Bildung von Oxysäuren, Ketosäuren (Talgigwerden),

Polymerisations- und Kondensationsreaktionen.

Neben diesen oxydativen Vorgängen führen auch hydrolytische Prozesse zum „Sauerwerden" und „Seifigwerden" von Fetten und fetten Ölen. Alle diese Veränderungen können in beliebigen, nicht kontrollierbaren Kombinationen gleichzeitig nebeneinander herlaufen. Deshalb entsprechen die für die sinnesphysiologische Kennzeichnung aufgekommenen Ausdrücke, wie sauer, talgig, fischig, ranzig, tranig, käsig, kratzig usw., keineswegs eindeutigen chemischen Vorgängen bei der Veränderung der Fette, und es ist nicht verwunderlich, daß der Reaktionsmechanismus, der zum sogenannten Verderben der Fette führt, bis heute noch nicht klar überschaut werden kann.

Alle oxydativen Vorgänge, die zu Veränderungen von Fettsäureglyceriden führen, sind, außer von der Einwirkung des Luftsauerstoffs, abhängig von Temperatur, Licht, Luftwechsel, und vor allem von den im Fett vorhandenen positiven oder negativen Katalysatoren.

Es wird heute allgemein angenommen, daß als erste Phase der Autoxydation der olefinischen Fette eine Anlagerung des Sauerstoffs an die Doppelbindung nach dem Schema erfolgt:

$$\begin{array}{ccc} -C{\diagup}^{\text{H}} & \text{O} & -C{-}^{\text{H}}{-}\text{O} \\ & + & \longrightarrow \quad | \qquad | \\ -C{\diagdown}_{\text{H}} & \text{O} & -C{-}{-}\text{O} \\ & & \qquad \text{H} \end{array}$$

Über die weiteren Stufen des Molekülabbaus — oder aber auch Molekülaufbaus (Autoxy-Polymerisation) — herrscht noch wenig Klarheit. Es scheint, daß nicht nur Fette mit olefinischer Doppelbindung zur Autoxydation neigen. Es ist möglich, auch bei Glyceriden gesättigter Fettsäuren unter entsprechenden Versuchsbedingungen (ultraviolettes Licht, Wärme usw.) ähnlich verlaufende Prozesse in Gang zu bringen.

Charakteristisch für den beim Verderben der Fette ablaufenden Autoxydationsprozeß ist, daß nur ein sehr geringer Bruchteil der Fettsubstanz in Mitleidenschaft gezogen wird. Die große Zahl der nachgewiesenen Zersetzungsprodukte entstammt den nachfolgenden chemischen Umsätzen.

Den Gerbereichemiker interessieren eigentlich nur die Zersetzungsprodukte, die zu einem „Sauerwerden" der Fette und Öle führen können. Sie kommen dadurch zustande, daß beim Fettsäureabbau entweder unmittelbar oder mittelbar über die leicht oxydierbaren (autoxydabeln) Aldehyde sich neue Säuren bilden. Auf diesem Wege pflegen in Fetten mehr Säuren zu entstehen als etwa auf dem ebenfalls möglichen Weg über die Hydrolyse. Wie kompliziert und weitgreifend dieser Säurebildungsprozeß sein kann, geht aus der von K. Täufel (3) zusammengestellten Übersicht über die sauren Zersetzungsprodukte hervor, die bisher in autoxydierten Fetten haben nachgewiesen werden können:

Ameisen-, Essig-, Propion-, Butter-, Valerian-, Capron-, Heptyl-, Capryl-, Nonyl-, Caprin-, Azelain-, Kork-, Sebacin-, Ketostearin-, Oxystearin-, Dioxystearinsäure und außerdem Oxyketonsäuren.

Daß mit diesen Angaben die Möglichkeiten der Entstehung sauerer Zersetzungsprodukte noch nicht erschöpft sind, zeigen z. B. die Feststellungen von W. Burger und G. Wiedemann, nach denen sich in Ölen bei der Autoxydation auch konjugiert-ungesättigte Fettsäuren bilden.

Im Hinblick auf die sehr verwickelten Vorgänge der Autoxydation und die Mannigfaltigkeit der durch sie entstehenden sauren Zersetzungsprodukte ist es verständlich, daß technische Fette in ihrem Säuregrad erheblich schwanken können. Leider sagt die Säurezahl über die Herkunft der freien Säuren und damit über die Ursache des Sauerwerdens nichts aus. Die oft zur Prüfung auf Ranzidität empfohlene Reaktion von H. Kreis ist nur für das Vorhandensein von Epihydrinaldehyd spezifisch, zeigt also lediglich den Beginn eines autoxydativen Fettumsatzes an [K. Täufel (4)].

Es kann hier als bekannt vorausgesetzt werden, daß es Stoffe gibt, welche die Autoxydation der Fette begünstigen (Prooxygene), und solche, die sie hemmen (Antioxygene). Die Angaben im Schrifttum über diese Stoffe sind recht widerspruchsvoll. Zu den Prooxygenen gehören z. B. Thioglykolsäure, Cystin, gewisse aromatische Amine, Ergosterin u. a. Außerdem wirken als Katalysatoren für die Autoxydation Spuren von Metallen, vor allem Eisen und Kupfer, die aus der Fettverarbeitung stammen können. Zu den Antioxygenen gehören Verbindungen, die sich als Wasserstoffakzeptoren (z. B. chinoide Verbindungen, Nitroverbindungen) oder als Wasserstoffdonatoren (z. B. Hydrochinon, Brenzkatechin, Pyrogallol, Guajakol u. a.) betätigen können. Die ersteren unterdrücken die Bildung von aktivem Sauerstoff, die letzteren können gebildetes Peroxyd zerlegen bzw. dessen Bildung hemmen. Auch hier sei auf die Arbeiten von K. Täufel (4) verwiesen. Daß dieses Problem der Pro- bzw. Antioxygene auch gerbereichemisch unter Umständen von Bedeutung sein kann, haben Versuche von J. Thuau und D. Lisser gezeigt.

Um die spezifische Oxydationsfähigkeit einzelner Öle zu ermitteln, haben J. Thuau und D. Lisser (1) mit Hilfe des Mackey-Testes Oxydationszahlen ermittelt, bei denen die „totale Oxydation" als T/D und die „innere Oxydation" als T_1/D_1 ausgedrückt wurde. Es bedeuten T die beim Mackey-Test erreichte Maximaltemperatur, D die hierzu erforderliche Zeit in Minuten, T_1 die über 100° erreichte Temperatur und D_1 die Zeit, die zum Erreichen von T_1 nach Überschreiten von 100° erforderlich ist.

Unter den verschiedenen Ölträgern zur Aufnahme der mit dem Mackey-Test geprüften Öle wurde auch Hautpulver verwendet, wie es für die Gerbstoffanalyse vorgeschrieben ist, und zwar einmal in rohem Zustand, dann nach Gerbung mit Chromsalzen, ferner nach Gerbung mit Quebrachoextrakt und endlich nach Gerbung mit Kastanienholzextrakt. Bei der Prüfung von Lebertran zeigt sich, daß auf chromgegerbtem Hautpulver niedrigere Oxydationszahlen erhalten werden als auf nicht gegerbtem, daß also Chromsalze die Widerstandskraft von Lebertran gegen Sauerstoff offenbar erhöhen. Bei dem mit pflanzlichen Gerbmitteln gegerbten Hautpulver erweist sich Quebrachogerbstoff als ein Prooxygen, während Kastanienholzgerbstoff als Antioxygen wirkt, wobei es ungeklärt bleibt, ob der Gerbstoff als solcher jeweils die Wirkung auslöst oder ob das verschieden gegerbte Hautpulver für die unterschiedliche Wirkung verantwortlich zu machen ist. Jedenfalls müssen diese Versuche als ein Hinweis auf die Tatsache angesehen werden, daß zwischen Fetten und Gerbstoffen bzw. mit verschiedenen Gerbstoffen gegerbten Ledern Wechselwirkungen möglich sind, die noch auf eine Klärung warten. In der gleichen Versuchsreihe haben J. Thuau und D. Lisser (2) übrigens auch festgestellt, daß die Oxydation von Lebertran durch freien Schwefel ebenfalls gehemmt wird, und zwar proportional der im Hautpulver anwesenden Schwefelmenge.

Die Peroxydbildung bei der Autoxydation der Fette erreicht ein Maximum, das für jedes Fettsäureglycerid einen charakteristischen Wert annimmt. Mit dem Erreichen dieses Maximums tritt zugleich ein starkes Ansteigen der Säure- und der Verseifungszahl ein. Der Zeitpunkt ist außerdem dadurch gekennzeichnet, daß die Jodzahl gleich der Rhodanzahl ist, d. h., daß keine Verbindungen mit mehreren Doppelbindungen mehr vorhanden sind (E. Glimm, E. Seeger und J. Boetcher).

Als Oxydationsvorgänge, bei denen nicht der bisher beschriebene Molekülabbau, sondern eine Molekülvergrößerung auftritt, sind die Veränderungen anzusehen, welche die trocknenden Öle bei der Einwirkung von Sauerstoff erfahren. H. P. Kaufmann und K. Strüber haben allerdings darauf hingewiesen, daß ein Teil des Öltrockenprozesses vermutlich ohne Einwirkung von Sauerstoff nur durch Dien-Polymerisation bedingt ist. Die Endprodukte der Trocknung von Ölen, wie Leinöl und Holzöl, sind mehr oder weniger harte, in Benzin, Äther usw. unlösliche Filme. Der Trockenprozeß spielt bei der Herstellung von Lackleder eine wichtige Rolle. Siehe bei Leinöl (S. 451). Vgl. auch diesen Bd., 8. Kap., S. 909.

Die Fette von Seetieren haben eine besonders starke Neigung zum oxydativen Ranzigwerden. Dabei kann eine ungewöhnlich große Bildung von freien Fettsäuren auftreten. Den Gerbereichemiker interessiert deshalb das Problem des Ranzigwerdens auch hinsichtlich der technischen Fette, wie vor allem der Trane.

Es sei noch auf einen in jüngster Zeit von H. Schmalfuß veröffentlichten Vorschlag für eine einheitliche Gestaltung der sogenannten Fettverdorbenheitszahlen hingewiesen.

f) Härtung (Hydrierung) der fetten Öle.

Unter „Fetthärtung" versteht man die Überführung flüssiger Fettsäureglyceride in feste Produkte durch Behandlung mit Wasserstoff in Gegenwart von Katalysatoren. Dabei wird Wasserstoff an die Doppelbindungen angelagert, so daß aus stark ungesättigten Fettsäureglyceriden weniger ungesättigte und zuletzt gesättigte Verbindungen entstehen. Die Fetthärtung ist heute ein sehr wichtiger Teil der Fettindustrie, das Schrifttum, das ihre Probleme behandelt, ist außerordentlich umfangreich. Hier muß eine kurze Schilderung des Prozesses genügen.

Das zu härtende Öl wird nach einer Vorreinigung, bei der freie Fettsäuren, Hydroxysäuren, Eiweißstoffe u. dgl. entfernt werden, in einem Autoklaven mit der in Öl angerührten Katalysatormenge vermischt. Der hauptsächlich verwendete Katalysator besteht aus fein verteiltem metallischem Nickel. Nach Erwärmung des Gemisches auf 150° beginnt man mit der Einleitung von Wasserstoff, worauf die Temperatur weiter erhöht wird. Das Fortschreiten der nun einsetzenden Härtung kann an entnommenen Proben durch Bestimmung des Schmelzpunktes, sowie der Jod- und Rhodanzahl kontrolliert werden. Ist der gewünschte Schmelzpunkt erreicht, so wird die Wasserstoffzufuhr unterbrochen und das Fett abgekühlt. Der Ablauf des Härtungsprozesses hängt ab von der Reinheit des Öles, dem Feuchtigkeitsgehalt des Wasserstoffes, der Aktivität und Menge des zugesetzten Katalysators und von der Rührwirkung der Apparatur.

Bei den zahlreichen Untersuchungen über den Chemismus der Fetthärtung besteht darüber Einigkeit, daß der Wasserstoff sich zuerst an die hochungesättigten Fettsäuren anlagert und diese zunächst in niedriger ungesättigte Säuren überführt. Dann werden diese in Ölsäure und zuletzt erst wird die Ölsäure in Stearinsäure umgewandelt. Dabei sind es nicht die gesättigten Glyceride, die als Endprodukte bei der chemischen Umsetzung die größte Bedeutung beanspruchen; von weit größerem Interesse sind die bei Zimmertemperatur festen einfach ungesättigten Glyceride, die bei der Härtung eine wichtige Rolle spielen. Diese festen ungesättigten Fettsäureglyceride kommen in den natürlichen Fetten nicht vor und sind typisch für gehärtete Fette.

H. P. Kaufmann (1), S. 158, hat bei Härtungsversuchen mit Erdnußöl und Sonnenblumenöl zeigen können, daß die Hauptrolle bei der Härtung die Linolsäure spielt. Aus ihr entstehen beim Erdnußöl einfach ungesättigte Säuren, die bei Zimmertemperatur fest sind. Dabei ändert sich die Menge der gesättigten Anteile nicht. Außerdem scheint aber bei der Härtung des Erdnußöls ein Teil der ursprünglichen Ölsäureglyceride in isomere Verbindungen umgelagert zu werden, die ebenfalls bei gewöhnlicher Temperatur fest sind. Bei längerer Härtung von Sonnenblumenöl stellte H. P. Kaufmann ein Ansteigen der gesättigten Anteile auf Kosten der Linolsäure fest, während der größte Teil dieser Säure wiederum zu einfach ungesättigten Säuren reduziert wurde. Der Endprozeß scheint dann die Reduktion der Ölsäure und ihrer entstandenen Isomeren zu sein. Siehe auch H. P. Kaufmann und J. Baltes (2) über den Chemismus der Fetthärtung.

Daß bei der Härtung von Tranen der Ablauf der chemischen Reaktionen viel weniger übersichtlich ist, bedarf keiner weiteren Erklärung. Nach Y. Toyama werden bei der Härtung von Sardinenöl ebenfalls die hochungesättigten Glyceride zuerst angegriffen und in solche mit zwei Doppelbindungen übergeführt. Dann erst setzt die Bildung fester Säuren ein.

In jedem Fall scheint der Abstand der Doppelbindung von der Carboxylgruppe von besonderer Bedeutung für den Ablauf der Härtungsreaktionen zu sein. Daneben spielen Temperatur und Härtungsgeschwindigkeit eine große Rolle. Je höher die Temperatur und je größer die Härtungsgeschwindigkeit, desto größer ist die Menge der entstehenden festen ungesättigten Säuren (Isosäuren), und je niedriger die Temperatur und die Härtungsgeschwindigkeit, desto größer ist die Menge der entstehenden Stearinsäure. So hat auch H. J. Waterman und C. van Vlodrop bei einer Härtungstemperatur von 65° und

Verwendung eines Platinkatalysators aus Linolsäureestern direkt Stearinsäure erhalten, ohne Bildung von Ölsäuren.

Hydrierspaltung. Eine besondere Art von Fetthydrierung, die gleichzeitig mit einer Fettspaltung verbunden ist, stellt die bereits auf S. 413 erwähnte Hydrierspaltung nach H. P. Kaufmann (2) dar. Bei dieser Arbeitsmethode werden Glyceride von trocknenden Ölen in Fettsäuren und Glycerin zerlegt. Gleichzeitig wird die Härtung der mehrfach ungesättigten Fettsäuren bis zu einer gewissen Konsistenz herbeigeführt. Als Katalysator eignet sich am besten ein Nickel-Kieselgur-Katalysator. Die Spaltung erfolgt durch hohen Druck in Gegenwart von Wasser. Nach Anheizen auf die Reaktionstemperatur ist zum weiteren Ablauf der Reaktion keine Wärmezufuhr mehr erforderlich, da die Hydrierspaltung mit einer positiven Wärmetönung verbunden ist. Je nach Wahl der Arbeitsbedingungen (Wasserstoffdruck, Katalysatormenge) können völlig oder partiell hydrierte Fettsäuren dargestellt werden. Durch Veränderung des Wasserstoffdrucks kann die Hydriergeschwindigkeit beliebig geändert werden. Je höher die Rührgeschwindigkeit gewählt wird, um so kürzer ist bei gleichem Endeffekt die Reaktionsdauer. Das Endprodukt der Hydrierspaltung ist von rein weißer Farbe und praktisch frei von Nickel.

g) Einwirkung der Schwefelsäure auf Fette und fette Öle.

Beim Fetten von Leder spielen Fettstoffe, die durch Behandeln mit Schwefelsäure grenzflächenaktiv gemacht worden sind, eine große Rolle. Die Reaktionen, die sich zwischen Fettsäureglyceriden und Schwefelsäure abspielen, beanspruchen deshalb das besondere Interesse des Gerbereichemikers. Dabei ist es keineswegs erforderlich, daß er sich um lückenlose Kenntnisse von allen auf diesem ausgedehnten Gebiet sich abspielenden Prozessen, neuen Methoden und Untersuchungen bemüht. Es genügt, wenn er über die grundsätzlichen Vorgänge des bisher als „Sulfonierung" bezeichneten Sondergebiets der Fettchemie unterrichtet ist.

Zunächst sei hervorgehoben, daß die bisher allgemein übliche Bezeichnung „Sulfonierung" für den Prozeß, der sich bei der Einwirkung von Schwefelsäure auf Fettsäureglyceride abspielt, nicht richtig ist. Von einer Sulfonierung sollte man nur sprechen, wenn es sich um die Bildung echter Sulfosäuren handelt (s. unten). Die Hauptbestandteile der einfachen sogenannten „sulfonierten" Öle sind aber nicht Sulfosäurederivate, sondern Schwefelsäureester. Deshalb ist im angelsächsischen Schrifttum schon lange das Wort „sulfated oils" im Gebrauch, und es soll deshalb auch hier und in den späteren Abschnitten für die Behandlung von Fettsäureglyceriden mit Schwefelsäure die Bezeichnung „Sulfatierung" gewählt und die bei diesem Prozeß unter Einhaltung normaler Arbeitsmethoden entstehenden Produkte sollen als „sulfatierte Öle" bezeichnet werden (s. z. B. G. D. McLaughlin, S. 724). Unter „Sulfonierung" sei weiterhin der chemische Vorgang verstanden, der zur Bildung von echten Sulfosäuren bzw. ihren Derivaten führt.

Bei der Einwirkung von Schwefelsäure auf Fettsäureglyceride sind zwei Haupttarten von Reaktionen möglich, die sich grundsätzlich voneinander unterscheiden:

1. Die Bildung von Schwefelsäureestern, bei denen der Säurerest SO_3H über ein Sauerstoffatom an den Kohlenstoff des Fettsäuremoleküls gebunden ist:

$$R \cdot C - O \cdot SO_3H.$$

2. Die Bildung von Sulfosäureverbindungen, bei denen der Säurerest direkt an den Kohlenstoff des Fettsäuremoleküls gebunden ist:

$$R \cdot C - SO_3H.$$

Es gibt allerdings Fälle, in denen sowohl Sulfosäuren wie saure Schwefelsäureester oder deren Salze bei der Einwirkung von Schwefelsäure auf Öle gebildet werden. Beide Produkte können dann nebeneinander entstehen. Man hat deshalb noch einen Sammel- bzw. Oberbegriff für die Sulfatierung und Sulfonierung vorgeschlagen und hat dazu den Ausdruck Sulfierung gewählt, der dann angewandt werden kann, wenn von vornherein nicht klar ist, welche der beiden Produkte entstehen [A. Hintermaier (2)].

Die Sulfosäureverbindungen, die auch durch die Formel $R \cdot SO_3H$ gekennzeichnet und als Sulfonate bezeichnet werden können, entstehen nur bei der Anwendung stark sulfonierender Mittel, wie Oleum oder Chlorsulfosäure, bei höheren Temperaturen mit oder ohne Einsatz von wasserentziehenden Mitteln. Bei diesen Prozessen ist der Sulfonierungs- und Kondensationsvorgang nicht immer scharf zu trennen. Das charakteristische Merkmal der Sulfonate ist ihre Säurebeständigkeit, während die Fettschwefelsäureester (Sulfate) schon bei gewöhnlicher Temperatur gespalten werden.

Die erste Art von Verbindungen, die auch durch die Formel $R \cdot O \cdot SO_3H$ gekennzeichnet werden können, sind organische Sulfate. Sie entstehen beim Sulfatieren von Fetten und fetten Ölen unter einfachen Arbeitsbedingungen.

Diese Verbindungen bilden einen wesentlichen Bestandteil der Türkischrotöle, sulfatierten Klauenöle, Olivenöle und Trane. Um jedoch zu verstehen, daß diese sulfatierten Öle keine einheitlich definierbaren chemischen Produkte darstellen, muß man sich die Reaktionsmöglichkeiten bei dem als Sulfatierung bezeichneten Prozeß zwischen Fettsäureglyceriden und Schwefelsäure weiter klar machen, zumal da die Schwefelsäure ja nicht nur sulfatierend und in besonderen Fällen sulfonierend, sondern auch verseifend, kondensierend und wasserentziehend wirken kann.

Im Molekül des Fettsäureglycerids reagiert die Schwefelsäure mit den Fettsäureestern, und zwar mit der Doppelbindung der ungesättigten Fettsäuren nach dem Schema

$$-CH = CH- + H_2SO_4 \longrightarrow \begin{array}{cc} -CH-CH- \\ | \quad\; | \\ H \quad OSO_3H \end{array}$$

Enthält der Fettsäurerest eine Hydroxylgruppe, wie bei der Ricinolsäure, so bevorzugt die Schwefelsäure eine Reaktion mit dieser Gruppe nach dem Schema

$$\begin{array}{cc} -CH- \\ | \\ OH \end{array} + H_2SO_4 \longrightarrow \begin{array}{cc} -CH- \\ | \\ OSO_3H \end{array}$$

nnd greift unter gewöhnlichen Bedingungen die Doppelbindung nicht an, was durch Jodzahlbestimmungen bestätigt werden kann.

Über die Reaktionen, die sich zwischen Fettsäuren mit mehreren Doppelbindungen, insbesondere Tranfettsäuren, und Schwefelsäure abspielen, sind unsere Kenntnisse völlig unbefriedigend. Wir wissen nur, daß diese Reaktionen rascher und unter stärkerer Wärmeentwicklung ablaufen als bei einfach ungesättigten Fettsäuren. Ohne Zweifel ist die Entfernung der Doppelbindungen von der Carboxylgruppe auf den Grad ihrer Reaktionsintensität von Einfluß, ähnlich wie beim Hydrierungsprozeß. Auffallend ist, daß die Menge der gebundenen

Schwefelsäure bei sulfatierten Tranen im allgemeinen nicht höher ist als bei sulfatiertem Klauen- oder Ricinusöl. Die Sulfatierungsprodukte hochungesättigter Fettsäureglyceride haben aber eine höhere Viskosität als die Derivate weniger gesättigter Glyceride.

Wenn schon, wie C. Riess (3) festgestellt hat, bei der Sulfatierung von Klauenöl Isoölsäure gebildet wird, so kann man bei höher ungesättigten Fettsäuren nicht zu Unrecht ähnliche Prozesse vermuten. Auch hier muß nochmals auf eine mögliche Analogie mit der Hydrierung hingewiesen werden.

Die einfachste Reaktion zwischen Fettsäureglyceriden und Schwefelsäure, die wahrscheinlich bei allen Sulfatierungsprozessen in geringerem Umfang vor sich geht, ist die Aufspaltung (Hydrolyse) der Glyceride in Fettsäuren und Glycerin, wie sie in dem Schema S. 410 veranschaulicht ist. Außerdem können aus sulfatierten Glyceriden Oxyfettsäuren entstehen.

Die bei Oxysäuren mögliche Bildung von Laktonen und Laktiden sowie das Entstehen von Estoliden tritt gegenüber den eigentlichen Sulfatierungsreaktionen an Bedeutung zurück. Von der Möglichkeit, bei der Einwirkung von Schwefelsäure die Bildung von Polymerisations- und Kondensationsprodukten von meist unbekannter chemischer Konstitution zu begünstigen, wird in besonderen Verfahren Gebrauch gemacht. In geringem Umfang scheinen diese Nebenreaktionen bei der Sulfatierung immer stattzufinden und sind dann wohl auch nicht kontrollierbar.

Die Arbeiten, die sich mit der Einwirkung von Schwefelsäure auf Fettsäureglyceride befaßt haben, sind außerordentlich zahlreich und reichen hundert Jahre zurück. Eine ausgezeichnete Übersicht über die Vorgänge beim Sulfatieren bzw. Sulfonieren von Ölen haben D. Burton und G. F. Robertshaw (7) gegeben. Für den Gerbereichemiker, der sich über den chemischen Ablauf des Sulfatierungs- und Sulfonierungsprozesses kurz orientieren will, sind außerdem die neuesten Arbeiten von D. Burton und L. F. Byrne (2, 3, 4) mit ihren einleitenden Angaben über die Entwicklung der Untersuchungen, die bei der Sulfatierung von Ricinusöl (2), von Olivenöl (3) und von Fischölen (4) angestellt worden sind, sehr lehrreich. Auf diese Arbeiten wird später bei der Behandlung der sulfatierten bzw. sulfonierten Öle noch näher eingegangen werden (s. S. 535). Ferner sei noch ausdrücklich die ältere Arbeit von A. Hecking aus dem Jahre 1938 erwähnt, in der über „Schwefelsäureester und Sulfonsäuren", unter besonderer Berücksichtigung der Reaktionen bei der Sulfatierung und Sulfonierung fetter Öle, berichtet wird.

h) Fettsäurekondensation.

Bringt man höhere Fettsäuren mit hydrolysierten oder chlorierten Sulfosäuren zur Kondensation, so erhält man grenzflächenaktive Produkte, die allerdings weniger in der Lederindustrie als in der Textilindustrie große Bedeutung erlangt haben. Diese Kondensationsreaktionen, deren wichtigstes Ziel die Blockierung der Carboxylgruppe ist, sollen durch einige Beispiele erläutert werden.

Kondensiert man Stearinsäure mit Dihydroxyäthansulfonsäure bei 45°, so entsteht ein gemischtes Säureanhydrid, das zur Entwicklung des als Igepon A bekannten Natriumsalzes des Esters der Isäthionsäure (J. Hetzer) führte.

Durch Kondensation von Ölsäure mit Methyltaurid gelangt man zum Natriumsalz des Ölsäuremethyltaurids, das als Igepon T im Handel ist.

Weitere ähnliche Kondensationsprozesse lassen sich z. B. mit Ölsäurechlorid und isoäthionsaurem Natrium oder mit Natriumsulforicinoleat und chloräthansulfonsaurem Natrium oder mit Ölsäurechlorid und Pyridin durchführen. Die Kondensation zwischen Ölsäure und Benzimidazol führt zu dem als Waschmittel bekannten Ultravon.

Diese wenigen Beispiele mögen für die Kennzeichnung der modernen Fettsäurekondensation genügen, deren technische Methoden in einem umfangreichen in- und ausländischen Patentschrifttum niedergelegt sind. In dem Abschnitt über Fettungshilfsmittel (S. 622 ff.) sind derartige Produkte erwähnt.

i) Synthese von Fettsäuren und Fettsäureglyceriden.

Das Problem der Synthese von Fettsäuren ist durch die Paraffinoxydation gelöst worden. Der Entwicklungsgang dieses Teilgebiets der Fettchemie, von den ersten Versuchen bis zu den praktisch brauchbaren Ergebnissen, war mühevoll und braucht hier nicht geschildert zu werden.

Als Ausgangsmaterial für den Oxydationsprozeß dient der Paraffin-Gatsch aus der Fischer-Tropsch-Synthese, der Kohlenwasserstoffe von C_{16} bis C_{28}, in der Hauptsache aber zwischen C_{16} und C_{25} enthält. Die Oxydation erfolgt in Gegenwart Mn-haltiger Katalysatoren durch Einblasen von Luft in das flüssige Kohlenwasserstoffgemisch bei gering erhöhtem Druck und Temperaturen, die wenig über 100° liegen. Aus den sauerstoffhaltigen Reaktionsprodukten lassen sich Fettsäuren von 1 bis 22 C-Atomen, Oxysäuren von 10 bis 32 C-Atomen, außerdem als nicht erwünschte Verbindungen Aldehyde, Ketone, Alkohole, Dicarbonsäuren, Ester, Laktone und Anhydride abscheiden. Auch von den Fettsäuren müssen die niederen Säuren, die sogenannten Vorlauffettsäuren, abgetrennt werden. Das Fettsäuregemisch wird der Vakuumdestillation unterworfen. Es enthält zum Unterschied von den aus natürlichen Fetten stammenden Fettsäuren fast zu gleichen Teilen Säuren mit ungerader und gerader C-Atomzahl. Durch Verseifung trennt man die unverseifbaren Anteile ab, zerlegt die Seifen wieder und fraktioniert das erhaltene Fettsäuregemisch.

Die heutigen modernen Verfahren der synthetischen Fettsäuregewinnung sind erheblich verfeinert worden, aber meist unbekannt geblieben. Die synthetischen Fettsäuren finden in erster Linie in der Seifenfabrikation Verwendung.

Weit schwieriger ist das Problem der Synthese von Fettsäureglyceriden, also von künstlichen Fetten. An Vorarbeiten, die aber nicht von synthetisch hergestellten Fettsäuren ausgingen, hat es auch in den letzten Jahrzehnten nicht gefehlt. Hier sind vor allem die Arbeiten von M. Bergmann und seinen Mitarbeitern zu nennen, die zum erstenmal Mono- und Diglyceride hergestellt haben. In keinem Fall war aber die Synthese von Triglyceriden möglich. In diesem Zusammenhang sei auf die seit 1934 veröffentlichten Arbeiten von E. Verkade über die Glyceridsynthese wenigstens kurz hingewiesen.

Während des letzten Krieges gelang die Veresterung von synthetischen Fettsäuren mit Glycerin unter Hochvakuum zu Speiseölen, welche durch die Pankreaslipase genau so gespalten wurden wie Rindertalg. Es konnte dabei auch gezeigt werden, daß Fettsäuren mit ungerader C-Atomzahl ebensogut verdaut werden wie die mit gerader C-Zahl. Über die Einzelheiten der Glycerinsynthese ist wenig bekannt geworden. Daß der Nachahmung von natürlichen Fetten große Schwierigkeiten entgegenstehen, ist schon in der Tatsache begründet, daß über den Aufbau der natürlichen Fettsäureglyceride, nämlich die Art und Anordnung der verschiedenen Fettsäuren, noch wenig Klarheit besteht.

2. Fette und fette Öle, die in der Lederindustrie Verwendung finden.

a) Tierische Fette und fette Öle.

α) Talge.

Der Rindertalg, auch Unschlitt genannt, wird aus dem Fettgewebe der Rinder gewonnen. Nieren-, Herz-, Lungen- und Netzgegend liefern das reinste, fettreichste Gewebe (Rohkern). Die kleineren, stärker von Fleisch durchsetzten Fettstücke, sowie alle fetthaltigen, mit Blut und Haut durchsetzten Abfälle liefern den weniger wertvollen Rohausschnitt. Der Rohkern wird im allgemeinen zu Speisetalg, der Rohausschnitt zu technischem Talg verarbeitet. Ein Mastochse kann über 100 kg Talg liefern.

Die Gewinnung des Talges erfolgt durch Ausschmelzen über Wasser im direkten oder indirekten Verfahren. Die Qualität des Talges hängt in erster Linie vom Reinheitsgrad des benutzten Rohmaterials ab. Je frischer der Rohkern zur Verarbeitung gelangt, um so besser die Talgsorte. Auch das aus dem Rohausschnitt gewonnene technische Fett ist um so besser, je größere Sorgfalt auf die Entfernung von Blut, Haut und Gewebe verwendet wurde. Dadurch, daß die zum Rohausschnitt kommenden Abfälle oft gesammelt werden und längere Zeit liegen bleiben, gehen Blut und Fleischteile nicht selten in Fäulnis über. Die dabei entstehenden Zersetzungsprodukte gelangen in den Talg und erteilen ihm einen unangenehmen Geruch. Die meisten technischen Talgsorten weisen diesen Geruch mehr oder weniger auf. Bei dem automatischen und kontinuierlichen Naßschmelzverfahren System Hinko wird der Schmelzvorgang derart beschleunigt, daß jedes Fetteilchen nach etwa 3 Minuten ausgeschmolzen den Schmelzapparat verläßt [Th. Hinko (1)].

Aus dem ausgeschmolzenen Talg werden durch Pressen bei etwa 30° die ölsäurehaltigen Anteile (auch Oleomargarin genannt) abgepreßt. Je stärker die Pressung, je höher ist der Schmelzpunkt des Talges.

Die Reinigung des ausgeschmolzenen Talges geschieht meistens durch wiederholtes Umschmelzen in Gegenwart von Wasser mit und ohne Zusatz von Chemikalien. Zur Entfernung des unangenehmen Geruchs wird häufig Soda oder Borax zugesetzt. Der Zusatz von Soda kann zur Bildung von Seifen führen. Über die Raffination durch Aufbrausen von verdünnter Natronlauge und anschließende Behandlung mit Bleicherde siehe P. Hartung. Bei der Reinigung mit direktem Dampf wird der Talg durch den Dampf verflüssigt und durch ein Sieb gedrückt, das die Verunreinigungen zurückhält. Der gereinigte Talg wird in manchen Fällen durch oxydierende Stoffe (Chromsäure, Braunstein, Hypochlorit) gebleicht. Über die amerikanische Methode der Entfärbung von Talg durch Extraktion mit Propan siehe E. B. Moore. Über den Einfluß des Lichts auf die Talgfarbe s. Th. Hinko (2).

Eigenschaften. Die beste, aus frischem Rohkern hergestellte Rindertalgsorte heißt „Premier Jus". Sie wird zu Speisefetten verarbeitet. Diese besten Talgsorten sind fast weiß, frei von Geruch und nahezu geschmacklos. Die technischen Talgsorten, besonders die ausländischen, weisen alle Farbenschattierungen auf. Man findet hier die australischen schwachgelben, die dunkelgelben nord- und südamerikanischen und die minderwertigen stark gefärbten (no colour) Talgsorten verschiedenster Herkunft. Die Farbe des Rindertalges ist nicht immer ein Maßstab für seine Qualität. Ein helleres Produkt braucht nicht ohne weiteres besser sein als ein dunkles.

Kennzahlen von Talg[1]:

    Dichte (15°): 0,936—0,952.
    Schmelzpunkt: 40—50°.
    Erstarrungspunkt: 30—38°.
    Brechungszahl (20°): 1,454—1,459.
    Säurezahl: Je nach Lagerdauer schwankend[2].
    Verseifungszahl: 190—200.
    Jodzahl: 32—47.
    Rhodanzahl: 38—41.
    Hydroxylzahl: 1,8—2,4.
    Unverseifbares: 0,1—0,2%.

Kennzahlen der Fettsäuren:

    Schmelzpunkt: 41—47°.
    Jodzahl: 26—43.
    Erstarrungspunkt: 38—47°.
    Rhodanzahl: 41,5.

Frisch ausgeschmolzenes Rinderfett enthält fast keine freien Fettsäuren (höchstens 0,5%). Bei längerem Lagern kann aber der Gehalt an freien Fettsäuren bis zu 25% ansteigen.

Tabelle 4. Beziehungen zwischen Stearin- und Ölsäuregehalt und Titer des Rindertalges.

Erstarrungspunkt der Fettsäuren (Titer) °C	Stearinsäuregehalt des Talges	Ölsäuregehalt des Talges
35	25,20	69,80
36	27,30	67,20
37	29,80	65,20
38	31,25	63,75
39	33,44	61,55
40	35,15	59,85
41	38,00	57,00
42	39,90	55,10
43	43,70	51,30
44	47,50	47,50
45	51,30	43,70
46	53,20	41,80
47	53,95	33,05
48	61,75	33,25
49	71,25	23,25
50	75,05	19,95
51	79,50	15,50
52	84,00	11,00
53	92,10	2,90

Chemische Zusammensetzung. Der Rindertalg ist ein bisher noch nicht genau bekanntes Gemisch von Triglyceriden der Stearin-, Palmitin- und Ölsäure. Einsäurige Triglyceride sind nur in geringen Mengen vorhanden. Durch fraktionierte Kristallisation lassen sich aus dem Rindertalg abscheiden: Dipalmitoolein (Schmelzp. 48°, Verseifungszahl 202,7, Jodzahl 30,18), Dipalmitostearin (Schmelzp. 55°, Verseifungszahl 202,2), Distearopalmitin (Schmelzp. 62,5, Verseifungszahl 195,56), Stearopalmitoolein (Schmelzp. 42°, Verseifungszahl 195,0, Jodzahl 29,13).

Nach neueren Untersuchungen hat Rindertalg folgende durchschnittliche Zusammensetzung:

Gesättigte Fettsäuren ... 50 —58%
Ölsäure .... 32 —38%
Isoölsäure .... 2 — 3%
Linolsäuren .... 3 — 6%
Glycerinrest .... 4 — 5%
Unverseifbares .... 0,1— 0,2%

Wie sehr der Gehalt an Stearin- und Ölsäure die Konsistenz des Talges beeinflußt, zeigt Tabelle 4. Aus der Tabelle ist die Beziehung zwischen Stearinsäuregehalt, Ölsäuregehalt und „Titer" (Erstarrungspunkt der Fettsäuren) des Talges ersichtlich.

---

[1] Die Literaturangaben über die Kennzahlen der Fette und Öle weichen stark voneinander ab. Hier und bei allen weiteren Fetten und Ölen sind die Werte angegeben, wie sie in dem Buch von H. Gnamm (*1*) enthalten sind. Diese Kennzahlenwerte stimmen im großen und ganzen mit den Angaben von D. Holde sowie C. Zerbe, S. 1293 ff., überein.

[2] Verfasser fand in technischen Talgsorten Säurezahlen zwischen 0,9 und 22.

Untersuchung. Der Handelswert des Talges wird, abgesehen von der Farbe, nach dem Erstarrungspunkt der Fettsäuren — dem sogenannten Titer — bestimmt. Je höher der Titer, um so wertvoller ist der Talg (s. aber S. 422).

Die chemische Untersuchung erstreckt sich in erster Linie auf die Bestimmung der Kennzahlen, welche an sich schon eine weitgehende Beurteilung der Reinheit ermöglicht. Mitunter empfiehlt sich außerdem eine Wasserbestimmung, die Bestimmung wasserlöslicher Stoffe und eine Prüfung auf Verfälschung mit fremden Fetten oder mit sonstigen Stoffen.

Hautbestandteile, Pflanzenteile und sonstige Verunreinigungen weist man rasch auf folgende Weise nach: 10 bis 20 g Talg werden in einem Kölbchen mit Chloroform gelöst. Die Lösung wird durch ein gewogenes Filter filtriert. Man wäscht mit Chloroform so lange nach, bis ein Tropfen des Filtrats auf Papier nach dem Verdunsten keinen Fettfleck hinterläßt. Das Filter wird bei 100° getrocknet und gewogen.

Durch Ausschütteln mit Wasser von 50 bis 60° kann man dem Talg die wasserlöslichen Bestandteile entziehen. Diese können auch aus Schwefelsäure bestehen, die von der Raffination herrührt. Der dann vorhandene annähernde Schwefelsäuregehalt des Talges läßt sich durch Titration der wässerigen Lösung mit Natronlauge bestimmen. Absichtlicher Zusatz von Kalk (zur Erhöhung des Schmelzpunktes durch die sich bildende Kalkseife) und Kochsalz (zur Beschwerung) sind leicht nachzuweisen. Beide Stoffe bleiben bei der Lösung in Chloroform (s. oben) auf dem Filter zurück.

An Fettstoffen, die als Verfälschungsmittel in Frage kommen, sind zu nennen: Paraffin, Palmkernöl, Cocosfett, Baumwollstearin, Wollfett, Hammeltalg, außerdem auch Harze.

Auf Cocos- und Palmkernfett weist eine hohe Verseifungszahl (267 und 247) hin. Wollfett erhöht die Säurezahl. Es läßt sich durch die Cholesterinprobe im Ätherauszug nachweisen. Der Nachweis von Baumwollstearin mit Salpetersäure (Rotfärbung) ist wenig zuverlässig. Zur Feststellung von Harzen kann die Reaktion von Storch-Morawski dienen (s. S. 467), deren Zuverlässigkeit aber in letzter Zeit angezweifelt worden ist. Durch Beimischung von Paraffin wird das Unverseifbare des Talges erhöht und die Jodzahl erniedrigt. Hammeltalg, Schweinefett und ebenso Pferdefett (Kammfett) sind schwer nachzuweisen (s. aber S. 424), für den Gerber jedoch kaum als Verfälschungen anzusehen. Schweineschmalz kann allerdings beim Fetten des Leders stören.

Die aus Mittel- und Nordeuropa und aus Nordamerika stammenden Talgsorten sind im allgemeinen selten verfälscht. Südamerikanische Sorten schwanken in Farbe und Güte. Geringwertig ist australischer Talg; illyrischer und dalmatischer Talg enthält viel Hammel- und Ziegenfett. Chinesischer Talg enthält meist 20% Hammeltalg. In manchen amerikanischen Talgsorten, die in den Jahren nach Kriegsende nach Deutschland kamen, scheint auch Schweinefett vorhanden gewesen zu sein.

Zum Nachweis von Pferdefett im Rinderfett schlägt Cl. Franzke vor, den im Pferdefett stets vorhandenen Gehalt an Linol- und Linolensäure zu benutzen, der zwischen 5% und 17% liegt. Rinderfett enthält unter 1% Linolensäure. Es ist deshalb die Möglichkeit gegeben, entsprechende Verschnitte von Rindertalg mit Pferdefett zu erkennen.

Unter der Bezeichnung „esterifizierter Talg" kamen während des Krieges Fettstoffe in den Handel, die ein Gemisch von freien und verseiften Talgfettsäuren, Degras, Tran und Mineralfetten darstellten.

Der Hammeltalg ist härter als der Rindertalg, wird leichter ranzig und hat meist einen unangenehmen Geruch. Er hat folgende Kennzahlen: Spez. Gew. (15°) 0,936 bis 0,960; Brechungsexponent (20°) 1,455 bis 1,458; Schmelzpunkt 44 bis 55°; Erstarrungspunkt 32 bis 45°; Säurezahl 1 bis 5; Verseifungszahl 192 bis 198; Jodzahl 31 bis 47; Rhodanzahl 39 bis 42. Die Zusammensetzung der Fettsäuren ist der von Rindertalg ähnlich, der Gehalt an Ölsäure ist etwas geringer.

Der Hirschtalg, der mitunter noch in Gerbereien Verwendung findet, ist von untergeordneter Bedeutung. Spez. Gew. (15°) 0,961 bis 0,967; Schmelzpunkt 48 bis 53°; Verseifungszahl 196 bis 214; Jodzahl 19 bis 26.

Pferdekammfett. Auch dieses Fett kommt in der Lederindustrie zur Verwendung (insbesondere zum Fetten von Waterproofledern). Seine Qualität ist ganz verschieden, je nach der Beschaffenheit des verwendeten Rohmaterials. Das rohe Kammfett hat einen durchdringenden Geruch und eine butterartige Konsistenz. Die Säurezahl schwankt, ist aber meist sehr hoch, die Jodzahlen liegen zwischen 82 und 88, die Verseifungszahl liegt zwischen 196 und 200. Die raffinierte Ware hat im allgemeinen einen Titer von 35 bis 38° und eine Säurezahl unter 6. Sie enthält im Durchschnitt etwa 40% Palmitin- und Stearinsäure, 38 bis 40% Ölsäure, 15 bis 20% Linolsäure und 1 bis 2% Linolensäure (auf den Gesamtfettsäuregehalt gerechnet). Beim rohen Pferdekammfett ist der Anteil an festen Säuren geringer, der an flüssigen Säuren höher.

β) Schweinefett.

Schweinefett wird üblicherweise zwar nicht zum Fetten von Leder verwendet. Es ist aber nach dem Krieg verschiedentlich ausländischen Fetten beigemischt worden. In Rußland stehen große Mengen Abfallfette von Schweinshäuten zur Verfügung. Dort wurden auch Versuche mit sulfoniertem Schweinefett angestellt, das sich als sehr gutes Emulgierungsmittel erwiesen hat (Feigin und Schiljanski).

Kennzahlen: Schmelzpunkt: 36—42°.
Erstarrungspunkt: 22—31°.
Verseifungszahl: 193—198.
Jodzahl: 46—66.

Ein Nachweis von Schweinefett in Talg oder ähnlichen tierischen Fetten ist mit einfachen analytischen Methoden nicht möglich.

γ) Rinderklauenöl.

Das Rinderklauenöl (engl. neat's foot oil) ist einer der hochwertigsten Fettstoffe, die zum Fetten von Leder, besonders Chromleder, Verwendung finden. Das reine Öl soll nur aus den Fußknochen und Klauen der Rinder hergestellt werden. Eine Feststellung, ob ein Klauenöl tatsächlich nur von Rinderfüßen stammt, oder ob es mit anderen Knochenölen vermischt wurde, ist kaum möglich. Das Öl wird durch Auskochen der gewaschenen und gespaltenen Rinderfüße gewonnen. Das Auskochen erfolgt in siebartig durchlöcherten Eisengefäßen, die ein Herausnehmen der ausgekochten Knochen ermöglichen. Das Öl sammelt sich oben und wird abgeschöpft. Das in den Knochen enthaltene Fett läßt sich vollständig nur durch Extraktion mit Lösungsmitteln gewinnen. Das extrahierte Fett ist aber qualitativ nicht so hochwertig wie ausgekochte Fette. Siedfette sind gelb bis gelbbraun, Extraktionsfette sind dunkel gefärbt und haben mitunter einen unangenehmen

Geruch. Von den Reinigungsmethoden ist die Abkühlung durch Abscheidung fester Bestandteile die wichtigste. Ob die in dem Can. P. 389186 empfohlene Raffinationsmethode zur Abscheidung höher schmelzender Anteile mit Hilfe selektiv wirkender Lösungsmittel (Aceton) tatsächlich größere praktische Anwendung gefunden hat, ist nicht bekannt.

Das Rinderklauenöl ist von weißlichgelber bis strohgelber Farbe, besitzt einen milden Geschmack und ist fast geruchlos. Sein besonderer Wert für die Lederfettung besteht darin, daß es schwer ranzig wird und in der Kälte nicht erstarrt. Der Grad der Kältebeständigkeit hängt ganz davon ab, wie lange das Öl zur Klärung niederen Temperaturen ausgesetzt war und ob die abgeschiedenen festen Glyceride bei der gleichen niedrigen Temperatur abfiltriert wurden, bei der sie sich ausschieden. Solche Öle bleiben im allgemeinen bis zu — 10° klar.

Kennzahlen des Rinderklauenöls. Die Kennzahlen des kältebeständigen Rinderklauenöls sind von denen des Knochenöls kaum verschieden. O. Eckart gibt folgende Werte an (s. Tabelle 5).

Tabelle 5. Kennzahlen von Knochen- und Klauenöl (O. Eckart).

	Kältebeständiges Knochenöl (bis — 10°)	Rinderklauenöl
Dichte (15°)	0,905—0,9066[1]	0,9038—0,9049[1]
Aschegehalt	bis 0,005%	0,005 —0,032%
Schmelzpunkt	flüssig	flüssig
Erstarrungspunkt im Reagenzglas . .	— 6 bis — 12° C	— 3 bis + 2° C
Säurezahl	1,0— 2,2	0,1— 6,3
Verseifungszahl	191,9—195,3	191,8—196,2
Jodzahl (Hanus)	68,3— 78,6[2]	66,6— 72,3
Acetylzahl	9,7— 9,8	8,0— 10,9
Fettsäuren:		
Schmelzpunkt	27,5— 34,0° C	29,5— 36,0° C
Erstarrungspunkt	6,5— 8,5° C	24,0— 27,0° C
Neutralisationszahl	199,4—202,0	195,0—200,5
Mittleres Molekulargewicht	277,8—291,4	279,9—287,8
Jodzahl	—	61 — 77

Chemische Zusammensetzung. Nach neueren Untersuchungen von P. Hilditch und K. Shrivastara besteht das Fettsäuregemisch von Klauenöl[3] aus 0,7% Myristin-, 16,9% Palmitin-, 2,7% Stearin-, 0,1% Arachin-, 1,2% Tetradecen-, 9,4% Hexadecen-, 64,4% Öl-, 2,3% Linol-, 0,7% Linolensäure und 1,6% ungesättigten C_{20}- bis C_{22}-Säuren. P. Hilditch hält es für wahrscheinlich, daß die gute schmierende Wirkung des Klauenöls nicht etwa auf seinen hohen Gehalt an Triolein, sondern auf das Hexadecendiolein zurückzuführen ist, das etwa ein Viertel des Öles ausmacht. Die Anwesenheit von beträchtlichen Mengen von Hexadecensäure ist bisher im Klauenöl nicht festgestellt worden.

Interessant sind die Untersuchungen von J. Holmberg und U. Rosenqvist über die Zusammensetzung von reinem Pferdeknochenfett, in dessen Fettsäuregemisch ebenfalls 10,8% Hexadecensäure, aber nur 36,3% Ölsäure und dagegen 14,6% Linol- sowie 2,4% Linolensäure gefunden wurden.

---

[1] C. Zerbe (S. 1304) gibt für Knochenöl 0,890 bis 0,893, für Klauenöl 0,913 bis 0,918 an.

[2] Werte nach C. Zerbe (S. 1304) 49 bis 52.

[3] Das zur Untersuchung verwendete Öl hatte eine V. Z. von 286,3, eine J. Z. von 73,3 und besaß 0,7% freie Fettsäuren und 0,3% Unverseifbares.

Untersuchung. Als wichtigste Eigenschaft muß von einem guten Klauenöl Kältebeständigkeit gefordert werden. Je kältebeständiger ein Klauenöl ist, um so höher ist sein Preis. Über die Temperaturgrenze, bis zu der ein sogenanntes kältebeständiges Öl Ausscheidungen nicht zeigen soll, gehen die Ansichten auseinander.

Mitunter kann man feststellen, daß Öle mit einer garantierten Kältebeständigkeit von —10° schon bei —1° trüb werden. Diese Erscheinung kann durch einen geringen Wassergehalt des Öls bedingt sein. Es kann z. B. die verwendete Flasche nicht völlig trocken gewesen sein. Schüttelt man solche Öle vor der Untersuchung mit Chlorcalcium und läßt sie anschließend durch ein trockenes Filter laufen, so bleiben sie auch bei niederen Temperaturen klar.

Ein gutes Klauenöl soll möglichst neutral sein. Die Säurezahl der Klauenöle nimmt bei längerem Aufbewahren der Öle zu. Der Einfluß des Lichts scheint die Zunahme der Säurezahl zu erhöhen. O. Eckart stellte bei technischem Klauenöl folgende Zunahme des Säuregehalts fest:

Aufbewahrung	Säurezahl nach Tagen						
	11	102	140	199	245	302	365
Belichtet, offen	0,10	1,62	2,15	3,40	4,30	5,20	5,59
Dunkel, geschlossen	0,10	0,92	1,03	1,54	1,60	1,69	2,67

Nach italienischen Untersuchungen[1] besteht zwischen dem Grad der Kältebeständigkeit und der Jodzahl von Klauenöl folgender Zusammenhang:

Kältebeständigkeit	Jodzahl
Rohes Öl	70—75
— 10°	78—75
— 5°	72—78
0°	68—72

Die Angaben über die unverseifbaren Anteile des Klauenöls liegen zwischen 0,1 und 0,6%.

Sehr wichtig kann die Bestimmung des Schmutzes im Klauenöl sein. Unter „Schmutz" werden allgemein diejenigen fremden organischen Stoffe verstanden, die sich nach vorheriger vorsichtiger Säurebehandlung des Öles weder in Äther noch in Wasser lösen. Die säurelöslichen anorganischen Schmutzbestandteile umfaßt also die Begriffsbestimmung nicht. Die Säurebehandlung ist nötig, weil die Knochenfette meistens geringe Mengen von Kalkseifen aufweisen, die sich in Äther nicht lösen, aber verwertbare Fettsäuren enthalten. H. Stadlinger gibt folgende Methode zur Bestimmung der Schmutzstoffe an:

5 g des zu prüfenden Fettes werden in einer Porzellanschale auf dem Wasserbad mit 50 ccm 5%iger Salzsäure etwa 1 Stunde lang auf etwa 50 bis 60° C erwärmt. Hierauf läßt man das Gemisch bei Zimmertemperatur stehen und filtriert die Flüssigkeit durch ein mit heißem Wasser benetztes, vorher bei 100° C getrocknetes und tariertes Filter. Schale und Filter ist mit heißem Wasser bis zum Verschwinden der Chlorreaktion nachzuwaschen. Filter und Trichter werden nun im Trockenschrank unter Verwendung eines kleinen Erlenmeyer-Kölbchens getrocknet, wobei der größte Teil des Fettes in das Kölbchen abfließt. Nach dem Erkalten löst man aus dem Filter mit Äther die letzten Reste von Fett heraus und trocknet wiederum im Trockenschrank. Das erkaltete Filter wird nun gewogen. Zieht man von dem erhaltenen Gewicht die Filtertara ab, so findet man den Gesamtbetrag an organischen Schmutzstoffen und säureunlöslichen Mineralstoffen. Um letztere in Abzug bringen zu können,

---

[1] Ungenannt (*1*).

wird verascht. Aus dem zuerst ermittelten Gesamtbetrag an Ätherunlöslichem ergibt sich nach Abzug der Asche und unter Berücksichtigung der Analyseneinwaage der Prozentgehalt an organischem Schmutz.

Der hohe Preis des Klauenöls verleitet mitunter zu Verfälschungen mit billigeren Ölen. Rüböl, Baumwollsamenöl und Mineralöle werden zum Verschneiden benutzt. Die Verfälschungen lassen sich zum Teil schon mit Hilfe der Jodzahl nachweisen. Die Anwesenheit von Pflanzenölen ist einwandfrei durch die Phytosterinacetatprobe (s. S. 468) zu ermitteln, auch dann besonders, wenn die Kennzahlen keinen Hinweis auf eine Verfälschung liefern. Ein Mineralölzusatz kann durch die Bestimmung des Unverseifbaren leicht festgestellt werden.

Ein Zusatz von Fischölen oder Tranen ist meist schon am Geruch zu erkennen und notfalls mittels der Polybromidprobe nachzuweisen. Neuerdings findet man Klauenöle, die durch Spermöle „gestreckt" sind. Da Spermöl eine niedrigere Verseifungszahl besitzt, kann sich ein solcher Spermölzusatz in einer Erniedrigung der Verseifungszahl des Klauenöls verraten, wenn die Gewißheit besteht, daß andere Zusätze, die eine solche Erniedrigung der Verseifungszahl bedingen können, nicht vorhanden sind. Im übrigen ist der sichere Nachweis eines solchen Spermölzusatzes schwierig. Eine Erhöhung des Unverseifbaren, wie sie bei Spermölzusatz auftritt, kann bei solchen Ölen auch durch eine Beimischung von Mineralöl bedingt sein.

Ersatzöle für Klauenöle haben insbesondere in den Jahren des Fettmangels eine Rolle gespielt. Im italienischen Patent 379479 ist die Herstellung eines Klauenölersatzes beschrieben, dessen Kennzahlen denen von reinem Klauenöl sehr nahe kamen.

Fette, wie Rindertalg, werden nach einer geeigneten Vorreinigung mit einem der üblichen Spaltmittel in Fettsäuren und Glycerin gespalten. Aus dem Fettsäuregemisch wird nach erfolgter Abkühlung das Oleomargarin abgepreßt und wieder mit Glycerin verestert. Das so erhaltene Produkt hat eine V. Z. von 193, eine J. Z. von 80 und einen Erstarrungspunkt von weniger als — 11°.

Nach Angaben der British Leather Manufacturer's Research Association aus dem Jahr 1946 wurde als Klauenölersatz ein besonderes Mineralöl vorgeschlagen, dem 1 Vol.-% 95 bis 98%iger Ölsäure oder Oleylalkohols oder eines Gemisches von Wollfettalkoholen zugesetzt sind.

Im D.R.P. 767256 (1938/1952) sind als Ersatz für Klauenöl Produkte vorgeschlagen, die man durch Veresterung von mehrbasischen aliphatischen Alkoholen mit mindestens 4 Hydroxylgruppen (wie Pentaerythrit, Xylit, Mannit, Dulcit, Sorbit) mit Fettsäuren von 6 bis 10 Kohlenwasserstoffen (wie Caprin-, Capryl- oder Capronsäure oder Vorlauffettsäuren der Paraffinoxydation) erhält.

Bestimmung der Kältebeständigkeit von Klauenölen und verwandten tierischen Ölen[1].

Unter Kältebeständigkeit bei 0, —5°, —10° usw. wird die Eigenschaft eines Öls (Klauenöls, Knochenöls od. dgl.) verstanden, nach langsamer Abkühlung auf eine der genannten Temperaturen eine Stunde lang völlig klar zu bleiben, von dem Zeitpunkt an gerechnet, an dem das Öl die angegebene Temperatur angenommen hat.

„Kältebeständigkeit —5°" bedeutet also, daß z. B. ein Klauenöl unter den Bedingungen der nachstehenden Vorschrift völlig klar (blank) bleibt, wenn es

---

[1] Die Beschreibung der Kältebeständigkeitsprüfung von Klauenöl ist absichtlich nach der bisher gültigen Fassung der Wizöff-Methoden (Nachtrag 1932) beschrieben. Diese Vorschrift war besonders für die Prüfung von Klauenölen abgefaßt. Die neue DGF-Einheitsmethode ist unter C IV 3 d (52) in den gesammelten Methodenbeschreibungen enthalten (s. S. 461).

eine Stunde lang auf —5° gehalten worden ist. Die Temperaturintervalle von 5 zu 5° sind deshalb gewählt worden, weil eine genauere Feststellung der Kältebeständigkeitstemperaturen praktisch nicht möglich ist.

Klauenöle, die bei 0° gar nicht oder weniger als eine Stunde blank bleiben, werden als „nicht kältebeständig" bezeichnet.

Sämtliche Temperaturangaben sind in Celsiusgraden zu verstehen.

Vorbehandlung des Öls. Das zu prüfende Öl wird ungefähr $1/_4$ Stunde lang in einer Porzellanschale auf 105° erhitzt, um es von etwa vorhandenen Wasserspuren zu befreien. Ist das Öl offensichtlich durch Wasser getrübt, so wird es so lange unter Umrühren erhitzt, bis es völlig klar (blank) wird. Die Temperatur darf auch dabei nicht über 105° steigen.

Das so vorbereitete Öl soll $1/_2$ bis $3/_4$ Stunde im Exsikkator auf Zimmertemperatur (etwa 20°) abkühlen.

Prüfgeräte. Ähnlich wie bei der Stockpunktsprüfung nach den vom „Verein Deutscher Eisenhüttenleute" herausgegebenen „Richtlinien" wird ein emaillierter eiserner Topf (Höhe und Durchmesser 12 cm) so hoch mit einer Kältelösung gefüllt, daß ihre Oberfläche 10 mm über der des Öls im Reagensglas liegt. Die Kältelösung richtet sich in ihrer Zusammensetzung nach der gewünschten Prüftemperatur. Der eiserne Topf wird in einen größeren, möglichst mit Filz isolierten irdenen Topf gestellt, in den die Eismischung (s. Tabelle 6) kommt. Mit Hilfe einer Stativklammer wird ein Reagensglas (Länge 18 cm, lichte Weite 4 cm) so in die Kältelösung gehängt, daß seine Wandungen überall gleich weit von denen des emaillierten Topfes entfernt sind. Das Glas wird durch einen Kork verschlossen, durch dessen Mitte ein sogenannter Stockpunktsthermometer senkrecht führt, so daß das untere Ende des Quecksilbergefäßes etwa 17 mm über dem Boden des Reagensglases steht. Auf diese Weise sind die Thermometerwandungen überall gleich weit von denen des Reagensglases entfernt, und die Abkühlung kann gleichmäßig zum Quecksilbergefäß hin vordringen.

Die Skala soll bei Quecksilberthermometern von —38 bis +50°, bei Alkoholthermometern von —50 bis +30° bei 1 mm Gradlänge und $1/_2$grädiger Teilung reichen. Sie muß so hoch über dem Quecksilbergefäß liegen, daß sie durch den Kork nicht verdeckt wird. Fadenkorrektionen werden bei Stockpunktsthermometern nicht vorgenommen.

Zum Abdecken der Töpfe für die Kältelösung und Kältemischung werden passende Holzdeckel benutzt.

Eismischungen und Kältelösungen. Für die Abkühlung auf die gebräuchlichsten Temperaturen sind Mischungen und Lösungen zu benutzen, wie sie in Tabelle 6 angegeben sind.

Prüfverfahren. Das vorbehandelte Öl wird sofort nach der Abkühlung auf Zimmertemperatur mit einer Pipette 4 bis $4^1/_2$ cm hoch in das Reagensglas eingefüllt, ohne daß dabei die obere Wandung benetzt wird. Am einfachsten wird eine Strichmarke am Reagensglas angebracht. Nach dem Einsetzen des Thermometers wird das Glas, wie bereits erklärt (s. oben), in den inneren Topf mit der Kältelösung gehängt. Die Temperatur dieser Lösung, die öfters umzurühren ist, soll vom Öl in frühestens 15 Minuten, bei einer Abkühlung auf —10° in etwa $1/_2$ Stunde angenommen werden. Sobald dies der Fall ist, beginnt die einstündige Prüfungsdauer.

Nachdem das Öl eine Stunde lang ruhig in der Kältelösung belassen wurde, wird das Reagensglas herausgenommen und festgestellt, ob das Öl völlig klar

Tabelle 6. Kältemischungen.

| Prüftemperatur | Mischungsverhältnisse (in Gewichtsteilen) | | | |
| | Eismischungen | | Kältelösungen | |
	Eis	Koch- oder Viehsalz	Destilliertes Wasser	Salze
0°	30	1	mit Eisstückchen	—
— 5°	5	1	100	3,3 Kochsalz 13,0 Kaliumnitrat
— 10°	3	1	100	22,5 Kaliumchlorid

(blank) geblieben ist. Zeigen sich trübende Ausscheidungen, so wird dieselbe Prüfung bei der um 5° höheren Temperaturgrenze mit der entsprechenden Kältelösung ausgeführt.

δ) Seetieröle.

Die Seetieröle haben für den Gerber besondere Bedeutung erlangt. Sie werden nicht mit Unrecht auch heute noch von manchen Gerbern als das beste Lederfett angesehen.

Alle Seetieröle sind bei gewöhnlicher Temperatur flüssig, haben eine Farbe, die zwischen hellgelb und dunkelbraun wechselt, und einen charakteristischen unangenehmen Geruch, der durch hochungesättigte Fettsäuren bedingt ist. Am häufigsten wird die Clupanodonsäure für den sogenannten „Trangeruch" verantwortlich gemacht.

Die Seetieröle zeichnen sich durch zwei Besonderheiten aus: die Gegenwart von Fettsäuren mit einer Kettenlänge von 14 bis 22, ja sogar 24 C-Atomen im Gegensatz zu den meisten Landtier- und Pflanzenfetten, die gewöhnlich nur Fettsäuren mit 16 und 18 C-Atomen aufweisen, und den hohen Grad der Ungesättigtheit dieser Fettsäuren, besonders der C_{20}- und C_{22}-Fettsäuren, die 4, 5 und 6 Doppelbindungen enthalten. Die besondere Natur der Seetierfette ist durch die Nahrung der Seetiere bedingt (J. A. Lovern).

Man kann die Seetieröle in drei Gruppen einteilen:

die eigentlichen Trane, die aus dem Speck gewisser Seesäugetiere gewonnen werden (Wal-, Delphin-, Robbentran);

die Leberöle (Lebertrane), die nur von den Lebern verschiedener Fische stammen (Dorsch-, Seelachs-, Thunfisch-, Heilbutt-, Hai-, Rochenlebertran);

die Fischöle, die ebenso wie die Lebertrane sehr oft auch als „Trane" bezeichnet und aus ganzen Fischen gewonnen werden (Herings-, Sprotten-, Sardinen-, Menhadenöl).

Für den Nachweis von Seetierölen siehe die Polybromidprobe (DGF.-Methoden) S. 493 und die auf S. 470 angegebene Reaktion von J. Marcusson und H. v. Huber.

Trane.

Waltran, Walöl. Der aus dem Speck der Wale gewonnene Tran wird neuerdings als Walöl bezeichnet. In der Lederindustrie und bei den Tranhandelsfirmen wird sich die Bezeichnung „Waltran" wohl noch einige Zeit erhalten, wenn auch heute die Bezeichnung „Walöl" richtiger ist.

Von den vielen Walarten der Antarktis sind es eigentlich nur drei, die für den Walfang in Frage kommen, der Blauwal, der Finnwal und der Buckelwal. Der Buckelwal, der bis zum letzten Krieg in der Hauptsache nur von den Landstationen der Westantarktis aus erbeutet worden ist, spielt lediglich eine untergeordnete Rolle, so daß die beiden größten Arten, Blau- und Finnwal, beim Hochseewalfang vollkommen überwiegen.

Beim Wal, der hauptsächlich in den Polarmeeren gejagt wird, besteht die „Haut" aus der Epidermis. Unter ihr liegt das Corium, das nach dem Fleisch zu immer stärker mit Fett durchsetzt ist. Diese Speckschicht beträgt etwa 20% vom Gesamtgewicht des Wals. Ein Blauwal von 100000 kg kann somit etwa 20000 kg Speck und aus diesem etwa 15000 kg Öl liefern, dazu kommt noch das aus Knochen und Fleisch gewonnene Öl, so daß die Gesamtausbeute auf 25 bis 30 t beziffert werden kann.

Da sich das Walöl sehr rasch zersetzt, ist seine Qualität durch die heutigen modernen Arbeitsmethoden im Gegensatz zu den früheren Produkten weitgehend verbessert worden. Die neuzeitliche Gewinnung des Walöls ist heute nur noch eine Angelegenheit der mit allen Mitteln der modernen Technik ausgestatteten schwimmenden Kochereien, die einen wichtigen Bestandteil der Walfangexpeditionen bilden. Die Verwendung der Granatharpune, die Nutzbarmachung des drahtlosen Fernsprechens und der Funkpeilung beim Walfang in Verbindung mit den modernen Kochereien, die eine fast restlose Verarbeitung der erlegten Tiere in kürzester Zeit ermöglichen, brachten einen ungeahnten Aufschwung des Walfangs. Die Folge war eine ganz erhebliche Verbesserung der gewonnenen Produkte, auf der anderen Seite aber die drohende Gefahr einer raschen Ausrottung der Wale; denn die in der Antarktis eingesetzten Walölkochereien waren bis 1930 innerhalb zehn Jahren um das Fünffache angestiegen. Diese Entwicklung führte zu einem Abkommen, das im Jahre 1937 die drei führenden Walfang treibenden Nationen (Deutschland, England und Norwegen) zum Schutz der Walbestände abschlossen und dem dann auch noch andere Staaten, darunter Nordamerika, beitraten. Die letzte deutsche Walfangexpedition, dabei u. a. das moderne kombinierte Fabrik- und Tankschiff „Walter Rau", ging im Oktober 1938 in See. Seitdem war Deutschland am Walfang mit eigenen Expeditionen nicht mehr beteiligt. Eine genaue Darstellung des modernen Walfanges findet sich in dem Heft 1 der Zeitschrift „Fette und Seifen" 1938. Das Heft, das zur Erinnerung der dämaligen Wiederaufnahme des deutschen Walfangs erschienen war, enthält eingehende Darstellungen über Walfang und Walölgewinnung aus der Feder namhafter Fachleute. Außerdem sei auf das im gleichen Jahre in Hamburg erschienene Buch von N. Peters hingewiesen.

Über den heutigen Walfang und Walbestand siehe die Arbeit von K. Schubert (aus der Bundesanstalt für Fischerei, Hamburg). Dort werden auch viele Neuerungen für die Technik des Fanges, wie der Einsatz von Helikoptern, Radar-, Ortungs- und Suchgeräten auf Ultraschallbasis, erwähnt, sowie die zur Zeit gültigen internationalen Bestimmungen für die Fanggebiete besprochen. Auch zahlenmäßige Angaben über den Bestand der einzelnen Walarten sind angegeben.

Deutschland ist der größte Walölverbraucher der Welt und ist in seiner Fettversorgung mit mindestens einem Drittel auslandsabhängig. Die deutsche Einfuhr im Jahre 1938 betrug 120171 t Walöl. E. Schmidt-Neuhaus errechnet das Ergebnis einer Expedition mit 700 Blauwal-Einheiten auf zirka 15000 t Walöl. Die weitaus größte Menge Walöl wird von der Lebensmittel-, Seifen- und Kerzenindustrie verbraucht. Demgegenüber ist der Anteil, der als Lederfettungsmittel in roher, gehärteter oder sulfonierter Form Verwendung findet, von geringer

Bedeutung, obwohl auch die „technischen", d. h. weniger reinen Sorten dieses Öles zum Fetten des Leders durchaus geeignet sind (s. F. Stather).

Zur Gewinnung von Walöl werden heute fast ausschließlich rotierende Kocher verwendet, in denen sowohl Speck wie Knochen und Fleisch verarbeitet werden können (Hartmann-Apparate und Sommermeyer-Kocher). Es gibt Arbeitsweisen mit Druckanwendung (D.R.P. 676129) und Verfahren, bei denen unter Vakuum stehende Trenntrommeln die Ölabscheidung erleichtern. Beim norwegischen Hansen-Verfahren wird mit Temperaturen von nur 50 bis 60° gearbeitet. Die Trennung des aus Speck, Fleisch und Knochen gewonnenen Walöls von Leimwasser, Blut, Sehnen u. dgl. erfolgt in besonders gebauten Separatoren. Ein modernes Walfangmutterschiff mit neuzeitlichen Kocheinrichtungen ist in der Lage, in 24 Stunden zirka 25 Wale von je 100 t zu verarbeiten.

Walöl, das aus frischem Speck gewonnen wird, ist fast wasserhell, nahezu geruchlos und enthält etwa 0,1% freie Fettsäuren. Bei längerem Erhitzen, längerem Lagern des Materials vor dem Auskochen, ungenügendem oder verzögertem Abscheiden der Nichtfettstoffe (vor allem Eiweiß) wird die Farbe dunkel und der Gehalt an freien Fettsäuren höher.

Die *Kennzahlen* des Walöls liegen nach A. Schwieger innerhalb folgender Grenzen (s. Tabelle 7):

Spezifisches Gewicht (15°): 0,914—0,9307.
,,   ,,   (20°): 0,9187—0,9195.
Brechungszahl (40°): 1,4630—1,4710.
Säurezahl (Handelsproben): 1—60.
Verseifungszahl: 178—202 (meist 183—198).
Jodzahl: 102—144 (meist 112—131).
Rhodanzahl: 69,6—86,8 (nach H. Leue).

Der Gehalt an Unverseifbarem liegt zwischen 0,7 und 3,5% mit einem durchschnittlichen Cholesteringehalt von 0,1 bis 0,2%. Höhere Werte sind auf Verunreinigungen durch Blut, Eiweiß usw. zurückzuführen.

Die rohen Fettsäuren des Walöls sind hellgelb bis orange. Ihre durchschnittlichen Kennzahlen sind nach A. Schwieger: Dichte (100°) 0,8922, Schmelzpunkt 16 bis 30°, Erstarrungspunkt 22 bis 25°, Jodzahl 114 bis 132, Mol.-Gewicht 277 bis 286.

Tabelle 7. Kennzahlen verschiedener Walöle (A. Schwieger).

	Blauwal	Finnwal	Buckel-wal	Grauwal	Seiwal
Dichte (15°)	0,9191 (20°)	0,9231	0,9212	0,9290	0,9203
Brechungszahl (20°)	1,463—1,471 (40°)	1,4727	1,4732	1,4762 bis 1,4788	1,4736
Säurezahl	1—60	2,2	1,9	0,5	1,0
Verseifungszahl	183—198	196	187	191—193	168
Jodzahl	112—131	112	115	147—167	121
Rhodanzahl (nach Angaben von H. Leue)	69,6—86,8	79,1	—	—	—
Unverseifbares	0,7—3,5%	1—2%	1—2%	1,6%	2,3—10%
Neutralzahl der Fettsäuren .	—	204	196	196,8	—
Jodzahl der Fettsäuren....	114—132	114—117,5	119,5	165—173	—

Zwischen 0° und + 10° setzen fast alle Walöle feste Bestandteile ab, deren Menge mit sinkender Temperatur zunimmt. In Alkohol und den üblichen Fettlösungsmitteln ist Walöl löslich. Bei längerem Erhitzen auf 200° färbt es sich unter Zersetzung dunkelbraun bis schwarz.

Chemische Zusammensetzung des Walöls. Die Untersuchung größerer Mengen Walöl, das bei der letzten deutschen Walfangexpedition anfiel, ergab nach H. Leue folgende Zusammensetzung:

Ätherlösliches Gesamtfett	99,85%
Wasser	0,1%
Ätherunlösliches	0,06%
Asche	0,01%
Unverseifbares	1,2%
Glycerin	10,4%
Feste Fettsäuren (Bleisalztrennung)	15,3%
Freie Fettsäuren	0,5%

Die festen Fettsäuren setzen sich nach A. Schwieger zusammen aus 68% Palmitin-, 16,8% Stearin-, 13,6% Myristin- und 1,6% höherer gesättigte Säuren. Von ungesättigten Fettsäuren wurden in Ölen, die von Blauwal und Finnwal stammen, hauptsächlich folgende festgestellt: Physetölsäure, Ölsäure, Linolsäure, Arachidonsäure, Clupanodonsäure. Außerdem scheinen noch Fettsäuren mit mehr als 22 C-Atomen vorhanden zu sein. Zahlenmäßige Angaben siehe Ungenannt (*4*).

J. Lund gibt auf Grund der Ergebnisse, die er bei der fraktionierten Destillation der Tranfettsäuren-Methylester erhielt, folgende Verteilung der einzelnen Molekulargröße beim Waltran an: C_{14}-Säuren 11%, C_{16}-Säuren 31%, C_{18}-Säuren 32%, C_{20}-Säuren 18% und C_{22}-Säuren 8%. Mit Hilfe der Trennung über die Lithium- und Bleisalze und anschließender Esterfraktionierung fanden T. P. Hilditch und L. Maddison im Walöl folgende Arten von Glyceriden: etwa 16% zweifach gesättigte, etwa 2,5% dreifach gesättigte und 30% dreifach ungesättigte Glyceride; 50% Glyceride enthalten eine gesättigte, eine ungesättigte C_{18}- und eine andere homologe ungesättigte Fettsäure.

Handelsbezeichnungen. Im Jahre 1937 hat der Normenausschuß der Deutschen Gesellschaft für Fettforschung in Zusammenarbeit mit dem norwegischen Normenausschuß einen Vorschlag für Walölbewertung ausgearbeitet. Diese Vorschläge können heute noch für die Beurteilung und Prüfung von Walölen als Grundlage dienen.

Danach sollen bei den Walölen drei Gütegrade (Walöl Nr. 1, Walöl Nr. 2, Walöl Nr. 3) festgesetzt werden, die sich durch den Gehalt an freien Fettsäuren und die Farbe unterscheiden. Walöl Nr. 1 soll höchstens 1%, Walöl Nr. 2 höchstens 3,5% und Walöl Nr. 3 höchstens 15% freie Fettsäuren aufweisen. Außerdem sollen Walöl Nr. 1 und 2 nicht mehr als 0,5%, Walöl Nr. 3 nicht mehr als 1,5% Wasser oder bzw. und Schmutz enthalten. Die Verseifungszahl für alle drei Gütegrade soll zwischen 185 und 205 liegen, das Unverseifbare bei Walöl Nr. 1 nicht über 1,5%, bei Nr. 2 nicht über 1,75% und bei Nr. 3 nicht über 2% betragen. Über die Klassifizierung von Walölen nach der British Standard Specification (CJ, OSL, 107) s. Ungenannt (*5*). Die Unterscheidungen erfolgen auf Grund der Bestimmung von flüchtigen Stoffen, Schmutz, Farbe, freien Fettsäuren und Unverseifbarem.

Untersuchung von Walöl. Besondere Methoden zur Bestimmung von Wassergehalt, Schmutzgehalt, Farbton, sowie der Verseifungszahl, des Unverseifbaren und des Gehalts an freien Fettsäuren sind in den DGF.-Einheitsmethoden (S. 461) angegeben.

Zum Nachweis von Mineralöl in Walöl genügt in den meisten Fällen die Verseifungszahl. Bolton und Williams haben folgende Methode vorgeschlagen (hier nach W. Schütze):

Man löst 24 g NaOH in 20 bis 25 ccm Wasser und gibt 300 ccm reinen Methylalkohol zu. Nun fügt man 100 g des zu untersuchenden Öles hinzu und schüttelt unter Erwärmung bis zur vollständigen Verseifung des Öles. Danach wird weitere 2 Stunden am Rückflußkühler erhitzt. Hierbei muß man von Zeit zu Zeit umschwenken. Nun kühlt man ab, gibt 370 ccm Wasser zu und extrahiert das Mineralöl und das Unverseifbare mit Petroläther. Die Extraktion wird dreimal mit je 250 ccm Petroläther wiederholt. Die einzelnen Petrolätherextrakte vereinigt man in einem 2 l fassenden Scheidetrichter, der schon 100 ccm Wasser enthält. Die wässerige Schicht wird abgezogen, die vereinigten Extrakte werden danach mit 50 bis 80 ccm einer Lösung von 40 g NaOH in 40%igem Alkohol geschüttelt. Nun zieht man wieder die wässerige Schicht ab und wäscht mit 80 ccm 30%igem Alkohol. Die Waschungen werden abwechselnd mit Lauge und mit verdünntem Alkohol wiederholt. Anschließend wäscht man noch zweimal mit wässerigem Alkohol. Dann filtriert man durch ein Papierfilter und erwärmt zur Verdunstung des Petroläthers.

Nachweis von Walöl. Von den zahlreichen vorgeschlagenen Farbreaktionen hat allein die Reaktion von Tortelli-Jaffé Bedeutung, und zwar in der von J. Marcusson und H. v. Huber vorgeschlagenen Ausführung:

In einem Schüttelmeßzylinder von etwa 15 ccm Inhalt wird 1 ccm des zuvor sorgfältig entwässerten Öles in 6 ccm Chloroform und 1 ccm Eisessig gelöst. Dann setzt man 40 Tropfen einer 10%igen, frisch hergestellten Lösung von Brom in Chloroform hinzu, mischt schnell durch und stellt den Zylinder auf eine weiße Unterlage. Bei Anwesenheit von Walöl beobachtet man innerhalb einer Minute, nachdem vorübergehend ein etwas rosa gefärbter Schein zu erkennen ist, eine grüne Färbung, die mit der Zeit klarer und intensiver wird und sich länger als 1 Stunde hält. Sollen dunkle Walöle geprüft werden, müssen diese zuvor aufgehellt werden.

Eine Modifikation dieser Nachweismethode ist von J. Better und J. Szimkin beschrieben worden.

Nach R. Wait wird die Empfindlichkeit der Reaktion sehr erhöht, wenn man mit Chloroform ausgeschüttelte Ameisensäure an Stelle von Eisessig verwendet.

Delphintran. Zeitweise ist der Lederindustrie auch Delphintran angeboten worden. Verwendet wird in der Hauptsache der Speck des schwarzen Delphins oder Grindwals (Globicephala melaena) und des gemeinen Delphins (Delphinus delphis). Der Tran ist von gelber Farbe. Beim Stehen setzt er Walrat ab.

Kennzahlen des Delphintrans:

Dichte (15°): 0,925.
Erstarrungspunkt: + 3° bis + 3°.
Verseifungszahl: 180—190.
Jodzahl: 24—33[1].
Unverseifbares: 1—2%.

Bei einwandfreier Herstellung ist der Gehalt an freien Säuren gering (um 2%).
Der Delphintran enthält nach M. Tsujimoto (2) außer den üblichen Tranfettsäuren auch Glyceride flüchtiger Fettsäuren, wahrscheinlich der Valeriansäure. M. Tsujimoto hat außerdem die Tetradecylensäure festgestellt.

Robbentran (engl. seal oil). Der aus dem Speck der Flossenfüßler, der Robben, Walrosse, Ohrenrobben und Seehunde, gewonnene Tran wird Robbentran genannt. Früher wurden die Speckstücke der Robben in besonderen Bottichen mit Siebböden aufgestapelt, wobei im Laufe von Wochen der Tran unter dem Druck der Speckschicht bei gewöhnlicher Temperatur ausfloß. Heute

---

[1] C. Zerbe (S. 1304) gibt 99 bis 127 an. Die Jodzahl hängt von der Auswahl der Körperteile ab, aus denen der Tran hergestellt worden ist.

wird auch der Robbentran mit Dampf ausgeschmolzen. Man erhält dabei ein bedeutend helleres Produkt.

Die im Handel erscheinenden Robbentrane sind je nach Rohmaterial und Gewinnungsart hellgelb bis braun. Zwischen 0 und 5° scheiden sie Stearin aus. Manche Robbentrane sind gebleicht.

Kennzahlen des Robbentrans:

Dichte (15°): 0,9310—0,9400.
Brechungszahl: 1,478—1,4784.
Erstarrungspunkt: — 3° bis + 3°.
Verseifungszahl: 189—196.
Jodzahl: 122—162.
Rhodanzahl: 90—95.
Unverseifbares: 0,2—1,5%.

Fettsäuren: Schmelzpunkt 22 bis 23°, Jodzahl 186 bis 201. Das Unverseifbare des reinen Robbentrans beträgt nicht mehr als 1,5%.

Über den Gehalt des Robbentrans an freien Fettsäuren hat J. Lewkowitsch die folgenden Feststellungen gemacht (Tabelle 8):

Tabelle 8. Gehalt verschiedener Robbentrane an freien Fettsäuren (J. Lewkowitsch).

Art des Robbentrans	Freie Fettsäuren (als Ölsäure) %	Entspricht einer Säurezahl von etwa
Kalt hergestellt (hell)	1,80	3,6
Mit Dampf hergestellt	1,46	3,4
Brauner Robbentran	8,29	16,6
Norwegischer Robbentran	7,33	14,6
Wasserheller Robbentran	0,98—1,13	2,0
Hellbrauner Robbentran	4,09	8,1
Gelber Robbentran	1,41	2,8

Der sogenannte „Grönländer Dreikronentran" enthielt hauptsächlich Robbentran neben verschiedenen anderen Tranarten. „Südseerobbentran" ist ein Gemisch von Tranen, die aus dem Speck von Rüsselrobbe, See-Elefant, Seelöwe und Ohrenrobbe gewonnen werden.

Chemische Zusammensetzung. Robbentran enthält 9 bis 17% Palmitinsäure, 80 bis 90% Hexadecensäure und etwa 1% Clupanodonsäure.

Über den Einfluß der Desodorierungstemperaturen auf Polymerisationsvorgänge im Robbentran s. L. P. Dugal und A. Cardin.

Prüfung. Der Nachweis von anderen Seetierölen in Robbentran ist nicht leicht, da weder Jodzahl noch Polybromidprobe hierbei Anhaltspunkte liefern. Mineralölzusätze erniedrigen die Verseifungszahl.

Über das Pottwalöl und Döglingsöl (beides Kopf- und Körperöle gewisser Zahnwalarten, oft auch als Spermöl, Spermacetiöl u. dgl. bezeichnet), die zwar als Seetieröle anzusehen, ihrer chemischen Konstitution nach aber vorwiegend Ester höherer Fettalkohole und somit als tierische Wachse zu betrachten sind, siehe Abschnitt über die Wachse (S. 571). Sie enthalten auch neben hochungesättigten Tranfettsäuren viel Palmitoleinsäure sowie einen hohen Anteil an Unverseifbarem (Oleinalkohol, Cetyl- und Octadecylalkohol), insgesamt etwa 30 bis 40%.

Über Fischmilch als Eigelbersatz s. S. 546.

Leberöle (Lebertrane).

Die Leberöle, die aus den Lebern der Fische hergestellt werden, unterscheiden sich von den übrigen Seetierölen durch ihren beträchtlichen Gehalt an Cholesterin und anderen unverseifbaren Stoffen.

Als Rohmaterial für die Gewinnung der Leberöle dienen die Lebern vom Dorsch, Leng, Seelachs, Wittling (Merlang), Pollack, Seehecht, Hai, Rochen u. a. Die größte Bedeutung hat das aus den Dorschlebern gewonnene Öl — der Dorschlebertran — erlangt.

Früher hat man zur Leberölgewinnung die Lebern der natürlichen Zersetzung überlassen. Es trat Fäulnis ein, wobei das Öl ausgeschieden wurde. Bei diesem Prozeß waren aber nur die ersten Anteile des Öles von guter Qualität. Mit dem Fortschreiten der Fäulnis wurde das Öl immer dunkler, der Gehalt an freien Fettsäuren nahm zu und der Geruch wurde immer unangenehmer. Manche technische Lebertrane (braune Trane) sind heute noch nach solchen Methoden gewonnen.

Gegenwärtig wird das Öl aus den Fischlebern wohl allgemein durch Ausschmelzen gewonnen. Je sorgfältiger vorher kranke und verdorbene Lebern ausgesucht wurden, um so besser ist die Qualität des Leberöls. Selbstverständlich dürfen auch keine Fleisch- und sonstigen Körperteile in die Sammelgefäße gelangen. Leider ist hierfür eine absolut sichere Gewähr nicht immer vorhanden, wenn auch die Gesellschaften an ihr Personal genaue Vorschriften ausgeben. Die besten Leberöle sind wohl die Produkte, die durch sofortiges Ausschmelzen auf den Fangschiffen gewonnen werden.

Vor dem Ausschmelzen werden die Lebern mit Wasser gewaschen. Das Schmelzen erfolgt in besonderen Kesseln mit direktem oder indirektem Dampf. Das Fett beginnt bei 55° auszuschmelzen und ist bei 85° vollständig ausgeschmolzen. Durch Rührwerke werden die Lebern ständig durchgemischt. Zum Schluß läßt man die Masse ruhen und schöpft das Öl ab. Die zurückbleibende Lebermasse wird nochmals mit direktem Dampf behandelt und ausgepreßt. Man erhält dabei den dunklen, unangenehm riechenden „Preßtran".

Durch Abkühlen der gewonnenen Leberöle werden diese von höher schmelzenden Anteilen befreit. Es ist dafür zu sorgen, daß beim Abkühlen und dem sich anschließenden Filtrieren möglichst wenig Luft zutritt, um eine Oxydation ungesättigter Fettsäuren zu verhindern. Aus diesem Grunde ist auch die schon vorgeschlagene Sonnenbleiche nicht zu empfehlen. Dagegen scheint ein Klären mit Bleicherden sich zu bewähren.

Nach einem amerikanischen elektrolytischen Verfahren sollen 99,75% des in den Lebern enthaltenen Öls gewonnen werden können. Auch durch Extraktion im Vakuumapparat wird Lebertran gewonnen. Näheres siehe H. Gnamm (1).

Die Reinigung der Lebertrane erfolgt durch Dekantieren, Zentrifugieren, Filtrieren oder Ausfrieren. Nach R. Rübenberg kann Lebertran durch Gefrieren unter Luftabschluß fast ohne Geruch hergestellt werden. Die Lebern werden bei —15° in CO_2-gefüllten Kühlbrühen belassen und nach 24 Stunden zerkleinert. Dann wird die Masse bei 25° auf dem Wasserbad aufgetaut. Nach einiger Zeit bilden sich zwei Schichten. Die obere stellt einen fast geruch- und geschmacklosen Lebertran dar, der dem üblichen Tran kaum mehr ähnlich ist.

Über eine neuartige Methode zur Herstellung geruchloser Fischleberöle durch Vakuumdestillation der Öle in Gegenwart von Glycerin bei möglichst niederer Temperatur unter Luftabschluß s. J. E. Stroschein und E. Kofranyi. Der Geruchstoff des Leberöls geht bei dieser Destillation vollständig mit dem Glycerin über und es bleibt ein geruchloser Lebertran zurück. Destillationstemperaturen

28*

über 150° sind zweckmäßig zu vermeiden. Das Mischungsverhältnis zwischen Glycerin und Tran liegt vorzugsweise bei 1 : 1.

Alle diese Desodorierungsmethoden haben aber höchstens für Medizinaltrane Bedeutung. Für technische Lebertrane, bei denen das Geruchsproblem mitunter sehr wichtig ist, sind die vorgeschlagenen Methoden wertlos, da sie zu teuer sind.

Die Farbe der Lebertrane hängt von der Sorgfalt ab, die bei der Gewinnung eingehalten wurde. Je nach der Art und Dauer der Abkühlung und der Filtration setzen die Lebertrane mehr oder weniger feste Bestandteile (Fischstearin) ab. Stearinfreie Leberöle werden im Handel häufig als „racked oils" bezeichnet. Als Lederfettungsmittel sind keineswegs nur die hellen Lebertrane verwendbar. Siehe unten die Handelsbezeichnungen.

Alle Leberöle unterscheiden sich von den übrigen Seetierölen durch einen beträchtlichen Gehalt an Cholesterin und anderen unverseifbaren Substanzen, deren Menge bei technischen Ölen sehr hoch sein kann.

Dorschleberöl (Dorschlebertran) (engl. cod liver oil). Die Leber des Kabeljaus oder Dorsches (Gadus callarias) ist etwa 4 bis 8 kg schwer und enthält 30 bis 50% Fett. Am fettreichsten ist die Leber während der Laichzeit.

Reiner Lebertran zeigt beim Schütteln mit $^1/_{10}$ seines Volumens Salpeter-Schwefelsäure (1 : 1) erst eine Rosafärbung, die rasch zitronengelb wird. Bei der Cholesterinreaktion nach Hager-Salkowski gibt reiner Dorschlebertran zunächst eine violette Färbung, die bald in Purpurrot und zuletzt in Tiefbraun übergeht. Auf die sonstigen Farbenreaktionen ist nicht viel zu geben.

Man unterscheidet Medizinallebertran und technischen Lebertran.

Kennzahlen des reinen Dorschlebertrans (Medizinallebertrans):

> Dichte (15°): 0,921—0,927.
> Brechungszahl (20°): 1,477—1,483.
> Säurezahl: 0,5—1,7.
> Verseifungszahl: 179—193 (meist etwa 185).
> Jodzahl: 140—181 (meist 160—170).
> Rhodanzahl: 91—97.

Reiner Dorschlebertran hat 0,5 bis 1,0% unverseifbare Stoffe.

Bei den technischen Dorschlebertranen, die allein in der Lederindustrie Verwendung finden, unterscheidet man drei Sorten: hellblanken Tran mit 1,0 bis 2,8%, braunblanken und braunen Tran mit höheren Gehalten an Unverseifbarem (bis zu 5%). Die hellblanken und braunblanken Trane haben einen milden Geruch und sind klar. Der Gehalt an freien Fettsäuren beträgt bei den ersteren bis zu 10%, bei den letzteren bis zu 20%. Die braunen Lebertrane sind meist trüb und dunkelbraun gefärbt, haben einen kratzenden Geschmack, einen scharfen widerlichen Geruch und können bis zu 50% freie Fettsäuren enthalten. In braunblanken Tranen wurden 0,035 bis 0,05% organische Basen gefunden (Butylamin und andere Amine), die aber keine natürlichen Bestandteile der Trane, sondern wohl Zersetzungsprodukte sind.

Dorschlebertrane mit einem hohen Gehalt an freien Säuren haben nach der Herstellung Veränderungen beim Lagern erfahren oder sind nach alten Methoden gewonnen worden, bei denen die Lebern Zersetzungen erlitten haben. Trane, die durch Dämpfen der Lebern bei Temperaturen unter 90° hergestellt worden sind, haben unmittelbar nach dem Erkalten einen Gehalt an freien Fettsäuren, der meist unter 1,5% liegt.

In der letzten Zeit ist bei manchen Lebertranen die Bezeichnung „Industrie-tran" oder „Dorschindustrietran" aufgetaucht. Diese Tranbezeichnung läßt die Absicht erkennen, auf Unterschiede hinzuweisen, die zwischen dem angebotenen

Tran und etwa reinem Dorschlebertran vorhanden sind. Nun ist es zur Zeit außerordentlich schwer, reine Dorschlebertrane zu erhalten, da beim Fang der Dorsche diese von anderen Fischarten nicht getrennt werden. Die Hersteller von Lebertran verarbeiten deshalb in den allermeisten Fällen verschiedene Arten von Fischlebern. Aus dieser Lage heraus ist wohl die Bezeichnung Industrietran entstanden. Industrietran ist also kein Specktran, wie etwa Robbentran, sondern ein Lebertran, der aus den Lebern zahlreicher Fischarten gewonnen worden ist.

Chemische Zusammensetzung des Dorschlebertrans. Über die Fettsäureglyceride des Dorschlebertrans ist trotz vieler Untersuchungen bisher kein zuverlässiges Bild gewonnen worden. C. E. Bills hat schon im Jahre 1928 in seiner Übersicht über die Chemie des Dorschlebertrans von 17 verschiedenen Fettsäuren berichtet, die in dem Tran vorkommen sollen. Von diesen Säuren können neun als sicher nachgewiesen betrachtet werden. Der Gehalt an gesättigten Säuren wird zwischen 10 und 18% angegeben. Die hohen Rhodanzahlen des Dorschlebertrans deuten auf die Anwesenheit von hoch ungesättigten Fettsäuren hin, während das Vorkommen der Ölsäure unsicher ist. W. Treibs und J. Schlegel konnten feststellen, daß die hoch ungesättigten Fettsäuren hauptsächlich aus zwei Hexaensäuren ($C_{22}H_{32}O_2$) bestehen, und zwar in Form von Glyceriden mit zwei Hexaensäureketten. Die im Lebertran vorkommenden Fettsäuren gehören der C_{16}-, C_{18}-, C_{20}- und C_{22}-Reihe an. Die Lebertrane enthalten bis zu 0,04% Jod. Ihr Vitamingehalt ist bei technischen Tranen ohne Bedeutung. Das gleiche gilt von ihrem geringen Gehalt an Squalen.

Untersuchung der in der Lederindustrie verwendeten technischen Dorschlebertrane. Die Prüfung der Farbe und des Geruchs wird der erfahrene Gerber bei der Beurteilung eines Trans nie unterlassen. Die Anforderungen werden sich hierbei danach richten müssen, unter welcher Bezeichnung der Dorschtran gekauft wurde. Wer einen erstklassigen Dorschlebertran zu verwenden wünscht, wird sich deshalb beim Einkauf z. B. „einen naturreinen, unverfälschten, satzfreien, filtrierten Dorschlebertran" garantieren lassen. Er kann dann bei reellen Firmen mit einem einwandfreien Produkt rechnen. An einen braunblanken Lebertran können natürlich nicht die gleichen Anforderungen gestellt werden.

Nach V. Czepelak sind helle Trane für den Gerber nicht günstig. Anderseits enthalten zu dunkle Trane gewöhnlich größere Mengen freier Oxyfettsäuren. Absatzstoffe können durch Erhitzen festgestellt werden. Unerwünschte Eisenseifen können mit Rhodankaliumlösung nachgewiesen werden. Der Mineralstoffgehalt von Industrietranen soll nach V. Czepelak zwischen 0,01 und 0,07% liegen. Er besteht meist aus Kalk- und Eisenverbindungen.

Die Kennzahlen vermögen bei der Untersuchung des Dorschlebertrans wichtige Fingerzeige zu geben. Mineralölzusätze erniedrigen die Verseifungszahl und erhöhen die unverseifbaren Stoffe. Die Bestimmung des Unverseifbaren kann darüber Aufschluß geben, ob andere Leberöle anwesend sind. So beträgt das Unverseifbare des Seelachsleberöls 6,5%, des Sengleberöls 2,23%, des Haileberöls 4 bis 55%[1]. H. Common hat Mineralöl in Dorschlebertran durch eine typisch hellblaue Fluoreszenz unter der Quarzlampe nachweisen können. Pflanzliche Öle werden mit Hilfe der Phytosterinacetatprobe (S. 468) nachgewiesen. Auch die Jodzahl kann auf Verfälschungen hinweisen. Dabei ist allerdings zu berücksichtigen, daß die Jodzahlen und ebenso die mit der Jodzahl im Zusammenhang stehenden Kennzahlen bei den Tranen in hohem Maße von den Nahrungsverhältnissen (Vorkommen, Menge, Art und Zusammensetzung der

---

[1] Siehe auch die Angaben über das Unverseifbare in Haileberölen, S. 440.

Nahrung) abhängen, unter denen die den betreffenden Tran liefernden Tiere lebten. J. Lund hat festgestellt, daß hier erhebliche Schwankungen möglich sind. V. Czepelak hält für die Lederfettung braunblanke Dorschtrane mit Säurezahlen zwischen 20 und 30 für besonders geeignet. Höhere Säurezahlen sind abzulehnen.

M. Auerbach (1) hat beobachtet, daß von Natur dunkle und trübe Trane eine Alkalibehandlung erfahren haben; die dabei entstehende Aufhellung sollte eine Höherwertigkeit des Produktes vortäuschen. Gibt man zu Tranen, die auf diese Weise aufgehellt sind, Salzsäure (Zerstörung der Seifen), so tritt die primäre dunkle Färbung wieder auf.

Der Nachweis von geringen Mengen Fischölen (Nichtleberölen) im Dorschlebertran ist kaum zu erbringen. Die häufig noch vorgeschlagene Schwefelsäurereaktion ist wertlos.

Wenn auch die helle Farbe eines Dorschlebertrans keineswegs Vorbedingung für die Brauchbarkeit als Lederfettungsmittel ist und selbst braune Trane durchaus geeignet sein können, so sollten doch derartige Trane stets darauf geprüft werden, wie sie sich beim Abkühlen auf niedrige Temperaturen verhalten, d. h. in welchem Umfang sie Satz abscheiden.

Über die chromatographische Analyse des Unverseifbaren von Seetierölen s. L. E. Swain.

Die Oxydationsfähigkeit der Trane. Nicht nur die Leberöle, sondern alle Seetieröle haben eine besonders starke Neigung zur Oxydation. Beim Lebertran, dem in der Lederindustrie am meisten verwendeten Seetieröl, spielt das Oxydationsvermögen noch eine besondere Rolle, weil die Sämischgerbung, bei der Lebertran als Gerbmittel dient, mit dem Oxydationsprozeß in engstem Zusammenhang steht, und weil die Gerbfähigkeit der Lebertrane deshalb nach ihrer Oxydationsneigung beurteilt werden kann.

Über diese Oxydationsneigung eines Trans sagt weder die Jodzahl noch die Rhodanzahl allein Sicheres aus. Sie ist auf Baumwolle geringer als auf tierischer Haut [J. Jany (1)]. Jany hat die Oxydationsfähigkeit der Trane dadurch zu kennzeichnen versucht, daß er mittels Gasdruckbestimmung die Sauerstoffaufnahme des zu untersuchenden Trans bei der Lagerung in reiner Sauerstoffatmosphäre ermittelte. Auch der von W. A. Alexander vorgeschlagene „Oxydationswert" eines Trans[1] gibt kein wirklichkeitsgemäßes Bild von der Oxydationsneigung.

A. Küntzel, H. Erdmann und Th. Nungesser haben durch ihre Untersuchungen über den Verlauf des Mackey-Tests wohl den wichtigsten Beitrag zur Aufklärung der Tranoxydation geliefert. Sie haben den Oxydationsverlauf thermometrisch verfolgt und aus den Beziehungen zwischen Temperatur und Oxydationszeit einleuchtende Grundsätze für die Beurteilung des Oxydationsvermögen der Trane abgeleitet. Sie unterscheiden zwischen der „Oxydationsempfindlichkeit" und der „Oxydationskapazität" eines Trans. Die erstere wird durch reaktionsbeschleunigende bzw. -hemmende Begleitstoffe bestimmt und äußert sich im Mackey-Test durch eine Beschleunigung oder Verzögerung des Oxydationsbeginns (Steilheit oder Flachheit der Kurve aus Temperatur und Zeit). Die Oxydationskapazität ist bedingt durch die Anzahl oxydationsfähiger ungesättigter Bindungen und äußert sich im Mackey-Test durch

---

[1] Ausgedrückt in Gramm Jod für 100 g Tran als Maß dafür, wie stark der Tran im Verlauf von 1 Stunde bei 60° oxydiert wird, wenn er in einer Oxydationslösung von Natriumbichromat-Tetrachlorkohlenstoff von bestimmter Konzentration gelöst wird.

die Höhe des bei der Oxydation erreichten Temperaturmaximums. A. Küntzel und Mitarbeiter haben durch Zusätze des oxydationshemmenden Paraffinöls zu den untersuchten Tranen die Beeinflußbarkeit der Oxydationskapazität deutlich machen können. Aus dem Verlauf der Mackey-Test-Kurven der Gemische (s. Abb. 1) geht hervor, daß und in welchem Ausmaß mit steigenden Paraffinölzusätzen eine Verminderung des erreichten Temperaturmaximums bewirkt wird, während eine Änderung der Oxydationsempfindlichkeit des Dorschtrans (Steilheit der Kurven) erst bei einem Zusatz von 75% Paraffinöl erkennbar ist.

Aus den weiteren Untersuchungen über den Oxydationsmechanismus der gleichen Autoren kann geschlossen werden, daß die Oxydationsempfindlichkeit von Tranen mit der Höhe der Säurezahl zunimmt. Sie stimmen hierbei mit N. Klenow überein, der feststellte, daß mit steigender Säurezahl die Oxydationsfreudigkeit und damit die Gerbfähigkeit eines Trans bis zu einem Maximum zunimmt, während J. Jany (1) bei seinen Untersuchungen mit Hilfe des Barcroft-Manometers zu dem Ergebnis kam, daß durch die Anwesenheit von freien Fettsäuren der Oxydationsprozeß der Trane verzögert wird. F. Stather (2) bestreitet die von N. Klenow vertretene Abhängigkeit der Eignung bestimmter Trane für die Sämischgerbung von ihrer Säurezahl und hält einen Zusammenhang zwischen Herkunft sowie einzelnen chemischen und physikalischen Eigenschaften der Trane und ihrer Eignung zur Sämischgerbung nicht für nachweisbar.

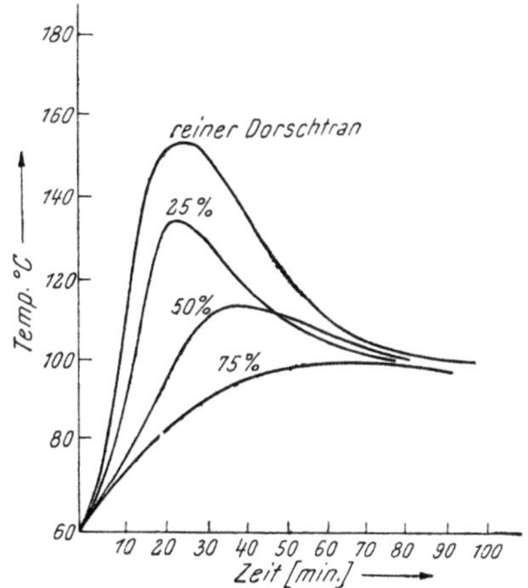

Abb. 1. Mackey-Test-Kurven eines braunblanken Dorschtrans mit verschiedenen Paraffinölzusätzen (A. Küntzel, H. Erdmann und Th. Nungesser).

Die Prozentzahlen beziehen sich auf den Paraffinölzusatz.

Die Jodzahl der Lebertrane kann nach A. Küntzel und Mitarbeitern als Maß für die Oxydationskapazität angesehen werden. Dagegen scheint die Differenz zwischen Jod- und Rhodanzahl (Diskrepanz) ein direkter Ausdruck für die Oxydationsempfindlichkeit eines Trans zu sein, wie H. P. Kaufmann (3) an Hand von Mackey-Test-Kurven von reinen Oleinen nach Zusatz von Leberölfettsäuren nachweisen konnte. [Über die Tranoxydation s. auch H. Gnamm (5).]

Hailebertran (engl. shark liver oil). Hailebertran ist der Lederindustrie immer wieder als Lederfettungsmittel angeboten worden, zum letztenmal in Deutschland nach dem Ausgang des letzten Krieges. Der Verwertung der Haie, und insbesondere der Ölgewinnung aus den Hailebern, hat man schon immer Aufmerksamkeit geschenkt. Kurz vor dem Krieg ist sogar eine deutsche Haiexpedition ausgesandt worden.

Der Hailebertran unterscheidet sich von allen anderen Lebertranen durch seinen hohen Gehalt an unverseifbaren Stoffen, die sehr großen Schwankungen unterworfen sind, je nach der Haiart, von der das Öl stammt[1], auch Alter, Reife und Nahrung der Tiere spielen eine Rolle. Die höchsten Werte werden mit 80% [D. Burton und F. Robertshaw (6)] angegeben, japanische Untersuchungen sprechen sogar von 90%, während nach W. Schnackenbeck bei der Mehrzahl der untersuchten Hailebertrane der Gehalt an Unverseifbarem

---

[1] Es gibt über 200 verschiedene Haiarten.

unter 6% liegt. Die im Handel erschienenen Hailebertrane wiesen bisher jedenfalls Gehalte an Unverseifbarem zwischen 25 und 50% auf.

Die Gewinnung der Hailebertrane erfolgt nach ähnlichen Methoden wie die des Dorschlebertrans. Vielfach werden die Trane durch Extraktion gewonnen. Gute Hailebertrane sind hellgelb bis hellbraun. Die meisten Handelsöle sind aber dunkel gefärbt.

Für die *Kennzahlen des Hailebertrans* lassen sich nur Grenzwerte angeben. Auch für die einzelnen Haiarten liegen Angaben vor (W. Schnackenbeck). Bei den vom Handel angebotenen Tranen wird man aber selten die Herkunft angegeben finden.

Als ungefähre Grenzwerte für die Kennzahlen können die folgenden gelten:
Dichte (15°): 0,865—0,929.
Brechungszahl (20°): 1,4727—1,4924.
Säurezahl: Meist unter 1.
Verseifungszahl: 153—187 (extreme Werte 26).
Jodzahl: 100—200 (extreme Werte über 300).

Die unverseifbaren Stoffe bestehen hauptsächlich aus Kohlenwasserstoffen, von denen das von M. Tsujimoto (*3*) gefundene Squalen ($C_{30}H_{50}$) der wichtigste ist. Es ist ein stark lichtbrechendes Öl, terpenartig riechend, mit sechs Doppelbindungen, das bei — 7,5° erstarrt. Squalen nimmt an der Luft Sauerstoff auf (in vier Tagen zirka 20%). M. Tsujimoto (*3*) fand im Hailebertran ferner einen gesättigten Kohlenwasserstoff, den er Pristan nannte. Außerdem wurde im Unverseifbaren des Hailebertrans Chimyl-, Selachyl- und Butylalkohol festgestellt.

N. A. Sörensen und J. Meklum fanden für das Unverseifbare des Leberöls vom Riesenhai folgende Zusammensetzung: Cholesterin 0,4%, Pristan 14%, Squalen 84%, Äthylalkohol 0,6%, Stearylalkohol 0,4%, Oleylalkohol 0,3%.

Die Fettsäuren des Hailebertrans gehören der C_{14}- bis C_{24}-Reihe an, wobei die C_{18}-Säuren überwiegen.

In Tabelle 9 sind Daten einiger seltenerer Leberöle zusammengestellt.

Tabelle 9. Kennzahlen einiger weniger bekannten Leberöle.

	Spez. Gewicht 15°	Verseifungs- zahl	Jodzahl	Unverseifbare Stoffe
Seelachslebertran	0,925	177—181	123—162	6,5%
Rochenlebertran	0,928	—	—	—
Seewolflebertran	0,916	182—185	118—131	5,2—5,8%
Thunfischlebertran	—	—	155	1,0—1,8%
Lengleberöl	0,920	184	132	2,2%

Fischöle.

Die Fischöle werden aus ganzen Fischen gewonnen, und zwar entweder durch Auskochen und Pressen oder auch durch Extraktion. Das Extraktionsverfahren ist teurer als das Kochverfahren und liefert Öle minderer Qualität. Heute sind die Fischöle heller und weniger übelriechend, da die Fische nicht mehr so lange gelagert werden, ehe sie zur Verarbeitung gelangen, wie in früheren Jahren.

Heringsöl (engl. herring oil). Stammt von Clupea harengus und wird in Norwegen, Schweden, Japan, in einigen Gegenden von Nordamerika und auf Sachalin hergestellt. Die Heringe werden in einem Kochgefäß mit Wasser und

Dampf behandelt. Dabei rührt man nur am Anfang, damit die Fische ganz bleiben. Das Öl sammelt sich an der Oberfläche und wird abgezogen. Man erhält auf diese Weise etwa zwei Drittel des in den Heringen enthaltenen Fettes. Der Rest wird durch Pressen (kontinuierliche Pressen) der gekochten Masse gewonnen. Bei zu starkem Kochen gelangen Leimstoffe in das Öl. Das abgepreßte Öl wird geklärt und gebleicht (Soda, Alaun, Kochsalz u. dgl.). Durch Abkühlen und Stehenlassen wird Stearin abgeschieden.

Die richtige Kochung der Heringe ist von entscheidender Bedeutung für den Verlauf der Pressung und die erzielte Ölausbeute. Diese ist außerdem vom Fettgehalt der Fische abhängig. Von Heringen mit 20% Fett erhält man eine Fettausbeute von 90%, von Fischen mit nur 10% eine Ausbeute von 80%. Je magerer die Fische, um so stärker fällt die relative Ölausbeute ab (W. Ludorff).

Das Heringsöl ist gelb bis dunkelbraun und besitzt meist einen intensiven Fischgeruch. Die Qualität des Heringsöls hängt, wie die aller Fischöle, in erster Linie davon ab, ob die verarbeiteten Fische sofort oder erst nach längerem Lagern in die Kocherei gelangt sind.

Kennzahlen des Heringstrans:

Dichte (15°): 0,917—0,930.
Brechungszahl (20°): 1,470—1,475.
Verseifungszahl: 179—194.
Jodzahl: 108—155.
Rhodanzahl: 80—90.

Ein guter technischer Heringstran soll nicht mehr als 6% freier Fettsäuren enthalten. Manche im Handel befindlichen geringeren Sorten weisen aber bis 45% auf. Zwischen Farbe und Gehalt an freien Säuren besteht jedoch kein Zusammenhang.

S. Ueno hat 99 Heringsöle japanischer Herkunft untersucht und Farben zwischen Gelb und Dunkelbraun, Raumgewichte zwischen 0,9148 und 0,9260, Brechungsexponenten zwischen 1,4700 und 1,4772, Säurezahlen zwischen 10 und 20 (in Ausnahmefällen zwischen 2,7 bis 7,1 und zwischen 40 und 60), Verseifungszahlen zwischen 185 und 187 (in einigen Fällen bis 190), Jodzahlen (Hübl) 101,5 bis 140,3 und Jodzahlen (Wijs) 106,3 bis 140,7 gefunden. Die Jodzahlen nach Rosenmund lagen erheblich niedriger.

Der Gehalt an Unverseifbarem liegt zwischen 1 und 2%. Nach Th. Lexow besteht zwischen Verseifungszahl und Menge des Unverseifbarem folgender Zusammenhang:

Mittlere Verseifungszahl	Mittlerer Gehalt an Unverseifbarem
184,28	1,79%
186,18	1,31%
188,34	1,24%
190,11	0,89%

Über den Einfluß der Fangzeit (Jahreszeit, in der die Heringe gefangen wurden) auf die Jodzahlen der hergestellten Heringstrane s. Tabelle 10, S. 442.

Die unverseifbaren Bestandteile des Heringstrans sind bei gewöhnlicher Temperatur kristallinische Körper von eigentümlichem, nicht unangenehmem Geruch und hellgelber bis dunkelbrauner Farbe.

Im Heringstran sind Myristin-, Palmitin-, Stearin-, Öl-, Clupanodon- und Erucasäure nachgewiesen. Nach C. Grimme soll auch Linol- und Linolensäure vorhanden sein. Nach japanischen Untersuchungen kommt im Heringstran auch eine Octodecatetraensäure (als „Moroctsäure" bezeichnet) vor.

Über die Sauerstoffaufnahme von Heringstran s. J. Jany (1).

Tabelle 10. Einfluß der Fangzeit auf die Jodzahl von Heringsölen (Th. Lexow).

Fangzeit	Troms	Finnmark
November 1918	135,1—136,9	—
Januar 1919	126,2—128,9	127,5—132,8
Februar 1919	125,2—126,5	124,8—128,5
August 1919	145,2—149,5	146,2—151,1
September 1919	145,1—145,6	144,8—144,9
Oktober 1919	142,2—148,5	147,1
November 1919	136,2—140,0	135,7—140,4
Dezember 1919	—	127,1—130,0
Januar 1920	128,2—129,2	124,1—129,0
Februar 1920	123,2	122,0—126,5
August 1920	148,5—150,2	149,5—152,7
Oktober 1920	145,5	150,0—154,8
November 1920	135,3—135,9	135,2—146,1

Sardinentran, Japantran (engl. sardine oil). Die Gewinnung erfolgt ähnlich wie beim Heringsöl, teils aus ganzen Fischen (Sardinella melanosticta), teils aus Abfällen, die beim Konservieren von Sardinen zurückbleiben. In Japan wird die Herstellung von Sardinenöl im Großen betrieben. Seine Farbe ist hellgelb bis gelbbraun.

Das durch Kochen gewonnene Öl ist klarer als das ausgepreßte Öl. Ganz dunkle, widerlich riechende Öle erhält man, wenn man die Sardinen aufgehäuft faulen läßt und das abfließende Öl sammelt. Dieses Verfahren gelangt heute kaum noch zur Anwendung.

Trotzdem sind die Herstellungsmethoden des Sardinentrans noch so verschieden, daß von einer Einheitlichkeit der Trane keine Rede sein kann.

Extrahierte Sardinenöle unterscheiden sich zwar kaum in den Kennzahlen, haben aber ganz andere trocknende Eigenschaften. Sie lassen sich durch Blasen leicht oxydieren (H. W. Chatfield).

Kennzahlen des japanischen Sardinentrans (s. auch Tabelle 11):
Dichte (15°): 0,927—0,932.
Brechungszahl (18°): 1,482.
Verseifungszahl: 186—193.
Jodzahl: 161—193.
Säurezahl: 4—30.

Rohe Sardinentrane enthalten bis zu 30% feste Glyceride. Durch Erhitzen auf 50 bis 60° und Abkühlen erreicht man eine Trennung in drei Schichten, deren oberste klare Schicht das Öl, deren mittlere die festen Glyceride und deren untere Wasser, Eiweißstoffe und Fischteile enthält. (Siehe hierzu auch die Untersuchungen von O. M. Behr.)

Sardinentrane, die gut raffiniert sind, enthalten 0,5 bis 1,0% Unverseifbares.

A. Eibner und E. Semmelbauer fanden im Sardinentran 70,5% flüssige und 27% feste Fettsäuren. Die Glyceride enthalten 12,7% Clupanodon- und 28,6% Ölsäure. Im Sardinentran wurde außerdem 0,5% Cholesterin gefunden. Alte Sardinentrane enthalten größere Mengen Oxydationsprodukte, die sich bei der Aufnahme der freien Fettsäuren in Petroläther in Form von schwarzbraunen klebrigen Massen an den Wänden des Scheidetrichters absetzen. Diese Oxydationsprodukte von unbekannter Zusammensetzung lösen sich in Alkali. Ihre Reindarstellung ist noch nicht gelungen.

Menhadentran (engl. menhade oil). Wird aus dem Fleisch des Brevoortia tyrannus gewonnen, eines an der nordamerikanischen Küste von Neuschottland bis Florida in großen Mengen vorkommenden Fisches von der Größe eines Herings.

Kennzahlen des Menhadentrans:

Dichte (15°): 0,925—0,935.
Erstarrungspunkt: etwa + 17°.
Verseifungszahl: 189—198.
Jodzahl: 139—193.

Menhadentran enthält zwischen 0,6 und 1,5% Unverseifbares. Der Tran nimmt stärker als andere Fischöle Sauerstoff auf und wird deshalb mitunter als Leinölersatz zur Herstellung von Ölfarben verwendet.

Über die Zusammensetzung von Menhadentran haben W. H. Baldwin und W. B. Lanham berichtet. Sie fanden 27,9% gesättigte und 72,1% ungesättigte Fettsäuren. Die letzteren gehörten in der Hauptsache der C_{16}-, C_{18}- und C_{20}-Reihe, in geringeren Anteilen der C_{14}- und der C_{22}-Reihe an.

Tabelle 11. Kennzahlen einiger weniger bekannten Seetieröle.

	Spez. Gewicht 15°	Verseifungs-zahl	Jodzahl
Makrelentran............	0,9301	191,6	167,4
Aaltran................	0,9218	200,6	107,4
Stichlingstran	—	—	162,0
Störöl.................	0,9236	186,3	125,3
Sprottenöl.............	0,9274	194,5	122,5
Japanischer Suketotran .	0,9279	187,87	169,5
Thunfischtran..........	0,9327	185,32	198,9
Japanischer Akajeitran .	0,9268	186,98	161,95
Seelöwentran...........	0,9278	189,80	156,37

ε) **Eigelb und Eieröl.**

In der Lederindustrie ist Eigelb lange Zeit in großem Umfang als Fettungs- und Emulgierungsmittel bei der Lederzurichtung verwendet worden. Eigelb ist eines der besten Lederfette mit einer besonders ausgeprägten weichmachenden und füllenden Wirkung. Heute ist seine Verwendung auf die Glacé- und Feinlederindustrie sowie die Fettung besonderer Chromlederarten beschränkt, und auch dort beginnen Ersatzstoffe dieses uralte Lederfettungsmittel zu verdrängen.

Das technische Eigelb kommt von Hühner- und Enteneiern und stammte lange Zeit hauptsächlich aus China und Amerika, zeitweise auch aus Polen und den Balkanländern. Es wird meist in konserviertem Zustand eingeführt. Als Konservierungsmittel dient Kochsalz, seltener Borsäure oder Natriumfluorid. Manche Eigelbsorten sind mit hydroschwefligsauren Salzen oder mit Formaldehyd-sulfoxylsäure gebleicht.

Der fettende Bestandteil des Eigelbs ist das **Eieröl**, das sich aus dem Eigelb mit Lösungsmitteln extrahieren läßt. Dabei erhält man mit Chloroform die höchsten (57 bis 58%) und mit Petroläther die niedrigsten Werte (48%). Trotzdem haben Fr. Kathreiner und K. Schorlemer die Extraktion mit Petroläther als die sicherste Methode empfohlen. Eieröl ist eine gelblich gefärbte Flüssigkeit mit mildem Geruch und angenehmem Geschmack. Das im Eigelb enthaltene Lecithin, das man heute als Zwitterion formuliert (vgl. S. 410), ist der Träger der emulgierenden Wirkung. Nach H. Sell, A. Olsen und R. Kremser) scheint allerdings nicht das Lecithin allein, sondern ein unbeständiger Komplex aus Lecithin und Protein die emulgierende Wirkung zu bedingen. Eigelb enthält 1,9 bis 2,4% Phosphorsäure, berechnet als H_3PO_4.

Kennzahlen des Eieröls:

Dichte (15°): 0,914—0,917.
Brechungszahl (40°): 1,459—1,469.
Schmelzpunkt: 22—25°.
Verseifungszahl: 184—198.
Jodzahl: 64—82.

Je nach der Extraktion enthält Eieröl zwischen 0,2 und 4,2% Unverseifbares. Im Eieröl wurden von F. Trost und B. Doro 29% Palmitin-, 34% Öl- und 19% Linolensäure festgestellt, die übrigen Fettsäuren sollen aus Stearin- und Myristinsäure bestehen. R. W. Riemenschneider und Mitarbeiter fanden in den Fettsäureglyceriden des Eigelbs 8,6% Linol- und 2,3% Clupanodonsäure. Nach A. Hevesi ist die Fettsäurenzusammensetzung des Eigelbs großen Schwankungen unterworfen.

Für die *Untersuchung von Eigelb* gelten in der Lederindustrie heute noch die von der Fettanalysenkommission des IVLIC[1] durch M. Auerbach (2) im Jahre 1931 vorgeschlagenen Methoden, in denen folgende analytische Richtlinien angegeben sind[2]:

1. Wasser: Die Wasserbestimmung wird zweckmäßigerweise nach der Xylol-Methode (Einh.-Meth.) durchgeführt.

2. Fettgehalt: Das mit Sand getrocknete Eigelb wird quantitativ in eine Papierhülse übergeführt und im Soxhlet-Apparat extrahiert. Die Extraktionswerte wechseln je nach der Art des verwendeten Lösungsmittels. Bei Reinheitsprüfungen gilt Petroläther als das Lösungsmittel, das allein richtige Werte ergibt.

3. Asche: Etwa 10 g Eigelb werden in einer Platinschale getrocknet und verkohlt. Der Rückstand wird ausgelaugt und die Kohle vollständig verbrannt; dann gibt man den wässerigen Auszug dazu, verdampft zur Trockene und erhitzt auf 110 bis 120° C.

Ein sofortiges starkes Glühen ist nicht statthaft, da hierdurch Salz- und Borsäureverluste eintreten können.

4. Salz: Das Eigelb wird getrocknet und bis zur vollständigen Verkohlung erhitzt, mit Wasser extrahiert und in dem Auszug wird das Chlor in üblicher Weise maßanalytisch bestimmt.

$$1 \text{ ccm } n/10 \text{ AgNO}_3 = 0,00585 \text{ g NaCl.}$$

Da bei dieser allgemein üblichen Arbeitsweise beträchtliche Chlorverluste entstehen können, empfiehlt es sich, für genauere Bestimmungen die folgende Methode anzuwenden:

5 g Eigelb werden mit ungefähr 40 ccm Wasser gründlich ausgeschüttelt. Man gibt 40 ccm einer Fällungslösung hinzu, füllt auf und bestimmt im Filtrat das Chlor titrimetrisch. Das Fällen geschieht in folgender Weise[3]: Nach jedesmaligem Umschwenken werden 5 ccm 10%iger Gerbsäurelösung und 10 ccm 10%iger Ferrisulfatlösung, gesättigte Sodalösung bis zur alkalischen Reaktion (der Schaum wird rotbraun), 1 ccm 3%iges Wasserstoffperoxyd und Essigsäure bis zur schwach sauren Reaktion zugefügt.

5. Konservierungsmittel: Der Nachweis und die Bestimmung von Konservierungsmitteln erfolgt nach den einschlägigen Methoden der Lebensmitteluntersuchung.

---

[1] IVLIC: Abkürzung für den ehemaligen „Internationalen Verein der Lederindustrie-Chemiker", dem als Mitglieder Deutschland, Holland, Österreich-Ungarn und Skandinavien, vor dem letzten Weltkrieg auch die Tschechoslowakei, Jugoslawien und Polen, angehörten.

[2] Nach H. Gnamm (1), S. 44/45. [S. auch M. Auerbach (2).] Zahlreiche von Auerbach im Jahre 1931 geäußerte Bedenken, handelsübliche unzulängliche Untersuchungsmethoden durch wissenschaftlich einwandfreie zu ersetzen, haben heute ihre Berechtigung verloren. Bei der obigen Beschreibung der Untersuchungsmethoden sind Verbesserungen, die sich im Lauf der Jahre als berechtigt erwiesen haben, berücksichtigt.

[3] Über das Fällen mit Phosphorwolframsäure s. Ungenannt (2).

6. **Reinheitsgrad:** Liegt der Verdacht vor, daß Eigelb oder Eieröl nicht rein ist, so werden die Verseifungszahl, die Jodzahl, das Unverseifbare, der Phosphat- und der Stickstoffgehalt bestimmt. Geringe Mengen von Mineralöl können nicht als Verfälschung angesehen werden, da das zum Konservieren benutzte Salz mit Petroleum denaturiert sein kann. Eigelbsorten mit hoher Säurezahl eignen sich nicht für die Glacégerberei. Gutes Eigelb muß sich beim Anrühren mit Wasser von 30° rasch und leicht emulsionsartig verteilen, während bei minderwertigen oder unbrauchbaren Sorten Klumpen am Boden liegen bleiben.

Es sei noch die Fettbestimmung nach H. Popp angeführt, bei der man den Fettsäurebestandteil des Lecithins ohne Phosphorsäure bestimmt:

5 g Eigelb werden in einem Rundkölbchen mit zirka 10 ccm rauchender Salzsäure am Rückflußkühler einige Minuten gekocht. Man läßt auf 40 bis 50° C abkühlen und gibt genau 100 ccm Trichloräthylen von Zimmertemperatur zu, mit dem man unter Zusatz von etwas Bimssteinpulver 5 bis 10 Minuten lang am Rückflußkühler kocht. Den auf 39° C abgekühlten Kolbeninhalt bringt man in einen Scheidetrichter, trennt die Fettlösung ab und schüttelt sie mit etwas Gips. 25 ccm der abgekühlten, klar filtrierten Trichloräthylenlösung werden abpipettiert, zur Trockne verdampft und der Rückstand wird dann getrocknet und gewogen. Der Fettgehalt des zu untersuchenden Eigelbs ist dann:

$$\text{Fettgehalt in \%} = \frac{100 \cdot a}{25 - \dfrac{a}{d}} \cdot \frac{100}{\text{Einwaage}}.$$

Hierin bedeutet a den Trockenrückstand von 25 ccm der Lösung und d das spezifische Gewicht des Fettes.

Anmerkung: Beim Kochen am Rückflußkühler ist ein Gummistopfen, nicht Kork, zu verwenden. Das Filter ist während des Filtrierens bedeckt zu halten.

Nach R. F. Innes genügt die übliche Analyse des Eigelbs, d. h. die Bestimmung von Wasser, Ölgehalt, Asche, Salz, dann nicht, wenn Störungen aufgeklärt werden sollen, die bei der Lederherstellung der Eigelbfettung zugeschrieben werden. Innes schlägt in solchen Fällen vor, das Fett weiter zu untersuchen, den Gehalt des Eigelbs an Stickstoff und Phosphor festzustellen und das Emulgierungsvermögen mit Wasser zu prüfen. Zum Vergleich gibt er die Ergebnisse der Untersuchung von fünf charakteristischen Eigelbsorten an: Nr. 1 Eigelb von frischen Eiern; Nr. 2 Handelseigelb (das einwandfreies Leder ergab); Nr. 3 Handelseigelb (das „fettiges" Leder liefern sollte); Nr. 4 synthetisches Eigelb und Nr. 5 Trockeneigelb (das auf dem Leder einen Fettausschlag hervorrufen sollte). Siehe die Zusammenstellung in Tabelle 12.

Tabelle 12. Zusammensetzung und Eigenschaften verschiedener Eigelbsorten (R. F. Innes).

	Nr. 1 %	Nr. 2 %	Nr. 3 %	Nr. 4 %	Nr. 5 %
Feuchtigkeit	50,2	52,3	36,8	69,9	5,7
Fettgehalt	26,2	18,6	51,9	12,8	44,5
Asche	2,52	17,90	4,76	7,70	3,21
Chloride als NaCl	0,20	10,00	3,12	6,90	0,15
Fettgehalt ⎫ auf wasser- und	55,8	62,4	88,9	57,1	48,0
Stickstoff ⎬ aschefreie Substanz	5,48	7,55	1,16	1,90	4,51
Phosphor ⎭ bezogen	1,23	1,44	0,36	2,00	0,99
Unverseifbares ⎫ auf das	6,43	6,22	1,05	2,50	4,55
Gesamtfettsäuren ⎬ Gesamtfett	85,3	85,7	93,0	63,4	81,6
Freie Fettsäuren ⎭ bezogen	0,9	1,6	4,6	1,4	3,2
Jodzahl ⎫ der Gesamt-	63,4	62,4	80,0	87,2	70,0
Schmelzpunkt ⎭ fettsäuren	38° C	40—44°	30—32°	36—38°	39—40°
Emulsion in Wasser	gut	gut	schlecht	keine	fast so gut wie bei Nr. 2

Das Produkt Nr. 3 enthält viel weniger Wasser als Frischeigelb. Der Stickstoff- und Phosphorgehalt der aschefreien Substanz ist wesentlich geringer als bei frischem Eigelb. Auch enthält der Petrolätherextrakt weniger Unverseifbares und mehr Gesamtfettsäuren als das natürliche Eigelb, so daß nach R. F. Innes die Annahme einer Verfälschung mittels eines Triglycerids naheliegt und berechtigt erscheint.

Die Probe Nr. 4 kommt schon wegen ihres Mangels an Emulgierungsfähgikeit als brauchbarer Ersatz für natürliches Eigelb nicht in Frage. Dagegen weisen die Analysendaten bei Probe Nr. 5 auf keinerlei Verfälschungen oder bedenkliche Eigenschaften hin.

Der Nachweis von Eigelb im Leder, das nicht mit phosphorsäurehaltigen Gerbmitteln gegerbt ist, kann durch den Nachweis der Phosphorsäure erfolgen. Näheres s. N. Jambor.

Als Ersatzprodukt für Eigelb, insbesondere bei der Glacé- und Pelzgerberei, ist in neuerer Zeit Fischmilch vorgeschlagen worden (s. D.R.P.P. 682544 und 688647 der ehemaligen Studiengesellschaft der Deutschen Lederindustrie G. m. b. H., Dresden). Nach diesem Verfahren wird konservierte Heringsmilch mit Wasser zerrieben und der dabei entstehende Brei durch ein Sieb gedrückt. Es entsteht eine Paste, die mit Borsäure, Toluol u. dgl. konserviert werden kann und die als Emulgator zur Herstellung von Fettlickern verwendbar ist, in gleicher Weise wie Eigelb. Die dabei entstehende Fettemulsionen sollen gegenüber Aluminium- und Chromsalzen sehr beständig sein.

b) Pflanzliche Öle.

α) Ricinusöl.

Ricinusöl spielt in der Lederindustrie hauptsächlich als sulfatiertes Produkt (Türkischrotöl) eine wichtige Rolle. Zeitweise wurde es als Weichmacher für Lederlacke und vereinzelt auch als Zusatz zu Lederfettungsgemischen verwendet.

Das Ricinusöl (engl. castor oil) stammt aus den Samen verschiedener Arten von Ricinus communis aus der Familie der Euphorbiaceen. Die staudenartige Pflanze, die wegen ihres schnellen Wachstums auch als „Wunderbaum“ bezeichnet wird, kommt hauptsächlich in Indien, Java, Kapland, Nordamerika und Mexiko vor. Bei der Ricinussaat unterscheidet man zwei Sorten, die sich durch die Größe der Körner unterscheiden: die kleinere Sorte für die Herstellung medizinischer Öle und die größere Sorte, die zur Gewinnung technischer Öle Verwendung findet. Der Ölgehalt der Kerne schwankt zwischen 55 und 70%. Der Ricinussamen enthält außerdem einen giftigen Eiweißkörper, das sogenannte Ricin, sowie ein Ferment mit fettspaltenden Eigenschaften.

Zur Herstellung des Ricinusöls werden die Ricinussamen gepflückt, ehe sie vollständig reif sind. Man legt sie dann zum Nachreifen einige Zeit auf Haufen. Dabei springen die Kapseln auf. Schalen und Kerne werden durch Siebe getrennt.

Nachdem die Samen gereinigt, geschält, sortiert und zerkleinert sind, kommen sie in die Presse. Die Preßkuchen von der ersten Pressung werden gewöhnlich ein zweites Mal warm nachgepreßt. Der Rückstand wird extrahiert.

Das gepreßte Öl wird gehandelt als Öl erster Pressung und Öl zweiter Pressung. Das Ricin bleibt in den Rückständen, weshalb diese als Viehfutter ohne Entgiftung nicht verwendbar sind.

Die Löslichkeit des Ricinusöls in Alkohol von mehr als 70% wurde zu einem besonderen Extraktionsverfahren ausgenützt, wobei die zerkleinerten Samen mit Alkohol bei mäßiger Temperatur behandelt und zum Schluß zentrifugiert werden.

Das reine Medizinalricinusöl ist klar und farblos. Die technischen Öle sind leicht grün gefärbt. Das reine Öl schmeckt mild, hinterher etwas kratzend. Besonders charakteristisch ist das Verhalten des Ricinusöls gegenüber den Fettlösungsmitteln. Es löst sich im Gegensatz zu allen anderen fetten Ölen in absolutem Alkohol leicht, dagegen in den Erdölkohlenwasserstoffen nur schwer. Weiterhin zeichnet sich das Ricinusöl durch seine hohe Zähflüssigkeit aus, die andere Öle nur erreichen, wenn sie geblasen oder gekocht werden. Beim Stehen an der Luft wird Ricinusöl dick, trocknet aber auch in dünnen Schichten nicht vollständig ein.

Kennzahlen des Ricinusöls:

> Dichte (15°): 0,954—0,974.
> Brechungszahl (20°): 1,477—1,479.
> Erstarrungspunkt: — 10 bis — 18°.
> Verseifungszahl: 176—191.
> Jodzahl: 81—86.
> Rhodanzahl: 81—82.
> Hydroxylzahl: 159—164.

Der Gehalt an Unverseifbarem schwankt zwischen 0,3 und 0,4%.

Ricinusöl besitzt das höchste spezifische Gewicht von allen fetten Ölen. Seine chemische Natur ist durch den hohen Gehalt an Ricinolsäure, die in anderen Ölen nicht vorkommt, gekennzeichnet. Es ist infolge des asymmetrischen Kohlenstoffatoms der Ricinolsäure stark rechtsdrehend. Die Rotation beträgt (durch eine 200 mm dicke Schicht beobachtet) zwischen + 7,6 und + 9,7°.

Chemische Zusammensetzung. Auf Grund der Untersuchungen von A. Eibner und E. Münzing sowie von H. P. Kaufmann und H. Bornhardt kann man bei Ricinusöl folgende Zusammensetzung der Fettsäuren annehmen: 7 bis 9% Ölsäure, 3% Linolsäure, 80 bis 87% Ricinolsäure, 0,6% Dioxystearinsäure und 2,4% gesättigte Fettsäuren. Der Hauptbestandteil des Öles ist das einsäurige Glycerid der Ricinolsäure.

Beim Blasen mit Luft erleidet das Ricinusöl Veränderungen, die aus Tabelle 13 zu ersehen sind:

Tabelle 13. Veränderungen der Eigenschaften des Ricinusöls beim Blasen mit Luft (J. Lewkowitsch).

	Ursprüngl. Öl	2 Stunden bei 150° geblasen	4 Stunden bei 150° geblasen	6 Stunden bei 150° geblasen	10 Stunden bei 150° geblasen
Farbe	sehr hell	hell	hell	hell	orangegelb
Spezifisches Gewicht bei 15° C	0,9623	0,9663	0,9798	0,9778	0,9906
Säurezahl	1,1	1,3	2,4	2,6	5,7
Verseifungszahl	179,0	182,3	185,2	184,8	190,6
Jodzahl	—	83,5	79,63	78,13	70,01
Acetylzahl	146,9	150,7	154,3	159,0	164,8
Verseifungszahl des acetyl. Öls	303,9	306,5	308,3	308,3	311,0

Bei der Untersuchung des Ricinusöls ist in erster Linie die Dichte und die Hydroxylzahl zu bestimmen. Ricinusöl hat die höchste Dichte von allen Ölen; seine hohe Hydroxylzahl ist ebenfalls charakteristisch.

Schüttelt man 10 ccm Öl bei 17,5° in 50 ccm Alkohol vom spez. Gew. 0,829 in einem graduierten Zylinder, so zeigt eine starke Trübung beim Schütteln,

die auch beim Erwärmen auf 20° nicht verschwindet, noch 10% fremde Zusätze an.

Als Verfälschungen kommen in Betracht geblasene Öle, Harzöl und mitunter
auch Rüböl. Die ersteren erniedrigen die Hydroxylzahl, die Harzöle erhöhen die
unverseifbaren Stoffe. Die oft empfohlene Reaktion von Storch-Morawski
zum Nachweis von Harzölen ist nicht sicher.

Über den Nachweis von Ricinusöl s. S. 470.

Dehydratisiertes Ricinusöl.

Durch Erhitzen von Ricinusöl auf 300° solange, bis 5 bis 10% seines Gewichts
abdestilliert sind, entsteht ein Produkt von erhöhter Viskosität und stark veränderten Löslichkeitseigenschaften. Dieses sogenannte dehydratisierte Ricinusöl ist in Alkohol und in Eisessig nahezu unlöslich, mit Mineralöl in jedem
Verhältnis mischbar und nimmt beliebige Mengen von Paraffin und Ceresin auf.
Auf diesem Vorgang beruht die technische Herstellung mineralöllöslicher Ricinusöle (z. B. Dericinöl, Athricin usw.). Über die Entwicklung der Herstellung
solcher Öle hat H. Greaves berichtet. Siehe hierzu auch den ausführlichen
Bericht von H. P. Kaufmann und G. Ganeff.

Heute erfolgt die technische Herstellung von dehydratisierten Ricinusölen
entweder durch direkte Erhitzung mit Katalysatoren oder durch Acetylierung
des Öls und nachfolgende Entfernung der Acetylgruppe (J. D. Morgan; F.
Scofield). Siehe auch den Bericht über ausländische Patente von M. Piskur.

Kennzahlen von dehydratisiertem Ricinusöl:

      Viskosität: 1,6—2,5 pois.
      Brechungszahl (25°): 1,4815—1,4865.
      Jodzahl: 110—135.
      Säurezahl: 2,0—2,5.
      Hydroxylzahl: unter 100.

β) Rüböl.

Unter Rüböl, auch Rübsen-, Kohlsaat-, Raps- und Colzaöl genannt (engl.
colza oil), versteht man das Öl aus den Samen verschiedener Brassica-Arten.
Vielfach wird das Öl von Brassica nigra L. als Rüböl, das Öl von Brassica cam-
pestris L. als Colza- oder Kohlsaatöl und das Öl von Brassica napus L. als Raps-
oder Repsöl bezeichnet. Aber auch ausländische Rapssaaten, vor allem indische
Sorten, werden zur Gewinnung von Rüböl verarbeitet.

Man unterscheidet zwei Rübölsorten: Winteröl von Winterraps und Sommeröl
von Sommerraps. Diese Unterscheidung hat aber nur geringen praktischen Wert,
da sich die beiden Öle auf Grund chemischer Untersuchungen nicht kennzeichnen
lassen.

Im Schrifttum der letzten zehn Jahre ist Rüböl wiederholt auch in unver-
änderter Form zum Fetten von Leder empfohlen worden. P. Chambard und
H. Favre (1) halten Rüböl, mit Seifen oder sulfatierten Ölen emulgiert, zum
Fettlickern von Chromleder für geeignet und weisen auf die Möglichkeit hin,
geblasenes Rüböl als Ersatz für Degras zu verwenden. Noch leichter als die
Oxydation ist nach Ansicht der gleichen Autoren die Behandlung des Öles mit
Schwefel oder Chlor zur Herstellung brauchbarer Lederfettungsmittel. Auch
C. Gastellu empfiehlt Rüböl in oxydierter oder polymerisierter Form als
Degrasersatz.

Zur Gewinnung des Rüböls wird die Saat auf Walzenstühlen gemahlen, nachdem sie vorher durch Sieben und ähnliche Verrichtungen gereinigt worden ist.

Dann wird das Mahlgut gepreßt, erst kalt, anschließend ein- bis zweimal warm. Wie beim Olivenöl ist das Öl erster Pressung das beste. Warm gepreßte Öle enthalten sehr viel Schleimstoffe. Über ein kombiniertes Preß- und Extraktionsverfahren s. R. Lüde (2), S. 102.

Das rohe Rüböl ist dunkel gefärbt und wird mit Schwefelsäure raffiniert, wobei die aus Eiweiß-, Harz- und Schleimstoffen bestehenden Verunreinigungen koaguliert und niedergeschlagen werden. Nach dem Absitzen der Verunreinigungen wird das Öl säurefrei gewaschen. Auch Bleicherden werden zur Reinigung verwendet, wobei sich aber die Eiweiß- und Schleimstoffe anscheinend nur teilweise entfernen lassen. Siehe auch H. P. Kaufmann und Mitarbeiter (4).

Gutes Rüböl soll eine hellgelbe Farbe haben. Es besitzt einen charakteristischen Geruch und einen unangenehmen, herben Geschmack. Der scharfe Geschmack des Rüböls ist auf das in allen Cruciferenarten enthaltenen Sinigrin (myronsaures Kalium)

$$H_2C{=}CH{-}CH_2{-}N{=}C\underset{OSO_3K}{\overset{S\cdot C_6H_{11}O_5}{<}}$$

zurückzuführen, ein Glucosid, das in Zucker und eine senfölartige Verbindung zerfällt. In dünner Schicht der Luft ausgesetzt, wird Rüböl in 12 Tagen sehr dickflüssig, später klebrig, trocknet aber nicht auf.

Kennzahlen des Rüböls:

> Dichte (15°): 0,910—0,917.
> Brechungszahl (20°): 1,472—1,476.
> Erstarrungspunkt: etwa 0°.
> Säurezahl: 0,5—12,4.
> Verseifungszahl: 172—176.
> Jodzahl: 95—105.
> Rhodanzahl: 74—79.

Rüböl enthält zwischen 0,5 und 1,5% unverseifbare Anteile. Technische Öle enthalten meist zwischen 0,5 und 6% freie Fettsäuren.

Chemische Zusammensetzung. Der wichtigste Bestandteil des Rüböls ist die Erucasäure, $C_{22}H_{40}O_2$. Daneben sind Öl-, Linol- und Linolensäure nachgewiesen. Nach M. Baliga und T. P. Hilditch enthält Rüböl außerdem 5% Eicosansäure und 1% Docosadiensäure. In geringen Mengen sind Myristin-, Stearin- und Arachinsäure vorhanden. Der Gehalt an Erucasäure wird verschieden angegeben. Die höchsten Werte liegen bei 40%.

Untersuchung. Schüttelt man rohes Rüböl mit Schwefelsäure ($d = 1,624$), so entsteht, wie beim Senföl, eine grasgrüne bis blaugrüne Färbung. Gereinigte Öle zeigen diese Färbung nicht. Bei der Verfälschung von Rüböl können Leinöl, Hanföl, Mohnöl, Leindotteröl, Baumwollsamenöl, Ravisonöl, Fischöle und Trane, manchmal auch Mineralöl und Holzöl verwendet worden sein.

Größere Mengen von Lein-, Hanf-, Mohnöl und Tran lassen sich unter Umständen an der Jod- und Verseifungszahl sowie am Schmelzpunkt der Fettsäuren erkennen. Der Schmelzpunkt der Fettsäuren wird durch Zusatz von Baumwollsamenöl erniedrigt, durch die anderen Öle erhöht. Durch Zusatz von Mineralöl, Holzöl und Walratöl wird der Gehalt an Unverseifbarem erhöht. Nach H. Milrath läßt sich Walöl im Rüböl an der Erniedrigung der Viskosität erkennen.

Außerdem sollen Walöl-Rüböl-Gemische beim Erhitzen mit Phosphorsäure eine typische Braunfärbung geben (Nachweisgrenze 10% Walöl).

Der Nachweis der Erucasäure ist ein wichtiges analytisches Hilfsmittel für die Prüfung von Rüböl. Am brauchbarsten ist die Methode von H. P. Kaufmann und H. Fiedler.

γ) Olivenöl.

Das Olivenöl wird aus den Früchten des Ölbaumes (Olea europaea L.) gewonnen, der seit alten Zeiten in den Mittelmeerländern, in Südfrankreich und Portugal für die Ölgewinnung gebaut wird. Die Frucht des Ölbaumes, die Olive, ist eine Steinfrucht, deren Fruchtfleischgewebe neben einer wässerigen Flüssigkeit reichlich Öl enthält. Auch die Kerne sind ölhaltig. Bei guten Oliven schwankt der Ölgehalt zwischen 20 und 30%. Die Ernte beginnt, wenn die Oliven eben abzufallen beginnen. Olivenöl ist in letzter Zeit in sulfatierter Form als Lederfettungsmittel verwendet worden.

Für die Gewinnung des Olivenöls ist eine richtige Vorbehandlung der geernteten Früchte von ausschlaggebender Bedeutung. Sie dürfen nicht wie anderes Ölsaatgut lange lagern, da sonst das Fruchtfleisch Zersetzungen erleidet. Man läßt die frischen Oliven vielmehr nur drei bis vier Tage in 50 cm hoher Schicht an der Sonne liegen. Dann werden sie gesiebt, gewaschen, auf Walzenstühlen zerkleinert und gepreßt. Die erste kalte Pressung liefert das beste Öl, das sogenannte „Jungfernöl". Es wird ausschließlich zu Speisezwecken verwendet und beträgt etwa 15% des Ölertrages. Die Preßkuchen werden sodann nochmals zerkleinert, mit kaltem oder warmem Wasser durchgemischt und unter einem Druck von etwa 150 at erneut gepreßt. Auch das Öl zweiter Pressung wird größtenteils als Speiseöl verwendet. Eine weitere Pressung ergibt technische Öle.

Durch Extraktion der Preßrückstände mit Schwefelkohlenstoff erhält man das sogenannte „Sulfuröl". In neuerer Zeit wird Trichloräthylen und noch zweckmäßiger Benzin zur Extraktion verwendet. Die mit Benzin extrahierten Öle sind frei von Wasser und Schmutz und enthalten weniger Oxysäuren als die früheren Sulfuröle [F. Wittka (1)].

Das Olivenöl ist dünnflüssig, klar, meist hellgelb, bisweilen mit einem Stich ins Grünliche. Die grünliche Farbe zeigen besonders die extrahierten Öle. Das Olivenöl löst sich in allen Fettlösungsmitteln, nicht aber in Alkohol. Bei 10° beginnt es meist sich zu trüben und wird etwa bei 6° fest.

Kennzahlen des Olivenöls:

Dichte (15°), kalt gepreßt: 0,914—0,919.
Erstarrungspunkt: 0—9°.
Brechungszahl (20°): 1,467—1,471.
Verseifungszahl: 189—196.
Jodzahl: 75—88.
Rhodanzahl: 71—77.

Der Gehalt an Unverseifbarem liegt zwischen 0,46 und 1,0%, seine Jodzahl beträgt ca. 220, beim Unverseifbaren von extrahierten Ölen liegt die Jodzahl niedriger (unter 180). Über das in jüngster Zeit aufgefundene Squalen als Bestandteil des Unverseifbaren siehe K. Täufel und Mitarbeiter (5). Der Gehalt an freien Fettsäuren schwankt bei technischen Olivenölen zwischen 0,5 und 20%.

Olivenöl besteht zu etwa 70% aus Glyceriden flüssiger Fettsäuren, vorwiegend der Ölsäure. Etwa 6% der flüssigen Fettsäuren bestehen aus Linolsäure.

Untersuchung. Olivenöl wird häufig mit Sesamöl, Rüböl, Baumwollsamenöl, seltener mit Arachisöl und Mohnöl verfälscht. Ein höheres spezifisches Gewicht als 0,919 weist auf eine mögliche Verfälschung hin. Größere Mengen von beigemischtem Rüböl oder Ricinusöl lassen sich an der Erniedrigung der Verseifungszahl erkennen.

C. Milani hat für die Reinheitsprüfung von Olivenöl folgende Reaktion empfohlen: Schüttelt man 5 bis 6 ccm Olivenöl mit 1 ccm 1%iger Eosin-Acetonlösung, so entsteht eine hellrosa Färbung, die entweder sofort oder nach Erwärmen auf dem Wasserbad verschwindet. Unter gleicher Behandlung zeigt ein Samenöl, wie Sesam-, Baumwollsamen- oder Ricinusöl, zuerst eine rote Farbe, die aber selbst beim Erhitzen immer tiefer wird. Olivenöl, das mit Samenöl verfälscht ist, gibt daher eine bleibende rötliche Färbung. Durch Anwesenheit von Wasser wird die Reaktion gestört.

Nachweis von Erdnußöl in Olivenöl nach S. Allavena: Man verseift das zu untersuchende Öl mit alkoholischer Kalilauge, behandelt die Seifen mit Bleiacetat, zersetzt die Bleiseifen mit HCl und löst die so erhaltenen Fettsäuren in Alkohol. Beim Abkühlen der alkoholischen Lösung auf 13 bis 14° scheiden sich die Arachin- und die Lignocerinsäure ab, die mikroskopisch und durch ihre Schmelzpunkte identifiziert werden können.

Mitunter ist die Feststellung wichtig, ob in einem Olivenöl ein sogenanntes „Sulfuröl", d. h. mit Schwefelkohlenstoff extrahiertes Öl enthalten ist. Der Nachweis solcher Sulföle wird meist in der Weise geführt, daß man den in geringer Menge zurückgehaltenen Schwefelgehalt ermittelt (s. auch S. 469).

Über einen Nachweis von Samenölen in Olivenöl mit Hilfe einer Modifikation der Reaktion nach Bellier siehe E. Macciotta, über die Prüfung von Olivenölen mit Hilfe der Bestimmung der Lichtbrechung des Unverseifbaren siehe L. Kofler und R. Opfer-Schaum. Über den Nachweis von Erdnußöl siehe J. Spiteri.

δ) Leinöl.

Das Leinöl (engl. linseed oil) ist das Öl aus den Samen des Leins oder Flachses (Linum usitatissimum), aus der Familie der Linaceen. Es ist eines der wichtigsten Pflanzenöle (vgl. dazu Tabelle 14). In der Lederindustrie wird es sowohl zum Fetten des Leders wie zur Herstellung von Lederlacken verwendet. Auch sulfatierte Leinöle werden als Lederfettungsmittel in den Handel gebracht.

Gewinnung. Die Leinsaat wird gereinigt, zerkleinert und dann mehrmals gepreßt oder zum Schluß extrahiert. Dies Pressen erfolgt meist in Schneckenpressen, die dritte Pressung auf Seiherpressen.

Man unterscheidet: Leinöl erster Pressung (kalt gepreßt), warm gewonnenes Leinöl zweiter Pressung (Nachschlagsleinöl), eventuell Öle dritter Pressung und Extraktionsöle aus den Preßkuchen, s. Tabelle 15.

Gepreßte Leinöle enthalten Schleimstoffe, die aus der Oberhaut der Samen stammen. Der kolloidal gelöste Schleim setzt sich bei längerem Stehen ab. Schneller erzielt man die Abscheidung der Schleimstoffe durch rasches Erhitzen der Öle auf 250 bis 280°, wobei die Öle nicht gerührt werden dürfen. Die abgeschiedenen Schleimstoffe werden durch Zentrifugen oder Filtrieren entfernt.

Das entschleimte Leinöl ist heller als das Ausgangsprodukt und wird als Lackleinöl bezeichnet.

Tabelle 14. Welternte an Leinsaat in 1000 t 1932 bis 1949
(P. F. Rickmers, S. 176).

	1932	1938	1947	1948	1949
Argentinien	2206	1564	1050	500	635
Brasilien	—	—	16	21	22
Chile.........................	—	—	4	5	7
Uruguay	—	—	98	114	100
USA..........................	301	208	1030	1336	1109
Kanada.......................	—	—	314	441	57
Mexiko........................	—	—	30	48	47
Indien	418	464	356	500	446
Pakistan	—	—	132	132	122
Türkei	—	—	—	49	35
Algerien.......................	—	—	—	1	—
Ägypten.......................	—	—	4	1	1
Franz.-Marokko	—	—	11	34	66
Neuseeland	—	—	3	4	—
Rußland	762	762	386	500	507
Andere europäische Staaten	76	81	136	214	240

Tabelle 15. Unterschiede zwischen Leinölen erster,
zweiter und dritter Pressung [R. Lüde (3)].

Pressung	Jodzahl	Asche %	Freie Fettsäuren %	Farbzahl nach Autenrieth Keil III/V	n_D^{20}
I	184	0,003	0,80	75/III	1,4801
II	182	0,050	1,20	90/V	1,4792
III	179,5	0,120	1,50	80/V	1,4789

Leinöl wird nach den verschiedensten Methoden gebleicht. Von den neueren
Vorschlägen siehe z. B. P. Colomb (2), der Benzoylperoxyd als Bleichmittel
verwendet, unter gleichzeitigem Zusatz von Antioxydantien (z. B. β-Naphthol),
um die Sauerstoffabsorption zu vermindern.

Eine restlose Entschleimung des Leinöls ist sehr schwierig. Fast immer
bleiben geringe Mengen Schleim zurück, welche bei sehr langem Lagern eine
erneute Trübung des Öls bewirken können. Die vollständige Entschleimung ist
noch nicht bewiesen, wenn das Öl bei erneutem Erhitzen klar bleibt.

Eigenschaften des Leinöls. Frisches, kalt gepreßtes Leinöl ist
goldgelb, warm gepreßtes bräunlichgelb bis bernsteinfarben. Durch Erhitzen entschleimtes Leinöl ist grünlichgelb. Die Färbungen können durch Bleichen sehr
verbessert werden.

Kalt gepreßtes Leinöl schmeckt angenehm, warm gepreßtes schmeckt durch-
dringend scharf mit kratzendem Nachgeschmack. Sehr häufig wird deshalb
Leinöl nach seinem Geschmack geprüft. Leinöl ist in Petroläther, Benzol,
Schwefelkohlenstoff, Chlorkohlenwasserstoffen und in Eisessig leicht löslich.
Ein Teil Leinöl löst sich in 40 Teilen kaltem und 5 Teilen kochendem Alkohol.

Die Eigenschaften des Leinöls hängen in weitem Maße vom Klima, der
Witterung, dem Jahrgang und den Bodenverhältnissen, unter denen die betreffende Leinsaat gewonnen wurde, ab. Die Kennzahlen verschiedener Leinöle
weisen daher nicht selten beträchtliche Abweichungen voneinander auf.

Kennzahlen des Leinöls:

Dichte (15°): 0,930—0,935.
Flammpunkt: 205—285°.
Brechungszahl (20°): 1,479—1,481.
Verseifungszahl: 187—197.
Jodzahl: 171—192[1].
Rhodanzahl: 112—119.
Hexabromidzahl: 50—58.

Über den Brechungsexponenten von Leinöl s. auch F. Fritz (*1*).

Der Gehalt an Unverseifbarem beträgt in reinem Leinöl 0,5 bis 1,5%. Die Viskosität des Leinöls bei 20° liegt zwischen 6,5 und 7,5, bei 50° zwischen 2,8 und 3,0 Englergraden.

Kennzahlen der Leinölfettsäuren: Dichte (15°) 0,9233, Erstarrungspunkt 13 bis 17°, Jodzahl 178 bis 209.

Leinöl nimmt an der Luft Sauerstoff auf. In dünnen Schichten trocknet es dabei zu einer filmartigen Masse, die in Äther unlöslich ist. Das Trockenprodukt des Leinöls nennt man Linoxyn. Auf Grund der Linoxynbildung spielt das Leinöl seine außerordentlich wichtige Rolle in der Lack- und Firnisindustrie. (Über den Trockenprozeß siehe den weiter unten stehenden Abschnitt.)

Chemische Zusammensetzung. Die Angaben über die Zusammensetzung des Leinöls weichen trotz durch Jahrzehnte gehender Untersuchungen der verschiedensten Forscher stark voneinander ab. Die Ursache für die mangelhafte Übereinstimmung kann nur in der kaum vermeidbaren Verschiedenartigkeit der jeweils zur Untersuchung gekommenen Leinölproben gesehen werden.

Nach A. Eibner und R. Held enthält Leinöl beträchtliche Mengen Oxysäuren (13%). Die Linolsäure liegt nach ihren Angaben in der α- und β-Form als Hauptfettsäure des Leinöls vor.

G. Rose und S. Jamieson haben für sieben amerikanische Leinöle die in Tabelle 16 und 17 angegebenen Werte gefunden, die große Schwankungen aufweisen.

Tabelle 16. Kennzahlen gepreßter Leinöle
(G. Rose und S. Jamieson).

Öle	Bison Nr. 1	Bison Nr. 1	Bison Nr. 3	Bison	Punjab	Punjab	Abyssinian
Herkunft der Saat ..	N. Dak.	N. Dak.	N. Dak.	Texas	Texas	Calif.	Calif.
n_D^{25}	1,4742	1,4742	1,4784	1,4771	1,4773	1,4787	1,4799
Jodzahl (Hanus) ..	140,9	156,6	161,4	169,4	164,6	179,7	190,6
Rhodanzahl	93,8	100,3	109,3	112,8	111,0	116,5	120,7
Unverseifbares % ..	1,11	1,12	1,11	1,35	1,24	0,90	0,89
Ges. Säuren %	11,97	10,45	9,00	7,03	8,72	10,13	9,32

Wie die Werte der Tabelle 17 zeigen, schwanken die sicher als einwandfrei anzusehenden Angaben von G. Rose und S. Jamieson über die Gehalte an Ölsäure zwischen 21,70 und 37,60%, an Linolsäure zwischen 3,30 und 23,10% und an Linolensäure zwischen 25,75 und 58,30%, so daß es schwierig ist,

---

[1] Die Jodzahlen der Leinöle können je nach der Provenienz starke Schwankungen aufweisen. Baltische Öle haben Jodzahlen zwischen 190 und 195, La Plata-Öle (roh) Jodzahlen um 170. S. auch Tabelle 16.

Tabelle 17. Prozentgehalte der Fettsäuren in den Leinölen
(G. Rose und S. Jamieson).

Öle	Bison Nr. 1 N. Dak.	Bison Nr. 2 N. Dak.	Bison Nr. 3 N. Dak.	Bison Texas	Punjab Texas	Punjab Calif.	Abyssin. Calif.
Ölsäure	35,00	28,10	37,60	34,30	36,00	26,26	21,70
Linolsäure	21,65	23,10	4,56	6,12	3,30	3,54	5,34
Linolensäure	25,75	32,70	43,25	46,65	46,20	54,70	58,30
Palmitinsäure	6,29	5,94	5,93	4,38	3,84	4,98	6,87
Stearinsäure	4,46	4,00	2,37	2,32	4,61	4,84	2,17
Arachinsäure	0,86	0,30	0,50	0,28	*0,22	0,29	0,28
Lignocerinsäure	0,36	0,21	0,20	0,05	0,05	0,00	0,00

über eine typische Zusammensetzung des Leinöls allgemein gültige Angaben
zu machen.

Auch neuere Werte weichen von den oben genannten Untersuchungsergebnissen ab, wie die von F. Fritz (2), S. 13, aufgeführten Prozentgehalte zeigen:

$$
\begin{array}{ll}
\text{Linolensäure} \dots\dots\dots\dots & 35\text{—}45\% \\
\text{Linolsäure} \dots\dots\dots\dots & 25\text{—}35\% \\
\text{Ölsäure} \dots\dots\dots\dots & 15\text{—}20\% \\
\text{Gesättigte Fettsäuren} \dots & 7\text{—}10\% \\
\text{Glycerinrest} \dots\dots\dots & 4\text{—}\ 5\% \\
\text{Unverseifbares} \dots\dots\dots & 0{,}5\text{—}1{,}5\%
\end{array}
$$

Nach anderen Untersuchungen an argentinischen, uruguayanischen, indischen, deutschen und nordamerikanischen Leinölen sollen die Unterschiede
in der Zusammensetzung wesentlich geringer sein als auf Grund der stark diver-
gierenden Literaturangaben anzunehmen wäre. Für Leinöle mit normalen Jodzahlen (170 bis 190) dürfte danach etwa folgende Zusammensetzung gelten:
Linolensäure 51 $\pm$ 4%, Linolsäure 16 $\pm$ 3%, Ölsäure 23 $\pm$ 3%, gesättigte Fettsäuren 10 $\pm$ 2%. Entgegen weitverbreiteten Ansichten ist der Linolsäureanteil
also bedeutend geringer als der Linolensäureanteil.

Der Trockenprozeß des Leinöls auf Flächen von Werkstoffen, wie er in
der Technik bei Aufstreichen von Farben, Lacken und Firnissen (Lederlacken)
eine so wichtige Rolle spielt, ist ein außerordentlich komplizierter, in seinen
einzelnen Phasen wohl teilweise aufgeklärter, im ganzen aber noch unbekannter
Vorgang. Man kann ihn als eine Kombination von Polymerisations- und Oxy-
dationserscheinungen, die von kolloidalen Zustandsänderungen begleitet sind,
betrachten. Beim Ablauf dieser Veränderungen spielen katalytische Vorgänge
eine besondere Rolle. Diese Katalysatoren in Gestalt der schon erwähnten Sikkative (Schwermetallsalze von Öl- und Harzsäuren) ermöglichen eine wirksame
Beeinflussung des ganzen Trockenvorgangs und sind daher bei der Herstellung
von Leinöllacken von großer Bedeutung (s. dieser Bd., 8. Kap., S. 920).
Siehe außerdem die Arbeit von J. Scheiber über die Leinöltrocknung.

Leinölfirnis. Leinöl, dessen Trockenfähigkeit durch Zusatz von besonderen
Trockenstoffen erhöht worden ist, nennt man Leinölfirnis. Als Trockenstoffe
wirken die Metallsalze von Leinölfett-, Harz- und Naphthensäuren. Metalloxyde
wirken nicht als Trockenstoffe. Sie verwandeln sich erst beim Erhitzen des
Leinöls in die Metallsalze der Fettsäuren. Trockenstoffe von praktischer Bedeutung sind die Verbindungen des Bleis, Mangans, Kobalts und Zinks.
Künstliche Trockenstoffe sind die von den Farbwerken Hoechst A.G. hergestellten Soligene.

Standölbildung. Beim Erhitzen des Leinöls unter Luftabschluß auf Temperaturen über 200° tritt Verdickung, die mit der Dauer des Erhitzens zunimmt, ein. Für ein Leinölstandöl von normaler Viskosität ist acht- bis zehnstündiges Erhitzen auf 280 bis 285° erforderlich.

Bei dieser Standölbildung nimmt die Jodzahl ab, Brechungs- und Säurezahl nehmen zu, die Verseifungszahl erfährt kaum Veränderungen. Dagegen tritt eine Volumenverminderung von 5 bis 15% ein. Leinölstandöle finden in der Firnis- und Anstrichtechnik weitgehend Verwendung. Bei der modernen Standölherstellung werden elektrische Tauchheizer mit automatischen Kontrolleinrichtungen verwendet.

Über die Chemie der Standöle siehe z. B. K. Strüber. Dort auch weitere Schrifttumshinweise.

Über die Schwefelsäureverbindungen des Leinöls, wie sie bei der Sulfatierung oder Sulfonierung entstehen, sind nähere Angaben nicht bekannt. Daß solche Produkte auch als Lederfettungsmittel hergestellt wurden, beweist z. B. das D.R.P. 640790 (Stockhausen & Co., Krefeld).

Über isomerisiertes Leinöl (mit Hilfe der Alkali- und der katalytischen Isomerisation, wobei Öle von außerordentlich hoher Trockengeschwindigkeit erhalten werden können) siehe J. Baltes (2). Über Maleinat-Leinöle siehe J. Baltes (3).

Die Prüfung des Leinöls erfolgt in erster Linie an Hand der Kennzahlen. Das spezifische Gewicht des reinen Leinöls ist sehr hoch. Ein niedriges spezifisches Gewicht deutet stets auf Verfälschungen hin. Ist das spezifische Gewicht aber höher als 0,930, so ist die Gegenwart von Harzöl wahrscheinlich. Reines Leinöl soll bei —15° noch flüssig bleiben (nach D.A.B. 6 sogar noch bei —20°).

Das Leinöl hat die höchste Jodzahl von allen bekannten Ölen. Durch Verschneiden mit anderen Pflanzenölen wird die Jodzahl erniedrigt. Ist die Jodzahl kleiner als 170, so sind Verfälschungen wahrscheinlich. Allerdings kann ein verfälschtes Leinöl durch Fischöle so „korrigiert" sein, daß die Jodzahl über 170 liegt. Von der Rhodanzahl gilt ähnliches.

Deshalb ist bei der Prüfung von Leinöl die Bestimmung der Polybromidzahl unerläßlich. Leinöl gibt je nach der Höhe seiner Jodzahl 23 bis 38% unlösliche Bromide. Alle anderen Pflanzenöle liefern nur ganz wenig oder gar keine Polybromide. Ist bei einem Leinöl die Menge der bromierten Glyceride geringer als 20%, so kann mit Sicherheit auf die Anwesenheit fremder Öle geschlossen werden. Noch besser bromiert man die Fettsäuren, die etwa 30 bis 42% Polybromide vom Schmelzp. 175 bis 180° geben.

Zwar geben auch Seetieröle beim Bromieren Polybromide, sie unterscheiden sich aber von den Polybromiden des Leinöls durch ihr Verhalten beim Schmelzen. Die letzteren schmelzen bei 175 bis 180° zu einer klaren Flüssigkeit. Die Polybromide der Seetieröle werden bei dieser Temperatur dunkel und verwandeln sich bei 200° in eine schwarze Masse. Deshalb darf bei der Polybromidprobe des Leinöls niemals eine Schmelzpunktbestimmung unterlassen werden.

Die zur Verfälschung von Leinöl hauptsächlich benützten Öle sind Baumwollsaatöl, Rüböl, Seetieröle, Hanföl und Sojabohnenöl (Nachweis des letzteren ist schwer).

P. Torelli hat zur Prüfung des Leinöls auf Reinheit folgende Probe angegeben:

Man erhitzt 20 ccm Leinöl 10 Minuten lang auf dem Wasserbad mit 8 ccm einer 2,5%igen Lösung von Silbernitrat in 99%igem Alkohol. Die Anwesenheit von Baumwollsaatöl wird durch eine schwarze, von Rüböl durch eine schmutziggrüne, von

Sesamöl durch eine rote, von Mohnöl durch eine gelbgrüne Färbung angezeigt. Beim Behandeln von 6 ccm Leinöl mit 2 ccm konzentrierter Schwefelsäure erhält man nach demselben Verfasser bei den einzelnen Verfälschungen ebenfalls charakteristische Farbreaktionen. Das Öl wird zunächst rotbraun, dann schwarz, bei Vermischung mit Baumwollsamenöl gelbrötlich, mit Rüböl gelbbraun, mit Sesamöl orangebraun, mit Mohnöl gelb, mit Harzöl violett.

E. Peres empfiehlt zum Nachweis von Fischölen in Leinöl eine Methode, die auf der Unlöslichkeit der Lithiumsalze der Clupanodonsäure in Wasser beruht:

2 Tropfen Leinöl, in 5 ccm Aceton gelöst, werden mit 0,05 g Lithiumcarbonat geschüttelt. Nach Zusatz von 10 ccm Wasser wird durch ein mit Wasser angefeuchtetes Filter filtriert und das Filtrat in einem 100-ccm-Kolben bis zum Kolbenhals mit Wasser aufgefüllt. Bei Anwesenheit von Tran bleibt die Lösung opalisierend (nicht trübe), so daß Druckschrift durch den Hals des Kolbens hindurch noch lesbar ist.

Harzöl- und Mineralölzusätze sind an der Veränderung der Kennzahlen, bzw. der Menge des Unverseifbaren zu erkennen. Die Jodzahl des Unverseifbaren von einem Leinöl wird schon durch 2% Mineralöl auf etwa 35 herabgedrückt. Nach W. Fahrion (1) kann man zum Nachweis kleiner Harzmengen das Leinöl wiederholt mit 80%igem Alkohol ausschütteln. Im Verdampfungsrückstand des Auszugs ist das Harz angereichert.

Reines Leinöl soll sich nach van Italie in Chloroform mit grüner Farbe lösen und mit dem gleichen Volumen Kalkwasser eine vollständige Emulsion bilden.

Über die Metallbestimmung in gekochtem Leinöl s. F. Gottsch und B. Grodmann.

ε) Holzöl.

Das Holzöl (chinesisches Holzöl, japanisches Holzöl, Tungöl) wird aus den Samen des Tungbaumes (Aleurites cordata bzw. Aleurites Fordii) gewonnen. Die Samen des etwa 8 m hohen Baumes enthalten durchschnittlich 47 bis 53% Öl. Je nach der Art der Gewinnung erhält man ein hellgelbes, als „weißes Tung-öl" bezeichnetes, oder aber ein dunkel gefärbtes Öl, das als „schwarzes Tungöl" im Handel ist. Andere Holzöle kommen aus Japan. Holzöle wurden eine Zeitlang für die Herstellung bestimmter Lederlacke verwendet bzw. mitverwendet.

Eigenschaften. Das reine Öl ist geruch- und geschmacklos; das dunkle Öl besitzt einen unangenehmen Geruch. Das Holzöl löst sich in allen üblichen Fettlösungsmitteln, außerdem in heißem Alkohol und Eisessig. Aus diesen beiden letztgenannten Lösungsmitteln scheidet es sich beim Erkalten wieder aus.

Kennzahlen des Holzöls:

Dichte (15°)	0,936—0,945	0,930—0,940
Brechungszahl (20°)	1,517—1,526	1,500—1,510
Erstarrungspunkt:		
frisches Öl	2—3°	unter — 17°
altes Öl	—18 bis —21°	
Verseifungszahl	188—197	185—197
Jodzahl	147—242	149—176
Rhodanzahl	78—87	

In der Literatur weichen die angegebenen Kennzahlen häufig stark voneinander ab. Der Grund hierfür ist das verschiedene Alter der untersuchten Öle. Holzöl verändert sich infolge seiner leichten Oxydierbarkeit sehr rasch.

Die am meisten charakteristische Eigenschaft des Holzöls ist seine Fähigkeit, sehr schnell zu trocknen. Es trocknet noch rascher als Leinöl. Während das frische Holzöl wenige Grade über Null fest wird, bleibt das einmal auf 100°

erhitzte Öl nach der Abkühlung auch noch bei — 20° flüssig. Erhitzt man Holzöl rasch auf 250°, so erstarrt es zu einer gelatinösen Masse. Unter dem Einfluß des Lichts bildet sich aus dem Holzöl — besonders wenn es mit einem Lösungsmittel vermischt ist — ein kristallinisches Produkt.

Chemische Zusammensetzung. Die charakteristische Fettsäure des Holzöls ist die Eläostearinsäuse, $C_{18}H_{30}O_2$, die einen Schmelzpunkt von 48° besitzt. Der Gehalt an Ölsäure wird verschieden angegeben. Nach Untersuchungen von A. Jordan soll Holzöl 10 bis 17% Ölsäure enthalten. B. Davis, A. Conroy und E. Shakespeare haben aus dem Holzöl eine Dihydroxy-octadecadiensäure isoliert, die sie für ein Autoxydationsprodukt der Eläostearinsäure halten.

Das Holzöl verdankt sein starkes Trockenvermögen der Eläostearinsäure. Das Endprodukt des Trockenprozesses ist das Tungoxyn, das noch schwerer löslich ist als das Linoxyn.

Bestimmung der Eläostearinsäure: Man verseift 5 g Öl, scheidet die Fettsäuren ab und löst sie in 50 ccm absolutem Alkohol. Zu der auf null Grad abgekühlten Lösung setzt man 14 bis 14,5 ccm Wasser tropfenweise und unter Umschütteln zu und läßt über Nacht bei null Grad stehen. Die Eläostearinsäure kristallisiert aus und kann im Eistrichter abfiltriert werden.

Siehe hierzu auch die Methode von S. Ku.

Prüfung. Nach J. Marcusson kann Holzöl auf seine Reinheit wie folgt geprüft werden:

10 g Öl, in 20 ml Äther gelöst, werden mit 5 g Eisenchlorid (in 20 ml Äther) versetzt. Bei Holzöl erfolgt rasch Gelatinierung, während Leinöl und Tran keine Reaktion zeigen. Das Gemisch gibt nach Behandeln mit Salzsäure und Auswaschen und anschließender Extraktion mit Äther einen Rückstand von nur 7% des reinen Öls. Die Reaktion kann zur annähernd quantitativen Bestimmung des Holzöls in Ölmischungen benutzt werden.

Sonstige Reinheitsprüfungen für Holzöl sind von F. Browne, von McIlhiney und von W. Thymian vorgeschlagen worden.

ζ) Sonstige Öle.

Es hat in den letzten Jahren, besonders kurz vor und während des letzten Krieges, nicht an Versuchen gefehlt, als Lederfettungsmittel pflanzliche Öle heranzuziehen, deren Verwendung bisher im Bereich der Lederindustrie nicht üblich war. Solche Versuche sind vor allem in den Vereinigten Staaten vorgenommen worden. Deshalb sei eine Reihe derartiger Öle hier noch kurz aufgeführt.

Traubenkernöl.

P. Chambard und H. Favre (2) haben Traubenkernöl auf seine Verwendbarkeit in der Gerberei untersucht. Es läßt sich als rohes und als geblasenes Öl mit Wasser emulgiert zur Lederfettung verwenden. Als Chromlickeröl kann es an Stelle von sulfatiertem Klauenöl eingesetzt werden, da es noch bei — 10° kältefest ist. Ein Sulfatieren von Traubenkernöl ist kaum möglich.

Das kalt gepreßte Öl ist goldgelb, das heiß gepreßte gelbbraun, das extrahierte Öl ist grünlich bis schwarzbraun gefärbt.

Kennzahlen: Dichte (15°) 0,919—0,936, Brechungszahl (20°) 1,474—1,478, Verseifungszahl 176—190, Jodzahl 125—157.

Das Öl enthält 80 bis 88% flüssige Fettsäuren (insbesondere Linolsäure). Beim Erhitzen auf 300° tritt nach wenigen Stunden Gelatinierung ein. Siehe auch die Untersuchungen von R. Arzens. Nach C. Gastellu hat oxydiertes Traubenkernöl während des Krieges als Ersatz für Degras Verwendung gefunden.

Teesamenöl.

Teesamenöl ist während des Krieges in USA. versuchsweise als Lederfettungsmittel verwendet worden (E. Meyers). Es ist saponinhaltig.

Kennzahlen: Dichte (15°) 0,917—0,929, Brechungszahl (20°) 1,468—1,471, Verseifungszahl 188—196, Jodzahl 88—93.

Teesamenöl enthält 88 bis 93% flüssige Fettsäuren.

Auch sulfatiertes Teesamenöl hat man zum Fetten von Leder einzusetzen versucht.

Sojabohnenöl.

R. M. Koppenhöfer (*1*) hat die Eigenschaften von sulfatiertem Sojabohnenöl in bezug auf die Möglichkeit der Verwendung als Lederfett untersucht und mit anderen Lederfetten verglichen. Örtlich ist Sojaöl in natürlicher und sulfatierter Form schon zum Fetten von Leder verwendet worden.

Kennzahlen: Dichte (20°) 0,922—0,934, Brechungszahl 1,472—1,476, Verseifungszahl 190—194, Jodzahl 120—130, Rhodanzahl 82.

Das rohe Sojaöl enthält 3%, entschleimtes Öl 0,5% Lecithin. Die vorherrschende Fettsäure ist die Linolsäure (51 bis 57%).

Reisöl.

Auch Reisöl ist unter den Ölen zu finden, die auf ihre Verwendbarkeit als Lederfettungsmittel untersucht worden sind. Siehe z. B. E. Meyers, der allerdings zu wenig günstigen Ergebnissen gelangt zu sein scheint. Es gehört zu den trocknenden Ölen.

Kennzahlen: Dichte (20°) 0,912—0,927, Brechungszahl 1,471—1,474, Verseifungszahl 176—196, Jodzahl 100—108, Rhodanzahl 70.

Reisöl enthält bis zu 4,8% Unverseifbares. Es wird durch die Wirkung einer Lipase leicht sauer und enthält dann bis zu 83% freie Fettsäuren. Durch Erhitzen wird die Lipase unwirksam. Reisöl enthält zirka 31% Öl- und 39% Linolsäure.

Baumwollsamenöl.

Baumwollsamen- oder Kottonöl (engl. cotton oil) wird aus den Samen der verschiedenen Arten von Gossypium gewonnen. Das Rohöl ist rotbraun bis schwarz. Die Färbung rührt von einem die Zellen der Samen durchsetzenden Farbstoff her. Anschließend an die Pressung wird das Öl auf chemischem Wege gereinigt.

Man unterscheidet drei Handelsmarken: Rohölauswahl, Prima-Rohöl, Sekunda-Rohöl, und bei den raffinierten Ölen: gelbes Sommer-, gelbes Winter-, helles Sommer- und helles Winteröl. Die Bezeichnung „Winteröl" besagt nur, daß das Öl kältebeständig ist, nicht etwa, daß es im Winter oder aus Wintersaat gepreßt ist.

Kennzahlen: Dichte (15°) 0,904—0,930, Erstarrungspunkt —6° bis —1°, Brechungszahl (20°) 1,474—1,476, Verseifungszahl 191—198, Jodzahl 102—111, Rhodanzahl 61.

Der Gehalt an unverseifbaren Stoffen schwankt zwischen 0,73 und 1,64%. Sie bestehen hauptsächlich aus Phytosterin. Die vorherrschenden Fettsäuren sind Öl- und Linolsäure.

Zur Identifizierung und zum Nachweis des Baumwollsamenöls in anderen Ölen wurde die Kottonölreaktion von G. Halphen (*1*) vorgeschlagen.

Diese Reaktion ist aber eine Gruppenreaktion für Öle der Familien Malvaceen, Tiliaceen und Bombaceen. Auch Trane werden unter Umständen bei wiederholtem Erhitzen schwach gefärbt.

Sesamöl.

Das Sesamöl wird aus den Samen der Sesampflanze, Sesamum indicum, gewonnen. Das kalt gepreßte Sesamöl ist hellgelb, fast geruchlos und von mildem Geschmack; das warm gepreßte Öl besitzt einen scharfen Geschmack und ist dunkel gefärbt. Öle zweiter und dritter Pressung enthalten beträchtliche Mengen freier Fettsäuren.

Kennzahlen: Dichte (15°) 0,922—0,923, Verseifungszahl 186—193, Jodzahl 102—116, Rhodanzahl 76.

Das Sesamöl weist charakteristische Farbenreaktionen auf, mittels deren es allein und in Gemischen zu erkennen ist.

Sesamöl wird bei der Zurichtung von Ziegenfellen in Indien verwendet.

Maisöl.

Das Maisöl wird aus den Keimen des Maiskornes, der Frucht des Maises (Zea mays L.), hergestellt. Es ist ein helles, goldgelbes Öl, das in manchen Ländern in natürlicher und in sulfatierter Form zum Fetten des Leders Verwendung findet. Aus Amerika kommt viel Maisöl, das mit Terpentinöl, Zitronenöl, Petroleum u. dgl. denaturiert ist.

Kennzahlen: Dichte (15°) 0,920—0,926, Erstarrungspunkt —10° bis —15°, Verseifungszahl 188—198, Jodzahl 111—130, Rhodanzahl 77.

Maisöl enthält etwa 45% Öl- und 45% Linolsäure.

Palmöl.

Auch Palmöl ist schon zum Fetten des Leders verwendet worden. Es ist ein gelbes bis gelbrotes Öl mit charakteristischem, an Veilchen erinnernden Geruch. An der Luft wird es leicht ranzig.

Kennzahlen: Dichte (15°) 0,921—0,947, Brechungszahl (40°) 1,454—1,456, Verseifungszahl 196—210, Jodzahl 43—58.

Charakteristisch ist sein hoher Gehalt an freien Fettsäuren. Schon kurz nach der Gewinnung enthält Palmöl über 10%, manche Handelsöle enthalten bis 50% freie Fettsäuren.

Fruchtkernöl.

Schon vor dem Kriege wurden gewisse Fruchtkernöle, wie Aprikosenkern-, Pfirsichkern- und Mandelöle, der Lederindustrie als Fettungsmittel empfohlen (siehe z. B. S. Kroch und F.P. 734959). Diese Öle sollen sich durch eine besonders hohe Kältebeständigkeit auszeichnen und deshalb als Ersatz für Klauenöle Verwendung finden können. Sie wurden eine Zeitlang als „Anarole" empfohlen.

Tabelle 18. Kennzahlen verschiedener Kernöle (D. Holde, S. 792).

	Pfirsichkernöl	Aprikosenkernöl	Kirschkernöl	Mandelöl
n_D^{20}	1,4646	1,4643	—	1,4713
d^{15}	0,918—0,923	0,915—0,920	0,918—0,928	0,914—0,920
Verseifungszahl..	189—192,5	188—198	193—195	190—196
Jodzahl	92,5—110	96—108	110—114	93—105
Titer	5—13°	0°	15—17°	9,5—10°

Daß diese Öle (s. dazu auch Tabelle 18), ebenso wie Olivenöl, als Lederfettungsmittel dienen können, ist außer Zweifel. Ein endgültiges Urteil über die Brauchbarkeit und etwa vorhandene spezifische Vorzüge derartiger Öle ist aber erst möglich, wenn diese Produkte einmal in größerem Umfang zum Fetten von Leder verfügbar sind.

η) Japantalg.

Japantalg, auch Japanwachs genannt, ist das Fett von den Früchten einiger Rhus-Arten. Die Beeren werden zerdrückt und gesiebt; die gesiebte Masse wird ausgepreßt. Der rohe Japantalg ist grünlichgelb, das gebleichte Produkt ist blaßgelb. In kaltem Alkohol ist Japantalg unlöslich, in heißem Alkohol löst er sich, scheidet sich aber beim Abkühlen als kristalline Masse wieder aus. In Äther, Petroläther, Benzin, Benzol, Chloroform ist er leicht löslich.

Kennzahlen: Dichte (15°) 0,963—1,006, Schmelzp. 45—50°, Verseifungszahl 207—235, Jodzahl 4—15.

Der Hauptbestandteil des Japantalges sind Glyceride der Palmitin- (67 bis 77%) und der Ölsäure (12 bis 14%) sowie einer flüchtigen Fettsäure. Verfälschungen mit Rindertalg erhöhen die Jodzahl und erniedrigen den Schmelzpunkt. Es kommen auch Verfälschungen mit 15 bis 30% Wasser oder Stärke vor. Die Stärke bleibt beim Auflösen des Fettes in Chloroform ungelöst zurück.

Japantalg ist in manchen Vorschriften zum Fetten und Imprägnieren fester Leder empfohlen.

ϑ) Flüchtige Öle.

Birkenteeröl (Juchtenöl).

Von den flüchtigen Ölen findet in der Lederindustrie das Birkenteeröl Verwendung. Es wird durch Zersetzungsdestillation trockener Birkenrinde gewonnen. Die Rindenstücke werden in Kesseln über dem Feuer erhitzt und die entstehenden Dämpfe durch Abkühlen kondensiert. Man erhält eine braune Flüssigkeit, deren obere Schicht das echte Birkenteeröl darstellt. Mitunter wird auch der eigentliche Birkenteer einer nochmaligen Destillation unterworfen und das dabei erhaltene Produkt als gereinigtes Öl verkauft.

Birkenteeröl wird in der Gerberei verwendet, um gewissen Ledersorten den Geruch des russischen „Juchtenleders" zu geben oder um einen durch andere Öle oder sonstige Zurichtmittel erzeugten unangenehmen Geruch zu verdecken. Birkenteeröl hat ein spezifisches Gewicht von 0,925 bis 0,945 und unterscheidet sich hierdurch von zahlreichen anderen Teerölen, die schwerer sind. Über seine chemische Zusammensetzung ist wenig bekannt. Nicht zu verwechseln ist Birkenteeröl mit einem in Amerika hergestellten Öl, das durch Destillation von Blättern und Zweigen der sogenannten schwarzen Birke mit Wasserdampf gewonnen wird. Dieses Öl ist praktisch identisch mit dem Öl von Gaultheria procumbens, dem sogenannten Wintergrünöl. Sein Geruch ist von dem des Birkenteeröls sehr verschieden.

c) Übersicht über die Kennzahlen der erwähnten Fette und fetten Öle.

Einen Überblick über die Kennzahlen der behandelten tierischen und pflanzlichen Fettungsmittel gibt Tabelle 19, S. 462/463.

3. Untersuchung der Fette und fetten Öle.
a) Richtlinien für die Methodik.

Als Richtlinien für die Untersuchung der Fette sind seit dem Jahre 1930 die von der ehemaligen Wissenschaftlichen Zentralstelle für Öl- und Fettforschung (Wizöff) aufgestellten und in Vereinbarung mit zahlreichen an der

Fettanalyse interessierten wissenschaftlichen und technischen Vereinigungen herausgegebenen „Einheitlichen Untersuchungsmethoden für die Fett- und Wachsindustrie" maßgebend (Wizöff-Methoden[1]).

Es ist selbstverständlich, daß die Erforschung analytischer Methoden nicht durch zwei Jahrzehnte hindurch stehen blieb. Von verschiedenen Seiten her wurde an einer Verbesserung der obigen Einheitsmethoden gearbeitet. Zahlreiche Vorschläge, bei denen allerdings die Vorteile der vorgeschlagenen Abänderungen mitunter umstritten blieben, ergaben sich aus den Bestrebungen, Fettanalysenmethoden festzusetzen, die nicht nur für den deutschen Bereich Gültigkeit hatten, sondern eine internationale Anerkennung finden sollten. Die Lösung dieser Aufgabe hat vor allem die „Internationale Kommission zum Studium der Fettstoffe" (J. C.) unter H. P. Kaufmann übernommen, deren deutsche Delegation durch die „Deutsche Gesellschaft für Fettwissenschaft e.V." gestellt wird, eine Vereinigung von Fettforschern und Fettchemikern, welche nach Auflösung der „Wizöff" die Verpflichtung übernommen hatte, die Fettanalysenmethoden weiter zu vervollkommnen. Unter Führung von H. P. Kaufmann sind im letzten Jahrzehnt eine Reihe von Vorschlägen veröffentlicht worden, die zum Ziele hatten, die Neuauflage der „Einheitsmethoden" in verbesserter, d. h. dem heutigen Stand der Forschung angepaßter Form herauszugeben[2]. Trotz der durch Krieg und Nachkriegszeit bedingten Schwierigkeiten sind von der Neufassung der einheitlichen Untersuchungsmethoden, die nunmehr als „Deutsche Einheitsmethoden zur Untersuchung von Fetten, Fettprodukten und verwandten Stoffen" (abgekürzt „DGF-Einheitsmethoden"[3]) bezeichnet sind, bis zum Jahre 1957 folgende Abteilungen fertiggestellt und veröffentlicht worden:

---

[1] Herausgegeben in der 2. Auflage von der Wissenschaftlichen Verlagsgesellschaft m. b. H., Stuttgart 1930 (vergriffen).

[2] Mitteilungen:
    I. Mitteilung: H. P. Kaufmann (15) [Neueinteilung].
    II. Mitteilung: H. Finke, R. Büchner und E. Elben [Untersuchung besonderer Fette (ohne Bedeutung für die Gerbereichemie)].
    III. Mitteilung: H. P. Kaufmann und J. Heinz [Chem. Kennzahlen I].
    IV. Mitteilung: H. P. Kaufmann (12) [Chem. Kennzahlen II (Mikromethoden)].
    V. Mitteilung: A. Lottermoser [Physikalische Kennzahlen].
    VI. Mitteilung: R. Wefelscheid [Konsistente Fette (Staufferfette, Walzlagerfette)].
    VII. Mitteilung: H. P. Kaufmann und R. Neu (1) [Glycerinanalyse I].
    VIII. Mitteilung: Cl. Blauschinger [Rohfettuntersuchung].
    IX. Mitteilung: H. P. Kaufmann und R. Neu (2) S. 28 [Glycerinanalyse II].
    X. Mitteilung: H. P. Kaufmann und J. Baltes [Physikalische Prüfungen].
    XI. Mitteilung: H. P. Kaufmann und R. Neu (3) [Seifenanalyse].
    XII. u. XIII. Mitteilung: Ohne Bedeutung für die Gerbereichemie.
    XIV. Mitteilung: H. Pardun [Probenahme von Fetten].
    XV. Mitteilung: J. Baltes (4) [Qualitative Prüfung von Fetten].
    XVI. Mitteilung: J. Baltes (5) [Quantitative Bestimmung von Fetten].
    XVII. Mitteilung: J. Baltes (6) [Chemische Kennzahlen III].
    XVIII. Mitteilung: J. Baltes (7) [Spezielle Verfahren].

[3] Aus „Deutsche Einheitsmethoden zur Untersuchung von Fetten, Fettprodukten und verwandten Stoffen". Wissenschaftlichen Verlagsgesellschaft m. b. H., Stuttgart. 1950.

Der Abdruck erfolgt mit Genehmigung der Deutschen Gesellschaft für Fettwissenschaft e. V., Münster, und des Verlags.

Tabelle 19. Kennzahlen von tierischen

Fett bzw. Öl	d_{15}	n_D^{20}	Schmelz-punkt °C	Erstarrungs-punkt °C	Säurezahl
Rindertalg	0,936—0,952	1,454—1,459	40—50	30—38	0,1—5
Hammeltalg	0,936—0,960	1,455—1,458	45—55	32—45	1—5
Hirschtalg	0,961—0,967	—	48—53	30—38	—
Schweinefett	—	—	36—42	22—31	—
Knochenöl	0,905—0,906	—	—	—6 bis —10	1,0—2,2
Klauenöl..........	0,903—0,905	—	—	—3 bis +2	0,1—6,3
Walöl	0,914—0,930	1,463—1,471	—	—	1—60
Delphintran	0,925	—	—	—5 bis —12	—
Robbentran	0,931—0,940	—	—	—3 bis +3	—
Dorschlebertran ...	0,921—0,927	1,477—1,483	—	0 bis —10	0,5—1,7
Hailebertran	0,865—0,929	1,472—1,492	—	—10 bis +10	unter 1
Heringstran	0,917—0,930	1,470—1,475	—	—	1—20
Sardinentran	0,927—0,932	1,480—1,483	—	—	4—30
Menhadentran	0,925—0,935	—	—	etwa +17	—
Eieröl	0,914—0,917	1,459—1,469	22—25	8—10	—
Ricinusöl[1]........	0,954—0,974	1,477—1,479	—	—10 bis —18	—
Rüböl	0,910—0,917	1,472—1,476	—	etwa 0	0,5—12
Olivenöl	0,914—0,919	1,467—1,471	—	0—9	—
Leinöl	0,930—0,935	1,479—1,481	—	—	—
Holzöl (chin.)	0,936—0,945	1,517—1,526	—	2—3[2]	—
Traubenkernöl.....	0,919—0,936	1,474—1,478	—	—	—
Teesamenöl	0,917—0,927	1,468—1,471	—	—	—
Sojabohnenöl......	0,922—0,934	1,472—1,476	—	—	—
Reisöl	0,912—0,927	1,471—1,474	—	—	—
Baumwollsaatöl....	0,904—0,930	1,474—1,476	—	—1 bis —6	—
Sesamöl	0,922—0,923	—	—	—4 bis —6	—
Maisöl............	0,920—0,926	—	—	—10 bis —15	—
Japantalg	0,963—1,006	—	45—60	—	—

Abteilung B: Fettrohstoffe.

Abteilung C: Fette, und zwar

    C I: Probenahme;
    C II: Qualitative Prüfungen;
    C III: Bestimmung der Hauptbestandteile;
    C IV: Physikalische Prüfungen;
    C V: Chemische Kennzahlen;
    C VI: Spezielle Verfahren.

Abteilung E. Glycerin;

Abteilung G: Seifen und Seifenerzeugnisse.

Die Vereinigungen der Gerbereichemiker standen schon vor 20 Jahren vor der Frage, ob sie die von den Vertretern der Fettchemie geschaffenen Einheitsmethoden auch für den Bereich der Lederindustrie, und zwar der deutschen und ausländischen, übernehmen und für verbindlich erklären sollten. Aus dem Streit für und wider diese Entscheidung entstanden ebenfalls Abänderungsvorschläge, die nicht immer gerade zur Vereinfachung der bestehenden Einheitsmethoden beigetragen haben und, in der Rückschau betrachtet, mitunter von nur geringer Bedeutung waren. Immerhin haben im Jahre 1931 die beiden damals wichtigsten

---

[1] Hydroxylzahl 159—164.
[2] Frisches Öl.

und pflanzlichen Fettungsmitteln.

Verseifungs-zahl	Jodzahl	Rhodanzahl	Fettsäuren			Un-verseifbares %
			Schmelz-punkt °C	Erstarrungs-punkt °C	Jodzahl	
190—202	32— 47	38—41	41—47	38—47	26— 43	0,1—0,2
192—198	31— 47	39—42	45—55	39—41	31— 35	0,1—0,3
196—204	19— 26	—	49—52	46—48	23— 28	—
193—198	46— 66	—	—	—	—	—
191—195	68— 78	—	27—34	6— 8	—	—
191—196	66— 72	—	29—36	24—27	61— 77	0,1—0,6
178—202	102—144	69—86	16—30	22—25	114—132	0,7—3,5
280—290	24— 33	—	—	—	—	1—2
189—196	122—162	90—95	22—23	—	186—201	1,5
179—193	140—181	91—97	21—25	—	164—170	0,5—1,0
153—187	100—200	—	18—20	—	73—119	bis 50%
179—194	108—155	80—90	27—30	—	150	1—2
186—193	161—193	—	27—36	—	—	0,5—1,0
189—198	139—193	—	—	—	—	0,6—1,5
184—198	64— 82	—	34—39	—	72— 73	0,2—4,2
176—191	81— 86	81—82	—	3—4	86— 88	0,3—0,4
172—176	95—105	74—79	18—21	19—12	97—103	0,5—1,5
189—196	75— 88	71—77	24—27	21—24	86— 90	0,5—1,0
187—197	187—197	112—119	—	13—17	178—209	0,5—1,5
188—197	147—242	78—87	—	—	—	—
176—190	125—157	—	—	—	—	—
188—196	88— 93	—	—	—	—	—
190—194	120—130	82	—	—	—	—
176—196	100—108	70	—	—	—	bis 4,8
191—198	102—111	61	34—38	—	111—116	0,7—1,6
186—193	102—116	76	23—32	—	109—112	—
188—198	111—130	77	18—20	14—16	113—125	—
207—235	4— 15	—	—	—	—	—

europäischen Gerbereichemikerorganisationen, die „International Society of Leather Trades Chemists" (ISLTC) und der Internationale Verein der Lederindustriechemiker (IVLIC) von den „Einheitlichen Untersuchungsmethoden" (Wizöff-Methoden) die Kapitel 2 und 5 für ihre Mitglieder für verbindlich erklärt (Rohfettuntersuchung und Kennzahlen). Bis zum Beginn des Krieges sind von den Fettanalysenkommissionen (Generalberichterstattern) der beiden Vereinigungen zahlreiche Vorschläge veröffentlicht worden, die eine Verbesserung der genannten Einheitsmethoden bezweckten, ohne daß diese zu offiziellen Änderungen des Wortlauts dieser Methoden geführt hätten. Da heute der IVLIC nicht mehr besteht, hat der für den westdeutschen Bereich an seine Stelle getretene „Verein für Gerbereichemie und -technik" auf seiner Jahrestagung in Hamburg 1954 die neuen GDF-Einheitsmethoden in seinem Bereich für gültig erklärt. Damit sind wenigstens für die Untersuchung der Fettsäureglyceride einheitliche offizielle Methoden vorhanden.

Nun gehört ja die Fettuntersuchung in der Lederindustrie nicht zu den Aufgaben erster Ordnung. Der Gerbereichemiker muß aber in strittigen Fällen wissen, welche Analysenmethoden der allgemeinen Anerkenntnis sicher sind. In einem Werk wie dem vorliegenden Handbuch erscheint es deshalb als notwendig, die Methoden für die handelsübliche Fettuntersuchung aufzuführen, die zur Zeit als allgemein gültig angesehen werden. Es ist weiterhin mit Recht zu fordern, daß der Gerbereichemiker in einem solchen Handbuch alle analytischen Möglichkeiten erwähnt findet, über welche er für besondere Fälle fettchemischer

Arbeiten Auskunft und Anleitung erwartet, ohne daß er weiteres Fachschrifttum oder umfangreiche Handbücher heranziehen muß. Aus diesen Gründen sind in den folgenden Abschnitten nicht nur die entsprechenden, heute gültigen DGF-Einheitsmethoden für die Fettuntersuchung, soweit sie für Untersuchungen in der Lederindustrie irgendwie in Frage kommen können, teils im Wortlaut, teils wenigstens auszugsweise angegeben, sondern auch viele Hinweise auf neuere Arbeiten, die sich mit fettanalytischen Problemen befassen, erwähnt. Es wurde außerdem für zweckmäßig gehalten, in einzelnen Fällen die zur Zeit im Ausland, besonders in Amerika und England, gebräuchlichen Methoden aufzuführen, sofern sie sich von den deutschen Analysenvorschriften unterscheiden.

b) Probenahme und qualitative Prüfung von Fetten[1].
(DGF- Einheitsmethoden C I und C II.)

α) Probenahme.

Die für Untersuchungen bestimmten Fett- oder Ölproben müssen ein Durchschnittsmuster der zu bewertenden Ware darstellen. Im allgemeinen soll die Probe aus mindestens 20% der Stücke (Fässer, Flaschen u. dgl.) entnommen sein. Breiige oder satzhaltige Fette müssen vorher richtig durchgemischt werden. Von festen Fetten sticht man mit einem Stechheber in verschiedenen Richtungen zylindrische Probestücke heraus. Aus Kesselwagen entnimmt man die Probe am zweckmäßigsten mit einem geeigneten Musterzieher.

Die einzelnen Proben werden vereinigt und zu einem homogenen Gemisch verrührt. Feste Fettproben schmilzt man zusammen. Näheres siehe in DGF-Einheitsmethoden C I (1953).

β) Qualitative Prüfungen von Fetten.

Äußere Beschaffenheit.

DGF-Einheitsmethoden C II 1 (53).

Die Beschreibung der äußeren Beschaffenheit soll sich auf alle Merkmale beziehen, die durch die Sinne ohne wesentliche physikalische oder chemische Behandlung der Untersuchungsproben wahrnehmbar sind.

Die Konsistenz ist bei Zimmertemperatur festzustellen und durch nachstehende Bezeichnungen anzugeben: dünnflüssig, dickflüssig, salben-, schmalz-, talg-, wachsartig.

Der Geruch einer Probe gibt oft schon beachtenswerte Hinweise. Er tritt in der Regel stärker hervor, nachdem man die Probe auf der Handfläche verrieben oder in einem Becherglas leicht erwärmt hat. Die Gegenwart flüchtiger Bestandteile, wie ätherischer Öle, Lösungsmittel u. dgl., gibt sich unter Umständen schon bei dieser Probe zu erkennen. Besondere Beachtung verdienen die Geruchsmerkmale, die auf eine mehr oder weniger weit fortgeschrittene Verdorbenheit hinweisen.

Während der Geschmack raffinierter, nicht verdorbener Fette wenig charakteristisch ist, zeigen unbehandelte Fette oftmals typische Merkmale.

---

[1] Bei der hier folgenden Beschreibung der Untersuchungsmethoden (S. 465 bis 497) sind diejenigen Verfahren den DGF-Einheitsmethoden im Wortlaut entnommen, bei denen unter der Überschrift (z. B. Erhitzungsprobe) der Buchstaben- und Zahlenvermerk der Einheitsmethoden [z. B. C II 3 (53)] angegeben ist. Methodenbeschreibungen, bei deren Überschrift diese Angaben fehlen, sind entweder nur auszugsweise angeführt oder nicht in den DGF-Einheitsmethoden enthalten.
Siehe im übrigen Fußnote 3, S. 461.

Dieses trifft insbesondere auch bei Pflanzenfetten zu. Besondere Aufmerksamkeit ist den Kennzahlen zu schenken, die auf die Verdorbenheit der Probe hinweisen.

Die Farbe der Fette kann in flüssigem Zustand beobachtet und annähernd angegeben werden. Ein auffallender Unterschied vor und nach dem Aufschmelzen deutet unter Umständen auf künstliche Aufhellung durch Wasser oder eingeblasene Luft hin.

Die Transparenz ist an der flüssigen Probe festzustellen und durch folgende Bezeichnungen zu charakterisieren: klar, trüb, trüb mit Bodensatz.

Grob sichtbare Verunreinigungen, beispielsweise Wassertropfen, Metall- oder Holzteilchen u. dgl., sind als solche anzugeben.

Löslichkeit.
DGF- Einheitsmethode C II 2 (53).

Erläuterung:

Die Löslichkeit der Fette ist von Art und Menge der Fettbestandteile, nämlich der Triglyceride, der freien Fettsäuren und unter Umständen anderer Begleitstoffe in weitgehendem Maße abhängig. Die Untersuchung der Löslichkeitsverhältnisse erlaubt daher schon bei grober Überprüfung wichtige Rückschlüsse auf die Zusammensetzung bzw. Art der vorliegenden Proben.

Seifenfreie, flüssige Fette bilden beim Schütteln mit destilliertem Wasser Emulsionen, die sich bald wieder trennen. Beständige Emulsionen deuten auf die Anwesenheit von emulgierenden Stoffen, wie Seifen, Schleimstoffen u. dgl., hin.

Alle Fette sind in Äther, Aceton, Schwefelkohlenstoff, Chlorkohlenwasserstoffen, Benzol und seinen Homologen, Anilin und ähnlichen Lösungsmitteln leicht löslich und mit ihnen, gegebenenfalls bei höherer Temperatur, in jedem Verhältnis mischbar.

Die meisten Fette sind in Petroläther löslich. Schwer löslich in diesem Lösungsmittel sind:

Ricinusöl, Bolekoöl sowie einige hochschmelzende Fette, wie Illipefett, Caritébutter und ähnliche, unter Umständen auch oxydierte Fette.

In wasserfreiem Alkohol lösen sich bei gewöhnlicher Temperatur Ricinusöl und ähnliche Fette vollständig, die übrigen Fette nur wenig. Durch Gehalte an freien Fettsäuren oder Glyceriden niedrigmolekularer Fettsäuren sowie an Mono- und Diglyceriden erhöht sich die Löslichkeit aller Fette in Alkohol.

Verfahren:

Die Prüfung auf Löslichkeit wird an einer kleinen Probe im Reagensglas, gegebenenfalls unter leichtem Erwärmen, vorgenommen.

Bei der Prüfung der Löslichkeit in Petroläther ist zunächst mit einer kleinen Menge Lösungsmittel zu beginnen. Die Lösung wird dann nach und nach durch Zugabe weiteren Petroläthers auf einen Gehalt von höchstens 5% Fett verdünnt. Bei dieser Probe können gegebenenfalls Gemische, welche Ricinusöl oder ähnliche Öle enthalten, daran erkannt werden, daß sie sich mit dem Lösungsmittel zunächst vollständig mischen, bei weiterem Verdünnen sich aber aus der Lösung teilweise abscheiden.

Erhitzungsprobe.
DGF- Einheitsmethode C II 3 (53).

Die in einem Reagensglas befindliche Probe wird zunächst im siedenden Wasserbad erwärmt. Eine vorher vorhandene Trübung, die dabei verschwindet, kann von ausgeschiedenen festen Fettbestandteilen oder von Wasser herrühren.

Gößere Mengen Wasser können Emulsionsbildung verursachen. Bei weiterem Erwärmen über freier Flamme tritt oftmals Schäumen oder Stoßen ein, das durch Wasser hervorgerufen wird. Auf das Verhalten etwa vorhandener Verunreinigungen ist zu achten (Verfärbung, Brechen).

Verseifungsprobe.

DGF- Einheitsmethode C II 4 (53).

6 bis 8 Tropfen des flüssigen klaren Fettes werden mit etwa 5 ml 0,5 n alkoholischer Kalilauge kurzzeitig im Reagensglas gekocht. Zu einem Viertel der Lösung gibt man nach und nach heißes destilliertes Wasser, zu einem weiteren Viertel nach dem Abkühlen kaltes destilliertes Wasser hinzu. Falls eine Trübung auftritt, ist die Prüfung nach nochmaligem Kochen der Seifenlösung zu wiederholen.

Während reine Fette eine klare Seifenlösung ergeben, verrät sich die Gegenwart von Mineralöl, Paraffin, Harzen, Wachs, Wollfett oder größeren Mengen natürlicher unverseifbarer Stoffe durch eine Trübung der mit Wasser verdünnten Seifenlösung.

Die Probe ist mit der nötigen Vorsicht zu bewerten, da sie auch durch gewisse Fettstoffe, wie hochmolekulare Fettsäuren usw., gestört werden kann.

Prüfung auf freie Säuren.

DGF- Einheitsmethode C II 5 (53).

Wenn festgestellt werden soll, ob eine Probe überhaupt freie Säuren enthält, so wird sie in einem neutralen Gemisch aus Alkohol und Reinbenzol (1 : 2) gelöst. Als Indikatoren dienen Phenolphthalein bzw. Thymolphthalein oder Alkaliblau 6 B, deren Farbumschlag die Anwesenheit freier Säure anzeigt.

Zum Nachweis wasserlöslicher freier Säuren, wie Mineralsäuren, Naphthensäuren, niederer Fettsäuren usw., werden 10 bis 20 g Fett mit der gleichen Menge neutralem Wasser einige Zeit auf dem Wasserbad erwärmt und umgeschüttelt. Man filtriert durch ein angefeuchtetes, säurefreies Filter und prüft das Waschwasser mit Methylorange als Indikator, der bei Gegenwart von wasserlöslichen Säuren eine Rotfärbung ergibt.

Der Nachweis von freien Mineralsäuren bezieht sich in erster Linie auf Schwefelsäure und Salzsäure. Der wässerige Auszug wird mit Salpetersäure angesäuert und auf die betreffenden Anionen in üblicher Weise geprüft. Eine positive Reaktion ist nur dann als solche zu werten, wenn die Asche des Fettes keine Sulfate oder Chloride enthält. In diesem Fall kann der Nachweis der freien Mineralsäuren nur quantitativ geführt werden.

Zum Nachweis der wasserlöslichen organischen freien Säuren sind die besonderen Verfahren der organischen Analyse heranzuziehen, sofern ihr Einzelnachweis überhaupt erforderlich ist.

Prüfung auf Seifen.

DGF- Einheitsmethode C II 6 (53).

Alkaliseifen geben sich beim Schütteln der Proben mit Wasser, außer durch Emulsionsbildung, auch durch blauviolette Färbung von zugefügtem Bromphenolblau zu erkennen. Auf Zusatz von Mineralsäure verschwindet die Emulsion, und die Farbe schlägt in Gelb über.

Auch Ammoniumseifen können mit Hilfe von Bromphenolblau erkannt werden. Außerdem verraten sie sich durch Geruch nach Ammoniak, der noch deutlicher beim Erwärmen der Proben, besonders unter Zusatz von Alkalilauge, hervortritt.

Alkalisch reagierende Salze, wie Natriumcarbonat, Trinatriumphosphat, Natriumtetraborat, geben mit Bromphenolblau in wässeriger Lösung ebenfalls eine alkalische Reaktion. Da ihre Anwesenheit in Rohfetten zwangsläufig mit der Anwesenheit von Seifen verbunden ist, bildet Bromphenolblau auch in diesen Fällen einen zuverlässigen Indikator. Natriumbenzoat kann mit Bromphenolblau die Anwesenheit von Seife vortäuschen.

Da weder die beschriebene Prüfung auf Alkaliseifen noch die Untersuchung der Asche einer Fettprobe einen zuverlässigen Anhalt auf die Gegenwart von Seifen bietet, wird in Zweifelsfällen eine Probe des Fettes mit Benzol-Alkohol (9 : 1) behandelt. Wenn in der filtrierten Lösung Metalloxyde nachweisbar sind oder die Lösung Asche hinterläßt, so enthält die Probe Seifen.

Prüfung auf Harzsäuren.
DGF-Einheitsmethode C II 7 (53).

Nachweis mit Schwefelsäure[1]:

Eine Probe der freien Gesamtfettsäuren wird im Reagensglas unter schwachem Erwärmen mit 1 ml Essigsäureanhydrid geschüttelt und nach dem Abkühlen mit 1 Tropfen 45%iger Schwefelsäure (spez. Gewicht 1,53) versetzt.

Bei Gegenwart von Harzsäuren färbt sich das Gemisch vorübergehend rot-violett und wird dann braungelb bis grünlich fluoreszierend.

Die Reaktion ist nicht eindeutig, da Harzöle, gewisse Sterine, Fettsäuren aus grünen Sulfurölen und anderen ebenso färben können. Erhöhung des spezifischen Gewichtes und der optischen Aktivität der Gesamtrohfettsäuren sind daher für die Anwesenheit von Harzsäuren mitbestimmend. Auch der Geruch kann Harzsäuren verraten.

Nachweis nach Halphen-Grimaldi:

Etwa 0,1 g der freien Gesamtfettsäuren wird in einer Porzellanschale mit 0,5 ml einer 50%igen Lösung von Phenol in Tetrachlorkohlenstoff versetzt. In die Schale, deren Wand mit dem Gemisch benetzt ist, läßt man die Dämpfe einer Lösung von Brom in Tetrachlorkohlenstoff (1 : 4) fließen. Bei Gegenwart von Harzsäuren entsteht sofort eine tiefblaue Färbung[2].

Prüfung auf Nickel (gehärtete Fette).

Man erwärmt 50 bis 100 g Fett mit der gleichen Menge konz. Salzsäure $^{1}/_{2}$ Stunde unter wiederholtem Umschütteln auf dem Wasserbad. Das Gemisch wird durch ein feuchtes Filter filtriert, eingedampft und der Rückstand mit etwas Salzsäure aufgenommen. Die Lösung wird mit Ammoniak stark alkalisch gemacht, mit einer Messerspitze Bleisuperoxyd, einigen Tropfen Natronlauge und 8 bis 10 ccm 1%igen Dimethylglyoximlösung versetzt. Das zum Kochen erhitzte Gemisch wird filtriert.

---

[1] Die Reaktion stammt von Storch-Morawski. Ihre Zuverlässigkeit ist in letzter Zeit sehr bestritten worden. Siehe z. B. B. P. Colomb (*1*), dessen Ausführungen der Verfasser bestätigen kann. Siehe außerdem K. Thinius, S. 334, wo auch die Modifikation nach A. Kraus beschrieben ist.

[2] Es wird noch auf die Methode von M. Nicoll, der zur Bestimmung von Harz-säure im Gemisch mit Fettsäuren Naphthalinsulfosäure, sowie auf den Vorschlag von W. Sandermann (*1*), der p-Toluolsulfosäure als Katalysator vorschlägt, hin-gewiesen. Siehe außerdem Abschnitt Harze, S. 588.

Je nach der vorhandenen Nickelmenge ist das Filtrat mehr oder weniger rot gefärbt. Eine schwach gelbliche Färbung kann von organischen Zersetzungsprodukten herrühren und gilt nicht als positiver Befund.

Es wird außerdem auf die von H. P. Kaufmann (8) beschriebene Methods des Nickelnachweises in gehärteten Fetten mit Hilfe der Spektralanalyse hingewiesen.

Vielfach wird auch heute noch die nicht mehr in den DGF-Einheitsmethoden aufgenommene Isoölsäureprobe zum Nachweis gehärteter Fette herangezogen, da der verhältnismäßig hohe Gehalt an festen ungesättigten Fettsäuren, vornehmlich isomeren ungesättigten Säuren, und die dadurch bedingte höhere Jodzahl der nach der Bleisalz-Alkohol-Methode abgeschiedenen festen Säuren für gehärtete Fette charakteristisch sind.

Nach S. 473 werden aus dem Fett 2 bis 3 g Gesamtfettsäuren abgeschieden, in heißem Alkohol gelöst und mit einer heißen Lösung von etwa 1,5 g Bleiacetat in Alkohol versetzt. Das Gemisch, dessen Volumen etwa 100 ccm betragen soll, wird langsam erkalten gelassen und bleibt am besten über Nacht stehen. Die über den Bleiseifen befindliche klare Flüssigkeit muß noch Blei enthalten, d. h. mit Schwefelsäure eine deutliche Fällung geben, sonst muß nochmals Bleiacetatlösung zugesetzt werden. Der Niederschlag wird abgesaugt und mit kaltem Alkohol gewaschen, bis das Filtrat klar abläuft. Man spült ihn dann mit etwa 100 ccm Alkohol in ein Becherglas, setzt 0,5 ccm Eisessig dazu, erhitzt zum Sieden und läßt auf 15° abkühlen. Die wie oben abfiltrierten und gewaschenen Bleiseifen werden wieder in das Becherglas gebracht und mit Äther vom Filter abgespült. Aus den Bleiseifen werden die festen Fettsäuren mit verdünnter Salpetersäure abgeschieden und in bekannter Weise als Ätherextrakt gewonnen.
Die Jodzahl der abgeschiedenen Fettsäuren wird nach S. 489 ff. oder S. 490 ff. bestimmt.

Auswertung. Die Jodzahl der abgeschiedenen festen Säuren liegt bei natürlichen Fetten meistens zwischen 1 und 2, bei Talg bis 5 hinauf, dagegen bei gehärteten Fetten von schmalz- bis talgartiger Konsistenz in der Regel um 20 herum, jedoch auch bis 50 und darüber.

Nachweis von Pflanzenfett.

Phytosterin, Cholesterin und einige andere Sterine bilden mit Digitonin Additionsverbindungen (Digitonide), die sich nach den folgenden Verfahren aus Fetten abscheiden lassen. Die aus den Digitoniden hergestellten Sterinacetate oder Sterine lassen sich qualitativ unterscheiden, so daß die Gegenwart von Pflanzenfett mit Hilfe des Phytosterin-Nachweises erkannt werden kann.
Bei negativem Ausfall der Prüfung auf Phytosterin ist der Schluß auf Gegenwart von tierischem Fett nicht erlaubt.

10 bis 50 g Fett (je nach dem zu erwartenden Steringehalt) werden in einem durch Uhrglas bedeckten 500-ccm-Kolben mit 100 ccm alkoholischer Kalilauge[1] etwa $^1/_2$ Stunde im siedenden Wasserbad verseift. Die Seifenlösung wird mit dem gleichen Volumen heißen Wassers und 50 ccm 25%iger Salzsäure versetzt. Die klar abgeschiedenen Fettsäuren werden auf ein feuchtes, dichtes Filter im Heißwassertrichter gebracht und nach dem Ablaufen der wässerigen Schicht durch ein trockenes Filter in ein Becherglas von 200 ccm Inhalt filtriert. Um ein trübes Durchlaufen der Flüssigkeit zu verhindern, füllt man bei der ersten Filtration das Filter zunächst bis zur Hälfte mit heißem Wasser und gießt erst dann die Flüssigkeit mit den Fettsäuren darauf.
Die gesamte Fettsäuremenge, oder bei hohem Steringehalt entsprechend weniger, wird bei 60 bis 70° mit 20 bis 50 ccm 1%iger Digitoninlösung[2] versetzt. Nach ein-

---

[1] 200 g paraffinfreies KOH in 1000 ccm 70 vol.-proz. Alkohol gelöst.
[2] 0,2 g Digitonin werden in 25 ccm 96 vol.-proz. Alkohol gelöst. Das Digitonin (von Merck, Darmstadt) ist vor seiner Benutzung an einem Gemisch aus 48 g Schmalz und 2 g Kottonöl auf seine Wirksamkeit zu prüfen.

stündigem Erwärmen auf 70° und wiederholtem Umrühren wird Chloroform (20 bis 25 ccm) zugegeben und der Glasinhalt sofort auf einer angewärmten Nutsche abgesaugt oder zentrifugiert. Tritt innerhalb 1 Stunde keine Fällung ein, so ist die Prüfung auf Sterine als negativ ausgefallen zu betrachten.

Die Digitonidkristalle werden mit warmem Chloroform und Äther fettsäurefrei gewaschen. Das Filtrat darf mit Digitoninlösung keine Fällung mehr geben. Der 10 Minuten bei 100° getrocknete Niederschlag wird zur Entfernung der letzten Fettsäurereste in einer kleinen Schale nochmals mit Äther behandelt und filtriert. Ein Teil des reinen Digitonids wird 10 Minuten lang mit 3 bis 5 ccm reinem Essigsäureanhydrid gekocht und noch heiß mit dem vierfachen Volumen 50%igen Alkohols versetzt. Nach 15 Minuten langem Abkühlen in kaltem Wasser kann das ausgeschiedene Sterinacetat abgesaugt und mit 50%igem Alkohol ausgewaschen werden. Die Auflösung des Acetats in wenig Äther wird wieder zur Trockne verdampft, der Rückstand drei- bis viermal aus je 1 ccm Alkohol umkristallisiert. Eine Tonplatte dient zum Abpressen der Fraktionen, deren Schmelzpunkt von der dritten Kristallisation ab in der Kapillare bestimmt wird.

Auswertung. Cholesterinacetat schmilzt bei 114,3° (korr.), die Phytosterinacetate schmelzen mindestens 10° höher. Schmilzt die letzte Kristallisationsfraktion erst bei 117° (korr.) oder darüber, so ist der Nachweis von Phytosterin als erbracht anzusehen, d. h. Pflanzenfett zugegen.

Bei Gegenwart von Wollfett sowie bei oxydierten (geblasenen) und bei oberhalb 200° hydrierten Fetten versagt die Probe meistens.

Die Sterine selbst werden durch längeres Kochen des Digitonids in Xylol und Ausäthern erhalten. Das abgeschiedene Sterin wird in 5 bis 25 ccm absolutem Alkohol gelöst und in einem bedeckten Schälchen langsam kristallisieren gelassen. Cholesterin schmilzt bei 148,4 bis 150,8° (korr.), Phytosterine schmelzen zwischen 132 und 144° (korr.). Siehe auch DGF-Einheitsmethoden C II 10 (53).

Zur mikroskopischen Untersuchung bringt man ein Tröpfchen alkoholischer Sterinlösung oder einige Kristalle auf den Objektträger eines Mikroskops. An den breiten rhombischen Tafeln erkennt man Cholesterin, an den dünnen Nadeln, die an den Enden zugespitzt oder abgeschrägt sind, die Phytosterine. Mischungen kristallisieren vorwiegend in der Form der Phytosterine.

Eine Mikro-Phytosterinacetatprobe, für welche als Untersuchungsmaterial 0,25 bis 1 g Fett genügt, haben L. Kofler und E. Schaper vorgeschlagen.

Eine Methode zur quantitativen Bestimmung der Sterine hat A. Windaus beschrieben.

Siehe auch den Nachweis von Sesamöl nach dem „Villavecchia-Test", der von der American Chemical Society 1941 als offizielle Methode angenommen worden ist (H. Fiedler).

Prüfung auf Sulfurolivenöl.

DGF-Einheitsmethode C II 16 (53).

Erläuterung:

Diese Probe dient zum qualitativen Nachweis von Schwefel bzw. Schwefelkohlenstoff in Olivenöl, das durch Extraktion mit Schwefelkohlenstoff gewonnen wurde (Sulfurolivenöl).

Verfahren:

Das zum Nachweis des Schwefels dienende Reagens besteht aus Silberbenzoat, das durch Versetzen einer Natriumbenzoat-Lösung mit Silbernitrat-Lösung gefällt und nach Waschen und Filtrieren im Dunkeln bei 60 bis 70° getrocknet wird. Es ist jeweils frisch herzustellen und soll rein weiß sein.

5 g der zu untersuchenden Probe werden mit 20 mg Silberbenzoat versetzt und im Ölbad etwa 5 Min. auf 150° erhitzt.

Eine deutliche braune Färbung des Gemisches deutet auf $1/2\%$ und mehr, dunkelbraune Färbung auf 10% und mehr Beimengung von Sulfurolivenöl hin.

Prüfung auf Ricinusöl.
DGF-Einheitsmethoden C II 17 (53).

Etwa 5 ml Fett werden mit einem erbsengroßen Stück Kaliumhydroxyd in einem Nickeltiegel allmählich erwärmt uud gut durchgechmolzen (Kalischmelze). Ein dabei auftretender charakteristischer Geruch läßt schon Ricinusöl vermuten. Die Kalischmelze wird nun in Wasser gelöst und die Lösung mit überschüssiger Magnesiumchloridlösung zwecks Fällung der Fettsäure versetzt. Nach Abtrennung der Magnesiumseifen scheidet sich aus dem Filtrat beim Ansäuern mit verdünnter Salzsäure die für Ricinusöl charakteristische Sebacinsäure kristallinisch aus.

Prüfung auf Fischöle.

Die für den Nachweis von Fischölen vorgeschlagene Reaktion von Tortelli und Jaffé und ebenso die Jodmonochloridreaktion von M. Tsujimoto (4) ist in ihrer Zuverlässigkeit sehr umstritten. Am geeignetsten ist noch die von A. Marcusson und V. Huber vorgeschlagene Modifikation, wie sie bereits früher beschrieben worden ist. E. J. Better und J. Szimkin haben eine Nachweismethode vorgeschlagen, bei der mit Hilfe von Hanuslösung und bei gleichzeitiger Verwendung der von Tortelli-Jaffé empfohlenen Brom-Chloroform-Mischung eine sichere Farbreaktion erhalten werden soll. Die Prüfung wird folgendermaßen ausgeführt:

3 ml Öl werden in 3 ml Eisessig und 4 ml Chloroform aufgelöst. Falls die Lösung nicht klar ist, verdünnt man bis zum Klarwerden mit Chloroform. Dann fügt man etwa 20 Tropfen 10%ige Brom-Chloroform-Mischung und sofort danach 10 Tropfen Hanuslösung hinzu. Nach dem Durchschütteln der Mischung färbt sich die klare Lösung bei Anwesenheit von Tran in den meisten Fällen innerhalb weniger Minuten tiefgrün. Sollte die Färbung doch nicht sogleich zustandekommen, gibt man nochmals 20 Tropfen Brom-Chloroform-Mischung zu.

Wenn man es mit Mischungen von Tran und anderen Ölen zu tun hat und in diesen Gemischen nur wenig Tran enthalten ist, soll man nach dem zweiten Zusatz von Brom-Chloroform-Mischung auch 10 Tropfen Hanuslösung und schließlich nach 5 Minuten weitere 20 Tropfen Brom-Chloroform-Mischung hinzufügen. Nach jeder Zugabe wird das Reaktionsgemisch geschüttelt. In tranarmen Mischungen erscheint die tiefgrüne Färbung natürlich langsamer, jedoch ist sie dann eindeutig. Auf diese Weise soll man noch 5 bis 10% Tran zuverlässig nachweisen können. Siehe auch S. 433 über Walölnachweis.

Prüfung auf Mineralöle (Kohlenwasserstofföle).

Mineralöle verraten sich in Lederölen meist schon am Geruch, rufen eine Fluoreszenz hervor und erniedrigen die Jod- und Verseifungszahl. Mitunter bleiben sie beim Kochen des Unverseifbaren, dessen Menge im Öl sie erhöhen, mit Essigsäureanhydrid ungelöst.

c) Bestimmung der Hauptbestandteile von Fetten.

α) Unverseifbares.

DGF-Methoden C III 1, 1a und 1b (53).

Erläuterung:

Das Unverseifbare der Fette umfaßt die natürlichen unverseifbaren Begleitstoffe der Fette (Sterine, Kohlenwasserstoffe, Alkohole u. a.) sowie die mit Wasserdampf nicht flüchtigen, unverseifbaren organischen Stoffe, wie Mineralöle u. dgl.

Seine quantitative Bestimmung ist — unabhängig von der Art des Fettes — nur durch Extraktion mit Äthyläther möglich. Die Verwendung von Petroläther, die leichter zum Ziele führt, ist nur bei Fetten mit geringen unverseifbaren Anteilen zulässig, bei Seetierölen, Wollfett u. dgl. also nicht brauchbar.

In der Regel bestimmt man das Unverseifbare des filtrierten Fettes. Wird das nicht filtrierte Fett zugrunde gelegt, so ist dies ausdrücklich zu vermerken.

Zweck:

Art und Menge des Unverseifbaren werden zur Beurteilung der Reinheit herangezogen. Über die natürlichen Grenzen hinausgehende Anteile an unverseifbaren Stoffen bedeuten eine Wertminderung.

Verfahren mit Äthyläther.

5 g Fett werden in einem 250 ml fassenden Kolben auf $\pm$ 0,005 g genau eingewogen, mit 50 ml einer 1 n alkoholischen Kalilauge versetzt und in der Siedehitze unter Rückflußkühlung 1 Stunde verseift, wobei gelegentlich umzuschütteln ist. Die noch warme Lösung spült man mit 100 ml dest. Wasser in einen Scheidetrichter von 500 ml Inhalt, läßt abkühlen und versetzt mit 100 ml peroxydfreiem Äther. Nach kräftigem Durchschütteln läßt man bis zur klaren Trennung der Flüssigkeitsschichten stehen und darauf die untere wässerige Schicht vollständig in den Verseifungskolben zurücklaufen. Die ätherische Lösung überführt man in einen zweiten Scheidetrichter gleicher Größe, in dem sich 40 ml destilliertes Wasser befinden. Nun wird die Seifenlösung in den ersten Scheidetrichter zurückgebracht und erneut mit 100 ml Äther ausgeschüttelt. Die ätherische Lösung wird nach Trennung der Schichten mit derjenigen im zweiten Scheidetrichter vereinigt. In gleicher Weise schließt man eine dritte Ausschüttelung mit 100 ml Äther an.

Die vereinigten Äther-Auszüge werden mit dem im Scheidetrichter befindlichen Wasser kräftig geschüttelt, worauf dieses abgetrennt wird. Falls die ätherische Lösung noch feste Bestandteile suspendiert enthält, filtriert man sie sorgfältig und wäscht das Filter mit etwas Äthyläther nach. Sodann wäscht man abwechselnd je zweimal mit 40 ml 0,5 n wässeriger Kalilauge und 40 ml dest. Wasser. Nach einer weiteren Ausschüttelung mit 40 ml Wasser prüft man dieses mit Phenolphthalein auf seine Reaktion und wiederholt gegebenenfalls das Waschen, bis die Waschwässer neutral reagieren. Die mit den Waschwässern vereinigte Seifenlösung kann für weitere Untersuchungen dienen.

Die ätherische Lösung bringt man quantitativ in einen gewogenen Kolben und entfernt das Lösungsmittel durch Abdestillieren auf dem Wasserbad möglichst weitgehend. Man fügt 6 ml Aceton hinzu und entfernt das Lösungsmittel vollständig aus dem Kolben mit Hilfe eines schwachen Luftstromes, wobei sich das Kölbchen in schräger Lage auf einem siedenden Wasserbad befindet. Das Trocknen wird im Trockenschrank bei 100° vorgenommen und so oft wiederholt, bis der Gewichtsverlust zwischen zwei aufeinanderfolgenden Trocknungen und Wägungen unter 0,1% des Kolbeninhalts liegt.

Zur Prüfung auf Abwesenheit von verseifbaren Bestandteilen löst man den Inhalt des Kolbens in 20 ml Äthanol (neutral) und titriert mit 0,1 n alkoholischer Lauge in Gegenwart von Phenolphthalein. Werden dabei mehr als 0,1 ml Lauge gebraucht, so ist die Bestimmung zu wiederholen.

Anmerkung: Um die Gefahr von Explosionen und Zersetzungen zu vermeiden, muß der zur Verwendung kommende Äther frei von Peroxyden sein. Zu ihrer Entfernung schüttelt man den Äther mit einer Mischung von Natriumbisulfit und konz. Ferrosulfatlösung einigemale im Scheidetrichter, läßt absitzen und trennt die wäßrige Schicht ab. Sodann entsäuert man mit wenig starker Lauge, wäscht zweimal mit Wasser und trocknet über Calciumchlorid. Der Äther wird nun destilliert und in Glasflaschen mit eingeschliffenem Stopfen, die vollständig gefüllt sein sollen, aufbewahrt.

Zur Prüfung des Äthers auf die Gegenwart von Peroxyden verfährt man wie folgt: Einige kleinere saubere (nicht zu Ferrisalz oxydierte) Kristalle von Ferrosulfat werden im Reagensglas mit wenig Wasser aufgelöst. Dazu gibt man einige ml des zu prüfenden Äthers, schüttelt und versetzt mit einigen Tropfen Ammoniumrhodanidlösung. Bei Gegenwart von Peroxyden tritt hierbei eine mehr oder weniger starke Rotfärbung auf. Nebenher stellt man einen Blindversuch mit einigen ml destillierten Äthers an, wobei die Mischung farblos bleiben muß oder sich nur ganz schwach rosa verfärben darf.

Verfahren mit Petroläther.

5 g Fett werden in einem 250 ml fassenden Kolben auf $\pm$ 0,005 g genau eingewogen, mit 50 ml einer 2 n alkoholischen Kalilauge[1] versetzt und in der Siedehitze unter Rückflußkühlung 1 Stunde verseift, wobei gelegentlich umzuschütteln ist. Darauf gibt man durch den Kühler 50 ml dest. Wasser hinzu, schüttelt um und gießt den Inhalt des Kolbens nach dem Abkühlen in einen Scheidetrichter von 250 ml Inhalt. Zum Ausschütteln des Unverseifbaren benutzt man Petroläther, der bei 40 bis 55° ohne Hinterlassung eines Rückstandes siedet und eine JZ unter 1 hat. Der Inhalt des Scheidetrichters wird zunächst mit 50 ml Petroläther 1 Minute lang kräftig geschüttelt. Man läßt stehen und überführt nach vollständiger Trennung der Phasen die Seifenlösung in einen zweiten Scheidetrichter gleicher Größe, in dem man sie mit weiteren 50 ml Petroläther ausschüttelt. Nach Abziehen der Seifenlösung vereinigt man die beiden Petroläther-Auszüge und zieht die Seifenlösung nochmals mit 50 ml Petroläther aus. Falls sich bei dem Ausschütteln Emulsionen bilden, zerstört man sie durch Zugabe geringer Mengen Alkohol, die man vorsichtig an der Innenwand des Scheidetrichters unter Drehen des letzteren zulaufen läßt.

Die in einem Scheidetrichter vereinigten Petroläther-Auszüge werden dreimal mit je 50 ml eines Alkohol-Wasser-Gemisches (1 : 1) gewaschen. Das letzte Waschwasser muß neutral sein (Phenolphthalein), andernfalls werden weitere Auswaschungen angeschlossen. Die petrolätherische Lösung überführt man in ein kleines Kölbchen, aus dem man das Lösungsmittel weitgehend abdestilliert. Danach trocknet man in einem Trockenschrank bei 100° 15 Minuten. Nach dem Abkühlen und Wägen wird erneut 15 Minuten lang getrocknet und dieses so oft wiederholt, bis der Gewichtsverlust zwischen zwei aufeinanderfolgenden Trocknungen und Wägungen unter 0,1% des Kolbeninhaltes liegt.

Anmerkung (nicht DGF-Einheitsmethode). Über die Verwendung des *Brechungsexponenten* des Unverseifbaren als analytisches Hilfsmittel siehe L. Kofler und R. Opfer-Schaum.

----

[1] Zwecks Vermeidung der Emulsionsbildung kommt eine stärkere Lauge als bei der Äthermethode zur Anwendung.

In einer neueren Arbeit haben D. Burton und G. F. Robertshaw (6) auf die mögliche Zusammensetzung des Unverseifbaren in Ölen, Fetten und Wachsen hingewiesen und dabei die verschiedenen anwendbaren Untersuchungsmethoden kritisch besprochen. Näheres siehe die Originalarbeit.

β) Gesamtfettsäuren.
DGF-Einheitsmethode C III 2 (53).

Erläuterung:

Die nach folgendem Verfahren aus Fetten abgeschiedenen Gesamtfettsäuren bestehen gewöhnlich aus den normalen Fettsäuren, denen aber Hydroxyfettsäuren, oxydierte Fettsäuren, polymerisierte Fettsäuren und Harzsäuren beigemengt sein können. Diese sind dann besonders zu ermitteln.

Zweck:

Der Gehalt an Gesamtfettsäuren bildet die Grundlage für die Reinheitsprüfung und die Wertbeurteilung von Fetten. Die isolierten Gesamtfettsäuren werden für weitere Prüfungen benutzt[1].

Verfahren:

Die nach Abtrennung des Unverseifbaren gemäß C—III 1 erhaltenen alkoholischen Seifenlösungen und Waschwässer werden vereinigt und eingedampft, bis der Alkohol völlig verjagt ist. Die noch warme Seifenlösung überführt man in einen Scheidetrichter und zersetzt unter kräftigem Schütteln mit heißer, verdünnter Salzsäure. Nach dem Abkühlen wird mit 50 bis 100 ml peroxydfreien Äthers erschöpfend ausgeschüttelt. Die vereinigten Ätherauszüge wäscht man nun mit 10%iger Kochsalzlösung neutral und trocknet $^1/_4$ Stunde lang mit einer ausreichenden Menge entwässertem Natriumsulfat, indem man letzteres in die Lösung gibt und von Zeit zu Zeit umschüttelt. Sodann wird in einen Kolben von 250 ml Inhalt filtriert, der samt einem Bimsstein-Stückchen vorher gewogen wurde. Das Entwässerungsmittel wäscht man mit trockenem, fettfreiem Äther nach, der mit der Fettsäurelösung vereinigt wird. Auf dem Wasserbad destilliert man die Hauptmenge des Äthers ab und entfernt die letzten Reste mittels eines Handgebläses. Nun wird kurzzeitig unter Beachtung nachstehender Regeln getrocknet, bis die Gewichtsänderung nach je $^1/_4$stündiger Trocknungsdauer nicht mehr als 0,005 g beträgt.

Die Trocknungstemperatur richtet sich nach der Art der vorliegenden Fettsäuren. Sie darf 60° nicht übersteigen, wenn flüchtige Fettsäuren, wie Palmkern-, Kokosöl-Fettsäuren u. dgl., darin enthalten sind. Leicht oxydierbare Fettsäuren werden im Kohlendioxyd-Strom getrocknet.

γ) Oxydierte Fettsäuren.
DGF-Einheitsmethode C III 3 (53).

Erläuterung:

Als oxydierte Fettsäuren werden die aus normalen Fettsäuren durch Oxydation mit Luftsauerstoff entstandenen Derivate bezeichnet. Sie sind mit Ausnahme von gewissen Lactonen in Petroläther unlöslich und im Gegensatz zu natürlichen Hydroxyfettsäuren (z. B. Ricinolsäure), von denen sie sich auch in ihren Eigenschaften unterscheiden, meist von unbekannter Struktur. Das nachstehende

---

[1] Siehe auch die Angaben auf S. 484 über die früher gültige Vorschrift zur Bestimmung des Ätherextrakts, der zur Reinheitsprüfung und zur Bestimmung des sogenannten Neutralfettes diente.

Bestimmungsverfahren ist daher auf natürliche Hydroxyfettsäuren nicht anwendbar.

Zweck:

Die Gegenwart größerer Mengen oxydierter Fettsäuren beeinträchtigt in der Regel die Verwendungsmöglichkeit von Fetten und mindert dadurch ihren Wert. Ihre Bestimmung ist daher bei der Beurteilung der Reiheit von Fetten heranzuziehen.

Verfahren:

Die nach C III 2 gewonnenen Gesamtfettsäuren werden mit 100 ml warmem Petroläther aufgenommen. Dabei bleiben etwa vorhandene oxydierte Fettsäuren ungelöst zurück und setzen sich als Flocken oder Klumpen an der Glaswand ab. Die überstehende Lösung filtriert man ab und nimmt den Rückstand, nachdem man ihn mit Petroläther gut nachgewaschen hat, in Alkohol auf. Die alkoholische Lösung wird in eine gewogene Porzellanschale übergeführt und auf dem Wasserbad zur Trockne verdampft. Man trocknet bei 105° und wägt nach dem Erkalten im Exsikkator.

Liegen erhebliche Mengen oxydierter Fettsäuren vor, so ist die vorstehende Arbeitsweise zu wiederholen, um etwa eingeschlossene Anteile normaler Fettsäuren zu entfernen.

δ) Freie Fettsäuren.

DGF-Einheitsmethode C III 4 (53).

Erläuterung:

Fette enthalten mehr oder weniger große Anteile an freien Fettsäuren, die je nach der Art des Fettes als Gehalte an Ölsäure, Palmitinsäure, Laurinsäure usw. oder unter Zugrundelegung des mittleren Molekulargewichtes der Gesamtfettsäuren bzw. der Verseifungszahl als Gehalt an freier Fettsäure angegeben werden. Die Prüfung wird an der mineralsäurefreien, getrockneten und filtrierten Probe ausgeführt.

Zweck:

Der Gehalt an freien Fettsäuren dient zur Reinheitsprüfung und läßt in manchen Fällen Rückschlüsse auf die Vorbehandlung und stattgefundene Zersetzungsvorgänge zu.

Verfahren:

Die einzuwiegende Fettmenge richtet sich nach dem Fettsäure-Gehalt und soll 2 bis 10 g betragen, die auf 0,5% der Einwaage genau eingewogen werden. Man löst in 50 bis 150 ml einer Mischung aus gleichen Teilen Äthanol und Äthyläther, nachdem man das Lösungsmittel-Gemisch vorher mit 0,1 n alkoholischer Kalilauge genau neutralisiert hat. Nach dem Umschütteln titriert man rasch mit alkoholischer Kalilauge, die man je nach dem Säure-Gehalt in einer Stärke von 0,5 oder 0,1 n verwendet. Als Indikator dient eine 1%ige alkoholische Lösung von Phenolphthalein.

Berechnung:

Zur angenäherten Errechnung des Fettsäure-Gehaltes werden die Molekulargewichte der nachstehenden Säuren zugrunde gelegt:

Ölsäure .... Mol.-Gew. 282,
Palmitinsäure... Mol.-Gew. 256,
Laurinsäure .... Mol.-Gew. 200.

Unter Berücksichtigung der verbrauchten ml 1 n Lauge (a) und der Einwaage
(E in g) errechnet sich der Gehalt an Fettsäuren nach folgenden Gleichungen:

$$\% \text{ Ölsäure} = \frac{a \times 0{,}282 \times 100}{E},$$

$$\% \text{ Palmitinsäure} = \frac{a \times 0{,}256 \times 100}{E},$$

$$\% \text{ Laurinsäure} = \frac{a \times 0{,}2 \times 100}{E}.$$

Bei Palmöl wird die Berechnung auf den Palmitinsäure-Gehalt, bei Kokosöl
und Palmkernöl auf den Laurinsäure-Gehalt vorgenommen, während bei allen
übrigen handelsüblichen Fetten der Gehalt an freien Fettsäuren auf Ölsäure
bezogen wird.

Bei hohen Anforderungen an die Genauigkeit der Rechnung ist das mittlere
Molekulargewicht der Gesamtfettsäuren zugrunde zu legen, das aus nachstehender
Tabelle 20 entnommen werden kann, sofern die Art des Fettes bekannt ist.
Bei unbekannten und seltener vorkommenden Fetten ermittelt man das mittlere
Molekulargewicht der Gesamtfettsäuren aus deren Verseifungszahl gemäß
folgender Beziehung:

Tabelle 20. Mittleres Molekulargewicht der Gesamtfettsäuren
von Fetten und Ölen.

$$\text{Mittleres Mol.-Gew.} = \frac{56110}{\text{VZ d. Gesamtfettsäuren}}.$$

Fett	Mittleres Mol.-Gewicht der Gesamtfettsäuren	Fett	Mittleres Mol.-Gewicht der Gesamtfettsäuren
Baumwollsaatöl	282	Palmöl	269
Butterfett	262	Palmkernöl	261
Dorschleberöl	291	Perillaöl	287
Erdnußöl	281	Ricinusöl	295
Heringsöl	306	Rindertalg	278
Holzöl	284	Rüböl	314
Kokosöl	205	Safloröl	295
Leinöl	274	Schweineschmalz	278
Mandelöl	279	Sesamöl	283
Mohnöl	279	Sonnenblumenöl	283
Olivenöl	283	Walöl	281

Unter Berücksichtigung der verbrauchten ml 1 n Lauge (a) und der Einwaage
(E in g) errechnet sich der Gehalt an freien Fettsäuren nach folgender Gleichung:

$$\% \text{ freie Fettsäure} = \frac{a \cdot \text{mittl. Mol.-Gew.}}{10 \cdot E}.$$

Anmerkung: Der Gehalt an freien Fettsäuren kann auch mit Hilfe der
Säurezahl errechnet werden (vgl. C V 2).

ε) Feste und flüssige Fettsäuren.

DGF-Einheitsmethode C III 5 (53).

Erläuterung:

Zur Trennung der Gesamtfettsäuren in feste und flüssige Fettsäuren bedient
man sich ihrer Bleisalze, die eine verschiedene Löslichkeit zeigen. Das nachstehende Verfahren ist anwendbar auf Fette bzw. Fettsäure-Gemische der

C_{18}-Säuren. Bei Fetten mit niedrigmolekularen Fettsäuren, wie Kokosöl, Palmkernöl, Butterfett u. dgl., sowie solchen mit höher molekularen Fettsäuren,
wie Rüböl, Senföl u. dgl., und bei harzsäurehaltigen Produkten findet das Verfahren keine Anwendung.

Zweck:

Der Gehalt an festen und flüssigen Fettsäuren läßt Rückschlüsse auf die
Identität zu. Die weitere Untersuchung der festen Fettsäuren ist für die Beurteilung von gehärteten Fetten von Wichtigkeit.

Verfahren:

Die Einwaage der Gesamtfettsäuren richtet sich nach dem Gehalt an festen
Fettsäuren und wird so bemessen, daß darin 0,9 bis 1,5 g feste Fettsäuren enthalten sind; sie soll aber 5 g nicht übersteigen, wenn die Anteile an festen Fettsäuren geringer sind. Man bringt die eingewogene Probe in einen Erlenmeyer-
kolben von 250 ml Inhalt und gibt in einen zweiten Kolben gleicher Größe 1,5 g
Bleiacetat. Den Inhalt beider Kolben löst man mit je 50 ml Äthanol durch
Erwärmen auf dem Wasserbad und gibt die Bleiacetat-Lösung unter Umschütteln
zu der Fettsäure-Lösung. Nach dem Zusammengeben muß die Lösung unter
Umschütteln erwärmt werden, bis sie wieder zum Sieden kommt. Man läßt
abkühlen und über Nacht bei etwa 15° stehen. Die abgeschiedenen Bleisalze
filtriert man mittels eines Büchner-Trichters und wäscht mit je 15 ml Alkohol,
der auf 15° gekühlt ist. Sie werden darauf quantitativ in den Erlenmeyerkolben
zurückgegeben, wobei man das Filter mit 100 ml warmem Alkohol wäscht. Zu
dem Gemisch gibt man 1,5 ml Eisessig und erwärmt auf dem Wasserbad bis zur
klaren Lösung. Das Gemisch bleibt nach dem Abkühlen etwa 15 Stunden bei 15°
stehen. Die auskristallisierten Bleiseifen werden in gleicher Weise, wie oben
beschrieben, abgetrennt und quantitativ in den vorher benutzten Kolben zurückgebracht, wobei man 75 ml Äthyläther als Waschflüssigkeit benutzt. Man fügt
75 ml Äther hinzu, zersetzt mit 25 ml verd. Salpetersäure (1 : 3) und überführt
quantitativ in einen Scheidetrichter von 500 ml Inhalt, wobei man mit 100 ml
Äther nachwäscht. Die ätherische Lösung wäscht man einige Male mit 50 bis 100 ml
dest. Wasser, bis sie säurefrei ist, und gibt sie darauf in einen gewogenen Kolben,
aus dem das Lösungsmittel abdestilliert wird. Die letzten Reste des Lösungsmittels entfernt man durch Einblasen von Luft und 1 stündiges Trocknen
bei 100°. Nach dem Wägen wird erneut 1 Stunde unter den gleichen Bedingungen
getrocknet, wobei sich das Gewicht der Fettsäuren nicht mehr als 0,1%
verändern darf.

Anmerkung: Das erste Filtrat der Bleisalzfällung wird durch Zugabe einiger
Tropfen verdünnter Schwefelsäure zu 40 bis 50 ml auf einen notwendigen Überschuß von Bleiacetat geprüft, wobei sich die Lösung trüben muß. Tritt keine Fällung
ein, so ist die Analyse mit kleinerer Einwaage zu wiederholen.

ζ) Gesättigte Fettsäuren.

DGF-Einheitsmethode C III 7 (53).

Erläuterung:

Das nachstehende Verfahren dient zur Bestimmung der wasserunlöslichen,
gesättigten Fettsäuren und ist vor allem auf flüssige Fette, insbesondere Pflanzen-
und Seetieröle, anwendbar.

Zweck:

Der Gehalt an gesättigten Fettsäuren dient zur Charakterisierung und in manchen Fällen zur Reinheitsprüfung.

Verfahren:

5 g Fett werden auf $\pm$ 0,1 g genau eingewogen und mit 50 ml 1 n alkoholischer Kalilauge verseift. Nach Entfernen des Unverseifbaren mit Äther dampft man die Seifenlösung in einer Porzellanschale auf dem Wasserbad ein, bis der Alkohol restlos verjagt ist, und überführt die Seife unter Nachspülen mit heißem Wasser quantitativ in einen Kolben von 3 Liter Inhalt. Hierzu gibt man 5 ml 50%ige wässerige Kalilauge und gegebenenfalls noch soviel Wasser, daß eine bei Zimmertemperatur klare Seifenlösung entsteht. Man oxydiert durch langsamen Zusatz einer Lösung von 35 g Kaliumpermanganat in 750 ml Wasser, wobei die Temperatur der Lösung 35° nicht übersteigen darf. Nach 12stündigem Stehen, währenddessen man öfter umschüttelt, ist die Oxydation beendet. Die Lösung muß jetzt durch überschüssiges Kaliumpermanganat noch violett gefärbt sein. Man säuert mit verd. Schwefelsäure an und fügt unter kräftigem Umschütteln soviel konz. Natriumsulfit-Lösung hinzu, bis die Lösung farblos und klar geworden ist. Zur Entfernung des überschüssigen Schwefeldioxyds wird kurz erwärmt, worauf man nach dem Abkühlen die abgeschiedenen Fettsäuren mit Petroläther (Sdp. 45 bis 50°) auszieht. Der Abdampfrückstand der petrolätherischen Lösung wird mit 200 ml Wasser digeriert und durch Zusatz von überschüssigem verd. Ammoniak in Lösung gebracht, sodann mit 30 ml 10%iger Ammoniumchlorid-Lösung versetzt und darauf heiß mit überschüssiger 15%iger Magnesiumsulfat-Lösung gefällt. Nach kurzem Aufkochen filtriert man durch Watte und wäscht gut aus. Den Niederschlag samt Watte bringt man in ein Becherglas, zersetzt mit heißer verd. Schwefelsäure und wiederholt das Lösen und Fällen der Fettsäuren in der gleichen Weise. Die Fettsäuren werden nun quantitativ mit Petroläther ausgezogen, worauf man nach Waschen mit Wasser bis zur neutralen Reaktion das Lösungsmittel abdampft. Nach 1stündigem Trocknen im Trockenschrank bei 105° wird gewogen.

Das 20fache Gewicht der isolierten Fettsäuren gibt den Prozentgehalt der untersuchten Probe an gesättigten Fettsäuren an.

Zur Trennung[1] der gesättigten und ungesättigten Fettsäuren sind zahlreiche neuere Methoden vorgeschlagen worden, bei denen die fraktionierte Destillation und Kristallisation als Hilfsmittel Verwendung finden. Diese werden den Gerbereichemiker kaum interessieren. Das gleiche gilt von der adsorptiven Trennung der Fettsäuren, einer neuen Technik, die sehr aussichtsreich zu sein scheint [s. z. B. H. P. Kaufmann (5), (6).

Für viele Zwecke — besonders im Aufgabenbereich des Gerbereichemikers — genügt die Berechnung des Gehalts an Öl-, Linol- und Linolensäure eines Fettes auf Grund der Rhodanzahl nach H. P. Kaufmann (s. S. 491). Siehe außerdem die Ausführungen von H. Anders über die Bestimmung der gesättigten und ungesättigten Fettsäuren.

Die neue papierchromatographische Methode zur Trennung höherer Fettsäuren mit Celluloseacetat-Papier von F. Micheel und H. Schweppe gestattet leider eine Trennung von Palmitin- und Ölsäure nicht. Dagegen lassen sich nach den bisherigen Untersuchungen die gesättigten geradkettigen Fettsäuren von C_5 bis C_{18} nach diesem Verfahren trennen.

---

[1] Von hier ab nicht mehr Einheitsmethoden.

d) Bestimmung der Nebenbestandteile von Fetten.

α) Asche.

DGF-Einheitsmethode C III 10 (53).

Erläuterung:

Der Verbrennungsrückstand filtrierter Fette wird als Aschegehalt bezeichnet. Wird seine Bestimmung an unfiltrierten Fetten vorgenommen, so ist dies ausdrücklich anzugeben.

Der Aschegehalt darf in der Regel nicht zu den unlöslichen Verunreinigungen hinzugezählt werden, da sonst bestimmte Bestandteile mehrfach berücksichtigt würden. Lediglich in den Fällen, bei denen die Asche aus den Filtraten der Bestimmung der unlöslichen Verunreinigungen ermittelt wurde, ist dieser Gehalt der Asche der unlöslichen Verunreinigungen zuzuzählen.

Zweck:

Der Aschegehalt dient neben anderen Eigenschaften zur Beurteilung der Reinheit von Fetten.

Verfahren:

10 bis 15 g Fett, bei aschearmen Fetten bis zu 50 g, werden im Porzellan-, Quarz- oder Platintiegel entsprechender Größe auf $\pm 0,1$ g eingewogen und allmählich abgeschwelt. Hierzu verwendet man einen aus aschefreiem Filtrierpapier gedrehten Docht, der in das Fett getaucht und angezündet wird. Mittels eines unter den Tiegel gestellten Brenners regelt man die Erhitzung derart, daß der Inhalt ruhig abbrennt. Der verbleibende kohlehaltige Rückstand wird mit Rücksicht auf die Gegenwart flüchtiger Alkalisalze vor dem Glühen mit heißem Wasser ausgezogen, indem man nach Zusatz von mindestens 25 ml heißen Wassers den Inhalt durch ein aschefreies Filter filtriert und mit heißem Wasser auswäscht. Sodann bringt man das Filter in den Tiegel und verascht nach Befeuchten mit Wasserstoffperoxyd. Nach dem Erkalten gibt man die wässerige Lösung hinzu, dampft auf dem Wasserbad zur Trockne und glüht bei schwacher Rotglut so lange, bis sich das Gewicht des Rückstandes bei abermaligem Glühen von 10 Minuten Dauer um nicht mehr als 2% ändert.

Bei Benutzung eines Platintiegels und eines elektrischen Ofens kann nach dem Abschwelen sofort durch 1stündiges Glühen bei 550 bis 650° verascht werden.

Anmerkung: Die verwendete Tiegelart ist anzugeben. Die stets vorzunehmende Prüfung der Asche erstreckt sich in erster Linie auf Kationen, nämlich auf Alkalien, Erdalkalien, Eisen, Nickel, Kupfer, Zink usw. Daneben ist auf die Gegenwart von Chlorid und Sulfat zu prüfen.

Aus dem Aschegehalt kann nicht auf einen Gehalt an Seifen geschlossen werden.

β) Unlösliche Verunreinigungen.

DGF-Einheitsmethode C III 11 (53).

Erläuterung:

Als unlösliche Verunreinigungen von Fetten werden die in Äthyläther oder Petroläther unlöslichen Stoffe bezeichnet. Die Bestimmung wird an den nicht filtrierten Fetten ausgeführt. Das zur Verwendung gelangende Lösungsmittel ist stets anzugeben.

Unter den Bedingungen des nachstehenden Verfahrens werden folgende Stoffe als unlösliche Bestandteile erfaßt:

Mit Äthyläther: mechanische Verunreinigungen, Mineralstoffe, Kohlenhydrate, Stickstoff-Verbindungen (teilweise), verschiedene Harze, Seifen der Schwermetalle, Erdalkalien und Alkalien, letztere teilweise;

Mit Petroläther: mechanische Verunreinigungen, Mineralstoffe, Kohlenhydrate, Stickstoff-Verbindungen (teilweise), verschiedene Harze, Seifen, oxydierte Fettsäuren, Fettsäurelactone, Hydroxyfettsäuren und deren Glyceride (teilweise).

Zweck:

Die Bestimmung der unlöslichen Verunreinigungen dient zur Reinheitsprüfung von Fetten.

Verfahren mit Äthyläther:

In der zu untersuchenden Fettprobe werden zunächst die sichtbaren Verunreinigungen durch Schütteln, Rühren oder Kneten möglichst gleichmäßig verteilt. Sodann wägt man in einem mit eingeschliffenem Glasstopfen verschließbaren Kolben von 250 ml Inhalt 20 g der Probe auf ± 0,2 g genau ein und versetzt mit 200 ml peroxydfreiem Äther. Nun wird der Inhalt durch Schütteln vermischt und der Kolben verschlossen. Unter gelegentlichem Umschütteln läßt man 30 Minuten bei Zimmertemperatur stehen und filtriert durch ein getrocknetes und gewogenes Doppelfilter aus weichem Papier. Darauf wird mit mindestens 50 ml Äther fettfrei gewaschen und das Filter mit Rückstand bei 105° bis zum konstanten Gewicht getrocknet.

Verfahren mit Petroläther:

Die Bestimmung wird in derselben Weise wie unter a) beschrieben ausgeführt, indem man das eingewogene Fett mit 200 ml Spezialbenzin (Siedegrenzen 90 bis 120°) oder technischem Heptan behandelt. Zum Auswaschen von Rückstand und Filter dient Petroläther, der bei 40 bis 55° siedet und bei 60° keinen Rückstand hinterläßt.

Anmerkung: Die nach diesen Verfahren abgeschiedenen unlöslichen Verunreinigungen können zur weiteren Untersuchung auf Seifen dienen, indem man sowohl die daraus in Freiheit gesetzten Fettäuren als auch die Kationen für sich bestimmt.

γ) Flüchtige Bestandteile.

DGF-Einheitsmethode C III 12 (53).

Erläuterung:

Als flüchtige Bestandteile gelten alle unter nachstehenden Versuchsbedingungen bis 105° bzw. im Vakuum bis 60° flüchtigen Stoffe des unbehandelten Fettes. Diese können bestehen aus Wasser, Lösungsmitteln, flüchtigen Fettsäuren und ätherischen Ölen (Denaturierungsmitteln).

Zweck:

Der Gehalt an flüchtigen Bestandteilen dient zur Beurteilung der Reinheit.

Verfahren:

5 g Fett werden in einem verschließbaren, flachen Gläschen, das bis zum konstanten Gewicht bei 105° getrocknet wurde, auf ± 0,005 g genau abgewogen und bei 105° (bei oxydierbaren Fetten unter Kohlendioxyd) oder im Vakuum (20 mm Hg) bei 50 bis 60° getrocknet. Das sofort nach dem Herausnehmen aus dem Trockenschrank verschlossene Gläschen läßt man im Exsikkator erkalten

und wägt. Das Gewicht ist als konstant anzusehen, wenn der Gewichtsverlust nach nochmaliger $^1/_4$stündiger Trocknung höchstens 0,005 g beträgt.

Anmerkung: Für betriebsmäßige Schnellbestimmungen eignet sich folgendes Verfahren, das bei einem Wassergehalt bis zu 8% hinreichend genau ist:

Ein Aluminiumbecher (6,5 cm $\varnothing$, 5 cm hoch), in dem sich Bimssteinstückchen und die genau abgewogene Fettprobe (20 bis 30 g) befinden, wird vorsichtig über freier Flamme geschwenkt und dabei mit einer geeigneten Zange gehalten. Sobald die Dampfblasen in der Schmelze und der Wasserdampf verschwinden, zeigt ein feiner Rauch an, daß das Fett sich zu zersetzen beginnt. Nun bricht man das Erwärmen ab und ermittelt nach Abkühlen im Exsikkator die Gewichtsabnahme.

δ) Wasser.

DGF-Einheitsmethode C III 13 (53).

Xylol-Methode.

Erläuterung:

Unter Wassergehalt versteht man das in Fetten und Fettprodukten enthaltene Wasser, das als Fremdkörper in Form von Verunreinigung, Füllmittel oder dgl. enthalten sein kann. Hierunter fällt auch das in Fetten gelöste Wasser, dessen Menge allerdings sehr gering ist und nur nach den Verfahren S. 481 bestimmt werden kann, während in allen anderen Fällen auch die Destillationsmethode anwendbar ist.

Zweck:

Der Wassergehalt dient zur Beurteilung der Reinheit.

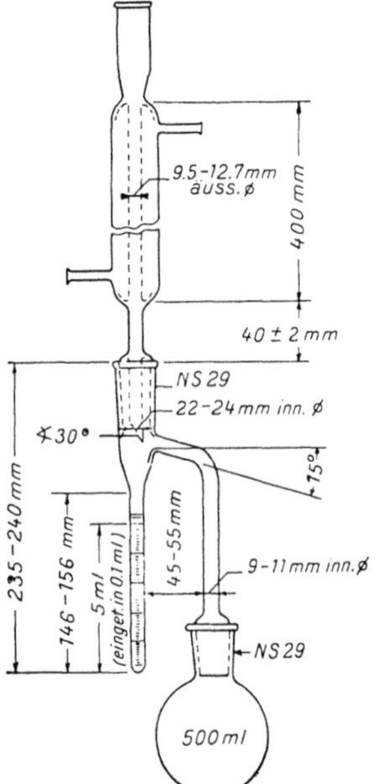

Abb. 2. Destillationsapparatur zur Wasserbestimmung

Destillationsmethode.

Je nach dem Wassergehalt werden 5 bis 100 g Fett in einen Kurzhals-Rundkolben von 500 ml Inhalt eingewogen und mit 100 ml Xylol gemischt. Man bringt ein Siedesteinchen[1] in den Kolben und verbindet ihn mit den übrigen Teilen der Destillationsapparatur, die nebenstehend abgebildet ist. Die Abmessungen der Apparatur sollen mit den in der Abbildung 2 angegebenen übereinstimmen[2].

Man erhitzt das Gemisch nun langsam zum Sieden, wobei sich das verdampfende Wasser in dem graduierten Rohr sammelt, während das Lösungsmittel in den Kolben zurückfließt. Sobald das aus dem Kühler fließende Kondensat klar ist und sich kein Wasser mehr abscheidet (frühestens nach 15 Minuten), unterbricht man das Sieden und läßt abkühlen, wobei sich gewöhnlich das Wasser vollständig in dem graduierten Rohr sammelt. Wenn Wassertropfen an der Wand des Zwischenstückes haften bleiben, so bringt man sie durch vorsichtiges Erwärmen der Wand mit Hilfe einer kleinen Flamme zum Abfließen.

Nachdem auf Zimmertemperatur abgekühlt ist, wird die sich vom Xylol durch eine scharfe Grenze abhebende Wassermenge abgelesen.

Anmerkung: Besonders wichtig ist eine sorgfältige Reinigung des Apparates vor dem Gebrauch. Insbesondere das Zwischenstück und der Kühler müssen von allen Fettspuren gereinigt werden, was man durch Behandeln mit Chromschwefelsäure,

---

[1] Zu beziehen von J. P. Pöllath KG., Zeil a. M.
[2] Das Gerät kann von R. Schoeps, Duisburg-Beeck, bezogen werden.

Spülen mit dest. Wasser und anschließendes 15 Minuten langes Dämpfen im Wasserdampfstrom erreicht. Das Gerät ist vor Gebrauch im Trockenschrank zu trocknen.

Falls sich beim Sieden des Gemisches Schaum bildet, empfiehlt sich der Zusatz von 1 bis 2 g Paraffin oder Olein.

Bei alkoholhaltigen Proben läßt sich das Destillationsverfahren zur Wasserbestimmung nicht anwenden.

Methode nach K. Fischer.

Vorbemerkung:

Jod und Schwefeldioxyd setzen sich bei Gegenwart von Pyridin quantitativ mit Wasser im Sinne folgender Reaktionsgleichung um:

$$J_2 + Py_2 \cdot SO_2 + 2\,Py + 2\,H_2O = Py_2 \cdot H_2SO_4 + 2\,Py \cdot HJ.$$

Der durch Wasser hervorgerufene Jodverbrauch wird durch Titration bis zur bleibenden Jodfärbung direkt bestimmt.

Herstellung der Lösungen[1].

Lösung A: In ein aus 1 Liter Methanol (zur Analyse) und 1 Liter Pyridin (reinst und wasserfrei) bestehendes Gemisch, das sich in einer Schliffflasche aus braunem Glas von 3 Liter Inhalt befindet, leitet man unter Eiskühlung und Feuchtigkeitsausschluß einen über konzentrierter Schwefelsäure getrockneten Schwefeldioxyd-Strom ein, bis eine Gewichtszunahme von 240 g eingetreten ist. Nach Beendigung des Einleitens wird die Lösung durch Umschwenken gemischt und vor Licht geschützt aufbewahrt.

Lösung B: 250 g Jod (zur Analyse) werden in 2 Liter Methanol (zur Analyse), die sich in einer Flasche von 3 Liter Inhalt mit eingeschliffenem Stopfen befinden, durch Schütteln auf der Schüttelmaschine gelöst.

Titerstellung.

1. In einen Erlenmeyer-Kolben von 100 ml Inhalt mit eingeschliffenem Stopfen pipettiert man 20 ml Methanol (zur Analyse) und fügt aus einer automatischen Bürette[2], die mit einem Calciumchlorid-Rohr versehen ist, 20 ml der Lösung A hinzu. Unter Zuhilfenahme einer weiteren automatischen Bürette, die ebenfalls mit einem Calciumchlorid-Rohr versehen ist, titriert man nun mit Lösung B bis zum Farbumschlag von Gelb nach deutlich Rotbraun.

Verbrauchte ml Lösung B = c.

2. In einem Meßkolben mit eingeschliffenen Stopfen von 250 ml Inhalt wägt man 1 bis 1,3 g destilliertes Wasser (Pipette) auf $\pm$ 0,005 g genau und füllt sofort mit Methanol (zur Analyse) auf, das auf die Eichtemperatur des Meßkolbens gebracht ist.

Wassereinwaage: e g.

20 ml dieses Gemisches werden nach Zugabe von 20 ml der Lösung A in gleicher Weise, wie unter 1. beschrieben, mit Lösung B bis zum Farbumschlag nach Rotbraun titriert.

Verbrauch: d ml.

1 ml der Lösung B entspricht demnach

$$F = \frac{80\,e}{d - c}\ \text{mg}\ H_2O.$$

---

[1] Gebrauchsfertige Lösungen von etwas abweichender Zusammensetzung sind von der Firma E. Merck, Darmstadt, zu beziehen.

[2] Besonders bewährt sich die Derona-Bürette; Hersteller: Fa. E. Dargatz, Hamburg.

Verfahren:

In einen Erlenmeyerkolben mit eingeschliffenem Stopfen von 100 ml Inhalt wägt man so viel der zu untersuchenden Probe ein, daß nicht mehr als etwa 100 mg H_2O vorliegen, von Fetten 20 bis 40 g ($\pm$ 0,1 g). Dazu gibt man 20 ml der Lösung A und titriert mit Lösung B, wie oben angegeben, bis zum Farbumschlag nach Rotbraun.

Verbrauch Lösung B = a.

In gleicher Weise wird ein Blindversuch mit 20 ml der Lösung A allein ausgeführt.

Verbrauch Lösung B = b.

Berechnung:

Unter Zugrundelegung der Einwaage (E in g) und der verbrauchten ml der Lösung B errechnet sich der Wassergehalt:

$$\% \ H_2O = \frac{(a-b)F}{10\,E}.$$

Anmerkung: Die Titerstellung der Reagenslösungen ist vor jeder Benutzung unerläßlich.

Feste Fette lösen sich in Lösung A nicht vollständig. Diese bringt man zunächst mit 10 ml trockenem Chloroform in Lösung, worauf man Lösung A zusetzt. Im Blindversuch wird die gleiche Menge Chloroform dann ebenfalls zugesetzt.

Methode nach H. P. Kaufmann und S. Funke.

Vorbemerkung:

Bei der Hydrolyse von Acetylchlorid werden 2 Äquivalente Säure gebildet.

$$CH_3COCl + H_2O = HCl + CH_3COOH.$$

Bei der Umsetzung mit anorganischen Verbindungen und organischen Stoffen, welche aktiven Wasserstoff enthalten, wie Aminen, Alkoholen u. a., entsteht nur 1 Äquivalent Säure:

$$CH_3COCl + ROH = HCl + CH_3COOR.$$

Diese Reaktionen sind demnach bei quantitativer Messung spezifisch für Wasser.

Herstellung der Lösung:

Etwa 40 g Acetylchlorid, chemisch rein, werden in 1 Liter Tetrachlorkohlenstoff, der mit geglühtem Natriumsulfat entwässert wurde, gelöst. Die Lösung ist vor dem Zutritt von Luftfeuchtigkeit zu schützen und wird am besten in einer automatischen Bürette[1] aufbewahrt.

Verfahren:

20 bis 40 g Fett werden in einer mit eingeschliffenem Glasstopfen verschließbaren Flasche von 250 ml Inhalt auf $\pm$ 0,05 g genau eingewogen und mit 5 ml Pyridin (über Bariumoxyd destilliert, wasserhell) gemischt (Bürette). Dazu gibt man aus der automatischen Bürette 10 ml Acetylchlorid-Lösung, wobei die Auslaufspitze der Bürette eben in die Fettmischung eintaucht. Nun verschließt man sofort die Flasche, schüttelt kräftig und läßt 20 Minuten stehen. Darauf gibt man 5 ml Anilin (frisch destilliert) hinzu, schüttelt wieder kräftig und titriert nach 10 Minuten unter Zusatz von wenig 1%iger alkoholischer Phenolphthalein-Lösung mit 0,25 n alkoholischer Kalilauge.

---

[1] Besonders bewährt sich die Derona-Bürette; Hersteller: Fa. E. Dargatz, Hamburg.

Der Säuregehalt des Fettes ist gesondert zu bestimmen und wird vom Laugenverbrauch in entsprechender Menge abgezogen.

In gleicher Weise wird ein Blindversuch ausgeführt.

Berechnung:

Unter Zugrundelegung der verbrauchten ml 0,25 n alkoholischer Kalilauge im Blind- und Hauptversuch errechnet sich der Wassergehalt der untersuchten Probe

$$\% \ H_2O = \frac{(a - b) \times 0,45}{E} \ ;$$

darin bedeuten

a verbrauchte ml 0,25 n alkoholischer Kalilauge im Hauptversuch (abzüglich der etwa auf freie Säuren entfallenden ml);

b verbrauchte ml 0,25 n alkoholischer Kalilauge im Blindversuch;

E = Einwaage.

ε) Mineralsäuren.
DGF-Einheitsmethode C III 14 (53).

Erläuterung:

Fette können mit Mineralsäuren verunreinigt sein, die durch unsachgemäße Behandlung darin verblieben sind.

Zweck:

Die Bestimmung des Mineralsäure-Gehaltes dient zur Prüfung auf Reinheit.

Verfahren:

Etwa 50 g Fett, auf $\pm$ 1 g genau eingewogen, werden in einen Scheidetrichter von 500 ml Inhalt gebracht und 3mal mit je 50 ml heißem Wasser unter Umschütteln ausgewaschen. Dabei darf nicht zu kräftig geschüttelt werden, damit keine untrennbare Emulsion entsteht. Die vereinigten Waschwässer werden mit 0,01 n Kalilauge unter Benutzung von Methylorange als Indikator titriert.

Das Ergebnis wird auf die durch den qualitativen Nachweis identifizierte Mineralsäure, bei Vorliegen mehrerer Säuren auf die äquivalente Menge KOH berechnet.

Anmerkung: Bei Vorliegen mehrerer Mineralsäuren können auch die betreffenden Anionen einzeln bestimmt und als Gehalt an den betreffenden Einzelsäuren angegeben werden.

ζ) Seifen.
Erläuterung:

Rohfette, aber auch raffinierte Fette, können Alkaliseifen, Erdalkaliseifen, namentlich Kalkseifen, in selteneren Fällen auch Schwermetallseifen enthalten.

Zweck:

Der mit Hilfe des nachstehenden Verfahrens ermittelte Gehalt an Seifen wird für die Reinheitsprüfung und Beurteilung von Fetten herangezogen.

Verfahren:

In einer Probe des Rohfettes werden die freien Säuren nach dem Vorgang der Säurezahlbestimmung (s. S. 485) titriert. Bei Verdacht auf Erdalkaliseifen wird das Fett in etwa fünffacher Menge eines Gemisches aus 90 Volumteilen

Benzin (D. 0,70) und 10 Volumteilen absolutem Alkohol gekocht (Rückfluß-kühler). Ungelöstes wird warm abfiltriert und mit dem angegebenen Lösungs-mittelgemisch ausgewaschen. Zur Säurezahlbestimmung wird das Fett dann mit 50%igem Alkohol in etwa halber Menge des vorher insgesamt benötigten Lösungs-mittels verdünnt. Die titrierte Lösung wird nach dem Verjagen des Alkohols mit Salzsäure behandelt und ausgeäthert, der mineralsäurefrei gewaschene ätherische Auszug wie oben titriert. Wegen der Gewinnung des Ätherextrakts s. unten.

Eine besondere Probe des Fettes ist mit verdünnter Salzsäure zu kochen und das quantitativ abgeschiedene Sauerwasser auf die Art der Seifenbasis (meistens Calcium, Magnesium oder Alkalimetalle, auch Ammonium) zu prüfen.

An den Gesamtfettsäuren des Fettes (s. S. 443) wird titrimetrisch das Mole-kulargewicht ermittelt (s. S. 488).

Berechnung:

Gegeben: e = Rohfetteinwaage.
a = Verbrauch $n/10$-Lauge für freie Säuren.
b = Verbrauch $n/10$-Lauge für freie Säuren und an Seifen gebundene Fettsäuren.
M = Mol.-Gew. der Gesamtfettsäuren.
m = Äquivalentgewicht der Seifenbasis (bei Kalkseifen $m = 20$, bei Natronseifen 23, bei Kaliseifen 39).

Berechnet: $$\text{Seifengehalt} = \frac{b-a}{e} \cdot \frac{M+m-1}{100} \%.$$

Bei geringeren Seifenmengen (bis zu 5%) genügt es, 280 als mittleres Mole-kulargewicht der Fettsäuren anzusetzen.

Hier sei besonders auf die Vorschläge von Cl. Bauschinger hingewiesen. Er hat zur Ergänzung der Einheitsmethoden die Verwendung von Bromphenolblau bei der Rohfettuntersuchung vorgeschlagen, um Seife, wasserlösliche anorgani-sche und organische Säuren als Verunreinigung nachzuweisen.

Anmerkung: In den neuen DGF-Einheitsmethoden sind im Abschnitt über die Bestimmung der Hauptbestandteile der Fette zwei Begriffe aus den früheren Wizöff-Methoden nicht mehr aufgenommen, und zwar der des Ätherextrakts und der des Neutralfetts.

Der Ätherextrakt eines Fettes enthielt nach der früheren Vorschrift außer den verseifbaren Anteilen die Beimengungen anderer ätherlöslicher Stoffe (natürliche und beigemengte unverseifbare Anteile, Harze, Naphthensäuren usw.) sowie die an Basen gebundenen Fettsäuren. Es hat sich aber gezeigt, daß die Bestimmung des Ätherextrakts in vielen Fällen unsicher und wenig genau ist. Statt den Ätherextrakt, der ja im allgemeinen den Hauptbestandteil eines Fettes bis auf wenige Prozent ausmacht, zu bestimmen, ist in den neuen DGF-Methoden das Hauptgewicht, wie bereits beschrieben, auf die Ermittlung der Einzelbestandteile und Verunreinigungen gelegt, aus denen die Zusammensetzung eines Fettes, auch in bezug auf die wirtschaft-lich wichtigen Bestandteile, genauer definiert werden kann, als durch den früheren Ätherextrakt.

Der Begriff Neutralfett ist wegen seiner begrifflichen Ungenauigkeit in den neuen Methoden fortgelassen worden. Er wurde sehr oft mit ganz verschiedenen Bedeutungen verwendet.

e) Chemische Kennzahlen.

Die chemischen Kennzahlen sind wichtige Hilfsmittel für die Kennzeichnung der Fette. Die bisher gültigen und auch von den deutschen Gerbereichemikern anerkannten Methoden der Wizöff (1930) für ihre Bestimmung sind nach lang-jährigen Arbeiten von H. P. Kaufmann und seinen Mitarbeitern in neuer Fassung in den DGF-Einheitsmethoden (Abteilung C V, 1954) veröffentlicht worden. Die Methoden der für den Gerbereichemiker wichtigsten Kennzahlenbestim-

mungen sind hier im Wortlaut wiedergegeben. Siehe im übrigen Fußnote [1] auf
S. 464, die für den Text auch dieser Kennzahlenvorschriften gültig ist.

Die Bestimmung der chemischen Kennzahlen wird an den — falls notwendig —
filtrierten und von Wasser, Alkali und Mineralsäuren befreiten Proben vorgenommen. Feste Fette sind bei einer wenig über dem Schmelzpunkt der festen Bestandteile liegenden Temperatur zu reinigen. Enthält das Fett flüchtige Fettsäuren,
so werden die Kennzahlen, soweit möglich, ohne diese Vorbehandlung bestimmt.
In diesem Falle ist der Gehalt an Wasser und Verunreinigungen gesondert festzustellen und bei der Berechnung der Kennzahlen zu berücksichtigen, sofern
dieselben auf das von Verunreinigungen und Wasser freie Fett bezogen werden
sollen.

Werden ausnahmsweise und soweit möglich Kennzahlen an nicht vorbehandelten Proben bestimmt, so ist dies ausdrücklich im Attest zu vermerken.

Sämtliche Bestimmungen werden mindestens zweimal ausgeführt.

x) Säurezahl.

DGF-Einheitsmethode C V 2 (53).

Erläuterung:

Der Säuregehalt einer nicht vorbehandelten Fettprobe kann von Mineralsäuren, freien organischen Säuren oder einem Gemisch aus beiden Säuren herrühren. Der Gehalt an Mineralsäuren wird besonders bestimmt, die hierfür
benutzte Probe kann nach Filtrieren und Trocknen zur Bestimmung der Säurezahl dienen.

Begriff:

Die Säurezahl (SZ) gibt die Anzahl mg KOH an, die notwendig ist, um die
in 1 g Fett enthaltenen freien organischen Säuren zu neutralisieren.

Zweck:

Die Säurezahl dient zur Kennzeichnung und Reinheitsprüfung von Fetten
und Fettsäuren sowie zur Errechnung des Gehaltes an freien Fettsäuren.

Verfahren:

1 bis 3 g der filtrierten, von Wasser und Mineralsäure befreiten Fettprobe
werden in etwa 100 ml einer neutralen Mischung aus gleichen Raumteilen Äthanol
(95%) und Äthyläther gelöst. Nach Zusatz von einigen Tropfen einer 1%igen
alkoholischen Phenolphthalein-Lösung titriert man rasch mit 0,5 n alkoholischer
Kalilauge — im Falle eines kleinen Säuregehaltes mit 0,1 n alkoholischer Kalilauge — bis zum Farbumschlag des Indikators. Der Endpunkt der Titration
ist erreicht, wenn die Rotfärbung der Lösung einige Sekunden bestehen bleibt.

Berechnung:

Unter Berücksichtigung der verbrauchten ml Kalilauge und der Einwaage
wird die Säurezahl errechnet.

$$SZ = \frac{a \cdot 28{,}05}{E}.$$

a = verbrauchte ml 0,5 n Kalilauge,

E = Einwaage in g.

β) Verseifungszahl.

DGF-Einheitsmethode C V 3 (53).

Erläuterung:

Die Verseifungszahl ist ein Maß für die in einem Fett enthaltenen freien und gebundenen Fettsäuren, die bei der Verseifung mit Lauge in die entsprechenden Seifen übergeführt werden.

Begriff:

Die Verseifungszahl (VZ) gibt die Anzahl mg KOH an, die notwendig ist, um 1 g Fett zu verseifen.

Zweck:

Die Verseifungszahl dient zur Kennzeichnung und Reinheitsprüfung von Fetten und Fettstoffen sowie zur Errechnung der Zusammensetzung.

Verfahren:

2 g der filtrierten, von Wasser und Mineralsäure befreiten Probe werden in einem Kolben von 250 ml Inhalt aus alkalibeständigem Glas auf $\pm$ 0,005 g genau eingewogen und mit 25,0 ml etwa 0,5 n alkoholischer Kalilauge versetzt. Sodann gibt man in den Kolben ein Siedesteinchen[1], verbindet mit einem Rückflußkühler und erhitzt unter leichtem Sieden mindestens 30 Minuten, wobei von Zeit zu Zeit umzuschütteln ist. Die verseifte heiße Lösung versetzt man mit einigen Tropfen einer 1%igen alkoholischen Phenolphthaleinlösung und titriert mit 0,5 n wässriger Salzsäure bis zum Farbumschlag des Indikators. Unter den gleichen Bedingungen wird ein Blindversuch ausgeführt.

Berechnung:

Unter Berücksichtigung der im Blind- und Hauptversuch verbrauchten 0,5 n Salzsäure und der Einwaage wird die Verseifungszahl errechnet.

$$ VZ = \frac{(b - a) \cdot 28,05}{E}. $$

a = verbrauchte ml 0,5 n Salzsäure im Hauptversuch,

b = verbrauchte ml 0,5 n Salzsäure im Blindversuch,

E = Einwaage in g.

Anmerkung: Die alkoholische Kalilauge färbt sich bei längerem Aufbewahren gelb oder braun, wenn der zur Herstellung verwandte Alkohol nicht gereinigt wurde. Um diese Veränderung zu verhindern, bewährt sich folgende Herstellungsweise der Lauge: Zu einer Lösung von 10 g Kaliumhydroxyd in höchstens 5 ml Wasser fügt man 1 Liter Äthylalkohol, der mit Benzin vergällt sein kann, und darauf etwa 5 g Zinkstaub. Man kocht 2 Stunden auf dem Wasserbad unter Rückflußkühlung und destilliert den Alkohol anschließend ab. Zur Bereitung von etwa 0,5 n alkoholischer Kalilauge löst man 35 g Kaliumhydroxyd in 20 ml Wasser und füllt mit dem gereinigten Alkohol auf 1 Liter auf. Die Lösung bleibt einen Tag verschlossen stehen und wird dann schnell in eine mit Gummistopfen zu verschließende braune Flasche dekantiert.

Der Alkoholgehalt der Verseifungslösung soll mindestens 90% betragen. Auf die Anwendung eines genügenden Laugenüberschusses von etwa 100% ist zu achten.

Bei erfahrungsgemäß schwer verseifbaren Fetten wird die Verseifungsdauer entsprechend erhöht. Bei Wachsen und anderen sehr schwer verseifbaren Stoffen sind an Stelle von Äthanol höhere Alkohole bzw. deren Gemische mit geeigneten Kohlenwasserstoffen als Lösungsmittel zu wählen.

---

[1] Zu beziehen von J. P. Pöllath KG., Zeil a. M.

Bei dunklen Fetten ist die Erkennung des Umschlagpunktes von Phenolphthalein schwierig. Daher verwendet man statt dessen Alkaliblau 6 B, das als 2,5%ige alkoholische Lösung zur Anwendung kommt, von der jeweils etwa 0,3 ml zugesetzt werden. Die Verwendung eines Kolbens mit seitlichem Ansatz, z. B. eines Baader-Kolbens, erleichtert die Erkennung des Umschlagpunktes.

γ) Esterzahl.
DGF-Einheitsmethode C V 4 (53).

Erläuterung:

Die Esterzahl ist ein Maß für den Gehalt eines Fettes oder Wachses an Estern. Bei säurefreien Fetten ist sie mit der Verseifungszahl identisch.

Begriff:

Die Esterzahl (EZ) gibt die Anzahl mg KOH an, die notwendig ist, um die in 1 g Fett oder Wachs enthaltenen Ester zu verseifen.

Zweck:

Die Esterzahl kann zur Errechnung des Gehaltes an Estern dienen und ist besonders in der Wachsanalyse von Bedeutung.

Verfahren:

Die Ermittlung der Esterzahl ist nur dann sinnvoll, wenn die zu untersuchende Probe keine Anhydride oder Lactone enthält. Bei Abwesenheit dieser Stoffe ergibt sich die Esterzahl als Differenz zwischen Verseifungszahl und Säurezahl.

Zur direkten Bestimmung der Esterzahl wägt man 2 g der Probe auf $\pm\,0{,}005$ g genau ab, löst in 50 ml neutralen Gemisches von Äthanol und Benzol (1 : 1) und neutralisiert vorsichtig mit etwa 0,5 n alkoholischer Kalilauge bei Gegenwart von Phenolphthalein als Indikator. Sodann fügt man 25 ml etwa 0,5 n alkoholische Kalilauge hinzu und verfährt wie bei der Bestimmung der Verseifungszahl.

Berechnung:

$$EZ = VZ - SZ$$
$$\text{oder } EZ = \frac{(b-a)\cdot 28{,}05}{E},$$

a = verbrauchte ml 0,5 n Salzsäure im Hauptversuch,
b = verbrauchte ml 0,5 n Salzsäure im Blindversuch,
E = Einwaage in g.

Anmerkung: Es empfiehlt sich, die Bestimmung der Säurezahl und Verseifungszahl und damit auch der Esterzahl an einer einzigen Einwaage vorzunehmen, um den Einfluß von Wägefehlern weitgehend herabzumindern.

δ) Auswertung der Säurezahl, Verseifungszahl und Esterzahl.
DGF-Einheitsmethode C V 5 (53).

Die nachstehend angegebene Auswertung der Säurezahl, Verseifungszahl und Esterzahl ist nur anwendbar bei Fetten, die ihre Fettsäuren in freier Form oder verestert als Triglyceride, nicht aber als innere Ester oder als Anhydride enthalten. Ferner dürfen Fettbegleitstoffe, wie Unverseifbares, Phosphatide u. ä., nur in ganz geringen Mengen vorhanden sein. Zur Ermittlung des mittleren Molekular-Gewichtes der Gesamtfettsäuren ist deren Verseifungszahl zu benutzen, da bei Verwendung der Säurezahl etwa vorhandene Anhydride, Lactone u. ä. nicht in Rechnung gestellt würden.

Gegeben:

SZ, VZ, EZ des Fettes, VZ der Gesamtfettsäuren (VZs).

Berechnet:

$$\text{Mittleres Molekular-Gewicht der Gesamtfettsäuren} = \frac{56\,110}{\text{VZs}},$$

$$\% \text{ Freie Fettsäuren} = \frac{100 \cdot \text{SZ}}{\text{VZs}} = \frac{100 \cdot \text{SZ} \cdot \text{Mittl. Mol.-Gew.}}{56\,110},$$

$$\% \text{ Gesamtfettsäuren} = \frac{100 \cdot \text{VZ}}{\text{VZs}}.$$

$$\% \text{ Triglyceride} = 100 - \frac{100 \cdot \text{SZ}}{\text{VZs}},$$

$$\% \text{ Glycerin} = 0{,}0547 \cdot \text{EZ}.$$

Sofern die Art des Fettes bekannt ist, kann das für die Errechnung des Säuregehaltes benötigte mittlere Molekular-Gewicht der freien Gesamtfettsäuren auch aus Tabelle 20 (S. 475) entnommen werden.

Der ungefähre Gehalt an freien Fettsäuren kann auch aus der Säurezahl allein errechnet werden, wenn die Art des untersuchten Fettes annähernd bekannt ist. In derartigen Fällen sind die in nachstehender Tabelle enthaltenen Umrechnungsfaktoren zu benutzen.

Art des Fettes	1 SZ-Einheit entspricht % freien Fettsäuren	berechnet als	Molekular-Gewicht
Kokos-, Palmkern-, Tukuman-, Babassufett u. dgl.	0,346	Laurinsäure	200
Palmfett	0,456	Palmitinsäure	256
Ölsäurereiche Fette	0,503	Ölsäure	282
Ricinusöl	0,53	Ricinolsäure	298
Rüböl	0,602	Erucasäure	338

Aus der Höhe der Verseifungszahl kann auf das Vorliegen bestimmter Fettsäuren geschlossen werden. VZZ um 190 sind charakteristisch für Fette, die hauptsächlich unsubstituierte Säuren der C_{18}-Reihe enthalten. Bei Gegenwart höher molekularer Fettsäuren, wie Erucasäure, werden entsprechend niedrigere VZZ, meist um 175, gefunden. VZZ um 200 bis 210 deuten auf das Vorhandensein von Palmitinsäure neben Säuren der C_{18}-Reihe hin, während höhere VZZ — um 240 bis 250 — den Fetten eigen sind, die Laurin- und Myristinsäure und andere niedrigmolekulare Säuren enthalten.

ε) Jodzahl.

DGF-Einheitsmethode C V 11 a—c (53).

Erläuterung:

Die Jodzahl bildet ein Maß für den Gehalt eines Fettes an ungesättigten Verbindungen. Sie beruht auf der Anlagerung von Halogen an die Lückenbindungen der Fettsäuren bzw. Fettsäurereste, wobei der zahlenmäßige Wert in gewissen Grenzen von der angewandten Arbeitsweise abhängt. Auf das Ausmaß der Anlagerung sind außer der Konstitution des Fettes, der Art des Halogens und des Lösungsmittels auch die äußeren Bedingungen wie Reaktionszeit, Temperatur und Belichtung von Einfluß. Es ist daher das angewandte Verfahren stets anzugeben.

Begriff:

Die Jodzahl (JZ) gibt die Teile Halogen, berechnet als Jod, an, welche 100 Teile Fett unter bestimmten Bedingungen zu binden vermögen.

Zweck:

Die Jodzahl ist ein Maß für den Gehalt an ungesättigten Verbindungen. Sie dient zur Reinheitsprüfung und Kennzeichnung, im Verein mit anderen Kennzahlen auch zur Berechnung der quantitativen Zusammensetzung von Fetten und Fettsäuregemischen.

Abkürzung: JZ (Hanus), JZ (Kaufmann), JZ (Wijs).

Anmerkung: Bei den nachstehend beschriebenen Bestimmungen muß die Halogenlösung in einem derartigen Überschuß vorhanden sein, daß die übrigbleibende Halogenmenge etwa der aufgenommenen entspricht. Deshalb richtet sich die Größe der Einwaage nach der zu erwartenden Jodzahl. Bei sehr niedrigen Jodzahlen (< 5) ist es oft ratsam, eine höhere Einwaage als angegeben zu wählen. Dabei kann es erforderlich werden, daß auch die Menge des Lösungsmittels erhöht werden muß, was bei dem Blindversuch entsprechend zu berücksichtigen ist.

Ausführung der JZ-Bestimmung nach Hanus.

Die Größe der Einwaage ist folgender Aufstellung zu entnehmen:

Erwartete JZ	Einwaage in g
0— 30	1,0
30— 50	0,6
50—100	0,3
100—150	0.2
150—200	0,15

Das Fett wird in einen sorgfältig gereinigten 200 ml-Kolben mit weiter Öffnung und Schliffstopfen (Jodzahl-Kolben) eingewogen und in 10 ml Chloroform gelöst. Nach Hinzufügen von genau 25 ml Jodmonobromid-Lösung[1] verschließt man den Kolben, schwenkt kurz und läßt 1 Stunde im Dunkeln stehen. Dann fügt man 20 ml einer reinen, jod- und jodatfreien 10%igen Kaliumjodidlösung sowie etwa 100 ml dest. Wasser hinzu und titriert das freie Jod mit 0,1 n-Thiosulfatlösung zunächst bis zur Gelbfärbung und nach Zusatz von Stärkelösung bis zur Farblosigkeit. Gleichzeitig wird in der gleichen Weise ein Blindversuch angesetzt.

Berechnung:

Unter Zugrundelegung der verbrauchten ml 0,1 n Natriumthiosulfat-Lösung im Blind- und Hauptversuch sowie der Einwaage wird die Jodzahl errechnet.

$$JZ = \frac{(b-a) \cdot 1{,}269}{E}.$$

a = verbrauchte ml 0,1 n Thiosulfat-Lösung im Hauptversuch,

b = verbrauchte ml 0,1 n Thiosulfat-Lösung im Blindversuch,

E = Einwaage in g.

---

[1] Herstellung der Jodmonobromidlösung. 10 g Jodmonobromid werden in 500 ml reiner alkoholfreier Essigsäure gelöst. Die Lösung ist möglichst in einer braunen Flasche mit Schliffstopfen aufzubewahren.

Ausführung der JZ-Bestimmung nach H. P. Kaufmann.

Die Größe der Einwaage ist folgender Aufstellung zu entnehmen:

Erwartete JZ	Einwaage in g
0— 20	0,5 —1,0
20— 60	0,3 —0,5
60—120	0,2
120 und mehr	0,10—0,12

Berechnung wie bei Hanus.

Das Fett wird in einem Miniaturbecherglas eingewogen, mit diesem in den Jodzahlkolben gebracht und in 10 ml Chloroform gelöst. Dann läßt man 25 ml der Bromlösung[1] zufließen, wobei ein Teil des Natriumbromids ausfällt. Hierauf läßt man 30 Minuten, bei Fetten mit hoher Jodzahl 2 Stunden, im Dunklen stehen. Nach Hinzufügen von 15 ml 10%iger Kaliumjodidlösung titriert man mit 0,1 n-Thiosulfatlösung. Gleichzeitig wird in derselben Weise ein Blindversuch angesetzt.

Ausführung der JZ-Bestimmung nach Wijs.

Herstellung der Jodmonochlorid-Lösung:

Man löst ungefähr 9 g Jodtrichlorid in 1 Liter einer Mischung von 700 ml Eisessig, analysenrein, und 300 ml trockenem Tetrachlorkohlenstoff. Nun bestimmt man die Halogen-Konzentration, indem man mit Hilfe einer Bürette 5 ml abmißt, sodann 5 ml einer 10%igen Kaliumjodid-Lösung und 300 ml Wasser hinzufügt, worauf man mit 0,1 n Natriumthiosulfat-Lösung und Stärke als Indikator in üblicher Weise titriert. Zu der Jodtrichlorid-Lösung gibt man dann 10 g gepulvertes Jod hinzu und schüttelt, bis alles gelöst ist. Nunmehr soll der Halogen-Gehalt, der erneut nach obiger Vorschrift bestimmt wird, gegenüber dem Wert der ersten Bestimmung mindestens $1^1/_2$mal so groß sein. Zweckmäßig wird diese Grenze etwas überschritten, damit keine Spur von Jodtrichlorid übrigbleibt, weil dadurch unerwünschte Reaktionen veranlaßt werden können. Die Lösung wird filtriert und mit Eisessig oder mit einer Mischung von Eisessig und Tetrachlorkohlenstoff verdünnt, bis sie genau 0,2 n ist. In einer gutverschlossenen Flasche und vor Licht geschützt aufbewahrt, ist sie lange Zeit haltbar.

Die Größe der Einwaage ist folgender Aufstellung zu entnehmen:

Erwartete JZ	Einwaage in g
0— 30	1,0
30— 50	0,6
50—100	0,3
100—150	0,2
150—200	·0,15

Das Fett wird in ein Miniaturbecherglas eingewogen und in einen sorgfältig gereinigten und getrockneten Jodzahl-Kolben gebracht. Man löst in 50 ml Tetrachlorkohlenstoff und gibt mit Hilfe einer Bürette genau 25 ml Reagens hinzu. Nach dem Verschließen schüttelt man leicht um und läßt 1 bis 2 Stunden

---

[1] Herstellung der Bromlösung. In 100 Teilen Methanol (über gebranntem Kalk destilliert oder Markenware) werden 12 bis 15 Teile Natriumbromid, das bei 130° getrocknet wurde, gelöst. Zur Herstellung der Bromlösung gießt man 1 l der Natriumbromidlösung ab und läßt dazu aus einer kleinen Bürette mit Glasstopfen 5,2 ml Brom („Zur Analyse") zufließen.

(in den meisten Fällen genügt 1 Stunde, bei polymerisierten oder oxydierten Ölen sind 2 Stunden erforderlich) im Dunkeln stehen. Nach Zufügen von 20 ml einer 10%igen Kaliumjodid-Lösung und etwa 150 ml Wasser wird mit 0,1 n Natriumthiosulfat-Lösung und Stärke-Lösung als Indikator titriert. Gegen Ende der Titration muß kräftig geschüttelt werden. In gleicher Weise wird ein Blindversuch ausgeführt.

ζ) Rhodanzahl.

DGF- Einheitsmethode C V 13 (53).

Erläuterung:

Das freie Rhodan zeigt in seinen chemischen Eigenschaften große Ähnlichkeit mit den Halogenen. Es wird selektiv von Polyenfettsäuren angelagert[1], so daß die aus dieser Reaktion abgeleitete Kennzahl zur quantitativen Ermittlung der Zusammensetzung von Fetten benutzt werden kann. Rhodan ist infolge seiner chemischen Eigenschaften schwerer zu handhaben als die Halogene, so daß die Versuchsbedingungen des nachstehend beschriebenen Verfahrens genauestens einzuhalten sind.

Begriff:

Die Rhodanzahl (RhZ) gibt die Teile Rhodan, berechnet auf die äquivalente Menge Jod, an, die von 100 Teilen Fett unter bestimmten Bedingungen gebunden werden.

Zweck:

Die Rhodanzahl dient zusammen mit anderen Kennzahlen zum Nachweis und zur Bestimmung von mehrfach ungesättigten Verbindungen in Fetten.

Verfahren:

Herstellung der Reagenzien:

Eisessig (99 bis 100%), analysenrein, wird über 1% Chromsäureanhydrid 2 Stunden am Rückflußkühler zum Sieden erhitzt und darauf mit Hilfe einer Widmer-Kolonne destilliert. Die Fraktion mit Sdp. 118 bis 120° wird gesondert aufgefangen und für die Herstellung der Rhodanlösung benutzt.

Essigsäureanhydrid ist durch Destillation so oft zu reinigen, bis der Rückstand nicht mehr braun gefärbt ist. Meistens genügt 2- bis 3maliges Destillieren.

Tetrachlorkohlenstoff wird mehrere Male mit verd. Schwefelsäure und darauf einmal mit 30%iger wässriger Kalilauge ausgeschüttelt. Nach dem Trocknen über festem Ätzkali fraktioniert man unter Zusatz von 10% Phosphorpentoxyd mit Hilfe einer Widmer-Kolonne. Die von 76 bis 78° übergehende Fraktion wird gesondert aufgefangen und zur Herstellung der Rhodanlösung benutzt.

Bleirhodanid muß von größter Reinheit sein, da Verunreinigungen die Haltbarkeit der Rhodanlösungen stark beeinflussen[2]. Zur Herstellung eines brauchbaren Präparates werden 190 g Bleiacetat, analysenrein, in 1 Liter 30%iger Essigsäure (hergestellt aus reinstem über Chromsäureanhydrid dest.

---

[1] Also im Gegensatz zu JBr und JCl nicht von allen Doppelbindungen! (Anm. des Herausgebers.)

[2] „Bleirhodanid zur Rhodanzahl-Bestimmung" wird von E. Merck, Darmstadt, geliefert.

Eisessig) gelöst und filtriert. Unter dauerndem Rühren fügt man eine Lösung von 76 g Ammoniumrhodanid in 300 ml Wasser hinzu und filtriert nach 5 Minuten den ausgefallenen Niederschlag ab. Man wäscht mit verd. Essigsäure erschöpfend aus und trocknet im Vakuumexsikkator aus braunem Glas über Phosphorpentoxyd mindestens 14 Tage, bevor das Präparat benutzt wird.

Brom, analysenrein, wird zweckmäßig in einer kleinen Bürette mit eingeschliffenem Stopfen vorrätig gehalten.

Herstellung der Rhodanlösung:

6 Volumteile gereinigter Eisessig werden mit 1 Volumteil frisch destilliertem Essigsäureanhydrid und 3 Volumteilen gereinigtem Tetrachlorkohlenstoff versetzt. Vor der erstmaligen Benutzung bleibt dieses Gemisch mindestens 14 Tage stehen. In eine bei 100° getrocknete Flasche aus Jenaer Glas von 250 ml Inhalt mit eingeschliffenem Stopfen gibt man 200 ml dieses Gemisches und fügt 6 g Bleirhodanid (Handwaage) hinzu. Dazu läßt man 0,6 ml Brom aus der Bürette zufließen und schüttelt bis zur Entfärbung. Nach dem Filtrieren durch einen Trichter mit Doppelfilter, bei 100° getrocknet, ist die Lösung, welche farblos sein muß, gebrauchsfertig.

Titerstellung. Mit Hilfe einer getrockneten Pipette entnimmt man 20 ml Rhodanlösung und läßt in einen getrockneten Jodzahl-Kolben fließen. Mit einem Guß werden 25 ml 10%ige Kaliumjodid-Lösung zugegeben, worauf man gut umschwenkt und mit der gleichen Menge Wasser verdünnt. Das ausgeschiedene Jod titriert man mit 0,1 n Natriumthiosulfat-Lösung und Stärke als Indikator.

Ausführung der Bestimmung:

Die Einwaage richtet sich nach der erwarteten Rhodanzahl und ist samt der hinzuzufügenden ml Rhodanlösung aus folgender Aufstellung zu entnehmen:

Erwartete Rhodanzahl	Einwaage in g	ml Rhodanlösung
0— 30	0,5	25
30— 50	0,3	25
50—100	0,15	25
100—150	0,2	50
über 150	0,15	50

Das Fett wird in einem Miniaturbecherglas auf $\pm 0,5\%$ der Einwaage genau eingewogen und mit diesem in einen Jodzahlkolben gebracht. Dazu läßt man genau 25 bzw. 50 ml Rhodanlösung zufließen, schwenkt nach Verschließen des Kolbens um und läßt 24 Stunden im Dunkeln stehen. Darauf gießt man in einem Guß 10%ige Kaliumjodid-Lösung hinzu, deren Menge ungefähr gleich der angewandten Menge Rhodanlösung sein soll. Nach kräftigem Umschütteln wird mit der gleichen Menge Wasser verdünnt und mit 0,1 n Natriumthiosulfat-Lösung und Stärke als Indikator titriert.

Sämtliche bei der Bestimmung der Rhodanzahl, bei der Titerstellung usw. benutzten Geräte müssen vollständig trocken sein. Sie werden vor Gebrauch mehrere Stunden lang bei 100° im Trockenschrank getrocknet. Die Haltbarkeit der Rhodanlösung ist auf das Ergebnis der Bestimmung von wesentlichem Einfluß. Daher ist die Titerstellung nach Ablauf der Reaktionszeit (24 Stunden) zu wiederholen. Lösungen, bei denen ein Titerrückgang von mehr als 0,3% der verbrauchten ml 0,1 n Thiosulfat-Lösung festgestellt wird, sind nicht brauchbar.

Berechnung:

Unter Zugrundelegung des Titers der Rhodanlösung stellt man die Anzahl der verbrauchten ml 0,1 n-Natriumthiosulfat-Lösung fest und errechnet die Rhodanzahl, indem man diesen Verbrauch unter Berücksichtigung der Einwaage auf Jod bezieht.

$$\text{RhZ.} = \frac{(b - a) \cdot 1{,}269}{E}.$$

a = Verbrauch ml 0,1 n-Thiosulfat im Hauptversuch,

b = Verbrauch ml 0,1 n-Thiosulfat bei der Titerstellung (bei Vorlage von 25 bzw. 30 ml Rhodanlösung.

E = Einwaage in g.

η) Polybromidzahl[1].
DGF- Einheitsmethode C V 16 (53).

Erläuterung:

Die Bromaddukte ungesättigter Fettsäuren unterscheiden sich voneinander durch ihre Löslichkeit und ihr Schmelzverhalten in der Weise, daß mit zunehmendem Bromgehalt die Löslichkeit abnimmt und der Schmelzpunkt ansteigt. Auf diese Eigenschaften gründet sich das nachstehend beschriebene Verfahren zur Abtrennung eines Teiles der Bromverbindungen von Linolensäure sowie von höher ungesättigten Fettsäuren, die in Seetier- und Lebertölen enthalten sind. Diese Fettsäuren bilden keine einheitlichen Bromderivate, so daß das angegebene Verfahren nicht zu ihrer quantitativen Ermittlung geeignet ist und nur bei Einhaltung der angegebenen Versuchsbedingungen zu gleichbleibenden Ergebnissen führt.

Begriff:

Die Polybromidzahl (Br_xZ) gibt die Teile Polybromid an, die unter bestimmten Bedingungen aus 100 Teilen Fett gewonnen werden können.

Zweck:

Die Polybromidzahl dient zur Kennzeichnung der Linolensäure und höher ungesättigte Fettsäuren enthaltenden Fette und ist bei Abwesenheit der letzteren ein Maß für den Linolensäure-Gehalt eines Fettes.

Ausführung:

Herstellung der Fettsäuren: 5 g Öl werden durch $^1/_2$stündiges Kochen auf kleiner Flamme unter Rückflußkühlung mit 25 ml 1 n-alkoholischer Kalilauge verseift. Zu Anfang des Erwärmens muß geschüttelt werden, bis die Masse homogen wird, um ein Überhitzen des Öls zu vermeiden.

Die Seifenlösung wird in 50 ml Wasser aufgenommen und in einen Scheidetrichter gebracht, wobei insgesamt noch 80 ml Wasser zu mehrmaligem Auswaschen verwendet werden.

Man fügt 50 ml Äther hinzu und zersetzt die Seife mit einem leichten Überschuß von 1 n-Salzsäure (Methylorange). Damit sich die freien Fettsäuren gut

---

[1] Es sei hier darauf hingewiesen, daß die neuen DGF-Einheitsmethoden nicht mehr zwischen Hexabromiden und Dekabromiden unterscheiden und deshalb weder die Hexabromidzahl noch die Hexabromidprobe noch die Dekabromidprobe kennen. Hexa- und Dekabromid wurden in den früheren Vorschriften nach ihrer verschiedenen Benzollöslichkeit und ihren verschiedenen Schmelzpunkten (175,8 und oberhalb 190°) unterschieden.

auflösen, wird kräftig geschüttelt. Nach dem Abtrennen läßt man das alkoholische Sauerwasser in einen anderen Scheidetrichter fließen und zieht nochmals mit 50 ml Äther aus.

Die beiden Ätherauszüge werden in einem Scheidetrichter vereinigt und dreimal mit je 50 ml einer wässerigen 10%igen Kochsalzlösung gewaschen. Man läßt die ätherische Lösung in einen 100 ml-Meßkolben ab und füllt diesen bis zur Marke mit Äther auf. Eine kleine Menge wasserfreies Natriumsulfat wird als Trockenmittel zugegeben. Man verschließt und schüttelt gut um.

Wird die Bromierung nicht sofort ausgeführt, so empfiehlt es sich, die Luft im Kolbenhals durch CO_2 zu ersetzen, den Kolben zu verschließen und ihn lichtgeschützt aufzubewahren.

Bromieren: Man bromiert mit einer Lösung von 4 ml Brom (bei 0° C gekühlt) in 100 ml Äther derselben Temperatur. Zur Herstellung der Lösung läßt man das Brom entlang der Gefäßwand in den auf 0° gekühlten Äther unter Rühren einfließen.

Man wägt ein Röhrchen von etwa 80 ml Inhalt, in das man vorher etwa 0,1 g Polybromide desselben oder eines ähnlichen Öls gebracht hat. Die Polybromide müssen sehr fein verrieben sein. Dann gießt man in das Röhrchen genau 20 ml der ätherischen Fettsäurelösung und rührt, um die Polybromide aufzuschwemmen. Das Röhrchen wird verschlossen und für etwa 15 Minuten in schmelzendes Eis gebracht. Man rührt, um die Flüssigkeit mit Polybromiden zu sättigen.

Nach Ablauf dieser Zeit werden 20 ml Bromlösung in kleinen Mengen, besonders am Anfang unter beständigem Rühren, hinzugefügt, wobei man das Röhrchen in das schmelzende Eis hält, so daß die Temperatur 1 bis 2° C nicht übersteigt.

Wenn so zwei Drittel der ätherischen Bromlösung hinzugegeben sind, kann der Rest schneller zugefügt werden, wobei die letzten Milliliter zum Abspülen der Wände des Röhrchens dienen. Man verschließt das Glas und läßt es drei Stunden in schmelzendem Eis stehen.

Gleicherweise und gleichzeitig wird ein Blindversuch durchgeführt. Man gibt in ein Röhrchen, das die gleiche Menge Polybromide enthält, nachdem man das Gewicht des Röhrchens einschließlich Polybromiden ermittelt hat, 40 ccm Äther und stellt dies 3 Stunden in schmelzendes Eis, währenddessen man tüchtig umschüttelt, um sicher zu sein, daß sich der Äther mit den Polybromiden sättigt.

Filtrieren: Man filtriert durch einen tarierten Glasfiltertiegel(G_4), der von schmelzendem Eis umgeben ist. Die Filtergeschwindigkeit wird durch Anwendung eines leicht verminderten Druckes erhöht, der aber vor Ende jeder Waschung aufgehoben wird, um zu verhindern, daß die Polybromide zusammenbacken.

Der für die Waschungen verwandte Äther muß auf 0° gekühlt werden und in 100 ml 0,06 g Polybromide enthalten. Es wird nacheinander zweimal mit je 20 ml und zweimal mit je 10 ml Äther gewaschen. Nach jedem Waschen, das man durch Hinabfließenlassen der Lösung entlang den Seitenwänden des Röhrchens ausführt, ist es erforderlich, tüchtig zu schütteln, um die an den Wänden anhaftenden Polybromide abzuspülen. Bevor man in den Tiegel überführt, läßt man auf 0° erkalten. Dasselbe geschieht mit der Blindprobe.

Wenn man mit Fetten arbeitet, die geringe Mengen von Polybromiden ergeben, braucht die zum Waschen verwandte Flüssigkeit jedesmal nur 10 ml betragen und die Anzahl der Waschungen kann auf drei beschränkt werden.

Trocknen: Tiegel und Röhrchen werden in einen Trockenschrank gebracht, dessen Temperatur allmählich auf 95 bis 100° gesteigert wird. Man läßt sie 30 Minuten bei dieser Temperatur stehen. Nach dem Erkalten wird gewogen.

Berechnung:

$$\mathrm{Br_x\,Z.} = \frac{(p_1 - p_2) \cdot 100}{E}.$$

$p_1 =$ Gewicht des beim Blindversuch ungelösten Polybromids,

$p_2 =$ Auswaage Polybromid,

$E =$ Einwaage in g.

Bemerkungen: Das zur Verwendung kommende Brom und der Äther müssen chemisch rein und trocken sein.

Die Temperatur darf bei der Bromierung 1 bis 2° C nicht übersteigen.

Die Bromierung muß in einem Lösungsmittel erfolgen, das vorher mit Polybromiden gesättigt ist.

Das Waschen muß mit Äther von 0° C geschehen, der in 100 ml 0,06 g Polybromide gelöst enthalten muß.

Das Kältegemisch muß aus fein gestoßenem Eis und Wasser hergestellt sein, damit die Abkühlung rasch erfolgt.

ϑ) Hydroxylzahl[1].
DGF-Einheitsmethode C V 17a—b (53).

Erläuterung:

Fette können hydroxylhaltige Verbindungen in Form von Oxyfettsäuren, oxydierten Fettsäuren, höher molekularen Alkoholen sowie Mono- und Diglyceriden u. a. enthalten. Mit Rücksicht auf die große Reaktionsfähigkeit dieser Stoffe ist eine quantitative Erfassung der freien Hydroxylgruppen nur unter Einhaltung der nachstehend beschriebenen Versuchsbedingungen möglich.

Begriff:

Die Hydroxylzahl gibt an, wieviel Milligramm KOH nötig sind, um die von 1 g Fett bei der Acetylierung verbrauchte Essigsäure zu neutralisieren.

Zweck:

Ermittlung des Gehaltes von freien Hydroxylgruppen.

Ausführung der Bestimmung:

Verfahren mit Essigsäureanhydrid.

Herstellung des Acetylierungsgemisches: 25 g Essigsäureanhydrid, werden in einem 100-ml-Meßkolben mit Pyridin bis zur Marke aufgefüllt, wobei sorgfältig durchgemischt wird. Die so bereitete Lösung muß vor Feuchtigkeit, Kohlensäure und Säuredämpfen geschützt werden. Eine leichte Verfärbung, die durch die Wirkung des Lichtes verursacht wird, ist ohne Bedeutung. Es empfiehlt sich jedoch, das Acetylierungsgemisch in einer braunen Flasche aufzubewahren. Es sind nur absolut reine und trockene Reagenzien zu verwenden.

---

[1] Über die Bestimmung der Hydroxylzahl in Fettgemischen siehe auch L. Habicht.

Um genaue und wiederholbare Ergebnisse zu erhalten, ist die Einwaage und die Menge des Acetylierungsgemisches so zu wählen, daß auf 1 Mol OH 4 Mol Essigsäureanhydrid kommen.

Tabelle 21. Versuchsmengen bei Ermittlung der Hydroxylzahl.

Erwartete OHZ	Acetylierungsgemisch in ml	Einwaage in g
10—100	5	2,00
100—150	5	1,50
150—200	5	1,00
200—250	5	0,75
250—300	5	0.60
	oder 10	1,20
300—350	10	1,00
bis 700	15	0.75
„ 950	15	0,50
„ 1500	15	0,30
„ 2000	15	0,20

In einen Rundkolben von 150 ccm Inhalt, 55 mm Halslänge und 20 mm Halsweite wird die der vermuteten OHZ entsprechende Fettmenge genau eingewogen. Die Größe der Einwaage und das erforderliche Volumen des Acetylierungsgemisches (s. unten), das genau abgemessen zuzufügen ist, kann man aus der nebenstehenden Tabelle 21 ersehen.

Der Kolben wird hierauf in ein Glycerinbad von 95 bis 100° so gestellt, daß er 1 cm tief eintaucht. Zur Abschirmung des Kolbenhalses gegen aufsteigende Wärme wird der Kolbenhals mit einer durchbohrten Pappscheibe versehen, die am Halsansatz auf der Rundung des Kolbens liegt. Nach 1 Stunde nimmt man den Kolben vom Bad, läßt abkühlen und gibt durch den Trichter 1 ml destilliertes Wasser zu. Entsteht dabei eine Trübung, so kann sie durch Zugabe von wenig Pyridin wieder behoben werden. Dann schüttelt man das Gemisch, das sich durch die Umsetzung des Anhydrids in Säure erhitzt. Um diese Reaktion mit Sicherheit zu Ende zu führen und um die gegebenenfalls gebildeten Anhydride zu zerstören, stellt man den Kolben nochmals 10 Minuten in das Glycerinbad. Dann läßt man wieder auf Zimmertemperatur abkühlen und spült die am Trichter und am Kolbenhals kondensierte Flüssigkeit mit 5 ml neutralisiertem Alkohol (95%ig) in den Kolben. Hierauf titriert man im Kolben mit 0,5 n-alkoholischer KOH in Gegenwart von Phenolphthalein oder, wenn das Gemisch stark braun gefärbt ist, unter Verwendung von Alkaliblau 6 B als Indikator. Gleichzeitig setzt man unter denselben Bedingungen einen Blindversuch an.

Berechnung:

Unter Berücksichtigung der verbrauchten ml 0,5 n Kalilauge im Haupt- und Blindversuch sowie der Säurezahl der Probe und der Einwaage wird die Hydroxylzahl errechnet.

$$\text{OHZ} = \frac{(b-a) \cdot 28,05}{E} + \text{SZ.}$$

a = Verbrauch ml 0,5 n-Alkalilauge im Hauptversuch,

b = Verbrauch ml 0,5 n-Alkalilauge im Blindversuch,

E = Einwaage in g.

Verfahren mit Acetylchlorid: Herstellung des Acetylierungsgemisches: 100 g Acetylchlorid (reinst) werden in 1 Liter Toluol (reinst, wasserfrei) gelöst. Die Lösung ist in Flaschen mit eingeschliffenem Stopfen vor Licht geschützt aufzubewahren.

Ausführung der Bestimmung:

Die Einwaage des zu untersuchenden Fettes ist so zu bemessen, daß bei der Reaktion ein Überschuß an Acetylchlorid in Höhe von mindestens 100% vorhanden ist. Man bringt die in einem Miniaturbechergläschen eingewogene Probe in einen Stehkolben von 100 ml Inhalt und löst in 5 ml Pyridin (reinst, wasserfrei). Mit Hilfe einer Derona-Bürette (Hersteller: E. Dargatz, Hamburg) gibt man genau 5 ml der Acetylierungs-Lösung hinzu, wobei die Auslaufspitze der Bürette gerade in die Lösung eintauchen soll. Dabei ist darauf zu achten, daß Teile des sich bildenden Adduktes aus Pyridin und Acetylchlorid nicht an der Auslaufspitze zurückbleiben. Man verschließt den Kolben mit einem sauberen Gummistopfen und hält 5 Minuten im Wasserbade bei 65 bis 70° unter ständigem Schütteln. Darauf wird unter der Wasserleitung abgekühlt, mit 10 ml Wasser versetzt und kräftig durchgeschüttelt. Sodann erhitzt man 5 Minuten mit aufgesetztem Steigrohr zum Sieden, um die Hydrolyse des überschüssigen Acetylchlorids zu beenden. Nach dem Abkühlen spült man das Steigrohr mit dest. Wasser einige Male durch und titriert die Lösung nach Zusatz von Phenolphthalein mit 0,5 n alkoholischer Kalilauge. In gleicher Weise wird ein Blindversuch ausgeführt.

Die Säurezahl des untersuchten Fettes ist gesondert zu bestimmen.

Berechnung: wie oben.

f) Bestimmung der gesättigten Anteile von Fetten.

Berechnung aus der Rhodanzahl. Die Rhodanzahl ist nicht nur Kennzahl, sondern dient in vielen Fällen auch zur Ermittlung der prozentualen Zusammensetzung von Fetten und der daraus gewonnenen Fettsäuren. Da Rhodan mit einer der beiden Doppelbindungen der Linolsäure reagiert und letztere sich von der Ölsäure nur durch den Mindergehalt von zwei Wasserstoffatomen unterscheidet, kann man bei einem Gemisch von Ölsäure und Linolsäure den Rhodanverbrauch ohne großen Fehler auf einen ungesättigten Bestandteil beziehen, besonders wenn man einen Mittelwert der Molekulargewichte bzw. der theoretischen Rhodanzahlen zugrunde legt.

Für die Glyceride sind die Rhodanzahlen: Ölsäuretriglycerid 86,06, Linolsäuretriglycerid 86,65, Mittelwert demnach 86,36. Bei natürlichen Fetten, die außer gesättigten Glyceriden (G) nur Ölsäure und Linolsäure (bzw. Elaeostearinsäure) enthalten, errechnet man den Anteil an gesättigten Glyceriden wie folgt:

$$(86{,}36 - \text{RhZ.}) : 86.36 = G : 100,$$

demnach

$$G = 100 - 1{,}158 \cdot \text{RhZ.}$$

Hat man die freien Fettsäuren, so sind folgende Rhodanzahlen zugrunde zu legen: Ölsäure 89,93, Linolsäure 90,57, Mittelwert demnach 90,25. Hieraus erhält man für den Prozentgehalt der gesättigten Säuren die Gleichung:

$$G = \frac{100}{90{,}25} \cdot (90{,}25 - \text{RhZ.}),$$

$$G = 100 - 1108 \cdot \text{RhZ.}$$

Gravimetrische Bestimmung s. H. P. Kaufmann (*16*).

g) Physikalische Prüfungsmethoden.

Die folgenden Methoden entsprechen der Neubearbeitung durch die Deutsche Gesellschaft für Fettwissenschaft (Berichterstatter H. P. Kaufmann und J. Baltes) wie sie als ein Teil der einheitlichen Untersuchungsmethoden vorgeschlagen worden sind. Die Methoden weisen gegenüber den alten Einheitsmethoden (Wizöff-Methoden, Kap. 4) so viele Verbesserungen auf, daß ihre Aufnahme in diesen Abschnitt gerechtfertigt ist, zumal da eine Reihe der physikalischen Prüfmethoden auch bei der Untersuchung von Fetten für die Lederindustrie wichtig ist.

Vorbereitung der Proben.

Die physikalischen Prüfungen werden an den — falls notwendig — filtrierten und von Wasser, Alkali und Mineralsäuren befreiten Proben vorgenommen. Prüfungen, die auf besonderes Verlangen am unvorbereiteten Material angestellt werden, sind im Attest zu kennzeichnen. Sämtliche Bestimmungen werden mindestens zweimal ausgeführt.

α) Dichte.

DSF-Einheitsmethode C IV 2 (52).

Erläuterung: Dichte bei $t°$ bedeutet die Masse einer Volumeneinheit, gemessen in g/ml (g durch Wägung in Luft ermittelt) bei der angegebenen Temperatur $t°$ (Zeichen: D_t). Bis auf 0,000027, d. h. mit einer Annäherung, die bei gewöhnlichen Messungen nicht erreicht wird, ist diese Größe identisch mit der Dichte, bezogen auf 1 ml. Die Dichte D_t stimmt zahlenmäßig mit s^t_4, d. h. dem Verhältnis der Gewichtsmengen Öl zum Gewicht der volumengleichen Wassermenge (dem sogenannten spezifischen Gewicht) überein, wenn das Gewicht des Wassers auf das Vakuum reduziert wird; andernfalls ist der Zahlenwert für das spezifische Gewicht s^t_4 um den Faktor 1,00106 größer als die Dichte D_t.

Die Dichte wird — wie die Refraktion — an getrockneten und filtrierten Proben bei 20° bestimmt. Befinden sich die Proben bei dieser Temperatur in einem schlecht definierbaren Zustande, so wird die Bestimmung bei 40°, 60° oder noch höheren Temperaturen vorgenommen. Die genaue Ermittlung der Temperatur ist von Wichtigkeit, da die Dichte der Fette um etwa 0,00068 je Grad variiert. Die Messung kann daher gegebenenfalls auch bei einer Temperatur $t_1°$, die in der Nähe der Bezugstemperatur $t°$ liegt, ausgeführt werden. D_t berechnet sich dann aus D_{t1} nach den Formeln:

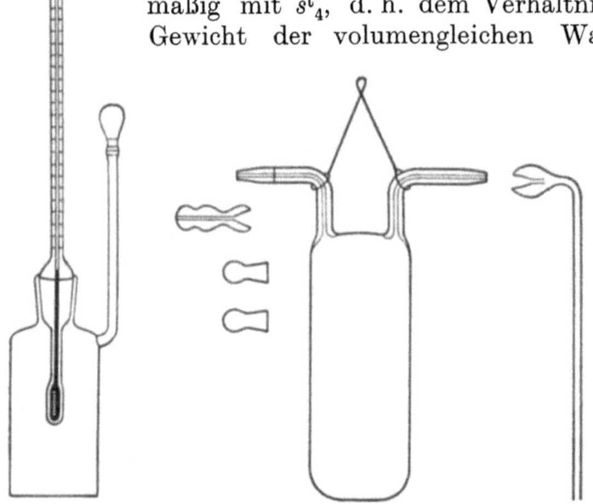

Abb. 3. Pyknometer.

$$D_t = D_{t1} + (t_1 - t) \cdot 0,00068 \quad (\text{für } t_1 > t),$$
$$D_t = D_{t1} - (t - t_1) \cdot 0,00068 \quad (\text{für } t_1 < t).$$

Zweck: Gemäß der vorstehenden Erläuterung dient die Bestimmung der Dichte zur Identifizierung, Reinheitsprüfung usw. Zur Ermittlung anderer physikalischer Kennzahlen ist die Kenntnis der Dichte oftmals Voraussetzung.

Verfahren: Bestimmung mit dem Pyknometer (Abb. 3). Das sorgfältig gereinigte und getrocknete Pyknometer wird nacheinander im leeren Zustande, mit destilliertem Wasser gefüllt und mit dem zu untersuchenden Öl gefüllt gewogen.

Nach den bei der Bezugstemperatur vorgenommenen Füllungen muß das Pyknometer stets zum Temperaturausgleich in ein auf dieser Temperatur gehaltenes Bad gebracht werden und 10 Minuten lang eine bis auf 0,2° gleiche Temperatur zeigen wie das Bad. Nach dem Herausnehmen aus dem Temperierbad wird das Gerät durch Abtupfen der äußeren Wandungen sorgfältig getrocknet.

Die Dichte D bei $t°$ (D_t) der Probe errechnet sich aus folgender Formel:

$$D_t = \frac{(c-a)}{(b-a)} \cdot D_t\,(H_2O);$$

a = Gewicht des leeren Pyknometers;
b = Gewicht des mit Wasser gefüllten Pyknometers bei $t°$;
c = Gewicht des mit Öl gefüllten Pyknometers bei $t°$;
$D_t\,(H_2O)$ = Dichte des Wassers bei $t°$.

Der so gefundene Näherungswert kann unter Berücksichtigung der Luftdichte korrigiert werden: Wenn (D_t) der korrigierte Wert und 0,0012 die Dichte der Luft und 8,4 die Dichte der benutzten Messinggewichte ist, so gilt

$$(D_t) = D_t + 0,0012\left(1 - \frac{D_t}{8,4}\right).$$

Bestimmung an festen Proben unterhalb ihres Schmelzpunktes (bei 20°). Das Pyknometer wird mit Hilfe einer kleinen Pipette zu drei Viertel seiner Höhe mit Fett gefüllt und im Wärmeschrank 1 Stunde bei etwa der Schmelztemperatur des betreffenden Fettes stehen gelassen. Nach dem Erkalten wägt man und füllt mit destilliertem Wasser von $t°$ auf. Damit die Fettoberfläche gründlich benetzt wird und sich keine Luftbläschen festsetzen, ist das Wasser langsam einzugießen. Das Pyknometer wird dann zum Temperaturausgleich 1 Stunde in ein Bad von $t°$ eingebracht, die äußere Wandung sorgfältig abgetupft und gewogen. Die Dichte des Fettes bei $t°$ errechnet sich aus der Formel:

$$D_t = \frac{c-a}{(b-a)-(d-c)} - D_t\,(H_2O);$$

a = Gewicht des leeren Pyknometers;
b = Gewicht des mit Wasser gefüllten Pyknometers;
c = Gewicht des mit Fett unvollständig gefüllten Pyknometers;
d = Gewicht des mit Wasser und Fett gefüllten Pyknometers;
$D_t\,(H_2O)$ = Dichte des Wassers bei $t°$.

Dieser Näherungswert kann unter Berücksichtigung der Luftdichte, wie oben erläutert, korrigiert werden.

Bestimmung an festen Proben oberhalb ihres Schmelzpunktes. Für diesen Zweck wird das Pyknometer nach Sprengel-Ostwald angewandt, das auch bei Vorliegen nur geringer Substanzmengen zweckmäßig ist. Zum Füllen wird das eine Rohrende des Gerätes mit dem aufgeschliffenen Heberröhrchen verbunden. Dann taucht man das Ende des Heberröhrchens in das geschmolzene Fett und saugt am anderen Ende des Pyknometers, bis es mit Fett gefüllt ist. Das gefüllte Pyknometer wird nun zum Temperaturausgleich in ein Bad gebracht, das auf eine Bezugstemperatur oberhalb des Schmelzpunktes der Fettprobe temperiert ist. Nach einstündigem Verweilen in dem Bad tupft man die äußeren Wandungen sorgfältig ab, läßt erkalten und wägt. Für die

Bestimmung des Leergewichtes, des Volumens usw. sowie für die Errechnung der Dichte gilt sinngemäß die Vorschrift wie für das gewöhnliche Pyknometer.

Meßgenauigkeit: Bei sorgfältigem Arbeiten beträgt die Meßgenauigkeit mit dem Pyknometer 0,0005 g/ml.

Bestimmung nach der Alkohol-Schwimm-Methode. Dieses Verfahren ist nur zu orientierenden Zwecken zu verwenden und kommt vor allen Dingen dann in Betracht, wenn festzustellen ist, ob die Dichte eines höher schmelzenden fettartigen Stoffes zwischen bestimmten Grenzen liegt. Die Methode ist besonders in der Wachsanalyse gebräuchlich.

Das geschmolzene Wachs oder hochschmelzende Fett läßt man aus einem Röhrchen mit fein ausgezogener Spitze in ein zu zwei Dritteln mit 80%igem Alkohol gefülltes Reagenzglas tropfen. Die dabei entstehenden Perlen werden 24 Stunden auf Filtrierpapier an der Luft bei Zimmertemperatur getrocknet. Sie dürfen nur mit Pinzette angefaßt werden. Dann bereitet man mehrere Mischungen von Alkohol und Wasser, deren Dichte mit derjenigen des zu prüfenden Materials ungefähr übereinstimmt. Man bringt jeweils einige Perlen der Reihe nach in diese Mischung, wobei darauf zu achten ist, daß sowohl die Alkohol-Wasser-Mischungen als auch die zu untersuchenden Perlen frei von Luftbläschen sind. Diejenige Mischung, in welcher die Perlen gerade vom Boden des Gefäßes freikommen, wird durch Zugabe von verdünntem Alkohol so eingestellt, daß die Perlen vollkommen frei und unbewegt schweben. Sodann bestimmt man die Dichte der Flüssigkeit nach einem der vorstehenden Verfahren; sie ist mit derjenigen der Probe identisch.

β) Schmelzverhalten.
DGF-Einheitsmethode C IV 3 (52).

Natürliche Fette, Gemische mehrerer Glyceride, ferner Glycerid-Gemische mit Anteilen freier Fettsäuren sowie Fettsäuregemische (Gesamtfettsäuren, feste Fettsäuren und andere nicht einheitliche Gemische) zeigen in der Regel keine scharfen Schmelz- und Erstarrungspunkte, sondern mehr oder minder breite Schmelzintervalle. Will man dieses Verhalten für analytische Zwecke ausnutzen, so ist es notwendig, bestimmte markante Erscheinungen während des Schmelz- bzw. Erstarrungsvorganges in Abhängigkeit von der Temperatur zu beobachten und als Temperaturpunkte anzugeben.

Der Schmelzvorgang von Fetten und Fettprodukten wird außer durch den Schmelzpunkt (bei Reinsubstanzen) und das Schmelzintervall (bei Gemischen) weiter charakterisiert durch den Steigschmelzpunkt, den Fließschmelzpunkt, den Klarschmelzpunkt, den Fließpunkt und den Tropfpunkt. Zur Kennzeichnung des Erstarrungsvorganges ist besonders der Erstarrungspunkt, und zwar sowohl der des Fettes selbst als auch derjenige der daraus hergestellten Gesamtfettsäuren von Wert. Für die Beurteilung von flüssigen Fetten ist oftmals ihre Kältebeständigkeit maßgebend. Besonders aufschlußreich hinsichtlich des Schmelzverhaltens sind Schmelz- und Erstarrungskurven, die vielfach genaueste Rückschlüsse auf die Eigenschaften der untersuchten Substanz zulassen.

Weitere beim Schmelz- bzw. Erstarrungsvorgang zu beobachtende Eigenschaften, wie Stockpunkt, Trübungspunkt u. a., haben nur in Spezialfällen Bedeutung.

Schmelzpunkt.

Erläuterung: Der Schmelzvorgang von Fetten und Fettprodukten ist vorzüglich durch zwei Temperaturpunkte gekennzeichnet, einmal durch den, bei dem die Probe flüssig (fließend) und zum anderen durch denjenigen, bei dem sie völlig klar wird.

Für viele technische Zwecke genügt die annähernde Bestimmung des erstgenannten Punktes (Flüssigwerden) in Form einer einfachen Schmelzpunktbestimmung im beiderseits offenen geraden Glasröhrchen (Steigschmelzpunkt). Zur genaueren Feststellung der Eigenschaften eines Fettes (Identifizierung) und bei Untersuchung auf Verfälschungen sind dagegen beide Punkte (Flüssig- und Klarwerden) im U-Röhrchen von bestimmten Ausmaßen mit möglichster Genauigkeit (Zehntelgrade) zu bestimmen.

Die so ermittelten Schmelzpunkte werden als Fließschmelzpunkt (nicht zu verwechseln mit Fließpunkt) und Klarschmelzpunkt bezeichnet. Abkürzungen: Steigschmelzp., Fließschmelzp., Klarschmelzp.

Vorbereitung der Proben: Der Schmelzpunkt der Fette hängt von ihrem jeweiligen Erstarrungszustand ab. Erstrebenswert ist der Zustand, der den höchsten Schmelzpunkt zeigt. Praktisch muß man sich bei der Bestimmung mit einer Annäherung begnügen. Als normal gilt der Schmelzpunkt, den ein in flüssigem Zustande in Glasröhrchen eingefülltes Fett nach 24stündigem Liegen (Kakaobutter 48 Stunden) in einem kühlen Raume (Höchsttemperatur 10°) oder auf Eis zeigt. Da eine solche Erstarrungszeit nicht immer zur Verfügung steht, darf die Bestimmung auch nach einstündigem Liegen des mit dem flüssigen Fett gefüllten Röhrchens auf Eis erfolgen, doch muß dann die Bestimmungsangabe den Zusatz erhalten: „Nach einstündiger Erstarrung bestimmt".

Fettsäuren können zur Schmelzpunktbestimmung stets flüssig in die Röhrchen gefüllt werden; hier genügt eine Erstarrungszeit von 15 bis 30 Minuten.

Bei Untersuchungen, die den Nachweis der Reinheit oder der Verfälschung von Fetten bezwecken, ist nur die Schmelzpunktbestimmung nach 24stündiger Erstarrung vorzunehmen. Nach Möglichkeit wird der Schmelzpunkt auf 0,1° genau bestimmt.

Falls die auf ihren Schmelzpunkt zu prüfenden Stoffe nicht wasserfrei und völlig klar schmelzbar sind, müssen sie vor der Bestimmung unter Zusatz von entwässertem Natriumsulfat oder wenig geglühtem Kieselgur geschmolzen, durchgerührt und filtriert werden.

Vorrichtungen zum Erwärmen der Schmelzpunktröhrchen: Zur Bestimmung des Steigschmelzpunktes genügen einfache Vorrichtungen, die eine langsame und stetige Erwärmung des Heizbades (gewöhnlich eines Wasserbades) gestatten, also z. B. ein Becherglas mit Rührer, ein umschwenkbares weites Probeglas o. ä.

Zur Bestimmung des Fließ- und Klarschmelzpunktes verwendet man zwei ineinandergehängte Bechergläser von 100 und 400 ml Inhalt, die mit je einem Ringrührer versehen und mit luftfreiem Wasser gefüllt sind. Durch häufiges Rühren der Badflüssigkeit im inneren Glase und zeitweise Bewegung der Flüssigkeit im äußeren Glase wird dafür gesorgt, daß die Temperatur im inneren Bade gleichmäßig steigt. Anfangs soll der Temperaturanstieg etwa 2°, bei Annäherung an den zu bestimmenden Schmelzpunkt etwa 1° in der Minute betragen.

Verfahren: Steigschmelzpunkt: Man verwendet Glasröhrchen von 50 bis 80 mm Länge, 1,0 bis 1,2 mm gleichmäßiger lichter Weite. Das eine Ende des Röhrchens wird mit einer Fettsäule von etwa 1 cm Länge beschickt. Die Röhrchen werden mittels eines Gummiringes so am Thermometer befestigt, daß die Fettsäulen sich in der Höhe der Quecksilberkugel befinden. Das Thermometer mit dem Röhrchen soll so tief in das Bestimmungsbad eintauchen, daß das untere mit der Fettsäule beschickte Ende des Röhrchens sich 4 cm unter der Wasseroberfläche befindet. Thermometer nach Anschütz mit $^1/_5$°-Teilung eignen sich für diese Bestimmung. Ihre Quecksilberkugel hat denselben Durchmesser wie ihr Skalenteil.

Auswertung: Als Steigschmelzpunkt wird diejenige Temperatur angesehen, bei der die Fettsäule vom Wasser in die Höhe geschoben wird.

Fließschmelzpunkt und Klarschmelzpunkt: Man verwendet U-förmige Glasröhrchen von 1,4 bis 1,5 mm gleichmäßiger lichter Weite und 0,15 bis 0,2 mm Wandstärke. Der eine Schenkel des Röhrchens soll etwa 60, der andere etwa 80 mm lang sein, der Abstand beider Schenkel etwa 5 mm betragen. Der längere Schenkel des Glasröhrchens wird so mit dem flüssigen oder erstarrten Fett beschickt, daß das Röhrchen eine ungefähr 1 cm lange Fettsäule etwa 1 cm oberhalb seiner Biegung enthält. Zur Einfüllung fester Fette sticht man das Röhrchen an verschiedenen Stellen des Fettes ein, bis eine genügend lange Fettsäule entstanden ist und schiebt diese dann mit Hilfe eines Metallstiftes an die vorgeschriebene Stelle.

Die Röhrchen werden mittels eines Gummiringes so am Thermometer befestigt, daß der U-Bogen mit dem unteren Ende der Quecksilberkugel abschneidet. Der Temperaturanstieg wird bei möglichst heller Beleuchtung gegen einen dunklen Hintergrund mit der Lupe beobachtet und der Schmelzpunkt möglichst auf 0,1° (mindestens auf 0,2°) genau abgelesen. Als Thermometer eignen sich z. B. Anschütz-Thermometer mit $^1/_5$- oder $^1/_{10}$°-Teilung.

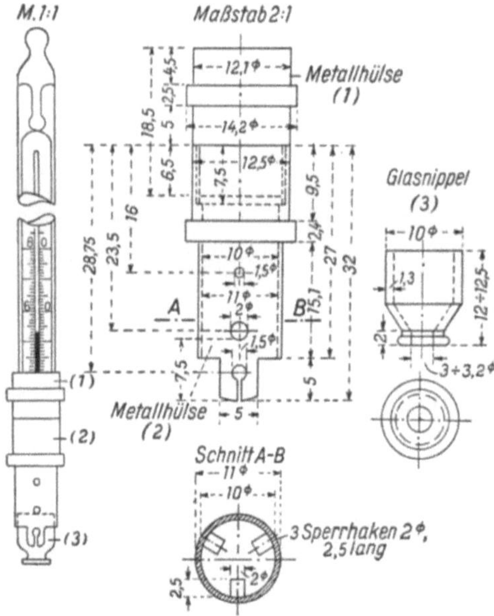

Abb. 4. Tropfpunktapparat nach Ubbelohde.

Auswertung: Als Fließschmelzpunkt wird derjenige Temperaturpunkt angesehen, bei dem die Fettsäule sich in dem Glasröhrchen so abwärts bewegt, daß die Bewegung mit dem bloßen Auge deutlich wahrgenommen werden kann.

Als Klarschmelzpunkt gilt der Temperaturpunkt, bei dem das hell beleuchtete und gegen einen dunklen Hintergrund beobachtete Fett eine Trübung nicht mehr erkennen läßt. In Zweifelsfällen dient eine Probe des gleichen Fettes zum Vergleich, die über den Klarschmelzpunkt hinaus erhitzt und völlig klar ist.

Fließpunkt und Tropfpunkt.

Erläuterung: Der Fließpunkt (mit Fließpunkt darf nicht der Fließschmelzpunkt verwechselt werden!) eines Fettes ist die Temperatur, bei der eine an der Quecksilberkugel eines Thermometers befestigte bestimmte Substanzmenge eine deutliche Kuppe am unteren Ende des Aufnahmegläschens bildet.

Der Tropfpunkt ist die Temperatur, bei der der erste Tropfen des schmelzenden Fettes von dem Aufnahmegläschen abfällt.

Zweck: Die Bestimmung des Fließpunktes und Tropfpunktes dient dazu, das Erweichen der Fette bei der Erwärmung zu prüfen. Zur Orientierung kann von dem Tropfpunkt auf den Schmelzpunkt von Fetten und Fettgemischen geschlossen werden; der Schmelzpunkt liegt erfahrungsgemäß um 1° tiefer als der Tropfpunkt.

Abkürzungen: Fließp. — Tropfp.

Prüfungsgerät: Zur Prüfung dient der Tropfpunktapparat nach Ubbelohde (Abb. 4), der für Schiedsanalysen mit amtlich beglaubigtem Thermometer zu verwenden ist. Solche Thermometer tragen die Aufschrift: „Thermometer für den Tropfpunktapparat nach Ubbelohde". Das Thermometer ist ein Einschlußthermometer, auf dessen unteren Teil eine zylindrische Metallhülse gekittet ist, auf die eine zweite Metallhülse aufgeschraubt werden kann. Die zweite Hülse besitzt seitlich eine kleine Öffnung (Druckausgleich) und im unteren Teil drei Sperrhäkchen, die vom unteren Rand der Hülse 7,5 ± 0,5 mm entfernt sind. In die Hülse paßt ein zylindrisches, nach unten sich verjüngendes Glasröhrchen (Glasnippel) von 12 bis 12,5 mm Länge, etwa 1,2 bis 1,4 mm Wandstärke und einer Mittelöffnung von 3 bis 3,3 mm Durchmesser. Der Nippel trägt unten an seiner Öffnung einen 2 ± 0,2 mm hohen Wulst, der in die Länge des Nippels von 12 bis 12,5 mm eingerechnet ist. Die Sperrhäkchen gestatten, den Nippel so in die Metallhülsen hineinzuschieben, daß das Quecksilbergefäß des Thermometers (6 ± 0,6 mm lang und 3,5 ± 0,4 mm Durchmesser) mit dem unteren Teil der Metallhülse abschneidet und überall gleich weit von den Wandungen des Nippels entfernt ist. Hierzu ist erforderlich, daß die Abmessungen eingehalten werden. Die Skala der Thermometer soll die Bereiche von 0 bis 110° oder von 50 bis 160° oder von 100 bis 210° bei 1 mm Gradlänge umfassen. Berichtigungen für den herausragenden Quecksilberfaden sind unzulässig.

Verfahren: Das zu prüfende Fett wird in das Tropfpunktgläschen mit einem flachen Spatel eingefüllt und eingedrückt, wobei Einschluß von Luftblasen zu vermeiden ist. Es ist darauf zu achten, daß die zum Druckausgleich dienende seitliche Öffnung sich nicht verstopft. Nachdem das Fett oben und unten glatt abgestrichen ist, wird das Gläschen parallel seiner Achse bis zu den Sperrhäkchen in die Hülse eingeführt. Das Thermometer mit dem Tropfpunktgläschen wird durch einen in der Mitte durchbohrten und an der Seite mit einer Einkerbung versehenen Stopfen in der Mitte eines Reagensglases (möglichst 40 DENOG 30) befestigt, das als Luftbad dient. Das Reagensglas wird bis zu zwei Drittel seiner Länge senkrecht in ein hohes Becherglas aus Jenaer Glas (möglichst 1000 DENOG 1) gehängt, das mit einer Heizflüssigkeit gefüllt ist (zweckmäßig mit weißem Vaselinöl, Flammpunkt über 200°). Dann wird der Apparat so erwärmt, daß von etwa 10° unter dem vermuteten Fließpunkt ab die Temperatur um 1° in der Minute steigt. Man beobachtet die Temperatur, bei der das Fett in einer deutlich halbkugelförmigen Kuppe aus dem Gläschen heraustritt, und weiter die Temperatur, bei welcher der erste Tropfen vom Gläschen abfällt. Erstere kennzeichnet den Fließpunkt, letztere den Tropfpunkt. Bei hochschmelzenden seifenhaltigen Fetten (Maschinen-Schmierfetten, Tropfpunkt über 110°), bei denen häufig unterhalb des wirklichen Tropfpunktes sich Öltropfen ausscheiden und abreißen, ist der Tropfpunkt erst erreicht, wenn der langgezogene trübe Seifentropfen das Aufnahmegläschen verläßt. Die genaue Feststellung des Tropfpunktes von hochschmelzenden Fetten ist nicht immer möglich.

Meßgenauigkeit: Bei Verwendung des richtig gebauten Apparats sollen die Unterschiede bei Wiederholungsversuchen nicht mehr als >2° betragen.

Schmelzausdehnung.

In besonderen Fällen kann die Schmelzausdehnung eines festen Fettes — das z. B. zum Einbrennen von Leder verwendet wird — von Bedeutung sein. Beim Schmelzen von Fetten beobachtet man eine charakteristische Volumenänderung, die sich in einer sprunghaften Zunahme des Volumens bemerkbar machen kann. Als isotherme Schmelzausdehnung eines Fettes, auch

Dilatation genannt, gilt unter den Bedingungen eines festgelegten Prüfverfahrens die auf 25 g bezogene Volumenzunahme, welche in Kubikmillimeter unter Angabe der Bezugstemperatur ausgedrückt wird. Die isotherme Schmelzausdehnung eines Fettes gestattet gewisse Rückschlüsse auf den Gehalt an gesättigten Glyceriden und kann zur Untersuchung gehärteter Fette herangezogen werden. Die Methode und der zu ihrer Durchführung empfohlene Apparat ist in den DGF-Einheitsmethoden Abteilung C IV 3 e (52) beschrieben.

Erstarrungspunkt.

Erläuterung: Als Erstarrungspunkt der Fette und Fettsäuren gilt die nach folgenden Verfahren festgestellte Temperatur, die beim Abkühlen der Fettschmelze als Maximum eines vorübergehenden Temperaturanstieges bestimmt wird. Falls die freiwerdende latente Schmelzwärme nicht ausreicht, um die Abkühlungskurve abzubiegen, ist der vorübergehende Stillstand des Abkühlungsverlaufes als Erstarrungspunkt anzusehen.

Verfahren:

Methode nach Shukoff. Das Fett wird durch ein doppeltes, trockenes Filter heiß in ein sogenanntes Shukoff-Kölbchen filtriert, bis dieses fast gefüllt ist.

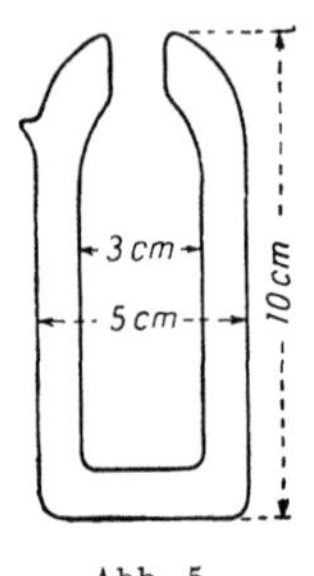

Abb. 5.
Shukoff-Kölbchen.

Das Kölbchen ist ein Weinhold-Gefäß mit Vakuumanteil (gewöhnlich auch als Dewar-Gefäß bezeichnet), das in den handlichen Größen von 10 bis 50 ml hergestellt wird (Abb. 5). Die Größe des Kölbchens und die entsprechende Menge an Fett oder Fettsäure ist ohne Einfluß auf das Ergebnis. Dies ist ein besonderer Vorteil des Shukoff-Kölbchens gegenüber den sonst üblichen behelfsmäßigen Apparaturen von Dalican, Wolffbauer usw.

Mit einem festschließenden Korken wird ein Thermometer (zweckmäßig ein Anschütz-Thermometer mit einem Skalenbereich von 10 bis 60°, in $^1/_{50}$ oder $^1/_{10}$° geteilt) so befestigt, daß die Quecksilberkugel in die Mitte des Gefäßes ragt. Man läßt das geschmolzene Fett auf etwa 5° über dem erwarteten Erstarrungspunkt abkühlen und schüttelt es bis zur deutlichen Trübung, wobei man den Korken fest andrückt. Der Kolben wird erschütterungsfrei abgestellt und das meist sofort beginnende Ansteigen der Temperatur beobachtet. Das gewöhnlich einige Minuten anhaltende Maximum des Temperaturanstieges ist der Erstarrungspunkt.

Methode nach Dalican. Die Apparatur (Abb. 6) besteht aus einem niedrigen 2-l-Becherglas, einer Weithalsflasche von 450 ml Inhalt und 190 mm Höhe, deren innerer Halsdurchmesser 38 mm beträgt, und aus einem weithalsigen Reagensglas (Länge 100 mm, Durchmesser 25 mm, 57 mm über dem Boden Marke für die Füllhöhe). Ferner gehört zur Apparatur ein mit Handgriff versehener Rührer aus 2 bis 3 mm dickem Glas oder säurefestem Metall, welcher am Ende eine Schleife von 19 mm äußerem Durchmesser besitzt. Das Becherglas dient als Wasserbad und die Temperatur wird durch ein gewöhnliches Laboratoriumsthermometer kontrolliert. Für die Bestimmung des Erstarrungspunktes verwendet man ein genaueres Thermometer, dessen Ende 1 cm vom Boden des Reagensglases entfernt ist. Sein Skalenbereich geht bis 70° und ist in $^1/_{10}$° eingeteilt. Der Quecksilberbehälter hat einen Durchmesser von 6 mm und eine Höhe von 25 mm.

Zur Ausführung der Bestimmung wird das Becherglas soweit mit Wasser gefüllt, daß das Niveau 1 cm über der Oberfläche der Probe liegt.

Die Temperatur wird für alle Proben, welche bei 35° oder höher erstarren, auf 20° $\pm$ 1 eingestellt. Für Proben, deren Erstarrungspunkt unter 35° liegt, wird die Temperatur auf 15 bis 20° unter dem Erstarrungspunkt eingestellt. Das Reagensglas mit der Probe wird in die weithalsige Glasflasche mittels eines doppelt durchbohrten Korkens eingesetzt. Das genaue Thermometer wird so in das Reagensglas eingepaßt, daß es von den Wänden gleichmäßigen Abstand hat. Der Rührer vollführt pro Minute 100 auf- und abwärtsgehende Bewegungen. Dabei legt er mit der Schleife jedesmal einen Weg von etwa 38 mm zurück. Man beginnt mit dem Rühren, wenn die Temperatur mindestens 10° über dem Erstarrungspunkt liegt. Es wird unverändert gerührt, bis die Temperatur 30 Sekunden lang konstant bleibt oder zu steigen beginnt. Dann wird das Rühren sofort unterbrochen, der Rührer aus der Probe entfernt und das Steigen des Thermometers beobachtet. Der Erstarrungspunkt ist die höchste Temperatur, welche das Thermometer während des Wiederanstieges anzeigt. Die Bestimmung wird wiederholt, bis auf 0,2° übereinstimmende Werte erzielt werden.

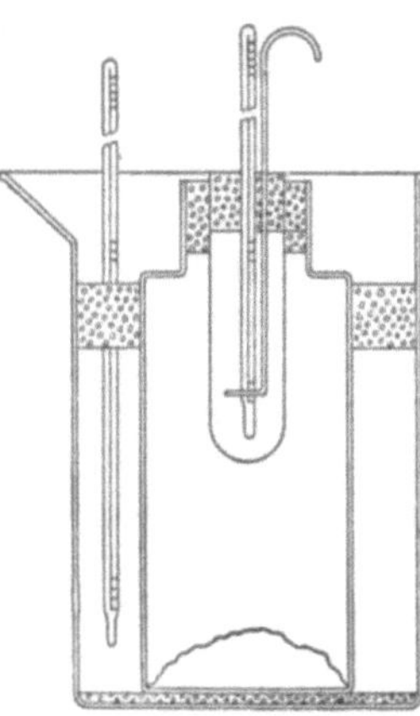

Abb. 6. Apparat zur Bestimmung des Erstarrungspunktes nach D a l i c a n.

Anmerkung: Die Untersuchungsmethode ist im Analysenprotokoll anzugeben. Eine für analytische Zwecke oftmals aufschlußreichere Kennzahl als der Erstarrungspunkt eines Fettes ist der seiner Gesamtfettsäuren bzw. wasserunlöslichen Fettsäuren, die nach folgender Vorschrift hergestellt werden:

50 bis 100 g Fett werden durch einstündiges Kochen mit 40 bis 80 ml 50%iger Kalilauge unter Zusatz von 25 ml Alkohol in einer Porzellanschale verseift. Nach Verjagen des Alkohols wird die Seife in Wasser aufgenommen, allmählich unter Rühren mit verd. Salzsäure versetzt und das Gemisch so lange erhitzt, bis die Fettsäuren klar oben schwimmen. Von den klaren Fettsäuren zieht man die wässerige Schicht mit einem Heber ab, wäscht die Fettsäuren mit heißem Wasser säurefrei (gegen Methylorange) und filtriert sie durch ein doppeltes, trockenes Filter am besten sogleich in den Shukoff-Kolben, den man in einen erwärmten Trockenschrank stellt. Wichtig ist, daß die Fettsäuren völlig frei von Neutralfett und Wasser sind.

Der Erstarrungspunkt der wasserunlöslichen Gesamtfettsäuren wurde früher in nicht eindeutiger Weise als „Titer" bezeichnet.

Kältebeständigkeit.

Erläuterung: Die Bestimmung der Kältebeständigkeit dient zur Charakterisierung flüssiger, klarer Fette und bezeichnet deren Eigenschaft, auch bei tieferen Temperaturen keine Ausscheidungen von festen Stoffen oder Trübungen zu geben.

Verfahren: Ein Glasgefäß nach Art der bekannten Ölmusterflaschen von etwa 115 ml Inhalt wird mit dem zu prüfenden Öl bei 25° gefüllt und mit einem dicht schließenden Korkstopfen verschlossen. Zum Schutz gegen die Außenluft wird der Verschluß paraffiniert. Man setzt sodann das Gefäß in ein Eiswasserbad von 0° und bewahrt es darin $5^1/_2$ Stunden auf, wobei die Temperatur des Bades stets auf dem Gefrierpunkt zu halten ist. Nach dieser Zeit wird die Probe herausgenommen und begutachtet. Sie soll dabei noch klar und blank sein, falls das Öl als kältebeständig bezeichnet wird.

Anmerkung: Bei der Prüfung ist besonders auf die Abwesenheit von Feuchtigkeitsspuren zu achten, da diese leicht Trübungen verursachen können. Etwa vorhandene Wassertröpfchen trennt man durch Absitzenlassen ab. Zur Entfernung des in Öl noch gelösten Wassers (Spuren) schüttelt man eine hinreichende Probe mit etwa ein Zehntel ihres Gewichtes Natriumsulfat (geglüht und gepulvert), läßt absitzen oder zentrifugiert und benutzt das klare Öl zur Prüfung.

γ) Farbmessung.
DSF-Einheitsmethode C IV 4 (52).

Die meisten Fettsäuren und ihre Glyceride sind in reinem Zustande farblose Stoffe, d. h. sie absorbieren im sichtbaren Bereich des Spektrums kein Licht. Natürliche Fette sowie Fettprodukte enthalten aber mehr oder weniger stark gefärbte Beimengungen, die ihnen eine meist gelbliche Farbe verleihen. Die schwachen gelblichen Färbungen der meisten Fette werden durch bestimmte Nebenbestandteile hervorgerufen, die zur Stoffklasse der Lipochrome gehören. In einigen Ausnahmefällen aber sind Art und Tiefe der Färbung besonders ausgeprägt, z. B. bei Palmöl und Baumwollsamenöl. Verdorbene Fette können durch Zersetzungsprodukte stark dunkel gefärbt sein. Die Farbe der handelsüblichen Fette und Fettprodukte ist ferner vielfach von der Art ihrer Gewinnung, der Lagerung und Weiterverarbeitung abhängig. Während tierische Fette von Natur aus mehr oder weniger hell gefärbt sind, bezweckt die Raffination pflanzlicher Fette u. a. eine Aufhellung des Farbtones.

Art, Zahl und Menge der in Fetten vorhandenen farbgebenden Bestandteile können in weiten Grenzen schwanken. Verhältnismäßig wenige Vertreter sind ihrer chemischen Natur nach bekannt. Von Einzelfällen abgesehen, beschränkt sich aber die Farbmessung auf die summarische Feststellung des Farbtones und der Farbtiefe, welche durch Vergleich mit geeigneten Farbkörpern bestimmt werden. Je nach der Art der letzteren kann das Meßergebnis mehr oder weniger treffend durch Zahlenangaben ausgedrückt werden.

Eine genauere Charakterisierung der Farbe von Fetten durch Bestimmung ihrer Absorptionskurven hat sich bisher wenig eingebürgert und ist in der überwiegenden Zahl der Fälle nicht notwendig. Gegebenenfalls können derartige Messungen mit jedem Stufen- oder Spektralphotometer ausgeführt werden.

Jodfarbzahl.

Erläuterung: Die Farbtiefe von Ölen oder geschmolzenen Fetten kann auf die „Jodfarbe" bezogen und durch eine Zahlenangabe ausgedrückt werden. Letztere gibt an, wieviel Milligramm freies Jod in 100 ml einer wässerigen Jod-Jodkalium-Lösung bei gleicher Farbtiefe enthalten sind, wenn bei einer Schichtdicke von 25 mm gemessen wird.

Feste Fette sind zu schmelzen, nicht klar schmelzende Fette oder getrübte Öle zu filtrieren. Im Analysenprotokoll ist anzugeben, ob filtriert werden mußte. Der Farbton der zu untersuchenden Probe soll nicht stark von der Jodfarbe abweichen.

Prüfgeräte: Die Jodfarbe wird mit einem Colorimeter (Abb. 7) oder mit Jodlösungen in Glasrohren festgestellt[1]. Nach beiden Arbeitsweisen wird die gleiche Genauigkeit erreicht; es ist jedoch ein großer Satz von Glasrohren erforderlich, um denselben Meßbereich wie mit dem Colorimeter zu erfassen.

---

[1] Hersteller: Fa. Hellige & Co., Freiburg i. Br. Das Gerät wird mit ausführlicher Gebrauchsanweisung geliefert.

Verfahren: Bestimmung mit dem Colorimeter. Das Öl wird in einen Glastrog von 25 mm Meßtiefe gefüllt, neben dem der Keil mit der Jodlösung in einer Führungsschiene in senkrechter Richtung beweglich angeordnet ist. Mit der Keilführung verschiebt sich eine Skala, auf der bei Farbgleichheit der beiden Vergleichsfelder an einer Marke die Farbzahl abgelesen werden kann.

Für den gesamten Bereich der Ölfarbmessung sind drei Keile erforderlich:

Keil I enthält 10 mg Jod,
„ II „ 100 mg „
„ III „ 1000 mg „

in je 100 ml Lösung.

Mit Keil I werden die Farbzahlen 1,0 bis 10,0 gemessen, mit Keil II die Zahlen 10 bis 100, mit Keil III die Zahlen 100 bis 1000.

Die an der Keilführung angebrachte Skala gilt für Keil I. Die abgelesenen Zahlen sind bei der Verwendung des Keiles II mit 10, des Keiles III mit 100 zu vervielfachen.

Bestimmung mit Jodlösungen in Glasrohren. Die Glasrohre sollen eine gleichmäßige lichte Weite von 25 mm haben und aus praktisch farblosem Glase hergestellt sein. Sie werden zu etwa drei Viertel mit den entsprechenden Jodlösungen gefüllt, zugeschmolzen und mit der Jodfarbe bezeichnet. Die Höhe der Rohre nach dem Zuschmelzen soll möglichst 15 cm, die Höhe der Füllung 11 bis 12 cm betragen.

Zur Messung gibt man das Öl in ein Glasrohr gleicher Weite und vergleicht dieses mit den Jodlösungen im durchfallenden Licht. Das der Probe farbgleiche Rohr mit der Jodlösung gibt deren Jodfarbe an. Bei hellen Ölen wird nicht gegen das Licht, sondern mit dem Licht gegen einen weißen Hintergrund verglichen.

Man mißt bei zerstreutem Tageslicht oder dem Licht einer Tageslichtlampe. Als solche genügt eine Tageslichtbirne, die durch eine Mattscheibe abgeblendet ist.

Zur Herstellung der Jodlösungen wird frisch ausgekochtes dest. Wasser verwendet. Man löst zwei Teile Jodkalium und einen Teil Jod in wenig Wasser vollständig und füllt dann mit Wasser auf. Wird anderes Jod als „doppeltsublimiert, für analytische Zwecke", benutzt, so ist die Stärke der Lösungen durch Titration nachzuprüfen.

Abb. 7. Colorimeter.

Die Jodlösungen in den Glasrohren halten sich höchstens $1/2$ Jahr lang unverändert, besonders wenn sie ständig dem Licht ausgesetzt werden. Die Haltbarkeit der Lösungen in den Colorimeterkeilen hängt von der Verschlußdichte der Glasstöpsel ab. Die Jodlösungen sind von Zeit zu Zeit durch Vergleich mit frischen Lösungen nachzuprüfen.

Die folgende Tabelle 22 gibt an, mit welcher Unterteilung die Jodfarbe sowohl mit dem Colorimeter als auch mit den Vergleichslösungen in Glasrohren sicher bestimmt werden kann. Sie gibt zugleich an, welche Lösungen für die Messung mit Vergleichslösungen in Glasrohren vorrätig gehalten werden müssen.

Tabelle 22. Stufenfolge der „Jodfarb"-Werte
(nach vorstehender Erläuterung).

Keil			Keil		
100	10	1	100	10	1
1000	100	10,0	350	34	3,4
		9,0		32	3,2
800	80	8,0	300	30	3,0
700	70	7,0		28	2,8
600	60	6,0		26	2,6
550	55	5,5	250	24	2,4
500	50	5,0		22	2,2
		4,8	200	20	2,0
		4,6	180	18	1,8
450	45	4,4	160	16	1,6
		4,2	140	14	1,4
400	40	4,0	120	12	1,2
	38	3,8	100	10	1,0
	36	3,6			

Bei der Colorimetermessung ist in der für Keil 10 und Keil 100 notwendigen Multiplikation der Skalenzahl eine Abrundung gemäß der vorstehenden Tabelle vorzunehmen.

Lovibond-Farbzahl.

Erläuterung: Die Farbe von Fetten und Fettprodukten wird durch Vergleich mit gefärbten Gläsern verschiedener Farbtöne und -tiefe bestimmt. Das Meßverfahren beruht auf substraktiver Farbmischung.

Prüfgeräte: Das Lovibond-Tintometer ist ein Colorimeter mit zugehörigen Meßküvetten und einem Satz gefärbter Gläser, die zum Vergleich dienen. Die Glasfilter sind im Glasfluß gefärbt, von gleichmäßiger Beschaffenheit und größter Haltbarkeit. Sätze von gelben, roten und blauen Filtern mit insgesamt 470 verschiedenen Farbtönen werden zu dem Gerät passend hergestellt. Jede Farbtonserie ist additiv, d. h. ein Filter von gegebenem Farbwert ist zwei oder mehr Filtern der gleichen Serie äquivalent. Schaltet man je ein Filter der drei Farbtonserien mit jeweils gleichem Farbwert hintereinander, so erscheint durchfallendes Licht grau.

Das Tintometer[1] besteht aus einem lichtdichten Kunststoffgehäuse, welches den Beobachtungstubus, die Lichtquelle sowie Vorrichtungen zur Aufnahme der Meßküvette und der Glasfilter trägt. Letztere stehen im Strahlengang zweier Lichtbündel, die, durch Spiegel in den Tubus reflektiert, im Okular als zwei aneinanderliegende Rechtecke erscheinen.

Messung: Nach Einsetzen der gefüllten Meßküvette wird die Lichtquelle eingeschaltet. Durch Einsetzen von Glasfiltern in den zunächst freien zweiten Strahlengang bringt man die beiden Vergleichsfelder, welche durch das Okular beobachtet werden, auf den gleichen Farbton und dieselbe Helligkeit.

Auswertung: Die Farbzahl der Probe wird durch Serie und Nummer der eingesetzten Glasfilter ausgedrückt. Eine Probe hat z. B. die Farbzahl: 7,0 gelb; 2,5 rot; 0,1 blau.

Gardner-Farbzahl.

Erläuterung: Die Farbe von Fetten und Fettprodukten wird durch Vergleich mit Standard-Farblösungen bestimmt, welche aus Lösungen von Ferrichlorid,

---

[1] Hersteller: The Tintometer Ltd. Milford, Salisbury (England). Ausführliche Beschreibung und Gebrauchsanweisung in der von dieser Gesellschaft herausgegebenen Druckschrift „Colorimetry".

Kobaltchlorid und Salzsäure hergestellt werden. Die Vergleichsserie besteht aus 18 fortlaufend numerierten Lösungen, deren Farbtiefe mit steigender Kennnummer zunimmt.

Verfahren: Zusammensetzung und ziffernmäßige Bezeichnung der Farblösungen sind in Tabelle 23 enthalten:

Zu ihrer Herstellung werden benötigt: Ferrichlorid ($FeCl_3 \cdot 6\,H_2O$); Kobaltchlorid ($CoCl_2 \cdot 6\,H_2O$); 2%ige wässerige Salzsäure. Zunächst werden Stammlösungen folgender Zusammensetzung hergestellt:

Eisenchlorid-Lösung:

5 Teile $FeCl_3 \cdot 6\,H_2O$ + 1,2 Teile 2%ige wässerige Salzsäure.

Kobaltchlorid-Lösung:

1 Teil $CoCl_2 \cdot 6\,H_2O$ + 3 Teile 2%ige wässerige Salzsäure.

Die Eisenchlorid-Stammlösung ist farbgleich einer genau 3%igen Lösung von Kaliumbichromat in 2 n wässeriger Schwefelsäure. Diese Lösung dient zur Kontrolle der Stammlösung.

Durch Mischen bestimmter Mengen der Stammlösungen und verdünnter 2%iger wässeriger Salzsäure gemäß vorstehender Tabelle erhält man die dort aufgeführten Farblösungen. Sie werden in farblosen Glasrohren mit den unten aufgeführten Abmessungen aufbewahrt. Die Farbröhrchen sollen zugeschmolzen sein.

Zweckmäßig setzt man die Vergleichslösungen in ein Holzgestell, das an der Rückseite eine Milchglasscheibe trägt. Dabei soll der Abstand der einzelnen Röhrchen so groß sein, daß die zu vergleichende Probe in die Zwischenräume gestellt werden kann.

Tabelle 23. Standard-Farblösungen nach Gardner (1933).

Gardner-Standard Nr.	Eisenlösung	Kobaltlösung	2%ige Salzsäure
1	0,13	0,19	99,68
2	0,19	0,29	99,52
3	0,29	0,43	99,28
4	0,43	0,65	98,92
5	0,65	0,97	98,35
6	1,00	1,3	97,7
7	1,7	1,7	96,6
8	2,5	2,0	95,5
9	3,3	2,6	94,1
10	5,1	3,6	91,3
11	7,5	5,3	87,2
12	10,8	7,6	81,6
13	16,6	10,0	73,4
14	22,2	13,3	64,5
15	29,4	17,6	53,0
16	37,8	22,8	39,3
17	51,3	25,6	23,1
18	100,0	0,0	0,0

Bestimmung: Zur Aufnahme der zu untersuchenden Proben dienen farblose Glasrohre mit folgenden Abmessungen: 10,75 mm $\pm$ 0,03 innerer Durchmesser, 12,3 mm äußerer Durchmesser, 112 mm Länge[1]. Durch Vergleich mit den Farblösungen im durchscheinenden Licht wird die Farbzahl festgestellt und als Nummer der betreffenden Standard-Lösung angegeben. Überschreitet die Farbtiefe der Probe den Meßbereich der Skala, so wird ihre Farbzahl mit „dunkler als 18" angegeben.

Verseifungsfarbzahl.

Erläuterung: Beim Verseifen von Fetten und Fettsäuren (besonders gebleichten und destillierten) mit Alkali wird eine mehr oder weniger starke Vertiefung der Farbe beobachtet, so daß das Verseifungsprodukt gegenüber dem Ausgangs-

---

[1] Zu beziehen durch H. A. Gardner Lab.. Inc., Apparatus Div., 4723 Elm Street, Bethesda, Maryland.

material eine unter Umständen erheblich dunklere Farbe aufweist. Diese Eigenschaft ist unter der Bezeichnung „alkalische Verfärbung" oder „Umschlag bzw. Rückschlag der Farbe beim Verseifen" bekannt und bei der Seifenherstellung von Bedeutung. Sie kann zahlenmäßig gemessen werden, wenn gleich starke Lösungen des verseiften und des unverseiften Fettes mit Hilfe eines der üblichen Farbmeßverfahrens miteinander verglichen werden.

Verfahren: Als Farbmeß-Verfahren sind die Methoden nach Lovibond und Gardner sowie das Jodfarb-Verfahren brauchbar. Um klare Lösungen gleicher Konzentration miteinander vergleichen zu können, löst man das unverseifte Fett bzw. die Fettsäure in Petroläther und die daraus hergestellte Seife in Alkohol. Die Konzentration beträgt, bezogen auf das unverseifte Ausgangsmaterial, jeweils 10 g/100 ml Lösung.

Die Verseifungsfarbzahl drückt den Unterschied zwischen der Farbzahl einer Lösung des betreffenden Fettstoffes in Petroläther und derjenigen einer Lösung des gleichen, aber verseiften Fettstoffes in Alkohol aus. Im Befund ist das benutzte Farbmeß-Verfahren anzugeben.

δ) Brechungsindex, Brechungszahl.

Erläuterung: Der Brechungsindex n eines Stoffes ist der Quotient aus dem Sinus des Einfallwinkels des Lichtes und dem Sinus des Brechungswinkels. Er ist abhängig von der Wellenlänge des Lichtes sowie von der Temperatur. Es ist üblich, der Messung die D-Linie des Spektrums (Natriumlicht) zugrunde zu legen und den bei der Temperatur $t°$ erhaltenen Wert durch $n_D^{t°}$ auszudrücken. Bei Verwendung von Licht anderer Wellenlänge ist diese anzugeben.

Zur Ermittlung des Brechungsindexes wird das Untersuchungsmaterial filtriert und vollkommen entwässert. Als Bezugstemperaturen sind zugelassen:

20° für Öle,

40°, 60°, 80° oder darüber für feste Fette und Gemische von Fettsäuren.

Die beobachteten Werte bei der Temperatur t_1, welche verschieden von denjenigen bei der gewählten Bezugstemperatur t sind, werden auf letztere bezogen, indem folgende Korrekturfaktoren F Anwendung finden:

$$F = 0{,}00035 \text{ für Öle,}$$

$$F = 0{,}00036 \text{ für feste Fette und Fettsäuren.}$$

Unter Benutzung dieser Faktoren errechnet sich der Brechungsindex für Temperaturen t_1 unterhalb der Bezugstemperatur nach der Formel:

$$n_D^{t} = n_D^{t_1} - (t - t_1) \cdot F.$$

Für Temperaturen oberhalb der Bezugstemperatur gilt:

$$n_D^{t} = n_D^{t_1} + (t_1 - t) \cdot F.$$

Beispiel:

$$n_D^{17,5°} = 1{,}46991,$$

$$n_D^{20°} = 1{,}46991 - (20 - 17{,}5) \cdot 0{,}00035 = 1{,}46904.$$

Messungen mit weißem Licht haben nur orientierende Bedeutung, sofern nicht das benutzte Gerät eine Kompensiereinrichtung besitzt.

Zweck: Der Brechungsindex dient zur Charakterisierung, Identifizierung und Reinheitsprüfung sowie zur Berechnung folgender Größen:

$$\text{Spezifische Refraktion} \quad R = \frac{n^2 - 1}{(n^2 + 2) \cdot D} \quad (D = \text{Dichte}),$$

$$\text{Molekularrefraktion} \quad M = R \cdot \text{Molekulargewicht},$$

$$\text{Mittlere Dispersion} \quad \nu = \frac{n_D - 1}{n_F - n_C} \quad (\text{Abbe sche Zahl}).$$

(n_F = Brechungsindex für 4860 Å; n_C = Brechungsindex für 6560 Å[1].

In geeigneten Fällen kann die Zusammensetzung von Fettsäure-Gemischen mit Hilfe des Brechungsindexes ermittelt werden.

Abkürzung: Wird der Brechungsindex auf Natriumlicht (D-Linie des Spektrums) und 20° bezogen, so genügt das Symbol n. In allen anderen Fällen, besonders wenn Zweifel möglich sind, ist die Bezugslinie des Spektrums neben der Temperatur t anzugeben, und zwar in folgender Anordnung: $n_D^{t°}$.

Prüfgeräte: Die heute gebräuchlichen Apparate zur Messung des Brechungsvermögens beruhen auf der Messung des Grenzwinkels der Totalreflexion. Für die Fettanalyse kommen hauptsächlich folgende Geräte in Betracht:

Abbe-Refraktometer mit heizbaren Prismen für einen Meßbereich von $n = 1{,}30 - 1{,}70$ und unmittelbare Ablesung des Brechungsindexes;

Butter-Refraktometer mit einem Meßbereich von $n_D = 1{,}4220 - 1{,}4895$, der für Speisefette ausreichend und in 100 „Refraktometergrade" eingeteilt ist;

Eintauch-Refraktometer mit auswechselbaren Prismen, die als nicht heizbare Eintauchprismen oder als heizbare Doppelprismen ausgebildet sind, Meßbereich $n_D = 1{,}3254 - 1{,}6470$;

Pulfrich-Refraktometer mit einem Meßbereich von $n = 1{,}0$ bis $3{,}0$ für Präzisionsmessungen.

Die drei erstgenannten Geräte sind mit Kompensationseinrichtungen versehen, welche die Messung unter Verwendung von weißem Licht gestatten. Die verstellbare Dispersion des Kompensators am Abbe- und Eintauch-Refraktometer erlaubt eine schnelle Bestimmung der mittleren Dispersion. Während der Messung ist eine genaue Ermittlung der Temperatur bei Konstanthalten derselben erforderlich. Zu diesem Zwecke ist ein Umlauf-Thermostat nach Höppler geeignet.

Handhabung und eventuell notwendige Justierung der Refraktometer sind in den beigefügten Gebrauchsanweisungen ausführlich beschrieben.

Anmerkung: Die wesentlichen Meßbedingungen sind Temperaturkonstanz und Abwesenheit von Wasser und Verunreinigungen in der zu untersuchenden Probe. Bei der Auswertung der Ergebnisse muß der Tatsache Rechnung getragen werden, daß die Brechungsindices von Fetten durch die Gegenwart freier Fettsäuren stark erniedrigt werden.

Die Bestimmungstemperaturen sollen nur innerhalb der Grenzen $\pm 5°$ von der Bezugstemperatur abweichen.

Bei Benutzung des Butter-Refraktometers sind für jeden Grad der Bestimmungstemperatur unterhalb der Bezugstemperatur 0,55 Skalenteile (entsprechend 0,00036 Einheiten des Brechungsindexes) von dem abgelesenen Wert zu subtrahieren, im entgegengesetzten Fall dazu zu addieren.

ε) Viskosität.
DSF-Einheitsmethode C IV 7 (52).

Erläuterung: Innere Reibung einer Flüssigkeit heißt die Kraft, welche der gegenseitigen Verschiebung von Flüssigkeitsschichten entgegenwirkt. Diese äußert sich als Dämpfung des Fließens oder als Energieverlust bei Bewegungen innerhalb der Flüssigkeiten.

Zu ihrer Messung wird der Widerstand bestimmt, den Flüssigkeitsschichten einer Verschiebung parallel zu ihren Flächen entgegensetzen, oder der Widerstand, den die Flüssigkeit einem sich in ihr bewegenden festen Körper leistet.

---

[1] F und C sind Spektrallinien der Balmerserie.

Die innere Reibung hängt außer von den geometrischen Verhältnissen und Geschwindigkeiten auch von einer Stoffkonstanten η, der Konstanten der inneren Reibung, ab, die Zähigkeit oder Viskosität heißt. Die Größe η gibt an, welche Kraft in dyn erforderlich ist, um zwei Flüssigkeitslamellen, die 1 qcm Fläche haben und 1 cm voneinander entfernt sind, parallel gegeneinander mit der Geschwindigkeit von 1 cm pro Sekunde zu bewegen. Der Zähigkeitskoeffizient η hat die Dimension dyn. $cm^{-2} \cdot sec = cm^{-1} \cdot g \cdot sec^{-1} \cdot$ Er wird dynamische Viskosität genannt. Seine Einheit ist das Poise (P), der hundertste Teil das Centipoise (cP).

Der Quotient aus dynamischer Viskosität und Dichte wird mit ν bezeichnet und heißt kinematische Viskosität:

$$\nu = \frac{\eta}{D}.$$

Seine Einheit heißt Stok (St), ihr hundertster Teil Centistok (cSt.).

Als relative Viskosität bezeichnet man das Verhältnis der (dynamischen oder kinematischen) Viskosität einer Flüssigkeit zu der einer Vergleichsflüssigkeit.

Maßeinheiten wie Englergrad, Redwood- oder Sayboltsekunde sind unzulässig.

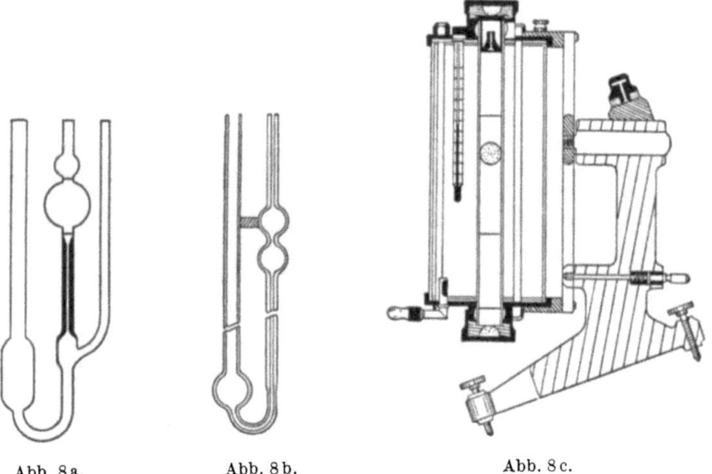

Abb. 8a. Abb. 8b. Abb. 8c.

Zweck: Die Viskositätsmessung von Fetten und Fettstoffen dient meist zur Kennzeichnung technisch wichtiger Eigenschaften; sie kann auch zur Reinheitsprüfung herangezogen werden.

Verfahren: Zur Messung der Viskosität dienen Kapillarviskosimeter (nach Ostwald, Abb. 8a, oder Ubbelohde, Abb. 8b) oder Kugelfallviskosimeter (nach Höppler, Abb. 8c). Beide Viskosimeterformen wurden von der PTR zur Eichung zugelassen.

a) Messung mit dem Kapillarviskosimeter: Man erhält als Meßgröße die Auslaufzeit eines bestimmten Flüssigkeitsvolumens.

b) Messung mit dem Kugelfallviskosimeter: Man bestimmt die Zeit, welche die Kugel zum Durchlaufen einer bestimmten Meßstrecke benötigt. Einzelheiten über Wirkungsweise, Handhabung, Justierung und Berechnung der Meßergebnisse sind den den Viskosimetern beigegebenen Gebrauchsanweisungen zu entnehmen.

Anmerkungen: Die Auslauf- und Kugelfallviskosimeter ergeben unmittelbar aus den gemessenen Zeiten die kinematische Viskosität in Stok. Zur Bestimmung der dynamischen Viskosität in Poise ist zusätzlich eine Bestimmung der Dichte der untersuchten Flüssigkeit notwendig.

Die Viskosität ist stark temperaturabhängig. Die Temperaturen von Viskosimeter und Meßflüssigkeit sind während der Messung auf $\pm 0,1°$ konstant zu halten. Die Meßtemperatur ist stets anzugeben.

Auslaufzeit oder Fallzeit der Kugel entsprechen nur dann der Viskosität, wenn sie einen gewissen Wert nicht unterschreiten. Aus diesem Grunde können Viskosimeter nach Engler, Redwood oder Saybold nicht verwendet werden. Größte Sauberkeit ist notwendig, denn geringfügige Verunreinigungen der Flüssigkeiten haben großen Einfluß auf die Viskosität. Aus diesem Grund können Viskositätsmessungen zur schnellen Reinheitsprüfung dienen.

h) Amerikanische Methoden für die Untersuchung von Fetten und Fettprodukten.

Die Gesellschaft amerikanischer Gerbereichemiker hat im Jahre 1954 [Ungenannt (6)] die für ihren Bereich gültigen provisorischen Methoden für die Untersuchung von Fetten, Ölen, Seetierölen, Mineralölen, sulfatierten und sulfonierten Produkten, Seifen und Degras veröffentlicht. Die Methoden sind, mit einzelnen besonders aufgeführten Ausnahmen, von der American Oil Chemists Society als offizielle Methoden anerkannt. In den Vorschriften H_1 bis H_8 ist festgelegt, welche Untersuchungen bei den einzelnen Gruppen der Fette und Fettprodukte vorzunehmen sind, während in den Vorschriften H_{15} bis H_{53}[1] angegeben ist, wie die einzelnen Prüfungen auszuführen sind.

Für die Untersuchung der Fette und Öle tierischer und pflanzlicher Herkunft sowie der Seetieröle[2] sind folgende analytische Bestimmungen vorgeschrieben: 1. Feuchtigkeit; 2. Feuchtigkeit und flüchtige Stoffe; 3. Unlösliche Verunreinigungen; 4. Asche; 5. Spezifisches Gewicht; 6. Schmelzpunkt (entspricht dem deutschen Klarschmelzpunkt); 7. Titertest (Erstarrungspunkt der Fettsäuren); 8. Trübungs- und Fließpunkt; 9. Freie Fettsäuren; 10. Verseifungszahl; 11. Jodzahl (Methode nach Wijs).

Für Hartfette sind folgende Untersuchungen vorgesehen: 1. Schmelzpunkt; 2. Freie Fettsäuren; 3. Verseifungszahl; 4. Unverseifbare Stoffe.

Die Probenahme erfolgt bei allen Fetten und Fettprodukten nach den Bestimmungen der Vorschrift „Sampling of Fats and Oils and their Products" (J 50).

III. Umwandlungsprodukte
der Fette und Öle, die in der Lederindustrie Verwendung finden.
1. Sulfatierte und sulfonierte Fette und fette Öle.
a) Einführung.

Auf Seite 417 ist die Einwirkung von Schwefelsäure auf Triglyceride der Fettsäuren und auf freie Fettsäuren kurz besprochen. Es wurde dort zu zeigen versucht, daß bei der Schwefelsäurebehandlung im wesentlichen zwei Arten von Verbindungen entstehen, nämlich Schwefelsäureester und echte Sulfosäuren. Es wurde ferner darauf hingewiesen, daß die Bildung der Ester als „Sulfatierung" und die der Sulfosäuren als „Sulfonierung" bezeichnet werden sollte. Ob der Vorgang der Schwefelsäureeinwirkung zu sulfatierten Ölen oder zu Sulfo-

---

[1] H_9 bis H_{14} fallen weg.
[2] Die amerikanische Vorschrift nennt die Seetieröle neben den Ölen tierischer Herkunft (Fats and Oils of animal, vegetable and marine origin).

säureverbindungen führt, hängt von den Bedingungen ab, unter denen der Prozeß durchgeführt wird. Beide Gruppen von Schwefelsäureverbindungen gehören zu den anionaktiven Stoffen.

Die ersten in der Technik verwendeten Produkte, die durch Einwirkung von Schwefelsäure auf Öle hergestellt worden sind, waren sulfatierte Öle, also Schwefelsäureester. Es ist nicht allgemein bekannt, daß das erste derartige wasserlösliche Öl ein nach einem Patent von Mercer hergestelltes sulfatiertes Olivenöl war. Erst später (zweite Hälfte des 19. Jahrhunderts) wurde in England durch Sulfatieren von Ricinusöl (castor oil) das eigentliche Türkischrotöl hergestellt und als Hilfsmittel in die Textilindustrie eingeführt. Noch später fand das Türkischrotöl Eingang in die Lederindustrie zur Herstellung von Fettlickern und als Ersatz für Seifen. Mit der Entwicklung der Fettchemie und auf Grund der Erfahrungen bei der Herstellung sogenannter „sulfonierter" Öle wurden dann erst die Methoden gefunden und praktisch verwertet, die an Stelle der Sulfatierung eine Sulfonierung der Öle ermöglichten und die zu den hochwertigen Produkten führten, wie sie in den letzten Jahrzehnten nach zahlreichen geschützten Verfahren hergestellt wurden.

Heute steht der Gerber bzw. Gerbereichemiker, der sich für ein wasserlösliches Öl zu entscheiden hat, vor einer nicht mehr übersehbaren Anzahl von sulfatierten bzw. sulfonierten Ölen. Während früher die Herstellung des Türkischrotöls und später auch die des sulfatierten Klauenöls und Tranes noch einigermaßen einheitlich und bekannt war, ist es für den Nichtfachmann heute völlig ausgeschlossen, sich von all den möglichen Verfahren, die für die Herstellung solcher Öle angewandt werden, auch nur ein ungefähres Bild zu machen. Nicht nur die Methoden selbst, d. h. die Art der Sulfatierung oder Sulfonierung, die bewußte Steuerung der Neben- und Nachreaktionen, die Auswahl der Sulfonierungsmittel, die Mengenverhältnisse, die Neutralisations- und Reinigungsverfahren, die Einschaltung besonderer technischer Effekte durch kondensierende Mittel haben vielseitige Variierungen erfahren, die auf das Endprodukt ganz bestimmte Wirkungen ausüben. Es werden nunmehr auch fast alle verwendbaren Öle der Sulfatierung oder Sulfonierung unterworfen, so daß die auf dem Markt erscheinenden wasserlöslichen Öle von Jahr zu Jahr an Zahl zunehmen und ihnen immer wieder neue Eigenschaften nachgesagt werden. Neben dem auch heute noch als Ausgangsprodukt für Türkischrotöl verwendeten Ricinusöl und dem in der Gerberei stets besonders geschätzten Klauenöl werden alle Sorten von Tran, Fischöle, Rüböl, Leinöl, Olivenöl, Spermöle, Wollfett und Talg sulfatiert oder sulfoniert und unter Fantasienamen der Lederindustrie als wasserlösliche Öle und Fette angeboten. Allerdings herrschen auf dem Markt auch heute noch die aus Ricinusöl, Klauenöl, Tran und Spermöl hergestellten Produkte vor. Diese sogenannten „Lederöle" sind teilweise Sulfatierungsprodukte eines Öls, sehr häufig aber auf der Grundlage von Ölgemischen hergestellt und mitunter auch mit natürlichen oder sulfatierten Mineralölen verschnitten.

Diese Vielfalt der sogenannten „sulfonierten Lederöle" erfährt nun aber noch dadurch eine verwirrende Erweiterung, daß sich unter den angebotenen Handelsprodukten Öle befinden, die mit Fettsäureglyceriden gar nichts mehr zu tun haben, sondern echte Sulfonsäuren mit externer Sulfogruppe, z. B. in Form alkylierter aromatischer oder hydroaromatischer Verbindungen, darstellen. Endlich finden sich unter den wasserlöslichen Lederfettungsmitteln Sulfonierungsprodukte ohne freie Carboxylgruppe, deren Ausgangsprodukte Aldehyde, Ketone, Äther, Amine und Sulfone sein können. Einen ausgezeichneten Überblick über alles, was die fettchemische Technik unter der bisherigen Bezeichnung „sulfonierte Öle" auf den Markt gebracht hat, ist in einer Aufsatzreihe von M. Singer zu finden, wenn auch nur ein Teil der dort erwähnten Produkte in das Verwendungsgebiet der Lederindustrie fällt. Dabei ist nicht zu vergessen, daß auch diese Systematik bereits wieder zehn Jahre alt ist und manche neueren Verfahren noch nicht enthält. Vergleiche hiermit auch J. Hetzer und das neueste Werk über „Textilhilfsmittel und Waschrohstoffe" von K. Lindner; s. dazu auch L. Diserens.

In dem vorliegenden Abschnitt über sulfatierte und sulfonierte Öle ist nur an die Produkte gedacht, die aus Fettsäureglyceriden oder Fettsäuren hergestellt sind, d. h. also durch Einwirkung von Schwefelsäure umgewandelte natürliche Fette und fette Öle darstellen. Auch bei diesen Produkten besteht keineswegs immer eine scharfe Grenze zwischen Sulfatierung und Sulfonierung. Der Gerbereichemiker kann sich lediglich an das alte Merkmal halten, das dadurch gekennzeichnet ist, ob ein Öl im Sinne der auf S. 524 angegebenen Vorschrift der „Einheitsmethoden" mit Salzsäure spaltbar ist oder nicht. Aber auch hier besteht die Möglichkeit einer nur teilweise durchführbaren Spaltbarkeit (Gemisch von Estern und Sulfosäuren). Ist ein wasserlösliches Lederöl mit Salzsäure spaltbar, so liegt ein Schwefelsäureester von Fettsäuren, also ein sulfatiertes Produkt vor. Ist es nicht oder nur teilweise spaltbar, so besteht das Produkt ganz oder teilweise aus echten Sulfosäuren, ist also als sulfoniertes Öl anzusprechen.

b) Sulfatierte Öle.

⍺) Herstellung.

Für die Herstellung sulfatierter Öle, die vorwiegend aus Schwefelsäureestern bestehen, also mit Salzsäure spaltbar sind, lassen sich folgende allgemeine Grundsätze angeben nach [H. Gnamm (1), S. 72]:

Die Sulfatierung erfolgt in verbleiten, neuerdings auch in schmiedeeisernen Bottichen, die mit einem Rührwerk versehen sind. In verbleiten Bottichen kann das Sulfatieren und das Waschen vorgenommen werden, während in eisernen Gefäßen das Auswaschen wegen der Einwirkung der verdünnten Schwefelsäure nicht möglich ist. Die Schwefelsäure läßt man in dünnem Strahl aus einem über dem Sulfatierbottich stehenden Steinzeuggefäß zum Öl zufließen. Durch Kühlschlangen wird die Reaktionsmasse abgekühlt und ein unerwünschtes Ansteigen der Temperatur verhindert. Moderne Sulfatierungseinrichtungen gestatten den Zufluß der Schwefelsäure innerhalb einer Stunde. Die verwendete Säuremenge schwankt bei der Türkischrotölherstellung zwischen 15 und 35%, berechnet auf die Ölmenge. Die Sulfatierungstemperatur liegt zwischen 25 und 35° C. Es sind jedoch auch Temperaturen vorgeschlagen worden, die unter und über diesen Grenzen liegen. Nach einem neueren Verfahren (F. P. 727 063) wird am Schluß sogar bei einer Temperatur von 60° C gearbeitet. Sicher ist, daß die Wahl der Temperatur die Eigenschaften des Fertigproduktes erheblich beeinflußt. Je höher die Temperatur, um so mehr greift die Sulfatierung von der Doppelbindung auf die Hydroxylgruppe über.

Die Sulfatierungsdauer steht in engem Zusammenhang mit den vorhandenen Kühlungseinrichtungen. Im allgemeinen werden bei der Herstellung von Türkischrotöl mindestens 6 Stunden erforderlich sein und sollen 10 Stunden nicht überschritten werden. Nach beendeter Säurezugabe wird das Gemisch noch 1 bis 2 Stunden weiter gerührt und dann über Nacht stehen gelassen. Während dieser Zeit soll sich die Temperatur nicht verändern. Längeres Stehenlassen ist nicht empfehlenswert. Von mancher Seite wird auch ein sofortiges Weiterverarbeiten des fertigen Sulfats empfohlen.

Durch das nun folgende Auswaschen soll das Sulfat von überschüssiger Säure befreit werden. Zum Waschen verwendet man etwa 100% einer 10 bis 20%igen Glaubersalzlösung. Kochsalz wird wegen der entstehenden Salzsäure für unvorteilhaft gehalten. Für gute Wärmeableitung muß gesorgt werden. Höhere Temperaturen beschleunigen zwar das Absetzen des Sulfats, erhöhen aber die Zersetzungsgefahr. Nach spätestens 20 bis 24 Stunden muß sich Öl und Sauerwasser getrennt haben. Hierauf wird, falls man nicht ein zweites Mal wäscht, das Sauerwasser abgelassen und das Öl neutralisiert.

Zum Neutralisieren werden Lösungen von Alkalilauge, Alkalicarbonaten, und Ammoniak, in neuerer Zeit auch organische Basen (Pyridin, Triäthanolamin, Methylamin u. a.) verwendet. Die meisten sulfatierten Öle sind Natronöle. Ammoniaköle sind gegen Alkalien unbeständig. Die Neutralisierflüssigkeit läßt man unter gutem Kühlen und Rühren langsam in das Öl einlaufen. Mit dem Neutralisationsprozeß wird das Öl zugleich auf eine bestimmte Konzentration eingestellt.

Tabelle 24. Beispiele für die Zusammensetzung von einfach sulfatierten Ölen [M. Koppenhoefer (2)].

Art des Öls	Sulfatiertes Ricinusöl %	Sulfatiertes Klauenöl %	Sulfatierter Dorschtran %
Wasser	28,6	3,75	25,6
Asche	7,7	3,3	5,9
Geb. SO_3	4,9	3,0	3,5
Säurezahl	35,6	100,9	59,5
Gesamtfettsäuren	62,3	88,4	67,6
Unverseifbares	0,75	0,15	0,9
Ammoniak	0,0	0,02	0,0

Auf diesen Arbeitsmethoden beruht die Sulfatierung von Ricinusöl, Klauenöl, Seetierölen und auch anderen fetten Ölen. Dabei ist zu bedenken, daß eine einheitliche Arbeitsweise nicht einmal bei Ricinusöl zur Herstellung von Türkischrotöl möglich ist, sondern daß bei den einzelnen Ölen Herkunft, Pressungsgrad u. dgl. berücksichtigt werden müssen. Daß bei der Sulfatierung von Tranen die Eigenschaften des Rohproduktes noch einen weit größeren Einfluß auf den Verlauf der Sulfatierung und das fertige sulfatierte Öl haben, bedarf keiner weiteren Erklärung. Netzvermögen, Kalkbeständigkeit und Beständigkeit gegen Säuren, Laugen und Bittersalzlösungen nehmen mit der Erhöhung der Menge organisch gebundener Schwefelsäure zu und werden bei sulfatiertem Ricinusöl in dem Maße verbessert, als durch „Hochsulfonierung" neben der Substitution der Hydroxylgruppe eine Anlagerung von Schwefelsäure an der aufgespaltenen Doppelbindung erzielt wird. Da die übrigen Öle, wie Klauenöl und Trane, keine Fettsäuren mit Hydroxylgruppen enthalten, muß bei solchen Ölen nach H. Kadmer die Sulfatierungsreaktion so geleitet werden, daß ein Angriff an der Doppelbindung oder bei gesättigten Säuren an einer CH_2-Gruppe der Kette direkt erfolgt. Dies ist durch intensivere Einwirkung mittels rauchender Schwefelsäure und Anwendung wasserentziehender Mittel unter entsprechender Tiefkühlung möglich, wobei aber gleichzeitig der Reaktionsablauf zur Bildung von Sulfosäuren führen kann. Eine weitere Erhöhung der Beständigkeit sulfatierter Öle läßt sich durch Verringerung oder Blockierung der freien Carboxylgruppen erreichen (intramolekulare Kondensation, d. h. Estolidbildung, Entstehen von Polyrizinolseifen). Bei den sogenannten „getarnten Türkischrotölen" sind die Carbonsäuren in ihre Ester bzw. Amide übergeführt, so daß neben der internen Schwefelsäureestergruppe auch noch die Carboxylgruppe verestert oder amidiert ist (J. Hetzer).

In einer neueren, bereits auf S. 419 erwähnten Arbeit haben D. Burton und L. F. Byrne (2) die Auswirkung der Änderungen verschiedener Herstellungsmethoden auf die Zusammensetzung von sulfatiertem Ricinusöl untersucht. Diese Änderungen erstreckten sich auf

1. die Schwefelsäuremenge,
2. das Neutralisieren,
3. die Verwendung von Acetylschwefelsäure,
4. die Acetylierung des Öls vor der Sulfatierung,
5. die Sulfonierung mit Chlorsulfonsäure.

Die wichtigsten Feststellungen sind: Die Esterifizierung der Hydroxylgruppe ist die Hauptreaktion, wenn bei einer Temperatur von 30° gearbeitet wird. Eine geringe Hydrolyse der Schwefelsäureester erfolgt beim Waschen und Neutralisieren. Bei der Sulfatierung mit Schwefelsäure tritt an der Doppelbindung eine geringere Reaktion ein als bei der Behandlung des Ricinusöls mit Acetylschwefelsäure oder bei einer Acetylierung vor der Sulfatierung oder bei einer Acetylierung vor der Behandlung mit Chlorsulfonsäure. Der höchste Gehalt an Schwefelsäureestern wird erhalten beim Verdünnen mit Eisessig, Behandeln mit Chlorsulfonsäure, Waschen mit 20%iger Ammoniumchloridlösung und Neutralisieren mit Ammoniak. Der höchste Sulfonatgehalt wird erhalten beim Behandeln des Ricinusöls mit 40% Schwefelsäure bei 30° auf die Dauer von 10 Stunden. Ob ein sulfatiertes Ricinusöl beim Verdünnen mit Wasser eine durchscheinend klare Lösung oder eine weiße Emulsion gibt, wird wahrscheinlich durch die Reaktion an der Doppelbindung oder die Veresterung der Hydroxylgruppe bestimmt. Einzelheiten sind aus der Originalarbeit zu ersehen.

Im übrigen benötigen Klauenöle zur Sulfatierung weit geringere Mengen Schwefelsäure als Ricinusöl und Trane. Die Sulfatierungstemperatur wird zweckmäßig etwas niedriger gehalten (27 bis 32°) als bei anderen Ölen. Beim Auswaschen des sulfatierten Klauenöls ist es vorteilhaft, erheblich stärkere Glaubersalzlösung zu verwenden als bei Türkischrotöl. Die Auswaschungstemperatur soll bei 25 bis 30° liegen. Höhere Temperaturen begünstigen die Hydrolyse des Sulfats, niedrigere verzögern die Trennung von Sulfat und Salzlösung.

Die Sulfatierung des Spermöls, die neuerdings bei der Herstellung wasserlöslicher Lederöle eine große Rolle spielt, verläuft nicht wesentlich anders als die Sulfatierung anderer Neutralöle mit ungesättigten Verbindungen, etwa von der Art des Olivenöls oder des Klauenöls. Nach K. Lindner (2), S. 346, dürften im sulfatierten Spermöl Dischwefelsäureester des Oleyloleats als wirksame Komponente vorliegen, da bei einer schwachen Sulfatierung, wie z. B. mit 15 bis 20% Schwefelsäure, kaum mit einer weitgehenden Aufspaltung des Wachses zu rechnen ist. Sulfatierte Spermöle werden von zahlreichen Spezialfirmen für Zwecke der Leder- und der Textilindustrie hergestellt und unter Phantasienamen angeboten (s. S. 551 ff.).

Die Sulfatierungsreaktion muß bei Seetierölen mit ihren hochungesättigten Fettsäureglyceriden naturgemäß anders verlaufen als bei Ricinusöl- und Klauenöl. Diese Glyceride sind gegen einen schnellen Schwefelsäurezufluß besonders empfindlich, weshalb beim Sulfatierungsprozeß, sofern er nicht streng überwacht wird, leicht Zersetzungen und Dunkelfärbungen auftreten können. Deshalb erfordern Trane meist ein langsameres Sulfatieren, d. h. eine längere Sulfatierungsdauer. Die Nachwirkung der Schwefelsäure ist mitunter stärker als bei anderen Ölen, so daß sich ein längeres Stehenlassen nach der Sulfatierung ungünstig auswirken kann. Bei der Neutralisierung wird oft Ammoniak an Stelle von Natronlauge bevorzugt. In jedem Fall sind die Reaktionsmöglichkeiten bei Tranen viel weniger übersichtlich als bei Klauenöl und Ricinusöl und außerdem bei fast jeder Transorte verschieden. Im Gegensatz zu Türkischrotöl erfahren die Fettsäuren der Trane bei der Sulfatierung eine deutliche Oxydation.

In der gleichfalls auf S. 419 bereits genannten Arbeit von D. Burton und L. F. Byrne (4) wurde die Herstellung von sulfatiertem Fischöl in bezug auf Schwefelsäuremenge, Temperatur, Auswaschen, Neutralisieren, Zusatzmittel (wie Essigsäureanhydrid, Benzin, Eisessig) so variiert, daß 14 verschiedene sulfatierte Öle erhalten wurden. Die wichtigsten Feststellungen über den Prozeß der Sulfatierung von Fischöl wurden von den Autoren wie folgt definiert:

1. Bei einer Behandlung des Fischöls mit 20% Schwefelsäure ist die Erhöhung der Temperatur von 20 auf 40° von geringer Auswirkung auf den Grad der Hydrolyse der Glyceride oder die Menge der entstehenden Schwefelsäureester oder die Bildung von Hydroxyfettsäuren. Bei 40° entsteht ein durchscheinendes Öl ohne Sulfonate, während bei 20° ein klares Öl mit einer merklichen Menge Sulfonate entsteht.

2. Bei der Erhöhung der Schwefelsäuremenge von 20 auf 60% nimmt der Grad der Hydrolyse der Glyceride von 21 auf 69%, die Sulfonatbildung etwa um das Dreifache zu. Der Gehalt an Schwefelsäureestern verändert sich nicht sehr; dagegen steigt der Gehalt an freien und neutralisierten Oxyfettsäuren etwa auf das Doppelte an. Die Viskosität des Öls nimmt zu.

3. Die Hydrolyse der Glyceride ist höher, wenn 100 Teile Fischöl mit 100 Teilen Schwefelsäure und 25 Teilen Eisessig bei 20° behandelt werden, als bei der Einwirkung von 39 Teilen Chlorsulfonsäure und 20 Teilen Eisessig bei 20° auf 100 Teile Fischöl.

4. Die Bildung von Schwefelsäureestern ist größer, wenn 60 Teile Schwefelsäure bei 20°, und kleiner, wenn 100 Teile Oleum (20%ig), 25 Teile Eisessig und 25 Teile Benzol bei 5° verwendet werden.

5. Die Sulfonatbildung ist größer, wenn 100 Teile Schwefelsäure und 25 Teile Eisessig bei 20°, und ist gleich Null, wenn 39 Teile Chlorsulfonsäure und 20 Teile Eisessig bei 20° verwendet werden.

6. Die Bildung von Oxyfettsäuren und ihren Derivaten ist bei 100 Teilen Oleum (20%ig), 25 Teilen Eisessig und 25 Teilen Benzol bei 5° größer und am geringsten bei 39 Teilen Chlorsulfonsäure und 20 Teilen Eisessig bei 20°.

7. Das Neutralisieren mit Ammoniak an Stelle von Soda hat praktisch keinen Einfluß auf den Grad der Hydrolyse der Glyceride und die Menge der entstehenden Sulfate oder Sulfonate.

8. Das Abnehmen der Jodzahl hat mit der Menge der entstehenden Sulfate oder Sulfonate nichts zu tun. Die Errechnung eines sogenannten Sulfationsgrades aus der Jodzahl ist nicht möglich.

9. Die Fähigkeit, eine Lösung anstatt einer Emulsion zu bilden, ist nicht, wie ge gewöhnlich angenommen wird, eine Funktion des Sulfat- und/oder Sulfonatgehalts des Öls.

10. Es sollte darauf geachtet werden, daß sulfatierte Öle vor dem Neutralisieren über Nacht in saurem Zustand stehen gelassen werden. Die Bildung freier Fettsäuren und die Hydrolyse von Glyceriden werden wahrscheinlich hierdurch erhöht.

Durch genaue Analysen der drei Fraktionen, die nach der Methode von Hart (1), S. 516, aus den in Tabelle 24 genannten handelsüblichen Ölen (sulfatiertes Ricinusöl, Klauenöl und Dorschtran) erhalten wurden, hat M. Koppenhoefer (2) den Mechanismus der Sulfatierung bei den drei Ölen miteinander verglichen und wie folgt gekennzeichnet:

Ricinusöl wird vorwiegend an der Hydroxylgruppe der Ricinolsäure sulfatiert, daneben in geringerem Grad an deren Doppelbindung. In den aus der Sulfoölfraktion gewonnenen Fettsäuren wurden Dihydroxysäuren festgestellt.

Klauenöl wird an der Doppelbindung der ungesättigten Fettsäuren sulfatiert. In den aus der Sulfoölfraktion gewonnenen Fettsäuren wurde Monohydroxystearinsäure nachgewiesen.

Dorschtran wird an den Doppelbindungen der höher ungesättigten Fettsäuren sulfatiert. Die aus der Sulfoölfraktion gewonnenen Fettsäuren bestehen aus Dihydroxysäuren und ungesättigten Hydroxysäuren.

Die freien Fettsäuren des sulfatierten Ricinusöls und Klauenöls, die während der Sulfatierung entstehen, werden durch den Sulfatierungsprozeß in keinem merklichen Ausmaß oxydiert, im Gegensatz zum Dorschlebertran, bei dem, wie bereits erwähnt, eine starke Oxydation dieser Fettsäuren eintritt. Das gleiche gilt für die Fettsäuren der Neutralölfraktion.

Bei sulfatiertem Klauenöl wurde Isoölsäure festgestellt. Die Sulfoölsäurefraktionen, besonders die des sulfatierten Ricinusöls, sind hitzeempfindlich und verlieren ihre SO_3-Gruppen beim Erhitzen.

Bei der Sulfatierung mancher Fischöle, z. B. Heringstran, wird, auch wenn die Sulfatierung vorsichtig durchgeführt wird, ein großer Teil der Schwefelsäure während der Reaktion wieder abgespalten. Nach K. Winokuti und M. Toriyama sind deshalb aus Heringstran — ebenso wie aus Sojaöl — keine guten sulfatierten Öle herzustellen.

Eine lange Zeit als erprobt angesehene Vorschrift für die Herstellung einfach sulfatierter Trane nach H. Rose und K. Keh sei hier angegeben:

In einen Kessel mit Rührwerk, der sich von den sonstigen Sulfatierungsanlagen im Prinzip nicht unterscheidet, werden 30 kg Tran (VZ. 180, JZ. 130) gebracht und portionsweise 3 kg chemisch reine Schwefelsäure (Dichte 1,84) hinzugesetzt. Die Temperatur darf nicht über 25° C steigen. Es muß daher der ganze Kessel während des Prozesses durch eine Wasserschlange gekühlt werden. Durch das fortwährende Mischen und Kühlen verhindert man eine verkohlende Wirkung der Schwefelsäure.

Ob richtig sulfatiert wurde, zeigt nach Angabe der Autoren folgende Probe: 1 Tropfen des sulfatierten Tranes soll im Reagensglas, mit Wasser vermischt, eine Emulsion bilden, andernfalls muß das Rühren fortgesetzt oder Säure zugesetzt werden.

Nach einer günstigen Probe wird dann portionsweise etwa 5 kg konzentriertes technisches Ammoniak unter fortwährendem Mischen hinzugefügt. Die Temperatur soll auch hierbei nicht mehr als 24° C betragen. Durch den Ammoniakzusatz geht die Farbe des Gemisches von Dunkelbraun nach Hellbraun über. Die Reaktion ist dann beendet, wenn das ganze Gemisch eine Degrasfarbe angenommen hat und ähnliche Reaktion zeigt wie der saure Tran vor der Neutralisation. Ein Gramm des fertigen Produkts soll beim Schütteln mit Wasser im Reagensglas eine milchige Emulsion geben. Diese soll gegen Phenolphthalein sauer, gegen Methylorange alkalisch reagieren und nach einer Stunde sich nicht in zwei Schichten teilen.

Bei vielen Tranen treten während des Sulfonierungsprozesses intensive Verfärbungen auf. K. Schorlemmer stellt bei der Sulfatierung von hellen und gelben Dorschtranen japanischer Herkunft eine tief violette Färbung fest, und zwar schon bei Zugabe der ersten Schwefelsäureanteile. Andere Trane verfärben sich weinrot. Mit fortschreitender Sulfatierung nehmen die Färbungen allmählich einen braunen Ton an. Wichtig ist, daß am Ende des Sulfatierungsprozesses das Sulfat in dünner Schicht klar ist.

Über die technischen Vorgänge bei der Sulfatierung von Ölen siehe auch die eingehenden Darstellungen bei K. Lindner (2), S. 342 ff., und über die modernen Sulfierungsanlagen ebenda S. 570 ff.

β) Einstellung und handelsübliche Definition.

Die Einstellung und handelsübliche Definition von sulfatierten Ölen — insbesondere Türkischrotölen — war lange Zeit Gegenstand des Streites in Handel und Technik (s. z. B. B. Rietz oder M. Auerbach). Im Jahre 1933 wurden von den Vertretern der Erzeuger-, Händler- und Verbraucherorganisationen, unter denen sich auch der damalige Zentralverein der deutschen Lederindustrie befand „Lieferungsbedingungen für Türkischrotöle" vereinbart, die als Ral-Vorschriften Nr. 839 in die Liste des Reichsausschusses für Lieferbedingungen aufgenommen worden sind. Da diese Lieferungsbedingungen, zum mindesten formell, noch Gültigkeit haben, und vor allem da der „Sulfonatgehalt" von Türkischrotölen noch heute nach ihnen angegeben wird, sei ihr Wortlaut hier aufgeführt. Ob diese Vorschriften für sulfatierte Klauenöle und Tran ebenfalls analog Gültigkeit haben, ist zum mindesten zweifelhaft. In jedem Falle ist natürlich dem Verbraucher durch die eindeutige Angabe „Gehalt an Gesamtfettsäuren" mehr gedient als mit der sehr häufig mißverstandenen Bezeichnung „x% handelsüblich" oder gar mit der Angabe „% Gesamtfett".

γ) Lieferbedingungen für Türkischrotöle.

(Nr. 839A der Liste des Reichsausschusses für Lieferbedingungen.)

A. Begriffsbestimmung.

Türkischrotöle sind Erzeugnisse, die aus Ricinusöl oder Olivenöl bzw. deren Fettsäuren oder Gemischen dieser Öle bzw. Fettsäuren durch Behandlung mit Schwefelsäure (Sulfonierung) hergestellt sind. Sie enthalten als Fettbestandteile, neben Neutralfett, Fettsäuren und deren Alkali- oder Ammoniumseifen, esterartige Verbindungen der Ausgangsstoffe mit Schwefelsäure (Sulfonate[1]) in Form ihrer Alkali- oder Ammoniumsalze.

Andere sulfonierte Öle sind keine Türkischrotöle im Sinne dieser Lieferbedingungen.

B. Bezeichnungen und Sorten.

Türkischrotöle werden nach ihrem Gehalt an Sulfonaten unter der Bezeichnung „Türkischrotöl x% handelsüblich" gehandelt. Die Prozentzahl gibt also den Sulfonatgehalt des Türkischrotöls an. Diese Bezeichnung bedeutet, daß zur Herstellung von 100 kg Türkischrotöl x kg „Sulfonat" (sulfoniertes und ausgewaschenes Öl) verwendet wurden.

Anmerkung: Der Fettsäuregehalt des Sulfonats beträgt durchschnittlich 74%. Es enthält demnach:

	Sulfonatgehalt		Fettsäuregehalt durchschnittlich %
Türkischrotöl	30%	handelsüblich	22,2
,,	40%	,,	29,6
,,	50%	,,	37,0
,,	60%	,,	44,4
,,	70%	,,	51,8
,,	80%	,,	59,2
,,	90%	,,	66,6
,,	100%	,,	74,0

Für den Fettsäuregehalt gilt eine Toleranz von $\pm 1\%$.

Türkischrotöle, die aus Ricinusöl zweiter Pressung oder aus Sulfur-Olivenöl hergestellt worden sind, müssen ausdrücklich als solche gekennzeichnet werden.

C. Eigenschaften.

Türkischrotöle müssen gegen Methylorange neutral reagieren, d. h. sie dürfen weder freie Schwefelsäure noch freie Fettschwefelsäureester enthalten.

Türkischrotöle zeigen im Gegensatz zu Seifen eine gewisse Beständigkeit gegenüber Säuren und Alkalien, gegenüber den Härtebildnern des Wassers und anderen Salzen, z. B. Glaubersalz und Bittersalz.

Neutrale und (gegen Phenolphthalein) schwach saure Türkischrotöle lösen sich in Wasser klar.

Türkischrotöle, die eine opalisierende Lösung ergeben, sind stark sauer eingestellt. Türkischrotöle, die sich unter Bildung von Emulsionen lösen, sind sehr stark sauer eingestellt. Alkalizusatz ergibt in diesen beiden Fällen klare Lösungen.

Türkischrotöle, deren wässerige Lösung trüb ist und auf Alkalizusatz nicht klar wird, sind schwach oder schlecht sulfoniert und daher nicht einwandfrei.

Türkischrotöle aus Ricinusöl erster Pressung sind je nach Fettgehalt hellgelbe bis gelblichbraune Flüssigkeiten von öliger Beschaffenheit. Türkischrotöle aus

---

[1] Der Ausdruck „Sulfonat" wird hier als eingeführter technischer Begriff benutzt, ohne Rücksicht auf den wissenschaftlichen Sprachgebrauch. Die Lieferungsbedingungen sind im Wortlaut angegeben, weshalb die neuere richtigere Bezeichnung „sulfatieren" usw. hier nicht erscheint.

Ricinusöl zweiter Pressung sind gelbgrün bis braun. Türkischrotöle aus Olivenöl neigen zu Abscheidungen, besonders bei tiefen Temperaturen. Sie sind dunkler als Türkischrotöle aus Ricinusöl.

D. Verpackung und Frachtberechnung.

Türkischrotöle werden in Holz- oder Eisenfässern geliefert und nach dem Nettogewicht berechnet.

Im Angebot ist anzugeben, ob sich der Preis einschließlich oder ausschließlich Verpackung oder ob frachtfrei Station des Empfängers oder ab Fabrik versteht.

E. Probenahme.

Für die Probenahme gelten sinngemäß die Vorschriften der Einheitsmethoden (Einheitliche Untersuchungsmethoden für die Fett- und Wachsindustrie, Stuttgart 1930, Abs. 19ff. und Abs. 476ff.).

F. Prüfverfahren.

Die Untersuchung von Türkischrotölen ist nach den von der „Wissenschaftlichen Zentralstelle für Öl- und Fettforschung (Wizöff) herausgegebenen Methoden zur „Untersuchung von Türkischrotölen und türkischrotölartigen Produkten", Stuttgart 1932, vorzunehmen.

δ) Chemische Untersuchung sulfatierter Öle.

Ganz allgemein können in Ölen, die mit Schwefelsäure behandelt wurden, folgende Komponenten vorhanden sein:

1. Unveränderte Triglyceride.
2. Teilweise verseifte Glyceride (Diglyceride).
3. Freie Fettsäuren (auch Oxysäuren) und ihre Salze.
4. Oxydations-, Polymerisations- und Kondensationsprodukte (z. B. Estolide, Lactone, Lactide, aber auch Verbindungen ganz unbekannter Natur).
5. Sulfatierungsprodukte (Schwefelsäureester) der unter 1 bis 4 genannten Komponenten.
6. Anorganische Verbindungen (Säuren, Salze).
7. Ammoniak.
8. Wasser.
9. Organische Lösungsmittel.
10. Glycerin.
11. Unverseifbare Stoffe
    a) im Ausgangsfett schon vorhanden,
    b) als Mineralöl nachträglich zugesetzt.
12. Nachträglich zugesetzte verseifbare Öle.
13. Verunreinigungen verschiedener Art.

Von Komponenten, die in sulfatierten Ölen vorhanden sein können, lassen sich quantitativ und unmittelbar nur ganz wenige bestimmen. Es sind dies: freie Fettsäuren und ihre Salze, anorganische Salze und Säuren, Ammoniak, Wasser, organische Lösungsmittel und die Summe der unverseifbaren Stoffe. Die wichtigsten Bestandteile aber lassen sich analytisch direkt nicht erfassen.

Diese Schwierigkeit und anderseits aber auch die Tatsache, daß vom gerbereitechnischen Standpunkt aus eine quantitative Bestimmung mancher der genannten Komponenten keine oder nur geringe Bedeutung hat, führte bei den Bemühungen um geeignete Untersuchungsmethoden frühzeitig zu der Gepflogenheit, zur Charakterisierung sulfatierter Öle nur die folgenden quantitativen Bestimmungen durchzuführen:

1. Gesamtfett, und zwar am zweckmäßigsten als Gesamtfettsäuren. — 2. Wasser. — 3. Gesamtschwefelsäure. — 4. Anorganisch gebundene Schwefelsäure. — 5. Organisch gebundene Schwefelsäure (= Differenz aus 3 und 4). — 6. Aschegehalt. — 7. Neutralfett. — 8. Unverseifbare Stoffe.

Daneben werden noch Lösungsmittel, Ammoniak und mitunter auch die Verunreinigungen bestimmt.

Auf dieser Analysengrundlage bauen sich bis in die allerjüngste Zeit fast alle Vorschläge, die sich mit Gesamtmethoden zur Untersuchung von sulfatierten Ölen befassen, auf.

Im Verlauf der Bestrebungen, Einheitsmethoden für die Untersuchung sulfatierter Öle zu schaffen, ist es der Wissenschaftlichen Zentralstelle für Öl- und Fettforschung (Wizöff), Berlin, im Jahre 1932 gelungen, für die Untersuchung von Türkischrotölen und türkischrotölartigen Produkten Methoden aufzustellen, die von weiten Kreisen der Fettindustrie als Einheitsmethoden anerkannt worden sind. Diese Methodenzusammenstellung, die nur für die Untersuchung von sulfatierten Ölen mit vollständig abspaltbarer organisch gebundener Schwefelsäure gilt, gehört ohne Zweifel zu den brauchbarsten Vorschlägen, die für die Analyse sulfatierter Öle bisher gemacht worden sind, wenn auch im Laufe der seit ihrer Veröffentlichung vergangenen zwanzig Jahre berechtigte Verbesserungsvorschläge gemacht werden konnten. [S. z. B. Bericht des ehemaligen Generalberichterstatters für die Öl- und Fettuntersuchung im Bereich des IVLIC., H. Gnamm(2) und die Vorschläge von C. Riess (2)]. Es wäre bei der Aufstellung der Methoden noch erwünscht gewesen, daß der Begriff „türkischrotölartige Produkte" eine eindeutige Klärung und Umgrenzung erfahren hätte [H. Gnamm (3)].

Sehr beachtenswerte Vorschläge für die Schaffung von offiziellen Methoden zur Untersuchung sulfatierter Öle sind laufend von den englischen Chemikern D. Burton und G. Robertshaw (1 bis 4) gemacht worden. Sie haben das Ziel etwas weiter gesteckt und wollen mit ihren Methoden, die in vielen Punkten den Wizöff-Methoden gleichen, eine Untersuchung der sulfonierten und sulfatierten Öle, also nicht nur der Türkischrotöle, ermöglichen.

Die heutigen Möglichkeiten einer chemischen Analyse sulfatierter Öle geben dem Gerber leider nur in geringem Maß die Mittel an die Hand, sich über den gerbereitechnischen Wert der Öle ein Bild zu machen. Auf die Methoden zur Bewertung sulfonierter Öle wird in einem späteren Abschnitt eingegangen werden (s. S. 540). Die rein formale Analyse ist aber für die chemische Kontrolle der verwendeten Produkte und die Überwachung ihrer gleichmäßigen Beschaffenheit unerläßlich.

Die Einheitsmethoden der Wizöff aus dem Jahre 1932 sind unten im Wortlaut angegeben. Auf der Jahresversammlung des Internationalen Vereins der Lederindustrie-Chemiker 1933 sind als „Provisorische Einheitsmethoden für die Untersuchung spaltbarer sulfonierter Öle" die folgenden Abschnitte der Wizöffmethoden anerkannt worden:

1. Bestimmung der Gesamtfettsäuren,
2. Bestimmung der Schwefelsäure,
3. Bestimmung des Unverseifbaren,
4. Bestimmung des Wassergehalts,
5. Bestimmung der Lösungsmittel.

Die gleichzeitig zu 1 bis 5 beschlossenen Abänderungen der Wizöffmethoden sind bei den einzelnen Abschnitten aufgeführt.

Diese Methoden gelten auch heute noch und sind vom Verein für Gerberei-chemie und -technik 1951 solange als offiziell anerkannt worden, bis neue oder abgeänderte Analysenverfahren vorgeschlagen bzw. als gültig erklärt werden.

Einheitsmethoden der Wizöff[1].

Allgemeines.

Für die nachstehenden Untersuchungsvorschriften gelten sinngemäß die all-gemeinen Bemerkungen zu den „Einheitlichen Untersuchungsmethoden für die Fett- und Wachsindustrie", 2. Aufl., 1930, S. 13/14 u. 187/188. Die wichtigsten Anleitungen seien auch an dieser Stelle wiedergegeben:

1. Wenn auch in den einzelnen Methoden nicht ausdrücklich genormte Geräte vorgeschrieben werden, sollte doch mit der Zeit allgemein zur Benut-zung von DENOG-Geräten[2] übergegangen werden.

Falls für die Prüfungen keine amtlich geeichten Geräte benutzt oder aus-drücklich vorgeschrieben werden, hat der Analytiker für genaue Kontrolle der Prüfgeräte Sorge zu tragen. Das gilt besonders für Schiedsanalysen.

2. Die genaue Angabe des zu benutzenden oder benutzten Prüfverfahrens in Analysenaufträgen, Attesten usw. sollte gang und gäbe werden.

4. Bei allen Berechnungen ist die Einwaage in Gramm, der Verbrauch an Titrationslösungen in Kubikzentimeter gemeint, sofern nicht besonders etwas anderes angegeben wird. Sämtliche Temperaturangaben gelten in Grad Celsius.

Elementare Meßeinheiten wie g, g/100 g (= Gew.-%), °Celsius sind nicht besonders angegeben worden, da sie sich ohne weiteres aus den betreffenden Methodenvorschriften ergeben.

5. Abkürzungen sind möglichst vermieden worden, um die Lektüre nicht zu erschweren und die Verwirrung, die bereits auf diesem Gebiete international herrscht, nicht zu vermehren. Beibehalten wurden u. a. folgende Abkürzungen:

D_t = spez. Gew. bei $t°$, bezogen auf Wasser von 4°.

$D_{t_2}^{t_1}$ = spez. Gew. bei $t_1°$, bezogen auf Wasser von $t_2°$.

$^n/_1$, $^n/_2$, $^n/_{10}$ usw. = normal, $^1/_2$normal, $^1/_{10}$normal usw.

% = Gewichts-%, wenn nicht besonders Volum-% angegeben wird.

Teil = Gewichtsteil, wenn nicht besonders Volumteil angegeben wird.

---

[1] Erschienen bei der Wissensch. Verlagsges. m. b. H. Stuttgart 1932 als „Nach-trag zu den Einheitlichen Untersuchungsmethoden für die Fett- und Wachsindustrie, 2. Aufl. 1930".

Der Verfasser ist sich darüber klar, daß diese nun schon 25 Jahre alten Einheits-methoden in vielen Punkten überholt sind. Als „Einheitsmethoden", die noch immer Gültigkeit haben und durch keine neueren ersetzt worden sind, mußten sie aber hier aufgenommen werden.

Die Fettanalysen-Kommissionen vieler Länder sind dabei, die überholten Teil-vorschriften auf dem Gebiet der Analyse sulfatierter und sulfonierter Öle durch ge-eignetere zu ersetzen. Die Arbeiten sind schwierig und scheinen viel Zeit zu erfordern. Die Vereinigung amerikanischer Lederchemiker hat 1954 eine Sammlung provisori-scher Untersuchungsvorschriften für die Analyse von Fetten und Ölen veröffentlicht, in denen auch Prüfungsmethoden für sulfatierte und sulfonierte Öle enthalten sind. Siehe S. 539 und S. 540.

[2] Symbol für „Deutsche Normgeräte". Näheres durch Deutsche Gesellschaft für chemisches Apparatewesen (Dechema), Seelze bei Hannover.

6. Wichtigste Reagentien:

Wasser: stets = destilliertes Wasser.

Alkohol: stets = Äthylalkohol (ohne Zusatzbemerkung etwa 96vol.-proz. oder 94gew.-proz.).

Äther: stets = Äthyläther, D_{20} = 0,713.

Petroläther: Siedegrenzen 45 bis 55°, bei 60° kein Rückstand.

$n/_1$-Kalilauge:

> Das Kaliumhydroxyd wird mit gekochtem Wasser abgespült, damit die äußeren, carbonathaltigen Schichten entfernt werden, dann in drei- bis fünffacher Menge Wasser gelöst und nach längerem Stehen von dem ausgeschiedenen Niederschlag dekantiert. Dann erst wird die klare Lösung weiter verdünnt. Der Faktor gilt jeweils für den Indikator, mit dem er festgestellt wurde.

$n/_2$-Kalilauge, alkoholisch:

> 32 g Kaliumhydroxyd, in 30 ccm Wasser gelöst, werden nach dem Erkalten mit 1 l Alkohol vermischt. Die Lösung wird kräftig durchgeschüttelt, einen Tag lang stehen gelassen und dekantiert. Sie muß dann klar bleiben oder nach drei Tagen nochmals dekantiert werden. Faktorermittlung mit $n/_2$-Salzsäure (Phenolphthalein).

Methylorangelösung: Im Text als „Methylorange" bezeichnet.

1 Teil Methylorange + 999 Teile Wasser.

Phenolphthaleinlösung: Im Text als „Phenolphthalein" bezeichnet.

1 Teil Phenolphthalein + 99 Teile Alkohol (mindestens 60proz.).

Vorbemerkung.

Die folgenden Untersuchungsvorschriften gelten für diejenigen sulfonierten Öle, deren organisch gebundene Schwefelsäure durch Kochen mit Salzsäure leicht und vollständig abspaltbar ist.

1. Qualitative Prüfung.

Verfahren. Von der Probe im ursprünglichen oder, falls nötig, erst konzentrierten Zustand werden 2 g in ungefähr 20 ccm absolutem Alkohol gelöst oder, wenn dieser nicht zur Lösung genügt, in einer Mischung aus absolutem Alkohol und Äther. Während das sulfonierte Produkt sich auflöst, fallen die anorganischen Salze aus. Der Niederschlag wird abfiltriert, das Filtrat zur Trockne verdampft und der Rückstand mit etwa der doppelten Menge Salzsäure (D_{15} = 1,19) gekocht, bis das Fett klar abgeschieden ist. Durch ein angefeuchtetes Filter wird vom Fett abfiltriert und das Säurewasser dann in bekannter Weise auf Schwefelsäuregehalt geprüft.

Auswertung. Ist Schwefelsäure nachgewiesen, so kann die geprüfte Substanz ein sulfoniertes Produkt sein, sei es als solches selbst oder im Gemisch mit nicht sulfonierten Fettprodukten.

Sind organische Sulfate zugegen, so können sie in den Alkohol gehen und die Gegenwart eines sulfonierten Produktes vortäuschen.

2. Fettsäurebestimmung (Ätherextraktmethode).

Erläuterung. Der nach folgender Vorschrift gewonnene Ätherextrakt stellt die von den nicht verseifbaren organischen Substanzen befreiten Fettsäuren dar, die das ursprüngliche Produkt in freier, veresterter oder verseifter Form enthält[1].

Vgl. auch: „Gesamtfettbestimmung, S. 532.

Zweck. Der Fettsäuregehalt ist in Verbindung mit dem Gehalt an organisch gebundener Schwefelsäure ein wichtiger Bewertungsfaktor für sulfonierte Produkte.

Verfahren. Ist der Fettsäuregehalt des zu untersuchenden Produktes ungefähr bekannt, so werden bei einem „50% handelsüblichen Öl" etwa 8 g, bei einem „100% handelsüblichen Öl" 4 bis 5 g, sonst 6 bis 8 g in einen Extraktionskolben eingewogen, der mit einem eingeschliffenen Rückflußkühler verbunden werden kann. Die Probe wird in 25 ccm Wasser gelöst und mit 50 ccm Salzsäure ($D_{15} = 1,19$) gekocht, bis sich das Fett völlig klar abgeschieden hat, mindestens aber 1 Stunde lang (Siedesteine)[2]. Der Kolben steht dabei auf einem Drahtnetz über kleiner Flamme, der Rückflußkühler ist aufgesetzt. Nach dem Erkalten wird der Kolbeninhalt mit wenig Wasser und Äther quantitativ in einen Scheidetrichter übergespült. Sobald sich die Schichten getrennt haben, wird das klare Säurewasser in einen zweiten Scheidetrichter abgezogen und zweimal mit je 25 ccm Äther ausgeschüttelt. Die vereinigten ätherischen Lösungen werden mehrmals mit je 20 ccm sulfatfreier (!) 10proz. Kochsalzlösung mineralsäurefrei gewaschen (Prüfung der Waschwässer mit Methylorange).

Treten bei dieser Behandlung Emulsionen auf oder scheiden sich beim Ansäuern der Waschwässer mit Salzsäure wieder fettartige Anteile ab, so enthält das zu untersuchende Produkt noch S u l f o n s ä u r e n. Es kann in diesem Fall nicht nach diesen Vorschriften untersucht werden.
Die vereinigten Säure- und Waschwässer dienen zur Bestimmung der Gesamtschwefelsäure.

Die ätherische Lösung wird quantitativ in einen Extraktionskolben übergeführt, die Hauptmenge Äther auf dem Wasserbad abdestilliert und der Rückstand mit 50 ccm alkoholischer $^n/_1$-Kalilauge $^1/_2$ Stunde gekocht (Siedesteine, Rückflußkühler). Falls ein Wasserbad benutzt wird, muß der Kolben tief genug in das stark kochende Wasser tauchen. Von der erhaltenen alkoholischen Seifenlösung wird die Hauptmenge Alkohol (etwa 30 ccm) abdestilliert. Der Rückstand wird mit 50 ccm Wasser in einen Scheidetrichter übergespült, dann in

---

[1] Es sei hier darauf hingewiesen, daß auch in den angelsächsischen Ländern schon lange das Unverseifbare nicht zum „Gesamtfett" gerechnet wird. Nach D. Burton und G. Robertshaw (*3*) setzt sich das „Gesamtfett" zusammen aus: unverändertem verseifbarem Öl, freien Fettsäuren, Fettschwefelsäureestern mit freien oder veresterten Carboxylgruppen, Sulfonsäureverbindungen, oxydierten und polymerisierten Verbindungen und nachträglich zugefügtem Neutralöl. Unverseifbare Stoffe gehören also hier nicht zum Gesamtfett.
Nach der offiziellen Methode der amerikanischen Gerbereichemiker wird das „Gesamtfett" durch die Differenz zwischen 100 und der Summe von Wasser, Unverseifbarem, Ammoniak, an Seifen gebundenen Alkalien, neutralisiertem organisch gebundenem SO_3, den organischen Salzen und Verunreinigungen bestimmt.
Schon diese verschiedenartige Auffassung des Begriffs „Gesamtfett" in den einzelnen Ländern zeigt, wie berechtigt es war, bei der Schaffung von Einheitsmethoden für die Untersuchung von Türkischrotölen durch die Wizöff im Jahre 1932 die sogenannte Gesamtfettbestimmung, wie sie z. B. nach der früheren Methode von W. Herbig (*1*) vorgenommen wurde, aufzugeben und an ihre Stelle zur Charakterisierung des Fettgehalts, wenigstens der einfachen sulfonierten Öle, die „Gesamtfettsäurebestimmung" zu setzen.

[2] Nach den Beschlüssen des früheren IVLIC wird eine Salzsäure im Verhältnis 1:4 verwendet [IVLIC (*1*)].

bekannter Weise zur Entfernung der nicht verseifbaren organischen Bestandteile ausgeäthert. Im allgemeinen genügt Ausschütteln mit zuerst 50, danach zweimal mit je 25 ccm Äther. Mit dreimal je 20 ccm Wasser werden aus den vereinigten ätherischen Auszügen die mitgelösten geringen Seifenmengen herausgewaschen. Sollten sich die Schichten beim Ausäthern und Nachwaschen nicht glatt absetzen, so läßt man einige Kubikzentimeter Alkohol an der Wandung des Scheidetrichters herabfließen.

Die mit den Waschwässern vereinigte Seifenlösung wird zur Entfernung des Alkohols eingedampft, der Rückstand in Wasser gelöst und mit 65 ccm $n/_1$-Salzsäure etwa 10 Minuten auf 50° erwärmt, wobei öfters umzuschwenken ist. (Längeres und stärkeres Erwärmen ist wegen sonst eintretender Estolidbildung zu vermeiden.) Das Zersetzungsgemisch mit den abgeschiedenen Fettsäuren wird nach dem Erkalten mit etwa 50 ccm Äther quantitativ in einen Scheidetrichter übergespült und das abgezogene Säurewasser noch zweimal mit je 25 ccm Äther extrahiert[1]. Die vereinigten ätherischen Auszüge werden mehrmals mit je 20 ccm sulfatfreier 10 %iger Kochsalzlösung mineralsäurefrei gewaschen (Methylorange) und unter Nachspülen mit Äther in einen Erlenmeyer-Kolben gegossen, der etwa 5 g entwässertes Natriumsulfat enthält. Nach etwa 1 Stunde ist die öfter umzuschwenkende ätherische Lösung entwässert. Sie wird dann durch ein trockenes Filter in einen weithalsigen, gewogenen Kolben filtriert. Mit ebenfalls über entwässertem Natriumsulfat getrocknetem Äther sind Kolben und Filter völlig fettfrei zu waschen. Aus der ätherischen Fettlösung wird auf dem Wasserbad der Äther abdestilliert. Der Rest des Lösungsmittels ist dann leicht zu entfernen, wenn man nach Aufhören der Destillation und Abnehmen des Destillationsaufsatzes mit einem Handgebläse auf den Rückstand bläst, während der Kolben auf dem stark kochenden Wasserbad bleibt. Man trocknet den Rückstand 1 Stunde im Trockenschrank bei einer Temperatur von 100 bis 105° in der Trockenzone, läßt im Exsiccator erkalten und wägt zurück. Von einem wiederholten Trocknen bis zur Gewichtskonstanz ist abzusehen[2].

Berechnung. Die so ermittelte Fettsäuremenge wird auf Prozentgehalt umgerechnet[3].

---

[1] Bei der Bestimmung des Gesamtfettsäuregehaltes sulfonierter Trane nach der obigen Wizöff-Methode treten mitunter beim Ausschütteln des abgespaltenen Fettes mit Äther Störungen auf. Es bilden sich — anscheinend besonders bei hoch sulfonierten Tranen — braune Ausscheidungen, die in Äther unlöslich sind. Werden diese Ausscheidungen nicht berücksichtigt, so erhält man fehlerhafte Analysenresultate. Diese ätherunlöslichen Anteile lösen sich in warmem Alkohol. Auf diese Weise können Verluste vermieden werden.

[2] Für das Trocknen des Ätherauszuges war im Bereich des früheren IVLIC sowohl die Natriumsulfat- wie die Alkohol-Methode zugelassen [IVLIC (2)].

[3] Die Methode der Wizöff wurde auch von Seiten der International Society of Leather Trade's Chemists für die beste Methode zur Bestimmung des Gesamtfettes angesehen, wobei unter Gesamtfett „das gesamte gespaltene Öl" verstanden wird. Folgende Ungenauigkeiten seien aber bei der Methode vorhanden [D. Burton und G. F. Robertshaw (3)].

a) Durch Kondensationen, Polymerisationen und Carbonisationen können zu niedrige Ergebnisse erhalten werden.

b) Verbindungen vom Sulfosäuretypus werden nicht erfaßt.

c) Manche der hochoxydierten Abbauverbindungen sind in Äther unlöslich und gehen daher verloren.

d) Es werden teilweise Glyceride und andere Bestandteile, die nicht vollständig hydrolysiert, gespalten oder zersetzt worden sind, eingeschlossen. Es ist daher richtiger anzunehmen, daß die Methode „Gesamtes gespaltenes Öl" statt „Gesamte abgespaltene Fettsäuren" erfaßt. *(Fortsetzung S. 527.)*

3. Schwefelsäurebestimmung.

Erläuterung. Der Schwefelsäuregehalt wird stets in „%SO$_3$" berechnet, bezogen auf das untersuchte Produkt. Gravimetrisch bestimmt wird der Gehalt an Gesamtschwefelsäure und an anorganisch gebundener Schwefelsäure, als Differenz beider Werte ergibt sich der Gehalt an organisch gebundener Schwefelsäure.

a) Gravimetrische Bestimmung der Gesamtschwefelsäure.

Verfahren. Die Gesamtmenge oder ein aliquoter Teil der vereinigten Säure- und Waschwässer von der Fettsäurebestimmung wird mit Ammoniak neutralisiert (Methylorange), mit 1 ccm Salzsäure (D$_{15}$ = 1,19) wieder schwach angesäuert und mit Wasser auf rund 400 ccm Gesamtvolumen verdünnt. In bekannter Weise wird darin durch Fällen mit Bariumchloridlösung in der Siedehitze die Schwefelsäure bestimmt.

Berechnung in % SO$_3$.

b) Gravimetrische Bestimmung der anorganisch gebundenen Schwefelsäure.

Verfahren. In einem Scheidetrichter werden 10 ccm gesättigte sulfatfreie Kochsalzlösung, 10 ccm Äther und 15 ccm Amylalkohol gemischt und mit 5 bis 7 g zu untersuchender Substanz, deren Menge durch Zurückwägen genau ermittelt wird, vorsichtig durchgeschüttelt. Die klar abgesetzte Kochsalzlösung wird von der ätherischen Schicht abgezogen, die man noch dreimal mit je 10 bis 20 ccm gesättigter Kochsalzlösung auswäscht. Die vereinigten Salzlösungen werden auf 250 ccm Gesamtvolumen gebracht und mit 1 ccm Salzsäure (D$_{15}$ = 1,19) angesäuert. In dieser Lösung wird die Schwefelsäure bestimmt[1].

Berechnung der organisch gebundenen Schwefelsäure. Der Gehalt an organisch gebundener Schwefelsäure errechnet sich als Differenz der Werte für Gesamtschwefelsäure und anorganisch gebundene Schwefelsäure.

c) Titrimetrische Schwefelsäurebestimmung.

Erläuterung. Zur rascheren und direkten Bestimmung des Gehalts an organisch gebundener Schwefelsäure kann als orientierendes Verfahren die folgende titrimetrische Bestimmungsweise empfohlen werden, die sich aus den

---

[3] e) Bei der Untersuchung sulfonierter Öle, die hoch ungesättigte Verbindungen enthalten, zeigen sich zuweilen beträchtliche Schwierigkeiten. Manchmal tritt bei der Abspaltung der gebundenen Schwefelsäure eine Art Verkohlung bzw. Zersetzung unter Bildung von Stoffen ein, die in den bei der Bestimmung angewendeten Lösungsmitteln nicht oder nur schwer löslich sind. In solchen Fällen sollte das Unverseifbare vor der Spaltung mit Salzsäure entfernt werden.

[1] Es ist von der Fettanalysenkommission des früheren IVLIC vorgeschlagen worden, die Ölproben nach der Zugabe von Äther und Kochsalzlösung mit $^n/_{10}$-Salzsäure gegen Methylorange zu neutralisieren und dann erst, wie oben, weiter zu behandeln, oder aber dem Ausschüttelgemisch von vornherein 10 ccm 10%ige Salzsäure zuzusetzen [s. IVLIC (2) (3) sowie die Arbeiten von K. Nishizawa und K. Winokuti]. Auch diese Abänderung gehörte zu den Amsterdamer Beschlüssen 1933.

Diese Vorschläge hatten Berechtigung, da das Dinatriumsalz des Ricinolschwefelsäureesters mit Kochsalzlösungen unter Umständen kolloidale Lösungen bildet, welche eine quantitative Trennung der Ricinolschwefelsäureverbindungen stört. Durch Ansäuern wird das Dinatriumsalz in das in Kochsalzlösungen unlösliche und daher sich leicht abscheidende saure Salz übergeführt. Störungen in der Schichtentrennung beim Ausschütteln werden so vermieden.

beiden unten beschriebenen Einzelbestimmungen zusammensetzt. Die Methode ist nicht anwendbar bei sulfonierten Produkten, die niedere, auf Methylorange reagierende organische Säuren enthalten, z. B. Essigsäure.

Gehalt an titrimetrisch bestimmbarem Alkali (Indikator Methylorange). *Verfahren.* 5 bis 10 g zu untersuchendes Produkt werden in einen 500 ccm-Erlenmeyer-Kolben eingewogen, in 50 ccm Wasser gelöst und (falls hierzu kurz erwärmt werden mußte, nach dem Abkühlen) mit je 50 ccm konz. Kochsalzlösung und Äther versetzt. Nach Zugabe einiger Tropfen Methylorangelösung wird mit $n/_2$-Salzsäure titriert, bis die wässerige Schicht, die sich abtrennt, schwach sauer reagiert.

Berechnung und Auswertung.

Gegeben: $\qquad e =$ Einwaage,

$\qquad\qquad a = n/_2$-Salzsäure.

Berechnet: $\quad A = \dfrac{28{,}055 \cdot a}{e}.$

Der Wert A ist das Äquivalent des bei Gegenwart von Methylorange als Indikator titrierbaren Alkalis, ausgedrückt in Milligramm KOH/1 g Probe. $\dfrac{10}{A}$ entspricht dann dem prozentualen Alkaligehalt (berechnet als KOH).

Titration der organisch gebundenen Schwefelsäure. Verfahren. 8 bis 10 g Substanz werden in einem 500-ccm-Erlenmeyer-Kolben abgewogen und 1 Stunde mit 25 ccm ungefähr 2 n-Schwefelsäure gekocht (Rückflußkühler, Siedesteine)[1]. Zu der Mischung werden nach Auswaschen des Kühlers und Erkalten je 50 ccm konz. Kochsalzlösung und Äther sowie einige Tropfen Methylorangelösung gegeben. Beim anschließenden Zurücktitrieren des Säureüberschusses mit $n/_2$-Kalilauge wird nach jedem Laugenzusatz gut durchgeschüttelt.

Berechnung und Auswertung.

Gegeben: $\qquad e =$ Einwaage;

$\qquad\qquad a = n/_2$-Kalilauge, im Hauptversuch verbraucht;

$\qquad\qquad b = n/_2$-Kalilauge, zur Titration der 25 ccm 2 n-Schwefelsäure verbraucht.

Berechnet: $\quad F = \dfrac{28{,}055 \cdot (a-b)}{e}.$

F ist das Alkaliäquivalent (wie A berechnet in mg KOH/1 g Probe) der aus der Estergruppe freiwerdenden Schwefelsäure, vermindert um den Wert A. Es kann auch der Fall eintreten, daß die aus der Estergruppe freiwerdende Schwefelsäure durch das nach obiger Methode bestimmte Alkali überkompensiert ist, z. B. wenn der Wert A groß und die Menge organisch gebundener Schwefelsäure gering ist. In diesem Fall wird F negativ.

Die freigemachte organisch gebundene Schwefelsäure entspricht dem Wert

$$A + F,$$

worin F mit seinem positiven oder negativen Wert einzusetzen ist. Der Prozentgehalt an organisch gebundener Schwefelsäure beträgt dann

$$\% \; SO_3 = \frac{8 \cdot (A + F)}{56{,}11} = 0{,}1426 \cdot (A + F).$$

d) Sulfonierungsgrad.

Erläuterung. Der Sulfonierungsgrad gibt an, wieviel Prozent der in dem untersuchten Produkt enthaltenen Fettsäuren tatsächlich sulfoniert sind, unter der willkürlichen Annahme, daß die gesamte organisch gebundene Schwefel-

---

[1] Im Bereich des früheren IVLIC wurde statt 2 n- nur n-Schwefelsäure und bei der Rücktitration statt $n/_2$- eine n-Natronlauge verwendet [IVLIC (*2*) (*4*)].

säure (berechnet als SO_3) in Form von **Ricinol-mono-schwefelsäureester**
vorliegt, nach der Gleichung:

$$CH_3 \cdot (CH_2)_5 \cdot CHOH \cdot CH_2 \cdot CH : CH \cdot (CH_2)_7 \cdot COOH + H_2SO_4 \rightarrow$$
Ricinolsäure

$$\rightarrow CH_3 (CH_2)_5 \cdot CH(OSO_3H) \cdot CH_2 \cdot CH : CH \cdot (CH_2)_7 \cdot COOH + H_2O$$
Ricinol-mono-schwefelsäureester.

Berechnung. Nach der vorstehenden Gleichung sind 80 g SO_3 äquivalent 298 g
Ricinolsäure.

Gegeben: $a = \%$ organ. geb. SO_3,

$b = \%$ Fettsäuren im untersuchten Produkt (nach S. 526).

Berechnet: Sulfonierungsgrad $= \dfrac{298 \cdot 100 \cdot a}{80 \cdot b} = \dfrac{373 \cdot a}{b}$

(berechnet als Ricinol-mono-schwefelsäureester).

Auf das Öl selbst bezogen, ist der Gehalt an sulfonierten Bestandteilen $= 3{,}73 \cdot a\%$
(berechnet als Ricinol-mono-schwefelsäureester).

Diese Berechnung kommt natürlich nur für die Ermittlung des Sulfonierungsgrades von sulfoniertem Ricinusöl in Frage.

4. Bestimmung der Acidität und Alkalität.

Erläuterung. Türkischrotölprodukte reagieren im allgemeinen gegen Phenol-
phthalein sauer, gegen Methylorange alkalisch. Die mit Kalilauge in wässeriger
Lösung bei Gegenwart von Phenolphthalein titrierte Alkaliaufnahme gilt als
Acidität und kann folgendermaßen berechnet werden:

1. als Neutralisationszahl in mg KOH/1 g eingewogene Substanz,
2. wie in der Türkischrotölindustrie vielfach üblich, in mg KOH/1 g Fettsäure.

Bei alkalisch reagierenden Türkischrotölprodukten ergibt die Titration mit
Salz- oder Schwefelsäure in Gegenwart von Phenolphthalein die Alkalität, die
wie oben berechnet wird.

Bei Ammoniak enthaltenden Produkten geben die nachstehenden Verfahren
nur Annäherungswerte.

a) Acidität[1].

Verfahren. 5 g zu untersuchende Substanz werden in 95 ccm Wasser gelöst und
nach Zusatz einiger Tropfen Phenolphthaleinlösung mit $^n/_2$-Kalilauge bis zur Rosafärbung titriert.

Berechnung.

Gegeben: $e =$ Einwaage,

$a = {}^n/_2$-Kalilauge,

$f = \%$ Fettsäuren im untersuchten Produkt.

Berechnet: 1. Acidität (in mg KOH/1 g Einwaage) $= \dfrac{28{,}055 \cdot a}{e}$.

2. Acidität (in mg KOH/1 g Fettsäure bei $f \%$ Fettsäuregehalt des
untersuchten Produktes) $= \dfrac{2805{,}5 \cdot a}{e \cdot f}$.

Anmerkung. Die Berechnungsweise ist stets durch die Angaben in
den Klammern zu erläutern.

---

[1] S. auch die Vorschläge von R. Hart (*1*) im amerikanischen Kommissionsbericht
Nr. 6 für die Bestimmung der Gesamtacidität und Gesamtalkalität.

b) Alkalität[1].

Verfahren. 5 g zu untersuchende Substanz werden in 95 ccm Wasser gelöst und nach Zusatz einiger Tropfen Phenolphthaleinlösung mit $n/_2$-Salz- oder Schwefelsäure bis zur Farblosigkeit titriert.

Berechnung.

Gegeben: e = Einwaage,

a = $n/_2$-Kalilauge,

f = % Fettsäuren im untersuchten Produkt.

Berechnet: 1. Alkalität (in mg KOH/l g Einwaage) $= \dfrac{28{,}055 \cdot a}{e}$.

2. Alkalität (in mg KOH/l g Fettsäure bei f % Fettsäuregehalt des untersuchten Produktes) $= \dfrac{2805{,}5 \cdot a}{e \cdot f}$.

Anmerkung. Die Berechnungsweise ist stets durch die Angaben in den Klammern zu erläutern.

5. Bestimmung von Neutralfett und nicht verseifbaren organischen Substanzen.

Erläuterung. Das Neutralfett (Fettsäureglyceride) wird nicht direkt bestimmt, sondern man scheidet die in ihm enthaltenen Fettsäuren ab und errechnet aus ihrer Menge den Gehalt an Neutralfett.

In dem gleichen Untersuchungsgang werden die nicht verseifbaren organischen, mit Wasserdampf nicht flüchtigen Substanzen abgeschieden.

Die mit Wasserdampf flüchtigen, nicht verseifbaren organischen Substanzen gelten als Lösungsmittel.

Abscheidung der fettartigen Bestandteile. 30 g zu untersuchendes Produkt, in 50 ccm Wasser gelöst, werden mit 20 ccm Ammoniak (D_{15} = 0,91) und 30 ccm Glycerin gemischt und dreimal mit je 100 ccm Äther ausgeschüttelt. Die vereinigten ätherischen Auszüge können das Neutralfett, die nicht verseifbaren organischen Substanzen und die Lösungsmittel enthalten. Sie werden zur Entfernung der in geringen Mengen mitgelösten Seife dreimal mit je 20 ccm Wasser gewaschen. Der Äther wird abdestilliert und der Rückstand mit 25 ccm alkoholischer $n/_1$-Kalilauge unter Rückfluß 1 Stunde gekocht[2]. Aus der Seifenlösung wird die Hauptmenge Alkohol (etwa 15 ccm) durch Eindampfen verjagt. (Dabei kann bereits ein Teil der leicht flüchtigen Lösungsmittel mitentfernt werden.)

Der Rückstand wird mit 20 ccm Wasser aufgenommen, mit weiteren 30 bis 40 ccm Wasser und einigen Kubikzentimetern Äther quantitativ in einen Scheidetrichter übergespült und die so verdünnte Lösung dreimal mit je 50 ccm Äther ausgeschüttelt. Zur Entfernung der in geringen Mengen mitgelösten Seifen werden die ätherischen Auszüge wieder dreimal mit je 20 ccm Wasser gewaschen.

---

[1] S. Fußnote S. 529.

[2] Es ist von manchen Seiten mit Recht darauf hingewiesen worden, daß bei sulfatierten Ölen mit hohem Gehalt an Neutralöl 25 ccm alkohol. $n/_1$-Kalilauge für die Verseifung nicht genügen. Es wird vorgeschlagen, auf je 1 g des extrahierten Neutralöls 10 ccm $n/_1$-Kalilauge zu verwenden, um eine vollständige Verseifung sicherzustellen. Die Seifenlösung wird dann mit 26 ccm $n/_2$-Salzsäure auf je 10 ccm $n/_1$-Kalilauge versetzt.

Bestimmung des Neutralfettes. Die mit den Waschwässern vereinigte Seifenlösung enthält das Neutralfett als Seife, die nun durch kurzes Erwärmen mit 65 ccm $n/_2$-Salzsäure auf 50° zersetzt wird. Wie S. 526 werden die Fettsäuren abgeschieden und gewogen.

Berechnung.

Gegeben: e = Einwaage,

a = Fettsäuren,

f = Faktor zur Umrechnung von Fettsäuren in Neutralfett.

Berechnet: $\%\,\text{Neutralfett} = \dfrac{100 \cdot a \cdot f}{e}.$

Für die Umrechnung von Ricinolsäure auf Triricinolein ist $f = 1{,}0425$, für die Umrechnung von Ölsäure auf Triolein ist $f = 1{,}045$.

Bestimmung der nicht verseifbaren organischen Substanzen. Diese sind mit den Lösungsmittelresten im ätherischen Auszug enthalten. Die Lösungsmittel werden nach dem Abdestillieren des Äthers mit Wasserdampf verjagt, als Rückstand bleiben die nicht mit Wasserdampf flüchtigen, nicht verseifbaren organischen Substanzen, die zusammen mit dem Kondenswasser quantitativ (durch Nachspülen mit Äther) in einen Scheidetrichter übergeführt und dreimal mit je 50 ccm Äther extrahiert werden. Die vereinigten ätherischen Auszüge werden sinngemäß nach der S. 526 mitgeteilten Vorschrift weiterbehandelt.

Auswertung und Berechnung. Der in Prozenten der untersuchten Probe berechnete Ätherextrakt stellt die **nicht mit Wasserdampf flüchtigen, nicht verseifbaren organischen Substanzen** dar. Durch Ermittlung von Kennzahlen, wie Acetylzahl, Jodzahl, Refraktion, spezifischem Gewicht usw., kann eine Bewertung des Rückstandes angestrebt werden.

Bei der Annahme der Einheitsmethoden wurde für den Bereich des früheren IVLIC bestimmt, daß das Unverseifbare gleichzeitig mit der Fettsäurebestimmung nach der üblichen Methode durch Ausschütteln mit Äther ermittelt wird.

6. Lösungsmittelbestimmung.

Erläuterung. Als **Lösungsmittel** gelten die mit Wasserdampf flüchtigen, nicht verseifbaren organischen Substanzen. Die Werte können etwas schwanken. Alkoholgegenwart beeinflußt das Ergebnis auch etwas, je nach der vorhandenen Menge.

Verfahren. 25 g zu untersuchende Substanz werden in einem Becherglas abgewogen, in kaltem Wasser gelöst und in einen langhalsigen Rundkolben von etwa 500 ccm Inhalt umgefüllt. Zum Lösen und Nachspülen sollen etwa 100 ccm Wasser ausreichen. Nach Zusatz von Calciumchlorid[1] (je nach Fettgehalt 2 bis 4 g $CaCl_2$) wird dann so lange mit Wasserdampf destilliert, bis keine öligen Tropfen mehr im Kühlrohr zu beobachten sind. Das Kühlwasser wird nun abgestellt. Dann setzt man die Destillation fort, bis unten aus dem Kühlrohr Dampf austritt. Das Destillat wird in einer geeigneten Vorlage aufgefangen und mit Kochsalz versetzt. Besonders zweckmäßig als Vorlage sind oben und unten lang ausgezogene, graduierte Scheidetrichter, in denen zugleich die Volumina der über oder unter dem Wasser sich sammelnden Lösungsmittel gemessen werden können.

---

[1] Das Calciumchlorid wird in wässeriger Lösung zugegeben, um die schäumenden Alkaliseifen in nichtschäumende Kalkseifen umzusetzen.

Berechnung.

Gegeben: e = Einwaage,

a = ccm wasserunlösliches Destillat,

s = D_{20} dieses Destillats.

Berechnet: % Lösungsmittel $= \dfrac{100 \cdot a \cdot s}{e}$.

Falls Lösungsmittel gefunden werden, die teils leichter, teils schwerer sind als Wasser, werden die Prozentmengen getrennt berechnet und angegeben.

Anmerkung. Bei Anwesenheit von wasserlöslichen Lösungsmitteln, z. B. Methylhexalin, muß das klare Destillationswasser (also nach Abtrennung der bereits abgesetzten Schichten!) mit Äther extrahiert werden. Der ätherische Auszug wird durch einstündiges Stehenlassen über 2 bis 3 g entwässertem Natriumsulfat getrocknet und filtriert. Natriumsulfat und Filter werden mit absolutem Äther nachgewaschen. Nach dem Abdestillieren des Äthers wird der Rückstand $^1/_2$ Stunde bei etwa 60° getrocknet und gewogen. Die gefundene Extraktmenge wird zu dem übrigen Lösungsmittelanteil addiert, falls nicht die getrennte Angabe der Lösungsmittel erwünscht ist.

Auswertung. Die Identifizierung der Lösungsmittel erfolgt nach Geruch, spezifischem Gewicht, Siedekurve, Refraktion usw.

7. Wasserbestimmung.

Die Bestimmung des Wassergehalts wird in üblicher Weise nach dem Destillationsverfahren vorgenommen (siehe S. 480 dieses Bandes).

Die Xylolmethode hat manche Nachteile (s. S. 480). Die bereits erwähnte Methode von H. P. Kaufmann und S. Funke mit Acetylchlorid, gelöst in Pyridin, ist auch bei der Wasserbestimmung sulfatierter Öle vorzuziehen (s. auch H. Finken und H. Hölters).

8. Volumetrische Gesamtfettbestimmung.

Erläuterung. Das „Gesamtfett" in sulfonierten Produkten umfaßt die gesamten fettartigen Bestandteile einschließlich der nicht verseifbaren organischen Substanzen. Das folgende Verfahren soll lediglich dazu dienen, den nicht über besondere chemische Einrichtungen verfügenden Verbraucher instand zu setzen, auf einfache, für die Praxis aber hinreichend genaue Weise den Gesamtfettgehalt eines Türkischrotöls zu bestimmen. Es handelt sich also wohlgemerkt nur um eine Orientierungsmethode, die ausschließlich zur Untersuchung nicht lösungsmittelhaltiger Produkte bestimmt ist.

Es muß hier ausdrücklich darauf hingewiesen werden, daß die unverseifbaren Stoffe bei einer genauen Fettbestimmung (s. S. 484) schon deshalb nicht zum Gesamtfettgehalt gerechnet werden können, weil sie ja auch aus nachträglich zugesetzten Mineralölen bestehen können. Unter „Gesamtfett" kann nur der Gehalt an Fettsäure verstanden werden.

Verfahren. In einem 100 ccm-Becherglas werden genau 10 g hochprozentiges oder genau 20 g niedrigprozentiges Türkischrotöl abgewogen und mit 25 ccm Wasser erwärmt, bis Lösung eingetreten ist. Die Lösung wird unter wiederholtem Nachwaschen quantitativ in einen sogenannten Büchnerschen Fettsäurebestimmungskolben[1] (vgl. Abb. 9) übergeführt und nach Zusatz von

---

[1] Bezugsquelle: Ströhlein & Co., G. m. b. H., Düsseldorf 39, Adersstr. 93.

50 ccm Salzsäure ($D_{15} = 1{,}19$) auf dem Drahtnetz über kleiner Flamme so lange — mindestens aber eine Stunde — gekocht, bis sich das Fett klar abgeschieden hat (Siedesteine). Durch Auffüllen mit konzentrierter, etwa 100° heißer Kochsalzlösung wird die Fettschicht in den graduierten Hals des Büchnerschen Kolbens gedrängt. Dann wird der Kolben bis zum Hals in ein lebhaft siedendes Wasserbad gestellt. Zuerst nach 15, darauf nach weiteren 10 Minuten wird das Volumen der Fettschicht abgelesen. Unterscheiden sich die Ablesungen, so sind sie in Abständen von je 10 Minuten zu wiederholen, bis zwei aufeinanderfolgende Ablesungen übereinstimmen.

Berechnung.

Gegeben: e = Einwaage,

          a = ccm Gesamtfett,

          d = spez. Gew. des Gesamtfetts[1].

Berechnet: % Gesamtfett $= \dfrac{100 \cdot a \cdot d}{e}$.

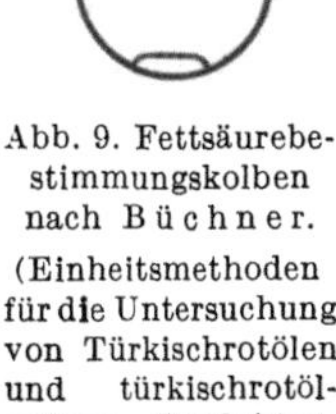

Abb. 9. Fettsäurebestimmungskolben nach Büchner. (Einheitsmethoden für die Untersuchung von Türkischrotölen und türkischrotölartigen Produkten, Wizöff 1932, S. 20.)

Anmerkung. Die Berechnungsformel vereinfacht sich

bei 10 g Einwaage zu: % Gesamtfett $= 10 \cdot a \cdot d$,

„ 20 g   „   %   „ $= 5 \cdot a \cdot d$.

Wird auf die Bestimmung des spez. Gewichtes verzichtet, so kann ein Durchschnittswert

$$d = 0{,}9$$

eingesetzt werden.

Rechenbeispiel. Eingewogen 20 g Türkischrotöl, gefunden 8 ccm Gesamtfett. Spez. Gewicht dieses Gesamtfetts im Pyknometer bei 99° gefunden zu 0,894 (d. h. $D_{99} = 0{,}894$). Nach der zweiten Formel unter 57 ergibt sich

$$\% \text{ Gesamtfett} = 5 \cdot 8 \cdot 0{,}894$$
$$= 35{,}8$$

Auf folgende von D. Burton und G. F. Robertshaw (*4*) empfohlene Schnellmethode zur Kennzeichnung sulfatierter Öle sei noch hingewiesen:

50 ccm Tetrachlorkohlenstoff, 100 ccm dest. Wasser und 50 ccm reine Salzsäure ($D = 1{,}19$) werden in dieser Reihenfolge in einen Scheidetrichter gegeben. Dann werden 5 g des sulfatierten Öles zugesetzt und kräftig durchgeschüttelt. Nach 30 Minuten wird nochmals kräftig geschüttelt. Nach Stehen über Nacht wird die untere Schicht in ein gewogenes Becherglas abgelassen, mit wenig Tetrachlorkohlenstoff nachgespült, das Lösungsmittel abdestilliert und der Rückstand bei 100° gewogen.

Untersuchungsmethoden, die nicht zu den Einheitsmethoden gehören.

1. Bestimmung der freien Fettsäuren.

Die vorstehenden Einheitsmethoden der Wizöff für die Türkischrotöluntersuchung enthalten keine Vorschrift für die Bestimmung der freien Säuren. Hierfür sind folgende Methoden in Vorschlag gebracht worden [IVLIC. (*1, 3*)].

---

[1] Das spez. Gew. wird in bekannter Weise bei 99° mit einem Pyknometer bestimmt ($= D_{99}$).

a) Bei Abwesenheit von Ammoniak oder Ammonsalzen.

Eine abgewogene Ölprobe wird in Äther-Alkohol oder in Benzol-Alkohol gelöst und mit $n/10$-Lauge gegen Phenolphthalein titriert. Der Alkaliverbrauch wird in mg KOH pro Gramm Öl ausgedrückt. (Auch die Berechnung als freie Ricinolsäure ist üblich.)

b) Bei Anwesenheit von Ammoniak oder Ammonsalzen.

Eine abgewogene Ölprobe wird unter Zusatz von Äther und gesättigter Kochsalzlösung mit $n/10$-Salzsäure gegen Methylorange neutralisiert, in einen Scheidetrichter gebracht und mehrere Male mit neutraler gesättigter Kochsalzlösung ausgeschüttelt, wobei die Ammonsalze entfernt werden. Dann wird die ätherische Lösung mit 25 ccm neutralem Alkohol versetzt und gegen Phenolphthalein mit $n/10$-Natronlauge titriert. Von den verbrauchten Kubikzentimetern Lauge zieht man die bei der Titration des titrimetrisch bestimmbaren Alkalis verbrauchten Kubikzentimeter $n/10$-Salzsäure ab und drückt das Ergebnis in mg KOH pro 1 g Öl aus.

2. Bestimmung des p_H-Wertes.

Über die Bestimmung des p_H-Wertes von sulfatierten Ölen haben erstmals D. Burton und G. F. Robertshaw (*1*), (*3*) Angaben gemacht. Siehe hierüber auch die Untersuchungen von G. Parsy.

Nach G. Parsy lassen sich p_H-Messungen in Emulsionen sulfatierter Öle ebenso gut ausführen wie in Milch-, Eigelb-, Casein- und Mineralölemulsionen. Er fand zwischen den mit der Glas- und mit der Chinhydronelektrode erhaltenen Meßergebnissen eine gute Übereinstimmung, während Messungen mit dem Foliencolorimeter oder mit Indikatorlösungen zum Teil beträchtliche Abweichungen zeigten, die teils auf mangelhafte Benetzung der Folien, teils auf Salzfehler zurückgeführt werden.

Es muß aber auf die von D. Burton und G. F. Robertshaw (*5*) wiederholt geäußerten Bedenken über die Möglichkeit, genaue p_H-Messungen in Emulsionen sulfatierter Öle vorzunehmen, hingewiesen werden.

3. Bestimmung des Harzgehalts.

Eine Schnellmethode zur Ermittlung des Harzgehalts in sulfatierten Ölen hat W. Rieß (*1*) vorgeschlagen.

Etwa 3 g des zu untersuchenden Öles oder Fettes werden in einem 100 ccm-Becherglas (hohe Form) dreimal mit wenig Methylalkohol abgedampft. Hierauf wird eine Mischung aus 30 ccm Methylalkohol und 5 ccm konz. Schwefelsäure zugefügt und unter leichtem Umschwenken zirka 5 Minuten zu schwachem Sieden erhitzt. Nach raschem Abkühlen wird der Inhalt des Becherglases mit Äther und einer reichlichen Menge gesättigter Kochsalzlösung in einen Scheidetrichter gespült und dreimal mit je zirka 50 ccm Äther ausgeschüttelt. Die vereinigten Ätherauszüge werden hierauf fünf bis sechsmal mit gesättigter Kochsalzlösung ausgewaschen, bis die Waschflüssigkeit gegen Lackmuspapier neutral reagiert. Es kann eventuell auch nach der ersten oder zweiten Waschung der Inhalt des Scheidetrichters mit $n/2$-Natronlauge gegen Lackmus neutralisiert werden, worauf sich dann noch etwa zwei Waschungen anzuschließen haben. Die ätherische Lösung wird mit der gleichen Menge neutralisierten Alkohols versetzt und die Lösung mit $n/2$-Natronlauge im Erlenmeyer gegen Phenolphthalein titriert.

Berechnung.

$$\frac{\text{ccm } ^{n}/_{2}\,\text{NaOH} \cdot 17{,}76}{\text{Einwaage}} - 1{,}6 = \%\ \text{Harzsäuren.}$$

4. Nachweis von sulfatierten Ölen mittels Pyridin (H. Freytag).

0,1 bis 0,5 g Öl wird mit etwa 5 ccm einer 15%igen Natrium- oder Kaliumhydroxydlösung und 5 ccm reinem Pyridin gemischt und das Gemisch über kleiner Flamme zum Sieden erhitzt. Nach 2 bis 3 Minuten wird das Gemisch in zwei Anteile geteilt. Der erste Teil wird mit einer kleinen Menge reinem β-Naphthylaminchlorid versetzt und dann langsam mit verdünnter Salzsäure angesäuert. Eine Rotfärbung, die sich beim Stehenlassen ergibt, zeigt die Gegenwart von Schwefelsäuregruppen im Öl an.

Da die Farbe gewöhnlich von freien Fettsäuren aufgenommen wird, entsteht meist an der Oberfläche der Flüssigkeit ein roter Ring. Der zweite Teil der Probe wird mit β-Nitroanilin versetzt, das nach dem Ansäuern ebenfalls eine Färbung gibt, die im Sonnenlicht eine leichte grüne Fluorescenz zeigt. Extrahiert man den gefärbten Bestandteil mit Äther und gibt einige Tropfen des Ätherextraktes auf ein Filtrierpapier, so bleiben in der Mitte des Tropfens die Fettsäuren zurück, während sich die Farbe auf dem Papier ausbreitet. Bei Zusatz von Alkali geht die Färbung in Goldgelb über, das durch erneute Ansäuerung wieder in den alten Farbton zurückverwandelt werden kann.

5. Sonstige Methoden.

Eine refraktometrische Methode zur Fettsäurebestimmung in Türkischrotölen mit β-Bromnaphthalin für eine rasche Betriebskontrolle haben W. Leithe und H. Lamel beschrieben.

A. Gernazzo hat eine Schnellmethode für die analytische Kontrolle von sulfatiertem Ricinusöl, Fischöl und Klauenöl angegeben. D. Burton und L. F. Bryne haben noch weitere Methoden zur analytischen Charakterisierung von sulfatierten Ölen vorgeschlagen. Diese Methoden bezwecken die Bestimmung der COOH-Gruppen, der COONa-Gruppen, der OSO_3Na-Gruppen, der SO_3Na-Gruppen, außerdem die Bestimmung von Glaubersalz und Kochsalz. Einzelheiten im Original.

6. Ältere Methoden für die Analyse sulfatierter Öle.

Da in manchen Fachkreisen neben den oder aber an Stelle der Wizöff-Methoden noch andere, meist ältere Analysenmethoden Verwendung finden, sind die wichtigsten dieser älteren Untersuchungsmethoden im folgenden aufgeführt.

Wasserbestimmung nach W. Fahrion (Tiegelmethode). In einem Nickeltiegel werden 4 g Öl abgewogen und mit fächelnder Flamme erhitzt, bis alles Wasser vertrieben ist. Das Bilden eines leichten Rauchwölkchens nach beendetem Schäumen zeigt diesen Zeitpunkt an.

Bestimmung des sogenannten „Gesamtfettes" (s. hierzu die Ausführungen auf S. 532). α) Methode von W. Herbig (*1*, S. 401). 10 g Öl werden in einen 500 ccm fassenden Erlenmeyer-Kolben eingewogen und mit 25 ccm Wasser und 30 ccm konz. Salzsäure versetzt. Man erhitzt unter Umschwenken und kocht so lange, bis die Fettschicht völlig klar geworden ist (Dauer 10 bis 15 Minuten). Ein längeres Erhitzen ist völlig zwecklos, da nach $^{1}/_{4}$ Stunde die Schwefelsäure total abgespalten ist. Man kühlt zunächst an der Luft, dann in fließendem Wasser ab, spült mit Äther in einen Scheidetrichter, so daß die Ätherschicht etwa 100 ccm beträgt, schüttelt kräftig durch und läßt bis zur völligen Klärung stehen. Ist die Sulfosäure völlig zersetzt, so erfolgt die Klärung äußerst rasch, andernfalls bleibt (namentlich wenn man kalt mit Salzsäure zersetzt und ausäthert) die Ätherschicht infolge der Anwesenheit von Sulfosäure im Wasser trübe.

Man zieht dann die klare Wasserschicht in einen zweiten Scheidetrichter, äthert nochmals aus, läßt die Wasserschicht ab, vereinigt die Ätherauszüge in dem ersten Scheidetrichter, wäscht die Ätherschicht durch dreimaliges Ausschütteln mit je 10 ccm Wasser völlig salzsäurefrei und gibt die Waschwässer zur Wasserschicht. **Ein zweimaliges Ausschütteln der Wasserschicht beeinflußt das Resultat nur sehr wenig und ist eigentlich überflüssig.** Die Ätherlösung wird eingedampft, der Rückstand nach Zugabe von etwas Alkohol weiter auf dem Wasserbad erwärmt, bis zur Gewichtskonstanz getrocknet und gewogen.

β) **Die Kuchenmethode** [W. Herbig (*1*), 403]. Etwa 10 g Türkischrotöl werden, auf vier Dezimalen genau gewogen, in einem Porzellantiegel mit 50 ccm Wasser versetzt und auf dem Wasserbad zur Lösung gebracht. Dann fügt man 15 ccm konz. Salzsäure zu und läßt diese eine halbe Stunde auf das Türkischrotöl einwirken. Zweckmäßig bringt man die Fettschicht zwei- bis dreimal durch leichtes Blasen mit dem darunter stehenden Säurewasser in Berührung. Sobald die Fettsäure klar auf dem Wasserbad schwimmt, gibt man 10 g Wachs zu und läßt wieder eine halbe Stunde auf dem Wasser stehen, wobei man die beiden Schichten gut miteinander mischt. Nach einer weiteren halben Stunde wird der Tiegel vom Wasserbad genommen und der Wachskuchen zum Erkalten gebracht. Nach dem vollständigen Erkalten nimmt man den Wachskuchen vorsichtig heraus, gießt das Säurewasser ab, spült den Kuchen mit dest. Wasser ab und schmilzt nochmals mit dest. Wasser um. Zum Schluß werden die Luftblasen an der Wandung des Tiegels mit einem heißen Glasstab vorsichtig entfernt. Nach dem Erkalten tupft man den Wachskuchen mit Filtrierpapier ab, trocknet auf gleiche Weise den Tiegel, bringt den Wachskuchen in den Tiegel und trocknet etwa eine halbe Stunde bei 105 bis 110°. Nach Abzug des zugesetzten Wachses ergibt sich das Gewicht der abgeschiedenen Fettsäure und daraus der Prozentgehalt des Türkischrotöles an Fettsäuren.

Bestimmung des Neutralfetts nach W. Herbig (1, S. 409). Man wägt etwa 5 g Öl in eine Nickelschale, löst es in 30 ccm Wasser, neutralisiert die Lösung unter Phenolphthalein- und Alkoholzusatz genau mit $^n/_{10}$-Lauge und trocknet, wie bei der Wasserbestimmung beschrieben ist. Die trockene Masse zerreibt man unter Zusatz von je 50 ccm Petroläther viermal und gießt den Petroläther quantitativ durch ein glattes Filter, das dann noch mit Petroläther ausgewaschen wird. Die vereinigten Petrolätherauszüge werden abdestilliert. Der Rückstand wird gewogen.

Prüfung der Beständigkeit gegen Kalk- und Magnesiumsalze. Man setzt zu einem Liter kalten Brunnenwassers 5 ccm einer 10%igen Lösung des Öls zu und beobachtet, ob sofort oder erst nach längerem Stehen eine Trübung eintritt, oder ob der Eintritt einer Trübung erst nach Einstellen eines bestimmten p_H-Wertes wahrzunehmen ist.

Tritt keine oder nur eine geringe Trübung ein, so setzt man nach einer Stunde 50 ccm einer Lösung von Marseiller Seife zu und beobachtet, ob das Öl imstande ist, die Bildung von Kalkseifen zu verhindern oder zu verzögern. Der Versuch muß in der Kälte und in der Wärme durchgeführt werden.

S. auch die Methoden bei W. Herbig 1, S. 426.

c) Sulfonierte Öle.

Unter „sulfonierten" Ölen sind hier, im Gegensatz zu den sulfatierten, die Umwandlungsprodukte der Fette und fetten Öle verstanden, bei denen die Einwirkung der Schwefelsäure zu echten Sulfonsäuren geführt hat, bei denen also die SO_3Na-Gruppe über den Schwefel an ein Kohlenstoffatom gebunden ist. Solche Sulfonate sind mit Salzsäure nicht spaltbar. Siehe im übrigen die Ausführungen auf S. 522.

Es ist weder möglich noch notwendig, daß sich der Gerbereichemiker über alle Verfahren, die zur Herstellung‚ solcher sulfonierter Lederöle angewandt werden, unterrichtet oder auf dem laufenden hält. Es genügt für ihn zu wissen, daß und worin diese Methoden sich von denen unterscheiden, die bei der Herstellung der auf S. 515 beschriebenen sulfatierten Öle zur Anwendung kommen.

Wie umfangreich das Gebiet der echten Sulfonate geworden ist, hat K. Lindner (*2*), S. 382ff., aufgezeigt. Dort sind auch die zahlreichen technischen Verfahren beschrieben. Moderne technische Anlagen für kontinuierliche Sulfiermethoden und ihre Apparate siehe K. Lindner, S. 581 ff.

Es handelt sich bei den sulfonierten Ölen, die mit Säure nicht mehr spaltbar sind, um Produkte, die echte Sulfonsäuren meist mit sogenannter interner Sulfo-Gruppe enthalten. Die wichtigsten Herstellungsverfahren beruhen auf der Anwendung besonderer Sulfonierungsmittel (wie Oleum, Chlorsulfon äure, Schwefelsäureanhydrid), auf der Anwendung der Sulfonierungsmittel im Überschuß, mit gleichzeitiger Verwendung von Kondensationsmitteln, auf Sulfonierung in Gegenwart von Lösungsmitteln u. dgl. Es ist dabei kaum möglich, eine Grenze zwischen Abkömmlingen der Fettsäureglyceride und den zahlreichen sogenannten sulfonierten Ölen zu ziehen, deren Ausgangsprodukte ganz anderer Art sind (s. die Ausführungen S. 514).

Der Gerber und der Gerbereichemiker muß sich deshalb darüber klar sein, daß ein wasserlösliches Öl, das durch Einwirkung von Schwefelsäure hergestellt und mit Salzsäure nicht spaltbar ist, nicht nur das Umwandlungsprodukt eines natürlichen Öles, also ein Abkömmling von Fettsäureglyceriden, sondern auch völlig anderer, unbekannter Natur sein kann. Über die Geeignetheit als Lederfettungsmittel gibt dann meist nur der praktische Versuch Auskunft, da für die analytische Prüfung nur einige wenige bis jetzt kaum befriedigende Methoden zur Verfügung stehen.

Die Untersuchung (nicht spaltbarer) sulfonierter Öle.

Bei sulfonierten Ölen versagen die auf S. 523 ff. beschriebenen Analysenmethoden, da die organisch gebundene Schwefelsäure durch Kochen mit Salzsäure nicht abgespalten werden kann. Auf Salzsäurezusatz scheiden sich die Sulfosäuren, wenn sie überhaupt abgespalten werden, häufig aus und beim Versuch, sie durch Äther auszuschütteln, bilden sich nicht selten drei Schichten, oder aber es tritt überhaupt keine Trennung ein, da die wasserlöslichen und emulgierend wirkenden Sulfonsäuren eine Schichtenbildung verhindern.

Die Gesamtschwefelsäure läßt sich mitunter nach der englischen Methode [D. Burton und G. F. Robertshaw (*1*)] bestimmen:

Etwa 1 g des Öles wird in einem Ni-Tiegel gewogen, in dem sich ein Rührer aus Kupferdraht von einer Länge, die das Schließen des Tiegels mittels eines Deckels ermöglicht, befindet. Unter Umrühren wird nun trockene Soda nach und nach zugefügt. Hierauf wird eine Lage trockener Soda über die Mischung geschichtet und leicht gerüttelt. Nun folgt eine Schicht Kaliumnitrat und als Abschluß noch eine Schicht Soda. Der Tiegel wird nun zunächst über einem Argandbrenner vorsichtig erhitzt, nach und nach wird die Temperatur gesteigert, bis aus dem Tiegel, der inzwischen bedeckt wurde, leichter Rauch entweicht und gelinde Verbrennung eintritt. (Heftige Verbrennung ist zu vermeiden, tritt aber ein, wenn die Temperatur zu rasch gesteigert wird oder das Kaliumnitrat zu nahe auf das Ölsodagemisch geschichtet worden war). Wenn die Reaktion beendet ist, wird die Temperatur gesteigert und schließlich die Mischung am Bunsenbrenner bis zum Schmelzen oder der Erzielung einer rein weißen Färbung des Tiegelinhaltes erhitzt. Kohlereste werden mit etwas Kaliumnitrat entfernt.

Nach dem Erkalten wird der Tiegel mit Deckel in ein Becherglas gestellt, das genug Wasser zur Bedeckung des Tiegels enthält. Das Becherglas wird nun im Wasserbad erhitzt, bis die Schmelze vollständig gelöst ist. Nachdem Tiegel, Deckel und Rührer nach gründlichem Spülen aus der Lösung gezogen worden sind, wird vorsichtig mit Salzsäure angesäuert. Nun wird eine Zeitlang zur Entfernung nitroser Verbindungen gekocht, hierauf wenn nötig filtriert, abgekühlt und mit Ammoniak gegen Methylorange neutralisiert. (Etwa noch vorhandene nitrose Verbindungen zerstören sogleich den Indikator. Übrigens ist zumeist genügend Kupfer in Lösung, um als Indikator zu dienen.) Die Lösung wird nun ganz schwach angesäuert und wie üblich mit Bariumchloridlösung gefällt. Infolge der Anwesenheit von Ammonsalzen fällt das Bariumsulfat gut filtrierbar aus, wenn die siedende heiße Bariumchloridlösung rasch zur heißen Probe zugefügt wird. Nach halbstündigem Stehenlassen in der Wärme wird durch einen Goochtiegel filtriert, mit einigen ccm Alkohol nachgewaschen und eine halbe Stunde lang getrocknet. Nun wird der Niederschlag vorsichtig geglüht und — nach Abrauchen mit einigen Tropfen Schwefelsäure — gewogen.

Nach W. Herbig (*1*, S. 406) kann die anorganisch gebundene Schwefelsäure wie folgt bestimmt werden:

10 g Öl werden mit 200 ccm absolutem Alkohol in einem Erlenmeyerkolben geschüttelt und über Nacht gut verschlossen stehen gelassen. Bei verdünnten Ölen konzentriert man auf nicht zu heißem Wasserbad und vergrößert das Volumen des absoluten Alkohols, um die Unlöslichkeit des Natriumsulfats zu fördern. Man zieht die völlig klare alkoholische Lösung soweit als möglich ab, bringt den Niederschlag auf einmal auf ein genügend großes Filter und wäscht mit absolutem Alkohol vollständig aus. Den Niederschlag löst man auf dem Filter mit heißem Wasser und wäscht aus. Im Filtrat bestimmt man die Schwefelsäure wie üblich.

Auch diese Methode versagt bei manchen sulfonierten Ölen, die nach neueren Methoden hergestellt sind.

Zur Bestimmung der organisch gebundenen Schwefelsäure hat W. Herbig (*2*) folgende Methode empfohlen:

3 bis 4 g Substanz werden mit der gleichen Menge Bariumcarbonat oder einem Gemisch von einem Teil Bariumcarbonat und einem Teil Bariumsuperoxyd im Quarz-, Platin- oder Nickeltiegel gemischt, verascht und bis zur restlosen Entfernung des Kohlenstoffs im Muffelofen geglüht. Nach dem Erkalten wird der Tiegel in einem Becherglas mit Wasser vollständig ausgelaugt, dem 5 ccm Bromwasser zugegeben werden. In der Glühhitze aus dem gebildeten Bariumsulfat reduziertes Bariumsulfid wird dadurch bei der jetzt folgenden Zugabe von Salzsäure (15 bis 20 ccm 30%ige Salzsäure) wieder zu Bariumsulfat oxydiert. Nach der Salzsäurezugabe wird der Inhalt des Becherglases etwa 10 Minuten lang gekocht, worauf das Bariumsulfat gewichtsanalytisch bestimmt wird.

H. Gerber und J. Sporleder haben zur Bestimmung des Sulfats in hochsulfonierten organischen Verbindungen (Kohlenwasserstoffen, Fettsäuren u. dgl.), bei deren Analyse die Wizöff-Methoden versagen, folgendes Verfahren empfohlen:

10 g Substanz werden in 100 g Butanol gelöst. Der sich bildende Niederschlag wird abfiltriert und mit Butanol gut ausgewaschen. Anschließend wird der Niederschlag in Wasser gelöst und die Schwefelsäure darin mittels Bariumchlorid gewichtsanalytisch bestimmt. Die Differenz zur Gesamtschwefelsäure ergibt die organisch gebundene Schwefelsäure. Vor Ausführung der Prüfung empfiehlt es sich festzustellen, ob die Untersuchungssubstanz überhaupt anorganisch gebundene Schwefelsäure enthält, indem man einige ccm Substanz im Reagensglas in Butanol löst. Bleibt die Lösung klar, so erübrigt sich die Bestimmung der anorganisch gebundenen Schwefelsäure.

Außerdem wird auf die Seite 635 beschriebene Methode von K. Lindner, A. Russe und A. Beyer zur analytischen Bestimmung echter Sulfonsäuren hingewiesen.

d) Amerikanische Methoden für die Untersuchung von sulfatierten und sulfonierten Ölen.

Nach den auf S. 513 erwähnten neuesten Analysenvorschriften, die von der Gesellschaft der amerikanischen Lederchemiker als provisorische Methoden 1954 angenommen worden sind, werden in USA. bei der Prüfung sulfatierter und sulfonierter Öle folgende Untersuchungen durchgeführt:

Verfahren:	Nr. der Analysen- vorschrift:
Wasser (Destillationsmethode)	H 40
Wasser und flüchtige Stoffe	H 41
Organisch gebundenes SO_3	
1. Titrationsprüfung (bei sulfatierten Ölen)	H 42
2. Extraktionsprüfung (bei sulfatierten Ölen)	H 43
3. Gravimetrische Aschebestimmung (bei sulfurierten Ölen)	H 44
Gesamtfett (desulfated — bei sulfonierten Ölen)	H 45
Gesamte wirksame Stoffe (active ingredients)	H 46
Unverseifbare, nicht flüchtige Stoffe	H 47
Anorganische Salze	H 48
Gesamtalkali und Gesamtammoniak	H 49
Acidität als freie Fettsäuren oder Säurezahl	
1. In Abwesenheit von NH_4- oder Triäthanolaminseifen	H 50
2. In Gegenwart von dunkel gefärbten Ölen, aber in Abwesenheit von Ammonium	H 51
3. In Gegenwart von Ammonium oder Triäthanolaminseifen	H 52
Neutralfett	H 53

Die Methoden sind im Jahre 1954 [Ungenannt (6)] veröffentlicht. Es sind Standardmethoden für die chemische Analyse von sulfatierten und sulfonierten Ölen (A. S. T. M. Bezeichnung D 500—45) der amerikanischen Gesellschaft für Materialprüfung mit einigen geringen Abweichungen [siehe Ungenannt (6), S. 341].

Von diesen Methoden seien die folgenden im Wortlaut hier angegeben:

Organisch gebundenes SO_3 in sulfatierten Ölen, die mit Säure spaltbar sind — H 43.

Die Methode besteht in einer Isolierung und Reinigung des Fettes, wie es im Originalöl vorhanden ist. Man löst eine Probe in einem Lösungsmittel, säuert an und wäscht mit gesättigter Salzlösung. Anschließend bestimmt man die Zunahme der Acidität, wenn die Probe mit Schwefelsäure gekocht wird. Die Zunahme der Acidität wird mit F bezeichnet.

a) Abtrennung des gereinigten Öls. Man wiegt, je nach der Konzentration des Öls, 5 bis 10 g in einem 250-ml-Scheidetrichter, der 50 ml konz. NaCl-Lösung, etwas festes NaCl, fünf Tropfen Methylorange und 50 ml Äther enthält. Das Gemisch wird geschüttelt und mit $n/1$-H_2SO_4 neutralisiert, bis die untere Schicht deutlich rot ist (etwa 0,2 ml Säure im Überschuß). Hochsulfatierte Öle können in diesem Stadium drei statt zwei Schichten bilden. In einem solchen Fall ist als Lösungsmittel ein Gemisch von zwei Teilen Äther und einem Teil Äthylalkohol zu verwenden. Man läßt im Scheidetrichter 5 Minuten absitzen, zieht die untere Schicht in einen zweiten Scheidetrichter ab und wäscht die Ätherschicht mit 25 ml NaCl-Lösung aus, bis sie gegen Methylorange neutral ist, d. h. bis ein Tropfen 0,5 n-NaOH das Waschwasser stark alkalisch macht. Alle Trennungen müssen 5 Minuten lang absitzen. Die vereinigten wässerigen Auszüge werden mit je 25 ml Äther zweimal ausgeschüttelt. Diese Ätherauszüge werden vereinigt und mit NaCl-Lösung säurefrei gewaschen. Alle Ätherauszüge werden zuletzt vereinigt und der Äther wird abgedampft.

b) Zunahme der Acidität beim Kochen (F). Die Zunahme der Acidität beim Kochen wird nach Methode H 42 bestimmt, ebenso eine Blindprobe ausgeführt und F berechnet [s. Ungenannt (6), S. 370].

c) Berechnung des Prozentgehalts an organisch gebundenem SO_3. % organ. geb. $SO_3 = 0{,}1426 \times F$, wobei $0{,}1426 = {}^1/_{10}$ des Mol.-Verhältnisses $SO_3 : KOH$ und F = die Aciditätszunahme beim Kochen (siehe b) bedeutet.

Organisch gebundenes SO_3 (gravimetrische Aschebestimmung bei Anwesenheit von Salzen wahrer Sulfonsäuren) — H 44.

Die Methode ist anwendbar bei allen sulfatierten und sulfonierten Ölen, einschließlich Produkten mit wahren Sulfonsäuren. Sie besteht darin, daß von dem Fett, so wie es aus dem Originalöl isoliert und gereinigt wurde, eine Probe in einem Lösungsmittel gelöst, angesäuert und der gereinigte Extrakt verascht wird. Ist Ammoniak vorhanden, ist dieser zuerst zu entfernen.

a) **Bei Abwesenheit von NH_3.** Die nach der Methode H 43 (s. S. 539) erhaltenen Ätherauszüge werden wie folgt entwässert: 5 g wasserfreies Na_2SO_4 werden zum Ätherextrakt zugesetzt. Das Gemisch wird 5 Minuten kräftig geschüttelt und anschließend in einem Becherglas von 150 ml filtriert und der Becher in ein warmes Wasserbad gestellt. Das Filter wird mit Äther fettfrei gewaschen. Um ein Kriechen des Öls zu verhindern, soll das Volumen im Becherglas während des Filtrierens und Waschens 50 ml nicht übersteigen. Der Äther wird bis auf ein Volumen von 20 ml verdampft und der Rückstand in einen gewogenen Tiegel (hohe Form) gebracht, den man in ein 100-ml-Becherglas mit warmem Wasser stellt. Dort läßt man den restlichen Äther verdampfen. Der ätherfreie Rückstand wird vorsichtig verbrannt und dann bis zum konstanten Gewicht geglüht. Besondere Vorsichtsmaßregeln für die Ausschaltung von Fehlern sind in der Originalfassung der Vorschrift [Ungenannt (6), S. 376] angegeben.

$$\text{Berechnung: Asche (\%)} = \frac{\text{Gew. der Asche in g}}{\text{Einwaage}} \times 100.$$

b) **In Gegenwart von NH_3:** Man löst in einem 300-ml-Becherglas 5 bis 8 g Öl in 80 ml Wasser, gibt 10 ml n/1 NaOH hinzu und kocht vorsichtig, bis Lackmuspapier kein NH_3 mehr anzeigt. Nach dem Abkühlen gibt man die Lösung in einen 300-ml-Scheidetrichter und fügt 35 g festes NaCl hinzu (die Lösung sollte 25% NaCl enthalten!). Nach Zugabe von fünf Tropfen Methylorange wird Neutralisation, Extraktion und Veraschung, wie unter a angegeben, durchgeführt.

c) **Berechnung:** Der Prozentgehalt an organisch gebundener SO_3 ist bei a und b = 1,1267 × % Asche. Der Faktor 1,1267 entspricht dem Verhältnis 2 SO_3 : Na_2SO_4.

e) Bewertung sulfatierter und sulfonierter Öle.

α) Allgemeines.

Die Zahl der mittels Schwefelsäureeinwirkung wasserlöslich gemachten Lederöle, die heute unter den verschiedensten Phantasienamen der Lederindustrie angeboten werden, ist außerordentlich groß. Die Produkte sind in einem ständigen Wechsel begriffen. Manche Öle verschwinden vom Markt, während immer wieder neue Öle angeboten werden. Die Fettindustrie arbeitet fortwährend daran, diese Produkte zu verbessern und ihnen durch neue Herstellungsverfahren immer wieder neuartige Eigenschaften zu verleihen, die ihre Verwendung als Lederfettungsmittel besonders günstig erscheinen läßt.

Zusammenstellungen von Lederölen, die zu irgendeinem Zeitpunkt auf dem Markt sind, veralten sehr rasch. Ihr Wert in einem Handbuch ist deshalb zweifelhaft. Trotzdem ist am Ende dieses Abschnitts eine Übersicht über die Ende 1954 im Handel erschienenen Lederöle aufgenommen, die durch Sulfatierung oder Sulfonierung hergestellt sind (S. 550).

Die chemischen Untersuchungsmethoden vermögen dem Gerber nur darüber Aufschluß zu geben, in welchem Verhältnis die einzelnen Bestandteile in einem Öl vorhanden sind. Die Analyse sagt dem Gerber wohl, ob das gekaufte Öl den garantierten Fettsäuregehalt besitzt, ob es keine unzulässige Vermengung mit Mineralöl erfahren hat und schließlich auch, ob der Schwefelsäuregehalt dieses oder jenes vielleicht erfahrungsgemäß als günstig festgestellte Maß über- oder unterschreitet. Über die Wirksamkeit des Öls, seine fettenden Eigenschaften, sein spezifisches Verhalten dem Leder gegenüber erfährt er aber durch diese Analyse nichts. Zwei Produkte mit gleichem Fettsäuregehalt oder zwei Öle mit derselben Menge organisch gebundener Schwefelsäure können ganz verschiedene Wirkungen zeigen, wenn sie zum Fetten des Leders verwendet werden.

Um ein Bild vom Wert eines sulfatierten Öls — und ganz besonders eines mit einem Phantasienamen bezeichneten unbekannten „Lederöls" — zu bekommen, genügen deshalb die im Handel üblichen kleinen Ölproben von 20 bis 50 g keineswegs. Es müssen entsprechend große Muster verlangt werden, die neben der chemischen Untersuchung die Ausführung von Betriebsproben und Fettungsversuchen in größerem Umfang ermöglichen. Viel wichtiger als die genaue analytische Feststellung des Fettgehalts, der gebundenen Schwefelsäure usw. ist die Ermittlung der spezifischen Eigenschaften des Öls oder des sogenannten Lederöls. W. Schindler (3) nennt diese spezifischen Eigenschaften sehr treffend die „Individualität" eines Öls.

Die Möglichkeiten, sich über diese Individualität eines Öls ein Bild zu verschaffen, sind für den Gerbereichemiker bis jetzt gering, wenn man von der einfachsten und sichersten Methode, der praktischen Fettungsprobe im Betrieb, absieht.

Zu diesen Möglichkeiten gehören die Vorschläge, die über die Fraktionierung solcher wasserlöslicher Lederöle gemacht worden sind, mit dem Ziel, auf Grund der quantitativ ermittelten Bestandteile (Fraktionen) Einblick in die Wirksamkeit der Öle zu ermöglichen. Es handelt sich dabei um die älteren Untersuchungen von E. Stiasny und C. Rieß, sowie um vollständige Fraktionierungsmethoden, wie sie W. Schindler und R. Schacherl, E. R. Theis und M. Graham und zuletzt R. Hart (2) vorgeschlagen haben.

β) Fraktionierung nach Stiasny und Rieß.

E. Stiasny und C. Rieß haben die Zerlegung sulfatierter Öle in ihre Bestandteile durch verschiedene Lösungsmittel in folgender Weise durchgeführt:

Etwa 2 g des Fettes werden in einem Scheidetrichter zu 50 ccm 80%igem Alkohol und 50 ccm Petroläther (Siedep. 40 bis 60°) gebracht und gut durchgeschüttelt. Nachdem sich die Schichten getrennt haben, wird die untere alkoholische in einen zweiten Scheidetrichter abgelassen und wieder mit Petroläther ausgeschüttelt. Dies wird noch ein drittes Mal wiederholt und die vereinigten Petrolätherauszüge werden dreimal mit 80%igem Alkohol ausgeschüttelt. Die einzelnen Lösungen werden abdestilliert und gewogen.

Die von E. Stiasny und C. Rieß untersuchten sulfatierten Trane und Klauenöle wurden auf diese Weise in drei Teile zerlegt:

Teil A   alkohollöslich — petrolätherunlöslich,
Teil B   alkohollöslich — petrolätherlöslich,
Teil C   alkoholunlöslich — petrolätherlöslich.

Ein sulfatiertes Klauenöl mit 76,9% Gesamtfett, 3,2% Gesamt-SO_3, 0,11% anorganischem SO_3 und 17,8% Wasser ließ sich z. B. auf diese Weise in folgende Anteile zerlegen (Werte sind auf wasserfreie Substanz berechnet):

	Sulf. Klauenöl	Gew. Klauenöl
Teil A.....	27,1%	0,04%
Teil B.....	6,6%	0,7 %
Teil C.....	66,5%	99,5 %

Um nun den Einfluß des Sulfonierungsgrades auf das Verhältnis der Bestandteile A, B und C zu ermitteln, wurden Tran und Klauenöl mit steigenden Mengen Schwefelsäure behandelt und das Sulfatierungsprodukt in obiger Weise zerlegt. Die Ergebnisse sind aus Tabelle 25 und 26 ersichtlich.

Tabelle 25. Einfluß des Sulfatierungsgrades auf die Zusammensetzung von sulfatiertem Tran* (nach E. Stiasny und C. Rieß).

Nr.	Sulfatiert mit % H_2SO_4	Auf wasserfreie Substanz berechnet				Anteil A %	Anteil B %	Anteil C %
		Gesamtfett %	Gesamt-SO_3 %	Jodzahl	Säurezahl			
0	0	97,6	0,00	157,0	25,2	1,01	6,88	93,6
1	5	97,5	0,70	139,3	32,7	5,68	8,15	83,8
2	10	95,5	1,91	121,4	59,7	18,10	11,20	71,2
3	15	98,9	3,18	97,7	96,1	31,20	19,1	49,8

* Der verwendete Tran (Dorschtran) wurde bei 27° sulfatiert und mit 5%iger Kochsalzlösung ausgewaschen.

Tabelle 26. Einfluß des Sulfatierungsgrades auf die Zusammensetzung von sulfatiertem Klauenöl* (nach E. Stiasny und C. Rieß).

Nr.	Sulfatiert mit % H_2SO_4	Auf wasserfreie Substanz berechnet				Anteil A %	Anteil B %	Anteil C %
		Gesamtfett %	Gesamt-SO_3 %	Jodzahl	Säurezahl			
0	0	(100)	0,00	74,8	1,00	0,04	0,70	99,8
1	10	95,9	2,30	49,6	99,2	13,4	1,12	86,4
2	20	94,9	2,90	35,4	118,2	22,8	3,65	74,3
3	30	95,1	2,98	29,6	128,7	32,3	6,45	61,6
4	40	95,5	3,09	23,3	127,8	31,5	8,68	59,3
5	50	95,7	3,19	22,5	127,9	24,9	13,25	61,3
6	100	95,6	2,81	22,6	126,7	27,9	10,43	61,5

* Das Klauenöl wurde 40 Stunden bei 37° sulfatiert und mit 5%iger Kochsalzlösung ausgewaschen.

Die Löslichkeit der sulfatierten Produkte in Wasser ist aus Tabelle 27 ersichtlich.

Tabelle 27. Einfluß des Sulfatierungsgrades auf die Wasserlöslichkeit (nach E. Stiasny und C. Rieß).

Sulfatiert mit % H_2SO_4	Löslichkeit in Wasser	Löslichkeit in Wasser mit Alkalizusatz
	a) Tran:	
5	schlechte Emulsion	Emulsion
10	Emulsion	,,
15	gute Emulsion	klar löslich
18	opaleszent löslich	,, ,,
20	,, ,,	,, ,,
25	fast klar löslich	,, ,,
30	,, ,, ,,	,, ,,
35	,, ,, ,,	,, ,,
	b) Klauenöl:	
10	Emulsion	opaleszent löslich
20	,,	klar löslich
30	durchscheinende Emulsion	,, ,,
40	,, ,,	,, ,,
50	,, ,,	,, ,,
100	,, ,,	,, ,,

Auf Grund ihrer weiteren Untersuchungen, auf die im einzelnen hier nicht eingegangen werden kann, haben E. Stiasny und C. Rieß zwischen dem Sulfatierungsgrad und den Eigenschaften der sulfatierten Produkte ganz allgemein folgende Beziehungen feststellen können:

Je stärker die Sulfatierung, desto besser ist die Emulgierbarkeit. Tran läßt sich weitgehender sulfatieren als Klauenöl. Bei Verwendung von genügenden Säuremengen tritt eine maximale Sulfatierung ein, die bei Einsatz von noch mehr Schwefelsäure nicht überschritten wird. Die Jodzahl der sulfatierten Produkte sinkt bei fortschreitender Sulfatierung nicht auf Null, sondern erreicht einen konstanten Wert. Der in Petroläther unlösliche Anteil A ist weit größer als die aus dem Gehalt der sulfatierten Produkte an organisch gebundener Schwefelsäure berechnete Menge Ölsulfosäure.

Die Stiasny-Rießsche Trennungsmethode wurde von A. Panzer und W. Niebur weiter ausgebaut. Dabei wurde die Trennung von Neutralfett (+ Unverseifbarem) vom wasserlöslichen sulfatierten bzw. emulgierten Anteil durch Ausschütteln mit einem Gemisch von wässerigem Alkohol (50%ig) und einem mit Wasser nicht mischbaren organischen Lösungsmittel erreicht. Als letzteres wurde Petroläther, bei Spermöllickern Äthyläther, verwendet.

2 g Öl (durch Rückwägung wird die Einwaage genau ermittelt) werden in einem Scheidetrichter mit 25 ccm Petroläther und 25 ccm 50%igem Alkohol kräftig geschüttelt und bis zur Trennung der Schichten (am besten über Nacht) stehengelassen. Danach gibt man die Schichten getrennt in gewogene Erlenmeyerkolben, destilliert das Lösungsmittel ab, trocknet bis zur Gewichtskonstanz und erfaßt so in der wässerig-alkoholischen Schicht (Fraktion A) die sulfonierten (emulgierenden Anteile) und in der Ätherschicht (Fraktion B) das Neutralfett zusammen mit freien Fettsäuren und Unverseifbarem.

Bei quantitativ verlaufener Trennung muß der Fettanteil von Fraktion A klar wasserlöslich und der Fettanteil von Fraktion B wasserunlöslich sein und darf auch nicht emulsionsartig in Lösung gehen.

Sollte die „Trennung" nicht quantitativ verlaufen sein, so kann man den Versuch mit Äthyläther und 50%igem Alkohol eventuell unter Anwendung der doppelten Menge Lösungsmittel wiederholen (je 50 ccm).

Anteil A kann weiter untersucht werden, indem man ihn in heißem Alkohol löst (falls keine klare Lösung eintreten sollte, setzt man etwas Äther zu) und von den nicht gelösten anorganischen Bestandteilen abfiltriert, mit Alkohol nachwäscht, vom Filtrat nochmals den Alkohol abdestilliert, trocknet und wiegt.

Im A-Filtrat kann weiter der Gehalt an Schwefelsäure- und Sulfonsäureestern bestimmt werden. Die Schwefelsäureester bzw. der Gehalt an SO_3 werden nach den bekannten Wizöffmethoden bestimmt. Zur Bestimmung der Sulfonsäureester ist die Methode nach A. Hintermaier zu empfehlen, die auf der Löslichkeit von Sulfonsäuren in Amylalkohol beruht.

In B bestimmt man die freien Fettsäuren durch Titration mit n/10 NaOH gegen Phenolphthalein, weiterhin können Unverseifbares und Verseifbares nach den üblichen Methoden bestimmt werden.

Nach A. Panzer und W. Niebur soll sich die Methode auch bei der Untersuchung von Lickerölen bewährt haben, die Sulfosäuren enthalten (z. B. mersolhaltige Produkte). Die nach A. Hintermaier (2) durchgeführte Bestimmung des sulfonierten Anteils ergab eine gute Übereinstimmung mit den Ergebnissen nach der obigen Methode.

γ) Weitere Fraktionierungsmethoden.

Die Fraktionierungsmethode von W. Schindler und R. Schacherl[1].

W. Schindler und R. Schacherl zerlegten sulfatierte Öle zur Kennzeichnung ihrer Komponenten wie folgt:

5 g des sulfurierten Öles (bei einem Gehalt an Gesamtfett von etwa 70%, sonst eine entsprechende Menge) werden in einem 100 bis 200 ccm fassenden

---

[1] Die Methode ist in der beschriebenen Form nur für sulfatierte Öle, die keine Sulfonsäuren enthalten, verwendbar.

Scheidetrichter mit 25 ccm 96%igem Alkohol übergossen und kräftig durchgeschüttelt. Das Durchschütteln wird in Pausen von je einer halben Stunde noch zweimal wiederholt. Nun läßt man das Gemisch sich bis zum nächsten Morgen absetzen. Die klare Lösung wird nun durch ein kleines Filter in einen zweiten Scheidetrichter gegossen, der Rückstand im ersten Scheidetrichter mit einem Gemisch von 5 ccm $n/_1$-alkoholischer Kalilauge und 15 ccm 96%igem Alkohol kräftig durchgeschüttelt. Nach Ablauf von 30 Minuten wird die klare Lösung wieder durch das kleine Filter in den zweiten Scheidetrichter gegossen, der Rückstand diesmal mit 15 ccm 96%igem Alkohol geschüttelt. Nach dem Absetzen wird die klare Lösung neuerdings in den zweiten Scheidetrichter filtriert, der Rückstand mit 15 ccm 96%igem Alkohol geschüttelt und dies nochmals wiederholt. Im ersten Scheidetrichter befindet sich nun der Rückstand γ, im zweiten die Lösung $\alpha + \beta + \delta$.

Behandlung der alkoholischen Lösung $\alpha + \beta + \delta$.

Zu der etwa 100 ccm fassenden Flüssigkeitsmenge kommen nun 15 ccm Wasser, 5 ccm Eisessig und 40 ccm Petroläther. Nach gutem Durchschütteln wird die Trennung in zwei Schichten abgewartet. Die untere, alkoholisch-essigsaure Lösung wird in einen andern Scheidetrichter abgelassen, wo sie mit 25 ccm Petroläther ausgeschüttelt wird. Neuerdings wird die untere Schicht abgezogen und mit 35 ccm Petroläther ausgeschüttelt. Die vereinigten petrolätherischen Auszüge enthalten α, während sich in der alkoholisch-essigsauren Lösung β und δ befinden.

Behandlung der petrolätherischen Lösung von α.

Die petrolätherische Lösung wird dreimal, möglichst rasch, mit einem Gemisch von 10 ccm $n/_1$-alkoholischer KOH und 10 ccm 70%igem Alkohol ausgeschüttelt. Die zurückbleibende petrolätherische Lösung wird durch Behandlung mit einem Gemisch von 9 ccm 70%igem Alkohol und 1 ccm Salzsäure 1 : 10 von Alkaliresten befreit und ergibt nach dem Abdunsten α_1.

Die alkalisch-alkoholische Lösung wird unverzüglich mit 200 ccm Wasser und 30 ccm Salzsäure 1 : 10 versetzt und dreimal mit je 10 ccm Tetrachlorkohlenstoff ausgeschüttelt. Die Auszüge werden vereinigt und ergeben nach dem Abdunsten und Trocknen α_2.

Behandlung der alkoholisch essigsauren Lösung von $\beta + \delta$.

Bei genauer Einhaltung der Vorschrift beträgt das Volumen der alkoholisch-essigsauren Lösung 110 ccm. Bei Abweichungen muß das Volumen festgestellt werden. Nun kommen auf je 100 ccm der Lösung 100 ccm Wasser, 35 ccm konz. Salzsäure und 10 ccm Tetrachlorkohlenstoff. Man schüttelt zunächst gründlich, läßt hierauf absitzen und zieht dann die CCl_4-Lösung, unbekümmert ob sie zwei Schichten zeigt oder nicht, ab. Die zurückbleibende Lösung wird nun noch dreimal mit je 7 ccm Tetrachlorkohlenstoff ausgeschüttelt; die vereinigten Auszüge ergeben β.

Die verdünnte alkoholisch-salzsaure Lösung wird zur Abscheidung von δ am Wasserbad auf ein Viertel des Volumens eingeengt. Die sich dabei ausscheidenden Fette werden nach dem Erkalten mit $7 + 5 + 5$ ccm Tetrachlorkohlenstoff ausgeschüttelt. Die vereinigten Auszüge ergeben δ.

Behandlung des Rückstandes γ.

Der Rückstand wird in einem Gemisch von 10 ccm Tetrachlorkohlenstoff und 10 ccm Aceton gelöst. Bei Anwesenheit von Flocken wird die Lösung durch ein gewogenes Filter gegossen. Stets wird der Scheidetrichter noch zweimal mit je 5 ccm Tetrachlorkohlenstoff nachgewaschen, Die Flüssigkeiten werden gegebenenfalls auch durch das gewogene Filter gegossen. Die vereinigten Lösungen ergeben γ_1. Am gewogenen Filter befindet sich γ_2, welches nur ausnahmsweise in beträchtlichen Mengen vorkommt.

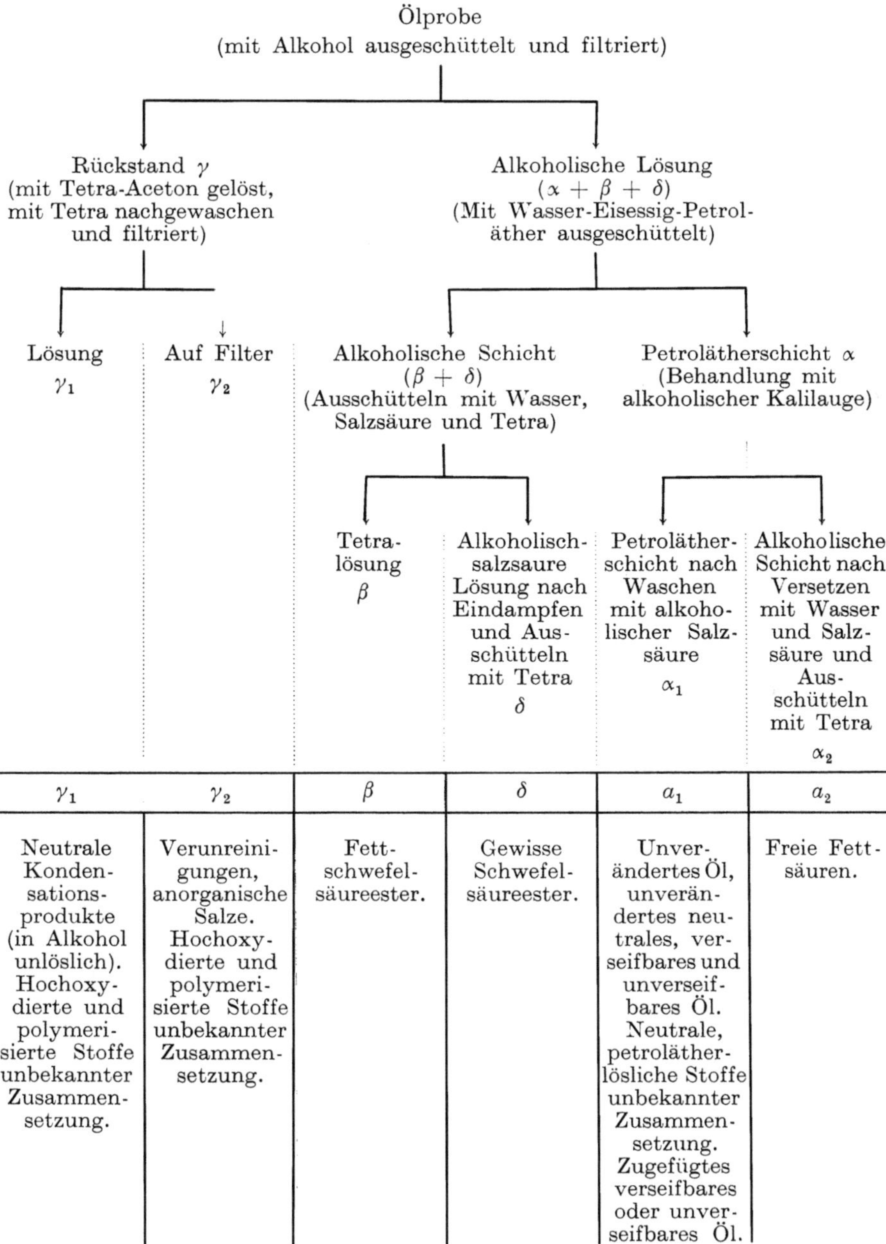

γ_1	γ_2	β	δ	a_1	a_2
Neutrale Kondensationsprodukte (in Alkohol unlöslich). Hochoxydierte und polymerisierte Stoffe unbekannter Zusammensetzung.	Verunreinigungen, anorganische Salze. Hochoxydierte und polymerisierte Stoffe unbekannter Zusammensetzung.	Fettschwefelsäureester.	Gewisse Schwefelsäureester.	Unverändertes Öl, unverändertes neutrales, verseifbares und unverseifbares Öl. Neutrale, petrolätherlösliche Stoffe unbekannter Zusammensetzung. Zugefügtes verseifbares oder unverseifbares Öl.	Freie Fettsäuren.

Die abgetrennten Fraktionen sind ihrer Natur nach ganz verschieden und müssen deshalb vom gerbereitechnischen Standpunkt aus auch ganz verschieden gewertet werden.

Die Fraktionen α_1 und γ_1 sind neutral. Sie besitzen keine emulgierende Wirkung. Dagegen enthalten sie die wichtigen fettenden (schmierenden) Bestandteile, sind also für den Lederfettungsprozeß außerordentlich wertvoll. α_1 enthält vorwiegend Bestandteile, die gewöhnlich mit „Neutralfett" bezeichnet werden.

Die Fraktion α_2 besteht aus Fettsäuren. Erhält das verwendete Öl einen Alkalizusatz, so werden diese Fettsäuren in Seifen umgewandelt, die emulgierend wirken.

In der Fraktion β, und teilweise auch δ, ist die Masse der emulgierend wirkenden Fettschwefelsäureverbindungen enthalten.

D. Burton und G. F. Robertshaw (3) haben auf die Schwierigkeiten hingewiesen, die entstehen, wenn sulfatierte Öle, die Zusätze an Neutralöl und Mineralöl erhalten haben, nach der Schindlerschen Methode fraktioniert werden.

Es war nach ihrer Ansicht zu erwarten, daß diese Öle ganz in der γ_1-Fraktion zu finden wären, da sie in Alkohol schwer löslich sind. Tatsächlich aber gehen beträchtliche Mengen dieser Öle infolge Emulgierung mit Alkohol durch das Filter und werden später durch Petroläther extrahiert, gehen also in Fraktion α_1. Diese Schwierigkeiten sind an Versuchen deutlich gemacht, die D. Burton und G. F. Robertshaw (3) mit verschiedenen sulfatierten Ölen mit einem Zusatz an Neutral- und Mineralöl durchgeführt haben, und zwar Öl A (Türkischrotöl + zugesetztes Mineralöl), Öl B (sulfatiertes Spermöl + zugesetztes verseifbares Öl + Mineralöl), Öl C (unbekanntes Lederöl), Öl D (unbekanntes Lederöl). Die Ergebnisse der Fraktionierung zeigt nachstehende Tabelle 28.

Wie man sieht, ist die Hauptmenge des zugesetzten unverseifbaren Öls in der Fraktion α_1 und γ_1. Wenn γ_1 mit Petroläther extrahiert wird, gehen die unverseifbaren Anteile wieder heraus. Die Trennung der unverseifbaren Stoffe in α_1 und γ_1 fängt anscheinend von der Natur der sulfatierten Öle ab.

Nach der Ansicht von D. Burton und G. F. Robertshaw (3) ist deshalb die Schindlersche Fraktionierungsmethode nicht geeignet zur Bestimmung von zugesetzten Mineralölen in handelsüblichen sulfatierten Ölen.

Die von E. R. Theis und M. Graham vorgeschlagene amerikanische Fraktionierungsmethode ist eine Modifikation des Schindlerschen Verfahrens.

Hierbei werden am Anfang das Neutralöl, die freien Fettsäuren und die unverseifbaren Stoffe aus der alkoholischen Lösung des sulfatierten Öls durch eine besondere Extraktion mit Petroläther in einem modifizierten Soxhlet-Apparat entfernt.

Es wird folgende Arbeitsvorschrift angegeben:

5 g des zu untersuchenden sulfatierten Öls werden mit 10 ccm 85%igem Alkohol gut durchgemischt und das Gemisch wird dann einer kontinuierlichen Extraktion mit Petroläther in dem erwähnten Soxhlet-Apparat unterworfen. Der Rückstand ist eine alkoholische Lösung von Verbindungen, welche die Verfasser „polare" Fraktionen nennen. Sie besteht aus sulfatierten Ölen, Seifen, Oxyfettsäuren, oxydierten Fettsäuren und hochpolymerisierten Verbindungen. Der Petrolätherauszug enthält freie Fettsäuren, Neutralöle und unverseifbare Stoffe.

Der Rückstand wird mit 100 ccm Wasser in einen Scheidetrichter gefüllt und dreimal mit Tetrachlorkohlenstoff ausgeschüttelt. Ein Zusatz von wenig Aluminiumchloridlösung verhindert Ausscheidungen der Emulsion. Die Tetralösung enthält nichtneutralisierte sulfatierte Öle und Oxyfettsäuren. Diese Fraktion wird „Fraktion 1" genannt.

Die alkoholische Lösung wird jetzt mit 35 ccm konz. Salzsäure kräftig durchgeschüttelt und viermal mit Tetra extrahiert. Der Auszug besteht aus den Produkten,

Tabelle 28. Fraktionierung von Ölen nach der Methode von
W. Schindler [D. Burton und G. F. Robertshaw (*3*)].

	Öl A	Öl B	Öl C	Öl D
Allgemeine Untersuchung:				
Wassergehalt	6,3%	8,3%	3,4%	6,3%
Unverseifbare Stoffe	34,5%	38,6%	75,0%	67,3%
Verseifbare Stoffe	51,5%	48,2%	17,7%	22,6%
Asche	2,5%	3,2%	1,2%	1,0%
Totalalkali (mg pro Gramm)	3,0	3,0	1,2	8,4
Säurezahl	36,5	18,8	14,7	21,2
Ammoniak (mg pro Gramm)	24,0	—	—	8,4
Fraktionierung nach Schindler:	%	%	%	%
Fraktion α_1:				
Verseifbare Stoffe	10,4	11,4	4,6	0,9
Unverseifbare Stoffe	10,4	10,8	18,0	10,1
Fraktion α_2:				
Verseifbare Stoffe	9,5	3,2	3,6	4,6
Unverseifbare Stoffe	0,4	0,3	0,3	3,3
Fraktion β	17,0	17,5	7,5	10,3
Fraktion γ_1:				
Verseifbare Stoffe	17,6	15,9	1,5	6,0
Unverseifbare Stoffe	18,9	21,2	57,0	42,2
Fraktion γ_2	Spuren	4,0	0,5	—
Verseifbare Stoffe	—	—	—	1,8
Unverseifbare Stoffe	—	—	—	11,0
Fraktion δ	5,4	6,3	1,0	2,0
Gesamt-Unverseifbares nach der Fraktionierungsmethode	29,7	32,4	75,3	66,6

die man durch Ansäuern der neutralisierten sulfatierten Öle und der Seifen der
oxydierten und nichtoxydierten Fettsäuren erhält. Diese Fraktion heißt „Fraktion 2“.

Die Fraktion „Fraktion 3“ enthält die hoch polymerisierten Verbindungen und
wird durch Filtrieren der extrahierten Lösung mit anschließendem Waschen, Trocknen
und Wägen erhalten.

Aus der ersten Petrolätherlösung (s. oben) wird das Lösungsmittel verdampft.
Dann wird der Rückstand eine halbe Stunde auf 105° erhitzt. Man bestimmt die
Säurezahl und errechnet aus ihr den Gehalt an Fettsäuren (als Ölsäure). Durch Verseifung und die übliche Weiterbehandlung bestimmt man den Gehalt an unverseifbaren Stoffen.

Daß die Untersuchungsergebnisse nach dieser Methode von denen der
Schindlerschen Methode teilweise erheblich abweichen, zeigt die Gegenüberstellung in Tabelle 29 auf S. 548. Trotzdem hat auch W. Schindler (*1*) hervorgehoben, daß die Methode von E. R. Theis und M. Graham trotz einiger von
ihm genannter Mängel [W. Schindler (*2*)] anscheinend als die zur Zeit beste
Methode anzusehen ist.

Eine weitere Methode zur Zerlegung sulfatierter Öle und Trennung in sulfatierte und nicht sulfatierte Anteile ist von den Japanern K. Winokuti, S. Igarasi
und Y. Yagi ausgearbeitet worden. Ein Schema des Trennverfahrens ist im
Referat der Arbeit zu finden.

Endlich ist noch die Fraktionierung sulfatierter Öle nach R. Hart (*3*) zu
erwähnen, die eine Trennung sulfatierter Öle in sulfatierten Anteil, Fettsäuren
und Neutralfett ermöglicht. Auf Grund der Ergebnisse seiner Trennungsmethode

nimmt R. Hart (2) an, daß bei der Sulfatierung von Olivenöl folgende Reaktionen vor sich gehen: die Sulfatierung von Triglycerid führt zur Bildung von Disulfato-triglycerid, ein weiteres Molekül Triglycerid wird zu einem Diglycerid

Tabelle 29. Vergleichsanalysen nach der Fraktionierungsmethode von W. Schindler und der Methode von E. R. Theis und M. Graham.

	a) Schindlersche Methode			b) Modifizierte Methode Theis-Graham		
	Freie Fettsäuren α_2	Neutralöl $\alpha_1 + \gamma_1$	Sulfatiertes Öl β	Freie Fettsäuren	Neutralöl	Sulfatiertes Öl „Fraktion 1" „Fraktion 2"
	In % auf wasserfreies Öl berechnet					
Sulfatiertes Klauenöl ..	37,1	12,1	32,0	39,0	27,1	27,5
Türkischrotöl	19,0	5,9	50,4	37,8	17,7	36,9
Sulfatierter Dorschtran	38,8	22,9	24,0	33,1	54,0	19,0
Fettlickeröl des Handels	22,9	39,3	23,9	24,8	46,8	20,7

und einem Molekül freier Säuren verseift, die freie Fettsäure wird sulfatiert und ein Teil der sulfatierten Glyceride und Fettsäuren wird in die entsprechenden Oxyverbindungen umgewandelt.

δ) Praktische Bewertung.

Für die Brauchbarkeit eines sulfatierten oder sulfonierten Öls als Lederfettungsmittel, insbesondere über die von einem Öl angepriesene Verwendbarkeit als Spezialfettungsmittel für bestimmte Lederarten, können die analytischen Ergebnisse ebensowenig sichere Anhaltspunkte liefern wie die durch Fraktionierung ermöglichten Einblicke in die Zusammensetzung der Öle. Wenn von Herstellerfirmen für dieses oder jenes Handelsprodukt Angaben gemacht werden, wie „Spezialöl für Vachetten" oder „besonders für Fahlleder geeignet" u. dgl., so können für solche Empfehlungen fast niemals andere Beweise erbracht werden als die Versicherung, daß die betreffenden Öle für den genannten Zweck praktisch ausprobiert seien. Auch die zahlreichen durchgeführten Untersuchungen, die im Abschnitt über das Fettlickern (s. S. 654) noch näher beschrieben werden, geben nur über die Faktoren Aufschluß, welche für die Fettaufnahme durch das Leder eine Rolle spielen, oder aber befassen sich mit dem Eindringungsvermögen einzelner Komponenten der Öle in das Leder. Die spezifisch fettenden, weich- oder griffigmachenden Eigenschaften eines sulfatierten oder sulfonierten Öles lassen sich aber kaum anders als durch den praktischen Fettungsversuch ermitteln oder nachweisen.

Es ist zwar bekannt, daß auch in wasserlöslichen Ölen die eigentlich „fettende" Wirkung den nicht sulfatierten Anteilen, also dem Neutralöl, zuzuschreiben ist und daß die, wenn auch nicht einzige, so doch wichtigste Aufgabe der sulfatierten Anteile in der Emulgierung und der Förderung des Eindringungsvermögens des Fettgemisches besteht. Auch die gleichmäßige Verteilung des Fettes im Fasergefüge des Leders wird in erster Linie durch die sulfatierten bzw. sulfonierten Anteile eines LeBeröles gesteuert. Andererseits ist es aber keineswegs so, daß diese letztgenannten Anteile etwa für den Fettungseffekt, d. h. die Einstellung der Faser bzw. die Geschmeidigmachung des Leders ohne Bedeutung wären. Nur ist es sehr schwer, bei den sulfatierten und sulfonierten Anteilen eines Lederöls außer der Emulgierfähigkeit den Wirkungsgrad der Fettung in irgendeiner Weise zuverlässig zu kennzeichnen, d. h. den Beitrag dieser Anteile zur Erzielung von Weichheit, Dehnbarkeit, Griffigkeit, Fülle eines Leders mit den analytisch ermittelbaren Daten in eine sichere Beziehung zu bringen. Wenn man aber an die zahlreichen Komponenten denkt (s. S. 521), die in einem sulfatierten und sulfonierten Öl anzutreffen sind, so sind diese Schwierigkeiten zu verstehen, und es ist erklärlich, daß viele Gerber als einzig sichere Methode der Beurteilung eines wasserlöslichen Lederöls noch immer den praktischen Fettungsversuch gelten lassen.

Man könnte bei diesen Erwägungen die Frage erheben, wozu dann eigentlich der Gerber bzw. der Gerbereichemiker sich die Mühe der analytischen Prüfung dieser Öle machen soll. Er kann und soll auf diese Untersuchungen nicht verzichten, weil sie eine Kontrolle über die Gleichmäßigkeit immer wieder benützter Öle mit bekannter Marke ermöglichen, weil sie ein ungefähres Bild von der Zusammensetzung unbekannter Produkte ergeben, weil sie den Zusatz oder die übermäßig hohe Beimischung unerwünschter Produkte (wie z. B. Mineralöl) anzeigen können, und endlich weil diese Untersuchungen die Erfahrungen vermehren und vertiefen, die eine allmähliche Aufklärung der obenerwähnten, noch so sehr umstrittenen Beziehungen zwischen den analytisch feststellbaren Eigenschaften und den spezifischen „fettenden" Wirkungen der sulfonierten bzw. sulfatierten Öle herbeiführen.

Noch ein Wort über die Wirkung von Mineralölzusätzen in wasserlöslichen Gerbölen.

Daß Mineralöle dem Leder gegenüber ein höheres Eindringungsvermögen als andere Öle zeigen, ist bekannt. Mäßige Mineralölzusätze in sulfatierten oder sulfonierten Ölen können durchaus günstig wirken, sind jedenfalls nicht ohne weiteres zu beanstanden. Aber der Gerber, der solche Öle — meist ziemlich teuer — kauft, will wissen, welche Mineralölmengen diesen Ölen zugesetzt worden sind. Und diese Forderung kann nicht als unbillig bezeichnet werden, zumal da nicht alle Gerbereien über Laboratorien verfügen, in denen diese Mineralölzusätze festgestellt werden können.

An dieser Stelle sei noch auf eine Methode hingewiesen, die R. Hart (3) für die praktische Messung der emulgierenden Wirkung sulfatierter bzw. sulfonierter Öle vorgeschlagen hat. Er bestimmt diejenige Menge Olivenöl, die mit 100 g des zu untersuchenden sulfatierten Öls eine Emulsion von bestimmter Stabilität ergibt.

Durch Vorversuche wird zunächst die ungefähre Menge Olivenöl ermittelt, die von 10 g des sulfatierten Öls emulgiert werden kann. 9 g sulf. Öl + 1 g Olivenöl, 8 g sulf. Öl + 2 g Olivenöl usw. werden gut durchgemischt und bei 40° tropfenweise mit Ölsäure geklärt. Dann wird ein Überschuß von 0,1 ccm Ölsäure zugegeben und eine 5%ige Emulsion daraus hergestellt. 100 ccm davon läßt man genau 2 Stunden stehen.

Nach 2 Stunden stellt man fest, in welchem Gemisch der Reihe an der Oberfläche noch Öl und wo kein Öl mehr abgeschieden wird. Hierauf stellt man eine genaue Serie her, die mit der ersten befriedigenden Mischung beginnt und bei der 100 g Öl verwendet werden. In dieser Reihe wird als Testemulsion diejenige betrachtet, die nach der Emulsion folgt, welche noch Öl abscheidet. Als Versuchsolivenöl hat R. Hart ein Öl verwendet, das 4,2% freier Fettsäure enthält.

Die Methode hat für vergleichende Untersuchungen einen gewissen praktischen Wert, falls stets das gleiche Olivenöl und die gleiche Ölsäure verwendet werden.

f) Übersicht über die Ende 1954 im Handel befindlichen westdeutschen sulfierten Öle.[1]

Die wasserlöslichen sulfierten Lederöle sind in ihrer Masse anionaktive Produkte. Über die wenigen kationaktiven wasserlöslichen Lederöle s. S. 553. Bei den anionaktiven Lederölen, die in Form von Emulsionen verwendet werden, ist es die Carboxyl- oder die Sulfogruppe, die den Fettrest, zu dem sie gehört, in ein Anion verwandelt.

In der folgenden Übersicht sind die im Jahre 1954 im Handel angebotenen anionischen sulfierten (d. h. also sulfatierten oder sulfonierten) Lickeröle für die Lederfettung angegeben. Heute ist die Zahl der hergestellten Öle erheblich größer.

α) Durch Sulfierung von Ricinusöl hergestellte Lederöle.

Antioxydul. (ZS). Schwach sulfiertes Ricinusöl mit Bleichwirkung. Gesamtfett 37%. Gerb- und Narbenöl.

Bleichöl HA und HB. (E). Hochsulfiertes Ricinusöl mit Bittersalzbeständigkeit. Fettgehalt 50%. Bleich- und Narbenöl für Vacheleder.

Cuirol RZ. (M). Sulfiertes Ricinusöl.

Ebepol D. (E). Sulfiertes Ricinusöl, frei von Alkalisalzen. Klarlöslich, 60 und 100% Fettgehalt.

Ebepol G. (E). Sulfiertes Ricinusöl mittleren Sulfierungsgrades. Fettgehalt zirka 60%. Gerböl.

Lederavirol DKMS. (B). Sulfiertes und kondensiertes Ricinusöl. Fettgehalt 39%. Gerb- und Bleichöl.

Lipon T 50 und 100. (RH). 50 bis 100%iges Türkischrotöl. Gesamtfett 36 bis 38% bzw. 75%.

Lipon TO. (RH). Auf Ricinusbasis hergestelltes Bleichöl. Gesamtfett 36 bis 38%.

Monopolbrillantöl. (St). Sulfiertes Ricinusöl mit 37% Gesamtfett. Gerb- und Färböl.

Pervincol OL. (SS). Sulfiertes Ricinusöl mit 73 bis 75% Fettgehalt (entspricht 100% h. ü.).

Queco-Narbenöl. (Q). Mittelsulfiertes Ricinusöl. Fettgehalt 37%. Gerb- und Narbenöl.

Quecol R 50, 80, 100. (Q). Mittelsulfierte Ricinusöle mit Fettgehalten zwischen 37 und 75%. Aböl- und Lickeröle.

Spezialöl 5614. (E). Sulfiertes Ricinusöl mit Zusatz filmbildender pflanzlicher Öle. Gesamtfettgehalt 60%. Narbenöl für Unterleder.

Tannopol. (St). Sulfiertes Ricinusöl mit 37% Gesamtfett. Als Narben- und Bleichöl empfohlen.

Triumphöl ROL. (ZS). Sulfiertes Ricinusöl mit 37% Gesamtfett. Abölprodukt und Lickeröl.

Trupon TL. (T). Sulfiertes Ricinusöl mit sehr niedrigem Aschegehalt. Fettgehalt 46%.

Vinkol GFA. (SS). Sulfiertes Ricinusöl. Beständig gegen Säuren, Alkalien, Schwermetallsalze. Zusatz zu Lickern für Chromleder.

Vinkol LF. (SS). Sulfiertes Ricinusöl mit 36 bis 38% Fettgehalt. Gerb- und Narbenöl mit Bleichwirkung. Lickeröl für Chromleder.

---

[1] Bei jedem Produkt ist in Klammern die Lieferfirma angegeben. Es bedeutet: B = Böhme-Fettchemie, Düsseldorf; BG = Baur, Gäbel u. Co., Köln-Radertal; BH = C. Becker, Hamburg; BASF = Badische Anilin- und Sodafabrik, Ludwigshafen, Rh.; E = Dr. Eberle u. Co., Stuttgart; M = Münzing u. Co., Heilbronn a. N.; Q = Dr. Quehl u. Co., G. m. b. H., Speyer Rh.; RH = Röhm u. Haas, Darmstadt; SS = Schill und Seilacher, Stuttgart; St = Stockhausen u. Co., Krefeld; T = Clemens Trumpler, Worms/Rh.; ZS = Zschimmer u. Schwarz A. G., Oberlahnstein.

Die Öle sind als „sulfiert" bezeichnet, wobei die Art der Behandlung mit Schwefelsäure (sulfatiert oder sulfoniert) offen bleibt. Die Angaben über Fettgehalt stammen von den Lieferfirmen.

β) Durch Sulfierung von Klauenöl hergestellte Lederöle.

Bayolin. (BG). Sulfiertes Klauenöl für Feinleder. Fettgehalt 69%.

Coripol K. (St). Sulfiertes Klauenöl, Fettgehalt 75%. Für Boxcalf, Handschuh- und Bekleidungsleder.

Coripol K 48. (St). Sulfiertes Klauenöl mit Mineralölzusatz. Gesamtfett 76%. Nichtgilbendes Fettungsmittel für Rauchwaren.

Cuirol K. (M). Sulfierte Klauenöle rein und in Kombination mit kältebeständigen tierischen Ölen.

Eulinol 7802. (St). Sulfiertes Kombinationsöl auf Klauenölbasis. Fettgehalt 80%.

Geledol N G. (ZS). Sulfiertes Klauenöl mit Anteilen von Weißöl. Fettgehalt 84%. Lickeröl für Chromleder.

Geledol K. (ZS). Niedrigsulfiertes Klauenöl mit 74% Fettgehalt. Lickeröl für Chrom- und Handschuhleder.

Lederavirol DR 11. (B). Kombinationsöl auf Klauenölbasis mit hohem Anteil an unsulfiertem Öl. Fettgehalt 83 bis 85%. Fettung für Ober- und Feinleder.

Lederavirol OF. (B). Niedersulfiertes Klauenöl mit viel schwer verseifbaren Anteilen. Fettgehalt 80%. Spezialfettungsmittel für Leder, die nach dem Pastingverfahren zugerichtet werden.

Lipon K 2. (RH). Schwach sulfiertes Klauenöl. Gesamtfett 76 bis 78%. Für die Fettung von Chromoberleder empfohlen.

Queconol KR. (Q). Sulfiertes Klauenöl mit 70% Fettgehalt. Lickeröl für helle Ledersorten.

Sulfiertes Klauenöl SRA. (SS). Kombinationsöl mit 75% verseifbarem Fett. Zum Fetten aller Lederarten, insbesondere Fein- und Reptilleder.

Sulfiertes Klauenöl SSS. (SS). Gleiche Basis wie SRA mit geringem Mineralölgehalt. Gesamtfett 85%. Verwendung wie SRA.

Trupon KI und KII. (T). Reine sulfierte Klauenöle. Gesamtfett KI 83%, K II 75%. Fettung von Chrom-, Fein- und Velourledern.

Trupon K 11. (T). Kombinationsöl auf Klauenölbasis mit einem Gehalt von Alkylsulfat. Kalk- und säurebeständig. Fettgehalt 80%. Für die Fettung von Velour-, Boxcalf- und Chamoisleder.

γ) Durch Sulfierung von Seetierölen hergestellte Lederöle.

Becrosan D, H, S S. (BH). Sulfierte Trane verschiedener Art mit Säurezahlen von etwa 25. Zum Lickern von Ober- und Feinleder empfohlen.

Bleichöl SSS. (SS). Sulfierter Tran mit bleichender Wirkung. Bittersalzbeständig. Gerböl für Vache.

Coripol B. (St.). Sulfierter Tran. Fettgehalt 76 bis 78%. Für Chromober- und Feinleder.

Coripol RB. (St.). Sulfierter Tran mit Mineralölzusatz. Fettgehalt 78%. Für pflanzlich gegerbte und Chromleder.

Coripol T neu. (St). Emulsionsöl auf Tranbasis mit 90% Fettgehalt. Für alle Ledersorten empfohlen.

Coripol T. (St). Sulfierter Tran mit 75% Fettgehalt. Für alle Ledersorten empfohlen.

Cuirol T. (M). Öle aus sulfierten Dorschtranen in verschiedenen Einstellungen. Für alle Leder als Lickeröle geeignet.

Eulinol 7784. (St). Sulfierter Tran. Fettgehalt 76%. Für Chromoberleder und Bekleidungsleder.

Eulinol 7803. (St). Niedrig sulfierter Spezialtran. Fettgehalt 76%. Für Pastingleder empfohlen.

Grassan B. (B). Sulfiertes Spezialöl auf Tran- und Spermölbasis. Gesamtfett 75%. Geeignet für Fettung von Bekleidungs-, Handschuh- und Velourleder.

Stokolicker neu. (St). Emulsionsöl auf Basis von Spermöl. Fettgehalt 88%. Für pflanzlich gegerbte und Chromleder.

Leder-Avirol K. (B). Gemisch von sulfiertem Tran und Mineralöl. Fettgehalt 91 bis 93%.

Leder-Avirol R 8/R 9. (B). Kombinationsöle auf Tranbasis. Fettgehalt 83 bis 85%. Fettung von Vachetten, Rahmenleder, Rindbox, Rossbox, Bekleidungsleder.

Leder-Avirol DR 8/DR 9. (B). Kombinationsöle auf Tran- und Spermölbasis. Hoher Anteil an unsulfiertem Öl. Zusatz von Alkylsulfaten. Fettgehalt 83 bis 85%.

Leder-Avirol LF. (B). Mittelsulfierter Industrietran. Fettgehalt 78 bis 81%.

Leder-Avirol KF 20. (B). Mittelsulfiertes Spermöl. Fettgehalt 68 bis 71%. Fettung von Vachetten.

Leder-Avirol OF. (B). Niedersulfiertes Spermöl. Fettgehalt 77 bis 80%. Lickeröl für Ober- und Feinleder.

Leder-Avirol TS. (B). Kombination von sulfiertem Tran und Spermöl. Fettgehalt zirka 78%. Gerb- und Narbenöl für pflanzlich gegerbte Leder.

Licrol SPO. (E). Sulfiertes Öl für Oberflächenfettung. Fettgehalt zirka 75%. Mit zirka 7% Mineralöl.

Licrol SP extra. (E). Öl für Pastingverfahren. Fettgehalt zirka 70%.

Lipodermlicker 1. (BASF). Sulfierter und oxydierter Tran. Zum Fetten aller Lederarten, die gelickert werden, geeignet.

Lipodermlicker 2. (BASF). Sulfierungsprodukt auf Spermölbasis. Zum Fetten aller Lederarten, die gelickert werden, geeignet.

Lipon K 3. (RH). Sulfierter Tran und sulfiertes Wachs. Gesamtfett 75%, davon 30% unverseifbares Wachs. Zum Fetten von Chromleder empfohlen.

Lipon S. (RH). Gemisch von sulfiertem Dorschlebertran und Mineralöl. Gesamtfett 86 bis 87%, davon 50% unverseifbar.

Lipsol DAS. (SS). Chrombeständiges Fettungsmittel auf Tranbasis. Fettgehalt 35%.

Lipsol TS. (SS). Sulfierter Tran. Fettgehalt 75%. Fettungsmittel für alle Lederarten.

Lipsol 5410. (SS). Kombinationsöl auf Spermölbasis. Hoher Anteil an unsulfiertem Öl. Fettgehalt 85%. Fettungsmittel für sämtliche Lederarten.

Lipsol DN. (SS). Sulfierter Tran mit und ohne Mineralölzusatz. Gesamtfett zwischen 80 und 85%.

Olinol SP. (SS). Sulfierter Walrat. Fettgehalt 73 bis 74%. Besonders für die Fettung von Waterproof empfohlen.

Pellastol Record. (ZS). Gemisch aus sulfiertem Tran und Neutralöl. Fettgehalt 90%. Lickeröl für pflanzliche und Chromoberleder.

Pellastol TKN. (ZS). Sulfierter Tran mit Fettgehalt von 74%. Fettungsmittel für Oberleder und Vachetten.

Pellastol S. (ZS). Schwach sulfierter Tran. Gesamtfett 74%. Lickeröl für helle Ledersorten.

Portolinöl RG. (SS). Sulfierter Tran mit Mineralölzusatz. Gesamtfett 50%. Gerb- und Narbenöl für Unterleder.

Portolinöl T. (SS). Sulfierter Tran mit synthetischem Emulgator und Mineralöl. Gesamtfettgehalt 90 bis 92%. Gerb- und Narbenöl für Unterleder.

Queconol extra. (Q). Sulfierter Tran. Fettgehalt 75%. Fettungsmittel für Chromoberleder.

Queconol M. (Q). Sulfierter Tran mit Mineralöl. Fettgehalt 75%.

Queconol superior. (Q). Sulfierter Spezialtran. Fettgehalt 90%. Lickeröl für Chromoberleder, Bekleidungsleder und Vachetten.

Trupon F. (T). Sulfierter Tran mit Mineralöl. Gesamtfett 85%. Lickeröl für Chromleder.

Trupon HL. (T). Sulfierter Helltran. Gesamtfett 75%. Unverseifbares 14%. Lickeröl für Boxkalf, Rindbox, Bekleidungsleder und Feinleder.

Trupon T 9. (T). Auf Tranbasis aufgebautes Lickeröl. Hoher Anteil an unsulfiertem Öl. Enthält Alkylsulfat. Lickeröl für Ober-, Handschuh- und Feinleder.

Trupon J. (T). Sulfierter Tran. Gesamtfett 75%. Unverseifbares 10%. Zur Fettung von Chromoberleder und Fahlleder empfohlen.

Trupon HB. (T). Sulfierter Spezialtran. Gesamtfett 75%. Unverseifbares 12%. Lickeröl für Chromober- und Bekleidungsleder.

δ) Sonstige sulfierte Öle.

Stokolicker VS. (St.). Sulfierte Wollfettsäure. Fettgehalt 52%. Als Fettungsmittel für Velourleder und Spalte empfohlen.

Bayolan. (BG). Sulfiertes Olein.

Coripol SO 100. (St). Sulfiertes Olivenöl. Fettgehalt 75%. Für Feinleder und Reptilleder empfohlen.

Cuirol L. (M). Besonders sulfierte Pflanzenöle im Gemisch mit synthetischen Ölen. Gerb- und Narbenöle für pflanzlich gegerbte Leder.

Ebeco-Wachsappretur. (E). Sulfiertes und emulgiertes Wachsprodukt.

Ebepol ST extra. (E). Sulfierte pflanzliche Öle mit 15% Unverseifbarem. Fettgehalt 75%.

Ebepol TÖ. (E). Kältebeständiges Gemisch von sulfierten tierischen und pflanzlichen Ölen. Etwa 8% Mineralölzusatz. Gesamtfett 78%. Lickeröl für Boxcalf und Rindbox.

Es-Te-Pelzfett. (St). Gemisch sulfierter tierischer Öle und Mineralöl. Fettgehalt 52%. Spezialfettungsmittel für Pelze.

Lipon GH 3. (RH). Sulfiertes pflanzliches Öl. Gesamtfett 78%. Für Fettung von Velourleder.

Lipsol V. (SS). Hochsulfiertes Gemisch pflanzlicher und tierischer Öle. Fettgehalt 70%. Für Fettung von Velourleder.

Monopolseife. (St). Sulfiertes pflanzliches Öl. Fettgehalt 70%. Netz- und Zusatzmittel zu Fettungen bei ungünstigen Wasserverhältnissen.

Prästabitöl V. (St). Hochsulfiertes Öl. Fettgehalt 37%.

Pelzwaschmittel B. (E). Sulfierte höhere aliphatische Verbindungen zum Reinigen von Pelzfellen.

Queconol SP. (Q). Sulfiertes flüssiges Wachs (Spermöl). Fettgehalt 75%. Als Lickeröl empfohlen.

Queconol SPS. (Q). Gemisch von sulfiertem Spermöl und synthetischem Öl. Fettgehalt 75%.

Queconol SPV. (Q). Sulfiertes Spermöl.

Resistol extra. (T). Sulfiertes Lickeröl. Alaun-, kalk- und säurebeständig. Ersatz für Eigelb in der Handschuhlederfabrikation.

Stokolicker. (St). Sulfiertes Spermöl. Fettgehalt 75%.

Stokolicker MR. (St). Gemisch von Stokolicker und Mineralöl. Fettgehalt 75%.

Thionol. (T). Hochsulfiertes Öl, das dem Praestabitöl entspricht. Fettgehalt 50%. Salz-, alaun-, säure- und chromsalzbeständig. Broschiermittel für alaungare Leder.

Trianol EB. (B). Sulfiertes Spermöl mit Alkylsulfatzusatz. Gesamtfett 62 bis 64%. Fettung chromgarer Ober- und Bekleidungsleder.

Trupon W. (T). Sulfiertes pflanzliches Öl. Gesamtfett 75%. Für Fettung weißer Leder empfohlen.

Trupon M 5 (T). Gerböl mit hohem Sulfierungsgrad. Gesamtfett 50%.

Trupon SO. (T). Schwach sulfiertes Olivenöl. Gesamtfett 75%. Fettungsmittel für weiße und Reptilleder.

Trupon SP extra. (T). Sulfiertes tierisches Öl mit Zusatz von Alkylsulfat. Kalk- und säurebeständig. Wird in Kombination mit Klauenöl und Eigelb verwendet. Fettgehalt 75%.

Trupon HT neu. (T). Sulfiertes hochbeständiges Öl. Zusatz von Alkylsulfat. Fettgehalt 75%. Zur Fettung von Boxkalf und Chevreaux geeignet.

ε) Sulfierte feste Triglyceride.

Evoral TSL. (SS). Sulfierter Talg. Fettgehalt 50%. Als Zusatz zur Faßschmiere empfohlen.

Lederavirol 52. (B). Sulfierte tierische Hartfette. Fettgehalt 30 bis 32%.

Pellastol SE. (ZS). Sulfierte tierische Fette. Fettgehalt 37%.

Tallofin. (St). Sulfierter Talg mit Hartfetten. Fettgehalt 70%. Als Zusatz für Fettschmieren empfohlen.

Tallosan. (St). Sulfierter Talg. Fettgehalt 37%. Verwendung wie Tallofin.

Talvon TS. (ZS). Sulfierter Talg. 80% Fettgehalt. Verwendung bei Faßschmiere empfohlen.

g) Kationaktive und nicht ionogene Lederfettungsmittel.

In neuerer Zeit treten auch kationaktive wasserlösliche Lickeröle auf und beginnen sich in der Technik der Lederfettung in bestimmten Fällen durchzusetzen. Die Masse aller Lickeröle ist anionaktiv. Kationaktive und anionaktive Lickeröle sind nicht miteinander verträglich. Siehe hier auch die Arbeiten von G. Otto (2) über Ladungen der Lederoberfläche und von R. Schubert über Anionaktivität und Kationaktivität als neue Begriffe für die Technik der Lederherstellung. Siehe außerdem S. 675 f.

Kationaktive Lederfettungsmittel sind bisher nur vereinzelt zur Verwendung gekommen. Zu diesen Produkten gehört der von der BASF in den Handel gebrachte Lipaminlicker O. Er ist auf Neutralfettbasis aufgebaut und wird als dünnflüssige gelbliche Emulsion angeboten. Er gibt Lickeremulsionen mit positiver Ladung und zeigt dadurch dem Leder gegenüber ein ganz besonderes Einziehvermögen.

Ebenfalls ein kationaktives Lederfettungsmittel ist das von der Firma Sandoz A. G., Basel, hergestellte Katalix W bzw. Katalix L. Das erste ist eine schwach trübe, braune, in Wasser leicht emulgierbare Paste, die sich in sauren, neutralen und ammoniakalischen Bädern leicht löst und gegen Wasserhärte, Chrom- und Aluminiumsalze beständig ist. Katalix L ist eine bräunliche Flüssigkeit, die unsulfierte Öle und Tran zu emulgieren vermag. Die Produkte werden zum Fetten von Velour-, Bekleidungsleder und Rindbox empfohlen.

Auch das von der Fa. Schill und Seilacher, Stuttgart, hergestellte Produkt Vinkolamin K ist ein kationaktives Fettungsmittel, und zwar ein äthylenoxydierter Fettsäureaminester, der zur Fettung von Velour- und Nubukleder empfohlen wird.

Eine Reihe von im Handel befindlichen Lederölen sind teils ionogen, teils nicht ionogen. Nichtionogene Produkte sind z. B. das Chromopol N und RN der Fa. Stockhausen, Krefeld, ebenso die Pastingöle K, KF und S der Firma Dr. Quehl u. Co. G. m. b. H., Speyer/Rh. Ein Gemisch von anionischen und von nicht ionogenen Produkten ist das Ovotannol C der Chemischen Fabrik Grünau A. G., Illertissen.

In gewissem Sinne gehören hierher auch die kationaktiven Seifen, die in letzter Zeit angeboten worden sind. Ihre technische Verwendung steht wohl noch am Anfang. Derartige Produkte sind die Soromine der BASF; sie gestatten, eine ähnliche Emulsion wie mit den normalen Seifen, aber bei saurer Reaktion, herzustellen [G. Otto (2)].

2. Sulfitierte Öle.

In neuester Zeit hat man in dem Bestreben, die Stabilität von Ölemulsionen (Lickerbrühen) zu erhöhen und sie auch gegen dreiwertige Metallionen widerstandsfähig zu machen, gewisse Öle einer oxydativen Sulfitierung unterworfen. Dabei wurden Produkte erhalten, die z. B. gegen Chromsalzlösungen beständig sind. Man könnte mit diesen sulfitierten Ölen also den Fettungsprozeß von Chromleder mit der Gerbung oder unmittelbar danach vornehmen, ohne daß das Öl ausgeschieden wird. Derartige sulfitierte Öle sind bereits auf dem Markt, z. B. das Lipsol G T der Firma Schill und Seilacher, Stuttgart, das Optimalin der Firma Münzing u. Co., Heilbronn a. N., und der Speziallicker V der Firma Zschimmer und Schwarz, Oberlahnstein. Eindeutige Erfahrungen darüber, welche Eigenschaften diese sulfitierten Produkte den mit ihnen gelickerten Ledern erteilen, welche Lagerbeständigkeit die Leder aufweisen u. dgl., müssen wohl noch in weiterem Ausmaß gesammelt werden.

3. Moellon und Degras.

Unter echtem Moellon oder Degras (sodoil) versteht man das Abfallprodukt der Sämischgerberei, das dadurch entsteht, daß der zur Fettung verwendete überschüssige Tran aus den Häuten entfernt wird. Der Tran hat während des Prozesses der Sämischgerbung, insbesondere während der „Brut", verschiedene Veränderungen erfahren. Er wird als reiner Moellon oder Degras zum Fetten des

Leders besonders geschätzt und vor allem für solche Ledersorten verwendet, die man weich und geschmeidig machen will.

Die Nachfrage nach diesem Lederfett überstieg aber sehr bald die aus den Sämischgerbereien anfallenden Degrasmengen. Deshalb begnügte man sich nicht mehr mit dem bei der Sämischgerbung als Abfallprodukt gewonnenen Fett, sondern ging dazu über, Degras als Hauptprodukt herzustellen. Man walkte Hautblößen solange immer wieder mit Tran, als noch nennenswerte Stücke davon übrigblieben. So entstanden die ersten Degrasfabriken. Leider hatte diese Herstellungsweise zur Folge, daß der Wert des Produktes allmählich geringer wurde im Vergleich zu dem ursprünglich aus dem natürlichen Gang der Sämischgerbung anfallenden Degras. Heute gibt es Degrassorten, die mit Hautblöße überhaupt nie in Berührung gekommen sind und entweder durch Luft und Wärme oxydierte Öle oder überhaupt nur Gemische von Tran, Wollfett, Mineralöl u. dgl. darstellen (siehe unten).

Herstellung.

Die Herstellung des echten Degras erfolgt nach zwei Methoden:

Nach dem deutschen Verfahren behandelt man Blößen in der Walke mit Tran, bis sie genügend Fett aufgenommen haben. Man läßt sie dann längere Zeit aufeinander liegen. Dann wird der von der Blöße nicht gebundene Tran mit stumpfen Messern soweit als möglich von der Haut abgestrichen. Früher wurde der Rest des Tranes aus der Haut durch Auswaschen mit Alkalilösungen entfernt. Aus der entstehenden Fettemulsion wurde der Tran durch Ansäuern mit Schwefelsäure abgeschieden. Das entstehende Produkt bezeichnete man mit „Weißgerberdegras". („Sämischgerberdegras" wäre richtiger gewesen.)

Nach dem französischen Verfahren erhält man den französischen Degras oder „Moellon pure". Die Blößen werden längere Zeit 8 bis 16 Tage täglich 1 bis 2 Stunden mit Tran gewalkt dann jedesmal gelüftet und bis zur nächsten Walke auf Haufen gelegt, ohne zum Schluß den Prozeß der „Brut" [s. H. Gnamm (5)] durchzumachen. Der Überschuß an Fett wird dann dadurch zurückgewonnen, daß man die Häute in warmes Wasser einlegt und mit hydraulischen Pressen auspreßt. Der so gewonnene Anteil heißt „première torse". Das nach dem Pressen noch in den Häuten zurückbleibende Fett wird in gleicher Weise wie beim deutschen Verfahren gewonnen und kommt vermischt mit reinem Moellon in den Handel.

Heute spielen diese alten Herstellungsverfahren praktisch kaum mehr eine Rolle. Zwar wird noch in einigen französischen und belgischen Betrieben echter Degras nach den beschriebenen Methoden gewonnen. Die Masse aller Degrassorten aber wird heute durch künstliche Oxydation von Tran bei erhöhter Temperatur hergestellt. Die alten Bezeichnungen „Weißgerberdegras", „Moellon pure" haben deshalb praktisch keine Bedeutung mehr und sollten den geringen Mengen Degras vorbehalten bleiben, die tatsächlich noch nach den alten Methoden hergestellt werden. Ob man für den heute hauptsächlich auf dem Markt befindlichen Degras die Bezeichnung „künstlicher Degras" fordert, ist praktisch kaum von Bedeutung, da allgemein bekannt ist, daß dieses Produkt heute fast ausschließlich durch Blasen von Tran und unter Zusatz ganz bestimmter Stoffe, wie z. B. Wollfett (sofern es nicht Mangelware ist), hergestellt wird.

Als Herstellungsbeispiel sei das Verfahren nach dem F.P. 988016, 1948, (Nopco Chemical Co.) aufgeführt:

93 Teile Dorschlebertran (mit 11% freier Säure), 2 Teile Wasser und 5 Teile sulfatierter Dorschlebertran werden auf 40° erwärmt und 30 Stunden mit Luft

geblasen. Alle 5 Stunden gibt man 2 Teile Wasser zu. Das erhaltene Produkt ist von braunroter Farbe und besitzt eine höhere Viskosität als das Ausgangsprodukt.

Zusammensetzung.

Bei der Verarbeitung von Tran zu Degras wird im allgemeinen nach folgenden Grundsätzen verfahren:

Der Tran wird auf 120 bis 150° erwärmt und dann mit Luft geblasen, bis eine Perle nach dem Erkalten Syrupkonsistenz zeigt. Man verwendet zweckmäßigerweise verzinnte oder verbleite Gefäße, damit eine Aufnahme von Eisen durch das Öl vermieden wird. Es sind auch noch andere Oxydationsmethoden vorgeschlagen worden (z. B. Zusatz von Oxydationsmitteln). Wieweit sie in diesem oder jenem Betrieb Anwendung gefunden haben, ist nicht bekannt.

Dem dick geblasenen Tran werden dann 10 — 15% Wasser und etwas Soda- oder Ammoniaklösung zugesetzt. Hierauf wird das Gemisch zu einer gleichmäßigen Emulsion verrührt. Sehr viele Degrassorten erhalten außerdem einen Zusatz an Wollfett und Mineralölen. Auch unveränderter Tran ist als Beimischung zu finden. Schon die Aufzählung dieser Zusätze zeigt, daß bei den auf dem Markt erscheinenden Degrassorten von einheitlichen Produkten keine Rede sein kann, selbst wenn die Möglichkeit eines Zusatzes anderer Stoffe, wie Fischstearin, Spermöl, Harze, außer Betracht bleibt.

J. Thuau und D. Lisser haben das Problem der Degras-Ersatzprodukte besprochen. Sie unterscheiden drei Arten von künstlichem Moellon:

1. Produkte, die durch Veränderung von Seetierölen entstehen,
2. Produkte auf Wollfettbasis,
3. Produkte auf Seifenbasis.

Von der ersten Gruppe werden die geblasenen Seetieröle als die besten bezeichnet, während sulfatierte Öle als Degrasersatz nicht voll befriedigen. Das gleiche gilt von Gemischen, die andere Emulgatoren enthalten.

Wollfettprodukte kommen echten Degrassorten deshalb nahe, weil sie beständige „Wasser in Öl"-Emulsionen darstellen. Produkte auf Seifenbasis sind „Öl in Wasser"-Emulsionen und meist zu alkalisch. Handelsprodukte, die durch Verseifung von Olein hergestellt sind, können nicht als brauchbarer Degrasersatz bezeichnet werden.

Die Verfasser geben die Zusammensetzung von 18 verschiedenen Ersatzprodukten für Degras bzw. Moellon an, von denen einige hier aufgeführt seien (Zahlenangaben in Prozenten):

1. Talg 30 bis 40, oxydiertes Fischöl 25 bis 35, gewöhnliches Fischöl 25 bis 45.
2. Talg 20, oxydiertes Fischöl 25, Natriumsulforicinoleat 4,5, Lebertran 30, Wasser 10, Fettalkoholsulfat 0,5.
3. Talg 25, unoxydiertes Fischöl 20, oxydiertes Fischöl 30, Ceresin 20, Harz 10.
4. Oxydiertes Fischöl 35, Wasser 9, Fettalkoholsulfat 1, Mineralöl 10, Pferdefett 25, Schweinefett 20.
5. Preßtalg 25, Fischöl 55, Natriumlaurylsulfat 5, Wasser 15.
6. Wollfett 20, Fischöl 40, Mineralöl 10, Talg 10, Wasser 10.
7. Wollfett 40, Fischöl 15, Mineralöl 20, Wasser 25.
8. Wollfett 45, Mineralöl 7, Talg 4, Moellon oder oxydiertes Fischöl 20, Harz 20, Wasser 20.
9. Moellon 45, Talg 20, Marseiller Seife 10, Klauenöl 15, Mineralöl 15, Harz 10.
10. Wollfett 25, Talg 20, oxydiertes Fischöl 25, Lebertran 20, Wasser 10.

Nach P. Chambard und H. Favre (*3*) wird künstlicher Degras auch durch Blasen von Rüböl hergestellt. Dabei kann die Oxydation durch Zusatz von Katalysatoren, wie Mangan- oder Eisenstearat, sehr beschleunigt werden.

Untersuchung.

Aus den obigen Ausführungen über die Zusammensetzung der Degrassorten geht hervor, daß die Untersuchung von Degras eine recht schwierige Aufgabe darstellt. Der charakteristische Bestandteil des guten Degras, also z. B. von Moellon pure, sind die Oxyfettsäuren (die man früher als Degrasbildner bezeichnet hat). Sie sind in Petroläther unlöslich und bilden ein Maß für die Wertbestimmung von Degrassorten. Daneben bilden Wasser- und Aschebestimmung, die Bestimmung der freien Fettsäuren, der Gesamtfettsäuren und des Unverseifbaren ein Mittel, die Natur und den Wert der verschiedenen Degrassorten aufzuklären und sie auf ihre Brauchbarkeit für die Lederfettung zu prüfen.

Die Fettanalysenkommission des IVLIC. schlug im Jahre 1931 für die Untersuchung von Degras folgende Methoden vor, die auch für den Bereich des Vereins für Gerbereichemie und -technik so lange Gültigkeit haben, bis neue analytische Methoden vorgeschlagen und anerkannt sind [s. Ungenannt (*8*)].

1. **Wasser.** Die Wasserbestimmung soll grundsätzlich nach dem direkten Destillationsverfahren durchgeführt werden. 10 bis 20 g werden in einem kurzhalsigen Rundkolben von 250 ccm Inhalt mit 100 ccm Xylol gemischt. Zur Vermeidung eines Siedeverzuges werden Tonscherben zugegeben. Der Kolben wird mit einem dichten Stopfen verschlossen, durch den ein Glasrohr geführt ist. Mit dem Glasrohr ist ein $^1/_{10}$-graduiertes Meßgerät verbunden; an letzteres wird durch einen zweiten Stopfen ein Liebigkühler angeschlossen. Das Öl-Xylolgemisch wird in einem Sandbad langsam zum Sieden erhitzt und die Destillation so lange fortgesetzt, bis aus dem Kühler das Xylol klar abläuft. Die vom Xylol scharf getrennte Wassermenge wird bei Zimmertemperatur abgelesen und auf die Ausgangssubstanz umgerechnet.

Von W. Fahrion wurde ursprünglich vorgeschlagen, aus dem Degras das Wasser durch Fächeln mit kleiner Flamme abzutreiben. Der Endpunkt ist zwar bei einiger Übung scharf zu erkennen. Die direkte Wasserbestimmung verdient aber den Vorzug. Ein Eintrocknen auf dem Wasserbad oder im Trockenschrank, auch nach Verreibung mit Sand, kommt für Degras nicht in Frage, da infolge Oxydation das Resultat falsch ausfallen müßte.

W. Riess (*2*) hat folgende Methode vorgeschlagen, die der obigen vorzuziehen ist:

Etwa 3 g Degras werden in einem 100 ccm-Becherglas (hohe Form) schnell eingewogen und nach Einhängen in die Dampfatmosphäre eines stark siedenden Wasserbades dreimal mit je 20 ccm Äther-Alkohol (1 : 1) abgedampft. Es ist dabei darauf zu achten, daß sich der Äther-Alkohol mit dem Degras gut mischt. Zum Schluß wird mit 20 ccm absolutem Alkohol abgedampft und nach dem Verschwinden des Alkoholgeruchs noch 40 bis 60 Minuten auf dem Wasserbad belassen. Nach dem Erkalten wird zurückgewogen und der Verdampfungsverlust in % der Einwaage ausgerechnet.

2. **Asche.** 2 bis 3 g werden im Porzellan- oder Quarztiegel zunächst mit kleiner Flamme bis zur Beseitigung des Wassers langsam erhitzt, dann allmählich abgeschwelt und der kohlige Rest verglüht. Sollte, was bei Degras selten der Fall ist, das Veraschen infolge Anwesenheit von Alkali Schwierigkeiten bereiten, so muß der stark verkohlte Rest mit Wasser ausgezogen, das Unlösliche für sich

verascht und dann das Filtrat mit der Asche eingedampft und getrocknet werden.

Sind nur geringe Mengen von Eisen vorhanden, so darf die Asche nur schwach gefärbt sein. Ist die Farbe verdächtig, so muß das Eisen quantitativ bestimmt werden. Der Gehalt an Eisen darf nicht mehr als 0,05% betragen.

3. **Unverseifbares.** 5 g Fett werden mit 12 bis 15 ccm alkoholischer 2n-Kalilauge in einer Schale auf dem Sandbad verseift, wobei das Gemisch unter vorsichtigem Erwärmen bis zur Trockne eingedampft wird. Die Seife wird mit etwa 50 ccm Wasser unter Nachspülen mit etwa 10 ccm Alkohol in einen Scheidetrichter gebracht, die abgekühlte Seifenlösung mit 50 ccm Äthyläther ausgeschüttelt und dies ein- bis zweimal mit je 25 ccm Äther wiederholt. Sollten sich die Schichten nicht glatt absetzen, so läßt man einige Kubikzentimeter Alkohol am Rande des Scheidetrichters herabfließen.

Die vereinigten Ätherauszüge werden mit 1 bis 2 ccm n-Salzsäure und 8 ccm Wasser unter Zusatz von Methylorange gewaschen und nach dem Abziehen der Säureschicht mit 3 ccm alkoholischer $^n/_2$-Kalilauge und 7 ccm Wasser entsäuert. Nach einigem Stehen wird die alkoholische Schicht abgezogen und die ätherische Lösung destilliert. Der Ätherextrakt wird bei 100° getrocknet, bis sich das Gewicht nach $^1/_4$stündigem Trocknen nur mehr um höchstens 0,1% ändert.

Da es sich bei Degras um Tran- und eventuell Wollfettprodukte handelt, führt die Bestimmung des Unverseifbaren nach Spitz und Hönig zu falschen Resultaten [M. Auerbach (4)].

4. **Hydroxyfettsäuren und Gesamtfettsäuren.** Der vom Unverseifbaren abgezogene Seifenanteil wird bis zur Beseitigung der geringen Menge Alkohol eingedampft und hierauf mit Salzsäure zersetzt. Anschließend wird im Scheidetrichter vorgewärmter Petroläther (bis 60° siedend) in dünnem Strahl unter gutem Umschwenken zugegeben. Die petrolätherunlöslichen Fettsäuren ballen sich zu Klumpen zusammen und setzen sich in der Hauptsache an der Gefäßwand ab. Das Sauerwasser wird abgezogen und die petrolätherische Lösung durch Ausschütteln mit Kochsalzlösung säurefrei gewaschen (Methylorange). Die Petrolätherlösung wird in einen gewogenen Kolben filtriert, wobei die abgeschiedenen Hydroxysäuren an den Gefäßwandungen zurückbleiben. Der Petroläther wird abdestilliert und der Rückstand bei 100° bis zur Gewichtskonstanz getrocknet.

Die zurückgebliebenen Hydroxysäuren werden in heißem Alkohol gelöst. Aus der filtrierten Lösung wird der Alkohol abdestilliert, der Rückstand wird getrocknet und gewogen. Da die so gewonnenen Hydroxysäuren Kalium- bzw. Natriumchlorid in mehr oder minder großen Mengen enthalten, muß entsprechend der ursprünglichen Fahrionschen Vorschrift verascht und die Asche abgezogen werden.

6. **Freie Säure.** Der Gehalt an freier Säure wird in einer Probe des ursprünglichen Degras durch Auflösen in neutralem Alkohol-Äther bzw. Alkohol-Benzol und anschließende Titration mit $^n/_{10}$-Lauge bestimmt.

7. **Ausgangsmaterial.** Die Identifizierung der dem Produkte zugrunde liegenden Fette kann durch Bestimmung der Jodzahl, Verseifungszahl usw. an den abgeschiedenen Fettsäuren erfolgen. Es ist aber zu berücksichtigen, daß das ursprüngliche Fett durch den Oxydationsprozeß bei der Herstellung gewisse Veränderungen erlitten hat.

8. **Harz.** Die Prüfung auf Harz (Colophonium) geschieht qualitativ nach Storch-Morawski. Die Fettsäuren werden in Essigsäureanhydrid unter Erwärmen gelöst und nach Abkühlen mit einem Tropfen Schwefelsäure (spez. Gew. 1,53) versetzt.

Bei Gegenwart von Harzsäure tritt eine rotviolette Farbe auf, die allmählich in Braungelb umschlägt und schließlich grünlich fluoreszierend wird.

9. Wollfett. Die Anwesenheit von Wollfett ist mit Hilfe der Liebermannschen Reaktion (auf Cholesterin) ohne Schwierigkeit festzustellen. Etwa 0,25 g des Unverseifbaren werden in etwas Chloroform gelöst und mit 3 ccm Essigsäureanhydrid versetzt. Durch einen Tropfen konz. Schwefelsäure wird die Lösung anfänglich rosa bis braun gefärbt, dann geht die Farbe schnell in Dunkelgrün über und hält sich längere Zeit, auch bei Anwesenheit von Harz.

Eine quantitative Bestimmung des Wollfettes ist nicht möglich, da die Eigenschaft bzw. Zusammensetzung der ursprünglichen Öle nicht bekannt ist und sowohl die Gehalte wie die Eigenschaften der unverseifbaren Anteile sowie der Fettsäuren der Trane und des Wollfettes schwanken.

10. Mineralöl. Art und Menge des unter Umständen vorhandenen Mineralöls erfolgt durch Untersuchung des Unverseifbaren in bekannter Weise. Es kommt für diese Untersuchung die Bestimmung der Jodzahl und der Drehung sowie die Trennung durch Acetylieren in Frage.

11. Sulfatharz. Die Prüfung auf Sulfatharz kann mit Hilfe der Storch-Morawskischen Reaktion (siehe oben) erfolgen.

12. Naphthensäuren. Der Nachweis von Naphthensäuren ist nur qualitativ möglich. Siehe hierüber D. Holde, S. 438, sowie M. Naphtali, S. 100 ff.

Bestimmung von Wollfett und Mineralöl in Degras und Moellon
[nach W. Rieß (2)].

Da die Hydroxylzahl des Unverseifbaren der Wollfette ziemlich konstant etwa 150 beträgt, kann man den Gehalt eines Degras oder Moellons an Wollfettunverseifbarem mit ziemlicher Genauigkeit berechnen, indem man den gefundenen Gehalt an Unverseifbarem mit dessen Hydroxylzahl multipliziert und durch 150 dividiert. Zieht man das so berechnete Wollfettunverseifbare von dem Gesamtunverseifbaren ab, so erhält man angenähert den Mineralölgehalt des Degras.

Die Gehalte an Unverseifbarem der technischen Wollfette liegen in der Regel nahe bei etwa 42%, so daß man den Wollfettgehalt des Degras angenähert aus dem wie oben ermittelten Gehalt an Wollfettunverseifbarem durch Multiplizieren mit 2,38 errechnen kann.

Die Methode setzt voraus, daß in dem zur Herstellung des Degras verwendeten Tran keine größeren Mengen von Unverseifbarem enthalten sind, was auch im allgemeinen der Fall ist. Als Mittel kann man einen Gehalt von etwa 1,4% Unverseifbarem im Tran annehmen.

Ausführung. Etwa 3,5 bis 4,5 g des Degras (bei niedrigem Gehalt an Unverseifbarem entsprechend mehr) werden mit 30 ccm Alkohol und zirka 2 g festem Kaliumhydroxyd am Rückflußkühler zirka 2 Stunden verseift. Hierauf wird der Alkohol abdestilliert, der Rückstand in Wasser gelöst und in einem Scheidetrichter mit zirka 75 ccm Äther unter Zusatz von etwas Alkohol gründlich ausgeschüttelt. Die Ätherschicht wird nach Ablassen der Seifenlösung zweimal mit wenig Wasser unter leichtem Schütteln gewaschen und die Waschlösung mit der Seifenlösung vereinigt. Diese wird noch dreimal ausgeäthert und die vereinigten Ätherauszüge werden mit Wasser bis zur neutralen Reaktion ausgewaschen. Nach Abdestillieren des Äthers wird der Rückstand dreimal mit je 15 ccm absolutem Alkohol versetzt, der jedesmal auf dem Wasserbad verjagt wird, und anschließend 1 bis 1½ Stunden bei 100° C getrocknet.

Das so isolierte Unverseifbare wird in einem Acetylierungskolben mit der 2,5- bis 3fachen Menge Essigsäureanhydrid am Rückflußkühler auf dem Sandbad 2 bis 3 Stunden erhitzt. Hierauf wird der Kolbeninhalt mit 60 bis 80 ccm 50%iger Essigsäure und zirka 90 ccm Petroläther in einen Scheidetrichter übergespült und die Petrolätherlösung achtmal mit je 20 ccm 50%iger Essigsäure ausgeschüttelt. Die vereinigten Waschwässer werden nochmals mit 40 bis 50 ccm Petroläther extrahiert und anschließend wie oben mit Essigsäure gründlich ausgewaschen. Die vereinigten

Petrolätherauszüge werden viermal mit Wasser ausgeschüttelt, wobei man dem letzten Waschwasser einen bis drei Tropfen $n/_2$-Natronlauge und ein Stückchen Lackmuspapier zugibt, das sich nach einigem Umschütteln schwach blau färben muß. Die Petrolätherlösung wird mit entwässertem Natriumsulfat getrocknet, der Petroläther abdestilliert und der Rückstand $^1/_2$ bis $^3/_4$ Stunden bei 80 bis 90° C getrocknet.

Die Bestimmung der Verseifungszahl des acetylierten Produkts erfolgt mit 0,8 bis 2 g Einwaage, die mit 25 ccm Benzol-Alkohol (2 : 1) und 30 ccm $n/_2$ alkoholischer Kalilauge in einem Kolben aus Neutralglas mit eingeschliffenem Rückflußkühler 1 Stunde erhitzt wird. Nach dem Erkalten wird sofort mit $n/_2$-Salzsäure gegen Phenolphthalein oder Alkaliblau 6 B zurücktitriert. In gleicher Weise wird ein Blindversuch ausgeführt und die Differenz beider Titrationen in die Verseifungszahl umgerechnet.

Die englischen Vorschriften für die Untersuchung von Moellon und Degras, die sich auf die Bestimmung von 1. Wasser, 2. ätherunlösliche Stoffe, 3. Gesamtfett, 4. Unverseifbares, 5. oxydierte Fettsäuren, 6. nicht oxydierte Fettsäuren, 7. anorganische Stoffe (Asche), 8. flüchtige Stoffe, 9. wasserlösliche Stoffe, 10. Harze erstrecken, haben D. Burton und G. F. Robertshaw (7) veröffentlicht (1951).

Von diesen Prüfungen sei hier die in den deutschen Untersuchungsmethoden nicht angegebene Bestimmung wasserlöslicher Fettstoffe aufgeführt:

100 g Degras werden mit 50 ccm Wasser gemischt, mit Schwefelsäure angesäuert und unter Umschütteln erhitzt. Das Gemisch wird dann in einen Scheidetrichter gebracht, in dem man absitzen läßt. Die wässerige Schicht wird entfernt und das Ausschütteln mit 50 ccm schwach saurem Wasser wiederholt. Die beiden wässerigen Auszüge werden vereinigt und, nach dem Neutralisieren, eingedampft. Der Rückstand wird mit wenigen Kubikzentimetern Aceton ausgezogen. Die Acetonlösung wird filtriert und eingedampft. Der so erhaltene Rückstand besteht aus wasserlöslichen Fettstoffen, die aber bei langem Stehen ihre Löslichkeit verlieren können.

Normen des Verbandes der Degras- und Lederölfabrikanten E. V. für Lederöle und Degras vom 23. Februar 1926[1].

1. Normen für Lederöle.

1. **Harzgehalt.** Ein Harzgehalt in einem Lederöl kann nicht unbedingt und in allen Fällen als schädlich angesehen werden; für den Verbraucher ist es aber wichtig und notwendig zu wissen, ob ein Lederöl Harz enthält oder nicht. Ein in einem Lederöl vorhandener Harzgehalt muß deshalb unbedingt angegeben werden.

2. **Mineralölgehalt.** Die Mineralöle haben sich für die Zwecke der Lederfettung in vielen Fällen als wichtig und zweckdienlich bzw. unerläßlich erwiesen. Zu leicht flüchtige Mineralöle, wie sie die billigen Putz- und Gasöle oder Mischungen derselben darstellen, sollten zur Herstellung von Lederölen nicht verwendet werden. Es dürfen nur solche Mineralöle verwendet werden, die folgende Kennzahlen als niedrigste Grenzzahlen aufweisen:

Ein spez. Gew. nicht unter 0,875, eine Viskosität nach Engler von 3 bis 4 bei 20° C oder 1 bis 3 bei 50°.

Werden aus bestimmten Gründen leichter flüchtige Mineralöle zur Herstellung von Lederölen verwendet als diesen Grenzzahlen entsprechen, dann ist deren Verwendung besonders anzugeben.

3. **Naphthensäure und Sulfatharze.** Diese sind für die Zwecke der Lederfettung nicht in jedem Falle als schädlich zu bezeichnen. Sind sie in einem Lederöl enthalten, dann muß jedoch deren Gehalt angegeben werden.

Wird also ein Lederöl verkauft als den Normen des Verbandes der Degras- und Lederölfabrikanten entsprechend, dann kann der Käufer verlangen, daß dasselbe keinen Harzgehalt aufweist, frei ist von Naphthensäuren und Sulfatharzen, und daß das Unverseifbare, wenn solches vorhanden ist, aus Mineralöl besteht, das mindestens die oben angegebenen Kennzahlen aufweist.

---

[1] Die Methoden haben auch heute noch Gültigkeit.

2. Normen für Degras.

	Gesamtfett	Flüchtige Bestandteile	Verseifbares	Unverseifbares	Oxyfettsäuren	Asche
Moellon M	80	20	70	10	6—8	
Moellon-Degras Marke MD	78	22	63	15	5—7	max. 1%
Degras Marke D	75	25	55	20	4—6	

Der Gehalt an Gesamtfett bzw. an Verseifbarem darf bis um 2% von den obigen Normen abweichen; größere Schwankungen berechtigen den Abnehmer nicht, die Ware zur Verfügung zu stellen, werden aber pro rata verrechnet.

Eine Verwendung von Harz zur Herstellung von Degras, selbst der geringsten Sorte, ist grundsätzlich verboten; sobald in einem Degras Harz qualitativ festgestellt wird, ist das Produkt als den Verbandsvorschriften nicht entsprechend zu bezeichnen.

Ein anschauliches Bild von den Schwankungen in der Zusammensetzung von Handelsdegrassorten geben die Zusammenstellungen von J. Lewkowitsch, Tabellen 30 und 31.

Tabelle 30. Vergleich von französischem Degras und Weißgerberdegras (J. Lewkowitsch).

	Oxysäuren %	Schmelzpunkt der Fettsäuren °C	Seife %	Urspr. Degras	
				Hautbestandteile %	Wasser %
Degras nach französischer Methode, wasserfrei:					
Nr. 1	19,14	18,0—28,5	0,73	0,07	16,5
Nr. 2	18,43	28,5—29,0	0,49	0,12	20,5
Nr. 3	18,10	31,0—31,5	0,68	0,18	12,0
Weißgerberdegras, wasserfrei:					
Nr. 1	20,57	33,5—34,0	3,95	5,7	35,0
Nr. 2	18,63	27,9—28,0	3,45	5,9	28,0
Nr. 3	17,84	28,0—28,5	3,00	4,5	30,5

Tabelle 31. Zusammensetzung verschiedener Degrassorten des Handels (J. Lewkowitsch).

	Wasser %	Asche %	Mineralsäure als KOH %	In Petroläther löslich %	Seife in Alkohol löslich %	Hautteile %	Unverseifbares %	Oxysäuren %	Freie Fettsäuren als KOH %
Minimum	1,01	0,05	1,13	56,62	0,68	0,15	0,37	1,09	32,65
Maximum.............	40,61	1,045	9,15	96,60	8,81	2,99	42,62	26,44	34,26

Nach älteren Angaben wurden über die Verseifungs-, Jod- und Säurezahlen bei Degrasproben die in Tabelle 32 zusammengestellten Werte gefunden.

Tabelle 32. Jod-, Säure- und Verseifungszahlen verschiedener Degrasproben [H. Gnamm (6), S. 303].

Probe Nr.	Wasser	Jodzahl			Säurezahl		Verseifungszahl		mg KOH pro Gramm, entsprech. der Menge von Lactonen
		Ursprungs-Degras	Wasserfreier Degras	Fettsäuren	Ursprungs-Degras	Wasserfreier Degras	Ursprungs-Degras	Wasserfreier Degras	
1	19,1	60,4	74,7	70,5	30,5	37,7	—	—	38,8
2	12,9	55,9	64,2	58,6	63,3	72,7	96,2	110,4	28,7
3	12,4	67,8	77,4	75,4	35,2	40,2	97,0	110,7	43,4
4	15,9	65,9	78,4	70,2	42,1	50,1	113,4	134,8	30,8
5	16,4	65,0	77,8	78,5	44,1	52,7	114,9	137,4	22,4
6	11,5	67,8	76,6	76,5	57,4	64,9	96,3	108,8	53,8
7	13,9	83,3	96,7	95,9	—	—	—	—	33,1

Die Unterschiede zwischen den Kennzahlen von natürlichem und geblasenem
Rüböl und Dorschlebertran hat D. Holde, S. 927, angegeben (s. Tabelle 33).

Tabelle 33. Kennzahlen geblasener und ungeblasener Öle (D. Holde).

Art des Öles	Dichte (15°)	Jodzahl	Säurezahl	Verseifungszahl	Reichert-Meißl-Zahl	Petroläther, unlös. Oxysäuren %
Rüböl:						
ungeblasen ..	0,911—0,917	94—106	etwa 2	172—175	0,1—0,8	0
geblasen	0,968—0,975	46,9—52,3	—	209,5—217,6	3,8—4,4	24—27,6
Kottonöl:						
ungeblasen ..	0,918—0,932	103—111	—	191—199	—	0
geblasen	0,972—0,919	56,4—65,7	—	213—224,6	—	26,5—29,4
Dorschtran:						
ungeblasen ..	0,915	145—155	10—16	180—190	—	—
geblasen	0,985	75—85	15—20	205—215	—	25—30

Amerikanische Methoden für die Untersuchung von Moellon.

Nach den auf S. 513 genannten provisorischen Methoden des Vereins amerikanischer Lederchemiker für die Untersuchung von Fetten, Ölen und Fettprodukten
ist für die Prüfung von Moellon folgendes vorgeschrieben[1]:

1. **Wassergehalt.** Destillationsmethode mit Xylol nach H 40.

2. **Asche.** Veraschung in einer Platinschale nach H 22.

3. **Absitzrückstand.** Besondere Methode nach H 23.

4. **Unverseifbares.** In eine 300-ml-Flasche werden genau 5 g eingewogen und
5 ml einer 50%igen KOH-Lösung, 25 ml 95%iger Alkohol und 25 ml Petroläther
hinzugefügt. Das Gemisch wird am Rückflußkühler mindestens 1,5 Stunden unter
wiederholtem Umschütteln gekocht (Siedesteine!). Nach Zugabe von 50 ml heißem
Wasser und Abkühlen wird das Ganze in einen Scheidetrichter übergeführt und dreimal
mit je 40 ml Petroläther ausgeschüttelt. Die vereinigten Petrolätherauszüge werden
dreimal mit je einem Gemisch von 30 ml Wasser und 10 ml 95%igem Alkohol
gewaschen. Der Petrolätherauszug wird in eine gewogene Schale gebracht und der
Petroläther vorsichtig abgedampft. Der Rückstand wird nach dem Abkühlen gewogen.
Das Gewicht des Rückstands wird als Prozent Unverseifbares berechnet.

5. **Freie Fettsäuren.** Bestimmung nach Methode H 42.

---

[1] Die Ziffern H... bedeuten die Bezeichnung der Methoden [s. Ungenannt (6)].

6. **Gesamt-Oxyfettsäuren.** Die Seifenlösung, die bei der Bestimmung des Unverseifbaren anfällt (s. obigen Absatz 4), wird bis zur Vertreibung des Alkohols gekocht. Die anschließend in heißem Wasser gelöste Seife wird in einen Scheidetrichter gebracht, der Becher gut ausgewaschen und das Volumen auf 300 ml aufgefüllt. Dann wird ein Überschuß an konz. Salzsäure zugegeben, d. h. etwa 25% mehr als zur Neutralisation der alkalischen Lösung erforderlich ist. Nach kräftigem Umschütteln, Abkühlen und Ausschütteln mit Petroläther wird die wässrige Schicht abgelassen und die Ätherschicht vorsichtig abgegossen. Die nunmehr je zweimal mit wenig Petroläther und zweimal mit heißem Wasser gewaschenen Oxyfettsäuren werden in warmem 95%igem Alkohol gelöst. Die Lösung wird filtriert, verdampft und der Rückstand 16 Stunden getrocknet. Das Gewicht wird als Prozent Oxyfettsäuren berechnet.

4. Gehärtete Fette.

Gehärtete Fette haben — besonders in Zeiten des Fettmangels — als Fettungsmittel in der Lederindustrie Verwendung gefunden. Sie dienen als Ersatz für Talg und Stearin und haben sich dabei als durchaus brauchbar erwiesen.

Die Fetthärtung erfolgt in der Hauptsache nach dem Normannschen Verfahren. Das Charakteristische dieses Verfahrens besteht darin, daß der Katalysator, 0,1 bis 1% Nickelformiat, in Öl suspendiert wird und daß dann durch diese Suspension Wasserstoffblasen durchgeleitet werden. Die Berührung zwischen dem den Katalysator enthaltenden Öl und dem Wasserstoff findet also an der Oberfläche der Gasblasen statt.

Über die chemischen Vorgänge bei der Fetthärtung s. S. 415 ff.

Das wichtigste Produkt der Fetthärtung ist das gehärtete Walöl. Das Walöl wird vor der Hydrierung entsäuert und mit Bleicherde behandelt. Nur die Walöl-Handelsmarken I und II sind für die Härtung geeignet. Nach der Hydrierung wird das Hartfett nötigenfalls nochmals entsäuert und zum Schluß in Wasserdampfstrom unter Vakuum entduftet. Die Entfernung des Nickelkatalysators erfolgt auf der Filterpresse. Der höchste durch Härtung erreichbare Schmelzpunkt liegt beim Walöl etwa bei 51°, während man bei der Härtung von Pflanzenölen höhere Schmelzpunkte erreichen kann (bis 71° bei Sojaöl). Nach W. Normann ist dies dadurch zu erklären, daß das Walöl, obwohl es einen beträchtlichen Prozentsatz an hochmolekularen Säuren (C_{22} bis C_{24}) enthält, sehr kompliziert zusammengesetzt ist, so daß man beim Hydrieren schließlich ein Gemisch der gesättigten Säuren von C_{14} bis C_{24} bzw. deren Glyceride erhält, welche gegenseitig den Schmelzpunkt herunterdrücken.

Gehärtetes Walöl ist unter verschiedenen Decknamen in den Handel gebracht worden (Talgol, Talgit, Candelit, Margarit usw.). Ein dänisches Produkt war das Nofalit. Die Kennzahlen von Talgolen, Candeliten und Nofalit sind in Tabelle 34 angegeben.

Kennzahlen.

Tabelle 34. Kennzahlen von Talgolen, Candeliten und Nofalit
(gehärtete Trane).

	Talgol	Talgol extra	Candelit	Candelit extra	Nofalit
Schmelzpunkt	35—38°	40—45°	38—40°	40—42°	43—44°
Erstarrungspunkt	31,2°	38,2°	—	—	38,0°
Verseifungszahl	192—195	192—195	192—195	192—195	190
Jodzahl	65—70	45—55	20—30	10—15	45
Freie Fettsäuren	2%	2%	2%	2%	1,8%
Glyceringehalt	9—10%	9—10%	9—10%	9—10%	—
Unverseifbares	0,33%	0,31%	0,41%	0,52%	0,4%

Neuere Produkte, die als Lederfettungsmittel angeboten werden, sind:

Lipodermfett I (Badische Anilin- u. Soda-Fabrik, Ludwigshafen), ein gradual gehärteter Tran, der als „konsistentes Schmierfett für Leder" bezeichnet wird. Verseifungszahl 167, Säurezahl 18, Jodzahl 65 bis 70, Schmelzpunkt 42°.

Pellastol C und Pellastol T (Zschimmer und Schwarz, Oberlahnstein). Verschieden hoch gehärtete Trane, die als Ersatz für Talg zum Fetten von Leder empfohlen werden. Erstarrungspunkt von C 48 bis 52°, von T 38 bis 42°. Pellastol wird auch mit einem Erstarrungspunkt von 28 bis 30° hergestellt. Die Verseifungszahlen liegen zwischen 185 und 190, die Jodzahlen zwischen 18 und 25. (Die beiden Produkte werden zur Zeit nur auf Wunsch hergestellt.)

Gehärtete Fette unterscheiden sich von natürlichen festen Fetten durch höhere „innere Jodzahlen", d. h. Jodzahlen ihrer abgetrennten Fettsäuren. Während die Fettsäuren natürlicher fester Fette nur geringe Mengen fester ungesättigter Säuren enthalten, sind in den gehärteten Fetten stets größere Mengen fester ungesättigter Fettsäuren vorhanden, die eine höhere innere Jodzahl bedingen. Diese innere Jodzahl liegt bei natürlichen festen Fetten zwischen 1 und 5, während sie bei gehärteten Fetten bis zu 20, in Einzelfällen sogar bis zu 50 beträgt.

Mitunter ist bei gehärteten Fetten ein unangenehmer Geruch festzustellen. Nach T. Kuwata und H. Kaneyuki sind die stark riechenden Substanzen C_7—C_{12}-Aldehyde und C_5—C_8-Fettsäuren, die sich während der Hydrierung aus oxydierten Fettsäuren, die im ursprünglichen Öl enthalten waren, bilden können.

Untersuchung gehärteter Fette.

Die Prüfung erfolgt an Hand des Schmelzpunktes, der Jodzahl und der spezifischen Refraktion. Die Beziehungen zwischen diesen drei Kennzahlen sind aus Tabelle 35 zu ersehen. Über die spezifische Refraktion s. z. B. D. Holde, S. 87. Zwischen den Jodzahlen und der Refraktionsabnahme besteht, wie Tabelle 35 zeigt, volle Parallelität, nicht aber zwischen den Jodzahlen und der Schmelzpunktzunahme.

Tabelle 35. Beziehung zwischen Jodzahl, Refraktion und Schmelzpunkt von gehärteten Fetten (E. Hugel)[1].

Gehärtetes Fett	Jodzahl	Refraktion	Schmelzpunkt	Gehärtetes Fett	Jodzahl	Refraktion	Schmelzpunkt
Waltran	121,5	44,7	—	Rüböl	105,1	40,7	—
	89,0	38,2	—		85,6	38,1	—
	70,7	33,6	32,0		78,6	36,5	29,0
	58,1	31,8	36,5		69,6	35,0	37,5
	46,0	30,2	42,0		66,7	34,7	40,0
	36,4	28,8	45,0		64,0	34,0	44,0
	30,3	28,1	47,5		24,3	29,5	57,0
	5,4	25,4	51,0		1,2	26,8	69,5
Erdnußöl	91,4	37,8	—	Sojabohnenöl	139,0	45,2	—
	69,3	33,4	28,2		94,0	40,2	—
	56,7	31,3	42,0		69,5	34,0	42,0
	43,3	29,6	49,0		58,5	31,7	48,0
	31,8	28,5	54,0		46,3	30,3	53,0
	16,5	26,5	58,0		34,7	28,9	57,0
	7,1	25,3	60,1		1,4	25,2	71,0
	1,2	24,4	65,0				

[1] S. H. Schönfeld, S. 165.

E. Hugel hat für die Bestimmung hochschmelzender Anteile in gehärteten Tranen die sogenannte „Stearinzahl" vorgeschlagen. In kaltem Aceton sind flüssige Fette leicht, feste Fette schwer löslich. Diese unterschiedliche Löslichkeit in Aceton ermöglicht eine zwar nur annähernd quantitative Trennung der festen und flüssigen Anteile, die jedoch für technische Zwecke eine oft hinreichende Orientierung über die Beschaffenheit eines gehärteten Fettes ermöglicht. (Siehe H. Schönfeld, S. 165.)

Über die Beschaffenheit weiterer gehärteter Öle gibt Tabelle 36 Aufschluß.

Tabelle 36. Eigenschaften sonstiger gehärteter Öle [W. Fahrion (3)].

Gehärtetes Öl	Schmelz-punkt °C	Erstarrungs-punkt °C	Säurezahl	Verseifungszahl	Jodzahl
Erdnußöl:					
gelb, flüssig			1,1	191,1	84,4
gehärtet, weiß	51,2	36,5	1,0	188,7	47,4
gehärtet, schmalzig	44,2	30,2	1,3	188,3	50,5
gehärtet, hart	53,5	38,8	1,2	189,0	42,2
Sesamöl:					
gehärtet, schmalzartig	47,8	33,4	0,5	190,6	54,8
gehärtet, talgartig	62,1	45,3	4,7	188,9	25,4
Baumwollsaatöl:					
gehärtet, schmalzig	38,5	25,4	0,6	195,7	69,7
Kokosfett:					
gehärtet, weiß, schmalzig	44,5	27,7	0,4	254,1	1,0
Zum Vergleich:					
Waltran gehärtet, talgartig	45,4	33,7	1,1	193,0	46,8

Der Nachweis gehärteter Fette kann in vielen Fällen durch die Nickelprobe erfolgen. Es braucht aber nicht jedes gehärtete Fett die Nickelreaktion ergeben, da ja auch andere Katalysatoren verwendet worden sein können. Deshalb wird häufig die Isoölsäureprobe für sicherer gehalten.

Die Ausführung der beiden Proben ist auf S. 467 und 468 beschrieben.

Ein Nachweis von geringeren Mengen gehärteter Fette in Fettgemischen ist sehr schwierig. Bei der Prüfung von gehärteten Fetten oder Fettmischungen, in denen gehärtete Fette vermutet werden, wird der Gerbereichemiker zur Sicherheit stets eine Fettungsprobe vornehmen, um die unter Umständen auftretenden spezifischen Wirkungen des Fettes auf das Leder festzustellen.

5. Stearin, Olein, Glycerin.

a) Stearin.

Das technische Stearin besteht aus Stearinsäure, der je nach dem Herstellungsverfahren größere oder geringere Mengen Palmitin- und Ölsäure beigemischt sind. Das Stearin wird durch Verseifung von hauptsächlich tierischen Fetten gewonnen, vorwiegend von Rinder-, Schaf- und Pferdetalg.

Die Stearinfabrikation umfaßt: die Fettspaltung (Verseifung), die Destillation (nicht bei allen Sorten), die Trennung der festen von den flüssigen Säuren (Pressen), das Umschmelzen und Bleichen (nach Bedarf).

Die Fettspaltung wird meist in Autoklaven ausgeführt. Die Arbeitsmethoden sind verschieden. Die saure Spaltung gibt eine höhere Ausbeute an festen Fettsäuren, das erhaltene Stearin hat aber einen etwas geringeren Schmelzpunkt als das Produkt der in Gegenwart von Kalk, Magnesia oder Zinkoxyd durchgeführten Autoklavenspaltung. Beim sogenannten gemischten Verfahren spaltet man in Autoklaven und behandelt anschließend die Masse mit konz. Schwefelsäure. Das gemischte Verfahren ist zwar teurer als die andern, es gestattet aber auch die Verarbeitung von unreinen und ranzigen Fetten. Die saure und gemischte Spaltung erfordert stets eine Destillation der Fettsäuren.

Zur Acidifikation mit Schwefelsäure werden die Fette vorher in einer besonderen Anlage getrocknet. Zur Säurebehandlung verwendet man etwa 3 bis 5% Schwefelsäure bei einer Temperatur von 100 bis 110°. Die Masse wird dabei allmählich dunkel, zuletzt schwarz. Durch die Säuerung wird der Gehalt des Gemisches an festen Säuren etwa um 10% erhöht. An der Abnahme der Jodzahl kann man dies verfolgen.

Anschließend werden die Fettsäuren gewaschen, um die überschüssige Schwefelsäure zu entfernen, und dann getrocknet. Nicht genügend getrocknete Fettsäuren schäumen beim Destillieren über.

Die Destillation erfolgt grundsätzlich mit überhitztem Dampf. Hierbei gehen über:

die Palmitinsäure etwa bei 170—180°,
die Stearinsäure   bei 230—240°,
die Ölsäure   bei 200—210°.

Die Destillation im Vakuum erfordert Temperaturen, die etwa 10 bis 15° niedriger sind. Dagegen wird der Destillationsvorgang bei Anwendung eines Vakuums sehr beschleunigt. Die Destillation wird in Kupfergefäßen ausgeführt. Man beginnt bei gewöhnlichem Druck zu destillieren und schaltet die Vakuumpumpe ein, wenn der Prozeß einigermaßen im Gang ist. Die beim Destillationsvorgang sich abspielenden chemischen Prozesse sind sehr verwickelt und wenig geklärt (A. Dubowitz). Als Rückstand bleibt das sogenannte Stearinpech, eine feste Masse, die neben Asphalten noch Neutralfett, Fettsäuren, Oxysäuren, Ketone, Kohlenwasserstoffe, Kupfer- und Eisenseifen enthält.

Das Destillat besteht aus festen und flüssigen Fettsäuren, die nunmehr durch Pressen getrennt werden. Bei manchen Herstellungsmethoden wird das verseifte Produkt nicht destilliert, sondern unmittelbar zur Presse gebracht. Daher rühren die vielfach üblichen Handelsbezeichnungen „Saponifikatstearin" und „Destillatstearin". Diese Bezeichnungen sind ungenau. Alle Stearine sind „Saponifikatstearine", da bei allen Sorten die Herstellung mit der Verseifung (Spaltung) beginnt.

Das Pressen erfolgt mit oder ohne Erwärmen. Es gibt einmal, zweimal und dreimal gepreßte Stearine (D. F. Cranor). Die letzteren sind die reinsten und härtesten, da sie am wenigsten Ölsäure enthalten, wie die Zusammenstellung in Tabelle 37 zeigt.

Tabelle 37. Stearinsäure- und Ölsäuregehalt von einfach und mehrfach gepreßtem Stearin.

	Stearinsäure %	Ölsäure %
Einfach gepreßt.........	85	15
Doppelt gepreßt.........	90	10
Dreifach gepreßt........	95	5

Beim Pressen läuft das Olein klar ab, falls der Druck in richtiger Weise langsam gesteigert wurde. Das gepreßte Stearin wird nochmals umgeschmolzen und nach Bedarf gebleicht. Es kommt in Tafeln in den Handel.

Untersuchung des Stearins. Für die Lederfettung kommen im allgemeinen zwei Stearinsorten in Frage, eine harte mit einem Schmelzpunkt von 50 bis 54° und eine weichere Sorte, die etwa bei 40 bis 42° schmilzt. Die Schmelzpunktsbestimmung gibt nur Aufschluß über den Härtegrad, nicht über die Reinheit einer Stearinsorte.

Wichtig ist die Feststellung des Gehalts an unverseifbaren Bestandteilen. Stearine können Kohlenwasserstoffe enthalten, die bei der Destillation durch Überhitzen entstanden sind, oder aber in Form von Paraffin oder Ceresin absichtlich zugesetzt sind. Größere Mengen von Paraffin und Ceresin zeigen sich daran, daß beim Verdünnen einer stark alkalisch verseiften Probe mit viel Wasser sich das Paraffin fein verteilt ausscheidet. Bei einem Gehalt an Unverseifbarem von weniger als 2% liegt kein Verdacht auf Verfälschung durch Mineralfette vor.

Auch an eine Prüfung auf Schwefelsäure muß unter Umständen gedacht werden (s. S. 466).

Das Verhältnis von Stearinsäure, Palmitinsäure und Ölsäure kann wie folgt bestimmt werden:

Man titriert zunächst 1 g des Stearins, das keine unverseifbaren Bestandteile, Lactone oder Neutralfett enthalten darf, in alkoholischer Lösung in der Wärme mit alkoholischer Kalilauge von bekanntem Gehalt. Ferner ermittelt man durch die Jodzahl den Ölsäuregehalt. Da 100%ige Ölsäure die Jodzahl 90 hat, so gibt der Quotient

$$\frac{100 \times \text{gefundene Jodzahl}}{90}$$

den Prozentgehalt an Ölsäure.

Die von der gefundenen Ölsäure verbrauchte Menge Kalilauge (s. Tabelle 38) zieht man von der bei der obigen Titration verbrauchten Menge Kalilauge ab und berechnet aus der übrigbleibenden Kalilauge das mittlere Molekulargewicht des Restes der Säuren (Palmitin- und Stearinsäure). Die Mengen Stearin- und Palmitinsäure in diesem Rest verhalten sich dann umgekehrt wie die Differenzen aus ihren Molekulargewichten und dem mittleren Molekulargewicht (nach Tabelle 38).

Tabelle 38. KOH-Verbrauch von Stearin-, Palmitin- und Ölsäure.

	Formel	Molekulargewicht	1 g Säure verbraucht mg KOH
Stearinsäure	$C_{18}H_{36}O_2$	284,3	197,5
Palmitinsäure	$C_{16}H_{32}O_2$	256,3	219,1
Ölsäure	$C_{18}H_{34}O_2$	282,3	198,9

Die Genauigkeit der Methode ist infolge der möglichen Versuchsfehler beschränkt.

b) Olein.

Das Olein spielt bei der Lederfettung eine geringe Rolle. Immerhin wird es zur Herstellung mancher „Lederöle" und Lederzurichtmittel verwendet.

Man bezeichnet mit Olein den flüssigen Anteil, der bei der Stearingewinnung von den Fettsäuren abgepreßt wird (s. S. 566). Sein Hauptbestandteil ist die Ölsäure, die aber feste Fettsäuren gelöst enthält. Sie scheiden sich bei niederer Temperatur langsam aus. Das von den Pressen kommende Olein wird deshalb in großen Zisternen in kühlen Räumen gelagert oder aber in Behältern mit besonderen Kühlanlagen aufbewahrt. Nach dem Auskristallisieren der festen Fettsäuren wird das Olein filtriert.

Wie beim Stearin unterscheidet man „Saponifikat-" und „Destillatolein". Die Saponifikatware ist dunkel gefärbt und enthält häufig noch beträchtliche Mengen fester Fettsäuren, außerdem mitunter 3 bis 10% Neutralfett und alle ursprünglich im Ausgangsfett enthaltenen unverseifbaren Stoffe. Die Jodzahl liegt unter 90 (90 ist die Jodzahl reiner Ölsäure).

Das Destillatolein ist ein helles, klares Öl, das im allgemeinen nur geringe Mengen fester Fettsäuren enthält. Die Jodzahl liegt ebenfalls unter 90. Es enthält 93 bis 98% freie Ölsäure, daneben Anhydride und Lactone.

Unter der Bezeichnung „Triolein" kommt gegenwärtig ein Produkt in den Handel, das tief kältebeständig ist und als Ersatz für Klauenöl empfohlen wird. Es hat eine Säurezahl von 4 und eine Verseifungszahl von 202.

Die Untersuchung des Oleins kann sich auf die Bestimmung des Wassergehalts, des Gehalts an festen Fettsäuren, an Unverseifbarem, an Neutralfett und Schwefelsäure erstrecken. Bleibt eine erwärmte Probe von trübem Olein auch nach dem Abkühlen trüb, so rührt die Trübung nicht von festen Fettsäuren, sondern vom Wasser her. Die Jodzahl gibt einen Anhalt für den Gehalt an festen Fettsäuren. Für die genaue Bestimmung ist die Durchführung der Bleisalz-Alkohol-Methode (Twitchell) erforderlich. Mitunter enthält Olein Linolsäure. Eine stark erhöhte Jodzahl weist darauf hin.

c) Glycerin.

Glycerin wird in der Lederindustrie viel mehr verwendet als gewöhnlich bekannt ist. Seine Eigenschaft, sich in jedem Verhältnis mit Wasser zu mischen, hat zu seiner Verwendung als weichmachendes, die Feuchtigkeit erhaltendes Mittel in der Lederzurichtung geführt. Zahlreiche Verwendungsmöglichkeiten des Glycerins für Leder sind kaum bekannt. Außer seiner reduzierenden Wirkung auf Bichromatlösungen ist seine Verwendung als Feuchtigkeitsregulator im Leder besonders zu erwähnen. Diese Eigenschaft hat dazu geführt, Narbenbruch bei Leder durch Einreiben mit wässerigen Glycerinlösungen zu beseitigen, und durch einen Zusatz zu Lickerbädern die Endfeuchtigkeit und damit die Zugfestigkeit und Dehnbarkeit des Leders zu erhöhen. Schellack- und Caseinlösungen in der Lederzurichtung wird es als Weichmacher zugesetzt. Glycerin dient endlich zur Herstellung von Transparentleder. Siehe auch Ungenannt (*13*).

Das Glycerin entsteht bei der Hydrolyse der Fette, also bei jeder Art technischer Fettspaltung, wo es sich unter der Fettsäureschicht im sogenannten Glycerinwasser sammelt. Beim alten Seifensiederprozeß ist es in der sogenannten Unterlauge enthalten. Glycerinwasser und Unterlaugen sind das Rohmaterial für die Gewinnung des Glycerins.

Im Handel unterscheidet man (s. auch Tabelle 39):

1. Saponifikat-Rohglycerin. Entsteht bei der Autoklavenspaltung und wird meist in einer Stärke von 28° Bé (spez. Gew. 1,24) gehandelt. Seine Farbe ist hellgelb bis braun. Es soll nicht mehr als 0,5% Asche und nicht mehr als 1% nichtflüssige, organische Säuren enthalten.

2. Acidifikations-Rohglycerin. Es wird aus dem bei der sauren Spaltung entstehenden sauren Glycerinwasser gewonnen. Es enthält meist 0,5 bis 1,5% Asche und wird ebenfalls in einer Stärke von 28° Bé gehandelt.

3. Unterlaugen-Rohglycerin. Stammt aus den Unterlaugen, die bei der direkten Verseifung entstehen. Es ist stark verunreinigt, enthält 75 bis 82% Glycerin, 8 bis 10% Asche und 8 bis 10% Wasser.

Es sei kurz erwähnt, daß Glycerin auch durch rein biochemische Synthese gewonnen werden kann, indem man die alkoholische Gärung in alkalischer Lösung vor sich gehen läßt. Um den Gärungsprozeß in die Richtung der Glycerinbildung zu lenken, gibt man z. B. Natriumsulfit zur Gärungsmasse. Nach dieser Methode wurden während des Krieges von der Protol-Gesellschaft monatlich bis zu 1100 t Glycerin hergestellt.

Tabelle 39. Anforderungen an Handelsglycerine
(C. Zerbe, S. 1317).

Bezeichnung	Herkunft und Verwendung	Geschmack	Spezifisches Gewicht bei 15° C und Gehalt	Aussehen	Farbe	Geruch	Reaktion	Anorg. Rückstand (Asche)	Organischer Rückstand	Anforderungen bezüglich Verunreinigungen und Sonstiges
A. Rohglycerine Unterlaugenglycerin	aus Seifensiederunterlauge zur Herstellung von Destillaten	nicht laugenhaft	80%ige Ware Dichte 1,3 g/ccm, mindestens 80% Glycerin wasserfrei	blank	gelb, braun, nicht schwarz	nicht unangenehm, frei von Trimethylamin	nur schwach alkalisch	höchstens 10%, gewöhnlich 7 bis 8%	nicht über 3%	Eisen nur in Spuren, Asche soll vorwiegend aus NaCl bestehen (möglichst wenig Ca), geringe Aschenalkalinität (keine Soda-) Mischungen 1:1 mit Wasser müssen nach Ansäuern 2 Std. klar bleiben. Möglichst wenig Fett und Harz, kein Zucker. Nur wenig S-Verbindungen.
Saponifikatglycerin	aus der Autoklavenverseifung bzw. Fettspaltung nach Twitchell oder durch fermentative Spaltung, früher zu Hektographenmasse, Walzenmasse u. a. technischen Zwecken, Ausgangsmaterial für Raffinate und Destillate	rein süß	28° Bé Dichte 1,24 g/ccm, 88,5% Glycerin wasserfrei	blank	möglichst hell (sind gelb bis dunkelbraun)	nicht unangenehm, nicht brenzlig	möglichst neutral	nicht über 0,5%	nicht über 1%	Möglichst wenig Eisen und Kalk. Keine Fettsäuren und Harze. Kein Zucker. Mit Bleiessig nur schwacher Niederschlag. Im Kölbchen und Rückflußkühler nach Gerlach[1] geprüft, konstant bei 138° C siedend.
Destillationsglycerine	aus der sauren Verseifung, zur Herstellung von Destillationsglycerin	scharf adstringierend	28° Bé wie bei Saponifikatglycerin, praktisch jedoch glycerinärmer	blank	dunkler als Saponifikate	unangenehm		schwankt bis 3,5%		Siedepunkt von 28° Bé-Ware selten höher als 128° C, oft noch niedriger. Sind durch Knochenkohle schwer entfärbbar.
B. Raffinate Glycerin I raffiniert, farblos	ohne Destillation auf chemischem oder mechanischem Wege gewonnen	rein süß	28° Bé, Dichte 1,23 g/ccm, 80% Glycerin wasserfrei	blank	farblos bis gelb, je nach Qualität	meist nicht völlig geruchfrei, besonders bei R. II oder III	möglichst neutral	höchstens 0,4%	höchstens 0,1%	Kalkfrei.
Glycerin II raffiniert, gelblich	ohne Destillation durch Entfärbung gewonnen		24° Bé Dichte 1,19 g/ccm							
Glycerin III raffiniert, gelb	ohne Destillation durch Entfärbung gewonnen		18° Bé Dichte 1,15 g/ccm; 16 bis 18° Bé 1,12 g/ccm							
C. Destillate Dynamitglycerin (Nobeltest)	einmal destilliert, zur Dynamitbereitung	rein süß	Dichte bei 15,5° C bezogen auf Wasser von 15,5° C mindestens 1,262 g/ccm	blank	möglichst hell	nicht unangenehm	neutral gegen Lackmus	höchstens 0,1% Asche	höchstens 0,25%	Frei von Kalk, Magnesia, Blei und Tonerde sowie Zucker und Ölsäure; Chloride, Arsen u. organ. Rückst. nur in Spuren. Mit Bleiacetat kein Niederschlag. Bei der Nitrierprobe mind. 207 bis 210% Ausbeute.
Reines Glycerin Deutsches Arzneibuch 6. Aufl. (Glycerinum purissimum albissimum)	doppelt destilliert für pharmazeutische Zwecke	rein süß	Dichte 1,22 bis 1,23 g/ccm	blank	farblos	do., frei von Nebengeruch	neutral	höchstens Spuren	höchstens Spuren	Frei von Arsen, Schwermetallen, Schwefelsäure, Chloriden, Oxalaten, Kalk-, Magnesia- u. Eisensalzen. Kein Zucker, Acrolein, reduzierende Stoffe, Ammoniumverbindung, Fettsäureester, Schönungsmittel und Leimsubstanzen.

[1] Siehe C. Deite und J. Kellner, S. 250.

Die Veredlung des Rohglycerins erfolgt entweder durch Destillation oder durch Raffination. Das reinste, für pharmazeutische Zwecke verwendete Glycerin (Glycerinum purissimum albissimum) wird zweimal destilliert. Sein Aschengehalt übersteigt selten 0,01%.

Mit Wasser, Alkohol und Äther-Alkohol-Gemisch ist Glycerin in jedem Verhältnis mischbar, dagegen in Schwefelkohlenstoff, Chloroform, Kohlenwasserstoffen und fetten Ölen unlöslich. In Tabelle 40 sind Dichte und Brechungsexponent wässeriger Glycerinlösungen angegeben.

Tabelle 40. Dichteverhältnis d_{15}^{15} (bei 15° C bezogen auf Wasser von 15° C) und Brechungsindizes n_D^{15} (bei 15° C) wässeriger Glycerinlösungen (C. Zerbe, S. 1315).

Glycerin %	d_{15}^{15}	n_D^{15}	Glycerin %	d_{15}^{15}	n_D^{15}	Glycerin %	d_{15}^{15}	n_D^{15}	Glycerin %	d_{15}^{15}	n_D^{15}
100	1,2653	1,4742	75	1,1990	1,4369	50	1,1290	1,3996	25	1,0620	1,3647
99	1,2628	1,4728	74	1,1962	1,4354	49	1,1263	1,3981	24	1,0594	1,3633
98	1,2602	1,4712	73	1,1934	1,4339	48	1,1236	1,3966	23	1,0568	1,3620
97	1,2577	1,4698	72	1,1906	1,4324	47	1,1209	1,3952	22	1,0542	1,3607
96	1,2552	1,4684	71	1,1878	1,4309	46	1,1182	1,3938	21	1,0516	1,3594
95	1,2526	1,4670	70	1,1850	1,4295	45	1,1155	1,3924	20	1,0490	1,3581
94	1,2501	1,4655	69	1,1822	1,4280	44	1,1128	1,3910	19	1,0466	1,3568
93	1,2476	1,4640	68	1,1794	1,4265	43	1,1101	1,3896	18	1,0441	1,3555
92	1,2451	1,4625	67	1,1766	1,4250	42	1,1074	1,3882	17	1,0417	1,3542
91	1,2425	1,4610	66	1,1738	1,4235	41	1,1047	1,3868	16	1,0392	1,3529
90	1,2400	1,4595	65	1,1710	1,4220	40	1,1020	1,3854	15	1,0368	1,3516
89	1,2373	1,4580	64	1,1682	1,4205	39	1,0993	1,3840	14	1,0343	1,3503
88	1,2346	1,4565	63	1,1654	1,4190	38	1,0966	1,3827	13	1,0319	1,3490
87	1,2319	1,4550	62	1,1626	1,4175	37	1,0939	1,3813	12	1,0294	1,3477
86	1,2292	1,4535	61	1,1598	1,4160	36	1,0912	1,3799	11	1,0270	1,3464
85	1,2265	1,4520	60	1,1570	1,4144	35	1,0885	1,3785	10	1,0245	1,3452
84	1,2238	1,4505	59	1,1542	1,4129	34	1,0858	1,3771	9	1,0221	1,3439
83	1,2211	1,4490	58	1,1514	1,4114	33	1,0831	1,3757	8	1,0196	1,3426
82	1,2184	1,4475	57	1,1486	1,4099	32	1,0804	1,3743	7	1,0172	1,3414
81	1,2157	1,4460	56	1,1458	1,4084	31	1,0777	1,3729	6	1,0147	1,3402
80	1,2130	1,4444	55	1,1430	1,4069	30	1,0750	1,3715	5	1,0123	1,3390
79	1,2102	1,4429	54	1,1402	1,4054	29	1,0724	1,3701	4	1,0098	1,3378
78	1,2074	1,4414	53	1,1374	1,4039	28	1,0698	1,3687	3	1,0074	1,3366
77	1,2046	1,4399	52	1,1346	1,4024	27	1,0672	1,3674	2	1,0049	1,3354
76	1,2018	1,4384	51	1,1318	1,4010	26	1,0646	1,3660	1	1,0024	1,3342

Die Untersuchung des Glycerins erstreckt sich auf die Bestimmung des Glyceringehalts, der Asche, des Wassergehalts, des freien Alkalis und des Gehalts an nichtflüchtigen organischen Substanzen.

Für die Bestimmung des Glyceringehalts sind in den Wizöff-Methoden vom Jahre 1930 die Acetinmethode und die Bichromatmethode angegeben[1]. Der Gang des Verfahrens der Acetinmethode ist folgender:

Acetinmethode zur Glycerinbestimmung: 1 bis $1\frac{1}{2}$ g des Glycerins werden in einem weithalsigen Kolben von zirka 100 ccm Inhalt abgewogen, mit 7 bis 8 g Essigsäureanhydrid und zirka 3 g entwässertem Natriumacetat 1 bis $1\frac{1}{2}$ Stunden am Rückflußkühler auf dem Sandbad erhitzt. Dann läßt man etwas abkühlen, gibt durch den Kühler 50 ccm Wasser zu und erhitzt, bis alles in Lösung gegangen ist. Die Lösung wird in einen größeren Kolben klar filtriert, abgekühlt, mit Phenolphthalein versetzt und genau mit verdünntem Alkali neutralisiert. Dies

---

[1] Wizöff, S. 155 und 167 (die neuen DGF-Methoden erschienen erst 1955).

ist der Fall, wenn die gelbliche Farbe sich in Rötlichgelb verwandelt. Dann fügt man 25 ccm einer 10%igen Natronlauge zu, kocht 15 Minuten und titriert das überschüssige Alkali mit Salzsäure zurück. Ebenso titriert man 25 ccm der 10%igen Natronlauge mit Salzsäure. Die Differenz beider Titrationen wird auf Glycerin umgerechnet. 1 ccm $n/_2$-NaOH = 0,00153 g Glycerin.

Die Methode ist vielfach abgelehnt worden. In den Bestrebungen für die Erneuerung der Einheitlichen Untersuchungsmethoden wurde 1950/55 eine Neufassung der Acetinmethode vorgeschlagen. Da Glycerinbestimmungen im gerbereichemischen Bereich selten sind, genügt der Hinweis auf diese veröffentlichten Vorschläge, sowie auf die geplanten Neufassungen der Bichromatmethode. Neuere Methoden für die Glycerinbestimmung (die Cerat- und die Perjodat-Methode) haben H. P. Kaufmann und R. Neu vorgeschlagen.

IV. Wachse.

1. Allgemeines.

Die Wachse sind Körper tierischen und pflanzlichen Ursprungs, die mit den Fetten gewisse Ähnlichkeiten aufweisen. Chemisch sind sie als esterartige Verbindungen anzusehen, die durch Vereinigung von einbasischen, langkettigen Fettsäuren mit ein- oder zweiwertigen, ebenfalls langkettigen, teils aliphatischen, teils aromatischen Alkoholen entstanden sind. Sie enthalten noch freie Fettsäuren, freie Alkohole und hochschmelzende Kohlenwasserstoffe, vgl. dazu auch E. Fischer und W. Presting sowie L. Ivanovszky.

C. Lüdecke (1) unterscheidet in einem neueren Vorschlag zwischen „Wachsen" und „wachsartigen Stoffen" und teilt die Wachse ein in

a) natürliche Wachse tierischer und pflanzlicher Herkunft, nämlich Ester aus hochmolekularen gesättigten Fett- oder Wachssäuren mit ebenfalls hochmolekularen einwertigen, wasserunlöslichen aliphatischen Alkoholen mit wechselnden Mengen freier höherer Alkohole und Kohlenwasserstoffen,

b) synthetische Wachse, das sind Ester aus hochmolekularen Fett- und Wachssäuren und 1- oder 2wertigen wasserlöslichen niedermolekularen Alkoholen mit geringem Gehalt an freien Säuren, Alkoholen und andern unverseifbaren Bestandteilen,

c) Ester mit überwiegendem Gehalt an freien hochmolekularen Fettsäuren oder mit überwiegender Alkoholkomponente.

Die Bezeichnung mancher Wachse ist ungenau. So wird z. B. das Wollfett und ebenso Döglingsöl und Spermacetöl (Walratöl) oft zu den Ölen gerechnet, obwohl sie ihrer Natur nach zu den Wachsen gehören. Anderseits wird das sogenannte Japanwachs, das fast ganz aus Triglyceriden besteht, vielfach fälschlicherweise zu den Wachsen gerechnet; die Bezeichnung Japantalg ist richtiger (s. S. 460). Technisch reiht man mitunter auch Ozokerit, Paraffin und Stearin zu den „Wachskörpern" ein. Die amerikanischen Paraffinabladungen werden mit „paraffin wax" bezeichnet. Diese Stoffe sind aber ihrer Natur nach keine Wachse, sondern Erdölkohlenwasserstoffe, während das Stearin aus Stearin- und Palmitinsäure besteht. C. Lüdecke (1) rechnet diese Stoffe zu den „wachsartigen Stoffen"[1].

---

[1] Die auf der letzten Tagung der Fachgruppe Wachse beschlossene Begriffsbestimmung „Wachs" lautet:

„Wachs ist eine technologische Sammelbezeichnung für eine Reihe natürlicher oder künstlich gewonnener Stoffe, welche in der Regel die folgenden Eigenschaften haben: bei 20° C knetbar fest bis brüchig hart, grob- bis feinkristallin, durchscheinend

Die Wachsester lassen sich wie die Glycerinester verseifen. Da aber die Wachse einen hohen Gehalt an unverseifbaren Alkoholen aufweisen, sind ihre Verseifungszahlen niedriger als die der Fette. Obwohl die meisten Wachse höher schmelzen als die härtesten Glyceride, erweichen sie ziemlich weit unter ihrem Schmelzpunkt zu plastischen, knetbaren Massen. Die wenigen flüssigen Wachse machen hierbei eine Ausnahme.

Verdünnt man die alkoholische Lösung eines verseiften Wachses mit Wasser, so scheiden sich die in Wasser unlöslichen Alkohole aus. Sie lassen sich durch Ausschütteln mit Äther gewinnen.

Charakteristisch ist für die Wachse, daß sie auf Papier im Gegensatz zu den Fetten und Ölen keinen Fettfleck hinterlassen.

Die Wachse lösen sich im allgemeinen in allen Fettlösungsmitteln, wenn auch weniger leicht als die Fette. Am besten lösen Benzin und Petroläther. Das Lösungsvermögen der Alkohole, Aldehyde und Ketone ist sehr gering. Sehr gute Lösungsmittel sind die Fettsäureester. Die chlorierten Kohlenwasserstoffe stehen weit hinter ihnen zurück.

Über die Möglichkeit, Wachs-Mineralöl-Gemische mit Aceton-Isopropyl-alkohol-Mischungen zu trennen, in denen die meisten Wachse unlöslich sind, siehe M. Hartmann und H. Kienast.

Auf die Zusammensetzung der Wachse wird bei der Besprechung der einzelnen Wachsarten kurz eingegangen werden.

Wachse, die im Haushalt der Lederindustrie eine Rolle spielen, sind: Bienenwachs, Wollfett, Carnaubawachs, chinesiches Wachs, Montanwachs und Walratöle (Spermöle).

An dieser Stelle sei auf eine Arbeit von W. Hessler hingewiesen, in der das Problem der mikroskopischen Untersuchung von Wachsen, einschließlich künstlicher Wachse (Gersthofen-Erzeugnisse) und Paraffin behandelt und mit zahlreichen Abbildungen erläutert wird. Die Kristallisation am hängenden Tropfen (Lösung in Terpentin-Testbenzin-Gemisch) wird von Paraffin, Ceresin, Montanwachs, Bienenwachs, Carnauba- und Candelillawachs gezeigt. Es werden Mikrotomschnitte von Wachsen und Wachsgemischen besprochen. Die Erstarrungsfiguren von sehr dünnen Wachsschichten sind abgebildet. Dabei zeigt jede Wachsart ein typisches Erstarrungsbild von erstaunlicher Regelmäßigkeit. Endlich werden die Anlösefiguren von Montan-, Bienen-, Gersthofenwachs E und Paraffin miteinander verglichen.

2. Bienenwachs.

Das Bienenwachs ist der wichtigste Vertreter der tierischen Wachse. Es ist das „Wachs" im allgemeinen Sinn. Es entwickelt sich im Körper der Honigbienen und wird durch Drüsen in Form kleiner Schuppen ausgeschieden.

Das Bienenwachs wird durch Ausschmelzen der Waben mit heißem Wasser gewonnen. Dabei gehen Honigreste und Verunreinigungen, wie Blütenstaub, Bienenleichen, Häute der Puppen, Holzsplitter usw., in das Wasser über und setzen sich zu Boden oder lagern sich an der Berührungsstelle zwischen Wachs

bis opak, jedoch nicht glasartig, über 40° C ohne Zersetzung schmelzend, schon wenig oberhalb des Schmelzpunkts verhältnismäßig niedrigviskos und nicht fadenziehend, stark temperaturabhängige Konsistenz und Löslichkeit, unter leichtem Druck polierbar." Diese technologische, auf äußeren Merkmalen aufgebaute Begriffsbestimmung differiert, wie man sieht, recht erheblich von der oben angegebenen wissenschaftlich-chemischen.

und Wasser an. Die als „Bodensatz" bezeichneten Verunreinigungen (2 bis 6% des Wachses) enthalten aber noch viel Bienenwachs. Sie werden deshalb nochmals ausgekocht und gepreßt. Der nun erhaltene Rückstand wird durch Extraktion mit Benzin oder Tetra von den letzten Wachsresten befreit.

Neben dieser alten, aber noch immer bewährten Ausschmelzmethode über Wasser sind auch besondere Vorrichtungen im Gebrauch, wie Siebtrommeln und dergleichen.

Das ausgeschmolzene Bienenwachs kann zur Erhöhung seiner Reinheit noch durch Tücher filtriert werden. Es ist eine gelbe bis braunrote Masse. Bienenwachs aus Rumänien, Griechenland und der Türkei ist stark rötlich gefärbt. Kubawachs erscheint in allen Farben von hellgelb bis dunkelbraun. Das aus Jamaika stammende Bienenwachs zeichnet sich durch eine besonders gleichmäßige gelbe Farbe aus. Brasilianisches Wachs ist goldgelb.

Das deutsche Bienenwachs ist sehr geschätzt. Es ist sehr hell und läßt sich gut bleichen. Die Bleichbarkeit ist eine wesentliche Eigenschaft für die Beurteilung des Wertes der verschiedenen Wachsarten. Gut bleichbar sind z. B. Wachse aus Mittelamerika, Chile, Brasilien, und, wie schon erwähnt, auch die deutschen Bienenwachssorten. Deutschland führt große Mengen Bienenwachs hauptsächlich aus Nord- und Ostafrika ein. Im allgemeinen gut fallende, unverfälschte Sorten kommen aus Benguela, Mozambique, Sansibar und Madagaskar. Diese Wachse werden sowohl in Teller- wie in Schüsselform geliefert.

In Mitteleuropa wird fast in allen Ländern Bienenwachs erzeugt. Das französische Bienenwachs wird ganz im Lande verbraucht. Aus Tunis, Spanien, Italien und Portugal kommen mitunter Bienenwachse, die in raffinierter Weise verfälscht sind. Indische, persische, chinesische und japanische Wachse erscheinen selten auf dem Markt. Auch das nordamerikanische Bienenwachs wird — mit Ausnahme des kalifornischen — ganz im Lande verarbeitet.

Das Bienenwachs besteht in der Hauptsache aus Palmitinsäuremelissylester und enthält daneben freie Cerotinsäure, geringe Mengen freier Melissylsäure, freien Melissylalkohol und Cerylalkohol sowie etwa 12% Kohlenwasserstoffe nach Art der Paraffine (insgesamt etwa 46 bis 47% Fettsäuren, 52 bis 55% Fettalkohole und 12 bis 15% Paraffinkohlenwasserstoffe).

Das Bleichen des Wachses erfolgt entweder an der Luft im Sonnenlicht oder auf chemischem Wege.

Für die Luftbleiche ist es zunächst erforderlich, das Wachs über etwa 70° warmem Wasser zu schmelzen und es mittels einer besonderen Vorrichtung (Bändermaschine) in kleinen Tropfen und Streifen erstarren zu lassen. Diese Späne besitzen eine große Oberfläche. Sie werden auf Leinwand ausgebreitet und, vor Staub geschützt, dem Sonnenlicht ausgesetzt. Die Sonnenbleiche dauert eine bis vier Wochen. Die Dauer ist von der Lichtintensität und der Bleichbarkeit des Wachses abhängig. Das Wachs muß während des Bleichens feucht sein und deshalb mehrmals am Tage mit Wasser bespritzt werden. Außerdem ist für eine gleichmäßige Bleiche ein wiederholtes Umwenden der Wachsschicht erforderlich. Je dünner die Schicht, um so rascher ist der Bleichprozeß beendet.

Beim Bleichen mit chemischen Mitteln wird Chlor, Kaliumchlorat, Kaliumpermanganat, Chromsäure oder auch ozonisierte Luft verwendet. Das chemische Bleichen ist wegen der damit verbundenen Zeitersparnis billiger.

Gebleichtes Bienenwachs soll rein weiß, ferner geruch- und geschmacklos sein. Sein spezifisches Gewicht ist höher als das des ungebleichten Wachses. Es ist in kaltem Alkohol fast unlöslich, in kaltem Äther und heißem Alkohol teil-

weise, in heißem Äther, Tetrachlorkohlenstoff und Chloroform vollkommen
löslich.

Kennzahlen des Bienenwachses.

Dichte (15°)	0,950—0,966
Schmelzpunkt	63—65°
Erstarrungspunkt	60—63°
Säurezahl, natur	17—20
„ gebleicht	19—24
Esterzahl	70—80
Verseifungszahl	90—102
Jodzahl	7—12
Unverseifbares	52—55 %

Bienenwachs ist in der Kälte brüchig und spröde. Beim Kauen bleibt Bienenwachs nicht an den Zähnen hängen. Die Bruchfläche von reinem Bienenwachs
nimmt, im Gegensatz zu talghaltigem Wachs, Kreidestrich an. Es brennt mit
leuchtender Flamme.

Die Untersuchung des Bienenwachses. Verfälschungen kommen häufig
vor. Als Verfälschungsmittel kommen Schwefel, Ocker, Talg, Stearin, Japanwachs, Carnaubawachs, Walrat, Harz, Paraffin und Ceresin in Betracht.

Durch Auflösen einer Probe in Chloroform können Ceresin, Paraffin,
Carnaubawachs, die in Chloroform schwer löslich sind, festgestellt werden.
Durch Auskochen des Wachses mit Wasser lassen sich mineralische Bestandteile
und mechanische Verunreinigungen abscheiden.

Beim Kneten zwischen Daumen und Zeigefinger (Knetprobe) zeigen
sich folgende Erscheinungen (nach den Einheitsmethoden der Wizöff 1930,
S. 176):

Die Probe ist lange in der warmen Hand knetbar und, ohne die Finger zu
beschmutzen oder zu beschmieren, höchstens etwas klebrig; dabei wird ein völlig
homogenes, durchscheinendes, beim Auseinanderziehen kurzzügiges Produkt erhalten, das keinen besonderen Glanz annimmt: Reines Bienenwachs.

Die Probe wird auffallend glänzend, durchsichtig, schlüpfrig, läßt sich lang
auseinanderziehen, dabei oft petroleumartiger Geruch: Paraffinzusatz.

Die Probe wird weißlich, porzellanartig, inhomogen, bröcklig; erst bei längerem
Kneten entsteht eine homogene und plastische Masse: Ceresin- oder Stearinzusatz.

Die Probe klebt; dabei Harzgeruch: Harzzusatz.

Die Probe schmiert, riecht talgig und ranzig: Talgzusatz.

Die Probe riecht charakteristisch, schwach aromatisch bzw. eigentümlich
ranzig. Carnaubawachs- bzw. Japantalgzusatz.

Wichtig ist beim Bienenwachs die Bestimmung der Kennzahlen. Nach
v. Hübl wird die Differenz zwischen Verseifungszahl und Säurezahl als „Esterzahl" und das Verhältnis zwischen Ester- und Säurezahl als „Verhältniszahl"
bezeichnet.

Für Bienenwachs und die möglichen Zusatzstoffe sind die Säure- Ester- und
Verhältniszahlen in nachstehender Tabelle 41 zusammengestellt (D. Holde,
S. 954):

Liegt die Verseifungszahl eines Wachses (E + S) unterhalb 92, ebenso die
Säurezahl unter dem normalen Wert und die Verhältniszahl zwischen 3,6 und 3,8,
so ist die Anwesenheit von Paraffin oder Ceresin wahrscheinlich. Ist die Verhältniszahl größer als 3,8, so liegt Verdacht auf Japanwachs, Carnaubawachs oder
Talg vor. Japanwachs kann in nennenswerten Mengen nicht vorhanden sein, wenn
die Säurezahl weit unter 20 liegt. Bei hoher Säurezahl und einer Verhältniszahl

Tabelle 41. Säure-, Ester- und Verhältniszahlen von Bienenwachs und den in Betracht kommenden Verfälschungsstoffen (D. Holde, S. 954).

Material	Säurezahl S	Esterzahl E	Verhältniszahl E : S
Bienenwachs, gelb	19—21	72—76	3,6—3,8
,, weiß	18—24	69—87	3—4
Carnaubawachs	4—8	74—84	9,5—15,5
Chinesisches Wachs	0	80	—
Walrat	0	130	—
Paraffin, Ceresin	0	0	0
Japanwachs	20	195—207	9,75—10,8
Talg	4—10	185—191	18,5—48
Stearinsäure	200	0	0
Harz	130—164	16—36	0,13—0,26

unter 3,8 ist die Gegenwart von Stearinsäure oder auch Colophonium wahrscheinlich.

Trotz dieser durch die Kennzahlen gegebenen Anhaltspunkte darf nicht vergessen werden, daß die Verfälschungen so geschickt gewählt werden können, daß das Produkt die Kennzahlen des reinen Bienenwachses zeigt. So findet man nach J. Lewkowitsch bei einem Gemisch von 37,5 Teilen Japantalg, 6,5 Teilen Stearin und 56 Teilen Paraffin oder Ceresin (also ohne jede Beimischung von Bienenwachs) folgende Kennzahlen:

$$\begin{aligned}
\text{Säurezahl} & \dots\dots\dots\dots & 20,2 \\
\text{Verseifungszahl} & \dots\dots\dots & 95,2 \\
\text{Esterzahl} & \dots\dots\dots\dots & 75 \\
\text{Verhältniszahl} & \dots\dots\dots\dots & 3,71
\end{aligned}$$

Diese Kennzahlen stimmen genau mit denen des reinen Bienenwachses überein. Die Kennzahlen allein geben also noch keine sichere Grundlage für die Beurteilung der Reinheit eines Wachses. Es sind deshalb noch andere chemische Untersuchungen notwendig.

Quantitative Bestimmung und Trennung der Kohlenwasserstoffe und Wachsalkohole (D. Holde, S. 958; C. Zerbe, S. 1393):

Zweck: Ermittlung von Paraffin- und Ceresinzusätzen.

Man erhitzt 10 g Wachs mit 25 ccm alkoholischer $^n/_1$-Kalilauge und 50 ccm Benzol 20 Minuten lang am Rückflußkühler, kocht noch 10 Minuten mit 50 ccm Wasser und hebt die untere Schicht ab. Die Benzollösung kocht man noch 10 Minuten mit Wasser aus und vereinigt die untere Schicht mit der Hauptseifenlösung. Die Benzollösung dampft man nach Ausspülen des Scheidetrichters mit heißem Benzol ein. Das erhaltene Unverseifbare (Alkohole + Kohlenwasserstoffe) beträgt bei reinem Bienenwachs 48,5 bis 53%. (Schmelzp. des Gesamtunverseifbaren 72 bis 78°, nach dem Acetylieren 52 bis 64°. In heißem Acetanhydrid völlig löslich, in kaltem fast unlöslich. Paraffin und Ceresin verändern im Gegensatz zu solchen Gemischen mit höheren Alkoholen nach dem Acetylieren ihren Schmelzpunkt nicht!) Den Rückstand löst man in kleinen Mengen in einem hohen Becherglas in je 100 ccm Amylalkohol und konz. Salzsäure, erhitzt unter Umrühren zum Sieden und läßt nach einigen Minuten langsam erkalten; die Wachsalkohole scheiden sich in fein kristallinischer Form ab, während die Kohlenwasserstoffe auch in der Hitze sich an der Oberfläche als leicht abzuhebender Kuchen ansammeln. Dieser ist bei reinem Bienenwachs sehr dünn. Er wird von den letzten Resten Melissylalkohol in einem kleinen Becherglas nochmals durch gleiche Behandlung mit je 25 ccm Amylalkohol und Salzsäure befreit. Die Kohlenwasserstoffe und Wachsalkohole werden dann für sich nach dem Auswaschen mit Wasser und Trocknen bei 100° gewogen. Die Kohlenwasserstoffe, bei reinem Bienenwachs höchstens 14,5%, müssen bei genügender Abtrennung der Alkohole eine Acetylzahl von fast 0 zeigen. Mehr als

14,5% Kohlenwasserstoffe, namentlich wenn die Jodzahl gleichzeitig kleiner als 20 ist, deuten auf Paraffin- (Ceresin-) Zusatz hin.

Zur Gewinnung der Alkohole wird der Kristallbrei unter Nachspülen mit heißem Wasser und etwas Benzol in eine größere Porzellanschale gebracht. Man erwärmt bis zum Durchscheinendwerden der Masse, läßt erkalten und gießt die verdünnte Salzsäure von der erstarrten Lösung der Wachsalkohole im Amylalkohol ab. Nach Verjagen des letzteren spült man die Wachsalkohole mit Benzol in eine gewogene Schale und trocknet nach Verdampfen des Lösungsmittels bei 100° bis zur Gewichtskonstanz.

Mitunter gibt schon die Dichte Hinweise auf die mögliche Beimischung von Paraffin und Ceresin, wie aus den Tabellen 42 und 43 ersichtlich ist. Siehe auch die Angaben von G. Buchner über die Handelsanalyse von Wachsen.

Zum Nachweis von Stärke wird das Wachs mit Wasser aufgekocht. Auf Zusatz von Jod-Jodkaliumlösung tritt in der wässerigen Lösung Blaufärbung auf. Zur quantitativen Stärkebestimmung kocht man eine Probe mit 2%iger Schwefelsäure; dabei geht die Stärke als Dextrin in Lösung. Durch Wägen des erkalteten Wachskuchens und Abzug des ermittelten Gewichts vom Gewicht

Tabelle 42.
Spezifische Gewichte von Bienenwachs-Paraffin-Gemischen.

Bienenwachs %	Paraffin %	Spez. Gewicht
0	100	0,871
25	75	0,893
50	50	0,920
75	25	0,942
80	20	0,948
100	—	0,969

Tabelle 43. Spezifische Gewichte von Bienenwachs-Ceresin-Gemischen.

Gelbes Wachs %	+ gelbes Ceresin %	Spez. Gewicht	Weißes Wachs %	+ weißes Ceresin %	Spez. Gewicht
100	—	0,963	100	—	0,973
90	10	0,961	90	10	0,968
80	20	0,9597	80	20	0,962
70	30	0,953	70	30	0,956
60	40	0,950	60	40	0,954
50	50	0,944	50	50	0,946
40	60	0,937	40	60	0,938
30	70	0,933	30	70	0,934
20	80	0,931	20	80	0,932
10	90	0,929	10	90	0,930
—	100	0,922	—	100	0,916

der zur Untersuchung verwendeten Wachsmenge läßt sich die Menge der im Wachs vorhandenen Stärke ermitteln.

Der Nachweis von Talg oder Japantalg läßt sich mit Sicherheit durch den Glycerinnachweis führen. Man benützt für die qualitative Prüfung die Acroleinprobe [Freimachen des stechend riechenden Acroleins aus der mit einem wasserentziehenden Salz (Kaliumbisulfat) erhitzten Wachsprobe]. Zur quantitativen Glycerinbestimmung eignet sich die Acetinmethode (siehe S. 570). Dabei kann man von der Wachsseife ausgehen, die man bei der Bestimmung des Unverseifbaren erhält.

Der qualitative Nachweis von Harzen kann mit Hilfe der Storch-Morawski-Reaktion (s. S. 558) erfolgen. Zur quantitativen Harzbestimmung löst man 1 bis 2 g der in 70%igem Alkohol unlöslichen Wachssubstanz in 10 bis 20 ccm absolutem Alkohol auf und schüttelt die Lösung mit 20 ccm Petroläther und 1 ccm konz. Salzsäure kräftig durch. Falls sich die beiden Schichten schwer trennen, gibt man noch etwas Alkohol hinzu. Nach mehrstündigem Stehen sind Wachse und Fettsäuren verestert, während die Harzsäuren unverestert geblieben sind. Nach Zusatz von 250 ccm Wasser spült man das Säurereaktionsgemisch in einen Scheidetrichter und schüttelt es mit Äther aus. Nach Abziehen des sauren wässerigen Anteils und Nachwaschen der ätherischen Lösung mit 5%iger Kochsalzlösung wird die ätherische Lösung nach Zusatz von 20 ccm Alkohol und einigen Tropfen alkoholischer Phenolphthaleinlösung mit alkoholischer Kalilauge titriert. 1 ccm $n/_2$-Kalilauge entspricht 0,175 g Harz [C. Lüdecke (2), S. 124].

Wichtig ist außerdem die Bestimmung der sogenannten „Buchner-Zahl" gemäß Wizöff-Methoden, S. 183. Die Buchner-Zahl ist ein Maß für die aus Wachs mit 80%igem Alkohol extrahierbaren Fett- und Harzsäuren.

Ausführung der Buchner-Bestimmung: 5 g Wachs werden in einem Erlenmeyer-Kolben mit 100 ccm Alkohol versetzt und nach dem Wägen des Kolbens samt Inhalt 5 Minuten zum schwachen Sieden erwärmt. Zum vollständigen Abkühlen wird der Kolben in kaltes Wasser gestellt und mindestens 2 Stunden lang darin stehen gelassen (Umschütteln!). Dann ist praktisch alle Cerotinsäure ausgefallen. Für genauere Bestimmungen soll der Kolben 24 Stunden stehen gelassen werden. Der noch einmal gewogene Kolben wird mit 80%igem Alkohol auf das ursprüngliche Gewicht gebracht und der Kolbeninhalt durch ein trockenes Faltenfilter filtriert. 50 ccm Filtrat werden mit alkoholischer $n/_{10}$-Kalilauge titriert. In bekannter Weise wird die Säurezahl errechnet (s. S. 485).

3. Wollfett.

Unter Wollfett versteht man die in der Schafwolle enthaltenen fettigen Stoffe. Trotz seines fettartigen Charakters wird es zu den Wachsen gerechnet, da bisher Glyceride in ihm nicht festgestellt werden konnten (U. Abraham u. B. Hilditch).

Das Wollfett wird entweder durch Ausziehen der frisch geschorenen Schafwolle mit flüchtigen Lösungsmitteln oder durch Auswaschen der Wolle mit Seifen- oder Sodalösungen und nachfolgendes Ausfällen des Wollfetts mit Säuren gewonnen. Zahlreiche Patente befassen sich mit der Gewinnung des Wollfetts.

Durch fraktioniertes Abkühlen des geschmolzenen Wollfetts, Auspressen und Zentrifugieren wird neben 85 bis 90% niedrig schmelzender Anteile (30 bis 38°) ein wachsartiger, schwach gefärbter Körper mit einem Schmelzpunkt von 48 bis 54°, das eigentliche Wollwachs, gewonnen. Es hat technisch nur eine geringe Bedeutung.

Das Wollfett wird mitunter mit „Wollwachs" gleichgesetzt. Im Schrifttum finden sich verwirrende Angaben. Es sei deshalb auf die Ausführungen von E. Gieser hingewiesen.

Das rohe Wollfett ist eine meist dunkelbraune schmierige Masse mit unangenehmem Geruch. Es enthält fast immer größere Mengen Fettsäuren aus den Waschseifen. In den mit Aceton extrahierten Wollfetten sind weniger Fettsäuren als in den mit Fällungsmethoden hergestellten Sorten. Die rohen Wollfette haben Säurezahlen zwischen 40 und 50 (Fettsäuren 17 bis 25%), Verseifungszahlen zwischen 120 und 180 und Jodzahlen von etwa 30. Der Wassergehalt liegt unter 1%.

Das meist mit dem Zentrifugen-Verfahren gewonnene Neutralwollfett hat eine hellere Farbe als die Rohware. Es ist in technischem Sinne fettsäure- und aschefrei. Säurezahlen zwischen 0,8 und 2, Verseifungszahlen zwischen 90 und 100, Jodzahlen zwischen 18 und 30. Neutralwollfette sind gegenüber Licht, Luft, Wärme und Wasser nahezu vollkommen unempfindlich und beständig gegen Alkalien, Erdalkalien, Salz- und Schwefelsäure. Sie sind deshalb unter gewöhnlichen Bedingungen auch nicht verseifbar, zum Teil nur unter Druck und bei höheren Temperaturen (H. Hadert).

Die durch weitgehende Raffination erhaltene reinste Form des Wollfetts ist Adeps lanae, ein hellgelbes Wachs mit nur schwachem Geruch.

Seine Kennzahlen sind: Säurezahl 0,2 bis 0,4, Verseifungszahl 90 bis 100, Jodzahl 18 bis 28, Rhodanzahl 13 bis 14.

Die reinen Wollfettprodukte kommen unter zahlreichen Phantasienamen in den Handel (Agnin, Lanolin, Alapurin u. dgl.).

Eine charakteristische Eigenschaft des Wollfetts ist seine Fähigkeit, unter Bildung haltbarer Emulsionen beträchtliche Mengen Wasser aufzunehmen (bis zu 300%). Das als kosmetisches Mittel verwendete „Lanolin" enthält 22 bis 25% Wasser.

Destilliert man Wollfett mit überhitztem Wasserdampf bei 310 bis 350°, so kann aus dem Destillat durch Abkühlen und Pressen ein öliges Produkt, das Wollfettolein, gewonnen werden. Die zurückbleibende Masse ist ein fester, dunkelgelber Körper, das Wollfettstearin, mit einem Schmelzpunkt von 42 bis 45°.

Von den Untersuchungen über die Zusammensetzung des Wollfetts sind wohl die Arbeiten von C. Drummond und B. Baker die wichtigsten. Außer der Cerotinsäure, die zu etwa 58% der Fettsäuren vorhanden ist, fanden diese Stearinsäure, Palmitinsäure und Myristinsäure. Nach den Jodzahlen müssen wohl auch kleinere Mengen ungesättigter Fettsäuren vorhanden sein. An Alkoholen wurden gefunden: Cholesterin, Lanosterin und Agnosterin. Das Verhältnis zwischen Cholesterin und den anderen Sterinen ist 37 : 50. Das im Wollfett lange vermutete Isocholesterin hat sich als ein Gemisch von Agnosterin und Lanosterin herausgestellt (A. Windaus u. R. Tschesche). Ergosterin und Metacholesterin scheinen im Wollfett nicht vorzukommen.

Bei der Jodzahlbestimmung von Wollfett treten nach W. Gänßle Schwierigkeiten auf, da die Jodzahl mit dem Jodüberschuß ansteigt. Die Jodzahl ist daher kein sicheres analytisches Bewertungsmittel für Wollfett, wohl aber die Rhodanzahl, die sehr konstante Werte aufweist (11 bis 12).

Paraffin, Ceresin und Harzöl werden gleichzeitig mit den Alkoholen abgetrennt. Sie scheiden sich nach dem Kochen mit Essigsäureanhydrid beim Erkalten auf der Oberfläche ab. Sie lassen sich auf diese Weise auch qualitativ bestimmen.

Ein zuverlässiger Nachweis des Wollfetts beruht nach J. Lifschütz (2) auf der Abscheidung der sehr schwer löslichen Lanocerinsäure, die bisher in keinem anderen Fett nachgewiesen worden ist:

Man entwässert etwa 20 bis 30 g der Mischung und zieht den wasserfreien Rückstand mit möglichst wenig warmem Äther erschöpfend aus. Etwa vorhandenes Paraffin scheidet sich beim Erkalten der Ätherlösung großenteils aus und wird abfiltriert. Der nach Abdestillieren des Äthers verbleibende Rückstand (Wollfett und etwa vorhandene andere Fette) wird zur Verseifung mit 50 ccm 0,5 n-alkoholischer Kalilauge und etwas Benzin drei Stunden am Rückflußkühler gekocht. Die Seifenlösung wird hierauf mit Wasser bis auf etwa 65% Alkoholgehalt verdünnt und zur Entfernung der unverseifbaren Anteile (Wachsalkohole, Paraffinreste u. dgl.) noch lauwarm mit 100 ccm Äther ausgeschüttelt. Nach der Trennung der Schichten enthält die braune Unterlauge das lanocerinsaure Kali als weißes Pulver suspendiert, während etwa noch vorhandene Paraffine oberhalb der Trennungsfläche in der Ätherschicht als weiße Flocken schwimmen. Man zieht die Unterlauge mit dem Pulver ab und schüttelt die Ätherschicht noch einmal mit etwa 60%igem Alkohol durch, den man mit der Unterlauge vereinigt. Das in dieser suspendierte lanocerinsaure Kalium wird nach dem Erkalten abfiltriert, mit 60%igem Alkohol und darauf mit Äther neutral gewaschen. Das Salz enthält in der Regel noch etwa 10% Kalisalze anderer schwerlöslicher Fettsäuren, nach Lifschütz hauptsächlich „carnaubasaures Kali". Nach dem Verdunsten des Äthers wird das feuchte Filter nebst dem Salz mit kleinen Mengen alkoholhaltigen Wassers wiederholt aufgekocht und die seifenleimartig trübe Schlämmflüssigkeit nach dem Erkalten mit Salzsäure angesäuert.

Die freien Säuren werden abfiltriert, auf Ton abgepreßt und im Exsikkator getrocknet. Die trockene Substanz wird dann nebst dem Filter mit wenig Benzol zwei- bis dreimal ausgekocht und die Lösung durch ein kleines Warmfilter filtriert. Nach dem Erkalten scheidet sich fast reine, bei etwa 102 bis 104° C schmelzende Lanocerinsäure aus, die nötigenfalls aus Benzol umkristallisiert werden kann.

Wollfett ist früher mehr als heute als Lederfettungsmittel verwendet worden. Handelsprodukte, die für die Lederfettung empfohlen werden, sind Coriolan NWK, ein Gemisch von Wollfett und Talg, und Fremulan NWK, ein Gemisch von Wollfett, Talg und Paraffin. Auch Wollfettsulfate bzw. -sulfonate sind im Handel.

4. Carnaubawachs.

Das Carnaubawachs ist das wichtigste der pflanzlichen Wachse. Es scheidet sich als Wachsstaub auf den Blättern von Copernica cerifera (Wachspalme) ab, einem 6 bis 10 m hohen Baum, der im tropischen Südamerika heimisch ist. Die jungen gelben Blätter sondern im Laufe ihrer Entwicklung einen trockenen pulverförmigen Stoff, das Pflanzenwachs, ab. Er hängt so lose an den Blättern, daß er abgeschüttelt werden kann. Die größten Wachspalmenhaine findet man in Brasilien.

Die Gewinnung des Carnaubawachses ist sehr einfach. Im geeigneten Entwicklungsstadium werden die Blätter abgeschnitten. Dabei läßt man die jüngsten Blätter, die sich im Mittelpunkt der einzelnen Blätterkronen befinden, stehen. Sie sind für den Fortbestand der Palme notwendig. Die Blatternte kann alle sechs Monate erfolgen.

Von den auf Matten ausgebreiteten Blättern wird das Wachs mit Stöcken abgeklopft. Es wird gesammelt, in kochendem Wasser geschmolzen und dann in Formen gegossen. 25 bis 50 Palmblätter liefern 1 kg Wachs. Eine normale Palme liefert bei einer Ernte etwa 96 Blätter, also 2 bis 3 kg Wachs. Von der bei der Gewinnung beobachteten Sorgfalt hängt der Reinheitsgrad des Carnaubawachses ganz wesentlich ab. Ein Schmutzgehalt unter 8% ist nicht als absichtliche Verfälschung anzusehen.

Die Bezeichnung der verschiedenen Carnaubawachssorten ist wechselnd. In Brasilien unterscheidet man: Flor (gleichmäßig eigelb); Primeira (dunkelgelb mit geringen Verunreinigungen); Medina (schwach gelblich bis hellgrau); Gordurosa (fett, dunkelgrau bis schwarz); Arenosa (sandig, hellgrau bis dunkelgrau). Das nordamerikanische Carnaubawachs wird gehandelt als: Nr. 1, Nr. 2 regular, Nr. 2 North Country, Nr. 3 chalky, Nr. 3 North Country. In Deutschland kennt man zwei Handelssorten: „fettgrau" und „courantgrau"; sie entsprechen ungefähr den brasilianischen Marken Gordurosa und Arenosa.

Das Carnaubawachs kam zum ersten Male gegen Anfang der sechziger Jahre des vorigen Jahrhunderts in größeren Mengen nach England und hat sich von hier aus allmählich den Markt erobert. Heute ist der Verbrauch des Carnaubawachses außerordentlich groß.

Das rohe Carnaubawachs, wie es von der Pflanze erhalten wird, ist dunkelgrün bis gelb. Es ist sehr hart und spröd und kann leicht gepulvert werden. Es ist in Benzin, Benzol, Xylol, chlorierten Kohlenwasserstoffen, Schwefelkohlenstoff und Ketonen löslich und bleibt auch nach dem Abkühlen in Lösung. In heißem Alkohol ist es ebenfalls löslich, scheidet sich aber nach dem Abkühlen der Lösung wieder aus.

Kennzahlen von Carnaubawachs.

Dichte (15°) .... 0,990—0,996
Schmelzpunkt .... 82—84°
Verseifungszahl .... 79—88
Verhältniszahl[1] .... 7,8—12
Säurezahl .... 6—10
Jodzahl 11
Unverseifbares .... 54—56%

Die charakteristische Eigenschaft des Carnaubawachses ist sein hoher Schmelzpunkt und seine dadurch bedingte Härtewirkung auf Fett- und Wachsgemische aller Art. So kann man z. B. durch Carnaubawachszusatz den Schmelzpunkt von Ceresin, Paraffin und Stearin in folgender Weise erhöhen (s. Tabelle 44):

Tabelle 44. Erhöhung der Schmelzpunkte von Stearin, Paraffin und Ceresin durch Zusatz von Carnaubawachs.

Carnaubawachs %	Schmelzpunkt von Gemischen von Carnaubawachs mit		
	Handelsstearinsäure vom Schmelzp. 58,5° C ° C	Ceresin vom Schmelzp. 72,7° C ° C	Paraffin vom Schmelzp. 60,5° C ° C
5	69,75	79,10	73,90
10	73,75	80,56	79,20
15	74,55	81,60	81,10
20	75,20	82,53	81,50
25	75,80	82,95	81,70

Weitere Carnaubawachszusätze erhöhen jedoch den Schmelzpunkt der Gemische nicht mehr in gleichem Maße.

Der hohe Schmelzpunkt ist auch das wesentlichste Unterscheidungsmerkmal gegenüber Bienenwachs.

Das Carnaubawachs ist sehr schwer verseifbar. Die Verseifungszahlen, die im Schrifttum vorliegen, sind deshalb auch sehr unsicher. Durch Behandlung von Carnaubawachs mit Alkalien entstehen keine eigentlichen Wachsseifen, sondern Seifenemulsionen, welche die unverseifbaren Wachsalkohole und Kohlenwasserstoffe in feinster Verteilung enthalten. Die beste Emulsion von Carnaubawachs läßt sich durch Verkochen des Wachses mit einer Seifenlösung erzielen. Hiervon wird praktisch viel Gebrauch gemacht (auch in der Lederindustrie zur Herstellung bestimmter Appreturen und Glanze). Weniger gute Emulsionen gibt die Verseifung mit Soda oder Pottasche. Besonders bei Sodaemulsionen scheiden sich die unverseifbaren Anteile des Carnaubawachses in feinkörniger Form aus, wenn leichter verseifbare Wachse nicht mitverwendet wurden. Am schlechtesten sind die mit Ätzkali oder Ätznatron hergestellten Emulsionen, bei denen nur ein geringer Teil des Carnaubawachses verseift wird, während die Hauptmenge des unveränderten Wachses sich als Kruste auf der Oberfläche der Emulsion vor dem Erkalten ausscheidet [C. Lüdecke (2), S. 39].

Weißes Carnaubawachs. Von dieser unvollständigen Verseifung durch Ätzalkalien macht man beim Bleichen des Carnaubawachses (Herstellung von weißem Carnaubawachs) Gebrauch. Man setzt hierbei dem Carnaubawachs unverseifbare, feste Kohlenwasserstoffe, besonders hartes Paraffin, zu,

---

[1] Siehe S. 574.

um die Abscheidung der unverseifbaren Bestandteile zu erleichtern. Das Gemisch wird in großen Kesseln mit verdünnten Ätzalkalilösungen gekocht. Die dunkelgefärbten Carnaubawachsester werden verseift und gleichzeitig die sonstigen färbenden Verunreinigungen des Wachses niedergeschlagen. Dann läßt man absitzen. Das spezifisch leichtere Gemisch von Paraffin, Carnaubawachsalkoholen und Kohlenwasserstoffen scheidet sich über der Wachsseife ab. Die obere Schicht wird vorsichtig abgepumpt, in einem zweiten Kessel mit Wasser aufgekocht und mit Entfärbungsmitteln aufgehellt. Zum Schluß wird das Wachs durch eine Filterpresse gedrückt, aus der es klar abläuft. In den Formen wird es bis zum Erstarren gerührt. Auf diese Weise erhält man das sogenannte weiße Carnaubawachs, das, wie aus dem Herstellungsverfahren hervorgeht, stets Paraffin enthält, deshalb einen niedrigeren Schmelzpunkt hat und billiger ist als das rohe Naturwachs.

Kennzahlen von weißem Carnaubawachs
(bei hohem Paraffinzusatz).

Schmelzpunkt .... 68—70°
Säurezahl .... 2—2,7
Verseifungszahl .... 11—12
Jodzahl .... 2—2,5

Versuche, das rohe Carnaubawachs durch Behandlung mit Oxydationsmitteln zu bleichen (Chromsäure, Persalze, Perhydrol, Hypochlorit usw.) hatten bisher keinen Erfolg, auch nicht nach Überführung des Wachses in eine Lösung oder eine Emulsion.

Carnaubawachsrückstände. Die bei der geschilderten Herstellung des weißen Wachses im Kessel zurückbleibenden verseiften Anteile, die eigentlichen Wachsseifen, werden durch Säurezusatz wieder zersetzt. Die ausgefällten Wachssäuren werden mehrmals mit Wasser ausgewaschen und liefern die sogenannten „Carnaubawachsrückstände", die wegen ihrer leichten Verseifbarkeit sehr geschätzt sind. Sie haben folgende Kennzahlen: Schmelzp. schwankt zwischen 52 und 72°; Säurezahl 28 bis 30,3; Verseifungszahl 40 bis 45,5; Jodzahl 3,8 bis 4,2.

Die chemische Natur des Carnaubawachses ist besonders von C. Lüdecke (2) untersucht worden. Er fand folgende Bestandteile: Myricylcerotat, Cerylalkohol, Myricylalkohol, Lignocerinsäure $C_{24}H_{48}O_2$, geringe Mengen freier Cerotinsäure, $C_{26}H_{52}O_2$, Oxysäuren sowie einen Kohlenwasserstoff mit dem Schmelzp. 59°. Über die Fettsäuren des Carnaubawachses siehe außerdem R. A. Bowers und A. H. Uhl.

Untersuchung des Carnaubawachses. Carnaubawachs wird selten verfälscht, da ein verfälschtes Carnaubawachs an einem zu niedrigen Schmelzpunkt leicht zu erkennen ist. Das einzige Wachs, dessen Zusatz den Schmelzpunkt des Carnaubawachses nur wenig beeinflußt, ist das chinesische Insektenwachs. Dieses Wachs ist aber viel zu teuer, um als Verfälschungsmittel dienen zu können. Mitunter kommen Beimischungen von rohem Montanwachs vor.

5. Chinesisches Wachs.

Das chinesische Insektenwachs ist das Ausscheidungsprodukt einer Schildlaus (Coccus ceriferus Fabr.), die in China auf einer großblättrigen Ligusterart gezüchtet wird. Da die Larven sich an ihrem hochgelegenen Heimatort nicht voll entwickeln, werden sie nach den westlichen Teilen Chinas transportiert und auf eine besondere Eschenart, Fraxinus chinesis, verpflanzt. Die

Larven verteilen sich hier auf die Äste und Zweige und beginnen etwa nach 14 Tagen sich dicht zusammenzuschieben und zu häuten. Dabei scheiden sie zum Schutz in steigendem Maß einen dicken weißen Wachsstaub aus. Die Bäume sehen allmählich aus, als ob sie mit Schnee bedeckt wären. Die Wachsschicht wird etwa 6 mm dick.

Die Ernte des Wachses beginnt vor Eintritt der Regenperiode. Das Wachs wird nach Besprengen des Baumes mit Wasser von den abgeschnittenen Zweigen und der Rinde der Äste abgekratzt, in eisernen Töpfen über Wasser geschmolzen und dann in Formen von 16 bis 18 kg Inhalt gegossen. Durch Auskochen der abgeschabten Zweige erhält man ein Wachs von geringerer Qualität. Ein Pfund Larven kann bis zu fünf Pfund Wachs produzieren. Etwa 12% des in China erzeugten Insektenwachses, dessen Menge sehr schwankt, werden nach Europa ausgeführt.

Kennzahlen des chinesischen Insektenwachses.

Dichte (15°)	0,926—0,932
Schmelzpunkt	80—83°
Säurezahl	0,2—1,5
Verseifungszahl	63—93
Jodzahl	1,4—2,2

Das chinesische Insektenwachs zeichnet sich wie das Carnaubawachs durch einen hohen Schmelzpunkt aus. Es ist ein gesuchtes Härtungsmittel für weiße Wachskompositionen. In frischem Zustand ist es fast rein weiß und etwas durchscheinend. Es ist geschmack- und geruchlos, hat ein faseriges, kristallinisches Gefüge, und ist so spröd, daß es sich leicht pulverisieren läßt. Es ist in Alkalien, Alkohol und Petroläther nur schwer löslich. In siedendem Chloroform und Tetrakohlenstoff löst es sich leicht auf.

Es besteht hauptsächlich aus Cerylcerotat, dem Ester der Cerotinsäure und des Cerylalkohols. Verfälschungen des chinesischen Insektenwachses sind bisher nicht festgestellt worden. Es darf nicht mit dem „weißen Chinawachs" verwechselt werden, welches ein Absonderungsprodukt einer in China vorkommenden Cycadenart ist. Auch das „Chinabienenwachs" hat mit dem chinesischen Insektenwachs nichts zu tun.

6. Montanwachs.

Unter „Montanwachs" versteht man das mit bestimmten Lösungsmitteln extrahierbare Bitumen von Braunkohlen. Es ist seiner chemischen Natur nach ein echtes Wachs.

Unterwirft man Braunkohlen dem Schwelprozeß, so wird die Wachssubstanz der Kohle bei Temperaturen zwischen 800 und 900° zerlegt und in Form von paraffinhaltigem Teer abdestilliert. Die Teerausbeute beträgt aber nur 5 bis 10%. Man suchte sie deshalb zu erhöhen.

Das erste brauchbare Verfahren zur Gewinnung des Montanwachses auf einem andern Weg als über den Schwelprozeß wurde von E. von Boyen eingeführt. Er trennte von der Schwelkohle durch Dampfdestillation, nach einem späteren Verfahren durch Extraktion der getrockneten Schwelkohle mit einem flüchtigen Lösungsmittel das Bitumen ab. Von ihm stammt die Bezeichnung „Montanwachs". Auf dieser Extrahiermethode von v. Boyen baut sich heute die ganze Montanwachsgewinnung auf.

Fast jede Braunkohle enthält Montanwachs. Der Gehalt ist jedoch sehr verschieden. Am bitumenreichsten ist wohl die mitteldeutsche Braunkohle, aus der sich im Durchschnitt 12% Montanwachs gewinnen lassen. Auch einzelne Kohlen der nördlichen Tschechoslowakei in der Nähe von Karlsbad haben einen hohen Bitumengehalt.

Die Gewinnung des Montanwachses verläuft im Prinzip folgendermaßen: Die geförderte Schwelkohle wird von der Feuerkohle sortiert, durch Siebanlagen von groben Verunreinigungen (Gestein, Erde, Holzteile) und dann in besonderen Dampftrockenapparaten von der Hälfte ihres Wassergehaltes befreit, der etwa 40 bis 60% beträgt. Anschließend wird das vorgetrocknete Material in Schlagkreuzmühlen oder auf Brechwalzen bis zur Korn- oder Nußgröße zerkleinert. Der Kohlenstaub wird durch Siebtrommeln abgeschieden, da er die Extraktion beeinträchtigt.

Die staubfreie Kohle wird mit Benzol oder mit Benzin extrahiert. Benzin gibt eine geringere Ausbeute, aber ein helleres Wachs. Meist erhält das Extraktionsbenzol einen Zusatz an Methylalkohol. Die Extraktionsanlage besteht aus mehreren Zylindern oder Kammern, in denen durch die Kohleschichten ein fortgesetzter Lösungsmittelstrom aufrechterhalten wird, der das Bitumen allmählich entfernt. Hat sich im Destillator genügend Bitumen angereichert, so wird das Lösungsmittel abgetrieben (die letzten Anteile mit Wasserdampf) und das zurückbleibende Montanwachs in flache eiserne Pfannen abgelassen, in denen es erstarrt. Nach dem Erkalten wird es in Stücke geschlagen und in Säcke verpackt.

Auch in den nordböhmischen Braunkohlenwerken wird Montanwachs in der oben geschilderten Weise gewonnen. Das böhmische Montanwachs unterscheidet sich vom mitteldeutschen durch sein dunkleres, asphaltartiges Aussehen, einen etwas niedrigeren Schmelzpunkt, eine höhere Säurezahl und einen höheren Harzgehalt.

Das rohe Montanwachs ist schwarzbraun und hat einen mattglänzenden splitterigen Bruch.

Kennzahlen des rohen Montanwachses.

Dichte (20°)	1,02—1,03
Schmelzpunkt	80—84°
Säurezahl	28—32
Verseifungszahl	62—70
Unverseifbares	25—35%
Benzolunlösliches	0,1—0,2%
Asche	0,3—0,4%

Über die Kennzahlen von russischem und amerikanischem Montanwachs s. E. Peter.

Das Montanwachs läßt sich in Benzollösung schon mit $n/10$ alkoholischer Kalilauge verseifen. Bei der Destillation, auch im hohen Vakuum, zersetzt sich das Montanwachs in freie Säure und Kohlenwasserstoffe.

Das Montanwachs besteht aus 15 bis 28% fossilem Harz, 50 bis 60% eines dem Carnaubawachs ähnlichen Wachskörpers und 20 bis 30% eines huminsäure- und schwefelhaltigen Asphaltkörpers, der noch wenig erforscht ist. Merkwürdigerweise verändert sich das Verhältnis dieser drei Körper zueinander beim Lagern. Der reine Wachskörper, den man durch Extraktion des rohen Montanwachses mit Alkohol erhält, hat folgende Kennzahlen: Tropfpunkt 67°, Säurezahl 42,1, Verseifungszahl 72,4; Jodzahl 22,2.

Der Hauptbestandteil des Wachskörpers im Montanwachs ist die Montansäure, die in Esterform vorliegt. Ihre Konstitution steht aber noch nicht fest. Tropsch fand außerdem eine Säure mit dem Äquivalentgewicht 410,13 und der Zusammensetzung $C_{27}H_{54}O_2$, für die er den Namen Carbocerinsäure vorschlug.

Sie schmilzt bei 82°. Das Unverseifbare des Montanwachses besteht unter anderem aus Tetrakosanol, $C_{24}H_{50}O$, Cerylalkohol, $C_{26}H_{54}O$, und Myricylalkohol, $C_{30}H_{62}O$. Nach A. Grün und Ulbrich ist im Unverseifbaren außerdem das Keton der Montansäure, das Montanon, enthalten, dem sie die Formel $(C_{27}H_{55})_2 \cdot CO$ gaben. R. Kraemer und G. Spilker fanden im Montanwachs auch schwefelhaltige Stoffe. J. Marcusson und H. Smelkus konnten zeigen, daß diese Stoffe aus Oxysäuren und schwefelhaltigen Säuren bestehen.

Das rohe Montanwachs läßt sich durch zahlreiche Methoden reinigen. Je nach dem Raffinationsgrad und der spezifischen Wirkung der sehr zahlreichen Reinigungsmethoden[1] erhält man ein weißgelbes bis dunkelgelbes Produkt. Auch Sorten mit roter Farbe werden hergestellt. Auf die verschiedenen Reinigungsverfahren hier näher einzugehen, ist nicht möglich. Alle Methoden bezwecken die Entfernung der dunkelfärbenden asphaltartigen Bestandteile. Kennzahlen s. Tabelle 45.

Tabelle 45. Gebleichte Montanwachse (G. Büchner und C. Lüdecke, S. 147).

Bezeichnung	Spezifisches Gewicht 20°	Schm.-Pkt. ° C	SZ.	EZ.	VZ.	Asche %
Dopp. gebl. Montanwachs A	0,96—0,92	84/87	68—72	2—6	70—78	0,2—0,3
Dopp. gebl. Montanwachs St	0,93—0,94	72/76	80—86	2—6	82—92	0
Dopp. gebl. Montanwachs TV	0,97—0,98	81/84	48—58	15—24	63—72	0
Montanillawachs superfein ..	0,89—0,90	78/81	32—34	0—6	32—40	0,1—0,2
Montanillawachs gelb.......	0,93—0,94	73/75	34—39	3—6	37—45	0,1
Montanillawachs extra weiß	0,84—0,85	76/79	17—18	0—3	17—21	0,1
Gelb. Montanwachs Nova...	0,88—0,89	62/65	20—24	0—5	20—29	0
Montanweichwachs DFST ..	0,91—0,92	46/50	18—22	3—6	21—28	0

Auffallend ist, daß das Härtungsvermögen des raffinierten Montanwachses trotz des relativ hohen Schmelzpunktes nicht sehr groß ist. Ein Zusatz von unter 5% zu einem Wachsgemisch macht sich überhaupt nicht bemerkbar. Gibt man zu einem Paraffin mit dem Schmelzpunkt 50° 25% raffiniertes Montanwachs, so erhöht sich der Schmelzpunkt auf 54°. Man erzielt also den gleichen Erfolg wie durch einen Zusatz von $1^1/_2\%$ Carnaubawachs.

Über die Herstellung eines besonderen Lederfettungsmittels aus wachsartigen Estern, die durch Veresterung der bei der oxydativen Bleichung von Montanwachs mit Salpeter- und Chromsäure gebildeten Montansäuren mit Glykolen erhalten werden, siehe It. Pat. 394878 (I. G. Farbenindustrie A. G.).

Die Untersuchung von Montanwachs. Verfälschungen kommen bei Montanwachs so gut wie nicht vor. Die Montanwachsuntersuchung dient mehr einer Bewertung der einzelnen Sorten. Da die verschiedenen Braunkohlen in ihrer Beschaffenheit Schwankungen unterworfen sind, kann auch die Zusammensetzung des Montanwachses wechseln. Die Zusammensetzung bedingt aber gerade seinen Wert.

Die Bewertung des Montanwachses erfordert seine Zerlegung in die Hauptbestandteile: Wachssubstanz, Harzsubstanz und asphaltartigen Körper, um das Verhältnis dieser drei Stoffe zueinander ermitteln zu können. C. Lüdecke (2), S. 125, empfiehlt hierzu folgendes Verfahren:

---

[1] Eine Übersicht über die Methoden zur Raffination und Bleichung des Montanwachses nach den deutschen Patentschriften findet sich bei J. Davidsohn sowie bei G. Büchner und C. Lüdecke, S. 149.

Eine Montanwachsprobe wird mit einer Raspel fein verrieben, mit reinem Hartholzsägemehl aus harzfreien Hölzern, das zur Entfernung aller alkohollöslichen Anteile vorher mit heißem Alkohol ausgewaschen und getrocknet wurde, vermischt und mit Alkohol im Soxhlet-Apparat extrahiert. Hierdurch geht sowohl die Wachssubstanz wie das Harz in Lösung. Erstere scheidet sich beim Abkühlen völlig aus, so daß diese durch Filtrieren aus der Masse abgeschieden werden kann. Der Filterrückstand wird noch mehrmals mit kaltem Alkohol ausgewaschen, worauf man das Filtrat zur Bestimmung des Harzgehaltes eindampft. Die auf dem Filter zurückgebliebene Wachssubstanz wird vorsichtig von diesem abgehoben, bzw. durch heißen Petroläther aufgelöst und ebenfalls eingedampft, wodurch man den reinen Wachskörper erhält. Zur Entfernung der letzten Montanwachsanteile wird die Filterpatrone bis zur Erschöpfung mit Benzol extrahiert, wodurch man nach Abdunsten des Benzols aus dem Extrakt den dritten, völlig verseifbaren Körper gewinnt.

Das durchschnittliche Mengenverhältnis zwischen Harzkörper, Wachskörper und Asphaltkörper soll bei einem normalen Montanwachs sein: 16,5 : 55,5 : 28.

Das entharzte Montanwachs hat folgende Kennzahlen: Schmelzp. 80 bis 85°, Säurezahl 18 bis 20, Esterzahl 28 bis 30. Das Montanharz hat folgende Kennzahlen: Schmelzp. 55 bis 65°, Säurezahl 25 bis 40, Esterzahl 20 bis 30. Es gelingt mitunter nur sehr schwer, Montanwachs und Montanharz quantitativ zu trennen.

Bei gewissen Raffinationsverfahren wird dem Rohmontanwachs absichtlich Paraffin zugesetzt (z. B. gemäß D.R.P. 202209). Das Paraffin wird mitunter zwar wieder abgepreßt. Eine Gewähr hierfür ist aber nicht immer vorhanden. Man kann nach C. Lüdecke (2), S. 126, den Paraffingehalt in Montanwachs wie folgt bestimmen:

Etwa 10 g fein geraspeltes Montanwachs werden mit 100 ccm Leichtbenzin in einem Schüttelzylinder mehrfach intensiv durchgeschüttelt und dann über Nacht der Ruhe überlassen. Die durch gelöste Harzanteile des Montanwachses schwach gelb gefärbte Benzinlösung wird vom Unlöslichen, das auf dem Filter noch mehrmals mit kaltem Benzin nachzuwaschen ist, getrennt. Hierauf wird das eventuell eingeengte Filtrat so lange mit konz. Schwefelsäure durchgeschüttelt, bis sich die jeweils zuzugebende neue Säure nicht mehr dunkler färbt. Aus der Benzinlösung wird die Säure gründlich ausgewaschen, das Benzin abdestilliert und etwa mitgerissenes Waschwasser entfernt. Der verbleibende Rückstand besteht dann aus dem dem Montanwachs absichtlich zugesetzten Paraffin.

Mechanische Verunreinigungen, wie Kohlenstaub oder sonstige organische Fremdkörper, lassen sich durch Auflösen von 5 g Montanwachs in 100 ccm heißem Benzol, Abfiltrieren und Wägen des unlöslichen Rückstandes bestimmen. (Zum Filtrieren benutzt man ein Vakuumfilter.)

Zur Bestimmung der Verseifungszahl von stark mit Pechprodukten verunreinigtem Montanwachs verfährt man auf folgende Weise [C. Lüdecke (2), S. 127]:

3 g Wachssubstanz werden in 20 ccm Benzol gelöst und mit 25 ccm $n/_2$ alkoholischer Kalilauge 2 Stunden lang am Rückflußkühler verseift. Nach dem Erkalten fällt man die Pechstoffe mit 100 ccm 96%igem Alkohol aus, worauf man nach Zusatz von 5 ccm Phenolphthalein- oder Alkaliblaulösung mit $n/_2$-Salzsäure die nicht verbrauchte Kalilauge zurücktitriert. Durch Abfiltrieren der neutralisierten Lösung kann die Menge des unverseifbaren Pechrückstandes quantitativ ermittelt werden. Bei Fettpechen hat dieser einen reinen Pechcharakter, bei Erdölpechen ist er pulverig.

Bestimmung der Säurezahl von Montanwachs nach Pschorr, Pfaff und Berndt:

1 bis 1,5 g Substanz werden im 200 ccm-Meßkolben mit 20 ccm Alkohol und 20 ccm Benzol auf dem Wasserbad unter Zusatz von etwa 1 g Natriumacetat 5 Minuten gelinde gekocht und dann mit überschüssiger neutraler Chlorcalciumlösung versetzt. Nach weiterem kurzem Kochen kühlt man ab, verdünnt mit neutralem Alkohol bis zu 200 ccm und filtriert die ausgefallenen unlöslichen Kalksalze der Fettsäuren und andere in der Kälte unlösliche Bestandteile durch ein trockenes Filter. Vom Filtrat wird ein aliquoter Teil der Flüssigkeit mit etwa der zweifachen Menge neutralen Wassers versetzt und mit $n/_{10}$ oder $n/_{40}$ wässeriger Lauge heiß titriert. Zuvor ist aus der sich abscheidenden dunklen Benzolschicht das Benzol abzudampfen. Der ausgeschiedene ölige Rückstand ist mitzutitrieren. Die Säurezahl berechnet sich nach der Formel

$$SZ. = \frac{c/50 \cdot b \cdot 56{,}2}{a}$$

wobei a die angewandte Substanzmenge, b das Verhältnis von 200 ccm zum Volumen der abfiltrierten Lösung und c die Anzahl der verbrauchten Kubikzentimeter $n/_{50}$-Lauge bedeuten.

Das plastische Verhalten, nicht nur des Montanwachses, sondern überhaupt der Wachse und auch Paraffine und Ceresine in Abhängigkeit von der Temperatur ist leider ein noch wenig erforschtes, für die Lederfettung und -imprägnierung aber sehr wichtiges Problem. G. v. Rosenberg hat wohl zum ersten Mal Vorschläge für die Kennzeichnung des plastischen Verhaltens der Wachse gemacht, während bisher rein empirische manuelle Untersuchungs- und Prüfungsmethoden angewandt worden sind. Es ist anscheinend beabsichtigt, der „Thermoplastizität" der Wachse in dem für die Wachsuntersuchung berufenen Ausschuß besondere Aufmerksamkeit zu schenken.

7. Seetierwachse.

In den Kopf- und Körperhöhlen gewisser Walarten, besonders des Pottwals und des Entenwals, befinden sich Öle, die im lebenden Tier flüssig sind und nach seinem Tode erstarren, und nicht wie die sonstigen Seetieröle aus Glyceriden hochungesättigter Fettsäuren, sondern aus Fettsäureestern hochmolekularer Alkohole bestehen. Sie sind deshalb als echte Wachse anzusehen.

Spermacetöl. Dieses Öl, auch Spermöl oder Walratöl genannt, stammt aus den Kopfhöhlen des Pottwals (Physeter Macrocephalus). Ein ausgewachsenes Tier kann 3000 kg Walratöl liefern. Nach P. H. Kaufmann (13) sollte man das ursprüngliche Naturprodukt als „Pottwalöl" und das nach erfolgter Abscheidung des Walrats flüssige Öl als „Spermacetöl" bezeichnen.

Das Walrat scheidet sich beim Abkühlen des Öls auf Temperaturen zwischen 4 und 10° als feste wachsartige Masse aus. Es wird durch Abpressen gewonnen und durch Behandeln mit Soda- oder Pottaschelösung gereinigt.

Walratöl ist ein gelbes dünnes, fast geruchloses Öl.

Kennzahlen:

Dichte (15°)	0,875—0,890
Verseifungszahl.........	125—127
Jodzahl	84—90
Rhodanzahl...........	43

Etwa 24% des Walratöls bestehen aus Estern gesättigter Fettsäuren mit ungesättigten Alkoholen und 18% aus Estern ungesättigter Fettsäuren mit gesättigten Alkoholen. Walratöl bzw. Spermöl ist in letzter Zeit viel, besonders in sulfatierter Form, zur Herstellung von Lederölen verarbeitet worden.

Das Walrat besteht in der Hauptsache aus Palmitinsäurecetylester neben geringen Mengen Cetylstearat. Seine Kennzahlen werden wie folgt angegeben:

Schmelzp.	42—50°
Säurezahl	bis 3
Verseifungszahl	118—135
Jodzahl	9—10
Unverseifbares	49—52

Döglingsöl. Es stammt aus der Kopfhöhle des sogenannten Entenwals. Sein Geruch ist etwas tranig. In der Kälte setzen sich feste Bestandteile ab, die als Döglings-Walrat bezeichnet werden. Seine Kennzahlen sind nach A. Schwieger:

Säurezahl	0,4—0,7
Verseifungszahl	115—136
Jodzahl	79—88
Unverseifbares	35—43
Glyceringehalt	1,7—2,6

Die Zusammensetzung des Döglingsöls scheint ähnlich zu sein wie die des Walratöls. Wie beim Walratöl sind die wichtigsten Alkohole, mit denen die Fettsäuren verestert sind, der Cetylalkohol und der Oleinalkohol sowie deren Homologe.

H. Stage erhielt durch fraktionierte Destillation des Alkoholgemisches von Spermöl (Kopfspermöl) folgende Komponenten:

Alkohole mit weniger als 14 C-Atomen	1 Vol.-%
$C_{14}H_{29}OH$	5—6 Vol.-%
$C_{14}H_{27}OH$	etwa 5 Vol.-%
$C_{18}H_{33}OH$	26—27 Vol.-%
$C_{16}H_{31}OH$	etwa 10 Vol.-%
$C_{18}H_{37}OH$	7—9 Vol.-%
cis-$C_{18}H_{35}OH$	17—19 Vol.-%
trans-$C_{18}H_{35}OH$	15—17 Vol.-%
Ein- und mehrfach ungesättigte Alkohole mit etwa 20 C-Atomen	etwa 10 Vol.-%

Über die Seetierwachse s. auch K. Lindner (2).

8. Synthetische Wachse.

Die neueren von der chemischen Industrie hergestellten Kunstwachse, die man in gewissem Sinn als synthetische Wachse bezeichnen kann, sind vor allem von der früheren I. G. Farbenindustrie A. G. entwickelt worden. Sie werden heute von den Farbwerken Hoechst A. G., Werk Gersthofen, früher Lech-Chemie, Gersthofen, hergestellt.

Diese sogenannten „Hoechst-Wachse", die seit dem Jahre 1928 im Handel sind, können als vollwertige Ersatzprodukte für die natürlichen Wachse angesprochen werden. Das Ausgangsmaterial für die meisten dieser Produkte ist das Montanwachs, das, nach einer Entharzung durch Extraktion mit Lösungsmitteln, mit Chromsäure und Schwefelsäure gebleicht und dann nach verschiedenen Methoden weiter verarbeitet wird.

Die Kennzahlen einiger dieser Kunstwachse sind in Tabelle 46, S. 588, angegeben.

Von diesen Wachsen übt das Wachs S der Farbwerke Hoechst eine außerordentlich härtende Wirkung aus. Da die Wachse O und OP der Farbwerke Hoechst

Tabelle 46. Kennzahlen einiger synthetischer Wachse.
(Nach Angaben der Farbwerke Hoechst, Werk Gersthofen.)

Bezeichnung des Wachses	Schmelzpunkt bzw. Tropfpunkt °C	Säurezahl	Verseifungszahl	Unverseifbares %	Spezifisches Gewicht bei 20°
Wachs S	80—83	145—160	165—185	7—10	1,01—1,02
Wachs L	80—83	125—145	150—170	7—10	0,99—1,00
Wachs O	102—106	10—15	110—125	7—10	1,03—1,04
Wachs OP.......	102—106	10—15	110—125	7—10	1,03—1,04
Wachs E	78—82	15—20	155—175	7—10	1,01—1,02
Wachs CR.......	80—83	30—35	115—130	12—16	1,00—1,01
Wachs BJ....... ungebleicht	72—75	17—25	135—150	22—25	0,95

keinen scharfen Schmelzpunkt besitzen, sondern einen allmählichen Übergang aus dem festen in den flüssigen Zustand zeigen, gibt die Schmelzpunkt-Bestimmung nach der Kapillarmethode nur ungenaue, schlecht reproduzierbare Werte. Es wird deshalb bei diesen Wachsen vorgezogen, den sogenannten Tropfpunkt zu bestimmen, wobei unter dem Tropfpunkt der Wärmegrad verstanden wird, bei dem ein Tropfen des flüssig gewordenen Wachses unter seinem eigenen Gewicht abfällt.

Zum Einbrennen von Leder (Treibriemen) haben sich Wachs O und E der Farbwerke Hoechst A. G. bewährt.

Zu den synthetischen Wachsen ist auch das künstliche Walrat zu rechnen, das im wesentlichen aus dem Palmitinsäureester des Lanettewachses besteht. Es erstarrt bei 50°, hat eine Verseifungszahl von 130 bis 150° und eine Jodzahl von nicht über 5. Seine Dichte (15°) beträgt 0,949 bis 0,945.

Synthetisches Walrat wird besonders für die Einfettung von stark beanspruchten Lederteilen, wie z. B. Ledermanschetten, Lederdichtungen u. dgl., empfohlen. Es erhöht die Haltbarkeit, die Zugfestigkeit und vermindert das Wasseraufnahmevermögen der mit ihm behandelten Lederteile.

Bezüglich der allgemeinen Untersuchungsmethoden für die Wachse wird auf die letzte Veröffentlichung von W. Hessler hingewiesen, in der Verfahren für die Bestimmung des Erstarrungspunktes, der Jodzahl, der Asche und für die Farbmessung vorgeschlagen werden.

V. Harze.

1. Allgemeines.

Natürliche Harze haben mehrfach zur Imprägnierung bestimmter Ledersorten Verwendung gefunden[1]. Die Leder erhalten hierdurch eine erhöhte Festigkeit und Widerstandsfähigkeit gegen Wasser. Die Verwendung von Harzen erfolgt fast immer zusammen mit Fetten oder Wachsen. Auch bei der Lederzurichtung finden Harze Verwendung. Die wichtigsten Harze, die dem Gerbereichemiker in seiner Praxis begegnen können, sollen deshalb ebenfalls kurz beschrieben werden.

---

[1] In folgenden Patenten ist die Verwendung von natürlichen Harzen empfohlen, um Leder besondere Eigenschaften zu erteilen: D.R.P. P. 609 636, 702 741, 702 791; A.P.P. 1 967 275, 2 026 453, 2 064 073; F.P.P. 747 215, 801 017, 801 828; Belg.P. 440 068; Norw.P. 57 038; Finn.P. 163 339.

Die Harze sind amorphe, mehr oder weniger durchsichtige, pflanzliche Ausscheidungsstoffe. Ihre Oberfläche ist meist verwittert. Sie sind klebrig bis hart. Die Farbe wechselt von weiß bis dunkelbraun. Viele Harze haben einen angenehmen, charakteristischen Geruch, manche sind geruchlos. Die natürlichen Harze sind schmelzbar. Sie verbrennen bei der Entzündung mit stark rußender Flamme. In Alkohol, Äther, Chloroform, Benzol, Petroläther, Terpentinöl, Schwefelkohlenstoff, Tetrachlorkohlenstoff sind die Harze löslich. Sie bestehen hauptsächlich aus Estern der Harzsäuren und freien Harzsäuren.

2. Terpentine und ihre Abkömmlinge.

a) Terpentine.

Unter Terpentin versteht man die Balsame der verschiedensten Abietineen (vorzugsweise der Abies- und Pinusarten). Der Balsam entsteht teils in der Rinde, teils im Holzkörper. Man gewinnt ihn durch Anschneiden der lebenden Bäume. Der Balsam (das Rohharz) fließt aus und wird gesammelt. (Vgl. diesen Bd., 8. Kap., S. 937.)

Die so gewonnenen Terpentine gehören zu den wichtigsten Vertretern der natürlichen Harze. Je nach der Gewinnungsart und Herkunft sind sie hellgelbe bis bräunliche, dünn- oder dickflüssige Massen, meist trüb und mit Harzsäurekristallen durchsetzt. Im Handel unterscheidet man „gewöhnliche" und „feine" Terpentine. Zu den letzteren zählt man den Balsam der Lärche und der Weißtanne. Früher wurden sie als „Venetianische" oder „Straßburger Terpentine" bezeichnet. Heute werden auch andere Produkte als „Venetianischer Terpentin" gehandelt. Handelsterpentine enthalten nach C. Dietrich und E. Stock, S. 149, oft 5 bis 6% mineralischer Beimengungen. Gute Terpentinsorten haben einen Aschengehalt von wenigen Zehntelprozenten. Nach H. Wolff, S. 62, sind Aschengehalte über 2% zu beanstanden. Durch Dampfdestillation wird aus den Terpentinen das ätherische Öl (Terpentinöl) abgeschieden. Als Rückstand bleibt das Colophonium.

Seit einigen Jahren kommen aus den Vereinigten Staaten sogenannte Wurzelharze auf den Markt, die durch Extraktion harzreicher Stubben wirtschaftlicher hergestellt werden als bei der Lebendharzgewinnung. Im Jahre 1950/51 betrug nach W. Sandermann (2) der Anteil des Wurzelharzes in USA. bereits 62,7% der gesamten Harzerzeugung. Die Qualität dieser Wurzelharze ist so verbessert worden, daß sie sich mehr und mehr durchsetzen.

b) Colophonium.

Das Colophonium wird allgemein als Typus der Harze angesehen, obwohl es, streng genommen, kein Harz, sondern ein Harzprodukt ist. Es kommt in den bekannten glasigen Stücken von sehr verschiedener Farbe in den Handel. Dreiviertel des gesamten Colophoniums der Welt wird in Amerika erzeugt. Die Handelssorten werden nach der Herkunft und nach der Farbe unterschieden. Die wichtigsten Sorten sind die amerikanischen und die französischen. Dann folgen die spanischen, portugiesischen und die griechischen Marken.

Die Farbe wird durch bestimmte Buchstaben bezeichnet, und zwar so, daß die im Alphabet aufeinanderfolgenden Buchstaben immer heller werdende Harze bezeichnen. Die hellsten Marken haben besondere Bezeichnungen, so beim französischen Harz mehrere A, wobei mit steigender Anzahl der A die Helligkeit des Produktes zunimmt. Die wichtigsten Marken sind folgende:

Französisches Harz: (beginnend mit den hellsten Typen) AAAAA, AAAA, AAA, AA, AB, WW, WG, N, M, K, J, H, G, F, E.

Amerikanisches Harz: B, D, E, F, G, H, J, K, M, N, WG (window glass), WW (water white), X.

Spanisches Harz: Excelsior, etwa wie französisch AAAAA, dann Ie, Is, Ic wie franz. AAAA, AAA, AA. II zwischen franz. AB und WW (franz. BB), III und IV wie WW und WG; V, VI und VII wie N, K und J. VIII wie G, IX wie F, dann X bis XII.

Es seien hier außerdem die amerikanischen Bezeichnungen für Harz und Terpentinöl aufgeführt, wie sie nach dem Gesetz vom 11. Februar 1924 geregelt sind. Es bedeutet:

a) Naval Stores: Terpentinöl und Harz;

b) Turpentineoil: sowohl Balsam- als auch Holzterpentinöl;

c) Gum spirits of turpentine: Terpentinöl vom Balsam lebender Bäume;

d) Wood turpentine: Holzterpentinöl, das durch trockene oder durch Dampfdestillation gewonnen ist;

e) dampfdestilliertes Holzterpentinöl solches, das durch Dampf aus dem im Holz befindlichen Balsam gewonnen wurde oder aus extrahiertem dampfdestilliert wurde;

f) trockendestilliertes Holzterpentinöl bedeutet Terpentinöl, das durch trockene Destillation erzeugt ist;

g) „Rosin" bedeutet Balsamharz und Holzharz;

h) Balsamharz „gum rosin" bedeutet das Harz, das nach Destillation des Balsams zurückbleibt;

i) Wood rosin (Holzharz) ist das Harz, das nach der Dampfdestillation von Holzterpentinöl zurückbleibt.

Die Standardsorten sollen je nachdem als gum rosin oder wood rosin und mit den Buchstaben: X, WW, WG, N, M, K, J, H, G, F, E, D, B und OP bezeichnet werden.

Wenn ein Harz sichtbare Abietinsäurekristalle enthält, so erfolgt der Zusatz „Cr" hinter die die Helligkeit kennzeichnenden Buchstaben. Auch diese Harze sind als „gum" oder „wood" rosin zu bezeichnen.

W. Toelde (1) mißt die Helligkeit der Harze nach der Jodfarbskala. Es läßt sich dabei aber nur eine Einstufung innerhalb von zwei bis drei Farbtönen erreichen.

Für die Zwecke der Lederindustrie ist der Schmelzpunkt des Colophoniums wichtig. Neben den auf S. 506 beschriebenen Methoden zu seiner Bestimmung hat sich in letzter Zeit die Heizbank nach Kofler[1] gut eingeführt, da sie nicht nur eine rasche Ermittlung des Schmelzpunkts, sondern auch die Bestimmung von „Schmelzpunktintervallen" bzw. „Schmelzbändern" zur Veranschaulichung des thermischen Verhaltens der Harze gestattet (H. E. Scheiber).

Kennzahlen des Colophoniums.

Dichte (15°)	1,07—1,09
Erweichungspunkt	50°—60°
Fließschmelzpunkt	80°—130°
Säurezahl	140—185
Esterzahl	8—35
Verseifungszahl	165—200
Jodzahl	110—200

Die Jodzahlen sind bei Colophonium sehr unzuverlässig, über Säure- und Verseifungszahlen siehe Tabelle 47:

---

[1] Hersteller: Fa. C. Reichert, Wien XVII.

Tabelle 47. Säure- und Verseifungszahlen verschiedener Colophonium-
sorten (H. Wolff und G. Seifert).

Marke	Herkunft	Säurezahlen		Verseifungszahlen		Unver-seifbares
		direkt	korrigiert	direkt	korrigiert	
		mg KOH/g		mg KOH/g		
WG	USA.	162	175	167	180	7,4
WG	Frankreich	167	180	169	183	7,5
WG	,,	175	182	177	184	3,9
WG	,,	171,5	185	173	187	7,5
WG	Spanien	168	186	172	190	9,8
WW	Frankreich	167	179	170	182	6,8
N	USA.	168	186	178	198	10,1
J	,,	167	181	176	191	7,8
J	,,	173	188	175	190	7,9
J	,,	160	178	170	189	10,1

Über die letzten Vorschläge zu Untersuchungen der Harze (Bestimmung der
Harzsäuren), welche die Schaffung von Einheitsmethoden zum Ziel hatten,
s. die Arbeit von W. Sandermann, B. Walter und R. Höhn.

Das schon erwähnte amerikanische „Wurzelharz" hat eine Säurezahl von
155, eine Verseifungszahl von 171 und eine Esterzahl von 16.

Nach C. Smith ist die Größe der Verseifungszahl bei Harzen von der Art des
Lösungsmittels abhängig. Je höher das Molekulargewicht des Alkohols, der als
Lösungsmittel dient, um so höher wird die ermittelte Verseifungszahl. Für die
Bestimmung des Unverseifbaren in Harzen hat E. Knapp eine Methode beschrieben. Sie beruht auf der Extraktion von verseifbarem Harz mit Äther in
einem besonders konstruierten kontinuierlich arbeitenden Apparat. Der Rückstand wird gewogen, in neutralem Alkohol gelöst und mit alkoholischer Kalilauge titriert.

Der Nachweis von Colophonium kann erfolgen durch:

1. die Liebermannsche Probe, auch Storch-Morawski-Probe genannt:
Ein Splitterchen des Colophoniums oder ein bis zwei Tropfen einer Colophonium-
lösung, mit etwa 3 ccm Essigsäureanhydrid geschüttelt, gibt auf Zusatz eines
Tropfens Schwefelsäure (spez. Gew. mindestens 1,56) eine typische violette
Färbung, die schon bei geringem Colophoniumgehalt sehr intensiv ist, aber
rasch vorübergeht.

Nach C. Zerbe (S. 1350) empfehlen sich erforderlichenfalls Variationen der
Arbeitsweise. Man kann die Essigsäureanhydridlösung vor Zusatz der Schwefelsäure erst filtrieren. Mitunter ist die Zugabe von etwas Benzin zur Essigsäureanhydridlösung vorteilhaft. Oder aber man kann die Probe erst im Benzin lösen
und schüttelt diese Lösung kalt mit Essigsäureanhydrid aus.

Die Nachweisbarkeit von reinem Kolophonium liegt etwa bei 0,001 g. Die
Empfindlichkeit kann sehr verringert werden, wenn das Harz durch Autoxydation
oder irgendwelche Reaktionen, wie Resinatbildung, Veresterungen, Polymerisationen, Hydrierung, Adduktbildung mit Maleinsäureanhydrid, Kombination
mit Phenolharzen usw. verändert ist. Auch erfahren die Rotfärbungen dadurch
eine Verschiebung nach Braun oder Rotbraun. Weiter ist zu beachten, daß
Sterine, Terpenprodukte, Harzöle usw. ähnliche Violettfärbungen geben. Es
bestehen somit zahlreiche Möglichkeiten, welche die Reaktion stören können.
Siehe auch S. 467 und 576.

2. die Kupferacetatprobe: Eine Lösung von wenig Colophonium in Benzin färbt sich, mit einer etwa 3%igen Kupferacetatlösung geschüttelt, schön smaragdgrün infolge Bildung des benzinlöslichen Kupfersalzes.

3. die Ammoniakprobe:

Einige Splitter Colophonium werden in möglichst wenig Benzin gelöst. Die Lösung, mit ein bis zwei Tropfen Ammoniak (10%ig) geschüttelt, gelatiniert durch Ausscheidung des kolloiden Ammoniumabietinates. Über die Chemie der Koniferenharze s. W. Sandermann (2). Über den Nachweis von Harzsäuren siehe auch S. 467.

4. Die Reaktion von Neuberg und Rauchwerger: Diese Reaktion wurde zuerst für den Cholesterinnachweis empfohlen. Kolophonium, in absolutem Alkohol gelöst, gibt bei Zusatz von etwas Rhamnose nach Unterschichtung mit konz. Schwefelsäure die Bildung eines himbeerroten Ringes.

Auf eine Prüfmethode für das Verhalten der Harze beim Erhitzen, die von W. Toeldte (2) vorgeschlagen worden ist, sei noch besonders hingewiesen: Harze werden in der Lederindustrie beim Einbrennen oder Imprägnieren von Leder stets bei höheren Temperaturen (auch über 100°) verarbeitet. Es können deshalb Fälle eintreten, bei denen das Verhalten der Harze bei solchen Temperaturen geprüft werden soll. Der vorgeschlagene Apparat (siehe Literaturangaben) gestattet eine visuelle Prüfung und ein Betasten mit einem Glasstab bei den in Frage kommenden Temperaturen. Bei pulverförmigen Harzen ist der Beginn des Sinterns leicht erkennbar. Auch Zersetzungsvorgänge können verfolgt werden, wobei ein Streifen Lackmuspapier in den oberen Teil des Schmelzrohres eingehängt und geprüft wird, ob und bei welcher Temperatur saure oder alkalische Zersetzungsprodukte entstehen.

c) Gemeines Harz.

Als „gemeines Harz" (Scharrharz, Galipot, Scrape) bezeichnet man die an den Wundrändern bei der Balsamgewinnung oder an zufälligen Verletzungen der Bäume erstarrten Harze. Das gemeine Fichtenharz ist meist halbweich, gelblich bis braun, mit Kristallen von Harzsäuren durchsetzt und stark verunreinigt. Es enthält weniger ätherisches Öl als der Terpentin.

d) Terpentinöl.

Unter Terpentinöl versteht man das ätherische Öl der Terpentinbalsame, die durch Anschneiden der Rinde verschiedener Nadelbäume gewonnen werden (s. S. 489). Die Haupterzeugungsländer sind Nordamerika und Frankreich. Die Produktion anderer Länder spielt nur eine geringe Rolle. Die in Rußland und Schweden hergestellten Terpentinöle sind meist „Kienöle". In Deutschland wird zur Zeit eine gewisse Menge Terpentinöl gewonnen; es handelt sich hier jedoch vielfach um sogenanntes „Holzterpentinöl". (Vgl. diesen Bd., 8. Kap. S. 937.)

Das echte Terpentinöl wird gewonnen, indem man den Terpentinbalsam der Dampfdestillation unterwirft. Der deutsche Schutzverein der Lack- und Farbenindustrie in Berlin E. V. hat im Jahre 1924 die Begriffsbestimmungen für Terpentinöl folgendermaßen festgelegt:

„Terpentinöl" (Balsamterpentinöl) ist ein reines ätherisches Öl aus der Destillation des harzigen Ausflusses (Balsam) lebender Nadelhölzer, dem nicht nachträglich wertvolle Bestandteile, z. B. Pinen zur Herstellung künstlichen Camphers, entzogen sind.

Wenn ein aus den Stämmen, Ästen oder Wurzeln der Bäume oder bei der Cellulosefabrikation erzeugtes Öl (Kienöl, Holzterpentin, Celluloseöl) Terpentinöl genannt wird, muß durch eine besondere Bezeichnung (Ursprungsangabe, Phantasiename, Nummer, laut Muster od. dgl.) erkennbar gemacht werden, daß dieses kein Balsamöl ist.

Mischungen von Terpentinöl mit anderen Stoffen dürfen nicht Terpentinöl genannt werden, auch nicht Terpentinöl mit einer Nebenbezeichnung.

Die Bezeichnung: Terpentinöl amerikanisch, französisch, griechisch, mexikanisch, portugiesisch, spanisch, Wiener-Neustädter darf nur für Balsamöl angewendet werden.

Unter Terpentinöl: deutsch, finnisch, polnisch, russisch, schwedisch, wird Kienöl oder Holzterpentinöl verstanden. Deutsches, finnisches oder schwedisches Terpentinöl kann auch bei der Cellulosefabrikation gewonnen sein. In Deutschland aus lebenden Bäumen gewonnenes Terpentinöl wird „Deutsches Balsamöl" genannt (Berlin, 12. XII. 1924).

Die Kennzahlen verschiedener Terpentinöle sind aus Tabelle 48 zu ersehen:

Tabelle 48. Die wichtigsten Kennzahlen von Terpentinöl und seinen Ersatzprodukten.

Art des Öls	Dichte 20°	Siedebereich ° C	n_2^D	Flammpunkt ° C
Balsamterpentinöl	0,860—0,875	154—175	1,471—1,475	30—42
Holzterpentinöl...........	0,860—0,880	150—180	1,475—1,485	35—45
Kienöl...................	0,860—0,880	160—190	1,475—1,485	35—45
Hydroterpin	0,881—0,888	180—202	1,476	51
Dekalin.................	0,887—0,890	185—195	1,507	60
Tetralin	0,975—0,977	200—209	1,548	84—85
Leichtes Campheröl.......	0,860—0,890	165—210	—	41—46
Schweres Campheröl......	0,950	270—300	—	—

Frisch destilliertes Terpentinöl (Balsamöl) ist eine farblose Flüssigkeit mit charakteristischem Geruch. Das spez. Gewicht liegt bei 20° zwischen 0,860 und 0,875. Das Öl beginnt bei 153 bis 155° zu sieden. Es destillieren

bis 160°   etwa   70%,
„ 165°   „   85%,
„ 170° mehr als 90%.

Das Siedeende liegt etwa bei 175°, nie über 180°.

Terpentinöl mischt sich mit Äther, Benzin, Benzol, chlorierten Kohlenwasserstoffen, Schwefelkohlenstoff, Eisessig, Anilin und den meisten fetten Ölen in jedem Verhältnis, ebenso mit absolutem Alkohol.

Über Untersuchung und Lieferungsbedingungen des Terpentinöls s. H. Gnamm (4), S. 118.

Terpentinöl war lange Zeit ein wichtiges Produkt für die Herstellung von Lederpflegemitteln. Es ist heute weitgehend von Erdölabkömmlingen verdrängt worden. In der Schuhcremeindustrie der USA. ist der Verbrauch von Terpentinöl in den letzten zehn Jahren um mehr als 50% zurückgegangen.

Holzterpentinöle sind Produkte, die durch Wasserdampfdestillation harzreicher Holzabfälle gewonnen werden. Kienöle entstehen bei der zersetzenden Destillation von harzhaltigem Holz.

e) Harzöle.

Harzöle entstehen bei der trockenen Destillation des Colophoniums. Die eigentlichen Harzöle destillieren (nachdem das sogenannte Sauerwasser und das Pinolin übergegangen ist) bei Temperaturen über 300°. Man unterscheidet mit steigendem Siedepunkt nach der Farbe „Blauöle" (Siedep. etwa 300 bis 350°) und „Rotöle". Die Bezeichnungen sind aber mehr oder weniger willkürlich und geben keine Gewißheit über die Art des Harzöls. Harzöle haben mitunter als Zusatz für Degras Verwendung gefunden.

Nur die hellen, säurefreien Harzöle bleiben an der Luft längere Zeit unverändert, die anderen verharzen leicht. Im doppelten Volumen Alkohol lösen sich Harzöle mindestens zur Hälfte auf (im Gegensatz zu Mineralölen, die sich kaum zu 10% lösen).

3. Schellack.

Der Schellack wird aus dem sogenannten Stocklack hergestellt, einem Gemisch von Harz und einem durch die „Lacklaus" erzeugten Produkt. Die weiblichen Larven des Insektes stechen mit ihrem Saugrüssel die Pflanze (hauptsächlich die Zweige des Lackbaumes, Butea frondosa) an, um deren Saft auszusaugen. Unmittelbar danach scheiden sie eine zähflüssige Masse aus, welche die Insekten umhüllt. Die Stocklackabsonderung dauert während der Entwicklung der Larve fort. Die Abscheidungen fließen mit Harztropfen des Baumes zu einem den einzelnen Zweig umhüllenden Harzmantel zusammen. Das Harz wird gesammelt und zu Schellack verarbeitet.

Dazu wird der Stocklack zunächst zerkleinert und von groben Verunreinigungen befreit. Dann wird er mit Wasser gewaschen; der beigemengte rote Farbstoff wird auf diese Weise zum großen Teil entfernt. Der gewaschene Stocklack erfährt eine eigenartige Filtration.

Das gewaschene Material wird in besonders hergestellte Schläuche aus Baumwollstoff (Durchmesser etwa 10 cm) gefüllt. Das eine Ende des Schlauches wird festgehalten und über einem Feuer erhitzt, so daß der Lack an dieser Stelle schmilzt. Das andere Ende wird von einem zweiten Arbeiter zusammengedreht und der Schlauch dadurch ausgewunden. Dabei wird der geschmolzene Schellack aus dem Schlauch herausgepreßt und gleichzeitig filtriert. Neuer Lack schiebt sich nach, der beim Erhitzen wieder schmilzt und ausgepreßt wird.

Der filtrierte Schellack wird, noch flüssig, auf Holzzylinder oder Platten aufgestrichen. Nach dem Trocknen kann man die Schellackplättchen abbröckeln.

Maschinelle Gewinnung von Schellack ist selten. Vielfach wird dem Schellack bei der Verarbeitung etwas Colophonium zugesetzt, um ein leichteres Schmelzen zu erzielen. Ein kleiner Colophoniumgehalt kann deshalb als handelsüblich angesehen werden. Er darf jedoch 3% nicht übersteigen. Manche Schellacksorten werden außerdem mit Auripigment (As_2S_3) glänzend gemacht.

Im Handel sind verschiedene Schellacksorten, die sich teilweise durch ihre Form unterscheiden.

So haben der „Körnerlack" und der „Knopflack" ihre Bezeichnung von der Form der Lackstücke erhalten, während „Orangelack" und „Granatlack" besonders gefärbte Schellacksorten darstellen. Die im allgemeinen als Standardmarke anzusehende Schellacksorte wird mit „T. N." bezeichnet. Die Bedeutung dieser Buchstaben ist umstritten. In Amerika deutet man sie als „truly native". Eine weitere Marke von allgemeiner Bedeutung ist „Standard I". Sie ist heller als „T. N." und soll frei von Colophonium sein. Die hellsten Sorten werden als „Lemonschellack" bezeichnet. Die Bezeichnungen „H. G." und „M. G." bedeuten „high" bzw. „medium grade of orange". Die letztere ist meist auripigmenthaltig. Über sonstige Schellackmarken, ihre Bezeichnungen und Eigenschaften s. C. Dietrich und E. Stock, S. 239ff.

Eigenschaften einiger Schellacksorten nach B. W. Parker (H. Wolff, S. 301) s. Tabelle 49.

Das spezifische Gewicht des Schellacks schwankt zwischen 1,02 und 1,12. Er unterscheidet sich von den meisten anderen Harzen durch seine Löslichkeit in Lösungen von Alkalien, kohlensauren Alkalien, Borax und Ammoniak. In konz. Ammoniaklösungen quillt Schellack nur auf und löst sich erst bei der

Tabelle 49. Eigenschaften einiger Schellacksorten (nach B. W. Parker).

	Reiner Knopflack	Schwarzer Knopflack	Reiner Lemonschellack	Reiner Orangeschellack	T. N.- Standard
Äußeres	rundliche Stücke, etwa 4 bis 12 cm Durchmesser und 0,3 bis 1 cm Dicke	wie 1	dünne Blättchen	dünne Blättchen	Blättchen
Farbe	halbdurchsichtig klar rot oder gelbbraun	dunkelrot bis schwarzbraun in dünner Schicht halbdurchsichtig	klar hellgelb durchscheinend	hell orange durchscheinend	dunkel orange halbdurchscheinend
Colophonium	nicht statthaft	max. 2%	nicht zulässig	nicht zulässig	max. 3%
Asche	max. 0,6%	2%	0,7%	1%	1,5%
Säurezahl	„ 66	66	60	wie bei 3	wie bei 1
Verseifungszahl	„ 225	225	200	„ „ 3	„ „ 1
Wachsgehalt	min. 3% max. 6%	min. 3% max. 10%	wie bei 1	min. 3% max. 8%	min. 3% max. 9%

erforderlichen Verdünnung. In Alkohol ist Schellack bis auf das Schellackwachs (siehe unten, S. 596) völlig, in Methylalkohol, Benzol und Äther nur teilweise löslich, in Benzin, Petroläther und Schwefelkohlenstoff fast unlöslich.

Kennzahlen des Schellacks.

Säurezahl	40—70 (am häufigsten 55—65)
Verseifungszahl	194—220 (am häufigsten 195—210)
Esterzahl	130—163
Jodzahl	5—25
Aschegehalt	0,7—1,4%

Gebleichter Schellack. Da auch die hellsten Sorten des Schellacks noch eine deutliche Färbung zeigen, die bei manchen Verwendungszwecken stört, wird Schellack vielfach gebleicht. Als Bleichmittel dienen Chlor oder unterchlorigsaure Salze. Gebleichter Schellack enthält beträchtliche Mengen Wasser. Handelsüblich sind etwa 14 bis 20%. Der gebleichte Schellack zeigt zunächst die gleichen Eigenschaften wie der gewöhnliche Schellack. Er verliert aber sehr bald seine Alkohollöslichkeit. Auch das Aufbewahren unter Wasser verhindert die Veränderung der Löslichkeitseigenschaften des gebleichten Schellacks nicht. Durch Quellen in Äther oder Ätheracetongemischen und Zugabe von etwas Alkohol nach der Quellung läßt sich der Schellack wieder löslich machen. Allmählich geht aber auch diese Quellbarkeit zurück und der Schellack wird dann praktisch unlöslich. Die Ursache dieser Erscheinung ist wohl in kolloidchemischen Veränderungen zu suchen.

Nach T. Venkatasubban ist das Unlöslichwerden des gebleichten Schellacks darauf zurückzuführen, daß der Schellack vom Bleichprozeß Chlor und etwas Schwefelsäure zurückhält. Wird der gebleichte Schellack in geeigneten Mühlen naß gemahlen, zentrifugiert und an der Luft getrocknet, so bleibt er auch nach längerem Lagern alkohollöslich. Nach N. Murty hat freies Chlor keinen Einfluß auf die Schellackeigenschaften, wohl aber Säure.

Schellackwachs. Der Schellack enthält 4 bis 8% Schellackwachs, das beim Lösen des Schellacks in Alkohol oder in Alkalilösungen ungelöst bleibt. Es schwimmt dann als weiße flockige Masse auf der Oberfläche der Schellacklösung.

Untersuchung von Schellack. Auch der Gerbereichemiker kann vor die Aufgabe gestellt werden, den als Rohstoff wertvollen Schellack auf seine Reinheit zu prüfen.

Einen gewissen Anhalt können die Kennzahlen geben. Liegt die Säurezahl über 70 und die Verseifungszahl unter 180, so ist der Schellack mindestens verdächtig. Eine Kennzahl allein bietet keinen Anhaltspunkt für die Beurteilung.

Die Gegenwart von Colophonium läßt sich qualitativ durch die Reaktion von Storch-Morawski nachweisen. Dies besagt aber wenig, da ein Colophoniumgehalt bis zu 3% handelsüblich ist. Die quantitative Prüfung ist deshalb sehr wichtig. H. Wolff, S. 315, schlägt folgende Methode vor:

Genau 3 g des fein gepulverten Schellacks gibt man in einen Schütteltrichter, der 30 ccm eines Gemisches von 65 ccm Aceton, 20 ccm Alkohol (96%ig) und 15 ccm Wasser enthält. Ist sehr viel Colophonium zugegen, so nimmt man besser 5 ccm Aceton mehr und ebensoviel Alkohol weniger.

Nach Lösung des Schellacks (bis auf das ungelöst bleibende Wachs) schüttelt man mit 25 ccm Petroläther durch (bis 50° siedend). Nach Absitzen des Petroläthers, das man gegebenenfalls durch Zugabe von einigen Tropfen Wasser beschleunigen kann, läßt man die untere Schicht samt der Wachsschicht in einen zweiten Schütteltrichter ab und schüttelt sie nochmals mit 25 ccm Petroläther durch. Nun läßt man wieder die untere Schicht ab und vereinigt beide Petrolätherlösungen, indem man die Scheidetrichter mit 15 ccm Petroläther nachspült.

Den Hauptteil des Petroläthers destilliert man zwecks Wiedergewinnung ab und dampft den konz. Extrakt in einem kleinen Schälchen auf dem Wasserbade zur Trockne. Nun gibt man 10 ccm einer Mischung von 9 Teilen Petroläther und 1 Teil Äther hinzu, verarbeitet mittels eines abgeplatteten Glasstabes den Extrakt mit der Äther-Petroläthermischung und filtriert, ohne das Ungelöste aufs Filter zu bringen, die Lösung durch ein kleines Filter in ein gewogenes Schälchen. Den Rückstand behandelt man nochmals mit 10 ccm Äther-Petroläthermischung, filtriert durch das gleiche Filter, wäscht Schale und Filter mit je 2 ccm reinem Petroläther dreimal nach, dampft das Lösungsmittel ab und trocknet bei 100°.

Ist der Rückstand = x Gramm, so ist der Colophoniumgehalt in Prozenten

$$F \cdot \left(\frac{x \times 100}{3} - 1{,}0 \right).$$

Tabelle 50. Werte für den Faktor F bei der Colophoniumbestimmung im Schellack.

Klammerwert	F
1—10 und 25—30	1,25
10—15 und 20—25	1,30
15—20	1,35
über 30	1,20

Der Faktor F hat folgende Werte, abhängig vom Wert der Klammer (siehe Tabelle 50).

Diese Berechnung gilt nur, wenn sich der gewogene Rückstand in 96%igem Alkohol völlig oder bis auf wenige Flocken löst. Ist dies nicht der Fall, dann filtriert man die alkoholische Lösung des Rückstands und trocknet den Alkoholextrakt. Beträgt dieser jetzt y Gramm, so ist der Colophoniumgehalt

$$F \cdot \left(\frac{y \times 100}{3} - 0{,}5 \right).$$

F hat wieder die oben angeführten Werte.

Die Bestimmung der Alkohollöslichkeit kann zweckmäßig nach der amerikanischen Standardmethode erfolgen:

Die Bestimmung kann in jedem Extraktionsapparat ausgeführt werden, bei dem das Extraktionsgut, bzw. das betreffende mit Heber versehene Gefäß ständig von heißem

Alkoholdampf umspült wird. Zur Extraktion wird 95%iger Alkohol verwendet, und zwar besonders denaturierter Alkohol.

Zunächst wird die Extraktionshülse (26 mm Durchmesser, 80 mm Höhe, Schleicher und Schüll Nr. 603) 30 Minuten lang in dem Extraktionsapparat mit kochendem Alkohol extrahiert. Dann wird im Trockenschrank bei 105° getrocknet, worauf die Hülse in ein Wägeglas übergeführt, abgekühlt und gewogen wird.

Nun werden genau 5 g des Schellacks in ein Becherglas (100 ccm Inhalt) eingewogen und in 75 ccm kochendem Alkohol (95%ig) gelöst, indem man das Becherglas in ein kochendes Wasserbad taucht. Wenn alles, auch das Wachs, gelöst ist, bringt man die Lösung schnell in die gewogene Extraktionshülse, spült mit heißem Alkohol nach und filtriert durch eine in einem heißen Wasserbad erhitzbare Filtriervorrichtung. Nun wird die Hülse im Extraktionsapparat genau 1 Stunde lang extrahiert. Es soll der Alkohol aus dem Extraktionsgefäß in dieser Zeit 33mal durch den Heber fließen. (Die Beschreibung der Art, wie man dies erreichen kann, ist in den Standards genau enthalten, dürfte hier aber überflüssig sein, da die wenigsten wohl einen solchen Apparat besitzen und dieser nicht das Prinzip berührt. Wesentlich ist, daß der Alkohol in starkem Sieden erhalten wird.)

Über die Prüfung von Schellack siehe auch K. Thinius, S. 159ff.

4. Kopale.

Der Name „Kopal" ist eine Sammelbezeich-

Tabelle 51. Löslichkeit der Kopale (H. Wolff, S. 357).

Kopale	Aceton	Äther	Äthyl-acetat	Äthyl-alkohol	Amyl-acetat	Amyl-alkohol	Benzin	Benzol	Chloroform	Eis-essig	Methyl-alkohol	Schwefel-kohlenstoff	Terpentin-öl	Tetra-chlor-kohlenstoff
Angola	fvl	50/75	—	60/85	fvl	fvl	ca. 30	tl	40/60	ful-wl	ca. 30	—	ca. 20/30	wl-tl
Benguela	wl-tl	—	—	tl	tl-fvl	wl-tl	wl	wl-tl	—	ful-wl	.wl-tl	—	wl	—
Benin	tl	tl (ca. 50)	tl	tl	tl-fvl	tl	tl	tl	tl	ful-wl	wl	—	wl	—
Borneo	—	10/40	—	wl-tl	—	—	10/50	—	—	—	—	—	wl	—
Brasil	ca. 80	ca. 60	—	ca. 75	—	ca. 80	ca. 20	ca. 35	ca. 50	—	ca. 55	—	—	—
Java	—	—	—	wl	—	—	—	tl-fvl	tl-fvl	—	—	tl-fvl	—	—
Kauri	60/90	40/70	—	60/70	fvl	fvl-vl	tl	tl	tl (40/60)	—	ca. 50/70	—	ca. 25/40	ca. 20/35
Kolumbia	ca. 35	ca. 55	—	ca. 80	—	75	ca. 40	ca. 40	ca. 40	—	ca. 45	—	—	—
Kongo	60/90	ca. 50	—	20/70	fvl-vl	>80	ca. 40	tl	ca. 40/60	—	ca. 30/50	—	ca. 25/40	ca. 20
Loango	ca. 65	ca. 75	—	ca. 70	—	—	ca. 55	ca. 65	ca. 90	—	ca. 20	—	—	—
Madagaskar	ca. 35	ca. 35	—	25/65	ca. 75	ca. 80	ca. 20	ca. 45	ca. 30	—	—	—	ca. 40	ca. 15
Manila, weich	fvl	70/90	tl	90/100	fvl	fvl	swl	tl	tl	swl	—	—	ca. 35/40	ca. 40
„ hart	50/90	40/50	wl-tl	40/50	tl	fvl	swl	tl	tl	ful	—	—	ca. 20/30	ca. 30
Sansibar	ca. 25	20/40	—	ca. 70/90	ca. 60/70	ca. 40	ca. 40/50	tl	wl	—	ca. 15/30	—	ful-wl	ful
Sierra Leone	tl-fvl	50/60	—	ca. 40/60	fvl	fvl	—	50 u. mehr	ca. 50	—	ca. 50	—	—	ca. 30
Singapore	—	tl	—	tl	—	—	tl	tl	—	—	—	—	tl	—

vl = völlig löslich, fvl = fast völlig löslich, tl = teilweise löslich, wl = wenig löslich, swl = sehr wenig löslich, ful = fast unlöslich.

nung, die sehr viele verschiedene Harze umfaßt. Zwischen den zahlreichen sogenannten „Kopalen" bestehen weder geographische, noch botanische, noch chemische Zusammenhänge, welche die gemeinsame Bezeichnung rechtfertigen.

Die meisten Kopale werden nicht von den Bäumen geerntet, auf denen sie sich bilden, sondern erst kurze oder auch längere Zeit, nachdem sie zu Boden gefallen sind. Häufiger noch werden sie, wie Bernstein, ausgegraben. Man kann deshalb von der Masse der Kopale sagen, daß sie „gefunden" werden.

Gewöhnlich teilt man die Kopale in folgende fünf Gruppen ein:

1. Ostafrikanische Kopale (Sansibar-, Mozambique-, Madagaskar-, Inhambanekopal).

2. Westafrikanische Kopale (Sierra-Leone-, Gabon-, Loango-, Angola- und Kamerunkopal).

3. Kaurikopal (aus Neuseeland und Neukaledonien).

4. Manilakopal (Philippinen, Sundainseln).

5. Südamerikanische Kopale (von Hymenäaarten stammend).

Es muß aber ausdrücklich betont werden, daß die geographischen Namen keinesfalls dafür bürgen, daß der betreffende Kopal tatsächlich aus der betreffenden Gegend stammt. Die genannten Bezeichnungen sind in Europa allmählich zu Phantasienamen oder Qualitätsnamen geworden, welche die Händler einzelnen Sortimenten je nach Farbe oder Härte beilegen. Oft tritt auch in der Bezeichnung der Ware an Stelle des Ursprungslandes der Ort, wo die Weiterbehandlung (Sortierung, Reinigung) vor sich geht. So kann aus Sansibarkopal ein Bombaykopal werden, wenn er von Bombay aus nach Europa oder Amerika gelangt.

Tabelle 52. Kennzahlen von Kopalen.

Kopalart	Säurezahl	Verseifungszahl	Esterzahl	Jodzahl
Sansibar.........	35—95	60—100	10—25	120
Kongo	100—150	110—160	10—15	120—160
Kauri...........	50—115	75—120	6—30	75—180
Manila	110—190	160—240	15—70	60—125

Tabelle 53. Schmelzpunkte verschiedener Kopalarten [nach Bamberger und Riedl (H. Wolff, S. 182)].

Kopalart	Herkunft	unterer	oberer
		Schmelzpunkt ° C	
Brasilianischer Kopal	Hymenaea Courbarii	77	115
Kamerunkopal	Copaifera sp.	96	110
„	botanische Herkunft unbek.	110	120
Manilakopal	von Badjam (Molukken)	103	120
„	käufliche Sorte	103	120
Kaurikopal	„ „	111	115/140
Angolakopal, hart	„ „	125	—
Sansibarkopal...........	unreifer, gegrabener	130	160
„	reifer, gegrabener	158	300/360
Lindikopal	aus Lindi (ehem. Dtsch.-Ostafrika)	143	340

Deshalb schwanken auch bei den Kopalen Löslichkeit (s. Tabelle 51) und Kennzahlen (s. Tabelle 52) in weiten Grenzen. Die Dichte liegt etwa zwischen 1,035 bis 1,060. Die Schmelzpunkte verschiedener Kopalarten zeigt Tabelle 53.

Die in der Literatur zu findenden Angaben über die Schmelzpunkte von Kopalen schwanken sehr. Die Werte der Tabelle 53 können daher nur als Anhalt dienen.

Gewöhnlich unterscheidet man ,,harte'' und ,,weiche'' Kopale. Sansibar- und Mozambiquekopale sind härter als Kopale von Sierra-Leone, Gabon, Angola. Erstere sind härter als Steinsalz, letztere haben Steinsalzhärte.

Bei der Verwendung der Kopale zu Lacken müssen sie durch einen Schmelz- prozeß in Leinöl und Lacklösungsmitteln (Terpentinöl, Schwerbenzin usw.) löslich gemacht werden. Dieses Ausschmelzen stellt eine partielle trockene Destillation dar. Durch das Ausschmelzen verringert sich der Schmelzpunkt ganz bedeutend.

5. Harze von geringerer Bedeutung.

a) Elemi.

Bezeichnung für Harze von Burseraceen und Rutaceen. Das weiche Manila- Elemi ist gewöhnlich eine zähe, gelblichgrüne Masse. Hartes Elemi ist meist braun gefärbt und mit kleinen Kristallen durchsetzt. Auch die härtesten Sorten sind noch weicher als Colophonium.

b) Dammar.

Das Dammarharz stammt von den verschiedenen Dipterokarpaceen (Indien, Sundainseln). Es ist farblos oder gelb, rot, braun, sogar schwarz gefärbt. Ostindischer Dammar erweicht bei 75°, wird bei 100° dickflüssig und bei 150° dünnflüssig und klar. Dammar ist mitunter durch Colophonium verfälscht.

c) Mastix.

Baumsaft einer Abart von Pistacia Lentiscus. Kommt hauptsächlich von der Insel Chios, geringere Sorten von Afghanistan und Belutschistan. Schmilzt bei 100°. Farbe gelb bis grün.

VI. Mineralische Fettungsmittel.

1. Erdöl und seine Derivate.

a) Allgemeines.

Seit langer Zeit schon werden in der Lederindustrie außer tierischen und pflanzlichen Fetten und Ölen auch Kohlenwasserstofföle oder, wie man kurz zu sagen pflegt, Mineralöle und feste Fettstoffe mineralischen Ursprungs ver- wendet.

Die Mehrzahl dieser Produkte sind Abkömmlinge des Erdöls.

Entsprechend der technischen Bedeutung des von der Natur in großen Mengen gelieferten Erdöls ist das Schrifttum über dieses Produkt außer- ordentlich umfangreich. Dem Gerbereichemiker sei zu seiner Orientierung das bekannte Werk von C. Zerbe empfohlen.

Vorkommen des Erdöls. Von den auf der Erde fast überall anzutreffen- den Erdölgebieten haben nur wenige eine technische Bedeutung. An erster Stelle stehen die Erdölfelder von Nordamerika, Venezuela, der Sowjetunion, Iran, Irak, Mexiko, Rumänien, ferner des Malaiischen Archipels und seit

1946 auch die von Arabien, einschließlich Kuwait. Die Ölfunde in Österreich und besonders in Deutschland spielen demgegenüber wirtschaftlich eine geringe Rolle.

Über die Entstehung des Erdöls gibt es mehrere Theorien, von denen keine einzige auf unbewiesene Annahmen verzichten kann (vgl. dazu K. K. Rumpf). Die Aufklärung der Erdölgenesis ist deshalb so schwierig, weil alle Methoden der experimentellen Überprüfung unter Bedingungen arbeiten, die sich von denen der Natur wesentlich unterscheiden. Die alte Englersche Theorie, nach der an der Bildung des Erdöls nur Fettsäuren beteiligt sind, ist heute nicht mehr vertretbar. Man nimmt heute an, daß die Erdölbildung durch biologische Vorgänge bedingt ist, die unter der Mitwirkung anaerober Mikroorganismen auch Kohlehydrate und Eiweißstoffe zu Fettsäuren reduzieren. Die Fettsäuren gehen durch Spaltungs-, Kondensations-, Isomerisierungs-, Cyclisierungs- und Dehydrierungsreaktionen in Erdölkohlenwasserstoffe über. Die letzte chemische Phase der Erdölbildung besteht demnach noch immer in dem von Engler experimentell nachgewiesenen Übergang von Fettsäuren in Erdölkohlenwasserstoffe. Dagegen wird heute die Annahme der Wirkung von hohen Temperaturen und Drucken abgelehnt, da schon kurz dauernde, relativ hohe Temperaturen zu einer weitgehenden Aufspaltung der primär entstehenden Produkte führen würden. Auch sind Temperaturen über 100° schon wegen des Vorkommens von Bakterien in den meisten Erdölen unwahrscheinlich. Man nimmt heute als Muttersubstanz des Erdöls den aus niederen Pflanzen und Tieren entstandenen Faulschlamm an (K. K. Rumpf, S. 229).

Die Methoden zur Erdölgewinnung haben sich rasch von der primitiven „Schöpfarbeit" zur technischen Vollkommenheit der heutigen modernen Bohranlagen entwickelt. Durch die Bohrlöcher wird das Erdöl durch natürlichen oder durch einen auf verschiedene Arten künstlich erzeugten Druck an die Erdoberfläche befördert und dann meist in große Behälter aus festgestampftem Lehm oder Eisenblech geleitet. Von hier aus erfolgt der Transport des Rohöls in Rohrleitungen, Schiffen, Kesselwagen u. dgl. an die Verarbeitungsstellen. In Nordamerika sind Druckleitungen im Gebrauch, in denen das Öl mit 70 bis 105 Atmosphären weiterbefördert wird.

Eigenschaften des Erdöls. Das Erdöl ist eine ölige, stark fluoreszierende Flüssigkeit von wechselnder Färbung. Es sind helle, braune und schwarze Erdöle zu finden. Erdöl löst sich in fast allen Fettlösungsmitteln in jedem Verhältnis. Wenig löslich ist es in Amylalkohol und in Ätheralkohol. Durch starkes Schütteln mit Wasser läßt es sich emulgieren.

E. C. Lane und E. L. Garton haben angeregt, der Kennzeichnung von Erdölen die Siedepunkt-Dichte-Beziehung zweier sogenannter „Schlüsselfraktionen" zugrunde zu legen. Sie schlugen vor, als Schlüsselfraktion I die zwischen 250 und 275° bei 760 mm Hg übergehenden und als Schlüsselfraktion II die von 275 bis 300° bei 40 mm Hg dest. Anteile zu bezeichnen. Die beiden Fraktionen sind auf Grund der Dichten wie folgt gekennzeichnet (Tabelle 54):

Tabelle 54. Dichten der Schlüsselfraktionen von Erdölen
(E. C. Lane und E. L. Garton).

Erdölgruppe	Schlüsselfraktion I	Schlüsselfraktion II
Paraffinbasische Öle	d^{15} unter 0,825	d^{15} unter 0,876
Gemischtbasische Öle..........	d^{15} 0,825 bis 0,860	d^{15} 0,876 bis 0,934
Naphthenbasische Öle	d^{15} über 0,860	d^{15} über 0,934

Öle mit einem niedrigen spez, Gewicht haben meist einen hohen Gehalt an Benzin und Leichtöl. Der Entflammungspunkt der Erdöle liegt meist nahe bei $0°$.

Das Erdöl ist ein Gemisch von zahlreichen Kohlenwasserstoffen der Paraffin- und der Naphthenreihe, sowie von sauerstoff-, schwefel- und stickstoffhaltigen Stoffen. Aromatische Kohlenwasserstoffe kommen in geringen Mengen vor.

Die Kohlenwasserstoffe des Erdöls kann man in folgende Gruppen einteilen:

a) Alkane (Äthane), C_nH_{n2+2}. Aus dieser Gruppe sind isoliert worden die Glieder CH_4 bis $C_{29}H_{60}$, $C_{31}H_{61}$, $C_{32}H_{66}$, $C_{34}H_{70}$, $C_{35}H_{72}$ und $C_{60}H_{122}$. An Alkanen reich ist besonders das pennsylvanische Öl.

b) Alkylene (Olefine), C_nH_{2n}. Sie sind in weit geringeren Mengen in den Erdölen anzutreffen. Aus Ohio-Öl sind die Glieder $C_{12}H_{24}$ bis $C_{17}H_{34}$, aus kanadischem Öl die Glieder $C_{11}H_{22}$ bis $C_{16}H_{32}$ isoliert worden. Die durch Zersetzungsdestillation (Krakprozeß) erhaltenen Erdöldestillate sind reich an Alkylenen.

c) Naphthene (Polymethylene), C_nH_{2n}, sind vor allem im kaukasischen Erdöl enthalten.

d) Alkine, C_nH_{2n-2}. Bisher scheint man nur einen Kohlenwasserstoff dieser Gruppe (Acetylenreihe) nachgewiesen zu haben.

e) Kohlenwasserstoffe der Formel C_nH_{2n-4}. Hierher gehören offenkettige Olefinacetylene, Polyolefine, Cycloolefine und andere.

f) Kohlenwasserstoffe der Formel C_nH_{2n-8}, C_nH_{2n-10} usw. Hierher gehört ein großer Teil der hochsiedenden Bestandteile des Erdöls.

g) Aromatische Kohlenwasserstoffe. Benzol und Alkylbenzole. Sie treten in den niedrigsiedenden Bereichen nur selten in größeren Mengen auf.

Sauerstoffhaltige Bestandteile des Erdöls sind vor allem die Naphthensäuren und sonstige, mit Petrolsäuren bezeichnete, unbekannte Säuren. In manchen Erdölen wurden auch Fett- und Wachssäuren nachgewiesen. An Schwefelverbindungen kommen vor: Schwefelwasserstoff, Thiophen und seine Homologen, und Verbindungen, die man als Thiophane, $C_nH_{n2}S$, bezeichnet, ferner Mercaptane, Alkylsulfide und Sulfosäuren. Die in Erdölen aufgefundenen Stickstoffverbindungen sind: Ammoniak, Ammoniumsalze, Trimethylen, Sulfocyan.

Die im Erdöl vorhandenen Kohlenwasserstoffe zeichnen sich durch ihre Widerstandsfähigkeit gegen die meisten chemischen Agentien aus. Sauerstoff wirkt bei gewöhnlicher Temperatur nur sehr wenig auf sie ein. Chlor wird von den ungesättigten Anteilen addiert. Konz. Schwefelsäure wirkt teils oxydierend, teils polymerisierend. Sie ist das Hauptraffinationsmittel in der Erdölindustrie. Die gesättigten aliphatischen Verbindungen des Erdöls sind in der Kälte gegen Schwefelsäure widerstandsfähig.

Von großer technischer Bedeutung ist das Verhalten des Erdöls beim Erhitzen. Es erleidet hierbei verschiedenartige Veränderungen. Man unterscheidet zwischen den Veränderungen durch pyrogene Zersetzung und denjenigen, die durch Zersetzungs- oder Spaltungsdestillation (Krakprozeß) entstehen. Im ersten Fall erhält man als Hauptprodukt gasförmige Kohlenwasserstoffe, im zweiten werden niedrig siedende Spaltstücke (Benzin und Leuchtöl) gewonnen. Eine scharfe Trennungslinie zwischen den beiden Vorgängen läßt sich nicht ziehen. Die chemischen Veränderungen sind sehr kompliziert und noch wenig aufgeklärt.

Die Verarbeitung des Erdöls besteht in einer Trennung seiner Bestandteile mit Hilfe der Destillation (mit oder ohne Zersetzung). Die größte Bedeutung hat die Herstellung der fünf Hauptprodukte: Benzin, Leuchtöl, Mittelöl (Gasöl), Schmieröl und Paraffin. Die Ausbeuten der einzelnen Anteile schwanken je nach dem verwendeten Roherdöl und der Art der Destillation. So liefert z. B. pennsylvanisches Erdöl die folgenden Fraktionen (s. Tab. 55).

Tabelle 55. Fraktionen von pennsylvanischem Erdöl.

	Beim Krakverfahren	Bei Erhaltungsdestillation
Benzin	15%	15%
Leuchtöl	60%	30%
Mittelöl	15%	40%
Schmieröl	8,5%	15%
Paraffin	1,5%	—

b) Mineralöle.

Die in der Lederindustrie verwendeten Mineralöle sind keineswegs einheitliche Produkte und sehr schwer zu charakterisieren. Für den Gerber kommen zum Fetten des Leders nur die Fraktionen des Erdöls in Betracht, die höher sieden als die sogenannten Leuchtöle. Man bezeichnet die nach den Leuchtölen übergehenden Anteile vielfach auch als „Vaselinöle". Die Dichte der für die Lederindustrie in Betracht kommenden Erdölfraktionen liegt etwa zwischen 0,870 und 0,900. Farbe, Geruch und Viskosität der als „Lederöle" gehandelten Mineralöle sind außerordentlich verschieden. Die guten Öle sind hell. Alle zeigen starke Fluoreszenz. Die „Lederöle" sind teils reine Mineralöle, teils sind sie mit fetten Ölen verschnitten.

Für die Untersuchung der Mineralöle als Lederfettungsmittel stehen Methoden, die eine eindeutige Bewertung dieser Öle ermöglichen, nicht zur Verfügung. Die sicherste Prüfung ist in jedem Fall ein Fettungsversuch im Betrieb. Er allein gibt darüber Aufschluß, ob sich das betreffende Mineralöl zur Fettung dieses oder jenes Leders, allein oder im Gemisch mit anderen Fetten oder Ölen, beim Abölen, Schmieren, Lickern usw. eignet. Es ist daher dringend zu empfehlen, vor der Verwendung von Mineralölen in keinem Fall auf derartige Versuche zu verzichten. Die Zusammensetzung auch der besten Mineralöle ist Schwankungen unterworfen, die nur schwer zu ermitteln sind und die trotz aller Versicherungen und Versprechungen wohlklingender Angebote und Arbeitsvorschriften der Lieferfirmen beim Fetten des Leders sich in mannigfacher Weise unerfreulich auswirken können. Es ist dann meist sehr schwierig, den für die störenden Erscheinungen verantwortlichen Faktor rasch ausfindig zu machen.

Eine spezielle Untersuchung der Mineralöle kann nach folgenden Gesichtspunkten vorgenommen werden:

a) Bestimmung des Erstarrungspunktes. Diese ist von Wichtigkeit, weil sie gleichzeitig erkennen läßt, bei welcher Temperatur die Paraffinausscheidung beginnt.

In einem Reagensglase wird eine Ölprobe in eine geeignete Kältemischung (s. S. 504) gebracht. In das Öl taucht ein an einem Faden hängendes kleines Thermometer, dessen Skala von — 20 bis + 20° reicht, derart ein, daß seine Quecksilberkugel unmittelbar über dem Boden schwebt. Man nimmt in bestimmten Zeitabständen, deren Dauer sich nach der Geschwindigkeit der Abkühlung richtet, das Reagensglas zur raschen Beobachtung aus dem Kühlapparat heraus und läßt das Thermometer hin- und herpendeln. Die Temperatur, bei der eine leichte, durch Ausscheiden von Paraffinkriställchen hervorgerufene Trübung eben sichtbar wird, bildet das Kriterium für den Paraffingehalt der Probe.

Die Bestimmung des Erstarrungspunktes kann im gleichen Apparat ausgeführt werden.

b) **Prüfung auf Säurefreiheit.** Mineralöle für die Lederfettung müssen säurefrei sein. In hellen raffinierten Ölen finden sich im allgemeinen keine freien Säuren oder höchstens Spuren organischer Säuren (bis 0,03% als SO_3 ber.), in dunklen unraffinierten Ölen bis zu 0,3%, ausnahmsweise auch wohl bis zu 0,5%. Öle, welche weniger als 0,01% Säure enthalten, gelten im allgemeinen als säurefrei. Die quantitative Bestimmung der freien Säuren (mit Ausnahme der Phenole, die sich nicht titrieren lassen) erfolgt bei durchsichtigen Ölen titrimetrisch in benzol-alkoholischer Lösung mit $n/10$-Lauge und Alkaliblau 6 B als Indikator. Man titriert, bis die Färbung in ein deutliches Rot umschlägt.

Hat man a ccm Lauge verbraucht und b g Öl angewandt, so ermittelt man den Säuregehalt x, als % SO_3 berechnet, bei Benutzung der gewöhnlichen, in Kubikzentimeter geteilten Bürette nach der Formel

$$x = \frac{a \cdot 0,8}{b} \% \ SO_3.$$

Von undurchsichtigen Ölen werden 20 ccm Öl in einem mit Glasstopfen verschlossenen Meßzylinder von 100 ccm Inhalt mit 40 ccm neutralisiertem Alkohol (bei dicken Ölen unter Erwärmung) gut durchgeschüttelt. Nach Trennung der Flüssigkeiten wird die Hälfte der alkoholischen Schicht (erforderlichenfalls unter Berücksichtigung ihrer Vergrößerung durch Aufnahme alkoholischer Anteile) abgegossen, mit neutralisiertem Alkohol verdünnt und nach Zusatz von 2 ccm Alkaliblau 6 B mit $n/10$ alkoholischer Natronlauge (Alkohol 96%) titriert. Beträgt der gefundene Säuregehalt über 0,03% (berechnet als SO_3), so muß noch mehrfach nach Abgießen des Alkoholrestes der in dem Zylinder verbliebene Ölrest mit 40 ccm Alkohol geschüttelt und von neuem titriert werden. Die Summe der bei sämtlichen Titrierungen gefundenen Säuregehalte entspricht der vorhandenen Säuremenge.

c) **Harzgehalt.** Man schüttelt eine Probe des Öls wiederholt mit verdünnter Natronlauge unter Zusatz von Petroläther. Aus dem alkalischen Auszug fällt man das Harz mit Mineralsäure. Löst man die Fällung in 1 ccm Essigsäureanhydrid und setzt einen Tropfen Schwefelsäure ($s = 1,53$) hinzu, so tritt bei Anwesenheit von Harz eine deutliche Violettfärbung auf.

Harzartige Stoffe finden sich oft auch in unverfälschten Mineralölen in beträchtlichen Mengen. Sie sind dann in kolloidaler Form vorhanden. In hellen Mineralölen beträgt die Menge der natürlichen, in 70%igem Alkohol löslichen Harze meist nicht über 0,6%, in dunklen Ölen nicht mehr als 1%, in schlecht raffinierten Ölen bis zu 3,5%.

Dunkle Öle dagegen verharzen in dünner Schicht meist schon bei Zimmerwärme, bei 50 bis 100° C schon recht erheblich. Pechreiche Öle verharzen bei 50 bis 100° C vollständig. Hierbei verflüchtigt sich der größte Teil der leichten Kohlenwasserstoffe.

d) **Bestimmung des Gehalts an fetten Ölen.** Man ermittelt die Menge der fetten Öle durch Verseifen von etwa 10 g Öl mit 25 ccm alkoholischer Kalilauge und Ausziehen des Mineralöls mit Petroläther. Aus der Menge des Verseifbaren wird der Gehalt an fetten Ölen errechnet.

e) **Die Prüfung auf schwere Steinkohlenteeröle** kann erforderlich werden, wenn Mineralöle einen spezifischen Teergeruch aufweisen. Sind derartige Öle vorhanden, so geben die betreffenden Mineralöle die Diazobenzolreaktion [Graefe (nach D. Holde, S. 302)]:

Ein durch Kochen mit wässeriger $n/_1$-Natronlauge bereiteter filtrierter Auszug des Öls wird in der Kälte tropfenweise mit Phenyl-diazoniumchlorid[1] versetzt. Phenol- oder kreosothaltige Öle geben einen orangenroten Niederschlag von Oxyazobenzol.

f) Bestimmung des Seifengehalts. 10 ccm Öl werden in einem Scheidetrichter mit 40 bis 60 ccm Äther gelöst und mit so viel verdünnter Salzsäure geschüttelt, bis die sich abscheidende wässerige Schicht sauer reagiert. Man läßt die saure Schicht ab, wäscht die ätherische Lösung mit Wasser säurefrei und titriert unter Zusatz von etwas Alkohol wie bei der Säurebestimmung in Ölen.

g) Prüfung der Emulgierfähigkeit.

Man schüttelt zur Prüfung der Emulgierfähigkeit 10 ccm Öl und 10 ccm destilliertes Wasser in einem Reagensglas bei 85° eine Minute lang. Als nicht emulgierend wird ein Öl angesehen, wenn sich Öl und Wasser nach einstündigem Stehen bei 85° trennen und die Zwischenschicht < 1mm stark ist. Als schwach emulgierend, wenn die Zwischenschicht nicht > 2 mm ist. Trennt sich das Öl vom Wasser nicht, oder bildet sich mehr als 2 mm Zwischenschicht, so gilt das Öl als emulgierend.

Emulgierbar gemachte Mineralöle enthalten meist Ammoniak-, Kali- oder Natronseifen von Fettsäuren, Sulfofettsäuren (sulfonierte Öle), Harzsäuren, Naphthensäuren, häufig unter Zusatz von Ammoniak, Alkohol oder Benzin.

Nach den provisorischen Untersuchungsmethoden 1954 der Vereinigung amerikanischer Lederchemiker (s. S. 513) werden für die Untersuchung von Mineralölen, die in der Lederindustrie verwendet werden, folgende Forderungen aufgestellt:

1. Probenahme nach der Amerikanischen Methode J 50.

2. Trockenverlust. Etwa 5 g Öl werden genau in eine offizielle Gerbstoffanalysen-Schale eingewogen. Die Schale mit Öl wird 16 Stunden in einem Ofen getrocknet, wie er für das Trocknen von Rückständen bei der Gerbstoffanalyse sich eignet. Nach dem Abkühlen im Exsikkator wird gewogen und der Gewichtsverlust in Prozent der Einwaage berechnet.

3. Trübungs- und Fließpunkt werden nach Methode H 18 [Ungenannt (6), S. 350] bestimmt.

Die amerikanischen Lederchemiker stellen also für sonstige Eigenschaften von Mineralölen, die zum Fetten von Leder verwendet werden (z. B. Säuregrad, zugesetzte Stoffe u. dgl.) keine Prüfungsvorschriften auf.

Unter Paraffinöl (Paraffinum liquidum) versteht man weitgehend gereinigtes, wasserklares Vaselinöl. Die Raffination erfolgt mit rauchender Schwefelsäure. Die Dichte der Paraffinöle liegt zwischen 0,885 und 0,900. Gelbliche Öle werden für technische, ganz wasserklare für pharmazeutische Zwecke verwendet.

Sulfatierte Mineralöle. Manche Lederöle enthalten größere Mengen Mineralöle, die nach bestimmten Verfahren mit Schwefelsäure behandelt, d. h. durch Sulfatierung wasserlöslich gemacht worden sind. Bei anderen Verfahren werden die sulfatierten oder sulfonierten Mineralöle zusätzlich kondensiert. Solche Erdölsulfate oder -sulfonate werden als Emulgatoren unbehandelten Mineral- oder Seetierölen zugesetzt. S. z. B. R. K. Rhodes.

c) Paraffin.

Das Paraffin ist der im Erdöl enthaltene feste Anteil. Es wird außerdem noch bei der Braunkohlendestillation gewonnen.

---

[1] Frisch bereitet durch Zugabe einer Lösung von 1 Mol salpetrigsaurem Kalium zu einer in Eis gekühlten salzsauren Lösung von 1 Mol salzsaurem Anilin (D. Holde, S. 330).

Aus den hochsiedenden Anteilen des Erdöls wird das Paraffin durch Abkühlen und Auskristallisieren abgeschieden. Bei der Zersetzungsdestillation erhält man als letzte Fraktion die sogenannte „Paraffinmasse", die ein Hauptausgangsprodukt für die Gewinnung von Paraffin bildet.

Die Entparaffinierung der Paraffinmassen erfolgt durch sehr langsames Abkühlen und Filtrieren des sich bildenden Kristallbreies durch Filterpressen. Die abgepreßte Masse wird dann nach dem sogenannten „Trockenschwitzverfahren" noch weiter von Öl befreit und dann in starken Filtertüchern zwischen Eisenplatten nochmals gepreßt. Das dabei abfließende paraffinreiche Öl wird wieder dem Öl zugeführt, das entparaffiniert werden soll. Je öfter das Paraffin gepreßt wird, um so geringer wird sein Ölgehalt, um so höher wird sein Schmelzpunkt. Zuletzt wird mit 200 at Druck gepreßt. Das dabei erhaltene Produkt hat einen Schmelzp. von 52 bis 54°.

Zur weiteren Reinigung wird das Paraffin in kleinen Destillationsapparaten mit Wasserdampf behandelt, um das Benzin völlig zu vertreiben. Es folgt dann noch eine Entfärbung und das sogenannte „Schönen" mit einem violetten Farbstoff. Zum Schluß wird das Paraffin in Blöcke oder Tafeln gegossen.

Beim sogenannten „Naßschwitzverfahren" wird das in den Paraffinmassen nach dem Vorpressen noch enthaltene Öl mit warmem Wasser ausgeschmolzen. Die Ölschicht sammelt sich auf dem Wasser und wird mit diesem fortgeleitet.

Das Paraffin ist eine weiße, kristallinische, durchscheinende Masse. Die guten Sorten sind geruch- und geschmacklos. Es löst sich in Benzol, Benzin, Schwefelkohlenstoff, Tetrachlorkohlenstoff, Äther und in fetten Ölen, wenig in Amylalkohol, fast gar nicht in Äthylalkohol. Es ist gegen chemische Agentien sehr widerstandsfähig. Mit Harzen, Wachs, Fetten und Fettsäuren (Stearin) läßt es sich zusammenschmelzen. Nicht sorgfältig gereinigte Paraffinsorten färben sich bei längerem Liegen im Licht gelblich.

Im Handel unterscheidet man weiches Paraffin mit einem Schmelzpunkt von 42 bis 44° und hartes, das bei 52 bis 54° schmilzt, außerdem Paraffinschuppen (Rohparaffin). Heute kommen auch Paraffinsorten aus dem Fischer-Tropsch-Verfahren mit Schmelzpunkten zwischen 85 und 95° in den Handel. Derartige hochschmelzende Paraffine werden z. B. zum Verschneiden von Ceresin verwendet.

Für die Kennzeichnung der im Handel gangbarsten Paraffinsorten gibt C. Lüdecke folgende Unterscheidungsmerkmale an.

1. Schottisches Paraffin zieht sich beim Kneten mit der Hand zwischen den Fingern zu langen Fäden aus und gibt beim Reiben starken Glanz; es fehlen die Schuppensorten. Die Gradation wird handelsüblich im Gegensatz zu den sonstigen Paraffinen nach Fahrenheit angegeben.

2. Amerikanisches Paraffin ist weicher als schottisches. In den Schmelzpunkten sind diese beiden Paraffine einander ähnlich.

3. Österreichisches (polnisches, tschechisches) Paraffin weist hohe Schmelzpunkte und weißere Färbung als die vorstehend genannten Paraffinsorten auf. Das Paraffin ist mehr wachsartig, ohne jedoch wie dieses kurz zu brechen.

4. Von den Hartparaffinen mit besonders hohen Schmelzpunkten ist das deutsche Paraffin (Schwelparaffin 54 bis 56° sowie Fischer-Tropsch-Paraffin mit Schmelzpunkten 85 bis 95°) leicht daran zu erkennen, daß die Paraffintafeln beim Anschlagen gegeneinander einen charakteristischen hellen Klang ergeben, was bei dem ebenfalls hochschmelzenden asiatischen (indischen) Paraffin (58 bis 60°) nicht der Fall ist. Das letztere Paraffin ist auch leicht an seiner mehligen Beschaffenheit zu identifizieren.

Untersuchung des Paraffins. Für die in der Lederindustrie verwendeten Paraffinsorten ist in erster Linie der Schmelzpunkt und der Reinheitsgrad von Wichtigkeit. [Hier nach H. Gnamm (1), S. 123.]

a) Der Schmelzpunkt wird im Schmelzröhrchen in der üblichen Weise bestimmt.

Bei Hartparaffinen soll die Differenz zwischen Beginn und Endpunkt des Schmelzens im Schmelzröhrchen 2 bis 4° C nicht übersteigen. Bei reinen Sorten liegt der Schmelzpunkt, wie schon erwähnt, über 50° C, bei geringeren Marken bei 42 bis 48° C.

Hartes Paraffin gibt beim Klopfen einen klingenden, weiches einen dumpfen Ton. Der Klang gestattet einen Rückschluß auf gleichmäßigen Guß und Härtegrad.

b) Die Ermittlung des Erstarrungspunktes im Schmelzrohr liefert schärfer begrenzte Werte. Vielfach ist im Paraffinhandel die sogenannte Hallesche Methode zur Ermittlung des Erstarrungspunktes maßgebend. Nach dieser Methode gilt als Beginn des Erstarrens der Augenblick der Netzbildung, der in einem auf heißem Wasser schwimmenden Paraffintropfen bei allmählicher Abkühlung beobachtet wird. Man führt die Probe wie folgt aus:

In einem kleinen Becherglas, etwa 7 cm hoch, 4 cm Durchmesser, wird Wasser auf etwa 70° C erwärmt. Auf das Wasser wird ein so großes Stückchen Paraffin geworfen, daß es geschmolzen ein rundes Auge von höchstens 6 mm Durchmesser bildet. Sobald dieses flüssig ist, taucht man in das Wasser ein Normalthermometer so tief ein, daß das Quecksilbergefäß ganz vom Wasser bedeckt ist. In dem Augenblick, in dem sich im Paraffinauge ein Häutchen bildet, liest man den Erstarrungspunkt ab. Das Becherglas muß durch Glastafeln während des Versuches vor Zugluft geschützt werden. Auch darf der Hauch des Mundes beim Beobachten der Skala das Paraffin nicht treffen.

c) Der Reinheitszustand des Paraffins kann auf Grund des Verhaltens gegen konzentrierte Schwefelsäure ermittelt werden, falls ein Petrolparaffin vorliegt. Aus der Farbe der Schwefelsäure nach der Behandlung läßt sich durch Vergleich der Reinheitsgrad des Paraffins bestimmen.

d) Mechanische Verunreinigungen. 5 bis 10 g Paraffin werden in 100 bis 200 ccm Tetrachlorkohlenstoff gelöst. Man läßt die Lösung über Nacht stehen

Tabelle 56. Schmelzpunkte von Stearin, S. P. 58, mit weichem und hartem Paraffin (nach Marazza).

Mischungsverhältnisse		Schmelzpunkt der Mischung, wenn das Paraffin den S.-P. hat	
Paraffin %	Stearin %	40°	62°
100	0	40,0	62,0
90	10	39,4	61,4
80	20	40,9	60,2
70	30	44,7	59,4
60	40	47,5	58,4
50	50	49,8	56,2
40	60	52,0	53,9
30	70	53,6	54,0
20	80	54,6	55,7
10	90	55,6	57,1
0	100	58,0	58,0

Tabelle 57. Schmelzpunkte von Stearin-Paraffin-Gemischen.

Paraffin		Stearin vom Schmelzpunkt 54° C	Schmelzpunkt des Gemisches
%	Schmelzpunkt °C	%	°C
90,0	50,0	10,0	49,0
66,6	50,0	33,3	47,0
33,3	50,0	66,6	47,5
10,0	50,0	90,0	52,5
90,0	54,0	10,0	53,0
66,6	54,0	33,3	49,0
33,3	54,0	66,6	47,0
10,0	54,4	90,0	52,5
90,0	56,5	10,0	55,5
66,0	56,5	33,3	52,0
33,3	56,5	66,6	47,5
10,0	56,5	90,0	52,5

und filtriert sie dann durch ein bei 105° C getrocknetes gewogenes Filter oder einen Glasfiltertiegel. Nach Auswaschen des Filters mit Tetrachlorkohlenstoff und Trocknen bei 105° wird durch Wägen die Menge der auf dem Filter verbliebenen Verunreinigungen bestimmt.

e) **Unterscheidung zwischen Erdöl- und Braunkohlenparaffin.** Braunkohlenparaffin hat infolge seines Oleingehaltes eine Jodzahl von 3 bis 6 gegenüber Erdölparaffin, dessen Jodzahlen unter 3 liegen.

f) Den **Ölgehalt** bestimmt **Graefe** im Paraffin auf folgende Weise:

200 bis 300 g Paraffin werden in einem rechteckigen, nach unten sich verjüngenden Blechkasten (65 mm Seitenlänge unten, 80 mm oben, 70 mm Höhe) geschmolzen und 4 Stunden im Eisschrank auf —5 bis —10° abgekühlt. Der herausgeschnittene Kuchen wird auf gekühltes Filtrierpapier gebracht, rasch in gleichfalls gekühlte Filtrierleinwand gefüllt und in eine hydraulische Presse gebracht, deren Backen durch zwischengeklemmtes Eis abgekühlt sind. Man preßt 5 Minuten lang stark und schmilzt den Preßrückstand in gewogener Schale auf. Die Differenz gegenüber dem Ausgangsmaterial ergibt den Ölgehalt.

G. **Titschak** schlägt für die Bestimmung des Gehaltes an Öl und Weichparaffin das Verfahren der ASTM (American Society of Testing Materials) vor, nach dem das zu prüfende Paraffin in siedendem Butanon gelöst und anschließend das Weichparaffin bei 0° ausgefroren wird.

Zum Einbrennen von Leder werden häufige Gemische von Paraffin und Stearin verwendet. Die Schmelzpunkte verschiedenartiger Gemische sind in den Tabellen 56 und 57 angegeben.

Über Gemische von Bienenwachs mit Paraffin bzw. mit Ceresin s. S. 576.

d) Vaselin und Vaselinöl.

Das Vaselin wird besonders aus hellen pennsylvanischen, teilweise auch aus galizischen Erdölen gewonnen. Es ist ein salbenartiges, farbloses, manchmal auch gelblich gefärbtes Produkt. Die Vaseline unterscheiden sich je nach ihrer Herkunft durch den Schmelzpunkt und das spezifische Gewicht. Das letztere schwankt zwischen 0,825 und 0,885. Die Prüfung des Vaselins erstreckt sich hauptsächlich auf die Bestimmung des Säuregehalts und die Anwesenheit von Verunreinigungen. Eine Eigenart des Vaselins ist seine Fähigkeit, Sauerstoff aufzunehmen.

Künstliches Vaselin ist meist ein Gemisch von gebleichtem Mineralöl (Paraffinöl) und Ceresin oder Paraffin. Es geht beim Schmelzen aus der breiigen Form plötzlich in die flüssige über und hat vor der Verflüssigung eine bedeutend dickere, nach der Verflüssigung eine dünnere Konsistenz als Naturvaselin.

Einfache Prüfung auf Alkalien und Säuren. Werden 5 g weißes Vaselin mit 20 ccm siedendem Wasser geschüttelt, so muß der wäßrige Auszug nach Zusatz von zwei Tropfen Phenolphthalein-Lösung farblos bleiben (Prüfung auf Alkalien), dagegen nach darauffolgendem Zusatz von 0,1 ccm 0,1 n-Kalilauge gerötet werden (Prüfung auf Säuren).

Unter **Vaselinöl** versteht man (ebenso wie unter Paraffinöl) im allgemeinen über 300° siedende Destillate aus Erdöl (oder Braunkohlenteer), die entweder aus paraffinhaltigen Destillaten durch Absperren des Paraffins als flüssiges Öl oder durch Destillation paraffinreicher Öle als salbenartige Massen erhalten werden. Als Vaselinöle gelten nur über 300° siedende Erzeugnisse der Erdölindustrie, während sogenannte Paraffinöle auch aus Braunkohlenteer gewonnen werden.

Vaselin wird mitunter zum Fetten des Leders und zur Herstellung von Leder-konservierungsmitteln verwendet.

2. Ceresin.

Das Ceresin ist der gereinigte Ozokerit oder Erdwachs, das seit der Mitte des 19. Jahrhunderts in Galizien gewonnen wird. Das Hauptvorkommen in Galizien beschränkt sich auf die Bezirke Drohobycz und Stanislau mit den Gemeinden Borislav und Dzwiniacz. Das in Amerika (Utah, New Jersey und Oregon) ge-wonnene Erdwachs ist wegen seines hohen Asphaltgehalts nur geringwertig und kommt für den Welthandel nicht in Betracht, dessen Bedarf vorerst durch die galizische Produktion befriedigt werden kann.

Die Lagerstätten des Ozokerits sind sehr unregelmäßig. Teils finden sich Flöze, teils Klüfte, teils Adern und Stöcke. Heute verarbeitet man außer dem reinen Erdwachs auch das sogenannte Lep, einen porösen, mit Ozokerit durch-tränkten Schieferton, den man früher auf die Halden warf. Das geförderte Mate-rial wird über Tag von den anhaftenden Gesteinsmassen befreit und das zer-kleinerte Erdwachs dann zunächst mit kaltem Wasser ausgewaschen und in Kesseln mit direkter Feuerung über Wasser oder mit Dampf ausgeschmolzen (Lep kochen). Das sich abscheidende Wachs wird abgeschöpft und entweder gleich in Formen gegossen oder zuerst nochmals in Absitzbottiche abgelassen, die mit einem Ablaßhahn versehen sind. Das zu Blöcken erstarrte Wachs wird je nach Farbe, Schmelzpunkt, Geruch und Knetbarkeit in verschiedene Qualitäten sortiert.

Die Farbe des rohen Ozokerits wechselt zwischen gelb und braun, je nach der Beschaffenheit der beigemengten harzartigen Produkte. Die Schmelzpunkte schwanken zwischen 58 und 72°. Zur Herstellung der geforderten Handelsmarken werden meist Gemische der einzelnen Sorten hergestellt.

Diese Ozokeritsorten verschiedener Härte sind das Ausgangsmaterial für die Herstellung von Ceresin, die in einer Raffination des Ozokerits besteht. Diese Raffination wird heute fast durchweg mit Schwefelsäure durchgeführt. Die Entfärbungsmethoden allein und chemischen Bleichverfahren haben sich nicht bewährt. Der Ozokerit wird zunächst auf 100° erwärmt, wobei flüchtige Anteile abgetrieben werden, und dann in den Säurekessel übergeleitet. Bei 120° läßt man unter dauerndem Rühren langsam etwa 22 bis 26% 66%ige Schwefel-säure zufließen und steigert dann die Temperatur auf 150°, bis das durch Säure-reaktion auftretende Schäumen wieder abnimmt. Zum Schluß geht man mit der Temperatur auf 180 bis 190°. Wenn an Stelle der anfangs entstehenden SO_2-Dämpfe ein süßlicher Wachsgeruch auftritt, wird das Feuer abgestellt und bei etwa 165° das vorher getrocknete Entfärbungsmittel (Fullererde, Floridin u. dgl.) bis zu 5 bis 10% zugesetzt. Nach 1 bis 2 Stunden stellt man das Rührwerk ab und drückt den Kesselinhalt durch eine Filterpresse, aus der dann das Ceresin in die Formen gegossen wird [C. Lüdecke (2)].

Unter Ceresin verstand man ursprünglich den auf obige Weise gereinigten Ozokerit. Zwecks Herstellung billiger Handelssorten wird aber das reine Ceresin, d. h. der raffinierte Ozokerit, mit wechselnden Mengen Paraffin verschnitten. Diese Gemische sind die sogenannten „Handelsceresine". Nach G. Buchner und C. Lüdecke, S. 224, enthalten allerdings solche Handelsceresine häufig überhaupt keinen Ozokerit, sondern bestehen aus höherschmelzenden Gemischen gelb gefärbter Paraffine. Deshalb sollte auf Gemische von Ozokerit und Paraffin die Bezeichnung Ozokerit-Ceresin angewandt werden. In den Angaben der Firmen befinden sich die Bezeichnungen „raffinierte Ozokerite" „Ozokerit-Ceresine" und „handelsübliche Ceresine", wobei die letzteren sehr häufig aus reinem Paraffin bestehen.

Ozokerit wird in folgenden Marken in den Handel gebracht (G. Buchner und C. Lüdecke, S. 227):

<pre>
        Ozokerit hochprima Spezial, Erstarrungsp. 73/75°.
            „   „   „   „   70/72°,
            „   „   „   „   66/68°,
        Ozokerit hochprima   „   70/72°,
            „   „   „   66/68°,
        Ozokerit sekunda Qualität   „   55°.
</pre>

Die Schmelzpunkte liegen etwa 4° höher als die Erstarrungspunkte.

Der Preis der Ozokerit-Ceresine und der sogenannten „handelsüblichen Ceresine" erhöht sich fast stets proportional der Höhe des Schmelzpunktes.

Im Gegensatz zu Paraffin, das aus normalen Kohlenwasserstoffen besteht, herrschen im Ceresin amorphe Iso-Kohlenwasserstoffe mit verzweigter Kohlenstoffkette vor. Daher die höhere Dichte des Ceresins.

Die Untersuchung des Ceresins setzt große Fachkenntnisse voraus. Reines hochwertiges Ozokerit oder Ceresin muß sich nach C. Lüdecke, S. 49, wie Wachs kneten lassen und einen scharfen Fingerabdruck geben. Es darf nicht schmierig sein und muß kurz brechen. Auch darf es sich nicht wie raffiniertes Montanwachs zwischen den Fingern zerpulvern lassen. Beim Schneiden bleibt reines Ceresin an der Messerklinge haften, die Schnittfläche ist deshalb nicht glatt. Je größer sein Gehalt an Paraffin oder an weichen Ozokeritsorten ist, um so glatter ist die Schnittfläche. Je glänzender es beim Kneten ist, um so mehr Paraffin enthält es.

Für den Nachweis von Paraffin im Ceresin gibt es keine wirklich einwandfreie Untersuchungsmethode, da es sich bei beiden Produkten um eine sehr ähnliche chemische Zusammensetzung handelt. C. Lüdecke hält die refraktometrische Prüfung für die beste, eine Untersuchungsmethode, die auch den Nachweis geringer Paraffinmengen gestattet.

K. H. Schünemann empfiehlt für den Paraffinnachweis folgende Methode: Man löst 1 g des mit Schwefelsäure gereinigten Produktes in 50 ccm Chloroform unter schwachem Erwärmen und fügt 18 ccm absoluten Alkohol zu der auf 20° abgekühlten Lösung. Das Ceresin scheidet sich amorph aus und kann dadurch nach dem Abnutschen erkannt werden. Zum Filtrat fügt man bei 20° 40 ccm absoluten Alkohol, hält die Temperatur auf dieser Höhe und saugt den entstehenden Niederschlag ab, dessen kristallinisches Aussehen Paraffin verrät.

Die Methode ist aber nicht unter allen Umständen zuverlässig.

Man kann Paraffinzusätze in Ceresin auch in einfacher Weise durch fraktionierte Extraktion von etwa 20 g Substanz mit 96%igem heißem Alkohol in einem Extraktionsapparat feststellen. Das hierbei in heißem Alkohol verbleibende Unlösliche ist das Ceresin, das aus den einzelnen Fraktionen nach dem Abkühlen auf 20° aus dem Alkohol ausgeschiedene und abfiltrierte Produkt das Paraffin. Im Filtrat findet man nach dem Eindampfen die öligen Bestandteile und Weichparaffine. Die Ausbeuten, die Erstarrungspunkte und die Brechungsexponenten ergeben schon gute Aufschlüsse.

W. Hessler und G. Meinhardt haben eine Bestimmung der unverzweigten Kohlenwasserstoffe (normale Paraffine) in Handelsprodukten des Ceresins (verzweigte Kohlenwasserstoffe aller Art) mit Hilfe von Harnstoff-Einschlußverbindungen vorgeschlagen. Die Methode wird für die Beurteilung technischer fester Kohlenwasserstoffe als brauchbar angesehen, wenn die beiden Autoren auch ihre wissenschaftliche Genauigkeit noch nicht für hinreichend sicher halten. Das Verfahren wird folgendermaßen durchgeführt [Ungenannt (7)]:

In einem 600-ccm-Becherglas werden auf dem Wasserbad bei aufgelegtem Uhrglas 20 g Harnstoff in 200 ccm Alkohol heiß gelöst. Ebenfalls auf dem Wasserbad in einem mit Uhrglas bedeckten Stehkolben von 250 ccm werden 3 g Wachs in 200 ccm Tetrachlorkohlenstoff gelöst und dann warm zur Harnstofflösung zugegeben. Man rührt etwa $1/2$ Stunde, notfalls unter Reiben mit dem Glasstab an der Wand, kräftig durch. Dabei fallen die Kristalle der Additionsverbindung nach und nach aus. Es muß gut darauf geachtet werden, daß sich beim Abkühlen nicht etwa Paraffin oder Ceresin infolge zu hoher Konzentration abscheidet. Sollte dies dennoch eintreten, muß eventuell unter Zusatz von wenig Tetrachlorkohlenstoff bis zur völlig klaren Lösung erwärmt und mit größerer Vorsicht erneut ausgerührt werden. Es ist auch wichtig, darauf zu achten, daß die Mischung der beiden Ausgangslösungen nach dem Zusammengießen zunächst kurze Zeit völlig klar bleibt. Die ausgeschiedenen Kristalle läßt man bei Zimmertemperatur noch etwa 2 Stunden stehen und befreit sie anschließend durch Absaugen von Lösungsmitteln. Becherglas und Kristalle werden kurz mit Alkohol nachgewaschen. Letztere werden sodann quantitativ in ein kleines Becherglas gebracht, mit etwa 100 ccm dest. Wasser übergossen und auf dem Wasserbad auf etwa 90° erwärmt. Dabei geht nach Zersetzung der Addukte der Harnstoffanteil in Lösung, und das geschmolzene Wachs sammelt sich auf der Oberfläche. Wenn man das Becherglas $1/2$ Stunde in den Eisschrank stellt, kann man das festgewordene Wachs als runde Platte mit der Pinzette abheben, zwischen Filtrierpapier gut trocknen und zur Wägung bringen. Man erhält so den Anteil an geradkettigen Normalparaffinen, die im Harnstoffgitter eingelagert waren. Es ist in allen Fällen ein weißes kristallines Wachs von höherem Schmelzpunkt als das Ausgangsprodukt.

Der Anteil an verzweigten bzw. ringförmigen Isomeren läßt sich durch Abdampfen der Lösungsmittel aus dem Filtrat der Kristallfällung über Wasser isolieren, in dem der Harnstoffüberschuß löslich ist, die Wachsanteile jedoch obenauf schwimmen. Sie stellen mehr oder weniger gelbliche vaselinartige Massen von niedrigerem Schmelzpunkt als die Ausgangsprodukte dar.

Auch die Dichte und der Schmelzpunkt bieten in manchen Fällen Anhaltspunkte für stärkere Verfälschungen (s. Tabelle 58).

Tabelle 58. Schmelzpunkte von Ceresin-Paraffin-Gemischen.

Ceresin %	Paraffin %	Schmelzpunkt ° C	Erstarrungspunkt ° C	Dichte 15° C
100	0	70—73	69,5	0,921
95	5	69—73	68,5	0,919
90	10	68—72	66,5	0,9175
80	20	76—71,5	65,0	0,914
70	30	64,5—70	63,0	0,910
60	40	62—66	62,0	0,907
50	50	58,5—67	60,0	0,904
40	60	56,5—65	59,0	0,900
30	70	54,5—62	57,0	0,897
20	80	52,5—58,5	54,0	0,894
10	90	49,5—54,5	49,0	0,892
0	100	47—52	47,0	0,889

Je reiner ein Ceresin, um so geringer ist die Differenz zwischen Schmelzpunkt und Erstarrungspunkt. Bei reinem Paraffin beträgt diese Differenz etwa 2%.

Der Nachweis von Füllmitteln und mechanischen Verunreinigungen ist nach den üblichen Methoden leicht durchführbar. Harze können durch erschöpfende Extraktion mit heißem 70%igem Alkohol abgetrennt und nachgewiesen werden. Außerdem erhöhen Harze die Säurezahl, die bei normalem Ceresin etwa 4 beträgt. Farbstoffe gehen beim Durchschütteln einer geschmolzenen Probe mit Alkohol in Lösung. Mineralische Zusätze, wie Talkum, Kaolin und Gips, lassen sich nach dem Veraschen in bekannter Weise nachweisen bzw. bestimmen.

Isocerin. Unter der Bezeichnung Isocerin wird zur Zeit ein Produkt angeboten, das als ein reines Kohlenwasserstoffwachs bezeichnet wird und mikrokristalline Struktur besitzt. Es ist zäh, plastisch, nur schwach klebend und haftfest. Es kommt mit Schmelzpunkten zwischen 74 und 82° und mit Raumgewichten, die zwischen 0,785 und 0,800 liegen, in den Handel.

Die Lederindustrie braucht feste Fettungsmittel zu den verschiedensten Zwecken. Talg und Stearin allein genügen oftmals nicht. Zum Einbrennen und Imprägnieren von technischen und manchen Arten von Bodenledern werden außer Montanwachs auch Paraffine und Ceresine verwendet. Leider ist es Handelsbrauch geworden, den Gerbern hierzu Produkte mit Phantasienamen wie „Hartwachs", „Imprägnierwachs" u. dgl. anzubieten. Solche Gemische, in denen fast immer das Paraffin vorherrscht, haben meist keinen hinreichend genauen Schmelzpunkt und zeigen häufig vom Erweichen bis zum Klarschmelzpunkt große Temperaturintervalle. Der Gerber bringt solchen sogenannten „Hartwachsen" mit Recht Mißtrauen entgegen, da er eine eindeutige Bezeichnung dieser Handelswaren verlangen kann, die ihm ohne weiteres sagt, welche Art von Stoffen (Paraffin, Ozokerit usw.) ihm angeboten wird. Da die Untersuchung von solchen sogenannten Hartwachsen und ähnlichem nicht leicht und zeitraubend ist und außerdem einen sachverständigen Chemiker mit den entsprechenden Laboratoriumseinrichtungen voraussetzt, ist der Einkauf derartiger Produkte mit Phantasienamen für den Gerber in hohem Maße Vertrauenssache.

VII. Synthetische Lederfettungsmittel.

1. Allgemeines.

Die Gepflogenheit, Lederfettungsmittel unter Deck- und Phantasienamen zu verkaufen und dabei nicht immer anzugeben, welcher Art das Produkt ist oder in welche Gruppe von Fettstoffen — in des Wortes weitester Bedeutung — es einzugliedern ist, hat die Versuche, eine Systematik der Lederfettungsmittel aufzustellen, sehr erschwert. Auf S. 540 ist dieses Problem bereits besprochen worden.

Während nun bei der umfangreichen Gruppe der sulfatierten und sulfonierten Fette und fetten Öle vom Hersteller in den meisten Fällen — zum mindesten auf Anfrage — Angaben darüber gemacht werden, aus welchen Rohprodukten (Tran, Klauenöl, Spermöl, Rizinusöl, Mineralöl) das unter Decknamen verkaufte „Lederöl" hergestellt ist und oft sogar seine annähernde Zusammensetzung angegeben wird, sind über die chemische Natur derjenigen neueren Lederfettstoffe, die nicht von Fettsäureglyceriden abstammen, nur in einzelnen Fällen sichere Angaben bekannt geworden, die fast immer sehr rasch durch die technische Weiterentwicklung überholt sind.

Zu diesen Produkten gehören die zahlreichen während des letzten Krieges auf Grund des Fettmangels von der chemischen Industrie herausgebrachten mehr oder minder guten und brauchbaren Fettersatz- und Fettaustauschstoffe. Dabei soll auch an dieser Stelle ausdrücklich betont werden, daß es der deutschen chemischen Industrie, vor allem den Werken der ehemaligen I. G. Farbenindustrie A. G., durchaus gelungen ist, die Fettlücke, die sich für die Lederindustrie schon in den ersten Kriegsjahren sehr unangenehm auszuwirken begann, durch Herstellung von mehreren brauchbaren technischen Fettaustauschstoffen zu schließen. Es soll außerdem die anscheinend von deutschen Gerbern geäußerte Ansicht nicht verschwiegen werden, nach der die überlegene Haltbarkeit des früheren deutschen „Wehrmachtschuhs" gegenüber dem amerikanischen Armeeschuh darin begründet gewesen sei, daß der erstere mit deutschen Fettaustauschstoffen, der letztere mit natürlichen Fettstoffen gefettet worden sei (I. Brown, E. Leggett, A. Curtiss und J. French). Wie weit dies der Wirklichkeit entsprochen hat, ist schwer festzustellen. Jedenfalls hat diese Ansicht in den Kreisen amerikanischer Gerbereichemiker noch in jüngster Zeit den Anstoß dazu gegeben, alle bekannten deutschen Fettaustauschstoffe systematisch zu untersuchen und zu prüfen, inwieweit ähnliche Produkte in Amerika hergestellt werden können (s. die obengenannten Verfasser, S. 484, und W. T. Roddy, I. B. Brown und F. O'Flaherty).

Der wirkliche Wert aller solcher Austauschstoffe erweist sich immer erst in dem Augenblick, in dem die natürlichen althergebrachten Fettstoffe wieder zu haben sind. Es kann heute zugegeben werden, daß eine Reihe der im Kriege entstandenen Fettaustauschstoffe sich auch gegenüber diesen natürlichen Fettstoffen behauptet haben, d. h. nicht einfach wieder vom Markt verschwunden sind, nachdem dem Gerber wieder Tran, Talg, Degras, sulfierte Öle u. dgl. zur Verfügung standen. Ein Beispiel hierfür sind die Derminolprodukte der Farbwerke Hoechst A. G., Frankfurt a. M./Hoechst.

Die Bezeichnung „Fettaustauschstoffe" war deshalb in den Zeiten des Fettmangels während des Krieges berechtigt. Heute haben sich viele dieser neuen Lederfettungsmittel einen Platz neben den sonstigen Lederfetten gesichert. Man spricht daher richtiger von „synthetischen Fettungsmitteln".

Es ist schon darauf hingewiesen worden, daß bei diesen neueren Lederfettstoffen dem Gerber und auch dem Gerbereichemiker es im allgemeinen gleichgültig sein kann, wie diese Produkte hergestellt werden, weil es für ihn vom Standpunkt der Lederfettung nichts besagt, wenn er weiß, daß ein solches Lederöl z. B. durch Chlorierung von Paraffin mit 6 oder 12% Chlor entstanden ist, oder daß es ein Mersolat oder ein Polyvinylisobutyläther oder ein Mepasinsulfat ist. Er kann aus der chemischen Natur keine Anhaltspunkte für die Fettungseigenschaften dieser Produkte ableiten, sondern muß sie dem Fettungsversuch unterwerfen, um ihren Wert als Lederfettungsmittel kennen zu lernen.

Andererseits sieht sich der Gerbereichemiker vor die Frage gestellt, auf Grund welcher chemischen Eigenschaften die sogenannten synthetischen Fettungsmittel eigentlich bei der technisch als brauchbar erwiesenen Fettung des Lederfasergefüges die Fettsäureglyceride mehr oder weniger weit ersetzen können.

Wie schwer diese Frage zu beantworten ist, weiß die Gerbereichemie aus dem analogen Problem der Austauschgerbstoffe. Auch dort ist die letzte Entscheidung nur durch den praktischen Versuch, und zwar Großversuch, zu erbringen. Welcher Art sind nun aber diese neuen Produkte, die Fette und fette Öle im Leder ersetzen können?

Die Herstellung von synthetischen Fettungsmitteln ist schon nahezu zwei Jahrzehnte alt und hat sich naturgemäß von den ersten Versuchen mit anfänglich zweifelhaftem Erfolg zu den heutigen durchaus brauchbaren Produkten entwickelt. Einen völlig befriedigenden Rückblick auf diese Entwicklung zu gewinnen, ist nicht leicht, da die chemische und die Fettindustrie, was ganz verständlich ist, die Methoden der Herstellung streng geheim gehalten hat, bis nach dem Krieg die Besatzungsstellen die Bekanntgabe der Verfahren erzwungen haben. Ob aus den dabei entstandenen sogenannten Bios-Berichten und ähnlichen Veröffentlichungen dann tatsächlich eine restlose Klarstellung der Herstellungsverfahren ersichtlich gemacht werden konnte, sei dahingestellt. Jedenfalls ist ein großer Teil der in diesen Berichten beschriebenen Methoden heute längst wieder überholt. Wenigstens die Grundlagen vieler Verfahren sind aber durch diese englischen und amerikanischen Veröffentlichungen bekannt geworden.

Die wichtigste Gruppe der synthetischen Lederfettungsmittel ist die Gruppe der Derminolprodukte, von der früheren I. G. Farbenindustrie A. G. entwickelt, heute von den Farbwerken Hoechst A. G. in den Handel gebracht. Die meisten Derminolprodukte — nicht alle (s. später) — gehen auf das Kogasin zurück, und zwar das Kogasin II, eine Kohlenwasserstoff-Fraktion der Fischer-Tropsch-Synthese, die bei 220 bis 320° destilliert und aus C_{10}- bis C_{20}-Kohlenwasserstoffen nebst einigen olefinischen Verbindungen besteht.

Dieses Kogasin II, das in der Hauptsache aus geradkettigen Kohlenwasserstoffen mit vorwiegend 14 C-Atomen besteht, ist das Ausgangsprodukt für eine Reihe wichtiger technischer Produkte. Durch Chlorierung auf einen Chlorgehalt von zirka 40% und nach Entfernung des gebildeten Chlorwasserstoffs durch Erhitzen auf 80° und Rühren erhält man ein Gemisch chlorierter Paraffinkohlenwasserstoffe, das als Derminolnarbenöl in den Handel kam. Es wurde als ein Fettaustauschstoff für Klauenöl und Trane empfohlen.

Ein anderes vom Kogasin II abgeleitetes Produkt ist das Mepasin, ein hydriertes Kogasin II. Durch Sulfochlorierung des Mepasins erhält man die Mersole, deren Natur und Zusammensetzung je nach der Steuerung der Sulfochlorierung verschieden ist. Das Mersol H besteht zu 50% aus unverändertem Mepasin und zu 50% aus dem Monosulfonylchlorid des Mepasins. Durch Behandlung mit Ammoniak entsteht aus diesem Mersol H ein amidartiges Produkt, das als Amid H, und durch Einwirkung von Natriumchloracetat eine Mepasin-Sulfimidoessigsäure, die hier als Säure H bezeichnet sei.

Ein Gemisch von 25% des oben beschriebenen Derminolnarbenöls, 28% Mepasin, 7% Amid H, 20% Säure H und 20% Wasser wurde als Derminollicker I in den Handel gebracht und als Ersatz für sulfatierte Klauenöle und Trane empfohlen. Das Derminolnarbenöl und der Derminollicker I waren die beiden wichtigsten Fettaustauschstoffe für die Lederindustrie, das erstere nicht wasserlöslich, das zweite wasserlöslich. Ihre Herstellung und Zusammensetzung ist nach den verfügbaren Angaben in deutschem und ausländischem Schrifttum beschrieben. Ob im einzelnen heute das Herstellungsverfahren Änderungen erfahren hat, ist wahrscheinlich, aber hier nicht von Bedeutung.

Nach P. Leithart, A. Curtiss und J. Brown[1] sind chlorierte Kohlenwasserstoffgemische dann wenig stabil, wenn sie verzweigte Kohlenstoffverbindungen oder Naphthenderivate enthalten, da diese zur Salzsäureabspaltung neigen, weshalb man den chlorierten Paraffinen Stabilatoren (Magnesiumcarbonat, Bleicarbonat, Natriumnitrat, Bleilinoleat u. a.) zusetzt. Nach den Angaben der gleichen Verfasser (S. 511) wird in den Vereinigten Staaten ein dem Derminolnarbenöl analoges Produkt hergestellt, das völlig frei von Kohlenwasserstoffen mit verzweigten C-Ketten und daher besonders stabil sein soll.

Durch Chlorierung eines bei der Kogasindestillation gewonnenen Hartwachses (Schmelzp. 90 bis 95°) bis auf einen Chlorgehalt von 12 bis 13% erhält man ein Produkt mit einem Schmelzp. von 42 bis 43°, das als Derminolfett 1 bezeichnet wurde. Ein Gemisch von 70 bis 80 Teilen Derminolnarbenöl (s. o.)

---

[1] Der Arbeit von P. Leithart, A. Curtiss und J. Brown ist eine umfangreiche Bibliographie über synthetische Fettstoffe beigefügt.

und 20 bis 30 Teilen dieses gleichen Hartwachses, das bis zu einem Gehalt von 6 bis 7% Chlor chloriert worden war, wurde als Derminolfett 2 in den Handel gebracht und als Fettaustauschstoff für Talg empfohlen.

Endlich erhielt ein Gemisch von 75 Teilen Derminolnarbenöl und Igevin J 30 (ein Polyvinylisobutyläther) die Bezeichnung Derminolöl 1, als Austauschfett für Klauenöl.

Ganz anderer Art ist das ursprünglich mit Derminolöl 2 bezeichnete Produkt. Es wurde durch Kondensation eines Xylol-Formaldehyd-Harzes mit einem Gemisch von C_9- und C_{10}-Alkoholen (Leunaalkoholen) hergestellt. Es war ein klares, gelb-braunes Öl, das als Fettaustauschstoff für Klauen- und ähnliche Öle bezeichnet wurde.

Einen lehrreichen Überblick über die Entwicklung der Fettaustauschstoffe während des letzten Krieges in den Laboratorien und Werken der ehemaligen I. G. Farbenindustrie A. G. hat auch G. Otto (1) gegeben in seinem Bericht, der als „Special Report Nr. 1 on Development of Strategic and Critical Materials for the Production of Leather (Synthetic Lipids)" veröffentlicht worden ist. Es wird dort gezeigt, wie zuerst gefunden wurde, daß die Polyvinyläther der Lederfaser gegenüber gewisse ähnliche Eigenschaften wie die Fischöle aufwiesen, was zu ihrer Verwendung bei der Herstellung synthetischer Lederfettungsmittel geführt hat. So entstand zuerst das Lederöl 1239, das später als Igevin IL bezeichnet wurde. Es wird ferner erläutert, aus welchen Erfahrungen heraus die Mitverwendung von chloriertem Kogasin sich als zweckmäßig erwiesen hat, und wie man auf diese Weise über das sogenannte Lederöl 296, dann Lederöl W 1, zum Derminolöl 1 gelangt ist, ferner wie die Erprobung des bereits oben erwähnten Gemisches aus Leunaalkoholen und Xylol-Formaldehydkondensaten zum Derminolöl II geführt hat. In gleicher Weise wird die Entwicklung der festen Derminolfette und der wasserlöslichen Produkte aufgezeigt. Dabei entspricht das als „Lickeröl E 1" bezeichnete Entwicklungsprodukt dem späteren Derminollicker 1 des Handels, während das Lickeröl Lu 3/138 eine Kombination von Phenylmepasinsulfosäure mit einem besonderen Gasöl darstellt.

Auch dieser Bericht von G. Otto ist hier erwähnt, um das Bild von der Entwicklung der wichtigsten Fettaustauschstoffe zu vervollständigen. Ebenso wie durch die vorhergehenden in der Hauptsache auf amerikanischen Angaben beruhenden Ausführungen kann mit diesem Bild kein Endzustand der Entwicklung festgelegt, sondern nur der Weg aufgezeigt werden, auf dem die Fettaustauschstoffe zu brauchbaren Lederfettungsmitteln herangereift sind. Daß die Herstellung dieser Stoffe ständigen Änderungen und Neuerungen unterliegt, ist schon durch den immerwährenden Wechsel in der Rohstofflage bedingt.

2. Derminolprodukte des Handels.

Die von den Farbwerken Hoechst A. G. Ende des Jahres 1955 hergestellten Derminol (R)[1]-produkte sind folgende:

Wasserunlösliche Fettungsmittel:

(R) Derminol-Narbenöl HG.

Hellgelbes, klares synthetisches Lederöl auf Basis von chlorierten Kohlenwasserstoffen der Fischer-Tropsch-Synthese.

Zum Abölen des Narbens und in Lickermischungen und Fettschmieren — beständig gegen Bakterien und Schimmelpilze, nicht spaltbar, oxydationsbeständig, vermag aus Naturfettstoffen abgespaltene feste Fettsäuren in Lösung zu halten.

---

[1] (R) Registriertes Warenzeichen der Farbwerke Hoechst A. G.

Anwendung erfolgt zum Abölen entweder allein oder gemischt mit anderen wasserunlöslichen Ölen (Helltran) und gegebenenfalls Lickern.

Derminol-Öl H1F.

Wie Derminol-Narbenöl HG, etwas höher chloriert und höher viskos.

Als Ölkomponente in Fettschmieren und Lickern; verbessert die Emulgierbarkeit von Naturölen, da in Mischung 50/50 etwa das spezifische Gewicht 1 erreicht wird, verringert die Gefahr von Fettausschlägen.

Derminol-Fett HK.

Gelbliches synthetisches konsistentes Fett talgähnlicher Konsistenz auf Basis hochmolekularer, chlorierter Kohlenwasserstoffe der Fischer-Tropsch-Synthese.

Neben oder an Stelle von Talg in Fettschmieren, neigt nicht zur Bildung von Fettausschlägen.

In Fettschmieren üblicher Zusammensetzung wird der Talg ganz oder zum Teil (z. B. zur Hälfte) durch Derminol-Fett HK ersetzt, wodurch die Gefahr von Fettausschlägen verringert wird.

Derminol-Fett spezial.

Fast weiße, wasserhaltige Einstellung synthetischer Fettkomponenten, nicht unbegrenzt mit Wasser verdünnbar.

Als Unterlederschmierfett zum nachträglichen Weichmachen zu hart ausgefallener Leder, zum Fetten von Roßspiegeln, zum Ausreiben von schwarzen Handschuhledern zur Glanzerhöhung.

Meist unverdünnt angewandt, wird auf dem feuchten, gegebenenfalls auch trockenen Leder mit einem Lappen oder Plüschbrett gleichmäßig verteilt.

Wasserverdünnbare Licker.

Die Derminol-Licker enthalten als Hauptbestandteil chlorierte Kohlenwasserstoffe der Fischer-Tropsch-Synthese und als emulgierende Bestandteile synthetische Emulgier- und Dispergiermittel mit Fettungswirkung, welche die Saugfähigkeit des Leders nicht erhöhen. Ihre Eigenfarbe ist hell, die Fettungen sind, wie auch die mit den Derminol-Ölen, lichtecht, weißes Leder wird nicht angegilbt. Fettausschläge sind bei alleiniger Anwendung von Derminol-Fettungsmitteln nicht zu befürchten, sie treten um so weniger leicht in Erscheinung, je höher der Anteil der synthetischen Derminol-Fettungsmittel in Mischungen mit Produkten auf Naturfettbasis ist.

Derminol-Licker AS.

Hellbräunliches, fast klares Öl, leicht durch Einrühren von kaltem oder zirka 60 bis 70° C warmem Wasser emulgierbar zu einer stabilen, je nach Verdünnungsgrad milchigen bis opalen Emulsion, gibt Fettung mit trockenem Oberflächengriff.

In Alleinfettung für Leder mit geschliffenem Narben, vor allem Velourleder, Chair, Nubuk. Als Zusatz zu Lickermischungen auf Basis von Naturfettstoffen zur Verfeinerung und Haltbarmachung der Lickeremulsion, Verbesserung des Eindringens und der Gleichmäßigkeit der Fettung. In Fettschmieren als Emulgatorkomponente zur gleichmäßigeren Fettverteilung.

Derminol-Licker HB.

Helle, schwach bräunliche dicke Paste, durch portionsweises Einrühren von 75 bis 80° C heißem Wasser verdünnbar zu einer stabilen milchweißen Emulsion.

In Alleinfettung für Boxkalf und Rindbox, Hauptanwendung in Lickermischungen zur Verbesserung der Haltbarkeit und der Gleichmäßigkeit der Verteilung im Leder von Lickeremulsionen, feinere Abstimmung des Fettungseffekts für bestimmte Anforderungen.

Derminol-Licker EMB.

Hell beigefarbige flüssige Paste, durch portionsweises Einrühren von Wasser von 65 bis 70° C zu einer milchigen, stabilen Emulsion verdünnbar. Die Fettungswirkung in Alleinfettung ist ähnlich der von Derminol-Licker HB. Zeichnet sich durch besonders hohes Emulgiervermögen für unsulfierte Naturöle, wie Tran, Klauenöl, Spermöl, ferner für Wollfett, Derminol-Fett HK und Talg aus, verleiht dem Leder etwas wasserabweisende Wirkung.

Dient als emulsionsstabilisierende und das Eindringen der Fettmischung verbessernde Komponente für Lickermischungen und Fettschmieren, vor allem Emulsionsschmieren.

Derminol-Pelzlicker HSP.

Hellbraune, dickflüssige Paste, ergibt durch portionsweises Einrühren von lauwarmem (30° C) oder warmem (60 bis 70° C) Wasser stabile, je nach Verdünnungsgrad milchige bis opale Emulsionen. Das Produkt ist nur schwach anionaktiv und in seinen Eigenschaften, vor allem der hohen Chromsalzbeständigkeit, sehr ähnlich nichtionogenen Fettungsmitteln.

Ursprünglich ein Spezialfettungsmittel für die Zurichtung von Pelzfellen aller Art, wobei es ein geschmeidiges, tuchartig weiches, zügiges Leder mit glattem Oberflächengriff ergibt. Das Produkt eignet sich nach neueren Erfahrungen auch sehr gut als Fettungsmittel für Handschuhleder auf Grund seines guten Eindringens ins Leder und seiner weichmachenden Wirkung. Es vermag Eigelb in der Fettung ganz oder anteilig zu ersetzen.

An Stelle von Eigelb angewendet, kommt man beim Fetten von Handschuhleder mit der Hälfte bis einem Drittel der bei Eigelb benötigten Menge aus.

3. Sonstige synthetische Fettungsmittel.

T. A. Faust hat in seinen Ausführungen „Leather Oils during the past fifty Years" bei der Jubiläumssitzung des Amerikanischen Lederchemiker-Verbandes im Jahre 1953 den synthetischen Fettstoffen sowohl in USA. wie in anderen Ländern keine großen Erfolge vorausgesagt. Trotzdem ist es notwendig, darauf hinzuweisen, daß sehr bald nach dem Ende des letzten Krieges das Laboratorium für Physiologische Chemie der Ohio-Universität sich eingehend mit der Überprüfung der während des Krieges in Deutschland für die Lederfettung verwendeten synthetischen Fettstoffe zu befassen hatte.

J. Brown, E. Legget, J. Curtiss und J. French haben auf Grund der nach dem Kriege an das amerikanische Quartermaster General's Office von G. Schultz und A. Schubert gesandten Berichte eine Zusammenstellung veröffentlicht, in der 179 angeblich als Fettaustauschstoffe in der deutschen Lederindustrie verwendete Produkte aufgezählt sind. Die genannten Produkte sind keineswegs alle als Fettaustauschstoffe anzusprechen; ein Teil davon sind Emulgatoren oder sonstige Hilfsmittel, ein anderer Teil umfaßt Ausgangsprodukte für die Herstellung (z. B. Kogasin, Mersol), und wieder andere sind Entwicklungsprodukte, die überholt sind. Trotzdem gibt diese Zusammenstellung eine Orientierung über die Bemühungen, die in Deutschland während des Krieges zur Schaffung von Fettersatz für die Lederindustrie unternommen worden sind, insbesondere wenn man sie als Ergänzung zu einer anderen (deutschen) Übersicht heranzieht, die während des Krieges von F. Stather und H. Herfeld veröffentlicht worden ist.

F. Stather und H. Herfeld (1) haben in einer sehr umfangreichen Arbeit 35 verschiedene von der chemischen und der Fettindustrie während des Krieges in den Handel gebrachte Lederöle und -fette[1] auf ihre Brauchbarkeit als Lederfettungsmittel untersucht. Diese Untersuchungen, deren Ergebnisse deshalb

---

[1] Außer den bereits erwähnten Derminolprodukten sind folgende Lederfette und -öle in den Bereich der Untersuchung einbezogen worden:

Igevin IL, Emulgierwachs P, Lederöl KL, Lederavirol BLS, Lederavirol FST, Lederöl GL 215, Tannopol M, Coripol M, Coripol EM, Smenol AL, Appretur SS, Antioxydul, Geledol S 42, Geledol S 52, Lederöl 111, Este Licker, Fettlicker Grünau, Lederavirol FA, Lederöl 1942, Tallosan SB, Wachs 1501, Emulgierwachs PS, Emulgierwachs PVS, Lederavirol RK, Fettlicker AF, Coripol K 4, Este Licker BS 2018, Emulgator Stenolat.

Wie man sieht, handelt es sich bei mehreren Produkten nicht um Lederfettungsmittel, sondern um Emulgatoren.

eine besondere Bedeutung hatten, weil sie von der damaligen Deutschen Versuchsanstalt für Lederindustrie, Freiberg/S., als der Stelle ausgeführt worden waren, die darüber zu bestimmen hatte, ob ein Produkt der Fettindustrie als Fettaustauschstoff offiziell anzuerkennen war, erstreckten sich auf die chemische Prüfung und auf praktische Fettungen, teilweise sogar in Betrieben der Lederindustrie. Ein Urteil, ob die untersuchten Produkte als Fettaustauschstoffe im Sinne der damaligen Bestimmungen anzusehen waren, ist in der Veröffentlichung nicht abgegeben worden. In dieser Arbeit sind auch die Derminolprodukte der I. G. einer Prüfung unterzogen worden, außerdem aber die Produkte zahlreicher anderer Firmen. Die meisten dieser Fettstoffe werden heute nicht mehr hergestellt. Über die Zusammensetzung der untersuchten Produkte ist sehr wenig angegeben.

4. Untersuchung von Lederfettungsmitteln unbekannter Zusammensetzung.

Daß die auf S. 460 ff. beschriebenen Methoden für die Untersuchung der Fettsäureglyceride und ebenso die auf S. 523 angegebenen Methoden für sulfatierte Öle bei der Prüfung von Lederfettungsmitteln versagen müssen, die keine natürlichen Öle und Fette oder deren Umwandlungsprodukte enthalten, sondern als Gemische der verschiedenartigsten Produkte, wie chlorierte Kohlenwasserstoffe, Teerdestillate, synthetische Fettsäuren aus der Paraffinoxydation, Mersolabkömmlinge u. dgl. zu betrachten sind, bedarf keiner weiteren Erklärung.

Mit dem Problem der technischen Analyse solcher Fettungsmittel haben sich erstmals F. Stather und R. Schubert (1) befaßt und Vorschläge für Untersuchungsmethoden gemacht. Es ist zunächst fraglich, ob eine Analyse, auch wenn sie die Abscheidung einzelner Komponenten aus einem seiner Natur nach unbekannten Lederfettungsmittel mit einer gewissen Zuverlässigkeit ermöglicht, dem Gerbereichemiker tatsächlich brauchbare Anhaltungspunkte für die Einsatzfähigkeit des untersuchten Produktes für die Lederfettung liefern kann. Hier tauchen Fragen auf wie die, was z. B. der Gehalt an Unverseifbarem oder ein sogenannter Gesamtfettgehalt, dessen Definition meist umstritten ist, schon über die fettende Wirkung auszusagen vermag, von dem Gehalt an „organischem Nichtfett" ganz zu schweigen.

Hier muß auf eine während des letzten Krieges von amtlicher Seite eingeführte analytische Wertzahl, die sogenannte „Fettzahl", näher eingegangen werden, zumal da diese Zahl leider noch heute in manchen Prospekten und Angaben einzelner Firmen anzutreffen ist. Diese „Fettzahl" sollte den Gesamtgehalt an nicht flüchtigen organischen Substanzen, bezogen auf 100 Teile des Produkts, angeben und war zu ermitteln aus der Gesamtmenge des Fettstoffs, abzüglich des Gehalts an bei 100° flüchtigen Stoffen (Trockendauer 5 Stunden) und des Gehalts an Mineralstoffen (Glührückstand). Diese Fettzahl hat schon in Kriegszeiten nicht als zuverlässiger Wertmesser für ein Lederfettungsmittel gelten können und kann es heute erst recht nicht mehr. Wie weit man z. B. bei einem sulfochlorierten Paraffin von „Fett" sprechen kann, ist zum mindesten umstritten und unter diesem Gesichtspunkt erscheint die analytische Prüfung und Bewertung von Lederfettungsmitteln, die keinerlei Fettsäureglyceride oder deren Derivate enthalten, nur auf einer ganz anderen Ebene als bisher möglich[1].

---

[1] In neuerer Zeit ist außerdem die Frage angeschnitten worden, ob bei einer solchen Bestimmung der Fettzahl nicht Stoffe schon unter 100° zersetzt werden, denen eine fettende Wirkung auf das Leder zugeschrieben werden müsse. Es wurden deshalb niedrigere Temperaturen, z. B. 50 oder 60°, für die Bestimmung der sogenannten Trockensubstanz vorgeschlagen.

Über die Entstehung des Begriffes „Fettzahl" und seine Bewertung s. auch R. Schubert.

Bei ihren Vorschlägen für eine neue Analysenmethode für Fettstoffe unbekannter Natur unterscheiden F. Stather und R. Schubert (1) grundsätzlich zwischen wasserunlöslichen Fettungsmitteln („Typus der Fettschmiere") und wasserlöslichen, d. h. emulgierenden Fettstoffen („Typus Fettlicker") und schlagen folgende Einzelbestimmungen vor:

1. Für den Typus Fettschmiere (wasserunlöslich):

Wasser;
Mineralstoffe, Eisenverbindungen;
Organisches Nichtfett;
Unverseifbares;
Säurezahl;
p_H-Wert und Differenzzahl.

2. Für den Typus Fettlicker (wasserlöslich):

Wasser;
Mineralstoffe, Eisenverbindungen;
Unverseifbares;
Gesamtfettsäuren;
Sulfonierungsintensität;
p_H-Wert und Differenzzahl.

Es brauchen nun nicht alle neuartigen wasserlöslichen Lederöle sulfatiert oder sulfoniert zu sein. Es gibt Lederöle, deren Wasserlöslichkeit, d. h. Emulgierfähigkeit, lediglich durch Zusatz von hochwirksamen Emulgatoren erreicht wird, so daß bei solchen Lickerölen eine Prüfung auf derartige Zusätze wichtig wäre. Da es aber zur Zeit für die technische Prüfung von Lederölen und -fetten unbekannter Zusammensetzung, insbesondere solchen, bei denen Fettsäureglyceride ganz fehlen, keine Vorschläge gibt, die als zweckmäßiger angesprochen werden können, sollen die von F. Stather und R. Schubert (1) ausgearbeiteten Methoden hier angeführt werden. Denn sie sind zum mindesten als brauchbare Grundlagen anzusehen, auf denen weitere Analysenmethoden für Lederfettungsmittel unbekannter Zusammensetzung aufgebaut werden können.

Durchführung der einzelnen Bestimmungsverfahren[1]

nach F. Stather und R. Schubert (1).

Bestimmung der flüchtigen Stoffe.

Das Bestimmungsverfahren erfolgt nach den einheitlich in den Wizöff- und den Einheitsmethoden[2] festgelegten Richtlinien der Xylol-Destillation. Auf Einzelheiten braucht dementsprechend nicht eingegangen zu werden. Für die völlige Emulsionszerstörung und für das restlose Austreiben des vorhandenen Wassers ist nicht unbedingt Xylol erforderlich. Mit gleich gutem Erfolg kann

---

[1] Die Vorschläge für die Bestimmungsmethoden sind — wenn auch im Auszug — hier wörtlich angeführt (s. Literaturangabe S. 697).

[2] Unter „Einheitsmethoden" verstehen die Verfasser wohl die sogenannten Einheitlichen Untersuchungsmethoden für die Fett- und Wachsindustrie. Diese Wizöffmethoden sind inzwischen durch die DGF-Einheitsmethoden ersetzt worden (s. S. 460). Es muß auch hier darauf hingewiesen werden, daß diese neu bearbeiteten DGF-Einheitsmethoden wesentliche Verbesserungen erfahren haben. Es darf ferner nicht vergessen werden, daß die von F. Stather und R. Schubert (1) vorgeschlagenen Methoden aus einer Zeit stammen (1947), die durch einen Mangel an technischen Fetten gekennzeichnet war.

auch Toluol angewandt werden. Vergleichsbestimmungen eines 12% Wasser enthaltenden sulfonierten Öls ergaben sowohl bei der Xylol- als auch bei der Toluol-Destillation 12,1% Wasser. Für die Destillation sind Toluol oder Xylol gleich gut anwendbar. Wichtig ist für die Genauigkeit der Bestimmung, daß die Lösungsmittel vor der Destillation über einer Wasserschicht aufbewahrt werden, damit sie vor dem Zusatz zu dem zu untersuchenden Öl mit Wasser gesättigt sind und daher kein Wasser aus dem Untersuchungsmuster zurückhalten können[1].

Bestimmung der Mineralstoffe.

Nach den Wizöff- und Einheits-Vorschriften wird für die Mineralstoff-Bestimmung eine „filtrierte" Fettprobe benützt. Die Art der Vorbehandlung, d. h. ob die Filtration nach Auflösen in einem Lösungsmittel oder im erwärmten, geschmolzenen Zustand vorzunehmen ist, Art des Filtermaterials usw. wird nicht angegeben.

Da Lederfettungsmittel in der Praxis so zum Einsatz kommen, wie sie aus der Versandemballage entnommen werden, wird vorgeschlagen, für die Aschebestimmung das Fettprodukt stets unmittelbar im anfallenden Zustand, d. h. ohne Filtration, zu verwenden.

Die Durchführung des Veraschens bleibt in gleicher Weise beibehalten wie bisher. Es wird nach dem „Auszugsverfahren" gearbeitet. Der Ascherückstand wird auf Eisenverbindungen (Fe_2O_3) untersucht. Die Bestimmung anderer Mineralstoffbestandteile ist nur in Sonderfällen notwendig.

Die Wizöff-Vorschriften sehen als Lösungsmittel nur Äther (Äthyläther) vor, während die Einheitsverfahren neben frisch destilliertem Äthyläther auch Petroläther (Siedep. 40 bis 60°, Bromzahl unter 1) und frisch destillierten Schwefelkohlenstoff zulassen.

Die technischen Fettgemische, wie sie in den Lederfettungsmitteln vorliegen, enthalten als Konstistenzregler häufig Zusätze von Ceresin oder Ozokerit usw. Diese Substanzen sind in Äther häufig nur wenig löslich oder scheiden sich zu mindest beim Abfiltrieren leicht wieder als gallertartige unfiltrierbare Masse ab, so daß auch beim längeren Nachwaschen gewisse Rückstände an „Unlöslichem" auf dem Filter zurückbleiben. Außerdem besteht bei dem Arbeiten auf dem offenen Filter häufig die Gefahr des „Kriechens" der Fettstoffe über den Filterrand, so daß exaktes quantitatives Arbeiten fast unmöglich ist. Außerdem ist die zur Nachreinigung nach der Wizöff-Methode vorgeschriebene Ölsäure heute schwer beschaffbar[2].

Wesentlich einfacher und genauer gestaltet sich das Arbeiten im Soxhlet-Extraktionsapparat. Auf ein getrocknetes und gewogenes quantitatives Filter werden 2 bis 3 g des zu untersuchenden Fettungsmittels eingewogen. Das Filter wird zu einem Kissen zusammengefaltet, in eine Soxhletbüchse gepackt und mit Watte überdeckt, so daß es nicht aufgehen kann. Dann wird im Soxhlet-Extraktionsapparat auf dem Wasserbad 4 Stunden lang extrahiert. Das Filter mit den unlöslichen Anteilen wird in üblicher Weise getrocknet, gewogen und verascht. Der unlösliche organische Anteil ergibt das „organische Nichtfett".

---

[1] Hier taucht die Frage auf, ob und wieviel flüchtige organische Stoffe in einem Lederfett enthalten sind, die unter 100° flüchtig sind und von vielen Lederölherstellern als zum mindesten wichtige Anteile des Fettes in bezug auf die fettende Wirkung angesehen werden (s. auch Anm. 1, S. 617). Es ist zweifelhaft, ob irgendwelche flüchtigen organischen Anteile eines Lederfettes, deren Verschwinden aus dem Leder — wenigstens teilweise — nur eine Frage der Zeit ist, als fettende Substanzen angesehen werden können.

[2] Vgl. Anm. 2, S. 618.

Vergleichsbestimmungen eines von „Verunreinigungen" freien, 15% Paraffin und 10% Ceresin enthaltenden Fettungsproduktes ergaben bei der Wizöff-Filtration mit Äther 8,8% Unlösliches, bei der gleichen Bestimmung mit Petroläther 5,2% Unlösliches, während die Soxhlet-Extraktion 0,0% Unlösliches ergab. Für eine den tatsächlichen Verhältnissen gerecht werdende Erfassung der Verunreinigungen durch organisches Nichtfett wird daher die Soxhlet-Extraktion mit Petroläther vorgeschlagen.

Bestimmung des Unverseifbaren.

Für die Bestimmung des Unverseifbaren stehen sich sowohl in den Wizöff-Vorschriften wie auch in den Einheitsverfahren zwei verschiedene Bestimmungsmethoden gegenüber. Die „Petroläthermethode" ist bei den Angaben der Wizöff- und der Einheitsverfahren im Prinzip gleich und unterscheidet sich nur durch die Menge der zur Verseifung angewandten Kalilauge. Die „Äthermethode" ist in den beiden Verfahren bereits im Prinzip wesentlich unterschiedlich. Während das Wizöff-Verfahren eine Verseifung in offener Schale auf dem Sandbad vorsieht, wird nach dem Einheitsverfahren mit größerer Flüssigkeitsmenge am Rückflußkühler gearbeitet.

Für Fettungsprodukte, welche größere Anteile an niedrigsiedenden Mineralölen enthalten, ist die Wizöff-Methode der Verseifung in der offenen Schale überhaupt nicht anwendbar, da das Verdunsten des Alkohols niedrigsiedende Mineralölanteile mitreißt und zu wesentlich zu niedrigen Werten für das Unverseifbare führt. Bei der Verseifung nach Wizöff ist es üblich (wenn auch in der Bestimmungsmethode nicht ausdrücklich vorgeschrieben), daß man in denjenigen Fällen, bei denen nach der Verseifung keine feste bzw. trockene Seife erhalten wird, nochmals nachverseift. Damit wird aber bei Produkten mit niedrigsiedenden Mineralölanteilen die Gefahr der Verflüchtigung unter entsprechender Verminderung des Unverseifbaren noch weiter gesteigert. Eine den tatsächlichen Verhältnissen gerecht werdende Bestimmung des Unverseifbaren läßt sich daher für die heute im Handel befindlichen Lederfettungsmittel nur nach der Methode der Einheitsverfahren durch Verseifung am Rückflußkühler erreichen.

Bei der Durchführung von Vergleichsbestimmungen an einem Lederfettungsmittel, welches insgesamt 60% unverseifbare Bestandteile, davon 30% Mineralöl (E_{20} : $^4/_5$) enthielt, wurde nach der Methode der Verseifung in offener Schale unter einmaliger Nachverseifung ein Gehalt an Unverseifbarem von 49,9% ermittelt. Die gleiche Methode bei nur einmaliger Verseifung ergab 53,0% und die Verseifung am Rückflußkühler 59,2%. Ein analytisches Arbeiten ohne Rückflußkühler ist daher unter Berücksichtigung der heutigen Rohstofflage nicht möglich. In diesem Zusammenhang ist unter Hinweis auf die Bestimmung des organischen Nichtfetts und auf die dort angeführten unterschiedlichen Lösungsverhältnisse, besonders der Ceresin-Anteile, zu empfehlen, als Lösungsmittel für das Ausschütteln des Unverseifbaren Petroläther anstatt des Äthyläthers zu verwenden. Es wird daher vorgeschlagen, die Bestimmung des Unverseifbaren in Lederfettungsprodukten grundsätzlich nach der Petroläthermethode der Einheitsverfahren durchzuführen. Um Mineralöl-Verdunstungsverluste zu vermeiden, wird der Alkohol nach der Verseifung nicht abgetrieben, sondern die gesamte Flüssigkeitsmenge nach Abkühlen in den Scheidetrichter übergeführt. Das Abdestillieren des Petroläthers erfolgt nach dem Ausschütteln des Unverseifbaren unter Rückgewinnung auf dem Wasserbad. Eine Parallelbestimmung wird mit dem unverseiften Fettungsprodukt durch Auflösen der gleichen Einwaage in der gleichen Petroläthermenge durchgeführt. Der dabei sich ergebende Trocknungsverlust wird unter Berücksichtigung des Wasseranteils dem „Unverseifbaren" zugerechnet.

Siehe hierzu auch die neueste Fassung der DGF-Einheitsmethoden über die Bestimmung des Unverseifbaren, S. 471.

Bestimmung der Säurezahl.

In dieser Hinsicht haben sich keine grundsätzlichen Schwierigkeiten ergeben, so daß nach der Wizöff- oder Einheitsmethode in bisheriger Weise gearbeitet werden kann.

Bestimmung des p_H-Wertes.

Zur Bestimmung der Aciditätsverhältnisse wird der p_H-Wert in einer Ausschüttelung des Fettungsprodukts mit der 50fachen Wassermenge nach 24stündigem Stehen elektrometrisch mit der Glaselektrode ermittelt. Dazu wird der p_H-Wert der 10fachen wässerigen Verdünnung dieser Ausschüttelung bestimmt und aus beiden p_H-Werten die Differenzzahl errechnet. Das Ausschütteln mit Wasser erfolgt bei einer Temperatur, bei der das zu untersuchende Fettungsprodukt völlig geschmolzen ist.

Bestimmung der Gesamtfettsäuren bei sulfatierten Ölen.

Eine analytische Untersuchung und quantitative Bestimmung ist nur bei solchen Produkten möglich, welche sich durch Salzsäurekochung aus wässeriger Emulsion vollständig abscheiden lassen. Hierbei wird zweckmäßig nach den Wizöff-Vorschriften für sulfatierte Fettstoffe gearbeitet, wobei wiederum wegen der besseren Löslichkeit für Ceresin usw. als Lösungsmittel beim Ausschütteln Petroläther zu empfehlen ist.

Grundsätzliche Schwierigkeiten treten unter Beachtung der bisherigen Methoden nicht auf. Es erweist sich als zweckmäßig, nicht nur die Gesamtfettsäuren, sondern daneben auch das Unverseifbare zu bestimmen. Aus der Differenz zwischen Gesamtfett (berechnet aus der Differenz zwischen Einwaage und Wasser- und Mineralstoffgehalt) und der Summe an Gesamtfettsäuren und Unverseifbarem lassen sich unter Umständen Rückschlüsse auf die Anwesenheit von Fettalkoholsulfonaten ziehen.

Bestimmung der Sulfonierungsintensität[1].

Nach der Definierung der Wizöff gibt der „Sulfonierungsgrad" an, wieviel Prozent der in dem untersuchten Produkt enthaltenen Fettsäuren sulfoniert sind, unter der willkürlichen Annahme, daß die gesamte organisch gebundene Schwefelsäure in Form von Ricinol-mono-schwefelsäure-ester vorliegt. Diese Definition und entsprechend die Berechnung des Sulfonierungsgrades weist für die heutigen Lederfettungsmittel zwei wesentliche Nachteile auf:

a) Man kann mit größter Wahrscheinlichkeit annehmen, daß in sulfonierten Ölen überhaupt kein Ricinusöl enthalten ist, so daß für die Berechnung ein anderes mittleres Molekulargewicht der Fettsäuren zugrunde gelegt werden müßte.

b) Bei unverschnittenen sulfonierten Ölen, in denen die Fettsäuren praktisch die alleinige Fettkomponente darstellen, ergibt die Berechnung des Sulfonierungsgrades auf den Fettsäuregehalt ein klares Bild; technische Gemische aus sulfonierten Ölen mit Mineralöl und anderen unverseifbaren Anteilen verschieben aber

---

[1] Gemäß dem Vorschlag von F. Stather und R. Schubert (1) hier im Wortlaut übernommen. Deshalb wurde die Bezeichnung „Sulfatierung" vermieden.

den so errechneten Sulfonierungsgrad zu einer falschen Beurteilungsgrundlage. Ein Gemisch aus z. B. 10% hochsulfoniertem Klauenöl und 90% unverseifbaren Substanzen ergibt (auf Fettsäuremenge berechnet) einen Sulfonierungsgrad von zirka 30 in gleicher Weise wie ein Gemisch aus 80% des gleichen hochsulfonierten Klauenöls mit 20% Mineralöl, obgleich, auf die gesamte Fettmenge gesehen, der Charakter eines sulfonierten Öls bei dem letzteren Produkt wesentlich stärker ausgeprägt ist. Liegt andererseits z. B. ein Gemisch aus Mersol oder ähnlich aufgebauten Produkten, also von besonders sulfierten unverseifbaren Kohlenwasserstoffen, mit einem unsulfonierten Pflanzenöl vor, so tritt das Paradoxon auf, daß sich für den unsulfonierten verseifbaren Ölanteil ein Sulfonierungsgrad von 50 und noch mehr errechnet, obwohl die organisch gebundene Schwefelsäure mit den unverseifbaren Anteilen, dagegen nicht mit den vorliegenden Fettsäuren verbunden ist.

Um den tatsächlichen Verhältnissen besser gerecht zu werden, wird daher vorgeschlagen, an Stelle der Errechnung des Sulfonierungsgrades die Sulfonierungsintensität auf das Gesamtprodukt zu beziehen und lediglich in der Form von Gesamtschwefelsäure und organisch gebundener Schwefelsäure (jeweils als SO_3 berechnet) anzugeben. Für die einheitliche Charakterisierung wird vorgeschlagen, anstatt den SO_3-Gehalt der Gesamtsubstanz (Einwaage) auszudrücken, besser eine Umrechnung auf wasser- und mineralstoff-freie „Gesamtfettsubstanz" vorzunehmen.

Gegen diese von F. Stather und R. Schubert (1) im Jahre 1947 vorgeschlagenen Methoden sind — besonders auch von der Fettanalysenkommission des VGCT — zahlreiche Einwände erhoben worden. Besonders über den Begriff der flüchtigen Stoffe und über ihre Bedeutung (etwa als fettende Substanz) gehen die Ansichten sehr weit auseinander (s. S. 618). Auch enthalten die vorgeschlagenen Methoden keine Bewertungsmöglichkeit darüber, was in einem Fett oder Öl unbekannter Zusammensetzung als fettender Anteil angesehen werden kann. Da die Diskussion über diese Probleme vorerst noch nicht abgeschlossen ist, sind die Methoden von F. Stather und R. Schubert als Gesamtvorschlag aufgeführt worden, insbesondere auch deshalb, weil sie zweifellos wertvolle Hinweise für die Analyse von Lederfetten mit unbekannter Zusammensetzung enthalten.

VIII. Grenzflächenaktive Hilfsstoffe für die Lederfettung. Emulsionen — Emulgatoren.

1. Allgemeines.

Wenn in diesem Abschnitt von grenzflächenaktiven Hilfsstoffen für die Lederfettung gesprochen wird, so ist dabei nur an solche Produkte gedacht, die nicht selbst als Fettungsmittel Verwendung finden, wie z. B. die durch Sulfatierung oder Sulfonierung wasserlöslich gemachten Lederöle und -fette. Es handelt sich in erster Linie um die netzenden bzw. emulgierenden Produkte, die gewöhnlich kurz als Emulgatoren bezeichnet werden.

In der letzten Zeit sind verschiedene Übersichten über oberflächen- oder grenzflächenaktive Verbindungen veröffentlicht worden (J. Hetzer; E. Götte; B. Wurzschmitt, L. Diserens). E. Götte hat sich dabei einer modernen Klassifizierung und Bezeichnung dieser Stoffgruppe bedient. Wenn auch diese Verbindungen für die Textilindustrie eine weit größere Bedeutung haben als für die Lederindustrie, so ist doch eine kurze Einführung in die Systematik dieser Verbindungen und eine Erörterung der Begriffe Grenzflächenspannung, Emulsion, Emulgierung, Emulgator, wenigstens soweit sie den praktischen Gerbereichemiker interessiert, angezeigt.

W. Kling hat die Grenzflächenaktivität wie folgt definiert:
Eine wasserlösliche grenzflächenaktive Verbindung läßt sich folgendermaßen charakterisieren:

1. Durch eine unsymmetrisch gebaute polare Molekel, deren langgestreckte wasserabstoßende Kohlenwasserstoffkette am einen Ende eine Gruppe trägt, welche den hydrophoben Charakter nicht verändert, und am andern Ende eine oder mehrere wasserlöslich machende, hydrophile Gruppen;

2. durch eine bevorzugte orientierte Adsorption in den Grenzflächen, welche die wässerige Lösung mit anderen Phasen bildet;

3. dadurch, daß sie infolge dieser Adsorption die Eigenschaften der Grenzflächen wesentlich verändert, wobei im allgemeinen die starke Erniedrigung der Grenzflächenspannung am sinnfälligsten ist.

Von den zahlreichen Gruppen grenzflächenaktiver Verbindungen sind für die Lederindustrie die folgenden von größerer oder geringerer Bedeutung:

1. Anionaktive Verbindungen.

 a) Seifen,
 b) Sulfate der Fettsäuren (Schwefelsäureester),
 c) Alkylsulfate (Fettalkoholsulfate),
 d) Sulfonate (Salze echter C-Sulfonsäuren).

2. Kationaktive Verbindungen.
3. Nichtionogene Verbindungen.
4. Amphotere Verbindungen.

Es ist bereits erwähnt, daß Sulfate und Sulfonate von Fettsäuren, weil selbst Fettungsmittel, hier nicht behandelt werden. Die Masse der beim Fetten des Leders praktisch verwendeten Hilfsmittel gehört zu den anionaktiven Verbindungen (Seifen, Alkylsulfate und -sulfonate). Kationaktive, nicht ionogene und amphotere Verbindungen sind vereinzelt angeboten worden, spielen aber im Verhältnis zu den zahlreichen anionaktiven Produkten nur eine geringe Rolle.

Die Nichtmischbarkeit von Öl und Wasser, wenn sie ohne andere Zusätze zusammengebracht werden, beruht auf einer zwischen Wasser und Öl bestehenden abstoßenden Kraft, die man als Grenzflächenspannung (g) bezeichnet. Auf die Ursachen der Grenzflächenspannung soll hier nicht weiter eingegangen werden. Im wesentlichen beruht sie auf den starken zwischenmolekularen Kräften, die zwischen den (polaren) Molekülen des Wassers untereinander, aber nicht in vergleichbarer Stärke zwischen den Wasser- und Ölmolekülen oder den Ölmolekülen untereinander bestehen.

Die Kraft g arbeitet allen Vorgängen entgegen, die eine Vergrößerung der Grenzfläche (Verteilung in feinste Tröpfchen) anstreben. Wenn es gelingt, das Gemisch Öl/Wasser durch starkes Schütteln in eine vorübergehende Emulsion, also in kleine Tröpfchen, zu zerteilen, so wird dabei durch das mechanische Schütteln die Kraft g überwunden. Wenn man durch Zusatz eines sogenannten Emulgators die Kraft so verringern kann, daß die beim Schütteln oder Rühren entstehenden feinen Tropfen nicht mehr das Bestreben haben, zu großen Tropfen zusammenzufließen und zum Schluß zu verschwinden, so hat der zugesetzte Emulgator die Kraft g herabgesetzt oder überwunden.

Alle Stoffe, welche die Grenzflächenspannung des Wassers gegenüber anderen Flüssigkeiten oder Verbindungen herabsetzen, werden als grenzflächenaktiv bezeichnet. Die Verminderung der Grenzflächenspannung durch grenzflächenaktive Stoffe äußert sich beim Austropfen der betreffenden Flüssigkeit durch eine Kapillare in Wasser hinein. Je kleiner die Grenzflächenspannung der Flüssigkeit gegenüber Wasser ist, um so größer ist die Anzahl der Tropfen, in welche eine Flüssigkeit beim Ausfließen aus der Kapillare aufgeteilt wird, wobei man zum Vergleich ein gegebenes Volumen die Kapillaren durchfließen lassen muß.

Zur Messung der Grenzflächenspannung dient gewöhnlich die sogenannte Tropfmethode. Man benutzt hierzu eine dickwandige Kapillarröhre, die in der Mitte zu einer Kugel von zirka 1 ccm Volumen erweitert, an ihrem unteren Ende zweimal rechtwinklig umgebogen und zu einer Spitze ausgezogen ist (Abb. 10). Oberhalb und unterhalb der Kugel befindet sich eine Strichmarke, so daß der Abfluß eines bestimmten Volumens kontrolliert werden

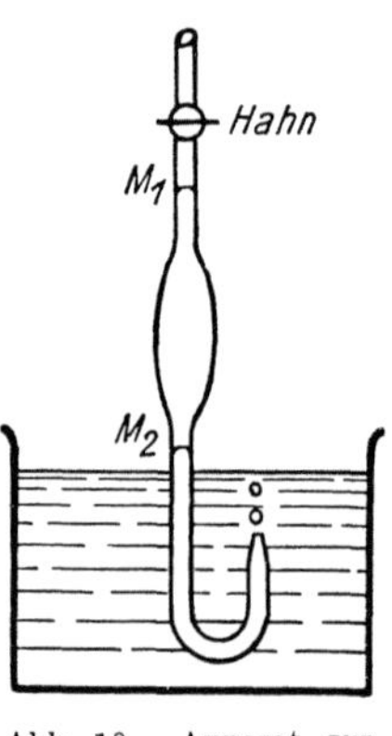

Abb. 10. Apparat zur Messung der Grenzflächenspannung (Stalagmometer).

kann. Die Pipette wird mit Öl gefüllt, dessen Grenzflächenspannung gegen die wässerige Lösung gemessen werden soll. Man läßt das Öl von Marke zu Marke unter konstantem Druck unter Wasser austreten. Je geringer die Grenzflächenspannung ist, desto kleiner werden die Tropfen. Die Zahl der Tropfen, die ein bestimmtes Ölvolumen (Volumen zwischen den beiden Marken) gibt, ist ein relatives Maß für die Grenzflächenspannung. Die Grenzflächenspannung ist umgekehrt proportional der Tropfenzahl.

Tropfenzahlen verschiedener Öle.

Nach L. Meunier und M. Maury:

Klauenöl	18	Tropfen
Olivenöl	20	,,
Leinöl	18	,,
Ricinusöl	9	,,
Mineralöl ($d = 0{,}93$)	9	,,

Nach W. Schindler (3), S. 16:

Klauenöl	18,75	Tropfen
Lebertran	17,50	,,
Olivenöl	18,50	,,
Mineralöl ($d = 0{,}85$)	23,00	,,

Daß die Temperatur auf die Tropfenzahl und somit die Grenzflächenspannung von keinem wesentlichen Einfluß ist, hat W. Clayton gezeigt (s. Tabelle 59).

Veränderungen der Grenzflächenspannung (Tropfenzahl) durch Zusätze. Über die Veränderungen des Wertes von g, ausgedrückt durch die Tropfenzahl, liegen zahlreiche Untersuchungen vor. Die Beobachtungen verschiedener Forscher haben gezeigt, daß ein Zusatz von Alkali die Tropfenzahl erhöht, daß diese Erhöhung und die dadurch bedingte Emulgierung aber nur dann eintritt, wenn die Anwesenheit freier Fettsäuren im Öl eine Seifenbildung ermöglicht. Gereinigtes Olivenöl wird z. B. durch Natronlauge nicht emulgiert. Die

Tabelle 59. Einfluß der Temperatur auf die Tropfenzahl [W. Clayton (1), S. 24].

	Tropfenzahl	
	35°	50°
Erdnußöl	66	64,5
Baumwollsaatöl	65	63
Cocosnußöl	61	65
Palmkernfett	74	61
Sojabohnenöl	68	69

Wirkung der Seifen, welche ja als praktisches Emulgierungsmittel bekannt sind, verdient deshalb besonderes Interesse. Die Wirkung der Natriumseifen auf die Grenzflächenspannung wächst, wie zahlreiche Versuche gezeigt haben, mit der zunehmenden C-Anzahl des Fettsäuremoleküls. Vgl. z. B. die von

W. Clayton (2) ermittelten Veränderungen von g durch die Natriumsalze verschiedener Fettsäuren (s. Abb. 11).

Diese Zunahme der Tropfenzahl mit zunehmender C-Atomzahl des Fettsäuremoleküls erfolgt jedoch keineswegs gleichmäßig. Es treten vielmehr bei den Salzen der Fettsäuren mit mehr als 10 C-Atomen verschiedene Abweichungen von dieser Gesetzmäßigkeit auf, die vermutlich in kolloidchemischen Erscheinungen begründet sind.

Wenn man die Feststellung machen konnte, daß Natronlauge weitaus stärker die Grenzflächenspannung vermindert als die entsprechende Menge Seife, so kann man mit W. Schindler (3) S. 27, diese Erscheinung wohl dadurch erklären, daß bei der Einwirkung der Natronlauge die wirksame Seife unmittelbar

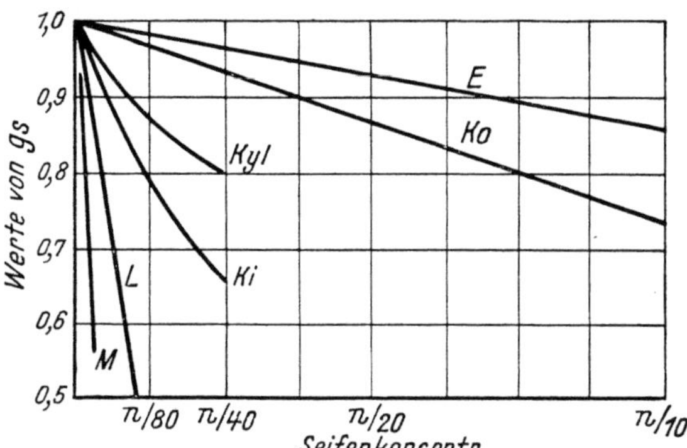

Abb. 11. Veränderung der Grenzflächenspannung Öl/Wasser durch Zusatz von Seifen [W. Clayton (2), S. 67].
E Essigsäure, *Ko* Capronsäure, *Kyl* Caprylsäure, *Ki* Caprinsäure, *L* Laurinsäure, *M* Myristinsäure.

an der Grenzfläche gebildet wird, während bei der Einwirkung von Seifenlösungen die Seifenteilchen erst an die Grenzfläche diffundieren müssen. Die Diffusionsgeschwindigkeit der Natronlauge ist aber größer als die der schweren Seifenmoleküle oder -mizellen, so daß die letzteren mehr Zeit zur Anreicherung in der Grenzfläche benötigen.

Die Einwirkung von sulfatierten Ölen auf die Grenzflächenspannung zwischen Öl und Wasser wurde zuerst von L. Meunier und M. Maury untersucht. Sie fanden folgende Tropfenzahlen:

Klauenöl in Wasser					18	Tropfen
,,	,, 0,5%iger Lösung von NH_4-Sulforicinat			....	29	,,
,,	,, 1	,,	,,	,,	,, ...	37	,,
,,	,, 2	,,	,,	,,	,, ...	50	,,
,,	,, 4	,,	,,	,,	,, ...	75	,,
,,	,, 5	,,	,,	,,	,, ...	107	,,
,,	,, 6	,,	,,	,,	,, ...	∞	(Strahl)
,,	,, 0,5	,,	,,	,, Na-Sulforicinat	.....	44	Tropfen
,,	,, 1	,,	,,	,,	,, ...	67	,,
,,	,, 2	,,	,,	,,	,, ...	104	,,
,,	,, 2,5	,,	,,	,,	,, ...	∞	(Strahl)

E. Stiasny und G. Rieß fanden bei der Untersuchung der Grenzflächenspannung von Mineralöl gegen verschiedene Lösungen von sulfatiertem Klauenöl folgende Tropfenzahlen:

Mineralöl in Wasser					27	Tropfen
,,	,, 0,2%iger Lösung von sulfon. Klauenöl			....	43	,,
,,	,, 0,4	,,	,,	,,	,, ,, ...	77	,,
,,	,, 0,6	,,	,,	,,	,, ,, ...	99	,,
,,	,, 0,8	,,	,,	,,	,, ,, ...	126	,,
,,	,, 1,0	,,	,,	,,	,, ,, ...	∞	(Strahl)

Die Wirkung der sulfatierten Öle auf die Grenzflächenspannung zwischen Mineralöl und den wässerigen Lösungen der sulfatierten Produkte ist wesentlich

abhängig vom Alkaligehalt und von der H·-Konzentration. E. Stiasny und
G. Rieß, S. 521, fanden, daß

> bei Zusatz von steigenden Mengen Alkali zum sulfatierten Öl die Grenzflächen-
> spannung zunächst zunimmt, um dann stark abzunehmen;
>
> der Einfluß der H·-Konzentration auf die Grenzflächenspannung viel größer
> ist als der des Sulfatierungsgrades. Erst bei Einstellung auf den gleichen
> p_H-Wert sinkt die Grenzflächenspannung mit steigender Sulfatierung.
> Emulsionen, die durch Schütteln von Mineralöl mit der wässerigen Lösung
> der sulfatierten Produkte hergestellt werden, sind bei einem p_H-Wert von
> 7,0 bis 7,7 am beständigsten.

Es zeigte sich bei diesen Versuchen weiterhin, daß die Bildung der Emulsionen
von anderen Bedingungen abhängt als ihre Haltbarkeit. Die Bildung einer
Emulsion wird durch eine möglichst kleine Grenzflächenspannung
begünstigt, während die Haltbarkeit einer Emulsion bei einem
Maximum der Grenzflächenspannung am größten ist. Da nun die
Grenzflächenspannung eines Öls durch größeren Alkalizusatz stetig verringert
wird, so begünstigt ein solcher Alkalizusatz wohl die Bildung, nicht aber die
Haltbarkeit einer Emulsion (E. Stiasny und C. Rieß, S. 520). Diese Feststellungen stimmen mit den Beobachtungen überein, daß die Tropfenzahl nur
als ein Maß für die Emulgierbarkeit, nicht aber für die Beständigkeit der gebildeten Emulsion angesehen werden könne.

So wichtig nun auch die Verminderung der Grenzflächenspannung für die
Beurteilung der Wirksamkeit eines Emulgators ist, so darf man doch ihre Bedeutung und vor allem die Methoden für ihre Messung nicht überschätzen. Die
Tropfenzahl läßt wohl gewisse Vergleiche zu; eine zahlenmäßig vergleichbare
Wertbestimmung der einzelnen gebräuchlichen Emulgatoren ist aber vorerst
noch nicht möglich. Dazu kommt, daß die einzelnen Emulgatoren sich den verschiedenen Ölen gegenüber keineswegs immer gleich verhalten. Es läßt sich
zeigen, daß mehrere Öle zur Erzielung der geringsten Grenzflächenspannung ganz
verschiedene Emulgatoren benötigen, auch wenn man die Emulgierung beim
gleichen p_H-Wert vornimmt. Von der stalagmometrischen Bestimmungsmethode
(Tropfenzahl) darf deshalb vorerst für die technische Praxis der Emulsionen nicht
allzuviel erhofft werden.

Viel wichtiger als die physikalischen Gesetzmäßigkeiten der Emulsionen sind
für den Gerbereichemiker bei technischen Emulsionen (Fettlickern) die Erscheinungen, die man vielfach als „Beständigkeit beim Stehenlassen“ und als
„Beständigkeit während des Fettlickerns“ bezeichnet hat. Eine Emulsion kann
beim Stehen ziemlich beständig sein, beim Zusammentreffen mit dem zu
fettenden Leder aber leicht brechen. Der Gehalt des Leders an Säuren und
Salzen kann auf die Fettemulsion eine sehr ungünstige Wirkung ausüben. Deshalb soll ja auch das Chromleder vor dem Fettlicker gut neutralisiert und ausgewaschen werden. Trotzdem ist die Verwendung von nicht allzu empfindlichen
Emulsionen empfehlenswert. Mit sulfatierten Ölen hergestellte Emulsionen
sind in dieser Beziehung den Seifenemulsionen überlegen.

Für einen Vergleich der verschiedenen Emulgatoren in bezug auf ihre
technische Brauchbarkeit stehen uns leider noch keinerlei Untersuchungsmethoden
zur Verfügung. Die Tropfenzahl liefert Vergleichswerte nur für stark verdünnte
Emulsionen. Die Wirkung der Emulgatoren kann in konzentrierten Lösungen
ganz anderer Art sein als in verdünnten. Es bleibt also nur der praktische Versuch als einziges sicheres Mittel zur Feststellung der Wirkungsweise verschiedener
Emulgatoren. Auch mit dem Vorschlag, die Dispersivkraft emulgierender Stoffe

nach einer besonderen Methode zu messen, ist vorläufig in der Praxis nicht allzuviel anzufangen. Auch die für die Bildung und für die Beständigkeit einer Emulsion optimale Emulgatormenge ist keineswegs bei allen Emulgatoren gleich. Ferner wächst die emulgierende Wirkung eines Emulgators durchaus nicht immer mit der Erhöhung seiner Konzentration.

Auch über die Beziehungen zwischen der Beständigkeit einer Emulsion und ihrem Fettungsvermögen gegenüber dem Leder sind unsere Kenntnisse noch lückenhaft. Es scheint sicher zu sein, daß für eine gute fettende Wirkung es keineswegs Voraussetzung ist, daß die verwendete Emulsion eine große Beständigkeit aufweist. Dabei muß auch in Betracht gezogen werden, daß der eigentliche Fettungsvorgang auf einer Entmischung der Emulsion beruht, wobei die disperse Phase, das Fett, ins Leder eindringt und das Dispersionsmittel im Faß zurückbleiben soll. Auf der Art und Geschwindigkeit dieses Entmischungsvorganges beruht die gute oder schlechte Fettwirkung eines Lickers. Die Entmischung darf nicht schon an der Oberfläche des Leders quantitativ erfolgen, wie es beim Lickern von mangelhaft neutralisiertem Chromleder zu geschehen pflegt. Sie soll vielmehr langsam und im Innern des Leders vor sich gehen und darf anderseits auch nicht allzu schwer erfolgen, da sonst das Fett nicht im Leder bleibt, sondern mit dem Dispersionsmittel immer wieder leicht herausgewaschen wird. Die Beständigkeit des Fettlickers soll also weder zu gering noch übertrieben groß sein. Vermutlich ist die Emulsion für das Fettlickern am günstigsten, die ihrem inneren Aufbau nach nicht allzu weit vom Entmischungspunkt liegt. Analytische Methoden, diesen Punkt unter Berücksichtigung der Faktoren, die bei der technischen Verwendung der Emulsion eine Rolle spielen, festzustellen, besitzen wir nicht. Nur praktische Versuche können hier zur Ermittlung der günstigsten Arbeitsbedingung führen.

Unter „Brechen einer Emulsion" versteht man eine Trennung der Flüssigkeiten, also im praktischen Fall des Lickers eine Trennung von Öl und Wasser. Der Gerber spricht von „Aufrahmen" der Emulsion, da sich das Öl als rahmige Schicht auf der wässerigen Schicht abscheidet. A. W. Thomas führt als mögliche Ursachen für das Brechen einer Emulsion folgende an: 1. Zusatz eines Überschusses des Dispersionsmittels und anschließendes Rühren. 2. Zusatz einer Flüssigkeit, in der beide Phasen der Emulsion löslich sind. 3. Zerstörung des Emulgators. 4. Zusatz eines Stoffes, der die Emulsion umkehrt. 5. Filtration. 6. Erhitzen. 7. Ausfrieren. 8. Elektrolyse. 9. Zentrifugieren. Bei den modernen Emulgatoren, wie sie heute als Ersatz für Seifen der Lederindustrie zur Verfügung stehen, haben viele der von Thomas angeführten Ursachen für das Brechen einer Emulsion keine Bedeutung mehr.

Zu den grenzflächenaktiven Verbindungen, welche die Grenzflächenspannung einer Flüssigkeit vermindern, die erwähnte Tropfenzahl also erhöhen, gehören u. a. wasserlösliche Lösungsmittel, manche Farbstoffe, viele Verbindungen mit hohem Molekulargewicht und polarem Bau, technisch gesprochen vor allem die modernen säure- und salzbeständigen Netz-, Emulgier- und Waschmittel. Bei der Lederfettung spielen hiervon eine Rolle die alten Seifen und die zahlreichen neuen Emulgatoren, von denen die Fettalkoholsulfonate die wichtigsten sind. E. Götte teilt die grenzflächenaktiven Verbindungen in drei große Gruppen ein, die anionenaktiven, die kationenaktiven und die ampholytischen Verbindungen.

Die weitaus wichtigste Gruppe ist die erste, welche die Verbindungen umfaßt, deren oberflächenaktive Ionen eine negative Ladung besitzen, im elektrischen Feld also zur Anode wandern (s. auch S. 623). Zu dieser anionaktiven Gruppe gehören die Seifen als Carboxylate oder carbonsaure Salze, die primären Alkylsulfate oder primären Fettalkoholsulfate, die weniger wichtigen sekundären Alkylsulfate, die sulfatierten Öle, die primären und sekundären Alkylsulfonate (sulfonierte Öle), gewisse Fettsäurekondensationsprodukte und Alkylarylsulfate (Benzol- und Naphthalinabkömmlinge). Als Hilfsstoffe für die Lederfettung kommen, wie bereits kurz erwähnt, nur die Seifen, die Fettalkoholsulfate und -sulfonate und einige wenige Vertreter der übrigen genannten Stoffgruppen in Betracht, da die große und wichtige Gruppe der sulfatierten bzw. sulfonierten Öle ja als Fettungsmittel und nicht als Hilfsstoffe anzusehen sind.

Die kationaktiven und ampholytischen grenzflächenaktiven Verbindungen (vgl. dazu auch S. 637) spielen vorerst bei der Lederfettung keine Rolle. Außer dem Lipaminlicker O der BASF (s. S. 554) und vielleicht einigen Soraminen hat kaum ein kationaktives Produkt bei der Lederfettung Bedeutung erlangt, und von ampholytischen Verbindungen kommt vielleicht Igepal und Emulphor als Hilfsmittel für besondere Zwecke in Frage. Nach E. Götte, S. 104, haben Kationseifen bisher nur in der Textilindustrie Verwendung gefunden.

2. Seifen[1].

a) Allgemeines.

Als Seifen im chemischen Sinne bezeichnet man die Alkalisalze von Fettsäuren mit Wascheigenschaften. Als Fettsäuren kommen in Betracht:

Die höheren aliphatischen Monocarbonsäuren mit 8 bis 24, besonders die mit 12 bis 18 Kohlenstoffatomen, die entweder gesättigt sind (Stearinsäure-Reihe) oder eine oder auch mehrere Doppelbindungen besitzen (Ölsäure, Linolsäure, Linolensäure u. ä.) und aus den natürlichen Fetten und fetten Ölen stammen; ferner einige Oxysäuren, besonders die Ricinolsäure, sowie oxydierte (und polymerisierte oder kondensierte) Fettsäuren; schließlich synthetische Fettsäuren, aus der Paraffinoxydation stammend. Die natürlichen Fettsäuren besitzen im allgemeinen eine gerade Anzahl von Kohlenstoffatomen und unverzweigte Kohlenstoffketten; dagegen haben künstlich hergestellte Fettsäuren zum Teil auch verzweigte Ketten und solche mit ungerader Kohlenstoffzahl. Ferner enthalten die künstlichen Paraffincarbonsäuren Anteile mit Hydroxyl- und Ketogruppen. In technischen Seifen können außerdem cyclische Verbindungen, wie Harzsäuren und Naphthensäuren, vorkommen.

Die Seifen sind meistens die Natriumsalze höherer Carbonsäuren. Für Sonderzwecke werden aber auch Kalium- und Ammoniumsalze oder Salze organischer Basen, vor allem des Triäthanolamins hergestellt. Die technischen Seifen werden hauptsächlich für Waschmittel benutzt und enthalten häufig noch Beimengungen ihrer Rohstoffe und Zusätze, die mit der Verarbeitung oder dem Verwendungszweck zusammenhängen, wie Alkalien, Kochsalz, Glycerin, ferner Geruchstoffe, Überfettungsmittel, Füllmittel und Lösungsmittel.

Bei Seifenpulvern sind die Seifen mit anorganischen Salzen gemischt, besonders mit Soda, Wasserglas und Bleichmitteln. Mit allen diesen Stoffen muß man beim Untersuchen der Seifen rechnen.

Zur Herstellung von Seifen gehört aber nicht nur der Verseifungsvorgang, durch den die Alkalisalze der Fettsäuren entstehen, sondern noch der sogenannte Seifenbildungsprozeß; er bezweckt, die beim Verseifungsprozeß gebildeten und in Form mehr oder weniger konzentrierter Lösungen vorliegenden

---

[1] Die Definition des Begriffes Seifen ist der neuesten Fassung der „DGF-Einheitsmethoden" (Neuauflage der Wizöff-Methoden) (1950) entnommen, ebenso die Beschreibung der in diesem Abschnitt angegebenen Untersuchungsmethoden.

Seifen in eine fertige, d. h. verwendungsfähige Form zu bringen. Diese Umwandlung der primär gebildeten Seife in verkaufsfähige Produkte wird in erster Linie durch Zusatz von Elektrolyten (meist Kochsalz oder Pottasche) zur fertig gesottenen Seife bewirkt. Man nennt diesen Prozeß das „Aussalzen" der Seife.

Es ist hier nicht erforderlich, auf die technischen Einzelheiten einzugehen, welche bei der Seifenherstellung eine Rolle spielen. Hierüber steht eine umfangreiche Sonderliteratur zur Verfügung.

In der Lederindustrie werden nach wie vor Seifen als Hilfsmittel für die Lederfettung verwendet. Die dem Gerber von alters her bekannteste Seife ist die sogenannte „Marseiller Seife". Unter dieser Bezeichnung verstand man ursprünglich in Frankreich eine nach ganz bestimmtem Verfahren hergestellte Seife. In Deutschland wurde aber sehr bald unter dieser Bezeichnung ganz allgemein eine geschliffene glatte Kernseife aus Fabrikolivenöl oder häufiger aus grünem Sulfuröl (s. S. 451), meist unter Mitverwendung anderer Fette, verstanden und in den Handel gebracht.

Die Seifen sind die ältesten bei der Herstellung von Fettlickern verwendeten Emulgatoren. Sie werden auch heute noch, wenn auch in weit geringerem Umfang, zu diesem Zweck verwendet, da sie als Emulgatoren durch die Fettalkoholsulfate weitgehend verdrängt worden sind. Außerdem finden die Seifen zur Herstellung von Fettschmieren aller Art Verwendung.

Eigenschaften der Seifen. Die Festigkeit (Härte) einer Seife wird beeinflußt durch die Art des in ihr enthaltenen Alkalimetalls (Natronseifen sind fest, Kaliseifen schmierig) und die Menge an stearin- und palmitinsaurem Alkali. Die wasserfreien Seifen sind hygroskopisch, die Kaliseifen in höherem Maß als die Natronseifen.

Im Wasser lösen sich die Seifen zu einer stark schäumenden Flüssigkeit. Da die Fettsäuren sehr schwache Säuren sind, werden ihre Salze, die Seifen, in wässeriger Lösung zum Teil hydrolysiert, d. h. die Seife gibt an die Lösung freies Alkali ab und bildet zugleich freie Fettsäure.

Eine sehr unangenehme Eigenschaft der Seifenlösungen ist für den Gerber die Abnahme der Schaumkraft und damit auch des Emulgierungsvermögens in hartem Wasser. Sie wird hervorgerufen durch das Ausfällen eines Teils der Seifen als unlösliches Calciumsalz (Kalkseifen). Neben der gegenüber pflanzlich gegerbtem Leder unangenehmen alkalischen Reaktion ist es besonders diese Härteempfindlichkeit, die allmählich zu einem Ersatz der Seifen durch Fettalkoholsulfate bei der Lederfettung geführt hat.

Über saure Seifen (Kationseifen, z. B. Soromine) s. S. 554.

b) Untersuchung der Seifen[1].

Die Anwendung der zahlreichen Untersuchungsmethoden, wie sie für die Prüfung von Seifen üblich sind, haben bei der Beurteilung der in der Lederindustrie verwendeten Seifen wenig Sinn. Der Gerbereichemiker wird an Hand einiger praktischer Prüfungen meist ein besseres Bild von der Brauchbarkeit einer Seife erhalten, als durch umfangreiche analytische Untersuchungen.

Da trotzdem in manchen chemischen Laboratorien der Lederindustrie mitunter die Untersuchung von Seifen vorkommen wird, sind die wichtigsten der neuen Analysenmethoden (Einheitsmethoden) hier angegeben.

---

[1] Siehe DGF-Einheitsmethoden (Abt. G) Wissensch. Verl.-Ges. m. b. H., Stuttgart 1950 (Erster Teil der in neuer Auflage erschienenen Einheitsmethoden, früher Wizöff-Methoden). Siehe auch Fußnote 1, S. 628.

Alkohol-Lösliches und -Unlösliches.

DGF-Einheitsmethoden G II 2 b (50).

Wenn die Probe in heißem Wasser nicht klar löslich ist, so deutet das auf besondere Füllstoffe, wie Talkum und Kaolin usw., hin. Diese stören in größerer Menge die Bestimmungen. Sie werden deshalb vorher durch Ausziehen der Untersuchungsproben mit Alkohol abgeschieden. Dabei werden auch störende organische Bestandteile (Stärke, Celluloseabkömmlinge) abgetrennt. Alkohollösliche und -unlösliche Anteile werden hierauf gesondert untersucht. Fehlen wasserunlösliche Stoffe, so erübrigt sich das Ausziehen. Trotzdem gliedert man für den Untersuchungsgang zweckmäßig die Bestandteile der seifenhaltigen Waschmittel in einen alkohollöslichen und einen alkoholunlöslichen Teil.

Im Alkoholextrakt befinden sich unter anderem die Seifen. Ansäuern scheidet die Fettsäuren und fettähnlichen Stoffe ab. Das dabei entstehende Gemisch ätherlöslicher Verbindungen bezeichnet man als Gesamtrohfettsäure. Die Gesamtrohfettsäure kann neben den eigentlichen Fettsäuren auch Wachse, Harzsäuren und Naphthensäuren enthalten, ferner unverseiftes Glycerid und Wachsester, Unverseifbares aus natürlichen Fetten und aus Überfettungsmitteln, außerdem schwerflüchtige Reste von Lösungsmitteln, u. a. m. Die Gesamtrohfettsäure kann durch verschiedene Operationen in einzelne Fraktionen zerlegt werden. Die genaue Durchführung dieser Trennungen ist aus den Sondervorschriften zu ersehen. Der Untersuchungsgang ist folgender:

Eine wässrig-alkoholische Lösung der Seife wird mit Petroläther ausgeschüttelt. Der Petrolätherauszug enthält den Neutralteil, der aus Unverseiftem und Unverseifbarem besteht. Wenn die Seife freie Fettsäuren enthält, so befinden sich diese gleichfalls im Auszug. Dieser wird mit alkoholischer Kalilauge verseift und daraus das Unverseifbare mit Petroläther ausgeschüttelt.

Die vereinigten wässrig-alkoholischen Lösungen enthalten nun nur noch das Verseifbare. Durch Abtreiben des Alkohols, Ansäuern und Ausäthern gewinnt man die freien Säuren. Man kann darin nach besonderen Verfahren die Harzsäuren und die Oxysäuren bestimmen. Meist werden diese jedoch schon aus der Gesamtrohfettsäure abgeschieden. Der Anteil an Rein-Fettsäure, ohne Harz- und Oxysäure, wird häufig durch Differenzrechnung ermittelt.

Im alkohollöslichen Anteil befinden sich auch noch Glycerin, Triäthanolamin und Alkalihydroxyd, wenn diese Stoffe in der Probe vorhanden sind. Das freie Alkalihydroxyd kann nach dem Alkohol-Verfahren oder nach dem Bariumchlorid-Verfahren bestimmt werden. Das Glycerin wird im Sauerwasser nach Abtrennung der Gesamtrohfettsäuren bestimmt. Für die Bestimmung des Triäthanolamins gibt es zur Zeit kein Verfahren, das vollauf befriedigt.

Das Alkoholunlösliche einer Seife kann sowohl anorganische wie organische Stoffe enthalten. Es werden weiter unten Vorschriften für die Bestimmung der Chloride, Carbonate, Phosphate, Sulfate, Silikate und Borate gegeben. Etwa vorhandene weitere organische Bestandteile werden nach den Vorschriften der anorganischen Analyse behandelt. Besondere Bedeutung hat die Bestimmung des Gesamtalkalis.

Als alkoholunlösliche organische Stoffe können unter anderem vorkommen: Stärke, Dextrin, Zucker, Tylose, Relatin, Fondin, Pflanzenschleim, Alginsäure, Casein und andere Eiweißstoffe.

Um die wasserunlöslichen anorganischen Bestandteile zu bestimmen, geht man am besten von der Asche aus. Die Asche wird wiederholt mit Wasser gekocht, die wässerige Lösung filtriert. Sie wird für Nachweise und Bestimmungen gebraucht. Als Filtrierrückstand hinterbleiben hauptsächlich wasserunlösliche, anorganische Füllmittel, z. B. Kieselgur, Kreide, Talkum, Asbest, Bimsstein, Bentonit, Kaolin, Titandioxyd, Zinkoxyd, Schwerspat, Erdfarbe und Sand. Sie werden wie üblich nachgewiesen und bestimmt.

Harzsäuren.

DGF-Einheitsmethoden G III 9 a—b (50).

α) Qualitativer Nachweis mit Schwefelsäure: Eine Probe der Gesamtfettsäure aus der Seife oder dem seifenhaltigen Waschmittel wird im Reagensglas unter schwachem Erwärmen mit 1 ccm Essigsäureanhydrid geschüttelt und nach dem Abkühlen mit 1 Tropfen 45%iger Schwefelsäure (spez. Gew. 1,53) versetzt.

Bei Gegenwart von Harzsäuren färbt sich das Gemisch vorübergehend rotviolett und wird dann braungelb bis grünlich fluoreszierend. Die Reaktion ist nicht eindeutig, da Harzöle, gewisse Sterine, Fettsäuren aus grünen Sulfurölen und anderen ebenso färben können. Erhöhung des spezifischen Gewichtes und der optischen Aktivität der Gesamtrohfettsäuren sind daher für die Anwesenheit der Harzsäuren mitbestimmend. Auch der Geruch kann Harzsäuren verraten.

β) Nachweis nach Halphen-Grimaldi: Etwa 0,01 g Seife wird in einer Porzellanschale mit etwas Salzsäure erhitzt, wodurch die Fettsäure freigemacht wird. Die überschüssige Salzsäure wird abgedampft. Man behandelt dann die Masse mit etwa 0,5 ccm einer Lösung von Phenol in Tetrachlorkohlenstoff (1 : 2). Hierauf läßt man in die Schale, deren Wand mit dem Gemisch benetzt ist, die Dämpfe einer Lösung von Brom in Tetrachlorkohlenstoff (1 : 4) fließen. Bei Gegenwart von Harzsäuren entsteht sofort eine tiefblaue Färbung.

γ) Quantitative Bestimmung durch Titration:

Reagenzien.

1. 4%ige Lösung von β-Naphthalinsulfosäure oder p-Toluolsulfosäure in Methanol;
2. n/5 alkoholische Kalilauge.

Ausführung. In einem 250-ccm-Schliffkolben werden etwa 2,0 g der Gesamtrohfettsäure mit 20 ccm methylalkoholischer β-Naphthalinsulfosäure-Lösung oder p-Toluolsulfosäure-Lösung versetzt. Man kocht 30 Minuten lang am Rückflußkühler. In gleicher Weise wird ein Blindversuch oder für sehr genaue Messungen ein Versuch mit einer der Gesamtrohfettsäure entsprechenden Menge reiner Fettsäure angesetzt. Nach dem Abkühlen werden beide Lösungen mit $^n/_5$-alkoholischer Kalilauge gegen Phenolphthalein titriert.

Berechnung. Es bedeutet

$E =$ Einwaage an trockener Fettsäure,

$a =$ verbrauchte ccm $^n/_5$-KOH für den Hauptversuch, und

$b =$ verbrauchte ccm $^n/_5$-KOH für den Blindversuch.

Der Harzgehalt der Gesamtrohfettsäure errechnet sich dann nach der folgenden Formel:

$$\% \text{ Harzsäure} = \frac{(a - b) \times 6{,}04}{E},$$

wenn man als Molgewicht der Harzsäuren den theoretischen Wert (= 302) einsetzt.

δ) *Bestimmung durch Wägen.* Man wägt 2 g der erhaltenen Gesamtrohfettsäure ein, löst sie in 11 bis 12 ccm wasserfreiem Methanol und kocht sie, um die Fettsäure möglichst vollständig zu verestern, 2 Minuten am Rückflußkühler mit 5 bis 10 ccm eines wasserfreien Gemisches aus 1 Teil konz. Schwefelsäure und 4 Teilen absolutem Methanol. Nach Zugabe von etwa 100 ccm 10%iger Kochsalzlösung wird mit etwa 100 ccm Äther in einem Scheidetrichter ausgeschüttelt. Man trennt die Ätherschicht ab und schüttelt die wässerige Schicht noch einige Male mit je 50 ccm Äther aus, bis sich die Ätherschicht nicht mehr färbt. Die ätherischen Lösungen werden vereinigt und mit 10%iger Kochsalzlösung zunächst gegen Kongorot säurefrei gewaschen. Man zieht das letzte Waschwasser ab, setzt der Ätherlösung etwas Alkohol zu und neutralisiert sie mit alkoholischer $^n/_2$-Kalilauge gegen Phenolphthalein, worauf man noch 1 bis 2 ccm dieser alkoholischen Lauge hinzugibt. Nachdem die ätherische Lösung mit 50 ccm dest. Wasser gewaschen ist, wird die wässrige Lösung, welche die Harzsäuren als Alkalisalze enthält, samt der braungefärbten unter der Ätherlösung liegenden Zwischenschicht, die viel Harzsäure enthält, abgetrennt. Man wäscht die ätherische Schicht mehrmals mit Wasser und vereinigt die wässerigen Lösungen. Seifenlösung und Waschwässer werden auf ein kleines Volumen eingedampft (ungefähr 10 ccm). Man zersetzt mit dem gleichen Raumteil gesättigter Kochsalzlösung, säuert mit verd. Schwefelsäure an und nimmt die Harzsäuren einschließlich dem noch nicht veresterten Fettsäurerest in Äther auf.

Man trocknet die ätherische Schicht mit entwässertem Natriumsulfat, filtriert sie in einen Kolben und dampft das Lösungsmittel ab. Darauf läßt man den Rückstand erkalten und löst ihn von neuem in 10 ccm Methanol auf. Dann gibt man 5 ccm eines Gemisches aus 1 Teil konz. Schwefelsäure und 4 Teilen absolutem Methanol hinzu. Man verestert, äthert die Harzsäuren wieder aus und isoliert sie wie das erstemal. Man verdampft den Äther und trocknet bei 105° bis zu konstantem Gewicht.

$$\% \text{ Harzsäure} = \frac{100 \times A}{E}.$$

A = Gewogene Harzsäuren,
E = Einwaage.

Gesamtes freies Alkali.
DGF-Einheitsmethoden G III 14 (50).

10,0 g Seife werden auf dem siedenden Wasserbad oder auf kleiner Flamme unter ständigem Rühren in möglichst wenig Wasser gelöst und mit 100 ccm Alkohol (80%ig neutralisiert) versetzt, dem man eine bekannte Menge Fettsäure von bekanntem Molekulargewicht zugefügt hat. (Bei Reihenbestimmungen kann ein bekanntes Volumen frisch hergestellter alkoholischer Lösung von Fettsäure bekannten Titers gebraucht werden.) Für besonders reine 72%ige Seife genügt 1 g Fettsäure, was ungefähr 3,5 ccm 1 n-Lösung entspricht.

Nach vollständigem Lösen titriert man die nicht gebundene Fettsäure mit alkoholischer 1 n-KOH zurück.

Indikator: Phenolphthalein.

Berechnung: Ist

n_1 = ccm 1 n-Alkali, die zur Titration erforderlich waren,
n = ccm 1 n-Alkali, die zum Binden der zugefügten Fettsäure notwendig waren, so entspricht
$n—n_1$ = ccm des gesamten unter den gegebenen Bedingungen titrierbaren Alkalis.

Ammoniak.
DGF-Einheitsmethoden G III 22 (50).

Vorbemerkung: Ammoniak, Ammoniumcarbonat oder -chlorid kommen mitunter in Schmierseifen, flüssigen Seifen, Waschpulver usw. vor.

Bestimmung: 10,0 g der Probe werden in einem 300 ccm-Erlenmeyerkolben mit eingeschliffenem Glasstopfen (sogenannte Jodzahlkolben) in 80 ccm Wasser gelöst. Um die Seife zu zersetzen, fügt man einige Tropfen Methylrot, unter Umschütteln 10%ige Schwefelsäure bis zum Farbumschlag und noch etwa drei weitere Kubikzentimeter zu. Nun wird etwa 1 g geglühter Kieselgur beigegeben und nach Verschluß des Erlenmeyerkolbens mehrfach kräftig geschüttelt. Sobald sich der Niederschlag etwas abgesetzt hat, wird in einen 200 ccm-Meßkolben filtriert und der Erlenmeyerkolben sowohl wie der Niederschlag auf dem Filter viermal mit etwa 20 ccm dest. Wasser nachgewaschen. Aus dem bis zur Marke aufgefüllten Meßkolben pipettiert man 100 ccm Lösung in den Destillationskolben eines Ammoniakbestimmungsgerätes, fügt 25 ccm 33%ige Natronlauge zu und destilliert das Ammoniak in eine Vorlage mit überschüssiger $n/_{10}$-Schwefelsäure. Wenn das Ammoniak völlig übergetrieben ist, wird der Säureüberschuß mit $n/_{10}$-Lauge gegen Methylrot zurücktitriert.

Berechnung:

Gegeben: E = Einwaage
a = verbrauchte ccm $n/_{10}$-Schwefelsäure

$$\% \text{ Ammoniak } (NH_3) = \frac{0,34 \times a}{E}.$$

3. Alkylsulfate und -sulfonate (Fettalkoholsulfate und -sulfonate).

a) Allgemeines.

Die wichtigsten oberflächenaktiven Stoffe, die in der Gerberei als Fettungshilfsmittel die Seifen verdrängt haben und auch noch auf anderen Gebieten der Lederherstellung Verwendung finden, sind die Alkylsulfate bzw. -sulfonate.

Die Fettalkohole werden durch Hydrierung von Fettsäuren nach dem Schema

$$CH_3 \cdot (CH_2)\, n \cdot COOH + 2\, H_2 \rightarrow CH_3 \cdot (CH_2)\, n \cdot CH_2OH + H_2O$$

hergestellt. Auf die Einzelheiten des Verfahrens braucht hier nicht eingegangen zu werden. Praktische Verwertung finden nur die Alkohole mit mehr als 8 C-Atomen.

Werden ungesättigte Fettalkohole dem Sulfatierungsprozeß unterworfen, so sind zwei Reaktionen möglich:

1. Die Sulfatierung der Doppelbindung

$$R \cdot CH = CH \ldots CH_2OH + H_2SO_4 \rightarrow R \cdot CH_2 \cdot CH \ldots CH_2OH + H_2O;$$
$$\overset{|}{OSO_3H}$$

2. Die Sulfatierung an der Hydroxylgruppe

$$R \cdot CH = CH \ldots CH_2OH + H_2SO_4 \rightarrow R \cdot CH = CH \ldots CH_2 + H_2O.$$
$$\overset{|}{OSO_3H}$$

Durch Neutralisation werden die Natriumsalze erhalten.

Der Verlauf der Reaktion ist von der Temperatur abhängig. Nach C. Rieß (1) werden bei Sulfatierung mit 40% Schwefelsäure (5 Stunden) bei 0° 30,9%, bei 40° 40,2% Oleinalkohol an der Doppelbindung sulfatiert. Bei tiefen Temperaturen wird der Veresterungsprozeß sowohl an der Hydroxylgruppe wie an der Doppelbindung sehr gehemmt.

Der Sulfatierungsprozeß verläuft nicht so einfach wie aus den Formeln abzuleiten ist. Durch Aufspaltung der Sulfate ungesättigter Alkohole können Gemische mit den entsprechenden zweiwertigen Glykolen entstehen. Ferner ist mit der Entstehung von Dischwefelsäureestern zu rechnen.

Die heute benützten, meist patentierten Verfahren zur Herstellung von sulfatierten — oder auch sulfonierten — Fettalkoholen sind sehr zahlreich. Die bei diesen Verfahren gegebenen technischen Möglichkeiten gleichen denen für die Herstellung sulfatierter oder sulfonierter Öle (interne und externe Ester). Die wichtigsten Produkte enthalten Lauryl-, Oleyl-, Stearyl- und Cetylalkohol. Je energischer die Einwirkung der Schwefelsäure ist, um so mehr wird die Bildung echter Sulfosäuren gefördert.

Wie bei den Seifen sind auch bei den Alkylsulfaten die ungesättigten Produkte leichter löslich als die ohne Doppelbindung. Alkylsulfate, bei denen die Doppelbindung erhalten bleibt, sind bereits in der Kälte gut löslich. Je länger die C-Kette der Verbindungen, um so mehr nimmt die Wasserlöslichkeit ab.

Gesättigte Alkylsulfate mit 12 bis 14 C-Atomen im Molekül sind gegen Wasser bis zu 30° Härte, solche mit 16 bis 18 C-Atomen gegen Wasser bis zu 10 bis 20° Härte beständig. Die Oleinalkoholdischwefelsäureester sind gute Dispersionsmittel für Kalkseifen (J. Hetzer).

Als stark grenzflächenaktive Verbindungen sind die Alkylsulfate bzw. -sulfonate hoch wirksame Emulgatoren. Sie übertreffen in dieser Eigenschaft die Seifen. Sie werden vom Leder rasch aufgenommen und sind weitgehend unabhängig vom p_H-Wert des Gemisches, in dem sie verwendet werden.

Die einfachen Alkylsulfate sind in kochender Salzsäure spaltbar, während Alkylsulfonate, die also echte Sulfosäuren enthalten, nicht spaltbar sind.

Die Alkylsulfate werden der Lederindustrie unter zahlreichen Handelsbezeichnungen angeboten. Die ältesten Produkte sind wohl die Smenole der Böhme-Fettchemie, Chemnitz (jetzt Düsseldorf). Heute werden jedoch von fast allen Firmen der Fettindustrie Fettalkoholsulfate hergestellt.

b) Übersicht über die der Lederindustrie bis Ende 1954 angebotenen Alkylsulfate.[1]

Ebenin AB. (E[2]). Alkylsulfat in Pastenform, 30%. Als Emulgator für Öle und Fette empfohlen. Verwendung beim Lickern und Fettschmieren.

Eberol W. (E). Alkylsulfat mit bakterizider Wirkung. Unempfindlich gegen Säuren, Alkalien und Salze. p_H 8,0. Klarlöslich. Zur Beschleunigung des Weich- und Äscherprozesses empfohlen.

Ebotan A. (E). Flüssiges Alkylsulfat. Säure- und alkalibeständig. 35%ig. p_H 5 bis 6. Hilfsmittel beim Fettlickern.

Ebotan SJ. (E). Flüssiges Alkylsulfat. Säure- und alkalibeständig. Wirkt lösend auf schwerlösliche Gerbstoffanteile. Ist bakterizid, verhindert Schimmelbildung.

Ebotan SSJ. (E). Flüssiges Alkylsulfat mit stärkster bakterizider Wirkung. Säure- und alkalibeständig. Konservierungsmittel bei der Lederzurichtung.

Gardinol-ML-Paste. (B). Pelzwaschmittel. Alkylsulfat. Beständig gegen Härtebildner, Salze, Alkalien und Säuren.

Lanoelarin D 503/DLM. (B). Pelzwaschmittel. Pastenförmig. Stark entfettende Wirkung.

Lorical D. (B). 45%iges Alkylsulfat aus ungesättigten höheren Alkoholen. Hilfsmittel beim Lickern weicher Leder.

Metrapol. (B). 45%iges Alkylsulfat aus gesättigten höheren Alkoholen. Hilfsmittel beim Lickern weicher Leder.

Neopalin A. (E). Lösungsmittelhaltiges Alkylsulfat. Säure- und alkalibeständig. Klarlöslich. Wasch- und Reinigungsmittel für Pelze.

Olinol extra. (T). Alkylsulfat. Beständig gegen hartes Wasser. Zusatzmittel für Fettlicker.

Pekorol M. (B). Hilfsmittel beim Weichen. Beständig gegen Wasserhärte, Säuren und Alkalien. Produkt echter Sulfosäuren.

Pekorol MFK. (B). Echte Sulfonate. Beständig gegen Wasserhärte, Säuren und Alkalien. Äscherzusatzmittel.

Pellastol P. (ZS). Alkylsulfat. Beständig gegen Wasserhärte, Alkalien und Säuren. 40%iges Hilfsmittel bei der Fettung von Velour, Samtcalf, Handschuhleder u. ä.

Pelzwaschmittel LP konz. (BASF). Alkylsulfat mit schwach alkalischer Reaktion. Beständig gegen Härtebildner, Alkalien und Säuren. Entfettungsmittel und Hilfsmittel beim Lickern.

Praestapol LO. (St). Alkylsulfat mit 44% wirksamer Substanz. Emulgator und Waschmittel.

Produkt CFD 1931 N. (ZS). Alkylsulfat. Empfohlen als Emulgator für hochbeständige Fettemulsionen.

Resistol A. (T). Stark alkylsulfathaltiges wasserlösliches Gerb- und Bleichöl für pflanzlich gegerbte Ledersorten. Kalk-, säure und bittersalzbeständig.

Smenol DL konz. Paste. (B). 50%iges Alkylsulfat. Emulgator für Öle, Fette, Wachse.

Smenol DV. (B). 50%iges Alkylsulfat. Beständig gegen hartes Wasser, Säuren, Alkalien und synthetische Gerbstoffe.

c) Untersuchung der Alkylsulfate und -sulfonate.

Eine Untersuchung ist für den Gerbereichemiker nur ganz selten erforderlich, da sein Interesse vorwiegend den Emulgatoreneigenschaften dieser Produkte

---

[1] Stand 1954; ein Unterschied zwischen Alkylsulfaten und Alkylsulfonaten ist im Text nicht gemacht.

[2] Abkürzungen der Herstellerfirmen s. Fußnote S. 550.

gilt, über die er sich durch den praktischen Versuch am raschesten Aufklärung verschaffen kann.

Ist aus irgendwelchen Gründen eine Bestimmung der Fettalkohole erwünscht, so verfährt man bei spaltbaren Produkten am zweckmäßigsten nach der folgenden von K. Lindner, A. Russe und A. Beyer empfohlenen Methode: 5 bis 7 g Alkylsulfat werden in einen Schliffkolben eingewogen und in 25 ccm dest. Wasser in der Wärme gelöst. Hierauf setzt man 50 ccm Salzsäure (D_{15} 1,19) hinzu und kocht unter Rückfluß 1 Stunde lang (Siedeperlen). Nach dieser Zeit kühlt man den Kolbeninhalt ab und führt ihn quantitativ mittels Wasser und Petroläther in einen Scheidetrichter über. Nach erfolgter Schichtentrennung wird das Säurewasser abgezogen und nochmals extrahiert. Die vereinigten Petrolätherextrakte werden mehrmals mit Wasser, falls nötig unter Zusatz von gesättigter sulfatfreier Kochsalzlösung, säurefrei gewaschen (Prüfung der Waschwässer mit Methylorange auf Säure). Die gewaschene Petrolätherlösung wird über entwässertem Glaubersalz filtriert. Das Filtrat wird abgedampft und der Rückstand bei 50° — bei höchstmolekularen Alkoholen gegebenenfalls bei höherer Temperatur — bis zum Verschwinden des Petroläthergeruchs getrocknet[1].

Die Analyse aller Produkte, die echte Sulfonsäuren enthalten, ist mit den gleichen Schwierigkeiten verbunden wie sie bei der Untersuchung nicht spaltbarer sulfonierter Öle geschildert worden sind. (s. S. 537). Für die Untersuchung solcher Produkte haben ebenfalls K. Lindner und Mitarbeiter (s. oben) Vorschläge gemacht.

Nach deren Angaben ist eine genaue Trennung der echten Sulfonsäuren durch Ausschütteln der vereinigten, gut gewaschenen Petrolätherextrakte mit heißem 70%igem Äthylalkohol möglich. Man behandelt zu diesem Zweck die Petrolätherextrakte drei bis fünfmal mit je 50 ccm Alkohol unter Zusatz von einigen Tropfen Natronlauge (schwach alkalisch gegen Phenolphthalein) 30 Minuten im Schliffkolben mit Rückflußkühler auf siedendem Wasserbad. Über das weitere Analysenverfahren siehe die genannte Originalarbeit. Bei neueren Fettalkoholsulfonaten versagt die Methode. Zur raschen Orientierung, ob bei einer sauren Verkochung mit Schwefelsäure (1 : 3) Fettsäuren oder Fettalkohole abgespalten oder ob nur die entsprechenden Säuren der anionaktiven Substanzen in Freiheit gesetzt werden, kann folgende Probe (Fluorol 5 G-Probe) von B. Wurzschmitt, S. 171, dienen:

Man verkocht etwa 3 ccm der wässerigen Lösung mit demselben Volumen Schwefelsäure 1 : 3 einige Minuten. Bei Alkoholsulfaten, sulfatierten Türkischrotölen und Fettsäureäthylenoxydaddukten ist dabei praktisch nach etwa 3 Minuten jede Schaumbildung verschwunden. Schäumt die Lösung dennoch, so sind neben diesen Verbindungen noch andere, nicht zerlegbare kapillaraktive Substanzen vorhanden.

Nun gibt man in die Lösung einige Milligramm Fluorol 5 G-Pulver, kocht kurz auf, kühlt ab und betrachtet unter der Ultra-Analysenlampe. Sind Fettalkohole oder Fettsäuren abgespalten worden, dann lösen diese das Fluorol 5 G auf und die ganze Lösung fluoresziert hellgelbgrün. Im andern Falle sieht man nur einzelne Punkte von Fluorol 5 G hellgrün fluoreszieren, weil keine Lösung erfolgt ist.

Die Reaktion kann also anzeigen, ob spaltbare Fettsäure- oder Fettalkoholprodukte vorliegen.

Siehe hier auch die neueren Untersuchungsmethoden für Alkylarylsulfonate und Fettalkoholsulfonate, die R. Wickbold besprochen und für deren zweckmäßige Durchführung er Vorschläge gemacht hat. Die Methode beruht auf der Fällung der Sulfonate mit p-Toluidinchlorhydrat. Die p-Toluidin-Natrium-

---

[1] Bei der Untersuchung von Alkylsulfaten, die von Kokosfett stammen, macht das Trocknen bis zu konstantem Gewicht Schwierigkeiten (s. K. Lindner, A. Russe und A. Beyer, S. 94).

sulfonat-Lösung wird durch einen Kationenaustauscher gegeben. Das Filtrat enthält das extrahierte Sulfonat quantitativ als freie Sulfosäure und kann ohne Schwierigkeit mit Natronlauge titriert werden. Einzelheiten siehe in der Originalarbeit.

4. Sonstige grenzflächenaktive Hilfsstoffe.

Im folgenden sind noch einige grenzflächenaktive Produkte erwähnt, die in den letzten Jahren der Lederindustrie zum Teil als Emulgatoren für die Lederfettung angeboten worden sind, zum Teil auch als Netzmittel auf anderen Gebieten der Lederherstellung Verwendung gefunden haben. Einzelne Produkte, wie z. B. die Mersolate, sind erwähnt, weil sie als Ausgangsstoffe bei der Herstellung neuerer Lederfettungsmittel eine Rolle spielen.

a) Mersol und Mersolate.

Bei der Sulfochlorierung von Kohlenwasserstoffen aus der Fischer-Tropsch-Synthese erhält man sekundäre Alkylsulfosäuren der allgemeinen Formel

$$\begin{array}{c} R \\ {>}CHSO_2\,Cl, \\ R \end{array}$$

die mit Natronlauge Natriumverbindungen mit der Bezeichnung Mersolate ergeben. Nach E. Götte sind die Mersolate als ein Gemisch zahlreicher strukturisomerer sekundärer Alkylsulfonate anzusehen, deren Sulfonatgruppe in den Einzelkomponenten mittelständig oder mehr oder weniger endständig gebunden ist.

b) Fettsäurekondensationsprodukte.

Diese sind echte Sulfosäuren mit endständiger Sulfogruppe und einem Kohlenwasserstoffrest von meist 18 C-Atomen. Hierher gehört unter anderem das zuerst als Jgepon A bezeichnete, heute als Hostapon TS (Farbwerke Hoechst) im Handel befindliche Natriumsalz der Ölsäureester der Oxäthansulfosäure und das früher als Jgepon T bekannte Natriumsalz des Ölsäuremethyltaurids. Beide Produkte sind bei gewöhnlicher Temperatur wasserlöslich und besitzen ein hohes Kalkseifendispergiervermögen.

Das Derminol HL (Farbwerke Hoechst), das mit dem Derminol L der früheren I. G. Farbenindustrie A. G. identisch ist, stellt ein Fettsäurekondensationsprodukt auf Tranbasis dar, das als Hilfsmittel für die Lederfettung empfohlen wird. Es ist beständig gegen Alkalien und Säuren und verhindert die Kalkseifenbildung. Auch der Emulgator Lipoderm A (BASF.) gehört zur Gruppe der Fettsäurekondensationsprodukte.

c) Alkylarylsulfonate.

Die Alkylarylsulfonate sind in den letzten Jahren vor allem in USA in großem Umfang als Emulgierungs- und Waschmittel verwendet worden. Einige werden als Hilfsmittel für die Lederfettung bezeichnet.

Pelzwaschmittel HTL und HTL spec. sind ebenfalls auf der Grundlage von Fettsäurekondensationsprodukten und Lösungsmitteln aufgebaute Emulgatoren, die zum Waschen von Pelzfellen aller Art verwendet werden.

d) Äthylenoxyd- und andere Kondensate.

Zu dieser Gruppe werden zahlreiche Hilfsstoffe für die Textil- und Lederindustrie gerechnet, die sich durch stark emulgierende Eigenschaften auszeichnen, so z. B. das Amollan C (BASF), Igepal und Emulphor (BASF), Remolgan HA (Farbwerke Hoechst), Leonil RW hochkonz. (Farbwerke Hoechst), Pelzwaschmittel HS (Farbwerke Hoechst), Coralon GA (Farbwerke Hoechst), Coralon F (Farbwerke Hoechst).

Zu den Alkylbenzolsulfonaten gehören z. B. das Furan A und ein Emulgator K 80 (Schill und Seilacher, Stuttgart), zu den Naphthalinsulfonaten die als Nekale bekannten Netzmittel. Ein Ölsäure-Benzimidazolderivat ist das als Emulgator bekannte Ultravon W (Ciba).

e) Kationaktive Hilfsstoffe.

Auf diese zur Zeit oft erwähnten neuartigen Verbindungen ist bereits auf S. 628 hingewiesen. E. Götte unterscheidet zwei Gruppen von kationaktiven Seifen, die Aminsalze vom Typ RNH_2HCl, welche in Wasser positiv geladene grenzflächenaktive Ionen nach der Gleichung bilden

$$RNH_2HCl \rightarrow (RNH_3)^+ + Cl',$$

und quaternäre Salze, die mehr oder weniger alkalibeständig sind.

Zu den Kationseifen gehören auch die Soromine, die nach G. Otto (2) als Ersatz für Seifen bei Seifenschmieren verwendet werden sollten, da sie die Nachteile der Anionseifen gegenüber lohgarem Leder nicht aufweisen.

Das Problem der kationaktiven Fett- und Fettungshilfsmittel ist von G. Otto (2) im Zusammenhang mit der Fettung stark saurer Leder aufgeworfen worden, bei denen selbst säurebeständige Sulfat- bzw. Sulfonatlicker nicht mehr genügen. Gerade bei solchen Ledern empfiehlt G. Otto (2) die Verwendung von kationaktiven Produkten, die im Gegensatz zu den anionischen Fettungsmitteln in ihrer Verteilung um so stabiler sind, je niedriger der p_H-Wert der Emulsion ist. Über den starken Einfluß kationaktiver Stoffe auf die Verteilung des Fettes im Leder s. S. 657 und 675.

Mit einem kationaktiven Emulgator, dem Cetyldimethylbenzylammoniumchlorid, hat in jüngster Zeit B. Roll Lickerversuche angestellt, die mit kombiniert gegerbtem Leder durchgeführt worden sind. Die Versuche und ihre Ergebnisse sind auf S. 675 beschrieben. Der kationaktive Emulgator zeigte dabei eine stärkere Affinität zum pflanzlich gegerbten Leder als sulfatierte Öle. Er drang aber in die Innenschichten des Leders beim Lickern nur wenig ein.

Zur analytischen Orientierung, ob ein grenzflächenaktiver Stoff unbekannter Art Fettsäuren oder Fettalkohole enthält, schlägt B. Wurzschmitt die nachstehende Prüfungsmethode vor. Je nach saurer oder alkalischer Verkochung verfährt man wie folgt:

1. *Reagenzien:*

a) 0,1%ige ätherische Lösung von Schwarzbasen BB[1].

b) Äther, säurefrei, über Ätzkali destilliert und über Ätzkali aufbewahrt. Auch zur Herstellung des Reagens a ist solcher Äther zu verwenden.

c) Methanol, gegen Methylorange genau neutral gestellt.

d) 0,05 n Natronlauge.

2. *Ausführung der Probe:*

a) Bei saurer Verkochung: Die abgekühlte Verkochung wird im kleinen Scheidetrichter mit Äther ausgeschüttelt. Nach gutem Absitzenlassen gießt man

---

[1] BASF, Ludwigshafen a. Rh.

den Äther von oben in ein Reagensglas ab. Nun setzt man zwei Tropfen Methylorangelösung zu, die zu Boden fallen und sich in den meisten Fällen durch Spuren mitgerissener Schwefelsäure rot färben. Unter kräftigem Umschütteln neutralisiert man tropfenweise mit 0,05 n-Natronlauge. Man schüttet den Äther von der wässerigen Phase in ein zweites Reagensglas ab und gibt einige Tropfen der Schwarzbase BB-Lösung und etwa dieselbe Menge Methanol zu. Bei Anwesenheit von Fettsäuren ist die Lösung blau gefärbt[1]. Fettalkohole ergeben eine rote Färbung. Erhält man also eine rote Färbung, dann weiß man, daß keine Fettsäure abgespalten worden ist. Die Rotfärbung würde jedoch auch bei Anwesenheit von Fettalkoholen entstehen. Man muß die Fettalkohole also noch nach der Fluorol 5 G-Probe (S. 635) nachweisen. Man kann auch so verfahren, daß man die ätherische Lösung mit verdünnter Natronlauge durchschüttelt und den Äther abtrennt. Zeigt der Äther dann unter der Ultra-Analysenlampe eine starke Fluorescenz, so kann man mit Sicherheit auf die Anwesenheit von Fettalkoholen schließen.

b) Bei alkalischer Verkochung: Bei alkalischer Verkochung äthert man zunächst alkalisch aus. Der Äther würde die abgespaltenen Fettalkohole enthalten, deren Nachweis wie oben beschrieben, erfolgen kann. Dann säuert man an und äthert erneut aus, um die eventuell abgespaltenen Fettsäuren in den Äther zu bekommen, die man dann genau wie oben beschrieben nachweisen kann.

C. Praxis der Lederfettung.

I. Allgemeines.

Die meisten lohgaren Leder müssen nach der Gerbung erst ausgewaschen werden, damit der Hauptteil der nichtgebundenen Gerbstoffe aus dem Leder entfernt wird. Dieses Auswaschen kann erfolgen:

1. In Gruben, in denen man die Häute einfach in Wasser einhängt,

2. in Auswaschfässern, in denen durch mechanische Bewegung und dauernd zufließendes frisches Wasser das Entfernen des überschüssigen Gerbstoffs bewirkt wird, und endlich

3. mit Hilfe besonderer Auswaschmaschinen.

Meist wendet man mehrere dieser Methoden hintereinander an. Vor allem sollte man zum Auswaschen lohgaren Leders, wenn irgend möglich, kein zu hartes Wasser verwenden, weil sonst eine unerfreuliche Veränderung der Lederfarbe unvermeidlich ist. Das Auswaschen der lohgaren Leder ist sehr wichtig, wenn auch der Grad des Auswaschens von der Ledersorte, die man herstellen will, abhängt. Bodenleder, das weder gefettet noch gefärbt wird und fest sein soll, erfordert ein weniger gründliches Auswaschen als oberlederartige Leder, Vachetten, farbige Zeugleder und Feinleder jeder Art. Mangelhaft ausgewaschene lohgare Leder trocknen trotz vorherigen Abölens fleckig und dunkel auf, lassen sich nur schwer gleichmäßig durchfetten und machen beim Färben Schwierigkeiten. Auf die Vorbereitung des Chromleders zum Fetten (Lickern) wird später eingegangen werden (s. S. 654).

Trocknet man Leder unmittelbar nach der Gerbung auf, so erhält man ein unansehnliches, hartes und steifes Produkt, das beim Biegen leicht bricht. Loh-

---

[1] Vermutet man die gleichzeitige Anwesenheit von Fettsäuren und Fettalkoholen, dann macht man zweckmäßig nach der sauren Verkochung alkalisch und verfährt nach b.

gares Leder ist, selbst wenn es ausgewaschen worden ist, dunkel gefärbt. Durch die Gerbung ist zwar verhindert worden, daß die einzelnen Fasern zusammenkleben, wie dies etwa beim Auftrocknen eines Stückes Rohhaut oder Blöße geschieht. Die Reibung zwischen ihnen ist aber, solange kein Schmiermittel vorhanden ist, noch sehr groß. Die Lederfaser kann sich in ungefettetem Zustand bei einer Längsbeanspruchung nicht dehnen und reißt ab. Besonders die Stichausreißfestigkeit solcher ungefetteten Leder ist sehr gering, weshalb Nähte bei Schuhen und Lederwaren leicht reißen und platzen würden. Auf die mangelhafte Wasserfestigkeit wird weiter unten eingegangen werden.

Um das Leder geschmeidig, weich elastisch oder, wie der Gerber sagt, „griffig" und „zügig" zu machen, muß man es nach der Gerbung zurichten. Hierzu gehört in erster Linie eine geeignete Fettung des Leders mit pflanzlichen, tierischen, mineralischen oder synthetischen Fettstoffen oder mit deren Gemischen.

Der sich bei der Fettung des Leders abspielende Vorgang ist weniger einfach als auf den ersten Blick erscheinen mag. Die Kollagenfaser nimmt weder in rohem noch in gegerbtem Zustand Fettstoffe auf. Fette und Öle können also die Fasern des Ledergefüges nicht durchdringen. Der Fettungsprozeß besteht hauptsächlich in einem Eindringen des Fettes in die zwischen den Fasern liegenden Kapillarräume. Gleichzeitig wird die Oberfläche der Faser mit einer feinen (monomolekularen) Fettschicht überzogen. Durch dieses Einlagern von Fettstoffen wird die Reibung der Fasern gegeneinander wesentlich verringert, es tritt eine „Schmierung" des gesamten Fasergefüges in des Wortes voller Bedeutung ein. Biegt man jetzt das Leder, so ist die Faser bei der Biegung in Fetteilchen eingebettet, wodurch die Reibungswiderstände nahezu verschwinden. Das gleiche gilt für eine Beanspruchung des Leders auf Zug. Die Faser kann sich ohne wesentliche Reibung ausdehnen, die Elastizität des Leders ist jetzt größer.

Bei manchen Fettstoffen sind neben der rein mechanischen Einlagerung in die zwischen den Faserbündeln liegenden Kapillarräume Adsorptionsvorgänge festzustellen, die auf eine Bindung des Fettes an die Faser schließen lassen und die eine Erklärung dafür bilden, daß ein Teil des bei der Fettung in das Leder eingebrachten Fettstoffes durch eine Extraktion mit Lösungsmitteln nicht mehr vollständig aus dem Leder entfernt werden kann. Eine solche Bindung an die Faser ist vor allem bei vielen sulfatierten und sulfonierten Ölen und bei Seetierölen anzunehmen. Auch gewisse Fettaustauschstoffe, die sulfochlorierte Anteile enthalten, scheinen eine starke Tendenz zur Adsorption an die Lederfaser zu besitzen. Bei diesen letztgenannten Produkten ist diese Erscheinung am ehesten verständlich und erklärbar, da sie manchen synthetischen Gerbstoffen mit ausgesprochenen Adsorptionsvermögen gegenüber der Kollagenfaser chemisch sehr nahe stehen (z. B. Immergan). Bei manchen Fettstoffen ist endlich die Tatsache, daß sie durch eine Lösungsmittelextraktion nicht mehr zurückgewonnen, also aus dem Leder nicht mehr vollständig entfernt werden können, sehr wahrscheinlich auf mehr oder weniger weitgehende Oxydations- bzw. Polymerisationsvorgänge zurückzuführen, durch welche die in das Lederfasergefüge eingelagerten Fettstoffe ganz oder teilweise unlöslich werden. Dabei ist es durchaus denkbar und in vielen Fällen sehr wahrscheinlich, daß Adsorptions- und Oxydations- bzw. Polymerisationsvorgänge sich nebeneinander abspielen. Sulfochloride werden hauptvalentig gebunden.

Gibt man auf ein lohgar aufgetrocknetes ungefettetes Stück Leder einen Tropfen Wasser, so wird dieser sofort vom Leder gierig aufgesogen. Es ist dies eine Folge der Kapillarwirkung, die von den Faserzwischenräumen ausgeht. Legt man ein solches Leder ins Wasser, so saugt es sich in ganz kurzer Zeit mit

Wasser voll. Es wird dabei weich und lappig, weil die Reibung der feuchten Fasern untereinander viel geringer ist als die der trockenen.

Anders verhält sich das gefettete Leder dem Wasser gegenüber. Die Kapillarräume zwischen den Fasern sind hier ganz oder teilweise mit Fett ausgefüllt. Je mehr Fett in das Leder hineingebracht worden ist, um so weniger Platz bleibt für das Wasser, um so langsamer dringt das Wasser in das Innere des Leders ein, um so geringer ist die Wasserdurchlässigkeit des Leders. Lohgar gegerbtes Sohlleder oder Vacheleder, das nur wenige Prozent Fett enthält, kann deshalb niemals eine Wasserdichtigkeit besitzen, wie sie z. B. stark gefettete und deshalb in hohem Grade wasserdichte Chromsohlledersorten mit 20 und mehr Prozent Fett aufweisen.

Es wurde oben erwähnt, daß beim Einweichen von trockenem lohgarem Leder das Lappigwerden darauf beruht, daß das Wasser die Reibung der Fasern untereinander verringert. Das Wasser isoliert bis zu einem gewissen Grad die im trockenen Leder fest aneinanderliegenden Fasern. Das Wasser lockert das Fasergewebe auf. Deshalb sind bei einem feuchten Leder die Vorbedingungen für ein gleichmäßiges Durchfetten weit mehr gegeben als beim trockenen Leder, weil in dem geschmeidigen Zustand das Fett bis in die feinsten Zwischenräume des Fasergefüges eindringen und dort das Wasser verdrängen kann. Als Grundregel für die Lederfettung gilt deshalb: Das Leder wird — abgesehen vom sogenannten Einbrennverfahren — stets in feuchtem Zustand gefettet.

Daß die physikalischen Eigenschaften des Leders durch den Fettungsprozeß beeinflußt werden, bei dem die Faserzwischenräume mit einem schmierenden, wasserabstoßenden Stoff angefüllt werden, ist ohne weiteres verständlich. Über die Veränderungen der Festigkeitseigenschaften und der Wasserdurchlässigkeit des Leders, die auf die Fettung zurückzuführen sind, ist in sehr zahlreichen Arbeiten berichtet worden, wobei die Ergebnisse der durchgeführten Untersuchungen bzw. Versuche nicht immer übereinstimmen. Auf diese Ergebnisse wird bei der Beschreibung der einzelnen Fettungsmethoden näher eingegangen werden.

Hier sei nur noch kurz auf die hydrothermischen Prüfungsmethoden von V. Kubelka und Z. Schneller hingewiesen, mit denen der Löslichkeitswert von gefettetem und ungefettetem Leder untersucht worden ist. Es wurde gefunden, daß dieser Löslichkeitswert, d. h. die Menge der unter bestimmten Bedingungen in Lösung gehenden Ledersubstanz, bei stark gefetteten Ledern geringer ist als bei ungefettetem Leder. Auch diese Feststellungen weisen auf die Schutzwirkung der Lederfettung hin.

Bei der praktischen Lederfettung steht der Gerber vor mehreren Fragen, von deren richtiger Beantwortung der Erfolg nicht nur des Fettungsprozesses, sondern meist der ganzen Zurichtung abhängt:

1. Wie viel Fett muß in das Leder eingearbeitet werden (Fettmenge)?

2. Welches Fett oder Fettgemisch ist für das zu fettende Leder das richtige (Auswahl des Fettes)?

3. Welche praktische Fettungsmethode ist am geeignetsten?

Die Fettmenge, mit der die einzelnen Ledersorten gefettet werden müssen, bzw. die oberen und unteren Grenzen, zwischen denen der Fettgehalt eines Leders liegen soll, war schon vor dem letzten Krieg durch Lieferungsbedingungen (Vereinbarungen) und während der Kriegszeit mit ihrem Fettmangel durch behördliche Vorschriften festgelegt. Heute gibt es nur für einzelne Ledersorten Vereinbarungen. Die letzten von der ehemaligen deutschen Versuchsanstalt für Lederindustrie Freiberg i/Sa. (jetziges Deutsches Lederinstitut der Ostzone) aufgestellten Gütevorschriften für die verschiedenen Lederarten, die durch neuere Arbeiten [F. Stather und H. Herfeld (2), (3)] überprüft und teilweise abgeändert worden sind, haben heute für die deutsche Lederindustrie — wenigstens für die der Westzone — keinen bindenden Charakter. Sie können aber sehr wohl auch heute noch als Richtlinien für die Fettgehalte der verschiedenen Ledersorten angesehen werden, die auf Grund umfangreicher Erfahrungen aufgestellt worden sind und sich in der Praxis auch bewährt haben. Diese Gütevorschriften schrieben für die einzelnen Leder (bei einem Wassergehalt des Leders von 14%) folgende Fettgehalte vor:

a) Pflanzlich gegerbte Leder:

Unterleder nicht über	2,0%	Futterleder (alle Arten)	3—8%
Brandsohlleder nicht über	2,0%	Schweißleder	3—8%
Fahlleder	17—23%	Portefeuilleleder bis	6%
Blankleder	5—12%	Spaltleder für Schaftversteifungen nicht über	10%
Riemenleder			
kalt geschmiert	bis 12%	Vachettenleder	4—9%
warm gefettet	bis 17%	Schweinstäschnerleder	2—7%
eingebrannt	bis 25%	Schweinsoberleder	17—23%
Geschirrleder	10—25%		

b) Chromleder:

Rindboxleder	2—6%	Chromriemenleder	
Boxcalfleder	2—6%	kalt gefettet bis	12%
Chevreau und Chevrette	4—8%	warm gefettet bis	17%
Chromvachetten	6—13%	eingebrannt bis	25%
Chromsohlleder einschließlich		Chromschlagriemenleder höchstens	35%
Imprägnierstoffe	20—35%	Chromhandschuhleder nicht über	10%
Schweinsoberleder		Chrombekleidungsleder	4—10%
schwach gefettet	4—8%	Stallhalfterleder	10—18%
stark gefettet	17—23%	Chromfettgarleder nicht über	35%
Waterproofleder	17—23%	Schweinshandschuhleder nicht über	10%
		Chromfutterleder	3—8%

c) Sonstige Leder (nicht lohgar und nicht chromgegerbt):

Fettgarleder höchstens 35%
Putz- und Waschleder (sämisch) höchstens 10%
Bekleidungsleder (sämisch) höchstens 10%
  gebundenes Fett.. 0,5—3,0%
Glacé-, Chair-, Mochaleder nicht über 7%
Nappaleder nicht über 7%
Handschuhleder (sämisch) nicht über 10%
  gebundenes Fett.. 0,5—3,0%

Auf den sogenannten Fettgehalt des fertigen Leders und seine Bestimmung wird in diesem Bd., 10. Kap., S. 1342, eingegangen. Hier muß wenigstens kurz darauf hingewiesen werden, so daß die Methode zur Bestimmung des Fettgehaltes von Leder durch die deutschen Normen für die Prüfung von Leder (DIN 53306/1948) festgelegt ist, und daß die nach dieser Methode ermittelte Fettmenge ausdrücklich als „extrahierbares Fett" bezeichnet wird. Es ist schon auf S. 639 erwähnt worden, daß und warum von gewissen Lederfetten ein geringerer oder größerer Teil von der Lederfaser gebunden oder aber unlöslich bzw. schwer löslich wird und mit Lösungsmitteln nicht mehr extrahiert werden kann. Es wird später (S. 643 ff.) noch gezeigt werden, daß die Menge des gebundenen Fettanteils nicht nur von der Art des Fettgemisches, sondern auch von den Arbeitsbedingungen abhängt, und daß z. B. bei Großversuchen mit mehreren tausend Häuten teilweise nur zirka 75% der für die Fettung angewandten Fettstoffe sich durch die Extraktionsanalyse nachweisen ließen. Wenn auch die Menge des vom Leder gebundenen Fettanteils bei den einzelnen Fettungsmethoden noch umstritten ist, so erklärt der sogenannte „gebundene Fettanteil" doch viele Fälle der Praxis, bei denen trotz strengster Einhaltung der Fettungsvorschriften immer wieder zu geringe Fettgehalte des Leders durch die Fettanalyse gefunden werden, und in denen dann Meister und Betriebschemiker, beide in voller Überzeugung von der Genauigkeit ihrer Arbeit, sich gegenseitig viel Mißtrauen entgegenbringen. Dabei hat der erstere gewissenhaft die geforderte Prozentmenge an Fett (umgerechnet auf das lufttrockene Leder) abgewogen, und der letztere hat trotzdem $^1/_4$ zu wenig — allerdings „extrahierbares" — Fett festgestellt.

Diese Tatsachen, mit denen in der Praxis gerechnet werden muß, sind — nebst anderen, vor allem in der Musterziehung liegenden Gründen — der Anlaß gewesen, bei Normen, Lieferbedingungen und Gütevorschriften für den Fettgehalt Grenzen anzugeben, die dem Nichtfachmann mitunter sehr groß erscheinen müssen.

Die Auswahl der Fettstoffe für die Lederfettung richtet sich nach der Lederart, der Gerbung und dem Verwendungszweck des Leders. Die Aufstellung allgemeiner Regeln ist schwer. Jeder Betrieb arbeitet nach seinen eigenen Methoden, die oft das Ergebnis jahrelanger Versuche und Erfahrungen sind. Dazu kommt, daß im Laufe der Zeit die Zahl der für die Lederfettung in Frage kommenden Fettstoffe sich stark vergrößert hat. Besonders die für das Fettlickern empfohlenen Öle haben heute eine Vermehrung erfahren, welche manchem Gerber die sichere Auswahl des für ihn Geeigneten recht erschwert und ihm, wenn er sich nur auf die in den Angeboten hervorgehobenen guten Eigenschaften des betreffenden Ölprodukts verläßt, recht häufig Enttäuschungen bringt.

Die Sicherheit, mit der von den zahllosen heute auf dem Markt befindlichen Lederölen und Lederfetten mit Phantasienamen und geheim gehaltener Zusammensetzung diese oder jene ganz bestimmte Auswirkung auf einzelne Ledersorten verkündet wird, ist oft erstaunlich. Dabei hängen die Wirkungen solcher Öle keineswegs von ihrer Natur und Zusammensetzung allein, sondern sehr weitgehend auch von Zustand und Eigenschaften des zur Fettung kommenden Leders und den in den einzelnen Betrieben ganz verschiedenen Zurichtmethoden ab.

Man braucht hier noch nicht einmal an diejenigen Zurichtarten von Ledern zu denken, bei denen sich die Auswirkungen der Fettung je nach der Wahl des Fettgemisches besonders bemerkbar machen, wie z. B. die Deckfarbenzurichtung und das Lackieren des Leders. Dazu kommt, daß wir von den spezifischen Wechselwirkungen zwischen den Fettstoffen und den einzelnen Gerbstoffen — besonders den sulfitierten — so gut wie nichts wissen. In der bereits angeführten Arbeit hat G. Otto (2) den Einfluß der Ladung der Lederoberfläche auf Gerbung, Fettung und Färbung beschrieben und aufzuzeigen versucht, wie bisher nicht erklärbare Vorgänge und Schwierigkeiten durch den Einfluß der Ladungsverhältnisse verständlich werden.

Trotz der verblüffenden Sicherheit, mit der die Verwendbarkeit dieses oder jenes Öls oder Fetts empfohlen wird, trotz der Gewähr, die ohne Zweifel schon der Name vieler guter Fett- und Ölfirmen bietet, trotz mancher Erkenntnisse, die uns die physikalischen und chemischen Sonderforschungen auf dem Gebiete der Lederfettung gebracht haben, wird deshalb heute noch immer das letzte Urteil über die Brauchbarkeit eines Lederfetts durch den praktischen Betriebsversuch — im kleinen und großen — gesprochen, auf den deshalb bei Verwendung von neuen Fettprodukten nie verzichtet werden kann. Nur hierdurch wird der Gerber mit Sicherheit feststellen können, ob das zur Fettung empfohlene Fett oder Öl auch in seinem Falle, d. h. an seinem Leder und im Rahmen seiner

Gerb- und Zurichtmethoden, die angepriesenen und andernorts vielleicht schon erwiesenen hervorragenden Eigenschaften zur Auswirkung bringt.

Das Problem der Auswahl des Fettstoffs oder Fettstoffgemisches für die Lederfettung wirft die Frage nach dem spezifischen Fettungswert der verfügbaren Fettungsmittel auf. Es ist bis jetzt nicht gelungen, diesem Begriff praktisch verwertbare Kennzahlen gegenüberzustellen, nach denen der Gerber die Fettstoffe nach fettungstechnischen Eigenschaften klassifizieren könnte. Es ist ihm zwar bekannt, daß z. B. Tran für lohgare Leder als eines der „besten Fettungsmittel" gilt, er hat oft festgestellt, daß sulfatiertes Klauenöl „besser fettet" als Türkischrotöl oder sulfatiertes Olivenöl. Er weiß ferner, daß sulfatierte Öle allein beim Fettlickern einen „ganz anderen Griff" geben als Gemische von sulfatierten und nicht sulfatierten Ölen, und daß dieser Griff bei Verwendung von nicht sulfatierten Ölen, die mit ·Hilfe von Seifen oder Emulgatoren in Emulsion gebracht sind, wieder anders ausfällt. Er kann auch nachprüfen, daß Öle mit hohem Sulfatierungsgrad eine geringere „fettende Wirkung" haben, als mäßig sulfatierte Lederöle. Er weiß endlich, daß diese „fettende Wirkung" eines Fettungsmittels bei lohgarem und bei chromgegerbtem Leder nicht immer die gleiche ist, und er hat oft erfahren, daß ein Zusatz von Mineralöl im einen Falle sehr günstig ist, im anderen Fall aber besser unterbleibt. Aber alle diese Erfahrungstatsachen reichen nicht aus, um die Eigenschaften der verschiedenen Fettungsmittel gegeneinander abzuschätzen, so daß man den sogenannten „Fettungswert" eindeutig definieren könnte. Dies um so mehr, als man bei der Beurteilung des Fettungseffekts an Stelle von brauchbaren Meßmethoden eben noch immer auf eine subjektive Bewertung angewiesen ist und Eigenschaften wie Griff, Weichheit und Geschmeidigkeit eines Leders vorerst noch nicht zahlenmäßig erfaßbar sind, wie etwa die Zugfestigkeit oder die Dehnung. Der „Fettungswert" eines Öles oder Fettes ist also vorerst noch ein nicht bestimmbarer und somit umstrittener Faktor. Lediglich die durch die Fettung beeinflußbaren und auch meßbaren physikalischen Eigenschaften lassen sich im Vergleich zum ungefetteten Leder durch Zahlenwerte kennzeichnen.

Alle Fettungsmittel, die für die Lederfettung in Frage kommen, oder schon einmal Verwendung gefunden haben, sind in dem bisherigen technologischen Teil besprochen worden. Dabei sind die wirklich in größerem Umfang in der Praxis eingesetzten wichtigen Fettstoffe, soweit sie natürliche Fette und fettige Öle sind, verhältnismäßig wenige. Noch immer spielen Talg, Trane, Degras, Klauenöl eine bevorzugte Rolle bei der Lederfettung. Die große Masse der neueren Lederöle sind wasserlösliche Produkte, die nach den auf S. 513 und 536 erwähnten Methoden hergestellt und fast sämtliche unter Deck- und Phantasienamen in den Handel gebracht werden. Die Eigenschaften der Fettaustauschstoffe und der Mineralöle sind auf S. 611 und S. 599 beschrieben worden.

Bei der Auswahl eines Fettungsmittels oder der Komponenten für ein Fettgemisch ist es zwar für den Gerber oder seine chemischen bzw. technischen und kaufmännischen Berater von Wichtigkeit, über die Eigenschaften der einzelnen Produkte sich unterrichten zu können, so wie dies aus der Beschreibung in den bisherigen Abschnitten möglich ist. Ob aber von zwei Tranen der hellere oder der dunklere das bessere Fettungsmittel ist, ob von neueren Lederölen das mit hohem oder das mit geringem oder das ohne Mineralölzusatz für ein besonderes Leder sich besser als Fettungsmittel eignet, ob das auf Glycerid- oder auf Fettsäurebasis aufgebaute Produkt den Vorzug verdient, ob das einfach sulfatierte Öl für die Lickerung irgendeines Spezialleders einem Öl mit echten Sulfonsäuren vorzuziehen ist, darüber kann nur der praktische Versuch entscheiden. Das Ergebnis solcher Versuche wird dann jedoch nicht in allen Betrieben das gleiche sein.

Trotzdem ist gerade in den letzten Jahren eine Reihe von Untersuchungen durchgeführt worden, die zum Ziele hatten, Beiträge zur Klärung des Fettungswertes einzelner Lederfettungsmittel oder von Fettgemischen zu liefern. Die Ergebnisse dieser Arbeiten, die zu einem großen Teil in der ehemaligen deutschen Versuchsanstalt für Lederindustrie (jetzt deutsches Lederinstitut) Freiberg i. Sa. durchgeführt worden sind, werden bei der Beschreibung der verschiedenen Fettungsmethoden besprochen werden. In einer Zeit, in der sich neue Wege der Lederfettung schon deutlich erkennen lassen (Fettaustauschstoffe), und in der in allen Ländern auch nach neuen natürlichen Fettstoffen gesucht wird, deren Verwendung bisher für die Lederfettung in größerem Umfang nicht üblich war, muß der Gerbereichemiker die Chemie und Technologie der Fettstoffe — in dem durch den Lederfettungsprozeß gegebenen weitesten Sinn — beherrschen. Er muß sich ein Urteil darüber bilden können, wieweit analytische Methoden auf die bei diesem Prozeß sich aufwerfenden Fragen eine befriedigende Antwort geben können oder ob, neben dem praktischen Versuch, neue Wege gefunden werden müssen, um zu einem hinreichend sicheren Urteil über den Wert von Lederfettungsmitteln zu gelangen.

Die praktischen Methoden der Lederfettung haben sich seit vielen Jahren nicht geändert. Man kann das Leder fetten:

1. durch Abölen,
2. durch Fetten (Schmieren) auf der Tafel,
3. durch Fetten (Schmieren) im Faß,
4. durch Einbrennen,
5. durch Fettlickern.

Welche Methode gewählt wird, oder ob mehrere dieser Methoden nacheinander zur Anwendung kommen, hängt von der Ledersorte, die gefettet werden soll, und zum Teil auch von betrieblichen Faktoren ab.

II. Methoden der Lederfettung.

1. Abölen des Leders.

Wenn lohgare Leder nach der Gerbung oder sonst im Laufe des Zurichtprozesses aufgetrocknet werden, so werden sie zuerst auf der Narbenseite abgeölt. Durch das Abölen bezweckt man weniger eine Fettung der Faser als ein Geschmeidigerhalten des Narbens während des Auftrocknens. Die Narbenschicht trocknet rascher als das Innere des Leders. Ist sie nicht durch Abölen geschmeidig gemacht, so bricht sie nach dem Auftrocknen sehr leicht. Durch das Abölen soll ferner die Lederoberfläche gegen Oxydationswirkung der Luft geschützt werden. Ohne Öl trocknet das Leder dunkel an.

Zum Abölen werden hauptsächlich Trane verwendet. Auch Oliven-, Mais-, Lein- und Baumwollsaatöl sind schon verwendet worden. Vielfach wird Mineralöl zu den genannten fetten Ölen zugemischt. Im Handel sind ferner besondere Lederöle, die zum Abölen in den Fällen empfohlen werden, in denen ein besonders heller Narben beim Auftrocknen erzielt werden soll. Derartige Öle sind meist sehr sauer eingestellt, wodurch sie eine bleichende Wirkung ausüben. Sie sind mit Vorsicht zu verwenden, besonders wenn die betreffenden Leder später gefärbt werden müssen. Für lohgare Farbleder empfiehlt sich immer das Abölen mit einem guten, hellblanken Dorschtran mit mäßigem Zusatz eines geeigneten Mineralöls. Von Austauschstoffen hat sich das Derminolnarbenöl (s. S. 614) allein und im Gemisch mit Tranen u. dgl. bewährt. Will man beim Abölen des

Leders eine größere Tiefenwirkung erreichen, so gibt man dem Öl einen Zusatz von wasserlöslichem (z. B. sulfatiertem) Öl.

Der Abölprozeß ist sehr einfach. Das Öl wird mit einem Lappen oder mit Putzwolle auf das Leder aufgetragen. Dann werden die Häute zum Trocknen aufgehängt. In amerikanischen Lederfabriken sind teilweise besondere Maschinen zum Abölen im Gebrauch (s. Abb. 12). Das aufgetragene Öl durchdringt während des Auftrocknens den Narben und, je nach der aufgetragenen Menge, auch noch einen Teil des Fasergewebes, entsprechend der Verdunstung des im Leder enthaltenen Wassers. Es ist eine alte Erfahrungstatsache, daß lohgare Leder nach dem Abölen um so heller und gleichmäßiger auftrocknen, je langsamer der Trockenprozeß vor sich geht. Da aber in großen Betrieben ein übermäßig langes Trocknen der Häute aus Mangel an Platz nicht durchführbar ist, hat man besondere künstliche Trockenanlagen gebaut, in denen durch geeignete Führung der Luftströmung sowie Regelung der Temperatur und Luftfeuchtigkeit ebenfalls ein helles Auftrocknen des Leders möglich ist.

Beim Abölen von lohgarem Leder soll die Menge des auf die Narbenseite aufgetragenen Öles so bemessen werden, daß das Öl bei senkrechtem Aufhängen der Leder nicht abtropft. Auch die Ränder der Häute und bei Kernstücken und halben Häuten die Schnittflächen sollen abgeölt werden, um ein unerwünschtes Heraustreten von Gerbstoff und dunkles Antrocknen zu verhindern.

Durch das Abölen des Leders wird die Wasserabgabe beim Trocknen stark ver-

Abb. 12. Abölmaschine.

zögert. Sie nimmt jedoch plötzlich zu, wenn das Öl in das Leder eingedrungen ist. Andererseits beginnt das Öl erst dann in das Leder einzudringen, wenn der Wassergehalt unter ein bestimmtes kritisches Maß gesunken ist. Dieser kritische Wassergehalt ist nach R. H. Marriott derjenige, bei dem die Poren des Leders gerade noch mit Wasser gefüllt sind, was bei einem Wassergehalt zwischen 65 und 75%, bezogen auf das Gewicht des wasserfreien Leders, der Fall ist. Am Anfang des Trocknens ist die Wasserverdunstung auf der Fleischseite größer als die Ölaufnahme auf der Narbenseite.

Der Prozeß Wasserverdunstung-Ölaufnahme ist natürlich bei den einzelnen Ölen ganz verschieden. R. H. Marriott fand, daß die Geschwindigkeit der Ölaufnahme durch die Narbenseite abhängig ist von der Viskosität der aufgetragenen Öle. Je höher die Viskosität des Öles, um so geringer ist die Aufnahmegeschwindigkeit. S. auch die später aufgeführten Feststellungen von M. P. Balfe und P. Uryash (S. 646).

Von sulfatierten, also wasserlöslichen Ölen wird die Verdunstung des Wassers am wenigsten verzögert. Andererseits wirken nach R. H. Marriott sulfatierte Rizinusöle und Trane am günstigsten auf die Elastizität des Narbens ein, während Mineralöl allein ein Brechen des Narbens nach dem Auftrocknen des Leders nicht immer verhindert. Wichtig ist auch Marriotts Feststellung, daß die Farbe von abgeöltem lohgarem Leder bei Verwendung von Tran am hellsten, bei Ledern, die mit Mineralöl abgeölt werden, am dunkelsten ist.

Die Beziehungen zwischen der Viskosität eines Öles und der Geschwindigkeit, mit der es von feuchtem Leder aufgenommen wird, haben auch M. P. Balfe und P. Uryash (2) untersucht. Das Ergebnis ist aus Tabelle 60 ersichtlich und stimmt grundsätzlich mit den Feststellungen von R. H. Marriott überein.

Tabelle 60. Beziehungen zwischen der Viskosität und der Aufnahme durch Leder bei verschiedenen Ölen [M. P. Balfe und P. Uryash (2)].

Art des verwendeten Öls	Relative Viskosität	Zeit der Aufnahme durch Leder Min.	Durchmesser der Ausbreitungsfläche mm
Ricinusöl	8017	270	12
Ricinolsäure.......	6731	200	14
Robbentran	2979	165	15
Arachisöl	766	105	20
Heringsöl	527	105	21
Ölsäure	338	95	23
Spermöl	363	75	22
Mineralöl	626	70	30
Dorschlebertran....	742	65	20

Die Werte der Tabelle 60 zeigen, daß die Aufnahmegeschwindigkeit zu der Viskosität des Öls in umgekehrtem Verhältnis steht. Die Zahlen bedeuten die Ausflußzeiten der Öle aus dem Ostwaldschen Viskosimeter in Sekunden. Durch Multiplikation mit 0,029 d (d = Dichte des Öles) erhält man die Werte in Centipoisen.

M. P. Balfe und P. Uryash (2) konnten bei ihren Versuchen außerdem nachweisen, daß die Faseraufspaltung des abgeölten Leders um so größer ist, je geringer die Viskosität bzw. die Oberflächenspannung des zum Abölen verwendeten Öles ist.

Bei Ledern, die mit Tranen gefettet wurden, tritt mitunter nach längerem Lagern eine Erscheinung auf, die als Ausharzen bezeichnet wird (vgl. diesen Bd., 2. Kap., S. 47). Auf der Narben- oder auf der Fleischseite, manchmal auch auf beiden Seiten des Leders, bilden sich harzige, klebrige Tröpfchen. Man neigte lange Zeit zu der Annahme, daß dieses Ausharzen durch ganz bestimmte Eigenschaften der zum Fetten des Leders verwendeten Trane bedingt sei, und pflegte besonders die Höhe der Jodzahl eines Tranes mit seiner Ausharzungsneigung in Beziehung zu bringen.

Die sehr eingehenden Untersuchungen von F. Stather, R. Lauffmann und H. Sluyter haben gezeigt, daß diese Annahme nicht richtig ist. Trane erleiden zwar unter dem Einfluß des Luftsauerstoffs und der Feuchtigkeit sowie unter der Einwirkung ultravioletter Bestrahlung Veränderungen, die durch eine Abnahme der Jodzahl, eine Erhöhung des spezifischen Gewichts und die Bildung von Oxyfettsäuren charakterisiert sind, doch sind diese allein nicht für die Ausharzungen verantwortlich.

2. Fetten (Schmieren) des Leders auf der Tafel.

Das Schmieren des Leders auf der Tafel, d. h. das Auftragen einer Fettschmiere von geeigneter Konsistenz auf die Fleischseite des abgewelkten Leders, ist wohl die älteste Form der Lederfettung. In früheren Zeiten war das richtige Schmieren von Leder, besonders von feinem Geschirrleder, der wichtigste Teil der Zurichtung.

Es wurde auf der Tafel vorgenommen und die Einzelheiten dieser Fettungsart, die besonders in England und Frankreich in hohem Ansehen stand, wurden als wichtige Zunftgeheimnisse von einer Generation zur anderen überliefert. Alte Rezepte aus jener Zeit enthalten genaue Einzelvorschriften über ein kunstgerechtes Schmieren auf der Tafel, zu dem meist der fleischige Teil des Unterarmes verwendet wurde.

Die heutige moderne Technik hat für derartiges handwerksmäßiges Arbeiten ohne Rücksicht auf den erforderlichen Zeitaufwand kaum mehr Verständnis. Wenn auch noch in vielen Gerbereien Leder auf der Tafel gefettet wird, so ist man doch überall bemüht, in allen Fällen, in denen es möglich ist, die zeitraubende Tafelschmiere durch andere Fettungsmethoden, insbesondere das Fetten im Faß, zu ersetzen.

Zum Fetten auf der Tafel, die aus Stein, Glas oder Aluminium sein kann, werden die Leder — bei Rindshäuten die Hälften — mit Narben nach unten ausgebreitet und mit dem Reck glatt gestoßen. Meist kommen die Leder gleich nach dem Abwelken zum Fetten, da sie dann den richtigen Wassergehalt aufweisen. Auf die Fleischseite wird die vorher zubereitete Fettschmiere mit einem Lappen oder mit der Bürste aufgetragen und auf dem Leder — wie bereits erwähnt, früher mit dem Unterarm — verteilt. Nicht alle Stellen der Haut erhalten gleich viel Fett. Die den Kern bildenden Lederteile erhalten mehr Fett als die Flanken, da die letzteren ein loses Gefüge haben und mehr zur Bildung von Fettflecken durch eine relative Überfettung neigen. Das Fett muß so verteilt und verstrichen sein, daß es überall in einer glatten dünnen Schicht aufliegt. Zum richtigen Auftragen des Fettes gehört viel Erfahrung, wenn das Leder gleichmäßig gefettet sein soll.

Das zum Schmieren auf der Tafel verwendete Fettgemisch muß vor allen Dingen zu einer vollständig homogenen Masse verrührt sein, so daß alle Bestandteile, auch die in der Schmiere enthaltenen festen Fette, in das Ledergewebe eindringen können. Beim Ansatz des Fettgemisches ist darauf Rücksicht zu nehmen, daß der Schmelzpunkt des Gemisches in richtigem Verhältnis zu der Temperatur steht, bei der das Leder nach dem Schmieren getrocknet wird.

Die Schmiere darf weder so dünn sein, daß sie bei normaler Temperatur von den Ledern abtropft, noch soll sie so fest sein, daß sie nur bei hohen Temperaturen ins Leder eindringt. Die richtige Konsistenz ist im allgemeinen die einer Salbe. Durch gutes mechanisches Verrühren der angewandten Fette bis zur Abkühlung läßt es sich erreichen, daß die Schmiere bei niedriger Temperatur weicher bleibt, als nach den Schmelzpunkten der einzelnen Fette zu erwarten wäre.

Von ungenügend und unsachgemäß durchgeführten Fettschmieren dringen nur die flüssigen oder halbflüssigen Komponenten ins Leder ein und „schlagen dann durch", d. h. sie erzeugen auf der Rückseite fettige Flecken. Die festen Anteile aber bleiben auf der Lederoberfläche sitzen, ohne irgendeine fettende Wirkung auszuüben.

Am häufigsten wird für die Tafelschmiere Talg und Tran verwendet. Auch Degras, Wollfett und Mineralöle werden zu der Schmiere zugesetzt, in besonderen Fällen auch Seifen und Wachse. Man schmilzt Tran und Talg zusammen und rührt das geschmolzene Gemisch bis zum Erkalten ständig durch. Hierdurch wird ein Auskristallisieren der hochschmelzenden Anteile des Talgs vermieden. Durch einen Zusatz von Wollfett macht man das Schmierfett dicker. Wollfett kristalliert beim Erkalten nicht aus. Es hat weiterhin den Vorzug, daß es sich mit Wasser leicht emulgiert. Es zieht deshalb auch bei niedrigerer Temperatur leicht in das feuchte Leder ein und haftet durch seine Zähigkeit und Klebrigkeit sehr fest an der Faser.

Für viele Ledersorten wird für das Schmieren des Leders auf der Tafel ein Gemisch von gleichen Teilen Tran, Degras und Talg verwendet. Durch den Zusatz von Degras wird das Fettgemisch wasserhaltig. Der Wassergehalt wirkt auf verschiedene Weise vorteilhaft. Gutes Degras enthält nicht mehr als 20% Wasser, das Fettgemisch somit etwa 6 bis 7%. Das Wasser ist im Fett emulgiert (Wasser-in-Öl-Emulsion). Die Emulsion bewirkt eine innige Berührung des Fettes mit der Hautfaser, d. h. eine vermehrte Intensität der einfettenden Wirkung. Über die Mitverwendung von Seifen bei der Fettschmiere s. G. Otto (2), S. 137.

Daß auch Mineralöle einen brauchbaren Bestandteil der Tafelschmiere ausmachen können, hat ihre ausgiebige Verwendung während des Krieges mit seiner Fettnot gezeigt. Sie haben mitunter die erwünschte Wirkung, die Neigung des Talgs, in der Kälte auszukristallisieren, zu vermindern. Besser als Mineralöl ist für die Tafelschmiere das salbenartige Vaselin. Es ist aber teurer als Mineralöl.

Auch die flüssigen und festen Derminolprodukte (s. S. 614) und ebenso noch manch andere Fettaustauschstoffe haben sich zur Herstellung geeigneter Tafelschmieren bewährt. Während des Krieges sind sie in großen Mengen hierzu verwendet worden.

Die Trockentemperatur für die auf der Tafel geschmierten Leder soll so sein, daß das aufgetragene Fett weich bleibt, aber nicht flüssig wird. Sie richtet sich also nach dem Schmelzpunkt des Fettgemisches. Schwere Leder nehmen in 36 bis 48 Stunden das Fett auf, leichte brauchen weniger Zeit. Ist das Fett richtig eingezogen, so bleibt auf der Fleischseite nur noch ein ganz dünner weißer Belag zurück, der hauptsächlich aus hochschmelzenden Anteilen des Gemisches besteht. Die ganze Haut muß dann gleichmäßig durchgefettet sein, so daß Blanchierspäne von der Oberfläche nur einige Prozent mehr Fett enthalten als das Innere des Leders. Siehe aber auch die Ausführungen über die vertikale Fettverteilung im Leder, S. 672.

Das Eindringen der Fettschmiere von der Fleischseite aus in das Fasergefüge des Leders hängt, genau wie beim Abölen, mit dem Verdunsten des im Leder enthaltenen Wassers zusammen, weshalb auch beim Schmieren des Leders der richtige Wassergehalt von größter Wichtigkeit ist. Fettaufnahme durch das Leder erfolgt entsprechend dem Verdunsten des Wassers durch die Narbenseite, also umgekehrt wie beim Abölen. Es ist also letzten Endes — wie es übrigens schon W. Eitner erklärte — der atmosphärische Druck, durch den das Fett in das Fasergefüge hineingetrieben wird. W. Eitner war sogar der Ansicht, daß man beim Schmieren des Leders mit Hilfe des atmosphärischen Drucks fast ebensoviel Fett in das Leder hineinbringen könne, wie durch Einwalken im Faß (siehe später), wenn die Tafelschmiere unter richtigen Bedingungen durchgeführt werde.

Nach M. P. Balfe (1) wird durch die Lederschmierung der Grad der Aufspaltung der Lederfaser stark beeinflußt. Er sieht sogar diese Aufspaltung der Faser als eine wichtige Aufgabe der Schmierung an, da er die erhöhte Reißfestigkeit von geschmierten und dann wieder entfetteten Ledern auf die stärkere Aufspaltung der Fasern zurückführt. Bei seinen Fettungsversuchen fand er, daß die auf der Tafel gefetteten Leder eine geringere Dehnung und eine höhere Reißfestigkeit aufwiesen, als die im Faß gefetteten Leder und erklärte dies dadurch, daß beim Handfetten der Verwebungswinkel der Fasern im Leder unverändert bleibt, während er beim Faßfetten sich vergrößert.

Seine Untersuchungen über die Lederschmierung mit verschiedenen Fettgemischen auf der Tafel und im Faß ergaben ganz verschiedene Eigenschaften der gefetteten Leder. M. P. Balfe (1) verwendete die folgenden Gemische zum Fetten:

1. Eine Tran-Talg-Mischung (35 : 55),
2. Eine Wollfett-Stearin-Mischung (60 : 40),
3. Eine Mineralfett-Mischung (23% Paraffin, 33% Vaselin und 44% Mineralöl).

Die Fettungsversuche wurden mit zusammengehörenden Hälften (eine Hälfte auf der Tafel, die andere im Faß gefettet) durchgeführt. Dabei wurde die von Hand geschmierte Hälfte zuerst auf der Narbenseite, dann auf beiden Seiten gefettet. Die sehr umfangreichen und bis ins einzelne erläuterten Versuche führten zu Ergebnissen von grundsätzlicher Bedeutung, die sich folgendermaßen zusammenfassen lassen:

Faßgefettete Leder zeigen eine größere Dehnbarkeit und eine geringere Zugfestigkeit als auf der Tafel geschmierte Leder. Bei gleichartigen Hälften von derselben Haut ist die faßgeschmierte Hälfte dicker. Die mit Mineralfettmischung geschmierten Leder sind weniger reißfest als die mit Tran, Talg, Wollfett oder Stearin gefetteten Leder. Die hohe Reißfestigkeit und Elastizität der Tran-Talg-Mischung wird auf eine stärkere Aufspaltung der Fasern und eine Umkleidung der Fibrillen infolge der stärkeren Benetzungsfähigkeit zurückgeführt (s. o.).

Der p_H-Wert des Weichwassers vor dem Schmieren beeinflußt nach M. P. Balfe (1) Trocknung und Fettaufnahme des Leders derart, daß bei $p_H =$ = 3 und 5 die Trocknung am besten verläuft und die Aufnahme des Fettes am größten ist. Auch bei p_H-Werten von 7 bis 8 steigt die Fettaufnahme an, was durch die stärkere Auflockerung des Fasergefüges erklärt werden kann.

A. Ptschelin hat ebenfalls über die faseraufspaltende Wirkung der Lederfettungsmittel Untersuchungen durchgeführt. Nach seiner Ansicht haben emulgierende Öle und Trane die stärkste aufspaltende Wirkung, die geringste zeigen Mineralöle. Er hat die aufspaltende Wirkung direkt gemessen, indem er den Durchmesser von gefetteten und nicht gefetteten Faserbündeln ermittelt hat. (Näheres siehe Originalarbeit). Er fand außerdem, daß die chromgegerbte Kollagenfaser eine weit größere Neigung zur Aufspaltung zeigte als die pflanzlich gegerbte Faser.

Es sei noch auf russische Versuche (W. J. Peressadin und L. P. Pawlow) hingewiesen, nach denen bei kaltgefetteten Treibriemenleder die Verwendung von Gemischen von Tran-Stearin (4 :1) und von Ricinusöl-Talg-Stearin (3 : 1 : 1) zur Erzielung einer hohen Bruchfestigkeit sich gut bewährt hat.

3. Fetten (Schmieren) des Leders im Faß.

Das Fetten des Leders im Faß bei höherer Temperatur ist neben dem Einbrennen die wirksamste Methode, um größere Fettmengen, und vor allem solche mit höherem Schmelzpunkt, ins Leder hineinzubringen. Beim Faßfetten (Faßschmieren) wird das Leder zusammen mit den Fettstoffen in drehbaren Fässern gewalkt, die mit warmer Luft geheizt werden. Die erwärmte Luft tritt durch die eine hohle Achse in das Faß ein, durch die andere heraus (s. Abb. 13, S. 650). Das Faßschmieren ermöglicht, in kurzer Zeit große Mengen Fett in das Leder hineinzuarbeiten. Der Fettgehalt des Leders läßt sich auf jede gewünschte Höhe bringen. Die mechanische Kraft, mit der die Leder in dem sich drehenden Walkfaß herabfallen und aufeinanderschlagen, bewirkt ein Hineintreiben des flüssigen Fettes in das Leder. Dabei ist allerdings die Gefahr vorhanden, daß die Stellen der Häute mit einem lockeren Gefüge (Bauchteile) zu viel Fett aufnehmen und nachher überfettet aus dem Faß kommen. Man kann diesen Übelstand vermeiden, indem man die Leder an den lockeren Stellen (wie Bauchteile) stärker anfeuchtet, so daß diese Stellen mit einem höheren Wassergehalt als die übrige

Haut ins Walkfaß gelangen. Die richtige Vorbereitung des Leders für die Faßfettung erfordert ebenfalls viel Erfahrung.

Der Feuchtigkeitsgehalt der Leder ist beim Faßfetten von größter Bedeutung für eine gleichmäßige Fettung des Leders. Im allgemeinen soll beim Fetten im Faß der Wassergehalt des Leders geringer sein als beim Schmieren auf der Tafel, da sonst das Fett mangelhaft in das Fasergefüge des Leders eindringt. In den Zeiten, in denen der Gerber für alle Zurichtarbeiten mehr Zeit verwenden konnte, wurde für die Erreichung eines richtigen Feuchtigkeitsgehaltes der im Faß zu fettenden Leder folgendes etwas umständliche Verfahren angewandt:

Die durch Aufhängen an der Luft oder durch Abpressen welk gemachten Leder werden auf einen hohen Haufen zusammengelegt und 24 Stunden liegen gelassen. Dabei verteilt sich die Feuchtigkeit durch den Druck und die Kapillarwirkung. Nach einem Tag wird der Stoß umgelegt, wobei gleichzeitig etwa zu trocken gewordene Leder noch nachgefeuchtet werden. Die vorher oben gelegenen Leder gelangen jetzt im Stoß zu unterst, und werden dadurch nun einem größeren Druck ausgesetzt. Nach weiteren 24 Stunden wird der Stoß abermals umgestürzt und bleibt nochmals 24 Stunden stehen. Dann ist die Feuchtigkeit vollkommen gleichmäßig verteilt.

Abb. 13. Schmierfaß.

Der Vorteil des Faßschmierens, in kurzer Zeit größere Ledermengen fetten zu können, wird durch diese langwierige Vorbereitung allerdings fast völlig aufgehoben. Man wird deshalb sich mit einem sachgemäßen Abwalken der nassen Leder oder einem kurzen Einweichen trockener Leder in den meisten Fällen begnügen, den Feuchtigkeitsgrad der verschiedenen Hautteile (Bauchteile) durch ein besonderes Anfeuchten vor dem Faßfetten regeln, und so eine Überfettung dieser Teile vermeiden können. Beim ganzen Verfahren ist praktische Erfahrung unerläßlich. Ist das Leder zu feucht, so nimmt es das Fett kaum auf, ist es zu trocken, wird es leicht verschmiert und an einzelnen Stellen überfettet. Die einzelnen Ledersorten zeigen sehr häufig beim Fetten im Faß ein ganz verschiedenes Verhalten.

Für das Faßschmieren kommen die gleichen Fette wie beim Schmieren auf der Tafel in Frage. Man ist aber auch in der Lage, unter Anwendung höherer Temperaturen festere Fettgemische in das Leder hineinzubringen. In der Hauptsache wird man Gemische von Tran, Degras, Talg, Stearin, Paraffin und Mineralöl verwenden. Die Dauer des Prozesses ist 45 bis 60 Minuten. Dabei vertragen mineralisch gegerbte Leder höhere Temperaturen als lohgare Leder.

Für die Verwendung von Austauschfettstoffen, wie Derminolprodukten und ähnlichen neueren Fettungsmitteln, gilt das gleiche wie für das Schmieren auf der Tafel, nur daß beim Faßfetten auch größere Mengen höher schmelzender (fester) Fettstoffe verwendet werden können.

Man wärmt zu Beginn des Fettungsprozesses das Faß zuerst gut an und läßt dann die Leder etwa 15 Minuten im warmen Faß laufen; dann gibt man die be-

rechnete Menge des vorher angesetzten Fettgemisches, das durch Erwärmen
flüssig gemacht ist, zu den Ledern ins Faß. Nach 30 bis 40 Minuten ist das Fett
vom Leder aufgenommen. In manchen Fällen läßt man das Leder noch einige
Zeit unter Zuführung von kalter Luft laufen, um noch im Faß das Fett tiefer in
die Leder eindringen zu lassen. Anschließend werden die gefetteten Leder in
warmen Räumen zum Trocknen aufgehängt. Bei manchen Ledersorten — aber
nur solchen, die im fertigen Zustand weich sein sollen — wird das Fett vorher auf
die Leder aufgetragen. Die so von Hand eingefetteten Leder kommen dann anschließend ins Faß. Bei Verwendung von Fettgemischen, die bei gewöhnlicher
Temperatur nicht mehr weich oder halbflüssig sind, ist die Anwendung dieses
Verfahrens nicht möglich.

Über die Auswirkung der verschiedenen Fettstoffe auf die Eigenschaften der
im Faß gefetteten Leder sind verschiedene Untersuchungen durchgeführt worden.
Die Versuche von M. P. Balfe (1), in denen die Faßfettung und die Tafelfettung
miteinander verglichen wurden, sind schon auf S. 648 erwähnt.

Von W. T. Roddy und D. B. Gapuz wurde der Einfluß verschiedener Fettgemische auf die Wasserfestigkeit von nachgegerbtem Chromleder durch eingehende Versuche geprüft. Bei der Herstellung der Fettgemische wurde Stearin,
Ölsäure (Olein), Wollfett, Moellon, Tran, Mineralöl, Paraffin und Talg verwendet.
Nach Roddy und Gapuz sind die Unterschiede im Ansatz der für die Faßfettung
verwendeten Fettgemische nur von geringem Einfluß auf den Grad der Wasserfestigkeit der gefetteten Leder. Diese Feststellungen stimmen mit den Versuchsergebnissen anderer Autoren nicht überein, s. F. Stather und H. Herfeld (4).

Die neuesten Untersuchungen über den Einfluß der Zusammensetzung des
Fettgemisches auf die physikalischen Eigenschaften der im Faß gefetteten
Leder haben F. Stather und H. Herfeld (4) an Fahlleder vorgenommen. Die
Fettung wurde mit 20% (berechnet auf das Abwelkgewicht) eines Gemisches von
gleichen Teilen Tran, Talg, und Degras nach folgender Arbeitsmethode durch-
geführt:

Die Fettstoffe wurden in der Wärme gut durchgemischt, dann wurde die Mischung
abgekühlt, in genau abgewogener Menge auf die Fleischseite des abgewelkten Leders aufgetragen und im zuvor mit Dampf angewärmten Faß so lange eingewalkt, bis alles Fett
eingezogen war. Über Nacht kamen die Leder auf den Bock und wurden am folgenden Tag von Hand gestoßen und dann im Trockenschrank innerhalb von zwei Tagen
bei 40° C und einer relativen Luftfeuchtigkeit am ersten Tag von 75% und am zweiten
Tag von 50% getrocknet. Dann wurden die Leder zunächst 48 Stunden zum Zweck
des Wiederanziehens von Feuchtigkeit gelagert, anschließend von der Fleischseite
blanchiert und erhielten, ebenfalls auf der Fleischseite, den Auftrag einer Aasschmiere
aus 10 Teilen Talg, 10 Teilen Degras, 20 Teilen Tran und 5 Teilen Kernseife auf 100 Teile
Wasser. Nach dem Auftrocknen des Auftrags wurden die Leder von der Fleischseite
auf der Glanzstoßmaschine gestoßen (geglast) und dann von Hand auf vier Quartiere
gekrispelt.

Dann wurden bei weiteren Fettungsversuchen Änderungen in der Fettmenge
sowie in der Zusammensetzung des Fettgemisches mit dem gleichen Leder vorgenommen und deren Einfluß auf die Festigkeitseigenschaften der gefetteten
Leder ermittelt.

Die Erhöhung der Fettmenge bewirkt eine Zunahme der Zugfestigkeit,
Dehnbarkeit, Stichausreißfestigkeit und Weiterreißfestigkeit (im folgenden zusammengefaßt als Festigkeitseigenschaften). Dabei war die Zunahme der Werte
bei einer Steigerung der Fettmenge von 14 auf 20% größer als bei der Steigerung
von 20 auf 26%, was mit früheren Angaben im Schrifttum übereinstimmt. Mit
zunehmender Fettmenge wird außerdem die Wasseraufnahmefähigkeit des
Leders vermindert, die Wasserdichtigkeit erhöht, wobei eine Verringerung der
Luft- und Wasserdampfdurchlässigkeit in Kauf genommen werden muß. Ebenso

wird mit steigender Fettungsintensität die Wärmeleitfähigkeit des Leders gesteigert.

Veränderungen im Fettgemisch wurden derart vorgenommen, daß gegenüber dem Normalfettgemisch der Anteil des einen Fettstoffes erhöht oder aber durch mineralische Fettungsmittel ersetzt wurde, oder endlich dadurch, daß das Normalfettgemisch einen Zusatz von Emulgator erhielt. Die Auswirkungen dieser Veränderungen im Fettgemisch auf die Eigenschaften der gefetteten Leder waren folgende:

Die Erhöhung des Talganteils ergibt eine geringe Verbesserung der Festigkeitseigenschaften, eine Verminderung der Wasseraufnahme und Steigerung der Wasserdichtigkeit. Die Wärmeleitfähigkeit wird geringfügig erhöht. Die Erhöhung des Trananteils ergibt in den Ledereigenschaften gegenüber der Normalfettung keine wesentlichen Unterschiede, mit Ausnahme, daß die Leder im Griff lappiger werden und eine geringe Zunahme der Zugfestigkeit eintritt. S. hier auch die Ansichten von V. Kubelka und Z. Schneller sowie von G. Otto (3) über die Tranwirkung. Mit zunehmender Degrasmenge werden die Leder geschmeidiger, eine Einwirkung auf die übrigen Ledereigenschaften ist sonst kaum zu erkennen. Nur die Dehnung nimmt etwas zu und die Wasserdichtigkeit etwas ab.

Wird ein Teil des Tranes durch Mineralöl ersetzt, so wird das Leder etwas weicher. Gleichzeitig wird mit zunehmender Mineralölmenge die Wasserdichtigkeit vermindert und die Wärmeleitfähigkeit herabgesetzt. Ein Ersatz von Talg durch Paraffin läßt eindeutige Veränderungen der Ledereigenschaften nicht erkennen. Ein Zusatz von Emulgatoren (0,5 und 2,0% Smenol WO konz.) gibt nach F. Stather und H. Herfeld (4) ein im Griff etwas trockeneres Leder, da das Fettgemisch besser ins Leder einzieht. Die Festigkeitseigenschaften des Leders zeigen erhöhte Werte, während die Wasserdichtigkeit abnimmt, ebenso die Wärmeleitfähigkeit.

Gerade diese letztgenannte Wirkung von Emulgatoren bei Lederschmieren hat zu sehr verschiedenen Ansichten über ihre Verwendung beim Fetten von Ledern geführt, die besonders wasserfest sein sollen. S. z. B. die Äußerungen von F. Schmitt, der in Übereinstimmung mit den Erfahrungen der Praxis die Verwendung von emulgierenden Fettsubstanzen bei der Fahllederschmiere nicht für zweckmäßig hält.

Die Ergebnisse der Versuche von F. Stather und H. Herfeld (4) zeigen aber, in welcher Richtung sich Veränderungen in der Zusammensetzung des beim Faßschmieren verwendeten klassischen Fettgemisches (Tran-Talg-Degras) auf die Eigenschaften des gefetteten Leders auswirken können, und daß der Gerber sich von dem spezifischen Fettungseffekt der von ihm verwendeten Fettstoffe an Hand richtig angestellter Versuche ein hinreichend deutliches Bild machen kann.

Die Fa. Böhme-Fettchemie (Chemnitz) hat schon vor dem Krieg fertige Lederschmieren hergestellt, bei denen auf Degras und einen Emulgator bewußt verzichtet worden war und synthetische Esteröle sowie teilweise hydriertes Spermöl (Schmp. bis 38°) verwendet wurden (Abrone).

Manchmal zeigen die faßgeschmierten Leder nach dem Trocknen einen Ausschlag, besonders wenn sie bei höheren Temperaturen gefettet worden sind. W. Eitner erklärte diese Erscheinung damit, daß die festen Fette, für deren Einbringen in das Leder höhere Temperaturen angewendet werden, in flüssiger Form vom Leder aufgenommen werden, beim Erkalten dort kristallisieren und einen größeren Raum beanspruchen, den sie aber im Leder nicht vorfinden. Sie müssen deshalb teilweise aus dem Leder austreten.

4. Einbrennen des Leders.

Unter „Einbrennen" versteht man das Behandeln von völlig trockenem Leder mit heißem Fett. Vgl. auch diesen Bd., 5. Kap., S. 363. Es wird hauptsächlich zum Fetten von Treibriemenleder, gewissen Geschirrledern und den stets stark gefetteten Chromssohlledern angewandt. Es ist die einzige Methode, bei der das Leder im trockenen Zustand gefettet wird. Fast immer werden Fettgemische verwendet, die bei gewöhnlicheTempeiatur fest sind.

Die wichtigsten Einbrennfette sind: Talg, Stearin, Paraffin, Ceresin, Japantalg, Wollfett, Wachse, besonders Montanwachs, teilweise auch synthetische Produkte, wie bestimmte Wachse der Farbwerke Hoechst. In einigen Fällen werden dem Einbrennfett auch Harze zugesetzt.

In der Patentliteratur finden sich manche Patente zum „Imprägnieren von Leder", deren Verfahren nichts anderes ist als ein Einbrennen, so z. B. A. P. 1 738 934 (Vorbehandlung mit Aceton und Einbrennen mit einem Gemisch von Bienenwachs, Carnaubawachs, Montanwachs und Paraffin), F. P. 681 598 (Einbrennen mit Vaselin- oder Paraffinöl, Ozokerit oder Ceresin), und Ital. P. 327 688 (Eintauchen in ein Gemisch von geschmolzenem Ceresin und Stearin) u. a.

Vor dem Einbrennen werden die Leder zuerst in besonderen Trockenräumen auf einen möglichst geringen Wassergehalt gebracht. Leder, das nicht genügend getrocknet ist, erleidet beim Einbrennen Schaden. Der sich entwickelnde Wasserdampf „verbrennt" das Leder. Die verbrannten Stellen brechen später sehr leicht.

Man kann das geschmolzene Fett oder Fettgemisch entweder mit einer Bürste oder mit einem weichen Pinsel auf beide Seiten des Leders auftragen, oder aber das Leder in einen Kessel tauchen, dei das flüssige Fettgemisch enthält. Die Temperatur des Fettgemisches soll im allgemeinen bei lohgarem Leder 90° nicht übersteigen. Auch bei Chromleder sind Temperaturen über 100° weder günstig noch erforderlich. Die Fettaufnahme erfolgt aus einem Fettbad bei 120° keineswegs rascher als bei 90°. Dagegen ist die Gefahr der Beschädigung des Leders durch Verbrennen bei allen Temperaturen über 100° sehr groß, zumal da sich ohne eine Wassergehaltsbestimmung sehr schwer kontrollieren läßt, ob alle Teile des zum Einbrennen gelangenden Leders genügend getrocknet sind.

Die Zusammensetzung des Einbrennfettes bzw. sein Schmelzpunkt richtet sich nach der Ledersorte und der Jahreszeit. Im Sommer wählt man ein Fettgemisch von höherem Schmelzpunkt als im Winter. Stearin, Paraffin, Ceresin, Wachse sind mit verschiedenen Schmelzpunkten im Handel. Japantalg ruft wegen seiner außerordentlichen Kristallisierfähigkeit leicht Ausschläge auf dem Leder hervor, erzeugt aber einen geschmeidigen glatten Schnitt. In Chromsohlledern, wie sie zur Zeit hergestellt werden, erfolgt der Zusatz gewisser Harze mit voller Absicht zur Erzielung ganz bestimmter Eigenschaften des fertigen Leders, insbesondere um die Wasserfestigkeit des Leders zu erhöhen.

Das Fettgemisch wird im Vorwärmkessel zusammengeschmolzen und dann nach dem Einbrennen abgelassen. Verunreinigungen setzen sich im Vorwärmkessel ab und bleiben zurück. Durch die Heizschlange wird das Fett auf der gewünschten Temperatur gehalten. Mehrere Kernstücke werden an die Aufzugvorrichtung angehängt und dann gleichzeitig in das Fett getaucht (s. Abb. 14, S. 654). Die Eintauchzeit beträgt je nach der Stärke der Leder und nach dem gewünschten Fettgehalt eine halbe bis mehrere Minuten. Sie muß erfahrungsgemäß ermittelt werden.

Für halbe Häute verwendet man flache Einbrennkessel, in welche die Häute nicht senkrecht, sondern waagrecht eingelegt werden können.

Nach dem Einbrennen werden die Leder noch kurze Zeit in warmen Räumen aufgehängt, damit das an der Oberfläche befindliche Fett nicht sofort erstarrt, sondern noch flüssig in das Leder einziehen kann. Anschließend läßt man die Leder erkalten und hängt sie für einige Zeit ins Wasser, damit sie für das noch erforderliche Ausbürsten vollständig durchfeuchtet sind. Das an der Oberfläche noch haftende Fett, durch welches das Leder eine ganz dunkle Färbung erhalten hat, wird mit einer schwachen Sodalösung und warmem Wasser abgebürstet. Ein kurzes Nachspülen mit einer 1%igen Säurelösung zur Neutralisierung der Sodalösung ist bei tüchtigem Nachwaschen mit kaltem Wasser ganz ungefährlich. Die so behandelten Leder trocknen in ihrer natürlichen hellen Farbe ohne Flecken auf.

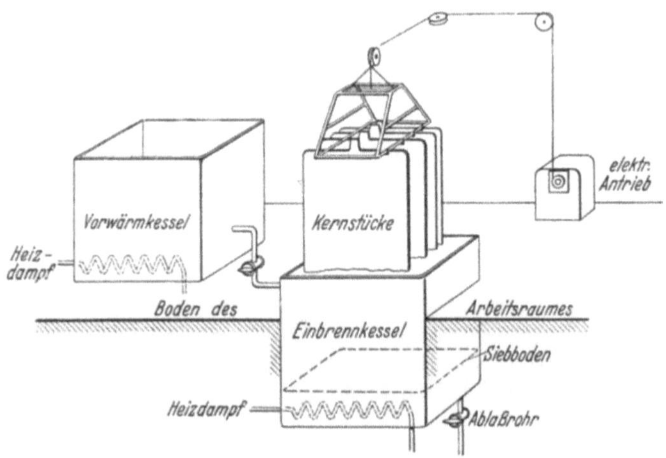

Abb. 14. Schema einer Anlage zum Einbrennen von Leder (E. Mezey).

5. Fettlickern.

a) Allgemeines.

Bei der Herstellung jeder Art von Chromoberleder, Schafleder, Feinleder, Bekleidungsleder, bei Vachettenleder und sonstigen leichten lohgaren Ledern, bei kombiniert gegerbten leichten Ledern wird die Fettung durch den sogenannten Lickerprozeß herbeigeführt. Der Name „Licker" kommt vom englischen „fat liquor", womit man ursprünglich die beim Zurichten von Chromleder verwendete Fettbrühe bezeichnete. Beim Lickern wird das Leder in einer warmen wässerigen Emulsion (Öl-in-Wasser-Emulsion) im Faß bewegt. Das Leder nimmt, falls es eine geeignete Vorbehandlung erfahren hat, in kurzer Zeit das Fett aus der Emulsion auf. Über den Vorgang der Fettaufnahme s. S. 639.

Chromleder muß vor dem Lickern neutralisiert werden. Geschieht dies nicht, so scheidet sich das emulgierte Fett an der Oberfläche des Leders aus. Das Leder kommt dann schmierig aus dem Licker und enthält im Innern kein Fett. Bei bestimmten sulfonierten Ölen scheint die Neutralisation des Chromleders vor dem Lickern nicht diese wichtige Rolle zu spielen. So fanden H. Merrill und G. Niedercorn, daß die Aufnahme von sulfatiertem Klauenöl um so größer ist, je weniger das Leder neutralisiert wird, je mehr Säure also im Leder verbleibt. S. hierzu auch G. Otto (2), S. 135.

b) Herstellung der Lickerbrühen.

Jeder Fettlicker enthält fettes Öl, ein Emulgierungsmittel und Wasser. Es ist an anderer Stelle schon erwähnt worden, daß lange Zeit Seifen als Emulgatoren für die Herstellung von Fettlickern verwendet worden sind. Daneben erwies sich sehr bald Eigelb als ein ausgezeichneter Emulgator. Heute sind die Seifen durch sulfatierte oder sulfonierte Öle und Fettalkohole oder andere Emulgatoren verdrängt (s. S. 634). Daneben wird dem Gerber eine große Anzahl wasserlöslicher Lickeröle angeboten, die unmittelbar zur Herstellung von Lickerbrühen verwendet werden können, also unverändertes Öl (Neutralöl) und wasserlösliches, als Emulgator wirkendes Öl enthalten.

Emulgatoren haben meist keine oder nur eine geringe fettende Wirkung. Auch bei sulfatierten, sulfonierten oder sonst wasserlöslich gemachten Ölen geht die fettende Wirkung fast nur vom unveränderten Anteil des Öles aus.

Über die Bedeutung der Alkylsulfate und -sulfonate s. S. 634. Eine Aufzählung der beim Fettlickern praktisch verwendeten wasserlöslichen Öle oder eine Beschreibung ihrer Verwendung erübrigt sich, da fast jede Firma der Fettindustrie derartige Öle anbietet und die Richtlinien für ihren Einsatz beim Fettlickern angibt. Das gleiche gilt von den im Handel befindlichen Emulgatoren.

Daß Eigelb ein ausgezeichneter Emulgator ist, der gleichzeitig fettende Eigenschaften besitzt, ist den Gerbern schon lange bekannt und viele von ihnen (Glacélederhersteller) bestreiten noch heute seine Ersetzbarkeit durch neuartige Fettstoffe. Die mit Eigelb bereiteten Emulsionen jeder Art von Öl können mehrere Tage aufbewahrt werden, ohne daß das Öl aufrahmt oder ausflockt. Bringt man Eigelb durch Zusatz einer genügenden Menge Seife in die halbflüssige Form einer konzentrierten Emulsion, so widersteht diese einige Monate lang der Ausflockung.

Ganz allgemein kann man zur Herstellung von Lickerbrühen unbehandelte Fette und Öle durch sulfatierte bzw. sulfonierte Öle oder aber durch Emulgatoren in Verbindung mit reinem oder vorbehandeltem Mineralöl emulgieren, oder aber man kann fertige Lickeröle verwenden, die lediglich mit Wasser zu einer Emulsion angerührt werden. Endlich sind Kombinationen aller Verfahren möglich. Grundsätzlich empfiehlt es sich, den Emulgator oder den wasserlöslichen, als Emulgator wirkenden Ölanteil zuerst in heißem Wasser zu lösen und dann in diese Lösung das Neutralöl langsam hineinzurühren. Benützt man Eigelb als Emulgator, so darf dieses nur in Wasser von nicht mehr als 35° gelöst werden.

S. hierzu das Kapitel über sulfatierte und -sulfonierte Öle (S. 513) und die Abschnitte über Alkylsulfate und -sulfonate (S. 634) sowie über sonstige grenzflächenaktive Hilfsstoffe (S. 636).

c) Ausführung des Lickerprozesses.

Man bewegt die zu lickernden Leder kurze Zeit im Faß mit 100 bis 200% (berechnet auf Falzgewicht) Wasser, das vorher auf 35 bis 45° angewärmt worden ist. Wenn möglich wird Kondenswasser verwendet. Bei kalkbeständigen Lickerölen und Emulgatoren hat die Wasserhärte nicht die unangenehme Wirkung wie bei Seifen oder einfach sulfatierten Ölen. Die vorher angesetzte Fettbrühe gibt man durch die hohle Achse in das laufende Faß und bewegt die Leder so lange, bis alles Fett aufgenommen ist. Bei sachgemäßem Arbeiten (richtigem Neutralisieren der Chromleder) ist dies in 40 bis 60 Minuten der Fall. Während der Fettaufnahme soll die Temperatur der Flotte bei lohgarem Leder 30 bis 40°, bei Chromleder zwischen 40 und 45° betragen. Nach dem Lickern schlägt man die Leder, die sich nunmehr auf der Oberfläche nicht schmierig anfühlen dürfen, über den Bock und läßt sie zweckmäßigerweise vor der Weiterverarbeitung eine Zeitlang sitzen.

Über den Lickerprozeß und die einzelnen Faktoren, die seine fettende Wirkung beeinflussen, über die Fettaufnahme durch die Haut und die Bedingungen, von denen sie abhängig ist, sind außerordentlich viele Untersuchungen durchgeführt und in mehr oder weniger umfangreichen Arbeiten veröffentlicht worden. Einen allerdings nur bis zum Jahre 1937 reichenden Ausschnitt aus diesen Arbeiten hat W. Schindler in seinen „Fortschrittsberichten über Fettlickern" gegeben, auf die hier ausdrücklich verwiesen wird.

Es ist sehr schwierig, die Erkenntnisse aller dieser gerbereichemischen Untersuchungen auf die Praxis des Fettlickerns zu übertragen. Die Fragestellungen des wissenschaftlich forschenden Gerbereichemikers sind andere als die des Gerbers, der nach Lickermethoden sucht, die den an seine Leder gestellten Ansprüchen gerecht werden. Schon allein der Vorgang der Fettaufnahme durch das Leder ist noch immer problematisch. Es gibt zahlreiche Untersuchungen, bei denen festgestellt wurde, daß z. B. die Seifen beim Lickern teilweise in Chromseifen umgesetzt werden, daß Fettschwefelsäureester in nicht extrahierbarer Form an die Lederfaser gebunden werden, daß kondensierte Verbindungen ebenso wie Neutralöle in extrahierbarer Form aufgenommen und freie Fettsäuren teilweise gebunden werden, während Emulgatoren sich verschieden verhalten. So unerläßlich solche Erkenntnisse für die Forschung sind, dem praktischen Gerber sagen sie wenig. Er fragt dagegen: Welche fettende Wirkung haben die Schwefelsäureester gegenüber den Neutralölen? Welchen Einfluß haben diese Chromseifen auf Griff und Weichheit des Leders? Wie gestaltet sich das Narbenbild bei diesem oder jenem Lickeröl? Welche Zusätze zum Lickerprozeß können diese oder jene Eigenschaften des Leders so oder so verändern? Ist die Bindung von Fett an die Lederfaser ein Maß für den spezifischen Fettungswert?

Diese berechtigten Fragen des Gerbers lassen sich bis heute nur unvollständig beantworten. Von den zahlreichen Untersuchungen über den Lickerprozeß sind für den praktischen Gerber vorerst noch die am wichtigsten, die sich mit dem Vorgang der Fettaufnahme, dem Einfluß der Lickerfette auf die Festigkeitseigenschaften des Leders und den Faktoren, die diese beinflussen, befaßt haben.

Eine alte Sorge der Gerber beim Lickern von pflanzlich gegerbten Ledern ist die ungenügende Auszehrung des Lickerbades bei der Verwendung anionischer Lickeröle. Die Erklärung ist in der gleichsinnigen Aufladung zu suchen, die Affinität der Lickeröle (sulfatierte und sulfonierte Öle) zu dem pflanzlich gegerbten Leder ist nicht groß genug für eine restlose Fettaufnahme. Zusätze von unsulfonierten Anteilen oder die Zugabe von 25% Ameisensäure (berechnet auf die angewandte Fettmenge) am Schluß des Lickerprozesses begünstigen die Fettaufnahme. Auch das Nachsetzen von 20 bis 25% (ebenfalls berechnet auf die Fettmenge) eines kationischen Fettlickers in das soweit wie möglich ausgezehrte Lickerbad verbessert die Gesamtfettaufnahme. Der kationische Licker gibt dabei eine ausgesprochene Außenschichtfettung. Dem gleichen Zweck dient eine Nachgerbung des Leders mit kationischen Gerbstoffen vor dem Lickern.

d) Fettaufnahme durch das Leder beim Lickerprozeß.

Bei den meisten Untersuchungen ist Chromleder verwendet worden. Die Ergebnisse sind nicht einheitlich. J. A. Wilson (1) erklärt den Mechanismus der Fettaufnahme beim Lickern als eine Folge elektrischer Entladungen. Die Öltröpfchen haben eine negative Ladung. Wilson nimmt an, daß das Leder eine positive elektrische Ladung besitzt. Bringt man nun Leder und Fettemulsion

zusammen, so findet ein Ladungsausgleich statt, ähnlich wie er ihn beim Gerb-
vorgang annimmt, wobei die Emulsion gebrochen wird, und zwar nicht durch
Koagulation der Fettröpfchen, sondern durch deren Anlagerung an die Lederfaser.

Die gleiche Anschauung vertritt N. Nelles (1). Auch er sieht den Verlauf
der Fettaufnahme durch das Leder als einen zweiphasigen Prozeß an (Eindringen
der negativ geladenen Ölteilchen in das Fasergefüge und Brechen der Emulsion
an der Faser, wobei das Fett an der Faser niedergeschlagen wird). Die Berechtigung dieser Theorie von J. A. Wilson und von N. Nelles, nach der die Fettemulsion an der Lederfaser gebrochen wird, haben R. Blockey, H. Spiers und
H. Johnston bestritten. Nach ihren mikroskopischen Untersuchungen über
das Eindringen des Fettes aus Lickerbrühen in das Leder habe man kein Recht
zur Annahme, daß ein Brechen der Ölemulsion im Leder stattfindet.

G. Otto (2), S. 133, hat in seiner sehr umfangreichen Untersuchung über
„die Ladung der Lederoberfläche" beim Fettungsprozeß durch wasserlösliche
Öle ebenfalls angenommen, daß beim Eindringen der Fetteilchen von anionaktiven Fettstoffen (z. B. sulfatierte Öle) in die stark positiv geladene Lederoberfläche eine Entladung und dadurch Abscheidung erfolgt. Dadurch erklärt
sich seiner Ansicht nach die stets beobachtete Tatsache, daß die Mittelschicht
des Chromleders weniger Fett enthält, als die äußeren Schichten. Diese ungleiche
Fettverteilung ist für viele Chromleder, die einen gewissen Stand haben sollen,
erwünscht. Für die Leder, die völlig gleichmäßig durchgefettet sein sollen, wie
Bekleidungs- und Handschuhleder, regt deshalb G. Otto die Verwendung von
kationaktiven Fettstoffen an, die gleichsinnig wie die Lederoberfläche geladen
sind und daher tiefer in das Leder einzudringen vermögen.

Die meisten Untersuchungen über die Fettaufnahme durch das Leder aus
Lickerbrühen sind an Chromleder ausgeführt worden. Sie erstrecken sich auf den
Einfluß der Fettkonzentration, der Lickerzeit, des p_H-Wertes von Licker und
Leder, auf die Fettaufnahme und Fettverteilung im Leder sowie auf die Ermitt-
lung der spezifischen Wirkungen einzelner zum Lickern verwendeten Öle und
Emulgatoren. Im folgenden sind hauptsächlich die Ergebnisse der Untersuchun-
gen von J. A. Wilson, H. Merrill, E. Mezey, W. Schindler, E. Stiasny
und C. Rieß, W. Henry sowie die neuesten Arbeiten von F. Stather und
R. Lauffmann, E. Theis und M. Graham sowie R. M. Koppenhoefer und
Mitarbeitern verwertet oder gesondert erwähnt.

e) Einfluß verschiedener Faktoren auf die Fettaufnahme.

Einfluß der Emulgierungsgrades auf die Fettaufnahme.
Es ist eine weitverbreitete Ansicht, daß eine Fettemulsion um so besser für das
Lickern geeignet sei, je feiner die Dispersion ihres Fetts und je haltbarer sie ist.
Diese Anschauung steht nicht im Einklang mit den Erfahrungen. Es ist durchaus nicht erforderlich, daß eine zum Lickern verwendete Fettemulsion stunden-
oder gar tagelang haltbar ist. Es gibt Emulsionen, die schon nach kurzem Stehen
aufrahmen und trotzdem vom Leder leicht und vollständig aufgenommen werden
und dabei ein durchaus brauchbares Leder liefern. Es ist an anderer Stelle schon
darauf hingewiesen worden, daß die Emulsionen von mittlerer Haltbarkeit sich
als die brauchbarsten erwiesen haben. Fettbrühen von sehr geringer Haltbarkeit
scheiden das Fett zu leicht und schon auf der Lederoberfläche ab. Der Narben
wird schmierig und das Leder bleibt im Innern ungefettet. Emulsionen von
sehr hoher Dispersität und Haltbarkeit geben zwar einen klaren Narben,
aber ein sehr lockeres Leder, besonders in den Flankenteilen der Häute.
J. A. Wilson ist der Ansicht, daß die Schmierung der Fasern durch den Licker-

prozeß nicht durch das ganze Leder gleichmäßig hindurchgeht, sondern in den äußeren Schichten stärker sein soll als in den inneren, da er festgestellt hat, daß die durch Lickern erzielte vollständige Durchfettung ein lockeres, leeres Leder zur Folge hat. Diese Anschauung gilt wohl nicht für alle Ledersorten gleichmäßig. Siehe auch die späteren Ausführungen über den Einfluß des Sulfatierungsgrades auf die Fettaufnahme.

Einfluß des Verhältnisses von Fett zu Leder und der Fettkonzentration auf die Fettaufnahme. Das in einer Lickerbrühe bestehende Verhältnis zwischen Fettmenge und Ledermenge, sowie zwischen Fettmenge und Flüssigkeitsmenge (Fettkonzentration) ist von ganz bestimmtem und in beiden Fällen sehr verschiedenem Einfluß auf die Fettaufnahme durch das Leder. H. Merrill (1) hat dies an Versuchen mit Chromkalbleder gezeigt. Der Fett-

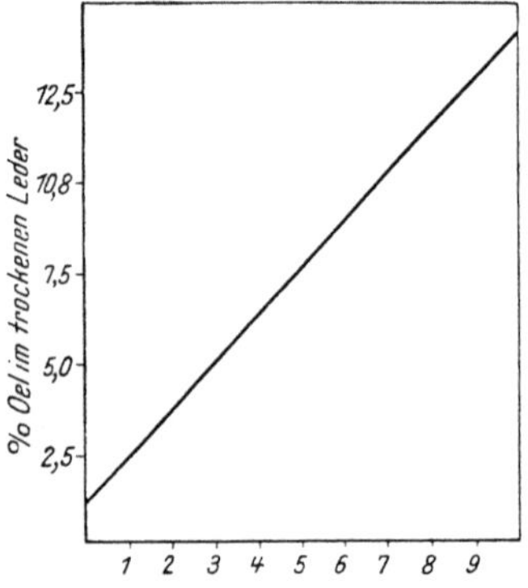

Gramm Fett im Licker auf 100 g feuchtes Leder.

Abb. 15. Einfluß des Verhältnisses von Fett zu Leder auf die Fettaufnahme durch Chromleder [H. Merrill (1)]. Temperatur: 40°, Wasser: 50% vom Leder, Lickerdauer: 2 Stunden, Fett: Sulf. Klauenöl – 10% Borax, Lederstärke 1,6 mm.

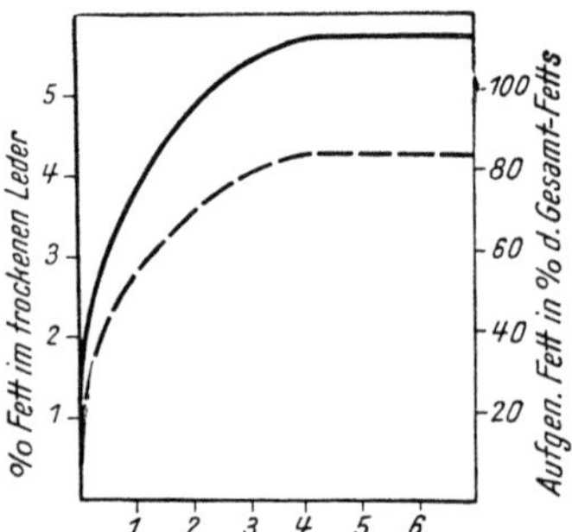

Lickerdauer in Stunden.

Abb. 16. Einfluß der Lickerdauer auf die Fettaufnahme [H. Merrill (1)]. Fett: Sulf. Klauenöl – 10% Borax, Wasser: 50% vom Leder.

gehalt des fertigen Leders steigt mit der Zunahme des Verhältnisses Fett zu Leder gradlinig an (s. Abb. 15).

Einfluß der Zeit auf die Fettaufnahme. Die aufgenommene Fettmenge wächst mit der Lickerdauer bis zu 4 Stunden (s. Abb. 16). Nach 4 Stunden findet keine Fettaufnahme mehr statt, da sich ein Gleichgewichtszustand einstellt. Für stärkere Leder, und vor allem für lohgare Leder, gelten diese Beobachtungen nicht.

Einfluß des p_H-Wertes von Leder und Licker auf die Fettaufnahme. Nach H. Merrill (1) ist der p_H-Wert der Lickerbrühe auf die Menge des vom Leder aufgenommenen Fettes nicht von Einfluß, wohl aber auf das Eindringen in das Leder. Nach seiner Ansicht dringt bei höherem p_H-Wert des Lickers das Fett tiefer in das Fasergefüge des Leders ein als bei niedrigen p_H-Werten. Den gleichen Einfluß hat der p_H-Wert des Leders. Nach F. Theis und F. Hunt (1) ist die Fettaufnahme durch Leder aus Lickern mit p_H-Werten zwischen 3 und 7 wenig verschieden, bei Werten zwischen 7 und 10 sinkt die Menge des vom Leder aufgenommenen Fettes etwas ab. Dagegen nimmt nach den Arbeiten der gleichen Forscher die Fettaufnahme von Ledern mit p_H-Werten zwischen 1 und 4 ständig zu, jenseits 4 wieder ab.

Einfluß des Verhältnisses von Neutralöl und sulfatiertem Anteil auf die Fettaufnahme. Ältere Versuche von E. Mezey führten zu Ergebnissen, die in Abb. 17 wiedergegeben sind. Chromleder nimmt also aus einem Gemisch von sulfatiertem und nichtsulfatiertem Öl um so mehr Fett auf, je größer der nichtsulfatierte Anteil ist. S. auch die Feststellungen von F. Stather und R. Lauffmann (1), sowie die Untersuchungen von E. Theis und F. Hunt (2) über die Fettaufnahme aus Gemischen verschiedener Neutralöle und sulfatierter Öle.

Auch E. Stiasny und C. Rieß haben festgestellt, daß von Chromleder die nichtsulfatierten Anteile des Lickers reichlicher aufgenommen werden als die sulfatierten Anteile.

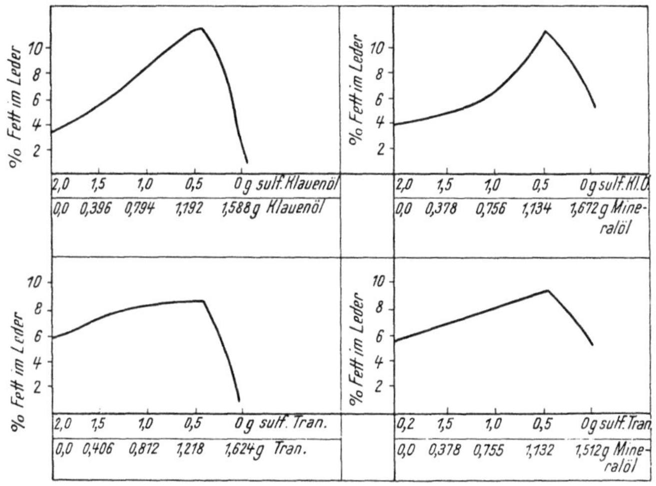

Abb. 17. Einfluß des Verhältnisses von Neutralöl und sulfatiertem Anteil des Lickers auf die Fettaufnahme.

Die Lickertemperatur bedingt nach E. Theis und F. Hunt (2) bis 49° eine Erhöhung der Fettaufnahme durch Chromkalbleder. Jenseits dieser Temperatur nimmt die Fettaufnahme ab.

Einfluß verschiedener Emulgatoren auf die Fettaufnahme. W. Schindler (3) hat die Einwirkungen verschiedener Emulsionstypen auf den Lickerprozeß miteinander verglichen. Seifen/Mineralöl-Emulsionen werden besonders am Anfang rascher vom Leder aufgenommen als Seifenlösungen allein. Beim Lickern mit Türkischrotöl geht die Fettaufnahme viel rascher vor sich als bei Seifenlösungen. Auch wird aus Türkischrotöllösungen viel mehr Fett aufgenommen als aus Seifenlickern. Bei sulfatiertem Tran ist die Fettaufnahmegeschwindigkeit geringer als bei Türkischrotöl, aber immer noch höher als bei der Verwendung von Seifenlösungen. Auch die Menge des aufgenommenen Gesamtfetts ist bei sulfatiertem Tran geringer als bei Türkischrotöl. Anscheinend findet bei sulfatiertem Tran früher eine Sättigung des Leders mit Fett statt als beim Türkischrotöl. Endlich wird aus einer Emulsion von sulfatiertem Tran/Mineralöl bedeutend mehr Fett aufgenommen als aus einer Emulsion, die nur sulfatierten Tran enthält. Diese Erscheinung steht vielleicht mit der Veränderung der Teilchengröße im Zusammenhang, die durch den Zusatz eines nichtsulfatierten Öls zum sulfatierten Tran hervorgerufen wird.

Die Wirkung des Eigelbs als Emulgator ist besonders charakteristisch. Nach den Untersuchungen von H. Merrill (2) begünstigt das Eigelb die Aufnahme des Fetts von der Fleischseite.

Besonders deutlich wird die selektive Fettaufnahme des Leders gegenüber Eigelbemulsion, wenn man die Eigelbmengen variiert, das jeweils gelickerte Leder in eine Narben- und Fleischschicht spaltet und den Fettgehalt der beiden Schichten bestimmt. H. Merrill (2) hat zu einem Licker, der auf 100 Teile nasses Chromleder 1,5 Teile sulfatiertes Klauenöl und 0,25 Teile Borax enthielt, 0, 2, 4 und 8 Teile Handelseigelb zugesetzt. Die Lederproben wurden gleichmäßig lange gelickert, dann in zwei Schichten gespalten und die Fettgehalte ermittelt. Das Ergebnis zeigt Tabelle 61.

Tabelle 61. Einfluß der Eigelbkonzentration auf die Verteilung des Fettes im Leder [H. Merrill (2)].

% Eigelb auf nasses Chromleder	% Öl, gefunden im trockenen Leder	% Öl, gefunden in		Verhältnis
		Narbenschicht b	Fleischschicht a	b/a
0	4,26	30	18	1,67
2	4,85	19	16	1,19
4	5,78	21	29	0,72
8	6,52	14	32	0,44

Man sieht, daß bei 8% Eigelbzusatz die Narbenschicht nur noch 0,44mal soviel Fett erhält wie die Fleischseite. Die Eigelblicker ergeben deshalb ein Leder mit besonders hellem und klarem Narben.

Einfluß der Lickerbedingungen auf die von Chromleder aufnehmbaren Mengen an Gesamtfett, extrahierbarem Fett und gebundenem Fett.

F. Stather und R. Lauffmann (1) haben darüber Untersuchungen angestellt, wie weit die verschiedenen Lickerbedingungen die von Chromleder aufgenommenen Mengen an Gesamtfett, extrahierbarem Fett und gebundenem Fett beeinflussen. Für die Versuche wurden zwar Hautpulver verwendet, es konnten aber bei Chromleder ähnliche Gesetzmäßigkeiten festgestellt werden. Die Ergebnisse der Versuche, die mit Türkischrotöl-, Seifen- und Eigelblickern durchgeführt wurden, sind von grundsätzlicher praktischer Bedeutung. Die von Chromleder aus einer Lickerbrühe aufgenommene Gesamtfettmenge ist stets der im Licker vorhandenen Fettmenge proportional. Durch den Sulfatierungs- bzw. Sulfonierungsgrad des Öls wird die Fettaufnahme nur wenig beeinflußt. Unter „Gesamtfettmenge" ist dabei der mit Petroläther, Alkohol und Wasser extrahierbare Fettanteil zusätzlich des durch Verseifung ermittelten Restfettes verstanden.

Die extrahierbare Fettmenge (d. h. die, wie oben erwähnt, durch Petroläther, Alkohol und Wasser aus dem Leder wieder herauslösbaren Anteile des Fettes) nimmt bei Türkischrotöllickern mit zunehmendem Sulfatierungs- bzw. Sulfonierungsgrad des Öles ab, während die angewandte Fettmenge, die Basizität des Chromleders und der p_H-Wert des Fettlickers die Menge des extrahierbaren Fettes nicht beeinflussen. Ein Zusatz von Neutralöl erhöht bei Türkischrotöllickern die Menge des mit Petroläther extrahierbaren Anteils und verringert die mit Alkohol extrahierbare Fettmenge. Das gleiche wurde bei Seifen- und Eigelblickern festgestellt.

Die vom Leder gebundene Fettmenge, die durch Extraktion des Leders nicht erfaßbar ist und nur durch Verseifung des extrahierten Leders festgestellt werden kann, nimmt mit der im Licker vorhandenen Fettkonzentration und mit dem Sulfatierungs- bzw. Sulfonierungsgrad des Öles zu, während der p_H-Wert des Fettlickers und die Basizität des Hautpulvers die gebundene Fettmenge nicht beeinflussen. Dagegen wird durch Neutralölzusatz bei Türkischrotöl- und Seifenlickern die Menge des vom Leder gebundenen Fettes wesentlich verringert.

Zu den gleichen Ergebnissen wie F. Stather und R. Lauffmann kam W. Henry bei der Untersuchung des Einflusses des Sulfatierungsgrades von Tranen auf die Fettaufnahme durch Chromleder. Es wurden drei mit je 10, 15 und 30% Schwefelsäure bei 27° sulfatierte Dorschtrane hergestellt. Die organisch gebundenen SO_3-Mengen betrugen 3,3, 4,6 und 6,1%. Die benutzten Lickerbrühen enthielten 10% Gesamtfett (auf die Flüssigkeit berechnet). Auf 125 Teile Leder wurden 200 Teile Lickerbrühe genommen. Lickertemperatur 40°. Zur Feststellung der Eindringtiefe des Fettes wurden die gelickerten Lederproben in 12 Schichten gespalten und in jeder einzelnen Lederschicht Gesamtfett, gebundenes und nichtgebundenes Fett bestimmt.

W. Henry kam zu dem Ergebnis, daß bei sulfatiertem Dorschtran

1. die Aufnahme von Gesamtfett unabhängig vom Sulfatierungsgrad ist,

2. mit zunehmendem Sulfatierungsgrad die Menge des vom Leder gebundenen Fettes zunimmt und die Menge des im Leder vorhandenen petrolätherlöslichen Fettanteils abnimmt,

3. mit zunehmendem Sulfatierungsgrad das Eindringungsvermögen der sulfatierten Dorschtrane abnimmt.

Die Frage, ob bei verschiedenen sulfatierten Ölen die Menge des vom Leder gebundenen Fetts wechselt, hat R. M. Koppenhoefer (*1*) durch Lickerversuche mit sechs verschiedenen Ölen beantworten können. Von den zu den Versuchen herangezogenen sulfatierten Ölen wurden unter gleichen Bedingungen von Chromkalbleder zwischen 5,88 und 6,28% Gesamtfett aufgenommen. Der vom Leder gebundene Fettanteil betrug (Tabelle 62):

Tabelle 62. Prozente der vom Leder aufgenommenen Gesamtfettmenge.

	Tran	Klauenöl	Spermöl	Sojaöl	Ricinusöl	Olivenöl
Sofort nach dem Lickern	25,5	23,6	27,2	31,6	31,2	28,1
Nach künstlichem Altern	29,8	32,1	30,8	65,0	43,8	39,2

Weiterhin konnte auch R. M. Koppenhoefer (*1*) bestätigen, daß die Menge des anfänglich vom Leder gebundenen, d. h. nicht extrahierbaren Fettes vom Sulfatierungsgrad des Öls abhängt. Die wichtigste Feststellung von Koppenhoefer ist, daß entsprechend der Natur der Öle beim Altern des gelickerten Leders der gebundene Fettanteil zunimmt, wobei Türkischrotöl und Sojaöl die größte Zunahme des gebundenen Anteils zeigten.

Durch weitere Untersuchungen haben R. M. Koppenhoefer und M. Retzsch das Verhalten der wichtigsten Komponenten verschiedener sulfatierter Öle bei der Lickerfettung aufgeklärt. Diese Komponenten sind: der sulfatierte Ölanteil, das unveränderte Neutralöl und die freien Fettsäuren. Die Versuche erstreckten sich auf das Lickern von Chromkalbleder mit sulfatiertem Lebertran, Klauenöl und Ricinusöl. Es konnte festgestellt werden, daß das eigentliche sulfatierte Öl als solches keine fettende Wirkung im Sinne einer Lederschmierung bzw. Weichmachung besitzt. Der sulfatierte Anteil ist nach R. M. Koppenhoefer und M. Retzsch lediglich Emulgator für das Neutralöl. Dadurch ist es zu erklären, daß ein Leder, das mit reinem sulfatiertem Öl gelickert wird, hart und strohig bleibt. Dagegen besitzen sowohl der Neutralölanteil wie die freien Fettsäuren in einem mit sulfatiertem Öl hergestellten Licker eine ausgesprochen fettende Wirkung auf die Lederfasern, die sich auch in einer Erhöhung der Zugfestigkeit des Leders äußert. Im übrigen wird von der Narbenseite des Kalbleders nur sehr fein dispergiertes Fett aufgenommen, was von den beiden Autoren mit der geringen Porengröße und der dichten Faserstruktur der Narbenschicht erklärt wird. Bei mangelhafter Dispergierung des Öls wird fast alles Fett durch die Fleischseite aufgenommen. Von den verwendeten Ölen ist der Tran besonders leicht zu dispergieren. Er wird infolgedessen besonders leicht von Leder aufgenommen. Dagegen wird Klauenöl nach R. M. Koppenhoefer und M. Retzsch besonders schwer dispergiert und dringt deshalb von der Narbenseite nur wenig in das Leder ein. Dabei ist zu bedenken, daß die Verfasser hier nur sulfierte Produkte miteinander verglichen haben. Es ist z. B. fraglich, ob bei Zusatz moderner hochwirksamer Emulgatoren diese Unterschiede noch bestehen würden. Sulfatiertes Ricinusöl scheint eine Mittelstellung zwischen sulfatiertem Tran und Klauenöl einzunehmen. Die Frage, warum trotz des ungünstigen Eindringungsvermögens das sulfatierte Klauenöl die bekannten guten fettenden Eigenschaften besitzt und ein volles Leder gibt, können die Verfasser nicht mit Sicherheit beantworten. In Übereinstimmung mit anderen Autoren stellten R. M. Koppenhoefer und M. Retzsch bei ihren Lickerversuchen mit Chromkalbleder auch fest, daß der von der Lederfaser gebundene Fettanteil in der Hauptsache aus sulfatiertem Öl besteht. Auch bei sulfatiertem Tran können Neutralfett und freie Fettsäure aus dem Leder wieder extrahiert werden. Das gebundene Fett kann nur nach hydrolytischer Zerstörung des Leders durch Kalilauge (Methode Fahrion) zurückgewonnen werden.

R. M. Koppenhoefer (3) hat außerdem den Einfluß von Mineralölen in Fettlickergemischen auf die Fettaufnahme durch das Leder untersucht. Er verwendete als Versuchslicker Gemische von reinem Tran und Mineralöl in einer Zusammensetzung von 0 bis 100%; dem Gemisch wurde jeweils eine gleichbleibende Menge von 33% Emulgator beigefügt, der aus einem sulfonierten Tran nach dem Verfahren von R. Hart (4) gewonnen war und aus Sulföl und Seife bestand. Die Versuche wurden mit Chromkalbleder durchgeführt. Mit wachsendem Mineralölanteil nahm der Gehalt an gebundenem, d. h. mit Lösungsmitteln nicht extrahierbarem Öl ab, der Gehalt des Leders an freiem, d. h. extrahierbarem Öl dagegen zu. Beim Lagern des gelickerten Leders erhöhte sich in allen Fällen der gebundene Fettanteil. Mit zunehmendem Mineralölgehalt des Fettlickers war eine Teilchenverkleinerung in der Ölemulsion zu erkennen, die Emulsion wurde stabiler. Diese Dispersionsänderungen tragen aber nach Ansicht des Verfassers zu den Unterschieden in der Ölverteilung im Leder nicht bei. Die Verteilung des Fettes in drei Lederschichten (Narben-, Mittel- und Fleischschicht) ist aus Tabelle 63 zu ersehen (s. auch dieser Bd., 2. Kap., S. 32).

Tabelle 63. Verteilung des Fettes in verschiedenen horizontalen Schichten des Leders, berechnet als Prozent der Gesamtmenge des aufgenommenen Fettes [R. M. Koppenhoefer (*3*)].

Probe Nr.	1	2	3	4	5	6
% Mineralöl	0	10	20	30	50	67
Freies Fett						
Narbenschicht	28	31	32	33	34	38
Mittelschicht	11	11	12	15	19	21
Fleischschicht	61	58	56	52	47	41
Gebundenes Fett						
Narbenschicht	37	38	34	40	32	38
Mittelschicht	8	9	7	9	9	8
Fleischschicht	55	53	59	51	59	54

Die Zunahme des Eindringens freien Öls ins Lederinnere bei hoher Mineralölkonzentration erklärt R. M. Koppenhoefer mit einer Verringerung der Affinität des Lickers zum Leder. Bei einem Mineralölanteil des Lickers unter 25% ist ein Einfluß des Mineralöls auf die Fettverteilung im Leder nicht zu erkennen. Ob die am Kalbleder festgestellten Verhältnisse ohne weiteres auf andere Lederarten übertragen werden können, ist zweifelhaft.

Endlich haben H. Herfeld und R. Lauffmann (*1*) das Verhalten einiger Fettaustauschstoffe, die im Jahre 1943 im Handel waren, beim Lickern von chromgegerbtem Hautpulver untersucht, und zwar ebenfalls in bezug auf die Aufnahme und Bindung durch die Ledersubstanz im Vergleich miteinander und in Abhängigkeit von den beim Lickerprozeß eine Rolle spielenden veränderlichen Faktoren. Da viele der untersuchten Produkte heute nicht mehr im Handel sind, wird die Wiedergabe der Untersuchungsergebnisse hier auf die Beispiele Derminollicker 1, Derminollicker P und Mersolat beschränkt. Die Aufnahme der Derminollicker steigt entsprechend der angewandten Fettkonzentration, während bei Mersolat nach Erreichen eines Höhepunktes (5%) bei weiterer Erhöhung der Fettkonzentration des Lickers wieder eine Abnahme der Fettaufnahme eintritt. Der Einfluß des Neutralisierungsgrades des Hautpulvers zeigt bei allen drei Produkten eine Abnahme der aufgenommenen Fettmenge mit der Intensität der Neutralisierung. Auch zwischen Chromgehalt des Hautpulvers und Fettaufnahme ist eine eindeutige Beziehung erkennbar. Mit steigendem Chromgehalt nimmt die Fettaufnahme durch das Hautpulver bei Mersolat und Derminollicker 1 bis zu 1% Cr_2O_3 zu und bei weiterer Zunahme des Cr_2O_3-Gehalts wieder ab, bei Derminollicker P nimmt sie auch über 1% Cr_2O_3 hinaus zu. Mit steigendem p_H-Wert des Lickers vermindert sich bei Mersolat und Derminollicker 1 die Fettaufnahme, bei Derminollicker P nimmt sie bis p_H 7 ab, über p_H 7 wieder zu.

Die gebundene Fettmenge (d. h. der aus dem Leder nicht mehr extrahierbare Fettanteil) nimmt bei Mersolat mit steigender Fettkonzentration des Lickers, mit zunehmendem Chromgehalt und mit dem Grad der Neutralisation und steigendem p_H-Wert des Hautpulvers zu. Bei den beiden Derminollickern ist bei Zunahme der Fettkonzentration des Lickers eine Abnahme, bei steigendem Cr_2O_3-Gehalt des Hautpulvers eine Zunahme, bei Erhöhung des Neutralisationsgrades des Hautpulvers und Erhöhung des p_H-Wertes des Lickers eine Zunahme des von der Hautsubstanz gebundenen Fettanteils feststellbar (bei Derminollicker P nur bis p_H 7 der Flotte). Von besonderer Bedeutung ist die von H. Herfeld und R. Lauffmann (*1*), beobachtete Veränderung des gebundenen

Fettanteils bei Lagern des gefetteten Hautpulvers. Bei Mersolat und Derminollicker P nimmt die gebundene Fettmenge bis 30 Tage zu, bei Derminollicker 1 ab.

Tabelle 64. Übersicht über die Faktoren, welche die Fettaufnahme beim Lickern von Chromleder beeinflussen.

Faktoren, welche das Lickern beeinflussen	Einfluß auf die Fettaufnahme und Fettung	Versuche von
1. Verhältnis von Fett zu Leder	Je größer, um so mehr Fett wird aufgenommen	Merrill, Stather-Lauffmann, Stiasny-Rieß
	Bei neueren Fettungsmitteln (Fettaustauschstoffen) nicht einheitlich	Stather-Lauffmann
2. Lickerdauer	Aufgenommene Fettmenge wächst mit Lickerdauer bis zur Erreichung eines Maximums	Merrill
3. p_H-Wert des Lickers	Ohne Einfluß auf Menge des aufgenommenen Fettes. Das Fett dringt bei höherem p_H-Wert des Lickers tiefer ins Leder ein, als bei niedrigem p_H-Wert	Merrill
	Ohne Einfluß auf die vom Leder gebundene Fettmenge	Stather-Lauffmann
	Je niedriger der p_H-Wert, um so fester wird das Leder, je höher der p_H-Wert, um so weicher wird das Leder	Wilson
	Fettaufnahme aus Lickern mit p_H-Werten von 3 bis 7 wenig verschieden, zwischen p_H-Werten von 7 bis 10 leichte Zunahme	Theis und Hunt
	Bei manchen neueren Fettungsmitteln, besonders Mersolat-Abkömmlingen, mit steigendem p_H-Wert Abnahme der Fettaufnahme und teilweise Zunahme des gebundenen Fettanteils	Stather-Lauffmann
4. p_H-Wert des Leders	Bei höherem p_H-Wert dringt das Fett tiefer in das Leder ein als bei niedrigem p_H-Wert	Merrill
	Zwischen p_H-Wert 1 bis 4 ständige Zunahme	Theis und Hunt
5. Verhältnis von Neutralöl zu sulfatiertem bzw. sulfoniertem Öl	Je größer der Anteil an nichtsulfoniertem Öl im Fettgemisch ist, um so mehr Fett wird vom Leder aufgenommen	Mezey
	Mit Verminderung des sulfatierten Anteils tritt schwache Abnahme der Gesamtfettaufnahme ein	Stather-Lauffmann
	Sulfatierter Anteil hat so gut wie keine fettende (schmierende) Wirkung auf Lederfaser	Koppenhoefer-Retzsch
	Je größer bei Türkischrotöllickern der Anteil an nichtsulfatiertem Öl, um so größer ist der mit Petroläther extrahierbare Anteil	Stather-Lauffmann
	Aus sulfatierter Tran/Mineralöl-Lickern wird mehr Fett vom Leder aufgenommen als aus Lickern ohne Mineralöl	Schindler

Faktoren, welche das Lickern beeinflussen	Einfluß auf die Fettaufnahme und Fettung	Versuche von
	Mit Zunahme des nichtsulfatierten Anteils nimmt die vom Leder gebundene Fettmenge ab	Stather-Lauffmann
	Gebundenes Fett besteht fast ganz aus sulfatiertem bzw. sulfoniertem Fett	Koppenhoefer
	Mit Zunahme des nichtsulfatierten Anteils nimmt der mit Alkohol aus dem Leder extrahierbare Fettanteil ab	Stather-Lauffmann
	Nichtsulfatierte Anteile werden reichlicher aufgenommen als die sulfatierten Anteile	Stiasny-Rieß
6. Sulfatierungs- bzw. Sulfonierungsgrad	Die fettende (schmierende) Wirkung geht hauptsächlich von Neutralöl und freien Fettsäuren aus	Koppenhoefer-Retzsch
	Mit steigendem Sulfatierungsgrad nimmt die vom Leder aufgenommene Gesamtmenge ab (siehe unten)	Stiasny-Rieß
	Mit steigendem Sulfatierungsgrad nimmt der mit Petroläther extrahierte Fettanteil ab	Stiasny-Rieß, Stather-Lauffmann u. Henry
	Sulfatierungsgrad beeinflußt Gesamtfettaufnahme nicht	Stather-Lauffmann u. Henry
	Mit Sulfatierungsgrad nimmt die vom Leder gebundene Fettmenge zu	Stather-Lauffmann u. Henry
	Mit Sulfatierungsgrad nimmt die Eindringtiefe sulfatierter Trane ab	Henry
	Gebundener Fettanteil hängt vom Sulfatierungsgrad des Öls ab	Koppenhoefer
7. Neutralisierungsgrad des Chromleders	Mit zunehmender Neutralisierung des Chromleders nimmt aufgenommene Gesamtfettmenge ab.	Stather-Lauffmann
	Mit zunehmender Neutralisierung des Chromleders nimmt die vom Leder gebundene Fettmenge bei Seifenlickern zu, bei Türkischrotöllickern ab	Stather-Lauffmann
	Je geringer der Neutralisierungsgrad des Chromleders ist, um so mehr Chromfettsäureverbindungen entstehen im Leder	Schindler u. Klanfer
	Bei neueren Austauschfettstoffen nimmt mit geringen Ausnahmen mit steigendem Neutralisierungsgrad des Chromleders das aufgenommene Gesamtfett ab, das gebundene Fett stark zu	Stather-Lauffmann

(Fortsetzung S. 666.)

Faktoren, welche das Lickern beeinflussen	Einfluß auf die Fettaufnahme und Fettung	Versuche von
8. Basizität der zum Gerben verwendeten Chromlösungen	Ohne nennenswerten Einfluß auf die Aufnahme von Gesamtfett und gebundenem Fett Bei neueren Austauschfettstoffen ist der Einfluß nicht einheitlich. Gebundene Fettmenge scheint bei den meisten Produkten mit steigender Basizität zuzunehmen	Stather-Lauffmann
9. Temperatur der Lickerflotte	Bis 49° tritt eine Erhöhung der Fettaufnahme ein, oberhalb dieser Temperatur nimmt Fettaufnahme ab	Theis und Hunt
10. Altern (Lagern) des gelickerten Leders	Beim Altern des Leders nimmt der gebundene Fettanteil zu. Zunahme ist bei einzelnen Hautstellen verschieden	Koppenhoefer
	Bei neueren Austauschfettstoffen ist Einfluß nicht einheitlich. Bei vielen Mersolat-Produkten scheint gebundener Fettanteil beim Lagern des Leders zuzunehmen. Bei sulfatierten Ölen nimmt gebundenes Fett zu	Stather und Lauffmann

f) Einfluß der Lickerfaktoren auf die mechanischen Eigenschaften des Leders.

Bei einem Fettungsvorgang wie dem Lickerprozeß, bei dem eine große Zahl veränderlicher Faktoren den Fettungseffekt beeinflussen können (siehe die Ausführungen über die Fettaufnahme), ist es besonders schwer, ein sicheres Urteil über den Fettungswert eines Lickeröls zu erhalten, oder einen zuverlässigen Vergleich der verschiedenen Fettungsmittel anzustellen. Daß der sicherste Weg der Bewertung von Fettungsmitteln der praktische Versuch ist, gilt natürlich ganz besonders für die Lickerfettung. Trotzdem sind die in der Gerbereichemie und -technik seit einigen Jahrzehnten immer stärker werdenden Bestrebungen, die Ledereigenschaften zahlenmäßig zu kennzeichnen, gerade bei der Lickerfettung sehr zu begrüßen, weil dadurch wenigstens für die Beurteilung der mechanischen Eigenschaften des Leders allmählich eine sichere Grundlage geschaffen wird. Das ist auch der Grund dafür, warum gerade auf dem Gebiet der Lederfettung durch Lickern eine große Zahl von Untersuchungen durchgeführt worden sind, mit denen man die Beziehungen zwischen den Lickerfaktoren und den mechanischen Ledereigenschaften aufklären wollte. Neben amerikanischen Arbeiten sind es besonders die Untersuchungen von F. Stather und Mitarbeitern, die sich mit einer systematischen Prüfung der Lickereinflüsse auf die Festigkeitseigenschaften des Leders befaßt haben. Die Beurteilung des gerade für Oberleder so wichtigen „Griffes" erfolgt auch heute noch fast nur durch Abgreifen des Leders, trotz der von J. A. Wilson (2) und von F. English vorgeschlagenen Apparate zur Messung von „Griff", „Sprung" und „Stand" des Leders.

Es sei auch noch auf die Ausführungen von H. Prien hingewiesen, der davor warnt, aus den Ergebnissen mechanischer Lederprüfungen ein sicheres Urteil über den „Fettungswert" eines Fettungsmittels abzuleiten. Doch muß hier W. Schindler (4) zugestimmt werden, wenn er diesen Einwand zwar für berechtigt hält, andererseits aber auf den Wert der mechanischen Lederprüfung nachdrücklich hinweist.

Hier sollen nur die Ergebnisse der neuesten Untersuchungen erwähnt werden, die über die Beziehungen zwischen den Lickerfaktoren und den Ledereigenschaften durchgeführt worden sind. Von den älteren Arbeiten sei aber wenigstens auf die Fettlickerversuche von E. R. Theis und F. Hunt (2) verwiesen, die sich mit dem Einfluß verschiedener Fettgemische auf die Zugfestigkeit und Dehnbarkeit von Chromkalbleder befaßt haben. Dabei wurden Gemische von Klauenöl und sulfatiertem Klauenöl, Tran und sulfatiertem Tran, Klauenöl und Türkischrotöl, Tran und Türkischrotöl, Eigelb und sulfatiertem Tran sowie Ricinusöl und Türkischrotöl zu den Versuchen verwendet. Die Ergebnisse sind in der Originalarbeit in zahlreichen Kurvenbildern dargestellt.

F. Stather und H. Herfeld (4) haben im Rahmen der bereits auf S. 660 erwähnten Arbeit über den Einfluß der Fettung auf die Eigenschaften von Schuhoberleder untersucht, wie sich der Sulfatierungsgrad des Öls, die Fettmenge, die Mitverwendung von nicht sulfatiertem Öl und die Mitverwendung von Mineralöl auf die Festigkeitseigenschaften von Rindbox auswirken. Leider sind die Untersuchungen nur mit sulfatiertem Ricinusöl als Lickeröl durchgeführt worden, dessen fettende Eigenschaften bekanntlich gering sind. Bei der Verwendung von sulfatiertem Klauenöl oder Tran wären die Ergebnisse von etwas höherem Gültigkeitswert gewesen.

Nach den Angaben der Autoren ist der Einfluß des Sulfatierungsgrades auf die Festigkeitseigenschaften (Zugfestigkeit, Stichausreiß-, Weiterreißfestigkeit, Dehnung) nicht eindeutig und der Einfluß auf die übrigen Ledereigenschaften (Wasserdichtigkeit, Wasseraufnahme, Wasserdampfdurchlässigkeit) so gering, daß aus den erhaltenen Werten keine sicheren Schlüsse gezogen werden können.

Die Steigerung der Fettmenge bewirkt sowohl bei schwach wie bei stark sulfatiertem Ricinusöl eine Zunahme der Festigkeitseigenschaften und der Dehnung, eine Verminderung der Wasseraufnahmefähigkeit und damit Erhöhung der Wasserdichtigkeit, ferner eine Abnahme der Luft- und Wasserdampfdurchlässigkeit.

Die Mitverwendung von nicht sulfatiertem Öl (Ricinusöl und Tran) ergibt zunächst, wie zahlreiche Versuche der Praxis bestätigt haben, ein etwas volleres, weicheres und griffigeres Leder mit höheren Festigkeitswerten, höherer Dehnbarkeit und verbesserter Wasserdichtigkeit unter Herabsetzung der Luftdurchlässigkeit. Dabei wirkt sich die Mitverwendung von Tran stärker aus als die von unverändertem Ricinusöl. Eine Änderung der Wasserdampfdurchlässigkeit und des Wärmeleitvermögens ist nicht festzustellen.

Ein Mineralölzusatz zum Licker ergibt ein etwas lappiges Leder. Die Zugfestigkeit des Leders wird durch Mineralölzusatz vermindert, der Einfluß auf die übrigen Festigkeitswerte ist gering oder nicht eindeutig. Eine Veränderung der Dehnbarkeit, Wasserdichtigkeit, Luftdurchlässigkeit, Wasserdampfdurchlässigkeit und Wärmeleitfähigkeit als Folge des Mineralölzusatzes ist bei Lickern, die mit Türkischrotöl angesetzt sind, nicht erkennbar.

Diese Feststellungen von F. Stather und H. Herfeld (4) bei Rindbox, das mit Türkischrotöllickern gefettet worden ist, können nur als Anhalt dienen. Unter den vielen neuen wasserlöslichen Lickerölen, die im Handel sind, wird es viele Produkte geben, deren Auswirkungen auf die Ledereigenschaften unter den gleichen Versuchsbedingungen mit denen des sulfatierten Ricinusöls nicht übereinstimmen und erst durch ähnliche Versuche geklärt werden müssen.

R. M. Koppenhoefer (1) hat den Einfluß sechs verschiedener Lickeröle auf die Zugfestigkeit und die Dehnung von Chromkalbleder verglichen. Der Vergleichsversuch erstreckte sich auf sulfatierten Tran, sulfatiertes Klauen-, Sperm-, Soja-, Ricinus- und Olivenöl. Die höchste Zugfestigkeit ergab Klauenöl, die geringste Soja- und Ricinusöl. Bei künstlicher Alterung zeigte das mit sulfatiertem Lebertran gelickerte Leder die größte Verminderung der Zugfestigkeit, die geringste Abnahme das mit Türkischrotöl gefette Leder. Die Bruchdehnung war bei Tran am größten, bei Ricinusöl am niedrigsten. Auch R. M. Koppenhoefer (1) stellte deutliche Unterschiede zwischen den äußeren durch Griff und Gefühl feststellbaren Eigenschaften der mit verschiedenen Ölen gelickerten Chromkalbleder fest:

Sulfatiertes Klauenöl gibt ein Leder von hervorragender Weichheit mit rundem, vollem Griff und sich etwas fettig anfühlender Oberfläche. Durch Altern ändern sich diese Eigenschaften kaum.

Auch sulfatierter Lebertran ergibt ein ausgesprochen weiches Leder, mit etwas trockenerer Oberfläche als bei Klauenöl. Nach dem Altern bleibt das Leder weich, fühlt sich aber noch trockener an und verfärbt sich.

Das mit sulfatiertem Spermöl gelickerte Chromkalbleder ist nicht so weich wie das mit Tran gefettete Leder, genügt aber in seinen äußeren Eigenschaften, ist geruchlos und fühlt sich nicht fettig an. Beim Altern zeigen sich keine Veränderungen der Eigenschaften.

Mit sulfatiertem Sojaöl gelickertes Leder ist ebenfalls nicht so weich wie trangefettetes Leder. Es fühlt sich wenig fettig an. Durch Altern werden die Griffeigenschaften ungünstig beeinflußt.

Sulfatiertes Ricinusöl gibt ein Leder von wenig befriedigender Qualität. Es ist leer und trocken, während das mit sulfatiertem Olivenöl gelickerte Leder bessere Griffeigenschaften aufweist und hinsichtlich Fülle und Weichheit dem mit Klauenöl gefetteten Leder nur wenig nachsteht.

Ganz allgemein hält R. M. Koppenhoefer (1) die Lickerwirkung tierischer Öle in bezug auf Griff, Weichheit und Fülle für vorteilhafter als die der pflanzlichen Öle. Er weist aber darauf hin, daß die übrigen Lickerfaktoren, wie Dispergierungsgrad, Fettmenge, p_H-Wert des Lickers, unter Umständen von größerem Einfluß auf die Ledereigenschaften sein können als die Art und Natur des Öls. Das an sich schon schwierige Problem wird bei Verwendung von Ölgemischen noch unübersichtlicher und ist nach Ansicht von R. M. Koppenhoefer (1) nicht im Laboratorium lösbar. Seine Lösung erfordert Betriebsversuche.

Nach N. Nelles (2) erhöht sich die Zugfestigkeit und die Dehnung von gelickertem Chromleder mit steigendem p_H-Wert der Lickerflotte im Bereich zwischen 4,0 bis 8,0. Bei einer p_H-Wertbestimmung über 8,0 hinaus wurde eine Abnahme der Zugfestigkeit festgestellt. Während eines 15tägigen Lagerns nahm Zugfestigkeit und Dehnung des Leders etwas zu, was mit den bereits erwähnten Ergebnissen der Koppenhoeferschen Versuche in Widerspruch steht und wiederum zeigt, daß nur die Ergebnisse aus Versuchen, die unter völlig übereinstimmenden Bedingungen durchgeführt werden, miteinander vergleichbar sind. N. Nelles fand weiter, daß die Zugfestigkeit von Chromleder, das nach dem Lagern entfettet wird, nicht vermindert ist. Er schließt daraus, daß die Festigkeit nicht durch die in das Leder gebrachte Gesamtfettmenge, sondern durch das von der Lederfaser gebundene Fett bedingt ist. Dies steht indessen in Widerspruch zu den Ergebnissen der Statherschen Versuche (s. S. 667), nach denen durch eine Erhöhung des nicht sulfatierten, also zum größten Teil von der Faser nicht gebundenen Fettanteils die Festigkeitseigenschaften von gelickertem Rindbox eindeutig verbessert werden.

Eine der wenigen Untersuchungen über die Zusammenhänge zwischen Flächenausbeute und Fettung (Lickern) von Chromoberleder haben F. Stather, H. Herfeld und W. Hartung durchgeführt. Dabei wurde ein Oberleder mit einer angenommenen Normalfettung (Licker mit einem Gemisch von 1% schwach, 1% stark sulfatiertem und 1% nicht sulfatiertem Öl, Dauer 30 Minuten) verglichen mit Chromoberleder, das teils mit weniger, teils mit mehr Fett, mit verschieden zusammengesetztem Fett (schwächere und stärkere Sulfatierung) und unter Mitverwendung von Mineralöl gefettet worden war. Eine stärkere Fettung brachte keine Verbesserung, eine geringere Fettung eine Verschlechterung der Flächenausbeute. Variationen innerhalb des Fettgemisches bedingten nur geringe Veränderungen. Ein höherer Anteil an unsulfatiertem Öl ergab eine Verringerung der Flächenausbeute. Ein Zusatz von Mineralöl wirkte günstig auf die Flächenausbeute ein.

Der Fettlicker kann auch gewissermaßen zur Vorfettung von Leder benutzt werden, dem man dann den Hauptanteil des Fettes nach einer der auf S. 646 bis S. 649 besprochenen Methode (Schmieren oder Fetten im Faß) einverleibt. Eine solche kombinierte Fettung haben F. Stather und K. Schmidt einer Versuchsreihe zugrunde gelegt, bei der mit vergleichbarem Versuchsmaterial (Rindshaut) der grundsätzliche Einfluß einer Fettung auf pflanzlich und auf chromgegerbtem Leder ermittelt werden sollte. Dabei wurden drei Fettungsarten vorgenommen: Fettlickern allein, Fettlickern mit anschließendem Fettschmieren im Faß und Fettlickern mit anschließendem Einbrennen. Zum Lickern wurden 10% eines Avirols[1] (sulfatiertes Öl), zum Faßschmieren 18% eines Gemisches von Abron[1] und einem unbekannten Lederöl[1], zum Einbrennen ein Gemisch von Paraffin und Ceresin (1:1; Schmelzp. 58°) verwendet.

Wegen der grundsätzlichen Bedeutung der Versuchsergebnisse ist die von F. Stather und K. Schmidt aufgestellte Tabelle über die ermittelten Zugfestigkeits- und Dehnungswerte hier angeführt (Tabelle 65). Dabei sind die Werte für die Zugfestigkeit und die Bruchdehnung auf den gleich 100 gesetzten

Tabelle 65. Einfluß verschiedener Fettungsarten auf Zugfestigkeit
und Bruchdehnung von Chromleder und lohgarem Leder
(F. Stather und K. Schmidt).

Behandlungsart		Aschegehalt % bei 14% Wasser	p_H des trockenen Leders	Fettgehalt %	Gerbintensität des Leders	Schrumpfungstemperatur °C	Zugfestigkeit absolut in % der Zugfestigkeit der feuchten Rohhaut		Bruchdehnung in % der Bruchdehnung der feuchten Rohhaut	
							feucht	trocken	feucht	trocken
Rohhaut (Blöße)		0,7	6,1	0,4		70	100	—	100	—
Chromgerbung	ungefettet	5,9	3,2	0,5	4,1% Cr_2O_3	<100	88	62	76	57
	gelickert	4,4	3,1	6,3	3,7% Cr_2O_3	<100	108	96	99	90
	geschmiert	3,7	3,1	20,3	3,0% Cr_2O_3	96	107	99	99	83
	eingebrannt	2,8	3,1	34,4	2,3% Cr_2O_3	<100	—	88	—	90
Pflanzliche Gerbung	ungefettet	0,3	4,0	0,3	DZ. 54	74	71	41	50	30
	gelickert	0,3	4,2	0,7	DZ. 54	74	70	50	50	36
	geschmiert	0,4	4,3	11,4	DZ. 55	75	80	62	47	56
	eingebrannt	20,	4,0	28,4	DZ. 42	78	—	55	—	51

[1] Alle Produkte stammten von der Böhme-Fettchemie, Dresden.

Zugfestigkeits- und Bruchdehnungswert der Rohhaut bezogen. Sie sind an feuchten und trockenen Ledern bestimmt worden.

Aus Tabelle 65 geht hervor, daß sich durch die Lickerfettung die Zugfestigkeit des chromgaren Leders in feuchtem Zustand über den Wert der Zugfestigkeit der feuchten ungegerbten Rohhaut erhöht und die Bruchdehnung annähernd auf den Wert der feuchten Rohhaut zurückgeführt, der Einfluß der Chromgerbung also wieder ausgeglichen wird. Nach dem Auftrocknen zeigt das gelickerte Chromleder im Gegensatz zum ungelickerten die volle Zugfestigkeit der ungegerbten, nicht aufgetrockneten Rohhautblöße, während die Bruchdehnung um 10% niedriger und damit beträchtlich höher als beim ungelickerten, aufgetrockneten Chromleder ist.

Auffallenderweise werden nach den Versuchen von F. Stather und K. Schmidt die Zugfestigkeitswerte des gelickerten Chromleders durch eine nachträgliche Faßschmierung mit 18% Fett praktisch nicht verändert und die Werte für die Bruchdehnung nur unbedeutend vermindert. Dagegen wird durch das Einbrennen die Zugfestigkeit des gelickerten Chromleders im Vergleich zur feuchten Rohhaut und dem aufgetrockneten, nur gelickerten Chromleder beträchtlich verringert, die Bruchdehnung aber nicht beeinflußt.

Beim pflanzlich gegerbten Leder ist der Einfluß des Lickerprozesses infolge der nur sehr geringen Fettaufnahme im Gegensatz zum Chromleder nur ganz gering (s. Tabelle 65). Die Zugfestigkeit und die Bruchdehnung des feuchten Leders ist überhaupt nicht verändert, die des trockenen Leders nur unwesentlich erhöht. Im Gegensatz zum Chromleder aber wird durch die nachfolgende Faßschmierung die Zugfestigkeit des feuchten und trockenen pflanzlich gegerbten Leders gegenüber dem ungefetteten Leder deutlich erhöht. Die Werte der ungegerbten Hautblöße werden aber nicht erreicht. Die Bruchdehnung wird beim feuchten Leder nicht verändert, beim trockenen Leder erhöht.

Das Einbrennen des Leders bewirkt eine Erhöhung der Zugfestigkeit und Bruchdehnung des trockenen Leders gegenüber dem ungefetteten Leder.

Alle diese Versuchsergebnisse zeigen, daß zwar die alte Feststellung einer generellen Verbesserung der Zugfestigkeit des Leders mit zunehmendem Fettgehalt und Erhöhung der Bruchdehnung erneut bestätigt wird, daß aber die einzelnen Fettungsarten unter sich und an chromgarem und lohgarem Leder sich ganz verschieden auf die Zugfestigkeit und Bruchdehnung auswirken. Auch bei diesen Versuchen erhebt sich die Frage, welchen Einfluß die Art des Fettungsmittels ausübt. Es ist sehr wahrscheinlich, daß bei Verwendung anderer Fettungsmittel man teilweise andere Werte für Zugfestigkeit und Dehnung erhalten würde.

Die vielen in den letzten Abschnitten beschriebenen Versuche sind nur ein Teil der in den letzten Jahrzehnten unternommenen Bemühungen um eine zahlenmäßige Erfassung des Einflusses, den die Faktoren des Lickerprozesses auf die Fettaufnahme durch das Leder und die Eigenschaften des fertigen Leders ausüben. Alle diese Versuche sind lehrreich und ihr weiterer Ausbau ist erwünscht. Den Gerber aber mahnen die Erfahrungen der Praxis vorerst noch zur Vorsicht gegenüber den aus den Versuchsergebnissen gezogenen Schlüssen. Sie genügen noch nicht, um sicher geltende Gesetzmäßigkeiten zwischen Fettung und Ledereigenschaften aufzustellen. Das ist in erster Linie in der noch immer anwachsenden Zahl der angebotenen Fettungsmittel begründet, die man zum Teil in keiner Weise mehr miteinander vergleichen kann, und auf die — sicher wenigstens teilweise — die Ergebnisse der besprochenen Versuche gar nicht zutreffen. Man mag das Problem der Lederfettung, insbesondere aber Fettlickerung, betrachten von welcher Seite man will, immer wieder sieht sich der systematisch forschende Gerbereichemiker vor die besondere Schwierigkeit gestellt, die Unzahl von

Fettungsmitteln des Handels auf zuverlässige Art miteinander in einen prüfenden Vergleich zu bringen.

Dazu kommt noch eine andere, viel zu wenig bedachte Schwierigkeit, nämlich die Wahl geeigneter Proben für Versuche, so daß die entnommenen Proben einigermaßen zuverlässig die Haut oder eine ganze Partie zu vertreten geeignet sind. Die tierische Haut weist an sich schon so beträchtliche Unterschiede in der Struktur auf, die einzelnen Hautarten sind je nach Alter, Geschlecht, Rasse und Herkunft schon in ihren natürlichen Festigkeitseigenschaften so verschieden, daß selbst bei großzügigem Einsatz von Hautmaterial für Versuche und Prüfungen es außerordentlich schwer, ja mitunter unmöglich ist, wirklich gleichwertige Proben für Untersuchungen der geschilderten Art zu entnehmen und vor allem die an den Proben festgestellten Eigenschaften auf eine ganze Partie zu übertragen.

Mit welchen unerwarteten Störungen zu rechnen ist, wenn man den Einfluß der Fettung auf mechanische Eigenschaften des Leders untersuchen will, haben die Untersuchungen von S. G. Shuttleworth über die Auswirkung des Lickerns auf die Stichausreißfestigkeit gezeigt. Proben von Ziegen-, Kalb- und Schaffellen wurden mit verschiedenen Fettgemischen zusammen gelickert. Dabei zeigte sich, daß die Schaffellproben wegen ihrer lockeren Struktur das Lickerfett so lange bevorzugt aufgenommen haben, als der Fettzusatz unter 3% blieb. Eine Zunahme der Stichausreißfestigkeit war bei einer Fettung bis zu 3% deutlich erkennbar, bei stärkerer Fettung über 6% war eine Verbesserung der Stichausreißfestigkeit durch Erhöhung des Fettgehalts nicht mehr erkennbar. Von den drei Hautarten benötigen die Ziegenfelle am meisten Fett zur Erhöhung der Weichheit und der Stichausreißfestigkeit, die Schaffelle, die bereits einen hohen Naturfettgehalt haben, am wenigsten.

Endlich haben gerade F. Stather und K. Schmidt noch auf einen weiteren sehr wichtigen Gesichtspunkt hingewiesen, der bei Versuchen über die Beeinflussung der Zugfestigkeit und Bruchdehnung beachtet werden muß. Die praktisch nachweisbaren Unterschiede der Zugfestigkeits- und Bruchdehnungswerte gegerbter, gefetteter und zugerichteter Leder sind, neben der Fettung, sehr häufig auch dem unterschiedlichen Auftrocknen, beeinflußt durch die Fettung, und der verschiedenen Zurichtung des Leders zuzuschreiben. Sie werden außerdem durch die allgemein übliche Art der Berechnung der Zugfestigkeit (Zerreißkraft auf Querschnitt) unter Vernachlässigung der durch Gerbung und Zurichtung bedingten verschiedenen Dicken- und Flächenänderung zahlenmäßig verändert.

III. Verteilung der Fettungsmittel im Leder.

1. Allgemeines.

Die Fettverteilung im Fasergefüge des Leders ist unmittelbar nach dem Fettungsprozeß noch nicht beendet, der Gleichgewichtszustand zwischen den verschiedenen Faserschichten ist noch nicht erreicht. Nur bei eingebrannten Ledern verändert sich der Fettgehalt der einzelnen Schichten nach dem Abkühlen kaum mehr, während bei dem auf der Tafel und im Faß gefetteten und dem gelickerten Leder erst nach einer bestimmten Lagerzeit die Verteilung des Fettes im Leder zum Abschluß gekommen ist. Dabei ist auch bei längerem Lagern, wenn also angenommen werden kann, daß das Leder völlig „zur Ruhe gekommen ist", der Prozentgehalt an Fett der einzelnen Schichten (Narbenschicht, Mittelschicht und Fleischschicht) keineswegs gleich. Unter „Ausgleich" kann hier nur verstanden werden, daß im Leder eine Verschiebung des eingelagerten Fettes praktisch nicht mehr erfolgt. Die Geschwindigkeit dieses Ausgleichs ist von Faktoren abhängig, die teilweise schon bei der Fettaufnahme eine Rolle gespielt haben. Der Vorgang der Fettverteilung im Leder vollzieht sich bei der Tafelschmierung, bei der das Fett nur auf der Fleischseite aufgetragen wird, anders als bei der Faßfettung, bei der das Fett gleichzeitig von der Narben- und von der Fleischseite durch mechanische Kraft in das Leder hineingewalkt wird. Im ersteren Fall wirkt während des Trocknens die mit der Verdunstung des Wassers verbundene Saugwirkung der Luft anders, als wenn die Verdunstung aus dem auf beiden Seiten gefetteten Leder erfolgt. Der vorläufige Endzustand der Fettverteilung, bei dem die einzelnen Lederschichten ganz verschiedene Fettgehalte aufweisen, ist erreicht, wenn das Leder aufgetrocknet ist und wenn alle anderen Faktoren, die den Fettungsprozeß beeinflußt haben, unwirksam geworden sind. Allerdings können im Anschluß an das Trocknen des Leders chemische und physikalische Einflüsse erneute Veränderungen in der Fettverteilung hervorrufen, die mit den nach dem Fetten wirksamen Kräften nicht im Zusammenhang stehen.

Der in vertikaler Richtung, d. h. zwischen Narben- und Fleischseite sich einstellende Fettausgleich, läuft somit in zwei Phasen ab: die unmittelbar nach dem Fettungsprozeß über Stunden und Tage, hauptsächlich aber über das dem Fetten folgende Trocknen des Leders sich erstreckende Fettverteilung im Leder, und eine im Verlauf einer kürzeren oder längeren Lagerzeit sich abspielende Störung des eingetretenen Gleichgewichts der Fettverteilung, die von chemischen oder physikalischen Veränderungen des im Leder befindlichen Fettgemisches begleitet oder verursacht sein kann.

Noch wichtiger als die vertikale Verteilung ist die horizontale Verteilung des Fettes im Leder, d. h. die quantitativ verschiedene Einlagerung des Fettes in das Fasergefüge an den einzelnen Hautstellen. Bei der ja keineswegs gleichmäßigen Struktur der tierischen Haut ist es nicht verwunderlich, daß die Fettaufnahme in den verschiedenen Hautzonen sehr großen Schwankungen unterworfen ist. Hier spielt nicht nur die Hautstelle (Kern, Hals, Flanke) eine Rolle, auch das Alter, die Gattung und das Geschlecht der Tiere, von denen die Haut stammt, tragen zu dem ganz verschiedenen Fettgehalt bei, der zu den großen, bis zu 160% betragenden Streuungen führt und die Bestimmung des Fettgehaltes bei unsachgemäßer Musterziehung fragwürdig macht. Auf S. 671 ist bereits kurz auf diese Schwierigkeiten hingewiesen worden.

Das Fasergefüge des gefetteten Leders ist also keineswegs einheitlich und gleichmäßig mit Fett durchsetzt, so daß jede Stelle einer Haut bei der Untersuchung den gleichen Fettgehalt aufweist, d. h. Narben-, Mittel- und Fleischschicht gleich stark gefettet ist. Die durch den Fettungsprozeß dem Leder einverleibte und zum Teil gebundene Fettmenge schwankt vielmehr in vertikaler und horizontaler Richtung recht erheblich.

2. Vertikale Verteilung des Fettes im Leder.

Die Fettverteilung im geschmierten Leder (s. auch diesen Bd., 2. Kap., S. 32) läßt deutlich erkennen, daß die Außenschichten grundsätzlich mehr Fett enthalten als die Mittelschichten. Unmittelbar nach dem Fettungsprozeß sitzt das Fett bei pflanzlich gegerbten wie bei Chromledern zunächst in den Außenschichten und zieht erst beim Trocknen in das Leder ein. Dabei erfolgt das Einziehen des Fettes bei lohgarem Leder leichter und rascher als bei Chromleder.

Der Verfasser hat mit lohgaren Ledern eine Reihe von Fettungsversuchen durchgeführt, bei denen nach dem Fetten und Trocknen des Leders jeweils an fünf nebeneinander liegenden Stellen der Haut Proben entnommen, die Proben I bis V in drei gleich starke Schichten auf der Spaltmaschine gespalten und nach DIN 53306 die Fettgehalte ermittelt worden sind. Die Ergebnisse waren folgende:

α) Bei einer pflanzlich gegerbten Bullenhaut von 6 mm Stärke, die auf der Fleischseite mit 10% gewöhnlichem Dorschlebertran gefettet worden war, wurden folgende Fettgehalte der einzelnen Schichten festgestellt:

	I	II	III	IV	V
	%	%	%	%	%
Narbenschicht	14,0	14,2	13,8	14,0	13,7
Mittelschicht........	4,0	5,4	5,0	4,8	5,2
Fleischschicht.......	8,7	11,7	9,6	10,0	9,8

β) Das gleiche Leder, gefettet mit 8% sulfatiertem Dorschlebertran (berechnet auf Fettsäuregehalt), zeigte folgende vertikale Fettverteilung:

	I	II	III	IV	V
	%	%	%	%	%
Narbenschicht	4,5	4,5	5,1	5,0	4,9
Mittelschicht........	1,7	0,7	1,9	1,2	1,5
Fleischschicht.......	11,7	11,5	11,0	10,6	10,7

γ) Lohgares Rindleder (Kernstück), in gleicher Weise mit 10% Derminolöl (Herstellung 1943) von Hand auf der Fleischseite geschmiert, wies nach dem Trocknen folgende Fettgehalte der einzelnen Schichten auf:

	I	II	III	IV	V
	%	%	%	%	%
Narbenschicht	10,7	9,2	9,8	10,2	9,5
Mittelschicht........	6,1	5,2	5,8	5,8	5,5
Fleischschicht.......	13,0	9,6	10,2	12,4	10,0

δ) Bei lohgarem Rindleder, das im Faß mit 22% eines aus Tran, Talg und Degras enthaltenden Fettgemisches gefettet worden war, konnten in Proben, die an der gleichen Stelle entnommen waren, folgende Fettgehalte ermittelt werden:

	I	II	III	IV	V
	%	%	%	%	%
Narbenschicht	30,1	29,4	26,2	21,0	28,8
Mittelschicht........	9,2	15,2	10,1	8,5	12,6
Fleischschicht.......	29,0	24,3	26,1	19,4	27,0

ε) Kalt geschmiertes Treibriemenleder (Ochsenhaut), mit 9% Fett (Gemisch aus Tran, Talg, Degras, Derminolfett) gefettet, zeigte folgende Fettverteilung:

	I	II	III	IV	V
	%	%	%	%	%
Narbenschicht	14,1	14,0	13,2	12,7	13,0
Mittelschicht........	5,2	7,4	8,0	7,0	6,4
Fleischschicht.......	10,0	8,1	8,0	9,2	8,8

Fast alle Proben von pflanzlich gegerbtem, geschmiertem Leder zeigen, daß die Mittelschicht immer weniger Fett enthält als die Narben- und Fleischschicht. Bei sulfatiertem Tran ist der Fettgehalt der Narbenschicht kleiner, bei den übrigen Fetten bzw. Fettgemischen größer als der der Fleischschicht, bei Derminolöl ist der Anteil etwa gleich.

Versuche über die vertikale Verteilung von Fett im gelickerten Leder erstrecken sich naturgemäß in erster Linie auf Chromleder. Die Ergebnisse sind nicht einheitlich und stehen teilweise miteinander in Widerspruch. Grundsätzlich lassen aber auch diese Versuche erkennen, daß die Mittelschichten von gelickertem Chromleder stets weniger Fett enthalten als die äußeren Schichten. Dieser Unterschied ist um so größer, je dicker das Leder, und um so geringer, je höher der Gesamtfettgehalt des Leders ist. Unentschieden bleibt die Frage, ob die Narbenseite mehr oder weniger Fett aufnimmt als die Fleischseite. Ohne Zweifel spielt hierbei der Dispersionsgrad des Lickers eine entscheidende Rolle. Es ist anzunehmen, daß bei der Mitverwendung neuerer Emulgatoren (Fett-alkoholsulfate und -sulfonate) ein erheblicher Ausgleich der Fettaufnahme und damit der Fettverteilung eintritt.

Nach H. Merrill (2) wird von Chromleder, das mit 1,5% sulfatiertem Klauen-öl und wechselnden Mengen Eigelb gefettet worden ist, bei Zusatz von 2% Eigelb in der Narbenschicht 1,67mal mehr Fett als in der Fleischschicht, bei 8% Eigelb dagegen nur noch 0,44mal mehr Fett als in der Fleischschicht aufgenommen.

W. Henry hat bei Ledern, die mit sulfatiertem Tran gelickert worden waren, stets den Hauptfettanteil in den Außenschichten des Leders gefunden, und zwar auch dann, wenn man den Sulfatierungsgrad stark variierte. Alle anderen Licker-anteile dringen nach seiner Ansicht beim Trocknen tiefer in das Innere des Leders ein. Jedenfalls steht das Eindringungsvermögen im umgekehrten Verhältnis zum Sulfatierungsgrad.

R. M. Koppenhoefer und M. Retzsch sind der Ansicht, daß die Narben-seite sehr gut dispergiertes Öl aufnehmen kann, was mit der Porengröße und Faser-struktur zusammenhängt. Bei mangelhafter Emulgierung findet die Aufnahme des Fettes nur von der Fleischseite her statt. Die Verteilung des Fettes auf Narben-, Mittel- und Fleischschicht ist daher sehr weitgehend vom Dispersions-grad des Fettes abhängig. Die Menge des von der Fleischseite aus aufgenommenen Fettes ist nicht so sehr von dem Dispersionsgrad als von der insgesamt an-gebotenen Fettmenge abhängig, die entlang der Fasern in die Faserzwischen-räume eindringt.

E. R. Theis und E. J. Serfass versuchten, die Fettverteilung in gelickertem Chromleder mit Hilfe mikrophotografischer Untersuchungen festzustellen. Es wurden Gefrierschnitte mit Sudanrot VI gefärbt, um das eingelagerte Fett sicht-bar zu machen. Dabei wurde gefunden, daß die Unterschiede im Fettgehalt des gelickerten Leders zwischen den äußeren und inneren Schichten um so geringer sind, je größer die Menge des sulfonierten Ölanteils und je höher der Neutrali-sationsgrad des Leders ist.

Auch R. Blockey, H. Spiers und H. Johnston, welche dem Lickerfett einen Farbstoff zusetzten und die Eindringtiefe des Fetts auf Grund der Farb-intensität der einzelnen Schichten prüften, konnten feststellen, daß die Fettung nach der Mittelschicht zu abnimmt.

Endlich haben R. M. Koppenhoefer und W. T. Roddy die Verteilung der verschiedenen Fettkomponenten im Leder ebenfalls durch mit Sudan IV und Nilblausulfat gefärbte Schnitte geprüft. Mit Sudan IV wurde das Neutralfett rot, mit Nilblausulfat die sauren Bestandteile (das Sulfoöl und freie Fettsäuren) intensiv blau gefärbt, so daß sich die Verteilung der einzenen Lickerkomponenten sehr gut kontrollieren ließ. Bei einem großen Anteil von Neutralfett dringt dieses tiefer ein als das sulfatierte Öl, und zwar hauptsächlich von der Fleischseite. Von der Narbenseite her wird es weniger aufgenommen. R. M. Koppenhoefer und W. T. Roddy erklären diese Beobachtung dadurch, daß das Neutralöl in nicht dispergierter Form in das Lederinnere hineingelangt, daß es also auf der Lederaußenseite abgelagert wird und durch Diffusion während des Trocknens in die Faserzwischenräume eindringt.

B. Roll hat in Betriebsversuchen mit je 100 Pfund die Fettverteilung in kombiniert gegerbtem Leder dadurch festgestellt, daß er die Lederproben in sechs Schichten gespalten und ihren Fettgehalt bestimmt hat. Er verwendete dabei neben Gemischen von sulfatiertem und rohem Klauenöl (II) zum Vergleich Gemische von rohem Klauenöl und einem kationaktiven Emulgator (I), und zwar Cetyl-dimethyl-benzyl-ammoniumchlorid. In einem besonderen Versuch wurde der kationaktive Emulgator mit sulfatiertem Klauenöl allein in bezug auf die Aufnahme durch das Leder und die spezifische Wirkung als Fettungsmittel miteinander verglichen. Das Ergebnis der Versuche zeigen Tabellen 66 und 67.

Zunächst wird auch durch diese Versuche mit kombiniert gegerbtem Leder die Tatsache bestätigt, daß die Innenschicht stets den geringsten Fettgehalt aufweist, daß allerdings der Unterschied gegenüber der Fleischseite bei der Verwendung von sulfatiertem Klauenöl als Emulgator sehr gering ist. Sodann ist besonders auffallend, daß mit der Verwendung eines kationaktiven Emulgators eine ganz erhebliche Anreicherung des Fettes in der Fleischseite verbunden ist, und zwar sowohl bei trockenem wie bei nassem Leder. Behandelt man das Leder mit den beiden Emulgatoren allein, so ist beim anionischen Emulgator mit Ausnahme der Narbenschicht eine verhältnismäßig gleichmäßige Verteilung

Tabelle 66. Fettverteilung im gelickerten nassen, nachgegerbten Chromleder (B. Roll).

Versuch	Narben I	II	III	IV	V	Fleisch VI
	Prozent					
I A: $^3/_4\%$ kationaktiver Emulgator $3^1/_2\%$ rohes Klauenöl	43,05	10,08	3,63	2,99	8,65	52,90
I B: $2^1/_3\%$ sulfatiertes Klauenöl $2^1/_2\%$ rohes Klauenöl	24,30	12,21	7,41	8,17	7,26	6,50
II A: $1^1/_2\%$ kationaktiver Emulgator $2^3/_4\%$ rohes Klauenöl	25,90	6,73	2,05	2,99	4,27	51,35
II B: $3^1/_3\%$ sulfatiertes Klauenöl $1^3/_4\%$ rohes Klauenöl	20,45	13,63	6,68	5,73	6,90	7,03
III A: $4^1/_4\%$ kationaktiver Emulgator	30,35	12,40	2,07	2,28	5,93	17,82
III B: $5^2/_3\%$ sulfatiertes Klauenöl	18,50	16,50	15,40	11,14	8,23	6,78

Tabelle 67. Fettverteilung im gelickerten trockenen, nachgegerbten
Chromleder (B. Roll).

Versuch	Narben I	II	III	IV	V	Fleisch VI
	Prozent					
I A: $^3/_4\%$ kationaktiver Emulgator $3^1/_2\%$ rohes Klauenöl	27,41	12,25	6,15	11,37	16,73	34,57
I B: $2^1/_2\%$ sulfatiertes Klauenöl $2^1/_2\%$ rohes Klauenöl	16,77	9,67	6,00	6,35	5,43	8,45
II A: $1^1/_2\%$ kationaktiver Emulgator $2^3/_4\%$ rohes Klauenöl	20,38	5,93	3,59	4,46	10,38	36,40
II B: $3^1/_3\%$ sulfatiertes Klauenöl $1^3/_4\%$ rohes Klauenöl	17,81	8,38	5,14	5,68	5,29	6,27
III A: $4^1/_4\%$ kationaktiver Emulgator	23,20	7,65	1,17	3,76	7,76	11,77
III B: $5^2/_3\%$ sulfatiertes Klauenöl	23,35	11,97	14,39	8,81	6,57	7,82

im Leder festzustellen, während der kationaktive Emulgator hauptsächlich in den Außenschichten verbleibt.

Über die Fettverteilung bei eingebranntem Leder sind fast keine Untersuchungen angestellt worden. Nach L. Pollak verteilt sich das Fett in eingebrannten Treibriemenledern wie folgt (s. Tab. 68):

Tabelle 68.   Vertikale Verteilung von eingebranntem Fett in Treibriemenledern (L. Pollak).

	I %	II %	III %	IV %
Narbenschicht...............	31,5	23,6	19,2	33,11
Mittelschicht...............	17,0	16,8	11,9	11,4
Fleischschicht..............	23,0	15,7	14,0	18,7

Aus allen diesen Versuchen geht hervor, daß beim Fetten von Leder, gleichviel welche Fettungsmethode angewendet wird, stets die mittlere Schicht am wenigsten Fett aufnimmt. Die Außenschichten enthalten immer mehr Fett. Damit sind die schon im Jahre 1922 von L. Balderston gemachten Erfahrungen bestätigt, daß bei wechselndem Fettgehalt des Leders die Narbenschicht, merkwürdigerweise auch dann, wenn das Fett nur auf die Fleischseite aufgetragen wird, mehr Fett aufnimmt als die Fleischschicht, die Fettung mit reinen sulfatierten oder sulfonierten Ölen vielleicht ausgenommen.

3. Horizontale Verteilung des Fettes im Leder.

Die horizontale Fettverteilung im Leder ist deshalb von Bedeutung, weil sie mit der für die Lederuntersuchung so wichtigen Frage zusammenhängt, ob irgendeine Stelle der Haut mit Sicherheit den Fettgehalt aufweist, der als ein Durchschnittswert für die ganze Haut angesehen werden kann. Dieser Frage, die im übrigen zu verneinen ist, galten schon die Untersuchungen von J. Paeßler, der von vier Ledertreibriemen-Kernstücken je 18 Proben entnahm und von jeder Probe den Fettgehalt bestimmte. Dabei war schon von vornherein zweifelhaft, ob man Treibriemenkernstücke mit so großen Gewichtsunterschieden für Vergleichsuntersuchungen verwenden konnte, wie dies J. Paeßler getan hat (höchstes Gewicht 25,05 kg, niedrigstes 8,72 kg).

J. Paeßler hat vier Kernstücke (1 bis 4), ein sehr schweres, ein schweres, ein mittelschweres und ein leichtes, mit folgenden Maßen und Gewichten untersucht:

	Länge m	Breite m	Dicke mm	Gewicht kg
Nr. 1	1,70	1,60	4,2—8,7	25,05
Nr. 2	1,70	1,50	4,2—8,5	20,15
Nr. 3	1,50	1,40	3,4—6,3	14,15
Nr. 4	1,40	1,20	2,6—5,2	8,72

Er entnahm jedem Kernstück 18 verschiedene Proben, und zwar so, daß die Proben gleichmäßig aus der Halsgegend, der Kernstückmitte und Schwanzgegend entnommen wurden.

Die bei diesen Untersuchungen gefundenen Werte (Fettgehalt in Prozenten) sind in Tabelle 69 zusammengestellt. Die höchsten und niedrigsten Werte sind im Druck kenntlich gemacht.

Tabelle 69. Horizontale Verteilung von Fett in Treibriemenleder (J. Paeßler).

	Linke Hälfte			Rechte Hälfte		
	1 Bauch	2 Mitte	3 Rücken	3 Rücken	2 Mitte	1 Bauch
Kernstück Nr. I						
a) Hals	18,7	17,7	16,7	17,3	15,7	*23,4*
b) Mitte	15,9	*9,9*	14,6	13,4	*11,8*	21,6
c) Schwanz	*20,4*	13,2	12,2	12,5	11,6	22,0
Mittel...	18,3	13,6	14,5	14,4	13,7	22,0
Kernstück Nr. II						
a) Hals	*27,2*	19,6	20,2	19,5	19,0	*26,0*
b) Mitte	21,7	*15,4*	16,1	16,7	*15,0*	24,3
c) Schwanz	19,1	16,0	16,1	15,4	17,2	21,4
Mittel...	22,7	17,0	17,5	17,2	17,1	23,5
Kernstück Nr. III						
a) Hals	15,5	16,8	*20,2*	18,9	16,0	*21,1*
b) Mitte	14,7	*12,8*	15,0	15,5	13,7	15,4
c) Schwanz	14,5	13,4	14,8	15,3	*12,7*	18,6
Mittel...	14,9	14,3	16,7	16,6	14,1	18,4
Kernstück Nr. IV						
a) Hals	*19,7*	16,8	16,6	20,0	19,2	*23,6*
b) Mitte	14,6	*12,9*	15,4	16,4	*15,4*	22,0
c) Schwanz	13,7	15,0	16,4	18,3	16,8	21,6
Mittel...	16,0	14,9	16,8	18,2	17,1	22,4

Die Zusammenstellung der Mindest- und Höchstfettgehalte sowie der Mittelwerte gibt Tabelle 70.

Tabelle 70. Mindest-, Höchst- und Mittelwerte des Fettgehaltes.

Kernstück	Linke Hälfte			Rechte Hälfte			Mittelwert für das ganze Kernstück
	Mindest-gehalt	Höchst-gehalt	Mittel	Mindest-gehalt	Höchst-gehalt	Mittel	
Nr. 1	9,9	20,4	15,5	11,8	23,4	16,7	16,1
Nr. 2	15,4	27,2	19,1	15,0	26,0	19,4	19,3
Nr. 3	12,8	20,2	15,3	12,7	21,1	16,4	15,9
Nr. 4	12,9	19,7	15,9	15,4	23,6	19,2	17,6

Der Höchstgehalt liegt also 50 bis 100% höher als der Mindestgehalt, während der Mittelwert der ganzen Kernstücke nur etwa 21% aufweist. Die einzige Gleichmäßigkeit der Versuchsreihe besteht darin, daß die niedrigsten Fettgehaltswerte jeweils in der Mitte der halben Kernstücke, und zwar mit einer einzigen Ausnahme (Kernstück III, rechte Hälfte) auch in der Mitte zwischen Hals und Schwanz liegen. Ebenso zeigen die Bauchteile (mit Ausnahme von Kernstück III, linke Hälfte) die höchsten Fettgehalte. Die weiteren Angaben Paeßlers, die auch sonst in der Literatur übernommen worden sind, daß die

Fettgehalte der Stellen 3 c dem mittleren Fettgehalt des ganzen Kernstücks
am nächsten kommen und daß man infolgedessen aus Proben der Stellen 3 c den
ungefähren mittleren Fettgehalt eines Kernstücks ermitteln könne, sind nicht
richtig. Noch eher können die Proben 2a als „Stellvertreter" des ganzen Kernstücks in bezug auf den Fettgehalt angesprochen werden, wie folgende Gegenüberstellung zeigt (Tabelle 71):

Tabelle 71. Vergleich von Mittelwerten des Fettgehaltes.

	Mittelwert von 2 a links und 2 a rechts	Mittelwert für das ganze Kernstück
Kernstück 1............	16,7%	16,1%
Kernstück 2............	19,3%	19,3%
Kernstück 3............	16,4%	15,9%
Kernstück 4..........	18,0%	17,0%

Der Vergleich der beiden Zahlenreihen könnte zu dem Schluß berechtigen,
daß zur Bestimmung des Fettgehalts lohgarer eingebrannter Kernstücke zweckmäßig Musterstücke aus der Halsgegend (2a) verwendet werden, um daraus
den ungefähren Durchschnittsfett-
gehalt des Kernstücks zu erhalten.
Die verschiedenen Hautarten zeigen
aber ein ganz unterschiedliches Fett-
aufnahmevermögen, so daß die oben
erläuterte Übereinstimmung der Fettgehalte als eine Gesetzmäßigkeit nicht
angesehen werden kann. Überhaupt
ist es fraglich, ob man den tatsächlichen „mittleren Fettgehalt" eingebrannter Kernstücke aus Leder-
mustern, die nur den äußeren Kern-
stückteilen entnommen sind, feststellen
kann.

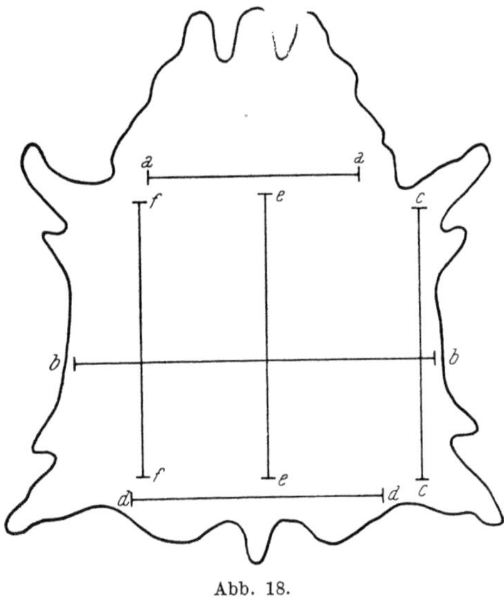

Abb. 18.

Es ist zweifelhaft, ob es bei einer
in der Praxis vertretbaren Art der
Musterziehung gelingen kann, Proben
aus einer bestimmten Anzahl von
Häuten zu entnehmen, deren Fett-
gehalte dem mittleren Fettgehalt des zu untersuchenden Leders entsprechen.
Dies haben auch die umfangreichen Untersuchungen von L. Masner und
K. Micek gezeigt, die daneben die beim Fetten des Leders betrieblichen
Fettverluste bzw. den Fettungsvorgang quantitativ verfolgen wollten. Sie
haben festgestellt, daß beim Lickern von Chromoberleder die Hals-, Flanken-
und Kernteile der Leder ganz verschiedene Mengen Fett aufnehmen. Als Mittelwerte von 17 Partien (zusammen 3400 Rindboxhälften) wurden folgende Fettgehalte gefunden:

Kernproben............ 6,58% (Grenzen 4,37 bis 10,50%),
Flankenproben .... 8,10% (Grenzen 4,94 bis 12,97%),
Halsproben ....12,76% (Grenzen 7,63 bis 18,70%).

Selbst bei gelickertem Leder sind also die einzelnen Stellen der Haut durchaus
ungleich gefettet.

Die Verfasser haben ihre Untersuchungen bei Fahlledern wiederholt, die mit einem Gemisch von fünf Teilen Tran, drei Teilen Degras und zwei Teilen Talg im Faß gefettet worden waren. Vor und nach dem Fetten im Faß wurden die Leder mit Tran abgeölt. Die Versuche erstreckten sich über 18 Partien mit 5000 Häuten (Musterziehung nach der früheren I. V. L. I. C.-Methode) und ergaben folgende Werte:

Kernproben . . . . 21,35% (Grenzen 11,34 bis 28,26%),
Flankenproben . . . . 28,21% (Grenzen 20,65 bis 34,19%),
Halsproben . . . . 24,43% (Grenzen 15,75 bis 33,79%).

Auch verhältnismäßig dicht nebeneinander liegende Proben aus der Haut haben verschiedene Fettgehalte. Der Verfasser hat bei einigen chrom- und lohgaren Lederarten unmittelbar aneinandergrenzende Musterreihen unter- sucht und die folgenden Bilder von der Fettverteilung (Rückenlinie durch // be- zeichnet) erhalten. Die Stellen, an denen die Proben aus der Haut entnommen worden sind, zeigt Abb. 18. Sie sind mit Buchstaben a—a, b—b usw. bezeichnet.

α) **Fettgehalte der Musterreihe eines zweimal mit Tran abgeölten lohgaren Leders, Halsstreifen** $(a - a)$:
2,0 / 2,2 / 2,4 / 3.8 / 3,9 // 3,6 / 3,8 / 2,7 / 2,8 / 2,2%.

β) **Fettgehalte der Musterreihe einer handgeschmierten Blanklederhaut,** quer zur Rückenlinie, Mitte, süddeutsche Kuhhaut $(b—b)$:
5,7 / 6,6 / 7,6 / 7,6 / 5,8 // 5,9 / 5,1 / 6,1 / 5,3 / 4,5%.

γ) **Fettgehalte der Musterreihe eines handgeschmierten Blanklederkern-** stücks entlang dem Flankenrand parallel zur Rückenlinie, Ochsenhaut $(f—f)$:
Schwanz 6,4 / 5,3 / 7,6 / 7,1 / 8,4 / 9,8 / 8,9 / 7,8 / 8,4 / 8,1% Hals.

δ) **Fettgehalte der Musterreihe eines eingebrannten lohgaren Treibriemen-** kernstücks, Schwanzseite, quer zur Rückenlinie, südd. Ochsenhaut $(d—d)$:
21,4 / 20,2 / 17,5 // 20,9 / 19,2 / 22,2%.

ε) **Fettgehalte der Musterreihe einer gelickerten Chromrindshaut, Bullen-** haut, entlang der Flanke parallel zur Rückenlinie $(c—c)$:
Schwanz 8,7 / 10,2 / 10,9 / 8,7 / 8,6 / 8,9 / 9,9 / 9,0% Hals.

ζ) **Fettgehalte der Musterreihe eines eingebrannten Spaltchromsohlleder-** Kernstücks entlang der Rückenlinie, Bullenspalt $(e—e)$:
Schwanz 24,1 / 22,7 / 22,0 / 21,8 / 22,4 / 22,4 / 23,9 / 23,0% Hals.

η) **Fettgehalt der Musterreihe aus dem gleichen Spaltchromsohlleder-Kern-** stück am Rande parallel zur Rückenlinie $(f—f)$:
Schwanz 27,5 / 27,1 / 25,1 / 25,0 / 23,8 / 24,5 / 29,9 / 26,2% Hals.

ϑ) **Fettgehalte der Musterreihe eines Fahllederhalses,** Proben zehn Stellen der Linie $a—a$ (Abb. 18) entnommen:

18,2 / 16,6 // 17,1 / 19,2 / 22,0.

21,4 / 19,2 / 17,2 // 16,8 / 20,5.

Daß der Fettgehalt einer gefet- teten Haut an den einzelnen Stellen ganz verschieden ist, zeigt ein Ver- such mit einer halben, mit 20% eines aus Tran, Talg, Degras und Mineral- öl bestehenden Gemisches gefetteten Rindshaut, aus der gemäß Abb. 19 28 Proben entnommen und auf den Gehalt an extrahierbarem Fett unter- sucht worden sind.

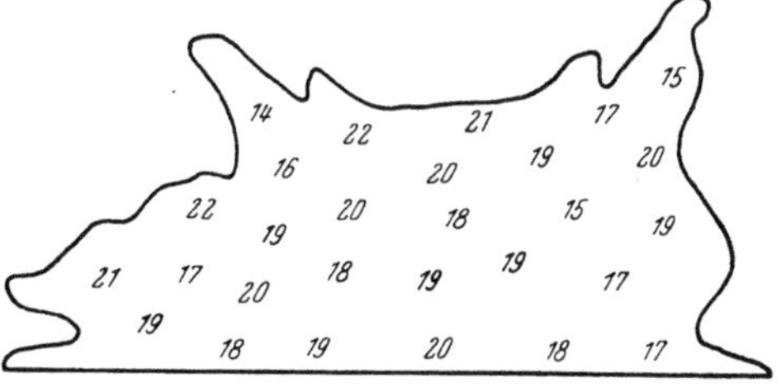

Abb. 19.

Die Musterproben und die aus der halben Haut entnommenen Proben zeigen, daß eigentlich von einer Gesetzmäßigkeit der horizontalen Fettverteilung im Leder nicht gesprochen werden kann. Anscheinend sind die Bedingungen für die Fettaufnahme nicht nur innerhalb der einzelnen Haut, sondern auch zwischen den verschiedenen Häuten nicht vergleichbar.

IV. Veränderung der Fettungsmittel im Leder.

1. Allgemeines.

Es ist schon auf S. 639 darauf hingewiesen worden, daß ein Teil des vom Leder aufgenommenen Fettes durch Fettlösungsmittel nicht mehr extrahierbar ist, d. h. von der Lederfaser gebunden oder durch chemische Vorgänge im Lösungsmittel schwer oder nicht mehr löslich wird. Dieser als „Bindung an die Lederfaser" vielleicht nicht für alle extrahierbaren Fettanteile richtig bezeichnete Vorgang scheint durch verschiedene Reaktionen verursacht zu sein, die sich zwischen Sulfogruppen des Fetts und Hautfasern, zwischen Sulfogruppen und Chromkomplexen, zwischen oxydierten Fettanteilen und den Hautfasern abspielen, die aber auch auf Oxydations- und Polymerisationsvorgängen beruhen, die ein Unlöslichwerden von Fettanteilen, ohne daß eine wirkliche Bindung an die Hautfaser eintritt, verursachen.

Eine weit wichtigere Veränderung des Fettungsmittels im Leder ist auf die Hydrolyse der Fette zurückzuführen, die eine Spaltung der Triglyceride in freie Fettsäuren und Glycerin zur Folge hat. Da freie Fettsäuren sich chemisch und zum Teil auch physikalisch völlig anders verhalten als die Verbindungen, aus denen sie abgespalten worden sind, ist dieser Spaltungsvorgang von größter praktischer Bedeutung.

Eine besondere Art von chemischer Veränderung ist das sogenannte Ausharzen von Ledern, die mit Tran gefettet worden sind (s. S. 646). Dieser völlig unkontrollierbare Vorgang ist auf eine Polymerisation von durch Sauerstoff veränderten Fettungsmitteln zurückzuführen.

Die Entstehung von Chromfettsäure-Verbindungen in gelickertem Chromleder, das nicht genügend entsäuert wurde, ist schon lange bekannt. Über den Einfluß dieser Verbindungen auf die Ledereigenschaften, die nicht immer ungünstig zu sein brauchen, wissen wir wenig (S. auch W. Schindler und K. Klanfer).

Ob und welche Reaktionen zwischen den Fettungsmitteln und pflanzlichen Gerbstoffen bestehen, ist bis jetzt nicht untersucht worden. Seitdem der Begriff „Fettungsmittel" eine so große Erweiterung erfahren hat, sind solche Reaktionen durchaus möglich. Ganz besonders aber sind zwischen synthetischen Gerbmitteln und den Fettungsmitteln, vorwiegend solchen mit Sulfogruppen, gegenseitige Reaktionen wahrscheinlich, die zu Veränderungen der Fettstoffe führen.

Hier liegt noch ein Gebiet vor, in das die Untersuchungen kaum vorgedrungen sind. Gewisse bisher unerklärliche Störungen bei der Zurichtung von Leder weisen aber auf die Möglichkeit solcher gegenseitigen Beeinflussung von synthetischen Gerbmitteln und Fettstoffen im Leder hin.

Endlich können rein mechanisch, mit oder ohne Temperatureinfluß, bedingte Veränderungen der Fettungsmittel eintreten, die eine Trennung der festen und flüssigen Fettanteile im Leder zur Folge haben und zu Fettausschlägen führen.

2. Bindung der Fettungsmittel an die Lederfaser.

Die wiederholt erwähnte Tatsache, daß die Fettstoffe nicht wieder vollständig aus dem Leder extrahiert werden können, war schon W. Eitner bekannt. Auch bei Verwendung verschiedener Lösungsmittel, z. B. Petroläther, Alkohol und Wasser, nacheinander bleibt im Leder immer eine wechselnde Menge von Fett zurück. Es kann nur zurückgewonnen werden, wenn man das Leder durch Behandeln mit alkoholischer Natron- oder Kalilauge zerstört. Nach dem Abdampfen des Gemisches löst man den Rückstand in heißem Wasser und erhält, nötigenfalls nach Spaltung sulfatierter Fettanteile und der gebildeten Seifen mit Salzsäure, das im Leder vorhandene gebundene Fett durch Ausschütteln mit Äther zurück.

Man bezeichnet die aus dem extrahierbaren Anteil bestehende Menge als das „freie Fett" und die nicht extrahierbare als das „gebundene Fett". Dabei muß, was schon auf S. 639 erwähnt ist, stets daran erinnert werden, daß die Nichtextrahierbarkeit von Fettstoffen aus Leder teilweise auch durch eine Schwerlöslichkeit und Unlöslichkeit bedingt sein kann, welche die Folge von Oxydations- und Polymerisationsvorgängen ist. Ob die in vielen natürlichen Ölen vorhandenen chemischen Gruppen, die Sauerstoff aufnehmen können, vielleicht über die Sauerstoffbrücke eine Bindung an die Kollagenfaser bzw. Lederfaser eingehen und wie weit hier unter Umständen Restvalenzkräfte eine Rolle spielen, ist nicht bekannt.

Bei der Besprechung der Faktoren, welche die Fettaufnahme durch das Leder beim Lickern beeinflussen, ist auch kurz auf die Bindung von Fett eingegangen worden (s. S. 639). Die systematischen Untersuchungen von F. Stather und R. Lauffmann (1) mit chromiertem Hautpulver haben die Unterschiede aufgezeigt, die zwischen den einzelnen Lickerbrühen in bezug auf die gebundene Fettmenge bestehen. Bei sulfatiertem Ricinusöl ist der Gehalt des gelickerten Hautpulvers an gebundenem Fett um so größer, je höher der Sulfatierungsgrad des angewandten Öles, je höher der Chromgehalt des verwendeten Hautpulvers, je höher die Basizität der zum Gerben benutzten Chrombrühe und je höher die Temperatur ist, bei der das gegerbte Hautpulver gelagert wird. Mit dem Neutralisierungsgrad des Hautpulvers steigt zunächst die gebundene Fettmenge wenig an, nimmt aber bei stärkerer Neutralisierung ab. Beim Lickern von Chromhautpulver mit Gemischen aus sulfatiertem und nicht sulfatiertem Öl (sulfatiertes Ricinusöl im Gemisch mit Ricinusöl, Tran, Klauenöl und Mineralöl) nimmt die Menge des vom Chromhautpulver gebundenen Fetts mit abnehmendem Gehalt des als Emulgator wirkenden sulfatierten Ricinusöls ab und mit dem Sulfatierungsgrad zu. Bei Seifenlickern ist die Menge des gebundenen Fettes wesentlich geringer als bei Mitverwendung von sulfatierten Ölen. Mit steigendem Chromoxydgehalt des Hautpulvers nimmt der gebundene Fettanteil ab, mit zunehmendem Neutralisierungsgrad des Hautpulvers zu. Bei Eigelblickern, ohne Zusatz anderer Fettstoffe, erfolgt keine Bindung von Fett an Chromhautpulver. Über die Fettaufnahme von Fettaustauschstoffen durch Chromleder und den gebundenen Fettanteil s. S. 659.

Die Untersuchungen über die Bindung von Fett in lohgarem Leder von F. Stather und R. Schubert (2) sind auf ganz anderer Grundlage aufgebaut. Da es bei lohgarem Leder nicht möglich ist, den gebundenen Fettanteil wie bei Chromleder direkt zu bestimmen, wurde die Extrahierbarkeit aus Leder mit der Extrahierbarkeit aus Sand verglichen. Gleichzeitig wurde der Einfluß verschiedener Lagerbedingungen geprüft. Die Ergebnisse der Untersuchungen über die Extrahierbarkeit mit Petroläther von gefettetem Leder und gefettetem

Sand, an den ja eine Bindung von Fett nicht möglich ist, sind in den Tabellen 72 bis 74 wiedergegeben.

Vergleicht man die Ergebnisse der veränderten Extrahierbarkeit zwischen Leder und Sand, so ergibt sich folgendes:

1. **Die Löslichkeit der Reinfettsubstanz** ist keineswegs immer gleich. Die sulfatierten Öle haben, mit Ausnahme des schwach sulfatierten Klauenöls, eine beträchtlich geringere Löslichkeit als nicht sulfatierte Öle.

2. Die Extrahierbarkeit erfährt bei den meisten Fetten in pflanzlich gegerbtem Leder eine teilweise sogar erheblich größere Herabsetzung als in der Sandmischung, die zweifellos mit einer Bindung von Fettstoffen an die Lederfaser zusammenhängt.

3. Es ergibt aber, vorwiegend bei den sulfatierten Fetten, bei denen eine bevorzugte Bindung an die Lederfaser angenommen wird, die Extraktion aus Sand geringere Werte als aus Leder, weshalb die Differenzwerte der Tabelle 74 mit dem Minuszeichen erscheinen. Nach Ansicht der Verfasser liegt die Ursache in einer durch Oxydation verursachten Verharzung, die ein Unlöslichwerden zur Folge hatte.

Der Beweis für eine Bindung von Fettstoffen durch die Lederfaser wird gerade durch die zuletzt erwähnten Feststellungen für den kritischen Beobachter etwas beeinträchtigt. Das Schwer- oder Unlöslichwerden von Fettstoffen durch den Einfluß des Sauerstoffs ist auch bei den anderen Fetten ein nicht kon-

Tabelle 72. **Veränderung der Extrahierbarkeit der Fette aus Sand durch verschiedene Lagerbedingungen [F. Stather und R. Schubert (2)].**

	Löslichkeit d. Reinfettsubstanz in Petroläther, Extraktion aus Sand	Löslichkeit in Petroläther in % Reinfettsubstanz			
		Lagerung: Zimmertemperatur		Lagerung: Trockenschrank 40°	
		3 Tage	4 Monate	3 Tage	4 Wochen
Haitran	99,9	99,9	99,5	100,0	99,8
Robbentran.................	100,1	99,8	100,0	99,9	99,9
Dorschtran	100,0	99,5	64,8	98,8	83,5
Gehärteter Tran	100,0	100,1	99,9	100,0	100,0
Degras I	99,8	99,6	99,8	99,9	99,8
Degras II	99,9	99,5	99,6	99,6	99,5
Degras III	99,8	99,4	99,4	99,5	99,7
Unbehandelter Tran	100,1	100,0	100,0	100,0	100,1
Schwach sulf. Tran	96,8	96,9	92,8	95,8	94,7
Stark sulf. Tran	41,4	39,5	35,5	38,5	3,1
Unbehandeltes Ricinusöl	99,7	99,9	98,2	99,4	98,9
Schwach sulf. Ricinusöl........	58,5	48,3	46,0	47,7	47,5
Stark sulf. Ricinusöl	46,7	39,6	21,4	34,9	22,7
Unbehandeltes Klauenöl........	100,0	100,1	99,7	100,0	100,0
Schwach sulf. Klauenöl........	100,0	100,0	83,4	100,0	85,0
Stark sulf. Klauenöl...........	57,0	49,8	40,5	47,1	44,1
Talg	100,0	100,0	99,1	100,1	99,5
Stearin....................	100,1	100,1	89,1	100,0	95,0
Ölsäure....................	100,0	99,7	97,4	94,4	98,7
Leinöl.....................	84,6	80,3	48,8	74,0	51,8
Tran-Fettsäuren aus Dorschtran	98,5	94,6	78,4	86,9	82,0
Shell-Mineralöl	100,0	100,0	99,0	100,1	99,9
Paraffin	100,0	100,0	100,0	100,0	99,9
Gemisch: Talg-Tran-Degras	95,6	90,8	82,8	87,1	75,8

Tabelle 73. Veränderung der Extrahierbarkeit der Fette aus Leder durch verschiedene Lagerbedingungen [F. Stather und R. Schubert (2)].

	Löslichkeit in Petrol-äther in % d. Reinfett-substanz	Extrahierbarkeit aus Leder in % der Reinfett-substanz			
		Lagerung: Zimmertemperatur		Lagerung: Trockenschrank 40°	
		3 Tage	4 Monate	3 Tage	4 Wochen
Haitran	99,9	97,5	87,0	96,5	96,3
Robbentran	100,1	99,7	93,3	98,1	96,8
Dorschtran	100,0	98,2	59,2	93,0	57,8
Gehärteter Tran	100,0	100,1	99,5	100,0	99,6
Degras I	99,8	87,3	82,9	85,1	84,5
Degras II	99,9	95,5	86,3	94,0	89,6
Degras III	99,8	87,3	78,7	83,6	79,4
Unbehandelter Tran	100,1	100,0	100,0	100,1	99,6
Schwach sulf. Tran	96,8	97,9	73,9	95,5	81,8
Stark. sulf. Tran	41,5	58,9	38,8	56,2	44,7
Unbehandeltes Ricinusöl	99,7	99,3	95,4	98,5	95,0
Schwach sulf. Ricinusöl	58,5	88,8	83,2	87,3	86,0
Stark sulf. Ricinusöl	46,7	64,5	64,0	64,3	63,2
Unbehandeltes Klauenöl	100,0	98,7	96,6	98,5	97,2
Schwach sulf. Klauenöl	100,0	95,8	95,4	95,8	96,4
Stark sulf. Klauenöl	57,0	51,6	49,7	50,0	50,0
Talg	100,0	99,5	98,3	98,9	97,7
Stearin	100,1	100,0	95,7	99,7	—
Ölsäure	100,0	98,7	84,1	93,8	86,6
Leinöl	84,6	76,3	72,8	75,4	—
Tran-Fettsäuren aus Dorschtran	98,5	97,9	92,1	97,2	91,0
Shell-Mineralöl	100,0	100,0	99,6	100,1	99,9
Paraffin	100,0	100,0	97,8	99,6	98,0
Gemisch: Talg-Tran-Degras	95,6	88,4	65,1	89,4	61,3

trollierbarer Vorgang und die Unterscheidung zwischen einer Bindung an die Faser und einem Unlöslichwerden ohne diese Bindung ist vorerst noch nicht möglich.

Trotzdem sind die Versuche von F. Stather und R. Schubert (2) für die Aufklärung des inneren Chemismus der Fettung des Leders von wirklicher Bedeutung, da sie ein Verhalten der Fette im Leder aufzeigen, auf das bisher in dieser Weise nicht hingewiesen worden ist.

Diese Versuche über die Bindung bestimmter Fettmengen an die Lederfaser und die damit verbundene Tatsache, daß bei einer Fettanalyse des Leders durch Extraktion mit Lösungsmitteln der „gebundene" Fettanteil nicht erfaßt wird, werfen die Frage auf, wieweit sich die Fettanalyse eigentlich als eine Kontrolle der Lederfettung eignet. Es ist erstaunlich, daß dieses Problem erst so spät Anlaß zu Betriebskontrollen gegeben hat, die sich mit der „Fettbilanz" beim Fetten des Leders befaßt haben.

L. Masner und K. Micek haben bei den bereits in anderem Zusammenhang (s. S. 678) genannten Großversuchen mit mehreren tausend Häuten bei Fettanalysen (mit Probeziehung nach den J.V. L. I. C-Vorschriften) festgestellt, daß in Chromledern, die mit sulfatiertem Tran nebst etwas Degras und Mineralöl gefettet waren, nur 45 bis 55% der angewandten Fettmenge nachgewiesen werden konnte. Der fehlende Betrag wird als die „gebundene" Menge Fett betrachtet, was im Hinblick auf die Statherschen Versuche nicht sicher ist. Bei pflanzlich gegerbtem Leder ließen sich etwa 62% der angewandten Fettmenge nachweisen, wobei noch weitere 12% in den Blanchierspänen blieben.

Tabelle 74. Differenzen der Extrahierbarkeit der Fette aus Sand und aus Leder nach Lagerung unter gleichen Bedingungen [F. Stather und R. Schubert (2)].

	Lagerung: Zimmertemperatur		Lagerung: Trockenschrank 40°	
	3 Tage	4 Monate	3 Tage	4 Wochen
Haitran	2,4	12,5	3,5	3,5
Robbentran	0,1	6,7	1,8	3,1
Dorschtran	1,3	5,6	5,8	25,7
Gehärteter Tran	—	0,4	—	0,4
Degras I	12,3	16,9	14,8	15,3
Degras II	4,0	13,3	5,6	9,9
Degras III	12,1	20,7	15,9	20,3
Unbehandelter Tran	—	—	—	0,5
Schwach sulf. Tran	—1,0	18,9	0,3	12,9
Stark sulf. Tran	—19,4	—3,3	—17,7	—11,6
Unbehandeltes Ricinusöl	0,6	2,8	0,9	3,9
Schwach sulf. Ricinusöl	—45,5	—37,2	—39,6	—38,5
Stark sulf. Ricinusöl	—24,9	—42,6	—29,4	—41,5
Unbehandeltes Klauenöl	1,4	3,1	1,5	2,8
Schwach sulf. Klauenöl	4,2	—12,0	4,2	—11,4
Stark sulf. Klauenöl	—1,8	—9,2	—2,9	—5,9
Talg	0,5	0,8	1,2	1,8
Stearin	0,1	—6,6	0,3	—
Ölsäure	1,0	13,3	5,6	12,1
Leinöl	4,0	—24,0	—1,4	—
Tran-Fettsäuren	—3,3	—13,7	—10,3	—9,0
Shell-Mineralöl	—	0,2	—	—
Paraffin	—	2,2	0,4	1,9
Gemisch: Talg-Tran-Degras	2,4	17,7	2,3	14,5

Es ist klar, daß die Bedeutung der Fettanalyse von Leder durch Extraktion mit Lösungsmittel sehr fragwürdig wird, wenn sich die Feststellungen von L. Masner und K. Micek in gleicher Weise auch an anderen Fettstoffen bestätigen. Denn die vom Leder jeweils lösungsmittelfest gebundene Fettmenge würde stets als unbekannte Größe, die je nach dem Fett oder Fettgemisch schwankt, bestehen bleiben. Die neuen Vorschriften für die Prüfung des Fettgehalts (DIN 53306/1948) umgehen diese Schwierigkeit, indem sie bei der Analyse ausdrücklich nur das „extrahierbare" Fett erfassen wollen.

3. Hydrolyse der Fette im Leder.

Alle Fette und fetten Öle können Fettsäuren abspalten, wobei Glycerin frei wird. Diese freien Fettsäuren verhalten sich völlig anders als ihre Glyceride. Nach längerem Lagern läßt sich bei vielen Ledern feststellen, daß sie größere oder kleinere Mengen freier Fettsäuren enthalten, obwohl das zum Fetten des Leders verwendete Fett nahezu frei von freien Fettsäuren war.

Die Fettspaltung wird im Leder nach H. Phillips und M. P. Balfe durch Mikroorganismen hervorgerufen, die während oder nach der Fettung ins Leder gelangen; sie wiesen nach, daß bei Tran-Talgmischungen keine Fettspaltung eintritt, wenn die Leder vorher durch Erhitzen auf 105° oder durch Sterilisierungsmittel keimfrei gemacht wurden. Die von den Verfassern untersuchten, aus Leder extrahierten Fettgemische enthielten bis zu 83% freie Fettsäuren. Als besonders wirksame Mittel zur Verhinderung der Fettspaltung im Leder werden Zusätze von p-Nitrophenol oder β-Naphthol zum Einweichwasser vor dem Schmieren des Leders empfohlen.

Bei reiner Talgfettung scheint die Neigung zur Hydrolyse des Fettes im Leder am größten zu sein, bei reiner Tranfettung bleibt sie in mäßigen Grenzen. Die Glyceride der gesättigten Fettsäuren werden im Leder leichter gespalten als die der ungesättigten Fettsäuren. Faßgeschmierte Leder sollen weniger leicht freie Fettsäuren abspalten als auf der Tafel geschmierte Leder. Daß im Chromleder die Fettspaltung geringer sei als in pflanzlich gegerbten Ledern, ist nicht richtig. Nach J. M. Graham und E. R. Theis findet auch im Chromleder bei längerem Lagern eine Spaltung der Fette statt, und zwar der sulfatierten Fette, die bis zur Hälfte des angewandten Öles ansteigen kann. Die Fettspaltung ist vom p_H-Wert abhängig. Nach H. Phillips und M. P. Balfe verzögert sich die Hydrolyse der Fette im Leder, wenn man das Leder vor dem Fetten in Wasser einweicht, dessen p_H-Wert niedriger ist als der wässerige Auszug des Leders.

Bei eingebrannten Ledern findet so gut wie keine Hydrolyse der Fette im Leder statt. Bei der Bestimmung der Säurezahl solcher Leder muß berücksichtigt werden, ob Stearinsäure im Einbrennfett enthalten ist, welche die Säurezahl stark erhöht. In mit kondensierten Gerbstoffen gegerbten Ledern tritt Fettspaltung leichter auf als in solchen, die mit hydrolysierbaren Gerbstoffen gegerbt worden sind. Dies ist überraschend, da die hydrolysierbaren Gerbmittel einen besseren Nährboden für Mikroorganismen abgeben.

Die wichtigsten Folgeerscheinungen der Hydrolyse der Fette im Leder sind Ausschläge, über deren Art und Entstehung viele Untersuchungen angestellt worden sind. Dabei brauchen keineswegs alle Fettausschläge auf Fettspaltung der im Leder befindlichen Fette zu beruhen. Doch neigen die Fettsäuren stärker zur Kristallisation als ihre Glyceride, und sehr wahrscheinlich ist schon die Tendenz auszukristallisieren der Beginn von Veränderungen, die zu Fettausschlägen führen. Diese Vorgänge im Leder, die schwer zu verfolgen sind, werden durch Temperatureinflüsse, vor allem längeres Lagern in warmen Räumen (womöglich nahe bei der Heizung!) und anschließendes Abkühlen, sehr begünstigt. Von vielen Seiten wird angenommen, daß zur Bildung von Fettausschlägen das Fett in flüssiger Form aus dem Leder austritt, und daß nach dem Erstarren die bei gewöhnlicher Temperatur festen Fettanteile den Fettausschlag bilden, während der flüssige Anteil wieder vom Leder aufgenommen wird.

Auch beim Transport, beim Glanzstoßen, ja sogar bei langem Hängen im Trockenraum können solche übermäßigen Erwärmungen auftreten, die dann eine Trennung der flüssigen und festen Fettbestandteile zur Folge haben.

Weit gefährlicher als für das Leder selbst sind die sekundären Wirkungen der durch Hydrolyse gebildeten, an die Lederoberfläche gelangten freien Fettsäuren auf Metallteile, mit denen das Leder in Berührung kommt (Schnallen, Ösen, Geschirre u. dgl.). Schädigungen können hierbei auch dann eintreten, wenn noch keine Fettausschläge auf dem Leder erkennbar sind. F. Stather und H. Herfeld (5) haben gezeigt, daß die Korrosionsgefahr gegenüber Leichtmetallen bei gewöhnlicher Temperatur gering ist. Bei höherer Temperatur wird Messing und Zink angegriffen, wobei ein grauer bzw. grüner Belag auf den Metallen zu beobachten ist. Die mikroskopisch feststellbare Korrosion ist bei Tranfettsäuren am größten, bei allen sulfatierten Ölen und bei Leinöl stärker als bei unbehandelten Tranen (mit Ausnahme von Dorschlebertran) und sehr gering bei unbehandeltem Klauenöl, Ricinusöl und Talg. Die nach vielen Wochen nachweisbaren Korrosionserscheinungen sind jedoch so gering, daß in den meisten Fällen eine ernstliche Schädigung von Niet-, Schnallen- und Ösenmaterial, soweit es aus Leichtmetallen ist, nicht zu befürchten ist.

Von besonderer Wichtigkeit ist das Verhalten von gefettetem Treibriemenleder gegenüber Eisen. Hierüber verdanken wir V. Kubelka, V. Nemec und S. Zuravlev Untersuchungen an pflanzlichen und Eisenchromledern. Zunächst stellen die Verfasser fest, daß die freien ungesättigten Fettsäuren (z. B. geringwertige Fischöle oder auch Ölsäure) sowie freie Oxyfettsäuren (Degras) auf Eisen am stärksten wirken, während Fette und Fettsäuren mit gesättigten Ketten das Eisen praktisch entweder gar nicht oder nur wenig angreifen. Bei Versuchen mit Treibriemen, die aus säurefieiem Leder angefertigt waren und 2250 Stunden liefen, stellten sie u. a. fest, daß während des Laufens das Fett im Leder stark oxydiert wird, was durch den Vergleich der Jodzahlen des ursprünglichen Fettes und der aus dem Riemen nach den Versuchen extrahierten Fette zahlenmäßig geschlossen werden konnte. Ferner ist die Korrosion der eisernen Riemenscheibe um so größer, je ungesättigter das Lederfett ist, während die mit gesättigten Fetten behandelten Riemen die Riemenscheiben viel weniger angreifen. Das vom Leder aufgenommene Eisen verteilt sich — übrigens ganz analog dem Fett — auf die beiden Außenschichten, wobei also die Mittelschicht weniger Eisen enthält als die Außenschicht, die mit dem Eisen gar nicht in Berührung gekommen ist. Ein Einfluß des Eisengehalts auf die lohgaren Riemen ist nicht beobachtet worden.

In Eisenchromleder scheinen die Fette besonders starke Veränderungen zu erfahren. V. Kubelka und Mitarbeiter konnten bei gefettetem Chromeisenleder beim Lagern nach einigen Jahren starke Beschädigungen feststellen, während ungefettete Leder der gleichen Gerbart nicht angegriffen wurden. Auch beim Eisenchromleder rufen chemisch indifferente Fettungsmittel (Mineralöl, Paraffin) keine Beschädigung des Leders hervor. Degras hat nur eine sehr geringe zerstörende Wirkung, während Fette mit ungesättigten und freien Fettsäuren Eisenchromleder stark angreifen.

Die Bildung der durch Hydrolyse entstehenden freien Fettsäuren stellt ohne Zweifel die bedenklichste Veränderung der Fettungsmittel im Leder dar. Sie ist sehr häufig von stärkerer und nachteiligerer Wirkung als die Verwendung von Fetten als Fettungsmittel, die eine erhöhte Säurezahl aufweisen. Der Einsatz neuartiger Produkte zur Lederfettung, die nicht hydrolysierbar sind, ist gerade unter diesem Gesichtspunkt aus ernsthaft zu prüfen (s. auch S. 611).

Mikrobiologische Fettspaltungen im Leder werden am zweckmäßigsten durch Zusatz von 0,1% p-Nitrophenol oder p-Chlormetakresol (letzteres von der Gerbstoff-Chemie Margold, Darmstadt, unter der Bezeichnung KM 11 in den Handel gebracht) zu der Fettschmiere, mit der das Leder geschmiert werden soll, verhindert. Bei Ledern, die gelickert werden, gibt man diese Sterilisierungsmittel dem Fett beim Ansatz vor dem Lickern zu (F. O'Flaherty; F. Margold).

4. Ausharzen von Tran.

Daß lohgares Leder, das mit Tran allein oder vorwiegend mit Tran gefettet ist, „ausharzt", d. h. zähe harzartige Tröpfchen an der Oberfläche aufweist, ist eine altbekannte Erscheinung. Die sich bildenden Tröpfchen kann man durch geeignete Lösungsmittel, wie Benzin, Alkohol oder dgl., entfernen, sie treten nach einiger Zeit aber erneut auf.

Über die Ursachen dieses Ausharzens von Tran sind verschiedene Untersuchungen angestellt worden. Zunächst steht fest, daß die Erscheinung nur bei lohgaren Ledern auftritt. Bei Chromleder sind Ausharzungen noch nicht beobachtet worden (F. Stather und H. Sluyter). Das Wasserlösliche im Leder und die freien Fettsäuren im Fett scheinen als Antioxydantien das Ausharzen stark zu verhindern. So fand M. P. Balfe (2) bei gleich gefetteten Ledern mit Ausharzung 23,5%, bei Ledern ohne Ausharzung 73,6% freie Fettsäuren. Leder, das mit hydrolysierbaren Gerbstoffen gegerbt ist, neigt weniger zur Ausharzung als solches, das mit kondensierten Gerbstoffen gegerbt ist. Mit den Kennzahlen der verwendeten Trane und der Neigung der Leder zum Ausharzen ist ein Zusammenhang nicht nachweisbar, mit der Ausnahme, daß anscheinend eine höhere Säurezahl das Ausharzen verhindert.

Die harzigen Ausscheidungen bestehen nach M. P. Balfe und P. Uryash (1) aus polymerisierten Oxydationsprodukten der Trane. Auf Chromleder entstehen diese Ausharzungen nach Ansicht der gleichen Verfasser deshalb nicht, weil die Oxydationsprodukte mit den Chromverbindungen des Chromleders Verbindungen eingehen (s. aber die Ansicht von J. M. Graham und E. R. Theis). Die harzigen Ausscheidungen können auch bei solchen lohgaren Ledern auftreten, die mit anderen halbtrocknenden Ölen als Tran gefettet worden sind, und unter dem Einfluß der Luft oxydieren bzw. polymerisieren (vgl. auch S. 646, sowie diesen Bd., 2. Kap., S. 47).

5. Veränderungen der Kennzahlen der im Leder enthaltenen Fettstoffe.

Die Veränderungen der Kennzahlen, insbesondere der Jodzahlen, von Fetten im Leder sind durchaus verständlich, da das Fett im Fasergefüge des Leders mit einer vielfach vergrößerten Oberfläche der Luft ausgesetzt ist und, sofern es ungesättigte Verbindungen enthält, leichter oxydiert wird als außerhalb des Leders. Dies geht aus zahlreichen Untersuchungen hervor, die alle zeigten, daß die Jodzahlen der aus Leder extrahierten Fette geringer sind als deren ursprüngliche Jodzahlen.

So konnten V. Kubelka, V. Nemec und S. Zuravlev zeigen, daß die Jodzahlen der Fette bei dem auf S. 686 erwähnten Riemenlederversuch während einer 2250stündigen Laufzeit folgendermaßen abnahmen (s. Tabelle 75):

Bei diesen Versuchen mit einer eindeutig starken Jodzahlabnahme wurde die Abnahme noch durch die erhöhte Temperatur beim Laufen der Riemenleder begünstigt.

Tabelle 75.

Veränderungen der Jodzahlen von Fetten in Riemenleder bei Dauerbeanspruchung (V. Kubelka, V. Nemec und S. Zuravlev).

Leder, gefettet mit	Jodzahlen	
	Vorher	Nachher
Talg	32,8	24,4
Heller Tran	146,0	42,8
Dunkler Tran	134,0	37,8
Talgit	21,6	19,0
Degras............	66,5	31,2
Olein	81,2	31,1

Von F. Stather und R. Lauffmann (2) wurden schon im Jahre 1933 die Veränderungen von Lickerfett im Chromleder in bezug auf die Jod- und Säurezahlen untersucht. Bei allen Fettauszügen, die Seife enthalten, sind die Säurezahlen höher, bei sulfatierten Ölen und Eigelb dagegen niedriger als die ursprünglichen Lickerfette. Auffallend ist, daß die Säurezahlen der Petrolätherauszüge durchweg niedriger sind als die der Alkoholauszüge (s. Tabelle 76, S. 688).

Die Jodzahlen der Fettauszüge sind mit Ausnahme des Alkoholextraktes des Lickergemisches $^1/_3$ Seife $+$ $^2/_3$ Mineralöl stets niedriger als die der ursprünglichen Lickerfette.

Tabelle 76. Kennzahlen von Lickerfetten und ihrer aus dem Leder hergestellten Extrakte [F. Stather und R. Lauffmann (2)].

| | Jodzahl | | | | Oxyfettsäuren | | | | Säurezahl | | | |
| | | Lederextrakt | | | | Lederextrakt | | | | Lederextrakt | | |
	Lickerfett	Petroläther + Alkohol	Petroläther	Alkohol	Lickerfett	Petroläther + Alkohol	Petroläther	Alkohol	Lickerfett	Petroläther + Alkohol	Petroläther	Alkohol
Seife	67	42	43	42	7	30	36	29	18	171	163	181
$^1/_3$ Seife + $^2/_3$ Klauenöl	60	40	43	36	7	21	20	21	14	35	31	115
$^1/_3$ Seife + $^2/_3$ Tran	110	48	51	44	3	19	13	26	11	47	45	110
$^1/_3$ Seife + $^2/_3$ Mineralöl	27	30	9	55	2	4	0,6	13	6	27	26	155
$^1/_3$ Seife + $^2/_3$ Degras	110	48	49	46	12	22	14	39	29	56	56	105
Sulf. Klauenöl	58	42	55	32	11	15	7	19	61	31	25	113
Sulf. Tran	67	46	54	36	0,7	8	6	16	22	13	10	78
Eigelb	60	46	48	43	2	10	6	25	95	67	64	144

F. Stather und R. Schubert (2) haben bei ihren auf S. 682 erwähnten Vergleichsversuchen mit Sand und Leder die Jod- und Säurezahlen von 24 verschiedenen Fettstoffen vor der Fettung und nach der Extraktion aus dem

Tabelle 77. Jod- und Säurezahl der aus einem Fett-Sand-Gemisch sofort und nach verschiedener Lagerung extrahierten Fette im Vergleich mit den im ursprünglichen Fett ermittelten Werten [F. Stather und R. Schubert (2)].

| | Jodzahl | | | | Säurezahl | | | |
| | Ursprüngl. Fett, umgerechnet auf Reinfettsubstanz | Aus Sand extrahiert | | | Ursprüngl. Fett, umgerechnet auf Reinfettsubstanz | Aus Sand extrahiert | | |
		sofort	Nach 3 Tagen Lagerung bei 20°	Nach 3 Tagen Lagerung bei 40°		sofort	Nach 3 Tagen Lagerung bei 20°	Nach 3 Tagen Lagerung bei 40°
Haitran	108,0	96,0	87,7	79,7	14,7	16,5	17,5	16,5
Robbentran	140,1	113,0	108,1	79,4	20,4	20,8	28,3	22,9
Dorschtran	167,2	107,9	108,4	104,5	120,6	113,9	110,8	107,1
Gehärteter Tran	17,9	14,9	14,9	15,4	2,4	3,4	3,3	3,6
Degras I	73,0	62,6	64,2	58,9	49,9	49,5	47,8	49,7
Degras II	88,2	59,7	59,5	52,9	35,1	35,5	35,1	35,6
Degras III	74,3	68,5	65,3	58,2	53,8	52,8	54,7	55,0
Unbehandelter Tran	94,7	95,7	82,1	74,6	0,7	1,6	3,7	3,8
Schwach sulf. Tran	67,8	65,1	53,7	51,6	87,5	91,8	86,9	89,1
Stark sulf. Tran	40,2	52,4	48,6	48,4	94,3	88,1	90,4	92,2
Unbehandeltes Ricinusöl	83,8	72,5	73,8	69,1	3,6	4,1	12,7	22,0
Schwach sulf. Ricinusöl	77,2	75,4	75,1	73,6	109,8	116,2	120,1	124,0
Stark sulf. Ricinusöl	58,5	56,1	56,8	56,6	125,2	143,4	141,3	148,1
Unbehandeltes Klauenöl	82,6	75,0	74,4	68,9	2,7	5,3	5,2	6,9
Schwach sulf. Klauenöl	53,1	52,9	52,6	50,1	46,7	49,0	49,0	49,6
Stark sulf. Klauenöl	23,1	43,5	35,9	33,1	151,1	154,7	154,9	161,8
Talg	34,6	34,9	33,5	32,7	14,5	15,0	21,7	26,0
Stearin	3,0	3,0	3,1	3,0	108,0	207,0	206,2	206,3
Ölsäure	86,9	86,8	82,4	82,0	107,0	185,6	186,6	186,2
Leinöl	102,0	99,9	97,4	96,3	15,2	10,9	7,3	7,3
Tranfettsäuren	164,0	131,0	121,2	107,8	182,1	161,2	164,8	166,8
Shell-Mineralöl	3,6	3,3	3,6	3,5	0,1	2,0	1,7	1,7
Paraffin	2,7	2,6	2,6	2,6	0,1	0,9	0,8	0,9
Gemisch: Talg-Tran-Degras	53,7	63,4	66,1	62,7	66,0	65,0	66,0	66,4

Tabelle 78. Jod- und Säurezahl der aus gefettetem Leder nach verschiedener Lagerung extrahierten Fette im Vergleich mit den im ursprünglichen Fett ermittelten Werten [F. Stather und R. Schubert (2)].

	Jodzahl			Säurezahl		
	Ursprüngl. Fett, umgerechnet auf Reinfettsubstanz	Aus Leder extrahiert		Ursprüngl. Fett, umgerechnet auf Reinfettsubstanz	Aus Leder extrahiert	
		Nach 3 Tagen Lagerung bei 20°	Nach 3 Tagen Lagerung bei 40°		Nach 3 Tagen Lagerung bei 20°	Nach 3 Tagen Lagerung bei 40°
Haitran	108,0	86,1	84,4	14,7	18,1	18,9
Robbentran	140,1	99,0	97,5	20,4	23,5	24,4
Dorschtran	176,2	104,6	102,5	120,6	119,1	120,3
Gehärteter Tran	17,9	16,4	16,5	2,4	5,0	5,2
Degras I	73,0	61,3	60,9	49,9	53,4	53,6
Degras II	88,2	62,2	60,8	35,1	37,9	38,0
Degras III	74,3	68,2	65,3	53,8	59,6	61,5
Unbehandelter Tran	94,7	82,2	76,5	0,7	14,9	15,4
Schwach sulf. Tran	67,8	36,2	29,1	87,5	68,9	69,6
Stark sulf. Tran	40,2	33,5	30,2	94,3	66,3	64,0
Unbehandeltes Ricinusöl	83,8	73,2	73,0	3,6	8,9	9,1
Schwach sulf. Ricinusöl	77,2	75,9	75,7	109,8	143,2	150,2
Stark sulf. Ricinusöl	58,5	53,5	52,0	125,2	140,0	148,0
Unbehandeltes Klauenöl	82,6	70,8	68,2	2,7	10,3	10,0
Schwach sulf. Klauenöl	53,1	46,4	46,5	46,7	47,6	48,1
Stark sulf. Klauenöl	23,1	30,0	33,3	151,1	148,5	147,3
Talg	34,6	28,2	30,0	14,5	23,5	23,2
Stearin	3,0	3,3	3,0	208,0	207,4	208,5
Ölsäure	86,9	83,6	82,7	207,0	212,2	212,1
Leinöl	102,0	103,2	101,9	15,2	20,4	21,5
Tranfettsäuren	164,0	123,7	121,4	182,1	183,0	178,9
Shell-Mineralöl	3,6	3,6	3,8	0,1	3,6	3,6
Paraffin	2,7	2,7	2,4	0,1	3,4	3,5
Gemisch: Talg-Tran-Degras	53,7	55,6	56,5	66,0	62,0	63,5

verschieden lang gelagerten Leder bzw. Sand miteinander verglichen. Die Ergebnisse der Versuche, die für die verschiedenen Fettstoffe in Sand und in Leder in Tabellen 77 und 78 angegeben sind, zeigen, daß auch bei der Lagerung von Fett-Sand-Gemischen erhebliche Veränderungen der Jodzahlen der Fette festzustellen sind, mit Ausnahme der stark sulfatierten Öle und solcher Fette, die keine oder nur geringe Mengen ungesättigter Anteile enthalten. Die Säurezahl erfährt bei den Sand-Fett-Gemischen keine Veränderung. Bei den aus Leder extrahierten Fetten ist eine stärkere Verminderung der Jodzahl und Erhöhung der Säurezahl festzustellen, als bei den Fett-Sand-Gemischen. Dies ist auf die schon erwähnte Hydrolyse der Fette im Leder zurückzuführen.

Über die Veränderungen von Austauschfettstoffen im Leder, wie sie sich durch Verschiebung der Kennzahlen der aus Leder und Sand extrahierten Fettstoffe zu erkennen geben, liegen Untersuchungen von H. Herfeld und R. Lauffmann (2) vor. Von den auf S. 682 beschriebenen Versuchen wurden von den aus Leder und aus Sand extrahierten Austauschfettstoffen die Jod- und Säurezahlen ermittelt. In den Tabellen 79 und 80 sind die gefundenen Werte der untersuchten Derminolprodukte im Auszug angegeben. Wie man sieht, tritt bei den meisten Produkten eine Veränderung der Jodzahl und eine Erhöhung der Säurezahl ein.

Tabelle 79. Jodzahlen der aus Sand, gegerbtem und ungegerbtem Hautpulver sofort und nach Lagerung extrahierten Austauschfettstoffe [H. Herfeld und R. Lauffmann (2)].

Austauschfettstoff	Jod-zahl	Extraktion aus Sand		Extraktion aus gegerbtem Hautpulver		Extraktion aus un-gegerbtem Hautpulver	
		Ohne Lagerung	Nach 4 Monaten 20°	Ohne Lagerung	Nach 4 Monaten 20°	Ohne Lagerung	Nach 3 Tagen 20°
Derminolöl 1	7,7	5,7	4,2	4,8	2,7	1,9	1,4
Derminolöl 2	9,0	7,5	12,0	6,9	9,7	4,5	6,8
Derminolöl 3	19,4	16,8	14,2	14,1	12,7	11,0	10,8
Derminolnarbenöl	0,0	0,0	0,0	0,0	0,0	0,0	0,0
Derminolfett 1 ...	3,2	2,6	2,4	2,0	1,9	0,9	1,0
Derminolfett 2 ...	3,7	2,9	2,5	2,6	2,5	1,5	1,3
Derminolfett 3 ...	81,1	79,7	76,7	79,0	76,4	78,5	76,5
Derminoldegras ..	18,4	17,8	19,2	16,8	16,8	17,2	18,3
Lederöl S 215[1] ...	46,1	46,2	44,5	45,8	40,7	42,9	38,6
Lederöl L 215[1] ...	58,8	57,6	51,7	56,8	52,0	55,5	54,0

Tabelle 80. Säurezahlen der aus Sand, gegerbtem und ungegerbtem Hautpulver sofort und nach Lagerung extrahierten Austauschfettstoffen [H. Herfeld und R. Lauffmann (2)].

Austauschfett	Säure-zahl	Extraktion aus Sand		Extraktion aus gegerbtem Hautpulver		Extraktion aus un-gegerbtem Hautpulver	
		Ohne Lagerung	Nach 4 Monaten 20°	Ohne Lagerung	Nach 4 Monaten 20°	Ohne Lagerung	Nach 3 Tagen 20°
Derminolöl 1	0,9	0,8	2,3	1,6	1,6	2,5	2,2
Derminolöl 2	0,3	0,8	1,7	1,5	1,7	3,8	2,7
Derminolöl 3	0,9	1,0	1,8	1,6	2,2	2,2	2,9
Derminolnarbenöl	1,5	1,2	1,8	1,5	2,0	2,1	2,7
Derminolfett 1 ...	0,7	0,8	0,8	1,2	1,4	2,5	2,7
Derminolfett 2 ...	1,0	0,8	0,9	1,4	1,9	2,7	2,7
Derminolfett 3 ...	9,7	10,2	12,5	11,8	13,8	15,1	16,6
Derminoldegras ..	34,1	33,2	39,6	36,3	38,7	46,9	48,1
Lederöl S 215[1] ...	4,6	5,0	8,9	5,8	8,1	6,6	7,0
Lederöl L 215[1] ...	5,7	5,2	10,3	7,5	8,3	7,5	7,3

Da die Fettaustauschstoffe bis auf wenige lediglich in das Fasergefüge des Leders eingelagert, also fast nicht gebunden werden (s. S. 617), und da sie eine ganz andere chemische Zusammensetzung haben als die Fette und fetten Öle, hat die Veränderung der Jod- und Säurezahlen bei diesen Produkten nicht die Bedeutung wie bei den Fetten und fetten Ölen.

6. Physikalische Veränderungen der Fettstoffe im Leder.

Physikalische Veränderungen von Fettstoffen treten hauptsächlich bei Fettgemischen auf, deren einzelne Komponenten verschiedene Schmelzpunkte aufweisen. Die Ursachen für die Entmischung, d. h. für das Auskristallisieren bzw. Abtrennen eines hochschmelzenden Bestandteiles sind nicht geklärt. Meist sind es mehrere zusammenwirkende Anlässe, die zum Austritt eines Anteiles des Fettgemisches führen. Es ist keineswegs immer der Anteil mit dem höchsten Schmelzpunkt, der an die Lederoberfläche dringt und Fettflecken bildet. Auch sehr ein-

---

[1] Synthetisches Esteröl der früheren Böhme Fettchemie, Chemnitz.

heitliche und verhältnismäßig niedrig schmelzende Gemische können beim Erwärmen des Leders beim Lagern in flüssigem Zustand an die Lederoberfläche treten und dort erstarren, wobei ebenfalls Fettflecken oder Fettbeläge entstehen können. Andererseits können starke Temperaturerniedrigungen zum Auskristallisieren eines hochschmelzenden Fettanteils führen, was dann ebenfalls Ausscheidungen auf dem Leder hervorruft. Man fordert deshalb z. B. vom Klauenöl eine bestimmte Kältebeständigkeit (s. S. 427).

Manche Fettausschläge sind auf eine mechanische Wirkung von Schimmelpilzen zurückzuführen (z. B. Penicillium glaucum). Durch das Wachsen des Mycels wird das Fett aus dem Leder herausgepreßt, so daß es als Fettausscheidung an die Lederoberfläche gelangt.

Eine besondere Art von Fettausschlägen bilden die Fettausscheidungen, die auf das in der Rohhaut schon vorhandene Fett zurückzuführen sind. Sie haben mit den Fettflecken, die durch Fettungsmittel entstehen können, nichts zu tun. (Vgl. auch dieser Bd., 2. Kap., S. 34.)

Literaturübersicht.

Abraham, U., u. B. Hilditch: Journ. Soc. Chem. Ind. **54**, 308 T (1935).
Alexander, W. A.: Analyst **1939**, 157.
Allavena, S.: Olii minerali, grassi e saponi **28**, 57 (1951).
Anders, H.: Deutsche Farbenzeitschrift **5**, 384 (1951).
Arzens, R.: Chem. Peintures 4, Nr. 1—3 (1941).
Auerbach, M. (*1*): Ledertechn. Rdsch. **1933**, 46;
 (*2*): Collegium **1931**, 396;
 (*3*): Ledertechn. Rdsch. **1927**, 115 u. 173.
 (*4*): Collegium **1925**, 374.
Balderston, L.: J. A. L. C. A. **17**, 405 (1922).
Baldwin, W. H., u. W. B. Lanham: Ind. Engng. Chem. Analyt. Ed. **13**, 615 (1941).
Balfe, M. P. (*1*): J. I. S. L. T. C. **20**, 368 u. 415 (1936).
 (*2*): Leather World **289**, 17 (1936).
Balfe, M. P., u. P. Uryash (*1*): J. I. S. L. T. C. **23**, 436 (1939);
 (*2*): ebenda **33**, 347 (1939).
Baliga, M., u. T. P. Hilditch: Journ. Soc. chem. Ind. (London) **67**, 258 (1948).
Baltes, J.: (*1*): Fette u. Seifen **52**, 41 (1950);
 (*2*): Ebenda **52**, 462 (1950);
 (*3*): Ebenda **52**, 420 (1950).
 (*4*): Ebenda **55**, 293 (1953);
 (*5*): Ebenda **55**, 365 (1953);
 (*6*): Ebenda **55**, 517 (1953);
 (*7*): Ebenda **55**, 687 (1953).
Bauer, K. H.: Fette u. Öle. Berlin: P. Paray. 1928.
Bauschinger, Cl.: Fette u. Seifen **52**, 693 (1950).
Behr, O. M.: Ind. Engng. Chem. **28**, 299 (1936).
Bergmann, M.: Zeitschr. physiol. Chem. **191**, 211 (1930); Ber. dtsch. chem. Ges. **54**, 936 (1921); Collegium **1924**, 360.
Bertram, K.: Chem. Weekbl. **24**, 220 (1927).
Better, J., u. J. Szimkin: Fette u. Seifen **41**, 225 (1934).
Bills, C. E.: Journ. Franklin Instit. **1928**, 848.
Blockey, R., H. Spiers u. H. Johnston: J. I. S. L. T. C. **33**, 200 (1939).
Boekenoogen, H. A.: Olien, Vetten, Oliezaaden **26**, 143 (1941).
Boll, B.: J. A. L. C. A. **47**, 40 (1952).
Bolton, E. R., u. K. A. Williams: Analyst **1938**, 84.
Bowers, R. A., u. A. H. Uhl: Fette u. Seifen **50**, 254 (1943).
Brown, J., E. Leggett, J. Curtis u. J. French: J. A. L. C. A. **46**, 483 (1951).
Browne, F.: Collegium **1913**, 242.
Buchner, G.: Fette u. Seifen **50**, 446 (1943).
Buchner, G., u. C. Lüdecke: Taschenbuch für die Wachsindustrie, 3. Aufl. Stuttgart: Wiss. Verl.-Ges. m. b. H. 1948.

Burger, W., u. G. Wiedemann: Fette u. Seifen **52**, 459 (1950).
Burton, D., u. L. F. Byrne (*1*): J. I. S. L. T. C. **30**, 306 (1946);
    (*2*): Ebenda **37**, 243 (1953);
    (*3*): Ebenda **37**, 321 (1953);
    (*4*): Ebenda **38**, 10 (1954).
Burton, D., u. G. F. Robertshaw (*1*): Collegium **1931**, 857.
    (*2*): J. I. S. L. T. C. **15**, 308 (1931).
    (*3*): Ebenda **17**, 3 u. 293 (1933);
    (*4*): Ebenda **20**, 495 (1936):
    (*5*): Ebenda **18**, 19 (1934).
    (*6*): Ebenda **30**, 279 (1946).
    (*7*): Sulphated Oils and Allied Products **1939**, 18.
    Siehe außerdem: J. I. S. L. T. C. **21**, 364 (1937); **24**, 293 (1940); **31**, 304 (1947).
Chambard, P., u. H. Favre: (*1*) Doc. sci. techn. ind. Cuir, **1942**, 66;
    (*2*): Cuir techn. **36**, 57 (1943);
    (*3*): Doc. sci. techn. ind. Cuir, März 1943.
Chatfield, H. W.: Paint, Oil, Colour J. **123**, 27 (1953).
Clayton, W. (*1*): Transact. Faraday. Soc. **16** (1921).
    (*2*): Theory of Emulsions. Berlin: Springer. 1928.
Colomb, P. (*1*): Lack- u. Farben-Chem. (Dän.) **1949**, 107.
    (*2*): Ind. Vernis **3**, 220 (1949), Ref. Fette u. Seifen **52**, 623 (1950).
Common, H.: Amer. Chem. **1937**, 784.
Cranor, D. F.: Ind. Engng. Chem. **21**, 719 (1929).
Czepelak, V.: Österreich. Lederztg. **6**, 392 (1951).
Davidsohn, J.: Fettchem. Umschau **1933**, 179.
Davis, B., A. Conroy u. E. Shakespeare: Journ. Am. Chem. Soc. **72**, 124 (1950);
    Ref. Fette u. Seifen **52**, 697 (1950).
Deite, C., u. J. Kellner: Das Glycerin. Berlin: Springer. 1923.
Deutsche Gesellschaft für Fettforschung (Normen-Entwurf): Fette u. Seifen **44**, 196
    (1937).
Deutsche Gesellschaft für Fettwissenschaft E. V. Münster/Westf.: Einheitsmethoden
    zur Untersuchung von Fetten, Fettprodukten und verwandten Stoffen. Stuttgart:
    Wiss. Verl.-Ges. m. b. H. ab 1950.
Dietrich, C., u. E. Stock: Untersuchungen der Harze, Balsame und Gummiharze.
    Wien: Berlin: Springer. 1930.
Diserens, L.: Neueste Fortschritte und Verfahren in der chemischen Technologie
    der Textilfasern. Zweiter Teil. Neue Verfahren in der Technik der chemischen
    Veredlung der Textilfasern. Bd. 2. Basel-Stuttgart: Verlag Birkhäuser. 1953.
Drummond, C., u. B. Baker: Journ. Soc. chem. Ind. **48**, 232 T (1929).
Dubowitz, A.: Chemiker-Ztg. **47**, 616 (1923).
Dugal, L. P., u. A. Cardin: Fette u. Seifen **54**, 646 (1952) Ref.
Eckart, O.: Chem. Umschau, Gebiete Fette, Öle, Wachse, Harze, **1923**, 54.
Eibner, A., u. R. Held: Chem. Umschau, Gebiete Fette, Öle, Wachse, Harze,
    1928, 76.
Eibner, A., u. E. Münzing: Chem. Umschau, Gebiete Fette, Öle, Wachse, Harze,
    1925, 153.
Eibner, A., u. E. Semmelbauer: Chem. Umschau, Gebiete Fette, Öle, Wachse,
    Harze, **1924**, 133.
Eitner, W.: Gerber **1897**, 293.
English, F.: Collegium **1931**, 201 u. **1932**, 917.
Fahrion, W. (*1*): Chemie der trocknenden Öle. Berlin. **1911**, 94;
    (*2*): Chem. Umschau, Gebiete Fette, Öle, Wachse, Harze, **1920**, 133, 147;
    (*3*): Die Hydrierung der Fette. Braunschweig: Vieweg. 1921.
Farmer, E. H., u. F. A. v. d. Heuvel: Journ. Soc. chem. Ind. (Chem. and Ind.
    Transact.) **57**, 24 (1938).
Farnsteiner: Ztschr. Nahrungs-, Gen. Mittel. **1**, 390 (1898).
Faust, T. A.: J. A. L. C. A. **48**, 621 (1953).
Feigin u. Schiljanski: Led.- u. Schuhw.-Ind. USSR. (russ.) **1937**, Nr. 5, 46.
Fiedler, H.: Fette u. Seifen **48**, 558 (1941).
Finke, H., R. Büchner u. E. Elben: Fette u. Seifen **51**, 228 (1944).
Finken, H., u. H. Hölters: Fette u. Seifen **46**, 70 (1939).
Fischer, E. u. W. Presting: Laboratoriumsbuch für die Untersuchung tech-
    nischer Wachs-, Harz- und Ölgemenge. Halle (Saale): VEB Wilhelm Knapp
    Verlag. 1958
Franzke, Cl.: Fette u. Seifen **55**, 837 (1953).

Freytag, H.: Zeitschr. analyt. Chem. 111, 385 (1938).
Fritz, F. (1): Farbenzeitg. 1941, 693;
    (2): Trocknende Öle und Trockenstoffe. Hannover: 1949. S. 13.
Gänßle, W.: Fette u. Seifen 52, 164 (1950).
Gardner: Physical and chemical examination of paints, lacquers and colours.
    10. Aufl. 1933.
Gastellu, C.: Rev. techn. Ind. Cuir 38, 156 (1946).
Gerber, H., u. J. Sporleder: Melliand Textil. Ber. 20, 212 (1939).
Geronazzo, A.: Assoc. Ital. Chim. 16, Mai (1938).
Gieser, F.: Fette u. Seifen 53, 626 (1951).
Glimm, E., E. Seeger u. J. Boetcher: Fette u. Seifen 54, 462 (1952).
Gnamm, H. (1): Die Fettstoffe des Gerbers, 2. Aufl. Stuttgart: Wiss. Verl.-Ges.
    m. b. H. 1951;
    (2): Collegium 1933, 453;
    (3): Ebenda 1935, 50;
    (4): Die Lösungsmittel und Weichmachungsmittel, 6. Aufl. Stuttgart: Wiss.
    Verlags-Ges. 1950.
    (5): Dieses Handbuch, 1. Aufl., Bd. II/2, 406 (1939).
    (6): Die Fettstoffe in der Lederindustrie. Stuttgart: Wiss. Verlags-Ges. m. b. H. 1926.
Gorbach, G.: Fette u. Seifen 51, 94 (1944).
Gorbach, G., u. A. Jurinka: Fette u. Seifen 51, 171 (1944).
Gottsch, F., u. B. Grodmann: Proc. Amer. Soc. Testing Materials 1940, 1206.
    Ref. Fette u. Seifen 50, 139 (1943).
Götte, E.: Leder 2, 102 (1951).
Graham, J. M., u. E. R. Theis: Ind. Engng. Chem. 26, 743 (1934).
Greaves, H.: Oil Colour Trades Journ. 1941, 485; Ref. Fette u. Seifen 50, 457 (1943).
Grimme, C.: Chem. Umschau, Gebiete Fette, Öle, Wachse, Harze, 1921, 17.
Grün, A.: Analyse der Fette. 1. Bd. Berlin: Springer 1925.
Grün, A. u. Ulbrich: Chem. Umschau, Gebiete Fette, Öle, Wachse, Harze, 1916, 57.
Habicht, L.: Fette u. Seifen 52, 174 (1950).
Hadert, H.: Fette u. Seifen 53, 289 (1951).
Hager-Salkowski: Siehe D. Holde l. c. 962.
Halphen, G.: (1) Journ. Pharmac. Chim. 6, 390 (1897) Wizöff-Meth. S. 57 (1930).
    (2): Siehe C. Zerbe, S. 1350.
Hart, R. (1): Am. Dyestuff Reporter. T. 25, P. 696 (1936); Ref. Collegium 1940, 399.
    (2): Ind. Engng. Chem. Analyt. Ed. 9, 177 (1937):
    (3): Ebenda Ed. 5, 119 (1932); Ref. Collegium 1938, 244.
    (4): Ind. Engng. Chem., Analyt. Ed. 9, 177 (1937).
Hartmann, M., u. H. Kienast: Fette u. Seifen 52, 427 (1950).
Hartung, P.: Fette u. Seifen 46, 9 (1939).
Hecking, H.: Fette u. Seifen 45, 626 (1938).
Henry, W.: J. A. L. C. A. 29, 66 (1934).
Henriques: Zeitschr. angew. Chem. 11, 697 (1898).
Herbig, W. (1): Die Öle und Fette in der Textilindustrie, 2. Aufl. Stuttgart: Wiss.
    Verl.-Ges. m. b. H. 1929;
    (2): Melliand Textil-Ber. 8, 144 (1928).
Herfeld, H., u. R. Lauffmann (1): Gesammelte Abh. dtsch. Lederinst., Frei-
    berg/Sa., H. 1, 72 (1949);
    (2): Ebenda, H. 2, 52 (1949).
Hessler, W., Fette und Seifen 56, 857 (1954).
Hessler, W., u. G. Meinhardt: Fette u. Seifen 55, 441 (1953).
Hetzer, J.: Fette u. Seifen 49, 364 (1942).
Hevesi, A.: Gerber 61, 49 (1935).
Hilditch, T. P., u. L. Maddison: Journ. Soc. chem. Ind. (London) 67, 253 (1948).
Hilditch, P., u. K. Shrivastava: Journ. Soc. chem. Ind. (London) 67, 139 (1948).
Hinko, Th. (1): Fette u. Seifen 48, 696 (1941);
    (2): Fette u. Seifen 49, 19 (1942).
Hintermaier, A. (1): Fette u. Seifen 51, 10 (1944);
    (2): Ebenda 54, 780 (1952).
Holde, D.: Kohlenwasserstofföle und Fette, 7. Aufl. Berlin: Springer. 1933.
Holmberg, J., u. U. Rosenqvist: Svensk kem. Tidskr. 61, 89 (1949); Ref. Fette
    u. Seifen 52, 744 (1950).
Hübl, V.: Zeitschr. öffentl. Chemie 11, 302 (1905).
Int. Verein Leder-Ind. Chem. (I. V. L. I. C.) (1): Collegium 1933, 454;
    (2): Ebenda 1933, 674;

(*3*): Ebenda **1934**, 644;
(*4*): Ebenda **1931**, 856;
(*5*): Ebenda **1931**, 311.
Innes, R. F.: J. I. S. L. T. C. **15**, 434 (1931).
Italie van: Pharm. Weekblad **1903**, 105.
Ivanovszky, L.: Fette und Seifen **55**, 787 (1953).
Jambor, N.: Collegium **1928**, 459.
Jany, J. (*1*): J. I. S. L. T. C. **22**, 110 (1938);
(*2*): Fette u. Seifen **46**, 340 (1939).
Jordan, A.: Journ. Soc. Chem. Ind. **1934**, 1—11 T.
Kadmer, H.: Seifensieder-Ztg. **62**, 181, 209 (1935).
Kathreiner, Fr., u. K. Schorlemmer: Collegium **1903**, 134, 137.
Kaufmann, H. P. (*1*): Studien auf dem Gebiet der Fettchemie. Berlin: Verlag
Chemie. 1935.
(*2*): Ebenda, S. 231 (D.R.P. 515869 und 524737).
(*3*): Fette u. Seifen **46**, 200, 210, 275 (1939).
(*4*): Ebenda **52**, 35 (1950);
(*5*): Ebenda **47**, 294 (1940);
(*6*): Ebenda **53**, 713 (1951);
(*7*): Ebenda **43**, 218 (1936);
(*8*): Studien auf dem Fettgebiet. Berlin: Verlag Chemie. 1935. S. 190.
(*9*): Fette u. Seifen **51**, 171 (1944);
(*10*): Ebenda **44**, 386 (1937);
(*11*): Ebenda **52**, 210 (1950);
(*12*): Ebenda **51**, 309 (1944);
(*13*): Ebenda **45**, 94 (1938);
(*14*): Ebenda **54**, 69 (1952);
(*15*): Ebenda **51**, 226 (1944).
(*16*): Ebenda **51**, 311 (1944).
Kaufmann, H. P., u. J. Baltes: Fette u. Seifen **53**, 445 (1951).
(*2*): Ebenda **53**, 525 (1951).
Kaufmann, H. P., u. H. Bornhardt: Fette u. Seifen **46**, 44 (1939).
Kaufmann, H. P., u. S. Funke: Fette u. Seifen **44**, 386 (1932).
Kaufmann, H. P., u. G. Ganeff: Fette u. Seifen **50**, 426 (1943).
Kaufmann, H. P., u. H. Heinz: Fette u. Seifen **51**, 258 (1944).
Kaufmann, H. P., u. M. C. Keller: Fette u. Seifen **52**, 389 (1950).
Kaufmann, H. P., u. R. Neu (*1*): Fette u. Seifen **52**, 683 (1950); **53**, 28 (1951).
(*2*): Ebenda **53**, 28 (1951);
(*3*): Ebenda **53**, 690 (1951).
Kaufmann, H. P., u. K. Strüber: Fette u. Seifen **53**, 142 (1951).
Kaufmann, H. P., u. J. G. Thieme: Fette u. Seifen **56**, 543 (1954).
Klenow, N.: J. S. L. T. C. **35**, 67 (1951).
Kling, W.: Angew. Chem. **65**, 201 (1953).
Knapp, E.: Ind. Engng. Chem. Analyt. Ed. **9**, 315 (1937).
Knoop, F.: Beitr. Chem. Physiol. Pathol. **6**, 150 (1904) vgl. auch
Leloir, L. F.: Enzymologia **12**, 263 (1948).
Kofler, L., u. R. Opfer-Schaum: Fette u. Seifen **48**, 49 (1941).
Kofler, L., u. E. Schaper: Fettchem. Umschau **1935**, 21.
Koppenhoefer, R. M. (*1*): J. A. L. C. A. **50**, 277 (1945):
(*2*): Ebenda **34**, 622 (1939).
(*3*): Ebenda **47**, 280 (1952).
Koppenhoefer, R. M., u. M. Retzsch: J. A. L. C. A. **35**, 78 (1940).
Koppenhoefer, R. M., u. W. T. Roddy: J. A. L. C. A. **35**, 317 (1940).
Krämer, R., u. G. Spilker: Ber. dtsch. chem. Ges. **35**, 1216 (1902).
Kraus, A.: Farbenzeitung **38**, 322 (1933).
Kreis, H.: Ann. Chim. applicata **7**, 187 (1917); Ref. Chem. Zbl. **1918**, II, 991.
Kroch, S.: Ledertechn. Rdsch. **1932**, 113 (F. P. 734959).
Ku, S.: Ind. Engng. Chem. Analyt. Ed. **9**, 103 (1937).
Kubelka, V., V. Nemec u. S. Zuravlev: Collegium **1935**, 533: **1937**, 23, 542.
Kubelka, V., u. Z. Schneller: Collegium **1937**, 270.
Küntzel, A., H. Erdmann u. Th. Nungesser: Leder **2**, 196 (1951).
Kuwata, T., u. H. Kaneyuki: J. Oil Chem. Soc. Japan **1**, 71 (1952).
Lackner, H., u. H. Flaschka: Fette u. Seifen **52**, 737 (1950).
Lane, E. C., u. E. L. Garton: Öl und Kohle **11**, 43 (1938).
Lascaray, L.: J. Amer. Oil Chem. Soc. **29**, 362 (1952).

Lascaray, L., u. C. Bergell: Seifensieder-Ztg. 51, 755 (1924).
Leithart, P., A. Curtiss u. J. Brown: J. A. L. C. A. 46, 505 (1951).
Leithe, W., u. H. Lammel: Fette u. Seifen 44, 11 (1937).
Leue, H.: Fette u. Seifen 45, 52 (1938).
Lexow, Th.: Chem. Umschau, Gebiete Fette, Öle, Wachse, Harze, 1921, 85.
Lewkowitsch, J.: Chemische Technologie der Öle, Fette und Wachse, Bd. 2, 6. Aufl.
    1921.
Lifschütz, J. (1): Ztschr. physiol. Chem. 114, 108 (1924);
    (2): Ebenda 110, 35 (1920);
Lindner, K.: (1) Fette u. Seifen 50, 551 (1943).
    (2): Textilhilfsmittel und Waschrohstoffe. Stuttgart: Wiss. Verl.-Ges. m. b. H. 1954.
Lindner, K., A. Russe u. A. Beyer: Fettchem. Umschau 40, 93 (1933).
Lottermoser, A.: Fette und Seifen 51, 391 (1944).
Lovern, J. A.: Fette u. Seifen 55, 425 (1953).
Lüde, R. (1): Fette u. Seifen 52, 326 (1950);
    (2): Die Gewinnung von Fetten und fetten Ölen. Dresden u. Leipzig: Steinkopff.
    1948;
    (3): Ebenda, S. 92.
    (4): Wachse und Wachskörper. Stuttgart: Wiss. Verl.-Ges. m. b. H. 1926.
Lüdecke, C.: Fette u. Seifen 52, 739 (1950).
Lund, J.: Fette u. Seifen 48, 361 (1941).
Ludorff, W.: Fette u. Seifen 55, 454 (1953).
Lynen, F.: Harvey Lectures 48, 210 (1954).
Macciotta, E.: Ann. Chim. applicata 31, 83 (1941); Ref. Fette u. Seifen 48, 714 (1941).
Marazza: L'Industria Stearica, Mailand, S. 121 (nach G. Buchner u. C. Lüdecke,
    l. c., S. 572).
Marcusson, J.: Ztschr. angew. Chem. 33, 235 (1920).
Marcusson, J., u. H. Huber: Chem.-Ztg. 40, 249 (1916).
Marcusson, J., u. H. Smelkus: Chem.-Ztg. 1922, 701.
Margold, F.: Leder 2, 253 (1951).
Marriott, R. H.: J. I. S. L. T. C. 27, 270 (1933); 28, 209 (1934).
Masner, L., u. K. Micek: Collegium 1942, 182.
Mc Ilhiney: Ind. Engng. Chem. 4, 496 (1912).
Mc Laughlin, G. D.: Chemistry of Leather Manufacture. New York: Reinhold
    Publishing Corp. 1945.
Meier, J.: Fleischwirtschaft 1951, Februar-Heft.
Merrill, H. (1): Ind. Engng. Chem. 20, 181 (1928);
    (2): Ebenda 20, 654 (1928).
Merrill, H., u. G. Niedercorn: Ind. Engng. Chem 21, 364 (1929).
Meunier, L., u. M. Maury: Collegium 1910, 279.
Meyers, E.: J. A. L. C. A. 51, 427 (1946).
Mezey, E.: Collegium 1928, 209.
Micheel, F., u. H. Schweppe: Zeitschr. angew. Chem. 66, 136 (1954).
Milani, C.: Ann. Chim. applicata 17, 389 (1927).
Morgan, J. D.: Paint Manufact. 11, 166 (1941), Ref. Fette u. Seifen 50, 497 (1943).
Moore, E. B.: Journ. Amer. Oil Chem. Soc. 27, 75 (1950).
Mukherjee, S.: Journ. Ind. Chem. Soc. 27, 87 (1950).
Murty, N.: Ind. Engng. Chem. 1939, 235.
Naphtali, M.: Chemie u. Technologie der Naphthensäuren. Stuttgart: Wiss. Ver-
    lags-Ges. m. b. H. 1927, S. 100.
Nelles, N. (1): Bourse aux Cuir Belge 67, Nr. 5, 129 (1939);
    (2): J. I. S. L. T. C. 23, 211 (1939).
Neuberg u. Rauchwerger: Siehe C. Zerbe, S. 1351.
Nicoll, M.: Journ. Amer. chem. Soc. 40, 124 (1921).
Nishizawa, K., u. K. Winokuti: Chem. Umschau, Gebiete Fette, Öle, Wachse,
    Harze, 1931, 1.
Normann, W.: Fette u. Seifen 45, 73 (1938).
Ochoa, S., u. F. Lynen: Biochim. biophysica Acta (Amsterdam) 12, 299 (1953).
O'Flaherty, F.: Leather and Shoes 120, H. 14 (1950).
Otto, G. (1): J. A. L. C. A. 44, 517 (1949);
    (2): Leder 1, 81, 105, 133 (1950);
    (3): Ebenda 1, 55 (1950).
Paessler, J.: Ledertechn. Rdsch. 4, 185 (1912).
Panzer, A., u. W. Niebur: Leder 3, 219 (1952).
Parsy, G.: J. I. S. L. T. C. 21, 73 (1937).

Pardun, H.: Fette und Seifen, **55**, 290, (1953).
Peres, E.: Ber. ung. pharmaz. Ges. **1938**, 183.
Peressadin, W. J., u. L. P. Pawlow: Leichtind. (russ.) 1, Nr. 3, 51—52 (1941).
Peter, E.: Fette u. Seifen **53**, 280 (1951).
Peters, N.: Der neue deutsche Walfang. Hamburg: Verlag „Hansa". Deutsche
     Nautische Ztschr. Carl Schroedter. 1938.
Phillips, H., u. M. P. Balfe: J. I. S. L. T. C. **20**, 453 (1936).
Piskur, M.: Fette u. Seifen **52**, 51 (1950).
Pollak, L.: Gerber **59**, 100 (1933).
Popp, H.: Ztschr. Nahrungs-, Gen. Mittel **50**, 135 (1925).
Prien, H.: Collegium **1932**, 580.
Pschorr, Pfaff u. Berndt: Zeitschr. angew. Chem. **34**, 334 (1921).
Ptschelin, A.: Ber. russ. zentr. wiss. Forsch.-Inst. Leder-Ind. **1938**, Nr. 10, 181;
     Ref. Collegium **1941**, 295.
Rhodes, R. K.: Leather and Shoes Nr. 13, 53 (1948).
Riemenschneider, R. W., N. R. Ellis u. H. W. Tik: Journ. Biol. Chem. **126**,
     255 (1938).
Rickmers, P. F.: Die Öle und Fette in Wirtschaft und Technik. Augsburg: Verlag für
     Chem. Industrie, H. Ziolkowsky. 1951.
Rieß, C. (*1*): Collegium **1931**, 557;
     (*2*): Collegium **1934**, 644;
     (*3*): Collegium **1934**, 566.
Rieß, W. (*1*): Collegium **1936**, 348;
     (*2*): Collegium **1936**, 343.
Rietz, B.: Chem. Umschau **35**, 270 (1928).
Roddy, W. T., J. B. Brown u. F. O'Flaherty: J. A. L. C. A. **45**, 72 (1950).
Roddy, W., u. D. B. Gapuz: J. A. L. C. A. **43**, 690 (1948).
Roll, B.: J. A. L. C. A. **47**, 40 (1952).
Rose, G., u. S. Jamieson: Oil and Soap **18**, 173 (1941).
Rose, H., u. M. Keh: Collegium **1924**, 327.
Rosenberg, G. v.: Fette u. Seifen **53**, 625 (1951).
Rübenberg, L.: Pharm. Zentralhalle **91**, 111 (1952).
Rumpf, K. K.: Siehe C. Zerbe, l. c., S. 229.
Sandermann, W.: (*1*) Fette u. Seifen **53**, 623 (1951).
     (*2*): Ebenda **55**, 334 (1953).
Sandermann, W., R. Höhn u. B. Walter: Fette u. Seifen **51**, 173 (1944).
Scheiber, H. E.: Fette u. Seifen **53**, 624 (1951).
Scheiber, J.: Fette u. Seifen **53**, 16 (1951).
Schindler, W. (*1*): Collegium **1938**, 35;
     (*2*): Ebenda **1936**, 40;
     (*3*): Die Grundlagen des Fettlickerns. Leipzig: Sächs. Verl. Ges. m. b. H. 1928;
     (*4*): Collegium **1938**, 39.
Schindler, W., u. R. Schacherl: Collegium **1930**, 97.
Schindler, W., u. K. Klanfer: Collegium **1928**, 286.
Schmalfuß, H.: Fette u. Seifen **53**, 689 (1951).
Schmitt, F.: Leder 1, 54 (1950).
Schnackenbeck, W.: Fette u. Seifen **45**, 450 (1938).
Schönfeld, H.: Chemie und Technologie der Fette und Fettprodukte, 2. Bd., S. 165.
     (1937).
Schorlemmer, K.: Collegium **1929**, 530.
Schrauth, W.: Seifensieder-Ztg. **35**, 441 (1908).
Schubert, K.: Fette u. Seifen **56**, 568 (1954).
Schubert, R.: Leder 2, 164 (1951), ebenda 3, 155 (1952).
Schultz, G. W., u. A. Schubert: AOP 757 [J. A. L. C. A. **46**, 525 (1951)].
Schünemann, K. H.: Siehe C. Zerbe, S. 1238.
Schütze, W.: Fette u. Seifen **45**, 353 (1938).
Schwieger, A.: Fette u. Seifen **45**, 64 (1938).
Scofield, F.: Chem. Abstracts **36**, 2431 (1942), Ref. Fette u. Seifen **50**, 497 (1943).
Seifert, G.: Siehe C. Zerbe, S. 1347.
Sell, H., A. Olsen u. R. Kremers: Ind. Engng. Chem. **27**, 1222, (1935).
Shuttleworth, S. G.: J. S. L. T. C. **37**, 2 (1953).
Singer, M.: Seifensieder-Ztg. **67**, 147ff. (1940).
Smith, C.: Ind. Engng. Chem. Analytical Ed. 9, 469 (1937).
Soltsien: s. Wizöff-Methoden, S. 55.
Sörensen, N. A., u. J. Mehlum: Fette u. Seifen **54**, 412 (1952) Ref.

Spiteri, J.: Chim. analytique **31**, 196 (1949); Ref. Fette u. Seifen **53**, 293 (1951).
Stadlinger, H.: Ztschr. Dtsch. Öl- u. Fett-Ind. **1923**, 593.
Stage, H.: Fette u. Seifen **53**, 677 (1951).
Stather, F. *(1)*: Fette u. Seifen **45**, 86 (1938);
   (2): Gesammelte Abh. dtsch. Lederinst., Freiberg/Sa., H. 8, 51 (1952).
Stather, F., u. H. Herfeld *(1)*: Collegium **1942**, 81, 121, 313; **1943**, 176;
   (2): Gesammelte Abh. dtsch. Lederinst., Freiberg/Sa., H. 1, S. 50 (1949);
   (3): Ebenda H. 2, S. 3 (1949);
   (4): Ebenda H. 3, S. 57 ff. (1950);
   (5): Collegium **1937**, 9.
Stather, F., H. Herfeld u. W. Hartung: Gesammelte Abh. dtsch. Lederinst.
   Freiberg/Sa., H. 9, 3 (1953).
Stather, F., u. R. Lauffmann *(1)*: Collegium **1932**, 391, 672, 940; **1933**, 129;
   (2): Ebenda **1933**, 723.
Stather, F., u. K. Schmidt: Gesammelte Abh. dtsch. Lederinst. Freiberg/Sa..
   H. 7, S. 66 (1951).
Stather, F., u. R. Schubert *(1)*: Gesammelte Abh. dtsch. Lederinst. Freiberg/Sa..
   H. 1, S. 84 (1949);
   (2): Collegium **1937**, 456.
Stather, F., u. H. Sluyter: Collegium **1935**, 51.
Stather, F., H. Sluyter u. R. Lauffmann: Collegium **1933**, 617.
Stiasny, E., u. C. Rieß: Collegium **1925**, 498.
Storch, L., u. Th. Morawski: Siehe C. Zerbe, S. 1349.
Strüber, K.: Fette u. Seifen **53**, 467 (1951).
Strohschein, I. E., Chem. Fabrik (Erf. E. Kofrany): D.B.P. 913 569 28a
   (6. 3. 1952/14. 6. 1954).
Swain, L. E.: Journ. Am. Oil Chem. Soc. **27**, 284 (1950).
Täufel, K., u. Mitarb. *(1)*: Fette u. Seifen **52**, 398 (1950):
   (2): Zur Chemie des Verderbens der Fette. Aufsatzreihe in Fette u. Seifen von
     1937 ab:
   (3): Fette u. Seifen **50**, 391 (1943);
   (4): Ebenda **45**, 179 (1938):
   (5): Biochem. Zeitschr. **303**, 324 (1940).
Theis, E. R., u. J. M. Graham: J. A. L. C. A. **28**, 52 (1933).
Theis, E. R., u. F. Hunt *(1)*: Ind. Engng. Chem. **23**, 50 (1931):
   (2): Ebenda **24**, 799 (1932).
Theis, E. R., u. E. J. Serfass: J. A. L. C. A. **31**, 120 (1936).
Thinius, K.: Analytische Chemie der Plaste. Berlin: Springer-Verlag. 1952.
Thomas, A. W.: J. A. L. C. A. **22**, 171 (1927).
Thuau, J., u. D. Lisser *(1)*: Cuir techn. **28**, 262, 282, 309 (1939):
   (2): Ebenda **24**, 329 (1940).
Thymian, W.: Pharmazia **4**, 140 (1949).
Titschack, G.: Seifen, Öle, Fette, Wachse **76**, 541, 563, 589 (1950).
Toeldte, W. *(1)*: Chem. Techn. **1950**, 318.
   (2): Kunststoffe **43**, 27 (1953).
Torelli, P.: Boll. Chim. Farm. **62**, 323 (1923); Ref. Chem. Zbl. **1924**, II, 2712.
Tortelli, M., u. E. Jaffé: Chemiker-Ztg. **39**, 14 (1915).
Toyama, Y., u. Mitarb.: Journ. Soc. Chem. Ind. Japan **1925**, 1079.
Treibs, W., u. J. Schlegel: Pharmazia **5**, 303 (1950).
Tropsch, H.: Chem. Umschau, Gebiete Fette, Öle, Wachse, Harze, **1922**, 221.
Trost, F., u. B. Doro: Ann. Chim. applicata **1937**, 233.
Tsujimoto, M. *(1)*: Chem. Umschau, Gebiete Fette, Öle, Wachse, Harze, **1906**,
   273; **1924**, 192:
   (2): Ebenda **1923**, 33:
   (3): Ebenda **1916**, 120; **1920**, 110;
   (4): Ebenda. **1926**, 268.
Twitchell, E.: Ind. Engng. Chem. **1921**, 110.
Ueno, S.: Fette u. Seifen **55**, 685 (1953).
Venkatasubban: Journ. Soc. Chem. Ind. (Transact.) **1948**, 288.
Verein deutscher Eisenhüttenleute: Richtlinien über den Einkauf und
   die Prüfung von Schmiermitteln. Düsseldorf: Verlag Stahleisen 1951.
Verein Gerbereichemie u. Technik (VGCT): Leder **2**, 249 (1951).
Verkade, E.: Chem. Weekbl. **45**, 449 (1949).
Wait, R.: Pharmaz. Zentralhalle **1937**, 469.
Watermann, H. I., u. C. v. Vlodrop: Rec. Trav. chim. Pays-Bas **52** (4), 9 (1933).

Wefelscheid, R.: Fette u. Seifen **51**, 398 (1944).
Wickbold, R.: Fette u. Seifen **54**, 394 (1952).
Wilson, J. A. (*1*): The Chemistry of Leather Manufacture II, 2. Aufl. New York: The Chemical Catalogue Comp. 1929.
    (*2*): J. A. L. C. A. **24**, 112 (1929).
Windaus, A.: Ber. dtsch. chem. Ges. **42**, 238 (1909).
Windaus, A., u. R. Tschesche: Zeitschr. physiol. Chem. **190**, 51 (1930).
Winokuti, K., S. Jagaresi u. Y. Jagi: Techn. Rep. of Tohoku Imp. Univ. Sendai, Japan X 3, 387 (1932); Ref. Collegium **1932**, 886.
Winokuti, K., u. M. Torijama: Journ. Soc. Chem. Ind. Japan **39**, 94 B (1936).
Wittka, F. (*1*): Chemiker-Ztg. **61**, 56 (1937);
    (*2*): Fette u. Seifen **53**, 312 (1951).
Wiss. Zentralstelle für Öl- und Fettforschung (Wizöff): Einheitsmethoden. 2. Aufl. Stuttgart: Wiss. Verlags-Ges. 1930.
Wolff, H.: Die natürlichen Harze. Stuttgart: Wiss. Verl. Ges. m. b. H. 1927.
Wolff, H., u. G. Seifert: Siehe C. Zerbe, l. c., S. 1347.
Wurzschmitt, B.: Zeitschr. analyt. Chem. **130**, 105 (1950).
Zerbe, C.: Mineralöle und verwandte Produkte. Berlin: Springer. 1952.
Ungenannt (*1*): Assoc. Ital. di Chim. **3**, Nr. 3, 58 (1940). Ref. J. A. L. C. A. **37**, 250 (1942);
    (*2*): Chemiker-Ztg. **51**, 759 (1927);
    (*3*): The Leather Manufacturer, August 1953.
    (*4*): Fette u. Seifen **45**, 66 (1938).
    (*5*): J. S. L. T. C. **32**, 105 (1948).
    (*6*): J. A. L. C. A. **49**, 333 bis 389 (1954).
    (*7*): Fette u. Seifen **55**, 442 (1953).
    (*8*): Leder **2**, 249 (1951).

Siebentes Kapitel

Appretieren und Deckfarbenzurichtung.

Von Dr. **Kurt Eitel**, Leverkusen.

Mit 12 Textabbildungen.

A. Definition und Entwicklung des Appretierens und der Deckfarbentechnik.

Allgemeine Definitionen.

Das Äußere des Leders und sein Verkaufswert werden maßgeblich durch die letzten Arbeitsgänge der Lederfabrikation beeinflußt, die man unter der Bezeichnung Appretierung oder Deckfarbenzurichtung zusammenfaßt. Der Begriff Appretieren und Zurichten mit Deckfarben soll alle die Arbeitsgänge umfassen, die auf das Leder eine oberflächliche Schicht aufbringen, im Gegensatz zum Imprägnieren, durch das dem Halbfabrikat Substanz und Körper einverleibt werden soll. Im speziellen wird unter „Appretieren" das Aufbringen nichtpigmentierter, nötigenfalls mit löslichen Farbstoffen angefärbter, dünner Schichten auf Basis von Glanz- und Bindemitteln verstanden, die das naturelle Leder mit einer Schutzschicht gegen die Beanspruchungen des Gebrauchs und der Atmosphäre versehen sollen, ohne dabei den natürlichen Charakter des Leders wesentlich zu verändern. Der Begriff „Zurichten mit Lederdeckfarben" dagegen soll das Aufbringen dickerer, pigmentierter und deshalb deckender Schichten, durch die der Charakter des naturellen Leders in spezifischer Weise verändert wird, umfassen. Es bedarf keiner besonderen Erwähnung, daß beide Begriffe im Grunde genommen ineinander übergehen und oft nur ein gradueller Unterschied zwischen den genannten Zurichtarten besteht, ein Unterschied, der es auch dem geschulten Fachmann manchmal schwer macht, in Grenzfällen zu entscheiden, ob ein Leder appretiert oder mit Lederdeckfarbe zugerichtet ist. Bei der Abgrenzung unseres Gebietes sei darauf hingewiesen, daß die Zurichtung von Lackledern, obwohl sie der Deckfarbenzurichtung zuzuzählen ist, als Spezialgebiet in einem eigenen Kapitel (s. diesen Band, 8. Kap., S. 903) diesem allgemeineren Teil angegliedert ist. Ebenso werden die mechanischen Arbeitsgänge der Zurichtung und ihre maschinellen Elemente in einem gesonderten Kapitel (s. diesen Band, 9. Kap., S. 997) behandelt werden.

Zweck der Appretierung und Deckfarbenzurichtung.

Der Zweck des Appretierens ist, den Glanz des Leders zu erhöhen, ein ansprechendes Äußeres zu erzielen und einen Schutz gegen die Gebrauchsbeanspruchung zu geben. Angefärbte Appreturen sollen helfen, gesteigerte Ansprüche im Hinblick auf die Brillanz der Nuance, aber auch hinsichtlich Egalität der Fläche zu befriedigen.

Durch die Zurichtung mit Lederdeckfarben soll das gleiche wie durch das Appretieren erreicht werden, nämlich eine Schutzwirkung, Erhöhung des Glanzes, vor allem aber eine gute Egalisierung auch auf unegal vorgefärbtem Material. Ein wesentliches Kennzeichen der Deckfarbenegalisierung ist die Verdeckung von Narbenschäden, wodurch auch schlechtere Rohwarensortimente der Verwendung, z. B. als Oberleder, zugänglich gemacht werden. Die Rationalisierungsbestrebungen der lederverarbeitenden Industrie haben als wesentliche Forderung an die Deckfarbenzurichtung die Verbesserung des Verschnitts in den Vordergrund treten lassen. Dies sind die allgemeingültigen Gesichtspunkte über den Zweck des Appretierens und der Lederzurichtung. Spezielle Anforderungen sollen bei den einzelnen Lederarten besonders besprochen werden.

Die Entwicklung der Lederdeckfarben.

Bevor mit Einzelbesprechungen begonnen wird, soll ein geschichtlicher Überblick in das Gebiet der Lederzurichtung einführen. In den frühesten Anfängen der Lederherstellung waren Gerbung, Imprägnierung und Zurichtung eins. Es ist anzunehmen, daß die ersten Appretierversuche mit Fettschmieren erfolgten mit der Absicht, eine Schutz- und Pflegewirkung auf das Leder auszuüben. Aber schon in den ägyptischen Königsgräbern finden wir Leder, die augenscheinlich mit Appreturen auf Basis von Bienenwachs oder Milch, Eialbumin oder Blut zur Veredlung und Glanzgebung behandelt worden waren. Dieser Erfahrungsschatz der Lederappretur wurde bis in die Neuzeit von Gerbergeneration zu Gerbergeneration weitergegeben, sicher vielfach abgewandelt, in den Grundzügen jedoch nicht erweitert. Zu Anfang der Neuzeit kam mit den längeren Verkehrswegen und der höheren Verkehrsfrequenz das Bedürfnis nach leichteren Bespannfahrzeugen auf, was zur ledergedeckten Kutsche führte. Anfang des 18. Jahrhunderts wurde Lackleder für Kutschenverdecke allgemein verwandt. Damit war eine stärkere Deckung des Leders gegeben und der Anfang der modernen Zurichttechnik gemacht. Ende des 18. Jahrhunderts kam Lackleder für Schuhe in Mode.

In den Jahren 1840 bis 1850 wurde von Schönbein, R. Böttger, F. I. Otto und W. v. Siemens die Schießbaumwolle als Sprengstoff erfunden [A. Kraus (1)]. Schon um 1860 nahm A. Rollason erstmalig ein Patent (E.P. 2143) für die Herstellung von Lackleder durch Aufkleben einer naturharzhaltigen Kollodiumfolie auf Leder. Diese Folie war durch Glasaufguß hergestellt worden. Dieser grundlegende Gedanke wird in späteren Patenten noch mehrfach aufgenommen [A.P. 289241, A. P. 289338, E.P. 5554 (1883), EP. 12870 (1889), A.P. 928235 (1909)]. Die so angebahnte Entwicklung konnte zunächst keinen Boden gewinnen, da die Lösungsmittelfrage noch völlig ungelöst war. Damals kannte man beinahe als einzig technisch zugängliches Lösungsmittelgemisch eine Kombination von Äther und Alkohol für Kollodiumwolle. Um 1880 wurden von John H. Stevens Amylformiat, Amyllactat, Amylbutyrat und -valerianat, Methyl- und Äthylacetat, Diäthyl- und Amylcarbonat, höhere Ketone, Fuselöl und Amylalkohol als Lösungsmittel und Benzine und niedere Alkohole als Verschnittmittel für Kollodiumlacke geschützt (A.P.P. 209340 bis 209345, A. P. 595355). Allerdings ermöglichten diese Lösungsmittelgemische nur wenig körperreiche Lacklösungen, die jedoch auf Leder befriedigende Ergebnisse erbringen konnten. Gerade die hohe Beanspruchung auf Zügigkeit bei Lederlacken regte zur

Forschung nach weichmachenden Zusätzen an, die später allgemein Weichmacher genannt wurden. Anfänglich bediente man sich der seit Einführung der Kollodiumwolle bekannten Hilfsmittel Campher und Ricinusöl. Dazu wurden in den neunziger Jahren gekochtes Leinöl, nitriertes Lein- und Ricinusöl vorgeschlagen [E. P. 3469 (1893)]. Um die Jahrhundertwende wurden die klassischen Weichmacher für Kollodiumwolle durch die großen Gruppen der Phthalsäure- und Phosphorsäureester erweitert [I. N. Goldsmith, E.P. 13131 (1900); E. Zühl, E.P. 3426 (1901); Zühl und Eisemann, D.R.P. 128120 (1900)]. Field nahm im Jahre 1899 das A.P. 627493, welches das Aufbringen von mit pflanzlichen Ölen weichgemachter und mit Pigmenten angefärbter Kollodiumwolle in Lösung auf Leder schützt, womit die Grundformel für die heute noch gebräuchliche Zurichtung mit Kollodiumlacken — und Deckfarben — geschaffen war.

Wie auf den meisten Gebieten der Lederherstellung, so wirkte um die Jahrhundertwende das Aufkommen der Spaltmaschine auch auf dem Zurichtgebiet revolutionierend und ungemein befruchtend. Für die anfallenden Spalte bestanden anfänglich nur sehr beschränkte Verwendungsmöglichkeiten, bis man in der Zurichtung mit Kollodiumdeckfarben eine lohnende Verarbeitungsmethode fand. Da jedoch geeignete Lösungsmittel immer noch nur im beschränkten Maße zur Verfügung standen und recht teuer waren, konnten sich bis zum ersten Weltkrieg Spaltfarben auf Kollodiumbasis nur langsam einführen. Die durch die Blockade verursachte akute Not an Anilinfarbstoffen in den Vereinigten Staaten von Amerika während des ersten Weltkrieges brachte es mit sich, daß die amerikanischen Gerber statt mit Anilinfarbstoffen zu färben und anschließend mit Glänzen zu appretieren, dazu übergingen, mit Pigment-Bindemittelkombinationen, also mit Lederdeckfarben, abzudecken. Auf dem Kollodiumgebiet wurde diese Entwicklung besonders begünstigt, weil während und besonders nach dem Weltkrieg große Mengen von Kollodiumwolle zur Verfügung standen, da die durch die Rüstung forcierte Acetongärung von Zucker große Mengen von Butanol anfallen ließ, das zu dem für damalige Verhältnisse geruchschwachen und sehr gut lösenden Mittelsieder Butylacetat verarbeitet wurde, und schließlich, weil durch Massenproduktion diese Hilfsmittel billig anfielen. Ein weiterer Glücksumstand war es, daß sich auf dem Lackgebiet durch die Autolackierung ein allgemeiner Aufschwung ergab, so daß eine weitere Produktion von Kollodiumwollen und Lösungsmitteln lohnend blieb.

Die wässerigen Deckfarben sind seinerzeit in Amerika wohl dadurch entstanden, daß man wässerige Appreturen mit Pigmenten anzufärben begann.

Die Pigmentzusätze wurden schließlich so stark erhöht, daß die Lederdeckfarben entstanden. In den Anfängen dieser Entwicklung wurden Albumin und Schellack als Bindemittel verwendet, jedoch setzte sich bald das Casein als geeignetste Komponente durch. Die Zurichtung mit Lederdeckfarben kam dann bald, etwa in den zwanziger Jahren, nach Europa, da das neue Verfahren durch Erhöhung der Egalität und durch die Abdeckung von Narbenschäden eine Sortimentssteigerung bei unterwertiger Rohware ermöglichte. Nachdem farb- und lacktechnische Gedankengänge der Fabrikationserfahrung der Lederherstellung bis zum Zeitpunkt der Einführung der Lederdeckfarben mehr oder weniger fernlagen, konnten Rückschläge und Enttäuschungen nicht ausbleiben, was die Deckfarbenzurichtung mit dem Odium besonderer Schwierigkeit belastete und unwissenschaftliche Geheimniskrämerei begünstigte. Eine Folge dieser Schwierigkeiten war ferner, daß die Herstellung von Appreturen und Lederdeckfarben mehr und mehr auf die chemische Industrie überging, die dieses Gebiet mit wissenschaftlichen Methoden bearbeitete und erfolgreich fortentwickelte. Diese Bearbeitung durch die chemische Industrie fand ihren Niederschlag in einer ganzen Reihe von Patenten, so z. B. D.R.P. 382505 (Weiler ter Mer, Uerdingen).

Als Weichmacher für die wässerige Deckfarbenzurichtung waren ursprünglich vegetabilische Öle und Glycerin gebräuchlich. Bald wurden jedoch sulfonierte Öle, wie Türkischrotöle und ähnliche Körper, eingeführt (z. B. D.R.P. 652082).

Ein entscheidender Fortschritt der Lederdeckfarbentechnik war die Einführung von Polymerisatdispersionen, vorerst als Grundierung für Zurichtungen auf Basis von Nitrocellulose. Diese Zurichtungsart war bisher stark dadurch gefährdet, daß die Weichmacher in noch fetthungriges Leder abwanderten, wodurch nach relativ kurzer Alterung ein Verspröden und Brechen der Deckschichten erfolgte. Die grundlegenden Arbeiten auf diesem Gebiet wurden von der Firma Röhm und Haas in Darmstadt und vom Werk Ludwigshafen der früheren I. G. Farbenindustrie A. G. geleistet.

Das Ergebnis dieser Arbeiten waren die bald allgemein anerkannten Corialgrund-Marken (E. P. 387736 der I. G. Farbenindustrie A. G.). Diese Grundierung brachte besonders bei der Spaltzurichtung eine erhöhte Knickfestigkeit, ein besseres Alterungsverhalten, hervorgerufen durch eine verminderte Weichmacherwanderung. Bei der weiteren Bearbeitung dieser Zurichtung gelangte man anwendungstechnisch bald zu der sogenannten kombinierten Zurichtung, bei welcher die Polymerisatgrundierung in steigendem Maße mit Caseindeckfarben versetzt und anschließend mit Kollodiumdeckfarben in den Schlußaufträgen gearbeitet wurde. Dies führte schließlich im wesentlichen aus betriebstechnischen und kalkulatorischen Gründen zuerst in den angelsächsischen Ländern zu der sogenannten Binderzurichtung, die nur mit wässerigen Deckfarben und Polymerisatemulsionen arbeitet. Diese, seit etwa 1940 immer mehr in den Vordergrund tretende Zurichtart hat sich besonders für abgebuffte Rindboxleder, man darf sagen ausschließlich, eingeführt. Die Weiterentwicklung der Binderzurichtung brachte der chemischen Industrie die Aufgabe, Polymerisatemulsionen der verschiedensten Eigenschaften, wie z. B. verschiedener Weichheit, verschiedenen Eindringvermögens u. a., der Lederindustrie zur Verfügung zu stellen. Auf dem Wege der Mischpolymerisation wurde diese Aufgabe gelöst, so daß heute dem praktischen Zurichter eine vielseitige Palette synthetischer Bindemittel zur Modifikation der Zurichtung zur Verfügung steht [siehe auch K. Eitel (1)]. Die neueste Entwicklung dieses Gebietes brachte wässerige Lederdeckfarben, bei denen das Casein zum Teil oder ganz durch Polymerisate ersetzt wurde (A.P. 2204520). Diese neuen Lederdeckfarben haben sich unter der Bezeichnung Plastikfarben in die Praxis eingeführt. Auf dem Kollodiumgebiet haben sich vor allem in den Vereinigten Staaten von Amerika und in England emulgierte Kollodiumfarben und Lacke eine erhöhte Bedeutung sichern können (J. Creasy).

Es wurden mehrfach Versuche unternommen, weitere Bindemittel, wie z. B. Chlorkautschuk, Äthylcellulose, Alkydale, und in neuester Zeit Polyamide, in die Lederdeckfarbentechnik einzuführen, Versuche, die jedoch bisher keinen entscheidenden Widerhall in der Praxis gefunden haben.

Das Lackgebiet führte während der geschilderten bewegten Entwicklung der Zurichttechnik ein fast unbeeinflußtes Eigendasein. Lediglich durch die Aufnahme kondensierter Harze, z. B. der Glyptale, als Füllkörper, sowohl in Leinöllack als auch in Kaltlack auf Kollodiumbasis, und durch die Entwicklung der Trockenstoffe für den Leinöllack wurden weitere Entwicklungsmöglichkeiten geboten, die jedoch bei der bekannten Konservativität dieses Sondergebietes nur zögernd aufgenommen wurden. In jüngster Zeit scheinen sich auch hier auf Basis von Isocyanaten und Epikotharzen Möglichkeiten zu bieten, deren weitere erfolgreiche Auswertung durch die Praxis abgewartet werden muß.

Einen zusammenfassenden Überblick über die Entwicklung der Deckfarbentechnik vermittelt die auf S. 704 folgende Übersicht (Tabelle 1).

Die Entwicklung der wässerigen Zurichtung in jüngster Zeit brachte Polymerisatbinder, deren Lösungszustand nicht der einer Dispersion, sondern ähnlich dem Casein der eines Hydrosols ist und deren Thermoplastizität stark reduziert ist. Diese speziellen Eigenschaften erlauben Zurichtungen mit diesen Bindern je nach deren Dosierung mehr oder weniger glatt glanzzustoßen [R. Schubert (1)]. In dem Bestreben, die Thermoplastizität der Binderzurichtungen möglichst herabzusetzen, werden neuerdings Polymerisatdispersionen angeboten, die mit Casein, Wachs oder Kollodiumemulsionen verschnitten sind. Diese Entwicklung wurde im wesentlichen durch die hohen, zum Teil überhöhten Forderungen der lederverarbeitenden Industrie hinsichtlich Bügelfestigkeit und Acetonbeständigkeit der Deckfarben ausgelöst. Diese Forderungen bringen es mit sich, daß heute die Deckfilme gegenüber den Anfängen der Verwendung von Polymerisatdispersionen in der Zurichtung erheblich casein- und albuminreicher sind. In diesem Zusammenhang verdienen durch gelatinierende und hydrotropwirkende Körper weichgemachte Proteine (C. Neuberg), die filmbildend wirken, Aufmerksamkeit. Derartige Proteine können in erheblich höherer Dosierung eingesetzt werden, ohne daß dadurch die Zurichtung beim Knicken aufgeht (F. P. 1 126 983). Dieser höhere Anteil an Proteinen bringt bessere Eigenschaften hinsichtlich Bügelfestigkeit und Acetonfestigkeit.

B. Rohstoffe für die Herstellung von wässerigen Lederdeckfarben und Appreturen.

I. Pigmente.

Allgemeine Anforderungen.

Alle Lederdeckfarben enthalten Pigmente oder Körperfarben, das sind weiße oder farbige, feinverteilte Festkörper, die in den verwendeten Bindemitteln, Weichmachern und Lösungsmitteln unlöslich sein müssen. Die Pigmente sind nicht nur die wesentlichen Farbträger der Lederdeckfarben, vielmehr tragen sie, ähnlich wie der Kies im Beton, entscheidend zur Festigkeit der dünnen Filmschicht gegen innere und äußere Beanspruchungen bei. Um das vielseitige Gebiet der Pigmente zu ordnen, legt man am besten eine Einteilung nach Herkunft bzw. Herstellung zugrunde und unterscheidet demnach anorganische Erd- und Mineralfarben von den organischen Farblacken und Pigmentfarbstoffen.

1. Erdfarben.

Als Erdfarben bezeichnet man alle natürlich vorkommenden Mineralien, die als Farbkörper in der Anstrichtechnik Verwendung finden. Die Bedeutung der Erdfarben als Pigmente für Lederdeckfarben ist in den letzten Jahrzehnten wegen ihrer meist zu stumpfen Nuance erheblich zurückgegangen, jedoch haben sich natürliche Erden und Tone als Füllmittel und Substrate für Farblacke eine gewisse Bedeutung sichern können. Durch verschiedene, die Qualität ent-

Tabelle 1. Möglichkeiten der Deckfarbentechnik. [K. Eitel (2).]

| | I. | | | II. | | | | | | | III. | | | |
	1	2	3	4	5	6	7	8	9	10	11	12	13	14
Topschicht		Albumin, Wachs, Schellack und caseinhaltige Appreturen	Albumin, Wachs, Schellack und caseinhaltige Appreturen	Kollodiumlacke	Polymerisatemulsionen mit Wachsgehalt oder Caseintops	Polymerisatemulsionen mit Casein bzw. Wachstops		Harte, glanzgebende Polymerisatemulsionen			Kollodiumlacke	Kollodiumlacke	Kollodiumlacke	Kollodiumlacke
Pigment-Hauptschicht	Caseindeckfarben und Caseinbindemittel	Caseindeckfarben und Caseinbindemittel	Caseindeckfarben und Caseinbindemittel	Caseindeckfarben und Caseinbindemittel	Caseindeckfarben und Polymerisatemulsionen	Caseindeckfarben und Polymerisatemulsionen	Pigmentierte Kollodiumfarben	Polymerisatfarben und Polymerisatbinder (mittlerer Weichheit)	Wässerige Emulsionen von Kollodiumfarben und alkoholverträgliche Polymerisatbinder	Kollodiumdeckfarben	Kollodiumdeckfarben	Kollodiumdeckfarben, mit Alkydalen und Standölen trocknender Öle verschnitten	Kollodiumdeckfarben	Kollodiumdeckfarben
Grundierung			Basisches Casein in saurer Lösung (stoßbare Grundierung)			Caseindeckfarben und Caseinbindemittel evtl. nach 3 grundiert	Caseindeckfarben und Polymerisatemulsionen	Polymerisatdeckfarben und Polymerisatbinder (weichste Einstellungen)		Polymerisatfarben und Kombinationen verschieden weicher Binder	Polymerisatgrundierung		Stark gefüllter Kollodiumlack mit hohem Weichmachergehalt	
Bemerkung	Einfachste Caseinzurichtung	Stoßzurichtung für edle Oberleder; gegen 1. Reibechtheiten und Glanz verbessert	Stoßzurichtung für stark saugfähige narbenwunde oder abgebuffte Oberleder. Die Zurichtung erlaubt, Untersortimente weitgehend zu verbessern	Die Haftfestigkeit des Nitrolackes auf der Caseinschicht ist schlecht. Die Reibechtheiten sind besser wie 1--3. Vereinzelte Anwendung für Portefeuille-Box	Binderzurichtung. Ausgezeichnete Haftfestigkeit, Reibechtheiten. Dehnbarkeit, hoher Glanz bei Wahrung des Ledercharakters	Die Grundierung wird gestoßen, um den Charakter der Stoßzurichtung mit der Binderzurichtung zu kombinieren. Die Zurichtung fordert Binder hoher Haftfestigkeit	Kombinierte Zurichtung, z. B. für California, Waterproof usw.	Ausgezeichnete mechanische Eigenschaften, jedoch wird der Ledercharakter oft verdeckt. Für Spalte sehr gut geeignet	Neue amerikanische Zurichtart für leichtes Abdecken	Eine Zurichtung, die für abgebuffte Ware in Amerika steigende Anwendung findet	Bewährte Zurichtung z. B. für Bekleidungsleder. Keine Versprödungsgefahr, da der Weichmacher nicht abwandern kann	Die Alkydal- und Leinölkomponenten füllen und bringen eine gewisse Fixierung des Weichmachers	Bruchfestigkeit der Grundierung auf Spalten unbefriedigend. Versprödung infolge Wanderung des Weichmachers bei Alterung zu befürchten	Einfachste Kollodiumzurichtung. Bei Alterung Versprödungsgefahr wegen Abwanderung des Weichmachers in fetthungriges Leder

scheidend beeinflussende Arbeitsgänge, wie Brechen, Mahlen, Sieben, Schlemmen, Windsichten, Brennen und Mischen, wird das natürlich vorkommende Material in die besonders feine Struktur übergeführt, die der Einsatz für Pigmentzwecke erfordert. Diese Feinheit wird nach dem Aussehen, durch die Fühlprobe zwischen den Fingern und auf der Zunge, durch das Schüttvolumen, den Ölbedarf, die Sedimentationshöhe aus Wasser und mikroskopisch bzw. elektronenmikroskopisch geprüft. Hauptnuancen der eigentlichen Erdfarben sind Gelb (z. B. Ocker, Siena), ein stumpfes Rot bis Rotbraun (z. B. roter Bolus, Englischrot, Caput mortuum), und ein dunkles Braun (z. B. Umbra u. a.). Chemisch gesehen sind die genannten natürlichen Erdfarben meist Eisenoxyde bzw. Eisenoxydhydrate, die mehr oder weniger, je nach Herkunftsort, Aluminiumoxyd und Siliciumdioxyd enthalten. Ihr spezifisches Gewicht liegt etwa zwischen 2,8 und 5. Sie sind im allgemeinen sehr gut lichtecht, stabil gegen Alkali, Weichmacher und Lösungsmittel; die Stabilität gegen Säure ist nur bedingt.

2. Füllmittel.

Von den natürlichen Mineralien haben einige Silikate als Füllmittel für Grundierungen und Aasappreturen, als Mattierungsmittel und als Poliermittel eine beachtliche Verwendung beibehalten. Die besonderen physikalischen Eigenschaften dieser Mineralien können aus ihrer Struktur als in Schichten aufgebaute anorganische Hochpolymere abgeleitet werden. Während die Bindung in der Schichtebene sehr fest ist, sind die Valenzkräfte senkrecht zu den Schichtebenen um mehrere Größenordnungen kleiner. Diese Struktur erklärt z. B. die Weichheit des Talkums und die Quellbarkeit und Plastizität der Tone.

Talkum.

Talkum (Federweiß, Speckstein, Talcum venecianum) ist ein wasserhaltiges Magnesiumsilikat, in dem je zwei Kieselsäureschichten mit einer Magnesiumoxydschicht abwechseln. Charakteristisch für das Material sind seine Weichheit, Spaltbarkeit, Biegsamkeit, seine Blättchenform und sein fettiger, aber trotzdem trockener Griff. Das sehr feine, weiche, weißlichgraue Pulver des Handels wird durch Mahlen und Zerkleinern des Specksteins gewonnen. Die Qualität des Handelsproduktes für unsere Zwecke bestimmt der Feinheitsgrad des Pulvers. Dieses soll beim Zerreiben zwischen den Fingern sich glatt und fettig anfühlen, wobei keinerlei gröbere Partikeln spürbar sein dürfen. Talkum wird weniger in Appreturen für die Lederzurichtung verwendet, als vielmehr als Poliermittel für Handschuhleder, zum Herabmindern einer gewissen Klebrigkeit der Deckschicht, wie sie z. B. bei Zurichtungen mit Polymerisatemulsionen auftreten kann, und zum Verbessern des Griffes billiger Lederarten. Talkum kann mit gewissen basischen Farbstoffen direkt angefärbt werden, jedoch ist es empfehlenswert, sich einer Vorbeize mit Tannin oder mit vegetabilischen bzw. synthetischen Gerbstoffen zu bedienen. So angefärbtes Talkum dient zum Schönen von Velourledern und Nubuk.

Kaolin.

Kaolin (Porzellanerde, Pfeifenton, Chinaclay) ist ebenfalls ein in Schichten aufgebautes, anorganisches Hochpolymeres, in dem Polykieselsäureschichten mit solchen aus Aluminiumdydroxyd abwechseln. In das Aluminiumhydroxydgitter können Eisen und verwandte Elemente eingebaut sein. In die Zwischenräume zwischen den einzelnen Gitterebenen können reversibel erhebliche Wassermengen (bis zu 120%), angeblich bis zu viermolekularer Schicht eingelagert werden, worauf das ausgezeichnete eindimensionale Quellvermögen dieser Körper beruht. In alkalischer Lösung sind Tone durch ein bemerkenswert hohes Sedimentationsvolumen ausgezeichnet, was sie als wirksame Trägerkolloide geeignet macht. Beim Ansäuern tritt infolge von Umladung Koagulation ein. Beim Eintrocknen von Filmen, die Kaoline anteilig enthalten, entstehen fasrig-kristalline Zusammenlagerungen, die zum Zusammenhalt des Films beitragen können, jedoch durch ihre Quellbarkeit stark wasserempfindlich sind. Kaolin kommt als feines, weißes, blättchenartiges Pulver in den Handel. Die reinsten und weißesten Kaoline werden unter dem Namen Chinaclay angeboten. Der Reinheitsgrad des Kaolins kann analytisch festgestellt werden durch Vergleich mit den theoretisch zu fordernden analytischen Kennzahlen:

$$39,5\% \ Al_2O_3, \ 46,6\% \ SiO_2, \ 13,9\% \ Wasser.$$

Meist werden jedoch die analytischen Daten des geglühten Materials verglichen, wofür einige Daten gebracht seien:

	Kaolin theoretisch	Kaolin Zettlitz I	Chinaclay	Kaolin Halle	Kaolin Yrieux
Al_2O_3 (in %) .	46	45	43,5	26	29,9
SiO_2 (in %) ..	54	54,6	54	71	63

Die Teilchengröße des Kaolins kann durch Auswahl gewisser Fraktionen beim Schlemmprozeß zwischen 0,5 und 30 μ erhalten werden, das spezifische Gewicht liegt zwischen 2,5 und 2,8, entsprechend der sehr weichen Textur die Härte zwischen 2,1 und 2,6.

Dem Kaolin chemisch und strukturell verwandt sind die Bentonite, deren Hauptbestandteil Montmorillonit ist. Bei diesen Tonen ist die Oberflächenausbildung noch ausgeprägter. Nach elektronenmikroskopischen Messungen liegt die Blättchendicke bei 20 bis 100 mμ bei einem Durchmesser von 100 bis 500 mμ. Diese Tone können das Fünf- bis Sechsfache ihres Gewichts an Wasser bei zehnfacher Volumenzunahme aufnehmen. Infolge der hohen Oberflächenausbildung ist den Bentoniten eine starke Absorptionskraft zu eigen. Der Gehalt an Schwermetallionen im Gitter bedingt eine hohe katalytische Wirksamkeit dieser Körper, die im Hinblick auf das Alterungsverhalten bei Deckfarbenfilmen besonders auf Basis von Kollodium beachtet werden muß. Bentonite werden u. a. als Mattierungsmittel für wässerige Appreturen mit guten Ergebnissen eingesetzt.

Die meisten Bentonitsorten sind für Kollodiumfarben nicht geeignet, da sie einen Abbau des Bindemittels verursachen, der sich in einem beschleunigten Abfall der Viskosität beim Lagern äußert.

Kieselgur.

Kieselgur (Infusorienerde, Diatomeenerde) kommt als schmutzigweißes Pulver in den Handel. Nach Abbau von den Lagerstätten wird Kieselgur gemahlen, getrocknet und eventuell windgesichtet. Das Handelsprodukt enthält 70 bis 90% Siliciumdioxyd und 3 bis 12% Wasser, oft auch mehr oder weniger fettartige Verunreinigungen. Kieselgur besteht aus den Kieselpanzern einzelliger mikroskopischer Algen, die sich auf dem Boden von früheren Seen in mächtigen Schichten abgelagert haben. Diese Genese erklärt die bekannte Struktur dieses Materials, nämlich außerordentlich mannigfaltig geformte Hohlkörperchen mit extrem ausgebildeter innerer und äußerer Oberfläche. Daher hat Kieselgur bei einem Litergewicht von 150 bis 300 g ein Aufsaugevermögen für das Fünffache seines Eigengewichts; jedoch hat Diatomeenerde keinerlei Absorptionskräfte, so daß es bestens geeignet ist zum Verschnitt von Pigmenten zu weicher Textur und zu geringen Körpergehalts; so kann Deckfilmen durch Vermehrung der Gerüstsubstanz ein Zuwachs an Festigkeit vermittelt werden.

Weiter ist Kieselgur gut geeignet, schwere Pigmente in Schwebe zu halten. Ebenso ist dieser Körper geeignet, die Porosität von Deckfilmen in erwünschter Weise zu erhöhen. Je nach Dosierung kann mit Diatomeenerde ein mehr oder weniger ausgeprägter Matteffekt in Kollodiumlacken erzielt werden. Die Teilchengröße von Kieselgur liegt bei 40 μ Durchmesser und 2 μ Dicke, das spezifische Gewicht zwischen 2 und 2,3.

Graphit.

Für gewisse Phantasieeffekte, z. B. die sogenannte Gunmetallzurichtung, wird Graphit als Pigment in Lederdeckfarben verwendet. Auch hier ist die Schichtstruktur dieses Materials bestimmend für die Weichheit und leichte Spaltbarkeit in einer Ebene. Das natürlich vorkommende Mineral wird mechanisch zerkleinert und schließlich durch Säure- und Alkalibehandlung von begleitenden Verunreinigungen befreit. Synthetischer Graphit wird durch Glühen von Koks mit besonderen Zusätzen hergestellt; er ist im allgemeinen reiner, bedarf jedoch ebenfalls einer Aufarbeitung. Graphit kommt als schwarzgraues, metallisch glänzendes Pulver in den Handel, dessen kleine Blättchen außerordentlich duktil und weich sind. Das spezifische Gewicht liegt zwischen 1,8 und 2,5. Man unterscheidet im Handel amorphen Graphit, blättrigen Graphit und geschlämmten Silbergraphit. Als Pigment ist Graphit sehr deckkräftig, ausgezeichnet lichtecht und widerstandsfähig gegen alle chemischen Einflüsse. Seine Blättchenstruktur und sein fettiger Charakter beeinflussen die Stoßbarkeit und den Griff der zugerichteten Leder günstig.

Metall- und Bronzepulver.

An dieser Stelle seien als anorganische Pigmente die Metall- und Bronzepulver kurz abgehandelt. In vereinzelten Fällen wird Aluminiumpulver für Silbereffekte und Legierungen von Kupfer, Aluminium, eventuell auch Zink für Goldeffekte in Lederdeckfarben verwendet.

Diese Bronzen werden meist in stark gefüllte Kollodiumlacke eingearbeitet, wobei besonders Lasureffekte durch den Zusatz geringer Mengen lichtechter Schönungsfarbstoffe erzielt werden können.

Die Metallpulver werden durch Zerkleinern von Metallgries in Stampfmühlen gewonnen. In der Endphase der Zerkleinerung wird ein Fettkörper, z. B. Stearin, zugesetzt, der das Pulver an der Oberfläche hauchdünn bedeckt und den metallischen Glanzeffekt erhöht. Das resultierende Material sind sehr dünne Blättchen, deren spezifisches Gewicht etwas höher liegt als das des reinen Aluminiums, da die bekannte Oxydschicht infolge der stärker ausgebildeten Oberflächen sich entsprechend stärker auswirkt. Bei Anwendung der Metallpulver in Lacken kommt es darauf an, den Ansatz so körperreich wie möglich zu machen, die Viskosität möglichst hoch einzustellen und das Lösungsmittelgemisch langsam verdunstend vorzusehen, damit ein Teil des Metallpulvers bei der Filmbildung an der Oberfläche eine geschlossene Schuppenschicht aneinanderliegender Blättchen bildet. Weiter muß beachtet werden, daß die zur Anwendung gelangenden Ansätze säurefrei sind, nachdem Aluminium gegen Säuren und starkes Alkali sehr empfindlich ist. Die Lichtechtheit von Metallpulvern ist ausgezeichnet. Es braucht nicht darauf hingewiesen werden, daß bei Zurichtungen mit Metallpulvern vorher auch die Leder auf freie Säure zu prüfen sind.

3. Mineralfarben.

Als Mineralfarben bezeichnet man alle künstlich hergestellten anorganischen Körperfarben. Sie werden durch Schmelz-, Glüh- oder Fällungsprozesse gewonnen. Die bei diesen Prozessen einzuhaltenden Bedingungen im Hinblick auf Temperatur, Konzentration, Rührgeschwindigkeit usw. müssen, da sie die Nuance, die Teilchengröße und damit die Qualität der entstehenden Pigmente entscheidend beeinflussen, genauestens ausgearbeitet und eingehalten werden. Ebenso wichtig ist die weitere Aufarbeitung, wie Trocknen, Mahlen, Sieben, Sichten, für die Teilchengröße und die Qualität des Pigments.

Prüfung der Pigmente.

Um eine gleichmäßige Qualität der herzustellenden Lederdeckfarben sichern zu können, empfiehlt es sich, jede Pigmentlieferung gegen ein Stamm-Muster auf gleichmäßige Qualität zu prüfen. Solche Teste sollen zweckmäßig folgende Qualitätsmomente umfassen:

1. Nuance und Deckkraft; indem ein unter standardisierten Bedingungen hergestellter Probeansatz durch Aufspritzen einer bestimmten Menge desselben auf eine festgelegte Fläche eines standardisierten Kartons aufgespritzt und gegen die alte Lieferung verglichen wird.

2. Nuancierstärke; indem der nach 1 hergestellte Probeansatz in einem festgelegten Verhältnis mit dem Stammansatz einer weißen standardisierten Deckfarbe verschnitten, aufgespritzt und gegen vorhergehende Lieferungen hinsichtlich Ausgiebigkeit verglichen wird.

Es muß bemerkt werden, daß ein wirklich gültiges Ergebnis nach 1 und 2 nur dann erzielt werden kann, wenn die größte Gleichmäßigkeit nicht nur beim Ansetzen der Probefarben, sondern auch beim Spritzen derselben geübt wird. So kann z. B. ein längeres Stehen des Farbansatzes vor dem Spritzen oder andere atmosphärische Bedingungen (z. B. Zugluft oder relative Luftfeuchtigkeit) besonders bei Caseindeckfarben zu starken Nuancenverschiebungen führen.

3. Teilchengröße; durch mikroskopische Prüfung oder durch Sieb-, Schlämm- und Sedimentationsmethoden.

4. Schüttvolumen; d. h. das Volumen, welches eine gewisse Gewichtsmenge Pigment einnimmt. Die Übereinstimmung verschiedener Pigmentlieferungen in den Schüttvolumina läßt auf übereinstimmende Teilchengröße und Gestalt schließen.

5. Benetzbarkeit durch verschiedene Flüssigkeiten; indem eine bestimmte Menge Pigment auf ihr Sedimentationsverhalten in mehreren, nicht mischbaren Flüssigkeitspaaren beobachtet und mit den Typmustern verglichen wird. Gleichzeitig ist die Sedimentationszeit in reinem Wasser zu prüfen und mit dem Typ zu vergleichen.

6. p_H-Wert des wässerigen Pigmentauszuges und eventuell die Titration einer gewissen Pigmentmenge.

7. Feuchtigkeitsgehalt; durch Erhitzen im Trockenschrank in bekannter Weise.

8. Elektrolytgehalt; durch Bestimmung des Wasserlöslichen. Man könnte noch daran denken, die Absorptionsfähigkeit für Öle mit der sogenannten Ölzahl zu erfassen, jedoch spielt diese Kennzahl für Lederdeckfarben bisher keine Rolle.

Die Pigmente sollen in frostfreien, trockenen, gut gelüfteten Räumen in einwandfreien, bedeckten, sorgfältig bezeichneten Gebinden so aufbewahrt werden, daß die Bodenfeuchtigkeit nicht das Lagergut allmählich schädigen kann. Bei ungeschützten Böden ist durch Aufstellung auf Brettern oder Lattenrosten ein Verklumpen in den Fässern vom Boden her zu vermeiden.

Die wichtigsten Mineralfarben für Lederdeckfarben sind folgende:

Die Ruße.

Die Ruße sind sämtlich mehr oder weniger reiner Kohlenstoff der graphitartigen Modifikation, die sich durch die Feinheit der Verteilung unterscheiden. Dies ist in der Herstellungsart begründet.

Der feinstverteilte Ruß ist der Gasruß, kolloidaler Ruß oder Carbonblack. Die Teilchengröße dieser Rußart wurde elektronenmikroskopisch zwischen 10 und 30 mμ festgestellt. In Amerika wird dieser Ruß durch unvollständiges Verbrennen von Erdgasen und Abschrecken der sogenannten leuchtenden Flamme an einer kalten Fläche hergestellt. Die Eigenschaften des resultierenden Produkts werden von der Form und Temperatur der Flamme, dem Gasdruck, dem Abstand der Abkühlungsfläche, der Zeitdauer des Verweilens des niedergeschlagenen Rußes bei hoher Temperatur, durch die Ventilation und schließlich durch die Zusammensetzung der zugeführten Luft beeinflußt. Je feinere Partikelchen resultieren, desto tiefer ist die Schwarznuance. Es muß bemerkt werden, daß die Carbonblacks meist ein rotstichiges Schwarz ergeben. Überdosierungen in Lederdeckfarben können zu einem fuchsigen Bronzieren führen. Gasruß hat die beste Deckkraft von allen Rußen. Wie bei allen Rußpigmenten, ist auch bei ihm die Festigkeit gegen Säuren und Alkali, gegen Hitze und Licht ausgezeichnet. Die negative Ladung der Teilchen und das niedrige spezifische Gewicht ergeben oft Schwierigkeiten in der Verträglichkeit mit anderen Pigmenten, so besonders mit Chrompigmenten. Man kann in Mischungen von Ruß mit Chrompigmenten oft ein Ausschwimmen des Rußes an die Oberfläche des Ansatzes feststellen. Die sehr hohe Ausbildung der Oberfläche ergibt bei diesem Pigment oft Anlaß zu erheblichen Netzschwierigkeiten, die zu mangelhafter Verteilung und Agglomeratbildung führen. Beim Anteigen von Rußpigmenten muß daher mit hochwirksamen Netzmitteln gearbeitet werden und für eine besonders sorgfältige mechanische Bearbeitung auf Walzenstühlen und Kolloidmühlen Sorge getragen werden. Neuerdings wird in Amerika eine Spezialmarke angeboten, die durch Beladung der Teilchenoberfläche mit Sauerstoff diese geschilderten Netzschwierigkeiten überwinden läßt. Eine oberflächliche Kohlenstoff-Sauerstoff-Verbindung soll die Verträglichkeit mit Bindemitteln und anderen Pigmenten merklich verbessern. Eine Tatsache, die bei der Zusammenstellung von Rezepturen besonderer Beachtung bedarf, ist die eminent hohe und dabei selektive Absorptionsaktivität der Gasruße. Diese ist z. B. für Alkalimetalle auswählend, was so weit geht, daß aus Salzen das Kation absorbiert wird, was zur Erniedrigung des p_H-Wertes infolge von Säurebildung und damit zu einer Instabilität des Emulsionssystems führen kann. Das spezifische Gewicht des Carbonblack liegt bei 1,7 bis 1,8.

In Deutschland werden ähnliche Rußsorten durch thermische Zersetzung von Acetylenen bei Passieren eines rotglühenden Röhrensystems hergestellt, die als Acetylenruße gehandelt werden. Die Partikelgröße derselben liegt nach elektronenmikroskopischen Untersuchungen mit 40 bis 270 mμ erheblich höher, dies bedingt eine entsprechend geringere Farbtiefe, der auf der anderen Seite günstigere Absorptionseigenschaften gegenüberstehen.

Der sogenannte Lampenruß wird durch unvollständige Verbrennung von Petroleumprodukten in Pfannen gewonnen. Der dabei entstehende Ruß belädt sich dabei mit den Verbrennungsgasen. Die Qualität des entstehenden Rußes wird von ähnlichen Einflüssen, wie schon beim Gasruß erläutert, stark bestimmt. Die Teilchengröße des Lampenrußes liegt zwischen 70 und 100 mμ. Die Schwarznuance des Lampenrußes hat im Gegensatz zum Carbonblack einen schwachen Blaustich, der ihn für viele Zwecke wertvoll macht. Dieser Blaustich, wie ein gewisser Matteffekt, machen das Pigment für Nuancierzwecke besonders geeignet. Auch die gegenüber Gasruß erheblich geringere Absorptionskapazität empfiehlt das Produkt für diese Zwecke. Doch ist Lampenruß noch immer schwierig mit Wasser zu netzen, was durch einen geringen Ölgehalt verursacht ist. Man hilft sich durch Einsatz eines Netzmittels oder durch Vornetzen mit Alkohol.

Der sogenannte Flammruß, der durch Verbrennen von öligen, harzigen Substanzen, eventuell auch Gasen, in geschlossenen Öfen erzeugt wird, ist in Teilchengröße, Nuance, Absorptions- und Netzverhalten dem Lampenruß weitgehend ähnlich. Die aus tierischen oder pflanzlichen Ausgangsmaterialien hergestellten Rußsorten, wie z. B. Beinschwarz und Rebenschwarz, spielen heute auf dem Ledersektor kaum mehr eine Rolle als Schwarzpigmente.

Die Anwendung der Ruße für das Ledergebiet beschränkt sich nicht nur auf Lederdeckfarben, vielmehr werden sie breit eingesetzt für Lederpflegemittel und für Lackgrundierungen. Auf dem letzten Gebiet muß vor allem die Absorptionsfähigkeit der Ruße für Sikkative bei der Zusammenstellung der Rezeptur entsprechend berücksichtigt werden.

Weißpigmente; Titandioxyd.

Die wichtigsten Weißpigmente für Lederdeckfarben sind die Titanpigmente. Es wird neben dem reinen Titandioxyd Titanbarium, Titancalcium, Titanmagnesium, Bleititanat und mit Lithopone verschnittenes Titandioxyd angeboten. Alle diese Handelsprodukte werden unter dem Sammelbegriff Titanweiß gehandelt. Nach der Festlegung des Reichsausschusses für Lieferbedingungen (R. A. L. 844 H.) müssen jedoch Titanweißmarken einen Mindestgehalt von 18% Titandioxyd enthalten. Einige Handelsmarken des Titandioxyds sind mit wenigen Prozenten Aluminium bzw. Antimonoxyd hergestellt. Diese Bestandteile sollen die Dispergiereigenschaften, die Verträglichkeit mit Bindemitteln und das Kreiden günstig beeinflussen.

Titandioxyd wird aus Ilmenit, einem oxydischen Titaneisenerz, durch Aufschluß mit konz. Schwefelsäure und hydrolytische Fällung des Titandioxyds gewonnen. Das Rohprodukt wird gewaschen und zur Überführung in die kristallisierte Form bei 1000° kalziniert. Die Kristallform spielt für die Eigenschaften des Pigments eine wichtige Rolle. Das Oxyd kann drei Kristallformen annehmen, die Brookit-, die Anatas- und die Rutilform. Die beiden letzten Modifikationen liegen in dem Pigment vor und werden durch besondere Arbeitsgänge der Fabrikation erreicht. Sie unterscheiden sich u. a. im spezifischen Gewicht: Anatas 3,9, Rutil 4,2. Während die Anatasform ein reines klares Weiß zeigt, ist die Rutilform durch einen leichten Gelbstich gekennzeichnet. Den höchsten Refraktionsindex und Weißgehalt weist die Rutilmodifikation auf, was in einer etwa 20 bis 25% höheren Deckkraft zum Ausdruck kommt.

Sämtliche Titanpigmente sind bisher unerreicht in der Deckkraft. Die Partikelgröße liegt zwischen 0,1 und 1 μ, die Partikelform ist kugelig und massiv. Titandioxyd ist absolut beständig gegen Licht, Säure und Alkali; es neigt im Gegensatz zu den anderen Weißpigmenten nicht zum Nachdunkeln oder Vergilben.

Eine Eigenschaft der Titanpigmente muß allerdings bei ihrer Ausmischung mit Buntpigmenten für Pastelltöne sorgfältig beachtet werden, nämlich daß besonders organische Farbkörper und Anilinfarbstoffe in der Lichtechtheit oft sehr negativ beeinflußt werden, wodurch solche Mischungen in ganz kurzer Zeit im Buntanteil völlig ausbleichen. Ohne Bedenken können Eisenoxydpigmente, Cadmiumpigmente, Ultramarin und Ruß mit Titandioxyd gemischt werden (s. auch D.R.P. 690812).

Wie schon kurz angedeutet, werden neben reinem Titandioxyd verschiedene, meist 30%ige Verschnitte, vor allem mit Bariumsulfat, Calciumsulfat und Lithopone, angeboten. Diese Verschnitte werden durch gemeinsame Fällung hergestellt, wodurch eine besonders innige Verbindung erzielt wird. Die Mischungen zeigen zwar geringere Deckkraft, jedoch wesentliche technische Vorteile, wie z. B. vermindertes Kreiden. Reines Titandioxyd, besonders als Anatas, zeigt die letztgenannte Eigenschaft sehr stark. Bei Weißzurichtungen mit Titanpigmenten muß weiter beachtet werden, daß Metallgegenstände auf der Zurichtung bei streichender Berührung schwarze Striche hinterlassen.

Die Titandioxydmarken finden nicht nur als Pigmente sowohl in wässerigen als auch in organisch löslichen Lederdeckfarben Verwendung, sie werden vielfach auch in weiße Leder, z. B. mit dem Fettlicker, eingewalkt.

Lithopone.

Neben den Titandioxydmarken haben die übrigen Weißpigmente als Alleinkomponenten praktisch keine Bedeutung für Lederdeckfarben. Lithopone, eine aus Bariumsulfid- und Zinksulfatlösung gemeinsam gefällte Mischung, besteht aus Zinksulfid und Bariumsulfat in wechselnden Verhältnissen zwischen 30 und 70% der Bestandteile.

Anwendung findet Lithopone als Verschnittmittel in Pigmentkombinationen und als billiges Weißpigment zum Einwalken in Weißgerbungen. Es zeichnet sich durch einen reinen und klaren Weißton und weiches Korn aus. Demgegenüber steht eine merklich geringere Deckkraft im Vergleich zu Titandioxyd. Die kleinkristalline Struktur des Pigments und damit seine wesentlichen Eigenschaften werden durch ein längeres Kalzinieren bei 750° nach der Fällung erreicht. Im Licht vergraut Lithopone langsam und regeneriert sich im Dunkeln wieder. Die Handelsmarken tragen in Deutschland, je nach Zinksulfidgehalt, kennzeichnende Bezeichnungen:

Silbersiegel	60%	Zinksulfid
Bronzesiegel	50%	,,
Grünsiegel	40%	,,
Rotsiegel	30%	,,
Weißsiegel	26%	,,
Blausiegel	22%	,,
Gelbsiegel	15%	,,

Die Deckkraft der Lithopone ist vom Zinksulfidgehalt abhängig. Das lockere weiße Pulver hat ein spezifisches Gewicht von 0,9 bis 1,5, es ist unlöslich in Wasser und organischen Lösungsmitteln, wird von schwachen Säuren und Alkalien nicht angegriffen, von starken Säuren jedoch unter Schwefelwasserstoff-Entwicklung aufgelöst. Das Pigment ist nicht giftig und kann, wenn die mäßige Lichtechtheit nicht stört, für alle Arten von Lederdeckfarben eingesetzt werden.

Barytweiß.

Auch Barytweiß und Blanc Fix werden kaum als Alleinpigment in Lederdeckfarben verwendet, sondern finden zum Strecken bzw. Verschneiden besonders farbkräftiger Pigmente und als Substrat für Farblackfällungen Anwendung.

Gegen Licht, Säure und Alkali sind sowohl der natürliche Baryt als auch das fabrikatorisch hergestellte Blanc Fix gut beständig. Diese chemische Stabilität mag auch der Grund sein, daß Blanc Fix kaum Oberflächenkräfte zeigt und darum wenig zu sekundären Agglomeraten neigt.

Das aus dem natürlichen Mineral gewonnene Pigment ist gröber in der Struktur und neigt infolge seines hohen spezifischen Gewichtes stärker zum Absetzen als das künstlich hergestellte Blanc Fix, was auf dessen feinere Struktur zurückzuführen ist.

Zinkoxyd und reines Zinksulfid finden in Lederdeckfarben kaum Anwendung. Ebenso ist Bleiweiß, vor allem wegen seiner Schwefelempfindlichkeit, aber auch wegen seiner Giftigkeit, für Lederdeckfarben nicht geeignet.

Eisenoxydpigmente.

Wegen ihrer Billigkeit und guten Deckkraft haben Eisenoxydpigmente eine breite Anwendung für Lederdeckfarben gefunden in den Nuancen Gelb über Rotbraun bis zu Dunkelbraun und Schwarz. Ausgangsmaterialien für die Herstellung dieser Pigmente sind lösliche Eisensalze, wie das Sulfat, Chlorid u. a. Aus diesen Lösungen wird Eisenoxyd alkalisch unter den verschiedensten Bedingungen gefällt. Bei Reduktionsprozessen der organisch-chemischen Großindustrie fällt ebenfalls Eisenoxyd an, das auf Eisenoxydpigmente verarbeitet wird.

Eisenoxydgelb ist ein Eisenoxydhydrat mit zirka 12% Wasser. Die Nuance kann je nach Herstellung von einem lichten Gelb bis zu einem tiefen Orange variieren. Im Gegensatz zu den Rotbraunmarken wird dieses Pigment nicht scharf gebrannt. Die Teilchengröße liegt zwischen 0,4 bis 0,8 μ, das spezifische Gewicht bei 4. Das Pigment besitzt eine für Lederdeckfarben geeignete Feinheit, ist aber nicht völlig temperaturbeständig. Oft macht die Verteilung im Bindemittel Schwierigkeiten, da das Pigment in Nadelform vorliegt.

Braunes Eisenoxyd wird wie gelbes Eisenoxyd alkalisch gefällt, jedoch wird nicht wie bei diesem während der Fällung Luft eingeleitet. In seinen Eigenschaften ist es dem gelben Eisenoxyd verwandt. Wie dieses ist es mit einer Teilchengröße von 0,25 bis 0,75 μ sehr fein verteilt. Das spezifische Gewicht liegt mit 4,5 etwas höher. Die Echtheiten dieses Pigments sind ausgezeichnet. Zur Variation der Nuance werden durch Mischung von Eisenoxydgelb, Eisenoxydbraun und Eisenoxydschwarz Mischpigmente hergestellt. So wenig empfehlenswert es an sich ist, auf Mischpigmente zurückzugreifen, wenn eine Nuance durch ein einfaches Pigment erreicht werden kann, so spielt diese Überlegung in diesem Fall keine Rolle, weil die Eisenoxydpigmente in ihren Eigenschaften außerordentlich übereinstimmen und sich daher ohne alle Schwierigkeiten kombinieren lassen.

Durch Kalzinieren von Eisensulfat oder von gefälltem Eisenoxydhydrat wird Eisenoxydrot hergestellt. Das Produkt zeichnet sich durch eine warme Rotbraunnuance, ausgezeichnete Deckkraft, hervorragende Lichtechtheit, kleine Partikelgröße (0,25 bis 0,70 μ) aus. Es zeigt aber ein recht hohes spezifisches Gewicht (4,5 bis 5,2). Je nach den Bedingungen der Kalzinierung kann die Nuance mehr oder weniger nach Blau verschoben werden. Jedoch sind die höher kalzinierten Produkte in der Textur für Lederdeckfarben oft zu hart. Trotzdem kann auf sie als deckende Komponente im Marontönen in vielen Fällen nicht verzichtet werden.

Eisenoxydschwarz — chemisch Ferriferrooxyd — wird aus Eisensulfat alkalisch unter Luftdurchleiten bei höheren Temperaturen gefällt, abfiltriert, gewaschen, getrocknet und gemahlen. Das Pigment hat ein spezifisches Gewicht von etwa 4,7 und eine sehr einheitliche Partikelgröße zwischen 0,25 und 0,50 μ. Die Tiefe der schwarzen Nuance des Eisenoxydschwarz ist für Lederdeckfarben als Schwarzton ungenügend, jedoch findet das Pigment eine recht verbreitete Anwendung als Nuancierkomponente, da es im Gegensatz zum Ruß z. B. mit Chrompigmenten kein Ausschwimmen zeigt. Wie alle Eisenoxydpigmente, ist Eisenoxydschwarz außerordentlich stabil gegen Licht, Säuren, Alkalien, Lösungs- und Weichmachungsmittel und alle gebräuchlichen Bindemittel. Wie die Eisenoxydgelbpigmente, hat Eisenoxydschwarz keine praktisch unbeschränkte Temperaturbeständigkeit, jedoch genügen diese beiden Pigmente vollkommen den Bedingungen hinsichtlich Bügel- und Stoßechtheit, wie sie für Lederdeckfarben verlangt werden müssen. Der p_{H}-Wert sämtlicher Eisenoxydpigmente liegt etwa beim Neutralpunkt. Die Partikelgestalt und Festigkeit dieser Pigmente wirkt sich besonders günstig auf die Festigkeit des Deckfilms auf Leder aus.

Chrompigmente.

Die Chrompigmente sind für die Lederdeckfarben von erheblicher Bedeutung, weil sie die Möglichkeit geben, lebhafte Einstellungen vom lichten Gelb bis zum tiefen Orange zu verwirklichen. Das Ausgangsmaterial für die Chromgelbfarben sind Bichromat und Bleiglätte. Letztere wird in lösliche Bleisalze, wie das Acetat, das Nitrat oder das Chlorid, übergeführt und auf eine bestimmte Basizität eingestellt. Die Bichromatlösung wird mit Schwefelsäure, zum Teil auch mit Alaun, versetzt. Bei der Fällung, die durch Zufließen der Bichromatlösung zu der Bleisalzlösung in einen Holzbottich erfolgt, entsteht bei einem Sulfatüberschuß neben dem Bleichromat Bleisulfat, das die Nuance nach einem lichteren Gelb verschiebt.

Weiter ist zu beachten, daß, je saurer die Fällung erfolgt, desto gelber der Niederschlag anfällt. Rötere Nuancen werden durch Einstellung höherer Basizitäten in den Bleisalzlösungen erreicht, so daß basische Bleichromate resultieren. Die Schnelligkeit der Zugabe, die Tourenzahlen der Rührung, die Temperatur bei der Fällung und die unterschiedliche Kombination der Ausgangsmaterialien beeinflussen weiter die Nuance und lassen eine reich abgestufte Farbskala in dieser Pigmentgruppe entstehen. Durch diese Variationsmöglichkeiten werden auch die Lichtechtheit, die Weichheit des Pigments, sein Schüttvolumen, seine Ölzahl und andere wichtige Eigenschaften beeinflußt.

Nach der Fällung wird der Niederschlag abfiltriert oder dekantiert und gut ausgewaschen. Vor allem muß durch das Auswaschen ein etwa vorhandener Überschuß von löslichen Bleisalzen sorgfältigst entfernt werden, da diese giftig sind und die Lichtechtheit negativ beeinflussen. Der Hersteller von Lederdeckfarben muß daher darauf bedacht sein, Chrompigmente mit möglichst wenig Wasserlöslichem zu verwenden. Nach dem Waschen wird der Niederschlag sorgfältig getrocknet. Die Trockenbedingungen beeinflussen ebenfalls die Teilchenstruktur und damit die Ausgiebigkeit des Pigments.

Die Chrompigmente sind in Wasser, Lösungsmittel, verdünntem Ammoniak und verdünnter Essigsäure unlöslich. Die grünlichen Gelbtöne sind im Gegensatz zu den Mittelgelb- und Orangetönen gegen Alkali ziemlich empfindlich, indem sie röter werden. Eine negative Eigenschaft der gesamten Pigmentgruppe ist ihre ungenügende Schwefel- und Schwefelwasserstoffechtheit, was bei mit Thiosulfat hergestellten Ledern berücksichtigt werden muß und was eine Mischung mit Ultramarin und Cadmiumpigmenten nicht empfehlenswert erscheinen läßt. Manche Lieferungen von Chrompigmenten bereiten Schwierigkeiten beim Aufbau disperser Systeme, was auf den Gehalt an löslichen Salzen zurückzuführen ist. Das spezifische Gewicht für Chromgelb und -orange liegt mit 5,8 bis 6,8 sehr hoch. Dieses hohe Gewicht wirkt sich vielfach unangenehm in Absetzneigung sowohl im Gebinde als auch in Farbansätzen aus. Die helleren Sorten dieser Pigmentklasse neigen bei der Verarbeitung leicht zum Zusammenbacken, wodurch die Stabilität von Deckfarben ungünstig beeinflußt werden kann. Die Lichtechtheit läßt bei sämtlichen Chrompigmenten stark zu wünschen übrig. In letzter Zeit kommen Chrompigmente verbesserter Lichtechtheit auf den Markt. Für Mischungen mit Titanpigmenten als Gilbe für Grau und Beige sind Chrompigmente nicht geeignet, vielmehr müssen in diesem Fall die teuren, aber lichtechten Cadmiumpigmente herangezogen werden.

Die Chromgrüntypen sind für Lederdeckfarben nicht verwendbar, ihre Nuance ist für Leder meist zu stumpf und die Ausgiebigkeit gegenüber dem Bindemittelbedarf zu gering. Man verwendet aus diesem Grund für grüne Lederdeckfarben Mischungen aus organischen Gelb- und Blaupigmenten.

Bariumchromat, ein lichtes Zitron, ist für die Verwendung in Lederdeckfarben zu wenig ausgiebig. Zinkchromat, ebenfalls ein lichtes Gelb, kann für Kollodiumdeckfarben verwendet werden, hat sich aber auf dem Ledergebiet nicht besonders einführen können.

Cadmiumfarben.

Trotz ihres hohen Preises werden Cadmiumfarben auf dem Ledersektor gerne eingesetzt. Sie ermöglichen lichtechte Einstellungen von Gelb über Rot bis zu Marontönen. Sie zeichnen sich durch brillante Nuancen und durch gute Deckkraft aus. Cadmiumpigmente werden durch Fällung löslicher Cadmiumsalze, z. B. des Chlorids, mit Schwefelalkalien hergestellt. Durch Zusatz steigender Anteile von Seleniden bei dieser Fällung kann die Nuance über Scharlachtöne, klare, blaustichige Rotnuancen bis zu tiefen Bordotönen verschoben werden. Die ausgewaschenen und abgetrennten Fällungen werden bei ganz bestimmten Temperaturen kalziniert, wobei die Höhe der Temperatur und das Ausmaß der Kalzination maßgeblich die Nuance beeinflussen.

Um die teuren Cadmiumpigmente preislich interessanter zu gestalten, wird durch Fällung von Cadmiumsulfat mit Bariumsulfid ein Verschnitt im Entstehungszustand mit Bariumsulfat durchgeführt. Die resultierenden Pigmente sind als „Cadmofix"-marken im Handel; sie zeigen besonders im Verschnitt mit Weißpigmenten eine wesentlich geringere Ausgiebigkeit als die reinen Cadmiumpigmente, die unter der Bezeichnung „Cadmopur" bekanntgeworden sind.

Die Eigenschaften der Cadmiumpigmente sind ausgezeichnet. Sie sind hervorragend lichtecht, wasser- und lösungsmittelecht, bluten mit Weichmacher nicht aus und zeichnen sich gegenüber den organischen Rotmarken durch gute Deckkraft aus. Die entsprechenden Chrompigmente sind allerdings deckender, jedoch sind die Cadmiummarken reiner und klarer im Farbton. Da sie spezifisch leichter sind, neigen sie weniger zum Absetzen als die Chromgelbfarben. Das spezifische Gewicht der Cadmiumfarben liegt zwischen 4 und 5, ihre Pigmenttextur ist weich. Bei Vergleich mit organischen Rotpigmenten muß allerdings gesagt werden, daß diese bei zwar erheblich geringerer Deckkraft doch viel brillanter in der Leuchtkraft der Nuance sind. Allerdings zeigen Cadmiumpigmente keinesfalls das oft auftretende Bronzieren organischer Farbkörper. Bei der Anwendung der Cadmiumpigmente in Lederdeckfarben muß ihre Empfindlichkeit gegen Säuren und gegen kupfer- und bleihaltige Körper (z. B. Farbstoffkomplexe oder Pigmente) beachtet werden. Cadmiumpigmente finden sowohl in Casein- als auch in Kollodiumdeckfarben verbreitete Anwendung.

Anorganische Blaupigmente; Berliner Blau.

Berliner Blau, Preußischblau, Turnbullsblau, Miloriblau, Stahlblau, Eisenblau und Chinesischblau sind alles Bezeichnungen für in der Nuance sich durch einen mehr oder weniger ausgeprägten Rotstich unterscheidende Eisensalze der Ferro- bzw. Ferricyansäuren.

Diese Blaumarken werden hergestellt durch Fällung von Ferro- bzw. Ferricyaniden mit Eisen-3- bzw. Eisen-2-Salzen in hölzernen Fällbottichen und eventuell anschließendes Kochen oder Oxydieren durch Luft, Chlorkalk u. a. Oxydationsmittel. Nach wochenlangem Absitzen wird der Niederschlag abdekantiert, abgepreßt und getrocknet. Die Eigenschaften des resultierenden Pigments hinsichtlich Teilchengröße, Aggregatform, Nuance, Ausgiebigkeit, Lichtechtheit, Textur, Ölbedarf und Bronzierneigung schwanken erheblich, je nach den Fabrikationsbedingungen.

Die unangenehmste Eigenschaft des Miloriblaus ist seine schlechte Alkalibeständigkeit, was seinen Einsatz für wässerige Deckfarben ausschließt; auch bei Kollodiumdeckfarben bereitet diese Eigenschaft oft Schwierigkeiten, z. B. wenn die Leder mit einem nicht wanderungsbeständigen alkalischen Licker gefettet wurden. Der Umschlag erfolgt zuerst nach Gelb und schließlich nach Braun.

Gegen schwache Säuren ist Miloriblau recht gut beständig, mit starken Säuren schlägt es jedoch nach Gelb um. Ebenso wirken reduzierende Mittel sehr schnell ausbleichend. Das Pigment ist gegen alle Lösungsmittel und Weichmacher recht gut beständig. Auf Grund seiner sehr niedrigen Teilchengröße ist der Ölbedarf und das Schüttvolumen hoch, die Deckkraft lasierend, die Nuancierstärke sehr gut. Wegen seiner Ausgiebigkeit und zur Erzielung besserer Deckung wird Miloriblau oft mit Weißpigmenten verschnitten, wobei die mäßige Lichtechtheit der Verschnitte mit Zink- und Titanweiß zu beachten ist. Ebenso findet das Pigment oft Anwendung zur Einstellung von Grüntönen mit Hansagelbmarken oder Chromgelb, was aber bei dem letztgenannten Pigment wegen der starken Unterschiede im spezifischen Gewicht oft zu Schwierigkeiten führt. Geeigneter in dieser Hinsicht sind unter dem Namen Zinkgrün bekannte Verschnitte mit Zinkgelb. Kennzeichnend für die meisten Berliner-Blau-Marken ist ihre starke Bronzierneigung beim Glanzstoßen, welche nur schwierig durch besonders hohe Bindemittelanteile kompensiert werden kann. Das spezifische Gewicht von Miloriblau liegt bei 1,8. Zusammenfassend muß festgestellt werden, daß Miloriblau eine ganze Reihe negativer Eigenschaften aufweist; wegen seiner Farbkraft und seines billigen Preises findet es trotzdem in organisch löslichen Lederdeckfarben und in Grundierungen für Lackleder Anwendung.

Ultramarin.

Die Ultramarinpigmente werden heute durch mehrtägiges Kalzinieren einer Mischung von Kaolin, Quarz, Soda oder Natriumsulfat, Schwefel und Kohle hergestellt. Der Schmelzkuchen wird anschließend gemahlen und geschlämmt. Früher wurde das Verfahren umständlicher über das sogenannte Ultramaringrün geführt, während heute direkt die verschiedenen Blau- und Rotmarken gewonnen werden können. Durch Variation des Kaolin- und Quarzanteils des Ansatzes sind grün- bzw. rotstichigere Blautöne zugänglich. Die rotstichigeren Marken zeichnen sich durch eine bessere Säurebeständigkeit aus. Durch besondere Nachbehandlung, z. B. durch Erhitzen unter Säuredampf, können sogar rote Ultramarintöne gewonnen werden.

Im Gegensatz zu Miloriblau ist Ultramarin empfindlich gegen Säure, aber gut beständig gegen Alkali. Die Lichtechtheit ist ausgezeichnet, am besten bei den rotstichigen Marken. Auch Ausmischungen mit Titandioxyd sind durchaus stabil. Das spezifische Gewicht liegt bei 2,3, die Korngröße bei 2 bis 20 μ. Vorsicht ist geboten bei der Ausmischung mit Körpern, die chemische Verwandtschaft zum Schwefel haben. So ist eine Kombination mit Chrompigmenten nicht ratsam. Die Deckkraft der Ultramarinmarken ist von sämtlichen Blaumarken mit am besten. Anwendung kann Ultramarin finden im wesentlichen in wässerigen Deckfarben, ferner in kleinen Mengen zum Bläuen von Weißmarken und Weißzurichtungen.

4. Organische Pigmente.

Allgemeine Definitionen.

So übersichtlich das Gebiet der anorganischen Pigmente ist, so kompliziert und schwierig sind die organischen Pigmente zu überblicken. Grund dieser Schwierigkeit ist, daß die chemischen Fabriken Pigmente und Vorprodukte derselben nicht direkt an den Farbenverbraucher, sondern an die Farben- und Lackfabriken liefern. Hier werden die Vorprodukte verlackt, Pigmentfarbstoffe verkollert, verschnitten, gemischt und unter neuen Phantasienamen dem Lackhersteller angeboten. Diese Situation wird noch dadurch kompliziert, daß auch die chemischen Fabriken ihre Vorprodukte bisher nicht nach wissenschaftlichen Nomenklaturen benannten, sondern die chemischen Zusammenhänge verschleiernde Phantasienamen benutzten. Einige Farbkörper werden dazu von mehreren Werken gleichzeitig hergestellt, aber unter verschiedenen Namen in den Handel gebracht. Diese Tatsachen sind der Grund dafür, daß wirklich erschöpfende und übersichtliche Zusammenfassungen über das Gebiet der organischen Pigmente in der Literatur nicht allzu häufig sind. Speziell über die Anwendung organischer Pigmente auf dem Lederdeckfarbensektor sind nur völlig ungenügende Angaben im Schrifttum zu finden. Diese wenigen Unterlagen sind jedoch teils veraltet, teils mit Vorsicht zu bewerten.

Trotz mancher unerwünschter Eigenschaften finden organische Pigmente für die Lederdeckfarbenherstellung eine breite Anwendung. Die Positiva dieser Körper sind die außerordentliche Brillanz der Nuance, ihre Ausgiebigkeit, die Feinheit ihrer Struktur, ihr geringes spezifisches Gewicht und ihre bei einigen Gruppen sehr gute Lichtechtheit. Negativ müssen folgende Charakteristika dieser Pigmentgruppe bewertet werden: Eine oft starke Sublimier- bzw. Bronzierneigung beim Glanzstoßen, eine in einer ganzen Reihe von Fällen ungenügende Bügelechtheit, eine in den meisten Fällen schlechte Lichtechtheit in Ausmischung mit Weißpigmenten, eine Neigung zum Ausbluten mit Weichmachern und Lösungsmitteln, eine in einigen Fällen nichtgenügende Überspritzechtheit, bei einigen Pigmenten die Neigung zur Kristallvergrößerung, welche Nuanceänderungen mit sich bringt; und schließlich ist oft eine für unsere Zwecke zu weiche Pigmenttextur zu beanstanden. Man wird daher bei der Auswahl organischer Pigmente für Lederdeckfarben große Vorsicht walten lassen müssen. Es hat sich in den meisten Fällen bewährt, nicht die organischen Pigmente allein einzusetzen, sondern in Kombination mit anorganischen Pigmenten oder im Verschnitt mit Streckungsmitteln, wie Blanc Fix, Leichtspat, Tonerdehydrat, Kreide, Lenzin, Grünerde, Lithopone und ähnlichen Körpern. Durch dieses Verfahren wird die meist ungenügende Deckkraft der organischen Pigmente ausgeglichen, ohne daß die Brillanz entscheidende Einbuße erfährt. Organische Pigmente werden in der Lederzurichtung im wesentlichen für Rot, Blau, Bordo und Weinrottöne eingesetzt, seltener für Orange, Gelb, Violett und Grünnuancen.

Die organischen Pigmente können in zwei große Gruppen eingeteilt werden: 1. die Pigmentfarbstoffe, 2. die Farblacke.

Pigmentfarbstoffe.

Die Pigmentfarbstoffe sind organische Farbstoffe ohne löslichmachende Gruppen, Farbkörper, die allen möglichen chemischen Körperklassen angehören können. Die reinen, unlöslichen Pigmentfarbstoffe werden meist aus technischen, aber auch aus Preisgründen mit sogenannten Substraten, wie Tonerde, Kaolin, Kreide, Schwer- und Leichtspat, verschnitten.

Dieser Verschnitt kann mechanisch auf trockenem Weg im Kollergang erfolgen; das Ergebnis dieser in der Farbenfabrik vorgenommenen Konfektionierung sind die sogenannten Verschnittfarben.

Farblacke.

Die Farblacke sind unlösliche organische Pigmente, die durch Fällung löslicher organischer Farbstoffe mit Fällungsmitteln erzeugt werden. Die so hergestellten Farblacke können wie die Farbstoffpigmente ebenfalls auf trockenem Wege mit Substraten verkollert werden. Die Produkte dieser Konfektionierung sind ebenfalls als Verschnittfarben zu bezeichnen. Häufiger ist dagegen, daß der Farblack im Entstehungszustand auf das Substrat mit dem Fällungsmittel aufgefällt wird. Diese sozusagen auf nassem Wege chemisch erzeugten Verschnitte werden als Substratfarben unterschieden.

Hinsichtlich der Fabrikation und Einzelbeschreibung der Farbstoffe sei auf die Ausführungen über die Färbung des Leders (dieser Band, 3. Kap., S. 85) verwiesen. Für das Pigment- und Farblackgebiet haben folgende Farbstoffgruppen Bedeutung:

1. Nitro- und Nitrosofarbstoffe;
2. Azofarbstoffe;
3. Di- und Triphenylmethanfarbstoffe;
4. Xanthenfarbstoffe;
5. Azin-, Oxazin- und Thiazinfarbstoffe;
6. Schwefelfarbstoffe;
7. Anthrachinonfarbstoffe;
8. Küpenfarbstoffe;
9. Phthalocyanine;
10. Anilinschwarz.

Die Farblackbildung ist oft mit der Textilfärberei verglichen worden, mit dem grundlegenden Unterschied, daß es sich hier nicht um das Aufziehen des Farbstoffs auf ein einheitliches, organisches Färbegut, sondern auf anorganisches Material meist heterogener bzw. heterodisperser Struktur handelt. Der eigentliche Vorgang der Farblackbildung kann als die Entstehung unlöslicher Salze oder bzw. und unlöslicher Metallkomplexe aufgefaßt werden, die mit Adsorptionsvorgängen an das Substrat in kolloider Phase gekoppelt sind. Je nach den speziellen Arbeitsgängen bei dem einen oder anderen Farblacktyp überwiegt in wissenschaftlich heute noch nicht in allen Fällen übersehbarer Weise der eine oder andere Vorgang. Durch die Salzbildung und die Adsorption werden die Echtheiten der Ausgangsfarbstoffe, unter anderem auch die Lichtechtheit, oft in erstaunlicher Weise verändert. Die Nuance erfährt ebenfalls meist eine beachtliche Verschiebung. Da die Farblackbildung einen färberischen Vorgang darstellt, ermöglicht die Einteilung der Farbstoffe in färberische Gruppen eine ordnende Klassifizierung. Danach unterscheidet man:

a) Farblacke aus anionischen Farbstoffen. Für die sulfogruppenhaltigen Farbstoffe ist das Chlorbarium meist in Gegenwart von Tonerdehydrat der wesentlichste Lackbildner, während Blei- und Zinnsalze, ebenfalls in Gegenwart von Tonerdehydrat, von geringerer Bedeutung sind.

b) Farblacke aus komplexbildenden Farbstoffen ohne Sulfogruppen. Ein völlig anderer Vorgang ist die Farblackbildung aus hydroxyl- und carboxylhaltigen Farbstoffen mit Aluminium-, Eisen- und Chromsalzen. Diese Farblackbildung beruht auf einem Einbau dreiwertiger Metallionen als Komplex in das

Farbstoffmolekül. Die klassischen Beizenfarbstoffe, z. B. die Alizarinfarbstoffe,
werden in Anwesenheit von Calciumionen und Türkischrotöl mit den komplexbildenden Metallionen als Pigmente gefällt. Besonders kennzeichnend für diese
Gruppe ist, daß der Vorgang der Verlackung nicht momentan, sondern in allmählicher Umsetzung bei höheren Temperaturen erfolgt.

Zwischen den typischen Beizenfarbstoffen und den sulfogruppenhaltigen salzbildenden Farbstoffen sind mannigfaltige Mischtypen bekanntgeworden, deren Verlackung in speziell angepaßter Arbeitsweise geführt werden muß. Eine dieser Arbeitsweisen ist z. B. die Fällung mit Chlorbarium in Anwesenheit von Türkischrotöl; das
Türkischrotöl hat nämlich die Eigenschaft, die Füllung spezifisch zu beeinflussen.
Eine andere Möglichkeit ist, diese Mischtypen mit dreiwertigen Metallionen in Gegenwart von Tonerde oder Phosphat zu fällen. Andere Mischtypen dieser Gruppe
sind sulfogruppen- und aminogruppenhaltige Farbstoffe, die als Metallsalz in Anwesenheit von basenbindenden Fällungsmitteln, z. B. in Anwesenheit von Tannin,
gefällt werden.

Zum Zusammenhang zwischen dem Chemismus der Verlackung und den
Echtheitseigenschaften muß besonders vermerkt werden, daß diejenigen Farblacke die beständigsten und damit die echtesten sind, bei denen sowohl
die Haupt- als auch die Nebenvalenzen der Farbstoffe möglichst vollkommen abgesättigt sind.

c) Farblacke aus basischen Farbstoffen. Basische Farbstoffe werden mit
anionischen Fällungsmitteln gefällt. Solche anionischen Fällungsmittel können
grundsätzlich auch sulfogruppenhaltige Farbstoffe sein, eine Möglichkeit, die in
der Vachetten- und Velourfärberei vielfach benutzt wird. Bei der Farblack-
herstellung kann sie nur in Einzelfällen Anwendung finden (z. B. Helioechtmarin
RLW). Viel wichtiger sind Fällungsmittel negativer Ladung und kolloider
Eigenschaften, wie Tannin, Harzsäure, Tamol, Katanol, Mesitol, Weißerde.
Grünerde, Bolus, Bentonite, Fullererden u. a. m. Neben der Salzbildung und
adsorptiven Oberflächenvorgängen spielt hier ein Ionenaustausch eine wesentliche Rolle. Umwälzend auf diesem Gebiet war die Einführung komplexer
Polysäuren, wie Phosphorwolframmolybdänsäure, die zu sehr brillanten und
in den Echtheiten erheblich verbesserten Farblacken führten, den sogenannten
Fanalfarbentypen. Die weitere Bearbeitung dieser Idee ergab ähnlich gute
Ergebnisse mit komplexen Selensäuren, Polymolybdänsäuren, Gallomolybdän-
säuren und Gallowolframsäuren.

Allgemeine Übersicht über die Echtheiten.

Ganz allgemein kann folgende zusammenfassende Übersicht über die Echtheiten der besprochenen Gruppen organischer Pigmente gegeben werden: Die
eigentlichen Pigmentfarbstoffe — im wesentlichen Azofarbstoffe ohne löslichmachende Gruppen — zeichnen sich in ihren besten Typen durch gute Säureechtheit, ausreichende Alkaliechtheit und gute Wasserechtheit aus. Nachteilig
ist das meist vorhandene Ausbluten mit Weichmachern und organischen Lösungsmitteln. Dieses Ausbluten führt bei kombinierter Zurichtung zu einem Hochziehen der Pigmente, was zu schlechten Reibechtheiten, im schlimmsten Fall
zum Bronzieren führen kann. In diese Gruppe gehören die Toluidinrot-, die
Hansagelbtypen, das Benzidingelb, Pararot, Permanentrotmarken, Lithol-
echtorange RN, Hansaorange RN und Helioechtrot RL.

Die klassischen Küpenpigmente, wie die Indigo- und Indanthrenmarken.
sind durchweg von ausgezeichneten Echtheitseigenschaften. Jedoch erreichen
eine ganze Reihe der Indigopigmente nicht die für Lederdeckfarben notwendige
Deckkraft.

Den Küpenpigmenten in einigen Eigenschaften sogar überlegen ist die Phthalocyaningruppe, die für brillante Blau- und Grüntöne in Lederdeckfarben mit gutem Erfolg eingesetzt wird. Allerdings legt eine gewisse Bronzierneigung dieser Marken eine maßvolle Dosierung nahe.

Von den eigentlichen Farblacken sind die klassischen Beizenfarbstoffpigmente. z. B. die Alizarinlacke, mit Abstand in den Echtheitseigenschaften dominierend. Lediglich in der Alkaliechtheit steht diese Gruppe den Küpenpigmenten etwas nach.

Die Farblacke aus löslichen Farbstoffen sind in der Lichtechtheit gut bis mäßig. Die Säureechtheit ist meist gut, während die Alkaliechtheit in sehr vielen Fällen zu wünschen übrig läßt. Die Lösungsmittelechtheit ist meist sehr gut, das Verhalten gegen Weichmacher teils gut, teils sehr gut. Die Wasserechtheit ist in einigen Fällen nicht ganz genügend.

Die Verlackungen basischer Farbstoffe mit Harzsäuren, Fettsäuren und Gerbsäuren sind wegen ihrer unzureichenden Lichtechtheit, Alkaliechtheit und ihrer meist unbefriedigenden Wasser- und Weichmacherechtheit für Lederdeckfarben im allgemeinen nicht geeignet.

Verlackungen basischer Farbstoffe mit Heteropolysäuren sind in den Echtheitseigenschaften gegen die vorher beschriebene Gruppe um Größenordnungen besser, jedoch erfüllt eine ganze Reihe von Pigmenten vor allem in Bezug auf die Alkaliechtheit, die Wasserechtheit und die Lösungsmittelechtheit nicht die hohen Ansprüche der Lederdeckfarben.

Besprechung einzelner Pigmente.

Im folgenden werden einige organische Pigmente mit ihren für uns wichtigen Echtheitseigenschaften aufgeführt unter gleichzeitiger Diskussion ihrer Eignung für die Herstellung von Lederdeckfarben.

Von den für Gelbtöne in Frage kommenden seien genannt:

Heliogelb GW, Benzidingelb I, zeigt in wässerigen Deckfarben gute, in Nitrolack sehr gute Lichtechtheiten. Das Pigment ist gut überspritzecht, zeigt sehr gutes Verhalten gegen Weichmacher, blutet mit Wasser nicht aus, ist durch eine gute Bügelechtheit und sehr gute Alkaliechtheit ausgezeichnet. Das Pigment ist sowohl für wässerige als auch für Kollodiumdeckfarben geeignet.

Helioechtgelb R zeigt sehr gute Licht-, Wasser-, Öl-, Alkali- und Bügelechtheit. Das Verhalten gegen Lösungsmittel ist mäßig, weshalb ein Einsatz in Kollodiumfarben nicht empfehlenswert ist. Die Überspritzechtheit genügt den Anforderungen der kombinierten Zurichtung nicht.

Permanentgelb NCG zeigt gegenüber dem Helioechtgelb R eine schlechtere Alkaliechtheit, verhält sich aber erheblich besser gegenüber Lösungsmitteln. Es ist sowohl für wässerige Deckfarben als auch für Kollodiumdeckfarben geeignet.

Hansagelb 10 G ist in allen Eigenschaften ausgezeichnet. Besonders hervorzuheben ist seine hervorragende Lichtechtheit. Hansamarken werden vielfach eingesetzt in Kombination mit Miloriblau für Grüneinstellungen in Nitrolacken.

Zu bemerken ist, daß von sämtlichen Hansamarken die Bügelechtheit mit 140° C an der unteren Grenze dessen liegt, was in letzter Zeit durch die Verschärfung der Fabrikationsmethoden in den Schuhfabriken von Lederdeckfarben gefordert wird. Hansagelb 10 G ist sowohl für Casein- als auch für Nitrofarben geeignet.

Ähnlichen Einsatz kann auch Hansagelb 5 G finden, das in den meisten Eigenschaften mit der letztbesprochenen Marke übereinstimmt, in der Lichtechtheit jedoch etwas nachsteht. In dieselbe Reihe gehören Hansagelb G und GE, jedoch haben diese Marken wegen Sublimierneigung schon zu Schwierigkeiten Anlaß gegeben.

Hansagelb R ähnelt in den meisten Eigenschaften den bisher besprochenen Marken, zeigt jedoch eine für das Ledergebiet nicht mehr tragbare Bügelunechtheit.

Besser verhält sich in dieser Beziehung das Hansagelb 3 R, das für Nitrofarben Anwendung finden kann.

Permanentgelb GG extra zeichnet sich durch eine besonders gute Alkaliechtheit, durch sehr gute Bügelechtheit und durch gutes Verhalten gegen Weichmacher und Lösungsmittel aus. Die Lichtechtheit und Wasserechtheit sollten aber etwas besser sein, um das Pigment uneingeschränkt für Lederdeckfarben empfehlen zu können. Für Kollodiumlacke kann das Pigment gut eingesetzt werden.

Helioechtorange 3R ist in der Lichtechtheit, in der Wasserechtheit, in der Bügelechtheit und in der Alkaliechtheit sehr gut. Die Lösungsmittelechtheit und das Verhalten gegen Weichmacher befriedigen nicht völlig. Trotzdem ist das Pigment für beide Zurichtarten geeignet.

Hansaorange RN Pulver, Sigleorange 2S, ist bei sonst sehr guten Eigenschaften mit einer Bügelechtheit von 120° C für Lederdeckfarben kaum mehr hinreichend.

Von den Rottypen seien die Eigenschaften der nachstehenden Pigmente diskutiert:

Litholrot 3G, Litholrot GG Pulver, Litholrot R Pulver, Heliorot RNT extra genügen in der Lichtechtheit, der Alkaliechtheit und der Bügelechtheit nicht den Anforderungen, die an Lederdeckfarben gestellt werden.

Litholrubin GK Pulver, Siglerubin 6 D, könnte in der Lichtechtheit etwas besser sein, entspricht aber in allen übrigen Eigenschaften gut. Daher ist ein Einsatz in Kombination mit den lichtechten Cadmiumpigmenten durchaus sinnvoll. Nahezu übereinstimmend in den Echtheitseigenschaften und Anwendungsmöglichkeiten ist Permanentrot F5R extra.

Bei Litholrottoner RB genügt die Licht- und Bügelechtheit nicht unseren Anforderungen, dasselbe gilt für Litholrot RBKX (Brillanttoner B), Litholrot RCKX (Brillanttoner C) und Litholrottoner RC.

Ausgezeichnete Eigenschaften hinsichtlich Licht-, Wasser-, Weichmacher-, Lösungsmittel- und besonders Bügelechtheit zeigt Litholscharlach BBM Pulver, so daß ein Einsatz sowohl für wässerige als auch für organischlösliche Deckfarben empfohlen werden kann. Von den bisher besprochenen Rotmarken zeigt diese Marke die besten Eigenschaften.

Litholrubin BK, Siglerubin 6 G, ist der letztbesprochenen Marke in der Licht- und Lösungsmittelechtheit merklich unterlegen, kann aber trotzdem sowohl für Casein- als auch für Nitromarken eingesetzt werden.

Bordotoner R, Bordotoner B und C sind in der Bügelechtheit nicht genügend. Litholrottoner 3B entspricht in der Lichtechtheit, in der Alkaliechtheit und in der Bügelechtheit nicht den Anforderungen. Permanentbordo RN extra weist eine ungenügende Alkaliechtheit auf.

Marontoner BB zeigt gutes Verhalten und kann für Kollodiumfarben empfohlen werden.

Helioechtrot R, Siglerot I, ist in jeder Beziehung, bis auf die mäßige Lösungsmittelechtheit, sehr befriedigend. Trotz der letztgenannten Eigenschaft kann das Pigment sowohl für wässerige als auch für Kollodiumzurichtungen empfohlen werden.

Ein ganz ausgezeichnetes Pigment mit hervorragender Lichtechtheit, sehr guter Wasser-, Öl- und Alkaliechtheit, ausgezeichneter Bügelechtheit und guter Lösungsmittelechtheit ist Helioechtrot BB. Dieses Pigment kann sowohl für wässerige als auch für Nitrodeckfarben empfohlen werden.

Bei Helioechtrottoner 3B macht die mäßige Wasserechtheit bei sonst guten Eigenschaften den Einsatz für wässerige Deckfarben zweifelhaft.

Helioechtcarmin G ist nächst dem Helioechtrot BB für unsere Zwecke das wertvollste Pigment und kann sowohl in wässerigem als auch organischem Medium vorteilhaft eingesetzt werden.

Helioechtbordo 3B ist bei ausgezeichneten Eigenschaften für wässerige Deckfarben gut brauchbar, für Kollodiumfarben jedoch nicht empfehlenswert.

Permanentrot GG extra Pulver zeigt sehr gute Eigenschaften, jedoch eine für Lederdeckfarben kaum ausreichende Bügelechtheit. Permanentrottoner R extra entspricht recht gut unseren speziellen Anforderungen und kann ebenso wie das in den Eigenschaften übereinstimmende **Permanentrot R extra**, **Sigleorange R**, für unsere Zwecke eingesetzt werden. Dagegen sind **Permanentrot FRL**, **FR 2 L extra** und **Sicoechtrot PRL** für Nitrolacke nicht geeignet. **Permanentrot FFR extra**, **Sicoechtrot P 2 R**, zeichnet sich durch eine für Rotnuancen bemerkenswerte Bügelechtheit aus; das Pigment kann sowohl für Casein als auch für Kollodiumfarben empfohlen werden. Ebenso erfüllt **Permanentrot F 4 R extra** die Anforderungen der Lederzurichtung.

In dieser Reihe fällt durch seine hervorragende Lichtechtheit **Permanentcarmin FB extra** auf. Auch dieses Pigment ist für wässerige und organische lösliche Lederdeckfarben brauchbar und hebt sich durch gute Bügelechtheit hervor.

Verwandt in den Eigenschaften mit dem letztbesprochenen Pigment ist **Permanentrot F 4 RH extra**, es zeigt jedoch eine etwas geringere Bügelechtheit. Auffallend durch ihre sehr gute Alkaliechtheit, aber auch durch hervorragende Lichtechtheit und sonstige gute Eigenschaften sind **Permanentrot FGR** und **Helioechtrot BB**, die für beide Deckfarbenarten zu empfehlen sind. Ausgezeichnete Eigenschaften in jeder Hinsicht zeigt **Indanthrenrotviolett RH Pulver konz. für Lack**.

Für den **Blausektor** ist die Auswahl organischer Pigmente ganz allgemein beschränkt.

Hauptmarke ist hier **Indanthrenblau GGSL**, das hervorragende Lichtechtheit, sehr gute Wasser-, Weichmacher- und Lösungsmittelbeständigkeit, ausreichende Bügelechtheit und sehr gute Alkaliechtheit aufweist. Dieses rotstichige Blaupigment ist für Caseinfarben brauchbar.

Ebenso gut in der Lichtechtheit ist **Heliogenblau B Pulver**, das neben einer sehr guten Alkaliechtheit eine hervorragende Bügelechtheit aufweist. Dieses Pigment findet als grünstichiges Blau eine bevorzugte Anwendung. Nahe verwandt der B-Marke ist **Heliogenblau G Pulver**, das als Grundlage für Türkistöne Anwendung findet.

Helioechtmarin RLW steht den beiden letztgenannten Marken besonders in der Lichtechtheit und in der Wasserechtheit wesentlich nach und erreicht die überragend gute Bügelechtheit der Heliogenblau-Marken nicht. Es ist jedoch bei geringeren Ansprüchen sowohl in Casein- als auch in Nitrofarben anteilig verwendbar.

Für **Grün-** und **Schwarztöne** sind die im folgenden aufgeführten Farben benutzbar:

Heliogengrün GN und **G** ist in allen Eigenschaften sehr gut zu bewerten und in der wässerigen und organisch gelösten Zurichtung gut brauchbar.

Siglegrün ist in der Lichtechtheit, der Wasser- und Weichmacherechtheit, der Alkaliechtheit sehr gut, in Bügelechtheit und Lösungsmittelechtheit ausreichend. Das Pigment ist für unsere Zwecke gut geeignet.

Pigmentschwarz und **Pigmenttiefschwarz** können wegen ihrer Eigenschaften, besonders der Bügelechtheit, sehr empfohlen werden und finden sowohl für Casein- als auch für Nitrofarben als Mattschwarzkomponente verbreitete Anwendung.

Helioechtschwarz TW ist in den Eigenschaften den beiden letztgenannten Schwarzmarken ebenbürtig und kann wie diese eingesetzt werden.

II. Schönungsfarbstoffe.

Als weitere Farbträger in Lederdeckfarben finden sogenannte Schönungsfarbstoffe Anwendung. Diese Schönungsfarbstoffe können schon bei der Fabrikation der Deckfarben miteingearbeitet werden oder aber sie werden in gesonderten Sortimenten zur Verfügung gestellt, wie z. B. die Eukanolbrillantfarbstoffe oder die Eukesolarfarbstoffe. Die Einarbeitung von Schönungsfarbstoffen in Lederdeckfarben selbst ist nicht unbedenklich, da bei einer Ausmischung dieser Einstellungen mit den Weißmarken erhebliche Schwierigkeiten wegen ungenügender Lichtechtheiten auftreten können.

Schönungsfarbstoffe sollen in den verwandten Lösungsmitteln sehr gut löslich sein, sie sollen eine mittlere bis gute Lichtechtheit aufweisen, sie müssen säure- und alkaliecht sein; Schönungsfarbstoffe für wässerige Deckfarben dürfen mit Formaldehyd keinen Farbumschlag zeigen, weiterhin ist Stoß- und Sublimierechtheit Bedingung, schließlich sollten sie möglichst hoch konzentriert sein. Als Stellungsmittel für Schönungsfarbstoffe in wässeriger Zurichtung sollten Steinsalz und Natriumsulfat nicht verwendet werden, da Elektrolyte zu einem Grauschimmer der Zurichtung beitragen können.

Bei der Anwendung von Schönungsfarbstoffen muß, da deren Lichtechtheit immer z. B. der von anorganischen Pigmenten nachsteht, darauf geachtet werden, daß die Schönungsnuance auf die Pigmentnuance möglichst genau abgestimmt ist. Es ist fehlerhaft, Schönungsfarbstoffe als ausschlaggebende Farbkomponente einzuführen und den Farbton mit ihnen in einer bestimmten Richtung „drücken" zu wollen. Besonders bei stark weißhaltigen Pastelltönen, wie z. B. Beige- und Grautönen, ist eine Schönung nicht zulässig. Das Titandioxyd oxydiert, infolge labiler höherer Oxydationsstufen, bei Belichtung die meisten Anilinfarbstoffe in kürzester Zeit. Schönungsfarbstoffe setzen immer die Reibechtheit einer Zurichtung herab, weswegen man möglichst geringe Mengen einsetzen sollte.

Wässerige Zurichtungen werden mit hochkonzentrierten anionischen Farbstoffen geschönt (s. diesen Bd., 3. Kap., S. 135). Die Anwendung von Metallkomplexfarbstoffen zur Schönung wird in neuerer Zeit empfohlen, wobei die gute Lichtechtheit dieser Farbstoffklasse einen gewissen Anreiz gibt. Allerdings ist erfahrungsgemäß die Brillanz und Ausgiebigkeit von Metallkomplexfarbstoffen der von normalen Azo- und Triphenylmethanfarbstoffen unterlegen.

Zur Schönung von Kollodiumzurichtungen werden sprit- und esterlösliche Farbstoffe herangezogen. Als solche sind in Deutschland folgende Marken im Handel: Sudan- und Zaponechtfarbstoffe, Ceres-, Ceresechtlicht- und Irisolfarbstoffe und schließlich die sogenannten Fettfarbstoffe. Die große Schwierigkeit der Schönung organischlöslicher Deckfarben ist die meist geringe Lichtechtheit der einschlägigen Farbstoffklassen. Ebenso beschränkt die Bronzierneigung, die starke Sublimierneigung und die geringe Stoßechtheit der meisten organischlöslichen Farbstoffe die Auswahl ganz erheblich. Am besten verhalten sich hinsichtlich der Echtheiten die Zaponecht-, die Ceresechtlicht- und die Irisolechtfarbstoffe. Für Schwarzschönung finden Nigrosinbasenaufschlüsse mit Harzsäuren oder Phthalsäure Verwendung. Beim Einsatz von Schönungsfarbstoffen muß beachtet werden, daß einige licht- und sublimierechte, organisch lösliche Farbstoffe Metallkomplexe darstellen, deren Komplexatom z. B. mit dem Schwefel der Cadmiummarken in Reaktion treten kann, was zu Farbumschlägen führt.

III. Natürliche Binde- und Glanzmittel.

1. Proteine.

Milch.

Eines der ältesten Appretur- und Glanzmittel für die Lederzurichtung ist die Milch. Sie findet auch heute noch als Bestandteil von Schlußappreturen vielfach Anwendung. Besonders wird die Milch für Stoßglänze vegetabilischer Leder und vor allem für Reptilleder allein oder in Kombination mit Ei- und Blutalbumin angewandt. Das Casein und Albumin der Milch wirkt in Appreturen als Binde- und Glanzmittel, während der in feinster Emulsion vorliegende Anteil an Milchfett als Gleitmittel das Glanzstoßen erleichtert und eine gewisse Weichmacherwirkung ausübt. Das Casein liegt in der Milch als Calciumsalz vor und ist zugleich Emulgator und Schutzkolloid für das Milchfett.

Casein.

Das Casein ist das wichtigste Bindemittel für wässerige Deckfarben und Appreturen. Je nach der Herstellungsart unterscheidet man Säure- und Labcasein. Letzteres wird durch das Labferment des Kälbermagens aus Magermilch abgeschieden. Da es schlechter löslich ist, findet es für Lederappreturen keine Anwendung.

Das Säurecasein kann aus Magermilch durch die natürliche Milchsäuregärung oder aber durch Ansäuern mit organischen Säuren, wie z. B. Milchsäure, oder auch mit Salzsäure und Schwefelsäure gewonnen werden. Durch das Ansäuern wird die Calciumcaseinat-Milchfettemulsion ausgeflockt und gefällt. Die Eigenschaften des resultierenden Caseins sind weitgehend von den Fällungsbedingungen abhängig. Die Feinheit bzw. die Körnigkeit der Fällung, die für den folgenden Waschprozeß ausschlaggebend ist, wird sowohl von der Temperatur als auch von der verwendeten Säure und deren Konzentration beeinflußt.

Nach dem Absetzen und Dekantieren wird der Niederschlag zur möglichst vollständigen Entfernung der Säure und anderer Elektrolyte mehrmals sorgfältig gewaschen, auf Filterpressen abgesaugt und schließlich auf Blechen bei 70 bis 75° C unter starker Luftbewegung möglichst schnell getrocknet. Das trockene Material wird einem Mahlprozeß unterzogen. Dieser an sich einfache Herstellungsprozeß ist in der mannigfaltigsten Weise abgeändert und patentiert worden.

Säurecasein kommt in Jutesäcken in gemahlener oder ungemahlener Form in den Handel. Man unterscheidet grobgrießiges, grießförmiges, feingrießiges und mehlfeines Casein. Letzteres, welches den Feinheitsgrad für Siebgewebe Din 1171 Nr. 30 erfüllt, ist für die Herstellung von Lederdeckfarben gut geeignet, weil die Lösungszeit verkürzt und der Alkalibedarf vermindert wird. Im äußeren Aspekt ist Säurecasein ein weißes bis gelbliches, amorphes, schwach hygroskopisches Pulver, in dem nur wenige dunkle Teilchen vorkommen sollen. Das spezifische Gewicht liegt etwa bei 1,25. Der Geruch soll milchartig, keineswegs sauer, ranzig oder käseartig sein; der Geschmack darf nicht stark sauer sein. Der Wassergehalt soll 12%, die Säurezahl von 1 g Casein soll 10 ccm 0,1 n-Natronlauge nicht überschreiten. Casein mit einem Petrolätherlöslichen über 0,8% oder einem Aschegehalt über 2,5 bis 3% ist nach Möglichkeit für Lederdeckfarben auszuscheiden. Die genannten Richtzahlen sind auf wasserfreie Ware zu beziehen. Der Eiweißgehalt des Caseins kann nach der Stickstoffbestimmung von Kjeldahl und der Multiplikation der Stickstoffzahlen mit dem Faktor 6,39 festgestellt werden. Gutes Casein soll nicht weniger als 14% Stickstoff enthalten. Eine der wichtigsten Eigenschaften des Caseins für die Lederdeckfarbenherstellung, nämlich der Grad seines Abbaus während der Fabrikation und Lagerung, wird durch Prüfung der Viskosität einer Probelösung und deren Vergleich gegen ein Stammmuster ermittelt. Hierzu wird immer die gleiche Menge Casein über Nacht in einer festgelegten Menge Wasser gequollen und mit einer standardisierten Menge Borax und Wasser auf dem siedenden Wasserbad bei 40° C gelöst, so daß eine etwa 10 bis 12%ige Lösung entsteht. Nach dem Abkühlen und Filtrieren durch Gaze wird die Viskositätszahl nach Engler oder in einem Vogel-Ossag-Viskosimeter immer bei der gleichen Temperatur bestimmt und mit früheren Lieferungen verglichen. Lieferbedingungen und Prüfverfahren für Milchsäurecasein ganz allgemein als Rohstoff für technische Zwecke sind in dem R.A.L. 093 B durch den Reichsausschuß für Lieferbedingungen festgelegt. Noch vor 20 Jahren wurde nur neuseeländisches und argentinisches Casein für die Herstellung von Lederdeckfarben als geeignet erachtet. Inzwischen haben die Milchverwertungsindustrien der meisten europäischen Länder solche Fortschritte gemacht, daß heute unbedenklich auch deutsches, französisches, dänisches Casein und ähnliche Caseinsorten verwendet werden können, soweit die oben geschilderten Qualitätsansprüche erfüllt werden. Nach Erfahrung des Autors ergeben neuseeländische Caseine auch heute noch höherviskose Lederdeckfarben als andere auf dem Markt befindliche Sorten.

Sogenanntes lösliches Casein ist solches, das durch Zusatz von Borax oder anderen alkalischen Salzen löslich gemacht wurde. Es ist als Rohstoff für Lederdeckfarben weniger geeignet, da der unbestimmte Gehalt an Alkali in die Deckfarbenrezeptur eine unangenehme Unsicherheit bringt.

Im Casein, das kein einheitlicher Körper ist, liegt ein Gemisch von Phosphoproteiden vor. Näheres über die physikalischen und chemischen Eigenschaften des Caseins und der anderen Proteine siehe W. Graßmann und J. Trupke (1), S. 464 u. a.; G. Blix, K. Felix, W. Graßmann und J. Trupke, S. 738 u. a. Erwähnt sei hier noch, daß man für technisches Casein sicher ein Gemisch von mehr oder weniger stark abgebauten Bruchstücken annehmen darf, deren Molekulargewichte zwischen 12000 und 100000 liegen. Aus dem viskosimetrischen Verhalten des Caseins kann hinsichtlich seiner morphologischen Struktur geschlossen werden, daß es nicht in Faden- oder Kettenform, sondern als kompaktes Kugelteilchen vorliegt.

Casein quillt mit Wasser und ist in den meisten organischen Lösungsmitteln völlig unlöslich. Konzentrierte organische Säuren, wie Ameisensäure, Eisessig und Lösungen von Harnstoff, besitzen ein gewisses Lösevermögen. Die Quellbarkeit und Löslichkeit von Casein in alkalischen Lösungen kann durch mehrtägiges Erhitzen desselben auf 90 bis 100° stark vermindert werden, wie sich überhaupt in der Praxis ergibt, daß Ware geringeren Wassergehalts schwieriger in Lösung zu bringen ist. An seinem isoelektrischen Punkt bei p_H 4,6 ist Casein in Wasser völlig unlöslich, jede Verschiebung des p_H-Wertes nach unten oder oben durch Säure- bzw. Alkalizusatz ergibt eine von der Menge der Zugabe und der Art des Zusatzes abhängige größere oder kleinere Löslichkeit. In verdünnten Neutralsalzlösungen tritt eine Steigerung der Löslichkeit bis zu einem Maximum bei spezifischer Konzentration ein (C. Neuberg), während konzentrierte Neutralsalzlösungen eine Fällung hervorrufen. Eine in dieser Reihe auffallend hohe Löslichkeit zeigt Casein in Natriumfluoridlösungen; weiter ist bemerkenswert eine Löslichkeit durch gewisse Erdalkalithiocyanate (P. P. v. Weimarn).

Bei Zusatz von Alkalien, hydrolysierbaren Salzen alkalischer Reaktion und von Säuren steigt die Löslichkeit kontinuierlich von der Konzentration abhängig zu einem für jede Substanz spezifischen Löslichkeitsmaximum an. Bei den Säuren zeigt Casein die beste Löslichkeit in Salz- und Phosphorsäure; eine geringere in Salpetersäure, Monochloressigsäure, Weinsäure und Milchsäure. Nach J. Loeb löst Salzsäure bei einem p_H-Wert von 2,18 7 bis 8 g pro Liter bei 22stündiger Einwirkung.

Erheblich höhere Löslichkeiten als die bisher besprochenen vermitteln dagegen die Lösungen von Alkalien oder stark alkalisch hydrolysierten Salzen. Auch hier ist die zeitliche Einstellung des Lösungsgleichgewichts entscheidend von der Vorbehandlung des Caseins, der Korngröße, der Konzentration des Alkalis, besonders auch von der Säurezahl abhängig. Erhöhte Temperatur beschleunigt die Lösung erheblich. Chemisch gesehen wird die Lösung durch eine mehr oder weniger vollständige Überführung des Caseins in Alkalicaseinate erzielt. Die Löslichkeit wird hier weniger durch die Erreichung eines Lösungsmaximums begrenzt, als vielmehr dadurch, daß bei höheren Konzentrationen ein gelartiger, hochviskoser Zustand erreicht wird. Die Alkalicaseinate sind der Ionisation und damit der Hydratation zugänglich, was letztlich die Löslichkeit erst bedingt. Alle Einflüsse, welche der Hydratation entgegenwirken, wie Neutralsalzzusatz, Alkohol und Acetonzugabe, bewirken eine Verminderung der Löslichkeit oder bei höheren Konzentrationen Fällung. Die Ladung des Caseins ist anionisch in alkalischer, kationisch in saurer Lösung.

Der Brechungsindex von reinem Casein wird mit 1,675 angegeben, also über dem Brechungsindex des Ölanstrichs. Dies ist der Grund dafür, daß einige Pigmente in Öllacken decken, in Caseinbindemitteln dagegen lasieren (z. B. Kreide). Anderseits wird durch den hohen Brechungsindex des Caseins die gute Glanzwirkung erklärt, die mit glanzgestoßenen Caseinzurichtungen erreichbar ist.

Die Viskosität von Caseinlösungen ist entscheidend abhängig von der Konzentration und dem p_H-Wert der Lösung, den die Lösung vermittelnden Elektrolyten und selbstverständlich von der Temperatur. Um einen Anhalt zu geben: ein Zuwachs der Konzentration von einer 2- zu einer 8%igen Lösung bringt einen Anstieg der relativen Viskosität etwa auf das Zwölffache. Bei Konzentrationen um 12% gehen die Lösungen in einen gelartigen Zustand über. Bemerkenswert ist, daß durch einen im Bereich der Praxis liegenden Temperaturanstieg von einer Lagertemperatur von 10° C auf 50° C eine 10%ige Caseinlösung einen Viskositätsabfall auf ein Zehntel des ursprünglichen Wertes erleiden kann. In der Reihenfolge Ammonium, Kalium, Natrium sinkt die Viskosität verdünnter Caseinatlösungen bei gleicher Temperatur, gleicher Konzentration und gleichem p_H-Wert. Bei p_H 9,2 setzen die Viskositäten dieser Lösungen zu einem scharfen Maximum an. Ähnlich verhalten sich Lösungen mit Hilfe alkalischer Salze, wie Soda, Natriumfluorid, Trinatriumphosphat. Caseinatlösungen auf Basis Borax zeigen dieses Ansetzen zum Viskositätsmaximum schon bei p_H-Werten von 8,2. Beim Lagern neigen Caseinlösungen zu Thixotropieerscheinungen, d. h. es bilden sich die Struktur der Lösung verfestigende Ordnungszustände aus, die durch kräftiges Rühren, vorteilhaft unter leichtem Erwärmen, wieder beseitigt werden können.

Eine entscheidend wichtige Eigenschaft für die Verwendung von Casein als Deckfarbenbestandteil ist, daß die Caseinate als Emulgator und Schutzkolloid wirken. Casein ist durchaus geeignet, Fette, Wachse und ähnliche Körper in stabile Wasser-in-Öl- als auch Öl-in-Wasser-Emulsionen zu bringen. Dem Wasser-im-Öl-Typ sind Fisch-, Oliven-, Sperm-, Ricinus- und Mohnöl zugänglich. Leinöl und Mineralöl können in beiden Typen emulgiert werden. Auch den Pigmenten in den Caseindeckfarben verleiht Casein seinen hydrophilen Charakter, indem es sie einhüllt. Eine weitere wichtige Eigenschaft des Caseins als Bindemittel ist, daß es von dem Solzustand in den Gelzustand überzugehen vermag, ohne eine einschneidende Änderung seiner elastischen Eigenschaften. Der Übergang des Caseins vom Gel- in den Solzustand, hervorgerufen durch Säure oder Alkali, durch einwertige Salze oder durch Änderung des p_H-Wertes, ist reversibel, wenn die Lösungsvermittler wieder ausgewaschen werden.

Irreversibel jedoch ist die durch Formaldehyd, Methylolverbindungen und durch mehrwertige anorganische Salze, z. B. durch Chromsalze, hervorgerufene Gelbildung. Dieser wertvollen Eigenschaft verdankt das Casein seine Härtbarkeit. Man kann annehmen, daß bei der Formaldehydhärtung eine Vernetzung des Caseins zwischen je zwei Aminogruppen unter Wasseraustritt stattfindet. Versuche in dieser Richtung haben ergeben, daß etwa 0,6% Formaldehyd für eine Härtung theoretisch ausreichen. Durch die Reaktion mit Formaldehyd sinkt der p_H-Wert ammoniakalisch gelöster Caseinsole, was ebenfalls eine sehr glückliche Eigenschaft ist, da die Reibechtheit von Caseinzurichtungen bei sauren p_H-Werten optimal ist.

Es wurde vielfach versucht, durch chemische Abwandlung des Caseins neuartige, als Bindemittel geeignete Körper zu schaffen; so wurde eine Nitrierung, Desaminierung, Ketenisierung, Halogenierung, Methylierung, Benzoylierung, eine Umsetzung mit Schwefelkohlenstoff und schließlich eine Äthoxylierung versucht. Von all diesen Produkten hat lediglich das Äthoxylierungsprodukt in der Zurichttechnik praktische Bedeutung erlangt (s. S. 739).

Durch Enzyme, durch Kochen mit Säuren und Alkali, durch Erhitzen unter Druck und schließlich durch mechanische Bearbeitung auf Walzenstühlen, in Mischern und Rührkesseln erleidet das Casein einen mehr oder weniger schnellen Abbau, der bei den letztgenannten mechanischen Bearbeitungen am schonendsten und am wenigsten eingreifend ist. Diese Tatsache ermöglicht es dem Hersteller von Lederdeckfarben, die Viskosität von Deckfarbeneinstellungen in gewissen Grenzen zu beeinflussen. Der Abbau von Caseineinstellungen beim Lagern wird durch die Temperatur und die p_H-Werte der Lösung stark beeinflußt. Von einem p_H-Wert um 10 ab findet bereits bei gewöhnlicher Temperatur ein starker Abbau der Caseinlösungen statt, während bei p_H 12 in kurzer Zeit eine Zersetzung eintritt. Da auch beim Lagern des Rohcaseins ein gewisser Abbau mit der Zeit unvermeidlich ist, sollte für unsere Zwecke möglichst frisches Casein verwendet werden.

Die Vorzüge, die Casein für die Anwendung in Lederdeckfarben empfehlen, sind kurz zusammengefaßt folgende: Casein liefert nicht einen geschlossenen Film, sondern eine wahrscheinlich aus kugeligen Aggregaten mörtelartig aufgebaute Deckschicht [K. Wolf (1)]. Durch Bügeln und Glanzstoßen ergeben Caseinappreturen hohen Glanz und gute Griffigkeit. Die Deckschichten zeigen bei entsprechender Weichmachung genügende Elastizität, um allen Bewegungen des Leders zu folgen. Diese Elastizität ist allerdings auf gewisse optimale Filmdicken beschränkt und es muß beachtet werden, daß zu dicke, im wesentlichen auf Casein und Albuminen aufgebaute Filme zur Brüchigkeit und zum Abrußen neigen. Die sehr gute Temperaturbeständigkeit der Caseinfilme macht sie für die starke mechanische Beanspruchung durch die Zurichtmaschinen und später in der Schuhfabrikation besonders geeignet. Schon in niedrigen Konzentrationen gibt Casein den Deckfarben eine günstige Viskosität, so daß ein Absacken in poröse und saugfähige Unterlagen beim Auftrag vermieden wird. Wesentlich ist auch seine Wirksamkeit als Emulgator und Schutzkolloid, durch welche die Dispergierung und das In-Schwebe-Halten der Pigmente in optimaler Weise gegeben ist. Das hohe Molekulargewicht des Caseins trägt zu dem günstigen Verhalten der Deckschichten wesentlich bei, durch die chemische Verwandtschaft zu der Haut und durch die Häufung polarer Gruppen im Molekül findet eine sehr gute Abbindung statt.

Blutalbumin.

Blut wird seit alters in der Lederzurichtung geschätzt. Auch heute noch wird es vor allem für Schwarzglänze und als Glanzmittel für dunkle Nuancen vielfach eingesetzt. Es gibt der Zurichtung einen brillanten und feurigen Glanzeffekt. Blut für Appreturen muß unmittelbar nach der Schlachtung kräftig gerührt werden, um das gerinnbare Blutfibrin zu entfernen. Eine Konservierung mit etwa 0,5 bis 1% Chlorphenolen, Fluornatrium oder anderen Konservierungsmitteln ist in der Sommerzeit, oder aber, wenn der Appreturansatz länger stehen soll, anzuraten. Vor dem Gebrauch ist das Blut durch ein Tuch zu seihen und etwas mit Wasser zu verdünnen. Neben dem brillanten, lasierenden Glanz beeinflußt Blut in Glänzen den Griff, die Reibechtheit und die Stoßbarkeit günstig.

Ähnlich vorteilhafte Wirkungen können durch den Einsatz von Blutalbuminen bei der Zurichtung hervorgerufen werden.

Beim Stehen gerinnt Blut, indem der sogenannte Blutkuchen (Fibrin + Blutkörperchen) sich absetzt und von dem überstehenden, schwach gelblich gefärbten Blutserum sich trennt. Bei der Herstellung von Blutalbumin wird dieses Blutserum z. B. in Zentrifugen möglichst vollständig von Resten des Blutkuchens gereinigt. Je vollkommener diese Trennung gelingt, desto hellere Blutalbumine werden bei den folgenden Arbeitsgängen resultieren. Eine weitere Reinigung des Serums kann durch Zusatz von Terpentinöl oder Aktivkohle unter einstündigem Rühren erzielt werden. Eine andere Klärmethode ist die Durchmischung von 1000 l Serum mit 60 l Wasser, in dem 0,25 kg Schwefelsäure und 4 kg Essigsäure gelöst sind. Nach längerem Ruhen wird der klare Anteil abgezogen und weiterverarbeitet. Die Trocknung des geklärten Serums kann in Vakuumtrockenschränken, auf Vakuumtrockenwalzen oder neuerdings durch Sprühtrocknung erreicht werden. Wesentlich ist, daß die Trocknung bei möglichst tiefen Temperaturen und möglichst schnell geführt wird. Je nach Trockenart kommt das Blutalbumin in mehr oder weniger dunkelgefärbten Blättern als kleinschuppiges oder vollkommen pulveriges Produkt in den Handel. Man unterscheidet als Handelssorten Hell-, Braun- oder Schwarzalbumin, wobei das Hell- und Braunalbumin für Lederappreturen die geeignetsten Marken sind. Blutalbumine sind nicht billig, was verständlich ist, wenn man bedenkt, daß zur Gewinnung von 1 kg Blutalbumin 60 kg Blut notwendig sind, das ist das Blut von $2^{1}/_{2}$ Rindern oder 17 Kälbern.

Chemisch gesehen sind Albumine Glykoproteide, die sich vor den übrigen Proteinen durch ihre Löslichkeit in neutralem, salzfreiem Wasser auch am isoelektrischen Punkt auszeichnen. Sie koagulieren sowohl durch Säurezusatz als auch durch Erwärmen über 50° C. Besonders der letzte Punkt muß bei der Handhabung der Albumine sorgfältig beachtet werden. Die Koagulierbarkeit durch Wärme bedingt anderseits die Verbesserung der Reibechtheiten beim Einsatz in der Zurichtung, denn es ist anzunehmen, daß durch die Hitzeeinwirkung beim Bügeln und Glanzstoßen Unlöslichkeit durch Koagulation eintritt. Das Molekulargewicht von Serumalbumin liegt bei 66000 bis 70000, der isoelektrische Punkt bei p_H 4,8. Wie Casein bildet auch Serumalbumin ein unlösliches Calciumsalz.

Die wesentlichste Eigenschaft zur Gütebewertung der Albumine ist deren Löslichkeit. Durch unsachgemäße Trocknung kann das Unlösliche bis zu 50% betragen. Gute Albuminsorten sollen nicht mehr als höchstens 5 bis 7% Unlösliches enthalten. Es muß bei der Wertung berücksichtigt werden, daß infolge starker Quellung des Unlöslichen bei der Lösung ein größerer Rückstand vorgetäuscht wird. Der Rückstand wird bestimmt durch Absaugen durch ein dichtes Tuch, Trocknen bei 100° C und Wiegen. Der hohe Preis der Albumine verleitet manchmal zu Verfälschungen mit Gummiarabikum, Leim, Dextrin und Tragant. Diese Verfälschungen sind leicht vom Albumin durch Hitzekoagulation desselben und durch Rückstandsbestimmung des Filtrats nachzuweisen. Leim kann durch Tanninfällung im Filtrat erkannt werden. Die Lösungen guter geklärter Albuminsorten sollen klar sein und zu großen farblosen oder gelben hochglänzenden Blättern auftrocknen. Blutalbumin soll nicht mehr als 1 bis 2% Asche enthalten.

Eialbumin.

Eialbumin ist getrocknetes Eiklar, das aus etwa 11,8% Albuminen, 3,6% Fetten und mit Fettlösern extrahierbaren Substanzen, 0,5% anorganischen Salzen und zum Rest aus Wasser besteht.

Das Molekulargewicht des reinen Eialbumins liegt bei 44000, der isoelektrische Punkt bei p_H 4,8 bis 4,9, die Koagulationstemperatur bei 56° C. Wie Casein und Blutalbumin bildet Eialbumin mit Alkalien Albuminate und wird durch Chromsalze und Formaldehyd gehärtet. In den meisten Eigenschaften besteht zwischen Blutalbumin und Eialbumin eine enge Übereinstimmung.

Die Fabrikation von Eialbumin ist ähnlich der des Blutalbumins. Wichtig ist hier die saubere Trennung des Eiklars vom Dotter. Man gewinnt durch Aufschlagen der Eier und Abgießen von Hand etwa 60% des Gewichts der Eier am Eiklar. Dieses wird durch Filtrieren von den Zellhäuten befreit und durch ein- bis zweitägiges Stehen geklärt. Die Trocknung soll schnell und bei tiefen Temperaturen im Vakuumtrockner oder im Sprühtrockner erfolgen. Für 1 kg Eialbumin werden 230 bis 290 Eier benötigt. Eialbumin soll aus möglichst großen, möglichst wenig gefärbten Stücken oder glänzenden Blättchen bestehen. Sprühgetrocknetes Eialbumin ist ein weißes bis gelbliches, feines Pulver hohen Schüttgewichts. Handelsüblich ist es, das Albumin in größeren Stücken höher zu bewerten als die Sorten in kleinen Blättchen. Nach F. Stather enthält handelsübliches Eialbumin neben 15% Wasser 60% koagulierbares Albumin, 13% andere lösliche Stoffe, 11% unlösliche Stoffe und 4% Asche. Verfälschungen können ähnlich wie bei Blutalbumin beschrieben festgestellt werden.

Eialbumin macht die Zurichtung hart, glänzend, reibecht und ergibt einen Film von glasiger Klarheit und Brillanz. Eialbumin wird anteilig als Bindemittel, besonders bei Chevreau, in vielen Fällen auch bei Boxcalf verwandt. Eine Überdosierung von Albuminen ergibt Splissigkeit und scholligen Bruch. Für alle Lederarten verbreitet, auch für die Bügelzurichtung, ist die Anwendung von Albuminen in Schlußappreturen. Albumine werden vorteilhaft in 10%igen konservierten Stammlösungen kurzfristig aufbewahrt und angewandt.

Soja-Eiweiß.

In den letzten zehn Jahren hat Soja-Eiweiß aus der Frucht der Sojapflanze in Amerika neben Casein in wässerigen Anstrichpasten Anwendung gefunden. Dieses Protein enthält in der Hauptsache Glycinin, einen zu den Globulinen zählenden Eiweißkörper. Globuline sind dadurch gekennzeichnet, daß sie in reinem Wasser unlöslich sind, sich jedoch in Salzlösungen gewisser Konzentration gut lösen. Ebenso ist Löslichkeit durch Säuren und Basen gegeben. Man unterscheidet zwei Handelssorten Soja-Eiweiß, nämlich Alphaprotein und Gammaprotein.

Ersteres wird aus den möglichst vollkommen entfetteten, gemahlenen Bohnen mit Kochsalz, Natriumsulfit, Natriumhydroxyd, Schwefelsäure oder Salzsäure zur Lösung extrahiert, wobei der verwendete Elektrolyt die Eigenschaften des gewonnenen Rohstoffs wesentlich beeinflußt. Durch Fällung und Auswaschen der löslichen Kohlenhydrate wird das Protein gereinigt und unter genauer Kontrolle der Temperatur und des p_H-Wertes partiell hydrolysiert. Das Endprodukt enthält etwa 95 bis 97 % Protein, 0,5 % Asche und 2 % Kohlenhydrate. Es ist oft durch gröbere Fasern verunreinigt. Alphaprotein wird in ähnlicher Weise wie Casein mit schwachen Alkalien bzw. alkalisch reagierenden Salzen in Lösung gebracht. So können z. B. 100 Teile Alphaprotein mit 10 bis 15 Teilen Borax gelöst werden. Zu bemerken ist, daß sich dieses Bindemittel teurer stellt als Casein, doch soll es hochglänzende und besonders zähfeste Filme ergeben.

Gammaprotein wird auf mechanischem Weg isoliert und ist entsprechend weniger rein. Es enthält etwa 50 % Protein, 1 % Fett und oft erhebliche Rückstände an Fasern und ähnlichen Verunreinigungen. Im Gegensatz zu Alphaprotein ist es in USA. billiger als Casein, welches es bis zu 50 % in Farbpasten ersetzen kann. Für die Herstellung von Lederdeckfarben ist dieses Protein wegen ungenügender Reinheit und wegen des Rückgangs der Löslichkeit beim Altern vorerst weniger zu empfehlen.

Leim und Gelatine.

Leim und Gelatine entstehen aus Kollagen beim Kochen mit heißem Wasser unter erhöhtem Druck durch eine langsame, mit Hydrolyse verbundene Auflösung des Fasergefüges. Das Umwandlungsprodukt dieser Kochbehandlung wird Glutin genannt. Dieses löst sich leicht im heißen Wasser, beim Erkalten der Lösung erstarrt es zu einem typischen Gel und trocknet zu einer hornartigen, mehr oder weniger durchsichtigen Masse auf. Glutin wird im Gegensatz zu nativem Kollagen durch Trypsin leicht abgebaut [vgl. z. B. W. Graßmann und J. Trupke (2), S. 666, 721; A. Küntzel, S. 611]. Gelatine und Leim unterscheiden sich hauptsächlich durch den höheren Abbaugrad und die stärkere Verunreinigung des letzteren. Das Molekulargewicht der Gelatine soll zwischen 20000 und 70000 liegen (O. Gerngroß, K. Hermann und W. Abitz).

Ausgangsmaterial für die Gelatine und Leimgewinnung sind Haut- und Lederabfälle, Fischabfälle, Knochen usw. Leim wird nach der Herkunft oft als Fischleim, Knochenleim, Hautleim usw. bezeichnet. Aus uneinheitlichem Ausgangsmaterial hergestellte Leime werden als Mischleime gehandelt. Leim kommt in verschiedener Form, wie Blätter, Körner, Perlen, Pulver und Flocken, in den Handel. Je kleiner die Form, desto besser und schneller ist die Quellung und damit die Lösung. Für Appreturansätze soll Leim spröde und muschelig brechen und von hellgelber Farbe sein. Nach dem Auflösen darf er nicht faulig oder muffig stinken. Er soll höchstens 3 % Asche und kein Fett enthalten; im p_H-Wert, nicht saurer als p_H 4 und nicht alkalischer als p_H 9 reagieren und höchstens 17 % Wasser enthalten.

In der Zurichtung finden nur verdünnte Leim- und Gelatinelösungen Anwendung als sparsam zu dosierender Zusatz zu Appreturen. Bewährt hat sich z. B. die Kombination mit Polymerisatemulsionen, um diese besser heißreibfest zu machen. Der Leim oder die Gelatine werden heiß gelöst, wobei ein längeres

Kochen vermieden werden soll. Ganz allgemein machen diese Zusätze die Filme erheblich härter und ergeben einen besonders hohen Glanz. Besonderer Sorgfalt beim Einsatz von Leim und Gelatine bedarf die Weichmachung mit gelatinierenden Weichmachern für die wässerige Zurichtung, da sonst Versprödungsgefahr besteht.

Wie die bisher besprochenen Proteine, so ist Gelatine und Leim mit Formaldehyd und Chromsalzen härtbar. Es sei darauf hingewiesen, daß Gelatine die Grundlage für das Binde- und Klebemittel in der Gold- und Silberlederherstellung darstellt.

Hausenblase.

Hausenblase ist ein recht teures Glutinpräparat, gewonnen aus der Innenhaut von Fischblasen. Dem Autor ist eine ausgedehntere Verwendung derselben nicht bekannt geworden. Nach I. S. Mudd (1), S. 36 soll sich dieses Produkt vor allem für die Zurichtung von Hutband-Skivers bewährt haben.

2. Natürliche Harze.

Schellack.

Das Rohmaterial für Schellack ist der sogenannte Stocklack, der von Insekten (Laccifer lacca kerr) an jungen Zweigen verschiedener Sträucher als Schutzgehäuse ausgeschieden wird (vgl. auch diesen Bd., 6. Kap., S. 594). Zu den Erntezeiten werden die Zweige von Eingeborenen eingesammelt, zerkleinert und Holz und Blätter vom Stocklack getrennt. Eine anschließende Wäsche mit Wasser oder schwach alkalischen Lösungen dient zur Entfernung des roten „Lac dye" und anderer löslicher Substanzen. Das so gereinigte Produkt kommt als **Körnerlack** oder **Seed-Lack** in den Handel. Jedoch wird dem Endverbraucher meist der umgeschmolzene und fabrikmäßig gereinigte, sogenannte Blätterschellack angeboten.

Hier unterscheidet man, je nach Farbe, Lemonschellack als hellste und teuerste Sorte, Orangeschellack und Rubinschellack. Letzterer weist als billigste Sorte eine kräftige Rot- bzw. Dunkelfärbung auf. Haupterzeugungsländer sind: Zentralindien, Burma, weniger wichtig sind Thailand und Indochina. Londoner Handelstypen sind London Standard, Pura TN, Nr. 2 Pura TN, Superfein TN, FOTN, FO heart und FO Superfein. Die FO-Marken müssen frei sein von Auripigment, welches oft bei anderen Schellacksorten zur Farbverbesserung zugesetzt wird, sich aber lacktechnisch außerordentlich ungünstig auswirkt. Der London Standard TN darf lediglich einen Verschnitt mit 3% Kolophonium aufweisen.

Deutsche Handelsbezeichnungen sind Knopflack, Tafellack, Nadellack, Rubinschellack und andere. Standardnormen sind für deutsche Erzeuger nicht eingeführt. Für Hochglanzlacke werden seit einer ganzen Reihe von Jahren entwachste Schellacksorten im Handel angeboten. Für farblose Lacke wurde ein sogenannter gebleichter Schellack geschaffen. Die Bleiche wird durch Überleiten eines verdünnten Chlorstromes oder durch Hypochlorite während mehrerer Tage bewirkt; sie greift jedoch einschneidend in die ursprüngliche Struktur des Schellacks durch eine geringfügige Chlorierung und einen gewissen Abbau ein. Diese chemische Reaktion kommt u. a. in einer veränderten Löslichkeit des sogenannten gebleichten Schellacks zum Ausdruck. Schon bei relativ kurzfristiger Aufbewahrung wird gebleichter Schellack durch mit der Bleiche eingeschleppte Säure unlöslich. Es ist darum zu empfehlen, gebleichten Schellack unter immer wieder zu erneuerndem Wasser aufzubewahren.

Schellack ist im Gegensatz zu den bisher behandelten Binde- und Glanzmitteln kein Hochpolymeres, vielmehr ein Gemisch verschiedener veresterter Carbonsäuren mit dem Molekulargewicht zwischen 700 und 1000. Seine Zusammensetzung ist etwa wie folgt: 80% petrolätherunlösliche veresterte Polyoxycarbonsäuren (C_{14} bis C_{18}), 4 bis 6% wasserlösliche Harzsäure, 6% petrolätherlösliches Wachs (im wesentlichen Ceryl- und Myricylalkohol enthaltend).

Unter anderem wurde ein größerer Anteil an Aleuritonsäure $C_{15}H_{28}(OH)_3COOH$ aus Schellack isoliert.

Wachshaltiger Schellack löst sich in Alkohol, Äther, Äthylglykol, Äthylglykolacetat, Benzylalkohol, Butanol, Butylacetat 85%ig, Butylglykol, Diacetonalkohol, Normal- und Isopropyalkohol, Methanol, Methylglykol, Methylcyclohexanon und Cyclohexanon. Er kann durch Alkalien und alkalisch reagierende Salze in wässerige Dispersion gebracht werden. Hierfür finden in der Zurichttechnik Ammoniak, Ammoniumcarbonat, Borax, Di- und Triäthanolamin, Morpholin u. a. Anwendung. Für die Appretur ist es in vielen Fällen vorteilhaft, das Schellackwachs durch Filtration der alkalischen Lösung zu entfernen. Die entwachsten Handelssorten sind meist durch alkalische Lösung des Schellacks, Filtration und saure Wiederfällung oder durch Extraktion gereinigt.

Da Schellack sich teuer stellt, wird er oft mit Kolophonium verfälscht. Für die Lederzurichtung sind nur die besten kolophoniumfreien Schellacksorten geeignet, weil dieser Verschnitt das Glanzstoßen in untragbarer Weise beeinflußt (s. weiter unten). Kolophonium wird im Schellack nach der Reaktion von Liebermann-Storch nachgewiesen, indem man die Probe unter Erwärmen mit Essigsäureanhydrid löst und in einer Porzellanschale einen Tropfen Schwefelsäure, 50%ig, hinzugibt. Tritt eine Violettfärbung auf, so liegt ein mit Kolophonium verschnittener Schellack vor.

Eine Schönung mit Auripigment ist einfach durch Lösen von Schellack in Alkohol festzustellen. Hinterbleibt ein gelber Rückstand, so liegt ein Zusatz von Auripigment vor. Weitere Kennzahlen für Schellack sind: spez. Gew. 1,035 bis 1,14, Erweichungspunkt zwischen 60 und 80° C, Schmelzp. zwischen 100 und 120° C, Verseifungszahl 185 bis 210, Jodzahl 10 bis 18 (bei Kolophoniumgehalt höher), Säurezahl 55 bis 65.

Schellack ist nach Casein der wichtigste Rohstoff für wässerige Deckfarben. Seine Bedeutung ist jedoch gegenüber den Anfängen der Lederdeckfarben in den letzten Jahren insofern zurückgegangen, als er in pigmenthaltigen Einstellungen heute weniger, wohl aber in Tops und Glänzen verwendet wird. Wenn in diesen Tops Hochglanzeffekte erzielt werden sollen, ist es empfehlenswert, die abtrübenden Wachsanteile bei der Auflösung des Schellacks abzufiltrieren oder entwachste Sorten zu verwenden. Es muß jedoch beachtet werden, daß der natürliche Wachsgehalt als Weichmacher zu wirken imstande ist. Neben alkalischen Aufschlüssen sind für die Lederappretur auch alkoholische Lösungen mit Zusatz anderer Lösungsmittel in Anwendung. Auch Emulsionen von organisch gelöstem Schellack in wässeriger Phase unter Verwendung von Casein als Emulgator sind als Selbstglänze in Vorschlag gebracht worden. Ein Zusatz von Schellack zu Kollodiumfarben soll zwar gute Glanzeffekte, aber schlechte Alterungseigenschaften ergeben. Der reine Schellackfilm ist durch seine ausgezeichnete Festigkeit und durch sein sehr gutes Isoliervermögen gekennzeichnet. So können Fettausschläge an einem weiteren Austritt an die Oberfläche der Zurichtung durch einen Überzug mit einem organischen Schellack-Lack verhindert werden. Ohne entsprechende Weichmachung ist jedoch der Schellackfilm für Lederzwecke zu hart, zu brüchig und zu wenig abreibfest. Eine Überdosierung von Schellack in wässerigen Zurichtungen ergibt Splissigkeit und unedel scholligen Narbenbruch. Das Problem der Weichmachung von Schellack für wässerige Zurichtungen ist noch nicht in idealer Weise gelöst. Weichere Schellackfilme resultieren bei der Anverseifung desselben mit Morpholin und Triäthanolamin. Jedoch ist diese Weichmachung, da diese Komponenten mit der Zeit abdunsten, nicht sehr alterungsbeständig; zudem wird die Wasserfestigkeit negativ beeinflußt. Am besten haben sich noch gelatinierende Weichmacher, wie sie für Casein verwendet werden, bewährt. Für spritgelösten Schellack kann Ricinusöl als

Weichmacher empfohlen werden. Trotz mancher negativer Eigenschaften ist Schellack als bestes Glanzmittel in der wässerigen Zurichtung heute unentbehrlich und findet praktisch in jeder Zurichtung in irgendeiner Form Verwendung.

Kolophonium.

In der Literatur findet man immer wieder Rezepturen, in denen Kolophonium anteilig für Lederappreturen und -deckfarben empfohlen wird. Von dem Einsatz von Kolophonium ist jedoch entschieden abzuraten, da es den Glanz der Zurichtung herabsetzt und Schwierigkeiten beim Bügeln und Glanzstoßen mit sich bringt. Selbst kleine Anteile verursachen eine gewisse Klebrigkeit der Zurichtung, die den Griff ungünstig beeinflußt. In geringen Prozentsätzen hat sich jedoch Kolophonium als Zusatz zu Lederpflegemitteln bewährt, die auf Fett- bzw. Ölbasis aufgebaut sind und der Sohllederpflege dienen sollen. Auch in Schuhcremes, sowohl Wasserware als auch Mischcremes und Tubenware, ist Kolophonium in niedrigen Prozentsätzen einsetzbar und wegen seiner Billigkeit gerne gehandhabt. In diesem Zusammenhang sei darauf hingewiesen, daß in letzter Zeit Äthoxylierungsprodukte des Kolophoniums als Emulgatoren eine gewisse Bedeutung gewonnen haben. Da für Lederappreturen und Lederdeckfarben Kolophonium nur mehr geringe Bedeutung hat, sei auf eine Einzelbesprechung verzichtet.

Weitere natürliche Harze.

Neben Schellack werden in der Literatur noch eine ganze Reihe natürlicher Harze als für die Lederzurichtung geeignet beschrieben. Der Verfasser ist jedoch der Ansicht, daß diese für die moderne Fabrikation wässeriger Deckfarben keine Bedeutung haben. Sie mögen für sogenannte Dressings- und Ausputzmittel, wie sie von der Schuhindustrie zum Endausputz des fertigen Schuhs verwandt werden, einsetzbar sein. Wegen der untergeordneten Bedeutung dieser Harze sollen sie nur in Tabelle 2 (s. S. 732) mit ihren wichtigsten Eigenschaften zusammengefaßt werden.

3. Schleimstoffe.

Eine ganze Reihe natürlicher Schleimstoffe finden in der Lederzurichtung als Verdickungsmittel, Schutzkolloide, Trägerstoffe und viskositätssteigernde Zusätze Anwendung. Chemisch sind diese Rohstoffe meist den Kohlenhydraten verwandt.

Leinsamen.

Leinsamenabkochung dürfte heute in der praktischen Zurichtung, z. B. in der Grundierungsflotte, um ein „Stehen" des ersten Auftrags zu erzielen, mit am meisten angewandt werden. Sie wird hergestellt, indem zerquetschte Leinsaat mit der 30- bis 40fachen Menge Wasser ausgekocht und durch ein Tuch gegossen wird (s. diesen Bd., 4. Kap., S. 311). Der Hauptbestandteil der Leinsamenabkochung sind Polysaccharide auf Basis d-Galakturonsäure, l-Rhamnose, l-Galaktose und d-Xylose. Als natürliche Weichmacher wirken Leinöl, das selbstverständlich mehr oder weniger in den Sud eintritt, und natürliche Phosphatide. Auf Grund dieser natürlichen Weichmachung zeigt Leinsamenabkochung nicht die unangenehme Neigung zum Verspröden und zur Splissigkeit, die den anderen Schleimkörpern zum größten Teil zu eigen ist. Ein Nachteil, den dieses Hilfsmittel mit den übrigen vegetabilischen Schleimen gemeinsam hat, ist die durch keine Härtung zu beseitigende Wasserquellbarkeit.

Tabelle 2. **Eigenschaften einiger natürlicher Harze von geringerer Bedeutung für die Lederzurichtung.**

Harz	Säurezahl	Verseifungszahl	Löslichkeit in gebräuchlichsten Lösungsmitteln
Akaroid (Australien)	60—140	160—220	Sprit, Essigester, Äthylglycolacetat, Benzylalkohol, Butylacetat, Diacetonalkohol, Lösungsmittel E 13, Cyclohexanon
Benzoe (Sumatra)	100—190	180—230	Sprit, Essigester, Äthylglycolacetat, Aceton, Benzylalkohol, Butylacetat, Chlorbenzol, Diacetonalkohol, Lösungsmittel E 13, Cyclohexanon
Elemi (Manila)	30— 30	30— 65	Sprit, Essigester, Aceton, Benzin (1 : 1), Benzylalkohol, Butylacetat, Chlorbenzol, Terpentinöl, Toluol, Cyclohexanon
Kolophonium (Kanada)	160—180	165— 200	Alkohol, Äther, Cloroform, Eisessig, Terpentin, Benzin
Mastix (Chios)	50— 75	80—105	Äthylglycolacetat, Butylacetat, Diacetonalkohol (1 : 1), Lösungsmittel E 13 (1 : 1), Toluol, Cyclohexanon
Sandarak (Mogador)	130—150	165—185	Sprit, Essigester (1 : 1), Aceton, Benzylalkohol, Butylacetat, Chlorbenzol, Diacetonalkohol, Lösungsmittel E 13, Terpentinöl, Cyclohexanon

Aus diesem Grunde muß man eine Minderung der Wasserechtheit bei seinem Einsatz erwarten. Es muß jedoch anerkannt werden, daß mit Leinsamenabkochung ein seidiger Griff und ausgezeichneter Narbenbruch erzielt wird. Für seinen Einsatz als Grundierungsmittel kann es ein Vorteil sein, daß die natürliche Saugfähigkeit des Leders durch eine Leinsamengrundierung für einen zweiten Auftrag nicht beseitigt wird. Bei der Anwendung muß beachtet werden, daß Leinsamenschleim mit einigen Pigmenten, wie z. B. Titanweiß, schlecht verträglich ist, weiter, daß bei Schwarz und dunkleren Nuancen bei seinem Einsatz oft Grauschimmer auftritt.

Carragheenmoos.

Carragheenmoos (Perlmoos, Knorpeltang, irländisch Moos) ist eine getrocknete Algenart, die an den Küsten des Atlantiks und der Nordsee massenhaft vorkommt. Die getrocknete Alge ist eine knorpelige, etwas durchscheinende, krümelige Masse gelblicher bis bräunlicher Farbe oder ein dunkles Pulver.

Das Handelsprodukt enthält 55 bis 80% Schleimstoffe, die Schleimlösung erhält man, indem man das Moos einige Stunden mit kaltem Wasser quellen läßt, das Wasser dann zur Entfernung von Salz abgießt und mit der 10- bis 40fachen Menge frischen Wassers unter Zusatz von etwas Soda aufkocht, einige Stunden weiterkochen läßt und noch heiß durch ein Tuch abgießt. Es empfiehlt sich eine Konservierung mit 0,3 bis 0,5% einer Preventol- oder Raschitmarke oder mit Salicylsäure. Wenn keine gemeinsame Verwendung mit Caseindeckfarben vorgesehen ist, kann auch mit Formaldehyd konserviert werden.

Chemisch interessant ist der Schleim des Carragheenmooses dadurch, daß es eine Polygalaktanschwefelsäure darstellt, also neben dem Grundkörper Galaktose Schwefelsäure in Esterbindung enthält.

Isländisch-Moos.

Das Isländisch-Moos ist in dem äußeren Aussehen und in der Anwendung dem Carragheenmoos ähnlich, es wird jedoch aus einer auf Island am Lande wachsenden Flechtenart gewonnen.

Wesentliches Anwendungsgebiet der beschriebenen Schleime ist die Mischung mit Casein, Leim, Gelatine und auch mit Polymerisatdispersionen für Fleischseitenappreturen, neuerdings auch als Bestandteil von Pastingklebern. Als Grundierung für Narbenleder sind die Moose im allgemeinen zu spröde.

Alginate.

Algin wird hergestellt aus gewöhnlichem Seetang bzw. Seegras. Nach Auswaschen des enthaltenen Salzes mit Wasser wird mit Ätznatronlösung ein Absud hergestellt, aus dem mit Säuren die sogenannte Alginsäure gefällt wird. Diese wird mit Alkalien wieder gelöst und in die Lösung so lange weitere Alginsäure gegeben, bis ein neutrales Alginat entsteht, das dann als Pulver oder als glänzende bräunliche Blättchen in den Handel kommt. Die Alginate zeichnen sich durch eine ausgezeichnete Quellbarkeit, durch schnelle und klare Löslichkeit und durch gute filmbildende Eigenschaften aus. Ohne Weichmacher trocknet der Film recht spröde auf. Weichmachung erfolgt am besten mit sulfonierten Ölen, z. B. Spermöl, Glycerin und ähnlichen Körpern. Mit Hilfe dieser Weichmacher werden Grundierungen erzielt, die sich durch besonders gute Elastizität, weichen Griff, schönen Narbenbruch, guten Abschluß und gute Haftung auszeichnen. Alginate sind durch Chromsalze einigermaßen härtbar, was sie vor allen übrigen Schleimkörpern auszeichnet. Chemisch ist die Alginsäure eine Polymannuronsäure relativ hohen Molekulargewichts.

Tragant.

Tragant ist der erhärtete Schleimsaft verschiedener Astragalusarten des nahen Ostens, vorzüglich Kleinasiens. Die Bäume werden durch Schnitte angezapft. Der in drei Tagen erhärtete Saft kommt in Form eines gelben Pulvers oder in milchweißen, durchscheinenden Stücken in den Handel. Das Handelsprodukt soll geschmack- und geruchfrei sein.

Man stellt Tragantlösungen her, indem man das Pulver mit der 50fachen Menge Wasser quellen läßt und anschließend 5 bis 7 Stunden kocht. Ein Zusatz von Alkalien beschleunigt die Lösung, sollte jedoch vermieden werden. Man kann auf schnelle Weise Tragantpulver dadurch lösen, daß man mit Sprit durchfeuchtet, etwas quellen läßt und dann erst Wasser zugibt. Die Lösung ist mit 0,3 bis 0,5% Preventol, Raschit und ähnlichen Konservierungsmitteln zu stabilisieren.

Chemisch gesehen ist Tragant ein Polysaccharid aus Uronsäuren und Arabinose. Tragantlösungen können Anwendung finden für Fleischseitenappreturen, Spaltzurichtungen mit Polymerisatdispersionen, als Bestandteil von Pastingklebern (s. diesen Band, 4. Kap., S. 311); für Narbenleder und für die Zurichtung abgebuffter Leder wirken sie zu versprödend. Früher hatte Tragant einige Bedeutung bei der Herstellung sogenannter Schustertinten, die dem Ausputz fertiggestellter Schuhreparaturen dienten.

Tragasol.

Tragasol ist ein Schleimabsud aus den Kernen des Johannisbrotstrauches. Es kommt als steife Gallerte oder als Pulver in den Handel und wird durch Aufkochen gelöst. Es kann für Appreturzwecke eingesetzt werden, in letzter Zeit wurde es als Pastingkleber besonders empfohlen (s. diesen Bd., 4. Kap., S. 311).

Gummiarabikum.

Dieser aus der Rinde der Acacia arabica gewonnene Pflanzenschleim löst
sich in der doppelten Menge Wasser zu einem klaren, stark klebrigen Sirup.
Chemisch steht dieser Körper den Pektinen nahe. Gummiarabikum ist für
Lederzurichtungen im allgemeinen wegen seiner den Film brüchig machenden
Eigenschaften nicht zu empfehlen, jedoch wird seine Anwendung für Ausputz-
mittel in einer ganzen Reihe von Rezepturen empfohlen.

Stärke.

Nach I. S. Mudd (1) soll Stärke vereinzelt in Glänzen Anwendung finden.
Der Autor möchte dies wegen der schlechten Bindekraft besonders in pigmentierten Einstellungen nicht empfehlen. Verschiedene Stärkearten werden zum
Ansatz von Pastingklebern mit teilweise gutem Erfolg eingesetzt (s. diesen Bd.,
4. Kap., S. 311).

4. Wachse.

Unter der Bezeichnung Wachse wird eine ganze Gruppe verschiedener Körper
und Gemische zusammengefaßt, die in ihrem äußeren Aspekt und vor allem
in gewissen physikalischen Eigenschaften dem Bienenwachs verwandt sind.
Chemisch sind Wachse Ester höherer Fette mit höheren Alkoholen. (Vgl.
zur Definition diesen Bd., 6. Kap., S. 571.) Bei den natürlichen Wachsen
unterscheidet man solche aus dem Tier- und Pflanzenreich der Gegenwart und
die sogenannten fossilen und bituminösen Wachse. In den letzten 30 Jahren
wurde dieses Gebiet von der chemischen Industrie bearbeitet, indem mineralische, wachsartige Produkte veredelt, Nebenprodukte industrieller Großsynthesen
in das Gebiet eingeführt sowie wachsartige Kondensations- und Polymerisationsprodukte völlig neuartiger und abweichender Eigenschaften geschaffen wurden.
All diese Wachsarten finden für Lederdeckfarben eine gewisse Anwendung,
jedoch liegt die größte Bedeutung der Wachse auf dem Gebiet der Schuhpflegemittel für Oberleder, der Reparierfarben in der Schuhfabrikation und
der Glanzmittel zum Naturausputz von Bodenleder.

Carnaubawachs.

Carnaubawachs scheidet sich an der Unterseite der Blätter der Carnauba-
palme ab. Von den getrockneten Blättern wird das Wachs abgeklopft und durch
Schmelzen zu größeren Brocken vereinigt. 50 bis 60 Palmwedel ergeben 1 kg
Carnaubawachs.

Das rohe Carnaubawachs ist infolge seiner primitiven Gewinnungsweise mit
Pflanzenresten, Fasern und Sand verunreinigt, es kommt in hellgelben, graugrünen
bis braunschwarzen groben Stücken in den Handel. Je nach der Farbe bezeichnet
man es in den roheren Sorten als „fettgrau“, in den feineren helleren als „mittelgelb“,
„primagelb“ und „flor“. Gereinigt wird Carnaubawachs durch Einrühren des Wachs-
staubes in kochendes Wasser und Abschöpfen der Schmelze von der Oberfläche.
Gereinigtes Carnaubawachs enthält bis zu 2% Wasser.

Carnaubawachs ist amorph, springhart und leicht pulverisierbar. Der Schmelzpunkt liegt bei 78 bis 80°. Deshalb übt Carnaubawachs schon bei niedrigen
Zusätzen eine stark härtende Wirkung auf andere Wachse aus. Charakteristisch
für Carnaubawachs sind die ring- und wabenähnlichen Zeichnungen auf der Oberfläche seiner Schmelze oder einer carnaubawachshaltigen Mischung beim Erstarren.
Diese Erstarrungszeichnung gilt bei Schuhcremes als Qualitätsmerkmal.

Verfälschungen des Carnaubawachses sind leicht an der Erniedrigung des Schmelzpunktes zu erkennen. Chemisch ist Carnaubawachs im wesentlichen Cerotinsäuremyricylester ($C_{25}H_{51}COOC_{30}H_{61}$). Es enthält außerdem noch in geringeren Anteilen freie Cerotinsäure, Carnaubasäure ($C_{23}H_{47}COOH$), Cerylalkohol ($C_{26}H_{53}OH$) und Myricylalkohol. Das Wachs ist löslich in Benzin, Benzol, Xylol, Chloroform, Terpentinöl, Kienöl, Campheröl, chlorierten Wasserstoffen, Schwefelkohlenstoff und Ketonen. Die heiße Alkohollösung scheidet beim Erkalten das Wachs wieder ab. Carnaubawachs ist schwer verseifbar, denn bei Behandlung mit Alkalien, wie Borax, Soda usw., entstehen keine eigentlichen Wachsseifen, sondern Wachsemulsionen, die Wachsalkohole und Unverseifbares in mehr oder weniger feiner Verteilung enthalten. Beim Erkalten nehmen diese Wachsemulsionen feste bzw. bröcklige Konsistenz an und trennen sich. Aus diesem Grund ist das Emulgieren von Carnaubawachs nicht einfach. Die glatteste Emulsion erzielt man beim Verkochen des Wachses mit Seifenlösungen. Ein bewährtes Verseifungsmittel ist auch Triäthanolamin, mit einem geringen Oleinzusatz stabilisiert. Die Pottascheverseifung ist stabiler als die mit Soda hergestellte; schlecht eignen sich Ätzalkalien. Carnaubawachs ist durch folgende Kennzahlen bestimmt:

Spez. Gew. 0,990 bis 0,996, Schmelzp. 70 bis 84° C, Säurezahl 6 bis 10, Verseifungszahl 79 bis 88, Jodzahl 11, Unverseifbares 54 bis 56. Gute Ware soll nicht mehr als 2 bis 3% Schmutz enthalten.

Die Härte des Carnaubawachses verleiht dem Deckfilm einen milden Glanz und ausgezeichnete Rückpolierbarkeit. Das Wachs ergibt weniger als andere Wachsemulsionen eine Herabminderung der Reibechtheit. Für die Lederzurichtung sollte reines Carnaubawachs und nicht raffiniertes verwendet werden, da letzteres wegen seines Paraffingehaltes beim Glanzstoßen leicht Streifen entstehen läßt.

Über weißes Carnaubawachs vgl. diesen Bd., 6. Kap., S. 580.

Kandelillawachs.

Es ist oft versucht worden, Carnaubawachs wegen seines hohen Preises durch Kandelillawachs zu ersetzen. Dieses ist das Ausscheidungsprodukt einer mexikanischen Wüstenpflanze und wird ähnlich gewonnen wie das Carnaubawachs. Man unterscheidet graugelbe, mittelgelbe und schokoladenbraune Qualitäten. Kandelillawachs löst sich heiß, etwa in denselben Lösungsmitteln wie Carnaubawachs, scheidet sich aber beim Erkalten vollständiger aus. Auch im Emulsionsverhalten ist dieses Wachs durch seine schwere Verseifbarkeit dem Carnaubawachs verwandt. Mit Alkalien erhält man nicht brauchbare, grießelige, dickflüssige Pasten. Auch hier ergeben Seifenlösungen die besten Emulsionen. Ebenso hat sich eine Kombination mit gut verseifbaren Wachsen, wie Japanwachs, Carnaubawachsrückständen und einigen synthetischen Wachsen, bewährt. Kennzahlen des Wachses sind folgende:

Schmelzp. 68—73° C, spez. Gew. 0,936 bis 0,987, Säurezahl 12 bis 18° C, Verseifungszahl 58 bis 63, Jodzahl 16 bis 21, Harzgehalt zwischen 13 und 15%, Unverseifbares 65 bis 73%, Wasser 1 bis 6%, Schmutz bis zu 3%.

Japanwachs.

Japanwachs oder Japantalg wird durch Auspressen der Früchte des Rhus vernicivera und succedenca in Japan, China und Indochina gewonnen. Es ist ziemlich spröde, bricht splittrig und ist in der Schnittfläche mattglänzend. Die blaßgelbe Farbe der frischen Ware dunkelt bei längerem Lagern bräunlich nach. Über Kennzahlen von Japanwachs vgl. diesen Bd., 6. Kap., S. 460. Chemisch besteht Japanwachs hauptsächlich aus Estern der Palmitin-, Stearin- und Oleinsäure und charakteristischer zweibasischer Säuren mit 19 und 20 Kohlenstoffatomen. Das Wachs ist besonders leicht emulgierbar und besitzt gutes Emulgier- und Tragevermögen für andere Wachse. Es ist löslich in Benzol, Benzin und heißem Alkohol. Der anteilige Einsatz bei der Fabrikation von Schuhcremes hat sich bewährt. Für Lederappreturen ist Japanwachs in alleinigem Einsatz wegen seines niedrigen Schmelzpunktes weniger geeignet, als anteilige Komponente in anderen Wachsen ist es jedoch durchaus zu empfehlen.

Bienenwachs.

Bienenwachs wird durch Ausschmelzen der vom Honig befreiten Bienen- waben als hellgelbe bis hellbraune knetbare Masse von angenehmem, schwach aromatischem Geruch gewonnen. Es besteht in der Hauptsache aus Palmitin- myricylester und freier Cerotinsäure. Das Wachs ist unlöslich in Wasser und löslich in heißem Alkohol, Benzin, Benzol, Aceton und Terpentinöl. Der Schmelz- punkt liegt etwa zwischen 63 und 65° C. Mit Pottasche und Soda läßt sich aus Bienenwachs eine stabile Emulsion erzielen, die sogenannte Wachsseife. Weitere Kennzahlen sind: Säurezahl 20, Verseifungszahl 95. In der Lederzurichtung findet Bienenwachs nicht allzu häufig Anwendung, schon aus preislichen Gründen und weil es einiger Geschicklichkeit bedarf, stabile Emulsionen zu erzielen. Es liegen jedoch Erfahrungen vor, daß mit Bienenwachs ein besonders angenehmer Griff, milder Seidenglanz und gute Rückpolierbarkeit beim Einsatz in Schluß- appreturen erzielt werden kann. Allerdings hat es wie alle Wachsseifen den Nach- teil, im Krispelbruch etwas zu grauen und mit Wasser bei Dauerbeanspruchung die Quellbarkeit der Zurichtung ungünstig zu beeinflussen. Einzelheiten s. diesen Bd., 6. Kap., S. 572.

Fossile bzw. Mineralwachse.

In bitumenreichen Braunkohlen, im Torf und im Sapropelschlamm finden sich Ablagerungen wachsartiger Körper, die durch Extraktion, z. B. mit Benzol, gewonnen werden können. So wird aus Braunkohle sogenanntes rohes Montan- wachs extrahiert. Dieses ist eine schwarzbraune, amorphe muschlig brechende Masse, die beim Schmelzen einen typischen Bitumengeruch zeigt. Montanwachs ist ein echtes Wachs, es enthält höchstens 17% freie Fettsäuren, 53% Ester der Montansäure ($C_{27}H_{57}COOH$) mit Ceryl- und Myricylalkohol und 30% unbekannte Verbindungen. Kennzahlen des Montanwachses sind folgende:

Spez. Gew. um 1,0, Schmelzp. 80 bis 84° C, Säurezahl 28 bis 32, Verseifungs- zahl 62 bis 70, Unverseifbares 25 bis 35%, Benzol-unlösliches 0,1 bis 0,2%, Asche 0,3 bis 0,4%. Der Aschegehalt soll keinesfalls 1% übersteigen.

Die im Handel befindlichen raffinierten Montanwachse sind in der Farbe erheblich heller, zwischen Hellgelb und Dunkelgelb. Je nach Schmelzpunkt unterscheidet man harte oder weiche Ware. Von der chemischen Seite sind die raffinierten Produkte dadurch gekennzeichnet, daß die Ester und Alkohole fast völlig fehlen und freie Säuren und Kohlenwasserstoffe überwiegen. Montan- wachse finden vielfach Anwendung für Schuhcremes sowohl für Öl- als auch für Misch- und Wasserware. Ebenso können sie eingesetzt werden für Schlußfinishe in der Schuhfabrikation.

Kennzahlen von Montanwachs sowie weitere Einzelheiten vgl. diesen Bd., 6. Kap., S. 582.

Synthetische Wachse.

Synthetische Wachse sind wachsähnliche synthetische Produkte, die durch Oxydation und Esterifizierung von Montanwachs mit Chromsäure oder durch Einblasen von erhitzter Luft oder von Ozon in geschmolzenes Paraffin oder durch die Oxydation und anschließende partielle Reduktion aliphatischer Kohlenwasserstoffe gewonnen werden können. Erstmalig erlangten synthetische Wachse in den dreißiger Jahren größere Bedeutung, die sich seitdem immer mehr verstärkt hat. Seinerzeit wurde auch der Weg für diese Synthesen durch die Entwicklung der Hydriertechnik freigemacht, die wertvolle höhere Alkohole in großen Mengen preiswert zur Verfügung stellen konnte. Hartwachse entstehen aus hochmolekularen Fettsäuren nur mit einwertigen Alkoholen. Mehrwertige Alkohole verestert, führen zu weichen Typen. Durch die Veresterung der Montansäure mit dem Montanalkohol entsteht ein Wachs vom Schmelzp. 85° C. Die Veresterung der Montansäure mit Myricyl- und Cerylalkohol ergibt carnaubawachsähnliche Produkte. Vorteile der synthetischen Wachse sind gegenüber den Naturprodukten ihre immer gleichmäßige Beschaffenheit, ihre helle Farbe, ihre Freiheit von Schmutz und anderen Verunreinigungen, ihr geringes Unverseifbares, ihr hoher Schmelzpunkt, ihr gutes Ölbindevermögen, ihre gute Emulgierbarkeit und ihre guten glanzgebenden Eigenschaften auf Leder. Daher kommt es, daß synthetische Wachse nicht nur aus der Fabrikation aller nur möglichen Schuhpflegemittel nicht mehr wegzudenken sind, sondern daß sie für Glänze, Tops und Wachsappreturen der Lederdeckfarben eine breite Anwendung finden. Die geeignetsten Typen sind diejenigen mit höherem Schmelzpunkt. Ihr Einsatz ergibt bei vorsichtiger Dosierung eine Verbesserung der Glanzstoßbarkeit, eine Erhöhung der Brillanz und gute Rückpolierbarkeit. Eine Überdosierung führt zu weicher, weniger haftfester Deckschicht.

Tabelle 3 gibt einen Überblick über die Kennzahlen einiger solcher synthetischen Wachse.

Tabelle 3. Übersicht über die Kennzahlen einiger für Zurichtmittel geeigneter synthetischer Wachse.
(Zur Verfügung gestellt von Farbwerke Hoechst A. G., Werk Gersthofen.)

Bezeichnung	Schmelzpunkt ° C	Säurezahl	Verseifungszahl	Unverseifbares %	Bemerkung
Wachs S ...	80 — 83	145 —160	165—185	7—10	Hartwachs für lösungsmittelfreie Rezepturen
Wachs E...	78 — 82	15 — 20	155—175	7—10	Leicht verseifbar bzw. emulgierbar
Wachs KBS	80 — 83	20 — 30	130—145	12—14	Leicht verseifbar und emulgierbar
Wachs O ...	102 —106	10— 15	110 —125	7—10	In organische Lösungsmittel haltigen Kompositionen besonders brauchbar (Ölbindevermögen!)

Kohlenwasserstoffe.

Aus bitumenreichen Braunkohlensorten wird durch Schwelen das sogenannte Braunkohlenparaffin, aus Erdölen durch Destillation Erdölwachs gewonnen (vgl. hierzu auch diesen Bd., 6. Kap., S. 608). In geologisch besonders gelagerten Erdölgebieten, besonders Galizien, hat diese Abscheidung fester Kohlenwasserstoffe schon an der Lagerstelle stattgefunden. Diese Ablagerungen werden als Erdwachse bergmännisch gewonnen. Im Gegensatz zu den durch Schwelen und Destillation gewonnenen Paraffinen sind Erdwachse in der Struktur amorph, sie sind spröde, gelblichbraun bis grün und grau, in der Farbe und im Äußeren wachsartig. Gegenüber den Paraffinen zeichnen sich die Erdwachse, die Ozokerite genannt werden, durch einen höheren Schmelzpunkt aus. Die Dichte liegt bei 0,87 bis 0,97. Merkwürdig ist, daß das in tieferen Schichten abgebaute Ozokerit von schlechterer Qualität als das oberflächlich gewonnene ist, woraus sich ergibt, daß bei der stärkeren Ausbeutung der Lager ein merklicher Qualitätsabfall der heutigen Ware festzustellen ist. Der Schmelzpunkt der Ozokerite liegt heute zwischen 75 und 55°. Ozokerit ist in Alkohol, Äther, Benzin, Benzol, Petroleum, Schwefelkohlenstoff und Terpentin löslich. Der Hauptwert des Ozokerits liegt darin, daß er im Gegensatz zum Paraffin größere Mengen der obengenannten Lösungsmittel pastenartig zu binden imstande ist, ohne Lösungsmittel auszuschwitzen und ohne zu kristallisieren. Qualitätsmerkmale des Ozokerits sind die Farbe, der Geruch und der Gehalt an Paraffin. Während Verschnitte mit Paraffin analytisch nicht nachgewiesen werden können, sind solche mit Fettsäuren und Talg an der Verseifungszahl erkennbar. Ebenso ist Kolophonium durch die Storch-Morawskische Probe leicht erkennbar. Ozokerit unterscheidet sich vom Paraffin dadurch, daß es bei der Kauprobe nicht bröselt, sondern im Stück bleibt. Der Veraschungsrückstand soll nicht mehr als 1% betragen.

Wird Ozokerit mit Schwefelsäure und Bleicherden raffiniert, so werden die harz- und asphaltartigen Verunreinigungen ausgeschieden und es entsteht Ceresin in der ursprünglichen Wortbedeutung. Die heutige Handelsware ist jedoch immer mit Paraffinen verschnitten.

Ozokerit und Ceresin werden für Schuhpflegemittel als ölbindende Komponenten im breiten Umfang eingesetzt.

Paraffine.

Paraffin fällt heute durch Schwelen der Braunkohle, bei der Raffination des Erdöls und als Nebenprodukt der Benzinsynthese nach dem Fischer-Tropsch-Verfahren an. Die abgepreßten Rückstände des letztgenannten Verfahrens werden als Gatsch bezeichnet. Paraffine sind meist unverzweigte höhere aliphatische Kohlenwasserstoffe von C_{23} bis C_{35}. Man unterscheidet handelsüblich nach Härte und Schmelzpunkt: Weichparaffine 40 bis 42°, Mittelparaffine 46°, Hartparaffine 50 bis 52° C. Reines Paraffin ist eine feste, wachsartige, nicht klebende, weißlich opake, wasserabstoßende kristalline Masse, die in Tafeln oder Schuppen in den Handel kommt. Der Bruch ist splittrig bis krümelig. Über Untersuchung von Paraffin und Paraffingemischen vgl. diesen Bd., 6. Kap., S. 605.

Paraffin löst sich in Alkohol, Benzin, Benzol, Chloroform und mischt sich mit Fetten, Wachsen und Walrat zu einheitlichen Massen. Auf dem Ledersektor finden Paraffine in breitem Umfang als billigere Komponenten für Schuhcremes Anwendung. Weiter wird es eingesetzt zur Imprägnierung von Bodenledern und technischen Ledern. Es kann verwendet werden in Form von Emulsionen zum Wasserabstoßendmachen von Velour- und Bekleidungsledern, jedoch ist die Wirkung bei Velourledern in der Gehfalte nicht völlig befriedigend. In der Lederzurichtung hat sich der Einsatz von Paraffinen in Kombination mit Polymerisatdispersionen bewährt. Es verbessert den Griff, die Verbügelbarkeit und die Glätte solcher Zurichtungen, ergibt eine deutlich verbesserte Heißreibechtheit thermoplastischer Filme und setzt die Klebrigkeit derselben an der Bügelplatte erheblich herab. Im Interesse der Haftfestigkeit und der Bruchfestigkeit der Zurichtungen ist jedoch dieses Hilfsmittel sparsam zu dosieren.

IV. Chemisch veredelte Naturprodukte.

Äthoxyliertes Casein.

Im D.R.P. 574841 wird die Äthoxylierung von Casein beschrieben:

Gequollenes Casein wird in der fünffachen Menge Wasser in einem Autoklaven mit einem Viertel seines Gewichts an Äthylenoxydgas versetzt, bis die Reaktionsmasse alkalische Reaktionen zeigt. Das nach Aufarbeitung resultierende weiße Pulver löst sich im Gegensatz zu unbehandeltem Casein leicht in verdünnter Essigsäure.

Die Äthoxylierung greift im wesentlichen die sauren Gruppen des Caseins an, so daß aus dem ursprünglich überwiegend anionischen ein kationischer Körper entsteht; hieraus erklärt sich die Löslichkeit in Säuren und die Verträglichkeit mit basischen Farbstoffen.

Verdünnte Lösungen von äthoxyliertem Casein werden meist basisch angefärbt zum Grundieren von Glanzstoßzurichtungen angewandt. Die basische Anfärbung dieser Grundierung ist geeignet, eine besondere Brillanz der Zurichtung von unten her zu gewährleisten. Als Weichmacher sind für äthoxyliertes Casein gelatinierende Weichmacher der wässerigen Zurichtung gut brauchbar. Ein weiteres Anwendungsgebiet äthoxylierten Caseins gemeinsam mit basischen Farbstoffen ist die Glanzstoßappretur rein anilingefärbter Vachetten. Diese Kombination erlaubt, den basischen Übersatz und die Eiweißappretur in einem Arbeitsgang zu geben.

Celluloseäther und Celluloseglykolate.

Cellulosemethyläther wird hergestellt durch Einwirkung von Dimethylsulfat bei 50° C oder von Methylchlorid auf Natroncellulose. Die hierfür eingesetzte Cellulose entsteht durch Aufschluß von Fichtenholz, wobei ein merklicher Abbau eintritt. In den Endabbauprodukten der Methylcellulose liegen Teilstücke von 70 bis 200 Glucoseeinheiten vor. Der unterschiedliche Abbau der Cellulose wirkt sich in unterschiedlicher Viskosität der Lösungen der Handelsmarken aus. Die Einwirkung der Methylierungsreagenzien veräthert etwa 1,3 bis 2 Hydroxylgruppen je Glucoserest, was einem Methoxylgehalt von 22 bis 32% entspricht. Höhere Methylierungen ergeben in Wasser unlösliche Produkte, es sei denn, das Ausgangsmaterial ist in seinem Polymerisationsgrad stark erniedrigt. Bei der Methylierung selbst findet noch ein weiterer Abbau statt. Die oben geschilderte Reaktion ist mannigfacher Variation zugänglich; so kann die Äthoxygruppe eingeführt werden oder mit Chloressigsäure die Carboxymethylgruppe. Diese Modifikationen ergeben die unterschiedlichen Handelsmarken, die unter den Bezeichnungen Tylose, Glutofix, Glutolin, Alkylin, Colloresin bekanntgeworden sind.

Celluloseäther ergeben in Wasser gelöst schon bei Konzentrationen unter 1% Lösungen gelartigen Charakters, die infolge von „Strukturviskosität" Filmbildungsvermögen und Thixotropieeigenschaften aufweisen. Diese Lösungen sind im Gegensatz zu natürlichen Schleimstoffen weitgehend stabil gegen bakteriellen Angriff, gegen saure und alkalische Reaktion, gegen Elektrolytwirkung, und verträglich mit praktisch allen Körpern, die in der wässerigen Deckfarbenzurichtung angewandt werden. In organischen Lösungsmitteln ist Methylcellulose weitgehend unlöslich, jedoch können der wässerigen Lösung ohne

Minderung der Stabilität Alkohole bis zu hohen Konzentrationen zugegeben werden. Gerbstoffe und Phenole wirken auf Celluloseäther fällend. Die Löslichkeitseigenschaften der Celluloseäther sind durch Wasseranlagerung an die gebildeten Ätherbrücken bedingt, was zur Folge hat, daß die Löslichkeit bei höheren Temperaturen infolge des Zerfalls der solvatisierten Oxoniumstruktur zurückgeht. Die Handelsprodukte sind grießelige, fasrige, schuppige bis wollige Pulver, die 5 bis 10% Wasser und 0,5% Asche enthalten. Die Celluloseglykolate enthalten als Natriumsalze 12 bis 15% Asche. Das spezifische Gewicht als Film liegt zwischen 1,3 und 1,6.

Der Film der Celluloseäther ist hart und brüchig und ohne festen Zusammenhalt. Er zerbröselt am Ende der Trocknung zu Blättchen hohen Glanzes. Celluloseäther finden auf dem Zurichtsektor vielseitige Anwendung. Sie sind geschätzt als billiges Binde- und Füllmittel für Spalt- und Fleischseitenappreturen, als Verdickungsmittel für Grundierungen, als Glanzmittel für Glanzstoßappreturen von Vachetten, als Zusatz von Walzglänzen und vor allem als Trägerkolloid zur Stabilisierung aller nur möglichen Emulsionssysteme. Nach amerikanischen Patenten wird Methylcellulose als Schutzkolloid für die sogenannten Plastikdeckfarben empfohlen. Eine bemerkenswerte Eigenschaft der Methylcellulosegrundierung ist ihre Festigkeit gegen Acetoneinwirkung von der Fleischseite her. Der Nachteil der Anwendung solcher Grundierungen ist die Unmöglichkeit ihrer Härtung und die Abhängigkeit der Filmelastizität von der jeweiligen Luftfeuchtigkeit. Eine gewisse Weichmachung des Films kann durch Zusatz gelatinierender Weichmacher für die wässerige Zurichtung erzielt werden. Zur Härtung sei bemerkt, daß die Celluloseglykolate zur Bildung unlöslicher Verbindungen mit Chromsalzen befähigt sind. Ein wesentlicher Nachteil aller Celluloseäther ist, daß sie groben und schrolligen Narbenbruch bei ihrer Anwendung in höheren Konzentrationen hervorrufen. Am Rande sei bemerkt, daß Celluloseäther vielfach als tragende Komponente in Pastingklebern eingesetzt werden. Bei dem nachfolgenden Schliff der Leder muß sorgfältig darauf geachtet werden, daß alle Reste solcher Kleber entfernt werden, um einen verkrusteten Narben der Zurichtung zu vermeiden (vgl. dazu diesen Bd., 4. Kap.. S. 311).

Der Vollständigkeit halber sei die Umsetzung von Cellulose mit Äthylenoxyd und Äthylenchlorhydrin erwähnt, wobei eine Oxyäthylcellulose entsteht, die in alkalischem Medium und, bei höherer Äthoxylierung, in organischen Lösungsmitteln löslich ist. Diese Körper werden vorgeschlagen zum Anreiben von Pigmenten, vor allem zur Einführung in Collodiumlacke [A. V. Blom (1)].

V. Synthetische Bindemittel auf Polymerisatbasis.

1. Polymerisation und Mischpolymerisation (vgl. K. Craemer, S. 659).

In den letzten 30 Jahren haben in der Anstrichtechnik ganz allgemein synthetische Hochpolymere eine immer größere Bedeutung erlangt. Der Grund war, daß diese Körper Eigenschaften aufweisen, die mit Naturprodukten nicht zu erreichen waren, und daß man diese Eigenschaften durch die Synthese in weiten Grenzen variieren kann (K. H. Meyer und H. Mark). Auch auf dem Gebiet der Lederappretur haben diese Körper, zuerst zögernd, in den letzten Jahren aber eine immer ausgedehntere Anwendung gefunden. Man kann auf mehreren Wegen zu hochpolymeren Körpern gelangen. Die wichtigsten sind die Polymerisation und die Polykondensation. Die Polymerisation ist dadurch gekennzeichnet, daß ungesättigte, niedrigmolekulare, organische Verbindungen, die sogenannten Monomeren, sich ohne Veränderung der Bruttoformel zu höhermolekularen Körpern zwischen 1000 und mehreren 100000 Einheiten zusammen lagern.

Als Polykondensation bezeichnet man eine Molekülvergrößerung bis höchstens 30000, unter Austritt eines bei der Reaktion entstehenden Produktes, z. B. Wasser.

Wird die Polymerisation mit Monomeren, die nur eine Doppelbindung, oder die Kondensation mit Verbindungen, die nur zwei reaktionsfähige Gruppen im Molekül enthalten, durchgeführt, so gelangt man zu Kettenmolekülen höheren Molekulargewichtes. Werden jedoch tri- und mehrfunktionelle Monomere der Kondensation oder Polymerisation unterworfen, so erhält man nicht mehr lineare Gebilde, sondern räumlich vernetzte Makromoleküle. Die Vernetzung, d. h. die dreidimensionale Verknüpfung eines Makromoleküls, beeinflußt ausschlaggebend die Quellbarkeit, die plastische Deformierbarkeit und Löslichkeit eines Hochpolymeren; bei höherer Vernetzung nehmen diese Kenngrößen ab.

Zur Einleitung der Polymerisation der Vinylverbindungen bedarf es einer Startreaktion, da dieselben bei Zimmertemperatur meist zu reaktionsträge sind. Dieser Kettenstart wird durch Radikale oder durch Polarisierung der Doppelbindung ausgelöst. Radikale können z. B. durch Lichteinwirkung bestimmter Wellenlänge erzeugt werden; heute wird technisch die Entstehung des Radikals durch Zusätze radikalbildender Verbindungen zum Reaktionsgut bewirkt. Derartige Reaktionssysteme, die im Vergleich zu den Monomeren in sehr geringer Menge eingebracht werden, nennt man Aktivierungssysteme. Die Polarisierung der Doppelbindung kann z. B. durch anorganische Verbindungen erzielt werden, die sich an das Monomere anlagern und die Elektronenverteilung der Doppelbindung in einer der Polymerisationsreaktion günstigen Weise verschieben bzw. festlegen. Man hat es in der Hand, durch Dosierung des Aktivierungssystems die Kettenlänge des Hochpolymeren in bestimmter Weise zu beeinflussen. Es ist verständlich, daß bei gegebener Menge des Monomeren die Länge des Makromoleküls von der Menge und dem Zeitrythmus der eingebrachten Reaktionskeime abhängig sein muß. Als polarisierende Aktivierungssysteme haben sich in die Polymerisationstechnik z. B. Borfluorid, Aluminiumchlorid und Zinntetrachlorid eingeführt. Auf unserem Gebiet haben jedoch die größte Bedeutung organische Peroxyde, Wasserstoffperoxyd, Salze von Persäuren und freier Sauerstoff gewonnen.

Diese Körper zerfallen in Radikale, die sich an Monomere anlagern. Dabei geht der Radikalcharakter auf das angelagerte Monomere über, welches dadurch die Fähigkeit zur Anlagerung weiterer Monomerer erhält; so wandert während der Reaktion der Radikalcharakter durch das ganze Makromolekül, bis schließlich ein Abbruch der wachsenden Polymerisatkette durch eine sogenannte Abbruchreaktion erfolgt. Die Bildung von Radikalen aus Peroxyden wird durch reduzierende Körper stark beschleunigt, so daß in der heutigen Polymerisationstechnik die Mischung von Peroxyden mit geeigneten Reduktionsmitteln, sogenannte Redoxsysteme, in den meisten Fällen angewandt wird.

Als dritte Steuerungskomponente finden sogenannte Regler in den Polymerisationsansätzen Verwendung.

Diese Regler sind chemische Verbindungen, die eine wachsende Polymerisatkette durch Anlagerung eines abspaltbaren Teiles ihres Moleküls zu stoppen vermögen und gleichzeitig mit dem Restmolekül in den Radikalzustand übergehen. Durch das neugebildete Radikal wird der Start zu einer neuen Kette gegeben. Mit dem Einsatz von geringeren oder höheren Zusätzen der Regler ist die Möglichkeit gegeben, größere oder kleinere Molekülgrößen zu erhalten. Als solche Regler finden z. B. Anwendung: Merkaptane, Thiophenole, Thioäther, Disulfide, Selenverbindungen, Phenole, Chinone, Amine, einige Nitrokörper (W. Graulich und W. Becker).

Thermodynamisch sind Polymerisationsreaktionen nach Einbringen der Aktivierungsenergie exotherm, weshalb sich desto längere Ketten ergeben, je tiefer die Temperatur des Reaktionssystems gehalten werden kann. Um zu vermeiden, daß die Polymerisation explosionsartige Formen annimmt, muß der Temperaturkontrolle und der Wärmeableitung besondere Sorgfalt gewidmet werden. Das bisher Besprochene machen die folgenden Formelbilder verständlicher:

$$\begin{matrix} C_6H_5COO \\ | \\ C_6H_5COO \end{matrix} \longrightarrow 2\ C_6H_5COO^* + 2\,x\ CH_2 = CHCl \longrightarrow$$

$$\underset{\text{Benzoylperoxyd}}{} \qquad \underset{\substack{\text{Radikal} \\ \text{(Aktivator)}}}{} \qquad \underset{\substack{\text{Vinylchlorid} \\ \text{(Monomeres)}}}{}$$

$$2\ C_6H_5COO \cdot (CH_2 - CHCl)_{x-z} \cdot CH_2 \cdot CHCl^* + (z-1)\ CH_2 = CHCl \longrightarrow$$

$$\underset{\text{Wachsende Polyvinylchloridketten}}{} \qquad \underset{\substack{\text{Noch unverbrauchtes} \\ \text{Monomeres}}}{}$$

$$2\ C_6H_5COO(CH_2 \cdot CHCl)_x$$

$$\text{Ausreagiertes Makromolekül}$$

Beispiel der Wirkungsweise eines Reglers:

$$\ldots\ldots\ldots CH_2 \cdot CHCl \cdot CH_2 \cdot CHCl^* + HSC_{12}H_{25} \longrightarrow$$

$$\underset{\substack{\text{Wachsendes Makromolekül} \\ \text{mit Radikalcharakter}}}{} \qquad \underset{\text{Regler}}{}$$

$$\ldots\ldots\ldots CH_2 \cdot CHCl \cdot CH_2 \cdot CHCl \cdot H + C_{12}H_{35}S^*$$

$$\underset{\text{Kettenabbruch}}{} \qquad \underset{\substack{\text{Aus dem Regler} \\ \text{entstandenes Radikal}}}{}$$

Die Polymerisation kann entweder als Block-, Lösungs-, Suspensions- (oder Perl-) oder als Emulsionspolymerisation geführt werden.

Einzelpolymerisation.

Bei der **Blockpolymerisation** wird ein Monomeres unverdünnt im Reaktionsgefäß zu einem Block polymerisiert. Das resultierende Polymerisat muß zur technischen Verwertung unzersetzt schmelzbar sein. Diese Reaktionsform liefert die gleichmäßigsten und klarsten Polymerisate mit den höchsten Molekulargewichten. Die **Lösungspolymerisation** erfolgt in Lösungsmitteln. Man erzielt mit ihr Polymerisate niedrigerer Molekülgröße, da die Lösungsmittelmoleküle als Regler wirken. Meist sind in solchen Polymerisatgemischen noch beachtliche Anteile nicht umgesetzter Monomerer gelöst, die als Weichmacher wirken. Bei der **Suspensionspolymerisation** wird die Reaktion in mechanisch in Wasser verteilten Tropfen des unlöslichen Monomeren angeregt, indem das organisch lösliche Peroxyd vor oder bei der Suspendierung zugesetzt wird. Im Gegensatz zu der im folgenden besprochenen Emulsionspolymerisation findet hier die Reaktion in dem organischen Medium der Monomeren-Tropfen statt. Vorteil dieser Polymerisation ist, daß das Polymerisat in leicht verarbeitbarer Tropfen- bzw. Perlform anfällt.

Die für die wässerige Deckfarbenzurichtung wichtigste Polymerisationsform ist die sogenannte **Emulsionspolymerisation**. Mit Hilfe geeigneter Emulgatoren wird das Monomere im Wasser emulgiert; nach Zusatz wasserlöslicher Aktivierungssysteme setzt die Polymerisation ein, die zu einem Polymerisat in feinverteilter Dispersion führt. Der Polymerisationsvorgang erfolgt nach neueren Anschauungen nicht in den Tröpfchen, sondern in der monomolekularen Lösung des Monomeren in Wasser. Durch Nachlieferung des Monomeren in die Lösung werden die ursprünglichen Monomeren-Tröpfchen fast völlig verbraucht, wobei sich im steigenden Maß die Dispersion des Polymeren bildet. Nach Abschluß der Reaktion muß unverbrauchtes Monomeres durch Luft oder Stickstoff ausgeblasen werden. Es ist verständlich, daß diese Reaktion im heterogenen System Wasser—Monomeres durch viele oft schwer übersehbare Faktoren beeinflußt wird. Meist wird in der 4 bis $2^1/_2$fachen Menge Wasser polymerisiert. Die Polymerisatdispersionen des Handels liegen mit ihrer Konzentration meist zwischen 30 und 40%. Der Emulgatoranteil des Polymerisatansatzes liegt üblicherweise zwischen 0,5 bis 5% des Monomeren, kann aber zur Erzielung spezieller Anwendungseigenschaften des resultierenden Latex auch höher liegen. Die absolute Höhe des Emulgatoranteils beeinflußt nach Untersuchungen von R. Wintgen, G. Sinn und L. Jürgen-Lohmann bei Erkantol BX und Natriumoleat die Teilchenzahl oberhalb einer kritischen Konzentration. Die Menge des Monomeren beeinflußt infolgedessen die Teilchengröße. Wird eine gewisse niedrigste Teilchengröße allerdings erreicht, so kann durch Zusatz höherer Mengen an Emulgator diese nicht weiter erniedrigt werden. Der Emulgator beeinflußt die Stabilität des Systems gegen Zusatz von Elektrolytlösungen, organischen Lösungsmitteln, Pigmenten usw. und wirkt maßgeblich bei der p_H-Wert-Einstellung mit. Es liegt auf der Hand, daß durch die Emulgatorauswahl das anwendungstechnische Verhalten der Polymerisatemulsion weitgehend bestimmt wird. Als Emulgatoren finden Anwendung: Seifen, Türkischrotöle, Fettalkoholsulfonate, Alkylarylsulfonate, Polyvinylalkohole und Äther, wasserlösliche Glyptale. Als Schutzkolloide werden neben höheren Alkoholen u. a. Celluloseäther eingesetzt.

Es sei noch darauf hingewiesen, daß die Auswahl und Menge des Emulgators auch die Streichbarkeit, das Eindringen der Dispersion in porösen Untergrund, das Filmbildungsvermögen, den Filmzusammenhalt, in einigen Fällen sogar die Elastizität des Films beeinflußt, weil einige dieser Körper auf den Film plastifizierend wirken können. Die Tröpfchengröße synthetischer Latices liegt zwischen 0,01 bis 2 μ im Durchmesser. Da Emulsionssysteme gegen Veränderungen des p_H-Wertes empfindlich sind, werden in manchen Fällen Puffersysteme dem Latex zugesetzt. Andere Polymerisatemulsionen werden gegen p_H-Wertveränderungen bewußt labil eingestellt, um durch Veränderung des p_H-Wertes eine Vergröberung bzw. ein beginnendes Brechen der Emulsion zu erreichen, was zu einer Erhöhung der Viskosität führt. Solche verdickte Polymerisatemulsionen schichten beim Auftrag auf porösem Untergrund erheblich stärker als stabile Systeme, die leichter eindringen. Während die Führung der Polymerisation, der p_H-Wert, die Menge und Art des Emulgators das Verhalten bei der Anwendung der Polymerisatemulsion weitgehend bestimmen, werden die wichtigsten Eigenschaften des Polymerisatfilms durch die Auswahl der Monomeren und den Polymerisationsgrad festgelegt (Tabelle 4, S. 744). Je nachdem das Polymere mehr oder weniger polare Gruppen enthält und wie groß deren Polarisierung ist, je nachdem, ob die aktiven Gruppen des Monomeren mehr oder weniger zur Wasserstoffbrückenbildung befähigt sind, werden größere oder geringere zwischenmolekulare Kräfte auftreten, die entscheidend sind für den Zusammenhalt, die Elastizität und die Haftfestigkeit des Films auf einer Unterlage, aber auch für die Zusammenlegung der Kettenmoleküle zu Micellen. Die Löslichkeit in bestimmten Lösungsmitteln ist ebenfalls abhängig von der chemischen Konstitution der eingebrachten Monomeren. Der Grad der Löslichkeit und die Quellbarkeit eines Polymerisatfilms wird dagegen durch den Polymerisationsgrad insofern gekennzeichnet, als eine Erhöhung des Molekulargewichts zu einer Abnahme der Löslichkeit bzw. der Quellbarkeit führt. Völlig vernetzte Polymerisate sind unlöslich. Es muß allerdings erwähnt werden, daß durch die polaren Kräfte

Tabelle 4. Einige zur Einzelpolymerisation geeignete Vinyl-Monomere.

Monomere	Formel	Filmeigenschaften	Verwendung
Vinylchlorid...........	$CH_2=CHCl$	je nach Kettenlänge mehr oder weniger spröde	als fester Kunststoff: Igelit für Preß-, Spritz- und Gußmassen
Vinylacetat	$CH_2=CHOOCCH_3$	harter, klarer Film hoher Festigkeit, wasserempfindlich, verseifbar	als Emulsion: niedrigmolekular Klebemittel; höhermolekular Anstrich- und Bindemittel
Acrylnitril............	$CH_2=CHCN$	kristallisierbarer und reckbarer Kunststoff	verspinnbarer Kunststoff: Orlonseide
Acrylsäureester	$CH_2=CHCOOR$	zähnervige Filme	als Emulsion: Anstrich und Bindemittel (z. B. Corialgrund)
Methacrylsäureester	$CH_2=CCH_3 \cdot COOR$	durchwegs härtere Filme als die Acrylesterderivate, weniger haftfest	als Emulsion: Anstrich und Bindemittel (z. B. Primalbinder)
Styrol	$CH_2=CH—C_6H_5$	springharter Film	als fester Kunststoff: Preß- und Spritzgußmassen

im Makromolekül auch vernetzungsähnliche Zustände hervorgerufen werden können, die zu örtlich begrenzten Ordnungszuständen einer partiellen „Kristallisation" führen. Diese Kristallisationsneigung ist bei einigen Polymerisaten, die nur auf einem Monomeren aufgebaut sind, stark ausgeprägt. Solche Polymerisate sind z. B. Polyäthylen und Polychlorbutadien. Bei anderen makromolekularen Körpern, z. B. beim Polyvinylalkohol, tritt die „Kristallisation" erst auf, wenn durch mechanische Deformationen, die sogenannte Reckung, eine Parallellagerung der verknäulten Kettenmoleküle eintritt. Das bekannteste Beispiel dieser Art ist der Kautschuk und die Gutapercha. Die große elastische Kraft des Kautschuks hat ihren letzten Grund in der größeren Instabilität geordneter Zustände, weswegen bei Aufhebung der mechanischen Einwirkung die Kristallisation selbständig sich wieder zurückbildet. Bei anderen Hochpolymeren wiederum wird die Kristallisation dadurch fixiert, daß in dem gestreckten Zustand Nebenvalenzkräfte „einschnappen". Beispiel für diese Eigenart sind alle verstreckbaren Hochpolymeren, wie die Superpolyamide. Durch das Eintreten einer das gesamte Makromolekül erfassenden Kristallisation wird die Dehnbarkeit, die Elastizität, die Kältefestigkeit usw. negativ beeinflußt, weswegen Polymerisate mit starker Kristallisationsneigung für das Ledergebiet uninteressant sind. Es sei darauf hingewiesen, daß die Kristallisation durch Weichmacher eingeschränkt bzw. verhindert werden kann. Ganz allgemein sei bemerkt, daß der kristalline bzw. amorphglasige Zustand als ein Aggregatzustand der Hochpolymeren aufgefaßt werden kann, der mit dem kautschukelastischen bzw. plastischen Zustand korrespondiert. Für den jeweiligen Aggregatzustand eines Hochpolymeren ist sein Verhalten unter Druck, Zug oder Torsion besonders kennzeichnend. Kristalline oder amorphglasige Hochpolymere brechen schon bei geringfügiger mechanischer Verformung. Makromolekulare im ideal kautschukelastischen Zustand folgen der mechanischen Verformung vollkommen, um nach Aufhören der Belastung ebenso vollkommen den Ausgangszustand wieder herzustellen, ein Verhalten, das praktisch nie ganz erreicht wird, da eine kleine bleibende Verformung immer zurückbleiben wird. Hochpolymere im plastischen Zustand folgen einer Belastung in einer langsamen, aber irreversiblen Verformung: der Körper „fließt". Diese Aggregatzustände der Hochpolymeren sind temperaturabhängig, was aus folgendem Verhalten abgeleitet werden kann: Erwärmt man ein amorphglasiges oder kristallines Hochpolymeres, so tritt innerhalb eines engen Temperaturbereiches eine sprungartige Zunahme des Wärmeinhalts, eine Änderung des Ausdehnungskoeffizienten und eine Änderung des elastischen Verhaltens ein, indem der Körper plastisch oder kautschukelastisch wird. Beim weiteren Erhitzen gehen etwa vorhandene elastische Eigenschaften mehr und mehr verloren und machen bei mechanischer Beanspruchung einem irreversiblen, plastischen Fließen Platz. Zur Erklärung dieses Verhaltens kann man sich folgende Vorstellung machen: Bei dem Umwandlungspunkt glasig-amorph (oder kristallin)-kautschukelastisch schmilzt das kristalline Gefüge des Hochpolymeren zum größten Teil zu einem mit Restkristalliten und nebenvalentigen Verflechtungen mehr oder weniger stark durchsetzten Körper. Diese Vernetzung widersteht bei Dehnung des Körpers der einwirkenden Kraft und ist die Ursache der rücktreibenden elastischen Kraft. Je höher die Temperatur steigt, umso mehr kristalline Bereiche brechen zusammen und Nebenvalenzbindungen lösen sich. Im gleichen Maße nimmt die rücktreibende Kraft ab und der Körper wird mehr und mehr plastisch fließen. Dieses plastische Fließen ist das Aneinander-Vorbeigleiten der aus Nebenvalenzbindungen gelösten Kettenmoleküle und Micellen. Für die Zwecke der Lederzurichtung sind Kettenpolymere interessant, die über einen möglichst breiten Temperaturbereich innerhalb eines Zwischenzustandes zwischen plastisch und kautschukelastisch liegen. Dies wird einerseits dadurch erreicht, daß die Polymerisation zu einer möglichst günstigen Molekulargewichtsverteilung durch geeignete Aktivierung und Regelung getrieben wird, anderseits daß man die Mischpolymerisation anwendet.

Mischpolymerisation.

Die Mischpolymerisation (E. Tschunkur, W. Bock, D. R. P. 570980) ist die gemeinsame Polymerisation verschiedener Monomerer in einem Ansatz. Die entstehenden Mischpolymerisate neigen infolge ihrer inhomogenen Kette nicht zur Kristallisation und liegen deswegen in dem uns interessanten plastischen bzw. kautschukelastischen Zustand vor. Durch die Kombination verschiedener Monomerer ist eine neue Variationsmöglichkeit gegeben, um Polymerisate fast beliebiger Filmeigenschaften aufbauen zu können. Daß bei der Mischpolymerisation völlig neue Verhältnisse vorliegen, geht schon daraus hervor, daß einige Monomere, die der Einzelpolymerisation nicht zugänglich sind, sich mischpolymerisieren lassen und umgekehrt. Die Konstitution des Mischpolymerisates hängt von der Polymerisationsgeschwindigkeit der jeweiligen Einzelkomponenten ab. Ist diese gleich, so wird man zu Ketten mit alternierender Anordnung der Monomeren kommen, ist sie verschieden, so wird sich das eine Monomere in den anfänglich resultierenden Kettenmolekülen anreichern, das andere in den Polymerisaten der Schlußphase. Der Erweichungspunkt der Mischpolymerisate liegt immer niedriger als der der Einzelpolymerisate gleicher Molekülgröße.

Tabelle 5. Auswirkung einzelner Monomerer auf die Filmeigenschaften von Mischpolymerisaten.

Monomere	Härte- und Dehnbarkeit	Haftfestigkeit	Klebrigkeit	Quellbarkeit	Kältefestigkeit
Vinylchlorid	ziemlich hart, wenig dehnbar	mäßig	kaum klebrig	wenig quellbar	mäßig
Dichloräthen	gut dehnbar, etwas weicher als Vinylchlorid	gut	kaum klebrig	wenig	mäßig
Acrylnitril	fest, zäh, wenig dehnbar	gut	gering	gering	mäßig
Styrol	hart, spröde	mäßig	nicht klebrig	gering	mäßig
Acrylsäure	hart, nur in geringen Mengen einpolymerisierbar	sehr gut	gering	stark durch Wasser	gering
Acrylsäurebutylester	weich, sehr dehnbar	sehr gut	sehr klebrig bis klebrig	sehr gut durch Lösungsmittel, wenig durch Wasser	sehr gut
Butadien	weich, sehr elastisch	gut	gering	gering	sehr gut

Durch die Auswahl und Dosierung der Komponenten können die Eigenschaften des Mischpolymerisats in weiten Grenzen variiert werden (Tabelle 5).

Hinsichtlich der Zusammenhänge zwischen der Struktur der Seitenketten und den Eigenschaften des Polymerisats sei auch auf K. Craemer, S. 665, verwiesen. So kann man die Elastizität, die Quellbarkeit mit Wasser und Lösungsmitteln, die Dehnungswerte, die Zerreißfestigkeit, den Glanz, die Klebrigkeit, die Haftfestigkeit, die Kältefestigkeit u. a. Eigenschaften entsprechend beeinflussen. Durch das Einpolymerisieren weichmachender Atomgruppierungen, z. B. von Butadien und von Acrylestern höherer Alkohole, kann ein Polymerisat zu größerer Weichheit trotz hohen Polymerisationsgrads gebracht werden, eine Möglichkeit, die als innere Weichmachung bezeichnet wird.

Polymerisate
in der Deckfarbenzurichtung.

Es ist schwierig, ein wirklich zutreffendes Bild des augenblicklichen Standes der Technik zu geben, da die gesamte Literatur dieses Gebietes auf Patenten fußt. Diese sind aber insofern nicht zuverlässig, als es sich, um ein möglichst großes Gebiet abzugrenzen, oft eingebürgert hat, bei Verwendungszwecken für Polymerisate in Herstellungspatenten auch das Behandeln von Leder zu erwähnen, ohne daß abschließende Prüfungen dieser Möglichkeit vorgelegen hätten. Die vorliegende Zusammenfassung kann daher nur eine auswählende Übersicht geben, die das nach Ansicht des Verfassers technisch Wesentliche bringen soll. Hinsichtlich des Chemismus, der Herstellungspatente, der allgemeinen Eigenschaften und der Handelsbezeichnungen sei auf die Behandlung dieses Stoffes in den Kapiteln von K. Craemer „Kunstleder, seine Herstellung, Eigenschaften und Einsatzmöglichkeiten", S. 659 bis 691, und von E. Weber, „Synthetischer und Naturgummi im Austausch für Leder",

S. 793 bis 801, sowie bei G. Volmer-Schuck und A. Miekeley, S. 1024ff., verwiesen.

Die Anwendungsform der Polymerisate auf dem Zurichtgebiet ist meist die Dispersion, vereinzelt werden sie auch in organischer Lösung, eventuell in Kombination mit Kollodiumlacken, benutzt. Die Anwendungsform der Dispersion macht zur Voraussetzung, daß zur Ausbildung eines guten Films die Thermoplastizität bzw. der kalte Fluß des Polymerisats im hohen Maße gegeben sein muß. Man kann sich vorstellen, daß die Polymerisattröpfchen auf der Lederoberfläche sozusagen abfiltriert werden und nun zu einem mehr oder weniger geschlossenen Film zusammenbacken oder zusammenfließen müssen. Diese Filmbildung wird erst durch das Bügeln unter erhöhter Temperatur und erhöhtem Druck vollständig. Eine ausreichende Thermoplastizität ist also eine Voraussetzung für die Eignung einer Polymerisatdispersion für das Ledergebiet. Auf der anderen Seite ist diese notwendige Thermoplastizität auch die Ursache mancher Schwierigkeiten der sogenannten Binderzurichtung hinsichtlich Heißbügelfestigkeit in der Schuhfabrikation, hinsichtlich Durchreibe- und Abriebfestigkeit des Films. Die Thermoplastizität der Polymerisate läßt das bei der klassischen Lederzurichtung übliche Glanzstoßen, von speziellen Ausnahmefällen abgesehen, nicht zu, sondern beschränkt die Zurichtung allein auf das Bügeln mit der hydraulischen Presse.

2. Äthylenpolymerisate (vgl. dazu K. Craemer, S. 664).

Polyäthylen.

Der seitenkettenlose Grundkörper aller Kettenpolymerisate, das Polyäthylen (s. K. Craemer, S. 664), hat für das Zurichtgebiet bisher keine Anwendung gefunden.

Polyvinylacetat.

Die Filme des Polyvinylacetats sind farblos, gut lichtecht, durch Wasser leicht quellbar, gut haftfest, ohne Weichmachung für Leder nicht genügend zügig und nicht genügend kältefest. Dieses Polymerisat kann in organischer Lösung oder in Dispersion hergestellt werden. Organisch gelöstes Polyvinylacetat niedrigeren Polymerisationsgrades kann mit Kollodiumlacken und Polyacrylsäureestern kombiniert werden, jedoch bedürfen diese Kombinationen einer kräftigen Weichmachung, weil das Polyvinylacetat den Film spröde und weniger kältebeständig macht. Als Lösungsmittel kommen die üblichen Ester, Ketone, Alkohole mit Einschränkung, Toluol und Chlorkohlenwasserstoffe in Frage, keine Löslichkeit besteht in Benzinen, Butanol, Terpentinöl und Tetralin. Die gelatinierenden Weichmacher für Kollodiumlacke können auch für die Weichmachung von Polyvinylacetat angewandt werden. Hochviskose Typen (Molekulargewicht über 100000) dieses Polymerisats sind für die Herstellung von Lederdeckfarben durch das Patent D. R. P. 538074 beansprucht: Polyvinylacetat-Pulver wird mit Pigment und Caseinlösung innig vermischt, die Mischung auf Leder aufgewalzt und schließlich mit einer Lösung von Polyvinylacetat in Essigester überspritzt. Ganz abgesehen von der Umständlichkeit dieses Verfahrens, fürchtet der Verfasser für die Kältefestigkeit der Zurichtung. Eine Neigung der höherpolymerisierten Typen zum Fadenziehen in organischer Lösung kann zu Spinnwebeffekten ausgenutzt werden.

Die wässerigen Dispersionen des Polyvinylacetats wurden für die Lederzurichtung in den Patenten D. R. P. 549073, E. P. 473657 und F. P. 820639 geschützt. Die Dispersionen des Polyvinylacetats mit Hilfe von wässerigen

Celluloseäthern oder Oxyalkyläthern beansprucht D. R. P. 600197. Der Verfasser steht unter dem Eindruck, daß Polyvinylacetat-Dispersionen sich in Alleinverwendung wegen nicht genügenden Filmbildungsvermögens und nicht genügender Kältefestigkeit auf dem Ledergebiet keineswegs bewährt haben. Eine Weichmachung in Dispersionen zur Vermeidung dieser Beanstandungen macht, weil man den Weichmacher über das wässerige Medium einbringen muß, Schwierigkeiten (s. S. 791). Aus diesen Gründen werden Polyvinylacetatdispersionen höchstens als verbilligende Komponente anderen Bindertypen zugesetzt, ein Verfahren, das jedoch nicht ohne Gefahren ist. Geeigneter erscheint es dem Verfasser, Vinylacetat als verbilligende Komponente mit kältefest- und weichmachenden Monomeren mischzupolymerisieren.

Polyvinylalkohol.

Dieses durch Verseifung des Polyvinylacetats entstehende Hydrosol ist wegen der Wasserquellbarkeit und der ungenügenden Kältefestigkeit seines Films einer Alleinverwendung zur Lederdeckfarbenherstellung nicht zugänglich. Polyvinylalkohol ist in organischen Lösungsmitteln unlöslich. Interessante Einsatzmöglichkeiten ergeben sich jedoch für diesen Körper als Schutzkolloid bei der Emulsionspolymerisation und bei der Herstellung von emulgierten Kollodiumlacken. Polyvinylalkohol zum Anreiben von Pigmenten bei der Herstellung von Plastikfarben zu verwenden, dürfte den heutigen Ansprüchen nicht mehr genügende Ergebnisse erbringen.

Die durch Umsetzung des Polyvinylalkohols mit Aldehyden, z. B. Formaldehyd, Acetaldehyd, oder Butyroaldehyd resultierenden Polyvinylacetale sind entsprechend der Zahl der Kohlenstoffatome des Aldehyds thermoplastischer, aber sonst in ihren Eigenschaften dem Polyvinylacetat weitgehend verwandt.

Eine breite Anwendung in der Praxis hat Polyvinylalkohol und seine Derivate auf dem Deckfarbengebiet, soweit der Verfasser beurteilen kann, bisher nicht gefunden. A. P. 2510257 schlägt eine Kombination von Glyoxal mit Polyvinylalkohol bzw. anhydrolysiertem Polyvinylacetat als Finish bzw. Kleber für Leder vor. E. P. 479103 schützt die Verwendung von Polyvinylformal zur Imprägnierung von Leder. A. P. 2485967 schlägt Polyvinylbutyral anteilig als Bindemittel einer Kollodiumkaltlackzurichtung vor.

Polyvinyläther.

Herstellung s. K. Craemer, S. 678. Polyvinylmethyläther ist wasserlöslich, bei höheren Temperaturen fällt der Körper gelierend aus. Die höheren Homologen sind in den üblichen organischen Lösungsmitteln löslich. Je länger die Ätherreste sind, desto weicher werden die gut lichtechten und hellfarbigen Filme. Die höheren Polymerisationsgrade dieser Typen ergeben schließlich im Filmaufguß fett- und wachsähnliche Aspekte. Der wasserlösliche Typ kann als Schutzkolloid, Verdickungsmittel und Emulgator ähnlich dem Polyvinylalkohol anteilig in Lederdeckfarben Verwendung finden. Von den organisch löslichen Typen sind die niedrigeren Homologen mit Kollodiumwolle verträglich, die höheren lassen sich in Benzin gelöst mit Casein emulgieren. D. R. P. 712001 schützt Deckschichten auf Leder, die aus wasserlöslichen bzw. wasserquellbaren Polyvinyläthern und Gerbstoffen erhalten werden. Ein Teil der Vinyläther ist der Mischpolymerisation mit anderen Monomeren in Emulsion zugänglich. Besonders die langkettigen Äther wirken als innere Weichmacher; je länger aber die Kette, desto schwieriger ist die Mischpolymerisation.

Polyvinylchlorid.

Herstellung und Eigenschaften s. K. Craemer, S. 673. Polyvinylchlorid niedrigeren Polymerisationsgrades löst sich in höheren Estern, Toluol, Ketonen, Chlorkohlenwasserstoffen und Chloraromaten. Ein gutes Lösungsmittel ist auch ein azeotropes Gemisch des Acetons mit Schwefelkohlenstoff. Je höher der Polymerisationsgrad, desto schwieriger wird die Löslichkeit, bis schließlich nur noch Tetrahydrofuran eingesetzt werden kann. Bessere Löslichkeitseigenschaften können durch eine Perchlorierung erzielt werden. Die schwierige Löslichkeit des Polyvinylchlorids legt die Vermutung nahe, daß der Körper durch Seitenketten in irgendeiner Weise vernetzt oder verfilzt ist. Der Film des Polyvinylchlorids ist zäh, sehr beständig gegen Chemikalien, ohne Weichmachung jedoch für das Ledergebiet zu hart, zu wenig haftfest, zu wenig zügig und zu wenig kältefest. Im Licht und in der Wärme verbräunt Polyvinylchlorid, wenn es nicht durch eine besondere Stabilisierung, z. B. mit Indolderivaten, geschützt ist. Bei längerem Erhitzen über 85° C spaltet der Körper Salzsäure ab. Als Weichmacher finden Trikresylphosphat, langkettige Phthalsäureester, Clophen und niedrigpolymerisierte Mischpolymerisate aus Butadien und Acrylnitril Anwendung. Dioctylsebacat und Undecyltetrahydronaphthalin sind Spezialweichmacher für diesen Körper, die aus dem Rahmen unserer Betrachtung fallen. Der Kunststoff wird in organischer Lösung auf Leder nicht angewandt, jedoch finden Folien aus weichgemachtem Polyvinylchlorid zur Kaschierung von Leder Benutzung. Durch dieses Verfahren lassen sich auf Spalt- und Narbenleder lackartige Effekte erzielen. Die größte Schwierigkeit ist es, die Folie durch entsprechende Klebemittel auf dem Leder zu verankern und einen faltenfreien Auftrag zu erzielen. E. P. 584015 beschreibt den Auftrag einer Folie aus 50 Tl. Polyvinylchlorid und 50 Tl. Tritoluylphosphat und 3 Tl. Polymethylmethacrylat auf Sohlleder, wobei als Kleber eine 20%ige Polymethacrylatlösung in Methanol verwendet wird.

Neuere Erfahrungen schlagen Kleber auf Basis von Isocyanaten, z. B. Kleber BY 176 (Farbenfabriken Bayer A. G.), vor.

Die reinen Polyvinylchloriddispersionen zeigen auf Leder nach Ansicht des Verfassers zu wenig Filmbildungsvermögen. Ohne Weichmachung ist die Kältefestigkeit solcher Filme für den Ledersektor zu gering. Durch die Patente E. P. 473657 und F. P. 820639 werden Polyvinylchloriddispersionen für die Lederzurichtung beansprucht. Besser verhalten sich Mischpolymerisate des Vinylchlorids auf Leder. Als solche werden z. B. vorgeschlagen die Mischpolymerisate von Vinylchlorid oder Vinylidenchlorid und Vinylacetat mit Acrylsäureestern unter Weichmacherzugabe während der Polymerisation, z. B. von Dioctylphthalat (E. P. 633631; F. P. 950978). Ein Mischpolymerisat des Vinylchlorids und Vinylacetats, ebenfalls unter Weichmachung mit Dioctylphthalat, schützt D. B. P. 863540. Vinylchlorid ist mit Butadien nicht mischpolymerisierbar, dagegen sind Mischpolymerisate des Vinylidenchlorids mit Butadien und Acrylnitril bekanntgeworden. Diese Mischpolymerisate genügen hinsichtlich Weichheitsgrad auch ohne Weichmachung den Anforderungen des Ledergebietes.

Plastifizierte Polyvinylchloriddispersionen werden gelegentlich in niedrigen Prozentsätzen als verbilligende Komponente in aus verschiedenen Bestandteilen zusammengemischte Handelsmarken eingebracht, ein Verfahren, das unter Umständen zu Schwierigkeiten Anlaß geben kann.

Polyvinylidenchlorid.

Herstellung s. K. Craemer, S. 677. Dieser Körper ist dem Polyvinylchlorid in seinen Eigenschaften weitgehend verwandt, er unterscheidet sich durch eine größere Wärmefestigkeit und eine noch geringere Löslichkeit. So ist er als Einzelpolymerisat weder in Lösung noch in Dispersion zur Zurichtung von Leder brauchbar. Sehr geeignet ist Vinylidenchlorid als verbilligende Komponente für die Mischpolymerisation mit längerkettigen Acrylsäure- und Methacrylsäureestern, Vinylacetat, Butadien, Acrylnitril, Styrol u. a. Die Kombination Vinylidenchlorid-Acrylsäurebutylester, die durch E. P. 609544 beansprucht wird, ergibt Filme ausgezeichneter Glanzwirkung.

Polystyrol.

Polystyrol hat für Leder wegen zu großer Härte als Einzelpolymerisat keine Bedeutung. Als Komponente der Mischpolymerisation hat es in Verbindung mit Butadien und Acrylnitril gute Ergebnisse erbracht (D. B. P. 821997; E. P. 678614; Belg. P. 494872). Die Zweierkombination Butadien-Styrol, eine Kombination entsprechend dem Buna S und SS (s. K. Craemer, S. 677) erreicht in ihrem Filmbildungsvermögen, ihrem Filmzusammenhalt, ihrer Haftfestigkeit auf Leder und ihrer Verträglichkeit mit Kollodiumlacken als Abschlußschichten nicht die heutigen Ansprüche, weswegen von einem Einsatz für die Lederzurichtung abgeraten werden muß. In E. P. 574454 wird Styrol neben Trichloräthen, Acrylnitril und den Estern der Methacrylsäure für Mischpolymerisate, die zur Zurichtung von Leder geeignet sind, beansprucht. F. P. 878828 schlägt Mischpolymerisate aus Styrol und Maleinsäure in Mischung mit Mischpolymerisaten aus Styrol und Vinylbutylester für die Lederzurichtung vor.

Polyacrylsäureester.

Herstellung s. K. Craemer, S. 672. Die Polyacrylsäureester sind die klassischen Polymerisate der Lederzurichtung, von denen die heutige weitverzweigte Entwicklung ausgegangen ist. Der Polyacrylsäureesterfilm ist desto weicher, je länger der Esterrest ist. Er ist ausgezeichnet zügig, außerordentlich thermoplastisch, gut knickfest, bestens licht- und alterungsbeständig, auf Leder gut haftend, durch organische Lösungsmittel stark quellbar und unter Druck nicht kontinuierlich, sondern sprungartig erweichend. Aus organischer Lösung trocknet der Polyacrylatfilm meist durchsichtig, aus wässeriger Dispersion meist opak auf, der Film ist körperreich, leider oft etwas klebrig.

Polyacrylate sind in Essigester, Äthylglykolacetat, Aceton, Benzol, Benzylalkohol, Butoxyl, Butylacetat, Chlorbenzol, Chlortoluol, Diacetonalkohol, G. B. Ester, Lösungsmittel E 13, E 33, TA, Methyläthylketon, Methylacetat, Methylenchlorid, Methylglykolacetat, Propylacetat, Tetrachlorkohlenstoff, Tetralin, Toluol, Trichloräthylen, Verdünner BB, Cyclohexanon und Cyclohexanonacetat löslich. Benzin, Kohlenwasserstoffe und Alkohole sind Nichtlöser. Als Weichmacher, soweit man sie überhaupt benötigt, können Phosphorsäure- und Phthalsäureester eingesetzt werden.

Polyacrylsäureester in organischer Lösung sind mit Kollodiumlacken kombinierbar und wirken in dieser Kombination weichmachend und füllend. Die organischen Lösungen der Acrylsäure- bzw. Methacrylsäureester finden in der Lederzurichtung als glanzgebende Schlußappreturen und als Grundierung für Kollodiumdeckfarben Anwendung. Sowohl aus organischer Lösung als auch aus wässeriger Dispersion aufgebracht vermitteln Polyacrylatfilme eine ausgezeichnete Haftung für folgende Kollodiumdeckschichten.

Die wesentlichste Anwendung der Polyacrylate auf dem Ledergebiet erfolgt aber aus der Dispersion, eine Anwendung, die schon in den dreißiger Jahren in dem Grundlagenpatent D. R. P. 615219 beansprucht wird. Diese Dispersionen sind seinerzeit unter der Bezeichnung Corialgrundmarken in der Lederindustrie bekanntgeworden und werden heute noch in großem Umfang gebraucht. Die ursprüngliche Anwendung beschränkte sich auf die Grundierung von Kollodiumzurichtungen auf Spalt- und Narbenleder, ein Verfahren, das die Weichmacherwanderung aus den Kollodiumdeckschichten in das Leder stark einschränkt. Mit dem Aufkommen der Binderzurichtung wurden die Corialgrundmarken auch als Bindemittel für diese rein wässerigen Bügelzurichtungen allein und in Kombination mit anderen Mischpolymerisaten herangezogen. Im Verlauf der letzten 20 Jahre sind die Polyacrylate eine der beiden Hauptgruppen der synthetischen Bindemittel für das Zurichtgebiet geworden. Sie werden von einer ganzen Reihe von Firmen hergestellt, z. B. unter der Bezeichnung Corialgrund (B. A. S. F., Ludwigshafen), Primal (Rohm & Haas Comp., Philadelphia), Bedacryl (I. C. I., London), Plextol BV (Röhm & Haas, Darmstadt), Ucecryl (Union Chim. Belge), Miragrund (Bally, Schönenwerd) u. a. Darüber hinaus haben die Acrylsäureester eine breite Anwendung gefunden als stark weichmachende, kältefestmachende und Haftung vermittelnde Komponenten der Mischpolymerisation mit Vinyl- und Vinylidenchlorid, Styrol und Butadien, Fumar- und Maleinsäure, Acrylsäure und Tetrahydrophthalsäure, Vinylacetat und Vinyläther und vielen anderen. Auch das Acrylsäurenitril ist eine bewährte Komponente der Mischpolymerisation mit Acrylsäureester.

Zum Komplex der Mischpolymerisation sei auf folgende Patente hingewiesen: Öst. Pat. 145 808, A. P. 2 191 654, A. P. 2 204 520, F. P. 883 341, Schweiz. P. 230 547, D. R. P. 600 197 (Emulsion von Polyacrylsäureestern mit Hilfe von Oxyalkyl- oder Alkyloxycelluloseabkömmlingen), E. P. 443 298, Schweiz. P. 180 409 und A. P. 2 544 691.

Polymethacrylsäureester.

Die Polymethacrylate sind den Polyacrylaten in den meisten Eigenschaften und auch in ihrer Anwendung auf dem Ledergebiet sehr ähnlich. Sie unterscheiden sich dadurch, daß sie bei gleichem Polymerisationsgrad festere, zähere und widerstandsfähigere Filme ergeben. Die Erweichungspunkte der Polymethacrylate liegen immer höher als die der entsprechenden Polyacrylate. Auch sind sie in der Alkalibeständigkeit den Acrylderivaten erheblich überlegen. Methacrylsäureester werden sowohl als Monomere für Einzelpolymerisate als auch als Komponenten für die Mischpolymerisation viel eingesetzt. A. P. 2 278 415 schützt die Anwendung eines Mischpolymerisats aus 1,1-Dichloräthan, Acrylnitril und Methacrylsäureestern (z. B. Methyl- und Butylester) in organischer Lösung als Bindemittel für Lederdeckfarben.

Über die vielfältigen Abwandlungsmöglichkeiten der Mischpolymerisation überhaupt und speziell mit Methacrylaten vermittelt das A. P. 2 404 817 einen instruktiven Einblick, weswegen es, obwohl es das Ledergebiet nicht ausdrücklich betrifft, kurz angeführt sei: Als Methacrylatkomponenten sind hier beansprucht: Methyl-, Äthyl-, Butyl-, Octyl-, 2-Nitro-2-Methylpropylmethacrylat, Chloräthyl-, Phenyl-, Cyclohexylmethacrylat-, Acryl- und Methacrylsäurenitril, Acryl- und Methacrylsäureamid. Als Vinylkomponenten sind beansprucht Methylvinylketon, Isopropylvinylketon, Phenylvinylketon, Diäthylfumarat, Dimethylmalonat, Methylendiäthylmalonat. An Emulgatoren werden vorgeschlagen anionische, kationische, amphotere und nichtionogene Typen. Aus dieser Schilderung geht wohl hervor, welcher Vielfalt die Polymerisation einer einzigen Körperklasse fähig ist; hinzu kommt, daß noch die Variationsmöglichkeiten im Hinblick auf Aktivierung und Regelung, Polymerisationsgrad und Dosierung der einzelnen Mischkomponenten gegeben sind. Weitere das Ledergebiet betreffende, die Anwendung der Polymethacrylate und der Mischpolymerisate umfassende Patente sind u. a. folgende: E. P. 609 544, E. P. 574 454, F. P. 950 978, A. P. 2 191 654, A. P. 2 204 520. Es muß darauf hingewiesen werden, daß in den meisten Patentansprüchen Acrylate und Methacrylate gemeinsam beansprucht werden.

Wasserlösliche Polyacryl- und Methacrylate.

Die Ammonium- und Alkalisalze der Polyacrylsäure ergeben schon in niedrigen Konzentrationen Hydrosole hoher Viskosität, die als Schutzkolloide, Dispergier- und Anreibemittel für Pigmente gut geeignet sind. Leider sind diese Körper auch in ihren niedrigen Polymerisationsstufen für das Ledergebiet im Film zu hart, zu brüchig und zu stark durch Wasser quellbar. Daher können polyacryl-saure Salze nur in kleinsten Anteilen für die Stabilisierung, z. B. von Plastik-farben, und die Verdickung von Bindern und schließlich zum Emulgieren von Kollodiumlacken angewandt werden. Auf D. R. P. 623404 und F. P. 883341 fußen neuere Entwicklungen auf dem Bindergebiet, die auf Acrylatbasis zu glanzstoßbaren Bindern geführt haben [R. Schubert (1)]. Die Mischpolymeri-sation der Acrylsäure mit den Acrylsäureestern wird in diesem Fall in Anwesenheit organischer Lösungsmittel geführt. Das Einpolymerisieren der freien Säurereste ergibt einen hydrosolartigen Lösungszustand und eine verminderte Thermo-plastizität, was letzten Endes die Glanzstoßbarkeit mit sich bringt.

Polyacrylsäureamid.

Polyacrylsäureamid ergibt ebenfalls schon in 10%igen Lösungen hochviskose Hydrogele, die zu klaren, glänzenden Filmen auftrocknen, Filme, die zwar nicht mehr wasserlöslich, jedoch stark wasserquellbar sind. Polyacrylamid ist durch Formaldehyd, Methylolharnstoff und ähnliche Körper härtbar, auf Leder auf-gebracht kann ein Polyacrylamidfilm glanzgestoßen werden. Trotz dieser zum Teil bestechenden Eigenschaften kann Polyacrylamid nicht als Bindemittel für die Oberlederzurichtung angewandt werden, weil es zu hart ist, zu ober-flächlich schichtet, darum eine Neigung zur Doppelhäutigkeit unterstützt, und schließlich weil es schlechte Reibechtheiten ergibt und sich mit anderen Polymerisatkomponenten im Film nicht gerade ideal kombiniert. Eine Ein-satzmöglichkeit für diesen Körper besteht sicher für die Zurichtung von Unter-leder. D.R.P. 716322 beansprucht als Glanzmittel für farbige Boxcalfleder die aus teilweise verseiften Polyacrylsäurenitril nach einer Aldehydhärtung erhaltenen Massen.

Polyisoolefine.

Über die Anwendung des Polytetrafluoroäthylens, des Polyvinylamins und des Polyvinylcarbazols ist dem Verfasser auf dem Zurichtgebiet nichts bekannt-geworden.

Dagegen liegen für Isoolefine einige Patente vor, die allerdings auch keinen großen praktischen Widerhall gefunden haben. F. P. 833459 schützt Misch-polymerisate des Isobutylens mit Fumarsäureestern für das Ledergebiet. D. R. P. 727581 beschreibt die Herstellung von Lederdeckfarben mit Isobutylen einer Viskosität von 1,5 bis 10° Engler. Der Kunststoff wird mit Polyglykol-äthern des Ricinusöls, des Isooctylphenols oder des Octodecenylalkohols oder mit Casein hochemulgiert, nachdem das Pigment eingewalzt wurde. Diese Zu-richtung ist glanzstoßbar. Auch A. P. 2194958 beschreibt eine ähnliche An-wendung niedrigmolekularer Isoolefinpolymerisate.

Das interessanteste Polyisoolefin ist Polyisobutylen, ein Kunststoff, der kein reiner Thermoplast mehr ist, sondern wahrscheinlich sich kautschukähnlichen Zuständen schon annähert. Bemerkenswert ist weiter die auffallend gute Kälte-festigkeit dieses Körpers.

3. Butadienpolymerisate (vgl. dazu E. Weber, S. 793).

Wir verlassen nun mit unserer Betrachtung die typischen Thermoplasten und kommen zu kautschukähnlicheren Körpern, den Abkömmlingen des Butadiens. Im Gegensatz zu den Vinyl- und Acrylderivaten ist Butadien hinsichtlich seiner Polymerisationsfähigkeit bifunktionell, wodurch im Gegensatz zu den bisher beschriebenen Derivaten des Polyäthylens eine gewisse Verzweigung und Vernetzung der Kettenmoleküle möglich wird. Wenn diese Vernetzung auch bei den uns hauptsächlich interessierenden Körpern nicht sehr stark ausgeprägt ist, so drückt sie sich doch in einer erhebliche geringeren Plastizität, vergleichsweise zu den Polyacrylaten, aus. Wenn man z. B. die Erweichungskurven eines Butadienderivats verfolgt, so wird man einen viel kontinuierlicheren und gleichmäßigeren Verlauf gegenüber den Polyacrylaten feststellen. Diese Eigenschaften sind für die Lederzurichtung durchaus interessant, weswegen die Gruppe der Butadienpolymerisate in den letzten Jahren zu der zweiten großen Gruppe von Mischpolymerisaten des Zurichtgebiets sich entwickelt hat. Weitere Unterschiede der Butadiengruppe zu den Polyacrylattypen gleichen Polymerisationsgrades sind eine geringere Klebrigkeit und eine etwa um 50% geringere Quellbarkeit mit organischen Lösungsmitteln. Als Weichmacher, soweit überhaupt benötigt, können Ester der Phosphorsäure und Phthalsäure für diese Polymerisate eingesetzt werden. Die Eukanolbinder (Farbenfabriken Bayer A. G., Leverkusen) und die Hycartypen (B. F. Goodrich Chemical Comp. Cleveland/Ohio) sind in diese Gruppe einzureihen.

Zahlenbuna.

Chemismus und Eigenschaften s. K. Craemer, S. 681. Reine Butadienpolymerisate wurden seinerzeit als erste synthetische Kautschuke in Blockpolymerisation entwickelt und unter der Bezeichnung „Buna" mit einer Kennziffer auf den Markt gebracht. Seitdem werden daher reine Butadienpolymerisate als „Zahlenbuna" bezeichnet. Bei diesen Polymerisaten ist die Vernetzung schon recht erheblich, was sich in einer recht schwierigen Löslichkeit manifestiert. Die Zahlenbunatypen konnten auf dem Ledergebiet keine Bedeutung erlangen.

Chloropren.

Eigenschaften und Chemismus s. K. Craemer, S. 681. Chloropren ist das Einzelpolymerisat eines Derivats des Butadiens, des Chlorbutadiens. Dieser Körper hat sich in der Deckfarbentechnik zuerst in Amerika, in den letzten Jahren aber auch in Deutschland eingeführt. Allerdings darf für den Ledersektor Chloropren nicht völlig auspolymerisiert sein, da es sonst zu stark vernetzt ist. Chlorbutadien wird durch Dimerisierung von Acetylen und katalytische Anlagerung von Salzsäure hergestellt. Das Monomere wird in Emulsion unter starker Regelung polymerisiert, da die Polymerisationsfreudigkeit des Produkts die Reaktion zu den härteren Typen, die uns nicht interessieren, treiben würde. Es wird schließlich ein Molgewicht um 100000 erreicht. Der Film des Chloroprens ist sehr gut haftfest auf Leder, weich, zügig, elastisch, opak bis leicht gelblich gefärbt und gegen Belichtung trotz Stabilisierung nicht völlig beständig. Daher kann dieses Polymerisat für Weißzurichtungen nicht eingesetzt werden. Besonders ausgezeichnet ist der Film des Polymerisats durch eine Kältebeständigkeit auf Leder bis zu — 40° C, die oft schon durch den Einsatz des Produkts in der Grundierung erreicht wird. Weiter ist interessant, daß der Chloroprenfilm in der Lösungsmittelbeständigkeit und Heißbügelfestigkeit dem Polyacrylatfilm bedeutend überlegen ist. Die Anwendung des Chloroprens erfolgt praktisch nur in Latexform, so daß die Löslichkeit in organischen Lösungsmitteln hier übergangen werden kann. Neben dem Einsatz als Grundierungsmittel kann es bei allen mittleren und dunkleren Tönen auch als Hauptbindemittel eingesetzt werden, was sich besonders empfiehlt, wenn hohe Bügelbeanspruchungen an das Leder gestellt werden sollen. Hier sind auch einschlägig A. P. 2010012 und A. P. 1967863.

Buchstabenbuna.

Chemismus und Eigenschaften s. K. Craemer, S. 681. Um den Vernetzungsgrad des Butadienpolymerisats herabzusetzen, wurde Butadien (75) mit Styrol (25) mischpolymerisiert; das Polymerisat wird Buna S (bzw. SS bei höherem Styrolgehalt), in Amerika G. R. S., genannt. Ganz allgemein wird diese Gruppe von Mischpolymerisaten als „Buchstabenbuna" bezeichnet. Die Prüfung dieser Typen ergab auf Leder nicht völlig befriedigende Ergebnisse. Erst die Hinzunahme eines stark polaren und darum Haftung vermittelnden dritten Polymeren, des Acrylnitrils, erbrachte für Leder befriedigende Mischpolymerisate. Die einschlägige Patentliteratur wurde bereits unter Polystyrol referiert.

Je nach Polymerisationsgrad sind diese Typen weicher, zügiger, durch organische Lösungsmittel stärker anquellbar und weniger glanzgebend oder härter, glänzender, weniger quellbar und weniger klebend. Die weicheren Typen eignen sich als Grund für pigmentierte Kollodiumzurichtungen, die härteren lassen nur die Schlußappretierung mit einem nicht pigmentierten Klarlack zu. Bei entsprechender Stabilisierung ist die Lichtbeständigkeit und Alterungsbeständigkeit dieser Polymerisate gut. Die Anwendung auf Leder erfolgt praktisch nur in Form der Dispersion, weswegen auf die Löslichkeit in organischen Lösungsmitteln nicht eingegangen werden muß.

Perbunantypen.

Die Mischpolymerisate aus Butadien (75) und Acrylnitril (25) werden in Deutschland als Perbunan (Bayer), in Amerika als Hycar (Goodrich) bezeichnet. Die amerikanischen Typen unterscheiden sich durch eine abweichende Emulgierung von dem deutschen Perbunan, wodurch eine alkalische Reaktion des Binders resultiert. Chemismus und Eigenschaften s. K. Craemer, S. 682. Die Mischpolymerisation wird immer in Emulsion durchgeführt, die Anwendung auf Leder erfolgt nur in Dispersion. Je nach Polymerisationsgrad und Monomerenverhältnis lassen sich in dieser Klasse alle Weichheitsgrade vom öligviskosen, stark klebrigen bis zum zähnervigen, festen Film realisieren. Für manche Anwendungszwecke ist es interessant, daß sich gewisse Polymerisate des extrem weichen Typs bis zu 100% mit Alkohol versetzen lassen, was für die Grundierung von Fettledern spezielle Effekte bringt. Das Hauptanwendungsgebiet solcher Perbunantypen sind Grundierungen, wobei sie eine besonders gute Heißreibefestigkeit, Kältefestigkeit, Rückpolierbarkeit und eine bemerkenswerte Kombinationsfähigkeit mit Wachsen aufweisen.

Weitere Möglichkeiten der Mischpolymerisation mit Butadien sind fast unbegrenzt, so daß das Gebiet besser abgesteckt ist, wenn die nicht mit Butadien mischpolymerisierbaren Monomeren genannt werden. Die wesentlicheren sind Vinylchlorid, Methylvinyläther und Vinylkarbazol. Auf dem Ledergebiet bestehen für Mischpolymerisate des Butadiens sicher noch interessante Einsatzmöglichkeiten. Veröffentlichungen in dieser Richtung liegen allerdings bisher nicht vor.

4. Handelstypen der Polymerisatdispersionen.

Eine ganze Reihe der im Handel befindlichen Bindertypen, besonders die derjenigen Firmen, die nicht in der Lage sind, selbst zu polymerisieren, sind keineswegs die reinen Polymerisate, sondern entweder die Verschnitte mehrerer Polymerisate untereinander oder aber die Verschnitte des Polymerisats mit Aufschlüssen von Casein, Wachsen oder mit den Emulsionen von Kollodiumlacken. Der Verschnitt mehrerer Polymerisate untereinander, z. B. die Mischung eines stärker eindringenden Binders mit einer stärker schichtenden Dispersion, hat durchaus seine Berechtigung, denn es wurde in der Anwendung immer wieder festgestellt, daß durch die Mischung von Bindern besondere Zurichteffekte hinsichtlich Narbenbruch, Eindringvermögen, Bügelfestigkeit, Deckkraft, Glanzbildung, Oberflächenruhe usw. erzielt werden können, Effekte, die durch den Einzeleinsatz der Komponenten nicht erreicht werden. Es ist darum durchaus zu begrüßen, daß solche bewährten technischen Erfahrungen an Hand einer gut ausgearbeiteten Bindermischung dem Praktiker zur Verfügung gestellt werden. Der Verschnitt ist aber dann abzulehnen, wenn er nur zur Verbilligung mit einem zwar preiswerten, aber technisch weniger geeigneten Polymerisat erfolgt.

Die Zusätze von Casein bzw. Wachsaufschlüssen sollen dem Binder größere Bügelechtheit, geringeres Kleben an der Bügelplatte, bessere Heißreibechtheit, gute Acetonfestigkeit u. a. bringen (s. E. P. 473657). Es besteht jedoch die Gefahr, daß durch dieses Verfahren der Begriff des „Binders", welcher der Polymerisatdispersion vorbehalten bleiben sollte, verwässert wird. Verfasser schlägt daher vor, im Deckfarbensortiment nur dann die Bezeichnung „Binder" zuzulassen, wenn höchstens 5% der Festsubstanz des „Binders" aus einem Nichtpolymerisat besteht.

Im folgenden sei eine Übersicht über die für die Lederzurichtung gebräuchlichsten Handelsprodukte gegeben (Tabelle 6).

Tabelle 6. Einige Handelsmarken der Polymerisatdispersionen für den Ledersektor.

Polymerisatdispersion	Hersteller	Bemerkungen
Corialgrund O konz. . . .	BASF	Polyacrylat, sehr weich, mit Ammoniak verdickbar
Corialgrund OB konz. .	BASF	Polyacrylat, sehr weich, nicht verdickbar
Corialgrund OH konz. .	BASF	Polyacrylat, weicher als Corialgrund O konz.
Corialgrund E konz. . .	BASF	Polyacrylat, etwas härter als Corialgrund O konz.
Eukesolplastikbinder K	BASF	Mischpolymerisat, etwas härter und glanzgebender als die Corialgrund-Typen
Eukesolbinder S	BASF	Hydrosol eines Polyacrylats, glanzstoßbar, weniger thermoplastisch
Eukesolplastikbinder B neu	BASF	Mischpolymerisat mittlerer Weichheit

Fortsetzung s. S. 756.

Apex = Apex Chemical & Co., Mailand/Italien; BASF = Badische Anilin- & Sodafabrik A. G., Ludwigshafen/Rhein; Ba St = Bay State, Chemical Company, Boston/USA; Bayer = Farbenfabriken Bayer AG, Leverkusen; Bras = Fabrica de Produtos Quimicas Auxiliares Brasitex S. A., Sao Paulo/Brasilien; Ciba = Ciba Aktiengesellschaft, Basel (Schweiz); Comet = Comet Chemical, Newark/USA; Dow = The Dow Chemical Company Midland, Michigan/USA; Du P = E. I. Du Pont de Nemours & Company, Wilmington/USA; Earn = Earnshaw Ltd., Northallerton, Yorkshire/England; FrC = S. A. de Matières Colorantes et Produits Chimiques, Francolor Paris/Frankreich; Good = B. F. Goodrich & Co., Acron, Ohio/USA; Hoe = Farbwerke Hoechst AG, vorm. Meister Lucius & Brüning, Frankfurt/Main (Höchst); ICI = Imperial Chemical Industries Ltd., London/England; Kas = Kasika, Chemische Fabrik GmbH, Berlin-Britz; Kepec = Kepec, Chemische Fabrik GmbH, Siegburg/Rhld.; Lank = Lankro Chemicals Ltd., Eccles, Manchester/England; LGr = Lang & Grönwoldt, Chemische Fabrik, Stuttgart-Zuffenhausen; Nene = Nene Leather Finishes Ltd., Northampton/England; New = Newark Leather Finish Company, Harrison N. J./USA; Peyr = Peyrache, Vilvorde/Belgien; Pol = Polymer Corp. Ltd., Sarnia/Ontario/Kanada; RHD = Röhm & Haas GmbH, Darmstadt; RHUS = Röhm & Haas Company, Philadelphia/USA; S He = Schäfer & Herbster, Chemische Fabrik, Stuttgart-Weilimdorf; St US = Stahl Chemical Corp., Peabody Mass./USA; St W = Stahl Chemical Industries, Waalwijk/Holland.

Fortsetzung der Tabelle 6.

Polymerisatdispersion	Hersteller	Bemerkungen
Eukesolplastikfinish ...	BASF	Härteres, gut glanzgebendes Mischpolymerisat für Schlußschichten
Luronbinder U........	BASF	Modifiziertes Protein
Luronbinder W	BASF	Modifiziertes Protein, weicher als U
Eukanolbinder V	Bayer	Öligviskoser Butadientyp, kräftig eindringend, mit organischen Lösungsmitteln verschneidbar
Eukanolbinder G......	Bayer	Sehr weicher Butadien-Typ, gute Lösungsmittelbeständigkeit und Kältefestigkeit
Eukanolbinder GG spez.	Bayer	Vulkanisationsfähiger Binder
Eukanolbinder W	Bayer	Mittelweicher Butadientyp, Hauptbindemittel des Bayer-Sortimentes
Eukanolbinder L......	Bayer	Härterer Butadientyp, glanzgebend, für die Abschlußschichten vorgesehen
Eukanolbinder CD	Bayer	Weicher Butadientyp, gut abschließend, nicht schäumend
Eukanolresin O	Bayer	Mittelweicher Butadientyp mit Zusätzen zur Verbesserung von Abschluß und Oberflächenruhe
Eukanolresin T	Bayer	Härterer Butadientyp mit Zusätzen
Eukanolglanzbinder....	Bayer	Springhartes Mischpolymerisat hervorragender Glanzwirkung für Portefeuilleleder
Kasiplastbinder 5154 ..	Kas	Wahrscheinlich Mischung mehrerer Polymerisatdispersionen, außerordentlich zügig, sehr weich
Kasiplastbinder 745 ...	Kas	Chlorhaltiges Vinyl-Mischpolymerisat
Kasiplastbinder 1301 ..	Kas	Gemisch mehrerer Bindertypen
Kasiplastbinder 1422 ..	Kas	Härterer Butadientyp, nur für die Abschlußschichten
Kasiplastbinder EW ...	Kas	Sehr weicher Butadientyp
Kasiplastbinder 774 ...	Kas	Chlorhaltiges Vinyl-Mischpolymerisat
Kasiplastbinder IL 289	Kas	Emulsion einer Vinyl-Polymerisatlösung
Cellsikabinder 5254	Kas	Extrem weicher Butadientyp
Cellsikabinder 5221	Kas	Polyvinylbinder
Fondo C	Kepec	Polyacrylat, mit Emulsion verschnitten
Fondo F	Kepec	Polyacrylat mittlerer Weichheit
Kepolintop AM	Kepec	Butadientyp, sehr weich und zügig
Fondo S/Br	Apex	Butadien-Mischpolymerisat
Capadermgrund L.....	Ciba	Polyacrylat mittlerer Weichheit
Capadermgrund E	Ciba	Weiches Polyacrylat
Capadermgrund SE ...	Ciba	Härteres Polyacrylat
Vibatex AN konz.	Ciba	Härterer Bindertyp, extrem zäh, stark glänzend
Binder 8809	Ba St	Butadientyp mittlerer Weichheit
Binder K 14	Ba St	Butadientyp mittlerer Weichheit
Polyco 322	Bras	Mischpolymerisat
Polyco 1500	Bras	Gemisch aus Polyacrylat und Butadien
Binder HB	Comet	Verschnittener Butadientyp

Fortsetzung der Tabelle 6.

Polymerisatdispersion	Hersteller	Bemerkungen
Hycar R 33	Dow	Weicher Butadientyp
Hycar 1561	Good	Butadientyp mittlerer Weichheit
Hycar 1571	Good	Butadientyp
Panalon TR	Du P	Butadientyp mittlerer Härte
Binder S	Earn	Butadienhaltiges Mischpolymerisat
Plastikbinder BS 40 ..	Earn	Butadien-Mischpolymerisat
Binder FFS	Earn	Weiche Bindermischung
Binder FFH	Earn	Härtere Bindermischung
Fond Novapel	FrC	Mischpolymerisat
Meludermbinder H	Hoe	Kunstharzbinder, nicht thermoplastisch
Meludermbinder HW ..	Hoe	Kunstharzbinder, weicher als Meludermbinder H
Butakon ML 590	ICI	Budadien-Acrylester-Mischpolymerisat
Bedacryl L	ICI	Mittelweiches Polyacrylat-Mischpolymerisat
Bedacryl 188 A	ICI	Polyacrylat, härter als Bedacryl L
Lankrogrund..........	Lank	Wahrscheinlich Mischung
Lankrofinish V 34	Lank	Wahrscheinlich Mischung
Lankroplast L	Lank	Wahrscheinlich Mischung
Lankroplast LD.......	Lank	Wahrscheinlich Mischung
Binder Z 11	LGr	Extrem weicher Acrylatbinder
Plastiktop PX	LGr	Mittelharter Acrylatbinder
Binder 1531	New	Mischung von Perbunanbinder mit Zurichthilfsmitteln
Nenbase	Nene	Polyacrylat-Mischpolymerisat mit Zusätzen
Nenacryl	Nene	Polyacrylat-Mischpolymerisat
Nenacryl 1150	Nene	Mischpolymerisat harter Einstellung
Fond M	Peyr	Butadien- und Polyacrylat-Mischpolymerisat, sehr weich
Fond A	Peyr	Vinyl-Mischpolymerisat
Fastex	Pol	Polyvinylacetat-Emulsion
Plextolbinder	RHD	Polyacrylat-Mischpolymerisat
Primalbinder B 41	RHUS	Polyacrylat-Methacrylat-Mischpolymerisat
Primalbinder S 1	RHUS	Polyacrylatbinder sehr weicher Einstellung
Primalbinder A	RHUS	Polyacrylat, weicher Hauptbindertyp
Primal EM	RHUS	Härterer Hauptbindertyp
Primal B 52	RHUS	Polyacrylat-Mischpolymerisat
Primal NX	RHUS	Extrem weiches Mischpolymerisat aus Acrylsäureestern
Primal PW	RHUS	Polyacrylat-Methacrylat-Mischpolymerisat
Primal 88	RHUS	Polyacrylatbinder
Primal F 31	RHUS	Polyacrylat mit Zusatz
Grund 8855	S He	Mischung verschiedener Polymerisate

Fortsetzung der Tabelle 6.

Polymerisatdispersion	Hersteller	Bemerkungen
Binder 6020	St US	Mischpolymerisat
Resin 942	St US	Polyacrylat mit Zusatz
Waterproof Top 7005..	St US	Polyacrylat-Mischpolymerisat
F-75 Resin	St US	Sehr weicher Grundierungsbinder
Resin 932	St US	Sehr weiches Polyacrylat
Top Coat 7014........	St US	Härterer Butadientyp mit Zusätzen
Resin 1093	St W	Wahrscheinlich Mischung aus Butadienbindern und Polyacrylaten mit Zusatzstoffen
Resin 5498	St W	Weicher Butadientyp
Resin 38	St W	Polyacrylatbinder weicher Einstellung
Resin 1014	St W	Polyacrylat-Perbunan-Mischung
Neopren W	Du P	Chlorbutadienpolymerisat
Neopren GN..........	Du P	Chlorbutadienpolymerisat

VI. Polykondensationsprodukte.

Polykondensationsprodukte spielen in der Lederzurichtung bis heute nur eine untergeordnete Rolle. Breitere Anwendung hat diese Körperklasse auf dem Kunstledersektor gefunden, weswegen auf die ausführlichen Darlegungen unter diesem Stichwort verwiesen sei (s. K. Craemer, S. 682).

Grundlegende Unterschiede zwischen den Polymerisaten und den Polykondensaten sind folgende: Während die Polymerisate in ihrer eigentlichen Kette lange Paraffinkohlenwasserstoffe, meist mit Seitenketten, darstellen, ist die Atomfolge bei den Polykondensaten durch Heteroatome unterbrochen. Das Molekulargewicht der Polykondensate erreicht nie größere Werte als etwa 30000, während die Polymerisate 800000 bis 1 Mill. aufweisen können. Infolge dieses niedrigen Molekulargewichts können die Polykondensate räumliche bzw. vernetzte Strukturen aufweisen, ohne daß die Löslichkeit ungenügend wird. Bifunktionelle Ausgangskörper führen zu linearen, mehrfunktionelle zu vernetzten Reaktionsprodukten. Ebenso wie Mischpolymerisation kann man auch Mischkondensationen mit mehr als zwei Ausgangsmaterialien durchführen. Spezifisch ist die Kombinationsmöglichkeit von Polymerisation und Kondensation für dieses Gebiet, indem ungesättigte Körper in das Polykondensat eingeführt werden, die beim Trocknen miteinander polymerisieren und dadurch eine zusätzliche Vernetzung schaffen. Solche Polykondensate werden als „trocknend" bezeichnet. Eine weitere, für dieses Gebiet spezifische Möglichkeit ist, die Kondensation so frühzeitig abzubrechen, daß niedrigmolekulare, noch reaktionsfähige Bruchstücke des endgültigen Makromoleküls vorliegen, die durch Trocknen bei erhöhten Temperaturen zur Reaktion gebracht werden können. Sie sind natürlich besser löslich und besser verarbeitbar als der völlig auskondensierte Kunststoff. Die beiden letztgenannten Möglichkeiten haben auf dem Zurichtgebiet noch keine Anwendung gefunden, weil sie hohe Temperaturen erfordern und die zur Zeit vorliegenden Typen nicht genügend weiche und elastische Filme ergeben. Die Möglichkeit der trocknenden Polykondensationsprodukte wird allerdings auf dem Lackgebiet genutzt.

Polyäther.

Die polymeren Äther sind durch die Bindung ... R—O—R—O—R ... charakterisiert. Die niedrigen Glieder dieser Reihe, die Polyglykoläther und Polyglycerine, finden als Stoßöle bzw. Weichmacher für die wässerige Zurichtung Anwendung. Polyäthylenoxydkondensate sind in Wasser löslich, in Benzinen und Ölen dagegen unlöslich. Die niedrigen Glieder dieser Reihe sind viskose farblose Öle, die höheren wachsartige Körper. Der Versuch, die letzteren in die wässerige Zurichtung anteilig als Glanzmittel einzuführen, scheiterte an der zu großen Wasserlöslichkeit der Produkte und an ihrem unzureichenden Glanzeffekt. Einiges Interesse könnte diese Körperklasse lediglich für technische Leder gewinnen als benzin- und ölfeste Imprägnierung für Lederdichtungen (s. auch E. P. 349638).

Polyester.

Interessanter für das Ledergebiet ist die Gruppe der polymeren Ester, im wesentlichen, wie schon bemerkt, für das Lackgebiet. Dabei sind die von bifunktionellen linearen Produkten ausgehenden Körper weniger beachtlich, wenn man nicht hitzebehandeltes Rizinusöl als einen auf einer bifunktionellen Oxysäure aufgebauten linearen Polyester niedrigen Kondensationsgrades auffassen will. Produkte dieser Art haben in der Kollodiumzurichtung Eingang gefunden. Hier kann man auch Kondensationsprodukte aus Rizinusöl und Glykol einfügen, die A. P. 2387395 als Weichmacherzusatz zu Kollodiumlacken beansprucht.

Die unter der Bezeichnung Alkydharze bekanntgewordenen Kunstharze aus dem trifunktionellen Glycerin und mehrbasischen Säuren haben sich in der Lederzurichtung als füllende Zusätze für Kollodiumlacke und als glanzgebende Füllmittel für Caseinglänze eingeführt.

Dabei sind die Mischester aus Glycerin, Pentaerythrit, Trimethylolpropan, Hexantriol, Hexiten und Sorbit mit Phthalsäure, Oxalsäure, Adipinsäure, Sebazinsäure, Maleinsäure, eventuell unter Zusatz wechselnder Mengen natürlicher Öle bzw. Harz- und Fettsäuren, die für unsere Zwecke interessantesten Körper. Die Fettsäuren beeinflussen die Löslichkeit, die Geschmeidigkeit der Filme und die Kombinierbarkeit mit anderen Lackbildnern; überwiegen die ungesättigten Anteile in einem Alkydharz, so bekommt es trocknende Eigenschaften, d. h. es härtet beim Trocknen nach und wird dadurch unlöslich. Als Zusatz zu Nitrolacken haben diese trocknenden Alkydale auf dem Ledergebiet keine Bedeutung, dagegen haben sie sich auf dem Lackgebiet vielfach einführen können.

Obwohl das Gebiet der Esterharze besonders für den Lacksektor beträchtliche Bedeutung besitzt, sind die Angaben in der Patentliteratur, soweit sie der Verfasser übersieht, mehr als spärlich: Russ. P. 51385 beschreibt die Kombination von Kollodiumlacken mit Glyptalen für die Grundierung von Lackledern.

Polymere Sulfide, Sulfone und Imine haben für das Zurichtgebiet bisher keine Bedeutung erlangt.

Polyamide.

Über die Polyamide liegen auf dem Zurichtgebiet eine ganze Reihe von Patenten vor, trotzdem hält der Verfasser die praktische Bedeutung dieser Körperklasse für das Ledergebiet für noch nicht groß. Darum sei zu den Eigenschaften dieser Körper auf die Ausführungen unter dem Stichwort Kunstleder verwiesen (s. K. Craemer, S. 683). Unter das Gebiet der polymeren Amide fallen die Superpolyamide, die Kondensationsprodukte aus Formaldehyd und Harnstoff und die Kondensationsprodukte aus Formaldehyd und Cyanurtriamid (Melaminoplaste).

Eine Schwierigkeit, die dem breiten Einsatz der Superpolyamide auf dem Ledergebiet immer wieder entgegensteht, ist deren beschränkte Löslichkeit. Als

Lösungsmittel kommen wässerige Alkohole in der Wärme in Frage. Leider fällt Superpolyamid nach einigem Stehen immer wieder gelierend aus, geht aber beim Erwärmen wieder in Lösung. Durch Zusätze von Phenolen oder Milchsäure soll man eine bessere Stabilisierung dieser Lösungen erreichen können. Superpolyamide haben sich angeblich für die Appretierung orthopädischer Leder bewährt. Diese Appretierung soll sich gegenüber anderen durch physiologische Reizlosigkeit, Festigkeit und Durchlässigkeit gegenüber Schweiß, hohen Widerstand gegen Abrieb, gute Alterungsbeständigkeit und leichte Möglichkeit zur Reinigung auszeichnen (F. Leonhard, T. B. Blevins, W. S. Wright und M. G. Defries). Siehe in diesem Zusammenhang auch F. P. 968220. Nach F. P. 868996 wird das Pulver eines Polyamidkondensats aus Hexamethylendiamin, Adipinsäure und ε-Caprolaktam mit der gleichen Menge Trichlorisobutylalkohol vermahlen oder verknetet, das angelierte Pulver auf Leder oder einer Fasermasse verteilt, bei 85° C vorgetrocknet und schließlich bei 120° C nochmals durch eine Trockenzone geführt. Die Schlußtemperatur von 120° ist nach Ansicht des Verfassers für Leder reichlich hoch gegriffen.

Harnstoff-Formaldehyd-Kondensationsprodukte.

Auch für die Aminoplaste liegen einige Patente, doch keine breite praktische Anwendung vor. Die Harnstoff-Formaldehyd-Kondensationsprodukte lösen sich in Alkoholen, Chlorkohlenwasserstoffen, Chloraromaten und Ketonen, in Estern nur bedingt. A. P. 2201892 beschreibt einen Schlußfinish für Lackleder auf Basis eines Kondensationsproduktes von Formaldehyd (250 Teile) und Harnstoff (250 Teile) in Butanol (1000 Teile). A. P. 2416289 schlägt Harnstoff-Formaldehydharze neben Phenolformaldehydharzen als Deckschicht auf Leder vor.

Phenolformaldehydharze.

Ebensowenig wie die Harnstoff-Formaldehydharze hält Verfasser die Phenolformaldehydharze in allen ihren Spielarten für die Lederappretierung für besonders geeignet. Der Originalität halber sei lediglich ein Patent erwähnt (E. P. 590614), das ein gelbildendes Silikat, wie z. B. Montmorillonit, und ein kationaustauschendes sulfoniertes Phenolformaldehydharz als Finish für Leder in Anspruch nimmt.

Melaminharze.

Die Kondensationsprodukte aus Melamin und Formaldehyd haben neuerdings einiges Interesse für das Lackledergebiet gewonnen, was unter diesem Stichwort behandelt werden wird (s. diesen Bd., 8. Kap., S. 951). Das Verfahren nach Schweizer Patent 271085 ist eher als eine Härtung von Caseinzurichtungen zu betrachten, denn es wird empfohlen, nach dem Glanzstoßen ein Kondensat aus einem Mol Formaldehyd und einem drittel Mol Melamin in 8%iger Lösung mit der Spritzpistole aufzubringen.

Silicone.

Die Grundstruktur der Silicone ist folgende:

$$\ldots \overset{\overset{\textstyle R}{|}}{Si} - O - \overset{\overset{\textstyle R}{|}}{Si} - O - \overset{\overset{\textstyle R}{|}}{Si} \ldots ,$$

wobei R ein organischer Rest, Wasserstoff oder die Aminogruppe sein kann. Die Silicone sind ausgezeichnet durch eine hohe thermische Stabilität und eine starke adhäsionsverhindernde und hydrophobierende Wirkung. Je nach Kondensationsgrad weisen sie ölige, harzartige oder kautschukartige Beschaffenheit auf. Die für uns wesentlichste Patentliteratur liegt für diese Körperklasse auf dem Gebiet der Lederimprägnierung vor, weswegen auf die eingehendere Besprechung bei K. Craemer, S. 687, verwiesen sei.

Auf dem Zurichtgebiet haben Silicone nur eine kleine Anwendung gefunden, indem in alkalische Caseinaufschlüsse zum Beispiel 1 bis 2% eines mittelviskosen Siliconöles einemulgiert werden. Diese Zubereitung wird als „Pleating season" in die Schlußappreturen von Bügelzurichtungen eingebracht, wodurch das leidige Kleben von thermoplastischen Deckschichten an der Bügelplatte verhindert wird. Mit Siliconölen können thermoplastische Binderzurichtungen für kurze Zeit glanzstoßbar gemacht werden, indem die fertiggestellten Leder mit einem mit Siliconöl getränkten Lappen abgestrichen und sofort anschließend glanzgestoßen werden. Ein Dauereffekt ist leider nicht möglich, da die Siliconöle in das Leder abwandern.

VII. Prüfung synthetischer Bindemittel.

Obwohl Polymerisatdispersionen und Plastikfarben schon über ein Jahrzehnt in breiterer Anwendung stehen, sind für das Ledergebiet noch keinerlei Prüfrichtlinien veröffentlicht worden. Unveröffentlichte Unterlagen liegen hierüber wohl bei allen chemischen Fabriken vor, die Polymerisate für das Ledergebiet herstellen. Unter diesen Umständen bleibt dem Praktiker zur Beurteilung nur der praktische Zurichtversuch.

Es empfiehlt sich, als erstes die Konzentration der Polymerisatdispersion durch Verdampfen einer abgewogenen Menge in einer Schale bei 80° C bis zur Gewichtskonstanz festzustellen. Die übliche Konzentration der auf dem Markt befindlichen Bindertypen liegt zwischen 30 und 40% Festsubstanz. Weicht die festgestellte Konzentration stark von der in den Lieferbedingungen angegebenen ab und sind in dem Gebinde größere Koagulatbrocken festzustellen, so ist anzunehmen, daß der Binder beim Transport oder beim Lagern ausgefroren ist. Solche Binder sind für eine weitere Verwendung ungeeignet und darum zu vernichten. Bei den Plastikfarben ergibt eine Veraschung Anhaltspunkte über den Gehalt an anorganischem Pigment. Bei Vorprüfung eines neuen Bindertyps wird man mit Hilfe von p_H-Papieren den p_H-Wert desselben feststellen. Derselbe liegt bei den meisten Bindertypen im schwachsauren, nur bei einigen im kongosauren Bereich. Die amerikanischen Hycarlatices haben einen p_H-Wert zwischen 8 und 9. Interessant ist das p_H-Gebiet, in dem die Dispersion des Polymerisats stabil ist. Dieses kann durch Titration mit n/100-Säure bzw. Lauge festgestellt werden, wobei man nach jeder Zugabe auf Indikatorpapier tüpfelt. Weiter ist für den Zurichter die Verträglichkeit mit anderen Emulsionen, Deckfarben und Zurichthilfsmitteln von entscheidendem Interesse. Diese Verträglichkeit ist durch Vermischen von Stammlösungen 1 : 1 des Latex mit den Stammlösungen der Hilfsmittel in verschiedenen Verhältnissen zu ermitteln. Es empfiehlt sich, diese Verträglichkeitsprüfungen sofort zu den weiter unten beschriebenen Filmaufgüssen heranzuziehen.

In amerikanischen Firmenprospekten sind vielfach noch die Oberflächenspannung (in dyn/cm), die Viskosität (in cP) und die Partikelgröße (in μ) genannt. Zur Oberflächenspannung ist zu sagen, daß diese infolge der Verseuchung der Atmosphäre mit oberflächenaktiven Körpern nur schwierig exakt und fehlerfrei zu bestimmen ist. Es ist auch nicht einzusehen, welche Bedeutung diese Eigenschaft für die Zurichtung von Leder haben sollte, da die Polymerisatdispersionen mit einem derartigen Konglomerat oberflächenaktiver Substanzen in dem Rezepturansatz in Berührung kommen, daß die ursprünglichen Eigenschaften hierdurch **völlig** überdeckt werden; die gleiche Feststellung ist von der Viskosität zu treffen, die nach der Kugelfallmethode bestimmt werden könnte. Zu der Partikelgröße muß festgestellt werden, daß diese innerhalb eines Latex alles andere als einheitlich ist, daß vielmehr eine ziemlich breite Streuung vorliegt, die nur mit dem apparativ komplizierten und teuren Verfahren der Sedimentationsanalyse mit der Ultrazentrifuge erfaßbar ist. (Siehe dazu Abb. 1 und 2.)

E. Atherton und R. H. Peters berichten über die Bestimmung mittlerer Teilchengrößen an Polymerisatdispersionen mit Hilfe eines Refraktometers und eines Absorptiometers.

Weitere interessante Eigenschaften der Polymerisatdispersion sind deren Stabilität gegen Elektrolytlösungen und gegen wasserlösliche organische Lösungsmittel. Diese Werte werden durch Zusatz steigender Mengen der betreffenden Lösungen oder Lösungsmittel zu dem Prüfling festgestellt.

Eine wichtige Prüfung ist der Filmaufguß einer Polymerisatdispersion. Man gießt eine bestimmte Menge der 1 : 1 mit Wasser verdünnten Latexlösung auf eine justierte, fettfreie Glasplatte auf und läßt klimatisiert und zugfrei trocknen. Der nach dem Trocknen gebildete Film soll glasartig durchsichtig bis opak sein. Nach mehrtägigem Trocknen soll die Oberfläche nicht mehr oder nur schwach kleben, von Spezialfällen abgesehen. Von der Glasplatte abgelöst soll der Film bei Beanspruchung mechanisch fest, etwas elastisch, gut dehnbar, dabei doch von einer gewissen Nervigkeit und Zähigkeit sein. Durch Auftropfen von Wasser und Lösungsmitteln kann die Quellbarkeit des Films festgestellt werden. Die Belichtung soll weder Versprödung noch Farbumschlag ergeben. Die Wärmebehandlung des Films während 24 Stunden im Trockenschrank bei 80° soll keine Versprödung, nur eine mäßige Verstrammung, kein Ausschwitzen von Monomeren und Weichmachern und keinen starken Farbumschlag mit sich bringen. Die Belichtung und die Wärmebehandlung im Trockenschrank werden vorteilhaft auch mit Filmen durchgeführt, die Titandioxyd enthalten, da dieses das Verspröden unterstützt und Verfärbungen besonders leicht erkennen läßt. An unter standardisierten Bedingungen hergestellten Filmen kann man nach Normen der Kautschuk- und Kunststoffprüfung die Zugfestigkeit (kg/qcm), die Dehnung

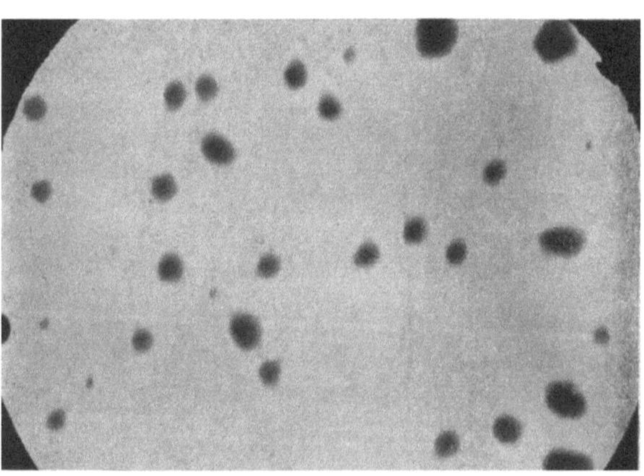

Abb. 1. Diagramm einer Sedimentationsanalyse mit der Ultrazentrifuge des Eukanolbinders W (Farbenfabriken Bayer A. G., Leverkusen).

Abb. 2. Elektronenmikroskopische Aufnahme des Eukanolbinders W 1 : 30000 (Farbenfabriken Bayer A. G., Leverkusen).

(%) und die Zerreißfestigkeit nach Graves (kg/qcm) ermitteln. Die Haftfestigkeit des trockenen Polymerisatfilms auf der Glasplatte läßt keinen Schluß auf das Verhalten des Binders auf Leder zu; man kann jedoch mit ziemlicher Sicherheit annehmen, daß eine gute Haftfestigkeit auf Glas keine schlechte auf Leder ergibt. Beabsichtigt man, Binder verschiedenen Weichheitsgrades zu kombinieren, so empfiehlt es sich, durch Versuchsreihen an Filmaufgüssen die günstigste Kombination zu ermitteln.

Die wichtigste Prüfung bleibt jedoch die praktische Zurichtung auf Spalt- und Narbenleder mit den entsprechenden Zusätzen an Pigmenten und Hilfsmitteln, wobei die Vergleichsstücke strukturell vergleichbar und von gleicher Dicke und Festigkeit sein müssen. Es versteht sich, daß jeweils gleiche Mengen der Deckflotte aufgetragen werden müssen. Die Beobachtung der Zurichtung ergibt Anhaltspunkte über das Eindringvermögen der Grundierung, die Deckung bzw. Ausgiebigkeit und den „Abschluß" des Binders, den Glanz der Deckschicht nach dem Bügeln, die Bruchfestigkeit der Zurichtung beim doppelten Knick und die trockene und nasse Reibechtheit. Die fertige Zurichtung wird außerdem den üblichen Prüfungen auf der Knickmaschine, durch Dehnung, durch Alterung, durch Kältebeanspruchung und durch Belichtung unterworfen werden. In letzter Zeit ist besonders stark die Heißbügelechtheit von Narbenleder in den Vordergrund getreten. Das Leder wird über eine Holzkante gespannt und mit einem elektrischen Bügeleisen, dessen Temperatur mit einem Thermoelement festgestellt ist, einmal von oben nach unten gebügelt. Beurteilt wird die Unversehrtheit des Films an der gebügelten Stelle und die entsprechende Bügeltemperatur. Weitere charakteristische Eigenschaften der Zurichtung sind deren Quellbarkeit mit organischen Lösungsmitteln, vor allem Aceton und Wasser. Für die Acetonprüfung tropft man fünf Tropfen Aceton auf die Fleischseite, läßt 1 Minute einwirken und reibt dann mit einem Nessellappen die beanspruchte Deckschicht. Bei der Wasserprüfung tropft man einen Tropfen auf die Deckschicht, läßt 3 Minuten stehen und reibt dann aus. Die mit Wasser oder Aceton beanspruchte Stelle soll sich nicht ausreiben lassen, noch soll sie stark anquellen oder opakbläulich verfärbt sein. Sämtliche Polymerisatzurichtungen sind gegen organische Lösungsmittel mehr oder weniger stark empfindlich und quellen daher bei dieser Probe meist stark an, viele Typen lassen sich beim Reiben mit dem Nessellappen völlig abschmieren.

VIII. Konservierungsmittel für wässerige Deckfarben.

Nachdem feuchtes Casein als Protein dem Abbau durch Bakterien und Schimmel bzw. deren Fermenten ausgesetzt ist, bedürfen Caseindeckfarben des Zusatzes geringer Anteile von Konservierungsmitteln. Unterbleibt diese Konservierung, so tut sich die Wirkung der Mikroorganismen je nach der herrschenden Temperatur meist schon nach kurzer Zeit durch einen Abbau, erkennbar durch eine Verminderung der Viskosität und den typisch ekelhaften Fäulnisgeruch des Caseins, kund. Die nachfolgend aufgezählten Konservierungsmittel sind durchaus nicht in der Lage, alle in Frage kommenden Bakterien- und Schimmelarten abzutöten, sondern sprechen nur auf einen ganz spezifischen Ausschnitt aus dem „Spektrum" der Mikroorganismen an. Strebt man daher eine sehr sorgfältige Konservierung an, so sind Kombinationen von Konservierungsmitteln angebracht. Das Konservierungsmittel muß sich in der zu konservierenden Phase einigermaßen gut lösen. Bei einfachen Caseinhydrosolen muß Wasserlöslichkeit gegeben sein, liegen jedoch mehrphasige Emulsionssysteme vor, so genügt eine Konservierung der wässerigen Phase nicht mehr, sondern auch die organische Phase muß geschützt werden. Dies erreicht man wiederum durch Kombination mehrerer Konservierungsmittel oder durch Einsatz eines in beiden Phasen löslichen Körpers. Ganz allgemein sollen Konservierungsmittel die Stabilität der Deckfarbe nicht negativ beeinflussen, die Haft- und Filmeigenschaften des Bindemittels nicht herabmindern und keinen zu starken Geruch aufweisen. Der Anteil des Konservierungsmittels bewegt sich im allgemeinen je nach Wirksamkeit zwischen 0,5 und 3% der Gesamtrezeptur, wobei der letzte Prozentsatz für klimatisch besonders ungünstige Tropengegenden in Frage kommen kann. Sind höhere Anteile eines Konservierungsmittels notwendig, so ist ihm die Eignung für den Lederdeckfarbensektor abzusprechen. Selbstverständlich soll ein Konservierungsmittel für Lederdeckfarben im Hinblick auf die Anwendung nicht stark giftig wirken.

In der Literatur werden eine ganze Reihe von Verbindungen zur Konservierung von Lederdeckfarben empfohlen. Phenol (Acid. carbolic. liquef.), Thymol und ähnliche Phenolabkömmlinge wurden früher vielfach angewandt. Thymol ist wegen seines angenehmen Geruches auch geeignet, den oft unangenehmen Geruch schlechter Caseinqualitäten zu überdecken. Natrium-β-naphtholat soll trotz seiner geringen Wirksamkeit für Lederdeckfarben Anwendung gefunden haben. In den letzten Jahren haben sich Chlorierungsprodukte des Phenols und seiner Homologen fast ausschließlich durchgesetzt. Solche Körper sind z. B.: Trichlorphenol, Parachlorphenol (0,1 bis 0,15%, bezogen auf Casein), Parachlormetakresol und Chlorisothymol. Einige dieser Konservierungsmittel sind in Deutschland unter der Bezeichnung Preventol bzw. Raschit bekanntgeworden. Sie machen Caseinfarben weniger viskos und besser gießbar, eine Eigenschaft, die in manchen Fällen willkommen sein kann. Gut haben sich weiter Orthophenylphenolat (0,25%, bezogen auf Casein) und Butylphenol sowohl für Casein- als auch für Gelatinelösungen bewährt. Sublimat ist zwar schon in geringsten Prozentsätzen sehr wirksam, aber so giftig, daß sein Einsatz nicht empfohlen werden kann. Gute Erfahrungen sollen auch mit Natriumsilicofluorid als Konservierungsmittel für Caseinfarben gemacht worden sein. Die vielfach in Rezepturen angegebenen Salicylsäure, Benzoesäure, Weinsäure und Fluornatrium wirken zu schwach. Das letztere neigt mit Casein zum Eindicken und macht die Deckfarben gegen Wasserhärte empfindlich. Der Aufschluß des Caseins mit Borax erlaubt, Verseifungsmittel und Konservierungsmittel zu kombinieren. Allerdings ist die alleinige Verwendung von Borax zu wenig wirksam. I. S. Mudd (1), S. 42, rät davon ab, das früher vielfach verwendete Nitrobenzol als Konservierungsmittel einzusetzen, da es bei einigen Farben sich schädlich auswirkt und seine Konservierungswirkung zu gering ist.

Zur Geruchsverdeckung werden als Odorisierungsmittel Campher, Nelken-Wintergrün-, Birkenteer-, Zitronell-, Lemongras-, Sassafrasöl und Pinoil empfohlen. Auch synthetische Körper des Handels, wie z. B. synthetisches Juchtenöl, könnten für diese Zwecke Anwendung finden.

C. Rohstoffe für die Herstellung organisch löslicher Deckfarben und Lederlacke.

Rohstoffe der organisch löslichen Deckfarben sind organisch lösliche Bindemittel, Weichmacher, Lösungs- und Verschnittmittel. Die Pigmente sind im wesentlichen dieselben wie bei wässerigen Deckfarben, jedoch müssen höhere Anforderungen hinsichtlich Beständigkeit gegen Weichmacher, Öle und organische Lösungsmittel gestellt werden. Die wichtigsten organisch löslichen Bindemittel sind die sogenannten Kollodiumwollen. Geringe Bedeutung haben für das Ledergebiet anderweitig veresterte bzw. verätherte Cellulosen, wie Celluloseacetate, Cellulosebutyrate, Äthylcellulose und Benzylcellulose. Nur theoretische Bedeutung für die Lederzurichtung besitzt Chlorkautschuk oder Pergut. Natürliche oder synthetische Harze spielen für Lederlacke eine wesentlich geringere Rolle wie in der übrigen Anstrichtechnik.

I. Kollodiumwollen.

Die übliche technische Bezeichnung der Kollodiumwollen als Nitrocellulose ist unrichtig, denn es handelt sich nicht um ein Nitrosubstitutionsprodukt am Kohlenstoffatom des Cellulosemoleküls, sondern um eine Veresterung von OH-Gruppen. Die korrekte Bezeichnung wäre daher Cellulosesalpetersäureester oder kürzer Cellulosenitrat. Die Nomenklatur „Nitrocellulose" ist jedoch so weitgehend in die technische Sprache eingeführt, daß sich eine Richtigstellung kaum mehr durchsetzen wird.

Cellulose ist ein in der Natur als Gerüstsubstanz in der Pflanzenwelt weitverbreitetes Hochpolymeres. Als Rohstoff für die Nitrocelluloseherstellung werden hauptsächlich Baumwoll-Linters (kurzfasriger Baumwollabfall) und Holzzellstoff aus Fichten, Kiefern und Buchen eingesetzt. Da die native Cellulose des Linters unabgebaut zur Nitrierung gelangt, erhält man bei Verwendung dieses Rohmaterials besonders stabile, hochwertige und klare Filme ergebende Kollodiumwollen. Der Grundbaustein des Makromoleküls der Cellulose ist die Glucose, die in der 1,5-Form β-glucosidisch mit 1,4-Sauerstoffbrücken zu langen Ketten verbunden ist.

$$
\begin{array}{c}
\text{Cellulose-Strukturformel}
\end{array}
$$

Diese Ketten stellt man sich zu Fransenmicellen vereinigt vor. Zur Veresterung sind sämtliche freien OH-Gruppen im Glucosebaustein geeignet, also die an den C-Atomen 2, 3 und 6. Die Veresterung erfolgt durchaus nicht einheitlich, sondern auf das lange Cellulosemolekül streuend verteilt. Es kann angenommen werden, daß diejenigen OH-Gruppen, die aus der Micellenoberfläche ragen, zuerst umgesetzt und erst bei schärferer Nitrierung in konzentrierterer Säure auch die im Inneren der Micellen liegenden OH-Gruppen von der Reaktion ergriffen werden. Diese Gegebenheit erklärt, daß der Stickstoffgehalt der Kollodiumwollen je nach den Bedingungen der Nitrierung ein niedrigerer oder höherer sein kann. Ebenso ist die Kettenlänge neben dem verwendeten Ausgangsmaterial von dem Verfahren der Nitrierung und der Nachbehandlung abhängig. Diese Kettenlänge kann zwischen 3500 und 175 Glucoseeinheiten bei technischen Wollen liegen. Durch die Veresterung mit Salpetersäure wird die in organischen Lösungsmitteln unlösliche native Cellulose in die löslichen und darum technisch wertvollen Cellulosenitrate übergeführt.

Kennzeichnung der Kollodiumwollen.

Kollodiumwollen sind charakterisiert erstens durch den Stickstoffgehalt, zweitens durch die Löslichkeit, drittens durch die Viskosität ihrer Lösungen. Der Stickstoffgehalt schwankt bei technischen Wollen zwischen 10 und 14%, was einem Veresterungsgrad zwischen 58 und 100% entspricht; d. h. auf jede Glucoseeinheit treffen zwischen 1,7 und 3 Nitratgruppen. Ein steigender Stickstoffgehalt wird weniger von der Nitrierungsdauer und Temperatur als vielmehr von dem höheren oder geringeren Wassergehalt der sogenannten Mischsäure beeinflußt. Diese ist ein Gemisch von Salpetersäure, Schwefelsäure und Wasser.

Die lacktechnisch wichtige Löslichkeit einer Kollodiumwolle ist im wesentlichen bestimmt durch den oben diskutierten Veresterungsgrad, wird aber von dem verwendeten Rohmaterial und der Nitrierungstemperatur in engen Grenzen beeinflußt. A. Kraus (2) macht Angaben über die Abhängigkeit der Löslichkeit der Kollodiumwolle in verschiedenen Lösungsmitteln von dem Veresterungsgrad bzw. dem Stickstoffgehalt. Die für die Anstrich- und Lacktechnik wichtigen Wollen kann man nach der Löslichkeit wie folgt einteilen:

1. esterlösliche Kollodiumwollen mit einem Stickstoffgehalt zwischen 11,6 und 12,5%;

2. teilweise alkohollösliche Kollodiumwollen mit einem Stickstoffgehalt zwischen 11,2 und 11,6%.

3. alkohollösliche Kollodiumwollen mit einem Stickstoffgehalt zwischen 10,3 und 11,2%.

Für Lederdeckfarben finden im wesentlichen esterlösliche Kollodiumwollen Anwendung.

Die Viskosität der Kollodiumwollen in speziellen Lösungsmitteln hat sich mit zur wichtigsten Kennzahl und Klassifizierungseigenschaft herausgebildet. Unter Viskosität wird die Zähigkeit von Kollodiumlösungen bestimmter Konzentration in angegebenen Lösungsmitteln verstanden. Hochviskose Wollen ergeben, wie schon ihr Name sagt, Lösungen hoher Viskosität, mittelviskose Wollen solche mittlerer und niedrigviskose Wollen solche niedriger Viskosität bei gleichem Festkörpergehalt der Lösung. Die Viskosität ist ein Maßstab für die Größe des vorliegenden Makromoleküls. Hochviskose Wollen ergeben zwar mechanisch sehr widerstandsfähige Filme, ihre Lösungen sind aber sehr wenig körperreich. Die Filme niedrigviskoser Wollen sind infolge eines stärkeren Abbaus des Cellulosemoleküls weniger dehnbar und geschmeidig, dafür sind sie dicker und besonders **glänzend**.

Die Viskosität ist im gewissen Grade von dem Stickstoffgehalt der betreffenden Wolle abhängig, wird aber heute meist durch abbauende Nachbehandlung des Cellulosenitrats im Druckkocher in genau dosierbarer Weise zu niedrigeren Werten eingestellt. Dieses Verfahren ist auf den Veresterungsgrad ohne Einfluß, verringert aber die Molekülgröße und auch den äußeren Aspekt der Wollen. So ist bei hochviskosen Wollen die Faserstruktur des Ausgangsmaterials noch zu erkennen, während niedrigviskose Wollen meist als Pulver vorliegen.

Eigenschaften der Kollodiumwollen.

Für die technische Verwendung der Kollodiumwolle ist deren chemische Stabilität wichtigste Voraussetzung; diese Stabilität ist jedoch keineswegs für das aus der Nitrierung anfallende Produkt gegeben, selbst wenn Säurereste durch Auswaschen sorgfältig entfernt wurden. Die technisch notwendige Beständigkeit gegen die Zersetzung durch Wärme, Lichteinflüsse, aber auch durch Lagerung unter schonenden Bedingungen, wird erst durch eine besondere Nachbehandlung erzielt. Diese Nachbehandlung bezieht sich auf die Eliminierung von Säure und Stickoxyden, Zersetzungsprodukten der Kollodiumwolle, die autokatalytisch die Abspaltung bis zur Verpuffung steigern können. Durch eine mehrfache Nachbehandlung im Druckkocher werden diese Verunreinigungen und labile Konfigurationen im Nitrocellulosemolekül selbst beseitigt, allerdings unter einem mehr oder weniger starken Abbau des Moleküls. Eine zusätzliche Stabilisierung wird durch die Einarbeitung besonderer Stabilisatoren in Mischung mit Gelatiniermitteln und Weichmachern erreicht. All diesen Stabilisatoren ist gemeinsam, daß sie als sehr schwache Basen Säure zu neutralisieren und gleichzeitig nitrose Gase abzubinden vermögen. Die meistverwendeten Körper sind substituierte Harnstoffe, z. B. Diäthyldiphenylharnstoff und aromatische Amine, z. B. Diphenylamin.

Nach der Stabilitätsprobe von Bergmann und Junk sollen genügend stabile Wollen bei zweistündigem Erhitzen auf 132° C höchstens 2,5 bis 3 ccm Stickstoff abspalten, sie sollen bei einem zweiwöchigen Warmlagern bei 75° C keine roten Dämpfe entwickeln und ihre Verpuffungstemperatur soll über 180° liegen (Walsroder Kollodiumwolle. Wolff & Co., 1953, S. 151).

Bei der Anwendung von Kollodiumwollen in Lacken muß deren geringe Beständigkeit, vor allem gegen Basen, aber auch gegen Säuren entsprechend beachtet werden. Die Einwirkung dieser Körper ergibt eine Denitrierung, die im Falle von Säuren durch die Anwesenheit von Reduktionsmitteln noch verstärkt wird. Die Einwirkung starker Alkalien ergibt eine besonders schnelle und vollkommene Denitrierung unter gleichzeitiger Zersetzung des Cellulosemoleküls. Man muß daher bestrebt sein, Kollodiumwollen nur mit Weichmachern, Lösungs- und Verschnittmitteln und Füllstoffen neutraler Reaktion zu kombinieren. Einige Weichmacher vermögen die Alkalibeständigkeit der Kollodiumwollen merklich zu verbessern.

Kollodiumfilme stehen mit der Feuchtigkeit der umgebenden Atmosphäre und der Lackunterlage in einem Gleichgewichtsaustausch. Je geringer der Stickstoffgehalt der Kollodiumwolle ist, desto höher ist ihre Hygroskopizität. Durch die Zugabe von Wachsen, Harzen und Weichmachern wird die Wasseraufnahmefähigkeit des Films je nach Dosierung oft recht erheblich beeinflußt. Nitrocellulose ist ohne besondere Kunstgriffe nicht verträglich mit Celluloseacetat, Kautschuk, Chlorkautschuk, jedoch gut kombinierbar mit den Kondensationsprodukten von Phenolen und Aminen mit Aldehyden, Harnstoffharzen, einigen Polyacrylaten, Alkydalen und natürlichen Harzen.

Der Brechungsindex für natürliche Nitrocellulosefilme liegt bei 1,510 bis 1,505. Ein großer Nachteil der Kollodiumfilme ist ihre große Empfindlichkeit gegen Licht und Wärme [A. Kraus (8)]. Rein äußerlich ist im Licht ein Vergilben des Films zu beobachten, das von einer Versprödung unter Abspaltung von Gasen, unter Sinken des Stickstoffgehalts und unter Bildung freier Säure begleitet wird. Durch den Zusatz von Weichmachern werden die schlechten mechanischen Eigenschaften der geschädigten Filme bis zu einem gewissen Grad neutralisiert, das Vergilben wird jedoch durch diese Körper in keinem Fall beseitigt, in einigen speziellen Fällen sogar verstärkt. Infolge ihrer Eigenfarbe setzen Pigmente die Tendenz zum Vergilben meist herab. Wärme ist für Kollodiumfilme Gift, da diese mit steigender Temperatur einer sich immer mehr verstärkenden Zersetzung anheimfallen, die sich ähnlich der Lichteinwirkung in einem abfallenden Stickstoffgehalt und einer Verschlechterung der mechanischen Eigenschaften auswirkt. Je höher der Stickstoffgehalt der Wolle ist, desto mehr steigert sich die Zersetzungsgeschwindigkeit bei gleichen Temperaturen. Man kann annehmen, daß eine Erhöhung der Temperatur um 5° C eine Verdoppelung der Zersetzungsgeschwindigkeit bringt, was bei etwa 180 und 190° C schließlich zur Verpuffung führt. Bei 60 bis 70° C findet bereits eine merkliche Zersetzung statt, die sich schon in wenigen Wochen sichtbar bemerklich macht. Bei Temperaturen über 100° C sind Zersetzungserscheinungen innerhalb von Stunden festzustellen. Die Wirkung von Weichmachern auf das Wärmeverhalten von Kollodiumfilmen ist stark unterschiedlich und hängt von deren Flüchtigkeit bei höheren Temperaturen ab. Infolge des Abdunstens von Weichmachern werden Kollodiumfilme runzlig, die Dehnbarkeit nimmt ab, die Reißfestigkeit kann unter Umständen zunehmen. Das schwer flüchtige Trikresylphosphat ergibt bei höheren Temperaturen eine erhöhte Dehnung bei sinkender Reißfestigkeit, wahrscheinlich infolge verstärkter Weichmacherwirkung durch erhöhte Löslichkeit.

Technische Herstellung von Kollodiumwollen.

Die in Kupferoxyd-Ammoniak viskosimetrisch geprüfte Rohcellulose (z. B. Linters) wird gut aufgelockert und getrocknet und dann mit der 50- bis 80fachen Menge Nitriersäure (Gemisch Salpetersäure—Schwefelsäure—Wasser) versetzt. Je mehr Wasser in der Nitriersäure enthalten ist, desto niedriger wird der Stickstoffgehalt der resultierenden Wolle sein. Die Nitrierung erfolgt etwa bei 20° C unter ständigem, starkem Rühren. Sie ist nach 30 bis 60 Minuten beendet. Nach dem Nitrieren wird die Kollodiumwolle in Zentrifugen abgeschleudert und durch Waschung möglichst schnell von Säureresten befreit. Schließlich wird durch mehrmaliges Auskochen mit Wasser stabilisiert.

Die Lackwollen werden anschließend durch Abbau im Druckkocher in niedrigviskose Wollen übergeführt. Diese finden auf dem Ledersektor kaum oder höchstens als füllender Anteil in Hochglanzlacken Anwendung. Die resultierenden Produkte werden in Holländern gemahlen, durch Abfiltrieren gereinigt und das Wasser durch Butanol oder Alkohol verdrängt. In diesem Zustand ist Kollodiumwolle nach dem Sprengstoffgesetz nicht mehr als Sprengstoff zu betrachten und zu Transport und Verarbeitung geeignet.

Handelsübliche Kollodiumwolltypen.

Die Klassifizierung der Kollodiumwollen im Handel bezieht sich auf Lösungen gleicher Viskosität (100 Sekunden nach der deutschen Kugelfallmethode) in 85%igem Butylacetat für esterlösliche und teilweise alkohollösliche Wollen. Für die alkohollöslichen Wollen wird als Lösungsmittelgemisch Äthylalkohol, Toluol und Äthylacetat im Verhältnis 1 : 1 : 1 verwendet. Für den Ledersektor kommen bei Anlegung eines weiten Maßstabes folgende Handelstypen in Frage (Tabelle 7):

Tabelle 7. Handelsübliche Typen der Kollodiumwolle.

Viskosität	Hundhausen, früher Wasag	Wolff & Co.	Hagedorn	Venditor DAG	Speier	Gleichviskose Lösungen (100 Sek.) enthalten Kollodiumwolle in %	Spritzbare Lösungen enthalten Kollodiumwolle in %	K-Wert
Hoch- viskos	18	E 1440	H 3,5	H 25 500	—	3—3,5	3,5	1500—1250
	10 a	—	H 4 Sp	M 10 000	—	4	3,5	1400
	17	E 1250	H 5	H 10 000	C 400	5	4	1300—1200
Mittel- viskos	—	E 1160	H 6	H 5 000	—	6	4,5	1100—1200
	8 a	—	H 8	H 1 200	—	8	5	900—1000
	—	E 950	H 10	H 600	C 80	10	5	900—1000

Der Anfeuchtungsgrad der handelsüblichen Kollodiumwollen beträgt meist auf 65% Wolle 35% Anfeuchtungsmittel (100 : 54). Seltener wird das Verhältnis 50 : 50 angewandt. In den USA. findet Isopropylalkohol, bei der Versendung nach Übersee auch Toluol und Xylol, zur Anfeuchtung Anwendung. Das Anfeuchtungsmittel muß selbstverständlich bei der späteren Lackrezeptur mit berücksichtigt werden. Um die polizeilich geforderte gleichmäßige Durchfeuchtung beim Lagern sicherzustellen, sind Fässer mit Kollodiumwollen alle 14 Tage zu stürzen. Da unter normalen Verhältnissen in Deutschland eine kurzfristige Lieferung der Wollen sichergestellt ist, empfiehlt es sich, die Lager beim Verarbeiter möglichst klein zu halten. Für die Lagerung und gewerbliche Verarbeitung von Kollodiumwollen wird auf die verschiedenen Ländergesetze und gewerbepolizeilichen Vorschriften hingewiesen.

Der Versand der Kollodiumwollen erfolgt in mit Zinkblecheinsatz versehenen Holzkisten, für größere Mengen in verzinkten Eisenfässern. Die Deckel müssen mit Gummidichtungen versehen sein. Die Packgefäße der Kollodiumwolle müssen in kühlen, trockenen, gut gelüfteten Räumen stets dicht verschlossen und vor direkter Sonnenbestrahlung geschützt gelagert werden. Kollodiumwollen mit geringerem Gehalt an Anfeuchtungsmitteln wie oben angegeben gelten als Sprengstoffe und fallen damit unter die sehr einschneidenden Sonderbestimmungen des Sprengstoffgesetzes. Angefeuchtete Kollodiumwollen erfahren beim Lagern bei normaler Temperatur keine Veränderung ihrer Viskosität. Man muß sich von Zeit zu Zeit durch ein Nachwiegen der Gebinde davon überzeugen, daß der Gehalt an Anfeuchtungsmitteln gleichgeblieben ist. Sollte dies nicht der Fall sein, so ist die ausgetrocknete Ware sofort nachzufeuchten. Das Hantieren mit Kollodiumwollen in der Nähe offener Flammen ist verboten. Ebenso das Arbeiten an Gebinden mit eisernen Werkzeugen, da dadurch Funken entstehen könnten, welche die Wolle entzünden. Eine weitere Handelsform der Kollodiumwollen sind die sogenannten Weichmacherpasten, die meist 82% Kollodiumwolle und 18% eines wollelösenden Weichmachers, wie z. B. Trikresylphosphat oder Phthalsäureester, enthalten. Die äußere Form dieser Ware sind gebrochene Blättchen.

Prüfung der Kollodiumwollen.

Trockene Kollodiumwolle soll eine voluminöse, weiße, leicht entzündliche Masse sein, die bei Annäherung einer offenen Flamme mit großer Heftigkeit aschelos verbrennt. Die Lieferungen der deutschen Firmen sind von anerkannt einheitlicher Beschaffenheit, so daß sich eine Prüfung meist erübrigt. Zu prüfende Eigenschaften sind die Löslichkeit und die Viskosität der Lösungen. Zur Prüfung der Löslichkeit wird eine gute Durchschnittsprobe von 5 bis 10 g spritfeuchter Kollodiumwolle in einem Wägeglas bei etwa 50° C im Trockenschrank bis zur Gewichtskonstanz getrocknet. 5 g der getrockneten Wolle werden in 100 ccm Butylacetat, 98 bis 100%, gelöst und dabei das rückstandslose In-Lösung-Gehen zu einer farblosen oder höchstens schwach gelblichen Lösung beurteilt. Zur Prüfung nach der deutschen Kugelfallmethode wird die auf 18° C gebrachte Lösung in einen Zylinder mit einer lichten Weite nicht unter 3 cm gebracht. Dieser Zylinder trägt drei ringförmige Marken, die oberste 1 cm unter dem Gefäßrand, die zweite 2 cm nach der ersten Marke und die unterste 25 cm von der zweiten Markierung entfernt. In den gefüllten Messzylinder wird eine Stahlkugel mit 2 mm Durchmesser und einem Gewicht von 0,0320 g eingeworfen und die Zeit gemessen, die dieselbe zum Durchfallen der 25 cm langen Strecke zwischen Ring 2 und Ring 3 benötigt. Nach A. Kraus (1), können die erhaltenen Werte in das absolute Maßsystem umgerechnet werden. Die Ergebnisse der jeweiligen Prüfungen sind gegen die eines in Vorrat gehaltenen Typmusters zu vergleichen.

II. Filmabfälle.

Das wertvollste Bindemittel für Lederlacke stellen ohne Zweifel die typisierten Kollodiumwollen dar. Aus kalkulatorischen Gründen werden jedoch vielfach gewaschene Filmabfälle eingesetzt. Dieses Rohmaterial entspricht meist Typen einer Viskositätszahl von 8 und einem K-Wert von 750 bis 1000. Es enthält neben 90% Kollodium meist 10% Weichmacher, z. B. Campher. Die Qualität dieser Ware wird durch die Vollständigkeit, mit der die Filmemulsionsschicht entfernt wurde, bestimmt. Die Nachteile dieses Rohmaterials sind Schwankungen hinsichtlich Qualität, Viskosität, Weichmachergehalt, Farbe, und die Gefahr von schleimigen Abscheidungen, von Nachtrüben und Nachgilben in den Lackansätzen bzw. in dem Film.

Das hochwertigste Material dieser Gattung sind Rohfilmabfälle, Material also, das nicht mit einer Emulsionsschicht belegt war. Ein weiterer Nachteil der Verwendung von Filmabfällen ist deren hohe Feuergefährlichkeit, die verschärfte behördliche Vorschriften für die Lagerung zur Folge hat. Sogenannte nicht brennbare Filmabfälle sind nicht verwendbar. Celluloidabfälle können für gebrauchssichere Lederlacke nicht eingesetzt werden.

Für die Praxis hinreichend genaue Vergleichswerte erhält man, indem man immer gleiche Mengen der oben beschriebenen Kollodiumlösungen aus einer Pipette oder Bürette bei immer gleicher Temperatur ausfließen läßt und die mit der Stoppuhr gemessenen Zeiten vergleicht.

Weiter ist die Prüfung der Stabilität des Bindemittels von gewissem Interesse. 1,5 g des Prüflings werden in eine gut schließende Petrischale eingebracht und in einem Trockenschrank auf 80° gehalten. In das Prüfgefäß ist ein Streifen Zinkstärkepapier einzubringen. Die Zeit, welche das Reagenzpapier bis zur Blaufärbung braucht, gibt einen Anhaltspunkt für die Stabilität des Bindemittels.

III. Celluloseester organischer Säuren.

Die infolge der Sicherheitsmaßnahmen recht umständliche Handhabung der Kollodiumwollen, deren geringe Säure- und Alkalibeständigkeit und die geringe Wärmebeständigkeit des Kollodiumfilms regten immer wieder Versuche an, dieses wichtigste Bindemittel für Lederlacke zu ersetzen. Eine dieser Anregungen (L. Meunier und M. Gonfard; M. Dohogne; F. P. 719851; E. P. 301554) empfiehlt Acetylcellulose, die gegenüber den Kollodiumwollen die Vorteile der Schwerentzündbarkeit, der größeren Wärmebeständigkeit und Lichtechtheit der Filme, der höheren Zersetzungstemperatur und einer guten Wasserdampfdurchlässigkeit zeigt. Nachteile der Acetylcellulose sind eine ebenso große Empfindlichkeit gegen Säure und Alkali und vor allem der kalkulatorisch erheblich teurere Einsatz gegenüber den Kollodiumwollen.

Ähnlich wie die Kollodiumwolle durch Nitrieren, wird die Acetylcellulose durch Acetylieren von Cellulose hergestellt. Es können bis zu drei Acetylreste durch die Einwirkung eines Gemisches von Eisessig und Essigsäureanhydrid unter Katalyse mit wenig Schwefelsäure in den Glukoserest eingeführt werden.

Das Reaktionsprodukt ist in der Acetylierungsmischung löslich und muß durch Zusatz von Wasser ausgefällt werden. Die Acetylierung dauert länger als die Nitrierung. Gewisse Reifungsprozesse während der Fabrikation spielen für die lacktechnische Qualität des Produkts eine entscheidende Rolle. Das acetylierte Material wird säurefrei gewaschen, neutralisiert und getrocknet. Je nach Abbau und Acetylierungsgrad werden auch bei der Acetylcellulose verschiedene Typen von hochviskos bis niedrigviskos angeboten und z. B. unter der Handelsbezeichnung Cellit L 1000, L 900, L 800, L 700 bzw. Wacker LJ 200/45, LJ 100/45 und LJ 50/45 vertrieben. Die Handelsprodukte sind weiße Brocken, die leicht zu Pulver zerfallen. Sie sollen in einer Mischung von Chloroform und Alkohol rückstandslos löslich sein.

Für unsere Zwecke ist es bedauerlich, daß Acetylcellulosen nicht mit Kollodiumwollen oder irgendwelchen für die Herstellung von Lederdeckfarben verwendbaren Materialien kombinierbar sind. Als Lösungsmittel kommen Aceton, Methylacetat, Lösungsmittel E 13, E 14 und E 33, Spiritus 92%ig, Methylglykol, Methylglykolacetat, Diacetonalkohol, G.B.-Ester, Polysolvan, Glykolmonoacetat und Benzylalkohol in Frage. Als Weichmacher können folgende Körper Verwendung finden: Diäthylphthalat, Dimethylglykolphthalat, Clophen A 60, Tri-aceton, Dibutylphosphat, Triphenylphosphat und Glycerinätheracetat.

Ähnliche Eigenschaften wie Acetylcellulose haben Celluloseacetatobutyrat und Cellulosepropionat. Ersteres ist ein Mischester der Essig- und Buttersäure mit Cellulose. Dieser Mischester läßt eine größere Auswahl von Weichmachern und Lösungsmitteln zu als dies die reinen Ester erlauben. Die esterlöslichen Typen des Celluloseacetobutyrats können mit Kollodiumwolle kombiniert werden. Ebenso besteht Verträglichkeit mit Mowilith und Acronal. Das Propionat zeigt gegenüber dem Acetat eine verbesserte Verträglichkeit mit Weichmachern, Lösungsmitteln, Kollodiumwollen und in beschränktem Umfang mit Harzen. Für die Praxis der Lederzurichtung sind die beiden letztbeschriebenen Cellulosederivate, soweit bekannt wurde, noch nicht verwendet worden.

IV. Organisch lösliche Celluloseäther.

Äthyl- und Benzylcellulose sind im Gegensatz zur Methylcellulose in Wasser unlöslich, gut dagegen in einigen organischen Lösungsmitteln. Diese Körper zeigen die Vorzüge der Acetylcellulose hinsichtlich Lichtechtheit — Äthylcellulose in höherem Grad als Benzylcellulose —, Hitzebeständigkeit und sind gegen Alkalien gut und gegen Säuren ausreichend beständig. Gegenüber Kollodiumwollen ist ihre Brennbarkeit erheblich geringer. Bei der Lagerung der Äthyl- und Benzylcellulose muß auf Trockenheit und Luftabschluß geachtet werden, um Wasseraufnahme zu verhindern. Als Lösungsmittel sind Solventnaphta, Xylol, Benzol, Toluol geeignet. Die Viskosität der Lösungen kann durch den Zusatz geringer Mengen Alkohol oder Glykoläther reguliert werden. Hochsiedende Ketone erlauben eine Modifikation des Glanzes und der Filmbildung. Kombinationen mit Kollodiumwollen, auch solche mit Schellack, sind für Äthylcellulose möglich. Als Weichmacher können empfohlen werden Diäthylphthalat, Butylstereat, Dibutylphthalat, Dimethylglykolphthalat, Dimethylphthalat Palatinol L, Tributylphosphat, Trikresylphosphat, Clophen A 60 und Mesamoll. Beide Lackrohstoffe kommen in mehreren Typen höherer oder niedrigerer Viskosität und in verschiedenen Alkylierungsgraden auf den Markt. Die Handelsware ist ein weißes, körniges Pulver.

Die Möglichkeit, billigere Lösungsmittel einzusetzen, das günstige Wasseraufnahmeverhalten und die guten Lichtechtheiten der Filme der organisch löslichen Celluloseester bezeichnen einige Autoren [I. S. Mudd (1), S. 48; L. Meunier und M. Gonfard] als einen Anreiz, trotz des gegenüber den Kollodiumwollen höheren Preises, Celluloseäther für Spezialzwecke auf dem Ledergebiet einzusetzen. Weitere Vorteile dieser Bindemittel sind gute Alterungsbeständigkeit, gute Hitzebeständigkeit und gute Haftfestigkeit. Einen praktischen Widerhall haben diese Anregungen, soweit Verfasser orientiert ist, bisher auf dem Ledergebiet noch nicht gefunden.

V. Chlorkautschuk.

Eine ebenso geringe praktische Bedeutung haben Lederdeckfarben auf Basis des Chlorkautschuks gefunden, obwohl eine ganze Reihe von Vorschlägen und Versuchen in dieser Richtung unternommen wurden [C. A. Redfarn (1) (2); M. C. Lamb und W. E. Chapman]. Auch hier hat die Nichtbrennbarkeit dieses Bindemittels zur Anwendung auf dem Ledergebiet angeregt. Für manche Zwecke ist die hohe chemische Unempfindlichkeit, die Festigkeit gegen Wasser, Benzin, Alkalien, Salze, Säuren und Sprit interessant. Chlorkautschuk ist geruch- und geschmacklos. Er ist praktisch mit allen gebräuchlichen Pigmenten verträglich. Er kann mit Leinöl, Standöl, Holzöl, Ricinusöl, dehydriertem Ricinusöl, den wichtigsten Naturharzen, modifizierten Alkydalen, nicht dagegen mit Schellack, Celluloseestern, geblasenem Ricinusöl und natürlichem Kautschuk kombiniert werden. Ein Hauptnachteil des Chlorkautschuks sind seine mechanischen Filmeigenschaften, die hinsichtlich Elastizität den Ansprüchen des Ledergebietes nur schwer genügen. Die Härte dieses Rohmaterials macht eine kräftige Weichmachung für Lederlacke unerläßlich. Wenig angenehm ist auch, daß bereits bei 80° C eine Erweichung, bei 100° C ein Vergilben und bei längerer Einwirkung von zirka 135° C eine Zersetzung unter Chlorwasserstoffabspaltung eintritt. Dampf und heißes Wasser wirken auf dieses Material ebenfalls zersetzend unter Säurebildung. Die Wasserabsorption dieses Bindemittels beträgt nur den Bruchteil eines Prozents. Auf der anderen Seite sei darauf hingewiesen, daß Chlorkautschukfilme besonders zur Porosität neigen, was für den Ledersektor interessant sein könnte.

Als Weichmacher sind die üblichen Typen in hohen Anteilen mit Erfolg eingesetzt worden, z. B. Dibutylphthalat, Diamylphthalat, Diäthylphthalat, Trikresylphosphat, Triphenylphosphat, Clophen A 60 und Butylstereat. Ohne Weichmacher sind Chlorkautschukfilme zu brüchig, zu hart und zu wenig haftfest. Ein Vorteil des Chlorkautschuks ist, daß billige Lösungsmittel, wie Toluol, Xylol, Solventnaphta, Trichloräthan, Tetrachlorkohlenstoff, unter Umständen auch Benzol, eingesetzt werden können; aber auch Ester, wie Butylacetat, Essigester, Amyl-, Propyl- und Methylacetat, Glykoläther und Glykolätheracetate, sind besonders in Kombination mit Benzinen als Verschnittmittel gut geeignet. Nichtlöslich ist Chlorkautschuk in Aceton, Alkohol, Wasser, Petroleum und Mineralölen. In den bestgeeigneten Lösungsmitteln können Lösungen mit ungewöhnlich hohem Körpergehalt erzielt werden.

Chlorkautschuk wird hergestellt durch das Lösen von Krepp- oder Gummiabfällen in Tetrachlorkohlenstoff und anschließendes Einleiten von Chlorgas.

Das Reaktionsprodukt wird aus der Chlorierungslösung mit Wasser ausgefällt und säurefrei gewaschen. Dann wird z. B. in Zentrifugaltrocknern schonend getrocknet, um eine Abspaltung von Chlorwasserstoff zu vermeiden. Je nach der Vorgeschichte oder der Vorbehandlung des Ausgangsmaterials resultieren mehr oder weniger abgebaute Körper, was sich in niedrigerer oder höherer Viskosität der 20%igen Lösungen in Toluol bei 25° C äußert. Ebenso wie bei den Celluloseestern zeigen die hochviskosen Typen die besten Elastizitätseigenschaften und sind für Leder vorzuziehen. Der Chlorgehalt des Chlorkautschuks liegt zwischen 62 und 68%. Das spezifische Gewicht bei 1,66, der Brechungsindex bei 1,554. Das Handelsprodukt ist ein geruch- und geschmackloses Granulat von weißer oder schwachgelber Farbe, das sich ohne Quellkörperbildung und Rückstand in Xylol lösen muß. Handelsnamen des Chlorkautschuks sind Pergut, Tornesit, Tepofan und Dertex.

Ein Prüftest auf die Stabilität des Chlorkautschuks ist das Erhitzen einer 30%igen Lösung in Xylol auf 100° C für längere Zeit. Je länger die Blaufärbung eines bis auf 5 cm zum Lösungsmittelmeniskus eingebrachten Kongopapiers dauert, desto stabiler ist das Produkt. Zur Bestimmung der Viskosität wendet man die Methode von Cochius oder Engler an. Zusammenfassend ist festzustellen, daß Chlorkautschuk in seinen filmbildenden Eigenschaften den Kollodiumwollen verwandt ist und die potentielle Möglichkeit besteht, ihn auf dem Ledergebiet einzusetzen.

VI. Lösungsmittel, Verschnittmittel und Verdünner.

1. Definitionen.

Zur Lösung der Bindemittel und zur Einstellung der Viskosität der Deckfarbenansätze kann der Zurichter eine große Zahl organischer Flüssigkeiten verwenden, die je nach ihrem Lösevermögen für das verwendete Bindemittel als echte Lösungsmittel, als Verschnittmittel oder als Verdünner bezeichnet werden. Es liegt auf der Hand, daß die Lösekraft organischer Flüssigkeiten von Bindemittel zu Bindemittel verschieden ist, so daß die angegebene Einteilung sich jeweils auf bestimmte Gruppen von Bindemitteln beziehen muß. Da für den Ledersektor heute praktisch nur Kollodiumwollen als Bindemittel in Frage kommen, können wir unsere Betrachtung auf dieses Gebiet einengen.

Echte Lösungsmittel.

Echte Lösungsmittel quellen in geringen Anteilen das Bindemittel an, bilden bei erhöhtem Zusatz eine Solvathülle und schließlich bei weiterer Verdünnung ein Organosol. Die anfänglich auftretende Quellung ist eine immer stärkere Auflockerung des Gefüges der Makromoleküle, bis schließlich bei steigender Verdünnung ein immer weitmaschigeres Netz kolloider Körper entsteht. Die Wirksamkeit der Lösungsmittel kann man sich als Wechselwirkung von zwischenmolekularen Kräften, nämlich als eine Wirkung permanenter und induzierter Dipole des Lösungsmittels und des Polymeren, vorstellen. Die Lösungsmittelmoleküle haften an den polaren Zentren des Makromoleküls, bilden hier eine immer stärkere Solvathülle und setzen durch Verbrauch von Nebenvalenzkräften die Haftung und den Zusammenhalt der makromolekularen Micellen immer weiter herab. Die Ausbildung der Solvathüllen kann besonders bei tieferen Temperaturen gewisse Ordnungszustände der Lösungsmittelmoleküle mit sich bringen, die zu Anomalitäten der Viskosität Anlaß geben können. Aus dieser Betrachtung des Lösungsvorgangs als Wechselwirkung der polaren Gruppen des Lösemittels mit denen des Bindemittels kann man ableiten, daß niedrigmolekulare Lösungsmittel im allgemeinen ein stärkeres Lösevermögen besitzen als die vergleichsweise an polaren Gruppen relativ ärmeren höhermolekularen. Ordnet man organische Flüssigkeiten nach steigender Polarität und steigender Dielektrizitätskonstante, so erhält man folgende Reihe:

aliphatische Kohlenwasserstoffe,
aromatische Kohlenwasserstoffe,
Äther,
Acetale,
chlorierte Kohlenwasserstoffe,
Ketone,
Ester,
Alkohole,
(Wasser).

Die Alkohole und das Wasser sind so stark polar, daß die Lösungsmittelmoleküle untereinander Assoziate und Molekülkomplexe bilden, so daß ihr Löseverhalten in vielen Fällen, z. B. auch bei den Kollodiumwollen, als abweichend von der erwarteten Norm in Erscheinung tritt. Daher sind die wichtigsten echten Lösungsmittel für Kollodiumwollen die Äther, Acetale, Ketone und Ester. Echte Lösungsmittel gewährleisten eine stabile Lösung des Bindemittels, die Bildung eines glatten und geschlossenen Films und die Haftung des Filmmaterials auf der Unterlage.

Verschnittmittel.

Die Verschnittmittel sind keine echten Löser für das verwendete Bindemittel, jedoch vermögen sie in Kombination mit ganz bestimmten anderen Verschnittmitteln oder aber mit echten Lösern Lösevermögen auf Kollodiumwollen auszuüben. Man setzt sie den Lösungsmitteln im wesentlichen aus kalkulatorischen Gründen zu, da sie sich meist billiger als die echten Lösungsmittel stellen. In einigen Fällen werden Verschnittmittel auch als Lösungsvermittler für Harz und Füllmittelzusätze in der Lackrezeptur fungieren. In ihrem Verdunstungsverhalten dürfen Lösungsmittel und Verschnittmittel in einem Rezepturansatz nicht stark differieren, um eine Anreicherung des Verschnittmittels während der Filmbildung auszuschließen. Besonders hervorzuheben sind Gemische von nichtlösenden Verschnittmitteln, die als Gemisch wie echte Löser wirken. Solche Gemische sind:

Alkohole und Äther, Alkohole und aromatische Kohlenwasserstoffe, Alkohole und Halogenkohlenwasserstoffe.

Verdünner.

Verdünner im wissenschaftlich-lacktechnischen Sinne sind niedrig- bis mittelsiedende organische Flüssigkeiten, die kein eigenes Lösevermögen allein oder in Kombination mit anderen Lösungsmitteln besitzen, die aber geeignet sind, die Viskosität von Lacklösungen bei Zusatz zu erniedrigen, ohne eine Fällung des Bindemittels hervorzurufen. Da die Verdünner meist billig sind und in großen Mengen zur Verfügung stehen, wurde durch ihren Einsatz das Nitrolackgebiet erst wirtschaftlich interessant. In Lackkombinationen, die Harze enthalten, wird der Lack durch den als Lösungsvermittler für die Harze wirkenden Verdünner erst geklärt. Durch den Einsatz der meist niedrigsiedenden Verdünner wird die Verdunstungszeit oft entscheidend verkürzt. Andere Verschnittmittel bilden mit Wasser azeotrope niedrigsiedende Gemische, wodurch dieses schon vor der Endphase der Filmbildung aus dem Gleichgewicht entfernt wird. Durch dieses Verhalten beeinflussen auch Nichtlöser Oberflächenbeschaffenheit, Glanz und Festigkeitseigenschaften des entstehenden Films. Selbstverständlich darf ein Verdünner nicht höher sieden als die eingesetzten echten Lösungsmittel, auch sollte er keine azeotropen Gemische mit den Lösungsmitteln bilden. Sollte dies doch der Fall sein, so muß ein größerer Überschuß über das azeotrope Verhältnis an echten Lösungsmitteln gegeben werden. Verdünner für das Gebiet der Kollodiumlacke sind im wesentlichen aliphatische Kohlenwasserstoffe, eventuell auch Wasser. Leider hat sich in der Handelssprache eingebürgert, gebrauchsfertig angebotene Lösungsmittelgemische, die echte Lösungsmittel, daneben aber auch Verschnittmittel und Verdünner enthalten, als „Verdünner" zu bezeichnen. Diese Doppelbezeichnung mit den Verdünnern im wissenschaftlichen Sinne kann leicht zu Mißverständnissen Anlaß geben.

2. Allgemeine Anforderungen.

Ganz allgemein müssen Lösungsmittel, Verschnittmittel und Verdünner folgenden Anforderungen genügen: sie sollen sich beim Lagern nicht verändern, besonders nicht verharzen oder Verunreinigungen absetzen. Weiter muß neutrale Reaktion gegeben sein. Bei alkalischer oder saurer Reaktion besteht die Gefahr, daß die Wandungen der Verpackungsgefäße angegriffen werden und die Kollodiumwolle zersetzt wird. Alle Lösungs- und Verdünnungsmittel sollen möglichst wasserfrei sein, da ein Wassergehalt Trübung der Lacke und Bindemittelfällung hervorrufen kann. Für den Lacktechniker bzw. den Lederzurichter müssen folgende Gesichtspunkte bei der Auswahl und Kombination seines Lösungsmediums maßgebend sein:

Das Lösevermögen, die Viskosität der resultierenden Lösung im Verhältnis zur Konzentration, die Verschneidbarkeit mit Verdünnern und die Preiswürdigkeit der Mischung.

Weitere Gesichtspunkte, die berücksichtigt werden müssen, sind der Siedepunkt bzw. die Siedegrenzen des Gemisches, der Geruch, der Flammpunkt, die Wasserlöslichkeit und die Verdunstungswärme. Zur schnellen Identifizierung von Lösungsmitteln kann die Siedeanalyse, der Brechungsindex, die Dichte, die Säure-, Verseifungs-, Acetyl- und Bromzahl und die Löslichkeit einzelner Komponenten in verschiedenen Salzlösungen, z. B. Kochsalz, Calciumchlorid- oder Natriumbisulfitlösung, dienen.

Lösevermögen.

Das Lösevermögen ist nach Kraus (5) abhängig von der Lösegeschwindigkeit, der Lösekraft und der Viskosität der Lösung. Der genannte Autor bestimmt die Lösegeschwindigkeit, indem er genormte Filme genormter Wollen in das zu prüfende Lösungsmittel eintaucht und die Zeit bis zum Ablösen bzw. Abfallen des Films vergleichend bestimmt. Viskosität und Lösekraft verhalten sich reziprok, d. h. je niedriger die Viskosität gleich konzentrierter Lösungen ist, desto höher ist die Lösekraft der verwandten Lösungsmittel bzw. des Gemisches. Besonders bei Lederlacken spielt die Viskosität des Lackes eine große Rolle im Hinblick auf das „Stehen" der Deckfarbe auf dem porösen Untergrund. Durch geeignete Variation der Lösungsmittel kann bei sonst gleichen Rezepturen eine ganz unterschiedliche Deckkraft auf sich gleich verhaltenden Ledern erzielt werden. Ebenso wie bei den Weichmachern verhalten sich Lösungsmittel mittlerer Lösekraft auf Leder am besten. Der Lederzurichter wird Lösungsmittelkombinationen anstreben, die eine möglichst hohe Konzentration der Wolle bei niedriger Viskosität und guter Verschnittfähigkeit erreichen lassen.

Flüchtigkeit.

Der zweite wichtige Gesichtspunkt bei der Zusammenstellung eines Lösungsmittelgemisches ist die Flüchtigkeit, die nicht absolut, sondern immer relativ zu einem Vergleichslösemittel festgestellt wird. In den meisten Fällen wird Diäthyläther willkürlich mit 1 als Bezugsgröße festgelegt. Man unterscheidet dann:

1. leichtflüchtige Lösungs- und Verschnittmittel, relative Flüchtigkeit kleiner 7;

2. mittelflüchtige Lösungsmittel, relative Flüchtigkeit 7 bis 35;

3. schwerflüchtige Lösungsmittel, relative Flüchtigkeit über 35.

Lösungsmittel mit einer Flüchtigkeit über 100 können als besonders schwerflüchtig bezeichnet werden; sie finden nur für gewisse Spezialzwecke, wie Tamponierlacke oder, wenn eine zeitlich begrenzte Weichmacherwirkung angestrebt wird, auf dem Photoledergebiet Anwendung.

Die Flüchtigkeit wird festgestellt, indem man 0,5 ccm der zu prüfenden Flüssigkeit auf ein Filtrierpapier No. 598 der Firma Schleicher & Schüll auftropft. Die mit der Stoppuhr ermittelte Verdunstungszeit wird durch die gleichzeitig festgestellte Verdunstungszeit einer gleichen Menge Diäthyläther dividiert. Der ermittelte Quotient ist die Flüchtigkeit (I. G.-Farbenindustrie, S. 134). Weitere Methoden zur Bestimmung der Flüchtigkeit wurden von E. Kantorowicz und F. Keisermann, von S. Hofmann sowie von A. Bent und L. Wik angegeben.

Leichtflüchtige Lösungsmittel.

Leichtflüchtige Lösungsmittel ermöglichen infolge ihrer höheren Lösekraft die Einstellung besonders körperreicher und niedrigviskoser Lacke, die schnell antrocknen. Es besteht allerdings bei Anwendung von Niedrigsiedern die Gefahr, daß durch zu schnelle Auskühlung der Lackschicht bei hoher Luftfeuchtigkeit der Taupunkt erreicht wird, was zu einem Niederschlag von Wasser und damit zur Störung des Filmverlaufs, zu Trübungen und Ausfällungen führen kann. Eine zu rasche Gelbildung ist für die mechanisch stark beanspruchten Lederlacke keineswegs günstig, denn es resultieren oft Filme mit schlechtem Schichtzusammenhang und mangelhaftem Widerstand gegen mechanische Einflüsse, z. B. ungenügender Krispelechtheit. Daher werden immer auf dem Ledergebiet leichtflüchtige Lösungs- und Verschnittmittel mit mittel- und schwerflüchtigen kombiniert. In Lösungsmittelgemischen ist es stets von Vorteil, wenn die Verdünner leichtflüchtig sind.

Mittelflüchtige Lösungsmittel.

Die mittelflüchtigen Lösungsmittel sind die in der Lederzurichtung mengenmäßig meist angewandten. Besonders in Spritzansätzen müssen mittelflüchtige Lösungs- und Verschnittmittel den Hauptanteil bilden, es sei denn, es wird durch den Einsatz von Niedrigsiedern ein Matteffekt angestrebt.

Schwerflüchtige Lösungsmittel.

Die schwerflüchtigen Lösungsmittel ergeben eine regelmäßige und glänzende Filmbildung, verbessern die Haftfähigkeit der Deckschicht, vermitteln in höheren Anteilen ein stärkeres Eindringen des Lackes in die Narbenschicht und gewährleisten die Stabilität der Lackkombination während des ganzen Trocknungsprozesses. Besonders beim Einsatz größerer Mengen von Verschnittmitteln und Verdünnern ist ein entsprechender Anteil sogenannter Hochsieder im Lösungsmittelgemisch unerläßlich. Ein zu hoher Einsatz schwerflüchtiger Lösungsmittel ergibt aber zu lange Trocknungszeiten, Klebrigkeit der Deckschicht, Schwierigkeiten beim Glanzstoßen und unter Umständen Runzelbildung beim Trocknen. In Lederlacken werden im allgemeinen zwischen 5 und 20% an Hochsiedern eingesetzt. Zu Fehlergebnissen führt es, wenn schwerflüchtige Verschnittmittel und Verdünner eingesetzt werden, da diese zu Störungen in der Endphase der Filmbildung führen.

Siedegrenzen.

Die bisher diskutierte Flüchtigkeit kennzeichnet die Praxis weniger stichhaltig durch Siedepunkte und Siedegrenzen der Lösungskomponenten, indem sie in folgende Gruppen einteilt:

Niedrigsieder, Siedep. bis 80° C,
Mittelsieder,   ,,   80 bis 140° C,
Hochsieder,   ,,   140 bis 240° C.

Diese weitverbreitete Einteilung ist für die meisten Fälle ausreichend und läuft der Einteilung nach Flüchtigkeit oder Verdunstungszahlen in den meisten Fällen parallel; jedoch wird sie von wenigen Ausnahmen durchbrochen, besonders wenn es sich um Körper hoher Polarität handelt, die zur Assoziatbildung neigen. Sämtliche Molekülassoziate enthaltenden Flüssigkeiten verdunsten erheblich langsamer als unpolare Flüssigkeiten gleichen Siedepunkts.

Als Faustregel trifft auch hier zu, daß innerhalb einer Homologenreihe die Körper mit niedrigerem Siedepunkt das höhere Lösungsvermögen für Kollodiumwolle besitzen.

Verschneidbarkeit.

Kalkulatorisch besonders wichtig ist die Verschneidbarkeit der Lösungsmittel mit Verschnittmitteln und Verdünnern. Die Verschnittfähigkeit ist definiert als die Verträglichkeit eines einen bestimmten Prozentsatz Kollodiumwolle gelöst enthaltenden Lösungsmittels gegen Verschnittmittel und Verdünner. Hierbei muß die scheinbare und die wahre Verschnittfähigkeit der einzelnen Lösungsmittel unterschieden werden. Bei Bestimmung der scheinbaren Verschnittfähigkeit wird die betreffende Kollodiumlösung so lange mit Verschnittmittel versetzt, bis Trübung, Gelatinieren oder Entmischung eintritt. Bei Bestimmung der wahren Verschnittfähigkeit wird stufenweise steigend mit Verschnittmittelmengen versetzt und durch Kontrolle der glatten Filmbildung im Aufguß geprüft, ob durch das Verschnittmittel nicht Störungen, wie z. B. Anlaufen, Wabenstrukturen usw., auftreten. Sobald die Filmbildung gestört ist, hat man die Grenze der wahren Verschnittfähigkeit erreicht. Der Praktiker wird deswegen seinen Arbeiten immer die wahre Verschnittfähigkeit zugrunde legen.

Sehr übersichtlich kann man derartige Untersuchungen in sogenannten Gibb'schen Dreiecken darstellen, von denen aus der Lösungsmittelbroschüre der früheren I. G.-Farbenindustrie zwei in Abb. 3a und 3b auf S. 778 dargestellt sind. Die Diagramme beziehen sich auf Wolle E 510. Die Kurven stellen die jeweiligen Grenzlinien der Verschnittfähigkeit dar. Sämtliche Zusammensetzungen, die in den Gebieten oberhalb der Kurven liegen, geben vollkommene Lösungen; soweit sie oberhalb der Kurve der wahren Verschnittfähigkeit liegen, erhält man einwandfreie Lackschichten. Die jeweilige Zusammensetzung der Lösung wird an den umgrenzenden Dreieckseiten abgelesen, z. B. kennzeichnet der Punkt 1 des Diagramms Abb. 3a folgende Zusammensetzung der Lösung:

12% Kollodiumwolle,
17% Äthylglykol,
71% Benzol.

Die Verschneidbarkeit ist ein individuelles Charakteristikum des verwendeten Lösungsmittels und des verwendeten Verschnittmittels oder Verdünners, aber auch der verwendeten Kollodiumwolle. Sie ist abhängig nicht nur vom Kollodiumendgehalt der verschnittenen Lösung, sondern auch von der Temperatur. Eine Gesetzmäßigkeit zwischen Lösekraft und Verschneidbarkeit konnte nicht gesichert werden.

Lösungsmittelgemische.

In der Praxis komplizieren sich die Verhältnisse, indem in keinem Fall einzelne Lösungs- und Verschnittmittel verwandt werden und Wollengemische als weitere Komponenten auftreten können. Zu der Vielzahl der Lösungs- und Verschnittmittel und Wollen treten noch die Beeinflussungen durch Pigmente oder Pigmentgemische, Weichmacherkombinationen, Harz- und Füllmittelzusätze. Jeder dieser Zusätze beeinflußt das Verdunstungsverhalten und damit die wahre Verschnittfähigkeit. Darüber hinaus wirken äußere Faktoren, wie wechselnde Luftfeuchtigkeit, unterschiedliche Auftragsart u. a., oft entscheidend auf die Filmbildung, was z. B. dazu führen kann, daß für den Sommer und Winter verschiedene Rezepturen angewendet werden müssen. Es muß auch darauf hingewiesen werden, daß Lösungsmittelgemische sich lacktechnisch immer anders verhalten als die einzelnen Komponenten. Dies rührt daher, daß gewisse organische Flüssigkeiten azeotrope Gemische bilden; d. h. Mischungen in ganz bestimmten Ver-

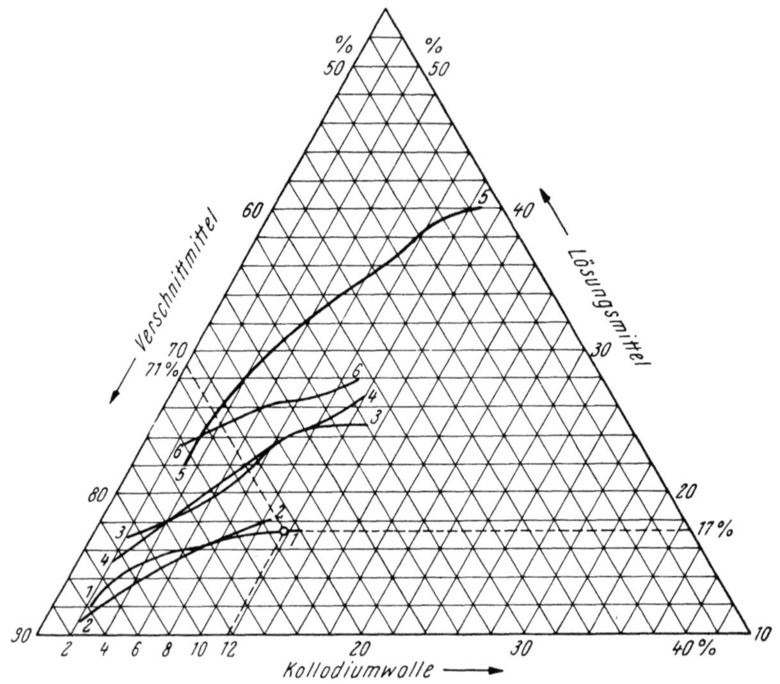

Abb. 3a. Verschnittfähigkeit verschiedener Lösungsmittel mit Benzol und Benzin.
Kurve *1* Äthylglykol-Benzol, *2* Methylglykol-Benzol, *3* Methylglykolacetat-Benzol, *4* Äthylglykolacetat-Benzol, *5* Butylacetat-Benzol, *6* Äthylglykol-Benzol.

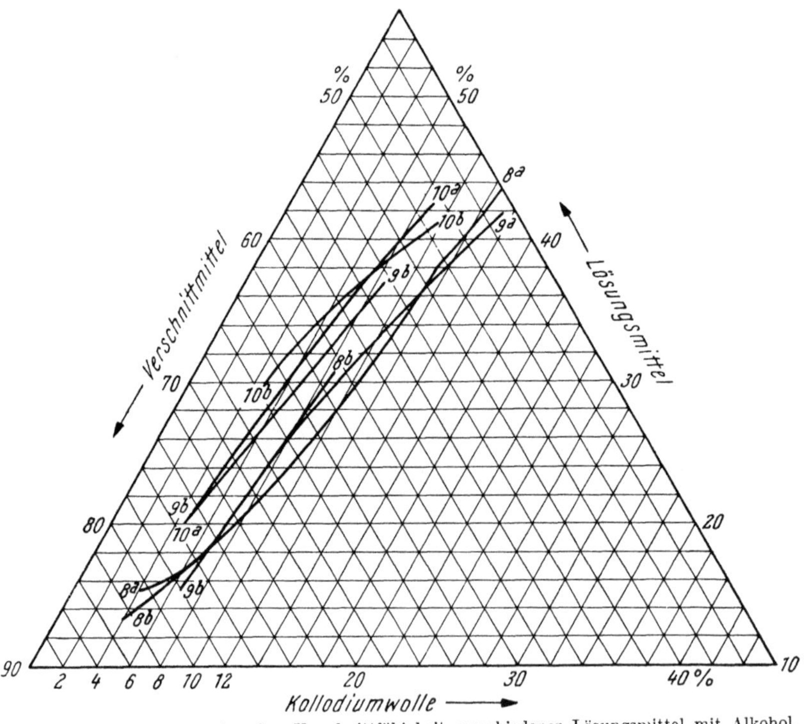

Abb. 3b. Scheinbare und wahre Verschnittfähigkeit verschiedener Lösungsmittel mit Alkohol.
Kurve *8a* Äthylglykol-Alkohol, *8b* Äthylglykol-Alkohol, *9a* Äthylglykolacetat-Alkohol, *9b* Äthylglykolacetat-Alkohol, *10a* Methylglykolacetat-Alkohol, *10b* Methylglykolacetat-Alkohol; *a* scheinbare Verschnittfähigkeit, *b* wahre Verschnittfähigkeit.

hältnissen aus zwei oder drei Komponenten zeigen höheren Dampfdruck und damit niedrigeren Siedepunkt als die Ausgangsmaterialien. Wenn bei zwei Lösungskomponenten solch ein azeotropes Gemisch vorliegt, ist die Folge, daß ein Gemisch der beiden Komponenten im azeotropen Verhältnis so lange abdunstet, bis mindestens eine der beiden Komponenten verbraucht ist. Liegt ein Lösungsmittel und ein Verdünner vor, die azeotropes Verhalten zeigen, so muß immer ersteres im Überschuß angewandt werden. Das azeotrope Verhalten gewisser Körper kann aber auch verwendet werden, um unerwünschte flüchtige Komponenten zu entfernen. So wird Butanol, das mit Wasser ein azeotropes Gemisch bildet, zur Entfernung des letzteren bei Filmbildung angewandt (M. Lecat). Bestimmte Nebenbestandteile einer Lackkombination können die Verschneidbarkeit im günstigen Sinn beeinflussen. So wird durch echte Weichmacher die Verschnittfähigkeit immer erhöht. Gewisse Harzzusätze können die Aufnahmefähigkeit für Verdünner ganz wesentlich steigern, ebenso wie anderseits durch Verdünnerzusätze die Verträglichkeit von Harzen mit Nitrolacken erhöht werden kann. Aus dem bisher Gesagten geht hervor, daß es nur schwer möglich ist, an Hand von Tabellen, Testwerten und Rezepturen das letzte Optimum einer Lackkombination zusammenzustellen, vielmehr ist es notwendig, sich durch geeignete Versuchsreihen die örtlich optimale Zusammenstellung zu erarbeiten. Die chemische Industrie erleichtert diese Arbeiten, indem sie mit ihren „Verdünnern" Lösungsmittelkombinationen vielseitiger Bewährung zur Verfügung stellt.

Flammpunkt.

(Vgl. dazu diesen Bd., 6. Kap., S. 401.)

Für die Transport- und Lagermodalitäten ist der Flammpunkt der Lösungsmittel wichtig. Durch den Flammpunkt soll die niedrigste Temperatur angegeben werden, bei welcher das Lösungsmittel auf seiner Oberfläche bei Zündung mit einer Flamme ein brennbares Dampf—Luft-Gemisch entwickelt.

Der Flammpunkt ist stark abhängig von der verwendeten Versuchsanordnung, weshalb bei seiner Angabe dieselbe mitgenannt werden sollte. Folgende drei Bestimmungmethoden sind gebräuchlich: 1. nach Abel-Pensky; 2. nach Pensky-Martens; 3. nach dem Verfahren der Deutschen Reichsbahn.

Nach den Flammpunkten wurden drei Gefahrenklassen festgelegt:

A I: Flammpunkt unter 21° C;

A II: Flammpunkt von 25 bis 55° C;

A III: Flammpunkt von 55° C und mehr.

Unter der Gefahrenklasse B sind alle Flüssigkeiten mit einem Flammpunkt über 21° bei völliger Mischbarkeit mit Wasser zusammengefaßt. Es sei noch darauf hingewiesen, daß manche Lösungsmittelgemische infolge azeotroper Erscheinungen auch einen niedrigeren Flammpunkt haben als die reinen Komponenten.

3. Einzelbesprechung.

a) Echte Lösungsmittel.

α) Ketone.

Obwohl die niedrigsiedenden Ketone zu den stärksten Lösern für Kollodiumwollen gehören, haben sie für Lederdeckfarben nur geringe Bedeutung. Aceton ist zwar wohlfeil, besitzt ein ausgezeichnetes Lösungsvermögen und gute Verschneidbarkeit, scheidet aber wegen zu großer Flüchtigkeit für die Verwendung in größeren Anteilen praktisch aus. Ausgedehnte Anwendung findet aber dieses Keton als Lösungsmittel für Hilfsmittel, vor allem für Kleber der lederverarbeitenden Industrie, so daß die Acetonfestigkeit besonders der polymerisathaltigen Zurichtungen auch heute noch ein oft diskutiertes Problem in der ledererzeugenden Industrie bildet.

Die sogenannten Acetonöle sind als Nebenprodukte anfallende höhere Fraktionen der Acetonsynthese. Sie enthalten niedrige aliphatische und Polymethylenketone. Es werden im Handel zwei Fraktionen angeboten:

I. leichtes Acetonöl, Siedegrenzen 75 bis 125° C (im wesentlichen Äthylmethylketon);
II. schweres Acetonöl, Siedegrenzen 125 bis 150° C.

Beide Lösungsmittelgemische sind in Wasser teilweise löslich. Der schwere durchdringende Geruch dieser Lösungsmittel hat die Einführung trotz des billigen Preises beschränkt. Das Lösevermögen wird, wie zu erwarten ist, mit steigenden Siedepunkten geringer. Die Gemische sind vier- bis zehnmal schwerer flüchtig als reines Aceton.

Äthylmethylketon ist unter der Bezeichnung Butanon im Handel. Dieses Lösungsmittel ist zweieinhalb- bis dreimal schwerer flüchtig als Aceton, besitzt gutes Lösevermögen für Nitrocellulose, Öle, Fette, Chlorkautschuk und für synthetische bzw. halbsynthetische Kunststoffe und Harze. Die Verschneidbarkeit mit den üblichen Verdünnern ist ausgezeichnet. Mit 11,4% Wasser bildet Äthylmethylketon ein azeotropes Gemisch, das bei 73,6° C siedet. Trotz dieser an sich günstigen Eigenschaften hat sich Methyläthylketon auf dem Ledergebiet kaum einführen können.

Cyclohexanon.

Kennzahlen für Cyclohexanon, 94%ig:

Spezifisches Gewicht (20° C)	0,945 bis 0,949
Siedegrenzen	150 bis 156° C
Flammpunkt	+44° C
Brechungsexponent	1,443 bis 1,453
Verdunstungszahl	40

Die hochsiedenden Cycloketone sind ausgezeichnete Löser, die auf dem Ledergebiet allgemein angewendet werden. Cyclohexanon ist geschätzt, weil es den Verlauf und den Glanz verbessert und die Haftfestigkeit auf dem Leder steigert. Trotz seines hohen Siedepunktes verdampft Cyclohexanon relativ schnell, so daß bei richtiger Dosierung zu lange Trockenzeiten und Schwierigkeiten beim Glanzstoßen nicht auftreten. Die Verträglichkeit dieses hochwertigen Lösungsmittels ist nicht nur mit den üblichen Lacklösungsmitteln sehr gut, sondern auch mit Verschnittmitteln und Verdünnern hervorragend, was entsprechende wirtschaftliche Vorteile bietet. Besonders geeignete Verdünner sind Butanol, Xylol und Toluol. Cyclohexanon kommt als gelbe, neutrale, in Wasser unlösliche, charakteristisch riechende, etwas ölige Flüssigkeit in den Handel. Es besitzt für Nitrocellulose eine mittelgute Löslichkeit, die Lösedauer ist etwa dreimal so hoch wie bei Butylacetat. Cyclohexanon löst auch Acetylcellulose, Celluloseäther, Chlorkautschuk, Fette und Öle, Kautschuk, Polymerisate, wie Perbunan und Acronale, und eine ganze Reihe von Naturharzen.

Methylcyclohexanon.

Kennzahlen für Methylanon, 94%ig (Keton A):

Spezifisches Gewicht	0,917 bis 0,921
Siedegrenzen	165 bis 171° C
Flammpunkt	+45 bis 50° C
Brechungsexponent	1,442
Verdunstungszahl	47

Methylanon stimmt in seinen Eigenschaften weitgehend mit Cyclohexanon überein, mit dem einzigen Unterschied, daß es etwas schwerer flüchtig ist und ein etwas geringeres Lösevermögen für Celluloseacetat und Nitrocellulose hat. Weiter muß auf den gegenüber Cyclohexanon stärkeren Geruch hingewiesen werden. Methylanon wird als Hochsieder mit Vorzug in Lederlacken verwendet. Mit A-Wollen ergeben sich bei diesem Lösungsmittel leicht etwas getrübte Lösungen.

Weitere Lösungsmittel und Lösungsgemische auf Basis der Ketone sind Cyclopentanon, Ketongemisch U (50 bis 75° C, 75 bis 85°, 85 bis 100°, 100 bis 105° C), Lösungsmittel RS 200 und Lösungsmittel DNL. Es ist nicht bekanntgeworden, daß diese Ketone für das Ledergebiet besondere Bedeutung hätten gewinnen können.

β) Diacetonalkohol.

Kennzahlen für Diacetonalkohol [$(CH_3)_2COH{-}CH_2{-}CO{-}CH_3$]:

Spezifisches Gewicht	0,920 bis 0,940
Siedegrenzen	150 bis 165° C
Flammpunkt	+33,5
Brechungsexponent	1,420
Verdunstungszahl	147

Da Diacetonalkohol sich in seinem Löseverhalten den Ketonen anschließt, sei er hier behandelt. Er wird durch Dimerisation von dampfförmigem Aceton über alkalischen Katalysatoren gewonnen, weshalb er oft mit etwas Aceton verunreinigt ist. Diacetonalkohol kommt als schwachriechende, farblose, mit Wasser und Alkohol in jedem Verhältnis mischbare Flüssigkeit in den Handel. Mit Benzinen dagegen ist **keine** Mischbarkeit gegeben. Obwohl Diacetonalkohol säurefrei ist, rötet er Lackmuspapier leicht. Dieser Hochsieder ist für Lederlacke schon sehr schwerflüchtig. Er besitzt Lösevermögen für esterlösliche Wollen etwa in der Größenordnung von Cyclohexanon. Ebenso wie dieses löst er auch Acetylcellulose, Celluloseäther, Chlorkautschuk und spritlösliche natürliche Harze, z. B. Schellack. Schon in geringen Anteilen wirkt Diacetonalkohol günstig auf die Verschnittfähigkeit, besonders mit aromatischen Kohlenwasserstoffen, und auf den guten Verlauf einer Lackkombination. Ähnlich den Glykoläthern löst Diacetonalkohol schon ausgetrocknete Lackschichten nur langsam an, was seinen Einsatz in Tamponierlacken empfiehlt. Eine zu beachtende Eigenschaft ist die Empfindlichkeit des Diacetonalkohols gegen alkalische Reaktionen.

γ) Ester.

Die Ester sind wegen ihres hohen Lösungsvermögens die wichtigsten Lösungsmittel für Kollodiumwollen auf dem Ledergebiet. Ester niedriger Säuren mit niedrigen Alkoholen erreichen in ihrer Lösekraft und Lösungsgeschwindigkeit die niedrigen Ketone nicht ganz, liegen aber ihnen recht nahe. Mit Zunahme der Kettenlänge, sowohl der Säure als auch des Alkohols, nimmt die Lösekraft stark ab, so daß z. B. Octylacetat und Butylstearat keine Löser für Kollodiumwollen mehr sind. Je länger dagegen die Ketten in homologen Esterreihen werden, desto höher wird die Verschneidbarkeit mit Benzin. Formiate und Acetate lösen gut bis zum Derivat des Amylalkohols, während in der Reihe der Propionate der Amylester und in der Reihe der Butyrate der Butylester schon erheblich abgeschwächtes Lösungsvermögen zeigen. Die Einführung einer Oxygruppe in die Säure ergibt ein reduziertes Lösevermögen, jedoch gesteigerte Verschnittfähigkeit. Die Ester primärer Alkohole sind bessere Löser als die von sekundären, jedoch ergeben letztere, wie aus sterischen Gründen leicht einzusehen ist, eine niedrigere Viskosität der Lösung.

Formiate.

Die Ameisensäureester besitzen zwar ein sehr gutes Lösungsvermögen für Kollodiumwollen, jedoch haben sie sich teils wegen ihrer verhältnismäßig leichten Verseifbarkeit, teils wegen ihrer niedrigen Verdunstungszahlen, teils wegen ihrer physiologischen Wirkungen kein Anwendungsgebiet für die Nitrolackierung sichern können.

Methylacetat.

Kennzahlen für Methylacetat, 98- bis 100%ig:

Spezifisches Gewicht (20° C)...... 0,932 bis 0,935
Siedegrenzen .... 57 bis 60° C
Flammpunkt .... —13° C
Verdunstungszahl 2,2

Dieses farblose, neutrale, schwach esterartig riechende Lösungsmittel besitzt für Kollodiumwollen eine ähnlich hohe Lösekraft wie Aceton, ergibt aber Lösungen höherer Viskosität. Außer für Kollodiumwollen besitzt es gutes Lösevermögen für Acetylcellulose, Celluloseäther, Fette und Öle und viele Harze und Polymerisate. Der Ester ist leicht verseifbar. Er findet in den Schuhfabriken als „Dunstmittel" zum Aufweichen der Steifkappen vielfach Anwendung, während er als Lösungsmittel auf dem Ledersektor in reiner Form kaum empfohlen werden kann. Jedoch ist Methylacetat einer der Hauptbestandteile der leicht flüchtigen Lösungsmittel E 13 und E 14, in welcher Form es in vielen Rezepturen unbewußt angewendet wird. Ebenso sind die Speziallösemittel Hiag, E, EF, A auf Gemischen von Methylacetat, Äthylacetat, Aceton und Methanol in wechselnden Verhältnissen aufgebaut. Die Siedegrenzen dieser Mischungen liegen zwischen 52 und 75° C, die Flüchtigkeit zwischen 1,9 und 2,2. Sämtliche sind gute Löser für Kollodiumwollen, Acetylcellulose, Celluloseäther, für eine ganze Reihe natürlicher Harze, z. B. Kolophonium, und für einige Vinylpolymerisate.

Äthylacetat.

Kennzahlen für Äthylacetat (Essigester, Essigäther):

Spezifisches Gewicht (20° C)...... 0,898 bis 0,902
Siedegrenzen .... 74 bis 78° C
Flammpunkt .... — 2° C
Verdunstungszahl 2,9

Äthylacetat ist eines der in Lösungsmittelkombinationen preiswertesten, besten und meistverwendeten Lösungsmittel, auch auf dem Gebiet der Lederdeckfarben. Die in Wasser zu 8% lösliche, neutral reagierende, angenehm riechende Flüssigkeit kommt in ihren besten Handelsprodukten in 98- bis 100%iger Reinheit auf den Markt. Eventuelle Verunreinigungen bestehen meist aus Wasser und Alkohol. Essigester löst Kollodiumwollen zu Lösungen mittlerer Viskosität. Ebenso sind Chlorkautschuk, natürliche Harze (z. B. Benzoe, Manilakopal und Kolophonium), Celluloseäther, Polystyrol, Polyvinylacetat, Polyacrylsäureester, Vinylmischpolymerisate, Fette und Öle mehr oder weniger gut löslich. Acetylcellulose wird nur in Gegenwart von 15 bis 30% Alkohol gelöst. In Deutschland unterliegt Essigester der Überwachung der Zollmonopolbehörde. Äthylacetat bildet etwa im Verhältnis 1 : 1 azeotrope Gemische mit Alkohol (Siedep. 71,8° C), Methanol (62,4° C) und Benzin (etwa 68° C). Man prüft auf unzulässigen Wasser- und Alkoholgehalt, indem man mit einer gesättigten Chlorcalciumlösung in einem Meßzylinder schüttelt und eine Volumenzunahme der unteren Schicht bewertet. Beim Schütteln mit Toluol soll glatte Mischung oder höchstens geringfügige Trübung eintreten, wenn einwandfreie Ware vorliegt. Äthylacetat ist in Lösungsmittel E 13, E 14, Speziallösungsmittel E, EF, Drawin 24, 25, 31 und 35 enthalten.

n-Propylacetat.

Kennzahlen für n-Propylacetat:

Spezifisches Gewicht (20° C)	0,886 bis 0,890
Siedegrenzen	98 bis 102° C
Flammpunkt	+10 bis 14° C
Verdunstungszahl	5

n-Propylacetat steht in seinen Eigenschaften zwischen Essigester und Butylacetat und kann an Stelle einer Mischung dieser beiden Ester Anwendung finden. n-Propylacetat ist eine farblose, neutrale Flüssigkeit mit weniger penetrantem Geruch wie Butylacetat. Außer für Kollodiumwollen ist es ein guter Löser für Chlorkautschuk und eine Reihe von Harzen. Acetylcelluloselösungen können mit Propylacetat verschnitten werden. Die Viskosität der Kollodiumlösung im Propylacetat liegt wesentlich über der von solchen in Äthylacetat. In der Durchsicht sind solche Lösungen auch etwas trüber als bei Verwendung von Essigester. Beim Spritzen tritt mit Propylacetat weniger leicht eine Neigung zum weißen Anlaufen des Deckfilms auf als bei der Verwendung von Essigester.

n-Butylacetat.

Kennzahlen für n-Butylacetat:

	98- bis 100%ig	85%ig
Spezifisches Gewicht (20° C)	0,879 bis 0,883	0,861 bis 0,871
Siedegrenzen	121 bis 127° C	117 bis 130° C
Flammpunkt	+25° C	+24° C
Verdunstungszahlen	11,8	12,25
Brechungsexponent	1,3948	
Verseifungszahl	483	

Butylacetat ist der in der Lederzurichtung meist verwendete Mittelsieder. Es ist eine farblose, neutrale, kräftig, aber angenehm riechende Flüssigkeit, die sich mit Wasser nicht mischt. Meist wird in der Praxis die billigere 85%ige Ware, die noch 15% Butanol enthält, verwendet. Butylacetat ist ein guter Löser für Kollodiumwollen, Celluloseäther, Chlorkautschuk, Polyvinylchlorid, Polyacrylsäureester, Harze, z. B. Schellack, und Öle. Die Viskosität von Kollodiumlösungen in n-Butylacetat liegt bei esterlöslichen Wollen dreimal so hoch wie in Äthylacetat, während solche in i-Butylacetat nur die doppelte Viskosität zeigen. Mit Sprit, Benzol, Toluol und Benzin kann Butylacetat kräftig ohne Störung der Filmbildung verschnitten werden. Besonders wichtig ist, daß n-Butylacetat sowohl mit Butanol als auch mit Wasser binäre und ternäre azeotrope Gemische bildet (35 : 27,4 : 37,3, Siedep. 89,4° C).

In den Eigenschaften sehr ähnlich, außer der Viskosität der Lösungen, sind Isobutylacetat und sekundäres Butylacetat. Das vielverwendete Lösungsmittel Polysolvan E ist ein Gemisch der Essigester verschiedener Butylalkohole.

Amylacetat.

Kennzahlen für Amylacetat (technisch rein):

Spezifisches Gewicht (20° C)	0,870 bis 0,873
Siedegrenzen	105 bis 148° C
Flammpunkt	+23° C
Verdunstungszahl	13 bis 15

Amylacetat ist das klassische Lösungsmittel der Zaponlacke; es hat aber heute gegenüber dem vollsynthetischen Butylacetat kaum mehr technische Bedeutung. Amylacetat zeichnet sich gegenüber n-Butylacetat durch eine höhere Lösegeschwindigkeit und etwas geringere Viskosität der Lösungen aus. Das technische Produkt ist 85- bis 95%ig und wird durch Verestern der Fuselöle gewonnen. Dieses Produkt ist mit Fuselöl und Amylalkohol verunreinigt und hat gegenüber vollsynthetischen Lösungsmitteln den Nachteil, in der Zusammensetzung schwankend anzufallen. Amylacetat ist eine klare, neutrale, farblose Flüssigkeit mit starkem, fruchtartigem Geruch. Sie ist mischbar mit Benzol, Toluol und in hohem Maße mit Benzin verträglich. Amylacetat löst Kollodiumwollen, Chlorkautschuk, viele natürliche und synthetische Harze und auch, als Sonderheit, Carnaubawachs; es wird diesem Lösungsmittel ein besonders günstiger Einfluß auf das Endstadium der Filmbildung nachgesagt.

Cyclohexylacetat.

Kennzahlen für Cyclohexylacetat (Andranolacetat, Hexalinacetat):

        Spezifisches Gewicht (20° C)...... 0,964 bis 0,968
        Siedebereich .... 175 bis 190° C
        Flammpunkt.................... +57° C

Cyclohexylacetat ist eine ähnlich wie Amylacetat riechende, farblose, neutral reagierende Flüssigkeit, die fünf- bis achtmal schwerer flüchtig ist als Amylacetat. Gegenüber Aceton ist dieses Lösungsmittel, das in seinen Eigenschaften eigentlich zwischen Lösungsmittel und Weichmacher steht, 204mal schwerer flüchtig. In seiner Lösekraft steht dieser Körper dem Cyclohexanon nahe, welches er jedoch in der Lösegeschwindigkeit weit übertrifft. Besonders hervorzuheben ist die ausgezeichnete Verschnittfähigkeit dieses Produkts. Cyclohexylacetat soll in kleinsten Anteilen die Haftfestigkeit von Lederlacken erheblich verbessern.

Ebenso wie Cyclohexylacetat kann das noch schwerer flüchtige Methylcyclohexylacetat in sehr geringen Anteilen zur Erhöhung des Glanzes bei Kaltlackzurichtungen eingeführt werden.

Benzylacetat.

Kennzahlen für Benzylacetat:

        Spezifisches Gewicht (20° C) 1,054
        Siedegrenzen (bei 20 mm) .... 107 bis 110° C
        Flammpunkt.................. +93° C
        Verdunstungszahl.............. 393

Auch dieses aromatisch riechende, neutral reagierende Lösungsmittel für Nitrocellulose steht an der Grenze zu den Weichmachern. Es wird in kleinsten Zusätzen als Verlaufmittel und glanzgebendes Mittel für Tamponierlacke angewandt.

Die höheren Ester, z. B. Propionate und Butyrate, haben als Lösungsmittel für Lederlacke keine wesentliche Bedeutung gewinnen können.

Glykolsäurebutylester.

Kennzahlen für Glykolsäurebutylester (G. B-Ester):

        Spezifisches Gewicht (20° C)...... 1,013
        Siedegrenzen .... 178 bis 186° C
        Flammpunkt.................... +68° C
        Verdunstungszahl.............. 163

Glykolsäurebutylester zeigt als Derivat einer Oxysäure eine ungewöhnlich hohe Verschneidbarkeit mit Verdünnern. Die hohe Verdunstungszahl erlaubt allerdings nur einen geringfügigen Zusatz als Verlaufmittel, zur Erhöhung des Glanzes und zur Verbesserung der Haftfestigkeit. Gegenüber Cyclohexanon und Methylanon hat G. B-Ester den Vorteil eines weniger intensiven Geruches. Das farbschwache, neutrale Lösungsmittel hat sehr gutes Lösevermögen gegenüber Nitrocellulose, Chlorkautschuk, Harzen, Polymerisaten und Ölen. Geeignete Verschnittmittel sind Toluol, Benzin und Benzol. Die Viskosität der Lösungen ist niedriger als bei Anon und Methylanon.

Polysolvan 0 enthält Glykolsäureisobutylester, der ähnliche Eigenschaften wie das Normalderivat zeigt.

Äthyllaktat.

Kennzahlen für Äthyllaktat:

Spezifisches Gewicht (20° C)	1,036
Siedegrenzen	135 bis 155° C
Flammpunkt	$+48°$ C
Verdunstungszahl	80
Brechungsexponent	1,4118

Dieses wertvolle Lösungsmittel zeichnet sich durch hohe Verschnittfähigkeit mit Toluol, Xylol und Benzin besonders aus. Es ist mit Wasser völlig mischbar, neigt wenig zur Hydrolyse und riecht nur schwach. Das Lösungsmittel besitzt für Nitrocellulose, Acetylcellulose, Celluloseäther, speziell für Benzylcellulose, weiter für Chlorkautschuk, Polyvinylester und für fast alle Natur- und synthetischen Harze ein ausgezeichnetes Lösevermögen. Auch sprit- und fettlösliche Farbstoffe und Farbbasen werden gut aufgenommen, so daß Äthyllaktat als Lösungsvermittler für diese geeignet ist. Es wird ihm weiter nachgesagt, daß es besonders guten Verlauf und schönen Glanz ergebe und, auf vegetabilischen Ledern angewandt, das Hochziehen von Gerbstoff und damit die Gefahr von Verfärbungen vermeide. Beim Spritzen in feuchter Atmosphäre verhindert es Wasserschäden und Grauschleier. Die Kollodiumlösungen des Äthyllaktats sind relativ hochviskos, aber nahezu klar.

Die Anwendungsmöglichkeiten für Butyllaktat sind auf dem Ledergebiet, trotz dessen höherer Verschnittfähigkeit, beschränkt, weil es zu hoch siedet.

δ) Glykolderivate.

Die eigentlichen Glykole sind so wenig flüchtig und besitzen nur für alkohollösliche Wollen ein beschränktes Lösevermögen, so daß sie selbst nicht als Lösungsmittel in Frage kommen können. Dagegen haben einige Glykoläther und Glykolätherester wertvolle Lösungsmitteleigenschaften.

Die Glykoläther sind geruchsschwach, völlig neutral und nicht hydrolysierbar; ihr Lösevermögen für Wollen steigt vom Monomethyläther zum Amyläther, um dann wieder abzusinken. Die besonderen Löseeigenschaften dieser Körper sind auf die Vereinigung einer Äther- und Alkoholgruppe zurückzuführen. Diese stark polare Gruppierung ergibt ein bevorzugtes Lösungsvermögen für stark polare Harze, wie z. B. Schellack.

Die Dialkylglykoläther haben keine Bedeutung auf dem Lösungsmittelgebiet gewinnen können.

Methylglykol.

Glykolmonomethyläther hat in der Lederzurichtung keinen Anklang gefunden, da, in höheren Anteilen zugesetzt, infolge seiner Hygroskopizität bei hoher relativer Luftfeuchtigkeit ein Anlaufen des Films eintritt. Das Hauptanwendungsgebiet dieses Körpers liegt bei der Verarbeitung der Acetylcellulose vor.

Äthylglykol.

Kennzahlen für Äthylglykol (Monoäthyläther):

Spezifisches Gewicht (20° C)	0,930 bis 0,934
Siedegrenzen	130 bis 136° C
Flammpunkt	+40° C
Verdunstungszahl	43
Brechungsexponent	1,460

Äthylglykol wird besonders von I. S. Mudd (1), S. 52, für Lederlacke wegen seines geringen Geruchs, seiner weitgehenden Verschneidbarkeit mit Toluol (angeblich bis zum Fünffachen seines Volumens) und wegen seiner günstigen Verdunstungseigenschaften als Mittelsieder besonders empfohlen. Auch die Verschneidbarkeit mit Alkohol, Xylol und im geringeren Maße mit Benzin ist bemerkenswert. Die aus solchen Kombinationen gewonnenen Filme sind sehr klar und gut haftend. Neben Kollodiumwollen werden Celluloseäther, spritlösliche Harze, Kolophonium und Alkydale, nicht jedoch Acetylcellulose und weniger polare Harze gelöst. Da Äthylglykol einmal getrocknete Lackschichten nur langsam anlöst, ist es auch bestens geeignet als mittelsiedender Bestandteil von Tamponierlacken. Äthylglykol vereinigt die Eigenschaften eines Lösungsmittels, Verschnittmittels und Verdünners insofern, als einerseits es eine genügende Lösekraft und Verschneidbarkeit aufweist, anderseits sein Einsatz auch in geringen Anteilen die Viskosität von Lacklösungen beachtlich herabsetzt. Äthylglykol ist eine farblose, fast geruchlose, neutral reagierende, mit Wasser unbeschränkt mischbare Flüssigkeit, deren Handelsware frei von Alkoholen und Wasser sein soll.

Propylglykol.

Kennzahlen für Propylglykol (Glykolmonopropyläther):

Spezifisches Gewicht (20° C)	0,910 bis 0,914
Siedegrenzen	147 bis 153° C
Flammpunkt	+51° C
Verdunstungszahl	68

Dieses Lösungsmittel ist in seinen Eigenschaften und im Löseverhalten dem Äthylglykol weitgehend ähnlich, lediglich werden weniger polare Harze etwas besser gelöst. Auch für Chlorkautschuklacke ist dieser Körper geeignet. Die Viskositäten von Kollodiumlösungen in Propylglykol sind merklich höher als die im Äthylhomologen.

Butylglykol.

Kennzahlen für Butylglykol (Glykolmonobutyläther).

Spezifisches Gewicht (20°)	0,905 bis 0,909
Siedegrenzen	164 bis 176° C
Flammpunkt	60° C
Verdunstungszahl	163
Brechungsexponent	1,4177

Auch dieses Lösungsmittel wird von I. S. Mudd (*1*), S. 53, für Lederlacke als Hochsieder und Verlaufmittel besonders empfohlen. Es zeigt neben guten Löseeigenschaften für Kollodiumwollen, Chlorkautschuk und Celluloseäther gute Kombinierbarkeit mit wenig polaren Harzen, Ölen und Fetten und, im Gegensatz zu den bisher besprochenen Glykoläthern, Mischbarkeit mit Kohlenwasserstoffen.

Glykolester.

Die reinen Glykolester sind zu schwer flüchtig, um größeres Interesse für unsere Zwecke zu bieten. Die Alkylätherglykolester dagegen sind erheblich schwächer polar als die Monoglykoläther, weswegen die Lösefähigkeit für stärker polare Harze herabgemindert, die für schwächer polare Harze verstärkt ist. Im ganzen gesehen, ist jedoch die Bedeutung des Methyl- und Äthylglykolacetats geringer als die der Äther. In diese Reihe gehören auch Lösungsmittel wie Butoxyl, das als Hochsieder Anwendung findet.

Glykolsäurebutylester s. S. 784.

b) Verschnittmittel.

Als Verschnittmittel bezeichnet man organische Flüssigkeiten, die für sich allein keine Lösekraft für das Bindemittel haben, aber in Kombination mit bestimmten Lösungsmitteln deren Lösekraft erhöhen oder in Kombination mit anderen Verschnittmitteln zu lösenden Gemischen werden. Die wichtigste Gruppe der Verschnittmittel auf unserem Gebiete sind die Alkohole.

Methylalkohol (Methanol).

Kennzahlen für Methanol (Methylalkohol techn.):

Spezifisches Gewicht (20° C)	0,716 bis 0,792
Siedegrenzen	64 bis 65° C
Flammpunkt	$+5$ bis 6,5° C
Verdunstungszahl	6,3

Methanol ist im Gegensatz zu den übrigen Alkoholen ein echtes Lösungsmittel für Kollodiumwollen, Äthylcellulose, Schellack, Kolophonium, und viele Kunstharze und Farbstoffe. Das Lösevermögen für Fette, Öle, Fettsäuren usw. ist gering, besonders wenn ein höherer Wassergehalt vorliegt. Wenn auch der günstige Preis dieses Lösungsmittels die Verwendung nahelegt, so verbieten vom technischen Standpunkt aus sein niedriger Siedepunkt und, von der arbeitshygienischen Seite aus gesehen, seine starke Giftigkeit einen erhöhten Einsatz. Wegen dieser Giftigkeit darf Methanol in Spritzlacken nur zu 15%, in Verdünnern nur zu 25% der Gesamtkombination eingesetzt werden (Verordnung über die Verwendung von Methanol in Lacken und Anstrichmitteln vom 6. Aug. 1942. Farbe und Lack 1942, S. 197). Methanol bildet mit einer ganzen Reihe von Lösungsmitteln, Verschnittmitteln und Verdünnern azeotrope Gemische; deren wichtigste sind: Aceton, Methylacetat, Benzol, Toluol, Heptan, Hexan, Cyclohexan und Äthylacetat. Methanol ist eine farblose, bewegliche, schwachriechende Flüssigkeit, die mit Wasser und den meisten organischen Lösungsmitteln mit Ausnahme der Benzine unbeschränkt mischbar ist. Das heutige Handelsprodukt ist praktisch 100%ig rein, es kann mit wenig Aceton verunreinigt sein. Kriterium für die Reinheit eines Produkts ist die vollständige Destillation innerhalb weniger Grade.

Äthylalkohol (Äthanol).

Kennzahlen für Äthanol technisch (Sprit):

        Spezifisches Gewicht (20° C) 0,80042
        Siedepunkt .... 80° C
        Flammpunkt .... 14° C
        Verdunstungszahl 8,3

Äthanol ist das meistverwandte Verschnittmittel. Aus zolltechnischen Gründen (s. Branntweinmonopolgesetz) ist die handelsübliche 96%ige Ware mit 2% Toluol oder Terpentinöl oder Vergällungsholzgeist oder gereinigtem Lösebenzol oder 1% Pyridin oder 0,25% Tieröl vergällt; die beiden letztgenannten Vergällungsmittel machen den Alkohol für Lackzwecke unbrauchbar wegen der das Kollodium abbauenden alkalischen Reaktion dieser Körper. Für Schellackappreturen kann mit Schellackspirituslösung vergällter Alkohol herangezogen werden. Wohl am besten eignet sich für unsere Zwecke toluolvergällter Sprit.

Technischer Alkohol ist eine farblose, bewegliche, charakteristisch riechende und brennend schmeckende Flüssigkeit, die mit Wasser und den üblichen Lösungsmitteln unbeschränkt mischbar ist.

Die wichtigste Prüfung des Äthylalkohols betrifft dessen Wassergehalt mit dem Aräometer bei genau bestimmter Temperatur, da Alkohole mit höherem Wassergehalt sich lacktechnisch erheblich schlechter verhalten, ja unbrauchbar sind. Außer den Vergällungsmitteln können als Verunreinigungen im Alkohol Essigsäure, Ester, Acetaldehyd, Furfurol, Fuselöle, Aceton enthalten sein. Außer freien Säuren können diese Verunreinigungen in geringen Mengen unbedenklich in Kauf genommen werden.

Äthylalkohol bildet mit einer ganzen Reihe von Flüssigkeiten, wie Wasser, Benzol, Toluol, Hexan, Cyclohexan, Äthylacetat, Methyläthylketon und Lackbenzin, azeotrope Gemische; ternäre Gemische bilden sich mit Wasser-Toluol und Wasser-Benzol. Äthylalkohol ist für die esterlöslichen Wollen nicht mehr als echtes Lösungsmittel zu bezeichnen, jedoch zeigt er eine ganz schwache Lösekraft, die sich besonders in Kombination mit echten Lösungsmitteln durch oft merkliche Steigerung des Lösevermögens und der Lösungsgeschwindigkeit des Gemisches auswirkt. Diese Erhöhung der Lösekraft wirkt sich auch so aus, daß die Verschneidbarkeit mit Toluol auf das Zwei- bis Vierfache der Mischung gesteigert wird. Jedoch ist bei all diesen Kombinationen unbedingt ein genügender Anteil an Hochsieder in die Kombination einzuführen. Eine der lacktechnisch wichtigsten Eigenschaften des Alkoholzusatzes ist die oft ganz erhebliche Senkung der Viskosität einer Kollodiumlösung in einem echten Lösungsmittel. Für Spezialzwecke interessiert, daß Alkohol für stark polare Harze, wie Schellack, Harnstoffharze, Glyptale und in Kombination mit Wasser für Polyamide ein guter Löser ist. Eine der merkwürdigsten Eigenschaften des Alkohols ist, daß er in Mischung mit einigen ausgesprochenen Nichtlösern gute Lösungseigenschaften ergibt. Solche nach A. Kraus (1) als „lösende Nichtlösergemische" bezeichnete Kombinationen sind: Alkohol-Äther; Alkohol-aromatische Kohlenwasserstoffe, z. B. Toluol, Benzol; Alkohol-Halogenwasserstoffe. Die erstgenannte Mischung kommt für Lederlacke wegen ihrer zu großen Flüchtigkeit nicht in Frage, jedoch sind Alkohol-Toluol-Gemische auf dem Ledergebiet vielfach in Anwendung. Die dritte Kombination mit Halogenkohlenwasserstoffen hat nach Unterrichtung des Verfassers auf dem Ledergebiet bisher kaum Anwendung gefunden. Nach I. S. Mudd (1) soll der Einsatz von Äthanol für Lederlacke zur Appretierung vegetabilischer Leder den Nachteil aufweisen, Gerbstoffflecken zu unterstreichen, eine Beobachtung, die von dem Verfasser im allgemeinen nicht bestätigt werden konnte.

Propylalkohol (Propanol).

Kennzahlen für Propanole:

	Isopropyl- alkohole	n-Propyl- alkohol
Spezifisches Gewicht (20° C)	0,786 bis 0,796	0,802
Siedepunkt	80 bis 81,5° C	95 bis 97° C
Verdunstungszahl	21	22

Die Propylalkohole sind weniger polar als Äthanol, infolgedessen weisen sie ein verbessertes Lösevermögen für Öle, Harze und Fette auf.

Mit Wasser sind Propylalkohole nicht völlig mischbar. Auf dem Ledergebiet sind diese Verschnittmittel ohne Bedeutung.

Butylalkohol (Butanol).

Kennzahlen für n-Butanol:

Spezifisches Gewicht bei 20° C	0,810 bis 0,814
Siedegrenzen	114 bis 118° C
Flammpunkt	+34° C
Verdunstungszahl	33

Die Butylalkohole liegen in vier isomeren Formen vor, von denen das n-Butanol für Nitrolacke von großer Bedeutung ist. Dieser Körper hat für Kollodiumwollen kein Lösevermögen, jedoch schon ein relativ geringer Zusatz echter Lösungsmittel ergibt eine zusätzliche Löslichkeit durch Butanol. Durch Zusatz dieses Alkohols wird, ähnlich wie durch Äthanol, die Verschnittfähigkeit von Lösern, z. B. mit Aromaten und Benzinen, merklich gesteigert. Besonders wichtig ist jedoch der Einsatz des Butanols als Verlaufmittel. Diese speziell die Gleichmäßigkeit der Filmbildung unterstützende Eigenschaft des Butanols beruht darauf, daß es mit Wasser ein zwischen 70 und 80° siedendes azeotropes Gemisch bildet, daß es infolgedessen Trübungen durch Niederschlagen von Wasser auf dem entstehenden Film verhindert, weiter daß es als Lösungsvermittler für Wasser gegenüber organischen Flüssigkeiten wirkt, gleichzeitig aber infolge seiner längeren Paraffinkette schon emulgatorähnliche Wirkungen auszuüben vermag, indem es die Oberflächenspannung und die Viskosität von Kollodiumlacken herabsetzt. Auch bei Spritlacken ist der Einsatz von Butanol anteilmäßig sehr zu empfehlen.

Butylalkohol ist mit allen Lösungsmitteln völlig, mit Wasser jedoch nur beschränkt mischbar. Weiter ist Butylalkohol ein gutes Lösungsmittel der Harze, Fette und Öle. Butanol ist eine klare Flüssigkeit mit starkem charakteristischem Geruch; es ist leicht giftig.

Andere Alkohole.

Amylalkohole haben heute für Lederlacke praktisch keine technische Bedeutung. Die hydroaromatischen Alkohole, wie z. B. Cyclohexanol und Benzylalkohol, scheiden wegen ihrer schweren Flüchtigkeit aus.

Abschließend zur Betrachtung der Alkohole sei erwähnt, daß ein geringer Wassergehalt der Lösungsmittelkombination sich günstig auswirkt, indem er die Lösegeschwindigkeit steigert, die Viskosität herabsetzt und klarere Lacke ergibt. Diese Erscheinung kann besonders bei Butylacetat, Cyclohexylacetat, Cyclohexanon u. a. beobachtet werden. Die optimalen Anteile weniger Prozent Wasser werden jedoch durch den Wassergehalt technischer Lösemittel automatisch eingeschleppt, so daß sich ein besonderer Zusatz erübrigt; in den letzten Jahren sind auch auf dem Lederdeckfarbengebiet Kollodiumlacke auf den Markt gekommen, welche eine Lösungsmittelkombination enthalten, die höheren Verschnitt mit Wasser zuläßt. Die Wasserverträglichkeit ist an einen entsprechenden niedrigeren Gehalt an Kollodiumwolle und an gewisse Temperaturgrenzen gebunden. Werden diese unterschritten, so erfolgen ein Ausfallen der Deckfarbe, Störungen des Filmverlaufs und Verminderung der Haftfestigkeit.

c) Verdünner.

Die wichtigsten Verdünner, nämlich die aliphatischen und aromatischen Kohlenwasserstoffe, werden in diesem Band, 8. Kap., S. 948, eingehend behandelt, so daß speziell für Kollodiumlacke zu beachtende Gesichtspunkte summarisch zusammengefaßt werden können. Sowohl aliphatische als auch aromatische und hydroaromatische Kohlenwasserstoffe können als Verschnittmittel für unsere Zwecke verwendet werden. Von den Benzinen sind hier vor allem die Fraktionen von 60 bis 120° C interessant, weniger in Frage kommt Testbenzin (130 bis 200 °C) oder Sangajol (130 bis 180° C).

I. S. Mudd (1), S. 56, empfiehlt auch die höhersiedenden Benzinfraktionen. Verfasser möchte von der Verwendung hochsiedender Benzinfraktionen abraten; grundsätzlich muß jedoch bei ihrer Verwendung ein entsprechend großer Hochsiederanteil mit eingesetzt werden. Die Verschneidbarkeit von Nitrolacken mit Benzinen ist wesentlich geringer als mit aromatischen Kohlenwasserstoffen, daher ist es empfehlenswert, Benzine mit aromatischen Kohlenwasserstoffen und Butanol gemeinsam zu verwenden.

Die wichtigsten Verdünner für unsere Zwecke sind ohne Zweifel aromatische Kohlenwasserstoffe, von denen das Toluol das geeignetste ist, nachdem Benzol wegen seiner bedeutenden Giftigkeit in Spritzlacken nicht angewendet werden darf. Aromatische Kohlenwasserstoffe zeigen gegenüber esterlöslichen Wollen ein merkliches Quellvermögen und ergeben gegenüber den Benzinen erheblich höhere Verschnittwerte. Für Toluol beträgt die Verschneidbarkeit von Lösern durchschnittlich das Zwei- bis Dreifache. Vorteilhaft bei der Anwendung von Toluol ist dessen weitgehende Fähigkeit zur Bildung von azeotropen Gemischen mit Lösungsmitteln und Verschnittmitteln. Die Xylole verhalten sich ziemlich analog dem Toluol. Ihr Einsatz muß jedoch infolge ihres höheren Siedepunktes auf geringe Anteile der Gesamtkombination beschränkt bleiben.

Die hydroaromatischen Kohlenwasserstoffe Cyclohexan, Tetralin, Dekalin, liegen in ihrem Verhalten als Verdünner hinsichtlich der Verschnittwerte zwischen den Benzinen und Aromaten. Im Vergleich zu den Aromaten ist ihre praktische Bedeutung auf dem Ledergebiet wesentlich geringer.

D. Weichmachung.

I. Allgemeine Charakteristik der Weichmachung.

Die Deckfarbenschicht auf Leder ist ungewöhnlich hohen Beanspruchungen im Hinblick auf Zug und Abrieb ausgesetzt, so daß die natürliche Dehnbarkeit und Haftfestigkeit des filmbildenden Materials nicht ausreicht. Deshalb wird bei den Lederdeckfarben wie auch bei anderen Anstrichfarben durch Einführung ganz spezieller Substanzen in die Rezeptur der Charakter des Films in Richtung der erwünschten Weichheit, Elastizität und Kältefestigkeit verändert, was mit Weichmachung oder Plastifizierung bezeichnet wird. Unter diesem Sammelbegriff wird eine ganze Reihe von Wirkungen zusammengefaßt, die in ihrem

Wirkungsmechanismus in keinerlei Zusammenhang stehen, aber ähnliche Effekte resultieren lassen. Eines ist aber allen Weichmacherwirkungen gemeinsam: Sie beeinflussen in den meisten Fällen die zwischenmolekularen und zwischenmicellaren Kräfte der hochmolekularen Filmbildner und rufen durch diese Beeinflussung der Nebenvalenzkräfte spezifische und Weichmacherwirkungen hervor. Über den Mechanismus der Weichmachung liegen eine ganze Reihe von Theorien vor, deren Ausführung im vorliegenden Rahmen zu weit führen würde. Daher seien hier im wesentlichen die Wirkungen der Plastifizierung beschrieben, wobei die wässerige Zurichtung und die Zurichtung unter Verwendung organischer Lösungsmittel gesondert betrachtet werden müssen.

Weichmachung wässeriger Deckfarben.

Bei den wässerigen Deckfarben soll durch Weichmacherzusätze neben einer Erhöhung der Dehnbarkeit, der Weichheit und Geschmeidigkeit der Deckschicht vor allem auch eine Verbesserung der Haftfestigkeit erreicht werden. Da eine richtig dosierte Weichmachermenge den Glanzstoßeffekt verbessert, können günstige Wirkungen auf den Glanz eintreten, während Überdosierungen Matteffekte hervorrufen. Selbstverständlich kann durch geeignete Weichmacherauswahl auch der Griff zu größerer Milde beeinflußt werden. Eine wesentliche Eigenschaft der Weichmacher für die wässerige Zurichtung ist ihr Emulgiervermögen für Pigmente und Filmbildner. Diese Emulgierwirkung verbessert die Stabilität und Feinheit der Deckfarbendispersion und erleichtert den streifenfreien Auftrag, z. B. von Grundierungsflotten. Negativ wirkt sie sich allerdings aus in einer Verschlechterung der Reibechtheit und Wasserechtheit der Deckschichten.

Weichmachung organisch löslicher Deckfarben.

Wie sich aus dem unterschiedlichen Filmaufbau der organisch löslichen Deckfarben leicht ableiten läßt, sind hier die Weichmacherwirkungen zum Teil andere als bei wässerigen Deckfarben. Auch hier soll die Dehnbarkeit, Weichheit, Knitterfestigkeit und Elastizität dieser völlig geschlossenen Filme erhöht werden. Die Verbesserung dieser Eigenschaften wird jedoch immer auf Kosten der Reißfestigkeit der Filme erreicht. Daher ist derjenige Weichmacher für organische Lederdeckfarben am geeignetsten, der bei bester Erhaltung der Reißfestigkeit die höchsten Dehnungswerte des Prüffilms ergibt. Es ist für Leder erwünscht, die plastische irreversible Dehnung zu beeinflussen, was bei den für unsere Zwecke nur in Frage kommenden hoch- und mittelviskosen Kollodiumwollen mit wenigen Abweichungen proportional den zugesetzten Weichmachermengen erfolgt. Der Weichmacherzusatz wirkt auch bei diesen Deckfarbensortimenten auf die Haftfestigkeit und Stoßbarkeit stark positiv, und zwar in noch viel höherem Maße, als dies bei den wässerigen Deckfarben der Fall ist. Weiter wird durch geeignete Weichmacherkombinationen der Verlauf und der Glanz des Films deutlich verbessert.

Allgemeine Charakteristik der Weichmacher.

Weichmacher sollen folgende Eigenschaften aufweisen: Sie müssen für das filmbildende Material ein gutes Lösungs- und Geliervermögen besitzen bzw. sie müssen sich so fest in den Film einlagern, daß sie bei Temperaturveränderungen nicht ausschwitzen. Mit den sonstigen Bestandteilen der Rezeptur muß Verträglichkeit gegeben sein. Weiter dürfen sie die verwendeten Farbkörper und Pigmente nicht stark anlösen oder verändern. Sie müssen gegen chemische

Einflüsse, z. B. Säure oder Alkali, genügend beständig sein und dürfen auch bei längerer Einwirkung von heißem Wasser nicht verseifen. Für Weichmacher von Kollodiumfarben ist Unlöslichkeit in Wasser zu fordern, da eine Wasserempfindlichkeit Haftschwierigkeiten, Milchigwerden und Weicherwerden der Deckschicht mit sich bringen kann. Es ist ebenso selbstverständlich, daß die Weichmacher in Berührung mit den in Frage kommenden Bindemitteln auch über längere Zeiträume hinweg sich nicht chemisch verändern oder in ihrer Wirkung abschwächen dürfen, mit einem Wort, sie müssen alterungsfest sein. Die p_H-Reaktion der Weichmacher soll möglichst neutral sein. Entscheidend für den Gebrauchswert ist eine geringe Flüchtigkeit, d. h. der Siedepunkt muß praktisch über 250° C liegen. Trotzdem soll der Weichmacher auch bei tiefen Temperaturen löslich bleiben und sich nicht verfestigen, um die Kältefestigkeit des Deckfilms sicherzustellen. Ein weiteres Kriterium für den Wert eines Weichmachers ist seine Wanderungsfestigkeit. Diese Wanderungsfestigkeit ist konstitutionell durch eine besonders feste Bindung an das Bindemittel oder strukturell durch Diffusionsträgheit großer Molekülkomplexe bedingt. Weichmacher sollen keine Eigenfarbe besitzen, sollen aber auch nicht dazu beitragen, daß das Filmmaterial unter Lichteinfluß vergilbt. Es gibt kaum geruchlose Weichmacher, jedoch soll sich der Geruch in erträglichen Grenzen halten, so daß sich keine Störungen bei der Anwendung der Deckfarbe oder beim Gebrauch des appretierten Leders ergeben. Bei organisch löslichen Deckfarben wird man nicht- oder schwerbrennbare Weichmacher im allgemeinen vorziehen.

Praktische Prüfmerkmale für Weichmacher sind das spezifische Gewicht, der Brechungsindex, die Viskosität und die Siedegrenzen. Abgesehen von den letztaufgeführten vier physikalischen Prüfeigenschaften können alle aufgezählten Qualitätsmerkmale eines Weichmachers nur in praktischen Versuchsreihen zuerst am Filmaufguß und schließlich am zugerichteten Leder selbst festgestellt werden.

Innere und äußere Weichmachung.

Man unterscheidet grundsätzlich zwei Arten von Weichmachung, nämlich die innere und die äußere Weichmachung.

Die sogenannte innere Weichmachung im engeren Sinn erreicht die Plastifizierung des Films, indem das Bindemittel, sei es durch Synthese, sei es durch chemische Veränderung eines Naturprodukts, mit Hauptvalenzbindungen an weichmacherwirksame Atomgruppierungen angeschlossen wird. Der Weichmacher ist in diesem Fall in das Makromolekül selbst eingebaut. Bei der Behandlung der Mischpolymerisation von Vinylverbindungen wurde schon darauf eingegangen, daß durch die Einführung, z. B. von Butadien, langkettigen Acrylsäureestern und Vinyläthern, der Effekt der inneren Weichmachung erreicht werden kann. Im weiteren Sinne kann man von einer inneren Weichmachung auch dann sprechen, wenn durch Mischung einer härtere Filme ergebenden Polymerisatemulsion mit einer solchen, die weichere Filme ergibt, der erwünschte Weichheitsgrad des Mischfilms erreicht wird. Man kann dieses in der Zurichttechnik vielfach geübte Verfahren um so eher der inneren Weichmachung anschließen, als in der Mischpolymerisation in vielen Fällen keine echte alternierende Anordnung der Monomeren im Makromolekül vorliegt, vielmehr verschiedene Polymerisattypen nebeneinander entstehen. Die Wirkung dieser Polymerisatgemische ist praktisch dieselbe, wie sie bei einer echten inneren Weichmachung erreichbar wäre. Der besondere Vorteil der inneren Weichmachung ist der einer höheren Alterungsbeständigkeit. Auch auf dem Gebiet der Kollodiumfarben ist man in den letzten Jahren vielfach dazu übergegangen, durch Zusätze von Weichharzen den Effekt einer inneren Weichmachung anzustreben. Selbstverständlich ist die Kombination weicherer filmbildender Substanzen mit härteren nicht auf das Gebiet der synthetischen Bindemittel beschränkt. Man kann durch Kombination von Casein, Albumin und Schellack mit synthetischem und natürlichem Latex [M. C. Lamb (1)] durchaus Effekte erzielen, die einer Weichmachung gleichzusetzen sind. [A. M. Dunstone, Belg. P. 389394; E. Stern, S. 361; I. H. Swan, A. P. 2025788; R. M. Freydberg, A, P. 2052393; H. P. Steuens und N. Heaton; H. Wagner (3); R. H. Pohl, A. P. 2085602.]

Der „inneren" steht die „äußere" Weichmachung gegenüber, die dadurch gekennzeichnet ist, daß hier nicht durch Veränderung der Konstitution des Makromoleküls der Weichmachungseffekt erzielt wird, sondern durch Einführung eines meist niedrigmolekularen Körpers, durch den die zwischenmicellaren und Nebenvalenzkräfte in dem gewünschten Sinn beeinflußt werden. Die äußere Weichmachung zeigt gegenüber der inneren den Nachteil, daß hier die wirksame Substanz abwandern oder ausschwitzen kann, wodurch ein schlechteres Alterungsverhalten bedingt sein kann. Für die äußere Weichmachung ist der Lösungs- bzw. Quellungszustand des Systems Weichmacher-Bindemittel besonders kennzeichnend, und man unterscheidet daher:

1. nichtgelatinierende Weichmacher,

2. gelatinierende Weichmacher.

Die letzteren unterteilt A. V. Blom (2) weiter in solche, die intermicellar und solche, die intramicellar wirken. Bei der intermicellaren Weichmachung soll die wirksame Substanz an der Oberfläche der Micellen des Bindemittels festgehalten werden, während bei der intramicellaren Weichmachung der Weichmacher in der Micelle gelöst sein soll.

Nichtgelatinierende Weichmacher.

Die nichtgelatinierenden Weichmacher lagern sich in dem Bindemittelfilm relativ grob in Form von kleinen Tröpfchen ein, oder aber sie durchsetzen denselben in Form eines schaum- oder wabenartigen Netzes. Kennzeichnend für diese Art von Weichmachern ist jedenfalls ihr Unvermögen, mit dem Bindemittel in irgendeinen Lösungs- oder Quellungszustand einzutreten, wobei aber bemerkt werden muß, daß diese Eigenschaft selbstverständlich entscheidend von der Temperatur abhängt, bei welcher geprüft wird. So ist bekannt, daß z. B. Kollodiumwollen bei tiefen Temperaturen für Clophen (Farbenfabriken Bayer A. G.) kein Lösevermögen besitzen, während sie bei höheren Temperaturen diesen Körper wie einen gelatinierenden Weichmacher aufzunehmen vermögen. Die plastifizierende Wirkung der nichtgelatinierenden Weichmacher ist eine rein äußere, mechanisch zu verstehende, indem durch die Einlagerung der Filmzusammenhalt gelockert und damit größere Dehnbarkeit und Weichheit erzielt wird. Aus diesem Grunde unterstützen die nichtgelatinierenden Weichmacher meist kaum die Filmbildung. Infolge der nur lockeren Einlagerung der nichtgelatinierenden Weichmacher ist die Gefahr des Ausschwitzens und Abwanderns in hohem Maße gegeben. Diese kann jedoch stark herabgesetzt werden, indem man gelatinierende Weichmacher gleichzeitig mitverwendet. Diese Körper verhindern in noch nicht völlig aufgeklärter Weise, sei es als Lösungsvermittler oder durch Veränderung des Verteilungsgrades, das Abwandern und Ausschwitzen der nichtgelatinierenden Anteile. Für die Farbenfabrikation sind die nichtgelatinierenden Weichmacher oft unentbehrlich für das Anreiben der Pigmente, weil sie infolge ihrer inerten Eigenschaften geeignet sind, in Struktur und Ladung begründete Unterschiede auszugleichen und so zur vermehrten Stabilität des Dispersionssystems beizutragen. Im Gegensatz zu anderen Anstrichgebieten hat diese Körperklasse als Streckmittel auf dem Ledersektor keine Bedeutung. Wesentlich ist jedoch die Tatsache, daß die nichtgelatinierenden Weichmacher als sogenannte Stoßöle das Glanzstoßen entscheidend fördern können. Ebenso spezifisch für das Ledergebiet ist der günstige Einfluß dieser Weichmacherklasse auf die Griffeigenschaften. Die Reibechtheiten werden durch nichtgelatinierende Weichmacher im allgemeinen erheblich weniger verschlechtert, als das bei den gelatinierenden der Fall ist.

Gelatinierende Weichmacher.

Die gelatinierenden Weichmacher bilden mit den Micellen oder Makromolekülen feste Aggregate und tragen somit wesentlich zum Aufbau eines homogenen Films bei. Der plastische Zustand und der kalte Fluß des Bindemittels wird erhöht, kristalline Bereiche zurückgedrängt und der Erweichungspunkt erheblich herabgesetzt. Die Wirkung dieser Weichmachergruppe beruht einerseits auf in ihnen enthaltenen polaren Atomgruppierungen, die mit ebensolchen Gruppen des Bindemittels in nebenvalentige Bindung treten und so die Vernetzung der einzelnen Micellen durch Nebenvalenzkräfte herabsetzen. Anderseits ist der Weichmachermechanismus auch darin begründet, daß die Moleküle des Weichmachers sich zwischen die Kettenmoleküle und Micellen des Bindemittels einlagern und durch eine Art Schmierwirkung das Aneinandervorbeigleiten der Filmelemente ermöglichen. Struktureigentümlichkeiten des Weichmachers können zur Erklärung spezifischer Eigenschaften herangezogen werden: So nimmt man an, daß Kettenstruktur einer Schmierwirkung, also besonders hoher Dehnbarkeit, günstig sei, während die Pyramidenstruktur des Trikresylphosphats Filme größerer Zähigkeit ergibt (E. K. Rideal). Infolge ihres hohen Siedepunkts können gelatinierende Weichmacher auch als nichtverdunstende Lösungsmittel aufgefaßt werden, die das Bindemittel in einer Art Gelzustand halten. Dieser Gelzustand bewirkt, daß die organisch gelösten Bindemittelmicellen sich getrennt in dem Deckfilm ablagern, so daß ein Teil ihrer Nebenvalenzkräfte nicht durch Nachbarketten abgesättigt werden kann, sondern beispielsweise einer Vermehrung der Haftung auf dem Untergrund zugute kommt.

Nicht vergessen werden darf bei der Diskussion der Weichmachung höhermolekularer Körper die weichmachende Wirkung größerer Anteile niedrigmolekularer Polymerhomologer, wie sie entweder durch Abbau von Naturkörpern oder durch stärkere Regelung bei der Polymerisation auftreten. Im letzteren Fall wirken allerdings unverbrauchte Monomere sich filmschädigend aus, weswegen sie durch Entgasen im Luft- oder Stickstoffstrom nach der Polymerisation aus dem entstandenen Latex zu entfernen sind.

II. Weichmacher für die wässerige Zurichtung.

1. Nichtgelatinierende Weichmacher.

Sämtliche Weichmacher für Caseindeckfarben sind in Wasser leicht löslich oder zumindest leicht emulgierbar. Als nichtgelatinierende Weichmacher für Casein, Albumin, Schellacklösungen und Wachsemulsionen werden im wesentlichen sulfonierte Öle eingesetzt. Diese Körper bringen bei Proteinen keine echte Filmbildung, aber sie ergeben eine erhebliche Verbesserung der Haftfestigkeit, machen die Deckschicht weniger spröde, ermöglichen einen streifenfreien Handauftrag, helfen bei der Dispergierung und eventuell bei der Anreibung der Pigmente. Wichtig für den speziellen Anwendungszweck dieser Öle ist, daß die weichmachenden und die emulgierenden Eigenschaften bestmöglich aufeinander abgestimmt sind. Hier ist der Sulfonierungsgrad und die Sulfonierungsmethode ausschlaggebend, was z. B. in einem Patent der ehemaligen I. G. Farbenindustrie A. G. näher beschrieben ist (G. Mauthe und H. Noerr, D. R. P. 652 082). Zu hoch sulfonierte Produkte ergeben schlechte Naßreibechtheiten.

Sulfoniertes Ricinusöl und andere sulfonierte Öle.

Türkischrotöl oder sulfoniertes Ricinusöl ist heute der wohl meistverwendete Weichmacher auf dem Gebiet der wässerigen Deckfarben.

Rohes Ricinusöl wird mit 20%iger konz. Schwefelsäure in einem Rührkessel sehr langsam versetzt, wobei die Temperatur möglichst tief gehalten wird. Nach mehrstündiger Einwirkung wird mit Wasser verdünnt und mit konz. Kochsalzlösung überschüssige Säure ausgewaschen. Das Sulfonat löst sich in der konz. Kochsalzlösung nicht. Das abgetrennte sulfonierte Öl wird mit Ammoniak in das Ammoniumsalz übergeführt und auf die handelsübliche Konzentration von 50% eingestellt. Der p_H-Wert des resultierenden Produktes soll etwa bei 7 liegen, mit Wasser verdünnt soll es auch beim Stehen über Nacht klar gelöst bleiben [H. Hadert (1), T. M. Hickmann, E. P. 308 389, I. S. Melanoff, A. P. 1 857 691, C. W. Richard und H. Dodd]. In ähnlicher Weise können die meisten vegetabilischen und tierischen Öle sulfoniert werden, um als Hilfsmittel für die wässerige Lederzurichtung allein oder in Kombination zu dienen.

An weiteren Sulfonierungsprodukten haben sich vor allem sulfoniertes Klauenöl, aber auch sulfoniertes Sojabohnenöl, Olivenöl und sulfonierter Tran bewährt. Vom letzteren wird allerdings behauptet, daß er beim Altern nachoxydiere und gilbe, leicht Flecken und einen klebrigen Griff ergebe. Zur Verbesserung der Glanzstoßbarkeit, des Griffs und der Wasserfestigkeit werden den sulfonierten Ölen oft größere Anteile des unsulfonierten Rohmaterials untergemischt, um so die Weichmacherkombination fetter einzustellen. Hierzu wird neben Ricinusöl ungekochtes Leinöl, Olivenöl, Rapsöl, Sojaöl, Baumwollöl, kältebeständiges Klauenöl, Spermöl und Erdnußöl angewandt (F. Megil und F. Danzelmajer, A. P. 2 104 264; E. P. 469 754, S. P. Zeldin und R. Ponomarenko). Bei der Anwendung ungesättigter Öle, vor allem von Holzöl, Leinöl und Tranen, ist auf die von Nuance zu Nuance unterschiedliche Oxydierbarkeit und Nachhärtung dieses Ölanteils zu achten. Am besten führt man diese wasserunlöslichen Öle dadurch in die Deckfarbenmischung ein, daß man sie in das sulfonierte Öl einrührt und dann vereinigt in die Deckfarbenflotte gibt. Man kann die unsulfonierten Öle jedoch auch in eine 10%ige Caseinlösung einemulgieren. Eine sehr gute geeignete Form fein emulgierten Leinöls liegt in der sogenannten Leinsamenabkochung vor, allerdings ist der Leinölanteil in diesen Verdickungsmitteln gering.

Von der Praxis wird vielfach Seife als Weichmacher und emulgierende Komponente in der Grundierung vorgeschlagen. Verfasser möchte diesem Vorschlag nicht folgen, da schlechte Naßreibechtheiten und Neigung zu Grauschimmer resultieren können. Auch über den Einsatz geringer Anteile von Mineralöl, Paraffinöl, Weißöl und Spindelöl in der Weichmacherkombination sind die Meinungen geteilt. Manche loben die ausgezeichnete Stoßbarkeit schwer stoßbarer Leder, z. B. von Schafnarbenspalten. Weiter wird dem Einsatz von Mineralöl eine günstige Wirkung auf den Griff, die Wasserechtheit und die Brillanz der Nuance nachgesagt. Für viele Lederarten sind solche Zusätze aber ungeeignet, da sie ein Abblättern und Abrußen der Deckschicht oder ein fleckiges Ausschwitzen des sich nicht abbindenden Mineralöls verursachen können. Sollte man sich für den Einsatz dieser Hilfsmittel entschließen, so ist eine ganz niedrige Dosierung oder aber ein Abölen mit einem durchtränkten Wollappen empfehlenswert.

Polyglykoläther.

Von einigen Deckfarbenherstellern werden als Stoßöle Polyglykoläther angedient, die den Griff und die Stoßbarkeit günstig beeinflussen. Man muß sich aber beim Einsatz dieser Körper immer vor Augen halten, daß diese nicht als Weichmacher wirken und Weichmacher auch nicht ersetzen können; sie werden daher nur anteilig in üblichen Weichmacherkombinationen verwendet.

Es muß hier erwähnt werden, daß auch verseifte Wachsemulsionen eine gewisse weichmachende Wirkung auf den wässerigen Deckfarbenfilm auszuüben vermögen. So werden die Emulsionen von Ceresin, Bienenwachs, Japanwachs (W. B. Allen, A.P. 1718986) für die Weichmachung von Caseinfarben empfohlen; ein Überschuß an Wachsen ergibt jedoch Quellbarkeit, schlechte Naßreibechtheit und mäßige Haftfestigkeit des Deckfilms. Eine Überdosierung kann sich bei dunklen Nuancen auch zu einem Grauschimmer auswirken.

Interessante Körper, auch auf dem Gebiet der wässerigen Lederdeckfarben, sind die Lecithine (G. Merz und F. Wagner), die ebenfalls gleichzeitig weichmachend und als Trägerkolloid wirken. Jedoch ist auch für sie eine niedrige Dosierung anzuwenden. E.P. 383238 (1933) empfiehlt für wässerige Deckfarben Wollfett. Verfasser möchte von dem Einsatz dieses Körpers unbedingt abraten, da es erfahrungsgemäß die Haftfestigkeit außerordentlich ungünstig beeinflußt.

Abschließend muß noch darauf hingewiesen werden, daß eine ganze Reihe handelsüblicher Emulgatoren, aber auch Fettlicker, auf Casein eine mehr oder weniger stark weichmachende Wirkung ausüben. Im allgemeinen stört aber bei diesen Körpern ihr außerordentlich starkes Netzvermögen und die dadurch verursachte Verschlechterung der Naßreibechtheit. Trotzdem werden sie vielfach in Grundierungen, besonders bei der Schleifboxzurichtung, in geringen Mengen angewandt. Man sagt diesem Einsatz neben einer Verbesserung des Auftrages und Verlaufs des Grundierungsfilms eine erhebliche Verbesserung des Narbenbruchs geschliffener Leder nach.

2. Gelatinierende Weichmacher.

Die bisher besprochenen Weichmacher zeigen für Proteine keine filmbildenden Eigenschaften. Man kann dies in einfacher Weise durch einen Filmaufguß einer 10%igen Caseinlösung feststellen, die mit den bisher beschriebenen Weichmachertypen zu etwa 10% versetzt wurde. Es gelingt in keinem Fall, diese Filme im ganzen von der Unterlage abzuziehen. Ganz anders verhalten sich die nun zu besprechenden Körper, die für Casein ein mehr oder weniger stark ausgeprägtes Filmbildungsvermögen zeigen:

Man kann den Film unverletzt z. B. von einer Quecksilberunterlage als Ganzes abheben. Der Wirkungsmechanismus dieser Weichmacher beruht im wesentlichen darauf, daß sie infolge einer mehr oder weniger stark ausgeprägten Hygroskopizität einen gewissen Wasserspiegel in dem Film aufrecht erhalten. Wasser ist für Casein, Gelatine und Albumin stark plastifizierend. Im Falle der Gelatine wurde durch Infrarotabsorption festgestellt, daß etwa 6% des eingelagerten Wassers besonders fest durch Wasserstoffbrückenbindung intramicellar eingelagert ist. Der Anteil zwischen 6 und 21% ist lockerer in den Zwischenräumen der gequollenen Micellen gebunden. Ist über 21% Wasser in der Gelatine enthalten, so wandelt sich deren Struktur zu einem schwamm- oder schaumartigen, stark solvatisierten Hydrogel. Man geht sicher nicht fehl, wenn man diese Feststellung im Prinzip auch auf die anderen uns interessierenden Proteine überträgt. Überläßt man ein gequollenes Caseinat bei einer bestimmten Luftfeuchtigkeit und Temperatur sich selbst, so stellt sich ein Gleichgewichtszustand ein. Es ist bemerkenswert, daß höhere Alkalität höhere Wasserabsorption unter sonst gleichen Bedingungen ergibt. Wesentlich sind auch die zur Caseinatbildung angewandten Ionen für das Feuchtigkeitsgleichgewicht: So hält Natriumcaseinat mehr Wasser zurück als Calciumcaseinat unter sonst gleichen Bedingungen.

Glycerin.

Seit langem wird Glycerin [A. C. Bryson; O. Wieber; M. C. Lamb und R. Denyer; M. C. Lamb (*1*)] für die Weichmachung von Caseinfarben eingesetzt. Es wird besonders wegen der erheblichen Verbesserung der Haftfestigkeit für Lederdeckfarben geschätzt. Seine Dosierung sollte sich maximal bei etwa 10 bis 15% der Gesamtweichmachermenge bewegen. Zu hohe Dosierung mindert infolge der starken Hygroskopizität dieses Polyalkohols erheblich den Glanz, die Stoßbarkeit und die Wasserfestigkeit der Zurichtung [W. Vogel (*3*)]. Bei der Anwendung von Glycerin muß weiter beachtet werden, daß es im Laufe der Zeit eine unlösliche Verbindung mit dem Schellack eingeht. In den letzten Jahren ist man in der praktischen Zurichtung von dem Einsatz des Glycerins zugunsten von weniger zum Abwandern ins Leder neigenden Körpern abgekommen. Für unsere Zwecke genügt die einfach destillierte gelbliche Handelsware von 26° Bé. Für lithoponehaltige Deckfarben wird statt Glycerin Glykol empfohlen, da dieses die Lichtechtheit nicht wie Glycerin negativ beeinflußt.

Glukose, Melasse und Abbauprodukte der Stärke werden in Lederdeckfarben wegen ihrer hohen Wasserlöslichkeit und dadurch bedingten Verschlechterung der Naßreibechtheit nur wenig als Weichmacher angewandt, wenn sie auch in englischen Veröffentlichungen empfohlen werden (A. C. Bryson).

Als Weichmacher für Caseinfarben kann Sorbit empfohlen werden. Dieser Körper ist ein Zuckeralkohol und wurde früher aus Vogelbeeren gewonnen. Heute wird er großindustriell hergestellt. Überhaupt kann man höhere Zuckeralkohole, die als Hexite bezeichnet werden, für die Weichmachung von Caseinfarben als recht geeignet bezeichnen. Ein synthetischer höherer Alkohol soll nach O. Jordan das Weichmachungsmittel 9 sein. Die klare, schwach bräunlich gefärbte Flüssigkeit ist in Wasser, Alkohol, Glykoläthern und vielen Estern, nicht dagegen in Kohlenwasserstoffen, Aromaten und chlorierten Aliphaten löslich. Weichmachungsmittel 9 ist geeignet für Gelatine und Schellack. Für letzteren wird ein Einsatz von etwa 10% empfohlen. Bemerkenswerterweise besitzt Weichmachungsmittel 9 auch für Kollodiumwollen eine gute plastifizierende Wirkung, jedoch ist es für Kollodiumlacke wegen seiner Wasserlöslichkeit nicht brauchbar.

Abschließend sei darauf hingewiesen, daß die Lösung bzw. Anverseifung von Casein mit organischen Basen, wie z. B. Morpholin oder Triäthanolamin, Filme sehr guter Weichheit und Elastizität ergibt, so daß derartige Aufschlüsse anteilig zur Weichmachung mitverwendet werden können. Leider sind derartige Aufschlüsse als Film sehr wenig wasserecht, was den Einsatz dieser organischen Basen stark beschränkt. Besonders günstig kombiniert sich Schellack mit Triäthanolamin. Dieses an sich recht spröde Glanzmittel ergibt mit diesem Aufschlußmittel glänzende, weiche und haftfeste Filme, die allerdings eine stark reduzierte Wasserechtheit aufweisen.

III. Weichmacher für organisch lösliche Deckfarben.

Die Weichmacherwirkung wurde schon bei der Besprechung der wässerigen Deckfarben beschrieben; diese Überlegungen gelten natürlich auch für das Gebiet der organisch löslichen Deckfarben, wobei immer zu beachten ist, daß hier ein geschlossener echter Film vorliegt. Die wichtigsten Eigenschaften der Weichmacher für organisch lösliche Deckfarben sollen noch einmal kurz zusammengefaßt werden: Diese Weichmacher erhöhen die Dehnbarkeit und Geschmeidigkeit der Filme, erniedrigen aber ihre Reißfestigkeit. Der beste Weichmacher ist derjenige, der die Dehnbarkeit am meisten erhöht und die Reißfestigkeit am wenigsten erniedrigt. Die beste Dosierung für jeden einzelnen Weichmacher ist diejenige, bei der dieses Verhältnis Dehnbarkeit : Reißfestigkeit optimal ist, vorausgesetzt, daß die Dehnbarkeit die Forderungen des Verwendungszweckes erreicht. Diese erhöhte Verformbarkeit der Filme dient auch zur vergleichenden Prüfung von Weichmachern, wobei selbstverständlich ist, daß die Alterungsbeständigkeit ausschlaggebend zur Beurteilung beiträgt.

1. Allgemeine Eigenschaften.

Nach A. Kraus (*10*) sind folgende Eigenschaften von einem Weichmacher unbedingt zu fordern:

gute Löslichkeit;
gute Verträglichkeit mit Kollodiumwolle im Lackansatz und im Lackfilm;
neutrales Verhalten;
chemische Beständigkeit;
kräftige, geschmeidigmachende Wirkung;
geringe Flüchtigkeit;
gute Netzbarkeit und Vermahlbarkeit mit Pigmenten.

Wünschenswert sind folgende Eigenschaften:

Lösevermögen für Nitrocellulose;
Lichtbeständigkeit (geringes Vergilben);
Wasserfestigkeit;
Geruchlosigkeit;
Farblosigkeit;
Wärmebeständigkeit;
Laugefestigkeit;
Lösungsmittelbeständigkeit;
Verringerung der Brennbarkeit;
Wetterfestigkeit.

Diese Eigenschaften können im praktischen Versuch beim Filmaufguß festgestellt werden durch genaue Beobachtung des Auftrocknens, durch mechanische Prüfung auf dem Schopperapparat und Alterung des Films. Bei der letzten Prüfung, die man durch Beobachtung des Verhaltens während längerer Zeiträume bei erhöhter Temperatur feststellt, wird man besondere Aufmerksamkeit der Flüchtigkeit des Weichmachers widmen, indem man gegen eine Leerprobe die Gewichtsabnahme des Films ermittelt. Es sei hier schon vorweggenommen, daß Ricinusöl, Trikresylphosphat und Butylstearat eine bemerkenswert niedrige Flüchtigkeit besitzen, während Campher stark flüchtig ist.

Spezielle Forderungen des Ledergebietes an organisch lösliche Weichmacher.

Ebenso wie bei den wässerigen Weichmachern unterscheidet man auch hier gelatinierende und nichtgelatinierende. Jedoch ist hier der Übergang ein allmählicher und meist von der Temperatur abhängig. Ein zu hohes Löse-

und Gelatiniervermögen des Weichmachers ist auf dem Lederdeckfarbengebiet
durchaus nicht erwünscht, da dadurch eine nicht tragbare Klebrigkeit schon bei
relativ niedrigen Zusätzen resultiert. Man muß sich aber auf dem Ledergebiet
auf eine kräftige Dosierung des Weichmachers einstellen, da ein Teil desselben
zwangsläufig in die saugfähige Unterlage abwandert. Auf der anderen Seite ist
die Bindung von nichtgelatinierenden Weichmachern an das Bindemittel oft
ungenügend. Um diese Schwierigkeiten zu überwinden, werden gelatinierende
und nichtgelatinierende Weichmacher vorteilhaft kombiniert, wobei der gelatinierende Weichmacher sozusagen als Lösungsvermittler und Stabilisator wirkt.
Auf dem Ledergebiet hat sich die Kombination von 1 Teil gelatinierendem
Weichmacher mit 3 bis 4 Teilen nichtgelatinierenden in vielen Fällen bewährt.

Dosierung.

Normalerweise wird bei Lederlacken 80 bis 100% Weichmacher, bezogen
auf den Gehalt an Kollodiumwolle, eingesetzt, bei gewissen Pigmenten unter
Umständen sogar mehr. Der Zusatz von Pigmenten ergibt darüber hinaus
einen zusätzlichen Weichmacherbedarf über die oben angegebenen Mengen von
etwa 20 bis 30%. Besonders bei Leder ist der Fetthunger des Untergrundes
von entscheidender Bedeutung, so daß es unmöglich ist, den Weichmacherbedarf
bei der Fabrikation der Deckfarbe sicher abzuschätzen. Darum ist es üblich,
daß der Verbraucher fertig gelieferter Lederdeckfarben nach Vorversuchen auf
dem vorliegenden Material noch zusätzliche Weichmachermengen in die Rezeptur
einführt.

Einfluß auf den Film.

Je höher die lösende bzw. gelatinierende Wirkung eines Weichmachers ist,
desto besser ist die Dehnbarkeit, Knitterfestigkeit und Geschmeidigkeit, und
desto geringer ist die Härte, die Reibechtheit des Kollodiumfilms. Durch den
Weichmacher wird die Haftfestigkeit gesteigert, in gewissem Umfang auch der
Körpergehalt eines Lackes. In extremen Fällen kann aus diesem Grund beim
Abwandern des Weichmachers eine starke Runzelung der Lackoberfläche, hervorgerufen durch Schrumpfung des Films, eintreten. Völlig weichmacherfreie Filme
gewinnen durch Zusatz von Weichmacher an Glanz. Bei der hohen Weichmacherdosierung in Lederlacken ist das Optimum der Glanzbildung jedoch meist
schon überschritten, darum verursacht Weichmacherzusatz bei verbrauchs-
fertig bezogenen Lederlacken eine Verminderung des Glanzes. Besonders
nichtgelatinierende Weichmacher geben bei zu hoher Dosierung Anlaß zu
Trübungen, eine zu starke Klebrigkeit ist bei dieser Gruppe weniger zu
befürchten. Nach A. Kraus (10) sollen Butylstearat und Butyloleat durch
ihre das Glanzstoßen fördernde Wirkung zu einer optimalen Glanzbildung
bei Lederlacken beitragen.

Weichmacher und Lichteinwirkung.

Die Lichteinwirkung auf Kollodiumfilme wird durch Weichmacher sehr verschieden beeinflußt. Eine ganze Reihe guter Weichmacher neigt leider stark
zum Vergilben, z. B. die phenolischen Ester der Phosphorsäure. Andere sind
lichtbeständiger, der Film versprödet aber bei Belichtung. Hierher gehören
vor allem die aliphatischen und hydroaromatischen Ester der Phosphorsäure,
Adipinsäureester, Ricinusöl und Butylstearat. Relativ günstig in beiden
Richtungen verhält sich Dibutylphthalat.

Weichmacher und Wärme.

Nichtgelatinierende Weichmacher schwitzen leicht durch Wärme aus. Eine Kombination gelatinierender und nichtgelatinierender Weichmacher verhält sich gerade in dieser Hinsicht günstiger. Längere Wärmeeinwirkung kann ein Vergilben von mit Trikresylphosphat oder Ricinusöl weichgemachten Filmen bewirken. Auch in dieser Hinsicht verhalten sich die aliphatischen Phthalate günstig. Dagegen schützen Trikresylphosphat, Adipinsäureester und Butylstearat Kollodiumfilme gegen ein Verspröden sehr gut, während z. B. Ricinusöl in dieser Richtung nicht vollwertig ist. Nach A. Kraus (1) soll Dilaurylphthalat gegen Wärmeeinwirkung besonders stabilisieren.

Weichmacher und Kälte.

Will man besonders kältefeste Kollodiumfilme erzielen [A. Kraus (11)], so wird Butylstearat und Trichloräthylphosphat empfohlen. Besonders bei Kaltlackleder ist die Kältefestigkeit infolge des erheblich dickeren Films ein Gesichtspunkt, der in der Rezeptur unbedingt berücksichtigt werden muß.

Wegen ihres guten Kälteverhaltens sind folgende Weichmacher besonders zu beachten:

Phthalsäureester aliphatischer Alkohole, z. B. Palatinol HS, Dilaurylphthalat, Butyloleat, Desavin, Weichmacher ED 40, Ester hochmolekularer Alkohole, wie Weichmacher ED 140 und Weichmacher EDL 42, Weichmachungsmittel NMA — ein aromatisches Sulfamid. Auf jeden Fall auszuschließen für diesen speziellen Zweck sind Palatinol O, Trikresylphosphat, Sipalin MOM, Albanol, Weichmacher ED 15 u. a.

Weichmacher und Wasser.

Unter Wasserbeständigkeit eines Kollodiumfilms sei die Festigkeit gegen Trübung und Weißwerden und eine nur geringe Wasseraufnahme durch Quellung verstanden. Auf dem Ledergebiet ist je nach dem Verwendungszweck der Leder oft eine geringe Wasseraufnahme erwünscht, in anderen Fällen wird jedoch eine reversible Aufnahme und Abgabe angestrebt. In ungealtertem Zustand sind folgende Weichmacher besonders unempfindlich und besonders wenig quellbar gegen Wasser:

Palatinol HS, Dikosol, Palatinol BB, Butylstearat, Butyloleat, Solvoplast, Ricinusöl, Kasterol, Ricol 242, REA, REA spezial, Diacetin H, Weichmacher ED 40, ED 140, ED 242, ED 356, Mesamol TOK, TX, TZ.

Besonders die Quellbarkeit steigernd verhalten sich folgende Körper:

Glykolsäureester, wie ABG, Albanol, acetylierte Polyglyceride, wie Glyacol, Weichmachungsmittel 9.

Die Wasserbeständigkeit bleibt beim Altern durchaus nicht konstant, vielmehr tritt bei einigen Weichmachern ein deutlich feststellbarer Abfall auf, z. B. bei Palatinol HS, M, Dibutylphthalat, Cetamol Q und Trikresylphosphat.

Weichmacherwirkung und Konstitution.

Aus der bisherigen Zusammenfassung der Weichmacher auf Grund ihrer lacktechnischen Eigenschaften läßt sich erkennen, daß gewisse Gesetzmäßigkeiten sich in Beziehung zur Konstitution in vielen Fällen andeuten [A. Kraus (10)]. Man kann annehmen, daß Körper mit aliphatischen Konstitutionsbestandteilen gute Dehnbarkeit bringen, eine Dehnbarkeit, die allerdings oft nicht alterungsbeständig ist, selbst wenn eine Abwanderung ins Leder möglichst ausgeschlossen ist. Weichmacher aliphatischer Konstitution werden weiter beim Belichten ein nur geringes Vergilben und zum Teil eine gute Kältebeständigkeit aufweisen; aromatische Reste dagegen erhöhen die mechanische Widerstandsfähigkeit und Alterungsfestigkeit des Films bei Verringerung der Dehnbarkeit und Kältebeständigkeit und erhöhter Vergilbungsgefahr. Hydroaromaten verhalten sich besonders im Hinblick auf die Vergilbung optimal, während sie sich im Hinblick auf die Erhöhung der Dehnbarkeit und der Kältefestigkeit nur auf einer mittleren Linie zu halten vermögen.

H. Gnamm (1), teilt die Weichmachungsmittel in folgende Gruppen ein, die auch unserer Einzelbetrachtung zugrunde gelegt sei:

1. Phosphorsäureester;
2. Phthalsäureester;
3. Ester der Essigsäure, Adipinsäure, Oxalsäure, Benzoesäure, Weinsäure, Sulfonsäure und Borsäure;
4. Fettsäureester;
5. Alkohole, Äther, Ketone;
6. stickstoffhaltige Weichmachungsmittel;
7. natürliche fette Öle.

2. Spezielle Weichmacher.

a) Phosphorsäureester.

Trikresylphosphat.

Kennzahlen[1]:

```
Dichte (20° C)............ 1,172 bis 1,179
Siedegrenzen ............. 275 bis 280° C (20 mm)
Flammpunkt .............. 245 bis 280° C
Verseifungszahl .......... 456
```

Dieser Weichmacher ist einer der wichtigsten und ältesten auf dem Ledergebiet. Er ist für Kollodiumwolle ein gelatinierender Weichmacher von mittlerem Lösevermögen, ist jedoch auch mit Celluloseäthern, Chlorkautschuk, Acronalen, Perbunan- und Mowilithtypen kombinierbar. Als Weichmacher entfaltet Trikresylphosphat seine gute Wirkung unter Erhaltung guter Festigkeit und Zähigkeit des Films. Seine geringe Flüchtigkeit trägt entscheidend zu dem guten Alterungsverhalten bei. Nachteile dieses Weichmachers sind vor allem die starke Neigung zum Vergilben, welche die Verwendung für Weiß- und Pastellnuancen ausschließt, seine geringe Kältebeständigkeit und seine Empfindlichkeit gegen Ultraviolettlicht. Zudem ist der Weichmacher giftig, was — nicht unwidersprochen (vgl. W. Neumann und D. Henschler) — der Anwesenheit geringer Mengen o-Trikresylphosphats zugeschrieben wird. Eine einfache Methode zur Feststellung dieses giftigen Nebenbestandteiles gibt G. Wurzschmitt. Trikresylphosphat ist in Wasser unlöslich und mischt sich mit den gebräuchlichen organischen Lösungsmitteln; es ist ein schwach bläulich fluoreszierendes, geruchloses, nicht brennbares Öl neutraler Reaktion. Um Mißbrauch und Verwechslung auszuschließen, bestimmt eine Polizeiverordnung seit 1943 den Zusatz von mindestens 0,012% Zaponechtblau BC. Trikresylphosphat soll keine freie Phosphorsäure und kein Kresol enthalten. Auf dem Ledergebiet wird der Weichmacher in Kollodiumlacken mit Ricinusöl in einem Verhältnis 1:3 bis 1:5 gemischt angewandt.

---

[1] Alle Kennzahlen entsprechen den Angaben in H. Gnamm (1).

Triphenylphosphat.

Kennzahlen:

Spezifisches Gewicht
(geschmolzene und erstarrte Ware) 1,185
(kristallisierte Ware) 0,6
Siedepunkt .... 260° C bei 20 mm
Flammpunkt .... 235° C
Erstarrungspunkt .... 48,4 bis 49° C

Dieser feste Phosphorsäureester ist trotz guter Eigenschaften von dem
flüssigen Trikresylphosphat weitgehend verdrängt worden. In seinen weichmachenden Eigenschaften besteht Verwandtschaft mit Trikresylphosphat, jedoch
ist die Wärmefestigkeit etwas schlechter. Dafür ist dieser Weichmacher dem
Kresylderivat in der Kältefestigkeit deutlich überlegen. Die Neigung zum Vergilben und die Empfindlichkeit gegen Ultraviolettlicht ist beiden Weichmachern
gemeinsam. Im Gegensatz zum Trikresylphosphat besteht eine gewisse Verträglichkeit mit Acetylcellulose. Triphenylphosphat ist ein weißes bis schwach
gelbliches Kristallpulver, das in fast allen organischen Lösungsmitteln, außer
Benzin und Kohlenwasserstoffen, gut löslich, unlöslich dagegen in Wasser ist.
Auf dem Ledergebiet ist Triphenylphosphat kaum in Anwendung.

Tributylphosphat.

Kennzahlen:

Dichte (20° C) 0,979
Siedepunkt .... 180° C (20 mm)
Flammpunkt .... 160° C

Dieser wertvolle Weichmacher besitzt ausgezeichnetes Gelatiniervermögen
und hervorragende weichmachende Wirkung für Kollodiumwolle, ist jedoch
auch mit Chlorkautschuk, Mowilith, Polyacrylsäureester, Perbunantypen,
Acetylcellulose, Celluloseäthern und Polystyrol kombinierbar. Hervorzuheben
ist im Gegensatz zu den aromatischen Phosphorsäureestern eine ausgezeichnete
Lichtbeständigkeit und eine beachtliche Kältebeständigkeit. Im Vergleich zu
den Trikresylphosphaten ist das Wärmeverhalten weniger gut. Negativ ist weiter
zu bewerten, daß Tributylphosphat die Wasserquellbarkeit von Kollodiumfilmen steigert. Auch ist die Flüchtigkeit und Abwanderungstendenz gegenüber
den aromatischen Phosphaten erhöht, was die Ursache einer geringeren Alterungsbeständigkeit ist. Dieser Weichmacher ist mit den meisten organischen Lösungsmitteln mischbar. Er ist eine wasserhelle, wasserunlösliche, kaum brennbare,
fast geruchlose Flüssigkeit. Auf dem Ledersektor ist dieser Weichmacher nur in
Kombination mit anderen gelatinierenden Weichmachern zur Einstellung von
licht- und kältebeständigen Kollodiumlacken verwendbar. Mit Ricinusöl ist ein
Verschnitt bis zum Verhältnis 1 : 3 möglich.

In seinen Eigenschaften dem Tributylphosphat nahe verwandt ist das Triisobutyl-
phosphat. Auch Trihexylphosphat ist dem Tributylphosphat im Hinblick auf Lichtechtheit und Kältebeständigkeit ähnlich, jedoch ist sein Lösevermögen gegenüber
Kollodiumwollen erheblich geringer. Dieser Weichmacher soll elastischere und angeblich alterungsbeständigere Filme ergeben als die Butylderivate. Neuerdings hat
ein Mischester, Triäthylhexylphosphat, in den Vereinigten Staaten von Amerika
für Kollodiumwolle und Äthylcellulose einige Beachtung gefunden.

Trichloräthylphosphat.

Kennzahlen:

Dichte (20° C) .... 1,425 bis 1,429
Siedegrenzen .... 210 bis 220° C (20 mm)
Flammpunkt .... 230° C

Trichloräthylphosphat ist unter der Bezeichnung Cetamol Q bekannt geworden. Es besitzt für Kollodiumwolle ein ausgezeichnetes Lösevermögen und ist auch mit Acetylcellulose, Celluloseäther, Chlorkautschuk und zahlreichen Polymerisaten kombinierbar. Es ist besonders ausgezeichnet durch die hohe Geschmeidigkeit und Dehnbarkeit sowie die gute Kälte- und Lichtbeständigkeit, die es den Filmen verleiht. Nachteilig ist die geringe Wasser- und Wärmebeständigkeit. Cetamol Q ist unlöslich in Wasser und Benzinen, löslich in den meisten gebräuchlichen organischen Lösungsmitteln. Rein äußerlich ist es eine farblose, klare Flüssigkeit, die vorteilhaft mit weniger gelatinierenden Weichmachern in Kombination angewandt wird.

b) Phthalsäureester.

Die Phthalsäureester sind mit die meistverwendeten Weichmacher in organisch löslichen Lederdeckfarben. Sie werden entweder unter ihrer chemischen Bezeichnung oder unter der Markenbezeichnung Palatinol angegeben.

Diäthylphthalat (Palatinol A).

Kennzahlen:

```
Dichte (20° C)............ 1,118
Siedegrenzen ............. 172 bis 174° C (20 mm)
Flammpunkt ............. 140° C
```

Wegen seiner relativ hohen Flüchtigkeit ist die Bedeutung dieses Weichmachers in den letzten Jahren zugunsten der Phthalate höheren Molekulargewichts zurückgegangen. Diäthylphthalat besitzt für Nitrocellulose ein ausgezeichnetes Geliervermögen und kann auch mit den übrigen Celluloseestern und Äthern, Chlorkautschuk, den verschiedensten Polymerisaten und natürlichem Latex kombiniert werden. Die Lichtbeständigkeit ist gut, jedoch das Alterungsverhalten nicht völlig befriedigend. Der Weichmacher löst sich in den meisten organischen Lösungsmitteln. Die farblose, ölige Flüssigkeit soll keine freie Säure enthalten. Vorteilhaft wird dieser Weichmacher für Lederlacke mit Ricinusöl und Campher kombiniert.

Dimethylphthalat (Palatinol M) stimmt sowohl im äußeren Aspekt als auch in den Eigenschaften weitgehend mit Palatinol A überein. Die Hauptanwendung dieses Weichmachers ist weniger für Nitrolacke als vielmehr für Acetylcellulose und Naturkautschuk.

Dibutylphthalat (Palatinol C).

Kennzahlen:

```
Dichte (20° C)............ 1,049
Siedegrenzen ............. 205 bis 210° C (20 mm)
Flammpunkt ............. 160° C
Brechungsexponent ....... 1,484 bis 1,493
Verseifungszahl .......... 405
Farbzahl (mg Jod) ....... 2 bis 4
```

Dibutylphthalat ist der wichtigste gelatinierende Weichmacher auf dem Ledergebiet, ein Weichmacher, der sich nicht durch hochgezüchtete Spezialeigenschaften, sondern durch ein gutes Durchschnittsverhalten auszeichnet. Das Gelatiniervermögen für Nitrocellulose ist nicht so stark wie bei den bisher besprochenen homologen Phthalaten; Dibutylphthalat ist auch gut geeignet zur Kombination mit Celluloseäthern, Chlorkautschuk, Acronalen und Perbunan-Typen. Nicht geeignet ist dieser Weichmacher für Acetylcellulose. Die Beeinflussung der Dehnbarkeit, Knitterfestigkeit, Geschmeidigkeit, der Kälte-,

Alterungs- und Lichtbeständigkeit ist gut, etwas Not leidet die Festigkeit gegen Wärme. Besonders empfiehlt sich die Verwendung von Dibutylphthalat, weil bei guter Weichmacherwirkung die Härte und die Zähigkeit des Films relativ gut erhalten bleibt. Palatinol C mischt sich mit allen gebräuchlichen organischen Lösungs- und Verdünnungsmitteln, ist aber in Wasser unlöslich. Das farb- und geruchlose Öl soll keine freien Säuren und keinen Alkohol enthalten. Auf dem Ledergebiet hat sich die Kombination von 1 Teil Dibutylphthalat und 3 bis 4 Teilen Ricinusöl gut als Weichmachergemisch bewährt.

Benzylbutylphthalat (Palatinol BB).

Kennzahlen:

```
Dichte (20° C)............ 1,10
Siedegrenzen ............. 215 bis 250° C (20 mm)
Flammpunkt ............. 180° C
```

Benzylbutylphthalat stimmt in den wesentlichen Eigenschaften weitgehend mit dem Dibutylphthalat überein, ist aber merklich weniger lichtecht.

Demgegenüber soll die Alterungsfestigkeit des Benzylbutylphthalats etwas besser sein. Die Anwendungsgebiete und die Kombinierbarkeit mit Kunststoffen, Harzen und Lösungsmitteln sind weitgehend übereinstimmend. Das im äußeren Aspekt goldgelbe Öl findet im Verhältnis 1 : 3 bis 1 : 4 mit Ricinusöl kombiniert auf dem Ledersektor für dunkle Nuancen Anwendung.

Diamylphthalat.

Kennzahlen:

```
Dichte (20° C)............ 1,025 bis 1,027
Siedegrenzen ............. 340 bis 345° C (20 mm)
Flammpunkt ............. zirka 170° C
```

Diamylphthalat zeichnet sich gegenüber dem Dibutylphthalat durch eine etwas geringere Flüchtigkeit und damit etwas größere Alterungsbeständigkeit aus. Die Lichtechtheit, die Kältefestigkeit, das Gelatiniervermögen gegenüber Kollodiumwollen, die Elastizität und Dehnbarkeit der weichgemachten Filme ist befriedigend. Der Weichmacher ist auch für Acetylcellulose geeignet und mit den gebräuchlichsten Lösungs- und Verschnittmitteln mischbar. Das geruchlose Öl soll wasserhell sein. Der Weichmacher ist geeignet, Palatinol C in den oben angegebenen Kombinationen mit Ricinusöl in Lederlacken zu ersetzen.

Phthalsäureester höherer Alkohole (Palatinol HS).

Kennzahlen:

```
Dichte (20° C)............ 0,995 bis 1,010
Siedegrenzen ............. 233 bis 238° C (20 mm)
Flammpunkt ............. 187° C
```

Palatinol HS zeichnet sich gegenüber dem Dibutylphthalat durch eine merklich geringere Flüchtigkeit aus und zeigt nur ein mittleres Lösevermögen gegenüber Kollodiumwollen, so daß es als eine Übergangstype zwischen den gelatinierenden und nicht gelatinierenden Weichmachern aufgefaßt werden kann. Wir haben schon bei dem anerkannt guten Trikresylphosphat dessen mittleres Gelatiniervermögen festgestellt und den Vorteil dieser Eigenschaft für das Ledergebiet diskutiert. Infolge dieser Eigenschaft kann Palatinol HS in höheren Prozentsätzen eingesetzt werden als die bisher besprochenen Phthalsäureester. Der

Weichmacher löst sich in allen gebräuchlichen organischen Lösungs- und Verschnittmitteln, ist mit Acetylcellulose nicht verträglich, jedoch gut kombinierbar mit Celluloseäthern, Chlorkautschuk und einer ganzen Anzahl der Mischpolymerisate. Das farblose, nicht wasserlösliche Öl soll weder freie Säure noch Alkohol enthalten. A. Kraus (*10*) empfiehlt diesen Weichmacher speziell für das Ledergebiet.

Dilaurylphthalat (Dikosol).

Kennzahlen:

<pre>
        Dichte (15° C)............. 0,9459
        Siedepunkt .... 250 bis 260° C (1,5 mm)
        Flammpunkt............. 200° C
</pre>

Dieser sehr schwer flüchtige und daher gut alterungsbeständige Weichmacher zeigt kaum Gelatiniervermögen für Nitrocellulose, so daß er in seiner Wirkung mit dem Ricinusöl verglichen werden kann. Dilaurylphthalat wird für Filme empfohlen, die hoher Wärme und Dehnungsbeanspruchung ausgesetzt sind. Die Kältebeständigkeit und Lichtechtheit solcher Filme ist gut. Ebenso befriedigt die Verträglichkeit mit organischen Lösungsmitteln, Ölen und Harzen. Die schwach gelbliche, mit Wasser nicht mischbare Flüssigkeit kann in Kombination mit geringen Mengen stärker gelatinierender Weichmacher und mit Ricinusöl eingesetzt werden. A. Kraus (*10*) sieht diesen Weichmacher als besonders vorteilhaft für das Ledergebiet an.

Dimethylglykolphthalat (Palatinol O).

Kennzahlen:

<pre>
        Dichte (20° C)............. 1,162
        Siedegrenzen .... 221 bis 231° C (20 mm)
        Flammpunkt............. 174° C
</pre>

Palatinol O zeichnet sich durch gute Wärmebeständigkeit, gutes Gelatiniervermögen und Lichtbeständigkeit aus. Der Weichmacher ist mit Kollodiumwollen und auch mit Acetylcellulose, Celluloseäthern, Chlorkautschuk und vielen Polymerisaten verträglich, wobei besonders seine geringe Flüchtigkeit in Acetylcellulose als spezielle Eigenschaft hervorgehoben zu werden verdient. Dimethylglykolphthalat ist mit den meisten organischen Lösungsmitteln verträglich. Die geruchlose, schwach gelbliche Flüssigkeit kann ähnlich wie Dibutylphthalat für unsere Zwecke eingesetzt werden.

Dioctylphthalat (Palatinol AH, Vestinol AH).

Kennzahlen:

<pre>
        Dichte (20° C)............. 0,980
        Siedegrenzen .... 255 bis 265° C (20 mm)
        Flammpunkt............. zirka 214° C
</pre>

Dieser Weichmacher wird in letzter Zeit vielfach in den USA. empfohlen. Er ist ausgezeichnet sowohl durch eine gute Kältebeständigkeit als auch Lichtechtheit und kombiniert sich gut mit den meisten Polymerisaten.

Diphenylphthalat (Palatinol P) ist als Weichmacher für Lederdeckfarben nicht geeignet [A. Kraus (*10*)]. In letzter Zeit werden Diisohexyl- und Diisoheptylphthalat als Weichmacher empfohlen; die Bewährung dieser Körper muß erst abgewartet werden.

c) Ester verschiedener Säuren.

Zu dieser Gruppe gehören Ester der Essigsäure, Adipinsäure, Oxalsäure, Benzoesäure, Weinsäure, Borsäure und einer Reihe von Sulfonsäuren. Uns interessieren für das Ledergebiet lediglich die Adipinsäureester, die unter dem Namen „Sipalin" als Weichmacher bekanntgeworden sind. Besonders hervorzuheben ist die ausgezeichnete Lichtechtheit dieser Körper in Kollodiumwolle.

Adipinsäureester.

Sipalin AOM.

Kennzahlen:

      Dichte (20° C)............. 0,984 bis 1,054
      Siedegrenzen .... 200 bis 230° C (20 mm)
      Flammpunkt .... 198 bis 200° C

Dieser Körper soll ein Methylcyclohexyladipat sein. Er besitzt nur ein relativ geringes Gelatiniervermögen für Kollodiumwollen und verleiht den weichgemachten Kollodiumfilmen eine mittlere Dehnbarkeit und Geschmeidigkeit. Dafür kann man recht hohe Mengen in den Ansatz einbringen, ohne daß die Härte, die Zähigkeit und der Glanz ungünstig beeinflußt werden. In Kombination mit Ricinusöl und geblasenem Ricinusöl soll dieser Weichmacher ein Ausschwitzen auch hoher Ölanteile verhindern. Nachteilig ist die nur mittelmäßige Kältefestigkeit. Das wasserhelle, schwerflüchtige Öl ist mit gebräuchlichen Lösungsmitteln und Verdünnern gut mischbar. Dieser Weichmacher wird vorteilhaft in Kombination mit stärker gelatinierenden, kältefesten Weichmachern in Lacken angewandt, an die hohe Ansprüche hinsichtlich Lichtechtheit gestellt werden.

Sipalin MOM.

Kennzahlen:

      Dichte (20° C)............. 0,994 bis 1,104
      Siedegrenzen .... 200 bis 240° C (20 mm)
      Flammpunkt .... zirka 198° C

Sipalin MOM soll ein Methylcyclohexyladipat sein. Die Lichtechtheit dieses Körpers ist wiederum ausgezeichnet, das Gelatiniervermögen für Kollodiumwollen verhältnismäßig gering bei bemerkenswert hohem Aufnahmevermögen, mit Harzen, Fetten, Ölen und Kautschuk ist gute Verträglichkeit gegeben, mit Acetylcellulose keine. Der Körper ist in den meisten organischen Lösungsmitteln gut löslich. Die Dehnbarkeit, Knitterfestigkeit und Geschmeidigkeit der weichgemachten Filme ist mittel, die Kältefestigkeit ungenügend. Der Weichmacher ist ein farbloses Öl. Wegen der schlechten Kältefestigkeit kann nur eine Anwendung mit stärker gelatinierenden, kältefest machenden Weichmachern auf dem Ledergebiet am Platze sein.

Sipalin spezial.

Kennzahlen:

      Dichte (20° C)............. 0,958 bis 0,968
      Siedegrenzen .... 180 bis 260° C (20 mm)
      Flammpunkt .... zirka 175° C

Dieser Körper soll ein Sipalin MOM sein, in den zur Verbesserung der Kältefestigkeit ein Palmitinsäureester eingebracht ist. In seinen Eigenschaften stimmt dieser Weichmacher weitgehend mit den bisher beschriebenen Sipalin-Typen überein, abgesehen von einer durch den Zusatz erteilten mittleren Kälte-beständigkeit der weichgemachten Filme.

In den USA. ist eine ganze Reihe weiterer Adipinsäureester, u. a. ein Diiso-octyladipat und ein Tetrahydrofurfuryladipat, entwickelt und zur Anwendung empfohlen worden. Sollten sich diese Typen als gut kältefest erweisen, liegen hier sicher interessante Möglichkeiten für das Ledergebiet vor.

Oxalsäureester.

Nach Angabe von I. S. Mudd (*1*), S. 58, haben unter der Bezeichnung Barkite (spez. Gew. 1,035) und Barkite B (spez. Gew. 1,015) Ester der Oxalsäure Bedeutung als Weichmacher für Lederlacke wegen ihrer besonderen glanz-gebenden Eigenschaften erlangt. Konstitutionell soll es sich um ein Cyclo-hexanoloxalat bzw. um Methylcyclohexanoloxalat handeln. Diese Weichmacher sind gut kombinierbar mit Kollodiumwolle, Celluloseacetat, Celluloseäthern und Ricinusöl. Die praktisch farblosen Öle sind mischbar mit den üblichen Lösungs- und Verschnittmitteln. Die niedrigeren Homologen dieser Reihe, wie Dibutyloxalat und Diamyloxalat, liegen in ihrer Wirkung wegen ihres außer-ordentlich hohen Lösevermögens zwischen Hochsiedern und Weichmachern. Ebenso wie bei den Adipaten läßt die Kältefestigkeit auch bei dieser Gruppe zu wünschen übrig. Die Lichtechtheit wird mittel bis gut beurteilt. Besonders hervorgehoben wird das ausgezeichnete Netzvermögen dieser Gruppe mit Pig-menten, so daß besonders feine Anreibungen damit hergestellt werden können. Die spezielle Eignung für das Ledergebiet kann der Verfasser nicht beurteilen, da die Anwendung dieser Körper in Deutschland kaum erfolgt.

d) Fettsäureester.

Die Fettsäureester verdienen für Lederlacke eine breitere Anwendung, als sie sie bisher gefunden haben.

Butylstearat.

Kennzahlen:

    Dichte (20° C)............ 0,856
    Siedegrenzen .... 226 bis 244° C (20 mm)
    Flammpunkt .... 165° C

Butylstearat besitzt für Kollodiumwollen kein Lösungs- und Geliervermögen, ist also ein nicht gelatinierender Weichmacher, ähnlich dem Ricinusöl. Dieser Körper zeichnet sich dadurch aus, daß er den Kollodiumfilmen eine gute Kälte-festigkeit, eine hervorragende Dehnbarkeit und eine gute Lichtechtheit erteilt. Nach A. Kraus (*10*) soll Butylstearat beim Glanzstoßen besonders hohe Glanz-effekte erzielen lassen. Weiter ist bemerkenswert, daß Kollodiumwollen hohe Mengen Butylstearat aufzunehmen im Stande sind, ohne daß in der Wärme ein Ausschwitzen oder eine Klebrigkeit der Filme auftritt. Der Weichmacher ist praktisch mit den meisten Lösungsmitteln und Weichmachern mischbar, sollte aber nicht mit stark polaren Körpern zusammen eingesetzt werden. So ist dieser Weichmacher nicht für Chlorkautschuk, Acetylcellulose und Vinylpoly-merisate geeignet. Ein Nachteil des Butylstearats ist, daß weichgemachte Filme bei Einwirkung von ultraviolettem Licht rasch an Dehnbarkeit einbüßen, eine Eigenschaft, die den alleinigen Einsatz dieses Weichmachers ausschließt. An-teilig mit stärker gelatinierenden und gegen UV-Licht unempfindlichen Weich-machern angewandt, bietet dieser Körper auf dem Ledergebiet ohne Zweifel interessante Möglichkeiten. Butylstearat ist eine schwachgelbe Flüssigkeit, die ab 18° C erstarrt.

Weitgehend verwandt dem Butylstearat ist das Butyloleat in seinen anwendungstechnischen Eigenschaften, leider auch in der nachteiligen Empfindlichkeit gegen ultraviolettes Licht. Dieser Weichmacher kann wie Butylstearat als lichtechtere Austauschkomponente für Ricinusöl in Weichmacherkombinationen fungieren.

In letzter Zeit sind Ester der Vorlauffettsäuren der Paraffinoxydation (C_6 bis C_8) auf Basis Glycerin, Trimethyloläthan, Trimethylolpropan und Pentaerythrit als Weichmacher ähnlicher Eigenschaften wie die Butylester empfohlen worden. Auf dem Ledergebiet haben diese Entwicklungen, soweit das der Verfasser übersehen kann, noch keinen Anklang gefunden.

e) Alkohole, Äther, Ketone.

Alkohole und Äther haben als Weichmacher auf dem Ledergebiet keine Bedeutung. Dagegen ist der Campher, das klassische Weichmachungsmittel für Kollodiumwollen, als Keton unter diese Gruppe einzureihen.

Campher.

Kennzahlen:

Dichte (20° C)........................ 0,963
Siedegrenzen .... 204 bis 209° C
Schmelzpunkt .... 168° C
Flammpunkt .... zirka 70° C

Trotz seiner hohen Flüchtigkeit und trotz seines hohen Preises konnte Campher als Weichmacher für Lederdeckfarben auf Basis von Kollodiumwollen sich immer noch eine beachtliche Bedeutung erhalten. Man sagt diesem Weichmacher einen günstigen Einfluß auf die Glanzstoßbarkeit und den Glanz der Zurichtung nach. Er gibt gut geschmeidige Filme, die jedoch besonders empfindlich sind gegen Wärmeeinwirkung wegen der großen Flüchtigkeit dieses Körpers. Für Kollodiumwollen besitzt Campher ein ganz ausgezeichnetes Gelatiniervermögen, wogegen eine Verträglichkeit mit Acetylcellulose, Celluloseäthern und Chlorkautschuk nicht gegeben ist. Mit den meisten organischen Lösungsmitteln und anderen Weichmachern ist Campher sehr gut mischbar; in Wasser ist dieser Körper nicht löslich. Campher bildet weiße, durchscheinende, schon bei gewöhnlicher Temperatur sublimierende, wohlausgebildete Kristalle von charakteristischem Geruch. Campher findet neben anderen gelatinierenden und nicht gelatinierenden Weichmachern in der Lederzurichtung anteilig Anwendung.

f) Stickstoffhaltige Weichmacher.

Stickstoffhaltige Weichmachungsmittel haben sich auf dem Ledergebiet kaum einzuführen vermocht. Phenylharnstoffderivate wurden als Stabilisatoren für Kollodiumwollen bereits erwähnt. Diese Körper haben neben ihrer stabilisierenden Wirkung, die auf der Bindung nitroser Gase beruht, zum Teil auch eine geringe gelatinierende Wirkung. Die geringe Lichtechtheit dieser Körper verbietet einen Einsatz in größeren Anteilen.

Äthylacetanilid (Manol).

Kennzahlen:

Dichte (20° C).................... 1,106
Siedepunkt .... 138° C (20 mm)
Schmelzpunkt .... 53° C
Flammpunkt .... 124° C

Während des letzten Weltkrieges wurde versucht, Campher durch Manol in Lederdeckfarben zu ersetzen, was deshalb nicht befriedigend gelungen ist, weil dieser Weichmacher die Glanzstoßbarkeit ungünstig beeinflußt. Die geringe Lichtechtheit dieses Körpers macht die Verwendung in weißen Deckfarben problematisch. Das Gelatiniervermögen für Kollodiumwolle und die Verträglichkeit mit Campher und Phthalsäureestern ist gut, jedoch leidet die Geschmeidigkeit der Filme auch bei anteiligem Einsatz durch Einwirkung von ultraviolettem Licht und Wärme. Manol ist in den meisten organischen Lösungsmitteln leicht, in Wasser schwer löslich. Es kommt in Form weißer prismenförmiger Kristalle von spezifischem Geruch in den Handel. Die Flüchtigkeit dieses Körpers ist für einen Alleineinsatz als Weichmacher zu hoch.

g) Natürliche fette Öle.

Der Einsatz von Ricinusöl in Kollodiumlacken geht auf die Anfänge dieser Zurichttechnik zurück. Auf dem Ledergebiet hat sich für Grundierungen und gewisse Speziallacke, so zur Deckung vegetabilischer Möbelvachetten, der Einsatz natürlicher Öle, z. B. von Leinöl, eingeführt. Neben einer gewissen weichmachenden Wirkung sollen diese Zusätze den Körpergehalt der auf hoch- und mittelviskosen Wollen aufgebauten Lacke steigern. Zu große Mengen dieser nichtgelatinierenden Körper können allerdings in Kollodiumlacke nicht eingebracht werden, da sonst die Gefahr eines Ausschwitzens gegeben ist. Durch Kombination mit gelatinierend wirkenden Weichmachern wird eine Fixierung dieser fetten Öle in gewissen Grenzen erreicht.

Ricinusöl.

Kennzahlen:

Dichte (15°)	0,9591 bis 0,9736
Flammpunkt	285° C
Verseifungszahl	176 bis 196
Jodzahl	81 bis 86
Acetylzahl	149,9 bis 150,5

Die wertvollen Eigenschaften dieses Öls und sein billiger Preis haben es zu einem vielverwendeten Weichmacher für Kollodiumlederdeckfarben gemacht. Das Öl wird durch Auspressen des Samens von Ricinus communis gewonnen. Die Ricinuspflanze wird in Rußland, Indien, Nordafrika und Amerika kultiviert. Man verwendet vorteilhaft eine gutgeklärte „erste Pressung". Das Öl muß frei sein von Fasern und Schleimstoffen, Wasser und Säure und soll keinesfalls ranzig sein. Es wird vielfach empfohlen, das für Kollodiumlacke bestimmte Öl vorher etwa 8 Stunden lang auf 105 bis 110° zu erhitzen. Ricinusöl ist in den üblichen Lösungsmitteln und Verschnittmitteln löslich, nicht aber in allen Benzinen und Petroleumderivaten. Ein Unterscheidungsmerkmal des Ricinusöls von den meisten anderen fetten Ölen ist seine Löslichkeit in absolutem Alkohol. Ricinusöl ist ein farbloses bis gelbliches Öl von mildem Geschmack, das beim Stehen an der Luft verdickt und schließlich in eine zähe Masse übergeht, ohne völlig einzutrocknen.

Es wurde schon festgestellt, daß Ricinusöl in relativ großen Prozentsätzen in Kollodiumfarben eingeführt werden kann, da es sich in Kollodiumwolle nichtgelatinierend zu lösen vermag. Dieser Weichmacher verleiht den Filmen eine gute Geschmeidigkeit und Glanzstoßbarkeit bei nur mittlerer Dehnbarkeit. Für das Ledergebiet besonders wervoll ist die günstige Beeinflussung des Griffes der Zurichtung durch diesen Körper. Die Kältebeständigkeit eines nur mit

Ricinusöl weichgemachten Films ist nicht besonders gut, auch befördert dieser Körper in Nitrocellulosefilmen merklich das Vergilben. Empfindlich sind diese Filme besonders gegen längere Wärmeeinwirkung, die eine erhebliche Verstrammung verursachen kann. Verbesserte Eigenschaften werden einem mehrere Stunden unter zeitweisem Luftdurchblasen erhitzten Ricinusöl nachgesagt. In dieser Richtung behandelte Öle sind vielfach unter Phantasienamen, wie z. B. Casterol, Ricol und ähnliche, im Handel. Besonders hervorgehoben sei die gute Eignung von Ricinusöl zum Anreiben von Pigmenten.

Durch längeres Erhitzen in dampfgeheizten Anlagen unter andauerndem Durchblasen von Luft wird geblasenes Ricinusöl gewonnen. Dieses ist deutlich viskoser und dunkler als das nicht geblasene Öl. Dieser Weichmacher soll beständiger gegen Ausschwitzen und Abwandern, besser stabil gegen Ranzigwerden, aber auch weniger dehnbar, weniger knickfest, weniger resistent gegen Ultraviolettlicht, Kälte und Wärme als die nicht geblasene Ware sein. Die Glanzstoßbarkeit, der Glanzeffekt und die Bügelfestigkeit der mit geblasenem Ricinusöl weichgemachten Filme soll die Wirkung der ungeblasenen Ware übertreffen.

Dem geblasenen Öl verwandt ist sogenanntes dehydratisiertes Ricinusöl. Als ungesättigtes Öl hat dieser Körper ein Trocknungsvermögen, das jedoch viel geringer ist als das des geblasenen Lein- oder Holzöles. Andere Abwandlungen des Ricinusöls, z. B. die Ester der Ricinolsäure mit Äthyl-, Butyl- und Benzylalkohol, haben auf dem Ledergebiet keine Bedeutung gewinnen können. Ebensowenig hat Sojaöl, Rüböl, Kotonöl oder Derivate derselben gegenüber dem Ricinusöl sich irgendwie durchsetzen können.

Trocknende Öle.

Für gewisse Lederarten, wie z. B. Möbelvachetten, werden besonders in der Grundierung trocknende Öle, so Leinöl, Standöl, Holzöl und Holzstandöl, zugegeben. Diese Zusätze wirken, da sie die Dehnbarkeit der Filme kaum vermehren, weniger als Weichmacher, vielmehr als Füllkörper. Ihr Einsatz bedarf besonderer Berücksichtigung bei der Kombination des Lösungsmittel- und Verschnittmittelgemisches, da sich sonst der Ölzusatz mit den Kollodiumwollen nicht verträgt. Oft werden geringe Mengen von Trocknern in das Öl, bevor es dem Lackansatz zugesetzt wird, eingearbeitet.

Geringe Anteile von Holzöl sollen den Glanzeffekt der Kollodiumlacke merklich steigern. Eine ganze Reihe von im Handel befindlichen Hilfsmitteln, wie z. B. Lackelixier superior, sollen auf Grundlage von Standölen aufgebaut sein. Nähere Einzelheiten über die Herstellung und Eigenschaften trocknender Öle werden in den Ausführungen über das Warmlackleder (dieser Band, 8. Kap., S. 906 ff.) berichtet, auf das auch in dem vorliegenden Zusammenhang hingewiesen sei.

E. Mechanische Arbeiten
der Lederdeckfarbenherstellung.

I. Allgemeine Bemerkungen über den Einfluß
der mechanischen Arbeiten auf die Deckfarbenqualität.

Wenn auch die chemische Zusammensetzung einer Deckfarbenrezeptur wichtig ist, so darf nicht verkannt werden, daß die Qualität der Deckfarben maßgeblich von den mechanischen Arbeitsprozessen, deren Ausmaß und Reihenfolge beeinflußt wird. Diese Tatsache erklärt auch, warum aus gleichwertigen Rohstoffen und nach bekannten Rezepturen oft Deckfarben gänzlich unterschiedlicher Qualität und Eignung hergestellt werden. Die mechanische Bearbeitung der Appretur- und Deckfarbenansätze bezweckt ein möglichst glattes Lösen, Emulgieren, Mischen und Dispergieren, aber auch die Herstellung bestimmter Verteilungsgrößen unter möglichst geringem Zeit- und Kraftaufwand. Diese Arbeitsgänge sollen weiterhelfen, bestimmte Strukturen, zum Teil auch Ordnungszustände, in der Deckfarbe zu erreichen, so soll z. B. das Pigment in einem Deckfarbensystem immer als innere Phase der Dispersion vorliegen, während das Bindemittel oder Trägerkolloid stets die äußere Phase zu bilden hat. Netzmittel sind an ganz bestimmten Grenzflächen zu lokalisieren. Mehr als Worte können zwei elektronenmikroskopische Bilder den Zustand illustrieren, der durch die mechanische Bearbeitung der Deckfarbenpaste erreicht werden soll. Das erste Bild (Abb. 4) zeigt in 30000facher Vergrößerung Eukanolbraun extra Teig. Das Eisenoxydpigment ist auf Teilchengrößen unter 1 μ zerteilt. Jedes Einzelteilchen ist von einer solvatisierten Schicht des Trägers, nämlich von Casein, umgeben. Diese Schicht ist auf dem Bild als graue Umhüllung zu erkennen. Die Einzelteilchen sind zu perlschnurartigen Gebilden zusammengelagert. Das zweite Bild (Abb. 5) zeigt eine technisch nicht befriedigende Caseindeckfarbe auf gleicher Pigmentgrundlage. Die Pigmentteilchen sind erheblich größer, die gut erkennbaren scharfen Kannten lassen erkennen, daß hier keineswegs eine völlige Umhüllung und Netzung des Pigments vorliegt. Diese mangelhafte Umhüllung kann Ursache von weniger stabilen Lösungen und schlechterer Haftung der Deckschicht auf dem Leder sein. Es ist eine weitverbreitete, aber falsche Ansicht, daß die mechanischen Bearbeitungsgänge der Farbenherstellung ein Zerkleinern und Zermahlen der Primärteilchen der Pigmente mit sich bringe. Dem ist nicht so: Das Primär-

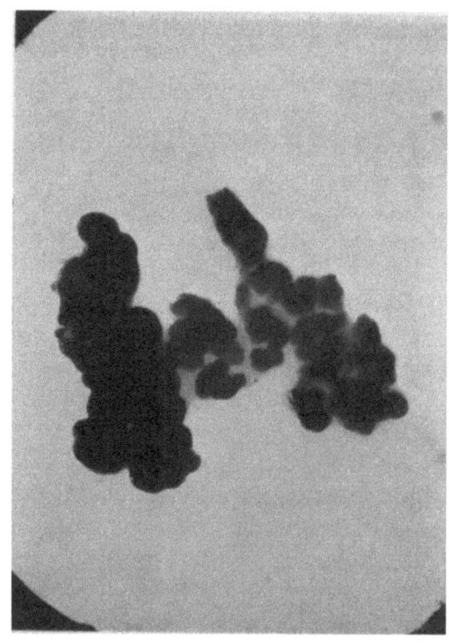

Abb. 4. Eukanolbraun extra Teig. Vergr. 1 : 30000. Gut verwalztes Pigment. (Aufnahme: Farbenfabriken Bayer A. G., Leverkusen.)

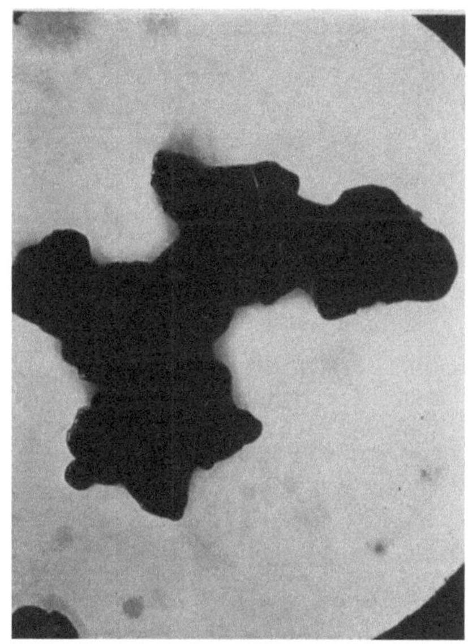

Abb. 5. Ungenügend verwalztes Pigment. Vergr. 1 : 30000. (Aufnahme: Farbenfabriken Bayer A. G., Leverkusen.)

teilchen wird durch Mühlen- und Walzenstühle nicht angegriffen, vielmehr erfolgt lediglich eine Zerteilung der immer vorliegenden Pigmentaggregate in kleinere Aggregate oder in die Primärteilchen. In diesem Zusammenhang sei in Erinnerung gebracht, daß die Pigmente bei der Trocknung sich aus den Primärteilchen zu größeren und kleineren Aggregaten zusammenlagern. Diese Aggregate haften mit starken Kräften zusammen und können nur unter erheblichem Energieaufwand zerteilt werden. Dieses starke Zusammenhaften resultiert einerseits aus Oberflächenkräften, anderseits durch Einlagerung von Salzen aus dem Fällungsbad, die zementartig verkitten. Um die ungewöhnliche Steigerung der oberflächenaktiven Kräfte mit steigendem Feinheitsgrad und damit den hohen Energiebedarf von Zerteilungsvorgängen zu verstehen, muß man sich nur vor Augen halten, daß bei Zerteilung eines Kubikzentimeters Festkörper zu 10^{12} Würfelchen von $1\,\mu^3$ die Oberfläche von 6 qcm auf 6 qm erhöht wird.

Die Auflösung der Pigmentaggregate in kleinere Gruppen oder bis zu den Primärteilchen wirkt sich in einer merklichen Änderung der Eigenschaften aus. So werden z. B. eine ganze Reihe von Rotpigmenten mit steigendem Abbau der Aggregate gelber in der Nuance. Sehr hinderlich wirkt sich bei der mechanischen Bearbeitung ein Pigment aus, das einen geringen Prozentsatz größerer oder härterer Aggregatteilchen enthält. Beim Durchgang durch Mühlen können diese Übergrößen zu Stauungen, örtlichen Verstopfungen usw. führen und damit zu Verzögerungen und erhöhtem Energiebedarf des Mahlprozesses Anlaß geben. Daher sind Pigmente anzustreben, deren Größenverteilung gleichmäßig innerhalb ziemlich enger Grenzen von einigen μ liegen, die aber keinesfalls irgendwelche Übergrößen enthalten. Völlig monodisperse Pigmente, d. h. solche, die nahezu nur eine Teilchengröße enthalten, sind jedoch ebenfalls im Hinblick auf den Deckfilmaufbau abzulehnen.

Um die mechanischen Arbeitsgänge möglichst zu vereinfachen und abzukürzen, ist es vorteilhaft, sich in der Farbenherstellung nicht der trockenen Pigmentpulver zu bedienen, sondern die bei der Fabrikation und Fällung der Pigmente anfallenden Preßkuchen einzusetzen. In diesen noch feuchten Pasten liegen nämlich die Pigmente noch nicht zu Aggregaten verbacken vor, sondern meist noch als Primärteilchen. Wenn dieser energiesparende Kunstgriff seltener angewandt wird, so darum, weil die immer gleichmäßige und typkonforme Dosierung erschwert und damit der von der Praxis grundsätzlich verlangte farbgleiche Ausfall der Lieferungen in Frage gestellt wird.

Bei der Planung der mechanischen Arbeitsgänge und bei der Auswahl der maschinellen Hilfsmittel muß man sich darüber im klaren sein, daß folgende grundlegende Größen den Wirkungswert der mechanischen Dispersion wesentlich bestimmen: 1. das Spiel zwischen den bewegten Flächen, 2. die relative Geschwindigkeit der bewegten Oberflächen gegeneinander und 3. die Viskosität des Mahlgutes. Besonders letztere ist von ausschlaggebender Bedeutung, denn es steht fest, daß weniger die direkte Wirkung der bewegten Flächen den Dispergiereffekt verursachen als vielmehr die durch die innere Reibung in der Paste hervorgerufenen Scherkräfte. Daher ist die Wirkung eines Arbeitsganges um so höher, je höher die Viskosität des bearbeiteten Materials vor und während des Arbeitsganges ist

Die Reihenfolge der Arbeitsgänge und das Zusammenbringen der einzelnen Rezepturbestandteile können von einer Vielzahl von Gründen bestimmt sein, denen oft auch rein betriebstechnische Überlegungen zugrunde liegen. Deshalb können hier in dieser Hinsicht nicht allgemeingültige Angaben gemacht werden. Diese Überlegungen sollen z. B. berücksichtigen: die vorhandene maschinelle Ausrüstung und deren Leistungsfähigkeit, die angestrebte Verteilung und Konzentration des Pigments, die Konsistenz des Mahlgutes in der Anfangs- und in der Endphase der Bearbeitung, die Qualität und die Textur des Pigments, die Qualität, das Netzvermögen und den Abbaugrad des verwendeten Bindemittels, die Verträglichkeit der einzelnen Rezepturbestandteile miteinander, die durch die mechanische Bearbeitung verursachten Temperatursteigerungen und deren Auswirkung, die Steuerung und möglichste Ausschaltung von Materialverlusten sowie die Vermeidung unangenehmer Behinderung,

z. B. durch Stäuben der Pigmente. Mit das wesentlichste Argument bei all diesen Arbeitsgängen ist natürlich die Kalkulation und darum muß sorgfältig geprüft werden, ob es bei gegebenen Betriebsverhältnissen vorteilhafter ist, große Drucke und hohen Kraftverbrauch für kurze Zeit oder aber niedrigere Drucke bei geringerem Kraftverbrauch für längere Zeit anzuwenden; d. h. man muß sich z. B. darüber im klaren sein, ob es vorteilhafter ist, kleinere Mengen einer hochviskosen Paste auf dem Walzenstuhl oder aber eine größere Menge eines entsprechend verdünnteren Ansatzes auf einer entsprechend dimensionierten Kugelmühle zu bearbeiten. In vielen Fällen wird man auf verschiedenen Wegen technisch und kalkulatorisch denselben Effekt erzielen können, oft aber wird das Abweichen von einem bestimmten Arbeitsschema ganz spezifische Qualitätsverschlechterungen der Deckfarbe mit sich bringen.

Eine laufende Überwachung der mechanischen Arbeitsgänge der Deckfarbenherstellung ist daher unerläßlich. Bei der Vielzahl der Einflußmöglichkeiten kann nur eine langjährige Erfahrung die sichere und zuverlässige Beurteilung des Fortganges der Fabrikation bringen. Der erfahrene Farbmeister wird aus der Konsistenz, der Nuance und der Plastizität der Farbpaste geeignete Rückschlüsse zu ziehen imstande sein. Der Aufstrich auf eine Glasplatte im Verlauf von Misch- und Mahlprozessen erlaubt, die Feinheit und die Gleichmäßigkeit der Verteilung zu beurteilen. Das Ausgießen stark verdünnter Proben über eine schräggehaltene Glasplatte und Beobachten gegen das durchscheinende Licht ist eine zur Fabrikationskontrolle gut geeignete Handprobe. Eine objektivere Prüfung für feinere Unterschiede der Dispersität ermöglicht die Verfolgung der Mahlvorgänge mit dem Mikroskop. Um geeignete mikroskopische Präparate herstellen zu können, ist für wässerige Deckfarbenproben eine Überschichtung mit Gelatinelösung, für organisch lösliche eine solche mit einem Kollodiumklarlack empfehlenswert. Bei der Präparation dieser Prüflinge ist jede Schmier- und Mahlwirkung beim Auftrag zu vermeiden, da diese das Beobachtungsergebnis über den Dispersitätszustand zu verfälschen imstande ist. Das Elektronenmikroskop ist geeignet, die letzten Feinheiten der Pigmentverteilung zu kennzeichnen.

II. Netzmittel und mechanische Bearbeitung.

Die Schnelligkeit und der Kräfteverbrauch beim Mischen fester und flüssiger Körper ist durch die Oberflächenspannung der beteiligten Phasen und durch das resultierende Netzvermögen bestimmt. Neben der festen Phase des Pigments und der flüssigen Phase des Bindemittel-Weichmacher-Lösungsmittel-Gemisches ist als dritte Phase Luft, meist an das Pigment adsorbiert, zugegen. Die notwendige Verdrängung der Luft, d. h. die völlige Netzung des Pigments, tritt immer nur dann ein, wenn die Summe der Oberflächenspannungen Flüssig-Luft und Fest-Flüssig kleiner ist als die Oberflächenspannung Fest-Luft. Dieser ideale Zustand ist bei vielen Pigmenten, z. B. bei dem hydrophoben Carbon-black in wässeriger Phase, oft nur schwer zu erreichen, und zwar um so schwieriger, je kleiner die Teilchengröße dieses Pigments ist. Auf der anderen Seite ist der von der Praxis geforderte Schwarzton um so tiefer und blumiger, je kleiner die Partikel sind. Man hilft sich daher in vielen Fällen, indem man mit geeigneten Netzmitteln die Oberflächenspannung stark herabsetzt, wodurch diese zu den oben näher gekennzeichneten Grenzwerten verschoben werden, die eine schnelle und arbeitsparende Netzung und damit Dispergierung ermöglichen. Um

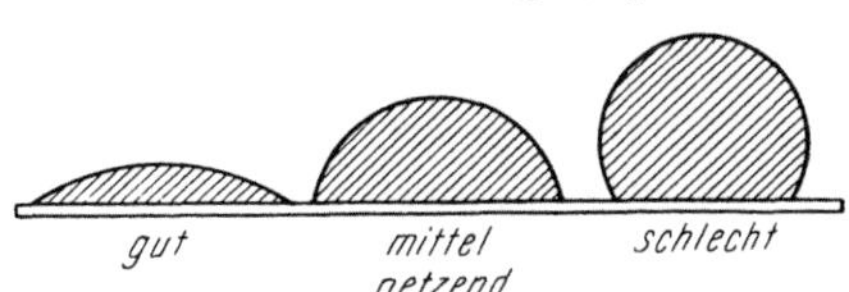

Abb. 6. Tropfenprobe zur Feststellung der Netzwirkung.

Anhaltspunkte über die Netzwerte eines Systems zu gewinnen, kann man im Handversuch auf einem Preßkörper der festen Phase das Verhalten beim Auftrag eines Tropfens der flüssigen Phase beobachten (s. Abb. 6). Der aufgebrachte Flüssigkeitstropfen kann verfließen, mehr oder weniger linsenartig aufliegen oder sich abstoßend wie ein Quecksilbertropfen auf Glas verhalten. Besonders im letzten Fall findet unvollkommene, für die Verarbeitung nicht genügende Netzung statt.

Die Netzmittel und Emulgatoren wurden bereits weiter vorne ausführlich besprochen (s. diesen Bd., 6. Kap., S. 622; vgl. auch 2. Kap., S. 48), so daß eine systematische Behandlung sich an dieser Stelle erübrigt und nur die den Deckfarbenhersteller berührenden Tatsachen hier besprochen werden sollen. Bei den Weichmachern für wässerige Deckfarben wurde schon darauf hingewiesen, daß neben der Weichmacherwirkung die Netzwirkung wesentlich ist. Diese Dispergierwirkung der Weichmacher ist keineswegs geeignet, die Partikelgröße der Pigmente in irgendeiner Weise zu beeinflussen, vielmehr soll sie lediglich die Verteilungsarbeit erleichtern und die Stabilität der Dispersion verbessern.

Die Auswahl der Netzmittel ist dem Charakter der Pigmente anzupassen. Um die spezifische Eignung eines Netzmittels für gewisse Pigmente zu prüfen, empfiehlt es sich, das Absetzvolumen nach einer bestimmten Zeit bei gleicher Manipulation, gleichen Lösungsmittelmengen und vergleichbaren Emulgatormengen gegeneinander zu prüfen. Das Netzmittel mit dem größten Absetzvolumen ist für das geprüfte Pigment das wirkungsvollste.

Die Zahl der anwendbaren Netzmittel ist fast unübersehbar. Die ältesten Körper sind wohl Seifen- und Fettsäuren, die in jüngerer Zeit durch die sogenannten Aminseifen glücklich ergänzt werden. Diese haben sich für die Dispergierung von hydrophilen anorganischen Pigmenten, z. B. für Titandioxyd, Lithopone, Calciumcarbonat u. a., bewährt. Weiter hat für die Dispersion in wässerigem Medium das Vermahlen der mit Polyalkoholen oder Glycerin knapp angeteigten Pigmente und das anschließende Zusammenbringen mit geeigneten Schutzkolloiden in vielen Fällen gute Erfolge gebracht. Lecithin wird für hydrophile anorganische Pigmente, z. B. für Ultramarin im wässerigen Medium, empfohlen. Weiter wurde vorgeschlagen, anorganische Pigmente mit löslichen Polyphosphaten, z. B. mit Natriumpyrophosphat oder Natriumhexaphosphat, anzureiben. Über Fettalkoholsulfonate und Alkyl-Aryl-Sulfonate liegen bei hydrophilen Pigmenten im wässerigen Medium günstige Ergebnisse vor, jedoch setzen diese Hilfsmittel die Reibechtheiten der zugerichteten Leder besonders stark herunter. Als Schutzkolloide werden neben Gelatine und Casein Gummiarabicum, Methylcellulose und Carboxymethylcellulose angewandt. Bei gefällten Pigmenten ist es in vielen Fällen günstig, solche Schutzkolloide in minimalen Mengen schon vor der Fällung zuzusetzen, wodurch diese mit der Fällung mitgerissen und den Aggregaten eingebaut werden, was sich bei der weiteren Verarbeitung der Pigmente bestens bewährt hat. Für hydrophobe Pigmente, wie Carbon-black, organische Toner, Phthalocyanine u. a. in wässeriger Phase, haben sich Nekal und äthoxylierte Typen, für Carbon-black speziell sulfonierte Lignine bewährt. Die Verarbeitung dieser Pigmentklasse im organischen Medium wird durch Kupferoleat und Harzseifen günstig beeinflußt. Der Effekt dieser kleinen Zusätze besteht, um noch einmal zusammenzufassen, in einer Verbesserung des Mischens, einer Beförderung des Netzens des Bindemittels, einer verstärkten Verdrängung an der Oberfläche des Pigments eingeschlossener oder adsorbierter Gase; insgesamt wirken sich diese Effekte in einer verkürzten Mischzeit und einem verringerten Energieverbrauch aus. Wird allerdings durch Überdosierung dieser Hilfsmittel die plastische Viskosität gesenkt, so wirkt sich dies auf den Mahl- und Mischvorgang zeitlich und qualitativ negativ aus; was die optimale Dosierung dieser Hilfsmittel anlangt, so ist diese im wässerigen Medium immer merklich höher zu halten, um ausreichend für die Ausbildung eines monomolekularen Films auf der Pigmentoberfläche zu sein. Die Zugabe kann an den verschiedensten Stellen des Fabrikationsprozesses erfolgen. Sehr oft wird das Pigment mit dem Netzmittel angerieben, oft wird es dem bereits im Mischer in Bearbeitung befindlichen Rezepturbestandteil zugefügt, in manchen Fällen wird die fertiggestellte Dispersion durch Zugabe der Hilfsmittel nachträglich stabilisiert.

Mechanische Bearbeitung und Entschäumer.

Im Zusammenhang mit den Netzmitteln verdient Erwähnung, daß bei der Herstellung von Deckfarben oft Mittel zur Zerstörung der durch Rühren entstandenen Schäume benötigt werden. In vielen Fällen wird es allerdings genügen, die Umdrehungszahl der Rührung so zu verändern, daß keine Luft mehr in das Bearbeitungsgut hineingezogen wird. Manchmal genügt es zur Schaumzerstörung, wenige Tropfen organischer Lösungsmittel niedrigen Dampfdrucks auf die Schäume aufzuspritzen, um diese zum Platzen zu bringen. Auch das Aufsprühen geringer Mengen von Ricinusöl oder Leinöl auf Schäume kann in vielen Fällen Hilfe bringen. Heute stellt die chemische Industrie für alle möglichen Materialien hochwirksame Spezialmittel zur Verfügung, deren Zusammensetzung nur zum Teil bekannt ist. Solche Körper sind z. B. Oktylalkohol, Diisobutylcarbinol, allein oder in Mischung mit höheren Alkoholen, Fettsäuren und deren Ester, z. B. Sorbitanmonolaureat und Trioleat, Gemische von Glykolfettsäureestern mit Polyglykoläthern, Fettsäureamide, die fettsauren Salze des Äthylendiamins und Diäthylentriamins, organische Phosphate, Aluminiumstearate, Kupfer- und Bleipalmitate und schließlich in neuester Zeit Silicone.

III. Lösen und Homogenisieren.

Mit der einfachste mechanische Arbeitsgang ist das Lösen und das Homogenisieren von Emulsionen. Leicht lösliche Körper, die niedrigviskose Lösungen ergeben, sind in emaillierten Eisengefäßen schon durch Rühren von Hand mit einem Holzstab oder mit einem mechanischen Schnellrührer in Lösung zu bringen. Als Rührgefäße haben sich vertikalzylindrische Kessel bewährt, die bis zur Höhe des Gefäßdurchmessers gefüllt werden. Der Inhalt solcher Kessel kann von einigen zehn Litern bis zur Größenordnung von Kubikmetern betragen. Kleinere Kessel sind vorteilhaft durch Kesselwagen beweglich einzurichten, wodurch der Kesselinhalt leicht innerhalb des Betriebes andernorts weiterverarbeitet werden kann. Große Kessel sind mit einer Hebe- oder Kippeinrichtung zu versehen. Gießschnauzen sind für das Abfüllen unerläßlich. Als Rührer sind Propellerrührer der verschiedensten Formen und Größen in Gebrauch. Diese werden vorteilhaft mit elektrischem Einzelantrieb und regulierbarem Getriebe versehen. Durch Hebe- oder Kippeinrichtungen kann der Rührer in den Kessel eingesenkt werden. Um Wirbel und damit Einziehen von Luft und Schäumen zu verhindern, muß der Rührer tief in das Rührgut eingebracht werden. Es ist zu prüfen, ob alle Teile der Flüssigkeit und auch der Bodenkörper durch die Rührung bewegt werden. Hochtourige Rührer sollen etwa bis zur oberen Grenze des unteren Drittels der Gesamtflüssigkeitshöhe eingebracht werden. Mindestens muß der Rührpropeller 1,5mal so tief wie sein Gesamtdurchmesser liegen. Wird durch den Rührer nicht der Gesamtinhalt des Kessels bewegt, so sind die Propellerblätter zu vergrößern. Eine exzentrische Anordnung des Rührers unterstützt den Rühreffekt. Ebenso wirken sich Brecherkanten und Leisten an den Vertikalwänden des Kessels aus. Die Form und die Drehrichtung des Propellers ist so vorzusehen, daß das Rührgut zu Boden gedrückt wird; erstere ist ebenso wie die Umdrehungszahl auf die zu erwartende Viskosität des Löseguts einzurichten.

Viele Lösevorgänge auf dem Gebiet wässeriger Deckfarben sind bei erhöhter Temperatur durchzuführen. Direkte Erhitzung ist wegen der Gefahr örtlicher Überhitzungen und dadurch hervorgerufenen Anliegens zu verwerfen. Ebenso ist Erwärmung durch direktes Einleiten von Dampf fehlerhaft, weil dadurch Eisen und Öl in den Ansatz eingeschleppt werden. Bewährt hat sich das Aufheizen mit niedriggespanntem oder Abfalldampf in Mantelgefäßen. Für die Herstellung vieler Dispersionen ist es vorteilhaft, wenn diese Mantelgefäße mit einem Kaltwasseranschluß versehen sind, zum schnellen Herunterkühlen empfindlicher Einstellungen. Zum Entleeren müssen Mantelgefäße entsprechend hoch montiert werden und ein Ausflußventil am Boden des Kessels haben.

Als Gefäßmaterial sind emaillierte Eisengefäße preiswert und bewährt. Nachteilig ist, daß die Emaille beim Schlag leicht verletzt wird, wodurch eine Verunreinigung der Deckfarbe und direkte Berührung mit Eisen entsteht. Letztere kann zu Verfärbungen, besonders bei hellen Nuancen, führen. Von Kupfergefäßen ist für Caseinlösungen abzuraten. Wegen der alkalischen Reaktion fällt Aluminium für wässerige Deckfarben aus, für Kollodiumfarben ist es dagegen brauchbar. Monelmetall, eine Kupfer-Nickel-Legierung, ist gut brauchbar, aber zu teuer. Das gleiche trifft für die ausgezeichneten Edelstähle V 4 A und V 2 A zu. Für Arbeitsgänge in der Kälte können auch Holzgefäße mit Vorteil verwendet werden. Alle Gefäße für Kollodiumfarben müssen wegen der entstehenden Dämpfe organischer Lösungsmittel mit Deckeln versehen sein. Sämtliche Bearbeitungsmaschinen organischer Lösungen müssen zur Vermeidung von Aufladungen geerdet sein, was Bränden durch Funkenschlag vorbeugt.

Höherviskose Lösungen sind durch langsamlaufende Planetenrührwerke zu bearbeiten. Bei diesen sind in den Hauptrührer durch ein Zahnradsystem bewegte Kleinrührer eingebaut, die sich entgegengesetzt dem Drehsinn des Hauptrührers bewegen. Bei einigen Konstruktionen bewegt sich der Kessel im gegenläufigen Sinn zu der Bewegung des Rührers. Es liegt auf der Hand, daß die Rührwirkung solcher Anordnungen verstärkt ist. Sogenannte Gitterrührer sind durch einen den größten Teil des Gefäßdurchmessers erfüllenden gitterartig geformten Rührer gekennzeichnet, dem ein verzahntes Gegenstück entgegenläuft. Beide Teile finden am Boden des Kessels in einem Widerlager zusätzlichen Halt.

Den Übergang zu den sogenannten Knetern bildet der sogenannte Werner-Pfleiderer-Typ, der zwei horizontale Arme spiraliger Form enthält. Dieses Schema ist verschiedentlich abgewandelt worden. Der Werner-Pfleiderer-Typ ist gut geeignet zum Bearbeiten höherviskosen Materials, ohne jedoch, im Gegensatz zu den Knetern, eine zerteilende Wirkung auf die Pigmentaggregate ausüben zu können.

Homogenisiermaschinen dienen speziell zum Emulgieren und Homogenisieren feinerer Emulsionen. Ihr Konstruktionsprinzip ist, das Mischgut durch hohen Druck, z. B. durch Zentrifugalkraft, durch einen feinen Spalt zu pressen. Die Zuführung der Komponenten kann bei vielen Maschinen durch zwei getrennte, auf die Menge der Rezepturbestandteile eingestellte Zuflüsse kontinuierlich erfolgen. Bei anderen Typen ist eine vorherige Vermischung notwendig. Wegen Einzelheiten der Vielzahl der Konstruktionen muß auf die Spezialliteratur verwiesen werden.

Technische Lösungen, besonders solche von Nitrocellulose, müssen oft von Verunreinigungen, wie Sand, Sackfasern, Holzspänen u. a., gereinigt werden. Die Umständlichkeit dieser Reinigung empfiehlt es, von möglichst sauberen Ausgangsmaterialien auszugehen. Dies ist bei dem immer durch Sand verunreinigten Carnaubawachs nicht möglich; deshalb wird hier eine Vorreinigung durch Schmelzen, Absitzenlassen und Dekantieren empfohlen. Ist die Reinigung einer Lösung unerläßlich, so empfiehlt es sich, diese längere Zeit ruhen zu lassen und die ersten vom Boden abgezogenen Anteile von der Hauptcharge abzutrennen und nach Filtration getrennt weiterzuverarbeiten oder zu verwerfen. Dünnflüssige Kollodiumlösungen können durch Zugabe von Filtermaterial, wie Asbest, Silicagel, Baumwollecellulose, und durch Filtration in geeigneten Siebkammern

Abb. 7.

Abb. 10.

Abb. 8.

Abb. 11.

Abb. 9.

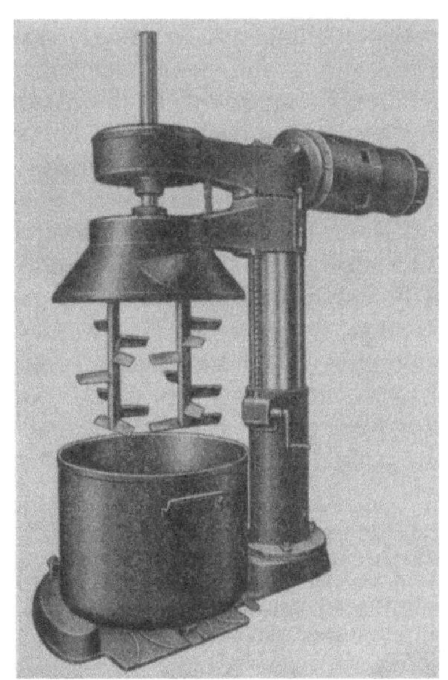

Abb. 12.

Abb. 7. Trichtermühle zum Mahlen und Homogenisieren. — Abb. 8. Einwalzmaschine zum Mischen, Mahlen, Reiben, Sieben. — Abb. 9. Schnelläufer-Dreiwalzenstuhl. Maschinen mit horizontal angeordneten, wassergekühlten oder geheizten Kokillenhartgußwalzen. — Abb. 10. Kugelmühle für Naß- und Trockenmahlung. — Abb. 11. Doppelschauflige Knet- und Mischmaschine. — Abb. 12. Säulen-, Planeten-, Misch- und Knetmaschine mit hochziehbarem Mischkessel.

(Abbildungen 7—12: Draiswerke GmbH., Mannheim.)

erheblich schneller geklärt werden als durch die langwierige und darum teure Standklärung. Sehr dünnflüssige Lösungen können durch Tücher oder feinste Siebe abgezogen werden. Filtrationen über Filterpressen unter Druck sind bei niedrigviskosem Material zwar möglich, meist aber zeitraubend und darum kostspielig. Sowohl pigmentierte wie auch Klarlacke können in wirtschaftlicher und schneller Weise durch die Verwendung von Filterzentrifugen gereinigt werden. Bei diesem Verfahren werden die Lacke mit Zentrifugalkraft durch ein Filtertuch gepreßt, das alle Verunreinigungen zurückhält.

Es sei besonders darauf hingewiesen, daß sämtliche bisher beschriebenen Maschinen sich zur Bearbeitung flüssiger Media bzw. löslicher Körper eignen, aber keineswegs zum Dispergieren von Festkörpern verwendet werden können.

IV. Kneten.

Beim Mischen von schwer zu vereinigenden und schwer annetzbaren festen Körpern mit halbfesten und flüssigen Massen zu pastenartigen Teigen und plastisch zähen Gemischen spricht man von Kneten. Im Gegensatz zu bisher besprochenen Arbeitsgängen findet beim Kneten, besonders bei hohen Viskositäten des Materials, eine Aggregatzerkleinerung statt, auf welche Tatsache sich die bekannte Faustregel der Farbentechnik gründet: gut geknetet ist halb gemahlen. Beim Kneten ist wichtig, daß die Maschine eine denkbar große Verschiebung und Bewegung des schweren Gutes ohne Bildung übereinander gelagerter Schichten erzwingt. Der Kraftbedarf beim Kneten ist groß. Die während des Arbeitsprozesses steigende Zähigkeit des Gutes verursacht steigenden Kraftbedarf, dem besonders bei großen Aggregaten durch Einsatz mehrstufiger Schaltungen begegnet wird. Die Umlaufgeschwindigkeit der bewegten Körper ist beim Kneten immer bedeutend langsamer als beim Rühren, Lösen und Homogenisieren. Die Aufnahmegefäße müssen so konstruiert sein, daß sie unter keinen Umständen tote Räume aufweisen, die von den Knetschaufeln nicht erfaßt werden. Bei der Auswahl von Knetern sollte besonders darauf geachtet werden, daß die Knettröge schnell und mühelos gefüllt, entleert und gereinigt werden können. Gerade die letzte Forderung ist oft nicht einfach zu erfüllen. Für die Kühlung oder Anwärmung sind Knettröge oft als Doppelmantelgefäß ausgebildet. Um den Austritt von Pigmentstäuben oder Lösungsmitteldämpfen zu verhindern, sind Kneter zweckmäßig mit einem Deckel versehen. Obwohl Knetertypen mit senkrechten Kneterarmen, wie z. B. der Armkneter und der senkrechte Schaufelkneter, den großen Vorteil besitzen, die Knettröge beweglich gestalten zu können, haben sich diese Typen in der Farbenindustrie, soweit der Verfasser unterrichtet ist, nicht eingeführt. Vielmehr wird der waagrechte Schaufel- und Teigkneter bevorzugt (E. M. Schmiel). Diese waagrechten Schaufelkneter enthalten in einem Trog oder doppelten Trog waagrechte, schraubenförmige Knetschaufeln in S- oder Z-Form, die dicht an den Trogwänden vorbeilaufen. Sind zwei Schaufeln vorhanden, so arbeiten sie im Gegensinn mit verschiedenen Umlaufgeschwindigkeiten, z. B. im Verhältnis 1 : 2. Die verschiedene und wechselnde Neigung der Kneterschaufeln gegen die Drehachse verursacht eine große Relativverschiebung des Knetgutes. Zur Entleerung der Tröge sind diese oft drehbar um die Drehachse konstruiert.

Der Kneter wird beschickt, indem bis etwa zur Hälfte des Gesamtinhalts Pigment und angequollenes Bindemittel eingefüllt wird. Diese erste Beschickung wird zu einem möglichst zähen Teig verknetet, was je nach Leistungsfähigkeit der Type in 5 bis 10 Minuten erreicht ist, sodann wird innerhalb von 30 bis 45 Minuten unter ständigem Laufen des Kneters, wenn notwendig, weiteres Pigment zugegeben. Ist eine glatte, gutverteilte Paste gebildet, kann weiteres Lösungsmittel bzw. Wasser hinzugefügt werden, bis die für die weitere Verarbeitung erwünschte Konsistenz erreicht ist. Bei den ersten Flüssigkeitszugaben ist besonders vorsichtig und langsam zu verfahren und erst dann weiterzugehen, wenn eine klumpenfreie, glatte Konsistenz erreicht ist. Bei Knetern mit regulierbarem Getriebe sind mit steigender Verdünnung, d. h. mit sinkender Viskosität höhere Umlaufgeschwindigkeiten einzustellen. Die gesamte Bearbeitungsdauer einer Charge schwankt, je nach Pigment und Bindemittel, zwischen 2 und 4 Stunden. Sie ist abhängig von der Viskosität der Knetmasse und der Leistungsfähigkeit des Kneters. Für den Endausfall des Produkts ist die richtige Füllung von großer Bedeutung. Bei zu geringer Füllung klebt das Knetgut in den Schaufeln, ohne stark gegeneinander bewegt zu werden. Bei zu starker Beschickung verbleibt ein Teil des Materials wenig bearbeitet über den Knetschaufeln. Man muß berücksichtigen, daß bei dem Mischprozeß im Kneter Temperaturen entstehen, die hoch genug sind, um merkliche Mengen Wasser verdampfen zu lassen.

Die Viskositätsgrenzen innerhalb, deren ein Kneter vorteilhaft angewandt werden kann, liegen zwischen 100 und 1 Million Poise.

Grundsätzlich können auch mit Kollergängen Knetwirkungen erzielt werden. Besonders geeignet sind Kollergänge für Pasten hoher Thixotropie, aber relativ niedriger echter Viskosität. Hier kann ein Kollergang im Gegensatz zu allen anderen Knetern und Mühlen eine Zerteilung der Primärteilchen erzielen, die auf rein mechanischer Wirkung zwischen den bewegten Flächen beruht.

V. Mahlen.

Stein-, Trichter- und Kolloidmühlen.

Eine Zwischenstellung zwischen den Knetern und den sogenannten Walzenstühlen und Kugelmühlen nehmen die Stein-, Trichter- und Kolloidmühlen ein. Diese Maschinen eignen sich für das Viskositätsgebiet zwischen 1 und 100 Poise, der Spielraum zwischen den bewegten Flächen liegt zwischen 25 und 250 μ. Das Prinzip all dieser Mühlen besteht darin, daß entweder gegen einen stationären Oberteil eine schnell bewegte, umlaufende Scheibenfläche oder gegen einen stationären Unterteil ein umlaufender Oberteil sich bewegt. Durch die Zentrifugalkraft des Rotors wird die Pigmentpaste durch den engsten Spalt zwischen den Mahlflächen befördert.

Steinmühlen können zum Anreiben von ausgesprochen harten und groben Pigmenten mit Ölen oder in wässeriger Phase mit sehr wenig Bindemittel verwendet werden. Die Pigmentpaste wird zwischen zwei Mahlsteinen vom Zentrum an die Peripherie bewegt, wo sie durch ein Rakel abgenommen wird. Ein Vorteil der Steinmühlen ist, daß das Mahlgut wenig mit Eisen in Berührung kommt. Eine weitere Eigenart dieses Mühlentypus ist, daß zumindest eine teilweise Zerkleinerung des Pigments über die Primärteilchen hinaus erfolgen kann. Der relativ geringe Ausstoß im Vergleich zu dem hohen Kraftbedarf und die geringe Eignung für Pigmente weicher Textur machen jedoch die Anwendung der Steinmühle unwirtschaftlich, so daß in neuerer Zeit in der Lederdeckfarbenherstellung mit diesen Maschinen nur noch in Spezialfällen gearbeitet wird.

Verbreitete Anwendung dagegen haben Trichtermühlen gefunden, die im Konstruktionsprinzip den Steinmühlen verwandt sind. Am Boden des aufklappbaren Trichters sind gegen eine gerillte, hochtourig angetriebene Mahlscheibe ebenfalls gerillte Mahlflächen angebracht. Die Mahlwirkung wird durch Scherkräfte hervorgerufen, die im Mahlgut durch die Rillung hervorgerufen werden. Die Zentrifugalkraft der bewegten Mahlscheibe treibt das Mahlgut zwischen den Mahlflächen hindurch. Das Material dieser Mahlflächen ist meist Hartguß, manchmal Porzellan, selten Porphyr. Je geringer das Spiel zwischen den Mahlscheiben ist, desto feiner wird das Mahlgut. Der Ausstoß pro Stunde hängt ab von der Rillung; je höher die Rillenzahl, desto größer der Ausstoß, ohne daß die Feinheit der Mahlung leidet. Mit besonderem Vorteil werden Trichtermühlen zum Homogenisieren und Fertigstellen von Nitrofarben verwendet. Zur erhöhten Betriebssicherheit und zur Vermeidung von Lösungsmittelverlusten arbeitet man hierbei mit geschlossenen und kühlbaren Typen. Oft wird es notwendig sein, zur vollkommenen Homogenisierung das Material mehrmals über eine Trichtermühle laufen zu lassen. In diesem Fall ergibt die Verwendung sogenannter Doppeltrichtermühlen, die zwei bzw. mehrere Mahlsysteme enthalten, erhebliche Zeitersparnis. Nachteil der Trichtermühlen ist ihr relativ niedriger stündlicher Ausstoß, ihr besonderer Vorteil dagegen die leichte und schnelle Reinigung.

Die Konstruktion von Kolloidmühlen (H. Plauson, A.P. 1500845) ist ähnlich den bisher besprochenen Mühlentypen. Das kennzeichnende Unterscheidungsmerkmal ist die sehr hochtourige Umlaufgeschwindigkeit des Rotors, nämlich 3000 bis 15000 Umdrehungen pro Minute. Der Rotor ist ein sich verjüngender, gestutzter Zylinder mit einem Durchmesser bis zu 50 cm. Er wird meist von unten direkt durch einen starken Motor angetrieben. Dieser Zylinder bildet mit einer an dem abnehmbaren Oberteil der Mühle befindlichen ruhenden Gegenfläche einen engen Spalt von 25 bis 100 μ. Das Material des Zylinders ist meist Stahl, manchmal jedoch auch Stein. Das Mahlgut wird durch einen Trichter auf die Mitte der bewegten Zylinderfläche eingebracht, passiert den Spalt zwischen den Mahlflächen und wird in einen Hohlraum hinter dem Rotor gesammelt. Dieses grundsätzliche Konstruktionsprinzip ist mannigfach abgewandelt worden. Die hohe Umlaufzahl macht Wasserkühlung notwendig, die meist hinter den stehenden Flächen eingeführt ist. Der Name Kolloidmühle ist insofern irreführend, als diese Maschine nicht imstande ist, feste Teilchen bis zu kolloiden Dimensionen zu zermahlen. Ihre Stärke und hauptsächlichste Funktion liegt vielmehr im Homogenisieren von Emulsionen und Pigmentdispersionen, wobei der im Verhältnis zum Kraftverbrauch hohe Ausstoß diesen Mühlentyp besonders interessant macht. Wie wir aus dem bisher Besprochenen leicht ableiten können, ist der Wirkungsgrad der Kolloidmühlen abhängig:

1. von der peripheren Umlaufgeschwindigkeit des Rotors,

2. von dem Spiel zwischen den bewegten Flächen und den stehenden Gegenflächen,

3. von der Viskosität des Mahlgutes.

Auf Grund dieser Zusammenhänge wird mit größeren Typen niedrigerer Antriebsgeschwindigkeit derselbe Effekt erzielt wie mit Typen kleineren Zylinderdurchmessers bei höherer Antriebsgeschwindigkeit unter sonst gleichen Bedingungen. Der Abstand zwischen den Mahlflächen und die Viskosität des Mahlgutes bestimmt entscheidend den Ausstoß pro Stunde.

Kolloidmühlen sind hauptsächlich geeignet für wässerige Emulsionen und Dispersionen einer Viskosität von 1 bis 100 Poise. Sie haben sich besonders gut bewährt zum Verteilen angeriebener Pigmentpasten in niedrigviskosen Bindemittellösungen.

Walzenstühle.

Mit das wichtigste Hilfsmittel der Farbentechnik ist der Walzenstuhl (C. H. Hummel; B. W. Dedrik; E. K. Fischer). Die Wirkungsweise der Walzenstühle ist eine doppelte: Einerseits werden Pigmentpartikel, die größer sind als das Spiel zwischen den Walzen, mechanisch zerdrückt, anderseits entstehen in dem Mahlgut durch die unterschiedliche Geschwindigkeit der Walzen starke Scherkräfte, die Pigmentagglomerate in der 1 bis 3 mm betragenden Wirkungszone „explosiv" zerteilen. Als Material für die Walzen kann auch Porzellan, Porphyr und Granit Anwendung finden, allgemein eingeführt sind jedoch Walzen aus Hartguß, besonders weil sie die Möglichkeit bieten, Kühlsysteme einzubauen. Die Kühlung der Walzen erlaubt, die mißliche Verdampfung flüchtiger Lösungsmittel herabzusetzen. Wichtig ist auch, daß mit gekühlten Walzen die Umlaufgeschwindigkeit und damit der Ausstoß erhöht werden kann. Um völlige Abhilfe gegen das Verdampfen leichtflüchtiger Lösungsmittel zu bringen, muß jedoch in geschlossenen Mühlen gearbeitet werden. In den letzten Jahrzehnten haben sich eine ganze Reihe von Walzenstuhlkonstruktionen in die Praxis eingeführt. Der Einwalzenstuhl besteht aus einer Walze, die einen oder mehrere Barren trägt, die hydraulisch auf die umlaufende Walze gedrückt werden. Drei-, Vier-, Fünf- und Sechswalzenstühle sind für die Farbenbereitung unentbehrliche Hilfsmittel geworden. Die letzte Walze dieser Mehrwalzenstühle hat immer die höchste Umlaufgeschwindigkeit, die nächste läuft nur etwa halb so schnell, und so findet von Walze zu Walze ein Geschwindigkeitsabfall statt.

Der Druck zwischen den Walzen wird gewöhnlich mit Hilfe starker Federn eingestellt, was große Erfahrung und Fingerspitzengefühl des damit betrauten Meisters verlangt. Die neueste Entwicklung dieses Maschinentyps geht dahin, durch Erhöhung der Umlaufgeschwindigkeit immer größere Stundenleistungen zu erreichen; um auf modernen Typen eine besonders feine Mahlung zu erzielen, ist es meist vorteilhafter und billiger, diesen Effekt nicht durch Erhöhung des Walzendrucks erzwingen zu wollen, sondern bei leichterem Druck das Mahlgut mehrmals passieren zu lassen. Besonders wichtig ist es, die Viskosität der Paste der Einstellung des Walzenstuhls entsprechend anzupassen. Der große Einfluß der Viskosität geht daraus hervor, daß auf demselben Walzenstuhl unter den gleichen Bedingungen bei Bearbeitung einer dünnen Paste nur der zehnte Teil dessen ausgestoßen wird, was mit einem steifen Mahlgut erreicht werden kann. Die Viskosität sollte auf jeden Fall 200 Poise aufweisen. Außer der Viskosität beeinflußt das Spiel zwischen den Walzen und die Umlaufgeschwindigkeit die Stundenleistung. Das Spiel der Mühle muß auf die Teilchengröße ungefähr eingestellt werden. Die Wirkung dieser ersten Passage ist noch relativ gering; man läßt daher, nachdem die Größen der Pigmentaggregate entsprechend reduziert sind, das Mahlgut bei entsprechend feinerer Einstellung bearbeiten. Thixotrope Strukturen der Paste wirken sich auf den Mahleffekt negativ aus, da nach Aufhebung der Ordnungszustände bei Passage des ersten Walzenpaares ein starker Viskositätsabfall stattfindet, der eine schlechte Mahlwirkung bei weiteren Passagen und niedrigerem stündlichem Ausstoß resultieren läßt.

Für den rationellen Einsatz der Walzenstühle sind folgende Gesichtspunkte besonders zu beachten: Eine gründliche Vormischung kürzt den Arbeitsgang des Mahlens erheblich ab und gibt bessere Verteilung. Bei Einstellung der Rezeptformel ist hohe Viskosität anzustreben. Die günstige Relation Pigment—Weichmacher oder Pigment—Bindemittel ist für jedes Pigment, jedes Öl und jedes Bindemittel spezifisch. Anorganische Pigmente können zwischen 50 und 80%, organische zwischen 30 und 50% und Carbon-black zwischen 20 und 30% der Walzmasse ausmachen. Einige Pigmente in Nadelform, meist organische Pigmente bzw. Farblacke, können der Walzbehandlung insofern Schwierigkeiten bereiten, als sie auf der Walze Ordnungszustände einnehmen, die eine weitere Zerteilung fraglich machen. Dieser Tatsache muß bei der Vorbehandlung der Paste Rechnung getragen werden.

Einwalzenstuhl.

Der Einwalzenstuhl ist hauptsächlich zum Homogenisieren von Pigmentdispersionen niedriger Viskosität zwischen 1 und 1000 Poises oder zum Einarbeiten von Pigmenten besonders weicher Textur geeignet. Diese Mühle findet auch vorteilhaft Anwendung, um aus zwei fertiggestellten Pigmentpasten eine homogene Mischung herzustellen. Für organisch lösliche Deckfarben empfiehlt sich der Einwalzenstuhl, weil er relativ einfach abzukapseln ist. Der stündliche Ausstoß eines Einwalzenstuhles ist ein Mehrfaches der Mehrwalzensysteme. Bei einigen Typen des Einwalzenstuhles ist in dem Mahlbarren eine U-förmige Erweiterung des Mahlweges eingelassen, wodurch erreicht wird, daß das Mahlgut zweimal einen Spalt passiert. Durch diese Anordnung soll der Effekt dieser Maschine erheblich verbessert werden.

Zweiwalzenstuhl.

Schwerste Zweiwalzenstühle finden in der Gummiindustrie zum Verwalzen der Kautschukfelle mit Hilfsmitteln und Füllmitteln Anwendung. Sie sind hervorragend geeignet zur Bearbeitung hochviskoser Medien zwischen 100000 und 50 Millionen Poises. In der Farbenindustrie haben diese Maschinen gegenüber den Mehrwalzenstühlen keine Bedeutung gewinnen können.

Mehrwalzenstühle.

Drei- und Fünfwalzenstühle sind die gebräuchlichsten Maschinen in der Farbenindustrie, speziell zum Anreiben von Pigmenten. Beim Dreiwalzenstuhl dienen die beiden ersten Rollen zur Zerquetschung von Übergrößen des Pigments, während zwischen der zweiten Rolle und der schneller laufenden dritten Rolle die hauptsächlichste Verteilungsarbeit geleistet wird. Die mittlere Walze des Dreiwalzenstuhles ist meistens fest montiert, während die beiden äußeren Walzen auf Spaltgrößen zwischen 25 und 5 μ eingestellt werden. Die Viskositätsgrenzen für Mehrwalzenstühle liegen zwischen 100 und 10000 Poises.

Um einen Dreiwalzenstuhl in Gang zu setzen, verfährt man wie folgt: die Walzen werden gelockert und das Rakel abgenommen. Das Bindemittelpigmentgemisch wird in die Zuführung eingebracht und die Mühle angelassen. Nun werden die beiden Zuführungswalzen eingestellt und angezogen. Die dritte Walze wird so lange eingerichtet, bis sie die Farbe von der zweiten Rolle gleichmäßig abnimmt. Schließlich wird das Abnahmerakel sorgfältig aufgesetzt, daß es gerade die Paste völlig zurückhält. Das Material, das während der Einstellung die Mühle passiert hat, wird nochmals zurückgegeben.

Für den Fünfwalzenstuhl wird oft argumentiert, daß eine einmalige Passage dieser Maschine eine zweimalige auf dem Dreiwalzenstuhl ersetzen könne, was betriebstechnisch ohne Zweifel einen Vorteil bedeutet. Eine Entscheidung, welchem Walzenstuhl der Vorzug zu geben ist, wird nur von Fall zu Fall bei Bewertung des Gesamtfabrikationsganges möglich sein. Ist eine entsprechend intensive Vormischung apparativ gewährleistet, wird in den meisten Fällen der Dreiwalzenstuhl völlig genügen; ist jedoch das Ausgangsmaterial nur ungenügend gemischt und genetzt oder sind in dem zu verarbeitenden Pigment Übergrößen vorhanden, wird man sich für den Fünfwalzenstuhl entscheiden müssen. Mehrwalzenstühle finden in der Lederdeckfarbenherstellung im wesentlichen für die Anreibung der Pigmente mit Weichmachern Anwendung.

Kugelmühlen.

Kugelmühlen (H. F. Kleinfeld; G. Merz; C. Denzler; O. F. Redd) sind Stahltrommeln, die mit Porzellan, Flintstein oder Stahl gefüttert sind und 38 bis 42% ihres Volumens Porzellan-, Flintstein- oder Stahlkugeln in vielen Fällen verschiedener Größen (2 bis 6 cm) enthalten. Die Mühlen müssen durch einen Deckel oder ein Mannloch verschließbar sein. Spezielle Typen können durch Ummantelung kühlbar eingerichtet sein, was in vielen Fällen notwendig ist, da Temperaturen bis zu 50° C beim Mahlen entstehen können.

Vorteile der Kugelmühle sind folgende: die Verarbeitung im geschlossenen Gefäß ermöglicht die Mahlung von Ansätzen mit flüchtigen Lösungsmitteln. Diese Möglichkeit macht diesen Mühlentyp für die Herstellung von Kollodiumdeckfarben besonders geeignet. Ein vorheriges Kneten oder Mischen der Rezepturbestandteile ist nicht notwendig, vielmehr kann das Material in der Mühle belassen werden, bis der erwünschte Feinheitsgrad erreicht ist. Dadurch ist die Anwendung von Kugelmühlen im Hinblick auf die Kalkulation interessant. Der geringe Kraftbedarf und die einfache Wartung wirken sich in gleicher Richtung aus. Große Lackansätze können durch entsprechend dimensionierte Kugelmühlen bewältigt werden, was die Einheitlichkeit des Fertigprodukts leichter erzielen läßt, als wenn viele Einzelansätze gefahren werden müssen. Nachteile dieses Mühlentyps sind, daß Wand- und Kugelmaterial einer starken Abnutzung unterliegen, was z. B. bei Stahlmühlen zu einer Verschmutzung heller Nuancen führen kann. Porzellan und Flint als Wand- und Kugelmaterial lassen diesen Nachteil weniger in Erscheinung treten. Große Schwierigkeiten bringt die Entleerung und Reinigung dieses Mühlentyps. Nachdem die Reinigung immer unvollkommen bleiben muß, auch wenn das Mahlgut mit Verdünnern leichter gießbar gemacht wird, ist es fast ratsam, für jede Nuancengruppe eine eigene Mühle einzusetzen. Die in der Kugelmühle erreichbare Mahlfeinheit genügt höchsten Ansprüchen nicht. Höhere Feinheitsgrade können erreicht werden, wenn statt Kugeln Stäbe als Mahlkörper eingesetzt werden.

Die Mahlwirkung der Kugelmühle entsteht durch die Bearbeitung der Pigmentaggregate zwischen den rollenden und fallenden Kugeln einerseits und den Mühlenwänden anderseits. Die Kugeln können sich in verschiedener Weise verhalten: sie können wellenartig durch die Flüssigkeit fallen, an der Wand entlang rollen, sie können aber auch infolge zu großer Zentrifugalkraft an der Trommelwand fixiert bleiben und vereinzelt durch das Faß fallen. Im letzten Fall kann keine Mahlwirkung resultieren. Der beste Effekt wird erzielt, wenn die Kugeln teils wellenartig fallen, zum anderen Teil an der Wand entlang rollen.

Die Umdrehungszahl der Mühle ist so einzustellen, daß 50 bis 65% der sogenannten kritischen Umdrehungszahl, d. h. diejenige, bei der zentrifugale Fixierung der Kugeln auftritt, gefahren wird. Die Kugelfüllung soll um die 40% des Gesamtvolumens liegen. Das optimale Volumen des Mahlgutes liegt etwa bei 20%; aus betrieblichen Gründen wird jedoch meist mit einer Füllung bis zu 45% gearbeitet. Die Kugelgröße ist möglichst klein zu halten, soweit dies die Viskosität des Mahlgutes erlaubt. Die Kugeln müssen frei beweglich sein, leicht in dem Mahlgut absacken, das Aufprallen muß deutlich hörbar sein. Verschiedene Ballgrößen bringen in zylindrischen Mühlen keine Vorteile, es sei denn einige wenige Übergrößen zur Erhöhung der Gesamtbeweglichkeit. Die Viskosität des Mahlgutes ist unter Wahrung der freien Kugelbeweglichkeit möglichst hoch einzustellen. Kugelmühlen ergeben, je nach Pigmentart, nach 50 bis

100 Stunden Mahldauer den für unsere Zwecke genügenden Verteilungsgrad. Das Hauptanwendungsgebiet der Kugelmühlen für die Lederdeckfarbenfertigung ist die Herstellung organisch löslicher Rezepturansätze.

VI. Trocknen.

Trocknungsprobleme bestehen bei der Lederdeckfarbenherstellung nur für die Fabrikation wasserlöslicher Pulvermarken. Diese werden mit der für wässerige Deckfarben üblichen mechanischen Bearbeitung in möglichst pigmentreichen Ansätzen gefahren und dann in normalen oder Vakuumtrockenschränken, auf Trockenwalzen oder in Zerstäubungstrocknern getrocknet. Beim Trockenschrank- und beim Trockenwalzenverfahren muß das Trockengut anschließend zur optimalen Körnung vermahlen werden. Diese Körnung ist für die „Löslichkeit" der Pulvermarke besonders wichtig. Es ist ein Irrtum anzunehmen, daß möglichst feine Pulver bei schrank- und walzengetrocknetem Material optimal seien, vielmehr hat sich eine möglichst pulverfreie linsenartige Form am besten bewährt. Diese Form verhindert Zusammenklumpungen auch bei ungeschickter Lösemanipulation.

F. Praktische Rezepturen für die Herstellung von Appreturen und Lederdeckfarben.

I. Allgemeines.

Über die im praktischen Gebrauch stehenden Rezepturen für Appreturen und Lederdeckfarben zu referieren, ist eine schwierige Aufgabe. Zwar liegt eine ganze Reihe von Rezepturen, Patenten und Arbeitsvorschriften in der Literatur vor, jedoch ist der Verfasser sicher, daß von diesen Angaben in der Praxis nur geringer Gebrauch gemacht wird. Die tatsächlichen, im Laufe der Jahrzehnte erarbeiteten Appretur- und Deckfarbenrezepturen werden sowohl von der Lederindustrie als auch von der chemischen Industrie als Betriebsgeheimnisse wohl gehütet. Eine weitere Schwierigkeit ist es, daß eine ganze Reihe der vorhandenen Rezepturangaben von mit dem Ledergebiet weniger vertrauten Farben- und Lackexperten gegeben werden, wodurch die an sich schon unklare und oft verwirrte Nomenklatur des Zurichtgebiets noch weiter in Konfusion gebracht wird. Bei den meisten in der Literatur vorliegenden Rezepturen sind z. B. die Rohstoffangaben ungenau und lückenhaft, sie vernachlässigen oft den entscheidend wichtigen Gütegrad des Rohmaterials, so daß eine Nacharbeitung vielfach zu unerfreulichen Ergebnissen führt. Die in der Praxis heute weitgehend verwendeten Lederdeckfarben werden von den chemischen Fabriken hergestellt, über deren Arbeitsmethoden bisher nichts wirklich Zutreffendes und Brauchbares veröffentlicht wurde. Es liegen eine ganze Reihe von Patenten der Lederdeckfarbenhersteller vor, jedoch ist das know how dieser Veröffentlichungen oft entscheidend. Man steht also vor dem Dilemma, einerseits praxisfremde Rezepturangaben der Literatur nur mit Vorbehalt verwenden zu können, anderseits über die Herstellung der in die Praxis eingeführten Lederdeckfarben keine belegten Angaben machen zu können. Die Aufgabe für dieses und die folgenden Kapitel kann daher nicht sein, eine möglichst vollkommene Aufzählung des vorliegenden Materials zu bringen, sondern eine auswählende Sichtung zu versuchen. Bei diesem Vorgehen stützt sich der Autor vielfach auf die bewährten Rezepturangaben von I. S. Mudd (1), S. 75 ff.

II. Wässerige Appreturen und Deckfarben.

1. Herstellung von Stammlösungen.

Zuerst seien die Appreturen und Deckfarben in wässeriger Lösung besprochen. Glänze, Appreturen, Lederdeckfarben usw. werden in den Gerbereien selbst meist so hergestellt, daß man von den verwendeten Rohstoffen sogenannte Stammlösungen einstellt, die dann je nach dem Zurichtvorhaben in der mannigfaltigsten Weise miteinander kombiniert werden. Im folgenden werden einige Angaben zur Herstellung solcher Stammlösungen gebracht. Das allgemeine Prinzip für die Herstellung von Lösungen auf dem wässerigen Sektor der Lederzurichtung ist, von wenigen Ausnahmen abgesehen, das der Salzbildung bzw. Verseifung der verwendeten Rohstoffe. Als Verseifungsmittel sind Alkalien, bzw. deren schwächer alkalisch reagierende Salze mit schwachen Säuren, und organische Basen gebräuchlich. Man soll sich zum Grundsatz machen, so wenig wie nur irgend möglich Verseifungsmittel anzuwenden, weil die konzentrierte Anwendung derselben die hochmolekulare Struktur der Rohstoffe abbaut, die Reibechtheiten der fertigen Zurichtung verschlechtert und mit zu einem unedlen Grauschimmer des Fertigleders beitragen kann. In vielen Fällen ist es unvermeidlich, die Lösung bei erhöhter Temperatur vorzunehmen. Man mache es sich zum Prinzip, die Temperatureinwirkung sowohl der Höhe als auch der Dauer nach möglichst zu beschränken. Diese Vorsichtsmaßnahme ist darin begründet, daß bei höheren Temperaturen ebenfalls ein beschleunigter Abbau hydrolysierbarer Körper stattfindet. Auf der anderen Seite kann man sich in gewissen Fällen diesen Abbau durch die Temperatur insofern zunutze machen, indem man zu hochviskose Lösungen durch längeres Erwärmen unter Rühren auf besser zu handhabende Viskositäten zurückführt.

Für den wichtigsten Rohstoff wässeriger Deckfarben, das Casein, geben E. Sutermeister und F. L. Browne diejenigen Mengen von meist durch Salzbildung wirksamen Zusatzstoffen, die für eine Lösung von 100 g Casein in 600 g Wasser gerade noch ausreichen, wie folgt an (Tabelle 8):

Tabelle 8. Zur Lösung von 100 g Casein in 600 ccm Wasser benötigte Verseifungsmittelmenge.

Verseifungsmittel	In Gramm	In Grammäquivalenten
Ammoniumhydroxyd	3,15	0,09
Natriumhydroxyd	2,35—3,95	0,059—0,099
Borax ($Na_2B_4O_7 \cdot 10\ H_2O$)	14,7	0,077
Trinatriumphosphat ($Na_3PO_4 \cdot 12\ H_2O$)	12,3	0,097
Natriumcarbonat (Na_2CO_3)	5,14—16	0,097—6,3
Natriumfluorid	64,0	1,5
Natriumstannat ($Na_2SnO_3 \cdot 3\ H_2O$)	20,0	0,15
Natriumsulfit ($Na_2SO_3 \cdot 7\ H_2O$)	14,0	0,11

Diese Angaben und auch die anderer Autoren schwanken teilweise sehr erheblich, weil sie stark von der Qualität und der Vorgeschichte des Caseins beeinflußt werden. Besonders die Trocknung des Caseins bestimmt die Löslichkeit weitgehend. Caseine, die über 70° getrocknet wurden, zeigen bereits eine merkbar schwerere Löslichkeit, während solche mit einer Trocknung über 100° C als ausgesprochen schwer löslich bezeichnet werden müssen. Weiter üben die Bedingungen der Lösung, z. B. die Lösetemperatur, erheblichen Einfluß aus, jedenfalls empfiehlt es sich, das Casein 24 Stunden vor der Verarbeitung quellen zu lassen. I. S. Mudd (*1*), S. 30, macht besonders darauf aufmerksam, daß ein Überschuß von Alkali unter allen Umständen vermieden werden muß, da dieser zu weichen, bröckligen und zu ungenügend wasserfesten Filmen führen muß. Die Eigenschaften einer guten Caseinlösung faßt der genannte Autor wie folgt zusammen:

a) ein Maximum an Bindekraft,
b) ein Minimum an Löslichkeit des getrockneten Films,
c) gute Stabilität und Beständigkeit der Lösung,
d) guter Körpergehalt,
e) leichtes und glattes Verarbeiten.

Nach Ansicht dieses Autors hängen die genannten Eigenschaften im wesentlichen von folgenden Faktoren ab:

1. von der Vorgeschichte des Caseins,
2. von der Bereitung der Lösung,
3. von der Menge und der Art des verwendeten Alkalis.

Man muß mit der Ansicht von I. S. Mudd (*1*), S. 30, durchaus übereinstimmen, daß die Wasserfestigkeit der resultierenden Caseinfilme entscheidend von dem Kation des verwendeten Verseifungsmittels abhängt. Während Natrium- und Kaliumionen mäßige Wasserechtheiten bedingen, verhält sich das Ammoniumion in dieser Hinsicht erheblich besser. Die Verwendung von Calcium- ionen für Lederdeckfarben ist sehr selten, obwohl Calciumcaseinat gegen Wieder- anquellungen sehr resistent ist, wie seine Verwendung in Caseinklebern zeigt. In der Praxis hat sich die Verseifung mit technischem Ammoniak und auch mit Borax weitgehend eingeführt. Während das erste Verseifungsmittel den Vorteil besserer Wasserechtheiten mit sich bringt, wirkt Borax sowohl als Ver- seifungsmittel als auch als allerdings schwaches Konservierungsmittel, das einen Schimmelbefall von Caseinlösungen wenigstens anfänglich für kurze Zeit verhindern hilft. Sollen Caseinlösungen mehrere Tage, besonders im Sommer, aufbewahrt werden, ist eine Konservierung unerläßlich. Bewährt haben sich als Konservierungsmittel chlorierte Phenole, z. B. die Preventole und Raschit, Thymol, weniger Carbolsäure, Nitrophenol und natürliche terpenhaltige ätherische Öle. Auch bei der Konservierung ist eine geringstmögliche Dosierung anzustreben.

I. S. Mudd (*1*), S. 77, gibt für eine zur Herstellung von Glänzen und Leder- deckfarben gut geeignete Caseinlösung folgende Lösungsvorschrift: Das Casein ist in einem emaillierten Kessel unter Rühren und Erhitzen zu quellen. Nach 2 Stunden soll der Ansatz eine Temperatur von 60° C erreicht haben. In einem räumlich tiefer gelegenen Kessel ist inzwischen die notwendige Menge Alkali zusammen mit dem Konservierungsmittel gelöst worden. In diese vorgelegte Lösung läßt man unter Rühren aus dem höheren Kessel das vorgequollene Casein einlaufen.

Rezeptur 1:

1200 lbs.	(= 544,31 kg)	Casein
70 gal.	(= 318,22 l)	Wasser
66 lbs.	(= 29,94 kg)	gepulverter Borax
1 lb.	(= 0,45 kg)	Butylphenol
10 gal.	(= 45,46 l)	Wasser

Ausbeute: 100 gal. Caseinlösung.

E. Stock, S. 834, gibt folgende Vorschrift für die Herstellung von Casein- lösungen:

Rezeptur 2:

        100 Tl. Casein in
        250 „ Wasser einrühren
          6 „ Kaliumhydroxyd in
         20 „ Wasser oder
          6 „ Ammoniak techn. (spez. Gew. 0,895) oder
         18 „ Borax in
         30 „ Wasser oder
         12 „ Ammoniumbicarbonat auf
         20 „ Wasser zusetzen und auf dem Wasserbad erwärmen, bis glatte
               Lösung erreicht ist. Zur Konservierung wird eine Zugabe von
          4 „ flüssiger Carbolsäure empfohlen, die jedoch besser durch 1 Teil
               Preventol flüssig I ersetzt werden sollte

Für die Herstellung einer Caseinlösung mit Trinatriumphosphat gibt E. Stock, S. 834, folgende Vorschrift:

Rezeptur 3:

         11 Tl. Dinatriumphosphat löst man in
        110 „ Wasser, fügt
          3 „ Natriumhydroxyd in
         30 „ Wasser hinzu und gibt die Mischung auf dem Wasserbad zu
        100 „ Casein in
        300 „ Wasser

Man erwärmt, bis die Masse zügig wird.

L. Ivanovszky, S. 57, empfiehlt für den Caseinaufschluß besonders Triäthanolamin. Nach Erfahrungen des Autors ergibt diese organische Base zwar einen ausgezeichneten Aufschluß, eine Lösung mit starker Emulgierreserve für die Einarbeitung nicht wasserlöslicher Bestandteile in Emulsion und einen weichen Film; leider sind aber die Trocken- und Naßreibechtheiten, die Tropfenfestigkeit und die Rückpolierbarkeit solcher Caseinaufschlüsse völlig ungenügend.

Sehr einfach werden Stammlösungen von Eialbumin und Blutalbumin und auch von Gelatine durch Auflösen in Wasser hergestellt, wobei lediglich darauf geachtet werden muß, daß die Temperatur keinesfalls über 40° C steigt. Alle Albuminpräparate, besonders solche älteren Datums, ergeben beim Lösen eine mehr oder weniger geringe Menge Rückstand, der allerdings infolge Quellung oft voluminös und daher unverhältnismäßig groß erscheint. Durch Gießen über ein Koliertuch sind unlösliche Bestandteile aus den Stammlösungen zu entfernen. Geringe Ammoniakzusätze erleichtern immer das Lösen dieser Appretiermittel. Albuminlösungen sind mit anionischen Farbstoffen gut anfärbbar.

Rezeptur 4:

         10 Tl. Eialbumin
         89   „ Wasser
          1   „ Glycerin
        0,5   „ Preventol flüssig I
    0,1—0,5   „ Ammoniak techn.

Auflösen unter Rühren, nach Möglichkeit ohne Erwärmen. Zur Konservierung ist, neben Chlorphenolen, Phenol und Fluornatrium geeignet.

Die Stammlösungen der sogenannten Schleimstoffe werden auf die verschiedenste Weise hergestellt.

Methylcellulose, z. B. Tylose DKL, muß kalt gelöst werden, da mit dem Erwärmen die Löslichkeit abnimmt.

Leinsamenabkochung erhält man durch einstündiges Kochen zerquetschter Leinsamen mit der zehnfachen Menge Wasser. Noch warm, wird durch ein Tuch gegossen, der Rückstand nochmals ausgekocht, wieder abgeseiht und beide Absude vereinigt. Leinsamenabkochung kann sowohl mit anionischen als auch mit kationischen Farbstoffen geschönt werden.

Zur Herstellung einer Karagheenmooslösung läßt man die Ware mit der 20fachen Menge Wasser 24 Stunden quellen und erwärmt nach nochmaligem Zusatz der gleichen Menge Wasser $1^1/_2$ Stunden unter beständigem Rühren fast zum Sieden. Dann wird ohne nachzupressen durch Sackleinwand abgeseiht. Zur Weichmachung werden ein bis zwei Teile sulfoniertes Ricinusöl auf den Stammansatz zugefügt. Will man steifere Lösungen herstellen, gibt man nur die Hälfte der vorstehend angegebenen Wassermengen zu und gibt noch 5% Glycerin in den Ansatz, um ein Durchgelatinieren der Appretur zu verhindern. Glycerin wirkt ebenso wie Polyglycerin gleichzeitig als Weichmacher. Karagheen-appreturen sind gut mit anionischen Farbstoffen verträglich, können aber nicht mit basischen Farbstoffen angefärbt werden.

Tragantpulver wird zur Lösung 65 Stunden mit der 20- bis 40fachen Menge Wasser gekocht. Eine andere Lösemethode empfiehlt, das Tragantpulver mit 92%igem Alkohol durchzufeuchten und anschließend sofort die 50- bis 100fache Menge Wasser unter kräftigem Rühren und Schütteln zuzufügen. Die Tragantlösung kann mit anionischen Farbstoffen geschönt werden.

Ein gutes Mittel für Schleimappreturen ist Algin. Bei entsprechender Weichmachung mit sulfoniertem Spermöl ergibt dieses Material einen milden Film. Algin und Alginate sind gut verträglich mit den anderen Bindemitteln der wässerigen Zurichtung. Die leichte Löslichkeit des Materials unterscheidet es von den Moosstoffen und Tragant. Alginate sind mit Chromsalzen etwas härtbar. Es werden Lösungen von drei bis fünf Teilen Algin in 100 Teilen Wasser unter kräftigem Rühren hergestellt; bei längerem Stehen empfiehlt sich eine Konser-vierung mit Chlorphenolen oder Carbolsäure.

Abschließend soll noch einmal darauf hingewiesen werden, daß sämtliche Schleimstoffe der Weichmachung bedürfen, wofür neben sulfoniertem Ricinusöl und sulfoniertem Spermöl im wesentlichen Glycerin und Eukanolöl PL in Frage kommen.

Zur Auflösung von Schellack empfiehlt I. S. Mudd (*1*), S. 76, folgenden Ansatz:

Rezeptur 5:

> 2 lbs. (= 0,91 kg) T. N. Schellack
> 15 gal. (= 68,19 l) Wasser
> $^1/_4$ lb. (= 0,11 kg) kalz. Soda

In die kochende Sodalösung wird der Schellack unter Umrühren langsam eingestreut. Da kochende Schellacklösungen stark schäumen, dürfen die Lösegefäße nur zu zwei Drittel gefüllt sein. Überschäumen wird am besten durch Aufsprengen von wenig kaltem Wasser auf die Schaummasse verhindert. Beim Abkühlen schwimmt das Schellackwachs obenauf und kann abgeschöpft werden. Die resultierende klare Lösung wird weiter verdünnt und allein oder meist in Kombination mit Casein, Albumin und Wachs angewandt. Will man das Schellackwachs besonders sorgfältig abscheiden, was sich im Hinblick auf die Glanzwirkung bezahlt macht, so ist die Wärme langsam wegzunehmen und der Kessel mit Säcken und Decken einzuhüllen. Durch die langsame Abkühlung wird erreicht, daß das Wachs sich kompakter auf der Oberfläche schwimmend abscheidet. Dieses ist nach 24stündiger Klärung abzuschöpfen.

Ein Beispiel für die Lösung von Rubinschellack gibt E. Stock, S. 853, mit folgender Vorschrift:

Rezeptur 6:

> 33 Tl. Borax in
> 300 „ Kondenswasser lösen
> 100 „ Rubinschellack zugeben

und unter Rühren weiter erwärmen, bis völlig gelöst ist. Nach dem Erkalten durch ein Tuch filtrieren; Konservierung durch Einrühren von 2 Teilen Carbolsäure. Für die Lösung von gebleichtem Schellack wird von demselben Autor auf 100 Teile Schellack 40 Teile Ammoniumbicarbonat für 300 Teile Kondenswasser empfohlen.

Besonders sei darauf hingewiesen, daß für die Lösung von Schellack immer Kondenswasser zu verwenden ist, da derselbe mit den Härtebildnern des Wassers unlösliche Kalkseifen bildet. Weiter sei darauf hingewiesen, daß für Lederappreturen harz- und vor allem kolophoniumfreie Schellacksorten verwendet werden müssen. Besonders ein Kolophoniumgehalt in Schellack ist für Lederappreturen schädlich, da er den Glanz stark herabsetzt, Glanzstoßschwierigkeiten bereitet und zu Schäumen Anlaß gibt. Ebenso wie bei Casein ist das für die Verseifung des Schellacks verwendete Alkali und dessen Menge bestimmend für den Glanz, die Wasser- und die Tropfenfestigkeit, die Elastizität und die Haftfestigkeit des Films. Ein Überschuß von Alkali kann zum Gelatinieren der Schellacklösung führen. Nach L. Ivanovszky, S. 56, finden neben Borax Ammoniak, Ammoniumcarbonat und kalz. Soda Anwendung. Dieser Autor gibt das Äquivalenzverhältnis von Borax zu Ammoniak mit 2 : 1 an. Besonders hochglänzende Filme sollen erzielbar sein, wenn man Ätzalkali verwendet, das mit einer zur völligen Tetraboratbildung ungenügenden Menge Borsäure abgepuffert ist. Eine Rezeptur unter diesem Gesichtspunkt ist folgende:

Rezeptur 7:

27	Tl.	Rubinschellack
2,5	,,	Ätzkali techn.
2,25	,,	Borsäure
2,25	,,	Ricinusölseife
66,25	,,	Wasser

Man gibt zunächst die zerkleinerte Seife zur Ätzalkalilösung und trägt dann bei zirka 80° C unter beständigem Rühren den zerkleinerten, mit der Borsäure innig vermischten Schellack ein.

Nach eigenen Erfahrungen ist Triäthanolamin für die Verseifung von Schellack gut geeignet, nicht nur weil es ein sehr guter Lösungsvermittler ist, sondern auch, weil dieser Körper im Schellack gleichzeitig als Weichmacher wirkt. Allerdings ist der Einfluß dieses Verseifungsmittels auf die Wasserechtheit negativ. Als Rezepturanhalt sei folgendes gegeben:

Rezeptur 8:

100	Tl.	gut zerkleinerter Schellack werden mit
12—16	,,	Triäthanolamin und
40	,,	Kondenswasser

bei 40° C gemischt und rasch auf 90° C erhitzt, bis klare, honigartige Konsistenz erzielt wird. Die Schmelze wird mit Kondenswasser auf Ausbeute eingestellt. und anschließend abgekühlt. Das Problem der Weichmachung ist für Schellackappreturen besonders brennend, da gerade diese stark zum Abrußen und Brechen des Films neigen. L. Ivanovszky, S. 56, empfiehlt neben Weichmachungsmittel 9, Glycerin, Olivenöl- und Ricinusölseifen auch Spicköl, Türkischrotöl und Kandiszucker. Verfasser hält die drei letzten Substanzen für weniger geeignet und möchte demgegenüber Eukanolöl PL und auch Polymerisatemulsionen in den Vordergrund stellen. Der Weichmacheranteil soll etwa 5 bis 10% des Schellackanteils ausmachen. Als Konservierungsmittel haben sich Chlorphenole für Schellack gut bewährt. Es muß noch darauf hingewiesen werden, daß von Schellackherstellern heute sogenannte wasserlösliche Schellacksorten in den Handel gebracht werden, die ohne Verseifungsmittel oder andere Zusätze in

Wasser gelöst werden können und zum Aufbau von Appreturen und Deckfarben gut geeignet sind.

Wachsemulsionen werden durch Verseifung eines Teils der Wachsester mit Alkalien oder durch Emulgierung der geschmolzenen Wachse mittels eines geeigneten Emulgators hergestellt. Während das erste Verfahren nur Emulsionen alkalischer Reaktion ergibt, können mit dem zweiten praktisch neutrale, ja sogar Emulsionen saurer Reaktion erhalten werden. Für die Herstellung guter Wachsemulsionen in großen Ansätzen sind dampfbeheizte, hochtourige Rührwerke sowie moderne Homogenisierungsmaschinen unerläßlich. Es kommt bei der Emulgierung darauf an, daß die Temperatur bei der Bildung des Emulsionskerns nicht unter den Punkt sinkt, bei dem die sahnige Konsistenz des Emulgiergutes sich verfestigt. Die Wachse werden meist im geschmolzenen Zustand vorgelegt, das Verseifungsmittel wird in wenig Wasser gelöst eingebracht und bis zur Glätte gerührt. Wird mit Emulgator gearbeitet, so wird dieser entweder unverdünnt oder mit wenig heißem Wasser verdünnt unter gleichmäßigem und kräftigem Rühren in das geschmolzene Wachs eingeführt. Ebenso wie bei dem Lösen von Schellack ist zur Herstellung von Wachsemulsionen Kondenswasser oder zumindest weiches Wasser einzusetzen. Als Rohstoffe können alle nur möglichen natürlichen und synthetischen Wachse, meist in Kombination, angewendet werden. In den einmal gebildeten Emulsionskern der sogenannten Esterwachse können je nach Ausgangsmaterial oft beachtliche Anteile von Paraffin, Montanwachsen und Spindelölen, also reine Kohlenwasserstoffkörper, eingearbeitet werden. Zur Erleichterung der Emulgierbarkeit werden besonders bei den natürlichen Hartwachsen, wie Carnaubawachs, Testbenzine, Sangajol, Balsamterpentinöle und ähnliche organische Lösungsmittel zur Erleichterung der Emulgierbarkeit der ersten Schmelze zugesetzt. Einige auf dem Markt befindliche synthetische Wachse enthalten bereits die optimale Emulgatormenge eingeschmolzen. Diese werden durch Schmelzen und langsames Einrühren des Wassers neutral in Lösung gebracht. Solche Wachstypen sind z. B. die Gersthofener Wachse N und N neu, wovon ersteres sich für Wasser-in-Öl-, letzteres für Öl-in-Wasser-Typen eignet. Als Verseifungsmittel finden neben Ammoniak, Soda, Ammoniumbicarbonat, Borax die besprochenen organischen Amine Anwendung. Als Emulgatoren sind geeignet Seifen, Aminseifen und nichtionogene, äthoxylierte Emulgatoren, wie Emulphor O, EL, OPF (BASF), Lubrol W (Imperial Chem. Ind. Ltd.), Emulgator G 9446 N (Atlas Powder Comp.), Emulgator W (Bayer) u. a.

I. S. Mudd (*1*), S. 78, gibt als Rezeptur für eine Carnaubawachsemulsion unter anderem an:

Rezeptur 9:

<pre>
20 lbs. (= 9,07 kg) fettgraues Carnaubawachs
10   „ (= 4,54 „) amerikanisches Terpentinöl
10   „ (= 4,54 „) Marseiller Seife
16 gal. (= 72,74 l) Wasser
10 lbs. (= 45,46 l) Türkischrotöl, 50%ig
</pre>

Carnaubawachs und Terpentinöl werden in einem dampfgeheizten Mischgefäß geschmolzen. Die Seife, in heißem Wasser vorgelöst, wird unter ständigem Rühren hinzugefügt und der Ansatz 10 Minuten gekocht, sodann wird der Dampf weggenommen und das Türkischrotöl eingerührt. Die noch heiße Flüssigkeit wird durch eine wassergekühlte Kolloidmühle gegeben, welche abkühlt und emulgiert zur gleichen Zeit.

Eine Modifikation dieser Rezeptur benutzt Leim als Schutzkolloid für eine Seifenwachsemulsion:

Rezeptur 10:

$$
\begin{array}{ll}
20 \text{ lbs.} & (= 9.07 \text{ kg)} \text{ fettgraues Carnaubawachs} \\
10 ,, & (= 4,54 \text{ ,,) Terpentinöl} \\
10 ,, & (= 4,54 \text{ ,,) Marseiller Seife} \\
16 \text{ gal.} & (= 72,74 \text{ l) Wasser} \\
40 \text{ lbs.} & (= 18,14 \text{ kg) Kaninchenfelleim} \\
40 \text{ gal.} & (= 181,84 \text{ l) Wasser}
\end{array}
$$

Nach den Erfahrungen von I. S. Mudd soll der Ersatz der Seife oder der Alkalien durch Emulgatoren ungenügende Reibechtheiten, Schwierigkeiten beim Glanzstoßen und eine Neigung zu Ausschlägen mit sich bringen.

Die Farbwerke Hoechst, Werk Gersthofen, geben als Stammlösungen zum Einarbeiten in Lederdeckfarben folgende Rezepturen an:

Rezeptur 11:

$$
\begin{array}{rl}
5 & \text{Tl. Hoechst Wachs S} \\
7 & ,, ,, ,, \text{BJ ungebleicht} \\
5 & ,, \text{ Paraffin } 50/52^\circ \text{ C} \\
0,75 & ,, \text{ Triäthanolamin} \\
82,25 & ,, \text{ Wasser} \\
\hline
100 & \text{Tl.}
\end{array}
$$

Konsistenz weich pastös.

Rezeptur 12:

$$
\begin{array}{rl}
2 & \text{Tl. Hoechst Wachs OP} \\
4 & ,, ,, ,, \text{E} \\
2 & ,, ,, ,, \text{BJ ungebleicht} \\
8 & ,, \text{ Tafelparaffin } 52/54^\circ \text{ C} \\
1,5 & ,, \text{ Kolophonium} \\
7 & ,, \text{ Pottasche} \\
80,8 & ,, \text{ Wasser} \\
\hline
100 & \text{Tl.}
\end{array}
$$

Für Schlußlüster sind sogenannte Selbstglanzemulsionen auf Wachsbasis interessant. Diese wässerigen Wachsdispersionen ergeben, auf eine glatte Unterlage aufgestrichen, nach dem Trocknen ohne Nachpolieren einen glänzenden Film. Auf Leder ist der Selbstglanz nur dann zu erreichen, wenn die vorhergehende Zurichtung die natürliche Saugfähigkeit des Leders beseitigt und einen möglichst vollkommenen Abschluß gebracht hat. Die Farbwerke Hoechst, Werk Gersthofen, geben folgende Beispiele für Selbstglanzrezepturen:

Rezeptur 13:

$$
\begin{array}{rl}
12 & \text{Tl. Hoechst Wachs KPS} \\
1,6 & ,, \text{ Emulphor O} \\
86,4 & ,, \text{ Wasser} \\
\hline
100 & \text{Tl.}
\end{array}
$$

Konsistenz flüssig.

Rezeptur 14:

$$
\begin{array}{rl}
11,2 & \text{Tl. Hoechst Wachs KPS} \\
2,4 & ,, \text{ Olein} \\
1,6 & ,, \text{ Morpholin} \\
17,6 & ,, \text{ Wasser} \\
\\
50 & ,, \text{ Wasser} \\
1,5 & ,, \text{ Schellack} \\
0,2 & ,, \text{ Morpholin} \\
15,5 & ,, \text{ Wasser} \\
\hline
100 & \text{Tl.}
\end{array}
$$

Man schmilzt das Wachs zusammen mit dem Olein bei etwa 100 bis 110° C. Nach dem Aufschmelzen mischt man gut, stellt die Heizquelle ab und fügt nach Fallen der Temperatur unter 100° C nach und nach das Morpholin unter dauerndem gutem Rühren zu. Es wird bis zur flüssigen Glätte weitergerührt. Nun setzt man die erste Wassermenge in etwa 3 bis 4 Teilen siedend heiß hinzu. Es entsteht eine zähschmierige Masse. Die nächste Wassermenge darf immer erst dann zugegeben werden, wenn die vorhergehende völlig homogen aufgenommen worden ist. Nun wird die Temperatur wieder auf 100° C gebracht, weiterhin Wasser siedend heiß in langsam anwachsenden Portionen zugesetzt und bis zum Erhalt einer dünnflüssigen Emulsion weitergerührt. Der Rest des Wassers kann dann ohne Unterbrechung im dünnen Strahl zulaufen. Nach den im zweiten Teil des Rezepts angegebenen Verhältnissen werden Schellack und Morpholin zunächst mit der Hälfte der vorgesehenen Wassermenge in Lösung gebracht. Der dabei entstehenden dickflüssigen Masse wird, sobald sie homogen geworden ist, die noch fehlende Wassermenge zugesetzt und, wenn es nötig erscheint, die Lösung filtriert. Die Schellacklösung wird noch warm der fertigen, noch heißen Wachsemulsion zugesetzt und dann bis zur Abkühlung auf Raumtemperatur nicht zu hochtourig weitergerührt.

Die oben beschriebenen Stammlösungen werden durch Mischung miteinander zu Appreturen, Stoßglänzen, Lüstern usw. kombiniert. Die Einzelrezepturen können auch in sinnvoller Weise zu einem Fabrikationsgang vereinigt werden, so daß Produkte gemischter Zusammensetzung in einem Arbeitsgang erreicht werden können. Eine Anfärbung kann mit anionischen Farbstoffen erfolgen. Es sei hier erwähnt, daß ein noch warmer, geschönter Rezepturansatz bei höherer Temperatur auf Leder aufgespritzt eine von dem Auftrag der abgekühlten Lösung abweichende Nuance aufweisen kann. Es ist daher Sorge zu tragen, daß vor Anwendung der Appreturen eine Abkühlung auf eine gleichmäßige Temperatur erfolgt.

2. Herstellung von wässerigen Lederdeckfarben.

Die beherrschende Stellung in der heutigen Lederzurichtung nehmen die pigmentierten Lederdeckfarben ein. Wässerige Lederdeckfarben können mehr oder weniger auf folgende Rahmenrezeptur zurückgeführt werden:

$$
\begin{array}{ll}
5\text{—}55\ \% & \text{Pigmente oder Pigmentgemische} \left.\right\} \text{Farbträger} \\
0\text{—}5\ \% & \text{Schönungsfarbstoffe} \\
8\text{—}20\ \% & \text{Binde- und Glanzmittel} \\
10\text{—}20\ \% & \text{Weichmacher (auch Emulgatoren und Schutzkolloide)} \\
0,5\text{—}1,5\ \% & \text{Konservierungsmittel} \\
0,5\text{—}3\ \% & \text{Verseifungsmittel} \\
& \text{Rest Wasser.}
\end{array}
$$

Dieses Rezepturschema zeigt, daß die Grenzen der Variationsmöglichkeiten sehr weite sind, Grenzen, die im wesentlichen bestimmt werden durch die Auswahl der Bindemittel- und Pigmentkombination. Mit dem genannten Schema läßt sich auch die Zusammensetzung der in unmittelbar zurückliegender Zeit auf den Markt gebrachten Plastikdeckfarben erfassen; diese neuen Deckfarben enthalten im Bindemittelanteil im wesentlichen Polymerisatemulsionen. Dagegen lassen sich in dieses Schema nicht die sogenannten wässerigen Pulverfarben einordnen, die, soweit sie anorganische Pigmente enthalten, bedeutend pigmentreicher eingestellt werden müssen. Pulverfarben auf Basis organischer Pigmente sind dagegen erheblich bindemittelreicher als in der Rahmenrezeptur angegeben.

Die Herstellung von wässerigen Deckfarben in Gerbereien geht etwa nach folgendem Arbeitsgang vor sich: in vorbeschriebener Weise wird eine Casein-stammlösung meist bei höheren Temperaturen hergestellt, die so einzustellen und zu konservieren ist, daß ihre Viskosität über einige Monate keinen merklichen Abfall erleidet. Gleichzeitig werden die Pigmente entweder mit Türkischrotöl oder einem anderen Weichmacher in einer Mühle oder auf einem Walzenstuhl angerieben. In einem Mischer wird in die vorgelegte Caseinlösung, nach Zugabe geringer Anteile von Wachsemulsionen, Albumin- oder Schellacklösungen, die Pigmentanreibung eingerührt und homogenisiert. Wird an die Homogenität der Lederdeckfarben ein besonders hoher Maßstab angelegt, so empfiehlt es sich, die Anreibung über eine Kolloidmühle nochmals zu homogenisieren.

Zur Verdeutlichung dieser einfachsten Vorschrift wird die Herstellungsrezeptur einer Lederdeckfarbe auf Basis Chromorange nach I. S. Mudd (1), S. 79, angegeben:

100 Tl. Chromorange-Paste 66%ig
100 ,, Caseinstammlösung (Rezeptur 1, S. 826)
25 ,, Wasser
15 ,, Türkischrotöl

Die meisten gefällten Pigmente können in wässeriger Pastenform bezogen werden, was insofern von Vorteil ist, als eine Aggregatbildung bei nicht aufgetrockneten Pasten nicht eintreten kann. So wird in einfacher Weise ohne Energieaufwand eine entsprechend feinere Verteilung der Pigmente erreicht. Es muß aber gesagt werden, daß das Arbeiten mit den nicht aufgetrockneten wässerigen Fällungspasten der Pigmente die Einstellung typkonformer Nuancen wesentlich erschwert. Als maschinelle Hilfsmittel für die oben angegebene Deckfarbenrezeptur stellt I. S. Mudd entweder eine Kolloidmühle oder einen langsamlaufenden Mischer oder einen modernen Walzenstuhl zur Diskussion. Für den Fall, daß das Pigment in Pulverform vorliegt, z. B. bei Eisenoxyd, Cadmium- und Titandioxydpigmenten, empfiehlt I. S. Mudd (1) die Anreibung des Pigments mit Wasser auf einem Dreiwalzenstuhl nach folgender Formel:

64 Tl. Eisenoxydrot
36 ,, Wasser

Dabei ist das Pigment beim ersten Zusammenbringen immer zum Wasser zu geben. Die Paste wird in die letzte Rezeptur in denselben Prozentsätzen wie die Chromorangepaste eingesetzt, jedoch empfiehlt I. S. Mudd hier unter allen Umständen eine Homogenisierung auf einer Mühle. Als Verbesserung dieser einfachsten Methode schlägt I. S. Mudd den Austausch des Wassers durch Türkischrotöl oder aber auch durch einen Teil der Caseinstammlösung vor. Manche Deckfarbenhersteller sollen so wenig viskose Anreibungen bevorzugen, daß sie noch auf einer Steinmühle bearbeitbar sind. Der Verfasser persönlich würde einer Anreibung auf dem Dreiwalzenstuhl zusammen mit Eukanolöl den Vorzug geben.

Pigmentmischungen sollten bei der Einstellung von Nuancen möglichst auf zwei Komponenten beschränkt bleiben, da Mischungen aus mehreren Pigmenten durch Ausschwimmen und Absetzen zu Schwierigkeiten Anlaß geben können. Als komplizdiertere Deckfarbenrezeptur gibt I. S. Mudd (1), S. 81, folgende an:

48 Ti. Spanischrot (Roteisensteinabbrände)
6 ,, Indischrot
6 ,, Knochenschwarz
120 ,, Caseinstammlösung (Rezeptur 1, S. 826)
12 ,, Wasser
24 ,, Wachsemulsion (Rezeptur 9, S. 830)

Das Pigment wird in einem Vertikalmischer mit dem Casein gemischt und in einer Steinmühle nochmals bearbeitet. Die Paste wird in einem langsam laufenden Mischer weiter verdünnt und zum Schluß mit der Wachsemulsion versetzt.

Derselbe Autor gibt für eine Deckfarbe auf organischer Pigmentbasis folgendes an:

              24 Tl. Pararot
              20 ,, Wasser
               4 ,, sulfoniertes Spermöl
              96 ,, Caseinstammlösung (Rezeptur 1, S. 826)
              32 ,, Wasser
              40 ,, Schellacklösung (Rezeptur 5, S. 828)

Die Pigmente werden mit Wasser und dem sulfonierten Spermöl angeteigt, auf
einem Dreiwalzenstuhl gemahlen, in einem hochtourigen Mischer in der Reihenfolge
der Rezeptur fertiggemischt.

Der Verfasser möchte aus eigener Erfahrung zu der angegebenen Rezeptur
bemerken, daß ihm ein Schellackzusatz in der angegebenen Höhe für die Einstellung der Deckfarbe nicht ratsam erscheint. Als letzte Rezeptur soll schließlich eine Kombination mit Gelatine und einer Wachsemulsion angegeben werden:

              20 Tl. anorganisches Pigment
              20 ,, organisches Pigment
             115 ,, Caseinstammlösung (Rezeptur 1, S. 826)
              10 ,, Türkischrotöl
               2 ,, Gelatine
               3 ,, Wasser
              24 ,, Wachsemulsion (Rezeptur 5, S. 830)

Die Pigmente werden mit der Caseinlösung und dem Türkischrotöl vermischt
und über einen mehrbarrigen Einwalzenstuhl homogenisiert. Die Gelatine und die
Wachslösung werden wie üblich in einen Mischer zum Schluß eingebracht.

Dem A.P. 2 198 596 kann folgende Deckfarbenrezeptur entnommen werden:

              25 Tl. Titandioxyd mit
              15 ,, Linolsäure verwalzt
             100 ,, Wasser   ⎫
              25 ,, Casein   ⎬ Stammlösung
               8 ,, Triäthanolaminoleat ⎭

Dasselbe Patent (s. auch E.P. 122 940) nennt als Caseinstammlösung noch
folgende Formel:

              100 Tl. Wasser
               25 ,, Casein
                2,5 ,, Natriumformiat
                3 ,, Borax

Als Beispiel für die Kompliziertheit mancher in der Literatur diskutierter
Farbenrezepturen soll folgende Formel angeführt werden (O. Wieber):

              4   kg Titandioxyd
              3,6 kg Casein   ⎫
              1,4 kg Ammoniak techn. ⎬ Stammlösung
              1,1 kg Carnaubawachs   ⎫ Stammlösung
              1,3 kg Seife   ⎭
              2,3 kg Schellack gebleicht ⎫ Stammlösung
              0,6 kg Borax   ⎭
              0,9 kg Leinsamenabkochung 10%ig
              1,5 kg Eialbumin
              3,5 kg Formaldehydlösung
              8,7 kg Türkischrotöl
             71,1 kg Wasser

Diese Rezeptur enthält für eine weiße Deckfarbe viel zu wenig Pigment. Im
Hinblick auf die geringe Pigmentkonzentration ist der Bindemittelgehalt viel
zu hoch, besonders die hohen Anteile an Carnaubawachs und Schellack sind nicht
tragbar, überhaupt ist gebleichter Schellack nach Möglichkeit zu vermeiden.
Der hohe Einsatz von Seife und Türkischrotöl wird keine befriedigenden Reibechtheiten erreichen lassen. Das Bedenklichste ist die Zugabe des Formaldehyds

zur Deckfarbe, was zu Fällungen, Versprödungen usw. Anlaß gibt. Die Rezeptur ist ein Beweis dafür, wie irreführend die meisten Literaturangaben auf dem Deckfarbengebiet sind. Geeigneter erscheint dagegen die dem Werk von H. Bennett, S. 241, entnommene Rezeptur*:

11 gal.	(= 41,60 l)	Caseinlösung (1 lb. in $1^1/_4$ gal.; = 0,454 kg in 4,74 l)
1,5 qt.	(= 1,42 l)	sulf. Öl
5,5 gal.	(= 20,79 l)	Wachsemulsion (2 lbs./gal.; = 0,910 kg/3,79 l)
5,5 gal.	(= 20,79 l)	Borax-Schellack-Lösung (2 lbs./gal.; = 0,910 kg/3,79 l)
2 qt.	(= 1,89 l)	Alkohol
4,5 gal.	(= 16,99 l)	Irischmoos (1 lb./5 gal.; = 0,454 kg/18,9 l)
170 lbs.	(= 77,10 kg)	Lithopone

Als Beispiel einer Deckfarbe für Oberleder sei nachstehende Mischung [Ungenannt (1)] angeführt:

  6—8,0 kg Pigmentbrei
  1,95 kg Caseinlösung (400 g Casein, 50—80 ccm Ammoniak, 1,5 l warmes
        Wasser)
  6,1   kg Schellacklösung (1,5 kg Schellack, 100—150 g Borax, 4,5 l heißes
        Wasser)
  4,3   kg Gelatine-Tragant-Lösung (400 g Tragant, 400 g Geatine, 3,5 l
        kochendes Wasser)
  2,05 kg Eialbuminlösung (500 g Eialbumin, 1,5 l lauwarmes Wasser,
        50 ccm Ammoniak)
  1,0   kg Leinsamenabkochung
  2,0   kg sulfoniertes Klauenöl, emulgiert in
  2,0   l   heißem Wasser
  0,3   kg Mirbanöl
 300   ccm 1%ige Sublimatlösung

3. Herstellung von Glänzen und Tops.

Die bisher besprochenen Lederdeckfarben sind in der vorliegenden Form meist nicht verwendbar, vielmehr bedürfen sie unter Anpassung an die jeweils vorliegende Lederart noch des Zusatzes von Binde- und Glanzmitteln, Weichmachern und der Verdünnung mit Wasser. Als solche zusätzliche Binde- und Glanzmittel werden von Deckfarbenfabriken Einstellungen unter der Bezeichnung Glanz oder Top angeboten. Wenn auch diese Bezeichnungen leider nicht präzise gehandhabt werden, so kann man doch meist Glänze als die Dispersionen bzw. Lösungen von Albumin und Casein im Wasser bezeichnen, die nur ganz geringe Anteile an Wachsen und synthetischen Bindemitteln enthalten. Die Tops dagegen sind meist härtere Einstellungen, die oft beachtliche Mengen von Schellack und Wachs enthalten. Die weicheren Glänze werden als Bindemittelzusatz zu den pigmentierten Deckschichten, also für die sogenannte Grundierung, und die Spritzfarbe empfohlen. Der Zusatz dieser Glänze steigert die Brillanz und den Glanz der Zurichtung, trägt mit zur Haftung der Deckschicht bei, eine Überdosierung der Glänze verursacht jedoch oft Brüchigkeit des nunmehr zu dicken Deckfilms und vor allem eine Verkrustung des Narbens, die der Zurichter mit Splissigkeit bezeichnet. Diese Splissigkeit tritt jedoch auch bei dünneren Filmen auf, wenn in den Grundierungsschichten zu harte Glänze oder größere Mengen schellackhaltiger Tops eingesetzt werden. Die Tops werden im wesentlichen gemeinsam mit Albuminen und Caseinlösungen zum Aufbau der unpigmentierten Schlußappreturschichten verwendet.

Während die Lederdeckfarben heute fast durchweg von der chemischen Industrie an die Gerbereien geliefert werden, ist die Selbstherstellung von Glänzen

---

* Im Gegensatz zu den vorangegangenen Rezepturen, in welchen 1 gal. (brit.) = 4,546 l zu setzen war, handelt es sich hier um USA-gal. (= 3,785 l).

und Tops immer noch recht verbreitet. Oft werden einfach Lösungen von Casein, Albumin und Weichmachern verwendet. Fast durchwegs stellt der Zurichter sogenannte Schwarzglänze für Oberleder auf Basis von verlackten Hämatinen, Nigrosinen, Albuminen, Blut und Milch selbst her. Im folgenden werden einige Rezepturen für Glänze und Tops übermittelt:

Caseinglanz:

6,1	Tl.	Casein
4	,,	Gelatine
5—10	,,	Leinsamenabkochung, 4%ig
1	,,	Ammoniak techn.
1	,,	unsulf. Klauenöl
2— 4	,,	Türkischrotöl
40—60	,,	Wasser

Top für Oberleder:

2	Tl.	Casein
0,4	,,	Ammoniak
18	,,	Wasser
1	,,	Gelatine
1	,,	Schellack
9	,,	Wasser
0,35	,.	Ammoniak techn.
0,5	,,	Sorbit
1—2	,,	Eukanolöl

Rezepturen für harte, mittelweiche und weiche Bindemittel geben E. Sutermeister und F. L. Browne wie folgt an:

Harter Top:

40	Tl.	Caseinlösung, 10%ig
15,5	,,	Schellacklösung, 10%ig
19,5	,,	Carnaubawachs mit Seife emulgiert, 10%ig
9	,,	Blutalbuminlösung
9	,,	Gelatinelösung, 12%ig
7	,,	Türkischrotöl

Mittelharter Glanz:

30	Tl.	Caseinlösung, 10%ig
30	,,	Schellacklösung, 10%ig
30	,,	Carnaubawachs mit Seife emulgiert, 10%ig
10	,,	Türkischrotöl

Weicher Glanz:

20	Tl.	Caseinlösung, 10%ig
20	,,	Schellacklösung, 10%ig
40	,,	Carnaubawachslösung mit Seife emulgiert, 10%ig
10	,,	Türkischrotöl
10	,,	Irischmoosabkochung, 2%ig

Die Gelatinelösung ist jeweils heiß einzurühren. Es empfiehlt sich, mit 1 bis 2 Teilen eines Chlorphenols zu konservieren.

Der Vollständigkeit halber müssen hier die Appreturen und Stoßglänze beschrieben werden, die vor dem Aufkommen der Lederdeckfarben in den zwanziger Jahren die einzige Deckung, z. B. vom Oberleder, waren. Rohmaterial war im wesentlichen Eialbumin und Milch für helle Leder, Blut für dunklere Leder. Zur Anfärbung dieser Appreturen wurden saure Farbstoffe oder Farbholzabkochungen eingesetzt. Zur Konservierung wurde seinerzeit Phenol, Fluornatrium oder Mirbanöl vorgeschlagen, heute wird man auch hierfür Chlorphenole, wie z. B. die Preventol-Marken, oder Raschit verwenden. Im allgemeinen soll die Konzentration von spritzfertigen Albuminglänzen nicht höher als 1% Festsubstanz liegen.

Stoßglänze für helle Leder:

1.   1—20 g Eialbumin
          0,1 g Türkischrotöl
           1   l Wasser

2.   50 g Eialbumin
           1   l Milch
           6   l Wasser
      2—6 g saurer oder substantiver Farbstoff (möglichst hoher Konzen-
               tration)

3.   12 g Eialbumin
           1   g Gelatine
          0,5 g Preventol I flüssig
           1   l Wasser
           1   g Türkischrotöl

Stoßglänze für schwarze Leder:

1.
10	g	Blutalbumin
1	,,	Gelatine
10	,,	Nigrosin
7	,,	Hämatine
3	,,	Glycerin oder Eukanolöl PL
3	,,	Türkischrotöl oder Eukanolöl
1	l	Wasser

2.
20	g	Blutalbumin
5	,,	Eialbumin
2	,,	Gelatine
8	,,	Nigrosin
5	,,	Blauholzextrakt
2	,,	Säureviolett
50	ccm	Sprit
1	l	Wasser

3.
3	l	Blut
1,8	,,	Milch
50	g	Nigrosin
30	,,	Glycerin
10	,,	Preventol
10	l	Wasser

4.
50	Tl.	Eukanolgrund A
3—5	,,	Eukanolöl PL
0,5—2	,,	Lederschwarz TBY (basischer Farbstoff)
940	,,	Wasser

5.
150	Tl.	Eukanolboxglanz-Pulver-Lösung, 10%ig
50	,,	Eukanolglanz N
7	,,	Nigrosin WLA extra konz. Körner für Lederappretur
7	,,	Nigrosin NB für Lederappretur
10	,,	Hämatin
3	,,	Ammoniak techn.
0,5	,,	Kaliumbichromat
10	,,	Eukanolöl
3	,,	ungekochtes Leinöl
auf 1	l	Wasser auffüllen

Die Hämatine löst man in heißem Wasser unter Zusatz von 3 ccm Ammoniak techn. und gibt dann langsam das vorher gelöste Kaliumbichromat hinzu. Sodann wird die Nigrosinlösung und zum Schluß das im Eukanolöl emulgierte Leinöl zugegeben und auf 1 l aufgefüllt.

4. Herstellung von Fettappreturen.

Die Fettappreturen bilden den Übergang zwischen Appretieren und Imprägnieren der Leder, da sie zum größten Teil in das Leder einziehen und keine oberflächlich aufliegende Schicht bilden. Trotzdem seien sie hier behandelt,

weil die Anwendung von Fettschmieren z. B. auf Oberleder spezifische Zurichteffekte erzielen läßt, die auf andere Weise nicht erreichbar sind. Die Naturell-
Leder-Mode der letzten Zeit hat diese Entwicklung begünstigt. Die Fettappreturen
enthalten als glanzgebende Stoffe Paraffin, Stearin, Ceresin u. dgl., denen zur
Erhöhung des Glanzes noch Wachse zugesetzt werden können. Diese Bestandteile werden in gekochtem Leinöl oder Knochenöl gelöst. Man erwärmt die festen
Stoffe der Fettschmieren so lange mit dem Öl, bis sie geschmolzen und homogenisiert sind. Sodann wird bei dem folgenden Abkühlen so lange gerührt, bis die
Masse salbenartige Konsistenz angenommen hat. Man nimmt z. B.:

2 Tl. Carnaubawachs
1 „ Paraffin oder Stearin
4—5 „ Leinöl

Die Rezeptur kann dadurch erweitert werden, daß sie mit fettlöslichen Teer-
farbstoffen, wie z. B. Nigrosin oder Indulinaufschlüssen, Ceres- oder Sudanfarb-
stoffen in der Schmelze angefärbt wird. Oftmals wird das Leinöl noch mit
Terpentinöl versetzt, um eine gut streichbare Paste für Oberleder zu erzielen.
Zusätze von Kolophonium, die vielfach empfohlen werden, sind abzulehnen,
da sie die Fettappretur klebrig machen. Im folgenden werden einige Rezepturen
von L. Ivanovszky, S. 124, angegeben:

Ledersalbe:

2 — 4 Tl. Ozokerit
10,5—12,5 „ Tafelparaffin, 50/52° C
1 — 2 „ Kolophonium hell
10 —30 „ Tran- oder Rüböl
52,5—74 „ Maschinenöl, 3—4° E, 50° C
0,5— 1 „ Gummilösung

Lederfette:

	Gelb	Schwarz
Tafelparaffin, 50/52° C	9,0	—
Extraktionsparaffin	—	6,5
Carnaubawachs, fettgrau	1,0	—
Rohmontanwachs........................	—	6,5
Kolophonium WW, M oder K...........	1,0	—
Kolophonium I, HG oder dunkler	—	1,5
Wollfett, licht bzw. dunkel..............	2,0	2,0
Tran, hell oder braunblank..............	26,7	—
Industrietran............................	—	21,2
Spindel- bzw. Maschinenöl	60,0	60,0
Gummilösung, 5%ig	0,3	0,3
Rebenschwarz, feinstgemahlen	—	2,0

Auch die für Fahlleder gebräuchlichen Blitzschwärzen können bei den Fettappreturen eingereiht werden, da sie Fett- und Wachskörper neben organischen
Lösungsmitteln und fettlöslichen Farbstoffen enthalten.

Blitzschwärze für Fahlleder:

33 Tl. Nigrosinbase BT oder BB werden in
67 „ geschmolzenem Olein gelöst. Nach vollständiger Lösung werden
eingerührt
350 „ Benzol
350 „ Sprit
200 „ Tetrachlorkohlenstoff

Körperreicher als die Blitzschwärzen sind die sogenannten Geschirrwachse. Ein solches besteht z. B. aus:

```
 3 Tl. Carnaubawachs, fettgrau
10  „  Bienenwachs
35  „  Montanwachs, roh
20  „  Ozokerit
22  „  Paraffin 50/52° C
 8  „  Stearin
 8  „  Nigrosinbase
```

Gelbe Fettappretur auf Wachsbasis:

```
 3   Tl. IG-Wachs 0
 3    „  Montanwachs, gebleicht
 6    „  Ceresin, 66/68° C
 8    „  Paraffin, 50/52° C
 4    „  Wollfett, gebleicht
 8    „  Tran
68    „  Vaselineöl, angefärbt mit
 0,05 „  Ceresorange
```

Die Wasserfestigkeit dieser Appretur kann noch erheblich verbessert werden, indem 1 bis 2% Aluminiumstearat oder Oleat im Mineralöl gelöst untergerührt werden.

In den letzten Jahren sind die obengenannten Fett- und Wachsschmieren für den Praktiker in den Hintergrund getreten. Heute gewinnen sie jedoch wieder Interesse mit der Mode der reinen Anilinleder. So wird von den Farbenfabriken Bayer A. G. für die Zurichtung von Snowcalf folgende Appretur angegeben:

```
40 Tl. Talg
15  „  Tran
10  „  Bienenwachs
10  „  Cutisan BS
10  „  Baykanollicker T
15  „  Degras
```

4 bis 6% dieser Mischung werden im Heißluftfaß eingewalkt. Nach dem Trocknen wird wie folgt appretiert.

```
 100 Tl. Eukanolglanz N
  25  „  Eukanolwachstop O
  25  „  Eukanolpaste KFB
  50  „  Glycerin
   8  g  Acidermhavanna S extra konz.
   2  „  Acidermbraun MIR
1000 Tl. Wasser
```

Alle Fettappreturen ergeben in organischen Lösungsmitteln ausgesprochene Matteffekte. Wird höherer Glanz angestrebt, so ist statt der Lösung die Emulsion zu wählen. Ein einfacher Glanz auf dieser Basis ist folgender:

```
2    Tl. Carnaubawachs
2     „  Stearin
1     „  Paraffin
2     „  Leinöl
0,25  „  Ammoniak techn.
2     „  Wasser
```

Wachs, Stearin, Paraffin und Leinöl werden durch Erwärmen verflüssigt, anschließend bis zur salbigen Konsistenz langsam abgekühlt. Schließlich wird der Ammoniak und das Wasser unter gutem Rühren zugesetzt.

Zu den Fett- und Seifenschmieren zählen auch die sogenannten Fleischseitenappreturen für Blank- und Geschirrleder, Spalte und ähnliche Lederarten. Diese sind Emulsionen von Wachsen, Fetten, Schleimstoffen, Polymerisaten und Deckfarben. Als Emulgator wird oft Seife angewandt, besonders wenn der Griff des vorliegenden Leders nach der weichen Seite hin beeinflußt werden soll. Die Auswahl der einzelnen Bestandteile solcher Appreturen wird wesentlich durch die Preiswürdigkeit und Deckkraft derselben bestimmt. Eine einfache Rezeptur in diesem Sinne ist folgende:

<pre>
  3 kg Marseiller Seife werden in
 20 l   heißen Wassers gelöst und die Schmelze einer Mischung von:
  5 kg Talg
  5 ,, Degras
  5 ,, Tran langsam eingerührt.
</pre>

Zur Stabilisierung wird der Mischung eine Abkochung von Carragheenmoos zugeführt und anschließend in eine Titanweiß enthaltende Lederdeckfarbe eingerührt.

Seifenschmiere für Fahlleder:

<pre>
  500 g Kernseife
 1000 ,, Talg
  500 ,, Degras
  250 ,, Talkum
  250 ,, Carragheenabkochung, 5%ig, auf
    5 l   Wasser aufgefüllt.
</pre>

5. Herstellung von Harzappreturen.

Nicht scharf zu trennen von den Fett- und Seifenschmieren sind die Harz- und Wachsappreturen, die deshalb hier im Anschluß behandelt werden sollen. Auch sie enthalten oft Seifen und Fette, allerdings immer in viel geringeren Anteilen.

Der Schellack wird organisch gelöst als Spritappretur und als wässerige Appretur angewandt. Wenn man in der Lederzurichtung in den letzten Jahren von der Sprit-Schellack-Appretur etwas abgekommen ist, so hat sie doch auch heute noch einige Bedeutung. Der große Vorteil der Spritappretur ist ihr hoher Selbstglanz und ihre ausgezeichnete Widerstandsfähigkeit gegen Feuchtigkeit und Reiben. Diese Eigenschaften machen Schellackappreturen als Schlußglanz auf Bügelzurichtungen interessant; weitere Einsatzgebiete sind das Appretieren von Geschirr- und Riemenleder, die Reparatur von Lackledern und früher die Schlußappretierung in der Schuhfabrikation. Nachteile der Spritschellackappreturen sind ihre Neigung zu Brüchigkeit und Abrußen, die Schwierigkeit einer geeigneten Weichmachung und die höhere Kalkulation gegenüber den wässerigen Appreturen. Als Weichmacher kann Ricinusöl, Weichmacher 9 und Eukanolöl PL empfohlen werden. Als Rohstoff für Spritappreturen ist wachsfreier und kolophoniumfreier Schellack zu verwenden, eventuell in Kombination mit Elemi, Manilakopal. Mastix, Akaroid oder Sandarak. Als Lösungsmittel ist toluolvergällter Sprit allein oder in Kombination mit Terpentinöl, Methanol und wenig Cyclohexanon und Butanol einzusetzen. Vielfach wird auch der Zusatz von Campher, Butylstearat, Trikresylphosphat empfohlen. Als Farbstoffe sind spritlösliche Marken zu verwenden, die für sich zu lösen sind und erst nach Filtration mit der Lacklösung vereinigt werden. Das Nachdunkeln von farblosen Schellacklacken wird nach L. Ivanovszky, S. 86, durch Zusatz von $^1/_2\%$ Oxalsäure auf das Schellackgewicht verhindert.

Schellackappreturen für Leder mit normalem Narben:

500 g Rubinschellack
2,5 l Sprit, 90%ig
50 g Glycerin, 28° Bé

Diese Rezeptur kann durch Austausch des Glycerins durch 50 Teile Ricinusöl modifiziert werden.

Für losnarbige Leder wird die Erhöhung der Lösungsmittelmenge und der partielle Einsatz von Terpentinöl empfohlen, was zu einem tieferen Eindringen des Lackes und nach dem Abbügeln zu einer Verfestigung des Narbens führt.

Mastixlack:

120 g Mastix
50 ,, Sandarak
20 ,, Ricinusöl
1 l Sprit

L. Ivanovszky, S. 86, gibt für Schwarzlacke folgende Rezepturen an:

Sprit	55,0	50,00	51,00
Rubinschellack	18,0	—	—
TN Orange	—	12,75	19,00
Kopal, spritlöslich	—	12,75	—
Sandarak	5,0	—	—
Campher	2,5	—	—
Terpentin, venez.	—	4,00	1,25
Ätherisches Öl	1,0	—	—
Ricinusöl	—	—	1,25
Spiritus	7,0	8,00	5,00
Spiritus	9,25	10,0	20,0
Brillantsprit schwarz	2,25	2,5	2,5

Häufiger ist heute der Einsatz wässeriger Schellackappreturen, die neben Schellack meist eine ganze Reihe zusätzlicher Komponenten enthalten, wie Bienen-, Carnauba-, Japan- und synthetische Wachse. Die Auswahl solcher Komponenten richtet sich neben Preisüberlegungen auch nach der Glanzstoßbarkeit.

Diese wird durch Kolophonium und niedrigschmelzende Wachse immer negativ beeinflußt. Einschlägige Rezepturen wurden schon bei den Stammlösungen besprochen, z. B. Rezeptur Nr. 5 und 6, S. 828. Nach H. Hadert (1), S. 404, setzt sich ein „Lederlack" für „oberflächlich gelickertes" Rindleder wie folgt zusammen:

50 g Borax werden in
700 ,, Wasser unter Kochen gelöst, in die kochende Lösung werden
200 ,, Rubinschellack unter Rühren eingebracht. Nach Lösung und
    Erkalten trägt man
30—40 ,, Nigrosin WLA oder NB für Lederappretur und
20 ,, Glycerin in die Lösung ein.

Nach Angabe des Shellac Research Bureau, London, erhält man gut brauchbare Glanzmittel, wenn man 100 g Schellack in 100 ccm Alkohol löst, dieser Lösung 16 ccm 1 : 2 verdünnten Ammoniaks zusetzt und mit Wasser auf die gewünschte Viskosität weiter einstellt. Als Weichmacher wird Dimethylglycolphthalat empfohlen.

6. Herstellung von Schleimappreturen.

Schleimappreturen werden heute praktisch nur noch als Fleischseiten-appreturen angewandt.

250	g	Carragheenmoos werden in
5	l	kochendem Wasser gelöst und nach Filtrieren
60	g	Olivenöl eingerührt
1,5	kg	Federweiß
3	l	Wasser

Beide Ansätze werden unter gutem Rühren zusammengegeben.

Als Aasappretur wird folgender Ansatz empfohlen:

8	l	Wasser
2	„	Carragheenabkochung, 5%ig
500	g	Talkum
250	„	sulfoniertes Öl

Die Appretur ist nach Möglichkeit warm aufzutragen.

M. C. Lamb (1) empfiehlt eine Glanzstoßappretur auf Basis Algin wie folgt:

3	Tl.	Algin
1	„	Dextrin
5	„	Milch
100	„	Wasser
0,5	„	Schönungsfarbstoff

7. Herstellung von Plastikfarben.

Unter Plastikfarben versteht man Lederdeckfarben, deren Binde- und Glanz-mittel zum Teil oder gänzlich durch Polymerisatemulsion bestritten werden. Leider wurde der Begriff Plastikfarben in der kurz zurückliegenden Zeit dadurch verwässert, daß einige Firmen Lederdeckfarben als Plastikfarben benannt haben, die kaum oder doch nur sehr wenig Polymerisat enthielten. Plastikfarben in dem hier verstandenen Sinn mögen daher solche sein, in denen das Bindemittel auf Eiweisbasis mindestens zu 60 bis 80% durch Polymerisat ersetzt ist. Weitere Bestandteile der Plastikfarben sind neben den Pigmenten Träger- und Schutz-kolloide und Emulgatoren, die den Farbträger dispergieren und in Schwebe halten. Da die Polymerisatemulsionen einerseits in ihrem Emulsionszustand meist recht labil sind, die Pigmente anderseits durch ihre Ladung auf Kolloide fällend wirken können, bedarf es meist langer Versuchsreihen und großer Er-fahrung, um ein stabiles und unbeschränkt kombinierbares Sortiment von Plastikfarben aufzubauen. Die Plastikfarben im Gebinde sind kälteempfind-licher als die reinen Caseinfarben, da die eingebrachte Polymerisatemulsion bei Temperaturen unter 0° C koaguliert. Kältegeschädigte Plastikfarben dürfen daher keinesfalls verwendet werden. Als Schutzkolloide finden meist Methylcellulose, Casein und ähnliche Körper Anwendung. Als Emulgatoren wird man zumindest teilweise die heranziehen, mit deren Hilfe die Emulsionspolymerisation des verwendeten Polymerisats geführt wurde. Als Bindertypen haben sich, soweit Verfasser orientiert ist, im wesentlichen Polyacrylsäureester und Butadien-Mischpolymerisate in die Praxis eingeführt. Für eine ganze Reihe anderer Poly-merisate wurden Patente genommen, die jedoch bisher keine praktische Anwendung gefunden haben. Zwei Beispiele aus dem A.P. 2204520 sollen Konstitutionen von Plastikfarben auf Basis von Polyacrylester-Emulsionen belegen:

Beispiel 1:

40	Tl.	Polymethacrylsäureester-Emulsion, 20%ig
20	„	Titandioxyd
10	„	sulf. Ricinusöl
30	„	Methylcelluloselösung, 2%ig

Beispiel 2:

20 Tl. Polyacrylsäureester, 30%ig
10 „ Litholrottoner
5 „ Türkischrotöl
1 „ Natriumoleat
64 „ Methylcellulose, 2%ig

Die Anteile an sulfonierten Ölen und Oleaten haben in obigen Konstitutionen nicht die Funktion von Weichmachern, sondern von Dispergiermitteln. Als weiterer Beleg für die Plastikdeckfarben sei ein Beispiel des D.R.P. 727 581 zitiert, das jedoch, soweit Verfasser unterrichtet ist, bisher keine praktische Bedeutung erlangt hat. Das verwendete Polymerisat ist hier Polyisobutylen:

„2,3 kg Eisenoxydrot werden mit 2 kg eines Polyisobutylens mit einer Viskosität von 2° Engler und einem Flammpunkt zwischen 150 und 160° C angerieben. Die erhaltene Mischung wird in eine Lösung von 1 kg Casein und 0,2 kg Schellack in 5 l Wasser und 240 g 25%igen Ammoniak eingearbeitet. Die erhaltene Deckfarbe wird zwecks Konservierung mit 200 g Phenolen versetzt und durch Einstellen auf 10 l gebrauchsfertig gemacht; sie liefert beim Aufspritzen auf Leder elastische, gut stoßbare Deckschichten."

Bei der Einstellung sogenannter Plastikfarben muß man besonders beachten, daß nach Zugabe der Polymerisatemulsionen keine starke mechanische Bearbeitung des Ansatzes mehr stattfinden kann, wegen der sehr ausgeprägten Labilität des entstehenden Emulsionssystems. Plastikfarben können im allgemeinen mit den üblichen Zurichthilfsmitteln der wässerigen Zurichtung kombiniert werden. Vorteile der Plastikzurichtungen sind: einfache Rezeptur- und Arbeitsweise, guter Abschluß, sehr geschlossener Film, geringe Schichtung der Deckschicht und verminderte Neigung zur Doppelhäutigkeit und Splissigkeit der Zurichtung. Nachteil der Plastikzurichtung ist die meist nicht genügende Heißreibechtheit und Bügelechtheit, die jedoch durch Casein-, Albumin- und Wachszusätze, besonders in den oberen Appreturschichten, erheblich verbessert werden.

III. Organisch lösliche Lederlacke und Deckfarben.

1. Allgemeines.

Die zweite große Gruppe der Lederdeckfarben umfaßt die organisch löslichen Farben und Lederlacke, die, wenn sie auch in den letzten Jahren durch das Aufkommen der Polymerisatemulsion und wegen der höheren Kosten der Lösungsmittel erheblich an Boden verloren haben, doch noch die Zurichtung bestimmter Lederarten, wie z. B. Saffian, Möbelleder u. a., fast ausschließlich beherrschen. Der Hauptunterschied zwischen den wässerigen und den organisch gelösten Deckfarben besteht darin, daß letztere einen in Wasser unlöslichen, kaum quellbaren, völlig geschlossenen Film ergeben, während Deckfarben auf Albumin- und Caseinbasis einen in Wasser merklich quellbaren, bei alkalischer Einwirkung sogar löslichen Deckraster ergeben. Man unterscheidet bei den organisch löslichen Appreturen auch nichtpigmentierte und pigmentierte Einstellungen. Erstere, die den wässerigen Appreturen entsprechen, werden als Schutzlacke, Glanz- oder Klarlacke bezeichnet, während die letzteren als Kollodiumlederdeckfarben allgemein bekanntgeworden sind. Obwohl es auf dem Gebiet der organisch gelösten Lederdeckfarben auch in letzter Zeit nicht an Versuchen gefehlt hat, neue Bindemittel einzuführen, z. B. Chlorkautschuk und Polyamide (s. S. 122), hat sich die Kollodiumwolle, trotz einiger Nachteile, wegen ihres billigen Preises im wesentlichen behaupten können. Mit den organisch gelösten Lederdeckfarben müssen hier auch die emulgierten Lederlacke behandelt werden. Wenn auch deren Verdünnungsmittel Wasser ist, so ist doch der Charakter der Zurichtung und ihre wesentlichen Bestandteile dem Gebiet der Kollodiumfarben zuzuordnen.

Die Glanz- und Klarlacke dienen dazu, dem Leder eine Schutzschicht zu geben, die Wasserfestigkeit, erhöhte Reibechtheit und hohen Glanz vermittelt. Im Gegensatz zu den wässerigen Appreturen ist es mit organischen Lacken möglich, hohe Glanzeffekte ohne Nachbehandlungen, wie z. B. Bügeln und Glanzstoßen, zu erzielen. Daher werden Kollodiumlacke auch vielfach dazu verwendet, konfektionierte Ledergegenstände auf Hochglanz zuzurichten. Organisch gelöste Klarlacke können mit geeigneten organisch löslichen Anilinfarbstoffen angefärbt werden.

Die pigmentierten Lederlacke oder organisch löslichen Lederdeckfarben sind je nach ihrer Verwendungsart in zwei Einstellungen auf dem Markt, nämlich als sogenannte Deck- oder Egalisierfarben und als sogenannte Spaltfarben. Die ersteren sind mehr oder weniger deckende Einstellungen, deren Pigmentgehalt durch Zusatz von Glanzlacken in weiten Grenzen von starker Deckung bis lasierender Egalisierung auf den gewünschten Zurichteffekt eingestellt werden kann. Die Spaltfarben sind billige, stark weichgemachte und gefüllte Deckfarben, die meist spritzfertig oder nur der Verdünnung mit Lösungsmitteln bedürfend geliefert werden. Sie dienen hauptsächlich für die Zurichtung von Spalten und stark gedeckten Ledern, können aber auch wegen ihres hohen Bindemittelgehalts für die Herstellung von Kaltlackledern verwendet werden. Im Aufbau unterscheiden sich die organisch gelösten Deckfarben nicht wesentlich von den wässerigen. Die entscheidenden Bestandteile sind auch hier: Pigmente, Binde- und Glanzmittel, Weichmacher und Lösungsmittel. Selbstverständlich fallen hier Konservierungsmittel und Verseifungsmittel als Rezepturbestandteile weg.

2. Rezepturen für Kollodiumdeckfarben.

In Anlehnung an A. Kraus (*1*), Bd. 2, S. 247, seien einige Rezepturbeispiele für Lederlacke und Kollodiumdeckfarben gegeben.

Lederschutzlack (Rezepturschema):

5	Tl.	Kollodiumwolle, hochviskos
1	„	Weichmacher, nicht gelatinierend
3— 4	„	„ , gelatinierend
5—15	„	Lösungsmittel, schwerflüchtig
15—20	„	„ , mittelflüchtig
5—15	„	„ , leichtflüchtig
5—10	„	Butanol
60—30	„	Verschnittmittel

Einzelrezepturen:

a	b	
—	2,3	Kollodiumwolle H 5 (besonders hochviskos)
⸲ 4,7	4,8	„ H 8 (hochviskos)
1,3	1,5	Trikresylphosphat
3,6	6,4	Ricinusöl, geblasen
10,0	16,0	Methylcyclohexanon
16,0	20,0	Butylacetat (85%ig)
5,0	—	Äthylacetat
5,4	10,0	Butanol
44,0	39,0	Alkohol, Toluol vergällt
10,0	—	Xylol

Konstitutionsschema für Kollodiumdeckfarben:

$\quad\quad$ 5—20% Pigment
$\quad\quad$ 3— 5% Kollodiumwolle H 5 (besonders hochviskos)
$\quad\quad$ 8—12% $\quad\quad$,, $\quad\quad$ H 8 (hochviskos)
$\quad\quad$ 7,5— 5% Weichmacher, gelatinierend
$\quad\quad$ 7,5—10% $\quad\quad$,, $\quad\quad$ nichtgelatinierend
$\quad\quad$ 20—30% Lösungsmittel
$\quad\quad\quad\quad$ 20% Verschnittmittel
$\quad\quad$ 4— 8% Butanol

Die folgenden beiden Rezepturbeispiele entnehmen wir wiederum A. Kraus (*1*), Bd. 2, S. 249:

a	b		
1,9%	—	Kollodiumwolle, besonders hochviskos, z. B. H 5	
2,2%	—	Kollodiumwolle, hochviskos, z. B. H 8	Bindemittel
—	8,5%	Kollodiumwolle, mittelviskos, z. B. H 14	
1,6%	—	Trikresylphosphat	
—	3,0	Dibutylphthalat	Weichmacher
3,5 %	7,0%	Ricinusöl, geblasen	
1,0%	—	Butylstearat	
16,0%	8,0%	Methylcyclohexanon	
10,0%	10,0%	Butylacetat, 85%ig	Lösungsmittel
4,0%	5,0%	Äthylacetat	
14,0%	9,0%	Butanol . . . . Verlaufmittel	
15,0 %	29,0%	Alkohol	
18,0%	10,0%	Xylol	Verschnittmittel
8,0%	—	Toluol	
—	10,5%	Titanweiß	
3,3%	—	Litholechtscharlach	Farbträger
1,5%	—	Berlinerblau	
100 %	100 %		

A. Kraus bezeichnet die Lederdeckfarbe a als besonders geeignet für Bekleidungsleder, während die Farbe b für Spalt- und Rindleder eingestellt sein soll. Eine Lederdeckfarbe besonders hoher Füllkraft wird mit folgender Rezeptur angegeben:

$\quad\quad$ 5 Tl. Kollodiumwolle Wasag 8a
$\quad\quad$ 1,5 ,, Dibutylphthalat
$\quad\quad$ 7 ,, Casterol
$\quad\quad$ 15 ,, Methylanon
$\quad\quad$ 15 ,, Butylacetat
$\quad\quad$ 15 ,, Butanol
$\quad\quad$ 29,5 ,, Alkohol
$\quad\quad$ 12 ,, Pigment
$\quad\quad$ 100 Tl.

Die Herstellung einer Kollodiumdeckfarbe kann einem Patent der Chemischen Fabriken vorm. Weiler ter Meer, Uerdingen, entnommen werden:

5 Teile trockener Kollodiumwolle werden mit 72 Teilen Alkohol, 10 Teilen Amylacetat, 10 Teilen Benzol, 3 Teilen Äthylacetanilid aufgelöst, diese Nitrocelluloselösung mischt man mit dem 4. Teil ihres Gewichts einer mit Öl angeriebenen braunen Erdfarbe gut durch und verdünnt vor dem Gebrauch mit 250 Teilen eines Lösungsmittels, das beispielsweise aus 50% Alkohol mit je 25% Amylacetat und Benzol

bestehen kann. Mit dem so hergestellten Lack überstreicht man ein mit Anilinfarben braungefärbtes Schafleder, und zwar genügt die angegebene Menge für $1^1/_4$ bis $1^1/_2$ qm Lederfläche. Nach dem Trocknen wird das Leder in üblicher Weise weiter zugerichtet.

I. S. Mudd (1) hebt besonders die Wichtigkeit des ausgeglichenen Verhältnisses zwischen Kollodiumwolle, Lösungsmitteln und Verdünnern hervor und gibt als Beispiel einer ausgeglichenen Lösungsmittelkombination folgendes an:

	Teile	Siedepunkt	Verdunstungs-zahl
Butylacetat	8	121—127	11,8
Äthylglycoläther	4	130—138	43
Äthyllactat	1	135—155	117
Butanol	5	114—118	33—37
Xylol	4	130—140	13,5
Methanolvergällter Sprit	24	78	8,3
Toluol	24	108—112	6,1

Den Gang der Verdunstung dieser Lösungsmittelkombination diskutiert I. S. Mudd wie folgt: Zuerst verdunstet das Toluol-Sprit-Gemisch, anschließend folgt das Butylacetat und dann das Xylol. Das anschließende Butanol wird von Äthylglycoläther gefolgt, während Äthyllactat als ausgesprochener Hochsieder die Verdunstung der letzten Reste der Verdünner im Film überdauert und in der Endphase einen glatten, geschlossenen und glänzenden Film ergibt. Bei der Auswahl der Verschnittmittel muß darauf geachtet werden, wenn es sich um umdestillierte Fraktionsschnitte handelt, daß nicht wenige Prozentsätze höhersiedender Fraktionen in ihnen verblieben sind. Solche höhersiedenden Rückstände der Verschnittmittel bringen erhebliche Störungen der Filmbildung und können nur durch entsprechend höhere Anteile hochsiedender echter Löser oder durch Eliminierung auf azeotropem Wege ausgeschaltet werden. Besonderer Aufmerksamkeit in dieser Hinsicht bedürfen alle Petrol- und Xylolfraktionen.

Für Spaltlederfarben wird meist mittelviskose Wolle empfohlen. Zur Erzeugung der notwendigen Elastizität des Bindemittels muß mit etwa 100 bis 150% Weichmacher, auf trockene Wolle berechnet, gearbeitet werden. Ein Gemisch von Rizinusöl mit Phthalaten oder Phosphorsäureestern hat sich bewährt. Sollen die Spaltfarben mit der Bürste aufgetragen werden, wird man einen höheren Anteil an Hochsiedern, wie z. B. Äthyllactat, Cyclohexanon oder G. B.-Ester, einsetzen. Spaltfarben werden, um eine möglichst gute Deckung zu erzielen, meist mit mehr Pigment eingestellt als die üblichen Egalisierfarben. A. Kraus (1), S. 249, gibt eine Spaltlederfarbe wie folgt an:

<pre>
  8,5 Tl. Kollodiumwolle, mittelviskos (H 14)
  3   ,, Dibutylphthalat
  7   ,, Ricinusöl, geblasen
  8   ,, Methylcyclohexanon
 10   ,, Butylacetat (85% Hg)
  5   ,, Essigester
  9   ,, Butanol
 29   ,, Alkohol
 10   ,, Xylol
 10,5 ,, Titanweiß
─────────
100   Tl.
</pre>

Es muß bemerkt werden, daß die Spaltzurichtung auf Kollodiumbasis heute weniger angewandt wird, nachdem auf diesem Gebiet die wässerige Polymerisatzurichtung in den letzten Jahren allgemein Anerkennung gefunden hat.

3. Herstellung von Kollodiumdeckfarben.

Die Herstellung von Kollodiumfarben erfolgt zweckmäßig in drei getrennten Operationen: die Herstellung der Kollodiumlösung, die Bereitung der Pigmentpaste und das Vermischen der Kollodiumlösung mit der Pigmentpaste. I. S. Mudd (*1*), S. 84, empfiehlt, das Anreiben des Pigments mit dem Weichmacher in einer Kugelmühle vorzunehmen. Bei entsprechender Größe der Kugelmühle ist es durchführbar, den gesamten Prozeß, einschließlich der Mischung, zur Fertigstellung der Deckfarbe in einer Mühle laufen zu lassen. Es besteht jedoch auch die Möglichkeit, das Pigment mit dem Bindemittel in einem Kneter zu mischen und die resultierende Paste schließlich über einen Walzenstuhl gehen zu lassen. Kneter und Walzenstahl müssen in diesem Fall, wegen der Explosionsgefahr durch das Verdunsten der Lösungsmittel, völlig geschlossen und geerdet sein. Die Kugelmühle als völlig geschlossenes System bietet für diese Deckfarbenart erhebliche Vorteile. Gute Resultate hinsichtlich Feinheit der Anreibung werden nach I. S. Mudd besonders mit Trikresylphosphat, Dibutylphthalat, Barkit und Sipalin erhalten. Die weitaus beste Mahlung wird jedoch mit geblasenem Ricinusöl oder aber einer Mischung desselben mit den genannten Weichmachern erzielt. Als Anreibemischung empfiehlt er:

50 Tl. Titanweiß
25 „ Lithopone
10 „ Ricinusöl
15 „ Barkit
───────────
100 Tl.

Die Mischung von Titandioxyd und Lithopone soll nach I. S. Mudd ein klareres Weiß und einen besseren Glanz erreichen lassen.

Ein anderer Vorschlag desselben Autors für eine Anreibepaste ist folgender:

80 Tl. Titandioxyd
20 „ geblasenes Ricinusöl

Um eine möglichst große Feinheit der Vermahlung zu erzielen, empfiehlt es sich grundsätzlich, die Anreibung mit der geringstmöglichen Menge Weichmacher zu vollziehen und den Lauf über einen Walzenstuhl mehrmals zu wiederholen.

Für Deckfarbeneinstellungen des Handels wird meist die untere Grenze der Weichmachermenge eingesetzt, um den Verbraucher die Feindosierung auf das in Frage kommende Leder abstimmen zu lassen. Eine feine Vermahlung der Pigmente ist für die Qualität der Deckfarbe entscheidend. Je feiner das Pigment vermahlen ist, desto ausgiebiger ist es im allgemeinen, bis zur Grenze der Lichtwellenlänge. Je weniger Pigment der Kollodiumfilm enthält, desto elastischer, dehnbarer und dauerhafter ist er und um so weniger wird durch den Auftrag der Deckfarbe der Charakter des Leders verändert. Man vermeide daher den Zusatz von Pigmenten zur Verdickung der Deckfarbe, sondern reguliere die Konsistenz der Farbe ausschließlich durch das Lösungsmittel. Auch die für eine Kollodiumfarbe verwendeten Pigmente sollten innerhalb eines Sortiments im spezifischen Gewicht möglichst übereinstimmen, in der Reaktion neutral sein und keine die Kollodiumwollen abbauenden Stoffe enthalten. Es ist bekannt, daß der Ölbedarf jedes Pigments ein anderer ist, es wird aber oft übersehen, daß sogar Pigmente gleicher chemischer Konstitution und gleicher Nuance, aber verschiedener Hersteller, oft bedeutende Unterschiede im Ölbedarf aufweisen. Anhaltspunkte für den Praktiker, die immer wieder überprüft werden sollten, sind das Schüttvolumen und die Ölzahl. Trotz dieser bekannten Unsicherheit gibt eine Übersicht, die wir dem Handbuch von A. Kraus (1), Bd. 2, S. 248, entnehmen, wertvolle Hinweise für die Einleitung eigener Versuchsreihen zur Ermittlung optimaler Proportionen (Tabelle 9).

Tabelle 9. Verhältnis Kollodiumwolle : Weichmacher : Pigment
für einige typische Lederdeckfarben.

Nr.	Pigmentart	Kollodiumwolle	Weichmacher	Pigment
1	Titanweiß	100	120	110
2	Titanweiß	100	160	190
3	Zinksulfid	100	140	75
4	Hansagelb	100	130	85
5	Eisenoxydrot	100	130	100
6	Eisenoxydrot	100	150	120
7	Litholechtscharlach	100	140	80
8	Heliobordo	100	120	75
9	Heliobordo	100	140	105
10	Heliomarin	100	140	75
11	Carbon-black	100	112	52

Bewährte, gut benetzte Anreibungen von Pigmenten mit Weichmachern werden von einer ganzen Reihe von Lackfabriken zur Herstellung von Kollodiumdeckfarben angeboten.

Wir folgen weiter der Rezeptur für die Herstellung einer weißen Deckfarbe [I. S. Mudd (1), S. 85]. Als Grundlack wird folgende Mischung angegeben:

6,5 Tl. Kollodiumwolle ($\frac{1}{2}$ Sek. Viskosität)
3,5 „ Butylalkohol
10 „ Sexton B

1 „ Äthyllactat
5 „ Xylol
1 „ Butylstearat

Es muß darauf hingewiesen werden, daß Kollodiumwolle sich recht langsam löst. Die Lösegeschwindigkeit ist stark abhängig von der Viskosität der Wolle und der Konzentration der Lösung. Um die Auflösung der Wolle zu beschleunigen, wird sie vorteilhaft zunächst mit der Hauptmenge Verdünnungsmittel, z. B. Alkohol, Butanol usw., und wenig Lösungsmittel durchtränkt. Durch dieses Verfahren quillt die Wolle auf und löst sich dann in der restlichen Menge Lösungsmittel sehr leicht. Zur Entfernung von kleinen Fremdkörpern, die jede Wolle enthält, wird die fertige Kollodiumlösung zweckmäßig durch Absitzenlassen, Filtrieren oder noch besser Zentrifugieren geklärt. Für die Herstellung von dünnflüssigen Kollodiumlösungen kann man in einfachen Rollfässern von Holz arbeiten, die vorher zur Entfernung von Harzen mit dem angewandten Lösungsmittelgemisch ausgewaschen wurden. Größere Ansätze sind in langsam laufenden Rührwerken, wie auf S. 815 beschrieben, vorzunehmen. Es ist unbedingt zu beachten, daß solche Gefäße keinesfalls Eisen- oder Kupferwände oder -belegung aufweisen dürfen; nur verzinnte, emaillierte oder Aluminiumapparate sind geeignet. In die obengenannte Mischung, die in einem geschlossenen Mischer mit der vor dem Eintragen im Transportgefäß zur gleichmäßigen Durchfeuchtung mehrmals gewendeten Wolle hergestellt wurde, werden fünf Teile einer der obengenannten Weißanreibungen hinzugegeben und bis zur Glätte verrührt. Die so hergestellte Lederdeckfarbe muß bei der Anwendung noch mit beachtlichen Anteilen gelatinierender und nichtgelatinierender Weichmacher, bindemittelhaltiger Lederlacke und mit Lösungsmittelgemischen verschnitten werden, um gute Resultate zu erzielen. Nach unserem Gewährsmann soll die angegebene Deckfarbe auf vegetabilischen Ledern keine Möglichkeit zum Anlösen und Hochziehen des Gerbstoffs und damit zur Verfleckung von weißen Ledern geben. Wir möchten diese Ansicht dahingestellt sein lassen und wollten an dem Rezepturbeispiel lediglich eine Möglichkeit des Fabrikationsganges für Kollodiumfarben eingehender beschreiben. Synthetische und natürliche entwachste Harze haben sich als Zusatz zu Kollodiumfarben auf dem Lederdeckfarbengebiet im allgemeinen nicht einführen können, da sie das Glanzstoßen und die Elastizität des Films, in einigen Fällen sogar den Glanz negativ beeinflussen. Wegen der Eigenschaft der Harze, die Haftung von Kollodiumlacken zu verbessern, auch auf caseingedeckten Ledern, werden dieselben vielfach in Reparier- und Auffrischfarben anteilig eingesetzt.

4. Kollodiumemulsionen.

Die Kriegs- und Nachkriegsjahre brachten vielfach Versuche, emulgierte Kollodiumfarben in die Zurichttechnik einzuführen. Diese Versuche der ehemaligen I. G. Farbenindustrie mit dem Corialsortiment EM konnten sich seinerzeit in der Praxis nicht durchsetzen, während gleichzeitige ähnliche Bestrebungen in den Vereinigten Staaten von Amerika glücklicher waren. Ein Konstitutionsbeispiel bringt J. Creasy:

    6,9 Tl. Nitrocellulose HL 30—40, butanolfeucht
    11,4 „ geblasenes Leinöl
    6,6   „   „   Ricinusöl
    6,8   „ Pigment
    21,5 „ Butylacetat
    7,7   „ Methylcyclohexanon
    7,8   „ Butylalkohol
    29,2 „ Xylol

3 Teile dieser Lösung werden in 1 Teil einer 3%igen Lösung eines wasserlöslichen Kunststoffes eingerührt. An dieser Konstitution ist die niedrigviskose Wollsorte und der hohe Anteil geblasener Öle, die als Weichmacher wirken, bemerkenswert.

Als wasserlösliche Kunststoffe werden, neben Polyvinylalkohol, Mischpolymerisate von Vinylacetat und Vinylphthalat, von Vinylacetat und Vinylcitrat, von Vinylacetat, von Vinylcitrat und Vinylphthalat und anverseiftes Polyvinylacetat-Phthalat und anverseiftes Polyvinylacetat-Maleinat vorgeschlagen.

Von anderer Seite waren Versuche mit anderen Emulgatoren und Schutzkolloiden, wie Natriumoleat, Gelatine, Tylose DKL, Erkantol BX, Casein, durchgeführt worden, jedoch ergaben diese Kollodiumemulsionen Filme mäßiger mechanischer Qualität und geringerer Wasserfestigkeit. Neuerdings wird vorgeschlagen, Kollodiumlacke in Emulsionspolymerisate einzubringen; zwar ist die Stabilität der resultierenden Emulsionen für Handelsprodukte meist nicht ausreichend, doch wird durch Verschnitt einer Kollodiumemulsion mit Polymerisatemulsionen die beschränkte Verschneidbarkeit des emulgierten Lackes mit Wasser auf ein Mehrfaches erhöht. Die Herstellung emulgierter Kollodiumdeckfarben kann wie folgt geführt werden:

Das Pigment wird entsprechend seiner Ölzahl mit Ricinusöl auf dem Dreiwalzenstuhl angerieben. Die resultierende Pigmentpaste wird in die viskose- und körperreiche Kollodiumstammlösung eingerührt. Die resultierende Mischung wird langsam mit Hilfe eines hochtourigen Rührers (2000 Umdrehungen pro Minute) in die vorgelegte etwa 3%ige Lösung des Schutzkolloids einemulgiert. Es erleichtert die Emulsion und verbessert die Stabilität des Emulsionslacks, wenn die Viskosität der vorgelegten wässerigen Phase der der organischen Phase möglichst nahe kommt. Nach Fertigstellung der Emulsion wird zur Stabilisierung noch kurze Zeit gerührt.

Die Vorteile der Kollodiumemulsionen liegen auf der Hand: selbst hochviskose und starkgefüllte Lacke zeigen in Emulsion eine verarbeitbare Viskosität, so daß mit einem einzigen Auftrag der Emulsion die Filmdicke mehrerer Aufträge in Lösung erzielt wird. Hierzu ist allerdings zu bemerken, daß auf dem Ledergebiet der Narbencharakter meist dann am besten gewahrt bleibt, wenn mehrere verdünnte Aufträge statt eines dicken gegeben werden. Ein weiterer Vorteil der Kollodiumemulsion ist ihre Nichtbrennbarkeit. Kalkulatorisch wirkt sich aus, daß bei Kollodiumemulsionen der Verbraucher an Lösungsmittel spart, wobei allerdings berücksichtigt werden muß, daß der Hersteller hochsiedende, teure Kombinationen einsetzen muß. Nicht für alle Fälle ist als Vorteil zu werten, daß Kollodiumemulsionen erheblich stärker schichten als der Kollodiumauftrag in rein organischer Lösung. Diesem Vorteil stehen folgende Nachteile gegenüber: bei mehrmaligem Auftrag von Kollodiumemulsionen kann ein zweiter Auftrag auf den vorhergehenden ungenügend haften, da die wässerige Phase der neuen Deckschicht den schon gebildeten Kollodiumfilm des ersten Auftrags nicht anzuquellen imstande ist.

Oft bringt nichtgenügende Stabilität der Emulsionen beim Transport und Lagern unerwünschte Verluste. Die Naßreibechtheiten der erzielten Zurichtungen erreichen meist nicht die reiner organisch gelöster Kollodiumzurichtungen.

5. Lederdeckfarben auf Basis anderer Bindemittel.

Besonders in der englischen Literatur (M. C. Lamb und W. E. Chapman) sind vor dem letzten Krieg Beispiele organisch löslicher Lederdeckfarben auf anderer Bindemittelbasis als Kollodiumwolle erschienen. Eine solche Einstellung zum Decken der Fleischseite von Lammfellen für Hausschuhe auf Basis Chlorkautschuk gibt I. S. Mudd (*1*), S. 86, an:

> 8 Tl. Chlorkautschuk (200—300 Sek. Viskosität)
> 16 „ Butylacetat
> 5 „ Trikresylphosphat
> 1 „ Eisenoxydbraun

Das Eisenoxydpigment wird auf dem Dreiwalzenstuhl mit Trikresylphosphat angerieben. Der Chlorkautschuk wird in Butylacetat gelöst, die Anreibung in diese Lösung eingerührt und eventuell noch weitere Weichmacher zugegeben. Für die Anwendung dieser Deckfarbe ist sie mit gleichen Teilen eines Lösungsmittelgemisches zu versetzen, das aus Toluol, Dipenten und Butylacetat im Verhältnis 2 : 2 : 1 besteht.

Es muß bemerkt werden, daß in der oben zitierten Veröffentlichung M. C. Lamb und W. E. Chapman Chlorkautschuk als Bindemittel für Deckfarben negativ beurteilen. So wird ein Ausschwitzen des als Weichmacher verwendeten Ricinusöls bzw. geblasenen Ricinusöls beanstandet. Die Esterweichmacher zeigten diesen Übelstand nicht, machten aber den Film bei Erreichung der mechanisch optimalen Dosierung zu klebrig. Der Zusatz geringer Prozentsätze von Harzen soll die Haftfestigkeit erheblich verbessert haben. Die besten Resultate erzielten die Autoren mit:

> 10 g Chlorkautschuk
> 100 ccm Xylol
> 1 g Plastocrex X (Kunstharz)
> 5 ccm Dibutylphthalat

Der Ansatz wird mit der gleichen Menge Xylol verdünnt. Der Film ist auf Leder zuerst etwas klebrig, ergibt jedoch eine ausgezeichnete Naßreibechtheit und Wasserfestigkeit.

E. P. 434423 der I. C. I. (Imperial Chem. Ind. Ltd.) empfiehlt Äthylcellulose und Schellack in organischer Lösung für die Lederdeckung.

10 Teile Gasruß werden in einer Mischung aus 50 Teilen 10%iger gebleichter Schellacklösung in Spiritus und 35 Teilen einer 10%igen Äthylcelluloselösung in Spiritus angerieben. Diese Dispersion wird dann in eine Lösung aus 10 Teilen Äthylcellulose und 10 Teilen Cetylalkohol in 500 Teilen Spiritus eingetragen. Zur weiteren Verdünnung dieser Farbe und zur Regulierung der Viskosität kann man noch 10% Äthylglykol einarbeiten.

In neuester Zeit wird vielfach über Versuche berichtet, Superpolyamide in wässerig alkoholischer Lösung für die Lederdeckfarbenzurichtung heranzuziehen. Wegen der physiologischen Reizlosigkeit solcher Deckfarbenüberzüge wurden dieselben besonders für orthopädische Leder empfohlen, was dahingestellt sei. Verbindliche Einzelrezepturen wurden bisher nicht veröffentlicht (F. Leonhard, T. B. Blevins, H. S. Wright und M. G. Defries).

G. Arbeitsgänge der Lederzurichtung.

Die maschinellen Voraussetzungen der Lederzurichtung werden an anderer Stelle besprochen. Hier sollen nur allgemeine Richtlinien gegeben werden, die bei der Anwendung von Lederdeckfarben und Appreturen berücksichtigt werden sollen. Angaben in dieser Hinsicht sind in der Literatur kaum vorhanden, so daß in vielen Punkten persönliche Anschauungen des Verfassers herangezogen werden mußten, die mit allem Vorbehalt wiedergegeben sind.

I. Vorarbeiten.

1. Sortieren.

Zur Betriebsorganisation ganz allgemein ist zu bemerken, daß der für die Deckfarbenzurichtung und Appretierung der Leder Verantwortliche sein Material eigentlich von der Falzmaschine an übernehmen oder aber mindestens entscheidenden Einfluß auf alle folgenden Arbeitsgänge haben sollte. Für die Zurichtung wichtig ist die Färbung der Leder, noch wichtiger die Trocknung. Ein entscheidender Angelpunkt aber ist die Fettung: Hier wird eigentlich schon über die Manipulation der Arbeitsgänge und den Aufbau der späteren Deckschicht entschieden. Diese Gedankengänge sind an sich der Praxis nicht fremd. Trotzdem herrscht vielfach ein unglücklicher Dualismus zwischen Färberei und Deckfarbenzurichterei.

Ein sich qualitätsmäßig stark auswirkender Vorteil einer Lederfabrik mit großer Produktion ist die Möglichkeit zu starker Differenzierung der Sortimente. Alle Spitzenerzeugnisse der Lederindustrie entstammen Betrieben, in denen die Kunst des Sortierens bis zur möglichen Grenze ausgebildet ist. Diese Sortierung erfolgt schon im Rohwarenlager nach Gewichtsklasse und Stellung der Rohware. Vor dem Falzen wird vorteilhaft nach Dicke sortiert, um einen möglichst gleichmäßigen und substanzsparenden Ausfall der Falzung zu gewährleisten. Für gewisse Lederarten, z. B. für Boxcalf, ist eine Zwischensortierung nach dem Kopfspalten anzuraten, wo zwischen Narbenzurichtung und Verarbeitung zu Velour entschieden werden kann. An dieser Stelle können z. B. auch besonders geeignete Felle der Schrumpfgerbung zugeführt werden. Eine der wichtigsten Sortierungen erfolgt jedoch nach dem Falzen. Dabei werden z. B. narbengeschädigte Felle niedriger Gewichtsklassen für Velour ausgeschieden, da diese bis zum Verschwinden der Adern nachgefalzt und einer Nachgerbung unterzogen werden. Sehr narbenreine, gutgestellte Felle werden für farbigen und weißen Nubuk ausgewählt. Leere, flache, für die Narbenzurichtung bestimmte oder stark narbengeschädigte Leder werden einer Nachgerbung mit vegetabilischen und synthetischen Gerbstoffen zugeführt. Die erwähnte narbengeschädigte Ware wird hier schon für das Abbuffen auf der Schleifmaschine vorgesehen. Ebenso kann hier schon eine Vorsortierung der Felle erfolgen, die man empfindlichen Nuancen oder einer reinen Anilinzurichtung zuleiten will. Grundsätzlich wird man die heller gegerbten und besseren Sortimente helleren Nuancen in der Färbung zuführen. Das für diesen Zweck vorgesehene Sortiment wird man einer speziellen Neutralisation unter Einsatz geeigneter Egalisiermittel unterwerfen. Im Hinblick auf die Egalität der bevorstehenden Färbung wird man Sortimente anstreben, in denen das Verhältnis von Dicke zur Fläche möglichst ausgeglichen ist. Die Fläche der Felle ist letztlich ausschlaggebend für den Anilinfarbstoffbedarf und den Auszug desselben. Man hat daher bei entsprechender Sortierung die Möglichkeit, die Farbstoffdosierung so anzupassen, daß die größtmögliche Gleichmäßigkeit des Farbtonausfalles für die laufende Produktion gegeben ist.

Die nächste Sortierung erfolgt zweckmäßig nach dem Abnageln und Beschneiden. Die Felle sind nun gefärbt und die Färbung unterliegt der Musterung. Beste Felle werden der reinen Anilinzurichtung zugeführt. Die für das Abbuffen vorgesehenen Felle werden in Partien, die leicht, und in Partien, die tief gebufft werden sollen, geschieden, wenn man es nicht vorzieht, aus Rationalisierungsgründen grundsätzlich tief zu buffen. Im Narben schlechte Leder werden auch für Preßware vorgesehen. In einer ganzen Reihe von Betrieben wird für mehrere Nuancen einheitlich vorgefärbt, z. B. hellere und dunklere Brauntöne einfach mit einem neutralen Mittelbraun. Bei der Sortierung nach der Färbung werden die innerhalb der Partie dunkleren Färbungen für die dunklere Zurichtung und die helleren für die lichteren Töne vereinigt. Die letzte Sortierung, die die Zurichtung allerdings nur indirekt berührt, findet schließlich auf dem Warenlager statt und führt zu den einzelnen Verkaufssortimenten der Leder.

2. Vorfärben.

Ein unruhiges, unegales oder aber wachstuchartig zugeschmiertes Fertigfabrikat ist oft auf eine in der Nuance stark abweichende oder unegale Vorfärbung zurückzuführen. Es darf wohl angenommen werden, daß der die Kunst der Anilinfärbung beherrschende Betriebsleiter viel weniger Reklamationen haben wird.

Alle technischen Einzelheiten der Anilinfärbung, wie die geeignete Farbstoffauswahl und Kombination, die Flottenlänge, die Temperaturregelung, die Einflüsse der Neutralisation und des Betriebswassers, der Einsatz von Egalisierungsmitteln, die Steuerung des p_H-Wertes, die Variation des Farbstoffangebots nach Dicke und Fläche der Leder und der Einfluß der Lickerung auf die Egalität der Färbung, wurden an anderer Stelle besprochen (s. diesen Band, 3. Kap., S. 210). Hier sollen lediglich die Forderungen des Zurichters an die Vorfärbung diskutiert werden.

Grundsätzlich soll die Nuance der Vorfärbung sich möglichst eng an die erstrebte Endnuance anschließen. Leder, die glanzgestoßen werden sollen, sind leicht, Leder, die abgebufft werden sollen, kräftig einzufärben. Eine leichte Einfärbung ist auch im Hinblick auf den farbgleichen Schliff der Fleischseite erwünscht. Daß Bekleidungsleder durchgefärbt sein müssen, ist zwar kein Verlangen des Zurichters, soll hier aber am Rande erwähnt werden. Trotz der Forderung möglichster Übereinstimmung der Vorfärbung müssen bei einzelnen Nuancen spezielle Gesichtspunkte berücksichtigt werden. So ist es sicher vorteilhaft, bei hellen Tönen, wie Beige, Maisfarbe, Sand, Sekt, bei hellen Orangetönen, die Vorfärbung eher etwas gelbstichiger, also lichter zu wählen, keinesfalls aber rotstichiger zu färben, weil eine rotstichigere Vorfärbung an stark beanspruchten Stellen, z. B. an den Zwickstellen und der Innenseite der Hinterkappen, immer zum Nachdunkeln neigen und Reklamationen verursachen kann. Diese Verfleckung tritt besonders dann auf, wenn die Leder beim Gebrauch mit weichparaffinhaltiger Ölware gepflegt werden. Mittlere Brauntöne, dunkleres Sattelbraun und ähnliche Töne sind möglichst genau einzustellen. Rotstichige Brauntöne sind dagegen etwas röter, klarer einzufärben. Lebhafte Ochsblut-, Bordo- und Weinrottöne müssen immer etwas klarer, brillanter vorgefärbt werden, weil sich so das notwendige Feuer der Nuance leichter erreichen läßt. Reine Blau- und Rottöne müssen immer etwas lebhafter und voller vorgefärbt werden. Bei diesen Nuancen ist, weil sie notwendigerweise auf organischer Pigmentbasis aufgebaut sind, die Deckung schwer zu erreichen; man hilft sich dadurch, daß man in der Deckfarbengrundierung wenige Prozente einer weißen Deckfarbe gibt, die den Ton aber käsig abtrübt. Durch die brillante Vorfärbung und eine kräftige Schönung der Deckfarbengrundierung kann man diese Abtrübung ausgleichen. Auch bei der Einstellung von Grüntönen muß eine stumpfere Vorfärbung vermieden werden, wenn man einen zu dicken Film und damit einen unedlen Ledercharakter vermeiden will. Schwarze Zurichtungen sollen möglichst tief und voll und mit einem leichten Blaustich vorgefärbt sein, weil besonders bei der Stoßzurichtung sonst leicht ein Grauschimmer resultiert. Die Qualität einer Weißzurichtung hängt wesentlich von der Güte der Chrombleiche ab, da gerade bei Weiß die Gefahr einer zu starken Deckung und damit der Splissigkeit und Doppelhäutigkeit gegeben ist. Wegen der Gefahr der Vergilbung muß eine sorgfältige Auswahl der Licker und Weichmacher getroffen werden. Grundsätzlich sind für die wässerige Zurichtung formaldehydechte und für die organisch gelöste Zurichtung lösungsmittelechte Farbstoffe heranzuziehen.

3. Lickern.

Man kann die Bedeutung des Lickerns für die Zurichtung gar nicht genug unterstreichen. Fettet man mit trockenen Tiefenfettern, d. h. mit stark sulfonierten und emulgatorwirksamen Ölen, so resultieren sehr saugfähige Leder, die zwar einer Ausreibung nicht bedürfen, die aber einen mit Verdickungsmitteln viskos eingestellten Grundierungsauftrag der Deckfarbe erhalten sollten. Diese viskosen Grundierungen verursachen aber vielfach eine Verkrustung des Narbens und ein Abrußen der Deckschicht. Daher sollten ausgesprochene Emulgatoren in der Lickerung nur sehr vorsichtig angewandt werden. Lickere ich dagegen mit ausgesprochen oberflächlich fettenden Einstellungen, die z. B. größere Anteile unsulfonierter Öle oder kationische Licker enthalten können, so steht zwar der erste Grundierungsauftrag ausgezeichnet auf dem Leder, aber es können sich Schwierigkeiten in der Haftung und Netzung ergeben. In diesem Fall sollten daher die Leder durch Ausreiben für den ersten Grundierungsauftrag vorbereitet werden. Müssen die Leder geschliffen werden, so sollte man durch anteilige Verwendung eines Lickers mit großer Emulgierreserve für ein Eindringen der unsulfonierten Anteile der Lickerkombination unter die Narbenschicht Sorge tragen. Dieses Bestreben wird an sich schon unterstützt durch die kräftige Nachgerbung, der heute tief zu buffende Rindbox allgemein unterzogen werden. Ein tieferes Eindringen des Lickers ins Leder, eine bessere Fettaufnahme und Verteilung bewirkt auch der Nachsatz synthetischer Gerbstoffe oder deren Neutralsalze ins ausgezehrte Lickerbad. Diese leichte nachträgliche Übersetzung hat sich nicht nur bei Schleifbox, sondern auch bei glanzzustoßenden Ledern gut bewährt und hat vielfach dazu beigetragen, leichte Fettausschläge, Grauschleier und Glanzstoßschwierigkeiten zu beseitigen. Zur Vertiefung des Schwarztons und zur Erleichterung des Glanzstoßens wird bei schwarzem Box vielfach von der Praxis etwas Mineral- oder Weißöl in den Licker gegeben. In anderen Fällen wird vor dem Abwelken nach der Färbung leicht von Hand abgeölt. Dieses Verfahren ist aber mit größter Vorsicht anzuwenden, da die Mineralölkomponente im Leder nicht abbindet, was zu dunklen Verfleckungen oder zum Abrußen der Deckfarbe bei Überdosierung führen kann.

Grundsatz der Lickerung von Chromoberledern, besonders bei dem empfindlichen Boxcalf, soll ein möglichst vorsichtiges Fettungsangebot sein, d. h. man sollte sich an die untere tragbare Grenze des Fettangebots für die jeweilige Rohware herantasten. Eine Überfettung macht die Flämen schlapp und den Narben lose. Erfahrene Praktiker halten es sogar für richtig, nach einer nicht ausreichenden Vorlickerung im Faß von der Fleischseite her die kernigen Stellen des Felles mit einer Mischung eines kräftig emulgierenden Tiefenfetters mit unsulfonierten Ölen von Hand nachzuarbeiten.

4. Abwelken und Ausrecken.

Das erste Abwelken der Leder findet vor dem Falzen statt. Es soll dem Fell die für diesen Prozeß notwendige Festigkeit geben. Wird dieser Arbeitsprozeß nicht völlig gleichmäßig zu immer demselben prozentualen Wassergehalt durchgeführt, so wirkt er sich negativ auf die folgenden Arbeitsgänge aus, weil das von diesem Zeitpunkt an ausschlaggebende Falzgewicht durch Schwankungen verfälscht wird. Von Partie zu Partie ungleiche Farbtöne, Losnarbigkeit durch Überneutralisation und ähnliches sind Folgen dieser Schwankungen, die sich auch auf die Zurichtung auswirken.

Entscheidend für den Habitus und die Narbenstruktur des Fabrikats ist das zweite Abwelken und Ausrecken nach der Färbung, weil die anschließende Trocknung den Narben fixiert. An dieser Stelle an Arbeit zu sparen, heißt auf Qualität verzichten. Die gleichzeitige Bearbeitung verschieden gefärbter Partien auf derselben Ausreckmaschine muß vermieden werden, um Verschmutzungen zu vermeiden. Nur peinliche Sauberkeit und rechtzeitige Erneuerung, z. B. verschmutzter Filze, lassen diese Verfleckung der Felle vermeiden. Man muß auch darauf achten, daß die gelickerten Felle nach der Färbung die Filze schneller verschmieren, wodurch der Welkeffekt oft wesentlich absinkt. Dem Abwelken folgt das Ausrecken, wodurch eine möglichste Glätte des Fells und eine „Verteilung" des Narbens erreicht werden soll. Das Ausrecken ist, um den Narben möglichst zu schließen, jeweils in Richtung der Haare zu führen. Diese Arbeitsweise hilft den „optischen Grauschimmer" beseitigen. Wichtig ist, daß die Felle mit dem richtigen Feuchtigkeitsgehalt ausgereckt werden. Zu trockenes Ausrecken ergibt ein Überschieben des Narbens und Doppelhäutigkeit. Außerdem werden die Flanken stärker gezerrt, was sich ungünstig auf die Flämen auswirkt und eine unterschiedliche Porung in Rücken und Seiten ergibt. Zu feuchtes Arbeiten streckt die Felle jedoch ungenügend. Um ein gleichmäßiges Ausrecken, auch der dünneren, abfälligen Partien, zu gewährleisten, ist das Fell nicht nur vom Rücken zum Kopf und zur Kratze laufen zu lassen, sondern auch vom Rücken zu den Seiten.

Infolge der stärkeren Beanspruchung der Gummiwalzen durch die in der Mitte stärkeren Felle resultiert in der Mitte der Walzen eine stärkere Abnutzung. Man gibt mit solchen abgenutzten Gummiwalzen unwillkürlich stärkeren Druck, was zu einem Abreiben feiner Gummipartikelchen an den Seiten der Walzen führt. Diese

Gummipartikelchen drücken sich auf den Fellen kometenartig ab, was zu Schwierigkeiten bis in die Deckfarbenzurichtung führt. Es muß peinlich darauf geachtet werden, daß den Schlicker und Walzenzähnen durch Sand keine Scharten zugefügt werden. Solche Scharten verursachen feine Narbenrisse, die in der Zurichtung ebenso schwierig zu schließen sind wie die bekannten Schleifrisse. Wird durch das Ausrecken der Narben zu stark niedergequetscht und trocknet dieser zu tief an, so gehen die Flämen beim ersten Handauftrag stark hoch, was ebenfalls Ursache einer unedlen Zurichtung werden kann.

Für die feineren Oberledersorten hat dem maschinellen Ausrecken das Nacharbeiten von Hand auf der Tafel zu folgen, eine Behandlung, die der individuellen Streckung der Haut, der Beseitigung der beim maschinellen Arbeiten meist auftretenden Zwickel und vor allem der Glättung der Klauen dient. Man soll durch die Schlickerbewegung von den gutgestellten Partien nach Möglichkeit Substanz in die Flämen bringen.

5. Trocknen.

Für die meisten Oberlederarten ist es im Hinblick auf den Sprung und die Festigkeit der Leder von Vorteil, das erste Trocknen möglichst kurz und scharf zu führen. Eine zu scharfe Trocknung wirkt sich aber in Maßverlust und gelegentlich in Netzschwierigkeiten bei der späteren Zurichtung aus. Liegen solche Schwierigkeiten vor, kann durch vorsichtigen Emulgatorzusatz in Fettung oder Grundierungsflotte Abhilfe geschaffen werden. Nach dem Trocknen läßt man den Ledern durch Lagern Zeit, sich zu klimatisieren und das hygroskopische Gleichgewicht wieder herzustellen.

Die Klebetrocknung bringt ohne Zweifel eine bisher unerreichte Glätte des Narbens, auf der anderen Seite macht es aber bei Vollnarbenledern große Schwierigkeiten, eine spitznarbige und splissige Zurichtung zu vermeiden. Man kann der Ansicht sein, daß diese Schwierigkeiten durch eine Verkrustung des Narbens durch eingedrungenen Kleber hervorgerufen werden (vgl. dazu diesen Band, 4. Kap., S. 310).

6. Stollen.

Das Anfeuchten vor dem Stollen, sei es durch Einlegen in Sägespäne oder durch Ziehen durch lauwarmes Wasser, muß einen gleichmäßigen Feuchtigkeitsgehalt über das ganze Fell ergeben. Die so vorbereiteten Felle werden meist vorgestollt, wobei die Flämen auszusparen sind. Nach ausgleichendem Liegen während der Nacht über dem Bock folgt am nächsten Tag ein Nachstollen; zu starkes Stollen reißt den Narben los und ergibt Doppelhäutigkeit. Für einen günstigen Stolleffekt ist von großer Bedeutung, daß der Stollarm nicht mit zu hoher Geschwindigkeit läuft. Bei klebegetrockneten Ledern ist anzustreben, das Stollen möglichst milde zu führen, was z. B. durch geeignete Vor- und Nachfettung, durch Nachschmieren des Halses, des Kerns und der Klauen auf der Klebeplatte und durch erhöhtes Feuchtigkeitsangebot in der Endphase der Kanaltrocknung erreicht werden kann. Vielfach werden für solche hier auch spezielle Stollköpfe angewandt (s. diesen Bd., 4. Kap., S. 321, und 11. Kap., S. 1478), oft wird auch nach Art des Schlickerns von der Fleischseite gearbeitet.

Anschließend an das Stollen folgt das Nageln und langsame Trocknen, bei den nach der alten Trockenmethode behandelten Ledern. Hier muß sorgfältig und gleichmäßig ausgespannt werden, um ein Aufgehen der Zurichtung wegen ungleichmäßiger oder zu großer Zügigkeit zu vermeiden. Beim Beschneiden ist zur Maßersparnis darauf zu achten, daß das Leder hinter der schneidenden Hand gehalten wird. Es wird dann unwillkürlich nach außen und nicht nach innen geschnitten.

7. Schleifen.

Die Fleischseite der Leder bedarf, um eine einwandfreie Stoßbarkeit zu erzielen, einer letzten Egalisierung durch Schleifen. Es ist auch aus diesem Grunde eine leichte Einfärbung für Oberleder nützlich. I. S. Mudd (*1*), S. 114, empfiehlt, dieses Egalisieren nach den Deckfarbenaufträgen vorzunehmen, um eventuell Verschmutzungen durch das Abschleifen zu entfernen. Der Autor ist der Ansicht, daß diese Egalisierung der Fleischseite vor der Zurichtung erfolgen muß, da durch das Glanzstoßen oder Bügeln jede Unregelmäßigkeit der Fleischseite zum Abdruck kommt.

Für die moderne Zurichtung ist das Abbuffen von Oberleder vom Narben her besonders wichtig. Die Qualität einer späteren Bügelzurichtung wird zum größten Teil schon beim Schleifen entschieden. Die größten Schwierigkeiten machen die Klauen und abfälligen Teile, besonders bei sonnengetrockneter Rohware. In den Seitenteilen und Hälsen dieser Ware sind oft kleinere verhornte Inseln, die dem Schliff hartnäckig widerstehen. Man muß durch Versuche mit immer schärferem Papier bei Aufnahme der Bearbeitung entscheiden, wie diese Narbenverhärtungen sicher beseitigt werden können. Das Schleifen ist um so leichter, je gefüllter und fester der Narben ist. Diese Füllung und Festigung des Narbens wird bei Chromleder heute durch eine genügend tief eindringende vegetabilisch-synthetische oder Harznachgerbung erzielt. Um den optimalen Quellungszustand der Lederoberfläche zu erzielen, ist ein Klimatisieren vor dem Schleifen oft vorteilhaft. Bei starkem Abbuffen kommt man ohne ein Vorschleifen des Halses und der Flanken oft nicht aus. Dieses Vorschleifen führt man vorteilhaft mit rauhem Papier (z. B. 220), das Nachschleifen dagegen mit 320er Papier oder noch feineren Sorten durch. Für das Vorschleifen ist eine Arbeitsbreite von 30 bis 45 cm am besten geeignet. Die Bearbeitung des ganzen Felles sollte aber auf einer die gesamte Breite erfassenden Maschine ausgeführt werden.

Zu den für die Zurichtung übelsten Erscheinungen beim Abbuffen gehören die sogenannten Schleifrisse, die praktisch durch keinerlei Kunstgriff wieder zu schließen sind. Sie werden durch über das Mittelmaß hinausgehende Kristalle des Karborundumpapiers hervorgerufen. Abhilfe kann durch entsprechende Papierqualitäten, durch Abstreifen des Papiers vor dem Einspannen mit einem Holzstock und durch Vorlaufenlassen von Fleischseiten oder Spalten bei frischen Papieren getroffen werden.

Stark gefettete Leder, wie Waterproof, sind dem Schleifen nicht zugänglich, müssen vielmehr mit der Blanchiermaschine bearbeitet werden.

8. Polieren.

In den letzten Jahren hat sich nach der Trocknung oder nach dem ersten Grundierungsauftrag, vor allem für Rindbox, das Polieren stark eingeführt. Diese Technik kann auch für abgebuffte Leder angewandt werden, um den Narben möglichst wieder herauszuarbeiten und so für leicht geschliffene Ware den Schleifcharakter möglichst zu verdecken. Bei der Bügelzurichtung bewährt sich das Polieren als Ersatz für das Glanzstoßen, um den Narbenstolleffekt desselben möglichst zu kopieren. Bei Vollnarbenledern wird dieser Arbeitsgang vor allem bei offenporiger Ware zur Beseitigung des optischen Grauschimmers nach Grundierung mit einem Porenfüller (meist mit Wachsanteilen) angewendet. Dieser optische Grauschimmer ist an einer fertigen Zurichtung daran zu erkennen, daß er je nach Lichteinfall über das Fell wandert. Schließlich wird das Polieren bei empfindlichen Fellen angewandt, um das Glanzstoßen möglichst zu reduzieren. Neben der Glättung der Felle und einem gewissen Reckeffekt ergibt das Polieren ohne Zweifel einen feineren und edleren Narbenbruch. Vorbedingung für die Anwendung dieser Arbeitsweise ist eine absolut feste und kernige Gerbung. Wichtig ist auch, daß die richtigen maschinellen Möglichkeiten gegeben sind. Es wird oft der Fehler gemacht, einen erworbenen Polierstein einfach in eine hochtourige Schleifmaschine einzubauen. Die hohe Tourenzahl beansprucht den Narben zu stark, wodurch Losnarbigkeit hervorgerufen werden kann. Die günstigste Tourenzahl für eine Poliermaschine liegt zwischen 700 und 900 Touren pro Minute. Eine weitere Gefahr des Polierens ist, daß durch zu starkes Andrücken der Narben zu sehr geschlossen wird, so daß Haftschwierigkeiten der späteren Deckfarbenaufträge resultieren. Wird vor dem Polieren grundiert, so müssen die thermoplastischen Bestandteile der Rezeptur möglichst knapp gehalten und geeignete Gleitmittel eingeführt werden. Als solches hat sich z. B. Leinsamenabkochung mit Spuren von Wachsen bewährt.

9. Ausreiben.

Dem Ausreiben der Leder muß die Aufmerksamkeit gewidmet werden, die dieser Arbeitsgang bei Vollnarbenledern unbedingt verdient. Nur bei wenig fetten Rohwarenprovenienzen, die relativ emulgatorreich und trocken gelickert wurden, kann dieser Arbeitsgang entfallen. An sich ist es falsch, die in dem jetzigen Zustand empfindlichen Leder mit Feuchtigkeit zu belasten, weil dieses Feuchtigkeitsangebot den Narben verkrampft. Man arbeite daher beim Ausreiben schnell, schonend und lasse den Ledern bei niedrigen Temperaturen Zeit, sich zu erholen und wieder zu trocknen. Das gleiche gilt auch für die ersten Grundierungsaufträge. Man kann wegen der unterschiedlichen Rohware, Gerbung und Fettung keine Regeln für das Ausreiben aufstellen, sondern hier müssen Vergleichsversuche entscheiden. Manche schlecht saugfähige Leder sind nach einem schwachsauren Ausreiben mit Milchsäure (30 g/l) in ihrem Verhalten deutlich gebessert. Die Milchsäureausreibung empfiehlt sich auch, wenn schlecht netzende Chromnester vorliegen. Oberflächlich stark fettige Leder werden mit einer Mischung von Wasser, Ammoniak und Sprit oder Aceton behandelt, der eventuell noch ein Emulgator zuzusetzen ist. Bei ausgesprochenen Fettledern wird man oft nur mit organischen Lösungsmitteln zurecht kommen. Sollen diese Leder wässerig grundiert oder gedeckt werden, ist eine Nachbehandlung mit einem Wasser-Sprit-Emulgator-Gemisch unbedingt zu empfehlen, um das organisch gelöste Fett vom Narben wegzunehmen. Gegen Calcium-, Chrom- und Aluminiumseifen in den Narbengruben gibt es keine Abhilfe, weswegen man alles vermeiden sollte, was zur Bildung solcher Ablagerungen führen kann.

II. Deckfarbenzurichtung.

1. Ansetzen der Deckfarbenlösungen.

Um in der laufenden Fabrikation die Konstanz der Nuance sicherzustellen, ist notwendig, daß die Gebinde der Lederdeckfarben und Hilfsmittel vor dem Gebrauch kräftig aufgerührt werden. Hierzu verwendet man zweckmäßig Holzstäbe, die an dem unteren Ende schaufelartig verbreitert sind. Das Umrühren erfolgt zuerst von unten nach oben und dann kreisförmig in der ganzen Tiefe des Gebindes. Überalterte Deckfarben, die während der Lagerung verdickt oder geliert sind, stellt man vor Umrühren in heißes Wasser ein, wodurch das Aufrühren und die nachfolgende Lösung wesentlich erleichtert wird. Bei dem Rezepturansatz halte man sich sorgfältig an die von den Herstellerfirmen der Deckfarben angegebene Reihenfolge der Zugabe der einzelnen Rezepturbestandteile. Diese Maßregel ist besonders dann zu beachten, wenn es sich um Zurichtungen auf Basis von Polymerisatemulsionen handelt. Bei letzteren sind die Rezepturbestandteile außer dem Binder vorzulegen, mit einem Teil des Wassers zu verdünnen und aufzurühren und dann der Binder mit dem Rest des Wassers 1 : 1 verdünnt langsam einzurühren. Sämtliche Rezepturansätze sind vor Verbrauch durch Nesseltuch, Perlon- oder Nylongewebe oder durch ein engmaschiges Drahtsieb (1600 Maschen pro Quadratzentimeter) zu filtrieren. Manche Firmen lassen die fertigen Deckfarbenansätze zum Homogenisieren durch eine schnelllaufende Homogenisiermaschine oder Kolloidmühle passieren. Dieses Verfahren ist für alle Rezepturansätze, die keine Binderbestandteile enthalten, durchaus zweckmäßig, bei binderhaltigen Ansätzen jedoch kann eine Ausfällung des Polymerisats erfolgen, da eine ganze Reihe von Bindern gegen mechanische Beanspruchung in Lösung nicht genügend stabil sind.

Durch straffe Lagerführung muß dafür gesorgt werden, daß Deckfarbengebinde nicht überaltern. Es sollte vorgesehen sein, daß der Verbrauch innerhalb eines Jahres erfolgt. Der Lagerraum muß gegen Kälteeinwirkung geschützt und trocken sein. Die optimale Temperatur für die Lagerung von Lederdeckfarben liegt etwa zwischen 10 und 15° C.

2. Auftragsweise.

Handauftrag.

Die ersten Deckfarbenaufträge werden meist von Hand gegeben. Bei empfindlichen Pastelltönen und bei der Verwendung stark absetzender Pigmente, z. B. bei Chrompigmenten, ist durch ständiges mechanisches Rühren der Bürstflotte für eine gleichmäßige Verteilung der Pigmente in der Flotte zu sorgen. Es versteht sich, daß dieses gleichmäßige Durchrühren, wenn es sich technisch ermöglichen läßt, auch beim Auftrag aller übrigen Nuancen die Sicherheit für einen gleichmäßigen Ausfall erhöht. Für die Binderzurichtungen muß bemerkt werden, daß dieses Rühren nicht zu hochtourig erfolgen darf. Die ersten Bürstaufträge sind stärker mit Weichmacher zu versetzen, nicht nur, um eine extrem weiche Grundschicht zu erzielen, sondern auch weil durch die emulgierenden Eigenschaften der Weichmacher ein glatter, streifenfreier Strich sichergestellt wird. Um bei abgebufften Ledern einen besonders feinbrechenden Narben zu erzielen, hat es sich bewährt, vor der Grundierung einen leichten Fettlüster oder in der Grundierung kleinere Anteile unsulfonierter Öle zu geben. Ob man bei Fettledern oder stark abgebufften Ledern im ersten Auftrag Netzmittel oder lickerähnliche Körper einsetzen kann, muß durch Vorversuche, besonders im Hinblick auf die erzielte Reibechtheit, von Fall zu Fall geprüft werden. Der Handauftrag muß mit einer mittelweichen Bürste oder mit einem Plüschbrett schnell und kräftig durch kreisförmige Bewegung gegeben werden, wobei die Flämen vor zu starker Bearbeitung zu schonen sind. Zur Egalisierung des Auftrages wird mit dem Plüsch leicht nachgestrichen, bis Antrocknung erzielt ist. Bei Binderzurichtungen darf dieses Nachegalisieren keinesfalls zu kräftig erfolgen, da sonst ein Abreiben des in der Antrocknung befindlichen Auftrages infolge partiellen Brechens der Binderemulsion erfolgt. Der Handauftrag, geschickt durchgeführt, ergibt die gleichmäßigste Fläche, weswegen er bei der Schwarzzurichtung meist bis auf den letzten Auftrag dominiert. Wegen des gleichmäßigen Glanzes empfiehlt es sich, auch bei anderen Nuancen einen Handauftrag der Glanzappretur zu geben. Hierfür muß allerdings ein wirklich geschickter und geschulter Arbeiterstamm zur Verfügung stehen. Die Unterlage für den Bürstauftrag muß völlig eben sein. Als Platte des Bürsttisches haben sich Glasplatten, Schiefer- und Marmortafeln gut bewährt. Ähnlich gute Dienste kann auch ein Belag aus Linoleum oder eine Kunststoffplatte leisten. Voraussetzung für eine gute Arbeit beim Bürstauftrag ist entsprechend gute Beleuchtung des Arbeitsplatzes. Diese sollte am besten von oben durch diffuses Licht erfolgen.

Es macht sich im Hinblick auf das Narbenbild bezahlt, nach dem ersten Handauftrag den Ledern Gelegenheit zu geben, sich wieder von der Belastung durch die Flüssigkeit der Flotte zu erholen. Dies erreicht man durch ein Ablagern von mehreren Stunden bei gewöhnlicher Temperatur. Der erste Auftrag bringt immer einen geringen Maßverlust mit sich, der durch anschließendes Handbügeln vermindert werden kann. Handbügeln nach der Grundierung legt die Flämen flach, die beim ersten Auftrag oft unvorteilhaft hoch quellen.

Maschineller Bürstauftrag.

Der Ersatz des Handauftrages durch maschinellen Bürstauftrag hat sich in Europa bis 1950 nur bei größeren Firmen auf selbstgebauten Apparaten einführen können. Erst in letzter Zeit werden Bürstmaschinen auf dem Markt angeboten, die eine breitere Einführung finden werden. In Amerika ist der maschinelle Bürstauftrag für sämtliche Arbeitsgänge der Zurichtung allgemein üblich. Es muß darauf hingewiesen werden, daß für den Bürstauftrag die Rezeptur besonderer Aufmerksamkeit hinsichtlich der Pigmentzusammensetzung der Binderanteile und der Konzentrationseinhaltung bedarf. Das Arbeiten auf Bürstmaschinen bedarf gegen mechanische Einwirkung besonders stabiler Bindertypen.

Spritzauftrag.

Praktisch arbeitet man in der Lederzurichtung nur mit Hochdruckspritzapparaturen. Der gebräuchlichste Düsendurchmesser liegt bei $1^1/_2$ bis 2 mm, der übliche Druck zwischen 3 und 6 at. Neben dem einfachen Rundstrahl sind der durch seitliche Düsenbohrungen entsprechend regulierte Flachstrahl, Breitstrahl, Drehstrahl und Dicostrahl in der Praxis in Anwendung. Die Steuerung des Strahls durch Luftströme aus zusätzlichen neben der Farbdüse angebrachten Düsenbohrungen hat den Vorteil, daß das Auftreten loser Farbnebel, die beim ungesteuerten Rundstrahl reichlich vorhanden sind, zumindest teilweise unterbunden wird. Dies ergibt ein arbeitshygienisch einwandfreieres, aber auch sparsameres Spritzen. Über die günstigste Strahlform gehen die Ansichten der Praxis weit auseinander.

Es muß dafür Sorge getragen werden, daß die zugeführte Druckluft in ihrem Druckniveau ausgeglichen ist, was durch einen dem Druckerzeuger entsprechend dimensionierten Windkessel erreicht wird. Ist der Druck der zugeführten Luft nicht gleichmäßig, so macht sich dies in einem flatternden, stoßweisen Spritzstrahl bemerkbar. Dieser stoßweise Spritzstrahl tritt auch auf, wenn die Druckschwankungen durch Undichtigkeiten in der Luftzuführung hervorgerufen sind. Die Druckluft muß frei sein von Kondenswasser und Ölresten, was durch einen möglichst nahe der Spritzstelle eingebauten Abscheider und dessen regelmäßige Entleerung erreicht wird. Die Druckluft leistet die Arbeit des Transports der

Farbpartikelchen unter Entspannung. Diese Entspannung bringt zwangsläufig eine entsprechende Abkühlung, die so weit gehen kann, daß sich in den Farbnebeln und auf dem sich bildenden Film Wasser niederschlägt, was zu Verlaufstörungen, Haftschwierigkeiten, Grauschleier, Kratern, Orangenschaleneffekt u. a. führen kann. Bei Neuanlage eines Spritzraumes sollte man daher die Druckluftleitung für eine kurze Strecke einem Heizungsrohr parallel führen, um ein gewisses Anwärmen der Druckluft über die Raumtemperatur während der besonders schwierigen Winterzeit zu erreichen. Diese Anordnung ist unbedingt vorzusehen, wenn die Druckluft von außen angesaugt wird und daher niedriger temperiert ist als der Zurichtraum.

Zurichträume müssen warm, trocken, gut ventiliert und staubfrei sein. Für genügend dichten Abschluß gegen andere Abteilungen, besonders gegen die feuchten Werkstätten und die Chromfärberei, ist zu sorgen. In der Zurichtung dürfen keine leicht staubenden Materialien, wie z. B. Anilinfarbstoffe, abgewogen werden, da der anfliegende Staub Ursache von Kometen beim Glanzstoßen werden kann. Die staubenden Maschinen der Lederzurichtung, wie Stoll-, Bürst- und Schleifmaschine, sind so zu placieren, daß der Staub durch keine Zug- oder Kaminwirkung in den Spritzraum und dessen Trockeneinrichtungen getragen werden kann.

Zur Entfernung der Farbnebel müssen entsprechende Spritzkabinen und Exhaustoren vorhanden sein. Die Gehäuse und Flügelabmessung der Ventilatoren sind groß zu wählen, da die abgesaugten Farbnebel Aggregate kleiner Abmessungen leicht zusetzen. Zur häufigen Reinigung muß der Ventilator leicht zugänglich sein. Das Vorsetzen eines Holzwollfilters ist für wässerige Deckfarben von Vorteil. Spritzstände, in denen organisch lösliche Deckfarben verarbeitet werden, müssen funkensicher (Beleuchtung!) und geerdet sein. Auf die behördlichen Bestimmungen und die Vorschrift der Berufsgenossenschaft über die Verwendung organisch gelöster Lacke sei in diesem Zusammenhang besonders hingewiesen (s. dazu diesen Band, 12. Kap., S. 1552).

Auch für das Farbspritzen ist eine gute Beleuchtung notwendig. Eine seitliche Beleuchtung soll für das Farbspritzen günstig sein, jedoch ist die Beleuchtung von oben allgemein üblich. Auf eine diffuse Streuung des Lichts und funkensichere Montage der Beleuchtungsanlage ist besonders zu achten.

Bei der Handhabung der Spritzpistole muß die richtige Arbeitsentfernung, die von der Druckhöhe abhängt, eingehalten werden. Die Druckhöhe ist einerseits auf die Viskosität des Ansatzes, anderseits auf die Düsenbohrung einzustellen. In der Praxis der Deckfarbenzurichtung hat sich bei einem Düsendurchmesser von $1^1/_2$ bis 2 mm und einem Druck von 5 bis 6 atü eine Arbeitsentfernung zwischen 25 und 40 cm als geeignet herausgestellt. Ist der Luftdruck nicht richtig auf die Viskosität des Ansatzes eingestellt, so macht sich dies bei hohem Druck durch geteilten Strahl, bei zu niedrigem durch Sprenkeleffekt infolge zu großer Tröpfchen bemerkbar. Je weiter der Druckhebel der Pistole geöffnet wird, desto mehr kann die Arbeitsentfernung der oben angegebenen äußeren Grenze angenähert werden. Je höher die Viskosität und damit die Konzentration der Farbflotte ist, desto höher muß der Druck eingestellt werden.

Zur Führung der Spritzpistole muß man sich vor Augen halten, daß die führende Hand über das ganze Feld in gleichmäßiger Bewegung gehen soll, da die Steuerung der Pistole von einer Stelle aus ungleichmäßige Aufträge ergibt. Die Gleichmäßigkeit des Auftrages wird auch vermindert, wenn die Pistole nicht strichweise, sondern in Kreisbewegungen über das Fell geht.

Nach jedem Arbeitsgang und bei jedem Farbwechsel ist die Pistole sorgfältig zu reinigen. Verschmutzte Geräte ergeben ungleichmäßigen Strahl oder sogenanntes Spucken der Pistole. Zu starke lose Farbnebel haben oft ihre Ursache in einer beschädigten Farbnadeldichtung, was eine regelmäßige Kontrolle der Farbnadel der Pistole nahelegt. Trotz der Verwendung hochwertiger Materialien für die Farbnadeln und deren Dichtung sind diese einer starken Korrosion ausgesetzt. Besonders wichtig ist es, das Tempo des Spritzauftrags der Zurichtart und der Saugfähigkeit des Leders entsprechend anzupassen. Zu feuchtes Spritzen ergibt „Laufen" und die Bildung sogenannter Gardinen, zu trockenes Spritzen führt besonders bei organisch löslichen Farben zu einem rauhen, sandpapierartigen Griff oder zur Bildung nicht verbügelbarer Tröpfchen.

Der mechanische Spritzauftrag hat sich in den letzten Jahren in Europa stark eingeführt, während er in Amerika kaum geübt wurde. Eine individuellere Deckung, auf die verschiedene Saugfähigkeit des Leders abgestimmt, ist durch Handspritzen sicher leichter gegeben, jedoch wird dieser Faktor vielfach überschätzt, da man bei der heutigen Akkordarbeit den nach wenigen Stunden stark ins Gewicht fallenden Ermüdungsfaktor des Arbeiters entsprechend in Rechnung setzen muß. Sicher ist, daß der Durchsatz durch ein mechanisches Spritzaggregat vervielfacht wird. Die Konstruktion der mechanischen Spritzmaschinen ist in den letzten Jahren von dem anfänglich zum Arbeitsfluß im rechten Winkel bewegten Spritzmechanismus zu kontinuierlich kreisförmig bewegten Pistolen übergegangen. Es sind Konstruktionen auf dem Markt, die den Ausschlag des Spritzaggregats lichtelektrisch bzw. „elektronisch" steuern, wodurch nur die tatsächliche Lederoberfläche von dem Farbstrahl erfaßt wird, was ganz erhebliche Einsparung an Deckfarbe erbringt. Es empfiehlt sich, Spritzmaschinen nicht zu stark abzusaugen, was zu einer teilweisen Ausnutzung der Farbnebel führt. Bei der Inbetriebnahme einer Appretiermaschine müssen die Geschwindigkeit des Förderbandes, die Frequenz der Pendelbewegung des Spritzaggregats, der Spritzdruck und die Viskosität des Ansatzes in geeigneter Weise durch Versuche aufeinander abgestimmt werden.

Kalanderauftrag.

Eine Spezialmaschine zum Aufbringen von Lacken ist der Kalander. Die wesentlichen Bestandteile desselben sind eine Walze mit eingraviertem Raster, die von einem Rakel den Lack abnimmt, und eine Gegenwalze, die den Lack auf das Leder überträgt. Wichtig ist bei dieser Auftragsart:

1. Die Zuführungswalze für das Leder und die Auftragswalze sollen einen geringen Gangunterschied aufweisen, wodurch ein der Verteilung des Lackes förderlicher Schmiereffekt erzielt wird.

2. Der Lack muß mit Hochsieder entsprechend langsam verdunstend eingestellt sein, um einem vorzeitigen Antrocknen, einem schlechten Verlauf der Lackschicht entgegenzuwirken. Das Lösungsmittelgemisch soll weiterhin keine starken Verdunstungsverluste zulassen, da hierdurch die Viskosität des Lacks und damit sein Lackeffekt stark verändert würde.

3. Trocknen in der Zurichtung.

Das rationelle Trocknen in der Zurichtung macht häufig Schwierigkeiten im Hinblick auf die Faktoren: Raum, Zeit und Qualität. Um den letzten Punkt gleich vorwegzunehmen, sei festgestellt, daß bei besonders empfindlichem Material eine möglichst milde Trocknung sich auf die Qualität der Zurichtung am besten auswirkt. So kann z. B. ein hochwertiges Boxcalf durch eine zu forcierte Trocknung zwischen 35 und 40° völlig splissig und unedel im Narbenbruch werden. Auf der anderen Seite muß für das Glanzstoßen eine vollständige und kräftige Durchtrocknung verlangt werden. Genaue Angaben, um dieses Dilemma zu meistern, können nicht gegeben werden, da die Gerbung, der Charakter des Leders und örtliche Gegebenheiten zu wechselnde Einflüsse ausüben. In der Praxis ist das Trockenproblem meist so gelöst, daß die Leder anschließend an den Deckfarbenauftrag in einen Trockentunnel eingeführt werden, den sie je nach Lederart und Produktionsgröße in zirka 7 bis 30 Minuten durchlaufen. Diese Trockentunnels sind dampfgeheizt und stark gelüftet. Man sollte es vorziehen, durch eine starke Belüftung die Höhe der Temperatur herabzumindern.

In letzter Zeit wird, besonders bei der maschinellen Appretierung, die Infrarottrocknung, und zwar sowohl als Hell- als auch als Dunkelstrahler, eingesetzt. Es ist anzunehmen, daß diese Trocknung von Nuance zu Nuance sich verschieden auswirkt. Von einigen Seiten wird behauptet, daß eine ganze Reihe von Farben nach der Infrarottrocknung stärker zum Abrußen oder zur Splissigkeit neigen. Sei es, daß diese Feststellung auf Vorurteil oder Tatsachen beruht, jedenfalls hat die Infrarottrocknung im Rahmen der Lederzurichtung noch keine sehr breite Anwendung gefunden, ganz im Gegensatz zur Schuhfabrikation, wo von ihr weitgehend Gebrauch gemacht wird. Zu den Trockenvorgängen und Apparaten der Ledertrocknung s. diesen Bd., 4. Kap., S. 252.

4. Aufbau der Deckschicht.

Allgemeines Aufbauprinzip, nicht nur von Deckfarbenfilmen, sondern der Anstrichtechnik überhaupt, ist, von einer weichen Grundierung ausgehend über mittelharte Zwischenschichten zu harten Schlußaufträgen zu gelangen. Dieses Schema kann durch entsprechende Bindemittelauswahl und Dosierung und durch geeigneten Einsatz von Weichmachern erreicht werden, wobei eine sogenannte innere Weichmachung durch die Verwendung weicher und elastischer Bindemittel als Idealzustand wünschenswert wäre.

Das erste Ziel, das der Zurichter anstreben muß, ist der sogenannte ,,Abschluß''. Dieser wird dadurch erreicht, daß bei der Grundierung möglichst pigmentreich und bindemittelarm gearbeitet wird. Wird zu viel Bindemittel in der Grundierung angeboten, so resultiert ein splissiger Narben, wird zu wenig eingesetzt, so kann die Deckschicht von unten her aufbrechen und abrußen. Alle Arbeitsgänge, die den ,,Abschluß'' verzögern, sind im ersten Stadium der Zurichtung auszuschalten. Darum wird man z. B. auf ein Glanzstoßen vor Erreichen des Abschlusses verzichten, da durch dasselbe die Unregelmäßigkeiten des Felles erneut wieder in Erscheinung gebracht werden. Auch bei der Bügelzurichtung wird man ein die Unregelmäßigkeit der Haut fixierendes, frühes, starkes Bügeln vermeiden müssen.

Abgebuffte Leder sind stark saugfähig für den Grundauftrag, was unter anderem darin begründet ist, daß der natürliche Aufbau der Fettung durch das Buffen gestört wurde. Es ist daher oft vorteilhaft, eine neue fettreiche Oberschicht zu schaffen, sei es mit einer Wachsgrundierung, sei es durch ein Übersprühen mit Fetten, Lickern oder Weichmachern oder sei es durch extreme Weichstellung der Grundschicht durch Verwendung eines Ölgrundes. Durch diese Behandlung der Lederoberfläche erzielt man außer besserem Abschluß den bei geschliffenen Ledern oft schwierig erreichbaren feinen Narbenbruch. In letzter Zeit haben sich kationische Produkte auf nachgegerbten Ledern weitgehend eingeführt, wobei damit argumentiert wird, daß die zur Nachgerbung gegensätzliche kationische Ladung den Abschluß der Grundierung besonders fördert.

Nur in Ausnahmefällen wird als erster Auftrag, und zwar bei sehr saugfähigen oder sehr narbenempfindlichen Ledern, ein Spritzauftrag gegeben, weil dieser die schonendste Auftragsweise ist. Im allgemeinen muß jedoch hiervon abgeraten werden, weil die Haftfestigkeit der Deckschichten nur spritzbehandelter Leder oft zu wünschen übrig läßt. Nur bei Futterleder hat sich ein Spritzauftrag als erster Auftrag allgemein eingeführt.

Der an die Grundierungsaufträge sich anschließende Spritzauftrag sollte lediglich dazu dienen, die Grundierung völlig auszuegalisieren.

Die Spritzflotten sind durch Abbrechen am Weichmacher und durch Einführung härterer Bindemittel erheblich härter als die Grundschichten zu halten. Ein zu schroffer Übergang in den Filmeigenschaften ist jedoch zu vermeiden. Für die Polymerisatzurichtung muß ein starkes Abbrechen des Polymerisatbindemittels in der Mittelschicht unbedingt vorgesehen werden, wenn man eine heißbügel- und heißreibfeste Zurichtung erzielen will.

In den Schlußappreturen werden noch härtere Bindemittel, zum Teil auf Basis von Albumin und Schellack, benutzt. Zur Erzielung von hohem Glanz sollten in dieser Schicht möglichst Körper eingesetzt werden, die sich von den vorhergehenden Schichten im Brechungsindex unterscheiden. Bekannt ist die Steigerung sowohl der Brillanz der Nuance als auch des Glanzes durch Aufbringen einer Kollodiumschlußschicht auf wässerige Grund- und Mittelschichten. Leider ergibt der Kollodiumfilm als Schlußschicht einen zu schroffen Sprung der Eigenschaften zwischen den einzelnen Filmschichten, so daß auf empfindlichen Lederarten sich dieses Verfahren meist verbietet. Wesentlich für die Schlußappretur ist auch, daß es für die Glanzstoßzurichtung zur Erzielung eines hohen Glanzeffekts meist vorteilhafter ist, mit mehreren verdünnteren Appreturaufträgen zu arbeiten als mit einem hoher Konzentration. Besonders hohe Gleichmäßigkeit des Glanzes und damit „Fläche" der Zurichtung ist zu erreichen, wenn einer der Glänze von Hand gegeben wird. Im Gegensatz zur Glanzstoßzurichtung sollten Bügelglänze konzentriert und körperreich eingestellt werden. Um ein graues Aufbrechen der Schlußschicht beim Krispeln zu vermeiden, sollten in den Appreturen geringe Mengen (0,25 g/l) Schönungsfarbstoff und etwas Weichmacher angewandt werden.

5. Nuancieren von Deckfarbenansätzen.

Die Pigmentauswahl ist zwar durch die einzustellende Nuance weitgehend festgelegt, doch sollte man anstreben, etwa 10% des Gesamtpigments in Form brillanter, organischer Pigmente oder Farblacke zu wählen, die restlichen 90% können deckende anorganische Pigmente sein. Diese Relation entspricht bei der Verwendung von Deckfarben des Handels einem Einsatz von 70 bis 50% deckender Marken und 30 bis 40% lasierender Marken. Völlig abwegig ist es, Schönungsfarbstoffe als Nuancierungskomponente in Rezepturen einzuführen, da die Lichtechtheit von löslichen Anilinfarbstoffen, abgesehen von ganz wenigen Spezialmarken, immer geringer sein wird als die der Pigmente. Die schwierigsten Nuancen sind diejenigen, die einen relativ hohen Weißgehalt aufweisen und nur geringer Zusätze anderer Nuancen bedürfen, um einen bestimmten „Stich" zu erzielen. Einfacher sind die Nuancen, die aus zwei relativ naheliegenden Grundmarken so eingestellt werden können, daß deren Verhältnis zwischen 30 und 70 bis 50 : 50 liegt. In all den Fällen, wo so einfache Verhältnisse nicht vorhanden sind, empfiehlt es sich, entsprechend verdünnte Stammlösungen der Nuancierkomponenten einzustellen. Liegen die Nuancierzusätze unter 5% der Gesamtfarbe, so ist von der Stammlösung unbedingt Gebrauch zu machen. Die größere Menge und das Abmessen der Flüssigkeit erhöht die Genauigkeit der Einstellungen.

Der häufigste Fehler beim Abnuancieren ist, daß ein Ton mit vier bis fünf Deckfarben eingestellt wird, wo z. B. drei Deckfarbentypen völlig ausreichen. Dies rührt daher, daß der Deckfarbenkolorist sich bei der Einstellung nur schwer entschließen kann, eine einmal gewählte Kombination fallen zu lassen und nochmals mit neuen Komponenten zu beginnen. Trotzdem kann durch diese Maßnahme oft viel an Zeit und Rückschlägen erspart werden.

6. Härten.

Die Härtung kann entweder mit Formaldehyd oder mit Chromsalzen oder mit einer Kombination von Formaldehyd und Chromsalzen durchgeführt werden. In neuerer Zeit wird zum Härtungsansatz ein Zusatz kationischer Seifen als gut abbindendes und gleichzeitig weichmachendes Agens vorgeschlagen (G. Otto, D. B. P. 849995).

Die Reaktion des Formaldehyds mit dem Casein findet am leichtesten und schnellsten bei schwach alkalischen p_H-Werten statt, wobei infolge dieser Reaktion ein langsames Abfallen des p_H-Wertes zu schwachsauren Werten bis etwa 5 bis 5,5 stattfindet. Während der Lagerung der frischen Leder erfolgt auch aus dem Leder heraus eine Durchdringung mit Säure aus dem Säurevorrat des Leders. Dieses Sauerwerden der Deckschicht ist für die Reibechtheit wichtig, da diese erst bei schwachsauren p_H-Werten optimal wird. Das allmähliche Eintreten der sauren Reaktion in der Deckschicht erklärt auch, warum die optimalen Endwerte der Reibechtheit bei wässeriger Zurichtung erst nach 10 bis 14 Tagen erreicht werden.

Aus der Erkenntnis der optimalen Reibechtheit bei sauren p_H-Werten wird oft empfohlen, die Formaldehydflotte durch Zusatz von Essigsäure saurer zu stellen. Rein formal sind für die Härtung von Casein höchstens 2% desselben an Formaldehyd notwendig. Wegen der großen Flüchtigkeit des Aldehyds beim Trocknen der Leder müssen jedoch bedeutende Überschüsse angewandt werden. Üblich ist eine etwa 10%ige Formaldehydlösung, höhere Konzentrationen führen oft zur Verhärtung des Narbens und Griffs und zum Aufgehen der Deckschicht.

Anders müssen die p_H-Verhältnisse für die Chromhärtung beurteilt werden. Chromsalze reagieren mit Proteinen am besten im schwachsauren Gebiet, so daß in diesem Fall ein Zusatz von Essigsäure unbedingt empfohlen werden kann. Während die Formaldehydhärtung allgemein anwendbar ist, muß die mit Chromsalzen auf mittlere Nuancen beschränkt werden. Bei der Härtung mit Chromsalzen von Schwarzzurichtungen muß mit der Gefahr eines Grauschleiers, bei der Härtung von Feinnuancen mit Verfärbungen durch die relativ farbstarken Chromsalze gerechnet werden. Eine zu starke Chromhärtung führt leicht zu Versprödung und Abrußen der Deckschicht. Wesentlicher Vorteil der Chromhärtung ist die gute Reibechtheit derselben. Als Chromsalze werden meist Chromchlorid oder Chromacetat empfohlen.

In letzter Zeit sind Kombinationen von Formaldehydlösungen mit Chromsalzen mit geringen Weichmacherzusätzen in den Handel gebracht worden. Eine 10%ige Formaldehydlösung sollte nicht mehr als 1 bis 1,5 g eines Chromsalzes im Liter enthalten.

Die Härtung wird gewöhnlich nach Abschluß der deckenden Aufträge und anschließend an die Schlußappretur auf das leicht abgelüftete, noch feuchte Leder gegeben. Bei Caseinappreturen ist durch die Härtung mit Formaldehyd eine merkliche Zunahme des Glanzes festzustellen.

7. Glanzstoßen.

Das Glanzstoßen ist nicht nur ein Glänzen und Glätten der Deckschicht, sondern auch eine Art Narbenstollen. Durch das Glanzstoßen wird die kavernenreiche Struktur des Caseinrasters eingedrückt, weswegen das Narbenbild, leider aber auch die Narbenfehler nach dem Stoßen klar hervortreten. Dieses klare Hervortreten des Narbenbildes ist das charakteristische Kennzeichen glanzgestoßener Ware. Es wurde schon darauf hingewiesen, daß das erste Glanzstoßen erst nach Erreichung einer vollen Deckung erfolgen sollte.

Gerade das Glanzstoßen bereitet oft ganz erhebliche Schwierigkeiten, die alle möglichen Gründe haben können und meist nicht auf Einzelursachen zurückzuführen sind, sondern auf das unglückliche Zusammentreffen mehrerer negativer Umstände.

Es gibt ohne Zweifel Pigmente, die schwieriger glanzstoßbar sind, andere wieder, die sich in dieser Hinsicht ausgezeichnet verhalten. Als Extreme im negativen Sinne seien grobstrukturierte, harte, anorganische Pigmente, im positiven Sinn der in Blättchenstruktur vorliegende weiche Graphit genannt. Viele organische Pigmente neigen bei Überdosierung zum Bronzieren beim Glanzstoßen. Auch die Bindemittel der Deckfarbe, deren Zusatzmenge und mechanische Verarbeitung bei der Deckfarbenfabrikation, beeinflussen die Glanzstoßbarkeit wesentlich. Vor allem dürfen die Bindemittel nicht thermoplastisch sein. Sehr wichtig ist die richtige Menge und Zusammensetzung der Weichmacher. Sowohl eine Unter- als auch eine Überdosierung des Weichmachers verursachen Glanzstoßschwierigkeiten. Vielfach hat es sich bewährt, dem Weichmacher oder dem Bindemittel unsulfonierte Öle als Stoßöle zuzusetzen, wodurch die Friktion der Glasrolle herabgesetzt und damit das Stoßen erleichtert wird. Um bei schwer stoßbaren Ledern eine Bearbeitung möglich zu machen, hat sich in vielen Fällen ein leichtes Abwischen der Leder mit Paraffinöl oder Siliconöl mittels eines Wolllappens bewährt. Jedoch ist diese Wirkung zeitlich beschränkt, da das Öl alsbald in das Leder abwandert. I. S. Mudd (*1*), S. 113, empfiehlt, hellbraune, rote, grüne und blaue Deckschichten, die schwieriger glanzstoßbar sein sollen, vor dem ersten Glanzstoßen auf jeden Fall mit einer pigmentfreien Appreturschicht zu versehen. In Appreturen wirkt sich die Mitverwendung von Milch auf die Glanzstoßbarkeit günstig aus, während ein zu reichlicher Schellackeinsatz Schwierigkeiten mit sich bringen kann.

Eine der häufigsten Ursachen schlechter Glanzstoßbarkeit ist eine ungenügende Trocknung der Deckschicht. Bei Kollodiumdeckfarben wird diese ungenügende Trocknung oft durch zu reichliche Dosierung von Hochsiedern hervorgerufen. Weitere Schwierigkeiten verursacht das Ausschwitzen von Natur- oder Lickerfett, was nicht nur zum Rupfen beim Stoßen, sondern auch zu Farbumschlägen und Unegalitäten führen kann. Hier hat Entfettung, wirksames Ausreiben oder in leichteren Fällen eine Übersetzung mit vegetabilischen oder synthetischen Gerbstoffen Hilfe gebracht.

Diese unvollständige Zusammenstellung genügt schon, um einen Eindruck von der Vielgestaltigkeit des Problems der Glanzstoßbarkeit zu vermitteln. Abschließend sei bemerkt, daß das Glanzstoßen durch die Einführung der Bügelzurichtung und der thermoplastischen Bindemittel stark zurückgegangen ist.

8. Bügeln.

Das Bügeln gewinnt in der Zurichtung immer mehr an Bedeutung. Trotz der hohen Lohnkosten wird für empfindliche Lederarten, wie z. B. Boxcalf, das Bügeln von Hand noch viel angewandt. Auch bei Spitzenfabrikaten von Rindbox wird Handbügeln am Ende der Zurichtung gerne vorgeschlagen. Gegenüber dem Maschinenbügeln hat das Handbügeln den Vorteil, die Faserstruktur der Leder nicht so zusammenzupressen wie das hydraulische Bügeln. Die ungünstigen Folgen des letzteren für den Griff sind allgemein bekannt. Ein weiterer Vorteil ist, daß das Handbügeln die individuelle Behandlung bestimmter, für die Gesamtqualität der Leder wesentlicher Partien, wie z. B. der Klauen, Bäuche und Flämen, ermöglicht. Geschickt geführtes Handbügeln wirkt auch dem bei den ersten Aufträgen resultierenden geringen Maßverlust des Leders entgegen.

Das hydraulische Maschinenbügeln ist aus der modernen Zurichtung nicht mehr wegzudenken. Bei Zurichtungen auf Basis thermoplastischer Bindemittel bringt es die eigentliche Filmbildung. Die Variationsmöglichkeiten dieses Arbeitsganges sind der Druck, die Temperatur und auch die Zeit. Man sollte es sich zur Regel machen, Grundierungen möglichst spät mit niedrigen Temperaturen und mittleren bis höheren Drücken, fertige Zurichtungen bei höheren Temperaturen, niedrigen Drücken und nur kurz abzubügeln. Die Felle dürfen nicht feucht zum Bügeln kommen, da der Griff feuchter Felle durch das Bügeln besonders ungünstig beeinflußt wird. Außerdem ist der Glanz zu feucht gebügelter Zurichtungen unruhig, zum Teil ist die Oberfläche dicht besät mit unregelmäßigen Mattstellen. Es empfiehlt sich daher, nur gut getrocknete Felle zum Bügeln zu bringen. Wesentlich für den Bügeleffekt ist die Bügelunterlage. Diese kann Filz auf Hartpappe oder Gummi auf Hartpappe sein. Für Bügelzurichtungen hat sich in vielen Fällen eine Gummiunterlage von 60 bis 70 Shore-Härte bewährt. Die polierten Bügelplatten unterliegen einer starken Abnutzung, was ihre regelmäßige Neupolitur oder Erneuerung notwendig macht.

Schwierigkeiten beim Bügeln können auftreten durch Ankleben stark thermoplastischer Schichten. In letzter Zeit wurden zur Abhilfe dieser Schwierigkeit sogenannte „Plating-Seasons" in den Handel gebracht, die in die Schlußappretur eingebracht werden. Die Wirksamkeit dieser Hilfsmittel beruht im wesentlichen auf einem geringen Silicongehalt. Ebenfalls wurde das Silikonieren der Bügelflächen selbst schon vorgeschlagen. Ursache eines unregelmäßigen Bügeleffekts können abgenutzte Bügelplatten, Feuchtigkeit in Leder und Deckschicht, zu hohe Weichmacherdosierung, ungeeignete Bügelunterlage, ungleichmäßige Lederdicke und notgare Stellen (bei sonnengetrockneten Häuten) sein.

H. Anwendung der Appreturen und Lederdeckfarben.

I. Allgemeine Gesichtspunkte.

Die Schwierigkeit, über die Anwendung der Appreturen und Lederdeckfarben erschöpfend zu referieren, ist die, daß die einschlägigen Arbeitsweisen, von den stets wechselnden Ansprüchen beeinflußt, in stetem Fluß sind. Nicht nur Veränderungen in der Lederverarbeitung, Geschmacksverschiebungen des Käuferpublikums, sondern auch Qualitätsveränderungen der Rohware und der Gerbung beeinflussen die Rezepturen und Arbeitsweisen der Zurichtung. Dazu bestehen in den einzelnen Betrieben in der Handhabung der Zurichtung erhebliche Unterschiede. Diese Unterschiede, vor allem in der Arbeitsweise, sind oft die Ursache spezifischer Qualitätsfaktoren, weswegen sie meist peinlichst geheimgehalten werden. Die Rezepturen, welche die Hersteller von Lederdeckfarben ihren Erzeugnissen mitgeben, müssen auf einer Vielzahl verschieden vorbehandelter Leder ein im Durchschnitt brauchbares Ergebnis bringen; dabei ist noch zu berücksichtigen, daß diese Rezepturen Zurichter des verschiedensten technischen Niveaus ansprechen müssen. Es ist daher verständlich, wenn diese Rezepturen auf möglichst große Sicherheit abzielen, der Anpassung an spezielle gegebene Verhältnisse Raum lassen und den schmalen Grenzbereich der Rezeptur meiden müssen, wo noch genügende Gebrauchswerte und besondere Schönheit der Zurichtung und des Ledercharakters sich treffen, mit einem Wort, wo die Rezeptur des Spitzenprodukts vorliegt. Für die Zurichtung mit Deckfarben gilt nämlich ebenso wie für das gesamte Ledergebiet: Wird durch irgendeinen Kunstgriff eine wertvolle Qualitätseigenschaft gewonnen, so muß dies durch einen Verlust an Gebrauchswert oder einer anderen Echtheitseigenschaft eingetauscht werden. Die praktische Rezeptur ist deswegen meist ein Kompromiß, der die eine Eigenschaft nicht ganz bringt, die andere nicht völlig verlieren läßt.

Folgende Zurichtmöglichkeiten sind heute gegeben:

A. Glanzstoßzurichtung mit wässerigen Caseinfarben und mit Caseinbinde-mitteln, Wachsemulsionen und Casein-Schellack-Tops als Binde- und Glanz-mittel.

B. Bügelzurichtung mit wässerigen Caseinfarben oder Plastikfarben und mit Polymerisatdispersionen, Caseinbindemitteln und Wachsemulsionen als Binde- und Glanzmittel.

C. Bügel- oder Glanzstoßzurichtung mit organisch gelösten oder wässerig emulgierten Kollodiumdeckfarben und mit Kollodiumlacken als Binde- und Glanzmittel.

D. Kombinierte Bügelzurichtung unter Verwendung von Polymerisatdisper-sionen als Grundierung, eventuell mit wässerigen Casein- oder Plastikfarben angefärbt, und organisch gelösten oder wässerig emulgierten Kollodiumdeck-farben mit Kollodiumlacken als Mittel- oder Schlußschicht.

In den beiden letzten Jahrzehnten haben sich bei den einzelnen Lederarten erhebliche Veränderungen in der Zurichtung ergeben, Veränderungen, die sich im wesentlichen in einem Rückgang der Kollodiumdeckung auf einige Spezial-gebiete und in einem allmählichen Übergewicht der Zurichtung mit Polymerisat-dispersionen manifestieren. Daher wird es nützlich sein, sich einleitend durch einen Überblick über den heutigen Stand der Zurichtung einiger wichtiger Ledersorten klarzuwerden (Tabelle 10, S. 868 bis 872).

Allgemeines Aufbauschema der Deckschichten.

Die Deckschicht mehr oder weniger aller Zurichtarten kann wie folgt auf-gebaut werden:

1. Grundierung: Sehr weich, gut haftend, gut abschließend und netzend, in manchen Fällen einfärbend, mechanisch besonders widerstandsfähig, stark füllend, stark deckend, darum meist ziemlich konzentriert, kaum glanzgebend, vielfach bewußt matt eingestellt.

2. Mittelschicht. Spritzfarbe: Relativ härter, jedoch harmonisch an den Weichheitsgrad der Grundierung anschließend, gut egalisierend, gut verlaufend, schwächer geschönt, glanzgebend und brillant, im Filmzusammenhalt meist nicht mehr so stabil wie die Grundierung. Im wesentlichen die Festigkeitseigen-schaften gegen Abrieb und Heißbügeln vermittelnd. Die Mittelschicht ist oft erheblich dünner als die Grundierungsschicht.

3. Oberschicht. Glanzappretur: Härter, erheblich dünner, stark glanzgebend, durch Glätte guten Griff vermittelnd, ganz wenig geschönt, nach unten gut abschließend, beim Bügeln nicht klebend. (Fortsetzung auf S. 873.)

Tabelle 10. Moderne Zurichtarten verschiedener Ledersorten.

Lederart	Rohware	Gerbung	Färbung	Zurichtung
Boxcalf, 1,2—1,4 mm.	Kalbfelle aller Gewichtsklassen.	Einbadchromgerbung mit selbstreduzierten Bichromatbrühen, gerbfertig gelieferten Chromlaugen od. grünen Chromsalzen. Vielfach sind die Gerbbrühen mit Salzen komplexaktiver organ. Säuren maskiert.	Faßfärbung mit anionischen Farbstoffen. Einfärbung. Zur Neutralisation und als Egalisiermittel werden geringe Prozentsätze der Neutralsalze synthetischer Gerbstoffe verwendet.	Klassische Glanzstoßzurichtung mit wässerigen Caseindeckfarben für Voll- und Mitteltöne. Weiß- und Pastelltöne vielfach mit wässerigen Deckfarben und Polymerisatdispersionen in Bügelzurichtung.
Anilinboxcalf, 1,2—1,4 mm.	Gut gestellte Kalbfelle höherer Gewichtsklassen.	Wie oben.	Faßfärbung wie oben, eventuell mit Übersetzung mit basischen Farbstoffen im frischen Bad.	Entweder Glanzstoßzurichtung mit pigmentarmen, stark geschönten Farbflotten mit höheren Albumin- und Wachsanteilen oder Bügelzurichtung mit pigmentarmen, kräftig geschönten Farbflotten unter möglichst geringem Einsatz synthetischer Bindemittel neben Albumin- und Wachspräparaten.
Snowcalf, 1,2—1,6 mm.	Gut gestellte Kalbfelle, Fresser und junge Rinder guter Provenienz.	Einbadchromgerbung, wie unter Boxcalf, mit kräftiger vegetabilisch-synthetischer Übersetzung; zur Verbesserung der Färbbarkeit kann noch mit Amphogerbstoffen übersetzt werden.	Faßfärbung mit kräftig einfärbenden anionischen Farbstoffen.	Klassische Fettschmiere auf Basis animalischer und vegetabilischer Fette und Öle, von Wachsen und organisch löslichen Farbstoffen. Schlechtere Sortimente können mit Plastikfarben leicht gedeckt und mit einer wachshaltigen Waterproofcreme versehen werden.
Rindbox, 1,6—2 mm.	Rinder mittlerer Gewichtsklassen, 15—25 kg.	Einbadchromgerbung mit leichter Übersetzung unter Verwendung von Neutralsalzen synthetischer Gerbstoffe in der Neutralisation oder im ausgezehrten Lickerbad.	Faßfärbung mit anionischen Farbstoffen. Leichte Einfärbung.	Klassische Glanzstoßzurichtung mit Caseindeckfarben für die Spitzensortimente. Bügelzurichtung mit Casein- oder Plastikfarben und Polymerisatdispersionen für die mittleren und die Untersortimente. Schlußschichten auf reiner Eiweißbasis.

Fortsetzung der Tabelle 10.

Lederart	Rohware	Gerbung	Färbung	Zurichtung
Schleifbox, 1,2—2 mm.	Rindhäute einheimischer und überseeischer Provenienz, auch Trockenhäute.	Einbadchromgerbung eventuell mit verringertem Chromangebot. Kräftige Nachgerbung mit vegetabilischen und synthetischen Spezialgerbstoffen oder Harzgerbstoffen.	Faßfärbung mit anionischen Farbstoffen. Meist Klebetrocknung. Mehr oder weniger starkes Abbuffen. In letzter Zeit vielfach Bürstfärbung mit anionischen oder kationischen Farbstoffen.	Bügelzurichtung mit Casein- oder Plastikfarben und Polymerisatdispersionen. Als Schlußschicht Casein-Bügelglänze, vereinzelt Kollodiumschlußlack und Kollodiumemulsionen.
Schleifbox mit Anilincharakter, 1,2—2 mm.	Wie unter Schleifbox.	Wie unter Schleifbox.	Wie unter Schleifbox.	Bügelzurichtung mit Casein- oder Plastikfarben und Polymerisatdispersionen. Schlußschicht mit Kollodiumlacken, die mit organisch löslichen lichtechten Anilinfarbstoffen angefärbt sind.
Schrumpfleder naturell, Lamacalf, Monjeou.	Leichte Kühe, Kalbinnen, Fresser, kräftige Ziegen.	Mit stark angesäuerten synthetischen Gerbstoffen in schnelllaufenden Fässern. Ausgerbung mit hochbasischen Chromsalzen bei höheren Temperaturen; zur Verbesserung der Färbbarkeit eventuell Übersetzung mit Amphogerbstoffen oder kationischen Harzgerbstoffen.	Faßfärbung mit anionischen Farbstoffen; für Anilinware Übersetzung mit basischen Farbstoffen.	Anilinware: Glanzstoßzurichtung mit geschönten Appreturen. Gedeckte Ware: Bügelzurichtung mit Casein- oder Plastikfarben und Polymerisatdispersionen.
Schrumpfleder-, Preßware.	Gut gestellte bis mittlere Rinder.	Einbadchromgerbung mit kräftiger vegetabilisch-synthetischer Nachgerbung.	Faßfärbung mit anionischen Farbstoffen. Einfärbung.	Bügelzurichtung mit Casein- oder Plastikfarben und Polymerisatdispersionen
Waterproof, 1,6—2 mm, Sportbox.	Rinder, 15—25 kg, guter Provenienz. Garnituren.	Reine Chromgerbung oder Chromvorgerbung. Kräftige vegetabilisch-synthetische Nachgerbung im Farbengang oder Faß.	Bürstfärbung oder Faßfärbung mit anionischen Farbstoffen. Kräftige Lickerung und Einwalken einer Fettschmiere im Heißluftfaß. 8—21% Fett im trockenen Leder; auch Klebetrocknung.	Kombinierte Zurichtung: Grundierung mit Casein- oder Plastikfarben und großen Anteilen von Polymerisatdispersionen Schlußaufträge mit Kollodiumdeckfarben; od. Bügelzurichtung mit Casein oder Plastikfarben und Polymerisatdispersionen. Schlußbehandlung m. Fettcreme.

Fortsetzung der Tabelle 10.

Lederart	Rohware	Gerbung	Färbung	Zurichtung
Sandalenseiten.	Seiten und Hälse von Rindern aller Gewichtsklassen.	Einbadchromgerbung mit kräftiger vegetabilisch-synthetischer Übersetzung oder Nachgerbung mit Harzgerbstoffen. Vereinzelt reine Chromgerbung.	Bürstfärbung oder Spritzfärbung mit anionischen Farbstoffen.	Bügelzurichtung mit Plastik- oder Caseinfarben und Polymerisatdispersionen. Seltener kombinierte Zurichtung.
Fahlleder, 2,2—2,5 mm.	Leichte Kalbinnen- und Kuhhäute, 12 bis 25 kg.	Gerbung mit vegetabilischen und synthetischen Gerbstoffen, Angerbung im Farbengang.	Wenn überhaupt, Bürstfärbung mit sauren Farbstoffen.	Schwarze Fahlleder werden mit einer bindemittelarmen Blitzschwärze zugerichtet, naturelle Fahlleder erhalten eine Schmiere auf Wachs- und Fettbasis.
Chevreaux.	Ziegen und Heberlinge, 5—7 Fuß.	Zweibadchromgerbung, sehr schwache Übersetzung mit synthetischen Gerbstoffen zur Erzielung des typischen Stanniolgriffs.	Faßfärbung mit durchfärbenden anionischen Farbstoffen und meist anschließender basischer Übersetzung.	Klassische Glanzstoßzurichtung mit stark geschönten und stark verdünnten Flotten wässeriger Deckfarben. Als Bindemittel starke Albuminanteile.
Chevretten, Cosy-Leder.	Schafe und Ziegen.	Einbadchromgerbung mit leichter Übersetzung mit den Neutralsalzen synthetischer Gerbstoffe in Neutralisation oder im ausgezehrten Lickerbad.	Faßfärbung mit anionischen Farbstoffen.	Bügelzurichtung mit Plastik- oder Caseinfarben und Polymerisatdispersionen. Nur noch vereinzelt Kollodiumzurichtung.
Roß-Chevreaux.	Roßhälse aller Gewichtsklassen.	Einbadchromgerbung, eventuell mit leichter Übersetzung mit synthetischen Gerbstoffen.	Faßfärbung mit anionischen Farbstoffen.	Bügelzurichtung mit Plastik- oder Caseinfarben und Polymerisatdispersionen oder kombinierte Zurichtung, nur noch ganz vereinzelt Glanzstoßzurichtung mit Kollodiumfarben.
Reptilleder.	Schlangen, Eidechsen, Krokodile aller Provenienzen und Meterklassen.	Gerbung mit synthetischen Weißgerbstoffen.	Wenn überhaupt, anionische Vorfärbung und kationische Übersetzung im Haspel.	Stoßzurichtung mit Milch-, Casein- und Albuminglänzen.

Fortsetzung der Tabelle 10

Lederart	Rohware	Gerbung	Färbung	Zurichtung
Futterleder.	Schafe, Ziegen, Bastarde, Hunde, Spalte.	Vegetabilisch-synthetische Gerbung im Faß, im Ausland zum Teil Chromgerbung.	Faßfärbung mit möglichst aus blutechten anionischen Farbstoffen.	Bügelzurichtung mit Plastikfarben und Polymerisatdispersionen; in brillanten Nuancen vereinzelt Kollodiumzurichtung.
Bekleidungsleder.	Rindnarbenspalte, Roß, Ziege, Schaf, vereinzelt Kalb.	Einbadchromgerbung mit stark füllender Übersetzung mit synthetischen Gerbstoffen.	Faßfärbung mit sauren Durchfärbern und gut deckenden substantiven Marken.	Grundierung mit Polymerisatdispersionen und Schlußzurichtung mit Kollodiumfarben. Vereinzelt Bügelzurichtung mit Plastikfarben und hohen Anteilen von Polymerisatemulsionen.
Handschuhleder.	Zickel, Lamm, Schaf, Ziege, Peccari.	Chromgerbung mit leichter vegetabilischer synthetischer Übersetzung oder Glacé- oder Sämischgerbung.	Bürst- oder Faßfärbung mit lichtechten anionischen Farbstoffen oder Metallkomplexfarbstoffen, eventuell mit schwacher basischer Übersetzung. Farbhölzer, vielfach in größeren Anteilen mitverwendet. Für Sämischleder: Schwefelfarbstoffe.	Ganz leichte Abdeckung mit wässerigen Deckfarben und Polymerisatdispersionen. Untersortimente kräftig abgedeckt mit Kollodiumfarben.
Feinleder.	Bastarde, Ziegen, Schafe, Schweine.	Vegetabilisch-synthetische Gerbung.	Faßfärbung mit anionischen Farbstoffen, bei hohen Echtheitsansprüchen mit Metallkomplexfarbstoffen. Bei folgender wässeriger Zurichtung vielfach Übersetzung mit kationischen Farbstoffen.	Glanzstoßzurichtung mit Caseinfarben, angefärbten Caseinglänzen (Écrasé, Lisse, Buchbinderleder), Kollodiumzurichtung im Glanzstoßverfahren (Saffian), Polymerisatzurichtung (Preßware u. Buchbinderleder).

Fortsetzung der Tabelle 10.

Lederart	Rohware	Gerbung	Färbung	Zurichtung
Blankleder.	Kühe, Rinder, Ochsen, Bullen.	Angerbung im Farbengang oder Vorgerbung mit synthetischen Gerbstoffen oder Harzgerbstoff im Faß, Ausgerbung im Faß mit vegetabilisch-synthetischen Gerbstoffen.	Bürstfärbung mit sauren Farbstoffen.	Glanzstoßzurichtung mit Casein-Albuminglänzen oder Kollodiumlacken oder Bügelzurichtung mit Caseindeckfarben und Polymerisatdispersionen.
Mappenvachetten, 1 bis 1,5 mm.	Kühe, Rinder, Ochsen, Bullen.	Vorgerbung im Faß mit synthetischen Gerbstoffen oder Harzgerbstoffen oder im Farbengang, Ausgerbung im Faß mit vegetabilisch-synthetischen Gerbstoffen.	Bürst- oder Spritzfärbung mit sauren Farbstoffen, häufig Spritzfärbung mit basischen Farbstoffen anschließend.	Glanzstoßzurichtung mit reinen Caseinglänzen, leicht geschönt oder mit Appreturen auf Basis saurer Caseinlösungen mit basischen Farbstoffen angefärbt. In letzter Zeit vielfach Abdeckung mit Kollodiumklarlacken. Bügelzurichtung mit wässerigen Deckfarben und Polymerisatdispersionen.
Schleifvachetten.	Überseehäute, mäßig gestellte einheimische Häute.	Chromvorgerbung, vegetabilisch-synthetische Ausgerbung.	Schleifen. Bürst- oder Spritzvorfärbung.	Vielfach mit Narbenprägung.
Koffervachetten.	Kühe, Rinder, Ochsen, Bullen.	Vegetabilisch-synthetische Gerbung wie oben.	Bürst- oder Spritzfärbung mit sauren Farbstoffen.	Leichte Deckung mit Kollodiumklarlacken im Glanzstoßverfahren oder Bügelzurichtung mit wässerigen Deckfarben und Polymerisatdispersionen.
Möbelvachetten.	Kühe, Rinder, Ochsen, Bullen.	Vegetabilisch-synthetische Gerbung wie oben.	Bürst- oder Spritzfärbung mit sauren Farbstoffen.	Grundierung mit stark weichgemachtem Kollodiumgrund oder Standölgrund, Schlußzurichtung mit Kollodiumfarben.
Spaltleder.	Spalte aller Art.	Chrom- oder vegetabilisch-synthetische Gerbung.	Keine Vorfärbung.	Bügelzurichtung mit Casein- oder Plastikfarben und Polymerisatemulsionen, oft Kollodiumlacke als Schlußglanz oder Zurichtung mit Kollodiumspaltfarben.

(Fortsetzung von S. 867.)

Dieses Schema liegt den Rezepturen seit den Anfängen der Deckfarbenzurichtung zugrunde und hat nach wie vor für die moderne Zurichtung Gültigkeit, wenn auch in den letzten Jahren die Tendenz besteht, die gesamte Rezeptur auf möglichst einen Ansatz zu beschränken. Dieser Vereinfachungstendenz kann man Rechnung tragen, indem man von einem Stammansatz ausgeht, z. B. von der konzentrierten und weich eingestellten Grundierung, und durch Zusatz härterer Bindemittel und Wasser die Flotte der Spritzfarbe im Bedarfsfall herstellt oder indem man den Ansatz der Spritzflotte anteilig in der Appretur mitverwendet. Tatsache ist jedoch, daß die Ansprüche der Lederverarbeiter immer schärfer und differenzierter werden, Ansprüche, denen man nur durch einen ausgefeilteren Aufbau der Deckschicht gerecht werden kann. Es ist darum anzunehmen, daß man ohne den Dreischichtenaufbau der Zurichtung auch in Zukunft nicht auskommen wird. Dafür spricht auch die Entwicklung der Zurichtung in der durch stärkste Rationalisierungstendenzen gekennzeichneten amerikanischen Lederindustrie. Wohl werden in der amerikanischen Lederzurichtung maschinelle Auftragsmethoden fast ausschließlich eingesetzt, wohl hat die rationellere Bügelzurichtung die Glanzstoßzurichtung vielfach verdrängt, die Zahl der Aufträge und die Variation der Flottenzusammensetzung sind jedoch differenzierter als die in der europäischen Lederindustrie. Damit ist nach Ansicht des Verfassers die künftige Entwicklungslinie auch in Europa vorweggenommen: Rationalisierung durch vermehrten Maschineneinsatz, Qualitätssteigerung durch differenzierteren Vielschichtenaufbau der Deckschicht.

Die vier folgenden Tabellen 11 bis 14, S. 874 bis 885, sollen jeweils ein Schema des Aufbaus der oben diskutierten Zurichtverfahren A, B, C und D geben.

II. Spezielle Zurichtrezepturen.

1. Appretierung.

Wässerige Appretur für Vachetten.

Die mit der Bürste vorgefärbte Vachette wird mit der Spritzpistole mit folgendem Ansatz in 1—2 Spritzaufträgen überspritzt:

80	Tl.	Eukanolglanz N
20	,,	Eukanolglanz CH
3—5	,,	Eukanolöl
10	,,	Eukanoltop
700	,,	Wasser
20—50	,,	Eukanolboxglanz-Pulverlösung, 10%ig
0,3	,,	Eukanolbrillantfarbstoff, heiß gelöst in
100	,,	Wasser

Nach dem Appretieren Ablüften, Härten mit 10%igem Formaldehyd. Trocknen, Glanzstoßen.

Die so appretierte Vachette ist empfindlich gegen Regentropfen. Eine ganz erhebliche Verbesserung in dieser Hinsicht kann erzielt werden, wenn die Vachette vor der Appretierung mit einer Lösung von:

300	Tl.	Baykanol S 52 (Amphogerbstoff) in
700	,,	Wasser

mit der Spritzpistole behandelt wird.

Der vielfach bei Vachetten gewünschte bronzierende Goldschimmer wird durch Übersetzung der sauren Vorfärbung mit einer Lösung basischer Farbstoffe mittels der Spritzpistole und anschließenden Glanzstoßes erzielt. Durch eine Appretierung wird dieser Goldschimmereffekt zerstört oder zumindest stark reduziert. *(Fortsetzung auf S. 886.)*

Tabelle 11. A. Glanzstoßzurichtung mit wässerigen Caseinfarben. Ledermaterial: Boxcalf.

Rezeptur	Charakter des Rezepturmittels	Auswirkung	
		einer Vermehrung	einer Verminderung
		des Rezepturmittels innerhalb der angegebenen Grenzen	
80—100 Tl. Eukanolfarbe.	Wässerige Caseindeckfarbe.	Deckender, bei zu hoher Dosierung beim Krispeln abrußend.	Lasierender, dem Anilincharakter ähnlicher.
extra Teig bzw. extra konz. Teig.	Auf anorganischer oder gemischt anorganischer-organischer Pigmentbasis.	Stärker deckend, weniger brillant.	Weniger deckend.
Teig.	Auf organischer Pigment-basis.	Brillanter, anilinähnlicher, bei Überdosierung beim Glanzstoßen bronzierend.	Weniger brillant, deckender.
2—8 Tl. Eukanolbrillant-farbstoff.	Hochkonzentrierter Schönungsfarbstoff.	Steigerung der Brillanz, Verminderung der Naßreibechtheit und Lichtechtheit.	Verbesserung der Naßreibechtheit und Lichtechtheit, Verminderung der Brillanz.
15—30 Tl. Eukanolöl.	Nichtgelatinierender Weichmacher.	Streifenfreier Auftrag, Verbesserung des Narbenbruchs, Verminderung der Reibechtheiten.	Oberflächlichere Schichtung, geringere Egalität des Auftrags, bei Unterdosierung Verminderung der Haftung, Sprödigkeit der Deckschicht.
0—2 Tl. Eukanolöl PL.	Gelatinierender Weichmacher.	Erheblich weicher, filmartiger, besser haftend, schlechter reibecht, bei Überdosierung schlecht glanzstoßbar.	Weniger krispelfest, splissiger, reibechter.
0—2 Tl. Eukanolpaste KFB.	Stoßöl.	Verbesserte Glanzstoßbarkeit, guter Narbenbruch, bei Überdosierung Ausschwitzen.	Verminderte Glanzstoßbarkeit, weniger glatter Griff.

Fortsetzung der Tabelle 11.

Rezeptur	Charakter des Rezepturmittels	Auswirkung	
		einer Vermehrung	einer Verminderung
		des Rezepturmittels innerhalb der angegebenen Grenzen	
0—10 Tl. Eukanolbinder L. oder V.	Polymerisatdispersion.	Verbesserte Porenfüllung, verringerte Glanzstoßbarkeit.	Erhöhte Neigung zum optischen Grauschleier, verbesserte Glanzstoßbarkeit.
20—35 Tl. Eukanolglanz N.	Weich eingestelltes Caseinbindemittel.	Geringere Neigung zum Abrußen, erhöhte Krispelfestigkeit, erhöhte Neigung zur Splissigkeit.	Edlerer Narbenbruch, geringere Filmfestigkeit.
0—10 Tl. Eukanolfiller W.	Weich eingestelltes Wachsprodukt.	Streifenfreierer Auftrag, bessere Porenfüllung, oberflächlicheres Stehen der Grundierung, bessere Glanzstoßbarkeit, bei Überdosierung Haftschwierigkeiten und schlechtere Reibechtheiten.	Magerere Grundierung, unegaler Auftrag, schlechterer Abschluß, rauherer Griff.
600—1000 Tl. Wasser.	—	Vermehrung des Eindringens, lasierender.	Deckender, schwieriger egalisierend, den Narben stärker belastend.

Arbeitsweise:

1—2 Handaufträge mit der Grundierungsflotte, zwischen den Aufträgen Ablüften. Nach dem letzten Auftrag Trocknen bei möglichst mäßigen Temperaturen, anschließend Maschinen- oder besser Handbügeln.

80—100 Tl. Eukanolfarbe, Teig und extra Teig.	Wässerige Caseindeckfarben.	Stärkere Deckung.	Stärker lasierend.
2—4 Tl. Eukanolbrillantfarbstoff.	Hochkonzentrierter Schönungsfarbstoff.	Steigerung der Brillanz, Verminderung der Naßreibechtheit und Lichtechtheit.	Verminderung der Brillanz, Verbesserung der Naßreibechtheit und Lichtechtheit.

Fortsetzung der Tabelle 11.

Rezeptur	Charakter des Rezepturmittels	Auswirkung	
		einer Vermehrung	einer Verminderung
		des Rezepturmittels innerhalb der angegebenen Grenzen	
10—12 Tl. Eukanolöl.	Nichtgelatinierender Weichmacher.	Besser netzender Spritzauftrag, weicherer Film, bei Überdosierung schlechter glanzstoßbar und schlechter reibecht.	Weniger annetzend, härterer Film.
25—35 Tl. Eukanolglanz NJ.	Mittelhartes Caseinbindemittel mit glanzgebenden Zusätzen.	Höherer Glanz, besserer Filmzusammenhalt, bessere Reibechtheit, bei Überdosierung Neigung zur Splissigkeit.	Geringerer Glanz, edlerer Narben, schlechtere Reibfestigkeit, geringere Krispelfestigkeit.
0—10 Tl. Eukanolboxglanz-Pulver-Lösung, 10%ig, od. Eialbuminlösung, 10%ig.	Albuminbindemittel.	Höherer Glanz, härterer Film, bessere Reibechtheit, geringere Krispelfestigkeit.	Geringerer Glanz und Brillanz, weniger quellfest mit Wasser, geringere Reibechtheit, bessere Krispelfestigkeit.
5—10 Tl. Eukanolwachs-top O.	Härtere Wachseinstellung.	Glatter im Griff, bessere Rückpolierbarkeit, besser glanzstoßbar, bei Überdosierung Haftschwierigkeiten.	Weniger gut rückpolierbar, rauher im Griff, besser quellfest mit Wasser.
800—1000 Tl. Wasser.	—	Lasierender.	Deckender.

Arbeitsweise:

1—2 Spritzaufträge mit obiger Spritzflotte, Ablüften, Härten mit Formaldehyd, 10%ig, gutes Trocknen und eventuell Glanzstoßen.

0—0,5 Tl. Eukanolbrillantfarbstoff.	Schönungsfarbstoff.	Bricht beim Krispeln weniger grau auf.	Weniger brillant.
20—80 Tl. Eukanolglanz NJ.	Mittelhartes Caseinbindemittel mit glanzgebenden Zusätzen.	Höherer Glanz, verbesserte Reibechtheit.	Geringere Reibechtheit.

Fortsetzung der Tabelle 11.

Rezeptur	Charakter des Rezepturmittels	Auswirkung	
		einer Vermehrung	einer Verminderung
		des Rezepturmittels innerhalb der angegebenen Grenzen	
10—40 Tl. Eukanolglanz CH.	Sehr hartes Caseinbindemittel mit Schellackzusätzen.	Bessere Reibechtheit, bei Überdosierung Splissigkeit.	Geringerer Glanz, schlechtere Reibechtheit, edlerer Narbenbruch.
20—50 Tl. Eukanolboxglanz-Pulver-Lösung, 10%ig, oder Eialbuminlösung, 10%ig.	Albuminbindemittel	Klarerer Glanz, erhöhte Reibechtheit, geringere Quellbarkeit mit Wasser.	Geringerer Glanz, bessere Krispelfestigkeit.
0—4 Tl. Eukanolöl.	Nichtgelatinierender Weichmacher.	Erhöhte Krispelfestigkeit, weicherer Film bessere Haftung.	Bessere Reibechtheit, höherer Glanz.
0—10 Tl. Eukanolwachstop O	Härtere Wachseinstellung.	Glatterer Griff, bessere Glanzstoßbarkeit, Seidenglanz.	Rauherer Griff, geringere Wasserquellbarkeit.
oder			
Eukanoltop.	Sehr hartes Glanzmittel auf Schellackbasis.	Bessere Reibechtheit, härterer Glanz, bei Überdosierung schlechtere Stoßbarkeit.	Geringerer Glanz, stärkere Wasserquellbarkeit, schlechtere Reibechtheit.
800—1000 Tl. Wasser.	—	Klarerer Glanz, erhöhte Auftragszahl.	Neigung zum Grauschimmer, weniger edler Narbenbruch, weniger Aufträge.

Arbeitsweise:

1 Spritzauftrag mit angefärbter Appretur, Ablüften, Härten, Glanzstoßen.

1 Spritzauftrag mit farbloser Appretur, Ablüften, Härten, Trocknen, Glanzstoßen, eventuell Maschinenbügeln und Krispeln, Handbügeln.

Tabelle 12. B. Bügelzurichtung mit wässerigen Caseinfarben oder Plastikfarben und Polymerisatdispersionen.
Ledermaterial: abgebufftes Rindbox.

Rezeptur	Charakter des Rezepturmittels	Auswirkung	
		einer Vermehrung	einer Verminderung
		des Rezepturmittels innerhalb der angegebenen Grenzen	
0—100 Tl. Eukanolfarbe, Teig und extra Teig oder Eukanolplastikfarben.	Wässerige Caseindeckfarbe.	Oberflächlichere Schichtung, unruhigerer Auftrag, Verkrustung.	Edlerer Narbenbruch, bei hellen Nuancen zu geringe Deckung.
	Wässerige Polymerisatdeckfarben.	Auch bei hohem Einsatz relativ geringe Narbenbelastung.	Lasierend, wenig deckend.
5—12 Tl. Eukanolbrillantfarbstoff.	Hochkonzentrierter Schönungsfarbstoff.	Höhere Brillanz, größere Oberflächenruhe, bessere Einfärbung, bessere Zwickechtheit.	Geringere Egalität und Gleichmäßigkeit, geringere Brillanz, zu geringe Einfärbung, schlechte Zwickechtheit.
10—15 Tl. Eukanolpaste KFB.	Spezialweichmacher für Polymerisatdispersionen.	Bessere Kälte- und Bruchfestigkeit, besserer Narbenbruch, schlechtere Reibechtheit, bei Überdosierung Kleben beim Bügeln.	Härterer Film, gröberer Narbenbruch, geringere Bruchfestigkeit.
3—10 Tl. Eukanolöl.	Nichtgelatinierender Weichmacher für Casein, hier Netzmittel.	Glatterer Auftrag und bessere Netzung der Lederoberfläche, edlerer Narbenbruch, schlechtere Reib- und Acetonechtheit. Bei Überdosierung Ausschwitzen beim Bügeln.	Neigung zur Streifenbildung, gröberer Narbenbruch, ruhigerer Glanz.
30—40 Tl. Eukanolfiller W.	Weich eingestelltes Wachsprodukt.	Besserer Abschluß und größere Fülle der Grundierung, geringeres Eindringen, geringeres Kleben beim Bügeln, bei Überdosierung schlechtere Reibechtheiten, geringere Brillanz und Neigung zum Grauschleier.	Neigung zur Streifenbildung, stärkeres Eindringen der Grundierung, vielfach zu starke Saugfähigkeit bei weiteren Aufträgen.

Fortsetzung der Tabelle 12.

Rezeptur	Charakter des Rezepturmittels	Auswirkung	
		einer Vermehrung	einer Verminderung
		des Rezepturmittels innerhalb der angegebenen Grenzen	
0—30 Tl. Eukanolglanz N.	Weich eingestelltes Kaseinbindemittel.	Bessere Heißbügelfestigkeit und Acetonfestigkeit, schlechtere Bruchfestigkeit, Neigung zur Splissigkeit.	Besserer Narbenbruch, besserer Filmzusammenhalt, schlechtere Heißreibfestigkeit, Bügelfestigkeit und Acetonfestigkeit.
400—800 Tl. Wasser.	—	Feinerer Narbenwurf, ausgeglichenere Saugfähigkeit bei den nächsten Aufträgen, tieferes Eindringen, bei mehreren Aufträgen höhere Egalität.	Gröberer Narbenwurf, bei empfindlichen Ledern Neigung zu Doppelhäutigkeit, schnellerer Abschluß, weniger Aufträge.
50—120 Tl. Eukanolresin O und	Weiche, stark füllende Polymerisatdispersion.	Besserer Abschluß, stärkere Filmschichtung, besserer Filmzusammenhalt.	Schlechterer Abschluß, bessere Aceton- und Heißbügelfestigkeit, edlerer Narbenbruch.
30—50 Tl. Eukanolbinder V oder	Extrem weiche, stark eindringende Polymerisatdispersion.	Trotz hoher Dosierung starkes Eindringen, edler Narbenbruch, gute Aceton- und Heißbügelfestigkeit, gute Kältefestigkeit.	Ungenügender Abschluß, verschlechterte Rückpolierbarkeit, zu wenig gefüllte Grundierung.
50—120 Tl. Eukanolbinder G.	Sehr weiche, gut abschließende Polymerisatdispersion.	Besserer Abschluß, relativ gute Aceton- und Heißbügelfestigkeit. Stark verbesserte Kältefestigkeit.	Geringerer Abschluß, schlechtere Kältefestigkeit.

Es hat sich bewährt, Mischungen verschiedener Binder in der Grundierung einzusetzen, wodurch je nach Dosierung eine Kombination der Eigenschaften erreicht werden kann.

Arbeitsweise:

2 Handaufträge mit der Grundierflotte, gutes Trocknen, hydraulisches Bügeln bei 40°, 150 atü.

Fortsetzung der Tabelle 12.

Rezeptur	Charakter des Rezepturmittels	Auswirkung	
		einer Vermehrung	einer Verminderung
		des Rezepturmittels innerhalb der angegebenen Grenzen	
100 Tl. Eukanolfarbe bzw. Eukanolplastikfarbe.	Wässerige Casein- bzw. Polymerisatdeckfarbe.	Verbesserte Deckkraft.	Verringerte Deckkraft.
2—4 Tl. Eukanolbrillantfarbstoff.	Schönungsfarbstoff.	Erhöhte Brillanz, verschlechterte Naßreibechtheiten.	Geringere Brillanz.
4—10 Tl. Eukanolöl.	Nichtgelatinierender Weichmacher für Casein.	Schlechtere Naßreibechtheit und Acetonfestigkeit, besserer Verlauf, bei Überdosierung unruhiger Glanz nach dem Bügeln.	Schlechterer Verlauf beim Spritzen, härtere Deckschicht.
4—12 Tl. Eukanolpaste KFB.	Spezialweichmacher für Polymerisatdispersionen.	Weicherer Film, bessere Kältefestigkeit, bei Überdosierung Klebrigkeit beim Bügeln.	Härterer Film, schlechtere Kältefestigkeit.
30—40 Tl. Eukanolglanz NJ.	Mittelhartes Caseinbindemittel mit glanzgebenden Zusätzen.	Verbesserte Heißreib- und Heißbügelfestigkeit, gute Acetonechtheit, Glanzsteigerung, bei Überdosierung Splissigkeit und Aufgehen der Deckschicht.	Schlechtere Heißreibechtheit und Acetonfestigkeit, Glanzminderung.
0—30 Tl. Eukanolboxglanzpulver-Lösung, 10%ig.	Albuminbindemittel.	Glanzsteigerung, verbesserte Heißbügelfestigkeit und Acetonfestigkeit.	Glanzminderung, verschlechterte Heißreibechtheit, Bügelfestigkeit und Acetonfestigkeit.
5—15 Tl. Eukanolwachstop O.	Härtere Wachseinstellung.	Bessere Rückpolierbarkeit und Heißreibfestigkeit, besserer Bügeleffekt, Seidenglanz, wärmerer Griff.	Geringere Wasserquellbarkeit, schlechtere Rückpolierbarkeit und Heißreibfestigkeit.

Fortsetzung der Tabelle 12.

Rezeptur	Charakter des Rezepturmittels	Auswirkung	
		einer Vermehrung	einer Verminderung
		des Rezepturmittels innerhalb der angegebenen Grenzen	
400—800 Tl. Wasser.	—	Schlechtere Deckkraft.	Bessere Deckkraft auf Kosten des Narbens.
30—80 Tl. Eukanolbinder L.	Härter eingestellte Polymerisatdispersion.	Höherer Glanzeffekt, besserer Abschluß und Filmzusammenhalt. Schlechtere Heißreib- und Heißbügelfestigkeit. Bessere Naßreibechtheit.	Geringerer Glanzeffekt, bessere Heißbügelfestigkeit und Heißreibfestigkeit, Neigung zum Aufgehen der Zurichtung.

Arbeitsweise:

1 Hand- und 1—2 Spritzaufträge mit obiger Flotte, Härten mit Formaldehyd, 10%ig, gutes Trocknen, Bügeln bei 55—70° C und 250—200 atü.

Rezeptur	Charakter des Rezepturmittels	einer Vermehrung	einer Verminderung
100—50 Tl. Eukanolglanz CH.	Sehr hartes Caseinbindemittel.	Höherer Glanz, bessere Reibechtheiten, bessere Heißbügelfestigkeit, bei Überdosierung Splissigkeit bzw. Aufgehen der Zurichtung.	Geringerer Glanz, verminderte Reibechtheiten, verminderte Heißbügelfestigkeit.
50—100 Tl. Eukanolboxglanz-Pulver-Lösung, 10%ig.	Albuminbindemittel.	Höherer klarerer Glanz, bessere Heißbügelfestigkeit, bei Überdosierung Versprödungsgefahr.	Glanzminderung, verminderte Reibechtheiten.
3—5 Tl. Eukanolöl.	Nichtgelatinierender Weichmacher für Casein.	Weichere Appreturschicht.	Härtere Appreturschicht.
5—10 Tl. Eukanolwachstop O.	Härtere Wachseinstellung.	Verbesserte Rückpolierbarkeit, guter Griff.	Schlechtere Rückpolierbarkeit.
700 Tl. Wasser.	—	Geringere Glanzwirkung, geringere Echtheiten.	Höherer Glanz, Verkrustungsgefahr.

Arbeitsweise:

1 Hand- und 1 Spritzauftrag oder 2 Spritzaufträge der Appreturflotte, Härten mit Formaldehyd, 10%ig, sehr gutes Trocknen, Bügeln bei 60—70° C und 100—200 atü.

Hdb. Gerbereichemie III/1, 1. Hälfte, 2. Aufl.

56

Tabelle 13. C. Glanzstoß- oder Bügelzurichtung mit Kollodiumfarben.

Rezeptur	Charakter des Rezepturmittels	Auswirkung	
		einer Vermehrung	einer Verminderung
		des Rezepturmittels innerhalb der angegebenen Grenzen	
100 Tl. Corialglanzlack.	Kollodiumklarlack auf Basis hochviskoser Wollen.	Besserer Abschluß, stärkere Füllung der Grundierung.	Stärkeres Eindringen, geringerer Abschluß.
30—50 Tl. Corialweichlack.	Mit nicht gelatinierenden Weichmachern stark angereicherter Kollodiumlack.	Weichere Grundierung, besserer Narbenbruch, bessere Alterungsbeständigkeit.	Härtere Grundierung, geringere Alterungsbeständigkeit.
200—300 Tl. Corialverdünner D bzw. Corialverdünner M oder eine Mischung derselben 1 : 1.	Lösungsmittelgemisch, Siedep. 86—110° C bzw. 65—178° C (mit 50%igem Hochsiederanteil).	Weniger abschließend, stärker eindringend; weniger schichtend bzw. langsamer trocknend.	Stärker abschließend und füllend.

Arbeitsweise:

　　Kräftig von Hand mit Grundierungsflotte Ausreiben, kurz Ablüften.

100 Tl. Corialechtfarbenmischung.	Kollodiumdeckfarben.	Deckender.	Lasierender.
35—50 Tl. Corialglanzlack.	Kollodiumklarlack auf Basis hochviskoser Wollen.	Höherer Glanzeffekt, bessere Trockenreibechtheit.	Geringerer Glanzeffekt, schlechtere Trockenreibechtheit.

Fortsetzung der Tabelle 13.

Rezeptur	Charakter des Rezepturmittels	Auswirkung	
		einer Vermehrung	einer Verminderung
		des Rezepturmittels innerhalb der angegebenen Grenzen	
0—75 Tl. Corialglanz F.	Stark füllender Kollodiumlack mit Zusatz synthetischer Bindemittel.	Höherer Glanz, stärkere Füllwirkung, nicht glanzstoßbar.	Geringerer Glanz, glanzstoßbar.
15—35 Tl. Corialweichlack.	Stark weichgemachter Kollodiumlack.	Weicherer, alterungsbeständiger Film. Bei Überdosierung schlechtere Reibechtheit.	Härterer Film, bessere Reibechtheit.
0—3 Tl. Palatinol C.	Gelatinierender Weichmacher.	Weicherer Film, bessere Alterungsbeständigkeit.	Härterer Film, schlechtere Alterungsbeständigkeit.
5—15 Tl. Butanol.	Verlaufmittel.	Besserer Verlauf, geringere Empfindlichkeit gegen feuchte Atmosphäre.	Empfindlicher gegen den Wassergehalt der Luft und die Temperatur im Spritzraum.
200—300 Tl. Corialverdünner D.	Niedrig- und Mittelsiedergemisch.	Lasierender, geringerer Glanz.	Deckender, geringerer Glanz.
50—100 Tl. Corialverdünner M.	Niedrig-, Mittel- und Hochsiedergemisch.	Höherer Glanz, lasierender, langsamer trocknend.	Deckender, geringerer Glanz, schneller trocknend.

Arbeitsweise:

1—2 Spritzaufträge mit obiger Spritzflotte, gutes Trocknen, Glanzstoßen oder hydraulisches Bügeln; zur Verbesserung der Reibechtheit kann noch ein Spritzauftrag mit Corialglanzlack X und Corialverdünner gegeben werden.

Tabelle 14. D. Kombinierte Bügelzurichtung mit Casein- oder Plastikfarben und Polymerisatdispersionen. Schlußschicht: Kollodiumfarben.

Rezeptur	Charakter des Rezepturmittels	Auswirkung	
		einer Vermehrung	einer Verminderung
		des Rezepturmittels innerhalb der angegebenen Grenzen	
0—100 Tl. Eukanol- bzw. Eukanolplastik-farben-Mischung.	Wasserlösliche Lederdeck-farben.	Deckender.	Lasierender, Kollodiumschluß-schicht besser haftend.
6—10 Tl. Eukanolpaste KFB.	Spezialweichmacher für Polymerisatdispersionen.	Weichere Grundierung, edlerer Narbenbruch, Kollodiumschicht stärker haftend, geringere Weich-macherwanderung aus der Kol-lodiumschicht.	Härtere Grundierung, stärkere Weichmacherwanderung aus der Kollodiumschicht, geringere Haftung.
2—8 Tl. Eukanolöl.	Nichtgelatinierender Weichmacher für Casein.	Besserer Strich, edlerer Narben-bruch, eventuell stärkere Weich-macherwanderung aus dem Kol-lodiumfilm.	Härtere Grundierung, weniger guter Narbenbruch.
0—20 Tl. Eukanolglanz N.	Weich eingestelltes Casein-bindemittel.	Grundierung gefüllter, weniger ein-dringend, Haftung gegenüber der Kollodiumschicht vermindert.	Grundierung stärker eindringend, Haftung gegenüber Kollodium-schicht verbessert.
500 Tl. Wasser.	- -	Lasierender.	Deckender.
0—3 Tl. Ammoniak techn.	- -	Netzung besonders bei fettigen Ledern verbessert.	Netzung vermindert.
100—150 Tl. Eukanolbinder W oder 100—150 Tl. Corialgrund O kz.	Weiche, mit organischen Lösungsmitteln stark quell-bare Polymerisatdisper-sionen.	Gefülltere Grundierung, ver-besserte Haftung des Kollodium-films, verringerte Weichmacher-wanderung.	Leerere Grundierung, verminderte Haftung und stärkere Weich-macherwanderung.

Arbeitsweise:

1 Hand- und 1 Spritzauftrag, gutes Trocknen, hydraulisches Bügeln bei 70° C, 100—150 atü.

Fortsetzung der Tabelle 14.

Rezeptur	Charakter des Rezepturmittels	Auswirkung	
		einer Vermehrung	einer Verminderung
		des Rezepturmittels innerhalb der angegebenen Grenzen	
0—100 Tl. Egalonfarben-Mischung.	Organisch lösliche Kollodiumfarben.	Deckender, weniger reibecht.	Lasierender, besser reibecht.
50—100 Tl. Egalonlack extra.	Kollodiumklarlack auf Basis hochviskoser Wollen.	Lasierender, glänzender, stärker gefüllt, reibechter.	Deckender, weniger glänzend, weniger reibecht.
1—3 Tl. Dibutylphthalat.	Gelatinierender Weichmacher für Kollodiumwollen.	Weicher, alterungsbeständiger, weniger reibecht.	Härter, reibechter.
2—7 Tl. Ricinusöl.	Nichtgelatinierender Weichmacher für Kollodiumwollen.	Weicher, schmalziger im Griff, festere Bindung der Gesamtweichmacherkombination.	Härter im Film und im Griff. Erhöhte Wanderungsneigung der gelatinierenden Weichmacher.
5—10 Tl. Butanol.	Verlaufmittel.	Besserer Filmverlauf.	Empfindlicher gegen Luftfeuchtigkeit und Temperaturschwankungen im Zurichtraum.
100—150 Tl. Egalonverdünner.	Niedrig- und Mittelsiedergemisch.	Lasierender.	Deckender.
40—60 Tl. Egalonverdünner H.	Mittel- und Hochsiedergemisch.	Höherer Glanz, bessere Haftung auf der Polymerisatgrundierung. Bei Überdosierung zu langsames Trocknen.	Niedrigerer Glanz, weniger gute Verankerung auf der Polymerisatgrundierung.

Arbeitsweise:

1—2 Spritzaufträge, Trocknen, leichtes hydraulisches Bügeln bei 60—50° C, 100—150 atü. Zur Verbesserung der Naßreibechtheit kann noch ein Spritzauftrag eines verdünnten Kollodiumklarlacks gegeben werden.

(Fortsetzung von S. 873.)

Vachettensortimente mittlerer Güte können vorteilhaft einer **Appretierung mit Bügelglänzen** zugeführt werden:

Anilinvorfärbung:

> 10—20 g/l Anilinfarbstoff
> 5—20 „ Eukanolbinder W

1—2 Bürstaufträge.

Bügelappretur:

> 200 Tl. Eukanolglanzbinder
> 150 „ Eukanolboxglanzpulver oder Eialbuminlösung, 10%ig
> 650 „ Wasser

1 Spritzauftrag, Härten, Trocknen, Bügeln bei 60 bis 70° und 100 bis 150 atü oder Narbenpressen.

Die Echtheitseigenschaften dieser Appretur sind beachtlich.

Sohllederappretur.

Um den Sohlledern ein gefälligeres Aussehen zu vermitteln, werden sie vor dem Walzen mit einem sogenannten Walzglanz von Hand appretiert. Dieser Walzglanz soll leichte Wundstellen abdecken, muß kratzfest sein und muß von Hand gleichmäßig und streifenfrei auftragbar sein. Hierzu werden Wachsemulsionen, bevorzugt auf Basis Carnaubawachs, Celluloseäther, Caseinaufschlüsse und Deckfarbenglänze herangezogen. Grundsätzlich könnten auch härtere Polymerisatdispersionen für diesen Zweck verwendet werden, jedoch liegen diese heute preislich außerhalb der hier üblichen Spanne.

Fleischseitenappretur.

Zur Egalisierung der Fleischseiten von Portefeuillevachetten, Separationsspalten usw. kann folgende Appretur angewendet werden:

> 50 Tl. weiße Caseindeckfarbe
> 10 „ Weichmacher
> 50 „. Tragantlösung, 6,5%ig
> 200 „ Wasser
> 100 „ weicher Polymerisatbinder

Diese Appretur wird gewöhnlich vor dem Pressen aufgetragen. Es empfiehlt sich, zum Homogenisieren auf der Alterapresse oder einer hydraulischen Presse leicht anzubügeln.

2. Glanzstoßzurichtung.

Boxcalf.

Boxcalf wird, um ein zu starkes Absacken der Grundierung zu vermeiden, meist mit einer merklichen Oberflächenfettung ausgerüstet. In diesem Fall empfiehlt es sich, die Leder im Interesse der Haftung der Deckschicht, der Krispelfestigkeit, des Glanzstoßens und der Brillanz der Nuance knapp dosiert, aber kräftig auszureiben, z. B. mit:

Ausreibung:

> 20—30 g/l Milchsäure techn.

oder

> 3— 15 ccm Ammoniak techn.
> 100—200 „ Sprit denat. oder Aceton techn.
> 800—900 „ Wasser

Eventuell können zur besseren Annetzung dieser alkalischen Ausreibflotte noch 1—3 Teile eines nichtionogenen oder anionischen Emulgators eingebracht werden, z. B. 3 g Erkantol BX.

Narbenwunde, dunggeschädigte, offenporige oder stark riefige Felle müssen einer besonderen Vorbehandlung unterzogen werden, sei es, daß man nach einem kräftigen Trocknen poliert auf Poliersteinen, sei es, daß man stellenweise anschleift, sei es, daß man vor der Zurichtung handbügelt oder daß man die geschädigten Stellen vorgrundiert, z. B. mit folgender Grundierung:

<pre>
100—200 Tl. Leinsamenabkochung, 2%ig
  2—8   „ Eukanolbrillantfarbstoffe, heiß gelöst in
200—400 „ Wasser
     20 „ Eukanolfiller W
  2— 8 „ Eukanolpaste KFB
  0—10 „ Eukanolöl
</pre>

Auftrag über das ganze Fell oder stellenweise an narbenwunden Partien mit dem Plüschbrett oder Schwamm, gutes Trocknen, Polieren oder Handbügeln.

Auf die so vorgrundierten Felle oder bei guter Ware nach der Ausreibung wird ein Deckfarbenansatz folgender Zusammensetzung aufgebracht (Farbenfabriken Bayer, S. 30):

<pre>
 100 Tl. Eukanolfarbe extra Teig und Teig
  2—4 „ Eukanolbrillantfarbstoffe
 10—14 „ Eukanolöl
  1—2 „ Eukanolpaste KFB
 15—30 „ Eukanolglanz NJ
 10—20 „ Eukanolwachstop O, 1 : 1 mit Wasser verdünnt
  0—20 „ Eialbuminlösung, 10%ig
  1—2 „ Ammoniak techn.
600—1000 „ Wasser
</pre>

1 Plüschauftrag, Trocknen, 1 Plüschauftrag, Trocknen, 1 Spritzauftrag, Ablüften, Härten mit Formaldehyd, 10%ig, eventuell unter Zusatz von 4 bis 8 Teilen einer 20%igen Chromchloridlösung auf 1 l, anschließend gutes Trocknen und Glanzstoßen.

Als Schlußfinish wird folgende Glanzappretur entweder mit der Spritzpistole oder von Hand aufgebracht. Die Applizierung von Hand, z. B. des ersten Glanzauftrages, ergibt erfahrungsgemäß einen beachtlichen Zuwachs an Oberflächenruhe und Glanz.

Glanzappretur.

<pre>
 50 Tl. Eukanolglanz CH
20—30 „ Eialbuminlösung, 10%ig
 0—0,5 „ Eukanolbrillantfarbstoffe
 0—2 „ Eukanolpaste KFB
 1—3 „ Eukanolöl
10—20 „ Eukanolwachstop O, 1 : 1 verdünnt mit Wasser
 0—5 „ Eukanoltop auf
</pre>

1 l mit Wasser eingestellt

2 Spritzaufträge, mit Formaldehyd Härten, gutes Trocknen, 1—2 Glanzstoßen, Krispeln, mit der Maschine oder besser von Hand Bügeln.

Besonders zu beachten ist bei der Zurichtung von Boxcalf, daß die Grundierung keinesfalls bindemittelreich sein darf, da sonst ein unedler und splissiger Narbenbruch resultiert. Das Glanzstoßen sollte erst vorgenommen werden, wenn vollkommene Deckung erreicht ist. Zu frühes Glanzstoßen läßt die Unregelmäßigkeiten der Haut verstärkt hervortreten.

Rindbox.

Die Zurichtung von Rindbox in Glanzstoßzurichtung kann nach denselben Grundsätzen geführt werden, wie sie für Boxcalf soeben geschildert wurden. Allerdings ist diese Lederart bedeutend weniger empfindlich, so daß nicht mit der für die Boxcalfzurichtung angebrachten Schonung gearbeitet werden muß. Den Angaben der BASF, Ludwigshafen, ist folgende Rindboxzurichtung entnommen:

Deckfarbenmischung:

100 Tl. Eukesolfarbenpaste
60 ,, Eukesolglanz
10 ,, Eukesoltop
15 ,, Eukesolöl SR
5 ,, Eukesolarfarbstoff
810 ,, Wasser

1 Handauftrag, anschließend Spritzauftrag, Trocknen, Appretieren mit:

60 Tl. Eukesolglanz
20 ,, Blut
5 ,, Eukesolöl SR
5 ,, Eukesolöl P
1 ,, Eukesolarfarbstoff
900 ,, Wasser

Anschließend Überspritzen mit 10%iger Formaldehydlösung, Trocknen, Glanzstoßen und nochmals Appretieren, schließlich Überspritzen mit:

100 Tl. Eukesolhärter A
300 ,, Wasser

Trocknen, Glanzstoßen, Krispeln, Bügeln.

3. Bügelzurichtung.

Nachgegerbtes Schleifbox.

Die heute bedeutendste Bügelzurichtung ist das sogenannte Schleifbox. Wesentliche Voraussetzung dieser Zurichtung ist ein völlig gleichmäßiger und egaler Schliff, der durch eine Nachgerbung der Chromleder mit synthetisch-vegetabilischen Gerbstoffen oder mit Harzgerbstoffen und durch eine anschließende Pastingtrocknung erreicht wird. Um die notwendige Gleichmäßigkeit zu erzielen, ist man gezwungen, tief zu schleifen, es sei denn, durch das Abbuffen soll nur eine gewisse Verfeinerung des Narbencharakters erzielt werden. Die Zurichtung von Schleifbox kann nach zwei Methoden geführt werden:

1. Man sucht durch Auftrag verdünnter Flotten eine Egalisierung des Felles hinsichtlich Saugfähigkeit und Oberflächenruhe zu erzielen und gibt erst nach Erreichung dieses Zieles die konzentrierteren und darum deckenderen und abschließenderen Aufträge. Man wird bei diesem Zurichtverfahren nicht zu frühzeitig abbügeln.

2. Man sucht durch eine konzentrierte und binderreiche Grundierung und ein kräftiges Abbügeln nach dem ersten Auftrag möglichst frühzeitig den Abschluß zu erreichen. Verdünntere Spritzaufträge sollen dann die bei diesem Verfahren stärker ausgeprägte Oberflächenunruhe der Grundierung ausgleichen.

Für welchen der beiden Vorschläge man sich entscheiden wird, ist, abgesehen von Gerbung, Nachgerbung und Fettung, weitgehend rohwarenbedingt, wobei der Verfasser unter dem Eindruck steht, daß Wildware eher nach der zweiten Methode, Zahmware eher nach der ersten Methode bessere Ergebnisse ergibt. Das folgende Beispiel (Farbenfabriken Bayer, S. 33 ff.) soll die Arbeitsweise veranschaulichen:

Vorgrundierung:

0—150	Tl.	Grundierungsansatz (s. unten)
12	„	Baygenalfarbstoff
10	„	Eukanolpaste KFB
10	„	Eukanolöl
40	„	Eukanolfiller W
700	„	Wasser
50—100	„	Eukanolbinder G und Eukanolbinder V 1 : 1

1 Handauftrag.

Grundierungsansatz:

100	Tl.	Eukanolfarbe extra Teig und Teig
2	„	Eukanolbrillantfarbstoff
5—10	„	Eukanolpaste KFB
4—12	„	Eukanolöl
20	„	Eukanolfiller W
400—600	„	Wasser
25	„	Eukanolglanz N
80	„	Eukanolbinder W
40	„	Eukanolbinder V

1 Handauftrag, Trocknen, Bügeln bei 50° C, 200 atü, 1 Spritzauftrag.

Spritzfarbe:

100	Tl.	Eukanolfarben wie oben
2	„	Eukanolbrillantfarbstoff
12	„	Eukanolöl
2	„	Eukanolpaste KFB
15	„	Eukanolwachstop O
60	„	Eukanolglanz NJ
50	„	Eialbuminlösung, 10%ig
600	„	Wasser
40	„	Eukanolbinder W

1—2 Spritzaufträge, Härten mit Formaldehyd, 10%ig, Trocknen, Bügeln bei 60° C und 200 atü.

Appretur:

100	Tl.	Eukanolglanz CH
100	„	Eukanolboxglanz-Pulver-Lösung, 10%ig
10	„	Eukanolwachstop O
1—2	„	Eukanolöl
600	„	Wasser

1—2 Spritzaufträge, Fixieren, Trocknen, Bügeln bei 80° C und 150 atü.

Auch bei dieser Lederart ergibt ein Handauftrag der ersten Appreturflotte eine beachtliche Verbesserung der Oberflächenruhe. Neuerdings werden bei dieser Lederart vielfach „eiweißähnliche Bindemittel" (s. S. 703) neben Polymerisatbindern eingesetzt.

Handschuhleder.

Die Zurichtung von Handschuhleder soll möglichst einfach sein und vor allem gute Reibechtheiten vermitteln. Man kann feststellen, daß mit der in letzter Zeit auf breiter Basis sich einführenden Binderzurichtung für Handschuhleder diese Forderungen im befriedigenden Umfang erreicht werden. Das im folgenden gegebene Rezepturbeispiel wurde von der BASF, Ludwigshafen, zur Verfügung gestellt:

100	Tl.	Eukesolfarbenpaste
15—20	„	Eukesolöl SR
400	„	Wasser
60—80	„	Corialgrund O konz.
400	„	Wasser
4	„	Ammoniak techn.

1 Plüschauftrag, Trocknen, 1 Spritzauftrag 1—2 Kreuz, Trocknen, Übersprühen mit:

Härtung:	100 Tl. Eukesolhärter MW
	400 „ Wasser
	5 „ Ramasit K konz.

Vielfach wird in obige Rezeptur, um eine Mattzurichtung zu erreichen, ein Matttop in geringem Anteil eingeführt.

Zur Verbesserung des Griffes wird bei Handschuhledern oft vor dem Plüschen auf der Plüschwalze ein schwacher Lüster mit einer Wachsemulsion gegeben, z. B.

100 Tl. Eukanolwachstop O
900 „ Wasser

1 leichter Spritzauftrag, gutes Trocknen, leichtes Plüschen auf der Plüschwalze.

Vachettenspalte.

Spalte wurden vor 20 Jahren noch vielfach in kombinierter oder Kollodiumzurichtung fertiggestellt. Diese Arbeitsweise ist heute stark zurückgegangen, die Gründe sind folgende: Man arbeitet nicht gerne mit organisch gelösten Deckfarben wegen der Feuergefahr, die notwendigen Lösemittel verteuern die bis zum äußersten ausgeklügelte Kalkulation der Spaltzurichtung, die reine Kollodiumzurichtung versprödet beim Altern erfahrungsgemäß viel stärker, schließlich ist der Ledercharakter bei der wässerigen Zurichtung ungleich natürlicher. Die wässerige Zurichtung ermöglicht in einfacher Weise auf geprägten Spalten Zweifarbeneffekte, welche die sonst tote Fläche ungemein beleben und auf Entfernung gesehen den Charakter von Narbenleder täuschend imitieren. Das nächste Rezepturbeispiel soll einen Eindruck einer im wesentlichen wässerigen Spaltzurichtung vermitteln:

50—60	Tl. Eukanolfarbe extra Teig bzw. extra konz. Teig
10—15	„ Eukanolpaste KFB
200	„ Wasser
0—4	„ Ammoniak techn.
100—140	„ Eukanolbinder W oder Corialgrund O konz. oder eine Mischung

2 kräftige Bürstaufträge, 1 Spritzauftrag, Antrocknen; noch feucht einen feinen Porennarben pressen, anschließend groben Narben prägen und dann folgende Einlaßfarbe mit dem Schwamm auftragen:

50 Tl. Eukanolfarbe Teig bzw. extra Teig
200 „ Wasser

Den Auftrag antrocknen lassen, mit feuchtem Lappen abwischen, gut trocknen und anschließend einen Spritzauftrag folgenden Schutzlackes geben:

50 Tl. Egalonmattlack extra neu
50 „ Egalonglanz extra
3 „ einer Mischung von Dibutylphthalat und Ricinusöl 1 : 3
100 „ Egalonverdünner
100 „ Sprit, toluolvergällt

Nach dem Trocknen mit einem weichen Lappen nachpolieren.

4. Kollodiumzurichtung.

Saffian.

Die reine Kollodiumzurichtung beschränkt sich immer mehr auf ganz spezielle Gebiete des Ledersektors. Eines dieser Gebiete ist die Zurichtung von Saffian. Bei dieser Lederart arbeitet man mit hochglänzenden Kollodiumlacken und möglichst geringen Weichmacheranteilen. Vielfach wird auf gelatinierende

Weichmacher überhaupt verzichtet und nur Ricinusöl verwendet. Die BASF, Ludwigshafen, schlägt folgende Rezeptur vor:

100 Tl. Corialechtfarbenmischung
60 ,, Corialglanzlack S
4 ,, Ricinusöl
1 ,, Palatinol C
250 ,, Corialverdünner D

Mit diesem Rezepturansatz werden Spritzaufträge bis zur ausreichenden Deckung gegeben.

Sandalenseiten.

Die folgende Rezeptur der BASF, Ludwigshafen, ist ein typisches Beispiel für eine klassische Kollodiumzurichtung, wobei mit einer weichmacherreichen Grundierung kräftig ausgerieben und auf diese die eigentliche Farbflotte gegeben wird.

Ausreibung:

100 Tl. Corialglanzlack
25 ,, Ricinusöl
5 ,, Palatinol C
50 ,, Corialverdünner M
250 ,, Corialverdünner D

Mit Tampon sorgfältig ausreiben.

Spritzauftrag:

100 Tl. Corialechtfarben
50 ,, Corialglanzlack X
8 ,, Ricinusöl
2 ,, Palatinol C
50 ,, Corialverdünner M
250 ,, Corialverdünner D

1—2 Spritzaufträge, gutes Trocknen, Bügeln.

Kaltlack.

Die Zurichtung von Kaltlack ist eine Domäne der klassischen Kollodiumzurichtung geblieben. Zurichtrezepturen im einzelnen werden in diesem Band, 8. Kap., S. 938, gegeben.

Neuerdings wird von den Farbenfabriken Bayer ein Kaltlackverfahren auf Grundlage von Reaktionslacken (D/D-Lacken) empfohlen. Die Reaktionskomponenten dieser Lackeinstellungen sind Isocyanate und OH-Gruppen-haltige Polyester [K. Eitel (3)]. Dieses neue Kaltlacksortiment ist unter der Bezeichnung Baygensortiment auf dem Markt. Die Rezeptur ist im einzelnen folgende:

Vorgrundierung:
100 Tl. Eukanolmattschwarz neu Teig
500—600 Tl. Wasser
100 Tl. Eukanolbinder V
100 Tl. Eukanolbinder G

1 Plüsch- oder Maschinenauftrag, sorgfältiges Trocknen, Bügeln (70—80° C, 100 atü) (1422 psi). Von der Rückseite Anfeuchten, Aufspannen, Trocknen.

Baygengrundierung:
100 Tl. Baygengrundschwarz extra neu
5 Tl. Egalonblau extra neu
evtl. 0,3 Tl. Ceresfarbstoffe
150 Tl. Egalonverdünner

1 nasser Spritzauftrag (1 Kreuz), 2-mm-Düse, 3—4 Atm. Spritzdruck (43—56 psi), Trocknen an der Luft.

Lackierung:
100 Tl. Baygenlackprodukte
5 Tl. Egalonlack extra oder
Egalonblau extra neu
215 Tl. Baygenverdünner
50—55 Tl. Baygenhärter neu

1 nasser Spritzauftrag, 2—3-mm-Düse, 1—2 Atm. Spritzdruck (14—28 psi).

Trocknung: bei Normaltemperatur in waagerechter Lage in sauberem, [gut ventiliertem Trockenraum.

Nachtrocknung: durch mehrtägiges Ablüften bei Normaltemperatur oder 2—3-stündige Nachtrocknung bei 40—50° C, evtl. Behandeln mit Wachsfinish.

Die nach dem Bügeln in die Lackierrahmen eingespannten Leder werden nach Möglichkeit mit einem einzigen, sehr satten Spritzauftrag gedeckt. Der Druck beim Spritzauftrag soll 1,5 bis 2 atü, bei einer Düsengröße von 2,5 mm, betragen. Der Lackansatz ist nur einen Tag haltbar, muß also täglich neu angesetzt werden. Die lackierten Leder sind sofort in den Trockenraum einzubringen und trocknen bei gewöhnlicher Temperatur über Nacht völlig aus.

Kombinierte Zurichtung.

Wenn man unter kombinierter Zurichtung eine Polymerisatzurichtung verstehen will, die lediglich einen Kollodiumlack, sei es in wässeriger Emulsion oder organischer Lösung, erhalten hat, so ist diese Zurichtart verbreiteter, als man allgemein annimmt. Vor allem in den Vereinigten Staaten von Nordamerika arbeitet man bei der Zurichtung von Schleifbox vielfach mit Kollodiumschlußglänzen, um der Zurichtung größere Oberflächenruhe oder anilinähnlichen Charakter zu verleihen. Es hat auch nicht an Bemühungen gefehlt, Glanzstoßzurichtungen auf reiner Caseinbasis für den Portefeuillesektor mit einem Kollodiumschlußfinish reibechter zu machen. Dieses Bemühen war lange zum Scheitern verurteilt, weil die Haftung des Kollodiumfilms auf dem Caseinuntergrund nicht genügte. Erst in letzter Zeit scheinen sich auf Basis spezieller Bindemittelzusätze und Lösungsmittel geeignete Durchführungsmöglichkeiten dieses Problems abzuzeichnen[1].

Von anderer Seite werden Kollodiumemulsionen für diese reinen Appreturzwecke auf caseingedeckten Ledern vorgeschlagen. Als Beispiel für die leichte Abdeckung von Polymerisatzurichtungen mit Kollodiumlacken sei eine Rezeptur der Farbenfabriken Bayer für die Herstellung abwaschbarer Portefeuilleleder gebracht.

Kombiniert gedeckte Portefeuilleleder.

Die Leder werden vor der Zurichtung mit 280er-Papier leicht abgeschliffen.

Deckfarbenansatz:

100 Tl. Eukanolplastikfarben-Mischung
10 ,, Eukanolöl
5 ,, Eukanolpaste KFB
400 ,, Wasser
100 ,, Eukanolbinder W

1 Handauftrag mit Plüschbrett oder Schwamm, Antrocknen, feinen Porennarben Einpressen.

Spritzauftrag:

100 Tl. Eukanolplastikfarben-Mischung
10 ,, Eukanolöl
5 ,, Eukanolpaste KFB
20 ,, Eukanolglanz N
400 ,, Wasser
100 ,, Eukanolbinder W

1 Spritzauftrag, Trocknen, anschließend Schlußappretieren mit folgendem Kollodiumlack:

100 Tl. Egalonglanz extra
3 ,, Weichmachergemisch
(1 Tl. Dibutylphthalat, 3 Tl. Ricinusöl)
50 ,, Egalonverdünner H
150 ,, Egalonverdünner

1 kräftiger Spritzauftrag, Trocknen, Fleischseite leicht Anfeuchten, 4 Quartiere Krispeln und Pantoffeln.

---

[1] Z. B. Egalonverdünner K, Egalonglanz K (Farbenfabriken Bayer A. G.).

Bekleidungsleder.

Die eigentliche kombinierte Zurichtung ist dann gegeben, wenn dickere, pigmentierte Kollodiumschichten auf einer Grundierung mit Polymerisatdispersionen vorliegen. Die breiteste Anwendung dieser Zurichtung ist ohne Zweifel die auf Bekleidungsleder. Hier ist die früher allgemein übliche Ausreibung mit Kollodiumlacken weitgehend von der Polymerisatgrundierung verdrängt worden. Die Vorteile dieser Weiterentwicklung liegen in verbesserten Alterungseigenschaften und verbesserter Haftung. Ein Rezepturvorschlag für Bekleidungsleder, den die BASF, Ludwigshafen, zur Verfügung gestellt hat, lautet wie folgt:

<pre>
100 Tl. Corialgrund O konz.
500 ,, Wasser   ⎫
  4 ,, Ammoniak   ⎬ vor Zugabe mischen
                     ⎭
</pre>

1 Spritzauftrag, 2 Kreuz, gut Trocknen.

Kollodiumfarbenauftrag:

<pre>
100 Tl. Corialechtfarben
 30 ,, Corialglanzlack X
  7 ,, Ricinusöl
  3 ,, Palatinol C
 50 ,, Corialverdünner M
250 ,, Corialverdünner D
</pre>

1 Spritzauftrag, 1 Kreuz, Trocknen und bei 50° C ohne wesentlichen Druck Bügeln.

5. Spezielle Zurichteffekte.

Von der Mode vielfach beeinflußt oder durch technische Möglichkeiten inspiriert, bringt die Zurichttechnik von Zeit zu Zeit spezielle Effekte oder Lederarten hervor. Diese manchmal nur kurzlebigen Erscheinungen können im Rahmen unserer Betrachtung keineswegs vollständig erfaßt werden; um unser Kapitel jedoch abzurunden, seien an dieser Stelle noch einige Effektleder und neuere Methoden kurz angedeutet:

Zweifarbeneffekte.

Der einfachste Phantasieeffekt auf Leder ist der Zweifarbeneffekt. Bei rein anilingefärbten Ledern ist dieser durch Narbenprägen in angefeuchtetem Zustand bei höheren Temperaturen oder durch leichtes Glanzstoßen der Preßkuppen zu erzielen. Die Zweifarbigkeit wird besonders schön durch Glanzstoßen erreicht, wenn man in der Anilinfärbung mit basischen Farbstoffen vorgefärbt und mit sauren Farbstoffen übersetzt hat.

Bei stärker gedeckten Ledern ist die Erzielung eines Zweifarbeneffekts schon schwieriger. Eine tiefere Anfärbung der Prägungen erzielt man, indem man einfach mit einer dunkler farbigen Lösung von wässerigen Deckfarben oder von Brillantfarbstoffen das Leder mit Hilfe eines Schwamms einreibt, antrocknen läßt und dann schließlich mit einem feuchten Lappen die Kuppen der Prägung wieder reinigt. Der so erzielte Zweifarbeneffekt in den Vertiefungen der Narbenprägung muß mit einem Kollodiumlack fixiert werden, was zur Voraussetzung hat, daß in der Zurichtung der Grundierung genügende Anteile synthetischer Bindemittel zur Vermittlung der Haftung für den Kollodiumlack vorhanden sind.

Ein Zweifarbeneffekt auf den Kuppen einer Narbenprägung wird entweder durch Tamponieren oder durch Von-der-Seite-Spritzen dunkler angefärbter Kollodiumlacke erzielt. Ein Zweifarbeneffekt auf glatten Ledern kann dadurch erzielt werden, daß auf die hell grundierten Leder nach dem Abbügeln eine ziemlich viskos eingestellte, dunkler gefärbte Farbflotte unter vermindertem Druck (1,5 bis 2 atü) aufgespritzt wird. Durch dieses Verfahren entsteht ein sogenannter Sprenkeleffekt. Auch dieser Effekt kann nur bei Bügelzurichtungen auf Basis von Polymerisatdispersionen realisiert werden.

Gunmetaleffekt.

Dem Bronzeeffekt verwandt ist der Typ der metallisierenden Leder. Man grundiert mit einer Binderzurichtung in Schwarz und deckt mit einem mit lichtechten, organisch löslichen Farbstoffen angefärbten Kollodiumklarlack, dem entweder die Anreibung von Fischsilber oder Bleiphosphat in organischen Lösungsmitteln eingerührt ist (D.R.P. 668113). Eine zweite Möglichkeit zur Erzielung des Gunmetaleffekts besteht darin, daß man Lackleder nach Auftrag des letzten Glanzlackes mit Fischsilber möglichst gleichmäßig besprüht. Daran anschließend wird wie üblich getrocknet. Im Effekt naheliegend ist eine Glanzstoßzurichtung auf Basis Graphit als Pigment, die mit entsprechenden Schönungsfarbstoffen geschönt ist. Die Wirkung dieser Leder ist an sich ansprechend, jedoch genügt die Reibechtheit keineswegs höheren Ansprüchen.

Kaschierung von Ledern mit Folie.

Die erste Arbeitsweise dieser Art, nämlich die Herstellung von Goldledern, geht schon auf die alten Ägypter zurück. Man beklebt das möglichst zugfrei gegerbte Leder mittels spezieller Kleber, z. B. auf Basis von Gelatine, mit Blattgold- oder Blattaluminiumfolien. Dieses Verfahren wurde in den letzten Jahren durch das Abziehbilderverfahren erweitert. Vgl. dazu auch F. Wolff-Malm, S. 332. Auf diese Weise können Reptilimitationen, aber auch Gold- und Silberleder hergestellt werden. Als Arbeitsweise für das Abziehbilderverfahren sei folgendes angegeben:

Grundierung:

30 Tl. Eukanolweiß extra Teig
100 „ Wasser
100 „ Eukanolbinder W

2 Spritzaufträge (3 Kreuz), 1 Stunde Ablüften, Folie Auflegen, Bügeln bei 70° C und 150 atü. Das Papier der Folie wird dann mit warmem Wasser mittels eines Schwamms gut aufgeweicht, abgezogen, die Gelatineschicht vorsichtig abgewaschen und schließlich wird mit 2 Kreuz Eukanolbinder W, 1 : 1 verdünnt, überspritzt. Dann muß gut getrocknet werden, gebügelt wie oben und mit 2 Kreuz folgenden Spritzlackes überspritzt:

100 Tl. Egalonglanz extra
3 „ Weichmachergemisch (s. oben)
180 „ Egalonverdünner

Narbenpressen bei 70° C und 100 atü.

Für die Spaltverwertung wird in letzter Zeit das Aufkaschieren von PVC-Folien angewandt, wobei man dem Lackleder ähnliche Effekte erhält (z. B. R. Hagen, deutsche Patentanmeldung 41466 IV d/75c). Bei diesem Verfahren macht es einige Schwierigkeit, eine einwandfreie Verbindung zwischen dem Leder und den PVC-Folien zu erzielen. Man kann zu befriedigenden Ergebnissen mit Klebern auf Isocyanatbasis gelangen. Eine weitere Schwierigkeit ist rein maschineller Art. Es ist nicht einfach, im laufenden Betrieb die Folien blasenfrei auf das Leder aufzubringen. Es scheint, daß durch entsprechende Entwicklungsarbeit diese Klippen überwunden worden sind, denn in kurz zurückliegender Zeit ist Folienlackleder mehrfach auf dem Ledermarkt erschienen.

Velourierte Leder.

Eine andere neuere Arbeitsweise ist das Velourieren von Leder, sei es von der Narbenseite, sei es von der Fleischseite. Durch das Velourieren der Fleischseite ist versucht worden, das Futterleder zu sparen bzw. eine Imitation pelzgefütterter Stiefel herzustellen. Man grundiert die Leder, um ein Absacken des Klebers zu verhindern, kräftig mit einer Polymerisatdispersion vor, streicht den Kleber auf und bringt mittels eines nach dem elektrostatischen Prinzip arbeitenden Beflockungsapparats kurze Textilfasern senkrechtstehend auf. Soweit man das Gebiet übersieht, ist es beim heutigen Stand der Technik schwierig, die für den Ledersektor zu fordernden Trageechtheiten zu erzielen. Auch ein breiterer Einsatz solcher Leder auf dem Portefeuillesektor scheiterte daran, daß sich die Velourierung an den Kanten der Taschen viel zu schnell abstieß und unansehnlich wurde.

Mattzurichtungen.

Mattierungseffekte werden sowohl in wässeriger als auch in organisch löslicher Zurichtung durch die Einführung von Mattierungsmitteln in übliche Rezepturen erreicht. Die auf dem Markt angebotenen Mattierungsmittel sind meist auf Talkum, Tonen und ähnlichen Materialien aufgebaut. Mattzurichtungen können nur in Bügelzurichtung hergestellt werden, da durch ein Glanzstoßen der Mattierungseffekt in einen Hochglanzeffekt übergeht. Bei geprägten Ledern kann dieser Effekt zu einem hübschen Zweifarbeneffekt ausgenutzt werden, wenn man nach der Prägung die Spitzen leicht glanzstößt.

Druck auf Ledern.

Es ist immer wieder versucht worden, das Bedrucken von Leder mit Phantasieeffekten einzuführen, jedoch sind diese Versuche über Anfänge nicht hinausgekommen. Neuere Patente auf diesem Gebiet sind z. B. E. P. 656267: Das Leder wird mit einem Klebstoff bestrichen, der auch nach dem Trocknen flexibel bleibt, und im trockenen Zustand mit einem Film bedeckt, auf dem das gewünschte Farbmuster aufgetragen ist. Das ganze wird dann bei 55° C einem Druck von 15 atü für 5 Sekunden ausgesetzt. Nach anschließendem Anfeuchten wird der Bildträger abgezogen, das Muster befindet sich dann auf dem Leder. Anschließend kann das gemusterte Leder mit einem üblichen Celluloselack überzogen werden. Ebenfalls ein englisches Patent (E. P. 690926) beschreibt folgendes Verfahren: Der von einer Folie durch Aufpressen auf das Leder übertragene Pigmentfarbstoff wird durch eine Acryl- oder Vinylharzschicht auf diesem festgehalten.

Man ist vielfach der Ansicht, daß das geeignetste Verfahren für die Bedruckung von Leder immer noch das Filmdruckverfahren ist. Die Leder werden auf einen Filmdrucktisch entweder mit der Narbenseite oder der Fleischseite nach oben möglichst gleichmäßig befestigt. Sodann wird auf das Leder ein Druckkasten aufgelegt, in dessen Sieb das Druckmuster eingraviert ist. Die Druckpaste wird am unteren Ende des Druckkastens eingebracht und mit einem Rakel mehrfach über das Sieb verteilt. Das Sieb wird abgenommen und die Leder entweder getrocknet oder 30 Minuten bei 70 bis 80° auskondensiert. Bei Narbenleder empfiehlt es sich, einen Kollodiumschutzlack zur Erhöhung der Reibechtheit und der Wasserfestigkeit des Drucks aufzusprühen. Als Druckpasten können Plastikfarben, z. B. Eukanolplastikfarben, oder Textildruckfarben, wie z. B. Acraminfarben (Farbenfabriken Bayer A. G.), verwendet werden.

J. Beurteilung der Deckfarben und Appreturen.

I. Bewertungsgrundlagen.

Lederdeckfarben und Zurichthilfsmittel werden in Substanz und nach ihrem Zurichteffekt auf Leder beurteilt. Beide Bewertungen erfolgten bisher meist empirisch durch Vergleichsprüfungen auf Grund subjektiver Erfahrungen. Solche Bewertungen sind z. B. die Beurteilung des Aussehens, der Geruch, das Verhalten beim Abfließen von einem eingetauchten Holzstab, beim groben Aufschmieren auf Glas oder Papier, beim Tauchen eines Filtrierpapiers in die verdünnte Farblösung usw. Der erfahrene Praktiker konnte so ganz brauchbare Anhaltspunkte über das Verhalten der Deckfarbe bei der Anwendung gewinnen, in einigen Fällen aber waren diese groben Methoden Anlaß zu falschen Beurteilungen und unberechtigten Beanstandungen. In den letzten Jahren war man bemüht, exaktere Methoden zur Geltung zu bringen, ohne daß es bisher gelungen wäre, allgemein anerkannte Bewertungsnormen aufzustellen. Einige wesentliche Veröffentlichungen zur Prüfung von Zurichthilfsmitteln stammen von H. Herfeld (*1*), S. 101; K. Wolf (*2*); V. Pektor und I. S. Mudd, denen wir im wesentlichen folgen werden.

II. Prüfung der Lederdeckfarben und Zurichthilfsmittel in Substanz.

Es ist ein wesentlicher Unterschied, ob Deckfarben geprüft werden zur Überwachung ihrer laufenden Herstellung oder ob der Verbraucher ihre Eignung für seine Zurichtung und die Konstanz der Lieferung feststellt. Je nach dem Ziel der Prüfung wird sich deren Genauigkeit und Umfang unterscheiden.

1. Prüfung durch den Hersteller.

I. S. Mudd (*1*), S. 117, schlägt zur Überwachung von Fabrikationspartien die Feststellung folgender Eigenschaften und Werte der Lederdeckfarben vor: das spezifische Gewicht, den p_H-Wert, die relative Deckkraft, die Viskosität, die Nuance. Es ist sicher anzunehmen, daß die Deckfarbenhersteller noch die eine oder andere spezielle Methode anwenden, leider liegen hierzu keine Angaben in der Literatur vor.

Zur Prüfung des spezifischen Gewichts wird das Abwiegen einer größeren Menge der Lederdeckfarbe in einem großen graduierten Zylinder auf einer Waage vorgeschlagen, die etwas weniger empfindlich ist als eine normale Analysenwaage. Nach I. S. Mudd soll mit dieser Prüfung eine Genauigkeit von $\pm 2\%$ erreicht werden.

Durch die Rohmaterialien der Deckfarbenfabrikation, z. B. durch die Pigmente und das Casein, können unterschiedliche Säuregehalte in den Partieansatz eingeschleppt werden, die zu Nuanceabweichungen, verminderter Stabilität, stark abweichender Viskosität bei der Lagerung u. a. führen können. Allerdings wird diese Fehlerquelle meist schon durch Vorprüfung der Ausgangsmaterialien ausgeschaltet. Trotzdem ist die Prüfung des p_H-Wertes ein weiterer Sicherheitsfaktor. Als geeignete Methode schlägt I. S. Mudd eine elektrische p_H-Messung der verdünnten Lösung mit der Glaselektrode vor. Um eine einigermaßen tragbare Lebensdauer und Genauigkeit der Elektrode zu sichern, wird man der Reinigung derselben besondere Aufmerksamkeit schenken müssen. Nach I. S. Mudd soll der p_H-Wert der üblichen Zurichthilfsmittel zwischen 7,5 und 9 liegen.

Die heute immer noch meist geübte Methode zur Bestimmung der Deckkraft von Lederdeckfarben besteht darin, auf eine standardisierte Oberfläche ein festgelegtes Volumen einer Deckfarbenlösung unter möglichst gleichen Bedingungen aufzuspritzen. Die standardisierte Oberfläche, z. B. ein Karton oder Leder, ist mit schwarzen Streifen oder Mustern versehen, die man mit Tusche auftragen kann. Die Deckkraft wird durch Vergleich gegen ein unter gleichen Bedingungen aufgebrachtes Typmuster beurteilt. Es muß zugegeben werden, daß diese Methode eine ganze Reihe subjektiver Fehler sowohl bei der Manipulation als auch bei der Beurteilung zuläßt und zudem umständlich und zeitraubend ist. Alle Verbesserungsvorschläge in dieser Richtung konnten jedoch bisher nicht völlig befriedigen. Die beiden letzten sind von I. S. Mudd und F. E. Downs (2) und von O. Zohlen gemacht worden. Gemäß der Methode der beiden ersten Autoren werden Lösungen der Deckfarben in einem Photometer verglichen, während man nach dem zweiten Vorschlag Farblösungen in Petrischalen aus Büretten einfließen läßt, bis eine schwarze Figur der Papierunterlage verdeckt ist. Zu beiden Methoden muß bemerkt werden, daß sie sich eines „flüssigen Films" bedienen, wodurch vom trockenen Film abweichende Brechungs- und damit Deckungseigenschaften gegeben sind. Vor allem der oft entscheidende Einfluß der Brechungsindexrelation des Bindemittels und Pigments kommt so nicht zur Geltung. Als Reihenmethoden zur Überprüfung laufender Produktion können beide Methoden eventuell geeignet sein (s. auch H. F. Vollmann und I. Kendall).

Die Prüfung der Viskosität frisch fabrizierter Zurichthilfsmittel gibt dem Hersteller die Möglichkeit einer gewissen Produktionsüberwachung, da unterschiedliche Abbaugrade des Bindemittels oder Abweichungen im Lösungs- und Dispersionszustand so in Erscheinung treten können. Dabei muß vor allem festgehalten werden, daß alle Zurichthilfsmittel nicht den Newtonschen Gesetzen gehorchen, weswegen für diese Messungen Rotationsviskosimeter mit koaxialem Zylinder nach Couette vor allem geeignet sind. Als brauchbare Geräte werden von I. S. Mudd (1), S. 106, das Green-Rotationsviskosimeter, das Hercules-„Hishear"-Viskosimeter und das tragbare Ferranti-Viskosimeter genannt. Zur Charakterisierung eines Zurichthilfsmittels, das nicht den Newtonschen Gesetzen folgt, ist nicht nur die Angabe der Viskositätszahl, sondern auch die der Schergeschwindigkeit notwendig. Dabei können große Unterschiede auftreten. I. S. Mudd ist nicht in der Lage, geeignete Toleranzgrenzen anzugeben. Man muß sich vor allem vor Augen halten, daß es nur sinnvoll ist, die Viskositätszahlen desselben Zurichtmittels gleichen Fabrikationsdatums und gleicher Lagerbedingungen zu vergleichen. Da für den Verbraucher von Lederdeckfarben diese Voraussetzungen praktisch nie reproduzierbar sind, hat er nicht die Möglichkeit, bei seinen Prüfungen zu vergleichbaren Werten zu kommen. Lediglich kann den Verbraucher ein starker Abfall der Viskosität während des Lagerns darauf hinweisen, daß ein erheblicher Abbau der Deckfarbe stattgefunden hat.

Die Prüfung der Nuance wird durch Aufspritzen einer kleinen abgemessenen Menge der Deckfarbenlösung bestimmter Konzentration auf einen standardisierten weißen Karton und Vergleich dieser Aufspritzung gegen die einer unter gleichen Bedingungen und zur gleichen Zeit hergestellten Aufspritzung eines Stammusters erreicht. Es versteht sich, daß Luftdruck, Düsenöffnung, Arbeitsentfernung, Klima im Arbeitsraum usw. möglichst genau zu vereinheitlichen sind. Durch mehrmaliges Wiederholen des Testes mit der gleichen Flotte sollte man sich über die erhebliche Streuung des Verfahrens zu orientieren versuchen. Bei dem heutigen Stand der Deckfarbenherstellung und der Genauigkeit des Verfahrens muß mit einer Streuung von $\pm 5\%$ gerechnet werden, einer Abweichung, die bei einer Reihe von Nuancen schon Schwierigkeiten macht, sie coloristisch zu erkennen. Besonders Farbtonabweichungen werden sehr gut erkennbar durch die Bestimmung der sogenannten Nuancierstärke. Dies ist die standardisierte Aufspritzung einer Deckfarbennormallösung, die mit einer standardisierten weißen Deckfarbe etwa im Verhältnis 1 : 10 verschnitten ist.

I. S. Mudd und F. E. Downs (1) schlagen ein Oberflächenkolorimeter als Hilfsmittel für die Standardisierung von Lederappreturen vor.

Der nach dem Helligkeitsverfahren der Farbmessung arbeitende Apparat (Hilger und Watts Ltd.) enthält eine regulierbare Lichtquelle (C. I. E. Standardbeleuchtung B), drei zusammengesetzte und sorgfältig berechnete Filter und eine Sperrschichtphotozelle; der gefilterte Farbeindruck löst einen auf einem Galvanometer meßbaren Stromstoß aus, der mittels Tabellen in die Farbkoordinaten des C.I.E.-Systems umgerechnet wird.

Das Verfahren ist ohne Zweifel zum Vergleich nahe zusammenliegender Nuancen, wie sie die laufende Partienprüfung mit sich bringt, geeignet, keinesfalls ist es jedoch der visuellen Prüfung überlegen.

2. Prüfung durch den Verbraucher.

Die wesentlichste Eigenschaft, die der Verbraucher von Zurichthilfsmitteln prüfen sollte, ist die Nuance, die Nuancierstärke und die Deckkraft. Dies kann vorteilhaft durch Vergleichen der Aufspritzung gegen ein Typmuster geschehen, wie es oben schon für die Fabrikationsprüfung geschildert wurde. Es sei erwähnt, daß viele der vom Verbraucher festgestellten Nuanceabweichungen durch eine nicht sachgemäße Entnahme der Probe, vor allem ohne genügendes Aufrühren des Gebindes hervorgerufen sein können. Die Prüfung des spezifischen Gewichts, des p_H-Wertes, der Viskosität und anderer Eigenschaften ist für den Verbraucher nicht sinnvoll, da diese Größen für seine Zwecke kaum etwas auszusagen vermögen und die Prüfungen selbst im laufenden Betrieb zu zeitraubend und umständlich wären. Eingehendere Prüfungen sind jedoch ratsam bei Neuaufnahme eines Zurichtmittels in das Verbrauchssortiment eines Lederherstellers. Die erste Prüfung wird die Feststellung der Konzentration durch Trocknung einer abgewogenen Menge des Zurichthilfsmittels bis zur Gewichtskonstanz bei 100 bis 105° C sein. Die Konzentration ist wesentlich bei der Zusammenstellung der Rezeptur zur Abschätzung des Pigment-Bindemittel-Verhältnisses. Bei Kollodiumfarben wird man zur Konzentrationsbestimmung, um die Wolle zu fällen, kleine Wassermengen der Konzentrationsbestimmung zusetzen. Über den Pigmentgehalt von Lederdeckfarben gibt eine Veraschung Auskunft, soweit es sich um anorganische Pigmente handelt. Schließlich kann man Wasser und organische Lösungsmittel nach der Xylolmethode bzw. durch Destillation bestimmen. Aus Sicherheitsgründen darf die Destillation von Kollodiumfarben keinesfalls bei höheren Temperaturen als 120° C durchgeführt werden. Die wichtigste Probe für den Verbraucher ist der Aufguß der Deckfarbenlösung und die Beurteilung der dabei resultierenden Filmbeschaffenheit. Wichtig für diese Beurteilung sind die Elastizität und Dehnung, die Härte und Haftfestigkeit, das Quellverhalten und der Glanz, das Verhalten beim Ritzen und bei der Alterung u. a. Speziell für den Ledersektor sind Bewertungsmaßstäbe des Filmaufgusses noch nicht veröffentlicht worden. Für die Herstellung des Films kann folgender Arbeitsanhalt gegeben werden:

Man gießt 10 ccm der 1 : 1 bis 1 : 5 verdünnten Probe auf eine Glasplatte (12 × 8 cm), die durch Einlegen in Bichromat-Schwefelsäure fettfrei gemacht wurde. Die Glasplatte soll horizontal liegen. Das Trocknen soll unter möglichst gleichmäßigen Feuchtigkeits- und Temperaturbedingungen erfolgen, vor allem sollte Staub und Zugluft ausgeschaltet sein.

Gruppe	I	II	III
Zurichtart:	Klassische Glanzstoßzurichtung mit wässerigen Caseindeckfarben.	Zurichtung mit Anilincharakter in Glanzstoß- oder Bügelverfahren (evtl. geringe Polymerisatanteile) und alle zweifarbigen Leder. (In dieser Rubrik sind also alle besonders empfindlichen Leder zusammengefaßt).	Bügelzurichtung mit farben oder Poly bindern.
Lederarten:	Boxcalf, vollnarbiges Rindbox. Chevreau, Sandalenseiten, Futterleder.	Anilin-Boxcalf und Anilin-Chevreaux, naturell zugerichtetes Rindbox, leicht gedeckte oder zweifarbige Schrumpfleder, Reptilleder, andere exotische Luxusleder. Besonders empfindlich gegen Verfleckungen mit Fett, Öl, beim Dämpfen usw.	Abgebufftes Rindbox Rind- und Ziegenl Weiß und hellen N Sandalenseiten, Wat Sportbox, Roßche Chevretten, Elkleder Schrumpfleder, die Futterleder.
Eigenschaften:			
a) Lichtechtheit:	Gut, für Pastellnuancen etwas geringer.	Ausreichend.	Gut, bei Pastellnuanc geringer, ähnlich I.
b) Trockenreibechtheit:	Gut, bei Rot, Blau, Grün und Schwarz etwas geringer.	Gut, ausreichend bei besonders brillanten Nuancen.	Gut, bei starkem He oft Durchreiben der schicht.
c) Naßreibechtheit:	Ausreichend.	Ausreichend.	Ausreichend, jedoch als I.
d) Acetonfestigkeit:	Gut bis sehr gut.	Im Durchschnitt geringer als I.	Meist mäßig, beim A fen von Aceton Quell Aufhellung.
e) Temperaturverhalten:	Sehr gut, bis 150° C stabil, bei Rot- und Feinnuancen Vorsicht!	Gut, bei zweifarbigen Ledern nur bis 50—60° C stabil.	Mäßig, Vorsicht bei Temperaturen.
Erkennungsmöglichkeit:	Kein Abgehen der Deckschicht beim Heißreiben. Geringe Verfärbung bei der Wasserprobe, keine nennenswerte Verfärbung bei der Acetonprobe; mit Ammoniak Abschmieren der Zurichtung.	Zurichtung durch Anilincharakter als solche leicht zu erkennen.	Beim Heißreiben Durc der Deckschicht, gut fall der Wasserprobe, Verfärbung bei Aceto
Fabrikationsechtheiten in der Schuhherstellung:			
a) Verhalten gegen Kautschukzemente und Poliertinten:	Helle Nuancen empfindlich. Zemente und Poliertinten können beim Reinigen Deckschicht lösen.	Sehr empfindlich. Schutz am Schaft durch spritz- und abzugfähige Überzüge.	Empfindlich.
b) Verhalten gegen acetonfeuchte Vorderkappen und Kollodiumkleber:	Weitgehend unempfindlich, zur Sicherheit jedoch Schutzfolie einlegen.	Durchschlagen von Aceton kann zu Wolkigkeit und Abschmieren von Bügelglänzen führen.	Besonders empfindlich Durchschlagen von Kollodiumkappen g lüften, evtl. Schutzfo legen, besonders zu em bei leichten Ledern.
c) Verhalten beim Dämpfen:	Empfindlich, bei 35° C und 90% relativer Luftfeuchtigkeit arbeiten, möglichst kurz dämpfen.	Merklich empfindlicher als I, wegen Neigung zur Wolkenbildung möglichst kurz dämpfen bei 35° C und 90% relativer Luftfeuchtigkeit. Es	Empfindlich, nicht üb und 90% relativer feuchtigkeit dämpfen.

r - und Futterledern in der Schuhindustrie.

IV	V	VI	VII
ne Kollodiumzurichtung r kombinierte Kollodium- chtung mit Polymerisat- ndierung.	Warmlackleder schwarz und farbig.	Kaschierte bzw. schablonierte Leder.	Rauhleder.
terproof, Roßchevreaux, adalenseiten, Kaltlack- er, hellfarbige und weiße der von Kalb, Rind und ge, Chevretten, vereinzelt h Futterleder.	Rind-, Kalb-, Chevreaux-, Roß-, Spaltlackleder	a) Abziehbilderverfahren, z. B. Reptilimitation. Tiefdruckleder. b) Kunststoffolien, z. B. Lackleder. c) Gold- und Silberleder.	Samtcalf, Huntingcalf, Ziegenvelour, Nubuk, Spaltvelour, Schreibvelour und Korkcalf usw.
t, ähnlich I, bei Weiß- en Neigung zum gering- igen Vergilben.	Gut.	Gut.	Ausreichend.
t, auch beim Heißreiben wandfrei.	Sehr gut.	Gut.	Ausreichend.
r gut.	Sehr gut.	a) Mäßig. b) Sehr gut. c) Mäßig.	Ausreichend.
pfindlich.	Bei entsprechender Vorsicht ausreichend.	a) und b) Mäßig. c) Mäßig, echtes Metalleder gut.	Ausreichend.
pfindlich, Beanspruchung höchstens 60° C.	Gegen Wechselwirkung von Hitze und Kälte sehr empfindlich. Bei kalter Witterung erst nach Warmwerden des Betriebes verarbeiten.	a) und b) Gut. c) Gut.	Gut.
n Abgehen der Deck- icht beim Heißreiben, gu- Ausfall der Wasserprobe, rke Verfärbung bei Ace- probe.	Löst sich im Gegensatz zum klassischen Kaltlack mit den üblichen Lösungsmitteln, von der Narbenseite benetzt, nicht an.	a) und c) Leicht erkennbar. b) Filmfolie im mikroskopischen Schnitt erkennbar, löst sich mit Toluol, Aceton und Essigester an.	Leicht erkennbar.
aktisch unempfindlich, ßer gegen Neoprenkleber.	Praktisch unempfindlich.	a) und b) Weniger empfindlich. b) Praktisch unempfindlich.	Sehr empfindlich, es empfiehlt sich, mit einem Schutzüberzug zu arbeiten.
sonders empfindlich gegen rchschlagen von Aceton, abgelüftete Kappen ver- nden, evtl. Schutzfolie legen.	Mit gut gequollenen, aber abgelüfteten Kollodiumkappen und Papiereinlage arbeiten.	a) und b) Sehr gefährdet, wie bei Verarbeiten. c) Weniger empfindlich.	Durchschlagen von Aceton kann zur Wolkenbildung führen. Auf jeden Fall Papier einlegen.
ine Kollodiumzurichtung relativ unempfindlich, lymerisatgrundierte Kol- iumzurichtung ist gegen geres Dämpfen empfind-	Schnell arbeiten bei 35° C und 90% relativer Luftfeuchtigkeit.	a) Sehr empfindlich, schonendste Arbeitsweise. b) Wenig empfindlich. c) Sehr empfindlich, schonendste Arbeitsweise.	Zu starkes Dämpfen kann zu Rändern und Wolkenbildung führen.

		auf dem Schuh kondensieren. Fleckenbildung!	
d) Verhalten beim Zwicken:	Gut.	Gut, bei zweifarbigen Ledern Temperatur höchstens 50 bis 60° C, das Kaltzwickverfahren ist jedoch vorzuziehen. An der Zwickstelle tritt meist Aufhellung ein.	Vorsicht bei höheren [Tempe]raturen geboten. D[...] auch, wenn polym[...] deckte Futterleder ge[...] werden. In diesen[...] müssen die Leisten b[...] sorgfältig gewachst w[...]
e) Verhalten gegen Salze im Bodenbau, Stoffutter und Pelzfutter. Einwirkung dampfgemachter Sohlen:	Empfindlich.	Sehr empfindlich gegen Salze in Futter, Ausballmasse und Bodenbau. Nicht dampfgemachte Sohlen verarbeiten wegen Neigung zur Wolkenbildung.	Empfindlich.
f) Verhalten beim Bügeln:	Wenig empfindlich. Zweckmäßig vor dem Abwaschen bügeln oder nach dem Bügeln leicht nachwaschen zur Verbesserung der Haftfestigkeit der folgenden Appretur.	Verträgt weder Bügeln noch Föhnen.	Gegen hohe Bügelt[empera]turen empfindlich, möglichst mit Heißlu[ft] lebhafter Bewegung [und aus]reichender Entfernun[g arbei]ten.
Behandlung in der Fertigmacherei:			
a) Abwaschen:	Stark alkaliempfindlich. Höchstens ganz schwach alkalische Abwaschflüssigkeiten tragbar. Geringer Zusatz organischer Lösungsmittel kann gegeben werden. 2- bis 5%ige neutrale Fettalkoholsulfonatlösungen gut geeignet.	Sehr empfindlich. Mit möglichst wenig Flüssigkeit tropfenfrei und schnell arbeiten. Neutrale, schwach konzentrierte Alkoholsulfonatlösungen gut geeignet.	Schwach alkalische p_H 8) Abwaschflüss[...] können verwendet [...] Kein organisches [Lösungs]mittel anteilig m[...] setzen. Fettalkohols[...] und stark verdünnte [...] lösungen gut brauchb[ar].
b) Reparieren:	Kleine Beschädigungen mit wachshaltigen Reparierstiften oder Reparierpasten, evtl. auch wässerigen Reparierfarben mit Polymerisatanteil; Flächenbeschädigungen nur mit wässerigen polymerisathaltigen Reparierfarben korrigieren.	Mit wachshaltigen Reparierstiften kleine Beschädigungen des Narbens vorsichtig ausbessern. Flächen nicht reparierbar.	Mit wachshaltigen R[eparier]stiften, Reparierpas[ten für] kleine Verletzungen. [Mit wäs]serigen polymerisat[...] Reparierfarben oder [Pollo]diumfarben für Fläch[en...] raturen.
c) Finishen:	Wachspolishe oder Appreturen auf Polymerisatbasis, für Matteffekte Cremes geeignet. Keine Finishes oder Dressings einsetzen.	Wachspolishes oder Cremes. Wenn höherer Glanz verlangt wird, sind Kollodiumfinishes in machen Fällen brauchbar.	Wachspolishes oder [Appre]turen mit Polymeris[at...] len. Für Matteffekte [...] gut geeignet. Keine [...] lack-Dressings einsetz[...] Hochglanz Sprayfinis[hes ver]wenden.

Hdb. Gerbereichemie, Bd. III/1, 1. Hälfte, 2. Aufl., Eitel, zu S. 899.

…ch bei Waterproof bei … und 90% relativer …euchtigkeit dämpfen. …lichst kalt zwicken.	Besonders empfindlich gegen starke mechanische Beanspruchung. Es kann zweckmäßig sein, vor dem Zwicken mit geeigneten Lackledererweichern von der Fleischseite einzustreichen. Im Kaltverfahren zwicken.	Sämtliche sehr empfindlich. b) Mit Ledererweicher vorstreichen. c) Mit Schutzhülle arbeiten.	Beim Zwicken auftretende Druckstellen können durch Bürsten oder Abbimsen beseitigt werden.
…tiv unempfindlich.	Wenig empfindlich. Durch nicht abgebundene fettartige Stoffe des Bodenbaues können Mattschleier auftreten.	Wenig gefährdet.	Außerordentlich empfindlich gegen lösliche Stoffe im Bodenbau und Futtermaterial. Entsprechende Vorsicht bei der Auswahl dieses Materials geboten.
…st zweckmäßig, vor dem …eln leicht abzuölen, z. B. …Spindelöl oder mit Heiß… …unter lebhafter Bewegung …tsprechender Entfernung …rbeiten.	Nach Möglichkeit Heißluftbehandlung. Ist Bügeln notwendig, nur nach Vorbehandlung mit Spindelöl bei höchstens 80–90° C.	Mit Heißluft arbeiten.	
…k verdünnte Seifenlösun… …und Fettalkoholsulfonat… …ngen gut brauchbar. …e lösungsmittelhaltigen …aschmittel verwenden. …trocknen!	Verdünnte Salmiak-Seife-Lösung gut brauchbar. Nach dem Waschen zur Erhaltung des Glanzes (mit Sämischleder oder Watte) leicht nachpolieren.	a) Sehr empfindlich, mit neutralen Alkoholsulfonatlösungen arbeiten. b) Praktisch unempfindlich, schwach alkalische Seifenlösung gut bewährt. c) Wegen des Metallglanzes sollte Abwaschen vermieden werden, lediglich mit benzingetränktem Wattebausch leicht abreiben.	Von vornherein möglichst sauber arbeiten. Flecken im frischen Zustand mit Spezialmitteln behandeln. Zur Vermeidung von Ränderbildung muß so lange gerieben werden, bis die betreffende Stelle trocken ist.
…eingedickten Finishen …Kollodiumpasten.	Gesprungene Stellen werden abgebimst und mit Kunstharz-Kollodiumlack völlig egalisiert. Angedickte Kollodiumfinishes weniger geeignet. Reparaturen an weichen Schaftteilen sind nicht haltbar.	a) Reparatur durch Aufkleben der entsprechenden Schablone. b) Reparatur mit Spezialprodukten. c) Aufkleben von Metallfolien mit rohem Hühnereiweiß oder Kollodiumlack oder Aufbügeln von Echtgoldfolien.	
…lodiumfinishes oder …hscremes.	Mit verdünnten Speziallackfinishes behandeln. Bemerkung: Besondere Vorsicht ist geboten beim Einkleben des Zwischenfutters. Um Lederschrumpfung zu vermeiden, darf der Klebstoff nur strich- oder tupfenweise auf das Zwischenfutter aufgetragen werden. Wässerige Kleber haben sich bewährt.	a) Mit Finishes und Cremes leicht abdecken. Im letzten Fall nachpolieren. b) Finish unnötig. c) Polieren mit Sämischleder oder Watte.	Schlußappretur mit angefärbten Spezialdressings oder Sprayfinishes.

Springer-Verlag in Wien.

Ebenso wichtig wie der Aufguß ist bei der Neuaufnahme des Produkts die Verträglichkeitsprüfung mit dem bisherigen Verbrauchssortiment. Hierzu werden in 100-ccm-Standzylindern je 50 ccm von Stammlösungen 1 : 10 des neuen und der bisher verwendeten Hilfsmittel gemischt und die Homogenität der Dispersion sofort durch Tauchprobe eines Filtrierpapiers festgestellt. Anschließend beobachtet man die Absetzverhalten der Lösungen nach 1, 12 und 24 Stunden.

Weiter wird es bei Neuaufnahme eines Zurichthilfsmittels nützlich sein, den p_H-Wert mittels Indikatorpapieren zu prüfen. Starke p_H-Wert-Abweichungen des neuen Produkts sind in der Rezeptur durch entsprechende Ammoniakgaben auszugleichen.

Zur chemischen Untersuchung von Lederdeckfarben und Zurichthilfsmitteln sind bisher keine geeigneten Trennungsgänge veröffentlicht worden, weshalb in diesem Zusammenhang auf Standardwerke der Lack- und Farbenherstellung verwiesen werden muß (K. Thinius; E. J. Fischer).

III. Bewertung der fertigen Zurichtung auf dem Leder.

Die entscheidende Prüfung der Deckfarben erfolgt jedoch am Leder selbst durch Begutachtung der fertigen Zurichtung gegen eine entsprechende Vergleichszurichtung. Die wesentlichsten Beurteilungsnormen sind dabei: die Haft- und Krispelfestigkeit, die Biege- und Knitterfestigkeit, die Dehnbarkeit und Zwickechtheit der Deckschicht, der Narbenbruch und die Splissigkeit, der Griff und das Narbenbild, die Oberflächenruhe, der Glanz und die Egalität, die Festigkeit gegen trockenes und nasses Reiben, die Quellbarkeit mit Wasser und Lösungsmitteln sowohl von der Fleischseite als auch von der Narbenseite, das Verhalten der Deckschicht gegen Kälte und Hitze, die Rückpolierbarkeit und die Bügelfestigkeit, die Lichtechtheit und die Brillanz der Nuance. Neuerdings wird der sogenannte Berstdruck auch für die Beurteilung von Zurichtungen herangezogen. All diese geschilderten Eigenschaften sind jedoch Beurteilungsnormen für das Fertigleder, weshalb an dieser Stelle auf die Ausführungen in diesem Band, 10. Kap., S. 1232 ff., verwiesen werden muß [s. dazu auch O. Zohlen (2), S. 280 f.].

Über die Eigenschaften und das Verhalten von Oberledern und Futterledern in der Schuhfabrikation gibt die Tabelle 15 Auskunft, die von der Flächenlederkommission des V. G. C. T. im Jahre 1958 herausgegeben wurde.

Literaturübersicht.

Allen, W. B.: A. P. 1718986.

Atherton, E., u. R. H. Peters: J.S.L.T.C. 38, 22 (1954).

Badische Anilin- und Soda-Fabrik (BASF) (1): Musterkarten: Corialechtfarben und Eukesolfarben. Ludwigshafen; (2): Ratgeber für die Lederindustrie. Ludwigshafen.

Bayer, Farbenfabriken A. G. (1): Musterkarten: Eukanol-farben, Eukanol-plastikfarben, Eukanol-Farben Pulver, Egalon-Farben. Leverkusen; (2): Bayerratgeber für die Lederindustrie.

Bennett, H.: Practical Emulsions. New York, 2. Aufl. — New York: Chemical. Pl. Co. Inc. 1947.

Bent, A., u. L. Wik: Ind. Engng. Chem. 25, 312 (1936).

Berl, E., u. G. Lunge: Chemisch-Technische Untersuchungsmethoden. Hrsg. E. Berl. Berlin: J. Springer, 1935.

Blix, G., K. Felix, W. Graßmann u. J. Trupke: Physiologische Chemie. Herausgeber B. Flaschenträger. Berlin-Göttingen-Heidelberg: Springer-Verlag, 1951. Bd. I, S. 683f.

B.L.M.R.A.: Monthly Circular 1936, 54; ebenda 1933, 4.

Blom, A. V. (1): Organic Coatings in Theory and Practice. New York: Elsevier, 1949; (2): J. Oil and Colour Chem. Assoc. 30, 199 (1947).

Brown, W. D.: Oil and Colour Trades J. 1932, 1379.

Bryson, A. C.: Paint and Varnish Production 8, 8 (1932); Chemist (London) 8, 146 (1932).

Craemer, K.: Dieses Handbuch, Bd. III/2, 1. u. 2. Aufl. (1955), S. 639.

Creasy, I.: J. S. L. T. C. 34, 113 (1950); Cuir techn. 18, 318 (1929).

Dedrik, B. W.: Practical Milling. Chicago: Miller, 1924.

Denzler, C.: Bulletin d. Schweiz. Vereinig. d. Lack- u. Farbenchem. 1, 20 (1949).

Dohogne, M.: Cuir techn. 19, 352 (1930).

Dunstone, A. M: Belg. Pat. 389394.

Eitel, K. (1): Leder 2, 49 (1951); (2): Ledertechn. Rundschau 3, 15 (1950); (3): Leder 4, 234 (1953); (4): Ebenda 3, 265 (1952).

Fischer, E. J.: Laboratoriumsbuch für die Untersuchung technischer Wachs-, Harz- und Ölgemenge. Halle: Knapp, 1942.

Fischer, E. K.: Colloidal Dispersions. New York, John Wiley & Sons Inc. 1950.

Freydberg, R. M.: A.P. 2052393.

Farbenfabriken Bayer s. Bayer.

Gerngroß, O., K. Hermann u. W. Abitz: Z. physik. Chem., Abt. B. 10, 371 (1930).

Gnamm, H. (1): Die Lösungsmittel und Weichmachungsmittel. Stuttgart: Wiss. Verlagsges., 1950.

Graulich, W., u. W. Becker: Makromolekulare Chemie 3, 53 (1949).

Graßmann, W., u. J. Trupke (1): Dieses Handbuch, Bd. I/1, 1. Aufl. (1944), S. 359ff.; (2): Physiologische Chemie, Herausgeber B. Flaschenträger. Berlin-Göttingen-Heidelberg: Springer-Verlag, 1951. S. 484f.

Hadert, H. (1): Rezeptbuch für die Farben- und Lackindustrie. Berlin: O. Elsner, 1952; (2): Farbenchemiker 8, 408, 421 (1937).

Herfeld, H. (1): Die Qualitätsbeurteilung von Leder, Lederaustauschwerkstoffen und Lederbehandlungsmitteln. Berlin: Akademie-Verlag, 1950; (2) Lederfärberei, Lederdeckfarbenzurichtung und Lacklederherstellung. Berlin: O. Elsner, 1936.

Hevesi, A.: Farbenchemiker 1935, 290; Collegium 1935, 1.

Hickmann, T. M.: E. P. 308389 (1929).

Hofmann, S.: Ind. Engng. Chem. 24, 135 (1932).

Hummel, K. H.: Bull. schweiz. Lackchem. 1, 6 (1949).

I. G. Farbenindustrie A. G.: Lösungsmittel und Weichmachungsmittel. Frankfurt/M. 1930.

Ivanovszky, L.: Ausputz-, Glanz- und Schmiermittel für Leder. Chem.-techn. Bibliothek, Bd. 408. Berlin: Hartlebens Verlag 1937.

Jordan, O.: Chemische Technologie der Lösungsmittel, Berlin: J. Springer 1932.

Kantorowics, E., u. F. Keisermann: Chemiker-Ztg. 1911, 1374.

Kleinfeld, H. F.: Paint Oil Chem. Rev. 87, 180 (1929).

Kraus, A. (1): Handbuch der Nitrocelluloselacke, Bd. 1 u. 2. Berlin-Wilmersdorf: Pansegrau, 1952; (2): Nitrocellulose 11, 226 (1940); 12, 63, 106 (1941); (3) Fette u. Seifen 53, 633 (1951); (4) Ledertechnische Rundschau 1935, 1; 1934, 1, 39, 53, 279. 291; 1933, 81, 88; 1937, 5; 1939, 1; (5) Seifensieder-Ztg. 1931, 3, 26, 27, 28; (6): Farbe u. Lack 1932, 120, 135, 158, 171, 197; 1934, 291; 1936, 243, 257, 268; 1937, 269; 1939, 545, 556; 1940, 453; (7): Nitrocelluloselacke. Berlin: Pansegrau, 1943; (8): Lack- u. Farbenchemie 5, 216 (1949); (9): Farbenchemiker 1939, 302, 236; (10): Farben-Ztg. 36, 461 (1930); 45, 601 (1940); (11): Paint Manufact. 1935, 33, 49; (12): Farbenchemiker 1937, 248.

Küntzel, A.: Dieses Handbuch, Bd. I/1, 1. Aufl. (1944), S. 511ff.

Lamb, M. C. (1): Cuir techn. 18, 247, 318, 464 (1929); (2): Cuir techn. 17, 167 (1928); (3): Gerbereitechnik 1913, 115; (4): J. I. S. L. T. C. 12, 58 (1928); 13, 231 (1929); (5): Leather World 1932, 616.

Lamb, M. C., u. W. E. Chapman: J. I. S. L. T. C. 19, 563 (1935).

Lamb, M. C., u. R. Denyer: J. I. S. L. T. C. 15, 107 (1926); Cuir techn. 20, 239 (1931); Leather World 1931, 538.

Lamb, M. C., u. I. A. Gillmann: Cuir techn. 21, 282 (1932); Leather Manufacturer 1933, 12; Leather World 1932, 195.

Lecat, M.: L'Azéotropisme. Brüssel: Lambertin, 1942.

Leonhard, F., T. B. Blevins, W. S. Wright, M. G. Defries: Ind. Engng. Chem. 45, 773 (1953).

Lidle, H., u. G. Otto: D. B. P. 928.361.

Mauthe, G.: Chemie für den Gerber. Stuttgart: Wiss. Verlagsges., 1949.

Megil, F., u. F. Danzelmayer: A.P. 2104264; E.P. 469754.

Mellanoff, I. S.: A.P. 1857691.

Merz, G.: Nitrocellulose 2, 1 (1931).

Merz, G., u. F. Wagner: Farbe u. Lack 1932, 535.

Meunier, L., u. M. Gonfard: Cuir techn. **22**, 290 (1933).
Mudd, I. S. (*1*): Leather Finishes. London: Harvey, 1955; (*2*): J. S. L. T. C. **38**, 44 (1954).
Mudd, I. S., u. F. E. Downs (*1*): J. S. L. T. C. **37**, 353 (1953); (*2*): J. S. L. T. C. **37**, 67 (1953).
Neuberg, C.: Biochem. Ztschr. **76**, 107 (1916).
Neumann, W., u. D. Henschler: Naturwiss. **44**, 329 (1957).
Plauson, H.: A. P. 1500845.
Pektor, V.: Deutsche Schuh- u. Lederzeitschr. **9**, 150, 183, 199, 223, 249 (1955).
Pohl, R. H.: A. P. 2085602.
Redd, O. F.: Official Digest **29**, 324 (1952).
Redfarn, C. A. (*1*): Oil Colour Trades J. **85**, 1468 (1934); (*2*): Cuir techn. **23**, 182 (1934).
Richard, C. W., u. H. Dodd: E. P. 414072.
Rideal, E. K.: Trans. Faraday Soc. **32**, 3 (1936).
Schmiel, E. M.: Paint Oil Chem. Rev. **109**, 6 (1946).
Schubert, R. (*1*): Leder **3**, 158, 167, 221 (1952); (*2*): Gerbereiwissenschaft und Praxis **1954**, 5; **1953**, 10, 12; **1955**, 7.
Shellac Research Bureau (London): 1953.
Simpson, G. K., u. I. Cavanagh: J. Oil Colour Chemists' Assoc. **32**, 72 (1949).
Stather, F., u. H. Herfeld: Gesammelte Abh. dtsch. Lederinst. Freiberg/Sa. Heft **6**, 24 (1951).
Steuens, H. P., u. N. Heaton: J. Oil Colour Chemists' Assoc. **17**, 8 (1934).
Stern, E.: Farbenbindemittel, Farbkörper und Anstrichstoffe in R. E. Liesegang: Kolloidchemische Technologie. Dresden u. Leipzig: Steinkopff, 1931.
Stock, E.: Taschenbuch für die Farben- und Lackindustrie. Stuttgart: Wiss. Verlagsges., 1950.
Sutermeister, E., u. F. L. Browne: Casein and its Industrial Application. New York: Reinhold Publ. Corp. 1942.
Swan, I. H.: A. P. 2025788.
Thinius, K.: Analytische Chemie der Plaste. Berlin-Göttingen-Heidelberg: J. Springer 1952.
Vollmann, H. F., u. I. Kendall: J. S. L. T. C. **37**, 154 (1953).
Volmer-Schuck, G., u. A. Miekeley: Dieses Handbuch, Bd. III/2, 1. u. 2. Aufl. (1955), S. 939 ff.
Weber, E.: Dieses Handbuch, Bd. III/2, 1. u. 2. Aufl. (1955), S. 767 ff.
Weimarn, P. P. v.: J. Textil Ind. **17**, 642 (1926).
Wieber, O.: Farbe u. Lack **1932**, 581, 595.
Wintgen, R., G. Sinn u. L. Jürgen-Lohmann: Kolloid-Z. **122**, 13 u. **123**, 11 (1950).
Wolf, K. (*1*): Vagda Bericht **1933**, 40; (*2*): in A. Küntzel: Gerbereichemisches Taschenbuch. Dresden u. Leipzig: Th. Steinkopff, 1943.
Wurzschmitt, G.: Z. analyt. Chem. **1949**, 219.
Zeldin, S. P., u. R. Ponomarenko: Org. Chem. Ind.; ref. Chem. Abstr. **31**, 6920 (1937).
Zohlen, O. (*1*): Leder **5**, 187 (1954); (*2*): Dieses Handbuch, Bd. III/2, 1. u. 2. Aufl. (1955), S. 223.
Ungenannt (*1*): Gerbereitechnik **2**, Nr. 117.

Weitere Übersichtsliteratur:

Bianchi, C., u. A. Weihe: Celluloseesterlacke. Berlin: Springer, 1931.
Braun, K.: Die Wachse und ihre Verwendung. Leipzig: Jänecke, 1926.
Buchner, G.: Taschenbuch für die Wachsindustrie. Stuttgart: Wiss. Verlagsges., 1940.
Brandes, P., u. H. Wasmuht: Der Verkehr mit brennbaren Flüssigkeiten. 2. Aufl. Berlin: C. Hinzmann 1931.
Craemer, K.: Dieses Handbuch, Bd. III/2, 1. u. 2. Aufl. (1955), S. 639.
Curtis, S. A.: Künstliche organische Pigmentfarben und ihre Anwendungsgebiete. Berlin: J. Springer, 1929.
Durrans, Th. H.: Solvents. London: Chapman and Hall, 1950.
Fischer, W. v.: Paint and Varnish Technology. New York: Reinhold Publ. Corp. 1948.
Gerbereitechnik, Beilage zur Lederzeitung **1929**, 165, 173, 178, 182, 185, 190, 194, 197, 202, 205; **1930**, 1, 5, 10, 13, 17, 21, 26, 29, 37, 42, 46, 58, 61, 65, 70, 73, 77, 86, 93, 101, 109, 117, 125, 134, 150, 166, 174, 182, 190, 198.
Gnamm, H.: Neuere Lösungsmittel und Weichmachungsmittel. Berlin: Pansegrau, 1939.
— Fachbuch für die Lederindustrie. Stuttgart: Wiss. Verlagsges., 1950.
— Die Fettstoffe in der Lederindustrie. Stuttgart: Wiss. Verlagsges., 1951.

Gnamm, H., u. W. Sommer: Die Lösungsmittel und Weichmachungsmittel. 7. Aufl. Stuttgart: Wiss. Verlagsges., 1958.
Herfeld, H.: Grundlagen der Lederherstellung. Dresden u. Leipzig: Steinkopff, 1950.
Houwink, R.: Technology of Synthetic Polymers. New York: Elsevier, 1947.
— Elastomers and Plastomers. New York: Elsevier, 1949.
— Elastizität, Plastizität und Struktur der Materie. Dresden u. Leipzig: S. Hirzel, 1938.
— Chemie und Technologie der Kunststoffe. Leipzig: Geiz u. Portig 1942.
Jettmar, J.: Handbuch der Chromgerbung. Leipzig: P. Schulze, 1923.
— Gerbereitechnik, Beilage zur Lederzeitung, 1912.
Kiefer, H.: Handbuch der chemisch-technischen Apparate. Berlin: 1937, S. 872.
Kolke, F.: Leitfaden über die Herstellung und Verarbeitung von Lacken und Farben. Berlin: O. Elsner 1939.
Kruyt, H. R.: Colloids. New York: Elsevier, 1930.
Lamb, M. C.: Die Chromlederfabrikation. Berlin: Springer-Verlag, 1925.
Lamb, M. C., u. L. Jablonski: Lederfärberei und Lederzurichtung. Berlin: Springer-Verlag, 1927.
Leder (Darmstadt: Roether) 1, 148, 278, 299, 300 (1950); 2, 70, 96, 119, 143, 228, (1951); 2, 143, 167, 190, 191, 238 (1952); 3, 23, 47, 95, 142, 167, 190, 215, 261, 262, 264 (1953); 4, 22, 167, 307 (1954).
Lüdecke, C.: Die Wachse und Wachskörper. Stuttgart: Wiss. Verlagsges., 1926.
Martin, G.: Lacquers and Synthetic Enamel Finishes. London: Chapman and Hall, 1940.
Mattiello, J. J.: Protective and Decorative Coatings. 5 Bände. New York: Wiley & Sons, 1941—1946.
Mellan, I.: Industrial Solvents. New York: Reinhold Publ. Corp. 1950.
Merck, E.: Chemisch-technische Untersuchungsmethoden für die Lederindustrie. Darmstadt: 1957.
Meyer, K. H.: Natural and Synthetic High Polymers. New York: Interscience Publ., 1942.
Meyer, K. H., u. H. Mark: Makromolekulare Chemie. Leipzig: Akadem. Verlagsges., 1950.
Möllering, I., u. H. Möllering: Verfahren der Gerbereichemie. Stuttgart: Wiss. Verlagsges., 1954.
Nielsen, A.: Der Chlorkautschuk. Leipzig: Chemie und Technik der Gegenwart. Bd. 16. 1937.
Ott, E.: Cellulose and Cellulose Derivates. New York: Interscience Publ., 1943.
Otto, G.: Die Lederherstellung. München: C. Hanser, 1954.
Reisberger, L.: Anleitung zum Farbenmischen. München: Callway, 1933.
Riegel, E. R.: Chemical Machinery. New York: Reinhold Publ. Corp., 1944.
Sacher, I. F.: Die anorganischen Farbstoffe. Berlin: J. Springer-Verlag, 1934.
Scheiber, J.: Chemie und Technologie der künstlichen Harze. Stuttgart: Wiss. Verlagsges., 1943.
Scheifele, B., u. J. Kölln: Betriebshandbuch der Lacktechnik, Bd. 1, Apparate und Maschinen. Berlin: Union deutsche Verlagsgesellschaft, 1933.
Soderberg, A.: Finishing Materials and Methods. Bloomington (USA): McKnight & McKnight, 1952.
Stather, F.: Gerbereichemie und Gerbereitechnologie. Berlin: Akademie-Verlag, 1957.
— Leder und Kunstleder. Berlin: Akademie-Verlag, 1949.
Ullmann, F.: Enzyklopädie, Verfahrenstechnik. München: Urban & Schwarzenberg. 1952.
Vogel, W. (1): Die Deckfarben und ihre Anwendung in der Lederindustrie. 38. Jahresbericht der deutschen Gerberschule zu Freiberg i. S. 1927. (2): Collegium 1925, 560; (3): Ledertechnische Rundschau 19, 148, 153, 165, 180 (1927).
Wagner, A., u. J. Paessler: Handbuch für die gesamte Gerberei- und Lederindustrie. Leipzig: Deutscher Verlag, 1925.
Wagner, H.: Die Körperfarben. Stuttgart: Wiss. Verlagsges., 1939.
— Taschenbuch der Farben- und Werkstoffkunde. Stuttgart: Wiss. Verlagsges., 1946.
Wagner, H., u. H. F. Sarx: Lackkunstharze. München: C. Hanser, 1950.
Weber, E.: Dieses Handbuch, 1. u. 2. Aufl., Bd. III/2 (1955), S. 747.
Wilson, J. A., F. Stather u. M. Gierth: Die Chemie der Lederfabrikation. Wien: Springer-Verlag, 1930. 1931.
Wolff & Co., Walsrode: Walsroder Kollodiumwolle. 1953.
Woodroffe, D.: Leather Dressing, Dying and Finishing. Teignmouth: Quality Books, 1953.
Zimmer, Fr.: Nitrocelluloselacke und Zaponlacke. Leipzig: S. Hirzel, 1931.

Achtes Kapitel

Lackieren.

Von Dr.-Ing. **Wilhelm Ackermann**, Worms/Rh.

Mit 10 Textabbildungen.

A. Einleitung.

Eine besondere Art der Lederzurichtung bildet das Lackieren der Leder. Das dabei erzielte Produkt, das Lackleder, stellt mit seiner spiegelglatten und hochglänzenden Oberfläche eines der wertvollsten Erzeugnisse der Lederindustrie dar. Es ist in erster Linie dazu bestimmt, dem Auge gefällig zu erscheinen. Daher sind seine Hauptverwendungsgebiete elegantes Schuhwerk und Galanteriewaren. Während Lacke ganz allgemein meist eine schützende Schicht bilden, die nur chemischen und Witterungseinflüssen widerstehen soll, kommt bei den Lederlacken erschwerend hinzu, daß sie zusätzlich noch einer ganz besonderen mechanischen Beanspruchung und Abnützung ausgesetzt sind. Daher müssen an sie besonders hohe Anforderungen gestellt werden in bezug auf Elastizität und Zähigkeit. Eine besonders große Beanspruchung erfährt das Lackleder schon bei der Herstellung der Schuhe. Es muß dabei beim Zwicken einen übermäßigen Zug aushalten und sich sehr stark dehnen lassen. Dabei muß sich die Lackschicht mindestens so weit ausziehen lassen wie das Leder, ohne daß es Sprünge im Lack gibt, und außerdem muß die Lackschicht ebenso elastisch sein wie das Leder, damit sie nicht beim Zurückgehen des Leders gedehnt bleibt und Falten bildet. Dazu kommt die außerordentlich große Beanspruchung beim Tragen des Schuhes bei jeder Witterung und durch die Behandlung der Schuhe beim Reinigen. Der Verwendungszweck von Lackleder hat sich teilweise im Laufe der Zeit gewandelt, einerseits weil für manche Artikel nur wenig oder gar kein Bedarf mehr vorliegt, wie z. B. für Geschirre und Wagendecken, oder weil der Geschmack sich inzwischen geändert hat, wie z. B. für Möbelleder, anderseits weil es inzwischen der Kunststoffindustrie gelungen ist, billigere Ersatzstoffe dafür zu entwickeln, z. B. für Portefeuilleleder.

Bis etwa um die Jahrhundertwende kannte man nur lohgare Lackleder. Dann kamen von Amerika aus chromgare Lackleder auf den Markt, und heute bilden die Chromlackleder den weitaus größten Teil aller im Handel befindlichen lackierten Leder.

Man kennt hauptsächlich zwei prinzipiell verschiedene Wege, um eine gut haftende, elastische Lackschicht auf Leder aufzubringen, das **Öllackierverfahren** und das **Kaltlackierverfahren** mit Nitrocelluloselacken. Dazu kamen in neuerer Zeit noch einige andere Verfahren.

Öllackierverfahren.

Das Öllackierverfahren ist das zuerst erfundene und schon seit langer Zeit geübte Verfahren, das als Grundlage die Fähigkeit des natürlichen Leinöls hat, in dünner Schicht zu einer festen, elastischen Haut aufzutrocknen. Durch Vorbehandeln des Leinöls mit Chemikalien in der Hitze lernte man die günstigen Eigenschaften dieses Naturstoffes so zu steigern, daß man Lacke mit hervorragenden Eigenschaften für alle Zwecke herstellen kann. Dabei ist man rein empirisch vorgegangen, und die Arbeit des Lacksiedens wie die ganze Lackiererei lag nur in den Händen von Praktikern mit langer Erfahrung. Das ist, was die Lacklederindustrie anbetrifft, fast überall auch jetzt noch so. Die Erfahrungen und Rezepte erben sich hier fort und werden heute noch als ein großes Geheimnis gehütet, selbst auf die Gefahr hin, daß eine Betriebskontrolle nicht möglich ist und dadurch unkontrollierbar großer Schaden entstehen kann. Wenn auch Leinöllack in den letzten Jahren aus vielen anderen Anwendungsgebieten durch moderne Lacke stark verdrängt worden ist, hat er sich für Schuhoberleder so gut bewährt, daß dafür bisher noch kein Ersatzprodukt gefunden ist. Selbst der Nachteil, daß die Lackschicht das Leder vollkommen luftundurchlässig macht, hat bis heute die Anwendung von Leinöllack für Schuhoberleder noch nicht verdrängen können. Es müßte schon ein Kunststoff gefunden werden, den man irgendwie, z. B. dadurch, daß man ihn einer Hochspannungsfunkenstrecke aussetzt, luftdurchlässig macht [Ungenannt (1); J. W. Meater; K. Craemer]. Zu den Öllacken zählen auch noch Lacke, bei denen an Stelle von Leinöl Holzöl oder andere ungesättigte Öle, die zu Standöl gekocht werden können, verwandt werden, und sonstige Lacke, bei denen Harze zum Öl zugesetzt werden.

Kaltlackierverfahren.

Als etwa im Anfang der zwanziger Jahre in der Lack- und Farbenindustrie in immer steigendem Maße Nitrocellulose als Lackkörper verwendet wurde, hat auch die Lederindustrie solche Lacke für ihre Zwecke aufgenommen. Die einfache und zeitsparende Bereitung der Celluloseesterlacke sowie ihre Billigkeit und schnelle Filmbildung haben auch bald zu Bemühungen geführt, durch sie in der Lacklederindustrie das Leinöl zu ersetzen. Das geht unter anderem aus einer großen Anzahl von Patenten hervor, die auf die Herstellung von Lackleder aus Nitro- und Acetylcellulose genommen worden sind. Dieses Ziel zu erreichen, ist aber nur in beschränktem Umfang gelungen. Zunächst waren die Lackschichten viel zu hart und spröde, um unbeschädigt alle Bewegungen der Lederunterlage mitmachen zu können. Ferner zeigten solche Filme nur eine geringe Haftfestigkeit auf der Lederoberfläche. Diese Mängel konnten behoben werden, als sich herausstellte, daß Zusatz von Öl die Celluloseesterfilme weich und geschmeidig erhält und sie gleichzeitig fester an Leder bindet. Weiterhin lernte man auch, durch Zusatz besonderer Weichmachungsmittel den Cellulosederivaten ihre Sprödigkeit zu nehmen. Auch gestattete eine wachsende Zahl von technisch dargestellten Lösungsmitteln durch Kombinieren leicht flüchtiger mit schwerer flüchtigen die Filmbildungsgeschwindigkeit abzustimmen und eine genügende Haftfestigkeit durch kleine Anteile hochsiedender Lösungsmittel zu erreichen. So kam man zu Lederlacken von recht guter Brauchbarkeit, die sich durch einen besonderen Glanz auszeichnen und wesentlich billiger sind als Leinöllacke. Allerdings werden die hohen Anforderungen, die man an einen Lederlack auf Schuhoberleder stellen muß, nicht so weit erfüllt, wie es durch den gekochten Lack geschieht. Offenbar ist dies doch eben nur durch den langsamen, auf chemischen Reaktionen beruhenden Trockenprozeß möglich, wie ihn der Leinölfilm durchmacht. Dagegen haben

sich die einfachen und billigen Celluloseesterlacke für andere Zwecke in der Lederindustrie eingeführt. Sie haben sich als ein sehr bequemes und haltbares Appretur-
mittel erwiesen, das erfolgreich mit den älteren, nicht richtig wasserfest werdenden
Albumin- und Caseinappreturen konkurrieren kann. Außerdem ist es gelungen,
für billigere Ledersorten — besonders in der Portefeuilleindustrie — Spaltleder
zu verwenden, das mit Celluloselacken zugerichtet ist. Dabei fällt besonders ins
Gewicht, daß man diese Lacke einfach und in kürzester Zeit in der Kälte herstellen
kann, und daß auch die Trocknung einfacher, schneller und billiger ist, weil dabei
nur das Lösungsmittel verdunsten muß.

Andere Lacke.

Außer den schon bei den Öllacken erwähnten Lacken mit Harzzusatz gibt
es auch noch Lacke, die nur Lösungen von Harz sind, wie z. B. ölmodifizierte
Alkydharze oder Melaminharze.

Eine weitere Klasse von Lacken, die man nicht zu den beiden Gruppen
rechnen kann, sind die in letzter Zeit entwickelten DD-Lacke, Desmodur-Des-
mophen-Lacke[1], deren Bildung auf der Wirkung von Isocyanaten beruht.

In neuester Zeit werden auch von verschiedenen Firmen Plastikfarben angeboten, die hauptsächlich aus hochpolymeren synthetischen Bindemitteln
bestehen, und die in der Regel in Form von wäßrigen Emulsionen geliefert
werden. Sie werden teilweise an Stelle von Nitrocelluloselacken verwendet.

Den Verbrauch der teuren Lösungsmittel kann man auch einschränken, wenn
man Nitrocelluloselacke in Wasser emulgiert oder wenn man sie warm oder heiß
spritzt.

Oftmals werden auch Folien verschiedener Farben einfach auf billige Leder
aufkaschiert, auf die dann genau wie bei den Kaltlacken jeder Art noch ein Narben
aufgepreßt werden kann.

Kombinationen.

Man kann natürlich auch die verschiedenen genannten Verfahren miteinander
kombinieren. Wenn man Leinöllack mit Celluloselack mischt, kann man zu
einem Lack kommen, der bei geringerer Temperatur trocknet. Auch alle möglichen
anderen Kombinationen kann man durchführen.

Lackieren.

An dem Prinzip des Lackierens selbst ist im Laufe der Zeit nicht viel geändert
worden. Da die gewöhnlichen Leinöllacke zu tief in das Leder eindringen und
das Leder hart werden lassen, ist man gezwungen, zuerst einen oder mehrere
dicke „Grunde" in der geeigneten Zusammensetzung auf das Leder aufzubringen,
welche die Poren verschließen und das Leder für die nachfolgende Lackschicht
undurchdringlich machen sollen. Dann kommt der Vorlack und diesem läßt man
einen oder mehrere Schlußlacke folgen. Die Lacke werden meist mit dem Pinsel
aufgestrichen oder, besonders die dickeren Grunde, mit Bürsten u. dgl. aufgetragen. Heute werden Lacke auch öfters etwas stärker verdünnt aufgespritzt.
Grund, Vorlack und Schlußlack, ebenso Celluloseesterlacke, stellt sich der Leder-
fabrikant meistens noch selbst her. Wir wollen deshalb vorerst die Rohstoffe
betrachten, die zu deren Herstellung dienen, um später die verschiedenen Lack-
ledersorten und die einzelnen Herstellungsweisen besser verstehen zu können.

---

[1] Warenzeichen der Farbenfabriken Bayer, Leverkusen.

B. Rohstoffe.

I. Rohstoffe für das Öllackierverfahren.

1. Leinöl und die Natur seines Trockenprozesses.

a) Eigenschaften des Leinöls.

Von allen trocknenden Ölen wird für die Herstellung von Lackleder fast nur
Leinöl verwendet. Holzöl wurde nur vereinzelt angewandt. Auch eigentliche
Lacke, die aus Ölen und Harzen zusammengesetzt sind, werden nur in geringen
Mengen verwendet. Wir können unsere Betrachtungen daher auf Leinöl
beschränken. Im Kapitel „Fettung" dieses Bandes ist bereits das Wichtigste
über das Leinöl und seine Eigenschaften sowie auch über Holzöl zusammengestellt. Hier sei noch auf einiges eingegangen, das für die Lacklederbereitung
wichtig erscheint.

Im Handel unterscheidet man die Leinöle teils nach ihrer Herkunft als argen-
tinische, indische, nordamerikanische, russische, uruguayische usw., die infolge
verschiedener der Leinölsaat beigemischter fremder Samen etwas in ihren
Eigenschaften voneinander abweichen. Nach W. v. Fischer, S. 14, wurden
1945 in der gesamten Lackindustrie fast 150000 t Leinöl verbraucht. Das waren
etwa 68% aller Öle, die in der Lackindustrie überhaupt verarbeitet wurden.
Dann folgt dehydratisiertes Ricinusöl mit etwa 20000 t oder etwa 9,3% und
rohes Ricinusöl als Weichmacher mit etwa 3500 t oder 1,6% des gesamten Öls
der Lackindustrie. In Deutschland wurden im Jahre 1945 nach F. Fritz, S. 9,
38000 t Leinsaat geerntet, während zur Erzeugung von Linoleum, Wachstuch,
Firnissen, Lacken, Ölfarben usw. sowie für Speisezwecke etwa 360000 t benötigt
wurden. Durch systematisches Züchten von Leinölsaat mit großen Samen
hat man in Deutschland den Ertrag stark gesteigert. Während 1000 Stück
Leinsamen nach F. Fritz, S. 9, gewöhnlich etwa 5 g wiegen, höchstens 9 g, hat
man es in Deutschland auf 9 bis 15 g je 1000 Leinsamen gebracht. Durch diese
Steigerung der Samengröße gelingt es, 670 kg Leinöl gegen 270 kg je Hektar
Anbaufläche zu erzielen.

Man unterscheidet Rohleinöle und Lackleinöle. Erstere enthalten noch mehr
oder weniger Schleimstoffe, die bei den Lackleinölen durch Raffination entfernt
worden sind. Oft wird auch mit der Reinigung ein Bleichprozeß verbunden.

Reines Leinöl wird bei etwa — 10° C dickflüssig, auch trübe durch geringe Ausscheidungen. Bei — 15° wird es salbenartig und erstarrt unter — 24°. Säurereiche
Leinöle verdicken sich schon bei höheren Temperaturen. Der Flammpunkt liegt bei
250 bis 280°, der Brennpunkt bei etwa 353°.

Die Säurezahl reinen Leinöls beträgt normalerweise 3 bis 5 und ändert
sich auch bei langem Lagern nur unbedeutend. Ein höherer Säuregehalt muß
aber durchaus nicht immer für die Lackbereitung nachteilig sein (H. Wolff,
W. Schlick und H. Wagner, S. 109). Viel Beachtung muß dagegen den nicht-
öligen Verunreinigungen des Leinöls geschenkt werden, welche die unliebsamen
Trübungen des Öls wie des Lackes verursachen. Frischgepreßtes Leinöl ist meist
stark getrübt durch Ausscheidungen eines schleimigen Stoffs, der erst durch
jahrelanges Lagern sich vollständig absetzt. Erhitzt man das Rohleinöl auf
etwa 250 bis 280°, so flockt der Schleim als voluminöser Niederschlag schneller
aus („Brechen" des Öls). Chemisch besteht diese Ausscheidung teils aus anorganischen Stoffen (hauptsächlich aus Erdalkaliphosphaten), teils aus organischen

Substanzen, deren Natur aber noch ganz unbekannt ist. Nach R. Jürgen sind an den Trübungen des Leinöls auch Saatreste, Feuchtigkeitsspuren, Beimengungen hochschmelzender Sterine und stickstoffhaltige Verbindungen beteiligt. Der Leinölschleim ist nach Untersuchungen von H. Wolff und Ch. Dorn zunächst kolloidal in Öl gelöst, was durch Ultrafiltration und Ultramikroskopieren festgestellt wurde. Beim „Brechen" erfolgt eine Vergröberung der kolloiden Teilchen, die beim ruhigen Erhitzen meist zur Ausflockung führt. Bemerkenswert ist aber, daß beim Erhitzen unter lebhafter Bewegung ebenfalls Teilchenvergrößerung eintritt, daß aber in diesem Falle meist die kolloide Verteilung bestehen bleibt. Da Firnis (z. B. Bleifirnis) aus nicht gebrochenem Leinöl weniger zum Absetzen der Trockenmittel neigt als Firnis aus schleimfreiem Leinöl, ist anzunehmen, daß die Schleimstoffe hier als Schutzkolloide wirken. Ein Leinöl, das durch langes Lagern oder sonstwie gründlich entwässert ist, bricht beim Erhitzen nicht mehr.

Die Beseitigung des Leinölschleims geschieht außer durch Erhitzen auch durch Behandeln mit Schwefelsäure. Mit Alkalien oder Erdalkalien wird heute in der Technik ebenfalls Entschleimung erzielt. So kann man mit 0,1 bis 0,5% Kalk (F. Fritz, S. 14) und Erhitzen auf 280° eine Schleimabsonderung erreichen. Vermutlich wirken hierbei die entstehenden Kalkseifen fällend auf die disperse Phase. Keines dieser Verfahren führt vollständig zum Ziel. Heute wird meist durch Adsorbieren der kolloiden Stoffe, und zwar vornehmlich mit Hilfe von Bleicherden (Aluminium-Magnesium-Silikate), z. B. Fullererde, mit oder ohne Zusatz von Chemikalien entschleimt. Die Schleimabscheidung wird dann meist mittels Filterpressen abgesondert. Auch durch Zentrifugieren kann man Schleimstoffe und Verunreinigungen abscheiden.

So gereinigtes Leinöl nennt man dann Lackleinöl. Als Lackleinöl eignet sich besonders ein Vorschlagöl, ein Öl erster Pressung, das in sogenannten Andersonpressen (kontinuierlich arbeitenden Schraubenpressen) aus grob zerkleinerter, mäßig erhitzter Leinsaat gewonnen ist. Solches Lackleinöl wird seiner helleren Farbe wegen für viele Zwecke vorgezogen und höher bewertet.

Vor der Verarbeitung soll Leinöl, auch wenn es raffiniert und nicht brechend ist, also Lackleinöl, einige Zeit lagern, wenigstens einige Monate. Durch Aufbewahren in farblosen Glasgefäßen wird die Trockenzeit erheblich herabgesetzt (K. H. Bauer und A. Freiburg), womit eine Erhöhung der Jodzahl parallel gehen soll. Es wird auch empfohlen, Leinöl unter Glasbedachung bei Licht- und Luftzutritt zu lagern. Dadurch soll man auch die lästige Eigenschaft des Nachklebens verhindern, die Firnisse zeigen, wenn sie aus Leinöl hergestellt sind, das Feuchtigkeit enthält und längere Zeit im Dunkeln gelegen hat (H. Wolff, W. Schlick und H. Wagner, S. 226). Nach neueren Feststellungen ist dies bei Leinöl oder daraus hergestellten Firnissen oder Lacken doch nicht zu empfehlen, weil bei Zutritt von Licht und Luft, besonders an der Oberfläche, wo diese wirken können, sich die Viskosität und das spezifische Gewicht stark erhöhen und eine schnellere Trocknung erfolgt, als wenn man die Öle usw. im Dunkeln aufbewahrt und eventuell noch eine Kohlensäureschicht darüber gibt. Sonst kann es sehr leicht passieren, daß die unteren Schichten in dem Lagergefäß ganz andere Eigenschaften haben als die in den Lagergefäßen obenstehenden. Kaltgeschlagenem Leinöl wird allgemein bei der Auswahl als Lackstoff der Vorzug vor dem in der Wärme gewonnenen Öl gegeben, obwohl beide Arten sich nach Vergleichsversuchen von K. H. Bauer und A. Freiburg in den Kennzahlen kaum, in der Zusammensetzung nicht wesentlich unterscheiden. Allerdings trocknet kalt gepreßtes Leinöl erheblich schneller als warm gepreßtes (K. H. Bauer und A. Freiburg).

b) Zusammensetzung des Leinöls.

Soweit es zum Verständnis der Theorie des Trockenvorgangs nötig ist, müssen wir uns, bevor wir auf die Trocknung des Leinöls eingehen, etwas genauer mit seiner Zusammensetzung befassen. Leinöl besteht wie die anderen pflanzlichen Öle aus Triglyceriden verschiedener Fettsäuren, wobei lange Ketten von mehr oder weniger ungesättigten Fettsäuren mit dem kleinen Glycerinmolekül verestert sind (vgl. diesen Bd., 6. Kap., S. 404 ff.).

Stearinsäure:

$$C_{18}H_{36}O_2 \quad HOOC—(CH_2)_7—(CH_2)_9—CH_3$$

Ölsäure:

$$C_{18}H_{34}O_2 \quad HOOC—(CH_2)_7—CH=CH—(CH_2)_7—CH_3$$

Linolsäure:

$$C_{18}H_{32}O_2 \quad HOOC—(CH_2)_7—CH=CH—CH_2—CH=CH—(CH_2)_4—CH_3$$

Linolensäure:

$$C_{18}H_{30}O_2 \quad HOOC—(CH_2)_7—CH=CH—CH_2—CH=CH—CH_2—CH=CH—CH_2—CH_3.$$

Alle diese Fettsäuren haben unverzweigte Ketten mit 18 C-Atomen. Sie sind also Oktadekasäuren. Die Stearinsäure hat keine Doppelbindung und ist fest. Die ungesättigten Fettsäuren sind normalerweise flüssig. Je nach der Zahl der Doppelbindungen bezeichnet man sie als Monoen-, Dien- oder Triensäuren usw. So ist z. B. die Linolsäure eine Oktadekadiensäure. Die meisten im Leinöl vorkommenden ungesättigten Fettsäuren sind „Isolen"-Säuren (s. diesen Bd., 6. Kap., S. 407). Eine Konjuensäure ist die im Holzöl vorkommende dreifach konjugierte Oktadekatriensäure, die Eläostearinsäure:

$$C_{18}H_{30}O_2 \quad HOOC—(CH_2)_7—CH=CH—CH=CH—CH=CH—(CH_2)_3—CH_3.$$

Sie unterscheidet sich von der Linolensäure nur durch die andere Anordnung der Doppelbindungen. Die der Linolsäure entsprechende konjugierte Oktadekadiensäure ist die Ricinensäure (Oktadeka-9,11-diensäure-1):

$$\overset{1}{C_{18}H_{32}O_2} \quad HOOC—(CH_2)_7—\overset{9}{CH}=\overset{10}{CH}—\overset{11}{CH}=\overset{12}{CH}—(CH_2)_5—\overset{18}{CH_3},$$

Alle diese Fettsäuren haben die ersten 8 C-Atome in der gleichen Anordnung $HOOC—(CH_2)_7—$. Man nennt diesen Teil den inaktiven Teil der Fettsäure. Die Doppelbindungen mit den eventuell dazwischenstehenden CH_2-Gruppen nennt man den aktiven Teil der Fettsäuren. Dann folgt das Kettenende, das mehr oder weniger lang und ebenfalls inaktiv ist. Daß die Doppelbindungen und die dazwischenstehenden Methylengruppen der aktive Teil genannt werden, kommt daher, daß die chemischen Reaktionen alle bei ihnen angreifen.

Der Glycerinrest selbst hat keinen großen Einfluß auf die Reaktionsfähigkeit der trocknenden Öle. Er beträgt ja auch im Leinöl dem Gewicht nach nur etwa 4% des Gesamtöls. Er ist auch inaktiv und wird im Gegensatz zu früheren Annahmen bei der Öltrocknung nicht angegriffen. Fettsäureester mit ein- und mehrwertigen Alkoholen können auch künstlich hergestellt werden. Auch können die Fettsäuren in freiem Zustand oder in den Ölen künstlich isomerisiert oder konjugiert werden. Alle Ester mehrfach ungesättigter Fettsäuren, ebenso wie auch die entsprechenden freien Fettsäuren, haben die Eigenschaft, daß sie trocknen können und dabei Filme bilden.

c) Trocknen des Leinöls.

Das Leinöl ist der wichtigste Vertreter der trocknenden pflanzlichen Öle. Es wird heute noch zum überwiegenden Teil für die Firnis- und Lackherstellung verwendet, wenn auch künstlich isomerisierte und konjugierte Öle immer mehr an Bedeutung gewinnen. Unter Trocknen von Ölen versteht man die Eigentümlichkeit, daß sie in entsprechend dünner Schicht an der Luft nach und nach aus dem ursprünglich flüssigen Zustand in mehr oder weniger durchsichtige, glänzende und zäh-elastische Häute übergehen, d. h. einen trockenen Film bilden. Dies ist für die Technik die wertvollste Eigenschaft der trocknenden pflanzlichen Öle. Während des Trocknens unterscheidet man praktisch meist durch Prüfen mit dem Finger die Stadien des Anziehens, Klebendwerdens und klebefreien Antrocknens. Früher nahm man ganz allgemein an, daß ein Öl um so besser trocknet, je höher seine Jodzahl ist. Das ist aber nur gültig bei Ölen etwa gleicher Zusammensetzung und Vorbehandlung. Heute weiß man, daß Öle bei gleicher Jodzahl ganz verschieden schnell trocknen können, je nach der Vorbehandlung, und nicht nur der Menge, sondern auch der Anordnung der Doppelbindungen im Öl. Man weiß heute, daß von zwei Ölen mit gleicher Jodzahl ein Öl um so schneller trocknet, je mehr Doppelbindungen darin konjugiert sind. Es kann sogar sein, daß ein Öl mit geringerer Jodzahl schneller trocknet als ein Öl mit höherer Jodzahl. Man kann daher aus der Jodzahl allein nicht auf das Trockenvermögen von Ölen schließen, zumal da auch nicht alle Doppelbindungen, besonders bei den konjugierten Ölen, durch die Jodzahl erfaßt werden. Allgemein wird auch angenommen, daß ein Öl um so schneller trocknet, je höher sein spezifisches Gewicht ist. Auch bei höherer Viskosität trocknen Öle von sonst gleicher Beschaffenheit schneller. Über die Natur des Trockenvorgangs von Ölen und Firnissen besteht immer noch keine Klarheit. Trotzdem ist man in den letzten Jahren durch zahlreiche Experimente und neue Möglichkeiten der Untersuchungen sehr viel weiter gekommen, und aus vielen Einzelbeobachtungen kann man sich wenigstens in großen Zügen eine Vorstellung machen von den zur Verfilmung führenden chemischen Reaktionen. Die Trockenfähigkeit hängt ab von dem aktiven Teil der fetten Öle, also von der Zahl und der Anordnung der Doppelbindungen. Dabei gibt es Unterschiede je nach der Herkunft und der Vorbehandlung des Öls. Durch andere klimatische Verhältnisse, durch Düngung und Sortenwahl [H. P. Kaufmann und K. Strüber (1)] können die Unterschiede sehr groß sein, wie man schon an der Jodzahl sehen kann, die von 155 bis 205 schwanken kann.

Nimmt man die Doppelbindungen weg, z. B. durch Wasserstoffanlagerung an das Öl bis zur Sättigung, wie es bei der Fetthärtung geschieht, oder durch Absättigung mit Chlor usw., so trocknet das Öl überhaupt nicht mehr, weil es keine Doppelbindungen und damit keine aktiven Gruppen mehr enthält. Selbst nach Zusatz von Sikkativen trocknen solche Öle nicht, s. Ungenannt (2), S. 11.

Auch Verschiedenheit in der Raffination der Öle, Veränderungen während der Lagerzeit, ebenso äußere Bedingungen, wie Temperatur, Licht, Feuchtigkeit der Luft usw., und besonders schon geringe Mengen von Verunreinigungen, die im Öl vorhanden sind, können die Trockenzeit des Öls und die Eigenart des Films erheblich beeinflussen.

Die auffälligste Erscheinung an einer Schicht trocknenden Leinöls ist die erhebliche Gewichtszunahme, die Öl bei längerer Berührung mit der Luft erfährt. Diese Gewichtszunahme kommt dadurch zustande, daß das Öl Sauerstoff aus der Luft aufnimmt. Weder Leinöl noch Holzöl sind in einem Temperaturbereich von 20 bis 100° C in diffusem Tageslicht in der Lage, bei Fehlen von Sauerstoff einen Film zu bilden (H. P. Kaufmann, J. Baltes und R. Berger). Es besteht heute kein Zweifel mehr daüber, daß die Filmbildung durch eine freiwillige Aufnahme von Sauerstoff, also durch einen Autoxydationsprozeß, eingeleitet wird. Die Affinität zum Sauerstoff ist so groß, daß die bei der Oxydation freiwerdende Wärme unter Umständen zu einer Verkohlung, ja zur Selbstentzündung führen kann, z. B. wenn das Leinöl auf sehr großer Oberfläche, wie auf Geweben und Fasern, fein verteilt ist. So hat sich schon öfters weggeworfene, mit Leinöl getränkte Putzwolle nach einiger Zeit von selbst entzündet. Nach sehr gründlichen Untersuchungen von J. d'Ans (1), die allerdings an Firnis angestellt wurden, nahmen Aufstriche, bei gewöhnlicher Temperatur in diffusem Licht einer Sauerstoffatmosphäre ausgesetzt, nach zwei Tagen 11%, nach sieben Tagen 18% an Gewicht zu. Es entstehen dabei neben dem Linoxyn, wie man das festgewordene Leinöl nennt, erhebliche Mengen flüchtiger Oxydationsprodukte:

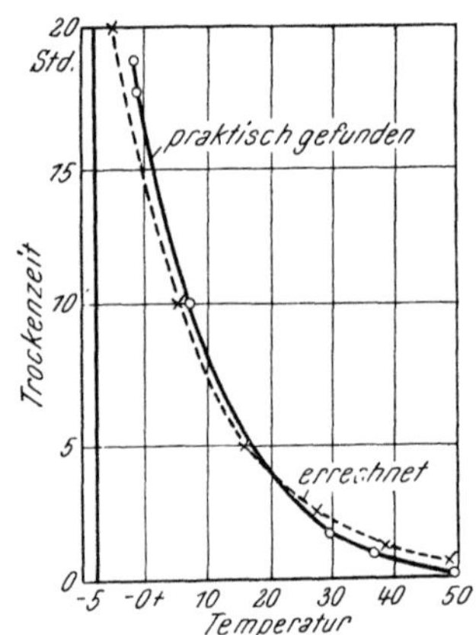

Abb. 1. Einfluß der Temperatur auf die Trockenzeit.
(A. Eibner und F. Pallauf.)

Kohlensäure, Wasser, Aldehyde und niedere Fettsäuren. Die gasförmigen und die leicht flüchtigen, bei Erwärmen auf 130° entweichenden Oxydationsprodukte betrugen bei den Versuchen von J. d'Ans (1) bis 36% des angewandten Firnisses. Eine Reihe von Faktoren beeinflußt das Trocknen des Leinöls und der Firnisse. Wärme steigert auch hier die Reaktionsgeschwindigkeit sehr. Im Sommer trocknen alle Lacke, unabhängig vom Sonnenlicht, schneller als im Winter. A. Eibner und F. Pallauf haben an Kobaltfirnissen die Verkürzung der Trockenzeit mit zunehmender Temperatur verfolgt und gefunden, daß eine Erhöhung der Temperatur um 10° C die Reaktionsgeschwindigkeit verdoppelt. Das ist bekanntlich eine vielfach beobachtete Erfahrungsregel. Veranschaulicht werden die Befunde durch die Abb. 1, in der die gefundenen wie auch die nach der genannten Regel berechneten Zahlen graphisch aufgetragen sind.

Technisch viel herangezogen wird die katalytische Wirkung des Lichts, um derentwillen man früher umständliche Arbeit nicht scheute, so z. B. schaffte man die lackierten Leder nach jedem neuen Auftrag ins Freie, um sie im Sonnenlicht besser und schneller zu trocknen. Seit man erkannt hat, daß die ultravioletten Strahlen der wirksame Faktor im Tageslicht sind, hat man die Quecksilberdampflampe im technischen Maßstab mit Erfolg zur Beschleunigung der Lackledertrocknung herangezogen. H. A. Gardner hat die Einwirkung ultravioletten Lichts auf trocknende Öle studiert und gefunden, daß ein sehr geringer Zusatz von Kobaltverbindungen das Festwerden außerordentlich beschleunigt. Aber auch schon vor dem Trockenprozeß ist Leinöl durch Licht beeinflußbar, wie A. Eibner (1) fand. Lange im Dunkeln gelagertes Leinöl trocknet viel langsamer als solches, das in diffusem Licht aufbewahrt wurde, kann aber durch mehrtägiges Belichten die normale Trocknungszeit erreichen, die das lange im Licht gelagerte Leinöl hat. Durch Licht ist Leinöl also aktivierbar.

Zahlreiche Angaben über Dichteänderungen, die sikkativierte Leinöle beim Belichten mit Sonnenlicht, mit ultravioletten Strahlen und ohne Belichtung erfahren, finden sich in einer Arbeit von G. L. Clark und H. L. Tschentke. Die Dichte nimmt beim Altern in allen Fällen zu, z. B. bei 32 stündigem Belichten um 2 bis 4%, bei 248 tägigem Liegen in Sonne und Witterung um 14 bis 25%. Filme, die im Dunkeln altern, nehmen nur wenig an Dichte zu.

Diese Zunahme läßt sich jedoch vermehren, wenn vor dem Altern mit Sonnenlicht oder mit der Quarzlampe belichtet wird.

Allgemein bekannt ist die Möglichkeit, den Trockenprozeß der Öle durch Katalysatoren zu beeinflussen. So wird von altersher aus Leinöl durch Zusetzen von Verbindungen bestimmter Schwermetalle der Firnis und auch der Lederlack bereitet. Über die Natur dieser Trockenmittel und darüber, was bis jetzt von ihrer Wirkungsweise bekannt ist, wird im folgenden Abschnitt „Trockenstoffe“ berichtet.

Wasser ist nicht ohne Einfluß auf den Trockenvorgang. Ist die Luft mit Wasserdampf gesättigt, so wird die Trocknung verzögert. Nach H. Wolff (4) ist für Firnisse der Feuchtigkeitsgehalt der Luft, bei dem die beste Trocknung stattfindet, abhängig von der Art des Sikkativs. So trockneten z. B. bei 25° C Kobaltfirnisse im allgemeinen bei 35% relativer Luftfeuchtigkeit schlechter als bei 15% oder 55%, Manganfirnisse wiesen aber gerade bei 35% Luftfeuchtigkeit ein Optimum auf. So ist es möglich, daß Leinöllacke gegen alles Erwarten auch bei Ofentrocknung bei gleicher Temperatur im Sommer wegen zu hoher Luftfeuchtigkeit langsamer trocknen können als in anderen Jahreszeiten. Der Linoxynfilm quillt in Gegenwart von Wasser ähnlich wie andere Gele.

Über die theoretische Deutung der Filmbildung trocknender Öle gibt es ein kaum übersehbares Schrifttum. Insbesondere ist man sich über die Autoxydation und Polymerisation, den Auf- und Abbau der Filme, sowie die chemischen und physikalischen Vorgänge dabei immer noch nicht klar geworden. Viele bedeutende Forscher haben besonders in den letzten Jahren daran gearbeitet, wie man sich den komplizierten Vorgang der Molekülvergrößerung erklären kann, so J. Scheiber (1), (2); A. V. Blom (1), (2), (4), (5); H. P. Kaufmann und K. Strüber (1), (2) und viele andere.

Zu Anfang dieses Jahrhunderts (1904) ist es W. Fahrion (1), (2) gelungen, die schon von C. Engler (1900) angenommene Bildung von Peroxyden beim Trocknen von Öl experimentell zu beweisen. Er nahm an, daß durch Anlagerung von molekularem Sauerstoff an Doppelbindungen der fetten Öle (I) mindestens zum Teil Verbindungen mit Peroxydstruktur entstehen (II), die sich teilweise in Oxyketosäuren (III) umlagern können [W. Fahrion (1), S. 177].

$$
\begin{array}{ccccc}
\mathrm{H\ \ H} & & \mathrm{H\ \ H} & & \mathrm{H} \\
|\ \ \ | & +\ \mathrm{O_2} & |\ \ \ | & & | \\
\mathrm{-C=C-} & \longrightarrow & \mathrm{-C-C-} & \longrightarrow & \mathrm{-C-C-} \\
& & |\ \ \ | & & \|\ \ \ | \\
& & \mathrm{O-O} & & \mathrm{O\ \ OH} \\
\mathrm{I} & & \mathrm{II} & & \mathrm{III}
\end{array}
$$

W. Fahrion (1), (3) hat auch schon die Theorie aufgestellt, daß gleichzeitig mit der Autoxydation eine Polymerisation, also eine Molekülvergrößerung, stattfindet. Die Verknüpfung zweier Moleküle dachte er sich nach dem sogenannten Zweibrücken- oder Dioxansystem:

$$
\begin{array}{ccc}
\mathrm{-CH_2-CH-CH-CH_2-} & & \mathrm{-CH_2-CH-CH-CH_2-} \\
\qquad\ |\ \ \ | & & \qquad\ \ |\ \ \ \ | \\
\qquad\ \mathrm{O-\!-O} & & \qquad\ \ \mathrm{O\ \ \ O} \\
& \longrightarrow & \qquad\ \ |\ \ \ \ | \\
\qquad\quad + & & \mathrm{-CH_2-CH-CH-CH_2-} \\
\mathrm{-CH_2-CH=CH-CH_2-} & & \qquad\quad \text{Dioxanring}
\end{array}
$$

oder nach anderer Formulierung:

912   W. Ackermann: Lackieren.

$$2 \quad \begin{array}{c} -CH_2-CH-CH-CH_2- \\ \quad\ \mid \quad\ \mid \\ O\!-\!\!-\!\!-O \end{array} \quad \longrightarrow \quad \begin{array}{c} -CH_2-CH-CH-CH_2- \\ \mid\quad\ \mid \\ O_2\quad O_2 \\ \mid\quad\ \mid \\ -CH_2-CH-CH-CH_2- \end{array} \quad \longrightarrow \quad \begin{array}{c} -C=C- \\ \mid\quad\ \mid \\ O\quad\ O \\ \mid\quad\ \mid \\ -C=C- \end{array}$$

$$\text{Perdioxanring} \qquad\qquad\qquad \text{Dioxinring}$$

Auch andere Autoren, wie A. Eibner und H. Munert sowie J. Marcusson (*1*) (s. auch W. v. Fischer, S. 34) sind der Ansicht, daß sich Sauerstoffbrücken zwischen je zwei ungesättigten Gruppen zweier Fettsäuren einlagern und damit Perdioxan- oder Dioxanringe bilden.

Ebenso nehmen H. Staudinger; A. Eibner (*2*); R. S. Morell und W. Davis; H. P. Kaufmann (*1*); W. Treibs (*1*) (*2*) und andere an, daß zunächst Sauerstoff als Peroxyd angelagert wird, und daß daraus im weiteren Verlauf der Reaktion wahrscheinlich Dioxanringe gebildet werden, welche die Molekülvergrößerung bei der autoxydativen Filmbildung herbeiführen. Als besondere Stütze für die Dioxanringtheorie soll auch gelten, daß gemäß H. P. Kaufmann (*2*) bei der Faktisherstellung Dithiodioxanringe als verknüpfende Komplexe wahrscheinlich gemacht sind.

Gegen diese rein chemische Erklärung des Öltrocknens hat P. Slansky (*1*) 1921 die Auffassung vertreten, daß kolloidchemische Vorgänge beim Trockenprozeß eine wichtige Rolle spielen. Seiner Meinung nach besteht das Trocknen eines Öls darin, daß es durch teilweise Oxydation allmählich in ein kolloides System übergeht, in dem die oxydierten Glyceride die disperse Phase, die nicht oxydierten Ölanteile das Dispersionsmittel bilden. Das eigentliche Festwerden wird durch die Umwandlung dieses Sols in ein Gel herbeigeführt. Es tritt also Gelatinierung ein. Tatsächlich zeigt das Linoxyn manche typische Kolloideigenschaft, z. B. Elastizität und Quellbarkeit.

Die Ansichten von H. Wolff (*1*), L. Auer (*1*), (*2*), A. V. Blom (*6*), daß schon das Leinöl ein kolloides System sei, und daß die Oxydation erst nach kolloidchemischen Veränderungen erfolgen solle, ist nach H. Freundlich und H. W. Albu für nicht oder nur kurz erhitztes Leinöl nicht aufrechtzuerhalten. Aber auch von diesen Forschern wird das Vorliegen einer kolloidalen Lösung in späteren Stadien des Trocknens für möglich gehalten. Auch A. Eibner (*2*) sowie J. Scheiber (*1*) (*2*) sind ähnlicher Ansicht. Der trockene Film ist danach als ein Gel aufzufassen. Heute wird allgemein angenommen, daß chemische Vorgänge der Sauerstoffaufnahme kolloidchemischen Veränderungen vorausgehen.

Die Zweibrücken- oder Dioxanringtheorie wird auch heute noch von vielen Forschern anerkannt. Aber gegen sie spricht nach J. Scheiber (*1*) die Tatsache, daß bei den oxydativen Spaltprodukten keine Malonsäure HOOC—CH_2—COOH gefunden wird, was bei den Isolensäuren (—CH=CH—CH_2—CH=CH—) zu erwarten wäre. Dies wurde schon 1922 von A. Eibner (*1*), S. 143, festgestellt und inzwischen immer bestätigt.

Der Sauerstoff kann also nicht nur an den Doppelbindungen angreifen, sondern muß auch irgendwie mit den dazwischenstehenden CH_2-Gruppen reagieren. P. Slansky (*2*) schloß 1922 aus Versuchen über die Stoffverluste beim Lufttrocknen von sikkativiertem Leinöl, daß man bei der Einwirkung von Sauerstoff zwei Reaktionen unterscheiden könne: Bei der ersten entstehen die Peroxyde an den ungesättigten Kohlenstoffatomen. Die so entstandenen oxydierten Glyceride wirken katalytisch auf die zweite Reaktion, die in einer Anlagerung von Sauerstoff an gesättigte Kohlenstoffatome besteht und zur Bildung flüchtiger Produkte führt. Nach J. Scheiber (*3*), (*4*) greift der Sauerstoff die zwischen den Doppelbindungen eingeschalteten Methylengruppen leichter an als die Doppelbindungen und oxydiert sie zu Ketogruppen:

$$-CH=CH-CH_2-CH=CH- \quad \text{------} \rightarrow \quad -CH=CH-CO-CH=CH-$$

An den ungesättigten Bindungen tritt dann erst bei stärkerer Oxydation auch eine Aufspaltung der Kohlenstoffkette ein. Es entstehen dabei flüchtige Stoffe, wie Kohlensäure, Oxalsäure, Ameisensäure, Wasser und etwas Kohlenoxyd:

$$-CH=CH-CO-CH=CH- \quad \text{------} \rightarrow$$
$$-COOH + HOOC-CO-COOH + HOOC- \quad \text{------} \rightarrow$$
$$CO_2 + HOOC-COOH \quad \text{------} \rightarrow$$
$$CO_2 + HCOOH \quad \text{------} \rightarrow$$
$$CO + H_2O.$$

Da die trocknenden Öle Sauerstoff aufnehmen und Kohlensäure und Wasser abgeben, hat man direkt von einem „Atmen" der Öle beim Trocknen gesprochen. Durch die Entstehung der Säuren mit kleinem Molekulargewicht, wie Oxalsäure und Ameisensäure, wird eine Erhöhung der Säurezahl des trocknenden Öls vorgetäuscht. Man braucht also nicht auf Grund dieser Erhöhung der Säurezahl eine Verseifung des Öls beim Trocknen anzunehmen, wie man dies früher getan hat. Es wird dabei auch kein Glycerin frei. Das Glycerin wird auch nicht aufgespalten, wie man dies früher angenommen hat, um das Entstehen der niedrigen Säuren zu erklären.

Läßt man den Sauerstoff nicht, wie es W. Fahrion (*1*) (*3*) bei seinem Zweibrückensystem tut, zweimal zwischen den gleichen Fettsäuren zu einem Ringsystem reagieren, sondern, als Radikal mit anderen Fettsäuremolekülen, so kommt man zu Vernetzungen und Kettenreaktionen, wie sie als alternierende Polymerisation neuerdings (1950) von W. Kern (*1*), (*2*), (*3*), (*5*) und W. Franke (*1*), (*2*), (*4*) angegeben wurden:

Alternierende Polymerisation.

a) nach W. Kern

$$
\begin{array}{l}
L_1-CH-CH=CH-L_2 \\
\quad\vert \qquad\qquad + L_1-CH_2-CH=CH-L_2 \\
\quad O \\
\quad\vert \\
\quad *
\end{array}
\;\text{------}\rightarrow\;
\begin{array}{l}
L_1-CH-CH=CH-L_2 \\
\quad\vert \\
\quad O \\
\quad\vert \\
L_1-CH_2-CH-CH-L_2 \\
\qquad\qquad\quad\vert \\
\qquad\qquad\quad *
\end{array}
\;+ O_2\;\text{------}\rightarrow
$$

$$
\begin{array}{l}
L_1-CH-CH=CH-L_2 \\
\quad\vert \\
\quad O \\
\quad\vert \\
L_1-CH_2-CH-CH-L_2 \;+\; L_1-CH_2-CH=CH-L_2 \\
\qquad\qquad\quad\vert \\
\qquad\qquad\quad O_2 \\
\qquad\qquad\quad\vert \\
\qquad\qquad\quad *
\end{array}
\;\text{------}\rightarrow\;
\begin{array}{l}
L_1-CH-CH=CH-L_2 \\
\quad\vert \\
\quad O \\
\quad\vert \\
L_1-CH_2-CH-CH-L_2 \\
\qquad\qquad\quad\vert \\
\qquad\qquad\quad O_2 \\
\qquad\qquad\quad\vert \\
L_1-CH_2-CH-CH-L_2 \\
\qquad\qquad\quad\vert \\
\qquad\qquad\quad *
\end{array}
$$

Anmerkung: * = Reaktionsfähige Radikalstelle,
$\qquad\qquad\;\;$ L$_1$ = Kohlenwasserstoffrest,
$\qquad\qquad\;\;$ L$_2$ = Glycerinfettsäureesterrest;

b) nach W. Franke:

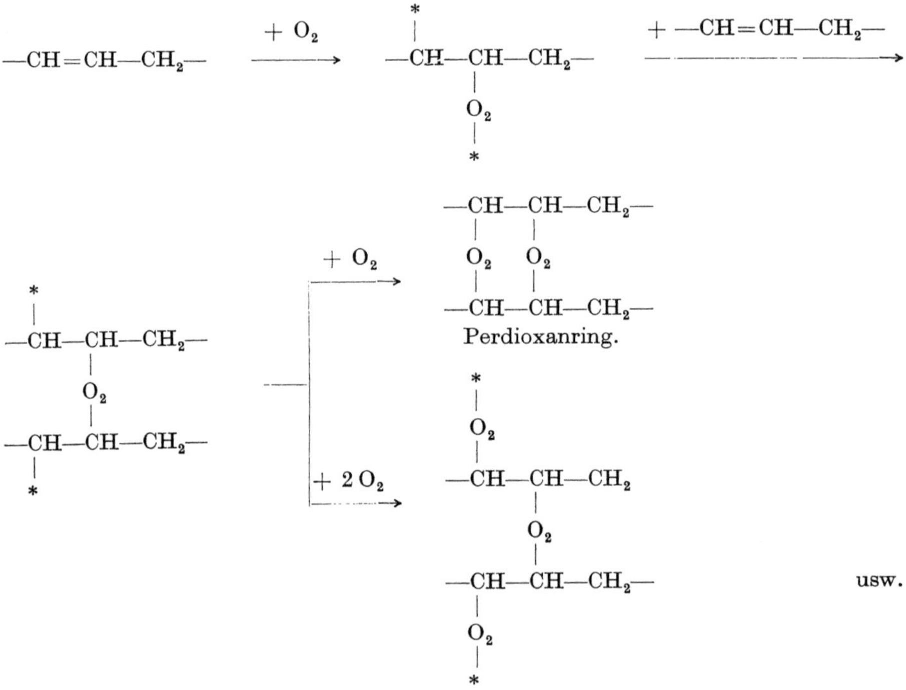

$$-CH = CH - CH_2 - \quad \xrightarrow{\ + O_2\ } \quad \overset{*}{-}CH - CH - CH_2 - \quad \xrightarrow{\ + -CH = CH - CH_2 -\ }$$

mit O_2- und $*$-Gruppen

$$\begin{array}{c} \overset{*}{-}CH - CH - CH_2 - \\ | \\ O_2 \\ | \\ -CH - CH - CH_2 - \\ \overset{|}{*} \end{array} \quad \xrightarrow[\ + 2\,O_2\ ]{\ + O_2\ } \quad \begin{array}{c} -CH - CH - CH_2 - \\ |\qquad | \\ O_2\quad O_2 \\ |\qquad | \\ -CH - CH - CH_2 - \\ \text{Perdioxanring.} \end{array}$$

$$\begin{array}{c} \overset{*}{|} \\ O_2 \\ | \\ -CH - CH - CH_2 \\ | \\ O_2 \\ | \\ -CH - CH - CH_2 - \\ | \\ O_2 \\ | \\ * \end{array} \qquad \text{usw.}$$

Polymeres Peroxyd.

Die Radikale reagieren dabei mit Doppelbindungen und mit molekularem Sauerstoff unter Bildung von neuen Radikalen. Es entstehen Kettenreaktionen, die aber schon durch einen Überschuß an Sauerstoff oder aus irgendeinem anderen Grund bald wieder zum Abbruch kommen. Durch diese Kettenreaktion entsteht eine Polymerisation, also eine Teilchenvergrößerung, wie dies als charakteristisch für den Ablauf von Kettenreaktionen auf vielen Gebieten der Polymerisation, z. B. auch der Vinylverbindungen, bekannt ist [W. Kern (4), J. D'Ans und K. Meier, K. Mebes, J. Scheiber (1), H. Frank u. a.].

Um die Verhältnisse besser übersehen zu können, wurden von vielen Forschern die Versuche nicht mit den Triglyceriden durchgeführt, sondern mit den Methyl- oder Äthylestern der verschiedenen ungesättigten Fettsäuren. J. Scheiber (4), S. 167/168, (5) hat schon 1926 gefunden, daß als Folge der Autoxydation bei den Fettsäuren mit isolierten Doppelbindungen Konjugierungen eintreten können. Dadurch werden Linolsäure und Linolensäure in ihren Eigenschaften der im Holzöl vorkommenden Eläostearinsäure ähnlicher. J. Scheiber (6) vertritt auch 1949 die Ansicht, daß eine solche Konjugierung notwendig ist, um eine Molekülvergrößerung zu ermöglichen.

1939 hat A. Rieche (1), (2), (3) [s. auch W. Franke (3)] als erster die Bedeutung der zwischen zwei Doppelbindungen stehenden CH_2-Gruppe dadurch erklärt, daß diese durch die Doppelbindungen auf beiden Seiten „aktiviert" wird und daher leichter reagieren kann. Diese Auffassung ist ab 1942 hauptsächlich von englischen Forschern weiter entwickelt worden. Diese haben gezeigt, daß das Anfangsprodukt bei der Öltrocknung bei gewöhnlicher Temperatur ein Hydroperoxyd ist, bei dem sich molekularer Sauerstoff nicht an der Doppelbindung einlagert, sondern an einer Methylengruppe (s. S. 913 dieses Kapitels). Dies geschieht bei vielen Polymerisationen hauptsächlich an einer

einer Doppelbindung benachbarten CH_2-Gruppe (s. W. v. Fischer; E. H. Farmer und A. Sundralingam; E. H. Farmer, G. F. Bloomfield, A. Sundralingam und D. A. Sutton; E. H. Farmer und D. A. Sutton; E. H. Farmer).

J. P. Kass, E. S. Miller, M. Hendrickson und G. O. Burr; J. H. Mitchel jr., H. R. Kraybill und F. P. Zscheile; E. H. Farmer, H. P. Koch und D. A. Sutton; S. Bergström; R. T. Holmann, W. O. Lundberg und G. O. Burr haben auf spektrophotometrischem Wege gezeigt, daß bei isoliert ungesättigten Olefinen schon bei gewöhnlicher Temperatur dabei eine Verschiebung der Doppelbindung zur konjugierten Doppelbindung bewirkt wird. H. P. Kaufmann (3) hat dies 1948 bestätigt. Er glaubt aber, daß stärkere Verschiebung zu konjugierten Doppelbindungen erst bei höherer Temperatur stattfindet. J. L. Bolland und H. P. Koch; S. Bergström; und einige Amerikaner haben beim Äthyllinoleat die Bildung eines Radikals durch Abspaltung eines H-Atoms von der durch die Doppelbindungen zu beiden Seiten aktivierten CH_2-Gruppe am 11. Kohlenstoff angenommen. Dieses Radikal am 11. Kohlenstoff ist aber nicht beständig und lagert eine Doppelbindung in die konjugierte Form um. Es bestehen dabei zwei Möglichkeiten, wie aus Abb. 2 zu ersehen ist.

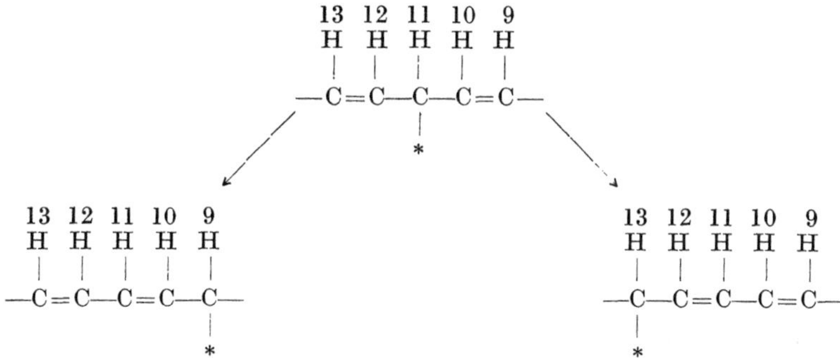

Abb. 2. Ausschnitt aus freiem Linoleatradikal mit beiden konjugierten Resonanzformen.

Aus diesen Radikalen können sich die entsprechenden Hydroperoxyde bilden. Davon ist das 11-Isomere nicht nachgewiesen. Nur die 9- und 13-Isomeren sind nachgewiesen. Da aber S. Bergström aus der UV-Absorption der Linoleatperoxyde bei 2315 Å berechnet hat, daß nur 70 bis 85% konjugiert sind, so müßte doch noch nichtkonjugiertes 11-Hydroperoxyd im Gleichgewicht vorhanden sein. Wenn dieses sich dann erst während der Reduktion, wenn das Gleichgewicht gestört wird, zu einem der konjugierten Isomeren umsetzt, so würde auch erklärlich, warum das 11-Monohydroxystearat nicht gefunden wird. D. Swern, H. D. Knight, J. T. Scanlan und W. C. Ault haben gezeigt, daß auch bei Methyloleat, in dem es nur eine Doppelbindung gibt, bei der Autoxydation diese Doppelbindung verschoben werden kann. Auch H. Hock (1), (2) sowie H. P. Kaufmann, J. Baltes und R. Berger sind der Ansicht, daß „aktivierte" CH_2-Gruppen zwischen zwei Doppelbindungen bei der Autoxydation zuerst reagieren, und daß sich durch Einlagerung von molekularem Sauerstoff Hydroperoxyde bilden. Nach E. Karsten (1) haben Fettsäuren, deren Doppelbindungen durch mehr als eine Methylengruppe getrennt und daher nicht aktiviert sind, wegen mangelnder Vernetzungsbereitschaft für die Lackindustrie kein Interesse.

Daß zwischen der Trocknung des Holzöls und des Leinöls ein Unterschied besteht, ist schon lange bekannt. Auch wurde erkannt, daß der Unterschied wohl hauptsächlich darauf zurückzuführen ist, daß im Holzöl zum größten Teil die Eläostearinsäure mit drei konjugierten Doppelbindungen enthalten ist. Es lag nun nahe, diese konjugierten Doppelbindungen für das schnellere und andersartige Trocknen des Holzöls verantwortlich zu machen. Es ist das Verdienst von Otto Diels und Kurt Alder, die Art der Molekülvergrößerung, auf die das andersartige Trocknen zurückzuführen ist, bei den konjugierten Doppelbindungen geklärt zu haben. 1950 haben sie für diese Arbeiten den Nobelpreis erhalten [J. Scheiber (7)]. Die Reaktion nennt man nach ihnen die „Diels-Alder-Synthese". Zu einer solchen Synthese braucht man außer dem System zweier konjugierter Doppelbindungen, der sogenannten Dienkomponente, noch eine dienophile Gruppe. Diese tritt jeweils nur mit einer Doppelbindung in Reaktion. Eine Zusammenlagerung einer Dienkomponente mit einer dienophilen Komponente erfolgt immer nur dann, wenn zwischen den beiden Partnern durch einen Valenzausgleich ein spannungsfreier Ringkomplex entstehen kann. Das Schulbeispiel für eine solche Diels-Alder-Synthese ist die Adduktbildung zwischen Butadien und Maleinsäureanhydrid zu Cyclohexendicarbonsäureanhydrid:

$$
\begin{array}{ccc}
\text{Butadien} & \text{Maleinsäureanhydrid} & \text{Cyclohexendicarbonsäure-} \\
& & \text{anhydrid.}
\end{array}
$$

Die gleiche Reaktion kann bei fetten Ölen eintreten, wenn man mindestens eine Diensäure mit konjugierten Doppelbindungen als Dienkomponente und eine zweite Fettsäure mit mindestens einer Doppelbindung als dienophile Komponente hat. Eine solche Reaktion wurde schon 1933 von K. Alder beschrieben:

$$
\text{I} \qquad\qquad \text{II} \qquad\qquad \text{III}
$$

I kann dabei ein Teil der Eläostearinsäure oder auch aus der Linol- oder Linolensäure durch Konjugierung entstanden sein, II kann schon eine Doppelbindung der Ölsäure sein oder eine der noch nicht konjugierten Linolsäure oder Linolensäure.

Eine solche Diels-Alder-Synthese erfolgt hauptsächlich bei höherer Temperatur (s. z. B. J. J. Mattiello). Sie ist deshalb besonders für die Standölkochung wichtig.

Der Hauptunterschied der Diels-Alder-Synthese gegen alle früher beschriebenen Molekülvergrößerungen ist der, daß dabei kein Sauerstoff verbraucht wird. Man unterscheidet daher neuerdings nach H. P. Kaufmann und K. Strüber (1), (2) und J. Scheiber (1), (6) bei der Öltrocknung zwei prinzipiell verschiedene Trocknungsarten:

a) die O-Trocknung oder Sauerstofftrocknung und

b) die D-Trocknung oder Dientrocknung.

Bei der O- oder Sauerstofftrocknung wird, wie schon der Name andeutet, Sauerstoff verbraucht. Man spricht dabei auch von O-Verfilmung, O-Katalysatoren, O-Filmen usw. Die O-Trocknung kommt also für alle isoliert ungesättigten Öle in Betracht. Sie ist charakteristisch für den Leinöltyp der Öle. Im Gegensatz dazu spricht man bei der D-Trocknung auch von der D-Verfilmung, von D-Katalysatoren und D-Filmen, wenn zur Molekülvergrößerung, wie es bei der Diels-Alder-Reaktion der Fall ist, kein Sauerstoff verbraucht wird. Es war sehr schwierig, diesen Unterschied zwischen der O- und der D-Trocknung festzustellen, weil ja auch Holzöl nicht ein reines Konjuenöl ist, sondern auch noch isolierte Doppelbindungen enthält. Daher ist unter praktischen Bedingungen auch bei der Trocknung von reinem Holzöl eine gleichzeitige O- und D-Trocknung anzunehmen. Die D-Trocknung kann nur bei Konjuenölen erfolgen. Sie ist charakteristisch für den Holzöltyp. Eine solche Dienreaktion hat schon 1944 J. Scheiber (8) als „maßgebliche Ursache der Makromolekülbildung" bezeichnet. Dem Sauerstoff muß man aber dabei noch einen katalytischen Einfluß einräumen.

Alle diese Reaktionen beim Trocknen von fetten Ölen, sowohl die Sauerstoffaufnahme als auch besonders die Konjugierung mit nachfolgender Dienreaktion, verlaufen bei gewöhnlicher Temperatur nur sehr langsam und in für die Praxis unmöglich langen Zeiträumen. Die Natur liefert kein trocknendes Öl, das den Anforderungen der Technik voll entspricht. Holzöl trocknet zu fest auf, bildet leicht Runzeln und erleidet eine Einbuße an Elastizität und Haftfestigkeit. Die anderen Öle trocknen zu langsam. Der Film braucht zu lange, bis er fest wird. Deshalb hat man schon früh Verfahren ausgearbeitet, das Leinöl so zu verändern, daß es schneller trocknet. Das ist auf verschiedene Arten möglich, einmal durch Zusatz von Sikkativen, dann durch Veränderungen des Öls ohne Sikkative.

d) Standöl.

Die Herstellung von Lederlacken ist fast der gleiche Vorgang wie die Überführung des Leinöls oder anderer ungesättigter Öle in Standöl. Nur werden bei der Kochung des Lederlackes noch anorganische Stoffe zugesetzt, während für Standöl das Leinöl meist ohne jeden Zusatz gekocht wird. Da über das Kochen von Lederlacken selbst fast keine Veröffentlichungen vorliegen, muß man sich zum Verständnis der Vorgänge dabei an die Untersuchungen halten, die bisher über das Kochen von Leinöl zu Standöl ausgeführt wurden. Dabei wird Leinöl während einiger Stunden langsam auf etwa 300° C erhitzt. Meist arbeitet man unter Luftabschluß, aber auch oft an der Luft. Man rührt dann so vorsichtig um, daß nicht zu viel Luft in das Öl eingerührt wird. Beim Kochen des Leinöls verlaufen alle Reaktionen, wie sie bis jetzt beim Trocknen des Öls besprochen wurden, bedeutend schneller. Dabei ändern sich die meisten Kennzahlen des Leinöls beträchtlich: Die Jodzahl sinkt stark, Brechungsindex, Säurezahl, spezifisches Gewicht und Viskosität steigen [W. Krumbhaar (1); B. P. Caldwell und J. J. Mattiello]. Aus den Änderungen der Kennzahlen kann man schließen, daß beim Erhitzen des Öls erhebliche chemische Veränderungen eintreten. Allgemein nennt man diesen Vorgang Polymerisation und spricht von „polymerisierten Ölen", wobei man nicht immer auseinanderhält, daß von Polymerisation nur dann gesprochen werden darf, wenn Moleküle durch Hauptvalenzen, also verhältnismäßig fest, verknüpft werden. Dies findet offenbar, worauf besonders das Sinken der Jodzahl hinweist, in erheblichem Maße statt.

Aus der Tatsache, daß gekochte Öle durch Behandeln mit organischen Lösungsmitteln in Bestandteile mit verschiedenen Eigenschaften aufgeteilt werden können, muß man schließen, daß man im Standöl kein einheitliches Produkt mehr vorliegen hat. Es treten beim Kochen die schon oben erwähnten chemischen Änderungen ein. Besonders wird wohl bei höherer Temperatur eine Konjugierung der Isolensäuren erfolgen, die dann die Molekülvergrößerung durch eine Diels-Alder-Reaktion ermöglicht. Geringe Mengen Sauerstoff, die dazu eventuell nötig sind, können von der Oberfläche des Öls her beim Kochen aufgenommen werden oder schon vorher im Öl enthalten gewesen sein. Daß zur Bildung der Addukte Zeit benötigt wird, ist dadurch zu verstehen, daß eine solche Reaktion zwischen zwei Molekülen, wie dies unter anderen G. Mosebach und E. Shauenstein (1), (2), (3) und J. Scheiber (1) annehmen, ja nur dann eintreten kann, wenn sich die entsprechenden Gruppen nach erfolgter Konjugierung so zueinander geordnet haben und sich so weit einander genähert haben, daß sie zusammen reagieren können.

Eine Konjugierung von Doppelbindungen bei der Standölkochung wird heute allgemein angenommen, so von J. Scheiber (4), (5), (6), (9), (10). J. Scheiber (11); C. P. A. Kappelmeier und auch R. F. Paschke und D. H. Wheeler sowie E. Karsten (2) deuten die Wärmepolymerisation von Ölen als Dienreaktionen konjugierter Systeme. Der Beweis für diese Annahme wurde von M. Pestemer (1), (2), (3) durch spektrophotometrische Messungen erbracht. J. Petit brachte 1949 einen weiteren Beweis dafür, daß eine Konjugierung von Doppelbindungen bei der Standölkochung eintreten muß, dadurch daß er die Gegenwart aromatischer Ringe nachwies, wie sie durch die Diels-Alder-Reaktion nach einer Konjugierung möglich ist. Von Climent wurden dabei nach Fraktionierung Bestandteile mit einem Molekulargewicht bis zu 6100 gefunden. Das entspricht einer Polymerisation von bis zu 7 Molekülen (s. auch K. Strüber). H. P. Kaufmann (4), (5), (6), (7) hat eine Trennung der Glyceridkomponenten des Leinöl-Standöls in Anteile verschiedener Viskosität und Molekulargröße mit Hilfe der Säulenchromatographie durchgeführt. Man ist heute in der Lage, mit der eleganten Methode der Papierchromatographie nahezu alle bei der Wärmepolymerisation auftretenden Veränderungen des Leinöls festzustellen. Der Vorteil dieser Methode besteht darin, daß man mit ganz geringem Aufwand an Zeit und Material Versuche bei völlig gleichen Bedingungen durchführen kann. Diese Methode dürfte noch einmal eine große Rolle spielen bei technischen Untersuchungen zum Zwecke der Betriebsüberwachung, wie sie früher gar nicht möglich waren, aber sehr wichtig sind (H. P. Kaufmann, J. Budwig und C. W. Schmidt).

Wie sich verschiedene Kennzahlen und Eigenschaften eines Leinöls beim Kochen zu Standöl ändern, soll an einem Beispiel von H. P. Kaufmann, J. Budwig und C. W. Schmidt gezeigt werden. Auch F. Fritz hat solche Zahlen zusammengestellt. Bei einer Kochung von 900 kg Leinöl unter Luftabschluß durch Kohlensäure wurden stündlich Proben entnommen und untersucht. Die gefundenen Werte sind in der folgenden Tabelle zusammengestellt:

Tabelle 1. Verlauf einer Standölkochung
(H. P. Kaufmann, J. Budwig und C. W. Schmidt).

Zeit in Stunden	Temperatur ^{0} C	S. Z.	J. Z. nach Kaufmann	Viskosität in Poise
0	20	2,12	173	0,85
1	60	0,76		0,85
2	105	0,70		0,85
3	142	0,50		0,85
4	175	0,47		0,85
5	225	0,60	165	0,90
6	260	1,12		0,90
7	295	2,53	159	1,10
8	310	6,40	127	3,50
9	320	14,70	106	22,00
10	315	23,60	93	73,50

Die Temperatur ist in 9 Stunden nach und nach bis 320° C gesteigert worden. Bis zu einer Temperatur von 260° ändern sich die SZ., JZ. und Viskosität fast nicht. Erst bei etwa 300° nimmt die SZ. zu, die JZ. nimmt ab und die Viskosität steigt plötzlich sehr stark an. Das ist wohl so zu erklären, daß erst in der Nähe von 300° Molekülvergrößerungen zustande kommen. Diese höher molekularen Teile sind als Kolloide in dem noch unveränderten Öl verteilt und sind so groß, daß sie sich nicht mehr so leicht aneinander vorbei bewegen können. Wenn man bei dem Erhitzen des Standöls auf 300° und darüber kommt, muß man sehr vorsichtig sein, weil das Öl in ganz kurzer Zeit sehr dick werden kann. Bei Holzöl kann es dabei sehr leicht möglich sein, daß man zu einer vollkommenen Gelbildung gelangt, so daß das ganze Öl erstarrt und dann nicht mehr zu gebrauchen ist. Es ist dann nicht mehr möglich, das erstarrte Öl in einem Überschuß von Öl oder Lösungsmittel zu lösen. Aber auch dann, wenn es noch nicht zu einer Gelbildung gekommen ist, wenn man aber so stark erhitzt hat, daß die Polymerisation schon teilweise zu weit gegangen ist und die Viskosität zu stark gestiegen ist, hat man kein einwandfreies Standöl mehr, und es ist auch nicht möglich, dieses wieder durch Zusatz von dünnem Öl oder Lösungsmittel in normalen Zustand zu bringen. Die zu hoch polymerisierten Anteile können durch das dünnere Öl nicht wieder entpolymerisiert werden. Man hat dann nur eine ungleiche Mischung von hochpolymerisierten und nicht oder nur wenig polymerisierten Anteilen, die nie mehr einen hochwertigen Lackaufstrich ergeben können.

2. Vorbehandelte Öle.

Man kann Leinöl auch auf andere Art so vorbereiten, daß es schneller trocknet und bessere Filme ergibt. Doch haben diese Verfahren für die Lacklederindustrie keine oder noch keine große Bedeutung. Man kann z. B. Leinöl durch Einleiten von Luft in der Wärme, meist bei 100 bis 130°, „blasen" und dadurch verdicken, wobei nach J. Scheiber (10), (12), (13) und R. Zschunke weitgehende Konjugierung festgestellt wurde. Man kann es auch mit Chlorschwefel (S_2Cl_2) behandeln und mit dem erhaltenen Produkt „naß in naß" arbeiten (H. Frenkel). Man hat auch versucht, Standölextrakte herzustellen, indem man die niedrigmolekularen Anteile des Öls abgetrennt hat. Man hat nach J. Scheiber (3) und M. Böttcher aus Ricinusöl durch Abspaltung eines Moleküls Wasser das Ricinenöl geschaffen mit zwei konjugierten Doppelbindungen, das dem Holzöl schon näher kommt und bereits in größeren Mengen verbraucht wird (s. S. 906 dieses Kapitels). Dann wird auch Leinöl schon in größerem Maßstab auf katalytischem Wege isomerisiert. Dabei findet eine Verschiebung der Doppelbindungen zu konjugierten Doppelbindungen statt, was schon J. Scheiber (3) 1933 vorgeschlagen hat. Ein solches Produkt wird unter dem Namen Ilinol von der Firma F. Thörl's vereinigte Harburger Ölfabriken A. G., Hamburg-Harburg, hergestellt [s. Ungenannt (6)]. Nach J. D. von Mikusch (1), (2), (3) ist es in lacktechnischer Hinsicht sehr günstig. Es liegt mit seinem Anteil an konjugierten Doppelbindungen und damit in der Aktivität zwischen Leinöl und Holzöl und kommt Holzöl näher als das Ricinenöl; es hat — laut Angabe der Hersteller — eine Gesamtkonjugation von 45 bis 50% (30 bis 35% Diene, 12 bis 15% Triene und 3 bis 4% Tetraene). In gewisser Beziehung vereinigt es die Vorzüge des Leinöls mit denen des Holzöls, indem es schneller trocknende wasserfeste und zugleich elastisch bleibende Filme liefert [J. D. von Mikusch und K. Mebes (1), (2)]. Es ist möglich, daß sich das Ilinol auf Grund dieser Eigenschaften auch für Lederlacke als geeignet erweist. Auch H. A. Boekenoogen, J. J. Blekkingh und N. H. M. Blonk sind der Ansicht, daß solche katalytisch konjugierte Leinöle elastischere Filme geben als Holzöl. Aus allen so verbesserten Ölen kann noch Standöl gekocht werden. Es genügt dann dazu eine bedeutend kürzere Kochzeit.

3. Synthetische trocknende Öle.

K. Wekua und J. Bergmann ist es gelungen, trocknende Öle synthetisch herzustellen. Sie können dazu beliebige organische Verbindungen mit längerer Kohlenstoffkette benutzen, z. B. auch Anteile aus Erdöl. Diese werden mit Chlor oder Brom behandelt. Durch Abspalten von HCl bzw. HBr werden dann sauerstoffaktive, überraschend schnell trocknende Öle mit konjugierten Doppelbindungen erhalten.

Auch wenn man in trocknenden Ölen das Glycerin abspaltet und durch höherwertige Alkohole ersetzt, soll man besser trocknende Öle erhalten. Man verwendet z. B. Pentaerythrit, Sorbit usw. Bei den Urethanölen wird von den Triglyceriden eine Fettsäure abgespalten. Zwei solcher Diglyceride werden mit Diisocyanaten vereinigt. Man hat dann im Molekül vier aktive Fettsäurereste. Man kann trocknende Öle auch mit Styrol zusammen erhitzen und bekommt dann Copolymerisate. Auch mit verschiedenen anderen reaktionsfähigen Stoffen kann man trocknende Öle zusammenpolymerisieren. Mit diesen Produkten ist unter Qualitätsverbesserung eine Verkürzung der Arbeitszeit möglich. Mit Phthalsäure und Maleinsäure können trocknende Öle ebenfalls kombiniert werden. Doch scheinen solche Produkte in der Lacklederindustrie noch nicht verwandt zu werden. Vielleicht erlangen auch die Silikonöle noch einmal eine Bedeutung als Zusatz für die Lederlacke.

4. Trockenmittel.

a) Allgemeines.

Die trocknenden Öle benötigen, auch wenn sie schon zu Standölen gekocht oder anders vorbehandelt sind, immer noch zur vollkommenen Ausbildung eines Filmes verschieden lange Trockenzeiten, die für die Praxis im allgemeinen viel zu lang sind. Es ist nun schon lange bekannt, daß man die Trockenzeit der Öle vor oder nach einer der obengenannten Behandlungen oder auch eine solche

Vorbehandlung durch Zusatz geeigneter Trockenstoffe so beschleunigen kann, daß man auf praktisch brauchbare Trockenzeiten kommt. So wird aus Leinöl seit alters her durch Zusatz von Verbindungen bestimmter Schwermetalle der Firnis bereitet. Auch bei der Herstellung der Lederlacke werden solche Trockenstoffe zu Leinöl zugesetzt, ehe man es kocht.

Der Zweck der Trockenstoffe oder Sikkative ist es in erster Linie, die Trockengeschwindigkeit des Öls zu erhöhen, so daß man schon nach Stunden einen gut gefestigten Film erhält. Durch Auswahl und Kombination verschiedener Trockenstoffe kann man das Aussehen und die mechanischen Eigenschaften des fertigen Lacküberzugs in gewissen Grenzen für den Zweck abstimmen, für den das fertige Lackleder vorgesehen ist.

Die Chemikalien, die man früher ausschließlich dem Leinöl zusetzte, wie Bleiglätte, Eisenoxyd, Bleiweiß, Kobaltoxalat usw., sind keine Trockenstoffe oder Sikkative im eigentlichen Sinne. Man wandelt sie vielmehr erst dazu um, indem man in der Hitze eine Umsetzung mit dem Öl erzwingt. Dabei werden durch teilweise Verseifung des Öls Fettsäuren frei, die sich mit dem zugesetzten Oxyd oder Salz umsetzen, so daß fettsaure Salze entstehen. Diese sind in Öl löslich, während die unveränderten Ausgangsstoffe unlöslich bleiben. Aus dieser Erkenntnis heraus ist man schon länger dazu übergegangen, fettsaure, harzsaure und andere öllösliche Salze auf besonderem Wege herzustellen und diese als Trockenstoffe dem Lacksud beizufügen. Erst diese Metallseifen sind die eigentlichen Trocknungsbeschleuniger. Man bezeichnet daher nach F. Seeligmann und E. Zieke, S. 508, die Stoffe, die erst in die wirksame Form übergeführt werden müssen, als Trockenstoffgrundlagen und unterscheidet davon die eigentlichen Trockenstoffe und Sikkative. Ein Hinweis, daß die anorganischen Metallsalze nicht von vornherein die wirksamen Katalysatoren darstellen, ist die von E. Schad und C. Rieß festgestellte Tatsache, daß Leinölfirnisse, die mit Kobaltoxalat oder mit Eisenoxyd gekocht wurden, gegenüber Leinöl ohne Sikkativzusatz Verzögerungen im Anstieg der Viskosität zeigen, während leinölsaures Eisen oder Kobalt eine Beschleunigung des Viskositätsanstiegs hervorrufen.

Eine neuzeitliche Einteilung aller Trockenmittel wird von E. Roßmann gegeben:

1. Trockenstoffgrundlagen. Es sind dies in Ölen und Benzin unlösliche Metallverbindungen. Sie bestehen im wesentlichen aus Oxyden, Hydroxyden, Acetaten, Carbonaten und Boraten verschiedener Metalle und dienen zur Herstellung geschmolzener löslicher Trockenstoffe oder nach Überführung in lösliche Salze zur Herstellung gefällter Metallseifen.

2. Trockenstoffe. Dies sind organische, in flüchtigen Lösungsmitteln und in Ölen lösliche Metallverbindungen. Je nachdem, ob die Trockenstoffe im Schmelzverfahren (z. B. aus Fettsäuren und Metalloxyden) oder durch Fällen aus Alkaliseifenlösungen gewonnen sind, werden sie als geschmolzene oder als gefällte Trockenstoffe bezeichnet.

Als Metallträger dienen Carbonsäuren natürlichen oder synthetischen Ursprungs, vornehmlich höhere Fettsäuren, Harzsäuren oder Naphthensäuren.

Sikkative sind Lösungen von Trockenstoffen in geeigneten flüchtigen organischen Lösungsmitteln.

Ölsikkative sind Lösungen von Trockenstoffen in trocknenden Ölen, gegebenenfalls mit geringem Fettsäurezusatz.

Die große Erhitzungsdauer und die ziemlich hohen Temperaturen, die nötig sind, um die Trockenstoffgrundlagen mit der Ölkomponente in Reaktion zu bringen, bewirken eine Dunkelfärbung des Lackes, die in der Lederindustrie bei schwarzen

Lacken oft erwünscht, bei farbigen aber nicht günstig ist. Die Schwierigkeit zu kontrollieren, wie viel von dem zugesetzten Ausgangsmaterial in aktiven Katalysator übergegangen ist, und der Verlust an nicht umgesetzter Substanz lassen es vorteilhaft erscheinen, mit fertigen Trockenstoffen zu arbeiten. Diese können bei wesentlich niedrigeren Temperaturen dem Lack so einverleibt werden, daß sie die nötige feine Verteilung haben. Dabei bleibt der Firnis hell und klar, wie er für hellfarbige Lacke gebraucht wird. Ist der Gehalt der Sikkative an wirksamem Material bekannt, so kann man genau dosieren, da man nur in Ausnahmefällen mit einem Unlöslichwerden des Sikkativs zu rechnen hat.

Die öllöslichen Trockenstoffe sind zum größten Teil entweder leinölsaure oder harzsaure Salze (Linoleate, Resinate), je nachdem, ob das Metall an Leinölsäuren oder Harzsäuren gebunden ist. Hierzu kamen vor etwa 25 Jahren naphthensaure Salze, die von der Chemischen Fabrik Griesheim unter dem Namen „Soligene" in den Handel gebracht werden (s. dieses Kapitel, S. 935 uud 936).

Salze der Säuren aus anderen Ölen, wie Holzöl (Tungate) oder Perillaöl und vielen anderen Säurekomponenten, wie sie z. B. in einer Patentübersicht von C. Hefter und H. Schönfeld (2) zusammengestellt sind, spielen praktisch kaum eine Rolle. Linoleate und Resinate werden vom Verbraucher auch selbst hergestellt. Einheitliche Salze mit wohldefinierten Eigenschaften zu gewinnen, wird dabei nicht erstrebt. Da man die Linoleate stets durch teilweises oder vollständiges Verseifen von Leinöl und Umsetzen der Leinölfettsäuren mit Salzen oder basischen Oxyden erhält, wird man im wesentlichen stets ein Gemisch von ölsaurem, linol- und linolensaurem Metall vor sich haben. Bei den Resinaten handelt es sich hauptsächlich um Salze der Abietinsäure $C_{19}H_{29}COOH$, die den größten Anteil des Colophoniums ausmacht, bei den Naphthenaten handelt es sich um Salze der in den meisten Erdölen in einer Menge von etwa 0,1 bis 2,5% vorkommenden Naphthensäure [Ungenannt (2), S. 28].

Nach der Herstellungsart der Trockenstoffe unterscheidet man geschmolzene und gefällte Produkte. Die ersten werden durch Eintragen eines entsprechenden Metalloxyds in geschmolzenes Harz oder erhitztes Leinöl bzw. Leinölfettsäuren hergestellt, wobei bestimmte Bedingungen eingehalten werden müssen, um satzfreie Produkte zu erhalten. Gefällte Trockenstoffe gewinnt man, wenn man die durch Verseifen mit Alkali erhaltenen Natriumsalze der Fett- oder Harzsäuren in Lösung mit ebenfalls gelösten Metallsalzen versetzt. Dabei scheiden sich die gewünschten Produkte, als in Wasser schwer lösliche Körper, meist pulverförmig ab. Die gefällten Trockenstoffe sind den geschmolzenen an Feinheit und Reinheit oft überlegen, sind aber weniger einfach herzustellen. Da die Wirksamkeit des Trockenstoffes und des Sikkativs von seinem löslichen Metallgehalt abhängt, ist die Kenntnis dieses Metallgehaltes Voraussetzung für seine richtige Anwendung. Bei Lieferung von Trockenstoffen und Sikkativen ist deshalb der wirksame Metallgehalt anzugeben und mit einer zulässigen Abweichung von $\pm 5\%$ des Wertes einzuhalten (Bestimmung des Metallgehaltes, s. dieses Kapitel, S. 976 ff.).

Die Fähigkeit, den Trockenvorgang katalytisch zu beeinflussen, kommt einer ganzen Anzahl von Metallen zu. Quantitativ zeigen sich jedoch große Unterschiede. Man kann die Metalle nach abnehmender Trockenwirkung in folgender Reihe ordnen:

Co, Mn, Ce, Pb, Fe, Cu, Ni, V, Cr, Ca, Al, Cd, Zn, Sn.

„Als sehr gut wirkend zeigen sich: Kobalt und Mangan; als gut: Blei, Eisen, Kupfer und Nickel; mittelmäßig ist die Wirkung des Chroms, während Calcium, Aluminium, Cadmium, Zink und Zinn als Trockner ohne Bedeutung sind" (A. Eibner und F. Pallauf).

Es fällt auf, daß diese Metalle im periodischen System der Elemente bis auf Blei und Cer sehr eng zusammenstehen. Praktisch in Frage kommen aber nur die ersten fünf Metalle dieser Reihe, da Chrom und Nickel, und erst recht die anderen Elemente, ohne Bedeutung sind. Daß gelegentlich Verbindungen des einen oder anderen Metalls doch Verwendung finden, hängt meist mit anderen Wirkungen dieser Stoffe zusammen. So sollen z. B. die Zinksalze in Colophoniumlacken härtend wirken (F. Seeligmann und E. Zieke, S. 511). Anderseits enthalten die Rezepte in der Praxis oft Substanzen, deren Wirkung ganz unsicher ist. Über die katalytischen Fähigkeiten der Vanadiumverbindungen gehen die Anschauungen auseinander. Während sie nach R. Swethen besser als die von Blei- und Manganverbindungen sein und bald die Kobaltverbindungen erreichen sollen, fand F. Hebler (1) an Vanadiumfirnissen zwar ein rascheres Anziehen, aber ein längeres Durchtrocknen, das sogar länger als das Trocknen von reinem Leinöl dauerte. Auch A. Eibner und F. Pallauf widersprechen einer günstigen Beurteilung der Vanadiumverbindungen. Die Trockenwirkung eines Trockenstoffes oder Sikkativs ist in erster Linie von dem Gehalt an wirksamem Metall und von dessen Verteilungszustand abhängig. Bei gleichem Gehalt unterscheiden sich daher Resinate, Linoleate und Naphthenate in ihrer Wirksamkeit praktisch nicht (Hilden und Ratcliffe; A. Eibner und F. Pallauf). Allerdings fanden H. Wolff (4) und Mitarbeiter Unterschiede zwischen Resinaten, Linoleaten und Soligenen desselben Metalls, wenn Firnis unter verschiedener relativer Luftfeuchtigkeit trocknete. Wegen der Billigkeit, besseren Löslichkeit und der Eigenschaft, weniger zu nachträglichen Ausscheidungen zu neigen, wie es nach A. Sinowjew in den Linoleatfirnissen bei Metallseifen fester Fettsäuren gelegentlich vorkommt, geben die Fachleute vielfach den Resinaten den Vorzug. Doch erreicht man mit Linoleaten bei Lacken, die sehr geschmeidig sein müssen, besonders wenn man sie aus Leinölfettsäuren herstellt, die vorher durch Ausfrieren von den festen Fettsäuren befreit worden sind, oft mehr als bei Verwendung der harzhaltigen Trockner.

Die optimalen Gehalte an wirksamem Metall, die sich zur Erzielung der kürzesten Trockendauer als notwendig erweisen, sind bei den einzelnen Metallen etwas verschieden. Für Eisen sind etwa 0,9% Fe nötig [F. G. A. Enna (2), S. 322]. Für Kobalt ist die günstigste Konzentration zirka 0,1%, für Mangan 0,15 bis 0,25%, für Blei 0,6% Metallgehalt. Besonderes Interesse verdienen die Mengen und Mengenverhältnisse, die bei der häufigen Kombination von Blei- und Mangansalzen zu den besten Trockenzeiten führen. Hier sei eine Versuchsreihe von A. Eibner und F. Pallauf angeführt (Tab. 2), bei der Blei und Mangan

Tabelle 2. Abhängigkeit der Trockendauer bei Gehalt
an Pb–Mn
(A. Eibner und F. Pallauf).

	% Pb	% Mn	Trockenzeit
Firnis mit	1,9	+ 0,5	15 bis 16 Stunden[1]
	0,95	+ 0,25	2 St. 40 Min.[1]
	0,47⁵	+ 0,125	2 St. 10 Min.
	0,24	+ 0,062	2 St, 30 Min.
	0,12	+ 0,031	3 St. 5 Min.
	0,06	+ 0,015	4 St. 40 Min.

[1] Braune Färbung.

im konstanten Verhältnis 3,8 : 1 (Verhältnis der Atomgewichte) als Resinate mit abnehmender Konzentration auf Leinöl angewandt wurden.

Diese Versuche bestätigen die alten Angaben von M. Weger (*1*) (*2*), daß das Optimum bei 0,5% Blei und 0,1% Mangan liegt. Man hält jedoch die Konzentrationen besser etwas unterhalb dieser Grenze, da Ausfällungen von Blei zu befürchten sind.

Überschreitet man das Optimum, so steigt oft die Trockendauer wieder (s. Tabelle 2). P. E. Marling (*1*) stellt dies auch bei Filmen fest, die mehr als 0,54% Mangan enthalten (s. auch F. Wilborn und E. Baum). Ein Zuviel an Trockenstoffen bringt dem Film oft wegen zu stark gesteigerter Oxydation ungünstige Eigenschaften ein; Nachkleben, Erweichen, verkürzte Lebensdauer des Lackfilms können die Folgen sein.

Der Trockenprozeß verläuft, wenn er von verschiedenen Metallen beschleunigt wird, nicht in jedem Fall gleichmäßig. So trocknet Kobalt den Film mehr von der Oberfläche her, während Mangan, und besonders Blei, das Trocknen von innen heraus fördern. Kobaltfirnisse zeichnen sich durch eine besondere Weichheit und Biegsamkeit aus und sind daher besonders für die Lederindustrie wichtig.

Ein Einfluß der Trockenstoffgrundlagen auf die endgültige Beschaffenheit des Films macht sich in mancher Hinsicht bemerkbar. Augenfällig sind die Verfärbungen, die manche Trockner hervorrufen. Im folgenden sei auf Untersuchungen von E. Schad und C. Rieß und von F. Enna (*2*) eingegangen, in denen der Einfluß verschiedener Trockenstoffe auf die Eigenschaft der Lackfilme studiert worden ist. Sie wurden besonders im Hinblick auf Lederlacke ausgeführt. Mit Eisenoxyd gekochte Firnisse sind rostbraun und oft leicht getrübt, dagegen bleiben Eisenlinoleatfilme hell und klar. Anderseits haben sowohl aus Kobaltoxalat als auch aus Kobaltlinoleat bereitete Lacke besondere Helligkeit und Klarheit. Mit Eisenchlorid gekochter Lack nimmt eine fast schwarze Farbe an, dagegen geben Borate und Acetate und auch Ferrioxalat helle Lacke. Daraus ist zu schließen, daß der Säurerest (das Anion) der Trockenstoffgrundlage verantwortlich für die Farbe des Lacks ist, und daß gering dissoziierte Säuren wenig Einfluß haben. Will man also helle Lacke erzielen, muß man Salze starker Säuren vermeiden. Auch kleine Mengen freier starker Säuren verdunkeln den Farbton. Die Wertigkeit des Eisens in den Verbindungen, die beim Leinölkochen verwendet werden, soll keine Rolle spielen, da schon bei 60° alles Eisen zu zweiwertigem reduziert werde [F. Enna (*2*)].

Die Beeinflussung der Viskosität durch Trockenstoffe beim Kochen des Lacks ist ganz erheblich. Eisensalze sind besonders wirksam; hydratisiertes Eisenoxyd z. B. verkürzt die Kochdauer auf die Hälfte [F. Enna (*2*)]. Werden fertige Trockenstoffe zugesetzt, so tritt sofort eine Beschleunigung der Viskositätszunahme gegenüber reinem Leinöl ein. Ölunlösliche Salze und Oxyde (z. B. Kobaltoxalat und Eisenoxyd) zeigen zunächst eine Verzögerung (E. Schad und C. Rieß).

Die Trockendauer der Firnisse ist viel mehr von der Art und Menge des angewandten Sikkativs als von der Kochdauer abhängig. Mit Eisenoxyd gekochte Lacke trocknen schneller als mit Kobaltoxalat hergestellte, viel schneller aber solche, die mit Gemischen von Kobalt- und Eisenlinoleaten versetzt sind (E. Schad und C. Rieß).

Besondere Ansprüche an die mechanischen Eigenschaften der Lackfilme müssen vom Lacklederfabrikanten gestellt werden, wenn sich ein Material als Schuhoberleder eignen soll. Es interessiert deshalb besonders, auch die Elastizität, Reißfestigkeit und Härte bei verschiedenem Katalysatorgehalt zu kennen. Auch hierüber sind von E. Schad und C. Rieß Versuchsreihen durchgeführt worden. Die Lacke waren mit Eisenoxyd und Kobaltoxalat, zum Teil auch mit Linoleaten von Eisen und Kobalt, gekocht worden.

Die Dehnbarkeit und Elastizität wurde an Filmen gemessen, die auf Gummistreifen gestrichen waren, so daß die Unterlage elastischer als der Lack war. Gemessen wurde die Dehnung beim Platzen des Films. Filme aus Lacken von nicht allzu hoher Viskosität und Kochdauer (20 bis 25 Stunden bei 0,05% Eisenoxyd bzw. 0,5% Kobaltoxalat) zeigten die beste Elastizität.

Die Reißfestigkeit an Filmen ohne Unterlagen zu messen gelingt, wenn man über ein Verfahren verfügt, solche Filme in genügender Gleichmäßigkeit herzustellen. Ein solches wurde von E. Schad und C. Rieß ausgearbeitet, wobei der Lack auf Glasplatten ausgegossen wurde, die mit einer Schicht von Glukose überzogen waren. Durch Lösen dieser Zwischenschicht in Wasser läßt sich der Film isolieren und im Reißfestigkeitsapparat untersuchen. Wie stark verschieden die Festigkeit solcher Filme gefunden wird, zeigt die Abb. 3.

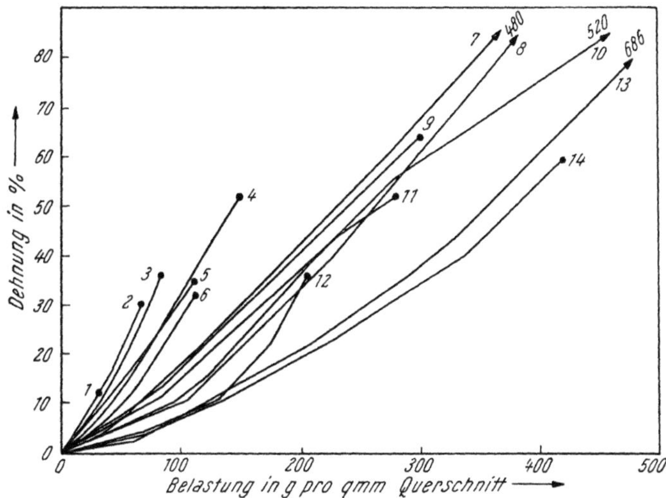

Abb. 3. Beziehung zwischen Dehnung und Belastung der Lackfilme und ihrer Reißfestigkeit (maximale Belastung beim Zerreißen des Films mit · bezeichnet). (E. Schad und C. Rieß.)

1. Leinöl mit 0,25% Co-Oxalat, 20 Stunden gekocht
2.   „   „ 0,10% Eisenoxyd, 25   „   „
3.   „   „ 0,10%   „   35   „   „
4.   „   „ 0,50% Co-Oxalat, 21   „   „
5.   „   „ 0,25%   „   30   „   „
6.   „   „ 0,75%   „   37   „   „
7.   „   „ 0,1 % Co und 0,01 % Fe (als Linoleate) 10 Stunden gekocht
8.   „   „ 0,5 % Co „ 0,05 % Fe („   „   ) 20   „   „
9.   „   „ 0,1 % Co „ 0,01 % Fe („   „   ) 20   „   „
10. „   „ 0,25% Co „ 0,01 % Fe („   „   ) 27   „   „
11. „   „ 0,1 % Co „ 0,1 % Fe („   „   ) 10   „   „
12. „   „ 0,1 % Co „ 0,1 % Fe („   „   ) 20   „   „
13. „   „ 0,25% Co „ 0,025% Fe („   „   ) 27   „   „
14. „   „ 0,5 % Co „ 0,05 % Fe („   „   ) 10   „   „

Unter den mit Eisenoxyd, Kobaltoxalat und mit Gemischen von Fe- und Co-Linoleaten hergestellten Filmen vertrugen die letzteren bei weitem die stärkste Belastung.

Den Einfluß verschiedener Faktoren auf die Festigkeit von Filmen, die aus einem technischen Lederlack durch Ausgießen auf Quecksilberoberflächen gewonnen waren, zeigte W. C. Henry.

Mit steigender Trockendauer bis zu 80 Stunden bei 65° wächst die Reißfestigkeit ganz bedeutend. Wurde aber so „getrocknet", daß im Ofen eine relative Feuchtigkeit von 50% aufrecht erhalten wurde, so ergaben sich bei weitem niedrigere Festigkeiten, vor allem bei den länger erwärmten Filmen, während die nur 22 Stunden getrockneten Filme übereinstimmende Festigkeiten aufwiesen. Eine auffällige Zunahme der Festigkeit tritt schon bei geringen Änderungen in der Ofentemperatur ein: Ein bei 55° C getrockneter Film riß bei weniger als 4 kg/qcm Belastung, während ein aus gleichem Material und bei sonst gleichen Bedingungen erhaltener Film, der bei 70° C getrocknet war, erst bei 25 kg/qcm riß.

Die Dehnung ist nach den bereits erwähnten Versuchen von E. Schad und C. Rieß bei gleicher Beanspruchung an den Linoleatfilmen am günstigsten. Eine allzu große Dehnbarkeit erscheint für Lederlacke nicht erwünscht, weil sonst ein Werfen und Verschieben des Lacküberzuges auf der Lederunterlage zu befürchten ist. Die Elastizität von Lackfilmen ist auch abhängig von der Trockendauer, wie W. C. Henry feststellte.

Zur Messung der elastischen Eigenschaften wurden Filmstreifen eine bestimmte Zeit lang um 10% ihrer Länge gedehnt. Dann wurde verfolgt, in welchem Grade und mit welcher Geschwindigkeit das Material fähig ist, seine ursprüngliche Länge wieder einzunehmen. Es zeigte sich, daß die Filme mit 20- und 30stündiger Trockendauer (bei 65°) günstiger abschnitten als die mit 16stündiger und die mit erheblich längerer Trockendauer. Die elastischen Eigenschaften von Leder und von Lackfilmen können heute durch „Lackerweicher", wie sie von verschiedenen Firmen in den Handel gebracht werden, stark erhöht werden. Über ihre Zusammensetzung ist nichts bekannt.

Bezüglich der Härte der Filme ergaben sich an dem von E.-Schad und C. Rieß untersuchten Filmen keine charakteristischen Unterschiede. Allgemein war bei zunehmendem Sikkativzusatz und zunehmender Kochdauer ein Wachsen der Härte zu beobachten. Gemessen wurde die Härte mit dem Ritzhärteprüfer nach Clemen (Näheres s. dieses Kapitel, S. 990).

b) Theorie der Trockenstoffwirkung.

Nach vorherrschender Ansicht wirken die Sikkative bei der Leinöltrocknung als Katalysatoren, d. h. sie beschleunigen nur die an sich schon verlaufende Oxydation, ohne im Endeffekt selbst verändert zu werden. Da man es hier aber nicht mit einer einzigen, sondern sicher mit einer Anzahl sich gegenseitig überlagernder Reaktionen zu tun hat, sind die Schwierigkeiten groß, über die eigentliche Wirkungsweise der Trockenmittel etwas auszusagen. Die alte Theorie [C. Engler und J. Weißberg (1904)], daß die gelösten Oxyde als Überträger des Luftsauerstoffs an die ungesättigten Glyceride aufzufassen sind, läßt sich etwas moderner so ausdrücken, daß der leichte Übergang der Metallionen von einer höherwertigen Form in eine niedrigerwertige und umgekehrt von Bedeutung ist. Anderseits sind unter den Metallen, die sich zweifellos als aktiv erwiesen, solche, die nur in einer Wertigkeitsstufe aufzutreten vermögen, Thorium, Calcium, Cadmium und Zink. Also muß wohl noch an eine andere Wirkungsweise gedacht werden, über die aber genauere Vorstellungen noch nicht gefunden worden sind. Nach A. Eibner und F. Pallauf besteht zwischen der Natur des Leinöltrocknens und des Trocknens in Gegenwart von Sikkativen kein prinzipieller Unterschied, wie manchmal angenommen worden ist. Die Trockenstoffe sollen nur die auch ohne sie stattfindende Bildung von Glyceridperoxyden beschleunigen. Roch hatte schon 1911 beim Firnistrocknen zwei verschiedene Gruppen von katalytisch wirkenden Metallen unterschieden, von denen die eine die Reaktion 1, die andere die Reaktion 2 beeinflussen soll:

$$1. \quad >C{=}C< \quad + O_2 \longrightarrow \quad >\underset{\underset{O—O}{|\quad|}}{C—C}<$$

$$2. \quad >\underset{\underset{O—O}{|\quad|}}{C—C}< \longrightarrow \quad >\underset{\underset{O}{\vee}}{C—C}< \quad + O$$

Reaktion 1 soll durch Barium, Blei (und Licht), Reaktion 2 durch Kobalt und Mangan beschleunigt werden. Dies würde die eigenartige Tatsache erklären, daß die Kombination Blei-Mangan viel besser trocknet als Blei oder Mangan allein. F. Willborn hat die unterschiedliche Wirkungsweise der verschiedenen Metalle weiter verfolgt und dabei auch Eisen, Cer und Thorium in diesem Zusammenhang untersucht. Eisen gehört danach in die Gruppe von Kobalt und Mangan, während Cer und Thorium sich wie Blei verhalten.

Es wurde auch bei so ölfremden Stoffen, wie Bariumsulfat und Calciumsulfat, eine Beschleunigung des Trocknen festgestellt. Diese sind als unlösliche Körper im Öl nur suspendiert. Nach P. Slansky (1) scheint es sich dabei nur um eine Oberflächenwirkung zu handeln, da die Stärke des Einflusses mit der Feinheit der Stoffe zunimmt.

Zuviel Sikkativ darf nicht genommen werden, weil dieses auch dann, wenn der Aufstrich schon getrocknet ist, seine Arbeit als Sauerstoffüberträger in gewissem Ausmaß noch fortsetzt. Wie wir wissen, hält ein Anstrich ja nicht ewig, sondern besitzt nur eine begrenzte Lebensdauer. Dann muß er wieder erneuert werden. Diese Wirkung der Sikkative noch nach dem Trocknen, zusammen mit Wärmeschwankungen, Sonnenlicht, Wind und Befeuchtung durch Regen, bewirken den allmählichen Zerfall eines jeden Lackes. Man müßte ein Mittel haben, die Trockenstoffe unwirksam zu machen, sobald der Lack getrocknet ist, sie also ihren Zweck erfüllt haben.

In den letzten Jahren sind außer den Oleaten, Linoleaten, Resinaten und Naphthenaten noch Trockner aus Schwermetallverbindungen mit Oxyfettsäuren, Benzoesäureabkömmlingen und Mineralölsulfofettsäuren dazugekommen. Die aus den beiden letztgenannten Säuren hergestellten Trockner haben in Amerika Eingang gefunden. In Deutschland sind sie noch nicht auf dem Markt.

Außer den bis jetzt genannten anorganischen Trocknungsbeschleunigern gibt es auch noch organische. So bilden sich unter der Einwirkung des Luftsauerstoffs nach A. Genthe (1), (2) im trocknenden Öl Stoffe, die imstande sind, zu gewöhnlichem Leinöl zugesetzt, dessen Trocknungsgeschwindigkeit stark zu erhöhen. A. Eibner und F. Pallauf [s. auch H. Gnamm (1), S. 178] haben dafür folgendes Beispiel angegeben:

Frisch geschlagenes Leinöl, 16 Tage in einer 0,25 cm dicken Schicht dem direkten Sonnenlicht ausgesetzt, ist hellgelb, liefert starke Peroxydreaktion und trocknet im Dunkeln in 1,8 Tagen. Mischungen dieses Leinöls mit frischem Leinöl verhielten sich wie folgt:

Reines Leinöl + 50% anoxydiertes Leinöl trocknete im Dunkeln in 5,2 Tagen.
Reines Leinöl + 25% anoxydiertes Leinöl trocknete im Dunkeln in 11,0 Tagen.
Reines Leinöl + 10% anoxydiertes Leinöl trocknete im Dunkeln in 14,0 Tagen.
Reines Leinöl ohne Zusatz trocknete im Dunkeln in 30,0 Tagen.

Hieraus kann geschlossen werden, daß das anoxydierte Leinöl einen Auto-
katalysator von Peroxydart enthält, durch den es befähigt wird, die Trocknung
von frischem Leinöl zu beschleunigen. Aus der Tatsache, daß bei längerem
Lagern das anoxydierte Leinöl diese Wirkung wieder verliert, ist anzunehmen,
daß diese Peroxyde unbeständig sind. Neben solchen öleignen Peroxyden wurden
noch andere Peroxyde untersucht. So fanden K. Meier und K. Ohm, daß
Peroxyde wie

$$\text{Wasserstoffperoxyd: } H\!-\!O\!-\!O\!-\!H,$$

$$\text{Acetpersäure: } CH_3\!-\!\underset{\underset{O}{\|}}{C}\!-\!O\!-\!O\!-\!H,$$

$$\text{Benzoepersäure: } C_6H_5\!-\!\underset{\underset{O}{\|}}{C}\!-\!O\!-\!O\!-\!H,$$

$$\text{Dibenzoylperoxyd: } C_6H_5\!-\!\underset{\underset{O}{\|}}{C}\!-\!O\!-\!O\!-\!\underset{\underset{O}{\|}}{C}\!-\!C_6H_5,$$

$$\text{Blaues Chrompentoxyd: } \underset{O\ \ O\ \ O}{\overset{O\qquad O}{Cr}},$$

und andere um so stärker beschleunigend auf die Aufnahme von molekularem
Sauerstoff wirken, je instabiler sie sind. Am stärksten wirkte bei diesen Versuchen
blaues Chrompentoxyd. Die Autoren nehmen an, daß die Wirkung der Trockenstoffe hauptsächlich darin besteht, daß sie die Reaktionsfähigkeit der Peroxyde
erhöhen. Dadurch soll die weitere Aufnahme von molekularem Sauerstoff beschleunigt werden. Es muß also immer gleichzeitig mit dem aktiven Sauerstoff
im Öl genügend gelöster molekularer Sauerstoff vorhanden sein.

Wenn auch ein Teil der genannten ölfremden Peroxyde bei der Vinylpoly-
merisation als echte Katalysatoren bekannt sind, kommen sie wohl praktisch
als Trockenstoffe für trocknende Öle nicht in Betracht, da sie dafür keine Katalysatoren sind, weil sie sich nach Abgabe ihres Peroxydsauerstoffs nicht wieder
regenerieren. Man müßte so z. B. nach Ungenannt (2), S. 16, zu 1 kg Leinöl zur
Umwandlung in den trockenen Film für den dazu benötigten Sauerstoff von 200
bis 250 g 3,0 bis 3,5 kg von Dibenzoylperoxyd zusetzen. W. Krumbhaar (2)
hat 1935 gefunden, daß Peroxyde von Terpentin und Benzoylperoxyd allein
keine katalytische Wirkung auf die Trocknung von Ölen haben, wohl aber in
Gegenwart von metallischen Trockenstoffen.

Auch Substanzen, die durch ihre Gegenwart das Leinöltrocknen verzögern, sich
also als negative Katalysatoren auswirken, sind bekannt. Solche Stoffe sind z. B.
bestimmte Vitamine, Sterine sowie Phenole und phenolartige Verbindungen.
Sie verzögern im allgemeinen die Autoxydation und werden daher nach
C. Moureu und C. Dufraisse Antioxygene oder Inhibitoren genannt. Auch
Harze, Ester und noch stärker verschiedene organische Farbstoffe verlangsamen
nach P. E. Marling (2) die Leinöltrocknung. Eine, oft gerade bei Lederlacken nicht unerwünschte, starke Verzögerung des Trocknens verursacht das
Berlinerblau (vgl. S. 932, 934), eine Herabsetzung der Wirkung von Trockenstoffen die vielfach für Lederlacke verwendeten Rußpigmente. F. A. Rhodes
und H. E. Goldsmith fanden die prozentuale Oxydation von Leinölauf-
strichen, die Lampen-, Bein- oder Rebschwarz enthielten, erheblich niedriger

als bei reinem Leinöl. In derselben Richtung wurden durch diese Pigmente Kobalt- und Bleifirnisse beeinflußt, während bei Manganfirnissen keine schädigende Wirkung festgestellt wurde. Die Pigmente adsorbieren vielleicht die entstehenden Peroxyde des Leinöls und einen Teil des Trockenstoffs, der dann als Sikkativ unwirksam wird. Es ist aber wohl auch an eine Verminderung der Lichtaktivierung zu denken.

Die Wirkung solcher negativer und positiver Katalysatoren gegenüber gewöhnlichem Leinöl ist sehr gut aus der folgenden Abbildung 4 zu ersehen.

Negative Katalysatoren kommen in natürlichen Ölen vor und werden bei der Reinigung nur zum Teil entfernt. Darunter fallen als besonders wichtig die Phosphatide von der Art des Lecithins. Auf die Schädlichkeit solcher Stoffe wiesen H. P. Kaufmann und K. Strüber (1) hin. H. P. Kaufmann und C. W. Schmidt berichteten ausführlich darüber. Sie fanden unter anderem, daß schon 0,13% Phosphatid in einem Leinöl zu erheblichen Betriebsstörungen bei der Standölkochung führten. Die Kochzeiten waren wesentlich

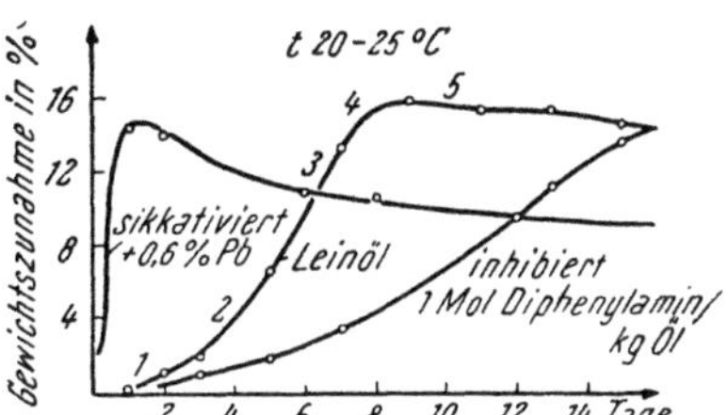

Abb. 4. Einfluß positiver und negativer Katalysatoren auf die Trocknung von Öl (J. D'Ans und K. Meier).

verlängert. Das Öl wurde dunkler, und es schieden sich dabei gallertartige Massen aus. Dem Analytiker war dabei kein Vorwurf zu machen, daß er dies nicht vorher gemerkt hatte. Denn normalerweise wird auf Phosphatide nicht geprüft, und bei den üblichen Kennzahlen treten die Phosphatide nicht in Erscheinung.

Alle bisher genannten Trockenstoffe wirken beschleunigend auf die Sauerstoffaufnahme, sind also sogenannte O-Trockner oder O-Sikkative (s. dieses Kapitel, S. 917). In neuerer Zeit wurden dann noch D-Sikkative bekannt. Darüber haben hauptsächlich H. P. Kaufmann und K. Strüber (2) gearbeitet. D-Sikkative bewirken eine Beschleunigung der Trocknung, ohne daß dabei viel Sauerstoff aufgenommen wird. Geringe Mengen sind allerdings nötig, die jedenfalls als Katalysator wirken, wie es auch bei dem Aufbau von Styrol- und Vinylverbindungen festgestellt wurde. Als solche D-Trockner wurden besonders organische Radikale gefunden. Ein solches in der organischen Chemie bekanntes Radikal ist das Triphenylmethyl

$$(C_6H_5)_3 \equiv C *.$$

Schon 0,02% dieses Radikals zu rohem Holzöl zugesetzt, verringerte die Trockenzeit von 40 Stunden auf 5 bis 10 Minuten. Von Inhibitoren, die in Öl vorhanden sind, wird diese Beschleunigung nicht beeinträchtigt. Denn es ist dabei einerlei, ob man rohes Holzöl nimmt oder ein gereinigtes Holzöl, das schon nach der Reinigung ohne Zusatz schneller trocknete. Bei beiden wurde die Trockenzeit auf 10 Minuten herabgesetzt.

Die Zahl, die angibt, wievielmal so schnell ein Öl trocknet bei Zusatz einer bestimmten Menge eines Stoffes, nennt man seinen Trocknungsfaktor. Dieser ist also bei unserem Beispiel für Triphenylmethyl 240, nämlich 40 Stunden zu 10 Minuten. Der Trocknungsfaktor ist ein ungefähres Maß für die Eignung sowie für die notwendige Menge eines Sikkativs. Umgekehrt kann man auch Inhibitoren durch diesen Trocknungsfaktor kennzeichnen. Verzögert z. B. Tocopherol, in bestimmter Menge einem Öl zugesetzt, dessen Trocknung so, daß die Zeit zehnmal so lang wird, so ist sein Trocknungsfaktor 0,1.

Noch wirksamer ist das *p*-Tribiphenylmethyl:

$$\left(\langle\!=\!\rangle\!-\!\langle\!=\!\rangle\right)_3 \equiv \text{C} * .$$

Sein Trocknungsfaktor ist sogar 480, da das Öl statt in 40 Stunden in 5 Minuten trocknet. Da es gleichmäßig durchtrocknet, können sich dabei auch keine Runzeln bilden. Diese D-Sikkative wirken bei Isolenölen nicht beschleunigend, sondern nur bei Konjuenölen. Dabei sind sie aber sehr stark wirkende Katalysatoren, deren Wirkung die der üblichen Metallkatalysatoren für die O-Trocknung weit übertrifft. Da festgestellt wurde, daß die aus den Radikalen an der Luft sich bildenden Peroxyde die Trocknung nicht beschleunigen, ist der Mechanismus der kombinierten katalytischen Wirkung des Kohlenstoffradikals und des Sauerstoffs nicht leicht zu deuten. Die Betrachtungen von H. P. Kaufmann und K. Strüber (*2*) zu dieser Frage dürften kaum eine endgültige Lösung darstellen. Die Wirkung von Radikalen auf die Polymerisation ungesättigter Verbindungen verläuft bekanntlich nach dem Schema der „Radikalketten-Polymerisation" [W. Kern (*4*)]:

$$\text{R} * + \text{CH}\!=\!\text{CH}\!-\!\text{CH}\!=\!\text{CH} \quad \dashrightarrow \quad \text{R}\!-\!\text{CH}\!-\!\text{CH}\!=\!\text{CH}\!-\!\text{CH} *$$
$$\underset{\text{R}'}{\big|} \qquad\qquad \underset{\text{R}''}{\big|} \qquad\qquad \underset{\text{R}'}{\big|} \qquad \big| \qquad \underset{\text{R}''}{\big|}$$

$$+ \text{R}'\!-\!\text{CH}\!=\!\text{CH}\!-\!\text{CH}\!=\!\text{CH}\!-\!\text{R}''$$

$$\text{R}\!-\!\text{CH}\!-\!\text{CH}\!=\!\text{CH}\!-\!\text{CH}\!-\!\text{CH}\!-\!\text{CH}\!=\!\text{CH}\!-\!\text{CH} * \text{ usw.}$$
$$\underset{\text{R}'}{\big|} \qquad\qquad \underset{\text{R}''}{\big|}\ \underset{\text{R}'}{\big|} \qquad\qquad \underset{\text{R}''}{\big|}$$

Zur Auslösung dieser Reaktionen müßten Spuren von Sauerstoff genügen, und diese Katalysatoren sind dann echte Katalysatoren, weil sie sich immer wieder zurückbilden. Es werden daher auch keine großen Mengen gebraucht.

Normalerweise ist anzunehmen, daß praktisch bei den Ölen vom Holzöltyp beide Reaktionen gleichzeitig verlaufen, nämlich die O-Trocknung und die D-Trocknung. Es kann aber auch eine davon in den Vordergrund treten. Wenn keine konjugierten Doppelbindungen vorhanden sind, oder wenn die D-Trocknung gestört ist, hat man nur eine O-Trocknung. Es kann aber auch sein, daß die O-Trocknung durch Inhibitoren gehemmt ist, dann hat man mehr D-Trocknung. Die Filmbildung ist dann eine andere. Damit müssen auch die Eigenschaften des Films verschieden sein.

Diese Versuche werden noch fortgesetzt und ergeben vielleicht zusammen mit den künstlich konjugierten Ölen noch manche praktische Verbesserungen auf dem Gebiet der Öltrocknung und Lacktechnik.

c) Darstellung der Trockenstoffe.

Trockenstoffe gewinnt man aus den Trockenstoffgrundlagen, indem man sie schmilzt oder fällt. Sie bilden sich auch beim Kochen von Standölen, wenn man dem Öl Trockenstoffgrundlagen zugesetzt hat. Die Trockenstoffe werden von den Lackverbrauchern oft selbst hergestellt. Man verwendet besonders die Linoleate, Resinate und Naphthenate. Eine neue Zusammenstellung der Arbeitsweise findet sich bei F. Fritz, S. 60 bis 63.

Als Ausgangsstoffe für die anorganische Komponente zur Darstellung geschmolzener Trockenstoffe eignen sich ganz allgemein die Hydroxyde der Schwermetalle, und zwar am besten in frisch gefälltem, noch feuchtem Zustand. Man fällt die Hydroxyde mit Kalk aus und preßt ab. Bleiglätte löst sich unmittelbar gut in Harz und Leinöl.

Die Gewinnung gefällter Trockenstoffe beruht auf der Umsetzung wasserlöslicher Metallsalze mit ebenfalls wasserlöslichen Alkalisalzen von Fettsäuren, Harzsäuren oder Naphthensäuren. Dabei fallen die gewünschten Linoleate, Resinate oder Naphthenate als Niederschläge aus.

Geschmolzene Linoleate gewinnt man entweder aus Leinöl oder aus dem Fettsäuregemisch „Leinölsäure", das durch Verseifen von Leinöl leicht zu erhalten ist. Nur die obengenannten leicht öllöslichen Hydroxyde und die Bleiglätte setzen sich mit Öl direkt genügend um. Man erhitzt so lange, bis eine Probe auf einer Glasplatte klar und nach dem Erkalten fest wird. Ganz trocken werden die Linoleate, vor allem die aus Leinöl hergestellten, nicht, da ein Teil des freigewordenen Glycerins im Endprodukt verbleibt. Hat man Acetate verwendet, so muß bis zur Entfernung der Essigsäure gekocht werden. Die fertigen Produkte sind entweder fest oder pastenförmig.

Geschmolzene Resinate werden durch Umsetzen geeigneter Metallverbindungen mit geschmolzenem Colophonium erhalten. Meist nimmt man die Oxyde bzw. Hydroxyde oder Oxydhydrate. Trockene Ausgangsstoffe reibt man möglichst mit Leinöl oder Harzöl an. Die Salzbildung erfolgt durch die Abietinsäure, doch entstehen, selbst wenn man eine genau berechnete Menge an anorganischen Basen zusetzt, vielfach keine neutralen Abietinate, sondern offenbar basische Resinate (M. Ragg). Überschüssige freie Harzsäure neutralisiert man gern mit Kalk.

Gefällte Linoleate gewinnt man meist, indem man Leinölsäure mit Natronlauge verseift und nach Verdünnen mit Wasser bei zirka 70° C mit etwas mehr als der berechneten Menge an Schwermetallsalzlösungen versetzt, wobei ein flockiger Niederschlag von Schwermetall-Linoleat entsteht. Den Endpunkt der Umsetzung erkennt man am Verschwinden der Schaumbildung. Die Metallseife wird abfiltriert, abgepreßt und dann mit wenig Leinöl geschmolzen. Die Produkte verfärben sich meist ziemlich stark, weil die gefällten Körper mit ihrer großen Oberfläche leicht oxydiert werden. Bleiacetat, Manganchlorid, Kobaltacetat, Kobaltchlorid sind die am häufigsten verwendeten Salze.

Gefällte Resinate werden, den gefällten Linoleaten entsprechend, aus verseiftem Harz in ziemlich verdünnter Lösung mit wasserlöslichen Metallsalzen gefällt. Wenn man helle Produkte haben will, muß man Colophonium von lichter Farbe nehmen. Die Verseifung des Harzes wird, wenn sie schnell und restlos erfolgen soll, am besten unter Druck vorgenommen. Die Fällung der Metallresinate läßt man am günstigsten bei etwa 50° C vor sich gehen. Der durch Filtration und Abpressen von der Hauptmenge des Wassers befreite Niederschlag wird dann vorsichtig getrocknet, um zu starke Verfärbungen zu vermeiden. Man erhält so im Gegensatz zu den gefällten Lionoleaten feste, meist leichte und hellfarbige Pulver.

Gefällte Naphthenate werden aus sorgfältig gereinigter Naphthensäure hergestellt. Diese wird mit der berechneten Menge Natronlauge versetzt und mit einer Schwermetallsalzlösung gefällt. Der Niederschlag wird wiederholt mit heißem Wasser ausgewaschen, von Wasser getrennt und am besten bei 130° C im Vakuum getrocknet. Die ursprünglichen Patente sind D.R.P. 352356/1920, 596 878/1929 und 682 208/1931.

d) Die einzelnen Trockenstoffgrundlagen und Trockenstoffe.

α) Allgemeines.

Bleitrockner verursachen meist eine schnelle Anfangstrocknung, die nach einiger Zeit nachläßt. Sie machen die mit ihnen versetzten Ölpräparate verhältnismäßig dickflüssig. Sie fördern das Trocknen von innen heraus und damit ein ziemlich gleichmäßiges Trocknen durch die ganze Schicht und dabei anscheinend mehr die Polymerisation und Gelatinierung als die Oxydation. Die Filme werden aber hart und wenig elastisch. Für Lederlacke sollte man daher Bleiverbindungen allein nicht verwenden. Trotzdem spielen gerade sie in manchen Lederlackrezepten eine erhebliche Rolle [J. L. Urbanowitz (1), (2)]. Meist werden aber wohl Blei- und Manganverbindungen gleichzeitig zugesetzt, um die Elastizität und das Durchtrocknen günstig zu beeinflussen.

Mangantrockner sind allgemein bessere Trockner als die Bleiverbindungen. Sie trocknen aber allein nicht ganz so gut in der Tiefe wie die Bleitrockner. Die mit Mangantrocknern hergestellten Filme neigen dazu, hart und brüchig zu werden. Man sollte daher nach F. G. A. Enna (1) Mangan als Trockenstoff für Schuhlackleder nicht nehmen, da die Lacke bald spröde werden und die Schlüsselprobe nicht aushalten. Durch Zusatz von Bleitrockner wird aber die Trockenwirkung von Mangan günstig beeinflußt (s. dieses Kapitel, S. 927).

Kobaltverbindungen haben von allen auf das Trocknen des Öls katalytisch wirkenden Metallen die stärkste Wirkung. Sie trocknen mehr von der Oberfläche her. Es erfolgt rasches Anziehen und rasche Filmbildung. Die Durchtrocknung dauert allerdings länger. Das kommt jedenfalls daher, daß der Sauerstoff durch den schnell auf der Oberfläche gebildeten Film nicht mehr so gut durchdringen kann. Reine Kobaltfilme sind daher lange Zeit weich, aber elastisch und dehnbar, was für Lederlacke gut ist. Da sie keine Dunkelung, sondern eher ein Aufhellen des Films bewirken, sind Kobalttrockner besonders für wertvolle hellere Lacküberzüge geeignet.

Eisenverbindungen werden in der Lack- und Firnisindustrie verhältnismäßig wenig angewandt, trotzdem das Eisen in der auf S. 922 angeführten Reihenfolge die fünfte Stelle unter den nach ihrer Trockenwirkung geordneten Elementen einnimmt. Vielleicht kommt dies daher, daß man Eisen zur Herstellung von hellen und farbigen Lacken nicht gebrauchen kann, weil es stark dunkel färbt. Zum Lackieren von Leder ist aber gerade diese Eigenschaft willkommen, da zum überwiegenden Teil dabei auf einen tief schwarzen Lack hingearbeitet wird. Besonders gern verwendet man noch eine Eisenverbindung, die an sich gefärbt ist und dem Lack gleichzeitig als Farbkörper den gewünschten schwarzblauen Ton gibt, nämlich das Berlinerblau. Außerdem finden auch Umbra und Ocker in der Lacklederindustrie Verwendung, während sie sonst für Firnisse und Lacke nur selten gebraucht werden.

Kombinierte Trockenstoffe haben, wie schon dargelegt, oft eine bessere Trockenwirkung, als man bei einem rein additiven Verhalten der Metalle zu erwarten hätte. So ist es vorteilhaft, immer eine Kombination von zwei Metallen aus den beiden Gruppen nach F. Willborn (s. dieses Kapitel, S. 927) gleichzeitig zu haben, nämlich Kobalt-Mangan-Eisen oder Blei-Cer-Thorium. Man verwendet daher meist zwei oder drei Metalle in Kombination und macht davon wohl nur bei hellfarbigen Lederlacken eine Ausnahme, wo man Kobalt allein verwendet. Bei Blei-Mangan nimmt man meist das Verhältnis vier bis fünf Teile Blei zu einem Teil Mangan, bei Kobalt-Blei 0,05 Kobalt zu 0,45 bis 0,5 Blei und bei Blei-Kobalt-Mangan wählt man das Verhältnis 5 : 3 : 1, um die günstigste Trockenwirkung zu bekommen. Bei solchen Kombinationen hat man noch den Vorteil, daß die Trocknung von der Temperatur und der Luftfeuchtigkeit weniger abhängig ist als bei der Verwendung von nur einem Metall.

β) Trockenstoffgrundlagen.

Von Bleiverbindungen werden hauptsächlich verwendet: Bleioxyd, Mennige, Bleiacetat und Bleiborat.

Bleioxyd, auch Bleiglätte, Silberglätte oder Goldglätte genannt, ist das Oxyd des zweiwertigen Bleis, PbO, ein gelbliches bis rötliches Pulver. Im Handel unterscheidet man zwischen Bleiglätte, die kristalline Struktur aufweist, und Massicot, einem gelblich amorphen Pulver. Bei der Firnisbereitung ist Bleioxyd der Mennige und dem Bleidioxyd überlegen (A. Eibner und F. Pallauf, S. 110). Nach F. Hebler (2) ist der Feinheitsgrad der Glätte innerhalb bestimmter Grenzen ohne merklichen Einfluß auf die Auflösungsgeschwindigkeit im Leinöl.

Mennige ist rotes Bleioxyd, Pb_3O_4.

Bleiacetat (Bleizucker) hat die Zusammensetzung $Pb(CH_3COO)_2 \cdot 3 H_2O$. Es färbt das Öl sehr stark. Weitere Angaben s. diesen Bd., 5. Kap., S. 347.

Bleiborat, $Pb(BO_2)_2 \cdot H_2O$, ein weißes Pulver, das sich beim Vermischen konz. Lösungen von Bleinitrat und Borax ausscheidet, ist neben Manganborat manchmal in den sogenannten Sikkativpulvern enthalten.

An Manganverbindungen werden meist gebraucht: Manganoxydhydrat, Manganborat, Manganacetat, Mangancarbonat.

Manganoxydhydrat, $Mn_2O_3 \cdot H_2O$, ist schwarzbraun, kommt natürlich als Manganit vor und ist auch in der Umbra enthalten. Darstellen kann man es u. a. aus Manganchloridlösungen durch Fällen mit Kalkwasser unter gleichzeitigem Oxydieren mit Chlorkalk. Die Zusammensetzung der technischen Produkte wechselt stark. Der Metallgehalt liegt etwa in den Grenzen von 50—65% Mn.

Manganborat erhält man durch Umsetzen von Manganosalzen mit Borax in wässeriger Lösung. Die Zusammensetzung solcher Präparate schwankt erheblich. Sie nähert sich der eines wasserhaltigen Mangantetraborats, MnB_4O_7. Die käuflichen Produkte enthalten oft zuviel Borsäure und sind mitunter gefälscht, z. B. kann das Verfärben zu Braun durch Zusatz von Natriumsulfit unterdrückt worden sein. Die bei der Umsetzung im Öl verbleibende Borsäure zeigt allerdings keine Nachteile.

Manganacetat, blaßrote, luftbeständige Kristalle von der Zusammensetzung $Mn(CH_3COO)_2 \cdot 4 H_2O$, wird bei etwa 180° C in Öl gelöst und gibt besonders helle Firnisse.

Mangancarbonat ist ein weißes, luftbeständiges Pulver, das mehr oder weniger Wasser enthält. Es wird durch Fällen von Manganochloridlösungen mit Sodalösungen gewonnen. Hält man dabei nicht bestimmte erprobte Konzentrationen ein, so ergibt sich ein braunes Produkt. Es spielt auch als Sikkativpulver eine gewisse Rolle.

Folgende Kobaltverbindungen sind als Trockenstoffgrundlagen zu verwenden: Kobaltoxydul, Kobaltoxyd, die entsprechenden Hydroxyde, Kobaltacetat, Kobaltsulfat und Kobaltchlorür.

Die Kobaltoxyde des Handels sind meist Gemische von Kobaltoxydul und Kobaltoxyd, also von zwei- und dreiwertigem Kobalt, CoO und Co_2O_3 Da die zweiwertige Stufe sich leicht oxydiert, enthält gefälltes und getrocknetes Kobalt-(2)-Hydroxyd stets auch die dreiwertige Form dabei. Außerdem binden diese Hydroxyde wechselnde Mengen Wasser. Die Oxyde und Hydroxyde des zweiwertigen Kobalts sind heller und auch vorteilhafter für die Sikkativbereitung als die der dreiwertigen Stufe.

Kobaltacetat, $Co(CH_3COO)_2 \cdot 4 H_2O$, ist ein rotes, kristallinisches Salz, das häufig auch unmittelbar als Sikkativ verwendet wird, weil es sich leicht in Öl löst. Die bei der Umsetzung freiwerdende Essigsäure stört sehr und muß durch Erhitzen entfernt werden. Man löst das Salz daher zuerst in einem kleinen Teil des Öls. Entwässern des Acetats ist weniger günstig.

Von Eisenverbindungen kommen als Trockenstoffgrundlagen nur Eisenoxyd und vor allem Berlinerblau in Betracht.

Berlinerblau, auch Preußischblau oder Pariserblau genannt, ist das Ferrisalz der Ferrocyanwasserstoffsäure, $Fe_4(Fe(CN)_6)_3$. Die Produkte, die man beim Fällen einer Ferrisalzlösung mit gelbem Blutlaugensalz, dem Kaliumsalz der Ferrocyanwasserstoffsäure, erhält, weichen in der Zusammensetzung schon von dieser Formel ab. Erst recht die technischen Produkte, die man durch Oxydation des Ferrosalzes der Ferrocyanwasserstoffsäure („Weißteig") erhält. In der Praxis kennt man eine Anzahl von Berlinerblaumarken, die sich je nach den Herstellungsbedingungen in manchen äußeren Eigenschaften voneinander unterscheiden. Ferner zeigen alle einen wechselnden Kalk- und Wassergehalt. Man unterscheidet Pariserblau als die feinste Sorte, ferner Stahlblau, Miloriblau (mit rotstichigem Farbton), Mineralblau, die minderwertigste Sorte, u. a. Als besonderes Fabrikat ist das wasserlösliche Berlinerblau bekannt, das sich nach F. G. A. Enna (*1*) für Lederlacke nicht eignen soll, da es sich nicht vollständig in Öl löst. Die anderen genannten blauen Farbstoffe sind amorphe, in Wasser und verdünnten Säuren unlösliche Körper, die selbst gegen stark verdünntes Alkali recht empfindlich sind. Sie sind nicht giftig. Die Handelsprodukte sind oft mit wertlosen Stoffen vermengt, deren Natur sich nach dem Verwendungszweck der Farbe richtet. Zur Verwendung in Ölfarben enthalten sie vielfach Gips oder Schwerspat.

Berlinerblau als Trockenmittel hat nach F. G. A. Enna (*1*) folgende Vorteile: Es ist verhältnismäßig leicht in Öl löslich; es kann leicht in feinstes Pulver übergeführt werden; es besitzt ausgezeichnete Trockeneigenschaften. Diesen Vorzügen stehen aber erhebliche Nachteile gegenüber: Es ist sehr teuer; seine Darstellung ist nicht einfach; es enthält vielfach schädliche Verunreinigungen, wenn man es nicht selbst herstellt oder Garantie für Reinheit hat; es spaltet beim Erhitzen in Öl auf 130 bis 170° C Blausäure ab und geht dabei in Eisenoxyd über.

Für die Wirksamkeit des Berlinerblaus ist offenbar nur sein Eisengehalt maßgebend. F. G. A. Enna (*1*) erhielt mit selbst hergestellten Eisenoxyden bei Anwendung gleicher Eisenmengen Filme mit denselben mechanischen Eigenschaften wie sie mit dem Farbstoff erhalten wurden. Daraus kann man auch ersehen, daß die gleichzeitige Gegenwart von zwei- und dreiwertigem Eisen im Berlinerblau nicht Ursache seiner bevorzugten Anwendung sein kann.

Eisenoxyd erwies sich bei den Versuchen von F. G. A. Enna (*1*) als eine sehr gute Trockenstoffgrundlage in seiner hydratisierten Form, die aus saurer Ferrosulfatlösung durch Fällen mit Sodalösung in der Wärme und Trocknen des Niederschlags bei 100° C als ein sehr feines goldgelbes Pulver erhalten worden war. Es gab Lacke mit normalen Eigenschaften, verkürzte aber wegen seiner schnelleren Löslichkeit in Öl die Kochdauer eines mit Preußischblau mit dem gleichen Eisengehalt bereiteten Lackes um die Hälfte. Als weitere Vorzüge dieses besonderen Eisenoxyds werden Reinheit, Billigkeit und Feinheit genannt.

Umbra (Kastanienbraun) wurde früher häufig für Lederlacke, vor allem für den Grund, als Trockenstoff verwendet. Sie wird als verwittertes Eisenerz von rot- bis grünlichbrauner Farbe im Bergbau gewonnen, vielfach noch gebrannt und auch geschlemmt. Umbra besteht in der Hauptsache aus manganhaltigem Eisenoxyd, dem aber immer größere Mengen Tonerde, Kieselsäure und Kalk beigemengt sind. Die durchschnittliche Zusammensetzung ist: 25 bis 35% Fe_2O_3, 7 bis 14% Mn_2O_3, 7 bis 14% Al_2O_3, 20 bis 30% SiO_2, 4 bis 8% $CaCO_3$ und 10 bis 17% H_2O.

γ) Trockenstoffe.

Als eigentliche Trockenstoffe kommen die Linoleate, Resinate und Naphthenate in Frage. Linoleate entstehen schon bei der Kochung des Leinöls mit Trockenstoffgrundlagen. Es war ein Vorteil, als es gelang, diese Linoleate für sich herzustellen und schon gleich in löslicher Form dem Leinöl zuzugeben. Man brauchte dann nicht mehr so hoch zu erhitzen und konnte bedeutend hellere

Firnisse und Lacke erzielen. Lange Zeit waren außer den Linoleaten und Oleaten nur noch die Resinate bekannt. Dazu kamen dann die Naphthenate (s. dieses Kapitel, „Darstellung der Trockenstoffe", S. 931).

Bleilinoleate, geschmolzen, sind gelbbraune feste Massen, im Sommer etwa so hart wie Bienenwachs. Sie zeigen bei richtiger Herstellung einen muscheligen Bruch und färben sich an der Luft an den Rändern dunkelbraun. Aus der Helligkeit darf man nicht auf die Güte schließen, da eine hellere Farbe durch Ausscheidungen hervorgerufen sein kann, die beim Abkühlen der klaren Schmelze entstehen. Bleilinoleate, gefällt, sind hellbraune Stücke, die sich an der Luft mit einer braunen Haut überziehen.

Bleiresinat, geschmolzen, zeichnet sich vor Bleilinoleat durch sehr leichte und vollständige Löslichkeit in Leinöl aus. Es ist braun bis dunkelbraun und immer dunkler als das zur Bereitung benutzte Colophonium. Das gefällte Bleiresinat ist meist recht hell, manchmal sogar ein fast weißes Pulver. Es ist aber weniger leicht in Öl löslich.

Bleinaphthenat ist eine hellgelbe bis hellbraune, klebrige Masse. Es enthält viel mehr Blei als die Linoleate und Resinate, im Soligenblei bis zu 31% Blei. Es ist unbegrenzt haltbar und ändert seine Farbe und Trockeneigenschaften nicht an der Luft. Es ist hervorragend in allen in der Lackindustrie gebräuchlichen flüchtigen Lösungsmitteln löslich.

Manganlinoleat, geschmolzen und gefällt, ist als gelbe oder braune Masse im Handel, die sich nicht pulverisieren läßt. Sie verfärbt sich an der Luft. Die geschmolzene Ware ist dunkler als die gefällte.

Manganresinat besteht aus schwarzbraunen, harzähnlichen, durchsichtigen Stücken, die in Benzin und erwärmtem Leinöl in Lösung gehen. Das gefällte Produkt unterscheidet sich stark davon. Es ist ein leichtes fleischfarbenes, blaßrotes oder weißliches Pulver, das sich in heißem Leinöl, Chloroform, Terpentinöl und Benzol gut löst. Man muß aber vorsichtig damit umgehen, da es in frischem Zustand zur Selbsterhitzung bzw. zur Selbstentzündung neigt.

Mangannaphthenate sind eine hellbraune Masse von springharter Beschaffenheit und haben einen Mn-Gehalt bis zu etwa 10%. Beim Lagern an der Luft geht das Mangan von der zweiwertigen in die dreiwertige Oxydationsstufe über und das Produkt wird dunkler. Mangannaphthenate lösen sich bei etwa 130 bis 140° C leicht in Lackbenzin, Terpentinöl usw.

Kobaltlinoleate sind, geschmolzen und gefällt, bei genügendem Metallgehalt braunrote, feste, klebende Massen.

Kobaltresinat ist geschmolzen eine dunkelviolette bis fast schwärzliche harzartige Masse, mitunter schwer löslich. Auch gefällt ist es mitunter schwerlöslich, aber bedeutend heller, ein blaßrotes oder grauviolett bis weißliches Pulver, das in Leinöl leicht löslich ist. Auch dieses Pulver neigt unter Umständen zur Selbsterhitzung.

Kobaltnaphthenat ist eine dunkelviolette, zähe, klebende Masse mit einem Gehalt von etwa 11% Co. In der kalten Jahreszeit, oder kühl gelagert, wird es springhart und läßt sich pulverisieren. Es löst sich sehr leicht, restlos und klar. Die Lösungen können jahrelang aufbewahrt werden, ohne daß sie gelatinieren oder daß Ausscheidungen oder Trübungen zu befürchten sind. In Lackbenzin, Petroleum und chlorierten Kohlenwasserstoffen tritt beim Lagern keine Farbänderung ein. Bei Lösungen in Terpentinöl, Dipenten, Hydroterpin, Mittel L 30 und einigen anderen kann nach längerem Lagern eine Grünfärbung eintreten. Diese ist darauf zurückzuführen, daß sich in diesen ungesättigten Lösungsmitteln durch Oxydation Peroxyde bilden können, die sehr aktiv sind und das zweiwertige violette Kobalt in das dreiwertige grüne umwandeln. Diese Grünfärbung bleicht sich im Lack wieder vollständig aus, besonders da Kobalttrockner ja wegen ihrer sehr starken Trockenwirkung nur in geringen Mengen den Lacken zugesetzt werden.

Eisenlinoleate und Eisenresinate sind nicht im Handel. Die Eigenschaften der Eisenlinoleate sind aber bekannt. H. Salvaterra hat durch Umsetzen der Natriumseifen des Leinöls mit Eisensalzlösungen drei Arten von Eisenseifen erhalten: 1. neutrale Ferroseifen, 2. basische Eisenseifen wechselnder Zusammensetzung, 3. neutrale Ferriseifen. Diese Verbindungen stellen amorphe Massen dar, die in den meisten Lösungsmitteln, außer Alkohol, leicht löslich sind. Die Ferroseife ist außerordentlich empfindlich gegen Luftsauerstoff. Die Eisensalze der Oxyfettsäuren, aus oxydiertem Leinöl gewonnen, erwiesen sich als unlöslich in den meisten organischen

Mitteln. Eisenlinoleat gab bei den Versuchen von E. Schad und C. Rieß (s. S. 925 dieses Kapitels) insofern gute Resultate, als die Lacke daraus stets hell und klar waren, während mit Eisenoxyd gekochte Lacke oft Trübungen in den Filmen zeigten.

Da man gewöhnlich Verbindungen verschiedener Sikkative anwendet, sind auch solche Kombinationen im Handel.

Bleimanganlinoleat, geschmolzen, ist eine feste braungelbe Masse, geschmolzenes Bleimanganresinat besteht aus dunkelbraunen, undurchsichtigen, harzartigen Stücken, während das gefällte Produkt ein schwachgelbes Pulver darstellt. Bleimangannaphthenat ist als Soligen-Blei-Mangan mit 18,5% Pb und 4,0% Mn hellbraun gefärbt und von harter Beschaffenheit.

Kobaltbleilinoleat, gefällt, ist eine rötlichbraune Masse. Kobaltbleiresinat, gefällt, ist eine weißliche Masse mit rötlichbrauner Tönung. Kobaltbleinaphthenat ist als durchsichtige, zähe, klebende, violette Masse im Handel und als Soligen-Kobalt-Blei mit 2,5% Co und 23,5% Pb als violettes mittelhartes Produkt.

e) Lieferbedingungen.

Werden Trockenstoffe in Form von Linoleaten oder Resinaten geliefert unter Bezugnahme auf die Norm DIN 55901[1], so muß der Gehalt an löslichem Metall den Werten der folgenden Tabelle 3 entsprechen und braucht dann nicht angegeben zu werden. Der Metallgehalt muß auf ± 5% der angeführten Werte eingehalten werden. Werden Trockenstoffe in anderer Form, z. B. als Naphthenate, geliefert, so muß der Gehalt an löslichem Metall angegeben werden.

Tabelle 3. Metallgehalte der Trockenstoff-Resinate und -Linoleate (zulässige Abweichung ± 5% der angegebenen Werte) [nach DIN 55901].

Trockenstoff	Geschmolzen	Gefällt
Blei-Resinat	12 % Pb	18 % Pb
Blei-Linoleat	24 % Pb	24 % Pb
Mangan-Resinat	2,5% Mn	6 % Mn
Mangan-Linoleat	7 % Mn	8 % Mn
Kobalt-Resinat	2,5% Co	6 % Co
Kobalt-Linoleat	6 % Co	9 % Co
Blei-Mangan-Resinat	6 % Pb	11 % Pb
	1,5% Mn	2,7% Mn
Blei-Mangan-Linoleat	11 % Pb	14 % Pb
	2,7% Mn	3,5% Mn

Alle Trockenstoffe müssen nach Vorschrift von DIN 55901 bei Temperaturen bis zu 150° C in den für Lack- und Anstrichfarben in Betracht kommenden Ölen und flüchtigen organischen Lösungsmitteln vollkommen löslich sein.

Zur Herstellung von flüssigen Sikkativen löst man solche Öl- bzw. Harz- bzw. Naphthenseifen in Ölen oder organischen Lösungsmitteln. Mit Vorliebe benutzt man sie, wenn die Trocknungseigenschaft eines fertigen Lackes verbessert werden soll. Man kann sie leicht ohne Erwärmen zumischen. Je höheren Metallgehalt sie haben, desto günstiger sind sie. Das ist mit ein Vorteil der Naphthenate [Literatur über Naphthenate s. F. Meidert (1), (2); H. Munzert; H. Wolff (4); F. Wilborn und G. Fink; Ungenannt (2)].

---

[1] Die Normblattangaben für DIN- und RAL-Vorschriften, auch an den späteren Stellen dieses Kapitels, werden mit Genehmigung des Deutschen Normenausschusses wiedergegeben. Maßgebend ist die jeweils neueste Ausgabe des Normblattes im Normformat A 4, das bei der Beuth-Vertrieb G. m. b. H., Berlin W 15 und Köln, erhältlich ist.

5. Harze.

Eine schnellere Trocknung der Öllacke kann man auch erreichen, wenn man Harze zusetzt. Für die Lacklederindustrie kommen alle Harze, die den Lack spröde machen, natürlich nicht in Frage. Es bleiben dann fast nur synthetische Harze, z. B. die Alkydharze, besonders die ölmodifizierten Alkydharze, übrig.

6. Lösungsmittel.

Benzin.

Als Lösungsmittel oder Verdünnungsmittel für Öllacke kommt fast nur Testbenzin, auch Lackbenzin, Terpentinersatz oder Kristallöl genannt, in Frage. Seine Siedegrenzen sind ungefähr 130 bis 200° C, sein Flammpunkt soll nicht unter 21° C (bei 760 mm Druck) liegen (s. S. 984 dieses Kapitels).

Terpentinöl.

Früher wurde zum Verdünnen von Öllacken viel Terpentinöl verwandt. Unter diesem Namen sind bekanntlich eine Unzahl von Produkten ganz verschiedener Herkunft und Zusammensetzung auf dem Markt, die eine starke Verwirrung in den Begriff „Terpentinöl" gebracht haben. Nach dem Reichsausschuß für Lieferbedingungen (RAL.-Blatt 848 C) bedeutet Terpentinöl ausschließlich das aus dem Balsam gewisser Nadelbäume durch Wasserdampfdestillation gewonnene Produkt (Balsamterpentinöl). Produkte, die durch Wasserdampf aus Holz gewonnen werden, sind als Holzterpentinöle [S. H. Wolff) (2), S. 60] zu bezeichnen, ebenso wie die bei der Holzverkohlung anfallenden Öle. [Vgl. diesen Band, 6. Kapitel, S. 592.] Als Kienöl bezeichnet man alle Öle, die durch trockene Destillation aus harzhaltigem Holz gewonnen werden. Eine weitere Art von Terpentinölen sind die sogenannten Sulfat- oder Celluloseterpentinöle, ein Abfallprodukt der Cellulosefabrikation. Ein Teil der „schwedischen Terpentinöle" gehört in diese Gattung. Fehlt bei der Bezeichnung „Terpentinöl" eine nähere Qualitätsangabe, so ist Balsamterpentinöl zu verstehen. Chemisch besteht Balsamterpentinöl zum größten Teil aus Pinen, einem zyklischen Kohlenwasserstoff, $C_{10}H_{16}$, der bei 155° C siedet und eine Doppelbindung enthält. Beim Stehen an der Luft nimmt das Öl Sauerstoff auf und färbt sich gelb. Die Peroxyde, die sich dabei bilden, wurden früher vielfach als sehr wesentlich für die Filmbildung bei den mit Terpentinöl verdünnten Öllacken angesehen. Sie scheinen jedoch hierfür kaum von Bedeutung zu sein, können aber die Ursache einer Säurebildung sein, da aus den Peroxyden u. a. Camphersäure, $C_8H_{14} \cdot (COOH)_2$, entstehen soll. In den Holzterpentinölen herrscht vielfach das Pinen vor neben anderen, nahe verwandten Kohlenwasserstoffen. Cymol, $C_{10}H_{14}$, ein aromatischer Kohlenwasserstoff, der den Terpenen nahesteht, ist vielfach der Hauptbestandteil der Öle aus dem Sulfatprozeß. Über die physikalischen Konstanten s. diesen Band, 6. Kapitel, S. 593. Terpentinöl ist leicht mischbar mit Benzin und Petroleum und wird manchmal mit diesen Stoffen verfälscht. Es wird auch heute noch, wenn auch weniger, zum Verdünnen von Öllacken verwendet.

Nach einer neueren Arbeit von W. Sandermann soll nach den Erfahrungen der Praxis der vollkommene Austausch von Terpentinöl durch Mineralölprodukte erhebliche Risiken in sich bergen. Nach ihm ist Testbenzin wohl als Verdünnungsmittel dem Terpentinöl gleichwertig, nicht aber als Lösungsmittel. Gute Lösungsmittel sind aber von erheblicher Bedeutung. Dies muß man bedenken, wenn man im Lack und später im Film nachteilige Erscheinungen vermeiden will.

Nur mit Testbenzin hergestellte Lacke sind niedrigviskos, machen einen mageren Eindruck und täuschen daher einen geringeren Körpergehalt vor, als sie wirklich besitzen. Die besonderen Vorteile von Terpentinöl gegen Mineralölprodukte werden von E. Stock wie folgt wiedergegeben:

Die alten, ausschließlich auf Terpentinölbasis aufgebauten Lacke hatten, zumal wenn sie längere Zeit lagern konnten, nicht nur ganz hervorragende Füllkraft, Glanz und Verlauf, auch ihre Verarbeitbarkeit gestaltete sich vorteilhaft, weil sie sich eigenartig „sämig" verstrichen.

II. Rohstoffe für das Kaltlackierverfahren.

Für das Kaltlackierverfahren werden hauptsächlich Lacke aus Celluloseestern verwendet. Sie setzen sich aus nichtflüchtigen, den eigentlichen Lack bildenden Substanzen und flüchtigen Stoffen zusammen, die nur dazu dienen, den Lack löslich und verarbeitbar zu machen. Ein Nitrocellulose- oder Kollodiumlack besteht aus:

Nitrocellulose, Weichmacher, Harz, Pigment	Löse-Verschneidmittel
nicht flüchtig	flüchtig

Harz ist nicht unbedingt erforderlich, Pigment ist nur in den angefärbten Lacken vorhanden, während Klarlacke kein Pigment enthalten.

Der Lackfilm entsteht bei den Kaltlacken grundsätzlich anders als bei dem Öllackierverfahren. Während bei diesem das Trocknen und die Filmbildung durch chemische Vorgänge erfolgen, die noch durch kolloidchemische überlagert sind, treten beim Kaltlackierverfahren keine chemischen Umsetzungen ein. Der Film bildet sich, wie schon aus dem Namen hervorgeht, ohne Anwendung von Temperaturerhöhung rein physikalisch durch Verdunsten der flüchtigen Lösungs- und Verschneidmittel. Wenn diese ganz verdunstet sind, ist die Filmbildung beendigt.

Das Kaltlackierverfahren ist also viel einfacher und viel leichter zu handhaben als das Öllackierverfahren. Da es aber von den erwähnten Aufbaustoffen eine ganz bedeutende Menge gibt, muß man für jeden gewünschten Zweck jeweils die günstigsten Stoffe auswählen. Ebenso ist es wichtig, das richtige Verhältnis der einzelnen Stoffe herauszufinden. Zuerst muß man sich über die zu fordernden Eigenschaften des Lacks und der daraus hergestellten Lackierung im klaren sein. Man muß dabei beachten für den Lack: Konsistenz, Füllkraft, Trockenzeit, Beeinflussung des Untergrundes und Auftragsweise; für den Lackfilm selbst: Dicke des Auftrags, Haftfestigkeit auf dem Untergrund und von Schicht zu Schicht, Glanz, Biegsamkeit, Geschmeidigkeit, Schleifbarkeit, Polierfähigkeit, Aufnahmefähigkeit für einen einzupressenden Narben, Beständigkeit gegen den Einfluß von Licht, Wärme, Wetter usw.

Es sind also sehr viele Dinge zu beachten, und bei der Zusammensetzung aus sechs verschiedenen Aufbaustoffen, von denen nicht nur die Art, sondern auch die Menge festgestellt werden müssen, gibt es eine ungeheure Zahl von Möglichkeiten der Zusammensetzung. Die geeignetste davon ist nur durch systematische Versuchsreihen zu finden.

Dazu ist eine genaue Kenntnis der Eigenschaften und Eigenarten der verschiedenen Aufbaustoffe, also der Nitrocelluloseester, der Weichmacher oder Weichmachungsmittel, auch Plastifikatoren genannt, der Löse- oder Lösungsmittel und der Verschneid- oder Verschnittmittel unbedingt nötig und ein näheres Eingehen auf diese Rohstoffe erforderlich. Von der Zahl der Celluloseester, die dargestellt und verwertet werden, kommen für das Kaltlackierverfahren in der

Lacklederindustrie praktisch fast nur die Nitrocelluloseester in Frage. Daß diese in sehr vielen organischen Lösungsmitteln löslich sind, und daß die Geschwindigkeit der Filmbildung durch Auswahl schneller und langsamer verdunstender Lösungsmittel bequem verändert und beliebig eingestellt werden kann, ist der große Vorzug der Kaltlacke. Auch die mechanischen Eigenschaften des Nitrocelluloseesterfilms können in verschiedenen Richtungen weit verändert werden, was durch Zugabe von Weichmachern, Harzen und Füllmitteln erreicht wird. Über Nitrocelluloselacke für die Lederindustrie und die dazu verwandten Rohstoffe finden sich im Schrifttum nur wenige Arbeiten, früher von E. Pilz und dann bis in die letzte Zeit von A. Kraus (3), (4), (5), in dessen Handbuch der Nitrocelluloselacke (6) die neuesten Erfahrungen der letzten Jahrzehnte sehr übersichtlich zusammengestellt sind, und wo auch ein Überblick über die bis zum Sommer 1952 erschienene in- und ausländische Literatur zu finden ist. Ferner haben neuerdings einige Firmen sehr interessante und brauchbare Schriften über Nitrocelluloselacke und deren Rohstoffe herausgegeben [Ungenannt (3), (4), (5)].

1. Nitrocellulose.

Über alles Wesentliche, was über Nitrocellulose, gewöhnlich Kollodiumwolle genannt, mitgeteilt werden muß, ist in diesem Bd., 7. Kap., S. 765, schon berichtet (s. hierzu auch K. Craemer, S. 648f.). Hier sei noch einiges hervorgehoben. Besonders wichtig bei der Verarbeitung der Nitrocellulose ist die Kenntnis der Viskosität ihrer Lösungen. Da die Kollodiumwolle kein einheitlicher Stoff ist, kann man mit dem gleichen Lösungsmittel bei gleicher Konzentration je nach dem Fabrikat sehr verschiedene Viskositäten erhalten. Man spricht daher von „verschieden viskosen Wollen". So geben z. B. Produkte der früheren Westfälisch-Anhaltischen Sprengstoff A. G., jetzt Wasag-Chemie A. G., Essen [Ungenannt (4), S. 10], bei folgenden Konzentrationen in Butylacetat (98/100%ig) gleichkonsistente Lösungen:

<pre>
44 K 33   33% Nitrocellulose trocken
 6a K 22   22%   „   „
 8 K 13   13%   „   „
17 K 5   5%   „   „
19 K 2,5 2,5%   „   „
</pre>

Anderseits gibt das gleiche Fabrikat bei gleichem Substanzgehalt Lösungen recht verschiedener Zähflüssigkeit, wenn das Lösungsmittel und das Verdünnungsmittel geändert werden [Ungenannt (3), S. 22], denn die Viskosität einer Kollodiumlösung ist nicht allein von der „Eigenviskosität" der Kollodiumwolle ab-

Tabelle 4. Anstieg der Viskosität einer 10%igen
Lösung von E 510 in verschiedenen Estern
[Ungenannt (3), S. 22].

Lösungsmittel	Viskosität, 10%ig, in cP bei 25° C
Methylacetat	24,3
Äthylacetat	27,3
Butylacetat	49,2
Amylacetat	50,3

hängig. Wie bei gleicher Konzentration der Kollodiumwollelösung die Viskosität bei höherem Molekulargewicht der verwendeten Lösungsmittel in der homologen Esterreihe Methylacetat/Amylacetat stark ansteigt, ist aus der Tabelle 4 ersichtlich.

Auch der Zusatz von Verschneidmittel (Benzin, Benzolkohlenwasserstoffe) wirkt sich auf die Viskosität einer Kollodiumwollelösung aus. Falls es sich um Verschneidmittel handelt, die in Verbindung mit den echten Lösungsmitteln kein potentielles Lösevermögen entwickeln, wie beispielsweise Toluol in Verbindung mit Estern, so tritt meistens ein starker Viskositätsanstieg auf.

Tabelle 5. Viskositätsverlauf einer 10%igen Lösung
von E 510 in Butylacetat/Toluolgemisch
[Ungenannt (*3*), S. 23].

Toluol %	Butylacetat %	Viskosität in cP 25° C
0	90	66,20
10	80	72,30
20	70	73,60
30	60	75,00
40	50	87,30
50	40	110,80
60	30	Ausflockung

Erhöht dagegen das Verschneidmittel in Verbindung mit dem eigentlichen Lösungsmittel das Lösevermögen, so zeigt die Viskosität der Lösung ein Absinken. Erst bei extrem hohen Zusätzen steigt die Viskosität an.

Tabelle 6. Viskositätsverlauf einer 10%igen Lösung
von E 510 in Butylacetat/Alkoholgemisch
[Ungenannt (*3*), S. 23].

Alkohol %	Butylacetat %	Viskosität cP 25° C
0	90	66,20
10	80	48,80
20	70	45,20
30	60	44,80
40	50	46,15
50	40	46,95
60	30	51.30
70	20	54,85
80	10	69.40

Man unterscheidet niedrigviskose, mittelviskose und hochviskose Kollodiumwollen. Die niedrigviskose hat einen besonders hohen Körpergehalt und gibt gleich einen dicken Film bei einem Aufstrich, doch bewirkt sie stark verringerte Festigkeitseigenschaften des Films. Gerade diese Festigkeitseigenschaften sind für Leder aber äußerst wichtig, denn Leder kann sich sehr stark dehnen und hat auch eine hohe Reißfestigkeit und Knitterfestigkeit. Ausführliche Arbeiten über die Eigenschaften verschiedener Wollen findet man bei A. Kraus [(*3*), (*6*), S. 233] und bei Ungenannt (*4*), S. 12. Einen Überblick gibt Tabelle 7, S. 941, die mit Wasagwollen an Filmen von 0,04 mm Dicke erhalten wurde.

Die Knitterfestigkeit und die Dehnung sind umso größer, je höher die Viskosität der Wolle ist.

Die Festigkeitseigenschaften müssen natürlich denen des Leders angepaßt werden. Für Lederlacke eignen sich daher am besten die sogenannten hochviskosen Kollodiumwollen, da hohe Ansprüche an die Dehnbarkeit und

Geschmeidigkeit gestellt werden. Man nimmt dann lieber einen öfteren Auftrag in Kauf, wenn der Film dicker werden soll. Mischt man zwei Kollodiumarten verschiedener Viskosität zu einer bestimmten Viskosität, so fällt der Film vielfach schlechter aus, als er aus einer einheitlichen Kollodiumwolle der gleichen Viskosität erhalten wird, besonders was die Beanspruchung durch Wärme und

Tabelle 7. Festigkeitseigenschaften verschiedener
Wasag-Wolletypen [Ungenannt (4), S. 12].

Wolletype	Zerreißfestigkeit kg/qcm	Dehnung beim Reißen %	Anzahl der Doppelfalzungen
5 K 28	970	6	150
6 K 25	1000	7	280
6a K 22	1020	8	550
7 K 15	1070	15	960
8 K 13	1120	17	1600
8a K 7	1150	19	1900
17 K 5	1180	21	2170

Licht betrifft [Ungenannt (3), S. 77/78]. Nach Ungenannt (4), S. 15, treten bei Mischungen die Eigenschaften der niedrigerviskosen Wolle ungleich stärker zutage als ihrem Anteil am Gemisch entspricht. Mischung von hochviskoser und niedrigviskoser Wolle kann zu Störungen im Lackfilm durch körniges Auftrocknen führen. Von einer Mischung von esterlöslicher und alkohollöslicher Kollodiumwolle wird ebenfalls abgeraten, da sich dabei Ausfällungen im flüssigen Lack ergeben können, besonders dann, wenn das Lösungsmittelgemisch arm an polaren Lösern ist. Es empfiehlt sich daher, immer eine einheitliche Type auszuwählen, welche die gewünschten Eigenschaften hat. Für die Lieferung der Kollodiumwolle, die ja leicht brennbar ist, muß man sich nach den Vorschriften für den Versand richten, wie sie für die deutsche Bundesbahn und den Seetransport vorgeschrieben sind.

Meist werden esterlösliche Wollen mit Sprit angefeuchtet geliefert, und zwar ist verlangt, daß man mindestens 35 Gewichtsteile Sprit auf 65 Gewichtsteile trockene Kollodiumwolle nimmt. Bei der Entnahme dieser angefeuchteten Kollodiumwolle muß man immer mit sehr großen Ungenauigkeiten rechnen, da sich das Verhältnis von Substanz zu Anfeuchtungsmittel im Vorratsgefäß leicht stark verschiebt. Am besten ist es, wenn man von Zeit zu Zeit die Fässer umdreht. Man kann diesen Fehler der Entmischung zum Teil dadurch beseitigen, daß man sich zunächst aus einem ganzen Faß Kollodiumwolle, das dann auch noch die gesamte Menge Anfeuchtungsmittel enthält, eine konz. Stammlösung mit bestimmtem Gehalt bereitet, aus der durch Verdünnen die gewünschte Konzentration erhalten werden kann. Dann wird Kollodiumwolle auch oft in einem geeigneten Lösungsmittel gelöst geliefert. Die so erhaltenen Pasten sind aber nicht lange lagerfähig. Sie werden am besten in verzinkten Behältern aufbewahrt und bald verarbeitet. Eine weitere Form, in der Kollodiumwolle geliefert wird, sind Mischungen von Nitrocellulose mit Weichmachern, bei denen der Lackkörper im Weichmacher aufgequollen ist. Sie sind teils pastenförmig, teils fest als trockene Schnitzel und wurden vor allem wegen zolltechnischer Vorteile eingeführt. Bei Verwendung solchen Ausgangsmaterials können dadurch Schwierigkeiten entstehen, daß der Gehalt an Plastifizierungsmitteln zu groß ist. Die Kollodien des Handels sind meist schwach gelb gefärbt. Diese geringe Färbung fällt aber praktisch nicht ins Gewicht, da sie beim dünnen Film nicht mehr wahrgenommen wird.

Die alkohollösliche Kollodiumwolle wird gewöhnlich in Butanol gelöst verschickt, hat aber für die Lacklederindustrie keine große Bedeutung.

Als Rohstoff für die Lederlacke spielen auch Abfälle der Celluloid- und Filmindustrie eine Rolle. Bestimmend für ihre Verwendung ist meist der Preis und dabei der hohe Gehalt an dem wertvollen Weichmacher, dem Campher. Dieser ist ebenfalls in Lederlacken von Wert, wenn auch die Gefahr besteht, daß ein campherhaltiger Film durch allmähliches Verdunsten des Camphers an seinen guten Eigenschaften einbüßt. Man verwendet die Abfälle zusammen mit Kollodiumwolle und anderen Weichmachern. Schwierigkeiten entstehen leicht wegen der unterschiedlichen Herkunft der Abfälle, die vielfach Schmutz, Farbstoffe und Füllmittel enthalten. Verwendet man Abfälle aus der Filmindustrie, so muß man auch mit Material aus Acetylcellulose rechnen. Dieser Rohstoff wird sich dadurch bemerkbar machen, daß er in den für Nitrocellulose üblichen Solventien nicht in Lösung geht. Photographische Filme enthalten heute im allgemeinen keine Zusätze, also auch kein Ricinusöl mehr. Man sollte nur nach eingehender analytischer und technischer Untersuchung eines größeren Musters sich zu einem Kauf von Celluloid- oder Filmabfällen entschließen.

Besondere Vorsicht erfordert das Lagern von Celluloidabfällen, da sie bekanntlich leicht entzündbar sind und dann mit großer Geschwindigkeit unter Entwicklung giftiger Gase und gefährlicher Stichflammen brennen. Da die Entflammungstemperatur schon bei zirka 170° C liegt, muß ein Lagern in der Nähe von Öfen, heißen Rohren usw. auf alle Fälle vermieden werden. Am sichersten bewahrt man die Abfälle mit Wasser befeuchtet auf.

Hingewiesen muß noch werden auf eine Eigenschaft der Nitrocellulose, die für deren Anwendung in der Technik von Interesse ist: Das Verhalten gegenüber Licht. Absolut stabil sind die in der Kollodiumwolle vorliegenden Salpetersäureester der Cellulose nicht. Nach W. Münzinger zeigt aber ein nur aus Nitrocellulose bestehender Film bei mehrmonatiger Belichtung nur eine geringe Vergilbung und eine gewisse Brüchigkeit. Enthält der Film aber, wie gewöhnlich, Weichmacher, so kann er schon nach einigen Wochen Belichtung rissig und spröde werden. Aber lange vorher, schon nach mehrtägiger Belichtung, ist ein Unlöslichwerden der Filmsubstanz in den üblichen organischen Lösungsmitteln zu beobachten. Es zeigt sich hier also ein katalytischer Einfluß der Weichmacher auf die Lichtbeständigkeit. Manche Pigmente und gewisse Harze üben dagegen einen schützenden Einfluß aus, so daß es führenden Lackherstellern bei geeigneter Wahl aller Komponenten gelingt, Nitroweißlacke herzustellen, die so gut wie gar nicht vergilben, höchste Festigkeit aufweisen und jahrelanger Bewitterung standhalten [Ungenannt (*3*), S. 80].

2. Weichmacher.

Über diese für die Lacklederindustrie äußerst wichtige Stoffklasse ist ebenfalls in diesem Bd., 7. Kap., S. 790, zusammenhängend berichtet worden. Außer bei Campher und Ricinusöl handelt es sich um synthetische Weichmacher, die in den letzten Jahren in einer außerordentlich großen Zahl auf den Markt gebracht wurden. Im obengenannten Kapitel sind bereits näher beschrieben: Tributylphosphat, Triphenylphosphat, Tricresylphosphat, Diäthyl- und Dibutylphthalat, Butylstearat, die Sipaline (Adipinsäureester). Campher ist häufig in Filmabfällen enthalten, ist aber zu leicht flüchtig. Über Ricinusöl ist schon in diesem Bd., 6. Kap., S. 446, berichtet. Ausführliche Zusammenstellungen von 43 bzw. 55 Weichmachern für Nitrocellulose finden sich bei A. Kraus (*6*), S. 48, (*7*). Auch W. Geilenkirchen hat eine genaue Beschreibung von Weichmachern und ihren Vor- und Nachteilen gegeben.

Als vorteilhaft hat sich bei Nitrocellulose erwiesen, nicht einzelne Weichmacher zu verwenden, sondern ein Gemisch von aliphatischen und aromatischen Weichmachern, zusammen mit Ricinusöl, Casterol oder Ricol. Der
Gesamtweichmacherbedarf eines Lederlackes läßt sich durch Versuche so
finden, daß man die Weichmachermenge so lange steigert, bis der Lack auf
dem Leder anfängt zu kleben.

3. Lösungsmittel, Verschneidmittel und Verdünnungsmittel.

a) Lösungsmittel.

Nach K. Thinius (1), (2) sollen Flüssigkeiten mit einem Siedepunkt bis zu
250° C als Lösungsmittel für Lacke bezeichnet werden, wenn sie typisch
lösende Eigenschaften haben. Andere Flüssigkeiten, die ihre Siedegrenze bei
250° C haben und selbst nicht lösend wirken, aber in Verbindung mit echten
Lösungsmitteln keine Fällung oder Trübung hervorrufen, sind Verschneidmittel.
Verdünnungsmittel sind Mischungen aus Lösungsmitteln und Verschneidmitteln.
die lediglich die Viskosität des Lacks verändern. Zur Charakterisierung soll
die Verdunstungsgeschwindigkeit herangezogen werden.

Bei der Bereitung der Celluloseesterlacke dient bekanntlich das Lösungsmittel
dazu, den Lackkörper in einen solchen Zustand zu bringen, daß er in gleichmäßiger
Schicht auf die zu lackierende Unterlage übertragen werden kann. Ist diese Aufgabe erledigt, soll das Lösungsmittel bald restlos wieder verschwinden. Für
diesen Zweck stehen sehr viele organische Flüssigkeiten zur Verfügung. Gemäß
der Natur der Nitrocellulose als Ester werden vorzugsweise Ester ein gutes Lösevermögen haben, ferner andere sauerstoffreiche Verbindungen, wie Ketone und
Alkohole. Welche Gesichtspunkte maßgebend für die Auswahl sind, ist bereits
in diesem Bd., 7. Kap., S. 774, erörtert worden [s. auch H. Gnamm (2) und
A. Kraus (6)]. Hier seien noch einige weitere Gesichtspunkte und Ergebnisse
von Untersuchungen angeführt, die in das komplizierte Gebiet des Löse- und
Verdünnungsvorganges Licht zu bringen versuchen.

Da die äußere Beschaffenheit einer Lackschicht ganz außerordentlich von der
Geschwindigkeit abhängt, mit der sich der Film bildet, muß man über die Verdunstungsgeschwindigkeit der Lösungsmittel im Bilde sein. Die Flüchtigkeit
geht bekanntlich ungefähr mit dem Siedepunkt der Flüssigkeit parallel, wenigstens
innerhalb der einzelnen Körperklassen, wie Ester, Alkohole usw. Daß man
sich aber hüten muß, diese Regel zu verallgemeinern, ist aus einem Beispiel
von B. K. Brown und Ch. Bogin zu ersehen, nach denen Toluol dreimal so
schnell verdampft wie Isobutylalkohol, während sein Siedepunkt um 2° höher
ist als der des Alkohols. Die Verdampfungsgeschwindigkeit ist in erster Linie
abhängig von dem Dampfdruck, der bei der jeweiligen Temperatur von
der Lösung entwickelt wird, und die Temperaturabhängigkeit des Dampfdrucks ist um so ausgeprägter, je polarer das Lösungsmittel ist. Die Verdampfungsgeschwindigkeit wird ferner von zahlreichen einzelnen Faktoren
beeinflußt, wie Geschwindigkeit der Wärmezufuhr, Wärmeleitfähigkeit und
Oberflächenspannung der Flüssigkeit, Assoziationsgrad der Flüssigkeits-
moleküle u. a. m. Um nur für den letzten Faktor ein Beispiel zu geben, sei
erwähnt, daß Alkohole mit niedrigem Siedepunkt langsamer verdunsten können
als manche ihrer Ester, die höher sieden. Der Grund ist darin zu suchen, daß
bei freier OH-Gruppe die zusammenhaltenden Kräfte der Moleküle größer
sind als bei veresterter OH-Gruppe.

Eine grobe Einteilung der Lösungsmittel hat man nach dem Siedepunkt
vorgenommen, und zwar unterscheidet man gewöhnlich

Niedrigsieder (Siedepunkt unter 100° C),

Mittelsieder (Siedepunkt zwischen 100° C und dem Siedepunkt des Amylacetats — zirka 150° C),

Hochsieder (Siedepunkt höher als zirka 150° C).

Um die Flüchtigkeit zahlenmäßig auszudrücken, hat man die Verdampfungszeit der einzelnen Mittel zu der von Äther in Beziehung gebracht und setzt dabei die von Äther gleich 1 („Verdunstungszahl"). Produkte von leichter Flüchtigkeit nennt man solche, die Verdunstungszahlen unter etwa 7 haben, von mittlerer Flüchtigkeit solche mit Verdunstungszahlen zwischen 7 und 35, schwer flüchtige Substanzen haben Verdunstungszahlen über 35.

Die Geschwindigkeit der Filmbildung nach dem Aufstreichen oder Aufspritzen reguliert man allgemein durch Verwendung verschiedener Lösungsmittel mit unterschiedlicher Flüchtigkeit. Der Bestandteil mit dem höheren Dampfdruck wird schneller entweichen als der mit dem niedrigeren Dampfdruck. Es ändert sich also dauernd das gegenseitige Verhältnis der Lösungsmittel in der Lackschicht, bis zuletzt auch die am schwersten flüchtigen Stoffe verschwinden. Je nach dem anfänglichen Mischungsverhältnis kann man also die Dauer des Filmbildungsprozesses regulieren. Es ist jedoch hier wichtig zu wissen, daß es Mischungen von organischen Lösungsmitteln gibt, die beim Verdampfen nicht einen sich stetig in der Zusammensetzung ändernden Rückstand ergeben, bei denen es vielmehr ein bevorzugtes Mischungsverhältnis gibt. Ist dieses Verhältnis erreicht, so verdampfen beide Bestandteile gleichzeitig und die Zusammensetzung des Rückstandes ändert sich nicht mehr. Solche azeotropen Mischungen können von allen Mischungsverhältnissen den höchsten oder auch den niedrigsten Dampfdruck aufweisen. Eine solche azeotrope Mischung ist z. B. ein Gemisch von etwa $1/3$ Äthylalkohol und etwa $2/3$ Benzol. Die Mischung siedet bei etwa 68° C, während Äthylalkohol bei 78° siedet und Benzol bei 80° C.

Daß es Lösungsmittelgemische mit einem Dampfdruckmaximum, also mit einem Siedepunktminimum gibt, ist vom Lackfachmann besonders zu beachten. In einem solchen Fall kann beispielsweise der Dampfdruck höher und der Flammpunkt niedriger sein als der der Einzelkomponenten, was zu unerwarteten Bränden führen kann. Es ist klar, daß die Änderung der Zusammensetzung des Gemisches während der Trocknung und die Verdunstungsgeschwindigkeit vom Auftreten azeotroper Gemische abhängen. Hat das azeotrope Gemisch ein Dampfdruckminimum, dann verdampft zunächst vorwiegend die im Überschuß befindliche Komponente und am Schluß das azeotrope Gemisch; hat es dagegen ein Dampfdruckmaximum (Siedepunktsminimum), dann verdampft zunächst azeotropes Gemisch und zum Schluß die im Überschuß befindliche Komponente.

Die Verdunstungsgeschwindigkeit der Lösungsmittel wird mit zunehmender Konzentration des Lackkörpers in der Lackschicht abnehmen, da die Lösungsmittelmoleküle immer schwerer aus dem Innern des Films nach der Oberfläche diffundieren können. In diesem Endstadium der Filmbildung wird die Verdampfungsgeschwindigkeit wesentlich von der Molekülgröße der Lösungsmittel abhängen, da kleinere Moleküle schneller diffundieren können als größere. Natürlich spielt hier auch die Viskosität der verwendeten Nitrocellulose eine Rolle, da diese ebenfalls die Diffusion beeinflußt. Es bleiben also die hochsiedenden Stoffe, weil sie meist ein relativ großes Molekulargewicht haben, unverhältnismäßig lange im Film. Sie können dann, weil sie scheinbar als Weichmacher wirken, erst einen gut elastischen Film vortäuschen, der dann aber nach und nach brüchig wird, je mehr die Lackschicht an dem schwerflüchtigen Lösungsmittel verarmt.

Der Vorgang des Verdampfens einer Flüssigkeit, also der Übergang aus dem flüssigen in den gasförmigen Zustand, ist bekanntlich mit einem Energieverbrauch verbunden, fühlbar an der Abkühlung des verdampfenden Mittels. Bei rasch verdampfenden Stoffen, wie Aceton und Methylacetat, oder bei beschleunigter Verdampfung (Spritzverfahren) kann der Wärmeentzug leicht so weit gehen, daß der Lack sich unter den Taupunkt der umgebenden Luft abkühlt. Dadurch wird sich Feuchtigkeit der Luft auf der Lackschicht niederschlagen, was wiederum ein Ausfällen der wasserunlöslichen Lackkörper zur Folge hat. Der Film läuft dann weiß an (s. dieses Kapitel, S. 964). Enthält das Lösungsmittel erhebliche Mengen von Stoffen, in denen sich Wasser löst, wie Alkohol, Aceton, Butanol, Diacetonalkohol oder Äthyllactat, so ist die Gefahr des Anlaufens nicht so groß, da das Wasser schnell von der Oberfläche in tiefere Schichten abgeleitet wird. Eine Kondensation von Wasser wird natürlich um so schneller eintreten, je mehr Wasserdampf in der Luft vorhanden ist, je größer also die relative Luftfeuchtigkeit ist. Daher sind regelmäßige Feuchtigkeitsmessungen in dem Lackverarbeitungsraum angebracht (s. diesen Band, 4. Kap., S. 281). Wird der Wasserdampf der Luft zu hoch gefunden, so muß unter Umständen mehr von den Mittel- und Hochsiedern zum Lösen angesetzt werden. Andere Vorbeugungsmittel sind natürlich Trocknen der umgebenden Luft durch Absorption des Wasserdampfes mit chemischen Mitteln oder durch Abkühlen der Luft, Kondensieren des Wasserdampfes und Wiedererwärmen der Luft. Ein Arbeiten in Räumen mit erhöhter Temperatur und mit schwach erwärmten Lacken ist natürlich auch ein Weg, doch besteht hierbei die Gefahr, daß die Lackschicht zu rasch dickflüssig wird und dann schlecht verläuft. Oft wird es möglich sein, besonders morgens früh, bei großer Feuchtigkeit der Luft, solange zu warten, bis nach Erwärmen der Luft die Schwierigkeiten nicht mehr auftreten. Ein vorzeitiges Ausfallen der Nitrocellulose kann auch durch zu rasches Verdunsten der Lösungsmittel, ohne daß Wasser niedergeschlagen wird, verursacht werden. Auch kann sich ein azeotropes Gemisch mit Siedepunktsminimum schädlich auswirken, da es eben besonders schnell verdampft. Die Gefahr einer trüben Lackoberfläche dürfte einer der Hauptgründe sein, warum man großen Wert auf ein richtiges Verhältnis der leicht-, mittel- und schwerflüchtigen Lösungsmittel legen muß. Allgemein gilt, daß ein Anstrich um so weniger zum Anlaufen neigt, je höher viskos der Lack ist.

b) Verschneidmittel.

Neben den Lösungsmitteln spielen die Verschneidmittel bei der Bereitung von Nitrocelluloselacken eine wichtige Rolle. Ihre Verwendung wird nötig durch die Tatsache, daß die reinen Lösungsmittel recht teure Stoffe sind. Während diese meist Ester und Äther sind, herrschen unter den Verschneidmitteln neben Alkoholen die billigeren Kohlenwasserstoffe vor. Diese haben allein kein Lösevermögen für Nitrocellulose, können aber doch zu einer Celluloseesterlösung in bestimmtem Maße zugesetzt werden, ohne daß die gelöste Substanz ausfällt; d. h. ein Gemisch von Löser und Nichtlöser vermag auch Nitrocellulose zu lösen und, was besonders wichtig ist, dabei oft noch die Viskosität der Lösung herunterzusetzen. Bei der Wahl der Verschneidmittel muß man darauf achten, daß sich der nichtlösende Anteil nicht während des Verdunstens im Rückstand zuungunsten des lösenden Mittels vergrößern darf, da sonst leicht die Konzentration an Nichtlösern so groß wird, daß Nitrocellulose ausfällt. Man muß also zu jedem Lösungsmittel ein Verschneidmittel auswählen, das ebenso flüchtig oder noch flüchtiger ist. Die Gesamtmenge an Verschneidmittel muß etwas schneller verdunsten als das Lösungsmittelgemisch, auf keinen Fall aber langsamer.

Der schwerstflüchtige Nitrocelluloselöser muß zugleich Löser sein für etwa vorhandenes Harz. Wenn die Verdunstung der Lösungs- und Verschneidmittel besonders im letzten Teil der Filmbildung ungleichmäßig verläuft, kann es zu Störungen kommen. Der Film wird wellig, streifig und es kann die sogenannte „Orangeschalenoberfläche" entstehen.

A. Kraus (6), S. 37, hat entsprechende Lösungs- und Verschneidmittel für Nitrocellulose in der folgenden Tabelle übersichtlich zusammengestellt:

Tabelle 8. Lösungs- und Verschneidmittel [A. Kraus (6), S. 37].

Löser		Verdunstungszahl (Äther = 1)	Verschneidmittel	Verdunstungszahl (Äther = 1)
Leichtflüchtig:	Aceton	2,1	Methylenchlorid	1,8
	Methylacetat	2,2		
	Äthylacetat	2,9	Benzol	3
	n-Propylacetat.....	5		
	Methanol..........	6,3	Toluol.........	6,1
Mittelflüchtig:	Butylacetat........	11,8	Alkohol........	8,3
	Amylacetat........	13	Benzin	10
	Methylglykol	34,5	Xylol	13,5
	Methylglykolacetat	35	n-Propylalkohol	16,5
			Butanol	33
Schwerflüchtig:	Cyclohexanon	40		
	Äthylglykol........	63		
	Methylcyclohexanon	47		
	Äthylglykolacetat ..	52		
	Propylglykol.......	68	Amylalkohol ...	62
	Äthyllactat	80	Dekalin	94
Besonders schwerflüchtig:	Butylglykol........	163	Tetralin	190
	Butyllactat	443		

Wasser mit einer Flüchtigkeit von etwa 50 bis 60, je nach der Feuchtigkeit der Luft, würde zu den schwerflüchtigen Verschneidmitteln zählen und in der Tabelle über Amylalkohol stehen.

Für die Menge des Verschneidmittels, die eine Nitrocelluloselösung verträgt, bestehen Grenzen, die man für jeden Fall durch Vorversuche feststellen muß. Man gibt so lange zu einer Nitrocelluloselösung der gewünschten Zusammensetzung abgemessene Mengen des zu verwendenden Verschneidmittels zu, bis ein Niederschlag entsteht, der durch Schütteln nicht wieder zu entfernen ist. Man hat dann die äußerste Grenze der Verschneidfähigkeit. Diese Probe sollte aber niemals allein für die Menge an Verschneidmittel ausschlaggebend sein, sondern muß durch einen Trocknungsversuch kontrolliert werden. Da Trocknungsversuche ganz andere Verschneidgrenzen ergeben können als die Fällungsversuche, unterscheidet H. Wolff (3) zwischen scheinbarer und wahrer Verschneidfähigkeit. So liegt z. B. nach H. Wolff (3) für Äthylglykol und Äthylglykolacetat die „scheinbare Verschneidfähigkeit" unter der des Butylacetats, während die „wahre Verschneidfähigkeit" wesentlich größer als die des Butylacetats ist. Man muß außerdem bedenken, daß sich das mögliche Verschneidverhältnis ändert, wenn andere Wollekonzentrationen vorliegen. Bei Lacken, die Pigmente enthalten, in denen also eine Fällung der Kollodiumwolle nicht wahrzunehmen ist, kann man durch Beobachtung des abnehmenden

Glanzes des Lackaufstriches die Verschneidfähigkeit ungefähr beurteilen. Bei Wasser muß man dabei auf die Luftfeuchtigkeit Rücksicht nehmen.

Ausführliche Untersuchungen über das Verschneidverhältnis einiger Lösungsmittel für Nitrocellulose haben J. G. Davidson und E. W. Reid veröffentlicht. Sie drücken das Verschneidverhältnis durch die Anzahl ml Nichtlöser aus, die erforderlich ist, um in einem ml einer Nitrocelluloselösung von bestimmtem Gehalt eben eine Fällung zu erzeugen.

Tabelle 9. Verschneidverhältnis einiger Nitrocelluloselösungen für Kohlenwasserstoffe (J. G. Davidson und E. W. Reid).

Verschneidmittel	Lösungsmittel			
	I	II	III	IV
Benzol	4,3	4,8	2,6	2,6
Toluol	3,8	5,2	3,0	2,5
Xylol	2,4	4,0	2,8	2,4
Terpentinöl	0,4	1,9	2,8	3,5
Pennsylv. dest. Gasolin (48/221°)	0,2	0,6	1,2	1,3
Dampfgekracktes Gasolin (50/221°)	0,6	1,3	1,9	2,0

I = Methyläther des Äthylenglykols,   III = Butyläther des Äthylenglykols,
II = Äthyläther des Äthylenglykols,   IV = Butylacetat.

In Tabelle 9 ist ein Auszug aus der großen Zahl von Werten wiedergegeben, die für amerikanische Verhältnisse ermittelt wurden. Die Werte sind an 25%igen Lösungen einer $^1/_2$ sec-Wolle bei 20° C ermittelt worden. Die amerikanischen Autoren haben ihre Ergebnisse etwa folgendermaßen zusammengefaßt:

1. Das Verschneidverhältnis der untersuchten Lösungsmittel ist gegenüber den aromatischen Kohlenwasserstoffen (Benzol und Homologen) größer als gegenüber Benzin.

2. Glykoläther lassen sich durch aromatische Kohlenwasserstoffe stärker verschneiden als die Butylester; gegen Benzine verhalten sich beide gleich.

3. Gekrackte Benzine sind bessere Verschneidmittel als einfach destillierte; niedrigsiedende Benzinfraktionen bessere als höher siedende.

Für die rezeptmäßige Auswertung ermittelter Verschneidverhältnisse ist erforderlich, daß die Versuche so durchgeführt werden, daß die Konzentration an Nitrocellulose am Ende ungefähr so groß ist, wie man sie im Lack anzuwenden wünscht. Das Verschneidverhältnis ist nämlich stark abhängig von der Konzentration der gelösten Kollodiumwolle.

c) Verdünnungsmittel.

Vielfach unterscheidet man neben den Lösungs- und Verschneidmitteln noch die Verdünnungsmittel, auch Verdünner genannt. Darunter versteht man Gemische von wenig Lösungsmittel mit viel Verschneidmittel, mit denen man fertige, aber zu viskose Lacke dünnflüssiger macht. Solche Gemische sind z. B. Toluol-Butylacetat oder Butanol-Äthylacetat.

Nach F. Seeligmann und E. Zieke (S. 660) hat ein Verdünner für Nitrolacke etwa folgende Zusammensetzung:

Essigester .... 5 bis 25%
Butylacetat .... 20 „ 40%
Butanol .... 10 „ 20%
Verschneidmittel........ 20 „ 60%

Als Verschneidmittel können Toluol, Xylol oder Leichtbenzin verwendet werden.

d) Die einzelnen Lösungs- und Verschneidmittel.

α) Lösungsmittel.

Eine neuere Zusammenstellung zur Kenntnis der Lösungsmittel für Kollodiumwolle findet sich bei A. Kraus (7). Er zählt auf: 1. Ester, 2. Ketone, 3. Glykoläther, 4. Acetale, 5. Furanderivate, 6. Nitroparaffine. In Deutschland werden mehr Ester, in Amerika mehr Ketone verwendet, die dort besonders billig sind, weil sie aus Erdöl gewonnen werden, z. B. Methylisobutylketon und Methyläthylketon.

Von den Lösungsmitteln für Kollodiumwolle sind die Eigenschaften und die Konstanten bereits in diesem Band, 7. Kap., S. 779, ausführlich beschrieben. Auf ihre Wiedergabe wird daher hier verzichtet. Viele Lösungsmittel sind keine einheitlichen Stoffe, sondern Gemische von oft ungleichmäßiger Zusammensetzung. Teils werden die Lösungsmittel aus uneinheitlichen Rohstoffen gewonnen, und es liegt dann gar kein Grund vor, sie erst mühselig voneinander zu trennen, teils werden sie erst zusammengemischt („Speziallösungsmittel"). Über alle diese Mittel haben die einzelnen Lieferfirmen in den letzten Jahren ausführliche Broschüren herausgegeben.

Ester. Als Säurebestandteil spielt die Essigsäure die Hauptrolle, neben der die Ameisensäure und Milchsäure in den Hintergrund treten. Als Alkoholkomponente treten die ersten Glieder der leicht zugänglichen aliphatischen Alkohole hervor. Die Ester stehen unter den Lösungsmitteln für Kaltlacke an erster Stelle. Außer der Nitrocellulose lösen sie Öle und auch natürliche und künstliche Harze im allgemeinen ziemlich leicht. Die Beschreibung der einzelnen Ester s. diesen Bd., 7. Kap., S. 781. In neuerer Zeit hat n-Propylacetat an Bedeutung gewonnen [A. Kraus (3)].

Ketone. Die Ketone erwiesen sich ebenfalls als hervorragende Lösungsmittel für Celluloseester. Gegenüber den Estern haben sie noch den Vorteil, daß sie nicht so leicht verseifbar sind wie diese. Während ihre Gewinnung in technischem Maßstab früher auf wenige Produkte beschränkt war, hat die Herstellung und Verwendung von Ketonen im Krieg und nach dem Kriege in Amerika und England einen sehr großen Aufschwung genommen. So beschreibt J. Mellan 18 verschiedene handelsübliche Ketone, von denen Methyläthylketon nach A. Kraus (3) im Jahre 1950 auf eine Jahresproduktion von 33 Millionen Kilo kam, und Methylisobutylketon für Nitrocelluloselacke besondere Wichtigkeit erlangt hat. Auch manche Weichmachungsmittel, wie z. B. Campher, gehören in diese Klasse. Nähere Einzelheiten über die verschiedenen Ketone finden sich in diesem Band, 7. Kap., S. 779, wo auch die Glykoläther, Acetale und Furanderivate beschrieben sind.

Nitroparaffine. Hier sollen nur noch erwähnt werden die vier Nitroparaffine als Vertreter einer auf dem Lösungsmittelgebiet gänzlich neuen Körperklasse. Nach A. Kraus (3) sind sie vor etwa zehn Jahren in Amerika in den Handel gekommen. Es handelt sich um Nitromethan, Nitroäthan und die beiden isomeren Nitropropane. Sie sind ausgezeichnete Lösungsmittel für Nitrocellulose.

β) Verschneidmittel.

Als Verschneidmittel kommen zur Verbilligung der Verdünnungsmittel hauptsächlich Kohlenwasserstoffe in Frage.

Benzine. Unter diesem Namen faßt man die Bestandteile des Erdöls zusammen, die bei fraktionierter Destillation bis etwa 200° C übergehen. Ferner bezeichnet man auch die ersten Fraktionen des Braunkohlenteers als Benzine, doch haben diese für die Lacktechnik kaum Bedeutung. Eine für alle Länder zutreffende einheitliche Einteilung der Benzinfraktionen läßt sich nicht angeben. Je nach Verwendungszweck werden bestimmte Fraktionen hergestellt. In Deutschland ist es noch üblich, die Benzine nach dem spez. Gew. zu handeln, doch hat man noch keinen Anhaltspunkt dadurch für die Siedegrenzen und damit für die Flüchtigkeit, da die Beziehungen zwischen diesen beiden Größen je nach Herkunft des Benzins verschieden sind.

Nach D. Holde, S. 179, stellen deutsche und englische Raffinerien aus den Erdölbenzinfraktionen neben anderen, hier unwichtigen, folgende Produkte her:

Petroläther, d_{20} = 0,645 bis 0,655, zwischen 40 und 60° C siedend.

Gasolin, zwischen 30 und 70 bzw. 80° C siedend.

Extraktionsbenzine, Siedegrenzen: 60 bis 100° C, 80 bis 100° C, 90 bis 130° C, 100 bis 125° C, 100 bis 140° C.

Waschbenzin, meist zwischen 100 und 150° C siedend.

Motorenbenzin, unterteilt in
      Leichtbenzin, bis 100° C > 60% bis 170° C > 90% Destillat;
      Mittelbenzin, bis 100° C < 60% aber > 10% Destillat;
      Schwerbenzin, bis 100° C < 10% Destillat,

Testbenzin, meist zwischen 130 und 200° C siedend.

Als Verschneidmittel kommen hauptsächlich die Leichtbenzine, deren Siedeende bei etwa 150° C liegt, und die Lackbenzine mit der Siedegrenze etwa 130 bis 200° C in Frage.

Testbenzin (Lackbenzin, Terpentinölersatz) wird viel für Öllacke verwendet und ist von dort her bekannt. Sein Flammpunkt soll nicht unter 21° C (bei 760 mm) liegen. Sein „Lösevermögen" ist stark von der Herkunft abhängig.

Benzol (C_6H_6). Es wird aus Steinkohlenteer gewonnen, dessen erste Fraktionen im wesentlichen aus Benzol bestehen. Außerdem lassen sich erhebliche Mengen aus den Kokereigasen abscheiden. Im Handel befinden sich verschiedene Produkte, denen meist mehr oder weniger Homologe des Benzols, also Toluol, Xylole u. a. beigemengt sind. Chemisch rein hat es folgende Eigenschaften:

Siedepunkt: 80,2° C; Schmelzpunkt: 5,4° C; spezifisches Gewicht (20°) = 0,878, Löslichkeit in Wasser 0,2%; Flammpunkt: = — 8° C.

Die Handelsbenzole werden, je nachdem, ob bei der Destillation bis 100° C, 90, 50 oder 0 Volumprozent übergehen, als 90er, 50er oder 0er Benzol bezeichnet. Ferner werden noch Lösungsbenzole und Reinbenzole unterschieden.

Als Lackverdünnungsmittel kommen hauptsächlich das 90er Benzol und die Lösungsbenzole in Frage. Sie lösen Nitrocellulose nicht, aber die meisten Öle, manche Harze und Albertole. Nach E. Pilz ist Handelsbenzol vom spez. Gew. 0,883 bis 0,886 (bei 15° C) das richtige Verschneidmittel für solche Lacke, die wasserlösliche Lösungsmittel, wie Diacetonalkohol, Äthyllaktat oder Äthylglykol, enthalten. Als schädliche Verunreinigungen können die Lösungsbenzole Phenole aufweisen, die sich an der Luft verfärben und außerdem wegen ihrer sauren Eigenschaften leicht zu Störungen Anlaß geben.

Toluol ($C_6H_5 \cdot CH_3$). Dieser nahe Verwandte des Benzols kommt gleichfalls im Steinkohlenteer vor und läßt sich infolge seines höheren Siedepunkts von diesem abtrennen.

Chemisch rein hat es einen Siedep. von 110,3° C und das spez. Gew. (20°) 0,872. Es erstarrt im Gegensatz zu Benzol in der Kälte nicht. In Wasser ist es nur zu 0,05%

löslich. Die Verdunstungsgeschwindigkeit ist ungefähr doppelt so groß wie die von Sprit. Im Handel sind Rohtoluol, gereinigtes Toluol und Reintoluol.

Toluol hat kein Lösevermögen für Nitrocellulose; doch lassen sich mit ihm fertige Lösungen meist stärker als mit anderen Mitteln verdünnen. Es löst aber glatt Ricinusöl und Leinöl, ist mischbar mit Benzinen, aber mit Sprit nur in beschränktem Maße.

Xylol $[C_6H_4 \cdot (CH_3)_2]$. Von den Xylolen gibt es drei Isomere, deren Siedepunkte sehr dicht beieinander liegen: 138°, 139° und 144° C. In allen technischen Produkten hat man daher Gemische dieser drei Isomeren neben anderen Kohlenwasserstoffen. In seinen allgemeinen Eigenschaften ähnelt das Xylol sehr dem Toluol.

Terpentinöl. Auch Terpentinöl wird manchmal als Verschneidmittel verwandt. Es hat aber dafür keine große Bedeutung. Näheres s. S. 937.

4. Harze.

Natürliche und künstliche Harze wirken günstig auf die Haftfestigkeit, den Glanz und die Wetterfestigkeit und erhöhen die Füllkraft der Lacke. Da sie aber gleichzeitig den Aufstrich verspröden, sind sie für Lederlacke unbrauchbar. Es kommen für Lederlacke mit ihrer größeren Dehnung und Streckung, wie auch schon bei den Öllacken (dieses Kap., S. 937) angegeben, nur ölmodifizierte Alkydharze oder andere besonders weiche Harze in Frage. Auf nicht appretiertem Leder haften sachgemäß aufgebaute Lederlacke auch ohne Harzzusatz genügend gut. Auf appretiertem Leder haften dagegen reine Celluloselacke oft nicht und man muß dann Harz zusetzen. Man arbeitet dann oft mit einem Zusatz von Schellack. Geringe Mengen von modifizierten Harnstoff- und Melaminharzen erhöhen nach A. Kraus (6), S. 243, die Fähigkeit von Nitrocelluloselacken, eingeprägte Muster festzuhalten.

5. Pigmente.

Den Nitrocelluloselacken kann man sehr große Mengen Pigmente zusetzen. Außer auf den Preis muß man dabei auf die verschiedensten Anforderungen Rücksicht nehmen, wie Deckkraft, Lichtbeständigkeit und Wetterfestigkeit. Auch dürfen die Pigmente nicht mit dem angewandten Lösungsmittel reagieren.

Die Pigmente setzen die Dehnbarkeit und die Knitterfestigkeit des Lackfilms stark herab. Pigmente für Lederlacke müssen daher hohe Ausgiebigkeit und Deckkraft besitzen, damit die erforderliche Deckung mit der geringstmöglichen Menge an Pigment erreicht wird. Außerdem darf der Pigmentgehalt auch deshalb nicht zu hoch werden, damit die Pigmente durch die Nitrocellulose und den Weichmacher noch genügend gebunden werden können. Der Pigmentgehalt ist bei Lederlacken oft höher als bei anderen Lacken, weil die Lederlacke nicht so dick gestrichen werden können, wie es bei anderen Lacken oft üblich ist. So werden bei Lederlacken oft 200% und darüber an Pigment, berechnet auf Kollodiumwolle, verwandt. Man muß dann auch den Weichmacher entsprechend erhöhen. Der Menge ist noch dadurch eine Grenze gesetzt, daß bei zu hohem Zusatz die Reibechtheit des Aufstrichs stark abnimmt. Auch organische Pigmentfarbstoffe können verwendet werden, wenn sie sich mit dem Lösungsmittel vertragen und nicht „ausbluten", was sich bisweilen beim Heißbügeln noch verschärfen kann. Alle diese Pigmente können nur gut decken, wenn sie genügend fein verteilt im Lack vorhanden sind.

III. Rohstoffe für verschiedene andere Lacke.

Außer dem Warmlackier- und dem Kaltlackierverfahren gibt es neuerdings noch einige andere Verfahren. So kann man Lacke herstellen durch Lösungen von geeigneten ölmodifizierten Alkydharzen. Auch wurden Versuche gemacht mit Melaminharz in Verbindung mit Alkydharz. In neuester Zeit wurden auch DD-Harze für Lackleder verwendet (K. Eitel). Da alle diese Harzlacke noch keine große Bedeutung für die Herstellung von Lackleder erlangt haben, soll auf ihre Rohstoffe nur kurz eingegangen werden. Über künstliche Harze hat J. Scheiber (14) ausführlich berichtet. Bei ihm sind auch Angaben über die frühere Literatur zu finden.

Alkydharze sind Polyester und werden aus mehrwertigen Alkoholen, z. B. Glycerin oder Glycol, mit mehrbasischen Säuren oder deren Anhydriden, z. B. Phthalsäureanhydrid, durch langsames Erhitzen gewonnen. Sie können durch Einkondensieren verschiedener Komponenten noch weitgehend abgewandelt werden. Nimmt man dazu trocknende Öle der verschiedensten Art, so bekommt man die sogenannten ölmodifizierten Alkydharze, die trocknende Eigenschaften haben, und deren Filme genügend weich und elastisch sind.

Melaminharze gehören zu den Aminoplasten. Sie sind Kondensationsprodukte, die sich aus Melamin und Formaldehyd bilden. Ausführliche Beschreibung der Melaminharze mit Literaturangaben findet sich bei H. Scheuermann, S. 487. Die Möglichkeit der Verwendung für Lacke und die Herstellung wurden fast gleichzeitig von den Firmen Henkel (1935), I. G. Mainkur (1935/36), Ciba (1936) und I. G. Hoechst (1937) erkannt.

Melamin kann in den beiden tautomeren Formeln

$$
\begin{array}{cc}
\begin{array}{c}
NH_2 \\
| \\
C \\
/ \ \ \ \ \\
N \ \ \ \ \ N \\
|| \ \ \ \ \ | \\
H_2N\!-\!C \ \ \ \ C\!-\!NH_2 \\
\ \ \ / \\
N
\end{array}
&
\begin{array}{c}
NH \\
|| \\
C \\
/ \ \ \ \ \\
HN \ \ \ \ \ NH \\
| \ \ \ \ \ | \\
HN\!=\!C \ \ \ \ C\!=\!NH \\
\ \ \ / \\
N \\
| \\
H
\end{array}
\end{array}
$$

mit Formaldehyd reagieren. Dabei bilden sich Methylolmelamine, z. B. mit drei Molen Formaldehyd Trimethylolmelamin:

$$
\begin{array}{c}
NH\!-\!CH_2OH \\
| \\
C \\
// \ \ \ \ \\
N \ \ \ \ \ N \\
| \ \ \ \ \ \\
HOH_2C\!-\!HN\!-\!C \ \ \ \ C\!-\!NH\!-\!CH_2OH \\
\ \ \ \ \ // \\
N
\end{array}
$$

Gewöhnlich bildet sich ein Gemisch von Di-, Tri- und Tetramethylolmelamin. Auch Hexamethylolmelamin kommt vor. Diese Methylolmelamine kondensieren unter Abspaltung von Wasser und auch von Formaldehyd zu in Wasser unlöslichen Harzen. Für Lackharze sind besonders die verätherten Methylolmelamine von Bedeutung und dabei hauptsächlich die mit Butanol als Lösungs- und Verätherungsmittel hergestellten Produkte (s. auch W. Scheufler). Zur Bildung elastischer Filme werden sie meist mit Alkydharzen kombiniert [A. Miekeley; R. Köhler (*1*), (*2*)].

DD-Harze. Desmophen[1] und Desmodur[1], die Rohstoffe für die DD-Lacke, sind für sich allein keine Filmbildner. Aber nach dem von O. Bayer (*1*) (*2*) entwickelten „Diisocyanat-Polyadditionsverfahren" beginnt nach dem Zusammengeben dieser beiden niedrigmolekularen Komponenten eine Vernetzungsreaktion, die zu hochmolekularen, filmbildenden Kunststoffen, den sogenannten Polyurethanen, führt. Siehe auch R. Hebermehl (*1*) (*2*), A. Höchtlen und F. Pabst, S. 205. Chemisch gesehen stellen die verschiedenen Desmophentypen, die weichharzähnlichen Charakter haben, Polyester aus zweibasischen Carbonsäuren und zwei- oder mehrwertigen Alkoholen dar. Wesentlich ist, daß die Desmophene noch freie alkoholische Hydroxylgruppen enthalten, und zwar pro Molekül mindestens zwei. Demgegenüber sind die Desmodurtypen, die im DD-Lacksystem als Vernetzer wirken, Derivate der Isocyansäure $H—N=C=O$ mit mindestens zwei $—N=C=O$-Resten im Molekül. Isocyanate haben die Eigenschaft, sich an Verbindungen, die alkoholische Hydroxylgruppen tragen, also auch an die Desmophene, unter Bildung von Urethanen anzulagern nach folgendem Schema:

$$O=C=N—R—N=C=O + HO—R'—OH \longrightarrow O=C=N—R—\overset{\overset{\textstyle H}{|}}{N}—\underset{\underset{\textstyle O—R'—OH}{|}}{C}=O$$

$$\text{Desmodur + Desmophen} \longrightarrow \text{Urethan}$$

Das entstandene Urethan kann, da es noch freie $—N=C=O$- und OH-Gruppen enthält, nach dem gleichen Schema mit weiteren Desmophen- und Desmodur-Molekülen unter Bildung von noch höhermolekularen Polyurethanen weiterreagieren. Durch Auswahl der verschiedenen Desmophentypen, die eine unterschiedliche Anzahl von OH-Gruppen im Molekül enthalten, und die teils linear, teils verzweigt aufgebaut sind, kann man lineare oder mehr netzförmige Polyurethane erhalten.

Die Desmodure können als Isocyanate auch mit Aminen, Säuren und mit Wasser reagieren nach folgenden Gleichungen:

$$R—N=C=O + R_2'=N—H \longrightarrow R—NH—\underset{\underset{\textstyle O}{}}{C}—N=R_2'$$

$$\text{Isocyanat + sec. Amin} \longrightarrow \text{unsymm. Harnstoff}$$

$$R—N=C=O + R'—COOH \longrightarrow R—NH—\underset{\underset{\textstyle O}{\|}}{C}—R' + CO_2$$

$$\text{Isocyanat + Carbonsäure} \longrightarrow \text{Säureamid + Kohlendioxyd}$$

$$2\ R—N=C=O + H_2O \longrightarrow R—NH—\underset{\underset{\textstyle O}{\|}}{C}—NH—R + CO_2$$

$$\text{Isocyanat + Wasser} \longrightarrow \text{symm. Harnstoff + Kohlendioxyd}$$

Solche Produkte können daher nicht, z. B. als Lösungsmittel, mit Desmodur zusammen verarbeitet werden.

---

[1] Warenzeichen der Farbenfabriken Bayer, Leverkusen.

Plastikbinder sind wässerige, etwa 50%ige Emulsionen, meist von Vinyl- oder Acrylsäureester-Polymerisationsprodukten, die für sich allein oder auch mit anderen Komponenten, z. B. auch Butadien, zusammen polymerisiert sein können.

Diese Polymerisate können auch in organischen Lösungsmitteln als Lacke verwendet und müssen zum Teil mit Weichmachern verarbeitet werden, wie sie auch für Nitrocellulose verwendet werden. Diese Weichmacher sind bei den Emulsionen meist schon eingearbeitet, können aber auch noch zugemischt werden, wenn größere Weichheit verlangt wird. Am geeignetsten ist dafür neben dem früher verwendeten Tricresylphosphat das Dibutylphthalat.

C. Herstellung des Lackleders.

I. Lohgares Lackleder.

Zu Beginn dieses Jahrhunderts kannte man nur lohgare Lackleder, die meistens aus Kalbfellen hergestellt wurden und alle auf der Fleischseite lackiert waren. Da hierbei kein Wert auf den Narben gelegt wurde, verwendete man zu diesem Zweck narbenbeschädigte Felle, und zwar vielfach trockene russische Kalbfelle. Diese wurden mit Eichenlohe gegerbt und bekamen nach gutem Auswaschen zum Erhalt genügender Weichheit und einer dichten Narbenstruktur meist eine Nachgerbung mit Sumach. Dann wurden sie sorgfältig gefettet, meist nur mit reinem Moellon, sogenanntem Lackmoellon, zweckmäßig zugerichtet und dann in die Lackiererei gebracht. Dort wurden sie zuerst mit einigen Grunden versehen, auf die alsdann der Vorlack aufgetragen und schließlich der Schlußlack aufgesetzt wurde. Die Herstellung der Grunde und Lacke war fast in jeder Fabrik anders, und die Rezepte waren streng geheim.

Der erste Grund bestand aus einem sehr dick und zäh gekochten Leinölfirnis. Leinöl wurde mit Trockenstoffen längere Zeit gekocht, indem man die Temperatur gewöhnlich bis gegen 300° C steigerte, dann wieder zurückgehen ließ, wieder steigerte usw. Als Trockenmittel benutzte man Umbra (Umbraun) und Bleiverbindungen, wie Bleizucker, Mennige oder Bleiglätte, sowie borsaures Mangan-Oxydul und auch leinölsaures Mangan. Das Kochen des Grundes und der Lacke wurde in einem eisernen Kessel vorgenommen, der zweckmäßig in einem fahrbaren Gestell aufgehängt war, damit er bei Erfordernis rasch von der Feuerung entfernt werden konnte. Gekocht wurde der Grund $1^1/_2$ bis 2 Tage, bis er sehr zäh war und kurz abriß. Dieser Grund wurde noch warm mit Ruß vermischt, wodurch er eine tiefschwarze Farbe erhielt, und dann auf einer Farb- oder Walzenmühle innig verrieben, so daß er mit dem Ruß eine gleichmäßige Masse bildete. In kaltem Zustand war er sehr zäh und kaum zu verarbeiten. Vielfach wurde dieser Grund auch schon mit etwas Terpentinöl verdünnt, um ihn etwas geschmeidiger und leichter verarbeitbar zu gestalten. Vor der Verwendung wurde der Grund angewärmt und blieb während des Verarbeitens in einem warmgehaltenen Wasserbad stehen, so daß er zähflüssig war. In diesem Zustand wurde er mit einer Spachtel auf die Fleischseite der Leder aufgetragen, verteilt und dann sofort mit der Spachtel wieder abgezogen, so daß nur eine dünne, gleichmäßige Schicht auf dem Leder verblieb. Der Grund verband sich innig mit der Lederfaser, durfte aber nicht tief in das Leder eindringen, da dieses sonst zu steif und hart geworden wäre.

Die grundierten Leder wurden in einer Trockenstube bei 28 bis 30° C getrocknet und hierauf mit einem maschinell rotierenden Schleifstein geschliffen. Durch das Schleifen wurde die Oberfläche der grundierten Seite schon etwas glatter, überstehende Lederfäserchen wurden entfernt, und die ganze Schicht wurde gleichmäßiger. Auf diesen ersten Grund wurden nun noch zwei weitere Grunde aufgetragen, der zweite und dritte Grund. Es wurde gewöhnlich noch ein sogenannter dritter Grund gekocht, der weniger Trockenmittel enthielt als der erste Grund und auch nicht so zäh gekocht wurde. Durch etwas Terpentinölzusatz wurde auch hier die Geschmeidigkeit vergrößert. Eine Mischung aus dem ersten und dritten Grund diente als zweiter Grund. Der zweite und der dritte Grund wurden nacheinander wiederum mit der Spachtel aufgetragen. Sie wurden in gleicher Weise getrocknet und nach dem Trocknen jedesmal geschliffen. Das Schleifen geschah aber jetzt nicht mehr mit der Maschine, sondern mit einem künstlichen Schleifstein mit der Hand.

Nach dem Schleifen des dritten Grundes war die Oberfläche der Fleischseite schon ziemlich glatt und eben und für die nachfolgenden Lackschichten gut vorbereitet. Die Grunde haben den Zweck, die Oberfläche des Leders nicht nur glatt und gleichmäßig zu gestalten, sondern auch das Leder abzudecken, so daß die Lacke nicht mehr in das Leder eindringen können, sondern auf den Grunden stehenbleiben müssen. Nach dem Schleifen des dritten Grundes wurden die Leder auf Tafeln aufgenagelt und erhielten dann den Vorlack. Dieser wurde im Lackierofen getrocknet und dann wieder geschliffen. Darauf erhielten die Leder den Schlußlack. Auch dieser wurde im Ofen zuerst langsam angetrocknet, bei 50 bis 55° C fertiggetrocknet und bekam später noch eine Nachtrocknung im Sonnenlicht an der Luft, die je nach dem Wetter und der Jahreszeit einige Stunden dauerte und durch welche die Lackschicht erst vollkommen klebfrei trocknete.

Die verwendeten Lacke waren reine Leinöllacke, die nur durch Verkochen mit Berlinerblau (Preußischblau, Pariserblau) hergestellt worden waren. In manchen Vorschriften für derartige Lederlacke werden neben Berlinerblau auch noch Blei- und Mangansalze aufgeführt. Zum Kochen von Lederlacken verwendete man reines, gut abgelagertes Leinöl, aus welchem die schleimartigen Stoffe vollkommen ausgeschieden sind. Die fertiggekochten Lacke wurden nach dem Abkühlen zweckmäßig mit Terpentinöl oder Benzin verdünnt und dann zum Klären in größere Kessel und Kannen gefüllt. Dort setzten sie einen Bodensatz ab, von dem sie vor der Verwendung getrennt werden mußten. Die Lacke wurden nicht so zäh und steif gekocht wie die Grunde und nur so weit, daß sie nach dem Abkühlen nicht gallertartig erstarrten. Auch dem Vorlack wurde bei schwarzen Ledern meist noch Ruß zugesetzt. Dann wurde der Vorlack zur gleichmäßigen Vermischung in Walzenmühlen laufen gelassen.

Bei diesem alten Lackierverfahren wurden die Lacke in ziemlich dickflüssigem Zustand mit dem Pinsel aufgetragen. Die Leder waren, wie schon vermerkt, auf Tafeln aufgenagelt. Die Tafeln standen während des Lackierens fast senkrecht. Sie wurden nach dem Lackieren sogleich in den Ofen eingeschoben, in welchem sie dann eine waagrechte Lage einnahmen, so daß der Lack dann noch gleichmäßig verlaufen konnte.

Dies ist in großen Umrissen das alte Verfahren der Aaslacklederbereitung. Es wird heutzutage noch angewandt zur Herstellung von Mützenschildern und von Gürteln, also für Ledersorten, die kaum eine Beanspruchung erleiden müssen. Bei solchen Ledern findet man aber meistens mehr als drei Grunde und oftmals mehrere Vorlacke und Lacke.

II. Lackvachetten.

Vachetten, die lackiert werden sollen, werden auch heute noch meist lohgar gegerbt. Den in Brühen oder Gruben gegerbten Ledern gibt man gewöhnlich noch eine Nachgerbung, meist mit Sumach, um sie genügend weich zu gestalten und ihnen eine gleichmäßige Farbe und einen feinen Narben zu verleihen. Narben und Fleischseite werden mit reinem Moellon geschmiert. Genarbte Vachetten werden auf der Narbenseite grundiert und lackiert, bei glatten Vachetten wird oftmals der Narben abgebufft oder auch abgezogen. Das Lackieren zerfällt auch hier wieder in drei Teile, das Grundieren, Schwarzstreichen und Schlußlackieren. Grunde und Lacke sind meistens Leinölfirnisse. J. G. Ritter macht genaue Angaben über die Zusammensetzung, Bereitung und Verwendung von Grunden und Lacken für Vachetten.

Für diese Lacke wurde eine ganze Anzahl von Trockenstoffen verwendet, obwohl einer oder zwei denselben Zweck erfüllt hätten und bei Verwendung richtig gewählter Mengenverhältnisse Grunde und Lacke mit besseren Eigenschaften hätten erzielt werden können.

Für die Vachetten werden ebenfalls zwei Grunde gekocht. Diese stellen Leinölfirnisse dar, die mit Hilfe von Blei- und Mangansalzen bereitet werden. Zur Verwendung kommen z. B. Goldglätte (PbO), Bleizucker, Manganborat, leinölsaures und harzsaures Mangan. Der erste Grund wird etwas länger gekocht als der zweite Grund und soll in der Konsistenz etwas steifer und fester sein als der letztere. Nach dem Kochen werden die Grunde mit Terpentinöl oder auch Benzin, bzw. mit einem Gemisch aus beiden Stoffen verdünnt. Vor der Verwendung werden sie noch mit Lampenruß verrührt und innig gemischt. Je nach Erfordernis werden sie mit Terpentinöl oder Lackbenzin weiter verdünnt. Der Schwarzstrich wird in ähnlicher Weise gekocht wie die Grunde, doch begnügt man sich mit einer kürzeren Kochdauer, weil der Schwarzstrich nicht die Konsistenz eines Grundes, sondern vielmehr die eines Lacks haben soll. Auch der Schwarzstrich wird vor dem Gebrauch mit Lampenruß gründlich vermischt. Am besten läßt man das Gemisch drei- bis viermal durch eine Farbmühle laufen, um eine äußerst feine und gleichmäßige Verteilung des Rußes zu bewirken, und filtriert kurz vor der Verwendung durch eine feine Gaze, die man noch mit Watte belegen kann. Den Vachettenlack kocht man am besten aus Leinöl unter Zusatz von Pariserblau. Manche Vorschriften wenden neben dem Pariserblau auch noch Bleiverbindungen (Goldglätte, Bleizucker u. dgl.) und Eisenverbindungen an, z. B. Eisenoxydhydrat. Der fertig gekochte Lack wird mit Terpentinöl oder Benzin verdünnt und kommt zum Absetzen und Klären in einen Kessel. Vor der Verwendung füllt man den geklärten Lack in Kannen ab und verdünnt ihn darin streichfertig mit Terpentinöl oder Benzin. Dann läßt man den Lack in den Kannen etwa 14 Tage an einem warmen Ort stehen, filtriert ihn, wenn nötig, durch feinmaschige Gaze in andere Kannen, die man dann bis zum Verbrauch mit einem Deckel gut verschlossen in einem warmen Raum stehen läßt.

Die Grunde werden mittels einer kleinen Bürste oder eines Schwamms auf die Leder aufgetragen, darauf gut verrieben und dann entweder in einer nur schwach geheizten Trockenstube oder an der Luft bzw. an der Sonne getrocknet. Nach dem Trocknen werden die Grundschichten mit künstlichem Bimsstein leicht abgeschliffen, vom Staub durch Abkehren befreit, mit Sämischleder lauwarm abgewaschen und gut abgetrocknet. Schließlich werden die Leder an beiden Seiten noch einmal gut abgekehrt, um jedes Staubteilchen sorgfältig zu entfernen. Zum Zwecke des Schwarzstreichens oder Vorlackierens legt man die Rahmen, in welche das Lackleder eingespannt ist, waagrecht auf zwei Böcke und trägt mit einem breiten Pinsel den Schwarzstrich auf. Die Rahmen mit den Ledern werden in den auf 40° C erwärmten Lackierofen geschoben und während 12 Stunden bei etwa 50° C darin getrocknet. Nach dem Trocknen im Ofen, dem man zuweilen ein Trocknen an der Sonne folgen läßt, werden die Leder aus den Rahmen genommen und mit künstlichem Bimsstein glattgeschliffen. Nach gründlicher Reinigung werden die Leder wieder in Rahmen gespannt und kommen dann zur Schlußlackierung. Der Auftrag des Lacks erfolgte früher mit einem feinen Roßhaarpinsel. In neuerer Zeit hat sich aber immer mehr die Spritzpistole eingeführt, die es gestattet, den Lack in äußerst fein verteilter Form gleich einem Hauch oder auf Wunsch auch in etwas dickerer Schicht auf die Lederoberfläche aufzubringen. Die lackierten Leder kommen in den auf etwa 25° C angewärmten Lackierofen, dessen Temperatur man allmählich auf 50 bis 55° C erhöht. Nach 1 bis 2 Tagen sind die Lackschichten trocken. Die Leder werden aus dem Ofen genommen und an die Luft bzw. an die Sonne gestellt, wobei ein Nachtrocknen der Lackschicht erfolgt und die Leder erst klebfrei werden. Vachetten für Schuhe werden gewöhnlich zweimal grundiert und erhalten einen Schwarzstrich und einen Lack. Wagenvachetten dagegen versieht man meistens mit drei Grunden. Genarbte Vachetten erhalten nur einen Lackaufstrich, damit man den Narben noch gut durchsehen kann, während man glatte Vachetten zweimal lackiert. Der erste Lackauftrag wird schwach gehalten und nach dem Trocknen im Ofen mit einem neuen Bimsstein leicht abgeschliffen. Den zweiten oder Schlußlack hält man etwas stärker. Genarbte Vachetten werden nach dem Lackieren und Trocknen noch gekrispelt, und zwar mit dem Krispelholz in üblicher Weise auf einer feinen Krispeltafel.

III. Chromlackleder.

Mit der Verbreitung des Chromleders wurde auch der Wunsch rege, Chromlackleder zu erzeugen. Da heute alle Chromoberleder außer Spalt- und Velourleder mit der Narbenseite nach außen getragen werden, wird bei ihnen besonders großer Wert auf einen schönen Narben gelegt. Auch das Chromlackleder erfordert daher in gleicher Weise eine Narbenlackierung, bei der die feine Zeichnung des Narbens möglichst erhalten bleibt.

Man darf aber nicht glauben, daß jedes chromgegerbte Leder sich auch zum Lackieren eigne. Chromgare Leder, die lackiert werden sollen, müssen besondere Eigenschaften haben. Die Lederfaser muß so gut gegerbt sein, daß sie die Hitze des Lackierofens aushalten kann. Der Narben muß fein sein und dicht anliegen, damit er auch in den Gehfalten des Schuhes sich nicht abhebt und nicht hohl wird. Das Leder soll möglichst wenig Zug haben, denn bei einem zügigen Leder würde die Spannung zwischen Lackschicht und Leder sehr groß werden. Die Lackschicht würde die Dehnung des Leders eventuell nicht ganz mitmachen können und würde platzen oder springen, wenn dieses über den Leisten gezogen wird.

Auf alle diese Punkte muß bei der Herstellung des Leders, das lackiert werden soll, schon Rücksicht genommen werden. Besonders wichtig sind die Arbeiten in der Wasserwerkstatt. Auf ein sachgemäßes Weichen folgt eine kurze, kräftige Äscherung. Diese muß derartig sein, daß nicht nur die Haare leicht und völlig entfernt werden können, sondern daß auch die Haut entsprechend aufgeht, ohne daß aber Hautsubstanz dabei verlorengeht.

Einige typische Beispiele für Äscherverfahren aus der Praxis seien hier angeführt. Ein Äscher für Rindlackleder hatte folgende Zusammensetzung: 5% Kalk, 5% Schwefelnatrium krist., 1% rotes Arsenik, 8% Kochsalz, Temperatur des Äschers 25° C, Haspeläscher-Einwirkungszeit etwa 24 Stunden. Denselben Zwecken diente ein Faßäscher folgender Zusammensetzung: 4% Kalk, 4% Schwefelnatrium krist.,

0,4% rotes Arsenik, 2% Kochsalz, Temperatur des Äschers 35° C, Dauer 6 bis 7 Stunden. Das Faß läuft zuerst 10 bis 15 Minuten, nach $^1/_4$ Stunde noch einmal 10 Minuten, dann jeweils pro Stunde 2 bis 3 Minuten. Die Haare waren in dieser Zeit vollkommen entfernt. Nach dem Äschern wurden die Blößen noch 2 Stunden kalt gespült. Sie waren dann tadellos glatt und prall.

Nach dem Äschern erfolgt das Entfleischen, das Streichen und Spalten der Blößen.

Gerade so wichtig wie das Äschern ist das Beizen. Die Beize darf nicht zu stark sein, muß aber doch derart wirken, daß das Fell oder die Haut gut geschmeidig und weich wird. Allzu kräftig wirkende Beizen können viel Schaden anrichten, da sie das Leder flach und leer und den Narben lose oder gar hohl machen können. Hier sind mild wirkende Beizen am Platze, und oft werden sogar heute noch Hundekot oder Taubenmist dazu verwendet. Auf alle Fälle müssen die Beizen schwach sein; sie dürfen die Hautsubstanz nur sehr wenig angreifen. Man kann sie deshalb länger auf die Blöße einwirken lassen und dadurch ein gründlicheres Durchbeizen bewirken. Auf diese Weise erzielt man weiche, aber volle, kräftige Leder. Normalerweise wird auch in der Beize gleichzeitig entkälkt.

Die Chromgerbung muß sorgfältig durchgeführt werden. Früher glaubte man, die Lederfaser müsse sehr stark ausgegerbt sein. Man bewirkte dies einerseits, indem man die Blößen in üblicher Weise angerbte, für die Schlußgerbung aber stärker basische Brühen wählte, als sie sonst im Gebrauch sind, oder anderseits, indem man die auf gewöhnliche Weise gegerbten Blößen mit einer stärkeren Chromgerbbrühe behandelte, die eine entsprechend höhere Basizität aufwies. Man fand daher bei Lackleder meist einen höheren Chromoxydgehalt als bei anderen Ledersorten. Diese Auffassung wird heute nicht mehr ganz geteilt, und man findet jetzt auch Lackleder mit geringem Cr_2O_3-Gehalt. Vor der Gerbung erhalten die Blößen entweder den gewöhnlichen Säurepickel aus Kochsalz und Schwefelsäure oder Salzsäure, oder einen Pickel, der sich aus schwefelsaurer Tonerde und Kochsalz zusammensetzt. Schließlich sei noch bemerkt, daß auch auf eine gute Entsäuerung großer Wert gelegt werden muß.

Nach dem üblichen Färben der Leder folgt dann das Fetten derselben, das wieder einen äußerst wichtigen Arbeitsgang darstellt. Am besten haben sich zum Fetten von Lackleder sulfierte Öle bzw. Gemische von sulfierten Ölen bewährt, die eine stärkere Sulfierung erfahren haben. Die verwandten Öle sollen möglichst kältebeständig sein. Sie werden von den meisten Lacklederfabriken selbst hergestellt, weil ihre Zusammensetzung so wichtig ist. Solche sulfierten Öle fetten die Leder nicht nur, d. h. sie machen sie weich und geschmeidig, sondern sie üben sicherlich auch eine Art Nachgerbung aus. Die Lederfaser wird durch sie noch weiter gegerbt und widerstandsfähiger gegen Hitzeeinwirkung. Man kann sich davon überzeugen, wenn man Proben von den Ledern vor und nach der Fettung nimmt und dieselben der Heißwasserprobe nach W. Fahrion (2) unterwirft, also die Wasserbeständigkeitszahl der Leder bestimmt. Diese ist bei den gefetteten Ledern höher. Bei richtiger Wahl der Fette hat man es sogar in der Hand, die Dehnung und den Zug der Leder zu beeinflussen, d. h. dieselben möglichst einzuschränken.

Nach dem Fetten werden die Leder getrocknet. Nun ist es wichtig, daß sie in diesem trockenen Zustand ein entsprechendes Lager erhalten, damit sich das Fett möglichst gleichmäßig verteilen und überall seine Wirkung tun kann. Bei den jetzt noch folgenden Zurichtungsarbeiten soll besonders noch auf das Nageln aufmerksam gemacht werden. Nach dem Stollen sind die Leder wieder ziemlich feucht. Sie werden dann auf Tafeln aufgenagelt. Dabei muß darauf geachtet werden, daß sie nach allen Seiten gleichmäßig stark gedehnt und ausgezogen werden, besonders auch die Klauen. In diesem Zustand werden die Leder dann getrocknet. Dadurch wird ihnen der Zug möglichst genommen. Auch durch richtiges Pasten kann man dies erreichen. Meist werden die Leder dann vor dem Lackieren noch entfettet. Man kennt zwar Fettgemische, die beim Lackieren der Leder nicht im geringsten hinderlich, und die auch bei längerem Lagern der lackierten Leder nicht schädlich sind. Aber trotzdem entfettet man die meisten Leder noch vor dem Lackieren, um sicher zu gehen, daß die Lackleder bei längerem Lagern nicht anlaufen oder gar ausschlagen. Auf alle Fälle müssen die Leder entfettet werden, wenn bei der Fettung Mineralöl mitverwendet wurde, oder wenn anzunehmen ist, daß irgendwo solches Öl daraufgekommen ist. Denn an allen Stellen, wo Mineralöl auf dem Leder ist, bindet der Grund nicht richtig, was man sehr gut unter dem Mikroskop sehen kann, und die Leder werden fleckig. Das Entfetten geschieht meist mit Leichtbenzin. Aber es sind auch Anlagen mit Schwerbenzin und mit Trichloräthylen in Betrieb. Die Leder dürfen natürlich nicht vollkommen entfettet werden. Sie würden sonst hart. Gewöhnlich wird so weit entfettet, daß die Leder noch 1 bis 2% Fett enthalten. Dieser geringe Fettgehalt stört nicht weiter, besonders weil ja die am meisten störenden, mehr flüssigen Fette zuerst herausgelöst werden. Auch nach dem Entfetten müssen die Leder wieder eine Zeitlang lagern, damit wieder etwas Fett aus der Mitte des Leders in den Narben kommen kann, der sehr viel stärker entfettet wurde als die Mitte des Leders.

Nun kommt das Lackieren selbst, das, wie schon bemerkt, bei Chromleder auf der Narbenseite ausgeführt wird. Als Grunde sind die früher für lohgare Leder beschriebenen für Chromleder völlig ungeeignet, da sie viel zu dick sind und den Narben zudecken und unsichtbar machen würden. Es entstand daher die Aufgabe, einen Grund herzustellen, der dünn genug ist, um den Narben noch sichtbar bleiben zu lassen. Er muß sich innig mit der Lederfaser verbinden, darf aber nur ganz wenig in das Leder eindringen. Trotzdem muß er fähig sein, den Narben vollkommen abzudecken, so daß die nachfolgenden Lacke nicht mehr in das Leder eindringen können, sondern auf dem Leder stehenbleiben müssen. Diese Aufgabe wurde zuerst in Amerika gelöst, und die ersten auf dem Narben lackierten Chromleder kamen von dort zu uns herüber. Man fand, daß man den stark und zähe gekochten Grund sehr gut mit Amylacetat oder mit Benzin oder mit einem Gemisch beider Lösungsmittel verdünnen kann, und daß er sich in diesem stark verdünnten Zustande sehr gut verwenden läßt. Weiter fand man, daß eine Lösung von Nitrocellulose in Amylacetat sich sehr gut mit dem verdünnten Grunde mischen läßt, und daß ein solches Gemisch, auf die Narbenseite des Chromleders aufgetragen, diese so vorbereitet, daß die nachfolgende Lackierung ohne weiteres erfolgen kann.

Beim Kochen des Grundes für diese Chromlackleder nimmt man viel weniger Trockenmittel als man früher für die Aaslackgrunde verwendete. Trotzdem wird der Grund aber recht zähe gekocht, bis er kurz abreißt, und am besten noch warm verdünnt. Das Mischen mit der Nitrocelluloselösung muß sehr sorgfältig geschehen. Die Mischung muß sehr innig sein und wird am besten in einem Rührwerk vorgenommen. Dem Grund setzt man oft noch etwas Ruß hinzu, aber ebenfalls viel weniger als früher bei dem Aaslackleder, da das Chromlackleder ja vor dem Lackieren schon schwarz oder dunkelblau gefärbt ist. Daher braucht der Grund nicht mehr so intensiv schwarz zu sein. Bei einigen Lackledern wird er farblos aufgetragen und nur der Vorlack angefärbt. Grundiert werden die Chromleder ein- bis dreimal, je nach Erfordernis. Der Grund wird mit einer Bürste oder einem Flanellbausch dünn aufgetragen und gut, am besten mit dem Handballen, eingerieben. Dann wird bei mäßiger Wärme in Trockenstuben getrocknet. Meistens werden die Leder schon vor dem ersten Grundieren in Rahmen eingespannt und darin mit Hilfe von Klammern und Schnüren fest und eben ausgespannt gehalten. In diesem Zustand werden die Leder vom ersten Grund ab bis zur Ablieferung auf dem Lager bearbeitet. Nach dem Trocknen der Grundaufträge werden die Leder oft mit einem künstlichen Bimsstein mit der Hand leicht geschliffen und dann abgebürstet. Darauf werden sie mit dem Vorlack gestrichen, dem meist etwas Ruß oder andere dunkle Farben zugemischt sind. Der Vorlack wird im Lackofen waagrecht liegend bei höherer Temperatur getrocknet. Nachdem auch der Vorlack geschliffen ist und die Leder wieder sehr gründlich abgebürstet sind, wird der Schlußlack aufgetragen. Er ist meist ungefärbt, aber von der Kochung her gelblich. Er wird mit Pinseln sorgfältig aufgestrichen oder nach entsprechend stärkerer Verdünnung aufgespritzt. Bei guter und sicherer Arbeitsweise kann man mit der Spritzpistole sehr dünn lackieren, was bei Lackleder sehr erwünscht ist. Alle diese Lackierarbeiten müssen selbstverständlich in vollkommen staubfreien Räumen ausgeführt werden, deren Wände und Böden man während des Arbeitens mit Wasser berieselt oder besprengt.

Die Lacke selbst werden bei Chromlackleder mit viel weniger Berlinerblau gekocht als früher bei Aaslack und werden stärker verdünnt zur Anwendung gebracht. Die Leder werden daher in waagrechter Lage lackiert und kommen auch in waagrechter Lage in die Trockenräume.

Die Trocknung erfolgt bei ziemlich hoher Temperatur, so hoch, wie sie die verschiedenen Lackleder vertragen können. Nach der Ofentrocknung erhielten die Lackleder früher noch eine Nachtrocknung im Sonnenlicht an der Luft. Dafür hatten die Lacklederfabriken ihre sehr großen sogenannten Tafeläcker. Dort wurden die noch auf Rahmen oder Tafeln gespannten Lackleder der Luft und dem Licht ausgesetzt. Diese Nachtrocknung an der Sonne machte besonders im Winter Schwierigkeiten, wenn wochenlang trübes Wetter war und die Sonne nicht sichtbar wurde. Da häuften sich die fertiglackierten und im Ofen getrockneten Lackleder massenweise an, alle Lagerschuppen waren vollgepfropft und die Fabrikation mußte manchmal stillgestellt werden, weil die Lagerräume und die Rahmen nicht ausreichten. Anderseits war es auch im Sommer bei plötzlichem Regen sehr schwierig, die Lackleder schnell genug ins Trockene zu bringen. Da wurde dann oft der ganze Betrieb stillgestellt, weil alle verfügbaren Leute Lackleder in die Schuppen bringen mußten. So war es ein großer Fortschritt, als es etwa im Jahre 1910 möglich wurde, die Leder statt an der natürlichen Sonne mit künstlichen Sonnen nachzutrocknen. Man verwendet dazu Quecksilberdampflampen, die ultraviolette Strahlen erzeugen. Alle größeren Lacklederfabriken haben dieses Verfahren sofort mit größtem Erfolg eingeführt. Die Lackleder werden, noch auf die Rahmen gespannt, langsam an den Quecksilberlampen vorbeigeleitet. Diese sind in langen Reihen so aufgehängt, daß eine gleichmäßige Bestrahlung des Lackleders an allen Stellen erfolgen kann. Die Vorwärtsbewegung der Lackleder ist so eingerichtet, daß diese eine bestimmte Zeit brauchen, um an allen Lampen vorbeizukommen. Ein Zeitraum von etwa zwei Stunden stellte sich als günstigste Belichtungszeit heraus. Innerhalb dieser Zeit ist die Nachtrocknung des Lacks in der gewünschten Weise vollendet. Anfänglich waren allerdings die Erfolge mit der Trocknung nicht vollkommen befriedigend. Man fand aber bald, daß das durch die ultravioletten Strahlen an der Luft sich bildende Ozon die Ursache der ungenügenden Trocknung war und A. Junghans, der zuerst Versuche mit lackierten Uhrgehäusen gemacht hatte, zeigte durch sein Patent von 1912, daß man dieses Ozon durch Luftbewegung mittels praktisch eingebauter Ventilatoren entfernen kann.

In den Jahren 1912 bis 1919 wurden durch drei Lederfabriken (Doerr und Reinhart sowie Cornelius Heyl in Worms, und Adler & Oppenheimer in Straßburg) Verfahren geschützt, bei denen beim Nachtrocknen von Lackledern mit ultravioletten Strahlen eine Schädigung durch Ozon verhindert wurde durch Zusatz von Dämpfen oder Gasen, wie Ammoniak, Stickstoff oder inerten Gasen, zur Trockenluft oder durch Verringerung des Sauerstoffanteils derselben im Trockenofen (Cornelius Heyl; s. auch Patentzusammenstellung in diesem Band).

Man soll auch Lackleder herstellen, die zur vollkommenen Trocknung weder des Sonnenlichts noch der künstlichen Sonne bedürfen, die also im Lackofen schon vollkommen klebefrei auftrocknen. Es ist wohl möglich, daß die neueren Lacköfen diesen Fortschritt zum großen Teil bewirkt haben. Früher waren die Lackledertrockenöfen fast vollkommen hermetisch geschlossen, so daß die bei der Trocknung des Lacks entstehenden flüchtigen Produkte, bestehend aus Lackverdünnungsmitteln, Feuchtigkeit und Zersetzungsprodukten aus Lack und Verdünnungsmitteln, kaum oder nur sehr unvollständig aus den Öfen während der Trocknung entweichen konnten. Die Lackleder wurden also in einer Dunsthülle getrocknet, was sicherlich auf das Trocknen der Lackschicht nicht gerade günstig eingewirkt hat. Heute legt man Wert auf eine gute, richtige Entlüftung der Lacktrockenöfen, wodurch das Trocknen der Lackschicht sicher gefördert wird.

Eine Trocknung von Leinöllack ohne künstliche Sonne kann man erreichen durch Verwendung geeigneter Harze oder richtige Anwendung von Sikkativen oder auch durch Zusatz von Isocyanat in den Öllack kurz vor dem Streichen. Wie schon bei den DD-Harzen (S. 952 dieses Kap.) beschrieben ist, haben diese eine sehr große Reaktionsfähigkeit. Sie reagieren auch mit Öllacken. Diese Reaktion beginnt, wie bei den DD-Harzen, schon in der angesetzten Öllacklösung, so daß man immer nur eine kleine Menge Lack ansetzen kann (s. S. 970 dieses Kap.). Um diese Unsicherheit zu vermeiden, hat E. Demme in neuerer Zeit (1950) zwei Patente angemeldet. Danach bringt man die Isocyanate nicht in den Lack, sondern man läßt Isocyanate auf den schon im Ofen getrockneten Lackfilm einwirken. Diese reagieren mit dem Leinölfilm und bewirken eine zusätzliche Trocknung, so daß eine Nachtrocknung mit ultravioletten Strahlen nicht mehr nötig ist. Man kann dieses Verfahren auch mit dem Nachtrocknen mit ultravioletten Strahlen kombinieren und dadurch bei beiden Zeit sparen. Wegen der Giftigkeit der Isocyanatdämpfe muß man die Einwirkung der Isocyanate in gut geschlossenen Gefäßen unter großen Vorsichtsmaßnahmen vornehmen.

Bisher war nur von der Herstellung schwarzer Lackleder die Rede. Es soll nun auch die Herstellung farbiger Lackleder besprochen werden. Im großen und ganzen lehnt sich die Fabrikation farbiger Lackleder an diejenige des schwarzen an. Die Grunde sind ziemlich die gleichen wie beim schwarzen Lackleder, nur werden sie natürlich nicht mit Ruß gefärbt, sondern meist farblos aufgetragen. Der Vorlack enthält die Farbe und wird jetzt Farblack genannt. Er muß so aufgetragen werden, daß eine gleichmäßig gefärbte Schicht entsteht, besonders wenn die Farbe des Leders selbst anders ist als der Lack, z. B. roter Lack auf schwarzem Leder. Am besten ist es natürlich, wenn man frühzeitig einteilen kann, so daß man die Leder rechtzeitig so färben kann, wie der Lack werden soll. Der Schlußlack wird meist farblos aufgetragen, nachdem der gut getrocknete Vorlack wieder sauber geschliffen ist.

Die Lacke für die farbigen Lackleder kann man natürlich nicht mit Berlinerblau kochen, da sie dadurch zu dunkel würden. Früher verwendete man zu ihrer Herstellung meist borsaures Manganoxydul oder auch Bleisalze. Heute finden

Kobaltsalze und die Linoleate und Resinate von Kobalt, Blei und Mangan Verwendung, mit denen man sehr helle Lacke erzielen kann. In dünner Schicht erscheinen die Lacke fast farblos. Der Lack, der als Schlußlack verwandt wird, wird auch zur Bereitung des Farblacks genommen. In einer Farbmühle verreibt man innigst, am besten mehrmals, den Lack mit den Farbstoffen, die zur Erzeugung der farbigen Schicht dienen sollen. Zuletzt wird der Lack entsprechend verdünnt, in Kannen gefüllt und 8 bis 14 Tage stehengelassen. Während dieser Zeit setzen sich die gröberen Teilchen der Farbstoffe zu Boden und bilden dort eine ziemlich feste Schicht, von welcher man später den überstehenden Farblack gut abgießen kann. Die fein vermahlenen Teilchen bleiben in dem viskosen Farblack schweben und bilden beim Trocknen des Farblacks eine gleichmäßige, den Untergrund gut abdeckende Farbschicht.

Die Mode hat sich aber nicht nur mit schwarzen oder einfarbigen Lackledern begnügt, sie hat auch Lackleder in mehreren Farben und in Mustern hervorgebracht. Hierher gehören z. B. die schwarzen Lackleder, die eine große Menge feinster Pünktchen von Gold oder Silber aufweisen oder aus denen unzählige feinste Pünktchen in Rot, Gelb oder Grün hervorleuchten. In der gleichen Weise wurden dann auch farbige Lackleder hergestellt, z. B. dunkelblaue Lacke mit hellblauen oder roten Pünktchen. Diese Pünktchen wurden erzeugt durch allerfeinste Metallsplitterchen oder Farbstoffkörnchen, die in dem viskosen Lack schweben, beim Trocknen des Lacks sich aber so weit in die Lackschicht einsenken, daß sie die spiegelglatte Lackoberfläche nicht irgendwie behindern. Neuerdings gibt es auch Lackleder, auf die ein künstlicher Narben aufgepreßt ist. Ebenso gibt es in neuester Zeit metallisch glänzende Lackleder (gun metal), Graphitlackleder und regenbogenfarbige Lackleder. Sie werden hergestellt durch Einlagerung von Graphit, Fischsilber oder geeigneten Farbkörpern in den Lack.

IV. Kollodiumlackleder.

Der Gedanke, bei der Herstellung von Lackleder den Leinöllack durch einen Lack aus Nitrocellulose zu ersetzen, ist schon lange vor 1900 in einer Anzahl von Patenten niedergelegt worden. Es waren vor allem Amerikaner und Engländer, die hier einen neuen Weg suchten. A. Rollasen wollte schon 1864 einen Film aus Nitrocelluloselösung zuerst auf Glas oder poliertes Metall auftragen, nach dem Trocknen ablösen und unter Druck auf Leder befestigen, damit dieses ein lackiertes Aussehen erhalten sollte. Anfangs der achtziger Jahre beschäftigte sich auch J. Edson mit diesem Verfahren. Weitere Angaben finden sich bei A. Kraus (6), S. 8. Eine gute Bindung mit dem Leder konnte aber so nicht erreicht werden. Den Filmen fehlte die nötige Geschmeidigkeit, so daß sie sich leicht von Leder wieder ablösten. Etwa um die gleiche Zeit verwandte A. Parkes zuerst zu diesem Zweck Nitrocelluloselösung unmittelbar als Lackaufstrich auf das Leder. Doch hatten alle diese Versuche keine praktische Bedeutung. Es zeigte sich, daß die Verhältnisse bei dem zügigen Leder grundsätzlich anders liegen als bei den bis dahin behandelten starren Metallen. Die bei Metallen befriedigenden Lacke gaben bei Leder nur brüchige Lackschichten von ungenügender Dehnbarkeit. Erst bei Versuchen von W. D. Field im Jahre 1893 wurde die wichtige Beobachtung gemacht, daß ein Zusatz von Öl zur Nitrocellulose den Film geschmeidig erhält. Auch E. C. Worden (1) kam zu dieser Erkenntnis. Durch diese Arbeiten wurde die wichtige Gruppe der Weichmacher entdeckt, ohne die ein Lederlack überhaupt nicht denkbar ist. Wenige Jahre später, 1897, nahmen W. F. Reid und E. J. V. Earle ein englisches Patent, nach dem zum Lackieren von Leder eine Mischung von fünf Teilen niedrig nitrierter Cellulose und elf Teilen nitrierten Ricinusöls, gelöst in Aceton, verwendet werden (nach H. R. Procter, S. 438). In den folgenden Jahren erschienen Patente, welche die Verwendung von Gemischen aus gekochtem Leinöl und Nitrocelluloselösungen in Amylacetat beschreiben, also die beiden verschiedenartigen Lackkörper gleichzeitig anwenden, wie es heute noch oft bei dem Grund für die Leinöllackleder gemacht wird. Um die Jahrhundertwende wurde die Bedeutung verschiedener schwer flüchtiger Ester als Weichmacher erkannt. So fanden nach A. Kraus (4), S. 7, J. N. Goldshmith 1900 Dibutyl- und Diamylphthalat, E. Zühl 1901 Mono- und Diacetylphthalat und E. Zühl und Eisemann 1900 Triphenyl- und Trikresylphosphat. Später wurden neben Ricinusöl und seinen Abarten hauptsächlich Dibutylphthalat und Trikresylphosphat als Weichmacher für Nitrocelluloselacke in der Lederindustrie verwendet.

Der Aufbau einer Nitrocelluloselackschicht auf Leder geschieht ganz ähnlich wie bei der Leinöllackierung. Man trägt auf einen oder mehrere Grunde eine Zwischenschicht auf und läßt dieser einen Schlußlack folgen. Mit einem einzigen Auftrag lassen sich die Anforderungen, die an einen guten Lederlack gestellt werden müssen, hohe Elastizität und Biegsamkeit bei geringer Weichheit, gute Haftfestigkeit am Untergrund und Glanz an der Oberfläche, nicht erzielen. Verteilt man aber die zum Teil gegensätzlichen Aufgaben auf verschiedene Lackaufträge, so gelingt es, einen Film zu schaffen, der den Ansprüchen weitgehend genügt. Von der festen Verbindung der Lackschichten untereinander und auch mit dem Leder hängt die Haltbarkeit des ganzen Lackleders ab. Äußerst wichtig ist der Grundlack. Er muß sehr weich sein, damit er sich den Bewegungen des Leders bei dessen mechanischer Beanspruchung gut anschmiegen kann. Er muß ferner als das eigentliche Bindeglied zwischen Film und Leder auf dem Untergrund gut festhaften. Daher muß er etwas in das Leder eindringen, um sich gut verankern zu können. Jedoch darf er auch nicht so tief in die Lederoberfläche eindringen, daß die Lederfasern verklebt werden und dabei an Biegsamkeit einbüßen. Wiederum darf er nicht zu schnell erstarren, damit er Zeit hat, sich in den Poren richtig festzusetzen. Dafür muß er eine entsprechende Menge schwer flüchtiger Lösungsmittel enthalten. Cyclohexylacetat und ähnliche Lösungsmittel wirken hier günstig. Ferner sollen sich die Cyclohexanone (Anon = Cyclohexanon und Methylanon = Methylcyclohexanon) und die Glykolderivate für die Erzielung einer guten Haftfestigkeit auch auf ungenügend entfetteten Ledern bewährt haben. Die Bedeutung des Grundlacks ist hier dieselbe wie bei der Öllackierung, auf die sich ein Satz aus einem Artikel von W. T. Lattey bezieht: „Das ganze Gelingen eines guten Lackleders hängt von den Grundaufträgen ab."

Um die Lederoberfläche gegen ein übermäßiges Eindringen des Grundes zu schützen, und um gleichzeitig an Grundlack zu sparen, versieht man vielfach die Leder, vor allem die sehr saugfähigen Spaltleder, zunächst mit einer Schicht, die keinen Lackcharakter hat. Es sind dies die sogenannten Grundiermittel, über die A. Kraus (2) zusammenhängend berichtet hat. Sie haben ferner den Zweck, ein allmähliches Abwandern von Weichmachungsmitteln, vor allem Öl, aus der Lackschicht in das Leder und das damit verbundene Sprödewerden des Films zu verhindern. Die Zusammensetzung der Grundiermittel entspricht in mancher Hinsicht den üblichen wasserlöslichen bzw. mit Wasser emulgierbaren Appreturmitteln; es sind also Pflanzenschleimstoffe, Kautschuk, Cellulosederivate und Kunstharze (vgl. diesen Bd., 7. Kap., S. 703 ff.). So eignen sich dazu z. B. dünne Aufträge von Isländischem Moos, Leinsamenschleim, Gummi, Tragant und ähnlichen Stoffen. Zu verwenden sind auch Produkte, die aus Methylcellulose bestehen, wie Tylose und Colleresin. Man setzt diesen Stoffen oft noch etwas wasserlösliches Weichmachungsmittel, wie Glycerin oder Türkischrotöl, zu.

Heute werden dafür auch Polymerisationsprodukte der verschiedensten Art in Form von wässerigen Emulsionen verwandt, die auch Plastikbinder genannt werden. Zwischenschichten aus Latex eignen sich nur, wenn noch eine zweite Schicht aufgetragen wird, oder wenn noch andere Stoffe zugemischt werden, da die Kautschukschicht klebrig auftrocknet und Nitrocellulose unmittelbar auf ihr nicht haften kann. Als Zusätze eignen sich wasserfeste Kolloide, wie Tragasol und Calafene. Die Grundiermittel werden möglichst dünn mit der Bürste oder mit dem Schwamm aufgetragen und nach dem Trocknen bei 70 bis 90° C gebügelt. Wichtig ist vor allem, daß die Grundschicht genügend elastisch ist.

Während die Menge des Weichmachungsmittels im Grundlack sehr hoch sein muß, soll die Zwischenschicht daran bereits ärmer sein. Der Schlußlack enthält dann gar keinen oder relativ wenig Weichmacher, wenn er besonders widerstandsfähig gegen mechanische Beschädigungen (Ritzen) sein soll. Im Schlußlack vermeidet man gern Öl als Weichmacher und ersetzt es durch einen der synthetischen Ester. Früher nahm man dazu meist Trikresylphosphat. Seit etwa 1945 hat man dies wegen der Giftigkeit seines Orthoanteils (s. z. B. A. Korthaus sowie E. Groß und A. Grosse, ref. bei H. Hellwis) fast vollständig verlassen und nimmt dafür meist Dibutylphthalat oder ähnliche Produkte. Um einen guten Verlauf des letzten Auftrags zu erreichen, stellt man den Schlußlack auf eine verzögerte Trocknungsgeschwindigkeit ein, z. B. durch Zusatz von Äthylglykol oder Anon. Für die Wahl der Nitrocellulosesorte ist besonders ausschlaggebend, welcher mechanischen Beanspruchung die lackierten Leder beim Gebrauch gewachsen sein müssen. Da die höchstviskosen Kollodiumwollen zwar die elastischesten und knitterfestesten Filme geben, aber in gebrauchsfähigen Lösungen zu wenig Lackkörper enthalten, ist man hauptsächlich auf die Kollodiumwollen von mittlerer Viskosität angewiesen, z. B. Wasag 8 und 8a oder E 950 von Walsrode. Für Spaltleder werden oft höherviskose Kollodiumwollen gewählt. In der amerikanischen Literatur werden Nitrocellulosen von 70 bis 90 Sekundenviskosität, gemessen nach der amerikanischen Kugelfallmethode, die etwas anders ist als die deutsche, empfohlen (A. Jones). Filmabfälle und Celluloid können wegen ihrer unregelmäßigen Zusammensetzung nur bei weniger wertvollem Material angewandt werden. Die Konzentration liegt für Spritzlacke bei 4%, für Streichlacke bei zirka 5%, berechnet auf das gesamte Volumen bei Wolle mittlerer Viskosität.

Als Lösungsmittel für die Nitrocellulose und die Weichmacher und als Verschneidmittel zum Zwecke der Verbilligung kommen praktisch alle Produkte in Frage, die weiter oben näher beschrieben sind. Mengenmäßig finden Amyl- oder Butylacetat neben Äthylacetat sowie als Verschneidmittel Alkohol, Benzin und Toluol wohl die meiste Verwendung. Nach A. Jones umfaßt das Lösungsmittelgemisch gewöhnlich

33% niedrigsiedende Lösungsmittel
17% mittelsiedende   ,,
50% hochsiedende   ,,

Manche, vor allem sehr hochsiedende Lösungsmittel werden nur in geringen Mengen zugesetzt. Sie dienen dazu, einzelne Eigenschaften besser hervortreten zu lassen, wie gute Streichfähigkeit, gleichmäßige Oberflächenbildung, hohen Glanz u. a. Manche Mittel setzt man auch nur zu, um dann mehr nichtlösende billige Verschneidmittel anwenden zu können. Solche Eigenschaften rühmt man z. B. dem Milchsäureäthylester und dem Adronolacetat in besonderem Maße nach.

Als Weichhaltungsmittel für Lederlacke spielt im Gegensatz zu anderen Lacken und Farben neben den synthetischen Stoffen das Ricinusöl eine hervorragende Rolle. Man erzielt mit ihm eine extrem große Geschmeidigkeit, ohne die

Lackschicht allzu weich zu machen. Nach A. Kraus (1) bewegt sich die Menge des Weichmachungsmittels, bezogen auf Nitrocellulose, zwischen 170% für Grundlacke und 70% für Schlußlacke. Ein normaler Zwischenlack enthält meist etwa die gleiche Menge Weichmachungsmittel wie Nitrocellulose. Bei gleichzeitiger Verwendung von synthetischen Estern und Öl als Weichmachungsmittel ist eine gern benutzte Mischung: $^1/_3$ Dibutylphthalat und $^2/_3$ Ricinusöl. Die Gegenwart eines solchen Esters wirkt sich auch beim Narbenpressen günstig aus, da das Ricinusöl dann seine Neigung zum Ausschwitzen verliert.

Bei der Auswahl der Lösungs- und Verschneidmittel ist man manchmal gezwungen, auf den Geruch des entstehenden Films Rücksicht zu nehmen. Soll dem Lackleder möglichst wenig Geruch anhaften, muß man die Glykolderivate, wie Methyl-, Äthyl- und Butylglykol, und auch deren Acetate als Lösungsmittel heranziehen und als Verschneidmittel den aliphatischen Alkoholen, wie Sprit und Butanol, vor den Kohlenwasserstoffen den Vorzug geben.

Für jeden Fall gültige Vorschriften für die Zusammensetzung von Lacken zu geben, ist bei der starken Verschiedenheit, mit der die Leder zum Lackieren kommen, natürlich nicht möglich. Der Lack muß je nach der Art des Leders, ob Narbenleder oder Spaltleder, nach Gerbung, Zurichtung und Verwendungszweck des Leders abgestimmt werden. Man wird also oft Vorversuche an Proben mit verschieden zusammengesetzten Lacken machen müssen, um für eine bestimmte Ledersorte die günstigste Mischung zu treffen. Dabei spielt natürlich auch der Preis der recht teuren Lösungsmittel eine erhebliche Rolle. Allgemeine Angaben über die ungefähre Zusammensetzung der Lacke für die einzelnen Schichten hat A. Kraus (1) gemacht (Tabelle 10).

Tabelle 10. Schematische Zusammensetzung
von Grund-, Zwischen- und Schlußlack [A. Kraus (1)].

	Grundlack	Zwischenlack	Schlußlack
		Gewichtsprozente	
Kollodiumwolle	10	10	10
Weichmacher	14 bis 17	10	7
Lösungs- und Verschneidmittel ..	76 ,, 73	80	83

Eine Vorschrift für einen Kaltlack für Chromrindleder ist von dem gleichen Verfasser in der folgenden Tabelle 11 angegeben.

Tabelle 11. Zusammensetzung eines Kaltlacks für Chromrindleder
[A. Kraus (1)].

	Grundlack	Zwischenlack	Schlußlack
		Gewichtsprozente	
Kollodiumwolle Wasag 8a	10	8	8
Trikresylphosphat	3	2	4,5
Kasterol	12	7	0
Äthylglykol	0	0	5
Butylacetat	20	20	20
Essigester	5	5	5
Butanol	10	8	13
Toluol.......................	37	45	34
Xylol	3	5	10,5
	100	100	100

Rezepte mit genauerer Nennung der Mengenverhältnisse sind in der Literatur nur äußerst selten gegeben worden. Viele Angaben sind bei der schnellen Entwicklung, die auf dem Gebiet der Nitrocelluloselacke stattgefunden hat, inzwischen wieder veraltet. J. A. Wilson, F. Stather und M. Gierth (2. Bd., S. 180) geben folgendes Beispiel eines Nitrocellulose-Lederlacks an:

Kollodiumwolle	30 g
Amylacetat	200 ml
Butylacetat	200 ml
Essigester	100 ml
Butanol	100 ml
Alkohol	100 ml
Leinöl oder Ricinusöl	40 ml
Dibutylphthalat	10 ml
Estergummi	10 g
Toluol auffüllen auf 1000 ml.	

Ein solches Rezept kann sich wohl für eine bestimmte Ledersorte gut eignen, aber für eine andere als unbrauchbar erweisen. Zumindest müssen die Mengen der einzelnen Zusätze oft durch Probieren verändert werden, besonders dann schon, wenn man inzwischen an der Gerbung irgend etwas geändert hat.

Den Lacken werden im allgemeinen noch färbende Bestandteile zugesetzt. Über die Wahl der Farbstoffe gehen die Meinungen der Fachleute auseinander. Während nach E. Pilz in erster Linie die Pigmente, also unlösliche Farbkörper, auch für Schwarz in Betracht kommen, sollen nach A. Kraus (1) schwarze Körperfarben, wie Ruß, Carbon black u. dgl., nicht zu empfehlen sein, da man mit ihnen die mechanischen Eigenschaften der Lacküberzüge verschlechtere. Es werden von diesem Autor sprit- oder benzollösliche schwarze Teerfarbstoffe, wie Typophorschwarz, Sudanschwarz, Zaponschwarz X, Nigrosin, vorgeschlagen. Sie werden in Mengen von 1 bis 2% dem Lack beigemischt.

Bei der Verwendung von schwarzen Pigmenten, für die eine Anzahl Rußarten, wie Lampenruß, Gasruß (Diamantschwarz), Acetylenruß, Carbon black sowie Beinschwarz, und auch organische Pigmente, wie Pigmentschwarz und Pigmenttiefschwarz, zur Verfügung stehen, ist ein größerer Zusatz von Weichmachern nötig. Dies ist dadurch bedingt, daß diese Pigmente einen hohen Ölbedarf haben oder, mit anderen Worten, einen großen Anteil des Weichmachers an sich adsorbieren und dadurch seinem eigentlichen Zweck, nämlich dem Weichhalten des Cellulosefilms, entziehen. Das erforderliche Mehr beträgt zirka 30% der schon vorhandenen Menge bei den meisten, auch den schwarzen Pigmenten. Es muß noch gesteigert werden, wenn das spezifische Gewicht des Farbstoffs relativ hoch ist. Am besten reibt man den Farbstoff gleich mit einer bestimmten Menge Weichmacher an und setzt die Mischung dem Lack zu. Um die bei hohem Pigmentgehalt auftretenden Verschlechterungen in der Elastizität der Lackschicht auszugleichen, hat sich die Dr. Th.-Schuchardt-GmbH. ein Verfahren schützen lassen, nach dem jeweils zwischen zwei stark pigmentierten Aufträgen eine Schicht aus Nitrocellulose mit oder ohne Zusatz von Harzen, Harzestern oder Ölen angebracht wird.

Das Kaltlackverfahren ist an keine besondere Lederart gebunden und kann sowohl bei vegetabilisch als auch bei chromgegerbtem Leder angewendet werden. Bevorzugt werden aber die Nitrolacke für billigere Spaltleder verwendet, die für modische Portefeuillewaren meist mit künstlichem Narben verarbeitet werden. Für die Art der Gerbung und die Vorbehandlung der Leder gilt das gleiche, was über Chromlackleder gesagt worden ist. Auch Celluloseesterlacke halten nicht richtig auf fettem Untergrund, doch ist die Störung durch Fett nicht so schlimm wie bei Leinöllacken, und es muß nicht immer entfettet werden. Nach S. S. Sadler und E. F. Kayo soll die Entfettung und die übliche Grundierung fortfallen können, wenn die Leder mit einer 5%igen Schellacklösung, die gleichzeitig Füllstoffe enthält, grundiert werden. Ferner soll sich nach E. Jakoby die Haftfestigkeit von Celluloseesterfilmen auf Chromleder durch eine vegetabilische Nachgerbung erheblich steigern lassen. J. Paisseau hat sich englische Patente auf die Vorbehandlung zu lackierender Leder mit organischen Säuren, wie Milch-, Wein- oder Ameisensäure, geben lassen. Er setzt außerdem dem Lack noch Eisessig zu. Nach A. Kraus (1) übt tatsächlich eine Vorbehandlung des Leders mit Essigsäure einen günstigen Einfluß auf das Anhaften der Lackfilme aus. Auch eine Imprägnierung der zu lackierenden Lederoberfläche mit Weichmachern und Gelatinierungsmitteln zum Zwecke guten Anhaftens der Celluloseesterlacke ist den Farbenfabriken vorm. F. Bayer & Co. 1925 geschützt worden. Nähere Einzelheiten über das Auftragen von Kollodiumfarben und besonders über die Behebung von Schwierigkeiten, die dabei auftreten können, hat O. Zohlen angegeben.

Das Auftragen der einzelnen Lackschichten erfolgte früher stets auf den aufgespannten Ledern (über verschiedene Spannvorrichtungen vgl. diesen Bd., 9. Kap., S. 1010). Der Grund muß gut eingerieben werden. Man benutzt dazu einen Schlicker, einen Stoffballen oder eine Bürste. Oft wird der Grund auch mit dem Handballen eingerieben. Chromleder verträgt als Grund eine dünnflüssigere Lösung als vegetabilisch gegerbtes Leder, da es den Lack weniger leicht aufnimmt. Natürlich muß man für absolut klare, unter Umständen filtrierte Lösungen sorgen und auch hierbei jeden Staub im Arbeitsraum vermeiden. Nach dem Trocknen des Überzugs wird, wenn nötig, die lackierte Fläche mit Bimsstein geglättet. Neuerdings werden die Leder dafür heiß mit einer glatten Bügelplatte gepreßt. Spalte werden einfach auf Tischen, ohne daß sie aufgespannt werden, grundiert und zum Trocknen aufgehängt. Der Schlußlack wird meist mit der Spritzpistole aufgetragen, was ein rascheres und gleichmäßigeres Arbeiten und Verteilen des Lacks ermöglicht. Gespritzt wird auf die senkrecht stehenden oder hängenden Leder aus etwa einem halben Meter Entfernung. Dabei ist eine richtige Konsistenz des Lacks und ein gut abgestimmtes Lösungsmittelgemisch wichtig. Ist zuviel leichtflüchtiges Lösungsmittel vorhanden oder spritzt man aus zu großer Entfernung, so kann der Lackfilm leicht den sogenannten „Orangenschaleneffekt" zeigen, d. h. mit ungleichmäßiger, porös erscheinender Oberfläche auftrocknen. In solchen Fällen haben die einzelnen Tröpfchen auf dem Weg zum Leder schon so viel Lösungsmittel verloren, daß der Lackkörper bereits ausgefallen und ein Verlaufen auf dem Untergrund nicht mehr möglich ist. Der Lack muß also genügend feucht auf dem Leder ankommen. Wiederum darf der Lack auch nicht zu dünnflüssig sein, da er sonst wegläuft. Manchmal sind zwei oder drei Aufträge nötig, bis die Farbe richtig gedeckt hat. Dazwischen muß immer wieder getrocknet werden.

Besonders sorgfältig muß das Auftragen des Schlußlackes vorgenommen werden, weil davon die dem Auge gefälligen Eigenschaften des Lackleders, wie der spiegelnde Glanz, vollkommene Gleichmäßigkeit und Kornfreiheit, abhängen. Der Schlußlack wird nur einmal gespritzt. Er ist meist, auch bei farbigen Ledern, farblos oder enthält nur sehr wenig Farbe. Bei Spalten wird meist am Schluß noch ein Narben eingepreßt. Oft wird dann noch ein Schellacküberzug gegeben. Manchmal wird auch noch gekrispelt.

Mitunter kommt es vor, daß Kollodiumlacke, besonders beim Spritzen, weiß anlaufen (s. S. 945.). Diese manchmal völlig überraschend bei gleicher Arbeitsweise auftretende Erscheinung ist dadurch verursacht, daß Wasser aus der umgebenden Luft kondensiert wird und auf die Festsubstanzen des Lackes koagulierend wirkt. Dies kann so stark sein, daß der Lack weißlich matt mit trüber

Oberfläche auftrocknet. Manchmal ist daran zu schnelles Verdunsten des Lösungsmittels schuld, besonders wenn ausgiebig Niedrigsieder mit eingesetzt werden. Beim Verdunsten kann infolge der starken Abkühlung bei hoher Luftfeuchtigkeit der Taupunkt unterschritten werden, so daß sich Wassertröpfchen ausscheiden. Auch Feuchtigkeit, die im Lösungsmittel oder mit der Spritzluft eingeschleppt wird, wirkt in dieser Weise. Diese Erscheinung kann auch eintreten an Regentagen oder bei Nebel, meist in der Frühe, wenn der Raum noch nicht genügend geheizt ist. Oft muß man dann, wie auf S. 945 erwähnt, das Spritzen so lange einstellen, bis der Raum wärmer geworden ist, bis der Nebel weggegangen oder die Luftfeuchtigkeit sonst heruntergegangen ist. Solche Schwierigkeiten können auch im Sommer bei großer Wärme und Gewitterneigung auftreten, immer dann, wenn die Luftfeuchtigkeit sehr groß ist. Wenn es oft vorkommt, muß man die Trockenzeit des Lackes etwas heraufsetzen durch Zugabe etwas höher siedender Lösungsmittel. Günstig wirkt sich auch Butanol aus, das infolge seines azeotropen Verhaltens bei der Verdunstung das störende Wasser mit fortführt.

Trotz der hier angegebenen Schwierigkeiten mit Wasser kann man bei geeigneter Arbeitsweise sogar Wasser an Stelle der sonst verwendeten organischen Verschneidmittel absichtlich in größerer Menge als billiges Verschneidmittel, also als nichtlösendes Verdünnungsmittel, zu homogenen Nitrocelluloselacken zusetzen. C. R. Halle und andere [s. A. Kraus (6), S. 398, und Literaturangaben, S. 410] haben schon 1925 4 bis 5% Wasser zu Nitrolacken zugesetzt. Der Wasag wurde (durch D.R.P. 555548) ein Verfahren geschützt, durch Zusatz von Wasser das Eindicken von bronzehaltigen Lacken zu verhindern. Einer der ersten, welche die lösungssteigernde Wirkung kleiner Wasserzusätze zu Nitrolacken erkannt haben, war A. Kraus (8). Voraussetzung für die Verwendung von Wasser in Nitrocelluloselacken ist die Gegenwart von genügenden Mengen Lösungs- und Verschneidmittel, die sich mit Wasser vertragen. Die Kollodiumwolle, die Weichmacher und eventuell zugesetzte Harze beeinflussen die Aufnahmemöglichkeit von Wasser ebenfalls stark. Auch hier müssen wieder Vorversuche entscheiden, bei denen besonderer Wert auf das Auftrocknen solcher wasserhaltiger Lacke gelegt werden muß. A. Kraus (9) hat darüber genaue Untersuchungen angestellt und gefunden, daß auch ein mit Wasser völlig mischbares Lösungsmittelgemisch nur einen geringen Wasserzusatz verträgt, wenn der Lack noch richtig auftrocknen soll. Günstig für eine hohe Wasseraufnahme ist der Zusatz von schwerflüchtigen Lösungsmitteln, z. B. Butoxyl, GB.-Ester und Äthylglycol, deren Verdunstungsgeschwindigkeit höher ist als die von Wasser. Bei gewöhnlicher Temperatur kann man einen Wassergehalt von über 10% erreichen. Man kann dabei sogar auf Lacklösungen geringerer Viskosität kommen. Noch weiter kann man den Wasserzusatz steigern und damit die Lacke verbilligen, wenn man bei höherer Temperatur arbeitet.

Ein großer Nachteil der Nitrocelluloselacke ist es, daß man so viele teuere Lösungsmittel braucht, die alle verlorengehen. Den hohen Lösungsmittelverbrauch könnte man einschränken, wenn man den Lack mit einem höheren Körpergehalt herstellen könnte. Man könnte dann gleichzeitig in weniger Arbeitsgängen eine Lackschicht optimaler Stärke aufbringen. Durch die Herstellung der niedrigviskosen Kollodiumwollen wurde diese Forderung teilweise erfüllt. Aber bei diesen niedrigviskosen Wollen sind wieder die mechanischen Eigenschaften der Filme verschlechtert, so daß sie für Leder nicht verwendet werden können.

Ein grundsätzlich anderer Weg, den Körpergehalt eines Kollodiumlacks zu erhöhen, ist das Anwärmen des Lacks und Spritzen bei höherer Temperatur, das „Heißspritzverfahren". Durch dieses Verfahren haben in Amerika die

Nitrolacke in der Automobil- und Flugzeugfabrikation die Harzeinbrennlacke wieder verdrängt. Bei dem Heißspritzverfahren wird bei 70° C gespritzt. Es ist dabei natürlich unerläßlich, die niedrigsiedenden Lösungs- bzw. Verdünnungsmittel durch hochsiedende zu ersetzen. Nach Ungenannt (3), S. 87, wird dafür ein Lösungsmittelgemisch von 3 Teilen Butanol, 4 Butylacetat, 5 Toluol vorgeschlagen. Die Viskosität eines Lacks nimmt mit steigender Temperatur beträchtlich ab. Sie ist nach A. Kraus (3) bei 50° C ungefähr 35% und bei 70° nur noch 20% der Viskosität bei 20° C. So ist es möglich, in zwei Spritzaufträgen schon so viel Lackkörper aufzubringen, wie in drei Überzügen eines kalt verarbeiteten Lacks. Man spart dadurch einen Arbeitsgang, außer den leichtsiedenden Lösungsmitteln. Der warm aufgebrachte Lack hat dazu noch ein hervorragendes Porenschließvermögen und ist in kürzerer Zeit trocken. Auf 100 Teile eines bei 70° C spritzbaren Lacks müssen 35 bis 45 Teile Verdünnungsmittel zugesetzt werden, um bei 20° C Spritzkonsistenz zu erreichen. Diese Menge Verdünnungsmittel geht beim Kaltspritzen nutzlos in die Luft. Beim Warm- und Heißspritzen kann man außer der Verringerung des Gesamtlösungsmittels noch den Anteil an Wasser etwas erhöhen.

Für das Heißspritzverfahren wurden besondere Spritzpistolen entwickelt. Am besten sind die, bei denen der Lack erst unmittelbar, bevor er in die Spritzdüse eintritt, erwärmt wird. Dies schließt praktisch jede Schädigung des Lacks aus und vermeidet den Wärmeverlust in den Schläuchen.

Wie weit sich dieses Heißspritzverfahren in der Lederindustrie durchführen läßt, muß sich noch erweisen.

V. Emulsionslacke.

Noch weiter kann man mit dem Ersatz der teuren Lösungsmittel durch Wasser gehen, wenn man das Wasser nicht mehr als Verschneidmittel in den Lack hineinmischt, sondern den Kollodiumlack in Wasser emulgiert [s. A. Kraus (6), S. 353]. Solche Nitrocelluloselackemulsionen besitzen bei hohem Körpergehalt geringe Viskosität. Im Gegensatz zu Lacken, die Wasser als Verschneidmittel enthalten, dürfen die Lacke, die in Wasser emulgiert sind, keine Lösungsmittel enthalten, die sich mit Wasser mischen lassen. Man kann auf diese Art ziemlich hochviskose Lacklösungen unter Verwendung von Wasser dünn und spritzbar machen, und damit teure Lösungsmittel sparen. Solche Lacke wurden in den letzten 25 Jahren hauptsächlich in Amerika angewandt. Bei dem ersten Auftrag auf stark saugendem Untergrund, wie es bei Leder der Fall ist, muß man die Emulsion etwas weiter verdünnen, weil das Leder rasch das Wasser aufsaugt, was zu einem schnellen Verfall der Emulsion führt. Bei den weiteren Aufträgen kann man mit etwas konzentrierteren Emulsionen arbeiten, die aber noch gut streichfähig sein müssen.

Noch billiger werden die Lacke, wenn man an Stelle von Nitrocelluloselacken, die immer noch Lösungsmittel enthalten müssen, Polymerisationsprodukte in wäßriger Emulsion verwendet. Solche Emulsionen sind aus den verschiedensten Rohstoffen im Handel, z. B. Vinyl-, Acrylsäureester oder Butadien-Polymerisate und Copolymerisate dieser und anderer Monomeren. In diese Emulsionen kann man auch Farben einrühren und so farbige Lackleder herstellen. Sie eignen sich gut für farbige Spaltleder. Die Farben werden am besten zuerst mit Wasser angeteigt, dann mit der Emulsion vermischt und in Rührwerken oder Farbmühlen homogenisiert. Unter Umständen ist es nötig, noch Weichmacher zuzusetzen.

Je nach der Zusammensetzung der Emulsionen kann man manchmal beim Grundieren ein zu tiefes Eindringen des Grundes in das Leder dadurch verhindern, daß man dieses unmittelbar vorher mit einer Lösung einer schwachen Säure anfeuchtet, so daß die Emulsion rascher zerfällt. Auch kann man bei manchen

Emulsionen den Grund durch besondere Zusätze verdicken. Mit solchen Emulsionsfarben, die auch Plastikfarben genannt werden, kann man mit wenig Aufstrichen ziemlich dicke Filmschichten auf das Leder aufbringen. Man spart dadurch nicht nur teure Lösungsmittel, sondern auch noch Arbeit. Diese Filme kann man wie Kollodiumfilme heiß bügeln, wenn auch nicht zu heiß. Die Emulsionsfarben können gestrichen und aufgespritzt werden. Beim Grund ist es immer besser zu streichen und den Auftrag gut zu verreiben, damit die Poren des Leders gut geschlossen werden. Ein Nachteil dieser Emulsionsfarben ist der, daß man das mit dem Lack aufgebrachte Emulsionswasser, das besonders beim Grund in das Leder eindringt, durch Trocknen wieder entfernen muß. Es verdunstet nicht so leicht wie die leicht flüchtigen Lösungsmittel, aber dadurch, daß man große Mengen Lösungsmittel spart, sind die Emulsionsfarben bedeutend billiger. Sie sind auch nicht feuergefährlich und nicht gesundheitsschädlich. Manchmal bringt man auf solche Emulsionsaufträge einen Schlußlack aus Nitrocellulose, weil man in den Nitrocelluloselack besser einen feinen Narben einpressen kann.

VI. Andere Lacke.

Eine schnellere Trocknung von Öllacken kann man erreichen, wenn man Holzöl mitverwendet oder Harze zusetzt. Man kann dann eventuell auf das künstliche Nachtrocknen verzichten. Es dürfen natürlich nur solche Harze verwendet werden, die den Lackfilm nicht spröde machen. Wie schon J. Scheiber (*14*), S. 682, angibt, kann man geeignete ölmodifizierte Alkydharzlösungen allein schon ohne Mitverwendung von Öllacken als vollwertige Filmbildner verwenden und den verschiedenen Bedürfnissen anpassen.

Nach einem amerikanischen Patent aus dem Jahre 1930 kann man mit Alkydharzen wie folgt arbeiten: In üblicher Weise vorbehandelte und grundierte Leder werden mit einem Lackanstrich versehen, der ein aus mehrwertigen Alkoholen und mehrbasischen Säuren sowie trocknenden Ölen hergestelltes Kunstharz (Alkydharz) in Mengen von 40 bis 60% enthält. Das Kunstharz wird aus 12,6 Teilen Glycerin, 29,7 Teilen Phthalsäureanhydrid und 57,7 Teilen Leinöl oder aus 12,6 Teilen Glycerin, 29,7 Teilen Phthalsäureanhydrid, 28,85 Teilen Leinöl und 28,85 Teilen Holzöl hergestellt und dann in Xylol-Naphtha oder Terpentinöl gelöst und gegebenenfalls mit Trockenstoffen, wie Kobalt-, Blei-, Mangan- oder Eisenlinoleat, versetzt. Der so hergestellte Harzlack wird auf die Leder gespritzt oder von Hand aufgetragen. Gegebenenfalls können die Leder vor dem Harzlackaufstrich mit Celluloselacken grundiert werden. Derartige lackierte Leder brauchen nicht mehr dem Sonnenlicht oder künstlichem Licht ausgesetzt zu werden.

Nur durch Mitverwendung solcher ölmodifizierter Alkydharze kann man die Melaminharze als Lederlacke verwenden, während diese für sich allein zu hart und spröde sind. Die Verwendung dieser beiden zusammen ergibt technisch außerordentlich wertvolle Lacke, die bei genügender Härte haftfest, elastisch und biegsam sind. Der reine schleierfreie Hochglanz, den Melamin-Alkydharzlacke auch in pigmentiertem Zustand zeigen, soll Witterungseinflüssen in bisher kaum erreichter Weise standhalten. Die Alkydharze wirken dabei als Weichmacher für die Melaminharze. Derartige Melamin-Alkydharz-Lacke werden zweckmäßig bei Temperaturen von 40 bis 80° C, wie sie bei Lackleder durchaus möglich sind, eingebrannt.

Auch die DD-Lacke, Desmophen[1]-Desmodur[1]-Lacke (s. dieses Kap., S. 952), auch Polyurethan-Lacke genannt, die sich bereits in vielen Industriezweigen als hochwertige, weitgehend chemikalienbeständige Anstrichmittel mit guten mechanischen Eigenschaften bewährt haben, können nach W. Speicher vorteilhaft zur Herstellung von Lackleder eingesetzt werden. Die Möglichkeit, ohne Zu-

---

[1] Eingetragenes Warenzeichen der Farbenfabriken Bayer A. G., Leverkusen.

gabe von Weichmachern oder sonstigen Zusatzstoffen allein durch Variation von Art und Menge der einzelnen Desmophen- und Desmodur-Typen die Eigenschaften der entstehenden Lackfilme, wie Härte und Elastizität, in weiten Grenzen beeinflussen zu können, ist neuartig und einer der wichtigsten Vorteile der DD-Lacke. Nähere Einzelheiten über die Bildung dieser Lacke gibt K. Eitel. Ein Spezialsortiment geeigneter gebrauchsfähiger Produkte wird unter der Bezeichnung „Baygen"[1] neuerdings in den Handel gebracht, mit dem auch weiße und bunte Lackleder hergestellt werden können.

Als Lösungsmittel für DD-Lacke sind nur solche Stoffe brauchbar, die mit den $-N=C=O$-Gruppen des Desmodurs nicht reagieren. Wie schon auf S. 952 dieses Kapitels angegeben, sind Alkohole, Amine, Säuren und wasserhaltige Lösungsmittel nicht anwendbar. Gut geeignet sind dagegen Ester, Ketone und als Verschneidmittel aromatische Kohlenwasserstoffe. In den meisten Fällen sind die handelsüblichen Lösungsmittel genügend wasserfrei. Es ist zweckmäßig, wie auch bei den anderen Lacksystemen, das Lösungsmittelgemisch aus Niedrig-, Mittel- und Hochsiedern zusammenzusetzen.

Zum Anfärben der DD-Lacke können organisch lösliche Farbstoffe und inerte organische und anorganische Pigmente herangezogen werden. Pigmente werden zweckmäßig in das Desmophen eingearbeitet. Wie bei vielen anderen Lacken können auch bei DD-Lacken auf porösem Material wie Leder Schwierigkeiten in bezug auf die Glätte des Filmes eintreten. Diese Verlaufsstörungen können nach R. Hebermehl (2) durch geringe Zusätze linear aufgebauter Hochpolymerer, wie z. B. Nitrocellulose oder Cellit[1], zum Lackansatz beseitigt werden.

Wegen der großen Reaktionsfähigkeit des Desmodurs können DD-Lacke nicht auf Vorrat angesetzt werden. Je nach der Höhe der Raumtemperatur und der Konzentration des Lackansatzes tritt nach 1 bis 2 Tagen ein Viskositätsanstieg ein, den man zunächst durch weitere Verdünnung ausgleichen kann. Bei längerem Stehen geliert der Ansatz irreversibel.

Der Lackaufstrich trocknet nach 6 bis 12 Stunden bei Zimmertemperatur staubtrocken auf. Eine Nachtrocknung mit ultravioletten Strahlen ist nicht nötig. Die endgültige Festigkeit der Lackschicht wird erst nach etwa zwei Wochen erreicht.

Nach bisher unveröffentlichten Arbeiten ist mit DD-Lack hergestelltes Lackleder weniger kälte- und hitzeempfindlich als Leinöllackleder. DD-Lackleder verhält sich bei $-20°$ C erst so wie Leinöllackleder bei $0°$ C. Auch hält es höhere Temperaturen beim Bügeln aus und kann noch bei Temperaturen ohne Mineralölschutz geföhnt werden, bei denen Leinöllackleder schon verbrennt. Außerdem hat DD-Lackleder eine zwei- bis dreimal so große Wasserdampfdurchlässigkeit als Leinöllackleder.

Alle diese Lacke trocknen bedeutend schneller als Leinöllacke, und man braucht auch nicht die ultravioletten Strahlen zum Nachtrocknen. Dies ist ein sehr bedeutender wirtschaftlicher Vorteil. Denn wenn man nur die Hälfte der Zeit zum Trocknen braucht, kann man mit der gleichen Anlage und mit der gleichen Menge Spannrahmen die doppelte Menge Lackleder herstellen. Wenn man die ultravioletten Strahlen nicht mehr benötigt, spart man noch weitere Zeit und die ganz bedeutenden Kosten für die Lampen und den Strom.

VII. Kombinierte Lackierverfahren.

Bei den Versuchen, die Celluloseester für das Lackieren von Leder verwendbar zu machen, hat sich herausgestellt, daß Kollodiumwolle und polymerisiertes Leinöl sich sehr gut vereinigen lassen, und daß solche Mischungen zu einem

---

[1] Eingetragenes Warenzeichen der Farbenfabriken Bayer A. G., Leverkusen.

technisch brauchbaren Film aufzutrocknen vermögen. Ja, für Chromleder hat man eine solche Vereinigung als besonders günstig gefunden, da man so einen außerordentlich elastischen Lack erhalten kann. Sind die Mischungsverhältnisse und Konzentrationen gut ausprobiert, so ergeben sich Lacke, welche die Geschmeidigkeit und den Glanz des Öllacks mit den günstigen Eigenschaften des Nitrolackes, nämlich Festigkeit, Klebfreiheit und Widerstandsfähigkeit gegen Temperatureinflüsse, vereinigen. Man ist so zu einem Verfahren gekommen, in dem man entweder in allen Lackschichten oder nur in einzelnen solche Gemische von gekochtem Öl und Nitrocellulose anwendet. Am meisten hat sich dies, wie schon erwähnt, beim Grund für die Öllacke eingeführt. Man arbeitet manchmal auch so, daß man nicht die Lackkörper selbst mischt, wohl aber den Film aus einzelnen Lackschichten aufbaut, die entweder aus dem einen oder dem anderen Material bestehen. Die Literatur über kombinierte Lackierverfahren für Leder ist, entsprechend der Einstellung der Industrie, sehr spärlich. E. C. Worden (2) hat, vielleicht zum ersten Male, technisch brauchbare Angaben über die Bereitung und Anwendung solcher Lackgemische gegeben. Leider sind, worauf A. Kraus (1) aufmerksam gemacht hat, bei der Übernahme seiner Vorschriften in die deutsche ledertechnische Literatur (M. C. Lamb und E. Mezey; H. Börner) erhebliche Übersetzungsfehler unterlaufen, so daß diese Unterlagen wertlos wurden.

Nach E. C. Worden (2), S. 446, kocht man auf die übliche Weise einen Leinöllack, wobei auf 1 Liter Öl 3,7 g Umbra und 4,2 g Preußischblau angewendet und nicht höher als auf 275° C erhitzt werden soll. Beim Anheizen soll die Temperatur alle 15 Minuten um etwa 10° C steigen. Schließlich soll so lange erhitzt werden, bis die Konsistenz eines dicken Syrups erreicht ist. Nach Abkühlen auf 100° C werden 20% des eingesetzten Ölvolumens an Amylacetat auf einmal zugefügt und sorgfältig vermischt. Man kann auch einen Teil des Amylacetats durch Terpentinöl ersetzen. An einer auf eine Glasplatte gebrachten Probe überzeugt man sich, ob die Mischung wirklich homogen ist.

Die Nitrocelluloselösung soll etwa die Konsistenz von Rapsöl haben und als Lösungsmittel ein Gemisch aus sechs Teilen Amylacetat und vier Teilen Benzin enthalten. Als typische Zusammensetzung wird angegeben:

Kollodiumwolle	225 g
Amylalkohol	735 g
Amylacetat	1980 g
mit Benzin aufgefüllt auf	3785 ml.

Der Lösung werden öllösliche Farbstoffe zugesetzt, die zunächst in einem Benzin-Amylalkohol-Gemisch gelöst werden. Die Menge richtet sich nach der Natur der Farbstoffe und der Tiefe des gewünschten Tons. Die Farbstofflösung läßt man zur Klärung vor Gebrauch mehrere Tage lang stehen und filtriert sie außerdem. Als schwarzer Farbstoff kommt meist Nigrosinbase in Frage.

Das Mischen des Öllacks mit der Nitrocelluloselösung geschieht so, daß man die Kollodiumlösung unter gutem Umrühren zum Öl gibt und nicht umgekehrt. Die Mengenverhältnisse richten sich nach den verschiedenen Aufstrichen. Der Anteil des Öls nimmt nach dem Schlußlack zu ab. Dieser ist oft auch ganz frei von Öl, wenn er besonders widerstandsfähig sein soll. E. C. Worden (2) gibt als Mischungsverhältnis an: für den 1. Auftrag 1 Teil gelöstes Öl und 3 Teile Kollodiumlösung und für den 2. Auftrag das Verhältnis 1 : 6. Am besten läßt man auch hier die Mischung mehrere Tage vor Gebrauch stehen.

Wichtig ist wie immer, daß der Grund gut eingerieben werden muß. Vorher hat man zweckmäßig, wie auch sonst, durch Bearbeiten des fest ausgespannten

Leders mit einer Bürste allen Staub sorgfältig entfernt. Dies begünstigt die Haftfestigkeit des Grundes. Die Konsistenz des Grundes und die aufzutragende Menge richtet sich nach der Porosität des Leders. Nach dem Trocknen, für das schon etwa 30° C genügen, werden im allgemeinen eine oder mehrere Zwischenschichten aufgetragen, um eine recht gleichmäßige Unterlage für den Schlußlack zu haben. Die Zwischenschichtlacke und der Schlußlack werden dünner gehalten als der Grund. Aufgestrichen wird meist mit einer langhaarigen, steifen Bürste oder auch mit einem Schwamm. Vor allem ist für ganz gleichmäßiges Abdecken des Untergrundes Sorge zu tragen. Den Schlußlack bildet ein ölfreier oder wenigstens an Öl sehr armer Lack. Er muß so eingestellt sein, daß er gut verläuft. Dazu muß er auch hoch siedende Lösungsmittel enthalten, die ein zu rasches Antrocknen verhindern. Anderseits darf der Schlußlack auch nicht zu lange feucht bleiben, weil sonst die unteren Schichten durch Diffusion des Lösungsmittels wieder aufgeweicht werden können. Der letzte Auftrag muß sehr dünn vorgenommen werden. Dazu verwendet man am besten eine Spritzpistole. Nach dem Trocknen sind die Leder dann fertig. Sie sollen aber, damit auch die letzten Spuren der Lösungsmittel sich noch verflüchtigen können, noch etwa eine Woche zum Lüften aufgehängt werden. Unter Umständen kann die Rückseite leicht gefettet werden, wenn eine bessere Geschmeidigkeit gewünscht wird. Ein anderes von A. Kraus (1) mitgeteiltes Verfahren der gleichzeitigen Verwendung von Öl- und Nitrolack sei hier noch wiedergegeben. Abweichend von oben wird hier als Schlußlack ein reiner Leinöllack verwendet.

1. Kochen des Öls. 97,85 kg amerikanisches Baumwollsamenöl oder Ricinusöl erster Pressung werden auf 100° C erhitzt und mit 1,37 kg Umbra und 0,78 kg Berlinerblau versetzt. Die Trockenstoffe sind vorher zweckmäßig mit etwas Öl angerieben worden. Das ganze wird unter beständigem Rühren langsam auf 275 bis 300° C erhitzt.

2. Herstellung der Kollodiumlösung und Mischen mit dem gekochten Öl. Man löst hochviskose Nitrocellulose — etwa Wasagwolle 8a — 4%ig mit Amylacetat auf. 80 kg dieser Lösung werden mit 20 kg des gekochten Öls innig vermischt, indem man die Kollodiumlösung unter gutem Rühren in das Öl einträgt.

3. Auftragen des Lacks. Diese Nitrocellulose-Ölmischung wird mit Hilfe eines langhaarigen Pinsels oder auch eines Schwammes auf das Leder aufgetragen, und zwar insgesamt zwei- bis dreimal. Beim letzten Strich verwendet man eine Mischung von 25 kg der 4%igen Amylacetat-Kollodiumlösung mit 75 kg gleicher Teile Äther und Alkohol.

4. Herstellung des Decklacks. Zu 94,34 kg Leinöl fügt man 0,94 kg kristallisierten Bleizucker, 0,94 kg Bleiglätte und 3,78 kg Umbra und erhitzt das ganze auf 300° C, worauf man langsam abkühlen läßt. Dieser Decklack wird dann entweder im Streichverfahren, vorteilhafter im Spritzverfahren, auf die völlig durchgetrocknete Grundierung aufgebracht. Zur Anfärbung des Lacks dienen spritlösliche schwarze Anilinfarbstoffe.

Für die Zurichtung von Spaltleder kommen noch andere Methoden der gemeinsamen Anwendung von Öl- und Nitrolack in Frage. Diese bestehen darin, daß man das Leder zunächst mit mehreren Schichten Leinöllack grundiert und dann einen oder zwei Schichten Nitrocelluloselack aufbringt. Allerdings läßt hierbei manchmal die Haftfestigkeit der beiden verschiedenartigen Filme aneinander zu wünschen übrig. Es ist dann besser, als Zwischenschicht eine Mischung beider Lacke zu verwenden.

Auch abwechselnde Aufstriche von wasserlöslichen Emulsionen oder Plastikfarben mit Leinöllacken oder Kollodiumfarben werden angewandt. Dabei wird meist mit der wasserlöslichen Farbe grundiert und als Schlußaufstrich ein Nitrocelluloselack oder eine Schellacklösung in Sprit verwandt.

D. Untersuchung der Rohstoffe.

I. Untersuchung der Öle[1].

Die verschiedenen im Handel befindlichen Leinölsorten sind vom RAL, Ausschuß für Lieferungsbedingungen und Gütesicherung beim DAN, in folgende vier Sorten eingeteilt worden:

1. Rohes Leinöl,
2. Gebleichtes Leinöl,
3. Raffiniertes Leinöl,
4. Lackleinöl.

Nach Vereinbarung maßgebender Erzeuger und Verbraucher sollen diese vier Sorten bestimmten Ansprüchen bezüglich der wichtigsten physikalischen und chemischen Eigenschaften genügen. Diese Bedingungen sind nach Nr. 848 A der Liste des Ausschusses für Lieferungsbedingungen wie folgt festgelegt:

1. Rohes Leinöl.

Rohes Leinöl muß klar oder darf nur schwach getrübt sein. Stärkere, durch Kälte erzeugte Trübungen müssen beim Erwärmen auf etwa 40° C verschwinden, so daß das Öl auch bei längerem Stehen bei Zimmertemperatur klar oder nur schwach getrübt ist. Der Geruch soll blumig sein, die Farbe gelb oder gelbgrün und nicht dunkler als eine $1/_{100}$-Normaljodlösung. Beim Farbenvergleich sind zwei Röhrchen genau gleichen Durchmessers zu nehmen, das eine ist mit dem filtrierten Leinöl, das andere mit der Vergleichslösung bis zur gleichen Höhe aufzufüllen. An Stelle der Vergleichslösung kann auch die Farbenskala von Knauth-Weidinger verwendet werden. Die Farbe darf nicht tiefer als Rohr 8 dieser Skala sein. Die physikalischen und chemischen Kennzahlen müssen zwischen den nachstehend angegebenen Grenzwerten liegen. Der Besteller ist nicht berechtigt, Leinöl zurückzuweisen, das bei einer einzelnen Kennzahl, besonders bei der Säurezahl, eine Abweichung von den Grenzen bis zu zwei Einheiten der letzten angegebenen Stelle aufweist, es sei denn, daß eine ausführliche Untersuchung einen Verschnitt zweifellos erweist.

Spez. Gew. (20°/4°, 760 mm)	0,927 bis 0,932
Brechungsindex (n_D 20)	1,4785 bis 1,4830
Säurezahl	nicht über 6
Verseifungszahl	188 bis 196
Jodzahl nach Hübl-Waller oder Hanus	mindestens 170
Unverseifbare Stoffe nach Spitz-Hönig	höchstens 2,0%
Hexabromidzahl	mindestens 48
bei baltischen Ölen	mindestens 53

(Die Hexabromide müssen sich in der 50fachen Menge Benzol beim Erhitzen völlig lösen und sollen bei 176 bis 178° C ohne Schwärzung schmelzen.)

2. Gebleichtes Leinöl.

Das Öl muß klar sein. Trübungen, die etwa durch Kälte entstanden sind, müssen beim Erwärmen auf 40° C verschwinden und dürfen auch bei längerem Stehen bei Zimmertemperatur nicht wiederkehren. Die Farbe darf nicht tiefer sein als $1/_{600}$-Normaljodlösung (Rohr 4 der Knauth-Weidinger-Skala). Im übrigen gelten die gleichen Bedingungen wie für rohes Leinöl. Der Geruch kann blumig oder gurkenartig sein. Beim Erhitzen darf das gebleichte Leinöl nicht dunkler werden.

---

[1] S. dazu den Abschnitt „Leinöl" in diesem Band, 6. Kap., S. 451, in dem auch die Einzelheiten für die Bestimmungsmethoden der Konstanten enthalten sind.

3. Raffiniertes Leinöl.

Das Öl muß klar sein. Trübungen, die etwa durch Kälte entstanden sind, müssen beim Erwärmen auf 40° C verschwinden und dürfen auch bei längerem Stehen bei Zimmertemperatur nicht wiederkehren.

Die Farbe darf nicht tiefer sein als eine $1/_{600}$-Normaljodlösung (Rohr 4 der Knauth-Weidinger-Skala). Die Säurezahl kann bis zu 8 betragen. Im übrigen gelten die gleichen Bedingungen wie für rohes Leinöl. Der Geruch kann blumig oder gurkenartig sein. Beim Erhitzen darf das Öl keine Schleimstoffe abscheiden, während ein Dunkelwerden dabei nicht zu beanstanden ist.

4. Lackleinöl.

Lackleinöl muß klar sein. Trübungen, die etwa durch Kälte entstanden sind, müssen beim Erwärmen auf 40° C verschwinden und dürfen auch bei längerem Stehen bei Zimmertemperatur nicht wiederkehren. Die Kennzahlen sind die gleichen wie bei rohem Leinöl. Bei der Erhitzung darf eine Schleimausscheidung nicht stattfinden. Das Öl soll bei Erhitzen auf 280 bis 300° C hellgelblich oder grünlich oder wasserhell werden (Farbtiefe nach Erhitzen wie bei 2).

Für eine schnelle, orientierende Prüfung einer Leinölprobe gibt die Bestimmung des Brechungsindex Aufschluß (s. dieses Kapitel, S. 983), da alle fremden Öle bis auf Holzöl die Refraktion erniedrigen [H. Wolff (3), S. 81]. Eine Ermittlung der Verseifungszahl gibt einen weiteren Anhaltspunkt für die Reinheit. Man kann sich hier schon durch die übliche qualitative Probe auf Unverseifbares[1] einen ersten Anhalt für Verfälschungen verschaffen.

Erscheint eine genaue Untersuchung notwendig, so ist die Ermittlung der Hexabromidzahl[1] wichtig. Vor allem kann man damit auch Trane, die durch andere Prüfungen nicht erfaßt werden, erkennen. Deren Hexabromide sind nämlich in Benzol unlöslich und schmelzen nicht, sondern werden erst oberhalb 200° C schwarz (s. RAL.-Bedingungen).

Eine schnelle Prüfung auf Gegenwart leicht flüchtiger Kohlenwasserstoffe und Lösungsmittel kann durch eine Entflammbarkeitsprobe ausgeführt werden (H. Wolff, W. Schlick und H. Wagner, S. 109).

Man füllt einen kleinen Porzellantiegel bis etwa $1/_2$ cm unter den Rand mit dem zu prüfenden Öl und setzt den Tiegel auf ein Wasserbad, das zum schnellen Anheizen vorteilhaft klein gewählt wird. Während des Erwärmens fährt man mit einer kleinen Flamme ab und zu dicht über den Rand des Tiegels hin. Tritt dabei ein Aufflammen ein, so ist ein Verschnitt mit brennbaren flüchtigen Stoffen sehr wahrscheinlich.

Eine genauere Methode zur Ermittlung solcher Stoffe ist natürlich eine Wasserdampfdestillation, wozu etwa 100 g Öl angesetzt werden müssen.

Aufschluß über den Grad der Raffination kann eine Erhitzungsprüfung geben: Sie wird nach den oben angegebenen RAL.-Bedingungen Nr. 848 A, wie folgt, ausgeführt:

In einem bis zu etwa zwei Drittel gefüllten Reagenzglas wird das Öl mit großer Flamme schnell auf 300° C erhitzt. Die Thermometerkugel soll dabei in der Mitte des Öls sein. Das Erhitzen erfolgt ohne Umrühren. Der bei dieser Probe sich abscheidende „Schleim" soll hell oder mäßig bräunlich, jedenfalls nicht dunkelbraun sein. Auch soll die Ausscheidung gallertig und nicht pulvrig oder körnig sein.

Das Öl soll nach dem Erhitzen und Filtrieren klar und etwas heller sein als das nicht erhitzte oder eine grünliche Farbe annehmen.

Raffinierte Leinöle und Lackleinöle dürfen überhaupt nicht „brechen". Schäumt das Öl beim Erhitzen, so kann man auf ein „junges" frisch geschlagenes Produkt schließen.

---

[1] S. Fußnote S. 973.

Für die Verwendung als Lackrohstoff ist ferner eine Trocknungsprüfung des unbehandelten Öls wichtig. Sie wird nach den vereinbarten Bedingungen (RAL. Nr. 848 A) folgendermaßen ausgeführt:

Drei Tropfen werden auf einer Glasplatte 9 × 12 cm aufgebracht und zwar so, daß sie in etwa gleichen Abständen auf der kleineren Halbierungslinie sich befinden. Durch abwechselndes Verstreichen mit der Fingerkuppe in der Längs- und Querrichtung werden die Tropfen gleichmäßig verteilt. Die Platte wird dann waagrecht der Luft ausgesetzt.

Das Trocknen soll bei einer Temperatur von 20° C, jedenfalls nicht unter 18° und nicht über 23°, und zwar in zerstreutem Tageslicht erfolgen. Die Trockenzeit darf im Sommer nicht länger als 4 Tage, im Winter nicht länger als 6 Tage betragen. Bei dauernd feuchtem Wetter kann sich die Trockenzeit um etwa 2 Tage verlängern.

Die Prüfung auf Trocknung geschieht nach Blatt Nr. 840 A 2 der RAL.-Bedingungen. Es ist dabei einfaches Betasten mit dem Finger ausreichend:

Der Trockenprozeß muß in allen seinen Stufen verfolgt werden. Man fährt zunächst ganz behutsam über den Anstrich und kann dabei folgende Stufen der Trocknung unterscheiden:

a) Anziehen (Antrocknen): Der Finger erfährt einen fühlbaren Widerstand.

b) Klebende Trocknung: Der Finger klebt beim Gleiten über die Oberfläche des Anstrichs.

c) Staubfreie Trocknung: Der Finger gleitet ohne Widerstand über den Anstrich.

Um die nun beginnende Stufe des Durchtrocknens festzustellen, streicht man von Zeit zu Zeit mit immer mehr steigendem Druck mit dem Finger über die Fläche. Der Anstrich gilt als durchgetrocknet, wenn der Finger keinen Widerstand mehr erfährt und außerdem bei stärkstem Druck ein Fingerdruck nicht mehr sichtbar ist.

Um sich von den äußeren Bedingungen, wie Temperatur, Feuchtigkeitsgehalt der Luft, Zugluft usw. weniger abhängig zu machen, tut man gut, jedesmal eine Probe eines als gut erkannten Leinöls zum Vergleich mittrocknen zu lassen. Eine besondere Methode zur Beobachtung des Trockenvorganges, bei der die Ausbreitung eines auf die trockene Fläche gebrachten Tropfens einer Farbstofflösung gemessen wird, wurde von H. Wolff und W. Toeldte angegeben.

Nach A. Eibner (2) kann man an die Trockenprobe eine Schmelzprobe des Films anschließen. Filme aus reinem Leinöl verkohlen, ohne zu schmelzen, bei 240 bis 250° C, während Filme aus verunreinigten Ölen unter Schäumen schmelzen.

Für die Bestimmung der Trockenheit ist nach dem neuen Normblatt DIN 55901 für Trockenstoffe ein genaues Verfahren vorgeschrieben (s. nächsten Abschnitt).

II. Untersuchung der Trockenmittel.

1. Chemische Prüfung der Trockenmittel.

a) Vorprüfung.

Gefällte Präparate sind oft erkenntlich als leichte, lockere, farblose oder nur gering gefärbte Pulver, die geschmolzenen liegen meist als dunkle, spröde Stücke vor. Resinate erkennt man außerdem am Geruch, besonders deutlich beim Verbrennen. Ob ein pulveriges Sikkativ wirklich durch Fällen oder durch nachträgliches Pulverisieren eines geschmolzenen Produkts erhalten worden ist, kann man meist unter dem Mikroskop feststellen, wo sich im zweiten Falle durchsichtige Harzpartikelchen sehen lassen. Geschmolzene Produkte sind außerdem wasserfrei. Naphthenate erkennt man am Geruch nach Naphthensäure.

b) Gehalt an flüchtigen Lösungsmitteln.

Viele Trockenmittel sind als flüssige Sikkative im Handel. Ihr Gehalt an flüchtigen Lösungsmitteln wird nach DIN 55901 bestimmt. Auf einen Eindruckdeckel einer Lackdose von 80 mm Durchmesser, in eine Petrischale oder in ein Wägeglas mit dicht aufliegendem Deckel wird etwa 1 g Sikkativ gebracht und sofort dicht abgedeckt. Das Ganze wird gewogen. Um die Probe auf dem Deckel gleichmäßig zu verteilen, werden dann einige Tropfen eines gut lösenden, leicht flüchtigen Lösungsmittels, z. B. Benzol, hinzugefügt. Die Probe wird im waagrecht gelagerten, jetzt offenen Eindruckdeckel 15 Minuten bei 150° C getrocknet und der Gewichtsverlust gegenüber der Einwaage festgestellt.

c) Bestimmung des Metallgehalts.

Qualitative Prüfung: Man verascht eine Probe, nimmt mit verdünnter Salzsäure auf und prüft nach dem üblichen Analysengang zunächst auf Blei, Mangan, Kobalt und Eisen. An anderen Metallen können noch Erdalkalien vorhanden sein, die, wie Calciumverbindungen, manchmal zum Härten dienen sollen, aber auch als billiges Beschwerungsmittel gedacht sein können. Man prüft also noch auf Calcium, Strontium und Barium, ferner auf Magnesium, Aluminium und Zink.

Quantitative Bestimmung: Zuerst ist der Gehalt an wirksamem und unwirksamem Metall zu bestimmen. Der Gehalt an unlöslichen Anteilen ist als Sikkativ unwirksam. Durch Auflösen des Trockenstoffs in einem Lösungsmittel und anschließendes Abfiltrieren wird der Anteil an Unlöslichem bestimmt, aus dem der Gehalt an unwirksamem Metall ermittelt und in Prozenten des Trockenstoffs angegeben wird.

Bei der Bestimmung an löslichem, also wirksamem Metall unterscheidet man zwei Fälle, einmal die Untersuchung von einmetalligen Trockenstoffen und dann die von mehrmetalligen Trockenstoffen.

α) Gehalt an wirksamem Metall in einmetallischen Trockenstoffen.
(Nach DIN 55901.)

Je nach Metallgehalt wird eine Einwaage von 1 bis 5 g vorsichtig verascht und der Rückstand in HNO_3 oder in HCl und Wasser gelöst. Zn-, Co- und Mn-Trockenstoffe sind vor dem Veraschen mit H_2SO_4 anzufeuchten, da sich sonst durch Verflüchtigung leicht zu niedrige Werte ergeben können.

Kobalt wird als Kobaltnitrosonaphthol ($[C_{10}H_6O(NO)]_3Co \cdot 2\,H_2O$) bestimmt. Die Lösung soll nicht mehr als 0,1 g Co enthalten. Sie wird auf 200 ml verdünnt, mit 5 bis 10 Tropfen Perhydrol (30%iges H_2O_2), darauf mit 10%iger NaOH bis zur vollständigen Fällung des Co als $Co(OH)_3$ versetzt. Der Niederschlag wird in 10 bis 20 ml Eisessig (unter Umständen unter Erwärmen) aufgelöst, die Lösung mit kochendem Wasser auf 200 ml verdünnt und hierauf das dreiwertige Co tropfenweise mit filtrierter 2%iger Lösung von α-Nitroso-β-Naphtol in 50%igem Eisessig gefällt. Nach dem Aufkochen wird der zusammengeballte Niederschlag in einem Porzellantiegel gesammelt, zuerst mit 33%iger Essigsäure, dann mit kochend heißem Wasser ausgewaschen, bei 130° C getrocknet und gewogen.

Co in g = Niederschlag in g $\cdot$ 0,0964.

Elektrolytische Bestimmung von Kobalt: Die Lösung in HCl soll nicht mehr als 0,1 g Co enthalten. Sie wird neutralisiert, auf 100 ml verdünnt und mit 35 ml konz. NH_3 (Dichte 0,91) und 2 bis 5 g $(NH_4)_2SO_4$ versetzt. Das Co wird bei Raumtemperatur mit 0,5 bis 1 Amp. und 3 bis 4 Volt in etwa 2 Stunden auf einer gewogenen Platinnetzelektrode abgeschieden. Die Elektrode wird unter Spannung aus dem Bad entfernt, mit Wasser und anschließend mit Alkohol abgespritzt, im Trockenschrank getrocknet und nach $1/_4$ Stunde gewogen.

Co in g = Gewichtszunahme der Elektrode.

Mangan wird als Manganpyrophosphat ($Mn_2P_2O_7$) bestimmt. 100 ml Lösung in HCl sollen etwa 0,05 g Mangan enthalten. 100 ml Lösung werden mit 10 ml 10%igem NH_4Cl, dann mit 10%iger ($NH_4)_2HPO_4$-Lösung mit 10%igem Überschuß versetzt und zum Sieden erhitzt, dann wird verdünntes NH_3 tropfenweise ohne Umrühren zugegeben, bis der NH_3-Geruch bleibend auftritt, und danach etwa $1/_2$ Stunde auf dem Wasserbad erwärmt. Hierauf wird über Blauband-filter filtriert, dreimal heiß mit 1%iger ($NH_4)_2HPO_4$-Lösung, dann dreimal mit 60%igem Alkohol gewaschen. Der Niederschlag wird bei 900° zu $Mn_2P_2O_7$ verglüht und gewogen.

Mn in g = Niederschlag in g · 0,3869.

Maßanalytische Bestimmung von Mangan: Mn wird durch Überführung der zweiwertigen in die vierwertige Form bestimmt: Die aus 5 g Trockenstoff ge-wonnene Lösung in HCl wird in einer Porzellanschale unter Zufügen von 10 ml konz. H_2SO_4 zweimal bis zum Auftreten von dichten SO_3-Dämpfen abgeraucht, hierauf in einen 250-ml-Meßkolben gespült, mit einer Suspension von reinem ZnO in destil-liertem Wasser bis zur Neutralisation im Überschuß versetzt und bis zur Marke mit dest. Wasser aufgefüllt. Nach Durchschütteln und Absetzen werden 50 ml abpipettiert, in einem Erlenmeyerkolben mit der gleichen Menge Wasser verdünnt, 2 Tropfen konz. HNO_3 zugefügt, auf etwa 90° erhitzt und mit n/10 $KMnO_4$ unter Schütteln auf bleibende Rotfärbung nach jeweiligem Absetzen heiß titriert.

Mn in g = ml verbrauchte n/10 $KMnO_4$ · 0,001 648.

Da rasch titriert werden muß, wird in einem ersten Versuch der ungefähre Wert ermittelt und in einem zweiten Versuch zu 50 ml abpipettierter Lösung fast die ganze benötigte Menge an Titerflüssigkeit auf einmal zugegeben, umgeschüttelt und dann sorgfältig zu Ende titriert. Es wird empfohlen, die $KMnO_4$-Lösung mit Mangano-salzlösung von bestimmtem Gehalt unter den gleichen Bedingungen einzustellen.

Blei wird als $PbSO_4$ bestimmt.

Die Lösung in HNO_3 wird mit H_2SO_4 im Überschuß versetzt (z. B. 3 ml konz. H_2SO_4 auf 100 ml Flüssigkeit), eingedampft und die überschüssige H_2SO_4 bis auf einen kleinen Rest abgeraucht. Falls nach dem Erkalten der Rückstand nicht mehr schwefelsäurefeucht ist, setzt man nochmals 2 ml verdünnte H_2SO_4, andernfalls 2 ml Wasser, zu und verdampft ein zweites Mal bis zum Auftreten von SO_3-Dämpfen. Nach dem Erkalten wird mit 30 ml Wasser versetzt und aufgekocht. Der Niederschlag wird nach mindestens dreistündigem Stehen auf einem Porzellanfiltertiegel abgesaugt, mit 2- bis 3%iger ($NH_4)_2SO_4$-Lösung gewaschen und hierauf der Tiegel im Tiegelschuh zwischen 500 und 700° C zur Gewichtskonstanz gebracht und der $PbSO_4$-Niederschlag gewogen.

Pb in g = Niederschlag in g · 0,6833.

Maßanalytische Bestimmung von Blei: Pb wird als $PbCrO_4$ abgeschieden und jodometrisch bestimmt. 100 ml Lösung in HNO_3 werden mit 1 ml konz. HNO_3 versetzt, tropfenweise in der Siedehitze mit gelbem ($NH_4)_2CrO_4$ gefällt. Nach zwei-stündigem Stehen wird abfiltriert und mit dem 1 : 10 mit Wasser verdünnten Fällungs-mittel, dann mit Wasser ausgewaschen. Der Niederschlag wird in verdünnter HCl gelöst (50 ml Flüssigkeit), 10 ml 20%ige KJ-Lösung zugesetzt und mit n/10 $Na_2S_2O_3$ unter Verwendung von Stärkelösung auf Entfärbung titriert.

Pb in g = ml verbrauchte n/10 $Na_2S_2O_3$ · 0,0069.

Eisen kommt in Sikkativen nicht oft vor. In dem Normenblatt ist daher keine Vorschrift für seine Bestimmung angegeben. Für Lederlacke ist es aber ein wichtiger Trockenstoff. Besonders wichtig ist die Untersuchung des Berliner-blaus. F. G. A. Enna (3) hat dafür folgende Analysenvorschrift angegeben:

Feuchtigkeit: 1 g der fein pulverisierten Substanz wird in einem Porzellantiegel eingewogen und 2 Stunden bei 105 bis 110° C getrocknet, schließlich bis zur Gewichtskonstanz fortgetrocknet. (Preußischblau sollte nicht mehr als 2,5 bis 3% Feuchtigkeit enthalten.)

Gesamteisen: 0,25 g des fein gepulverten Blaus werden in einem Porzellantiegel in der Kälte mit konz. H_2SO_4 $^1/_4$ Stunde lang behandelt; dann wird über einer sehr kleinen Flamme $^1/_2$ Stunde lang erhitzt, so daß die Säure eben ruhig raucht. Wenn die Masse farblos — weiß, nicht grau — geworden ist, wird sie mit kaltem dest. Wasser in einen 400 ml Erlenmeyer gefüllt. Es muß darauf geachtet werden, daß die Substanz sich vollkommen zersetzt hat (keine blauen Partikel mehr). Das Volumen soll ungefähr 200 ml betragen. Die Mischung wird erhitzt, bis eine klare Lösung zustande kommt; unlösliche Bestandteile werden auf einem gewogenen, bei 110° C getrockneten Filter gesammelt, so lange gewaschen, bis das Waschwasser mit Ammonrhodanid keine Reaktion mehr gibt; dann wird getrocknet und gewogen (unlösliche Verunreinigungen).

Das Filtrat wird stark mit konz. H_2SO_4 angesäuert, mit reinem granuliertem Zink versetzt und erhitzt, bis es farblos wird und mit Ammonrhodanid keine Fällung mehr gibt (Abwesenheit von Ferrisalzen). Dann wird die Lösung mit frisch gekochtem dest. Wasser auf 250 ml aufgefüllt.

100 ml dieser Lösung werden in einer Porzellanschale mit 5 ml reiner HCl und 150 bis 200 ml frisch gekochtem dest. Wasser versetzt und mit n/10 Permanganatlösung titriert, bis eine blasse, aber deutlich rote Farbe auftritt.

1 ml n/10 $KMnO_4$ = 0,005584 Fe.

Wirkliches Berlinerblau: 1 g der pulverisierten Substanz wird mit einer heißen Lösung reiner 5%iger HCl behandelt, das Blau abfiltriert und mit heißem dest. Wasser gewaschen, bis das Filtrat keine Rhodanreaktion mehr gibt. Im Filtrat und in den vereinigten Waschwässern wird dann das Eisen mit Zink und H_2SO_4 reduziert und wie oben bestimmt. Diese Eisenmenge wird von dem oben gefundenen Gesamteisen in Abzug gebracht; die Differenz ist wirkliches Berlinerblau.

Unlösliche Verunreinigungen. Der bei der Bestimmung des Gesamteisens verbleibende Rückstand (s. oben) wird gewogen und als Unlösliches in % angegeben.

Lösliche Verunreinigungen. 100 minus der Summe der anderen Bestandteile gibt die löslichen Verunreinigungen.

Die Bestimmung von Eisen in Trockenstoffgrundlagen erfolgt am besten ebenfalls nach der oben angeführten Methode der Titration mit Permanganat.

β) Gehalt an wirksamem Metall in mehrmetallischen Trockenstoffen. (Nach DIN 55901.)

Kobalt und Mangan: Die Lösung in HCl wird neutralisiert und durch Zusatz von 4 g $(NH_4)_2SO_4$ und 4 ml Eisessig auf $p_H = 4,5$ gleichbleibend eingestellt (gepuffert), mit Wasser auf 200 ml verdünnt und bei 80 bis 100° C mit H_2S gesättigt. Durch ein- bzw. mehrmaligen Zusatz von 5 ml 5%iger Na_2SO_3-Lösung und weiteres Einleiten von H_2S (5 Minuten) werden eventuell kolloidal suspendierte Sulfidanteile mit der Schwefelmilch niedergeschlagen.

Co: Der abfiltrierte Niederschlag wird mit 0,5%iger Essigsäure, die mit H_2S gesättigt ist, gewaschen, in Königswasser gelöst, die Lösung von H_2S, Schwefel und HNO_3 befreit und das Co wie oben elektrolytisch bestimmt.

Mn: Nach Zugabe von H_2SO_4 zum Filtrat wird H_2S weggekocht, die Lösung eventuell filtriert und das Mn wie oben bestimmt.

Maßanalytische Bestimmung von Kobalt und Mangan:

Kobalt: Die Lösung wird neutralisiert und durch Zusatz von 5 ml Eisessig und 4 g Natriumacetat auf $p_H = 4{,}3$ gepuffert und auf 150 ml gebracht. Hierauf wird das Co mit einer 3%igen alkoholischen Lösung von Oxychinolin in der Wärme gefällt, die Lösung zum Sieden erhitzt, bis der entstandene Oxychinolatniederschlag kristallinisch geworden ist. Der kalte, durch einen Filtertiegel abfiltrierte, vier- bis fünfmal mit warmem Wasser gewaschene Niederschlag stellt $Co(C_9H_6ON)_2 \cdot 2\,H_2O$ dar. Er wird in warmer HCl gelöst, mit einigen Tropfen Methylrotindikator versetzt, dann wird n/10 $KBrO_3$ und KBr-Lösung in geringem Überschuß zugegeben, so daß der Indikator zerstört wird. Hierauf wird nach Zugabe von 3 bis 5 ml 20%iger KJ-Lösung mit n/10 $Na_2S_2O_3$ auf Entfärbung zurücktitriert (Stärkezusatz).

Co in g = ml verbrauchte n/10 $KBrO_3$-Lösung · 0,000737.

Mangan: Das Filtrat von der Oxychinolatfällung wird mit NH_3 schwach alkalisch gemacht und in der Wärme mit 10 bis 20 ml 3%iger Oxychinolinlösung versetzt, wodurch nun auch das Mangan quantitativ als Oxychinolat gefällt wird. Der mit Wasser gewaschene Niederschlag wird in verdünnter HCl gelöst und in gleicher Weise wie bei der Co-Bestimmung mit $KBrO_3$ titriert.

Mn in g = ml verbrauchte n/10 $KBrO_3$-Lösung · 0,000687.

Kobalt und Blei.

Pb: Zuerst wird, wie oben angegeben, das Pb gravimetrisch als $PbSO_4$ bestimmt.

Co: Im verbleibenden Filtrat wird das Co, wie oben beschrieben, elektrolytisch bestimmt.

Blei und Mangan:

Pb: Zuerst wird das Pb gravimetrisch als $PbSO_4$ bestimmt.

Mn: Im verbleibenden Filtrat wird das Mn, wie oben angegeben, als $Mn_2P_2O_7$ gravimetrisch bestimmt oder mit $KMnO_4$ titriert.

Kobalt und Zink.

Zn: Die Lösung in HCl wird neutralisiert, mit 15 Tropfen 10%iger HCl und 10 ml $(NH_4)_2SO_4$-Lösung (1 : 5) versetzt, so daß sie ein $p_H \approx 2{,}5$ hat. Die Lösung wird auf 200 bis 300 ml verdünnt, auf 80° C erhitzt und unter Umschütteln mit H_2S gesättigt. Der ZnS-Niederschlag wird nach 1- bis 2stündigem Absetzen durch ein Papierfilter filtriert und fünf- bis sechsmal mit H_2S-haltigem Wasser, in dem 2% $(NH_4)_2SO_4$ gelöst sind, gewaschen. Der Niederschlag wird getrocknet, zunächst das Filter im Rosetiegel verascht, der Niederschlag zum veraschten Filter gegeben, darauf der Tiegelinhalt mit der vierfachen Menge Schwefel überschichtet, im Wasserstoffstrom geglüht, abgekühlt und hierauf das ZnS gewogen.

Zn in g = Niederschlag in g · 0,6710.

Der ZnS-Niederschlag kann auch in HCl gelöst und das Zn, wie oben angegeben, gravimetrisch als Zinkammoniumphosphat oder Zinkpyrophosphat bestimmt werden.

Co: Das Filtrat von der H_2S-Fällung wird mit H_2SO_4 versetzt, das H_2S weggekocht, eventuell filtriert und das Co elektrolytisch bestimmt.

Kobalt-Blei-Mangan.

Pb: Aus der Lösung in HNO_3 wird das Pb gravimetrisch bestimmt.

Co und Mn: Aus dem verbleibenden Filtrat werden Co und Mn, wie S. 978 angegeben, bestimmt.

Kobalt-Zink-Mangan:

Zn: Zn wird, wie unter Kobalt und Zink auf dieser Seite angegeben, bestimmt.

Co, Mn: Im verbleibenden Filtrat aus der ZnS-Fällung wird Co und Mn, wie unter Kobalt und Mangan (S. 978) angegeben, bestimmt.

d) Organische Bestandteile.

In einem Scheidetrichter nimmt man etwa 10 g Sikkativ mit Äther auf und setzt mit konz. Salzsäure die organischen Säuren in Freiheit. Durch Ausschütteln mit Wasser entfernt man die Metallchloride und wäscht die ätherische Lösung mit verdünnter Kochsalzlösung mineralsäurefrei. Nach Trocknen der ätherischen Lösung mit Natriumsulfat verdampft man das Lösungsmittel. An dem Rückstand läßt sich schon qualitativ meist feststellen, ob Harz oder Leinöl bzw. deren Fettsäuren oder Naphthensäure vorliegen. Harz macht sich schon durch seinen Geruch und Geschmack bemerkbar. Für seine Gegenwart spricht ferner ein positiver Ausfall der Reaktion nach Liebermann-Storch-Morawsky. (Vgl. diesen Bd., 6. Kap., S. 591.) Stearin und Trane geben allerdings ähnliche Reaktionen. Auch Naphthensäure erkennt man am Geruch. Eine quantitative Bestimmung von Harz, Fett- oder Naphthensäure dürfte wohl kaum in Betracht kommen.

2. Technische Prüfung der Trockenstoffe.

a) Vorbereitung.

Zur Untersuchung auf praktische Brauchbarkeit der Trockenstoffe stellt man sich einige in der Konzentration den tatsächlichen Verhältnissen angepaßte Lösungen des Sikkativs in heißem Leinöl her, indem man es unter Rühren in kleinen Portionen in 150° C heißes Leinöl einträgt. Abgesehen von gefälltem Kobaltresinat müssen sich alle Trockenstoffe (nicht die Trockenstoffgrundlagen!) nahezu klar mit nur ganz geringfügigem Bodensatz lösen. Beim Stehen kann allerdings eine Trübung bzw. Abscheidung eintreten, ohne daß daraus ein Schluß auf Untauglichkeit gezogen werden kann. Die Beurteilung der Trockenkraft erfolgt dann durch Bestimmung der Trockenzeit.

b) Bestimmung der Trockenzeit.

Zur Bestimmung der Trockenzeit sind in den Technischen Lieferbedingungen nach dem Normblatt DIN 55901 folgende Angaben gemacht:

Begriffserklärung:

Als Trockenzeit im Sinne dieser Norm gilt die Zeit, in der eine unter bestimmten Bedingungen aufgetragene Schicht von mit Trockenstoff versetztem Lackleinöl einen bestimmten Trockengrad erreicht hat.

Prüfgerät und Prüfmittel:

Saubere Glasplatte etwa 90·120 mm.
Glasstab, 5 bis 6 mm dick und 200 mm lang, dessen eines Ende halbkugelförmig und dessen anderes Ende etwa 20 mm lang ausgezogen ist und verdickt in einer Kugel (Halbmesser etwa 1 mm) endet (s. Abb. 5).
Tafelwaage mit einer Meßfehlergrenze von ± 0,5 g.
Filterpapier.
Lackleinöl mit bekannten Kennzahlen.

Durchführung: Verfahren nach F. Pallauf (modifiziert):

Die Prüfung ist unter folgenden Bedingungen, die im Prüfbericht anzugeben sind, durchzuführen:

a) Raumtemperatur, zerstreutes Tageslicht, Raumluft ohne merklichen Zug und ohne Laboratoriumsdünste.

b) In Schiedsfällen bei einer Temperatur von 20° C ± 2° und bei 65% ± 5% relativer Luftfeuchtigkeit.

Trockenstoffe werden bei etwa 150° C in Lackleinöl aufgelöst. Sikkative werden bei Raumtemperatur mit Lackleinöl durch Einrühren innig vermischt. Das Mengenverhältnis wird hierbei so gewählt, daß die für 7 bis 8 Stunden Trockenzeit (gemessen für Trockengrad 1) erforderliche Metallmenge zugesetzt wird. Das so sikkativierte Lackleinöl wird auf die Glasplatte aufgegossen oder mit einem Pinsel satt aufgetragen und die Glasplatte sofort anschließend senkrecht und hochkant auf eine gut saugfähige Unterlage, z. B. mehrere Lagen Filtrierpapier gestellt. Nach etwa 5 Minuten wird die Glasplatte so verschoben, daß sie auf einer neuen, noch nicht mit der Lösung durchtränkten Stelle des Filterpapiers steht. Der Abstand der bestrichenen Seite der Glasplatte von benachbarten Flächen muß mindestens 50 mm betragen, damit die Luft frei hinzutreten kann.

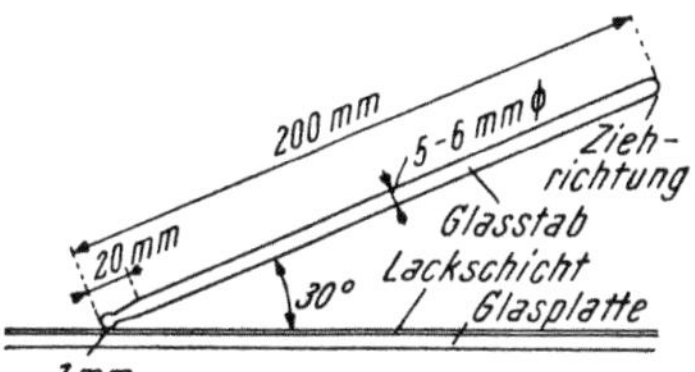

Abb. 5. Bestimmung der Trockenzeit (Trockengrad 1), [nach DIN 55.901].

Nach etwa 5 bis 6 Stunden wird die Glasplatte waagrecht mit der Schichtseite nach oben gelegt und in Abständen von je $1/4$ Stunde der Trockengrad der aufgetragenen Schicht festgestellt. Maßgebend für das Prüfergebnis ist der Befund in der Plattenmitte.

Trockengrad 1:

Der Glasstab wird am dicken Ende leicht angefaßt und mit dem ausgezogenen Ende ohne Druck unter einem Winkel von etwa 30° innerhalb $1/2$ Sekunde über die 120 mm lange Platte gezogen (s. Abb. 5). Trockengrad 1 (staubtrocken) ist erreicht, wenn hierbei eine punktierte Linie (Perllinie) auf der Schicht zum ersten Mal deutlich sichtbar wird.

Trockengrad 2:

Der Glasstab wird am ausgezogenen Ende angefaßt und mit dem dicken Ende unter einem Winkel von etwa 30° und 100 g Anpreßkraft an der Berührungsstelle innerhalb $1/2$ Sekunde über die 120 mm lange Platte gezogen.

Trockengrad 2 (durchgetrocknet) ist erreicht, wenn hierbei keine Kratzspur auf der Schicht sichtbar wird.

Zur Bestimmung des Trockengrades 2 kann in der Mitte des Glasstabs ein 200-g-Gewichtsstück befestigt werden (s. Abb. 6) oder die Glasplatte wird mit ihrer Schichtseite nach oben auf eine Waage gelegt und der Glasstab beim Überstreichen so niedergedrückt, daß die Waage durch das Überstreichen ein Mehrgewicht von 100 g $\pm$ 5 g anzeigt.

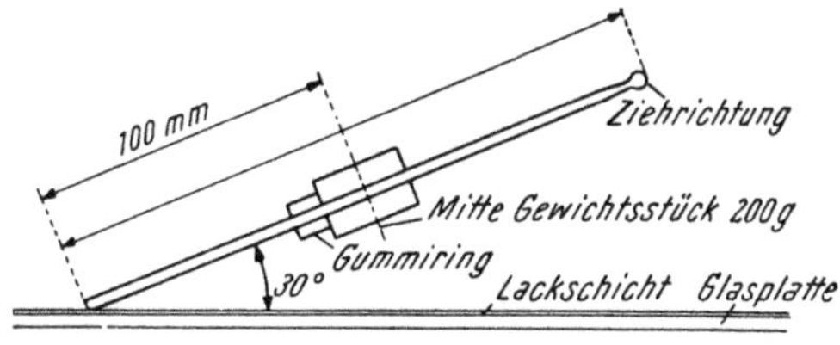

Abb. 6. Bestimmung der Trockenzeit (Trockengrad 2), [nach DIN 55.901].

III. Untersuchung der Nitrocellulose.

Da die Kollodiumwolle stets zusammen mit flüchtigen Anfeuchtungsmitteln bezogen wird, macht sich oft eine Bestimmung des Gehaltes an trockener Nitrocellulose notwendig. Man stellt sich zu diesem Zweck aus einer größeren Menge Substanz (etwa 100 g) eine Lösung in einem leichtflüchtigen Lösungsmittel her, verdampft einen gemessenen Teil auf schwach geheiztem Wasserbad in einer Schale oder einem Kolben, den man noch evakuieren kann, und trocknet bis zu annähernder Gewichtskonstanz.

Viskositätsbestimmung. Zur Beurteilung der Eigenschaften einer Nitrocellulose ist die Kenntnis der Viskosität ihrer Lösungen sehr wichtig (s. dieses Kapitel, S. 939). Da man im allgemeinen keine absoluten Zahlen für diese Größe braucht, kann man die Messung ziemlich einfach gestalten. So genügt schon das Auslaufenlassen eines bestimmten Volumens aus einer gewöhnlichen Pipette und Messen der erforderlichen Zeit. Meist verwendet man den Ford-Becher (DIN 53211), wie er unter anderen bei G. Zeidler, S. 11, beschrieben ist, und bestimmt damit die Auslaufzeit. Besonders für viskosere Lösungen, für die bei den anderen Apparaten, wie auch bei dem bekannten Engler-Viskosimeter, zu lange Zeiten erhalten würden, sind die Kugelfallviskosimeter im Gebrauch, z. B. das Viskosimeter nach Höppler, bei denen die Fallzeit einer geeichten Stahlkugel durch eine bestimmte Flüssigkeitssäule gemessen wird. Die Viskosität ist stark abhängig von der Temperatur (G. Zeidler, S. 10). Daher muß sie bei konstanter und immer derselben Temperatur bestimmt werden. Eine Umrechnung der Viskosität auf eine Normaltemperatur ist praktisch nicht möglich, höchstens bei Temperaturen, die nicht weit davon abweichen. Wichtig ist ferner, daß man stets das gleiche Lösungsmittel von konstanter Zusammensetzung anwendet, da die Natur des Lösungsmittels die Viskosität oft stark beeinflußt. Dies ist aus Tabelle 12 zu ersehen (s. auch dieses Kapitel, S. 939 und 940).

Tabelle 12. [A. Kraus (4), S. 69].

NC-Gehalt %	Äthylacetat cP	Butylacetat (90%) cP
5	5,4	9
8	16	29
10	32	54
12	55	100
15	140	270

Untersuchung der Stabilität und Stickstoffbestimmung der Nitrocellulose s. A. Küntzel (2), S. 238.

IV. Untersuchung der Lösungsmittel.

Die Methoden zur Untersuchung der Lösungsmittel sind neuerdings von G. Zeidler übersichtlich zusammengestellt. Zur Beurteilung eines Lösungsmittels hinsichtlich Reinheit und Tauglichkeit dienen in erster Linie dessen Konstanten, die für handelsübliche Produkte bei der Beschreibung der einzelnen Stoffe in diesem Bd., 7. Kap., „Appretieren", angeführt sind. Man hat die Dichte, den Brechungsindex, den Siedepunkt bzw. die Siedegrenzen und die Verdunstungsgeschwindigkeit zu ermitteln. Außerdem ist eine Prüfung auf Neutralität und die Kenntnis des Flammpunktes von Bedeutung.

Die Dichte oder das spezifische Gewicht wird, wie allgemein bekannt, mit einer Spindel (Aräometer) oder für sehr genaue Messungen mit einem Pyknometer oder der Mohrschen Waage bestimmt (vgl. dazu diesen Bd., 6. Kap., S. 498). Da die Dichte stark von der Temperatur abhängt, muß stets angegeben werden, bei wieviel Grad der betreffende Wert ermittelt wurde. Eine Angabe der Dichte ohne Temperatur ist völlig wertlos. Die bei einer Temperatur gemessene Dichte läßt sich an Hand von Kurven oder Formeln, die man selbst für jedes Lösungsmittel aufnehmen kann, auf Normaltemperatur umrechnen.

Als Brechungsindex bezeichnet man das Verhältnis des Sinus des Einfallwinkels eines Lichtstrahls, der aus der Luft in das betreffende Medium eintritt, zum Sinus des Brechungswinkels in diesem Medium.

Der Brechungsindex wird mit Hilfe optischer Instrumente bestimmt. Dazu dienen in der Praxis die Refraktometer nach Abbe oder seltener die Instrumente nach Pulfrich (s. dieser Bd., 6. Kap., S. 510). Die Bedienung dieser Apparate ist sehr einfach und wird von den herstellenden Firmen genau mitgeteilt. Ein näheres Eingehen auf das Prinzip der Messung und der Konstruktion der Apparate würde den Rahmen dieses Buches überschreiten. Da man durch Feststellen des Brechungsindex rasch und sicher die Einheitlichkeit einer vorliegenden Flüssigkeit beurteilen kann, dürfte sich vielfach die Ausgabe für die Anschaffung eines solchen Instruments lohnen.

Am wichtigsten für die Beurteilung eines Lösungsmittels ist die Ermittlung seines Siedepunktes. Besteht der Stoff, wie oft bei technischen Produkten, nicht aus einer einheitlichen chemischen Verbindung, so werden die unteren und die oberen Siedegrenzen angegeben. Bei genaueren Untersuchungen bestimmt man die Temperaturen, innerhalb deren beim Destillationsversuch gewisse prozentuale Anteile übergehen, oder es wird die untere Siedegrenze angegeben und die Menge in Volumenprozenten, die bis zu einer gewissen Temperatur übergeht. Da der Verlauf einer Destillation abhängig ist von der Art, wie sie durchgeführt wird, und davon, welche Form und Größe die benutzten Apparate haben, hat man sich auf Apparate mit festgesetzten Ausmaßen geeinigt. Genaue Angaben finden sich bei G. Zeidler, S. 17, und A. Küntzel (2), S. 239/40.

Bei der Untersuchung von Lösungsmitteln macht sich unter Umständen die Trennung eines vorliegenden Gemisches in einheitliche Stoffe notwendig. Man destilliert dann, um eine möglichst weitgehende Trennung zu erreichen, mit einem Destillationsaufsatz, z. B. nach Hempel, für kleinere Substanzmengen auch sehr vorteilhaft mit einem Aufsatz nach G. Widmer.

Die Verdunstungsgeschwindigkeit ist für die lackverarbeitende Industrie von besonderem Interesse zur Beurteilung der Lösungs- und Verschneidmittel. Für ihre Bestimmung gibt es keine einheitliche Methode. Man läßt z. B. eine bestimmte kleine Menge Lösungsmittel (0,1 ml) von einem Stück Filtrierpapier aufsaugen, dann verdunsten, beobachtet im durchfallenden Licht die Verdunstung und mißt die Zeit, in der alles verdampft ist. Luftfeuchtigkeit, Temperatur und Zugluft haben natürlich großen Einfluß auf die erhaltenen Werte und müssen möglichst konstant gehalten werden. Am besten ist es, wenn man sie dadurch ausschaltet, daß man gleichzeitig ein reines Lösungsmittel, z. B. Äther oder Aceton, dessen Verdunstungszeit bekannt ist, mit untersucht und die Verdunstungszahl danach berechnet. Oft läßt man auch auf einem Uhrglas eine gewogene Menge Lösungsmittel verdampfen und wägt in Zeitabschnitten. Man kann so auch für Gemische von Lösungsmitteln den Verlauf der Verdunstung ermitteln und dann graphisch darstellen.

Auch der Flammpunkt ist wichtig zur Charakterisierung eines organischen flüchtigen Lösungsmittels. Man versteht darunter die niedrigste Temperatur, bei der der betreffende Stoff beim langsamen Erwärmen soviel Dampf entwickelt, daß er in Berührung mit Luft eine durch eine Flamme entzündliche Mischung bildet. Die Bestimmung dieser Temperatur geschieht in dem Flammpunktprüfer nach DIN-DVM 3661, jetzt DIN 53661, in einem offenen Tiegel, wie es auch bei D. Holde und G. Zeidler, S. 9, beschrieben ist. Siehe auch diesen Bd., 6. Kap., S. 401.

Einzelheiten für verschiedene wichtige Lösungs- und Verschneidmittel.

Die Untersuchungsmethoden für die Lösungs- und Verschneidmittel sind schon in diesem Bd., 7. Kap., S. 774, angegeben. Nur einiges sei noch hinzugefügt.

Terpentinöl. Die besonderen Prüfverfahren für Terpentinöle beziehen sich auf das Auffinden von Benzinen und Benzolen, die als Verschnittmittel zugemischt sein können, und auf den Nachweis von weniger wertvollen Terpentinölen, wie Kienöl u. a. Größere Zusätze von Benzinen verraten sich schon durch eine Löslichkeitsprobe mit 96%igem Alkohol, bei der sie sich als unlöslich abscheiden. Kleinere Mengen Kohlenwasserstoffe machen sich durch eine Änderung des Brechungsexponenten in den ersten Fraktionen der Destillation bemerkbar. Da das Pinen als Hauptbestandteil des Balsamterpentinöls an seiner ungesättigten Bindung Brom addiert, wird bei einer unter der Norm liegenden Bromzahl auf die Gegenwart von gesättigten Kohlenwasserstoffen zu schließen sein. Einen weiteren Nachweis von gesättigten Kohlenwasserstoffen kann man durch die Ermittlung des Schwefelsäureunlöslichen erbringen. Durch konz. Schwefelsäure wird nämlich das Terpentinöl bis auf einen geringen Rest in wasserlösliche Produkte verwandelt, während Benzin kaum und Benzol nicht angegriffen werden. Man mißt dann die Menge der in der Säure unlöslichen Anteile. Findet man bei diesen einen Brechungsindex von weniger als 1,49, so ist auf Verschnitt mit Benzinen zu schließen. Vorteilhafter als die Schwefelsäuremethode ist für den Nachweis von Benzin- und Benzolkohlenwasserstoffen die Behandlung mit rauchender Salpetersäure nach Marcusson (2). Dabei wird das Terpentinöl zu wasserlöslichen Produkten oxydiert, während die beigemengten Kohlenwasserstoffe sich unlöslich abscheiden. Die Methode ist jedoch zeitraubend und weniger einfach [H. Wolff (5), S. 69]. In den RAL.-Bedingungen 848 C hat man sich auf die einfachere amerikanische Standardmethode geeinigt, da Amerika der Hauptlieferant für Terpentinöle ist. Zur Prüfung auf die Anwesenheit von Kienölen dienen Farbreaktionen, von denen die empfindlichste die Berlinerblau-Probe nach H. Wolff (6) ist (s. auch D. Holde, S. 606; K. Thinius (2) S. 39, und G. Zeidler, S. 64). Diese Reaktion versagt aber nach D. Holde, S. 606, manchmal, wenn besonders gereinigte Holzterpentinöle vorliegen, da diese dann in der Zusammensetzung von den Balsamterpentinölen kaum abweichen. Einige weitere Reaktionen auf Kienöl sind die charakteristischen Farbreaktionen mit Zinnchlorürlösung nach Utz, mit Essigsäureanhydrid nach Piest, mit Kalilauge, mit schwefeliger Säure und mit Nitrobenzol und Salzsäure [H. Wolff (5) und D. Holde, S. 607]. Die Einzelheiten der wichtigsten Prüfungsverfahren für Terpentinöl sowie Näheres über Begriffsbestimmung, Beschaffenheit und Kennzahlen sind in D. Holde; G. Zeidler, S. 62, und in dem Blatt 848 C des Ausschusses für Lieferungsbedingungen (RAL.) im DNA enthalten.

Benzin. Die meisten Anhaltspunkte zur Beurteilung ergeben Bestimmungen des spezifischen Gewichts und des Flammpunktes sowie eine Destillation im Engler-Kolben. Bei einer Verdunstungsprobe soll kein Rückstand bleiben. Ein Tropfen, auf ein Stück Filtrierpapier gebracht, soll bei Zimmertemperatur in 4 bis 8 Minuten verdampfen. Der Flammpunkt soll im allgemeinen nicht unter 21° C liegen.

Benzol und Homologe. Auch hier ist zur Beurteilung die Dichte und der Siedeverlauf wichtig, ferner der Raffinationsgrad.

Der Siedeverlauf von Benzolen wird nach Kraemer und Spilker untersucht, und zwar in einem Apparat mit festen Dimensionen.

Die Raffinationsprobe (Schwefelsäurereaktion) zur Prüfung auf ungesättigte und verharzbare Anteile wird folgendermaßen ausgeführt:

Je 5 ml Benzol und konz. Schwefelsäure werden in einem mit Schliffstopfen versehenen Röhrchen 5 Minuten kräftig geschüttelt. Die entstandene Färbung wird mit der Farbe einer Lösung von Kaliumbichromat in 50%iger Schwefelsäure, über der ebenfalls 5 ml Benzol stehen, verglichen. Technische Benzole sollen je nach dem Typ solche Farben geben, die Lösungen von 0,5 bis 3,0 g $K_2Cr_2O_7$ in 1 l 50%iger Schwefelsäure entsprechen. Die Vergleichslösungen sind lange haltbar; doch muß reines Benzol jedesmal frisch übergeschichtet werden (nach Kraemer und Spilker, zitiert nach D. Holde, S. 576).

Um einen schädlichen Gehalt an Phenolen, die wegen ihrer sauren Eigenschaften in der Lackschicht stören könnten, zu ermitteln, schüttelt man in einem Meßzylinder mit feiner Teilung 100 ml Benzol mit 100 ml Natronlauge (d = 1,1) kräftig und beobachtet nach dem Absitzen, ob die wässrige Schicht an Volumen gewonnen hat. Dies darf bei gereinigten Benzolen nur einige Zehntel Prozent ausmachen [H. Wolff (5), S. 55].

Alkohole. Für Sprit ist in erster Linie sein Gehalt an Äthylalkohol wichtig. Er wird bestimmt durch das spezifische Gewicht. Mit besonderen Spindeln (Alkoholometern) kann man unmittelbar die Alkoholvolumprozente ablesen. Natürlich muß vorher durch Bestimmung der Siedegrenzen festgestellt werden, daß kein Methanol dabei ist. Sprit und Methanol kann man nicht durch Bestimmung des spezifischen Gewichts voneinander unterscheiden.

Auch bei Butanol und Amylalkohol muß neben der Dichte eine Siedeanalyse (nach Engler-Ubbelohde) Aufschluß über Einheitlichkeit geben. Etwa zugemischte Kohlenwasserstoffe können durch Ausschütteln mit konz. Schwefelsäure nach folgender Methode quantitativ ermittelt werden:

In eine Schüttelbürette von 50 ml Inhalt, Teilung in 0,1 oder 0,2 ml, gibt man zirka 15 ml Schwefelsäure (d = 1,78) und läßt unter Kühlung mit Wasser langsam 10 ml des Alkohols zufließen, wobei man durch Umschwenken (nicht stark schütteln!) mischt. Nach Zugabe des Alkohols mischt man nochmals durch zweimaliges Umkehren des Zylinders. Alkohole (Ester und Ketone desgleichen) lösen sich klar in der Säure. Kohlenwasserstoffe (auch Chlorkohlenwasserstoffe) scheiden sich ab. Nach erfolgter Trennung kann das Volumen abgelesen und die Verschnittmenge in Volumenprozenten angegeben werden. Bei Abscheidungen unter 10% findet man im allgemeinen etwa 2% zu wenig, hat sich also nur 1 ml oder weniger abgeschieden, so sind zu dem Ergebnis noch 2% zu addieren. Bei längerem Stehen können sich spontan Abscheidungen ergeben, die aber nicht zu berücksichtigen sind, da es sich um Reaktionsprodukte der Säure mit dem Alkohol handelt (F. Seeligmann und E. Zieke, S. 836).

Zur Prüfung auf Wasser mischt man eine Probe mit einem Vielfachen an Benzol, das vorher mit Wasser gesättigt wurde. Nahezu wasserfreie Produkte dürfen dabei keine Trübung zeigen.

Ester. Bestimmung des spezifischen Gewichts und des Siedepunkts nach Engler, eventuell noch des Brechungsindex, ist auch hier das Wichtigste bei der Prüfung. Den Gehalt an Ester ergibt die Verseifungszahl (s. diesen Bd., 6. Kap., S. 486). Zu achten ist auf Gegenwart von freier Säure. Man bestimmt sie durch Titration von 10 ml mit n/10-Lauge gegen Phenolphthalein unter Zusatz von etwa 50 ml säurefreiem Alkohol und berechnet die Säure als Essigsäure.

Im Essigester erkennt man einen Gehalt an Wasser und Alkohol durch Schütteln mit einem gemessenen Teil gesättigter Chlorcalciumlauge, deren Volumen bei reinem Ester nur unwesentlich zunehmen darf. Ein Wassergehalt kann ferner durch Schütteln mit der zehnfachen Menge wassergesättigten Benzols festgestellt werden. Zusätze von Kohlenwasserstoffen zu den Estern ermittelt man nach dem unter „Alkohole" angegebenen Verfahren.

Aceton. Den Gehalt an Aceton kann man bei Reinaceton durch das spezifische Gewicht, unter Zuhilfenahme besonderer Tabellen, ermitteln. Am sichersten ist die Bestimmung des Acetongehaltes auf chemischem Weg mit Jod-Lösung nach H. Wolff, W. Schlick und H. Wagner, S. 152.

V. Untersuchung der Weichmacher.

Die Hauptanforderungen, die an einen Weichmacher für Nitrocellulose (vgl. diesen Bd., 7. Kap., S. 798) gestellt werden müssen, sind: 1. geringe Flüchtigkeit, 2. gutes Löse- bzw. Quellvermögen für Nitrocellulose, 3. Mischbarkeit mit allen vorkommenden Lösungsmitteln, 4. Geruch- und Farblosigkeit, 5. neutrale Reaktion. Die Brauchbarkeit entscheidet aber erst der an Reihen von Proben angestellte praktische Versuch, der allerdings erst nach einiger Zeit auswertbar ist, da bekanntlich bei der Haltbarkeit eines Lackaufstriches Alterungserscheinungen eine wichtige Rolle spielen.

Die Flüchtigkeit kann man, wie z. B. E. Mühlendahl und H. Schulz angegeben haben, durch Erwärmen von 10 g Substanz in einer kleinen Schale (75 mm Durchmesser) bei 100° C im Trockenschrank prüfen und dabei von Zeit zu Zeit den Gewichtsverlust feststellen. Die erwähnten Autoren fanden:

für Ricinusöl	nach 10 Tagen	0,1%	Abnahme
„ Trikresylphosphat................	„ 10 „	0,5%	„
„ Triphenylphosphat	„ 10 „	1,0%	„
„ Amylphthalat...................	„ 10 „	8,1%	„
„ Campher	„ 2 „	99,8%	„

Um das Lösungsvermögen für Nitrocellulose zu bestimmen, nehmen dieselben Verfasser 4 g Nitrocellulose mit 8 g Alkohol und 8 g des Weichmachers auf und versetzen dann die Lösung so lange mit Benzol, bis Gelatinierung oder Ausflockung eintritt. Folgende Ergebnisse wurden erhalten:

Weichmacher	Verbrauchtes Benzol	Endzustand der Lösung
Campher	88 ml	Gelatinierung
Elaol	44 ml	Ausflockung
Amylphthalat	41 ml	„
Triphenylphosphat	38 ml	Gelatinierung
Trikresylphosphat	35 ml	„
Ricinusöl.............	0 ml	Kollodiumwolle ist nur teilweise gelöst

Natürlich können diese Werte bei der Verschiedenheit der einzelnen Nitrocellulosearten nur für eine bestimmte Sorte Geltung haben. Man kann bei dieser Prüfung auch so verfahren, daß man zu einer Kollodiumlösung einen Überschuß von Weichmachern hinzusetzt und beobachtet, ob Nitrocellulose ausfällt. Auch nach Verdunsten des Lösungsmittels darf keine Ausfällung eintreten. Über die Untersuchung von Ricinusöl vgl. diesen Bd., 6. Kap., S. 447.

E. Prüfung des Lackleders.

Die Qualität eines Lackleders objektiv und schnell zu prüfen, macht erhebliche Schwierigkeiten, da die gestellten Anforderungen zu verschieden sind, als daß man die Tauglichkeit an einigen wenigen Eigenschaften nachprüfen könnte. Man ist deshalb gezwungen, wenn man überhaupt Messungen vornehmen will, das Lackleder auf jeweils eine Eigenschaft hin zu prüfen. Eine auch bei Lackleder häufig benutzte Prüfungsmethode ist die sogenannte „Schlüsselprobe", mit der die Übernehmer vielfach ganze Partien durchprüfen. Sie soll vor allem über die Zwickfestigkeit Auskunft geben. Diese Schlüsselprobe besteht darin, daß man das schräg nach oben gehaltene Ende eines gewöhnlichen Schlüssels bzw. eines dem Zweck angepaßten Werkzeuges von der nicht lackierten Seite her gegen das Lackleder drückt und unter dem Leder mit mehr oder weniger starker Anspannung herzieht. Man beobachtet immer die Stelle des Lacküberzugs, unter der sich das Leder durch den Druck des Eisens aufwölbt. Bei sprödem oder nicht gut haftendem Lack wird man Risse oder eine Lockerung des Narbens beobachten können. So schnell und bequem diese Methode auszuführen ist, so wenig objektiv ist sie, da die Kraft, mit der das Leder beansprucht wird, von Person zu Person sehr verschieden ist. Man muß sich bei dieser Probe ganz auf das Gefühl verlassen. Man muß bei dieser wie auch bei den folgenden Proben immer darauf achten, ob nur der Lack platzt oder die ganze Narbenschicht, oder ob man schon bei geringem Zug gleich das ganze Leder einreißt. Durch starken Zug oder Druck mit dem Schlüssel kann man fast jedes Leder zerreißen, besonders wenn es nicht sehr dick ist.

Daß Leder kein einheitliches Kunstprodukt darstellt, ist ja bekannt. Man kann daher auch nicht verlangen, daß es über seine ganze Ausdehnung die gleichen Eigenschaften hat. Seine Reißfestigkeit und Dehnung, die ja im Grunde genommen bei der Schlüsselprobe kontrolliert werden, sind daher sehr verschieden. Sie sind abhängig von dem Naturprodukt, der Haut selbst, und sind an den verschiedenen Stellen der Haut verschieden. Große Unterschiede zeigen sich auch, je nachdem ob man in der Längsrichtung der Haut mißt oder quer dazu.

Nun kommt es vor, daß Lackleder vor dem Zerreißen bei einer bestimmten Belastung und Dehnung Risse und Sprünge bekommt, wie man es schon bei der Schlüsselprobe beobachten kann. Dabei bricht normalerweise nicht nur die Lackschicht, wie es F. Fein angibt, sondern es bricht die ganze Narbenschicht durch. Gewöhnlich ist die Lackschicht sehr viel stärker dehnbar als die Narbenschicht des Leders, und der Lack reißt erst, wenn vorher die Narbenschicht einen Sprung bekommen hat (s. E. Schad und C. Riess, S. 27). Das ist sogar dann noch der Fall, wenn z. B. bei Klauen das Leder vor dem Nageln nicht genügend ausgezogen ist und daher noch eine besonders große Dehnung hat. Trotzdem ist die von F. Fein angegebene Methode für eine quantitative Untersuchung des Lackleders brauchbar. Sie besteht darin, daß man bei der Prüfung der Reißfestigkeit und Dehnung mit dem Zerreißapparat zwei Ablesungen macht, einmal beim Auftreten des ersten Risses oder Sprunges und einmal normal, wenn das Leder durchreißt. Am besten arbeiten dabei zwei Personen zusammen. Eine beobachtet das Leder bei fortschreitender Dehnung, meldet der zweiten Person das Auftreten des ersten Risses und stellt selbst die Dehnung beim ersten Riß fest. Die zweite Person liest gleichzeitig die zugehörige Belastung ab. Der Apparat läuft dabei ruhig weiter. Wenn man über ein brauchbares Schreibgerät am Zerreißapparat verfügt, kann auch eine Person schnell beim Auftreten des ersten Risses die Dehnung ablesen. Die zugehörige Belastung kann man dann aus der Kurve entnehmen. Manchmal wird auch die Dehnung bei einer Belastung von 225 kg/qcm verlangt. Auch diesen Wert kann man nachträglich aus der Kurve entnehmen oder extrapolieren, wenn das Leder diese Belastung nicht aushält. Es hat sich als praktisch erwiesen, bei diesen Messungen ein etwas größeres Stück Leder als gewöhnlich einzusetzen, nämlich mit einer Breite von 2 cm und einer Einspannlänge von 10 cm. Man bekommt dann einen besseren Durchschnitt des Leders und Kurven mit einem besseren Maßstab. Man kann nun aber nicht einfach die Belastung und Dehnung beim ersten Sprung in ein Verhältnis setzen zur Belastung und Dehnung beim Zerreißen und z. B. sagen, daß ein Lackleder, das vor dem Zerreißen gar keinen Riß oder Sprung bekommt, besser wäre als ein anderes Leder, bei dem vor dem Zerreißen Sprünge auftreten. Es kann nämlich sein, daß bei einem Leder deshalb vor dem Durchreißen keine Sprünge auftreten, weil das Leder eine sehr geringe Reißfestigkeit hat und schon vollkommen durchreißt, ehe die Dehnung so groß geworden ist, daß Sprünge auftreten. Ist dies der Fall, wird in der Schuhfabrik einfach beim Zwicken weniger stark gezogen, und es erfolgt keine Reklamation bei der Lederfabrik. Ist dagegen die Reißfestigkeit ganz bedeutend besser und damit auch die Dehnung höher, so kann es sein, daß der Narben vor dem Reißen des Leders platzt. Selbst wenn die ersten Sprünge bei einer viel größeren Belastung und Dehnung auftreten als die, bei der das erste Leder schon ganz durchgerissen ist, erfolgen dann Reklamationen bei der Lederfabrik. Diese sind dann aber vollkommen unberechtigt. Die Schuhfabrik muß dann ebenfalls den Zug beim Zwicken etwas zurückstellen, wenn auch nicht so stark wie bei einem anderen Leder, das schon bei geringerer Belastung und Dehnung ganz durchreißt. Es ist kein Grund vorhanden, ein Lackleder nur deshalb als schlecht zu bezeichnen, weil es vor dem Durchreißen schon Risse und Sprünge bekommt. Wichtig ist festzustellen, wann es diese Risse oder Sprünge bekommt, und ob nicht vielleicht bei der gleichen Reißfestigkeit und Dehnung, bei denen bei einem Lackleder die ersten Risse auftreten, ein anderes Lackleder schon ganz durchgerissen ist, ohne daß es vorher Risse oder Sprünge bekommen hat. Durch eine rein qualitative Beurteilung eines Lackleders, z. B. mit der Schlüsselprobe, kann man so sehr leicht zu ganz falschen Schlüssen kommen.

Ganz allgemein kann man sagen:

1. Ein Lackleder oder ein Leder überhaupt, das schon bei geringerer Reißfestigkeit und Dehnung reißt, als ein anderes Leder den ersten Riß oder Sprung bekommt, ist auf alle Fälle schlechter, auch wenn es vor dem Reißen überhaupt keinen Riß oder Sprung bekommen hat.

2. Ein Lackleder, das vor dem endgültigen Zerreißen Risse oder Sprünge bekommt, ist um so besser, bei je höherer Reißfestigkeit und Dehnung es diese ersten Risse oder Sprünge bekommt.

Die Risse und Sprünge, von denen bis jetzt die Rede war, sind meist größere Sprünge durch die Narbenschicht des Leders. Die Lackschicht reißt nur, weil darunter zuerst der Narben gebrochen oder eingerissen ist. Manchmal gibt es aber auch in der Schuhfabrik nach dem Zwicken Fälle, wo der Lack eine Menge ganz feiner kleiner Risse bekommt, ohne daß der Narben dabei geplatzt ist. Diese feinen Risse geben ein ganz charakteristisches Bild und unterscheiden sich sehr deutlich von den vorher erwähnten größeren Sprüngen, bei denen der Narben geplatzt ist, und die nur einzeln oder in größeren Abständen voneinander vorkommen. Wenn solche feinen Sprünge nur im Lack des Lackleders auftreten, ist dies kein Fehler des Leders oder des Lacks, sondern eine Folge falscher Behandlung des Leders in der Schuhfabrik. Solche feinen Risse entstehen nämlich nur dann, wenn das Leder acetonfeucht ist. Aceton ist nämlich imstande, die Dehnung des Leders stark zu erhöhen. Dann löst Aceton den Grund der meisten Lackleder an, so daß der Lack nicht mehr fest auf dem Leder haftet. Bei starker Dehnung des Leders entstehen dann die feinen Risse in größerer Zahl dicht nebeneinander nur im Lack. Diese Erscheinung kann in der Praxis in der Schuhfabrik vorkommen, wenn sie Kappen und Futter verwendet, die mit Aceton oder Acetonersatz angefeuchtet werden, um sie weich zu machen, und nicht die nötige Vorsicht dabei walten läßt. Das Eindringen des Lösungsmittels von der Rückseite des Leders her bis zum Grund des Lacks kann man verhindern, wenn man Öl- oder Pergamentpapier dazwischen legt. Selbstverständlich muß man sich erst überzeugen, daß das Papier auch wirklich Aceton oder Acetonersatz nicht durchläßt. Dann muß man darauf achten, daß das Papier keine Risse oder Sprünge hat, und daß es sich im Schuh nicht verschieben kann. Man kann auch ohne Dazwischenlegen eines undurchlässigen Papiers auskommen, wenn man

nach dem Einlegen der mit Aceton angefeuchteten Kappen mit dem Zwicken
so lange wartet, bis das Lösungsmittel wieder vollständig verdunstet und der
Lack dadurch wieder vollkommen fest geworden ist. Bei den meisten Lackledern bleibt nach dem Verdunsten des Lösungsmittels kein Schaden zurück.
Das Leder darf nur, so lange es acetonfeucht ist, nicht gedehnt werden. Es gibt
aber auch einzelne Lacklederfabrikate, die bei Einwirkung größerer Mengen
Aceton einen dauernden Schaden erleiden. Der Lack haftet dabei nach dem Verdunsten des Lösungsmittels nicht mehr fest auf dem Leder, sondern bleibt los,
hebt sich vielleicht sogar etwas vom Leder ab und kann leicht abgekratzt werden.
Mit solchen Lackledern muß man ganz besonders vorsichtig umgehen und dabei
vermeiden, daß überhaupt Aceton oder ähnliche Lösungsmittel an die Lackschicht kommen können. Wie das Lackleder sich gegen Aceton oder andere
ähnliche Lösungsmittel verhält, kann man dadurch beobachten, daß man auf
seine Rückseite das Lösungsmittel aufgießt, etwas wartet, bis es an die Lackschicht durchgedrungen ist, und dann das Leder stark dehnt. Jede Schädigung
durch Aceton kann man vermeiden, wenn man kein Material verwendet, das mit
Aceton angefeuchtet werden muß, sondern die neuen, mit wässerigen Lösungen
anzufeuchtenden Kappen.

Für Luft erwies sich Lackleder als ganz undurchlässig. Bemerkenswert
ist aber, daß für Wasserdampf eine gewisse Durchlässigkeit vorhanden
ist im Gegensatz zu Gummi, der überhaupt nichts durchläßt. Als wichtig
kommt für Lackleder noch hinzu, daß zwischen dem Fuß und der Lackschicht
noch eine Schicht Leder im Schuh kommt, die imstande ist, eine größere Menge
Feuchtigkeit von dem Fuß aufzunehmen. Diese kann nach dem Ausziehen des
Schuhs wieder verdunsten. Auffällig ist, daß zwischen gewöhnlichem Leder und
Lackleder ein Unterschied besteht, wenn man die Richtung des Wasserdampf-
durchtritts ändert. Während sich hierbei die Durchlässigkeit für lackfreies Leder
nicht ändert, steigt sie bei Lackleder auf mehr als das Dreifache, wenn man statt
der Fleischseite die Narbenseite der feuchten Atmosphäre zukehrt (J. A. Wilson
und G. O. Lines). Das kommt wohl daher, daß auch die Lackschicht selbst
Feuchtigkeit aufnehmen kann. Sie muß es sogar, wenn sie nicht spröde sein soll.
Wenn Lackleder nach dem Trocknen im Ofen oder mit ultravioletten Strahlen
sehr stark ausgetrocknet ist, muß man dafür sorgen, daß es wieder Wasser aufnehmen kann. Dabei ist es nicht nur nötig, daß das Leder wieder auf etwa 15%
Feuchtigkeit kommt, sondern auch die Lackschicht muß eine bestimmte Menge
Feuchtigkeit aufnehmen [J. D'Ans (2)]. Manchmal ist auch Lackleder durch
besonders ungünstige Lagerung so stark ausgetrocknet, daß es spröde wird und
zum Brechen neigt. Durch genügende langsame Wasseraufnahme kann es wieder
in Ordnung gebracht werden.

Bezüglich der Änderung der Flächenausdehnung bei wechselnder Luftfeuchtigkeit ist bei den von J. A. Wilson untersuchten Lackledern festgestellt worden,
daß sie sich weniger beeinflussen lassen als andere Chromleder (J. A. Wilson
und E. J. Kern). Apparate, welche die Beanspruchung von Schuhoberleder
nachahmen sollen, und die zur Qualitätsbeurteilung von Lackleder für Schuh-
zwecke dienen können, sind verschiedentlich beschrieben worden (Näheres in
diesem Bd., 10. Kap., S. 1232ff.). Es hat sich aber wohl keiner in der
Praxis recht eingeführt, da die Schwierigkeiten einer möglichst getreuen Nachahmung der Beanspruchung in der Praxis noch nicht überwunden sind.
Oft wird zu diesem Zweck Lackleder nur als Vorderblatt auf einen Gummifuß
gespannt, der dann mit Hilfe eines Motors sich etwa so durchbiegt, wie es der Fuß
beim Gehen macht. Man kann dann sehen, wie sich das Lackleder in den Gehfalten verhält. Gehfalten lassen sich bisher bei Lackschuhen nicht vermeiden.

Aber das Leder darf dabei nur möglichst wenig brechen, und besonders darf sich der Lack in den Gehfalten nicht vom Leder abheben. Auch einzelne Schichten von Lack dürfen sich nicht ablösen. Besondere Schwierigkeiten ergeben sich dabei für die Schuhfabriken, wenn sie den Lackschuh an diesen Stellen reparieren müssen. Die Reparaturlacke bestehen meist aus Kollodiumlacken, die oft nicht genügend weich gemacht sind und nicht genügend fest auf dem gehärteten Lackleder haften.

Zur Prüfung der Härte der Lackoberfläche dient vielfach eine Ritzprobe. Meist begnügt man sich dabei mit einer Prüfung mit dem Fingernagel. Zahlenmäßige Angaben erhält man mit den Apparaten von Clemen oder R. Kempf-Schopper. Sie beruhen darauf, daß der Film unter einem durch Gewichte belastbaren scharfen Werkzeug, das auf der Schicht aufsitzt, weggezogen wird, und daß beobachtet wird, welche Spuren das Werkzeug im Film hinterläßt. Im Apparat von Kempf-Schopper wird der Lackfilm unter einem Rollrädchen weggezogen, das kontinuierlich und selbsttätig belastet wird. Das Gewicht, durch das Rillen auf dem Film entstehen, und die Tiefe dieser Rillen geben die Maße für die Härte. Doch scheinen sich diese Apparate für die Prüfung von Lackleder nicht eingeführt zu haben. Unbrauchbar für Lackleder sind alle Apparate, bei denen die Weichheit des Leders stört, wie z. B. Pendelapparate.

Bei der Untersuchung der Lackschicht selbst leistet ein Mikroskop gute Dienste. Hierzu sind von E. C. Line sehr wertvolle Angaben gemacht worden. Man betrachtet dünne Querschnitte des Lackfilms, die man sich bei einiger Übung mit einem scharfen Rasiermesser auch ohne Mikrotom leicht herstellen kann. Die Lederprobe wird dabei, zwischen Korkstückchen eingeklemmt, mit der einen Hand gehalten, während die andere das Messer führt. Die Arbeitsweise ist bei A. Küntzel (2), S. 293, genau beschrieben. Die Lederstückchen werden in Zedernholzöl oder, wenn die Schnitte länger aufbewahrt werden sollen, in Kanadabalsam eingebettet und unter dem Mikroskop mit etwa 100facher Vergrößerung betrachtet. Dabei erkennt man die einzelnen Schichten der Lackaufträge, wenn nicht gerade zwei aufeinanderfolgende Aufträge in der Farbe und Zusammensetzung genau gleich sind. Bei dünnen Schnitten von nicht stark angefärbten Lackschichten erkennt man meist noch die Grenzschicht an einer ganz dünnen Lage Staub. Man darf nicht zu stark belichten. Oft sieht man noch mehr Einzelheiten, wenn man etwas abblendet. Mit Hilfe solcher Untersuchungen kann man laufend den Betrieb kontrollieren und kann überwachen, ob die einzelnen Lackschichten immer gleich dick aufgetragen werden. Eine zu dicke Lackschicht ist immer ungünstig. Sie verleiht dem Lackleder ein wachstuchartiges oder kunstlederartiges Aussehen. Der Griff wird schlechter. Nur wenn ein Narben eingepreßt werden soll, z. B. auf Spaltleder für Portefeuillewaren, muß eine genügend dicke Schicht aufgebracht werden. Dazu verwendet man meist Kollodiumlacke oder Lacke aus Polymerisaten. Bei sehr dicken Lackschichten wird die Durchlässigkeit für Feuchtigkeit noch geringer. Außerdem kann die Lackschicht leichter brechen, wenn sie nicht genügend weich gehalten wird. Unter dem Mikroskop kann man auch sehen, ob der Grund richtig aufgetragen ist, und ob etwa der darüber aufgetragene Lack noch in das Leder hineingefallen ist. Außerdem kann man unter dem Mikroskop feststellen, was in den Gehfalten des Schuhs passiert ist, ob das Leder gebrochen ist, oder ob einzelne Schichten des Lacks sich abgelöst haben (s. S. 989 dieses Kapitels).

Da jedes Lacklederfabrikat einen etwas anderen Aufbau des Lacks hat, so daß sich unter dem Mikroskop jedesmal ein anderes, für jedes Fabrikat typisches Bild ergibt, kann man leicht unterscheiden, ob das Lackleder aus dem eigenen Betrieb stammt oder aus einem fremden, was bei Beanstandungen überaus wichtig sein kann. In den vier Abbildungen 7 bis 10 sind solche Lackschnitte verschiedener Fabrikate farbig dargestellt.

Abb. 7. Man sieht schwach die Lederfasern mit einigen Poren. Die schwarz gefärbte Schicht ist die Narbenschicht. Sie zeigt verschiedene Vertiefungen durch Poren. In zwei dieser Vertiefungen links und rechts und auch in der einen runden Pore etwas tiefer im Leder sieht man den farblosen (schwach gelblichen) Grund. Darüber kommt der grüne Vorlack, der an manchen Stellen so dünn ist, daß er fast verschwindet. Darüber ist die oben glatte Schicht des schwach gelblichen Schlußlackes.

Abb. 8. Die Deckschicht bildet ein gelber Schlußlack. Darunter befindet sich ein farbloser Vorlack mit vielen schwarzen Punkten (Ruß). Dieser reicht

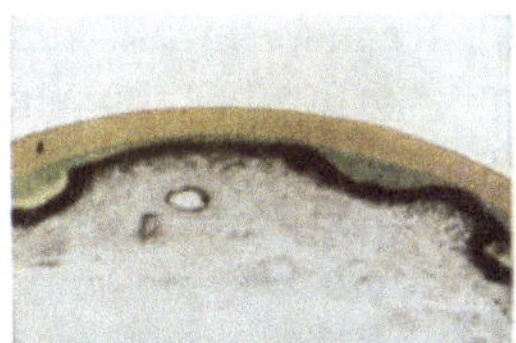

Abb. 7.

Abb. 8.

Abb. 9.

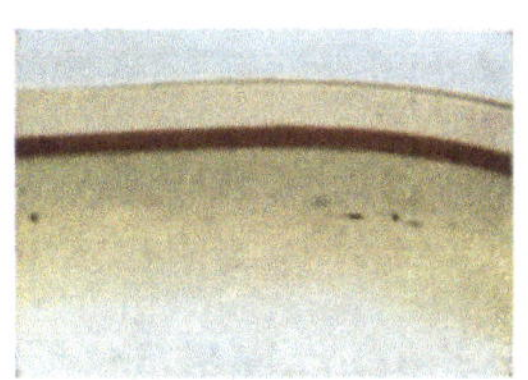

Abb. 10.

Abb. 7 bis 10. Mikrophotographien verschiedener Lackleder.

Sie wurden von der Firma E. Leitz, Wetzlar, angefertigt.

auf der linken Seite der Abbildung noch ein Stück in eine oben offene Pore hinein. Auf dem Grund dieser Pore und in drei weiteren Poren, die sich in der schwarzen Narbenschicht befinden und schräg durchgeschnitten sind, so daß sie nicht nach oben offen sind, sieht man den farblosen Grund. Dieser erscheint sonst nur noch am rechten Rand der Abbildung, während er sonst ganz in die Narbenschicht eingedrungen ist.

Abb. 9. Über violetten Fasern ist die schwarze Narbenschicht. Darüber ist ein farbloser (gelblicher) Grund als ganz dünne Linie. Dann kommt ein schwarzer Vorlack und ein farbloser (gelber) Schlußlack.

Abb. 10. Hier handelt es sich um einen Metallack. Von Lederfasern und Grund ist nichts zu sehen. Unten ist ein grünlicher Vorlack, darüber ein etwas dunkler grüner Lack. Dann folgt eine braune Metallschicht und darüber ein farbloser (hellgelber) Schlußlack.

Die Vergrößerungen sind etwa 1 : 100.

Auch Untersuchungen kann man unter dem Mikroskop durchführen. E. C. Line gibt viele Hinweise, wie man mit Hilfe von Lösungsmitteln wichtige

Schlüsse auf die Zusammensetzung des Films und einzelner Schichten ziehen kann. Ein Nitrocellulosefilm wird von Aceton schnell gelöst, ein Leinölfilm dagegen nicht [F. Stather, S. 666, und A. Küntzel (2), S. 294]. Essigester und Amylacetat weichen langsam auch Ölfilme auf. Gemische von Öl- und Kollodiumlack erweichen in Estern schnell. Nach Weglösen des Celluloseesters hinterbleibt das oxydierte Öl als gallertige Masse. Im Ofen getrocknetes Linoxyn löst sich nach E. C. Line in Tetrachloräthan, in der Sonne getrocknetes dagegen nicht. Alkohol wirkt weder auf Öl- noch auf Cellulosefilme, aber löst Schellack und greift Filme an, wenn sie gewisse Harze enthalten. Behandelt man nicht Schnitte, sondern etwas größere Stücke Leder mit verschiedenen Lösungsmitteln im Reagenzglas und untersucht dann nach Verdampfen die Rückstände auf ihre Eigenschaften gegenüber anderen Solventien, so kann man die mikroskopischen Befunde noch ergänzen.

Die mikroskopische Betrachtung eines Lacklederquerschnitts kann natürlich auch noch Aufschluß über manche andere Frage geben, über die Verteilung des Pigments in den einzelnen Schichten, über dessen Korngröße und ungefähre Konzentration, ferner über Haftfestigkeit und Verankerung im Narben.

Den Glanz von Lederoberflächen hat man ebenfalls der Messung zugänglich gemacht (H. Wacker). Das Zeißsche Pulfrich-Photometer ist für diesen Zweck bekannt und mit besonderen Zusatzapparaten versehen worden[1]. Der Glanz wird in Glanzzahlen angegeben, die nach einer bestimmten Formel errechnet werden (A. Klughardt). (Vgl. diesen Bd., 10. Kap., S. 1259.) Der Glanz eines mit einer glänzenden Schicht überzogenen Leders ist, worauf A. Küntzel (1) aufmerksam machte, von der Richtung abhängig, in der das Leder betrachtet wird. Verursacht wird die Erscheinung durch den Narben, der eine abschwächende bzw. verstärkende Wirkung ausübt, wie es bei Faserstoffen die Faserrichtung tut. A. Küntzel (1) fand die Glanzmessungen wenig genau, da Schwankungen in der Beschaffenheit der Oberfläche und Unregelmäßigkeiten im Narben sich bei der Messung stark bemerkbar machen (s. auch R. Kempf und J. Flügge).

Literaturübersicht.

Adler u. Oppenheimer: D.R.P. 321373 vom 16. 8. 1917.
D'Ans, J. (1): Fettchem. Umschau 34, 283, 296 (1927); (2): Farbe u. Lack 61, 54 (1955).
D'Ans, J., u. K. Meier: Farbe und Lack 57, 7 (1951).
Alder, K.: Die Methoden der Dien-Synthese, Handbuch der biolog. Arbeitsmethoden von E. Abderhalden, Abt. I, Teil 2/II 1, Berlin u. Wien: Urban u. Schwarzenberg 1933.
Auer, L. (1): Farbenztg. 31, 1240 (1926); (2): Kolloid. Ztschr. 40, 334 (1926).
Ausschuß für Lieferungsbedingungen und Gütesicherung beim DAN (s. RAL).
Bauer, K. H., u. A. Freiburg: Fettchem. Umschau 38, 78 (1931).
Bayer, F.: s. Farbenfabriken vorm. F. Bayer u. Co.
Bayer, O. (1): Liebigs Ann. 549, 286 (1941); (2): Angew. Chem. 59, 257 (1947).
Bergström, S.: Arkiv för Kemi, Mineralogi och Geologi, 21 A., 141 (1945).
Blom, A. V. (1): Kolloid. Ztschr. 75, 223 (1936); (2): Organic Coatings in Theory and Practice. New York, Amsterdam, London, Brüssel: Elsevier Publishing Comp., Inc. 1949; (3): Congressbook of Internat. Assoc. Test. Mat. London (1937); (4): Farbe u. Lack 56, 238 (1950); (5): Fette u. Seifen 52, 309 (1950); (6): Angew. Chem. 40, 146 (1927).

---

[1] Die Firma Carl Zeiß, Jena, hat darüber im Jahre 1931 eine besondere Druckschrift herausgegeben, in der Einzelheiten über die Methodik sowie weitere Literatur angegeben sind.

Boekenoogen, H. A., J. J. Blekkingh u. N. H. M. Blonk: Paint, Oil Chem. Rev. 114, No. 15, 6 (1951), nach Fette u. Seifen 54, 175 (1952).
Bolland, J. L., u. H. P. Koch: J. Chem. Soc. 1945, 445.
Börner, H.: Kunststoffe 2, 221 (1912).
Böttcher, M.: Dissertation Leipzig 1931.
Brown, B. K., u. Ch. Bogin: Ind. Eng. Chem. 19, 968 (1927).
Caldwell, B. P., u. J. J. Mattiello: Ind. Eng. Chem. 24, 158 (1932).
Clark, G. L., u. H. L. Tschentke: Ind. Eng. Chem. 21, 621 (1921).
Clemen: Farbenzeitung 24, 412 (1919).
Climent: Bull. Soc. Chim. France 16, 781 (1949).
Craemer, K.: Dieses Handbuch, 1. u. 2. Aufl., Bd. III/2, S. 639 (1955).
Davidson, J. G., u. E. W. Reid: Ind. Eng. Chem. 19, 977 (1927).
Demme, E.: D. B. P. 834068 (1950) u. D.B.P. 863018 (1950).
Diels, O.: S. K. Alder; s. auch G. Hefter u. H. Schönfeld (1), S. 358.
Doerr u. Reinhart: D.R.P. 267524 vom 19. 9. 1912.
Edson, J.: A.P. 289241, 289338, E.P. 5554 (1883).
Eibner, A.: (1): Über fette Öle. München: B. Heller, 1922; (2): Das Öltrocknen, ein kolloidaler Vorgang aus chemischen Ursachen. Berlin: Allgem. Industrie-Verlag, 1931.
Eibner, A., u. H. Munert: Chem. Umschau. Fette 33, 188, 201, 213 (1916).
Eibner, A., u. F. Pallauf: Fettchem. Umschau 32, 81, 97 (1925).
Eitel, K.: Leder 4, 234 (1953).
Engler, C.: Ber. dtsch. Chem. Ges. 33, 1097 (1900).
Engler, C., u. J. Weißberg: Kritische Studien über die Vorgänge der Autoxydation. Braunschweig: Vieweg (1904).
Enna, F. G. A. (1): J. I. S. L. T. C. 9, 74 (1925); (2): Ebenda 10, 311 (1926); (3): Ebenda 10, 172 (1926).
Fahrion, W. (1): Die Chemie der trocknenden Öle. Berlin: J. Springer 1911.; (2): Chem. Ztg. 28, 1196 (1904); s. auch Collegium 1908, 495 u. 497; (3): Angew. Chem. 23, 722 (1910).
Farbenfabriken vorm. F. Bayer u. Co.: D.R.P. 417600 (1925).
Farmer, E. H.: Trans. Faraday Soc. 42, 228 (1946).
Farmer, E. H., G. F. Bloomfield, A. Sundralingam u. D. A. Sutton: Trans. Faraday Soc. 38, 348 (1942).
Farmer, E. H., H. P. Koch u. D. A. Sutton: J. Chem. Soc. 1943, 541.
Farmer, E. H., u. A. Sundralingam: J. Chem. Soc. 1942, 121.
Farmer, E. H., u. D. A. Sutton: J. Chem. Soc. 1943, 119.
Fein, F.: Collegium 1930, 117.
Fischer, W. v.: Paint and Varnish Technology. New York: Reinhold Publishing Corporation, 1948.
Field, W. D.: E.P. 3469 (1893).
Foerst, W.: s. Ullmanns Enzyklopädie.
Frank, H.: Farbe u. Lack 58, 16 (1952).
Franke, W. (1): Farben, Lacke, Anstrichstoffe 4, 301 (1950); (2): Fette u. Seifen 52, 309, (1950); (3): Farbe u. Lack 56, 239 (1950); (4): Fette u. Seifen 53, 16 (1951).
Frenkel, H.: D.R.P. 504868, 1927.
Freundlich, H., u. H. W. Albu: Angew. Chem. 44, 56 (1931).
Fritz, F.: Trocknende Öle und Trockenstoffe. Hannover: C. R. Vincentz, 1949.
Gardner, H. A.: Ind. Eng. Chem. 22, 378 (1930).
Geilenkirchen, W.: Deutsche Farben-Ztg. 7, 251 (1953).
Genthe, A. (1): Dissertation Leipzig 1903; (2): Angew. Chem. 19, 2087 (1906).
Gnamm, H. (1): Die Fettstoffe in der Lederindustrie. Stuttgart: Wiss. Verlagsges. m. b. H., 1926; (2): Die Lösungsmittel und Weichmachungsmittel. Stuttgart: Wiss. Verlagsges. m. b. H., 1950.
Goldsmith, J. N.: E.P. 13131 (1900).
Gross, E., u. A. Grosse: Arch. exper. Pathologie u. Pharmakologie, 1932, S. 168ff.
Halle C. R.: s. A. Kraus (6), S. 398.
Hebermehl, R. (1): Farben, Lacke, Anstrichstoffe 2, 123 (1948). (2): Farbe und Lack 61, 280 (1955).
Hebler, F. (1): Farbenztg. 32, 2077 (1927); (2): Ebenda 31, 637 (1926).
Hefter, G., u. H. Schönfeld (1): Chemie und Technologie der Fette und Fettprodukte, 1. Bd., Chemie und Gewinnung der Fette. Wien: J. Springer, 1936; (2): Ebenda 2. Bd., Verarbeitung und Anwendung der Fette, s. 233ff.
Hellwis, H.: Farbe und Lack 59, 21 (1953).
Henry, W. C.: J. A. L. C. A. 26, 595 (1931).

Heyl, C.: D. R. P. 284604 vom 13. 9. 1912; 284605 vom 23. 3. 1913; 302331 vom 28. 4. 1916; 327794 vom 19. 9. 1915; 303096 vom 23. 5. 1916; 328241 vom 24. 10. 1919; 318062 vom 15. 11. 1916.
Hilden u. Ratcliffe: Fettchem. Umschau 25, 12, 143 (1918).
Hock, H. (1): Ber. dtsch. Chem. Ges. 72, 1562 (1939); (2): Ebenda 75, 300 (1942).
Höchtlen, A.: Kunststoffe 42, 303 (1952).
Holde, D.: Kohlenwasserstofföle und Fette, 7. Aufl. Berlin: J. Springer, 1933.
Holmann, R. T., W. O. Lundberg u. G. O. Burr: Journ. Amer. Chem. Soc. 67 1386 (1945).
Jakoby, E.: D.R.P. 464041.
Jones, A.: British Industrial Finishing 3, 102, zit. nach Ref. Farben-Ztg. 37, 1517 (1932).
Jürgen, R.: Farben-Ztg. 32, 1257 (1927).
Junghans, A.: D.R.P. 253309 vom 13. 2. 1912.
Kappelmeier, C. P. A.: Farben-Ztg. 38, 1018, 1077 (1933).
Karsten, E. (1): Fette u. Seifen 52, 309 (1950); (2): Farben, Lacke, Anstrichstoffe 4, 250 (1950).
Kass, J. P., E. S. Miller, M. Hendrickson u. G. O. Burr: Abstracts of Papers 99the meeting, Am. Chem. Soc. Cincinnati, Ohio, April 1940.
Kaufmann, H. P. (1): Fette u. Seifen 49, 110 (1942); (2): Ber. dtsch. Chem. Ges. 70, 2519 (1937); (3): Ebenda 81, 159 (1948); (4): D.R.P. 741359 (1937); (5): Fette und Seifen 46, 286 (1939); (6): Ebenda 47, 460(1940); (7): Ebenda 49, 841 (1942).
Kaufmann, H. P., J. Baltes u. R. Berger: Fette u. Seifen 52, 276 (1950).
Kaufmann, H. P., J. Budwig u. C. W. Schmidt: Fette u. Seifen 53, 408 (1951).
Kaufmann, H. P. u. C. W. Schmidt: Fette u. Seifen 54, 399 (1952).
Kaufmann, H. P. u. K. Strüber: (1): Fette u. Seifen 53, 142 (1951); (2): Ebenda 54, 134 (1952).
Kempf, R.: Angew. Chem. 40, 1296 (1927).
Kempf, R., u. J. Flügge: Zeitschr. Instrumentenkunde 49, 1 (1929).
Kern, W. (1): Farben, Lacke, Anstrichstoffe 4, 242 (1950); (2): Fette u. Seifen 52, 309 (1950); (3): Farbe u. Lack 56, 240 (1950); (4): Makromolekulare Chem. 1, 199 (1948); (5): Fette u. Seifen 53, 16 (1951).
Klughardt, A.: Ztschr. Techn. Physik 8, 109 (1927).
Knauth-Weidinger: S. G. Zeidler, S. 37 u. 39 (Farbskala bei Hugo Keyl in Dresden, Marienstr.).
Köhler, R. (1): Kolloid-Ztschr. Bd. 103, 138 (1943); (2): Kunststoff-Technik 1941, 3.
Korthaus, A.: Wschr. Med. Klinik, München 1948, 168.
Kraus, A. (1): Ledertechn. Rundschau 25, 37, 53, 69, 81, 88 (1933); (2): Ebenda 26, 6 (1934); (3): Ebenda 27, 1 (1935); (4): Ebenda 31, 1 (1939); (5): Fette u. Seifen 53, 633 (1951); (6): Handbuch der Nitrocelluloselacke, Teil 2, Nitrocelluloselacke. Berlin-Wilmersdorf: W. Pansegrau, 1952; (7): Farbe u. Lack 58, 484 (1952); (8): Farben-Ztg. 44, 1031 (1939); (9): Ebenda 47, 199, 212 (1942).
Krumbhaar, W. (1): Chem.-Ztg. 40, 937 (1916); (2): Journ. Oil and Colour Chem. Assoc. 18, 294 (1935).
Küntzel, A. (1): Collegium 1929, 554; (2): Gerbereichemisches Taschenbuch. 5. Aufl. Dresden u. Leipzig: Th. Steinkopff, 1943.
Lamb, M. C., u. E. Mezey: Die Chromlederfabrikation. Berlin: J. Springer, 1925.
Lattey, W. T.: J. I. S. L. T. C. 10, 199 (1926).
Line, E. C.: J. I. S. L. T. C. 16, 93 (1932).
Marcusson, J. (1): Angew. Chem. 38, 780 (1925); (2): Chemiker-Ztg. 33, 985 (1149) [s. auch K. Thinius (2), S. 40].
Marling, P. E. (1): Canadian Chem. Metallurg. 11, 63 (1927); (2): Chem. Zentralbl. 1927 II, 1631.
Mattiello, J. J.: Protective and Decorative Coatings, Bd. III. New York: John Wiley and Sons, Inc. u. London: Chapman and Hall, 1947.
Meater, J. W.: Kunststoffe 39, 176 (1949).
Mebes, K.: Dissertation T. U. Berlin, 1951.
Meidert, F.: (1) Chem. Ztg. 52, 859 (1928); (2) 53, 299 (1929).
Meier, K., u. K. Ohm: Farbe u. Lack 59, 50 (1953).
Mellan, J.: Industrial Solvents, London, New York: 1950.
Miekeley, A.: Leder 4, 298 (1953).
Mikusch, J. D. v. (1): Farbe u. Lack 56, 149 (1950); (2): Ebenda 57, 341, 393 (1951); (3): Lack- u. Farbenchemie 6, 15 (1952).
Mikusch, J. D. v., u. K. Mebes (1): Farbe u. Lack 59, 267 (1953); (2): Deutsche Farben-Ztschr. 1951, 1.

Mitchel, J. H. jr., H. R. Kraybill u. F. P. Zscheile: Ind. Eng. Chem. Anal. **15**, 1 (1943).
Morell, R. S., u. W. Davis: Trans. Faraday Soc. **32**, 209 (1935).
Mosebach, G., u. E. Shauenstein (*1*): Paint, Oil, Chem. Rev. **113**, 9(1950); (*2*): Ref. Farbe u. Lack **58**, 19 (1952); (*3*): Ref. Fette u. Seifen **53**, 429 (1951).
Moureu, C., u. C. Dufraisse: Compt. Rend. Acad. Sciences **174**, 258 (1922).
Münzinger, W.: Chem. Ztg. **56**, 851 (1932).
Mühlendahl, E., u. H. Schulz: Farbe u. Lack **33**, 276 (1927).
Munzert, H.: Chem. Ztg. **53**, 672 (1929).
Pabst, F.: Kunststoff-Taschenbuch, 9. Ausgabe, neu bearbeitet von Hj. Saechtling u. W. Zebrowski. München: Carl Hansen Verlag, 1952.
Paisseau, J.: E.P.P. 255803 u. 613501.
Pallauf, F.: DIN 55901.
Parkes, A.: A.P. 265337 (1882); E.P. 983 (**1881**).
Paschke, R. F., u. D. H. Wheeler: J. Americ. Oil Chem. Soc. **26**, 278 (1949).
Pestemer, M. (*1*): Fette u. Seifen **50**, 153 (1943); (*2*): Ebenda **51**, 401 (1944); (*3*): Ebenda **53**, 466 (1951).
Petit, J.: Paint. Pigm. Vern. **22**, 3, 41, 73, 118 (1949), nach Fette u. Seifen **53**, 466 (1951).
Piest: Chemiker-Ztg. **36**, 198 (1912).
Pilz, E.: Gerber **1933**, 20, 29, 37, 63, 73, 85, 90, 105.
Procter, H. R.: The Principles of Leather Manufacture. London: E. u. F. N. Spon, 1922.
Ragg, M.: Farben-Ztg. **1914**, 209, 421.
RAL Nr. 848 A, Nr. 848 C.
Reid, W. F., u. E. J. V. Earle: E.P. 26677.
Rhodes, F. A., u. H. E. Goldsmith: Ind. Eng. Chem. **18**, 566 (1926).
Rieche, A. (*1*): Bedeutung der organischen Peroxyde für die chemische Wissenschaft u. Technik. Stuttgart: Enke, 1936; (*2*): Angew. Chem. **50**, 520 (1937); (*3*): Fette u. Seifen **53**, 18 (1951).
Ritter, J. G.: Gerber **1914**, Nr. 944/45; s. auch Collegium 1914, 257.
Roch: Angew. Chem. **24**, 80 (1911).
Rollasen, A.: E.P. 2143 (1864).
Rossmann, E.: Deutsches Normblatt DIN 55901.
Sadler, S. S., u. E. F. Kayo: A.P. 1829302.
Salvaterra, H.: Angew. Chem. **43**, 620 (1930).
Sandermann, W.: Deutsche Farben-Ztg. **8**, 41 (1954).
Schad, E., u. C. Riess: Collegium **1930**, 20.
Scheiber, J. (*1*): Fette u. Seifen **53**, 16 (1951); (*2*): Farbe u. Lack **57**, 3 (1951); (*3*): Angew. Chem. **46**, 643 (1933); (*4*): Lacke und ihre Rohstoffe. Leipzig: J. A. Barth, 1926; (*5*): Farbe u. Lack **32**, 295 (1926); (*6*): Ebenda **55**, 35 (1949); (*7*): Ebenda **56**, 541 (1950); (*8*): Lack- u. Farben-Ztg. **1944**, 113, 129; (*9*): Farbe u. Lack **35**, 385 (1929); (*10*): Ebenda **35**, 284, 585 (1929); (*11*): Ebenda **57**, 3 (1951); (*12*): Ebenda **35**, 153, 477 (1929); (*13*): Ebenda **36**, 51, 67, 284 (1930); (*14*): Chemie und Technologie der künstlichen Harze. Stuttgart: Wiss. Verlagsges. m. b. H., 1943.
Scheufler, W.: Deutsche Farben-Ztg. **8**, 53 (1954).
Schuchardt, Th., Dr., G. m. b. H.: D.R.P. 471725.
Seeligmann F., u. E. Zieke: Handbuch der Lack- und Firnisindustrie. 4. Aufl. Herausgegeben von E. Zieke u. H. Wolff. Berlin: Union Deutsche Verlagsgesellschaft, 1930.
Sinowjew, A.: Öl-Fett-Ind. (russ.) **1928**, Nr. 9, 3, ref. Collegium 1929, 420.
Slansky, P. (*1*): Angew. Chem. **34**, 533 (1921); (*2*): Fettchem. Umschau **39**, 155 (1932).
Speicher, W.: Unveröffentlicht.
Stather, F.: Gerbereichemie und Gerbereitechnologie. Berlin: Akademie-Verlag 1948.
Staudinger, H.: Ber. dtsch. Chem. Ges. **58**, 1075, 1079 (1925).
Stock, E.: Technik der neuzeitlichen Lackherstellung. Stuttgart: Wiss. Verlagsges. m. b. H. 1942.
Strüber, K.: Fette u. Seifen **53**, 466 (1951).
Swern, D., H. D. Knight, J. T. Scanlan u. W. C. Ault: Journ. Amer. Chem. Soc. **67**, 1132 (1945).
Swethen, R.: Farben-Ztg. **32**, 1138 (1927).

Thinius, K. (*1*): Fette u. Seifen **54**, 363 (1952); (*2*): Anleitung zur Analyse der Lösungsmittel. Leipzig: J. A. Barth, 1953.
Treibs, W. (*1*): Ber. dtsch. Chem. Ges. **75**, 1165 (1942); (*2*): Ebenda **77**, 69 (1944).
Ullmanns Enzyklopädie der Technischen Chemie, 3. Aufl., Bd. 3. Herausgegeben von W. Foerst. München-Berlin: Urban & Schwarzenberg, 1953.
Urbanowitz, J. L. (*1*): Ledertechn. Rundschau **24**, 126, 140 (1932); (*2*): Ebenda **25**, 21 (1933).
Utz: Chem. Revue üb. d. Fett- und Harzind. **12**, 100 (1905).
Wacker, H., Dieses Handbuch, 1. Aufl., Bd. III/1, (1936), S. 160 bis 164.
Wasag: D.R.P. 555 548 (1929).
Weger, M. (*1*): Angew. Chem. **10**, 547 (1897); (*2*): **11**, 508 (1898).
Wekua, K., u. J. Bergmann: Farbe u. Lack **59**, 267, 311 (1953).
Willborn, F.: Die Trockenstoffe. Berlin: Union Deutsche Verlagsges. 1933.
Willborn, F., u. E. Baum: Mitt. Inst. Lackforschung **1928**.
Willborn, F., u. C. Fink: Mitt. Inst. Lackforschung, S. 147, Auszug in Farben-Ztg. **35**, 2179 (1930) u. in Farbe u. Lack **36**, 338 (1930).
Wilson, J. A., u. E. J. Kern: J. A. L. C. A. **21**, 351 (1926).
Wilson, J. A., u. G. O. Lines: Ind. Eng. Chem. **17**, 570 (1925).
Wilson, J. A., F. Stather u. M. Gierth: Die Chemie der Lederfabrikation, Bd. 2. Wien: J. Springer, 1931.
Wolff, H. (*1*): Farben-Ztg. **31**, 1239 (1926); (*2*): Die natürlichen Harze. Stuttgart: Wiss. Verlagsges. m. b. H. (1922); (*3*): Ubbelohdes Handbuch der Chemie und Technologie der Öle und Fette, 2. Bd., 2. Aufl. Leipzig: S. Hirzel, 1932; (*4*): Veröffentlichungen des Fachausschusses für Anstrichtechnik beim Verein deutscher Ingenieure und beim Verein deutscher Chemiker, Heft 12. Berlin: VDI-Verlag, 1931; (*5*): Laboratoriumsbuch für die Lack- und Farben-Industrie. Halle: W. Knapp, 1924; (*6*): Farben-Ztg. **17**, 21 (1910).
Wolff, H., u. Ch. Dorn: Farben-Ztg. **27**, 736 (1921).
Wolff, H., W. Schlick u. H. Wagner: Taschenbuch für die Farben- und Lackindustrie, 7. Aufl. Stuttgart: Wiss. Verlagsges. m. b. H., 1931.
Wolff, H., u. W. Toeldte: Farben-Ztg. **34**, 1060 (1929).
Worden, E. C. (*1*): E. P. 3469; (*2*): Nitrocellulose-Industry, 1. Bd. London: Constable & Co. 1911.
Zeidler, G.: Laboratoriumbuch für die Lack- und Farbenindustrie. Halle: W. Knapp, 1948.
Zohlen, O.: Dieses Handbuch, 1. u. 2. Aufl., Bd. III/2, S. 223 (1955).
Zschunke, R.: Dissertation, Leipzig, 1931, nach Fette u. Seifen **53**, 18 (1951).
Zühl, E.: E.P. 4326 (1901).
Zühl, E., u. Eisemann: D.R.P. 128 120 (1900), A.P. 700 885 (1902).

Ungenannt (*1*): Ztschr. Chemie für Labor u. Betrieb **3**, 286 (1952); (*2*): Soligen-Trockenstoffe, Chem. Fabrik Griesheim 1951; (*3*): Walsroder Collodiumwolle, Walsrode: Wolff u. Co., 1953; (*4*): Die Wasag-Collodiumwollen. Essen: Wasag-Chemie A. G., 1953; (*5*): Collodiumwolle von A. Hagedorn u. Co. A. G. Osnabrück, 1953; (*6*): Ilinol, ein veredeltes, katalytisch isomerisiertes Leinöl als Ergebnis langjähriger Forschung. Hamburg-Harburg: F. Thörl's Vereinigte Harburger Ölfabriken A. G., 1954.